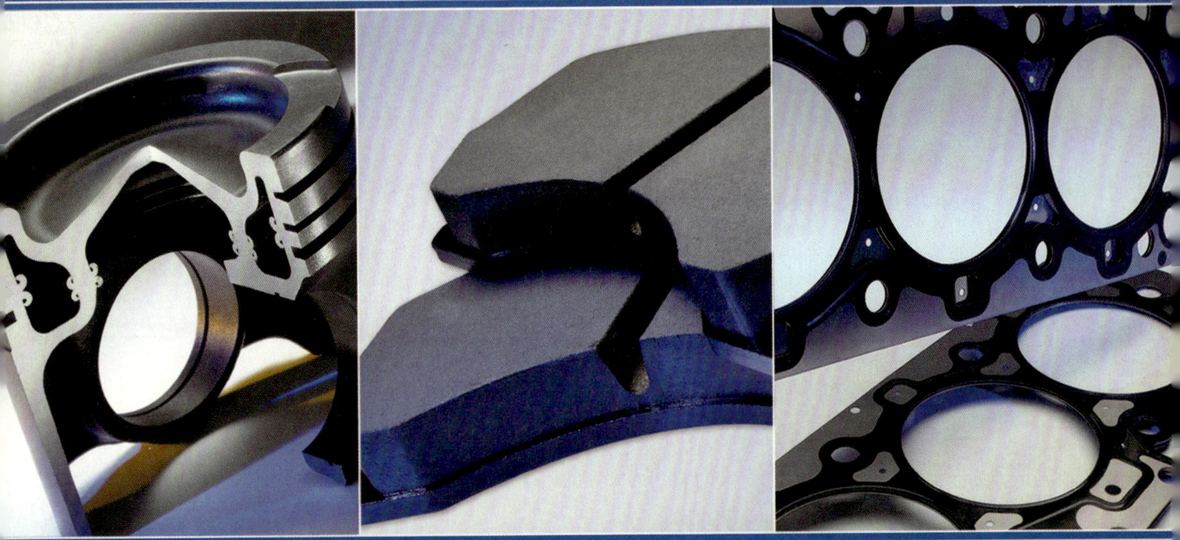

Aus dem Programm Kraftfahrzeugtechnik

Handbuch Verbrennungsmotor
herausgegeben von R. van Basshuysen und F. Schäfer

Lexikon Motorentechnik
herausgegeben von R. van Basshuysen und F. Schäfer

Automobildesign und Technik
herausgegeben von H.-H. Braess und U. Seiffert

Bremsenhandbuch
herausgegeben von B. Breuer und K. H. Bill

Fahrwerktechnik
herausgegeben von B. Heißing und M. Ersoy

Nutzfahrzeugtechnik
herausgegeben von E. Hoepke und S. Breuer

Aerodynamik des Automobils
herausgegeben von W.-H. Hucho

Verbrennungsmotoren
von E. Köhler und R. Flierl

Passive Sicherheit von Kraftfahrzeugen
von F. Kramer

Automotive Software Engineering
von J. Schäuffele und T. Zurawka

Motorradtechnik
von J. Stoffregen

Handbuch Kraftfahrzeugelektronik
herausgegeben von H. Wallentowitz und K. Reif

Bussysteme in der Fahrzeugtechnik
von W. Zimmermann und R. Schmidgall

Die BOSCH-Fachbuchreihe
- **Ottomotor-Management**
- **Dieselmotor-Management**
- **Autoelektrik/Autoelektronik**
- **Sicherheits- und Komfortsysteme**
- **Fachwörterbuch Kraftfahrzeugtechnik**
- **Kraftfahrtechnisches Taschenbuch**

herausgegeben von ROBERT BOSCH GmbH

vieweg

Hans-Hermann Braess/
Ulrich Seiffert (Hrsg.)

Vieweg Handbuch Kraftfahrzeugtechnik

5., überarbeitete und erweiterte Auflage

Mit 1127 Abbildungen und 102 Tabellen

ATZ/MTZ-Fachbuch

vieweg

Bibliografische Information Der Deutschen Nationalbibliothek
Die Deutsche Nationalbibliothek verzeichnet diese Publikation in der
Deutschen Nationalbibliografie; detaillierte bibliografische Daten sind im Internet über
<http://dnb.d-nb.de> abrufbar.

1. Auflage 2000
2. Auflage 2001
3., vollständig neu bearbeitete und erweiterte Auflage September 2003
4., vollständig überarbeitete und erweiterte Auflage September 2005
5., überarbeitete und erweiterte Auflage 2007

Lektorat: Ewald Schmitt

Der Vieweg Verlag ist ein Unternehmen von Springer Science+Business Media.
www.vieweg.de

Redaktion: Elisabeth Lange, Wiesbaden
Konzeption und Layout des Umschlags: Ulrike Weigel, www.CorporateDesignGroup.de
Bilder: Graphik & Text Studio, Dr. Wolfgang Zettlmeier, Barbing
Satz: Druckhaus Thomas Müntzer, Bad Langensalza
Druck und buchbinderische Verarbeitung: MercedesDruck, Berlin
Anzeigen: Christian Kannenberg, www.gwv-media.de
Gedruckt auf säurefreiem und chlorfrei gebleichtem Papier.
Printed in Germany

ISBN 978-3-8348-0222-4

Vorwort

Diese Neuauflage des Handbuches Kraftfahrzeugtechnik ist der Nachfolger des in den letzten Jahrzehnten bekannten Taschenbuches der Professoren Heinrich Buschmann und Paul Koeßler. Dessen Erstausgabe erschien im Jahre 1940. Professor Koeßler gab im Jahre 1973 die achte und damit letzte Auflage heraus. Nicht wenige Fahrzeugingenieure benutzen noch heute die in diesem Buch dargestellten Grundlagen für ihre Arbeit. Wir haben es deshalb als besondere Herausforderung empfunden, an der vollständigen Neufassung dieses für Lehre, Forschung und Praxis wichtigen Werkes als Herausgeber und Autoren mitwirken zu können. Das neue Buch beschreibt in umfassender Weise die faszinierende Welt des Automobils und seiner Entwicklung. Mehr als 100 namhafte Persönlichkeiten der Automobil- und Zulieferindustrie sind als Mitautoren beteiligt. Damit ist dieses Handbuch auch ein Zeitdokument, welches den heutigen hohen Stand und die rasante Weiterentwicklung des Kraftfahrzeuges beschreibt.

Ausgehend von den Bedürfnissen nach Mobilität werden die Anforderungen und die daraus folgenden Zielkonflikte definiert, aus denen sich in Verbindung mit den physikalisch-technischen Grundlagen die Rahmenbedingungen für moderne Fahrzeuge ergeben. Das Design ist ein ganz wesentliches Element für Kundengewinnung, Kaufentscheid und Kundenakzeptanz und wird deshalb ausführlich behandelt. Das Kapitel Fahrzeugkonzepte und Package zeigt auf, dass es, je nach konkreten Schwerpunktsetzungen, zu einer großen Vielfalt unterschiedlicher Gesamtkonzepte und Varianten kommt. Ergänzend wird auf spezielle Aspekte und Konsequenzen alternativer Antriebskonzepte wie Elektroantrieb, Brennstoffzelle, Hybridantrieb oder Gasturbine eingegangen.

Einen breiten Raum nimmt das Kapitel der „klassischen“ Antriebe ein. Moderne Hubkolbenmotor-Technik für Otto- und Dieselmotoren prägen die absehbare Zukunft. Es wird deutlich, dass beide Motorarten ein hohes Weiterentwicklungspotenzial aufweisen. Abgasnachbehandlung, Aufladung und Optimierung der Nebenaggregate sind weitere wichtige Themen. Die Getriebevarianten werden immer zahlreicher, wie die Beispiele automatisch geschalteter Stufengetriebe oder der CVT's zeigen. Auch wenn es um den Zweitaktmotor wieder ruhig geworden ist, werden dennoch seine Chancen und Probleme analysiert. Langfristig von großer Bedeutung sind additive und alternative Kraftstoffe bzw. Antriebsenergien, die im Vergleich behandelt werden. Der Fahrzeugaufbau wird ebenfalls immer anspruchsvoller und komplexer, wie schon die Anzahl der behandelten Themen zeigt. Diese reichen von den Grundlagen selbsttragender Karosserien, Space-Frame-Techniken und Cabriolets über Ergonomie und Komfort, Fahrzeugsicherheit bis hin zu Kommunikations- und Navigationssystemen. Auch im Fahrwerk steigt der Elektronik-Umfang weiter an – Stichworte sind „Drive by Wire“ und Fahrerassistenzsysteme. Damit ist schon angedeutet, dass fast alle Funktionen und Systeme im Fahrzeug elektronische Komponenten beinhalten werden.

Die steigenden Anforderungen haben in den letzen Jahrzehnten zu deutlichen Erhöhungen der Fahrzeuggewichte geführt. Werkstofftechnik, Fertigungsverfahren und Bauweisen der Zukunft haben deshalb besonders der Forderung nach Leichtbau zu genügen, ohne dabei weitere Aspekte, wie das Recycling, zu vernachlässigen. Bei der damit zusammenhängenden steigenden Komplexität der Fahrzeuge, ihrer Entwicklung, der Vernetzung der Fahrzeughersteller und ihrer Systemlieferanten, weltweiter Fertigungsstätten usw. ist es zwangsläufig, dass der Optimierung des Produktentstehungsprozesses eine immer größere Bedeutung zukommt. Verkürzung der Entwicklungszeiten, Begrenzung der Entwicklungskosten bei steigenden Qualitätsansprüchen zwingen zum systematischen Einsatz von Berechnungs-, Simulations-, Mess-/Versuchs- und Qualitätssicherungsverfahren sowie „Virtual Reality“-Methoden; alle am Produktentstehungsprozess Beteiligten arbeiten, wie ausführlich gezeigt wird, von Anfang an zusammen („Simultaneous Engineering“).

Die vierte Auflage geht über Aktualisierungen und Erweiterungen, z.B. hinsichtlich Unfallforschung, Software und Wettbewerbsfahrzeuge, hinaus. Dies zeigt sich ganz besonders im Hauptkapitel Elektrik, Elektronik und Software, das dem aktuellen Stand und den Entwicklungstendenzen entsprechend neu strukturiert und in wesentlichen Teilen neu bearbeitet wurde. In diesem Zusammenhang sind besonders Telematik, Infotainment und Multimediaanwendungen zu nennen.

Verschiedene Neuentwicklungen, aber auch die öffentlichen Diskussionen zur globalen CO_2-Situation und zum Feinstaub haben es ratsam erscheinen lassen, schon nach zwei Jahren die fünfte Auflage vorzulegen. Die Aktualisierungen zeigen sich in praktisch allen Antriebskapiteln, vor allem bei den Hybridantriebs-Konzepten sowie beim umfassenden Bordenergie-Management. Zusätzlich wurden einige Kapitel völlig neu bearbeitet, so die Aufladung, das elektrische Bordnetz, der Produktentstehungsprozess sowie die Rennsportfahrzeuge. Zur Abrundung des Handbuches wurden noch einige neue Kapitel aufgenommen, nämlich zu integrierten Frontend-Konzepten, Rädern und Gleitschutzketten.

Aber auch fast alle anderen Kapitel wurden aktualisiert und noch einige Teilkapitel ergänzt, so z.B. hinsichtlich Abgasanlagen. Wie bisher wurde aber auch auf die Behandlung von Sonderfahrzeugen, wie Dreiradwagen oder spezielle Ausführungen, z.B. für Behinderte sowie von Nutzfahrzeugen, verzichtet.

Bei der Erstellung dieses Handbuches stand das große Fachwissen vieler Experten aus der gesamten deutschsprachigen Industrie zur Verfügung. Allen Autoren sagen wir für ihre Beiträge herzlichen Dank, ebenso wie dem Vieweg Verlag für die Anregung, dieses Handbuch herauszubringen, und den Mitarbeitern, vor allem Frau Elisabeth Lange und Herrn Ewald Schmitt sowie allen Lesern für die Hinweise, die zu den Verbesserungen in der fünften Auflage geführt haben.

Grünwald/Braunschweig im September 2007

Hans-Hermann Braess
Ulrich Seiffert

Kapitel, Beiträge und Mitarbeiter

1	**Mobilität**	Prof. Dr.-Ing. Dr.-Ing. E.h. Hans-Hermann Braess Dr. Walter Hell
2	**Anforderungen, Zielkonflikte**	
2.1	Produktinnovation, bisherige Fortschritte	Prof. Dr.-Ing. Ulrich Seiffert
2.2	Anforderungen durch den Gesetzgeber	Ekhard Zinke Hans-Jürgen Nettlau
2.2.8	Normen	Dipl.-Ing. Walter Sicks
2.3	Neue Technologien	Prof. Dr.-Ing. Dr.-Ing. E.h. Hans-Hermann Braess
2.4	Ergebnisse aus der Unfallforschung	Dr. Robert Zobel Dr.-Ing. Thomas Schwarz
3	**Fahrzeugphysik**	
3.1	Grundlagen	Prof. Dr.-Ing. Ulrich Seiffert
3.2	Aerodynamik	Dr.-Ing. Burkhard Leie Dr.-Ing. Heinz Mankau
3.3	Wärmetechnik	Dr.-Ing. Thomas Heckenberger
3.4	Akustik und Schwingungen	Prof. Dr. Peter Zeller
4	**Formen und neue Konzepte**	
4.1	Design	Dipl.-Des. Hans Dieter Futschik
4.2	Fahrzeugkonzept und Package	Dipl.-Ing. Dipl.-Wirtsch.-Ing. August Achleitner Dipl.-Ing. Wolfhelm Gorissen Dr.-Ing. Gernot Döllner
4.3	Neuartige Antriebe	
4.3.1	Elektroantriebe	Dr. Erwin Wüchner
4.3.2	Brennstoffzellenantriebssysteme	Dr. Klaus Bonhoff Dr. Andreas Docter Dr. Hans-Ulrich Huss Dr. Christian H. Mohrdieck
4.3.3	Hybridantrieb	Dipl.-Ing. Peter Antony
4.3.4	Stirlingmotor, Dampfmotor, Gasturbine und Schwungrad	Prof. Dipl.-Ing. Karl E. Noreikat
4.3.5	Wasserstoff-Verbrennungsmotor	Dr. Edgar Berger Dr. Gerrit Kiesgen
5	**Antriebe**	
5.1	Grundlagen der Motorentechnik	Prof. Dr. Dr. E.h. Franz Pischinger/
5.1.5	Ottomotoren	Dr.-Ing. Peter Wolters
5.2	Dieselmotor	Dipl.-Ing. Richard Dorenkamp Dr. Klaus-Peter Schindler
5.3	Aufladung	Dr.-Ing. Roland Baar
5.4	Triebstrang	Dipl.-Ing. Peter Köpf Dr. Christoph Sasse Klaus Steinel Dr.-Ing. Gerhard Wagner
5.5	Allradantriebe, Brems- und Antriebsregelungen	
5.5.1	Allradantriebs-Konzepte	Dipl.-Ing. Heribert Lanzer Ing. Hermann Pecnik
5.5.2	Antriebs- und Bremsregelung	Dr.-Ing. Heinz Leffler
5.6	Abgasanlagen	Dipl.-Ing. Martin Stüttem
5.7	Bordenergie-Management	Clemens Schmucker
5.7.6	Klauenpolgenerator	Dr. Dieter Kraft

5.8	Chancen und Risiken des Zweitaktmotors	Dipl.-Ing. Bert Pingen
5.9	Konventionelle und alternative Kraftstoffe	Dr. Juliane Wolf
		Dipl.-Ing. Christoph Huß
6	**Aufbau**	
6.1	Karosseriebauweisen	Dipl.-Ing. Lothar Teske
		Dipl.-Ing. Helmut Goßmann
6.1.2	Space-Frame	Dipl.-Ing. Heinrich Timm
6.1.3	Karosserie Stahlleichtbau-Studien	Dr. rer. pol. Dipl.-Ing. Ludwig Hamm
		Dipl.-Ing. Sven Rau
6.1.4	Cabriolet	Dipl.-Ing. Hermann Buschermöhle
		Dipl.-Ing. Winfried Bunsmann
		Dr. Werner Gausmann
		Dr. Peter Kalinke
		Siegfried Licher
6.1.5	Frontendmodule	Dr.-Ing. Roland Lachmayer
6.2	Materialien der Karosserie	Prof. Dr. rer. nat. Rudolf Stauber
		Dipl.-Ing. René Konorsa
6.3	Oberflächenschutz	Dr. Klaus Werner Thomer
6.4.	Fahrzeuginnenraum	Dr.-Ing. Ernst Assmann
6.4.1	Ergonomie und Komfort	Dipl.-Ing. Hermann Künzner
6.4.2	Kommunikationssysteme und Navigation	Dipl.-Ing. Ernst Peter Neukirchner
6.4.3	Innenraumbehaglichkeit/Thermischer Komfort	Dipl.-Ing. Dieter Heinle
6.4.4	Fahrzeuginnenausstattung	Alexander Jacobsen
		Georg Kirchbaumer
6.5	Fahrzeugsicherheit	Prof. Dr.-Ing. Ulrich Seiffert
7	**Fahrwerk**	
7.1	Einführung	Dr.-Ing. Axel Pauly
7.2	Bremssysteme	Dipl.-Ing. Steffen Gruber
		Dipl.-Ing. Norbert Ocvirk
		Dipl.-Ing. James Remfrey
7.3	Reifen, Räder und Gleitschutzketten	Dipl.-Phys. Heiner Volk
7.3.7	Räder	Dipl.-Ing. Martin Braungart
		Dipl.-Ing. Roman Müller
7.3.8	Gleitschutzketten	Dr.-Ing. Hansjörg Rieger
7.4	Fahrwerkauslegung	Dipl.-Ing. Andreas Gleser
		Dipl.-Ing. Dirk Häcker
		Dipl.-Ing. Johann Niklas
		Dr.-Ing. Axel Pauly
		Dipl.-Ing. Karl Rötsch
		Dipl.-Ing. Ludwig Seethaler
7.5	Beurteilungskriterien	Dr.-Ing. Erich Sagan
		Dipl.-Ing. Thomas Unterstraßer (†)
7.6	Kraftstoffsystem	Dipl.-Ing. Hugo Kroiss
		Dipl.-Ing. Martin Scholz
7.7	Kraftstoffversorgungsanlagen für alternative Energieträger	Dipl.-Ing. Gregor Fischer
8	**Elektrik/Elektronik/Software**	
8.1	Bedeutung Elektrik/Elektronik/Software für das Automobil	Dipl.-Ing. Bernd Kunkel
		Dr.-Ing. Thomas Scharnhorst
		Dr. Gabriel Schwab
8.2	Das Bordnetz	Prof. Dr.-Ing. Jürgen Leohold
8.3	Kommunikationsbordnetze	Dr.-Ing. Dirk Dudenbostel
		Dipl.-Ing. Klaus Schneider
		Dipl.-Ing. Wolfgang Sitter

Autorenverzeichnis

Abel, Heinz-Bernhard, Dr.	Siemens VDO Automotive AG, Regensburg www.siemensvdo.de
Achleitner, August, Dipl.-Ing.	Dr.-Ing. h.c. F. Porsche AG, Weissach www.porsche.de
Antony, Peter, Dipl.-Ing.	DaimlerChrysler AG, Sindelfingen www.daimlerchrysler.com
Assmann, Ernst, Dr.-Ing.	BMW AG, München www.bmwgroup.com
Baar, Roland, Dr.-Ing.	Voith Turbo Aufladungssysteme GmbH & Co. KG, Gommern www.voith.com
Berger, Edgar, Dr.	BMW AG, München www.bmwgroup.com
Blume, Heinrich-Jochen, Dr.	Siemens VDO Automotive AG, Regensburg www.siemensvdo.de
Bonhoff, Klaus, Dr.	DaimlerChrysler AG, Kirchheim/Teck-Nabern www.daimlerchrysler.com
Braess, Hans-Hermann, Prof. Dr.-Ing., Dr.-Ing. E.h.	Honorarprofessor an der TU München, TU Dresden und HTW Dresden
Braungart, Martin, Dipl.-Ing.	BBS Motorsport & Engineering GmbH, Schiltach www.bbs-ag.com
Breitling, Thomas, Prof. Dr.-Ing.	DaimlerChrysler AG, Sindelfingen www.daimlerchrysler.com
Broy, Manfred, Prof. Dr. Dr. h.c.	Technische Universität München, Garching www.tu-muenchen.de
Bunsmann, Winfried, Dipl.-Ing.	Wilhelm Karmann GmbH, Osnabrück www.karmann.com
Buschermöhle, Hermann, Dr.-Ing.	Wilhelm Karmann GmbH, Osnabrück www.karmann.com
Docter, Andreas, Dr.	DaimlerChrysler AG, Kirchheim/Teck-Nabern www.daimlerchrysler.com
Döllner, Gernot, Dr.-Ing.	Dr.-Ing. h.c.F. Porsche AG, Weissach www.porsche.de
Dorenkamp, Richard, Dipl.-Ing.	Volkswagen AG, Wolfsburg www.volkswagen.de
Dudenbostel, Dirk, Dr.-Ing.	Siemens VDO Automotive AG, Regensburg www.siemensvdo.de
Ellenrieder, Gunther, Dipl.-Ing.	DaimlerChrysler AG, Sindelfingen www.daimlerchrysler.com
Fischer, Gregor, Dipl.-Ing.	BMW AG, München www.bmwgroup.com
Futschik, Hans Dieter, Dipl.-Designer	DaimlerChrysler AG, Sindelfingen www.daimlerchrysler.com
Ganzelmeier, Lothar, Dr.-Ing.	VEHICO GmbH, Braunschweig www.vehico.de

Gausmann, Werner, Dr.	Wilhelm Karmann GmbH, Osnabrück (vormals) www.karmann.com
Gleser, Andreas, Dipl.-Ing.	BMW AG, München www.bmwgroup.com
Gorissen, Wolfhelm, Dipl.-Ing.	Dr.-Ing. h.c. F. Porsche AG, Weissach www.porsche.de
Goßmann, Helmut, Dipl.-Ing.	Adam Opel GmbH, Rüsselsheim www.opel.de
Grawunder, Norbert	Volkswagen AG, Wolfsburg www.volkswagen.de
Gruber, Steffen, Dipl.-Ing.	Continental Teves AG & Co. oHG, Frankfurt www.contiautomotive.com
Hackenberg, Ulrich, Dr.-Ing.	Volkswagen AG, Wolfsburg www.volkswagen.de
Häcker, Dirk, Dipl.-Ing.	BMW AG, München www.bmwgroup.com
Hamm, Ludwig, Dr. rer. pol. Dipl.-Ing.	Dr.-Ing. h.c. F. Porsche AG, Weissach www.porsche.de
Heckenberger, Thomas, Dr.-Ing.	Behr GmbH & Co. KG, Stuttgart www.behrgroup.com
Heinle, Dieter, Dipl.-Ing.	Behr GmbH & Co. KG, Stuttgart www.behrgroup.com
Helbig, Jörg, Dr.	VEHICO GmbH, Braunschweig www.vehico.de
Hell, Walter, Dr.	Institut für Mobilitätsforschung, Berlin www.ifmo.de
Homburg, Arno, Dr.-Ing.	Bentley Motors, Crewe, England www.bentleymotors.com
Huss, Hans-Ulrich, Dr.	DaimlerChrysler AG, Kirchheim/Teck-Nabern www.daimlerchrysler.com
Huß, Christoph, Dipl.-Ing.	BMW AG, München www.bmwgroup.com
Jacobsen, Alexander	Magna Exteriors & Interiors Management GmbH, Sailauf www.magna.com
Kalinke, Peter, Dr.	Wilhelm Karmann GmbH, Osnabrück (vormals) www.karmann.com
Kasties, Günther, Dipl.-Ing.	Oecon, Braunschweig www.oecon-line.de
Kiesgen, Gerrit, Dr.	BMW AG, München www.bmwgroup.com
Kirchbaumer, Georg	Magna Exteriors & Interiors Management GmbH, Sailauf www.magna.com
Knoll, Peter, Prof. Dr.-Ing.	Robert Bosch GmbH, Leonberg www.bosch.com
Konorsa, René, Dipl.-Ing.	BMW AG, München www.bmwgroup.com

Köpf, Peter, Dipl.-Ing.	ZF Friedrichshafen AG, Friedrichshafen www.zf.com
Kraft, Dieter, Dr.	Robert Bosch GmbH, Stuttgart www.bosch.com
Kreye, Markus, Dipl.-Ing.	Visteon Deutschland GmbH, Kerpen www.visteon.com
Kroiss, Hugo, Dipl.-Ing.	BMW AG, München www.bmwgroup.com
Künzner, Hermann, Dipl.-Ing.	BMW AG, München www.bmwgroup.com
Kunkel, Bernd, Dipl.-Ing.	Volkswagen AG, Wolfsburg www.volkswagen.de
Lachmayer, Roland, Dr.-Ing.	Hella KGaA, Lippstadt www.hella.com
Lanzer, Heribert, Dipl.-Ing.	MAGNA STEYR Fahrzeugtechnik AG & CO KG, A-Graz www.magnasteyr.com
Leffler, Heinz, Dr.-Ing.	BMW AG, München www.bmwgroup.com
Leie, Burkhard, Dr.-Ing.	Volkswagen AG, Wolfsburg (vormals) www.volkswagen.de
Lemmer, Karsten, Prof. Dr.-Ing.	Deutsches Zentrum für Luft- und Raumfahrt e.V., Braunschweig www.dlr.de
Leohold, Jürgen, Prof. Dr.-Ing.	Volkswagen AG, Wolfsburg www. volkswagen.de
Licher, Siegfried	Wilhelm Karmann GmbH, Osnabrück (vormals) www.karmann.com
Liskowsky, Volker, Prof. Dr.	Westsächsische Hochschule, Zwickau www.fh-zwickau.de
Mankau, Heinz, Dr.	Volkswagen AG, Wolfsburg www.volkswagen.de
Mohrdieck, Christian H., Dr.	DaimlerChrysler AG, Kirchheim/Teck-Nabern www.daimlerchrysler.com
Müller, Roman, Dipl.-Ing.	BBS Motorsport & Engineering GmbH, Schiltach www.bbs-ag.com
Nettlau, Hans-Jürgen	Kraftfahrt-Bundesamt, Flensburg www.kba.de
Neukirchner, Ernst Peter, Dipl.-Ing.	Robert Bosch GmbH, Hildesheim www.bosch.com
Niklas, Johann, Dipl.-Ing.	BMW AG, München www.bmwgroup.com
Noreikat, Karl E., Prof. Dipl.-Ing.	DaimlerChrysler AG, Stuttgart www.daimlerchrysler.com
Ocvirk, Norbert, Dipl.-Ing.	Continental Teves AG & Co. oHG, Frankfurt www.contiautomotive.com
Pankratz, Jörg, Dipl.-Math.	Volkswagen AG, Wolfsburg www.volkswagen.de

Pauly, Axel, Dr.-Ing.	BMW AG, München www.bmwgroup.com
Pecnik, Hermann, Ing.	MAGNA STEYR Fahrzeugtechnik AG & CO KG, A-Graz www.magnasteyr.com
Pfaff, Wolfgang, Dr.	Robert Bosch GmbH, Stuttgart www.bosch.com
Pingen, Bert, Dipl.-Ing. MSc.	Ford-Werke GmbH, Köln www.ford.de
Plank, Robert, Dr.-Ing.	Schaeffler Gruppe Automotive, Schaeffler KG, Schweinfurt www.fag.de
Pischinger, Franz, Prof. Dr. Dr. E.h.	FEV Motorentechnik GmbH, Aachen www.fev.com
Rau, Sven, Dipl.-Ing.	Dr.-Ing. h.c. F. Porsche AG, Weissach www.porsche.de
Remfrey, James Dipl.-Ing.	Continental Teves AG & Co. oHG, Frankfurt www.contiautomotive.com
Rieger, Hansjörg, Dr.-Ing.	RUD Ketten Rieger & Dietz GmbH & Co. KG, Aalen www.rud.com
Rötsch, Karl, Dipl.-Ing.	BMW AG, München www.bmwgroup.com
Sagan, Erich, Dr.-Ing.	BMW AG, München www.bmwgroup.com
Sasse, Christoph, Dr.	ZF Sachs AG, Schweinfurt www.zf.com
Scharnhorst, Thomas, Dr.-Ing.	Carmeq GmbH, Berlin www.carmeq.com
Schneider, Klaus, Dipl.-Ing.	Siemens VDO Automotive AG, Regensburg www.siemensvdo.de
Schindler, Klaus-Peter, Dr.	Volkswagen AG, Wolfsburg www.volkswagen.de
Schlereth, Werner, Dipl.-Ing.	Schaeffler Gruppe Automotive, Schaeffler KG, Schweinfurt www.fag.de
Schmucker, Clemens	Robert Bosch GmbH, Leonberg www.bosch.com
Schneider, Guido, Dr.-Ing.	Volkswagen AG, Wolfsburg www.volkswagen.de
Schneider, Klaus, Dipl.-Ing.	Siemens VDO Automotive AG www.siemensvdo.de
Scholz, Martin, Dipl.-Ing.	BMW AG, München www.bmwgroup.de
Schulze, Martin, Dipl.-Ing.	Visteon Deutschland GmbH, Kerpen www.visteon.com
Schwab, Gabriel, Dr.	Volkswagen AG, Wolfsburg www.volkswagen.de
Schwarz, Thomas, Dr.-Ing.	Volkswagen AG, Wolfsburg www.volkswagen.de

Seethaler, Ludwig, Dipl.-Ing.	BMW AG, München www.bmwgroup.com
Seiffert, Ulrich, Prof. Dr.-Ing.	WiTech Engineering GmbH, Braunschweig www.witech-engineering.de
Sicks, Walter, Dipl.-Ing.	Normenausschuss Kraftfahrzeuge (FAKRA), Frankfurt www.vda.de
Sitter, Wolfgang, Dipl.-Ing.	Siemens VDO Automotive AG, Regensburg www.siemensvdo.de
Stauber, Rudolf, Prof. Dr. rer. nat.	BMW AG, München www.bmwgroup.com
Steinel, Klaus, Dipl.-Ing.	ZF Sachs AG, Schweinfurt www.zf.com
Stüttem, Martin, Dipl.-Ing.	Arvin Meritor, Augsburg www.arvinmeritor.com
Teske, Lothar, Dipl.-Ing.	Adam Opel GmbH, Rüsselsheim www.opel.de
Thomer, Klaus Werner, Dr.	Adam Opel GmbH, Rüsselsheim www.opel.de
Timm, Heinrich, Dipl.-Ing.	Audi AG, Ingolstadt www.audi.de
Unterstraßer, Thomas, Dipl.-Ing. (†)	BMW AG, München www.bmwgroup.com
Volk, Heiner, Dipl.-Phys.	Continental AG, Hannover www.conti-online.com
Wagner, Gerhard, Dr.-Ing.	ZF Getriebe GmbH Saarbrücken, Kressbronn www.zf.com
Widmann, Ulrich, Dr.-Ing.	Audi AG, Ingolstadt www.audi.de
Wolf, Juliane, Dr.	BMW AG. München www.bmwgroup.com
Wolters, Peter, Dr.-Ing.	FEV Motorentechnik GmbH, Aachen www.fev.com
Wüchner, Erwin, Dr.	DaimlerChrysler AG, Kirchheim/Teck-Nabern www.daimlerchrysler.com
Zeller, Peter, Prof. Dr.	BMW AG, München www.bmwgroup.com
Zinke, Ekhard	Kraftfahrt-Bundesamt, Flensburg www.kba.de
Zobel, Robert, Dr.	Volkswagen AG, Wolfsburg www.volkswagen.de

Firmen- und Institutionenverzeichnis

Adam Opel GmbH, Rüsselsheim	Dr. Klaus Werner Thomer Dipl.-Ing. Helmut Goßmann Dipl.-Ing. Lothar Teske
Arvin Meritor, Augsburg	Dipl.-Ing. Martin Stüttem
Audi AG, Ingolstadt	Dipl.-Ing. Heinrich Timm Dr.-Ing. Ulrich Widmann
BBS Motorsport & Engineering GmbH, Schiltach	Dipl.-Ing. Martin Braungart Dipl.-Ing. Roman Müller
Behr GmbH & Co. KG, Stuttgart	Dipl.-Ing. Dieter Heinle Dr.-Ing. Thomas Heckenberger
Bentley Motors, Crewe, England	Dr.-Ing. Arno Homburg
BMW AG, München	Dr.-Ing. Ernst Assmann Dr. Edgar Berger Dipl.-Ing. Gregor Fischer Dipl.-Ing. Andreas Gleser Dipl.-Ing. Dirk Häcker Dipl.-Ing. Christoph Huß Dr.-Ing. Gerrit Kiesgen Dipl.-Ing. René Konorsa Dipl.-Ing. Hugo Kroiss Dipl.-Ing. Hermann Künzner Dr.-Ing. Heinz Leffler Dipl.-Ing. Johann Niklas Dr.-Ing. Axel Pauly Dipl.-Ing. Karl Rötsch Dr.-Ing. Erich Sagan Dipl.-Ing. Martin Scholz Dipl.-Ing. Ludwig Seethaler Prof. Dr. rer. nat. Rudolf Stauber Dipl.-Ing. Thomas Unterstraßer (†) Dr. Juliane Wolf Prof. Dr. Peter Zeller
Carmeq GmbH, Berlin	Dr.-Ing. Thomas Scharnhorst
Continental AG, Hannover	Dipl.-Phys. Heiner Volk
Continental Teves AG & Co. oHG, Frankfurt	Dipl.-Ing. Steffen Gruber Dipl.-Ing. Norbert Ocvirk Dipl.-Ing. James Remfrey
DaimlerChrysler AG, Kirchheim/Teck-Nabern	Dr. Klaus Bonhoff Dr. Andreas Docter Dr. Hans-Ulrich Huss Dr. Christian H. Mohrdieck Dr. Erwin Wüchner
DaimlerChrysler AG, Sindelfingen	Dipl.-Ing. Peter Antony Prof. Dr.-Ing. Thomas Breitling Dipl.-Ing. Gunther Ellenrieder Dipl.-Designer Hans Dieter Futschik
DaimlerChrysler AG, Stuttgart-Untertürkheim	Prof. Dipl.-Ing. Karl E. Noreikat
FAKRA, Frankfurt	Dipl.-Ing. Walter Sicks
FEV Motorentechnik GmbH, Aachen	Prof. Dr. Dr. E. h. Franz Pischinger Dr.-Ing. Peter Wolters
Ford-Werke GmbH, Köln	Dipl.-Ing. MSc. Bert Pingen
Hella KGaA, Lippstadt	Dr.-Ing. Roland Lachmayer
Magna Exteriors & Interiors Management GmbH, Sailauf	Alexander Jacobsen Georg Kirchbaumer
MAGNA STEYR Fahrzeugtechnik AG & CO KG, A-Graz	Dipl.-Ing. Heribert Lanzer Ing. Hermann Pecnik
Oecon, Braunschweig	Dipl.-Ing. Günther Kasties

Dr. Ing. h.c. F. Porsche AG, Weissach	Dipl.-Ing. Dipl.-Wirtsch.-Ing. August Achleitner Dr.-Ing. Gernot Döllner Dipl.-Ing. Wolfhelm Gorissen Dr. rer. pol. Dipl.-Ing. Ludwig Hamm Dipl.-Ing. Sven Rau
Robert Bosch GmbH, Hildesheim	Dipl.-Ing. Ernst Peter Neukirchner
Robert Bosch GmbH, Leonberg	Prof. Dr-Ing. Peter Knoll Clemens Schmucker
Robert Bosch GmbH, Stuttgart	Dr. Dieter Kraft Dr. Wolfgang Pfaff
RUD Ketten Rieger & Dietz GmbH & Co. KG, Aalen	Dr.-Ing. Hansjörg Rieger
Schaeffler Gruppe Automotive, Schaeffler KG, Schweinfurt	Dr.-Ing. Robert Plank Dipl.-Ing. Werner Schlereth
Siemens VDO Automotive AG, Regensburg	Dr. Heinz-Bernhard Abel Dr. Heinrich-Jochen Blume Dr.-Ing. Dirk Dudenbostel Dipl.-Ing. Klaus Schneider Dipl.-Ing. Wolfgang Sitter
Vehico GmbH, Braunschweig	Dr.-Ing. Lothar Ganzelmeier Dr. Jörg Helbig
Visteon Deutschland GmbH, Kerpen	Dipl.-Ing. Martin Schulze Dipl.-Ing. Markus Kreye
Voith Turbo Aufladungssysteme GmbH & Co. KG, Gommern	Dr. Roland Baar
Volkswagen AG, Wolfsburg	Richard Dorenkamp Norbert Grawunder Dr.-Ing. Ulrich Hackenberg Dr.-Ing. Arno Homburg Dipl.-Ing. Bernd Kunkel Dr.-Ing. Burkhard Leie (vormals) Prof. Dr.-Ing. Jürgen Leohold Dr.-Ing. Heinz Mankau Dipl.-Math. Jörg Pankratz Dr. Klaus-Peter Schindler Dr.-Ing. Guido Schneider Dr. Gabriel Schwab Dr.-Ing. Thomas Schwarz Dr. Robert Zobel
Wilhelm Karmann GmbH, Osnabrück	Dipl.-Ing. Winfried Bunsmann Dr.-Ing. Hermann Buschermöhle Dr. Werner Gausmann (vormals) Dr. Peter Kalinke (vormals) Siegfried Licher (vormals)
WiTech Engineering GmbH, Braunschweig	Prof. Dr.-Ing. Ulrich Seiffert
ZF Friedrichshafen AG, Friedrichshafen	Dipl.-Ing. Peter Köpf
ZF Getriebe GmbH Saarbrücken, Kressbronn	Dr.-Ing. Gerhard Wagner
ZF Sachs AG, Schweinfurt	Dr. Christoph Sasse Dipl.-Ing. Klaus Steinel

Institutionenverzeichnis

Deutsches Zentrum für Luft- und Raumfahrt e. V., Braunschweig	Prof. Dr.-Ing. Karsten Lemmer
Institut für Mobilitätsforschung, Berlin	Dr. Walter Hell
Kraftfahrt-Bundesamt, Flensburg	Ekhard Zinke Hans-Jürgen Nettlau
Technische Universität München	Prof. Dr. Dr. h.c. Manfred Broy
Westsächsische Hochschule Zwickau	Prof. Dr.-Ing. Volker Liskowsky

Inhaltsverzeichnis

1 Mobilität

1.1 Einleitung

Wie Bewegung eine Voraussetzung des Lebens ist, wird ihr Gegenteil, Bewegungslosigkeit, Starre, mit Leblosigkeit oder gar mit Tod gleichgesetzt. Die Materie selbst ist unaufhörlich in Bewegung. So sagt Galileo Galilei: „Nichts ist älter in der Natur als Bewegung". Und Pascal sagt in seinen Pensees: „Zu unserer Natur gehört die Bewegung; vollkommene Ruhe ist der Tod". Nicht umsonst zählt Gefängnis seit jeher zu den besonders harten Strafen für Mensch und Tier. Es bedeutet nämlich nicht nur kein Aus-dem-Haus-gehen, Fahren, Fliegen, sondern auch starken Verlust an Informationsaufnahme und damit Mangel an Erkenntnis-Gewinn und Erkenntnis-Weitergabe.

In der Urzeit emanzipierte die Fähigkeit zur Fortbewegung die Tiere von den Launen der Natur, befreite sie von den Fesseln eines festen Standortes. Fortbewegung war und ist für das Überleben einer Gattung immer eine wesentliche Grundvoraussetzung und somit ein Erfolgsprinzip der Evolution.

Der Mensch hat seit alters her den Wunsch sich schneller, weiter und mit größeren Lasten bewegen zu können, als er mit eigener Muskelkraft dazu im Stande wäre – und das möglichst ohne körperliche Anstrengung. Daher hat er zu jeder Zeit die Möglichkeiten der Technik geradezu begierig aufgegriffen: Im Altertum das Schiff, durch Wind und Menschenkraft bewegt, mit der Erfindung des Rades den Wagen, der über Jahrhunderte von Tieren gezogen wurde, bis dann vor mehr als 170 Jahren die Eisenbahn eine erste Revolution in Sachen Mobilität herbeiführte.

Mit der Entwicklung des Automobils, die vor 120 Jahren begann, wurde dann das Verkehrsmittel geschaffen, das aufgrund seiner individuellen und flexiblen Einsetzbarkeit bis heute am meisten genutzt wird. Nur das Automobil kann praktisch zu jeder beliebigen Zeit an fast jeden gewünschten Ort fahren. Das Auto ermöglicht heute in fast allen Regionen dieser Erde individuelle Mobilität und den Transport von Gütern (**Bild 1.1-1**, aus [1]).

Immer wieder zeigt sich, dass zivilisatorischer, wirtschaftlicher und kultureller Fortschritt weltweit untrennbar mit Mobilität verbunden ist.

Derzeit werden in Deutschland mehr als 80 % der Personenverkehrsleistung mit dem Pkw abgewickelt (**Bild 1.1-2** nach [2]).

Trotz ständiger Verbesserungen beim öffentlichen Verkehr kann man davon ausgehen, dass der Pkw aufgrund seiner Einsatzbreite **(Bild 1.1-3)** sowie seiner vielfältigen individuellen Nutzungsmöglichkei-

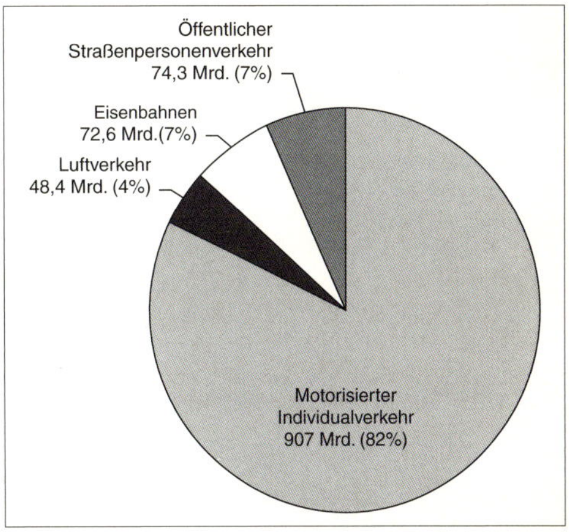

Bild 1.1-2 Personenverkehrsleistung in Deutschland

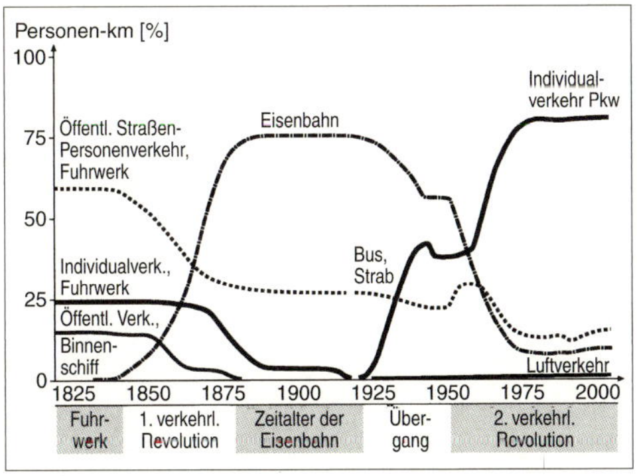

Bild 1.1-1 Personenverkehr in der Bundesrepublik Deutschland seit 1820

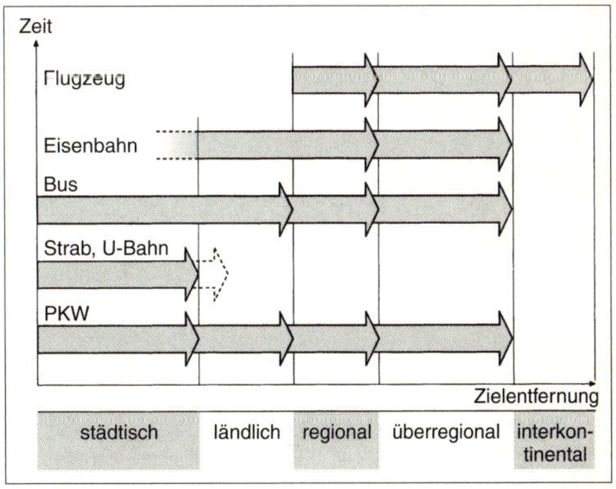

Bild 1.1-3 Einsatzbreite verschiedener Verkehrsmittel

ten, sogar in Ballungsräumen, auf lange Sicht von großer Bedeutung sein wird (Kap. 12).

Die Zahl der Automobile beträgt weltweit heute etwa 600 Millionen, wobei die Massen-Motorisierung einiger großer und vieler kleiner Länder noch gar nicht begonnen hat. Deshalb haben nicht nur die Vorteile, sondern auch die Nachteile des Straßenverkehrs, insbesondere Ressourcen-Verbrauch, Unfallgefahren und Umweltwirkungen in Technik und Gesellschaft einen hohen Stellenwert. Dies führt immer wieder zu Diskussionen über reglementierende Eingriffe der öffentlichen Hand, mit dem Ziel, die ungehinderte Nutzung des Automobils einzuschränken.

Man könnte durchaus sagen, dass der große Erfolg des Automobils zum Teil als die Ursache des Problems angesehen werden kann. Trotz der Nachteile muss man aber konstatieren, dass es in allen Politikbereichen und auf allen politischen Ebenen eine hohe Anzahl an Entscheidungen gibt, bei denen eine steigende Verkehrsnachfrage überhaupt erst Voraussetzung für die erfolgreiche Umsetzung der jeweiligen Entscheidung oder die Folge davon ist [3].

Eine unabdingbare Voraussetzung für jeden, der sich mit dem Verkehr im Allgemeinen und dem Automobil im Speziellen beschäftigt, ist außerdem die Berücksichtigung der Erkenntnisse verschiedenster Fachdisziplinen. So müssen die unterschiedlichsten Technologiebereiche, aber auch Fachgebiete wie Soziologie, Psychologie und Ökologie (Wirkungen auf belebte und unbelebte Umwelt), direkt oder indirekt bei den Entwicklungen neuer Fahrzeuge berücksichtigt werden.

1.2 Ursachen und Arten der Mobilität

1.2.1 Definitionen

Mobilität bedeutet allgemein Raumüberwindung, Erreichen von Zielen; teilweise wird unter Mobilität bereits das Bedürfnis bzw. die Fähigkeit zur Ortsveränderung verstanden. Für den Soziologen ist Mobilität zusätzlich die Bewegung von Menschen zwischen sozialen Schichten, für den Psychologen geistige Beweglichkeit (z.B. [4]). Mobilitätsbedürfnisse sind zuweilen spontan oder emotional; Mobilität kann aber auch Selbstzweck sein.

Die Summe aller Bewegungen von Menschen und Gütern wird als Verkehr bezeichnet. Zur Quantifizierung physischer Mobilität dienen in verkehrswirtschaftlichem Zusammenhang vor allem zwei Indikatoren:

- **Verkehrsaufkommen** (Transportaufkommen): Im Personenverkehr werden damit die beförderten Personen (Beförderungsfälle) bzw. im Güterverkehr die transportierten Tonnen pro Zeiteinheit in einem definierten Gebiet oder am Querschnitt eines Verkehrsweges gemessen.
- **Verkehrsleistung** (Transportleistung): Sie ergibt sich durch Multiplikation des Verkehrsaufkommens mit den jeweils zurückgelegten Entfernungen (Pkm bzw. tkm).

Zur weiteren Spezifizierung der physischen Mobilität von Personen dienen außerdem die drei folgenden Indikatoren:

- **Anzahl der Wege pro Person und Zeiteinheit** (z.B. legte 2003 eine (mobile) Person in Deutschland durchschnittlich 3,88 Wege pro Tag zurück [5].)
- **Zurückgelegte Streckenlänge pro Person und Zeiteinheit** (z.B. legte 2003 eine Person in Deutschland durchschnittlich 38,4 Kilometer pro Tag zurück [5]).
- **Für alle Wege benötigte Zeit pro Person und Zeiteinheit** (z.B. benötigte eine Person in Deutschland durchschnittlich 1 h 22 min für die Bewältigung der zurückgelegten Wege pro Tag [5]).

Da in den Verkehrsmitteln oft mehrere Personen unterwegs sind, muss der Beschreibung der Verkehrsleistung zwischen „Personenkilometern" und „Fahrzeugkilometern" unterschieden werden. Beim Transport von Gütern spricht man im Hinblick auf die Güterverkehrsleistung dementsprechend von „Tonnenkilometern" oder ebenfalls von „Fahrzeugkilometern".

Die Bedeutung der individuellen Mobilität lässt sich z.B. an der Entwicklung des Pkw-Bestandes ablesen (**Bild 1.2-1** aus [6]). Die Verfügbarkeit von Fahrzeugen wird üblicherweise mit dem Motorisierungsgrad (Anzahl der Fahrzeuge pro Tausend Einwohner) erfasst, eine in hohem Maße von wirtschaftlichen Faktoren abhängige Größe (z.B. [7]).

Personen- und Güterverkehr finden „unimodal" (mit nur einem Verkehrsmittel) oder „multimodal" (unter Nutzung verschiedener Verkehrsmittel) von Quelle A zu Ziel B, gegebenenfalls mit Zwischenzielen, statt. Beispiele für den Personenverkehr wären:

- Fahrt mit dem Auto zum Büro, nachmittags Autofahrt zum Supermarkt, dann zum Kino, anschließend wieder Autofahrt nach Hause; also eine unimodale „Wegekette".

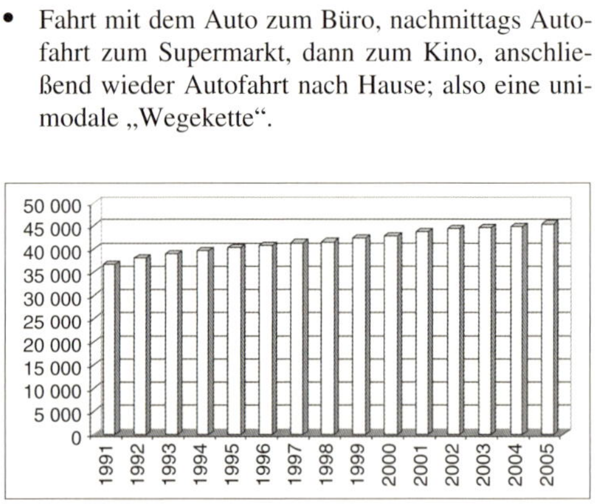

Bild 1.2-1 Entwicklung des Pkw-Bestandes 1991–2005 in Deutschland (in Tausend)

GT3
BB GT 712

Innovo ergo sum.

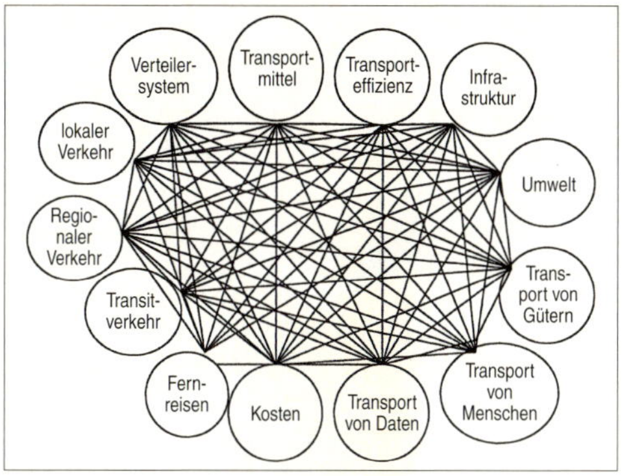

Bild 1.2-2 Komplexität von Transportaufgaben

- Fahrt mit dem Auto zum Bahnhof, von dort Fahrt mit dem ICE in eine andere Stadt, dann mit dem Taxi zu einem Geschäftstermin usw.; also eine durchgehende multimodale „Wegekette“.

Zusätzlich kann es darum gehen, Gepäck oder weitere Passagiere mitzunehmen.

Schon aus diesen wenigen Beispielen wird deutlich, wie unterschiedlich Mobilitätsformen sein können, und welch differierende Anforderungen an die verschiedenen Verkehrmittel und ihr Zusammenwirken im Verkehrssystem (Intermodalität) daraus resultieren (**Bild 1.2-2** aus [8], siehe auch [9]).

In der Vergangenheit wurden immer wieder Erwartungen geäußert, dass durch die neuen Medien (z.B. Internet, Tele-Konferenzen) der Zuwachs an physischer Mobilität zumindest in seinem Wachstum gebremst werden könnte. Erfahrungen aus der Einführung des Telefons lassen jedoch berechtigte Zweifel entstehen, ob ein Substitutionseffekt durch diese Formen von „virtueller Mobilität“ sehr hoch sein wird [10]. Man geht heute sogar davon aus, dass von Ausnahmen abgesehen, durch neue Medien mehr Verkehr generiert wird.

1.2.2 Aktivitäten bestimmen Mobilität

Das Lebensalter und die besonderen Aktivitäten in den verschiedenen Lebensabschnitten beeinflussen die Anforderungen an die Mobilität in hohem Maße [11]. Zu den Einflussgrößen gehören aber auch Siedlungs-, Wirtschafts- und Freizeit-Strukturen.

In Deutschland sind 65 % der Verkehrsleistung des Personenverkehrs auf die Mobilität im sozialen und ökonomischen Kontext der privaten Haushalte (Einkauf, Freizeit, Urlaub) zurückzuführen [12]. Die restlichen 35 % betreffen Beruf, Ausbildung und geschäftliche Zwecke. **Bild 1.2-3** aus [12] zeigt verkehrserzeugende Handlungen privater Haushalte.

Von besonderer Bedeutung ist der Freizeitverkehr (z.B. [13, 14, 15]), der seit Jahren generell zunimmt (**Bild 1.2-4**).

Zudem stellt der Freizeitverkehr wegen seiner besonderen Anforderungen, wie z.B. spezielle Zielorte, Zahl der Passagiere, spezielles Gepäck wie Surfbrett, Golfausrüstung besonders hohe Anforderungen an die dazu geeigneten bzw. bevorzugten Verkehrsmittel [16].

Die Tourismuswirtschaft, die Mobilität auf dem Boden, dem Wasser und in der Luft voraussetzt, ist weltweit eine der wichtigsten Wachstumsbranchen. Die Welttourismusorganisation (UNWTO) ermittelte trotz hoher Schwankungen in den vergangenen Jahren ein stets über den anderen Branchen liegendes Wachstum. Allein vom Jahr 2003 auf 2004 ist die Zahl der Touristen weltweit um 10,1 Prozent auf über 760 Millionen gestiegen [17].

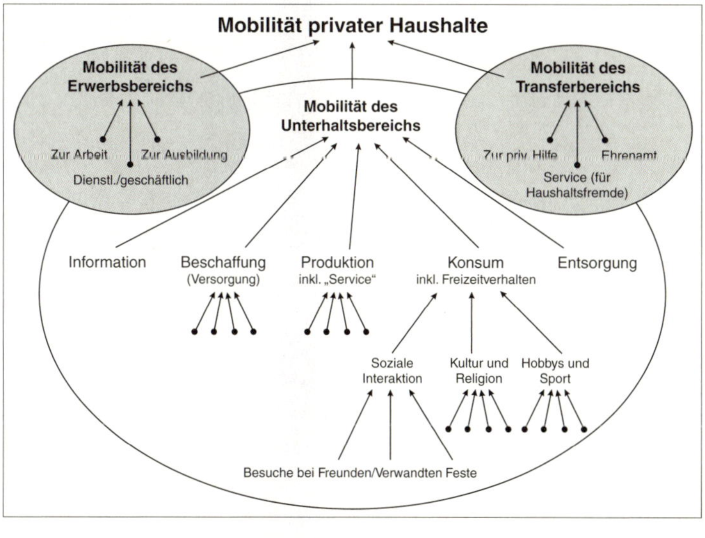

Bild 1.2-3 Mobilität privater Haushalte (Modell nach Zängler)

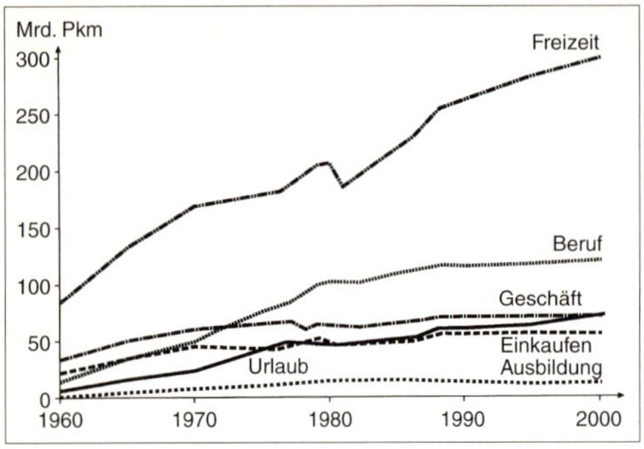

Bild 1.2-4 Verkehrsleistung Pkw nach Fahrtzwecken

Vorteile des privaten Personenwagens	Vorteile öffentlicher Verkehrsmittel
■ Weitgehend örtlich und zeitlich unabhängige Verfügbarkeit ■ Minimaler Anmarschweg, kein Warten und Umsteigen erforderlich ■ Meist günstige Reisezeiten ■ Private Umgebung, Komfort, Schutz vor schlechtem Wetter ■ Leichte Mitnahmemöglichkeit für Gepäck; Sportgerät usw., Aufbewahrungsmöglichkeiten im parkenden Fahrzeug ■ Geringe Zusatzkosten bei Mitnahme von Passagieren ■ Freude an der aktiven Steuerung und Bewegung möglich ■ Freude am Besitz möglich	■ Benutzung auch für solche Personen, die nicht Auto fahren können (z.B. Kinder, Senioren) oder wollen ■ Direkte finanzielle Belastung nur bei Inanspruchnahme (kein Kauf oder Leasing) ■ Keine Beanspruchung durch aktives Fahren. Lesen und Schreiben während der Fahrt möglich ■ Keine Parkplatzsuche erforderlich ■ Schienenfahrzeuge: Bei sehr schlechtem Wetter höherer Grad an Pünktlichkeit

Bild 1.2-5 Vorteile des privaten Pkw im Vergleich zu öffentlichen Verkehrsmitteln

Wie schon einleitend angedeutet, resultiert der insgesamt hohe Anteil des motorisierten Individualverkehrs (MIV) aus den besonderen Vorteilen des Automobils (**Bilder 1.2-5**, **1.2-6** aus [8]). In Großstädten, die über leistungsfähige U-und S-Bahnen verfügen, steigt der ÖPNV-Anteil bei Wegen in die Innenstädte allerdings deutlich an (z.B. [18]). Es gibt jedoch eine Reihe von Gründen, die viele Menschen dennoch dazu veranlassen, auch bei Staugefahr und hohen Parkgebühren, das Auto bis in die Innenstadt mitzunehmen, z.B. Abtransport der Einkäufe, Witterung (siehe hierzu [19]).

Neben der schon angesprochenen, vorzugsweise zweckorientierten Mobilität spricht man auch von sog. „Erlebnismobilität" ([14]; **Bild 1.2-7** aus [20]). Hier steht die emotionale Komponente des Unterwegssein im Vordergrund.

	Zweckmobilität	Erlebnismobilität
Definition	Von einem Hauptzweck abgeleitetes Nebenbedürfnis: zielorientiert	Originäres/zweckgerichtetes eigenständiges Bedürfnis: streckenorientiert
Bedürfnis	Rationaler Gebrauchsnutzen	Emotionaler Geltungsnutzen
Funktion	Auto als Transportmittel	Auto als Erlebnismittel
Zweck	„Value for money": Cost of ownership	„Value for money" Sheer driving pleasure
Merkmale	Geringer Erlebniswert, überwiegend festgelegte Fahrzeiten und Entfernungen	Hoher Erlebniswert, Freude am Fahren Freude am Unterwegssein
		(nach Weinhold)

Bild 1.2-7 Zweck- und Erlebnismobilität im Vergleich

Nach einer repräsentativen Erhebung in Deutschland deckt sich das alltägliche Verkehrsmittelwahlverhalten mit dem bei längeren Reisen in hohem Maße. (**Bild 1.2-8** aus [5])

Oftmals mit Freizeit und Urlaub gekoppelt, führt Erlebnismobilität häufig zu speziellen Fahrzeugkonzepten und Ausstattungsmerkmalen (siehe Kap. 4.2).

Besondere Anforderungen an Fahrzeugkonzept und Ausstattung stellt aber auch der Wirtschaftsverkehr mit dem Pkw, z.B. hinsichtlich Transportvolumen und -gewicht, Wirtschaftlichkeit oder Variabilität.

Anforderungen \ Transportsysteme	Private Fahrzeuge	Öffentlicher Nahverkehr	Flugzeug	Eisenbahn
Sicherheit	◆	●	●	●
Komfort	●	○	◆	◆
Geschwindigkeit	◆	◆	●	◆
Flexibilität/Transportfrequenz	●	○	○	○
Umweltbelastung	◆	◆	○	◆
Wetterunabhängigkeit	◆	◆	◆	●
Verfügbarkeit	●	◆	○	◆
Kosten für den Verbraucher	●	○	●	◆

Grad der Leistungsfähigkeit ● hoch ◆ mittel ○ niedrig

Bild 1.2-6 Qualitative Beurteilung unterschiedlicher Transportsysteme für Personen

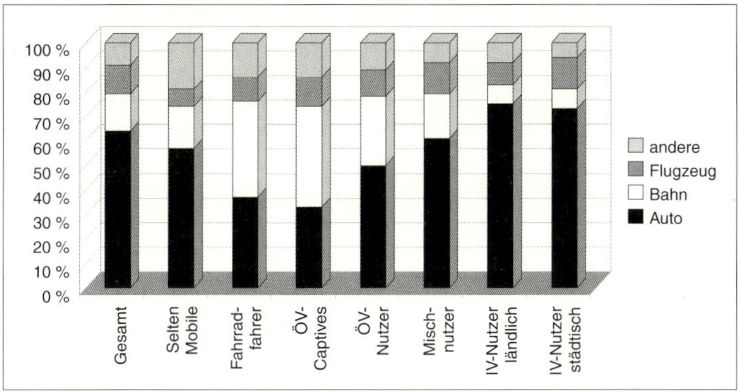

Bild 1.2-8 Mobilitätsstile und Verkehrsmittel bei längeren Reisen

Als wichtiger Grenzfall der Mobilität ist der sog. ruhende Verkehr zu betrachten, der beim MIV vor und nach jeder Fahrt individuell dann von besonderer Bedeutung ist, wenn ein Mangel an privaten oder öffentlichen Stellplätzen besteht (z.B. [21, 22]). Unzureichender Parkraum hat aber auch kollektive Konsequenzen (Behinderung des fließenden Verkehrs durch Parken in zweiter Reihe, erhöhte Emissionen durch Parksuchverkehr, volkswirtschaftliche Kosten von Staus usw.).

1.2.3 Transportsysteme für den Güterverkehr

Globalisierung, fortschreitende europäische Integration sowie zunehmende Arbeitsteiligkeit der Wirtschaft haben große Auswirkungen auf den Güterverkehr. Transportqualität, Sicherheit und Wirtschaftlichkeit sind wichtige Kriterien für die Auswahl des zu bevorzugenden Verkehrsmittels.
Auch beim Güterverkehr ist die Straße der Verkehrsträger mit dem größten Anteil beim Modalsplit (2004 in Deutschland: ca. 70 %). Die Gründe sind vor allem die hohe Dichte des Straßennetzes, hohe Flexibilität des Lkw, die Möglichkeit des Transportes vom Absender zum Empfänger ohne Umladevorgang (z.B. [23] sowie **Bild 1.2-9** aus [8]). Da Güter- und Personenverkehr meist dieselbe Infrastruktur nutzen, muss man bei Diskussionen über den Straßenverkehr immer beide Entwicklungen im Auge behalten.

1.2.4 Einige spezielle Ausprägungen von Mobilität

Werden Personenwagen normalerweise für möglichst vielfältige Anwendungen ausgelegt („Einhüllende aller Anforderungen", siehe Kap. 2), gibt es spezielle Mobilitätsformen, die aufgrund spezifischer Zielsetzungen zu eingeschränkten bzw. speziellen Fahrzeugkonzepten führen können. Hierzu gehören:

- Nutzung vor allem in Ballungszentren (ausgesprochene Stadtautos, wenig Stauraum, geringe Außenmaße, geringe Höchstgeschwindigkeit)
- Mitnahme von größeren Lasten in Anhängern (Boote, Pferde) oder das Ziehen von Wohnwagen
- Fahrten auf unbefestigten Wegen und im Gelände
- Fahrten in gepanzerten Sicherheitsfahrzeugen
- Mobilität von Senioren (möglicherweise mit spezieller Fahrzeugausstattung zur Kompensation körperlicher Einschränkungen).

1.3 Spannungsfelder und Auswirkungen der Mobilität

Mobilität ist Voraussetzung für den Wohlstand in einer Volkswirtschaft, da ohne Transport von Menschen und Gütern weder in Industrie und Handel noch im Dienstleistungsbereich umfangreiche Wertschöpfung möglich ist. Mobilität ist aber auch Voraussetzung für das Wohlbefinden des Einzelnen und für

Transportsysteme / Anforderungen	Eisenbahn	Straßenverkehr	Pipeline	Flugzeug	Schiff
Massentransport	●	○	●	○	●
Geschwindigkeit	◆	◆	○	●	○
Flexibilität	○	●	○	○	○
Wetterunabhängigkeit	●	◆	●	○	◆
Umweltbelastung	◆	○	●	○	◆
Transportfrequenz	◆	●	●	○	○
Variabilität	◆	●	○	○	○

Grad der Leistungsfähigkeit ● hoch ◆ mittel ○ niedrig

Bild 1.2-9 Qualitative Beurteilung unterschiedlicher Transportsysteme für den Güterverkehr seine Teilnahme am sozialen Leben (z.B. Fahrten zur Ausbildung oder zur Arbeitsstelle, Besuch von Freunden oder anderen Ländern).

Die hohe Bedeutung von Mobilität und die damit verbundene hohe Nachfrage nach Mobilität brachten aber schon immer auch Probleme mit sich. So erließ schon Caesar aus Gründen der Geräuschreduzierung eine Verordnung, welche Streitwagen zeitweise von den Straßen Roms verbannte. Und vor der Erfindung des Automobils drohten Großstädte im Verkehr der Pferdefuhrwerke zu ersticken. In Berlin gab es im Jahr 1875, also vor Erscheinen der ersten Automobile, mehr Tote im Straßenverkehr als heute.

Heutzutage, bei einer Weltbevölkerung von mehr als 6 Milliarden Menschen, sind die Konsequenzen des Verkehrs von Personen und Gütern zu einer globalen Herausforderung für Ballungsräume, Magistralen und den Globus insgesamt geworden.

Allgemein bekannt sind die direkten Auswirkungen des Verkehrs, wie

- Ressourcenbedarf
- Emissionen
- Unfälle

die den verschiedenen Lebenszyklusabschnitten der Verkehrsmittel zugeordnet werden können (**Bild 1.3-1** aus [24]).

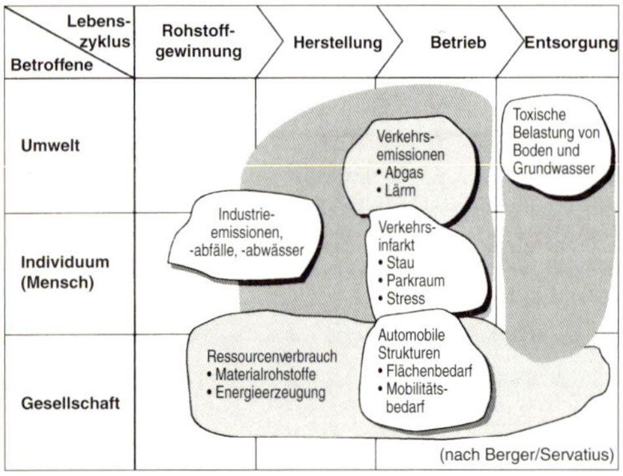

Bild 1.3-1 Negative Auswirkungen des Autos

Zusätzlich werden indirekte Wirkungen, die die Allgemeinheit betreffen, als externe Effekte des Verkehrs bezeichnet. Dabei wird meist nur auf die externen Kosten hingewiesen, die durch den Verkehr entstehen (z.B. [25]). Seltener dagegen werden die positiven Effekte für Beschäftigung, Innovation, Steuereinnahmen des Staates usw. (z.B. [26, 27]) angesprochen.

Weniger diskutiert werden auch betriebs- und volkswirtschaftliche Nachteile durch Verkehrsstaus und deren Folgewirkungen, wie z.B. Verluste an Arbeits- und Freizeit oder durch Nichteinhaltung wichtiger Termine. Ausgehend von einer Studie für Deutschland [28] werden diese Staukosten für die EU auf ca. 2 % des BIP geschätzt.

In einer aktuellen Untersuchung im Auftrag des Bundesamtes für Raumentwicklung wurde in einer ersten Abschätzung für den gesamten Straßen- und Schienenverkehr in der Schweiz ermittelt, dass der Gesamtnutzen größer als die Gesamtkosten sind [29]. Allerdings sind Ergebnisse solcher Untersuchungen stark davon abhängig, unter welchen Annahmen die Berechnungen durchgeführt und welche Kriterien einbezogen wurden.

Einige Wirkungen haben vorwiegend oder ausschließlich lokale oder regionale Bedeutung wie z.B. Geräuschemissionen, Flächenbedarf für Infrastruktur. Andere Belastungen wie Ressourcenverbrauch oder CO_2-Emissionen betreffen den gesamten Globus.

Nicht alle Problembereiche haben allerdings den gleichen Kritikalitätsgrad. Als Beispiel für das Thema Ressourcenreichweite sei der Rohstoff-Sektor genannt. So kommen Eisenwerkstoffe weltweit in großem Umfang vor, während spezielle Materialien wie Edelmetalle für Katalysatoren oder Brennstoffzellen nur in beschränktem Umfang verfügbar sind.

Eine wichtige Herausforderung an Wissenschaft und Praxis ist die ständige Arbeit an der Reduzierung der Probleme. So gibt es Belastungen, die bis heute bereits drastisch verringert werden konnten, wie z.B. Schadstoff-Emissionen der Motoren oder umweltbelastende Effekte von Fertigungsprozessen. Durch den Einsatz neuer Technologien, wie z.B. der Telematik, können weitere Belastungen reduziert oder sogar vermieden werden. Um diesbezüglich einen optimalen Mitteleinsatz sicherstellen zu können, ist es erforderlich, alle Auswirkungen sowie deren zugehörige Belastbarkeitsgrenzen (**Bild 1.3-2** aus [30]) möglichst genau zu kennen.

Hier liegt eine große Herausforderung für die verschiedenen Wissenschaften, aber auch für Politik, Industrie, Verbände und für die Gesellschaft als Ganzes. Es geht darum, zukunftsfähige Lösungen zu finden, welche die unverzichtbaren Vorteile der Mobilität sichern, andererseits Belastungen und Nachteile in akzeptablen Grenzen halten (z.B. [30, 31]).

In einem Bereich allerdings gibt es zweifellos eine Grenze, die bei Null liegt: die Anzahl der im Verkehr Getöteten. Denn jeder Verkehrstote ist einer zuviel!

• Objektive Grenzen	– Subjektive Grenzen
• Definierte, nicht erweiterbare Grenzen	– Erweiterbare Grenzen
• Technologische Grenzen	– Ökologische Grenzen
• Kritische Grenzen	– Unkritische Grenzen
• Ökonomische Grenzen	– Soziale Grenzen
• Verfügbarkeitsgrenzen	– Verteilbarkeitsgrenzen
• ...	– ...

Bild 1.3-2 Kategorien verkehrsrelevanter Belastbarkeitsgrenzen

Bereits hier sei angedeutet, dass dieses Problem nicht allein mit sichereren Automobilen zu lösen ist, aber auch der Verzicht auf Automobile stellt keine Lösung dar. Erforderlich ist neben der technischen Weiterentwicklung im Hinblick auf die aktive und passive Sicherheit ein den gesamten Verkehrsbereich umfassendes Verkehrsmanagement (Kap. 12).

1.4 Mobilitätsrelevante Anforderungen an Automobile

1.4.1 Grundsätzliche Anforderungen

Der automobil- und verkehrstechnische Fortschritt hat seit der Einführung der ersten Fahrzeuge Ende der 80er Jahre des neunzehnten Jahrhunderts eine unübersehbare Fülle an grundlegenden Verbesserungen auf allen Teilgebieten gebracht. Doch bleiben weder der Anstieg der Ansprüche noch der weitere technische Fortschritt stehen. Die aus der Massenmotorisierung resultierenden Anforderungen wurden schon in Kap. 1.3 angesprochen; nicht zuletzt entwickeln sich aber auch die Wünsche und Anforderungen jedes Autofahrers an seine künftigen Fahrzeuge weiter (Beispiele siehe **Bild 1.4-1**; siehe auch [32]).

- Pannen- und Unfallfreiheit
- Zielfindung in fremden Gebieten, Hilfe bei Parkplatzsuche
- Vermeidung unerwarteter Zeitverluste (Staus, ...)
- Vermeidung bzw. Beherrschung von kritischen Situationen
- Bewältigung unvermeidbarer Unfallsituationen
- Minimierung von Unannehmlichkeiten ind Sondersituationen (ungünstige Witterung, ...)
- Einparkhilfen
- „Freude am Fahren“

Bild 1.4-1 Erwartungen des Fahrers an sein Fahrzeug

Anforderungen an Automobile ergeben sich also aus Sicht der Kunden, der Hersteller und der Gesellschaft.

Eine andere Sichtweise geht von den Anforderungen der Verkehrsabläufe aus und zielt auf Maßnahmenbereiche zu deren Verbesserung, insbesondere auf interne und externe Assistenzsysteme (z.B. [33), und bezieht die zugehörigen Verantwortungsträger und Akteure ein (**Bild 1.4-2** aus [34]).

1.4.2 Einige spezielle Anforderungen

Trotz zunehmender Bedeutung des ÖPNV wird auch der MIV in Ballungszentren weiterhin unverzichtbar sein. Damit werden auch die (an sich alten) Bemühungen um ausgesprochen stadtverträgliche Fahrzeugkonzepte fortgesetzt. Zugehörige Anforderungen betreffen vor allem besonders geringe Abgas- und Lärm-Emissionen sowie geringen Platzbedarf beim Parken, was sowohl zu speziellen Package-Konzepten als auch zu eigenständigen Antriebsaggregaten (z.B. Hybridantrieb) führen kann (Kap. 4.3).

Folgender Aussage (aus [35]) kann man nur voll zustimmen: „Gleichgültig ob es sich um „Nur-Stadtautos“ oder um „Auch-Stadtautos“ handelt: Ein Erfolg wird stadtverträglichen Fahrzeugkonzepten nur dann beschieden sein, wenn die betreffenden Automobile den tatsächlichen Erfordernissen ihrer

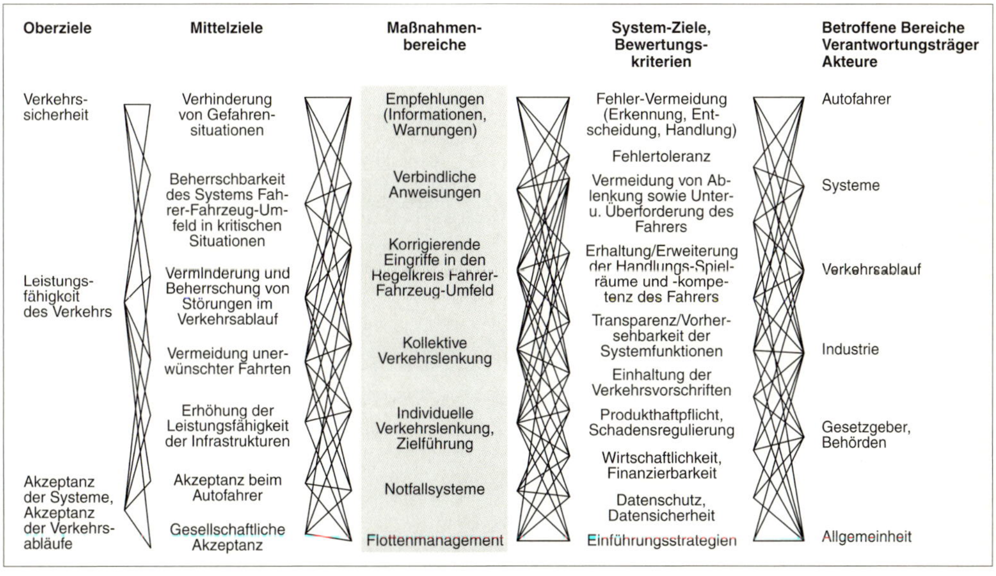

Bild 1.4-2 Zielsetzungen und Maßnahmenbereiche bei der Fahrzeug- und Verkehrsentwicklung am Beispiel des PROMETHEUS Programms

Nutzer Rechnung tragen, und wenn es gelingt, sie in umfassendere Stadtverkehrskonzepte zu integrieren."

Während für Fahrzeuge von körperlich Behinderten speziell angepasste Umrüstmaßnahmen angeboten werden, gibt es zur Frage ausgesprochener „Senioren-Autos", die vor allem den ergonomischen Eigenschaften dieser Nutzerpopulation Rechnung tragen, von der Zielgruppe selbst häufig eher Ablehnung als Zustimmung.

Obwohl im Taxieinsatz ebenfalls bestimmte Eigenschaften bevorzugt werden (bequemer Einstieg, geringer Wendekreis, ...) haben sich (bis auf das Londoner Taxi) spezielle Fahrzeugkonzepte kaum durchsetzen können. Im Gegensatz dazu haben Offroad-Fahrzeuge für Extremeinsätze sowie Abwandlungen, die auch auf befestigten Straßen akzeptable Fahreigenschaften aufweisen, aus verschiedenen Gründen weltweite Erfolge erzielt.

Neue Mobilitätsformen, wie Mobilitätsleasing oder Car Sharing (z.B. [36, 37]) haben in den vergangenen Jahren durchaus an Bedeutung gewonnen, bezogen auf den gesamten Mobilitätsmarkt spielen sie aber nach wie vor eine untergeordnete Rolle. Wie sich diese Konzepte weiterentwickeln, ist von vielen Einflussgrößen abhängig und muss abgewartet werden.

Literatur

[1] *Burgert, W. et al.*: „Tendenzen im Karosserieleichtbau", VDI-Ber. 1256, 1996, S. 29–50

[2] Bundesministerium für Verkehr, Bau- und Wohnungswesen (Hrsg.): Verkehr in Zahlen 2005/2006, Deutscher Verkehrs-Verlag GmbH, Hamburg, 2005

[3] *Bruckmann, D. et al.*: „Untersuchung ausgewählter Entscheidungen auf Verkehr und Umwelt", Institut für Mobilitätsforschung (Hrsg.) Berlin, 2000

[4] *Gleich, M.*: „Mobilität – Warum sich alle Welt bewegt". Hamburg: Hoffman und Campe Verlag, 1998

[5] Bundesministerium für Verkehr, Bau- und Wohnungswesen: Mobilität in Deutschland, Ergebnisbericht 2002

[6] Bundesministerium für Verkehr, Bau- und Wohnungswesen (Hrsg.): Verkehr in Zahlen 2004/2005, Deutscher Verkehrs-Verlag GmbH, Hamburg, 2004

[7] *Strobel, H.; Braess, H. H.*: „Der Kraftstoffpreis – Eine verkehrspolitische Einflussgröße?", ATZ 1997, S. 74–90

[8] *Seiffert, U.*: „Mobilität – Gesellschaftliche Anforderungen und technologische Optionen der Zukunft", RWE-Zukunftstagung „Gesellschaft und Technik im 21. Jahrhundert", Essen, 22. 8. 1998

[9] *Waschke, T. et al.*: „Perspektiven der mobilen Gesellschaft", AVL-Tagung „Motor und Umwelt 99", Tagungsband S. 67–86

[10] *Zoche, P. et al.*: „Virtuelle Mobilität: Ein Phänomen mit physischen Konsequenzen?". Berlin: Springer-Verlag, 2002

[11] *Hautzinger, H.; Pfeiffer, M.*: „Gesetzmäßigkeiten des Mobilitätsverhaltens", Berichte der Bundesanstalt für Straßenwesen, Heft M 57, 1996

[12] *Zängler, T.*: „Mikroanalyse des Mobilitätsverhaltens in Alltag und Freizeit". Berlin: Springer-Verlag, 2000

[13] Institut für Mobilitätsforschung Berlin (Hrsg.): „Freizeitverkehr". Berlin: Springer-Verlag, 2000

[14] Institut für Mobilitätsforschung Berlin (Hrsg.): „Erlebniswelten und Tourismus". Berlin: Springer-Verlag, 2004

[15] *Hüther, K.*: „Auswirkung des Tourismus auf die Verkehrsnachfrage und die Umwelt", Int. Verkehrswesen 4, 1998, S. 133–136

[16] *Opaschowski, H. W.*: „Freizeit und Mobilität", Band 12 der Schriftenreihe zur Freizeit-Forschung, 1995, BAT-Freizeit-Forschungsinstitut

[17] World Tourism Organization (UNWTO), facts & figures; im Internet am 17. 01. 2007 unter http://www auf www.world-tourism.org

[18] *Haas, H. D.; Störmer, E.*: „Angebotsqualität bei ÖV-Unternehmen", Int. Verkehrswesen 4, 1999, S. 119–124

[19] Institut für Mobilitätsforschung Berlin (Hrsg.): Öffentlicher Personennahverkehr – Herausforderungen und Chancen. Berlin: Springer-Verlag, 2006

[20] *Weinhold, H.*: „Das öffentliche Meinungsbild zum Themenfeld Mobilität im europäischen Vergleich", Hochschule St. Gallen, 1994

[21] *Collin, H. J.*: „Integration des ruhenden Verkehrs in die Verkehrsentwicklungsplanung", VDI-Ber. 817, 1990, S. 273–298

[22] *Reinhold, T.; Höhnberg, G.*: „Ruhender Verkehr in innerstädtischen Randbereichen", Int. Verkehrswesen 5, 1998, S. 269–271

[23] *Schulz, J.*: „Bewertung des Güterverkehrs auf Straße und Schiene", FAT-Schrift Nr. 125, 1996

[24] *Berger, R.; Servatius, H.-G.*: „Die Zukunft der Autos hat erst begonnen – Ökologisches Umsteuern als Chance", Piper-Verlag 1994

[25] Kommission der Europäischen Gemeinschaft: Grünbuch zu den Auswirkungen des Verkehrs, Brüssel, 6. 4. 1992

[26] *Müntefering, F.*: „Mobilität als Grundlage für Innovation und Beschäftigung", Z. für Verkehrswissenschaft, 1999, Heft 2, S. 87 ff.

[27] *Baum, H.*: „Beschäftigungseffekte des Verkehrs – Eine quantitative Abschätzung", Z. für Verkehrswissenschaft, 1999, Heft 2, S. 131 ff.

[28] *Frank, D.; Sumpf, J.*: „Abschätzung der volkswirtschaftlichen Verluste durch Stau im Straßenverkehr", Unveröffentlichte Studie der BMW AG, 1994, ergänzt 1998

[29] INFRAS/IWW: Externe Kosten des Verkehrs, Zürich/Karlsruhe, Oktober 2004

[30] *Braess, H. H.; Frank, D.*: „Sustainable Mobility – Gedanken zu Möglichkeiten und Grenzen der Präzisierung eines unscharfen Begriffs", FISITA-Kongress, Prag, 1996, Paper E 16.07

[31] European Commission: "Paving the Way for Sustainable Mobility", Transport Research Con. 8./9. 11. 1999, Lille

[32] *Ostmann, B.*: „Der Kunde von morgen – Anforderungsprofile für das Auto der Zukunft", VDI-Ber. 1653, S. 25–36

[33] *Jürgensohn, T.; Timpe, K.-T.*: „Kraftfahrzeugführung". Berlin: Springer-Verlag, 2001

[34] *Braess, H.-H.; Reichart, G.*: „PROMETHEUS – Vision des intelligenten Automobils auf der intelligenten Straße?", ATZ 1995, S. 200–205 und S. 330–343

[35] *Hautzinger, H.*: „Neue Ergebnisse zur Pkw-Nutzung: Konsequenzen für innovative Fahrzeug-Konzepte" in: H. Appel (Hrsg.): „Stadtauto – Mobilität, Ökologie, Ökonomische Sicherheit". Wiesbaden: Vieweg Verlag, 1995

[36] *Herbert Baum et al.*: Car-Sharing als Lösungskonzept städtischer Verkehrsprobleme, Köln 1995

[37] Bundesminister für Verkehr: „Car-Sharing kann Innenstädte entlasten", Verkehrsnachrichten Sept. 1995, S. 1–4

2 Anforderungen, Zielkonflikte

2.1 Produktinnovation, bisherige Fortschritte

Das Automobil wird seit mehr als einhundert Jahren als Transportmittel für Menschen, Tiere und Güter eingesetzt. Obwohl es für den größten Anteil der Fahrzeuge in seinen Grundzügen gleich geblieben ist – vier Räder, Otto- oder Dieselmotor als Antrieb, Getriebe als Drehmomentwandler – hat es doch erhebliche Veränderungen erfahren. Diese wurden geprägt durch den Mobilitätsbedarf, den internationalen Wettbewerb, den technischen Fortschritt, das weltweite Produktangebot, die weltweiten Aktivitäten der Gesetzgeber und die Tatsache, dass das Automobil an sehr unterschiedliche Kundengruppen verkauft werden muss.

2.1.1 Kundenwünsche

Besonders die letzte Forderung bedeutet, dass die Wünsche der Kunden und der Märkte vorrangig in den Produktentstehungsprozess eingehen und durch den Fahrzeughersteller berücksichtigt werden müssen. Die Anforderungen an das Automobil selbst sind voller Widersprüche, die aber immer wieder gesamtheitlich gelöst werden konnten. **Bild 2.1-1** zeigt sehr deutlich die Zielkonflikte:

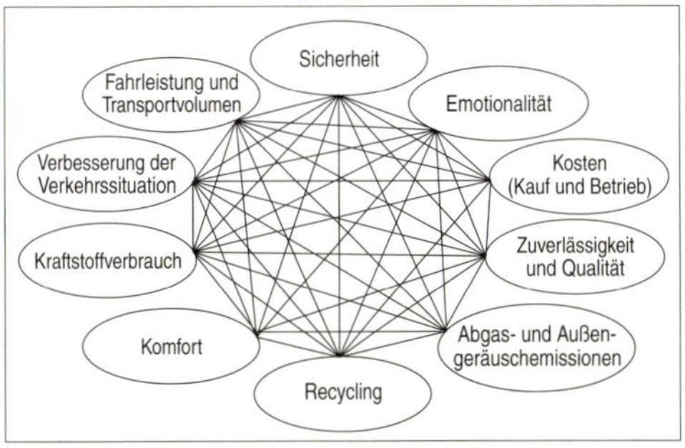

Bild 2.1-1 Anforderungen an das Automobil

Der Gesamtverkehr steigt in der Bedeutung, da der Kunde die zurzeit wachsenden Verkehrsprobleme auch der Automobilindustrie zuordnet bzw. einen wesentlichen Beitrag zur Lösung derselben von ihr erwartet. Bei Befragungen der Kunden (Zusammenfassung von mehreren Befragungen) direkt zum Automobil ergeben sich für ein Mittelklassefahrzeug die in **Bild 2.1-2** gezeigten Antworten. Sicherheit und Zuverlassigkeit, kein Liegenbleiben haben neben niedrigem Kraftstoffverbrauch eine hohe Priorität.

Um die Wünsche der Kunden zu erfüllen, ist außerdem in den letzten Jahren die Angebotsvielfalt durch

Anteil „äußerst wichtig/wichtig“ in %			
Sicherheit	95	Kompakte Außenmaße/ handlich/wendig	53
Qualität/Zuverlässigkeit	93	Spaß am Autofahren	51
Wirtschaftlichkeit	85	Vollzähligk. d. Ausstattung	50
Niedriger Treibstoffverbrauch	84	Vielseit. Nutzungsmöglichkeiten	48
Fahrverhalten/Straßenlage	81	Großer Kofferraum	44
Umweltfreundlichkeit	78	Gestaltung d. Innenraums	42
Preiswürdigkeit	78	Formgebung/äußeres Design	40
Fortschrittliche Technik	73	Hohe Motorleistung	25
Komfort/Bequemlichkeit	62	Auto mit Pers. u. Charakter	22
Geräumigkeit des Innenraums	55	Sportlichkeit	18

Bild 2.1-2 Der Stellenwert der Kaufkriterien

zahlreiche Hersteller stark gestiegen. Sie reicht innerhalb eines Konzerns inzwischen von sehr kompakten Fahrzeugen wie dem „smart“ [1], [2] mit einer Fahrzeuglänge von 2,7 m, einer Fahrzeugbreite von 1,56 m und einer Höhe von 1,54 m bis hin zum Maybach [3] in der langen Version mit einer Länge von 6,165 m, einer Breite von 1,98 m und einer Höhe von 1,57 m. Das **Bild 2.1-3** zeigt in einer Gegenüberstellung die Größenverhältnisse. Aber auch andere Segmente decken den Kundenbedarf ab, z.B. die große Anzahl der Roadster, Spider wie der BMW Z 4, Porsche Carrera GT, **Bild 2.1-4** [4], Audi TT Coupé, Audi TT Roadster und das Segment der Multivans und Offroadfahrzeuge. In der **Tabelle 2.1-1** sind die

Bild 2.1-3 Größenvergleich Smart und Maybach 62

Bild 2.1-4 Porsche Carrera GT

Tabelle 2.1-1 Fahrzeugsegmentverteilung in Deutschland 2004, Quelle KBA

Fahrzeugtyp	Prozent
Mini	3,7
Kleinwagen	18,0
Untere Mittelklasse	25,5
Mittelklasse	18,7
Obere Mittelklasse	7,7
Oberklasse	1,2
Geländewagen	5,5
Cabriolets (inkl. Roadster)	4,5
Vans	11,8
Sonstige	3,4

Segmente für Deutschland für das Jahr 2004 dargestellt. Der Kunde ist dann bereit, ein neues Fahrzeug zu kaufen, wenn es seinen Neigungen und Erwartungen entspricht.

2.1.2 Gesetzgebung

Während sich das Automobil als Transportmittel bis zum zweiten Weltkrieg zunächst ohne große Beachtung der Umweltfrage, der unfallfolgenmildernden Fahrzeugsicherheit und der Wiederverwertung entwickelte und nach dem Krieg eine Vielzahl von kleineren Fahrzeugen das Transportbedürfnis erfüllte, begann Mitte der Sechzigerjahre in den USA durch die Sicherheitsgesetze und die Emissionsvorschriften eine deutliche Veränderung. Einen großen Einfluss hatte dabei der Verbraucheranwalt Ralph Nader mit seiner Sicherheitskampagne, diese und die Vorschriften für den Kauf von Behördenfahrzeugen führte zu den *Federal Motor Vehicle Safety Standards.* Ein umfassendes Vorschriftenwerk, welches alle Fahrzeugteile umfasst und bis zum heutigen Zeitpunkt ständig erweitert wurde. Gesetzliche Regelungen für den Betrieb von Fahrzeugen gab es auch schon Anfang 1900 in Deutschland mit einem Gesetz über die Haftpflicht beim Betrieb von Fahrzeugen. Die internationalen weltweiten Sicherheitskonferenzen, wie die *ESV-Conferences [5]* und die Biomechaniktagungen [6], taten ein Übriges, um dieses wichtige Thema voranzubringen. Hier treffen sich Unfallforscher, Biomechaniker, Ingenieure und die Vertreter der Gesetzgebung, um über die neuesten Ergebnisse der Fahrzeugsicherheit intensiv zu diskutieren. Besonders zu Beginn der Siebzigerjahre [7], gab es auch einen innovativen Wettbewerb für die besten Lösungen an Experimentierfahrzeugen oder Teilsystemen. Die Fahrzeugsicherheit kann nicht nur vom Fahrzeughersteller, sondern ganz wesentlich vom Kunden und durch den Gesetzgeber stark beeinflusst werden. Z.B. haben Straßenausbau, Signalgebung, Führerscheinausbildung, Begrenzung des Alkohol- und Drogenkonsums und klare Verkehrszeichen ebenfalls einen sehr positiven Beitrag geleistet. Als Ergebnis der Bemühungen ist festzustellen, dass in allen Ländern Europa's die Anzahl der tödlichen Unfälle und Unfälle mit Verletzungen als Funktion der gefahrenen Kilometer deutlich zurückgegangen ist. Das **Bild 2.1-5** [8], [9] zeigt beispielhaft für Deutschland den Rückgang der im Straßenverkehr Getöteten als Funktion des Jahres pro gefahrenen Millionen Fahrzeugkilometer. Daraus ist zu erkennen, wie notwendig die Aktivitäten waren und sind. Leider sind weltweit sehr viel mehr Unfälle mit tödlichen Verletzungen, größer als 1 Million pro Jahr, zu verzeichnen. Die länderspezifischen Unterschiede sollten die „schlechteren" Länder reizen, es den „besseren" nachzutun. Dies gilt auch für andere Verkehrsträger wie Eisenbahn, Öffentlicher Personennahverkehr und professionelle Airlines, die eine noch deutlich höhere Sicherheit pro Personenkilometer aufweisen.

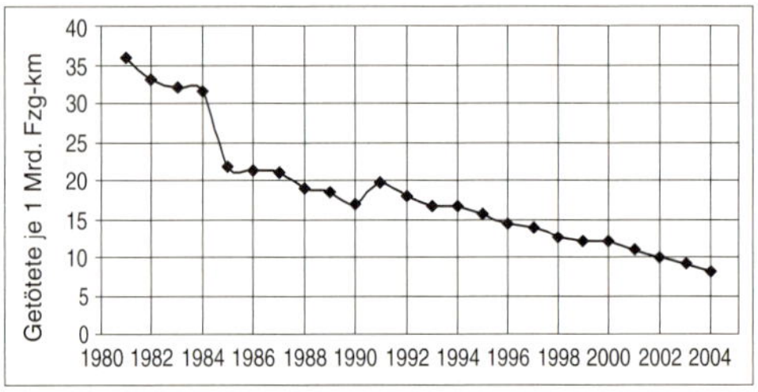

Bild 2.1-5 Getötete je Milliarden Fahrzeugkilometer in Deutschland, ab 1991 einschließlich der neuen Bundesländer

Nicht immer gingen die Veränderungswünsche vom Automobilkunden aus, häufig hat die Allgemeinheit diese Veränderungen über die Politik herbeigeführt. Ein typisches Beispiel ist Kalifornien. Ausgelöst von dem Smog und der schlechten Luftqualität in Los Angeles und in anderen großen Städten, wurden die Abgasgesetze erlassen. Mitte der 60-er Jahre begrenzte man in den USA zunächst das Kohlenmonoxid CO, die Stickoxide NO_x, die Kohlenwasserstoffe HC und die Partikel. Anfang der 70-er Jahre wurden in Europa die Abgasemissionen für die Komponenten: Kohlenmonoxid, Kohlenwasserstoffe, Partikel und zu einem späteren Zeitpunkt die Stickoxide gesetzlich geregelt. Zusätzlich muss der Fahrzeughersteller den Beweis antreten, dass die nicht limitierten Abgasbestandteile keine Gesundheitsgefährdung darstellen. Der eigentliche technologische Durchbruch wurde mit dem Dreiwegekatalysator und der $\lambda =$ 1-Regelung bei den Ottomotoren im Zusammenhang mit bleifreiem Kraftstoff erreicht, Kapitel 5.1. Dies gilt auch für Europa, wo inzwischen ein sehr hoher Durchdringungsgrad von derartigen Konzepten erreicht wurde. Auch die Emissionen aus den Kraftstoffsystemen wurden um ein Vielfaches reduziert, Kapitel 7.6. Die Verdampfungsverluste beim Stillstand und beim Betrieb des Fahrzeuges werden über entsprechende Dichtheit des Kraftstoffbehälters und der Leitungen und der Hinführung der Emissionen zu einem Aktivkohlebehälter, der vom Motor gereinigt wird, begrenzt. Beim Tanken werden die aus dem Kraftstoffbehältereinfüllstutzen entweichenden Gase über geeignete Vorrichtungen an den Zapfpistolen abgesaugt. Bei den Dieselmotoren wurden zunächst die Fortschritte durch motorinterne Maßnahmen erzielt, bis Ende der 80-er Jahre die Oxidationskatalysatoren einen weiteren Freiheitsgrad in der Reduzierung der Abgaskomponenten ergeben haben. Die Hochdruckeinspritzung hat weitere Erfolge gebracht und Partikelfilter setzen zunehmend für die Serie ein. Besonders die Stickoxide und die Partikel konnten deutlich verringert werden, Kapitel 5.2.

Derzeit wird intensiv an weiteren Verbesserungen für beide Motorkonzepte gearbeitet. Sie lassen sich in folgende Gruppen einteilen: Minimierung der Kaltstartemissionen, weitere Reduzierung der limitierten Abgaskomponenten und der Stickoxide bei Otto- und Dieseldirekteinspritzern. Die gesetzlichen Forderungen in Kalifornien mit den ULEV (ULTRA LOW EMISSION VEHICLE), SULEV (SUPER ULTRA LOW EMISSION VEHICLE) und ZERO Emission (Null Emissionen) und die europäischen Ziele mit Euro 3, Euro 4 und EURO 5 werden dafür sorgen, dass das Automobil bis auf die Kohlendioxidemission völlig aus der Diskussion bezüglich der Umweltbelastung verschwindet. Als Beispiel demonstriert das **Bild 2.1-6** die Absenkungsschritte der Emissionswerte in Europa seit 1970 und die weitere Vorgehensweise mit Euro 1 bis Euro 4 für das Jahr 2009. Die Abgaswerte wurden im Schnitt um 97,5 Prozent auf 2,5 Prozent pro gefahrenen Testkilometer gesenkt. Die für das Jahr 2010 vorgesehende EURO 5-Regelung wird besonders die Stickoxide und die Partikel begrenzen. Dazu gehören in der Zwischenzeit auch für NO_x im NETZ 0,2 g/km und für Partikel 0,005 g/km für Dieselfahrzeuge.

Auch das Außengeräusch wurde reduziert. In dem europäischen Zulassungsverfahren wird eine beschleunigte Vorbeifahrt im 2. und 3. Gang simuliert. Heute können mehr als 5 mal so viele Fahrzeuge diesen Test vollziehen und bleiben insgesamt noch unter dem Grenzwert von 1975 mit 82 dB(A). Bei der momentanen Festlegung des Typprüfungswertes mit 74 dB(A) werden bereits ca. 50 Prozent des Geräusches durch den Kontakt Fahrbahn/Reifen erzeugt, bei einer weiteren Absenkung z.B. auf 72 dB(A) steigt dieser Wert auf 75 Prozent. Zur Zeit wird in der UN ECE (Genf) an einem neuen Messverfahren gearbeitet. Die wesentlichen Aktivitäten müssen sich daher auf die Reduzierung des Geräusches Reifen/Fahrbahn konzentrieren, Kapitel 3.4. Durch eine besondere Fahrbahnoberfläche, dem „Flüsterasphalt", ist viel zu erreichen. Allerdings haben diese Fahrbahnoberflächen im Vergleich zur Standardbauweise eine reduzierte Lebensdauer. Das Außengeräusch erhält eine zunehmende Bedeutung seitens der Öffentlichkeit. Bei kritischen Stimmen zum Automobil wird es häufig gleichbedeutend mit Parkplatz- und Emissionsproblemen in der Stadt genannt.

2.1.3 Fahrzeugtechnik

Bei der Beurteilung der Fahrzeugtechnik kann man feststellen, dass sich alle wesentlichen Eigenschaften

Pkw mit Benzinmotor (mg/km)

Norm	EURO 1	EURO 2	EURO 3	EURO 4	EURO 5	EURO 6
Typprüfung	ab 1. Juli 1992	ab 1. Jan. 1996	ab 1. Jan. 2000	ab 1. Jan. 2005	ab 1. Sep. 2009	ab 1. Sep. 2014 [1]
CO	3160	2200	2300	1000	1000	1000
($HC + NO_x$)	1130	500				
NO_x			150	80	60	60
HC			200	100	100	100
davon NMHC						68
PM					5*	5*

* mit Direkteinspritzung

Pkw mit Dieselmotor (mg/km)

Norm	EURO 1	EURO 2	EURO 3	EURO 4	EURO 5	EURO 6
Typprüfung	ab 1. Juli 1992	ab 1. Jan. 1996	ab 1. Jan. 2000	ab 1. Jan. 2005	ab 1. Sep. 2009	ab 1. Sep. 2014
CO	3160	1000	640	500	500	500
($HC + NO_x$)	1130	700/900*	560	300	230	170
NO_x			500	250	180	80
PM	180	80/100*	50	25	5	5

* mit Direkteinspritzung

Bild 2.1-6 Verringerung der Abgaswerte in Europa [16] und EG-Gesetzgebung

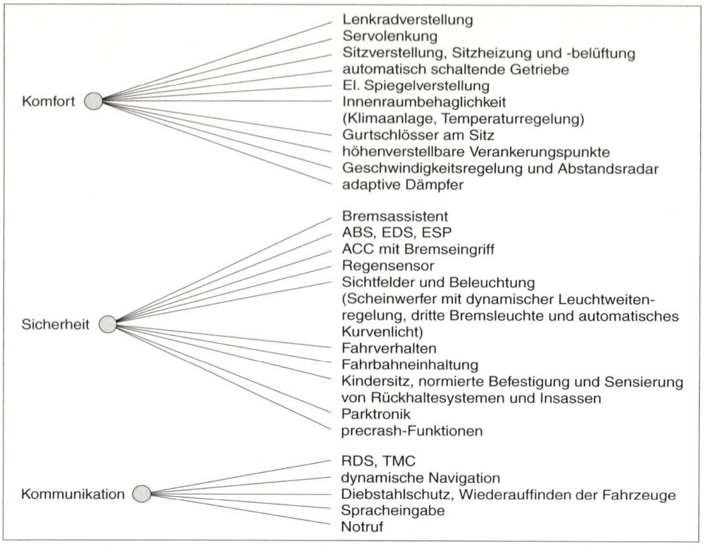

Bild 2.1-7 Beispiele für eine Fahrerunterstützung

positiv verändert haben. Dies gilt für die Langlebigkeit, z.B. verzinkte Karosserie und andere verbesserte Korrosionseigenschaften (korrosionssicher bis zu 12 Jahren), die höhere Anmutungs- und Lebensdauerqualität, die größere Verwindungssteifigkeit und die damit verbundene Klapperfreiheit, eine verbesserte Ergonomie, Sitzgestaltung sowie Lage und Betätigung von Bedienelementen und die wesentliche Verbesserung des Schwingungsverhaltens und Geräuschniveaus im Fahrzeuginnenraum. Die diesbezügliche Leistungsfähigkeit beurteilt der Kunde sowohl im Stand als auch beim Fahren besonders hoch. Viele Detailoptimierungen: Entkopplung, Tilger, Dämpfung bis hin zur geregelten Luftfeder haben für den Kunden wesentliche Verbesserungen erzielt. Dieser Trend wird sich fortsetzen.

Einen Hauptanteil an den Verbesserungen hat die Karosserie. Sie bietet bei zwar absolut gestiegenem Gewicht eine wesentlich bessere Ausnutzung des Fahrgastraumes bezogen zur Gesamtverkehrsfläche. Durch die Kompaktbauweise haben sich diese Werte in den letzten 10 Jahren um 10 Prozent verbessert. Dies gilt auch für die Verwindungssteifigkeit: teilt man das Karosseriegewicht durch Verwindungssteifigkeit und Aufstandsfläche, dann sind die heutigen Karossen um mehr als 50 Prozent besser.

Für den Fahrzeugbetrieb haben inzwischen zahlreiche Unterstützungssysteme in der Serie eingesetzt. Sie beinhalten beispielhaft die im **Bild 2.1-7** dargestellten Gebiete.

Ein ganz wichtiger Grund für den Kaufentscheid ist für die Kunden der Kraftstoffverbrauch. Dieser konnte für die von deutschen Herstellern in der Bundesrepublik angebotenen Fahrzeuge in den Jahren von 1978 bis 2003 auf im Durchschnitt 6,92 l/100 km (im NEFZ-Test) um 35 % gesenkt werden. Obwohl das Fahrzeuggewicht in den letzten Jahren im Mittel um mehr als 300 kg, von Ausnahmen abgesehen, gestiegen ist, haben andere Innovationen und umgesetzte Maßnahmen im Wesentlichen diese Verbrauchsreduzierung erzielt.

Durch viel Feinarbeit bezüglich der aerodynamischen Formgebung wurde der Luftwiderstandsbeiwert c_w, aber auch der Luftwiderstand selbst deutlich reduziert. Der c_w-Wert konnte seit 1960 um 40 Prozent auf im Schnitt auf einen Wert von 0,3 [–] gesenkt werden, **Bild 2.1-8**. Die Luftwiderstandsfläche (die Multiplikation von $c_W \times$ Querschnittsfläche) liegt heute bei vielen Fahrzeugen unter 0,6 m^2. Trotz der größeren Querschnittsfläche durch den momentanen Designtrend – kürzer, breiter und höher – gab es eine ständige Reduzierung des Luftwiderstandes und damit des Fahrwiderstandes. Der Luftwiderstand trägt auch bei den momentanen EG-Messzyklen für ein Mittelklassefahrzeug je nach Ausgangslage mit ca. 40 % zum Verbrauch bei. Allerdings schwankt dieser Wert. Pro 10 % $c_w \times A$ Änderung liegt die Einsparung bei einem großen/schweren Fahrzeug bei 2,2 % und bei einem kleinen Fahrzeug, wie beim Lupo bei ca. 4 % [10].

Auch bei der Reduzierung des Rollwiderstandes konnte durch neue Reifengenerationen u.a. mit Silikatechnik der Rollwiderstandsbeiwert von 0,02 im Jahr 1960 auf heute $f_r = 0{,}008$ gesenkt werden. Zusätzlich werden auch alle weiteren den Rollwiderstand beeinflussenden Bauteile, wie Lager, Gelenke, Antriebswellen etc., der Optimierung unterzogen.

Den größten Anteil an der Verbrauchsreduzierung und zur Steigerung des Komforts haben die Antriebsaggregate erzielt. Beim Ottomotor: Multipointeinspritzung, kontaktfreie Zündung, Mehrventiler, variable Ventilverstellung, Direkteinspritzung, bedarfsgesteuerte Kraftstoffpumpe, Zylinderabschaltung,

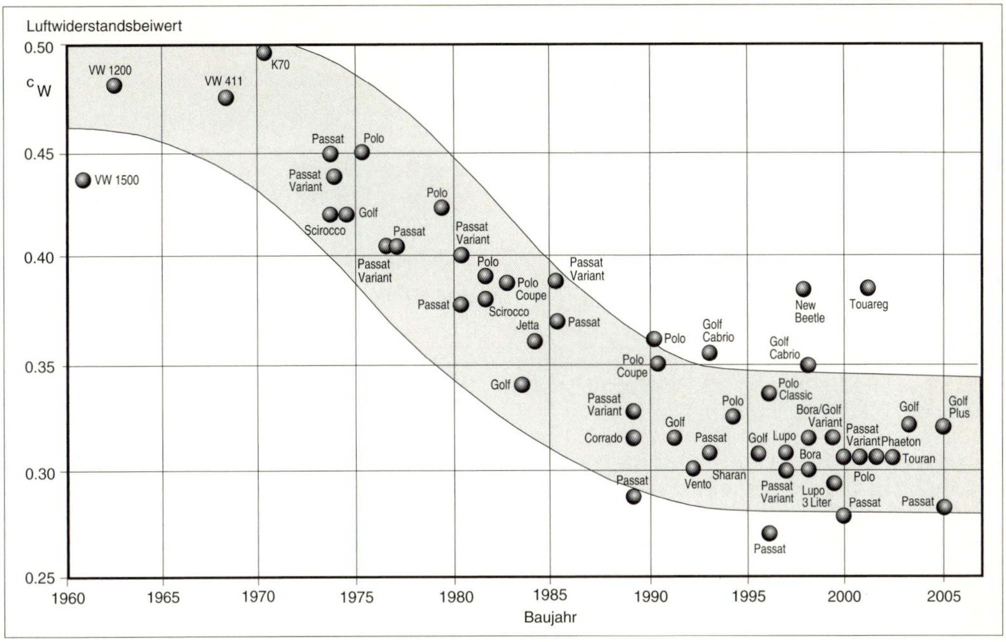

Bild 2.1-8 Luftwiderstandsbeiwert als Funktion der Jahre (Beispiel VW)

Leichtbauweise, Kühlkreislaufoptimierung, mechanische Aufladung zur Drehmoment- oder Leistungssteigerung und trotzdem spezifische Verbräuche mit minimalen Werten von 225 g/kWh. Beim Dieselmotor Direkteinspritzung mit variabler Aufladung zur Drehmoment- und Leistungssteigerung, CommonRail und Pumpe/Düse mit Einspritzdrücken von mehr als 1.600 bar bzw. größer als 2000 bar und mit Voreinspritzung zur Geräusch- und Emissionsminderung. Die piezoelektrische Einspritzung erlaubt zahlreiche Optimierungen bezüglich des Einspritzvorgangs. Die besten Motoren derartiger Ausführung liegen beim spezifischen Verbrauch unter 200 g/kWh.

Die Getriebe wurden ebenfalls bezüglich der Drehmomentenübertragung pro Getriebegewicht und -baugröße wesentlich verbessert. Bei den Schaltgetrieben führte dies zu 5- und 6-Gang-Getrieben, bei den Automatikgetrieben haben elektronische Regelung und Steuerung mit dem Einsatz von 5 bis 8-Gang-Getrieben erhebliche Verbrauchseinsparungen erbracht. Die schon eingeführten mechanischen automatisierten Schaltgetriebe, bei denen die Gangwahl sowohl vom Fahrer als auch automatisch vorgenommen werden können, einschließlich des Stoppvorgangs des Motors, falls er nicht benötigt wird, stellen einen wesentlichen Beitrag zur Verbrauchsreduzierung dar. Allerdings erfordert der Komfortanspruch beim Schaltvorgang für die Fahrzeuginsassen keine merkbare Zugkraftunterbrechung. Auch für ein gutes Beschleunigungsverhalten ist die Zugkraftunterbrechung negativ. Dieses spricht für geregelte Doppelkupplungsgetriebe [11]. Die kontinuierlich variablen Getriebe haben noch nicht den prognostizierten Markterfolg erzielt. Abzuwarten ist der Einsatz im Zusammenhang mit Hybridantrieben. Deren Anteil steigt z.Zt. deutlich in den unterschiedlichsten Varianten.

Durch die Verbesserung der Antriebsaggregate konnte die Verbrauchsverschlechterung, die durch die Erhöhung der Fahrzeugmasse eingetreten ist, mehr als wettgemacht werden. Das **Bild 2.1-9** zeigt den Rückgang des Kraftstoffverbrauchs dargestellt als CO_2-Emissionen pro km als Funktion der Zeit für die jährlich neu in den Verkehr kommenden Fahrzeuge. Dabei kann man beim Ottokraftstoff überschlägig rechnen, dass 1 l verbrannter Kraftstoff ca 24 g CO_2

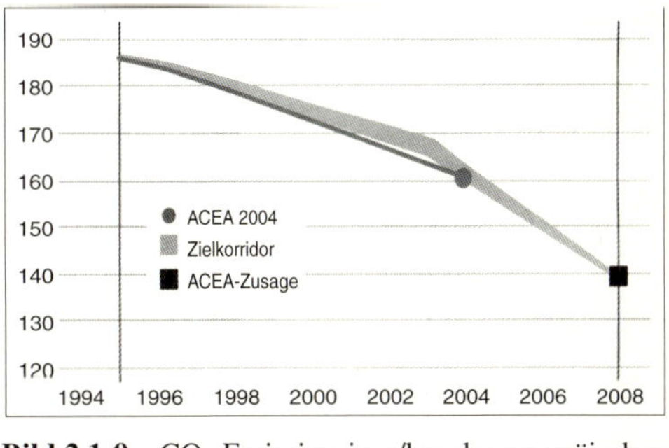

Bild 2.1-9 CO_2-Emission in g/km der europäischen Automobilindustrie

emittiert, beim Diesel sind dies ca. 26,4 g CO_2 pro km. Die Aufgaben der Zukunft sind besonders intensiv bezüglich der weiteren Kraftstoffverbrauchsreduzierung. Die freiwillige Zusage der deutschen Automobilindustrie und die des europäischen Automobilverbandes ACEA ist, im Jahr 2008 = weniger als 5,7 l/100 km (angenommener Dieselanteil von 40 Prozent) oder 140 g CO_2/km als Mittelwert für die neu in den Verkehr kommenden Fahrzeuge zu erreichen.

Die Notwendigkeit die CO_2-Emissionen zu reduzieren erfordert eine Vielzahl von Aktivitäten: verstärkter Einsatz von alternativen Kraftstoffen, wie biofuel, CNG, synfuel und Ausschöpfung des Potentials von Diesel- und Ottofahrzeugen, inklusive der Hybridisierung. Das **Bild 2.1-10** zeigt als Beispiel für einen CO_2-armen Diesel, den VW Polo Blue Motion 3 Zyl. 1,4 l Diesel mit einem Normverbrauch von 3,9 l/100 km ≘ 102 g CO_2/km [12]. Im Gegensatz zu dem Lupo, der weniger als 3 l/100 km verbrauchte, ist die Akzeptanz des Polo Blue Motion wesentlich größer. Der Grund dafür scheint darin zu liegen, dass der Kunde dieses Auto wie gewohnt fahren kann. Das andere Beispiel ist der Toyota Prius II mit einem Normverbrauch von 4,3 l Ottokraftstoff entsprechend 104 g CO_2/km [13]. Die Notwendigkeit sowohl bei Otto- als auch bei Dieselfahrzeugen den Verbrauch zu reduzieren, erfordert ein intelligentes Energiemanagement, sodass die Komponenten der Hybridantriebe Standard in allen Serienfahrzeugen werden.

Ein anderer wesentlicher Aspekt ist die indirekte Wahrnehmung des Kunden von Verbesserungsmaßnahmen. Dazu gehört zweifelsohne die Akzeptanz des „bleifreien Benzins", des schwefelarmen Kraftstoffes, Bio-Fuel, die Funktionsfähigkeit der Abgaskonzepte und die Korrosionsbeständigkeit. Dies gilt ebenso für die Langzeitqualität der eingesetzten Elektrik/Elektronik, Aktuatorik und Sensorik, die

Bild 2.1-10 Volkswagen Blue Motion Polo [12]

einen wesentlichen Anteil an den erzielten Fortschritten haben. Die Durchdringung aller Fahrzeugbauteile ist beträchtlich. Alle neuen Innovationen werden zu mehr als 80 % durch elektronische Komponenten beeinflusst, wie aus der folgenden Aufstellung, **Bild 2.1-11**, ersichtlich ist [14], und sie lässt sich beliebig erweitern, wenn noch vermehrt Fahrerassistenzsysteme und Hybridantriebe in der Serie einsetzen.

Am Beispiel der Steuer- und Regelsysteme sind im **Bild 2.1-12** bedeutende Meilensteine als Funktion der Jahre dargestellt [15]. Man kann sehr schön die kontinuierliche Weiterentwicklung erkennen. Die Elektronik wird auch zunehmend für die Überwachung der Funktionsfähigkeit von Fahrzeugkomponenten, wie Airbag-System, Motorölstand und Qualität, Serviceintervalle und die Onboard-Diagnose (Überwachung der das Abgas beeinflussenden Komponenten) eingesetzt.

Durch die Informations- und Kommunikationssysteme findet zurzeit eine bessere Integration des Automobils in andere Systeme statt, sei es durch Verbesserung der Logistik und der Kommunikation, der dynamischen Zielführung oder durch die Verknüpfung mit anderen Verkehrssystemen. Dabei ergeben sich auch mit den

Anlasser	Radio/CD/Tape/Amplifier
Kraftstoffpumpe	Infrarotschlossbetätigung
Zündung	Navigation
Aktuator für Leerlaufbypassventil	Diebstahlwarnanlage
Drosselklappenbetätigung	geheizter Katalysator
ABS-Hydraulikpumpe	elektrische Motorkühlung
Scheibenwischer vorne/hinten	elektrische Wasserpumpe
Scheinwerfer-Waschanlage	elektromagnetischer Ventiltrieb
elektrische Fensterheber vorne/hinten	Komponenten für Hybridantrieb
elektrisches Schiebedach	aktive Motorlager
elektrische Türverriegelung, auch Heckklappe	aktives Fahrwerk
Kopfstützen und Sitzeinstellung	Reifendruckwächter
elektrische Spiegel	Bremsassistent
elektrische Antenne	elektrische Bremse
Leuchten und Scheinwerfer	elektrischer A/C-Kompressor
Heckscheibenheizung	elektrischer Gangwechsel bei 5- und 6-Ganggetrieben
Sitzheizung	geheizte Windschutzscheibe
Windschutzscheibendüsenheizung	verbesserte Nachtsicht
geheizte λ-Sonde	Fahrbahnwechselsichtgerät
ECU, Motor-Getriebe	Kurvenlicht
ABS, Anfahrhilfe, ESP	Einparkassistent
Geschwindigkeitsregelanlage	Automatische Abstandshaltung mit Bremseneingriff
elektrisch/mechanische bzw. hydraulische Lenkung	Automatsiche Notbremsung
Fahrbahneinhaltung	intelligente Airbag-Sensoren
Instrumente	Telefon/Fax
Airbag- und Gurtstrafferauslösung	Stimmeingabe
Notruf	Head up-Display
Klimaanlage	

Bild 2.1-11 Elektrische/elektronische Systeme im Fahrzeug [14]

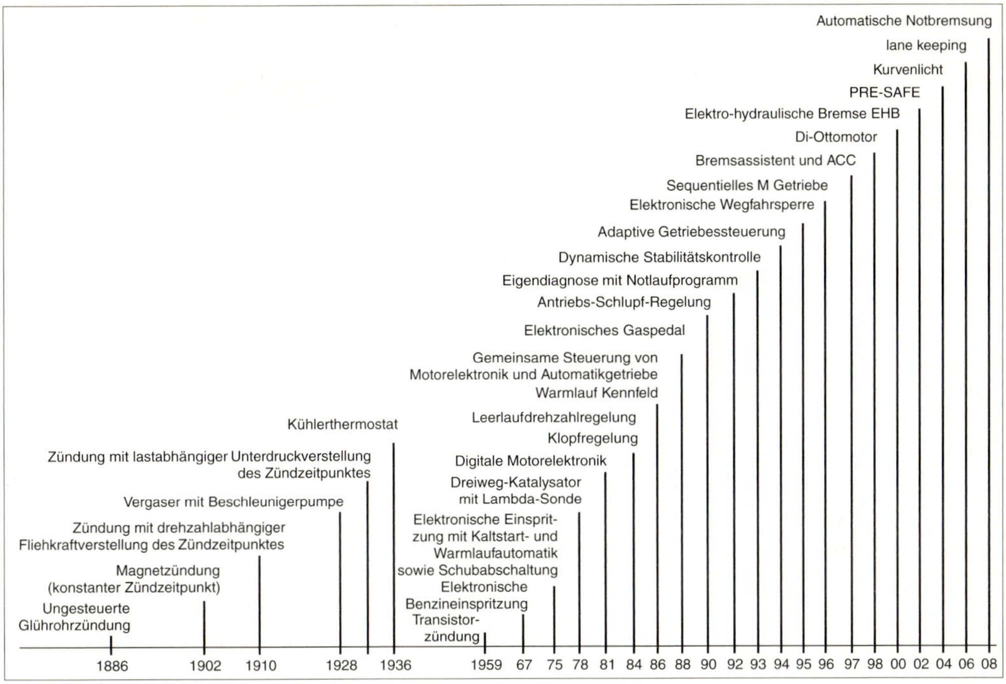

Bild 2.1-12 Bedeutende Meilensteine im Automobilbau am Beispiel Steuer- und Regelsysteme [14]

Kunden im Automobil völlig neue Kommunikationsmöglichkeiten, z.B. allgemeine Serviceleistungen, Wartung und Information über Veranstaltungen etc.

Der Kunde erwartet:

1. Reiseinformationen
   Reiseplanung, Verkehrsmittelwahl, -übergreifende Fahrtroutenplanung, Service und Dienstleistung, Buchungen und Reservierungen, Routenplanung für Fußgänger, Touristikinformationen
   Straßencharakteristik, Parkraumangebot, Verknüpfung von Verkehrsmitteln, Straßenkarten
   Persönliche Kommunikation
   Persönlicher Briefkasten, Notfallmeldung, Notruf
2. Managementsysteme im öffentlichen Nahverkehr
   Statische und dynamische Fahrtinformation, individuelle ÖV-Reiseplanung, Fahrscheinverkauf bzw. Fahrscheinersatz
3. Parkraummanagement
   Parkraumbelegung, dynamische Parkrauminformation, Parkleitempfehlung, Stellplatzreservierung
4. Verkehrsinformation
   Navigation, Routenführung individuell und kollektiv, dynamische Information über Unfälle, allgemeine Verkehrszustände (Stau, Straßenarbeiten, Wettervorhersage, Umweltbedingungen, Sonderveranstaltungen, örtliche Einschränkungen – Zufahrt, Durchfahrt)
5. Management der Verkehrsnachfrage
   car-pooling, Verknüpfung im Güterverkehr, City-Logistik, Mauteinfluss.

Parallel mit der Automobiltechnik hat sich auch das Angebot der Hersteller zum Kunden geändert. Dies zeigt sich z.B. in einem viel größeren Angebot von Fahrzeugmodellen, erweiterten Serviceleistungen, neuartigen Leasingangeboten, Carsharingangeboten bis hin zu anderen Verkaufsorganisationen. Jeder Konzern versucht über zahlreiche Modelle sein Angebot so attraktiv wie möglich zu machen, sei es innerhalb einer Marke selbst oder über verschiedene Marken in einem Konzern. Dies gilt auch für die Kommunikation mit den Kunden über Kundenkliniken, interne und externe Befragungen, *customer satisfaction index*, Werkstatttests, Langzeittests durch Verbraucherorganisationen wie ADAC und TÜV, Crashtests und direkte Informationen über die Fachzeitschriften. Im Vergleich zu früher ist der Kunde heute hervorragend über das Produkt und die Marke informiert bzw. kann Informationen über das Internet abfragen.

Die erwähnte Recyclingfähigkeit hat sich in einer inzwischen vorhandenen Rücknahmekette etabliert. Im Sinne der Schonung von Ressourcen ist es außerdem notwendig, das wiederverwertbare Material einer erneuten Verwendung zuzuführen. Die Recyclingrichtlinie wurde inzwischen in Brüssel für die EU rechtsgültig definiert [17].

Das Automobil mit einem jährlichen Umsatz von mehr als 1000 Milliarden EUR und der zusätzliche Umsatz der Vertriebs- und Werkstattaktivitäten stellt einen bedeutenden Wirtschaftsfaktor dar. Die kontinuierlich steigenden Herausforderungen müssen von

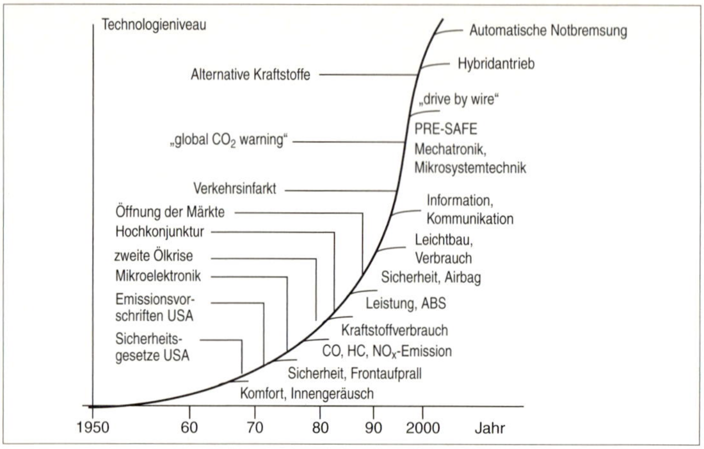

Bild 2.1-13 Innovationswellen im Automobilbau

der Automobilindustrie und ihren Zulieferanten bewältigt werden: Globalisierung, internationaler Wettbewerb, Produktivitätssteigerung, kontinuierliche Verbesserungsprozesse, Modularisierung, Veränderung in der Zusammenarbeit mit den Zulieferanten und wissenschaftlichen Einrichtungen, Entwicklungspartnern und die Neuorientierung des Produktentstehungsprozesses. Diese Veränderungen beinhalten das frühzeitige Einbeziehen aller am Produktentstehungsprozess beteiligter Bereiche. Zur Reduzierung der Kosten und Senkung der Entwicklungskosten dienen auch die Gleichteile, firmenspezifisch und firmenübergreifend und die Modulstrategie, die eine große Variantenzahl von Modellen bei einer günstigen Kostenstruktur ermöglicht.

Die Automobilindustrie muss auch in Zukunft mit innovativen Lösungen aufwarten. Traditionell ist die Bereitschaft zu großen Veränderungen nur dann vorhanden, wenn sie vom Kunden akzeptiert werden. Das **Bild 2.1-13** zeigt zwei Arten von Innovationsänderungen. Die linke Seite zeigt externe, nur sehr schwer zu beeinflussende Faktoren wie Ölkrisen, Aktivitäten der Gesetzgeber auf, auf der rechten Seite die mehr von Technologien getriebene Veränderung wie die Mikroelektronik, Fuzzy Logic, neuronale Regler. Die Jahrtausendwende hat gerade für die Automobiltechnik eine verstärkte Innovationsgeschwindigkeit erzeugt. Dabei stehen neuartige Otto- und Dieselmotore, alternative Antriebe, Brennstoffzelle und Hybride, Unfallvorbeugung über Sensorik und gestützte Leitsysteme inklusive des „elektronischen Beifahrers", Optimierung von Elektrik/Elektronik im Fahrzeug und der Leichtbau im Vordergrund.

Die technologischen Herausforderungen sind immens, aber beherrschbar, wenn alle an dem Prozess Beteiligten, Wissenschaft, Politik und Industrie sich von nachvollziehbaren Kriterien leiten lassen und an einem Strang ziehen.

Literatur

[1] Smart Presseinformation 1998: Micro Compact Car GmbH, Remmingen
[2] Micro Compact Car GmbH: „Smart", Presseinformation 1998
[3] ATZ/MTZ: Der neue Maybach, Sonderausgabe, Wiesbaden, September 2002
[4] Pressematerial der Fa. Porsche 2005
[5] ESV-Conference: Proceedings, Amsterdam 2001. Braess, H.-H. et al.: 25 Jahre ESV-Entwicklung Chancen und Risiken von regierungsseitigen vorgegebenen Zielen, Katalognummer der Automobil Revue 1996, Seite 73 – 86
[6] IRCOBI International Conference on the Biomechanics of impact: Proceedings, München, 18. – 20. September 2002.
[7] ESV-Conference Proceedings, Sindelfingen 1971; Washington 1972
[8] *Seiffert, U.*: Möglichkeiten und Grenzen der Erhöhung der Sicherheit im Kfz. ÖVK II/97, Technische Universität Wien
[9] Verkehr in Zahlen 2005/2006. Deutscher Verkehrs-Verlag, Bundesministerium für Verkehr, ISBN 3-87154-334-9
[10] *Wiedemann, J.*: Institut für Verbrennungsmotoren, Universität Stuttgart 2002
[11] *Schreiber, W. et al.*: Das neue Doppelkupplungsgetriebe, Volkswagen, ATZ 11/2003, ISSN 0001-2785, Vieweg Verlag Wiesbaden
[12] Volkswagen AG – Pressemitteilung und Produktangebot 2006
[13] Toyota – Verkaufsunterlagen Deutschland 2006
[14] VDA Verband der Automobilindustrie: Seiffert 1998. Jahresbericht 2006, S. 13
[15] *Reitzle, W.*: Das Automobil: Zukunft durch Innovation und Faszination Sonderheft der ATZ/MTZ, Geschichte und Zukunft des Automobils, Wiesbaden 1998
[16] *Krebs, R.*: Globale Herausforderungen an zukünftige Pkw-Antriebe „Innovative Fahrzeugantriebe", Dresden 9. + 10. November 2006, VDI-Berichte 1975, ISBN 3-18-091975-2
[17] Verband der Automobilindustrie e.V.: Auto 2006 Jahresbericht, Frankfurt am Main
[18] *Schäper, S.*: Unerwünschte Nebeneffekte der EU-Altautorichtlinie auf ökologische Fahrzeugkonzepte. VDI-Bericht 1653, Düsseldorf 2001

Allgemeine Literatur:

Fersen von, O.: Ein Jahrhundert Automobiltechnik. Personenwagen, VDI-Verlag, Düsseldorf 1986
ATZ/MTZ: Sonderheft „Geschichte und Zukunft des Automobils". Wiesbaden 1998
ATZ/MTZ: Jahresbände Verlag Vieweg Wiesbaden
VDI-FVT: 100 Jahre aktiv für die Mobilität, ATZ Sonderheft März 2004 D58922, Vieweg-Verlag, Wiesbaden

2.2 Anforderungen durch den Gesetzgeber

Neben allgemeinen nationalen Vorschriften wird im Folgenden speziell auf die europäische Gesetzgebung eingegangen. Falls für einzelne Anforderungen weltweit andere Regelungen gelten, wird dies in den Fachkapiteln abgehandelt.

2.2.1 Zulassung zum Straßenverkehr

Nach § 1 Abs. 1 des Straßenverkehrsgesetzes (StVG) müssen Kraftfahrzeuge (Kfz) und ihre Anhänger, die auf öffentlichen Straßen in Betrieb gesetzt werden sollen, von der zuständigen Behörde (Zulassungsbehörde) zum Verkehr zugelassen sein. Weiterhin bestimmt § 3 der Fahrzeug-Zulassungsverordnung (FZV), dass Kfz mit einer durch die Bauart bestimmten Höchstgeschwindigkeit von mehr als 6 km/h und ihre Anhänger auf öffentlichen Straßen nur in Betrieb gesetzt werden dürfen, wenn sie durch Erteilung einer Einzelgenehmigung oder einer EG-Typgenehmigung und durch Zuteilung eines amtlichen Kennzeichens für Kfz oder Anhänger zum Verkehr zugelassen sind.
Für reihenweise zu fertigende oder gefertigte Fahrzeuge (Fz) der Klasse M_1 kann dem Hersteller eine EG-Typgenehmigung erteilt werden. Vor Erteilung der EG-Typgenehmigung muss der Antragsteller das Vorhandensein eines Qualitätssicherungssystems gegenüber der Genehmigungsbehörde nach deren Bestimmungen nachweisen.

Für die Fahrzeugklasse M_1 zeigen **Bild 2.2-1** die Genehmigungsverfahren und **Tabelle 2.2-1** eine Übersicht über die Rechtsquellen. Fz der Klasse M_1 sind Fz zur Personenbeförderung, die außer dem Fahrersitz über höchstens acht Sitzplätze verfügen.

2.2.2 Die nationalen und supranationalen Rechtsquellen

2.2.2.1 Straßenverkehrsrecht mit StVZO

§ 6 StVG ermächtigt das Bundesministerium für Verkehr, Bau- und Stadtentwicklung (BMVBS), Rechtsverordnungen und allgemeine Verwaltungsvorschriften über die Beschaffenheit, die Ausrüstung, die Prüfung und die Kennzeichnung der Fz mit Zustimmung des Bundesrates zu erlassen. § 38 Abs. 2 und § 39 des Bundesimmissionsschutzgesetzes ermächtigen das BMVBS und das Bundesministerium für Umwelt, Naturschutz und Reaktorsicherheit mit Zustimmung des Bundesrates entsprechende Vorschriften auf dem Gebiet des Umweltschutzes zu erlassen. Die von beiden Ministerien gemeinsam erlassenen Vorschriften sind Bestandteile der Straßenverkehrs-Zulassungs-Ordnung (StVZO). Die Bau- und Betriebsvorschriften für Fz beginnen mit § 30, den Allgemeinen Vorschriften über die Beschaffenheit der Fz. Nach § 30 Abs. 1 STVZO müssen Fz so gebaut und ausgerüstet sein, dass

1. ihr verkehrsüblicher Betrieb niemanden schädigt oder mehr als unvermeidbar gefährdet, behindert oder belästigt,

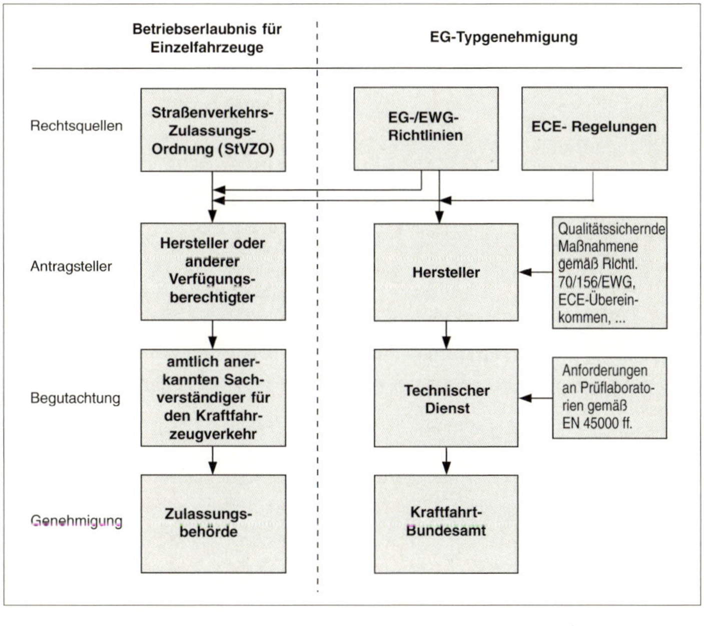

Bild 2.2-1 Genehmigungsverfahren für M_1-Fahrzeuge

Tabelle 2.2-1

Fahrzeugklasse M_1	EG-Richtlinie	ECE-Regelung	StVZO
Anforderungen an die aktive Fahrzeugsicherheit (Unfallvorbeugung)			
Lenkanlagen	70/311/EWG	R 79	§ 38
Bremsanlagen	71/320/EWG	R 13, R13-H	§ 41
Austauschbremsbeläge	71/320/EWG	R 90	§ 22
Einrichtungen für Schallzeichen	70/388/EWG	R 28	§ 55
Sichtfeld	77/649/EWG	–	§ 35b
Entfrostungs- und Trocknungsanlagen für verglaste Flächen	78/317/EWG	–	§ 35b
Scheibenwischer und Scheibenwascher	78/318/EWG	–	§ 40
Einrichtungen für indirekte Sicht	2003/97/EG	R 46	§ 56
Heizungen (Motorabwärme und Zusatzanlagen)	2001/56/EG	R 122	§ 35c
Beleuchtungsanbau, Warnblinklicht	76/756/EWG	R 48	§ 49a, 53a
Rückstrahler	76/757/EWG	R 3	§ 53
Umrissleuchten, Begrenzungsleuchten, Schlussleuchten, Bremsleuchten	76/758/EWG	R 7	§ 51, 51b, 53
Seitenmarkierungsleuchten	76/758/EWG	R 91	§ 51a
Fahrtrichtungsanzeiger	76/759/EWG	R 6	§ 54
Scheinwerfer für Fern- und/oder Abblendlicht	76/761/EWG	R 1, 8, 20, 112, 113	§ 50
sowie ihre Lichtquellen	76/761/EWG	R 37	§ 22a
Gasentladungsscheinwerfer	–	R 98	–
sowie ihre Lichtquellen	–	R 99	–
adaptive Frontscheinwerfer	–	R 123	–
Nebelscheinwerfer	76/762/EWG	R 19	§ 52
Abbiegeleuchten	–	R 119	–
Nebelschlussleuchten	77/538/EWG	R 38	§ 53d
Rückfahrscheinwerfer	77/539/EWG	R 23	§ 52a
Parkleuchten	77/540/EWG	R 77	§ 51c
Beleuchtungseinrichtungen für das hintere Kennzeichen	76/760/EWG	R 4	§ 60
Rückwärtsgang und Geschwindigkeitsmessgerät	75/443/EWG	R 39	§ 39, 57
Innenausstattung (Symbole, Kontrollleuchten)	78/316/EWG	R 121	§ 30
Radabdeckungen	78/549/EWG	–	§ 36a
Profiltiefe der Reifen	89/459/EWG	–	§ 36
Reifen und ihre Montage	92/23/EWG	R 30	§ 36
Austauschräder	–	R 124	–
Anhängelast, Stützlast	92/21/EWG	–	§ 42, 44
Verbindungseinrichtungen (Anhängekuppl.)	94/20/EG	R 55	§ 43
Pedalanordnung	–	R 35	§ 30
Anforderungen an die passive Fahrzeugsicherheit (Unfallfolgenmilderung)			
Innenausstattung (vorstehende Teile)	74/60/EWG	R 21	§ 30
Lenkanlagen (Verhalten bei Unfallstößen)	74/297/EWG	R 12	§ 38
Frontalaufprall, Insassenschutz	96/79/EG	R 94	§ –
Seitenaufprall, Insassenschutz	96/27/EG	R 95	§ –
Verankerung der Sicherheitsgurte	76/115/EWG	R 14	§ 35a
Sicherheitsgurte und Rückhaltesysteme	77/541/EWG	R 16, R 44	§ 22a,35a
Sitze, ihre Verankerungen und Kopfstützen	74/408/EWG	R 17, R 25	§ 35a
Kopfstützen	78/932/EWG	R 17, R 25	§ 35a

Tabelle 2.2-1 (Fortsetzung)

Fahrzeugklasse M_1	EG-Richtlinie	ECE-Regelung	StVZO
vorstehende Außenkanten	74/483/EWG	R 26	§ 30 c
Kraftstoffbehälter und Unterfahrschutz	70/221/EWG	R 58	§ 47–47 c
Autogasanlagen (Flüssig- und Erdgas)	–	R 67, R 110, R 115	§ 41 a, 45, 47
Türen (Schlösser und Scharniere)	70/387/EWG	R 11	§ 35e
Stoßstangen vorn und hinten	–	R 42	–
Auffahrunfall (nicht in D)	–	R 32	–
Sicherheitsscheiben	92/22/EWG	R 43	§ 40
Elektroantrieb (Sicherheit)	–	R 100	§ 62
Fußgängerschutz	2003/102/EG	–	§ 30
Frontschutzsysteme	2005/66/EG	–	–
Airbag	–	R 114	§ –
Anforderungen an das Emissionsverhalten			
Geräuschpegel und Auspuffanlage	70/157/EWG	R 51	§ 49
Austauschschalldämpfer	70/157/EWG	R 59	§ 49
Schadstoffemissionen von Kraftfahrzeugmotoren	70/220/EWG	R 83, R 103	§ 47, 47c
Emission aus Dieselmotoren (Rauchgastrübung)	72/306/EWG	R 24	§ 47
Kraftstoffverbrauch und CO_2-Ausstoß	80/1268/EWG	R 101	§ 47d
Funkentstörung und elektromagnetische Verträglichkeit (EMV)	72/245/EWG	R 10	§ 55a
Elektr. Energieverbrauch bei Elektroantrieb	–	R 101	–
Reifenabrollgeräusch	92/23/EWG	R 117	–
Emissionen aus Klimaanlagen	2006/40/EG	–	–
Verschiedenes			
Betriebserlaubnis (Typgenehmigung)	70/156/EWG	–	§ 19, 20
Kennzeichen hinten (Anbringungsstellen und Anbringung)	70/222/EWG	–	§ 60
Sicherungseinrichtungen gegen unbefugte Benutzung	74/61/EWG	R 18, R 116	§ 38a
Alarmsysteme und Wegfahrsperren	74/61/EWG	R 97, R 116	§ 38b
Fabrikschild, Fahrzeugidentifizierungsnummern	76/114/EWG	–	§ 59
Abschleppeinrichtungen	77/389/EWG	–	§ 43
Motorleistung, Messung	80/1269/EWG	R 24, R 85	§ 35
Massen und Abmessungen von M_1-Fz	92/21/EWG	–	§ 32, 34
Hochstgeschwindigkeit (Messung)	–	R 68	§ 30a
Verbraucherinformation über Kraftstoffverbrauch und CO_2-Emissionen von Pkw	1999/94/EG	–	–
Altfahrzeuge, Recycling	2000/53/EG, 2005/64/EG	–	–

2. die Insassen, insbesondere bei Unfällen vor Verletzungen möglichst geschützt sind und das Ausmaß und die Folgen von Verletzungen möglichst gering bleiben.

Nähere Einzelheiten werden durch § 30 ff. StVZO geregelt.

2.2.2.2 Richtlinien der Europäischen Gemeinschaft

Die Rolle der Europäischen Gemeinschaft ergibt sich u.a. aus den Römischen Verträgen von 1957, insbesondere aus dem Vertrag zur Gründung der Europäischen Wirtschaftsgemeinschaft (EWG).

Der EWG-Vertrag definiert als Hauptaufgabe die Errichtung eines Gemeinsamen Binnenmarktes durch Abbau von Handelshemmnissen. Sichergestellt wird dies u.a. dadurch, dass Fz, die die harmonisierten technischen Vorschriften erfüllen, an einem ungehinderten Warenverkehr teilnehmen können. Bei der Erarbeitung der Vorschriften, den sog. Richtlinien, wird von einem hohen Niveau für Sicherheit und Umweltschutz ausgegangen.

Der Rat der Europäischen Union hat insbesondere gestützt auf Artikel 94 und auf Vorschlag der Kommission zahlreiche Richtlinien für Straßenfahrzeuge erlassen. Heute ist Artikel 95a i.V.m. Artikel 14 des Vertrages zur Gründung der Europäischen Gemeinschaft (EG) in der Fassung vom 02. Oktober 1997 Rechtsgrundlage für die EG-Richtlinien. Von der Systematik her werden die Richtlinien in Rahmenrichtlinien und Einzelrichtlinien eingeteilt. Drei Rahmenrichtlinien befassen sich mit der Erteilung von Typgenehmigungen für Kfz und Kfz-Anhänger (70/156/EWG), für land- oder forstwirtschaftliche Zugmaschinen auf Rädern (2003/37/EG) und für zwei- und dreirädrige Kfz (2002/24/EG). Neben Fz können auch Systeme, Bauteile und selbstständige technische Einheiten eine Typgenehmigung erhalten.

Gemäß der Richtlinie 70/156/EWG werden die Kfz und ihre Anhänger, die vorgenannter Richtlinie unterliegen, in Klassen eingeteilt. Dabei steht M_1 für Pkw, M_2 und M_3 für Busse, N_1 bis N_3 für Lkw und O_1 bis O_4 für Anhänger. Mit Ausnahme der Pkw werden alle Klassen durch ihre zulässige Gesamtmasse (in einigen Richtlinien auch „Höchstmasse" genannt) definiert. Bei geländegängigen Kfz wird dem Fz-Klassen-Symbol M_1 bis N_3 jeweils der Buchstabe G angefügt. Wohnmobile sind M_1-Fz mit besonderer Zweckbestimmung.

Je nach Aufbautyp – von Limousine über Kombi-Limousine bis Mehrzweckfahrzeug – werden M_1-Fz zusätzlich differenziert. Mehrzweckfahrzeuge sind Kfz zur Beförderung von Fahrgästen und deren Gepäck oder von Gütern in einem einzigen Innenraum. Damit diese Fz unter die Klasse M_1 fallen, müssen zusätzliche Kriterien erfüllt sein.

2.2.2.3 Regelungen der UN-Wirtschaftskommission für Europa

Auf der Grundlage des Übereinkommens vom 20. 03. 1958 in der Fassung der Revision 2 vom 16. 10. 1995 befasst sich auch die UN-Wirtschaftskommission für Europa (Economic Commission for Europe, ECE) mit der Harmonisierung kraftfahrzeugtechnischer Vorschriften. Der Titel des Übereinkommens lautet: „Übereinkommen über die Annahme einheitlicher technischer Bedingungen für Radfahrzeuge, Ausrüstungsgegenstände und Teile, die in Radfahrzeuge(n) eingebaut und/oder verwendet werden können, und die Bedingungen für die gegenseitige Anerkennung von Genehmigungen, die nach diesen Vorschriften erteilt wurden." Die dem Übereinkommen angefügten Regelungen betreffen die Sicherheit, den Umweltschutz und den Energieverbrauch.

Am 24. März 1998 ist die Europäische Gemeinschaft dem geänderten Übereinkommen beigetreten. Japan, Australien, Neuseeland, Südafrika und Korea gehören inzwischen ebenfalls dazu.

Die meisten der seit 1958 ca. 125 in Kraft getretenen Regelungen wendet Deutschland an. Das Übereinkommen und die Revisionen sind in Deutschland mittels Gesetz in Kraft gesetzt worden. Dieses Gesetz ermächtigt das BMVBS nach Anhörung der Bundesländer die Regelungen durch Verordnungen in Deutschland in Kraft zu setzen.

Die technischen Vorschriften mehrerer ECE-Regelungen, insbesondere für lichttechnische Einrichtungen, wurden durch Verweisungen in die entsprechenden EG-Richtlinien übernommen; diese Verweisungen werden voraussichtlich künftig die EG-Richtinien mehr und mehr ersetzen. Zahlreiche ECE-Regelungen sind von der Europäischen Gemeinschaft als bestimmten EG-Richtlinien gleichwertig anerkannt worden; Fahrzeughersteller können diese im Rahmen der EG-Typgenehmigung für Fz alternativ anwenden.

2.2.2.4 Weitere Maßnahmen zum Abbau von Handelshemmnissen

Ausgehend vom Transatlantischen Wirtschaftsdialog zwischen Europa und USA zur Stärkung der Wirtschaftsbeziehungen und zum Abbau von Handelshemmnissen wurde im Rahmen der ECE ein Übereinkommen über die Festlegung globaler fahrzeugtechnischer Regelungen ausgearbeitet. Dieses Übereinkommen soll das ECE-Übereinkommen von 1958 nicht ersetzen, sondern neben diesem bestehen und wird auch als Parallelübereinkommen bezeichnet.

Grundlage des Übereinkommens von 1958 ist die gegenseitige Anerkennung von Genehmigungen auf der Basis von ECE-Regelungen. Ziel des Parallelübereinkommens ist lediglich die Erarbeitung und Festlegung von globalen technischen Regelungen über die Sicherheit, den Umweltschutz, die Energieeffizienz und die Diebstahlsicherung. Das Verfahren zur Anwendung der so harmonisierten Vorschriften bleibt den Vertragsparteien überlassen. Somit sind sowohl Typgenehmigungsverfahren als auch Verfahren der Selbstzertifizierung möglich. Die globalen technischen Regelungen werden in den gleichen Arbeitsgruppen ausgearbeitet, die sich auch mit den ECE-Regelungen befassen.

Neben den USA und der EG können auch Mitgliedsstaaten der EU und andere Staaten Vertragsparteien des Parallelübereinkommens werden. Auch Deutschland ist Vertragspartei des Übereinkommens (Gemischte Zuständigkeit von Europäischer Gemeinschaft und Mitgliedstaaten). Das Übereinkommen ist am 25. 08. 2000 in Kraft getreten.

2.2.3 Unfallvorbeugung (aktive Sicherheit)

2.2.3.1 Allgemeines

Die derzeitigen Vorschriften über die Anforderungen an die aktive Fz-Sicherheit stellen allein betrachtet für die Hersteller von M_1-Fz keine besonderen Herausforderungen dar. Nicht zuletzt durch Tests unterschiedlicher Institutionen gibt es auf diesem Gebiet aber seit vielen Jahren einen Wettbewerb, der zu einer ständigen Verbesserung der aktiven Fz-Sicherheit und des damit in Verbindung zu sehenden Komforts führte. Die sich aus dem Wettbewerb ergebende Messlatte liegt erheblich höher als die des Gesetzgebers.

Bild 2.2-2 stellt außer der Lichttechnik die im Bereich der aktiven Sicherheit durch Vorschriften geregelten Sachverhalte dar.

2.2.3.2 Bremsanlage

Die Bremsanlage muss Betriebsbremsungen, Hilfsbremsungen und Feststellbremsungen ermöglichen. Die Betriebsbremsung muss bei allen Geschwindigkeiten und Belastungszuständen und bei beliebiger Steigung und beliebigem Gefälle die Kontrolle der Fahrzeugbewegung sowie ein sicheres, schnelles und wirksames Anhalten des Fz ermöglichen. Die Hilfsbremsung muss das Anhalten des Fz innerhalb einer angemessenen Entfernung ermöglichen, wenn die Betriebsbremsung z.B. bei Ausfall eines Bremskreises versagt. Die Feststellbremsung muss es ermöglichen, das Fz auch bei Abwesenheit des Fahrers in der Steigung und im Gefälle im Stillstand zu halten.

Für die Genehmigung ist die Bremswirkung des beladenen Fahrzeugs bei Prüfungen auf der Straße zu messen. Durchgeführt werden folgende Prüfungen:

- normale Wirkung bei kalter Bremse (Typ 0)
- Absinken der Bremswirkung (Typ I) bei wiederholten Bremsungen mit abschließendem Heißbremstest.
- Hilfsbremswirkung bei kalter Bremse (Typ 0)

Die einzuhaltenden Werte ergeben sich aus **Tabelle 2.2-2**.

Die Feststellbremsanlage muss das beladene Fz auf einer Steigung oder einem Gefälle von 18 % im Stillstand halten können. Bei Handbetätigung darf die Betätigungskraft 400 N und bei Fußbetätigung 500 N nicht übersteigen.

Bei Fz, die nicht mit einem automatischen Blockierverhinderer/Antiblockiersystem (ABS) ausgestattet sind, muss für alle Beladungszustände die Kraftschlusskurve der Vorderachse grundsätzlich über derjenigen der Hinterachse liegen.

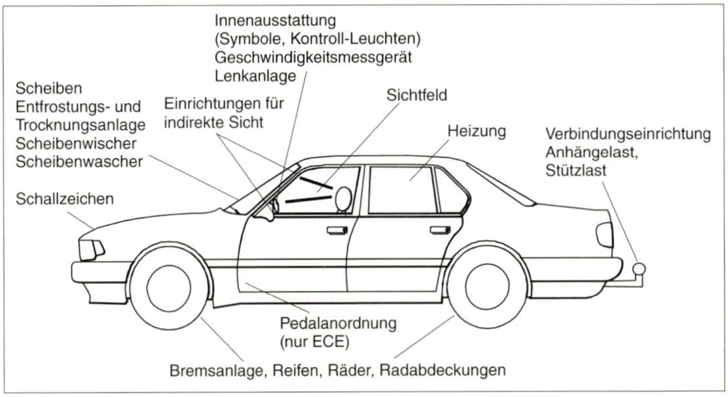

Bild 2.2-2 Vorschriften zur aktiven Sicherheit

Tabelle 2.2-2 Bremsprüfungen

	Betriebsbremsung Typ 0 (ausgekuppelt)	Betriebsbremsung, heiß Typ 1 (eingekuppelt)	Hilfsbremsung Typ 0 (ausgekuppelt)
Prüfgeschwindigkeit v =	80 km/h	80 % v_{max}; ≤ 160 km/h	80 km/h
Bremsweg s [m] ≤	$0{,}1\,v + \frac{v^2}{150}$	$0{,}1\,v + \frac{v^2}{130}$	$0{,}1\,v + \frac{2\,v^2}{150}$
mittlere Vollverzögerung d_m ≥	5,8 m/s²	5,0 m/s²	2,9 m/s²
Betätigungskraft F ≤	500 N	500 N	500 N (Fuß) 400 N (Hand)

Von den drei möglichen ABS-Kategorien gelten die höchsten Anforderungen für die Kategorie 1. ABS-Störungen müssen dem Fahrer durch ein optisches Warnsignal angezeigt werden. Soweit das ABS eines Fz ein sog. „komplexes elektronisches Fahrzeugsteuersystem“ enthält, wird dieses nach Anhang 18 der ECE-Regelung Nr. 13 geprüft.

2.2.3.3 Sichtfeld

Für den Fahrer muss nach vorne ein ausreichendes Sichtfeld vorhanden sein. Mittels eines dreidimensionalen Koordinatensystems **(Bild 2.2-3)**, in dem das Fz ausgerichtet wird, und mehrerer Bezugspunkte wird geprüft, ob ein ausreichendes Sichtfeld vorhanden ist.

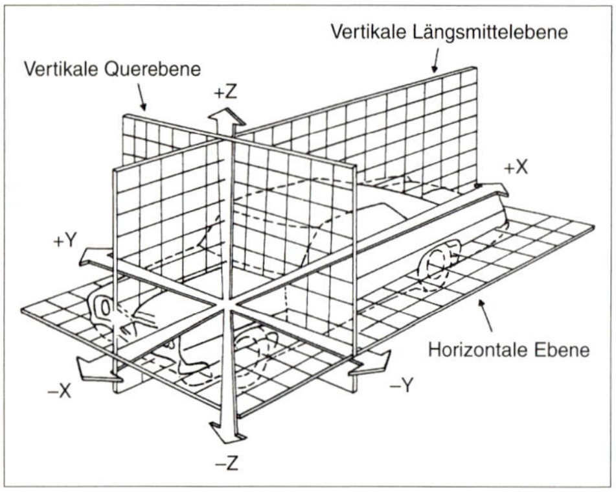

Bild 2.2-3 Dreidimensionales Koordinatensystem

Zwei der oben genannten Bezugspunkte sind der ‚H‘-Punkt und der ‚R‘-Punkt. Beide Bezugspunkte spielen auch bei etlichen anderen Richtlinien eine wichtige Rolle.

Der H-Punkt ist der Mittelpunkt des Drehgelenks zwischen dem Rumpf und den Schenkeln der auf den Fahrzeugsitzen aufgesetzten, in **Bild 2.2-4** dargestellten so genannten 3DH-Maschine. Der R-Punkt oder der Bezugspunkt des Sitzes wird vom Hersteller für jeden Sitzplatz konstruktiv festgelegt.

2.2.3.4 Lichttechnische Einrichtungen

Es dürfen nur die vorgeschriebenen oder für zulässig erklärten Leuchten, Leuchtstoffe und rückstrahlenden

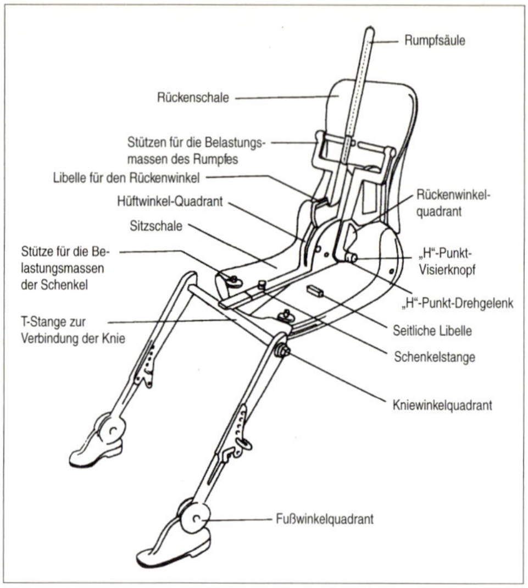

Bild 2.2-4 Beschreibung der 3DH-Maschinenteile

Mittel verwendet werden **(Bild 2.2-5)**. Lichttechnische Einrichtungen sind bauartgenehmigungspflichtig und müssen vorschriftsmäßig und fest am Fz angebracht sowie ständig betriebsfertig sein.

2.2.4 Unfallfolgenmilderung (passive Sicherheit)

2.2.4.1 Allgemeines

Durch vergleichende Crashtests und Veröffentlichung der bewerteten Ergebnisse hat auch auf dem Gebiet der passiven Fahrzeugsicherheit ein fruchtbarer Wettbewerb unter den Herstellern eingesetzt, der letztlich dem Schutz der Insassen zugute kommt. In diesem Zusammenhang ist das europäische New Car Assessment Program (Euro NCAP) zu erwähnen, dessen Ziel die unabhängige Bewertung des Sicherheitsniveaus von Fz zur Verbraucherberatung ist.

Derzeit werden folgende Tests durchgeführt:

- Frontaufprall, 40 % Offset gegen Defoelement wie 96/79/EG, jedoch mit 64 km/h
- Seitenaufprall wie 96/27/EG; Einbeziehung von Ergebnissen nach FMVSS 201

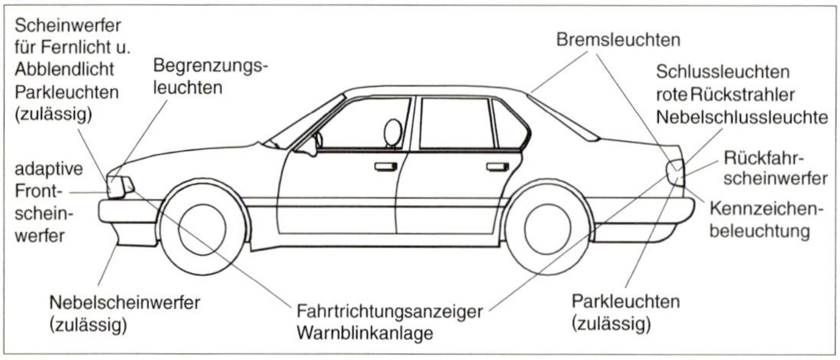

Bild 2.2-5 Lichttechnische Einrichtungen

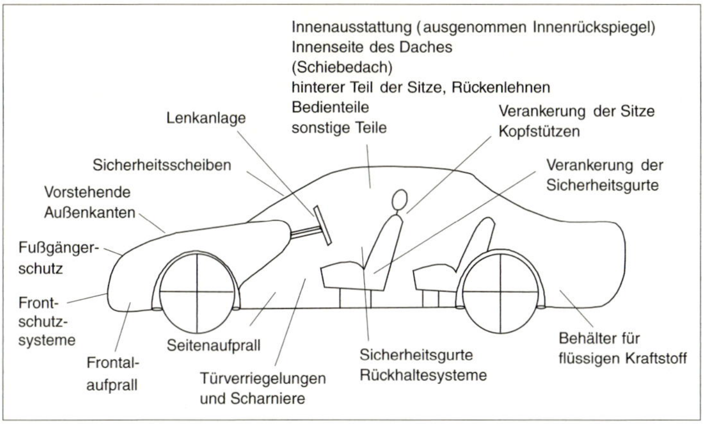

Bild 2.2-6 Sicherheit, Unfallfolgenmilderung

- Pfahltest, seitlicher Aufprall gegen eine Säule
- Fußgängertest mit 4 Impaktoren (Bein, Hüfte, Kopf Kind und Kopf Erwachsener) nach EEVC-Entwurf.

Bild 2.2-6 gibt einen Überblick über die durch Vorschriften geregelten Sachverhalte.

2.2.4.2 Insassenschutz bei Frontalaufprall

Die Richtlinie 96/79/EG gilt für M_1-Fz mit einer zulässigen Gesamtmasse von höchstens 2,5 t. Nach dieser Richtlinie genehmigte Fz erfüllen auch die Anforderungen der Richtlinie über das Verhalten der Lenkanlage bei Unfallstößen in Bezug auf das Eindringen der Lenkanlage in den Insassenraum. Das Fz mit Prüfpuppen auf den vorderen Außensitzen prallt mit einer Geschwindigkeit von 56 km/h auf eine quer angeordnete Barriere. Die Front der Barriere besteht aus einem verformbaren Bauteil. Die Fahrzeugbreite muss die Front der Barriere zu 40 % ± 20 mm überdecken. Anhand mehrerer Messwertaufnehmer in den Prüfpuppen werden die Belastungskriterien ermittelt, die bestimmte Höchstwerte nicht überschreiten dürfen. Neben Kopfbelastung werden Nacken-, Brust- sowie Ober- und Unterschenkelbelastung beurteilt.

2.2.4.3 Insassenschutz bei Seitenaufprall

Die Richtlinie 96/27/EG gilt für M_1- und N_1-Fz, bei denen der R-Punkt des niedrigsten Sitzes nicht mehr als 700 mm über dem Boden liegt. Eine fahrbare, verformbare Barriere prallt mit 50 km/h seitlich auf die Fahrerseite des Fz auf. Auf dem Vordersitz dieser Fahrzeugseite ist eine Prüfpuppe platziert. Während der Prüfung darf sich keine Tür öffnen. Nach dem Aufprall muss es möglich sein, ohne Werkzeuge ausreichend viele Türen zu öffnen, die für den normalen Ein- und Ausstieg der Insassen bestimmt sind, erforderlichenfalls die Sitzrücklehnen oder Sitze so zu verschieben, dass alle Insassen das Fz verlassen können, und die Prüfpuppe aus dem Fz herauszunehmen. Die Kopf-, Brustkorb-, Becken- und Bauchbelastung darf bestimmte Maximalwerte nicht übersteigen.

2.2.4.4 Fußgängerschutz

Die Richtlinie 2003/102/EG gilt für die Frontpartie von M_1-Fz bis zu 2,5 t Gesamtmasse. Es werden folgende Aufprallprüfungen durchgeführt:

- Beinform-Schlagkörper gegen den Stoßfänger
- Hüftform-Schlagkörper gegen den Stoßfänger
- Hüftform-Schlagkörper gegen die Fronthaubenvorderkante
- Schlagkörper Kinderkopfform/kleine Erwachsenenkopfform auf die Fronthaubenoberseite
- Erwachsenenkopfform-Schlagkörper gegen die Windschutzscheibe
- Kinder- und Erwachsenenkopfform-Schlagkörper auf die Fronthaubenoberseite

Massen und Aufprallgeschwindigkeiten der Schlagkörper sind jeweils gesondert festgelegt. Die bei der Prüfung je nach Schlagkörper entstehenden Verschiebungen, Beschleunigungen, Kräfte, Momente oder HPC-Werte dürfen die in der Richtlinie 2003/102/EG genannten Grenzwerte nicht überschreiten.

2.2.5 Anforderungen an das Emissionsverhalten

2.2.5.1 Allgemeines

Die gesetzlichen Anforderungen an das Emissionsverhalten, insbesondere an das Abgasverhalten, stellen für die Fz-Hersteller anspruchsvolle Herausforderungen dar. Es ist deshalb von zentraler Bedeutung, dass die in der näheren Zukunft geltenden Schadstoffgrenzwerte mit den geänderten bzw. zusätzlichen Anforderungen rechtzeitig im Voraus bekannt sind, um so den Herstellern das erforderliche Maß an Planungssicherheit zu gewähren.

2.2.5.2 Geräuschpegel und Auspuffanlage

Die Messung des Geräusches erfolgt für das in Fahrt befindliche Fz und für das stehende Fz. Die Messung des Standgeräusches wird durchgeführt, um für die Kontrolle der im Verkehr befindlichen Fz desselben Typs einen Bezugswert zu erhalten.

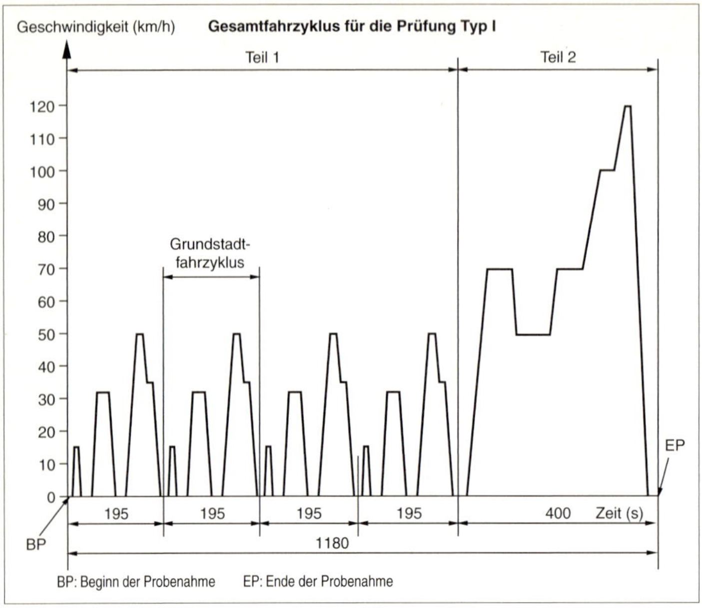

Bild 2.2-7 Gesamtfahrzyklus für die Prüfung Typ I

Die Schallpegelmessgeräte zur Messung des Fahrgeräusches sind in einem Abstand von 15 m zueinander und quer zur Fahrtrichtung in der Mitte der 20 m langen Prüfstrecke angeordnet. Zunächst wird das Fz mit konstant 50 km/h auf die Prüfstrecke zubewegt. Sobald die vordere Fz-Begrenzung den Beginn der Prüfstrecke erreicht, wird maximal beschleunigt. Der dabei zu wählende Gang hängt ab von der Anzahl der Vorwärtsgänge, der Getriebeart sowie bestimmten Kriterien bei Hochleistungsfahrzeugen*). Sobald die hintere Fz-Begrenzung das Ende der Prüfstrecke erreicht, wird das Fahrpedal vollständig entlastet. Der bei dieser beschleunigten Vorbeifahrt ermittelte höchste Schallpegel darf 74 dB(A)*) nicht überschreiten.

Für Auspuffanlagen bzw. Austausch-Schalldämpferanlagen kann eine gesonderte Typgenehmigung erteilt werden.

2.2.5.3 Abgase

2.2.5.3.1 Emissionen von Kraftfahrzeugen

Fz mit Ottomotor sind den folgenden Prüfungen zu unterziehen:

- Prüfung der durchschnittlichen Auspuffemission nach einem Kaltstart **(Typ I)**, für Fz mit einer Gesamtmasse $\leq 3{,}5$ t
- Prüfung der Emission von Kohlenmonoxid bei Leerlauf **(Typ II)** für Fz mit einer Gesamtmasse $>3{,}5$ t
- Prüfung der Gasemissionen aus dem Kurbelgehäuse **(Typ III)**
- Prüfung der Verdunstungsemissionen **(Typ IV)**, für Fz mit einer Gesamtmasse $\leq 3{,}5$ t
- Dauerhaltbarkeit der emissionsmindernden Bauteile **(Typ V)**, für Fz mit einer Gesamtmasse $\leq 3{,}5$ t
- Prüfung der Emission von Kohlenmonoxid und Kohlenwasserstoffen bei niedrigen Umgebungstemperaturen nach einem Kaltstart **(Typ VI)** für Fz mit einer Höchstmasse $\leq 3{,}5$ t
- On-Board-Diagnose (OBD-Prüfung).

M_1-Fz mit Dieselmotor mit einer Höchstmasse $\leq 3{,}5$ t werden den Prüfungen **Typ I** und **Typ V** unterzogen. Zusätzlich erfolgt eine OBD-Prüfung.

Bei der Prüfung **Typ I** ist auf dem Fahrleistungsprüfstand ein Fahrzyklus zu durchfahren, der aus einem Teil 1 (Stadtzyklus) und einem Teil 2 (außerstädtischer Fahrzyklus) besteht und in **Bild 2.2-7** dargestellt ist.

Seit Januar 2005 müssen die ermittelten Massen der gasförmigen Emissionen von $M_1 - \text{Fz} \leq 2{,}5$ t und bei Fz mit Dieselmotor zusätzlich die Masse der Partikel, die für jede Prüfung festgestellt wurden, innerhalb der in **Tabelle 2.2-3** angegebenen Grenzwerte in g/km liegen.

Die Prüfung **Typ II** ist bei Fz durchzuführen, für die die vorgenannte Prüfung Typ I nicht anwendbar ist.

*) **Hinweis:** Höhere Grenzwerte für bestimmte M_1-Fz
+ 1 dB(A) bei Diesel-Direkteinspritzung
zusätzlich + 1 dB(A) bei Gelände-Fz Höchstmasse > 2 t und < 150 kW oder
zusätzlich + 2 dB(A) bei Gelände-Fz Höchstmasse > 2 t und ≥ 150 kW oder zusätzlich +1 dB(A) bei Hochleistungsfahrzeugen (>4 Gänge, > 140 kW, > 75 kW/t der Gesamtmasse sowie > 61 km/h erreicht im 3. Gang am Ende der Messstrecke)

Tabelle 2.2-3 Grenzwerte der Auspuffemission

Emissionsart	CO		HC	NO_x		HC + NO_x	Partikel
	Benzin	Diesel	Benzin	Benzin	Diesel	Diesel	Diesel
Grenzwert in g/cm	1,00	0,50	0,10	0,08	0,25	0,30	0,025

Bei der Prüfung **Typ III** gilt das Fz als vorschriftsmäßig, wenn bei der Messung keine Gasemissionen aus dem Entlüftungssystem des Kurbelgehäuses in die Atmosphäre entweichen. Die Messungen werden bei drei unterschiedlichen Betriebsbedingungen auf dem Prüfstand durchgeführt.

Die Prüfungen zur Messung des Schadstoffausstoßes sind umfangreich und verlangen ein außerordentlich präzises Arbeiten. Kleinste Unaufmerksamkeiten beim Prüfen können zum Abbruch und zur Wiederholung der Prüfung führen.

Am Beispiel der Prüfung **Typ IV** soll der Aufwand dargestellt werden. Bestimmt wird der Verlust an Kohlenwasserstoffen durch Verdunstung aus Kraftstoffsystemen bei Fz mit Ottomotor.

Zur Messung der Verdunstungsemission ist u.a. eine gasdichte, viereckige Messkammer mit ausreichenden Abmessungen erforderlich, um das Prüf-Fz zu umschließen. Das Fz muss von allen Seiten zugänglich sein. Die Kammer muss nach Verschluss gasdicht und die Innenflächen undurchlässig gegenüber Kohlenwasserstoffen sein und dürfen nicht mit diesen reagieren. Um die Volumenänderungen aufgrund von Kabinentemperaturschwankungen aufzufangen, kann eine Kabine mit veränderlichem oder mit festem Volumen verwendet werden. Die Innenwandtemperaturen müssen während der gesamten Tankatmungsprüfung zwischen 278 K (5 °C) und 328 K (66 °C) und während der gesamten Heißabstellprüfung zwischen 293 K (20 °C) und 325 K (52 °C) liegen.

Die Luft innerhalb der Kammer wird mit einem Kohlenwasserstoff-Analysator vom Typ eines Flammenionisations-Detektors (FID) überwacht. Ventilatoren oder Gebläse müssen zum einen eine gründliche Durchmischung der Luft in der geschlossenen Kammer sicherstellen, zum anderen für eine ausreichende Lüftung der geöffneten Kammer sorgen.

Der Ablauf der Prüfung ist in **Bild 2.2-8** dargestellt.

Die Verdunstungsverluste aus jeder dieser Phasen werden unter Verwendung der Ausgangs- und Endwerte der Kohlen-Wasserstoff-Konzentration, der Temperatur und des Luftdrucks sowie des Nettovolumens der Kabine errechnet. Die Gesamtmenge der emittierten Kohlenwasserstoffe ergibt sich aus der Summe der Menge der Kohlenwasserstoffemissionen bei der Tankaufheizung und beim Heißabstellen.

Die Prüfung **Typ V** entspricht einer Alterungsprüfung über 80000 km, die nach einer vorgegebenen Testsequenz auf einer Prüfstrecke, auf der Straße oder auf einem Rollenprüfstand durchgeführt wird. Der Hersteller kann die Alterungsprüfung und die durch diese Alterungsprüfung ermittelten individuellen Verschlechterungsfaktoren durch vorgegebene pauschale Verschlechterungsfaktoren ersetzen und diese bei der Prüfung Typ I anwenden.

Bei M_1-Fz-Typen mit Ottomotor werden mit der Prüfung **(Typ VI)** zusätzlich die Auspuffemission von CO und HC bei niedrigen Umgebungstemperaturen nach einem Kaltstart ermittelt. Hierzu wird Teil 1 des Fahrzyklus **Typ I (Bild 2.2-7)** durchfahren. Bei einer Prüftemperatur von –7 °C müssen CO unter 15 g/km und HC unter 1,8 g/km liegen.

Neue M_1-Fz-Typen $\leq 2{,}5$ t mit Ottomotor müssen seit Januar 2000 zusätzlich mit einem OBD-System zur Emissionsüberwachung ausgestattet sein. Für neue M_1-Fz-Typen $\leq 2{,}5$ t und ≤ 6 Sitzplätze mit Dieselmotor gilt dies seit Januar 2003; für Fz > 6 Sitzplätze ist OBD 2 Jahre später und >6 Sitzplätze sowie >2,5 t 3 Jahre später erforderlich.

2.2.5.3.2 Emission aus Dieselmotoren (Rauchgastrübung)

Mit einem Trübungsmessgerät wird der Absorptionskoeffizient der Auspuffgase stetig gemessen. Die Messungen werden bei gleich bleibenden Drehzahlen und bei freier Beschleunigung durchgeführt. Letztere Prüfung dient insbesondere dazu, einen Bezugswert für die Nachprüfung im Betrieb befindlicher Fz zu erhalten. Bei Leerlauf des Motors ist das Fahrpedal schnell und stoßfrei so durchzutreten, dass die größte Fördermenge der Einspritzpumpe erzielt wird.

Die Messung der Trübung der Abgase ist bei sechs verschiedenen Drehzahlen mit Volllast durchzuführen. Der dabei ermittelte Absorptionskoeffizient darf in Abhängigkeit des Luftdurchsatzes bestimmte Grenzwerte nicht übersteigen.

2.2.5.4 Kraftstoffverbrauch und CO_2-Ausstoß

Die CO_2- und kohlenstoffbezogenen Emissionen werden während des in **Bild 2.2-7** dargestellten zu durchfahrenden Prüfzyklus gemessen. Der Kraftstoffverbrauch wird aus den Kohlenwasserstoff-, Kohlenmonoxyd- und Kohlendioxyd-Emissionen für städtische Bedingungen, für außerstädtische und insgesamt berechnet. Grenzwerte sind nicht vorgeschrieben.

2.2.5.5 Elektromagnetische Verträglichkeit und Funkstörung

Im Sinne der Richtlinie 89/336/EWG über die elektromagnetische Verträglichkeit sind Geräte alle elektrischen und elektronischen Apparate, Anlagen und

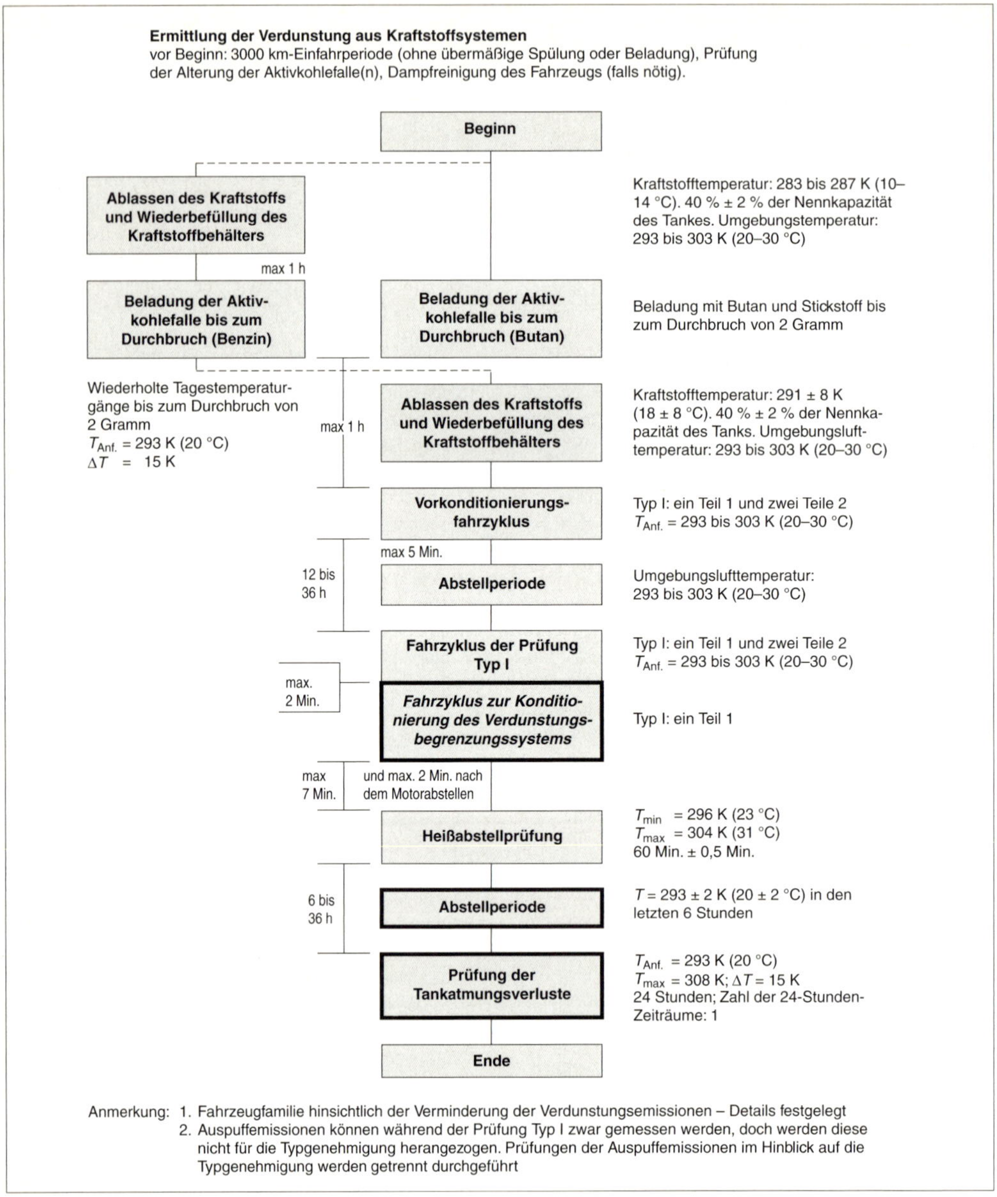

Bild 2.2-8 Ermittlung der Verdunstung aus Kraftstoffsystemen

Systeme, die elektrische und/oder elektronische Bauteile enthalten. Diese Geräte müssen so hergestellt werden, dass

a) die Erzeugung elektromagnetischer Störungen so weit begrenzt sind, dass ein bestimmungsgemäßer Betrieb von Funk- und Telekommunikationsgeräten sowie sonstiger Geräte möglich ist,
b) die Geräte eine angemessene Festigkeit gegen elektromagnetische Störungen aufweisen, sodass ein bestimmungsgemäßer Betrieb möglich ist.

Bei dieser Richtlinie handelt es sich um eine so genannte „horizontale“ Richtlinie. Sie gilt mit wenigen Ausnahmen für alle Geräte unabhängig vom Einbauort.

Werden in der Richtlinie 89/336/EWG festgelegte Schutzanforderungen für bestimmte Geräte durch Einzelrichtlinien, sog. „vertikale“ Richtlinien harmonisiert, so gilt diese Richtlinie nicht für diese Geräte und diese Schutzanforderungen. Die Richtlinie 72/245/EWG ist nun eine solche Einzelrichtlinie, die bezogen auf Fz schärfere Anforderungen an die elektromagnetische Verträglichkeit und die elektromagnetischen Störungsaussendungen vorschreibt. Grenzwerte sind für breitbandige und schmalbandige elektromagnetische Störaussendungen sowie für die Störfestigkeit von Fz gegenüber elektromagnetischen Feldern festgelegt.

2.2.6 Verschiedenes

2.2.6.1 Anbringung des hinteren Kennzeichens

Für die Anbringung des hinteren Kennzeichens ist eine ebene oder nahezu ebene rechteckige Fläche mit folgenden Mindestabmessungen (Länge × Höhe) vorzusehen:

520 mm und 120 mm oder
340 mm und 240 mm.

Die Unterkante muss mind. 0,30 m über der Fahrbahn liegen.

2.2.6.2 Sicherungseinrichtungen gegen unbefugte Benutzung, Wegfahrsperre, Diebstahlschutz

Die Sicherungseinrichtung gegen unbefugte Benutzung muss so beschaffen sein, dass sie zum Anlassen des Motors durch die normale Betätigungseinrichtung sowie zum Steuern, Führen oder Vorwärtsfahren des Fz mit eigener Kraft außer Betrieb gesetzt werden muss. Zusätzlich sind M_1-Fz mit einer Wegfahrsperre auszurüsten. Diese Einrichtung ist dazu bestimmt, das Wegfahren des Fz mit eigener Kraft durch Unbefugte zu verhindern. Erreicht wird dies entweder durch Außerbetriebsetzung von mind. zwei getrennten Fahrzeugstromkreisen, die für den Betrieb des Fz mit eigener Antriebskraft erforderlich sind (z.B. Anlasser, Zündung, Kraftstoffversorgung) oder durch Eingriff mittels eines Codes in mind. eine Steuerungseinheit, die für den Betrieb des Fz erforderlich ist.

2.2.6.3 Fabrikschild, Fahrzeugidentifizierungsnummer

An einer gut sichtbaren und leicht zugänglichen Stelle muss ein gut lesbares Fabrikschild angebracht sein. U.a. muss auf dem Fabrikschild der Name des Herstellers, die Nummer der EG-Typgenehmigung, die Fahrzeug-Identifizierungs-Nr. und die amtlich zulässige Gesamtmasse des Fz angegeben sein. Die Fahrzeug-Identifizierungs-Nr. hat 17 Stellen und ist außerdem auf dem Fahrgestell oder dem Rahmen auf der rechten Hälfte des Fz unveränderbar anzubringen.

2.2.6.4 Messung der Motorleistung

Die Messungen sind unter vorgegebenen Bedingungen mit einer ausreichenden Anzahl von Motordrehzahlen durchzuführen, um die Lastkennlinie zwischen der vom Hersteller angegebenen Mindest- und Höchstdrehzahl genau und vollständig festlegen zu können. Dieser Drehzahlbereich muss die Drehzahl einbeziehen, bei der der Motor seine Nennleistung abgibt. Motorrelevante Hilfseinrichtungen wie z.B. Wasserpumpe, Generator, Lader bleiben in Betrieb, andere Hilfseinrichtungen wie z.B. Klimakompressor, Kompressor für Luftfederung werden entfernt. Für die Messung der Motorleistung nach der Richtlinie 80/1269/EWG wird bei Hybridfahrzeugen die Leistung des Elektromotors nicht berücksichtigt. Zur Genehmigung des gesamten Fahrzeugtyps ist jedoch die Leistung des Elektromotors und das dabei angewandte Messverfahren anzugeben.

2.2.6.5 Massen und Abmessungen von Klasse M_1-Fahrzeugen

Die technisch zulässige Höchstmasse des Fz darf nicht größer als die Summe der zulässigen Achslasten sein und muss mind. der Summe aus der Masse des Fz in fahrbereitem Zustand (Kraftstoffbehälter zu 90 % gefüllt, siehe Fußnote 0 in Anhang I der Richtlinie 70/156/EWG) und 75 kg je Sitzplatz entsprechen. Für die zulässige Anhängelast einschl. der tatsächlichen Stützlast gelten folgende Grenzwerte:

Anhänger mit Bremse:	zulässige Höchstmasse des M_1-Fz (Gelände-Fz das 1,5fache), in keinem Fall >3,5 t
Anhänger ohne Bremse:	Hälfte der Masse des Kfz in fahrbereitem Zustand, in keinem Fall >0,75 t

2.2.6.6 Altfahrzeuge, Recycling

Mit den Richtlinien 2000/53/EG und 2005/64/EG des Europäischen Parlaments und des Rates vom 18. September 2000 soll u.a. die Umweltbelastung durch Altfahrzeuge verringert und dadurch ein Beitrag zum Schutz, zur Erhaltung und Qualitätsverbesserung der Umwelt sowie zur Rohstoff- und Energieeinsparung geleistet werden. In der Europäischen Gemeinschaft fallen derzeit jährlich zwischen acht und neun Millionen Tonnen Abfälle aus Altfahrzeugen an.

In den Richtlinien sind Maßnahmen festgelegt, die vorrangig auf die Vermeidung von Fahrzeugabfällen und darüber hinaus auf die Wiederverwendung, das Recycling und andere Formen der Verwertung von Altfahrzeugen und ihren Bauteilen abzielen. Zur Förderung der Abfallvermeidung wird die Verwendung gefährlicher Stoffe wie Blei, Quecksilber etc. reduziert.

Die Hersteller sollen auch dafür sorgen, dass Fahrzeuge so konstruiert und hergestellt werden, dass die quantifizierten Zielvorgaben für die Wiederverwendung, das Recycling und die Verwertung erreicht werden.

Alle ab 15. 12. 2010 neu zugelassenen Pkw müssen so beschaffen sein, dass wenigstens 85 % der Fahrzeugmasse wieder verwendbar und/oder recyclingfähig sind und wenigstens 95 % der Fahrzeugmasse wieder verwendbar und/oder verwertbar sind.

Für vor dem 1. Januar 1980 hergestellte Fahrzeuge können die Mitgliederstaaten niedrigere Zielvorgaben vorsehen.
Bis spätestens 1. Januar 2015 werden die entsprechenden Werte auf 95 % bzw. 85 % erhöht.

2.2.7 Ausblick

Der Umweltschutz wird seinen hohen Rang behalten. Demzufolge werden die gesetzlichen Anforderungen an die Umweltverträglichkeit der Kfz in den nächsten Jahren weiter steigen.
Durch die Vernetzung der elektronischen Komponenten untereinander werden die für die Sicherheit, die Umweltverträglichkeit und den Komfort erforderlichen Systeme immer komplexer. Ihr Ausfall kann sicherheits- und/oder umweltrelevant sein. Daraus folgt, dass auch auf diesem Gebiet gesetzliche Anforderungen erarbeitet werden.
So wurde z.B. die ECE-Regelung Nr. 13 über Bremsanlagen mit der Aufnahme des Anhangs 18 über „besondere Vorschriften für die Sicherheitsaspekte komplexer elektronischer Fahrzeugsteuersysteme“ ergänzt. Diese Vorschrift kann optional im Typgenehmigungsverfahren angewendet werden.
Ein wichtiger Aspekt dieses Gesamtthemas wurde in dem europäischen PEIT (Powertrain Equipped with Intelligent Technology) – Projekt [1] durch eine spezielle Taskforce untersucht. Das Ergebnis dieser Untersuchung war, dass letztlich nur ein horizontaler Vorschriftenansatz dem kompletten Einsatz von x-by-wire-Elektronik-Systemen im Sinne von Sicherheit und Überschaubarkeit gerecht werden kann.

Literatur

[1] *Spiegelberg, G., et al.*: Homologation und Zulassung zukünftiger Drive-by-Wire-Systeme – Status und notwendige Modifikationen der Vorschriften, ATZ 106, Jahrgang Nr. 9, Wiesbaden 2004

[2] *Miese, A.*: Sichere Fahrerassistenzsysteme – Welchen Beitrag leistet das KBA als Produktsicherheitsbehörde? VDI-Berichte 1960, Düsseldorf 2006

2.2.8 Normen

2.2.8.1 Einleitung

Technische Normen dokumentieren den Stand der Technik. Sie beschreiben das technisch Mögliche, das wirtschaftlich Sinnvolle und – in der Regel – das praktisch Erprobte. Normung ist die planmäßige, durch alle interessierten Gruppen gemeinschaftlich durchgeführte Vereinheitlichung von materiellen und immateriellen Gegenständen zum Nutzen der Allgemeinheit. Normung fördert die Rationalisierung und Qualitätssicherung, sie darf nicht zu einem wirtschaftlichen Sondervorteil einzelner führen. Die Normungsarbeit basiert auf Konsens und Transparenz.
Das DIN – Deutsches Institut für Normung, ein technisch-wissenschaftlicher Verein, ist auf der Grundlage seiner Satzung und des mit der Bundesregierung seit 1975 bestehenden Vertrages die für die Normungsarbeit zuständige Institution in Deutschland. Es nimmt die entsprechenden Aufgaben auch in den europäischen und internationalen Normungsorganisationen wahr.
Die wichtigsten internationalen Normungsorganisationen sind in **Tab. 2.2-4** aufgeführt:
Maßgebliches Kennzeichen einer technischen Norm ist das Verfahren, das zu ihrem Zustandekommen führt, insbesondere die Mitwirkung aller interessierten Kreise. Für die Normung gelten folgende Grundregeln:

- Normen werden in Arbeitsgremien von den Fachleuten aus den interessierten Kreisen erarbeitet. Die Zusammensetzung der Gremien muss die unterschiedlichen Interessen (z.B. Hersteller/Anwender) angemessen berücksichtigen.
- Die vorgesehene Fassung jeder Norm muss vor ihrer endgültigen Festlegung der Öffentlichkeit als Entwurf zur Einsicht und Stellungnahme vorgelegt werden.
- Normen haben den jeweiligen Stand der Technik unter Einschluss wissenschaftlicher Erkenntnisse und sie haben die wirtschaftlichen Gegebenheiten zu berücksichtigen.

Tabelle 2.2-4 Internationale Normungsorganisationen

	internationale Organisationen	europäische Organisationen
Allgemeine Normung	**ISO** International Organization for Standardization	**CEN** European Organization for Standardization
Elektrotechnik	**IEC** International Electrotechnical Commission	**CENELEC** European Committee for Electrotechnical Standardization
Telekommunikation	**ITU** International Telecommunication Union	**ETSI** European Telecommunications Standards Institute

- Normen müssen spätestens alle 5 Jahre auf ihre Aktualität geprüft werden.

Eine Pflicht zur Anwendung von Normen besteht im Allgemeinen nicht. Normen sind freiwillige Übereinkünfte, die eigenverantwortlich von den Betroffenen unter dem Dach von Normungsorganisationen erarbeitet werden. Im Jahre 1975 wurde zwischen der Bundesrepublik Deutschland und dem DIN ein Vertrag geschlossen (der sogenannte Normenvertrag) womit eine Rechtsgrundlage für die Normung in Deutschland geschaffen wurde. Wesentlicher Inhalt des Normenvertrages sind die Anerkennung des DIN als die nationale Normenorganisation in Deutschland und die Verpflichtung des DIN, bei der Normungsarbeit das öffentliche Interesse zu berücksichtigen.

Einzelne Normen werden in der nationalen oder europäischen Gesetzgebung in Bezug genommen. Beispielsweise wird in der ECE-Regelung Nr. 13 und der korrespondierenden EU-Richtlinie 71/320/EWG „Zulassungsvorschriften für Bremsanlagen in Kfz" für die zwischen Zugfahrzeugen und Anhängern erforderliche elektrische Steckverbindung auf ISO 7638 verwiesen. Damit wird vom Gesetzgeber vorgeschrieben, dass Zugfahrzeuge und Anhänger, die mit ABS ausgerüstet sind und deren Gesamtmasse >3,5 t beträgt, mit einer elektrischen Steckverbindung nach internationalem Standard ISO 7638 ausgerüstet sein müssen.

Aber auch ohne Verpflichtung durch den Gesetzgeber werden Normen von der Wirtschaft gewünscht und auf freiwilliger Basis intensiv genutzt, weil ihre Anwendung Vorteile bietet. Beispielsweise:

- **Terminologie-Normen** erleichtern die Kommunikation unter Experten, verbessern die Effizienz der Kommunikation und helfen, möglichen Missverständnissen vorzubeugen. Terminologie-Normen können insbesondere bei der Kommunikation mit ausländischen Partnern von großem Nutzen sein.
- **Prüfnormen** erleichtern den Vergleich verschiedener, nach einheitlichen Kriterien geprüfter Produkte und reduzieren die Prüfkosten;
- **Maßnormen** ermöglichen eine Serienfertigung, hohe Stückzahlen und damit geringere Stückkosten;
- **Schnittstellen-Normen** ermöglichen die Austauschbarkeit von Bauteilen und die Vernetzung von Bausteinen verschiedener Hersteller und Betreiber zu einem funktionierenden System.

Innerhalb der DIN-Gruppe wird die fachliche Normungsarbeit in Normenausschüssen durchgeführt, die branchenübergreifend und auch branchenspezifisch ausgerichtet sind. Mit mehr als 70 Normenausschüssen wird die gesamte Bandbreite der Normungsaktivitäten abgedeckt.

Branchenübergreifende Normenausschüsse des DIN sind zum Beispiel:

- Normenausschuss Akustik, Lärmminderung und Schwingungstechnik
- Normenausschuss Materialprüfung
- Normenausschuss Mechanische Verbindungselemente

Branchenspezifische Normenausschüsse des DIN sind zum Beispiel:

- Normenausschuss Maschinenbau
- Normenausschuss Kraftfahrzeuge
- Normenausschuss Bergbau

2.2.8.2 Normung auf dem Gebiet des Kraftfahrzeugwesens

Seit über 80 Jahren führt der Normenausschuss Kraftfahrzeuge (FAKRA) im DIN die Institutionen und Unternehmen der Automobilindustrie zusammen, um gemeinsam interessierende Themen der Normung zuzuführen. Der FAKRA vertritt die nationalen und internationalen Normungsinteressen auf dem Gebiet des Kraftfahrzeugwesens. Das Aufgabengebiet des FAKRA umfasst alle produktspezifischen Normungsthemen für Straßenfahrzeuge (ausgenommen Ackerschlepper sowie Spezialfahrzeuge wie Kommunal-, Feuerwehr- und Rettungsfahrzeuge). Ferner ist er zuständig für die Normung der multimodalen Transportbehälter wie Frachtcontainer und Wechselbehälter, sowie – gemeinsam mit der Deutschen Elektrotechnischen Kommission (DKE) – für Normung auf dem Gebiet der Straßenverkehrs-Telematik.

Der FAKRA ist organisatorisch, finanziell und personell dem Verband der Automobilindustrie (VDA) angegliedert (**Bild 2.2-9**). Die Normungsarbeiten werden nach den allgemeinen Grundsätzen des DIN für die Normung durchgeführt, die geprägt sind durch klare, transparente Bearbeitungsschritte, Kompetenz und öffentliches Mitspracherecht, siehe Bild **2.2-10**.

Der FAKRA vertritt das DIN u.a. in den folgenden Fachgremien der internationalen Normungsorganisation ISO (International Organization for Standardization) und der europäischen Normungsorganisation CEN (Comité Européen de Normalisation):

- ISO/TC 22 Straßenfahrzeuge
- ISO/TC 104 Frachtcontainer
- ISO/TC 204 & CEN/TC 278 Straßenverkehrs-Telematik

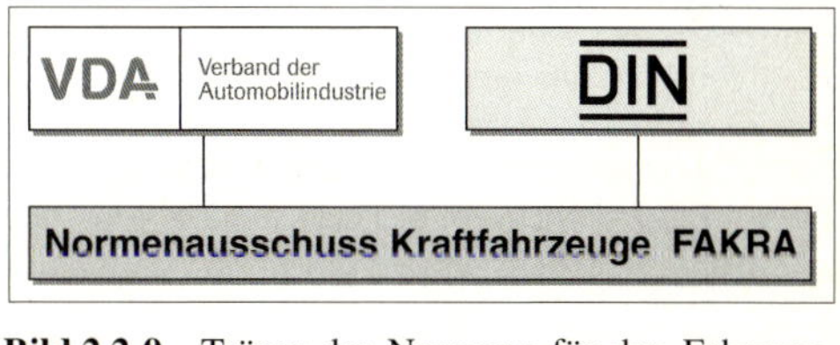

Bild 2.2-9 Träger der Normung für den Fahrzeugbau

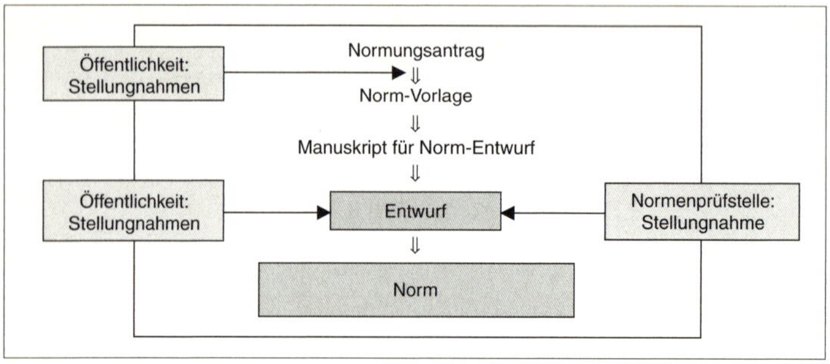

Bild 2.2-10 Meilensteine bei der Ausarbeitung von Normen

2.2.8.3 Aufgabenstellung

Wesentliche Aufgaben in den Ausschüssen und Arbeitskreisen des Normenausschusses:

a) **bei neuen Themen**
in Abstimmung mit den betroffenen Kreisen darüber zu entscheiden, ob das vorgeschlagene Projekt normungswürdig ist; ob also ein Nutzen für einen größeren Anwenderkreis zu erwarten ist, da Normen nicht zu einem wirtschaftlichen Sondervorteil einzelner führen dürfen.

b) **bei angenommenen Projekten**
die Normungsprojekte innerhalb vorgegebener Zeiträume sorgfältig und zügig zu bearbeiten und Konsens aller beteiligten Gruppen herbei zu führen.

c) **bei Einbeziehung der Öffentlichkeit**
Normungsprojekte werden vor ihrer endgültigen Festlegung als Norm-Entwürfe veröffentlicht. Damit wird allen interessierten Gruppen – weit über den Kreis der im Normenausschuss an dem jeweiligen Projekt direkt beteiligten hinaus – die Möglichkeit geboten, innerhalb einer festgelegten Einspruchsfrist Stellungnahmen zum Entwurf einzubringen.

d) **bei der internationalen Harmonisierung**
eine angemessene Vertretung der deutschen Interessen in den internationalen und europäischen Normungsgremien ist sicherzustellen.

e) **bei der Bestandspflege**
Normen müssen regelmäßig auf ihre Aktualität geprüft und gegebenenfalls überarbeitet werden, um das Normenwerk auf dem Stand der Technik zu halten.

Die nationale Normungsarbeit bzw. die Erarbeitung einer deutschen Position für die internationale und europäische Normung erfolgt in rund 40 Arbeitsgremien. Praktisch alle Arbeitsgremien des FAKRA sind Spiegelgremien zu europäischen und internationalen Normungsgremien. Die Mitarbeiter der Gremien sind Vertreter der Pkw- und Nutzfahrzeughersteller, der Anhänger- und Aufbautenhersteller, der Teile- und Zubehörindustrie, der Behörden und Prüfstellen, der Großverbraucher und nichtgewerblichen Endverbraucher.

Das Automobil ist ein Musterbeispiel für die Komplexität der Technik und damit auch der Normungsaufgaben. Die Einführung und Verbreitung elektronisch geregelter Systeme (z.B. ABS, EBS) hat auch die Normungsthemen erheblich beeinflusst. Serielle Datenkommunikation, elektromagnetische Verträglichkeit, *On-board*-Diagnose und Telematik sind Beispiele für zahlreiche neue Normungsthemen, die in den vergangenen Jahren einen der Schwerpunkte im Normenausschuss bildeten. Betriebs- und verkehrssicherheitsrelevante Themen – wie beispielsweise lichttechnische Einrichtungen, Ladungssicherung auf Nutzfahrzeugen, Verankerung von Kindersitzen in Personenkraftwagen, Normen mit ergonomischen Festlegungen – sind ein weiterer Schwerpunkt der in den letzten Jahren der Normung zugeführten Projekte. Normen für alternative Antriebskonzepte (elektrische und Hybridantriebe: Brennstoffzelle, Erdgas und Wasserstoff) werden ebenfalls in der Normung bearbeitet.

Normung auf dem Gebiet der Fahrdynamik von Kraftfahrzeugen (siehe Kapitel 7.5) ist ein weiteres wichtiges Arbeitsgebiet. Dabei geht es um Vereinheitlichung der Terminologie, der Fahrsituationen und Prüfverfahren, der Prüfbedingungen sowie der Messtechnik und Datenanalyse. Damit soll gewährleistet werden, dass weltweit die gleichen Methoden angewendet und die gleichen Kriterien betrachtet werden. Die Ergebnisse sind dann bei Berücksichtigung der entsprechenden Randbedingungen vergleichbar (auch im Sinne von Benchmarking). Bei den Prüfverfahren werden *open loop*-Verfahren (keine Regelaktivität des Fahrers während der Prüfdauer) den *closed loop*-Verfahren grundsätzlich vorgezogen, da die bei *closed loop*-Verfahren vorhandene starke Beeinflussung der Versuchsergebnisse durch den Fahrer nur Vergleiche von Versuchen mit dem selben Fahrer zulässt.

Normen für „konventionelle" Fahrzeugteile und -systeme (wie z.B. für Zündausrüstung, elektrische Leitungen und Steckverbinder, Sicherungen, Beleuchtungseinrichtungen, hydraulische und pneumatische Leitungssyteme, Kraftstoffleitungen, Filter für Kraftstoff, Schmieröl und Luft (Verbrennungsluft und Insassenraum), Verbindungseinrichtungen für Anhängefahrzeuge, Diesel-Einspritzausrüstungsteile wie Pumpen und Düsen, Motorteile wie Kolbenringe und Kolbenbolzen) haben dabei nicht an Bedeutung verloren. Terminologienormen und Normen für einheitliche Prüfverfahren sind ein weiterer wesentlicher Teil der Normungsaktivitäten.

2.2.8.4 Nutzen der Normung

Es ist unbestritten, dass branchenübergreifende und branchenspezifische Normen maßgeblich zur Arbeitserleichterung und Kosteneinsparung beitragen. Doch in der Normung steckt weit mehr als Einsparpotential. Normen schaffen Wettbewerb. Sobald Anforderungen an eine Komponente und ihre Schnittstellen klar definiert sind, haben alle potentiellen Zulieferer eine Chance, mitzubieten. Der Wettberwerb der Zulieferer führt zu weiteren Kostensenkungen, von denen ihre Auftraggeber profitieren. Der Markt der Wertschöpfungspartner weitet sich damit aus, mit Chancen für alle Beteiligten. Trotzdem ist es schwierig, den gesamtwirtschaftlichen Nutzen der Normung zu beziffern. Im folgenden Beispiel wird der Nutzen der Normung konkretisiert: Im Zusammenhang mit dem Trend zur „*Just in time*-Logistik“ wurde im Jahre 1986 im VDA die Notwendigkeit für eine Behälterstandardisierung erkannt. Dies führte zu intensiven Verbands- und Normungsaktivitäten, die mit Veröffentlichung von Europäischen Normen für sogenannte Kleinladungsträger (DIN EN 13199) im Oktober 2000 ihren Abschluss fanden. Inzwischen sind rund 25 Millionen genormte Kleinladungsträger im Umlauf. Das entspricht einem Investitionsvolumen von etwa 125 Mio. EUR. Der wirtschaftliche Nutzen des Systems liegt primär in der Kostenreduzierung durch die Mehrfachverwendung. Die Mehrkosten für die stabil gebauten Transportkästen haben sich bereits nach etwa 6 bis 8 Umläufen amortisiert. Nach Erfahrungswerten können die Systemelemente mindestens 100 Umläufe unbeschadet überstehen. So gilt für die Kosteneinsparung ein Multiplikator von mindestens 90. Nicht berücksichtigt dabei ist die Einsparung des früheren Aufwandes für die Einwegverpackungen, die gesammelt, sortiert und entsorgt hätten werden müssen. Dieses Beispiel eines einzelnen Normungsprojektes zeigt, dass Normung ein Schlüssel zur Rationalisierung ist.

Literatur

Jens Kleinemeyer; Standardisierung zwischen Kooperation und Wettbewerb – Eine spieltheoretische Betrachtung – Peter Lang/Europäischer Verlag der Wissenschaften, Frankfurt am Main 1998

Veit Ghiladi; Strategische Bedeutung der Normung, DaimlerChrysler AG, Intellectual Property Management/Standardisierung, FTP/N 70546 Stuttgart, 1999

FAKRA-Handbuch – Normen für den Kraftfahrzeugbau
– Band 1. Allgemeine Kfz-Technik
– Band 2: Motoren- und Triebwerkteile
– Band 3: Räder und Reifen
– Band 4: Bremsausrüstung
– Band 5: Elektrische und elektronische Ausrüstung

Beuth Verlag GmbH, 10787 Berlin, Fax 030/2601 1260 Internet: www.beuth/de

Relevante Internetseiten:

Deutsche Normung: www.din.de
Internationale Normung: www.iso.ch
Europäische Normung: www.cenorm.be
Allgemeine Normenanwendung: www.ifan-online.org
Automobilindustrie: www.vda.de

2.3 Neue Technologien

Muss das Rad immer wieder neu erfunden werden? Neue Technologien sind nur in Sonderfällen Selbstzweck. Manchmal sind sie ingenieurgetrieben („technology push“). Um letztlich erfolgreich zu sein, müssen sie vor allem kundengetrieben sein („market pull“). In einigen Fällen sind neue Technologien notwendig, wenn bestimmte Gesetze und Vorschriften (z.B. des Umweltschutzes) dies erfordern.
Es gibt also eine Reihe von Gründen zum Einsatz neuer Technologien (**Bild 2.3-1**). Konkrete Lösungen können meist mehreren der genannten Kategorien zugeordnet werden.

- Verbesserung vorhandener Eigenschaften
- Erzielung bisher nicht möglicher Eigenschaften
- Bewältigung von Zielkonflikten
- Erhöhung der Wirtschaftlichkeit
- Erreichung strategischer Ziele der Hersteller
- Verbesserung der Nachhaltigkeit des Automobils und des Straßenverkehrs
- ...

Bild 2.3-1 Gründe für den Einsatz neuer Technologien

Die Technologievielfalt kann in mehrere Bereiche zusammengefasst werden (**Bild 2.3-2**).
Schon heute sind Mikroelektronik und Software an der gesamten Funktionserfüllung des Automobils in hohem Maße beteiligt. Zweck des weiter steigenden Einsatzes ist es, das Fahrzeug mit all seinen Systemen optimal an die jeweiligen Fahr- und Betriebssituationen sowie an die Wünsche der Insassen anzupassen. Darüber hinaus

Produkttechnologien
- Mikroelektronik, Software, Mechatronik, Telematik
- Neue Werkstoffe, Oberflächen, Bauweisen
- Additive/alternative Energieträger und Antriebe
- ...

Prozesstechnologien
- Fertigungs- und Recyclingverfahren
- Verfahren des Produktentstehungsprozesses
- Qualitätssicherungsverfahren
- ...

Bild 2.3-2 Bereiche neuer Technologien

Möglicher Definitionsansatz:

Eigenschaft eines technischen Systems, sich in seiner Umgebung so zu verhalten, dass einem Menschen bei entsprechendem Verhalten eine Intelligenzleistung zugesprochen würde, kann „technische Intelligenz" genannt werden (nach Turing).

Merkmale:

- Fähigkeit zur Informationsaufnahme, -Verarbeitung und -Umsetzung in situationsadäquates Verhalten
- Fähigkeit zum Abspeichern von Informationen im „Gedächtnis", Wiederauffinden, Ableiten von Führungsgrößen
- Fähigkeit zum dynamischen Lernen bezüglich wechselnder System- und Umfeld-Zustände
- Fähigkeit, bei wechselnden System- oder Umfeld-Zuständen eigenständig nützliche Entscheidungen zu treffen
- und in Zukunft:
  Fähigkeit zur selbsttätigen Planung von Aktionen aufgrund von Erfahrungen und Frühindikationen von System- oder Umfeld-Änderungen
- Dazu gehört auch:
  Mit zunehmender Reife der Intelligenz zunehmende Kommunikationsfähigkeit zwischen Systemen und zwischen Mensch und Systemen

Bild 2.3-3 Intelligenz technischer Systeme – Eine langfristige Entwicklungsrichtung

werden Telematiksysteme das Fahrzeug mit anderen Fahrzeugen, der Infrastruktur und mit anderen Verkehrsträgern vernetzen, mit dem Ziel von mehr Sicherheit, Umweltschutz, Verkehrseffizienz und Komfort. Für all diese Aufgaben steht der gesamte Funktionsumfang der Elektronik (einschl. vernetzbarer Technologiebereiche) von der Informationsaufnahme bis zur selbstständigen Planung und Ausführung von Aktionen zur Verfügung, was als „technische Intelligenz" bezeichnet werden kann **(Bild 2.3-3)**.

Wesentliche Zielrichtungen der anderen in **Bild 2.3-2** genannten Kategorien sind, neben allen fahrzeugtechnischen Aspekten, grundsätzliche Verbesserungen hinsichtlich Ressourcenschonung, Umweltschutz, Wirtschaftlichkeit und damit Nachhaltigkeit des Automobils.

Nur ein Teil der vielfältigen Zielkonflikte des Automobils [3] lässt sich mit der geometrischen Auslegung des Gesamtkonzeptes, seinen Werkstoffen und mit den Mitteln der „Mechanik" lösen oder mildern. Wie aus **Bild 2.3-4** ersichtlich, tragen elektronische Systeme hier ganz wesentlich zur Lösung bei. Damit erhält auch die Software einen immer höheren Stellenwert, die zudem in steigenden Maße den Charakter eines Fahrzeugs prägt [7].

Neue Technologien kommen nicht nur für Produkte (einschl. neuer Design-Konzepte), deren Herstellung, Wartung/Reparatur und Recycling, sondern auch für den Produktentstehungsprozess (Entwicklung bis zur Nullserie) in Frage. Nicht selten setzen Produktinnovationen solche Prozessinnovationen voraus. Somit können weitere Gründe für neue Technologien genannt werden, wie:

- Reduzierung der Komplexität
- Erhöhung der Flexibilität
- Verringerung des Bauraumbedarfs

Bild 2.3-4 Grundsätze zur Bewältigung fahrzeugtechnischer Zielkonflikte

- Multifunktionalität, Bauteilintegration
- Vermeidung von Problemwerkstoffen
- Einsatz nachwachsender Rohstoffe.

Bei der Umsetzung solcher Ziele können jedoch neue Zielkonflikte entstehen.

Aus all dem folgt, dass schon in frühen Entwicklungsphasen entschieden werden muss, welche neuen Technologien in welchen Bereichen eingesetzt werden sollen und geklärt werden muss, ob in Fällen des Nicht-Erreichens wichtiger Entwicklungs-Meilensteine Ersatzlösungen vorhanden sind. Besonders sorgfältig ist dann vorzugehen, wenn eine Basistechnologie durch eine andere ersetzt werden soll: Der Einsatz der Brennstoffzelle statt des Verbrennungsmotors würde das gesamte Antriebssystem einschl. aller Nebenaggregate fast vollständig verändern. Somit muss die Vorentwicklung den ersten wichtigen Meilenstein, die Konzeptsicherheit, bestätigen, bevor mit der Serienentwicklung begonnen werden kann. Mit dem ersten serienfähigen Prototyp (Meilenstein „Produktsicherheit") kann die Fertigungsplanung „in die Vollen gehen", bis mit der Prozesssicherheit der Beginn der Serienfertigung festgelegt werden kann.

Nicht alle Konzepte, geschweige denn Ideen und Ansätze für neue Technologien können zum Erfolg führen. **Bild 2.3-5** zeigt am Beispiel des früheren Forschungsprogramms PROMETHEUS [9], dass alle

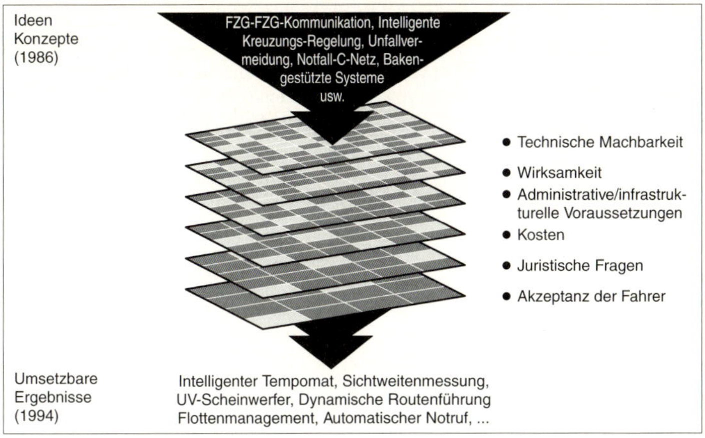

Bild 2.3-5 Von der PROMETHEUS-Idee zur konkreten Umsetzung

Vorschläge verschiedene „Filter" zu durchlaufen haben, und dass am Ende nur ein Teil der Ansätze in die Praxis umgesetzt werden kann.

Manchmal dauerte es Jahrzehnte, bis sich neue Technologien nach einem zunächst schwachen Ersteinsatz auf breiter Front durchsetzen konnten. Hin und wieder gelang dies aber auch in relativ kurzer Zeit, wie das aktuelle Beispiel der Fahrstabilitätssysteme zeigt. So manche Innovationen wurden aber auch bald wieder verlassen.

Neue Technologien sollten erst dann eingesetzt werden, wenn alle kritischen Pfade der gesamten Prozesskette des Lebenszyklus eines Automobils beherrscht werden. Damit sprechen Forderungen nach Zuverlässigkeit und Langzeitqualität, häufig auch nach Wirtschaftlichkeit, nicht selten zunächst gegen Neuerungen. Möglichkeiten, sie dennoch einzuführen, bestehen z.B. im beschränkten Ersteinsatz (wie bei Nischenmodellen, für die besondere Maßnahmen getroffen werden können), oder in der anfänglichen Beschränkung auf spezielle Kunden oder Märkte.

Bei aller Würdigung der Potentiale neuer Technologien dürfen jedoch deren Grenzen nicht unerwähnt bleiben:

- Die physikalischen und chemischen Grundgesetze können auch durch noch so intelligente Werkstoffe und noch so raffinierte Regelsysteme nicht übersprungen werden
- Geometrische Zielkonflikte können nur teilweise mit anderen Konstruktionsprinzipien gelöst werden. Weil die „negative Wandstärke" wohl auf Dauer Traum bleiben wird, kann es ein Auto „innen größer als außen" nicht geben.
- Neue Technologien müssen kompatibel sein. Das gilt sowohl auf der Komponenten- und Systemebene im Fahrzeug als auch bei der Integration des Fahrzeugs in das Verkehrssystem.

Da zudem mit steigender Komplexität der Technik grundsätzlich die Entwicklungszeiten, meist auch die Kosten, ansteigen, ist das „Genial-Einfache" anzustreben, das letztlich ein besonders günstiges Nutzen-Aufwand-Verhältnis aufweist, und damit hohe Wahrscheinlichkeit der Marktakzeptanz besitzt.

Literatur

[1] *Seiffert, U.*: The Automobile in the next Century FISITA-Kongress Prag, 1996, Paper K 0011

[2] Mehrere Autoren: Geschichte und Zukunft des Automobils Sonderheft 100 Jahre ATZ, 1998

[3] *Eiletz, R.*: Zielkonfliktmanagement bei der Entwicklung komplexer Produkte am Beispiel Pkw-Entwicklung Diss. TU München 1999

[4] *Mehrere Autoren*: Fahrzeugkonzepte für das 2. Jahrhundert Automobiltechnik VDI-Ber. 1653, 2001

[5] *Mehrere Autoren*: Elektronik im Kraftfahrzeug VDI-Ber. 1653, 2001 und VDI-Ber. 1789, 2003

[6] *Indra, F.*: Intelligent Simplicity – Follow up Fort.-Ber. VDI Reihe 12, Nr. 490, 2002, Bd. 1, S. 1–22

[7] *Dais, S.*: Hardware oder Software: Wer bestimmt Funktion und Charakter eines Fahrzeugs? 11. Aachener Kolloquium Fahrzeug- und Motorentechnik 2002, Berichtbd. S. 29–33

[8] VDA Techn. Kongresse 2002, 2003, 2004, 2005, 2006

[9] *Braess, H.-H.*: Das intelligente Auto auf der intelligenten Straße – Was hat PROMETHEUS gebracht? 5. Int. Stuttgarter Symposium Kraftfahrwesen und Verbrennungsmotoren 2003, Tagungsbericht S. 608–627

[10] Mehrere Autoren: 100 Jahre Fahrzeugtechnik im VDI Sonderausgabe der ATZ 2004

[11] *Mehrere Autoren*: Innovationsmotor Automobilindustrie VDA-Forschungstag 2004, FAT Schrift 183

[12] *Mehrere Autoren*: Fahrzeugelektronik im Fokus VDI-Ber. 1866, 2004, 1957 (2006)

[13] *Mehrere Autoren*: 50 Jahre mot, Heft 1 + 2/2005

[14] „Antriebe der Zukunft" MTZ extra, Dezember 2006

[15] „Werkstoffe im Automobil" ATZ extra, Januar 2007

2.4 Ergebnisse aus der Unfallforschung

2.4.1 Einleitung

Durch die kontinuierliche Entwicklung der Fahrzeugsicherheit wurde in der Vergangenheit bereits ein erheblicher Beitrag zur Verbesserung der Verkehrssicherheit geleistet. Viele konstruktive Beispiele die dazu beitrugen, werden in diesem Buch beschrieben. Nachweisen lässt sich diese Verbesserung auch anhand der Verkehrsunfallzahlen der vergangenen Jahre. Im Jahr 2006 gab es 54,91 Millionen zugelassene Kraftfahrzeuge in der Bundesrepublik. Davon waren 46,09 Millionen Personenkraftwagen [1,5]. Mit steigendem Bestand nimmt auch die Gesamtfahrleistung dieser Fahrzeuge zu. Erfreulicherweise ist die Anzahl der Verkehrsunfälle nicht im gleichen Maße gestiegen.

Bild 2.4-1 gibt einen Überblick über die Entwicklung des Pkw-Unfallgeschehens in der Bundesrepublik Deutschland. Die Zahl der im Straßenverkehr getöteten Pkw-Insassen war von 1980 bis 1985 rückläufig und blieb dann bis 1989 etwa gleich hoch. Einen starken Einfluss hatte dabei 1984 die Einführung des Bußgeldes bei nicht Einhalten der bereits seit 1976 bestehenden Gurtanlegepflicht. Der kurzzeitige Anstieg von 1989 bis 1991 resultiert aus dem Hinzukommen der Pkw-Fahrer aus den neuen Bundesländern und deren Fahrleistungen. Seit 1991 reduziert sich die Zahl der getöteten Verkehrsteilnehmer in Pkw wieder. Der seit 1980 festzustellende Trend setzt sich fort. Die Zahl der verletzten Pkw-Insassen ist in den letzten fünf Jahren leicht rückläufig. Das Risiko, in Deutschland bei einem Straßenverkehrsunfall getötet oder verletzt zu werden, ist wegen der gestiegenen Fahrleistungen deutlich gesunken. Das Risiko ist die Anzahl der unerwünschten Ereignisse bezogen auf eine Bezugsgröße, hier werden die Straßenverkehrsunfälle durch die Fahrleistungen dividiert. Klanner weist ebenfalls auf den Rückgang des Risikos in den EU Staaten hin. Das Risiko ist stark unterschiedlich für die einzelnen Länder (besonders niedrig Großbritannien, Schweden, besonders hoch Griechenland, Spanien) [2].

Der Rückgang des Risikos ist auf die Verbesserung des Straßenwesens, des Rettungswesens und der Notfallmedizin, aber auch auf die Maßnahmen der Fahrzeughersteller zur Erhöhung der Automobilsicherheit zurückzuführen. Dabei wurden in den vergangenen Jahren die größten Fortschritte im Bereich der unfallfolgenmildernden Sicherheit erreicht [3]. Ein Beispiel dafür ist die kontinuierliche Entwicklung der Rückhaltesysteme vom einfachen Sicherheitsgurt zu aufwendigen Mehrkomponentensystemen mit Gurtstraffer, Gurtkraftbegrenzer und vielfältigen Airbagsystemen. Dies war nur durch die konsequente Nutzung der Erkenntnisse der Unfallforschung möglich. Der Nachweis über die erreichten Verbesserungen und insbesondere die Identifikation weiterer möglicher Verbesserungsbereiche erfordert die Unfallforschung.

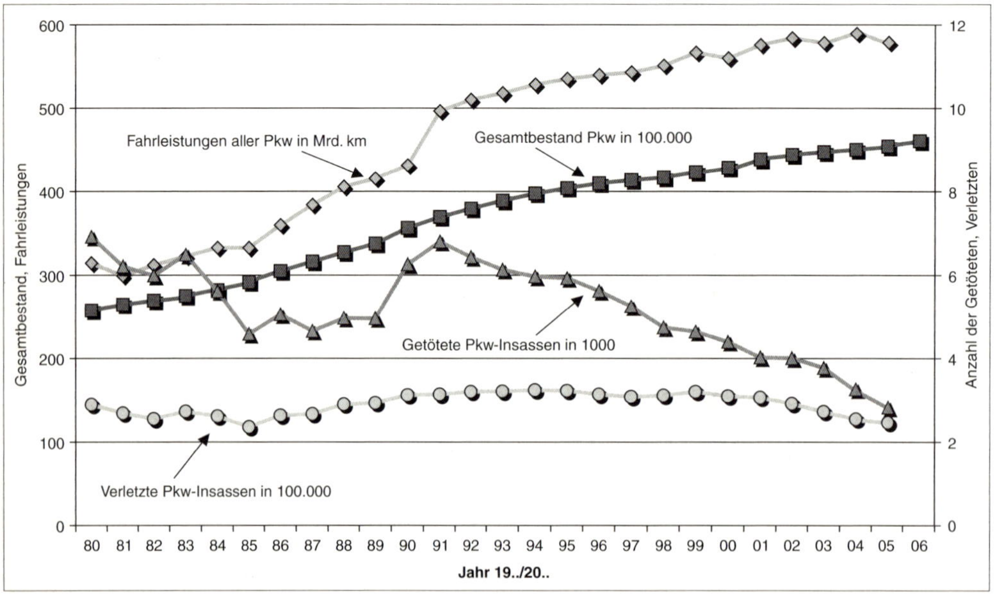

Bild 2.4-1 Getötete und verletzte Pkw-Insassen sowie Pkw-Bestand und -Fahrleistungen in der Bundesrepublik Deutschland (Fahrleistungen 2005) [1, 5]

2.4.2 Datenbasis

Für die Analyse von Verkehrsunfällen werden von unterschiedlichen Organisationen Unfälle untersucht und die Erkenntnisse in Unfalldatenbanken zusammengefasst. Da diese Erhebungen verschiedenen Zielen dienen, unterscheiden sie sich auch erheblich in der Datenmenge, Datenqualität und Erhebungstiefe. Die wichtigsten Datenbanken in Europa werden im folgenden kurz beschrieben und Erkenntnisse aus ihnen gezogen.

2.4.2.1 Amtliche Straßenverkehrsunfallstatistik

Das Statistische Bundesamt erfasst alle Straßenverkehrsunfälle von der die Polizei Kenntnis erhält. Von den Beamten werden an der Unfallstelle Daten zum Unfallort, Unfallhergang und personenbezogene Daten der Beteiligten in der Verkehrsunfallanzeige erfasst und den statistischen Landesämtern zugeführt. Dabei entsteht eine recht große Datenmenge die ein relativ gutes Bild der Verkehrsunfallsituation in Deutschland gibt. Der Polizei werden jedoch längst nicht alle Straßenverkehrsunfälle bekannt, so dass man insbesondere bei den Bagatelleunfällen von einer hohen Dunkelziffer ausgehen muss. Des weiteren ist die Genauigkeit und die Datentiefe dieser Erhebungen begrenzt. Beispielsweise werden viele für die Unfallforschung sehr wichtige Merkmale wie z.B. Gurtbenutzung, Sitzpositionen, Fahrzeugdeformationen, Verletzungen nicht oder ungenau erfasst [4].

Die in der amtlichen Statistik der europäischen Länder und den USA aufgenommenen Daten werden in der International Road Traffic and Accident Database (IRTAD) zusammengefasst [5]. Mit dieser Datenbasis lässt sich das Unfallgeschehen der Länder vergleichen. **Bild 2.4-2** zeigt beispielhaft die Verteilung der Getöteten nach der Art der Verkehrsbeteiligung in Deutschland, USA, Großbritannien, Frankreich, Schweden, Niederlande, Spanien und Japan.

2.4.2.2 Verkehrsunfalldaten der Versicherungen

Der Gesamtverband der Deutschen Versicherungswirtschaft e.V. (GDV) erfasst die Verkehrsunfalldaten aus den Versicherungsakten der in diesem Verein zusammengeschlossenen Einzelversicherungen. Aus den Gerichtsakten, Obduktionsberichten, Sachverständigen-Gutachten und den Versicherungsfragebögen werden nachträglich bis zu 500 Einzelparameter je Unfall erhoben. Durch die große Fallzahl dieser Datenbank und die größere Datentiefe gegenüber der amtlichen Statistik lassen sich mit diesen Daten detailliertere Auswertungen erstellen (z.B. Einzelverletzungen, technischer Zustand der Fahrzeuge, Gurtbenutzung).

Mit vielen Untersuchungen auf der Basis dieser Unfalldaten haben Danner und Langwieder vom GDV in Deutschland zur Steigerung der Fahrzeugsicherheit beigetragen [z.B. 6]. In [7] wird der hohe Nutzen von Fahrdynamikregelsystemen prognostiziert. Langwieder zeigt den hohen Anteil der „Risikosituation Schleudern in der Pre-Crash-Phase“. Insbesondere in diesen kritischen Situationen unterstützen Fahrdynamikregelsysteme, wie ESP, den Fahrer bei der Fahrzeugstabilisierung und reduzieren die Unfallhäufigkeit oder mindern die Unfallschwere.

2.4.2.3 „In-Depth“ Unfallerhebungen

Der sicherlich größte Wissenszuwachs lässt sich durch die sogenannten „In-Depth“ Verkehrsunfalldatenerhebungen erzielen. Bereits 1973 wurde an der Medizinischen Hochschule Hannover (MHH) in Kooperation mit der Technischen Universität Berlin (TUB) ein unabhängig arbeitendes Team, bestehend aus Ingenieuren und Medizinern, zur detaillierten Unfalldatenerhebung im Auftrag der Bundesanstalt für Straßenwesen (BASt) installiert. 1984 wurden die Erhebungsziele und ein Erhebungsgebiet im Großraum Hannover langfristig definiert um eine repräsen-

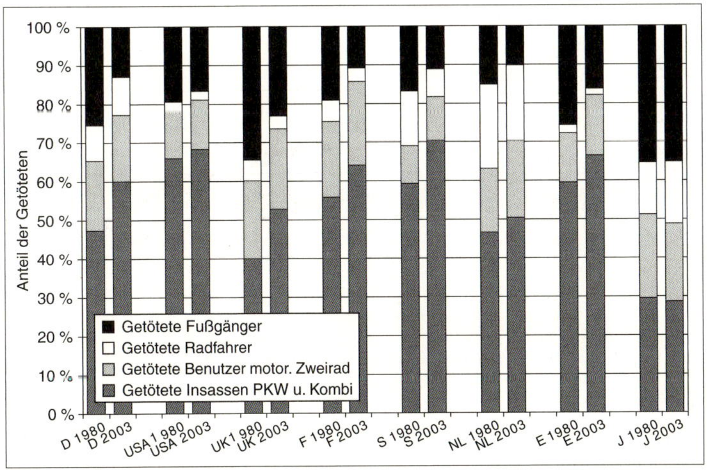

Bild 2.4-2 Vergleich der Art der Verkehrsbeteiligung von Getöteten in Deutschland, USA, Großbritannien, Frankreich, Schweden, Niederlande, Spanien und Japan 1980 und 2003 [5]

tative Datenbasis zu erfassen. Seitdem nimmt man in Hannover ca. 1000 Verkehrsunfälle pro Jahr mit bis 3000 Parametern auf.

1999 wurde diese Erhebung zum Gemeinschaftsprojekt GIDAS (German In Depth Accident Study) zwischen der Forschungsvereinigung Automobiltechnik e.V. (FAT) und der BASt erweitert. Dabei wurde ein zweites Erhebungsteam an der TU Dresden (TUD) aufgebaut, das nach dem gleichen Schema wie an der MHH ebenfalls ca. 1000 Unfälle jährlich erhebt [8, 15]. Das Projekt wird durch einen Lenkungsausschuss mit Vertretern von BASt und FAT koordiniert und weiterentwickelt.

Die Erhebungsteams werden von Polizei, Rettungsdiensten und Feuerwehr über die Unfälle im Erhebungsgebiet informiert und wählen nach einem festgelegten Zufallsverfahren Unfälle aus. Die Erhebungskriterien sind:

- Straßenverkehrsunfall
- Unfall im Großraum Hannover bzw. Dresden
- mindestens eine verletzte Person, unabhängig von der Verletzungsschwere

Durch die Unfallaufnahme vor Ort lassen sich detaillierte Informationen zum Unfallort, den Umweltbedingungen sowie den beteiligten Fahrzeugen erheben, die nachträglich eine genaue Rekonstruktion des Unfalls ermöglichen. Informationen, die am Unfallort nicht erhoben werden können, werden nachträglich ermittelt, wie z.B. genaue Vermessung der Fahrzeugdeformationen, weitere Behandlung, Art und Schwere der Verletzungen der Unfallbeteiligten [9].

Ergänzt werden diese „In-Depth"-Unfallerhebungen durch eigene Unfallerhebungen verschiedener Fahrzeughersteller, die sich in der Regel auf Unfälle mit beteiligten Fahrzeugen der aktuellen, eigenen Produktion beschränken (Audi, BMW, DaimlerChrysler, Volkswagen). **Bild 2.4-3** zeigt die prinzipielle Vorgehensweise bei der Volkswagen Unfallforschung.

Durch diese zusätzlichen Erhebungen ist es möglich, schneller Informationen über das Verhalten neuer Fahrzeuge im realen Unfallgeschehen zu gewinnen, bereits bevor diese in ausreichender Zahl den Gesamtmarkt durchdrungen haben und sich damit auch in der GIDAS-Datenbank auswerten lassen.

In **Tabelle 2.4-1** ist der Nutzen des Elektronischen Stabilitätsprogramms (ESP) in VW-Fahrzeugen auf Grundlage der Daten der VW-eigenen Unfallerhebung, hochgerechnet auf die Anzahl der Verunglückten in der Bundesrepublik im Jahr 2002, dargestellt [11].

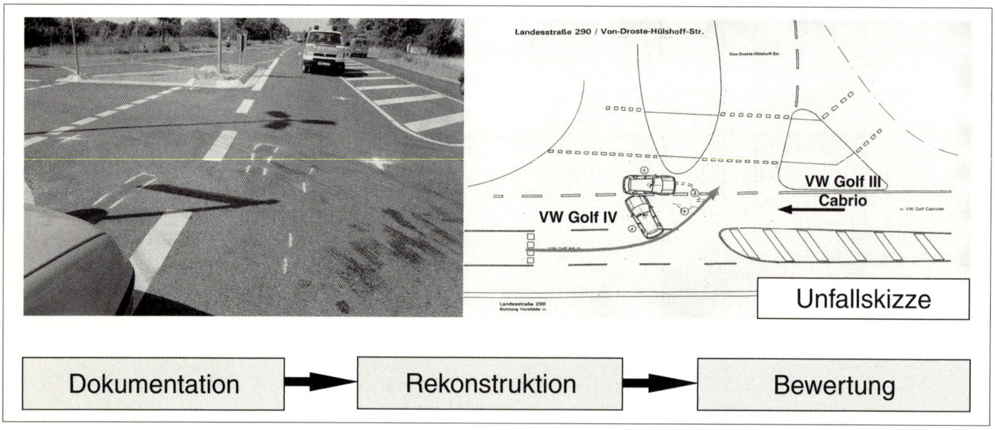

Bild 2.4-3 Prinzipielle Vorgehensweise der VW Unfallforschung [10]

Tabelle 2.4-1 Prognose der Reduktion der Verunglückten in Deutschland durch vollständige Ausrüstung aller Pkw mit ESP [11]

	Effizienz Volkswagen ESP	Verunfallte Pkw-Insassen 2002 in Deutschland				
		2002 männlich	2002 weiblich	2002 Summe	Reduktion durch ESP	2002 Summe mit Volkswagen ESP
Leicht Verletzte	16,5 %	119505	128113	247618	40932	206686
Schwer Verletzte	24,9 %	24806	19370	44176	11001	33175
Getötete	35,2 %	2805	1199	4004	1411	2593

Systeme der Unfallschwereminderung lassen den größten Sicherheitsgewinn für die Zukunft erwarten. Dabei ist jedoch eine Unterscheidung zwischen dem Nutzen von Systemen der Unfallfolgenmilderung und der Unfallschwereminderung schwierig, da diese Systeme zunehmend verschmelzen. Zurückblickend kann man feststellen, dass der größte Nutzen durch den Sicherheitsgurt erzielt wurde, gefolgt von Strukturmaßnahmen an der Fahrgastzelle, dem elektronischen Stabilitätsprogramm (ESP) und den Airbagsystemen [vgl. auch 12].

Vergleichbar zu GIDAS in Deutschland gibt es ähnliche „In-Depth"-Unfallerhebungsprojekte auch in anderen europäischen Ländern (z.B. Frankreich, Großbritannien). Derzeit ist es jedoch noch nicht gelungen eine identische Datenstruktur aufzubauen um einen Vergleich dieser Daten untereinander zu ermöglichen. Europäische Forschungsprojekte widmen sich dieser Problematik.

2.4.3 Anwendung

Um das Sicherheitsniveau von Fahrzeugen überprüfen und miteinander vergleichen zu können, werden von verschiedenen Organisationen eine Vielzahl von Tests durchgeführt. Ziel ist es, mit diesen Tests einen möglichst großen Teil des realen Unfallgeschehens abzudecken, und durch die Auslegung der Fahrzeugsicherheitssysteme auf diese Bedingungen einen möglichst optimalen und effizienten Schutz der Insassen, aber auch der äußeren Verkehrsteilnehmer zu erreichen. Die durchgeführten gesetzlichen Crashtests (die einen gewissen Mindeststandard an Sicherheit garantieren) und die Verbraucherinformationstests versuchen diesen Schutz zu garantieren und unterliegen deshalb auch einem kontinuierlichen Entwicklungsprozess [13].

Es muss jedoch berücksichtigt werden, dass eine alleinige Auslegung auf solche Labortests bestimmte Möglichkeiten der unfallvermeidenden Sicherheit ausblenden würde. Des weiteren muss überprüft werden, ob eine Verbesserung der Testergebnisse auch zu einer Verbesserung im realen Unfallgeschehen führt. Das sinkende Verletzungsrisiko durch verbesserte Strukturmaßnahmen und neuartige Rückhaltesysteme mit Hilfe von Daten des GIDAS-Projektes ist in [14] dargestellt, siehe **Bild 2.4-4**.

Auf Basis der Unfallzahlen kann auch eine Bewertung der Effizienz von Sicherheitssystemen vorgenommen werden. Eine Reihung verschiedener Fahrerassistenzsysteme und Systeme der unfallfolgenmildernden Sicherheit nach erwarteter oder auch bereits erwiesener Effizienz ist in [12] dargestellt, siehe **Bild 2.4-5**.

Diese Überprüfung der Nachbildung der realen Unfallwelt durch Testverfahren und die Findung von neuen Möglichkeiten zur Verbesserung der Sicherheit der Fahrzeuge ist ein ständiger Prozess. Dazu ist es permanent nötig die Unfallwelt in Form von Datenbanken aufzunehmen und auszuwerten.

Des weiteren unterliegt die Unfalldatenaufnahme selbst ständigen Veränderungen. Durch die Einführung von neuen Sicherheitssystemen wie z.B. ABS wird die Analyse und Bewertung von Verzögerungsspuren in der Pre-Kollisions-Phase immer schwieriger. Die Entwicklung von unfallvermeidenden Sicherheitssystemen ist auf Informationen zur Fahrzeuggeschwindigkeit und der Fahrerreaktion angewiesen. Diese Daten könnten durch einen Unfalldatenspeicher, der die wichtigsten Daten wie Fahrzeuggeschwindigkeit, -verzögerung usw. aufzeichnet, gewonnen werden. Derzeit wird eine Einführung solcher Unfalldatenspeicher durch die Automobilher-

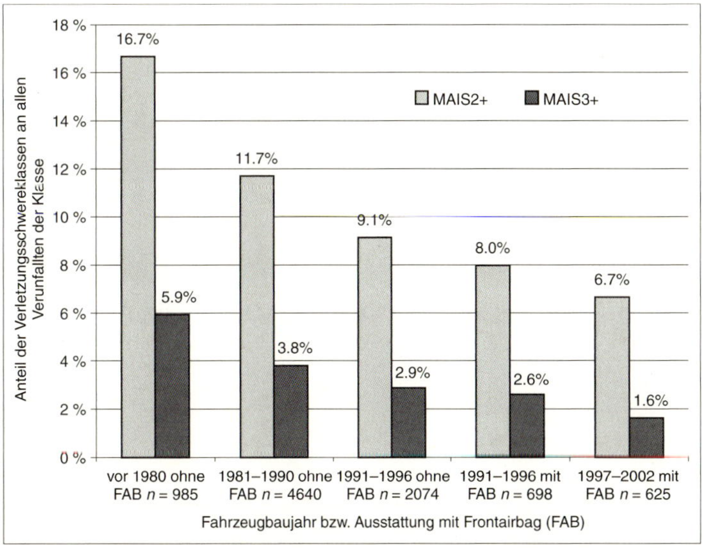

Bild 2.4-4 Entwicklung der Gesamtverletzungsschwere nach Fahrzeugbaujahr für gegurtete Fahrer, alle Kollisionsarten (MAIS=Maximaler AIS je Person, AIS Skala siehe Kapitel 6.5.4.1.2)

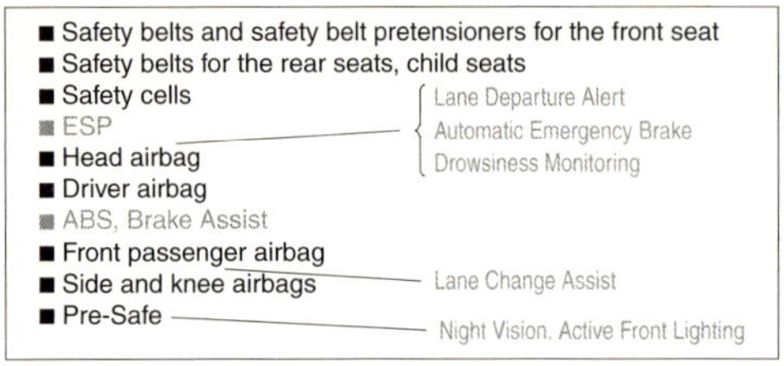

Bild 2.4-5 Reihung verschiedener Fahrerassistenzsysteme und Systeme der unfallfolgenmildernden Sicherheit nach erwarteter oder bereits erwiesener Effizienz

steller und den Gesetzgeber überprüft. Dadurch könnten für die Unfallforschung zusätzliche Informationen gewonnen werden und damit zu einem besseren Verständnis des Unfallablaufes und letztlich zu einer Weiterentwicklung unfallvermeidender Systeme führen [10].

Literatur

[1] Statistisches Bundesamt, Deutschland, Verkehr, 2006

[2] *S. Klanner, W.*: Status Report and Future Development of the Euro NCAP Programme, 17th International Technical Conference on the Enhanced Safety of Vehicles, Amsterdam, 2001

[3] *Seiffert, U. et al*: Automotive Safety Handbook, SAE International, PA, USA: Professional Engineering Publishing, 2003, ISBN: 0-7680-0912-X

[4] *Appel, H./ Krabbel, G.*: Unfallforschung und Unfallmechanik, TU Berlin, ISS Fahrzeugtechnik, Vorlesungsskript, 1994

[5] International Road Traffic and Accident Database, 2006

[6] *Danner, M./Langwieder, K./Hummel, T.*: Experience from the analysis of accidents with a high belt usage rate and aspects of continued increase in passenger safety, 11th International Technical Conference on the Enhanced Safety of Vehicles, Washington, DC, 1987

[7] *Langwieder, K.*: Perspektiven der aktiven und passiven Fahrzeugsicherheit, Verkehrsunfall und Fahrzeugtechnik, Heft 1, Januar 2003

[8] *Brunner, H./Georgi, A.*: Drei Jahre Verkehrsunfallforschung an der TU Dresden, ATZ 2/2003 Jahrgang 105

[9] *Scheunert, D./Sferco, R./Becker, H.*: Unfallforschung – Wo liegen Potenziale?, Verband der Automobilindustrie: Technischer Kongress, Stuttgart, 2002

[10] *Jungmichel, M./Stanzel, M./Zobel, R.*: Special Aspects in Accident Reconstruction in the Accident Investigation Department of Volkswagen, EVU Tagung 2002, Portoroz, Slovenija

[11] ESP Workshop der Volkswagen AG, Ehra Lessin, 2004

[12] *Zobel, R.*: Bewertung der Wirksamkeit von Maßnahmen der aktiven und passiven Sicherheit/Evaluation of Effectiveness of Measures of Primary and Secondary Safety, 15. Aachener Kolloquium Fahrzeug- und Motorentechnik 2006

[13] *Schwarz, T.*: Vergleich der Crashtestbedingungen für Personenkraftwagen mit dem realen Unfallgeschehen, Technische Universität Berlin, ISS – Fahrzeugtechnik, März 1999

[14] *Becker, H./Sferco, R.*: Anwendung von Realunfalldaten in der Fahrzeugentwicklung am Beispiel des Frontairbags, Schriftenreihe der Bundesanstalt für Straßenwesen, Bergisch Gladbach, 2003

[15] *Brühning, E./Otte, D./Pastor, C.*: 30 Jahre wissenschaftliche Erhebungen am Unfallort für mehr Verkehrssicherheit, Zeitschrift für Verkehrssicherheit 4/2005, S. 175–181

3 Fahrzeugphysik

3.1 Grundlagen

Die Fahrzeugphysik stellt die Vernetzung von physikalisch-technischen Aufgaben an den Fahrzeugentwickler dar.
Beispielhaft zeigt das **Bild 3.1-1** die Anforderungen an die Karosserie, d.h. bauteilbezogen [1] und **Bild 3.1-2** die funktionsbezogene Vernetzung unterschiedlicher Anforderungen an das Gesamtfahrzeug und für die einzelnen Subsysteme [2]. Die physikalischen Grundgesetze und deren Auswirkungen auf die verschiedenen Teilgebiete sind bei der Auslegung des Fahrzeuges besonders zu berücksichtigen.

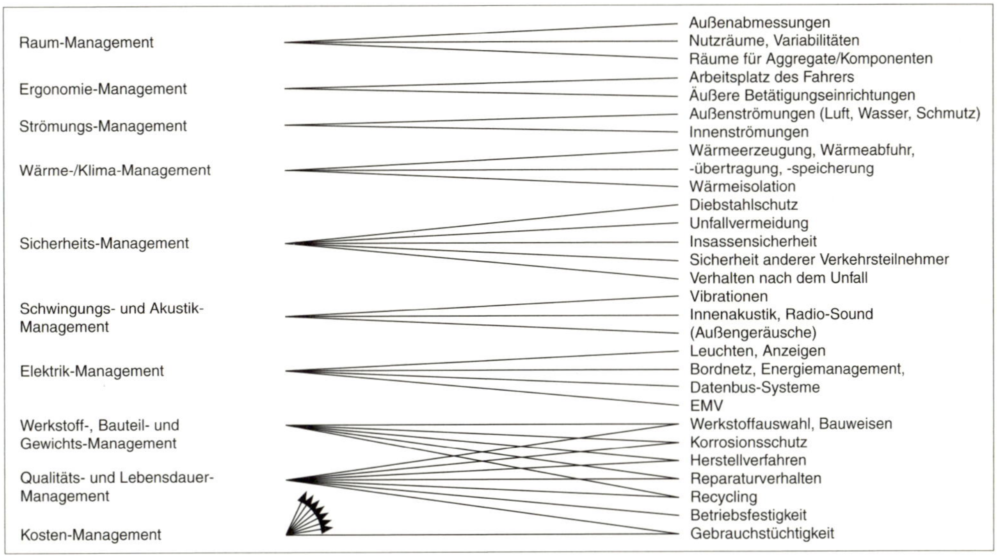

Bild 3.1-1 Physikalisch-technische Aufgaben der Fahrzeugentwicklung am Beispiel der Karosserie [1]

Komponenten, wichtige Auslegungsparameter / Anforderungen; Teildisziplinen der Fahrzeugphysik	Karosserie							Antrieb				Fahrwerk						Fahrzeugübergreifende Subsysteme							
	Rohkarosserie-Struktur	Rohkarosserie-Begrenzungsflächen	Kühllufteintrittsfläche	Bremsenbelüftungs-eintrittsfläche	Heizung, Lüftung, Klimaanlage	Karosserie-Ausstattung	Schallisolierung	Motor	Nebeaggregate	Getriebe	Kraftübertragung	Vorderachse	Lenksystem	Hinterachse	Federungssystem	Bremssystem	Räder, Reifen	Motorraum	Geräuschkapsel	Abgasanlage	Kühlsystem	Aggregatlagerung	Kraftstoffsystem*)	Fahrzeugelektrik	Zentralhydraulik
Aerodynamik	X	XX	XX	X	X	X**)		XX	X	X		X		X		X	X	X	X	X	XX				
Wärmetechnik		XX	XX	XX	X	X		XX	XX	X		X	X	X		XX	X	XX	XX	XX	XX	X	XX	XX	X
Kraftstoffabhängige Faktoren								XX										X		X			XX		
Außengeräusche			X					XX	XX	XX	XX					X	XX		XX	XX	X	XX	X Pumpe		X Pumpe
Innengeräusche	XX	XX			XX	X	XX	XX	XX	XX	XX	XX	X	XX	XX		XX	XX	XX	XX	X	XX	X Pumpe	X	X
Schwingungstechnik	XX	XX				X	X	XX	X	X	X	XX	XX	XX	XX	XX	XX			XX		XX		XX	

XX starke Vernetzung
X schwache Vernetzung

**) äußere Teile

*) Zum Kraftstoffsystem gehören insbesondere:
- Tank, Einfüllstutzen
- Kraftstoffpumpen
- Aktivkohlebehälter
- On board-System (Betankungsemission)
- Rollover-Ventil

Bild 3.1-2 Fahrzeugphysik als Vernetzung von Funktionen mit Systemen, Aggregaten und Bauteilen [2]

Ein sehr aktuelles Beispiel ist der Verbrauch an elektrischer Energie „on board" des Fahrzeuges. Er kann eine Größenordnung von einem Äquivalent von bis zu 3 l/100 km annehmen, d.h. dass bei Aufrechterhaltung aller durch die Elektrik beeinflusster Funktionen kann ohne eine Reduzierung des elektrischen Verbrauchs und/oder eine Verbesserung des Wirkungsgrades der Erzeugung von elektrischer Energie und deren Verbraucher ein Fahrzeug, welches lediglich 3 l/100 km verbraucht, nicht mehr fahren. Die Fahrzeugphysik erfordert deshalb die vernetzte Betrachtung aller Anforderungen innerhalb des Produktentstehungsprozesses. Dies gilt verstärkt für die elektrisch/elektronischen Komponenten, wo neue Hard- und Softwarestrukturen nach dem Motto, 1+1+Vernetzung ist leistungsfähiger als 2, im Bordnetz einsetzen müssen. Nicht die Optimierung einer einzelnen Eigenschaft oder Größe, sondern die Leistungsfähigkeit des Gesamtsystems entscheidet über den Produkterfolg.

3.1.1 Definitionen

Obwohl in den einzelnen Kapiteln spezielle Definitionen erläutert werden, wird im Folgenden eine Gesamtübersicht gegeben.
Die Richtlinien der Europäischen Gemeinschaft [3] [4] definieren die verschiedenen Fahrzeugklassen. Allgemein wird unterteilt in

- Straßenfahrzeuge
- mit Anhängefahrzeugen (nicht selbstfahrend)
- als Fahrzeugkombination.

Innerhalb der Gruppen gibt es beispielhaft folgende Unterteilung:
Straßenfahrzeuge mit der Untergruppe Kraftfahrzeuge – hierzu gehören:

- Krafträder (einspuriges mit 2 Rädern), z.B. Motorrad, Motorroller mit Hilfsmotor
- Kraftwagen (mehrspuriges Kfz). Hier unterscheidet man in Personenkraftwagen (Pkw) und Nutzkraftwagen (Nkw).

Zu den Personenkraftwagen gehören Fahrzeuge, die max. 9 Personen befördern können, Limousine, Coupé, Kabriolett, Kombi, Nkw-Kombi, spezielle Pkw's wie Wohnmobile und Multipurpose-Fahrzeuge (MPV), SUV Sport Utility Vehicle sowie Geländewagen. Zu den Nutzfahrzeugen gehören Fahrzeuge für den Transport von Personen und vorrangig Gütern, z.B. der Kraftomnibus (mehr als 9 Personen inkl. Gepäck), Kleinbus (max. 17 Personen), Linienbus, Überlandbus, Reisebus, Gelenkbus und Spezialbusse. Zu den Lastkraftwagen (Lkw), die für den Transport von Gütern vorgesehen sind, gehören der Vielzweck-Lkw für alle Transportaufgaben und der Spezial-Lkw.
Zu den Zugmaschinen, die dem Ziehen von Anhängern oder Geräten dienen, gehören die Anhänger- und Sattelzugmaschine und der Traktor.

Zu den Anhängerfahrzeugen gehören die Starr- und Gelenkdeichselanhänger. Die Fahrzeugkombinationen beinhalten alle Zugfahrzeuge, Pkw und Nkw mit Anhänger.
Die Klasseneinteilung selbst unterscheidet in Klasse L, M, N und O.

L sind Kraftfahrzeuge mit weniger als 4 Rädern,
M sind Kraftfahrzeuge zur Personenbeförderung mit mindestens 3 oder 4 Rädern mit einem Gesamtgewicht > 1 t
$M_1 \leq 9$ Personen,
$M_2 > 9$ Personen, < 5 t Gesamtgewicht,
$M_3 > 9$ Personen, > 5 t Gesamtgewicht
N sind Kraftfahrzeuge zur Güterbeförderung mit mindestens 3 oder 4 Rädern mit einem Gesamtgewicht > 1 t
$N_1 \leq 3{,}5$ t Gesamtgewicht,
$N_2 > 3{,}5$ t ≤ 12 t Gesamtgewicht,
$N_3 > 12$ t Gesamtgewicht
O bedeutet Anhänger oder Sattelhänger
O_1 einachsige Anhänger $\leq 0{,}75$ t Gesamtgewicht,
$O_2 > 0{,}75$ t $\leq 3{,}5$ t Gesamtgewicht,
$O_3 > 3{,}5$ t ≤ 10 t Gesamtgewicht,
$O_4 > 10$ t Gesamtgewicht

3.1.2 Fahrwiderstand und Antrieb

Gesamtwiderstand. *Total driving resistance*

Der Gesamtfahrwiderstand **(Bild 3.1-3)** wird wie folgt berechnet:

$F_W = F_{Ro} + F_L + F_{St}$

Die Fahrwiderstandsleistung entspricht $P_W = F_W \cdot v$.

Rollwiderstand

Der Rollwiderstand entsteht aus der Formänderungsarbeit zwischen Reifen und Fahrbahn:

$F_{Ro} = f \cdot G = f \cdot m \cdot g$

Nur im Gelände spielt der Verformungswiderstand des Untergrunds eine Rolle, er kann bei weichem Boden mehr als 15 % des Fahrzeuggewichts betragen.

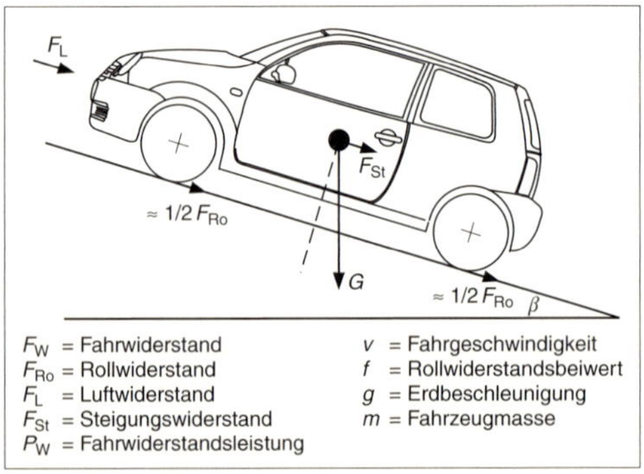

Bild 3.1-3 Gesamtfahrwiderstand

Auf befestigten Straßen ergibt sich der Rollwiderstand fast ausschließlich aus der Walkverlustarbeit des Reifens. Bestimmend sind die Walkamplitude (Einfederung, Radlast, Reifeninnendruck) und Walkfrequenz (Fahrgeschwindigkeit). Reibung im Antriebsstrang erhöht den Rollwiderstand. Neue rollwiderstandsarme Reifen erreichen im unteren Geschwindigkeitsbereich Werte von 0,008. Bei 150 km/h werden Werte von 0,017 erreicht. **Bild 3.1-4** zeigt die Abhängigkeit des Rollwiderstandes als Funktion der Fahrgeschwindigkeit. Da der F_{Ro} in Radlängsachse definiert ist, ist er vom Fahrwiderstand aus der Seitenkraft (Vorspurwiderstand) zu unterscheiden. Bei Kurvenfahrt nimmt mit steigenden Schräglaufwinkeln auch der Rollwiderstand zu (Kurvenwiderstand, [5]).

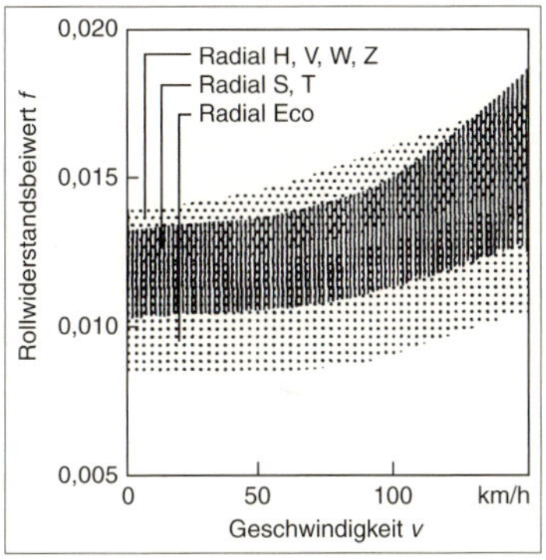

Bild 3.1-4 Rollwiderstand als Funktion der Fahrgeschwindigkeit [3]

Luftwiderstand

Der Luftwiderstand F_L wird nach folgender Formel berechnet:

$$F_L = c_W A \cdot \varrho \cdot \frac{v^2}{2}$$

ϱ = Luftdichte
v = Anströmgeschwindigkeit
A = Querschnittsfläche
c_W = Luftwiderstandsbeiwert

Die Luftwiderstandsbeiwerte betragen beim Pkw c_W = 0,25 bis 0,4. Beim Lkw c_W = 0,4 bis 0,9, die Querschnittsfläche A beim Pkw 1,5 bis 2,5 m² und beim Lkw 4 bis 9 m². Der Luftwiderstand entsteht durch die Umströmung und Durchströmung des Fahrzeugs. Durch intensive Forschungs- und Entwicklungsarbeit konnte er in den letzten Jahrzehnten deutlich reduziert werden. Bei höheren Geschwindigkeiten bestimmt der Luftwiderstand den Fahrwiderstand und ist damit die dominierende Größe für den Kraftstoffverbrauch. Bei Schräganströmung unter einen Winkel ε zur Fahrbahnlängsachse ändern sich die Widerstandswerte $c_T(\varepsilon)$. Mit derselben Querschnittsfläche und einer schrägen Anströmgeschwindigkeit v_A gibt dann:

$$F_L = c_T \cdot A \cdot \frac{\varrho}{2} v_A^2$$

Die Luftwiderstandsleistung P_L beträgt:

$$P_L = F_L \cdot v$$

Antriebswiderstand

Der Antriebswiderstand beträgt $F_A = (1 - \eta)\ P/v$, er beinhaltet die mechanischen Verluste vom Motor über Getriebe bis zu den Radnaben ($\eta = \eta_1 \eta_2 \eta_3 \ldots \eta_n$) mit P als Leistung und $v \approx$ der Fahrgeschwindigkeit.

Steigungswiderstand

Der Steigungswiderstand $F_{\mathrm{st}} = m \cdot g \sin \beta$ mit der Masse m, die Steigungsleistung beträgt:

$$P_{\mathrm{st}} = F_{\mathrm{st}} \cdot v$$

Beschleunigungswiderstand

$F_B = m_{\mathrm{red}}\, \mathrm{d}v/\mathrm{d}t$. Bei Vernachlässigung der rotierenden Bauteile mit kleineren Trägheitsmomenten an Wellen und im Getriebe sowie mit dem Ansatz konstanter Rotationsenergie ($J \cdot \omega^2$ = const) ist:

$$m_{\mathrm{red}} = m + \frac{J_R + i^2 J_m}{r_{\mathrm{stat}} \cdot r_{\mathrm{dyn}}}$$

mit J_R, J_M den Massenträgheitsmomenten der Räder und des Motors, i der Übersetzung, r_{stat}, r_{dyn} den Reifenhalbmessern (statisch und dynamisch).

Zugkraftausnutzung

Bei gegebener Zugkraft F_x an den Rädern ergibt sich für die Beschleunigung und Steigung

$$F_B + F_{\mathrm{St}} = F_x - (F_R \text{ und } F_L)$$

Zugkraftdiagramm

Aus dem Motorkennfeld $M(n)$ können unter Berücksichtigung des inneren Widerstandes F_I die Zugkräfte, die in den verschiedenen Gängen verfügbar sind, als Funktion der Fahrgeschwindigkeit $F_x(v)$ ermittelt werden. Die Volllastkurven sollten sich möglichst ohne große Lücken an die Grenzhyperbel aus der maximalen Motorleistung $F_x = P_{\max}/v$ anschmiegen. Auf der anderen Seite stehen die Summe der Fahrwiderstände $\Sigma\ F_w(v)$. **Bild 3.1-5a** ist ein Beispiel, aus dem das **Bild 3.1-5b**, ein auf gleichen Daten beruhendes Fahrleistungsdiagramm für ein 6-Gang-Getriebe abgeleitet ist. Die Betriebspunkte, Steigungs- und Beschleunigungsreserven können den Kurven entnommen werden. Man kann auch für einen optimalen Kraftstoffverbrauch abstimmen. In der Praxis fahren die Kunden doch sehr häufig in den verbrauchsungünstigeren Gängen.

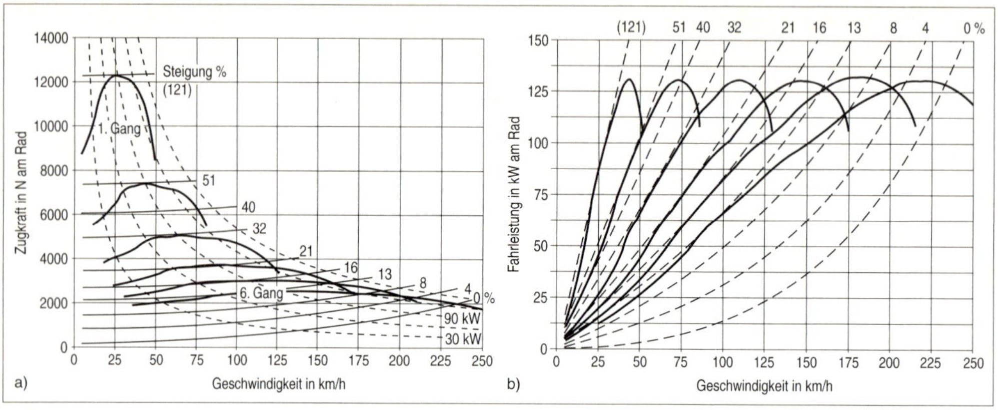

Bild 3.1-5 a) und b) Zugkraft- und Fahrleistungsdiagramm (Quelle ZF)

3.1.3 Kraftstoffverbrauch beeinflussende Maßnahmen

Strecken-verbrauch ← Kraftstoffverbrauch →

Triebstrang ← Fahrwiderstände →

Motor | Rollwiderstand | Luftwiderstand | Beschleunigungswiderstand

Steigungswiderstand

Bremswiderstand

$$B_e = \frac{\int b_e \cdot \frac{1}{\eta_{\ddot{u}}} \left[\left(m \cdot f \cdot g \cdot \cos\beta + \frac{\varrho}{2} \cdot c_w \cdot A \cdot v^2 \right) + m(a + g \cdot \sin\beta) + B_r \right] \cdot v \cdot \mathrm{d}t}{\int v \cdot \mathrm{d}t}$$

Strecke

Der Leerlaufverbrauch und der Wirkungsgrad der elektrischen Verbraucher müssen teilweise zusätzlich berücksichtigt werden.

Größe		Einheit
B_e	Streckenverbrauch	g/m
$\eta_{\ddot{u}}$	Übertragungswirkungsgrad des Triebstranges	–
m	Wagenmasse	kg
f	Rollwiderstandsbeiwert	–
g	Erdbeschleunigung	m/s^2
β	Steigungswinkel	°
ϱ	Dichte der Luft	kg/m^3
c_w	Luftwiderstandsbeiwert	–
A	Stirnfläche	m^2
v	Fahrgeschwindigkeit	m/s
a	Beschleunigung	m/s^2
B_r	Bremswiderstand	N
t	Zeit	s
b_e	spezifischer Kraftstoffverbrauch	g/kWh

3.1.4 Dynamische Kräfte

Die Massenkräfte erzeugen beim Antreiben und Bremsen nach **Bild 3.1-6** die dynamische Achsverlagerung ΔF.

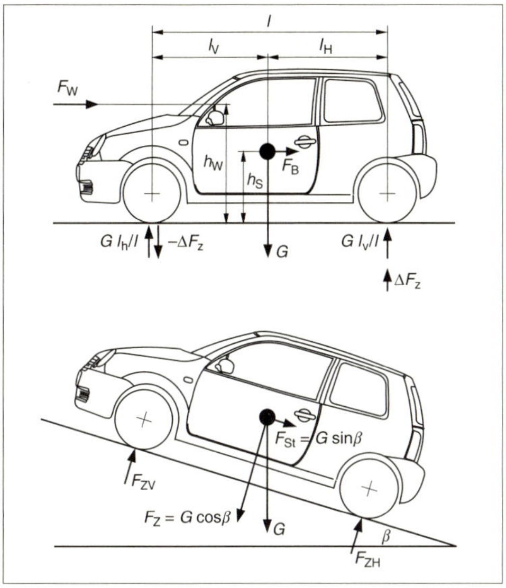

Bild 3.1-6 a) und b) Statische und dynamische Achslasten in der Ebene und in der Steigung

Fahrdynamik und Fahrverhalten

Bei der Fahrt in der Ebene, **Bild 3.1-6** a), verändern sich die Vertikalkräfte:

$$|\Delta F_z| = m \cdot \frac{dv}{dt} \frac{h_s}{l}$$

ΔF_z = Veränderung der Vertikalkräfte

m = Fahrzeugmasse
dv/dt = Fahrzeugbeschleunigung, -bremsung
h_S = Schwerpunkthöhe
l = Radstand

Die beschleunigte Fahrt bewirkt eine Veränderung von ΔF_z, die beim Antreiben zu einer Erhöhung der Achslast an der Hinterachse und beim Bremsen an der Vorderachse führt; diese Nickbewegungen müssen bei der Fahrwerksauslegung berücksichtigt werden. Besonders störend werden im Fahrbetrieb die Längsschwingungen, die meistens mit Nickbewegungen einhergehen, empfunden, so dass die Radaufhängungen in Längsrichtung möglichst weich angebunden werden, ohne dass die anderen Steifigkeiten zu gering werden.
Bei der stationären Fahrt greift der Fahrwiderstand F_w in der Höhe h_w am Fahrzeug an, damit ergibt sich

$$\Delta F_z = F_w \cdot \frac{h_w}{l} =$$ Angriffspunkt der Widerstandskraft

Bei Steigungen muss die Gewichtskomponente berücksichtigt werden. Entsprechend **Bild 3.1-6 b**) gilt

Achslast vorn:

$$F_{zV} = \frac{G}{l} \cdot (l_H \cdot \cos\beta - h_S \cdot \sin\beta) \pm \Delta F_z$$

Achslast hinten:

$$F_{zH} = \frac{G}{l} \cdot (l_V \cdot \cos\beta + h_S \cdot \sin\beta) \pm \Delta F_z$$

3.1.5 Bewegung des Fahrzeugaufbaus

Zur Fahrdynamik sollen entsprechend ISO 8855 [6] und DIN 70000 [7] noch einige entsprechende Definitionen erläutert werden.

Größen der linearen Bewegung

Fahrzeuggeschwindigkeit $\vec{v}$: Vektorielle Größe, welche die Geschwindigkeit des Ursprungs des fahrzeugfesten Koordinatensystems im ortsfesten Koordinatensystem beschreibt.
Längsgeschwindigkeit v_x: Komponente der Fahrzeuggeschwindigkeit in Richtung der X-Achse.
Quergeschwindigkeit v_y: Komponente der Fahrzeuggeschwindigkeit in Richtung der Y-Achse.
Vertikalgeschwindigkeit v_z: Komponente der Fahrzeuggeschwindigkeit in Richtung der Z-Achse.
Horizontalgeschwindigkeit v_h: Resultierende aus der Längsgeschwindigkeit v_x und der Quergeschwindigkeit v_y.
Fahrzeugbeschleunigung $\vec{a}$: Vektorielle Größe, welche die Beschleunigung des Ursprungs des fahrzeugfesten Koordinatensystems im ortsfesten Koordinatensystem beschreibt.
Längsbeschleunigung a_x: Komponente der Fahrzeugbeschleunigung in Richtung der X-Achse.
Querbeschleunigung a_y: Komponente der Fahrzeugbeschleunigung in Richtung der Y-Achse.
Vertikalbeschleunigung a_z: Komponente der Fahrzeugbeschleunigung in Richtung der Z-Achse.
Zentripetalbeschleunigung a_c: Komponente der Fahrzeugbeschleunigung in Richtung der horizontalen Normalen zur Horizontalgeschwindigkeit.
Tangentialbeschleunigung a_t: Komponente der Fahrzeugbeschleunigung in Richtung der Horizontalgeschwindigkeit v_h.
Horizontalbeschleunigung a_h: Resultierende aus der Längsbeschleunigung a_x und der Querbeschleunigung a_y oder der Zentripetalbeschleunigung a_c und der Tangentialbeschleunigung a_t.
Anmerkung: Es ist ebenfalls möglich, Geschwindigkeit und Beschleunigung in die Komponenten $v_{x,v}$, $v_{y,v}$, $v_{z,v}$ und $a_{x,v}$, $a_{y,v}$, $a_{z,v}$ im fahrzeugfesten Koordinatensystem (X_v, Y_v, Z_v) zu zerlegen.

Größen der Drehbewegung

Winkel:
Gierwinkel Ψ: Winkel (X_E, X), der sich aus der Drehung um die Z_E-Achse ergibt.

Nickwinkel θ: Winkel (X, X_V), der sich aus der Drehung um die Y-Achse ergibt.
Wankwinkel ϑ: Winkel (Y, Y_V), der sich aus der Drehung um die X_V-Achse ergibt.
Schwimmwinkel β: Winkel zwischen der X-Achse und der Richtung der Horizontalgeschwindigkeit, der sich aus einer Drehung um die Z-Achse ergibt. Er kann aus der Längsgeschwindigkeit v_x und der Quergeschwindigkeit v_y errechnet werden:

$$\beta = \arctan \frac{v_x}{v_y}$$

Winkelgeschwindigkeiten:
Anmerkung – Winkelgeschwindigkeiten können im fahrzeugfesten Koordinatensystem sowie auch im horizontalen Koordinatensystem definiert werden.

Giergeschwindigkeit: $\frac{\mathrm{d}\Psi}{\mathrm{d}t}$

Nickgeschwindigkeit: $\frac{\mathrm{d}\theta}{\mathrm{d}t}$

Wankgeschwindigkeit: $\frac{\mathrm{d}\vartheta}{\mathrm{d}t}$

Winkelbeschleunigungen:
Anmerkung: Die Winkelbeschleunigungen können im fahrzeugfesten Koordinatensystem sowie auch im horizontierten Koordinatensystem definiert werden.

Gierbeschleunigung: $\frac{\mathrm{d}^2\Psi}{\mathrm{d}t^2}$

Nickbeschleunigung: $\frac{\mathrm{d}^2\theta}{\mathrm{d}t^2}$

Wankbeschleunigung: $\frac{\mathrm{d}^2\vartheta}{\mathrm{d}t^2}$

3.1.6 Kräfte und Momente

Äußere Kräfte, die zu einem bestimmten Zeitpunkt auf das Fahrzeug einwirken, können zu einem Kraftvektor und zu einem Momentenvektor zusammengefasst werden.

Komponenten der Kraft $\vec{F}$

Längskraft F_X: Komponente der Kraft in Richtung der X-Achse.
Querkraft F_Y: Komponente der Kraft in Richtung der Y-Achse.
Vertikalkraft F_Z: Komponente der Kraft in Richtung der Z-Achse.

Komponenten des Moments $\vec{M}$

Giermoment M_Z: Komponente des Momentes in Richtung der Z-Achse.
Nickmoment M_Y: Komponente des Momentes in Richtung der Y-Achse.
Wankmoment M_X: Komponente des Momentes in Richtung der X-Achse.

3.1.7 Radaufhängungen

Radstand:

Abstand zwischen den Radaufstandspunkten der beiden Räder auf der gleichen Seite des Fahrzeugs auf die X-Achse projiziert.
Dabei steht das Fahrzeug auf einer horizontalen Ebene.
Anmerkung: Bei Fahrzeugen mit mehr als zwei Achsen werden die Radstände zwischen hintereinander liegenden Rädern (vom vordersten zum hintersten Rad) angegeben. Der Gesamtradstand (rechts oder links) ist die Summe dieser Abstände.

Spurweite b:

Abstand zwischen den Radaufstandspunkten der beiden Räder einer Achse auf die YZ-Ebene projiziert. Dabei steht das Fahrzeug auf einer horizontalen Ebene. Bei Doppelrädern ist dies der Abstand zwischen den Punkten, die in der Mitte zwischen den Radaufstandspunkten beider Doppelradeinheiten liegen.
Anmerkung: Radstand und Spurweite bleiben in der Regel nicht konstant.

3.1.8 Lenkung

Statischer Gesamtvorspurwinkel Δ

Summe der statischen Vorspurwinkel des linken und rechten Rades bei Geradeausstellung der Lenkung. Der statische Vorspurwinkel ist dabei der Winkel zwischen X-Achse und X_W-Achse. Er ist positiv, wenn der Schnittpunkt zwischen X_W-Achse und X-Achse vor dem Radaufstandspunkt liegt.

Statische Vorspur

Die statische Vorspur ist die Differenz der Abstände der Felgenhörner hinter und vor den Radmittelpunkten der Räder einer Achse, gemessen in Höhe der Radmittelpunkte im statischen Bezugszustand. Sie ist positiv, wenn der Abstand der Felgenhörner hinten größer ist als vorn, und negativ, wenn der Abstand hinten kleiner ist als vorn.

Ackermannwinkel σ_A

Arctan des Radstandes dividiert durch den Bahnradius der Hinterachsmitte bei sehr niedriger Fahrzeuggeschwindigkeit. Der Ackermannwinkel wird auch sehr häufig zur Definition des Unter- und Übersteuerns verwendet.

Lenkradwinkel σ_H

Verdrehwinkel des Lenkrades gemessen aus der Geradeausposition. Er ist bei Linkskurve des Fahrzeuges positiv.

Lenkradmoment M_H

Das vom Fahrer am Lenkrad um dessen Drehachse aufgebrachte Drehmoment. Es ist bei Linkskurve des Fahrzeuges positiv.

Lenkübersetzung i_s

Lenkradposition in Bezug auf die Änderung des durchschnittlichen Leitwinkels eines gelenkten Radpaares bei unbelastetem Lenksystem und statischen Bezugszustand des Fahrzeugs.

3.1.9 Räder und Reifen

Schräglaufwinkel α

Winkel von der X_W-Achse zur Tangente der Bahn des Radaufstandspunktes. Er ist positiv nach links.

Radsturzwinkel ε_W

Winkel zwischen Z_W-Achse und Radebene. Er ist positiv nach rechts.

Rolleigenschaften

- Statischer Rollradius r_{stat}
  Abstand zwischen der Radmitte und dem Radaufstandspunkt bei gegebenen Bedingungen für Radlast, Reifenfülldruck und Felge (Breite und Profil), auf welche der Reifen montiert ist.
- Dynamischer Abrollumfang C_R
  Der während einer Radumdrehung auf dem Boden zurückgelegte Weg, bei gegebenen Bedingungen Radlast, Reifenfülldruck, Temperatur, Geschwindigkeit usw.
- Dynamischer Rollradius r_{dyn}

$$r_{\text{dyn}} = \frac{C_R}{2\pi}$$

Literatur

[1] *Braess, H.-H.*: Die Karosserie – Typisches Beispiel für Zielkonflikte und Zielkonfliktlösungen für Automobile, VDI-Bericht 968 (1992), Entwicklungen im Karosseriebau, Düsseldorf

[2] *Braess, H.-H.*: nicht veröffentliche Unterlage

[3] *Bosch*: Kraftfahrtechnisches Taschenbuch, 23. Auflage, Düsseldorf, Vieweg, Wiesbaden 1999

[4] *Seiffert, U.*: Kraftfahrzeugtechnik, Dubbel, 20. Auflage, Springer-Verlag, Heidelberg 2001

[5] *Braess, H.-H., R. Stricker*: Eigenlenkverhalten, Kurvenwiderstand, Kraftstoffverbrauch – Ein weiterer Aspekt des Fahrzeugkonzeptes und der Fahrwerksabstimmung, VDI-Ber. 418, 1981, „50 Jahre Frontantrieb im Serienautomobilbau", S. 275 – 280

[6] ISO 8855 Road vehicles – Vehicle dynamics and road-holding ability – Vocabulary, Dezember 1991

[7] DIN 70000 Straßenfahrzeuge – Fahrzeugdynamik und Fahrverhalten – Begriffe, Januar 1994

3.2 Aerodynamik

3.2.1 Grundlagen

Der Strömungswiderstand eines Körpers hängt von seiner Form, dem Medium, durch das er sich bewegt und seiner Größe ab. Im Falle eines Pkw ist das Medium Luft, die in dem üblichen Geschwindigkeitsbereich als inkompressibel angesehen werden kann. Ihre Stoffeigenschaften lassen sich durch die Dichte und die kinematische Zähigkeit beschreiben, die ihrerseits Funktionen des Luftdruckes und der Temperatur sind.
Unter Normalbedingungen, $p = 1013$ mbar; $t = 10$ °C sind

$\varrho = 1{,}225\ \text{kg/m}^3 \qquad \nu = 1{,}492 \cdot 10^{-5}\ \text{m}^2\text{/s}$.

Die Dichte ϱ ist die auf das Volumen bezogene Masse der Luft und die Zähigkeit ν (Viskosität) die Eigenschaft, zwischen verschiedenen Luftschichten Spannungen übertragen zu können, d.h. die physikalische Ursache für das Auftreten eines Reibungswiderstandes.
Bei der Wärmeabfuhr im Kühler und an Bremsen ist die Wärmeleitfähigkeit der Luft von Bedeutung:

$\lambda = 0{,}0242$ J/m s K .

Der Luftwiderstand des Fahrzeugs entsteht durch die Relativbewegung zwischen Fahrzeugoberfläche und Luft, und es ist demnach physikalisch zunächst (bei Vernachlässigung drehender Räder, Grenzschicht auf der Fahrbahn usw.) ohne Belang, ob sich der Körper durch die ruhende Luft bewegt, oder ob ein ruhender Körper mit gleicher Geschwindigkeit angeblasen wird, wie z.B. ein Fahrzeugmodell im Windkanal. Das Fahrzeug muss auf der Vorderseite Luft beiseiteschieben, wodurch diese aufgestaut wird. Auf der Rückseite können die Luftteilchen nicht störungsfrei zusammenströmen, was Unterdruck hervorruft. Die Summe dieser Drücke bildet den Druckwiderstand eines Fahrzeugs. Durch Reibung zwischen der Oberfläche und der zähen Luft entsteht der Reibungswiderstand und durch Erzeugung von Wirbeln der induzierte Widerstand. Bei einem Pkw beträgt der Reibungswiderstand ca. 10 %. Die beiden anderen Anteile sind von der Form abhängig. So erzeugt ein Vollheckfahrzeug mit steiler Rückfront ein großes Gebiet mit abgelöster Strömung und damit großem Druckwiderstand, während ein Fließheckfahrzeug zwar einen kleinen Druckwiderstand, dafür aber intensive Wirbel und damit einen hohen induzierten Widerstand aufweist. Ein weiterer Widerstandsanteil entsteht als innerer Luftwiderstand als Folge der Durchströmung von Kühlern, Fugen und Lüftungssystemen.
Die aerodynamische Güte eines Fahrzeugs äußert sich im Widerstandsbeiwert c_W, der als dimensionsloser Widerstand nach der Formel

$c_W = W/A \cdot q$

bestimmt wird. Es gelten:

W	[N]	= Widerstand
A	[m²]	= Bezugsfläche (beim Auto die Projektionsfläche quer zur Fahrtrichtung)
q	[N/m²]	= Staudruck = $\varrho \cdot v^2/2$
v	[m/s]	= Fahr-/Windgeschwindigkeit

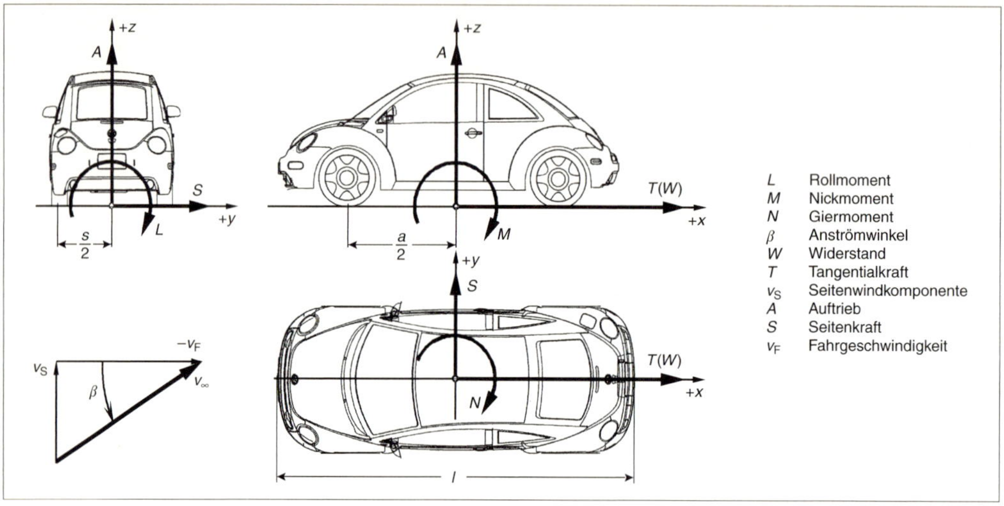

Bild 3.2-1 Koordinatensystem, Kräfte und Momente

In analoger Weise werden Auftriebs- und Seitenkraftbeiwerte gebildet. Für Windkanalmessungen und Strömungsberechnung wurde ein Koordinatensystem gemäß **Bild 3.2-1** definiert. Die Momente um diese Achsen können im Windkanal in der Regel direkt gemessen werden. Als Bezugslänge für die Momentenbeiwerte wurde der Radstand gewählt.

Die Windkräfte werden üblicherweise in Windkanälen gemessen, wobei für die Beiwertbestimmung der Serienfahrzeuge Messungen an Originalfahrzeugen in entsprechend großen Windkanälen herangezogen werden. In der Entwicklungsphase kommen auch maßstäbliche Modelle zum Einsatz. Dabei ist die Feststellung wichtig, ob die sinngemäße Übertragung der Versuchsergebnisse kleiner geometrisch ähnlicher Modelle auf die Großausführung möglich ist. Dies ist dann zulässig, wenn die Strömungen mechanisch ähnlich sind und die dimensionslose Kennzahl (Reynoldszahl) $\mathrm{Re} = v_\infty l/\nu$ eingehalten wird. Bei Messungen im Windkanal bedeutet dies, dass die Geschwindigkeit um den Maßstabsfaktor vergrößert werden muss. Da andererseits die Machzahl $\mathrm{Ma} = v_\infty/a_\infty$ nicht zu groß werden darf, um Kompressibilitätseffekte auszuschließen, werden Modellversuche bei Windgeschwindigkeiten zwischen 60 und 80 m/s mit Modellmaßstäben nicht unter 1/5 durchgeführt. Dieser Maßstab reicht zur genauen Festlegung von Radien u.U. nicht mehr aus.

Seit Mitte der dreißiger Jahre ist bekannt, dass Windkanäle für Kraftfahrzeugmessungen zweckmäßigerweise einen annähernd rechteckigen Düsenquerschnitt aufweisen, und sich der Messstreckenboden unmittelbar an Düse und Auffangtrichter anschließt. Etwa genauso lang gilt die Simulation mit bewegtem Messstreckenboden (Laufband) als die physikalisch richtigere, aber auch als relativ aufwändig. Darüber hinaus wird auch aus dem gleichen Grunde die Grenzschichtbeeinflussung (Absaugen und Ausblasen) bzw. eine Kombination aus beidem zur Verbesserung der Simulation angewandt. Bisher haben sich diese Techniken im Renn- und Sportfahrzeugbereich durchgesetzt; dies als Folge der geringen Bodenfreiheiten. Für normale Pkw ist die Notwendigkeit bei den Entwicklern umstritten, und die Anwendung firmenspezifisch.

3.2.2 Wirkungsbereiche

3.2.2.1 Luftwiderstand/Fahrleistung

Die Aerodynamik oder präziser der Luftwiderstand ist einer der Faktoren, welche die Fahrleistung und den Verbrauch beeinflussen. Der Einfluss des Luftwiderstands auf den Verbrauch hängt neben anderen Parametern besonders vom Einsatzprofil eines Fahrzeugs ab. Je höher der Schnellfahranteil (Autobahn), desto größer der Einfluss. Setzt man einen Autobahnanteil von 1/3 voraus, und nimmt jeweils angepasste Getriebe an, dann zeigen Verbrauchsrechnungen für einen Mittelklassewagen eine Reduktion des Verbrauchs um ca. 3 % bis 4 % bei einem um 10 % abgesenkten Luftwiderstand. Gleichzeitig nimmt die Höchstgeschwindigkeit um ca. 3 % zu. Die Trendaussage lässt sich auch auf andere Fahrzeuge übertragen.

Aus diesem Sachverhalt leitet sich das Bestreben her, Fahrzeuge mit niedrigem Luftwiderstand und niedrigem c_W zu entwickeln. **Bild 3.2-2** veranschaulicht, wie sich die durchschnittlichen c_W-Werte im Laufe der Zeit veränderten. Dieses Diagramm ist weniger vom Stand der Erkenntnisse geprägt, als von der Akzeptanz der Fahrzeugformen bei den Kunden. Der Unterschied der technisch möglichen Forschungsfahrzeuge zu den tatsächlich gebauten verdeutlicht diesen Zusammenhang. Die Abhängigkeit vom Kundengeschmack erschwert den Versuch, dieses Dia-

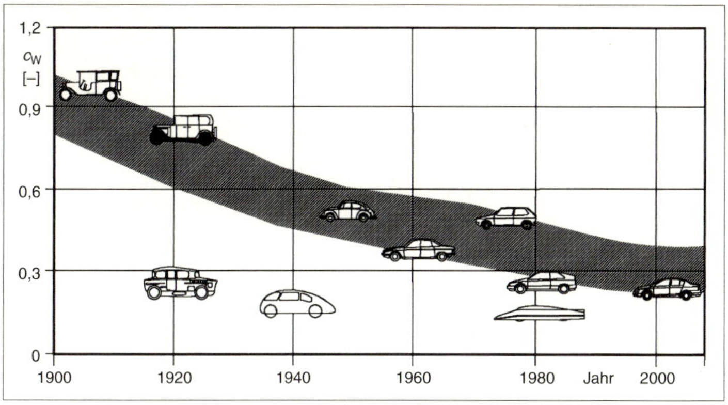

Bild 3.2-2 c_W-Wert-Entwicklung

gramm anhand von Forschungsergebnissen in die Zukunft zu extrapolieren.

Aus **Bild 3.2-3** geht hervor, in welchem Bereich heutige Fahrzeuge angesiedelt sind. Das Diagramm enthält im Wesentlichen Pkw, die in Deutschland verkauft werden. Alle Fahrzeuge wurden unter gleichen Bedingungen im gleichen Windkanal gemessen. Im Bereich der niedrigen c_W-Werte finden sich nahezu ausschließlich Stufenheckfahrzeuge. Die hohen Werte gehören zu älteren Fahrzeugen und solchen, bei denen wegen einer festgeschriebenen Designaussage keine Kompromisse hinsichtlich der Aerodynamik gemacht wurden.

In der Vergangenheit wurden in der Literatur [1] zwei Verfahren vorgestellt, anhand derer man Fahrzeuge mit niedrigen c_W-Werten entwickeln kann:

- Die Formoptimierung, die ausgehend von einem Grundkörper geringen Widerstandes über Grundform und Grundmodell zum Serienfahrzeug führt
- Die Detailoptimierung, die von einem unbehandelten Designmodell zu einem akzeptablen Serienfahrzeug führt

Dabei wurde unterstellt, dass die Formoptimierung grundsätzlich niedrigere Luftwiderstandsbeiwerte ergibt. Heute wird in der Automobilindustrie, von Sonderfahrzeugen abgesehen, die Detailoptimierung eingesetzt, wobei aber die Erfahrung der letzten Jahre dazu geführt hat, dass die Ausgangsmodelle der Designer mit deutlich niedrigeren c_W-Werten starten, als das zur Zeit der Entwicklung der beiden Verfahren der Fall war. Die Detailoptimierung startet meistens mit einer Phase der Strömungsberechnung, der sich eine weitere mit zahlreichen Messungen im Windkanal anschließt. Auf Grund der vielfältigen Möglichkeiten zur Auswertung der umfangreichen Ergebnisdaten einer Strömungsberechnung liefert diese auch in späteren Entwicklungsphasen eines Kfz oftmals wertvolle Hinweise auf Potentiale für aero-

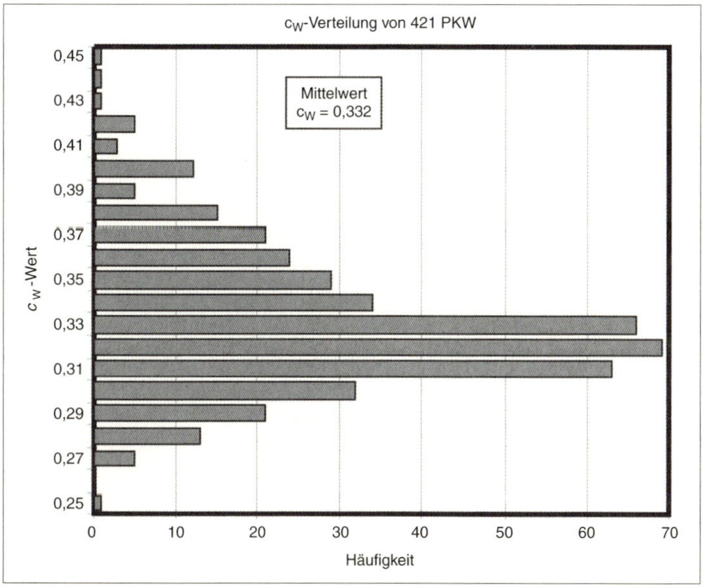

Bild 3.2-3 c_W-Wert von 421 Pkw's und Häufigkeit im Jahre 2005

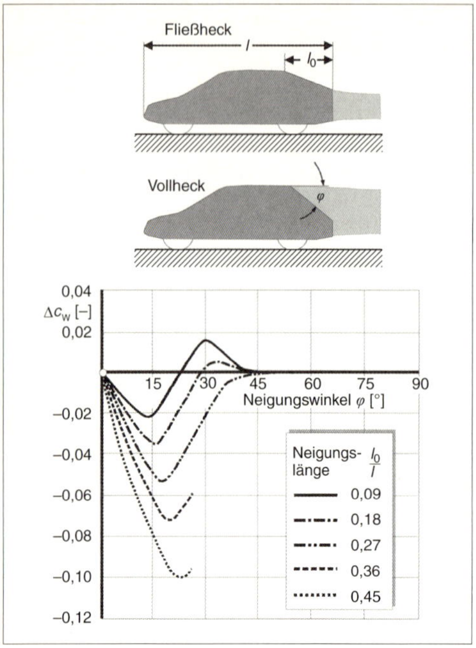

Bild 3.2-4 Einfluss der Heckgestaltung auf den c_W-Wert

dynamische Verbesserungen. Je nach Firmenphilosophie wird die Detailoptimierung nur an vollmaßstäblichen Modellen oder häufiger, beginnend mit kleinen Maßstäben und dann im Vollmaßstab durchgeführt. Das Endresultat dieser Methode hängt davon ab, inwieweit die Entwickler und Designer bereit sind, in einem Zielkonflikt auf Forderungen der Aerodynamik einzugehen und kann durchaus mit dem der Formoptimierung vergleichbar sein.

Um ein Fahrzeug mit niedrigem c_W-Wert zu entwickeln, müssen alle Karosserieparameter optimiert werden. In der Literatur sind vielfältige Parametervariationen dargestellt. Es muss allerdings beachtet werden, dass diese Ergebnisse jeweils nur für die untersuchten Modelle gelten und nicht beliebig übertragen werden können. Die Effekte sind nicht allgemein superponierbar. Dies hat auch zur Folge, dass Messungen an Modellen nur dann verlässliche Aussagen liefern, wenn alle Details, wie Motorraum und Fahrwerk dargestellt sind. **Bild 3.2-4** zeigt z.B. den Einfluss von Heckneigungswinkel und Hecklänge auf den c_W-Wert. Diese Kurvenschar wird aber noch deutlich beeinflusst von dem Radius zwischen Dach und Heckscheibe, der Form der C-Säulen, der Form des Kofferraumdeckels, dem Heckdiffusorwinkel und der Heckdiffursorlänge. Auch das Vorhandensein eines Bugspoilers zeigt Auswirkungen. Diese Abhängigkeiten erfordern genaugenommen, die Modelle in mehreren Iterationsschleifen zu optimieren. Aus Kosten- und Zeitgründen werden oft nur einzelne Parameter, und die jeweils in einer Messreihe optimiert.

Im Zielkonflikt zwischen der aerodynamisch gewünschten Außenform und den Wünschen und Forderungen der anderen Entwicklungspartner wird oft auf das Potential des Unterbodens verwiesen, den der Aerodynamiker modifizieren könne, ohne die anderen zu stören. Die Fahrzeugunterseite hat am Gesamtwiderstand einen Anteil von ca. 50 %. Davon werden aber ca. 10 % durch die offenen Radhäuser und ca. 25 % durch die Räder erzeugt. Der Unterboden ist mithin nur mit etwa 15 % am Gesamtwiderstand beteiligt. An heutigen Pkw ist er schon weitgehend geglättet. Es bleiben unvermeidliche Störstellen für die Abgasanlage, die gekühlt werden und für die Ausdehnungsspielraum zur Verfügung stehen muss, für Achsen, die eine gewisse Bewegungsfreiheit aufweisen müssen, für Spalte zwischen Tank und Bodenblech, die im Falle eines Heckaufpralls Verformungsweg für die Karosse bereitstellen, ohne den Tank zu zerstören und so weiter. Es bleibt bei einem üblichen Pkw ein Potential, von $\Delta c_W = 0{,}01$ bis 0,02, das durch Unterbodenverkleidungen ausgenutzt werden kann.

Insbesondere bei der Optimierung von Unterbodendetails liefern Windkanalmessungen und Computersimulationen unter Einbeziehung drehender Räder und der Relativbewegung zwischen Fahrzeug und Straße (Laufbandtechnik) genauere Ergebnisse [2].

3.2.2.2 Fahrsicherheit

Die Umströmung eines Fahrzeugs führt zu Kräften in die drei Richtungen und zu Momenten um die drei Achsen des fahrzeugfesten Koordinatensytems (**Bild 3.2-1**). Während die Kraft in Längsrichtung, der Widerstand, die Fahrleistungen beeinflusst, haben die andern Kräfte und Momente Auswirkungen auf das Fahrverhalten und die Fahrsicherheit. Bei Seitenwind und im strömungsmechanischen Einflussbereich anderer Fahrzeuge werden die Kräfte unsymmetrisch.

Das Fahrverhalten und die Fahrsicherheit werden fahrzeugseitig beeinflusst durch:

- Fahrwerk
- Schwerpunktlage
- Aerodynamik
- Antriebsleistung

Die Auswirkungen der Aerodynamik auf das Fahrverhalten waren vor 1930 wegen der erreichten geringen Geschwindigkeiten und des kaum vorhandenen Interesses von untergeordneter Bedeutung. In den dreißiger Jahren wurden zunehmend widerstandsreduzierte Fahrzeuge entwickelt, die große Giermomentanstiege über dem Schiebewinkel, schlechte Fahrwerke und teilweise konzeptbedingt weit hinten liegende Schwerpunkte aufwiesen. Da durch den Autobahnbau zeitgleich höhere Geschwindigkeiten auch gefahren werden konnten, trat erstmals das

Phänomen Seitenwindempfindlichkeit in Zusammenhang mit der Stromlinie auf [3]. Es entstand der Ruf, dass widerstandsarme Fahrzeuge seitenwindempfindlich seien. Die Weiterentwicklung der Fahrwerke und der Übergang zu vorne liegenden Motoren haben dieses Problem jedoch soweit reduziert, dass heute meist wenig Aufwand betrieben wird, um Formen mit niedrigem Giermoment zu finden. In Einzelfällen können jedoch bei Fahrzeugen mit gerundeten vertikalen Heckkanten, d.h. ohne definierte Abrisslinien, spürbare Seitenwindeffekte auftreten. Daher sind definierte Abreißlinien am Heck – auch seitlich – anzustreben.

Andererseits erreichen die Fahrzeuge heute Geschwindigkeiten, die den Auftrieben an den Achsen Bedeutung zukommen lassen. Ab ca. 160 km/h werden folgende Bewertungskriterien durch Auftriebe beeinflusst:

- Verhalten beim Einlenken
- Kurvenwechselverhalten
- Verhalten beim Spurwechsel
- Lastwechselverhalten
- Lenkrückmeldung bei hohen Geschwindigkeiten
- Hochgeschwindigkeitspendeln

Summarisch werden ein niedriger Auftriebsbeiwert an der Hinterachse und ein nicht zu weit darunter liegender Auftriebsbeiwert an der Vorderachse angestrebt. Die akzeptierten Werte sind firmenspezifisch und werden auch durch die Qualität des Fahrwerks beeinflusst. So können ungünstige Auftriebsverteilungen teilweise durch Fahrwerksmodifikationen kompensiert werden (siehe Kap. 7).

Wie schon der Luftwiderstand, so sind auch die anderen aerodynamischen Kräfte und Momente vor allem auch Räder, Motorraumdurchströmung usw. durch die äußere Form zu beeinflussen. Derartige Modifikationen müssen in einer frühen Entwicklungsphase in das Design eingebracht werden. Zu diesem Zeitpunkt stehen ausschließlich nicht fahrfertige Modelle zur Verfügung, so dass Windkanalmessungen und Strömungsberechnungen zur Beurteilung herangezogen werden müssen. Diese liefern quasistationäre Aussagen, d.h. Böen usw. werden nicht richtig nachgebildet, und enthalten noch keine Verknüpfung mit den anderen Parametern des Fahrverhaltens. Es gibt Bestrebungen, dies in Fahrsimulatoren nachzubilden [4] und aus Vergleichsmessungen vorher zu sagen [5]. In der Regel werden jedoch Erfahrungen mit Vorgängermodellen benutzt, um von den Windkanalergebnissen auf das Fahrverhalten zu schließen.

3.2.2.3 Benetzung und Verschmutzung

Ein fahrendes Auto ist oft einer inhomogenen, d.h. partikelbehafteten Strömung ausgesetzt. Die Bandbreite der Teilchen reicht von Gas, Staub über Wasser bis zu Insekten und Steinen. Entsprechend ihrer Historie ist die Flugbahn der Teilchen zunächst unterschiedlich zu den Stromlinien der Luft. Diese Unterschiede führen zu Relativgeschwindigkeiten, aus denen wiederum Kräfte resultieren, welche die Flugbahn der Teilchen in Abhängigkeit von der Dichte beeinflussen. Während sich Abgase nach kurzer Übergangszeit nahezu gleichförmig mit der Luftströmung bewegen, fliegen Steinchen fast unbeeinflusst weiter. Demgemäß ist bei einer Betrachtung der Verschmutzung nach der Dichte der Teilchen zu unterscheiden:

- Gasförmige Stoffe folgen weitgehend der Luftströmung. Hier ist besonders das Abgas von Interesse, das nicht ins Fahrzeuginnere gelangen soll. Da die Abgaskonzentration in Bodennähe zunimmt, sollten Lufteinlassöffnungen möglichst hoch angebracht werden. Aus diesem Grund werden diese in der Regel im Windlauf vor der Windschutzscheibe platziert.

Das Fahrzeug ist aber auch seiner eigenen Abgasschleppe ausgesetzt. **Bild 3.2-5** zeigt die für ein Vollheckfahrzeug typische Strömung am Heck. Sie ist dadurch charakterisiert, dass sich hinter dem Stoßfänger ein Wirbel bildet, der Luft und Inhaltsstoffe von der Stoßfängerunterkante etwa 0,5 m nach hinten und dann wieder zur Heckklappe zurücktransportiert. Darüber befindet sich ein Wirbel mit entgegengesetztem Drehsinn. Diese beiden Wirbel haben eine gemeinsame Mischzone, in der die Teilchen übergeben werden. Der obere Wirbel trägt diese Teilchen dann bis zur Abrisskante am Dach. Wird Abgas in den unteren Wirbel geblasen, dann breitet es sich durch diese Wirbel über die gesamte Heckfläche aus. Da es Fahrzustände gibt, in denen im Fahrgastraum großer Unterdruck herrscht, kann das Abgas ins Fahrzeuginnere gesogen werden. Die Gefahr wächst mit dem Quadrat der Geschwindigkeit. Gegenmaßnahmen sind zum einen die vollständige und auch bei hohen Geschwindigkeiten sichere Abdichtung des Hecks und zum anderen eine geeignete Wahl des Abgasendrohres, die Abgas gar nicht erst in diese Wirbelstruktur gelangen lässt. Als vorteilhaft haben sich nach unten abgekröpfte Endrohre erwiesen. Noch besser sind Endlagen, bei denen das Abgas hinter ein Hinterrad geblasen wird.

Bild 3.2-5 Heckströmung am Vollheck-Pkw

- Staub folgt den im vorigen Abschnitt beschriebenen Gesetzmäßigkeiten und kann daher ebenfalls ins Fahrzeug gesogen werden. Der von den Rädern unter die Fahrzeugmitte geschleuderte Staub gelangt durch die Heckwirbel auf das Fahrzeugheck. Gegen ein Eindringen ins Fahrzeuginnere hilft nur ein geeignetes Dichtungssystem. Staub gelangt aber auch aus den vorderen Radhäusern an die Türfugen und dabei insbesondere an jene oberhalb der Schweller. Im Falle großer Unterdrücke im Fahrzeug, wie zum Beispiel bei angehobenem Hubdach, kann der Staub durch die Türfugen und durch Wasserablauflöcher ins Türinnere und von da entlang der Scheibenführung in den Fahrgastraum gelangen. Da die Druckverteilung entlang der äußeren Türfugen variiert, entsteht eine Strömung in den Schächten. Auf diese Weise kann Staub unterhalb der hinteren Türen, z.B. vor den hinteren Radläufen, in die Schächte gesogen und zur vertikalen Türfuge an der A-Säule hinter dem Vorderrad oder oben zur Fuge an den C-Säulen transportiert werden. Dieser Staubeintritt kann zuverlässig nur durch ein umlaufendes Dichtungssystem außen an den Türfugen verhindert werden.
- Wassertropfen sind nach ihrer Größe und Herkunft zu unterscheiden. Die von den Rädern auf nasser Fahrbahn unter das Fahrzeug geschleuderten Tropfen verhalten sich teilweise wie Abgas und Staub. Leichte Tropfen werden wie Staub bis oben an die Heckscheibe transportiert und mittelschwere erreichen nur die untere Heckfläche. Schwere Tropfen können der Luftströmung nicht folgen und bleiben im Strömungsnachlauf des Fahrzeugs. Schmutzfänger hinter den Rädern verstärken die Sprühwirkung in Richtung zur Fahrzeugmitte und sorgen damit eher für eine verstärkte Heckverschmutzung.
- Regentropfen sind infolge ihres Gewichtes und ihrer Trägheit durch die Fahrzeugumströmung kaum zu beeinflussen. Ein Freiblasen der Windschutzscheibe scheitert schon aus energetischen Gründen. Um das auf die Windschutzscheibe auftreffende und von den Scheibenwischern zu den A-Säulen geschobene Wasser daran zu hindern, auf die Seitenscheibe zu gelangen und dabei die Sicht auf die Außenspiegel zu behindern, werden oft Wasserfangprofile auf den A-Säulen eingesetzt. Eine weitere Möglichkeit besteht in der Auswahl der Spiegelanbindung an die Tür. Direkt angebundene Spiegel haben eine bessere Schutzwirkung als Spiegel mit Fuß. Leider führen die Abschirmmaßnahmen gegen Seitenscheibenbenetzung meist zu höheren Luftwiderständen und Windgeräuschen, so dass ein Zielkonflikt zu lösen ist.

Bei nahezu allen Fahrzeugen entstehen auf den Seitenscheiben hinter den A-Säulen Tütenwirbel, die auf dem Glas zu den A-Säulen hin drehen. Deren Intensität ist so groß, dass das über die A-Säulen tretende Wasser oft schon ab 100 km/h zunächst nach oben und dann entlang des oberen Scheibenrahmens nach hinten transportiert wird. Das Problem der Seitenscheibenverschmutzung stellt sich daher vorwiegend in dem Geschwindigkeitsbereich 50 bis 100 km/h.

- Ein Sonderproblem stellt die Wasserschleppe hinter Scheibenwischern dar. Bei einer Reihe von Fahrzeugen befindet sich der fahrerseitige Wischer in der Umkehrlage nahe bei und parallel zur A-Säule. In dieser Position befindet sich relativ viel Wasser neben dem Wischerblatt und die Luftströmung über den Wischer erzeugt dahinter einen Wirbel, der in Scheibennähe zum Wischerblatt hin dreht. Dieser Wirbel transportiert das Wasser teilweise wieder zum Wischer hin, so dass bei der Rückbewegung des Blattes eine Wasserschleppe entsteht. Abhilfmaßnahmen müssen im Einzelfall gesucht werden.
- Schwere Teilchen, wie hochgeschleuderte Steinchen sind durch Strömungsmaßnahmen nicht zu beeinflussen.

3.2.2.4 Einzelkräfte

Die Umströmung wirkt nicht nur auf das Fahrzeug als Ganzes, sondern auch auf einzelne Bauteile. Die Druckverteilung führt auf Teilbereichen der Oberfläche (z.B. auf einer Seitenscheibe) zu örtlichen Kräften und Belastungen, die aus Widerstand, Auftrieb und Seitenkraft nicht direkt abzuleiten sind. **Bild 3.2-6** zeigt die Druckverteilung im Längsmittelschnitt für die Fahrzeugtypen

- Kastenwagen
- Stufenheck-Pkw
- Vollheck-Pkw.

Die Unterdruckspitze am Fahrzeugbug des Pkw erzeugt z.B. eine Kraft, welche die Motorhaube anhebt. Bei einer Fahrgeschwindigkeit von 200 km/h beträgt die aufwärts gerichtete Kraft im vorderen Motorhaubenbereich je nach Bugform 300 bis 500 Newton. Die Kräfte auf die Seitenscheiben, unmittelbar hinter den A-Säulen sind etwa halb so groß, erreichen aber unter Seitenwindbedingungen vergleichbare Werte. Diese Kräfte bewegen die Bauteile und öffnen u.U. die Dichtungssysteme, oder führen durch Strömungsablösung zu erhöhten Widerständen. Auch die Funktion kann beeinträchtigt werden. So ist beim Schließvorgang das Einlaufen abgesenkter Seitenscheiben in die Fensterführung zum Teil nicht möglich.

Druckbelastungen können zum Eindellen von Bugspoilern führen, zum Abbrechen von Flügeln, zum Verstellen von Außenspiegeln usw. Dabei sind nicht nur stationäre Kräfte zu berücksichtigen. Durch periodische Ablösungen können Schwingungen angeregt werden, welche die Lebensdauer beeinträchtigen oder die Funktion stören. So bewirken periodi-

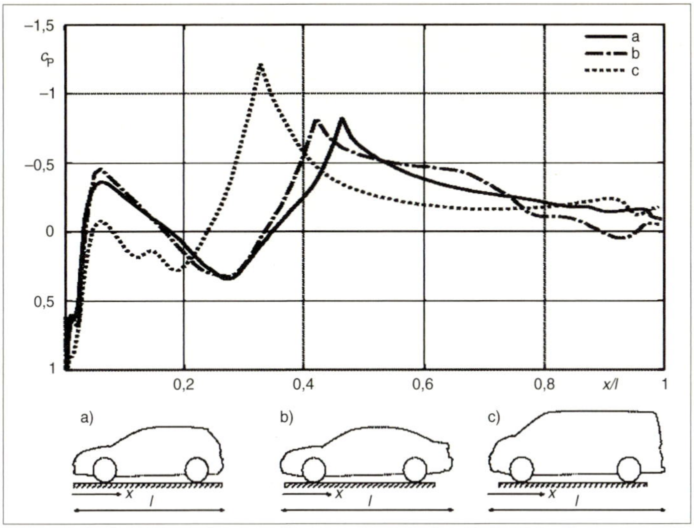

Bild 3.2-6 Druckverteilung im Längsmittelschnitt

sche Wirbelballen, die vom Spiegelgehäuse ablösen, bei hohen Fahrgeschwindigkeiten oft unerwünschte Schwingungen des Rückspiegelglases. Es wurde auch schon bei hohen Fahrgeschwindigkeiten Schwingen der Motorhaube beobachtet.

Die aus den Windlasten resultierenden Formänderungen führen häufig zu kantigeren Außenkonturen und erhöhen damit noch Druckbelastungen. Schwingende Bauteile steuern zum Teil selbst die periodische Druckbelastung und verschärfen die Situation.

Diese Kräfte und Drücke sollten durch Windkanalversuche oder Strömungsberechnung möglichst frühzeitig erfasst werden, um sie entweder durch Formänderung zu entschärfen oder in der konstruktiven Auslegung zu berücksichtigen.

3.2.2.5 Kühlung/Bauteiltemperaturen

Das Kühlsystem hat die Aufgabe, unter allen Betriebsbedingungen des Fahrzeugs Motor- und andere Bauteile so zu kühlen, dass keine Funktionsstörungen oder Beschädigungen auftreten. Weiter sollen die Heizung gut funktionieren, der Verschleiß minimiert und der Verbrauch sowie die Leistung optimiert werden (Einzelheiten siehe 3.3).

Die Wärmeabfuhr geschieht entweder direkt vom Bauteil an die umgebende Luft, wie z.B. bei den Bremsscheiben, oder über Kühlflüssigkeit (auch Öl) und durch Kühler. Ladeluftkühler unterscheiden sich aus aerodynamischer Sicht nicht von Wasserkühlern. Alle Fälle setzen einen internen Luftstrom voraus.

Um interne Luftströme zu erzeugen ist Energie notwendig. Diese kann von Gebläsen aufgebracht werden, was insbesondere bei Langsamfahrt oder in Standphasen erforderlich ist. Bei schneller Fahrt wird bei den meisten Fahrzeugen das Druckgefälle zwischen Fahrzeugvorder- und Unterseite ausgenutzt, um die Luft durch die Kühler bzw. durch den Motorraum zu leiten. Interne Strömungen erzeugen wegen der größeren Widerstände grundsätzlich höhere Verluste, als gleiche Volumenströme um das Auto herum. Dies äußert sich in einem Anstieg des Luftwiderstandes bzw. einem höheren c_W-Wert. Im Interesse eines niedrigen Verbrauchs sind daher der Kühlluftanteil des Widerstandes und damit der Kühlluftvolumenstrom auf das notwendige Minimum zu beschränken. Maßnahmen dazu sind:

- Abschotten der Luftführung vom Eintritt bis zum Kühler
- Eintrittsöffnung so positionieren und Strömungskanal so formen, dass der Kühler gleichförmig durchströmt wird
- Widerstandskörper und Ablösungen in der Luftführung vermeiden
- Kühlerquerschnitt anpassen
- Kühler mit hoher spez. Wärmetauschleistung verwenden

Die aerodynamische Optimierung der Kühlluftströmung profitiert, wie die aerodynamische Optimierung selbst, vom Einsatz der neuen Bodensimulationstechniken [8].

Zur Bauteilkühlung wird oft ein Luftstrahl gezielt auf das Teil gelenkt. Geschlossene Kanäle sind für diesen Zweck deutlich besser geeignet, da Freistrahlen infolge des zur Verfügung stehenden Druckgefälles oft nur eine geringe Reichweite haben und durch andere Strömungen abgelenkt werden können.

3.2.2.6 Innenraumklima

Das Heizungs-, Lüftungs- und Klimasystem eines Fahrzeugs hat die Aufgabe, den Komfort und die Sicherheit der Passagiere, soweit sie von diesem System beeinflussbar sind, auf möglichst hohem Niveau zu gewährleisten (siehe 6.4.3). Im relativ kleinen Pkw-Innenraum wirken folgende Größen auf die Passagiere:

Bild 3.2-7 Druckverteilung auf der Oberfläche (Berechnung)

- Temperatur und Temperaturschichtung
- Luftgeschwindigkeit und Verteilung
- Luftfeuchte
- Strahlung von Bauteilen
- Direkte Sonneneinstrahlung
- Luftinhaltsstoffe

Diese Parameter werden zum Teil durch den Luftstrom im Fahrzeug beeinflusst. Die Luftströme sind ihrerseits abhängig von beeinflussbaren Einstellungen der Lüfter, Ausströmer usw., der Plazierung der Zu- und Abluftöffnungen und der Position von konstruktiv und funktional nicht beabsichtigten Öffnungen (Undichtigkeiten).

Durch die Umströmung der Karosserie ergibt sich eine Druckverteilung auf der Oberfläche, die beim Positionieren von Öffnungen ausgenutzt werden kann. Austrittsöffnungen werden bevorzugt in Unterdruckgebiete gelegt. Dabei muss berücksichtigt werden, dass nicht im Falle starker Unterdrücke im Fahrzeug, wie bei geöffneten vorderen Seitenscheiben, Schadstoffe in den Fahrgastraum gesaugt werden. Liegen die Austrittsöffnungen zu nahe an den Ohren, können Geräuschbelästigungen auftreten. Eintrittsöffnungen werden oft in Überdruckgebiete gelegt um die notwendige Lüfterleistung zu minimieren. Andererseits ist es von Vorteil, wenn der Heizungsbetrieb geschwindigkeitsunabhängig funktioniert. Aus diesem Grund wäre eine Position mit geringem Überdruck zu bevorzugen, **Bild 3.2-7**.

3.2.2.7 Windgeräusche

Die Fahrzeuginsassen sind in einem Auto einer Reihe von Geräuschen ausgesetzt, die teilweise außerhalb des Fahrzeugs erzeugt und durch dessen Dämmung gemildert werden. Die wichtigere Gruppe von Geräuschen wird aber durch das Fahrzeug bzw. im Fahrzeug selbst hervorgerufen (siehe auch Kap. 3.4). Wenn man von den gewollten Geräuschen, wie Radio, Warnsummer usw. absieht, werden drei Quellen unterschieden: Motor-, Roll- und Windgeräusche. Bedingt durch die erfolgreiche Verminderung der Motor- und Rollgeräusche in den letzten Jahren können Windgeräusche heute nicht mehr außer Acht gelassen werden.

Windgeräusche haben folgende Ursachen:

- Undichtigkeiten, vor allem in den Tür- und Fensterdichtungen, aber auch durch Öffnungen im Blech. Bedingt durch die Verdrängung der Luft entstehen auf der Außenseite der Karosserie zum Teil erhebliche Unterdrücke. Die Bereiche unmittelbar hinter den A-Säulen sind davon besonders betroffen. Im Fahrzeuginnern finden sich, je nach Betriebszustand der Lüftung und Heizung, vergleichsweise geringe Unter- oder Überdrücke. Falls die Dichtungen nicht vollständig anliegen, kommt es zu einem Durchströmen dieser Spalte von innen nach außen. Dieses Durchströmen ruft Geräusche hervor, die sich hauptsächlich im Frequenzbereich 4 bis 10 kHz bemerkbar machen.

Als Folge der Unterdruckkräfte auf den Seitenscheiben der vorderen Türen bewegen sich die Türrahmen bei hohen Geschwindigkeiten um bis zu 2 mm nach außen. Falls das Türdichtungssystem nicht ausreicht, um auch in dieser Situation noch zu dichten, kommt es zu besonders lauten Durchströmungsgeräuschen im gesamten relevanten Frequenzbereich. Die Konstruktion eines effektiven Dichtungssystems ist die wichtigste Aufgabe, um ein niedriges Windgeräuschniveau zu erreichen.

- Resonanzen in Hohlräumen, die durch die Strömung hervorgerufen werden. Strömungsrauschen von ca. 500 Hz bis 3 kHz entsteht, wenn offene Tür- und Klappenfugen quer überströmt werden. Der Querschnitt der Kanäle hinter den Fugen bestimmt ebenfalls den Frequenzbereich. Die Lautstärke ist besonders davon abhängig, ob die Hinterkante der Fuge in die Strömung hineinragt, oder zurückspringt (Schuppeneffekt). Durch entsprechende Dichtungen kann dieses Rauschen vermieden werden, ein geeigneter Schuppeneffekt ist aber nur unwesentlich schlechter.

In diese Gruppe gehört auch das Schiebedachwummern, das typischerweise bei ca. 20 Hz und häufig bei

einer Fahrgeschwindigkeit von 40 bis 60 km/h auftritt. Durch die Überströmung des offenen Daches wird nach Art eines Helmholtzresonators der ganze Innenraum zum Schwingen gebracht. Als Abhilfmaßnahmen werden Windabweiser eingesetzt, die auf das jeweilige Fahrzeug abgestimmt werden müssen. Gelochte-, gezackte oder Netzwindabweiser sind in der Regel wirkungsvoller als glatte, erzeugen aber bei höheren Fahrgeschwindigkeiten ein unerwünschtes Eigenrauschen. Die Tiefe des Dachausschnittes hat ebenfalls einen großen Einfluss, so dass einige Hersteller auf Schiebeweg verzichten, um mit einem glatten Windabweiser auszukommen.
Wummern wird auch bei geöffneten Seitenscheiben, insbesondere hinten beobachtet, eine technische Abhilfmaßnahme ist bisher nicht bekannt. Der Fahrgast kann diesen Zustand aber vermeiden, indem er zusätzlich zum hinteren Seitenfenster auch ein vorderes teilweise öffnet.

- Strömungsablösung an der Kontur. Als Folge der Ablösungen entstehen Wirbel und turbulente Druckschwankungen, welche die Fahrzeugoberfläche beaufschlagen und zum Schwingen anregen. Diese Schwingungen teilen sich dem Insassen als Geräusch mit. Bekannt sind insbesondere die A-Säulenwirbel, die ein breitbandiges Rauschen erzeugen. Die A-Säulenwirbel fallen besonders unter wechselnden Seitenwindbedingungen auf, und müssen entsprechend im Windkanal oder auf der Straße untersucht werden. Diese Geräuschbelästigung kann vermindert werden, indem die A-Säulen-Wirbel durch Formgebung der A-Säulen reduziert werden oder die Dämmung der Seitenscheiben erhöht wird.
  Die von den Ablösungen am Heck erzeugten Geräusche liegen infolge der ursächlichen Fluktuationen im Bereich von 20 Hz, sind aber nur in Sonderfällen auffallend, wie z.B. bei Cabriolets mit weicher Plastikheckscheibe geringer Dämmung.
- Ablösungen an vorstehenden Teilen wie Antennen, Achsen, Spiegeln und Scheibenwischer. Hinter Stabantennen entstehen Karmánsche Wirbelstraßen, die einzelne Töne hoher Intensität erzeugen. Gegenmaßnahmen sind das Schrägstellen der Stäbe um mindestens 45° und Gebrauch von Wendeln um die Stäbe. Damit verschwindet der einzelne Ton, allerdings entsteht ein weniger auffälliges Rauschen.
  Achsen und Scheibenwischer sind aus funktionalen Gründen nicht strömungsgünstig zu profilieren, daher sollten sie weitestgehend aus der direkten Anströmung entfernt werden. So können Scheibenwischer z.B. unterhalb der Motorhaube abgelegt werden.

Außenspiegel werden häufig als Geräuschquelle angesehen, da der Fahrer Geräusche aus ihrer Richtung wahrnimmt. Sie sind aber nicht immer die Ursache der Belästigung, Wirbel und Dichtungen an den A-Säulen können ebenfalls beteiligt sein. Die Spiegelgeräusche selbst werden weniger vom Gehäuse oder Ablösungen dahinter verursacht, als vielmehr durch die beschleunigte Strömung in einem zu engen Spalt zwischen Gehäuse und Scheibe, durch die Umströmung des Spiegelfußes und durch Undichtigkeiten zwischen Spiegelfuß und Tür bzw. vom Spiegelfuß ins Fahrzeuginnere.

- Turbulente Schwankungen in der fahrzeugnahen Strömung, d.h. der Grenzschicht. Dieser Anteil ist der nicht unterschreitbare Grenzwert, beim Fahrzeug aber von untergeordneter Größenordnung.

Die verschiedenen Geräuschursachen haben zur Folge, dass eine aerodynamische Optimierung des Fahrzeugs die Geräuschsituation nur in Einzelfällen verbessert. Die weitaus wichtigsten Geräuschquellen sind unvollkommene Dichtungssysteme, die wenig Rückwirkung auf die Aerodynamik haben und dadurch auch wenig beeinflusst werden.

3.2.3 Einordnung in die Gesamtentwicklung

Aerodynamische Erfordernisse haben direkten Einfluss auf die Außenform eines Fahrzeugs. Dementsprechend muss die aerodynamische Entwicklung parallel zur Designphase verlaufen [4]. Die Strömungsberechnung ist dafür prädestiniert. Es hängt von den Firmengebräuchen ab, ob die Designmodelle im Windkanal optimiert, oder ob zusätzliche Windkanalmodelle eingesetzt werden. Im zweiten Fall ist es unbedingt notwendig, die Parallelmodelle rechtzeitig herzustellen und fortlaufend an den aktuellen Designstand anzupassen. Aerodynamische Anbauteile sollten an Prototypen entwickelt oder zumindest überprüft werden. Im Regelfall ist es wenig hilfreich, vorab Aerodynamikstudien anzufertigen, da sie vom konkreten Entwicklungsziel zu weit abweichen und von den anderen Entwicklern nicht beachtet werden. Ausnahme sind Sonderentwicklungen, bei denen sehr niedrige c_W-Werte hohe Priorität haben.
Die für die Fahrsicherheit notwendigen Werte sollten vor Entwicklungsbeginn definiert sein und in der Aerodynamikentwicklung überprüft und sichergestellt werden. Dabei sind Auswirkungen auf die Form zu erwarten. Nachträglich lassen sich diese Beiwerte nur durch Spoiler und andere Anbauteile beeinflussen, was oft Probleme hinsichtlich der Akzeptanz durch Designer, Konstrukteure, Finanzleute und vor allem durch Kunden hervorruft.
Die Optimierung des Kühlluftanteils am Widerstand beginnt ebenfalls in der Designphase, in der auch die Kühllufteinlässe gestaltet werden. Sie wird fortgesetzt mit Versuchsträgern, bei denen neue Vorderwagendetails an aktuellen, ähnlich aufgebauten Serienwagen getestet werden. Es folgt die Prototypenphase, in der Versuchsergebnisse weitere Modifikationen notwen-

dig machen. Erfahrungen mit Vorgängermodellen beschleunigen den Entwicklungsprozess.
Benetzung und Verschmutzung werden üblicherweise in der Prototypenphase untersucht, jedoch sind einige Entscheidungen, wie z.B. Verwendung von Wasserfangrinnen an den A-Säulen, schon vorher zu treffen. Funktionstests im Windkanal erfolgen ebenfalls in der Prototypenphase.
Bei den heute üblichen kurzen Entwicklungszeiten droht die Aeroakustik-Entwicklung zu spät einzusetzen. Sinnvolle Messergebnisse sind erst zu erwarten, wenn weitgehend seriennahe Prototypen mit richtigen Dichtungen und vollständiger Innenraumausstattung zur Verfügung stehen. Zu diesem Zeitpunkt ist die Entwicklung aber soweit fortgeschritten, dass bis zum Serieneinsatz keine größeren Modifikationen mehr möglich sind. Die aeroakustische Entwicklung muss daher ebenfalls schon in der Designphase beginnen, in der allerdings nur auf Erfahrungen mit Vorgängermodellen zurückgegriffen werden kann.

Literatur

[1] *Hucho, W. H.*: Aerodynamik des Automobils, Vieweg-Verlag, Wiesbaden, 2005
[2] *Wäschle, A.*: Numerische und experimentelle Untersuchung des Einflusses von drehenden Rädern auf die Fahrzeugaerodynamik, Dissertation TU Stuttgart 2006
[3] *Huber, L.*: Die Fahrtrichtungsstabilität des schnellfahrenden Kraftwagens, DKF Heft 44, 1944
[4] *Hucho, W. H.*: Design und Aerodynamik – Wechselspiel zwischen Kunst und Physik, in R.J.F. Kieselbach (Hrsg.) „The drive to design – Geschichte, Ausbildung und Perspektiven im Autodesign" Stuttgart avedion, 1998
[5] *Wagner, A.*: Ein Verfahren zur Vorhersage und Bewertung der Fahrerreaktion bei Seitenwind, Dissertation TU Stuttgart 2003
[6] *Riederer, S.*: Strömungsphänomene im Bereich der vorderen Radhäuser von Personenfahrzeugen, Dissertation TU München 2004
[7] *Zivkov, V.*: Experimentelle und numerische Untersuchungen der aerodynamischen Kraftfahrzeugeigenverschmutzung, Dissertation TU Karlsruhe 2004
[8] *Kuthada, T.*: Die Optimierung von Pkw-Kühlluftführungssystemen unter dem Einfluss moderner Bodensimulationstechniken, Dissertation TU Stuttgart, 2006

3.3 Wärmetechnik

3.3.1 Kühlung von Verbrennungsmotoren

Die Abwärme von Verbrennungsmotoren wird über verschiedene Wege abgeführt. Außer über das heiße Abgas wird ein großer Anteil über den Kühlmittelkühler an die Umgebungsluft abgegeben, **Bild 3.3-1**. Dabei müssen die Temperatur und der Massenstrom des Kühlmittels in jedem Betriebspunkt gewährleisten, dass an keiner Stelle im Motor schädigende Überhitzungen entstehen. Weiterhin übernimmt das Motoröl noch Kühlaufgaben. Bei Motoren höherer

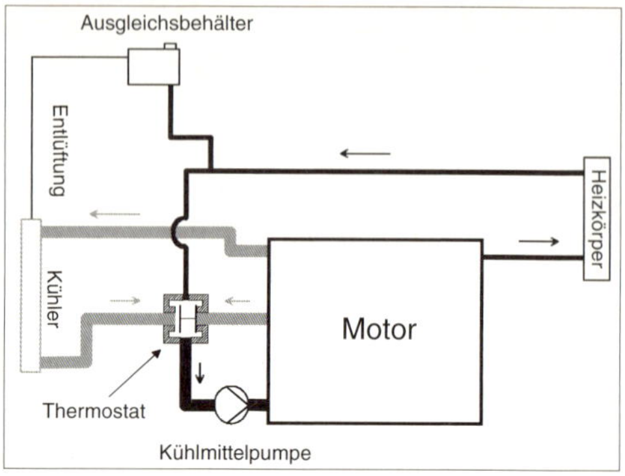

Bild 3.3-1 Kühlkreislauf mit Ausgleichsbehälter

Leistung reicht die Wärmeabfuhr über die Ölwanne nicht mehr aus, so dass ein separater Ölkühler eingesetzt werden muss.
Aufgeladene Motoren erfordern Ladeluftkühler, die die bei der Kompression im Turbolader oder Kompressor entstehende Wärme abführen. Dadurch erhöht sich die Dichte der Ladeluft (Dichterückgewinn) und man erreicht eine höhere Zylinderfüllung und damit eine höhere spezifische Motorleistung. Die NO_x-Entstehung wird durch die einhergehende Absenkung der Verbrennungstemperatur vermindert.
Seit der Einführung schärferer Abgasvorschriften (EU4) ist die Kühlung des rückgeführten Abgases beim Dieselmotor weit verbreitet. Sie beeinflusst die Dieselruß- und NO_x-Emission günstig [1].
Automatikgetriebe müssen ebenfalls gekühlt werden. Besonders hohe Anforderungen an die Getriebeölkühler stellen CVT-Getriebe.
Weiterer Kühlbedarf entsteht an Nebenaggregaten wie Servoölpumpe, Kraftstoffpumpe und Kältekreislauf des Klimasystems. In Einzelfällen erfordern heute auch schon Elektronikbauteile eine spezielle Kühlung, weil auch dort die Leistungsdichten zunehmen und eine konvektive Luftkühlung nicht mehr ausreicht. Bei Hybridfahrzeugen ist dies für die Leistungselektronik bereits der Regelfall.
Die gängigen Übertragungswege der Abwärme für die einzelnen Kühlaufgaben sind nachfolgend zusammengestellt:

- Motor über Kühlmittel und Kühlmittelkühler an Luft
- Motoröl über Öl-Kühlmittelkühler an Kühlmittel oder über Öl-Luftkühler direkt an Luft
- Luft oder Ladeluft über Ladeluft-Luftkühler direkt an Luft oder über Ladeluft-Kühlmittelkühler an Kühlmittel (Niedertemperaturkreislauf ist dann erforderlich)
- Abgas über kühlmittelgekühlten Abgaskühler an Kühlmittel
- Getriebeöl über Getriebeöl-Kühlmittelkühler an Kühlmittel oder über Getriebeöl-Luftkühler direkt an Luft

- Kühlung von Nebenaggregaten direkt an Luft oder über Kühlmittel.

Letztendlich wird die Abwärme immer an die Umgebungsluft abgeführt.

Die steigenden Anforderungen bezüglich Kraftstoffverbrauch, Gewicht, Abgasemissionen, Lebensdauer, Fahrkomfort und geringem Bauraum haben dazu geführt, dass moderne Kühlanlagen von Verbrennungsmotoren im Kraftfahrzeug mit wenigen Ausnahmen die folgenden Merkmale aufweisen:

- Wasserkühlung der Motoren mit Zwangsumlauf des Kühlmittels durch eine über Riemen angetriebene Kreiselpumpe.
- Betrieb des Kühlsystems bei bis zu 1,5 bar Überdruck.
- Einsatz einer Mischung von Wasser und Frostschutzmittel, meist Äthylenglykol mit einem Volumenanteil von 30 ... 50 % mit Inhibitoren gegen Korrosion
- Aluminium in korrosionsbeständigen Legierungen als dominierender Kühlerwerkstoff.
- Kunststoff als dominierender Werkstoff für Wasserkästen, Lüfter und Lüfterzarge.
- In vielen Fällen Vormontage aller Kühlungskomponenten des Frontendbereichs in einer funktionalen Einheit, dem sog. Kühlmodul.

Die heutigen Entwicklungstendenzen gehen in Richtung:

- Regelungseingriffe über den Lüfterantrieb und den Kühlmittel-Thermostaten (sog. Kennfeldthermostat)
- Einsatz von Elektropumpen zur Regelung des Kühlmittelstromes
- Wasserkästen aus Aluminium
- Integration mehrer Kühler in einem Block
- Niedertemperaturkreisläufe mit einem Temperaturniveau von ca. 60 °C zur Kühlung von Ladeluft, Elektronik und anderer sensibler Bauteile
- Mehrstufige Aufladung mit Zwischenkühlung
- Optimierung des Kühlluftstromes durch das Kühlmodul und den Motorraum
- Verringerung der Bauhöhe der Kühler zur Erfüllung der Vorschriften des Fußgängerschutzes

Neben den zahlreichen Entwicklungsaktivitäten für noch kompaktere, leichtere und effizientere Komponenten bekommt vor allem die mit einer zentralen Elektronik geregelte Kühlanlage immer mehr Bedeutung im Hinblick auf die eingangs erwähnten Anforderungen.

3.3.1.1 Auslegung von Kühlern

Grundsätzliches Ziel der Auslegung des Kühlsystems ist, die geforderten Kühlleistungen mit möglichst kompakten, leichten und kostengünstigen Kühlern innerhalb des verfügbaren Bauraums zur Verfügung zu stellen. Dafür ist ein Optimierungsprozess hinsichtlich der Anordnung und Dimensionierung der Wärmeübertrager im Modul, der Auswahl der Rippen/Rohr-Geometrie der Kühler, der Leistungsaufnahme des Lüfters, der Abstimmung auf die fahrzeugseitigen Randbedingungen, oftmals auch des c_W-Wertes und des Crashverhaltens durchzuführen.

Gängiges Hilfsmittel für die Auslegung sind analytische Programme zur Wärmeübertrager-Berechnung nach der eindimensionalen Stromfadentheorie (Kap. 10.3). Bei Vorgabe der Kühlergeometrie, der Wärmeübergangs-, Wärmeleitungs- und Druckabfallbeziehungen sowie der Stoffströme können aus den Eintrittsgrößen Druck und Temperatur die gleichen Größen am Austritt des Wärmeübertragers berechnet werden. Unterstützt mit empirischen Daten aus langjähriger Messerfahrung mit einer großen Bandbreite von Ausführungen können mit diesen Simulationsprogrammen im Rahmen der Ähnlichkeitstheorie fast beliebige Rippen/Rohr-Varianten in beliebigen Abmessungen und für beliebige Betriebspunkte sehr zielgenau vorausberechnet werden.

Heute sind fast nur noch Auslegungen ganzer Kühlmodule mit Voll- und Teilüberdeckungen von Wärmeübertragern, Lüftern und Zargen gefordert. Entsprechend werden für diese Module sog. Topologie-Modelle mit mehreren Strompfaden erstellt, von denen jeder wieder nach der Stromfadentheorie berechnet werden kann. Die gegenseitige Beeinflussung der Komponenten wird dabei berücksichtigt [2], [16].

Schließlich wird dieses Hilfsmittel um Elemente wie Fahrtwind, Lüfter und alle Druckverbraucher im Fahrzeug wie z.B. Kühlergrill und Motorraumdurchströmung ergänzt. Damit wird die iterative Berechnung des Kühlluftdurchsatzes im Fahrzeug und folglich aller thermodynamischen Kenngrößen der Kühlanlage möglich. Gekoppelt mit einer breiten Erfahrung aus Kühlleistungsmessungen im Windkanal erhält man ein sehr zuverlässiges und schnelles Simulationshilfsmittel, das den Bedarf an Fahrzeugmessungen deutlich reduziert.

Zur detaillierten Ermittlung der Kühlluftströmung durch den Fahrzeugvorderbau, die Wärmeübertrager und den Motorraum kommen CFD-Methoden zum Einsatz. (Kap. 10.3). Mit ihrer Hilfe wird die Luftströmung dreidimensional berechnet. Dazu werden die geometrischen Daten des Fahrzeugs benötigt. Man erhält die Geschwindigkeitsverteilung aus der sich Luftmassenströme und Druckverluste berechnen lassen. In der Kopplung mit der Strompfadmethode kann so bereits in der Konzeptphase der Einfluss inhomogener Anströmung auf das Verhalten des Kühlsystem ermittelt und geeignete Optimierungsschritte vorgeschlagen werden [16].

Üblicherweise werden für die Auslegung von Kühlanlagen mehrere thermisch kritische Fahrzustände herangezogen wie „Maximalgeschwindigkeit in der Ebene“, „schnelle Bergfahrt“ oder „langsame Bergfahrt mit Anhänger“. Ebenso werden Einsätze in Europa oder Heißländern unterschieden. Immer sind

Fahrgeschwindigkeit, Umgebungstemperatur, abzuführende Wärmemengen und die Sollwerte für maximal zulässige Kühlmittel-, Ladeluft- und Öltemperaturen vorgegeben. Leistungsminderung durch Alterung wird in der Auslegung indirekt durch höhere Sollwerte berücksichtigt. Typische Faustformeln und Sollwerte für die wesentlichen Pkw Kühlungsarten sind in **Tabelle 3.3-1** zusammengestellt.

Kühlmitteltemperatur	100 °C – 120 °C
Kühlmitteldurchsatz	5000 ... 25 000 l/h,
Ladeluftdurchsatz	0,05 ... 0,6 kg/s,

Tabelle 3.3-1 Typische Faustformeln und Sollwerte zur Kühlauslegung

Maximal aus dem Kühlmittel abzuführendeWärmemengen	
beim Ottomotor	0,5 ... 0,6 P_{mech}
beim Dieselmotor IDI	1,0 P_{mech}
beim Dieselmotor DI	0,65 ...0,75 P_{mech}
Maximal zulässige Temperaturdifferenz:	
Kühlmittel am Kühlereintritt zu Umgebungstemperatur	ca. 80 K
Ladeluft am Kühleraustritt und Umgebungstemperatur	ca. 35 K

3.3.1.2 Kühlerbauarten

Die verschiedenen Leistungsanforderungen wie sie aus oben aufgeführten Daten hervorgehen und die unterschiedlichsten Bauraumanforderungen an Kühlmittel-, Öl- und Ladeluftkühler haben zu den unterschiedlichsten Kühlerbauarten geführt [3], [4], eine Ausführung zeigt **Bild 3.3-2**.

So reichen z.B. die Systemtiefen (Erstreckung in Kühlluftströmungsrichtung) für Kühlmittelkühler vom kleinsten Pkw- bis zum größten Nkw-Kühler von 14 mm bis 55 mm, die kühlluftseitigen Stirnflächen von 15 dm^2 bis 85 dm^2.

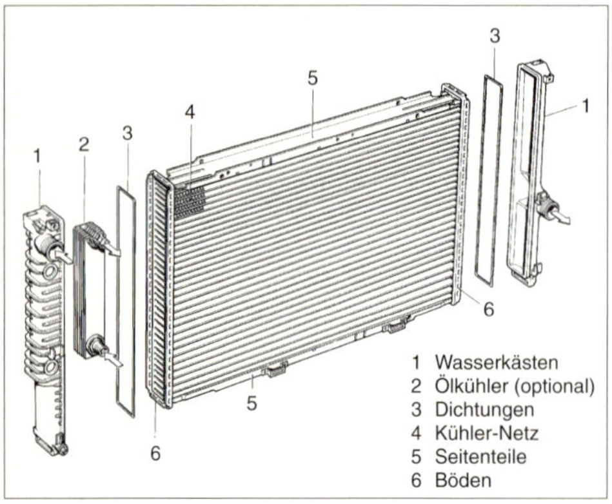

Bild 3.3-2 Konstruktiver Aufbau eines Aluminium-Kühlmittelkühlers mit Kunststoffkästen

Bei Ladeluftkühlern reichen die Systemtiefen von ca. 30 mm bis zu über 100 mm, die Stirnflächen von 3 dm^2 bei Pkw bis zu 80 dm^2 bei Nkw. Im Pkw sind viele Anordnungen gebräuchlich: großflächig vor dem Kühlmittelkühler, lang und schlank unter oder neben dem Kühlmittelkühler oder ganz abseits des Moduls z.B. im Radlauf; daher die große Bandbreite in den Systemtiefen.

Für die Leistungsfähigkeit der Kühler ist in erster Linie die Konstruktion der Rippen/Rohr-Geometrie, die so genannte Kühlermatrix, entscheidend. Man unterscheidet hier mechanisch gefügte und gelötete Systeme: Mechanisch gefügte Rippen/Rohr-Systeme, **Bild 3.3-3**, bestehen aus runden oder ovalen Rohren und aufgesteckten gestanzten Rippen, die durch Aufweiten der Rohre miteinander verbunden werden. Diese Systeme decken typischerweise das untere Leistungssegment ab.

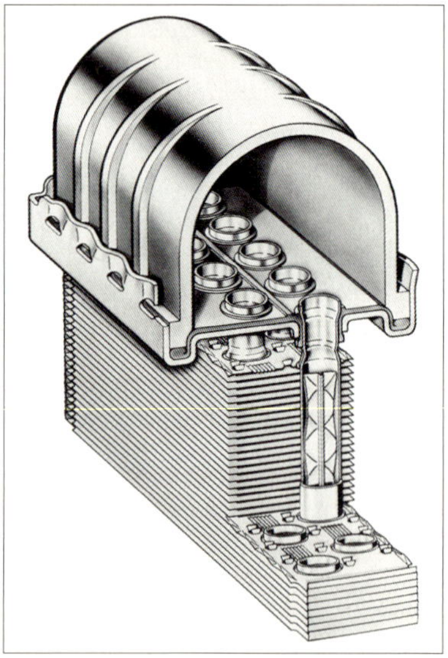

Bild 3.3-3 Mechanisch gefügtes Ovalrohrsystem (Werkbild Behr)

Gelötete Systeme aus lotplattierten Flachrohren und gewalzten Wellrippen, **Bild 3.3-4**, werden heute üblicherweise mit nur einem Rohr in der Systemtiefe gefertigt, das zur Festigkeitssteigerung mit Sicken versehen oder gefaltet sein kann. In beiden Fällen werden die Rohre in so genannten Böden in die Verteilerkästen geführt, in denen das Kühlmittel oder die Ladeluft auf die Rohre verteilt wird.

Motorölkühler werden im Pkw bevorzugt motornah untergebracht. Die Kühlung des Öls erfolgt dabei durch das Kühlmittel. Daher werden hier Bauformen wie Flachrohr-, Rundscheiben- oder Stapelscheibenölkühler, **Bild 3.3-5**, aus Aluminium eingesetzt. Getriebeölkühler bei Pkw mit Automatikgetriebe können wiederum luftgekühlte Flachrohr-Ausführun-

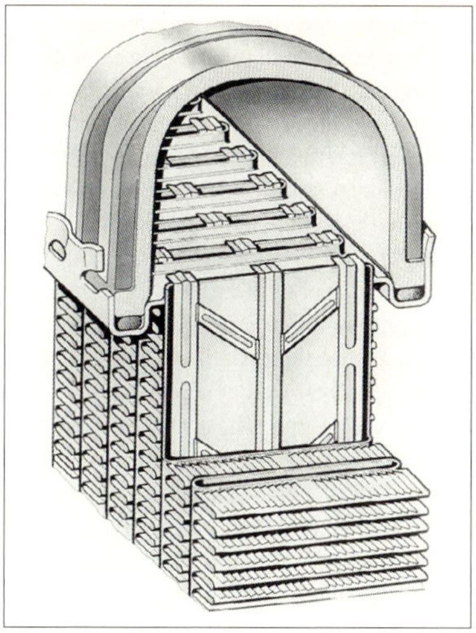

Bild 3.3-4 Gelötetes Flachrohrsystem

gen sein oder sie können als sehr schlanke, lang gestreckte Flachrohrkühler im Wasserkasten von Kühlmittelkühlern eingebaut sein, wo sie vom Kühlmittel gekühlt werden.
Ladeluftkühler sind überwiegend gelötete Flachrohrkühler aus Aluminium und direkt von Kühlluft gekühlt. In einigen Fällen erfolgt die Ladeluftkühlung auch motornah mit Kühlmittel. Dadurch entfällt die aufwändige Verschlauchung für die Ladeluftführung vom Lader zur Fahrzeugfront und zurück. Allerdings benötigt man dann einen separaten Niedertemperaturkreis des Kühlmittels.
Abgaskühler sind sehr hohen Temperaturen sowie starker Korrosionsbeanspruchung ausgesetzt, daher wird hier Edelstahl als Werkstoff bevorzugt. Als Fügeverfahren sind das Laser-Schweißen oder Nickel-Löten üblich. Konstruktiv sind diese Kühler als Rohrbündel ausgeführt, wobei die abgasführenden Rohre einfache Rundrohre oder Rohre mit speziellen leistungssteigernden, aber verschmutzungsunanfälligen Strukturen sein können.

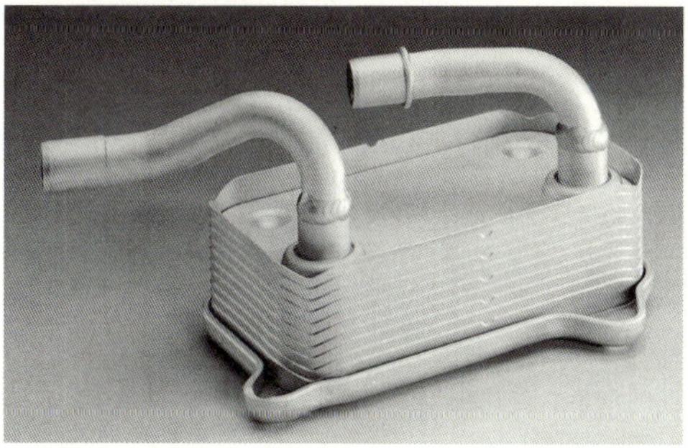

Bild 3.3-5 Ölkühler in Stapelscheibenbauweise (Werkbild Behr)

3.3.1.3 Lüfter und Lüfterantriebe

Lüfter für die Motorkühlung werden heute fast ausnahmslos in axialer Bauart in Kunststoff ausgeführt. Zu der axialen Beschaufelung kommen je nach Betriebszuständen im Fahrzeug noch Mantelringe und Einlaufdüsen an den Blattspitzen hinzu. Weitere typische Lüftermerkmale können gesichelte Blätter und ungleichmäßige Blatt-Teilung sein. Mit solchen Maßnahmen kann der Lüfterwirkungsgrad gesteigert und die Geräuschemission vermindert werden.
Beim Pkw werden Lüfter in einfacher oder doppelter Anordnung meist saugend eingesetzt mit maximalen Lüfterdurchmessern von ca. 500 mm. Bis auf die leistungsstärksten Motorisierungen werden Elektromotoren als Lüfterantrieb eingesetzt. Sie nehmen bis zu 850 W el. Leistung auf, wobei eine stufige Drehzahlvariation über Vorwiderstände oder eine stufenlose Drehzahlvariation mit bürstenlosen Elektromotoren vorgesehen wird.

3.3.1.4 Kühlmodule

Kühlmodule sind vormontierte Baueinheiten, die aus verschiedenen Komponenten des Kühlsystems und dem Klimakondensator bestehen und eine Lüftereinheit mit Antrieb einschließen, **Bild 3.3-6**. Die Modultechnik, bietet prinzipiell mehrere technische und wirtschaftliche Vorteile [5]:

- Optimale Auslegung und Abstimmung der Komponenten,
- dadurch besserer Wirkungsgrad im Fahrzeug oder kleinere, leichtere und kostengünstigere Komponenten möglich.
- Weniger Aufwand beim Fahrzeughersteller für Entwicklung, Erprobung, Logistik und Montage.

Bild 3.3-6 Kühlmodul für Pkw (Werkbild Behr)

In normalen Straßenfahrzeugen werden fast ausschließlich karosseriefeste Kühlmodule eingesetzt, die an den fahrzeugseitig vorhandenen Längs- und Querträgern befestigt werden. Meist dient einer der Wärmeübertrager als tragendes Modulelement, an seine Wasser- oder Luftkästen und Seitenteile werden die anderen Komponenten mittels Rast-, Klemm-

oder Clipsverbindung befestigt. Zur Vereinfachung der Montage und im Falle hoher Variantenvielfalt kommen auch Tragrahmen zum Einsatz.

3.3.1.5 Gesamtsystem Motorkühlung

Der Kühlungsbedarf ist vom momentanen Betriebszustand des Motors, der Nebenaggregate insbesondere Klimakreislauf und von der Umgebungstemperatur abhängig. Die erforderlichen Regelungseingriffe erfolgen in gängigen Kühlsystemen heute noch durch verhältnismäßig einfache Einrichtungen:

Ein Thermostat, dessen wachsgefülltes Dehnelement auf die Temperatur des ihn umströmenden Kühlmittels reagiert, lenkt den Kühlmittelstrom bei der gewünschten „Öffnungstemperatur" durch den Kühlmittelkühler hindurch. Bei tieferen Temperaturen wird der Kühler im Kurzschluss umgangen. So wird bei sehr niedrigen Kühlmitteltemperaturen und im Kaltstart Kühlung weitgehend vermieden und bei sehr hohen Temperaturen für maximale Kühlung gesorgt.

Elektrisch betriebene Lüfter werden in Abhängigkeit der Kühlmitteltemperatur im Wasserkasten in verschiedenen Drehzahlstufen oder stufenlos zugeschaltet.

Alle weiteren Komponenten des Kühlsystems sind auf kritische Betriebsbedingungen ausgelegt, werden dann aber ungeregelt betrieben. So wird die Kühlmittelpumpe über einen Riementrieb von der Kurbelwelle angetrieben, Ladeluftkühlung erfolgt fast ausnahmslos ungeregelt, Ölkühlung nur in Einzelfällen thermostatisch geregelt.

Solche Kühlsysteme waren bisher völlig ausreichend und zeichnen sich durch einen sehr zuverlässigen Betrieb aus. Die Zukunft wird aber auch hier, wie in vielen anderen Systemen des Fahrzeugs, der elektronischen Regelung gehören. Über Sensoren, die den thermischen Zustand von Motor und Kühlanlage erfassen, wird ein Steuergerät mittels der abgelegten Regelungsalgorithmen Eingriffe an Förderorganen (Lüfter, Pumpen) und Stellorganen (Ventile, Klappen, Jalousien) auslösen, um über eine bedarfsorientierte Kühlung Antriebsenergie an Nebenaggregaten einzusparen, Abgas- und Geräuschemissionen günstig zu beeinflussen und zur Komfortsteigerung und Verschleißreduzierung Aufheizphasen verkürzen. Dafür müssen alle Förder- und Stellorgane elektrisch ansteuerbar sein, was heute schon bei el. Lüftern möglich ist. Ein erster Schritt wurde bereits beim Thermostat verwirklicht. Der so genannte Kennfeldthermostat ist in der Lage verschiedene Öffnungstemperaturen zu fahren. Damit kann das Temperaturniveau des Kühlmittels an den Betriebszustand des Motors angepasst werden. Auch Viskositäts-Kupplungen sind zwischenzeitlich elektrisch ansteuerbar, indem die Regelung der Ölfüllung nicht mehr über ein Bimetall sondern ein elektromagnetisch betätigtes Ventil erfolgt. Weitere Nebenaggregate und Stellglieder des Kühlsystems werden zukünftig elektrisch ansteuerbar sein [6], [7].

Das Kühlsystem ist schon heute ein sehr komplexes System mit einer großen Zahl von Parametern, die sich gegenseitig beeinflussen. In Auslegung und Optimierung wird die virtuelle Kühlsystementwicklung in zunehmenden Maße eingesetzt. ([16] und [34], siehe auch Kap. 10.3).

3.3.2 Beheizen und Kühlen des Fahrgastraumes

Die Klimatisierung des Fahrgastraumes erfüllt mehrere Aufgaben:

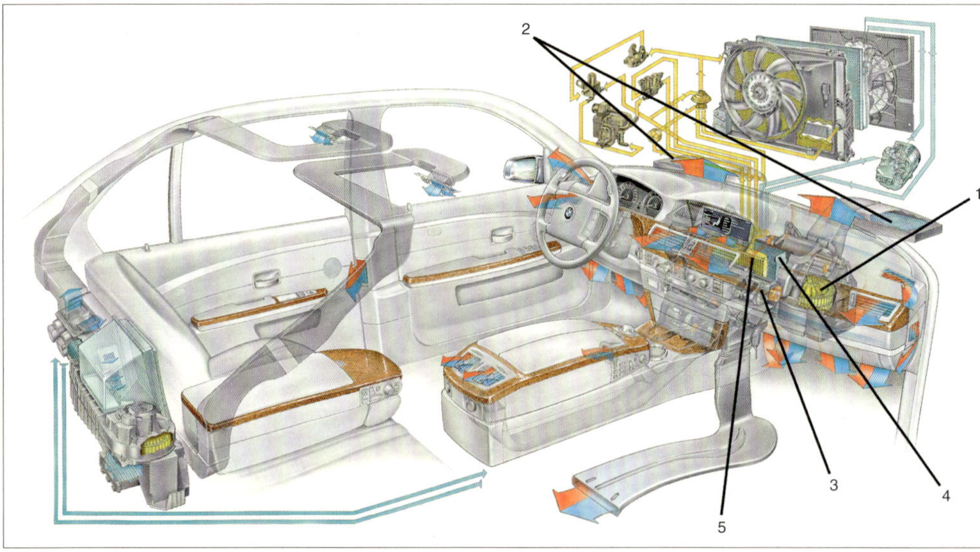

Bild 3.3-7 Die Klimaanlage in einem Fahrzeug der Oberklasse

- freie Sicht durch die Scheiben gewährleisten,
- ein behagliches Klima für alle Insassen schaffen und dadurch
- dem Fahrer ein wenig ermüdendes Umfeld bieten,
- die Insassen vor unangenehmen Gerüchen und belastenden Stoffen bewahren.

Die Klimatisierung trägt nicht nur zum Komfort bei. Sie leistet auch einen Beitrag zur Fahrsicherheit, da die Konzentrationsfähigkeit des Fahrers in einem behaglichen Klima signifikant höher ist als in heißer oder kalter Umgebung (siehe hierzu auch Abschnitt 6.4.3.1 und [8]). Eine sicherheitsrelevante und deshalb gesetzlich geregelte Funktion [9] besteht darin, die Scheiben von Beschlag und Vereisung freizuhalten.

Fragen des Komforts und der Funktion des Klimageräts werden in Abschnitt 6.4.3 dieses Buches behandelt. Damit aber eine Klimaanlage ihre Funktion erfüllen kann, muss sie durch den Heiz- und Kältekreislauf ausreichend versorgt werden. Die Komponenten dieser Kreisläufe und ihre Wechselwirkungen zum Fahrzeug werden hier erläutert.

Die Klimatisierung von Fahrzeugen erfolgt durch einen konditionierten Luftstrom, symbolisiert durch Pfeile in **Bild 3.3-7**, der durch Düsen an der Instrumententafel, im Fußraum und auch im Fondraum in die Kabine eintritt. Das Klimagerät (3) ist hinter der Instrumententafel angebracht. Die Außenluft wird unterhalb der Windschutzscheibe mithilfe eines Radialventilators (1) über einen Filter (2) angesaugt, im Klimagerät zunächst durch den Verdampfer (4) geführt, in dem die Luft gekühlt und dabei getrocknet werden kann. Danach erwärmt sich die Luft am Heizkörper (5).

3.3.2.1 Die Funktion Heizen und ihre Komponenten

Kraftfahrzeuge werden in der Regel durch die Abwärme des Verbrennungsmotors beheizt. Ein Teil des Kühlmittels wird nach der Durchströmung des Motorblockes für den Heizkreislauf abgezweigt und strömt durch den Heizkörper, der im Klimagerät angeordnet ist. Dort wird die im Kühlmittel enthaltene Wärme an die Luft, die in die Fahrgastkabine strömt, abgegeben.

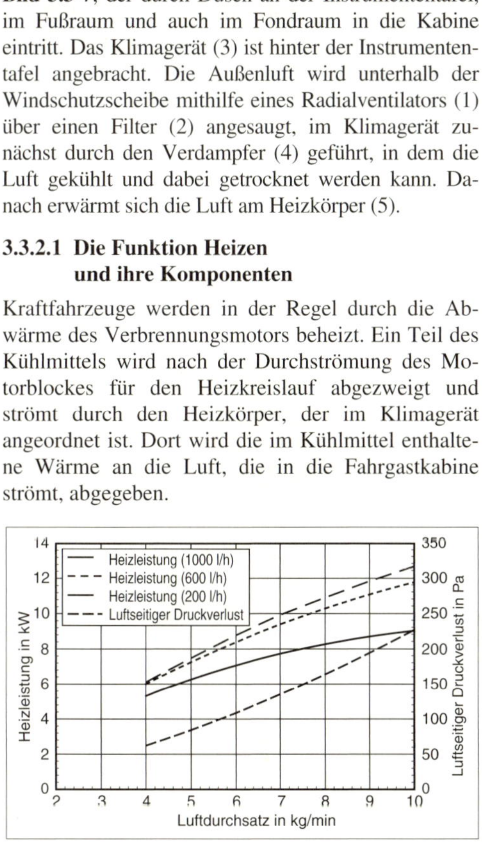

Bild 3.3-8 Leistung und luftseitiger Druckverlust am Heizkörper

Die Konstruktionsprinzipien der Heizkörper ähneln denen von Kühlmittelkühlern, wie sie in Abschnitt 3.3.1.2 beschrieben. Die Heizleistung ist in **Bild 3.3-8** für Kühlmittelmengen in Abhängigkeit des Luftmassenstromes dargestellt. Die angegebenen Werte gelten für eine Lufteintrittstemperatur von −20 °C und eine Kühlmitteleintrittstemperatur von +80 °C. Für andere Eintrittstemperaturdifferenzen ändert sich die Leistung entsprechend.

Die Regelung der Heizleistung, die in die Fahrgastzelle eingebracht wird, erfolgt entweder auf der Kühlmittelseite durch elektrische Taktventile oder kontinuierlich verstellbare Ventile (wasserseitige Temperatursteuerung) oder durch Mischung von kalter und warmer Luft im Heiz-/Klimagerät nach Heizkörper, der in diesem Fall immer mit dem vollen Kühlmittelstrom beaufschlagt wird (luftseitige Steuerung, näheres hierzu siehe Kapitel 6.4.3).

Die Versorgung des Heizkörpers mit warmem Kühlmittel hängt vom momentanen Betriebszustand des Motors ab. Massenstrom und Temperatur des Kühlmittels variieren stark mit der Motordrehzahl und der Motorlast. Bei der Auslegung des Kühlmittelkreislaufes ist bei allen Fahrzeuggrößen darauf zu achten, dass für den Heizkörper im Fahrgastraum ein Kühlmittelstrom über 600 l/h zur Verfügung steht, damit eine gute Wärmeübertragung vom Kühlmittel an die Luft gewährleistet ist. Kann auslegungsbedingt kein ausreichend hoher Kühlmittelmassenstrom im Heizkreislauf von der Wasserpumpe des Motors zur Verfügung gestellt werden, werden elektrisch betriebene Zusatzwasserpumpen eingesetzt (der typische Förderstrom dieser Pumpen liegt bei 1000 l/h bei 1000 mbar Förderhöhe). Diese verhindern dann auch im Leerlauf einen Abfall der Heizleistung.

Die Steigerung der Motorwirkungsgrade führt zunehmend zu einem Mangel an verfügbarer Wärme im Kühlmittel. Bei −20 °C Außentemperatur liegt die erforderliche Heizleistung im Beharrungszustand etwa bei 7 kW. Insbesondere bei modernen direkteinspritzenden Diesel- aber auch zukünftig bei Ottomotoren reicht die Abwärme nicht aus, um eine schnelle Aufheizung nach Kaltstart zu gewährleisten oder sogar überhaupt ein komfortables Temperaturniveau zu erreichen. Als Lösung stehen mehrere Zuheizkonzepte [10] zur Auswahl: Aktive Systeme decken die Differenz zwischen Wärmeangebot im Kühlmittel und dem Wärmebedarf des Innenraums durch eine weitere Wärmequelle, d.h. durch Einsatz zusätzlicher Primärenergie. Dies können sein: Brennstoffzuheizer (**Bild 3.3-9**) oder luftseitige elektrische Zuheizung (PTC-Heizung, **Bild 3.3-10**). **Tabelle 3.3-2** gibt einen Überblick über die verschiedenen Zuheizer.

In [11] und [12] werden Zuheizsysteme ausführlicher verglichen. [13] und [14] beschreiben neuere Entwicklungen zum Brennstoffzuheizer und zu elektrischen Zuheizsystemen. Alle elektrischen Zuheizer besitzen über die zusätzliche Belastung des Motors aus

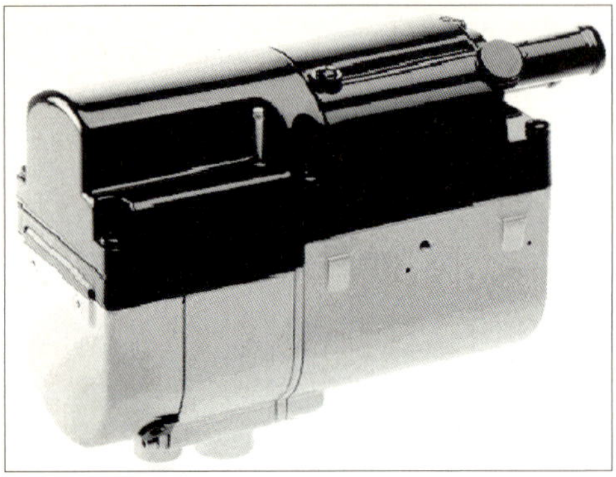

Bild 3.3-9 Brennstoff-Zuheizer

dem notwendigen Generatorbetrieb eine indirekte Zuheizwirkung. Näherungsweise wird etwa die gleiche Wärmemenge, die direkt elektrisch eingebracht wird, auf indirektem Wege dem Kühlmittel zugeführt. Neben aktiven Systemen werden passive Systeme betrachtet, wie z.B. Wärmerückgewinnung aus dem Abgas mithilfe eines Abgaswärmeübertragers.

3.3.2.2 Die Funktion der Kälteanlage und ihre Komponenten

Die Kälteanlage im Fahrzeug beruht auf dem Kaltdampfprozess und funktioniert im Prinzip ähnlich wie ein Kühlschrank. Der Zuluftstrom zur Fahrgastzelle wird an der Außenseite des Verdampfers abgekühlt, **Bild 3.3-12**. Dabei kann die Luftfeuchtigkeit kondensieren. Auf der Innenseite des Verdampfers nimmt das Kältemittel die Wärme der Luft auf und verdampft dabei bei Temperaturen unterhalb der Umgebungstemperatur und bei niedrigem Druck. Im Verdichter (Kompressor) wird der Kältemitteldampf auf einen höheren Druck gebracht und kann nun Wärme bei höherer Temperatur (oberhalb der Umgebungstemperatur) am Kondensator, der im Motorraum vor-

Bild 3.3-10 PTC-Heizung (Werkbild Behr)

Tabelle 3.3-2 Zuheizsysteme im Überblick

Zuheizsystem	Beschreibung	Merkmale
Brennstoffzuheizer	Verbrennung von Kraftstoff erzeugt zusätzlich Wärme, die direkt an das Kühlmittel abgegeben wird. Der Brennstoffzuheizer ist in den Kühlmittelkreislauf integriert. Neuentwicklungen für Nkw heizen direkt in die Zuluft.	Hohe Leistung, leicht zur Standheizung aufrüstbar, hoher Aufwand (Kosten, Gewicht, Bauraum).
Elektrische PTC Heizung im Luftstrom (**P**ositive **T**emperature **C**oefficient, elektrischer Widerstand steigt mit der Temperatur an)	Die Wärmeabgabe erfolgt direkt an die Luft, die in die Fahrgastzelle strömt. Die PTC-Charakteristik der Heizelemente verhindert unzulässig hohe Temperaturen (s. **Bild 3.3-11**).	Spontane Wirkung, zusätzliche Heizwirkung durch höhere Motorbelastung über den Generator, hohe Belastung des elektrischen Bordnetzes, heute weit verbreitete Serienlösung.
Wärmepumpe	Die Kälteanlage wird als Wärmepumpe eingesetzt.	Geringer zusätzlicher Bauraumbedarf, hohe Leistung und Wirkungsgrade mit CO_2 als Arbeitsmittel erzielbar, aufwändige Verschaltung erforderlich.
Wärmerückgewinnung aus dem Abgas	Die Wärmeabgabe erfolgt an das Kühlmittel, zusätzlicher Druckabfall im Abgasstrang und zusätzlicher Wärmeeintrag in den Motorkühlkreislauf muss berücksichtigt werden	Praktisch kein zusätzlicher Primärenergiebedarf, eventuell muss Motorsteuerung angepasst werden.

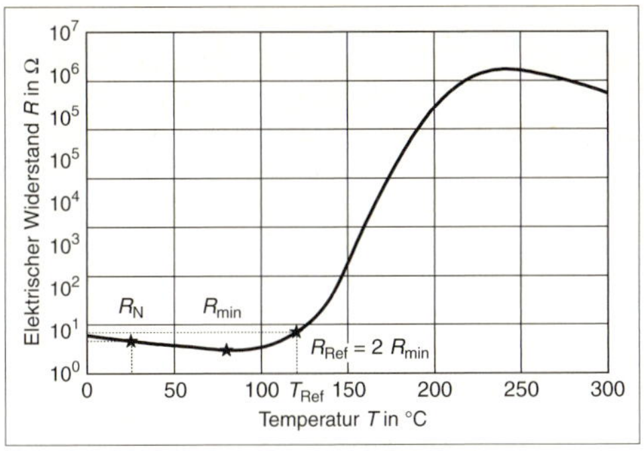

Bild 3.3-11 Widerstands-Temperatur-Kennlinie eines PTC-Elements

dampferaustritt noch Flüssigkeit vorliegen. Zum Schutz des Kompressors muss daher in diesen Systemen in der Kältemittelleitung vom Verdampfer zum Kompressor ein so genannter Akkumulator eingebaut werden, der die Flüssigkeit abscheidet und speichert. Ein Akkumulator hat etwa das doppelte Volumen eines Sammlers.

Für die Abstimmung des gesamten Wärmemanagements im Fahrzeug sind vor allem die Wechselwirkungen zwischen Kondensator und Motorkühlsystem besonders wichtig. Zum einen muss die Wärmeabgabe des Kondensators bei der Auslegung der Motorkühlung berücksichtigt werden. Zum anderen ist für die Leistung und den Wirkungsgrad der Kälteanlage eine gute Belüftung des Kondensators maßgebend. Es muss bei der Integration ins Fahrzeug vor allem

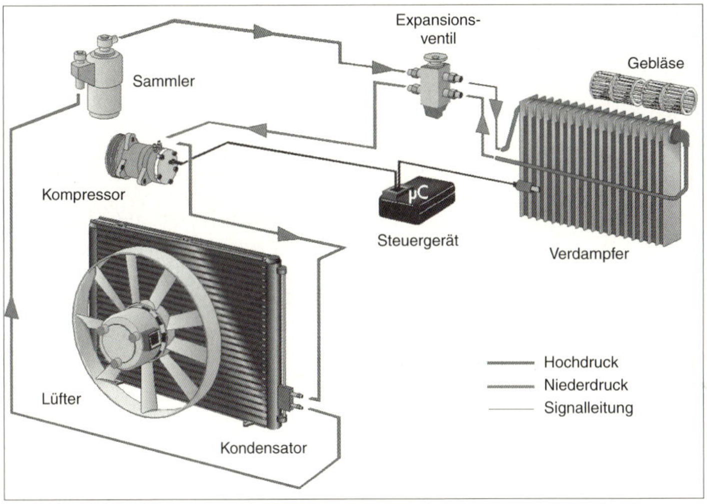

Bild 3.3-12 Schema Kältekreislauf im Fahrzeug

dem Kühler angeordnet ist, an die Außenluft abgeben. Dabei verflüssigt sich das Kältemittel. Die Flüssigkeit durchströmt den Sammler, der Kältemittel für unterschiedliche Betriebspunkte speichert, und wird dann im Expansionsventil wiederum auf niedrigen Druck und Temperatur entspannt. Danach gelangt das Kältemittel wieder in den Verdampfer. Der Kreislauf ist geschlossen.

Für das Package im Motorraum ist die Art des Expansionsorgans von großer Bedeutung. Ein thermostatisches Expansionsventil sorgt durch die Regelung des Kältemittelmassenstroms dafür, dass am Verdampferaustritt nur Kältemitteldampf vorliegt. Neben einer guten Ausnutzung des Verdampfers in allen Betriebszuständen wird damit auch der Kompressor vor so genannten Flüssigkeitsschlägen geschützt. In diesen Systemen wird der Sammler im Motorraum zwischen Kondensator und Expansionsventil eingebaut.

Alternativ zum thermostatischen Expansionsventil wird als Drosselorgan oft ein Kapillarröhrchen – orifice tube – eingesetzt. Da das orifice tube keinen veränderlichen Querschnitt besitzt, kann am Ver-

darauf geachtet werden, dass Rückströmungen der Kühlluft vermieden werden. Der Kondensator kommt heute vorwiegend als gelötetes System mit Flachrohren und Wellrippen, **Bild 3.3-13**, zum Einsatz [15].

Bild 3.3-13 Flachrohrkondensator mit integriertem Sammler (Werkbild Behr)

Der Verdampfer ist innerhalb des Klimagerätes untergebracht. Durch Erhöhung der Leistungsdichte konnten in den letzten Jahren die Bautiefen von ca. 100 auf 65 mm verringert werden. **Bild 3.3-14** zeigt einen Flachrohrverdampfer dieser Art. Beim Abkühlen der warmen Luft fällt am Verdampfer Luftfeuchtigkeit aus. Ein problemloser Wasserablauf ist deshalb wichtig. Hierzu dienen hydrophile Beschichtungen, die zudem Wachstum von Bakterien und Mikroorganismen hemmen, die zu einem unangenehmen Geruch führen können.

Bild 3.3-14 Flachrohrverdampfer (Werkbild Behr)

Neuentwicklungen von Verdampfern konzentrieren sich auf eine weitere Erhöhung der Leistungsdichte. Die Bautiefe wird sich dann auf 40 mm verringern.

Arbeitsstoff einer Fahrzeugklimaanlage ist R134a. Es ist ein nicht brennbarer, nicht toxischer Fluorkohlenwasserstoff, der sich mit vielen Kunststoffen und Metallen verträgt. Alternative Kältemittel wie CO_2 (= R744) für die Fahrzeug-Klimaanlage sind in der Entwicklung – siehe Abschnitt 3.3.2.6.

Dem Kältemittel wird zur Schmierung des Verdichters etwa 10 bis 20 % Öl zugemischt, dadurch müssen Leistungseinbußen hingenommen werden.

Die in der Klimaanlage befindliche Menge an Kältemittel ist in jedem Fahrzeug unterschiedlich und wird wesentlich vom inneren Volumen der Bauteile, die flüssiges Kältemittel führen, bestimmt. Typische Werte sind 600 bis 900 g R134a.

3.3.2.3 Kompressoren und Regelung der Kälteleistung

Der Kompressor der Kälteanlage befindet sich im Riementrieb des Motors. Mit bis zu 6 kW Antriebsleistung zählt er zu den größeren Verbrauchern von Hilfsenergie, die durch den Motor zur Verfügung gestellt werden muss.

Nahezu ausschließlich werden in Fahrzeugen heute Taumelscheibenkompressoren eingesetzt. Eine schräg stehende Scheibe wird durch die Kompressorwelle angetrieben und bewegt über ihre Taumelbewegung mehrere Kolben in kreisförmig angeordneten Zylinderbohrungen. Die Ansaugung und der Ausstoß des verdichteten Gases erfolgt über Bohrungen mit Ventilen im Zylinderkopf. In modernen Kompressoren lässt sich das Hubvolumen durch Neigung der Scheibe relativ zur Welle verändern. Dadurch kann man den Förderstrom und somit die Leistung des Kompressors einstellen. In Kompressoren mit unveränderlichem Hub (fix displacement) wird die Leistungsanpassung durch periodisches Ein- und Ausschalten des Kompressors über eine Magnetkupplung erreicht. Der damit verbundene Einschaltruck muss besonders bei kleineren Motoren über die Motorsteuerung kompensiert werden.

Als Vorteile für Taumelscheibenkompressoren sind zu nennen: der gute Liefergrad im unteren Drehzahlbereich, die leicht realisierbare Leistungsregelung und ein günstiges Verhalten im geregelten Bereich.

Der Trend geht zu geregelten Verdichtern mit veränderlichem Hubvolumen. Zwischenzeitlich lösen bereits die extern ansteuerbaren Kompressoren, diejenigen mit interner Saugdruckregelung ab [17, 18]. Ziel der Regelung ist der Ausgleich der Drehzahländerung des Motors. Die externe Ansteuerung ist notwendige Voraussetzung für kupplungslosen Betrieb. Der Kompressor wird dabei nicht mehr mechanisch getrennt, sondern auf Nullhub geregelt, wenn der Kältekreislauf ausgeschaltet ist. Außerdem kann über eine externe Regelung die Verdampfertemperatur so eingestellt werden, dass die Leistungsaufnahme am Kompressor bedarfsgerecht erfolgt. Diese Maßnahme verringert den durch den Kältekreislauf verursachten Kraftstoffmehrverbrauch.

3.3.2.4 Auslegung der Klimaanlage

Der Bedarf eines Fahrzeugs zur Beheizung oder Abkühlung des Innenraums hängt von den fahrzeugseitigen und den klimatischen Randbedingungen ab:

Fahrzeugseitige Randbedingungen:

- Masse und Wärmekapazität der Einbauten und Umschließungsflächen
- Größe der Fahrzeugkabine
- Wärmedämmung der Umschließungsflächen, z.B. Dach, Boden, Spritzwand
- Abmessungen, Winkel und Strahlungseigenschaften der Scheiben
- Entlüftung und Durchströmung der Kabine, Leckluftströme durch Undichtigkeiten der Karosserie
- Umströmung des Fahrzeugs, je nach Fahrgeschwindigkeit ändern sich der Wärmeübergang außen und die Ansaugbedingungen

Klimatische Randbedingungen:

- Außentemperatur
- relative Luftfeuchtigkeit
- Sonneneinstrahlung

Ausschlaggebend für die Auslegung der Fahrzeugklimatisierung sind die Anfahrvorgänge, die ein Mehrfaches der Leistung im Vergleich zur Erhaltung eines Beharrungszustandes erfordern. Eine Klimaanlage im Fahrzeug wird üblicherweise so dimensioniert, dass nach längerem Stillstand eine komfortable Temperatur des Fahrgastraumes nach kurzer Zeit erreicht wird. Im Sommer bei vollem Sonnenschein herrschen in einem parkenden Fahrzeug Temperaturen bis zu 70 °C. Typische Auslegungsbedingung ist 40 °C Außentemperatur, 40 % relative Luftfeuchtigkeit und 1000 W/m² Sonneneinstrahlung.

Im Winter kühlt sich der Fahrzeuginnenraum auf Außentemperatur ab. Man nimmt –20 °C als Auslegungswert an. Die Aufheizung mit optimalem Luftstrom um 5 kg/min, der unter dem maximal möglichen liegt, verläuft wie die obere Kurve in **Bild 3.3-15** zeigt. Die untere Kurve verdeutlicht die unkomfortable Situation für Fahrzeuge mit direkteinspritzendem Dieselmotor ohne Zuheizer.

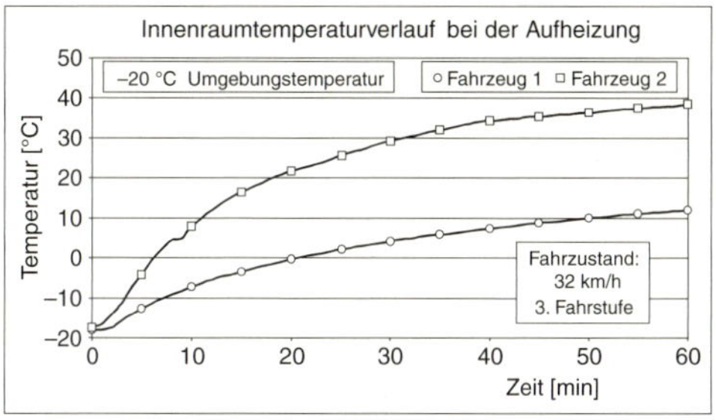

Bild 3.3-15 Aufheizkurve eines Oberklassenfahrzeugs

Außer den klimatischen Bedingungen werden auch die Fahrzustände vorgeschrieben, typisch ist hier konstante Fahrt in der Ebene im 3. Gang mit 32 km/h oder 50 km/h. Zumeist wird auch das Verhalten des Klimasystems im Leerlauf des Motors betrachtet, da dieser Fahrzustand wegen der geringen Motordrehzahl zum Antrieb von Wasserpumpe und Klimakompressor den ungünstigsten Fall sowohl für die Abkühlung als auch für die Aufheizung des Fahrzeugs darstellt.

Eine typische Abkühlkurve für Betrieb in Umluft bei voller Leistung des Verdampfergebläses erreicht 30 °C nach 20 min und nach 60 min Betriebsdauer, Temperaturen des Fahrgastraumes bis zu 23 °C. Der zeitliche Temperaturverlauf mit maximaler Leistung der Klimaanlage zeigt zu Beginn einen großen Gradienten der in einen Beharrungswert übergeht, siehe **Bild 3.3-16**.

Zu Beginn der Abkühlung treten am Verdampfer Leistungen bis zu 8 kW auf, die jedoch in der Nähe eines Beharrungszustandes auf Werte um 2,5 kW fallen. Der Luftstrom in den Fahrgastraum beträgt hierbei zwischen 7 und 10 kg/min.

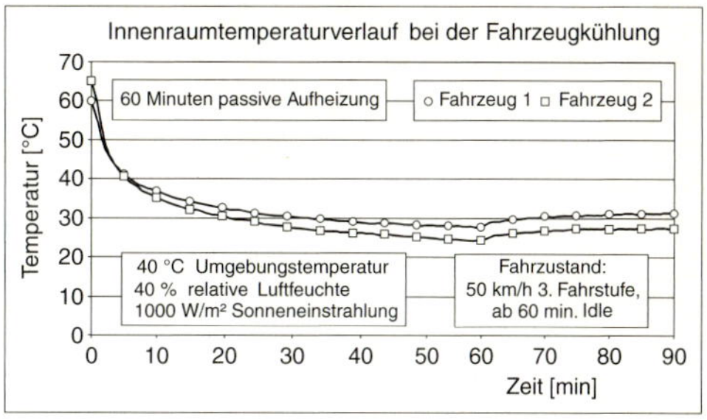

Bild 3.3-16 Typische Abkühlkurve des Innenraums

Für die Beurteilung einer Kälteanlage sind folgende Größen maßgebend:

- Kälteleistung
- Wirkungsgrad
- Geräusch/Vibration
- Regelverhalten
- Dauerlauffestigkeit

Diese Größen werden von den Komponenten selbst sowie von der Systemumgebung beeinflusst – also vom Verlauf und den Eigenschaften der Kältemittelleitungen, von der Belüftung des Kondensators sowie von den Betriebsbedingungen vorgegebenen Drücken und Temperaturen im Kältekreislauf. Dies bedeutet, dass ein Kältekreislauf abschließend nur im Fahrzeug beurteilt werden kann.

Zur Auslegung der Heiz- und Kältekreisläufe gewinnen Simulationsverfahren eine immer größere Bedeutung [16], [19] bis [22]. Dabei können stationäre Betriebszustände mit einer hohen Genauigkeit abgebildet werden – dies gilt auch für die Aufheiz- und Abkühlvorgänge der Fahrgastzelle, da diese bezüglich der Kreisläufe mit ausreichender Genauigkeit als quasi-stationär betrachtet werden können. Methoden zur Simulation von dynamischen Vorgängen (z.B. Schaltstöße oder auch Massenverlagerungen im Kältekreislauf) sind in Entwicklung.

3.3.2.5 Kraftstoffmehrverbrauch durch die Klimaanlage

Der von der Klimaanlage verursachte Kraftstoff-Mehrverbrauch eines Fahrzeuges [23] setzt sich zusammen aus: 1. der für den Verdichterantrieb erforderlichen Motorleistung, 2. dem Mehrverbrauch aufgrund des höheren Fahrzeuggewichtes und 3. der benötigten elektrischen Leistung für Lüfter und Gebläse.

Die Extremfälle der klimatischen Randbedingungen bestimmen bei der Auslegung die notwendige Leistung und somit die Größe der Komponenten in Heiz- und Kältekreislauf. Für den Kraftstoffverbrauch des Klimatisierungssystems hingegen sind die am häufigsten auftretenden Betriebspunkte, nämlich Teillastfälle, maßgeblich. Daher berechnet man den Mehrverbrauch im Jahresmittel mithilfe von Lastprofilen, in denen der Kraftstoffverbrauch in mehreren Betriebspunkten bei verschiedenen Außentemperaturen und Fahrwerten nach ihrer Häufigkeit gewichtet werden [24].

Am Beispiel eines ausgewählten Fahrzeuges wurde die Leistungsaufnahme des Verdichters anhand eines Lastprofils für mitteleuropäisches Klima gemittelt und mit der jährlichen Betriebsdauer des Fahrzeugs multipliziert. Die Betriebsstundenzahl ist durch die Annahme einer Jahresfahrleistung von 15 000 km und durch die mittlere Geschwindigkeit des zugrunde liegenden Fahrzyklus von 32,5 km/h auf 462 Stunden im Jahr festgelegt. Der mittlere Jahresverbrauch für Verdichterantrieb beträgt im gewählten Beispiel 68 Liter Kraftstoff. Hinzu kommen die Werte für die elektrischen Verbraucher wie Lüfter und Kupplung in Höhe von 13 l/a und für 16 kg Mehrgewicht in Höhe von 12 l/a. Insgesamt verursacht eine Klimaanlage typischerweise 93 l/a Kraftstoffverbrauch. Aus dem Jahresverbrauch ergibt sich mit der Fahrleistung der streckenbezogene Verbrauch in Höhe von 0,62 l/100 km im Jahresmittel. Eine andere Nutzung des Fahrzeugs oder andere klimatische und fahrzeugseitige Randbedingungen als im gewählten Lastprofil zugrunde gelegt, verändern den Verbrauch. So werden z.B. in [25] 0,75 l/100 km angegeben.

3.3.2.6 Zukünftige Kältemittel

Anfang der 90-er Jahre wurde das Kältemittel R12 wegen seines hohen Ozongefährdungspotenzials durch R134a ersetzt. Zwischenzeitlich liegen in der europäischen Union Gesetzesvorlagen vor, die auch R134a wegen seines hohen Treibhauspotentials zukünftig ausschließen. Bereits Mitte der 90-er Jahre begannen erste Untersuchungen von umweltfreundlicheren Alternativen [26], [27]. Brennbare Kältemittel werden zumindest bei einer Direktverdampfung im Fahrzeuginnenraum wegen des Gefährdungspotentials eher nicht in Erwägung gezogen. Voraussichtlich kommt CO_2 (= R744) als Kältemittel zum Einsatz.

Aufgrund der thermodynamischen Stoffdaten von R744 stellen sich wesentlich höhere Betriebsdrücke bis zu 135 bar im Kältekreislauf ein. Da auch die so genannte kritische Temperatur von R744 (31 °C) im Hochdruckteil des Kreislaufes überschritten wird, ergeben sich besondere Anforderungen an die Komponenten. Neben der entsprechenden erhöhten Berstdrucksicherheit können gängige Elastomere für Dichtungen und Schlauchleitungen nicht mehr eingesetzt werden. R744 entwickelt bei diesen überkritischen Drücken und Temperaturen extreme Lösungseigenschaften, die nahezu jeden Kunststoff und Polymerwerkstoff angreifen. Deshalb benötigen alle kältemittelführende Bauteile metallische Schutzschichten [28]. Zur Leistungs- und Wirkungsgradoptimierung wird ein so genannter „Innerer Wärmeübertrager" eingesetzt [29]. In diesem wird das Gas nach Gaskühler im Gegenstrom zum verdampften Kältemittel geführt, um so die mögliche Enthalpiedifferenz im Verdampfer zu erhöhen. Ein so ausgelegtes System mit optimierten Komponenten zeigt gegenüber R134a-Systemen Wirkungsgradvorteile [30], [31], [32].

Mit dem Einsatz von R744 als Kältemittel wird auch die Nutzung der Kälteanlage als Wärmepumpe interessant [29], [31] und [33].

Literatur

[1] *Lutz, R.; Kern, J.*: Ein Wärmeübertrager für gekühlte Abgasrückführung; 6. Aachener Kolloquium Fahrzeug und Motorentechnik 1997

[2] *Eichelseder, W.; Marzy, R.; Hager, J.; Raup, M.*: Optimierung des Wärmemanagements von Kraftfahrzeugen mithilfe von Simulationswerkzeugen, Tagung Wärmemanagement, Haus der Technik Essen, 9/98

[3] *Kern, J.; Eitel, J.*: State of the art and future development of aluminium radiators for cars and trucks, SAE 931092

[4] *Kern, J.*: Neue Konstruktion gelöteter Ganzaluminiumkühler für Kfz, ATZ 100, 9/98

[5] *Löhle, M.; Kampf, H.; Kern, J.*: Integrierte Systeme und Produkte zur Motorkühlung und Innenraumklimatisierung, ATZ Sonderausgabe Systempartner 98

[6] *Martin, M.*: Elektronisch geregelte elektromagnetische Visco-Lüfterkupplungen für Nutzfahrzeuge, ATZ 95, 5/93

[7] *Ambros, P.*: Beitrag der Motorkühlung zur Reduzierung des Kraftstoffverbrauchs, Tagung Wärmemanagement, Haus der Technik Essen, 9/98

[8] *Kampf, H.*: Konditionssicherheit des Fahrers – die Klimaanlage als Instrument der aktiven Sicherheit, Vortrag auf: VDA Technischer Kongress, Stuttgart 2002

[9] Richtlinie EWG 79/317 oder US Sicherheitsnorm FMVSS 103

[10] *Flik, M.; Löhle, M.; Wilken, H.; Humburg, M.; Vilser, L.*: Beheizung von Fahrzeugen mit verbrauchsoptimierten Motoren. Vortrag auf dem Wiener Motorenkolloquium 1996

[11] *Kampf, H.; Kunberger, O.; Weinbrenner, M.*: Klimatisierung von Fahrzeugen mit kraftstoffsparenden Motoren, in Schlenz, D. (Hrsg.): Pkw-Klimatisierung II, Expert Verlag, Renningen, 2002

[12] *Haubner, F.; Koch, F.*: Zuheizerkonzepte zur Verbesserung der Heizleistung in verbrauchsoptimierten Fahrzeugen, in Schlenz, D. (Hrsg.): Pkw-Klimatisierung II, Expert Verlag, Renningen 2002

[13] *Nothen, M.*: Brennerheizungen als Zu- und Standheizungen im Pkw, in Schlenz, D. (Hrsg.): Pkw-Klimatisierung, Expert Verlag, Renningen, 2000

[14] *Beetz, K.*: Elektrische Zuheizsysteme – Innovative Lösungen, in Schlenz, D. (Hrsg.): Pkw-Klimatisierung II, Expert Verlag, Renningen, 2002

[15] Condensers of Automotive Air Conditioning Systems with a 3-D Cell Model, VTMS Tagung Indianapolis 1997

[16] *Heckenberger, Th.*: Simulationsverfahren im Thermomanagement von Fahrzeugen, Automotive Engineering Partners, 6/2003.

[17] *Reichelt, J.*: Leistungsgeregelte Verdichter zur Pkw-Klimatisierung, Karlsruhe, 1987

[18] *Cullen, P.*: Variable Stroke Compressor Developments for Improved Air Conditioning Performance, Fuel Economy and Drive Ability, VTMS4, London, 1999

[19] *Brotz, F.; Mersch, T.; Morgenstern, S.; Taxis-Reischl, B.*: Progress in the Optimized Application of Simulation Tools in Vehicle Air Conditioning, VTMS5, Nashville, 2001

[20] *Austin, K.; Botte, V.*: An Integrated Air Conditioning (AC) Circuit and Cooling Circuit Simulation Model, VTMS5, Nashville 2001

[21] *Ellinger, M.; Schröder, K.; Wagner, S.*: Simulation von Klimaanlage und Fahrgastzelle, Automobiltechnische Zeitschrift, Nr. 2, 2002

[22] *Anzenberger, T.; Hage, J.; Marzy, R.*: Abstimmung und Optimierung von Kfz-Klimaanlagen mit Hilfe von Simulationswerkzeugen, in Schlenz, D. (Hrsg.): Pkw-Klimatisierung II, Expert Verlag, Renningen, 2002

[23] *Taxis-Reischl, B.*: Energieverbrauch von Klimaanlagen und Wege zur Verbrauchsreduzierung; Automobiltechn. Zeitschrift Nr. 9, 1997

[24] *Flik, M.; Kampf, H.; Kies, A.; Taxis-Reischl, B.*: Lastprofile zur Berechnung des Energieverbrauchs von Klimatisierungssystemen in Fahrzeugen. Vortrag bei der VDI-Tagung „Simulation und Berechnung im Fahrzeugbau", Würzburg, 1996

[25] *Weckerle, T.*: Systematik und Ergebnisse der Bestimmung des Kraftstoffmehrverbrauchs einer Kfz-Klimaanlage, in Schlenz, D. (Hrsg.): Pkw-Klimatisierung, Expert Verlag, Renningen, 2000

[26] RACE – Refrigerant and Automotive Climate Systems under Environmental Aspects, Project No. 7282, Synthesis Report for Publication, 1998

[27] *Reichelt, J.*: Fahrzeugklimatisierung mit natürlichen Kältemitteln auf Straße und Schiene, Heidelberg, 1996

[28] *Hirate, T.; Fujiwara, K.; Györög, T.*: Verbesserung von Fahrzeug-Klimaanlagen, KI Luft- und Kältetechnik, Nr. 12, 1999

[29] *Feuerecker, G.; Kampf, H.; Krauß, H-J.; Parsch, W.; Rinne, F.; Walter, C.*: CO_2 als alternatives Kältemittel, in Schlenz, D. (Hrsg.): Pkw-Klimatisierung II, Expert Verlag, Renningen, 2002

[30] *Graz, M.; Kuhn, P.; Obrist, F.; Parsch, W.; Rinne, F.*: Kohlendioxid-R744 als Kältemittel in Fahrzeug-Klimaanlagen, Automobiltechnische Zeitschrift, Nr. 12, 2001

[31] *Cucuz, S.; Fröhling, J.; Heyl, P.; Wieschollek, F.*: Kühlen und Heizen mit natürlichem Kältemittel CO_2, System Partners ATZ/MTZ, Mai 2002

[32] *Adiprasito, B.*: COP Comparison R134a vs. CO_2, SAE Alternate Refrigerant Symposium Phoenix, 2000

[33] *Fröhling, J.; Heyl, P.*: Heizen und Kühlen mit CO_2-Pkw-Klimaanlagen, in Schlenz, D. (Hrsg.): Pkw-Klimatisierung II, Expert Verlag, Renningen, 2002

[34] *Dohmen, J. et al.*: „Virtuelle Kühlsystementwicklung". MTZ 12/2006, S. 966–973

3.4 Akustik und Schwingungen

3.4.1 Einleitung

Während der letzten Dekaden haben sich die Anforderungen an die akustische und schwingungstechnische Qualität von Fahrzeugen (im angelsächsischen Sprachgebrauch NVH: Noise Vibration and Harshness) wesentlich verschärft. Ursächlich dafür ist sowohl der Wettbewerbsdruck als auch die Vorgaben des Gesetzgebers. Der erreichte Fortschritt lässt sich beispielhaft am Konstantfahrt-Geräuschpegel aufzeigen. Dieser hat sich bei der jeweils nachfolgenden Fahrzeuggeneration im Durchschnitt um ca. 1,5–2 dB(A) verringert und liegt mittlerweile bei modernen Limousinen der Oberklasse im Wertebereich um 60 dB(A) bei 100 km/h (**Bild 3.4-1**).

Die Absenkung von störenden Geräuschpegeln alleine ist jedoch keine hinreichende Bedingung für die Kundenakzeptanz eines Fahrzeugs. Vielmehr verliert ein Fahrzeug bei zu niedrig gewähltem Motoren-Geräuschniveau rein subjektiv an Dynamik, ein Effekt, der zumindest bei sportlich positionierten Fahrzeugen nicht erwünscht ist. Insofern ist es eine Tatsache, dass ein absolut leises Fahrzeug ein Vehikel ohne Seele darstellen würde. Vielmehr erwartet der Fahrer beim Betätigen des Fahrpedals neben der Beschleunigung des Fahrzeugs auch eine angemessene akustische Response des Motors [18].

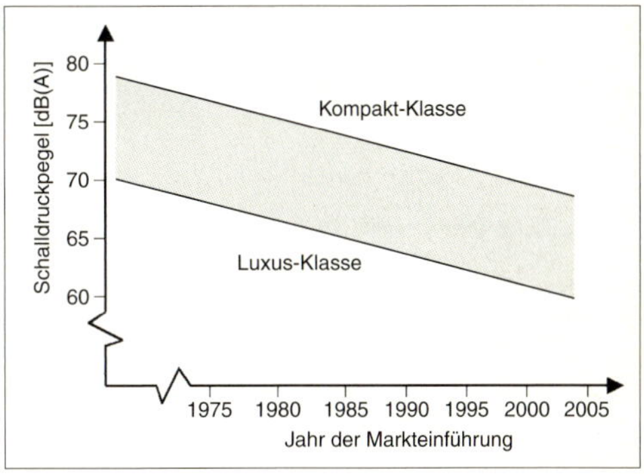

Bild 3.4-1 Akustikniveau von Serienfahrzeugen bei Konstantfahrt mit 100 km/h

Aufgrund dieser Zusammenhänge stellt sich dem Akustikingenieur nicht nur die Aufgabe störende Geräusche auf ein verträgliches Maß zu reduzieren, vielmehr muss er einen Schwerpunkt seiner Arbeit auch auf das Geräuschdesign nach psychoakustischen Grundsätzen legen [2]. Er hat sicherzustellen, dass jeder Fahrzeugtyp über eine wohl definierte Geräuschkulisse verfügt, welche den Kundenerwartungen entspricht. Ein Roadster muss eine sportlich ausgerichtete, leistungsbetonte Geräuschcharakteristik mit reichlich akustischem Feedback an den Fahrer aufweisen, während bei einer Luxuslimousine das zu realisierende Geräuschambiente beim Innen- und Außengeräusch Souveränität und Noblesse vermitteln muss. Eine besondere Herausforderung stellt die akustische Gestaltung von Fahrzeugen mit Hybridantrieb dar. Dabei ist es nicht nur notwendig, eine Reihe neuer Störgeräusche zu eliminieren, vielmehr muss auch das weitgehend geräuschlose elektromotorische Fahren mit dem verbrennungsmotorischen Betrieb zu einem homogenen akustischen Charakter integriert werden.

Werden solche Aspekte der Subjektivakustik konsequent über die gesamte Modellpalette eines Fahrzeugherstellers stimmig umgesetzt, so gelingt es, ähnlich wie beim geometrischen Design bereits seit langem üblich, auch ein akustisches Markenzeichen zu prägen. Wie die Erfahrung zeigt, werden solche Maßnahmen der gezielten akustischen Gestaltung sowohl vom Kunden als auch von der Presse honoriert und als kaufbeeinflussendes Differenzierungsmerkmal zum Wettbewerb anerkannt.

Bei der akustischen Auslegung von Fahrzeugen muss man deshalb unterscheiden zwischen Störgeräuschen, die am Besten unhörbar bleiben, Betätigungsgeräuschen, aus deren Klangbild auf die ordnungsgemäße Funktionsausführung geschlossen wird (Blinkergeräusch) und dem Fahrgeräusch, das dem Fahrzeug

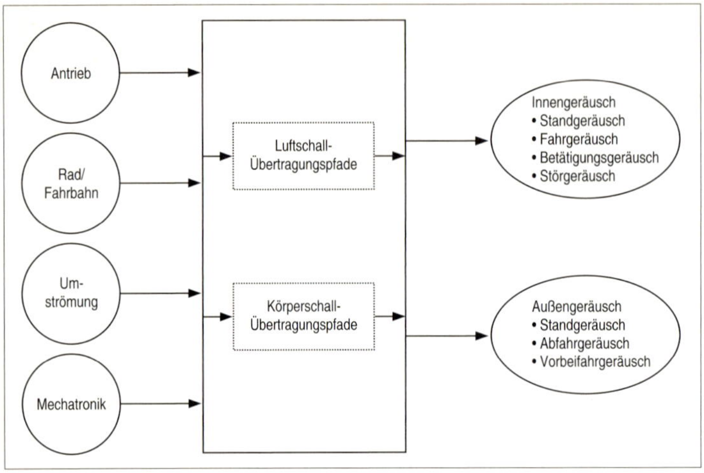

Bild 3.4-2 Wesentliche Schallquellen, Übertragungspfade und Geräuschphänomene

charakter gemäß zu gestalten ist. Das Fahrgeräusch wird ursächlich vom Wind-Rollgeräusch und vom Motorgeräusch bestimmt, während Betätigungs- und Störgeräusche zu großen Teilen von mechatronischen Aktuatoren erzeugt werden. Die Geräusche werden in den Innenraum sowohl über Luftschall- als auch über Körperschallpfade übertragen. Für das Außengeräusch sind Luftschallpfade dominant. In **Bild 3.4-2** sind die Geräuschquellen, deren Übertragungspfade und die relevanten Geräuschphänomene schematisch dargestellt. Die Gliederung der folgenden Abschnitte orientiert sich an dieser Prinzipstruktur.

3.4.2 Fahrgeräusche

Das Fahrgeräusch bei Konstantfahrt ist mit Ausnahme des Langsamfahrbereichs durch Wind- und Rollgeräusch dominiert. Erst beim Beschleunigungsvorgang kommt durch die ansteigende Motorlast ein hörbarer Anteil Motorgeräusch hinzu, der bei Volllast pegelbestimmend wird und sich im Klangbild signifikant vom Wind-Rollgeräusch abhebt. Differenzierungspotenzial im Sinne von Soundgestaltung bietet nur der Teil des Antriebsgeräusches, der sich aus dem Wind-Rollgeräusch abhebt. Er wird durch den Pegelsprung in **Bild 3.4-3** charakterisiert.

Der akustische Komforteindruck im Fahrzeug-Innenraum wird maßgeblich über das Konstantfahrtgeräusch und damit vom Wind-Rollgeräusch bestimmt. Das Motorgeräusch spielt hier nur eine untergeordnete Rolle. Fahrzeugdynamik bei Längsbeschleunigung wird dagegen subjektiv durch das Hervortreten des Motorengeräusches stark unterstützt. Ein Maß für die akustische Rückmeldung bei Beschleunigung ist der Pegelsprung unter Volllast. Soundgestaltung im Fahrzeug bedeutet daher, die Pegel von Wind-Rollgeräusch und Motorgeräusch so aufeinander abzustimmen, dass der geforderte Konstantfahrtkomfort erreicht wird und gleichzeitig bei

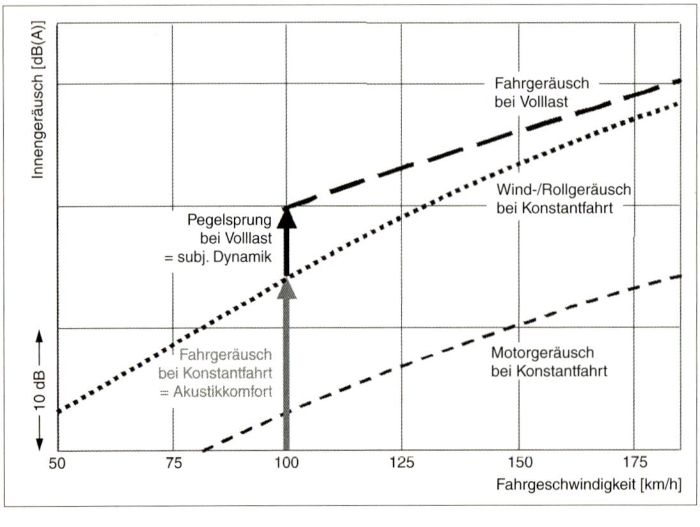

Bild 3.4-3 Konstantfahrtpegel vs. Volllastpegel

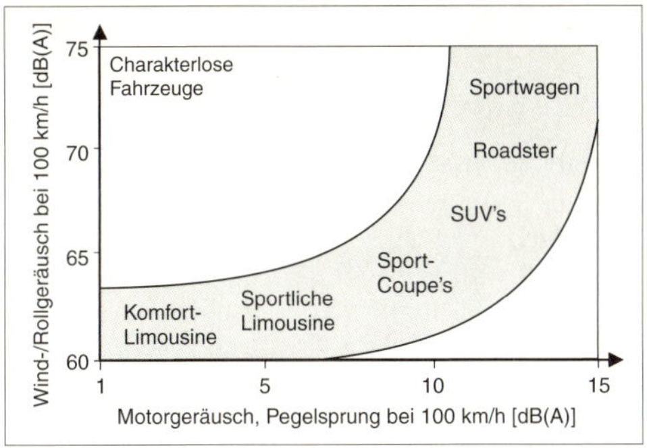

Bild 3.4-4 Akustische Positionierung von Fahrzeugen

Beschleunigung der Pegelsprung das Motorgeräusch adäquat hervortreten lässt **(Bild 3.4-4)**. Der Gestaltungsspielraum für den Fahrzeugsound wird somit einerseits durch das Wind-Rollgeräusch eingeengt, andererseits durch den maximal vertretbaren Gesamtpegel begrenzt. Dieser wird im Innengeräusch durch Kundenerwartung und Wettbewerbsfeld und im Außengeräusch zusätzlich durch gesetzliche Vorschriften limitiert.

Neben der absoluten Pegelhöhe des Antriebsgeräusches bei Lastanforderung, ist dessen spektrale Zusammensetzung für den gewünschten Sound-Eindruck von essentieller Bedeutung **(Bild 3.4-5)**. Es ist bekannt, dass die ganzzahligen Motorordnungen ab der 3. Ordnung, wie sie insbesondere für R6 Motoren charakteristisch sind, den „seidenweichen" Lauf akustisch unterstreichen, während die 2. Ordnung bei Vierzylindermotoren für deren eher „brummigen" Klangeindruck verantwortlich ist. Vielfache der halben Motorordnung erzeugen dagegen einen rauen und eher aggressiven Klangeindruck, der nur zu Sportfahrzeugen passt. Spektralanteile oberhalb der soundprägenden Ordnungen sollten möglichst vermieden werden, um den Klangeindruck nicht zu verfälschen.

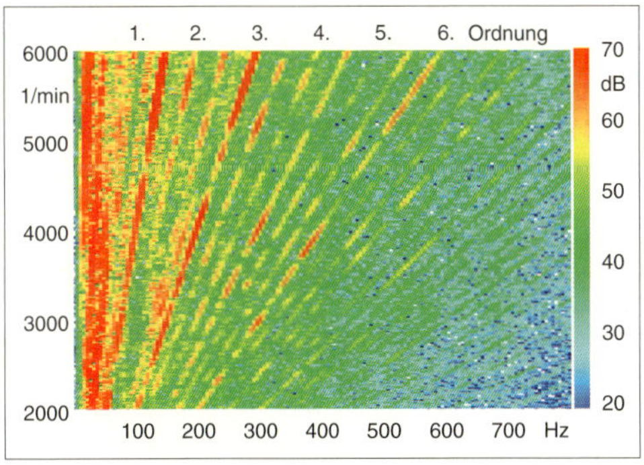

Bild 3.4-5 Ordnungsanalyse eines Motorengeräusches

Psychoakustische Untersuchungen zeigen, dass die ungestörte Kommunikationsfähigkeit im Fahrzeug-Innenraum bei höheren Geschwindigkeiten in hohem Maße mit dem subjektiven Komfortempfinden korreliert. Sie ist stark abhängig vom Wind-Rollgeräusch und kann z.B. durch die Messung der Silbenverständlichkeit quantifiziert werden. **Bild 3.4-6** zeigt das erreichte Niveau für ein typisches Fahrzeug der gehobenen Mittelklasse. Bei 100 km/h sinkt hier die Silbenverständlichkeit bereits auf 50 % ab. Aufgrund der kognitiven Fähigkeiten der Fahrzeuginsassen beträgt die korrespondierende Satzverständlichkeit allerdings immer noch ca. 95 %.

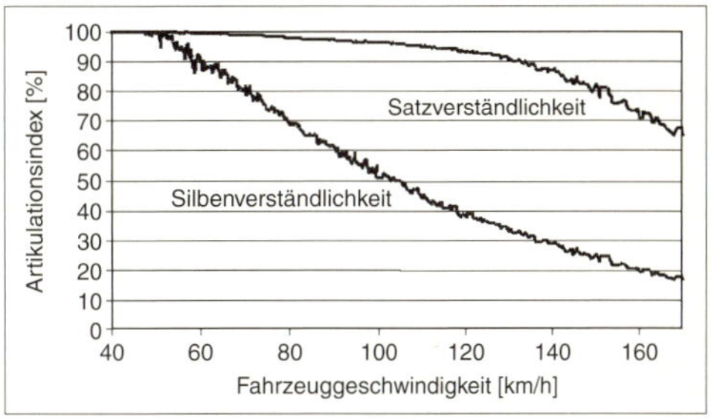

Bild 3.4-6 Silben- und Satzverständlichkeit im Fond, langsame Beschleunigung im längsten Gang

3.4.3 Motorgeräusch

Die Antriebseinheit, bestehend aus den zumeist aneinander gekoppelten Verbrennungsmotor- und Getriebekomponenten, bildet die vibroakustische Hauptanregungsquelle in einem Fahrzeug. Insofern ist die Akustikoptimierung des Antriebsaggregats von größter Bedeutung. Werden bei der Entwicklung des Antriebs wesentliche Akustikmerkmale vernachlässigt, so kann beim Gesamtfahrzeug in der Regel kein zufrieden stellendes Ergebnis mehr erreicht werden.

Die Akustikauslegung des Antriebs erweist sich als zunehmend anspruchsvoll, da der Trend zu immer leichteren und komplexeren Aggregaten oft im Gegensatz zu den Akustikanforderungen steht. Leichtbau-Kurbelgehäuse aus Aluminium bzw. Magnesium sowie vollvariable Ventiltriebe und Hochdruck-Direkteinspritzung seien hier beispielhaft genannt. Nur die optimale Gestaltung des Motor-Getriebe-Verbundes zur Minimierung der vibroakustischen Emissionen verbunden mit der gezielten Entkopplung aller relevanten Luft- und Körperschallpfade bei der Integration des Antriebs in das Fahrzeug machen gute akustische Eigenschaften möglich.

Die schwingungstechnische Optimierung des Kurbeltriebs ist ein wesentliches Element der vibroakustischen Auslegung einer Antriebseinheit. So sind u.a. die Zylinderanordnung (Reihen- oder V-Motor), die Zündfolge, das Lagerungskonzept der Kurbelwelle, die Anzahl der Ausgleichsgewichte, die fundamentalen Biege- und Torsionseigenfrequenzen der im Motorblock verbauten Kurbelwelle sowie das Schubstangenverhältnis λ Parameter, die einen großen Einfluss auf die dynamischen Eigenschaften haben. (5.1) Hier gilt es, schon im Motorkonzept auf die akustischen Belange Rücksicht zu nehmen. Bei Motorkonzepten ohne inneren Massenausgleich, z.B. bei R4 Motoren, sind Ausgleichswellen ein wirksames Mittel zur vibroakustischen Optimierung des Triebwerks (**Bild 3.4-7**).

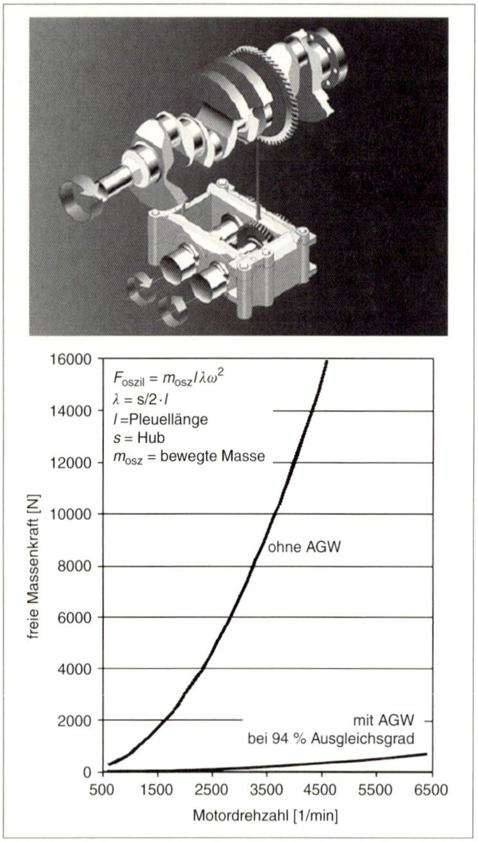

Bild 3.4-7 Ausgleichswellen, Bauform und freie Massenkräfte mit und ohne AGW beim Vierzylindermotor

Von großem vibroakustischem Einfluss ist auch der Ventiltrieb. Aus Emissions- und Verbrauchsgründen werden neben der Mehrventiligkeit immer aufwändigere variable Ventilsteuerungssysteme eingeführt. Daraus resultieren in der Regel höhere bewegte Massen. Deren Auswirkung auf die dynamischen Motoreigenschaften bedarf einer sorgfältigen Analyse und eventuell geeigneter Kompensationsmaßnahmen, z.B. durch Ausgleichsgewichte. Vom Ventiltrieb erzeugte Schwingungen besitzen im allgemeinen eine vielfache Frequenz der 0.5ten Motorordnung, was einen subjektiv rauen Geräuscheindruck hervorruft, der oft unerwünscht ist.

3.4.3.1 Luftschall

Der Luftschall eines Aggregats wird hauptsächlich durch Schallabstrahlung der schwingenden Oberflächen erzeugt. Die Geräuschemission eines modernen Kfz-Verbrennungsmotors liegt bei Nennlast gemittelt über die Hüllfläche in 1 m Abstand bei ca. 95–100 dB(A). Der akustische Wirkungsgrad beträgt ca. 10^{-6}. Das entspricht einem Schalldruckpegel im Motorraum von bis zu 115 dB(A). Dieselmotoren sind im Teillastbereich tendenziell lauter, im Volllastbereich leiser als vergleichbare Ottomotoren. Der Luftschall wird entweder über Öffnungen im Motorraum nach außen emittiert oder über die Stirnwand und Nebenwege in die Fahrgastzelle übertragen. Um die Innenraumpegel auf Werte von 65–75 dB(A) zu begrenzen, muss die Einfügedämmung der Stirnwand ca. 40–50 dB betragen.

Ventiltriebe mit vielen Variabilitäten, Aufladung und Direkteinspritzung – auch beim Otto-Motor, führen zunehmend zu hochfrequenter Schallabstrahlung oberhalb der soundprägenden Motorordnungen. Diese Spektralanteile verursachen ein unerwünscht hart und metallisch klingendes Motorgeräusch. Die Schallabstrahlung der Begrenzungsflächen des Motors muss durch gezielte Versteifungsmaßnahmen auf ein erträgliches Maß reduziert werden. Bei Bedarf ist auch der Einsatz von Dämpfung durch Verbundblechkonstruktionen, z.B. bei der Ölwanne möglich. Die Abstrahlung des Ventiltriebs wird durch Abdeckungen aus Kunststoffträgermaterialien mit Absorbern motornah reduziert. Auch die akustische Auslegung der Ansaug- und Abgassysteme gestaltet sich oftmals als schwierig, da hier eine ganze Reihe von Zielkonflikten vorliegen. So wird für hohe Motorleistung ein geringer Abgasgegendruck in der Abgasanlage benötigt, verbunden mit großen inneren Durchmessern der Abgasrohre und den daraus resultierenden negativen Effekten auf das Einfügedämmmaß der Anlage. Kompensiert werden kann dieser Effekt durch größere Schalldämpfervolumina, die aber nur schwer im Package unterzubringen sind. Saugseitig sind u.U. Resonatoren vorzusehen, die unerwünschte Frequenzanteile dämpfen.

Entscheidend für eine signifikante Reduzierung des Luftschalls ist jedoch die Beherrschung und Optimierung aller Übertragungswege. Dabei muss jeder einzelne Übertragungspfad von der motorraumseitigen Anregungskavität über die Stirnwand, Zwischenkavitäten wie Energieräume und Wasserkästen, bis hin zur Absorption im Innenraum der Fahrgastzelle betrachtet und durch geeignete Dämmungs- und Absorptionsmaßnahmen beeinflusst werden.

Der Luftschall am Fahrerohr kann als Summe über die Volumenflüsse Q_i aller abstrahlenden Oberflächen multipliziert mit der akustischen Transferfunktion (ATF) H_i dargestellt werden (**Bild 3.4-8**). Q_i errechnet sich dabei als Produkt von Schwingschnelle v_i und Teilfläche S_i. Es ist darauf hinzuweisen, dass die so definierte ATF nur nach der inversen Methode ermittelt werden kann.

$$p_{\text{Ohr}} = \sum_i Q_i \cdot H_i \,,$$

$$Q_i = S_i \cdot v_i \,.$$

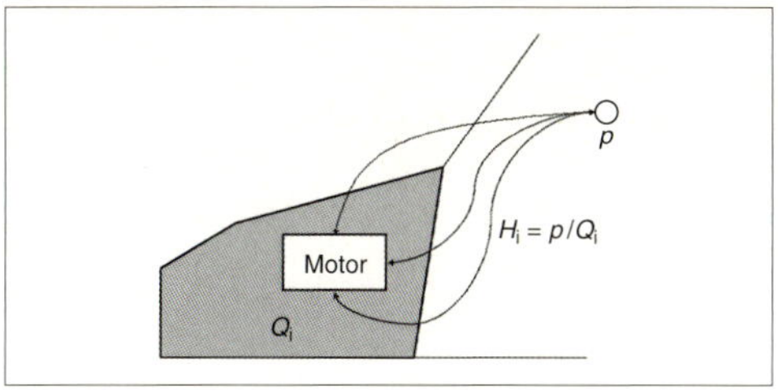

Bild 3.4-8 Luftschall-Übertragungspfade

Beim Aufbau von Schallisolierungen unterscheidet man zwischen Masse-Absorber-Systemen, Feder-Masse-Systemen und Entdröhnfolien. Bei den Masse-Absorber-Systemen werden biegeweiche Schwerschichtmaterialen zur Dämmung eingesetzt und mit einem auf der freien Oberfläche verbauten Absorber kombiniert. Dadurch wird die Grunddämmung einer Karosseriefläche proportional zur Masse des eingesetzten Materials erhöht. Der Dämmungsverlauf steigt entsprechend dem Berger'schen Massegesetz mit 6 dB/Oktave an. Der Absorber reduziert zusätzlich die Schallbelastung auf der Emissionsseite um bis zu 6 dB im Vergleich zu vollständig reflektierenden Flächen. Im Falle des Feder-Masse-Systems wird zwischen Karosseriefläche und biegeweicher Schwerschicht mit Schaum oder Vliesmaterialen eine Feder aufgebaut. Damit werden bei höheren Frequenzen deutlich bessere Isolationswerte bei gleichem Material- und Gewichtseinsatz erreicht **(Bild 3.4-9)**. Nachteil dieser Systeme ist ein charakteristischer Dämmungseinbruch bei der Resonanzfrequenz des Feder-Masse-Systems. Die Abstimmung des Systems setzt daher die präzise Kenntnis des anregenden Frequenzspektrums voraus. Entdröhnfolien aus hoch dämpfenden Materialien werden eingesetzt, um großflächige Blechstrukturen zu bedämpfen. Sie sind damit genau genommen eine Maßnahme zur Bekämpfung von unerwünschtem Körperschall. Für tieffrequente Abstrahlung können die Blechfelder auch durch Versickung so versteift werden, dass ihre Eigenschwingformen ausreichend angehoben werden, um störende Vibrationen und Wummererscheinungen zu vermeiden.

Die Stirnwanddämmung heutiger Fahrzeuge besteht aus bis zu 12 Schichten: Stahl- oder Alublech, ein- oder mehrschichtige Entdröhnfolien, sowie entsprechende Schallisoliersysteme im Motorraum und in der Fahrgastzelle **(Bild 3.4-10)**. Bei tiefen Frequenzen werden mit einem solchen System aufgrund der geringen Masse nur Grunddämmungen von bis zu 30 dB erreicht. Im mittleren Frequenzbereich steigt die Dämmwirkung mit 9 dB/Oktave an, während die Dämmung hochfrequent aufgrund der Leckagen bei ca. 70–80 dB begrenzt wird.

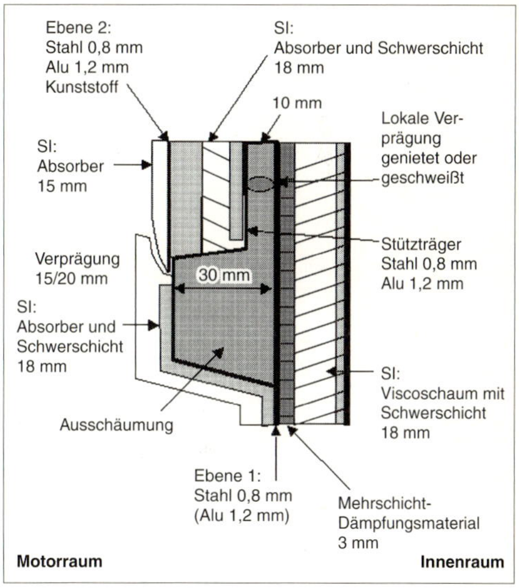

Bild 3.4-10 Dämmungsaufbau einer Stirnwand

Voraussetzung für die Wirksamkeit eines Schallisoliersystems ist die „akustische Dichtheit“. Dicht heißt in diesem Zusammenhang, dass außerhalb der Fahr-

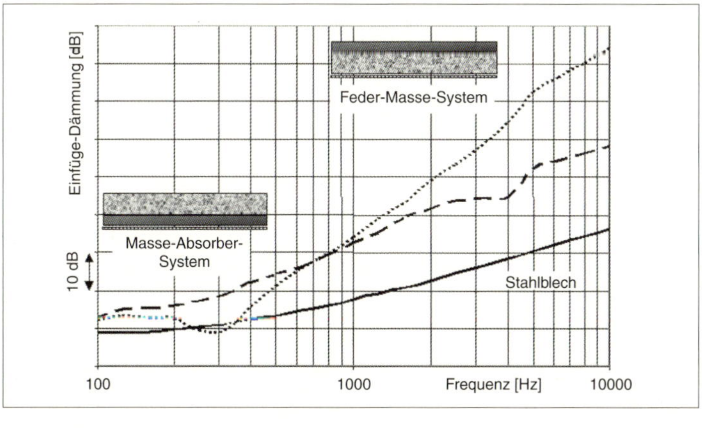

Bild 3.4-9 Dämmungsverhalten

gastzelle vorhandener Luftschall nicht durch direkte Luftschallübertragung in diesen Raum gelangen kann. Bedingung dafür ist, dass alle potentiellen Leckagen zwischen dem Fahrgastraum und seiner Umgebung abgedichtet sind. Kritisch sind hier u.a. die Durchbrüche in der Stirnwand zur Einfügung des Heiz/Klimasystems, zur Durchführung der Lenksäule, des Kabelbaums und der Pedalerieanschlüsse. Alle diese Durchbrüche müssen schalldicht abgeschlossen werden. Sind bewegliche Elemente, wie z.B. das Lenksäulensystem abzudichten, so können sich konstruktiv recht komplizierte Systeme, z.B. in Form von Tüllen mit mehreren Dichtungsebenen (**Bild 3.4-11**), ergeben.

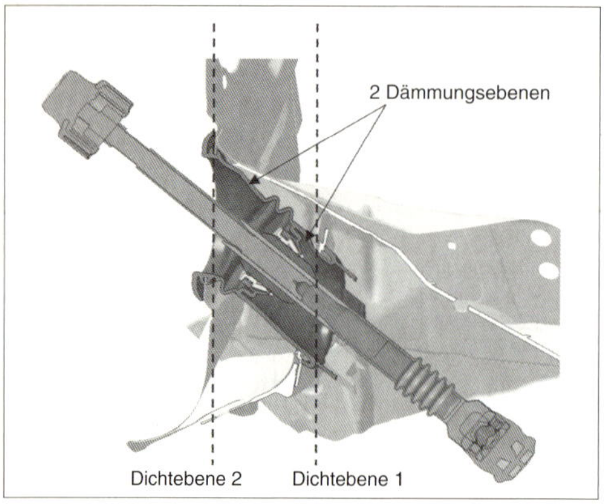

Bild 3.4-11 Lenksäulenabdichtung

Bei der Konzeption von Luftschallpfaden hat sich die statistische Energieanalyse (SEA) als rechnerische Methode im relevanten Frequenzbereich über 400 Hz bewährt. Die rechnerische Betrachtung der Luftschallpfade ermöglicht eine optimale Auslegung der Schallisolierung bereits in frühen Projektphasen. Mit entsprechendem Modellierungsaufwand kann der Energiefluss von den Eingangskavitäten im Motorraum bis zum Innenraum der Fahrgastzelle genau beschrieben werden. Im SEA-Modell lassen sich neben dem Dämmungsverhalten einzelner Stirnwandbereiche auch Leckageeinflüsse berücksichtigen (**Bild 3.4-12**).

3.4.3.2 Körperschall

Im Gegensatz zum Luftschall wird das Motorgeräusch als Körperschall nur über eine begrenzte Zahl von Lagerpunkten des Motor-Getriebe-Verbunds sowie über die angetriebene Achse und deren Lagerstellen in den Fahrzeug-Innenraum geleitet (**Bild 3.4-13**).

Zur Reduzierung des Anregungsniveaus an den Schnittstellen zwischen der Antriebseinheit und ihrer direkten Umgebung ist besonderer Wert auf die Minimierung der aus den bewegten Massen und aus der Verbrennung resultierenden (äußeren) Kräfte zu legen.

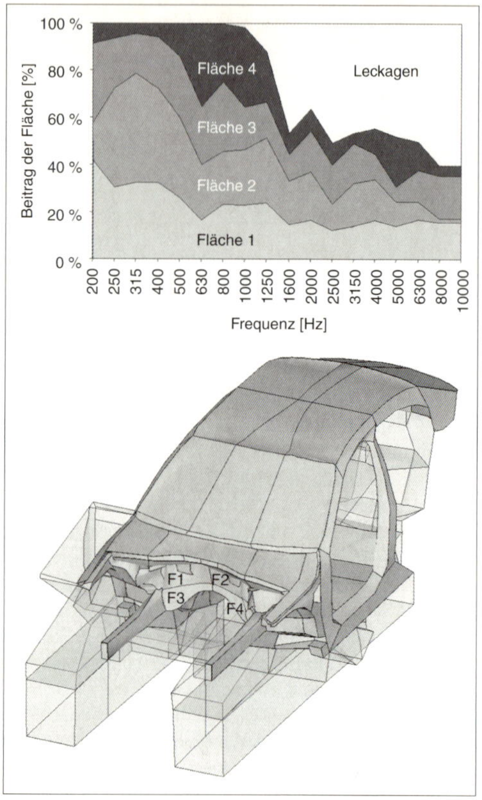

Bild 3.4-12 SEA-Ergebnisse und Modell zur Luftschall-Übertragung vom Motorraum in den Innenraum

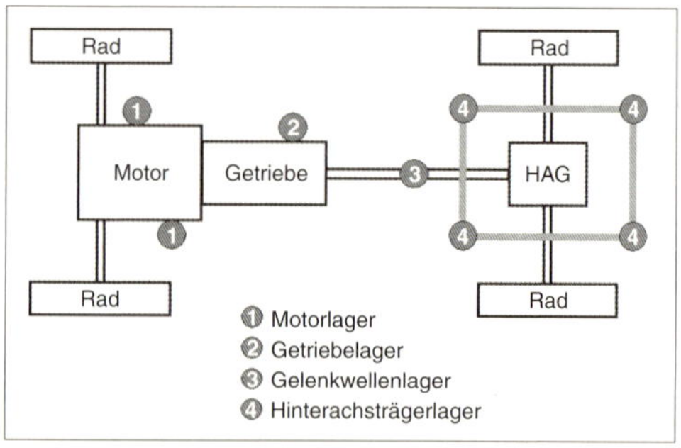

Bild 3.4-13 Körperschallpfade des Motorengeräusches bei einem Fahrzeug mit Standardantrieb

Wesentlich für die Körperschallübertragung des Antriebsaggregats ist die Ausführung der Motor-Getriebe-Lagerung. Hierbei sind sowohl die Starrkörper- als auch die Elastizitätseigenschaften der Antriebseinheit zu berücksichtigen. So ist es zur Vermeidung von Brummgeräuschen im Fahrzeug wichtig, dass der gesamte Motor-Getriebe-Verbund über eine hinreichende dynamische Steifigkeit verfügt. Weisen die fundamentalen Biege- und Torsionsschwingungen zu niedrige Werte ihrer Eigenfrequenzen auf, werden bei Anregung dieser Eigenschwingungsformen über die internen Motorkräfte fast zwangsläufig tieffrequente Schwingungen in die benachbarten Komponenten Karosserie und Antriebsstrang übertragen. Zur weitgehenden Reduzierung solcher Phänomene ist es deshalb z.B. im Fall von 4-Zyl.-Aggregaten wichtig, ein Eigenfrequenzniveau höher 200 Hz für die Grundbiegung der Antriebseinheit zu erreichen. Daraus resultiert, dass die wesentliche Motoranregung infolge der zweiten Motorordnung bis in den Drehzahlbereich von 6000 U/min keine weitere Verstärkung durch Resonanzen der elastischen Antriebseinheit erfährt. Weiterhin ist auf eine akustisch günstige Anordnung der Tragarme (Motortragböcke und Getriebeaufnahme) an der Antriebseinheit zu achten. Sie sollten weder infolge der globalen Schwingformen noch aufgrund lokaler Nachgiebigkeiten stark angeregt werden. Schließlich ist eine dynamisch steife Auslegung der Tragarme selbst erforderlich. Diese lässt sich vorteilhaft durch eine möglichst schmale Lagerbasis verwirklichen, die – wie nachstehend gezeigt – auch günstig für einen geringen Körperschalleintrag in die Karosserie ist, **Bild 3.4-14**.

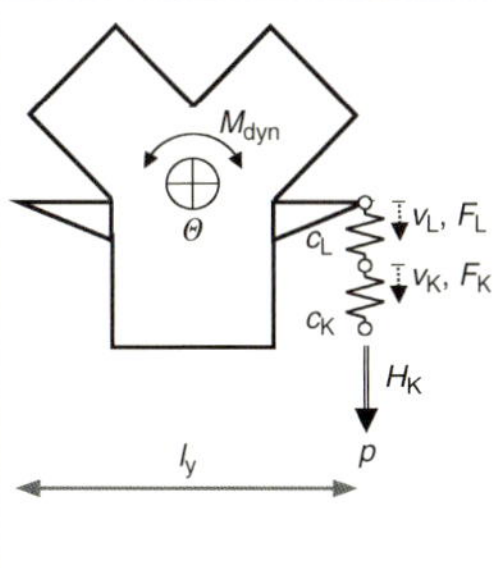

Bild 3.4-14 Motorlagerung

Reaktionskräfte des Motormoments sind sowohl das beschleunigte Massenträgheitsmoment des Motor-Getriebe-Verbandes als auch das Lagermoment:

$$M_{\text{Motor}} = \Theta \cdot \varphi + M_{\text{Lager}}$$

Das Motormoment setzt sich aus dem statischen Moment und einem Wechselmoment zusammen:

$$M_{\text{Motor}} = M_{\text{stat}} + M_W$$

Das statische Moment muss vom Motorlager gegengehalten werden:

$$M_{\text{stat}} = F_L \cdot l_y = c_L \cdot s_z \cdot l_y$$

Das Wechselmoment wird im relevanten überkritischen Frequenzbereich vom Trägheitsmoment des Motor-Getriebe-Verbandes aufgenommen:

$$M_W = \Theta \cdot \ddot{\varphi}$$

Der resultierende Schwingwinkel führt zu einer dynamischen Kraftanregung im Lager, die mit der Länge der Lagerbasis und dem damit größer werdenden Federweg zunimmt:

$$F_L = c_L \cdot l_y \cdot \varphi$$

Mit der vibroakustischen Transferfunktion (VTF) H_K kann daraus der Innenraum-Schalldruck p errechnet werden:

$$p = H_K \cdot F_L$$

Die Lagerauslegung muss somit steif genug sein, um die statische Abstützung zu gewährleisten und um Stuckerschwingungen vorzubeugen (3.4.9.1), gleichzeitig aber auch weich genug sein, um eine ausreichende Isolation des Körperschalls sicherzustellen. Der Zielkonflikt kann mit Hilfe von Hydrolagern teilweise aufgelöst werden, da diese frequenzabhängig unterschiedliche dynamische Steifigkeiten besitzen. Pneumatisch oder elektrisch schaltbare Lager können im Motorleerlauf eine gegenüber dem Fahrbetrieb dynamisch noch weichere Variante darstellen (siehe auch Abschnitt 7.4.2 Elastokinematik).
Ein weiterer Einleitungspfad für motorinduzierten Körperschall in die Karosserie liegt wie bereits angesprochen in der Übertragung der Wechselmomente aus der Kurbelwelle in die angetriebene Achse und von dort in die Karosserie. In **Bild 3.4-15** sind die Verhältnisse für ein heckangetriebenes Fahrzeug dargestellt.

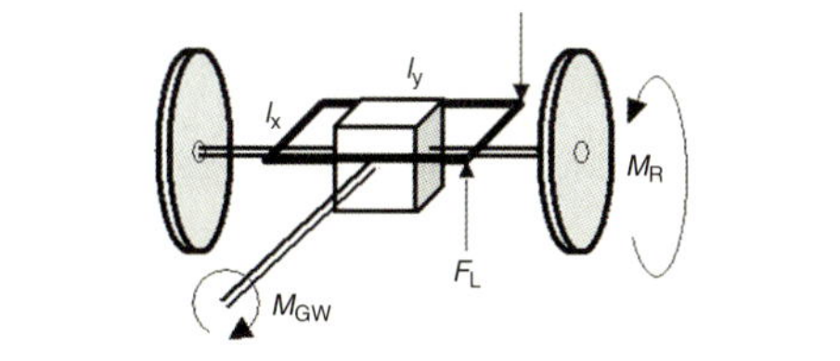

Bild 3.4-15 Einleitung des Motor-Wechselmomentes über den Hinterachsträger in die Karosserie

Der Achsträger mit der Lagerbasis l_x und l_y muss sowohl das Abtriebsmoment der Gelenkwelle um die Fahrzeug-Längsachse M_{GW} als auch das Radmoment um die Querachse M_R gegen die Karosserie abstützen. Aufgrund der Übersetzung des Achsgetriebes ist das Radmoment dominant:

$$M_R = F_L \cdot l_x$$

$$F_L = c_L \cdot s_z = \frac{c_L \cdot l_x \cdot \varphi}{2}$$

Die Reaktionskraft im Lager F_L führt in Abhängigkeit von der Lagersteifigkeit c_L zum Federweg s_z bzw. zum Nickwinkel φ des Hinterachsträgers. Zur Abstützung der statischen Momente sind harte Achsträgerlager erforderlich, während aus Gründen der

akustischen Isolation weiche Lager wünschenswert wären. Nur eine sorgfältige Abstimmung von Achsgeometrie, Lagerspalt, Lagersteifigkeit und karosserieseitiger lokaler Mobilität kann diesen Konflikt befriedigend auflösen.
Körperschall des Motors kann auch über die Aufhängepunkte der Abgasanlage (AGA) in die Karosserie eingeleitet werden. Gegenmaßnahmen sind einerseits der Einbau eines flexiblen Elements zwischen Krümmer und hinteren Teil der Anlage und andererseits eine entsprechende Isolation der AGA durch weiche Lager und hohe karosserieseitige Eingangsimpedanzen. Zur Vermeidung von Strukturresonanzen der AGA werden die Anbindungen im Schwingungsknoten angeordnet (Eigenschwingform-Abstimmung). Für den Leerlauf werden die AGA-Eigenfrequenzen vom Frequenzbereich der Hauptverbrennungsordnungen getrennt (Eigenfrequenz-Abstimmung).

3.4.4 Rollgeräusch

Rollgeräuschphänomene bestehen ebenfalls aus luftschall- und körperschallinduzierten Beiträgen. Im Frequenzbereich bis 300 Hz spielt praktisch nur der körperschallinduzierte Anteil eine Rolle. Luftschall-Phänomene im höheren Frequenzbereich, wie z.B. das Reifensingen bei ca. 800–1000 Hz, werden in diesem Kapitel nicht betrachtet. Dort konzentriert man sich im wesentlichen auf Maßnahmen, wie z.B. schallabsorbierende Radhausschalen und Dämpfungsbeläge auf den entsprechenden Karosserieblechen.
Im Gegensatz zum Motorgeräusch ist die für das Rollgeräusch maßgebliche Primärschallquelle Rad/Reifen nicht direkt an die Karosserie gekoppelt. Vielmehr erfolgt die Einleitung des Körperschalls über Vorder- und Hinterachse. Diese müssen daher neben den fahrdynamischen Kriterien auch Anforderungen bezüglich der Isolation von Antriebs- und Rollgeräuschen erfüllen. Bei klassischen Heckantriebskonzepten liegen die akustischen Sensitivitäten zwischen Vorder- und Hinterachse im Verhältnis von ca. 70 : 30. Wird nun durch Allradkonzepte zusätzlich auch der Körperschall des Aggregats über die Vorderachse eingeleitet, ergeben sich sofort merkliche Komforteinbußen. Aus diesem Grund wird heutzutage enormer Aufwand betrieben, um die Achskonzepte nicht nur bezüglich der Fahrdynamik sondern auch hinsichtlich des Übertragungsverhaltens sowohl der Rollgeräusche als auch der Motorgeräusche optimal zu gestalten. Zur Isolation des Rollgeräusches von der Karosserie wird die Hinterachse über Elastomerlager von der Karosserie entkoppelt. Gute Entkopplung erfordert weiche Lager im Verhältnis zur Nachgiebigkeit der Karosserie an den Einleitungspunkten. Da die Lager aus fahrdynamischen Gründen jedoch relativ steif ausgeführt werden müssen, ist eine lokal und global steife Karosseriestruktur entscheidend für den akustischen Abrollkomfort.
Zur akustischen Optimierung des Systems aus Antrieb, Triebstrang und Achsen haben sich hybride experimentell-rechnerische Vorgehensweisen als sehr zuverlässig und zielführend erwiesen. Basis dafür ist der auf einem Rollenprüfstand in Konstruktionslage vollständig aufgebaute Antriebsstrang. Er ist an den karosserieseitigen Anschlusspunkten der Elastomerlager starr gegen seine Umgebung gelagert. Die einzelnen Antriebsräder werden von jeweils einer Prüfstandsrolle angetrieben (**Bild 3.4-16**).
Aus den gemessenen Schnittkräften F_i in den i Aufnahmepunkten wird anschließend mit Hilfe der mechanisch/akustischen Transferfunktionen H_i der Schalleintrag p in den Innenraum eines Fahrzeugs bestimmt.

$$p = \sum_i p_i \;; \qquad p_i = H_i \cdot F_i$$

Die Übertragungsfunktionen H_i können mit Hilfe der Transferpfadanalyse z.B. an Vorgängerfahrzeugen ermittelt werden. Die Schnittkräfte lassen sich alternativ zum Prüfstand auch durch Simulation auf Basis von MKS-Modellen [6] des Antriebsstrangs ermitteln. Zur exakteren Berücksichtigung von Rückwirkungen der Karosserie-Schnittstellen im Frequenzbereich ab ca. 400 Hz sind die akustischen Übertragungsglieder im Sinne der Systemtheorie als Vierpole zu betrachten. Die modellierten Systeme werden dabei durch

Bild 3.4-16 Antriebstrang-Prüfstand

Eingangs-, Übertragungs- und Ausgangsimpedanzen beschrieben. Die Methode erlaubt das physikalisch richtige Zusammenführen von Prüfstandsmessungen mit Fahrzeugmessungen indem die unterschiedlichen Impedanzen von Prüfstand und Fahrzeug rechnerisch kompensiert werden. Die Transfer-Pfad-Analyse (TPA) als gängiges Analysewerkzeug berücksichtigt diese Tatsache nur im Fall der Inverse-Matrix-Methode [15].
Der Steifigkeitssprung zwischen Lager und Karosserie lässt sich nach der Vierpoltheorie als gezielte akustische Fehlanpassung zwischen der Ausgangsimpedanz des vorgeschalteten Lagerelements und der Eingangsimpedanz der Karosserie deuten. Damit wird die Energieübertragung behindert und eine gute akustische Isolationswirkung des betreffenden Pfades erreicht **(Bild 3.4-17)**.

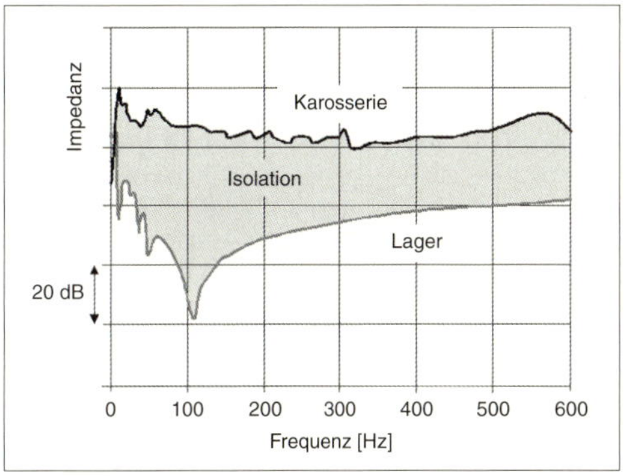

Bild 3.4-17 Akustische Isolation durch Impedanz-Fehlanpassung

Erwähnenswert ist aber, dass es in Bereichen guter Impedanzanpassung und damit geringer Isolation nicht zwangsläufig zu Problemen im Fahrzeug kommen muss. Dies ist nur dann der Fall, wenn auch ein maßgeblicher Anteil der akustischen Energie über diesen Pfad fließt **(Bild 3.4-18)**.

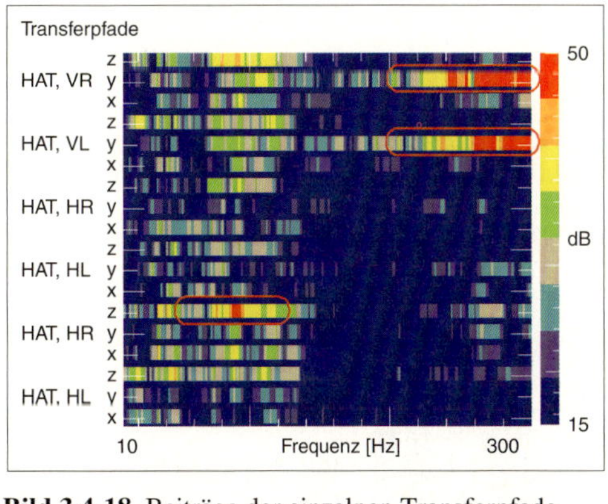

Bild 3.4-18 Beiträge der einzelnen Transferpfade

3.4.5 Windgeräusch

Windgeräusche entstehen infolge von Wirbelbildung bei abgelöster Strömung unter Grenzschichteinflüssen (3.2). Sie dominieren im Innengeräusch von Fahrzeugen bereits ab ca. 80 – 100 km/h **(Bild 3.4-19)**.

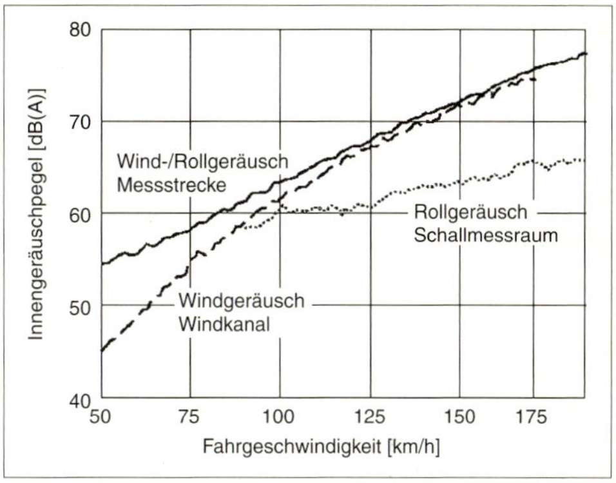

Bild 3.4-19 Wind- und Rollgeräusch bei einem typischen Mittelklasse-Fahrzeug

Nach dem Entstehungsmechanismus können tieffrequente Windgeräusche bis 400 Hz und hochfrequente Windgeräusche bis ca. 10 kHz unterschieden werden **(Bild 3.4-20)**. Tieffrequente Windgeräusche entstehen u. a. durch Strömungsablösungen mit hoher Energie an der Karosserie und am Unterboden. So können z.B. abgehende Wirbel das gesamte Blechfeld der Bodengruppe zum Schwingen bringen. Werden dadurch die Eigenmoden des Innenraums bei 40 – 50 Hz angeregt, kann sehr unangenehmes Hochgeschwindigkeitswummern die Folge sein. Speziell Randwirbel an Spoilern und Unterbodenabdeckungen sind hier aeroakustische Störquellen. Ein aerodynamisch optimierter glatter Unterboden wirkt in erster Linie durch verminderten Luftwiderstand und niedrigen Auftrieb, er hat aber durch die störungsfreiere Unterbodenströmung in der Regel auch ein niedrigeres akustisches Störpotenzial.
Höherfrequente Geräuschanteile im Bereich über 400 Hz können auch auf direktem Weg durch Leckagen in den Innenraum gelangen. Dieses Windgeräusch ist vom Fahrer in den meisten Fällen leicht zu orten und wirkt dadurch besonders störend. Anfällig für diese Störungen sind die Abdichtungen von Fenstern und Türen, da sie bei höheren Geschwindigkeiten genau in dem für das menschliche Gehör empfindlichsten Frequenzbereich lästige Geräusche erzeugen können. Daher gilt der Abdichtung der gesamten Fahrgastzelle in der Entwicklung große Aufmerksamkeit. Die Mehrfachdichtungssysteme der Türen vieler Hersteller zeigen den konstruktiven und fertigungstechnischen Aufwand, um das Ziel einer unter allen Fahrzuständen dichten Fahrgastzelle zu erreichen. Neben den Dichtungen sind Karosseriefugen,

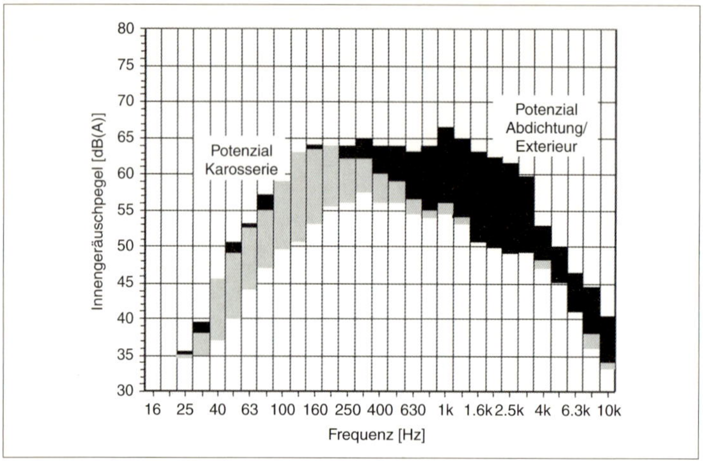

Bild 3.4-20 Windgeräusch

Schiebedächer und Anbauteile wie Außenspiegel, Scheibenwischer, Wasserfangleisten, und Dachträgersysteme potentielle Quellen von hochfrequenten Windgeräuschen. Windgeräusche werden auch über die Scheiben unmittelbar in den Innenraum geleitet. Da die Dämmung proportional mit der Masse zunimmt, ist die Scheibenstärke maßgebend für die Isolation des Windgeräusches. Biegeschwingungen der elastischen Scheiben verursachen bei höheren Frequenzen einen störenden Dämmungseinbruch. Um Fahrzeuggewicht einzusparen, werden häufig reduzierte Scheibenstärken mit entsprechend negativen Auswirkungen auf das Windgeräusch eingesetzt. Gewichtsparende Sandwich-Konstruktionen mit hochdämpfenden Folien können den Konflikt zwischen Akustik und Gewicht entschärfen (**Bild 3.4-21**).

In der Serienentwicklung ist die „Fenstermethode" ein wichtiges Verfahren zur Beurteilung und Optimierung einzelner Bauteile bezüglich Windgeräusch-Entstehung bzw. Übertragung. Dabei wird das Fahrzeug zunächst im Ausgangszustand gemessen. Anschließend wird durch Abdichtung, Isolation oder Überdämmung aller windgeräuschrelevanten Bauteile das Innengeräusch im relevanten Frequenzbereich um ca. 10 dB abgesenkt. Durch gezielte Entdämmung können nun interessierende Komponenten aus dem Gesamtgeräusch „herausgelöst" und einzeln betrachtet werden. Mit dieser Methode können zuverlässige Aussagen über die Quellenpegel aller Bauteile und deren Frequenzcharakteristik getroffen werden.

Die numerische Behandlung der Aeroakustik öffnet für die Zukunft Prognosemöglichkeiten, wie sie bei der Aerodynamik bereits gängige Praxis sind. Aeroakustische Berechnungsverfahren (CAA) sind allerdings keine trivialen Erweiterungen oder Anwendungen von kompressiblen CFD-Codes, die üblicherweise für stationäre Strömungen entwickelt wurden. Da mittlerweile aber auch CFD-Codes für instationäre Strömungsbetrachtungen existieren und Fluidschall-Akustik nur eine spezielle Form instationärer Strömungsvorgänge ist [6], lassen sich aus diesen Codes auch aeroakustische Aussagen generieren.

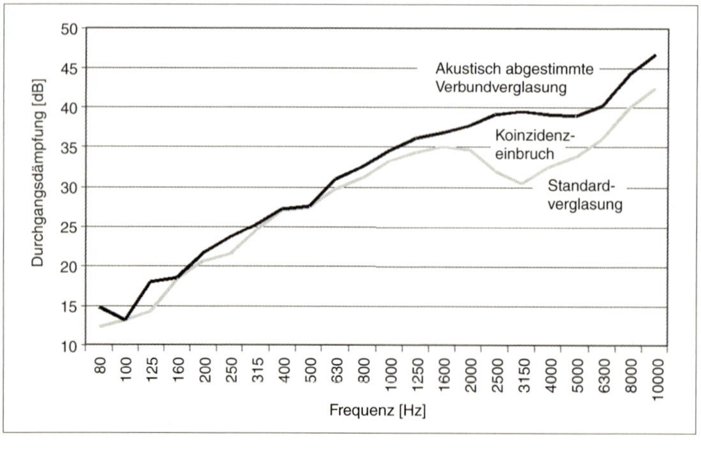

Bild 3.4-21 Dämmungsverhalten der Verglasung

3.4.6 Mechatronische Geräusche

Als mechatronische Komponenten im Kraftfahrzeug verstehen wir Bedien- und Stelleinheiten, die Fahr- oder Komfortfunktionen erfüllen. Dies geschieht unter Zuhilfenahme elektrischer oder hydraulischer Aktuatoren. Das Aufgabenfeld umspannt Kühllüfter für Verstärkereinheiten des Navigationssystems, geht über Fensterheber und Zusatzwasserpumpen bis zu kompletten aktiven Fahrwerken. Aus akustischer Sicht ist eine Unterteilung der Geräusche nach dem Grad der Beeinflussung in Betätigungs- und Störgeräusche sowie nach der Betriebsdauer sinnvoll (**Bild 3.4-22**). Mechatronische Geräusche aufgrund bewusster Bedienhandlungen werden als Betätigungsgeräusche dann positiv wahrgenommen, wenn das Klangbild in der subjektiven Erwartung des Kunden zur gewünschten Funktion passt. Typische Beispiele sind hier das „Relaisklackern" bei Blinklichtbetätigung oder das Strömungsrauschen des Klimagebläses. Unbewusste Bedienungen sind z.B. die Kraftstoffförderung durch Primär- und Sekundärpumpe oder das Ventilschalten der hydraulischen Wankstabilisierung. Der subjektiv tolerierte Geräuscheintrag reicht hier von nicht störend hörbar bei kurzzeitiger Einwirkung bis unhörbar bei periodischen oder dauerhaft einwirkenden Geräuschen.

	Störgeräusch (unbewusste Beeinflussung)	**Betätigungsgeräusch** (bewusste Beeinflussung)
Betriebsdauer niedrig	Lenkhilfe Niveauregulierung Sekundärluftpumpe	Fensterheber Sitzverstellung Spiegelverstellung
Betriebsdauer hoch	Motorlüfter Kraftstoffpumpe Wankstabilisierung	Klimagebläse Scheibenwischer Sitzlüfter

Bild 3.4-22 Einteilung mechatronischer Geräusche

3.4.6.1 Stellmotoren

Stellmotoren sind die häufigste Form von akustisch relevanten Aktuatoren. In Fahrzeugen der Oberklasse werden z.B. weit über 100 mechatronische Aktuatoren in Form von elektrischen Antrieben und Stellmotoren verbaut (**Bild 3.4-23**). Die dadurch verursachten Geräusche besitzen vielfältige Ursachen. **Bild 3.4-24** zeigt die wesentlichen Geräuschquellen auf. Sie können elektromagnetischer, aerodynamischer oder elektronischer Natur sein.

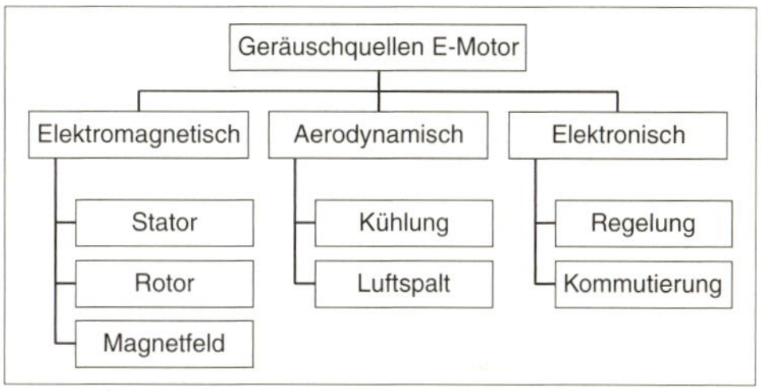

Bild 3.4-24 Geräuschquellen bei E-Motoren

Ein klassisches Beispiel für Betätigungsgeräusche ist der elektrische Fensterheber (**Bild 3.4-25**).
Die Geräuschemission hat unterschiedliche Ursachen. Sie ist am zeitlichen Ablauf des Fensteröffnens und -schließens in **Bild 3.4-26** erkennbar. So entsteht beim Einschalten oder Abschalten ein impulshaltiges Losbrech- und Anschlaggeräusch. Der subjektive Geräuscheindruck beim eigentlichen Heben und Senken der Scheibe wird durch Modulationen von Lautstärke oder Frequenz bestimmt. Diese müssen vermieden werden, um nicht einen qualitativ minderwertigen Antrieb zu suggerieren. Dominante Auswirkung auf den subjektiven Geräuscheindruck hat deshalb die Tonhaltigkeit, erzeugt durch die Ordnun-

Bild 3.4-23 Ausgewählte Stellmotoren

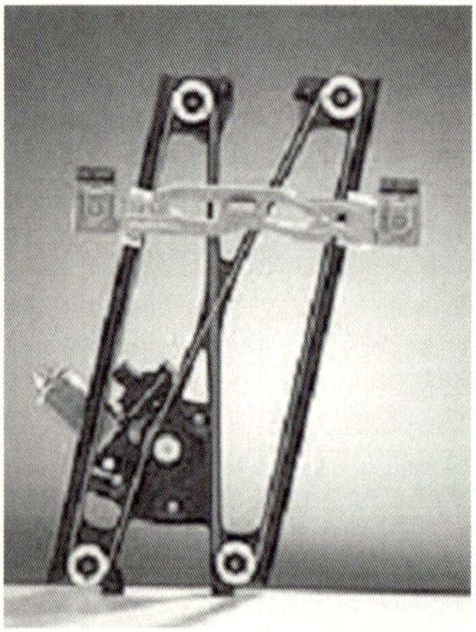

Bild 3.4-25 Doppelt geführter Seilfensterheber

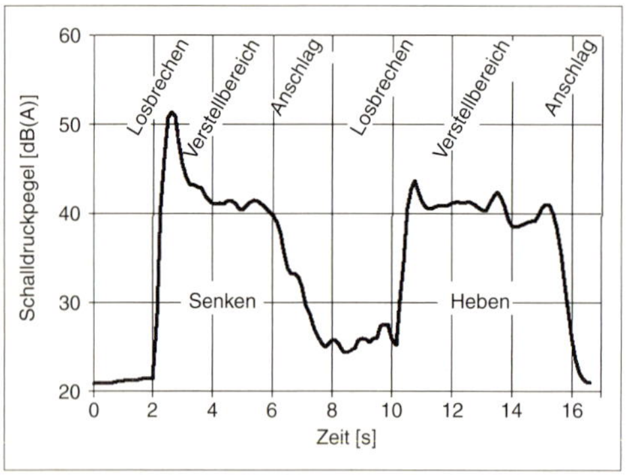

Bild 3.4-26 Geräuschverlauf Fensterheberbetätigung

gen des Elektromotors. Die Homogenität des Magnetflusses, bestimmt durch Luftspalt zwischen Rotor und Stator, Anzahl der Wicklungen, Qualität des Magnetfeldes, Kommmutierungsart, ist maßgeblich für das Ordnungsverhalten verantwortlich.

3.4.6.2 Fahrzeugklimatisierung

Klimaanlagen gehören ab der Fahrzeugmittelklasse zur Serienausstattung. In **Bild 3.4-27** sind die Bauteile einer Fahrzeugklimaanlage dargestellt. Erkennbar als sekundäre Geräuschminderungsmaßnahmen ist der Schalldämpfer, auch Muffler genannt, am saugseitigen Kompressoreingang und eine Tilgermasse auf der Klimasaugleitung zur Reduzierung der vibroakustischen Übertragung in den Fahrzeuginnenraum.

Die Geräuschemission ist abhängig von der konzeptionellen Systemauslegung. Bei Kolbenkompressoren mit Magnetkupplungen können beim Einschalten der Klimaanlage Impulsgeräusche aufgrund des Anziehens der Magnetkupplung oder dem Verdichten von Kondensatrückständen des Kältemittels auf der Saugseite entstehen. Die Ungleichförmigkeit der Verdichtung und damit auch der Pulsationsgeräusche

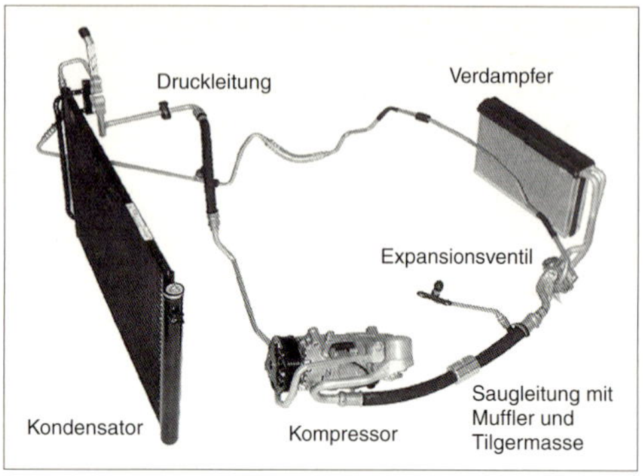

Bild 3.4-27 Klimaanlage mit Akustikbauteilen

im Lastbereich wird durch die konstruktive Zylinder- und Ventilanordnung, und durch den drehungleichförmigen Antrieb des Verbrennungsmotors hervorgerufen. Drehschwingungen führen zu erhöhter Pulsations- und Körperschallabstrahlung des Kompressors, welche durch die Schallnebenwege der Leitungen in den Fahrzeuginnenraum gelangen. Bei der Drosselung des Kältemittels am Expansionsventil gelten die Gesetzmäßigkeiten der adiabaten Düsenströmung, mit überkritischem Druckabbau und Ausströmen mit Schallgeschwindigkeit. Aufgrund der hohen Strömungsgeschwindigkeit und dem anschließenden Verdampfen des Kältemittels kommt es zu Zischgeräuschen. Die Schallemission des Kältekreislaufes ist lastabhängig und kann im Betriebskennfeld Kompressordrehzahl und Verdichtungsdruck aufgespannt werden. Bei rückwirkungsfreien Leitungsnetzen steigt mit Drehzahl und Druck auch der Geräuschpegel kontinuierlich und wird in der Regel durch das Verbrennungsmotorgeräusch maskiert. Reicht dieser Effekt nicht aus, werden Schalldämpfer an den Kompressor angebaut.

3.4.6.3 Lüfter und Gebläse

Die typischen Geräuschquellen von Lüftern und Gebläsen sind in **Bild 3.4-28** aufgezeigt.

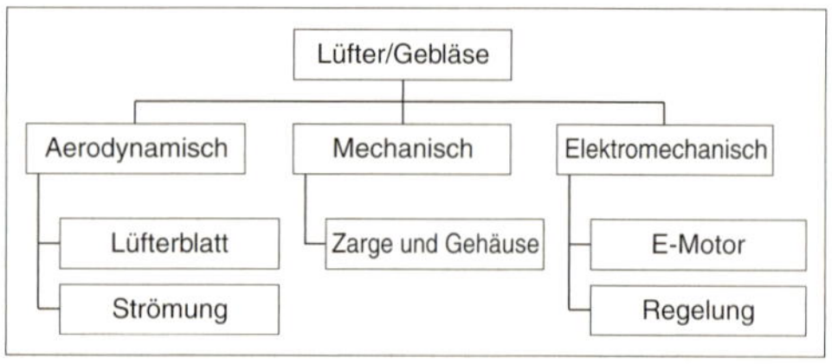

Bild 3.4-28 Geräuschquellen Lüfter/Gebläse

Neben stochastischem Rauschen aufgrund der Durchströmung von Klimakanälen, Lüftungsgittern, Luftweichen oder Kühlmodulen, können auch stark tonale Ordnungen emittiert werden. Als subjektiv besonders störend erweisen sich die Drehklänge des Lüfterblattes und des E-Motors. Ursache können repetierende Druckwechsel am äußeren Umfang des Lüfterblattes, fehlende Steifigkeit der Lüfterzarge oder erhöhte Rastmomente des E-Motors sein. Bei geregelten Lüftern kann durch Ausblenden der Resonanzdrehzahlen ein kritischer Lüfterbetrieb vermieden werden. Aeroakustische Berechnungsverfahren (CAA) erlauben Geräuschprognosen für Lüfter und Ausströmkanäle. Neben den aeroakustischen Geräuschen von Lüftern und Gebläsen treten auch Körperschallphänomene auf. Erzeugt werden diese durch den dynamischen Wechseldruck der Schaufelgeometrie des Rotorblattes, sowie durch resultierende Wechselkräfte, welche von Motor- und Zargenlagerung aufgenommen werden müssen.

3.4.6.4 Lenkungssystem

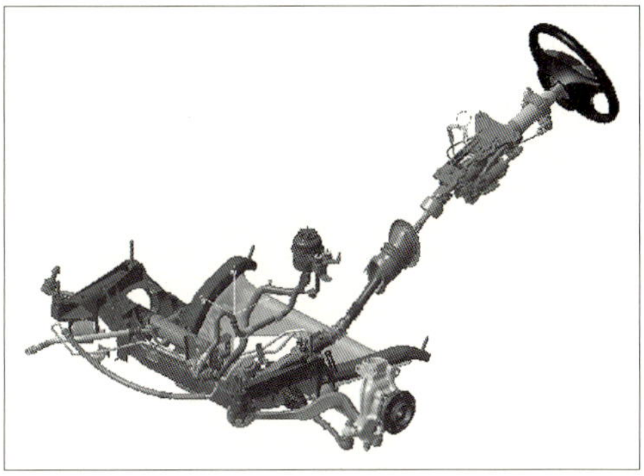

Bild 3.4-29 Lenkungssystem

Innerhalb der mechatronischen Systeme kommt der Lenkung eine zentrale Stellung zu, prägt sie doch wesentlich das Fahrgefühl. Der Zielkonflikt zwischen Komfort, Agilität und Fahrbahnrückmeldung wird durch aufwendig geregelte Servo-Aktuatoren aufgelöst. Die geregelte Lenkhilfe kann hydraulisch, elektrohydraulisch oder elektrisch erfolgen. Für akustische Untersuchungen wird das gesamte Lenkungssystem, wie in **Bild 3.4-29** gezeigt, auf Komponentenprüfständen aufgebaut. **Bild 3.4-30** zeigt die vielfältigen vibroakustischen Phänomene, welche im Fahrzeugbetrieb auftreten können.

Bei der fahrzeugunabhängigen akustischen Qualifizierung von Komponentensystemen muss die Korrelation zum Gesamtfahrzeug gewährleistet sein. An allen Schnittstellen werden hierzu die dynamischen Kräfte oder Körperschallbeschleunigungen messtechnisch erfasst. Eine akustische Immissionsbewertung erfolgt dann durch Verrechnen der Komponentenmesswerte mit der virtuellen Karosserie. Bei der akustischen Optimierung werden u.a. die Luftschallabstrahlung sowie die Körperschallanregung der Pumpe, das Übertragungsverhalten der Hydraulikleitungen hinsichtlich der Körper-, Fluid- und Rohrschallübertragung, Spiele von Verzahnungen und Wellenführungen und die Systemlagerungen im vorgesehenen Fahrzeug bearbeitet.

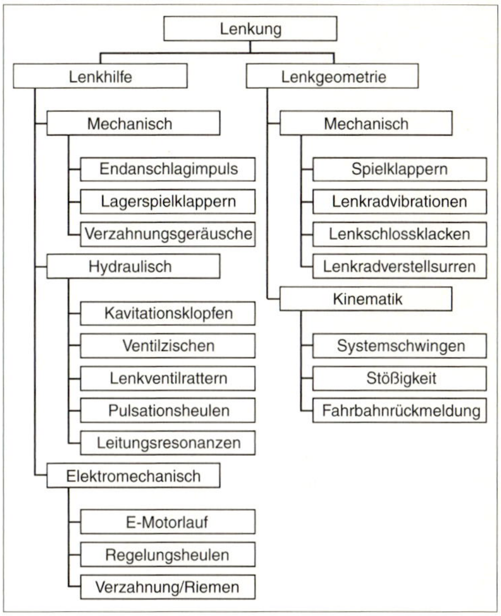

Bild 3.4-30 Vibroakustische Phänomene eines Lenkungssystems

3.4.6.5 Fahrwerksregelung

Die Regelgeräusche der Sicherheitsfunktionen sind akustisch untergeordnet. Jedoch kann auch hier nicht auf eine akustische Auslegung verzichtet werden, kommt es doch gerade auf Fahrbahnen mit Niedrigreibwerten bei regennasser oder vereister Oberfläche leicht zu Irritationen des Fahrers. Eine moderate akustische Rückmeldung ist gewünscht, welche den Regeleingriff signalisiert aber den Fahrer nicht zu Schreckreaktionen animiert. Akustisch besonders kritisch sind Regelungen bei geringen Drücken im Komfortbereich. Es sind nur einzelne Räder betroffen und der Fahrer erwartet keinen Regeleingriff, was sich bei schneebedeckter Fahrbahn allerdings nicht vermeiden lässt. Ursache ist der zu geringe Druckunterschied zum Blockierdruck beim Radbremsen und der zu große Druckunterschied nach dem Blockieren zum Anlaufen des Rades.

Wirksame Geräuschminderungsmaßnahmen der Regelhydraulik sind der Verbau von mehrzylindrigen Kolbenpumpen mit großen Kolbenquerschnitten bei geringen Hüben und niedrigen Drehzahlen. Sekundär können auch vereinzelt Pulsationsdämpfer verbaut werden. Proportionalventile und eine Begrenzung des Druckgradienten ermöglichen im Feinsteuerbereich die Regelung von geringen Differenzdrücken und vermeiden damit hohe Pulsgeräusche. Vom Regelprinzip sind Druckdifferenzregelungen günstiger als Volumenstromregelungen. Um unnötige Regelungen und damit auch geräuschrelevante Druckänderungen zu vermeiden, muss ein Optimum der Taktzeit gefunden werden. So sind geringe Taktzeiten bei der schnellen dynamischen Stabilitätskontrolle notwendig aber für eine Antiblockierbremsung überzogen. Des weiteren müssen während der Fahrzeugentwicklungsphasen alle Karosserieanbindungen hinsichtlich ausreichender Körperschallisolation ausgelegt werden.

3.4.6.6 Biegeschlaffe Leitungen

Biegeschlaffe Bauteile wie Schlauchleitungen von hydraulischen Lenksystemen, elektrohydraulischen Verdecken, Heiz/Klimaanlagen, Kühlwassersystemen oder auch elektrische Kabelführungen stellen Schallübertragungswege dar. In Summe stellen die übertragenen Teilschallleistungen aller Bauteile, welche eine Verbindung vom Verbrennungsmotor bzw. akustisch aktiven Nebenaggregaten zur Karosserie haben, einen erheblichen Anteil dar. In **Bild 3.4-31** sind die wichtigsten biegeschlaffen Leitungen in der Silhouette einer Fahrzeugaußenkontur grafisch dargestellt. Deutlich erkennbar ist die Vielzahl der sich hieraus ergebenden Schallnebenwege.

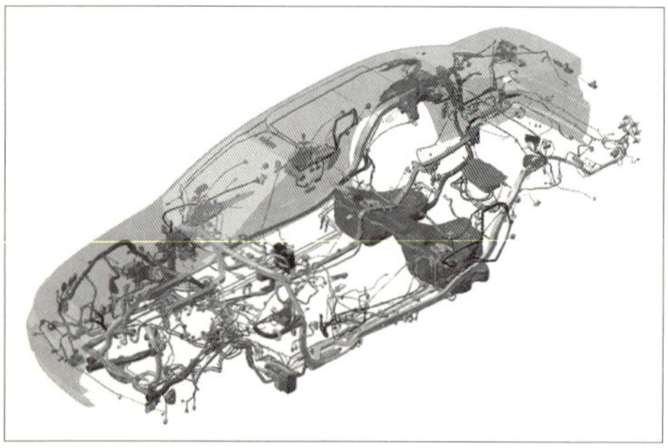

Bild 3.4-31 Leitungen in einem Fahrzeug

Neben der hydroakustischen Druckpulsationsübertragung ist die Bedeutung der Körperschallweiterleitung der Schlauchleitungen für das Motorgeräusch von großer Bedeutung. So wird das Klangbild des Verbrennungsmotors im Innengeräusch neben der Auslegung von Aggregatlagerungen maßgeblich durch die Schlauchleitungsverlegung beeinflusst. Eine akustisch günstige Verlegung bedingt allerdings eine frühzeitige Layoutfestlegung im Package.

3.4.7 Klappern, Knarzen, Quietschen

Da der durch Fahrgeräusche verursachte Geräuschpegel im Innenraum von Kraftfahrzeugen in den letzten Jahren immer geringer wurde, treten heute Störgeräusche verstärkt in Erscheinung. Speziell Klapper-, Knarz- und Quietschgeräusche aufgrund von Relativbewegungen von Bauteilen zueinander werden dabei nicht nur als störend empfunden, sie beeinträchtigen vielmehr auch den allgemeinen Qualitätseindruck eines Fahrzeuges nachhaltig.

Die Relativbewegung hat entweder eine Haft-Gleitreibung (Stik-Slip Effekt), ein Anschlagen oder einen Hemmungseffekt mit entsprechenden Quietsch-, Klapper- und Knarzgeräuschen zur Folge. Durch systematische Präventiv-Vorgehensweisen müssen potentiell Geräusche verursachende Kontaktstellen gefunden und durch entsprechende Materialpaarungen oder konstruktive Gestaltungen entschärft werden. Typischerweise sind dabei bis zu 1000 relevante Kontaktstellen in einem Fahrzeug zu betrachten.

Die Erfahrung zeigt, dass selbst bei systematischer Bündelung des vorhandenen Ingenieur-Wissens in der präventiven Phase immer noch Restprobleme übrig bleiben, die nicht bedacht wurden. Um diese Probleme aufzudecken und Abhilfemaßnahmen zu bewerten sind Tests mit Hilfe geräuscharmer Gesamtfahrzeug- und Komponenten-Störgeräusch-Prüfeinrichtungen notwendig. Zur objektiven Qualifizierung der Störgeräusche wurden Methoden und Messsysteme zur Echtzeit-Erfassung, Analyse und Bewertung von Störgeräuschen entwickelt. Die so ermittelten Daten bilden auch die Grundlage für Qualitätsvorgaben an Zulieferanten.

3.4.8 Außengeräusch

3.4.8.1 Standgeräusch

Im Folgenden wird nur auf das Dieselstandgeräusch eingegangen, da hier insbesondere die Hersteller von Premium-Fahrzeugen aus Gründen des akustischen Erscheinungsbildes viel Aufwand treiben.

Der wesentliche Unterschied zwischen herkömmlichen Saugmotoren und Diesel- bzw. Ottodirekteinspritzern ist der höhere Einspritzdruck und beim Dieselmotor das höhere Verdichtungsverhältnis. Wenige Mikrosekunden entscheiden hier über die Akustik. Während der Kolben sich auf dem Weg zum oberen Totpunkt (OT) bewegt, steigt der Zylinderdruck expotentiell an. Der Druckgradient zwischen Zündzeitpunkt und Druckmaximum regt den mittleren Frequenzbereich des emittierten Luftschalls an. Im Druckabklingen bilden sich Brennraumresonanzen aus, die wesentlich die höheren Frequenzen im Spektrum prägen. Ziel aus akustischer Sicht ist es, den Druckimpuls abzuschwächen. Dies kann durch neue Einspritztechnologien mit Piezoaktuatoren mittels mehrerer Piloteinspritzungen erreicht werden. Brennraumresonanzen lassen sich durch Nacheinspritzung von Kleinstmengen in den Brennraum abschwächen. Beide Technologien laufen aber dem Ziel der Abgasemissionsreduktion zuwider. Hier hilft eine differenzierte, drehzahlabhängige Einspritzvorgabe, die speziell im Leerlauf für eine weichere Verbrennung sorgen kann.

Weitere dieselspezifische Geräuschquellen sind die Hochdruckpumpen. Hier haben Reihenmotoren mit

Common-Rail Technologie Vorteile. Sie benutzen nur eine Pumpe für alle Einspritzdüsen, während die Pumpe/Düse-Technik pro Zylinder eine Pumpe vorsieht.

Bei immer rigideren gesetzlichen Anforderungen bezüglich der Abgasemission ist der Spielraum für Akustikverbesserungen durch primäre Maßnahmen am Motor geringer geworden. Hier greifen zunehmend verschiedene passive Maßnahmen bei der Akustikoptimierung eines Fahrzeuges. Um die Standgeräuschqualität eines heutigen Dieselfahrzeugs der oberen Mittelklasse in der Subjektivbeurteilung auf das Niveau von Ottomotorfahrzeugen zu heben, wäre eine Pegelreduzierung um ca. 10 dB durch Sekundärmaßnahmen erforderlich. Übliche Kapselmaßnahmen sind im Bereich der Injektoren die Injektorabdeckung und die Motorhaube. Im Bereich der Fahrzeugfront gilt der Einsatz von temperaturgesteuerten Klappen als Stand der Technik. Im Unterboden sind vor allem als Schallquellen die Ölwanne und das Getriebe, sowie Teile des Abgaskrümmers, des Partikelfilters und der weiterführenden Abgasanlage, sowie Leckagen des Motorraums durch Dämmungsmaßnahmen reduzierbar. Aus Gründen des Wärmemanagements sind der vollständigen Kapselung jedoch Grenzen gesetzt. Deshalb wird zusätzlich mit Absorptionsmaßnahmen im Motorraum, unter der Motorhaube und im Unterbodenbereich des Innenraums gearbeitet. Auch Absorptionsmaßnahmen auf der Außenfläche der Unterbodenverkleidungen und in den Radhäusern werden derzeit erprobt.

3.4.8.2 Fahrgeräusche

Das Vorbeifahrtgeräusch setzt sich im wesentlichen aus den zwei Teilschallquellen Antriebsgeräusch und Reifen-Fahrbahngeräusch zusammen (**Bild 3.4-32**).

Als Ausdruck des langjährigen Entwicklungsfortschrittes an den Aggregaten des Antriebsstranges

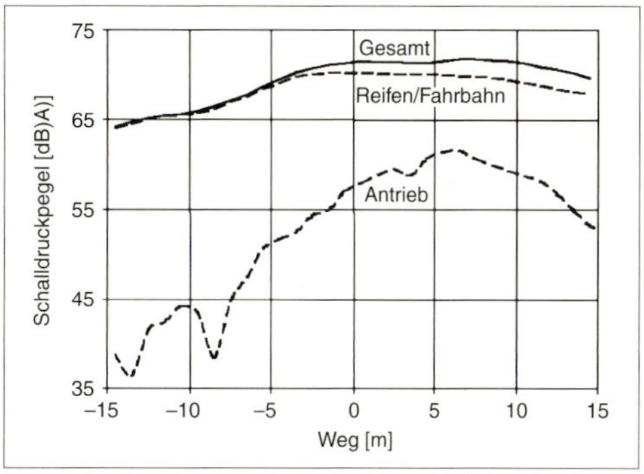

Bild 3.4-32 Teilschallquellen Antriebsgeräusch und Reifen-Fahrbahngeräusch in der beschleunigten Vorbeifahrt

zeigen sich die spektralen Anteile zweier vergleichbarer Fahrzeuge deutlich verändert. Reduziert wurde vor allem die Oberflächenabstrahlung des Motor-Getriebe-Verbunds und das Mündungsgeräusch der Abgasanlage (**Bild 3.4-33**). Das R/F-Geräusch verbleibt in der Umgebung von 1 KHz als dominante Quelle und erschwert eine weitere Pegelabsenkung.

3.4.8.3 Vorbeifahrt nach ISO 362

Die gesetzlichen Grenzwerte in der Außengeräusch-Typprüfung sind durch ECE R51 bzw. durch ISO 362 geregelt. Sie wurden seit 1980 schrittweise von 82 auf 74 dB(A) abgesenkt. Seit 1996 ist dieser Prozess ausgesetzt, da erkannt wurde, dass die dadurch bewirkte akustische Optimierung der Fahrzeuge sich unter den Bedingungen des realen Verkehrsgeschehens nicht mehr schlüssig lärmmindernd auswirkt. Zur Zeit wird ein neues Typprüf-Verfahren (TP) formuliert. Es zielt auf eine verbesserte Abbildung der Lärmemissionen, wie sie bei Fahrzeugen im

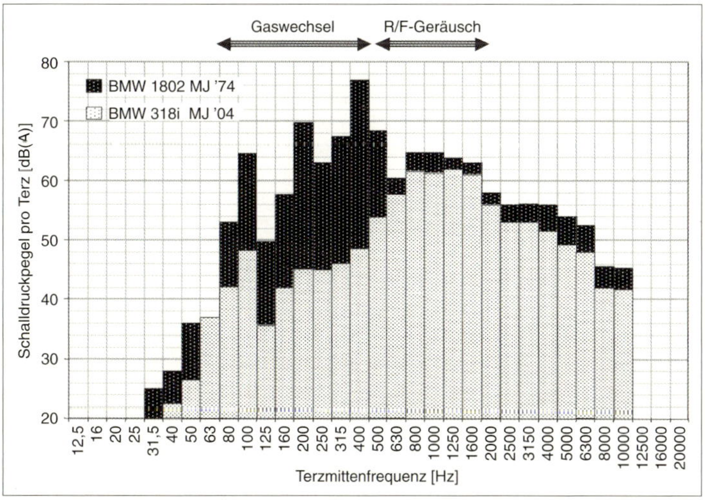

Bild 3.4-33 Spektrum des maximalen Vorbeifahrtgeräusches gestern und heute

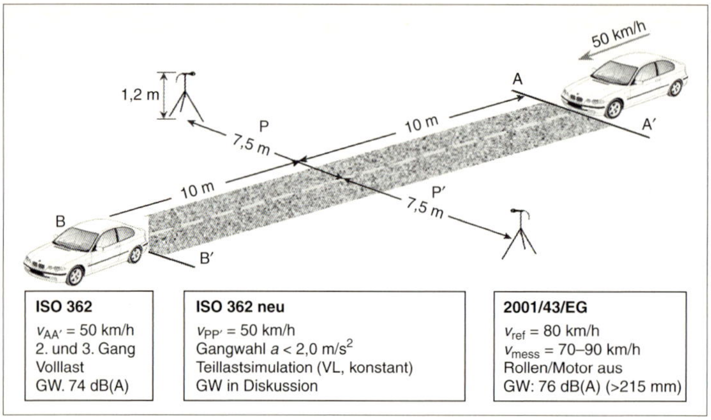

Bild 3.4-34 Vorbeifahrt-Typprüfverfahren

realen innerstädtischen Verkehrsgeschehen auftreten. Eine gesetzlich verbindliche Einführung als ECE R51 (neu) ist ab 2012 zu erwarten.

In der z.Z. gültigen TP-Norm werden die Vorbeifahrtpegel unter Volllast ermittelt **(Bild 3.4-34)**. Für Fahrzeuge mit manuellen Getrieben werden Pegelwerte des zweiten und dritten Ganges arithmetisch gemittelt, während automatische Getriebe in Stufe D gemessen werden. Eine Ausnahme stellen Fahrzeuge dar, die Hochleistungskriterien erfüllen; diese werden nur im dritten Gang gemessen. In der Neufassung der TP-Norm „ISO362-neu“ ist die Geräuschemission eines Fahrzeugs bei $v = 50$ km/h unter Teillastkriterien zu ermitteln, die von dessen „power to mass-Ratio“ (PMR = Leistung/Gewicht in KW/t) abhängen. Dazu erfolgen unter Auswahl geeigneter Gangstufen Vorbeifahrten am Mikrofon bei Volllast (wot) und zusätzlich Konstantfahrten (cruise) in diesen Gängen. Die Mittelungsprozedur für die dabei gemessenen Pegel führt auf die Hilfspegel $L_{\text{wot ref}}$ und L_{cruise}. Aus diesen wird der Typprüfpegel L_{urban} interpoliert, der bei einer urbanen Beschleunigung a_{urban} (vom PMR abhängig, und stets kleiner 2,0 m/s²) vorliegt. Der Algorithmus ist aus **Bild 3.4-35** nachvollziehbar.

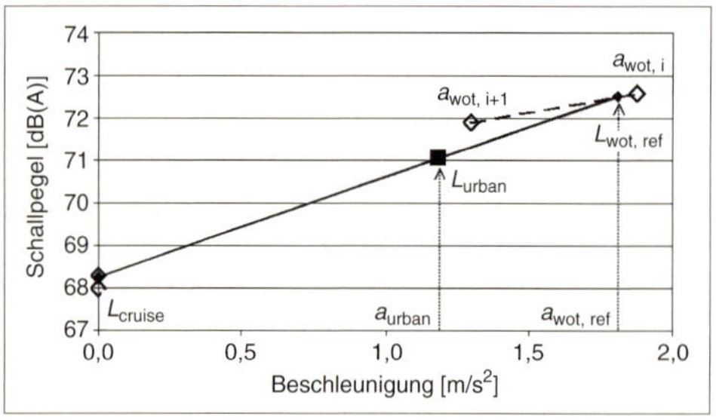

Bild 3.4-35 Neues Messverfahren ISO 362

Im Rahmen einer COP-Prüfung (Conformity of Production) wird die Einhaltung der Grenzwerte vom Gesetzgeber auch in der laufenden Produktion gefordert.

3.4.8.4 Reifen/Fahrbahngeräusch

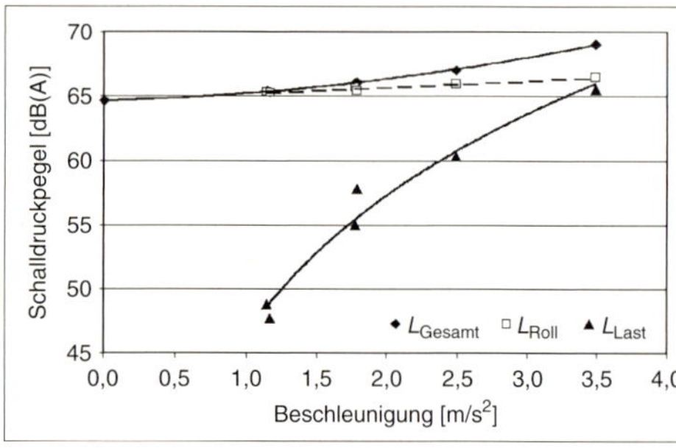

Bild 3.4-36 Roll- und Lastgeräusch eines Reifens

Das R/F-Geräusch tritt bereits ab ca. 30–40 km/h im öffentlichen Verkehr dominant in Erscheinung. Es spielt auch bei den gesetzlichen Grenzwerten im Rahmen der Typprüfung eine zunehmende Rolle (siehe Abschnitt 3.4.8.3). Hier ergeben sich Zielkonflikte bereits innerhalb der Komponente Reifen, z.B. bei der gleichzeitigen Maximierung von Handlings- und Geräuscheigenschaften. Der R/F-Geräuschpegel bei beschleunigter Vorbeifahrt setzt sich aus der Summe der Teilschallquellen für das Roll- und das Lastgeräusch zusammen **(Bild 3.4-36)**.

Für Reifen traten 2003 zur Begrenzung der Reifenrollgeräusche die Regulierungen der Typprüfung 2001/43/EG in Kraft. Darin werden Grenzwerte bei 80 km/h für das Rollgeräusch in Abhängigkeit von der Reifenbreite festgelegt. Für verschiedene Reifensätze sind in **Bild 3.4-37** Rollgeräuschpegel über der Reifenbreite aufgetragen, zusammen mit den Grenzwerten nach 2001/43/EG und Mittelwerten der Reifenmessungen, die vor bzw. ab 2000 erfolgt sind. Es zeigt sich, dass die Pegel nur durch Bezug auf die Reifenbreite nicht ausreichend charakterisiert werden können. Bei breiteren Reifen werden die gültigen gesetzlichen Grenzwerte bereits heute deutlich unterschritten. Mit ca. 2dB(A) hat die Reifenindustrie seit ca. 2000 erhebliche Verbesserungen im akustischen Verhalten der Reifen erzielt.

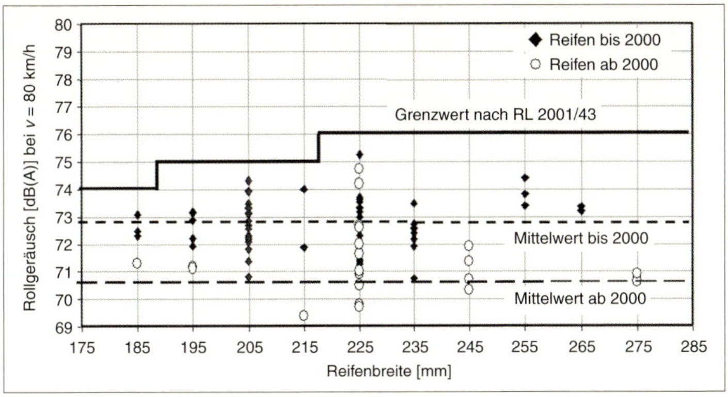

Bild 3.4-37 Rollgeräusch abhängig von der Reifenbreite

[%]	ASG	RFG
2. Gang	78	22
3. Gang	40	60

[%]	ASG	RFG
3. Gang wot	42	58
3. Gang cruise	22	78

Bild 3.4-38 Anteile der Teilschallquellen Antriebstrang (ASG) und Reifen (RFG) im Vergleich der Typprüfverfahren

In **Bild 3.4-38** werden die relativen Anteile von R/F-Geräusch zum Motorgeräusch für ein typisches Fahrzeug abhängig vom gewählten Prüfverfahren aufgezeigt. In den benutzten Gängen werden die Unterschiede in den Geräuschanteilen hauptsächlich von der Motordrehzahl bei Volllast geprägt, während sich im R/F-Geräusch das unterschiedliche Drehmoment an den Rädern wenig auswirkt. Gegenüber dem Ergebnis für das gültige TP-Verfahren erscheint im künftigen Verfahren das R/F-Geräusch mit deutlich größerem Anteil. Dies entspricht der realen Belästigungssituation in urbanen Bereichen, bedeutet aber auch, dass weitere Absenkungen der Grenzwerte mit motorischen Maßnahmen nur noch begrenzt möglich sind.

3.4.9 Schwingungskomfort

Der Akustik- und der Schwingungskomfort eines Fahrzeugs sind zwei eng miteinander verknüpfte Disziplinen, da es sich in beiden Fällen um Körperschall-Phänomene handelt, allerdings in verschiedenen Frequenzbereichen. Zielkonflikte zwischen beiden Fachgebieten resultieren im Allgemeinen aus unterschiedlichen Anforderungen in Bezug auf das Schwingungsverhalten einerseits und die Körperschall-Isolationseigenschaften von Komponenten andererseits.

Die Empfindlichkeit eines Menschen auf Schwingungseinwirkung ist empirisch vielfältig abgesichert. In [17] wird die Empfindlichkeit auf Schwingungseinwirkung über den Sitz in Abhängigkeit von der Schwingungsamplitude und Frequenz angegeben. Aus den Bewertungskurven kann gefolgert werden, dass die Empfindlichkeit des Menschen bzgl. Schwingungsanregungen zwischen 5 und 10 Hz am größten ist. Diese Empfindlichkeit resultiert aus der Tatsache, dass der Mensch im technischen Sinn ein Schwingungssystem darstellt, dessen einzelne Bestandteile, wie z. B. Kopf, Gliedmaßen, Magen, usw. im Frequenzbereich zwischen 5 und 10 Hz zu Resonanzschwingungen angeregt werden. Im Frequenzbereich darüber und darunter nimmt die Empfindlichkeit auf Schwingungsanregung kontinuierlich ab. Störungen durch Schwingungseinwirkung können daher in der Regel nur zwischen ca.1 Hz (Aufbauschwingungen) und 50 Hz (Kribbeln) eintreten.

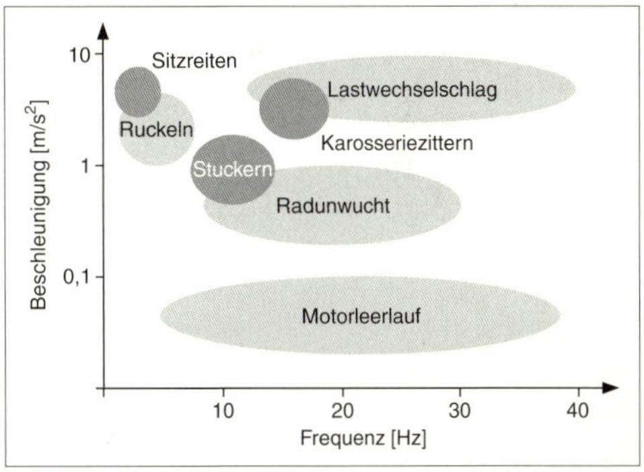

Bild 3.4-39 Schwingungsphänomene

Vor dem Hintergrund der Sensitivität des Menschen gegenüber Schwingungsanregungen müssen zu Beginn der Entwicklung eines neuen Fahrzeugs Grenzwerte für Frequenzlagen und Amplituden der systembedingten Schwingungsphänomene beim späteren Serienprodukt definiert werden (**Bild 3.4-39**). Eine Schwierigkeit bei der Definition solcher Gesamtfahrzeugziele besteht allerdings darin, das subjektive Empfinden eines Fahrzeuginsassen auf objektive Kriterien zurückzuführen. Die Objektivierung der vielfältigen Schwingungseinflüsse des Fahrzeugs auf den Menschen ist immer noch Gegenstand der Grundlagenforschung.

Nachstehend werden die verschiedenen Schwingungsphänomene in Abhängigkeit von den unterschiedlichen Anregungsmechanismen näher be-trachtet.

3.4.9.1 Motorerregte Schwingungen

Zu den motorerregten Schwingungen gehören neben den Leerlaufschwingungen die Phänomene Lastwechselruckeln und Lastwechselschlag.

Leerlaufschwingungen werden durch zyklische und auch stochastische Anregungen aus dem Motor verursacht. Dabei kommt es im ungünstigen Fall dazu, dass die dominierende Motorordnung im Bereich der globalen Gesamtfahrzeugeigenmoden liegt. Ist dies der Fall, verschlechtert sich der Schwingungskomfort im Leerlauf des Motors drastisch. In **Bild 3.4-40** wird dieser Zusammenhang über der Motordrehzahl beispielhaft aufgezeigt.

Dabei ist zu erkennen, dass beim 4-Zylinder-Motor der Leerlauf unterkritisch bezüglich der 2. Motorordnung abgestimmt wird, während beim 6- und 8-Zylindermotor eine überkritische Abstimmung des Leerlaufs bezogen auf die 3. bzw. 4. Ordnung gewählt wird. Damit es zu keiner Anregung der globalen Gesamtfahrzeugeigenmoden durch die Motorordnung kommt, müssen die 1. Biegung und 1. Torsion in einem Frequenzband zwischen 27 und 33 Hz liegen. Um unerwünschte Koppelschwingungen zu vermeiden, sollte zwischen den beiden ersten globalen Gesamtfahrzeugeigenmoden ca. 3 Hz Abstand bestehen. Da die Vorderwagentorsionsfrequenz über der 1. Torsion liegt, sollte sie soweit oberhalb liegen, dass sie auch oberhalb der 4. Motorordnung beim 8-Zylinder-Motor zu liegen kommt.

Zur Gruppe der motorerregten Schwingungen gehören neben den Leerlaufschwingungen auch die Lastwechselschwingungen. Bei diesem Schwingungsphänomen wird unterschieden zwischen dem Lastwechselruckeln und dem Lastwechselschlag. Beide Schwingungsphänomene werden verursacht durch eine sprungförmige Drehmomentänderung im Antriebsstrang infolge einer abrupten Fahrpedalbewegung.

Beim Lastwechselruckeln, auch bekannt unter der Bezeichnung „Bonanza-Effekt“, kann das Schwingungssystem als einfaches Feder-Masse-System beschrieben werden. Die translatorische Masse bildet die Karosserie als Starrkörper, die Feder ist bedingt durch die Elastizitäten im Antriebsstrangsystem, ausgehend von der Reifen-Fahrbahn-Kontaktfläche bis hin zu den Lagerelementen zwischen Karosserie und Antriebsstrang. Dementsprechend ist es verständlich, dass das Lastwechselruckeln in Abhängigkeit von der Antriebsstrangübersetzung (Gangwahl) bei unterschiedlichen Eigenfrequenzen auftreten wird. Besonders störend treten Ruckelschwingungen bei niedrigen Drehzahlen im 1. und 2. Gang – mit Frequenzen zwischen 1.5 und 4 Hz – auf. Grund für die Lästigkeit der Ruckelschwingungen sind vorrangig nicht die Amplitudenwerte des von den Insassen wahrgenommenen zeitlichen Verlaufs der Fahrzeuglängsbeschleunigung sondern vielmehr das mangelhafte Abklingverhalten.

Der Lastwechselschlag tritt im Gegensatz zum Lastwechselruckeln nicht im tieffrequenten, sondern im höherfrequenten Frequenzbereich auf. Dabei kommt es durch die plötzliche Drehmomentänderung, hervorgerufen durch die Änderung der Fahrpedalstellung, neben einem deutlich wahrnehmbaren Ruck in der translatorischen Bewegung des Fahrzeugs zu einem dumpfen, einmaligen Schlaggeräusch, welches aus dem Anschlag der Lagerelemente des Hinterachsgetriebes resultiert. Daraus ergibt sich, dass bei diesem Schwingungsphänomen die Schwingungsamplitude von primärer Bedeutung ist.

Lastwechselruckeln und Lastwechselschlag lassen sich durch Eingriffe in die Motorsteuerung (Zusatzdämpfung durch Zündwinkelverstellung, Begrenzung des Momentenanstiegs) sowie durch gezielte Gestaltung der Steifigkeit des Antriebsstrangs beeinflussen.

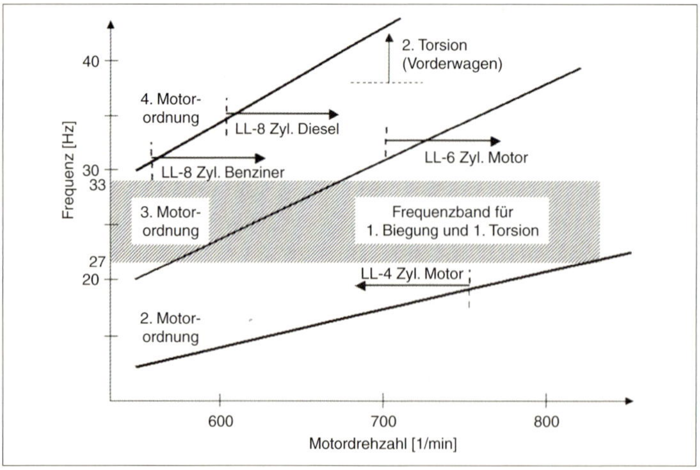

Bild 3.4-40 Schwingungstechnische Auslegung von Motorleerlauf und Gesamtfahrzeug-Eigenfrequenzen

Die Ausführung der Motorlagerung hat ebenfalls Auswirkungen auf das Lastwechselruckeln, der Einbau eines ZMS bzw. dessen Kennlinie hat spürbare Auswirkungen auf den Lastwechselschlag (Kap. 5.4).

3.4.9.2 Fahrbahnerregte Schwingungen

Hier handelt es sich um Schwingungen im Fahrzeug, welche über die Fahrbahn angeregt werden und damit geschwindigkeitsabhängig sind. Zu dieser Gruppe zählen die Phänomene Karosseriezittern, Motorstuckern und Sitzreiten.

Karosseriezittern tritt vor allem bei Fahrzeugen mit großer Dach- oder Hecköffnung sowie bei offenen Fahrzeugen (Cabriolets, Roadster) auf. Dabei kommt es zur Überlagerung der Anregung aus der Radresonanz mit den Resonanzen aus den globalen Torsionseigenmoden des Fahrzeugs. Die Entstehung dieses Schwingungsphänomens ist in **Bild 3.4-41** schematisch dargestellt.

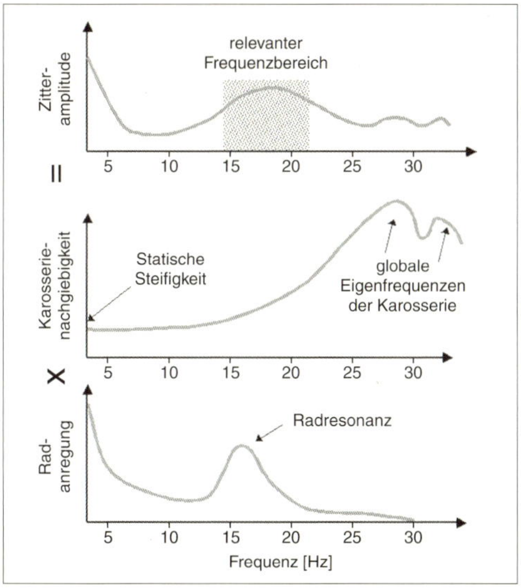

Bild 3.4-41 Wirkmechanismus Karosseriezittern

Durch die Kopplung der beiden Komponentenresonanzen tritt eine Überhöhung des Amplitudenverlaufs im Frequenzbereich zwischen 10 Hz und 20 Hz auf. Für den Fahrzeuginsassen macht sich dieses Phänomen als Nachschwingen des Fahrzeugs beim Überfahren von Fahrbahnunebenheiten bemerkbar und führt zu einem unsoliden Komforteindruck. Neue Reifentechnologien (Runflatreifen) sowie straff abgestimmte Fahrwerke verstärken das Problem. Fahrzeuge mit sportlich straff abgestimmter Vertikaldynamik des Fahrwerks und hohen Radresonanzfrequenzen benötigen dementsprechend steifere Fahrzeugstrukturen mit einer höherliegenden ersten globalen Torsionseigenmode, um das Karosseriezittern ausreichend zu begrenzen.

Beim Motorstuckern kommt es durch gleichzeitige Anregung der beiden Vorderräder zu einer Hubbewegung des Gesamtfahrzeugs. Erfolgt diese Anregung im Frequenzbereich zwischen 5 Hz und 10 Hz, wird der Motor-Getriebe-Verband zu einer entsprechenden Hubbewegung innerhalb seiner Lagergrenzen angeregt. Dieses Schwingungsphänomen wird sehr störend als Unruhe im Vorderwagen wahrgenommen. Um das Motorstuckern zu reduzieren, ist das Lagerungskonzept von Motor und Getriebe von entscheidender Bedeutung. Es muss gewährleisten, dass der Motor-Getriebe-Verband während einer gleichphasigen Anregung des Fahrzeugs an der Vorderachse nicht zuviel Schwingungsenergie aufbaut, die dazu führen kann, dass der Motor-Getriebe-Verband bis an seine Anschläge schwingt, was als deutlicher Ruck vom Fahrer wahrnehmbar ist. Deshalb ist eine ausreichend steife Lagerung zur Unterdrückung des Motorstuckerns notwendig. Bei einer steifen Anbindung des Motor-Getriebe-Verbands an die Karosserie wird jedoch die Körperschallanregung aus dem Motor vermehrt in die Karosserie eingeleitet, was neben einer Verschlechterung des Schwingungskomforts im Leerlauf auch zu einer Verschlechterung der akustischen Übertragung führt.

Diese gegensätzlichen Anforderungen lassen sich mit Hydrolagern auflösen, welche hochfrequent hohe Isolation aufweisen und in der Stuckerfrequenz verhärten. Schaltbare Hydrolager erlauben darüber hinaus über ein Steuersignal sowohl eine dynamisch steife als auch eine weiche Lagerung einzustellen. Serienmäßig eingesetzt werden diese Schwingungsisolationselemente vor allem bei Diesel-Fahrzeugen mit entsprechend hoher Drehungleichförmigkeit des Antriebs im Leerlaufbetrieb. Zur Reduzierung der Vibrationen in die Fahrgastzelle werden im leerlaufnahen Bereich die Lagerelemente auf „weich" geschaltet. Im Fahrbetrieb findet dann das Umschalten in die Stellung „steif" statt, wodurch das Stuckerverhalten positiv beeinflusst wird.

Beim Sitzreiten kommt es zur Kopplung der Aufbauschwingungen mit der Sitz-Mensch-Eigenfrequenz zwischen 4 und 8 Hz, was zu starkem Unwohlsein des Fahrzeuginsassen führen kann. Aus diesem Grund ist es notwendig, die Aufbaufederung unterhalb der Sitz-Mensch-Eigenfrequenz zwischen 2,5 und 4 Hz anzusiedeln. Senkt man die Aufbaueigenfrequenz zu weit ab, werden die Federwege zu groß. Wichtige Charakteristika für die Aufbaueigenfrequenz sind neben der Aufbaumasse die Lagersteifigkeiten und -dämpfungen. Steifigkeit und Dämpfung sind ebenfalls wichtige Einflussgrößen für die Abstimmung der Sitzeigenfrequenz.

3.4.9.3 Raderregte Schwingungen

Bei den raderregten Schwingungen handelt es sich um Schwingungsphänomene die infolge von Radunwuchten entstehen. Diese regen u.a. die Karosserie zu geschwindigkeitsabhängigen Zitterschwingungen an. Die Unwuchten können zum einen aus einer Unrundheit der Reifen resultieren, zum anderen können ungleiche Massenverteilungen im Rad selbst die Unwucht verursachen. Für einen guten Schwingungskomfort bei höheren Geschwindigkeiten hat sich die strukturdynamische Auslegung der Karosserie orientiert an der 1. Radordnung bewährt [9]. Diese ist direkt zur Fahrzeuggeschwindigkeit proportional. In **Bild 3.4-42** ist zu erkennen, dass die Leerlaufdrehzahl die obere Grenze des Frequenzbandes für die 1. Biegung und 1. Torsion darstellt, während die untere Grenze durch die 1. Radordnung festgelegt wird. Je kleiner die Eigenfrequenzen der beiden Eigenformen des Gesamtfahrzeugs sind, desto eher werden sie durch die 1. Radordnung angeregt und desto größer ist die Gefahr, dass es bei höheren Geschwindigkeiten zu einer Anregung der globalen Gesamtfahrzeugeigenmoden kommt.

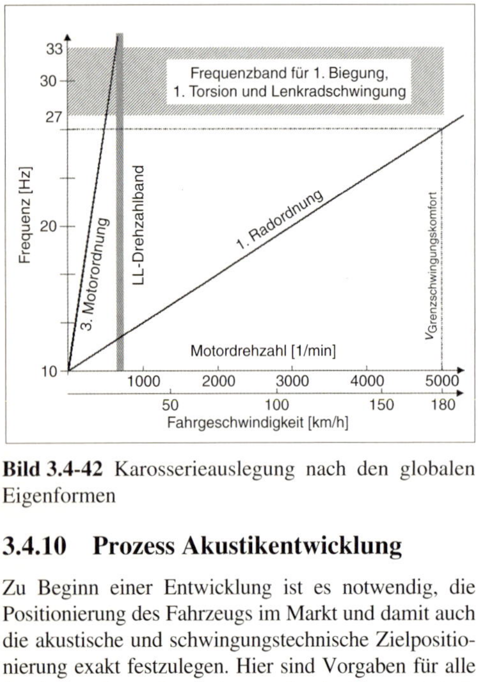

Bild 3.4-42 Karosserieauslegung nach den globalen Eigenformen

3.4.10 Prozess Akustikentwicklung

Zu Beginn einer Entwicklung ist es notwendig, die Positionierung des Fahrzeugs im Markt und damit auch die akustische und schwingungstechnische Zielpositionierung exakt festzulegen. Hier sind Vorgaben für alle kundenwertigen akustischen und schwingungstechnischen Phänomene zu machen. Aus diesen Vorgaben muss ein schlüssiges akustisches und schwingungstechnisches Konzept entwickelt werden. Dieses ist wiederum die Basis für die Ableitung von Subzielen für die wesentlichen eigenschaftsprägenden Subsysteme und Komponenten. Der Zielkatalog für akustische und schwingungstechnische Eigenschaften ist damit grundsätzlich hierarchisch strukturiert. Ausgehend von den Gesamtfahrzeugzielwerten der Ebene 0 werden zuerst die akustischen Kenndaten für die drei wesentlichen Subsysteme der ersten Ebene (Karosserie, Antrieb und Antriebsstrang, Fahrwerk) festgelegt. In den nachfolgenden Ebenen 2, 3, ... werden dann – bei ständig zunehmender Anzahl – die Eigenschaften von deren Subkomponenten mit fortschreitender Detaillierung beschrieben.

Die Erarbeitung eines akustischen Konzeptes ist gleichbedeutend mit der Ableitung von Komponenteneigenschaften aus Gesamtfahrzeugzielen. Trotz aller Fortschritte, Eigenschaftsaussagen auf der Basis von virtuellen Produktdaten zu machen, ist gerade in der Akustik auch heute noch der Einsatz von Prototypen zur Konzeptabsicherung und Detailoptimierung unverzichtbar. Erschwerend kommt hinzu, dass nur Prototypen mit ausreichendem Reifegrad die erforderliche Aussagefähigkeit besitzen. Zielführend ist in der Praxis meist eine hybride Vorgehensweise aus Berechnung und Versuch.

Nicht unerwähnt bleiben darf jedoch, dass das Spezifizieren der Akustikzielwerte wegen der Vielzahl von Zielkonflikten zwischen den verschiedenen Eigenschaften nicht losgelöst von konkurrierenden Anforderungen erfolgen kann. Wichtig ist in diesem Zusammenhang ein ausgewogenes Optimum über alle Fahrzeug-Eigenschaften hinweg anzustreben, denn im Endeffekt wird nur ein in allen Disziplinen stimmiges Fahrzeug hohe Kundenakzeptanz finden.

Literatur

[1] *Adam, T.*: Untersuchung von Steifigkeitseinflüssen auf das Geräuschübertragungsverhalten von Pkw-Karosserien, Dissertation am Institut für Kraftfahrwesen RWTH Aachen, Aachen, 2000

[2] *Zwicker, E.; Fastl, H.*: Psychoacoustics, Springer Verlag Berlin/Heidelberg/New York, 2nd Edition, 1999

[3] FVV Forschungsvorhaben „Störgeräusch", Beurteilung und Katalogisierung von Störgeräuschen bei Verbrennungsmotoren, Forschungsvereinigung Verbrennungskraftmaschinen e.V. Frankfurt am Main, Heft 746, 2001

[4] FVV Forschungsvorhaben „Motorgeräuschgestaltung II" Gestaltung des Geräusches von Verbrennungsmotoren zur Beeinflussung des Höreindrucks unter Berücksichtigung der Luft- und Körperschallübertragung, Forschungsvereinigung Verbrennungskraftmaschinen e.V., Frankfurt am Main, Heft 746, 2002

[5] *Cremer, L.; Heckl, M.*: Körperschall, Springer Verlag Berlin, 1996

[6] *Andreas Laschet*: Systemanalyse in der Kfz-Antr.-Techn. II Expert-Verlag, 2003

[7] *Tonhauser, J.*: Außengeräuschemission von Pkw – bisherige Fortschritte und zukünftige Reduzierungspotentiale, VDA/WdK Informationsveranstaltung Straßenverkehrsgeräusche, Aschheim, 1999

[8] *Mitschke, M.; Wallentowitz, H.*: Dynamik der Kraftfahrzeuge, Springer Berlin, 4. Auflage, 2004

[9] *Freymann, R.*: Strukturdynamische Auslegung von Fahrzeug-Karosserien, VDI-Berichte Nr. 968, S. 143 – 158, 1992

[10] *Holzweißig, F.*: Maschinendynamik – Schwingungslehre, Springer Verlag Berlin, 5. Auflage 2004

[11] *Sarradj, E.*: Energy-based vibroacoustics: SEA and beyond, CFA/DAGA 2004, Strasbourg

[12] *Hucho, W. H.*: Aerodynamik der stumpfen Körper, Vieweg Verlag, 1. Auflage, 2002

[13] *Zeller, P.*: Psychoacoustic-based Sound Design in Vehicle Engineering, JSAE Congress Yokohama, May 2005

[14] *Henn, H.; Sinambari, G. R.; Fallen, M.*: Ingenieurakustik, Vieweg Verlag, 3. Auflage, 2001

[15] *Martens, T.*: Matrix inversion technology for vibro-acoustic modeling application ISMA 23, 1998

[16] ATZ, MTZ: Pkw Neuerscheinungen

[17] VDI-Richtlinien 2057: Einwirkungen mechanischer Schwingungen auf den Menschen, Blatt 1 und 2, Beuth Verlag Berlin, 2002

[18] *Birch, S.*: Good Vibrations, AEI, September 2006, S. 46 – 50

4 Formen und neue Konzepte

4.1 Design

4.1.1 Die Bedeutung von Design

Das Design gewinnt innerhalb der Automobilentwicklung eine immer größere Bedeutung.
Design ist eines der wichtigsten Mittel, eine Marke zu differenzieren und zu profilieren.
Dies liegt nicht zuletzt daran, dass die technischen Möglichkeiten aller Hersteller sich in den letzten Jahren auch durch den Prozess der Markenbereinigung, mehr und mehr angeglichen haben. Natürlich gibt es auch technologisch noch erhebliche Unterschiede, für den normalen Kunden wahrnehmbar einer bestimmten Marke zuordenbar sind sie jedoch immer weniger. Das Grundkonzept Auto hat sich weltweit bei beinahe allen im direkten Wettbewerb stehenden Herstellern auf einem hohen Niveau eingerichtet.
Umso mehr ist das Design ein Wahrnehmungsfeld, welches von den umworbenen Kunden einem konkreten Hersteller zugeordnet werden kann.
Zu dieser Entwicklung hat auch beigetragen, dass das Know-how vieler Schlüsseltechnologien nicht mehr bei den Markenherstellern allein liegt, sondern sich zunehmend auf Entwicklungslieferanten konzentriert, bei denen sich dann alle Marken bedienen.
Fazit: Technologische Merkmale zur Darstellung eines Markenprofils sind immer weniger tragfähig, wenngleich für die Gesamtperformance nicht ohne Bedeutung.
Umso mehr gewinnt hier das Design an Bedeutung.
Durch das Design wird die Wahrnehmung der Marke geprägt. Durch das Design wird die Wahrnehmung des Produktes geprägt.

4.1.2 Designziele

Während sich die technischen Produkteigenschaften aller Hersteller auf einem sehr vergleichbaren Niveau einzufinden scheinen, ist das Design mehr und mehr geprägt vom Ziel größtmöglicher Differenzierung.
Die Erkenntnis dieses Bedeutungszuwachses ist in Europa eine relativ junge Entwicklung. Lange Zeit stand hier bei manchen Firmen das Design im Schatten der technischen Entwicklung. Design war eher ein nachgelagerter Prozess zur ästhetischen Überformung eines technisch geprägten Konzeptes.
Anders in den USA, wo es schon sehr früh zu einer relativen Marktsättigung kam und Design eine wichtige strategische Bedeutung bekam, um durch künstliche Produktdifferenzierung Nachfragesicherung zu betreiben.
Dieser Professionalisierung des Automobildesigns hatte man in Europa lange nichts entgegenzusetzen. Erst mit Beginn der 50er Jahre setzte dann auch in der europäischen Automobilindustrie ein, was es in den USA schon seit den 30er Jahren gab, eine durch Spezialisten, durch Designer betriebene Gestaltung.
Anfangs waren diese Designer in der Regel organisatorisch der technischen Entwicklung angegliedert. Erst mit wachsender Größe und auch wachsender Bedeutung wurden daraus eigenständige Bereiche gebildet.
Deren Aufgabe ist heute nicht mehr nur in der eigentlichen Gestaltungsumsetzung der geplanten Produkte zu sehen, sondern zunehmend ist das Design an der Planung der Produkte und an der Erstellung der Produktstrategien beteiligt.
Beinahe alle Hersteller agieren heute global. Viele Hersteller beheimaten mehrere Marken unter einem Dach.
Die Unterschiede in den Erscheinungsformen und in den Markenprofilen ergeben sich nicht mehr automatisch durch einen regionalen Bezug oder durch einen anderen historischen Hintergrund. Die Unterschiede müssen heute wie alle Merkmale eines Produktes geplant werden und hier ist vor allem das Design das Mittel, diese Differenzierungen zu bewerkstelligen.
Automobildesign hat sich in den letzten Jahren gewandelt.
Es beinhaltet heute nicht mehr nur die konkrete Gestaltung vorgegebener Produkte, sondern ist heute strategische Größe zur Ausrichtung des Unternehmens.

4.1.3 Der Designprozess

Das Design stellt heute in den meisten Unternehmen neben der technischen Entwicklung, dem Vertrieb und Marketing, der Produktion und der Betriebswirtschaft im Produktentstehungsprozess eine eigenständige Größe dar. Bereits bei der langfristigen Produktplanung und bei der Formulierung der konkreten Produktziele ist das Design von großer Bedeutung und erarbeitet gemeinsam mit den anderen Fachdisziplinen die Produktspezifizierung aus, die von allen Beteiligten gemeinsam getragen werden kann.
Die früher gebräuchliche Struktur der seriellen Abarbeitung der verschiedenen Teilprozesse ist einer zunehmenden Parallelisierung gewichen. Entwicklungsprojekte werden projekthaft interdisziplinär bearbeitet, d.h. alle am Prozess Beteiligten arbeiten von Anfang an gemeinsam, um Zielkonflikte frühzeitig zu orten und zu lösen, wenn möglich durch die gemeinsame Zieldefinition gar nicht erst entstehen zu lassen.

Diese frühzeitige Zusammenarbeit ist daher äußerst bedeutsam für die Effizienz der nachfolgenden Entwicklungsprozesse, **Bild 4.1-1**.

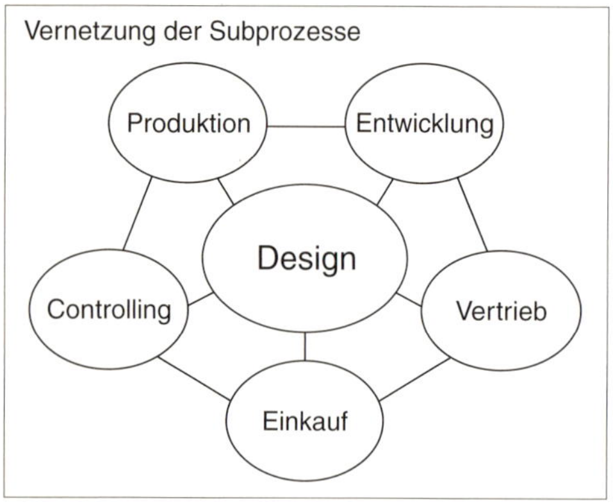

Bild 4.1-1 Vernetzung der Subprozesse

Zielkonflikte während der eigentlichen Produktentstehung (klassisches Beispiel der Konflikt zwischen Aerodynamik und Formgebung) sind in der Regel sehr teuer und es ist deshalb anzustreben, diese schon im Vorfeld durch eine gemeinsam getragene Zieldefinition zu lösen anstatt offene Zielkonflikte in die Umsetzungsphase zu tragen.

Die Qualität dieser Zieldefinition ist entscheidend für den weiterführenden Prozess. Alle hier definierten Ziele sollten Elemente einer langfristig angelegten Produktstrategie sein, sowohl was die technischen Qualitäten als auch die jeweilige Designausprägung betrifft.

Es ist zu beobachten, dass die Anstrengungen des Designs daher um den Aspekt einer langfristig angelegten strategischen Planung erweitert werden musste.

Die generellen Ziele aller Hersteller sind im Grundsatz sehr ähnlich:

Es geht darum in einem verschärften Wettbewerb seine Position auszubauen. Die wichtigsten Wettbewerbsfelder sind dabei Profitabilität und Wachstum.

Das heißt, Optimierung der Kostenstrukturen bei gleichzeitiger Steigerung der für den Kunden wahrnehmbaren Produktqualitäten.

Design ist dabei ein immer wichtiger werdendes Qualitätsmerkmal.

Um dieses langfristig zu sichern, ist es notwendig diese Qualität langfristig anzulegen, denn nur mit kurzfristigen Einzelerfolgen kann die Wahrnehmung einer der Marke zugeschriebenen Designqualität nicht mehr erreicht werden.

Im Vorfeld des eigentlichen Entwicklungs- und Designprozesses steht daher die Erarbeitung der jeweiligen Produktcharakteristik in Ableitung von der jeweiligen unternehmensspezifischen Produktgesamtstrategie (Beispiele siehe **Bild 4.1-2**).

4.1.4 Der kreative Prozess

Nachdem Klarheit über den angestrebten Charakter des neuen Fahrzeuges gewonnen, sowie ein verbindliches Maßkonzept erarbeitet ist, kann der eigentliche kreative Prozess auf breiter Ebene gestartet werden. Ziel dieser Entwicklungsphase ist es, ein möglichst breites Spektrum an Ideen zu generieren. Über Wochen und Monate entstehen Hunderte von Skizzen, Zeichnungen und Konzeptbeschreibungen, **Bild 4.1-3**.

Dieser Prozess ist ein Teamprozess, wobei die Interaktion im Team hier äußerst dynamisch sein kann, **Bild 4.1-4**.

Ein wichtiges Element in dieser Phase ist das der Konkurrenz.

Jeder Designer hat das Interesse, dass möglichst viel von seinen individuellen Ideen weitergeführt wird.

Wenn in irgend einer Form der Aspekt der künstlerischen Selbstverwirklichung innerhalb des Designprozesses eine Rolle spielt, dann ist es in dieser Phase, in der zwar alle gemeinsam, aber doch jeder auch ganz individuell nur für sich agiert.

Bild 4.1-2 Identifikationsmerkmale

www.mercedes-benz.de/c-klasse

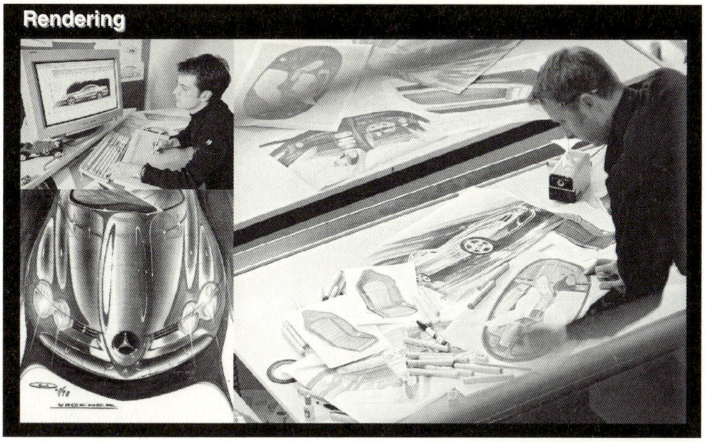

Bild 4.1-3 Entwurfsphase (Rendering)

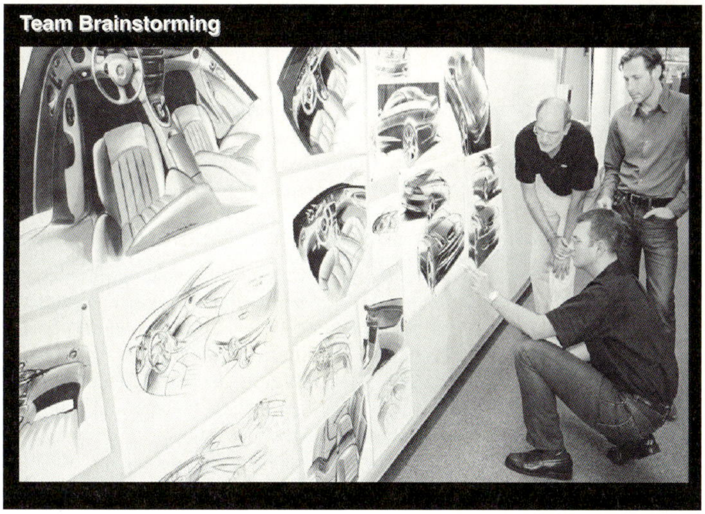

Bild 4.1-4 Team-Brainstorming

Insgesamt ist dieser Aspekt als Katalysator zu sehen, um einen möglichst breiten Ideenansatz zu entwickeln, aber auch um die besten Ideen zum Zuge kommen zu lassen.

Von sehr großer Bedeutung ist es hierbei, das dieser Prozess klug gesteuert wird, sowohl offen genug, um keine Ideen zu unterlassen, aber auch zielorientiert genug, um sich nicht zu verlaufen.

Schritt für Schritt werden dann die erfolgversprechendsten Ideen und Konzepte in intensiven Teambesprechungen herausgefiltert und in die nächste Konkretisierungsstufe überführt.

In dieser Phase der dreidimensionalen Umsetzung gilt es, eine noch relativ große Anzahl formal stimmiger Gesamtkonzepte zu konkretisieren. Gleichwohl wird bereits die technische Realisierbarkeit der Studien überprüft.

Modelle des Karosseriekörpers werden in verkleinertem Maßstab aufgebaut, das Interieur wird sofort in Originalgröße erstellt.

Bereits jetzt in dieser Phase wird dieser kreative Prozess durch die Spezialisten der technischen Absicherung begleitet.

In früheren Zeiten setzte dieser Absicherungsprozess durch die jeweiligen Fachbereiche erst sehr viel später ein, nämlich dann, wenn bereits die Gestaltungen sich sehr weit konkretisiert hatten. Dies musste unweigerlich zu Konflikten führen, da hier die technische Absicherung nicht als Unterstützung und Beratung empfunden wurde, sondern als Störung der gestalterischen Freiheit und Eingrenzung der Möglichkeiten.

Die viel zitierte Gegnerschaft zwischen Ingenieuren und Designern hat seine Ursache in nicht abgestimmten Zielpositionen und Prozessauffassungen.

Je besser diese Abstimmung im Vorfeld war, desto besser ist der Prozess insgesamt.

Einflüsse durch Gesetze und Vorschriften

Gesetzliche Vorgaben zum Bau und zur Zulassung von Automobilen haben in den letzten Jahren sehr

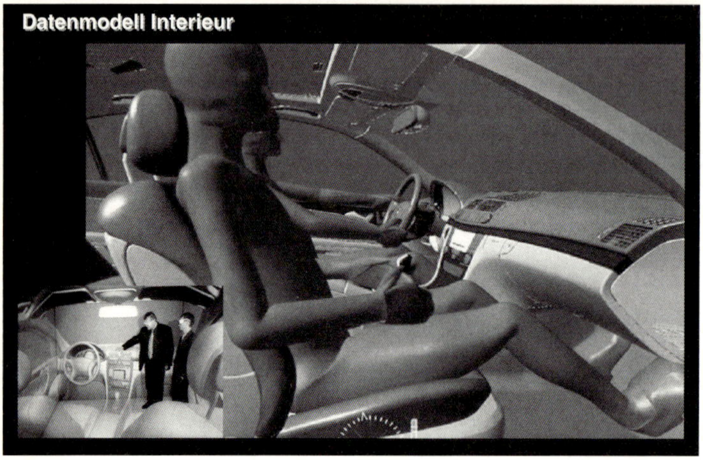

Bild 4.1-5 Datenmodell Interieur

stark zugenommen. In den Entwicklungsbereichen sind ganze Expertenstäbe mit nichts anderem beschäftigt, als die Vorschriften in konkrete Handlungsanweisungen zu übersetzen bzw die Vorschriftenkonformität der entstehenden Entwicklungen abzuprüfen und zu dokumentieren. Erschwerend kommt hinzu, dass diese Vorschriften zum Teil nur regionenspezifisch gelten und nicht international harmonisiert sind.
Auch auf das Design wirken sich viele dieser Vorschriften und Gesetze in starkem Maße aus. Als Beispiele angeführt seien hier die Bumperregulations für Nordamerika oder die aktuellen Fußgängerschutzregeln für Europa.

Interieur und Ergonomie

Ein immer wichtiger werdendes Teilgebiet der Interieurgestaltung betrifft die Bedien- und Anzeigenkonzepte, auch MMI genannt, **Bild 4.1-5**.
Insgesamt ist die Interieurgestaltung der Zielsetzung unterworfen, ein System zu sein zur maximalen Erhaltung der Konditionssicherheit von Fahrer und Insassen. Der Fahrer soll sich im wesentlichen auf das Fahren konzentrieren können und diese Konzentration soll möglichst lange anhalten, Kap. 6.4.1.
Jeglicher Komfort ist entlastender Komfort.
Dennoch ist nicht zu verkennen, dass es zahlreiche neue Funktionalitäten gibt, die in den letzten Jahren Eingang in die automobilen Interieurs gefunden haben.
Es sind vor allem moderne Fahrassistenzsysteme, wie zum Beispiel Navigation, Radarsysteme, Telefon und auch Entertainmentsysteme bis hin zum TV-Empfang Kap. 8).
Auch die klassischen Elemente wie Klimatisierung oder auch Sitzkonfigurationen sind in sich anspruchsvoller geworden.
Zielsetzung des Designs muss es sein, die Schnittstelle zum Fahrer so zu gestalten, dass es nicht zu Überforderungen kommen kann und die an sich sehr sinnvollen Systeme nicht in Summe die Zielsetzung entlastender Komfort und maximale Konditionserhaltung konterkarieren.
Design geht hier in engem Schulterschluss mit den Ergonomen. Nicht nur die Optimierung des Einzelsystems ist hier wichtig. Wichtiger noch ist die gestalterische und ergonomische Betrachtung der Gesamtheit aller Funktionalitäten (Kap. 6.4.1).

4.1.5 Der virtuelle Designprozess

Neben der klassischen Bearbeitung durch Skizzen, Zeichnungen und handwerklich erzeugten Modellen wird mehr und mehr von digitalen Medien Gebrauch gemacht.
Der Vorteil liegt in der engen Vernetzung der Kommunikation zwischen den Gestaltern und den technisch orientierten Arbeitdisziplinen.
Auch völlig neue Arten der Simulation von Modellen sind möglich und finden mehr und mehr Eingang in den Arbeitsablauf.
Vor allem dort, wo es darum geht viele Variationen eines formalen Themas zu visualisieren sind virtuelle Medien das Mittel der Wahl.
Natürlich gibt es noch viele Optimierungsnotwendigkeiten. So gibt es zwischen virtuell dargestellten Modellen und Realmodellen immer noch große Unterschiede in der konkreten Wahrnehmung.
Diese Unterschiede müssen beseitigt werden, was jedoch noch immer relativ aufwendig zu sein scheint.
Letztendlich ist die virtuelle Darstellung oder Simulation nicht Selbstzweck, sondern Mittel zum Zweck, d.h. es kommt das zum Zuge, was am besten zum Ziel führt.
Man kann daher davon ausgehen, dass auch in Zukunft auf reale physikalische Modelle nicht verzichtet werden kann.

4.1.6 Modellphase

Am Ende der ersten dreidimensionalen Bearbeitung steht eine weitere Zäsur an, bei der jedes einzelne

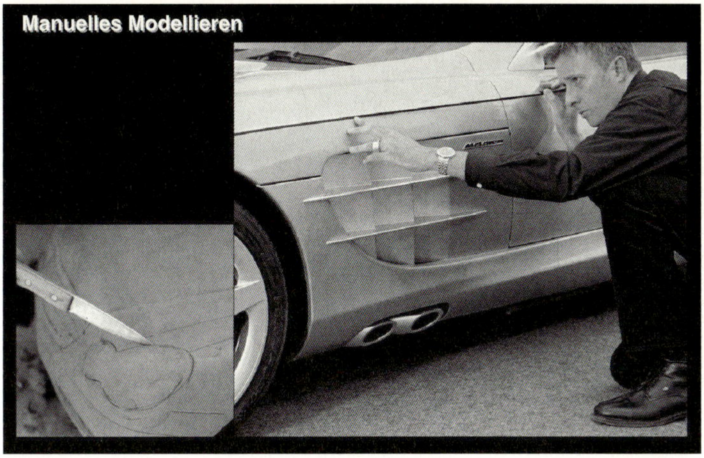

Bild 4.1-6 Manuelles Modellieren

Modell an dem Anforderungsprofil des neuen Automobils gemessen wird. Nur die Modelle, bei denen ein Realisierungspotential besteht, werden im Maßstab 1 : 1 weitergeführt, **Bild 4.1-6**.

Sowohl die Exterieur- und Interieur-Modelle als auch die Material- und Oberflächenkonzepte werden im ständigen Dialog mit den Experten aus Konstruktion, Produktion, Vertrieb und Betriebswirtschaft weiterentwickelt.

Es liegt auf der Hand, dass es in dieser Phase fast unvermeidlich zu Problemfeldern kommt, die in der Definitionsphase im Detail noch nicht erkannt werden konnten. Hier ist dann eine sehr intensive Zusammenarbeit der technischen Experten, Kostenplaner und Designer gefragt. Ziel ist es, diese Probleme immer zugunsten von Produktqualität und Kundennutzen zu lösen.

Schließlich ist die Auswahl des zu produzierenden Modells final zu treffen – eine Entscheidung, die auf Vorstandsebene gefällt wird.

Erst dann werden Interieur und Exterieur zu einem detailliert ausgearbeiteten Einstiegsmodell vereint, mit dem sogar eine Erprobungsfahrt simuliert werden kann.

Nach dem nächsten Meilenstein der Produktentwicklung, dem sogenannten Design-Entscheid, erfolgt die formelle Freigabe zur Serienentwicklung.

Permanente Design-Betreuung ist auch in dieser Phase erforderlich.

4.1.7 Color, Trim und Individualisierung

Neben der Formgestaltung im Exterieur und Interieur stellt das Erstellen von Konzepten zur Farb- und Materialgebung einen eigenständigen Prozess dar.

Zielsetzung ist es hier für den Kunden ein maximales Spektrum an Individualisierung zu bieten.

Neben den für den Kunden wählbaren technischen Ausstattungen, sind es vor allem die Farbe und auch die Materialien und Farbgebungen der Innenausstattung, mit denen sich diese Individualität erzeugen lässt.

Natürlich ist ein maximales Ausweiten der Varianz immer vor dem Hintergrund der Produktionsanforderungen zu sehen, deren Zielsetzung eher einer großen Vielfalt entgegensteht. Die Möglichkeiten einer modernen Logistik helfen hier den Produktionsprozess trotz hoher Bauteilvarianz schlank zu halten, indem Lagerflächen vermieden werden bzw. zu den Bauteilelieferanten verlagert werden.

Viele Hersteller sind zudem dazu übergegangen besondere Formen der Individualisierung durch geschickte Paketierungskonzepte oder durch Submarken zusätzlich anzubieten. Obwohl dies die Ziele einer modernen Produktion eigentlich zu konterkarieren scheint sind diese Konzepte wirtschaftlich für die Hersteller von großer Bedeutung, denn der Bedarf nach Individualisierung und passgenauen Angeboten scheint grenzenlos.

Ein sehr gutes Beispiel für die Ausweitung der Individualisierungsmöglichkeiten sind Räder. Hier gab es in früheren Zeiten sicherlich einige Möglichkeiten, jedoch sind diese in keiner Weise vergleichbar mit dem, was heute angeboten wird.

Für jedes Modell werden heute nicht nur Räder in unterschiedlichen Größen entwickelt, sondern auch in unterschiedlichen Designs. Der Bedarf scheint permanent eher zu wachsen, die Bereitschaft für die Differenzierung durch unterschiedlich gestaltete Räder hohe Aufwendungen zu akzeptieren ist vorhanden und sie wächst.

4.1.8 Designaktivitäten in der Produktionsvorbereitung

Mit der Festlegung und Freigabe aller produktbestimmenden Form- und Materialdaten kann der eigentliche Designprozess als abgeschlossen betrachtet werden.

Dennoch sind die Designer aus dem dann folgenden Prozess der Produktionsvorbereitung und der Realisierung des Produktes noch nicht entlassen.

Was letztlich bleibt ist, dafür Sorge zu tragen, dass die einmal getroffenen Festlegungen auch wirklich erreicht werden.
Feinkonzepte müssen erarbeitet, und gemeinsam mit den Experten der Produktion, Marktexperten des Vertriebs und in engem Kontakt mit den Zulieferanten müssen die verschiedenen Farb-, Material- und Oberflächenkonzepte abgestimmt werden.
Das Ergebnis dieses Optimierungsprozesses, der methodisch Kundenvorabbefragungen und Car-Clinics einschließt, wird wiederum vom Vorstand diskutiert und entschieden.
In der Regel ist es ein kleines Team sehr erfahrener Designer, die hier verantwortlich zeichnen. Zahlreiche Abstimmungen mit den jeweiligen Teilelieferanten sind tägliches Arbeitsprogramm.
Letzlich geht es hier um die Qualität der Ausführung. Das Produkt muss in sich stimmig wirken, die unterschiedlichen Lieferanten mit ihren zum Teil unterschiedlichen Produktionsprozessen müssen koordiniert werden.
Erst wenn das erste kundenfähige Produkt eine Freigabe erlangt hat, kann auch der Designprozess als abgeschlossen betrachtet werden

4.1.9 Entscheidungen

Eine häufig diskutierte Frage betrifft die Entscheidungen im Designprozess, d. h. wer entscheidet und vor allem auf welcher Grundlage wird entschieden.
Zunächst sind Produktentscheidungen im Design eher als ein Hinführungsprozess zu sehen.
Die Einzelentscheidungen, die letztlich zu einer Produktausprägung führen, verteilen sich über einen längeren Zeitraum. Alle handelnden Personen sind lange mit dem Objekt der Entscheidungen befasst.
Es bleibt Zeit, Entscheidungen reifen zu lassen und konsequent zu durchdenken.
Ganze Mitarbeiterstäbe sind damit befasst, Entscheidungen zu strukturieren und vorzubereiten, Alternativen zu prüfen, Folgen zu durchdenken und Empfehlungen auszuarbeiten.
Ungeachtet der Tatsache, dass auch der Designprozess durch die in großen Unternehmen vorherrschenden hierarchischen Systeme dominiert wird, stellt sich die Frage woher ein solches System Sicherheit über die zu treffenden Entscheidungen gewinnt.
In diesem Zusammenhang tauchen unterschiedliche Methoden der Kundenbefragungen auf, oder auch Carclinics genannt. Diese Methoden werden angewandt, jedoch sind diese Methoden nicht unumstritten.
Je komplexer das Produkt desto komplexer die Kundenwahrnehmung und desto unmöglicher ist es, diese Kundenwahrnehmung zu strukturieren und in die Zukunft zu projezieren.
Man muss hier die sehr langen Zeiträume beachten. Ein Fahrzeug, über das heute entschieden wird, ist noch in ca. 20 Jahren im Straßenbild präsent und prägt immer noch die Wahrnehmung der Kunden.
Eine derart lange Voraussage ist natürlich im Bereich des Unmöglichen.
Zu bedenken ist außerdem, dass tragfähige Aussagen erst dann ermittelt werden können, wenn der Entwicklungsprozess schon soweit fortgeschritten ist, dass Korrekturen am Design nur mit äußerst erheblichem finanziellen Aufwand darstellbar sind.
Ansätze, erheblich früher im Prozess Befragungen von Kunden als Grundlage für Entscheidungen heranzuziehen sind aufwändig und führen in der Regel nicht zu genauen oder allenfalls sehr interpretierungsbedürftigen Ergebnissen.
Diese Methoden der Kundeneinbeziehung in den Entscheidungsprozess sind daher nur als flankierende Maßnahmen brauchbar. Sie können den Entscheidungsprozess bestenfalls befruchten, aber letzlich nicht ersetzen.
Letztendlich ist die Qualität von Entscheidungen stark abhängig von der Kompetenz und der Erfahrung der entscheidenden Personen. Hierin ist die unternehmerische Qualität zu sehen, die letztlich zum Erfolg führt oder auch nicht.

4.1.10 Designstudien und Advanced Design

Ein bekanntes Element jeder Automobilausstellung betrifft Modellstudien, die einen Blick in zukünftige automobile Welten ermöglichen sollen. Diese Studien haben unterschiedliche Bedeutungen.
Zum einen gibt es wirkliche Zukunftsstudien, Entwicklungen, bei denen man davon ausgehen kann, dass sie nie in der gezeigten Form realisiert werden können. Die aber exemplarisch bestimmte zukünftige Technologien aufzeigen können und das in zum Teil extremer Darstellung.
Ein Beispiel hierfür ist die F-Reihe von Mercedes (F steht hier für Forschung).
Andere Studien dienen der Vorpositionierung geplanter Fahrzeuge. Hier geht es darum ein neues Fahrzeugkonzept bei einem breiten Publikum lange vor dem anvisierten Markteintritt abzutesten und die Reaktionen darauf vielleicht noch in die Hauptentwicklung des geplanten Modells einfließen zu lassen.
Es soll auch schon vorgekommen sein, dass der Erfolg einer Studie erst zum Beschluss einer Serienentwicklung geführt hat.

4.1.11 Sinnliche Wahrnehmung im Design

Grundlage der Arbeit eines Designers ist die Kenntnis über die Grundlagen der sinnlichen Wahrnehmung.
Der erste Kontakt mit einem figürlichen Objekt ist in der Regel ein Sichtkontakt und es sind visuelle Reize, die hier ihre Wirkung zeigen müssen, **Bild 4.1-7** und **Bild 4.1-8**.

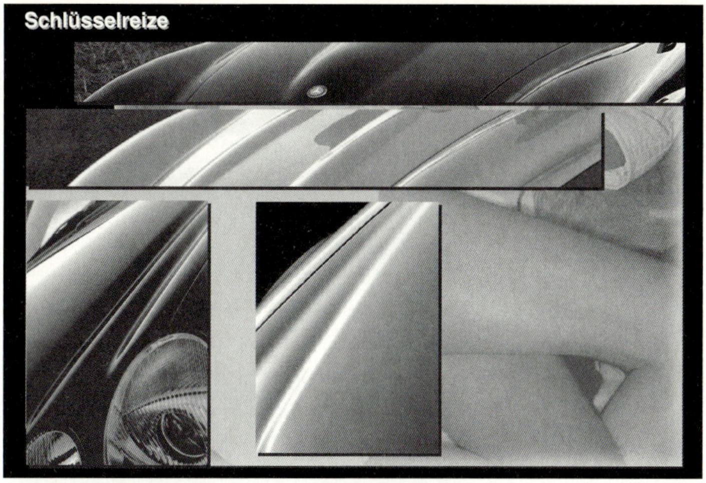

Bild 4.1-7 Schlüsselreize

Bild 4.1-8 Ausdruck

Die menschliche Wahrnehmung ist vor allem darauf konditioniert andere menschliche Wesen wahrzunehmen.
Wissenschaftliche Versuche haben ergeben, dass dabei vor allem die Gestalt als ganzes und bestimmte Bereiche, wie das Gesicht eine entscheidende Bedeutung haben.
Es weist vieles darauf hin, dass sich dieses Wahrnehmungsmuster auch auf die Wahrnehmung von Automobilen übertragen lassen.
So wie seit Menschengedenken angeboren schauen wir zuerst auf das Gesicht und auf die Figur.
Das machen wir auch bei einem Auto so und gerade dieses sind die wichtigsten Bereiche, die uns bei der Gestaltung am intensivsten beschäftigen.
Sie definieren den Charakter, den wir in erster Näherung einem Fahrzeug zusprechen, sie bewirken, ob wir uns angezogen oder abgestoßen fühlen, sie bewirken, ob es so etwas wie eine emotionale Beziehung geben wird und wie diese Beziehung sich gestalten wird.
Möglicherweise ist der Erfolg des Autos gerade auch in der Entsprechung dieses uns Menschen eigenen Wahrnehmungsmusters zu suchen.
Die Formgebung eines Autos, mit seinen Proportionen und Reizmustern, wie Gesicht, Heck usw. hat einen starken reizauslösenden Charakter und wir bedienen uns hier der gleichen Wahrnehmungskanale, wie wir das auch sonst tun, etwa bei den Wahrnehmungsvorgängen zwischen zwei Menschen.
Die ewige Frage nach der Schönheit und wie sie funktioniert lässt sich nicht abschließend beantworten. Dennoch, es gibt Näherungen.
Man kann davon ausgehen, dass bestimmte Proportionen von den meisten Menschen als angenehmer empfunden werden als andere, wobei es hier durchaus kulturelle Unterschiede zu beachten gilt.
Bestimmte Figürlichkeiten haben jedoch auch über lange Zeiträume hinweg betrachtet in ihrer Wirkung einen gewissen Ewigkeitswert.

Ein Lächeln ist ein Ausdruck, der in allen Kulturen verstanden wird.

So gibt es viele interkulturelle Zeichen und Chiffren die dem Gestalter hier zur Verfügung stehen.

Andere Gestaltungsinhalte sind dagegen eher aus einem spezifischen kulturellen Hintergrund entstanden.

Wichtig ist dabei, dass die Inhalte der Chiffren so aufeinander abgestimmt sind, dass die Botschaft verstanden wird. Sie wird dann verstanden, wenn sie einem schon vorhandenen Wahrnehmungsmuster entspricht.

Es ist in der Tat verblüffend festzustellen, wie stark die erfolgreichsten Fahrzeuge den in unserer Vorstellung wirksamen Archetypen entsprechen.

Je klarer diese Gesamtwahrnehmung einem eingeübten Wahrnehmungsmuster entspricht, desto berechenbarer ist das voraussagbare Ergebnis.

Die Reize, mit denen Designer zu arbeiten gewohnt sind, wirken unmittelbar und kaum gefiltert und sind deshalb umso nachhaltiger wirksam.

Einer der wichtigsten Wahrnehmungsfilter ist die Marke eines Herstellers.

Voraussetzung dafür ist ein ausgebildeter Stil, denn nicht nur bestimmte Embleme machen eine Marke aus, sondern das mit der Marke verbundene Produktversprechen.

Ein Stil bildet sich dabei aus der konsequenten Anwendung und Wiederholung bestimmter Chiffren und Themen über einen längeren Zeitraum.

Der Markenstil bildet dabei eine eigene Wahrnehmungsebene ab.

Diese Wahrnehmung ist über lange Zeit gelernt und wenn einmal erworben sehr konstant wirksam.

Als Beispiel der Bedeutung des Markenstils sei eine Beschreibung angefügt, die aus einer Veröffentlichung des Designbereichs (90er Jahre) der Marke Mercedes-Benz stammt:

Ein paar bescheidene Anmerkungen dazu, was für uns Designer die Marke Mercedes-Benz bedeutet.

Sie ist für uns eine der Grundsubstanzen unserer Arbeit und wir setzen sie gezielt ein. Eine unserer wichtigsten Anforderungen zu Beginn jeden Projektes lautet: ein Mercedes muss immer wie ein Mercedes aussehen.

Mit unverkennbaren Hinweisen auf die Zugehörigkeit zur Marke Mercedes-Benz, sind wir in der Lage den umfangreichen Erinnerungsspeicher bei unseren Kunden zu aktivieren, der mit dem Namen Mercedes-Benz verbunden ist (Beispiele siehe ***Bilder 4.1-9*** *und* ***4.1-10****).*

Die Marke Mercedes scheint seit vielen Jahrzehnten bereits verbunden zu sein mit vielen positiven Eigenschaften, die man den Produkten und dem Unternehmen zuschreibt.

Es ist sicher nicht übertrieben zu behaupten, dass es so etwas wie ein Urvertrauen in diese Marke und in seine Produkte gibt.

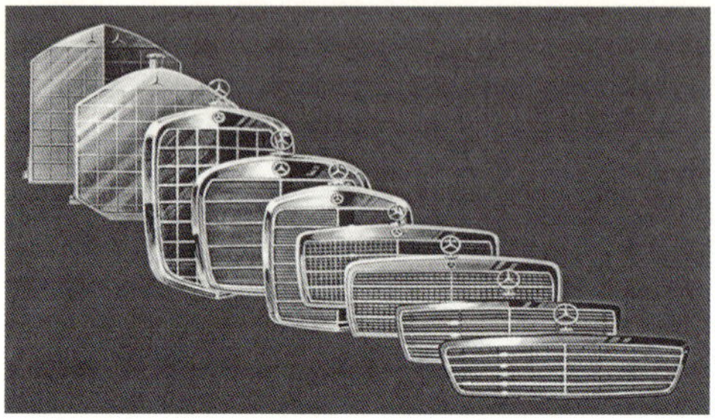

Bild 4.1-9 Zur Entwicklung des Mercedes-Benz-Designs

Bild 4.1-10 Entwicklung des Mercedes-Benz SL-Gesichts

Man muss dies als ein Ergebnis einer in den Anfängen unseres Jahrhunderts bereits beginnenden Bildung einer öffentlichen Meinung betrachten.

Grundlage war und ist natürlich die hervorragende Qualität der Produkte unseres Hauses aber auch des Umfeldes, in dem diese Produkte in Erscheinung treten.

Ich möchte nicht erklären was ein Pawlowscher Reflex ist, aber es scheint zwischen einer Marke wie Mercedes und der öffentlichen Meinung Wechselbeziehungen zu geben, die diesem Phänomen sehr ähnlich sind.

Eine Marke weckt aber nicht nur positive Gefühle, sondern erzeugt auch Erwartungen.

Wenn die öffentliche Aufmerksamkeit sich möglicherweise bestehenden Produktschwächen zuwendet, die durchaus vorgekommen sind, so mag dieses bei anderen Marken als Randnotiz vermerkt werden, in Verbindung mit dem Namen Mercedes-Benz ist so etwas immer für eine Sensation gut. der in einer sensationsgierigen Öffentlichkeit ein hoher Marktwert zukommt.

Wir wissen das sehr gut und nicht nur deswegen ist uns unsere Marke auch Verpflichtung.

Wenn bereits durch den bloßen Anblick eines neuen Fahrzeuges viele positive Empfindungen und Meinungen ausgelöst werden können, so nützt uns das, denn wir müssen diese Empfindungen nicht mehr aufwendig erzeugen.

In der Vergangenheit haben wir sehr strikt nach diesem Muster gehandelt.

In den Zeiten, in denen wir noch im wesentlichen drei Limousinenbaureihen produzierten, sah ein Mercedes

vor allem immer wie ein Mercedes aus. Die Markenaussage hatte Vorrang vor allem anderen. Die Fahrzeuge waren zuerst Mercedes und erst dann ein Fahrzeug einer bestimmten Klasse.
Das haben wir, wie Sie unschwer erkennen können, etwas geändert.
Zwar ist ein Mercedes auch heute noch auf den ersten Blick als Mercedes zu erkennen, dennoch sind die Unterschiede zwischen den einzelnen Modellen größer geworden. Die Charaktere der Modelle sind deutlicher herausgearbeitet.
Der Grund dafür ist natürlich die Entscheidung zu unserer Modelloffensive, die Anfang der 90er Jahre getroffen wurde.
Wir wollen Kunden erreichen, die bisher nicht im Mittelpunkt unseres Interesses standen, und dazu brauchen wir ein breit gefächertes Angebot.
Für die Marke Mercedes wiederum bedeutet diese Erweiterung der Erscheinungsformen eindeutig eine Bereicherung.
Über lange Zeit tradierte Werte sind zwar ein Segen, aber sie bergen auch in sich die Gefahr der Verkrustung und genau diese Gefahr galt es zu bannen.
Erweiterung der Ausdrucksformen heißt aber nicht Aufweichung oder Überdehnung des Markenbildes. Wir sind uns bewusst, dass es hier Grenzen gibt, die auszuloten uns natürlich reizt.
In einem Umfeld in dem die rein technischen Qualitäten von Fahrzeugen immer schwieriger zu kommunizieren sind und daher an Kommunikationsbedeutung verlieren, kommt dem Design als Differenzierungsmerkmal eine immer größere Bedeutung zu.
Es kommt also besonders darauf an, durch das Design die Eigenarten der Marken noch deutlicher hervorzuheben und zueinander zu profilieren.

Literatur und Abbildungen

DaimlerChrysler Konzernarchiv
ATZ/MTZ-Sonderhefte: Pkw-Neuentwicklungen

4.2 Fahrzeugkonzept und Package

4.2.1 Einführung und Definition

Wesentliche Aufgabe der Konzepterstellung und Packageerarbeitung für ein Fahrzeug ist die konstruktive Zusammenführung, Verdichtung und Bewertung unterschiedlicher Anforderungen und Ziele, vgl. **Bild 4.2-1**.
Die Fahrzeugkonzept- und die Packageerstellung sind im Fahrzeugentwicklungsprozess untrennbar miteinander verknüpfte Aktivitäten. Die Begriffe werden in der Automobilindustrie daher auch nicht einheitlich verwendet. Eine sinnvolle Abgrenzung gelingt über die zeitliche Abfolge der Aktivitäten und über die behandelten Schwerpunkte. Von der zeitlichen Abfolge her wird im Entwicklungsprozess mit der Fahrzeuggrundkonzeption begonnen. Das Grundkonzept wird dann durch ein ständig detaillierter werdendes Package untermauert. Aus diesem Package ergeben sich unter Umständen Aspekte, die auch das Fahrzeuggrundkonzept beeinflussen und ggf. einer zunächst favorisierten Lösung entgegenstehen.

Definition Fahrzeugkonzept

Das Fahrzeugkonzept ist der konstruktive Entwurf einer Produktidee mit dem die grundsätzliche Realisierbarkeit abgesichert wird. Die Entwurf umfasst die „Komposition“ bzw. Zusammenstellung der wesentlichen, die Fahrzeugeigenschaften und die Fahrzeugcharakteristik beeinflussenden Parameter, Hauptmodule und Komponenten. Der Schwerpunkt liegt dabei auf der Festlegung und Gestaltung von:

- Aufbauausprägung, Fahrzeuggrundform und zukünftige Varianten,
- Anzahl Sitzplätze, Raumbedarf Insassen,
- Stauraum und Volumina (z.B. Tank),
- Hauptabmessungen sowie
- Motor- und Antriebskonzept.

Die wesentlichen Gestaltungsmöglichkeiten werden in Abschnitt 4.2.2 aufgezeigt.

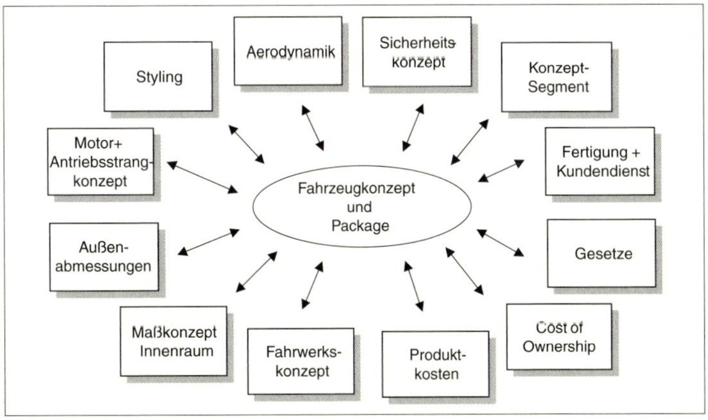

Bild 4.2-1 Beispiel für bei Fahrzeugkonzeption und Package zu berücksichtigende Anforderungen

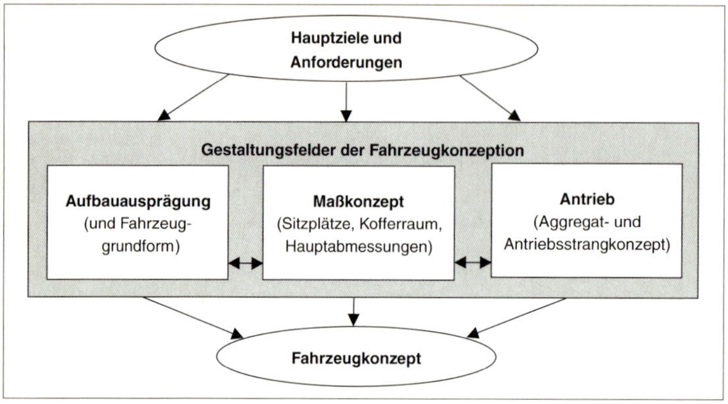

Bild 4.2-2 Gestaltungsfelder der Fahrzeugkonzeption

Definition Package

Das Package ist die während der Entwicklung des Fahrzeugs schrittweise verfeinerte Ausarbeitung des Entwurfs mit den Ziel, ständig die technische Machbarkeit des geplanten Produkts und das maßliche Zusammenspiel aller Baugruppen und Komponenten zu überprüfen.
Es werden dabei alle Anforderungen aus

- kundenrelevanten und gesetzlichen,
- umwelt- und sicherheitstechnischen,
- stylistischen,
- wirtschaftlichen,
- technisch funktionellen,
- produktions- und wartungstechnischen und
- qualitätssichernden

Gesichtspunkten mit dem Ziel vereint, eine konstruktiv bestmögliche Gesamtfahrzeuglösung zu erreichen [1].
D.h., die verschiedenen Zielkonflikte, Bauraumansprüche und funktionalen Abhängigkeiten werden derart aufgelöst, dass eine geometrisch und physikalisch kompatible Anordnung aller Komponenten, das sog. Package, entsteht.

4.2.2 Gestaltung von Fahrzeugkonzepten

Für eine erste Fahrzeuggrundkonzeption ist die gleichzeitige Berücksichtigung aller Anforderungen weder zielführend noch erforderlich. Allerdings sind die Hauptparameter so zu wählen, dass in späteren Phasen der Entwicklung Gestaltungsspielräume verbleiben. Einen großen Einfluss auf das Fahrzeugkonzept haben die folgenden Anforderungen:

- Wesentliche Wettbewerber (heute und Prognose Zukunft) inkl. relativer Positionierung zu diesen Wettbewerbern
- Einsatzbereich (Freizeit-, Nutz-, Stadtfahrzeug, Reiselimousine, Geländefahrzeug, Sportfahrzeug)
- Karosserievarianten
- Grobes Sicherheitskonzept mit Crashstrukturen
- Anzahl der Sitzplätze, Gepäckraumvolumina, Variabilität
- Ergonomische Anforderungen an die Sitzplätze (Komfortanforderungen)
- Aggregatfamilien und Antriebsstrangkonzepte

Auf die einzelnen in **Bild 4.2-2** dargestellten Gestaltungsfelder wird in den folgenden Abschnitten detaillierter eingegangen.

4.2.2.1 Außenabmessungen und Fahrzeugklassen

Um die Vergleichbarkeit der wesentlichen Maße innen und außen sicherzustellen, sind die wesentlichen, ein Fahrzeug beschreibenden Maßdefinitionen und -bezeichnungen vereinheitlicht [2–3] (**Bild 4.2-3**, **Bild 4.2-4**).
Anhand dieser Außenabmessungen erfolgt innerhalb der Automobilindustrie und in der Fachpresse die Einteilungen nach *Fahrzeugklassen*. Eine solche

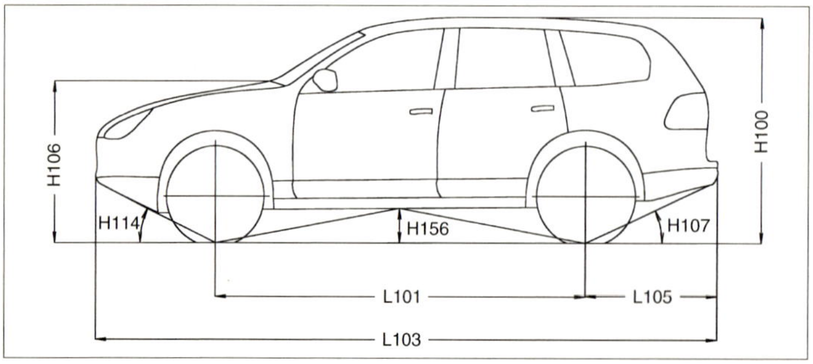

Bild 4.2-3 Außenabmessungen in *x*-/*z*-Richtung, Benennungen gemäß [3]

Tabelle 4.2-1 Einteilung in Fahrzeugklassen, Beispiele, konkrete Exterieurmaße einzelner Fahrzeuge (*Klasse „Microcar"), Daten teilweise Vorgängermodelle aktueller Fahrzeuge

Fahrzeugklassen	Minicar	Compact	Untere Mittelkl.	Mittelklasse	Obere Mittelkl.	Luxusklasse	Vans	SUVs
Beispielfahrzeuge unterstes Fahrzeug dient im weitern Verlauf jeweils als Beispiel *(kursiv gedruckt)*	Fiat Seicento MCC Smart Seat Arosa *VW Lupo*	Toyota Yaris Fiat Punto Opel Corsa Ford Fiesta *VW Polo*	Mercedes A-Kl. VW Golf Opel Astra Audi A3 *Ford Focus*	Ford Mondeo Mercedes C-Kl. Audi A4 Opel Vectra *BMW 3er*	Opel Omega BMW 5er Mercedes E-Kl. Peugeot 607 *Audi A6*	Jaguar XJ BMW 7er Audi A8 VW Phaeton *Mercedes S-Kl.*	Fiat Ulysse Merc. V-Kl. Renault Espace *VW Sharan*	BMW X5 Mercedes M-Kl. Chrysler Cherokee *Porsche Cayenne*
Sitzplätze								
Normalzustand/mit umgekl. (bzw. ausgebauter) Rückbank	4/2	5/2	5/2	5/2	5/2	5/2	7/2	5/2
Exterieurrmaße								
Länge (L103) (1) in mm	2500–3600 *3527*	3600–3900 *3897*	3900–4400 *4152*	4300–4600 *4471*	4500–4900 *4795*	4800–5200 *5038*	4600–5000 *4620*	4400–4900 *4782*
Breite (W103) in mm	1500–1650 *1639*	1550–1670 *1650*	1670–1740 *1699*	1670–1770 *1739*	1770–1850 *1810*	1800–1900 *1855*	1800–1950 *1810*	1800–1950 *1928*
Höhe (H100) in mm	1330–1550 *1460*	1350–1480 *1465*	1330–1440 *1430*	1360–1430 *1387*	1360–1450 *1423*	1400–1500 *1444*	1500–2000 *1730*	1650–1950 *1699*
Radstand (L101) in mm	1800–2400 *2323*	2350–2500 *2460*	2400–2700 *2615*	2500–2800 *2725*	2600–2900 *2760*	2700–3200 *2965*	2700–3200 *2846*	2700–3000 *2859*
Bodenfreiheit (H156) in mm	100–150 *125*	100–150 *113*	100–150 *146*	100–150 *110*	110–150 *123*	110–150 *150*	120–170 *155*	170–250 *183*
Überhang vorne (L103–L105–L101) in mm	350–800 *729*	500–850 *803*	550–850 *842*	700–900 *758*	700–1000 *968*	700–1000 *867*	700–1000 *864*	850–1050 *924*
Überhang hinten (L105) in mm	300–500 *475*	400–650 *634*	500–750 *695*	700–1000 *988*	800–1200 *1067*	900–1300 *1206*	800–1200 *910*	850–1050 *999*
Böschungswinkel vorne (H106) in °	12–50 *14*	15–20 *16*	12–20 *13*	12–20 *17*	12–20 *15*	12–20 *17*	12–20 *13*	24–35 *29*
Böschungswinkel hinten (H107) in °	15–50 *39*	15–20 *19*	15–20 *18*	12–20 *15*	12–20 *16*	12–20 *15*	12–20 *20*	14–35 *25*

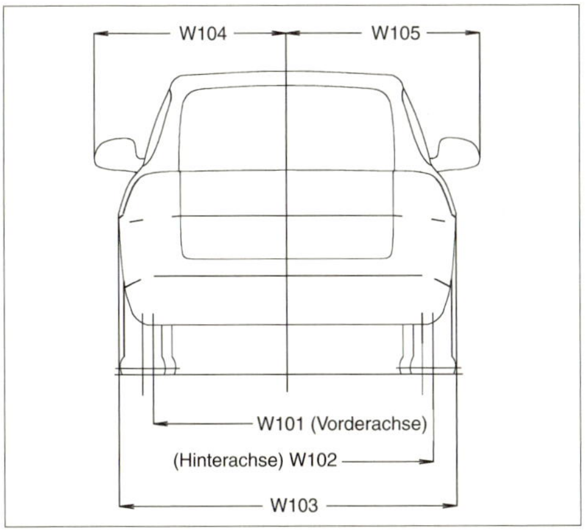

Bild 4.2-4 Außenabmessungen in *y*-Richtung, Benennung gemäß [3]

Klasseneinteilung nach Außenabmessungen mit Beispielfahrzeugen ist in **Tabelle 4.2-1** dargestellt.

Die Modellvielfalt und die zunehmende Anzahl von Nischenfahrzeugen zeigt jedoch die Grenzen dieser Einteilung auf. Daher wird die Einteilung in Klassen anhand der Größe um eine Einteilung in die Fahrzeugnutzung bzw. die Fahrzeugausprägung ergänzt. Beispiele für solche Einteilungen sind:

- Cabrios (inkl. Roadster)
- Sportwagen (inkl. Sportcoupé)
- Geländefahrzeuge (inkl. Sport Utility Vehicles)
- Vans

Diese Aufteilung nach Größe einerseits und Einsatzbereich andererseits ist aus technischer und fahrzeugkonzeptioneller Sicht nicht zufriedenstellend, da nicht alle realisierbaren Fahrzeugkonzepte abgedeckt werden. Eine Ausweitung der Klasseneinteilung um die Nutzungsform (Aufbauvariante) wird im folgenden Abschnitt aufgezeigt. Es ist auch zu beachten, dass die Klassengrenzen keine festen Werte für bestimmte Abmessungen haben, sondern einer zeitlichen Anpassung unterliegen.

4.2.2.2 Aufbauausprägungen und Konzeptsegmente

Die zu differenzierenden *Aufbauausprägungen* mit ihren Charakteristika sind in den ersten beiden Spalten der **Tabelle 4.2-2** dargestellt.

Durch Kombination der Aufbauausprägungen mit den definierten Größenklassen ergeben sich vielfältige Konzeptsegmente. Die derzeit am Markt belegten Segmente sind in **Tabelle 4.2-2** gekennzeichnet.

Die Zuordnung der *Aufbauformen* zu den Konzeptsegmenten stellt den aktuellen Stand der am Markt befindlichen Fahrzeuge dar. Konzeptstudien deuten darauf hin, dass eine Ausweitung verschiedener Aufbauausführungen in neue Klassen, sowie auch eine Vermischung der Aufbauformen verstärkt am Markt aufzufinden sein wird, vgl. auch Ausblick, Kap. 4.2.6.

4.2.2.3 Fahrzeuggrundformen

Neben den Aufbauausprägungen wird zunehmend die *Fahrzeuggrundform* als Differenzierungsmerkmal ge-

Tabelle 4.2-2 Aufbauausprägungen und Anwendungen der Aufbaukonzepte in unterschiedlichen Größenklassen (× = verbreitet, * = Einzelanwendung)

Aufbau-ausprägung	Bemerkung	Minicars	Kleinwagen	Kompaktkl.	Mittelklasse	Obere Mittelkl.	Luxusklasse
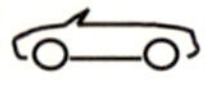 Offen	Als Roadster (2-sitzig) oder Cabriolet (meist 4-sitzig): Cabriolets häufig von Stufenheck oder Steilheckfahrzeugen abgeleitet	×	×	×	×	*	*
 Fließheck	„Klassisches Coupé" oder Differenzierung von Stufenheck- oder Steilheckkonzepten				×	×	
 Stufenheck	Die klassische Ausprägung der Limousine (u. Klappdachcabrios)			*	×	×	×
 Steilheck	In den unteren Fahrzeugsegmenten als „Hatchback" in den oberen Segmenten als Kombifahrzeug	×	×	×	×	×	
 Großraum	Auch als MPV bezeichnete Fahrzeuge mit mehr als 5 Sitzplätzen oder vergrößertem Raumangebot, große Fahrzeughöhe			×	×	×	*
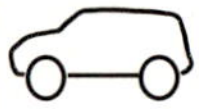 „SUV"	Geländefahrzeuge, Hauptdifferenzierung über Bodenfreiheit und Böschungswinkel. Basis: höhergelegte Steilheckfahrzeuge oder eigenständige Konzepte			×	×	×	
 „Pickup"	Vor allem in den USA verbreitete Aufbauform, meist von SUVs oder Trucks abgeleitet			*	×	×	

nutzt. Hierbei kann zwischen 1-, 2- und 3-Box-Ausführungen unterschieden werden, **Tabelle 4.2-3**.

Die *3-Box-Ausführung* stellt die klassische Unterteilung in Motorraum, Raum für Insassen und Kofferraum dar.

Fahrzeuge in 2-Box-Anmutung sind im Bereich der Kombis und der Coupés mit variabler Rückbank anzutreffen. Hier wird die Trennung zwischen Insassen und Gepäck aufgehoben oder variabel gestaltet.

Bei der 1-Box-Anmutung muss zwischen zwei Ausrichtungen unterschieden werden. Zum einen eine konventionelle 2-Box-Architektur, die stylistisch als 1-Box ausgeführt ist, zum anderen eine wirkliche 1-Box-Ausführung, bei der für den Motorraum ein Sandwichboden genutzt wird und somit die klassischen Trennungen zwischen den Bauräumen in x-Richtung aufgehoben werden (Unterflurkonzepte).

Insbesondere spät in bestimmte Segmente eintretende Wettbewerber suchen nach Differenzierungspotential über die Fahrzeuggrundform. Der momentane Trend in der Weltautomobilindustrie geht eindeutig von der klassischen 3-Box-Aufteilung hin zu variableren 1- und 2-Box-Konzepten.

Fahrzeuge mit *1-Box-Design* und Sandwichboden sind zudem konzeptionell gut geeignet, alternative Energieträger wie beispielsweise Batterien oder Brennstoffzellen zu integrieren, siehe Kapitel 4.3.

4.2.2.4 Sitzigkeit, Gepäckraum und Innenraumvariabilität

Innenräume gewinnen heute zunehmend an Variabilität. Die wesentlichen Grundvarianten stellen die 2-Sitzigkeit bei Kompaktwagen und Roadstern, eine 2+2- bzw. 4-Sitzigkeit bei Kleinwagen und Coupés und eine 5-Sitzigkeit in den anderen Klassen dar. Im Van-Segment sind 6- bis 8-sitzige Ausprägungen vorzufinden.

Tabelle 4.2-3 Fahrzeuggrundformen und Anwendungsgebiete

Grundform	1 Box 	2 Box 	3 Box 
Beschreibung	Das gesamte Fahrzeug wird als ein Volumen wahrgenommen (one Box). Tatsächlich findet jedoch eine Trennung zwischen Insassen und Gepäck auf der einen Seite, sowie Technik (Antriebsstrang, Motor, Getriebe, Tank) auf der anderen Seite statt. Häufig wird diese Trennung über einen Sandwichboden und/oder einen tief liegenden Motorraum vollzogen.	Aufteilung des Fahrzeuggrundkörpers in zwei Bereiche/Volumina. Ein Bereich (zumeist der vordere) ist als Motorraum ausgeprägt, das zweite Volumen wird als Insassen- bzw. Gepäckraum ausgestaltet.	„Klassische" Aufteilung der Volumina des Fahrzeugs. Trennung zwischen Technik (Motorraum), Insassen und Gepäckraum. Zunehmend ist auch bei 3-Box-Ausführungen variable Trennung zwischen Insassen und Gepäck vorzufinden.
Anwendung	– Vans – Neue Kleinwagenkonzepte (Smart, A-Klasse)	– Kombifahrzeuge – SUVs – Kompaktklasse („Golf-Klasse")	– Limousinen – klassische Coupés – Cabrios – Roadster
Vorteile	– Geringe Verkehrsfläche – sehr gute Raumausnutzung – hohe Sitzposition	– Große Variabilität zwischen Gepäck- und Insassenraum möglich	– Trennung der Nutzräume für Innengeräusch positiv – günstig für passive Sicherheit (Gepäckraum getrennt) – hohe Steifigkeit der Karosserie
Nachteile	– Große Fahrzeughöhe, dadurch große Stirnfläche – hoher Schwerpunkt fahrdynamisch nachteilig	– Großer Innenraum akustisch negativ – cw-Wert (Abrißkante) stark vom Winkel des Hecks abhängig	– geringe Variabilität – Abrißkante an Dach oder Heckdeckel muss klar definiert werden (Einfluss Aerodynamik auf Formgebung)

Tabelle 4.2-4 Wesentliche Interieurmaße in den Fahrzeugklassen, Beispielfahrzeuge, teilw. Vorgängermodelle

Fahrzeugklassen	Minicar	Compact	Untere Mittelkl.	Mittelklasse	Obere Mittelkl.	Luxusklasse	Vans	SUVs
Beispielfahrzeuge unterstes Fahrzeug dient im weiteren Verlauf jeweils als Beispiel *(kursiv gedruckt)*	Fiat Seicento MCC Smart Seat Arosa *VW Lupo*	Toyota Yaris Fiat Puncto Opel Corsa Ford Fiesta *VW Polo*	Mercedes A-Kl. VW Golf Opel Astra Audi A3 *Ford Focus*	Ford Mondeo Mercedes C-Kl. Audi A4 Opel Vectra *BMW 3er*	Opel Omega BMW 5er Mercedes E-Kl. Peugeot 607 *Audi A6*	Jaguar XJ BMW 7er Audi A8 VW Phaeton *Mercedes S-Kl.*	Fiat Ulysse Mercedes V-Kl. Renault Espace *VW Sharan*	BMW X5 Mercedes M-Kl. Chrysler Cherokee *Porsche Cayenne*
Sitzplätze								
Normalzustand/mit umgekl. (bzw. ausgebauter) Rückbank	4/2	5/2	5/2	5/2	5/2	5/2	7/2	5/2
Interieurmaße								
Fußraum vorne (L34) in mm	960–1080 *995*	960–1080 *1040*	970–1100 *1095*	1000–1100 *1051*	1000–1100 *1049*	1000–1100 *1050*	900–1050 *960*	900–1050 *1032*
Fußraum hinten (L51) in mm	650–850 *805*	730–920 *854*	760–920 *882*	750–920 *879*	750–950 *948*	900–1000 *923*	800–1000 *849*	850–1000 *914*
Kopfraum vorne (H61) in mm	920–1100 *930*	920–1000 *986*	940–1010 *997*	950–1010 *975*	950–1010 *980*	980–1020 *1000*	980–1100 *1023*	980–1050 *1001*
Kopfraum hinten (H63) in mm	900–950 *946*	900–970 *958*	900–990 *982*	910–980 *952*	910–980 *963*	950–990 *986*	900–1100 *943*	900–1050 *979*
Schulterbreite (W3) in mm	1150–1350 *1305*	1200–1400 *1351*	1250–1450 *1364*	1300–1450 *1382*	1350–1550 *1427*	1400–1550 *1503*	1400–1600 *1552*	1400–1500 *1458*
Sitzabstand (L50) in mm	650–850 *725*	650–850 *745*	700–900 *745*	700–900 *786*	750–900 *860*	800–1000 *860*	750–1000 *862*	750–950 *845*
Mitte Vorderrad bis RPkt. vorn (L114) in mm	1100–1300 *1222*	1150–1350 *1281*	1200–1450 *1340*	1300–1550 *1526*	1300–1550 *1329*	1450–1650 *1596*	1200–1500 *1255*	1400-1600 *1535*
R-Pkt. bis Fersenpkt. Vorn (L53) in mm	700–850 *751*	700–850 *817*	750–850 *804*	750–850 *841*	800–850 *833*	800–850 *842*	650–800 *667*	750–850 *802*
L114-L53	300–600 *471*	400–600 *464*	400–550 *536*	450–700 *685*	450–750 *496*	500–800 *754*	450–750 *588*	500–800 *733*
R-Pkt. bis Standebene vorn (H5) in mm	500–650 *515*	500–650 *507*	450–650 *519*	450–550 *476*	450–550 *459*	450–550 *518*	550–750 *677*	700–800 *726*
R-Pkt. bis Fersenebene vorn (H30) in mm	250–350 *303*	250–350 *288*	250–350 *298*	250–300 *258*	250–300 *267*	250–300 *272*	300–400 *371*	250–350 *298*
Kofferraumvolumen								
mit maxim. Sitzplatzanzahl	100–200	200–460	240–550	330–550	330–550	500–600	200–500	350–550
mit minim. Sitzplatzanzahl	500–800	600–1200	800–1400	1000–1400	1000–1600	1000–1600	1800–3000	1500–2500
Beispielfahrzeug min/max	*180/830*	*250/1030*	*350/1205*	*440/–*	*550/–*	*500/–*	*250/2610*	*430/1770*

Im Bereich der 4- und 5-Sitzigkeit wird eine Variabilität zumeist durch die Umklappbarkeit der 2. Sitzreihe (1/1, 1/3–2/3, oder 1/2–1/2) ermöglicht, wodurch eine deutliche Vergrößerung des Kofferraumes ermöglicht wird (vgl. **Tabelle 4.2-4**).

Bei Vans mit sechs und mehr Sitzplätzen sind zwei unterschiedliche Konzepte zur Ermöglichung der Variabilität zu unterscheiden. Zum einen durch Demontage der jeweiligen Sitzplätze (Problem der Lagerung und der geringen Flexibilität während einer Reise). Auf der anderen Seite durch besonders flexible und raumökonomische Sitzkonzepte, die ein Wegklappen der nicht benötigten Sitzplätze ermöglichen.

4.2.2.5 Wesentliche Innenraumabmessungen

Wie die Fahrzeugaußenabmessungen sind auch die *Interieurabmessungen* hinsichtlich der Bezugspunkte und Bezeichnungen international vereinheitlicht [2], [3] (**Bild 4.2-5** und **Bild 4.2-6**).

Tabelle 4.2-4 zeigt für einzelne Fahrzeugklassen anhand von Beispielen die Größenordnungen dieser Interieurmaße auf.

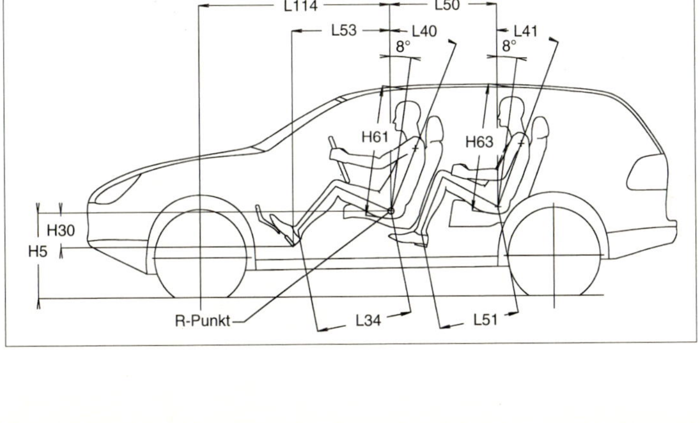

Bild 4.2-5 Innenraummaßdefinitionen in *xz*-Richtung, Bezeichnung nach [3]

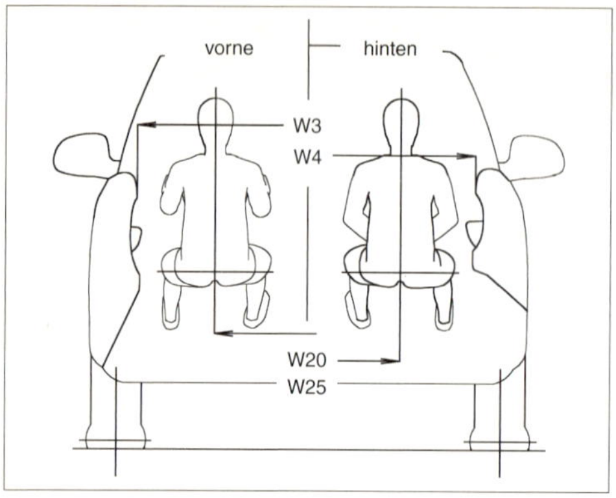

Bild 4.2-6 Innenraummaßdefinitionen *y*-Richtung, Bezeichnung gemäß [3]

Für die Gestaltung des Fahrzeugpackages und der Detailkonzeption wesentlichen Maße sind dabei H30, H61, L34, L50 sowie der Abstand zwischen Fersenpunkt und Mitte Vorderrad (L114–L53). Für das Maß L50 ist der Aufbau der Sitzlehne des Vordersitzes zu beachten. Auf die Zusammenhänge zwischen diesen Größen sowie die Einordnung dieser Größen in wesentliche Maßketten des Fahrzeugpackages und somit die Abhängigkeiten zu Motorraum- und Antriebskonzepten, Sicherheitskonzept und Rohbaustruktur wird in Abschnitt 4.2.3 näher eingegangen.

Ein wesentlicher Punkt ist bei der Interpretation der Interieurdaten zu beachten. Sämtliche Maße (z.B. H30, L34, H61, L50) beziehen sich auf den R-Punkt. Der R-Punkt bildet die Hüftgelenkmitte der Passagiere ab. Dieser R-Punkt wird von den Fahrzeugherstellern im Rahmen bestimmter Randbedingungen als Basis für die Typisierung und die Überprüfung von konstruktiven Vorschriften (z.B. Sicht- und Gurtfelder) definiert. Nach ursprünglicher Festlegung sollte der R-Punkt in „hinterster Position" liegen. In der Praxis liegt dieser Punkt jedoch im hinteren Drittel des Verstellfeldes.

Zudem ist die Vergleichbarkeit von Referenzmaßen durch die mittlerweile fast durchgängig gegebene Höhenverstellbarkeit der Sitze und die Lenkradverstellbarkeit immer schwerer möglich (Details in Abschnitt 4.2.3.2).

4.2.2.6 Aggregate- und Antriebsstrangkonzepte

Die zu verbauenden Aggregate und die Antriebsstrangkonzepte ermöglichen einen wesentlichen Gestaltungsspielraum, stellen aber häufig auch eine maßgebliche Restriktion bzw. Vorgabe dar [4]. Für das Fahrzeugkonzept sind dabei vor allem folgende Punkte von Bedeutung:

- Die Bauart des Motors (V-, Reihen-, Boxer-Motor)
- Die Aggregateanordnung (Längs- oder Quereinbau; Front-, Heck- oder Mittelmotor; jeweils konventionell oder unterflur)
- Das Antriebskonzept (Front-, Heck- oder Allradantrieb)
- Das Antriebsstrangkonzept (Anordnung Getriebe, Zwischengetriebe, Achsgetriebe und Gelenkwellen)

Die Anzahl der hier aufgezeigten Alternativen verdeutlicht die theoretisch große Anzahl möglicher Ausprägungen. Verschiedene zusätzliche Anforderungen und Restriktionen schränken diese jedoch für den praktischen Einsatz ein.

Bauart des Motors

Für die Fahrzeugkonzeption sind die folgenden Punkte des Motorkonzeptes (vgl. Kapitel 5 – Motor) von maßgeblicher Bedeutung:

- Die Hauptabmessungen des Grundmotors
- Die Lage der Kurbelwelle (in Abhängigkeit von Kupplungs- und Wandlerdurchmesser)
- Die Abmessungen von Ölwanne, Sauganlage, Nebenaggregaten, Abgasanlage und (sofern vorhanden) Abgasturboladern oder Kompressoren.
- Die Schwingungseigenschaften des Motors sind für das Konzept der Aggregatelagerung, die Ausführung der Motorlager und damit auch für die Notwendigkeit und Ausführung von Fahrschemeln maßgeblich, vgl. Kapitel 3.4.

Die Hauptabmessungen des Grundmotors sind relativ leicht aus der Grundkonfiguration (Hub, Bohrung, Anzahl und Lage Zylinder, Lage und Ausführung des Steuertriebs und des Nebenaggregatetriebes) ableitbar.

Die Abmessungen der weiteren Komponenten geschieht sehr häufig fahrzeugspezifisch, d.h. ein Grundmotor wird fahrzeugspezifisch angepasst. Für die Gestaltung der „Schnittstelle" Antrieb/Fahrzeug ist daher eine intensive Abstimmung zwischen Gesamtfahrzeugkonzeption und Motorkonzeption erforderlich.

Eine Besonderheit in Bezug auf die Kompaktheit stellen die VR- und V-VR- (W-) Motoren dar. Die V6- und V8-Motoren zeichnen sich durch eine kurze Bauweise aus. Die Boxer-Motoren zeichnen sich durch eine geringe Bauhöhe, den damit konkurrenzlos tiefen Schwerpunkt und die ausgewogenen Schwingungseigenschaften aus. Details zu den Bauformen und deren Spezifika finden sich in [5].

Aggregateanordnung

Die *Aggregateanordnung* kann in folgenden Parametern variiert werden:

- Längs- oder Quereinbau des Motors
- Front-, Heck- oder Mittelmotor
- Konventionelle Anordnung oder Unterfluranordnung

Wegen der besonderen Anforderungen (in der Regel eine geringe Fahrzeuglänge) haben sich für die *Unterfluranordnung* bisher nur quereingebaute Motoren durchsetzen können. Die *Mittelmotorausführung* ist bei Unterflurkonzepten bisher ebenfalls kaum in der Serie eingesetzt worden.

Tabelle 4.2-5 Vorteile und Restriktionen unterschiedlicher Aggregatanordnungen

Aggregate-anordnung	Konventionell/ Unterflur	Vorteile	Restriktionen/Nachteile	Geeignete Motorbauarten											
				R3	R4	R5	R6	VR6	V6	W8	V8	V10	V12	B4	B6
Front quer	Front quer konv.	– geringe Vorderwagenlänge – kompakte Abmessungen – kurze Leitungen – Abbau Crashenergie	– Breite zwischen Längsträgern – Motorbreite (Blockbildung Crash) – kleine Lagerbasis	×	×	○	○	×	×	○	○	n	n	n	n
	Front quer Unterflur	– geringe Vorderwagenlänge – Aggregat kann bei Frontcrash unter Insassen abtauchen	– Breite zwischen Längsträgern – Motorhöhe/Neigungsfähigkeit	×	×	○	n	n	n	n	n	n	n	n	n
Front längs	Front längs konv.	– Lange Motoren möglich – für fast alle Motoren realisierbar	– Vorderwagenlänge – Breite des Tunnels für Getriebe	×	×	×	×	×	×	×	×	×	×	×	○
Mitte quer	Mitte quer konv.	– geringe Länge des Motorraumes möglich, kompakte Abmessungen – sehr gute Achslastverteilung – geringes Trägheitsmoment um die Hochachse (dadurch gute Reaktion auf Lenkwinkelsprünge)	– Breite zwischen den Trägern hinten – kein Allradantrieb möglich – nur für 2-Sitzer sinnvoll – Aufwand Leitungsverlegung	×	×	×	○	○	○	n	n	n	n	n	n
Mitte längs	Mitte längs konv.	– Ausgewogene Achslastverteilung möglich – geringes Trägheitsmoment um die Hochachse (dadurch gute Reaktion auf Lenkwinkelsprünge – Rennsporttauglichkeit	– Blocklänge Motor und Getriebe bei Heckcrash – Breite zwischen den Trägern – Allradantrieb nur mit R und V-Motoren mit sehr großem Aufwand realisierbar – nur für 2-Sitzer (Roadster) sinnvoll – Aufwand Leitungsverlegung	×	×	×	×	×	×	×	×	×	×	×	×
Heck quer	Heck quer konv.	– gute Traktion – Traktion weitgehend unabhängig von Zuladung	– Breite zwischen Trägern hinten – Motorbreite Heckcrash – Zugänglichkeit Stauraum/Innenraum – Aufwand Leitungsverlegung	×	×	○	○	×	×	○	n	n	n	n	n
	Heck quer Unterflur	– Kompakter Vorderwagen – Aggregat kann bei Heckcrash unter Insassen abtauchen – Kompaktes Gesamtfahrzeug	– Breite zwischen Längsträgern – Motorhöhe/Neigungsfähigkeit – Gepäckraum/Innenraumhöhe – Aufwand Leitungsverlegung	×	×	○	○	n	n	n	n	n	n	n	n
Heck längs	Heck längs konv.	– sehr gute Traktion – optimale Gewichtsverteilung beim Bremsen – sehr flach bauende Konzepte möglich – auch in konventioneller Anordnung ist Raum über dem Motor nutzbar (Ablage Verdeck, Gepäckraum) – Crashlänge Vorderwagen	– Baulänge Motor- und Getriebe – Länge Überhang Hinten – Radstandslänge – Aufwand Leitungsverlegung – Achslastverteilung	×	×	×	×	×	×	○	○	n	n	×	×

× = geeignet; ○ = in Ausnahmen geeignet; n = nicht geeignet

Die einzelnen Ausführungen weisen spezifische Restriktionen bezüglich der zu verwendenden Motoren auf. Die aus fahrzeugkonzeptioneller Sicht wesentlichen Restriktionen unterscheiden sich je nach Einbauort und -lage des Aggregats. **Tabelle 4.2-5** gibt einen Überblick über mögliche Aggregatanordnungen, die jeweiligen Restriktionen und verwendbaren Aggregate.

Für die Frontmotoranordnung ist noch ein genereller Vorteil herauszuheben. Bei vielen Frontmotoranordnungen stützt sich der Motor beim Frontalcrash frühzeitig ab und muss nicht mit verzögert werden.

Ein genereller Vorteil von Heck- und Mittelmotorkonzepten ist, dass die freie Crashlänge im Vorderwagen nicht durch den Motor eingeschränkt ist. Bei Unterbringung des Tankes im Vorderwagen entstehen hier ggf. andere Restriktionen.

Antriebskonzept und Triebstrang

Für die Kombinationen von Antriebsachsen und Aggregateanordnung sind unterschiedliche *Triebstrangkonzepte* realisierbar, **Tabelle 4.2-6** (Details in Abschnitt 5.4 für den Triebstrang und Abschnitt 5.5 für Allradkonzepte).

Tabelle 4.2-6 Antriebsachsen und übliche Aggregateanordnungen

Aggregate-anordnung	Antriebsachse		
	Front	Heck	Allrad
Front-Quer	üblich	keine Anwendung	bei großer Motorleistung
Front-Längs	üblich	Standard	bei großer Motorleistung
Mitte-Quer	keine Anwendung	üblich	keine Anwendung
Mitte-Längs	keine Anwendung	üblich	mit sehr großem Aufwand möglich
Heck-Quer	keine Anwendung	üblich	keine Anwendung
Heck-Längs	keine Anwendung	üblich	bei hohen Performance- und Leistungsanford.

Ohne den detaillierten Darstellungen vorzugreifen, sollen am Beispiel der Frontmotoranordnungen mögliche *Antriebsstrangkonzepte* näher angesprochen werden, da sie auf die Gesamtfahrzeuggestaltung einen starken Einfluss haben.

Antriebsstrangkonzepte

Tabelle 4.2-7 zeigt sämtliche gängigen Antriebsstrangkonzepte für Frontmotoranordnungen. Die wesentlichen, für das Gesamtfahrzeug relevanten Gestaltungsmöglichkeiten liegen in der Anordnung des Motors und der unterschiedlichen Lagen von Getriebe, Differential und Gelenkwellen.

Tabelle 4.2-7 Antriebsstrangkonzepte am Beispiel Frontmotor

Antriebs-art	Prinzipdarstellung	Vorteile	Nachteile
Längs-motor + Front-antrieb	Getriebeintegriertes Vorderachsengetriebe 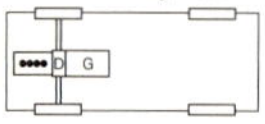	– viele Motorvarianten realisierbar – Allradantrieb leicht ableitbar	– langer Vorderwagen – Achslast auf Vorderachse sehr hoch – tendenziell großer Überhang vorn – breiter Tunnel vorn
Längs-motor + Heck-antrieb	Standardantrieb 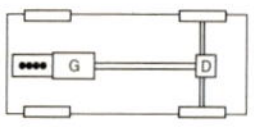	– bessere Achslastverteilung und Traktion als beim Frontantrieb – kurzer Vorderwagen – Sehr viele Motorvarianten realisierbar	– höheres Gewicht als Frontantrieb – höherer Tunnel erforderlich – Bauraumanspruch Differential/Reserverad führt zu Zielkonflikt in der Unterbringung
	Transaxle – Anordnung 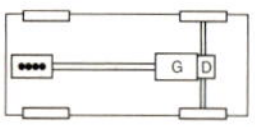	– sehr kurzer und flacher Vorderwagen möglich – leichte Kardanwelle – günstige Achslastverteilung und gute Traktion	– höherer Boden hinten mit Einschränkung Kofferraum- bzw. Sitzplatzangebot – lange Schaltbetätigung – keine Allradtauglichkeit
Längs-motor + Allrad-antrieb	Getriebeintegriertes Vorderachsendifferential 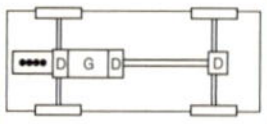	– Zentraldifferential und Vorderachsdifferential können mit dem Getriebe in einen Block zusammengefasst werden – kostengünstig – gute Achslastverteilung – gute Traktion – tiefe Motorlage möglich	– langer Vorderwagen – großer Überhang
	Aus Standardantrieb abgeleitetes Konzept 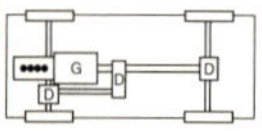	– Nachträglich aus bestehendem Standardantrieb ableitbar – kurzer Vorderwagen – sehr günstige Achslastverteilung – gute Traktion	– relativ aufwendig – Bauraumproblematik im Vorderwagen – sehr breiter Tunnel erforderlich – hohe Motorlage wegen Abtrieb erforderlich
Quer-motor + Front-antrieb	Motor in Reihe mit Getriebe, Differential seitlich 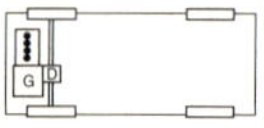	– kompakter Vorderwagen – gute Platzverhältnisse im Fahrgastraum vorne (Kein Tunnel für Getriebe) – relativ günstige Herstellung – sehr gute Vormontagemöglichkeiten	– Achslast auf Vorderachse sehr hoch – wegen eingeschränktem Bauraum nur relativ kurze Motoren möglich – Leistungs-/Drehmomentgrenze
Quer-motor + Allrad-antrieb	Motor in Reihe mit Getriebe, Differentiale seitlich 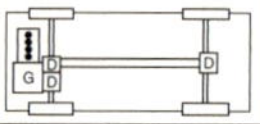	– gute Auchslastverteilung – gute Traktion	– wegen eingeschränktem Bauraum nur relativ kurze Motoren möglich

Frontlängsmotor mit Frontantrieb

Der längs eingebaute Motor in Kombination mit Frontantrieb hat als wesentliche Restriktionen den Abstand zwischen Getriebeabtrieb und Motor-/Getriebeflansch sowie die Beugewinkel der Gelenkwellen, wodurch ein langer Übergang vorne entsteht.

Frontquermotor

Der Hauptvorteil der Frontquermotor-Antriebsstrangkonzepte liegt im Potential zur Realisierung eines sehr kurzen Vorderwagens und somit insgesamt sehr kompakter Fahrzeugabmessungen [6]. Daher kommt dieses Konzept in den unteren Fahrzeugklassen fast ausschließlich zum Einsatz.

Standardantrieb

Der Standardantrieb bietet die Möglichkeit, die Vorderachse weit vorne anzuordnen. Zudem ist dieses Antriebsstrangkonzept geeignet, eine sog. „Frontmittelmotoranordnung" zu realisieren, indem der Antrieb weit in den Tunnel ragt. Die große Tunnelbreite ist dabei durch ein größeres W20- und W25-Maß zu kompensieren. Erfolgt diese Kompensation nicht, entstehen Nachteile einer nicht zur Körpermitte symmetrischen Anordnung der Pedale.

Transaxle

Der Transaxle-Antriebsstrang ist geeignet, kurze Vorderwagenlängen und eine ausgewogene Achslastverteilung mit guter Traktion zu realisieren. Dieses Konzept ist jedoch nicht sinnvoll mit einem Allradantrieb kombinierbar. Der Transaxle-Antriebsstrang hat darüber hinaus starken Einfluss auf das Hinterwagenkonzept, insbesondere in Bezug auf die Anordnung des Kraftstofftanks.

Allradantrieb

Bei den *Allradkonzepten* besteht der Unterschied vor allem darin, dass beim aus dem Standardantrieb abgeleiteten Konzept die Bauraumrestriktionen im Vorderwagen in Bezug auf Verteilergetriebe, Achsgetriebe und Gelenkwellen (unterhalb bzw. „durch" den Motor zu führen) größer sind.

Beim aus dem Frontmotor abgeleiteten Konzept verbleibt der Vorderwagen unverändert (mit allen Vor- und Nachteilen), im Hinterwagen sind hingegen im Bereich Tank, Kofferraum hinten sowie Hinterachse zusätzliche Bauraumansprüche für Kardanwelle, Differential und Gelenkwellen zu berücksichtigen.

Der aus dem Frontquermotor abgeleitete Allradantrieb ist vor allem bei sehr hohen Motorisierungen aus Traktionsgründen erforderlich. Ein Frontquermotor mit Heckantrieb ist nicht sinnvoll.

4.2.2.7 Hybridkonzepte

Neben den konventionellen Antriebsstrangkonzepten stellen Hybridkonzepte neue Herausforderungen an die Fahrzeugkonzeption. Unter Hybridfahrzeugen wird die Kombination einer E-Maschine und entsprechender Speichertechnologie mit einer konventionellen Verbrennungskraftmaschine verstanden. Grundsätzlich sind drei Stufen von Hybridkonzepten zu unterscheiden:

- Micro-Hybrid-Konzepte (Start-Stopp-Systeme, Startergenerator)
- Mildhybrid (nur Boost-Funktionen)
- Full-Hybrid (rein elektrisches Fahren möglich)

Diese Systeme unterscheiden sich hinsichtlich ihres Einflusses auf das Fahrzeugkonzept grundlegend. Für ein Fullhybrid-Konzept sind folgende Komponenten im Konzept zu berücksichtigen:

- E-Maschine
- Energiespeicher (Batterien, Ultra-CAPs)
- Leistungselekronik, diverse Steuergeräte
- Kupplungen, Kupplungsaktuatorik
- Kühlsysteme für die Hybrid-Komponenten

Bei der Anordnung der E-Maschine und deren Einbindung in den Triebstrang unterscheidet man zwischen leistungsverzweigten (die E-Maschine ist immer in den Kraftfluss eingebunden) und parallelen Hybridkonzepten. Bei den Parallelkonzepten wird die E-Maschine parallel zum Verbrennungsmotor geschaltet und durch Momentenaddition wirksam.
Hinsichtlich der Fahrzeugkonzepte ist zu unterscheiden, ob das Fahrzeugkonzept um den Hybridantrieb herum entwickelt wurde (z.B. Toyota Prius) [26], oder eine nachtägliche Integration in ein bestehendes Konzept erfolgt ist (z.B. Lexus RX 400h) [27]. Komponentenseitig ist mit einer zunehmenden Integration der Hybridkomponenten in konventionelle Module zu erwarten (beispielsweise der E-Maschine in das Hauptgetriebe).
Die Hybridtechnologie erlebt derzeit noch schnelle Innovationssprünge, insbesondere im Bereich Energiespeicher. In den kommenden Jahren werden diese Fortschritte zusätzliche Freiheitsgrade im Fahrzeugkonzept ermöglichen.

4.2.3 Einflussfaktoren und Gestaltungsfelder des *Package*

Hauptzielkonflikte und Gestaltungsfelder des Fahrzeugpackages sind:

- Berücksichtigung gesetzlicher Anforderungen
- Anforderungen der Fahrzeugsicherheit: Crashlängen, Fußgängerschutz, Seitenaufprall, Überrollschutz (insbesondere bei offenen Fahrzeugen)
- Ergonomie und „Bauraumanspruch" der Insassen
- Bauraumansprüche von Motor und Antriebsstrang und Berücksichtigung des Wärmemanagements
- Berücksichtigung von Radhüllkurven und gesetzlichen Anforderungen an die Radabdeckung
- Volumina, Variabilität und Zugänglichkeit von Stauräumen
- Anordnung von Beleuchtungseinrichtungen
- Anforderungen der Fahrzeugaerodynamik: Grundkörper und Zusatzmaßnahmen wie beispielsweise Spoiler oder Verkleidungen
- Anforderungen des Designs an die Fahrzeuggrundform
- Bauraumanspruch von Systemen, Modulen und Komponenten

Zudem können durch ein Package die Unterhaltskosten positiv beeinflusst werden, beispielsweise durch die Vermeidung der Anordnung von Bauteilen in Bereichen, die bei Einstufungstests der Versicherungswirtschaft und bei Unfällen mit geringen Geschwindigkeiten („Parkplatzrempler") belastet werden.

4.2.3.1 Gesetze und Vorschriften

Einen detaillierten Überblick relevanter Vorschriften und Gesetze gibt Kapitel 2.2. Viele dieser Vorschriften stellen für die Packageerarbeitung wesentliche Anforderungen dar.
Problematisch ist die Tatsache, dass die zu berücksichtigen Gesetze, Standards und Regelungen nicht international vereinheitlicht sind. Wesentliches Ziel der Auslegung ist ein Package, das länderspezifische Lösungen vermeidet.
Bei den packagerelevanten Gesetzen sind zweierlei Arten zu unterscheiden. Zum einen Gesetze, die bestimmte Maße direkt vorgeben. Zum anderen Gesetze, die indirekt (Funktionsvorschriften) berücksichtigt werden müssen, vgl. Kapitel 6.5.
Detaillierte gesetzliche Anforderungen werden insbesondere gestellt zu:

- Stoßfängerlage, Anbau und Lage der Leuchten
- Wischfelder, Sichtwinkel
- Innenraummaße, z.B. Pedalerie, Gurtfelder in Abhängigkeit vom R-Punkt
- Kennzeichenlage

Den weitaus größten Teil der gesetzlich bedingten Anforderungen beeinflussen das Package indirekt, indem entsprechende Vorschriften (z.B. zur Fahrzeugsicherheit) zu berücksichtigen sind.

4.2.3.2 Innenraummaßkonzeption

Die Auslegung eines neuen Fahrzeugs beginnt in der Regel von innen nach außen. Ausnahmen entstehen dann, wenn auf Basis eines bestehenden Fahrzeugs Anpassungen oder Derivatentwicklungen vorgenommen werden.
Der „Bauraumanspruch" der Insassen stellt die zentrale Anforderung an das Fahrzeug dar. So stark sich Fahrzeugkonzepte auch unterscheiden, so sind diese doch für die gleichen Menschen (*5 % Frau, 95 % Mann* als gängige Mindestanforderung) auszulegen, vgl. Kapitel 6.4.1. Dies wird auch bei der Analyse wesentlicher Innenraumabmessungen deutlich.

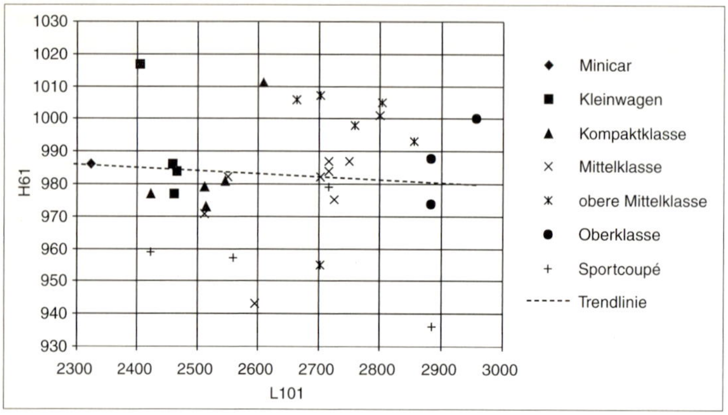

Bild 4.2-7 Kopfraum vorne in Abhängigkeit von der Fahrzeugklasse

Die Auswirkung der Angabe wesentlicher Interieurmaße in Bezug auf den R-Punkt soll an einem Beispiel verdeutlicht werden. Die Datenbasis für alle folgenden Aussagen besteht aus 34 repräsentativen Fahrzeuge aus den in Abschnitt 4.2.2.1 definierten Klassen.
Trägt man den Kopfraum vorne (H61) über dem Radstand (L101) als Bezugsgröße für die Fahrzeugklasse auf, so wird deutlich, dass anhand dieser Daten kaum Differenzierungspotential zu finden ist, **Bild 4.2-7**.
Es wird deutlich, dass anhand der auf den *R-Punkt* bezogenen Daten keine Abhängigkeit zwischen Radstand und Kopfraum festgestellt werden kann. Das Streuband hat eine Breite von ca. 50 mm, das beste Fahrzeug dieser Darstellung ist ein Minicar. Die Fahrzeuge der Luxusklasse haben durchschnittliche Werte.
Die gleiche Darstellung mit auf die Sitzposition „hinten unten“ normierten Daten zeigt **Bild 4.2-8**. Erst mit dieser Normierung auf einen real messbaren Punkt wird die erwartete Abhängigkeit zwischen Kopfraum und Fahrzeugklasse deutlich.
Dieses einfache Beispiel verdeutlicht, dass die ursprünglich angestrebte Lage des R-Punktes nur in wenigen Ausnahmen gegeben ist.
Für konstruktive Vergleichsuntersuchungen ist es daher in der Regel sinnvoll, sich auf den Bezugspunkt „hinten unten“ zu beziehen, was für alle folgenden Diagramme durch den Zusatz „hu“ verdeutlicht wird.
Die Gestaltung des *Fahrerplatzes* geschieht im Wesentlichen durch eine Variation der folgenden Parameter:

- L53: R-Punkt bis Fersenpunkt
- H30: R-Punkt bis Fersenebene

Wie **Bild 4.2-9** verdeutlicht, kann durch eine um 10 mm höhere Sitzposition eine Verkürzung des Bauraumbedarfs für den Fahrer um ca. 40 mm erreicht werden. Die Verkürzung kann direkt in eine Verkürzung des Fahrzeugs umgesetzt werden, vgl. hierzu auch [8].
Diese Abhängigkeit wird bei verschiedenen Mini- und Kompaktfahrzeugen und bei Vans genutzt, um durch eine hohe Sitzposition in Verbindung mit einer großen Fahrzeughöhe eine relativ geringe Fahrzeuglänge zu erzielen. Im Umkehrschluss bedeutet diese Abhängigkeit, dass sehr tiefe Sitzpositionen mit einer großen Innenraumlänge „erkauft“ werden.
Die Darstellung der Abhängigkeit zwischen L53 und L34 (Fußraum) verdeutlicht, dass eine Verkürzung des L53-Maßes um 10 mm zu einer Reduzierung des Fußraumes in gleicher Höhe führt, **Bild 4.2-10**.

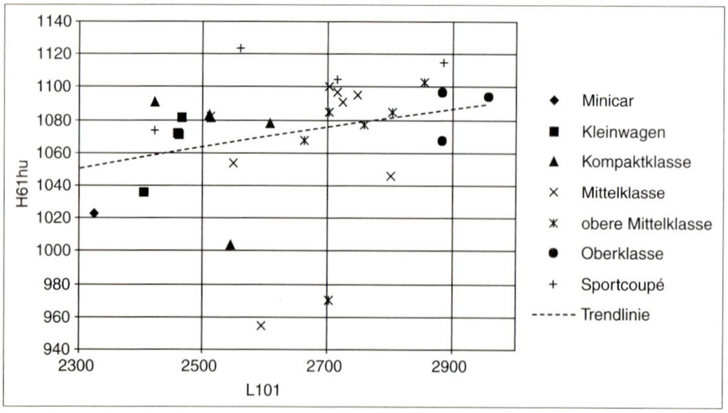

Bild 4.2-8 Kopfraum vorne für Sitzposition „hinten unten“ in Abhängigkeit von der Fahrzeugklasse

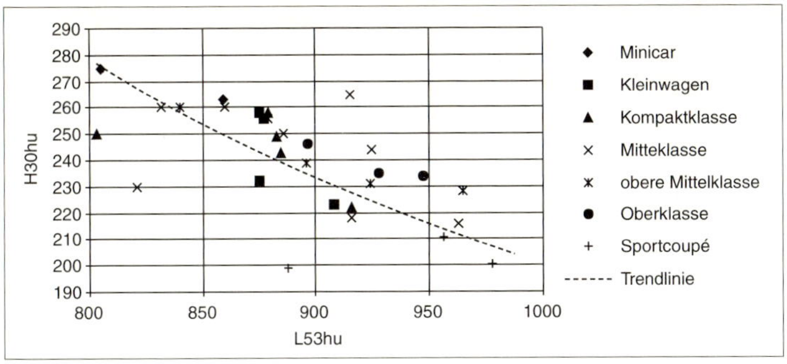

Bild 4.2-9 Abhängigkeit zwischen L53 und H30

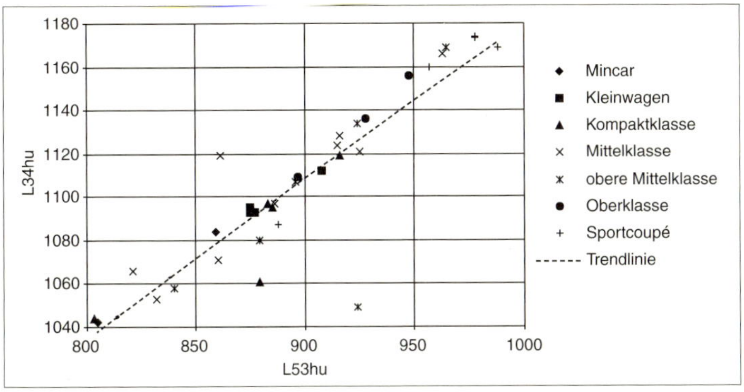

Bild 4.2-10 Abhängigkeit von L53 und L34

Eine hohe Sitzposition führt somit zu einem reduzierten Fußraum und einer Sitzposition mit stärker angewinkelten Beinen.

Die Abhängigkeiten für die hintere Sitzreihe sind für die Maße H63, L50, L51 und das korrespondierende Höhenmaß (H31) ähnlich.

4.2.3.3 Konzeptbeeinflussende Maßketten

In Abhängigkeit vom gewählten Grundkonzept stellen sich bei der Erarbeitung der *Maßkonzeption* unterschiedliche Maßketten als wesentlich heraus. Es ist im Rahmen dieses Kapitels nicht möglich, für alle Grundkonzepte (Antriebsanordnung, Aufbauform, Grundform) die konzeptbeeinflussenden Maßketten aufzuzeigen, für Details vgl. z.B. [7]. Anhand ausgewählter Beispiele sollen aber wesentliche Maßketten in Fahrzeuglängsrichtung (x-Richtung), Fahrzeughöhe (z-Richtung) und Fahrzeugbreite (y-Richtung) aufgezeigt werden.

4.2.3.3.1 Die Fahrzeuglänge definierende Maßketten

Die *Fahrzeuglänge* wird für die wesentlichen Einzellängen am Beispiel eines Frontquermotorkonzeptes mit zwei Sitzreihen aufgezeigt, **Bild 4.2-11**.

Der Bereich L_1 besteht aus Bugteil, Querträger und ggf. Pralltöpfen und ist funktional zum einen so auszulegen, dass für Unfälle mit sehr geringen Geschwindigkeiten (bis 6 km/h) Deformationen reversibel sind und bis ca. 15 km/h eine lokale Deformation

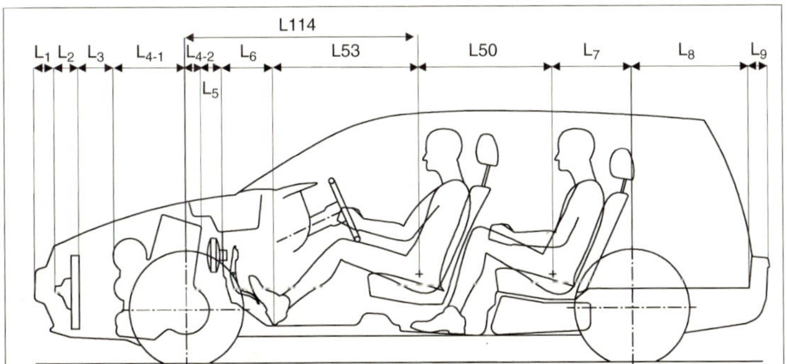

Bild 4.2-11 Maßkette in x-Richtung

entsteht, die insbesondere eine Beschädigung der Längsträger und der Einbauten im Bereich L_2 verhindert. Im Bereich L_2 befinden sich Komponenten wie Kühler, Scheinwerfer, Scheinwerferreinigungsanlage. Die Länge L_3 wird als *freie Crashlänge* bezeichnet. Je nach Vorderwagenkonzept und Herstellerstandards sind hier zwischen 500–700 mm vorzuhalten. Die freie Crashlänge befindet sich in der Praxis sowohl vor als auch hinter dem Aggregat. L_3 ist jedoch nicht als freie Länge sichtbar, wie immer dichter gepackte Motorräume verdeutlichen. Vielmehr ist bei Verschiebung aller dreidimensionaler Komponenten in *x*-Richtung „auf Block" ein der „freien Crashlänge" entsprechender Verschiebeweg zu erzielen. Damit ist der zweite wesentliche Begriff definiert, die sogenannte „*Blockbildung*". Am Beispiel des Frontquermotors ist das wesentliche Blockmaß der Antrieb mit Nebentrieb und allen Anbauten (Länge L_4).

Wesentlicher Gestaltungsspielraum ist über den Abstand zwischen Mitte Vorderrad und Fersenpunkt (L114-L53) gegeben.

Das Maß L114-L53 wird zum einen bestimmt durch die Ausdehnung des Radhauses und die konstruktive Anbindung des Längsträgers an den Schweller zur Realisierung eines Kraftflusses in Schweller und Fahrzeugboden. Eine weitere, zu berücksichtigende Maßkette ist L4-2 (Blockbildung) und L5 (Kombination aus Einbauten, z.B. Bremskraftverstärker und freier Crashlänge) vor der Spritzwand und L6, dem für das Fußhebelwerk erforderlichen Maß. Ziel einer jeden Vorderwagenauslegung muss sein, keinerlei Fußraumintrusion zuzulassen, d.h. eine Verkürzung des Maßes L6 im Crash zu vermeiden.

Die Darstellung der Abhängigkeiten am (L114-L53)-Maß verdeutlicht, das hier der Hauptgestaltungsspielraum zwischen *x*- und *z*-Ausdehnung liegt, **Bild 4.2-12**.

Es wird deutlich, dass durch einen in *z*-Richtung um 10 mm stärker ausgeführten Boden der Fersenpunkt um 10 mm weiter nach vorne verlegt werden kann. Die Anhebung des Bodens wirkt dabei auf beide kritischen Maßketten in Längsrichtung gleichermaßen.

Im Heckbereich wird das Maß L7 wesentlich durch das Radhaus hinten sowie durch Tank- und Hinterachsauslegung beeinflusst.

Das Maß L8 wird bestimmt durch Einbauten wie Hinterachse, Reserverad sowie freie Crashlänge für den Heckcrash.

L9 im Heck wird durch gleiche Inhalte wie L1 im Vorderwagen bestimmt.

4.2.3.3.2 Die Fahrzeughöhe definierende Maßketten

Mit **Bild 4.2-11** und **4.2-12** sind die wesentlichen Abhängigkeiten zwischen Maßkonzeption in *x*- und *z*-Richtung aufgezeigt. Die *Fahrzeughöhe* ergibt sich damit aus der Summe der Maße Bodenfreiheit (H156), Bodenaufbau (H5–H30–H156), der Höhe R-Punkt über Fersenpunkt (H30), dem Kopfraum vorne (H61) und dem Dachaufbau. Dieser Summe ist um 102 mm zu reduzieren, die sich aus der Definition des Maßes H61 ergeben (laut Messvorschrift der durchschnittlicher Abstand R-Punkt zu tiefstem Punkt des Gesäßes). Das H61-Maß ist entsprechend der Messvorschrift in einem Winkel von 8° ermittelt und daher entsprechend auf die reine *z*-Komponente umzurechnen.

Für den Aufbau in *z*-Richtung ist das Trägerkonzept von maßgeblicher Bedeutung. Hier sind ab einer Bodenstärke von ca. 80 mm Konzepte möglich, bei denen die Passagiere „auf" den Längsträgern und auf dem Schweller sitzen (ebener Boden vorne). Dieses Konzept führt jedoch auf den hinteren Sitzreihen häufig zu sehr starken Beugewinkeln der Beine.

Bei dünnem Bodenaufbau erfolgt der Kraftfluss über die Schweller, ggf. den Tunnel und den Boden. Die Passagiere sitzen bei diesen Konzepten zwischen den Schwellern.

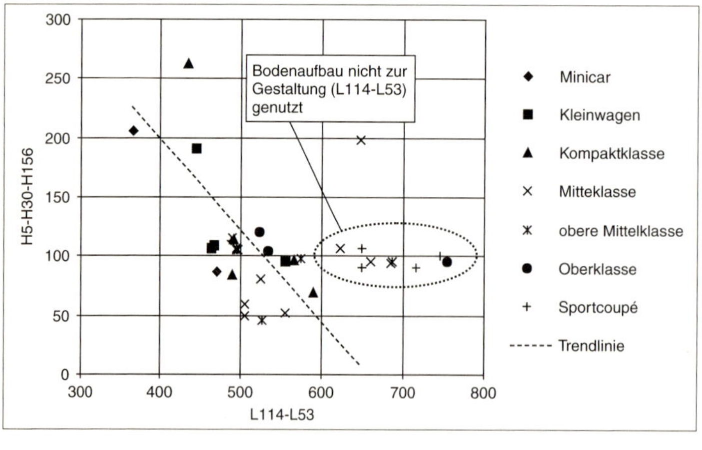

Bild 4.2-12 Abhängigkeit zwischen Abstand Fersenpunkt zu Mitte Vorderrad und Bodendicke

4.2.3.3.3 Die Fahrzeugbreite definierende Maßketten

Die *Fahrzeugbreite* wird in vier wesentlichen *yz*-Ebenen definiert:

- Mitte Vorderachse: Die Breite wird durch die Radhüllkurven, die Radhäuser, die Längsträgerbreite, die Aggregatbreite und durch Montagebedingungen definiert. Bei Frontantrieb bestimmt zudem häufig der Beugewinkel der Gelenkwellen die Breite.
- Fersenpunkt vorne: Die Breite in dieser Ebene wird durch Radhaus mit Trägerstruktur, Fußstütze Kupplungsfuß, Breite Pedalerie und Tunnelbreite (insbesondere bei Fahrzeugen mit Längsmotor) festgelegt.
- R-Punkt vorne: Das y-Maß wird durch die Breite der Tür (Seitencrashstrukturen und Airbags), die Schulterbreite der Insassen, und die Abstände zwischen den Insassen und zu den Türen (Komfortziele, Breite Getriebe und somit Breite Mittelkonsole) definiert.
- R-Punkt hinten: Die Breite wird durch die Lage des Radhauses hinten, den Türaufbau und die Komfortansprüche für zwei bzw. drei Sitzplätze bestimmt.

4.2.3.4 Ausgewählte Aspekte des Packages

4.2.3.4.1 Karosseriestruktur

Die mögliche Anordnung der Fahrzeugkomponenten, der Innenraumbereich sowie die Gesamtfahrzeugabmessungen werden durch den Raumbedarf der Karosserieträgerstruktur wesentlich beeinflusst.
Die sich aus der Auslegungen für Struktursteifigkeiten (Torsion, Biegung) und Crashverhalten resultierende Trägerquerschnitte, -verläufe und Knotenausbildungen stellen beim Package aufgrund ihrer hohen Bedeutung einen wesentlichen „Eckpfeiler" dar.
Karosserieleichtbau (vgl. Kapitel 6) stellt eine wesentliche Stellschraube zur Reduzierung des Gesamtfahrzeuggewichtes dar [7], [9]. Leichtbaustrukturen mit ihren tendenziell größeren Querschnitten sind daher ebenfalls konzeptbeeinflussend.

4.2.3.4.2 Motorraum

Härter werdende Forderungen zur Reduzierung der Fahrzeugemissionen zum einen sowie die Effizienz und Wartungsarmut der Verbrennungsmotoren zum anderen führen zu immer komplexer aufgebauten Motorräumen [4]. Erhöhte Produktinhalte wie ABS-Systeme, Scheinwerferreinigungssysteme u.s.w. erschweren die Verhältnisse zusätzlich.
Durch diese anspruchsvollen Packageverhältnisse sowie die vor allem bei Dieselmotoren vorhandenen Motorkapselungen zur Geräuschdämmung stellen sich wärmetechnische Aufgaben, bei denen system- und bauteilbedingte Grenztemperaturen zu beachten sind. Es ist daher die gezielte Belüftung und Durchströmung des Motorraums zu beachten.

4.2.3.4.3 Unterboden

Antriebsstrang, Abgasanlage, Leitungen, Tank und Achsen bestimmen die Gestaltung des Unterbodens **(Bild 4.2-13)**.
Das Abgasnachbehandlungssystem stellt einen wichtigen Teil der Abgasanlage dar, vgl. Kapitel 5.6 . Es muss zur schnellstmöglichen Erreichung seiner Funktionstemperatur nach dem Kaltstart zumindest zu einem Teil möglichst motornah angeordnet werden. Eine in den Drosselverlusten minimierte Abgasrohrführung (bei V- und Boxermotoren in der Regel zweiflutig [17,18]) und ein ausreichendes Schalldämpfervolumen ist zur Erreichung eines niedrigen Abgasgegendrucks und somit hoher Motoreffizienz und -leistung erforder-

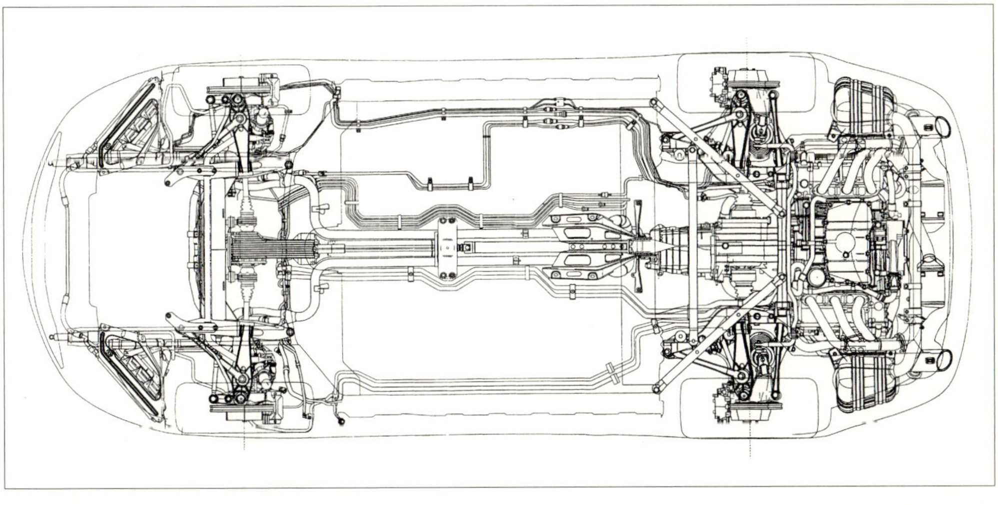

Bild 4.2-13 Porsche 911 Carrera 4 – Unterbodenpackage

lich. Den größten Raumbedarf im Tunnel- und Heckbereich haben die Schalldämpfer.
Zur Reduzierung des Luftwiderstands werden bei Fahrzeugen der höheren Preis- und Geschwindigkeitsklasse *Unterbodenverkleidungen* eingesetzt, die einen relativ glatten Unterboden realisieren. Nebeneffekte dieser Verkleidungen sind ein besserer Schutz der Leitungen, aber in der Regel etwas schlechtere thermische Verhältnisse.

4.2.3.4.4 Tank, Leitungen und Reserverad

Die Anordnung des Kraftstofftanks wird durch erforderliche Crashschutzmaßnahmen geprägt. Charakteristisch ist die Platzierung im crashgeschützten Bereich vor und im Bereich der Hinterachse bei Frontmotorfahrzeugen, vgl. Kapitel 7.6.
Produktions- und sicherheitsrelevante Kriterien prägen das *Leitungspackage* der Benzin-, Hydraulik- und Elektrikleitungen. Eine crashsichere, kreuzungsfreie Verlegung muss durch sichere und verwechslungsfreie Schnellverbindungen eine hohe Produktionsqualität gewährleisten. Eine Minimierung der Verbindungsstellen kraftstoffführender Leitungen in Verbindung mit Werkstoffen, die eine geringstmögliche Kraftstoffdiffusion ermöglichen, ist zur Minimierung der Kohlenwasserstoffemissionen erforderlich. Aus gleichem Grund werden Aktivkohlebehälter (Volumen 1,5 l bis ca. 5 l je nach Tankvolumen und Betankungsentlüftungssystem) zur Zwischenspeicherung der im Fahrzeugbetrieb (z.B. Tankerwärmung, USA auch Betankungsvorgang) freiwerdenden Benzindämpfe eingesetzt.
Ein voluminöses Bauteil ist das Reserve- oder Notrad, das – bei Frontmotorfahrzeugen im Heckbereich angeordnet – einen Bruttoraumbedarf von ca. 50 l (schmales Hochdrucknotrad) bis etwa 80 l (vollwertiges Reserverad) hat. Aus diesem Grund wird es zunehmend durch platzsparende Reifenreparatur- und füllsysteme oder Reifen mit Notlaufeigenschaften (vgl. Kapitel 7.3) ersetzt.

4.2.3.5 Anforderungen aus Produktion und Kundendienst

4.2.3.5.1 Produktion und Modularisierung

Eine durch ein rationelles Fertigungskonzept mit dem Ziel höchster Produktqualität und niedrigster Fertigungszeiten vorgegebene Montagereihenfolge beeinflusst den Fahrzeugentwurf, da z.B. Einbaurichtungen (Beispiel: Motoreinbau von oben, vorne oder unten) berücksichtigt werden müssen. Gleichbedeutend mit räumlich großen Komponenten wie die Antriebseinheit sind Einbaumodule, deren Montagemöglichkeit in das Fahrzeug erst über ihre Realisierbarkeit entscheidet.
Der Trend zu einer stärkeren *Modularisierung* des Fahrzeugs, d.h. Bildung größerer Vormontagebaugruppen, hat folgende Ursachen:

- Entlastung des Fahrzeugmontagebandes von arbeitsintensiven Umfängen
- Vereinfachung von Montagevorgängen am Band
- Variantenbildung und deren Vorprüfung außerhalb des Fahrzeugmontagebandes
- Reduzierung von Taktverlustzeiten
- Möglichkeit zum Out-Sourcing größerer Umfänge

Beispiele großer Module sind Frontendmodul (vgl. Kapitel 6.1.5), Cockpitmodul, Vorder- und Hinterachse, Antriebsstrang (teilweise inkl. Achse(n)) und bei Cabriolets das Verdeckmodul.

4.2.3.5.2 Kundendienst

Fahrzeugkonzeptbeeinflussende Forderungen sind in erster Linie maximal zulässige Zeitwerte zum Austausch von Fahrzeugkomponenten sowie eine Minimierung etwaiger Reparaturkosten. Diese Forderungen bedeuten während der Packageabsicherung Ein- und Ausbauuntersuchungen von Komponenten oder Baugruppen und die theoretische Ermittlung der Zeitbedarfe.
Zweck dieser Optimierung ist eine Reduzierung der Wartungs-, Reparatur- und Versicherungskosten für den Kunden und damit eine Steigerung der Wettbewerbsfähigkeit des Produkts, vgl. Kapitel 10.6.

4.2.3.6 Einfluss von Plattform und Baukästen

Durch die Definition von *Plattformen* und *Baukästen* wird das Ziel verfolgt, viele unterschiedliche *Fahrzeugvarianten* (z.B. Limousine 2-, 4-türig, Kombi, Cabriolet) mit möglichst wenig variantenspezifischen Bauteilen zu entwickeln.
Unter einer Plattform wird dabei ein großer Teil der Bodengruppe (Trägerstrukturen einschließlich Stirnwand, im Hinterwagenbereich meist längen-, oft auch packagevariabel), der Antriebsstrang inkl. Kühlermodul, die Achsen mit Lenkstrang, der Cockpitaufbau ohne Verkleidung und aus diesen Merkmalen zumeist ebenfalls die Sitzposition mindestens vorne verstanden.
Da auf einer gemeinsamen Plattform unterschiedliche Fahrzeugtypen dargestellt werden, ist der gesamte „Hut" und somit die für den Kunden sichtbare Form (sowohl Interieur wie Exterieur) *nicht* Inhalt einer Plattform.
Unter einem Baukasten versteht man im Fahrzeugbau Komponenten oder Baugruppen, die in verschiedenen Baureihen und Typen zur Verwendung kommen, wie beispielsweise Aggregate (Motoren, Getriebe), Achsteile oder ganze Achsen, Kühler, Nebenaggregate (Lichtmaschine, Klimaanlagenkompressoren) sowie Heizungs- und Klimaanlage.
Ziel von Plattformdefinition und Baukästen ist, mit einem (gesamtheitlich gesehen) Minimum an Entwicklungs- und Investitionskosten ein Maximum an verschiedenen Typen und Varianten darzustellen. Zusätzlich verbessern sich Einkaufsbedingungen und Produktionskosten für die mit hoher Stückzahl produzierten Plattform- und Baukastenteile. Gängig ist

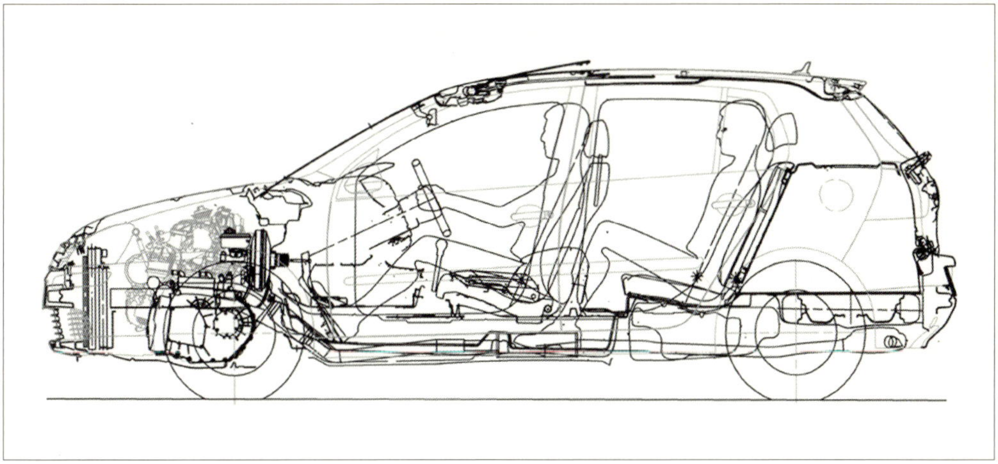

Bild 4.2-14 Volkswagen Golf (Frontmotor, Quereinbau, Frontantrieb)

diese Strategie vor allem bei Automobilkonzernen, die verschiedene Marken unter sich vereinigen, aber auch bei kleineren Herstellern, um niedrigere Fahrzeugstückzahlen einzelner Typen in der Gesamtheit wirtschaftlich darstellen zu können [4], [11].

4.2.4 Beispiele ausgewählter Fahrzeugkonzepte in unterschiedlichen Klassen

4.2.4.1 Beispiele nach Fahrzeuggrößenklasse

Anhand von ausgewählten Fahrzeugen sollen wesentliche der in Abschnitt 4.2.2 dargestellten Konzeptparameter und der in Abschnitt 4.2.3 aufgezeigten maßkonzeptionellen Zusammenhänge verdeutlicht werden.

Untere Mittelklasse

Bild 4.2-14 zeigt den VW Golf als prägenden Vertreter dieser Klasse.
Typisch für diese Fahrzeugkonfiguration ist der kompakte Vorderwagen und der flache Bodenaufbau. Der Fersenpunkt der hinteren Sitzreihe liegt in z-Richtung unterhalb des Fersenpunktes der ersten Sitzreihe.
Bild 4.2-15 zeigt die Mercedes A-Klasse als typischen Vertreter eines 1-Box-Aufbaus. Typisch fur die

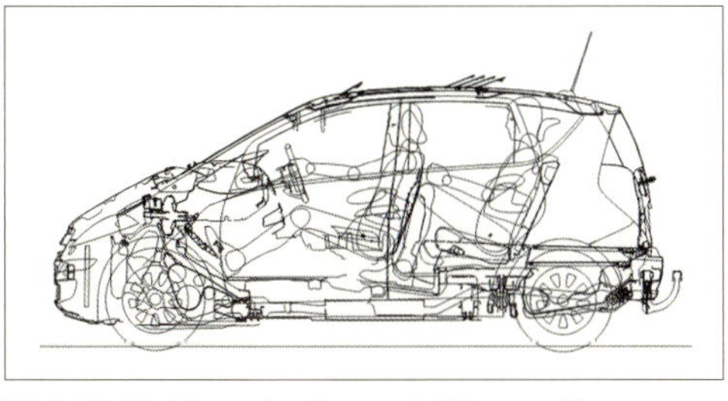

Bild 4.2-15 Mercedes-Benz A-Klasse (Frontmotor, Quereinbau Unterflur, Frontantrieb)

Unterfluranordnung ist der hohe Bodenaufbau und das kompakte (L114-L53)-Maß, die beide zusammen zu einer kurzen Gesamtfahrzeuglänge beitragen [10]. Erreicht wird diese kompakte Bauart durch ein Übereinanderschieben der wesentlichen längenbestimmenden Elemente wie Antriebsblock und Fahrgastraum (vgl. Abschnitt 4.2.3.2). So kann eine im Wettbewerbsvergleich sehr kurze Fahrzeuglänge realisiert werden. Möglich wird die äußerst kompakte und raumökonomische Anordnung des Aggregats durch eine konsequente Entwicklung des flach querliegenden Motors und Getriebes, die sich den Gegebenheiten des Raumangebots zwischen Stirnwand und Vorderachse anpasst [10].

Micro-/Minicar

Ein Vertreter der Klasse (Microcar) mit ausgeprägter Konzeptinnovation stellt der Smart dar, **Bild 4.2-16**.

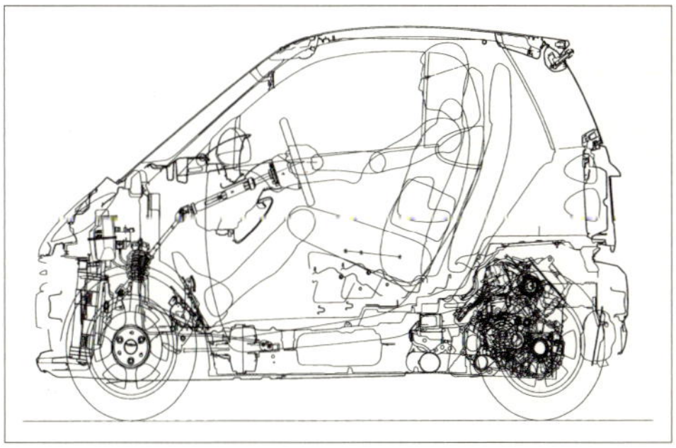

Bild 4.2-16 Smart (Heckmotor, Quereinbau, Heckantrieb)

Mit einer Gesamtlänge von 2690 mm nutzt dieses Konzept ebenfalls den 1-Box- Aufbau. Der Verzicht auf eine hintere Sitzreihe und die damit gegebene ausschließliche Zweisitzigkeit ermöglicht trotz einer

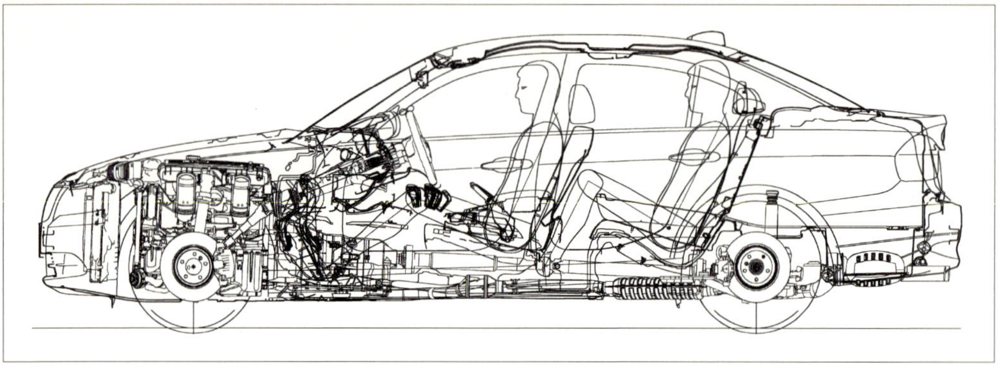

Bild 4.2-17 BMW 3er-Serie (Frontmotor, Längseinbau, Standardantrieb)

extremen Fahrzeugkürze ein akzeptables Innenraumangebot für zwei Personen. Auch hier konnte die kurze Fahrzeuglänge teilweise nur durch ein Ausweichen „nach oben" erzielt werden, was eine größere Fahrzeughöhe zur Folge hat.
Der querliegende Motor mit Getriebe ist beim Smart mit der Hinterachse zu einer sehr kompakten Montageeinheit verblockt.

Mittelklasse

Der BMW 3er stellt ein maßkonzeptionell typisches Fahrzeug der Mittelklasse dar, **Bild 4.2-17** [11].
Das Fahrzeug hat einen *Frontmittelmotor* und Heckantrieb. Typisch hierfür ist die sehr weit vorne liegende Vorderachse (kurzer Überhang vorne) und das weit mit der Fahrgastzelle in x-Richtung „überlappende" Getriebe.

Obere Mittelklasse

Die konzeptionellen Unterschiede zwischen Mittelklasse und Oberer Mittelklasse innerhalb einer Fahrzeugmarke sind zu vernachlässigen. Die Unterschiede liegen hauptsächlich im großzügigeren Maßkonzept. Für die obere Mittelklasse zeigt **Bild 4.2-18** den Audi A6 [12].
Charakteristisch für die vorliegende Antriebskonfiguration mit getriebeintegriertem Vorderachsdifferential ist die Lage des Motors vor der Vorderachse und der dadurch bedingte relativ große Überhang vorne.

Luxusklasse

Als Vertreter der extremen Luxusklasse zeigt **Bild 4.2-19** den Maybach 62.
Da die Motoren ähnlich groß bauen wie bei Fahrzeugen der Oberklasse [13], kommen die großen Abmessungen vor allem den Fondpassagieren zu Gute.
Besonders hervorzuheben ist das L50-Maß von 1570 mm, das entsprechende Vergleichsmaße der formalen Luxusklasse um gut 600 mm übertrifft und fast eine Liegeposition ermöglicht [14].

4.2.4.2 Beispiele nach Fahrzeugausprägung

Für verschiedene Fahrzeugkonzepte ist eine Einordnung nach Größe nicht geeignet. Das gezeigte Grundkonzept kann natürlich mit unterschiedlichen Maßkonzepten und somit auch verschieden groß ausgeführt sein.

Roadster

Das Roadster-Segment beinhaltet Fahrzeuge mit Standardantrieb ebenso wie Mittelmotorfahrzeuge. **Bild 4.2-20** zeigt den Porsche Boxster als Fahrzeug mit *Mittelmotoranordnung*.

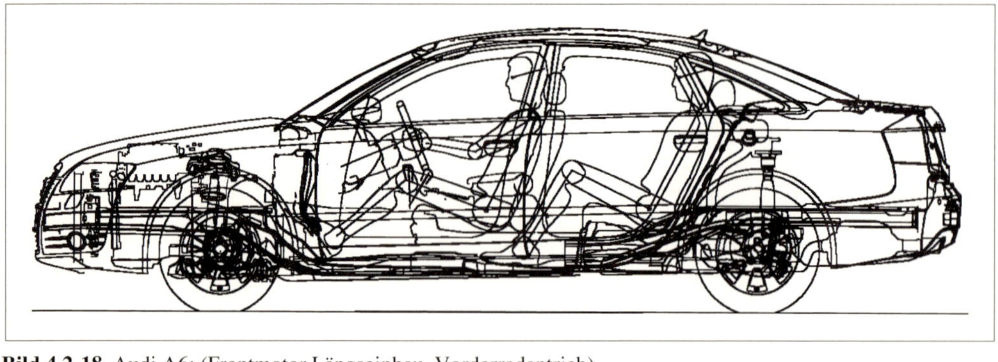

Bild 4.2-18 Audi A6: (Frontmotor Längseinbau, Vorderradantrieb)

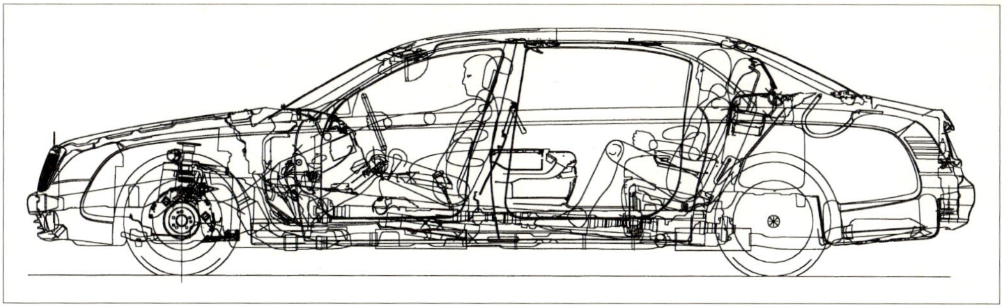

Bild 4.2-19 Maybach 62 (Frontmotor, Längseinbau, Standardantrieb)

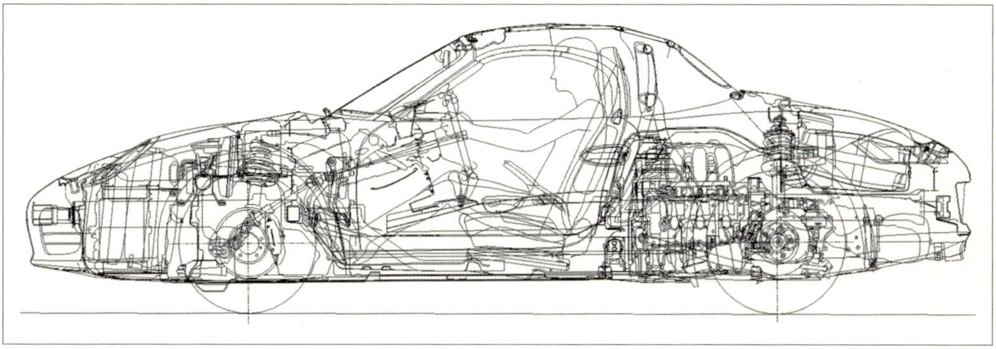

Bild 4.2-20 Porsche Boxster: (Mittelmotor, Längseinbau, Heckantrieb)

Coupé und Sportcoupé

Die Coupés reichen konzeptionell von aus der Mittelklasse abgeleiten Fahrzeugen mit Standardantrieb und 4 Sitzen über Konzepte mit Transaxle- oder Heckantrieb und 2+2 Sitzen, **Bild 4.2-21** bis zu Mittelmotorfahrzeugen mit reiner Zweisitzigkeit.

Sport Utility Vehicles (SUV)

Ein relativ neues und stark gewachsenes Marktsegment stellen die SUVs dar. Diese Fahrzeugkategorie reicht von aus Mittelklassekombis abgeleiteten und höhergelegten Fahrzeugen bis hin zu reinen Geländefahrzeugen mit Leiterrahmen.

Die Konzeptausprägungen sind dabei äußerst unterschiedlich. Typisch ist der Allradantrieb, die große Bodenfreiheit, kurze Überhänge für große Böschungswinkel und eine hohe Sitzposition der Insassen.

Bild 4.2-22 zeigt den Porsche Cayenne als SUV mit selbsttragender Karosserie [19].

Van

Eine eigenständige Fahrzeugkategorie stellen die Vans dar. Entweder aus der Kompaktklasse abgeleitet oder mit eigenständiger Plattform zeichnen Sie sich durch das große und zumeist sehr variable Innen-

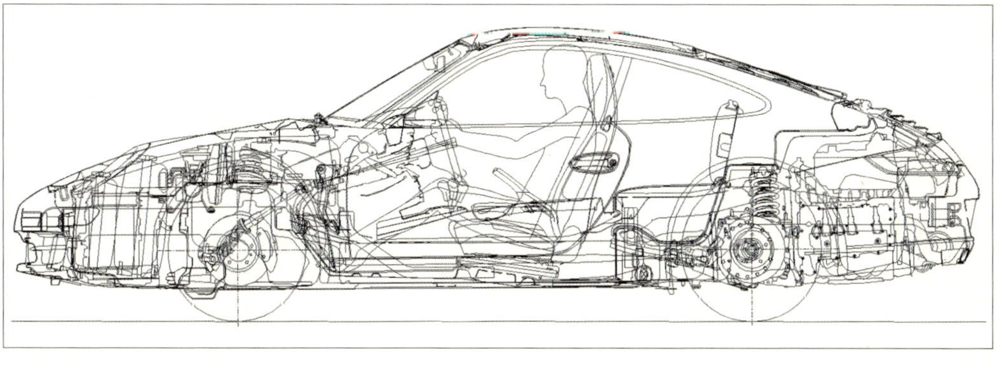

Bild 4.2-21 Porsche Carrera (Heckmotor, Längseinbau, Heckantrieb)

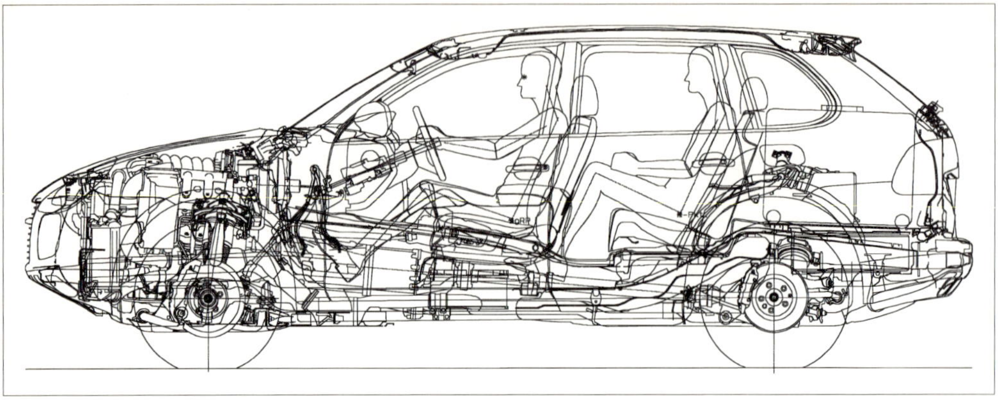

Bild 4.2-22 Porsche Cayenne Turbo (Frontmotor, Längseinbau, Allradantrieb)

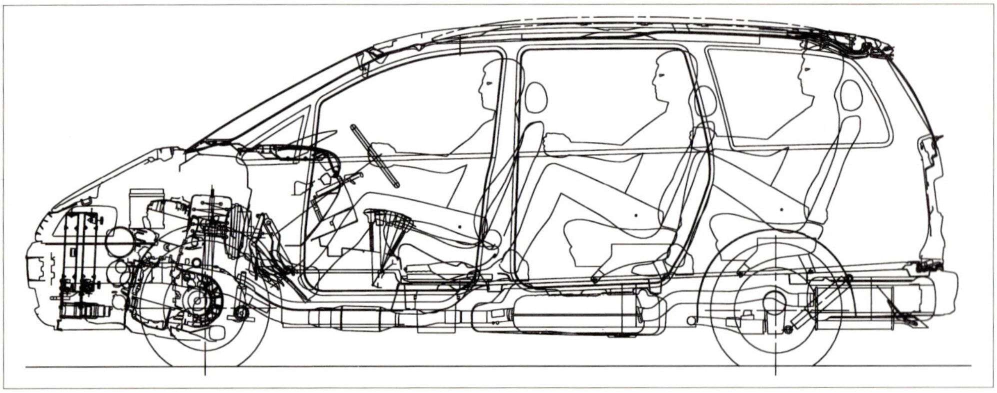

Bild 4.2-23 VW Sharan (Frontmotor, Quereinbau, Vorderradantrieb)

raumkonzept mit bis zu 8 Sitzplätzen oder bei ausgebauten Sitzen bis zu 2900 l Kofferraumvolumen aus. Das große Sitzplatzangebot wird durch eine hohe Sitzposition und somit eine große Fahrzeughöhe erreicht. Problematisch ist bei diesen Fahrzeugen, dass bei Nutzung durch 8 Personen nur ein Kofferraumvolumen auf Kompaktwagenniveau zur Verfügung steht. **Bild 4.2-23** zeigt den VW Sharan als Beispiel für ein realisiertes Van-Konzept.

4.2.5 Konzeption und Packageprozess in der industriellen Praxis

Die Konzeption und der Packageprozess verläuft in der industriellen Praxis ähnlich, wie in diesem Kapitel 4.2 dargestellt.

Zu Beginn einer Entwicklung werden die Vorstellungen und Ziele für Gesamtfahrzeug und wesentliche Komponenten und Module in einem *Rahmenheft* bzw. Zielkatalog zusammengeführt. Auf dieser Basis wird nachfolgend ein erstes Maßkonzept erstellt und erste zwingend einzuhaltende Begrenzungen *(Hardpoints)* werden vorgegeben. Die schrittweise Konkretisierung des Bauraumbedarfs der Fachbereiche und das konkreter werdende Maßkonzept führt zur Definition von *Package-Grenzflächen*. Diese Package-Grenzflächen sind dreidimensionale CAD-Flächen, die den Bauraumbedarf einzelner Komponenten, Greifräume der Insassen oder gesetzliche Vorgaben, wie z.B. Sichtstrahlen, darstellen.

In den frühen Phasen der Entwicklung stellen diese Package-Grenzflächen Vorgaben für die Fachbereiche dar. Mit weiterer Konkretisierung der Konstruktionen werden Modul- und Bauteilentwürfe der Fachbereiche gegen diese Grenzflächen geprüft.

In der Serienentwicklung werden mittels geeigneter Systeme zur Berechnung von Bauteilkollisionen durch die Packageabteilung einzelne Bauteile per *DMU* (Digital Mock-up – Digitale Attrappe) gegeneinander geprüft [20]. Geeignete PDM-Werkzeuge ermöglichen hierbei die teilweise Automatisierung der Fahrzeugkonfiguration und Kollisionsprüfungen. Solche Werkzeuge erfordern die durchgängige datentechnische Verknüpfung von Fahrzeugstruktur und CAD-Datenwelt [21].

Die konsequente Fortsetzung dieser Vorgehensweise ist die Integration von Systemen zur Erstauslegung von Strukturen und Komponenten in die CA-Landschaft [21].

4.2.6 Entwicklung der Fahrzeugkonzepte

Die derzeitige Konzeptlandschaft ist geprägt durch eine Vielzahl von Fahrzeugvarianten, die alle erdenklichen Nischen ausfüllen. Diese Varianten sind auch für Großserienhersteller wirtschaftlich darstellbar, weil dabei in der Regel auf identischen Fahrzeugplattformen aufgesetzt wird, vgl. Abschnitt 4.2.3.6.

In näherer Zukunft sind folgende Trends zu erwarten:

- Zunehmend *Crossover*-Konzepte, wie beispielweise die Kombination aus Van und Coupé oder eine Konzeptmischung zwischen Limousine und Van.
- Weitere Abkehr von klassischen Fahrzeugkonzepten (z.B. Limousine).
- Größere Variabilität der Fahrzeuge (Interieur und Exterieur).
- Die Gestaltung markenspezifischer Innenraumkonzepte, Bedienlogiken und *Mensch-Maschine-Schnittstellen* [15], [23]
- Fahrzeugklassenspezifische Leistungsgrenzen verschwimmen und überlappen zunehmend.
- Vordefinierte Plattformen werden zunehmend durch flexibel definierte Baukästen ersetzt.
- Hybridkonzepte werden in verschiedenen Ausprägungen in nahezu alle Fahrzeugklassen Einzug nehmen.

Beispiele für Crossoverfahrzeuge sind der Mercedes CLS [24] als Mischung aus Limousine und Coupé, der Golf Plus [25], der sich zwischen Golf und Touran ansiedelt sowie die 2005 vorgestellte Mercedes R-Klasse, die sich zwischen Van und Limousine einordnet.

Technologische Innovationen werden bereits heute sehr schnell nach der Ersteinführung in allen Fahrzeugklassen angeboten. Die Differenzierung über das Fahrzeugkonzept wird daher als Alleinstellungsmerkmal immer stärker an Bedeutung gewinnen, die Konzeptinnovation wird zu einem der Hauptdifferenzierungskriterien gegenüber den Wettbewerbern. Dieser Trend ist bereits heute, insbesondere bei spät in ein Segment einsteigenden Wettbewerbern, zu beobachten.

Es ist jedoch für die kommenden Jahre zu erwarten, dass aus wirtschaftlichen Gründen nach der momentan stattfindenden Neuausrichtung der Fahrzeugklassen eine Reduzierung der Variantenvielfalt erfolgen muss.

Zudem wird auch die notwendige Co_2-Reduzierung zunehmend Einfluss auf die Ausgestaltung von Konzepten (z.B. durch Downsizing) nehmen.

Literatur

[1] *Braess, H.-H.*: 2. Stuttgarter Symposium Kraftfahrwesen und Verbrennungsmotoren 1997, Das Automobil im Spannungsfeld zwischen Wunsch, Wissenschaft und Wirklichkeit, S. 786–799

[2] SAE-Norm J1100

[3] ECIE – European Car Manufacturer Information Exchange Group – Issue 17

[4] *Indra, F.*: Package: Die Herausforderung für den Motorenentwickler, 19. Internationales Wiener Motorensymposium, Fortschrittsbericht VDI Reihe 12 Nr. 348, VDI Verlag 1998

[5] *Basshuysen, R. v.; Schäfer, F.*: Handbuch Verbrennungsmotor, Vieweg Verlag, 2002

[6] 50 Jahre Frontantrieb im Serienautomobilbau, VDI-Bericht 418, 1981

[7] *Bandow, F., Stahlecker, H.*: Ableitung der Hauptabmessungen eines Fahrzeugs, ATZ 103 (2001) 10

[8] *Braess H.-H.*: Zur gegenseitigen Abhängigkeit der Personenwagen-Auslegungsparameter Höhe, Länge und Gewicht, ATZ 81 (1979) 9

[9] *Braess, H.-H.*: Negative Gewichtsspirale, ATZ 101 (1999) 1

[10] Die neue A-Klasse von Daimler-Benz, ATZ/MTZ Sonderausgabe zu ATZ und MTZ 10/04

[11] Der neue 3er BMW, ATZ/MTZ Sonderausgabe zu ATZ und MTZ 2005

[12] Der neue Audi A6, ATZ/MTZ Sonderausgabe zu ATZ und MTZ 03/04

[13] Die neue S-Klasse, ATZ/MTZ Sonderausgabe zu ATZ und MTZ 10/05

[14] Der neue Maybach, ATZ/MTZ Sonderausgabe zu ATZ und MTZ 09/02

[15] Der neue Audi A8, ATZ/MTZ Sonderausgabe zu ATZ und MTZ 08/02

[16] VW Phaeton, ATZ/MTZ Sonderausgabe zu ATZ und MTZ 07/02

[17] Der neue Porsche Boxster, ATZ/MTZ 02/05

[18] Der neue Porsche 911, ATZ/MTZ 12/04 und 01/05

[19] Der Porsche Cayenne, ATZ/MTZ Sonderausgabe zu ATZ und MTZ 07/03

[20] *Döllner, G.; Kellner, P.; Tegel, O.*: Verifizierung von Entwicklungsergebnissen mit rechnerunterstützten Techniken – Potentiale und Hemmnisse, VDI-Berichte Nr. 1357, VDI-Verlag 1997

[21] *Döllner, G., Gümbel, Ch.*: Prozesse und Bausteine des Cax-Datenmanagements in der Digitalen Produktentwicklung, 6. Automobiltechnische Konferenz 2002

[22] *Jost, K.-E.*: Rechts wie links, Christophorus – Das Porsche Magazin, Nr. 298, 10/02

[23] „Der neue BMW 7er" ATZ/MTZ Sonderausgabe zu ATZ und MTZ 11/01

[24] Der neue CLS von Daimler Benz, ATZ/MTZ Sonderausgabe zu ATZ und MTZ 11/04

[25] Der neue Golf Plus, ATZ/MTZ Sonderausgabe zu ATZ/MTZ 02/05

[26] Toyota Prius, ATZ 3/04

[27] Lexus LH400, ATZ 09/2005

[28] Die neue C-Klasse, ATZ/MTZ-Sonderausgabe zu ATZ und MTZ 04/07

4.3 Neuartige Antriebe

4.3.1 Elektroantriebe

Elektroantriebe kommen in verschiedenen Transportsystemen zum Einsatz. Im Folgenden werden elektrische Antriebe für nicht spurgebundene Fahrzeuge für den Personen- und Güterverkehr behandelt. Diese Fahrzeuge werden von Elektromotoren angetrieben und beziehen ihre Antriebsenergie ausschließlich aus einer mitgeführten Traktionsbatterie.

Elektrofahrzeuge erscheinen vorteilhaft, weil sie keine Schadstoffe am Einsatzort freisetzen, weder Abgase noch Kraftstoffe bei der Betankung und Speicherung. Dies gilt unabhängig vom Alter und technischen Zustand des Fahrzeugs.

Da die elektrische Energie zum Betrieb von Elektrofahrzeugen jedoch überwiegend in Kraftwerken aus fossilen Energien erzeugt wird, entstehen hier i.a. Emissionen. Die Möglichkeiten regional oder global die Emission von Schadstoffen mit Elektrofahrzeugen zu senken sind deshalb letztlich abhängig vom Schadstoffausstoß bei der Stromerzeugung.

Vorteilhaft ist, dass moderne Kraftwerke heute sehr gute Wirkungsgrade aufweisen und mit der Stromversorgung eine flächendeckende Infrastruktur zum Wiederaufladen von Elektrofahrzeugen bereits vorhanden ist bzw. leicht aufgebaut werden kann.

Elektromotoren weisen außerdem einen hohen Wirkungsgrad auf und bieten zusätzlich die Möglichkeit der Energierückgewinnung aus Bremsvorgängen.

Hinzu kommt bei Elektrofahrzeugen, dass sie insbesondere bei niedrigen Geschwindigkeiten sehr leise sind.

Nachteilig für den Nutzer von Elektrofahrzeugen sind die derzeit noch hohen Anschaffungskosten und die eingeschränkte Reichweite dieser Fahrzeuge. Aufgrund längerer Ladezeiten zum Wiederaufladen der Batterien ist die Verfügbarkeit von Elektrofahrzeugen eingeschränkt.

Elektrofahrzeuge sind bereits seit Ende des 19. Jahrhunderts im Einsatz, noch vor den Fahrzeugen mit Verbrennungsmotoren [1]. Zu Beginn des 20. Jahrhunderts wurden Elektroantriebe dann rasch durch Verbrennungsmotoren ersetzt. Neue Impulse für die Entwicklung moderner Elektrofahrzeuge gingen erst wieder von der Erdölkrise in den siebziger Jahren und der „ZEV-Gesetzgebung“ (ZEV: Zero Emission Vehicle) Kaliforniens aus. Dieses Gesetz forderte in der ersten Fassung aus dem Jahr 1990 emissionsfreie Fahrzeuge für Kalifornien ab dem Modelljahr 1998. Technisch ist dies nur erreichbar mit ausschließlich batterieelektrisch angetriebenen Fahrzeugen oder mit Wasserstoff-Brennstoffzellenfahrzeugen. Bis Ende der 90er Jahre haben deshalb zunächst alle größeren Automobilhersteller intensiv die Entwicklung von Elektrofahrzeugen verfolgt, ehe diese Entwicklung dann weitgehend zugunsten der Brennstoffzellenfahrzeugentwicklung zurückgestellt wurde. In den Folgejahren wurde das ZEV-Gesetz mehrmals geändert [2] und ist nach wie vor in der Diskussion. Die Fassung vom April 2003 erlaubt neben reinen „ZEV-Fahrzeugen“ auch andere Fahrzeuge mit sehr niedrigen Emissionen, für die ebenfalls „ZEV-Kredite“ vergeben werden. Die ZEV-Gesetzgebung sieht folgende Fahrzeugkategorien vor:

ZEVs:
Absolut schadstofffreie Fahrzeuge wie Elektrofahrzeuge und Wasserstoff-Brennstoffzellenfahrzeuge.
Bei Elektrofahrzeugen werden je nach Reichweite und maximaler Geschwindigkeit noch verschiedene Kategorien von Elektrofahrzeugen unterschieden.

PZEVs:
„Partial ZEVs“, Fahrzeuge mit Verbrennungsmotor und extrem niedrigem Schadstoffausstoß und Langzeitstabilität der Emissionen.

AT PZEVs:
Diese „Advanced Technology PZEVs“ haben die gleichen niedrigen Emissionen wie die PZEVs und zusätzlich einen elektrischen Antrieb.
In der Praxis handelt es sich um extrem schadstoffarme Hybridfahrzeuge, Fahrzeuge mit H2-Verbrennungsmotor und eventuell um Brennstoffzellenfahrzeuge mit Reformer.

Das komplexe Gesetz sieht je nach Marktanteil des Automobilherstellers in Kalifornien unterschiedliche Prozentsätze für ZEVs, PZEVs und AT PZEVs vor. Größere Automobilhersteller müssen beginnend mit dem Jahr 2005 10 % – und ansteigend 16 % im Jahr 2018 – „ZEV-äquivalente“ Fahrzeuge auf den kalifornischen Markt bringen. Dabei wurde den Automobilherstellern eine gewisse Flexibilität im Hinblick auf die Anteile ZEVs, PZEVs und AT PZEVs zugestanden. Größere Automobilhersteller müssen jedoch eine definierte Anzahl ZEVs anbieten. Derzeit wollen diese Automobilhersteller in Kalifornien Brennstoffzellenfahrzeuge als ZEVs anbieten.

4.3.1.1 Antriebssystem für Elektrofahrzeuge

Das gesamte Antriebssystem von Elektrofahrzeugen [3] umfasst:

- Traktionsbatterie mit Batteriemanagement und i.a. On-Board-Ladegerät
- Elektromotor mit elektronischer Steuerung (Umrichter) und Kühlung
- gegebenenfalls notwendiges Getriebe incl. Differential
- Kraftübertragung auf die Antriebsräder

Außerdem müssen Nebenaggregate wie die Lenk- und Bremsunterstützung und das Heiz- und Klimatisierungssystem dem elektrischen Betrieb angepaßt werden. Wieder aufladbare Traktionsbatterien erfordern Ladegeräte, die entweder als stationäre Ladegeräte oder als On-Board-Ladegeräte ausgeführt sind.

Für die Kraftübertragung auf die Antriebsräder kann der Antriebsstrang unterschiedlich konfiguriert werden **(Bild 4.3-1)** [4]. Am häufigsten werden Vorder- oder Hinterradantriebe mit einer Zentralmaschine und einem i.d.R. erforderlichen Getriebe mit Differential eingesetzt. Alternativen sind Tandem-Antriebssysteme mit zwei Elektromotoren und Radnabenantriebe

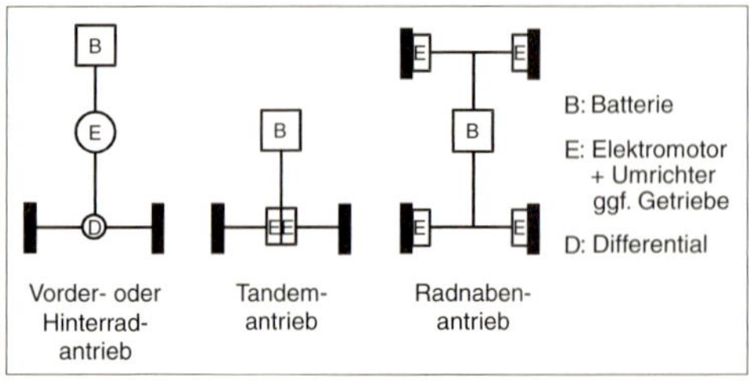

Bild 4.3-1 Antriebsstrang-Konfigurationen für Elektrofahrzeuge

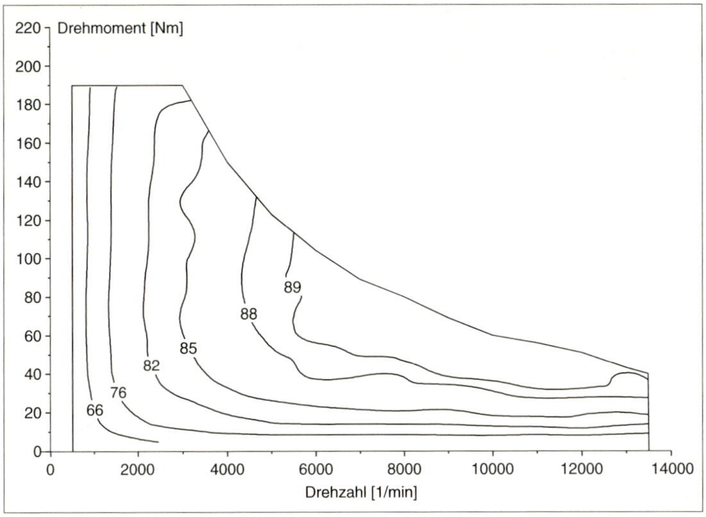

Bild 4.3-2 Wirkungsgradkennfeld eines Asynchronmotors (inklusive Umrichter)

mit Elektromotoren in den Rädern. Obwohl Radnabenmotoren teurer als Zentralmaschinen sind bieten diese Antriebe Package-Vorteile und lassen sich wahlweise als Front- oder Allradantrieb nutzen [5].

4.3.1.2 Elektromotoren für Elektrofahrzeuge

Motoren für den Einsatz in Kraftfahrzeugen müssen in einem weiten Drehzahl- und Drehmomentbereich arbeiten. Nahezu ideale Fahrzeugmotoren sind Elektromotoren. Sie sind leise, arbeiten durchweg mit hohem Wirkungsgrad **(Bild 4.3-2)** und weisen eine günstige Drehzahl-Drehmoment-Charakteristik auf. Ihr maximales Drehmoment ist schon bei niedrigsten Drehzahlen verfügbar und auch bei hohen Drehzahlen können sie noch ein ausreichendes Drehmoment abgeben, bei nahezu konstanter Leistung über der Drehzahl. **Bild 4.3-3** zeigt Kennlinien eines umrichtergespeisten Asynchronmotors für ein Elektrofahrzeug. Da Elektromotoren kurzzeitig überlastbar sind steht für Beschleunigungsvorgänge und auf kürzeren Steigungen zusätzlich Drehmoment zur Verfügung. Im Unterschied zu Verbrennungsmotoren kann in der

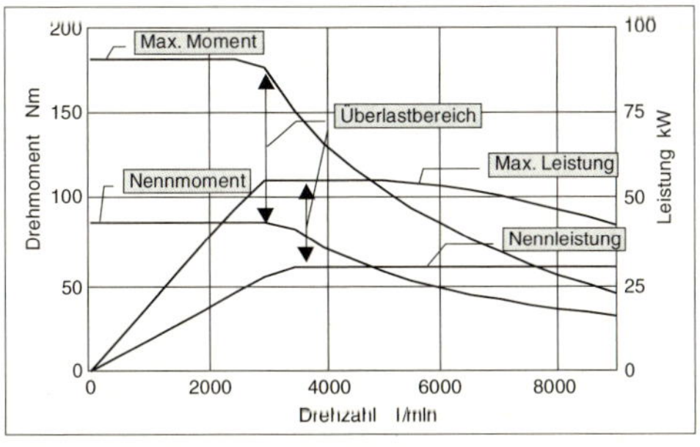

Bild 4.3-3 Drehmoment- und Leistungskurven einer umrichtergespeisten Asynchronmaschine

Regel auf ein mehrstufiges Getriebe verzichtet werden. Meist genügt ein einfaches Getriebe mit fester Übersetzung.

Als Elektromotoren für Elektrofahrzeuge kommen unterschiedliche Ausführungen zum Einsatz:

- Gleichstrommotoren
  - Gleichstromreihenschlussmotoren
  - Gleichstromnebenschlussmotoren
- Drehstrommotoren
  - Asynchronmotoren
  - Synchronmotoren
    - permanent erregte Synchronmotoren
    - fremderregte Synchronmotoren
- Spezialmotoren
  - bürstenlose Gleichstrommotoren (DC-Brushless Motors)
  - Transversalflussmotoren
  - Geschaltete Reluktanzmotoren (Switched Reluctance Motors)

Kriterien bei der Auswahl der Motoren [6] sind kompakte Bauweise, geringes Gewicht (hohe Leistungsdichte), hoher Wirkungsgrad, einfache Steuerbarkeit in einem weiten Drehzahl- und Drehmomentbereich, Überlastbarkeit, niedrige Geräuschentwicklung, niedrige Kosten und geringer Wartungsbedarf.

Gleichstrommotoren

Diese Motoren wurden zunächst überwiegend in Elektrofahrzeugen eingesetzt, haben heute aber als Fahrzeugantrieb für moderne Elektrofahrzeuge keine Bedeutung mehr. Sie werden direkt vom Gleichstrom der Traktionsbatterie gespeist. Man unterscheidet zwischen Reihen- und Nebenschlussmaschinen [7].

In Elektrofahrzeugen kamen praktisch nur Gleichstromnebenschlussmotoren zum Einsatz. Hier wird durch eine Erregerwicklung im Stator (Ständer) ein magnetischer Fluss erzeugt. Auf den Rotor (Anker oder

Läufer) wird ein Gleichstrom mittels Kohlebürsten (Kommutator) übertragen. Die Drehbewegung des Läufers verursacht ein Wechseln der Stromrichtung in den Ankerspulen. Anker- und Feldstromsteller (Chopper) werden direkt von der Batterie gespeist und dienen zur Regulierung des Anker- und Feldstroms.
Gleichstrommotoren sind technisch ausgereift. Aufgrund einer relativ einfachen Motorsteuerung sind diese Motoren preiswert. Technische Schwachstelle ist der Kommutator mit den Bürsten, welche gewartet werden müssen. Die maximale Motordrehzahl wird durch die Umfangsgeschwindigkeit am Kommutator auf ca. 7000 l/min begrenzt. Auch Wirkungsgrad und Leistungsdichte der Gleichstrommotoren sind relativ begrenzt.

Drehstrommotoren

In modernen Elektrofahrzeugen werden heute überwiegend Drehstrommotoren [8] eingesetzt.
Hier wird die Gleichspannung der Traktionsbatterie mittels Umrichter in Drehspannungen variabler Amplitude und Frequenz umgewandelt. Im Ständer ist eine dreisträngige Wicklung in Nuten verteilt. Die Ständerwicklung erzeugt ein Drehfeld (drehendes Magnetfeld). Man unterscheidet bei den Drehstrommotoren zwischen Synchron- und Asynchronmotoren. Die Unterscheidung ergibt sich aufgrund der unterschiedlichen Läuferbauart, die dazu führt, dass der Läufer synchron bzw. asynchron mit dem Drehfeld des Stators umläuft.
Bei der Asynchron- oder auch Induktionsmaschine wird der Läufer als Schleifring- oder Käfigläufer ausgeführt. Beim Schleifringläufer enthalten die Läufernuten eine Drehstromwicklung, deren Anschlüsse über Schleifringe und Kohlebürsten nach außen geführt werden. Da die Schleifringe gewartet werden müssen, hat sich diese Ausführung bei Elektrofahrzeugen nicht durchgesetzt. Beim Käfigläufer sind die Läufernuten aus Aluminium, Kupfer oder Bronze ausgefüllt und an den Seiten über Kurzschlussringe verbunden. Die Funktionsweise dieser Maschinen beruht auf der Tatsache, dass bei unterschiedlichen Drehzahlen zwischen Läufer und Drehfeld Spannungen im Läufer induziert werden. Durch die kurzgeschlossenen Läuferstäbe fließen dann Ströme, wodurch im Magnetfeld Kräfte (Drehmomente) auf den Läufer ausgeübt werden.
Bei den Synchronmotoren unterscheidet man zwischen permanent erregten und fremd erregten Synchronmotoren. Bei fremd erregten Synchronmotoren wird der mit Wicklungen versehene Rotor von Gleichstrom durchflossen und dadurch magnetisiert. Durch Variation des Läuferfeldes (Erregerstroms) lässt sich ein ausgedehnter Bereich konstanter Maximalleistung erreichen. Der fremd erregte Synchronmotor ist allerdings bisher bei Elektrofahrzeugen kaum zum Einsatz gekommen.
Bei der permanent-erregten Synchronmaschine wird das Läuferfeld durch Dauermagnete aufgebaut. Dadurch ist keine zusätzliche Energie für das Magnetfeld im Läufer notwendig, was gute Wirkungsgrade bei dieser Maschine bringt. Man unterscheidet Innen- und Außenläuferausführungen. Zu letzteren zählen die sogenannten Dauermagnet-Motoren, die bei hoher Polzahl höhere Drehmomente liefern.
Die Vorteile von Drehstrommaschinen in Käfigläuferausführung liegen in ihrer kompakten und robusten Bauweise (wartungsfrei). Maximale Drehzahlen bis 15000 l/min sind möglich. Vorteilhaft ist auch der höhere Wirkungsgrad von Drehstrommotoren im Vergleich zu Gleichstrommotoren. Permanent-erregte Synchronmaschinen weisen die höchsten Wirkungsgrade auf. Der erhöhte Steuerungsaufwand bei Drehstrommotoren hat sich durch die Weiterentwicklung der Leistungshalbleiter ständig verringert und wird heute nicht mehr als Nachteil angesehen.

Spezialmotoren

Zu den speziellen Motoren gehört der bürstenlose Gleichstrommotor (DC-Brushless Motor). Im Prinzip handelt es sich hier um einen permanent erregten Gleichstrommotor ohne Kommutator. Die Kommutierung erfolgt elektronisch über einen Umrichter, der die Ständerwicklung mit pulsweitenmoduliertem Gleichstrom speist. Vom Aufbau ist diese Maschine ähnlich der einer permanent erregten Synchronmaschine.
Transversalflussmotoren [9] unterscheiden sich von konventionellen Motoren durch die Führung des Flusses. Der Fluss wird quer zur Bewegungsrichtung und der Strom in Bewegungsrichtung geführt. Dies gelingt durch eine koaxiale Ringspule, die den Strom in Umfangsrichtung führt und von hochpoligen Magnetkreisen mit axialer Flussrichtung umgeben ist. Jeder Strang benötigt ein eigenes Stator/Rotor-System mit zugehörigem Stromrichter. Es sind mindestens 2 Systeme für einen Antrieb erforderlich. Die Maschinen zeichnen sich durch sehr gute Wirkungsgrade in einem weiten Drehmoment-/Drehzahbereich, hohe erzielbare Drehmomentdichten und kompakte Bauweise aus. Deshalb bieten sich diese Motoren auch als Radnabenantriebe (Direktantrieb ohne Getriebe) an.
Nachteilig ist die komplizierte Geometrie, die zusammen mit den notwendigen Hochenergiemagneten zu hohen Herstellkosten führt.
Auch der geschaltete Reluktanzmotor (Switched Reluctance Motor) [9, 10] wird zu den Spezialmotoren gezählt. Es ist ein einfach gebauter, bürstenloser Motor. Es fehlen Magnete und Wicklungen im Rotor, der die Form eines Zahnrades hat und aus weichmagnetischem Material (z.B. Stahl) gefertigt wird. Der Motor arbeitet mit unterschiedlichen Polzahlen im Rotor und Stator. Jeder Statorpol hat eine Erregerspule. Mehrere Statorwicklungen werden elektrisch zusammengeschaltet, um Nord/Süd-Polpaare einer Phase zu bilden. Jede Phase wird unipolar, d.h. nur in einer Stromflußrichtung pro Strang, erregt, bis Rotor- und Statorpole aufeinander ausgerichtet sind. Eine

sequentielle Erregung der Phasen bewirkt das kontinuierliche Drehen des Motors.
Aufgrund der einfachen mechanischen Ausführung und der vergleichsweise einfachen Regelstruktur sind Reluktanzmotoren robust und preiswert und bieten außerdem hohes Spitzenmoment und gute Wirkungsgrade in einem weiten Drehzahl- und Drehmomentbereich. Aufgrund der Drehmomentschwankungen können abgestrahlte Geräusche Probleme bereiten. Abhilfe kann sowohl durch eine gute mechanische Konstruktion als auch durch eine angepasste Ansteuerung erzielt werden.

4.3.1.3 Umrichter

Umrichter in Elektrofahrzeugen [11] haben die Aufgabe, den Antriebsmotor aus der Traktionsbatterie zu speisen und diesen je nach Fahrwunsch anzusteuern sowie eine Rückspeisung der Bremsenergie in die Batterie zu ermöglichen. Darüber hinaus muss der Umrichter Betriebsgrenzen berücksichtigen, die durch begrenzte Batteriespannung und Batterieleistung, Traktionszustand des Bremsregelsystems und Temperaturen von Maschine und Umrichter gegeben sind.
Der Fahrwunsch ergibt sich aus Fahr- und Bremspedalstellung, Fahrtrichtung (vorwärts/rückwärts) und Geschwindigkeitseinstellungen (Tempomat) und wird durch eine vorgeschaltete Fahrzeugkontrolleinheit in ein Solldrehmoment umgesetzt. Dabei kontrolliert diese Einheit auch die Betriebsgrenzen.
Je nach Elektromotor sind Umrichter unterschiedlicher Ausführung im Einsatz. Gleichstrommaschinen werden üblicherweise über einen Gleichstromsteller direkt aus der Traktionsbatterie versorgt. Synchron- oder Asynchronmotoren benötigen ein symmetrisches Drehfeld, wozu eine Wechselrichtung des Stroms erforderlich ist. Bei den Wechselrichtern unterscheidet man prinzipiell zwischen Umrichtern mit Gleichspannungszwischenkreis (spannungseinprägend) und solchen mit Gleichstromzwischenkreis (stromeinprägend). Wegen des einfacheren Aufbaus und der besseren Dynamik hat sich bei modernen Elektrofahrzeugen der spannungseinprägende Umrichter durchgesetzt.

Gleichstromsteller

Das Grundprinzip des Gleichstromstellers beruht darauf, dass die Batteriespannung pulsförmig auf den Antrieb geschaltet wird. Als aktive Leistungsbauelemente kommen abschaltbare Transistoren (Bipolar, IGBT, MOSFET) mit entsprechender Freilaufdiode zum Einsatz.
Bild 4.3-4 zeigt einen Stromsteller für eine fremderregte Gleichstrommaschine. Anker- und Feldstromsteller werden direkt von der Traktionsbatterie gespeist. Durch Ankerregelung wird der Grunddrehzahlbereich mit konstantem Drehmoment abgedeckt. Höhere Drehzahlen sind durch Absenkung des Feldstroms möglich. Im Feldschwächbereich ist hierbei der Ankerstromsteller voll durchgeschaltet.

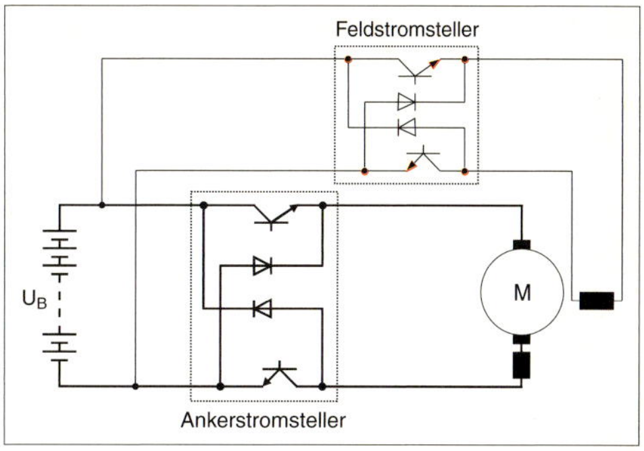

Bild 4.3-4 Stromsteller für fremderregte Gleichstrommaschine

Umrichter mit Gleichspannungszwischenkreis

Der spannungseinprägende Umrichter (**Bild 4.3-5**, in Verbindung mit einer fremderregten Synchronmaschine dargestellt) besteht im wesentlichen aus einem selbstgeführten Pulswechselrichter und erzeugt aus der Batteriespannung eine Drehfeldspannung variabler Amplitude und Frequenz. Der Kondensator ist erforderlich, um die Batterie von Oberschwingungen des Pulswechselrichters zu entkoppeln. Auch die Rekuperation der Bremsenergie ist ohne zusätzlichen Aufwand möglich. Der Pulswechselrichter kann sowohl in Verbindung mit Synchron- als auch mit Asynchronmaschinen verwendet werden.

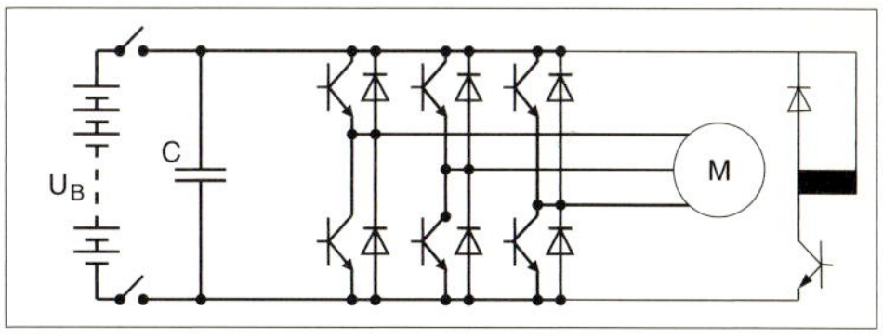

Bild 4.3-5 Spannungseinprägender Umrichter

Der Umrichter wird über eine Kontrolleinheit gesteuert, die je nach Fahrwunsch das geforderte Drehmoment einstellt.
Nachfolgende **Tabelle 4.3-1** zeigt abschließend eine Bewertung der elektrischen Antriebe für Elektrofahrzeuge. Kein Maschinentyp erfüllt gleichzeitig alle Kriterien mit hohem Zielerfüllungsgrad. Insofern muss je nach Anwendungsfall der geeignete Antrieb ausgewählt werden. Trotz hohen Entwicklungsstandes sind Gleichstrommaschinen für moderne Elektrofahrzeuge wenig geeignet. Bei Asynchronmaschinen und ebenso bei geschalteten Reluktanzmaschinen ergibt sich hingegen ein ausgewogenes positives Gesamtbild. Für Asynchronmaschinen spricht derzeit der hohe Entwicklungsstand und die gute Verfügbarkeit. Kommt es auf hohe Wirkungsgrade und kompakte Bauweise an, bietet sich die dauermagneterregte Synchronmaschine an.

Tabelle 4.3-1 Elektromotoren für Elektrofahrzeuge im Vergleich

	GM	ASM	FSM	DSM	SRM	TFM
Wirkungsgrad	– –	+	+	+ +	+	+ +
Maximale Drehzahl	– –	+ +	+	+	+ +	– –
Volumen	– –	+	+	+ +	+	–
Gewicht	– –	+	+	+ +	+	+
Kühlung	– –	+	+	+ +	+ +	+
Fertigungsaufwand	–	+ +	–	–	+ +	– –
Kosten	–	+ +	–	– –	+ +	– –

GM: Gleichstrommaschine; ASM: Asynchronmaschine; FSM: fremderregte Synchronmaschine; DSM: dauermagneterregte Synchronmaschine; SRM: geschaltete Reluktanzmaschine; TFM: Transversalflussmaschine

4.3.1.4 Traktionsbatterien

Die Traktionsbatterie ist die wichtigste Komponente des Elektrofahrzeugs. Der Energieinhalt der Batterie bestimmt die Reichweite, das Batteriegewicht und die abgebbare elektrische Leistung seine Fahrleistung. Außerdem sollten Traktionsbatterien eine lange Lebensdauer aufweisen und müssen sicher sein. Schließlich sind die Batteriekosten entscheidend für die Vermarktung von Elektrofahrzeugen.

Bei den Traktionsbatterien unterscheidet man zwischen Primär- und Sekundärsystemen. Primärbatterien, wie beispielsweise die Zink/Luft-Batterie, sind nur einmal entladbar. Diese Batterien müssen nach vollständiger Entladung ausgetauscht und wiederaufbereitet werden. Die elektrochemischen Reaktionen sind praktisch nicht umkehrbar, während bei Sekundärbatterien eine wiederholte Ladung und Entladung möglich ist.

Ein weiteres Unterscheidungsmerkmal ist die Betriebstemperatur. Man unterscheidet Batterien, die bei Umgebungstemperaturen arbeiten und solche, die bei erhöhten Betriebstemperaturen arbeiten (Hochtemperaturbatterien). Zu den Batterien, die bei Umgebungstemperatur arbeiten, gehören z.B. die Blei-, Nickel/Cadmium-, Nickel/Metallhydrid-, Zink/Brom- und Lithium/Ionen-Batterie. Hochtemperaturbatterien arbeiten bei Temperaturen bis 350 °C. Hierzu gehören die Systeme Lithium/Polymer (ca. 80 °C), Natrium/Schwefel (ca. 300 °C) und Natrium/Nickelchlorid (ca. 300 °C).

Obwohl es eine vielzahl an unterschiedlichen Batteriesystemen gibt, haben sich nur einige wenige wirklich durchgesetzt. **Tabelle 4.3-2** zeigt die wichtigsten Batterien für Elektrofahrzeuge im Vergleich [12]. Aufgeführt sind gegenüber [12] aktualisierte Daten von kompletten Batteriesystemen (incl. Batterietrog, Batteriemanagement und Kühlung). Die angegebenen Zielwerte werden von Automobilherstellern für erforderlich gehalten.

Die gravimetrische Energiedichte charakterisiert den Energieinhalt der Batterie bezogen auf das gesamte Batteriegewicht und wird in Wh/kg angegeben. Sie wird üblicherweise bei 2-stündiger Entladung gemessen. Durch die Energiedichte ist im Wesentlichen die Reichweite eines Elektrofahrzeugs bestimmt.

Tabelle 4.3-2 Batteriesysteme für Elektrofahrzeuge im Vergleich

Batterietyp	**Energiedichte**	**Leistungsdichte**	**Lebensdauer**		**Kosten**
	Wh/kg	W/kg	Zyklen	Jahre	€/kWh
Blei	30–35	200–300	300–1500	2–3	100–150
Nickel/Cadmium	45–50	200–300	>2000	3–10	250
Nickel/Metallhydrid	60–70	200–300	>2000	10	300–350
Natrium/Nickelchlorid	100–120	160	1000	5–10	<250
Lithium/Ionen	120–150	400–600	2000	10	300–600
Lithium/Polymer	110–130	ca. 300	<600	k.A.	300
Zink/Luft	100–220	ca. 100	k.A.	k.A.	60
Zielwerte:	100–200	75–200	1000	10	100–150

k.A. derzeit keine abgesicherten Angaben bzw. nicht zutreffend

Die gravimetrische Leistungsdichte charakterisiert hingegen die aus der Batterie entnehmbare elektrische Leistung bezogen auf das gesamte Batteriegewicht und wird in W/kg angegeben. Die Leistungsdichte ist abhängig vom Ladezustand der Batterie und wird üblicherweise auf 80 % Entladung bezogen. Durch die Leistungsdichte der Batterie ist die Fahrleistung (max. Geschwindigkeit, max. Beschleunigung) eines Elektrofahrzeugs bestimmt. Zu beachten ist, dass die in **Tabelle 4.3-2** angegebenen Leistungsdichten für Traktionsbatterien in Elektrofahrzeugen gelten. In Hybridfahrzeugen kommen Batterien mit höheren Leistungsdichten (und niedrigeren Energiedichten) zum Einsatz.
Bei der Lebensdauer einer Batterie unterscheidet man zwischen Zyklen-Lebensdauer und kalendarischer Lebensdauer. Die Zyklen-Lebensdauer gibt die Anzahl der möglichen Ladungen und Entladungen einer Sekundärbatterie an, bis ihre Kapazität auf 80 % der Nennkapazität absinkt.
Die kalendarische Lebensdauer ist ein praktischer Erfahrungswert, der die Lebensdauer der Batterie angibt, wenn sie nicht ihre Zyklengrenze erreicht.
Die Kosten der Batterie werden auf den Energieinhalt bezogen und in €/kWh angegeben. Sie sind abhängig von den Material- und Fertigungskosten sowie den Produktionsstückzahlen. In **Tabelle 4.3-2** wurden bei den Kosten komplette Batteriesysteme bei Produktionsstückzahlen von 10000–20000/a zugrunde gelegt.

Bleibatterien

Bleibatterien sind seit langem in Elektrofahrzeugen im Einsatz. Aufgrund ihrer niedrigen Energiedichten sind diese Fahrzeuge schwer und die erzielbaren Reichweiten niedrig. Die kalendarische Lebensdauer der Bleibatterien ist für Fahrzeuganwendungen nach wie vor unbefriedigend, obwohl die Zyklen-Lebensdauer von Bleibatterien in den letzten Jahren deutlich erhöht werden konnte [13]. Lediglich die Leistungsdichte übertrifft die Zielwerte. Günstig sind die relativ niedrigen Anschaffungskosten, wegen der beschränkten Lebensdauer ergeben sich aber keine Kostenvorteile. In modernen Elektrofahrzeugen kommen deshalb Bleibatterien kaum noch zum Einsatz.

Nickel/Cadmium-Batterien

Die Nickel/Cadmium-Batterie weist im Vergleich zur Bleibatterie eine höhere Energiedichte und Zyklenzahl auf. Der bei einigen Typen auftretende Memory-Effekt kann die Nutzung einschränken. Darunter versteht man die Verringerung der verfügbaren Energie des Akkus, wenn dieser immer wieder nur teilentladen wird. Aufgrund des giftigen Schwermetalls Cadmium bestehen zum Teil Vorbehalte beim Einsatz dieses Batterietyps. Heute werden diese Batterien in modernen Elektrofahrzeugen kaum noch verwendet.

Nickel/Metallhydrid-Batterien

Diese Batterie ist umweltverträglich und hat inzwischen die Blei- und Nickel/Cadmium-Batterien weitgehend verdrängt. Im Vergleich zur Nickel/Cadmium-Batterie weist sie höhere Energie- und Leistungsdichten auf. Die Zyklenfestigkeit ist mit über 2000 Zyklen und einer kalendarischen Lebensdauer von 10 Jahren sehr gut. Gemessen an mittel- und langfristig angestrebten Zielkosten ist der Batteriepreis hoch. Diese Batterien haben sich in modernen Elektrofahrzeugen bewährt und werden häufig eingesetzt.

Natrium/Nickelchlorid-Batterien

Die Natrium/Nickelchlorid-Batterie zählt zu den Hochtemperaturbatterien. Die Betriebstemperatur im Innern der Batterie liegt bei 270–350 °C. Ein doppelwandiger, evakuierter Behälter begrenzt die Wärmeverluste. Zur Aufrechterhaltung der Betriebstemperatur ist ein Temperaturmanagement erforderlich. Diese Batterie zeichnet sich durch hohe Energiedichten und limitierte Leistungswerte aus und bietet ausreichende Lebensdauer.

Lithium/Ionen-Batterie

Die Lithium/Ionen-Batterie bietet höchste Energiedichten, sehr hohe Leistungsdichten und hohe Lade- und Entladewirkungsgrade. Diese Batterie zählt mittlerweile zu den aussichtsreichsten Batteriesystemen für moderne Elektrofahrzeuge. Allerdings sind eine Überwachung der einzelnen Zellen und ein Ladungsausgleich erforderlich. Einige Automobilhersteller planen mittlerweile in den Elektrofahrzeugen der nächsten Generation Lithium/Ionen-Batterien einzusetzen [14].

Lithium/Polymer

Die Lithium/Polymer-Batterien [15] werden teilweise bei erhöhter Betriebstemperatur betrieben. Die Betriebstemperatur im Innern der Batterie kann bis zu 100 °C betragen. Die Zellen werden in Folientechnik hergestellt, auch der Elektrolyt ist als Folie ausgebildet.

Zink/Luft-Batterie

Diese Batterie zählt zu den Primärbatterien, ist also nicht wiederholt elektrisch aufladbar. Die Batterie weist höchste Energiedichten bei relativ niedrigen Leistungsdichten auf.
Zum Ausbau (Wechseltechnik) und zur Wiederaufbereitung der Batterien ist eine spezielle Infrastruktur erforderlich, weshalb sich der Einsatz dieses Batterietyps bisher auf wenige Demonstrationsprojekte beschränkte.

4.3.1.5 Superkondensatoren

Superkondensatoren oder Doppelschichtkondensatoren (engl. supercapacitors, ultracapacitors) [16] sind spezielle Elektrolyt-Folienkondensatoren, die als Hochleistungsenergiespeicher zur kurzzeitigen Abdeckung von Spitzenleistungen eingesetzt werden können. Wegen der sehr niedrigen Energiedichten sind sie allerdings kein Ersatz für Traktionsbatterien in Elektrofahrzeugen. Durch eine spezielle Kohlebeschichtung der Aluminiumfolien (Elektroden) bilden sich zwischen dem organischen Elektrolyt und den beiden Elektroden extrem dünne Ladungsschichten aus, so dass sich Kapazitäten von einigen Tausend Farad in kompakten Einheiten darstellen lassen. Der verwendete organische Elektrolyt erlaubt jedoch den Betrieb eines einzelnen Kondensators nur im Bereich zwischen ca. 2–3 V. Deshalb muss eine größere Anzahl von Kondensatoren in Reihe geschaltet werden.

Moderne Superkondensatoren weisen heute Leistungsdichten zwischen 1000 und 10000 W/kg auf – Leistungsdichten, die mit Batterien nicht erreicht werden. Die Energiedichten von Superkondensatoren sind mit ca. 5 Wh/kg allerdings sehr eingeschränkt.

Superkondensatoren sind deshalb Energiespeicher für kurze Lade- und Entladevorgänge mit hohen Leistungen. Der Lade- und Entlade-Wirkungsgrad ist mit jeweils 95 % hoch, ebenso die Lebensdauer. Sie beträgt 10 Jahre oder 500000 Lade-/Entladezyklen.

Superkondensatoren werden bei Elektrofahrzeugen kaum genutzt, bei Brennstoffzellen- und Hybridantrieben werden Superkondensatoren allerdings bereits eingesetzt.

4.3.1.6 Ladegeräte

Elektrofahrzeuge werden i.a. nachts aufgeladen. Zum Einsatz kommen in der Regel im Fahrzeug mitgeführte Bordlader (AC/DC-Wandler). Man unterscheidet zwischen konduktiven und induktiven Ladegeräten. Die konduktive Ladetechnik hat sich inzwischen durchgesetzt, nachdem das California Air Ressources Board (CARB) diese Technik zum Standard erklärt hat [17]. Die Ladeleistung der Bordlader ist abhängig von der verfügbaren Netzspannung und dem zulässigen maximalen Netzstrom. Um Elektrofahrzeuge in 5–6 Stunden aufladen zu können, werden heute 7 kW-Bordlader (230V, 30A, 1 Phase) eingesetzt.

4.3.1.7 Ausblick

Vor dem Hintergrund verschärfter Abgasgesetze und der Forderung nach „Zero Emission Fahrzeugen" in den USA ist die Entwicklung moderner Elektrofahrzeuge in den 90er Jahre vorangekommen. Leistungsfähige Traktionsbatterien und Elektroantriebe wurden entwickelt und erlaubten beachtliche Fahrleistungen. Im Hinblick auf Beschleunigungsvermögen und Spitzengeschwindigkeit erwiesen sich diese Elektrofahrzeuge als alltagstaugliche Fahrzeuge. Elektrofahrzeuge mit Reichweiten bis 200 km kamen zum Einsatz.

Dennoch haben sich der beschränkte Aktionsradius und das erhöhte Gewicht des Elektrofahrzeugs aus Nutzersicht ein immanentes Handikap erwiesen, insbesondere in Verbindung mit den immer noch hohen Anschaffungskosten dieser Fahrzeuge.

Dem stehen unstrittige Vorteile des Elektrofahrzeugs für einen umweltfreundlichen Verkehr gegenüber und eröffnen dieser Antriebsform nach wie vor eine Langzeitperspektive. Derzeit entwickeln einige Automobilhersteller eine neue Generation subkompakter Elektrofahrzeuge für den Stadtverkehr mit Reichweiten von 100–200 km.

Ob sich kleinere Elektrofahrzeuge auf dem Markt durchsetzen können, hängt wesentlich davon ab, wann leistungsfähige und kostengünstige Traktionsbatterien mit hoher Lebensdauer zur Verfügung stehen werden und wie sich die Energiekosten weiter entwickeln [18]. Für den amerikanischen Markt stellt sich die Frage, wie sich ein „ZEV-Markt" in Kalifornien entwickeln kann und wann es gelingt, für den Kunden attraktive ZEV-Fahrzeuge anzubieten.

Literatur

[1] *van Basshuysen/Schäfer (Hrsg.)*: Handbuch Verbrennungsmotor, Vieweg Verlag, 2007

[2] *Shulock, C.*: The California ZEV Program – Implementation Status, EVS 20, November 15–19, 2003, Long Beach, California

[3] *International Energy Agency*: Electric Vehicles: Technology, Performance and Potential, OECD Publications, 2 rue Andre-Pascal, 75775 Paris Cedex 16, ISBN 92-64-14015-8-No. 46876 1993

[4] *Wallentowitz, H.*: Einsatz von Elektrofahrzeugen, BMV-Forschungsvorhaben FE-Nr. 70466/95, ika Bericht 6062

[5] Automobil Revue, Ausgabe 37/2006, Radnabensystem, September 2006

[6] *Reckhorn, T., Dietz, A., Müller, K.*: Drive Systems for Electric, Hybrid and Fuel Cell Vehicles, EVS 18, October 20–24, 2001, Berlin

[7] *Spring, E.*: Elektrische Maschinen, Eine Einführung, Springer-Verlag GmbH 1998, ISBN 3-540-63423-1

[8] Falk, K.:Der Drehstrommotor, VDE Verlag, 1997, ISBN 978-3-8007-2078-1

[9] *Altendorf, J., Baumann, T., Inderka, R., Lange, A.*: OKOFEH – A Research Project for Initiating Further Development of Drive Systems for Electric-, Hybrid- and Fuel Cell Vehicles, EVS 18, October 20–24, 2001, Berlin

[10] *Iderka, R., Altendorf, J., Sjöberg, L., De Doncker, R.*: Design of a 75 kW Switched Reluctance Drive for Electric Vehicles, EVS 18, October 20–24, 2001, Berlin

[11] FAT Schriftenreihe Nr. 104, Antriebe für Elektrofahrzeuge

[12] *Anderman, M., Kalhammer, F., MacArthur, D.*: Advanced Batteries for Electric Vehicles; An Assessment of Performance, Cost and Availability, June 2000

[13] http://www.solarmobil.net/download/Exide-Handbuch-Blockbatterien.pdf

[14] Nissan Pressemitteilung vom 11. Dezember 2006: „Nissan green program 2010", http://www.nissan-global.com/EN/NEWS/2006/_STORY/061211-01-Nissan Pressemitteilung vom 11. Dezember 2006: „Nissan green program 2010", http://www.nissan-global.com/EN/NEWS/2006/_STORY/061211-01-e.html

[15] *Sudano, A.*: The Lithium-Metal-Polymer Battery Technology, EVS 20, November 15–19, 2003, Long Beach, California

[16] *A. Burke, M. Miller*: Update of Ultracapacitor Technology and Hybrid Vehicle Applications, EVS 18, October 20–24, 2001, Berlin

[17] *Sweigert, G.*: Standardization of Charging Systems for Battery Electric Vehicles, EVS 18, October 20–24, 2001, Berlin

[18] Jun Hyodo, Nobuhito Ohnuma, Eric Marcel Misoe: Proposal of Practical EV Applicable for Fleet Use in Japan, EVS 21, April 02 – 06, 2005, Monaco

4.3.2 Brennstoffzellenantriebssysteme

Derzeit werden Fahrzeuge nahezu ausschließlich durch Otto- oder Dieselmotoren angetrieben. Sie stellen zurzeit das kompakteste Fahrzeug-Antriebssystem mit einem sehr hohen Entwicklungsstand dar. Nachteilig sind die heute fast vollständige Abhängigkeit von

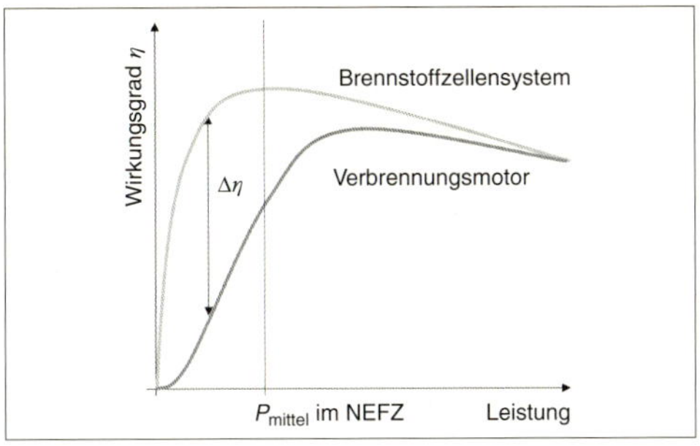

Bild 4.3-6 Qualitativer Verlauf des Wirkungsgrads von Brennstoffzellenantrieben und Verbrennungsmotoren

nur einer Primärenergiequelle, dem Erdöl, der relativ geringe Gesamtwirkungsgrad über einen typischen Fahrzyklus, die toxischen Emissionen NO_x, HC, CO, PM) sowie der Ausstoß des Treibhausgases CO_2. Forderungen nach Minderung dieser Nachteile führten zur Entwicklung von neuen Antriebskonzepten.

Elektromotoren wären unter diesen Kriterien optimale Energiewandler, vorausgesetzt die Bereitstellung von Strom auf dem Fahrzeug wäre zufrieden stellend gelöst. Batterien haben heute aber noch spezifische Nachteile, die zu teils erheblichen Nutzungseinschränkungen bei Elektrofahrzeugen führen (Kap. 4.3.1).

Hier bietet sich die mit Wasserstoff betriebene Brennstoffzelle in Kombination mit einem Elektroantrieb als Lösung an:

- Derartige Antriebssysteme besitzen einen bis zu 2fach höheren Wirkungsgrad als Verbrennungsantriebe **(Bild 4.3-6)**.
- selbst in einer Well-to-Wheels Betrachtung ergeben sich bei vielen Energiepfaden energetische Vorteile
- sie emittieren beim Betrieb der Fahrzeuge keine Schadstoffe und kein CO_2 sofern man nicht Methanol oder andere Kraftstoffe an Bord reformiert
- bei einigen regenerativen Wasserstoff-Herstellungspfaden treten auch in der Gesamtkette keine Schadstoff- und CO_2-Emissionen auf
- Wasserstoff kann besser als elektrische Energie gespeichert werden, so dass sich höhere Fahrzeugreichweiten ergeben
- die abgegebene Leistung ist im Vergleich zu batterieelektrischen Antrieben unabhängig vom Füllgrad des Energiespeichers
- Die Betankungszeiten sind vergleichbar mit denen bei heutigen Flüssigkraftstoffen
- Wasserstoff kann aus allen anderen Energierohstoffen und -quellen hergestellt werden, was zur Diversifizierung der Energieversorgung des Verkehrs beiträgt (Kap. 5.9).

Wegen dieser Eigenschaften haben nahezu alle Fahrzeughersteller begonnen, solche Antriebe zu entwickeln. DaimlerChrysler z.B. hat erste Prototypen bereits Anfang der 90er Jahre aufgebaut und führt heute mit mehr als 100 Prototyp-Brennstoffzellenfahrzeugen die weltweit größte Flottenerprobung in Kundenhand durch.

Brennstoffzellen-Antriebssysteme für Straßenfahrzeuge müssen hohen technischen und ökonomischen Anforderungen genügen, um gegen zukünftige verbrennungsmotorische Antriebe konkurrieren zu können. Die Grundanforderung an Brennstoffzellen-Antriebe zeigt **Tabelle 4.3-3**. Darüber hinaus ergeben sich weitere Spezifikationen aus den gewohnten Eigenschaften herkömmlicher Fahrzeuge hinsichtlich Beschleunigung, Höchstgeschwindigkeit, Steigfähigkeit, Reichweite mit einer Tankfüllung und Zuladung.

Tabelle 4.3-3 Anforderungen an Brennstoffzellen-Antriebe

Parameter	Größe
Systemleistung	60–120 kW
Systemwirkungsgrad BZ (NEFZ)	>45 %
Leistungsgewicht	<3 kg/kW
Lebensdauer	>5.000 h über 10 Jahre
Kaltstartfähigkeit bei –20 °C	<15 sec
Dynamik (Leerlauf bis 90 %)	<1 sec
Kosten	<50 €/kW
Reichweite	>500 km

Tabelle 4.3-4 Brennstoffzellentypen mit charakteristischen Daten

Typ	Elektrolyt	Arbeitstemperatur	Brennstoff	Anwendung
Alkalische Brennstoffzelle	Kalilauge (KOH)	≈60 °C	H_2 (kein CO_2)	Raumfahrt
Polymer-Elektrolyt-Membran-Brennstoffzelle	Protonen leitender Polymerelektrolyt	≈80 °C	H_2, Methanol	Raumfahrt, Fahrzeuge, Stationäranwendungen
Phosphorsäure-Brennstoffzelle	Phosphorsäure (H_3PO_4)	≈190 °C	H_2	Stationäranwendungen
Karbonatschmelze-Brennstoffzelle	Kalium-/Lithium-Karbonat (K/$LiCO_3$)	≈600 °C–700 °C	H_2, CO	Stationäranwendungen (Kraft-Wärme-Kopplung)
Festkörperoxid-Brennstoffzelle	Y_2O_3/ZrO_2	>800 °C	H_2, CO	Stationäranwendungen (+ Turbine)

Daneben sind auch noch Komfortanforderungen, Kaltstartfähigkeit im Winter und ausreichende Fahrleistungen bei hohen Umgebungstemperaturen wichtig. Die Kunden werden nicht bereit sein, Einschränkungen gegenüber dem heute Gewohnten hinzunehmen, es sei denn die ausreichende Verfügbarkeit konventioneller Kraftstoffe ist nicht mehr gewährleistet.
Von den verschiedenen Brennstoffzellentypen (**Tabelle 4.3-4**) sind Brennstoffzellen mit Polymer-Membran (PEM) für den Einsatz in mobilen Systemen am besten geeignet. An weiteren Typen mit modifizierten bzw. anderen Membranen wird gearbeitet. Vorrangiges Ziel ist die Anhebung der Betriebstemperatur über 100 °C.

4.3.2.1 Antriebsarchitektur mit PEM-Brennstoffzellen

Bei PEM-Brennstoffzellensystemen unterscheidet man zwischen Systemen mit Reformerbetrieb und solchen mit reinem Wasserstoffbetrieb. Im Folgenden beschränkt sich die Betrachtung auf die reinen Wasserstoffsysteme, da die Reformertechnologien hauptsächlich aus Gründen der Dynamik, der Emissionen und der technologischen Komplexität für die meisten Fahrzeuganwendungen derzeit weniger geeignet sind.
Eine Übersicht über die Komponenten eines Brennstoffzellen-Antriebssystems zeigt **Bild 4.3-7**. Das Brennstoffzellensystem an sich kann aufgeteilt werden in die Module Stack, Luftversorgung, Befeuchtung, Anodenversorgung (Wasserstoff) sowie die entsprechenden Zu- und Abführungen. Ein Leistungsmanagement-System stellt die elektrische Verbindung zwischen Brennstoffzellensystem und Fahrzeug dar. Es versorgt über entsprechende Wandler die Hochvolt(HV)-Komponenten, wie den elektrischen Fahrantrieb, ggf. eine Pufferbatterie sowie elektrisch angetriebene Hilfsaggregate. Weitere Systemkomponenten bilden die Wasserstoffspeicher sowie die Wärmetauscher zur Abführung der Abwärme an die Umgebung. Eine elektronische Überwachungseinheit übernimmt das Sicherheitsmanagement für das gesamte System.

4.3.2.1.1 Fuel Cell Stack

Die Kernkomponente des Brennstoffzellensystems bildet der Stack, der aus bis zu einigen hundert elektrisch in Serie geschalteten Elektrolyt-Elektroden-Anordnungen aufgebaut ist. Im Falle der PEM-Brennstoffzelle wird als Elektrolyt eine sehr dünne Polymer-Membran (Dicke zwischen etwa 20 und 50 μm) verwendet. **Bild 4.3-8** zeigt den Aufbau und die Funktionsweise einer solchen Membran-Elektroden-Anordnung (MEA). Die Anode wird mit Wasserstoff, die Kathode mit Luft beaufschlagt. Die Membran hält beide Gase voneinander getrennt und steuert die chemische Reaktion. Eine dünne Platinbelegung auf beiden Elektroden wirkt als Katalysator und beschleunigt die Reaktionsgeschwindigkeit, mit der

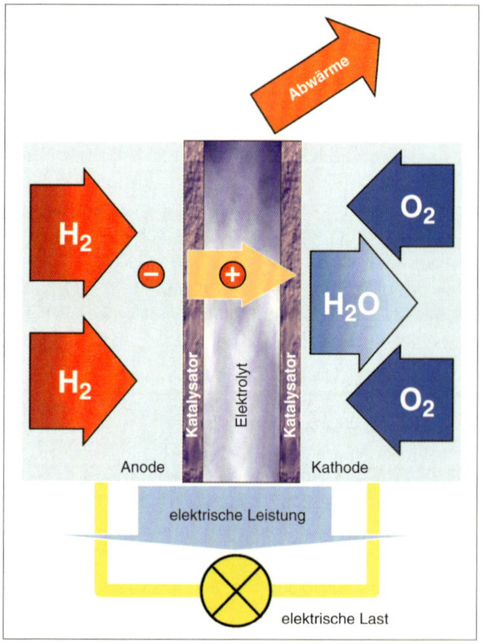

Bild 4.3-8 Prinzipdarstellung einer Brennstoffzelle

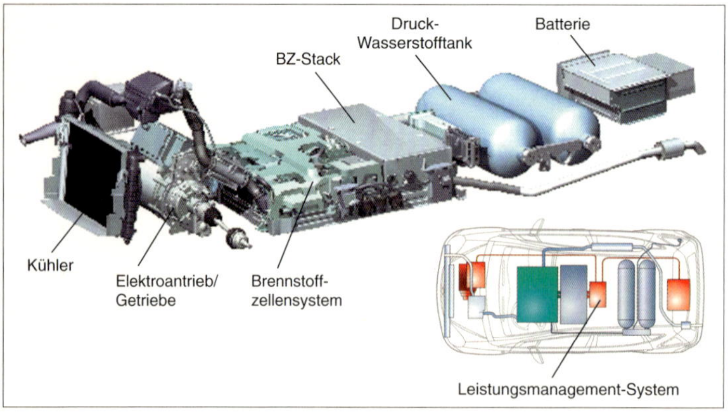

Bild 4.3-7 Komponenten eines Brennstoffzellen-Antriebs

Tabelle 4.3-5 Betriebsparameter und Anforderungen an Brennstoffzellen-Stacks

Betriebsparameter und Anforderungen		Wert
Gasdruck		1,1 bis 2,2 bar a abhängig von elektrischer Leistung
Feuchtigkeit	Kathode	>30 % rel. Feuchte
	Anode	<35 % rel. Feuchte
Betriebstemperatur		40 °C bis 95 °C
Kaltstarttemperatur		–25 °C und darunter
Zellleistungsdichte		1 W/cm² bei >650 mV
Spannungsdegradation		<10 µV/h
Lebensdauer		>5000 h
Volumetrische Leistungsdichte des Stacks		>1700 W/l
Gravimetrische Leistungsdichte des Stacks		>1200 W/kg

Wasserstoffatome in Elektronen und Protonen zerlegt werden.

$$H_2 \rightarrow 2\,H^+ + 2\,e^-$$

Die Protonen passieren die Membran und gelangen zur Kathode. Die Elektronen sammeln sich an der Anode an. Dadurch entsteht eine Potenzialdifferenz. Werden beide Elektroden außerhalb der Zelle elektrisch verbunden fließt ein Strom. Die Elektronen reagieren an der Kathode mit den Protonen und dem Luftsauerstoff zu Wasser.

$$O_2 + 4\,H^+ + 4\,e^- \rightarrow 2\,H_2O$$

Bei der Reaktion entsteht Wärme, die abgeführt werden muss.
Die Polymer-Elektrolyt-Membran reagiert sehr empfindlich auf Schwankungen einiger Betriebsparameter. Insbesondere muss ihre Feuchtigkeit in wohl definierten Grenzen gehalten werden.
Tabelle 4.3-5 zeigt die für einen optimalen Betrieb einzuhaltenden Betriebsparameter und Anforderungen.
In den letzten Jahren sind große Fortschritte bei der Brennstoffzellentechnologie erzielt worden. Vor einer Markteinführung von Brennstoffzellen-Fahrzeugen sind jedoch noch vielfältige Probleme zu lösen. **Tabelle 4.3-6** zeigt diese Herausforderungen im Überblick.
Standen bisher technologische Ziele, wie z.B. Lebensdauer, Robustheit sowie sicherer, zuverlässiger und schneller Gefrierstart im Fokus der Entwicklungsaktivitäten, so wird in den nächsten Schritten die Kostenreduktion eine dominierende Rolle spielen. Im Folgenden werden beispielhaft die von der Brenn-

Tabelle 4.3-6 Schlüsselprobleme von Brennstoffzellen-Systemen

Problem	Angestrebte Eigenschaften	Technologische Lösung
Lebensdauer	Homogene Wasserverteilung in der Membran-Elektroden-Anordnung	Materialien, Produktionsprozesse, Stack-Aufbau, Hybridisierung
Robustheit	Qualitative hochwertige Elektronik, Sensoren, Ventile	Komponentenbestellung mit Fahrzeug-Produktionsprozessen
Verbrauch/elektrischer Wirkungsgrad	Hoher Wirkungsgrad bei Teillast, optimierter Betriebsdruck	Luftversorgung mit Radialverdichter und Expander (Turbolader)
Thermomanagement	Vermeidung von Wasserkondensat, Betriebstemperatur >90 °C	Fortgeschrittene Kühlsysteme
Kalt-/Gefrierstart	Vermeidung von Wasserkondensat in der Gasdiffusionsschicht und den Gaskanälen	Materialien, Stack-Aufbau, Hybridisierung
Geräuschemission (Noise, Vibration, Harshness)	Niedriger Geräuschpegel von Kompressor und Antriebsmotor	Luftversorgung mit Radialverdichter
Kosten	Hohe Leistungs- und Stromdichte, kostengünstige Materialien	Materialien, Stack-Aufbau, einfacher Systemaufbau

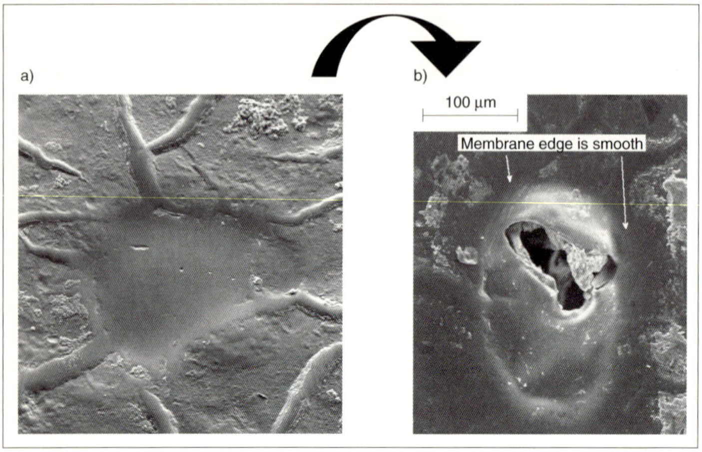

Bild 4.3-9 Membrandegradation (Quelle: Ballard)
a) Lokale Verringerung der Dicke der Membran
b) Verringerte Reißfestigkeit führt zu Membranbrüchen

stoffzellen-Allianz zwischen DaimlerChrysler, Ford und Ballard erreichten Fortschritte hinsichtlich Lebensdauer, Kaltstartfähigkeit und Kosten beschrieben.

Lebensdauer

Eine so genannte Membranausdünnung ist der für die Lebensdauer eines Stacks beschränkende Faktor. Um eine ausreichende Lebensdauer zu garantieren, müssen die Mechanismen dieser Membranausdünnungen verstanden und entsprechende Gegenmaßnahmen entwickelt werden.

Ein möglicher Mechanismus für die Membranausdünnung ist im Handbook of Fuel Cells [1] beschrieben. Sie beginnt an der Anode, wo durch Sauerstoffionen, die durch die Membran diffundieren, Wasserstoffperoxid gebildet wird. Falls gleichzeitig metallische Ionen, z.B. Fe^{2+}-Ionen vorhanden sind, werden freie Wasserstoffperoxid-Radikale gebildet, die die Membran schädigen. **Bild 4.3-9** zeigt eine solche Membrandegradation.

Ein ähnlicher Mechanismus wurde für die Kathode in Verbindung mit der Diffusion von Wasserstoff beschrieben. Hohe Temperaturen und geringere Befeuchtung in der Membran beschleunigen den Schädigungsprozess.

Ein gemäß diesen Erkenntnissen modifizierter Stack zeigt erst nach 4facher Zyklenzahl die typische Membranlochbildung, obwohl gleichzeitig dünnere Membranen – 25 µm an Stelle von 50 µm – verwendet wurden.

Froststartfähigkeit

Ein sicherer, zuverlässig reproduzierbarer und schneller Froststart ist ein weiterer Problempunkt, der gelöst werden muss, damit Brennstoffzellen im Alltagsgebrauch in Fahrzeugen uneingeschränkt genutzt werden können. Die Haupteinflussgröße ist die Wasserverteilung im Stack vor dem Einfrieren und die Balance zwischen dem Aufwärmen des Stacks und der Wasserbildung unterhalb des Gefrierpunktes während der Startphase. Beides muss genau kontrolliert und gesteuert werden. Dies kann durch eine spezielle Zellenbauweise erreicht werden, die sowohl haltbarkeits- als auch kaltstartkompatible Betriebsbedingungen im Normalbetrieb und bei Kaltstart gewährleisten.

Bild 4.3-10 zeigt die bisher erreichten Verbesserungen bei der Kaltstartzeit. Während ein State-of-the-art-Stack bisher 150 Sekunden zum Erreichen der 50 %-Nennleistung benötigte, wird mit der verbesserten Technologie dieselbe Leistung bereits innerhalb von 8 Sekunden erreicht. Weitere Verkürzungen sind absehbar.

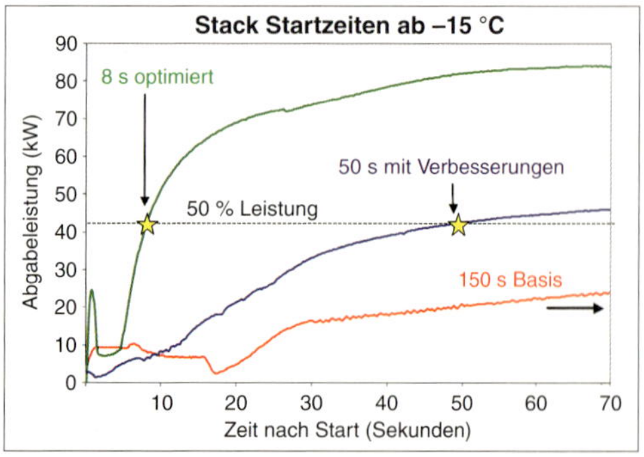

Bild 4.3-10 Verkürzung der Startzeit bei Froststart (Quelle: Ballard)

Kosten

Bis zur Marktreife der Brennstoffzellen-Technologie müssen die Kosten auf ein akzeptables Niveau gesenkt und die Robustheit sowie die Lebensdauer des Stacks auf die für die Anwendung im automobilen Bereich notwendige Werte gebracht werden. Studien, z.B. von Arthur D. Little [2], gehen davon aus, dass etwa 75 % der Stack-Kosten allein durch die Membran-Elektroden-Anordnung (MEA) verursacht werden. In dieser wiederum ist die Membran der teuerste Anteil, gefolgt vom Platinkatalysator. Daher konzentrieren sich die Anstrengungen zur Kostenreduktion hauptsächlich auf diese beiden Komponenten. Bei einer perfluorierten Membran ist die Feuchte eine sehr kritische Größe für die Leitfähigkeit. Sie schränkt das Betriebsfenster ein. Insbesondere darf die Membran nicht deutlich über 100 °C betrieben werden, da sonst das Wasser in der Membran verdampft. Forschungsanstrengungen konzentrieren sich deshalb auch auf nicht wässrig ionisch leitende Hochtemperaturmembranen, mit denen man Betriebstemperaturen bis zu 120 °C erreichen möchte [3].

Ein weiterer Schritt zur Kostenreduktion ist die Verminderung der Platinbelegung. Eine immer weiter gehende Senkung des Platingehaltes allein führt aber nicht zum Kostenminimum. Das Optimum stellt sich vielmehr bei einem bestimmten Platingehalt und der mit ihm erreichbaren Leistungsdichte ein. Heute wird ein Platingehalt von 0,3 g/kW für möglich gehalten. Damit wäre für die Membran-Elektroden-Einheit ein Zielkostenbereich von ca. 5 €/kW erreichbar. Die Department of Energy (DOE)-Zielwerte 2015 für Stack und Antriebssystem liegen bei 50 €/kW.

Zusammenfassend können somit die Entwicklungsziele auf drei Punkte reduziert werden: Vergrößerung der Leistungsfähigkeit bei Einhaltung der Kostenlimits, Steigerung von Robustheit und Zuverlässigkeit sowie Verlängerung der Lebensdauer und Dauerhaltbarkeit. Diese Ziele können nur in engem Verbund zwischen akademischer (grundlagenorientierter) und industrieller (anwendungsorientierter) Forschung angegangen werden. Entsprechende Förderprogramme werden in der Bundesrepublik Deutschland (CEP), aber auch auf EU-Ebene (HyFLEET CUTE) und in den Vereinigten Staaten (DOE-Freedom Car) sowie Japan (JHFC) durchgeführt. Es zeigt sich inzwischen, dass die ursprünglich gemachten Annahmen über die Markteinführung der Brennstoffzellen-Antriebstechnologie zu optimistisch waren. Wegen der Komplexität der Technologie muss dieser Zeitpunkt deutlich nach hinten verschoben werden.

4.3.2.1.2 Stack-Peripherie

Luftversorgung

Die Versorgung der Kathode mit Luftsauerstoff erfolgt über ein Luftmodul. Es umfasst Luftfilter, Schalldämpfung und einen elektrisch angetriebenen Turbolader, der die Luft auf etwa 1,1 bara (Teillast) bis zu 2,5 bara bei Volllast verdichtet. Durch Einsatz einer Expandereinrichtung (Turbine) kann ein Teil der Verdichterenergie zurück gewonnen werden. Dies kommt dem Systemwirkungsgrad zu Gute und erlaubt es den Stack kleiner auszuführen (– 10 bis 15 %). Das Modul enthält auch die Druckregelung für den Stack. Heute werden hauptsächlich Schraubenlader verwendet, die in dem erforderlichen Druck- und Förderbereich die besten Wirkungsgrade aller Maschinen mit innerer Verdichtung aufweisen [4] Werden in Zukunft ölfrei gelagerte Strömungsmaschinen (**Bild 4.3-11**) eingesetzt, kann eine deutliche Effizienzsteigerung der Verdichtung im Teillastbereich erreicht werden (**Bild 4.3-12**). Dies führt zu einer weiteren Verringerung des Energieverbrauchs der Fahrzeuge im Neuen Europäischen Fahrzyklus (NEFZ). Bei gleicher Wasserstoff-Speicherkapazität kann so auch die Fahrzeugreichweite vergrößert werden.

Bild 4.3-11 Elektrischer Turbolader

Luftbefeuchtung

Zur Befeuchtung der angesaugten Luft wird zur Zeit meist ein komplexes Wassermanagementsystem genutzt. Das Wasser wird aus dem Abgas kondensiert und der Ansaugluft in geeigneter Weise zugeführt. Eleganter lässt sich dies mit einem Modul auf Basis von Hohlfaserbündeln bewerkstelligen, wie es DaimlerChrysler z.B. in seinem neuesten BZ-Forschungsfahrzeug F 600 erprobt (**Bild 4.3-13a, b**). Damit wird die Abluft ent- und die Zuluft gleichzeitig befeuchtet Damit kann nicht nur die Anzahl Komponenten und das Gewicht verringert sondern auch das Bauvolumen auf ein Drittel gesenkt werden. Ein weiterer wichtiger Vorteil ist, dass Flüssigwasser vermieden wird, was das System vor dem Einfrieren schützt.

Anodenkreislauf

Auf der Anodenseite des Stacks befindet sich ein Anodenmodul, das aus einem geschlossenen Kreislauf mit Rezirkulationsgebläse und einer Wasserstoff-Dosiereinheit besteht. Es hat folgende Funktionen:

- Befeuchtung des Kraftstoffmassenstroms durch Rückführung von feuchtem Wasserstoff.
- Dosierung des Kraftstoffmassenstroms
- Rezirkulation von Wasserstoff zur Vermeidung von Verarmungszonen auf der Anode

Durch den geschlossenen Kreislauf werden Wasserstoffverluste minimiert, was den Systemwirkungsgrad

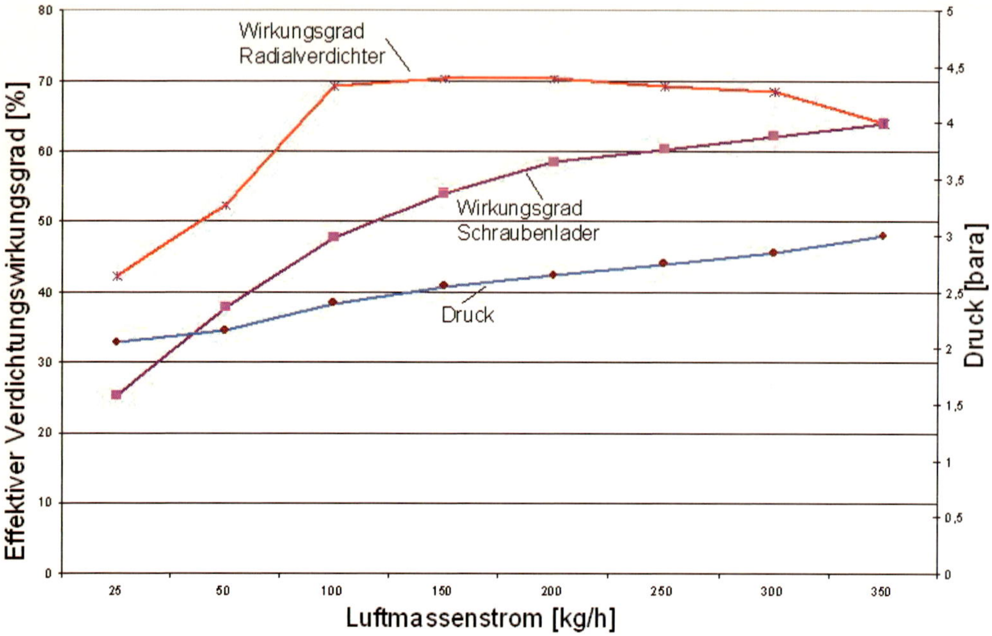

Bild 4.3-12 Kennlinienvergleich zwischen Schraubenlader und Radialverdichter

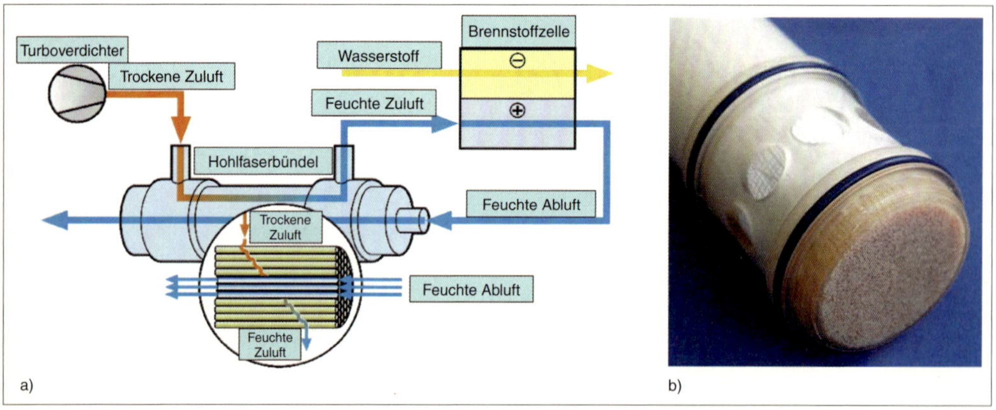

Bild 4.3-13 a) Schema Luftbefeuchtung, b) Hohlfaserbündel

verbessert. Nur soviel Wasserstoff wird zudosiert wie elektrochemisch umgesetzt wird. Allerdings tritt eine Aufkonzentration von Stickstoff durch Diffusion von der Kathode auf die Anode auf. Dadurch ist abhängig von der Betriebsstrategie von Zeit zu Zeit ein kurzzeitiges Abblasen erforderlich, das am einfachsten aus dem Anodenkreis in die Kathodenzuluft erfolgt.

Kühlung

Das Betriebstemperaturniveau der PEM-Brennstoffzelle von heute etwa 85 °C ist im Vergleich zu den 110 bis 120 °C bei Verbrennungsmotoren niedrig. Verbrennungsmotoren geben außerdem etwa 30 % der gesamten Verlustwärme über das heiße Abgas direkt an die Umgebung ab. Bei der Brennstoffzelle muss die gesamte Abwärme über einen Wärmetauscher an die Umgebung abgeführt werden. Durch die niedrigere Temperaturdifferenz des Kühlmittels zur Umgebung und der trotz besserem Wirkungsgrad etwa doppelt so hohen Abwärmemenge stellt die Kühlung bei Brennstoffzellen-Fahrzeugen eine große Herausforderung dar. Insgesamt müssen die Kühleinrichtungen bei Brennstoffzellen-Fahrzeugen auf heutigem Stand etwa 3,5-fach höhere Effektivität aufweisen. Obwohl die heute verwendeten Membranen potentiell Betriebstemperaturen bis 95 °C errei-

Tabelle 4.3-7 Charakteristische Daten von mobilen Wasserstoff-Speichern

Typ	Spezifischer Energieinhalt des Speichers*)			Bemerkungen
	kWh/kg	Gew.% H_2	kWh/l	
Druckwasserstoff 350 bar 700 bar Compositebehälter	 1,2 – 1,5 1,3 – 1,6	 4,0 – 5,0 4,3 – 5,3	 0,6 1,0	Spezifische Energie (kWh/l) nimmt mit steigendem Druck zu. Gravimetrische Dichte durchläuft Maximum
Flüssigwasserstoff (–253 °C)	1,4 – 2,7	4,6 – 9,0	0,8 – 1,5	Angestrebte Abdampfrate 1 – 2 % pro Tag. Verflüssigungsenergie sehr hoch: 1 kWh PE/kWh H_2
Tieftemperaturmetallhydride	0,4	1,2	0,7 – 1,3	Hohe Wasserstoffreinheit notwendig; Systemdruck ca. 50 bar
Chemische Hydride Alanate Amide/Hydride	0,3 – 1,4	3,0 – 5,0	1,0 – 1,6	Weitgehend noch im Forschungsstadium; Systemdrücke ca. 50 bis 100 bar

*) Speicher ohne Peripherie; Stand 2005; Ziele DOE 2015: 3kWh/kg (9 %), 2,7kWh/l

chen können, arbeiten OEMs, Zulieferer und Institute intensiv an neuen Membranen für den Temperaturbereich von 110 °C bis 120 °C. Auf diesem Temperaturniveau kann die Abwärme besser abgeführt werden.

Eine Vereinfachung des Gesamtsystems wäre ein wichtiger Schritt in Richtung Markteinführung. Dazu gehören neben der Temperaturanhebung die Reduzierung des Befeuchtungsaufwandes sowie die Vereinfachung oder gar der Wegfall des Anodenkreislaufes.

4.3.2.1.3 Mobile Wasserstoffspeicher

Um die vom Kunden gewohnten und geforderten Fahrzeugreichweiten mit einer Tankfüllung realisieren zu können, sind weitere Fortschritte bei der Entwicklung mobiler Wasserstoffspeicher notwendig. Neben hohen spezifischen Energiedichten werden noch weitere fahrzeugspezifischen Anforderungen an solche Speicher gestellt: Sicherheitsaspekte, einfaches Betankungshandling, minimales Gewicht und Einbaumaße, robust gegen mechanische Beschleunigungskräfte, ausreichende Lade-/Entladezyklen, hohe Lebensdauer und natürlich akzeptable Kosten. Weitere Beurteilungskriterien sind die Energiebilanzen und ggf. die Regenerationsfähigkeit von Speichermaterialien, die in einem externen Prozess regeneriert werden müssen (z.B. Natriumborhydrid).

Eine Übersicht über aktuelle Daten der heute bekannten Wasserstoffspeichermethoden enthält **Tabelle 4.3-7** sowie Kap. 5.9.5.3. Unter Abwägung aller Kriterien scheint die Wasserstoff-Druckspeicherung eine viel versprechende Methode für mobile Anwendungen zu sein. Heute werden in Faserverbunddruckspeichern Drücke bis zu 700 bar realisiert **(Bild 4.3-14)**. Mittel- und langfristig kommt es darauf an, Wasserstoffspeichersysteme mit verbesserten Speichereigenschaften und vertretbaren Kosten zur Verfügung zu stellen. Die vom DOE für das Jahr 2015 herausgegebenen Zielwerte für die spezifischen Energieinhalte liegen bei 3 kWh/kg bzw. 9 Gew.-%, sowie 2,7 kWh/l. Derzeit werden sie noch von keiner Speichermethode erreicht.

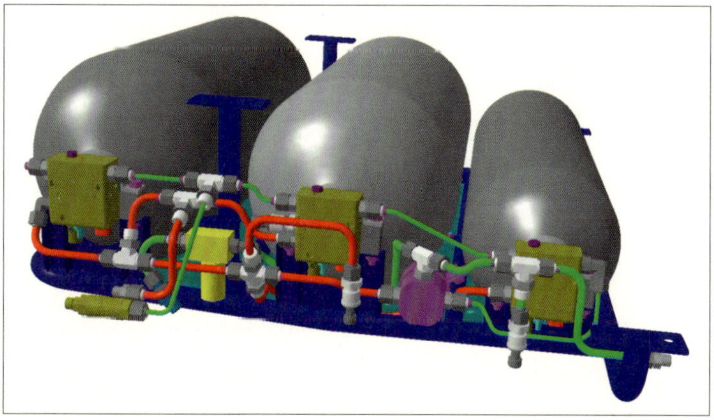

Bild 4.3-14 CAD-Darstellung eines 700 bar Druckspeichersystems

4.3.2.1.4 Hybridisierter Brennstoffzellenantrieb

Zum kompletten Antriebsstrang gehören neben dem Brennstoffzellensystem der Elektroantrieb und gegebenenfalls noch Batterien. Wird der Elektroantrieb außer von einer Brennstoffzelle noch von einer Hochspannungsbatterie gespeist, spricht man von einem hybridisierten Brennstoffzellenantrieb.
Heute stehen Elektromotoren in verschiedenen Ausführungsarten für Fahrzeugantriebe zur Verfügung (Kap. 4.3.1). Elektromotoren weisen eine für den Einsatz in Straßenfahrzeugen ideale Drehzahl-Drehmoment Charakteristik auf. Das maximale Drehmoment ist schon bei geringen Drehzahlen verfügbar. Auch die kurzzeitige Überlastbarkeit bringt Vorteile. Außerdem arbeiten sie mit hohen Wirkungsgraden und geringer Geräuschemission und in der Regel kann auf ein mehrstufiges Getriebe verzichtet werden.
Heute werden zur Unterstützung von Brennstoffzellenantrieben Batterien mit einigen kWh Energieinhalt und einigen zehn kW Leistung verwendet. Hauptsächlich werden dafür Nickelmetallhydrid-Batterien eingesetzt. Der Trend geht in Richtung Lithiumionen-Batterien (Kap. 4.3.1.4).
Eine zusätzliche Batterie im Antriebsstrang macht das Gesamtsystem zwar komplizierter, sie bietet aber auch einige Vorteile. Z.B. liegen die Dynamikanforderungen an Elektroantriebe bei etwa 800 A/s. Diese Rampe kann das Brennstoffzellensystem aufgrund der Trägheit der Luftverdichtung alleine nicht liefern. Mit Unterstützung durch Batterien sind solche Stromrampen aber problemlos realisierbar. Die Batterie erlaubt zusätzlich die Rückgewinnung von Bremsenergie und ermöglicht einen einfacheren Kaltstart unter 5 °C. Außerdem kann die Leistung des Brennstoffzellensystems verringert werden. Da eine kleinere Brennstoffzelle nach heutiger Kostenstruktur einen größeren Kostenvorteil bringt als die durch die Batterie entstehenden Zusatzkosten, können die Gesamtkosten des Antriebsstranges sogar verringert werden.

4.3.2.2 Sicherheit

Wasserstoff erfordert wie jeder andere Kraftstoff spezifische Sicherheitsvorkehrungen. Mit entsprechenden Maßnahmen kann das Sicherheitsrisiko bei Wasserstofffahrzeugen auf ein mit konventionellen Fahrzeugen vergleichbares Niveau gebracht werden. Wasserstoff-Luftgemische sind in einem weiten Konzentrationsbereich (4 % bis 77 % Wasserstoff in Luft) entflammbar. Dazu sind außerdem sehr geringe Zündenergien notwendig. Deshalb müssen Wasserstoffansammlungen im normalen Betrieb verhindert werden. Wasserstoff führende Komponenten sind so auszulegen, dass sie unter normalen Betriebsbedingungen dicht sind. Der Fahrgastraum muss gegenüber den Wasserstoff führenden Teilen abgedichtet sein.

Vor einer Betriebserlaubnis müssen mobile Wasserstoffspeicher umfangreiche sicherheitstechnische Typprüfungen durchlaufen. Nach dem Einbau in Fahrzeuge sind regelmäßig wiederkehrende Sicherheitsüberprüfungen vorgeschrieben. Selbstverständlich ist eine möglichst crashsichere Unterbringung der Speicher im Fahrzeug vorzusehen.
Wasserstoffkonzentrationen, die sich bei Störfällen bilden können, werden in heutigen Flottenfahrzeugen mit entsprechenden Gassensoren erfasst. Je nach Wasserstoffkonzentration wird ein abgestuftes zuverlässiges Sicherheitssystem aktiviert: von der Warnmeldung, wenn z.B. die Konzentration weit unterhalb der unteren Entflammungsgrenze liegt, über passive und aktive Belüftungsmaßnahmen, bis zum sofortigen Stillsetzen des Fahrzeuges.
Bei Fahrzeugbränden wird durch entsprechende Schmelzsicherungen dafür gesorgt, dass der Wasserstoffspeicherinhalt gezielt abgeführt und kontrolliert abgefackelt wird.

4.3.2.3 Rechtsvorschriften und Standards

Vor der Markteinführung von Brennstoffzellen-Fahrzeugen müssen Vorschriften und Standards erarbeitet werden. In mehreren Gremien (ISO/TC22/SC21, SAE und ICE) gibt es derzeit entsprechende Aktivitäten. Ziel ist die Schaffung einheitlicher Standards, um die Verbreitung der Brennstoffzellentechnologie zu beschleunigen, dem Hersteller Orientierung in Bezug auf die Produkthaftung zu geben, das Produkt dem Verbraucher zu attraktiven Konditionen anbieten zu können und das Vertrauen des Anwenders in die Sicherheit der neuen Technologie zu gewinnen.
Die Gesetzgebung der Europäischen Union bildet schon heute einen weitgehenden gesetzlichen Rahmen für die Nutzung von Wasserstoff im Straßenverkehr [5]. Eine Harmonisierung des entsprechenden Rechts in den Mitgliedstaaten ist im Gange. Allerdings ist das heute übliche Zulassungsverfahren, das zur EG-Typgenehmigung für Serienfahrzeuge führt, auf Wasserstofffahrzeuge noch nicht anwendbar. Hier müssen noch Lücken bei technischen Vorschriften vervollständigt werden.
Wasserstoff wird wie Benzin oder Diesel als gefährlicher Stoff eingestuft und bezüglich der Herstellung rechtlich gleich behandelt. Die geringeren Mengenschwellen bei der Lagerung von Wasserstoff z.B. an Wasserstofftankstellen, zeigen aber, dass Wasserstoff noch als Chemikalie gesehen wird. Die Selbstverständlichkeit, mit der heute mit Benzin und Diesel umgegangen wird muss sich für Wasserstoff erst noch ausbilden. Die für die anderen Kraftstoffe geltenden Vorschriften müssen auch für Wasserstoff als Vergleichsmaßstab gelten dürfen. Um vorhandene Einführungsbarrieren zu verringern, sollten gerade die Vorschriften für die Errichtung von Wasserstofftankstellen nicht überzogen und die Wasserstoff-

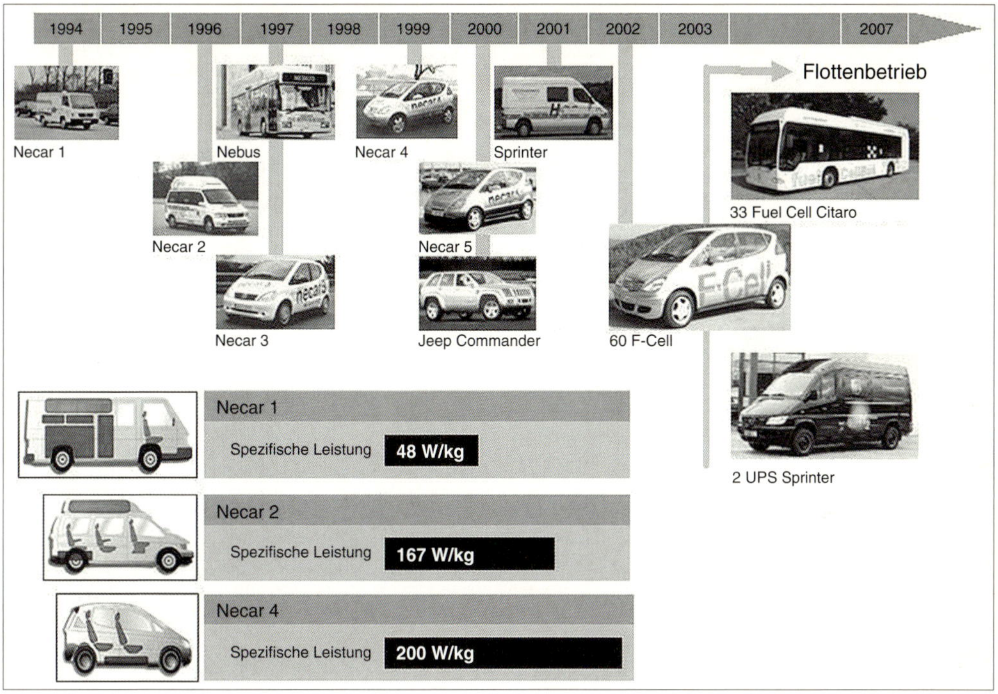

Bild 4.3-15 Historie der DaimlerChrysler Brennstoffzellen-Fahrzeuge

Kostenproblematik nicht durch Steuern und Abgaben verschärft werden.

4.3.2.4 Brennstoffzellen-Fahrzeuge

1994 hat DaimlerChrysler mit NECAR 1 das erste einer Reihe von Brennstoffzellen-Prototypfahrzeugen vorgestellt. Zunächst wollte man nur die Machbarkeit solcher Fahrzeugantriebe demonstrieren. Von Fahrzeug zu Fahrzeug konnten erhebliche Fortschritte bezüglich Gewichts- und Volumenreduktion des Brennstoffzellensystems erzielt werden. So stieg allein die spezifische Leistung des Brennstoffzellenstacks von 48 W/kg (NECAR 1) bis heute auf 880 W/kg (F-Cell) an (**Bild 4.3-15**). Gleichzeitig wurden verschiedene Wasserstoffspeichermethoden und auch der Einsatz anderer Kraftstoffe, wie z.B. Methanol untersucht. Es zeigten sich deutliche Vorteile für einen reinen Wasserstoffbetrieb mit Druckspeicherung, so dass man bei DaimlerChrysler für die Nachfolgefahrzeuge ausschließlich dieses Antriebskonzept weiter verfolgt hat. Andere Hersteller setzen auch auf andere Speicherarten, wie z.B. die Flüssigwasserstoffspeicherung, mit der man zwar mehr Energie im gleichen Volumen unterbringen kann, sich aber Nachteile vorwiegend bei der Handhabung und vor allem bei der Energiebilanz einhandelt.

4.3.2.4.1 Brennstoffzellen – Pkw und – Transporter

Heute sind alle Komponenten des Antriebssystems bereits so kompakt, dass sie im Zwischenboden der Mercedes A-Klasse untergebracht werden können (**Bild 4.3-7**). Diese Fahrzeuge werden unter dem Namen F-Cell derzeit in vielen Flottenversuchen betrieben. Die charakteristischen Daten enthält **Bild 4.3-16**. Insbesondere die im Neuen Europäischen Stadt-Fahrzyklus (NEFZ) gemessenen Äquivalentverbräuche von nur 3,6 l Diesel/100 km bestätigen die Erwartungen der hohen Wirkungsgrade solcher Antriebe. Damit können die im Vergleich zur Benzin- oder Dieselherstellung höheren Energiever-

Charakteristische Daten F-Cell:	
Fahrzeugtyp	Mercedes-Benz A-Klasse
Brennstoffzellen-System	PEM – 72 kW
Antrieb	Asynchronmaschine Leistung (Dauer/Spitze): 45 kW/65 kW Maximales Drehmoment: 210 Nm
Kraftstoff	Druckwasserstoff (350 bar)
Reichweite	177 km
Maximalgeschwindigkeit	140 km/h
Batterie	NiMH; Luftkühlung; Leistung (Dauer/Spitze): 15 kW/20 kW Kapazität: 6,0 Ah, 1,2 kWh

Bild 4.3-16 Charakteristische Daten F-Cell-Fahrzeuge

luste bei der Wasserstoffherstellung überkompensiert werden. Bei vielen Wasserstoffherstellungspfaden (Kapitel 5.9.2) ergeben sich somit auch in der Gesamtkette (Well-to-Wheel) energetische Vorteile [6].

Das in der A-Klasse verwendete Antriebssystem wurde in entsprechend modifizierter Form auch in Mercedes-Benz-Sprinter eingebaut, die derzeit in Deutschland und USA hauptsächlich im Paketdienst eingesetzt werden. Die Brennstoffzellenantriebe sind für die spezifischen Fahrprofile solcher Versanddienste im urbanen Verkehr mit vielen kurzen Unterbrechungen bestens geeignet. Auch kann für Fuhrparkgestützte Fahrzeuge in der Anfangsphase einer Wasserstoffwirtschaft die Infrastruktur einfacher realisiert werden.

Die in den nächsten Generationen von Demonstrations- und Flottenfahrzeugen zum Einsatz kommenden Antriebsinnovationen werden häufig vorher zuerst in Forschungsfahrzeugen eingesetzt und erprobt. **Bild 4.3-17a** zeigt das neueste Brennstoffzellen-Prototypfahrzeug F 600 „Hygenius“ von DaimlerChrysler. In ihm wird z.B. die neue 700 bar Druckspeichertechnik erstmals eingesetzt, die diesem Fahrzeug Reichweiten von über 400 km verleiht. Es konnte auch gezeigt werden, dass durch Einsatz einer neuen Befeuchtertechnologie (Hohlfaserbündel) auf einen aktiven Wasserkreislauf im Stack verzichtet werden kann und das Fahrzeug dadurch auch bei Minusgraden kaltstartfähig wird. Diese Technologien werden in der nächsten

Charakteristische Daten F600 HyGenius:	
Fahrzeugtyp	Forschungsfahrzeug
Brennstoffzellen-System	PEM – 66 kW
Antrieb	Permanent erregte Synchronmaschine Leistung (Dauer/Spitze): 60 kW/85 kW Maximales Drehmoment: 350 Nm
Kraftstoff	Druckwasserstoff (70 Mpa/700 bar)
Reichweite	> 400 km
Maximalgeschwindigkeit	174 km/h
Batterie	Li-Ionen: Leistung (Dauer/Spitze): 30 kW/55 kW; Kapazität: 1,5 kWh

Bild 4.3-17 a) Forschungsfahrzeug F 600 „Hygenius“, b) Charakteristische Daten F600

Charakteristische Daten B-Klasse F-Cell:	
Fahrzeugtyp	Mercedes-Benz B-Klasse
Brennstoffzellen-System	PEM – 80 kW (90 kW)
Antrieb	Integrierter Fahrantrieb mit permanent erregter Synchronmaschine Leistung (Dauer/Spitze): 70 kW/100 kW (136 PS) Maximales Drehmoment: 320 Nm
Kraftstoff	Druckwasserstoff (70 Mpa/700 bar)
Reichweite	400 km
Maximalgeschwindigkeit	170 km/h
Batterie	Li-Ionen (Mn); Leistung (Dauer/Spitze): 24 kW/30 kW; Kapazität: 6,8 Ah, 1,4 kWh

Bild 4.3-18 a) Schnittbild B-Klasse F-Cell, b) Charakteristische Daten B-Klasse F-Cell

Versuchsflotten-Fahrzeuggeneration B-Klasse F-Cell (**Bild 4.3-18a**) im Alltagsbetrieb erprobt werden.

Toyota, Honda, Hyundai, Nissan, GM, Ford und VW haben ebenfalls Prototypfahrzeuge entwickelt, die ausnahmslos mit PEM-Brennstoffzellen-Antriebssystemen ausgestattet sind (**Bild 4.3-19**).

4.3.2.4.2 Brennstoffzellen-Busse

Der öffentliche Personennahverkehr stellt einen Anwendungsbereich dar, in dem Brennstoffzellenantriebe vorteilhaft eingesetzt werden können. Der schadstoffemissionsfreie Betrieb ist im innerstädtischen Bereich besonders wichtig. Auch braucht die notwendige Wasserstoff-Betankungsinfrastruktur nur in den Fuhrparks installiert werden.

Auf Basis des Mercedes-Benz Citaro Stadtbusses wurden Brennstoffzellen-Busse aufgebaut, die in 10 europäischen Städten im täglichen Personenverkehr getestet werden. **Bild 4.3-20** zeigt die Integration des Antriebssystems im Bus, **Tabelle 4.3-8** die wichtigsten charakteristischen Daten.

4.3.2.4.3 Demonstrationen und Flottenversuche

Auf dem Weg zur Marktreife stellen Flottenversuche ein wichtiges Instrument dar, weil sie aus dem Alltagsbetrieb wichtige Messdaten und Hinweise zur Technologieweiterentwicklung liefern. Dazu werden die Fahrzeuge zusätzlich zur ohnehin vorhandenen Fahrzeugelektronik mit weiterer Sensorik und Datenloggern ausgestattet. Einerseits ermöglichen sie prä-

Bild 4.3-19 Brennstoffzellen-Fahrzeuge verschiedener Hersteller

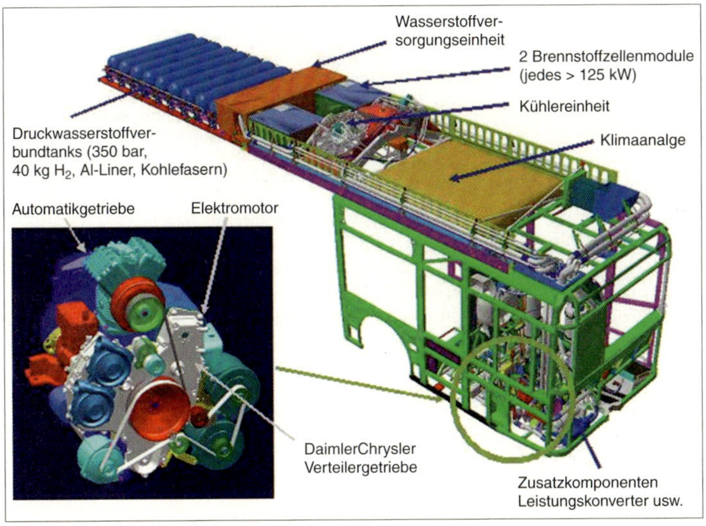

Bild 4.3-20 Antriebssystem des CITARO –Busses

Tabelle 4.3-8 Technische Daten des CITARO-Busses

Gewicht leer/beladen	14,2 t/18 oder 19 t*
Fahrzeugmaße (l × b × h)	12,0 m (l) × 2,55 m (b) × 3,67 m(h)
Wendekreisdurchmesser	21,5 m**
Brennstoffzellen-Gesamtleistung	>250 kW
Netto-Antriebsleistung	200 kW
Beschleunigung 0–50 km/h	<12 s***
Reichweite	200 km
Passagierkapazität	bis zu 70
Maximale Geschwindigkeit	bis zu 80 km/h
Wasserstoffspeicherdruck	350 bar
Wasserstoffspeicherkapazität	>40 kg in 9 Druckzylindern

* Länderabhängig

** Vergleichbar mit dem konventionellen CITARO-Dieselbus

*** Besser als Diesel OM 906 (205 kW)

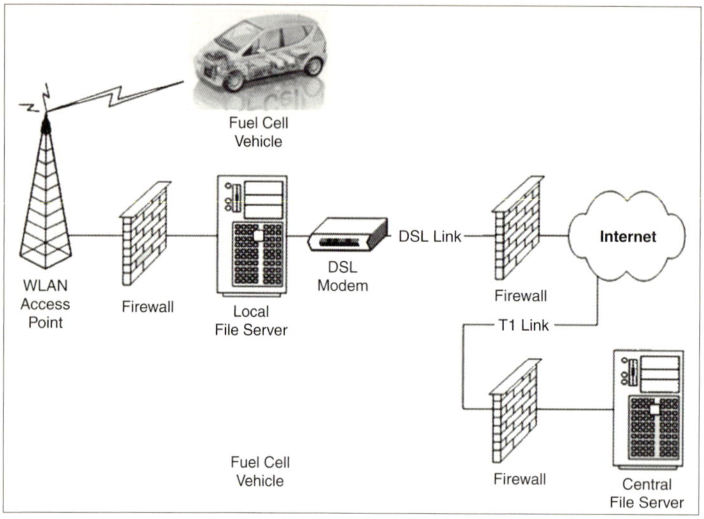

Bild 4.3-21 FDA-Schema

ventive Maßnahmen für einen ungestörten Fahrzeugbetrieb, andererseits liefern sie dem Entwicklungsingenieur das Datenmaterial für die Weiterentwicklung der Technologie. In den DaimlerChrysler-Brennstoffzellenfahrzeugen werden z.B. 60 relevante Parameter mehrmals pro Sekunde in einem Datenspeicher protokolliert. Tritt ein besonderes, vorher nicht definiertes Ereignis auf, wie z.B. ein ungewöhnlicher Temperaturanstieg in einer Komponente, kann die Anzahl der erfassten Parameter um den Faktor 10 gesteigert werden. Kehrt das Fahrzeug zum Stützpunkt des Betreibers zurück, werden die Daten über Funkübertragung ausgelesen und per Internet zu einem Zentralen Server weitergeleitet. Die Entwickler setzen dann ein spezielles Data-Mining-Verfahren ein, mit dem der Rechner selbstständig Zusammenhänge erkennt und ihre Bedeutung für eine bestimmte Fragestellung bewertet. So können die riesigen Datenmengen schnell analysiert und auch die komplexesten Fehlerquellen und Zusammenhänge herausgefiltert werden **(Bild 4.3-21)**.

Weltweit sind derzeit einige hundert Brennstoffzellen-Fahrzeuge in Erprobung [7]. Allein DaimlerChrysler hat weltweit 60 F-Cell Fahrzeuge, 36 Citaro-Busse und 3 Brennstoffzellen-Sprinter im Einsatz. Insgesamt haben sie bis heute ca. 4 Mill. km zurückgelegt (Stand Mai 2007). Weltweit sind einige Hundert Brennstoffzellenfahrzeuge im Praxistest. Sie werden im Rahmen von öffentlich geförderten Kooperationsprojekten in Flotten eingesetzt **(Bild 4.3-22)**. Ziele sind die Demonstration und Weiterentwicklung der Fahrzeugtechnik, Demonstration der Machbarkeit einer Wasserstoffinfrastruktur, Identifikation von Markteinführungsbarrieren und Erhöhung der öffentlichen Wahrnehmung dieser Technologien.

Bild 4.3.-22 CEP-Fahrzeuge

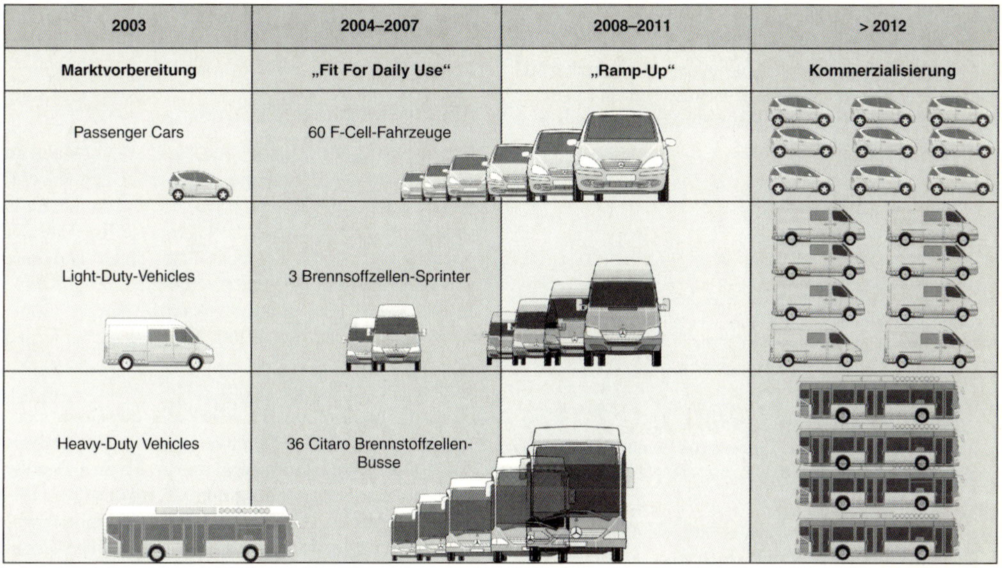

Bild 4.3-23 Entwicklungsphasen bis zur Kommerzialisierung

Im kalifornischen Sacramento haben sich 1998 Automobilhersteller, Energiefirmen, Brennstoffzellenentwickler und Regierungsorganisatoren zur California Fuel Cell Partnership (CaFCP) zusammengeschlossen. Die deutsche Bundesregierung unterstützt ein ähnliches Demonstrationsprojekt, die Clean Energy Partnership (CEP) und im Rahmen der europäischen Busprojekte CUTE und ECTOS wurden in 10 europäischen Städten 30 Brennstoffzellenbusse betrieben.

4.3.2.5 Kraftstoffversorgung und Infrastruktur

Neben seiner Kohlenstoff-Freiheit ist ein weiterer großer Vorteil von Wasserstoff, dass er aus einer Vielzahl von Primärenergiequellen hergestellt werden kann. Damit hat er das Potenzial signifikant zur energetischen Diversifizierung des Verkehrsbereiches beizutragen. In Langfristszenarien wird davon ausgegangen, dass Wasserstoff aus regenerativen Energiequellen (Fotovoltaik, Wind, Geothermie, Wasserkraft und Biomasse) aber auch mit Hilfe neuer Kernkraftanlagen hergestellt wird. Damit ist seine Nutzung von der Quelle bis zum Rad CO_2 frei, mindestens aber CO_2 neutral. In einer Überbrückungsphase wird der Wasserstoff wahrscheinlich aus Erdgas über Dampfreformierungsprozesse gewonnen werden. Wenn dieser Wasserstoff in Brennstoffzellenfahrzeugen genutzt wird, ist bei vielen Energiepfaden die gesamte Energieeffizienz trotz der höheren Verluste der Wasserstoffherstellung besser als bei Benzin- und Dieselfahrzeugen. Auch gegenüber der direkten Nutzung von Erdgas in Verbrennungsmotoren entstehen energetische Vorteile [5]. Weitere Informationen hierzu enthält Kap. 5.9.5.

Damit Wasserstoff effizient im Verkehrsbereich genutzt werden kann, muss die Brennstoffzellentechnologie weiter in Richtung Marktreife getrieben werden. Andererseits bedarf es aber auch noch eines flächendeckenden, gut funktionierenden und kundenfreundlichen Tankstellennetzes für Wasserstoff.
Bei fuhrparkgestützten Fahrzeugen (z.B. Stadtbusflotten) kann der Bedarf durch wenige Tankstellen am Fuhrpark kundengerecht erfüllt werden. Die Infrastruktur für den breiten Massenmarkt muss sukzessive wachsen. In der Anfangsphase mit lokalen Ansammlungen einiger Tankstellen im Rahmen von Demonstrationsversuchen. Diese Einzelcluster werden dann schrittweise über Korridore entlang der Fernstraßen miteinander verbunden. Schließlich bildet sich ein flächendeckendes Netz an Tankstellen.

4.3.2.6 Ausblick

Einschlägige europäische Industrieunternehmen und Forschungseinrichtungen haben unter Leitung der Europäischen Kommission in der so genannten „Hydrogen and Fuel Cell Platform (HFP)“ Wasserstoffeinführungsszenarien für Europa entwickelt. Diese deuten darauf hin, dass bis etwa 2015 Brennstoffzellenfahrzeuge und die notwendige Wasserstoffinfrastruktur Marktreife haben könnten, was die Voraussetzung für die beginnende Markteinführung darstellt. Bis dahin sind noch erhebliche finanzielle Anstrengungen zur Technologie-Weiterentwicklung incl. Demonstrationsvorhaben, zur zunehmenden Vernetzung von punktuell vorhandenen Betankungseinrichtungen sowie zur Schaffung von nachhaltigen Wasserstoffproduktionskapazitäten notwendig. Schrittweise werden in diesem Zusammenhang auch weitere

Flottenversuche mit aufeinander folgenden Fahrzeuggenerationen durchgeführt (**Bild 4.3-23**). Die hierfür notwendigen hohen Aufwendungen können nur im nationalen oder europäischen Rahmen durch langfristige Partnerschaften von öffentlichen und privaten Partnern aufgebracht werden.

Literatur

[1] *Vielstich, W., Lamm, A., Gasteiger, H. A.*: Handbook of Fuel Cells, Vol. III, Seite 647, Wiley 2003

[2] *Carlson, E. J. et al.*: Cost Analysis of Fuel Cell Systems for Transportation, Report to Department of Energy, Ref. No. 49739, SFAA No. DESCO2-98EE50026, 2001

[3] *Seyfried, F.*: High Temperature Fuel Cell Development, Press Information VW, 31. 10. 2006

[4] *Vielstich, W., Lamm, A., Gasteiger, H. A.*: Handbook of Fuel Cells, Vol. IV, Seite 727, Wiley 2003

[5] *Schwab, R.*: Auf dem Weg zu einer Wasserstoffinfrastruktur im Straßenverkehr. Eine Studie der rechtlichen Rahmenbedingungen in der Gesetzgebung der Europäischen Union und in Deutschland; Ifmo-Studien 2006, Berlin

[6] Well-to-Wheels analysis of future automotive fuels and powertrains in the European context, EUCAR/JRC/CONCAWE, 2005

[7] Ludwig Bölkow Stiftung; www.h2mobility.org/index.html

4.3.3 Hybridantrieb

4.3.3.1 Szenario

Für Hybridantriebe hat sich die Definition IEC/TC69 etabliert, wonach diese mindestens zwei verschiedene Energiewandler und zwei verschiedene Energiespeicher zu Traktionszwecken beinhalten.

Bis auf wenige Ausnahmen handelt es sich dabei heute in der praktischen Umsetzung bei den Wandlern um Verbrennungs- und Elektromotoren und bei den Energiespeichern um Kraftstoffe und Batterien.

Durch den Verbrennungsmotor eröffnen sich dem Hybridfahrzeug die Fahrleistungen heutiger verbrennungsmotorisch getriebener Fahrzeuge mit der Kraftstoffverfügbarkeit der etablierten Infrastruktur. Der elektrische Antriebsteil ermöglicht einen geräuscharmen und lokal emissionsfreien Antrieb. Aus einem geschickten Zusammenspiel aller Antriebskomponenten eröffnen sich weitere Potenziale, so dass der Hybridantrieb folgende Vorteilsmerkmale aufweist:

- Verbrauchsreduzierung
- Niedrigstemissionen bis hin zu lokal emissionsfreiem Fahren
- Geräuscharmes rein elektrisches Fahren
- Steigerung des Funktionskomforts
- Fahrstabilisierung
- Erhöhung der Fahrleistungen

Die Ausprägung der jeweiligen Vorteilsmerkmale hängt stark vom Hybridkonzept und dessen Auslegung ab, d.h. auch im Umkehrschluss: Die Ausgestaltung eines Hybridfahrzeugs wird erheblich durch dessen Einsatzszenario bestimmt.

Marktentwicklung

Bereits 1902, als Elektro- und Verbrennungsfahrzeuge noch um den Fahrzeugmarkt rangen, stellte Ferdinand Porsche, getrieben durch die Grenzen der Batterietechnik, seinen „Mixte"-Wagen vor: Ein Daimler-Vierzylinder-Motor erzeugte über einen Generator den Strom für Radnabenelektromotoren.

Diesel-elektrische Antriebe kamen seither immer wieder in Bahnantrieben und bei Unterseebooten zur Anwendung.

In den 70er und 80er Jahren gab es verstärkt Anwendungen bei Omnibussen, die teils dieselmotorisch, teils elektromotorisch betrieben werden mussten.

Die Entwicklung eines Marktes für Hybrid-Pkw begann mit der Serieneinführung des Toyota Prius 1997 in Japan, gefolgt vom Honda Insight und mittlerweile vielen weiteren Modellen mit den derzeitigen Hauptmärkten USA und Japan. Mit einem Bestand von über 1 Million Hybridfahrzeugen weltweit zum Ende 2006 haben sich die Hybridfahrzeuge einen festen Platz im Marktgeschehen erobert (**Bild 4.3-24**).

Schon bei den heute verkauften Modellen zeigt sich die Vielfältigkeit hybrider Antriebsformen.

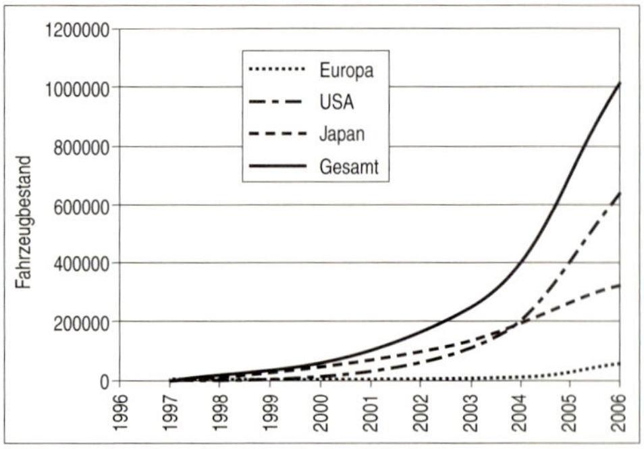

Bild 4.3-24 Bestand an Hybrid-Pkw weltweit

4.3.3.2 Konzepte und Betriebsstrategien

Hybridantriebe lassen sich in drei Gruppen einteilen: Parallelhybride, serielle Hybride und Mischhybride (**Bild 4.3-25**).

Parallelhybride

Bei Parallelhybriden können ein Verbrennungs- und ein Elektromotor parallel die Räder antreiben. So bietet sich die Möglichkeit, rein verbrennungsmotorisch, je nach Konzept rein elektrisch oder kombiniert zu fahren. Je nach Anordnung des Verbrennungsmotors haben sich die Bezeichnungen P_x etabliert, wobei das *P* für Parallelhybrid steht und das *x* die Lage des Verbrennungsmotors im Triebstrang gemäß folgender

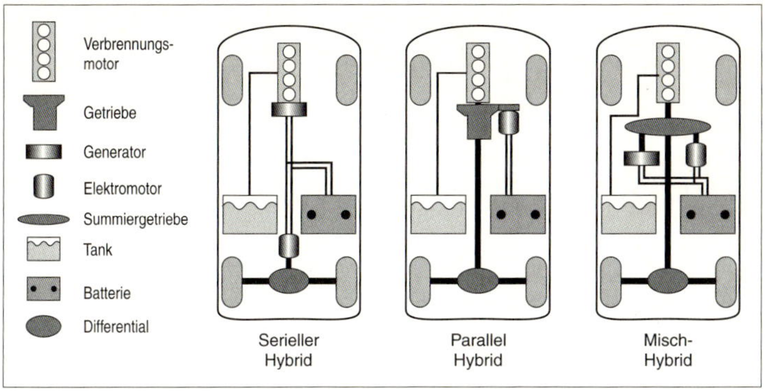

Bild 4.3-25 Grundkonzepte von Hybridantrieben

Tabelle beschreibt **(Bild 4.3-26)**. Vereinfachend sind dabei verschiedene Getriebevarianten und Konzepte mit mehreren E-Maschinen weggelassen.

P1	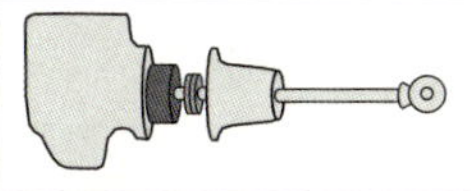	E-Motor drehfest mit Verbrennungsmotor verbunden
P2	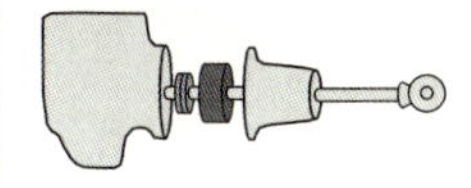	E-Motor am Getriebe-ausgang, durch Kupplung vom Verbrennungsmotor getrennt
P3	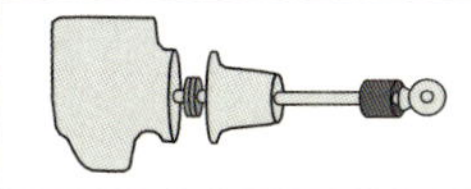	E-Motor hinter dem Getriebe
P4	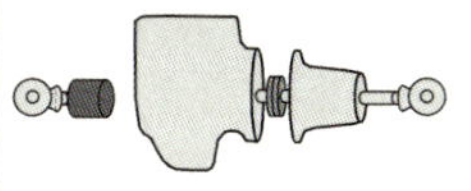	E-Motor an separater, vom Verbrennungsmotor nicht angetriebener Achse

Bild 4.3-26 Basiskonzepte und Nomenklatur von Parallelhybriden

Für Parallelhybride mit geringer elektrischer Leistung bis ca. 10 kW hat sich die Bezeichnung „Mild Hybrid“ verbreitet. Hierbei sind die E-Maschinen i.d.R. Weiterentwicklungen aus Riemen-Starter/Generatoren oder am hinteren Kurbelwellenende integrierten Starter/Generatoren. Wegen der geringen Leistung und der drehfesten Ankopplung an die Kurbelwelle bieten „Mild Hybrids“ nur eingeschränktes elektrisches Fahren mit mitgeschlepptem Verbrennungsmotor, Stopp/Start des Verbrennungsmotors, Bremsenergierückgewinnung und Beschleunigungsunterstützung. Ein Beispiel für eine Mild Hybrid-Lösung mit E-Maschine im Riementrieb war der Toyota Crown Hybrid mit 36 V Bleibatterie.

Ein Konzept mit der E-Maschine am hinteren Kurbelwellenende (P1) wurde mit dem Honda Insight eingeführt und für den Honda Civic **(Bild 4.3-27)** und Accord weiterentwickelt. Als Konsequenz des Zusammenwirkens von Verbrennungs- und Elektromotor beim Beschleunigen (Boost) wurde der Ottomotor des Civic von ursprünglich 1,7 l, 86 kW auf 1,34 l, 68 kW kleiner ausgelegt. Er verfügt über eine Ventilverstellung in 3 Stufen: Optimierte Steuerzeiten für den niedrigen und den hohen Drehzahlbereich sowie eine Ventildeaktivierung für die Schleppleistungsverringerung bei rekuperativer Bremsung. Erstmalig wird mit deaktivierten Ventilen auch rein elektrischer Antrieb bei mitgeschlepptem Verbrennungsmotor dargestellt. In Summe aller Maßnahmen wird ein Verbrauch von 50 mpg im amerikanischen FTP 75 Zyklus im Vergleich zu 33 mpg für den vergleichbaren konventionellen Civic erreicht.

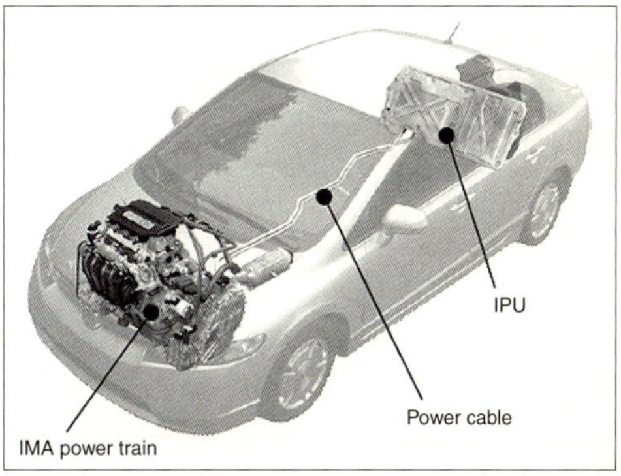

Bild 4.3-27 Honda Civic IMA 2006, Fahrzeug-/Antriebsansicht, Parallelhybrid mit E-Maschine an der Kurbelwelle

Durch eine Erweiterung des o.g. Konzeptes mit der E-Maschine an der Kurbelwelle um eine Kupplung zwischen Verbrennungsmotor und E-Maschine (P2) wird die rein elektrische Fahrt und volle Rekuperation ohne Motorschleppverluste möglich. Eine weitere Kupplung trennt die E-Maschine vom Getriebeeingang zum Start des Verbrennungsmotors und zum Laden der Batterie bei stehendem Fahrzeug. Eine solche Anordnung **(Bild 4.3-28)** wird u.a. vom Zulieferer Konsortium ZF/Continental verfolgt.

Eine weitere Anordnungsmöglichkeit der E-Maschinen bei Parallelhybriden ergibt sich hinter dem Ge-

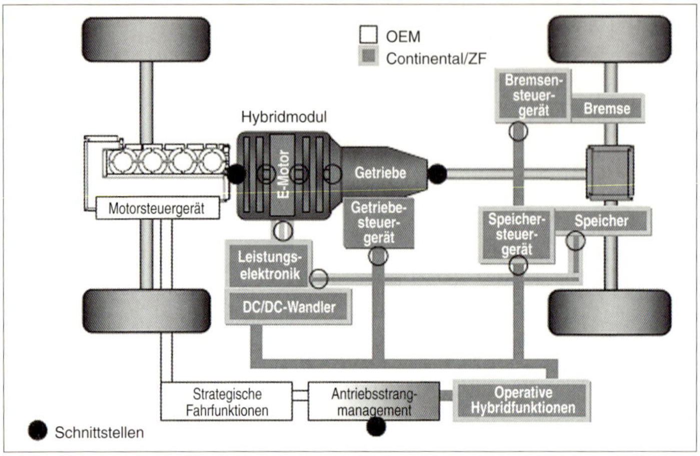

Bild 4.3-28 P2 Hybrid des Zulieferer-Konsortiums ZF/Continental

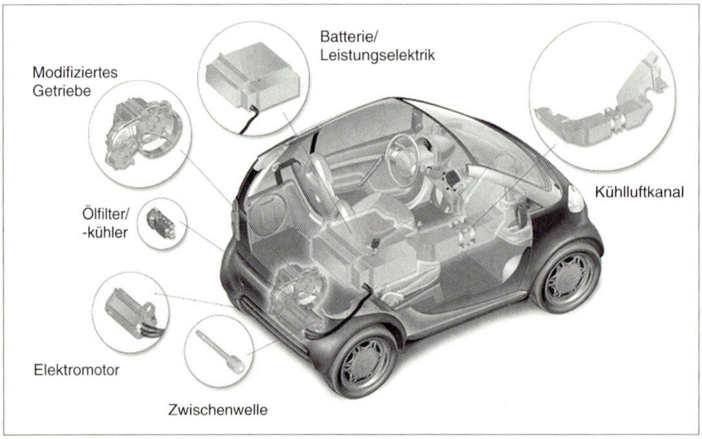

Bild 4.3-29 Smart Hybrid mit E-Maschine am Getriebeausgang

triebe (P3), wie bei dem als Prototyp gebauten Smart-Hybriden (**Bild 4.3-29**). Bei geöffneter Kupplung können hier Konstantfahrten bei geringer Fahrleistungsanforderung rein elektrisch gefahren werden. Zudem erlaubt diese Anordnung komfortsteigernd die Erhaltung der Zugkraft während der Getriebeschaltvorgänge.

Allein durch die Hybridisierung konnte der Smart Diesel Hybrid einen Verbrauch von unter 3 l/100 km im neuen europäischen Fahrzyklus erreichen.

Bei einem weiteren Parallelhybridkonzept ist die E-Maschine an der nicht vom Verbrennungsmotor angetriebenen Achse angeordnet (P4). Diese Lösung hat als weiteres Vorteilsmerkmal die elektrische Traktionsunterstützung über die zusätzlich angetriebene Achse.

Hier findet man in einigen Konzeptstudien auch Radnabenantriebe, bei denen die E-Maschine inkl. mechanischer Bremse in das Rad integriert ist. Radnabenantriebe konnten sich jedoch wegen der zusätzlichen ungefederten Massen, der engen Bauraumverhältnisse sowie der Temperatur- und Schwingungsbeanspruchungen im Rad bisher nicht durchsetzen.

Wo rein elektrisches Fahren über weite Strecken gefordert wird, z.B. Fahren und Anliefern in emissions- und geräuschsensiblen Gebieten, müssen der Energieinhalt der Batterie sowie die elektrischen Leistungen insgesamt deutlich größer ausgelegt werden. Audi bot für diesen Einsatz den Audi DUO auf Basis des A4 Variant an, der zu diesem Zweck mit Bleibatterien für eine Reichweite von ca. 50 km und einem Parallelhybridantrieb mit 21 kW-Elektromotor ausgerüstet wurde.

Bei einer Nachladung der Batterie am Netz („plug in") ist die Ökobilanz stark von der Art der Stromerzeugung abhängig. Die heute am Markt verfügbaren Hybrid-Pkw bieten die Netznachladung jedoch wegen der aus Kostengründen minimierten Batteriekapazität nicht an. Mit der Weiterentwicklung der Lithium Batterietechnologie wird der Gedanke einer Netznachladung der Batterie für kommende Generationen von Hybridfahrzeugen wieder aufgenommen.

Serielle Hybride

Beim seriellen Hybriden erfolgt der Radantrieb immer rein elektrisch, wobei die elektrische Energie von einem Verbrennungsmotor in Verbindung mit einem Generator an Bord erzeugt wird. Mit einer Batterie als Energiepuffer kann der Verbrennungsmotorbetrieb unabhängig von der aktuellen Fahraufgabe wirkungsgrad- oder emissionsoptimiert eingestellt werden. Wie bei allen anderen Hybridvarianten kann auch hier die Bremsenergierückgewinnung verbrauchsmindernd eingesetzt werden. Der Verbrauchsvorteil wird allerdings dadurch geschmälert, dass die gesamte vom Verbrennungsmotor abgegebene Leistung die ganze elektrische Wirkungsgradkette durchlaufen muss.

Beim seriellen Hybriden gibt es zwei Auslegungsvarianten. Soll das Fahrzeug dauerhaft die vollen Fahrleistungen bieten, so müssen die Verbrennungsmotor-, die Generator- und die E-Motorleistung unter Berücksichtigung aller Wirkungsgrade auf die Dauerhöchstgeschwindigkeit ausgelegt werden. Die Elektromotoren müssen zusätzlich die maximale Beschleunigung darstellen. Damit hat dieser Hybridtyp in Summe die höchsten installierten Komponentenleistungen mit den entsprechenden Kostennachteilen. In der zweiten Variante wird nur die Fahr-E-Maschine auf die volle Fahrleistung ausgelegt. Der Verbrennungsmotor wird bewusst kleiner dimensioniert und seine Aufgabe besteht darin, bei optimalen Wirkungsgraden über einen Generator die Batterie nachzuladen, um damit die Fahrzeugreichweite zu vergrößern. Ein aktuelles Beispiel für dieses sogenannte „Range Extender" Konzept ist der Chevrolet Volt.

Eine andere Anwendung von seriellen Hybriden kommt aus konstruktiven Nöten, wenn die Übertragung der Antriebsleistung zum Rad über Wellen zu aufwändig oder ungünstig für die Raumnutzung wäre, z.B. bei Fahrkränen oder Niederflurbussen z.B. dem in **Bild 4.3.30** dargestellten Busantrieb der Fa. Magnetmotor.

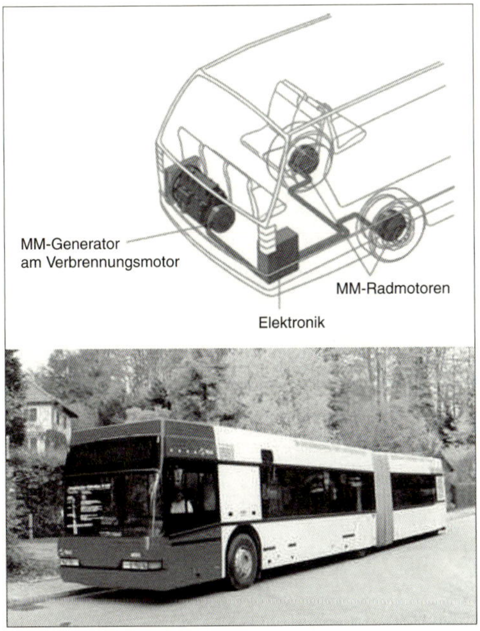

Bild 4.3-30 Serieller Hybrid-Busantrieb mit elektrischen Maschinen der Fa. Magnet-Motor

Mischhybride

Die Kombination aus parallelem und/oder seriellem Leistungsfluss führt zu den sogenannten Mischhybriden. Deren Ausgestaltung mit Verbrennungsmotor, elektrischen Maschinen, Getriebekomponenten, Kupplungen, Freiläufen, Bremsen ist beliebig vielfältig.

Mischhybride zeichnen sich im Wesentlichen durch folgende Vorteilsausprägungen aus:

- Der Verbrennungsmotor kann zumindest mit einem Teil seiner Leistung direkt das Rad antreiben.
- Mit einer Leistungsverzweigung können stufenlos variable Getriebe für den Verbrennungsmotor dargestellt werden.

Nachteilig ist die erhöhte Komplexität mit entsprechendem Steuerungsaufwand. Die installierten elektrischen Antriebsleistungen sind bei Mischhybriden konzeptbedingt i.d.R. höher als bei Parallelhybriden mit entsprechenden Kostennachteilen.

Beim Toyota Prius und beim Ford Escape wurde das Konzept der mechanischen Leistungsverzweigung mittels Planetengetriebe realisiert (**Bild 4.3-31, 4.3-32, 4.3-33**).

Hier wird auch deutlich, wie die konsequente Optimierung von Komponenten in Verbindung mit dem Hybridantrieb neue Synergien eröffnet. So läuft der elektrische Klimakompressor mit verbessertem Wirkungsgrad auf der hohen Traktionsspannung und kann unabhängig vom Verbrennungsmotor betrieben

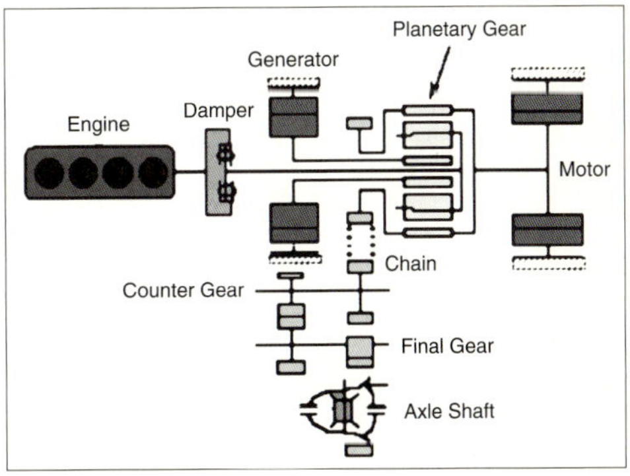

Bild 4.3-31 Toyota Hybrid System (THS) mit Leistungsverzweigung

Bild 4.3-32 Getriebeschnitt Toyota Hybrid System mit Leistungsverzweigung im Prius

Bild 4.3-33 Anordnung der Antriebskomponenten im Toyota Prius

werden. Der reibungsoptimierte Verbrennungsmotor arbeitet mit dem Atkinson Cycle und ist auf die hybridspezifischen Betriebspunkte ausgelegt. Ein elektrohydraulisch geregeltes Bremssystem ermöglicht höchste Bremsenergierückgewinnung durch ein optimiertes Zusammenspiel von mechanischer und elektrischer Bremse.

Nach dem leistungsverzweigten Prinzip arbeiten auch der Toyota Highlander Hybrid sowie der Lexus RX400h wobei hier durch die Anordnung des zweiten Elektromotors auf der nicht verbrennungsmotorisch angetriebenen Achse zusätzlich die Allradfunktionalität dargestellt wird. Eine Weiterentwicklung des Prius-Antriebs findet sich nun im Lexus GS450h mit einer zusätzlichen, 2-stufigen Übersetzung des E-Motors. Damit wird der Zielkonflikt gelöst, einerseits ein hohes elektrische Anfahrmoment und andererseits gute Wirkungsgrade im Hochgeschwindigkeitsbereich darzustellen (**Bild 4.3.-34**).

Alle oben genannten leistungsverzweigten Getriebe arbeiten mit 1 Planetensatz, was die Getriebemechanik einfach hält, aber aus den erforderlichen Stützmomenten und Drehzahlen der E-Maschinen einen hohen Leistungsfluss durch den elektrischen Zweig und eine entsprechend große Dimensionierung der E-Maschinen und Leistungselektroniken zur Folge hat.

Für stärkere Motorisierungen ist in Kooperation von GM, DaimlerChrysler und BMW der „Two Mode Hybrid" mit doppelter Leistungsverzweigung entwickelt worden (**Bild 4.3-35**), bei dem der Leistungsfluss im elektrischen Zweig deutlich kleiner ausfällt.

Bild 4.3-35 Das Two-Mode Hybridgetriebe aus der Kooperation GM, DaimlerChrysler und BMW

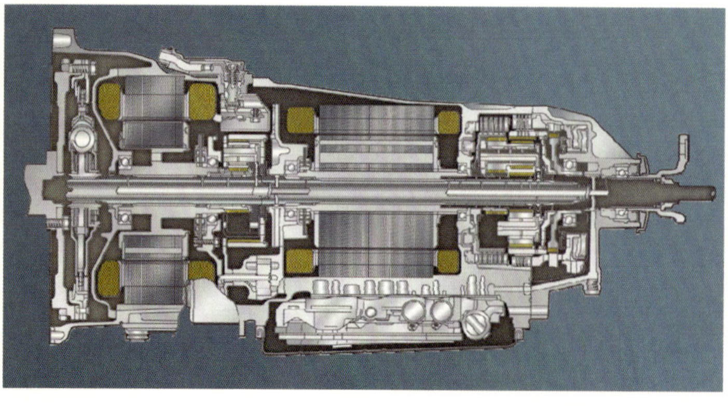

Bild 4.3-34 Leistungsverzweigtes Getriebe des Lexus GS450h mit zusätzlicher 2-Gang Schaltstufe des E-Motors am Getriebeausgang

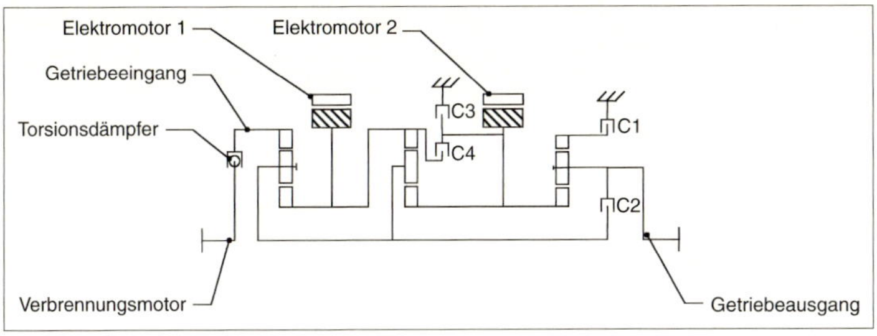

Bild 4.3-36 Struktur des Two-Mode Hybridgetriebes aus der Kooperation GM, DaimlerChrysler und BMW

Je nach Kupplungsstellungen sind damit folgende Betriebsmodi möglich (**Bild 4.3-36**):

- Einfach leistungsverzweigter stufenloser Betrieb
- Zweifach leistungsverzweigter stufenloser Betrieb mit geringer Leistung im elektrischen Zweig
- 4 feste mechanische Gänge mit 1 bzw. 2 parallel arbeitenden E-Maschinen mit der Möglichkeit, E-Maschinen zur Wirkungsgradverbesserung bei hohen Geschwindigkeiten abzukoppeln
- Rein elektrische Fahrt.

Das Getriebe ermöglicht sämtliche hybriden Fahrfunktionen in stufenlosem Fahren sowie Fahren in festen Gängen und kann dabei komfortabel zwischen den Betriebsmodi wechseln.
Hybridgetriebe mit doppelter Leistungsverzweigung haben auch in Bussen bereits Anwendung gefunden: Seit 2003 sind über 350 Stadtbusse mit einem Hybridgetriebe von GM Allison (**Bild 4.3-37**) in den USA im Einsatz.

Betriebsstrategien

Um die Vorteile eines Hybridantriebs voll auszuschöpfen bedarf es ausgefeilter Betriebsstrategien. Mit Hilfe mathematischer Simulationsprogramme werden dabei z.B. Verbrauch, Abgasemissionen, Fahrdynamik, Leistungsflüsse in den Komponenten und das thermische Verhalten für vorgegebene Fahrzyklen optimiert.
Bild 4.3-38 zeigt eine einfache Betriebsstrategie eines Parallelhybriden im europäischen Fahrzyklus. Dabei ist ersichtlich, dass der Verbrennungsmotor nur bei erhöhtem Fahrleistungsbedarf zugeschaltet wird. Im Stand, Schub, oder bei geringer Konstantgeschwindigkeit bleibt der Motor abgeschaltet, sofern das der Batterieladezustand erlaubt. Mit der Simulation kann dabei die Größe des Verbrennungsmotors, des Elektromotors und der Batterie festgelegt werden. Ebenso ist Einsatz des Elektromotors für rein elektrische Fahrt und Beschleunigungsunterstützung sowie die Nachladestrategie der Batterie optimierbar.
Die Verbrauchseinsparung durch Hybridantriebe ergibt sich im Wesentlichen aus den folgenden drei Punkten:

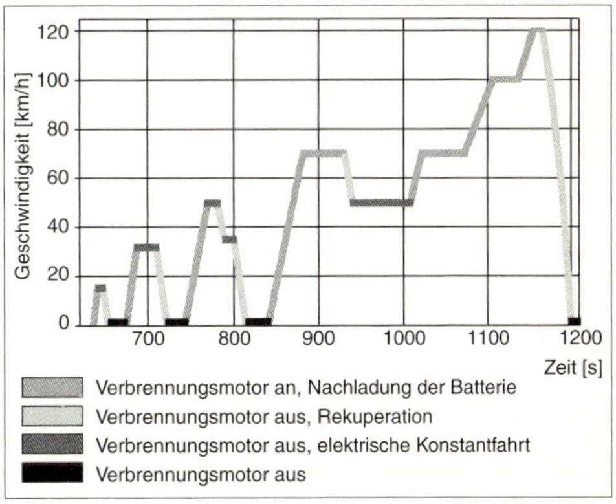

Bild 4.3-38 Betriebsstrategie eines Parallelhybriden im europäischen Fahrzyklus

Bild 4.3-37 Leistungsverzweigtes Hybridgetriebe von GM Allison in Busanwendung

1) Bremsenergierückgewinnung (auch Rekuperation genannt)
2) Abstellen des Verbrennungsmotors in seinen wirkungsgradungünstigen Betriebsbereichen (bei Fahrzeugstillstand, geringer Fahrleistungsanforderung und Fahrzeugverzögerung)
3) Optimierung des Verbrennungsmotorbetriebsbereiches.

Aus den genannten Punkten wird deutlich, dass der Verbrauchsvorteil eines Hybridantriebs mit zunehmendem Fahrleistungsbedarf abnimmt. Bei konstanter Überlandfahrt mit hoher Geschwindigkeit ergibt sich durch das Mehrgewicht sogar ein leichter Nachteil. Den größten Vorteil finden wir dementsprechend bei Stadtfahrten mit hohem Stopp-Anteil.

4.3.3.3 Antriebskomponenten aus Hybridsicht

Wärmekraftmaschinen

Die Anbindung der Wärmekraftmaschine an das Rad variiert bei den Hybriden von der konventionellen Anordnung mit Getriebe beim Parallelhybriden bis zur totalen mechanischen Entkopplung beim seriellen Hybriden.
Die heute am Markt befindlichen Hybrid-Pkw basieren kostenbedingt alle auf Ottomotoren, doch arbeiten die Hersteller auch an der Entwicklung von Diesel-Hybriden nicht zuletzt wegen des geringeren Absolutverbrauchs. Die Vorteile einer Hybridisierung sind jedoch bei allen Motorenarten und Kraftstoffen vorhanden, wenn auch in unterschiedlicher Ausprägung.
Die Möglichkeit, mit dem Elektromotor beim Beschleunigen zu unterstützen, kann dazu genutzt werden, die Verbrennungsmotoren kleiner auszulegen als bei konventionellen Antrieben oder besondere Verfahren wie z.B. das Miller- oder Atkinson-Verfahren anzuwenden, die den Wirkungsgrad steigern aber die Leistung reduzieren. Bei Hybriden mit fester Anbindung der E-Maschine an die Kurbelwelle sind schleppleistungsreduzierende Maßnahmen besonders interessant, weil damit das Rekuperationspotenzial über die E-Maschine gesteigert werden kann. Beim seriellen Hybriden, wo es bei der Wärmekraftmaschine weniger auf die Dynamik als auf gute Stationärwerte ankommt, eröffnen sich neue Perspektiven für den Einsatz von Gasturbinen und Stirlingmotoren. Auch eine Brennstoffzelle als Stromerzeuger lässt sich leicht in die Systemwelt eines seriellen Hybriden einfügen.

Batterie

Bei der Batterie muss man zwischen zwei verschiedenen Auslegungen unterscheiden: Werden größere emissionsfreie Reichweiten gewünscht, so kommen Hochenergie-Batterien zum Einsatz mit den gleichen Problemen bzgl. Gewicht, Packaging und Kosten wie beim Elektrofahrzeug. (siehe Kap. 4.3.1). Im anderen Fall dient die Batterie nur als Leistungspuffer zur Bremsenergierückgewinnung und Beschleunigungsunterstützung.

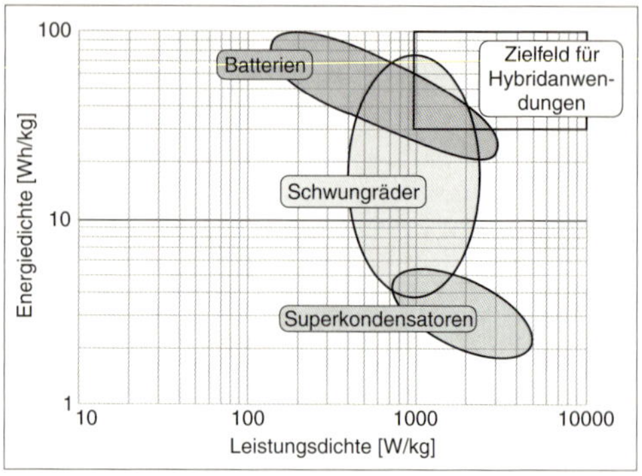

Bild 4.3-39 Energie und Leistung von Energiespeichern

Betrachtet man die elektrischen oder elektromechanischen Energiespeicher in einem Vergleich der Energiedichte über Leistungsdichte **(Bild 4.3-39)**, so drängt sich zunächst der Gedanke an Superkondensatoren oder Schwungräder auf. Wegen der geringen Energiedichte ergibt sich bei dem benötigten Energieinhalt für die Superkondensatoren jedoch ein relativ großer Bauraum- und Gewichtsbedarf und hohe Kosten. Man findet deshalb auch Vorschläge für Kombinationen aus Batterien und Superkondensatoren. Das Problem dabei ist die deutlich höhere Abhängigkeit der Spannung vom Ladezustand bei Superkondensatoren gegenüber Batterien, wodurch entweder nur ein kleiner Teil des Energieinhalts ausgenutzt werden kann oder zusätzliche Spannungswandler erforderlich werden.
Für Schwungräder in einer automobilen Anwendung sind die Entwicklungsaufgaben hinsichtlich Betriebssicherheit, Crashverhalten, Dauerverlusten, Packaging und Kosten in Summe noch nicht befriedigend gelöst.
Blei-Batterien haben für die beschriebenen Hybridanwendungen noch unzureichende Eigenschaften. Die hohen Energieumsätze bei teilentladenem Zustand führen zu geringen Lebensdauern. Bei Ladezuständen >50–60 % muss die Ladeleistung drastisch reduziert werden, da sonst die Gasungsspannung überschritten wird. Bleibatterien sind andererseits sehr kostengünstig.
Die alkalischen Akkumulatoren (Nickel/Cadmium und Nickel/Metallhydrid) bieten von Hause aus hohe Leistungsfähigkeit auch noch bei relativ niedrigen Ladezuständen. Diese Aussage gilt ebenso für schnelles Laden bei hohen Ladezuständen, z.B. bei der Rekuperation. Das sind für die meisten Hybridanwendungen die entscheidenden Parameter. Alkalische

Systeme haben sich trotz der rohstoffbedingten hohen Kosten bei den heutigen Hybridanwendungen überwiegend durchgesetzt. Wegen der Toxizität des Cadmiums, des Memory Effektes und der geringeren Lebensdauer kommen von den alkalischen Systemen jedoch heute ausschließlich Nickel/Metallhydrid-Batterien zum Einsatz.

Alternativ zu den Nickel/Metallhydridbatterien wird an hochleistungsfähigen Lithiumbatterien für Hybridanwendungen gearbeitet, deren spezifische Leistung und Energie noch über den Nickel/Metallhydridsystemen liegt.

Bei Nickeloxid als positivem Elektrodenmaterial besteht Entwicklungsbedarf bzgl. Crash- und Betriebssicherheit, bei Manganoxid hingegen bzgl. Lebensdauer.

Wesentliche Auslegungsgrößen für eine Hybridbatterie sind die erforderliche Leistung und der Energieinhalt, deren Verhältnis auch den Zelltyp bestimmt. Die Wahl der Zellgröße und damit deren Anzahl bestimmt die Spannungslage, die unter Einbeziehung der Leistungselektronik, des E-Motors und der Verkabelung nach Kosten und Funktion optimiert werden kann. Weitere wichtige Batteriekriterien sind das Temperaturverhalten, die Recyclingfähigkeit und das Verhalten der Batterie bei Betriebsstörungen und Unfällen.

Um die einwandfreie Funktion der Batterie zu gewährleisten, werden die Batterien mit einem eigenen Steuergerät ausgerüstet, häufig als Batteriemanagementsystem bezeichnet. Dessen typische Funktionen sind die laufende Überwachung des Batterieladezustandes, der Ströme, Spannungen und Temperaturen. Das Batteriemanagementsystem steuert häufig auch die Batteriekühlung und schützt die Batterie vor Missbrauch.

Getriebe

Alle heute bekannten Getriebetypen können mit ausgesuchten Hybridkonzepten kombiniert werden. Spezielle Hybridgetriebe, z.B. mit Leistungsverzweigung, können die herkömmlichen Getriebe aber auch gänzlich ersetzen. Auch beim seriellen Hybriden wird kein herkömmliches Getriebe mehr benötigt.

Durch eine Anfahrunterstützung mittels E-Motor können die Anfahrelemente Kupplung oder Wandler vereinfacht oder gänzlich ersetzt werden.

Grundsätzlich empfiehlt sich zur Entlastung des Fahrers, die Schaltungen sowie das Zu- und Abkuppeln von Maschinen zu automatisieren.

Elektromaschinen

Bzgl. der Grundlagen zu elektrischen Antrieben verweisen wir auf das Kapitel „Elektroauto". Beim Hybridantrieb sind die Maschinen i.d.R. im Antrieb integriert, wodurch das erzielbare Moment im zur Verfügung stehenden Bauraum die ausschlaggebende Größe für die Maschinenauswahl wird. Deshalb haben sich in heutigen Hybridanwendungen permanent erregte Synchronmaschinen durchgesetzt.

4.3.3.4 Fahrzeugintegration

Eine große Herausforderung bzgl. einer Anwendung liegt in der Unterbringung der zusätzlichen Hybridkomponenten, welche sich besonders schwierig gestaltet, wenn das Zielfahrzeug auf konventionellen Antrieb ausgelegt wurde. Wird das Hybridfahrzeug auch rein elektrisch bei abgestelltem Verbrennungsmotor bewegt, so muss besonderes Augenmerk auf den Betrieb der normalerweise vom Verbrennungsmotor angetriebenen Nebenaggregate Lenkung, Unterdruckpumpe und Klimakompressor gelegt werden. Durch die zunehmende Einführung elektrischer Lenksysteme auf 12 V Basis auch bei konventionellen Fahrzeugen sind für das Lenkungsproblem Lösungen verfügbar. Mit der Verbreitung von Hybridfahrzeugen kamen auch elektrische Klimakompressoren für den Betrieb mit üblichen Traktionsspannungen von 100 bis 350 V auf den Markt. Auch muss das Zusammenspiel der Fahrzeugbremsanlage mit der Rekuperationsbremse sowie der Hybridtraktionskomponenten mit Sicherheitssystemen wie Anti-Blockier-System oder Fahrstabilitätsregelungen optimiert werden (Kap. 5.5.2).

Zur Versorgung des 12 V Bordnetzes werden DC/DC Wandler eingesetzt, die die Energie aus dem Hochvoltnetz des Fahrzeugs zur Verfügung stellen. Bei korrekter Auslegung ist dieser Weg nicht nur energetisch günstiger, es können auch längere Verbrennungsmotor-Stopp- Zeiten überbrückt werden.

Zum Schutz der Insassen und empfindlicher elektronischer Systeme vor elektromagnetischen Wellen aus dem Antrieb muss auf die Kabelverlegung und geeignete Schirmungsmaßnahmen im Fahrzeug geachtet werden. Die hohe Spannung der Traktionskomponenten erfordert entsprechende Kennzeichnungen im Fahrzeug, geeignete Schulung von Werkstattpersonal sowie Sicherheitsabschaltungen bei unsachgemäßem Zugriff.

Das Thema Geräuschkomfort erhält beim Hybriden eine neue Dimension. Bei abgeschaltetem Verbrennungsmotor treten bislang nicht störende Hintergrundgeräusche stärker in den Vordergrund. Auch das Zu– und Abschalten des Verbrennungsmotors muss diesbezüglich komfortabel gelöst sein (Kap. 3.4).

Literatur

[1] *Kimura, A.; Ando, I.; Itagaki, K.*: Toyota Motor Corp.: "Development of Hybrid System for SUV", SAE Nr. 2005-01-0273, Detroit

[2] *Hata, H.; Kojima, M.; Watanabe, H.; Mizutani, T.; Kamiya, M.; Yanagida, E.; Takizawa, K.*: Toyota Motor Corp.: "Development of a New Hybrid Transmission for FWD Sports Utility Vehicles", SAE Nr. 2005-01-272, Detroit

[3] *Kikuchi, T.; Shinmura, O.*: Toyota Motor Corporation: "Development of a Power Control Unit for SUVs", EVS 21, 04/2005, Monaco

[4] Toyota Motor Corporation, www.toyota.co.jp: Toyota Hybrid System THS II (04/2003), Dave Hermance, Toyota Technical Centre, "GS 450H", Long Lead Press Preview 04/2006
[5] *Iijima, T.; Honda R&D Co. Ltd.*: "Development of Hybrid System for 2006 Compact Sedan", SAE Nr. 2006-01-1503
[6] *Truckenbrodt, A.; Nitz L. T.*: „Einführung eines neuen Industriestandards für Hybridfahrzeuge", Tag des Hybrids, Okt 2005, Aachen
[7] *Nitz, L.; Truckenbrodt, A.; Epple, W.*: „Das neue Two-Mode-Hybrid-System der Hybrid Cooperation", 27. Internationales Wiener Motorensymposium 2006
[8] *Hofmann, Steiger, Böhm, Willand*: „Technik und Potenziale des Vollhybrid-Konzeptes von Volkswagen", Aachener Kolloquium, Oktober 2005
[9] *Vahlensieg, B.; Speck, F.-D.; Blome, F.; Sattler, M.*: „Hybridantriebe – Konzepte und Lösungen für Pkw und Nkw", VDI Bericht Nr. 1943, 2006
[10] *Erjawetz, K.*: „4 × 4 Hybridmodel mit elektrischer Vorderachse", 6. Grazer Allradkongress, 02/2005, Graz
[11] *Reitz, D.*: „ESG – vom Parallelschaltgetriebe zum Hybrid", VDI-Berichte 1852, 11/2004, ISBN 3-18-091852-7
[12] *Michel, H.; Kuschel, J.; Staib, B.*: „Ultracap – Module, leistungsfähige Energiespeicher für Hybrid-fahrzeuge", Hybridfahrzeuge und Energiemanagement, 2. Braunschweiger Symposium vom 04. 02. 2004
[13] *Schmitz, C.*: „Neue Batteriesysteme und Batterie Management für Hybridfahrzeuge", Hybridfahrzeuge und Energiemanagement, 2. Braunschweiger Symposium vom 04. 02. 2004
[14] *Köhler, J.; Mauz, T.; Schnur, J.*: „Systematische Entwicklung von Simulationsmodellen und Fahrstrategien für frei konfigurierbare hybride Antriebe", VDI Kongress „Berechnung und Simulation im Fahrzeugbau", September 2006, Würzburg
[15] *Seiler, J.; Schröder, D.*: „Hybrid Vehicle Operating Strategies", Electric Vehicle Symposium 15, 09/1998, Brüssel
[16] „Hybridfahrzeuge und Energiemanagement", VDI Fortschritt Berichte, TU Braunschweig 02/2002
[17] *Seiffert, R.*: „Das Genie und sein Auftrag für eine Technik, die sich nicht durchsetzte: Ferdinand Porsche und der Lohner-Porsche: Mit Frontantrieb und Radnabenmotoren", FAZ Seite T 4/Dienstag, 30. Mai 2000, Nr. 125 Technik und Motor
[18] Magnet-Motor GmbH, www.magnetmotor.de
[19] *Voß, B.; Mehler, O.; Lintz , S.*: „Serienentwicklung von Hybridfahrzeugen", ATZ Ausgabe Nr.: 2006-06, 07+08
[20] Hybrid Vehicles and Energy Management, 4th Symposium Braunschweig, 14./15. 02. 2007

4.3.4 Stirlingmotor, Dampfmotor, Gasturbine und Schwungrad

4.3.4.1 Stirlingmotor

Der schottische Erfinder R. Stirling betrieb das erste Modell eines Stirlingmotors bereits 1818. Der Stirlingmotor arbeitet mit kontinuierlicher äußerer Verbrennung bzw. Wärmezufuhr. Ein Wärmetauscher überträgt die Wärmeenergie auf das Arbeitsgas (meist Helium) im Zylinder. Mithilfe eines Verdrängers wird das Arbeitsgas zwischen einem Raum mit konstant hoher Temperatur und einem Raum mit konstant niederer Temperatur hin- und hergeschoben, wodurch der Innendruck periodisch schwankt. Die Druckschwankungen werden über einen Arbeitskolben und einen Kurbeltrieb in mechanische Energie umgesetzt. Ein Kühler entzieht dabei dem Stirlingmotor die Wärme. Zur Steigerung des Wirkungsgrades ist zwischen heißem und kaltem Raum ein Regenerator angeordnet.

Der theoretische Zyklus des Stirlingprozesses (geschlossener Kreisprozess mit kontinuierlicher Wärmezufuhr) ist durch zwei Isothermen und zwei Isochoren beschreibbar. In **Bild 4.3-40** ist der theoretische Kreisprozess des Stirlingmotors als p-V- und T-s-Diagramm dargestellt. Beim Motorprozess wird der Zyklus rechtsläufig und bei der Kältemaschine bzw. Wärmepumpe linksläufig realisiert.

Die Einzelschritte des theoretischen Kreisprozesses sind:

1 nach 2: isotherme Kompression; das Arbeitsgas wird nach der adiabaten Verdichtung in einem Kühler auf seine Anfangstemperatur rückgekühlt, wobei die Wärme an die Umgebung oder an ein aufzuheizendes Medium abgegeben wird;

2 nach 3: isochore Wärmeaufnahme; Wärmeaufnahme in einem Regenerator;

3 nach 4: isotherme Expansion; das Arbeitsgas wird nach adiabater Expansion im Erhitzer auf den Ausgangszustand rückerhitzt, wobei eine Zufuhr von Wärme durch eine äußere, kontinuierliche Verbrennung notwendig ist; in diesem Teilschritt wird die Nutzarbeit abgegeben;

4 nach 1: isochore Wärmeabfuhr; Wärmeabfuhr im Regenerator.

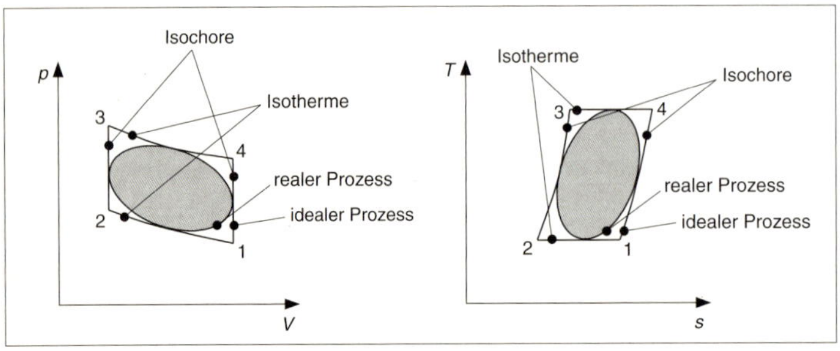

Bild 4.3-40 Stirlingprozess im p-V und T-s-Diagramm

Der Wirkungsgrad des Idealprozesses entspricht dem Carnot- Wirkungsgrad, d.h.:

$\eta = 1 - T_1/T_3 = 1 - T_{min}/T_{max}$

Als Arbeitsmedium für den geschlossenen Kreisprozess werden fast ausschließlich Gase wie Wasserstoff, Helium, Stickstoff, Luft sowie verschiedene zusammengesetzte Medien verwendet. An das Arbeitsmedium werden die Anforderungen wie hohe spezifische Wärmekapazität, niedrige Dichte, niedrige Viskosität und hohe Wärmeleitfähigkeit gestellt. Gut geeignet sind Helium und Wasserstoff. Der mittlere Prozessdruck, der für eine optimale Leistungsdichte möglichst hoch gewählt werden sollte, beträgt in der Praxis zwischen 2 und 20 MPa.

In der Praxis ergeben sich Abweichungen vom idealen *Stirlingprozess*:

- Die ideale, diskontinuierliche Kolbenbewegung ist beim Einsatz kinematischer Triebwerke nicht möglich.
- Totraum ist durch Wärmetauscher und Überstromleitungen nicht zu vermeiden.
- Wärmezufuhr und Wärmeabfuhr nur über die Zylinderwände ist nicht möglich.
- Das Regeneratorvolumen kann in keinem Fall zu Null werden.
- Die Regeneratortemperatur ist räumlich und zeitlich nicht konstant.
- Zwischen heißem Raum und kaltem Raum existiert eine Wärmeleitung.

Die gebräuchlichsten Bauarten von Stirlingmaschinen als Antriebsmaschinen sind:

Alpha-Maschinen, die als einfach wirkende und doppelt wirkende Maschinen gebaut werden. Die Alpha-Maschinen verwenden anstatt eines Verdrängers einen zweiten Arbeitskolben.

Beta-Maschinen, bei denen der Arbeitskolben und der Verdränger im selben Zylinder angeordnet sind, wobei ein Teil des Zylinders sowohl vom Verdränger als auch vom Arbeitskolben überstrichen wird.

Gamma-Maschinen, bei denen Arbeitskolben und Verdränger in verschiedenen Zylindern verwirklicht sind.

Die Hauptkomponenten von Stirlingmaschinen sind: Arbeitsräume und Gaskanäle, Arbeitskolben und Verdränger, Triebwerk, Regenerator, Wärmetauscher zur Wärmeabfuhr auf der kalten Seite (Kühler), Wärmetauscher zur Wärmezufuhr auf der heißen Seite (Erhitzer) und Brennkammer mit Luftvorwärmer.

Bei den Triebwerken werden Freikolben, Hybrid-Freikolben und kinematische Triebwerke unterschieden. Zu den kinematischen Triebwerken zählen unter anderem: Schubkurbel-Kreuzkopf, Schubkurbelhebel, Rhombengetriebe, Taumelscheibe, usw. In ihnen wird der Bewegungsablauf von Arbeitskolben und Verdränger in jedem Fall durch eine Verbindung realisiert, so dass die Bewegungen gekoppelt ablaufen. Moderne Motoren arbeiten als doppelt wirkende Motoren mit z.B. 4 Zylindern mit geeigneter Phasenverschiebung.

Die wichtigsten Vorteile von Stirlingmotoren sind: Sehr niedrige Emissionen aller limitierten Schadstoffe HC, CO, NO_x aufgrund der kontinuierlichen äußeren Verbrennung, insbesondere in Kombination mit katalytischen Brennkammern; guter Wirkungsgrad im Bestpunkt, mit Hubraumregelung auch gute Teillastwirkungsgrade; günstigere Drehmomentencharakteristik als bei Motoren mit innerer Verbrennung, Drehmoment auch im Stillstand; geringe Vibrationen und geringe Geräuschentwicklung; beliebige Wärmequellen und Treibstoffe nutzbar. Dem stehen die folgenden Nachteile gegenüber: schlechteres Ansprechverhalten als Verbrennungsmotoren mit innerer Verbrennung auf Drehmomentanforderungen (nicht bei Hubraumregelung); Wartezeit beim Kaltstart; durch große Wärmetauscher entsprechend großer Bauraumbedarf und hohe Fertigungskosten durch aufwändige Bauweise.

Wichtige Kennwerte:

spezifische Leistung		100 ... 500 W/kg
Leistungsdichte		50 ... 500 W/l
Wirkungsgrad	Teillast	ca. 30 %
	Bestpunkt	ca. 40 %
Kosten		50 ... 1500 €/kW
Lebensdauer		größer 11000 h (Betrieb).

Bild 4.3-41 zeigt einen Stirlingmotor mit 25 kW Leistung.

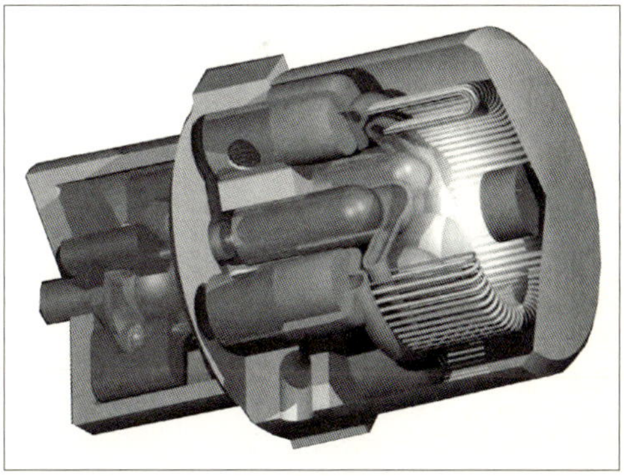

Bild 4.3-41 Stirlingmotor (25 kW)

4.3.4.2 Dampfmotor

Fahrzeugantriebe mit Dampfmotoren kommen ohne Kupplung und Getriebe aus, da sie bereits im Stillstand hohes Drehmoment entwickeln. Schon vor über hundert Jahren wurde daher dieser antriebstechnisch so hervorragende Motor auch im Pkw eingesetzt. Auch in neuerer Zeit stellte ein automobiltechnisches Forschungs- und Entwicklungsunternehmen erneut einen Pkw mit Dampfmotor vor, **Bild 4.3-42**.

Wie der Stirlingmotor arbeitet auch der Dampfmotor mit äußerer Verbrennung und mit geschlossenem inneren Arbeitskreislauf. Das verwendete Arbeitsme-

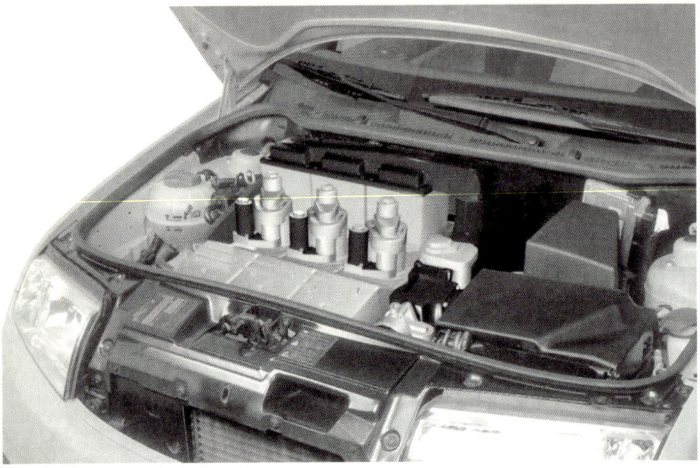

Bild 4.3-42 Dreizylinder Dampfmotor im Motorraum eines Pkw (IAV GmbH)

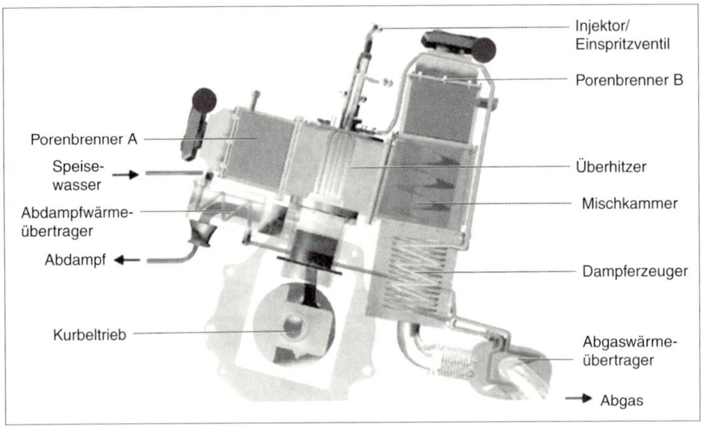

Bild 4.3-43 Schnitt durch einen Dampfmotor incl. Brenner und Dampferzeugungsanlage (IAV GmbH)

dium ist hier Wasser oder/und eine organische Flüssigkeit (z.B. Pyridin) statt des beim Stirlingmotor verwendeten Gases. Bei der Wahl des Arbeitsmediums ist das Problem des Winterbetriebs zu beachten, aber auch dessen Toxizität und Gefährlichkeit und seine Umweltverträglichkeit. Der Wärmeübergang auf das Medium findet hier nicht im Motor selbst wie beim Stirlingmotor, sondern in einem Dampferzeuger, Überhitzer bzw. einem Kondensator statt. Die Wärmeerzeugung erfolgt wie beim Stirlingmotor mittels eines Brenners, der äußerst geringe Emissionswerte aufweisen kann und mit dem ein Pkw in der Lage ist, die SULEV-Emissionsanforderungen zu erfüllen. Die SULEV-Anforderungen können inzwischen auch durch ottomotorische Antriebe von mehreren Fahrzeugherstellern erfüllt werden. **Bild 4.3-43** zeigt einen Schnitt durch einen modernen Dampfmotor inkl. Brenner und Dampferzeugungsanlage.

Die Erzeugung der mechanischen Energie erfolgt in einem geschlossenen Prozesszyklus mit Phasenumwandlungen des Arbeitsmediums in einer Kolbenmaschine (z.B. Rankine-Prozess). Prozessbedingt ist der Volllast-Wirkungsgrad des Dampfmotors im Vergleich zu dem des DI-Dieselmotors etwas geringer. Durch den günstigeren Wirkungsgrad im Teillastbereich ergibt sich sowohl im normalen Fahrbetrieb, als auch z.B. nach dem NEFZ-Fahrzyklus trotzdem ein äußerst niedriger Kraftstoffverbrauch.

Die weiteren Vor- und Nachteile entsprechen etwa denen des Stirlingmotors, wobei der Dampfmotor das Potenzial hat, deutlich kompakter werden zu können als der Stirlingmotor. Dampfmotoren haben sich bis jetzt aber wegen einiger betrieblicher Systemnachteile trotz ihrer Vorteile als Fahrzeugantrieb gegenüber den Verbrennungsmotoren mit innerer Verbrennung nicht durchsetzen können.

Ein weiteres Einsatzgebiet der Dampfmotoren wäre die Erzeugung der elektrischen Bordnetzenergie, z.B. als APU (Auxiliary Power Unit). Ein Serienantrieb ist auch bei dieser Anwendung nicht so schnell zu erwarten.

4.3.4.3 Gasturbine

Die Gasturbine ist eine Verbrennungskraftmaschine mit kontinuierlicher innerer Verbrennung. Die für die Oxidation des Brennstoffes benötigte Luft durchläuft die einzelnen Zustandsänderungen des Kreisprozesses in voneinander räumlich getrennten Bauteilen wie Verdichter, Brennkammer, Turbine(n), die durch Diffusoren und/oder Spiralen miteinander verbunden sein können.

Die *Funktionsweise der Gasturbine* ist: Die kontinuierlich durch einen Filter und einen Schalldämpfer angesaugte atmosphärische Frischluft wird in einem Verdichter, im Allgemeinen einem Radialverdichter, auf den Arbeitsdruck von zirka 5 bar komprimiert, anschließend in einem Wärmetauscher, der als Rekuperator oder bevorzugt als rotierender Regenerator ausgeführt sein kann, vorgewärmt und in eine Brennkammer geleitet. In diese wird kontinuierlich gasförmiger, flüssiger oder emulsiver Brennstoff eingespritzt und durch eine Initialzündung mit einem Teil des Luftstromes zum Brennen gebracht. Durch ein Zumischen der restlichen Luft kühlen sich die Verbrennungsprodukte auf etwa 1300 K am Turbineneintritt ab. Die entstehenden Verbrennungsgase geben ihre Energie auf ein, zwei oder drei Turbinenstufen ab, die auf einer unterschiedlichen Anzahl von Wellen (bis maximal drei) angeordnet sein können. Das Gasgemisch wird in der Turbine expandiert, wobei beispielsweise bei einer Zweiwellen-Gasturbine ungefähr zwei Drittel des Energiegefälles in der zum Antrieb des Verdichters dienenden Turbine abgebaut werden. Der Rest der Energie dient zum Antrieb der Nutz- oder Arbeitsturbine. Die restlichen bei der Verbrennung entstandenen heißen Gase durchströmen den Wärmetauscher und liefern so die Energie für die Vorerhitzung der Ansaugluft. Die Rotationsenergie der Arbeitsturbine wird über eine starke Untersetzung (Reduziergetriebe) auf den weiteren Antriebsstrang geführt. Die Verdichterturbine saugt nicht nur Luft an, sondern kann auch Hilfsaggregate wie Lichtmaschine oder Hydraulikpumpen antreiben.

Die ausgeführten *Bauarten* für Gasturbinen der offenen Bauweise für den Einsatz in Kraftfahrzeugen unterscheiden sich in der Anzahl der Wellen und der Einzelaggregate wie Wärmetauscher, Zwischenkühler oder Zwischenverbrennungseinheit zur Verbesserung des thermischen Wirkungsgrades. Bei der Einwellen-Gasturbine sind Gaserzeugersatz und Nutzturbine auf einer Welle angeordnet. Diese Bauweise weist einen ungünstigen Drehmomentenverlauf beim Anfahren auf, da die Gaserzeugerdrehzahl zu jedem Zeitpunkt der Drehzahl der Abtriebswelle entspricht. Weniger problematisch ist dieses Drehmomentenverhalten allerdings, wenn in einem seriellen Hybrid die Gasturbine einen Generator antreibt. Bei der *Zweiwellen-Gasturbine*, **Bild 4.3-44**, sind Gaserzeugerwelle (mit Verdichter und zugehöriger Verdichterturbine) und Abtriebswelle mit der Nutzturbine mechanisch entkoppelt. Der Drehmomentenverlauf ist in dieser Ausführung deutlich günstiger als bei der Einwellen-Gasturbine oder beim Ottomotor. Um den Kraftstoffverbrauch bei Fahrzeuggasturbinen im Teillast- und Leerlaufbetrieb zu verringern, sowie das Beschleunigungsverhalten zu verbessern, erfolgt die Lastregelung über die Regelung der Arbeitsgastemperatur und/oder über verstellbare Leitschaufeln an Turbine

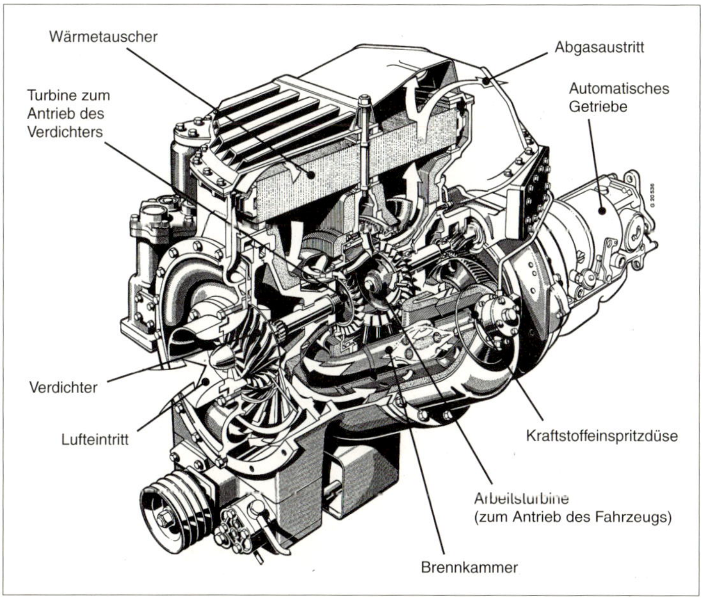

Bild 4.3-44 Gasturbine (Daimler-Benz-Forschungs-Pkw)

und Verdichter. Bei der *Dreiwellen-Gasturbine* ist bei der Kompression noch eine Zwischenkühlung und bei der Expansion eine zweite Verbrennung vorgesehen, wodurch die Verbrauchscharakteristik bei größerer Komplexität und höherem Bauaufwand weiter verbessert werden kann.

Als Brennstoffe für Gasturbinen im Fahrzeug kommen Diesel- oder Otto-Kraftstoffe, aber auch alternative Kohlenwasserstoffe, Erd- und Kohlegase oder sogar Kohlenstaub in Frage. Der Verbrennungsvorgang erfolgt kontinuierlich mit hohem Luftüberschuss und wird durch Beimischen von kalter Luft bei Eintritt in die Brennkammer der Gasturbine so geführt, dass die Verbrennungstemperaturen mit 1300 K niedriger liegen, als die Spitzentemperaturen von Verbrennungsmotoren mit diskontinuierlicher innerer Verbrennung. Das hat zur Folge, dass der Treibstoffverbrauch und die CO_2-Emission des kontinuierlichen Prozesses der Verbrennung in bisher für den Einsatz in Fahrzeugen verfügbaren Gasturbinen zwar höher ist als die von herkömmlichen Verbrennungsmotoren, die vergleichbaren CO-, HC- und mit Einschränkung auch die NO_x-Emissionen liegen aber deutlich darunter.

Bei einem Fahrzeugantrieb mit einer Gasturbine stehen den günstigen Emissionswerten und weiteren Vorteilen wie etwa der Vielstofffähigkeit, günstiger stationärer Drehmomentenverlauf, relativ günstige Drehmomentencharakteristik (Zweiwellen-Gasturbine), geringe Vibrationen, lange Wartungsintervalle, ein höherer Kraftstoffverbrauch von Gasturbinen, die für gute Wirkungsgrade erforderlichen großen Wärmetauscher, derzeit noch nicht für den Serieneinsatz im Fahrzeug wirtschaftlich verfügbare Materialien für Bauteile der Brennkammer (hochtemperaturfeste Keramiken wie Si_3N_4, SiC, Glaskeramiken, die sich noch nicht in der notwendigen Reinheit herstellen bzw. verarbeiten lassen), eine starke Geräuschentwicklung, eingeschränkte Eignung für kleine Leistungsbereiche sowie ein schlechteres Ansprechverhalten im Vergleich zu Hubkolbenmotoren als Nachteile gegenüber.

Wichtige Kennwerte:

spezifische Leistung		300 ... 500 W/kg
Leistungsdichte		200 ... 400 W/l
Wirkungsgrad	Teillast	10 % ... 15 %
	Bestpunkt	25 % ... 40 %
Kosten		15 ... 25 €/kW
Lebensdauer		2000 ... 4000 h (Betrieb).

4.3.4.4 Schwungrad

Schwungräder zählen zu den mechanischen Energiespeichern, mit denen kinetische Energie (Rotationsenergie) gespeichert werden kann. Das Schwungrad (engl.: flywheel) findet hauptsächlich Verwendung zur Glättung von kurzzeitigen Last- und Leistungsschwankungen, zur Erzielung hoher Leistungsspitzen, zur Überbrückung von Leistungsunterbrechungen und zur Speicherung sonst nicht nutzbarer Energie durch regeneratives Bremsen zur Rückgewinnung der Bewegungsenergie des Fahrzeugs und folgender Nutzung für den nächsten Beschleunigungsvorgang.

Die im Schwungrad gespeicherte Energie W lässt sich aus dem Massenträgheitsmoment J und der Winkelgeschwindigkeit ω des Schwungrades zu $W = 1/2 J \omega^2$ berechnen. Das Massenträgheitsmoment J ist dabei proportional zur Masse und dem Quadrat ihres Abstandes r von der Drehachse. Da Schwungradspeicher meist nicht ganz entladen werden, ergibt sich bei einer minimalen Winkelgeschwindigkeit ω_{min} und einer maximalen Winkelgeschwindigkeit ω_{max} der nutzbare Energieinhalt des Schwungrades zu $W = 1/2 J\ (\omega^2_{max} - \omega^2_{min})$. Für die je Masseneinheit maximal speicherbare Energie, auch spezifische Energiedichte des Schwungrades genannt, sind Zugfestigkeit σ und Dichte ρ des verwendeten Materials des Schwungrades und seine geometrischen Form, die durch den Formfaktor K_f charakterisiert wird, bestimmend. Es gilt $W/m = K_f \sigma / \rho$). Der Wert des Formfaktors K_f liegt bei einem dünnen Kreisring bei 1, bei einer gelochten Kreisscheibe mit $di_u / d_a = 0{,}5$ bei 0,75, bei einem massiven Zylinder bei 0,5. Hohe spezifische Energiedichten lassen sich mit hoher Zugfestigkeit und kleiner Dichte des verwendeten Materials realisieren.

Ein Schwungradsystem zur Speicherung von Bremsenergie besteht aus dem Rotor, dem Gehäuse, den Lagern und dem elektromechanischem Energiewandler. Wurden früher die Rotoren meist aus hochzugfesten Walz- und Schmiedestählen hergestellt, können heute mit Faserverbundwerkstoffen Schwungräder mit deutlich höheren Energiedichten realisiert werden. So liegt die Energiedichte, ausgedrückt durch das Verhältnis aus Zugfestigkeit σ und Werkstoffdichte ρ, (gleichzeitig auch Definition der Reißlänge des Materials) von hochlegiertem Stahl 18Ni-400 bei 100 Wh/kg (35 km Reißlänge), erreicht man mit Carbonfaser/Epoxidharz bis zu 450 Wh/kg (160 km Reißlänge). Das Gehäuse soll einerseits eine Schutzfunktion beim Bersten des Schwungrades erfüllen und andererseits zur Reduzierung der Gasreibungsverluste den Betrieb des Rotors in einer Atmosphäre geringen Druckes ermöglichen. Die Lagerung von Schwungrädern muss sehr hohe Sicherheitsanforderungen erfüllen und soll möglichst geringe Reibungsverluste verursachen. Für schnelllaufende Schwungräder kommen keramische Lager mit permanentmagnetischer Lagerentlastung oder elektromagnetische Lager ohne mechanischen Kontakt zum Einsatz (kein Verschleiß und keine Reibungsverluste). Der elektromechanische Energiewandler (Motor/Generator) dient zur Einspeisung und zur Entnahme der kinetischen Energie eines Schwungrades durch Erhöhung und Verminderung der Drehzahl. Zum Einsatz gelangen heute meist permanent erregte Synchronmotoren in Verbindung mit einer geeigneten Leistungselektronik.

Schwungradspeicher sind in solchen Fahrzeugen sinnvoll, bei deren Betrieb häufig Brems- und Beschleunigungsphasen auftreten (z.B. bei Stadtbussen und Bahnen im öffentlichen Nahverkehr). Sie bilden zusammen mit Verbrennungsmotor und Elektromotor(en) ein Hybridantriebssystem. Bei realisierten Hybridbussen mit Schwungradspeicher liegt die Treibstoffeinsparung bei etwa 25%. Weitere Vorteile der Hybridantriebstechnik sind die mögliche Reduzierung der Verbrennungsmotorleistung und dessen nahezu stationärer Betrieb. Schwungradspeicher stehen heute bei Hybridantrieben in starker Konkurrenz zu elektrostatischen Speichern mit Supercaps und elektrochemischen Speichern mit modernen Hochleistungsbatterien (LiIon). Ihr Einsatz ist z.Z. nur wirtschaftlich, wenn die hohe Lebensdauer von 20 Jahren und die mögliche Zahl von $2 \cdot 10^6$ Lastzyklen ausgenutzt werden kann.

Wichtige Kennwerte von elektromechanischen Schwungradspeichern:

(unter Einbeziehung von Sicherheitsfaktoren, Lagerung, E-Antrieb und Schutzgehäuse):

spezifische Leistung	500 ... 1000 W/kg
Leistungsdichte	700 ... 1500 W/l
spezifische Energie	5 ... 20 Wh/kg
Energiedichte	10 ... 30 Wh/l
Wirkungsgrad (Be-/Entladen)	je 90 % ... 95 %
Kosten	10000 ... 25000 €/kWh
Lebensdauer	bis 20 Jahre
Zyklenzahl	>1 000 000 Zyklen.

Literatur

Stirlingmotor

Meijer, R. J.: Der Philips-Stirlingmotor. MTZ 29 (1968), S. 284–289, Forschen, Planen, Bauen (MAN-Hauszeitschrift), Mai 1970

Meijer, R. J.: Prospects of the Stirling Engine for Vehicular Propulsion. Philips Tech. Rev. (1970), 20, pp. 245–276

Förster, H. J.; Pattas, K.: Fahrzeugantriehe der Zukunft, Teil 1 und 2. Sonderdruck aus Automobilindustrie, Vogel-Verlag, Hefte 3/1972 und I/1973

Künzel, M.: Stirlingmotor der Zukunft. VDI-Verlag, Düsseldorf 1986

Walker, G.: Stirling Powered Regenerative Retarding Propulsion System for Automotive Application. Prc. 5th Int. Auto, Prop. Systems Symp., April 1980, Detroit

Werdich, M.: Stirling-Maschinen – Grundlagen, Technik, Anwendung. Ökobuch Verlag, Freiburg 1994

Gelse, W.: Erfahrungen mit Stirlingmotoren bei DB im mobilen Einsatz. Vortrag beim DB-Technologie-Workshop „Stirlingmotor", 1994

Walker, G. et al.: The Stirling Alternative, Power Systems, Refrigerants and Heat Pumps. Gordon and Breach Science Publishers, 1994

Steimle, F.: Stirling-Maschinen-Technik: Grundlagen, Konzepte und Chancen. Verlag C. F. Müller, Heidelberg 1996

Peters, H.: Stirlingmotor – Stand der Technik und Anwendungsmöglichkeiten. Staatsexamensarbeit, Universität Bonn (Bonn – IB-96-32), 1996

Feulner, P.: Five and Six-cylinder Stirling Engines – a first essay. European Stirling Forum 2002, Fachhochschule Osnabrück, September 2002

Schleder Frank.: Stirlingmotoren. Vogel Fachbuch 2002

Robert Bosch GmbH: Kraftfahrtechnisches Taschenbuch. Wiesbaden: Vieweg Verlag, 2006

Dampfmotor

v. Fersen, O.: Saab Dampfmotor: mot 12/1975

Mayr, B.; Buschmann, G.; Hoetger, M.; Clemens, H.: Zero Emission Engine (ZEE) – Der isotherme Dampfmotor als Fahrzeugantrieb, VDI Berichte 1565, VDI Verlag 2000

Van Basshuysen, R., Schäfer, F. (Hrsg.): Handbuch Verbrennungsmotoren. Vieweg Verlag, Wiesbaden 2007

Gasturbine

Buschmann, H.; Koeßler, P.: Handbuch für den Kraftfahrzeugingenieur. Gasturbinen 485–510, Deutsche Verlags-Anstalt, Stuttgart

Förster, H. J.; Pattas, K.: Fahrzeugantriebe der Zukunft, Teil I und 2. Sonderdruck aus Automobilindustrie, Vogel-Verlag, Hefte 3/1972 und I/1973

Seiffert, U.; Walzer, P.: Automobiltechnik der Zukunft. VDI-Verlag, Düsseldorf 1989

Walzer, P.: Die Fahrzeug-Gasturbine. VDI-Verlag, Düsseldorf 1991

Förster, H. J.: Stufenlose Fahrzeuggetriebe in mechanischer, hydrostatischer, hydrodynamischer, elektrischer Bauart und in Leistungsverzweigung. Verlag TÜV Rheinland, Köln 1996

Schwungrad – Flywheel

Biermann, J. W.: Untersuchungen zum Einsatz von Schwungradspeichern als Antriebselemente für Kraftfahrzeuge. Dissertation an der RWTH Aachen, 1981

Widmer J., Asper H.K.: Woven ribbon composite flywheel with self-centering hub, Proceedings of the 20rd Intersociety Energy Conversion Engineering Conference IECEC, SAE, Warrendale, PA, USA, pp. 538–43 vol. 2, 1985

Sprengel, U. et al.: Positionspapier zur Energieversorgung in der Raumfahrt. Deutsche Forschungs- und Versuchsanstalt für Luft- und Raumfahrt (DLVR), Stuttgart 1986

Tholen, F. J. M.: Development of an Advanced High Speed Flywheel Energy Storage System. Thesis Eindhoven University of Technology, Holland, 1993

Reiner, G.; Reiner, K: Energetisches Betriebsverhalten eines permanenterregen Drehmassenspeichers in Theorie und Praxis. VDI-Tagung „Energiespeicher für Strom, Wärme und Kälte", VDI-Berichte 1168, Leipzig 1994

Ter-Gazarian, A.: Energy Storage for Power Systems. Peter Peregrinus ltd. 1994

Kolk, M.: Ein Schwungrad-Energiespeicher mit permanentmagnetischer Lagerung. Bericht des Forschungszentrums Jülich, 1997

v. d. Burg, P.: Moderne Schwungmassenspeicher – eine alte Technologie in neuem Aufschwung. VDI – GET Fachtagung, Gelsenkirchen 1998

von Druten, R. M. et al.: Design Optimization of a Compact Flywheel System for Passenger Cars. VDI-Bericht 1459 (1999), Hybridantriebe, S. 331–343

Reiner, G; Weck, W.: Operation Experience with Magnetodynamic Flywheel Storage Systems in Public Transport Buses, EESAT 2000, Orlando, Florida, 18. 9.–20. 9. 2000

4.3.5 Wasserstoff-Verbrennungsmotor

Die Wasserstoff-Motorenentwicklung konnte in den letzten 30 Jahren, beginnend mit den Arbeiten von Erren [1] und Oehmichen [2] sowie durch die Entwicklungsprogramme von BMW [3] und fortwährende Aktivitäten weiterer Automobilhersteller [4,5], große Fortschritte verzeichnen. Dabei hat der Otto-

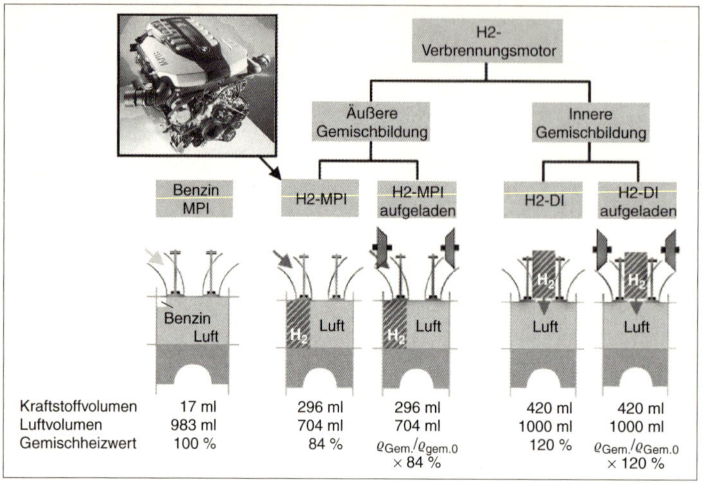

Bild 4.3-45 Gemischheizwerte von unterschiedlichen H_2-Motorkonzepten im Vergleich zu einem Benzinmotor (MPI)

motor das größte Potenzial für Automobilanwendungen gezeigt. Hierfür wurden hauptsächlich Otto-4-Takt Motoren mit gasförmigem Kraftstoff [6, 7], aber auch H_2 2-Takt- [8] und Wankel-Motoren [5] entwickelt.

H_2-Verbrennungsmotoren können auf den entsprechenden Grundmotoren der Benzinvarianten aufgebaut werden [4, 5, 9]. Sie können sowohl mit äußerer als auch mit innerer Gemischbildung realisiert werden (**Bild 4.3-45**). Die spezifische Leistungsdichte lässt sich durch Aufladung sowohl bei äußerer als auch bei innerer Gemischbildung erheblich steigern.

Am Beispiel des BMW 12-Zylindermotors [9, 15, 17], der über ein äußeres H_2-Gemischbildungssystem verfügt, zeigen sich typische H_2-Entwicklungsumfänge:

- Entwicklung H_2-Brennverfahren
- Anpassung der Elektronik und Zündung
- Entwicklung der H_2-Motorsteuerung inklusive Steuergeräte-Entwicklung und Applikation für H_2-spezifische Funktionen
- Integration H_2-Rail und H_2-Einblaseventile in Sauganlage
- Modifizierung Ventilsitzringe und Optimierung Kolbenringpaket

Brennraumgeometrie und Zündanlage sind für Benzin- und H_2-Verbrennung ausgelegt. Der Motor ist als bivalentes Motorkonzept ausgeführt. Er wird im Benzinbetrieb wie die Serienvariante mit Direkteinspritzung und im H_2-Betrieb mit äußerer Gemischbildung betrieben. Bivalenter Betrieb ermöglicht dabei, kundenwertige H_2-Fahrzeuge anzubieten, solange noch kein flächendeckendes H_2-Tankstellennetz existiert.

4.3.5.1 H_2-Brennverfahren mit äußerer Gemischbildung

Die Gemischbildung von H_2 und Luft findet bei äußerer Gemischbildung im Ansaugtrakt statt. Maximale Leistungsdichten werden mit äußerer Gemischbildung im $\lambda = 1$-Betrieb realisiert.

Die Stoffeigenschaften von H_2, weite Zündgrenzen, geringe Zündenergien sowie die große Flammgeschwindigkeit für H_2-Luft-Gemische erhöhen das Risiko irregulärer Verbrennungen (Rückzündungen, Frühzündungen) und sind maßgeblich dafür verantwortlich, dass der Betrieb mit $\lambda = 1$ eine Herausforderung für die Entwicklung darstellt. Hierbei ist das Hauptaugenmerk auf die thermische Bauteilstabilität sowie auf das spezielle H_2-Brennverfahren zu legen.

Die Vermeidung von Abgasemissionen bildet neben der Maximierung der Leistungsdichte eine weitere wichtige Randbedingung. Bei H_2-Verbrennungsmotoren sind Stickoxide (NO_x) die einzig relevanten Schadstoffemissionen. Aus der Verbrennung von Schmieröl entstehen ferner minimale CO- und HC-Rohemissionen, die im 3-Wege-Katalysator sowohl im Mager- als auch im $\lambda = 1$ Betrieb auf Werte nahe Null reduziert werden.

Die Bildung von NO_x ist abhängig von der Verbrennungstemperatur [12]. Magere homogene Wasserstoff/Luft-Gemische ($\lambda \gg 1$) verbrennen bei niedrigen Temperaturen, sehr guten Wirkungsgraden und minimalen NO_x-Emissionen, wobei homogene Wasserstoff/Luft-Gemische auch noch bei $\lambda \approx 4$ stabil verbrennen. Daher kann der Motor in einem weiten Betriebsbereich ungedrosselt qualitätsgeregelt betrieben werden (**Bild 4.3-46**).

Bei Laststeigerung ($\lambda < 2{,}0$) steigen die Rohemissionen deutlich an und erreichen bei $1{,}1 < \lambda < 1{,}2$ ihr Maximum. Auch bei $\lambda = 1$ ergeben sich Rohemissionen auf einem hohen Niveau. Im Gegensatz zum Betrieb mit $\lambda > 1$ können diese aber durch einen herkömmlichen 3-Wege-Katalysator auf geringstes Niveau reduziert werden [9, 10, 11].

Die Betriebsstrategie für einen freisaugenden H_2-Motor mit äußerer Gemischbildung wird durch die breiten Zündgrenzen von Wasserstoff sowie die NO_x-

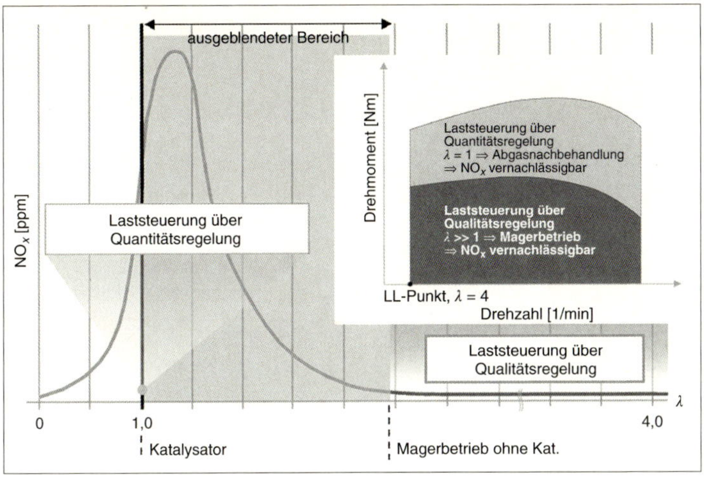

Bild 4.3-46 NO_x-Emissionen als Funktion des Luftverhältnisses und Applikationsstrategie für H_2-Verbrennungsmotoren

Bildungsgrenze definiert. Über einen weiten Bereich wird daher der Motor qualitätsgeregelt mit mageren Gemischen betrieben. Vernachlässigbare NO_x-Emissionen und sehr gute Wirkungsgrade sind die Folge. Im Bereich von $2{,}0 < \lambda < 2{,}2$ schaltet die Motorsteuerung direkt auf $\lambda = 1$-Betrieb und Quantitätsregelung um, wo maximale Leistungsdichten erzielt werden. Gemische im Bereich $1{,}0 < \lambda < 2{,}0$ werden somit ausgeschlossen. Mit der dargestellten Betriebsstrategie werden äußerst niedrige NO_x-Emissionen im gesamten Kennfeldbereich garantiert und die Einhaltung aller weltweit geforderten Emissionsgrenzwerte sichergestellt [16].

Bei äußerer Gemischbildung kann der Gemischheizwert durch Aufladung erheblich gesteigert werden. Bei einer Aufladung von 0,85 bar können indizierte Mitteldrücke größer 18 bar erzielt werden. Das maximal erreichbare Verdichtungsverhältnis liegt bei $\varepsilon \approx 11$ und wird durch Frühzündungen im stöchiometrischen Betrieb an der Volllast begrenzt [10].

4.3.5.2 H_2-Brennverfahren mit innerer Gemischbildung

Innere Gemischbildung bietet zusätzlich die Möglichkeit, die Verbrennung über die Einspritzrate und Zündzeitpunktsvariation [16] zu kontrollieren sowie die Motorleistung zu erhöhen. Mit innerer Gemischbildung können indizierte Mitteldrücke von ≈15 bar erreicht werden [10, 11].

Die Schlüsselkomponente bei H_2-DI-Motorkonzepten ist der Injektor. Aufgrund der Einblasung in der Kompressionsphase werden hohe H_2-Drücke von 50 bis 300 bar benötigt, abhängig vom Einblasezeitpunkt. Der Injektor muss hohe Durchflussraten und eine präzise Einblasung von H_2 gewährleisten und den hohen thermischen Belastungen im Brennraum stand halten.

Aufgrund des effizienteren Gasaustauschs ist der gemessene Zylinderdruck während der Verdichtung bei innerer Gemischbildung erheblich höher als bei freisaugenden Benzin- und H_2-Motoren mit äußerer Gemischbildung.

Bei innerer Gemischbildung bietet sich eine ähnliche Betriebsstrategie an wie bei äußerer Gemischbildung. Durch Aufladung kann die spezifische Leistungsdichte beim H_2-DI nochmals deutlich gesteigert werden.

4.3.5.3 Wirkungsgradpotenziale

Die motorische Verbrennung beim Betrieb mit Wasserstoff ist in der Teillast durch eine sehr stabile Verbrennung gekennzeichnet. Aufgrund der weiten Zündgrenzen der Wasserstoff/Luft-Gemische sind Verbrennungsverluste von unverbranntem Kraftstoff bei magerem Betrieb sehr gering. Bei Volllast im stöchiometrischen Betrieb ist die Verbrennungsgeschwindigkeit verglichen mit Benzin erheblich höher. Folglich ist die Verbrennungsdauer deutlich kürzer. Die Annäherung an den Gleichraumprozess durch schnelle Umsetzung des Wasserstoffs führt zu hohen Motorwirkungsgraden im Volllastbetrieb. Andererseits verursachen hohe Verbrennungsraten erhöhte mechanische und thermische Belastungen durch steile Druckanstiege, hohe Verbrennungsenddrücke und hohe Verbrennungstemperaturen.

Der theoretische thermodynamische Wirkungsgrad eines Ottomotors basiert auf dem Wirkungsgrad des Gleichraumprozesses $\eta_{th} = 1 - 1/\varepsilon^{\kappa-1}$. Hierbei ist ε das Verdichtungsverhältnis und κ der Isentropenexponent. Höhere Verdichtungsverhältnisse kombiniert mit höheren Werten für κ liefern höhere Wirkungsgrade. Mit $\kappa \approx 1{,}4$ für Wasserstoff-Luft-Gemische haben H_2-Motoren Vorteile gegenüber Benzin- und Dieselmotoren, für die $\kappa \approx 1{,}35$ gilt. Der theoretische Wirkungsgrad η_{th} steigt als Funktion von ε (konstantes κ) für größere Verdichtungsverhältnisse an. Im realen Motorbetrieb wird der Anstieg allerdings durch die Zunahme der Reibleistung zumindest teilweise kompensiert.

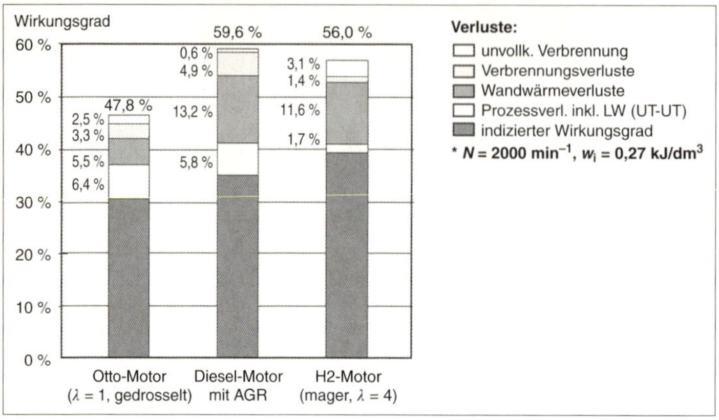

Bild 4.3-47 Vergleich der indizierten Wirkungsgrade eines H_2-Ottomotors mit Benzin- und Dieselmotoren aktueller Technologie bei 2000 U/min und Teillast.

In **Bild 4.3-47** ist ein Vergleich der indizierten Wirkungsgrade eines H_2-Motors mit einem Benzin- und Dieselmotor an einem typischen Teillastpunkt (2000 U/min) dargestellt. Der hohe theoretische thermodynamische Wirkungsgrad des H_2-Motors folgt aus der mageren Verbrennung. Bei Dieselmotoren ist der wesentliche Faktor das hohe Verdichtungsverhältnis.

Obwohl der theoretische thermodynamische Wirkungsgrad des H_2-Motors kleiner ist als der des Dieselmotors, haben H_2-Motoren einen höheren indizierten Wirkungsgrad. Hauptgründe hierfür sind die höhere Verbrennungsgeschwindigkeit, resultierend in geringeren Verlusten durch Abweichung vom idealen Gleichraumprozess, und erheblich geringere Ladungswechsel-Verluste durch ungedrosselten Betrieb. Der Vorteil des Dieselmotors durch das höhere Verdichtungsverhältnis wird überkompensiert durch die Vorteile der mageren, ungedrosselten Verbrennung. Verglichen mit einem Benzinmotor ist der indizierte Wirkungsgrad der H_2-Ottomotoren ca. 8 Prozentpunkte höher, resultierend in einem 25 % besseren Kraftstoffverbrauch [10, 11, 13].

4.3.5.4 H_2-Ottomotor als Fahrzeugantrieb

Erzielbare gravimetrische und volumetrische Leistungs- und Drehmomentdichten von H_2-Ottomotoren bewegen sich auf dem Niveau von Benzin- und Dieselmotoren.

Dasselbe gilt bei entsprechenden Stückzahlen für Entwicklungs- und Produktionskosten. Die Wirkungsgradpotenziale bei niedrigen und mittleren Lasten liegen sogar über denen heutiger Dieselmotoren. Die technische Umsetzung basiert auf dem Serienstand heutiger Verbrennungsmotoren. Antriebskonzepte mit H_2-Verbrennungsmotor profitieren dadurch automatisch von allen Entwicklungsfortschritten (z.B. Reduzierung der Reibleistung, Energiemanagement, Elektrifizierung Antriebsstrang).

Dynamik, Leistungsentfaltung, Einbaulage und Antriebspackage sowie Schnittstellen im Gesamtfahrzeug bleiben praktisch unverändert. Fahrzeugkomponenten und Dimensionierung (z. B. Getriebe, HAG, Lager, Bremsen) kann daher von Fahrzeugen mit Benzin- und Dieselmotoren übernommen werden.

Alle Vorteile des Wasserstoffs wie CO_2-Freiheit, Diversifikation der Energiequellen und Nachhaltigkeit bei Nutzung regenerativer Energiequellen, können mit H_2-Verbrennungsmotoren ökonomisch umgesetzt werden. Bei geeigneter Betriebsstrategie werden Abgasemissionen auf nahezu Null reduziert.

Der H_2-Ottomotor ist daher geeignet, die Anforderungen an Fahrzeugantriebe in einer Zukunft mit H_2 als Kraftstoff zu erfüllen [14].

Literatur

[1] *Westerkamp*: The Erren-Hydrogen Engine, ATZ 1939, S. 523, in German
[2] *Oehmichen*: Hydrogen as Engine Fuel, Deutsche Kraftfahrtforschung, Heft 68, VDI-Verlag, Berlin, 1942, in German
[3] *Pehr; Burckhardt; Koppi; Korn; Patsch*: With Hydrogen into the future – The BMW 750hL, ATZ 2/2002, in German
[4] http://www.ford.com/en/innovation/engineFuelTechnology/hydrogenInternalCombustion.htm
[5] Mazda Motor Corp., Company Website, History of Rotary since 1967, http://www.mazda.com/history/rotary/index.html, 24. 11. 2003
[6] *Schüers; Abel; Fickel; Preis; Artmann*: The 12-Cylinder Hydrogen Engine in the BMW 750hL, MTZ 2/2002, in German
[7] MAN Nutzfahrzeuge AG: MAN – Hydrogen Powertrain for City Busses, Technical Information of MAN Nutzfahrzeuge AG, Nürnberg, 1996, in German
[8] *Furuhama; Kobayashi*: Hydrogen Cars with LH2-Tank, LH2-Pump and Cold GH2-Injection Two-Stroke Engine, SAE Paper 820349
[9] *Kiesgen; Berger; Gruber; Staar*: Die Weiterentwicklung des Wasserstoffantriebs im BMW 7er, Innovative Fahrzeugantriebe, Dresden, 11.–12. November 2004
[10] *Berckmüller; Rottengruber; Eder; Brehm; Elsässer; Müller-Alander; Schwarz*: Potentials of a Charged SI-Hydrogen Engine, SAE Paper 2003-01-3210
[11] *Rottengruber; Berckmüller; Elsässer; Brehm; Schwarz*: A High Efficient Combustion Concept for Direct Injection Hydrogen Internal Combustion Engines, 15th World Hydrogen Conference, Yokohama (Japan), 27. Juni – 2. Juli 2004
[12] *Rottengruber*: Nitrogen Oxide Formation in the Hydrogen Diesel Engine, TU München, 1999, ISBN 3-89791-047-0, in German

[13] *Witt*: Analysis of Thermodynamical Losses of a SI-Engine under Conditions of Variable Camphasing, Technische Universität Graz, 1999, in German

[14] *Göschel*: The Hydrogen Combustion Engine as the Drive System for the BMW of the Future, 24th International Engine Symposium, Vienna, 16. May 2003

[15] *Kiesgen; Klüting; Bock; Fischer*: "The new 12-cylinder hydrogen engine in the 7 series, The H_2 ICE age has begun", SAE Paper 2006-01-0431

[16] *Kiesgen; Schwarz; Rottengruber; Berger*: „Zukünftige H_2-Antriebe für leistungsstarke und effiziente Fahrzeuggenerationen", 14th Aachen Colloquium Automobile and Engine Technology, Aachen, Germany, October 2005

[17] *Berger; Bock; Fischer; Gruber; Kiesgen; Rottengruber*: "The new BMW 12-Cylinder Hydrogen engine as clean efficient and powerful vehicle powertrain", FISITA 2006, 22.–27. October, Yokohama, Japan

5 Antriebe

In den über 100 Jahren des Gebrauchs von Kraftfahrzeugen hat sich der Hubkolben-Verbrennungsmotor mit einem Drehzahl-/Drehmomentwandler und einer Anfahr-/Schaltkupplung als bevorzugtes Antriebskonzept durchgesetzt und behauptet. Der Antrieb hat eine Reihe von Aufgaben zu erfüllen, von denen die wichtigsten nachfolgend aufgelistet sind:

- Das Fahrzeug muss aus dem Stillstand anfahren können und bis zu einer bestimmten Endgeschwindigkeit jede gewünschte Geschwindigkeit einstellen lassen.
- Antriebsdrehmoment und -drehzahl müssen schnell regelbar sein, um dynamische Fahrvorgänge zu ermöglichen.
- Der Energieträger muss auf kleinem Raum bei geringem Gewicht einen hohen Energieinhalt bereitstellen. Ohne große Nutzlast- und Raumverluste soll eine möglichst hohe Reichweite ohne Unterbrechung oder Wiederbetankung möglich sein.
- Masse und das Bauvolumen sind möglichst klein zu halten.
- Das gesamte System muss Erschütterungen und Bewegungen ertragen können.
- Der Antrieb soll kurzfristig (auch bei niedrigen und hohen Temperaturen) betriebsbereit sein.

Neben diesen grundlegenden technischen Anforderungen sind auch ökonomische Ziele bei der Herstellung und beim Betrieb des Fahrzeugs zu erfüllen, zunehmend ökologische Bedingungen einzuhalten sowie ein stetig wachsender Anspruch auf Bedienungskomfort zu befriedigen.
Von den zwischenzeitlich immer wieder vorgestellten alternativen Antrieben für Kraftfahrzeuge konnte sich bisher keiner nachhaltig durchsetzen. Ihren speziellen Vorteilen stehen häufig technische oder auch ökonomische Nachteile gegenüber, die einen guten Kompromiss aller zu berücksichtigenden Eigenschaften wie Technik, Kosten, sofortige Einsatzbereitschaft und Reichweite vermissen lassen.
Die vorherrschende Bauform von Kraftfahrzeugmotoren ist der Hubkolben-Verbrennungsmotor, welcher nach dem Prinzip des Ottomotors oder des Dieselmotors arbeitet. Die wesentlichen Unterscheidungsmerkmale sind die Art der Zündung (Fremdzündung beim Ottomotor und Selbstzündung beim Dieselmotor) sowie die Regelung der Last (Quantitäts- bzw. Drosselregelung beim Ottomotor und Qualitätsregelung beim Dieselmotor). Während beim Ottomotor das Verdichtungsverhältnis durch die Klopffestigkeit des Benzins begrenzt wird (ca. $\varepsilon = 10$ bis 12), sind beim Dieselmotor höhere Verdichtungsverhältnisse (ca. $\varepsilon = 17$ bis 24) zur Darstellung der Selbstzündung erforderlich und tragen auf diese Weise auch zum überlegenen thermischen Wirkungsgrad bei.

5.1 Grundlagen der Motorentechnik

5.1.1 Prozess des Verbrennungsmotors

Im Motor wird die im Kraftstoff chemisch gebundene Energie in einem Arbeitsprozess mit Verbrennung in Wärme und mechanische Arbeit an der Kurbelwelle umgesetzt. Die Theorien für den Arbeitsprozess sind in der Lehre der Thermodynamik beschrieben [1, 2, 3, 4]. Ein Charakteristikum ist die „innere Verbrennung“, d.h. der Verbrennungsvorgang findet innerhalb des von Kolben, Zylinder und Zylinderkopf gebildeten Arbeitsraumes statt. Soll fortwährend eine Arbeit erbracht werden, so muss dieser Prozess zyklisch wiederholt werden. Hierzu muss das Arbeitsmedium in seinen Ausgangszustand zurückgeführt werden. Das kann wegen der vorangegangenen Verbrennung im geschlossenen Raum nur durch Austausch der Verbrennungsgase mit frisch zugeführtem Kraftstoff und Luft erfolgen, was als Ladungswechselvorgang bezeichnet wird. Eine übliche Darstellungsweise des Prozessverlaufes ist das *p-V*-Diagramm, auch Indikatordiagramm genannt, in dem der Verlauf des Druckes im Zylinder in Abhängigkeit vom Zylindervolumen gezeigt ist **(Bild 5.1-1)**.

5.1.1.1 Viertakt-Verfahren

Beim Viertakt-Verfahren **(Bild 5.1-1)** saugt der Kolben auf dem Weg vom oberen (OT) zum unteren (UT) Totpunkt bei geöffnetem Einlassventil Luft-Kraftstoff-Gemisch an (1. Takt). Nach Schließen des Einlassventils wird der Zylinderinhalt bei der Aufwärtsbewegung des Kolbens vom UT zum OT verdichtet (2. Takt). Druck und Temperatur steigen dabei entsprechend den physikalischen Eigenschaften des im Zylinder befindlichen Gemisches (Luft, Kraftstoff/Kraftstoffdampf, Restgas) an. Kurz vor dem OT erfolgt die Zündung mit anschließender Verbrennung und Expansion des Verbrennungsgases bis zum UT (3. Takt). Das Auslassventil wird geöffnet und die verbrannten Gase werden auf dem Kolbenweg nach OT ausgeschoben (4. Takt). Danach wiederholt sich der 4-Takt-Prozess.
Die im Kreisprozess an den Kolben abgegebene Arbeit W_{KA} wird nach der Beziehung

$$W_{KA} = -\int p(\alpha) \cdot \mathrm{d}V$$

ermittelt. Im *p-V*-Diagramm stellt sich die Arbeit W_{KA} als die im Uhrzeigersinn umfahrene Fläche dar. Die bei Saugmotoren üblicherweise im Gegenuhrzeiger-

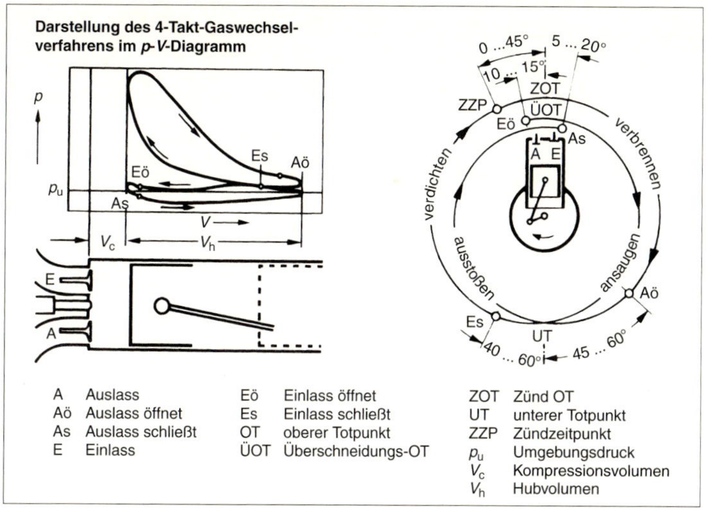

Bild 5.1-1 4-Takt-Arbeitsverfahren des Ottomotors

sinn umfahrene Fläche (Ladungswechselschleife) ist physikalisch als die vom Triebwerk für den Ladungswechselvorgang aufzubringende Arbeit zu interpretieren.

5.1.1.2 Zweitakt-Verfahren

Beim Zweitakt-Verfahren erfolgt der Ladungswechsel am Ende des Expansionstaktes (Auspuffvorgang) und in der ersten Phase des Kompressionstaktes (Spülvorgang). Hierzu ist ein positives Spüldruckgefälle erforderlich, was den Einsatz entsprechender Spülgebläse notwendig macht. Für kleinere, vorwiegend in Zweirädern eingesetzte Zweitaktmotoren wird hierzu der von der Kolbenunterseite und dem Kurbelgehäuse gebildete Raum als Gemischpumpe genutzt. Bei der sogenannten Umkehrspülung wird die Aufgabe der Gaswechselventile von Schlitzen im unteren Teil des Zylinders übernommen. Bei der Längsspülung dagegen erfolgt der Austausch der Zylinderladung einerseits über Schlitze im unteren Teil des Zylinders und andererseits über Ventile im Zylinderkopf. Diese Bauform findet sich insbesondere im Großmotorenbau für Schiffsantriebe.
Zur Erzielung einer ausreichenden Ausspülung der Restgase aus dem Zylinder ist ein Spülverlust hinzunehmen. Bei Gemischspülung kommt es auf diese Weise zu beträchtlichen Kohlenwasserstoffemissionen, die einen der wesentlichen Nachteile gegenüber dem Viertaktmotor darstellen. Die Vorteile des Zweitaktmotors liegen dagegen in seinem einfachen und kompakten Aufbau.
Im Bereich der Kraftfahrzeugantriebe wird das Zweitaktprinzip heute nur noch im Zweiradsektor angewendet. Mit steigenden Anforderungen an die Abgasemissionen ist von einer weiteren Verdrängung durch Viertaktmotoren auszugehen.

5.1.2 Definitionen und Kenngrößen

5.1.2.1 Leistungskenngrößen

Die Leistung eines Motors wird inkl. aller für den Betrieb des Motors erforderlicher Hilfseinrichtungen unter den in der Norm DIN ISO 1585 festgelegten Bedingungen ermittelt und auf einen „Normzustand“ $T_u = 298$ K, $p_u = 990$ mbar (bezogen auf trockene Luft) zurückgerechnet. Der Bezug auf einen festgelegten Zustand der Umgebung ist wichtig, da sich die Motorleistung bei unterschiedlichen Luftzuständen ändert. Sie nimmt mit „dünnerer“ Luft ab. Je 100 m Höhenzunahme beträgt die Reduzierung der Motorleistung ca. 1 %. Auch feuchtere Luft verringert die Motorleistung.
Die an die Kurbelwelle abgegebene Nennleistung P_e, in der Norm auch Nettoleistung genannt, berechnet sich nach der Beziehung

$$P_e = M \cdot \omega = 2\pi \cdot M \cdot n$$

wobei n die Motordrehzahl und M das Drehmoment ist. Wenn das Drehmoment in der Einheit [Nm] und die Drehzahl in [1/min] eingesetzt werden, lässt sich die Leistung in [kW] nach der Formel

$$P_e = M \cdot n/9549$$

überschlägig berechnen.
Unter Verwendung der spezifischen Kenngröße p_{me} (effektiver Mitteldruck, siehe Kapitel 5.1.2.2) berechnet sich die Leistung des Motors zu

$$P_e = i \cdot n \cdot p_{me} \cdot V_H$$

wobei

$i = 1$ beim 2-Takt-Verfahren
$i = 0{,}5$ beim 4-Takt-Verfahren

ist.

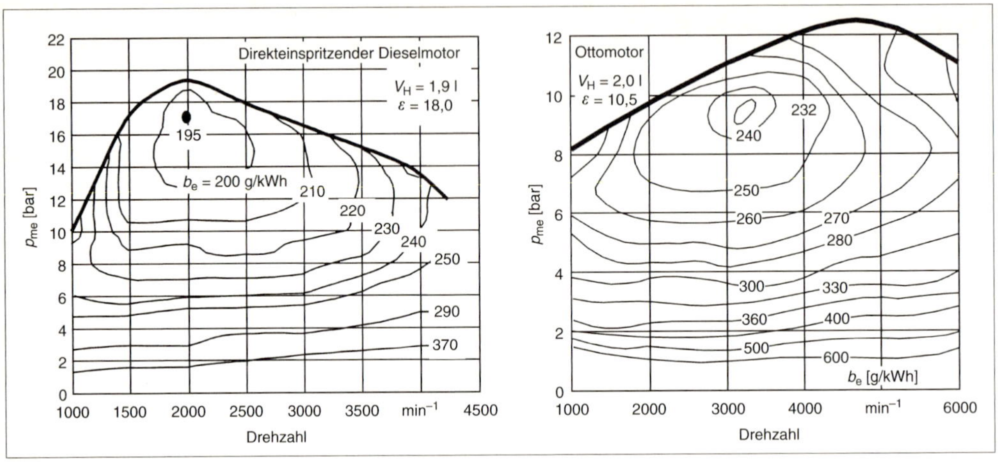

Bild 5.1-2 Verbrauchskennfeld typischer Pkw-Motoren

Mit der Drehzahl in [1/min], dem effektiven Mitteldruck p_{me} in [bar] und dem Gesamthubraum des Motors V_H in [dm^3] ergibt sich die Beziehung

$$P_e = i \cdot n \cdot p_{me} \cdot V_H/600\,.$$

Die maximale Leistung eines Motors wird als Nennleistung bezeichnet. Die Drehzahl, bei welcher diese Leistung erreicht wird, heißt Nenndrehzahl. Je nach Auslegung des Ladungswechselprozesses hinsichtlich Ventilsteuerzeiten, Strömungswiderständen der Gaswechselorgane und dynamischer Vorgänge im Ansaug- und Abgassystem liegt diese Drehzahl mehr oder weniger weit unterhalb der maximal zulässigen Drehzahl des Triebwerks.

5.1.2.2 Spezifische Motorkenngrößen

Da die Leistungskenngrößen des Verbrennungsmotors direkt von seiner Größe abhängen, ist es sinnvoll diese Größen in spezifischen, auf das Zylinderhubvolumen bezogene Größen anzugeben. Dies gestattet einen direkten Vergleich von Motoren unterschiedlicher Größe.

Das auf das Hubvolumen bezogene Drehmoment des Motors stellt thermodynamisch gesehen die an den Kolben geleistete Nutzarbeit abzüglich der Reibungsverluste des Triebwerks dar. Physikalisch lässt sich diese Arbeit auch als derjenige Druck interpretieren, welcher, wenn er während des Expansionstaktes konstant im Brennraum herrschen würde, die gleiche Arbeit an den Kolben abgibt wie der zeitlich veränderliche Verbrennungsdruck. Es hat sich deshalb hierfür auch die Bezeichnung Mitteldruck etabliert. Soweit das an der Motorkupplung verfügbare Drehmoment gemeint ist, ist vom effektiven Mitteldruck p_{me} die Rede, der sich nach den folgenden Beziehungen berechnen lässt:

$$p_{me} = P_e/(\,i \cdot V_H \cdot n) \quad \text{oder} \quad p_{me} = (\,i/2\pi) \cdot (M/V_H)\,.$$

Bei der thermodynamischen Analyse des Motorprozesses ist es oft nützlich, die Reibungsverluste des Triebwerkes außer Acht zu lassen. In diesem Fall interessiert ausschließlich die an den Kolben abgegebene Volumenänderungsarbeit. Sie kann messtechnisch mittels Zylinderdruckindizierung erfasst und als das auf das Hubvolumen bezogene Integral $\int p(\alpha)\,\mathrm{d}V$ berechnet werden. In diesem Fall wird vom indizierten (oder auch inneren) Mitteldruck p_{mi} gesprochen.

Weitere gebräuchliche spezifische Motorkenngrößen sind:

- Hubraumleistung (Literleistung) üblicherweise angegeben in [kW/l]
  $P_H = P_e/V_H$
- Leistungsmasse üblicherweise angegeben in [kg/kW]
  $m_P = m/P_e$
- Spezifischer Kraftstoffverbrauch üblicherweise angegeben in [g/kWh]
  $b_e = \dot{m}_B/P_e = 1/(H_u \cdot \eta_e)$
  ($\dot{m}_B$ = Kraftstoffmassenstrom in [g/h])

Bild 5.1-2 zeigt am Beispiel des Verbrauchskennfelds die Verwendung der spezifischen Kenngrößen b_e und p_{me} zur vergleichenden Beurteilung unterschiedlicher Motoren.

5.1.2.3 Wirkungsgrade

Die Güte oder Effektivität des Arbeitsprozesses wird üblicherweise mit dem verglichen, was theoretisch unter „idealen" Randbedingungen möglich wäre. Mit idealen Randbedingungen ist eine verlustfreie Prozessführung gemeint, die auch einfachen Berechnungsmethoden zugänglich ist. Aufgrund der diversen den realen Motorprozess bestimmenden Einflussfaktoren ergibt sich eine Wirkungsgradkette des Motors (siehe auch DIN 1940), die sich in die folgenden Schritte aufteilt (**Bild 5.1-3**).

Arbeitsdiagramm	Bezeichnung	Randbedingungen	Definition	Wirkungsgrade
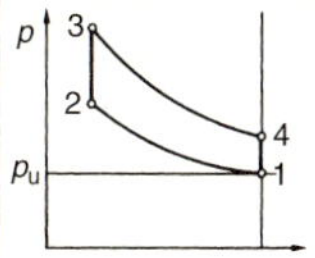	theoretischer Vergleichs-„Gleichraumprozess“	ideales Gas, konstante spezifische Wärme, unendlich schnelle Wärmezu- und -abfuhr usw.	$\eta_{thv} = 1 - \varepsilon^{1-\kappa}$ theoretischer oder thermischer Wirkungsgrad	η_{thv}
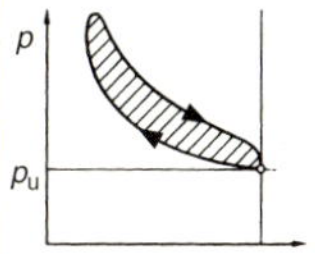	realer Hochdruck-Arbeitsprozess	Wandwärmeverluste, reales Gas, endliche Wärmezu- und -abfuhr Geschwindigkeiten, veränderliche spezifische Wärmen	η_{GHP} Gütegrad des Hochdruckprozesses	η_G (Zeilen 2–3), η_i (Zeilen 1–3), η_e (Zeilen 1–4)
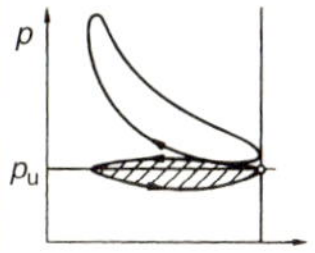	realer Ladungswechsel (4-Takt)	Strömungsverluste, Aufheizung des Gemisches oder der Luft usw.	η_{GLW} Ladungswechselwirkungsgrad	
mechanische Verluste	Verluste wegen Reibung, Kühlung, Nebenaggregate	realer Motor	η_m	η_m η_m

Bild 5.1-3 Einzel- und Gesamtwirkungsgrade des Hubkolbenmotors

Thermischer Wirkungsgrad des Vergleichsprozesses η_{thv}:
Als thermodynamisch idealer Vergleichsprozess wird der Gleichraumprozess angenommen, der sich aus einer isentropen Verdichtung ($1 \rightarrow 2$), einer isochoren Wärmezufuhr (Verbrennung, $2 \rightarrow 3$), einer isentropen Expansion ($3 \rightarrow 4$) und einer isochoren Rückführung des idealen Arbeitsgases auf den Ausgangszustand ($4 \rightarrow 1$) des Prozesses zusammensetzt. Als Randbedingungen und Annahmen gelten dabei:

- keine Wärme- und Gasverluste
- kein Restgas
- ideales Gas mit konstanten spezifischen Wärmekapazitäten c_p, c_v, $\kappa = c_p/c_v = 1{,}4$
- unendlich schnelle Wärmezufuhr und -abfuhr
- keine Strömungsverluste.

Der thermische Wirkungsgrad η_{thv} oder auch der Wirkungsgrad des idealen „vollkommenen Motors“ ist definiert als

$$\eta_{thv} = (Q_{zu} - Q_{ab})/Q_{zu} = 1 - Q_{ab}/Q_{zu}\,.$$

Mit Q_{zu} (zugeführte Wärmemenge von $2 \rightarrow 3$)

$$Q_{zu} = m \cdot c_v \cdot (T_3 - T_2)$$

und Q_{ab} (abgeführte Wärmemenge von $4 \rightarrow 1$)

$$Q_{ab} = m \cdot c_v \cdot (T_4 - T_1)$$

folgt

$$\eta_{thv} = 1 - (T_4 - T_1)/(T_3 - T_2)\,.$$

Aus der Gleichung für die adiabaten Zustandsänderungen von $1 \rightarrow 2$ und von $3 \rightarrow 4$

$$T \cdot V^{\kappa-1} = \text{const.}$$

lässt sich herleiten:

$$\eta_{thv} = 1 - T_1/T_2$$

und mit

$$T_1/T_2 = (1/\varepsilon)^{\kappa-1}$$

folgt für den thermischen Wirkungsgrad des Gleichraumprozesses

$$\eta_{thv} = 1 - \varepsilon^{1-\kappa}\,.$$

Diese Beziehung macht den direkten Einfluss des Verdichtungsverhältnisses $\varepsilon = (V_c + V_h)/V_c$ auf den Wirkungsgrad des Verbrennungsmotors deutlich. Hieraus wird auch einer der wesentlichen Unterschiede zwischen dem Ottomotor und dem Dieselmotor ermesslich, weil das Verdichtungsverhältnis des Ottomotors zur Vermeidung klopfender Verbrennung begrenzt ist.

Gütegrad η_G:
Hierin werden alle Unterschiede zwischen dem „idealen“ und dem „realen“ Kreisprozess im Hochdruck- (η_{GHP}) und im Niederdruckprozess (η_{GLW}) erfasst. Dies sind das reale Arbeitsgas, das Restgas im Zylinder, die Wandwärmeverluste, die Gasverluste, die Ladungswechselverluste (η_{GLW}) und der reale Verbrennungsablauf. Der Gütegrad berechnet sich nach der Beziehung

$$\eta_G = \eta_{GHP} \cdot \eta_{GLW} = W_i/W_{thv}$$

mit

W_i = indizierte Arbeit, errechnet aus dem realen Druckverlauf, und

W_{thv} = Arbeit des Vergleichsprozesses = $Q_{zu} - Q_{ab}$

Indizierter (innerer) Wirkungsgrad η_i:
η_i ist das Verhältnis der am Kolben geleisteten (indizierten) Arbeit zu dem im Brennstoff zugeführten Wärmeäquivalent

$$\eta_i = W_i/W_B$$

$W_B = m_B \cdot H_u$ (Arbeitsinhalt des zugeführten Brennstoffes).

Der Wirkungsgrad η_i ist auch durch das Produkt aus dem thermischen Wirkungsgrad und dem Gütegrad zu beschreiben

$$\eta_i = \eta_{thv} \cdot \eta_G \, .$$

Mechanischer Wirkungsgrad η_m:
Im mechanischen Wirkungsgrad werden die Verluste aus der Reibung in Triebwerk und Zylinderkopf sowie die Antriebsleistung der Nebenaggregate (Öl-, Wasser- und Kraftstoffpumpe, Generator usw.) berücksichtigt.

$$\eta_m = W_e/W_i$$

W_e = an der Kupplung effektiv verfügbare Arbeit

Effektiver Wirkungsgrad η_e:
Der Gesamtwirkungsgrad des Motors, auch effektiver Wirkungsgrad η_e genannt, ist das Produkt aller Einzelwirkungsgrade der Wirkungsgradkette:

$$\eta_e = \eta_{thv} \cdot \eta_G \cdot \eta_m$$

Er entspricht dem Verhältnis W_e/W_B von effektiv an der Kupplung verfügbarer Arbeit zu dem mit dem Kraftstoff zugeführten Arbeitsvermögen.
Aktuelle Fahrzeugmotoren erreichen effektive Wirkungsgrade von η_e = 0,36 für Pkw-Ottomotoren bis zu η_e = 0,43 für Dieselmotoren. Diese Bestwerte werden in dem vom effektiven Mitteldruck und von der Motordrehzahl aufgespannten Motorkennfeld bei üblicher Auslegung etwa in der Mitte des Drehzahlbandes und etwas unterhalb der Volllastkurve erreicht (siehe auch **Bild 5.1-2**).

5.1.3 Bauarten

5.1.3.1 Hubkolbenmotoren

5.1.3.1.1 Bauformen

Die im Kraftfahrzeugbau anzutreffenden Motorbauformen sind Reihenmotoren, V-Motoren, Boxermotoren und selten auch W-Motoren **(Bild 5.1-4)**. Eine Untergattung des V-Motors stellt die VR-Bauform dar, bei der die beiden Zylinderbänke mit engem V-Winkel unter einem gemeinsamen Zylinderkopf angeordnet sind. 1- und 2-Zylinder-Motoren sind nur bei Krafträdern üblich. Im Pkw-Sektor werden 3-, 4-, 5-, 6-, 8-, 10- und 12-Zylinder-Motoren eingesetzt, in Einzelfällen und Prototypen auch 16- und 18-Zylindermotoren in V-, V-VR und W-Bauform.

Die Zählfolge der Zylinder ist nach DIN 73021 für Kraftfahrzeugmotoren genormt (für allgemeine Verwendung und Schiffsmotoren gilt nach ISO 1204, 1205 die umgekehrte Richtung, von der Kraftabgabe aus gesehen). Die Zylinder werden von der der Kraftabgabe (Schwungrad) gegenüberliegenden Seite fortlaufend nummeriert. Bei Motoren mit mehreren Zylinderbänken werden zunächst die Zylinder der in Blickrichtung auf die Kraftabgabeseite links von der Kurbelwellenachse liegenden Zylinderbank durchgezählt und nachfolgend die Zylinder der in Drehrichtung des Uhrzeigers um die Motorachse folgenden Zylinderbänke.
Die Zündfolge ist die Reihenfolge, in der die Zylinder nacheinander zünden. Sie wird durch die Bauart des Motors sowie durch das Anstreben gleicher Zündabstände, einfach herstellbarer Kurbelwellenformen sowie günstiger Beanspruchung der Kurbelwelle bestimmt. Bei der Angabe der Zündfolge wird mit Zylinder 1 (Zählfolge, s.o.) begonnen.
Reihenmotoren (Beispiel 1) werden heute bis zu 6-Zylinder-Ausführungen gebaut und haben eine Kurbelwellenkröpfung je Zylinder und in der Regel einen einstückigen Zylinderkopf. Die Boxermotoren (Beispiel 4) mit 180° gegenüberliegenden Zylinderreihen haben auch eine Kurbelwellenkröpfung je Zylinder und einen Zylinderkopf je Zylinderreihe.
V-Motoren (Beispiel 2) sind dadurch charakterisiert, dass von einer Kurbelwellenkröpfung zwei Pleuel von je einer Zylinderbank betrieben werden. Jede Zylinderbank verfügt über einen gemeinsamen Zylinderkopf. Der Winkel zwischen den Zylinderbänken ist entweder 60°, 72° oder 90°. Der V-Winkel ist von der Anzahl der Zylinder (gleichmäßige Zündfolge) oder vom Leitmotor einer Motorfamilie mit unterschiedlichen Zylinderzahlen abhängig. Einen Sonderfall stellt das im Bild gezeigte Beispiel 3 dar, bei dem der V-Winkel auf 15° so eng zusammengerückt ist, dass nur ein einteiliger Zylinderkopf für beide Zylinderbänke gebraucht wird, wobei in diesem Fall die Kurbelwelle für jeden Zylinder eine eigene Kröpfung hat. Hiernach wäre er als Reihenmotor zu benennen, und dementsprechend ist auch die Zählfolge der Zylinder angegeben. Darum wurde dieser Motor anfänglich auch als VR-Motor bezeichnet, was die nicht eindeutige Bauformzuordnung zu den Reihen- oder V-Motoren beschreibt. Erwähnenswert ist weiterhin der geschränkte Kurbeltrieb dieses Motors. Die Schnittlinie der beiden Ebenen durch die „ungeraden" Zylinder 1, 3 usw. und der „geraden" Zylinder 2, 4 usw. liegt unterhalb der Kurbelwellenachse. Folglich beträgt der Abstand vom OT zum UT für die Zylinder 1, 3, … weniger als 180° KW und für die Zylinder 2, 4, … mehr als 180° KW.
Als weitere Variante dieser VR-Motorbauart werden auch V-VR-Motoren (Beispiel 5) ausgeführt, auf die auch die Bezeichnung W-Motor angewendet wird. Hierbei arbeiten auf einer Kröpfung zwei Pleuel von je einer VR-Zylinderbank. Die Zählfolge wird wie beim V-Motor je Seite angegeben.

Bauformen von Hubkolbenmotoren

1 Reihe

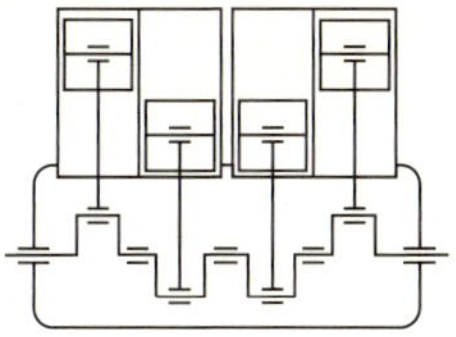

2 V

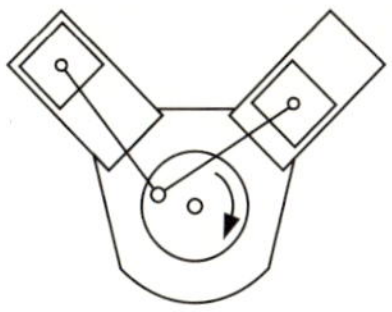

3 VR (V)

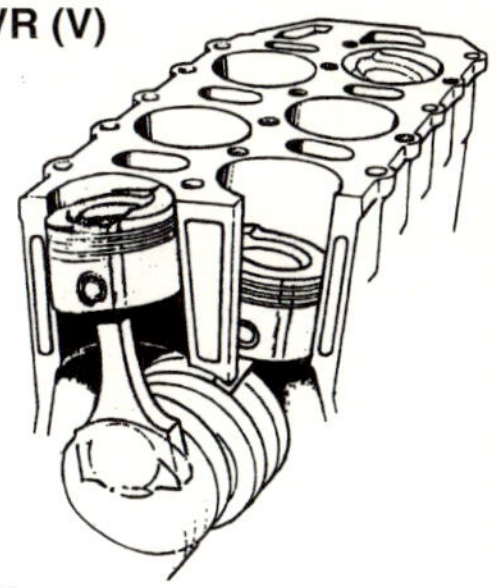

4 Boxer

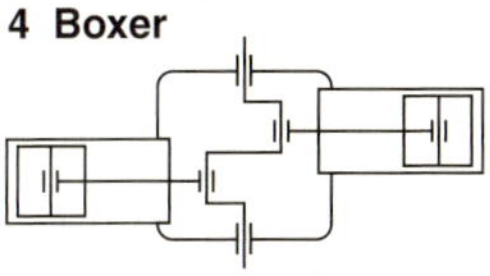

5 V-VR (W)

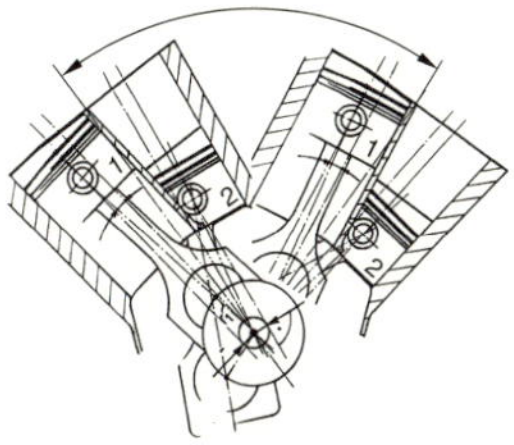

6 W

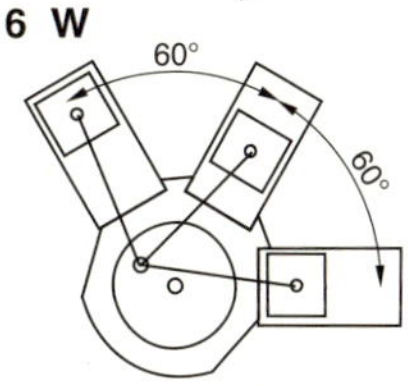

Zählrichtung	Zylinderzahl	Übliche Zündfolge (Beispiele)
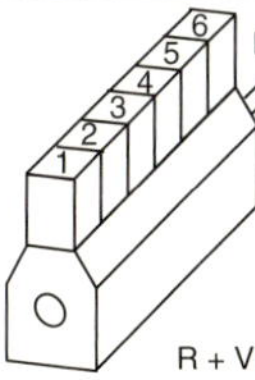	4 5 6	1 3 4 2 oder 1 2 4 3 1 2 4 5 3 oder 1 5 2 3 4 1 5 3 6 2 4 oder 1 2 4 6 5 3 oder 1 4 2 6 3 5 oder 1 4 5 6 3 2
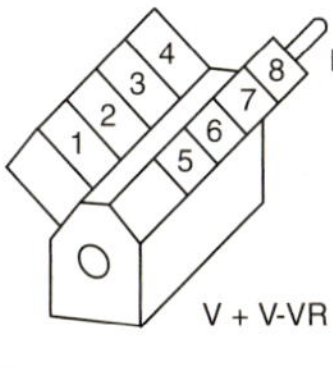	4 6 8 10 12 16	1 3 2 4 1 2 5 6 4 3 oder 1 4 5 6 2 3 1 6 3 5 4 7 2 8 oder 1 5 4 8 6 3 7 2 oder 1 8 3 6 4 5 2 7 1 6 2 8 4 9 5 10 3 8 oder 1 6 5 10 2 7 3 8 4 9 1 7 5 11 3 9 6 12 2 8 4 10 oder 1 12 5 8 3 10 6 7 2 11 4 9 1 14 9 4 7 12 15 6 13 8 3 16 11 2 5 10
	4 6	1 4 3 2 1 6 2 4 3 5
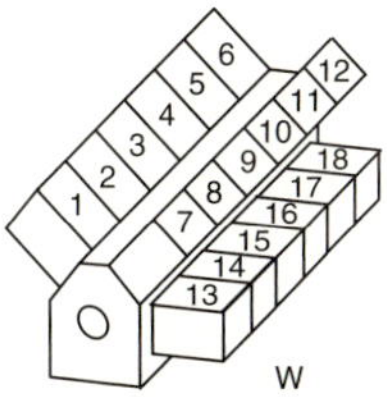	18	1 14 18 15 17 13 9 11 7 10 8 12 16 4 2 6 3 5

Bild 5.1-4 Bauformen, Zählrichtung und Zündfolge von Kraftfahrzeugmotoren

Auch das im Bild gezeigte Beispiel 6 wird als W-Motor bezeichnet. Dieses Triebwerk hat 3 Zylinderbänke im Winkel von je 60° zueinander und wird mit 3 × 6 = 18 Zylindern ausgeführt. Auf einer Kurbelkröpfung laufen drei Pleuel. Hauptvorteil dieser Konstruktionen ist, dass eine große Anzahl von Zylindern sehr kompakt in der Baulänge unterzubringen ist und ein sehr gleichförmiger, vibrationsarmer Motorlauf erreicht wird.

Während die breite Masse der Pkw-Motorisierungen mit 4-Zylinder-Motoren im Hubraumbereich von ca. 1,2 bis 2,0 l Hubraum ausgeführt ist, kommen im Komfort- und Luxussegment vermehrt 6-, 8- und 12-Zylinder-Motoren zum Einsatz. Im Bereich der Kompakt- und Sub-Kompaktklasse dagegen sind sowohl kleine 4- als auch 3-Zylinder-Motoren anzutreffen. Letztere werden häufig konstruktiv von vorhandenen 4-Zylinder-Motorfamilien abgeleitet, was zu gerade in diesem Marktsegment wichtigen günstigen Entwicklungs- und Herstellkosten führt.

5.1.3.1.2 Kinematik des Kurbeltriebs

Der Kurbeltrieb dient dazu, die durch die Verbrennung bewirkte Gaskraft über die hin- und hergehende Bewegung des Kolbens in eine Rotationsbewegung und ein Nutzdrehmoment zu wandeln [5, 6, 7, 8]. Aus der Geometrie des Kurbeltriebs **(Bild 5.1-5)** lässt sich für den Weg s_K des Kolbens in Abhängigkeit vom Kurbelwinkel α, ausgehend vom oberen Totpunkt, mit dem Pleuelstangenverhältnis $\lambda = r/l$ ableiten:

$$s_K = r(1-\cos\alpha) + l(1 - \sqrt{1-\lambda^2 \sin^2\alpha}) .$$

Näherungsweise gilt:

$$s_K \approx r \cdot (1 - \cos\alpha + \lambda/2 \sin^2\alpha) .$$

Für die Kolbengeschwindigkeit folgt daraus

$$\dot{s}_K = \omega \cdot r \cdot \sin\alpha (1 + \lambda \cdot \cos\alpha) \quad \text{mit} \quad \omega = \pi \cdot n$$

und die Kolbenbeschleunigung

$$\ddot{s}_K = \omega^2 \cdot r(\cos\alpha + \lambda \cos 2\alpha) .$$

Der Verlauf der Beschleunigung über dem Kurbelwinkel α und über dem Kolbenweg s_K für verschiedene Werte von λ sind auch in **Bild 5.1-5** dargestellt. Bei $\lambda = 0$, d.h. unendlich langem Pleuel, sind Kolbenweg, -geschwindigkeit und -beschleunigung rein sinusförmig.

5.1.3.1.3 Kräfte und Momente im Triebwerk

Neben den Gaskräften wirken im Hubkolbentriebwerk infolge der zyklischen Arbeitsweise und des ungleichförmigen Bewegungsablaufes Massenkräfte. Dabei wirken „innere“ und „äußere“ Kräfte. Die „inneren“ Kräfte sind für die Auslegung von Kolben, Pleuel, Kurbelwelle und Lagern bestimmend, die freien „äußeren“ Kräfte verursachen Kräfte und Momente des Motors, die sich in Schwingungen auswirken, in den Motorlagern aufgenommen werden müssen und auf diesem Weg in die Struktur des Fahrzeuges eingeleitet werden.

Aus der Beschleunigung folgt für die oszillierende Massenkraft F_M in Zylinderrichtung

$$F_M = m_h \cdot r \cdot \omega^2 \cdot (\cos\alpha + \lambda \cos 2\alpha) .$$

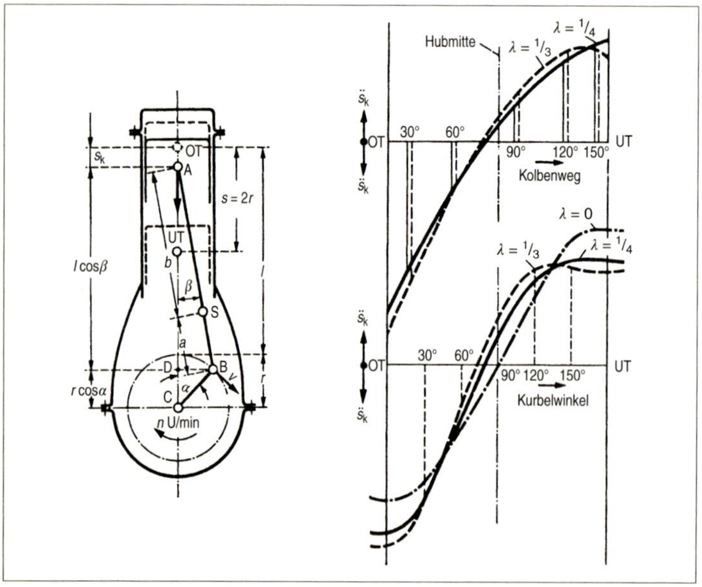

Bild 5.1-5 Geometrie und Beschleunigungen der oszillierenden Massen des Kurbeltriebs

Tabelle 5.1-1 Freie Kräfte und Momente 1. und 2. Ordnung (ohne Ausgleichsmaßnahmen) einiger gebräuchlicher Motorbauarten

$F_r = m_r \cdot r \cdot \omega^2$ $F_1 = m_h \cdot r \cdot \omega^2 \cdot \cos\alpha$ $F_2 = m_h \cdot r \cdot \omega^2 \cdot \lambda \cdot \cos 2\alpha$

Zylinderanordnung	Freie Kräfte 1. Ordnung[1)]	Freie Kräfte 2. Ordnung[1)]	Freie Momente 1. Ordnung[1)]	Freie Momente 2. Ordnung[1)]	Zündabstände
3-Zylinder					
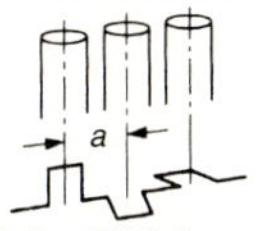 Reihe, 3 Kröpfungen	0	0	$\sqrt{3} \cdot F_1 \cdot a$	$\sqrt{3} \cdot F_2 \cdot a$	240°/240°
4-Zylinder					
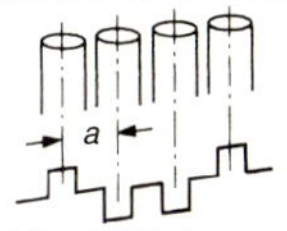 Reihe, 4 Kröpfungen	0	$4 \cdot F_2$	0	0	180°/180°
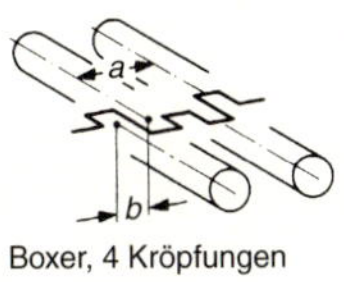 Boxer, 4 Kröpfungen	0	0	0	$2 \cdot F_2 \cdot b$	180°/180°
5-Zylinder					
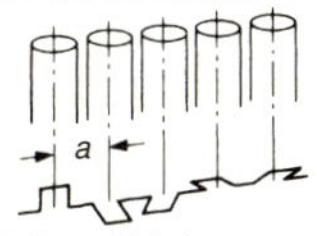 Reihe, 5 Kröpfungen	0	0	$0{,}449 \cdot F_1 \cdot a$	$4{,}98 \cdot F_2 \cdot a$	144°/144°
6-Zylinder					
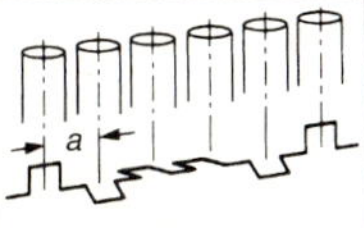 Reihe, 6 Kröpfungen	0	0	0	0	120°/120°

1) Ohne Gegengewichte

Annähernd gilt für die oszillierende Masse

$m_h \approx 1/3 \cdot m_S + m_K$

(m_S = Pleuelmasse, m_K = Kolbenmasse).

Der Verlauf der oszillierenden Kraft kann grafisch veranschaulicht werden, wenn die Glieder mit cos α und mit cos 2α über dem Kurbelwinkel aufgetragen werden **(Bild 5.1-6)**. Der sinusförmige Verlauf der Massenkraft 1. Ordnung wird überlagert von der Massenkraft 2. Ordnung mit zwei vollen Schwingungen je Kurbelwellenumdrehung. In der Überlagerung beider Kraftverläufe ergibt sich eine Überhöhung im OT und eine Minderung im UT.

Die rotierende Masse ist näherungsweise

$m_r \approx 2/3 \cdot m_S + m_{Kur}$

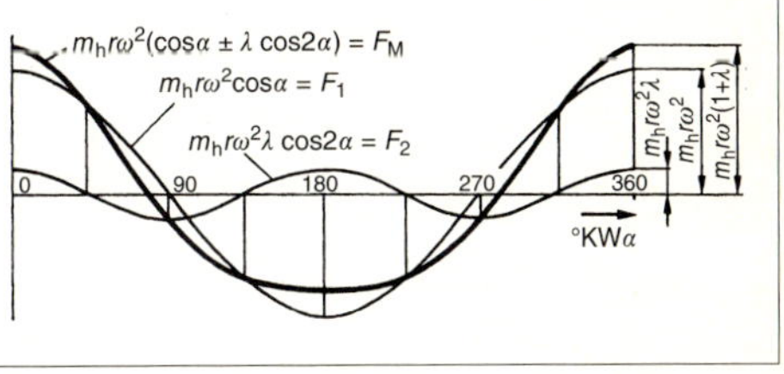

Bild 5.1-6 Aufteilung der oszillierenden Massenkraft in Grund- und Oberschwingung

wobei m_{Kur} die nicht durch Gegengewichte ausgeglichene, auf die Mitte des Kurbelzapfens bezogene rotierende Masse der Kurbelwelle ist.

Tabelle 5.1-1 (Fortsetzung)

Zylinderanordnung	Freie Kräfte 1. Ordnung[1)]	Freie Kräfte 2. Ordnung[1)]	Freie Momente 1. Ordnung[1)]	Freie Momente 2. Ordnung[1)]	Zündabstände
6-Zylinder (Fortsetzung)					
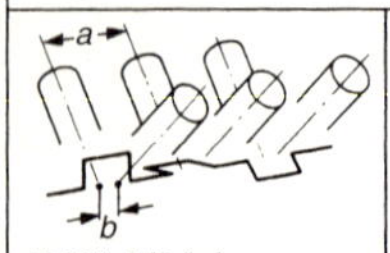 V 90°, 3 Kröpfungen	0	0	$\sqrt{3} \cdot F_1 \cdot a$[2)]	$\sqrt{6} \cdot F_2 \cdot a$	150°/90° 150°/90°
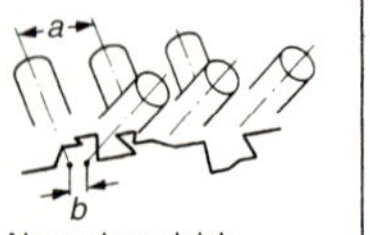 Normalausgleich V 90°, 3 Kröpfungen 30° versetzte Hubzapfen	0	0	$0{,}4483 \cdot F_1 \cdot a$	$(0{,}966 \pm 0{,}256)$ $\sqrt{3} \cdot F_2 \cdot a$	120°/120°
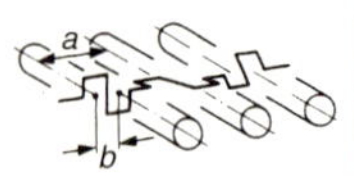 Boxer, 6 Kröpfungen	0	0	0	0	120°/120°
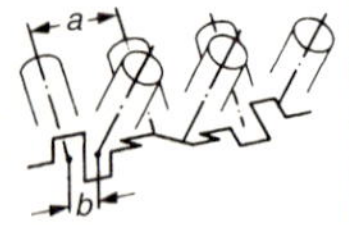 V 60°, 6 Kröpfungen	0	0	$3 \cdot F_1 \cdot a/2$	$3 \cdot F_2 \cdot a/2$	120°/120°
8-Zylinder					
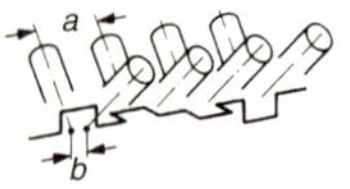 V 90°, 4 Kröpfungen in zwei Ebenen	0	0	$\sqrt{10} \cdot F_1 \cdot a$[2)]	0	90°/90°
12-Zylinder					
 V 60°, 6 Kröpfungen	0	0	0	0	60°/60°

1) Ohne Gegengewichte
2) Durch Gegengewichte voll ausgleichbar

Damit berechnet sich die rotierende Kraft nach der Beziehung

$$F_r = m_r \cdot r \cdot \omega^2 .$$

Die Größe der Kräfte F_M und F_r steigt linear mit der Masse und quadratisch mit der Winkelgeschwindigkeit bzw. Drehzahl an. Das Ziel ist daher, möglichst leichte Kolben, Kolbenbolzen und Pleuel zu bauen und ein möglichst kleines Schubstangenverhältnis λ zu erreichen, also ein langes Pleuel zu verwenden.

Bei Mehrzylinder-Motoren überlagern sich die Massenkräfte der einzelnen Zylinder und heben sich teilweise auf. In Längsrichtung des Motors wirken sie aber in verschiedenen Ebenen im Abstand der Zylindermitten voneinander und bewirken auf diese Weise die sogenannten Massenmomente. Je nach Zylinderanordnung und Kurbelwellenbauform kann dies zu Erhöhungen der äußeren Kräfte und zu Momenten führen, aber auch zur gegenseitigen Aufhebung der Kräfte nach außen. Man spricht von den „freien" Kräften und Momenten des Motors. Einige der meist verbreiteten Bauformen und deren freie Massenkräfte und -momente der 1. und 2. Ordnung (ohne Massenausgleichsmaßnahmen) sind in der **Tabelle 5.1-1** dargestellt.

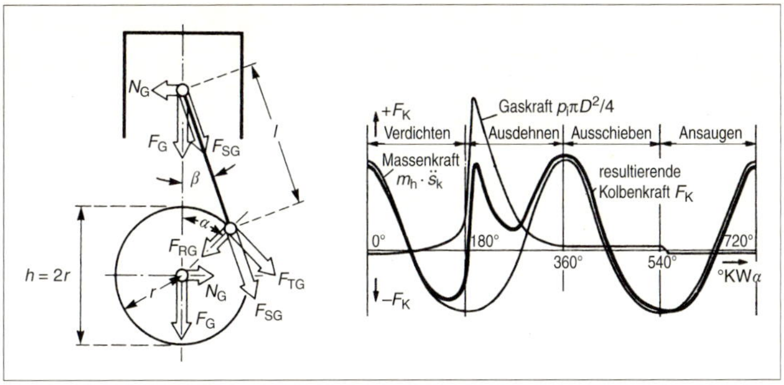

Bild 5.1-7 Gaskraftzerlegung und resultierende Kolbenkraft F_K (aus Massen- und Gaskraft)

Die auf den Kolben wirkende Gaskraft F_G teilt sich in die auf das Pleuel wirkende Stangenkraft F_{SG} und die an der Zylinderwand abgestützte Seitenkraft N_G auf (**Bild 5.1-7**). Die Stangenkraft F_{SG} wiederum bewirkt an der Kurbelwellenkröpfung eine Radialkraft F_{RG} sowie die tangential wirkende Kraft F_{TG}, die am Kurbelradius r angreift und das Drehmoment auf die Kurbelwelle überträgt. Mit dem Kurbelwinkel α, dem Schwenkwinkel β der Pleuelstange und dem Pleuelstangenverhältnis λ kann analog zur Herleitung der Massenkräfte berechnet werden:

Werden nun die auf den Kolben wirkende periodisch veränderliche Gaskraft und die periodisch wirkenden Massenkräfte der Triebwerksteile zusammengefasst, so erhält man den Verlauf der resultierenden Kolbenkraft F_K, welcher in **Bild 5.1-7** qualitativ gezeigt ist. Die Größe der Gaskräfte verändert sich nahezu linear mit der Motorlast während die Massenkräfte quadratisch mit der Motordrehzahl ansteigen. Bei kleinen Drehzahlen und Volllast ist deshalb die Gaskraft bestimmend, bei hohen Drehzahlen dominieren dagegen die Massenkräfte.

Arbeiten in einem Motor mehrere Zylinder mit relativ zueinander verschränkten Kurbelkröpfungen auf eine Welle, so überlagern sich die einzelnen Drehkräfte. Der daraus resultierende Drehkraftverlauf F_T ist in **Bild 5.1-8** für verschiedene Motorbauarten über ein Arbeitsspiel von 720° KW dargestellt. Er regt die Kurbelwelle zu Drehschwingungen an, die maßgeblich für die Dauerfestigkeit der Kurbelwelle sind. Je mehr Zylinder auf eine Welle wirken, desto geringer ist die Ungleichförmigkeit der Drehkraft und sie nähert sich der mittleren Drehkraft F_{Tm} an. Die verbleibenden Schwankungen der Drehkraft über dem Arbeitsspiel bewirkt eine ungleichförmige Drehgeschwindigkeit am Kurbelwellenende. Der Ungleichförmigkeitsgrad ist dabei definiert als

$$\delta_S = (\omega_{max} - \omega_{min})/\omega_{min}\,.$$

Er muss durch die Massenträgheit des Schwungrades auf ein Maß zurückgeführt werden, das dem Anwendungsfall angemessen ist (Kompromiss aus Drehgleichförmigkeit und spontanem Beschleunigungs-/Hochlaufverhalten).

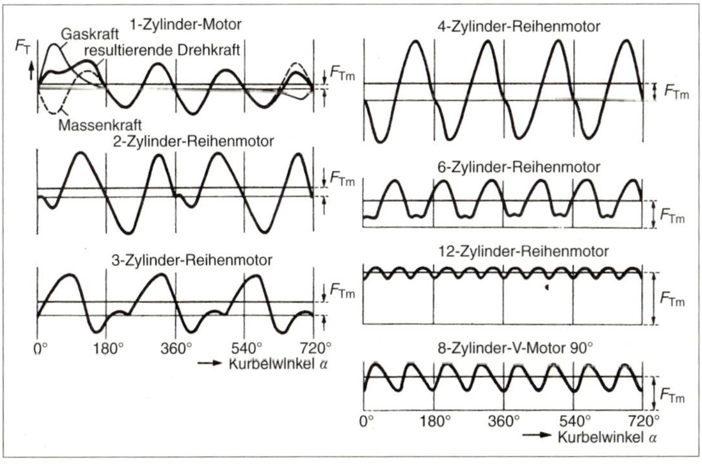

Bild 5.1-8 Verlauf der Drehkraft F_T bei verschiedenen Motorbauarten

Die freien Kräfte und Momente können durch rotierende Ausgleichsmassen mit Kurbelwellendrehzahl (1. Ordnung) oder mit doppelter Kurbelwellendrehzahl (2. Ordnung) voll oder zumindest teilweise kompensiert werden, sodass in den Motorlagerungen keine oder nur geringe Kräfte aus den Massenbewegungen des Triebwerks aufgenommen werden müssen. Die Auslegung der Motor- und Getriebelagerung konzentriert sich dann auf die Abstützung der Reaktionskräfte aus dem Abtriebsmoment des Motor-Getriebe-Verbunds und aus den Massenträgheiten des Gesamtmotors im längs, hoch und quer beschleunigten Fahrzeug in Fahrt.

5.1.3.2 Rotationskolbenmotoren

Unter den Rotationskolbentriebwerken hat der 2:3-Kreiskolbenmotor, auch unter dem Namen Wankelmotor bekannt geworden, eine praktische Anwendung im Motorenbau gefunden (**Bild 5.1-9**). Seine Vorteile beruhen auf dem vollkommenen Massenausgleich und der daraus resultierenden großen Laufruhe, seiner kompakten Bauweise und dem Entfall des Ventiltriebes. Wesentliche Nachteile sind sein lang gestreckter Brennraum mit ungünstigem Oberflächen/Volumen-Verhältnis, was zu Quencheffekten und entsprechend hohen HC-Emissionen führt, sowie sein hoher Kraftstoff- und auch Ölverbrauch. Trotzdem hat die Firma Mazda nach dem Ersteinsatz bei NSU (Wankel Spider, 1964 und RO 80, 1967) diese Variante weiter gepflegt und im Detail verbessert. Dies trägt maßgeblich zum Technologieimage der Marke Mazda bei, wie auch die neueste Ausführung des Rotationskolbenmotors Renesis [9] zeigt.

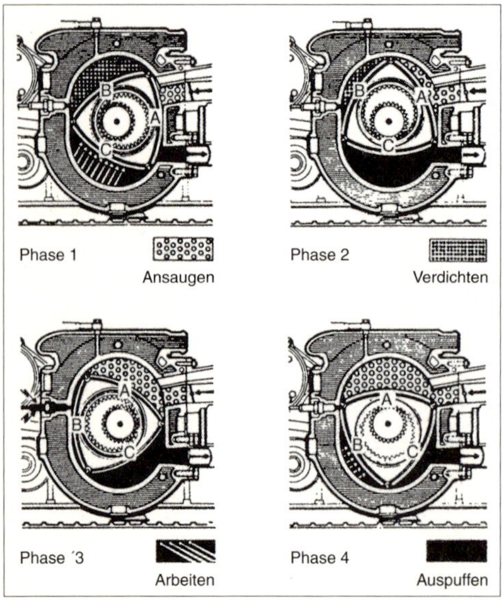

Bild 5.1-9 Prinzip des Wankelmotors

5.1.4 Konstruktion und Motormechanik

Im Motorenbau haben Kunststoffe mit und ohne Faserverstärkung, neue Leichtmetalllegierungen und Kompositmaterialien auf Basis von Aluminium und Magnesium, Sintermetalle und verbesserte Eisenwerkstoffe Einzug gehalten (siehe auch Kapitel 9) [8, 10]. Antrieb für die Entwicklung und den Einsatz neuer Werkstoffe sind das Erreichen verbesserter Funktionalität sowie Gewichtseinsparungen. Daneben wird der Einsatz moderner Werkstoffe vorrangig durch die Material- und Prozesskosten bestimmt. Ein weiterer wesentlicher Gesichtspunkt bei der Auswahl neuer Werkstoffe ist die Recyclefähigkeit. Die Werkstoffe müssen nicht nur in den Stoffkreislauf zurückgeführt werden können, sondern sie sollen zu einem möglichst hohen Anteil selbst aus recyceltem Material bestehen können.
Im Zuge der immer mehr verkürzten Entwicklungszeiten neuer Verbrennungsmotoren kommt der konstruktionsbegleitenden Berechnung eine zunehmende Bedeutung zu. Die unter dem Sammelbegriff CAE (Computer Aided Engineering) zusammengefassten Entwicklungs- und Berechnungsmethoden umfassen die Vorausberechnung thermischer und mechanischer Strukturbeanspruchungen sowie von Strukturschwingungen, die Simulation von Strömungsvorgängen, gasdynamischen Vorgängen bis hin zur vollständigen Simulation eines Fahrzeuges zur Voraussage fahrdynamischer Kenngrößen. CAE-Methoden ermöglichen es heute den Versuchsaufwand deutlich zu reduzieren und bereits mit der ersten Prototypen-Generation ein hohes Maß an Funktionssicherheit und Zuverlässigkeit zu erreichen [11]. Die weitere Entwicklung bis zum Serienprodukt konzentriert sich dann vornehmlich auf fertigungsbedingte Anpassungen der Detailkonstruktion.

5.1.4.1 Kurbelgehäuse

Der klassische Werkstoff für Zylinderkurbelgehäuse ist Grauguss. Er ist preiswert, leicht zu vergießen und zu bearbeiten, hat gute Laufeigenschaften für den Kolben in der Zylinderbohrung, ist warmfest sowie gut schall- und schwingungsdämpfend. Einige Anwendungen verwenden heute Grauguss mit Vermikulargrafit (GGV), im englischen Sprachgebrauch Compacted Graphite Iron (CGI), dessen Festigkeit höher ist, und der in dünneren Wandstärken vergossen werden kann, was zu beträchtlichen Bauteilgewichtsreduzierungen führt. GGV wird sowohl für Ottomotoren als auch bei größeren Pkw-Dieselmotoren (V6, V8) eingesetzt. Die Hauptlagerdeckel können „gecrackt" werden, d.h. der Bearbeitungs- und Montageaufwand ist reduziert.
Erhebliche Gewichtsreduzierungen bietet der Werkstoff Aluminium. Zylinderkurbelgehäuse aus Aluminiumlegierung werden mit eingesetzten (sogen. nassen) Grauguss-Zylinderbuchsen oder Alu-Zylinderbuchsen

mit Nikasilbeschichtung (Nickel-Silizium-Verbindung) ausgerüstet, weil das Grundmaterial nicht als Kolbenlauffläche für Aluminiumkolben geeignet ist. Gehäuse aus übereutektischer Legierung, im Niederdruck-Kokillenverfahren gegossen, erhalten eine geeignete Zylinderlauffläche, indem die bei der Erstarrung ausgeschiedenen Siliziumkristalle an der Oberfläche durch chemisches Ätzen freigelegt werden. Es gibt auch Verfahren, diese Oberfläche auf rein mechanischem Wege herzustellen, wobei die Bearbeitung des harten Materials aber aufwendig ist. Eine weitere Alternative stellt die Beschichtung der Zylinderlauffläche in einem Laserverfahren oder nach einem Plasma-Spritzverfahren mit Keramikpartikeln oder eisenhaltigem Material dar. Andere Hersteller fertigen dünne Zylinderbuchsen entweder aus übereutektischer Legierung oder in einem speziellen Spritzverfahren, das besonders feine Siliziumkornverteilungen in der Aluminiumlegierung gewährleistet. Diese Buchsen werden in die Druckgussmaschine eingelegt und mit der „Standardlegierung" umgossen. In einem weiteren Verfahren wird die Zylinderlauffläche lokal mit Silizium angereichert. Beim Gießprozess wird ein „Preform" aus Keramikfasern mit Siliziumanlagerungen in die Gussform gelegt und mit „Standardmaterial" vergossen, das den Preform durchdringt. (Squeeze casting, Lokasil®-Verfahren, **Bild 5.1-10**). Im Bereich der Zylinder bildet sich eine der übereutektischen Legierung ähnliche Morphologie der Randschicht aus, die dann durch Honen und Ätzen oder Bürsten zu einer geeigneten Zylinderoberfläche bearbeitet wird.

Die Entwicklung ist heute so weit gediehen, dass nicht nur bei immer mehr Ottomotoren, sondern auch bei den mechanisch sehr hoch beanspruchten Dieselmotoren Aluminium-Zylinderkurbelgehäuse eingesetzt werden können. In dem extrem auf Gewichts-

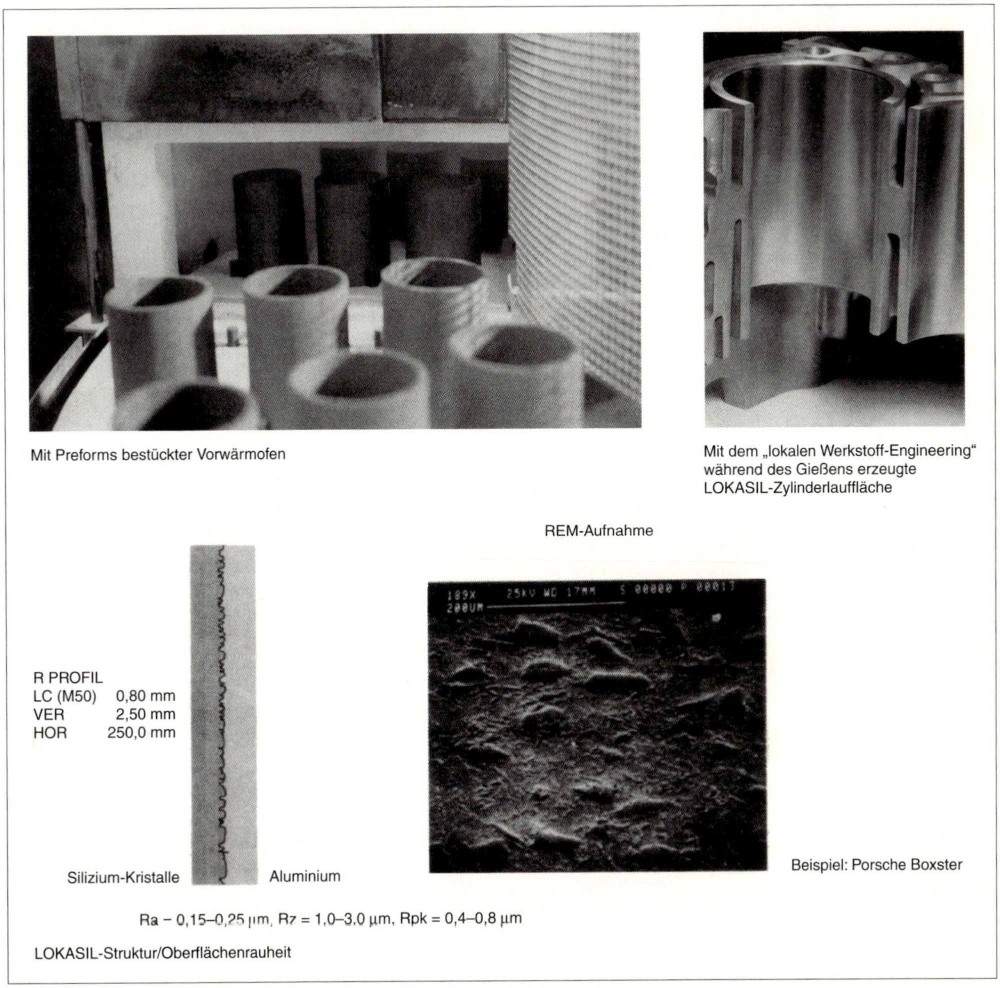

Bild 5.1-10 Zylinderkurbelgehäuse in Aluminiumlegierung, Lokasil®-Verfahren (Beispiel Porsche)

reduzierung ausgelegten 3-Liter Auto von Volkswagen kam ein 1,2 l TDI-Motor aus Vollaluminium zum Einsatz. Der V8 CDI-Motor von DaimlerChrysler ist in Aluminium mit Grauguss-Buchsen ausgeführt. Bei allen Motoren mit Aluminium-Zylinderkurbelgehäuse werden Kolben mit einer eisenhaltigen dünnen Oberflächenbeschichtung eingesetzt, um insbesondere den Einlauf im Zylinder zu gewährleisten.

Die Ausführung von Kurbelgehäusen in Aluminium erfordert im Vergleich zu Grauguss wegen der abweichenden Schwingungsdämpfungseigenschaften und Festigkeit gezielte Versteifungen, Verrippungen und optimierte Kraftanbindungen, damit der Motor nicht akustisch auffällig wird.

Auch Magnesium findet wieder verstärktes Interesse als Leichtbauwerkstoff im Motorenbau. Die bekannten Probleme hinsichtlich der Korrosionsanfälligkeit und der geringeren Warmfestigkeit von Magnesium versucht man einerseits mit hochreinem Material sowie neuen Legierungen und andererseits mit Verbundkonzepten zu begegnen. Im Motorenbau werden bevorzugt Saugrohre, Zylinderkopfhauben, Abdeckungen und Halter aus Magnesium-Druckguss gefertigt. Einen weiteren Meilenstein hat die BMW AG mit ihrem neuen Reihensechszylinder Ottomotor in Mg/Al-Verbundkurbelgehäuse gesetzt (**Bild 5.1-11**) [12]. Das open-deck Kurbelgehäuse entsteht aus einem Insert aus übereutektischer Aluminiumlegierung, welches in einem Druckgießvorgang mit Magnesium umgossen wird. Zur Versteifung der Gesamtstruktur dient ein Bedplate, welches in Magnesium-Druckguss mit Stahlsinter-Einlagen im Bereich der Hauptlager ausgeführt wird. Es wird von einer Gewichtsreduzierung um 24 % gegenüber einem vergleichbaren Aluminium-Kurbelgehäuse berichtet.

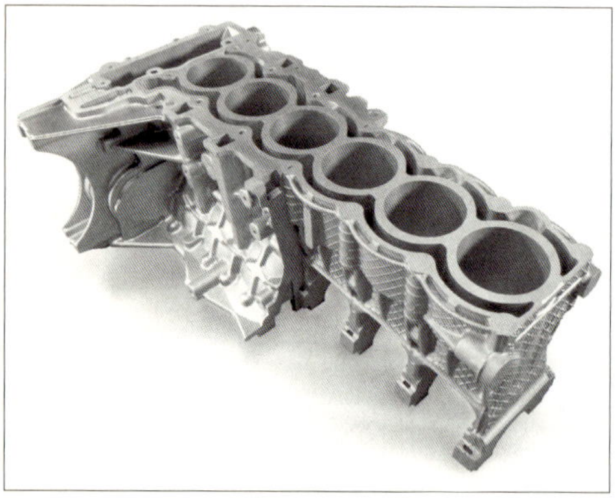

Bild 5.1-11 Mg/Al Verbundkurbelgehäuse (BMW AG)

5.1.4.2 Kurbelwelle

Kurbelwellen für Motoren hoher spezifischer Leistung werden aus Vergütungsstahl geschmiedet oder aus Kugelgrafit-Gusseisen gegossen. Durch verbesserte Werkstoffe und Fertigungstechniken können jetzt auch für Motoren höherer Leistungen gegossene Kurbelwellen eingesetzt werden, z.B. auf der Basis von leicht modifiziertem GGG70. Besondere Sorgfalt ist auf die Lage und Ausführung der Ölbohrungen (von den Hauptlagern zu den Pleuellagern) zu legen. Mit Rollverdichten oder Induktionshärten wird die Festigkeit in den hoch belasteten Kehlen am Übergang von den Kurbelwangen zu den Hauptlagern und Pleuelzapfen gesteigert. Die Oberflächen an den Haupt- und Pleuellagern werden gehärtet und geschliffen.

Die Lagerung der Kurbelwelle im Kurbelgehäuse sowie die Lagerung der Pleuel auf dem Kurbelzapfen wird üblicherweise durch hydrodynamische Gleitlager (Mehrschichtlager) ausgeführt [8]. Die Auslegung der Lager erfolgt unter Anwendung moderner Berechnungsverfahren [13]. Bemühungen zur weiteren Minderung der Triebwerkreibung unter Anwendung von Wälzlagern sind vereinzelt veröffentlicht worden [14], befinden sich aber noch im Stadium der Vorausentwicklung.

5.1.4.3 Pleuel

Pleuelstangen werden für normale Belastungsfälle in GTS-70 gegossen. Hochbeanspruchte Pleuel sind aus Vergütungsstahl Ckxx geschmiedet (**Bild 5.1-12**). Daneben werden Pleuel auch gesintert. Das große Pleuelauge solcher Pleuel lässt sich durch „Cracken" trennen. In der Bruchfläche ergibt sich eine passgenaue Ober-

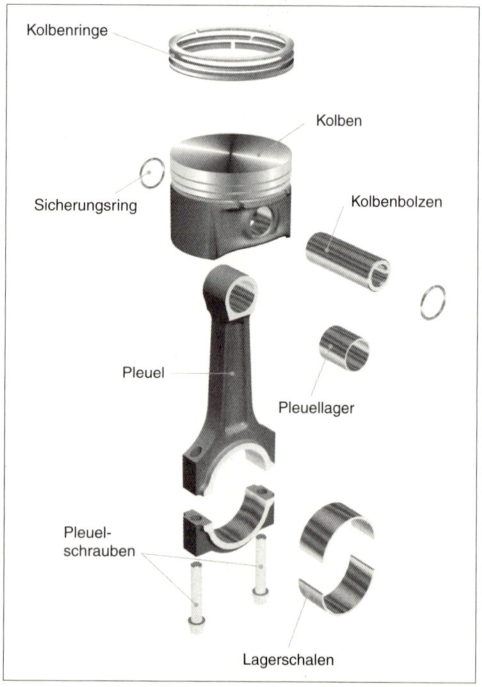

Bild 5.1-12 Kolben-Pleuel-Komponenten

flächenstruktur, weshalb auf die sonst notwendigen Passhülsen oder Passbundschrauben und den Aufwand für die mechanische Bearbeitung verzichtet werden kann. Weil auch eine genaue äußere Kontur des Bauteils gewährleistet ist, kann damit das Klassieren der Pleuel vermieden werden. Wegen der Bedeutung für die Massenkräfte werden sonst die Pleuel nach dem Gewicht des großen Pleuelauges und des kleinen Pleuelauges klassiert und nur eine Gewichtsklasse je Motor verbaut. An diesem Beispiel wird deutlich, wie durch Systemkostenoptimierung die Mehrkosten des Rohteils durch Einsparung von Bearbeitungs- und Handling-Kosten überkompensiert werden können. Inzwischen hat man auch Guss- und Schmiedestahlwerkstoffe (z.B. C70S6) mit erhöhter Sprödigkeit (weniger duktil) entwickelt, die sich gut cracken lassen und ist so zu noch günstigeren Systemkosten für Guss- und Schmiedepleuel gekommen. Auch bei diesen Lösungen kann die Klassierung weitgehend entfallen, da die Toleranzen im Rohteil wesentlich eingeschränkt worden sind.

Zur weiteren Gewichtsreduzierung dient das sogenannte Trapezpleuel, bei dem das kleine Pleuelauge auf der Zugseite (oberes Lagerteil) schmaler ausgeführt ist. Dies trägt sowohl zur Massenkraft- als auch zur Reibleistungsminderung bei.

5.1.4.4 Kolben

Da die Kolbenmasse direkt in die oszillierende Massenkraft eingeht, bemüht man sich um ausgeprägten Leichtbau **(Bild 5.1-13)**. Kolben werden überwiegend in Kokillenguss, bei höherer Belastung und geeigneter Form auch in Druckguss aus speziellen Aluminiumlegierungen hergestellt [8, 15]. Das Material muss besonders warmfest sein, geringe Verschleißneigung aufweisen und hohe Wärmeleitfähigkeit haben sowie gut vergießbar bzw. pressbar sein. Nach der Ausformung folgt eine Wärmebehandlung (Vergütung), die die Festigkeit und Härte sowie die Formstabilität im Betrieb erhöht. Als Maßnahme zur Reduzierung der Wärmeausdehnung des Alu-Kolbens im Zylinder werden so genannte Regelglieder verwendet. Dabei handelt es sich um im Bereich der Bolzennabe eingegossene Stahlblechstreifen, welche die Wärmedehnung des Kolbenschaftes von der Druck-/Gegendruckrichtung in die Bolzenrichtung umlenken. Diese Kolben werden auch als Autothermik- oder Autothermatik-Kolben bezeichnet. Zur Verbesserung des Einlaufverhaltens und als Sicherheit gegen Fressen werden Kolben in der Lauffläche (Kolbenschaft) für Graugusszylinder mit Graphit und für Aluminiumzylinder mit einem eisenhaltigen Material beschichtet.

5.1.4.5 Zylinderkopf

Zylinderköpfe moderner Ottomotoren werden üblicherweise in Aluminiumlegierung AlSixx hergestellt. Wegen der komplexen Geometrie der Ein- und Auslasskanäle, des Kühlwassermantels sowie im Bereich des Ventiltriebs fertigt man sie im Niederdruck-Kokillen-Gießverfahren. Das Material muss gut vergießbar sein. Die Kühlungsanforderungen, insbesondere im Bereich der Zündkerze und der Auslassventile, verlangen oft sehr enge und schmale Wasserführungen, die beim Gießprozess nicht mit dem Gießkern (Sandkern) versintern dürfen. Hochbeanspruchte Zylinderköpfe werden zur Homogenisierung und Steigerung der Warmfestigkeit des Materials anschließend noch wärmebehandelt.

Die Zylinderkopfdichtung stellt ein wesentliches Konstruktionselement dar, welches den gestiegenen Anforderungen hinsichtlich Dauerhaltbarkeit und steigender Verbrennungsdrücke (insbesondere bei aufgeladenen Dieselmotoren) gewachsen sein muss. Moderne Zylinderkopfdichtungen sind als Mehrlagenstahldichtungen ausgeführt, deren Bereich um den Brennraum mit Sicken versehen ist. Eine als Stopper bezeichnete Gestaltung der Dichtung limitiert die Zusammenpressung dieser Sicken und erhöht somit die Lebensdauer des Dichtsystems [16, 17].

5.1.4.6 Ventiltrieb und Steuertrieb

5.1.4.6.1 Hauptbauteile des Ventiltriebs

Der Ventiltrieb besteht aus den Ein- und Auslassventilen, den sie schließenden Ventilfedern, dem Nockentrieb und den Übertragungsgliedern.

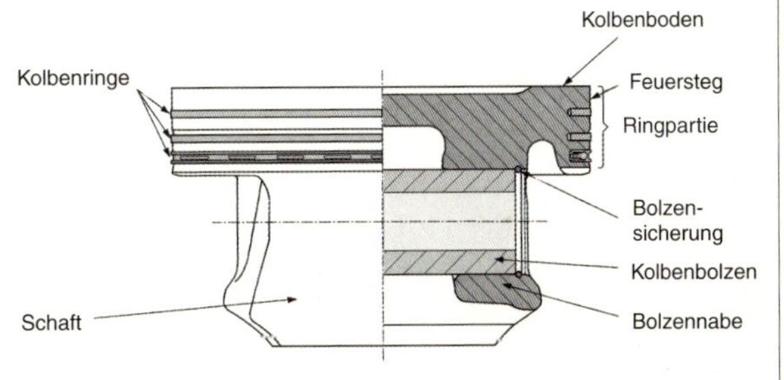

Bild 5.1-13 Leichtbaukolben Ottomotor (Beispiel MAHLE)

Ventile

Ventile werden, zumindest im Ventilteller-Bereich, aus hochwarmfestem und zunderbeständigem Stahl (z.B. NiCr20TiAl, Nimonic) gefertigt. Der Ventilschaft ist aus weniger hoch legiertem Stahl und wird durch Reibschweißen verbunden. Im Ventilsitzbereich sind die Ventilteller entweder mit einem verschleißfesten Material plasmabeschichtet oder gehärtet. Die Auslassventile von Hochleistungsmotoren werden auch mit einem bis in den Ventilteller hineinreichenden Hohlraum, welcher teilweise mit Natrium gefüllt ist, ausgeführt. Durch die schnelle Bewegung des Ventils sorgt das flüssige Natrium (Schmelzpunkt = 97 °C) im Hohlraum für den verbesserten Transport der Wärme vom heißen Ventilteller zum Schaft, von wo sie über die Ventilführung abgeleitet wird.

Da die Ventilmasse direkt in die Ventiltriebskräfte eingeht und auch die notwendige Ventilfedersteifigkeit maßgeblich beeinflusst, werden möglichst leichte Ventile angestrebt. Eine in der Erprobung befindliche Leichtbauvariante eines Ventils ist in **Bild 5.1-14** gezeigt. Der Ventilschaft ist aus einem Stahlrohr, der

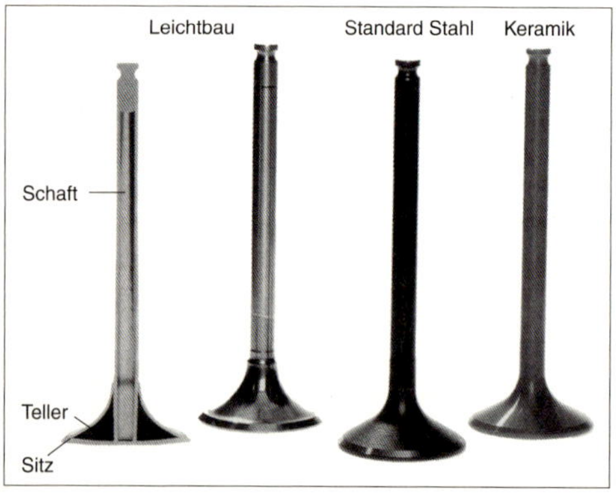

Bild 5.1-14 Ventile aus unterschiedlichen Materialien (Beispiel MAHLE)

Ventilteller aus umgeformtem Blech hergestellt. Gewichtsreduzierungen von 30 bis 40 % sind das Ziel. Alternativ wird auch an Ventilen aus Titan-Werkstoff gearbeitet.

Auch mit Keramik als Ventilwerkstoff können Gewichtsreduzierungen auf weniger als die Hälfte im Vergleich zum Standardventil erreicht werden. Sie konnten sich aber insbesondere wegen offener Fragen zur Sicherstellung einer gleich bleibend guten Qualität und nicht konkurrenzfähiger Herstellkosten in der Großserie bisher nicht durchsetzen.

Nockenwellen

Nockenwellen verlangen eine harte, ermüdungs- und verschleißfeste Nockenoberfläche. Hierzu kommen Stahlwerkstoffe (Einsatzstahl, Nitrierstahl) oder Gusseisen mit Lamellen- oder Kugelgrafit, z.B. GGG60 zum Einsatz. Die Nockenoberfläche wird mittels Wolfram-Inertgas-Umschmelzverfahren (WIG) oder induktiv auf die erforderliche Härte gebracht. Auch das Schalenhartgussverfahren (Croning) wird angewandt. Zur Gewichtsreduzierung werden die Wellen auch hohl gegossen oder nachträglich gebohrt.

Neuere Varianten bestehen aus einer Verbundkonstruktion, bei der Nocken, Lager, Antriebsräder, Abstandshülsen und sonst noch erforderliche Teile als Einzelteile (kostengünstig) hergestellt und auf ein Tragrohr in Position aufgeschoben werden. Die feste Verbindung der Elemente zum Tragrohr erfolgt entweder über einen Schrumpfsitz, mit einem Lötverfahren oder durch mechanische Aufweitung von innen oder durch hydraulisches Innenhochdruck-Umformen des Tragrohres (**Bild 5.1-15**). Ziel ist dabei, dass keine weitere Endbearbeitung notwendig ist. Gelegentlich wird noch ein letzter Schliff für die Nockenkontur vorgenommen. Vorteile sind die Freiheit der Materialauswahl für die einzelnen Teile und deutliche Gewichtseinsparungen, die durch den Einsatz eines Rohres anstelle von Vollmaterial erreicht werden. Die Antriebsarten des Ventiltriebes sind in Kapitel 5.1.4.6.2 beschrieben.

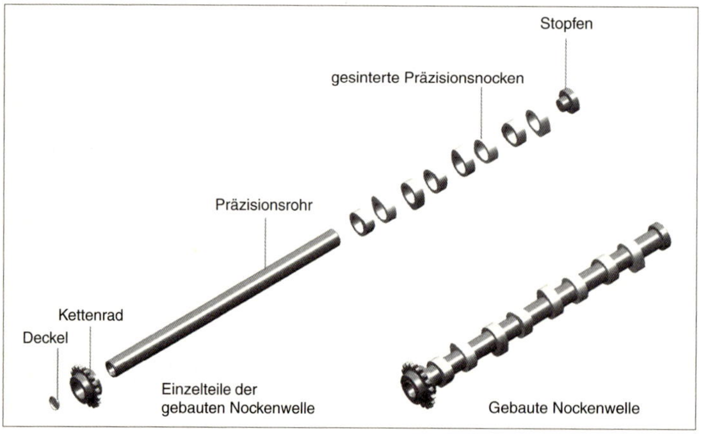

Bild 5.1-15 Gebaute Nockenwelle (Beispiel MAHLE)

Für Ventiltriebsteile, die aufgrund ihrer Formgebung aufwändig zu bearbeiten wären oder die besondere Legierungen erfordern, werden bevorzugt Sintermetalle eingesetzt. Ölpumpen-, Ketten- und Zahnriemenräder sind „Fertigteile", die keiner mechanischen Nachbearbeitung mehr bedürfen. Ventil-Schlepp- oder Kipphebel sind weitere Formteile, die nur noch geringe Bearbeitung oder Nacharbeit erfordern. Sie werden sowohl gesintert als auch durch Blechumformung gefertigt. Ventilsitzringe erfordern spezielle warmfeste Legierungen, damit die Ventile sich über die Betriebsdauer nicht „setzen". Ventilführungen werden aus tribologisch vorteilhaften und verschleißarmen Legierungen hergestellt.

5.1.4.6.2 Bauformen des Ventiltriebs

In **Bild 5.1-16** sind die gebräuchlichsten Konstruktionen für Ventiltriebe sowie ein typisches Steuerdiagramm mit den zugehörigen Ventilgeschwindigkeiten und -beschleunigungen gezeigt. Im Kraftfahrzeugmotorenbau werden heute generell „hängende" Ventile eingesetzt, was dem englischen Sprachgebrauch entlehnend mit „overhead valves" (OHV) bezeichnet wird. Ebenso hat sich die oben liegende Anordnung der Nockenwelle(n) durchgesetzt; die gebräuchlichen Bezeichnungen hierfür lauten „overhead camshaft" (OHC) bzw. bei zwei oben liegenden Nockenwellen „double overhead camshaft" (DOHC). Wesentlicher Vorteil dieser Bauformen ist die Tatsache, dass die geringeren bewegten Massen höhere Motordrehzahlen gestatten als dies mit der früher bevorzugten Bauform der im Kurbelgehäuse untergebrachten „unten liegenden" Nockenwelle mit Stoßstangenübertragung auf die im Zylinderkopf befindlichen Kipphebel möglich war.

Neben der möglichen Motordrehzahl definiert der Ventilquerschnitt über die Zylinderfüllung die erzielbare Leistungsdichte des Motors. Dies erklärt den anhaltenden Trend zu Mehrventilmotoren, welcher ausgehend vom klassischen Zweiventilkonzept Anordnungen mit 3, 4 und 5 Ventilen pro Zylinder und mit einer oder zwei (getrennt für Einlass- und Auslassventile) Nockenwellen hervorgebracht hat. Bei ungeraden Zahlen ist immer ein Einlassventil mehr vorhanden als Auslassventile.

Die Bewegung der Ventile wird von der Nockenwelle ausgelöst und über Schlepp- oder Schwinghebel, Kipphebel oder Tassenstößel auf den Ventilschaft übertragen. Die Übertragungsglieder nehmen in ihren Lagerungen die Kräfte auf, die sich aus der Gleitbewegung des Nockens, den Ventilfederkräften und den Massenträgheiten ergeben. Der Ventilschaft sollte nur möglichst geringe Seitenkräfte aufnehmen müssen; diesbezüglich weist die Ausführung mit Tassenstößeln ideale Bedingungen auf, da diese in einem Schiebesitz in Ventilachsrichtung geführt sind.

Die Auslegung der Steuernockenkontur erfolgt unter Berücksichtigung der zulässigen Hertz'schen Pressung im Nockenkontakt sowie des Beschleunigungsverlaufs auf der Anlauframpe und auf der Ablauframpe bis zum Ventilaufsetzen im Interesse maximaler Fülligkeit des Ventilhubes, d.h. möglichst langes Offenhalten bei großem Ventilhub. Es werden „harmonische" Nocken ausgelegt, bei denen die Beschleunigung des Ventils stetig, d.h. ohne Kraftsprünge verläuft. Beim Ventiltrieb mit Rollenkontakt

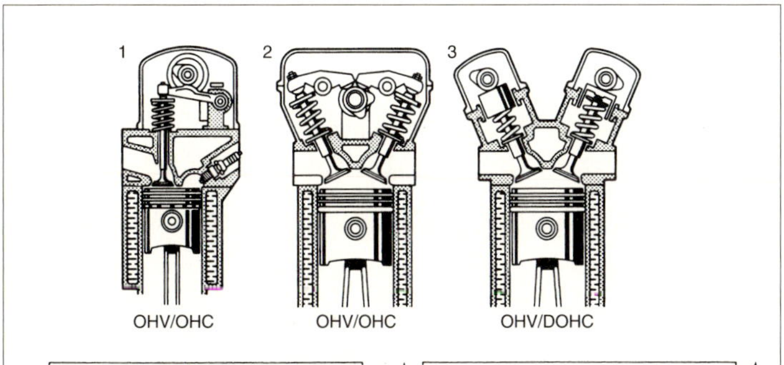

Bild 5.1-16 Ventilsteuerungsbauarten mit Steuerdiagramm, Ventilgeschwindigkeit und -beschleunigung

sind konkave Nockenflanken erforderlich, um einen harmonischen Ventilhub zu erreichen. Das Schleifen solcher Hohlnocken erfolgt mit speziellen Band- und Scheibenschleifmaschinen.
In der Kontaktkette vom Nocken bis zum Ventil muss immer Kraftschluss bestehen. Dies wird einerseits durch entsprechend geringe Massen angestrebt und andererseits durch ausreichend bemessene Steifigkeit der Ventilfedern sichergestellt. Wegen der hohen Flächenpressung im Nockenkontakt sind besondere Werkstoffbehandlungen oder Oberflächenbeschichtungen auf dem Nocken und der Gegenfläche erforderlich, die gleichzeitig in ihrer Paarung günstige Reibeigenschaften aufweisen sollen. Trotz aller Vorkehrungen kommt es bei der Gleitbewegung auf dem Hebel oder Tassenstößel zu beträchtlichen Reibmomenten. Moderne Motoren nutzen deshalb zunehmend Schlepphebel, die an der Nocken-Kontaktstelle nadelgelagerte Rollen haben (Rollenschlepphebel „RSH"). Damit kann die Reibleistung beträchtlich reduziert werden. Bei kleinen Drehzahlen geht der Reibmitteldruck des gesamten RSH-Ventiltrieb bis auf $^1/_3$ des Wertes für Gleitabgriff mit Tassenstößel (TS) zurück **(Bild 5.1-17)**. Bei hohen

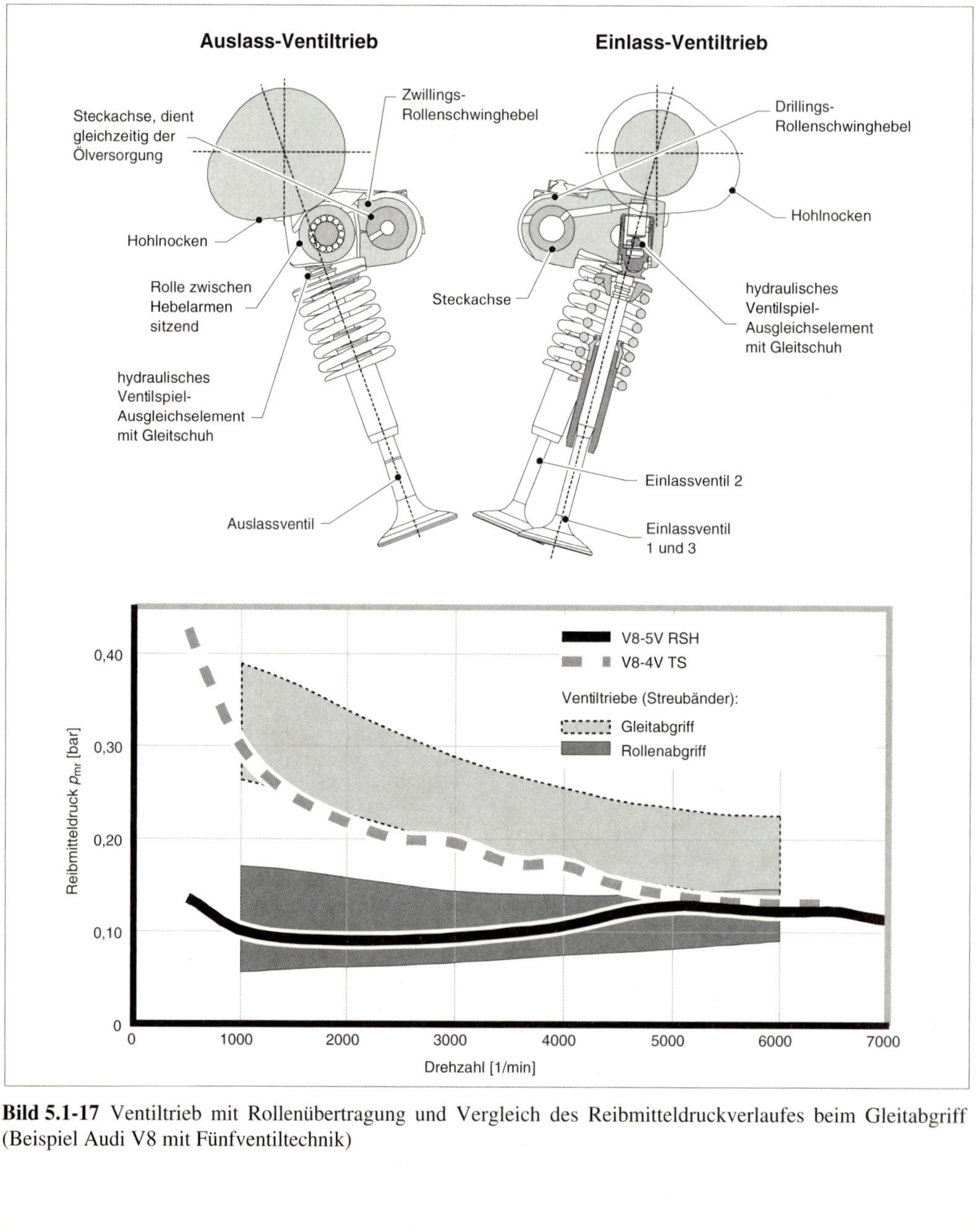

Bild 5.1-17 Ventiltrieb mit Rollenübertragung und Vergleich des Reibmitteldruckverlaufes beim Gleitabgriff (Beispiel Audi V8 mit Fünfventiltechnik)

Drehzahlen liegen am Gleitkontakt so gute hydrodynamische Schmierverhältnisse vor, dass ähnlich gute Reibmitteldrücke wie beim Rollenhebel erreicht werden. Da für den praktischen Fahrbetrieb aber die unteren Drehzahlbereiche von großem Einfluss sind, wirkt sich die Reibungsminderung der Rollenschlepphebel merklich auf den Kraftstoffverbrauch aus.

Zur Minderung des Wartungsaufwandes am Ventiltrieb sind Tassenstößel bzw. bei den Schlepp- oder Kipphebeln Widerlager hydraulisch wirkende Ausgleichselemente entwickelt worden. Diese Hydro-Elemente werden vom Motorölkreislauf gespeist und halten das Spiel zwischen Nockengrundkreis und Ventilschaft immer auf null. Ventilsetzen infolge von Einschlagen im Ventilsitzring und thermische Längenänderungen im Langzeit- und Kurzzeitbetrieb werden somit ständig ausgeglichen. Die damit erzielte Spielfreiheit des Ventiltriebs wirkt sich auch günstig auf die Ventiltriebsgeräusche aus. Allerdings bewirkt dieser Ausgleich auch den dauernden Reibkontakt zwischen Stößel bzw. Hebel und Nockengrundkreis. Einige Hersteller gehen deshalb wieder vom hydraulischen Ventilspielausgleich ab, seitdem die Werkstoffe für die Ventilsitze besser langzeitwärmestabil sind und das eingestellte Ventilspiel sich auch über lange Betriebszeiten kaum verändert.

Die Nockenwellen werden über eine Kette (Einfach- oder Doppel-Rollenkette) oder einen Zahnriemen mit halber Kurbelwellendrehzahl angetrieben (4-Takt-Verfahren). Bei einem festen Nockentrieb (ohne Verstellung) laufen Kette oder Zahnriemen über ein oder beide Nockenwellenräder. Die Belastung des Übertragungsgliedes ist schwellend, da der Drehkraftverlauf an der Nockenwelle aus der Summierung der zyklischen Belastungen der einzelnen Nocken nicht konstant ist.

Die Ventile mit dem Ventiltrieb steuern im Zusammenwirken mit dem Ansaugtrakt und dem Abgassystem den Ladungswechsel des Motors. Dies ist ein hochdynamischer Vorgang, der von den Strömungsquerschnitten und -längen sowie den Öffnungscharakteristiken der Ventile beeinflusst wird. Die Füllung der Zylinder wird daher nur für einen eingeschränkten Drehzahlbereich optimal ausgelegt werden können, wenn keine variablen Geometrien und Ventilsteuerzeiten verwirklicht sind.

Zur besseren Anpassung an unterschiedliche Drehzahlniveaus des Motors (Drehzahlspanne <1000 1/min bis >6000 1/min) dient die variable Verstellung der Einlassnockenwelle. Dabei wird die Ventilüberschneidung drehzahlabhängig so verändert, dass mit zunehmender Drehzahl das Einlassventil früher öffnet, während das Auslassventil noch geöffnet ist (Ventilüberschneidung). Ziel ist, sowohl bei kleineren als auch bei höheren Drehzahlen des Motors die Füllung und damit das Drehmoment des Motors zu steigern. Die praktische Grenze beim Ottomotor liegt jedoch darin, dass im Zusammenspiel von Füllung, Verdichtungsverhältnis und Zündung die Klopfgrenze des Motors das Drehmoment begrenzt.

Der Antrieb der Nockenwelle erfolgt mittels Zahnriemen, Kette oder auch Zahnrädern. Primäre Kriterien für die Auswahl des für den jeweiligen Anwendungsfall geeigneten Antriebskonzeptes sind der Wartungsaufwand sowie die zu übertragenden Kräfte. Riementriebe haben selbst für direkteinspritzende Dieselmotoren, bei denen zusätzlich die Hochdruck-Einspritzpumpe vom Riemen angetrieben werden muss, ihre Tauglichkeit unter Beweis gestellt. Dennoch ist ein Trend zu Kettentrieben zu verzeichnen, die insbesondere hinsichtlich der Wartungsfreiheit vorteilhaft sind.

5.1.4.6.3 Variable Ventilsteuerung

Neben den konventionellen Systemen mit fester Zuordnung von Ventilhub und Kurbelstellung des Motors setzen sich verstärkt Variabilitäten im Ventiltrieb durch. Hierbei wird eine betriebspunktabhängige Veränderung der zeitlichen Zuordnung der Ventilöffnung zur Kurbelstellung und auch des Ventilhubs verwirklicht. Hierauf wird in Kapitel 5.2.1.4 noch näher eingegangen. Inwieweit die dort beschriebenen Vorteile der variablen Ventilsteuerung in der Praxis nutzbar gemacht werden können hängt wesentlich davon ab, in welchem Ausmaß die gewählte konstruktive Umsetzung Variabilitäten hinsichtlich der Ventilsteuerzeiten und des Ventilhubes gestattet. Hinsichtlich der konstruktiven Umsetzung der variablen Ventilsteuerung sind eine Vielzahl von Konzepten vorgeschlagen und teilweise auch umgesetzt worden. Der nachfolgende Überblick über die wichtigsten Konzepte ist in nockenbetätigte und direkt betätigte Systeme unterteilt.

Nockenbetätigte Systeme

Bei nockenbetätigten Systemen können durch entsprechende Eingriffe in die Kinematik des Ventiltriebs die Phasenlage der Ventilöffnung, die Öffnungsdauer und der Ventilhub in Grenzen variabel beeinflusst werden.

Die Variation der Steuerzeiten erfolgt üblicherweise mittels einer Verdrehung der Nockenwelle relativ zum Kurbeltrieb. Nockenwellensteller wurden erstmals von Alfa Romeo 1983 in Serie eingesetzt. Neben Zwei-Punkt-Stellern, die nur die Einstellung zweier definierter Positionen ermöglichen, kommen zunehmend auch kontinuierlich wirkende Systeme zum Einsatz [18]. Die Funktion dieser Nockenwellensteller beruht auf einer hydraulisch verschiebbaren Schrägverzahnung **(Bild 5.1-18)** oder auf dem umgekehrten Prinzip der Flügelzellenpumpe. Im 4,6L V8 32 V DOHC Motor des Lexus 460 kommt unter der Bezeichnung VVT-iE erstmalig ein elektromotorisch betätigter Einlass-Nockenwellensteller zum Einsatz. Heute in Serie produzierte Systeme realisieren Verdrehwinkel von bis zu 40° NW (entsprechend 80° Kurbelwinkel). Damit lassen sich die Steuerzeiten aller von der jeweiligen Nockenwelle gesteuerten Ventile in ein-

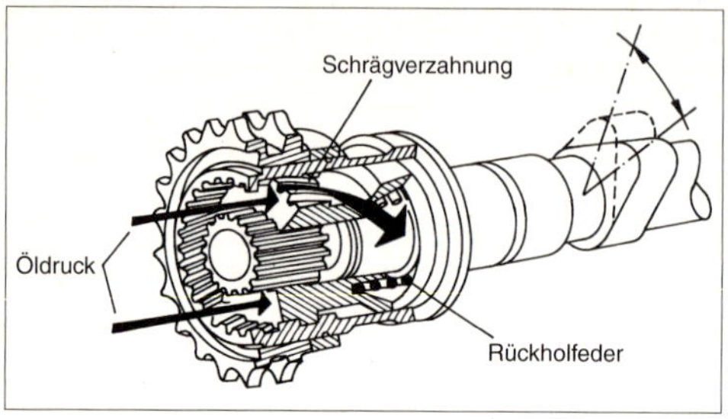

Bild 5.1-18 Nockenwellensteller

einheitlicher Richtung verschieben. Bei Motoren mit zwei obenliegenden Nockenwellen (DOHC) kann auf diese Weise sowohl die Größe als auch die Lage der Ventilüberschneidung beeinflusst werden. Wenn auch damit beträchtliche Verbesserungen des Teillast- und Volllast-Betriebsverhaltens erzielt werden können, so ist aufgrund des begrenzten Verstellbereiches sowie wegen der fehlenden Beeinflussung der Ventilöffnungsdauer eine drosselfreie Laststeuerung ohne weitere Systemveränderungen nicht möglich.

Eine weitere Möglichkeit liegt in schaltbaren Übertragungselementen zwischen Nockenprofil und Ventilstößel. Schaltbare Tassenstößel oder Abstützelemente ermöglichen die Abschaltung einzelner Ventile. Auch der alternierende Betrieb mit zwei unterschiedlichen Nockenprofilen ist realisiert worden, wobei die Nockenwelle je Ventil zwei unterschiedliche Nocken beziehungsweise Nockenpaare aufweist, welche konzentrische Teilflächen eines schaltbaren Tassenstößels betätigen. Damit sind eine Teillast- und eine Volllast-optimale Ventilerhebung darstellbar, was den ansonsten notwendigen Kompromiss hinsichtlich Steuerzeiten und Ventilhub entschärft. Ein Beispiel für diese Technologie ist der von Mitsubishi in Serie produzierte MIVEC-Motor, bei dem der Schaltmechanismus in die Kipphebel integriert ist. Damit wird eine Umschaltung zwischen einer Ventilhubkurve für niedrige und hohe Motordrehzahlen sowie eine völlige Deaktivierung einzelner Ventile zur Zylinderabschaltung realisiert. **Bild 5.1-19** zeigt eine ähnliche Lösung der Firma Honda, die unter dem Namen VTEC dieses System an diversen Motoren in Serie produziert. Unter der Bezeichnung VarioCam Plus setzt die Porsche AG diese Technologie in diversen Hochleistungsmotoren einschließlich der turboaufgeladenen Version des 6-Zylinder-Boxermotors ein.

Das von Audi am 2,8L V6 FSI Motor erstmals eingesetzte System schaltet ebenfalls zwischen zwei Ventilerhebungskurven. Auf den gewalzten Passverzahnungen der Nockenwelle sind Nockenstücke mit zwei unterschiedlichen Nockenprofilen verschiebbar geführt. In der Grundkreisphase bewirken hydraulisch betätigte Stifte in Kombination mit zwei im Nockenstück eingearbeiteten Verschiebenuten die Schaltung auf das jeweils andere Nockenprofil. Die Übertragung auf die Ventile mittels Rollenschlepphebeln sowie die Nockenwellenlagerung sind dabei prinzipiell vom konventionellen Ventiltrieb übernommen [19].

Wenn die Nockenerhebung hydraulisch auf das Ventil übertragen wird, kann das Schließen des Ventils vorzeitig durch Absteuern des Hydraulikdruckes ausgelöst werden (**Bild 5.1-20**). Dadurch werden der Hub und die Schließzeit des Ventils vom Nockenhubverlauf entkoppelt. Zur Dämpfung der Ventilbewegung bei Annäherung an den Ventilsitz werden hydraulische Systeme eingesetzt.

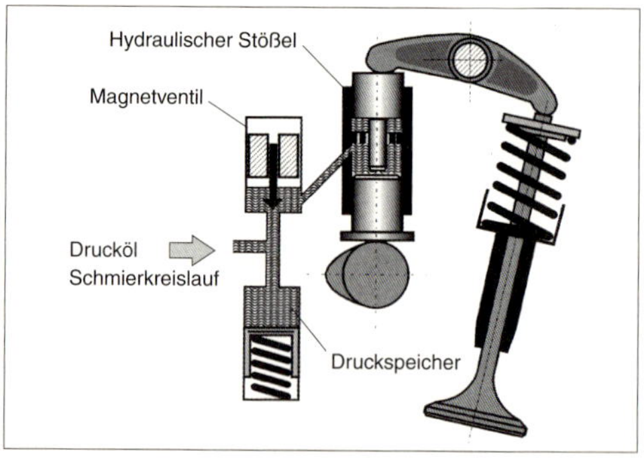

Bild 5.1-20 Hydraulische Ventilsteuerung

Zur kontinuierlichen Beeinflussung der Übersetzung zwischen Nockenerhebung und Ventilbewegung sind eine Vielzahl konstruktiver Lösungen vorgeschlagen worden. Viele dieser Konzepte arbeiten mit einem Schlepp- oder Kipphebel, dessen Position mittels Exzenter veränderlich ist. Je nach kinematischer Auslegung ist damit eine kombinierte Beeinflussung des Ventilhubes und der Ventilöffnungsdauer mög-

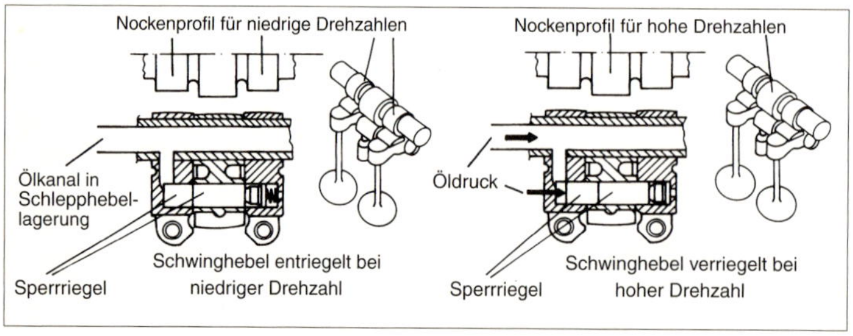

Bild 5.1-19 Schaltbarer Ventiltrieb (Honda VTEC)

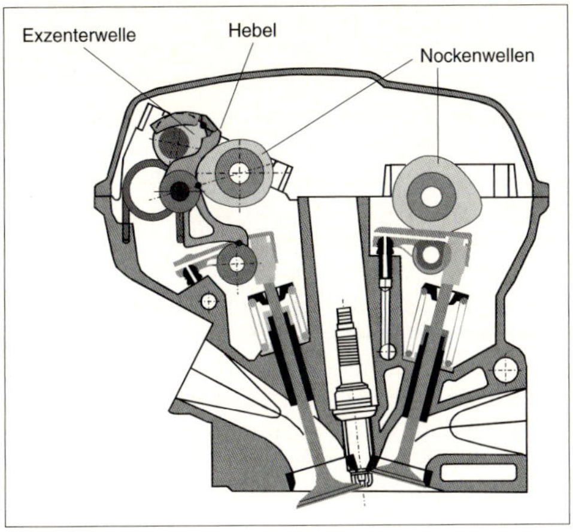

Bild 5.1-21 Mechanisch variable Ventilsteuerung (BMW [20])

lich (**Bild 5.1-21**). Die aus den zusätzlichen Ventiltriebskomponenten resultierende Zunahme der Reibarbeit wird im Teillastbereich infolge des verringerten Ventilhubes kompensiert, sodass hier sogar zusätzliche Vorteile zu verzeichnen sind [20]. In Kombination mit Nockenwellenstellern wird mit diesen Systemen ein hohes Maß an Variabilität erreicht.

Eine weitere Steigerung der Variabilität folgt aus der Realisierung der Ventilbewegung mittels zweier Nockenwellen, wobei eine für die Ventilöffnung und die andere für das Schließen genutzt wird. Die Nockenerhebungen beider Wellen werden über einen Hebelmechanismus mechanisch zueinander addiert. Bei unabhängiger Verdrehung beider Nockenwellen lässt sich damit sowohl der Öffnungs- als auch der Schließzeitpunkt beeinflussen [21]. Mit dieser Lösung wird eine weitgehende Entkoppelung der Steuerung von Ventilhub und Öffnungsdauer erreicht, was sich positiv auf die Einsparung an Ladungswechselverlusten auswirkt.

Eine weitere Möglichkeit zur Steigerung der Variabilität nockengesteuerter Ventiltriebe liegt in konstruktiven Konzepten, die direkten Einfluss auf die Nockenerhebung nehmen. Aus dem Großmotorenbau sind axial verschiebbare Nocken mit Raumprofil bekannt. Für Pkw-Motoren sind Systeme mit zweischalig aufgebauten Nockenwellen ausgeführt worden, die mittels mechanischen Eingriffs eine Verdrehung einzelner Nocken auf der Welle zulassen [22]. Bei dem von Rover in Serie produzierten 1,8 l-16-Ventil-Motor (MGF-1.8i-VVC) kommt ein ähnlich arbeitendes System zum Einsatz, bei welchem eine variable Beschleunigung beziehungsweise Verzögerung der Einlassventilbewegung beim Öffnen und Schließen realisiert wird.

Direkt betätigte Systeme

Für die direkte Betätigung der Ventile kommen im Wesentlichen hydraulische und elektromagnetische Systeme in Betracht. Die hydraulischen Konzepte arbeiten mit in einem Hydrauliksystem gespeicherter Energie. Die Ventilbetätigung wird über schnelle Magnetventile und Hydraulikzylinder ausgelöst. Die Ventilbewegung ist sowohl hinsichtlich der Steuerzeiten als auch des Ventilhubes variabel. Ebenso ist die individuelle Ansteuerung einzelner Ventile möglich. Die bekannt gewordenen Ausführungen weisen jedoch eine begrenzte Dynamik auf, was dem Einsatz bei höheren Drehzahlen entgegensteht.

Bei der Betätigung der Gaswechselventile mit magnetischer Kraft ist es besonders vorteilhaft, wenn die Bewegung der Ventile durch Federkräfte bewirkt und die magnetische Kraft nur zur Initiierung und Unterstützung des Öffnens und Schließens genutzt wird. Auf diese Weise kann ein großer Teil der zur Ventilbetätigung üblicherweise aufzuwendenden Energie eingespart werden. In dieser Kombination spricht man von einer elektromechanischen Ventilsteuerung (EMV). **Bild 5.1-22** zeigt den schematischen Aufbau

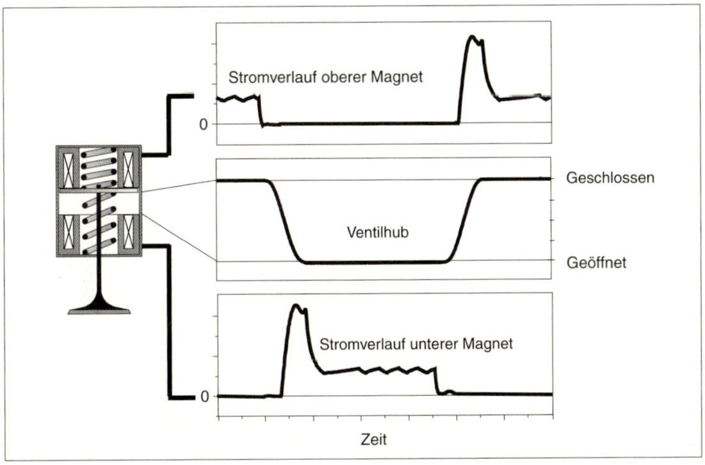

Bild 5.1-22 Elektromechanischer Ventiltrieb

eines auf diesem Prinzip beruhenden Ventiltriebes. Das Ventil wird von einem Stößel betätigt, welcher mit einem Anker verbunden ist. Dieser Anker bildet in Kombination mit zwei Federn einen Feder-Masse-Schwinger, dessen Totpunktlagen der geschlossenen und voll geöffneten Position des Ventils entsprechen. Die Eigenfrequenz des Schwingers bestimmt maßgeblich die Zeit für das Öffnen und Schließen des Ventils. Mithilfe der beiden Elektromagneten kann nun die oszillierende Bewegung der Ventile in den Totpunktlagen unterbrochen werden. Ohne Erregung der beiden Elektromagneten schwingt das System reibungsbedingt aus und verharrt in der Ruhelage, welche dem halben Ventilhub entspricht. Vor Inbetriebnahme des Motors muss das System deshalb zum Beispiel durch wechselweises Erregen der beiden Magneten in Eigenfrequenz angeschwungen werden, bis der Schließmagnet das Ventil in der geschlossenen Position einfängt.
Der Ablauf der Ventilsteuerung ist aus den im Bild gezeigten typischen Stromverläufen erkennbar. Ausgehend von der geschlossenen Position wird die Erregung des Schließmagneten mit Haltestrom unterbrochen. Die in der oberen Feder gespeicherte Energie bewegt das Ventil bis der Schwinger seine untere Totpunktlage erreicht. In dieser Stellung wird die Schwingung durch Zuschalten des Stroms für den unteren Magneten wieder unterbrochen. Die bei der Ventilbewegung auftretenden Reibungsverluste werden durch eine kurzzeitig erhöhte Bestromung des unteren Magneten kompensiert. Dieser Fangstrom wird kurz vor Erreichen der Totpunktlage des Schwingers zugeschaltet. Das Schließen des Ventils ist ein unabhängiger Vorgang und wird in gleicher Weise vorgenommen, wobei jetzt die untere Feder die Bewegung auslöst und der obere Magnet aktiviert wird. In Verbindung mit einer Closed-Loop-Regelung des Aktuators kann die Annäherung des Ankers an die Polflächen der Magnete beziehungsweise das Aufsetzen des Ventils im Ventilsitz so gesteuert werden, dass einerseits keine akustischen oder sogar die mechanische Festigkeit beeinträchtigenden Probleme auftreten und andererseits auch keine unnötig hohen Stromstärken zum sicheren Öffnen und Schließen der Ventile aufgewendet werden müssen. Darüber hinaus gestattet diese Technologie auch ein nur teilweises Öffnen (Minihub) oder ein verzögertes Schließen der Ventile, was sich zur Intensivierung der Ladungsbewegung gezielt nutzen lässt.
Bei niedrigen Drehzahlen kommt es zum vergleichsweise schnelleren Öffnen der Ventilquerschnitte. Dies bewirkt eine Absenkung der Einströmgeschwindigkeiten der Frischladung, womit ein verringerter Wärmeübergang verbunden ist. In Folge der abgesenkten Prozesstemperaturen gegen Verdichtungsende ergibt sich eine wesentlich verringerte Klopfneigung, woraus beträchtliche Volllastdrehmomentgewinne resultieren.
Der elektrische Energiebedarf des elektromechanischen Ventiltriebs muss den mechanischen Verlusten eines konventionellen Ventiltriebes gegenübergestellt werden. Bei einem Generatorwirkungsgrad von 80 % ergibt sich im Teillastbetrieb ein Energiebedarf, der dem Niveau reibungsarmer Ventiltriebe mit Rollenabgriff entspricht [23].
Die mit variabler Ventilsteuerung erreichbaren Verbrauchseinsparungen im europäischen Testzyklus hängen stark von der realisierten Variabilität ab. Für die elektromechanische Ventilsteuerung in Kombination mit Teillast-Zylinderabschaltung oder Aufladung besteht ein Potenzial von 18 %. Im Gegensatz zur Benzindirekteinspritzung bestehen hier keine Beeinträchtigungen von Seiten der Abgasreinigung. Im Gegenteil bietet die variable Ventilsteuerung Möglichkeiten, die Kaltstartemissionen zu reduzieren und das Potenzial der Drei-Wege-Katalysatortechnik durch eine beschleunigte Aufheizung des Katalysators weiter auszuschöpfen.

5.1.4.7 Motorkühlung

Die Wandwärmeverluste beim realen Arbeitsprozess führen zur Aufheizung der Brennraumwände (Zylinderkopf, Kolben, Zylinder) und erfordern deren Kühlung, damit keine Bauteilüberhitzung, Schmierölverkokung und Leistungsverlust infolge von Füllungsverlust eintritt. Gut ausgelegte Kühlung und Schmierung sind Grundvoraussetzung für den optimalen Betrieb eines Motors, damit die Reibung aller bewegten Teile und die Betriebstemperatur in vorgegebenen akzeptablen Grenzen ablaufen.
Luftkühlung wird heute in Fahrzeugmotoren nur noch selten angewandt. Obwohl die Kühlfunktion der Luftkühlung immer weiter verbessert wurde durch strömungsgünstige Gestaltung und verfeinerte Gießtechniken für die Kühlrippen, und obwohl die Leistungsaufnahme und Geräuschentwicklung des Gebläses durch konstruktive Maßnahmen sehr weit herabgesenkt werden konnte, stößt die Luftkühlung bei höheren (spezifischen) Leistungen an praktische Grenzen. Der im Vergleich zur Wasserkühlung schlechtere Wärmeübergang und die geringere Wärmekapazität der Luft erfordern sehr große Kühlflächen, die durch Rippen geschaffen werden müssen. Selbst bei Motorrädern wird zunehmend auf Flüssigkeitskühlung umgestellt. Die Flüssigkeitskühlung bietet dagegen bessere Voraussetzungen für eine gleichmäßigere Temperaturverteilung im Motor, und sie hat Vorteile für die Auslegung und Regelung der Fahrzeugheizung.
Die Flüssigkeitskühlung besteht in einem Motor-Fahrzeug-System in der Regel aus 2 oder 3 Kreisläufen, die automatisch per Thermostat und über die Steuerung der Fahrzeuginnenraumheizung gesteuert werden (**Bild 5.1-23**; siehe auch Kapitel 3.3). Bei einigen Fahrzeugen sind auch noch Motorölkühler, Generator, Getriebeölkühler und Abgasturbolader in das Kühlsystem einbezogen.

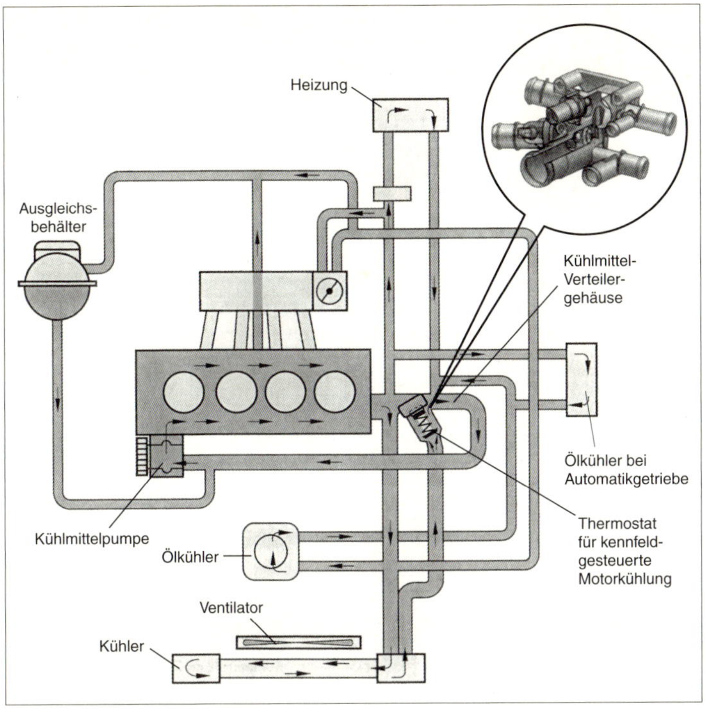

Bild 5.1-23 Kühlmittelkreislauf Flüssigkeitskühlung (Beispiel Volkswagen)

Als Kühlmittel kommt ein Gemisch aus Wasser und Frostschutzmittel (meist Äthylenglykol) und, je nach Einsatzfall, spezifischen Inhibitoren (Korrosionsschutz) zum Einsatz. Das Kühlmittel nimmt die Wärme im Motor auf und transportiert sie in den Kühler, der die Wärme weiter an die durchströmende Umgebungsluft abgibt.

Das Kühlsystem des Motors muss sicherstellen, dass an den Stellen der größten Wärmebelastung, am Zylinderkopf mit den Auslasskanälen, ausreichend Wärme abgeführt wird. Andererseits sollen kühlere Stellen weniger intensiv gekühlt oder gar erwärmt werden, um eine gleichmäßige Temperaturverteilung im Bauteil zu erreichen. In der Regel wird das Wasser in den Zylinderblock hineingefördert und strömt von dort über die gesamte Motorlänge verteilt in den Zylinderkopf und am anderen Motorende wieder hinaus. Die Durchströmung des Zylinderkopfes wird mit den Durchflussquerschnitten in der Zylinderkopfdichtung gesteuert und mittels angepasster Strömungsführung gezielt zu den „Hotspots" geleitet. Wichtig ist, dass der Strömungsweg im Zylinderkopf keine Dampfblasenansammlungen zulässt, da diese zum Zusammenbruch der Wärmeabfuhr führen würden.

Auf der anderen Seite ist die Kühlung des Motors nur auf die notwendigen Bereiche zu beschränken. Aus diesem Grund ist der Wasserraum an den Zylinderwänden lediglich auf die obere Hälfte oder das obere Drittel des vom Kolben überstrichenen Weges im Zylinder beschränkt. Hiermit wird bezweckt, dass die Zylinderlaufflächen und der dort brennraumseitig vorhandene Schmierölfilm ideale Bedingungen hinsichtlich der Reibungsverluste aufweisen. Diese Bedingungen sollen gerade nach einem Kaltstart des Motors schnell erreicht werden. Da aber die Kühlmittelpumpe üblicherweise direkt mit dem Motorlauf über den Riementrieb gekoppelt ist, wird zunächst über einen Thermostaten ein kleiner Kühlkreislauf geschaltet, der den Kühler umgeht und so die aufzuheizende Wassermenge möglichst klein hält. Erst bei Erreichen der normalen Betriebstemperatur von ca. 80 bis 90 °C öffnet der Thermostat gleitend den Kreislauf durch den Kühler.

Noch besser ist ein Kühlmittelfluss, der nicht nur im Start, sondern auch im Warmbetrieb der Motorlast angepasst ist. Dies wird mit einem elektronisch geregelten Kühlsystem erreicht wie in **Bild 5.1-23** dargestellt. Der Thermostat wird nicht allein von der vorherrschenden Wassertemperatur gesteuert, sondern ist noch überlagert von einer kennfeldgesteuerten elektronischen Regelung. Diese Regelung bewirkt, dass die für Teillast auf 95 bis 110 °C eingestellte Kühlmitteltemperatur erst bei höheren Lasten wieder auf die sonst üblichen 85 bis 95 °C geregelt wird. Durch diese Anhebung des Temperaturniveaus erreicht man im Teillastbereich eine Reduzierung des Kraftstoffverbrauchs sowie eine Absenkung der CO- und HC-Emissionen. Weitere Verbesserungen lassen sich durch die getrennte Steuerung der Durchströmung von Kurbelgehäuse und Zylinderkopf (split cooling)

erzielen. Dabei wird nach dem Kaltstart des Motors zunächst nur der Zylinderkopf gekühlt. Auf diese Weise wird erreicht, dass sich die Zylinderlaufflächen und der dort brennraumseitig vorhandene Schmierölfilm schneller erwärmen.
Die Pumpenförderleistung der mechanischen Wasserpumpe ist auf Volllastbetrieb bei kleinen Drehzahlen ausgelegt, d.h. maximale thermische Belastung des Motors bei begrenzter Pumpendrehzahl. Dadurch ist die Förderleistung in den anderen Betriebspunkten überdimensioniert und mit unerwünschter Verlustleistung behaftet. Im Warmlaufbetrieb, wenn die Wasserpumpe der schnellen Erwärmung des Motors entgegensteht, kann die Wasserpumpe mittels eines Reibradantriebes zeitweise abgeschaltet werden [25]. Geregelte, elektrisch angetriebene Wasserpumpen haben sich aber bisher aus Kostengründen kaum durchgesetzt, weil die erforderliche Spitzenleistung große Elektromotoren verlangt. Lediglich Elektropumpen kleinerer Leistung zur Nachlaufkühlung bei abgeschaltetem heißem Motor sind insbesondere bei Motoren mit Abgasturboaufladung zu finden.
Ansätze zur „Verdampfungskühlung" blieben bisher vorwiegend auf stationär betriebene Motoren beschränkt. Die Ausnutzung der Verdampfungswärmekapazität des Wassers würde es ermöglichen, den Kühlmittelstrom auf einen Bruchteil der Durchflussmenge der „Flüssigkeitskühlung" zu reduzieren. Einer Serienanwendung beim Fahrzeugantrieb haben aber bislang die damit verbundene grundlegende Neuauslegung des gesamten Fahrzeug-Kühl- und Heizungssystems und auch ungelöste Fragen z.B. der Entmischung der Kühlmittelbestandteile entgegengestanden. Dennoch wird in heute ausgeführten Kühlsystemen die örtliche Dampfblasenbildung und die mit ihr verbundene erhebliche Steigerung des lokalen Wärmeübergangskoeffizienten zur Kühlung der Hotspots gezielt genutzt.

5.1.4.8 Motorschmierung

Die wesentlichen Aufgaben des Öls im Schmierungssystem des Verbrennungsmotors sind die Schmierung und Kühlung aller Triebwerksteile und ggf. Anbaukomponenten (z.B. Abgasturbolader), die Übertragung von Kräften in Lagern, Spannern, Ausgleichs- und Verstellvorrichtungen, die Dämpfung von Schwingungen, der Abtransport von Verunreinigungen und Abriebpartikeln sowie die Neutralisierung von chemisch wirksamen Verbrennungsprodukten, die ins Motorinnere gelangen. Alle diese verschiedenen Funktionen kann das Öl nur erfüllen, wenn es für diese Aufgaben gut geeignet ist und in ausreichender Menge an die Stellen des Motors transportiert wird, wo es erforderlich ist. Motorenöle sind auf der Basis von Mineralöl hergestellt und enthalten ein auf den jeweiligen Einsatzzweck angepasstes Additiv-Package. Vollsynthetische Öle weisen verbesserte Schmiereigenschaften und eine höhere Beständigkeit gegen Alterung auf, sind aber vergleichsweise teuer [24].
Die meisten Fahrzeugmotoren haben eine Druckumlaufschmierung **(Bild 5.1-24)**. Aus dem Ölsumpf unterhalb des Kurbeltriebs saugt die Ölpumpe das Öl an und fördert es unter Druck durch einen Ölfilter und ggf. einen Ölkühler in die Ölkanäle des Motor-

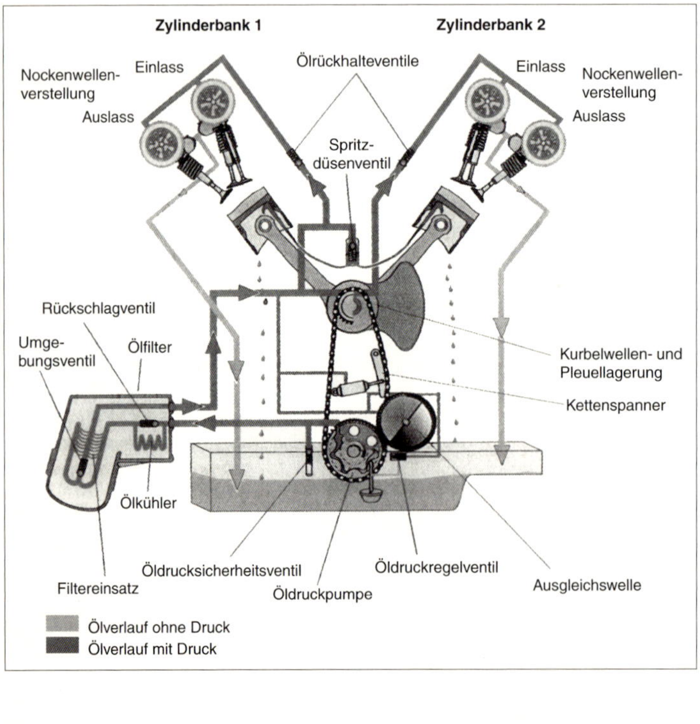

Bild 5.1-24 Schmierölkreislauf Druckumlaufschmierung (Beispiel Audi V6)

SHW
Automotive
kms-netpoint.de

blocks. In der Praxis werden sowohl direkt auf der Kurbelwelle laufende Innenzahnradpumpen als auch über Kette oder Zahnrad angetriebene Innen- oder Außenzahnradpumpe angetroffen. Die Pumpe ist so ausgelegt, dass bei heißem Motor und Leerlaufdrehzahl über die gesamte Lebensdauer des Motors ein Mindestöldruck nicht unterschritten wird und die Schmierung sichergestellt ist. Bei kaltem Öl und bei hohen Drehzahlen fördert die Pumpe dann zu große Ölmengen, weshalb der Öldruck mit einem Überdruckventil begrenzt und ein Teilstrom über einen Bypass in den Ansaugkanal oder in die Ölwanne zurückgeführt wird. Es kann auch noch ein zusätzliches Öldruck-Regelventil im Kreislauf angeordnet sein, das einen im Normalbetrieb geringeren Öldruck einstellt als das als Sicherheitsventil arbeitende Überdruckventil. Moderne Motoren werden zunehmend mit regelbarer Ölpumpe ausgestattet, welche den Volumenstrom druckabhängig anpasst [12, 25]. Damit werden die mechanischen Verluste des Motors betriebspunkt- und zustandsabhängig minimiert, was zur Verbesserung des mechanischen Wirkungsgrades und des Verbrauchsverhaltens genutzt werden kann. Im Übrigen kommen solche aufwändigen Systeme insbesondere dann in Betracht, wenn die Anforderungen an ein in allen Betriebszuständen ausreichendes Öldruckniveau hoch sind, weil über den Öldruck wichtige Motorfunktionen (beispielsweise schaltbare Ventiltriebskomponenten, Nockenwellen-Phasensteller) gesteuert werden.

Von der Hauptölgalerie, die sich längs des gesamten Motorblocks erstreckt, werden alle Kurbelwellenhauptlager versorgt. Von diesen aus werden, wieder durch Bohrungen in der Kurbelwelle, die großen Pleuellager und evtl. auch noch durch die Pleuelstange das kleine Pleuellager im Kolben erreicht. Bei höher belasteten Motoren sind an diesem Hauptölkanal auch noch Spritzdüsen für die Kolbenkühlung montiert, die einen Ölstrahl von unten gegen die Kolben richten. Ein Zweigkanal führt hoch in den Zylinderkopf zur Versorgung der Nockenwellenlager. Je nach Konstruktion werden im Zylinderkopf noch hydraulische Ausgleichselemente für den Ventiltrieb (in Tassenstößeln oder Abstützelementen) versorgt, evtl. Drucköl für einen Ventil- oder Nockenwellen-Verstellmechanismus bereitgestellt und Sprühöl zur Schmierung der Nocken geliefert.

Das seitlich aus den Lagern austretende Öl und das sonstige Sprüh- und Lecköl sammelt sich im Zylinderkopf und wird durch Ablauf- und Entlüftungskanäle wieder durch den Motorblock in den Ölsumpf zurückgeführt, wo sich auch das Öl aus dem Triebwerk sammelt. Zur Vermeidung von Ölverschäumung wird der Kurbelraum von der Ölwanne mittels einer Trennwand mit eingearbeiteten Schlitzen für den Ölrücklauf („Ölhobel") getrennt. Die Ölwanne ist Vorratsbehälter und Beruhigungsreservoir, in dem das rücklaufende Öl entschäumt und rückgekühlt wird. Wenn erforderlich kann es zusätzlich in einem Ölkühler im Druckkreislauf gekühlt werden. Dieser Kühler ist entweder in das Kühlflüssigkeitssystem eingebunden (**Bild 5.1-25**) oder es ist ein Öl/Luft-Kühler.

Nur bei einigen Sport- und Geländefahrzeugen sowie bei Rennfahrzeugen findet man Motoren mit Trockensumpfschmierung. Das Öl wird mittels einer zusätzlichen Pumpe aus dem Sammelraum unter dem Motor in einen separaten Ölbehälter abgepumpt und

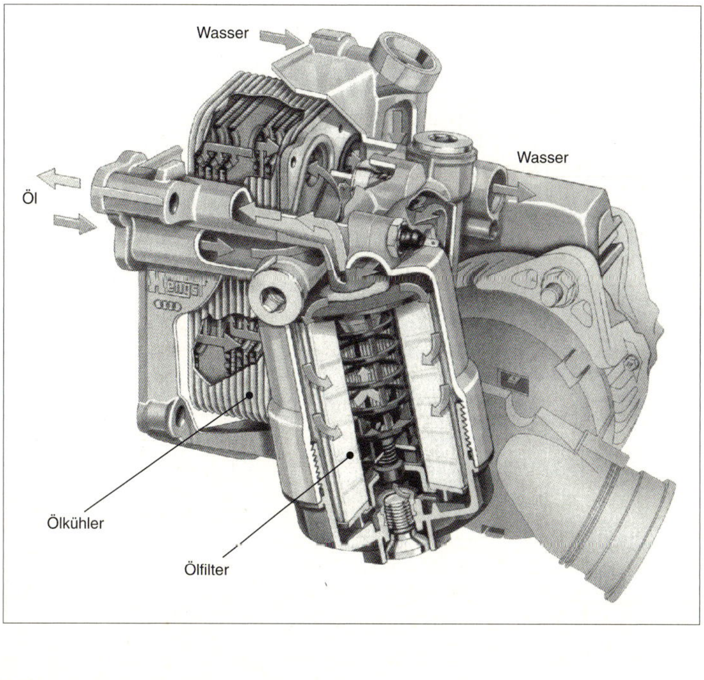

Bild 5.1-25 Ölfilter-Modul (Beispiel Audi V8)

von dort wieder der Druckölpumpe zugeführt. Auf diese Weise wird die zuverlässige Versorgung des Schmiersystems mit Drucköl unter allen Betriebsbedingungen (Steigung, Gefälle, Schräge, extreme Kurvenfahrt, Beschleunigung und Bremsung) gewährleistet.

Das Ölfilter ist wichtig für die Betriebssicherheit und Lebensdauer des Motors. Es entfernt feste Fremdstoffe aus dem Motoröl (Metallabrieb, Staub, Verbrennungsrückstände) und erhält damit die Funktionsfähigkeit des Schmieröles innerhalb der Wartungsintervalle. Überwiegend werden Hauptstromfilter eingesetzt, die vom gesamten Ölstrom der Pumpe durchflossen werden und Verunreinigungen gleich auffangen. Zur Sicherheit gegen einen Ausfall der Schmierung bei verstopftem Filter dient ein Kurzschlussventil oder Umgehungsventil. Bei zu geringem Durchfluss durch die Filterfläche und damit ansteigendem Druckabfall im Filter wird das Ventil geöffnet und stellt so den Schmierölkreislauf sicher.

Ältere Ölfilter haben einen Papierfiltereinsatz, der in einem Blechgehäuse verpackt ist, an den Motorblock angeschraubt wird und damit die Ölführung schließt. Ein Ölfilterwechsel ist in der Regel mit einer Ölverschmutzung durch Tropföl verbunden. Neuere Filterkonstruktionen haben eine auswechselbare Papierfilterkartusche in einem geteilten Gehäuse, das ohne Tropfölverschmutzung entnommen und entsorgt werden kann. **Bild 5.1-25** zeigt einen Ölfiltermodul, in dem Ölfilter, Ölkühler und ein Generatorhalter zu einer Einheit zusammengefügt sind. Es wird vom Systemzulieferer fertig vormontiert zur Motormontage angeliefert.

Zur Ölstandskontrolle werden zunehmend elektrische Sensoren eingesetzt, die das Erreichen des minimalen Ölstandes anzeigen und bereits warnen, bevor der Öldruck mangels Ölvorrat zusammenbricht. Zur Kosteneinsparung für den Fahrzeugbetreiber und zur Reduzierung des Ölverbrauches bzw. des Anfalls von Altöl bemüht man sich, die Ölwechselintervalle ständig auszuweiten. Dabei richtet sich der Ölwechsel nicht mehr nach festen Laufstrecken oder maximalen Zeiten sondern nach der Betriebsart und -dauer des Motors. In der elektronischen Motorsteuerung werden hierzu die Belastungen im Laufe des Betriebes über Kraftstoffdurchsatz, Betriebstemperaturen, Laufzeiten, Nachfüllmengen und Ähnliches aufintegriert und daraus die Notwendigkeit eines Ölwechsels ermittelt und dem Fahrer angezeigt. Für den normalen Betrieb mit gemäßigter Fahrweise resultieren daraus deutlich längere Fahrstrecken für eine Ölfüllung.

5.1.4.9 Saugrohr

Ansauganlagen werden (einteilig) aus Aluminium-Sand- oder -Kokillenguss oder mehrteilig in Aluminium- oder Magnesium-Druckguss hergestellt. Zur weiteren Gewichtseinsparung wird häufig glasfaserverstärkter Kunststoff, z.B. glasfaserverstärktes Polyamid gewählt. Mit der komplexen räumlichen Geometrie wird die Ansauganlage entweder in Schmelzkern-Technologie einteilig oder mehrteilig reibverschweißt hergestellt. Es gibt auch Mischbauweisen mit Aluminium oder Magnesium. Die Metallkomponenten dienen der Befestigung am Flansch zum warmen Zylinderkopf oder sie enthalten den Umschaltmechanismus für die Saugrohrlängenschaltung (siehe auch **Bild 5.2-2**). Die Kunststoffe müssen eine gute Wärmestabilität (bis 150 °C) und Festigkeit (mit Faserverstärkung) aufweisen. An Anschraubstellen oder besonders wärmebeaufschlagten Stellen (z.B. Abgasrückführstutzen) sind auch Metalleinlagen zu finden. Alle Kunststoffteile tragen eine Materialkennzeichnung nach VDA 260 in Verbindung mit DIN-Normen für Bezeichnungen und Kurzzeichen von Kunststoffen, damit im Recycling die Materialsortierung gezielt und sicher durchgeführt werden kann.

Zur Verbesserung des Drehmomentverlaufs freisaugender Ottomotoren werden häufig schaltbare Sauganlagen eingesetzt. Dabei lassen sich die die Gaswechseldynamik beeinflussenden Längen und Querschnitte der Saugrohre drehzahlabhängig verändern. Neben den bereits weiter verbreiteten zweistufigen Schaltsaugrohren sind jetzt auch kontinuierlich wirkende Systeme verwirklicht worden, welche einen noch homogeneren Verlauf des Volllastdrehmomentes über dem gesamten Motordrehzahlband ermöglichen.

5.1.4.10 Nebenaggregate und Package

Der anhaltende Trend zu kompakten Fahrzeugkonzepten einerseits sowie die Kundenforderung nach zunehmendem Nutzraum für die Fahrgastzelle und Gepäckraumvolumen haben die Package-Anforderungen zu einer wesentlichen Randbedingung für Neuentwicklungen werden lassen. Dabei ist nicht nur das eigentliche Triebwerk zu betrachten, sondern es gilt ausladende Ansauganlagen mit Luftfilter und Luftführungsschläuchen, evtl. auch noch zu einem Ladeluftkühler, die Abgasanlage mitsamt der katalytischen Abgasreinigung sowie die Nebenaggregate einschließlich Lenkhilfepumpe und Klimakompressor im Motorraum unterzubringen. Das Package-Design muss daneben auch die Montierbarkeit der weitgehend vormontierten Antriebseinheit sowie Anforderungen von Seiten der Crash-Sicherheit berücksichtigen. Auch von der Fahrzeugseite sind viele Elemente für Sicherheit und Komfort dazugekommen, die im „Motorraum“ untergebracht werden sollen. Damit ist das Package Gegenstand erheblicher Entwicklungsaktivitäten geworden, die sich nur noch unter Anwendung dreidimensionaler CAD-Modelle bewältigen lassen.

Zum Antrieb der Nebenaggregate werden heute überwiegend Poly-V-Riemen (Keilrippenriemen) verwendet. Dies sind faserverstärkte Kunststoff-/Kautschukriemen mit einem Vielkeil-Profil, das nur auf einer Seite oder auch beidseitig aufgebracht ist. Im

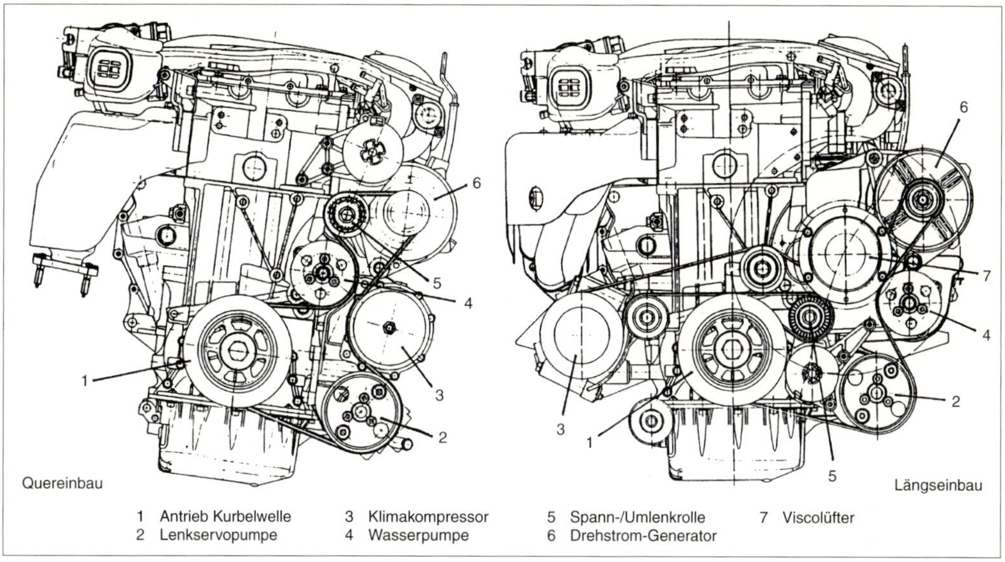

Bild 5.1-26 Poly-V-Riementrieb für Nebenaggregate, Längs- bzw. Quereinbau des Motors (Beispiel Volkswagen Fünfzylindermotor VR5)

Gegensatz zu den alten Keilriemen können sie in beide Richtungen in einer Ebene gekrümmt werden. Es können Umlenk- und Spannrollen mit den Antriebsrollen der Nebenaggregate verschachtelt angeordnet und so der Anbauraum am Motor sehr kompakt ausgefüllt werden **(Bild 5.1-26)**. Die vorher übliche Bauweise mit mehreren Keilriemen in versetzten Ebenen für einzelne Aggregate oder Aggregategruppen wird heute in der Regel auf einen Keilrippenriemen in einer Ebene beschränkt. Angetrieben werden die Wasserpumpe und der Drehstrom-Generator (Lichtmaschine). Meistens kommt noch die Lenkhilfepumpe und auch der Klimakompressor hinzu, bei einigen Fahrzeugen zusätzlich noch der Antrieb für einen Viscolüfter (Kühlerventilator). Da Keilrippenriemen empfindlich gegen Versatz- und Fluchtungsfehler der Antriebsrollen sind, kommt es auch der kompakten Anordnung entgegen, wenn alle Nebenaggregate auf einen gemeinsamen Halter zu einem Modul montiert sind. Dies ermöglicht auch die weitgehende Vormontage der Nebenaggregate, die dann als Block mit großer Anflanschfläche an den Motorblock geschraubt wird.
In letzter Zeit bemüht man sich intensiv, den die Einbaulänge bestimmenden Riementrieb an der Frontseite zu eliminieren. Alternativen sind Ketten- und Wellenantriebe für die Nebenaggregate oder auch Zahnradantriebe sowie Kombinationen daraus, die nicht

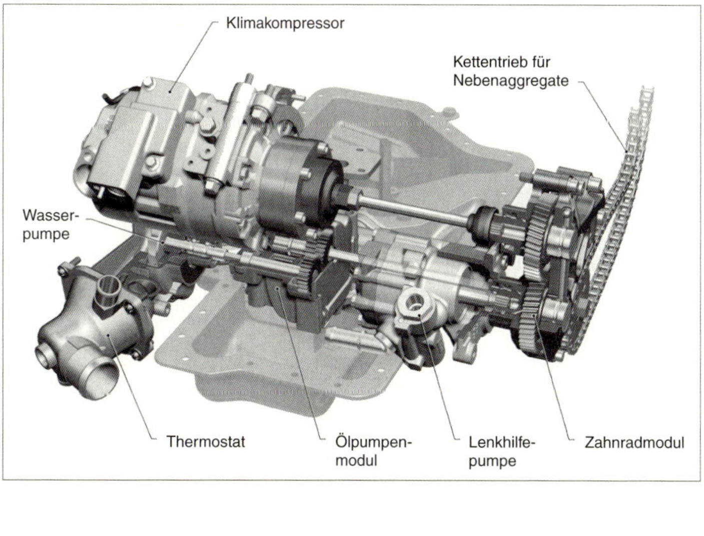

Bild 5.1-27 Antrieb der Hilfs- und Nebenaggregate über Kette und Zahnräder (Beispiel Audi V8)

an der Motorstirnseite, sondern an der Schwungradseite angeordnet sind. Ziel ist es, die Nebenaggregate seitlich am Motor und über dem Getriebeflansch zu montieren. Ein Beispiel zeigt **Bild 5.1-27**. Ein Kettentrieb an der Schwungradseite führt hier zu einem Zahnradmodul, von dem aus die Ölpumpe, Lenkhilfepumpe und Wasserpumpe praktisch im Motor angetrieben werden. Nur der Generator hat noch einen Keilrippenriemen-Antrieb.

Zum Motorpackage gehören weiterhin der Anlasser, der am Schwungrad eingreift, sowie das Ansaug- und Abgasmodul mit den vor- und nachgeschalteten Bauteilen. Deren Anordnung ist nicht nur für eine funktional optimierte Auslegung wichtig, sondern die Komponenten sind auch bei den Untersuchungen zum Crashverhalten des Fahrzeugs mit zu betrachten. Sie bilden feste, schwer deformierbare Blöcke und können den Verformungsweg der Karosserie begrenzen und könnten somit die Insassen gefährden. Abhilfemaßnahmen bestehen unter anderem darin diese Bauteile so zu gestalten, dass sie im Falle eines Unfalls definiert wegbrechen oder sich deformieren. Dabei spielen auch die gesetzlichen Anforderungen zum Fußgängerschutz eine bedeutende Rolle.

Zwischen Luftfilter und Drosselklappe ist der Luftmassenmesser angeordnet, der zur ungestörten Messwerterfassung eine Mindestlänge an gerader Luftführungsstrecke braucht. Der Unterdruckschlauch für den Bremskraftverstärker, der Verbindungsschlauch zum Aktivkohlebehälter (Tankentlüftung), der Seilzug für die Drosselklappenbetätigung (evtl. nur Kabel für elektrische Drosselklappe) sind auf der Luftzuführungsseite zu verlegen. In der Abgasanlage ist evtl. noch im Motorraum der Katalysator mit λ-Sonde und Wärmeabschirmblech unterzubringen. Elektrische Kabel, Starterkabel, Schläuche für Kühlmittel, Klimaanlagen, Heizung und vieles mehr füllen den Motorraum. Sie alle müssen so verlegt sein, dass keine Scheuerstellen entstehen, sich keine elektrische Beeinflussung ergibt, keine übermäßige Erwärmung auftritt und Wartungs- und Reparaturarbeiten möglichst nicht behindert werden.

In der Endmontage beim Fahrzeughersteller versucht man der mit dem Package verbundenen Komplexität dadurch zu begegnen, dass möglichst viele Einzelkomponenten zu Modulen zusammengepackt werden, die vormontiert an das Fahrzeugband angeliefert werden. Dieser Trend erfordert von den Zulieferern zunehmende Kompetenz, die sich über ein gesamtes System erstrecken muss.

Bild 5.1-28 zeigt Streubänder für die Länge, Breite und Höhe (Kistenmaße über alle Motoranbauteile) von 4-Zylinder-Reihenmotoren für Pkw-Antriebe. Die Breite der Streubänder, insbesondere im Bereich der häufig vertretenen Hubraumklasse zwischen 1,6 und 2,0 l deutet auf das große Optimierungspotenzial hinsichtlich der Kompaktheit moderner Fahrzeugantriebe hin.

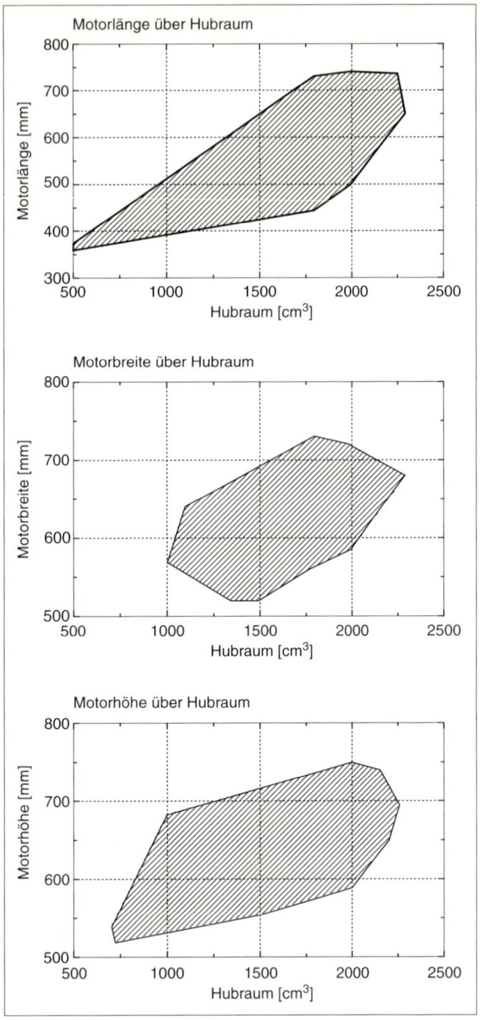

Bild 5.1-28 Package-Abmessungen von 4-Zylinder-Reihenmotoren (FEV Motorentechnik)

Literatur zu Kapitel 5.1.1 bis 5.1.4

[1] *Baehr, H. D.*: Thermodynamik, 11. Auflage. Springer Verlag Berlin, Heidelberg 2002

[2] *Baehr, H. D.; Stephan, K.*: Wärme- und Stoffübertragung, 3. Auflage. Springer Verlag Berlin, Heidelberg 1998

[3] *Pischinger, R.; Klell, M.; Sams, T.*: Thermodynamik der Verbrennungskraftmaschine, 3. Aufl. Der Fahrzeugantrieb. Springer Verlag Wien, New York 2002

[4] *Warnatz, J.; Maas, U.; Dibble, R.W.*: Verbrennung (Physikalisch-Chemische Grundlagen, Modellierung und Simulation, Experimente, Schadstoffentstehung), 3. Auflage. Springer Verlag Berlin, Heidelberg 2001

[5] *Maass, H.; Klier, H.*: Kräfte, Momente und deren Ausgleich in der Verbrennungskraftmaschine. Hrsg. H. List und A. Pischinger, Die Verbrennungskraftmaschine Neue Folge Band 2. Springer Verlag Wien 1981

[6] *Zima, S.*: Kurbeltriebe (Konstruktion, Berechnung und Erprobung), 2. Auflage. Vieweg Verlag Braunschweig, Wiesbaden 1999, ATZ-MTZ-Fachbuch
[7] *Robert Bosch GmbH*: Kraftfahrtechnisches Taschenbuch 26. Aufl. Wiesbaden: Vieweg Verlag, 2006
[8] *van Basshuysen, R.; Schäfer, F. (Hrsg.)*: Handbuch Verbrennungsmotor. Wiesbaden: Vieweg Verlag, 2007
[9] *Okimoto, H.*: Der Rotationskolbenmotor Renesis. MTZ 10/2002, S. 808–815
[10] *Köhler, E.*: Verbrennungsmotoren (Motormechanik, Berechnung und Auslegung des Hubkolbenmotors), 3. Auflage. Vieweg Verlag Braunschweig, Wiesbaden 2002, ATZ-MTZ-Fachbuch
[11] *Houben*: CAE im Motorenentwicklungsprozess – Anspruch und Wirklichkeit aus Sicht der Projektleitung, HdT-Tagung „Integration der Berechnung in die Prozesskette Motorenentwicklung", Essen, 1999
[12] *Landerl, C.; Klauer, N.; Klüting, M.*: Die Konzeptmerkmale des neuen BMW Reihensechszylinder Ottomotors, 13. Aachener Kolloquium Fahrzeug- und Motorentechnik, 2004
[13] *Thomas*: Analyse des Betriebsverhaltens von Kurbelwellengleitlagern mittels TEHD-Berechnung, Dissertation RWTH Aachen, 2003
[14] *Dohmen*: Untersuchungen zum reibungsoptimierten Triebwerk an Pkw-Verbrennungsmotoren, Dissertation RWTH Aachen, 2003
[15] *Röhrle, M. D.*: Kolben für Verbrennungsmotoren (Grundlagen der Kolbentechnik) 2. Auflage. Die Bibliothek der Technik, Band 98, Verlag moderne Industrie 2001
[16] *Cierocki, Ermert*: Topografischer Stopper für Zylinderkopfdichtungen, MTZ Motortechnische Zeitschrift, 64. Jahrgang, Heft 1/2003
[17] *Schneider, Schnurrenberger, Ludwig, Unseld, Weiß*: Funktionserweiterung von Zylinderkopfdichtungen – Weiterentwicklungen beim Wellenstopper, MTZ Motortechnische Zeitschrift, 64. Jahrgang, Heft 10/2003
[18] *Schmidt, Flierl, Hofmann, Liebl, Otto*: Die neuen BMW-6-Zylindermotoren, 19. Internationales Wiener Motorensymposium, 1998
[19] *Wurms, R.; Dengler, S.; Budack, R.; Mendl, G.; Dicke, R.; Eiser, A.*: Audi valvelift system – ein neues innovatives Ventiltriebssystem von Audi, 15. Aachener Kolloquium Fahrzeug- und Motorentechnik, 2006
[20] *Flierl, Klüting, Unger, Poggel*: Drosselfreie Laststeuerung mit vollvariablen Ventiltriebskonzepten, 4. Symposium Entwicklungstendenzen bei Ottomotoren, Technische Akademie Esslingen, 1998
[21] *Kreuter, Heuser, Reinicke-Murmann*: The Meta VVH System – A Continuously Variable Valve Timing System, SAE 980765
[22] *Hannibal, Bertsch*: VAST: A New Variable Valve Timing System for Vehicle Engines, SAE 980769
[23] *Salber*: Untersuchungen zur Verbesserung des Kaltstart- und Warmlaufverhaltens von Ottomotoren mit variabler Ventilsteuerung, Dissertation RWTH Aachen, 1998
[24] *Möller, U. J.; Nassar, J.*: Schmierstoffe im Betrieb, 2. Auflage. Springer Verlag Berlin, Heidelberg 2002
[25] *Kessler, F.; Sonntag, E.; Schopp, J.; Simionesco, L.; Keribin, P.; Bordes, F.*: Die neue kleine 4-Zylinder Motorenfamilie der BMW/PSA Kooperation, 15. Aachener Kolloquium Fahrzeug- und Motorentechnik, 2006

5.1.5 Ottomotoren

Die Bezeichnung Ottomotor geht zurück auf Nicolaus August Otto, der im Jahre 1876 den ersten Motor nach dem Viertakt-Verfahren in der Gasmotorenfabrik Deutz AG betrieb und darüber am 4. August 1877 das Patent erteilt bekam [1]. Das Viertakt-Verfahren wird ebenso bei Dieselmotoren angewandt, und sowohl Otto- als auch Dieselmotoren können nach dem Zweitakt-Verfahren (siehe auch Kapitel 5.7) arbeiten. Wesentliche Unterscheidungsmerkmale des konventionellen Ottomotors gegenüber dem Dieselmotor sind die Drosselregelung, die Homogenität der Zylinderladung, die äußere Gemischbildung mit anschließender Gemischverdichtung und die Fremdzündung.

Hieraus resultiert einer der wesentlichen Nachteile des Ottomotors gegenüber dem Dieselmotor, nämlich die Teillast-Drosselverluste. Zukunftslösungen für ottomotorische Kraftfahrzeugantriebe versuchen, die prinzipbedingten Nachteile der konventionellen Ottomotorentechnik zu überwinden und zielen darauf, sich von den Einschränkungen der äußeren Gemischbildung, der Quantitätsregelung sowie einer homogenen Zylinderladung zu lösen. Danach verbleibt als wesentliches Unterscheidungskriterium zum Dieselmotor die Art der Zündung, wie es im angelsächsischen Sprachraum mit den Bezeichnungen SI („Spark Ignition") und CI („Compression Ignition") zum Ausdruck kommt.

Für die Beurteilung zukünftiger Antriebskonzepte sind eine Vielzahl von Kriterien von Bedeutung. Die Zuverlässigkeit unter allen denkbaren Anwendungssituationen und über die gesamte Gebrauchsdauer wird vom Verbraucher als selbstverständlich vorausgesetzt. Wesentlich für die Akzeptanz eines neuen Antriebskonzeptes ist letztendlich seine Wirtschaftlichkeit. Diese wird sowohl von den Herstellkosten als auch von den Betriebskosten bestimmt. Der Kraftstoffverbrauch hat hierauf direkten Einfluss, steht aber auch aus Gründen der Ressourcenschonung sowie wegen der mit der Verbrennung von fossilen Brennstoffen verbundenen CO_2-Emissionen im Vordergrund der öffentlichen Diskussion.

Die aus der drastischen Zunahme der Verkehrsdichte in Ballungsräumen resultierenden Aktivitäten der Gesetzgeber, die Abgasemissionen von Pkw-Antrieben immer strengeren Bestimmungen zu unterwerfen, stellen ein weiteres wesentliches Auswahlkriterium für zukünftige Pkw-Antriebe dar. Auch die vom Antrieb ausgehenden Geräuschemissionen werden als störende und belastende Auswirkung des Straßenverkehrs verstanden und müssen deshalb minimiert werden. Sie nehmen auch direkten Einfluss auf den von den Fahrzeuginsassen empfundenen Komfort. Aus den Bemühungen zur Absenkung der Fahrzeuggewichte und zur möglichst kompakten Bauweise leitet sich für den Antrieb die Forderung nach hoher Leistungsdichte ab. Das dynamische Betriebsverhalten stellt sowohl ein emotional geprägtes Kriterium als auch eine mit dem rationalen Begriff „aktive Fahrsi cherheit" verbundene Anforderung dar.

Insbesondere seit den bedeutenden Fortschritten in der Entwicklung von Pkw-Dieselmotoren mit Hoch-

druck-Direkteinspritzung treten die prinzipbedingten Nachteile des konventionellen Ottomotors in den Vordergrund. Konzepte zur Entdrosselung des Ottomotors sind die variable Ventilsteuerung (siehe Kapitel 5.1.5.1.4) sowie der Magerbetrieb. Der beim konventionellen Ottomotor möglichen Betriebsweise mit homogenem Kraftstoff-Luft-Gemisch zum thermodynamisch vorteilhaften Magerbetrieb sind durch die Zündgrenzen des Kraftstoffes Grenzen gesetzt. Deshalb hat sich in den letzten Jahren die Benzindirekteinspritzung mit geschichteter Zylinderladung als zielführende Alternative etabliert (siehe Kapitel 5.1.5.2.2). Solche Magermotorkonzepte erfordern jedoch neue Lösungen zur Abgasreinigung im sauerstoffreichen Abgas (siehe Kapitel 5.1.5.6.2). Auch Downsizing-Konzepte (siehe Kapitel 5.1.5.4) schöpfen einen wesentlichen Anteil ihres Verbrauchsvorteils aus der mit der Betriebspunktverlagerung verbundenen Entdrosselung des Motors.
Die Begrenzung des Verdichtungsverhältnisses aufgrund der bei hohen Motorlasten auftretenden Klopfneigung hat eine direkte Auswirkung auf den Wirkungsgrad des Vergleichsprozesses. Üblicherweise muss hier ein Kompromiss zwischen Leistungsdichte und Teillastwirkungsgrad gefunden werden, welcher sich bei einer variablen Steuerung des Verdichtungsverhältnisses vermeiden lässt. Insbesondere in Kombination mit der Aufladung des Ottomotors und den damit verbundenen Downsizing-Effekten lassen sich hiermit große Verbrauchseinsparungen realisieren (siehe Kapitel 5.1.5.4.2).

5.1.5.1 Ladungswechsel

Der Ladungswechsel ist der Austausch der Verbrennungsgase durch Frischluft oder frisches Gemisch. Hierzu dienen die Ansaug- und Abgasanlage, die zusammen mit den Ventilen und deren Öffnungscharakteristiken die Füllung des Arbeitszylinders bestimmen. Die Güte des Ladungswechsels wird durch den Liefergrad definiert; das Verhältnis von tatsächlich angesaugter Frischladung m_L zu theoretisch möglicher Ladungsmenge m_{th} bei gegebenem Hubraum:

$\lambda_1 = m_L / m_{th}$

Die Zylinderfrischladung ist

$m_Z = m_{ZL}$ bei innerer und

$m_Z = m_{ZB} + m_{ZL}$ bei äußerer Gemischbildung.

Nur wenn möglichst viel Luft und damit Sauerstoff in den Zylinder gelangt und dort verbleibt, kann eine entsprechend große Menge Kraftstoff für eine „vollkommene“ Verbrennung zugemischt bzw. eingespritzt werden und der Motor eine hohe Leistung erbringen.
Hinsichtlich der Anordnung der Gaswechselorgane im Zylinderkopf und der Strömungsführung beim Ladungswechsel unterscheidet man zwischen dem Gegenstrom- und dem Querstrom-Prinzip. Beim Gegenstrom-Zylinderkopf sind die Ein- und Auslasskanäle an der gleichen Kopfseite (deshalb wird er manchmal auch als „Gleichstromkopf“ bezeichnet), Ansaug- und Auslassstrom laufen entgegengerichtet. Dieses Prinzip findet man häufig bei klassischen Zweiventilmotoren mit der Ventilanordnung in Reihe. Beim Querstromkopf ist eine Seite die Ansaugseite, die gegenüberliegende die Auslassseite. Man findet dieses Prinzip auch bei Zweiventilmotoren, grundsätzlich aber bei allen Mehrventilmotoren (≥3 Ventile je Zylinder). Beim Querstromkopf ist die „kalte“ und die „warme“ Seite getrennt. Dies eröffnet auch mehr Freiheiten für die Rohrführungen und Kraftstoffeinrichtungen.

5.1.5.1.1 Ansaugsystem

Der Ansaugvorgang des Motors erfolgt in kurzer Zeit über ca. jeweils 180–240° KW, das heißt in ca. 3 bis 0,5 ms bei Drehzahlen von 1000 bis 6000 l/min. Dieser Prozess ist von hoher Dynamik geprägt und wird von Druck- und Unterdruckwellen im Ansaugsystem maßgeblich beeinflusst. Mittels der gezielten Auslegung der Sauganlagengeometrie hinsichtlich Kanallänge und -durchmesser lässt sich der Liefergrad für einen begrenzten Drehzahlbereich optimieren. In **Bild 5.1-29** ist der Verlauf des effektiven Mitteldrucks über der Drehzahl für unterschiedliche Saugrohrauslegungen dargestellt. Maximale Drehmomente erreicht man bei niedrigen Drehzahlen mit dünneren, längeren Ansaugrohren, hohe Maximalleistung mit größeren, kürzeren Rohren. Bei „Alltagsautos“ wird üblicherweise eine Auslegung für hohes Drehmoment bei niedrigen und mittleren Drehzahlen vorgezogen, wohingegen bei Sportfahrzeugen eine auf den oberen Drehzahlbereich ausgerichtete Auslegung gewählt wird.

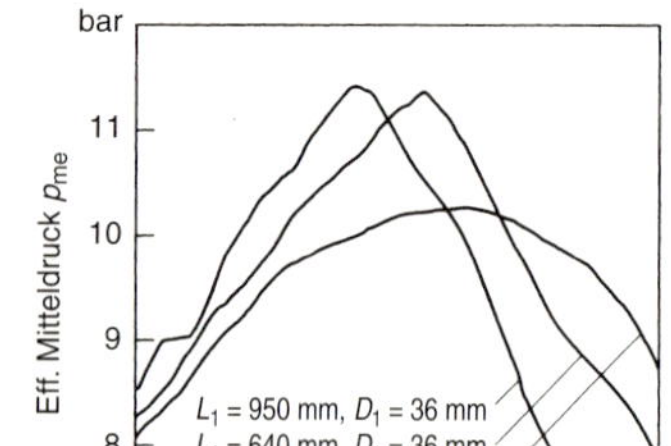

Bild 5.1-29 Verlauf des effektiven Mitteldruckes über der Drehzahl bei unterschiedlicher Saugrohrauslegung

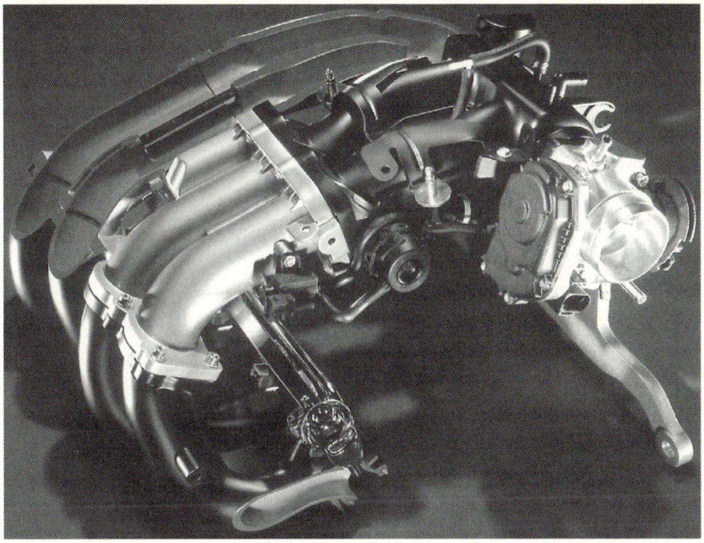

Bild 5.1-30 Ansaugmodul mit Schaltsaugrohr, elektr. Drosselklappe, Kraftstoffeinspritzsystem, inkl. Verkabelung und Verschlauchung (Siemens)

Die Innenflächen der Ansaugkanäle sollten möglichst glatt sein. Stolperkanten und scharfe Krümmungen würden zu Strömungsablösungen führen und sind deshalb zu vermeiden. Bei Mehrzylinder-Motoren muss auch darauf geachtet werden, dass sich die in der Zündfolge aufeinander folgenden Zylinder nicht negativ beeinflussen. Für die Saugrohrauslegung bedeutet dies, dass die Verwirklichung gleich langer und gleichförmiger Ansaugrohre allein nicht ausreicht für jeden einzelnen Zylinder die gleiche Füllung zu gewährleisten. Durch Detailoptimierung, auch unter Zuhilfenahme dreidimensionaler Strömungssimulationsrechnungen (CFD – Computational Fluid Dynamics) sollen dynamische Effekte, welche zur lokalen Störung der Ansaugströmung führen, vermieden werden.

Immer häufiger werden auch bei gängigen Motorisierungen Schaltsaugrohre verwendet. Klappen oder Drehschieber schalten zwei oder drei unterschiedliche Saugrohrlängen oder ermöglichen gar eine stufenlose Längenverstellung. Damit wird über den vollen Drehzahlbereich ein optimaler Drehmomentverlauf erreicht. Auch die vorgelagerte Ansaugstrecke vom Ansaugschnorchel über den Luftfilter bis zur Drosselklappe hat einen Einfluss auf den Ladungswechsel. Außerdem muss dieser Teil der Ansauganlage im Hinblick auf das Ansauggeräusch optimiert werden. Dies geschieht durch die Integration von Helmholtz-Resonatoren zur Dämpfung einzelner kritischer Frequenzbereiche oder durch Breitbandresonatoren, welche über eine gute Dämpfung über einen weiten Frequenzbereich verfügen.

Der anhaltende Kostendruck und das Streben um eine bessere Großserienqualität hat in den vergangenen Jahren Modultechnik vorangetrieben. Am Ansaugmodul moderner Ottomotoren werden häufig alle mit der Luftführung und Kraftstoffeinspritzung zusammenhängenden Bauteile funktional und räumlich zu einer vormontierten und prüffähigen Einheit zusammengefasst. In **Bild 5.1-30** ist ein Beispiel eines Ansaugmoduls mit einem mehrteiligen Saugrohr in Kunststoff- und Aluminiumbauweise mit elektronisch gesteuerter Drosselklappe, Saugrohrlängen-Schaltanlage, Kraftstoff-Verteilerleiste und Kraftstoff-Einspritzventilen dargestellt.

5.1.5.1.2 Auspuffsystem

Zur Erfüllung heutiger und zukünftiger Emissionsvorschriften kommt der schnellen Erwärmung des Abgaskatalysators eine entscheidende Bedeutung zu. Deshalb setzen sich neben den relativ dickwandigen Gusskrümmern mit hoher Wärmekapazität moderne Blechkrümmer durch. Diese lassen sich in strömungsgünstigen Leitungsformen und -führungen realisieren. Sie sind leichter und entnehmen dem Abgas weniger Wärme, so dass der Katalysator schneller aufgeheizt werden kann. Blechkrümmer werden oft auch noch mit einer Blechumhüllung versehen, die durch einen Luftspalt isoliert und damit wärmedämmend ist. Mit neuen Fertigungstechnologien, z.B. Hydroforming (siehe auch Kapitel 9.2.5), hat man technisch gute und kostengünstige Produkte entwickelt (**Bild 5.1-31**), die den harten Temperatur- und Schwingungsbelastungen standhalten.

Dem Abgaskrümmer folgt der Katalysator. Mit zunehmender Verschärfung der Emissionsvorschriften ist seine motornahe Anordnung, welche eine raschere Erwärmung des Katalysators nach dem Kaltstart ermöglicht, zwingend erforderlich. Bei hoher Last ist damit jedoch eine erhöhte Wärmebelastung verbunden, die von modernen Katalysatoren allerdings beherrscht wird. Dennoch ist unter bestimmten Betriebsbedingungen die Anreicherung des Kraftstoff-Luft-Gemisches zum

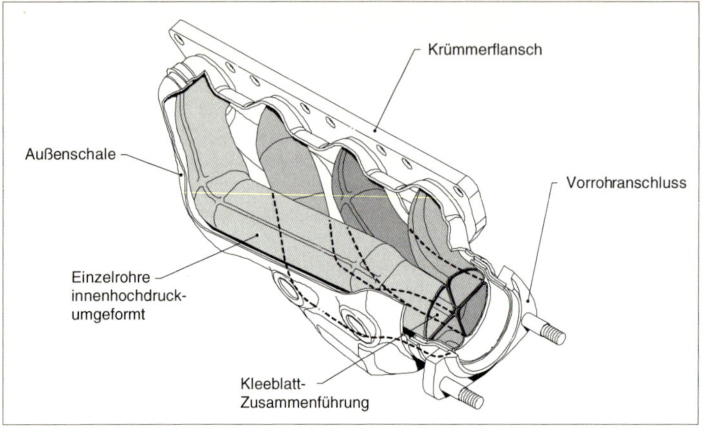

Bild 5.1-31 Abgaskrümmer in Blechkonstruktion mit Luftspaltisolation (Beispiel Audi V8)

Schutz des Katalysators vor Übertemperatur erforderlich („Bauteilschutz").

Auch die Geometrie der Abgasanlage (Kapitel 5.6) hat einen Einfluss auf die Gasdynamik beim Ladungswechselvorgang. Aufwändige Abgasanlagen mit stufenweiser Zusammenführung der einzelnen Abgasstränge (beim 4-Zylindermotor mit 4-in-zwei-in-1 Zusammenführung) unterstützen die Darstellung homogener Volllast-Drehmomentverläufe. Die nachfolgenden Bauteile (Katalysator und Schalldämpfer) sollen einen geringen mittleren Abgasgegendruck erzeugen. Die Schalldämpfung soll wirksam und die eigene Oberflächen-Schallabstrahlung möglichst gering sein. Um der Korrosion vorzubeugen, werden Edelstahl- oder aluminierte Bleche verwendet.

5.1.5.1.3 Ventilsteuerzeiten

Neben der Geometrie der Gaswechselorgane hat die zeitliche Steuerung des Ladungswechselvorgangs entscheidende Bedeutung für den Erfolg des Ladungswechsels (Liefergrad). Im Interesse einer möglichst hohen spezifischen Leistung des Motors müssen die in der Theorie streng nacheinander ablaufenden Prozesse des Ausschiebens und Ansaugens in der Praxis mehr oder weniger zeitlich überlappend verlaufen. Maß hierfür ist die Ventilüberschneidung, womit die Dauer der gleichzeitigen Öffnung der Aus- und Einlassventile gemeint ist.

Bei niedrigen Drehzahlen dagegen hat eine hohe Ventilüberschneidung relativ hohe Restgasanteile zur Folge, welche die Leerlaufstabilität des Motors empfindlich beeinträchtigen können. Durch entsprechende Optimierung des Brennverfahrens mittels einlassseitig generierter Ladungsbewegung wird versucht dem entgegenzuwirken. Gelingt es auf diese Weise, eine hohe Restgasverträglichkeit darzustellen, so lässt sich dies auch zu der sogenannten inneren Abgasrückführung nutzen. Auf diese Weise lassen sich die Rohemissionen, insbesondere die Stickoxidemissionen senken, was die Anforderungen an die katalytische Abgasreinigung mindert. Darüber hinaus führt die Abgasrückführung im Teillastbetrieb zu einer begrenzten Entdrosselung des Motors und darüber zu begrenzten Verbrauchseinsparungen. Dieses Beispiel zeigt, wie die unterschiedlichen Anforderungen an einen modernen Ottomotor hinsichtlich Leistung, Verbrauch, Emissionen und Komfort ineinander greifen und bei der Feinabstimmung des Motors abgewogen werden müssen.

5.1.5.1.4 Variable Ventilsteuerung

Neben dem Betrieb mit magerem Gemisch ermöglicht auch die variable Steuerung der Ladungswechselorgane eine Entdrosselung des Ottomotors. Die mit der üblichen Drosselsteuerung verbundene erhebliche Ladungswechselarbeit stellt einen wesentlichen Anteil der Prozessverluste des Ottomotors dar. **Bild 5.1-32** zeigt die mittels Zylinderdruckindizierung gemessene Ladungswechselarbeit als Anteil an der insgesamt geleisteten indizierten Arbeit im Motorkennfeld [2]. Dieser Anteil gewinnt mit abnehmender Motorlast deutlich an Bedeutung, was auf ein hohes Potenzial zur Verbrauchsverbesserung hindeutet.

Darüber hinaus bietet die variable Steuerung der Ventile noch weitere Potenziale zur Verbesserung des Betriebsverhaltens. Diese liegen sowohl im Volllast-Drehmomentverhalten als auch in der Leerlaufqualität sowie im Verbrauchs- und Emissionsverhalten bei Teillast.

Die Systeme zur variablen Ventilsteuerung sind in Kapitel 5.1.4.6.3 eingehend beschrieben. Die nachfolgend beschriebenen Konzepte zur Entdrosselung des Ottomotors mittels variabler Ventilsteuerung beziehen sich auf die dort vorgestellten Systeme zur Beeinflussung der Ventilsteuerzeiten und der zeitlichen Öffnungsquerschnitte.

Die Ladungswechselverluste des konventionellen Ottomotors können zu einem großen Teil vermieden werden, wenn die angesaugte Ladungsmasse ohne Drosselung des Ansaugstromes gesteuert wird. Bei variabler Beeinflussung der Steuerzeiten kann dies

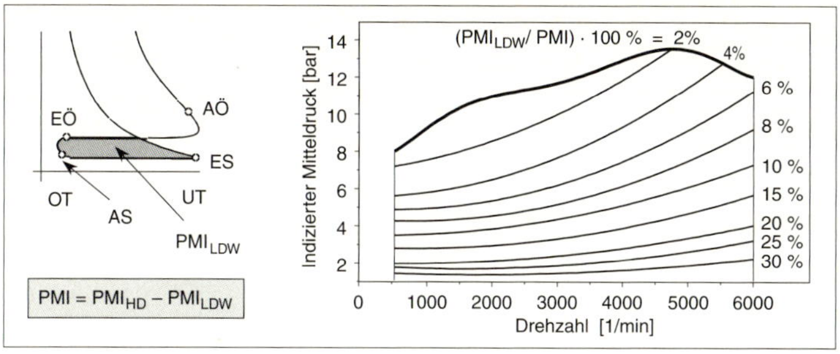

Bild 5.1-32 Ladungswechselverluste des konventionellen Ottomotors

sowohl über ein frühes Schließen der Einlassventile (FES) realisiert werden, nachdem die gewünschte Frischgemischmasse angesaugt wurde, als auch über ein spätes Schließen (SES), nachdem die überschüssige Ladungsmasse wieder in den Ansaugtrakt ausgeschoben wurde **(Bild 5.1-33)**. Die Alternative FES erfordert die Beherrschbarkeit sehr kurzer Ventilöffnungsdauern zur Realisierung der im Nulllastbetrieb minimalen Frischgemischmassen. Bei der Strategie SES dagegen sind tendenziell höhere Ladungswechselverluste infolge der wiederholten Strömung der für den jeweiligen Lastpunkt überschüssigen Ladungsmenge zu verzeichnen.

Die Variabilität der Ventilsteuerzeiten lässt sich auch für die Steuerung der Restgasmasse nutzen (innere Abgasrückführung). Hierzu kommen prinzipiell drei Alternativen in Betracht **(Bild 5.1-34)**. Bei einer Verschiebung beziehungsweise Ausdehnung der Ventilüberschneidungsphase in den Ausschiebetakt strömt verstärkt Abgas in den Ansaugtrakt („Einlasskanal-Rückführung") und verdünnt dort die nachfolgend angesaugte Frischladung. Dieses Verfahren wird auch zur Verbesserung der Gemischbildung im Einlasskanal genutzt.

Bei der „Auslasskanal-Rückführung" wird die Überschneidungsphase in den Saughub verlegt und in der ersten Phase des Ansaugtaktes Frischgemisch über das Einlassventil und Abgas über das Auslassventil gleichzeitig angesaugt. Alternativ hierzu wird bei der „Brennraum-Rückführung" die Restgasmasse durch ein frühes Schließen des Auslassventils bestimmt, wobei das danach im Brennraum verbleibende Restgas infolge der Kolbenbewegung bis zum oberen Totpunkt verdichtet und dann wieder expandiert wird. Nach Erreichen atmosphärischen Druckniveaus im Zylinder wird dann das Einlassventil geöffnet, und der Ansaugvorgang erfolgt gemäß der Strategie FES (vgl. **Bild 5.1-33**).

Bei drosselfreier Laststeuerung entfällt der die Kraftstoffverdampfung fördernder Unterdruck im Saugrohr, was insbesondere im Kaltstart- und Warmlaufbetrieb des Motors zu Gemischbildungsproblemen führen kann. Dem kann beispielsweise mit dem in **Bild 5.1-35** gezeigten Verfahren mit einem späten Öffnen des

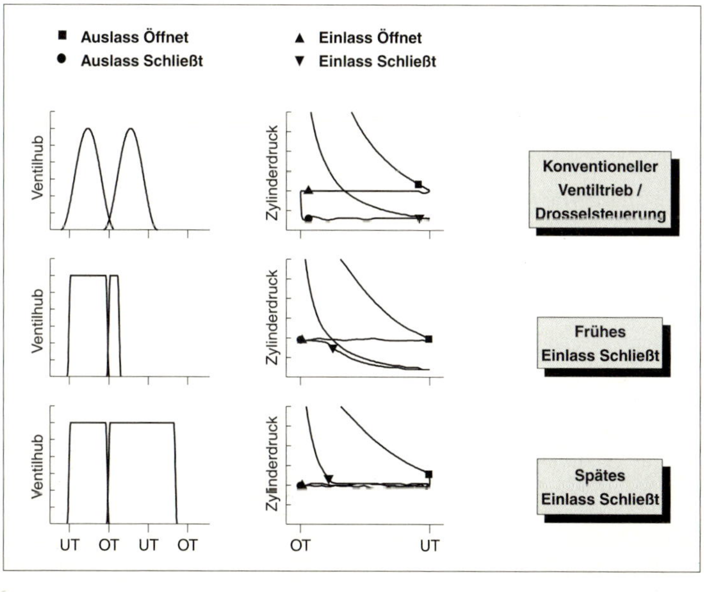

Bild 5.1-33 Laststeuerverfahren (Teillast)

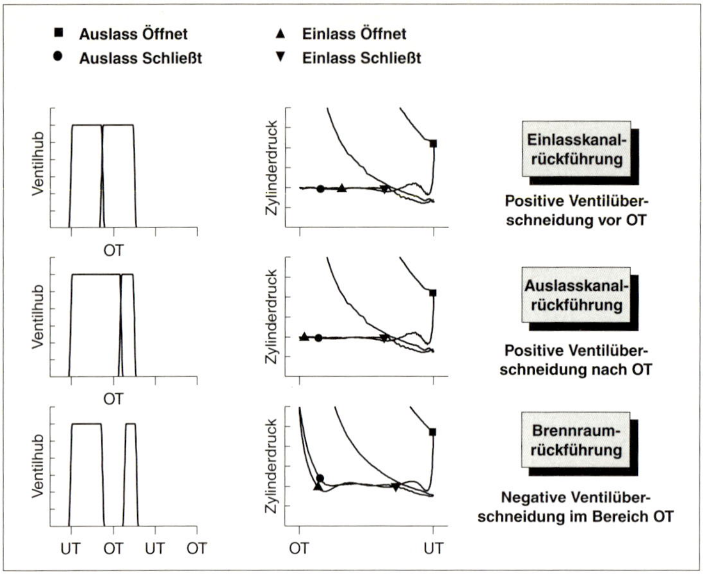

Bild 5.1-34 Restgas-Steuerverfahren

Einlassventils [3] begegnet werden. Dadurch wird erreicht, dass zum Zeitpunkt Einlass-öffnet (Eö) im Zylinder ein Unterdruck vorliegt, der ein Einströmen des Frischgemisches mit Schallgeschwindigkeit bewirkt. Die mit dieser Prozessführung verbundenen Drosselverluste fallen in der Gesamtbetrachtung kaum ins Gewicht, weil nach dem Kaltstart wieder auf drosselfreie Laststeuerung übergegangen wird. Die mit einigen bekannt gewordenen Systemen verbundene Variabilität des Ventilhubes (siehe auch Kapitel 5.1.4.6.3) stellt eine weitere Möglichkeit dar, die Gemischbildung bei niedrigen Lasten durch Nutzung von Ventilspalt-Effekten zu verbessern.

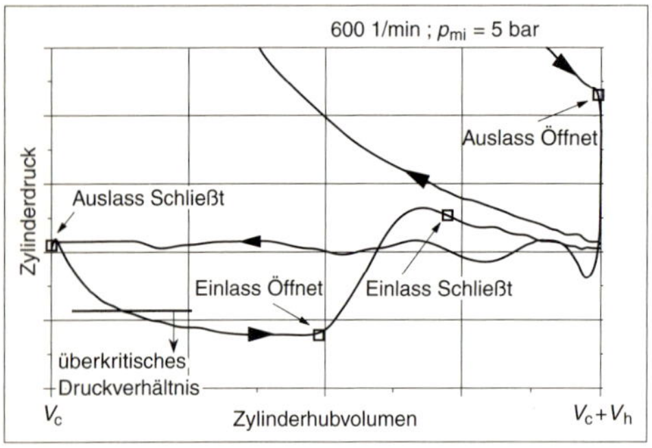

Bild 5.1-35 *p*-*V*-Diagramm bei „Spätem Einlass Öffnet" [3]

Je nach der erreichten Variabilität der Ventilsteuerung lassen sich auch noch weitere Potenziale zur Verbesserung des Motorbetriebs eröffnen. Beispielsweise folgen aus der Möglichkeit einer Leerlaufdrehzahl-Absenkung weitere Verbrauchsvorteile. Darüber hinaus kann infolge einer optimierten Restgassteuerung eine bessere Füllung bei gleichzeitig verringerter Klopfbegrenzung erreicht werden. Das höhere Volllastdrehmoment, insbesondere im unteren Drehzahlbereich, erlaubt eine Verlängerung der Achsübersetzung, was über eine Betriebspunktverlagerung zu weiteren Verbrauchsvorteilen führt.

Konstruktive Lösungen, die eine vollständige Deaktivierung einzelner Ventile erlauben, können auch zur Realisierung einer kennfeldgesteuerten Abschaltung einzelner Zylinder genutzt werden. Für die aktiven Zylinder resultiert daraus eine Betriebspunktverlagerung mit entsprechend günstigerem Kraftstoffverbrauch. Die Möglichkeiten der Ventilsteuerung reichen dabei bis zum zyklisch intermittierenden Betrieb, bei dem zwischen den vier Arbeitstakten jedes einzelnen Zylinders eine wählbare Anzahl von Leertakten zwischengeschaltet ist.

In Kombination mit der Aufladung ermöglicht die variable Ventilsteuerung beispielsweise die Realisierung des Miller-Verfahrens [30]. Oder es können durch gezielt frühzeitiges Öffnen der Auslassventile Druckpulsationen im Auslasssystem erzeugt werden, die sich im Sinne einer Stoßaufladung zur Verbesserung des instationären Betriebsverhaltens nutzen lassen.

5.1.5.2 Gemischbildung

Zur Gemischbildung im Ottomotor zählen die Gemischdosierung nach Menge und Zusammensetzung sowie Gemischaufbereitung, -transport und -verteilung. Ziel der Gemischbildung beim konventionellen Ottomotor ist die Darstellung eines möglichst homogenen Gemischs mit stöchiometrischem Mischungsverhältnis von Luft (Sauerstoff) und Kraftstoff. Die

Luftmenge wird mit der Drosselklappe reguliert, die angepasste Kraftstoffmenge mit der Einspritzung.
Die gleichmäßige Luftverteilung auf die Zylinder wird durch die Ansauganlage gewährleistet (siehe Kapitel 5.1.4.9). Die exakte und gleichmäßige Kraftstoffverteilung wird bei modernen Ottomotoren durch je ein Einspritzventil für jeden Zylinder bewirkt (multi-point injection MPI). Die Einspritzventile sind in den jeweiligen Saugarmen der Ansauganlage nahe den Einlasskanälen angeordnet (port fuel injection PFI). Die Gemischaufbereitung, d.h. die Verdampfung und Vermischung des Kraftstoffes mit der angesaugten Luft, wird vom Siedeverlauf des Kraftstoffes, der Temperatur, dem Druck, der Strömungsgeschwindigkeit und Turbulenz, der Zerstäubungsgüte und Kraftstoffkonzentration und der zur Verfügung stehenden Zeit beeinflusst.
Das Mischungsverhältnis wird mit dem Luftverhältnis λ angegeben. Dieses ist das Verhältnis von zugeführter Luftmenge zum theoretischen Luftbedarf für die vollkommene Verbrennung der eingebrachten Kraftstoffmasse. Für die vollständige Verbrennung von 1 kg Benzin beträgt der stöchiometrische Luftbedarf etwa 14,6 kg Luft. Bei Kraftstoffüberschuss ist $\lambda < 1$ (fettes Gemisch), bei Luftüberschuss ist $\lambda > 1$ (mageres Gemisch). Der Wert von λ bestimmt das Betriebsverhalten des Motors (**Bild 5.1-36**). Maximales Drehmoment und guter Rundlauf des Motors ergeben sich bei $\lambda \approx 0{,}9$, der geringste Kraftstoffverbrauch bei $\lambda \approx 1{,}1$ bis 1,2. Ebenso hat das Luftverhältnis Einfluss auf die Emissionen des Motors; bei Luftmangel ($\lambda < 1$) steigen die Kohlenwasserstoff-(HC)- und Kohlenmonoxid-(CO)-Emissionen, bei Luftüberschuss ($\lambda > 1$) steigt die Stickoxidemission-(NO_x) an (siehe auch **Bild 5.1-55**).

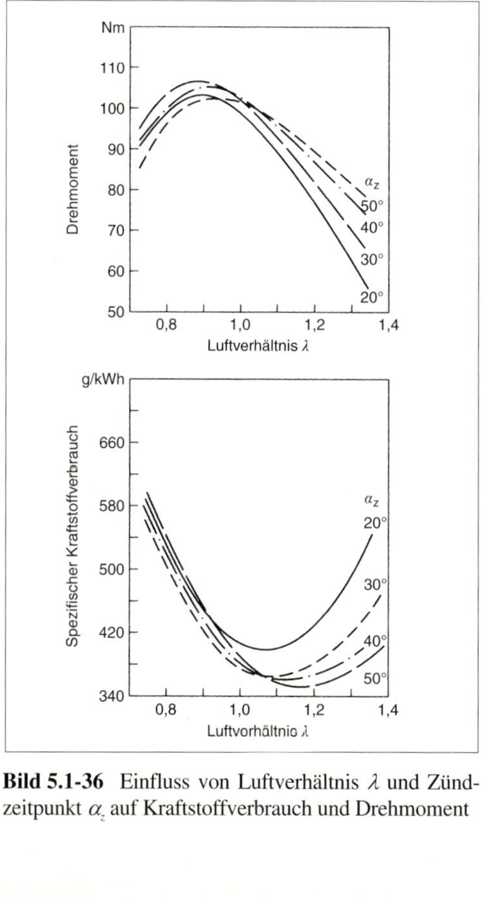

Bild 5.1-36 Einfluss von Luftverhältnis λ und Zündzeitpunkt α_z auf Kraftstoffverbrauch und Drehmoment

Die vorteilhafte Auswirkung einer mageren Betriebsweise war immer wieder Gegenstand von Bemühungen, den Teillast-Kraftstoffverbrauch des Ottomotors durch teilweise Entdrosselung zu senken. Wegen der Notwendigkeit zur Zündung an der Zündkerze einen λ-Wert zwischen ca. 0,8 und 1,2 einzuhalten (Zündgrenzen des Kraftstoffs) waren dem Grenzen gesetzt. Konzepte mit nicht-homogener, geschichteter Zylinderladung im Brennraum eröffnen hier erweiterte Potenziale (siehe Kapitel 5.1.5.2.2). Mit der Einführung des Drei-Wege-Katalysators wurden die Bestrebungen nach Magerkonzepten zunächst aufgegeben, da zur gleichzeitigen Oxidation von HC und CO und Reduktion von NO_x der Wert $\lambda = 1$ zwingend eingehalten werden muss (siehe Kapitel 5.1.5.6.1).
Im normalen Betrieb bei warmem Motor bereitet die Gemischbildung keine gravierenden Probleme. Kritisch dagegen ist der Kaltstart und Warmlauf des Motors. Bei den tiefen Bauteiltemperaturen sowie wegen der geringen Strömungsgeschwindigkeit und Turbulenz im Brennraum wird ein Teil des eingespritzten Kraftstoffes an den Wänden gespeichert und nimmt zunächst nicht an der Verbrennung teil. Um dennoch ein zündfähiges Gemisch zu erhalten, muss eine Übermenge an Kraftstoff eingespritzt werden (Kaltstartanreicherung). Diese kann nicht vollständig verbrennen und führt zu sehr hohen HC-Emissionen, was die größte Herausforderung zur Einhaltung der Emissionsgrenzwerte darstellt. Zur Minimierung dieser Problematik muss die Position und Ausrichtung der Einspritzventile sowie die Qualität des von ihnen generierten Sprays optimiert werden.

5.1.5.2.1 Homogene Gemischbildung

Mit der Einführung der Katalysatortechnik kam es zur vollständigen Substitution der bis dahin vorwiegend eingesetzten Vergaser durch die Benzineinspritzung. Zunächst wurde an der gleichen Stelle, wo üblicherweise der Vergaser am Ansaugkrümmer angeflanscht war, der Kraftstoff zentral eingespritzt (single point injection SPI). Dies änderte jedoch nur wenig an dem Umstand, dass die Kanäle des Saugrohres mit Kraftstoff benetzt wurden und das dynamische Ansprechverhalten des Motors infolge der Anlagerungs- und Verdampfungsvorgänge im Saugrohr sehr verschleppt war. Deshalb setzte sich schnell die Einzeleinspritzung (multi-point injection MPI) durch. Für jeden einzelnen Zylinder ist ein separates Einspritzventil vorhanden, möglichst nah am Zylinderkopf montiert und in Richtung der Einlassventile spritzend (**Bild 5.1-37**). Die Einspritzung ist intermittierend, sie wird über einen Magneten im Einspritzventil ausgelöst, der die Ventilnadel anhebt und die Spritzbohrung(en) freigibt. Die Dauer der Magnetansteuerung und der Kraftstoffüberdruck zum Saugrohrdruck bestimmen die eingespritzte Kraftstoffmenge. Bei 4-Ventil Zylinderköpfen mit zwei Einlasskanälen verwendet man in der Regel ein Einspritzventil mit einem Doppelstrahl in Richtung der beiden Einlassventile.

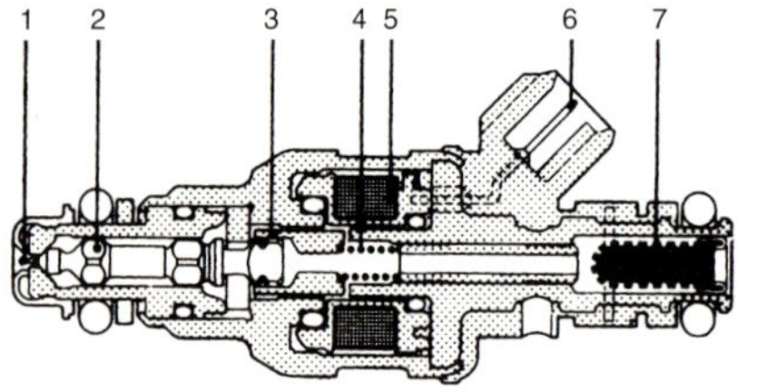

1 Spritzzapfen, 2 Ventilnadel, 3 Magnetanker, 4 Schließfeder, 5 Magnetwicklung, 6 elektrischer Anschluss, 7 Kraftstoffsieb

Bild 5.1-37 Einspritzventil (Bosch)

Heute üblich ist die Einzeleinspritzung (auch sequenzielle Einspritzung), bei der die Einspritzventile getrennt angesteuert werden, so dass jeder Zylinder zum vorgegebenen Zeitpunkt im Arbeitsspiel den Kraftstoff erhält. Dies kann kurz vor, während oder auch überlappend zum geöffneten Einlassventil vonstatten gehen in Abhängigkeit von Last, Drehzahl und Temperatur des Motors. Damit kann über die Motorsteuerung, abgesichert durch eingehende Versuche, der dynamische Vorgang einer Last- oder Drehzahländerung beherrscht werden, ohne dass zu viel oder zu wenig Kraftstoff in den Zylinder gelangt. Im Schubbetrieb wird die Kraftstoffeinspritzung ganz ausgesetzt (Schubabschaltung).

Die Kraftstoffversorgung zu den Einspritzventilen erfolgt über Verteilerleisten (fuel rail). Bei „top-feed" Ventilen wie in **Bild 5.1-37** wird diese Leiste von oben auf die in einer Reihe stehenden Einspritzventile aufgesteckt. Bei „bottom-feed" Ventilen ist in das Saugrohr, in Flanschnähe zum Zylinderkopf, ein Kraftstoffkanal integriert, in den das Ventil eingesetzt wird. Unterhalb und oberhalb der Zulaufbohrungen wird der Ventilkörper durch O-Ringe abgedichtet. Der Kraftstoffdruck beträgt gewöhnlich 3 bis 4 bar über aktuellem Saugrohrdruck und wird von einer elektrischen Kraftstoff-Förderpumpe im Kraftstoffbehälter aufgebracht (siehe auch Kapitel 7.6). Der Druck wird mit einem Druckregler am Ende der Verteilerleiste je nach Saugrohrdruck und Verbrauch auf konstanten Differenzdruck geregelt. Die Überschussmenge an Kraftstoff wird durch ein Rücklauf-Leitungssystem in den Tank zurückbefördert und sorgt so für die Ableitung von Luft- und Kraftstoffdampfblasen aus dem Leitungssystem. Neuere Systeme arbeiten auch rücklauflos, wobei die Druck- und Mengenregelung in die Pumpe integriert oder im Tank angebracht ist und nur die tatsächliche Bedarfsmenge in den Kraftstoffverteiler gefördert wird.

Neben den bereits erwähnten Varianten mit einem oder mehreren Einspritzstrahlen je Ventil sind auch Ausführungen mit von der Mittelachse des Ventils abweichenden Strahlachsen verfügbar. Unterschiede gibt es auch hinsichtlich der Zerstäubungsqualität. Hier gilt es, eine gute Optimierung auf den jeweiligen Motortyp zu erreichen und insbesondere auch eine gleich bleibende Qualität des Einspritzstrahles bei allen Betriebsbedingungen und über der Laufzeit zu gewährleisten. Durch Zuströmen von Luft an der Abspritzstelle des Ventils kann die Zerstäubung zusätzlich verbessert werden (luftumfasste Ventile). Dabei wird vor der Drosselklappe ein Teilluftstrom abgezweigt und das Druckgefälle zum Saugrohr ausgenutzt, um Kraftstoff und Luft bereits an der Einspritzstelle zu vermischen und mit hohen Luftströmungsgeschwindigkeiten kleinere Tröpfchengrößen zu erzeugen.

5.1.5.2.2 Benzin-Direkteinspritzung

Bei der direkten Einspritzung des Kraftstoffes in den Brennraum bestimmt der Zeitpunkt des Einspritzvorganges den Zeitraum für die Gemischbildung und damit den Ladungszustand gegen Ende der Verdichtung. Die bei später Einspritzung realisierte Ladungsschichtung gestattet den für die Teillast günstigen Betrieb mit im Mittel stark abgemagertem Kraftstoff/Luft-Verhältnis. Sowohl die damit verbundene Entdrosselung des Motors als auch die infolge geänderter Stoffwerte der Zylinderladung entstehenden thermodynamischen Vorteile wirken sich günstig auf den Kraftstoffverbrauch aus. Eine frühe Einspritzung während des Saughubes ermöglicht dagegen eine weitgehend homogene Zylinderladung. Aus der innenkühlenden Wirkung der Kraftstoffverdampfung resultieren Luftaufwandsvorteile sowie eine die Klopfneigung verringernde Ladungsabkühlung, so dass höhere Volllastmitteldrücke erreichbar sind.

Bei Brennverfahren mit homogener Zylinderladung muss die Homogenisierung durch eine einlassseitig erzeugte Ladungsbewegung unterstützt werden. Alternativ hierzu ist auch die Kombination mit einem zusätzlichen Saugrohr-Einspritzventil je Zylinder bei konsequent auf Zylinderfüllung ausgelegten Einlasskanälen möglich [5].

Eine weitere Option der Benzin-Direkteinspritzung stellt der Direktstart dar [4], wodurch sich die HC-Kaltstartemissionen deutlich verringern lassen. Mit Startzeiten von 300 msec bietet sich dieses Verfahren auch für den kraftstoffsparenden Start-Stopp-Betrieb an [6].

Schichtladebrennverfahren

Wesentliche Aufgabe eines Brennverfahrens für Benzin-Direkteinspritzung ist die sichere Beherrschung des motorischen Prozesses unter Nutzung der prinzipbedingten Vorteile in möglichst weiten Bereichen des Motorkennfeldes. Im Gegensatz zum konventionellen Ottomotor steht insbesondere bei später Direkteinspritzung nur eine vergleichsweise kurze Zeit für die Gemischbildung zur Verfügung. Es sind deshalb besondere Vorkehrungen zu treffen, damit das Gemisch bis zur Zündung ausreichend aufbereitet wird. Zum Zündzeitpunkt muss zündfähiges Gemisch an der Zündkerze konzentriert sein, damit eine zuverlässige Entflammung und eine möglichst vollständige Verbrennung sichergestellt werden. Aus thermodynamischer Sicht ist eine isolierende Umhüllung dieser kraftstoffreichen Gemischzone mit Luft beziehungsweise Restgas vorteilhaft, weil auf diese Weise die Wandwärmeverluste wirkungsvoll minimiert werden können.
Daneben soll das Brennverfahren auch eventuelle negative Begleiterscheinungen der direkten Einspritzung des Kraftstoffes vermeiden. So sind die Benetzung der Zylinderlaufbahn mit flüssigem Kraftstoff und die damit verbundene Gefahr einer Schmierfilmabwaschung auf jeden Fall auszuschließen. Ebenso ist die Ausbildung ausgemagerter Gemischzonen, die infolge von Quencheffekten nur unvollständig verbrannt werden und somit zu erhöhten Kohlenwasserstoffemissionen führen, durch geeignete Maßnahmen zu unterdrücken. Um die Bildung von Rußpartikeln zu vermeiden muss die Aufbereitung des eingespritzten Kraftstoffes so weit unterstützt werden, dass beim Eintreffen der Flammenfront keine flüssigen Kraftstofftröpfchen oder überfettetes Gemisch mehr vorliegen. Die Ablagerung von Rückständen unvollständiger Verbrennung am Kraftstoffinjektor ist zu minimieren. Auch das direkte Anspritzen der Zündkerze mit flüssigem Kraftstoff muss wegen der damit verbundenen Thermoschockwirkung ausgeschlossen werden.
Zur Erfüllung all dieser Anforderungen an das Brennverfahren müssen die Eigenschaften des Kraftstoffsprays, die Zylinderinnenströmung sowie die Brennraumform sorgfältig aufeinander abgestimmt werden. Die primären Auslegungskriterien des Kraftstoffinjektors sind das vom Kraftstoffstrahl eingenommene Volumen sowie die zeitliche und räumliche Ausdehnung des Sprays (siehe auch Kapitel 5.1.5.2.2). Die Einmischung von Verbrennungsluft in den Kraftstoffspray wird maßgeblich durch vom Kraftstoffstrahl initiierte, sekundäre Strömungseffekte bewirkt. Zusätzlich lässt sich die beim Ansaugvorgang generierte Ladungsbewegung zur Unterstützung des Gemischbildungsprozesses nutzen (siehe auch Kapitel 5.1.5.2.4). Des Weiteren kann die Ladungsbewegung auch zum Transport des verdampften Kraftstoffes eingesetzt werden, wodurch sich die Gemischkonzentration an der Zündkerze steuern lässt. Die Gestaltung der Brennraumform, insbesondere die Ausformung der brennraumseitigen Kolbenkontur, muss diesen Überlegungen folgen. Sie kann auch gezielt zur Führung des Kraftstoffstrahls genutzt werden (siehe Abschnitt „Wandgeführte Verfahren“). Daneben übt die Brennraumform auch einen Einfluss auf die Ladungsbewegung und deren Zerfall während des Kompressionsvorganges aus.
Je nach Gewichtung der oben beschriebenen Einflussparameter lassen sich unterschiedliche Direkteinspritz-Brennverfahren klassifizieren. Dabei hat sich die Einteilung in strahlgeführte, wandgeführte und luftgeführte Brennverfahren durchgesetzt. Wenn auch ausgeführte Brennverfahren nicht immer eindeutig einer dieser drei Klassen zuzuordnen sind, trägt diese Klassifizierung zu einem besseren Verständnis der wesentlichen Vorgänge bei.

Strahlgeführte Verfahren

Bei den strahlgeführten Brennverfahren beruhen die Gemischbildung und die Ausbildung der Ladungsschichtung im Wesentlichen auf den Eigenschaften des Kraftstoffstrahles. Während bei diesen Brennverfahren keine gezielte Unterstützung des Gemischbildungsprozesses durch Ladungsbewegung erfolgt und auch die Brennraumform im Hinblick auf eine möglichst ungehinderte Ausbildung des Kraftstoffstrahls ausgelegt ist, wird das Schichtungsprofil primär durch die vom Kraftstoffstrahl gebildete Gemischwolke bestimmt. Dabei bildet sich am äußeren Strahlrand eine Schicht mit zündfähigem Gemisch aus, in welche der Zündort zu platzieren ist. Deshalb ist für strahlgeführte Verfahren eine enge räumliche Zuordnung von Kraftstoffinjektor und Zündkerze typisch. So wird auch noch bei kleinen Einspritzmengen eine Konzentration von zündfähigem Gemisch an der Zündkerze sichergestellt.
Grundsatzuntersuchungen an einem Einzylinder-Versuchsmotor mit strahlgeführtem Brennverfahren [7] haben gezeigt, dass für den Zündort nur eine sehr dünne Zone am äußeren Strahlrand infrage kommt Deshalb sind an die Kraftstoffinjektoren hohe Anforderungen hinsichtlich ihrer Streuung zu stellen. Mit der Einführung nach außen öffnender Einspritzventile konnte diesbezüglich ein Durchbruch erzielt werden [8].
Die Anordnung des Kraftstoffinjektors in der Mitte des Zylinderkopfes und steiler Ausrichtung des Kraftstoffstrahles nahe der Zylinderachse ergibt für den Teillastbetrieb eine günstige Konzentration des Kraftstoff-Luft-Gemisches im „Inneren“ des Brennraumes mit einer wärmeisolierenden Umhüllung aus Luft beziehungsweise Luft-Restgas-Gemisch. Hierauf ist zurückzuführen, dass derart ausgeführte strahlgeführte Brennverfahren sehr günstige Teillastverbräuche aufweisen. Für den Volllastbetrieb ist die zentrale Anordnung des Kraftstoffinjektors ein vorteilhaftes Gestaltungsmerkmal, weil auf diese Weise eine gute Gemischaufbereitung bei möglichst geringer Benetzung der Zylinderwand erreicht wird **(Bild 5.1-38)**.

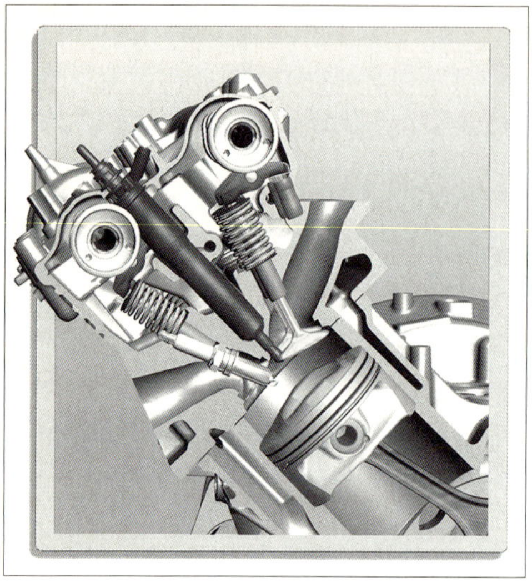

Bild 5.1-38 Strahlgeführtes Brennverfahren (M272 von Mercedes-Benz)

Wandgeführte Verfahren

Bei den wandgeführten Brennverfahren beruht die Gemischbildung des eingespritzten Kraftstoffes darauf, dass dieser zunächst zu wesentlichen Teilen auf die Brennraumwand aufgetragen wird und von dort dann wieder abdampft und mit der Verbrennungsluft gemischt wird. Für die zur Gemischsteuerung genutzte Brennraumwand wird üblicherweise die Kolbenfläche genutzt, die zu diesem Zweck mit einer speziell ausgeformten Mulde versehen ist. Die wandnahe und kraftstoffreiche Zone bewegt sich, initiiert durch den Impuls des Kraftstoffstrahls, entlang der Wand fort. Durch entsprechende geometrische Abstimmung der Kolbenmulde in Bezug zur Zündkerze wird die Konzentration eines zündfähigen Gemisches am Zündort unterstützt. Die Eigenbewegung des Kraftstoffstrahls ermöglicht jedoch kein befriedigendes Betriebsverhalten. Deshalb muss die Gemischbildung durch eine speziell abgestimmte Ladungsbewegung unterstützt werden. Sie führt ständig neue Verbrennungsluft an die kraftstoffreiche Wandzone heran und transportiert das mit verdampftem Kraftstoff angereicherte Gemisch von der Wandkontur geführt zur Zündkerze. Hinsichtlich der Art der Ladungsbewegung kommen die bekannten Grundformen Drall und Tumble in Betracht. In der Realität ausgeführter Motorkonzepte sind häufig Mischformen dieser beiden Wirbelströmungen anzutreffen, wobei die Unterscheidung im wesentlich anhand der Orientierung der Wirbelachse festzumachen ist.

Die ersten von japanischen Herstellern in den Markt gebrachten Motoren mit Benzindirekteinspritzung sind als typische Vertreter der wandgeführten Brennverfahren anzusehen. Das 1996 in Japan und 1997 dann auch in Europa unter dem Namen GDI eingeführte Konzept der Firma Mitsubishi Motors Co. beruht auf einem 4-Ventil-Motor mit zentraler Zündkerzenlage **(Bild 5.1-39)**. Der 4-Zylinder-DOHC-Motor (Bohrung = 81,0 mm, Hub = 89,0 mm) ist mit einem Verdichtungsverhältnis von 12 beziehungsweise 12,5 (Europaversion) relativ hoch verdichtet, was durch die Innenkühlung infolge der direkten Einspritzung des Kraftstoffes ermöglicht wird. Der Kolben ist mit einer ausgeprägten Mulde versehen, welche zum einlassseitig angebrachten Kraftstoffinjektor hin flach und zur Zündkerze hin steil auslaufend gestaltet

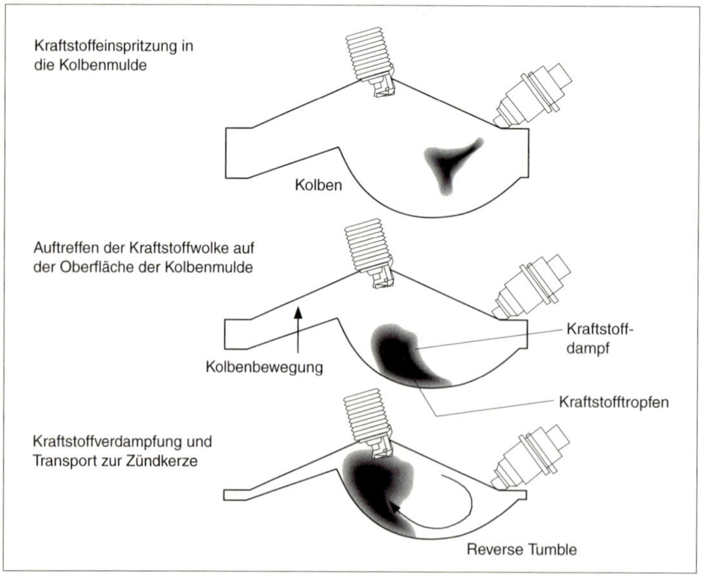

Bild 5.1-39 Wandgeführtes Reverse-Tumble-Brennverfahren [9]

ist. Zur Unterstützung der Gemischbildung und des Gemischtransportes wird eine Tumble-Ladungsbewegung eingesetzt, deren Drehrichtung entgegengesetzt derjenigen üblicher Tumble-Systeme ist („Reverse-Tumble"). Zur Darstellung dieser Ladungsbewegung verlaufen die Einlasskanäle steil aufrecht, was zu vergleichsweise großer Bauhöhe des Motors einschließlich Saugrohr führt.

Im Verlauf der Entwicklung dieses Motorkonzeptes wurden detaillierte Analysen zum Brennverfahren vorgenommen [9]. Mithilfe Laser-optischer Methoden wurden die Gemischbildungsvorgänge sowie die Besonderheiten der Verbrennung des geschichteten Kraftstoff-Luft-Gemisches eingehend untersucht. Daraus wird die Bedeutung der Ladungsbewegung für die Aufbereitung des an die Wand angelagerten Kraftstoffes und für den Transport des Gemisches zur Zündkerze deutlich. Der Mitsubishi-GDI-Motor hat auch das Interesse zahlreicher Motorenentwickler und Wissenschaftler gefunden. Diese Arbeiten bestätigen im Wesentlichen die Publikationen des Herstellers, wenn auch die zunächst behaupteten Verbrauchsvorteile nicht in vollem Maße wieder gefunden wurden [10].

Inzwischen wurden auch von weiteren Herstellern Ottomotoren mit Benzindirekteinspritzung auf dem japanischen Markt vorgestellt. Das von Toyota Motor Co. im 1,8 l-Ottomotor eingesetzte 4-Ventil-Konzept [11] beruht ebenfalls auf einem wandgeführten Brennverfahren (**Bild 5.1-40**). Der 4-Zylinder-Motor hat einen Hubraum von 1,998 l (Bohrung = 86,0 mm, Hub = 86,0 mm) und ist mit einem Wert von 10 nur mäßig hoch verdichtet. Der Kraftstoffstrahl ist in die Randzone einer im Kolben angeordneten Mulde gerichtet. Die Gemischbildung wird durch eine Drallströmung unterstützt, welche durch einen Dralleinlasskanal bei Abschaltung des zweiten, als Füllungskanal ausgelegten Einlasskanals erzeugt wird. Durch die Drallströmung wird der Wandabtrag des angelagerten Kraftstoffes sowie der Transport des Gemisches zur Zündkerze bewirkt. Im oberen Totpunkt des Motors ragt die zentral im Zylinderkopf angeordnete Zündkerze in die leicht eingezogene Mulde hinein.

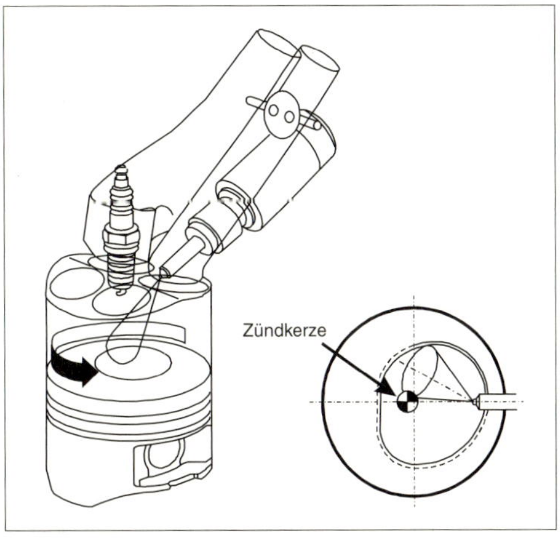

Bild 5.1-40 Wandgeführtes Drall-Brennverfahren [11]

Das im Jahr 2002 von der DaimlerChryslerAG vorgestellte Verfahren mit der Bezeichnung CGI ist beruht ebenso auf der wandgesteuerten Gemischbildung und einem Drallkonzept [12]. Die wesentliche Besonderheit dieser Neuvorstellung war die erstmals zum Serieneinsatz kommende Kombination der Benzin-Direkteinspritzung mit Aufladung. Im vorliegenden Fall handelt es sich um eine mechanische Kompressoraufladung.

Wenn auch wandgeführte Verfahren aus den genannten Gründen nicht das volle thermodynamische Potenzial der Benzin-Direkteinspritzung auszuschöpfen vermögen, so haben sie doch in einer Reihe von Applikationen unter Beweis gestellt, dass sie hinsichtlich ihrer Betriebsstabilität, das heißt der Vermeidung von Zündaussetzern unter allen im Fahrbetrieb vorkommenden Randbedingungen, günstige praxisrelevante Eigenschaften aufweisen.

Luftgeführte Verfahren

Bei den luftgeführten Brennverfahren erfolgt die Gemischbildung durch das Zusammenwirken des Kraftstoffsprays mit einer intensiven und gerichteten Strömung der Zylinderladung. Dabei findet die Gemischbildung ohne direkte Beeinflussung durch die Brennraumwand statt. Die Brennraumgestaltung hat dagegen die Aufgabe, die in den Einlasskanälen beim Ansaugvorgang erzeugte Strömung der Verbrennungsluft zu stabilisieren und so dafür zu sorgen, dass nach erfolgter Einspritzung Luft in den Kraftstoffstrahl eingemischt und das auf diese Weise gebildete Gemisch zur Zündkerze transportiert wird. Der Kraftstoffstrahl muss deshalb im Gegensatz zu den strahlgeführten Verfahren nicht direkt auf die Zündkerzenelektroden hin gerichtet werden. In Abgrenzung zu den wandgeführten Verfahren erreicht bei den luftgeführten Verfahren der flüssige Kraftstoff idealerweise nicht die Brennraumwand sondern wird im Inneren des Bennraumes verdampft und mit der Verbrennungsluft gemischt.

Typische Gestaltungsmerkmale für luftgeführte Brennverfahren sind ein relativ großer Abstand zwischen Kraftstoffinjektor und Zündkerze, eine Ausrichtung des Kraftstoffstrahles in die Nähe des Zündortes ohne aber dabei die Zündelektroden direkt anzuspritzen sowie die Gestaltung des Brennraumes im Hinblick auf eine möglichst freie Strahlausbreitung auch bei später Einspritzung. **Bild 5.1-41** zeigt diese Konfiguration am Beispiel eines von FEV Motorentechnik entwickelten Brennverfahrens mit Tumble-Ladungsbewegung. Veröffentlichte Entwicklungsergebnisse zeigen, dass der dem luftgeführten

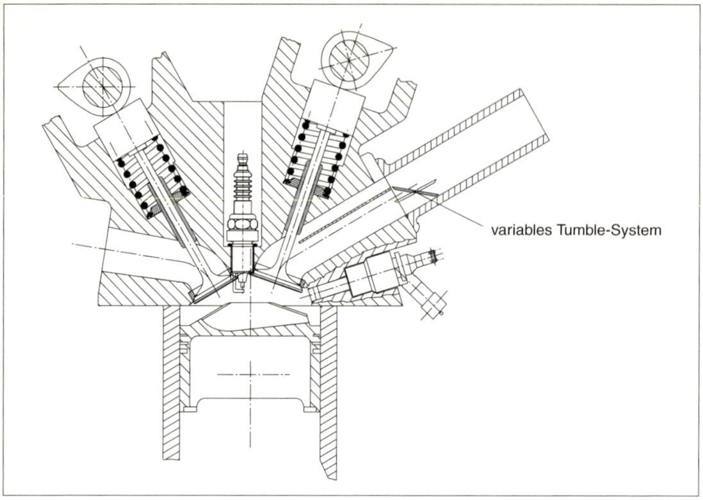

Bild 5.1-41 Luftgeführtes Brennverfahren

Brennverfahren zugrunde liegende Mechanismus der Gemischbildung und des Gemischtransportes in ausgedehnten Bereichen des Motorkennfeldes sichergestellt werden kann [13]. Mit diesem Verfahren sind günstige Teillastverbäuche bei aussetzerfreiem Betrieb sowie gutes Volllast-Betriebsverhalten möglich. Das Emissionsverhalten ist verglichen mit anderen Direkteinspritz-Brennverfahren durch sehr günstige Kohlenwasserstoffemissionen bei praktisch rußfreiem Teillastbetrieb gekennzeichnet.

Im Rahmen der Entwicklung dieses Brennverfahrens wurden auch Laser-optische und numerische Verfahren zur Analyse des Gemischbildungsprozesses eingesetzt [14]. **Bild 5.1-42** zeigt die mit CFD (Computational Fluid Dynamics) berechnete Gemischverteilung zu den Zeitpunkten Einspritzende und Zündung. Es ist erkennbar, dass die Ladungsbewegung den Kraftstoffstrahl zur Zündkerze hin ablenkt und dadurch an der Zündkerze ein zündfähiges Gemisch konzentriert wird. Wie dieses Beispiel zeigt besteht in den numerischen Verfahren der Prozesssimulation ein leistungsfähiges Werkzeug, welches dem Entwickler gute Voraussagen hinsichtlich der Auswirkung von Modifikationen oder geänderten Betriebsbedingungen erlaubt. In der Zwischenzeit hat sich diese Methodik als unverzichtbar in der Entwicklung von Brennverfahren für Benzindirekteinspritzung etabliert.

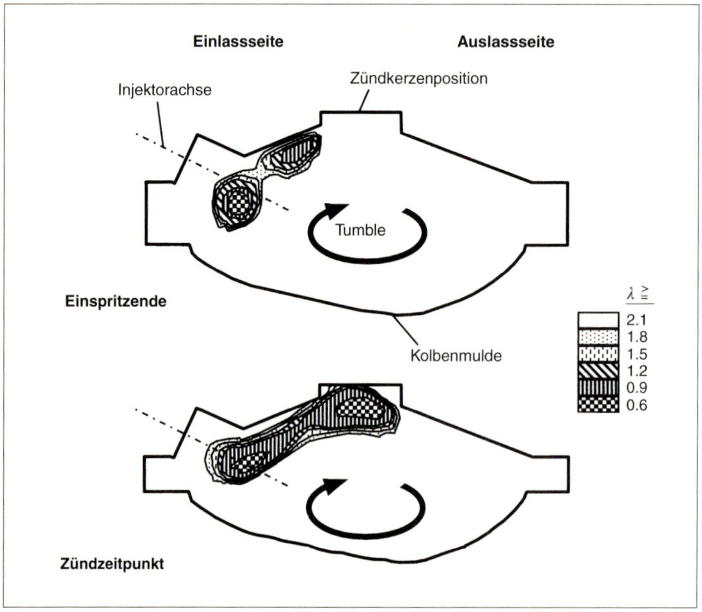

Bild 5.1-42 Einsatz numerischer Verfahren zur Darstellung der Gemischverteilung [14]

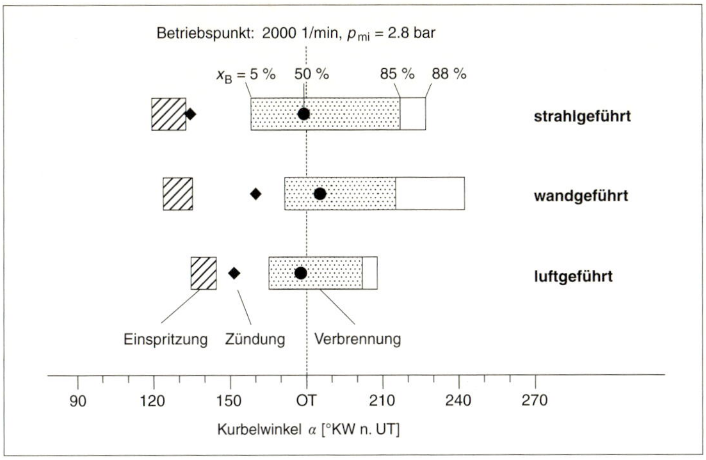

Bild 5.1-43 Prozessverlauf von Direkteinspritz-Brennverfahren [16]

Die von der Volkswagen AG im Modell Lupo FSI erstmals in Serie gebrachte FSI-Technologie ist primär der Gruppe der luftgeführten Verfahren zuzuordnen, auch wenn in diesem Konzept Merkmale einer Wandführung anzutreffen sind [15]. Das Verfahren beruht auf einer Tumble-Ladungsbewegung, mit deren Hilfe der Kraftstoffspray zur Zündkerze hin abgelenkt wird. Die Kolbenmulde hat eine zweiteilige Mulde, deren der Kraftstoffdüse zugewandter Teil den Kraftstoffstrahl ablenkt („Kraftstoffmulde") und deren zweiter Teil die Tumble-Strömung gegen Ende des Verdichtungstaktes so lenkt, dass der gewünschte Gemischtransport zur Zündkerze hin stattfindet. Auch bei dieser Entwicklung kamen numerische Simulationsverfahren sowie optische Analyseverfahren zum Einsatz.

Der von Grigo [16] an einem Einzylinder-Aggregat durchgeführte systematische Vergleich der oben beschriebenen Brennverfahrenstypen erlaubt wegen der konsequent eingehaltenen Randbedingungen Aufschluss über das Potenzial strahl-, wand- und luftgeführter Brennverfahren. Mithilfe eingehender thermodynamischer Analysen hat er die wesentlichen Unterschiede im Prozessablauf differenziert (**Bild 5.1-43**). Auffallend sind zunächst die Unterschiede hinsichtlich des zeitlichen Abstandes zwischen Einspritzende und Zündzeitpunkt. Beim strahlgeführten Verfahren ist diese Zeitspanne am kürzesten, was so interpretiert werden kann, dass der Einspritzstrahl sozusagen direkt entzündet wird. Dagegen führt der lange Gemischbildungsweg über die Kolbenmuldenoberfläche beim wandgeführten Verfahren zu der längsten für die Gemischbildung zur Verfügung stehenden Zeitspanne. Hieraus resultieren auch die unterschiedlichen Brennverzüge. Das strahlgeführte Brennverfahren weist den größten Brennverzug und damit den höchsten Vorzündbedarf auf. Durch die intensive Ladungsbewegung beim luftgeführten Brennverfahren wird trotz der im Vergleich zum wandgeführten Verfahren kurzen Gemischaufbereitungszeit eine hohe Gemischgüte erreicht. Dementsprechend ergibt sich in Relation zum strahlgeführten Verfahren ein kurzer Brennverzug.

Wie bereits erwähnt wurde lassen sich nicht alle Brennverfahrenskonzepte eindeutig und ausschließlich einem dieser Grundmuster zuordnen. Vielmehr verlaufen die Grenzen bei vielen ausgeführten DE Brennverfahren fließend, und es wird der Versuch unternommen, die günstigen Eigenschaften der verschiedenen Verfahren in vorteilhafter Weise miteinander zu kombinieren. Auch die aus Kostengründen angestrebte Übernahme von Bauteilen, Modellen und Fertigungseinrichtungen nimmt Einfluss auf die Gestaltung des Brennverfahrens. Die Aufgabe der Brennverfahrensentwicklung besteht dann vordergründig darin, innerhalb der vorgegebenen Randbedingungen ein geeignetes Konzept zu finden und zu optimieren.

Einspritztechnik

Für die Realisierung der Direkteinspritzung am Ottomotor kommt bei den heute in Serie hergestellten Konzepten die Hochdruck-Flüssigkeitseinspritzung zum Einsatz. Daneben besteht die Alternative der luftunterstützten Einspritzung, worunter die Einblasung der einem Ventil vorgelagerten Kraftstoffmenge mit Luft oder Restgas zu verstehen ist.

Hochdruck-Flüssigkeitseinspritzung

Bei der Hochdruck-Flüssigkeitseinspritzung wird der Kraftstoff mittels einer Hochdruckpumpe einer Kraftstoff-Verteilerleiste (Common Rail) mit einem maximalen Systemdruck in der Größenordnung von 200 bar zugeführt. Für die Hochdruckpumpe kommen Mehr- und Einkolbenpumpen in radialer oder axialer Bauart zum Einsatz. Ihr Antrieb erfolgt entweder direkt von der Nockenwelle oder über den Steuertrieb des Motors. Für Zukunftslösungen sind auch elektrisch angetriebene Hochdruckpumpen in der Entwicklung. Der Systemdruck wird über ein Druckregelventil auf einen konstanten oder kennfeldgeregel-

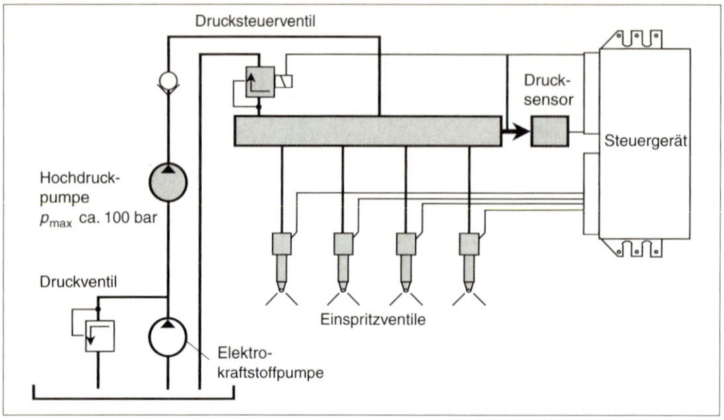

Bild 5.1-44 Hochdruck-Flüssigkeitseinspritzung

ten Wert eingestellt. Aus der Verteilerleiste wird je Zylinder ein Kraftstoffinjektor gespeist, über den der Kraftstoff direkt in den Brennraum des Motors eingespritzt wird. Das Gesamtsystem ist in **Bild 5.1-44** schematisch dargestellt.

Die Kraftstoffinjektoren der ersten Generation waren elektromagnetisch betätigt, was die kennfeldgesteuerte und Zyklus-individuelle Beeinflussung der Einspritzmenge und des Einspritzzeitpunktes bei Einspritzdrücken bis zu 120 bar ermöglicht. Alternativ kommen in neueren Anwendungen piezo-elektrisch betätigte Kraftstoffventile zum Einsatz, womit Mehrfacheinspritzungen bei Einspritzdrücken bis zu 200 bar verwirklicht werden [8]. Die Eigenschaften des vom Einspritzventil erzeugten Kraftstoffstrahles werden im Wesentlichen durch den Durchfluss, den Strahlkegelwinkel und die Tropfengrößenverteilung charakterisiert. Der Durchfluss wird üblicherweise als Kraftstoffvolumenstrom bei Dauereinspritzung gegen Umgebungsdruck mit einem Kraftstoffdruck von 100 bar angegeben. Bei seiner Auslegung ist der mit kürzestmöglicher Einspritzdauer darstellbaren Leerlaufeinspritzmenge sowie der im Nennleistungspunkt benötigten Einspritzmenge Rechnung zu tragen. Die entsprechende Mengenspreizung ist gegenüber der Saugrohreinspritzung dadurch prinzipbedingt begrenzt, dass bei Direkteinspritzung für den Betrieb an der Volllast nur der Ansaugtakt zur Verfügung steht. Zu geringe Mengenspreizungen lassen sich gegebenenfalls über eine lastabhängige Steuerung des Kraftstoff-Systemdruckes beherrschen.

Der Kegelwinkel des vom Injektor erzeugten Kraftstoffstrahles ist eine wesentliche Komponente der Brennverfahrensauslegung. Die Angabe des Kegelwinkels ist in mehrfacher Hinsicht problematisch, da einerseits die Strahlform nicht vollkommen einem Kegel entspricht und andererseits die Strahlausbreitung in Luft infolge aerodynamischer Effekte stark von der Dichte und somit vom Umgebungsdruck abhängt. Deshalb sind zwischen Systemlieferanten und Motorenentwicklern Vereinbarungen zur Angabe des Strahlkegelwinkels zu treffen.

Die Quantifizierung der Zerstäubungsgüte des Kraftstoffsprays erfolgt über die Tropfengrößenverteilung. Sie wird mit dem Sauter-Durchmesser als eindimensionale Kenngröße quantifiziert. Dieser ist als der Durchmesser eines hinsichtlich Volumen-Oberflächen-Verhältnis repräsentativen Tropfens interpretierbar. Typische Werte für den Sauter-Durchmesser serientauglicher Kraftstoffinjektoren liegen im Bereich <20 µm. Die Optimierung der hydraulischen Eigenschaften des Kraftstoffinjektors ist Gegenstand intensiver Forschungs- und Entwicklungsarbeiten, bei denen sowohl optische Methoden zur Messung der Strahleigenschaften als auch numerische Verfahren der Strahlmodellierung zur Anwendung kommen (**Bild 5.1-45**). Die Erzeugung des Strahlkegels erfolgt bei den vorwiegend anzutreffenden nach innen öffnenden Drallventilen über eine tangentiale Komponente der Kraftstoffströmung, welche über entsprechende Formgebung im Bereich des Düsennadelsitzes der Strömung aufgeprägt wird. Je nach Ausführung dieses Drallerzeugers ist diese Strömungsform bei sehr kleinen Einspritzdauern beziehungsweise zu Beginn des Einspritzvorganges noch nicht voll ausgeprägt. Infolgedessen entsteht ein kompakter Vorstrahl mit geringem Kegelwinkel.

Die Betriebsstabilität des Ottomotors mit Direkteinspritzung hängt wesentlich davon ab, dass die Strahleigenschaften über die gesamte Nutzungsdauer innerhalb eng vorgegebener Toleranzen erhalten bleiben. Aus diesem Grund sind auch brennraumseitige Ablagerungen am Einspritzventil zu vermeiden. Wesentlicher Einflussfaktor für die Ablagerungsbildung ist die Temperatur an der Injektorspitze, weshalb zentrale Düsenanordnungen eher kritisch einzuschätzen sind als solche, bei denen der Injektor an der Einlassseite unter dem Einlasskanal platziert ist. Weiterhin hat sich gezeigt, dass ein möglichst bündiger Abschluss der Injektor-Stirnfläche mit der Brennraumwand vorteil-

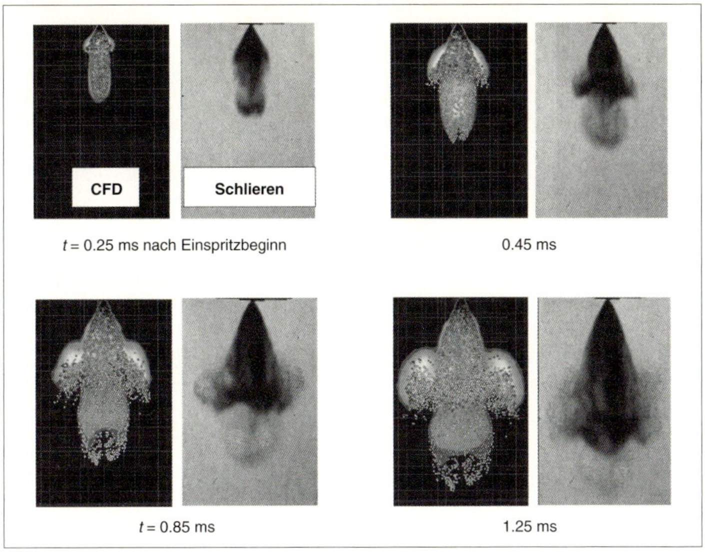

Bild 5.1-45 Gemessene und numerisch simulierte Einspritzstrahlausbreitung

haft ist, weil dann kaum Verwirbelungen oder Totwassergebiete im Bereich der Injektorspitze auftreten.

Neben den ursprünglich vorherrschenden Dralldüsen werden inzwischen auch Lochdüsen mit der Möglichkeit einer freieren Strahlgestaltung bis hin zu asymmetrischen Strahlbildern sowie nach außen öffnende Ventile eingesetzt [8]. Letztere weisen eine vergleichsweise geringe Neigung zur Ablagerungsbildung auf und haben insbesondere bei geringen Einspritzmengen Vorteile hinsichtlich der erreichbaren Zerstäubungsqualität.

Luftunterstützte Einspritzung

Die Zerstäubung des eingespritzten Kraftstoffes kann auch bei niedrigeren Drücken mit Luftunterstützung erzielt werden. Die Zudosierung des Kraftstoffes erfolgt hierbei in eine Nebenkammer, die dann durch komprimierte Luft oder auch Abgas in den Brennraum ausgeblasen wird. Wegen der Begrenzung des Systemdruckes bestehen allerdings nicht die gleichen Freiheitsgrade hinsichtlich des Einspritzzeitpunktes wie bei der Hochdruck-Flüssigkeitseinspritzung.

Die für die luftunterstützte Einspritzung zur Verfügung stehenden Systemkomponenten wurden im Rahmen der Entwicklung von Zweitakt-Pkw-Ottomotoren verfügbar gemacht und werden in einigen Bootsmotoren auch eingesetzt. Die Anpassung dieser Systeme an die Erfordernisse des 4-Takt-Ottomotors mit Benzindirekteinspritzung war Gegenstand einer von Siemens und Orbital betriebenen Gemeinschaftsentwicklung.

5.1.5.2.3 Abgasrückführung

Die Abgasrückführung ist ein bekanntes Verfahren zur Beherrschung der NO_x-Rohemissionen von Verbrennungsmotoren. Sie bewirkt einerseits eine Erhöhung der Wärmekapazität und andererseits eine Abnahme des Sauerstoffgehaltes und folglich eine Reduzierung der Brenngeschwindigkeit. Beides führt zu abgesenkten Spitzentemperaturen während der Verbrennung. Sie wird sowohl bei Otto- als auch bei Dieselmotoren erfolgreich eingesetzt. Insbesondere für mager betriebene Direkteinspritz-Ottomotoren sind die Stickstoffoxidemissionen problematisch, weil mit konventioneller katalytischer Abgasreinigung im Magerbetrieb keine NO_x-Konvertierung erreicht wird. Auch die in Kapitel 5.1.5.6.2 behandelten Zukunftslösungen für die Abgasreinigung im sauerstoffhaltigen Abgas reichen allein nicht aus, um die NO_x-Emissionsgrenzwerte einzuhalten. Deshalb müssen auch innermotorische Möglichkeiten zur Begrenzung der NO_x-Rohemissionen genutzt werden.

Hoch entwickelte Direkteinspritz-Brennverfahren weisen im Allgemeinen eine hohe AGR-Verträglichkeit auf. Im Teillastbetriebspunkt n = 2.000 min^{-1}, p_{me} = 2 bar sind AGR-Raten in einer Größenordnung von 30 % als typisch anzusehen. Mit der Abgasrückführung ist auch verbunden, dass der Gesamtluftüberschuss des Motors abnimmt und dadurch die Abgastemperatur ansteigt. Dies ist ein willkommener Begleiteffekt, weil ansonsten im Teillastbereich die Abgastemperaturen unter das für die katalytische Abgasreinigung erforderliche Niveau absinken würden. Darüber hinaus ist vielfach auch zu beobachten, dass die Gemischbildung von der Abgasrückführung infolge erhöhter Gemischtemperaturen positiv beeinflusst wird.

Beim Ottomotor mit Direkteinspritzung ist die bevorzugte Form der Abgasrückführung die externe Zufuhr von Abgas in das Saugsystem des Motors. Zur Realisierung des für die Abgasrückführung notwendigen Saugrohrunterdruckes muss der Motor leicht angedrosselt werden. Diese Maßnahme ist jedoch ohnehin bei tiefer Teillast erforderlich, um ein für die Abgasnachbehandlung ausreichend hohes Abgastemperaturniveau sicherzustellen.

Neben der zentralen Einleitung des rückgeführten Abgases in den Saugsammler kommt auch die ventilnahe dezentrale Einleitung in den einzelnen Saugarmen zum Einsatz. Damit wird das Ziel verfolgt, im transienten Fahrbetrieb sowie beim Wechsel der Betriebsart vom Schichtlade-Magerbetrieb zum Homogenbetrieb mit stöchiometrischem oder fettem Gemisch, wie es für die Regeneration eines NO_x-Adsorberkatalysators erforderlich ist (siehe hierzu Kapitel 5.1.5.6.2), eine möglichst spontane Anpassung der AGR-Rate zu ermöglichen. Problematisch ist jedoch dabei, dass die einzelnen Saugarme durch das AGR-System akustisch gekoppelt sind, was zu Luftaufwandseinbußen an der Volllast führen kann.

Alternativ kommt auch die interne Abgasrückführung mittels Verstellung der Ventilsteuerzeiten in Betracht. Diese Systeme erfordern jedoch zur Darstellung ausreichend großer Abgasrückführraten große Nockenwellen-Verstellwinkel und folglich entsprechend tiefe Taschen im Kolben zur Sicherstellung des Ventilfreiganges. Dies steht häufig im Konflikt mit der Gestaltung der Kolbenkrone, die wesentlich von den Anforderungen des Brennverfahrens bestimmt wird.

Neuere Untersuchungen zur Darstellung einer kontrollierten Selbstzündung am Ottomotor gehen in die Richtung, dieses Phänomen mittels hoher Abgasrückführraten nutzbar zu machen. Das rückgeführte Abgas hat dabei sowohl die Funktion, den für die Entzündung des Kraftstoff-Luft-Gemisches notwendigen thermischen Zustand zu bewirken, als auch die Umsetzgeschwindigkeit der an verschiedenen Stellen im Brennraum einsetzenden Verbrennung zu begrenzen, sodass keine unzulässig hohen Druckanstiegsgeschwindigkeiten auftreten. In Abgrenzung zu den bei Dieselmotoren verfolgten homogenen Brennverfahren (HCCI – Homogeneous Charge Compression Ignition) setzen sich für Ottomotoren die Bezeichnungen CAI (Controlled Auto Ignition) und Raumzündung zunehmend durch. Das Ergebnis ist ein thermodynamisch günstiger Hochdruckprozess mit extrem niedrigen NO_x-Rohemissionen, welche eine zusätzliche, nur für die Teillast erforderliche NO_x-Abgasnachbehandlung (siehe Kapitel 5.1.5.6.2) überflüssig machen.

5.1.5.2.4 Ladungsbewegung

Der Strömungszustand der Zylinderladung hat einen signifikanten Einfluss auf den Prozess des Ottomotors (siehe auch Kapitel 5.1.5.2 und 5.1.5.5). Die Ladungsbewegung wird beim Ansaugvorgang erzeugt und wird wesentlich durch die Anordnung der Einlassventile sowie durch die Geometrie des Einlasskanals im Zylinderkopf bestimmt. Grundsätzlich wird zwischen zwei Ladungsbewegungsformen unterschieden. Bei der Drallströmung liegt eine rotatorische Bewegung der Zylinderladung um die Zylinderachse vor. Sie wird einerseits durch exzentrische bzw. unsymmetrische Anordnung der Einlassventile und andererseits durch eine spiralförmige Formgebung der Einlasskanäle bewirkt. Bei Motoren mit mehr als einem Einlassventil je Zylinder besteht zusätzlich die Möglichkeit, im Teillastbetrieb einen der Einlasskanäle über eine Klappe oder eines der Einlassventile zu deaktivieren. Die Tumble-Ladungsbewegung stellt dagegen die Rotation um eine zur Zylinderachse senkrecht stehende Achse dar. Zu ihrer Erzeugung bedarf es einer symmetrischen Anordnung der Einlassventile. Infolge einer speziellen Formgebung des Einlasskanals kommt es ab einem bestimmten Ventilhub zu lokaler Strömungsablösung, wodurch sich ein über den Ventilquerschnitt gesehen einseitiges Einströmen ergibt.

Die vorangegangenen Ausführungen zum Brennverfahren von Direkteinspritz-Ottomotoren (Kapitel 5.1.5.2.2) haben deutlich gemacht, dass die Zylinderinnenströmung eine zentrale Optimierungsgröße vieler Brennverfahrenskonzepte darstellt. In den heute in Serie produzierten Ottomotoren mit Benzin-Direkteinspritzung sind sowohl Drall- als auch Tumblekonzepte anzutreffen. In vielen Fällen ist die Ladungsbewegung auch nicht eindeutig einem dieser beiden Grundmuster zuzuordnen sondern stellt eine Mischform beider dar. Insbesondere die Generierung reiner Drallströmungen ist unter den konstruktiven Randbedingungen heutiger Ottomotoren kaum darstellbar; zumeist handelt es sich um eine Wirbelströmung mit schräg im Brennraum verlaufender Rotationsachse.

Die für den Teillastbetrieb mit geschichteter Zylinderladung erforderliche Ladungsbewegung muss je nach Brennverfahrenskonzept eine hohe Intensität aufweisen. Die Realisierung derartiger Strömungsintensitäten ist im Allgemeinen nur möglich, wenn die Einlasskanäle zulasten ihrer Durchflusskapazität modifiziert werden. Damit sind Luftaufwandsnachteile im Volllastbetrieb verbunden, die nicht toleriert werden können. Es kommen deshalb bevorzugt Konzepte zur Anwendung, die eine Variabilität hinsichtlich Ladungsbewegung und Durchfluss gestatten. Dabei sind die Einlasskanäle primär auf gutes Durchflussverhalten ausgelegt. Im Teillastbetrieb wird die erforderliche Ladungsbewegung dann über schaltbare Einrichtungen im Saugsystem generiert.

Die bei Drallsystemen an Mehrventilmotoren vorzugsweise zur Anwendung kommende Lösung ist die Kanalabschaltung. Dabei wird einer der beiden Einlasskanäle mittels einer Schaltklappe deaktiviert (siehe auch **Bild 5.1-40**). Die Einlasskanäle sind hierzu von der Schaltklappe stromabwärts geteilt auszuführen. Hinsichtlich der Dichtheitsanforderungen an die Schaltklappe genügt es, wenn der Einlassstrom des deaktivierten Kanals so weit gedrosselt wird, dass der über den nicht deaktivierten Kanal tangential in den

Brennraum einströmende Frischladungsstrom ungestört bleibt. Alternativ kommt für die Deaktivierung auch eine Ventilabschaltung infrage. Hierin bestehen jedoch keine prinzipiellen Vorteile, so dass die Konzeptentscheidung von anderen, nicht zuletzt kostenrelevanten Argumenten getragen wird.

Bei Zweiventilmotoren kommt für die variable Gestaltung der Ladungsbewegung eine Teilaktivierung des Einlasskanals in Betracht. Dabei ist der Kanal bis kurz vor das Einlassventil geteilt ausgeführt, wobei einer der beiden Teilkanäle über eine schaltbare Drallklappe deaktiviert wird. Alternativ ist auch eine in den Einlasskanal einschwenkbare Klappe möglich, mit deren Hilfe die Strömung im Kanal gezielt beeinflusst wird. Damit wird eine unsymmetrische Strömungsverteilung am Ventilspalt erreicht.

Bei Tumblekonzepten wird die variable Beeinflussung ebenfalls über eine schaltbare Teildeaktivierung des Einlasskanals bewirkt. Bei Mehrventilmotoren wird der siamesisch ausgeführte Einlasskanal durch das Eingießen eines Bleches horizontal geteilt und einer der beiden entstehenden Teilkanäle mittels einer Schaltklappe deaktiviert. Die Tumbleintensität wird dann von der Kanalgeometrie und der Lage der horizontalen Teilungsebene bestimmt. **Bild 5.1-46** zeigt die konstruktive Lösung eines derartigen variablen Tumblesystems am Beispiel des Volkswagen Lupo FSI Motors mit 1,4 l Hubraum. Der Klappenflansch ist zwischen Zylinderkopf und Saugrohr angeordnet. Zusätzlich ist in dieses Bauteil die Kraftstoff-Verteilerleiste integriert.

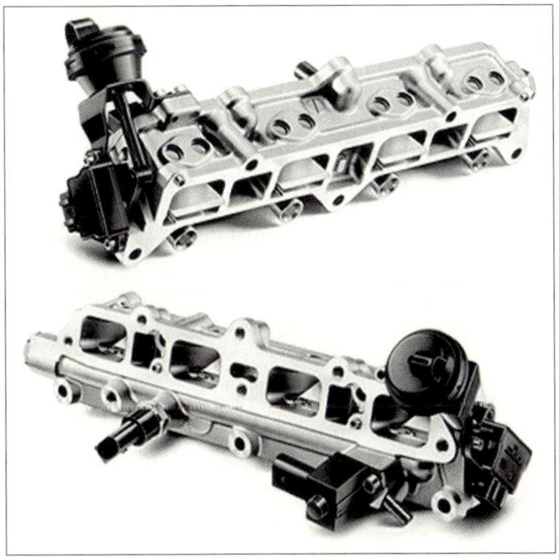

Bild 5.1-46 Klappenflansch des Volkswagen Lupo FSI Motors

5.1.5.3 Zündung

Die Zündanlage stellt die Entflammung des Gemisches im Brennraum über einen Hochspannungsüberschlag an der Zündkerze sicher. Neben dem zum Zündzeitpunkt herrschenden Zustand des Gemisches an der Zündkerze bestimmen die Zündenergie und die Funkendauer die Entflammung und damit den weiteren Fortgang der Verbrennung.

Die früher gebräuchliche Spulenzündung mit Unterbrecherkontakten zur Unterbrechung des Stromes aus der Batterie (Bordnetz) zur Primärwicklung der Spule, mit rotierendem Zündverteiler zur Verbindung des Hochspannungsausgangs der Zündspule mit der Zündkerze des jeweiligen Zylinders in der Zündfolge sowie mit von Fliehkraft und Saugrohrunterdruck betätigtem Zündzeitpunkt-Versteller wird heute nicht mehr verwendet. Diese Bauart wies einerseits Verschleiß am Unterbrecherkontakt auf und erforderte deshalb einen zu hohen Wartungsaufwand. Andererseits waren die Möglichkeiten zur bedarfsgerechten Anpassung des Zündzeitpunktes stark eingeschränkt.

Mit der Transistor-Zündung wurde der Unterbrecherkontakt durch einen kontaktlosen Induktionsgeber oder auch einen Hall-Sensor sowie ein elektronisches Schaltgerät ersetzt, die keinem Verschleiß mehr unterliegen. Die Zündverteilung und -verstellung ist gleich wie bei der Spulenzündung. Die Hochspannungs-Kondensatorzündung (HKZ) oder auch „Thyristorzündung“ nutzt anstelle der induktiv in der Zündspule gespeicherten Energie die kapazitiv in einem Kondensator gespeicherte Ladung. Die Funkendauer (0,1 bis 0,3 ms) ist deutlich kürzer als bei der Transistorzündung und garantiert nicht immer eine sichere Entflammung des Gemisches. Diese Bauart wird heute deshalb kaum noch eingesetzt.

Heute werden überwiegend elektronische Zündanlagen mit „ruhender“ Hochspannungsverteilung bzw. Einzelfunken-Zündspulen verwendet (**Bild 5.1-47**). Bis auf die Zündkerzen sind derartige Zündanlagen völlig wartungsfrei.

Im Gegensatz zu den früher gebräuchlichen Zündanlagen ist der Zündzeitpunkt bei vollelektronischen Zündanlagen in weiten Bereichen frei programmierbar. Er kann somit an den Lastpunkt und die Motordrehzahl angepasst werden. **Bild 5.1-48** zeigt dies im Vergleich zu einem typischen Zündkennfeld bei mechanischer Verstellung. Darüber hinaus ermöglichen elektronische Zündanlagen die Adaption des Zündzeitpunktes an besondere Betriebsbedingungen wie Kaltstart und Warmlauf. Beispielsweise kann so durch vorübergehende Spätzündung kurz nach dem Kaltstart das Abgastemperaturniveau zur schnelleren Erwärmung des Katalysators angehoben werden. Im Bereich hoher Motorlasten führt eine zu frühe Einstellung zum Klopfen, ein zu später Zeitpunkt dagegen zu Drehmomenteinbußen und im Extremfall zu verschleppter Verbrennung. In Kombination mit einer in die Motorsteuerung integrierten Klopfregelung lässt sich der Zündzeitpunkt in Abhängigkeit eines Körperschallsignals mit sicherem Abstand zur Klopfgrenze immer wirkungsgradoptimal einstellen, wobei auch wechselnde Kraftstoffqualitäten adaptiert werden können. Des Weiteren erlaubt der freie Zugriff

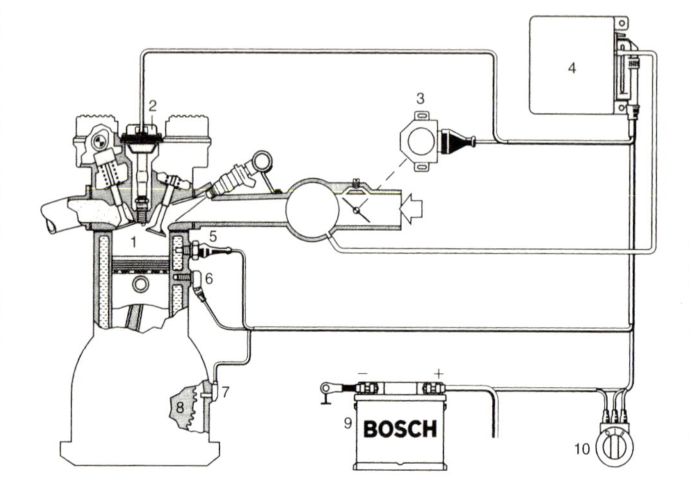

1 Zündkerze, 2 Einzelfunken-Zündspule, 3 Drosselklappenschalter, 4 Steuergerät, 5 Motortemperatursensor, 6 Klopfsensor, 7 Drehzahl- und Bezugsmarkensensor, 8 Geberzahnrad, 9 Batterie, 10 Zünd-Start-Schalter

Bild 5.1-47 Schema einer vollelektronischen Zündanlage (Bosch)

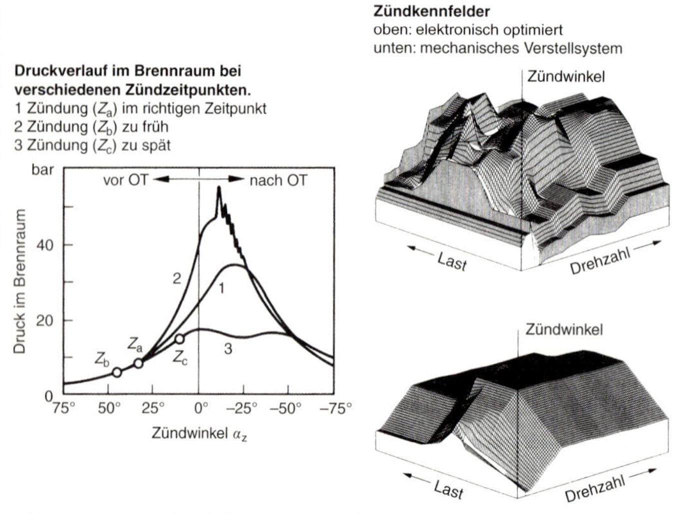

Bild 5.1-48 Druckverlauf im Brennraum bei verschiedenen Zündzeitpunkten, Zündkennfelder

der Motorsteuerung auf den Zündzeitpunkt auch zusätzliche Regeleingriffe zur Antischlupf- bzw. Fahrdynamikregelung.

Bei stöchiometrischem Gemisch genügt zur Entflammung eine Energie im Zündfunken von ca. 0,2 mJ. Der Energiebedarf steigt auf über 3 mJ bei fetteren und magereren Gemischen an. In der Praxis wird jedoch eine wesentlich größere Energie (Faktor 20 bis 30) eingesetzt. Hiermit ist sichergestellt, dass unter ungünstigsten Umständen genügend Zündenergie vorhanden ist. Ausreichender Vorstand in den Brennraum, größerer Elektrodenabstand und dünne Elektroden verbessern die Entflammung und führen damit zu ruhigerem Motorlauf und geringeren HC-Emissionen.

Der Hochspannungszündfunke verursacht an den Zündkerzen-Elektroden einen erosiven Verschleiß. Infolgedessen vergrößert sich der Abstand der Elektroden und der Zündspannungsbedarf steigt an. Das kann zu unregelmäßigen Entflammungen bis zu Zündaussetzern führen. Dieses Problem der Funkenerosion ist mit hochverschleißfesten, d.h. hochtemperaturfesten und chemisch resistenten Materialauflagen aus Platin an den Stellen des Funkenüberschlags wesentlich verbessert worden. Zündkerzenwechselintervalle von 60 000 km oder gar 100 000 km konnten realisiert werden **(Bild 5.1-49)**. Eine weitere Innovation stellen die Gleitfunken-Zündkerzen dar; der Zündfunke gleitet zunächst über die Isolatorkappe

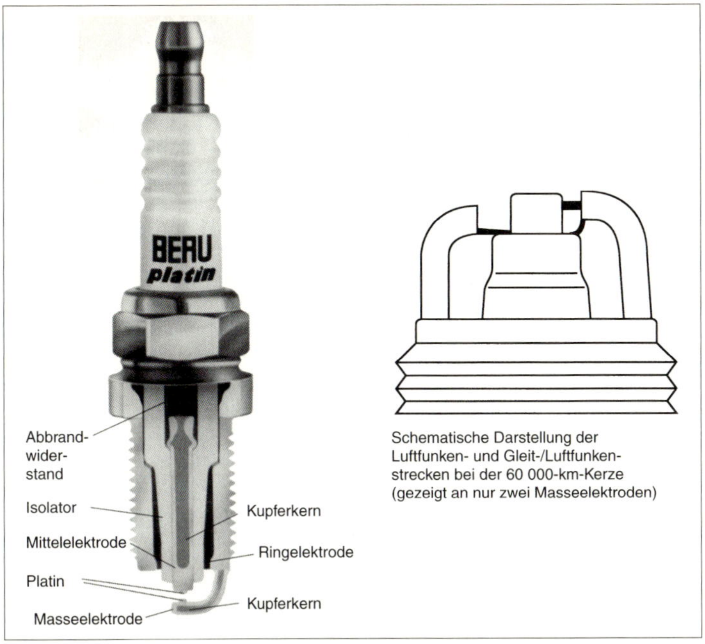

Bild 5.1-49 Langzeit-Zündkerze, Prinzip der Gleitfunkenstrecke (Beru)

hinweg und dann zur Masseelektrode **(Bild 5.1-49)**. Damit wird ein bei häufigem Kaltstart und Kurzstreckenbetrieb auftretendes Verrußen der Zündkerze verhindert.

Auch der direkte Funkenüberschlag von der Zündkerze auf eine Spitze in der Kolbenmitte (spark to piston STP) ist versucht worden. Dieses Verfahren funktioniert bei Zündzeitpunkten nahe dem OT bei hoher Last. Bei niedrigeren Lasten und größerer Vorzündung wird die Funkenstrecke über eine Masseelektrode an der Zündkerze mit ungewöhnlich großem Elektrodenabstand ausgebildet, was der Entflammung stark verdünnter Gemische zuträglich ist.

Die Zündspule ist sowohl Energiespeicher als auch Transformator, der ein induktiv wirkender Spannungswandler ist. Die Primärwicklung wird aus dem Bordnetz gespeist. Die Sekundärwicklung liefert den Hochspannungsstrom mit der erforderlichen Energie an die Zündkerze. Die Sekundärspannung liegt bei 20 bis 35 kV, die Funkenenergie beträgt ca. 60 bis 100 mJ, die Funkendauer ca. 2 ms. Es werden 3 Ausführungsformen eingesetzt **(Bild 5.1-50)**.

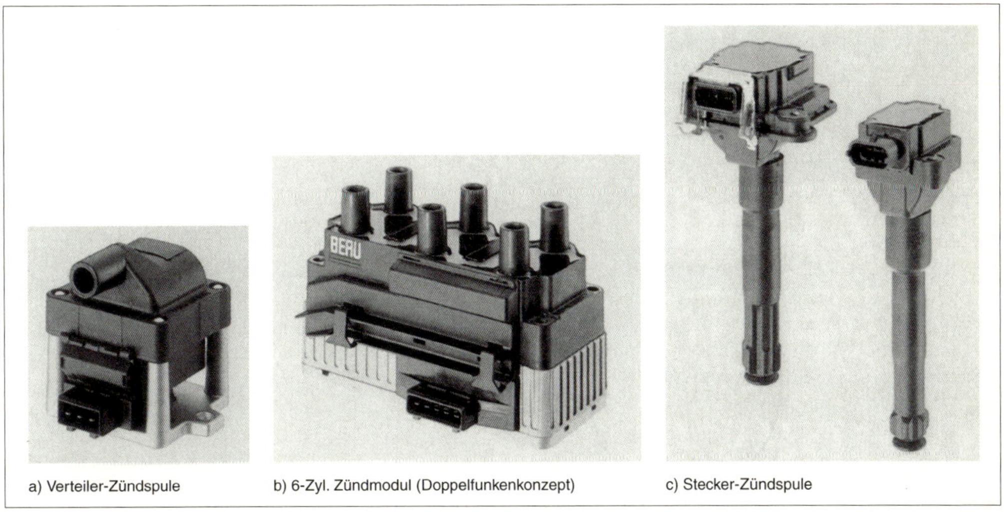

Bild 5.1-50 Bauformen Zündspulen (Beru)

a) Eine Zündspule für alle Zylinder des Motors. Ein Hochspannungskabel führt von der Zündspule zum Zündverteiler. Der Verteilerfinger, der mit Nockenwellendrehzahl rotiert, verbindet den zur Zündung anstehenden Zylinder mit der Hochspannungsleitung.
b) Zweifunken-Zündspule mit „ruhender Verteilung". An einer Zündspule sind 2 Hochspannungsausgänge für zwei im Abstand von 360° KW zündende Zylinder (z.B. Zylinder 1 und 4 beim 4-Zylinder-Motor). Es entfällt der rotierende Zündverteiler und damit ein Verschleißteil. Für 4- und 6-Zylinder-Motoren werden oft 2 bzw. 3 Zweifunken-Zündspulen zu einem Paket zusammengefasst.
c) Bei der Einzelfunken-Zündspule wird je Zylinder eine eigene Stecker-Zündspule direkt auf die Zündkerze montiert. Es entfallen die Hochspannungs-Zündkabel. Bei elektronischer Klopferkennung können von der Motorsteuerung für jeden Zylinder individuelle Zündzeitpunkte eingestellt werden.

Im Rahmen der Systemintegration werden heute alle zur Zündung gehörenden Komponenten in so genannte Stabzündmodule zusammengefasst [17]. Eine weitere Neuentwicklung ist die Wechselspannungszündung (WSZ). Sie ermöglicht die dem Bedarf angepasste Vorgabe der Zündenergie, was die Lebensdauer der Zündkerzen wesentlich erhöht. Als weiterer wichtiger Vorteil kann über die Zündkerzen eine Ionenstrommessung realisiert werden, die eine direkte Zündaussetzerkennung je Zylinder gestattet. Damit lassen sich auch für Motoren mit hohen Zylinderzahlen, bei denen die Aussetzererkennung über den Umweg der Laufunruhebestimmung an der Kurbelwelle erschwert ist, die Anforderungen der On-Board-Diagnose (OBD) erfüllen [18] (siehe auch Kapitel 5.1.5.7.1). Während in der Spulenzündung beim Laden die maximale Zündenergie inkl. aller Sicherheitszuschläge in die Spule eingespeichert und bei jedem Zündvorgang auch umgesetzt wird, kann mit der WSZ die Energie in Intervallen (Paketen) abgegeben und so die Gesamtenergie geregelt werden. Nach jedem Intervall überprüft die elektronische Steuerung über Ionenstrommessung an der Zündkerze, ob die Entflammung stattgefunden hat oder nicht. Wenn nicht, werden so lange weitere Pakete nachgeschoben, bis Entflammung festgestellt ist. Für jeden Zylinder wird individuell und bedarfsgerecht in allen Betriebspunkten die Zündung geregelt. Die Zündspulen werden wesentlich kleiner, der Abbrand an der Zündkerze ist drastisch reduziert. Aus dem Verlauf des Ionenstromsignals lassen sich auch reguläre von verschleppten oder klopfenden Verbrennungszyklen unterscheiden. Dies eröffnet zusätzliche Möglichkeiten bis hin zu der Idealvorstellung eines geschlossenen Regelkreises zur Optimierung des Verbrennungsprozesses.

Neben der heute üblichen Funkenzündung verfolgen Forschungsvorhaben die Anwendung anderer Funktionsprinzipien wie die Plasmazündung und die Laserzündung [19]. Hiermit wird das Ziel verfolgt, den Zündort unanhängig von der an der Brennraumwand angeordneten Zündkerze in den Brennraum hinein zu verlagern und somit günstigere Voraussetzungen für eine verbesserte Prozessführung zu schaffen.

5.1.5.4 Downsizing und Aufladung

Während die Aufladung bei modernen Pkw-Dieselmotoren eine weite Verbreitung gefunden hat, war sie bei Ottomotoren bis vor kurzem auf wenige Nischenprodukte beschränkt. Bei den meisten dieser ottomotorischen Anwendungen der Aufladung steht die Darstellung möglichst hoher Leistungsdaten im Vordergrund. Daneben bietet die Aufladung die Möglichkeit, die vorgegebene Leistung mit einem möglichst kleinen Triebwerk zu realisieren. Dieses als Downsizing bezeichnete Konzept bietet deutliche Verbrauchsvorteile, die primär auf die Verlagerung des Betriebspunktes im Motorkennfeld zurückzuführen sind.

5.1.5.4.1 Betriebspunktverlagerung

Der zur Darstellung einer bestimmten Fahrleistung gehörige Betriebspunkt bestimmt sich bei Fahrt mit konstanter Geschwindigkeit im Motorkennfeld aus der der Fahrgeschwindigkeit entsprechenden Motordrehzahl und dem zur Überwindung der Fahrwiderstände (Luftwiderstand und Rollreibung) notwendigen Drehmoment. Dieser Zusammenhang wird durch die Fahrwiderstandslinie im Motorkennfeld wiedergegeben. Das in **Bild 5.1-51** gezeigte Beispiel mit Saugmotor zeigt, dass die Fahrwiderstandslinie in Bereichen des Motorkennfeldes verläuft, wo der spezifische Kraftstoffverbrauch weit über dem optimalen Niveau liegt. Die Gründe hierfür sind, dass der Motor im Teillastbereich gedrosselt betrieben wird, und dass bei niedriger Belastung die Reibungsverluste einen relativ hohen Anteil an der abgegebenen Nutzarbeit annehmen.

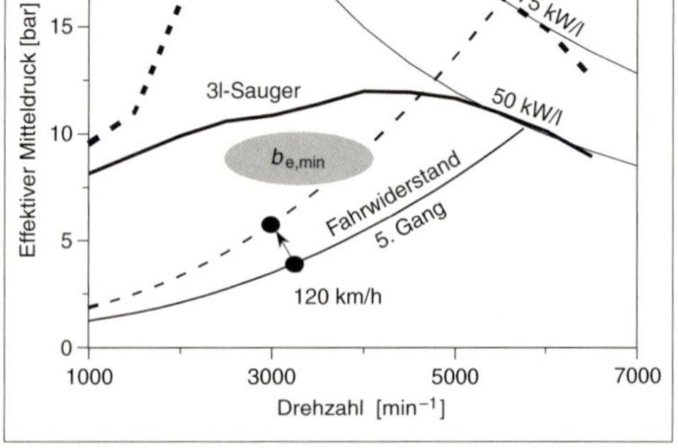

Bild 5.1-51 Betriebspunktverlagerung

Wie das gezeigte Beispiel deutlich macht, wird durch die Verminderung des Hubvolumens der Betriebspunkt des Motors in einen Bereich des Motorkennfeldes verlagert, in welchem der spezifische Kraftstoffverbrauch günstigere Werte aufweist. Bei der Abstimmung des Brennverfahrens ist besonderes Augenmerk darauf zu richten, dass sich der Bereich des günstigsten spezifischen Kraftstoffverbrauches nicht zu höheren Lasten hin verschiebt, weil infolgedessen die beschriebenen Vorteile wieder aufgezehrt würden. Alle das Drehmoment, insbesondere bei niedrigen Drehzahlen, verbessernden Maßnahmen wirken sich zusätzlich günstig auf das Verbrauchsverhalten des Motors im Fahrbetrieb aus, weil damit die Möglichkeit einer längeren Achsübersetzung verknüpft ist. Hiermit lässt sich eine weitere Betriebspunktverlagerung erreichen. Bei aufgeladenen Motoren mit entsprechend verkleinertem Hubraum ist dagegen häufig eine Anfahrdrehmomentschwäche festzustellen, die eine Verkürzung der Übersetzung erforderlich macht. Deshalb sind verbrauchsoptimierte Motoren mit Aufladung insbesondere in dieser Hinsicht zu entwickeln.

Bei einer zunehmenden Anzahl von Pkw-Herstellern finden sich unter den angebotenen Motorisierungsvarianten leistungsgleiche aufgeladene Alternativen zu jeweils einem hubraumgrößeren Saugmotor. Die zertifizierten Kraftstoffverbräuche unterstreichen deutlich das mit diesem Konzept verbundene Potenzial. Es ist jedoch zu beachten, dass bei Aufladung zur Vermeidung klopfender Verbrennung das geometrische Verdichtungsverhältnis abgesenkt werden muss, was sich nachteilig auf den Wirkungsgrad des Hochdruckprozesses auswirkt. Allerdings zeigt der Trend für aufgeladene Motoren eine stetige Zunahme des Verdichtungsverhältnisses. Der damit verbundenen Klopfproblematik bei Volllast ist durch geeignete Maßnahmen zu begegnen. Hierzu zählen die intensive Ladeluftkühlung sowie die Reduzierung der Ventilüberschneidung zwecks Verringerung des Restgasanteiles. Häufig werden auch eine späte Zündung und daraus resultierende Volllastverbrauchsnachteile zugunsten verbesserter Teillastwirkungsgrade in Kauf genommen.

Die Kombination der Aufladung mit Benzin-Direkteinspritzung führt wegen der mit ihr verbundenen Ladungsabkühlung zu einem attraktiven Motorkonzept (siehe auch Kapitel 5.1.5.2.2). Im Jahr 2004 führte die Audi AG unter dem Namen „Turbo FSI“ erstmals einen direkteinspritzenden 2,0 L Ottomotor mit Turboaufladung in die Serie ein [38]. Die mit $\varepsilon = 10{,}5$ für aufgeladene Ottomotoren sehr hohe Verdichtung deutet darauf hin, wie gut sich die innere Gemischbildung mit der Aufladung ergänzt. Gegenüber dem Vorgänger mit äußerer Gemischbildung weist dieser Motor im gesamten Kennfeldbereich auch ohne die Anwendung der Schichtlade-Magerverbrennung Verbrauchsvorteile bis zu 6 % auf. Darüber hinaus weist der Turbo FSI Motor ein überlegenes Drehmomentverhalten auf, was sich insbesondere im dynamischen Fahrbetrieb durch einen rascheren Aufbau des Volllast-Drehmomentes bemerkbar macht. Aufgrund des günstigen Verhältnisses der mit dieser Lösung erreichbaren Verbrauchseinsparungen zu den mit ihr verbundenen Zusatzkosten ist von einem zunehmenden Trend zu Turbo-DI-Motoren auszugehen.

Das Thema Aufladung wird ausführlich in Kapitel 5.3 behandelt. Grundsätzlich können folgende Aufladeverfahren zur Anwendung kommen:

- Die Abgasturboaufladung nimmt im Wesentlichen wegen der thermodynamischen Vorteile sowie der relativ niedrigen Systemkosten eine führende Marktstellung ein. Das früher vielen Turbomotoren anhaftende schwache Drehmomentverhalten bei niedrigen Motordrehzahlen sowie der instationäre Drehmomentmangel („Turbo-Loch“) ist bei modernen Varianten kaum noch vorhanden. Maßnahmen hierzu sind die Kombination mit Benzin-Direkteinspritzung [12, 20], der Einsatz kleiner Turbolader mit geringerem Massenträgheitsmoment in Bi-Turbo-Anordnungen [21] sowie der Einsatz von Abgasturboladern mit variabler Turbinengeometrie VTG [21]. Durch die Verwendung hochwertiger Turbinen-Werkstoffe sind heute Abgastemperaturen bis zu 1050 °C möglich, wodurch sich der Anfettungsbedarf zum Bauteilschutz deutlich verringern lässt.
- Eine weitere Verbesserung der Drehmomentcharakteristik lässt sich durch eine elektrische oder auch mechanische, das heißt vom Motor direkt angetriebene Zusatzverdichtung zur Unterstützung der Turboaufladung erzielen [22].
- Zur mechanischen Aufladung stehen verschiedene Geräte wie Roots-Gebläse, Schraubenverdichter und Spiralkanal-Verdichter (G-Lader) zur Verfügung. Den vergleichsweise höheren Systemkosten steht ein überlegenes Drehmomentverhalten gegenüber.

5.1.5.4.2 Variable Verdichtung

Das Verdichtungsverhältnis des Verbrennungsmotors steht aus thermodynamischer Sicht im direkten Zusammenhang mit dem Prozesswirkungsgrad (Carnot-Wirkungsgrad). Beim Ottomotor sind dem Verdichtungsverhältnis wegen der Neigung zur klopfenden Verbrennung jedoch Grenzen gesetzt. Diese Begrenzung besteht insbesondere an der Volllastlinie, während bei Teillast eine höhere Verdichtung Verbrauchsvorteile ohne Klopfgefahr bewirken kann. Bei der Aufladung des Ottomotors muss der mit steigenden Prozessdrücken und Temperaturen zunehmenden Klopfneigung durch eine Absenkung des Verdichtungsverhältnisses begegnet werden. Diese Maßnahme hat negative Auswirkungen auf den thermodynamischen Wirkungsgrad des Motors, so dass auch im

Teillastbetrieb Verbrauchseinbußen zu verzeichnen sind. Damit wird ein Teil der mit dem Downsizing verbundenen Vorteile wieder aufgezehrt.
Mit variabler Verdichtung gelingt es, die Absenkung der Kompression auf den klopfgefährdeten Volllastbereich zu beschränken. Bei entsprechend großem Verstellbereich des Verdichtungsverhältnisses kann sogar zusätzlich die Möglichkeit genutzt werden, im Teillastbetrieb die Verdichtung über das von konventionellen Ottomotoren bekannte Niveau hinaus anzuheben und zusätzliche Teillast-Verbrauchsvorteile zu generieren. **Bild 5.1-52** zeigt beispielhaft die an einem Motor mit variabler Verdichtung ermittelten Verbrauchsvorteile. Ausgangspunkt ist ein aufgeladener Motor mit einem Verdichtungsverhältnis von $\varepsilon = 10$. Unter der Annahme einer Hochaufladung zwecks Erzielung ausgeprägter Downsizing-Effekte müsste das Verdichtungsverhältnis um etwa zwei Einheiten abgesenkt werden. Hierdurch würde der Teillast-Kraftstoffverbrauch im untersuchten Kennfeldpunkt um etwa 7 % ansteigen. Mit variabler Verdichtung wird dies vermieden und es wird darüber hinaus eine ε-Anhebung im Teillastbetrieb ermöglicht, die im untersuchten Fall ein zusätzliches Verbrauchspotenzial von 6 % eröffnet. Daraus wird ersichtlich, dass die variable Verdichtung insbesondere für aufgeladene Ottomotoren großes Potenzial bietet. Für die praktische Realisierung der variabel steuerbaren Verdichtung des Hubkolbentriebwerkes sind eine Vielzahl konstruktiver Lösungen vorgeschlagen worden. Bei der Beurteilung dieser Ausführungen sind eine Reihe von Kriterien heranzuziehen. Wesentlich für den motorischen Prozess ist die Brennraumform, die möglichst im gesamten Verstellbereich kompakt gestaltet sein soll und kurze Flammenwege ermöglicht. Die Verstellung soll möglichst schnell erfolgen können, so dass eine Anpassung des Verdichtungsverhältnisses im Fahrbetrieb mit ausreichender Dynamik erfolgt. Bei Konzepten mit Kurbeltrieben veränderlicher Geometrie darf die Reibung

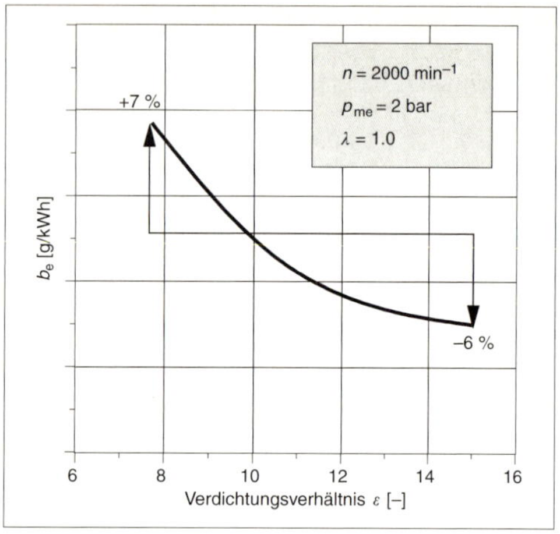

Bild 5.1-52 Teillast-Kraftstoffverbrauch bei variabler Verdichtung

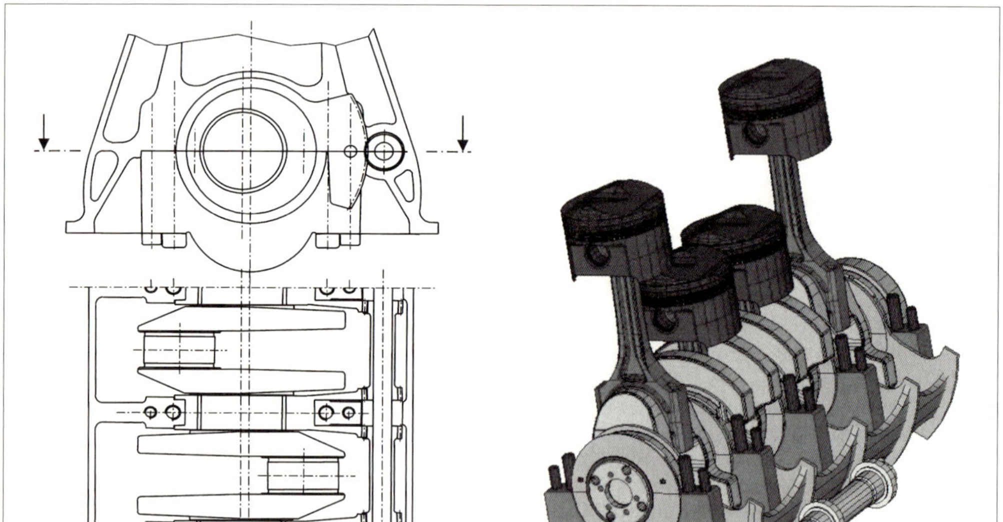

Bild 5.1-53 Hubkolbentriebwerk mit variabler Verdichtung

des Triebwerkes einschließlich der mechanischen Verluste für die ε-Verstellung keine signifikanten Nachteile aufweisen.

Bild 5.1-53 zeigt beispielhaft ein Triebwerk mit exzentrisch verlagerbarer Kurbelwelle. Die je Hauptlager angeordneten Exzenter können mittels einer Verstellwelle im Kurbelgehäuse in ihrer Position verdreht werden, wodurch sich die Totpunktlagen des Kurbeltriebes verändern. Diese Technologie wurde von FEV Motorentechnik an einem 1,8 l 4-Zylinder Turbomotor in einem Versuchsfahrzeug demonstriert [23]. Der realisierte Verstellbereich des Verdichtungsverhältnisses reichte von 8 bis 15. Gegenüber dem leistungsgleichen konventionellen Ottomotor konnte mit dem auf 89 kW/l spezifische Motorleistung aufgeladenen Motor ein Einsparpotenzial (25 %) nachgewiesen werden, wovon etwa 17 % auf Downsizing-Effekte und 8 % auf die variable Verdichtung rückführbar sind. Zum Ausgleich der veränderten Position des schwungrad- und steuertriebseitigen Kurbelwellenendes kommt ein spezielles Parallelkurbelgetriebe zum Einsatz.

Der Zwang zur Kraftstoffeinsparung hat die weitere Entwicklung des Ottomotors stark intensiviert. In welchem Umfang Direkteinspritzung, Hubraumverkleinerung, geringere Anzahl von Zylindern, Deaktivierung von Zylindern, variable Ventilsteuerzeiten und variable Verdichtung zum Einsatz kommen beziehungsweise in welcher Kombination dies geschieht, kann noch nicht präzise vorausgesagt werden. Vielversprechend erscheinen die Kombinationen von Aufladung, variabler Verdichtung und Direkteinspritzung beziehungsweise von Aufladung und elektromechanischer Ventilsteuerung, welche erhebliche Einsparpotenziale am Kraftstoffverbrauch von bis zu 30 % gegenüber dem konventionellen Ottomotor ergeben.

5.1.5.5 Verbrennung

Der Ablauf der Verbrennung im Zylinder wird vom Ladungswechsel und der bei ihm erzeugten Ladungsbewegung, der Gemischbildung sowie der Zündung maßgeblich beeinflusst. Er wirkt sich seinerseits auf den Wirkungsgrad des Motors und auf die Abgaszusammensetzung aus. Ziel einer optimal geführten Verbrennung ist es, dem idealen Gleichraumprozess so nahe wie möglich zu kommen. Neben den erwähnten Einflussfaktoren spielen die Gas- und Brennraumwandtemperaturen eine Rolle, der Wärmeübergang an den Brennraumwänden und deren Geometrie. Der Verbrennungsraum sollte für kurze Flammenwege möglichst kompakt sein, sollte keine engen Spalte haben, in denen die Flamme erlischt (flame quenching) und keine heißen Stellen und Ablagerungen aufweisen, von denen aus klopfende Verbrennung oder gar Glühzündungen ausgehen.

Bei einem stöchiometrischen Mischungsverhältnis von Kraftstoff und Verbrennungsluft sollten theoretisch als Verbrennungsprodukte nur Kohlendioxid (CO_2) und Wasser (H_2O) gebildet werden. In der Realität sind die chemischen Reaktionen aber zusätzlich vom Druck, von der Temperatur, der Konzentration einzelner Reaktionskomponenten und der Zeit abhängig. Während des Expansionstaktes nimmt die Prozesstemperatur rasch ab und die Reaktionen „frieren" teilweise vor Erreichen des chemischen Gleichgewichts ein. Deshalb verbleiben im Motorabgas auch Zwischenreaktionsprodukte. Zusätzlich treten bei insgesamt stöchiometrischem Mischungsverhältnis örtliche Inhomogenitäten auf, die zu erhöhter CO-Bildung führen.

Bei hohen Temperaturen bricht die Bindung der N_2-Moleküle auf und unter Anwesenheit überschüssigen Sauerstoffs bildet sich NO. Dieses unerwünschte Nebenprodukt bildet sich also insbesondere bei hohen Motorlasten (Temperaturen) und bei Luftüberschuss ($\lambda > 1$). Mit einem erhöhten Anteil an Inertgas im Brennraum in Form von Abgas (Restgas) sinkt die maximale Verbrennungstemperatur, was der Stickoxidbildung entgegenwirkt. Bei der Abgasrückführung (AGR) wird dieser Effekt gezielt genutzt. Entweder wird beim Ladungswechsel über angepasste Ventilsteuerzeiten (innere AGR) der Restgasanteil beeinflusst oder es wird Abgas, evtl. auch zwischengekühlt, der Ansaugluft (äußere AGR) beigemischt.

Unverbrannte Kohlenwasserstoffe bleiben übrig, wenn sich Teile des Kraftstoffes an Wänden oder in Ablagerungen im Brennraum bei kaltem Motor niederschlagen oder wenn die Flammenfront nicht den ganzen Brennraum erfassen kann, weil die Flamme die engen Spalten (Kolben-Feuersteg, Zylinderkopfdichtung) nicht erfasst. Die nicht verbrannten und die wieder abdampfenden Kraftstoffanteile werden mit dem Abgas ausgeschoben und als HC-Emission emittiert.

Der Verbrennungsvorgang besteht in der Realität aus einer ganzen Fülle von chemischen Reaktionen, die nebeneinander, nacheinander und sich gegenseitig beeinflussend ablaufen. Bis heute sind immer noch nicht alle Teilprozesse einer mathematischen Beschreibung und Berechnung zugänglich. Dennoch gelingt es durch die Berücksichtigung der wesentlichen Reaktionspfade und die Annahme von Ersatzreaktionsmodellen den Verbrennungsablauf realitätsnah zu beschreiben [24].

Der Druckverlauf im Zylinder kann mithilfe von Piezo-Druckaufnehmern über dem Kurbelwinkel zeitlich aufgelöst gemessen werden. Mit Rechenprogrammen, die ein Verbrennungsmodell abbilden und in die Randbedingungen für den Einströmzustand, den Wärmeübergang etc. eingegeben werden, wird dann der Verbrennungsablauf rechnerisch analysiert. Die Durchbrennfunktion ist der Anteil verbrannten Kraftstoffes im Verhältnis zur insgesamt eingebrachten Kraftstoffmenge. Der Brennverlauf ist die Ableitung davon über dem Kurbelwinkel. Als Erfahrungswert gilt, dass der Brennverlauf sein Maximum etwa

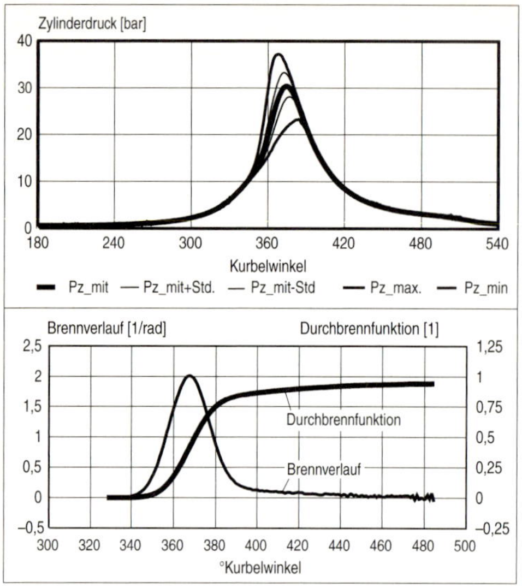

Bild 5.1-54 Beispiel für gemessene Druckverläufe eines Ottomotors und aus dem mittleren Verlauf berechneter Brennverlauf und Durchbrennfunktion

8 bis 12° KW n. OT erreichen soll und ca. 60 bis 65° KW n. OT null erreichen soll. Abweichungen hiervon deuten auf falschen Zündzeitpunkt, klopfende oder verschleppte Verbrennung infolge nicht-optimalem Verdichtungsverhältnis oder auch auf mangelndes Ladungsbewegungsniveau hin.

In **Bild 5.1-54** sind reale Zylinderdruckverläufe eines 1,8 l Saugmotors bei einem Betriebspunkt in der unteren Teillast dargestellt. Es ist auffällig, wie stark der Zylinderdruckverlauf von Zyklus zu Zyklus schwankt, obwohl der Gesamtmotor normal und gleichmäßig läuft. Dieses für Ottomotoren typische Verhalten erfordert eine detaillierte Analyse der Zylinderdruckverläufe. Einerseits geschieht dies durch die Mittelung aufeinander folgender Zyklen zu einem gemittelten Druckverlauf, welcher dann Basis für die im unteren Teil des Bildes gezeigte Brennverlaufsanalyse ist. Andererseits werden die Druckverläufe der Einzelzyklen statistisch ausgewertet und die Streuung der Kennwerte für die Höhe und Lage des Maximaldrucks und der maximalen Druckanstiegsgeschwindigkeit sowie die Werte des indizierten Mitteldruckes der Einzelzyklen und ihre Standardabweichung vom Mittelwert zur Beurteilung des Arbeitsprozesses herangezogen.

Für den Entwicklungsingenieur sind diese Informationen bei der Optimierung des Motors sehr hilfreich. Moderne Indizier- und Auswertesysteme liefern diese Kenngrößen online am Prüfstand. Zur Begrenzung des Rechenaufwandes kommen dabei häufig vereinfachte Modelle mit Standardrandbedingungen zur Anwendung, die jedoch relative Aussagen zur zielgerichteten Anpassung der verschiedenen Parameter sicher liefern.

Zu den kritischen Störungen bei der ottomotorischen Verbrennung gehören die Zündaussetzer und die klopfende Verbrennung. Bei Zündaussetzern wird unverbrannter Kraftstoff in das Abgassystem geleitet und führt zu unzulässigen HC-Emissionen. Neben schlechter Gemischbildung bei besonders ungünstigen Randbedingungen können Defekte im Einspritz- oder Zündsystem die Ursache sein. Die Nachreaktion dieser Kohlenwasserstoffe im Katalysator führt zu sehr hohen Temperaturen und kann auf diese Weise die Zerstörung des Katalysators bewirken.

Als klopfende Verbrennung wird die Selbstentzündung des Kraftstoff-Luft-Gemisches vor der Flammenfront bezeichnet. Bevor die Flammenfront den gesamten Brennraum mit der für sie typischen Ausbreitungsgeschwindigkeit von ca. 25 bis 30 m/s durchlaufen hat, kommt es im noch unverbrannten Bereich der Gemischladung infolge des Druck- und Temperaturanstiegs zu Reaktionen mit Fortpflanzungsgeschwindigkeiten bis zu 500 m/s. Durch diese unkontrollierten Vorgänge kommt es zu Druckwellen hoher Frequenz (Klopf- oder Klingelgeräusche) mit mechanischen und thermischen Überlastungen, die zu Kolben- und Triebwerksschäden führen können. Die Klopfneigung kann durch verschiedene Maßnahmen herabgesetzt werden. Einerseits gilt es kurze Brennwege mit einer mittigen Zündkerzenlage und einen kompakten Brennraum darzustellen, die Flammengeschwindigkeit durch hohe Turbulenz im Brennraum zu steigern, heiße Stellen im Brennraum und zu hohe Ansaugtemperaturen zu vermeiden sowie das Verdichtungsverhältnis auf ein zulässiges Maß zu begrenzen. Andererseits unterdrückt die Verwendung von Kraftstoff mit höherer Oktanzahl das Auftreten von Selbstentzündung. Da der Motor zur Darstellung eines optimalen Kraftstoffverbrauchs immer mit früher Zündung in der Nähe der Klopfgrenze betrieben werden soll, haben elektronische Motorsteuerungen eine Klopfregelung. Ein Klopfsensor registriert an geeigneter Stelle der Motorstruktur die hochfrequenten Schwingungen des Klopfens, der Zündwinkel wird entsprechend einer vorgegebenen Regeltiefe etwas nach spät verstellt und dann wieder schrittweise vorverlegt, bis sich das Erreichen der Klopfgrenze erneut anzeigt.

5.1.5.6 Abgasreinigung

Die vollständige Verbrennung des Kraftstoffes soll im Idealfall nur zu Kohlendioxid (CO_2) und Wasser (H_2O) unter Abgabe von Wärme führen. In der Realität verläuft die Verbrennung aber nicht bis zu einem vollständigen Reaktionsablauf der gesamten Kraftstoffmenge. Zusätzlich treten Reaktionszwischenprodukte auf. Außerdem reagiert der in der Verbrennungsluft enthaltene Stickstoff in der Luft mit Sauerstoff zu den unerwünschten Stickstoffoxiden (NO_x).

Eine Reihe von Abgaskomponenten sind als „Schadstoffe“ klassifiziert, deren Emissionen gesetzlich limitiert sind (siehe auch Kapitel 2.2.5).

Kohlenmonoxid (CO) ist unmittelbar giftig. Es tritt hauptsächlich im Leerlauf des Motors auf. CO wurde schon lange als Messgröße für die richtige Einstellung der Kraftstoffzumischung genommen. CO ist aber nicht stabil und wandelt sich in der Umgebungsluft nach einiger Zeit zu Kohlendioxid (CO_2) um.

Stickstoffmonoxid (NO) ist ein die Schleimhäute reizendes Gas und nimmt an zahlreichen atmosphärischen Reaktionen teil, unter anderem auch im Zusammenhang mit der Bildung von bodennahem Ozon. NO wandelt sich in der Luft zu Stickstoffdioxid (NO_2). Üblicherweise werden die verschieden Stickstoffoxide zusammengefasst bewertet (NO_x).

Kohlenwasserstoffe (HC) sind in vielen Verbindungen im Abgas enthalten. Teils sind es direkt hochmolekulare Komponenten des Kraftstoffes, aber meistens Teil- und Zwischenreaktionsprodukte der Verbrennung. Ihre Wirkung reicht von der Reizwirkung bis hin zur Kanzerogenität. Auch Kohlenwasserstoffe nehmen an atmosphärischen Reaktionsprozessen teil und üben auf diese Weise sekundäre Einflüsse auf die Luftqualität aus.

Feststoffe (engl. particulate matter) umfassen alles Material (außer Wasser), das bei Normalbedingungen als Festkörper (Asche, Ruß) oder Flüssigkeit im Abgas enthalten ist.

Diese Abgaskomponenten sind mit der Gesetzgebung einzeln oder in Gruppen inzwischen praktisch weltweit limitiert. Es gibt jedoch starke Unterschiede in der Strenge der Reglementierung. Die höchsten Anforderungen stellt der USA-Staat Kalifornien. Die Anforderungen der übrigen US-Staaten sowie die europäische und japanische Abgasgesetzgebung unterscheiden sich in Details, erfordern aber in etwa gleiche Aufwendungen zur innermotorischen und katalytischen Emissionsminderung.

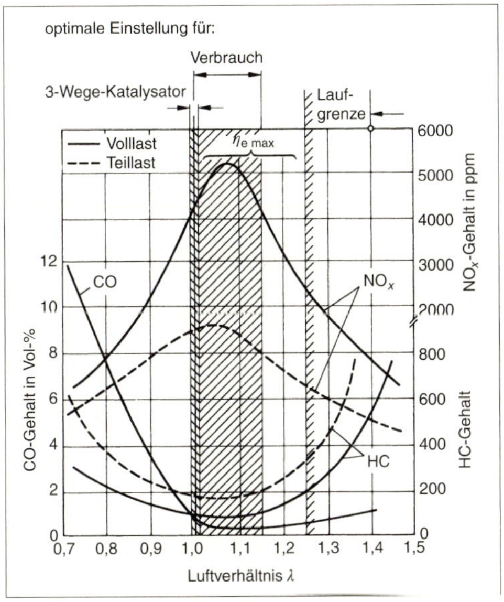

Bild 5.1-55 Einfluss von Luftverhältnis und Motorbelastung auf die Schadstoffemission von Ottomotoren

5.1.5.6.1 Drei-Wege-Katalysator

Nachdem in den 60er Jahren für den Markt Kalifornien die zulässigen Abgasemissionen gesetzlich limitiert wurden, war es mit rein motorischen Maßnahmen nicht möglich, die geforderten Grenzwerte für alle limitierten Komponenten CO, HC und NO_x einzuhalten. Dies stellt den Ausgangspunkt der Katalysatortechnik dar. Beim Drei-Wege-Katalysator werden gleichzeitig CO und HC oxidiert sowie NO_x reduziert (**Bild 5.1-56**). Die gleichzeitige Oxidation und Reduktion in einem gemeinsamen Prozess ist aber nur möglich, wenn das Gesamtmischungsverhältnis $\lambda = 1$ mit nur minimalen Abweichungen eingehalten wird. Man spricht deshalb auch vom λ-1-Konzept. Die Einhaltung des richtigen Mischungsverhältnisses wird von einer λ-Sonde (Zirkon-Dioxid) kontrolliert. Dieser Sensor reagiert auf im Abgas noch enthaltenen Sauerstoff und zeigt den Übergang zwischen fettem und magerem Gemisch mit einem sprungförmigen Spannungssignal bei $\lambda = 1$ an.

Der Katalysator (**Bild 5.1-56**) besteht aus einem Keramikkörper (Monolith) oder aus einem „Wellblech“-Wickel (**Bild 5.1-57**), der eine möglichst große Oberfläche in vielen kleinen Kanälen bildet. Je größer die Anzahl der Kanäle pro Querschnittfläche ist, desto größer ist die Oberfläche, desto größer wird aber auch der Strömungswiderstand. Deshalb gilt es auch hier einen guten Kompromiss zu finden. Die Zelldichte wird angegeben in cpsi (cells per square inch). Werte von 400 bis 1600 cpsi werden angeboten. Metall-Katalysatoren werden auch aus speziellen Stahlfolien mit gewellter Oberfläche wie in **Bild 5.1-57** oder mit strukturierten Kanälen gefertigt, die die Abgasströmung durch Turbulenzerzeugung in noch intensiveren Katalytkontakt bringen.

Der Keramik- oder Metallkörper dient nur als Träger für die katalytische Beschichtung. Auf der Trägeroberfläche ist ein Washcoat aufgebracht, der die chemische Reaktionsfläche noch einmal deutlich erhöht. In diesem Washcoat ist dann das eigentliche Katalysatormaterial eingebettet, das die Oxidations- und Reduktionsreaktionen fördert. Als Katalyten werden die Edelmetalle Platin (Pt), Rhodium (Rh) und Palladium (Pd) verwendet, die in unterschiedlichen Mengen und Mischungsanteilen eingesetzt werden. Da die Wirksamkeit des Katalysators durch Blei und Bleiverbindungen, welche bis dahin zur Erhöhung der Klopffestigkeit eingesetzt wurden, geschwächt oder gar ganz ausgelöscht wird, musste

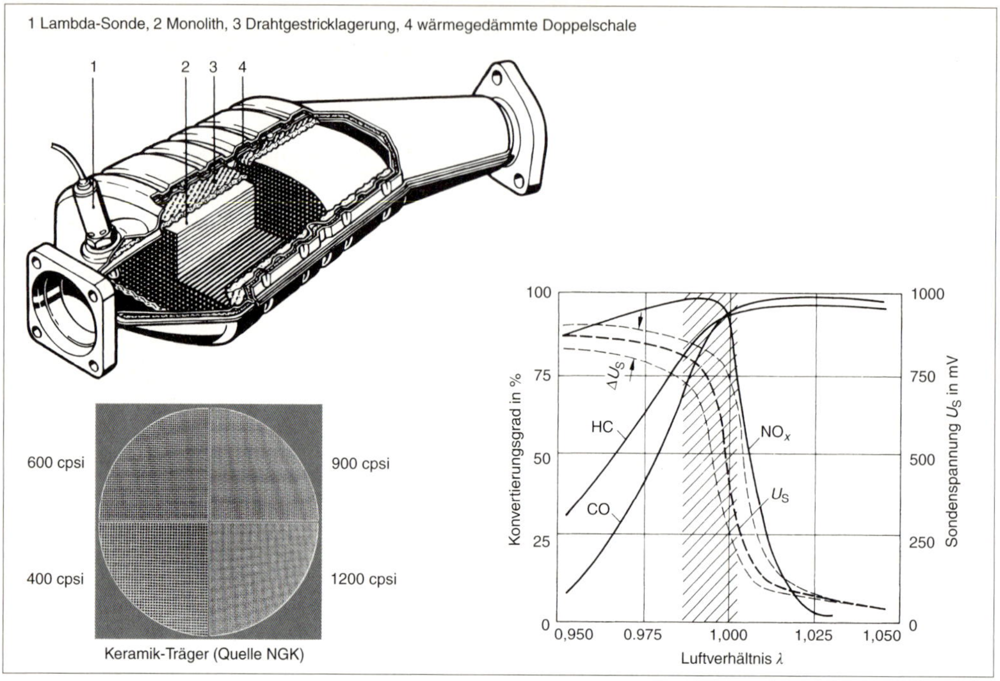

Bild 5.1-56 Aufbau und Wirkungsweise eines Drei-Wege-Katalysators mit λ-Sonde

mit der Einführung der Katalysatortechnik die Einführung des unverbleiten Benzins einhergehen.

Die Effektivität eines Katalysators wird als Konvertierungsrate bezeichnet. Sie hängt wesentlich von der Betriebstemperatur ab. Unterhalb 250 °C finden praktisch keine Reaktionen statt. Ideale Bedingungen für gute Umsetzung und lange Lebensdauer sind bei 400 bis 800 °C gegeben. Temperaturen über 1000 °C führen zu thermischer Alterung und zerstören den Katalysator. Ein Katalysator, der nah am Abgaskrümmer montiert ist, springt infolge rascherer Erwärmung schneller an und kann bereits kurz nach dem Motorkaltstart die Abgasreinigung bewirken. Er ist aber auch bei sehr hoher Motorleistung durch hohe Abgastemperaturen gefährdet. Bis zur Einführung der letzten Grenzwertverschärfungen war der Katalysator bei den meisten Fahrzeugen deshalb in größerer Entfernung vom Motor unter dem Fahrzeugboden montiert.

Zur schnelleren Erwärmung des Katalysators nach dem Motorstart werden diverse Konzepte verfolgt. Üblich ist die vorübergehende Spätzündung, welche über eine verschleppte Verbrennung zu erhöhten Abgastemperaturen führt. Allerdings sind dieser Maßnahme dadurch Grenzen gesetzt, dass einerseits eine Zunahme des Kraftstoffverbrauchs hingenommen werden muss und andererseits auch eine Erhöhung der Rohemissionen mit ihr verbunden sein kann. Eine Alternative besteht im sogenannten Sekundärluftsystem. Hierbei wird der Motor nach dem Kaltstart mit fettem Gemisch betrieben. In das stark mit unvollständig verbrannten Kohlenwasserstoffen angereicherte heiße Abgas wird über eine zusätzliche Pumpe Sekundärluft eingeblasen. Dies bewirkt exotherme Nachreaktionen im Abgassystem, welche die Abgastemperatur vor Katalysator stark anheben. Infolge des zeitweisen Fettbetriebs ist auch dieses Verfahren mit einem Verbrauchsanstieg verbunden. Eine weitere Option liegt in der Anwendung elektrisch beheizbarer (Metall-) Katalysatoren (**Bild 5.1-57**). Vor dem originären Katalysatorteil ist ein kürzerer Metallträger-Katalysator angeordnet, der beim Start oder schon kurz vorher elektrisch beheizt wird. Die Totzeit bis zum Anspringen des Katalysators wird dabei drastisch vermindert.

Die Emissionsgrenzwerte müssen bei definierten Fahrbedingungen nach einem vorgeschriebenen Testverfahren eingehalten werden. Die Messung der vom Fahrzeug emittierten Schadstoffe wird auf einem Rollenprüfstand durchgeführt. Der Widerstand der Prüfbankrollen ist dem Gewicht des Fahrzeugs und seinen Fahrwiderständen angepasst. Das Fahrzeug muss eine vorgegebene (simulierte) Strecke mit vorgeschriebener Geschwindigkeit und Gangwahl (bei Handschaltgetrieben) zurücklegen. Der im europäischen Regelwerk Testzyklus definierte „Neuer Europäischer Fahrzyklus" (NEFZ oder „MVEG A") und der in den USA angewandte FTP 75 Testzyklus sind in **Bild 5.1-58** gezeigt. Während der gesamten Messzeit wird das Abgas nach der CVS-Methode (Constant Volume Sampling) in Kunststoffbeuteln

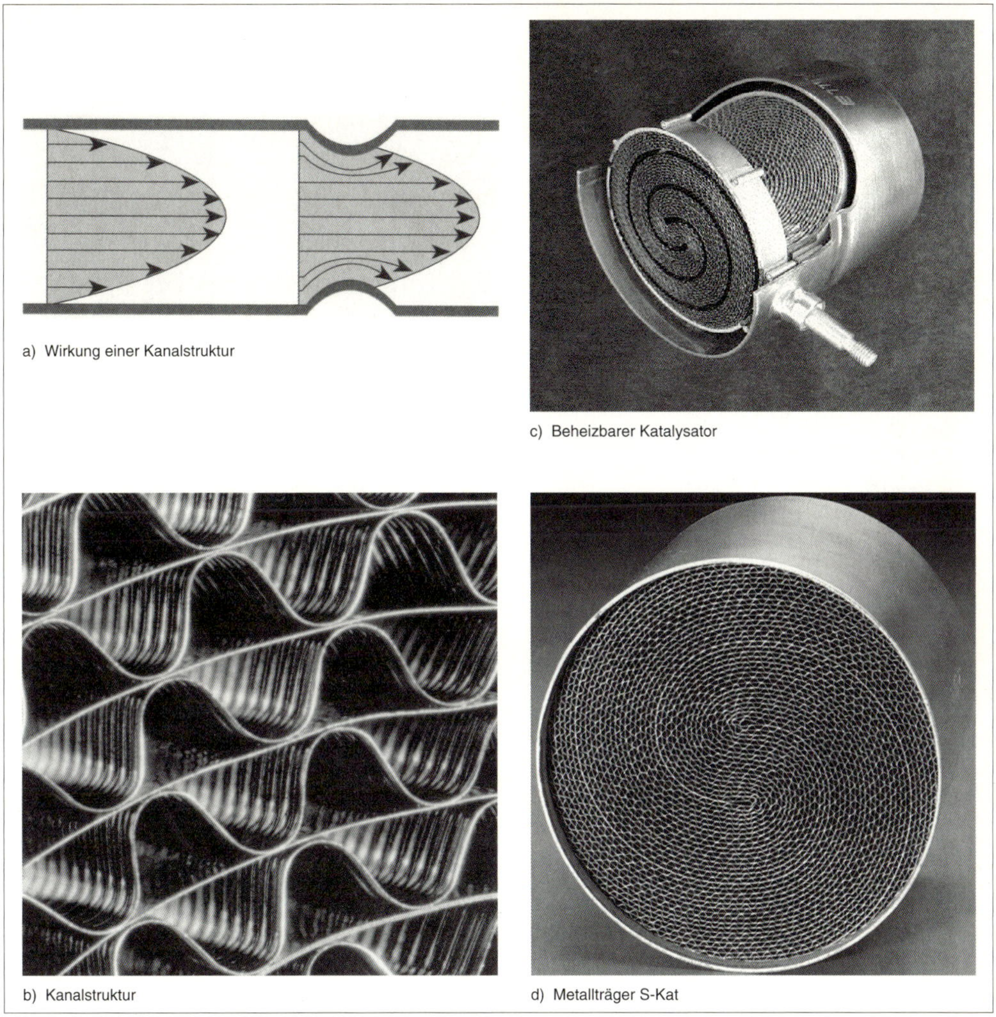

a) Wirkung einer Kanalstruktur

b) Kanalstruktur

c) Beheizbarer Katalysator

d) Metallträger S-Kat

Bild 5.1-57 Metall-Katalysatorträger (Beispiel Emitec)

gesammelt und dann auf HC, CO, NO_x, CO_2, O_2 analysiert. Über eine (ebenfalls vorgeschriebene) Rechenoperation werden dann die Emissionen ausgewiesen in g/km (bzw. g/mi) und der Kraftstoffverbrauch in l/100 km (bzw. in mpg – miles per gallon).
In **Tabelle 5.1-2** sind die für Pkw mit Ottomotoren in für Europa (Stufen Euro-II bis IV) und die USA (49 Staaten, ab 2007) gültigen Grenzwerte wiedergegeben. Die Reduzierungen von Stufe zu Stufe entsprechen den jeweils parallel erzielten Fortschritten im Stand der Technik. In den USA gelten jeweils „phase-in“ Regelungen, wonach die stufenweise Einführung der neuen Grenzwerte in gewissen Stückzahlen bis zur vollständigen Erfüllung der Grenzwerte innerhalb eines vorgegebenen Zeitraumes erfolgen muss. Die neuen Grenzwerte müssen zwischen 2004 und 2007 umgesetzt werden. Das gesamte Regelwerk ist sehr umfangreich. Es differenziert zwischen Fahrzeuggruppen (Gewichtsklassen und Nutzart), gibt die Kraftstoffqualität vor und regelt eine Vielzahl von Details. Die Angaben hier können nur typische Werte für Pkw veranschaulichen.

5.1.5.6.2 DeNO$_x$-Katalysator

Die am konventionellen Ottomotor bewährten Edelmetallkatalysatoren realisieren auch am mager betriebenen Direkteinspritz-Ottomotor die oxidative Nachbehandlung der Kohlenwasserstoff- und Kohlenmonoxidemission mit hohen Konvertierungsraten. Dagegen ist der reduktive, die Stickoxidemissionen betreffende Reaktionspfad im sauerstoffhaltigen Abgas praktisch unwirksam. Der Betrieb des direkteinspritzenden Ottomotors mit magerem Gemisch erfordert deshalb neue Lösungen für die Reduktion der vom

Neuer Europäischer Fahrzyklus NEFZ

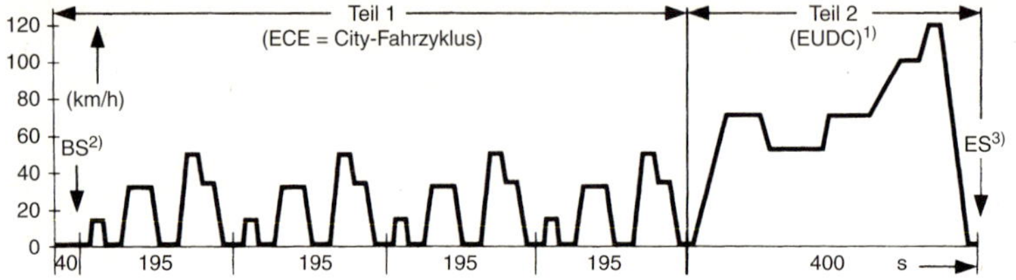

Zyklusdauer: 1220 s
1180 s[2]
Zykluslänge: 11,007 km
Zyklenzahl/Test: 4 + 1
mittlere Zyklusgeschw.: 33,6 km/h
(44,0 km/h)[4]
max. Geschw.: 120 km/h

1) EUDC = Extra Urban Driving Cycle = Außerorts-Fahrzyklus
2) Beginn der Probenahme (nach 40 s), ab 1.1.2000 (neue Typen) Probenahme ab Motorstart
3) Ende der Probenahme (1220 s)
4) ohne LL-Phasen (LL-Anteil = 26,2 %)

USA-Testzyklus (Federal Test Procedure, FTP 75)

Zykluslänge: 11,115 Meilen — mittlere Geschwindigkeit: 34,1 km/h
Zyklusdauer: 1877 s + 600 s Pause — maximale Geschwindigkeit: 91,2 km/h

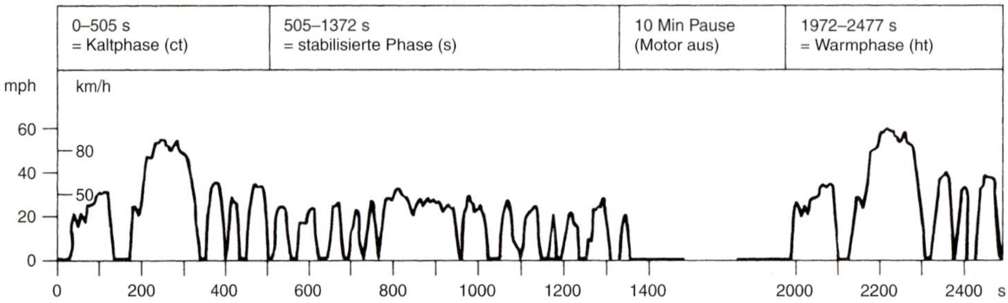

Bild 5.1-58 Abgasemissions-Testzyklen NEFZ für Europa und FTP 75 für USA

Tabelle 5.1-2 Emissionsgrenzwerte in Europa und USA (Auszug)

EUROPA NEFZ — Emissionsgrenzwerte für Personenkraftwagen (≤ 2,5 t, ≤ 6 Personen) mit Ottomotoren

		Stufe II	Stufe III	Stufe IV
	Typzulassung ab	1.1.1996	1.1.2000	1.1.2005
	Erstzulassung ab	1.1.1997	1.1.2001	1.1.2006
g/km	CO	2,2	2,3	1,0
	HC	–	0,2	0,1
	NO_x	–	0,15	0,08
	HC + NO_x	0,5	–	–
g/Test	Evap.	2,0	2,0	

ab Stufe III:
- NEFZ Messung. Entfall der ersten 40 s
- EOBD

USA 49 Staaten + Kanada — Emissionsgrenzwerte für Personenwagen (≤ 6000 lbs, ≤ 12 Personen) mit Ottomotoren (Benzinbetrieb)

FTP75-Test — Modelljahr 1996–2002

		Standard	Clean Fuel	bis 2007*	
g/mi	THC	0,41	–	–	Total Hydrocarbon
	NMHC	0,25	–	–	Non-Methane-Hydrocarbon
	NMOG	–	0,125	0,09	Non-Methane-Organic-Gases
	HCHO	–	0,015	0,018	Formaldehyd
	CO	3,4	3,4	4,2	
	NO_x	0,4	0,4	0,07	
	Partikel	0,08	–	0,01	
g/Test	Evap.	2,0	2,0	0,95	

* gilt für Bin 5, Kraftstoff < 45 ppm S
neuer Lebensdauer "Supplemental FTP" (SFTP)

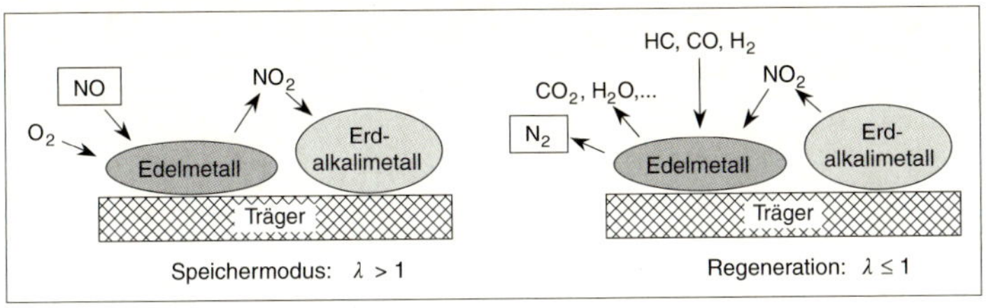

Bild 5.1-59 NO_x-Adsorption

Motor emittierten Stickstoffoxide. Viele dieser neuen Konzepte sind auch am Dieselmotor einsetzbar und werden parallel verfolgt.

Nach anfänglichen Bemühungen, durch die Verwendung alternativer Katalyten die NO_x-Selektivität des Konverters zu steigern, hat sich zwischenzeitlich die NO_x-Speichertechnologie durchgesetzt. Dabei werden die während des Magerbetriebs emittierten Stickstoffoxide chemisch zwischengespeichert, um dann in Betriebsphasen mit unterstöchiometrischem Gemisch wieder desorbiert und nach dem vom konventionellen Ottomotor bekannten 3-Wege-Prinzip reduziert zu werden [25]. Dies erfordert einen intermitterenden Betrieb des Motors, so dass nach Phasen der NO_x-Einspeicherung immer wieder die Regeneration des Speichers erfolgt. Das Funktionsprinzip ist schematisch in **Bild 5.1-59** wiedergegeben. In einem ersten Schritt werden die im Abgas vorwiegend als NO vorliegenden Stickoxide an einem Edelmetallkatalysator zu NO_2 aufoxidiert. Das NO_2 kann dann anschließend an ein Speicherelement als Nitratverbindung angelagert (adsorbiert) werden. Als Speicherelemente haben sich die Alkali- und Erdalkalimetalle als besonders wirkungsvoll erwiesen.

Dieses Funktionsprinzip ist temperaturabhängig, wobei neuere Entwicklungen hohe NO_x-Konvertierungsraten in einem ausreichend weiten Temperaturbereich aufweisen. Bei zu niedrigen Temperaturen wird die Wirkung im Wesentlichen dadurch begrenzt, dass die katalytisch unterstützte NO_2-Bildung ausbleibt. Bei zu hohen Temperaturen zerfällt das NO_2 wieder zu NO und kann dann nicht mehr als Nitrat eingespeichert werden. Außerdem nimmt mit zunehmender Temperatur die Stabilität des Nitrats ab und das gespeicherte Stickoxid wird wieder desorbiert. Daneben sind zu hohe Temperaturen des Konverters zu vermeiden, weil es ansonsten zur thermischen Alterung kommt. Diese führt infolge einer Verringerung der Dispersion der Edelmetallkomponenten und wegen chemischer Reaktionen des Adsorbermaterials mit der oxidischen Trägermasse zum dauerhaften Aktivitätsverlust [26]. Aus diesem Grund kommt für den Adsorberkatalysator vorzugsweise eine motorferne Einbauposition in Betracht. Besonders vorteilhaft ist in diesem Zusammenhang die Kombination mit einem motornah eingebauten Oxidationskatalysator, der bereits bei niedrigen Abgastemperaturen und kurz nach dem Kaltstart die Oxidation von NO zu NO_2 unterstützt.

Kritisch im Hinblick auf die erreichbaren Verbrauchsvorteile ist der Betrieb bei höherer Teillast, wenn seitens des Brennverfahrens zwar noch thermodynamische Vorteile des Magerbetriebs vorliegen, das Abgasnachbehandlungssystem jedoch aufgrund zu hoher Abgastemperatur nicht mehr in der Lage ist, die NO_x-Emission ausreichend zu begrenzen. Zur Auflösung dieses Konfliktes sind spezielle Einrichtung zur Absenkung der Abgastemperatur mittels Fahrtwindkühlung der Abgasführung bis zum NO_x-Speicherkatalysator entwickelt worden. Die in Serie gelangten Ausführungen reichen vom mehrflutig gestalteten Abgasrohr zwischen Vorkatalysator und Speicherkatalysator über die Kühlluftführung auf den motornahen Vorkatalysator (beides erstmals realisiert im VW Lupo FSI [27]) bis hin zur Schaltklappe in der Abgasführung (Mercedes CGI [28]), welche bei höherer Last das Abgas auf einem längeren Weg und durch eine größere Querschnittsfläche zum NO_x-Speicherkatalysator leitet.

Wenn der Adsorber seine Speicherkapazität erreicht, muss er regeneriert werden. Hierzu wird der Motor kurzzeitig, typischerweise nur für Sekunden, mit unterstöchiometrischem Gemisch betrieben. Dabei kommt es zur spontanen Desorption des eingespeicherten NO_2, und unter Anwesenheit von Fettkomponenten im Abgas findet der vom 3-Wege-Katalysator bekannte Abbaumechanismus statt. Die Dauer und die Häufigkeit dieses Regenerationsprozesses hat direkten Einfluss auf den Kraftstoffverbrauch. Als typischer Wert für den darauf zurückzuführenden Mehrverbrauch im europäischen Testzyklus können 1 bis 2 % genannt werden.

Die Effektivität des Regenerationsprozesses hängt unter anderem auch davon ab, ob die Fettkomponenten des Abgases unmittelbar für die Desorption und nachfolgende 3-Wege-Reaktion bereitstehen. Infolge der Sauerstoff-Speicherfähigkeit des katalytischen Konverters wird nämlich zunächst ein Teil der Kohlenwasserstoffe und des Kohlenmonoxids oxidiert, ohne dass eine Einbindung in den Regenerationsprozess erfolgt. Die Beschichtung des vorgeschalteten Oxidationskatalysators ist deshalb im Hinblick auf eine geringe Sauerstoff-Speicherfähigkeit auszulegen.

Die als NO_x-Speicher verwendeten Alkali- und Erdalkalimetalle adsorbieren auch Schwefeloxide, die bei der motorischen Verbrennung aus dem im Kraftstoff enthaltenen Schwefel entstehen können, in Form von

Sulfaten. Die thermische Stabilität der Sulfate ist dabei deutlich größer als die der Nitratverbindungen. Eine Schwefel-Regeneration findet deshalb erst bei höheren Temperaturen statt, als sie bei der beschriebenen Speicherregeneration erreicht werden. Deshalb kommt es mit fortschreitender Zeit zu einer Blockade der Speicherelemente, so dass die NO_x-Speicherfähigkeit empfindlich abnimmt. Aus diesem Umstand leitet sich die Forderung nach minimalem Schwefelgehalt des Kraftstoffes ab. Der Gesetzgeber hat hierzu eine Begrenzung auf 50 ppm vorgenommen. Wie Untersuchungen von Quissek et al. gezeigt haben, führen jedoch auch kleinste Schwefelkonzentrationen auf Dauer zur Deaktivierung des NO_x-Adsorbers [29]. Deshalb hat sich zwischenzeitlich eine Limitierung des Schwefelgehaltes zumindest der Kraftstoffqualität „Super Plus" auf ein Niveau unter 10 ppm eingestellt.

Auf jeden Fall müssen spezielle Regenerationsstrategien für die Entschwefelung des Adsorbers vorgesehen werden. Die üblichen Regenerationsprozeduren erfordern einen Betrieb mit unterstöchiometrischem Gemisch und hoher Abgastemperatur über einen längeren, in Minuten anzugebenden Zeitraum. Dabei stellt sich die Frage, wie diese Bedingungen in jeder vorkommenden Fahrsituation dargestellt werden können. Im Übrigen entsteht daraus ein weiterer Kraftstoffmehrverbrauch, der die Vorteile des mager betriebenen Direkteinspritzmotors teilweise aufzehrt. Der insgesamt zulasten der Abgasreinigung entstehende Mehrverbrauch ist mit 2 bis 3 %-Punkten anzunehmen. Damit verringert sich das mit Benzin-Direkteinspritzung in Kundenhand realisierbare Verbrauchspotenzial auf eine Bandbreite von 8 bis 12 %.

Eine weitere Möglichkeit der NO_x-Reduktion im sauerstoffreichen Abgas besteht in der Verwendung eines zusätzlichen, selektiv wirkenden Reduktionsmittels. Das in Großkraftwerken sowie an stationär betriebenen Verbrennungsmotoren in Blockheizkraftwerken großtechnisch eingesetzte SCR-Verfahren (Selective Catalytic Reduction) arbeitet vorzugsweise mit Ammoniak als Reduktionsmittel. Für den Pkw-Einsatz dieser Technologie werden dagegen Harnstoff in wässeriger Lösung oder feste Reduktionsmittel diskutiert [30]. Das Verfahren ist für sein hohes Potenzial zur NO_x-Reduktion bekannt und hat als weiteren Vorteil eine geringe Empfindlichkeit gegenüber Katalysatorvergiftungen, wie sie aus dem im Kraftstoff enthaltenen Schwefel resultieren können. Problematisch ist dagegen das Harnstoff-Handling sowie die Notwendigkeit, Harnstoff als zusätzlichen Betriebsstoff mit an Bord zu führen.

5.1.5.7 Motormanagement

Die Fortschritte in der Mikroelektronik und der elektro-mechanischen Sensorik einerseits und die zunehmenden gesetzlichen Anforderungen an die Einschränkung der Schadstoff-Emissionen und der Überwachung aller emissionsrelevanten Systeme andererseits haben zu immer leistungsfähigeren Systemen der Motorsteuerung und -überwachung geführt. Die elektronische Motorsteuerung erlaubt ein umfassendes Motormanagement mit gezielten und bewussten Eingriffen in den Betriebsablauf des Motors unter Berücksichtigung einer Vielzahl von physikalischen und mechanischen Größen sowie automatischer Eingriffe bei nicht vorhergesehenen Ereignissen.

5.1.5.7.1 Motorsteuerung

Im Steuergerät, der ECU (Electronic Control Unit), werden alle eingehenden Informationen verarbeitet und daraus Stellbefehle sowie Informationen ausgegeben. Im **Bild 5.1-60** ist ein Abbild des physischen Aufbaus eines Motors mit seinen angeschlossenen Komponenten dargestellt, die zum Umfang der Motorsteuerung gehören. Im **Bild 5.1-61** ist ein Blockschaltbild einer Motorsteuerung gezeigt, in dem die Funktionsgruppen mit ihren Eingangsgrößen und Ausgabefunktionen zu erkennen sind. Die Steuergeräte sind heute mit 16-bit und teilweise auch mit 32-bit-Prozessoren bestückt, damit die Menge der notwendigen Informationen bei hohen Drehzahlen und dynamischen Vorgängen zeitgerecht verarbeitet werden kann. Dafür stehen bei einem 6-Zylinder-Motor zwischen zwei Zündungen bei Maximaldrehzahl nur ca. 3 ms zur Verfügung.

Je nach Ausstattung des Fahrzeugs sind weitere Interaktionen mit anderen elektronischen Steuerungen, z.B. mit Automatikgetrieben, automatisch schaltenden Stufengetrieben, mit Bremssystemen oder mit Klimaanlagen zu berücksichtigen. Dabei kommen sowohl zentrale Architekturen, bei denen alle Systeme von einer gemeinsamen Steuerung kontrolliert werden, als auch dezentrale Kombinationen mehrerer miteinander vernetzter Systeme zur Anwendung.

Die Sensorsignale werden über Eingangsschaltungen aufbereitet und in einen einheitlichen Spannungsbereich gelegt. Über Analog-Digital-Wandler werden die aufbereiteten Signale in Zahlenwerte transformiert, die dann vom Mikrocomputer verarbeitet werden können. Die in digitaler Form ermittelten Ausgangsgrößen müssen dann wieder rücktransformiert und auf die an den Stellgliedern erforderlichen Leistungspegel angehoben werden. In einem Halbleiterspeicher werden alle Programme (Verknüpfungen und Algorithmen) und Kennfelder (Applikationsdaten) abgelegt.

Neben den in den vorhergehenden Kapiteln behandelten Systemen Einspritzung (Zeitpunkt, Zeitdauer), Zündung (Zeitpunkt), Emissionen (λ-Regelung, Abgasrückführung) kommen noch hinzu:

- Klopfregelung, d.h. die Rücknahme des Zündwinkels, wenn Klopfen auftritt.

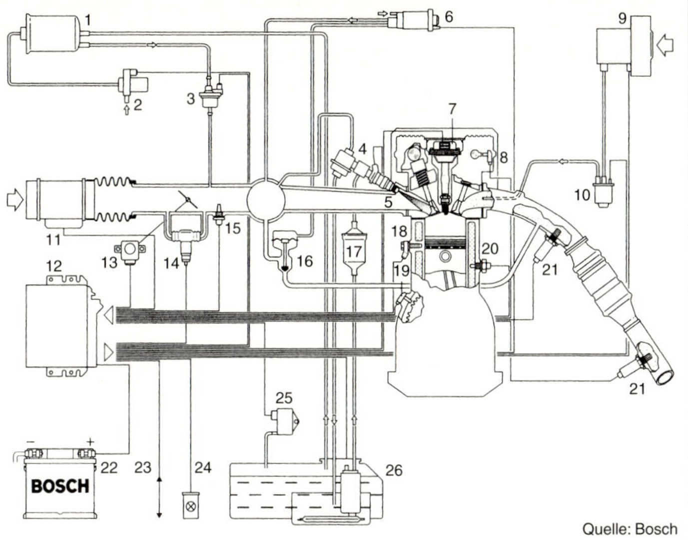

Motormanagementsystem Motronic.
1 Aktivkohlebehälter, 2 Lufteinlassventil, 3 Regenerierventil, 4 Kraftstoffdruckregler, 5 Einspritzventil, 6 Drucksteller, 7 Zündspule, 8 Phasensensor, 9 Sekundärluftpumpe, 10 Sekundärluftventil, 11 Luftmassenmesser, 12 Steuergerät, 13 Drosselklappengeber, 14 Leerlaufsteller, 15 Lufttemperatursensor, 16 Abgasrückführventil, 17 Kraftstofffilter, 18 Klopfsensor, 19 Drehzahlsensor, 20 Motortemperatursensor, 21 Lambda-Sonde, 22 Batterie, 23 Diagnoseschnittstelle, 24 Diagnoselampe, 25 Differenzdrucksensor, 26 Elektrokraftstoffpumpe

Bild 5.1-60 Motormanagement-Systemkomponenten

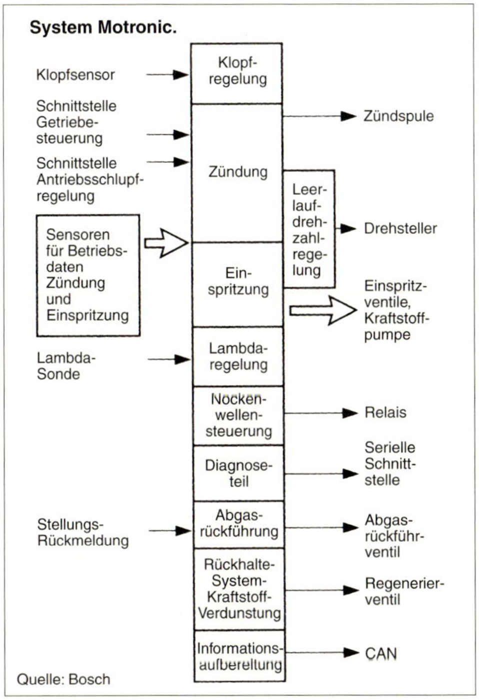

Bild 5.1-61 Blockschaltbild einer Motorsteuerung

- Leerlaufdrehzahlregelung, gesteuert über Zündung und Einspritzung, evtl. noch unterschiedlich bei erhöhter Last, z.B. durch Klimakompressor, Generator oder Lenkhilfepumpe.
- Tankentlüftung, d.h. „entladen" des Aktivkohle-Kraftstoffdampfabscheiders.
- Nockenwellensteuerung in Abhängigkeit von der Motordrehzahl und evtl. Motorlast.
- Ladedruckregelung bei aufgeladenen Motoren.

Im Zuge der Ausweitung der x-by-wire-Technologie ist die mechanische Kopplung zwischen Gaspedal und Drosselklappe durch einen Fahrpedalgeber und eine elektronische Drosselklappe (E-GAS) ersetzt worden. Damit ist der unmittelbare Zugriff des Fahrers auf die Drosselklappe aufgehoben. Der mittels Fahrpedalbetätigung übermittelte Wunsch des Fahrers wird gemeinsam mit den Lastanforderungen anderer Systeme (Klimaanlage, elektrische Verbraucher, etc.) analysiert und mit den Möglichkeiten (z.B. Momentenreserve, Boost-Funktion) und Restriktionen (z.B. Traktionskontrolle, Regenerationsfunktionen) abgeglichen, woraus dann eine Vorgabe für die Drosselklappenstellung abgeleitet wird.
Ein wichtiges Element moderner Motorsteuerungen ist die Fähigkeit des Systems zur Adaption [31]. Innerhalb vorgebbarer Grenzen können die Toleranzen einiger Bauteile ausgeregelt werden. Beispiele

sind das Lambda-Kennfeld, die Grundluft im Leerlauf und der Drosselklappenwinkel. So können in der Produktion und im Kundendienst aufwendige Einstell- und Kalibrierarbeiten reduziert werden. Ein anderes Beispiel ist die Adaption des Zündwinkelkennfeldes über den Klopfsensor in Abhängigkeit von der Kraftstoffsorte.

Eine weitere Eigenschaft moderner Motorsteuerungen besteht in der integrierten Eigendiagnose. Neben klassischen Fehlerdiagnosemethoden kommen heute auch modellbasierte Vorgehensweisen bis hin zu dynamischen neuronalen Netzen zur Anwendung [32]. Dabei werden aufgetretene Fehler und Störungen erfasst und hinsichtlich ihrer möglichen Ursachen und Auswirkungen analysiert:

- Überwachung aller Komponenten und Systeme mittels logischer und sinnvoller Werte, deren Grenzen festgelegt werden können und deren Einhaltung überprüft wird. Auf diese Weise können Fehlerursachen selbst in komplexen Systemen eingegrenzt und ihre Diagnose erleichtert werden.
- Schutz empfindlicher Komponenten bei Fehlern. So gefährden z.B. Zündaussetzer den Katalysator durch Überhitzung; werden an einem Zylinder mehrere Verbrennungsaussetzer erkannt, so wird die Einspritzung für diesen Zylinder abgeschaltet.
- Sicherstellen eines Notlaufes. Gibt es einen Ausfall bei Sensoren oder Aktoren, so werden Ersatzwerte definiert, damit ein Notfahrbetrieb aufrechterhalten werden kann. Fällt z.B. das Lastsignal aus (Luftmasse, Saugrohrdruck), so wird aus der Drehzahl und dem Drosselklappenwinkel eine Ersatzgröße gebildet, die einen Notbetrieb bis zum Aufsuchen der Werkstatt ermöglicht.
- Speicherung detaillierter Informationen. Erkennt das Diagnosesystem einen Fehler, so werden die Daten in einem fehlerspezifischen Code in einem Fehlerspeicher des Steuergerätes abgelegt. Dazu werden auch die Umgebungs- und Betriebsbedingungen des Motors mit gespeichert.
- On-Board-Diagnose emissionsrelevanter Systeme. Vom Fahrer unbemerkbare Ausfälle oder Fehlfunktion werden erkannt und, sofern damit ein Versagen der Abgasreinigungseinrichtung verbunden sein kann, dem Fahrer über eine Signallampe (MIL) angezeigt. Er muss dann schnellstmöglich eine Werkstatt aufsuchen. Dem Vorbild der amerikanischen OBD-Regelung folgend gelten ähnliche Regelungen seit 2000 (Stufe III) auch für Europa und werden hier EOBD genannt (European On Bord Diagnosis).
- Abfrage der gespeicherten Informationen über eine genormte Schnittstelle (Schnittstellenprotokoll nach Normen ISO 9141 und 14230) für die Werkstatt. Anhand der Meldungen kann die Ursache der Störung eingegrenzt werden. Für die hochkomplexen Systeme ist nur so eine effektive Fehlersuche überhaupt möglich.

Während der Einführung eines neuen Fahrzeugmodells kommt es immer wieder vor, dass aus Erfahrungen und Beanstandungen aus dem Kundenfeld heraus Änderungen an den Kennfeldern oder gar an den Prozessroutinen vorgenommen werden müssen. In den ersten Entwicklungsstufen der elektronischen Motorsteuerungen war dies praktisch nur möglich, indem das Steuergerät komplett ausgewechselt wurde. Die heute eingesetzten elektronischen Datenspeicher (Flash-EPROM's) gestatten dagegen ein Überschreiben der Daten. Auf diese Weise können beispielsweise im Rahmen der regelmäßigen Wartungsarbeiten kurzfristige Anpassungen an den letzten Entwicklungsstand der Motorapplikation vorgenommen werden. Ein weiterer wesentlicher Vorteil dieser flexiblen Datenspeicher ist, dass in der Fahrzeugproduktion mit einer einzigen Steuergeräte-Hardware am Bandende des Fahrzeugherstellers mehrere Motor- und Applikationsvarianten mit individuellen Steuergerätedaten geladen werden können.

Der damit mögliche Zugang zu den Applikationsdaten wird auch im Rahmen des sogenannten Chiptuning genutzt. Vor unqualifizierten Eingriffen in die Motorsteuerung ist jedoch zu warnen, weil dabei die Gefahr einer Bauteilüberlastung oder einer Überschreitung der Emissionsgrenzwerte gegeben sein kann. Außerdem erlischt bei einer Veränderung der vom Hersteller genehmigten und zertifizierten Betriebsweise die allgemeine Betriebserlaubnis.

5.1.5.7.2 Betriebsstrategie und Motormanagement bei Benzin-Direkteinspritzung

Im Teillastbetrieb wird der Direkteinspritz-Ottomotor mit geschichteter Zylinderladung betrieben. Hierzu wird der Kraftstoff erst während des Verdichtungstaktes eingespritzt. Bei höherer Last entstehen bei geschichteter Ladung ausgedehnte Zonen überfetteten Gemisches, und es muss deshalb auf den Betrieb mit homogener Zylinderladung übergegangen werden, was eine frühe Einspritzung während des Saugtaktes erfordert. Gleichzeitig muss dann die vom Motor angesaugte Luftmenge der Motorlast und der entsprechenden Kraftstoffmenge angepasst werden. Hieraus folgen funktionale Anforderungen an das Motormanagement, die weit über den von konventionellen Ottomotoren bekannten Umfang hinausgehen.

Zusätzlich zu diesen beiden Basis-Betriebsarten können weitere Betriebsmoden sinnvoll sein. **Bild 5.1-62** zeigt beispielhaft die Betriebsstrategie eines Direkteinspritz-Ottomotors im Motorkennfeld. Bei sehr niedrigen Lasten und im Leerlaufbetrieb ist üblicherweise eine Teildrosselung des Motors erforderlich, um die Abgastemperaturen auf einem Niveau zu halten, welches die katalytische Abgasnachbehandlung ermöglicht. Im Übergangsbereich zwischen Schichtlade-Magerbetrieb und homogenen λ-1-Betrieb kann es vorteilhaft sein, den Motor mit homogenem mageren Gemisch zu betreiben, um die Vorteile des Magerbetriebs in weiteren Kennfeldbereichen zu nutzen. Darüber hinaus ist an der Volllast das Gemisch häufig zur Limitierung der Abgastemperaturen (Bauteilschutz) anzufetten. Daneben hat das Motormanagement auch die Anpassung der Betriebsstrategie im Fahrbetrieb zu bewältigen. Hierzu zählt zunächst die Realisierung von Hysteresefunktionen für den Übergang zwischen den jeweiligen Betriebsmoden sowie die Anpassung der Betriebsweise an die Betriebsrandbedingungen, zum Beispiel im Kaltstart- und Warmlaufbetrieb.

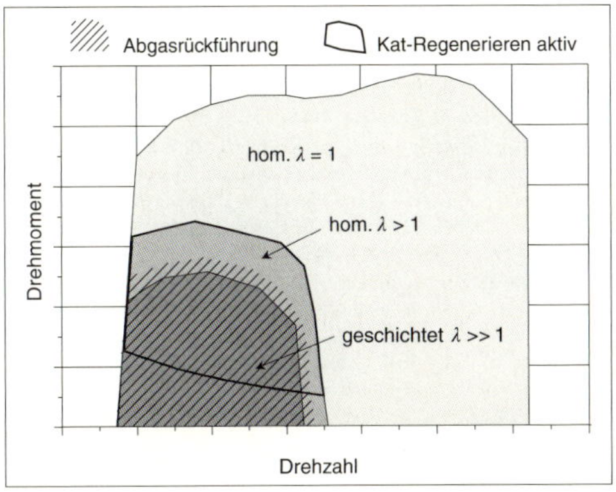

Bild 5.1-62 Betriebsstrategien eines Direkteinspritz-Ottomotors

Eine weitere Steigerung der Komplexität folgt aus der Integration des Motors in das Gesamtsystem Fahrzeug, wobei insbesondere die Abgasreinigungseinrichtungen Rückwirkungen auf die Motorsteuerung ausüben. So erfordert die Anwendung eines Adsorber-Katalysators (siehe Kapitel 5.1.5.6.2) während des Magerbetriebs den kurzzeitigen Wechsel zu einer leicht unterstöchiometrischen Betriebsweise. Die Häufigkeit dieses Regenerationsprozesses hängt von der NO_x-Speicherfähigkeit des Adsorbers und von der NO_x-Emission des Motors ab. Aufgabe des Motormanagements ist dabei, die NO_x-Speicherung in einem Modell zu bilanzieren und auf dieser Basis die Regeneration bedarfsgerecht zu initiieren [33]. In heutigen Serienkonzepten wird die Regeneration des NO_x-Adsorbers üblicherweise mithilfe einer NO_x-Messsonde im Abgas gesteuert. In Verbindung mit dem NO_x-Speichermodell kann der Alterungs- und Schwefelvergiftungszustand des Adsorbers kontinuierlich überwacht werden. Auf dieser Grundlage erfolgt eine bedarfsgerechte Auslösung der Desulfatisierungsprozedur, welche eine Betriebsphase mit unterstöchiometrischem Gemisch bei hohen Abgastemperaturen darstellt. Alle diese dynamischen Vorgänge sind idealerweise so zu applizieren, dass sie von den Fahrzeuginsassen nicht wahrgenommen werden können. Dies erfordert schnelle Eingriffe der Motorsteuerung in die Laststeuerung, die über eine elektrisch betätigte Drosselklappe (E-Gas) sowie über Zündwinkeleingriffe erfolgen.

Herkömmliche Motorsteuergeräte arbeiten auf Basis der Luftmenge als Führungsgröße. Bei den dargestellten Betriebsarten des Direkteinspritz-Ottomotors besteht jedoch kein eindeutiger Zusammenhang zwischen der Luftmenge und der Motorlast, so dass derartige Motorsteuergeräte für diesen Anwendungsfall kaum geeignet sind. Eine momentenbasierte Funktionsstruktur erlaubt dagegen die Darstellung des Fahrerwunschmomentes in den unterschiedlichen Betriebsmoden [34]. **Bild 5.1-63** zeigt in schematischer Form diese Funktionsstruktur. Als Führungsgröße wird das vom Motor bereitzustellende Moment aus dem Fahrerwunsch unter Berücksichtigung der Triebstrang- und Nebenaggregateinflüsse berechnet. Auch dynamische Regeleingriffe der Antischlupf- oder Fahrdynamikregelung oder anderer fahrzeugsei-

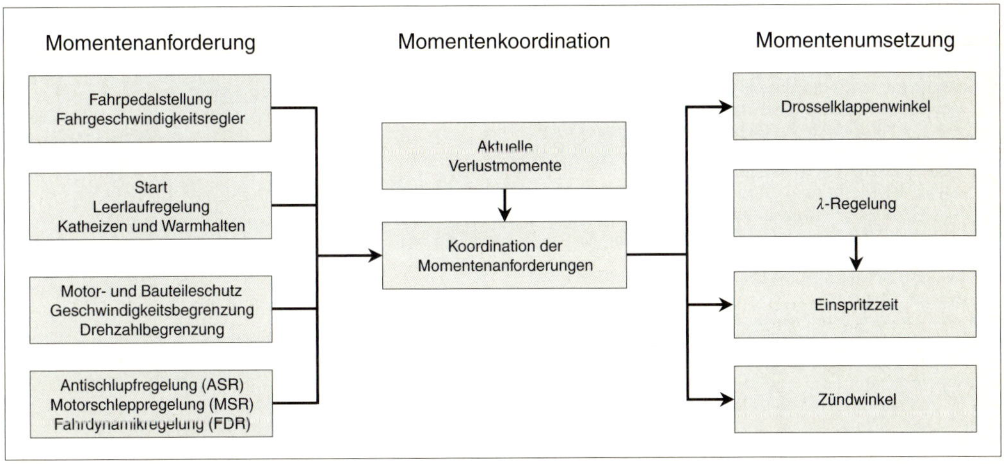

Bild 5.1-63 Momentenbasierte Funktionsstruktur [37]

tiger Systeme fließen in die Berechnung des Momentenbedarfs ein. Innerhalb des Steuergerätes wird dann die Bereitstellung dieses Momentenbedarfs je nach der augenblicklich einzustellenden Betriebsart des Motors individuell realisiert. Die aus dem Momentenbedarf und der gewählten Betriebsstrategie resultierende Luftmenge wird über eine vom Motormanagement betätigte Drosselklappe (E-Gas) eingestellt.

Literatur zu Kapitel 5.1.5

[1] *Goldbeck, G.*: Kraft für die Welt, 1864–1964 Klöckner-Humboldt-Deutz AG. Econ Verlag Düsseldorf, Wien 1964

[2] *Pischinger, Hagen, Salber, Esch*: Möglichkeiten der ottomotorischen Prozessführung bei Verwendung des elektromechanischen Ventiltriebs, 7. Aachener Kolloquium Fahrzeug- und Motorentechnik, 1998

[3] *Salber*: Untersuchungen zur Verbesserung des Kaltstart- und Warmlaufverhaltens von Ottomotoren mit variabler Ventilsteuerung, Dissertation RWTH Aachen, 1998

[4] *Gerhardt, Kassner, Kulzer, Sieber*: Der Ottomotor mit Direkteinspritzung und Direktstart – Möglichkeiten und Grenzen, 24. Internationales Wiener Motorensymposium, 2003

[5] *Tsuji, N.; Sugiyama, M.; Abe, S.*: Der neue 3.5L V6 Benzinmotor mit dem innovativen stöchiometrischen Direkteinspritzsystem D-4S, 27. Internationales Wiener Motorensymposium, 2006

[6] *Laubender, J.; Kassner, U.; Hartmann, S.; Heyers, K.; Benninger, K.; Gerhardt, J.*: Vom Direktstart zum marktattraktiven Start-Stopp-System, 14. Aachener Kolloquium Fahrzeug- und Motorentechnik, 2005

[7] *Kneer, Befrui, Weiten, Adomeit, Geiger, Ballauf, Vogt*: Strahlgeführtes BDE Brennverfahren mit naher Anordnung von Einspritzdüse und Zündkerze: Anwendbarkeit einer nach außen öffnenden Hochdruck-Einspritzdüse, 11. Aachener Kolloquium Fahrzeug- und Motorentechnik, 2002

[8] *Lückert, P.; Waltner, A.; Rau, E.; Vent, G.; Schaupp, U.*: Der neue V6-Ottomotor mit Direkteinspritzung von Mercedes-Benz, MTZ Motortechnische Zeitschrift, 67. Jahrgang, Heft 11/2006

[9] *Kume, Iwamoto, Iida, Murakami, Akishino, Ando*: Combustion Control Technologies for Direct Injection SI Engine, SAE 960600

[10] *Hohenberg*: Vergleich zwischen Direkteinspritzung und Saugrohreinspritzung am Mitsubishi GDI, 19. Internationales Wiener Motorensymposium, 1998

[11] *Sawada, Tomoda, Sasaki, Saito*: A Study of Stratified Mixture Formation of Direct Injection SI Engine, 18. Internationales Wiener Motorensymposium, 1997

[12] *Heil, Enderle, Karl, Lautenschütz, Mürwald*: Der neue aufgeladene Mercedes-Benz 4-Zylinder-Ottomotor M 271 mit Direkteinspritzung, 23. Internationales Wiener Motorensymposium, 2002

[13] *Wolters, Grigo, Walzer*: Betriebsverhalten eines direkteinspritzenden Ottomotors mit luftgeführter Gemischbildung, 6. Aachener Kolloquium Fahrzeug- und Motorentechnik, 1997

[14] *Lang, Willems, Grigo*: Rechnerische und experimentelle Optimierung am direkteinspritzenden Ottomotor, 7. Aachener Kolloquium Fahrzeug- und Motorentechnik, 1998

[15] *Krebs, Spiegel, Stiebels*: Ottomotoren mit Direkteinspritzung von Volkswagen, 8. Aachener Kolloquium Fahrzeug- und Motorentechnik, 1999

[16] *Grigo*: Gemischbildungsstrategien und Potenzial direkteinspritzender Ottomotoren im Schichtladebetrieb, Dissertation RWTH Aachen, 1999

[17] *Adolf, Houben, Mergenthaler, Tridico, Wunderlich*: Stabzündmodul für den V8-Motor von Porsche, MTZ Motortechnische Zeitschrift, 65. Jahrgang, Heft 6/2004

[18] Firmenschriften AUDI, BERU, DaimlerChrysler, EMITEC, Kolbenschmidt KS, MAHLE, SIEMENS, VOLKSWAGEN

[19] *Geringer, Klawatsch, Graf, Lenz, Schuöcker, Liedl, Piock, Jetzinger, Kapus*: Laserzündung – ein neuer Weg für den Ottomotor, MTZ Motortechnische Zeitschrift, 65. Jahrgang, Heft 3/2004

[20] *Welter, A.; Unger, H.; Hoyer, U.; Brüner, T.; Kiefer, W.*: Der neue aufgeladene BMW Reihensechszylinder Ottomotor, 15. Aachener Kolloquium Fahrzeug- und Motorentechnik, 2006

[21] *Kerkau, M.; Knirsch, S.; Neußer, H.-J.*: Der neue Sechszylinder-Biturbo-Motor mit Variabler Turbinengeometrie für den Porsche 911 turbo, 27. Internationales Wiener Motorensymposium, 2006

[22] *Middendorf, H.; Krebs, R.; Szengel, R.; Pott, E.; Fleiß, M.; Hagelstein, D.*: Der weltweit erste doppeltaufgeladene Otto-Direkt-Einspritzmotor von Volkswagen, Aachener Kolloquium Fahrzeug- und Motorentechnik, 2005

[23] *Schwaderlapp, Pischinger, Yapici, Habermann, Bollig*: Variable Verdichtung – eine konstruktive Lösung für Downsizing-Konzepte, 10. Aachener Kolloquium Fahrzeug- und Motorentechnik, 2001

[24] *Heywood*: Internal Combustion Engine Fundamentals, McGraw-Hill Book Company, 1988

[25] *Dahle, Brandt, Velji, Hochmuth, Deeba*: Abgasnachbehandlung bei magerbetriebenen Ottomotoren – Stand der Entwicklung, 4. Symposium Entwicklungstendenzen bei Ottomotoren, Technische Akademie Esslingen, 1998

[26] *Strehlau, Höhne, Göbel, v.d. Tillaart, Müller, Lox*: Neue Entwicklungen in der katalytischen Abgasnachbehandlung von Magermotoren, AVL-Tagung Motor und Umwelt, 1997

[27] *Krebs, Stiebels, Pott*: Das Emissionskonzept des Volkswagen Lupo FSI, 9. Aachener Kolloquium Fahrzeug- und Motorentechnik, 2000

[28] *Enderle, Heil, Schön, Ried*: Das Abgasssystem des neuen Mercedes-Benz CLK 200 CGI mit mechanisch aufgeladenem Motor M 271 mit Benzindirekteinspritzung, 11. Aachener Kolloquium Fahrzeug- und Motorentechnik, 2002

[29] *Quissek, König, Abthoff, Dorsch, Krömer, Sebbeße, Stanski*: Einfluss des Schwefelgehaltes im Kraftstoff auf das Abgasemissionsverhalten von Pkw, 19. Internationales Wiener Motorensymposium, 1998

[30] *Lüders, Backes, Hüthwohl, Ketcher, Horrocks, Hurley, Hammerle*: An Urea Lean NO_x Catalyst System for Light Duty Diesel Vehicles, SAE 952493

[31] *Isermann, Müller*: Modeling and Adaptive Control of Combustion Engines with fast Neurol Networks, European Symposium on Intelligent Technologies, Hybrid Systems and their Implementation on Smart Adaptive Systems, 13–15 December 2001, Tenerife, Spain

[32] *Isermann, Hartmanshenn, Schwarte, Kimmich*: Fehlerdiagnosemethoden für Diesel- und Ottomotoren, 12. Aachener Kolloquium Fahrzeug- und Motorentechnik, 2003

[33] *Schürz, Ellmer*: Anforderungen an das Motormanagement bei Anwendung von NO_x-Speicherkatalysatoren, 7. Aachener Kolloquium Fahrzeug- und Motorentechnik, 1998

[34] *Moser, Küsell, Mentgen*: Bosch Motronic MED7 – Motorsteuerung für Benzin-Direkteinspritzung, 19. Internationales Wiener Motorensymposium, 1998

[35] *Hagen*: Einfluss variabler Ventilsteuerzeiten auf das transiente Betriebsverhalten eines Ottomotors mit Abgasturboaufladung, Dissertation RWTH Aachen, 2003

[36] *Urlaub*: Verbrennungsmotoren, Grundlagen, Verfahrenstheorie, Konstruktion, 2. Aufl. 1995, Springer Verlag, Berlin Heidelberg

[37] *Moser, Mentgen, Rembold, Preussner, Kampmann*: Benzin-Direkteinspritzung, eine Herausforderung für künftige Motorsteuerungssysteme, MTZ 58 (1997) 9/10

[38] *Wurms, R.; Kuhn, M.; Zeilbeck, A.; Adam, S.; Krebs, R.; Hatz, W.*: Die Audi Turbo FSI Technologie, 13. Aachener Kolloquium Fahrzeug- und Motorentechnik, 2004

5.2 Dieselmotor

5.2.1 Definitionen

- **Verbrennungsmotor**

Wärmekraftmaschinen, die durch diskontinuierliche Verbrennung von Kraftstoffen in einem Arbeitsraum, dessen Volumen durch Bewegung von Kolben oder Läufern verändert wird, nutzbare Energie abgeben, werden Verbrennungsmotoren genannt. Dabei wird ein brennbares Luft-Kraftstoff-Gemisch im Inneren eines Arbeitszylinders entzündet und verbrannt. Die frei werdende Verbrennungswärme erhöht den Druck der vorverdichteten Gase. Dieser liefert über den Kolben und die Kurbelwelle mechanische Arbeit. Nach jedem Arbeitshub werden die verbrannten Gase gegen frisches Luft-Kraftstoff-Gemisch ausgewechselt.

- **Dieselmotor**

Ein Verbrennungsmotor, bei dem der in den Verbrennungsraum eingespritzte flüssige Kraftstoff sich in der Luftladung entzündet, nachdem diese durch die Verdichtung auf eine für die Einleitung der Zündung hinreichend hohe Temperatur gebracht worden ist, wird als Dieselmotor bezeichnet.

Die Idee von Rudolf Diesel galt der Konzeption einer besonders ökonomischen Verbrennungsmaschine, wobei der größere Teil der Wärmeverluste auf ein Minimum verringert werden sollte: einmal durch die Abkühlung des verbrannten Gases auf Umgebungstemperatur, zum anderen über die Begrenzung der maximalen Verbrennungstemperatur durch allmähliches Zuführen von Kraftstoff. Zur möglichst effektiven Kraftstoffausnutzung trägt auch die hohe Verdichtung bei, was zwangsläufig zur Selbstzündung führt. „Der Zweck der hohen Verdichtung ist nicht die Selbstzündung, wie vielfach behauptet wird", stellte R. Diesel fest. „Ich suchte einen Prozess mit höchster Wärmeausnutzung und dieser Zweck verlangte die hochverdichtete Luft". Der Erfinder wollte bei seiner Maschine einen möglichst hohen Kompressionsdruck erzielen und diesen maximalen Druck dann durch Zugeben von Kraftstoff während des Arbeitshubes beibehalten. Ziel war eine besonders gleichmäßige Leistungscharakteristik.

5.2.2 Ausführungsformen

- **Dieselmotor mit unterteiltem Brennraum**

Beim *Vorkammer-Dieselmotor* **(Bild 5.2-1a)** wird der Kraftstoff in eine mit dem Arbeitszylinder über eine oder mehrere verhältnismäßig enge Öffnungen in Verbindung stehende Kammer (Vorkammer) eingespritzt. Eine gerichtete Luftbewegung in der Vorkammer ist nicht erforderlich. Der *Wirbelkammer-Dieselmotor* **(Bild 5.2-1b)** ist ein Motor mit unterteiltem Verbrennungsraum, bei dem der Kraftstoff in eine mit dem Arbeitszylinder durch eine verhältnismäßig weite Öffnung in Verbindung stehende Kammer eingespritzt wird. Beim Verdichtungstakt wird eine gerichtete Luftbewegung in der Vorkammer erzeugt.

- **Dieselmotor mit direkter Einspritzung**

Ein Dieselmotor, bei dem der flüssige Kraftstoff direkt in den Hauptbrennraum (eine Vorkammer gibt es nicht) eingespritzt wird, wird als *Dieseldirekteinspritzer* bezeichnet **(Bild 5.2-1c)**.

Eine besondere Ausbildung des Verbrennungsraumes findet man beim *MAN-M-Verfahren* **(Bild 5.2-1d)**. Der in den kugelförmigen Brennraum eingespritzte Kraftstoff wird nur zu ca. 5 % fein zerstäubt und 95 % treffen als Strahl auf die Brennraumwand.

5.2.3 Historie einer Erfindung

„Der Diesel duftet nach Zukunft" – dieser Ausspruch hätte auch bei Rudolf Diesel's Vision stehen können, denn im Blickfeld hatte er, dass die Abgase seines Motors rauch- und geruchlos sind.

Geboren am 18. März 1857 in Paris als Sohn deutscher Eltern meldet der Ingenieur Rudolf Diesel beim Kaiserlichen Patentamt zu Berlin ein Patent auf „Neue rationelle Wärmekraftmaschinen" an, worauf ihm am 23. Februar 1893 das DRP 67207 über „Arbeitsverfahren und Ausführungsart für Verbrennungskraftmaschinen" datiert auf den 28. Februar 1892 erteilt wird.

Rudolf Diesel schreibt selbst in seinem Buch „Die Entstehung des Dieselmotors": „Eine Erfindung besteht aus 2 Teilen, der Idee und ihrer Ausführung." Seine überdurchschnittliche Intelligenz, seine außergewöhnliche technische Begabung und seine Kraft, eine einmal gefasste Idee konsequent in die Tat

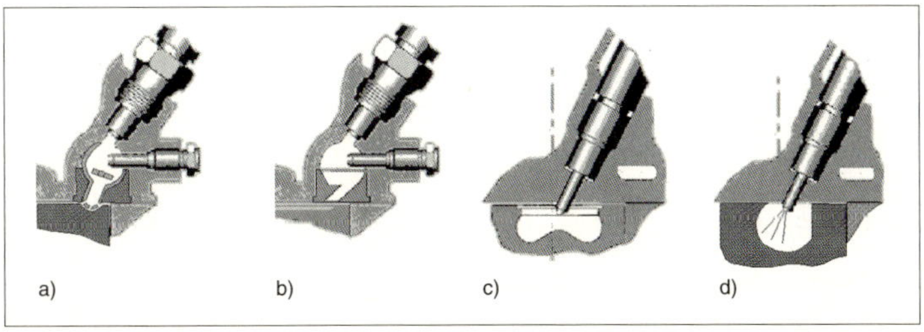

Bild 5.2-1 Diesel-Verbrennungsverfahren
a) Vorkammer
b) Wirbelkammer
c) Direkteinspritzer
d) MAN-M-Verfahren

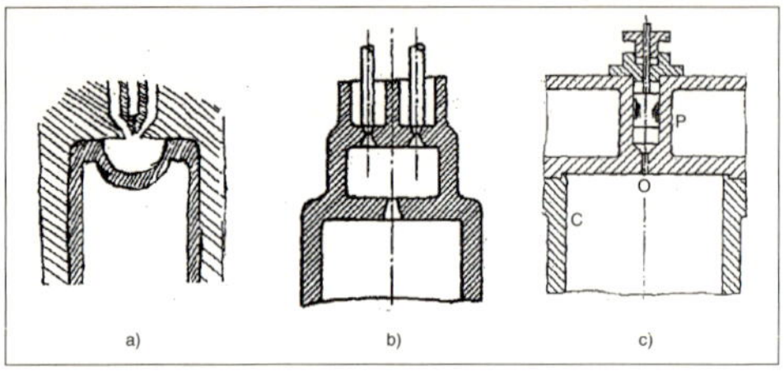

Bild 5.2-2 Vorschläge R. Diesels zum Verbrennungssystem
a) Kolben mit Kolbenmulde (1892)
b) Nebenkammer (1893)
c) Pumpe-Düse- Einspritzsystem (1905)

umzusetzen, waren die notwendigen Komponenten, dass der Dieselmotor geboren wurde. Noch ein Detail zum technischen Einfühlungsvermögen von Rudolf Diesel: Obgleich nach dem „Stand der Technik" niemand genau wissen konnte, welcher Kraftstoff sich am besten eignen würde, machte er Vorschläge zum Verbrennungssystem **(Bild 5.2-2)**.
Die Wegmarken **(Tabelle 5.2-1)** zur Entwicklung des Dieselmotors, sowohl als leistungsstarker Großdieselmotor als auch als schnell laufender Fahrzeug-Dieselmotor, konnte R. Diesel nur anfänglich miterleben, da er im September 1913 den Freitod wählte. Die Gründe hierfür waren Irrtümer, Fehlspekulationen und Erfinderstolz.

Tabelle 5.2-1 Einige Meilensteine des Dieselmotors

Entwicklungslinie „leistungsstarker Großdieselmotor"	
1897	Erster Lauf eines Dieselmotors mit einem maximalen Wirkungsgrad von η_e = 26,2 % bei der Maschinenfabrik Augsburg
1898	Auslieferung des ersten Zweizylinder-Dieselmotors mit 2 × 30 PS bei 180 min^{-1} an die Vereinigten Zündholzfabriken AG in Kempten
1905	ALFRED BÜCHI schlägt die Nutzung der Abgasenergie zur Aufladung vor
1987	Größte dieselelektrische Antriebsanlage mit neuen MAN-B & W-Viertakt-Dieselmotoren und einer Gesamtleistung von 95.600 kW zum Antrieb der „Queen Elisabeth 2" wird in Dienst gestellt
1991/92	Zweitakt- und Viertakt-Experimentiermotoren von Sulzer (RTX54 mit $p_{Z\,max}$ = 180 bar, P_A = 8,5 W/mm^2) und MAN B & W (4T50MX mit $p_{Z\,max}$ = 180 bar, P_A = 9,45 W/mm^2)
Entwicklungslinie „schnelllaufender Fahrzeug-Dieselmotor"	
1905	Versuchsmotor von Rudolf Diesel auf Basis eines Vierzylinder-Saurer-Ottomotors mit Luftkompressor und direkter Einspritzung (nicht marktfähig)
1906	DRP 196514 für die Firma Deutz auf Einspritzung in Nebenkammer
1909	Grundpatent DRP 230517 von L'ORANGE auf Vorkammer
1924	Erste Nutzfahrzeug-Dieselmotoren der MAN Nürnberg (direkte Einspritzung) bzw. der Daimler-Benz AG (indirekte Einspritzung in Vorkammer) vorgestellt
1927	Beginn der Serienfertigung von Dieseleinspritzanlagen bei Bosch
1936	Erste PKW-Dieselmotoren mit Vorkammer der Daimler-Benz AG (PKW Typ 260 D) und Hanomag in Serie
1953	Erster PKW-Dieselmotor mit Wirbelkammer von Borgward bzw. Fiat
1976	1. schnelllaufender PKW-Dieselmotor mit kleinem Hubraum bei VW
1978	Erster PKW-Dieselmotor mit Abgasturboaufladung in Serie (Daimler-Benz AG)
1987	Erste elektronisch geregelte Einspritzung (BMW)
1988	Erster PKW-Dieselmotor mit direkter Einspritzung in Serie (Fiat)
1989	Erster PKW-Dieselmotor mit Abgasturboaufladung und direkter Einspritzung bei Audi in Serie (PKW Audi 100 TDI)
1990/91	Erster PKW-Dieselmotor mit Katalysator in Serie (VW/BMW)
1992	Erster PKW-Dieselmotor mit direkter Einspritzung und variabler Turbinengeometrie in Serie (VW)
1997	Erster aufgeladener PKW-Dieselmotor mit direkter Common-Rail-Hochdruckeinspritzung und variabler Turbinengeometrie (Fiat)
1998	Erster PKW-Dieselmotor mit Pumpe-Düse-Einspritzsystem (VW)

Tabelle 5.2-1 (Fortsetzung)

1998	Erster PKW-Dieselmotor mit weniger als 3 l/100km Verbrauch in Serie (VW)
2000	Partikelfilter (Peugeot)
2003	Beschichteter Partikelfilter (DC)
2004	Erster PKW-Dieselmotor mit Stufenaufladung (BMW, Opel)
2006	Erste Stickoxidnachbehandlung beim PKW (bluetec in USA)

5.2.4 Motortechnische Grundlagen

5.2.4.1 Einleitung

Verbrennungsmotoren sind prinzipiell Energiewandler, die die im Kraftstoff chemisch gebundene Energie in mechanische Energie, d.h. Nutzarbeit wandeln. Dabei wird die im Motor bei der Verbrennung freigesetzte Energie einem thermodynamischen Kreisprozess zugeführt und als Druck-Volumen-Arbeit genutzt. Die Energiebilanz des Wandlers lautet somit **(Bild 5.2-3)**:

$$E_{\text{Kraftstoff}} + E_{\text{Verbrennungsluft}} + W_{\text{Nutzarbeit}} + \sum E_{\text{Verluste}} = 0\ .$$

Aus ökonomischer Sicht sind die Energieverluste zu minimieren. Dies genügt heute aber nicht mehr dem ökologischen Anspruch, wonach jede Wandlung von Materie und Energie mit maximalem Wirkungsgrad bei minimaler Umweltbelastung zu erfolgen hat. Diese Forderung hatte und hat aufwändige Forschungs- und Entwicklungsarbeiten zur Folge, die den einfachen Motor des Rudolf Diesel in ein komplexeres System überführt haben **(Bild 5.2-4)**. Im Bild nicht enthalten sind die Subsysteme Abgasrückführung und Ladeluftkühlung. Wesentlich dabei ist die verstärkte Nutzung elektrischer und elektronischer Bauelemente sowie der Übergang von offenen Steuerungen zu geschlossenen Regelkreisen. Weiterhin sind aus Wettbewerbsgründen Materialeinsatz und Fertigungsaufwand zu minimieren.

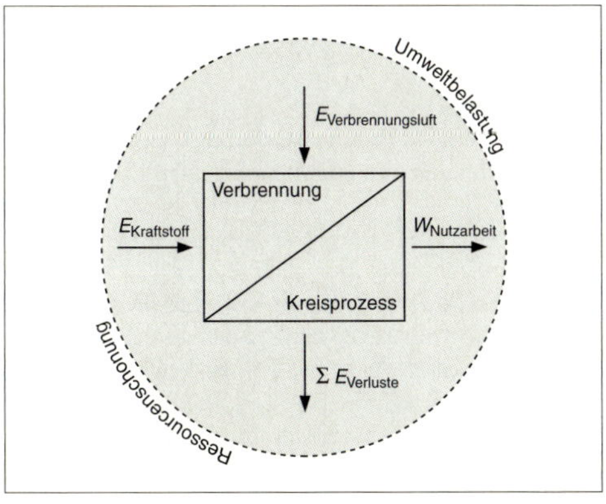

Bild 5.2-3 Zur Energieumsetzung des Verbrennungsmotors

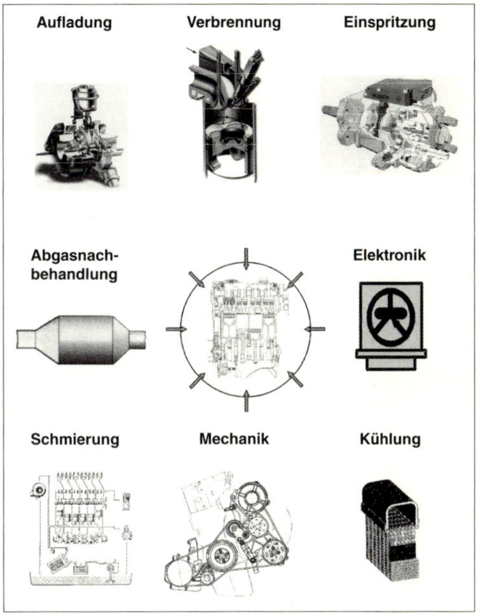

Bild 5.2-4 Zur Komplexität des modernen Dieselmotors

5.2.4.2 Vergleich motorischer Verbrennungsverfahren

Vor einer Zündung und Verbrennung ist der meist flüssige Kraftstoff aufzubereiten. Es muss ein zündfähiges Gemisch aus gasförmigem Kraftstoffdampf und Luft hergestellt werden. Diese Abläufe sind bei Diesel- und Ottomotoren verschieden **(Tabelle 5.2-2)**.

Beim Dieselmotor wird kurz vor OT der Kraftstoff in die hoch verdichtete und erwärmte Luft eingespritzt (innere Gemischbildung). Der klassische Ottomotor hingegen arbeitet mit einer äußeren Gemischbildung: außerhalb des Arbeitsraumes wird der Kraftstoff mittels Vergaser oder Einspritzung in das Saugrohr über einen langen Zeitraum eingebracht.

Nach der Einspritzung liegt beim Dieselmotor ein heterogenes Gemisch aus Luft, Kraftstoffdampf und -tröpfchen vor. Demgegenüber wird der Zylinder des Ottomotors mit einem homogenen Gemisch aus Kraftstoff und Luft gefüllt.

Die Zündung wird beim Ottomotor durch eine elektrische Entladung an der Zündkerze ausgelöst, sofern

Tabelle 5.2-2 Vergleich der Merkmale von Diesel- und Ottomotoren

Merkmale	Dieselmotor	klassischer Ottomotor
Gemischbildung	innerhalb des Zylinders	außerhalb des Zylinders
Gemisch	heterogen	homogen
Zündung	Selbstzündung bei Luftüberschuss	Fremdzündung innerhalb der Zündgrenzen
Luftverhältnis	$\lambda_V \geq \lambda_{\min} > 1$	$0{,}6 < \lambda_V < 1{,}3$
Verbrennung	Diffusionsflamme	Vormischflamme
Drehmoment-Änderung durch	Änderungen von λ_V (Qualitätsänderung)	Gemischdrosselung (Quantitätsänderung)
Kraftstoff	zündwillig	zündunwillig

das homogene Gemisch innerhalb der Zündgrenzen liegt (Vormischflamme). Beim Dieselmotor tritt eine Selbstzündung ein. Dabei muss nur in einem begrenzten Bereich ein zündfähiges Gemisch vorliegen (Diffusionsflamme).

Da der Ottomotor ein homogenes zündfähiges Gemisch voraussetzt, kann seine Leistung nur über die Ladungsmenge (Quantitätssteuerung) geregelt werden. Der Dieselmotor arbeitet aber mit Luftüberschuss. Somit wird der Lastpunkt über die Einspritzmenge, also das Luftverhältnis (Qualitätssteuerung) eingestellt. Ein verlustreiches Drosseln wie beim Ottomotor ist nicht erforderlich.

Aus diesen unterschiedlichen Abläufen leiten sich verschiedene Anforderungen an die Kraftstoffe ab: Dieselkraftstoff muss zündwillig sein (hohe Cetanzahl). Der Otto-Kraftstoff soll unkontrollierte Selbstzündungen vermeiden helfen, d.h. zündunwillig sein (hohe Oktanzahlen).

5.2.4.3 Die Thermodynamik des Dieselmotors

- **Ideale Zustandsänderungen von Gasen**

Es werden abgeschlossene Systeme betrachtet, d.h. es gibt keine Wechselwirkung mit irgendwelchen anderen Körpern. Thermodynamische Größen beschreiben makroskopische Zustände der Körper. Der Gleichgewichtszustand einer homogenen Gasmasse m wird durch Angabe zweier thermodynamischer Größen (z.B. Druck, Volumen, Temperatur, innere Energie) bestimmt.

Die allgemeine Zustandsgleichung beschreibt ideale Gase:

$$p \cdot V = m \cdot R \cdot T$$

mit p = absoluter Druck in Pa, T = Temperatur in K, V = Volumen in m^3 und R = Gaskonstante in J/kg · K).

Der Zustand eines Gases kann also in einem p-V-Diagramm dargestellt werden. Besondere Übergänge lassen sich durch Konstanthalten einer Zustandsgröße berechnen. Gleichungen existieren für Isobaren (p = konst), Isothermen (T = konst) und Isochoren (V = konst).

Wenn ein Körper thermisch isoliert ist (also kein Wärmeaustausch zwischen Gas und Umgebung auftritt) und die äußeren Bedingungen, in denen er sich befindet, hinreichend langsam geändert werden, wird der Prozess adiabatisch genannt. Die Entropie bleibt ungeändert, d.h. der adiabatische Prozess ist reversibel. Es gilt die Poissonsche Gleichung

$$p \cdot V^{\kappa} = \text{konst.}$$

Der Isotropenexponent κ ist das Verhältnis der spezifischen Wärmekapazität bei konstantem Druck (c_p) zu der bei konstantem Volumen (c_v).

- **Idealer Kreisprozess und Vergleichsprozess**

Bei einem idealen Kreisprozess erfährt das Gas eine in sich geschlossene Zustandsänderung, sodass es nach Durchlaufen des quasistatischen Prozesses den Anfangszustand wieder erreicht. Nach dem ersten Hauptsatz der Thermodynamik (Erhaltung der Energie: Die Änderung der inneren Energie ΔU ist gleich der Summe der von außen zugeführten Wärmemenge ΔQ und Arbeit ΔA) folgt damit, dass die im Verlauf des Kreisprozesses umgesetzte Wärme als mechanische Arbeit anfällt,

$$0 = \Delta U = \Delta Q + \Delta A$$

d.h. die Druck-Volumenänderung entspricht der theoretisch nutzbaren Arbeit des idealen Prozesses:

$$-\mathrm{d}A = p_a \cdot \mathrm{d}V$$

Die Unterscheidung des äußeren Druckes p_a vom inneren Druck p_i des Systems kann bei idealen Gasen entfallen. Der Prozess läuft dann quasistatisch ab. Dabei muss aber auch die Temperatur des Wärmespeichers T_a bis auf eine verschwindend kleine Differenz gleich der Systemtemperatur T_i sein.

Rudolf Diesel dachte bei seiner Erfindung an einen Motor, der nach dem Gleichdruckprozess arbeitet (**Bild 5.2-5a**). Der Zylinderinhalt wird zunächst adiabat entlang der Linie 1 → 2 verdichtet. Die nach

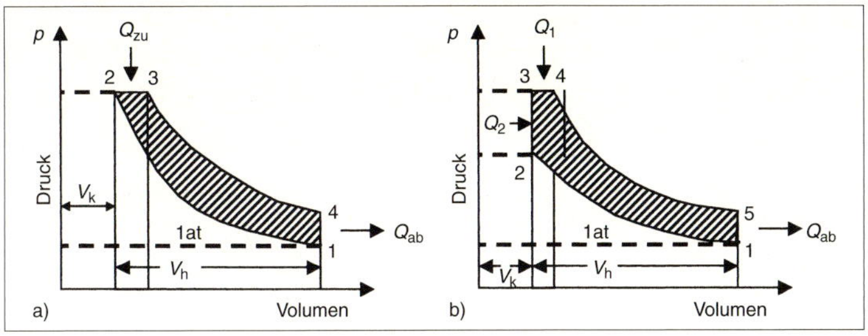

Bild 5.2-5 a) Gleichdruck-Prozess; b) kombinierter Gleichraum-Gleichdruck-Prozess

folgende Verbrennung erfolgt bei konstantem Druck und zunehmendem Volumen (2 → 3). Anschließend expandiert die erhitzte Luft adiabat (3 → 4). Die ungenutzte Wärme wird danach abgeführt.
Im *p*-*V*-Diagramm des Diesel-Prozesses ist die Verbrennungsphase (2 → 3) eine Isobare, denn die Wärme *Q* wird hier bei konstantem Druck zugeführt.
Werden diese Abläufe für eine Wärmekraftmaschine den Realitäten angepasst, wird aus dem idealen Kreisprozess ein kombinierter Gleichraum-Gleichdruck-Prozess oder Grenzdruck-Prozess (Seiliger-Prozess). Hier **(Bild 5.2-5b)** erfolgt die Verdichtung entlang der Linie 1 → 2, die Wärmezufuhr teils bei konstantem Volumen (2 → 3), teils bei konstantem Druck (3 → 4). Die Expansion entlang der Linie 4 → 5 reicht nicht bis zum Umgebungsdruck. Dieser würde einen unrealistisch langen Kolbenhub voraussetzen. Der Seiliger-Prozess entspricht dem allgemeinsten Fall eines Vergleichsprozesses, da er dem realen Motorprozess angepasst werden kann. Er umfasst sowohl die Grenzfälle Gleichdruckprozess beim Diesel als auch den Gleichraumprozess für den idealen Ottomotor.
Die Annahmen dabei sind:

- die Ladung entspricht einem idealen Gas,
- die Verbrennung folgt einer Gesetzmäßigkeit,
- adiabatische Prozessführung (wärmedichte Wandungen),
- keine Reibung im Zylinder,
- keine Strömungsverluste.

Beim realen Viertaktprozess **(Bild 5.2-6a)** entstehen zwei Schleifen, von denen die Hochdruckschleife normalerweise positiv und die Ladungswechselschleife meist negativ ist. Bei aufgeladenen Motoren kann die Ladungswechselschleife aber auch positiv werden.
Der Wirkungsgrad des vollkommenen Motors η_v und der effektive Wirkungsgrad des wirklichen Motors η_e unterscheiden sich durch die Summe der Einzelverluste des Letzteren. Die Erfassung dieser Einzelverluste ist Zweck der Verlustteilung. Sie werden im Einzelnen verursacht durch:

- unvollkommene Kraftstoffumsetzung (Umsetzungsverlust),
- nicht idealen Brennverlauf,

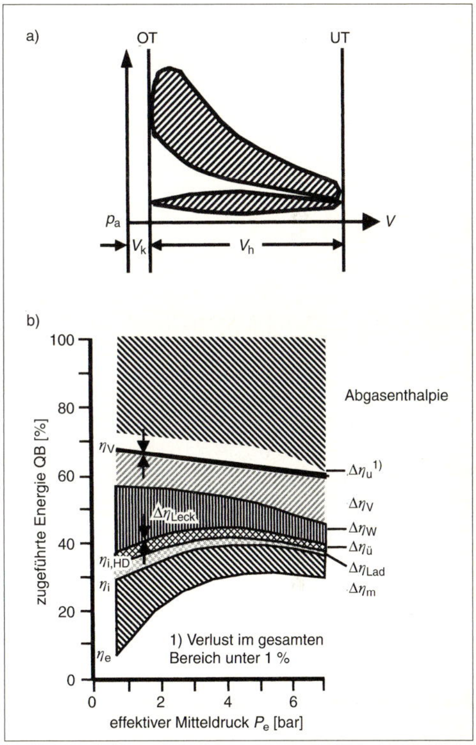

Bild 5.2-6 a) Realer Viertaktprozess; b) Verlustaufteilung

- Wärmeabfuhr an Brennraumwände,
- Leckage undichter Kolbenringe,
- Überströmen zwischen Haupt- und Nebenbrennraum bei Kammermotoren,
- Ladungswechsel
- mechanische Reibung.

In **Bild 5.2-6b** sind die Verluste für einen 1,5 l Dieselmotor mit Wirbelkammer bei 3000 min^{-1} in Abhängigkeit von der Last (p_e) dargestellt. Es bedeuten η_e den effektiven Wirkungsgrad, η_i den Innenwirkungsgrad für den ganzen Prozess, $\eta_{i\,\mathrm{HD}}$ den Innenwirkungsgrad ohne Ladungswechselverluste, η_v den Wirkungsgrad des idealen Vergleichsprozesses, $\Delta\eta_m$ den Wirkungsgradverlust durch mechanische Rei-

Tabelle 5.2-3 Vergleich der Teilmodelle im Ideal- und Realprozess

Teilmodell	Idealprozess	Realprozess
Stoffwerte	ideales Gas	reales Gas; Zusammensetzung ändert sich während des Prozesses
	c_p, c_V, κ = konstant	Stoffwerte abhängig von Druck, Temperatur und Zusammensetzung
Ladungswechsel	Ladungswechsel als Wärmeabfuhr	Massenaustausch durch die Ventile; Restgas bleibt im Zylinder
Verbrennung	vollständige Verbrennung nach idealisierter Gesetzmäßigkeit	unterschiedliche Brennverläufe sind möglich je nach Gemischbildung und Verbrennungsverfahren; Kraftstoff verbrennt teilweise nur unvollständig
Wandwärmeverluste	keine Wandwärmeverluste	Wandwärmeverluste vorhanden, werden berücksichtigt
Undichtigkeiten	keine Undichtigkeiten	vorhanden, werden teilweise berücksichtigt

bung, $\Delta\eta_{\text{Lad}}$ den Wirkungsgradverlust durch den Ladungswechsel, $\Delta\eta_{ü}$ den Wirkungsgradverlust durch das Überströmen bei Kammermotoren, $\Delta\eta_{\text{Leck}}$ den Verlust durch Leckage, $\Delta\eta_w$ den Wirkungsgradverlust durch den Wärmeübergang, $\Delta\eta_v$ den Verbrennungsverlust und $\Delta\eta_u$ den Umsetzungsverlust. Alle genannten Wirkungsgrade bzw. Wirkungsgradverluste sind auf die zugeführte Kraftstoffenergie Q_B bezogen. Es gilt damit:

$$\eta_e = \eta_v - \Delta\eta_u - \Delta\eta_v - \Delta\eta_w - \Delta\eta_{\text{Leck}} - \Delta\eta_{ü} - \Delta\eta_{\text{Lad}} - \Delta\eta_m$$

Die einzelnen Verluste weisen eine unterschiedliche Lastabhängigkeit auf, wobei die Wirkungsgradeinbußen durch Verbrennung, Wärmeübergang und Reibung weit größer sind als jene durch Ladungswechsel, Überströmvorgänge, Leckage und unvollkommene Kraftstoffumsetzung.

- **Grenzen der Modellrechnung**

Bei Betrachtung von idealen Prozessen werden Annahmen getroffen, die aus Sicht der Physik auf reale Vorgänge nicht zu übertragen sind. **Tabelle 5.2-3** zeigt, welche thermodynamischen Einzelmodelle formuliert werden müssen, um zumindest zu Relativaussagen (z.B. bei Parameterstudien) kommen zu können. Die Genauigkeitsansprüche sind hier weniger hoch als bei Auslegungsrechnungen für eine Aufladung oder ein Kühlsystem.

5.2.5 Die dieselmotorische Verbrennung

5.2.5.1 Allgemeines

In Verbrennungskraftmaschinen wird die im zugeführten Kraftstoff gebundene Energie durch Oxidation mit dem in der Verbrennungsluft enthaltenen Sauerstoff freigesetzt. Die reale Verbrennung erfolgt allerdings unvollständig und verlustbehaftet. So entstehen außer Kohlendioxid (CO_2) und Wasserdampf (H_2O) auch Kohlenmonoxid (CO), Kohlenwasserstoffe (HC), Stickoxide (NO_x) und Rußpartikel (PM).

Der Ablauf der dieselmotorischen Verbrennung wird üblicherweise unterteilt in Kraftstoffeinspritzung, Gemischbildung, Selbstzündung und Verbrennung mit Abgasbildung.

5.2.5.2 Einspritzung und Gemischbildung

- **Luftbewegung**

Für die Gemischbildung spielen die Strömungsvorgänge eine entscheidende Rolle. Sie beeinflussen den Zündverzug, die Menge des auf die Brennraumwand treffenden Kraftstoffes und den Verbrennungsablauf, in dem sie zur Luftausnutzung sowie zum Durchbrennen der Ladung beitragen. Verteilung und Bewegung von Luft und Kraftstoff müssen im Brennraum im gesamten Betriebsbereich des Motors aufeinander abgestimmt sein. Besonders wichtig ist dies bei direkteinspritzenden Dieselmotoren. Hier fehlt der Austrittsimpuls, der bei Vorkammer- und Wirbelkammermotoren eine intensive Vermischung der aus der Nebenkammer austretenden Brenngase und unverbrannten Ladung fördert.

Erzeugt wird der Luftdrall im Zylinder eines direkteinspritzenden Dieselmotors durch die Geometrie des Einlasskanals und der Einlassventilsitze. Gebräuchlich sind vornehmlich Spiral- und Tangentialkanal, auch Füll- und Drallkanal genannt **(Bild 5.2-7)**. Der dem Motor zugeführte Luftstrom wird in eine Rotation um die Zylinderachse versetzt. Der Luftdrall steigt mit zunehmender Motordrehzahl an – bei schnelllaufenden Dieselmotoren für eine effektive Gemischbildung zu schnell. Akzeptable Kompromisse sind möglich.

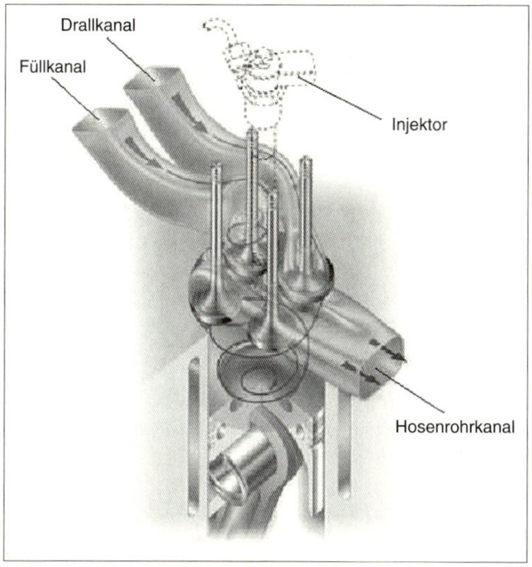

Bild 5.2-7 Dieseldirekteinspritzer mit Drallkanal (4-Ventil-Zylinderkopf)

Bei Annährung des Kolbens an den Zylinderkopf wird die rotierende Luftbewegung von einer Quetschströmung überlagert. Dabei strömt die Luft aus dem Spalt zwischen Zylinderkopf und Kolben in die Kolbenmulde. Mit Beginn des Expansionstaktes kehrt sich die Strömungsrichtung um. Diese turbulente Luftbewegung unterstützt die Gemischbildung kurz vor und nach der Zündung. Mithilfe moderner Laser-Doppler-Techniken lassen sich heute die Strömungsverhältnisse auch lokal vermessen [1].

- **Einspritzung und Strahlausbreitung**

Die Einspritzung des Kraftstoffes erfolgt gegen Ende des Kompressionstaktes. Die Luft ist hochverdichtet und entsprechend erhitzt (30 . . . 60 bar, 300 . . . 400 °C). Der zeitliche Verlauf des Einspritzvorganges hängt dabei ganz entscheidend von der konstruktiven Ausführung der Einspritzanlage ab. Wesentliche Faktoren sind die Abmessungen des Pumpenelementes, die konstruktive Ausführung der Einspritzdüse sowie die geometrischen Verhältnisse von Einspritzleitung und Entlastungsventil. Durch Veränderung eines oder mehrerer der genannten Parameter kann der Einspritzverlauf und damit auch der Verbrennungsablauf gezielt beeinflusst werden.
Die Luft bietet bereits zum Zeitpunkt des Einspritzbeginns Zündbedingungen. Der Dieselkraftstoff tritt aus der Einspritzdüse im Wesentlichen als kompakter Flüssigkeitsstrahl aus. Der Anteil dampfförmigen Kraftstoffs ist in dieser Phase relativ gering.

Die Kavitation an der Düsenspitze, innere Kräfte im Strahlkern sowie eine äußere Wellenbildung des Strahlmantels infolge Luftreibung führen zur Tröpfchenbildung. Die einzelnen Kraftstofftröpfchen verformen und teilen sich auf ihrem Weg durch den Brennraum mehrmals (Wechselwirkung mit der Luft). Es können aber auch Wechselwirkungen der Tröpfchen untereinander auftreten: Zusammenstöße, die zur Teilung, aber auch Vereinigung führen. Des Weiteren kann Kraftstoff auf die Brennraumwand treffen. Damit nun in dem heterogenen Gemisch aus Luft und Kraftstofftröpfchen unterschiedlicher Größe und Verteilung örtlich Zündbedingungen entstehen, muss der Kraftstoff durch die verdichtete Luft zunächst erhitzt werden.
Infolge Wärmetransport von der erhitzten Luft zum flüssigen Kraftstoff bildet sich um das einzelne Tröpfchen eine Kraftstoffdampfschicht, die sich mit der umgebenden Luft vermischt. Das Gemisch ist zündfähig, sobald das Luftverhältnis über etwa 0,7 ansteigt. Dieses erklärt den physikalischen Zündverzug.

5.2.5.3 Selbstzündung und Zündverzug

Eines der wichtigsten Merkmale für den dieselmotorischen Verbrennungsvorgang ist die Zeitspanne von Einspritzbeginn bis zum Zündbeginn: der Zündverzug (**Bild 5.2-8**). Dabei ist zwischen dem physikalischen und dem chemischen Anteil zu unterscheiden. Letzterer ist derjenige Zeitraum, in dem die Vorreaktionen stattfinden. Der Zündverzug beträgt etwa 1 bis 2 ms. In dieser Zeitspanne werden die ersten Weichen bezüglich Kraftstoffverbrauch und Emissionen gestellt.

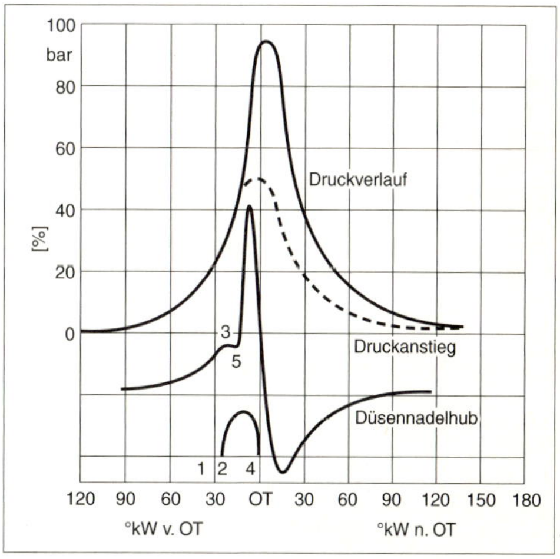

Bild 5.2-8 Dieselmotorischer Zündverzug bei direkter Einspritzung
1. Förderbeginn, 2. Einspritzbeginn, 3. Zündbeginn, 4. Einspritzende, 5. Zündverzug

Man unterscheidet zwischen kraftstoff- und luftseitigen Maßnahmen zur Beeinflussung des Zündverzuges. Die wichtigsten kraftstoffseitigen Maßnahmen sind: Kraftstoffqualität, Einspritzdruck, Kraftstofftemperatur, Geometrie der Einspritzdüse und Einspritzzeitpunkt. Luftseitig sind von Bedeutung: Druck und Temperatur der Luft im Brennraum, die Ladungsbewegung (Strömungsfeld) sowie die Minderung von Luft, Kraftstoff und Restgas. Konstruktiv können die Faktoren beeinflusst werden durch:

- die Einlasskanalgestaltung,
- die Ventilsteuerzeiten,
- die Brennraumgestaltung,
- das Verdichtungsverhältnis,
- die Kühlmitteltemperatur,
- die Aufladung und
- die Kaltstartmaßnahmen.

So wird sich ein kürzerer Zündverzug einstellen bei Zunahme

- der Cetanzahl der Kraftstoffe,
- der Kraftstofftemperatur,
- des Einspritzdruckes,
- des Brennraumdruckes und
- der Brennraumtemperatur.

Außerdem wird der Zündverzug verkürzt durch

- Verlegen des Einspritzzeitpunktes nach spät (im Bereich vor OT),
- gleichmäßige und feine Verteilung des Kraftstoffes
- hohe Relativbewegung zwischen Kraftstoff und Luft.

Ein kurzer Zündverzug infolge der geringeren, in dieser Zeit eingespritzten Kraftstoffmenge hat zur Folge (**Bild 5.2-9**):

- geringer Druckanstieg → niedriges Verbrennungsgeräusch
- geringer Spitzendruck → niedriges Verbrennungsgeräusch und reduzierte Triebwerkbelastung
- geringe Spitzentemperatur → wenig Stickoxide.

Bei längerem Zündverzug kommt es so zu hohem Verbrennungsgeräusch und Stickstoffoxidgehalt.

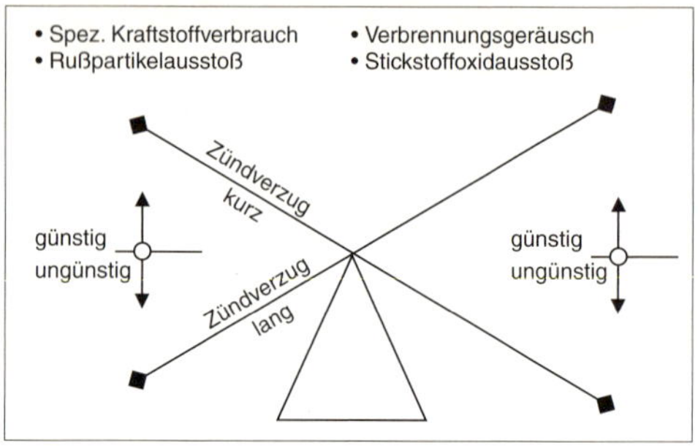

Bild 5.2-9 Zielkonflikt Zündverzug bei dieselmotorischen Verbrennungsverfahren

Einige der Einflussgrößen hängen auch vom Betriebspunkt ab. Eine zentrale Aufgabe bei der Optimierung des Verbrennungsverfahrens besteht in der Suche nach einem akzeptablen Kompromiss im gesamten Betriebsbereich.

- **Verbrennung und Brennverlauf**

Die dieselmotorische Verbrennung ist diffusionskontrolliert. Die Einspritzung erstreckt sich oftmals über die Zündung hinaus, siehe **Bild 5.2-10**. So bleiben die gebildeten Inhomogenitäten auch weiterhin bestehen. Außer den Ladungs- gibt es auch Temperaturinhomogenitäten. Um immer ausreichend Sauerstoff für die Verbrennung zur Verfügung zu haben, muss der Dieselprozess bei Luftüberschuss betrieben werden. Der zeitliche Verlauf der Energieumsetzung (Brennverlauf) kann in drei Phasen unterteilt werden (**Bild 5.2-11**):

1. Das bereits zündfähige Gemisch wird thermisch entflammt. Am Ende dieser Phase ist der Hauptteil des während des Zündverzuges eingespritzten Kraftstoffes verbrannt. Bestimmend ist die chemische Energie des Kraftstoffes.
2. Der eingespritzte Kraftstoff wird aufbereitet und verbrannt. Der Brennverlauf wird durch die Geschwindigkeit der Gemischbildung bestimmt. Dabei ist neben dem Geschwindigkeitsfeld auch das Temperaturfeld wichtig.

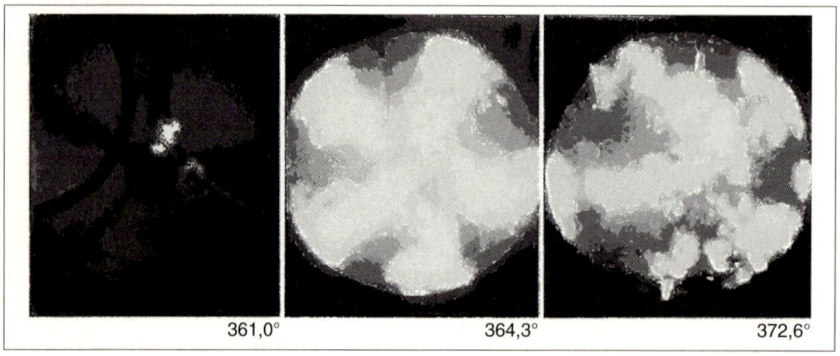

Bild 5.2-10 Selbstzündung und Verbrennung im 1,9 l VW TDI-Motor

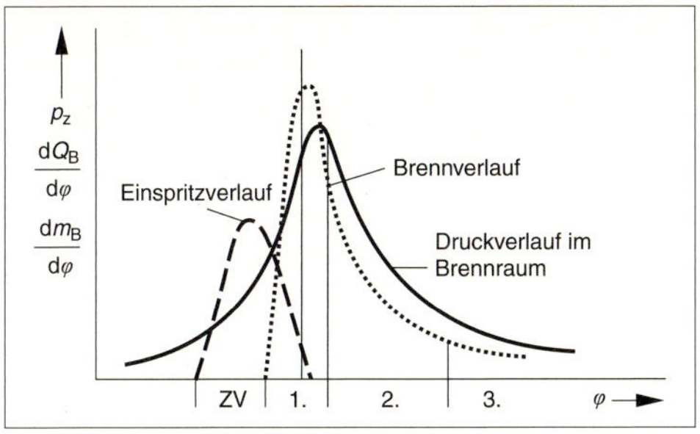

Bild 5.2-11 Zündverzug bei Dieselmotoren mit direkter Einspritzung

3. Die letzte Phase des Brennverlaufs ist durch die vergleichsweise langsame Umsetzung des zuletzt aufbereiteten Kraftstoffs gekennzeichnet. Es nehmen Luftbewegung, Temperatur und Luftüberschuss ab.

Die erste Phase des Brennverlaufs ist von entscheidender Bedeutung für das Geräusch und die NO_x-Emissionen der dieselmotorischen Verbrennung. Einen großen Spielraum zur Gestaltung der Gemischbildung und Verbrennung bieten mehrstufige Einspritzsysteme, mit denen u.a. eine abgesetzte Voreinspritzung möglich ist.

Die dritte Phase beeinflusst den Kraftstoffverbrauch und die Emissionsbildung, insbesondere der Partikel. Es ist somit notwendig, auch in dieser Phase eine ausreichende Verbrennungsenergie zur Verfügung zu haben. Damit sollte ein frühes, möglichst schnelles Brennende realisiert werden.

Die beschriebenen Vorgänge der dieselmotorischen Verbrennung sind in schematischer Form in **Bild 5.2-12** zusammengefasst.

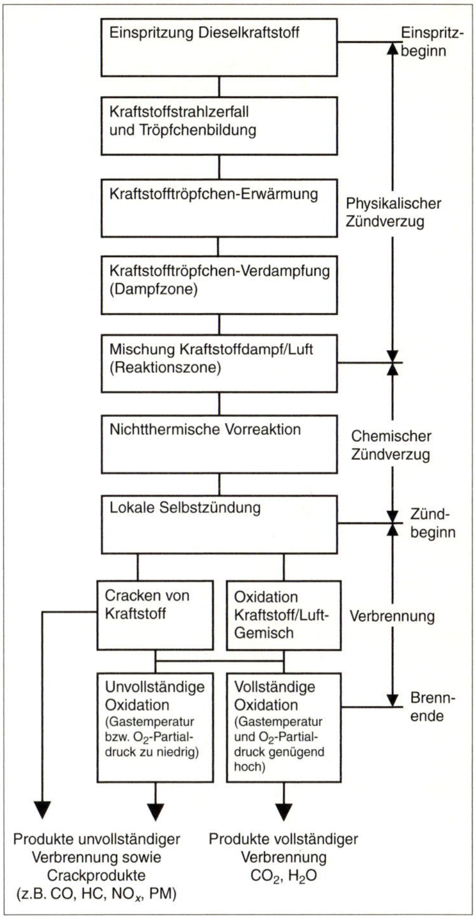

Bild 5.2-12 Sequentielle Darstellung der dieselmotorischen Gemischbildung und Verbrennung [3]

5.2.5.4 Abgasemissionen

Die vollständige Verbrennung des schwefelhaltigen Dieselkraftstoffes führt zu den Endprodukten Kohlendioxid (CO_2), Wasser (H_2O) und Schwefeldioxid (SO_2). Durch den zeitlich kurzen Verbrennungsablauf kommt es lokal zu unvollständiger Verbrennung aufgrund der verschiedenen Gemischbildungen, Temperaturverteilungen und Luftverhältnisse.

In **Bild 5.2-13 a** ist der Bereich der Rußbildung im T-λ-Diagramm den Zuständen von Gemisch und Verbranntem nahe dem OT gegenübergestellt. Verbranntes mit Luftverhältnissen unter $\lambda = 0,5$ muss Ruß enthalten. Zusätzlich sind die innerhalb 0,5 ms gebildeten NO-Anteile dargestellt. Die typische Schere zwischen Ruß- und NO_x-Emission wird erkennbar. Wenn bei der Verbrennung die Bildung von NO_x und Ruß vermieden werden soll, müsste das Gemisch im Bereich von $\lambda = 0,6$ bis 0,9 liegen.

In der ersten Verbrennungsphase (vorgemischte Verbrennung) ist aufgrund der Inhomogenität der Gemischbildung mit der Bildung von primärem Ruß und Stickoxiden zu rechnen [2]. Im Interesse einer schadstoffarmen Verbrennung sollte in der ersten Phase nur wenig Gemisch und dieses möglichst mit $\lambda = 0,6 \ldots 0,9$ verbrannt werden. Der Bereich der Rußbildung kann zu größeren λ hin verschoben werden, wenn z.B. durch Abkühlung an der Zylinderwand die Temperatur so weit erniedrigt wird, dass das Rußbildungsgebiet erreicht wird.

Während der zweiten Verbrennungsphase wird der eingespritzte Kraftstoff mit Luft und Verbrennungsgas vermischt (**Bild 5.2-13 b**). Dabei ergeben sich unterschiedlichste Zusammensetzungen (λ). Mischungen mit Verbrennungsgasen und niedrigem λ können zur Bildung von sekundärem Ruß führen. Eine Vermischung des Kraftstoffs mit heißen, sauerstoffarmen Abgasen sollte vermieden werden. Reichlich frische Luft muss zugeführt werden.

In der dritten Phase (**Bild 5.2-13 c**) nach Ende der Einspritzung magern die Brenngase ab. Der Bereich, in dem die Rußteilchen mit Sauerstoff verbrennen,

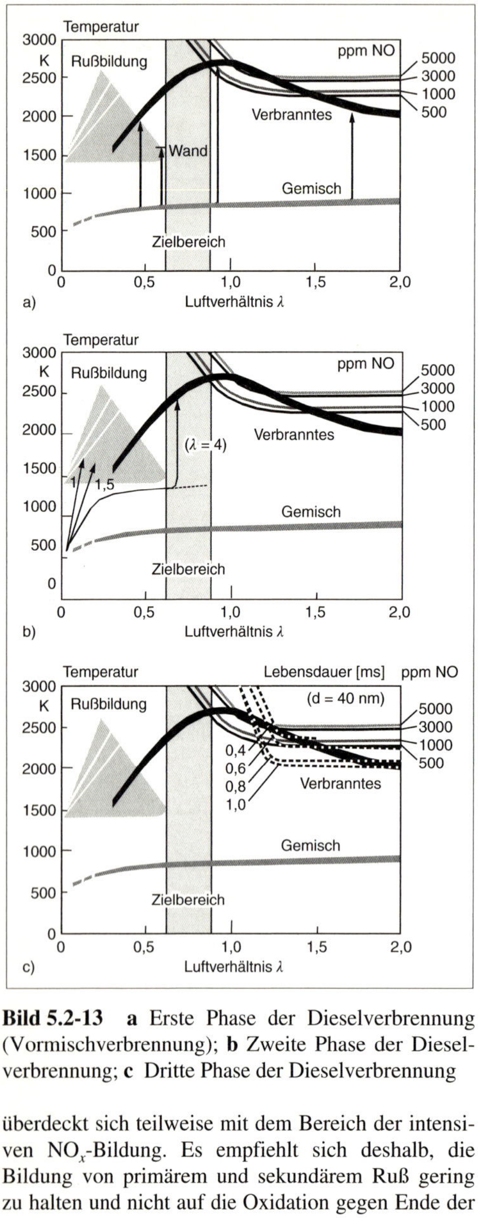

Bild 5.2-13 **a** Erste Phase der Dieselverbrennung (Vormischverbrennung); **b** Zweite Phase der Dieselverbrennung; **c** Dritte Phase der Dieselverbrennung

überdeckt sich teilweise mit dem Bereich der intensiven NO_x-Bildung. Es empfiehlt sich deshalb, die Bildung von primärem und sekundärem Ruß gering zu halten und nicht auf die Oxidation gegen Ende der Verbrennung zu setzen.

- **Entstehung von Stickoxiden**

Stickstoff ist der vorherrschende Bestandteil der Luft. Die Bildung von Stickoxid läuft während der Verbrennung bei hohen Temperaturen ab (endotherme Reaktion) und kann vereinfacht durch den Zeldovich-Mechanismus dargestellt werden:

$$N_2 + O \rightleftarrows NO + N$$
$$O_2 + N \rightleftarrows NO + O$$
$$OH + N \rightleftarrows NO + H$$

Die Reaktionen laufen verhältnismäßig langsam ab. Die Temperatur-, Druck- und Konzentrationsfelder ändern sich aber während der Verbrennung schnell und stark. Dies führt zu Stickoxidkonzentrationen, die unterhalb der Werte liegen, die sich im thermischen Gleichgewicht einstellen würden.
Stickoxidemissionen lassen sich bei der Dieselverbrennung minimieren, wenn die Verbrennungstemperatur begrenzt (spätes Einspritzen, Ladeluftkühlung) und die Sauerstoffkonzentration gesenkt (Abgasrückführung) wird.

- **Rußbildung und Partikelemission**

Ruß entsteht aus molekularen Prozessen während der Verbrennung.
Die Brennstoffmoleküle werden zunächst oxidativ abgebaut. Dabei entsteht Ethin (Azetylen), das den Ausgangspunkt für die Bildung höherer Kohlenwasserstoffe und Aromaten bildet. Letztere wachsen planar durch einen H-Abstraktions-Ethin-Additionsmechanismus (**Bild 5.2-14**). Das räumliche Wachstum erfolgt durch die Zusammenlagerung größerer polyzyklischer aromatischer Kohlenwasserstoffe.

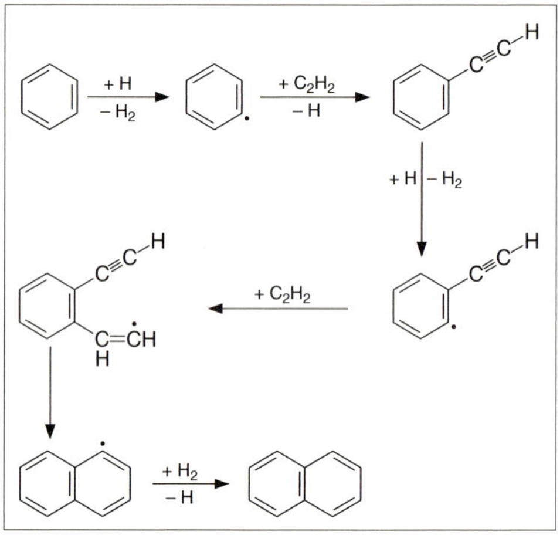

Bild 5.2-14 H-Abstraktion-Ethin-Addition-Mechanismus für das planare Wachstum von polyzyklischen aromatischen Kohlenwasserstoffen

Das Volumen der entstehenden Aggregate nimmt durch weitere Koagulation und durch Oberflächenwachstum zu. Für Letzteres wird oft ein Mechanismus analog zum planaren Wachstum angeführt. Im Weiteren wird die Entwicklung der Teilchengrößen im Wesentlichen durch Koagulation der Rußteilchen bestimmt. Die Oxidation ist der maßgebliche Prozess für die letzte Phase der dieselmotorischen Verbrennung, in der die gebildeten Rußteilchen durch die Vermischung der Verbrennungsprodukte mit Verbrennungsluft in sauerstoffreiche Umgebung gelangen. Zusammengefasst müssen bei der Rußbildung folgende Vorgänge betrachtet werden:

Tabelle 5.2-4 Typische Zeiten der Rußbildung [4]

• Dieselverbrennung:			
– Nukleation		0.001	ms
– Koagulation		0.05	ms
– Kettenbildung		einige	ms
– Kondensation		einige	ms
– Oxidation		4	ms
• Turbulenzlänge:		1	ms
• laminare Flamme:			
– vorgemischt	Nukleation	2–3	ms
	gesamter Bildungsprozess	10–30	ms
– Diffusion	Oxidation > 10 ms > Bildung		

$$
\begin{aligned}
(\mathrm{d}N/\mathrm{d}t)_{\text{gesamt}} = {} & (\mathrm{d}N/\mathrm{d}t)_{\text{Wachstum}} + (\mathrm{d}N/\mathrm{d}t)_{\text{Koagulation}} \\
& + (\mathrm{d}N/\mathrm{d}t)_{\text{Kondensation}} \\
& + (\mathrm{d}N/\mathrm{d}t)_{\text{Oberfächenwachstum}} \\
& + (\mathrm{d}N/\mathrm{d}t)_{\text{Oxidation}}
\end{aligned}
$$

N = Anzahl der Teilchen

Die analytische Beschreibung gelingt heute noch nicht vollständig, da einige der Prozesse grundsätzlich verstanden, andere nur phänomenologisch erfasst sind. Hauptschwierigkeiten sind dabei: die hohe Anzahl der chemischen Reaktionen sowie die Abhängigkeiten von dem hohen Druck, der hohen Temperatur sowie dem Strömungs- und Mischungsfeld. Die zugehörigen Zeiten sind in **Tabelle 5.2-4** aufgeführt. Während des dieselmotorischen Zyklus steht nicht genügend Zeit zur Verfügung, um alle größeren Partikel zu bilden. Die größeren Partikel entstehen auch noch nach Verlassen des Brennraumes.

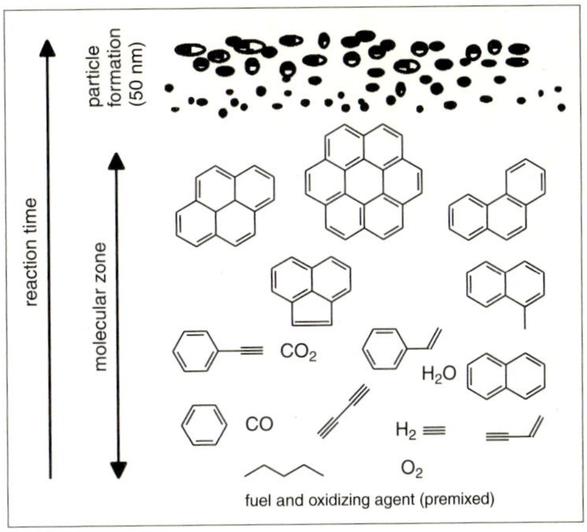

Bild 5.2-15 Reaktionsschema der Rußbildung

Wie beschrieben entstehen Rußteilchen aus molekularen Prozessen (bis ca. 10 nm), die sich zu Primärpartikeln (10–50 nm) vereinigen **(Bild 5.2-15)**.

Dieselpartikel im Sinne der Abgasgesetzgebung sind Abgasbestandteile, die auf einem Filter gesammelt werden. Am Rußkern werden organisch lösliche unverbrannte Kohlenwasserstoffe, Sulfate, Metalloxide und andere Rückstände adsorbiert. Der Rußkern samt der Anlagerungen wird als Partikel bezeichnet. Die Partikel aus der dieselmotorischen Verbrennung stellen nur einen Teil der gesamten Partikelimmission dar **(Bild 5.2-16)**. Der gesamte Straßenverkehr ist in Deutschland mit ca. 20 % an den Feinstaubemissionen beteiligt (UBA/TU Wien).

Partikelemissionen von Dieselmotoren können gemindert werden durch:

- Verbesserung der innermotorischen Verbrennung,
- Verbesserung der Kraftstoffqualität,
- Abgasnachbehandlung (z.B. Filterung).

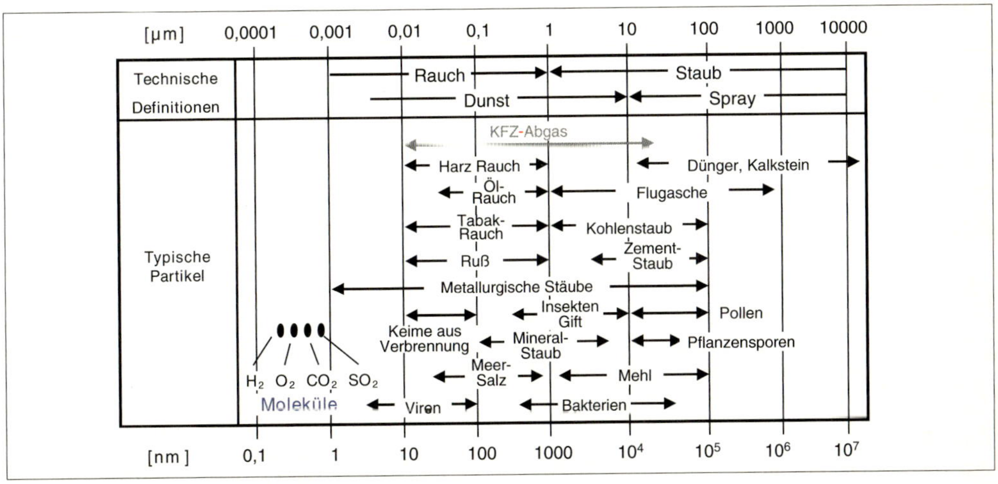

Bild 5.2-16 Quellen und Größenordnungen der Partikel in der Atmosphäre [9]. Feinstaub bedeutet Partikel <10 µm

- **Nicht limitierte Emissionen**

Gesetzlich sind die Abgasemissionen der Kohlenwasserstoffe (HC), des Kohlenmonoxids (CO), der Stickoxide (NO_x) und der Partikel limitiert. Es handelt sich dabei – mit Ausnahme des CO – um summarische Messgrößen (siehe Kap. 2.2).

Die differenzierte Zusammensetzung der Kohlenwasserstoffe wurde zum ersten Mal für Modelljahr 1994 in den USA mit einem PKW-Grenzwert für Nicht-Methan-Kohlenwasserstoffe (NMHC) berücksichtigt. Es wurde dabei der Sonderstellung von Methan, das luftchemisch wenig reaktiv und nicht toxisch ist, Rechnung getragen. Neben der methanfreien Kohlenwasserstoffmessung wurde für die sogenannten *Clean Fuel Vehicles* ein Formaldehyd-Grenzwert eingeführt.

Die kalifornische PKW-Gesetzgebung, die insbesondere auf die Verringerung der Ozon-Vorläufersubstanzen hinzielt, geht noch einen Schritt weiter und bewertet die Summe der NMHC nach ihrer Reaktivität. Als Kriterium für die Bewertung wird das so genannte maximale Ozonbildungspotenzial der differenzierten Kohlenwasserstoffe herangezogen. Der bewertete summarische NMHC-Wert wird als Emission methanfreier organischer Gase (NMOG – non-methane organic gases) für die Zertifizierung herangezogen.

Für alle anderen im Abgas von Verbrennungskraftmaschinen vorkommenden Substanzen sind nach wie vor weder konkrete Emissionsgrenzwerte noch die anzuwendenden Verfahren zur Ermittlung der Emissionsdaten festgelegt. Alle diese Abgasbestandteile können mit dem allgemeinem Begriff *nicht limitierte Abgaskomponenten* umschrieben werden. Unter diese Definition fallen auch diejenigen Komponenten, die z.B. durch die gesetzlich vorgeschriebene Kraftstoffzusammensetzung indirekt in ihrer Emissionshöhe begrenzt sind.

5.2.6 Konstruktive Merkmale der Einspritzsysteme

- **Anforderungen und Prinzip**

Die Voraussetzung für eine effiziente Verbrennung ist eine gute Gemischbildung. Dabei spielt das Einspritzsystem eine zentrale Rolle. Der Kraftstoff muss in der richtigen Menge, zum richtigen Zeitpunkt und mit einem hohen Druck eingespritzt werden. Schon bei geringfügigen Abweichungen sind ansteigende Schadstoffemissionen, laute Verbrennungsgeräusche oder hoher Kraftstoffverbrauch die Folge. Wichtig für den Verbrennungsablauf eines Dieselmotors ist ein geringer Zündverzug. Der Zündverzug ist die Zeit zwischen Einspritzbeginn und dem Beginn des Druckanstieges im Brennraum. Wird während dieser Zeit eine große Kraftstoffmenge eingespritzt, führt dies zu einem schlagartigen Druckanstieg und dadurch zu lauten Verbrennungsgeräuschen.

Um einen möglichst sanften Verbrennungsablauf zu erreichen, wird vor Beginn der Haupteinspritzung eine kleine Kraftstoffmenge mit geringem Druck eingespritzt (**Bild 5.2-17**). Diese Einspritzung wird als *Voreinspritzung* bezeichnet. Durch die Verbrennung dieser kleinen Kraftstoffmenge steigen Druck und Temperatur im Brennraum.

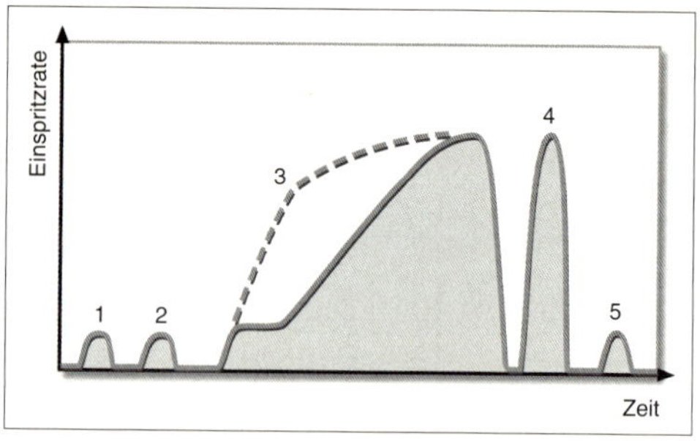

Bild 5.2-17 Optimierte Einspritzverlaufsformung bei Einspritzsystemen für hohe Drücke.
1, 2 Voreinspritzungen
3 Haupteinspritzung
4, 5 Nacheinspritzungen

Dies schafft die Voraussetzung für eine schnelle Zündung der Haupteinspritzmenge und verringert dadurch den Zündverzug der Hauptmenge. Die Voreinspritzung und eine „Spritzpause“ zwischen Vor- und Haupteinspritzung bewirken, dass die Druckanstiege im Brennraum nicht schlagartig auftreten, sondern die Drücke moderat zunehmen. Die Folge sind geringe Verbrennungsgeräusche und weniger Stickoxid-Emissionen.

Bei der *Haupteinspritzung* kommt es auf eine gute Gemischbildung an, damit der Kraftstoff möglichst vollständig verbrennt. Durch einen hohen Einspritzdruck wird der Kraftstoff sehr fein zerstäubt, sodass sich Kraftstoff und Luft gut miteinander vermischen können. Eine vollständige Verbrennung führt zur Reduzierung der Schadstoffemissionen und hoher Leistungsausbeute.

Am *Ende der Einspritzung* ist es wichtig, dass der Einspritzdruck schnell abfällt und die Düsennadel schnell schließt. Dadurch wird verhindert, dass Kraftstoff mit geringem Einspritzdruck und großem Tropfendurchmesser in den Brennraum gelangt. Er verbrennt nur noch unvollständig und führt dadurch zu erhöhten Schadstoffemissionen.

Die heutigen Einspritzanlagen sollen wegen der Abgasnachbehandlung (zum Beispiel aktive Regeneration des Partikelfilters) auch Nacheinspritzungen ermöglichen.

Die Einspritzanlage hat die Aufgabe, den Kraftstoff vom Tank zum Motor zu fördern und unter hohem Druck zeitgerecht, wie hier beschrieben, in den Brennraum zu fördern. Sie besteht prinzipiell aus den

Elementen Vorförderpumpe mit Kraftstofffilter, Einspritzpumpe zur Hochdruckerzeugung, Einspritzdüsen (oder Einspritzventilen) und der Einspritzleitung zur Verbindung von Pumpe und Düse (**Bild 5.2-18**).

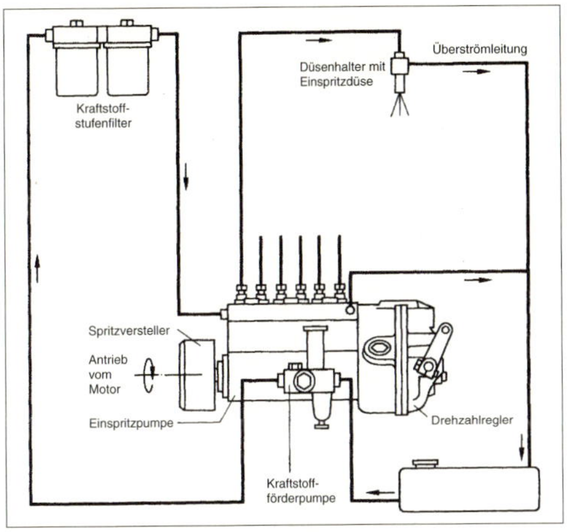

Bild 5.2-18 Prinzip der Dieseleinspritzung

5.2.6.1 Verteilereinspritzpumpe

Für kleine, schnelllaufende Dieselmotoren wurde die Verteilereinspritzpumpe (VE-Pumpe) [10], entwickelt. Mit dieser kompakten Pumpe steht eine anpassungsfähige, leistungsstarke Einspritzanlage mit geringem Gewicht und geringen Einbauvolumen zur Verfügung. Die Zylinderzahl ist in der Regel auf 6 begrenzt.

Üblicherweise besteht die VE-Pumpe aus folgenden Baugruppen:

- Hochdruckpumpe mit Verteiler
- Drehzahl/Mengen-Regler
- Spritzversteller
- Niederdruck-Förderpumpe
- Elektrische Abstellvorrichtung
- Aufschaltgruppen für verschiedene Funktionen.

Es gibt zwei Arbeitsweisen: Axialkolbenpumpen und Radialkolbenpumpen. Bei den Axialkolbenpumpen wird die Drehbewegung der Antriebswelle in eine Dreh- und Hubbewegung des Verteilerkolbens übersetzt. Die Hubbewegung sorgt für die Druckerzeugung und Mengenförderung, wobei die Drehbewegung die Verteilung des Kraftstoffes auf die einzelnen Motorzylinder bewirkt. Somit wird nur ein Kolben benötigt, im Gegensatz zu den Radialkolbenpumpen, bei denen jedem Motorzylinder oder einem Paar je ein Kolben zugeordnet wird. Diese Bauart ist durch die Funktionstrennung von Hochdruckerzeugung durch die Radialkolben und Verteilung durch die axial zugeordnete Verteilerwelle gekennzeichnet. Die Schmierung der Pumpe erfolgt mithilfe des Kraftstoffs.

In der nächsten Generation der VE-Pumpen wurde eine elektronische Regelung eingeführt. Damit wurden die verschiedenen, individuell ausgelegten Aufschaltgruppen überflüssig. Mithilfe von Sensoren und im Steuergerät abgelegten Informationen und Kennfeldern werden Einspritzmenge und -beginn geregelt.

Die neueste Generation der Verteilereinspritzpumpen arbeitet mit elektronischer Mengen- und Spritzbeginnregelung und erzeugt in der Axialkolbenversion düsenseitige Drücke bis zu 1400 bar.

Neue magnetventilgesteuerte Radialkolbenpumpen erreichen düsenseitige Drücke bis etwa 1600 bar mit einem Potenzial von über 1800 bar. Der Kraftstoff wird in dieser Pumpenversion über zwei bis vier Kolben komprimiert, bewegt durch einen sehr steifen Nockenring. Diese Pumpe ist bis zu maximal sechs Zylindern einsetzbar. Eine abgesetzte Voreinspritzung im unteren Drehzalbereich, die bisher nur durch Einsatz eines Zweifeder-Düsenhalters erreicht wurde, ist mithilfe des Magnetventiles möglich. Eine Nacheinspritzung erlaubt dieses System aber nicht. Die besonderen Vorteile liegen in einer

- hohen Mengendynamik (Zylinder-individuelle Mengenzumessung),
- hohen Genauigkeit,
- Förderratenbeeinflussung durch variablen Förderbeginn,
- Voreinspritzung (abgesetzt nur bei niedrigen Drehzahlen).

5.2.6.2 Reihenpumpe

Ähnlich einem Reihenmotor ist für jeden Motorzylinder ein eigenes Pumpenelement in einem gemeinsamen Gehäuse in Reihe angeordnet. Die Wirkungsweise ist im Prinzip:

- Der von einer besonderen Förderpumpe aus dem Tank gesaugte Kraftstoff gelangt am unteren Totpunkt des Pumpenkolbens durch seitliche Bohrungen in den Zylinder des Pumpenelements und wird komprimiert.
- Die Fördermenge wird durch Einstellung des Nutzhubes bewirkt.
- Der von der Nockenwelle angetriebene Kolben befördert dann den Kraftstoff durch ein Druckventil am oberen Ende des Pumpenzylinders in die Druckleitung zum Motor.
- Dort gelangt der Kraftstoff durch die Einspritzdüse in Form eines fein zerstäubten Strahls in den Brennraum.
- Danach wird der Pumpenkolben von einer Feder wieder in seine Ausgangsstellung zurückgeschoben und das ebenfalls federbelastete Druckventil verschließt die Einspritzleitung.

Zu der Reihenpumpe [11] gehören ein Regler für die Mengenzumessung, eine Förderpumpe zur Vorförderung des Kraftstoffes und ein Spritzversteller zur drehzahlabhängigen Verstellung des Förderbeginns.

Die Schmierung von Einspritzpumpe und Drehzahlregler wird durch Anschluss an den Motorschmierölkreislauf gewährleistet.

5.2.6.3 Einspritzdüsen und Düsenhalter

Die Einspritzdüse nimmt beim Dieselmotor zweifellos eine Schlüsselrolle ein. Sie zerstäubt und verteilt den Kraftstoff im Brennraum des Dieselmotors und wirkt an der Formung des Einspritzverlaufs mit. So bestimmt sie mit, wie gründlich der von der Einspritzpumpe bereitgestellte Kraftstoff verbrennt und folglich auch wie wirkungsvoll die Energie im Kraftstoff ausgenutzt wird. Diese Aufgabe ist keineswegs einfach, vor allem wenn man bedenkt, dass die Düse pro Minute maximal bis zu 2500mal öffnen und dabei den Kraftstoff mit Drücken bei Direkteinspritzern bis zu 2000 bar in den Brennraum verteilen muss.
Grundsätzlich handelt es sich bei allen heute gebräuchlichen Diesel-Einspritzdüsen um hydraulisch gesteuerte Nadelventile. Sie bestehen aus einem Düsenhalter und einem Düsenkörper, in den eine federbelastete Düsennadel auf weniger als ein tausendstel Millimeter genau eingepasst ist. Die Düsennadel verfügt in ihrem mittleren Teil über eine Druckschulter, auf die der Druck des durch den Düsenkörper zulaufenden Kraftstoffs wirkt. Übersteigt die Druckkraft die Vorspannung der Druckfeder, wird die Düsennadel angehoben und öffnet an ihrem unteren Ende die Düsenöffnung zum Brennraum. Der an der Düsennadel vorbei nach oben entweichende Kraftstoff wird über einen Leckölanschluss am Düsenhalter und eine gesonderte Kraftstoffleitung in den Tank zurückgeführt. Entscheidend für die Qualitäten einer Einspritzdüse ist die Düsenöffnung.
Man unterscheidet zwischen Zapfendüsen **(Bild 5.2-19a)** und Lochdüsen **(Bild 5.2-19b)**, wobei für die im Personenwagen eingesetzten Vor- und Wirbelkammerdieselmotoren vor allem die Zapfen-Varianten geeignet sind. An ihrem Ende befindet sich ein Zapfen, der in das Spritzloch hineinragt und für einen vergleichsweise gebündelten Einspritzstrahl sorgt. Eine Zapfendüse mit besonderen Zapfenabmessungen ist die Drosselzapfendüse. Über die Form des Zapfens kann dabei der Einspritzstrahl den Erfordernissen des Motors angepasst werden. Der Spritzquerschnitt wird bei kleinem Nadelhub (also zu Beginn der Einspritzung) verkleinert. Der so erzeugte Einspritzverlauf (Vorstrahleffekt) verlangsamt den Verbrennungsdruckanstieg und mindert das Verbrennungsgeräusch.
Lochdüsen eignen sich dagegen hauptsächlich für Dieselmotoren mit direkter Einspritzung. Der eingespritzte Kraftstoffstrahl ist hier breiter gefächert als bei einer Zapfendüse, was für eine feine Zerstäubung und eine gründliche Vermischung mit der Verbrennungsluft sorgt – eine Aufgabe, die beim Vor- und Wirbelkammermotor die stärkere Verwirbelung der Luft übernimmt. Die Einspritzöffnungen sind bei der Lochdüse an einem Kegel untergebracht, der sich am unteren Ende der Düse befindet. Man unterscheidet zwischen Einloch- und Mehrlochdüsen, wobei die Letzteren in den meisten Serienanwendungen über 5 bis 7 Löcher verfügen. Zukünftige Entwicklungen

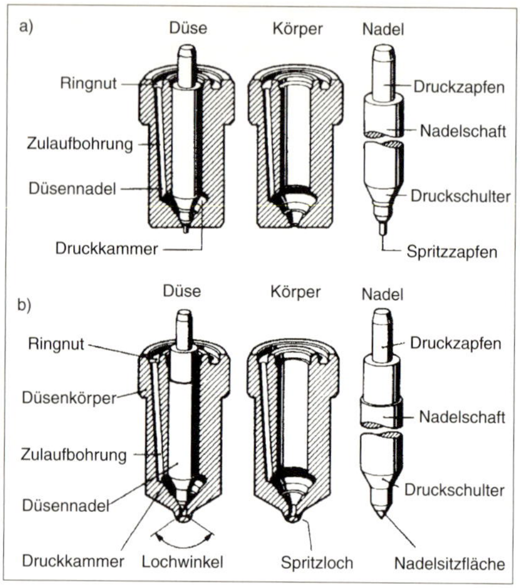

Bild 5.2-19 a Zapfendüsen für Vor- und Wirbelkammermotoren; **b** Lochdüsen für Dieseldirekteinspritzer

werden aufgrund verbesserter Fertigungsverfahren deutlich mehr Löcher haben. Durch Lasertechnik können Lochdurchmesser <0,1 mm hergestellt werden. Für eine geringe Kohlenwasserstoffemission ist es wichtig, dass das vom Kraftstoff ausgefüllte Volumen zwischen Sitzkante und brennraumseitiger Düsenmündung möglichst klein gehalten wird. Dafür verwendet man Sitzlochdüsen, bei denen die Düsennadel die Düsenlöcher im geschlossenen Zustand abdeckt.
Bei den Optimierungen der Gestalt und der Anordnung der Düsenlöcher kommt es heute auf höchste Präzision an. Diese Strömungsverhältnisse und Druckverteilungen werden mit dreidimensionalen Strömungsberechnungen untersucht **(Bilder 5.2-20** und

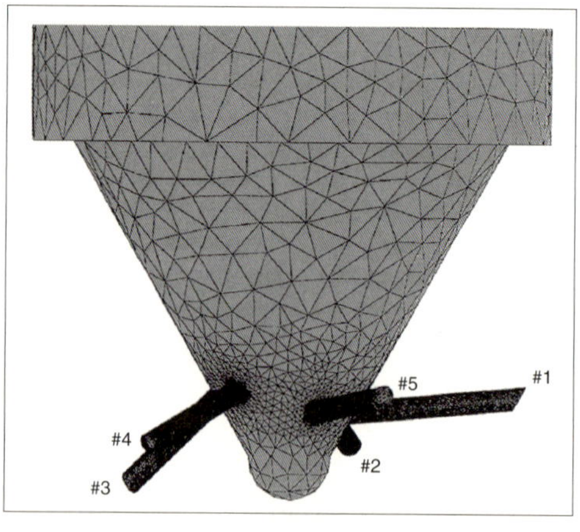

Bild 5.2-20 3-D-FEM-Modell zur Untersuchung der Strömungsverhältnisse in der Düsenspitze

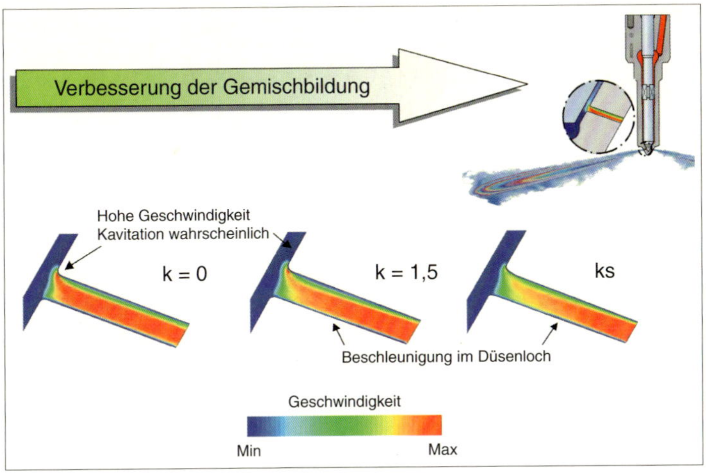

Bild 5.2-21 Optimierung der Strömungsverhältnisse in Düsenlöchern

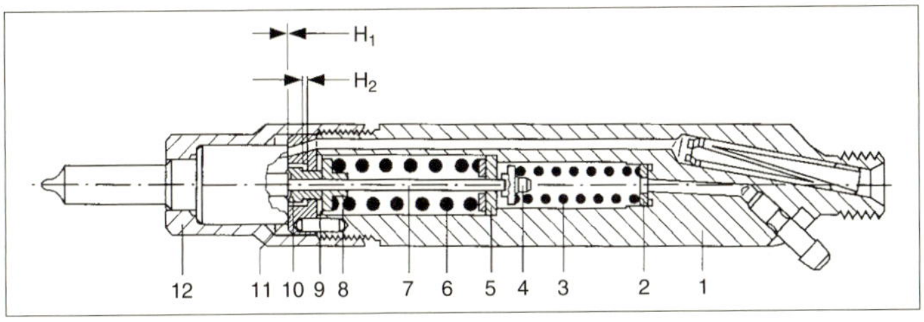

Bild 5.2-22 Zweifederdüsenhalter KBEL (Fa. BOSCH)
1: Haltekörper, 2: Ausgleichsscheibe, 3: Druckfeder, 4: Druckbolzen, 5: Führungsscheibe, 6: Druckfeder, 7: Druckstift, 8: Federteller, 9: Ausgleichsscheibe, 10: Anschlaghülse, 11: Zwischenscheibe, 12: Düsenspannmutter

5.2-21). Für die Düsengeometrie sind besonders wichtig: Zahl der Löcher, Einlaufform in diese (scharfkantig oder gerundet) und Verhältnis von Lochdurchmesser zu Länge. Durch neue Bearbeitungsmethoden (z.B. durch das hydroerosive Runden) der Düsen wird der Durchfluss durch das Loch erhöht, die Toleranz in Bezug auf den Durchfluss eingeengt und der abrasive Verschleiß der Spritzlocheinlaufkante vorweggenommen. Wird der Einlauf in das Düsenloch gerundet, so erhöht sich die Einspritzenergie und damit Kraftstoffaufbereitungsqualität.

Die Düse sitzt im Düsenhalter, der zum Einbau der Düse in den Motorzylinderkopf dient, und bildet mit ihm die Düsenhalterkombination. Düsenhalter enthalten im Allgemeinen eine Düsenfeder und eine Hubbegrenzung. Beim Zweifederhalter werden zwei Düsenfedern verwendet **(Bild 5.2-22)**. Die erste Druckfeder (3) begrenzt den Nadelhub zunächst auf den Vorhub H_1 (Voreinspritzung). Beim Überschreiten eines über die zweite Druckfeder (6) eingestellten Druckes wird die Düsennadel weiter angehoben, maximal bis zum Hub H_2 (Haupteinspritzung). Der mit einem solchen Zweifederhalter erreichte Einspritzverlauf führt zu einem verminderten Verbrennungsgeräusch.

5.2.6.4 Pumpe-Düse

Ein System, das hohe Anforderungen erfüllt, ist das Pumpe-Düse-Einspritzsystem.

Schon Rudolf Diesel hatte den Gedanken, Einspritzpumpe und Einspritzdüse zu einer Einheit zusammenzufassen, um auf die Hochdruckleitungen verzichten zu können und dadurch einen hohen Einspritzdruck zu erzielen. Es fehlte ihm aber an den technischen Möglichkeiten, diese Idee zu verwirklichen. Seit den 50er Jahren werden Dieselmotoren mit einem mechanisch gesteuerten Pumpe-Düse-Einspritzsystem als Lkw- und Schiffsmotoren eingesetzt.

Volkswagen ist es zusammen mit der Robert Bosch GmbH gelungen, einen Dieselmotor mit einem magnetventilgesteuerten Pumpe-Düse-Einspritzsystem zu entwickeln, der im PKW zur Anwendung kommt.

Eine Pumpe-Düse-Einheit ist eine Einspritzpumpe mit Steuereinheit und Einspritzdüse zu einem Bauteil zusammengefasst **(Bild 5.2-23)**. Jeder Zylinder des Motors hat eine Pumpe-Düse-Einheit. Dadurch entfallen die Hochdruckleitungen wie bei einer Verteiler(Reihen)einspritzpumpe und es entsteht ein deutlich kleineres zu verdichtendes Hochdruckvolumen.

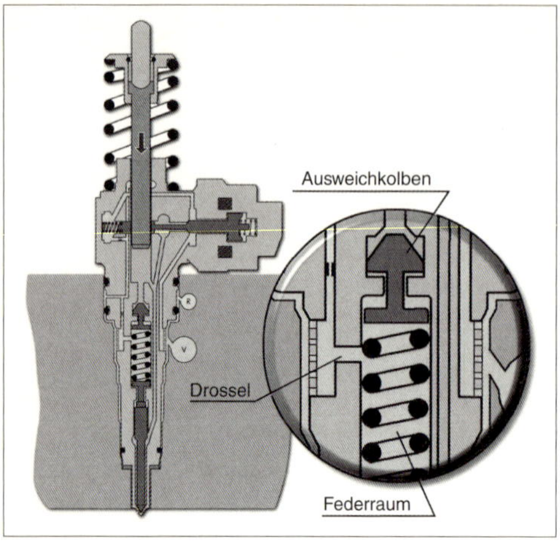

Bild 5.2-23 Funktionsschema einer Pumpe-Düse mit Ausweichkolben [12]

Genau wie eine Verteiler(Reihen)einspritzpumpe mit Einspritzdüsen hat das Pumpe-Düse-Einspritzsystem folgende Aufgaben:

- den Hochdruck für die Einspritzung zu erzeugen,
- den Kraftstoff in der richtigen Menge zur richtigen Zeit einzuspritzen.

Die Nockenwelle hat zum Antrieb der Pumpe-Düse-Einheiten je Zylinder einen zusätzlichen Nocken. Sie betätigen über Rollenkipphebel die Pumpenkolben der Pumpe-Düse-Einheiten. Der Einspritznocken hat eine steile auflaufende Flanke und eine flache ablaufende Flanke. Dadurch wird der Pumpenkolben mit einer hohen Geschwindigkeit nach unten gedrückt und somit sehr schnell ein hoher Einspritzdruck erreicht. Dann bewegt sich der Pumpenkolben langsam und gleichmäßig nach oben und der Kraftstoff kann blasenfrei in den Hochdruckraum der Pumpe-Düse-Einheit nachfließen.

Im Vergleich zu der Verteilereinspritzpumpe hat der Dieselmotor mit dem Pumpe-Düse-Einspritzsystem folgende Vorteile:

- Begrenzung der Verbrennungsgeräusche durch abgesetzte Voreinspritzung,
- geringen Kraftstoffverbrauch,
- wenig Schadstoffemissionen und
- hohe Leistungsausbeute.

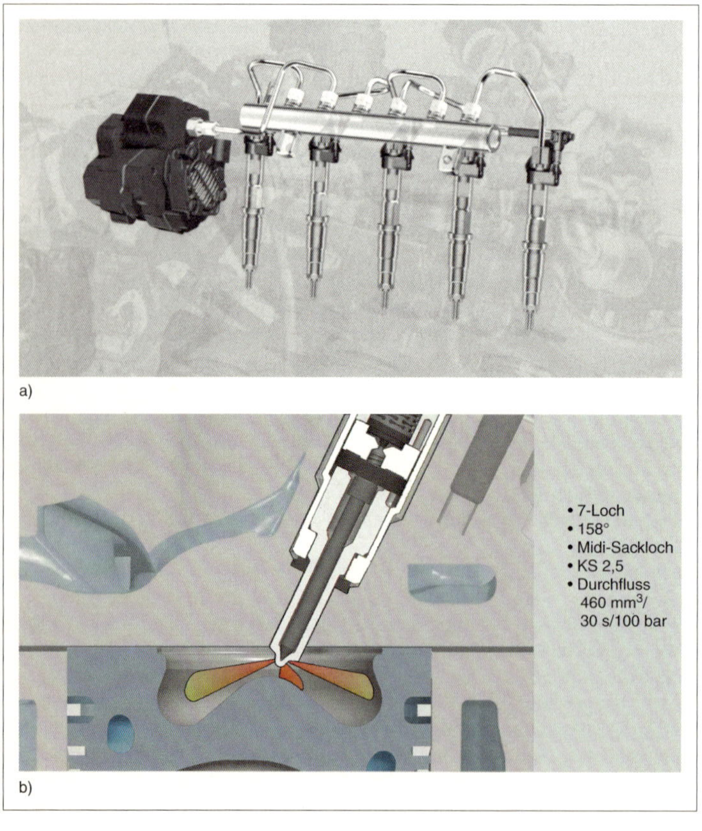

Bild 5.2-24 Schematischer Aufbau des Common-Rail-Einspritzsystems für einen 5-Zylindermotor

Diese Vorteile werden erreicht durch:

- einen hohen Einspritzdruck von derzeit maximal 2050 bar mit dem Ziel von über 2200 bar an der Düse,
- einer präzisen Steuerung des Einspritzvorganges und,
- einer Voreinspritzung.

Damit können spezifische Leistungen von mehr als 60 kW/l erreicht werden. Die neueste Variante des Pumpe-Düse-Einspritzsystems ist mit Piezo-Halter ausgerüstet. Gegenüber dem magnetisch angesteuerten Ventil ist dieses System deutlich schneller und ermöglicht bis zu fünf einzelne Einspritzungen während eines Einspritzzyklusses.

5.2.6.5 Speichereinspritzsystem

Ein zukunftsträchtiges Hochdruck-Einspritzsystem ist das Speichereinspritz- oder Common Rail System (**Bild 5.2-24a**). Dabei sind Druckerzeugung und Einspritzung entkoppelt. Der Kraftstoff für die einzelnen Zylinder kommt aus einem gemeinsamen Speicher, der ständig auf hohem Druck gehalten wird. Der Speicherdruck wird von einer Hochdruck-Radialkolbenpumpe erzeugt und lässt sich abhängig von den Betriebsbedingungen verändern.
Jeder Zylinder ist mit einem Injektor ausgerüstet, der über ein Magnetventil gesteuert wird. Die Einspritzmenge wird durch den Ausflussquerschnitt des Injektors, die Öffnungsdauer des Magnetventils und den Speicherdruck bestimmt. Heute werden bis zu 1800 bar Systemdruck erreicht. Die Entwicklung zukünftiger Systeme hat Drücke von mehr als 2000 bar zum Ziel. Kraftstoffmenge, Einspritzbeginn sowie die Vor- und Nacheinspritzung werden durch extrem schnelle Magnetventile oder durch Piezoelemente, mit denen extrem kurze Schaltzeiten von <100 µs realisierbar sind, gesteuert. Einspritzmengen deutlich unter 1 mm³ sind das Resultat [13].

Die Ausführung eines Common-Rail-Einspritzsystems für einen Dieselmotor ist in **Bild 5.2-24b** dargestellt.
Die funktionale Trennung der Druckerzeugung und der Einspritzung erlaubt eine bessere Gestaltung des Einspritz- und damit des Brennverlaufs. Der Einspritzdruck kann frei im Kennfeld gewählt werden. Voreinspritzungen sind möglich. Vorteilhaft ist, dass Common Rail Systeme sich auch an vorhandenen Motoren ohne Änderung des Zylinderkopfes anbauen lassen.
Beide Systeme (Pumpe/Düse und Speichereinspritzung) sind durch die im **Bild 5.2-25** gezeigten Größen charakterisiert.

5.2.6.6 Simulation von Einspritzsystemen

Die Beherrschung der hochbelasteten Einspritzsysteme erfordert neben der traditionellen Simulation der Einspritzhydraulik eine gründliche Analyse des Kraftstoffverhaltens und des Gesamtenergieumsatzes. Im Hochdruckkreis läuft ein Kreisprozess ab, der in **Bild 5.2-26** schematisch dargestellt ist.
Der theoretische Aufwand ist die dem Kolben zugeführte Arbeit. Als Nutzen ist die Energie des Einspritzstrahles anzusehen. Die wesentlichen Verluste treten bei der Absteuerung auf. Bei den hohen Drücken im Einspritzsystem müssen Änderungen der Dichte, Schallgeschwindigkeit, Kompressibilität und Viskosität berücksichtigt werden. Weiterhin müssen die durch die hohen Temperaturen verursachten unterschiedlichen Ausdehnungen der Bauteile des Einspritzsystems mit betrachtet werden [3].
Die numerische Lösung wird für Entwicklungsarbeiten im Wesentlichen mit eindimensionalen Programmen auf Basis der Stromfadentheorie (Kap. 10.3) durchgeführt. Dabei werden 3D-Effekte mit empirischen Ansätzen und Koeffizienten, so z.B. für die Reibung in den Einspritzleitungen oder die Stoßverluste an Querschnittsänderungen, berücksichtigt. So können die instationären Vorgänge in kom

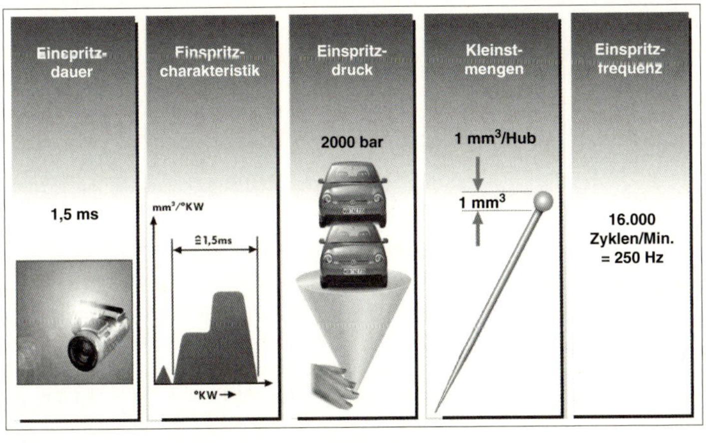

Bild 5.2-25 Charakteristika der Dieselhochdruckeinspritzung

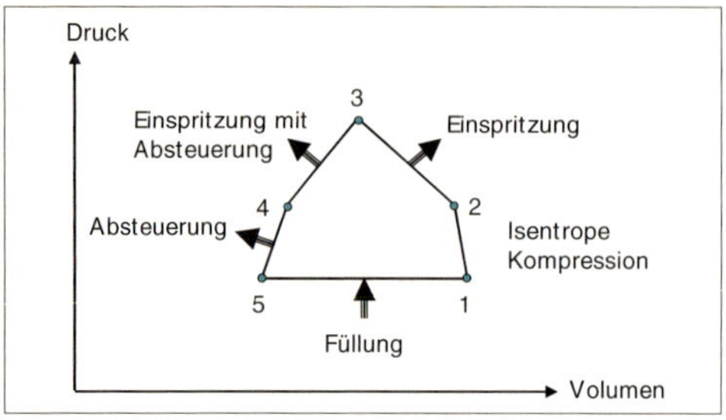

Bild 5.2-26 Schema des Kreisprozesses eines Einspritzsystems

pletten Systemen so effektiv simuliert werden, dass der Aufwand auch bei Untersuchung mehrerer Varianten wirtschaftlich bleibt.

5.2.7 Konstruktive Merkmale der Verbrennungsverfahren

Die Anforderungen an moderne Dieselmotoren hinsichtlich Leistung, Kraftstoffverbrauch, Abgas- und Geräuschemissionen werden immer höher. Beim Pkw steht wegen der hohen Motordrehzahl nur ein sehr kurzer Zeitraum für den Verbrennungsablauf zur Verfügung. Die Voraussetzung, um diese Anforderungen zu erfüllen, ist eine gute Gemischaufbereitung. Dazu benötigen die Motoren leistungsfähige Einspritzsysteme, die hohe Einspritzdrücke für eine sehr feine Kraftstoffzerstäubung erzeugen und den Einspritzbeginn und die Einspritzmenge präzise steuern, sowie eine geeignete Brennraumgestaltung. Zwar finden die klassischen Systeme der dieselmotorischen Verbrennung nach dem Prinzip der indirekten **(Bild 5.2-1a + b)** und der direkten **(Bild 5.2-1c + d)** Einspritzung Verwendung, doch weisen PKW-Motoren eigenständige Merkmale auf.

5.2.7.1 Vorkammerverfahren

Der Umweg über die Lufteinblasung des Kraftstoffs verhalf dem Dieselmotor zu Beginn seiner Entwicklung zu wachsender Popularität. Gleichzeitig traten aber auch die Nachteile dieses umständlichen, wenig ökonomischen Verfahrens immer mehr in den Vordergrund. Statt den Kraftstoff mittels eingeblasener Luft zu vermischen, wurde dann versucht, die Verbrennungsluft auf andere Weise zu verwirbeln, sodass ein zündfähiges Gemisch entstand.
Beim Vorkammerverfahren **(Bild 5.2-1a)** wird der Kraftstoff mit einer Schrägflächenzapfendüse unter relativ niedrigem Druck in eine konzentrisch zur Zylinderachse angeordnete, rotationssymmetrische Vorkammer eingespritzt, in der eine Vorverbrennung beginnt. Die Vorkammer hat einen Volumenanteil von ca. 40 % des Kompressionsvolumens. Durch die Vorverbrennung wird der Druck in der Vorkammer so stark gesteigert, dass die nur teilweise verbrannte Ladung mit hoher Geschwindigkeit durch den Schusskanal in den Hauptbrennraum strömt.
Ein in der Kammermitte angeordneter Prallkörper zerteilt den hier auftreffenden Strahl und vermischt ihn intensiv mit Luft. Er dient außerdem dazu, der Luft, die beim Verdichten aus dem Zylinder in die Vorkammer strömt, einen mäßigen Drall zu geben.
Durch den relativ sanften Druckanstieg ist das Vorkammerverfahren prinzipiell interessant für den Pkw.

5.2.7.2 Wirbelkammerverfahren

Das Wirbelkammerverfahren **(Bild 5.2-1b)** ist wie das Vorkammerverfahren ein Dieselverfahren mit unterteiltem Brennraum. Noch vor wenigen Jahren wurde es bei Pkw-Dieselmotoren am häufigsten angewandt. Seine Vorzüge lagen in den erzielbaren hohen Betriebsdrehzahlen bis 5000 min^{-1}, im relativ günstigen Emissionsverhalten und in dem für die Geräuschemissionen bedeutsamen geringen Drucksteigerungsverhältnis.
Die Kraftstoffeinspritzung erfolgt mit einer Drosselzapfendüse bei relativ niedrigem Druck in die kugelförmig ausgeführte Kammer. Die Lage der Düse wird so gewählt, dass der Kraftstoffstrahl den während des Verdichtungshubs gebildeten Wirbel senkrecht zu seiner Achse durchdringt und auf der gegenüberliegenden Kammerseite in einer heißen Wandzone auftrifft. Um eine vollständige Gemischaufbereitung in der Wirbelkammer bei allen Drehzahlen und Lastzuständen zu erreichen, müssen Gestaltung und Anordnung von Wirbelkammer und Düse wie auch die Lage der Glühkerze sorgfältig aufeinander abgestimmt werden. Nach heutigem Kenntnis- und Erfahrungsstand beträgt der optimale Kammeranteil ca. 50 % des Kompressionsvolumens, wobei Veränderungen im Wirbelkammervolumen gegenläufige Effekte bei NO_x-Emission und Geräusch einerseits sowie bei HC-, CO- und Partikelemission andererseits bewirken.
Der im Kolben angeordnete Hauptbrennraum ist flach oder brillenförmig. Die eng begrenzt auf den Kolbenboden auftreffenden Verbrennungsgase sorgen für eine hohe thermische Belastung des Kolbens.
Mit diesem Wirbelkammerverfahren wird ein effektiver Wirkungsgrad von ca. 36 % erreicht. Für den praktischen Fahrbetrieb sind die häufig vorkommenden Fahrzustände im Teillastbereich für den Kraftstoffverbrauch entscheidend. Innerhalb eines großen Lastbereiches ist der Kraftstoffverbrauch der Wirbelkammermotoren ungewohnt niedrig.

5.2.7.3 Direkte Einspritzung

Das Direkteinspritzverfahren **(Bild 5.2-1c)** wurde ursprünglich bei Stationär- und Nutzfahrzeugmotoren aller Größen angewandt. Seit 1988 hat es auch in der Pkw-Dieseltechnik Einzug gehalten **(Tabelle 5.2-1)**. Heute hat der direkteinspritzende Dieselmotor die Konzepte mit geteiltem Brennraum verdrängt.

Die DI-Motoren tragen den Forderungen nach PKW mit geringem Kraftstoffverbrauch Rechnung. Direkteinspritzer sind aufgrund ihrer geringen Wärmeverluste die wirtschaftlichsten Dieselmotoren. Sie übertreffen auch jede andere Verbrennungskraftmaschine. Um den günstigsten thermodynamischen Wirkungsgrad zu erzielen, sind hohe Anforderungen an die Kraftstoff- und Luftzuführung bei diesem Verbrennungsverfahren gestellt. Sie müssen so erfüllt werden, dass die in einer kurzen zeitlichen Folge ablaufenden Einzelvorgänge wie Kraftstoffzerstäubung, -erwärmung, -verdampfung und -vermischung mit der Luft rechtzeitig zum Abschluss kommen. Um diese Aufgabe bewältigen zu können, benötigt man

- hohe Einspritzdrücke weit über 1000 bar zur Verwirklichung kurzer Einspritzdauern,
- eine hohe Zerstäubungsgüte durch kleinen Spritzlochdurchmesser unter 0,15 mm zur besseren Zerstäubung und damit Mischung des Kraftstoffes mit der Luft,
- eine Mehrlochdüse zur räumlich gleichmäßigen Verteilung des Kraftstoffes auf die Luft im Brennraum,
- eine gezielte, während des Ansaugungs- und Verdichtungstaktes erzeugte Luftbewegung (Drall) zur Unterstützung der Gemischaufbereitung,
- eine tiefe Mulde im Kolben als Brennraum sowie
- eine in den Brennraum hineinragende Glühkerze als Starthilfe.

Heutige Motoren mit Direkteinspritzverfahren haben eine Nenndrehzahl bis 4500 min^{-1}. Ihr effektiver Wirkungsgrad weist im Bestpunkt einen Wert von 43% auf. Mit zusätzlichem Technikaufwand wie

- Hochdruckeinspritzausrüstung,
- geregelte und gekühlte Abgasrückführung,
- Oxidationskatalysator und
- weiterer Abgasnachbehandlung für NO_x und Partikel

lassen sich Abgasemission und Verbrennungsgeräusch auf ein geringes Niveau bringen. Das Weiterentwicklungspotenzial bzgl. der motorischen Verbesserungen ist noch keineswegs ausgeschöpft, z.B. durch Einsatz der Vierventiltechnik.

Bei der Vierventiltechnik (**Bild 5.2-27**) werden die beiden Einlasskanäle meist unterschiedlich ausgelegt. Ein Kanal ist spiralförmig ausgebildet und erzeugt bei Teillast einen großen Drall. Der andere Kanal hat eine Form, die eine starke Tangentialströmung bewirkt. Es besteht dabei die Möglichkeit, abhängig vom Betriebspunkt, einen Einlasskanal abzuschalten, was eine höhere Luftströmung und damit Absenkung der Rauchwerte bedeutet.

Das Verbrennungsgeräusch, das bei Beschleunigungen durch den harten Gang der Verbrennung deutlich wahrnehmbar ist, lässt sich dadurch weitgehend mildern, dass ein kleiner Teil der Kraftstoffmasse vor der Haupteinspritzung fein zerstäubt in den Brennraum vorgelagert wird.

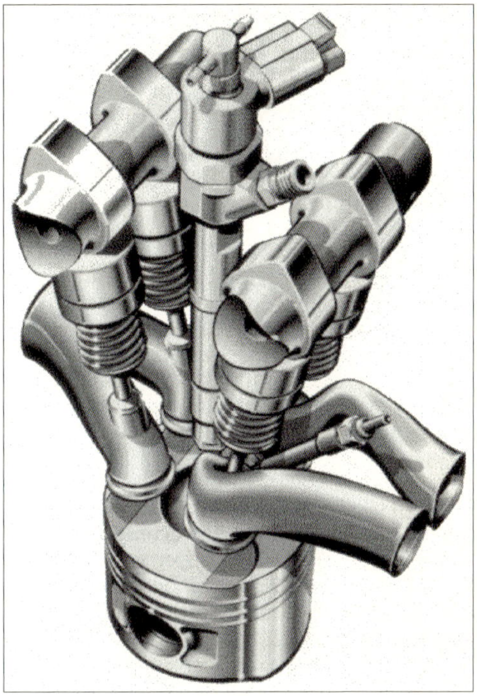

Bild 5.2-27 Vierventiltechnik: Brennraum mit Kanälen und zentraler Anordnung des Injektors (DC OM611)

Ein Verbesserungspotenzial besteht auch in der Gestaltung des Einlasskanals zur Drallerzeugung. Da der Intensitätsbedarf der Drehbewegung der Frischladung in Abhängigkeit der Motorendrehzahl unterschiedlich ist, wird einem Einlasskanal mit variablem Drall Bedeutung beigemessen.

Nach einem ganz anderen Prinzip arbeitet das von MAN in Augsburg entwickelte M-Verfahren (**Bild 5.2-1d**). Hierbei soll nur ein möglichst kleiner Teil des eingespritzten Kraftstoffes sich von selbst entzünden. Die größere Menge (95 %) sollte auf die Brennraumwand gespritzt werden.

Die Verbrennung wird mit der Selbstzündung des luftverteilten Kraftstoffes eingeleitet, der mit der heißen, im Brennraum rotierenden Luft den Kraftstoff in Schichten von der Brennraumwand ablöst und sozusagen fremd zündet.

Die weiche, lange hinausgezögerte Verbrennung führt zu einer geringen Ruß- und Geräuschemission. Leichtsiedende Kraftstoffe mit schlechten Selbstzündungseigenschaften können eingesetzt werden (Vielstoff-Motoren).

Die starke Verwirbelung im Brennraum führt zu im Vergleich mit anderen Direkteinspritzern größeren Strömungsverlusten, was sich in Verbrauchsnachteilen ausdrückt. Zudem sind die Kolben thermisch hoch belastet.

Im Pkw findet das M-Verfahren keine Anwendung.

5.2.7.4 Triebwerk und Zylinderkopf

Im Triebwerk **(Bild 5.2-28)** werden die bei der Verbrennung frei werdenden Kräfte in nutzbares Drehmoment umgesetzt. Die wesentlichen Elemente sind Kolben **(Bild 5.2-29)**, Pleuel und Kurbelwelle. Im Gegensatz zum Ottomotor, der mit Drehzahlen bis zu 7000 min^{-1} und mehr betrieben werden kann, muss der Kurbeltrieb eines Dieselmotors nur maximal 5000 min^{-1} beherrschen. Dafür treten aber beträchtlich höhere Verbrennungsdrücke und höhere Temperaturen auf. So müssen die Bauteile, die an der Übertragung wesentlich beteiligt sind (Kolbenbolzen, Pleuel, Kurbelzapfen und die Lager), entsprechend kräftig ausgelegt und der erhöhte Wärmeanfall abgeleitet werden.

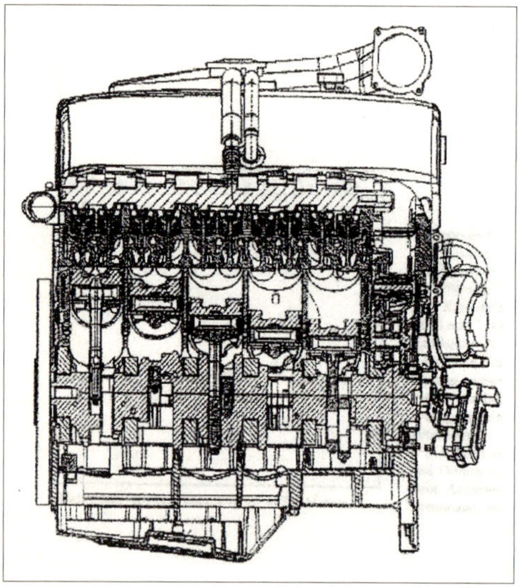

Bild 5.2-28 Schnittbild des VW V10 TDI-Motors

Bild 5.2-29 Kolben eines VW 1,9 l TDI-Motors

Der Kolben ist also für die höheren Temperaturen und Drücke auszulegen. An die Kolbenringe werden hohe Anforderungen bzgl. der Abdichtung zwischen Brennraum und Kurbelgehäuse gestellt. Außerdem müssen die Ölabstreifringe den Schmierölverbrauch kontrollieren. Der Feuersteg, das Zwischenstück zwischen dem Kolbenboden und dem ersten Kolbenring, ist besonders sorgfältig auszubilden, damit ein Koksaufbau in den Ringnuten verhindert wird. Das Verkoken des Schmieröls kann zum Festbacken der Kolbenringe führen. Um dies zu verhindern, kommt den Kolbenringen auch die Aufgabe zu, die Abwärme möglichst schnell an den Zylinder und damit an das Kühlwasser abzuführen.

Typisch für den Dieselmotor sind die im Vergleich zum Ottomotor längeren Hübe. Bei dem viel geringeren Kompressionsvolumen über dem Kolben (etwa 1/3 des Ottomotors) gehen Schwankungen in den Abmessungen der Triebwerkbauteile stärker ein, d.h. sie beeinflussen stark das Verdichtungsverhältnis. Dies verschärft die Forderung enger Fertigungstoleranzen beim Dieselmotor.

Weiterhin spricht für langhubige Motoren mit kleiner Bohrung, dass die zwangsläufig kleinere Oberfläche des Brennraums die Wärmeverluste verringert und eine Annäherung an das optimale Verdichtungsverhältnis ermöglicht. Langhuber gewährleisten einen einwandfreien Kaltstart und Leerlauf schon bei niedrigerer Verdichtung als Kurzhuber, deren Verdichtung zu diesem Zweck unökonomisch erhöht werden muss.

Die Unterschiede zum Zylinderkopf eines Ottomotors sind vielfältig. Bei Vor- und Wirbelkammermotoren sind Brennräume im Zylinderkopf untergebracht. Dadurch entstehen außerordentlich hohe thermische Belastungen (Temperaturen bis zu 900 °C), die besonders hohe Anforderungen an die Konstruktion des Zylinderkopfes stellen. Durch die Anordnung der Brennkammern können ungleiche Wärmedehnungen und als Folge ein Verziehen des Zylinderkopfes auftreten. Außerdem ist das Heranführen des Kühlwassers an die Brennkammern konstruktiv anspruchsvoll.

Des Weiteren ist in einem Dieselzylinderkopf noch Einbauraum für die Einspritzdüsen und die Kaltstartglühkerzen bereitzustellen.

5.2.7.5 Aufladung

Die Idee, den Dieselmotor mit vorverdichteter Luft zu füllen, wurde schon von R. Diesel versuchsweise umgesetzt. Der Durchbruch für die Aufladung wurde erst von A. Büchi (1905) erreicht, der auf die Idee kam, die im Abgas vorhandene Energie zu nutzen. Büchi hat auch schon zu Beginn seiner Arbeiten einen Ladeluftkühler zur Verbesserung des Wirkungsgrades vorgeschlagen.

Bei knapp 5000 min^{-1} ist auch für moderne Dieselmotoren das Drehvermögen begrenzt. Eine Erhöhung

der Leistung (eine größere Luftmenge erlaubt eine höhere Einspritzmenge) ist nur durch Hubraumvergrößerung oder durch Turboaufladung möglich. Außerdem führt die Aufladung zur Erhöhung der Wirtschaftlichkeit, denn der Abgasturbolader nutzt das auf der Auslassseite gegenüber der Atmosphäre herrschende Druck- und Temperaturgefälle zur Vorverdichtung der Verbrennungsluft. Die sogenannte Gaswechselarbeit (der Arbeitsschritt, bei dem der Motor seine Arbeitsluft gegen die vor dem Zylinder liegenden Strömungswiderstände ansaugen muss) entfällt.

Der Wirkungsgrad einer Verbundmaschine aus Abgasturbolader und Kolbenmotor ist also aus verschiedenen Gründen besser. Zum einen steigt durch die höheren Arbeitsdrücke die Ausnutzung der Abgasenergie und durch den Wegfall der negativen Pumpleistung der innere Wirkungsgrad, der Aufschluss über die wärmetechnische Ausnutzung der zugeführten Energie gibt. Zum anderen wird das Verhältnis von mechanischer Verlustleistung (im Wesentlichen Reibungsverluste) im Verhältnis zur Gesamtleistung günstiger, was zu einer Verbesserung des mechanischen Wirkungsgrades führt.

Wie alle Strömungsmaschinen ist auch der Abgasturbolader für einen bestimmten Betriebspunkt des Motors optimal ausgelegt. Aufgrund der großen zu überdeckenden Drehzahlspanne des PKW-Dieselmotors steigt der Volllast-Ladedruck besonders hoch an, was zu einer nicht erwünschten Belastung des Triebwerkes führt. Deshalb ist der Ladedruck zu begrenzen, was mit einem Waste-Gate (Bypass-Ventil) erreicht wird. Eine Annäherung des Luftangebots des Turboladers an den betriebspunktabhängigen Luftbedarf des Motors kann auch über eine variable Turbinengeometrie (VTG) erreicht werden **(Bild 5.2-30)**. Als weitere Möglichkeiten bieten sich eine Registeraufladung (Parallelschaltung von mehreren Turboladern), eine Druckwellenaufladung (COMPREX) und mechanische Lader an, siehe Kap. 5.3.

Bild 5.2-30 VTG-Lader

5.2.7.6 Abgasrückführung

Den größten Einfluss auf die NO_x-Reduktion hat die Abgasrückführung (AGR) **(Bild 5.2-31)**. In Abhängigkeit vom Kennfeldpunkt und der Temperatur wird ein Teil des Abgasstromes mit der angesaugten Frischluft gemischt und den Zylindern wieder zugeführt. Dadurch wird der Sauerstoffanteil während der Verbrennung reduziert und so die Verbrennungstemperatur verringert, was eine verminderte NO_x-Emission zur Folge hat.

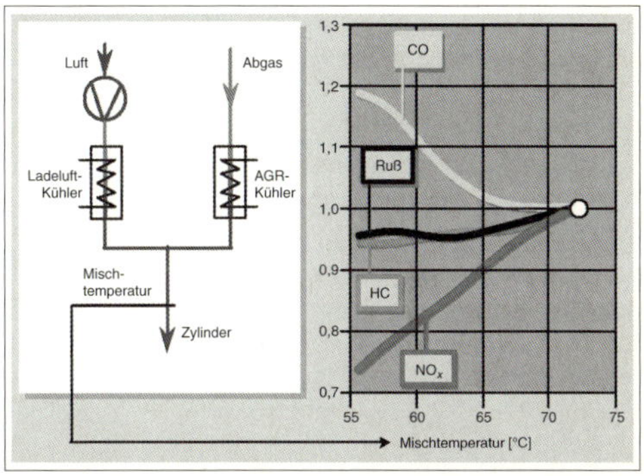

Bild 5.2-31 Schema einer optimierten AGR und deren Einfluss auf die Abgasemissionen

Tabelle 5.2-5 Qualitative Bewertung verschiedener Verbrennungsverfahren am Beispiel von Fahrzeugmotoren

Während am Anfang nur Ein-Aus-Ventile eingesetzt wurden, werden heute überwiegend pneumatisch bzw. elektrisch geregelte Systeme verwendet. Sehr effektive AGR-Kühler sorgen zusätzlich für eine drastische Absenkung der NO_x-Emissonen.

5.2.8 Qualitative Bewertung von Verbrennungsverfahren

Aufgrund der Unterschiede in den Brennraumgeometrien, der Einspritzung und der Gemischbildung sowie der Lastanpassung stellen sich verschiedene Verbrennungsabläufe ein.

Beim Vergleich der Dieselmotoren mit direkter bzw. indirekter Einspritzung überzeugt der Direkteinspritzer durch einen bis zu 15 % geringeren Kraftstoffverbrauch. Dies folgt aus dem höheren Gleichraumanteil (Kap. 5.2.4.3), den geringeren Wärmeverlusten und dem Entfall der Strömungsverluste zwischen Neben- und Hauptbrennraum.

Nebenkammer-Dieselmotoren weisen andere Vorzüge auf. Der kürzere Zündverzug sowie die gestufte Verbrennung mindern das Verbrennungsgeräusch, den Ausstoß limitierter Schadstoffe im Abgas sowie die Geruchsstoffemissionen.

Im Vergleich zum Ottomotor bietet der Diesel deutliche Vorteile im spezifischen Kraftstoffverbrauch,

Tabelle 5.2-5 Qualitative Bewertung verschiedener Verbrennungsverfahren am Beispiel von Fahrzeugmotoren

<table>
<tr><th colspan="3" rowspan="3">Eigenschaft</th><th colspan="3">Art des Verbrennungsverfahrens</th><th rowspan="3">Ottomotor (homogenes Gemisch)</th></tr>
<tr><th colspan="3">Dieselmotor mit</th></tr>
<tr><th>Vorkammer</th><th>Wirbelkammer</th><th>Direkteinspr.</th></tr>
<tr><td colspan="3">spez. Drehmoment</td><td rowspan="8">Bezugswerte</td><td>–</td><td>++</td><td>0</td></tr>
<tr><td colspan="3">spez. Kraftstoffverbrauch</td><td>–</td><td>+ + +</td><td>– –</td></tr>
<tr><td rowspan="4">Schadstoffe</td><td rowspan="4">Rohemissionen</td><td>Kohlenmonoxid</td><td>0</td><td>–</td><td>+</td></tr>
<tr><td>Kohlenwasserstoffe</td><td>0</td><td>–</td><td>+</td></tr>
<tr><td>Stickstoffoxide</td><td>0</td><td>– –</td><td>++</td></tr>
<tr><td>Rußpartikel</td><td>+</td><td>+</td><td>+ + +</td></tr>
<tr><td colspan="3">Verbrennungsgeräusch</td><td>–</td><td>–</td><td>+ +</td></tr>
<tr><td colspan="3">Abgasgeruch</td><td>–</td><td>0</td><td>+ +</td></tr>
</table>

0 etwa gleichwertig; + geringfügig besser; + + besser; + + + deutlich besser; – geringfügig schlechter; – – schlechter; – – – deutlich schlechter

insbesondere bei Teillast, sowie bezüglich der Rohemission von CO, HC und beim Einsatz von AGR auch das NO_x. Der bessere Wirkungsgrad resultiert aus der höheren Verdichtung, dem vor allem bei Teillast herrschenden hohen Luftüberschuss und dem Verzicht auf Drosselung der angesaugten Luft. Die relativ geringe dieselmotorische Rohemission von Schadstoffen ist auf das hohe Luftverhältnis (CO, NO_x) und die infolgedessen niedrigere Spitzentemperatur der Verbrennung (NO_x), aber auch den Wegfall der Kraftstoffkondensation während des Ansaugens von Ladung, Zündaussetzer und starken zyklischen Schwankungen im Verbrennungsablauf sowie Flammlöscheffekte in engen Spalten des Brennraums (HC) zurückzuführen.

Der Ottomotor hat gegenüber dem Dieselmotor Vorteile bei spezifischer Leistung, Verbrennungsgeräusch und Partikelausstoß sowie bessere Voraussetzungen für eine Abgasnachbehandlung.

Insgesamt bleibt festzustellen, dass Dieselmotoren infolge ihres geringen und von keiner anderen Verbrennungskraftmaschine erreichten Kraftstoffverbrauchs ganz wesentlich zur Schonung der Erdölvorräte sowie zur Verringerung des Treibhauseffektes beitragen. Hinsichtlich der Abgas- und Geräuschemission existiert infolge der inneren Gemischbildung ein daraus resultierender thermodynamischer Zielkonflikt, der trotz aller Bemühungen durch innermotorische Maßnahmen allein ohne Abgasnachbehandlung nicht lösbar zu sein scheint.

5.2.9 Abgasnachbehandlung

Die immer strenger werdenden Abgasgrenzwerte und die Forderungen nach emissionsarmem Fahrzeugbetrieb führten und führen zur Entwicklung von Abgasreinigungsanlagen, die dem Motor nachgeschaltet werden.

5.2.9.1 Oxidationskatalysator

Die Möglichkeit, CO-, HC- und PM-Emissionen durch Oxidationskatalysatoren zu verringern, wird erstmals beim Diesel-PKW seit 1990 (Tabelle 5.2-1) genutzt (**Bild 5.2-32**). Sobald die Zündtemperatur erreicht ist, lassen sich Konversionsraten oberhalb 80 % erreichen. Neben den Minderungen der gasförmigen CO- und HC-Emissionen werden auch an den Rußpartikeln adsorbierte Kohlenwasserstoffe konvertiert. Allerdings besteht bei hohen Temperaturen die Gefahr, dass aus dem Verbrennungsprodukt Schwefeloxid Sulfate gebildet werden, die bei der Partikelmessung (vorgeschrieben bei 52 °C) zur Bildung von Säurekondensat führen. Dieses wird als Partikelmasse bewertet.

Abhängig von der Beschichtung, der Katalysatorlage und damit vom Temperaturniveau am Katalysator sind folgende Minderungen erreichbar:

- HC bis 85 %
- CO bis 90 %
- NO_x bis 10 %
- Partikel bis 35 %

Die Maßnahmen zur NO_x-Reduzierung besonders auch die homogene Verbrennung, führen in der Regel zu höheren HC- und CO-Emissionen, d.h. der Katalysator-Wirkungsgrad muss weiter gesteigert werden. Zusätzlich wird für zukünftige Auslegungen das Ansprechverhalten bei noch niedrigeren Abgastemperaturen ganz wichtig werden.

Einige wichtige Entwicklungsschritte sind deshalb:

- Motornahe Verbauung,
- Edelmetalloptimierung,
- Optimierte Beschichtung,
- Verbesserte Geometrie,
- Wanddicke, Zellenstruktur.

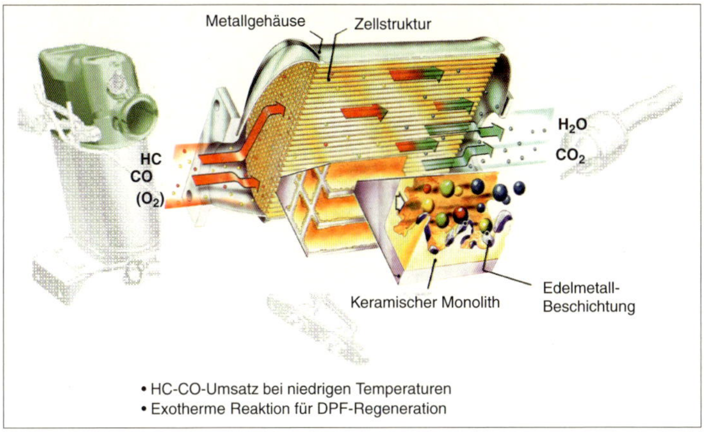

Bild 5.2-32 Aufbau und Funktion eines Oxidationskatalysators

5.2.9.2 Dieselpartikel

Dieselpartikel sind extrem klein. Messungen der Größenverteilungen (**Bild 5.2-33**) sind derzeit noch nicht standardisiert und damit sind die Resultate nicht immer vergleichbar.

So wurde eine hohe Anzahl von Nanopartikeln festgestellt, wobei es sich hierbei jedoch fast ausschließlich um Tröpfchen handelt, die keine Kohlenstoffkernebesitzen. Bei Messungen, die die Partikelgröße auf Basis der Partikelmasse bestimmen, werden die meisten Partikel im Bereich von 0,1 bis 1 μm gefunden.

Nach Verlassen des Abgastraktes reagieren die Dieselpartikel mit den Staubpartikeln und anderen Bestandteilen der Umgebungsluft und verändern damit ihre Größe und Zusammensetzung. Die in der Atmosphäre ablaufenden Prozesse sind äußerst komplex und noch nicht vollständig erfasst.

Neue Dieselmotoren emittieren bedeutend weniger Rußmasse als ältere Konzepte. Dies ist insbesondere der besseren Gemischaufbereitung zu verdanken. Messungen der Größenverteilungen verschiedener Fahrzeuge mit unterschiedlicher Technik zeigen Differenzen nur im Maximalwert der Verteilungen (**Bild 5.2-34**). Der Größenbereich verschiebt sich nicht!

Wissenschaftliche Untersuchungen in Europa, USA und Japan unterstützen diese Ergebnisse: die Größenverteilung der Partikel hat sich nicht zu kleineren Partikelgrößen verändert [17]. Folgerichtig existiert eine Korrelation zwischen Anzahl und Masse der Partikel und damit geht mit dem Rückgang der Partikelmasse auch die Anzahl zurück, **Bild 5.2-35**. Trotz dieser Erkenntnisse wird von einigen Mitgliedstaaten der EU weiterhin auf partikelzählende Messverfahren als neue Methode zur Bestimmung der Partikelemissionen in der Abgasgesetzgebung gesetzt.

Zwischenzeitlich sind verschiedene Studien von Instituten [18] und der Automobilindustrie [18] zu den diskutierten Messverfahren erstellt worden. Grundsätzliche Anforderungen für ein gesetzliches Zulassungsverfahren sind

- Bestimmungsgrenze,
- Kalibrierbarkeit vor Ort,
- Wiederholbarkeit,
- Reproduzierbarkeit.

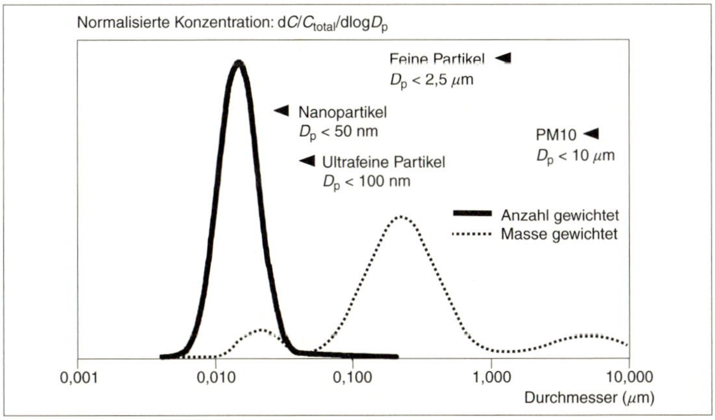

Bild 5.2-33 Typische Anzahl- und Massenverteilung von Dieselpartikeln (Quelle: Kittelson 1998)

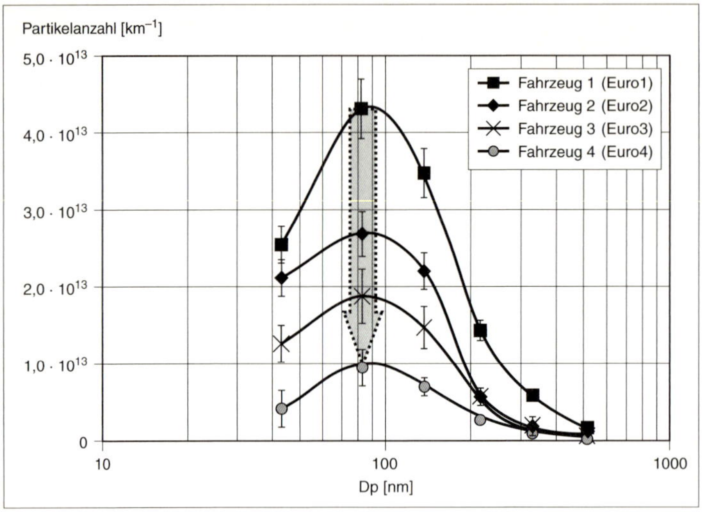

Bild 5.2-34 Partikelgrößenverteilungen verschiedener Abgaskonzepte (Emissionsstufen, neuer europäischer Fahrzyklus)

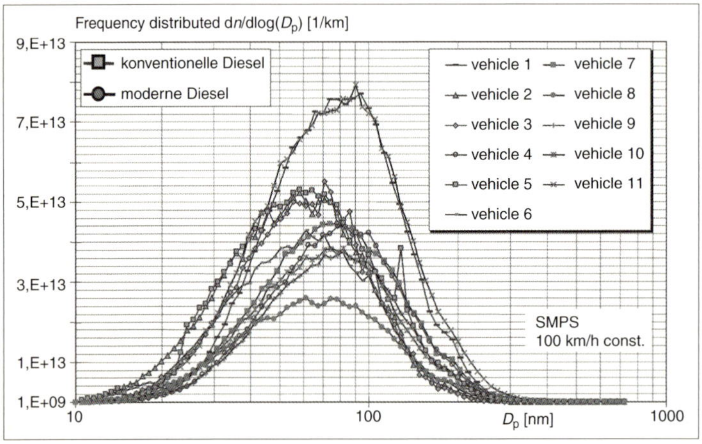

Bild 5.2-35 ACEA Messprogramm: Größenverteilung der Dieselpartikel von 11 Pkw [17]

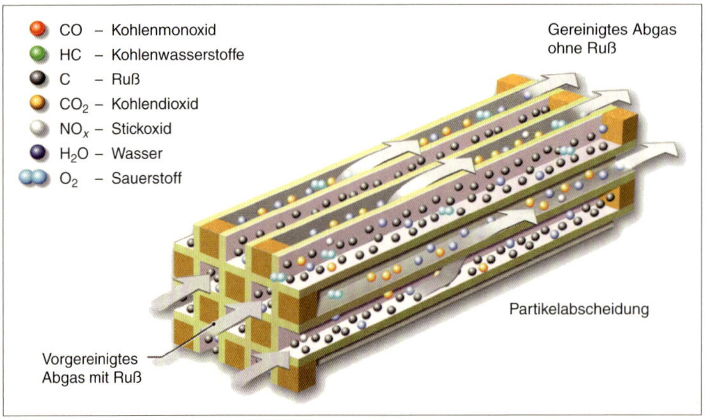

Bild 5.2-36 Funktion des geschlossenen Dieselpartikelfilters

Partikelzählende Messverfahren müssen jedoch, hinsichtlich Kalibrierbarkeit und Reproduzierbarkeit optimiert werden [19]. Gegenwärtig wird ein Gesetzesvorschlag in der UNECE WP29 entwickelt. Es ist vorgesehen, das Zählen der Partikel für Diesel- und Ottomotoren spätestens mit der Einführung von Euro 6 vorzuschreiben. Bis dahin soll auch ein Grenzwert festgelegt sein.

5.2.9.3 Dieselpartikelfilter

Sind die Partikelemissionen noch weiter zu senken, werden *Dieselpartikelfilter* mit hoher Abscheideleistung von über 90 % eingesetzt (**Bild 5.2-36**). Eine größere Anzahl von Fahrzeugen ist schon heute serienmäßig mit Partikelfiltern ausgerüstet. Die Hauptmerkmale zur Unterscheidung der Systeme sind:

- Trägermaterial (Siliziumcarbid, Sintermetal, Aluminium-Titanat),
- Beschichtung,
- Additivunterstützung,
- Einbauart motornah oder im Unterboden.

Die Kanäle des Dieselpartikelfilters sind abwechselnd auf einer oder der anderen Seite verschlossen. Die Abgase durchströmen die Wände, während die Partikel ausgefiltert werden.

Für eine Serienapplikation ist die Filterung der Partikel nicht das Kernproblem. Es gilt die gesammelte Rußmenge unter allen Betriebsbedingungen zu oxidieren (regenerieren). Dabei werden zwei Ansätze verfolgt:

- Kontinuierliche Oxidation (CRT-Effekt),
- Thermische Oxidation.

Beim CRT-System (continuously regenerating trap) wird ein kontinuierlicher Abbrand des Rußes sichergestellt (**Bild 5.2-37a**). Es besteht aus einer Katalysator-Rußfilter-Einheit. Die Fahrzeugabgase durchströmen zuerst den Oxidationskatalysator. Im Temperaturbereich von 200 ÷ 600 °C werden CO und HC fast vollständig oxidiert. NO wird zu NO_2 umgewandelt. Dieses NO_2 verbindet sich im Rußfilter mit dem Kohlenstoff zu CO_2. Für eine einwandfreie Funktion muss hinreichend viel NO_2 (NO_2/Partikel-Verhältnis) zur Verfügung stehen. NO_2 wird dadurch wiederum zu NO reduziert. Diese Reaktionen laufen zwischen 200 und 500 °C ab. In diesem Bereich befindet sich das System im Gleichgewicht. So entstehen keine Temperaturspitzen.

Es gibt für die Anwendung des CRT-Systems eine wichtige technische Grundvoraussetzung: Dieselkraftstoff mit einem Schwefelgehalt von unter 10 ppm wird benötigt. Die Gleichgewichtstemperatur zwischen Rußanlagerung und -abbrand wird vom Kraftstoffschwefel beeinflusst. SO_2 behindert im Abgas die NO_2-Bildung, sodass keine ausreichende Menge an Oxidationsmittel zur Verfügung steht. Zusätzlich wird durch die durch Schwefel mögliche Sulfatbildung die Filteroberfläche irreversibel blockiert.

Neben dem CRT-Effekt arbeiten alle heutigen Serienlösungen mit der thermischen Regeneration. Diese wird je nach eingelagerter Russmenge eingeleitet. Die

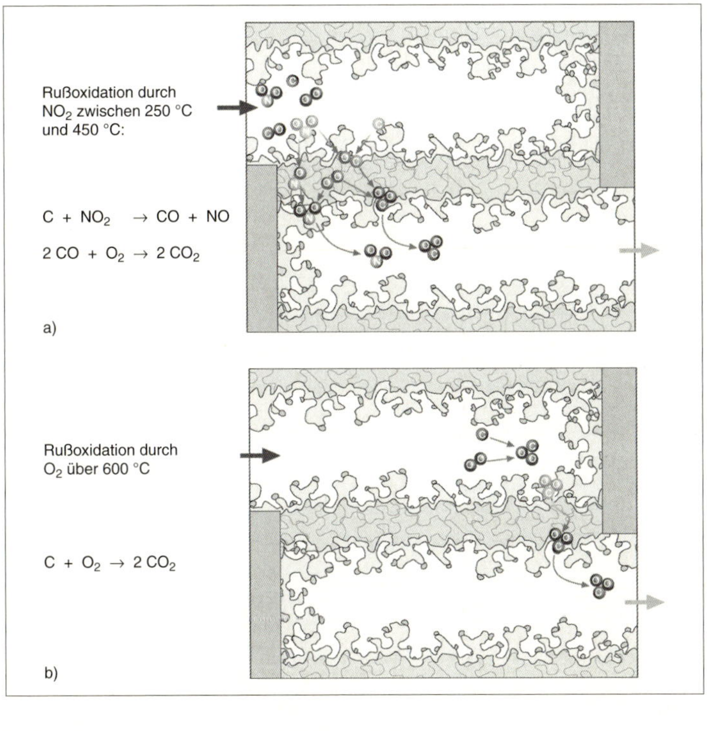

Bild 5.2-37 a) Wirkungsweise der Regeneration durch CRT-Effekt, **b)** Wirkungsweise der thermischen Regeneration

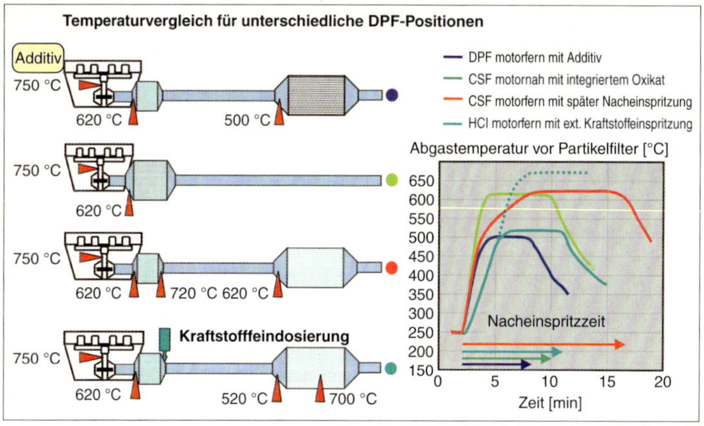

Bild 5.2-38 Dieselpartikelfiltervarianten

erforderliche Abgastemperatur von über 600 °C (abhängig u.a. auch von der Einbaulage des Dieselpartikelfilters) wird durch Verschiebung des Einspritzbeginns weit nach OT erzielt. Mittels Temperatur-, Druck- und Lambda-Sensoren werden die erforderlichen Zündbedingungen vom Motorsteuergerät eingestellt und überwacht **(Bild 5.2-39)**.

Durch Verwendung eines Additivs wird die Zündtemperatur des Rußes auf etwa 500 °C gesenkt. Der erste Serieneinsatz ist bei PSA erfolgt [20] **(Bild 5.2-38)**.

Die aktiven Abgasnachbehandlungssysteme beeinflussen das Anforderungsprofil an zukünftige Betriebsstoffe. Bei der Verbrennung metallhaltiger Additivkomponenten des Motoröls entstehen Asche, die zu irreversiblen Ablagerungen in Dieselrußfiltern führen und deren Lebensdauer verkürzen. Um den Einfluss des Schmierstoffverbrauchs auf die Strömungs- und Rußbeladungseigenschaften des Partikelfilters bewerten zu können, wurde ein neuer motorischer Test entwickelt [21].

5.2.9.4 Entstickung

Seit Mitte der Achtzigerjahre wird intensiv nach NO_x-Katalysatoren gesucht, die auch bei Sauerstoff-Überschuss Stickoxide mit Kohlenwasserstoffen oder CO selektiv umsetzen. Für die Abgasnachbehandlung der Stickoxide sind verschiedene Möglichkeiten bekannt. Fahrzeugtaugliche Verfahren müssen zu gasförmigem Stickstoff bzw. gasförmiger Wasserdampfemission führen. Somit sind folgende praktische Wege zur Reduktion von NO_x möglich:

- NSCR-Technologie (nicht selektive katalytische Reaktion),
- NO_x-Speicherkatalysator,
- SCR-Technologie (selektive katalytische Reaktion).

Die NSCR-Katalysatoren sind umfangreich untersucht worden. Der Verlauf der Konversion eines edelmetallhaltigen Katalysators zeigt im testrelevanten Temperaturbereich ein Maximum mit äußerst geringem Temperaturfenster. Aus den unterschiedli-

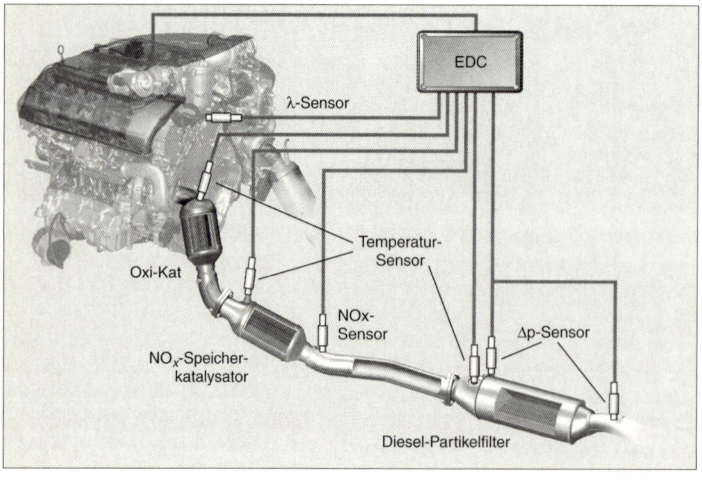

Bild 5.2-39 Abgasnachbehandlungseinheit mit Partikelfilter und NO_x-Speicherkatalysator

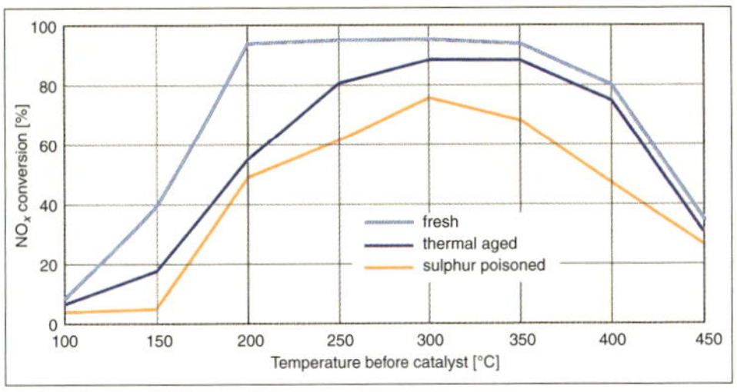

Bild 5.2-40 Einfluss thermischer Alterung und Schwefelvergiftung auf die Verwendung der NO_x-Umsetzung

chen Verläufen der NO_x-Konversion kann auf verschiedene Reaktionsmechanismen geschlossen werden, die noch einer genauen Klärung bedürfen. Im realen Fahrbetrieb wurden deutlich geringere Umsetzungsraten als im Labor aufgrund höherer Raumgeschwindigkeiten, Anteile von Wasser und Schwefel festgestellt: bis ca. 30 % im US-Testverfahren und bis zu 25 % im neuen europäischen Testzyklus bei frischen Katalysatoren. Der Kraftstoffschwefel mindert die Effektivität mit der Zeit um ca. 15 %. Deshalb spielen diese Systeme zur NO_x-Reduktion im PKW eine immer kleinere Rolle.

NO_x-Speicherkatalysator

Eine weitere Möglichkeit ist der Einsatz von NO_x-*Speicherkatalysatoren.* Ihre Dauerhaltbarkeit setzt beim heutigen Stand der Technik jedoch die Verwendung weitestgehend schwefelfreien Kraftstoffs voraus.

Die Effektivität des NO_x-Speicherkatalysators in Abhängigkeit von Temperatur und Schwefelempfindlichkeit ist in **Bild 5.2-40** dargestellt. Der Katalysator besteht aus zwei Hauptelementen, einer Edelmetall-Kombination (z.B. Pt/Rh) und dem eigentlichen NO_x-Speichermaterial aus der Gruppe der Alkali- oder Erdalkalimetalle oder der Seltenen Erden, in Form des Oxids oder Carbonats, hier als Beispiel Bariumcarbonat.

Während der NO_x-Speicherphase **(Bild 5.2-41)** wird das aus dem Motor kommende NO_x, das im mageren Abgas hauptsächlich als NO vorliegt, an der Platinkomponente des Katalysators zum NO_2 oxidiert, das dann mit der Speicherkomponente des Katalysators zum Bariumnitrat weiterreagiert. Gleichzeitig wird auch das im Abgas enthaltene SO_2 zum SO_3 oxidiert und reagiert ebenfalls mit dem Bariumcarbonat zum Sulfat. Das SO_2 ist bei dem NO_x-Speichervorgang also in zweierlei Hinsicht störend: Es konkurriert mit dem NO um Adsoprtionsplätze am Platin und behindert damit die NO_2-Bildung und, was entscheidend ist, es verbraucht das Speichermaterial Bariumcarbonat.

Ist alles verfügbare Bariumcarbonat in Nitrat umgewandelt, muss der Speicher regeneriert werden. Hierzu wird der Motor kurzzeitig in einen fetten Betriebszustand gebracht. Die dann im Überschuss vorliegenden reduzierenden Abgasbestandteile H_2, CO und HC wandeln jetzt das Bariumnitrat wieder in das Carbonat oder das Oxid um, während das freigesetzte NO_x am Edelmetall zum Stickstoff reduziert wird. Das Sulfat ist wesentlich temperaturstabiler als das Nitrat und wird bei diesem Regenerationszyklus ($\lambda < 1$, $T > 650$ °C, $t > 2$ min) nicht oder nur zu einem geringen Anteil umgewandelt. Es verbleibt deshalb im Katalysator, reichert sich bei jedem Mager/Fett-Zyklus weiter an und vermindert zunehmend die für eine NO_x-Speicherung verfügbare Bariumcarbonatmenge sowie die Zugänglichkeit des Speichermaterials für NO_2.

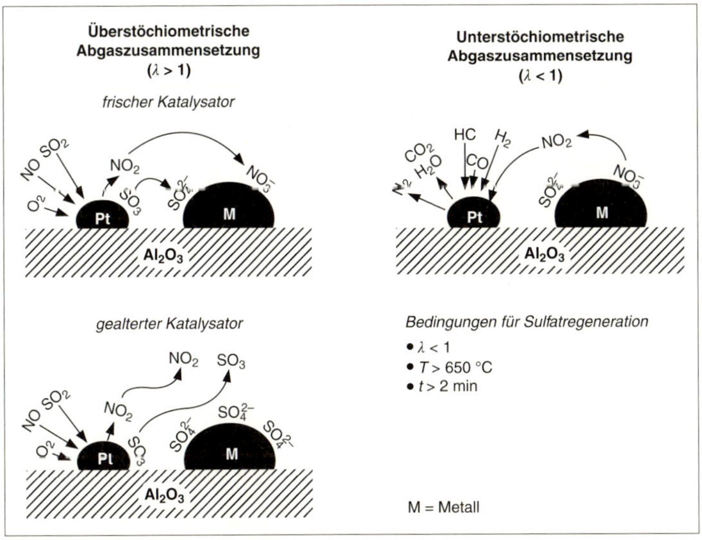

Bild 5.2-41 Funktion der NO_x-Speichertechnologie und Einfluss des Schwefels im Kraftstoff

Der Einsatz der Speicherkatalysatoren beim Diesel erfordert einen hohen technischen Regelungs- und Applikationsaufwand. Hauptgrund ist, dass Dieselmotoren mit Luftüberschuss betrieben werden und somit keine Bedingung für eine Regeneration auftritt. Das „fette" Luftverhältnis muss durch entsprechende Maßnahmen (Anheben der Abgasrückführrate, Drosselung, Kraftstoffeindüsung vor dem Katalysator, veränderte Einspritzung) herbeigeführt werden. Das zweite Problem ist die niedrige Abgastemperatur, vor allem bei den Direkteinspritzmotoren. Sie beschränkt die Speichereffektivität und insbesondere die mögliche Regenerationsstrategie.
Verbesserte Regelstrategien und optimierte stabile Beschichtungen ermöglichen heute eine Konvertierungseffektivität von ca. 60–70 %. NO_x-Speicherkatalysatoren sind Bestandteil der DaimlerChrysler BlueTec Strategie und sind auch bei Toyota [20] im Einsatz.

- **SCR-Katalysatoren**

Aus der Kraftwerkstechnik ist die Stickoxidreduktion durch Einsatz von *SCR-Katalysatoren* bekannt **(Bild 5.2-42)**. Vor dem Katalysator wird als selektiv wirkendes Reduktionsmittel Ammoniak (NH_3) gespritzt. Der dort gebundene Wasserstoff reagiert mit dem freien und im Stickoxid gebundenen Sauerstoff zu Wasser. Vereinfacht gilt:

$$4\,NH_3 + 4\,NO + O_2 \rightarrow 4\,N_2 + 6\,H_2O$$

$$8\,NH_3 + 6\,NO_2 \rightarrow 7\,N_2 + 12\,H_2O$$

Die Übertragung dieser Technologie auf das Fahrzeug ist nicht trivial, da hier aus sicherheitstechnischen Gründen auf den direkten Einsatz des gesundheitsschädlichen NH_3-Gases verzichtet und auf andere Reduktionsmittel wie Harnstoff ($(NH_2)_2CO$) ausgewichen werden muss. Durch Hydrolyse wird aus dem Harnstoff NH_3 gewonnen:

$$(NH_2)_2CO + H_2O \rightarrow 2\,NH_3 + CO_2$$

Eine Fahrzeuganwendung **(Bild 5.2-44)** erfordert eine Dosiereinheit mit Reduktionsmitteltank, Steuergerät und Hydrolyse-SCR-Katalysator. Mittels einer Zerstäuberdüse wird dem Abgassystem lastabhängig die Harnstofflösung zugeführt. Wegen des möglichen NH_3-Schlupfes im Fahrbetrieb ist eine Regelung der NH_3-Zufuhr unabdingbar, und es wird meist ein Oxidationskatalysator nachgeschaltet. Der Wirkungsgrad lässt sich noch steigern, wenn das NO/NO_2-Verhältnis mit einem vorgeschalteten Oxidationskatalysator angepasst wird.
Hochaktive Oxidationskatalysatoren erhöhen die Sulfat- und damit Partikelemissionen. Deshalb ist auch hier ein schwefelarmer Kraftstoff wichtig. Für den Kaltbetrieb ist ab –10 °C das Reduktionsmittel aufzuheizen.
Harnstoff als Reduktionsmittel muss unabhängig vom Fahrzyklus und der NO_x-Emissionen zugeführt werden. Im Mittel werden 1–5 % des Kraftstoffverbrauchs benötigt.

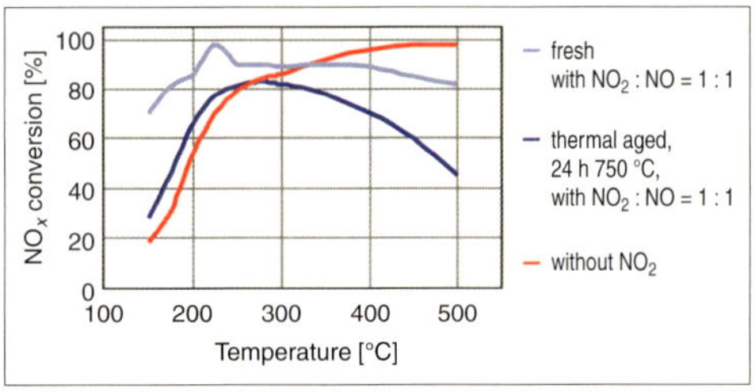

Bild 5.2-43 Effektivität des SCR-Katalysators als Funktion von Temperaturen und NO/NO_2-Verhältnis

Sollte es gelingen, das Reduktionsmittel Harnstoff nicht als wässrige Lösung, sondern als Feststoff im Fahrzeug mitzuführen und aufbereitet dem Abgas beizumessen, könnten auch die Nachteile des zusätzlichen Betriebsstoffes deutlich verringert werden.
SCR- und NO_x-Speicher-Systeme werden aktuell mit großer Intensität entwickelt. Die SCR-Technik verspricht im gesamten Drehzahlkollektiv den höchsten Abscheidegrad, erfordert aber auch den höchsten technischen Aufwand **(Bild 5.2-44)**. Bei der SCR-Technik muss die Alterungsstabilität und es müssen die Temperaturgrenzen **(Bild 5.2-43)** verbessert werden.

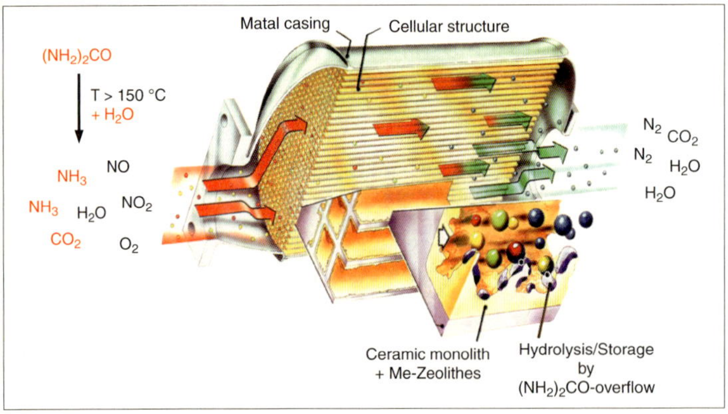

Bild 5.2-42 Funktionsprinzip SCR-Katalysator

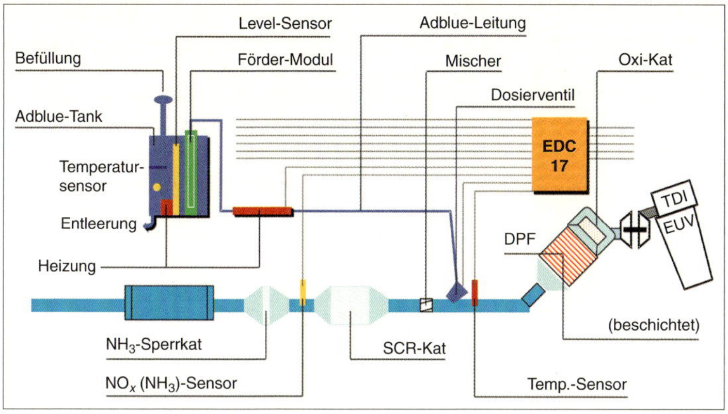

Bild 5.2-44 Gesamtsystem mit Abgasnachbehandlungs-Partikelfilter und SCR-Technik

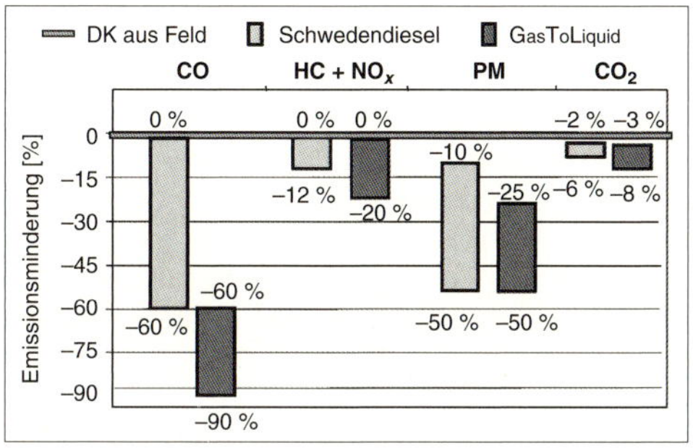

Bild 5.2-45 Emissionsminderung durch Verwendung besserer Kraftstoffqualitäten (Schweden-Class I-Diesel und GTL-Kraftstoff im Vergleich zu deutschem Tankstellendiesel) (Stand 1999)

5.2.10 Dieselkraftstoffe

Die Qualität der Dieselkraftstoffe beeinflusst direkt die Emission aller Dieselfahrzeuge, unabhängig von deren Emissionsniveau. So kann mit einer Verbesserung der Kraftstoffqualität eine sofortige Emissionsminderung aller im Bestand betriebenen Fahrzeuge erreicht werden.

Ein Testprogramm bei verschiedenen Herstellern mit PKW, die die Abgasstufe II erfüllten, hat das Potenzial zwischen deutschem Tankstellendiesel und dem schwedischen Class I-Diesel aufgezeigt **(Bild 5.2-45)** [4].

Auffällig ist das Reduktionspotenzial bei den Partikelemissionen (bis zu fast 50 %).

In dem zum europäischen Auto/Öl-Programm gehörenden EPEFE-Programm [5] wurde systematisch der Einfluss verschiedener Kraftstoffkomponenten auf das Emissionsverhalten moderner Motoren untersucht: Spezifikationen, **Tabelle 5.2-6**.

Die **Bilder 5.2-45** und **5.2-46** zeigen das hohe Emissionsminderungspotenzial bei Fahrzeugen mit moderner Technologie (EU II und besser). Diese Erkenntnisse haben die Forderungen der ACEA*-Fuel Charter [6] unterstützt. Die Wichtigsten sind:

1. Cetanzahl
   Eine Anhebung der Cetanzahl auf mind. 58 und des Cetanindex auf mind. 54 ist wegen der Verbesserung der Zündwilligkeit und damit des Kaltstarts und der Verbrennung erforderlich.
2. Dichte
   Eine Eingrenzung (Minimal- und Maximalwert) ist für die Abstimmung der Motoren wichtig. Die Dichte hat einen direkten Einfluss auf die Abgasemissionen. Der Bereich von 820–840 kg/m^3 wird für notwendig gehalten.
3. Aromaten
   Die mehrkernigen aromatischen Kohlenwasserstoffe haben einen großen Einfluss auf die Bildung von Dieselpartikeln. Deshalb sollten die polyzyklischen Aromaten auf max. 1 Gew.% und die Gesamtaromaten auf max. 10 Gew.% begrenzt werden.

Tabelle 5.2-6 Kraftstoffe im EPEFE-Programm

	Kraftstoffszenarien					
	Base	DI	DII	DIII	DIV	DV örtlich
Cetan	51	53	54	55	58	58
Dichte (kg/m^3)	843	835	831	828	828	820
Aromaten (%)	9	6	4,5	2,2	2,2	0,7
T95 (°C)	355	≈350	≈345	≈340	≈340	≈310
Schwefel (ppm)	450	300	200	50	50	50

* ACEA – Association des Constructeurs Europeens d'Automobiles

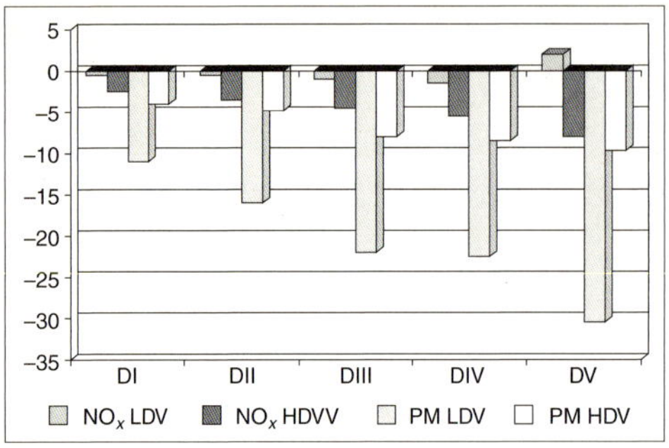

Bild 5.2-46 Minderung der Abgasemissionen bei Verwendung der EPEFE-Kraftstoffe

4. Schwefel
   Schwefel im Kraftstoff trägt zur Partikelbildung bei. Durch Verwendung schwefelarmer Qualitäten können die Emissionen aller im Betrieb befindlichen Fahrzeuge reduziert werden. Der Schwefel beeinflusst auch das Anspringverhalten der Oxidationskatalysatoren: Zum Erreichen der vollen Wirksamkeit werden höhere Abgastemperaturen benötigt, d.h. die Kaltstartphase wird verlängert und die Kaltstartemissionen werden damit erhöht [7].
5. Siedeende
   Das Siedeende ist ein Hinweis auf den Gehalt schwersiedender Kohlenwasserstoffe (hauptsächlich PAH's), die sich schwer verbrennen lassen und wesentlich zur Partikelbildung beitragen. Deshalb sollte das Siedeende auf 350° herabgesetzt werden.

Neben diesen die heutige Technologie beeinflussenden Effekten, ist die Schwefelminderung unbedingte Voraussetzung für die Einführung zukünftiger Abgasnachbehandlungstechnologien wie z.B. für den $DeNO_x$-Katalysator. Schwefel vergiftet diese Speichersysteme **(Bild 5.2-41)**. Eine nicht vollständige Regeneration ist nur bei $\lambda = 1{,}0$ und hohen Temperaturen (größer als 650°) möglich. Dies stellt höhere Anforderungen an das Katalysatormaterial, bedingt einen Regelaufwand und führt zu höheren Kraftstoffverbräuchen und Abgasemissionen. Deshalb ist eine Begrenzung auf max. 10 ppm (schwefelarmer Kraftstoff) erforderlich. Diese Forderung wurde bereits in Deutschland und einigen weiteren Staaten der Europäischen Union umgesetzt. In der Europäischen Union wurde beschlossen, ab 2005 den schwefelarmen Kraftstoff flächendeckend und bis 2009 vollständig einzuführen. Eine schnelle Durchdringung im gesamten Europa ist zwingend erforderlich, **Bild 5.2-47**.

Die vier wesentlichen Forderungen an einen zukünftigen Kraftstoff (siehe auch Kap. 5.9)

- sichere Versorgung
- gesamtwirtschaftliche Tragfähigkeit
- Berücksichtigung von Umwelt- und Klimaschutzanforderungen
- Hohe Energiedichte

kann heute kein singulärer Energieträger, auch Wasserstoff nicht, erfüllen.

Daraus könnte die Forderung nach einer Diversifikation der Kraftstoffe erfolgen. Das parallele Angebot im Markt von Diesel, Ottokraftstoff, Methanol, Ethanol, Erdgas und anderen Kraftstoffen kann aber keine wirtschaftliche Lösung darstellen, da für jeden dieser Kraftstoffe ein eigenständiger Antrieb entwickelt werden müsste.

Es sollte daher nach einer Möglichkeit, die Primärenergien zu diversifizieren und dabei gleichzeitig die zum Einsatz kommenden Energieträger für den mobilen Einsatz auf möglichst wenige Varianten zu konzentrieren, der Vorzug gegeben werden.

In den nächsten Jahren wird insbesondere ein verstärkter Einsatz von Erdgas erfolgen, was auch für die spezifischen CO_2-Emissionen von Vorteil ist. Erdgas kann und wird direkt zum Fahrzeugantrieb genutzt werden. Allerdings ist wegen der bekannten Nachteile bezüglich Reichweite und Platzbedarf für den Tank, die für alle gasförmigen Kraftstoffe gelten, und des zunehmenden Aufwandes für die Abgasnachbehandlung zur Erfüllung strenger Abgasgrenzwerte wie Euro4, kein Ersatz der heutigen Kraftstoffe durch

Bild 5.2-47 Partikel- und NO_x-Emissionen bei Verwendung von unterschiedlichen Dieselqualitäten

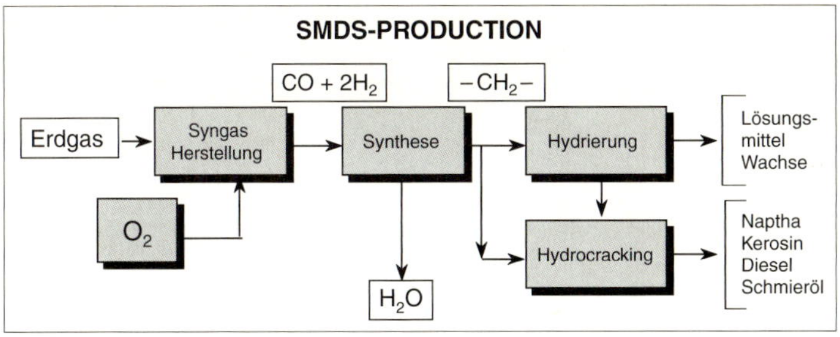

Bild 5.2-48 Schema der Shell-Mittel-Destillat-Synthese

Erdgas zu erwarten, sondern nur eine begrenzte Ergänzung. Aus Erdgas können aber auch mit bekannten und großtechnisch erprobten Verfahren wie der Shell-Mittel-Destillat-Synthese (SMDS) andere Sekundärenergieträger hergestellt werden **(Bild 5.2-48)** [22].

Erdgas wird dazu in einer ersten Verfahrensstufe mittels einer Dampfreformierung in ein Synthesegas, eine Mischung aus Wasserstoff und Kohlenmonoxid umgewandelt. Aus diesem Synthesegas kann über eine Fischer-Tropsch-Synthese konventioneller Kraftstoff, insbesondere Dieselkraftstoff hoher Qualität, ohne Schwefel- und Aromatengehalt, hergestellt werden. Diese so genannte Gas-To-Liquid Technologie (GTL) ist beim heutigen Rohölpreis-Niveau in vielen Regionen der Erde, in denen kostengünstig Erdgas oder Erdölbegleitgas anfällt, höchst wirtschaftlich. Diese synthetischen Kraftstoffe (SynFuels) besitzen ein hohes Potenzial zur Verbesserung der motorischen Brennverfahren. Die Spezifikation eines synthetischen Dieselkraftstoffs besticht vor allem durch die hohe Cetanzahl und die Aromaten- und Schwefelfreiheit. Als Beispiel sind in **Bild 5.2-49** einige Werte beim Einsatz eines synthetischen Kraftstoffes in einem Dieselmotor mit Euro4-Technologie dargestellt. Die Bezugsbasis stellt ein heutiger Standard Dieselkraftstoff. Wie zu erkennen ist, ermöglichen synthetische Kraftstoffe die gleichzeitige Reduzierung der NO_x- und der Partikelemissionen. Setzt man die Kraftstoffe in einem Fahrzeug ein und passt die Kalibrierung an, ermöglichen sie dem Automobilhersteller eine Weiterentwicklung seiner Produkte

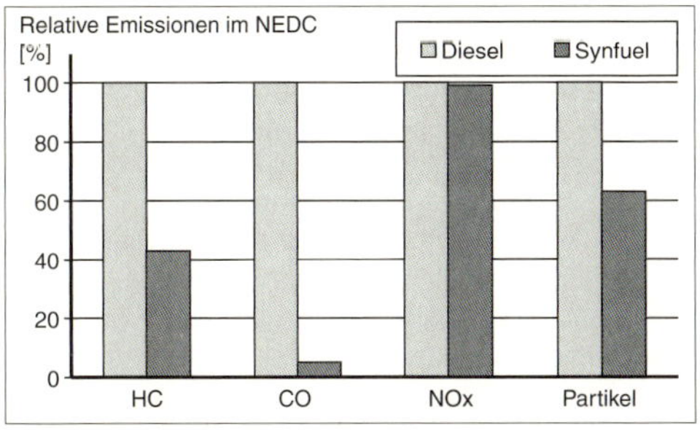

Bild 5.2-49 Emissionsminderung bei Verwendung eines SynFuels in einem Dieselfahrzeug mit Euro4-Technologie

zu verringertem Verbrauch und, insbesondere bei Dieselmotoren, zu weiter verbesserten Emissionen [23].

Die Zwischenstufe Synthesegas ermöglicht in einer weiteren Stufe zusätzlich den Einsatz auch regenerativer Energieträger, wie Restholz, Reststroh, Energiepflanzen oder Biomüll. Entscheidend ist, dass dabei die Qualität des Endproduktes nicht von der Beschaffenheit der eingesetzten Primärenergie abhängig ist. Mit dieser Lösung wird die endliche Verfügbarkeit und die CO_2-Emission der synthetischen Kraftstoffe beseitigt. Die CO_2-Emission wird damit lokal nicht zu Null, aber es wird ein CO_2-neutraler Kreislauf geschaffen, dessen Antriebsenergie die Sonne liefert. Dieser Lösungsansatz eines biomassebasierten SunFuels® kann als mittelfristig bezeichnet werden, da er heute noch nicht wirtschaftlich tragbar ist. Der große Vorteil dieser Route liegt darin, dass auch in dieser Phase die heutige Kraftstoff-Infrastruktur erhalten bleiben kann.

5.2.11 Simulation der dieselmotorischen Verbrennung

Die einfachsten Berechnungsmodelle für die instationären diffusions-kontrollierten Verbrennungsprozesse bei der Dieselverbrennung sind nulldimensionale Ein-Zonen-Modelle. Der Brennraum wird dabei mit dem thermodynamischen Modell einer idealen Mischung beschrieben. Es existiert keine räumliche Auflösung von Druck, Temperatur und Zusammensetzung. Aussagen über Schadstoffbildung sind nicht möglich.

Beim Mehr-Zonen-Modell wird das nulldimensionale Modell für jede Zone getrennt berechnet. Damit können die zeitlichen Verläufe von Temperatur und Zusammensetzung für jede Zone bestimmt werden.

Anstatt die Wärmefreisetzung wie bei den nulldimensionalen Modellen mithilfe von experimentell ermittelten Ersatzbrennverläufen vorzugeben, gelangt man durch Modellierung der Strahlausbreitung, Verdampfung, Gemischbildung **(Bild 5.2-50)**, Zündung und Verbrennung zu den quasidimensionalen oder phänomenologischen Mehr-Zonen-Modellen. Damit ist eine Vorausberechnung der Verbrennung aus dem Einspritzverlauf möglich.

Die Grundlage der Berechnung der innermotorischen Prozesse mit dreidimensionalen Modellen sind die Erhaltungsgleichungen für den Impuls, die Masse, die Stoffe, die Enthalpie der turbulenten Energie und die

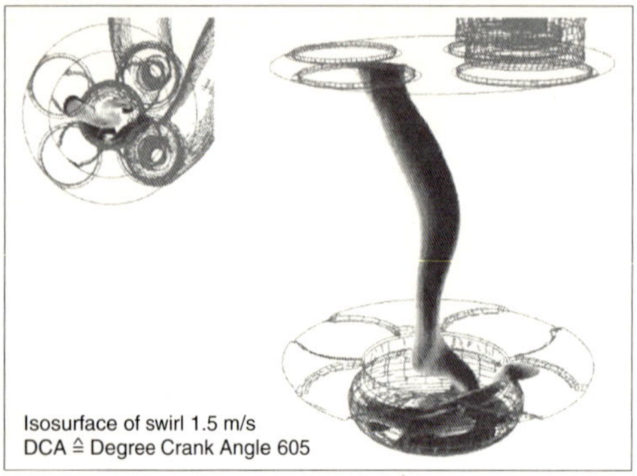

Bild 5.2-50 Simulation der Einlassströmung: Darstellung der Drallachse

Dissipation. Die Modellierung des Kraftstoffstrahles beginnt schon bei den Vorgängen im Düsenloch, da die Kavitation in der Düse eine wichtige Rolle für die Strahleinschnürung und damit Strahlaustrittsgeschwindigkeit spielt. Für die Simulation des Kraftstoffstrahls hat sich das Modell der „diskreten Tropfen" etabliert. Dabei wird der Einspritzstrahl durch statistische Tropfenpakete approximiert, die jeweils eine Gruppe von Tropfen gleicher thermodynamischer Eigenschaften und Zustände repräsentieren. Erst durch diese Vereinfachung wird der Einspritzvorgang berechenbar. Die Tropfenpakete durchlaufen alle physikalischen Prozesse, die die Tropfen auch im Motor durchlaufen.
Zerstäubungsmodelle beschreiben das Abscheren der Primärtropfen vom optisch dichten flüssigen Strahlkern nach dem Austreten des Strahls aus dem Düsenloch. „Break-up"-Modelle behandeln das Aufbrechen der Primärtropfen in kleine Sekundärtröpfchen. Weitere Modelle liefern Informationen über die Wechselwirkungen (Tropfen-Tropfen, Tropfen-Gasphase, Tropfen-Brennraumwand). Sobald Kraftstoff verdampft ist und sich der gasförmige Kraftstoff mit dem Oxidator mischt, beginnen die Reaktionen des Selbstzündungsprozesses. Die Zündung wird lokal (in jeder Gitterzelle) über eine reduzierte chemische Kinetik berechnet, die in Abhängigkeit von den Ausgangskonzentrationen des Oxidators, des Kraftstoffes, der Radikale und der lokalen Gastemperatur den Reaktionsfortschritt bestimmt. Sobald die Zündung erfolgt ist, wird der weitere Reaktionsablauf durch ein einfacheres Verbrennungsmodell simuliert.
Die Stickoxidbildung bei Verbrennungsprozessen entsteht auf drei Wegen: Neben der thermischen NO-Bildung kann es in der Flammenfront bei lokalen Temperaturen bis zu 2800 K zur schnellen Bildung von Prompt-NO kommen. Zusätzlich kann im Brennstoff enthaltener Stickstoff zu NO oxidiert werden. Im Dieselmotor entstehen etwa 90÷95 % der Stickoxide über das thermische NO, 5÷10 % über Prompt-NO und weniger als 1 % über Brennstoff-NO. Die Modellierung des thermischen NO, das bei Temperaturen über 2000 K gebildet wird, lässt sich mit dem Zeldovich-Mechanismus beschreiben:

$$N_2 + O \leftrightarrow NO + N_2$$
$$O_2 + N \leftrightarrow NO + O_2$$
$$OH + N \leftrightarrow NO + H$$

Die wesentlichen Einflussgrößen sind: lokales Temperaturfeld, lokales Mischungsfeld und lokales Strömungsfeld (Verweilzeit des betrachteten Masseneelements im betrachteten Volumenelement).
Der detallierte Mechanismus der Rußbildung ist noch nicht vollständig geklärt. Deshalb werden zur Simulation der Rußbildung halbempirische Modelle eingesetzt, die abhängig von dem verdampften Kraftstoff, dem Oxidator, dem Druckfeld und dem Temperaturfeld sind. Der heutige Stand der Modellierung ist noch unbefriedigend.
Eine hinreichend exakte Modellierung der dieselmotorischen Gemischbildung, Verbrennung und Emissionsbildung ist heute noch nicht möglich, da wichtige Teilprozesse nicht hinreichend detailliert verstanden beziehungsweise modelliert sind. Daher sind die phänomenologischen Modelle weiterhin von Bedeutung. Doch langfristig haben die CRFD-Codes (computational reactive fluid dynamics) das größere Potenzial.

5.2.12 Die Zukunft des Dieselmotors

Die konventionellen Verbrennungsmotoren (Otto und Diesel) werden auch noch während der nächsten 10 bis 20 Jahre die vorherrschenden Konzepte sein. Der schnelllaufende Hochleistungsdiesel hat dabei heute einen hohen Entwicklungsstand erreicht und kann sich mit dem Ottomotor messen lassen. Die Entwicklungen der letzten Jahre waren geprägt durch:

- Emissionsvorschriften,
- Verbrauchsminderung,
- Geräuschvorschriften,
- politische Diskussionen,
- Kostenreduzierung.

- **Diesel oder Otto?**

Der Dieselmotor hat gegenüber dem Ottomotor unbestritten Vorteile im Verbrauch (und damit auch bei den CO_2-Emissionen) und verfügt über ein höheres Drehmoment, insbesondere im Bereich niedriger Drehzahlen. Voll gebrauchsfähige Fahrzeuge mit einer CO_2-Emission unter 90 g/km sind nach Meinung aller Experten nur mit Dieselmotoren darstellbar. In anderen Merkmalen war der Dieselmotor dem Ottomotor, der bei höheren Nenndrehzahlen betrieben wird, unterlegen: beim Leistungsgewicht, beim Verbrennungsgeräusch und bei der Abgasnachbehandlung (3-Wege Katalysator).
Diese Positionen sind durch das Potenzial des direkteinspritzenden Ottomotors in Diskussion geraten.
Der Verbrauchsvorteil des Dieselmotors wird gegenüber dem Ottomotor kleiner werden. Das Otto-DI-

Prinzip führt dazu, dass nun der alte Abstand wie zwischen Dieselvorkammer- und Ottomotor wieder hergestellt ist, da beide Konzepte durch Einführung der DI-Technik etwa denselben Reduktionssprung vollführt haben. Aber: Extrem sparsame Fahrzeuge werden auch in Zukunft mit einem Dieselmotor ausgerüstet sein.

Bei der Abgasminderung kommen auf den DI-Ottomotor vergleichbare Probleme wie auf den Dieselmotor zu, da beide DI-Konzepte mit noch in der Entwicklung befindlichen komplexen Katalysatoren ausgerüstet werden müssen.

Die Verbrennungsgeräusche sind bei den Diesel-DI-Motoren im unteren Drehzahlbereich noch höher als die der Ottomoren: In der Gesamtfahrzeugbetrachtung nähern sich die Geräusche immer mehr an.

Zusammenfassend kann die Frage, welches der innermotorischen Brennverfahren im PKW auch in Zukunft eine Daseinsberechtigung hat und welches nicht, eindeutig beantwortet werden: Beide Konzepte. Der DI-Ottomotor wird den DI-Dieselmotor nicht ersetzen. Vielmehr ist bei beiden mit weiteren Fortschritten im Spannungsfeld von Verbrauchs- und Abgasminderung zu rechnen.

- **Das weitere Potenzial des Dieselmotors**

Die Entwicklung des direkteinspritzenden Dieselmotors wird weitergeführt werden. Die Reduzierung der Abgasemissionen und deren Sicherstellung bei Alterung des Fahrzeugs wird neben sich verschärfenden Verbrauchsszenarien der wesentliche Schwerpunkt sein.

Dabei ist zu beachten, dass verschiedene Anforderungen aufgrund unterschiedlicher gesetzlicher Anforderungen (**Bild 5.2-51a**) zu erfüllen sind. Dies führt, wie **Bild 5.2-51b** zeigt, zum Angebot spezieller Konzepte. Daraus leiten sich die Anforderungen an den Dieselmotor ab (**Bild 5.2-51c**).

Die modernen Dieselmotoren zeichnen sich durch Mehrventiltechnik, variable Hochdruckeinspritzung, Abgasturbolader mit variabler Turbinengeometrie, geregelte Abgasrückführung, Oxidationskatalysator und vollelektronisches Motormangement und Partikelfilter aus.

Aus heutiger Sicht stellen die Abgasemissionen von NO_x und der Partikel das größte Problem für den Diesel dar. Dabei sind die unterschiedlichen Abgasgesetzgebungen in der Triade zu berücksichtigen (**Bild 5.2-52**).

Um der zukünftigen Abgasgesetzgebung und weiteren Anforderungen wie Minderung des Kraftstoffverbrauchs genügen zu können, sind große Anstrengungen bei der Motorenentwicklung, Abgasnachbehandlung, Fahrzeugmassenreduzierung und Kraftstoffqualitätsverbesserung erforderlich.

Prinzipiell sind hierbei die motorischen Maßnahmen einer Abgasnachbehandlung vorzuziehen. Das größte Potenzial kommt der Mehrventiltechnik und der Weiterentwicklung der Hochdruckeinspritzung zu. Neben diesen Optimierungen sind Verbesserungen bei der Brennraumform, dem Drall und Reibungsminderung an allen Motorbauteilen wie Kolben und Kolbenringe, Kurbelwellen- und Pleuellager, Ölpumpe, Ventiltrieb und Nebenaggregate erforderlich. Durch innermotorische Verbesserungen ist es gelungen, mit den meisten Motoren die Abgasnorm Euro4 ohne Abgasnachbehandlung zu erfüllen. Für ein Fahr-zeug der Golf-Klasse stellt sich das Verbesserungspotenzial, wie in **Bild 5.2-53** gezeigt, dar.

Dazu beigetragen hat auch die verbesserte Kraftstoffqualität, die zu einer effektiveren Verbrennung führte. Aus der Reduzierung des Schwefelgehalts folgte wesentlich eine Stabilisierung des Alterungsverhaltens des Oxidationskatalysators. Die Maßnahmen zur NO_x-Reduzierung (höhere Abgasrückführraten und späterer Förderbeginn) haben aber eine CO-Erhöhung zur Folge. Doch durch optimierte Beschichtungsverfahren, höhere Edelmetallbeladung, dünnere Wände (besseres thermisches Anspringverhalten) und günstigere Einbaulage (motornah) konnte die Effizienz des Oxidationskatalysators erhöht und damit die gasförmigen Emissionen trotzdem nochmals reduziert werden.

Schwere Fahrzeuge werden zur Erfüllung der Euro4-Grenzwerte mit einem Dieselpartikelfilter ausgerüstet. Aufgrund der definierten *Emissions*grenzwerte Euro5, aber auch durch die *Immissions*vorgaben für Partikel und die dadurch ausgelöste Feinstaubdiskus-

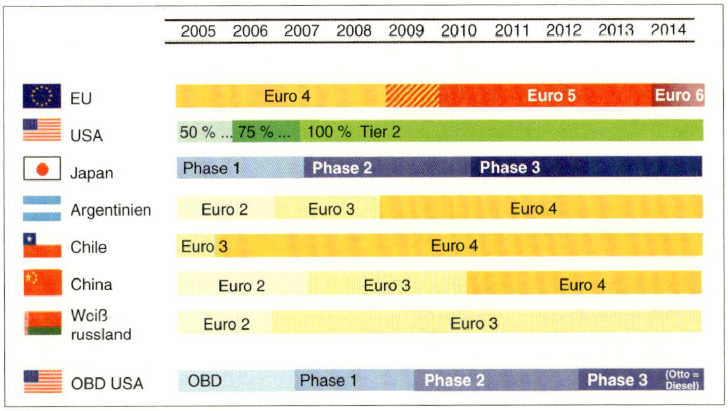

Bild 5.2-51a Gesetzliche Anforderungen an zukünftige Dieselmotoren

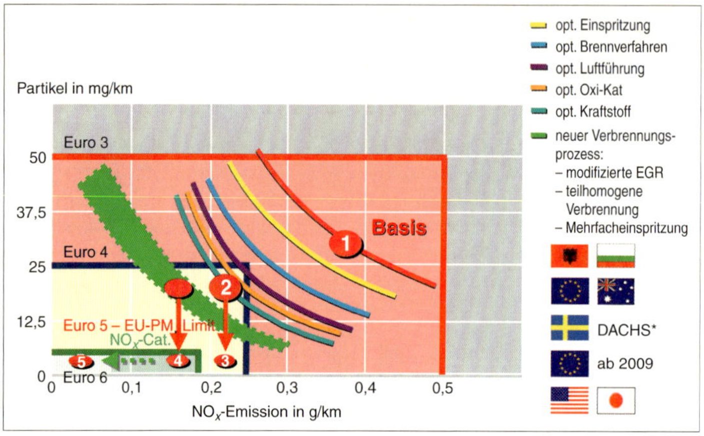

Bild 5.2-51b Maßnahmen zur Erfüllung strengster gesetzlicher Anforderungen *DACHS = Deutschland, Austria, Schweiz (CH), Schweden

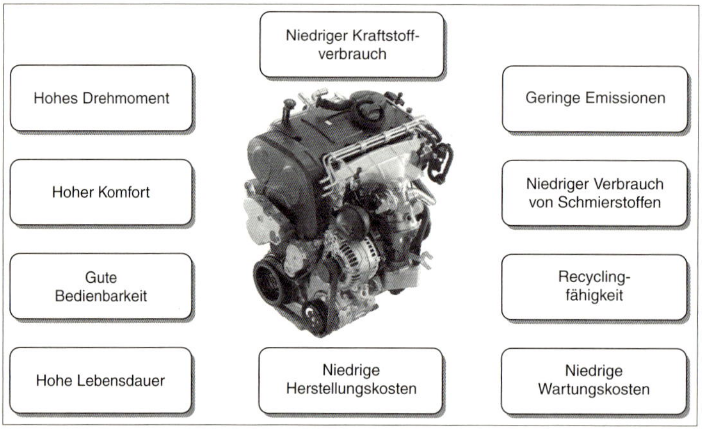

Bild 5.2-51c Technische Anforderungen an zukünftige Dieselmotoren

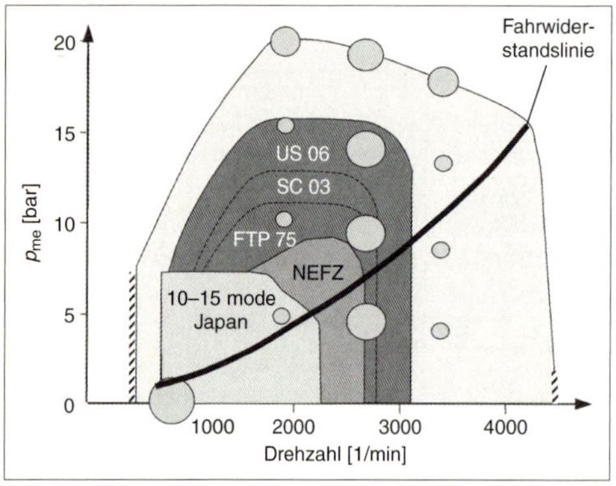

Bild 5.2-52 Testrelevante Kennfeldpunkte für die Zyklen der Triade

sion ist abzusehen, dass alle Dieselmodelle in Kürze mit einem Dieselpartikelfilter ausgerüstet werden. Somit wird die Diskussion um den Dieselpartikelfilter der Vergangenheit angehören. Auch wenn die NO_x-Emission in den letzten Jahren über 90 % gesenkt werden konnte, wird die weitere Reduktion neben der CO_2-Minderung die wesentliche Aufgabe der nächsten Jahre sein. Unter Berücksichtigung eines kostenoptimierten Systems – aber auch unter Beibehaltung der dieseltypischen Vorteile (geringer Kraftstoffverbrauch, hohes Drehmoment bei niedrigen Drehzahlen) – ist aus den Komponenten Motor, Oxidationskatalysator, Dieselpartikelfilter, NO_x-Nachbehandlung und Kraftstoff die geeignete Strategie zu bilden. Natürlich muß auch das Fahrzeug (insbesondere das Gewicht) und das Triebstrangmanagement den zukünftigen Herausforderungen angepasst werden.

Unter Einbeziehung all dieser Aspekte lassen sich unterschiedliche Strategien der weiteren Dieselentwicklung aufstellen, um die Emissionen weiter zu senken.

- Version 1: Ausgehend von der auch in **Bild 5.2-54a** dargestellten Basis wird das Fahrzeug mit einem Dieselpartikelfilter ausgerüstet. Dies führt nur zur Reduktion der Partikel – allerdings um mehr als 95 %. Um auch die NO_x-Emissionen mindern zu können, muss allerdings eine entsprechende Nachbehandlung zur Anwendung kommen.

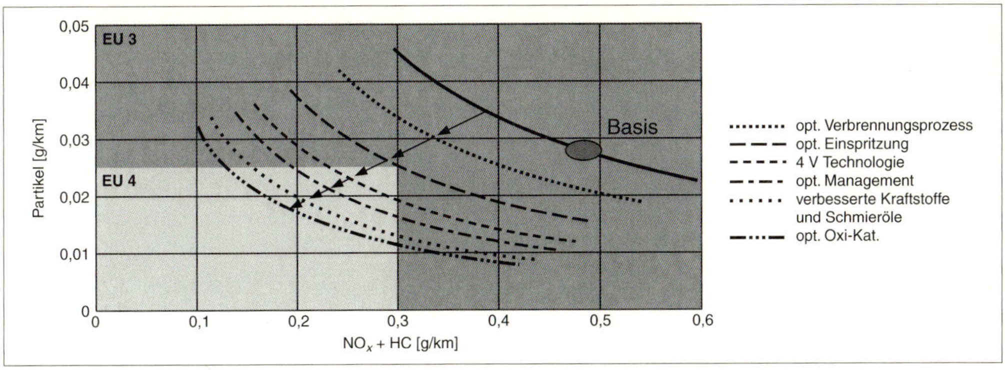

Bild 5.2-53 Innermotorische Emissionsminderung von Dieselmotoren

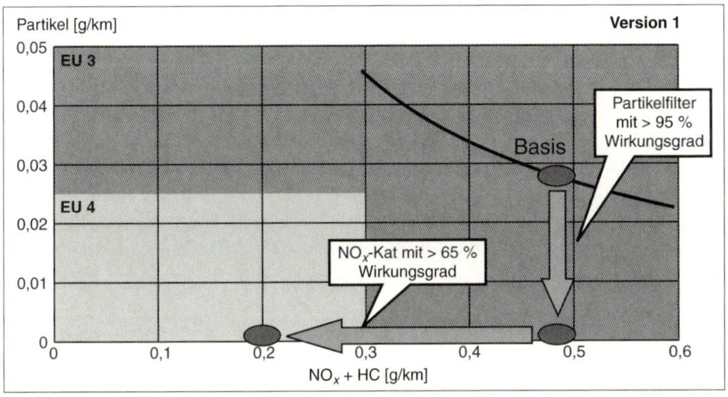

Bild 5.2-54a Strategien für zukünftige Dieselentwicklung (Version 1)

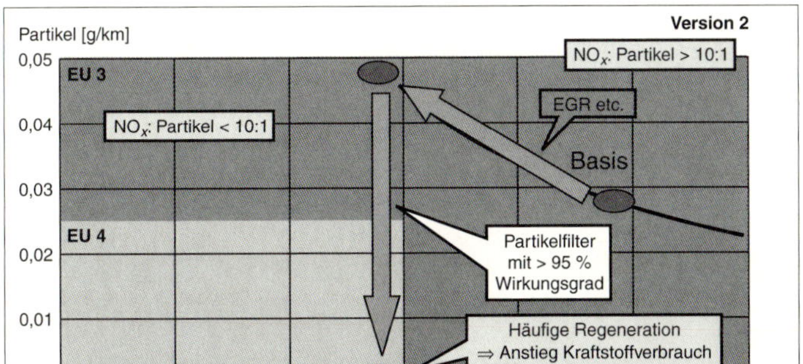

Bild 5.2-54b Strategien für zukünftige Dieselentwicklung (Version 2)

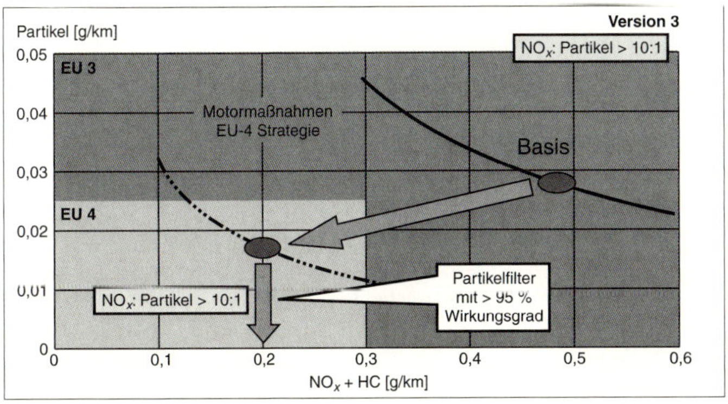

Bild 5.2-54c Strategien für zukünftige Dieselentwicklung (Version 3)

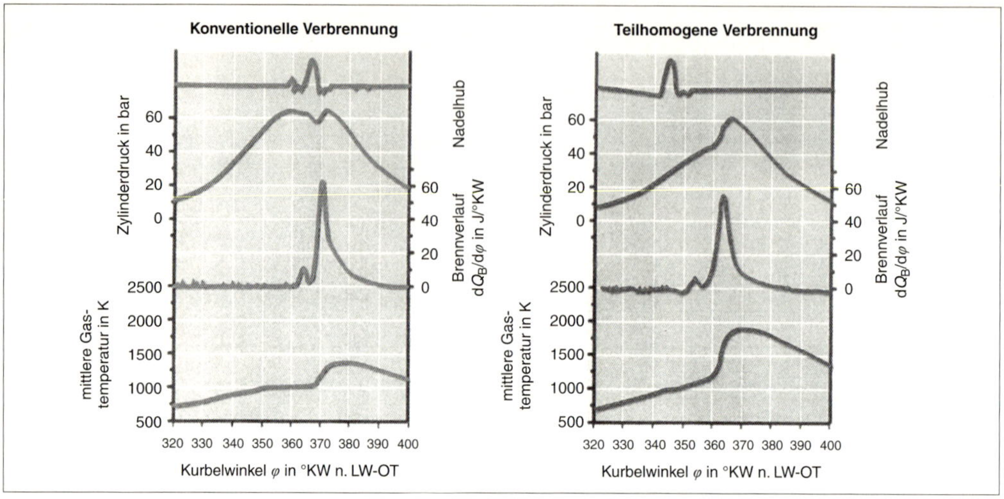

Bild 5.2-55 Vergleich der konventionellen und teilhomogenen Verbrennung bei n = 2000 min^{-1} und p_{me} = 2 bar

- Version 2: Alternativ kann die AGR-Rate erhöht und der Partikelfilter eingesetzt werden **(Bild 5.2-54b)**. Dies erfordert eine häufigere Regeneration als in der Version 1, führt also zu einem höheren Kraftstoffverbrauch. Außerdem kann sich das Verhältnis der NO_x- zu den Partikelemissionen umkehren, was eine kontinuierliche Regeneration des Filters erschwert.
- Version 3: Als günstigste Strategie bietet sich eine Entwicklung entsprechend **Bild 5.2-54c** an. Zuerst werden innermotorische Maßnahmen genutzt, um das Emissionsniveau der Fahrzeuge soweit wie möglich zu reduzieren. Dann werden – falls erforderlich – Methoden der Abgasnachbehandlung eingesetzt, um eine weitere Minderung zu erreichen (z.B. für Gesetzgebungen wie Euro6 oder US Bin 5). Dieses Vorgehen (für Partikel- und NO_x-Nachbehandlungssysteme) erlaubt eine kontinuierliche Nachbehandlung und minimiert die erforderlichen Regenerationen (und damit den Kraftstoffmehrverbrauch).

Aus heutiger Sicht ist Potential zur weiteren Reduzierung der Abgasemissionen und des Kraftstoffverbrauchs vorhanden. Die weitere Verbesserung der Kraftstoffqualität spielt dabei speziell hinsichtlich Cetan-Zahl-Erhöhung (höher als 55), Reduzierung der Polyaromaten (kleiner als 0,5 Gew.%), Schwefelgehalt (max. 10 ppm) und Metallgehalt (max. 1 ppm) eine wichtige Rolle bzw. ist Voraussetzung für eine saubere Funktion der zukünftigen Technik. Mit erster Priorität wird auch in Hinblick auf eine Verschärfung der Gesetzgebung durch Eu5 weiterhin an der Optimierung des Motors gearbeitet. Wichtige Themen sind dabei:

- Nochmals verbesserte Einspritzsysteme mit variablen Einspritzdrücken für Teillast und Volllast – aber auch für Vor-, Haupt- und Nacheinspritzung.
- Neue Abgasrückführsysteme mit Rückführraten größer als 50 %.
- Aufladesysteme zur Ladedruckerhöhung nicht nur zur Drehmoment- und Leistungssteigerung, sondern speziell auch zur Steigerung der AGR-Verträglichkeit in der Teillast.
- Abgesenkte bzw. variable Verdichtung bis auf ein Verhältnis von unter 16 : 1.
- Teilhomogene zylinderdruck-geführte Verbrennung **(Bild 5.2-55)** mit dem Ziel, überfettete Gemischzonen (Russbildung) und Temperaturspitzen (NO_x-Bildung) zu vermeiden **(Bild 5.2-56)**.
- Variable Luftbewegung (Drall) durch Einsatz von Schaltsaugrohren und/oder variablem Ventiltrieb.
- Triebwerksmaßnahmen an innermotorischen Bauteilen (Reibung) und an Nebenaggregaten müssen die Verbrennungsoptimierung unterstützen.

Denkt man an die weitere Absenkung der Schadstoffemissionen oder an eine Reduzierung des beträchtlichen Aufwandes der Abgasnachbehandlung, so wird beides nur dann zu erfüllen sein, wenn vor allem die NO_x-Rohemissionen der geschichteten Brennverfahren herabgesetzt werden können. Das heißt, eine NO_x-Produktion muss während der Verbrennung unterdrückt werden, ohne die Effizienz der Motoren zu verschlechtern, wozu man die Qualitätsregelung mit Direkteinspritzung (DI-, TDI- oder FSI-Verfahren) beibehalten muss. Es gilt daher die jeweiligen Vorteile von Otto- und Dieselmotor in einem neuen Verfahren zu vereinen.

Mit der Einführung der Direkteinspritzung auch bei den Ottomotoren näherten sich die Brennverfahren beider Motorkonzepte bereits deutlich an. Die nächsten Stufen der Brennverfahrensentwicklung verstärken diesen Trend. Die Entwicklung einer „teilhomogenisierten Dieselverbrennung mit/ohne Fremdzündung“ und die in den Forschungs- und Entwicklungs-

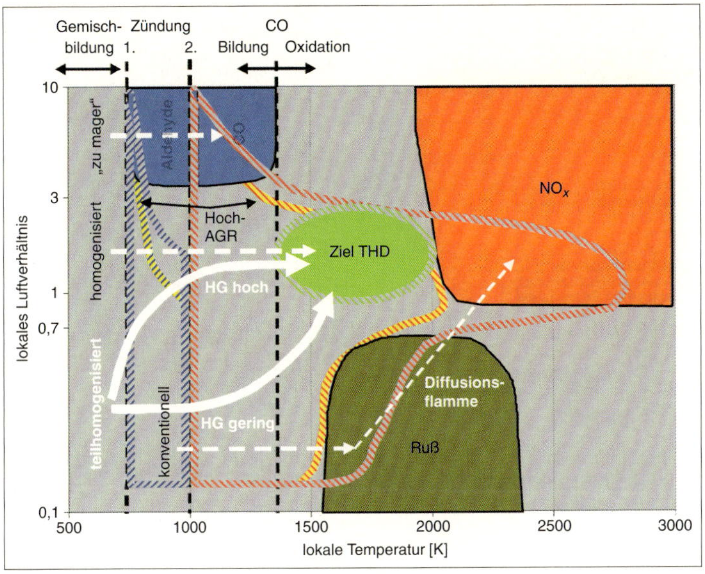

Bild 5.2-56 Strategie der homogenen Verbrennung im Dieselmotor
THD = Teilhomogene Dieselverbrennung

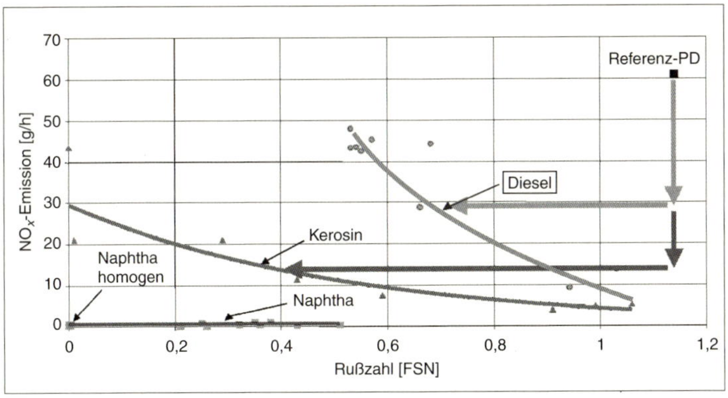

Bild 5.2-57 Potenzial der Emissionsminderung bei der homogenen Verbrennung durch die Verwendung besonderer Kraftstoffe

labors ebenfalls aktuelle Entwicklungsstufe „selbstzündender Ottomotor" basieren bereits auf einer im Kern vergleichbaren Hardware. So ist es nur konsequent, über die Entwicklung eines neuen kombinierten Brennverfahrens nachzudenken, das die wesentlichen Merkmale beider Verfahren zusammenfasst.

Grundlage eines solchen neuen „kombinierten Verfahrens" ist ein neuer synthetischer Kraftstoff. Soweit heute zu übersehen, ist im wesentlichen das Verdampfungs- und Zündverhalten, also dessen Komposition von entscheidender Bedeutung. Soll eine stärkere Homogenisierung der Gemischwolke erreicht werden, ohne dass die Selbstzündung zu früh beginnt, benötigt man einen Kraftstoff mit „frühem Siedebeginn und -ende" sowie „reduzierten Selbstzündungseigenschaften". Diese Eigenschaften steigen an in der Reihenfolge Diesel > Kerosin > Naphtha > Ottokraftstoff. In Versuchen wurde die NO_x-reduzierende Wirkung dieser Eigenschaften eindeutig nachgewiesen (**Bild 5.2-57**).

Zur Realisierung des kombinierten Verfahrens sind noch zahlreiche Hürden zu bewältigen. Im stationären Betrieb konnte das Verfahren bereits sehr stabil dargestellt werden. Der dynamische Betrieb setzt aber die Entwicklung völlig neuer Regelkonzepte, Sensoren und Aktuatoren voraus. Mit einer Markteinführung ist daher in diesem Jahrzehnt nicht mehr zu rechnen.

Die Umweltverträglichkeit des Dieselantriebes wird immer mehr ganzheitlich beurteilt. Die Analyse kann verschieden breit angelegt werden. Zur ganzheitlichen Bewertung des Einflusses von Antriebskonzepten und Kraftstoffen auf die Umwelt durch Energieverbrauch und zugehöriger Treibhausgas-Emissionen muss die gesamte Prozesskette von der Förderung über die Herstellung bis hin zur Verwendung der Kraftstoffe im Fahrzeug betrachtet werden. Die alleinige Betrachtung der Emissionen im Fahrzeugbetrieb wird dem Umweltgedanken nicht gerecht. So werden normalerweise zwei Schritte betrachtet:

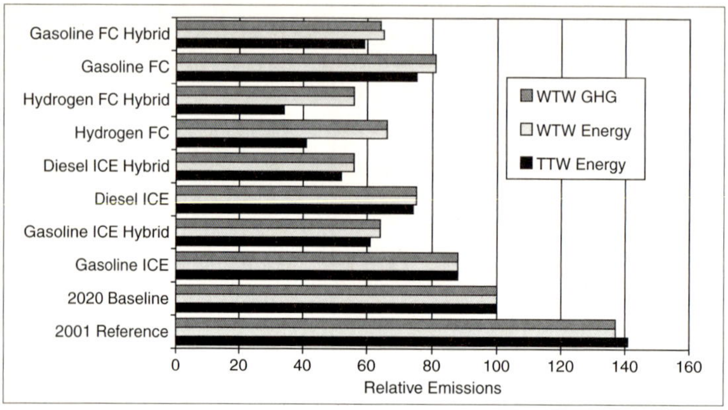

Bild 5.2-58 Vergleich der Energieverbräuche im Fahrzeug (TTW) und der gesamten Kette (WTW) und zugehöriger Treibhausgas-Emissionen nach der MIT-Studie [22]

- Well-to-Tank (Kraftstoff): Berechnung des Energieverbrauchs und der Treibhausgas-Emissionen über den gesamten Kraftstoffpfad von der Quelle bis zur Zapfsäule.
- Tank-to-Wheel (Fahrzeug): Berechnung des Energieverbrauchs und der Treibhausgas-Emissionen bei Nutzung des Fahrzeugs.
- Die Kombination beider Elemente, also des Kraftstoffanteils und des Fahrzeuganteils, wird als Well-to-Wheel bezeichnet.

Das **Bild 5.2-58** zeigt eine aktuelle Analyse verschiedener Antriebskonzepte und Kraftstoffe für das Jahr 2020 im Vergleich zu einem heutigen ottomotorischen Antrieb [24]. Es zeigt sich, dass der Dieselmotor im Vergleich zur Brennstoffzelle bezüglich der Treibhausgasemissionen nicht schlechter gestellt ist, insbesondere wenn er als Hybridlösung dargestellt wird.

Betrachtet man den Material- und Energieeinsatz während der Produktion und des Betriebes eines Dieselmotors, so lässt sich feststellen, dass der Dieselmotor über seine Lebensdauer gesehen ein relativ umweltfreundliches Aggregat ist. Dies zeigt sich allgemein, insbesondere bei der Sachbilanz nach ISO 14040/41 des ersten „3 Liter Autos“. Dieser VW Lupo 3 l ist mit einem 45 kW Pumpe-Düse-Motor ausgerüstet, der als erster die EU-Abgasstandards für 2005 unterschritten hatte und nur 2,99 l/100 km (entsprechend einer Emission von 81 g/km CO_2) verbraucht [8].

Der Energieaufwand ergibt sich aus dem Kraftstoffverbrauch, der Kraftstoffherstellung und der Herstellung und Bearbeitung der Werkstoffe **(Bild 5.2-59)**. Die CO_2-Emission ist im Wesentlichen durch die Energiegewinnung bestimmt, in der Nutzungsphase (150000 km, 10 Jahre) durch die Verbrennung von Kraftstoff. Die Kohlenwasserstoffe stammen größtenteils aus der Erdölverarbeitung. Der große Anteil der Nutzungsphase an der NO_x-Emission ist typisch für den Dieselmotor. Die SO_2-Emission der Nutzungsphase stammt ca. zur Hälfte aus dem Motorabgas; zugrunde gelegt wurde ein Schwefelgehalt von 100 ppm im Kraftstoff. Bei den Partikeln wurden die unterschiedlichen Stäube der Herstellung und des Betriebs zusammengefasst. Der Reifenabrieb wird in dieser Sachbilanz nicht erfasst. Die Emissionen im Wasser stammen aus der Fahrzeugwäsche und der Herstellung von Ersatzteilen. Bezogen auf die zugehörige Abwassermenge sind diese Emissionen sehr gering.

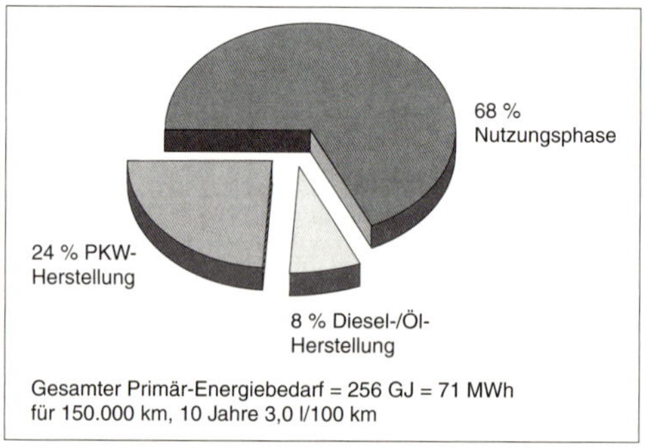

Bild 5.2-59 Energiekuchen des „3 Liter Autos“

Die gute Sachbilanz ist ein Ergebnis:

- der Verarbeitung von unbedenklichen Werkstoffen (Eisen, Stahl, Aluminium),
- der Fertigungsverfahren,
- der beherrschbaren Umweltbelange,
- des hohen recyclingfähigen Materialanteils,
- der langen Lebensdauer,
- des hohen thermischen Wirkungsgrades.

Inwieweit sich ein Maßnahmenpaket wie das des 3 l-Lupo am Markt durchsetzen lässt, wird die Zukunft zeigen müssen. Derzeit werden von verschiedenen Herstellern verbrauchssparende Konzepte angeboten, die einen Zwischenschritt darstellen. So lässt sich der Verbrauch eines Polo 1,4 l 55 kW TDI mit 4,4 l/100 km auf 3,9 l/100 km reduzieren (siehe **Tabelle 5.2-7**). Der Dieselmotor ist wesentlicher Baustein des Konzepts.

Tabelle 5.2-7 Maßnahmen zur Verbrauchssenkung am Beispiel des VW Polo Blue Motion

Ausgang (1,4 l 55 kW TDI)	4,4
• 4 + E Getriebe	−0,2
• Aerodynamik Generator	−0,1
• Rollwiderstand Reifen	−0,1
• Motormaßnahmen	−0,3
• Dieselpartikelfilter	+0,2
Ziel (1,4 l 59 kW TDI Euro 4/DPF	3,9

So kann als Fazit festgestellt werden, dass der moderne Dieselmotor leistungsfähig, wirtschaftlich, umweltfreundlich und ressourcenschonend ist und damit eine Reihe von Möglichkeiten eröffnet, die im 21. Jahrhundert von Bedeutung sind sowohl ökonomisch als auch ökologisch. Der Dieselmotor hat auf jeden Fall neben dem Ottomotor seine Zukunftsberechtigung.

Literatur

[1] *Arcoumanis, C.; Schindler, K. P.*: Mixture Formation and Combustion in the DI Diesel Engine, SAE 972681 (1997)

[2] *Pischinger F. et al.*: Grundlagen und Entwicklungslinien der dieselmotorischen Brennverfahren, VDI-Berichte 714, 61 (1988)

[3] *Engeler, W. et al.*: MTZ 58 (1997), 11, 670–675

[4] *Schindler, K.-P.*: Why do we need the diesel?, SAE 972 684 (1997)

[5] EPEFE (European Programme on Emissions, Fuels and Engine technologies), Final Report (1998)

[6] World-wide Fuel Charter, ACEA, Brüssel (1996)

[7] *Quissek et al.*: Wiener Motorensymposium (1998)

[8] *Dick, M.*: Der 3-l-Lupo – Technologien für den minimalen Verbrauch, VDI-Bericht 1505, Düsseldorf (1999)

[9] *Baum, F.*: Luftreinhaltung in der Praxis, Springer-Verlag (1988)

[10] *Robert Bosch GmbHG*: Kraftfahrtechnisches Taschenbuch, 26. Aufl. Wiesbaden: Vieweg Verlag, 2006

[11] *van Basshuysen, R.; Schäfer, F.*: Handbuch Verbrennungsmotor, 4. Aufl. Wiesbaden: Vieweg Verlag, 2007

[12] MTZ Sonderheft: 25 Jahre Dieselmotoren von Volkswagen, Mai 2001, Verlag Vieweg, Wiesbaden

[13] *Meyer, S. et al.*: Ein flexibles Piezo-Common-Rail-System, MTZ 2/2002, Verlag Vieweg, Wiesbaden

[14] *Steinparzer, F. et al.*: Die Dieselantriebe der neuen BMW 7er Reihe, MTZ 10/2002, Verlag Vieweg, Wiesbaden

[15] *Brüggemann, H. et al.*: Dieselmotoren für die neue E-Klasse, MTZ 4/2002, Verlag Vieweg, Wiesbaden

[16] *Hadler, I. et al.*: Der weltweit stärkste Seriendieselmotor für einen PKW, ATZ/MTZ Sonderheft Juli 2002, Verlag Vieweg, Wiesbaden

[17] *Schindler, K.-P. et al.*: Wege zur weiteren Reduzierung der Dieselmotoremissionen und deren Messung VDA Technischer Kongress 2003, Band 2, S. 21

[18] *Bechmann, O. et al.*: Partikelemission und -messung aus Sicht des Anwenders: heute und morgen, Wiener Motorensymposium, Wien 2002
ACEA Programmes on the emissions of fine particles from passenger cars, ACEA Report, Brussels 1999 und Brussels 2002
M. Mohr: Comparison study of PMP instrument candidates at EMPA, ETH Conference on Nanoparticle Measurement, Zürich 2002

[19] Industry comments on proposed particulate measurement techniques, OICA contribution to PMP, Informal document Nr. 7, 45th GRPE, 2003

[20] *Sasaki, S. et al.*: Neues Verbrennungsverfahren für ein „Clean-Diesel-System" mit DPNR, MTZ 11/2002, Verlag Vieweg, Wiesbaden

[21] *Hilzendeger, J. et al.*: Anforderungsprofil an zukünftige Schmierstoffe für PKW-Dieselmotoren mit aktiver Abgasbehandlung, VDI-Berichte Nr. 1808, 2003

[22] *Steiger, W.; Warnecke, W.; Louis, J.*: Potenziale des Zusammenwirkens von modernen und künftigen Antriebskonzepten, ATZ 2/2003

[23] *Steiger, W.*: Die Volkswagen-Strategie zum hocheffizienten Auto, 22. Wiener Motorensymposium 2001, 26./27. April 2001, Wien

[24] *MIT*: Comparative Assessment of Fuel Cell Cars, Massachusetts Institute of Technology, Cambridge, MA 2003, USA

Allgemeine Literatur

[25] *Mollenhauer, K.*: Handbuch Dieselmotoren, Springer Berlin Heidelberg New York (1997)

[26] *von Fersen, O.*: Ein Jahrhundert Automobiltechnik, VDI-Verlag GmbH, Düsseldorf (1986)

[27] *Pölzl, H.-W. et al.*: Die evolutionäre Weiterentwicklung des Automobils. Der neue V8 TDI-Motor mit Common Rail, Eurotax International AG, 11/1989

[28] *Hack, G.*: Der schnelle Diesel, Motorbuchverlag Stuttgart (1985)

[29] *Bauder, R.*: Die Zukunft der Dieselmotoren-Technologie, MTZ 59 (1998), 7/8, X–XVII

[30] *Basshuysen, G. et al.*: Zukunftsperspektiven des Verbrennungsmotors, 60 Jahre MTZ, Sonderheft (1999)

[31] *van Basshuysen/Schäfer*: Handbuch Verbrennungsmotoren, Verlag Vieweg, Wiesbaden 2002, ISBN

[32] *VDI*: Innovative Fahrzeugantriebe, Tagungsband, Dresden 2000, VDI-Berichte 1565, Düsseldorf, ISBN 2-18-091565-X

[33] *VDI*: Innovative Fahrzeugantriebe, Tagungsband Dresden 2002, VDI-Berichte 1704, Düsseldorf, ISBN 3-18-091704-0

[34] *VDI*: Innovative Fahrzeugantriebe, Tagungsband Dresden 2004, VDI-Berichte 1852, Düsseldorf, ISBN 3-18-091852-7

[37] *Borgmann, K.*: Evolution oder Revolution – der PKW-Antrieb der Zukunft, in VDI-Berichte 1852, ISBN 3-18-091852-7

[36] *Hadler, J.*: Der Dieselmotor im Spannungsfeld zwischen Fahrspaß, Verbrauch, Emissionen und Kosten. ATZ/MTZ-Tagungsband (Der Antrieb von morgen Ingolstadt 17.–18. Februar 2005). Wiesbaden: Vieweg Verlag. 2005

[37] ATZ/MTZ-Tagungsband (Der Antrieb von morgen Ingolstadt 17.–18. Februar 2005). Wiesbaden: Vieweg Verlag. 2005

[38] *Dorenkamp, R.; Garbe, T.*: Einsatz moderner Motorentechnik im Zielkonflikt mit landesspezifischen Rahmenbedingungen, 4. FAD-Konferenz „Herausforderung – Abgasnachbehandlung für Dieselmotoren", 8./9. 11. 2006, Dresden

[39] *Hadler, J.*: Die neue 5-Zylinder-Dieselmotoren-Generation für leichte Nutzfahrzeuge, 27. Internationales Wiener Motorensymposium, 27./28. April 2006, Wien

5.3 Aufladung

5.3.1 Hintergrund

Die Bedeutung der Aufladung hat in der Motorentechnik in der aktuellen Vergangenheit sehr stark zugenommen. Der Einsatz von Turboladern war ein Grund für den Erfolg von Dieselmotoren in den letzten Jahren. Heute hat nahezu jeder Dieselmotor einen Turbolader, der Anteil aufgeladener Ottomotoren ist jedoch noch verhältnismäßig gering. Genauso wie davon ausgegangen werden kann, dass Verbrennungsmotoren noch mehrere Jahrzehnte die Antriebssysteme dominieren, wird die Bedeutung der Systeme zur Aufladung solcher Motore weiter auf hohem Niveau bleiben bzw. zunehmen. Es ist ein eindeutiger Trend zu beobachten, dass der Anteil der aufgeladenen Motoren durch Zunahme des Anteils an Dieselmotoren sowie Zunahme des Anteils aufgeladener Ottomotoren langfristig weiter wachsen wird. Die Technologien zur Erfüllung gleichzeitig steigender Anforderungen hinsichtlich Verbrauch, Emissionen und Leistung werden auf verschiedenen Ebenen intensiv weiterentwickelt. Die Aufladung spielt dabei stets eine zentrale Rolle. Hierzu werden bei der Mehrzahl der Verbrennungsmotoren unterschiedliche Abgasturbolader eingesetzt. Dies hat seinen Grund insbesondere darin, dass gegenüber anderen Aufladesystemen höhere Aufladegrade bei besseren Wirkungsgraden und verhältnismäßig geringem konstruktiven Aufwand am Motor erreicht werden. Turbolader sind die technische Voraussetzung, um durch Verkleinerung von Motoren bei gleicher Leistung den Kraftstoffverbrauch dadurch zu senken, dass die Reibung reduziert, die Gemischbildung verbessert und der Betriebsbereich in verbrauchsgünstigere Bereiche verschoben wird („Downsizing“). Dabei sind die Grenzen des Turboladers ähnlich denen des Verbrennungsmotors, wenn sich beide Maschinenarten auch in der Umsetzung thermodynamischer Prozesse generell unterscheiden. Die thermodynamisch ähnlichen Prozesse der Verdichtung und Entspannung von Verbrennungsmotor und Turbolader sind im oszillierenden Verbrennungsmotor naturgemäß vollkommen anders technisch realisiert als im rotierenden Turbolader. Der Abgasturbolader entspricht in Bauart und Energieumsetzung prinzipiell einer Gasturbine. Der Arbeitsbereich von Turboladern ist eingegrenzt durch Temperaturen (Abgas), Drehzahlen (Laufräder und Lager), Strömungsverhalten (z.B. Verdichterpumpen), Dynamik („Turboloch“) und Wirkungsgrade (Verdichter, Turbine, Lager).

Prinzipiell lässt sich sagen, dass die Aufladung von Verbrennungsmotoren dazu dient, die Luftmenge, die für den Verbrennungsprozess im Motor zur Verfügung steht, zu steigern, um bei bestimmten Vorgaben für das Mengenverhältnis aus Kraftstoff und Luft („Luftverhältnis“) die Menge an zugeführtem Kraftstoff steigern zu können, um wiederum die Leistung des Motors zu steigern. Diese Ideen sind so alt wie die Idee des Verbrennungsmotors selbst und wurden von Daimler und Diesel früh untersucht. Der Ansatz der Ausnutzung der Abgasenergie wie beim Abgasturbolader geht zurück auf ein Patent des Schweizers Alfred Büchi aus dem Jahr 1905. Ein erster Meilenstein bei der Umsetzung war ein Höhenrekord eines Doppeldecker-Flugzeugs, das mit einem durch einen Turbolader aufgeladenen Motor angetrieben war. Nicht nur in den vielfältigen Anwendungsfällen von aufgeladenen Verbrennungsmotoren in Fahrzeugen auf der Straße, der Schiene, dem Wasser und der Luft sowie Industrieanwendungen sind bedeutende Fortschritte durch die Aufladetechnik erreicht worden. Im Bereich der Landantriebe für Nutzfahrzeuge und Personenkraftwagen setzte sich der Turbolader nach dem zweiten Weltkrieg zunehmend durch, wobei sich in einzelnen Anwendungen auch andere Systeme, besonders nach dem Verdrängerprinzip arbeitende Verdichter (z.B. mechanisch angetriebene Rootslader), durchgesetzt haben. Entscheidende Veränderungen haben sich durch direkteinspritzende Dieselmotoren ergeben, die sich aufgrund ihres Arbeits- und Brennverfahrens besonders für die Aufladung mit Turboladern eignen. Dies drückt sich auch dadurch aus, dass seit den 80er Jahren die Erfinderaktivität in Form von Patenten bedeutend zunimmt. In den vergangenen Jahren wurden verschiedene bedeutende Ideen im Bereich der Turbolader-Regelung marktreif entwickelt, z.B. der variable Düsenring oder die zweistufig geregelte Aufladung. Aktuell wird viel Entwicklungskapazität in weitere Verbesserungen investiert. Gerade die Kombination mehrerer Systeme, z.B. von zwei Turboladern, eines Turboladers mit einem Kompressor oder eines Turboladers mit einem Elektromotor bieten hier viele Möglichkeiten. Aber der Turbolader selbst hat auch weiteres Entwicklungspotenzial, z.B. durch Werkstoffoptimierungen oder Regelbereicherweiterungen. Die Vergangenheit hat dabei jedoch gezeigt, dass nicht alle scheinbar sinnvollen Überlegungen zum Erfolg führen. Oft sind die Aufwendungen für Verbesserungen im Verhältnis zum erzielten Erfolg nicht vertretbar.

Neben den Verbesserungen hinsichtlich Funktionalität spielt eine Verbesserung der Qualität eine bedeutende Rolle. Bei Kundenbeanstandungen ist der Turbolader stets auf den vorderen Plätzen zu finden. Die Mängel lassen sich in die Bereiche Fertigungsfehler, Funktionseinschränkungen, Lebensdauerprobleme und zunehmend Akustikprobleme einteilen. Begründet liegen diese darin, dass einerseits der Turboladermarkt überproportional gewachsen ist (in Westeuropa stieg der Anteil von aufgeladenen Motoren von 20 % im Jahr 1995 auf 50 % im Jahr 2005, **Bild 5.3-1**). Darüber hinaus kann festgestellt werden, dass, auch bedingt durch steigende spezifische Motorleistung, inzwischen fast alle Bauteile und Bau-

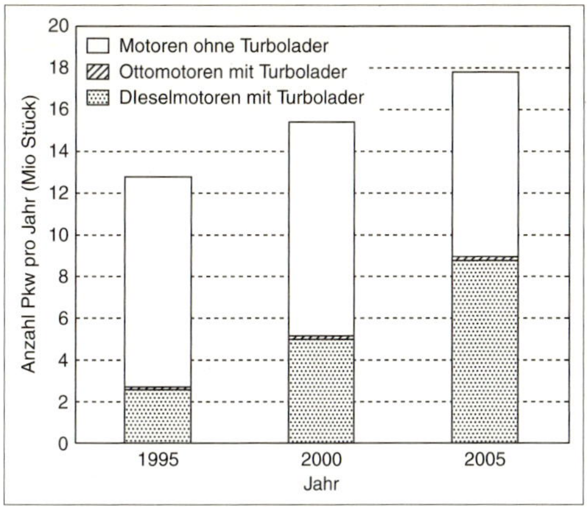

Bild 5.3-1 Entwicklung des europäischen Markts von Pkw-Turboladern

gruppen des Turboladers an ihre Belastungsgrenzen gekommen sind. Vergleicht man an einem 100 kW-Dieselmotor die Nutzleistung von Verbrennungsmotor und Turbolader (Motor: Leistung an der Kurbelwelle, Lader: Verdichterleistung) bezogen auf die jeweilige Masse miteinander, so lässt sich feststellen, dass der Abgasturbolader spezifisch (massebezogen) dreifach höher belastet ist als der Motor (**Tabelle 5.3-1**; Verhältnis von 1,75 kW/kg zu 0,59 kW/kg).

Tabelle 5.3-1 Vergleich der Nutzleistung von Motor und Turbolader am Beispiel eines 100 kW-Dieselmotors

	Nutzleistung im Nennpunkt [kW]	Masse [kg]	Nutzleistung/ Masse [kW/kg]
Verdichter	14	8	1,75
Motor	100	170	0,59

Die Zukunft des Turboladers wird dadurch entschieden werden, wie ein Beitrag zur Verbesserung der motorischen Prozesse bei akzeptablen Kosten und verbesserter Qualität erfolgen kann. Der ganz große Innovationstraum, z.B. durch einen luftgelagerten Turbolader, wird sich dabei an kontinuierlichen Verbesserungen der bestehenden Techniken messen müssen.

5.3.2 Aufladeprinzip

Bei den im Kraftfahrzeugbereich üblicherweise verwendeten 4-Takt-Motoren findet der Austausch von Abgas und Frischluft in der sogenannten „Ladungswechselschleife" statt. Da die Kraftstoffmenge insbesondere bei der Direkteinspritzung variabel und ohne entscheidende Grenze zuführbar ist, ist die Leistungsabgabe durch die zur Verfügung stehende Luftmenge begrenzt. Dabei ist der Druck („Ladedruck") bzw. eigentlich die Dichte der Frischluft die entscheidende Größe. Freiansaugende Motoren (ohne Aufladung) kommen somit schnell an natürliche Grenzen, wenn eingespritzter Kraftstoff nicht vollständig verbrannt werden kann. Soll die effektive Leistung P_e des Motors gesteigert werden, kann dies entweder durch Steigerung des Zylinderhubvolumens V_h, der Zylinderanzahl z, der Drehzahl n, der Taktzahl i oder des effektiven Mitteldrucks p_{me} erfolgen (Gleichung 1).

$$P_e = V_h \cdot z \cdot n \cdot i \cdot p_{me} \qquad \text{(Gl.1)}$$

Die Motordrehzahl kann üblicherweise nicht beliebig gesteigert werden, eine Erhöhung von Zylinderhubvolumen oder Zylinderzahl würde größere, schwerere Motoren mit erhöhter innerer Reibung bedeuten. Der effektive Mitteldruck dagegen lässt sich aufgrund der Flexibilität des Einspritzsystems verhältnismäßig einfach steigern, er nimmt linear mit der Dichte der zugeführten Frischluft zu. Hier kommt die Aufladung ins Spiel. In der Praxis lässt sich dieser Zusammenhang am Beispiel des 1.9l-TDI-Motors von Volkswagen besonders deutlich zeigen, da er in vielen Leistungsvarianten existiert (**Bild 5.3-2**). Gegenüber dem nicht aufgeladenen SDI-Motor wurde die Leistung der aufgeladenen TDI-Motoren bei gleichem Grundmotor nahezu beliebig durch Veränderung von Einspritzmenge und Ladedruck variiert.

Schwingrohraufladung

Zur Aufladung können verschiedene Prinzipien eingesetzt werden. Zunächst sei hier die Schwingrohraufladung (**Bild 5.3.-3a**) genannt. Hierbei wird kein aktives Aufladeaggregat eingesetzt. Stattdessen werden gasdynamische Schwingungen der Frischluft im Ansaugtrakt genutzt, um die Ladungsmenge im Motor zu erhöhen. Dabei kann sich bei geeigneter Wahl der Schwingrohrlänge und des Volumens bei einer bestimmten Motordrehzahl eine Resonanz der Luftschwingung einstellen, die zur Erhöhung des Aufladegrads führt. Dieser ist jedoch in der erreichbaren Höhe begrenzt und existiert nur bei einer bestimmten Motordrehzahl, solange die Schwingrohrlänge nicht durch beispielsweise ein Schaltsaugrohr variiert wird.

Kompressoraufladung

Zur aktiven Aufladung kann alternativ ein Verdichter eingesetzt werden. Zunächst soll der Fall betrachtet werden, dass dieser mechanisch angetrieben wird (**Bild 5.3-3b**). Zur Vermeidung höherer Getriebeübersetzungen wird dabei üblicherweise ein Verdichter eingesetzt, der nach dem Verdrängerprinzip arbeitet und im Folgenden als Kompressor bezeichnet wird. Diese Art der motorischen Luftversorgung wird häufig „mechanische Aufladung" oder „Kompressoraufladung" genannt. Ein Kompressor führt die Druckerhöhung durch Volumenverringerung durch,

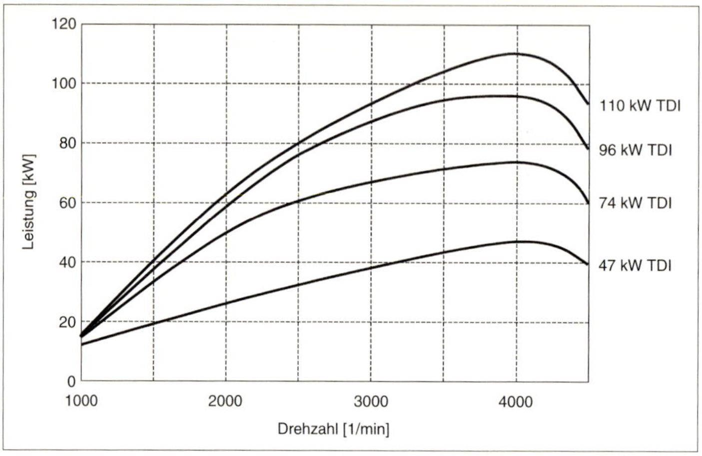

Bild 5.3-2 Leistungsvariation durch Aufladung (Beispiel 1.9 l-Dieselmotor (VW))

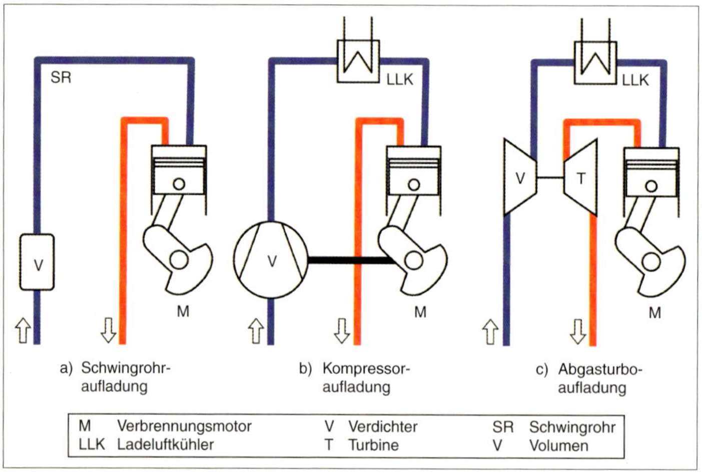

Bild 5.3-3 Aufladeprinzipien

wodurch die Antriebsdrehzahl proportional und in der gleichen Größenordnung der des Verbrennungsmotors ist. Dabei haben sich im Wesentlichen drei Bauformen durchgesetzt, der Rootslader, der Schraubenlader sowie der Spirallader. Die entsprechenden Arbeitsverfahren zur Druckerhöhung unterscheiden sich in ihrer technischen Umsetzung, wobei es insbesondere Unterschiede hinsichtlich des erreichbaren Ladedrucks und der Herstellungsaufwendungen gibt. Mit dem Begriff „mechanische Aufladung" ist die Art des Antriebs charakterisiert. Dieser erfolgt direkt gekoppelt z.B. über eine Riemenübersetzung von der Kurbelwelle aus. Das Kennfeld weist steile Kennlinien (Linien konstanter Verdichterdrehzahl n_v) auf **(Bild 5.3-4a)**. Dies bedeutet, dass schon bei kleinen Motordrehzahlen ein hoher Ladedruck bereitgestellt werden kann, was das dynamische Verhalten des Motors positiv beeinflusst. Begrenzt ist diese Art der Aufladung dadurch, dass die aufgewendete Leistung zur Verdichtung der Luft einschließlich der Systemreibungsverluste vollständig der Nutzleistung des Motors entzogen werden muss. Üblicherweise wird der Lader geregelt betrieben. Dies kann mit einem regelbaren Bypass realisiert werden (z.B. Daimler Chrysler-4-Zylinder-Ottomotor, 1.8 l, 120 kW, „Kompressor" (Rootsverdichter)). Zusätzlich kann zur Senkung des Verbrauchs in Bereichen geringen Ladedruckbedarfs eine Abschaltung des Kompressors mit Hilfe eine steuerbaren Kupplung vorgesehen werden. Insgesamt ist der konstruktive Aufwand am Motor bei dieser Art der Aufladung hoch.

Abgasturboaufladung

Die Abgasturboaufladung **(Bild 5.3-3c)** hat ein thermodynamisches Antriebsprinzip. Die Energie zur Aufladung wird dem Abgas entzogen. Dies hat den Vorteil, dass dabei ein Teil der Wärmeenergie des Abgases genutzt werden kann, was den Wirkungsgrad des Motors verbessert. Dabei erfolgt die Energiebereitstellung durch eine Turbine prinzipiell da-

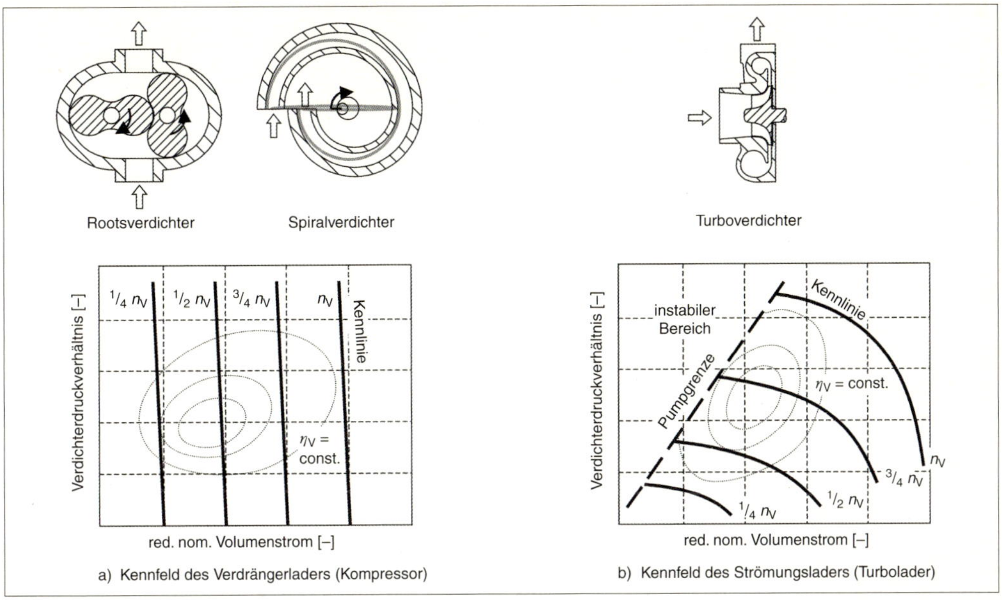

Bild 5.3-4 Verdichter-Prinzipien

durch, dass Abgas durch die Turbine entspannt wird. Das Abgas wird vor dem Turbinenrad beschleunigt, im Laufrad wird die entsprechende Energie in Form von Drall auf die Welle übertragen. Für einen guten Wirkungsgrad ist eine hohe Leistungsdichte mit großen Umfangsgeschwindigkeiten des Laufrads nötig, was andererseits – verglichen mit den Kompressoren – in kleinem Bauvolumen der Turbolader resultiert. Bei Motoren für Personenkraftwagen werden Turbolader eingesetzt, die Drehzahlen weit oberhalb von 200 000 1/min haben können. Die heute verwendeten Turboverdichter arbeiten verglichen mit der Turbine mit einem umgekehrten Wirkprinzip. Das Prinzip der Abgasturboaufladung mündet dabei gegenüber der mechanischen Aufladung auch in einer vollkommen anderen Verdichterbauart. Deren Kennfeld unterscheidet sich nicht nur durch eine andere Charakteristik der Linien gleicher Drehzahl (Kennlinien n_v) gegenüber dem Kompressor (**Bild 5.3-4b**; Abflachen des Druckaufbaus bei Reduzierung des Volumenstroms; maximale Drehzahl etwa 20fach höher als bei der Kompressoraufladung). Für Turboverdichter ist zudem ein instabiler Strömungsbereich typisch. Hierfür verantwortlich sind Ablösungserscheinungen bei der zum Druckaufbau notwendigen Verzögerung der Strömung, die dazu führen können, dass sich die geförderte Luft entgegen der eigentlichen Strömungsrichtung zurück durch den Verdichter bewegt. Dieser Vorgang vollzieht sich zyklisch und wird aufgrund der Geräuschbildung als „Pumpen" bezeichnet. Den Übergang zwischen dem stabilen und dem instabilen Bereich des Kennfelds nennt man dementsprechend „Pumpgrenze". Bei der Auslegung des Verdichters ist darauf zu achten, dass der Motor nur im stabilen Bereich des Kennfelds betrieben werden kann. Bei Diesel- und Ottomotoren hat dies in Bereichen hoher Drehmomente, d.h. hoher Ladedrücke und niedriger Motordrehzahlen, eine Einschränkung des Betriebsbereichs zur Folge.

Sonstige Systeme

Neben den drei genannten Arten der Aufladung von Verbrennungsmotoren existieren noch weitere Verfahren, die sich allerdings noch nicht durchsetzen konnten. Dazu zählt zum Beispiel die „Comprex-Aufladung", bei der in einem als Zellenrad ausgeführten Rotor Abgas direkt Energie auf die Frischluft überträgt. Der Rotor hat dabei nicht die Funktion des aktiven, unmittelbaren Druckaufbaus, sondern dient der Synchronisierung von Abgas- und Frischluftdynamik.

Bewertet man die jährlichen Verkaufsvolumina der verschiedenen Aufladesysteme (Turbolader: etwa 15 Mio Einheiten pro Jahr; Kompressoren etwa 0,5 Mio Einheiten pro Jahr), so wird der Erfolg der Turboaufladung offensichtlich. Hierbei kann man wiederum die drei häufigsten Anwendungsfälle bei Pkw-Ottomotoren, Pkw- und Nutzfahrzeug-Dieselmotoren vergleichen und dabei feststellen, dass diese entsprechend der unterschiedlichen Ausbildung der thermodynamischen Arbeitsverfahren unterschiedliche Charakteristika aufweisen. Bei Pkw-Ottomotoren sind insbesondere bei externer Gemischbildung die realisierbaren Ladedrücke durch die mit steigendem Aufladegrad zunehmende Klopfneigung auf maximal etwa 1 bar Überdruck begrenzt. Mit der Einführung der Benzindirekteinspritzung wird der Ladedruckbereich zu höheren Werten ausgedehnt. Typische maximale Abgastemperaturen liegen heute bei 950 °C, die Entwicklungen bei Motor- und Turboladerherstellern zielen für die Zukunft auf 1050 °C. Pkw-Dieselmotoren erreichen deutlich geringere Abgastemperaturen (selten über 850 °C), dafür höhere Ladedrücke (je nach spezifischem Drehmoment bis etwa 2 bar Überdruck). Der Anwendungsbereich in Pkw ist von flexiblem Fahrverhalten geprägt, so dass die Motoren in einem breiten Kennfeld zwischen Pumpgrenze und Nennleistung betrieben werden. Zum Vergleich: Nutzfahrzeug-Dieselmotoren werden in einem schmalen Kennfeld betrieben und sind üblicherweise für einen guten Verbrauch optimiert. Ihre Ladedrücke liegen deutlich oberhalb der der Pkw-Anwendung (bis etwa 3 bar Überdruck) bei wiederum geringeren Abgastemperaturen. Die genannten Werte für Abgastemperaturen und Ladedrücke sind als grobe Richtwerte angegeben und variieren entsprechend motorischer Applikation. Der Ladedruck wird letztendlich von der spezifischen Belastung des Motors (Drehmoment) und vom Kraftstoff-Luft-Verhältnis bestimmt **(Bild 5.3-5)**.

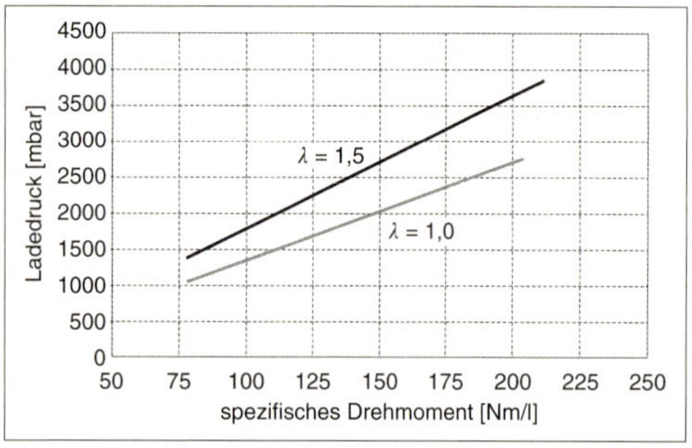

Bild 5.3-5 Ladedruckabhängigkeit

Solange das motorische Brennverfahren nicht bedeutend umgestellt wird, verändert die Verwendung eines Turboladers die Konstruktion des Verbrennungsmotors verhältnismäßig wenig, da er am Abgaskrümmer montiert ist und ansonsten keinen bedeutenden Eingriff an den Bauteilen des Motors erfordert. Bei Ottomotoren ist dies nur entsprechend eingeschränkt gültig, da die Einführung der Benzindirekteinspritzung das Brennverfahren und damit die Bauteile des Motors bedeutend verändert hat. Auf der anderen Seite folgt aus dem Prinzip, dass der Turbolader mit dem Motor nur über das Abgas und nicht über die Kurbelwelle gekoppelt ist, dass das dynamische Verhalten des Motors nicht dem des stationären Verhaltens entspricht. Dies liegt einerseits daran, dass der Rotor mit den beiden Laufrädern eine Masse und damit eine Trägheit aufweist (mechanische Trägheit) und andererseits daran, dass Abgasenergie bei Beschleunigungsvorgängen immer verzögert aufgebaut wird (thermische Trägheit). Dies wird üblicherweise als „Turboloch" bezeichnet.

5.3.3 Konstruktiver Aufbau

Bestimmte konstruktive Elemente von Abgasturboladern sind unabhängig vom Anforderungsfall sehr ähnlich **(Bild 5.3-6)**. Die Laufräder von Verdichter und Turbine werden in radialer Bauweise ausgeführt. Dies bedeutet, dass die Strömungsrichtung auf der Hochdruckseite (Verdichteraustritt und Turbineneintritt) radial gerichtet ist. Die Strömung auf der Niederdruckseite (Verdichtereintritt und Turbinenaustritt) hingegen ist zur Reduzierung des Bauvolumens meist axial gerichtet. Dies führt zu der typischen, geometrisch komplexen Bauart dieser Laufräder, welche wiederum dazu geführt hat, dass die Räder in der Vergangenheit fast ausschließlich gegossen wurden. Es wird erwartet, dass Verdichterräder zunehmend häufiger vollständig gefräst werden. Dies

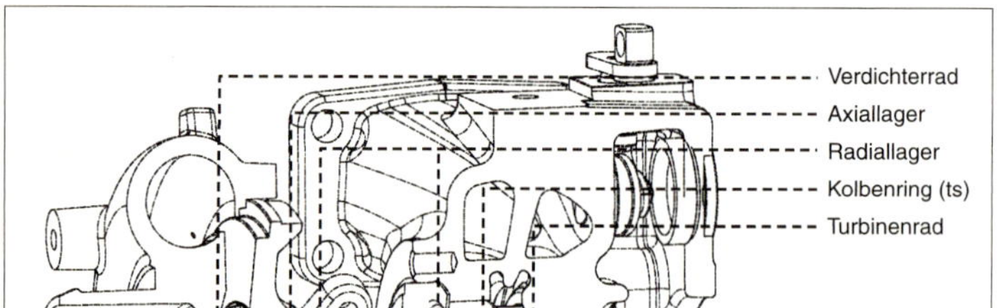

Bild 5.3-6 Turbolader-konstruktion

verbessert gleichzeitig die akustischen Eigenschaften, die Ur-Unwucht sowie die Festigkeitseigenschaften. Um die Laufräder sind jeweils Spiralgehäuse angeordnet. Laufrad und Gehäuse des Verdichters bestehen im Allgemeinen aus Aluminiumlegierungen, bei besonders hoher Umfangsgeschwindigkeit, hoher Temperatur oder hoher Lebensdauer werden für Verdichterräder auch Titanlegierungen verwendet. Das Turbinenlaufrad besteht aufgrund der Abgastemperatur aus Nickel-Basislegierungen. Hier gibt es zur Reduzierung der Massenträgheit Ansätze, als alternativen Werkstoff Titan-Aluminium-Legierungen einzusetzen, die gute Festigkeitseigenschaften bei deutlich geringerer Dichte auch bei typischen Abgastemperaturen aufweisen. Turbinengehäuse bestehen aus verschiedenen hochwarmfesten Gusslegierungen. Die Laufräder werden durch eine Welle miteinander verbunden, so dass ein Rotor entsteht. Welle und Turbinenrad werden verschweißt, das Verdichterrad mit der Welle verschraubt. In Einzelfällen werden Kugellager zur Lagerung des Rotors verwendet, diese haben jedoch Nachteile hinsichtlich Lebensdauer, Kosten und Akustik. Daher hat sich die an dem Motorölkreislauf gekoppelte, hydrodynamische Gleitlagerung durchgesetzt, wobei hier meist Axial- und Radiallager getrennt aufgebaut sind. Das Axiallager nimmt die aerodynamischen Kräfte aus den Laufrädern auf. Die statische Belastung der Axiallagerung ist gegenüber der Belastung der Radiallagerung verhältnismäßig hoch. In der Radiallagerung hat die Funktion der Dämpfung hohe Bedeutung, durch die das Bewegungsverhalten des Rotors im gesamten Betriebsbereich des Laders bestimmt wird. Die Abdichtung des Rotors zwischen Turbinen- bzw. Verdichtergehäuse zum dazwischen liegenden Lagergehäuse erfolgt durch Labyrinthdichtungen, die mithilfe von Kolbenringen aufgebaut werden.

Die konstruktive Gestaltung von Kompressoren unterscheidet sich naturgemäß entscheidend von Turboladern, da das Verdichtungsprinzip und dem folgend auch die Drehzahl vollkommen anders sind. Ihre Rotoren sind komplexe Geometrien, häufig verschränkt (Roots- oder Schraubenverdichter) oder nicht rotationssymmetrisch (Spiralverdichter). Da der Druckaufbau durch Verdrängung realisiert wird, spielen Spaltmaße zwischen rotierenden und nichtrotierenden Bauteilen eine zentrale Rolle.

5.3.4 Kopplung von Motor und Verdichter

Ein Fahrzeugmotor wird im Allgemeinen nicht nur im Nennpunkt (Punkt mit maximaler Leistung), sondern in einem weiten Last- und Drehzahlbereich eingesetzt. Bei einem aufgeladenen Motor ist insbesondere die Änderung des Momentes und des Luftdurchsatzes in Abhängigkeit der Drehzahl wichtig. Hierfür kann das Motor-Schluckverhalten und das Verdichterkennfeld betrachtet werden. Die folgenden Betrachtungen werden hier verallgemeinert durchgeführt, ohne dass zwischen Motortypen oder Leistungsklassen unterschieden wird.

Das Zusammenwirken von Motor und Verdichter kann derart verstanden werden, dass der Motor ein „Verbraucher" des Verdichters ist. Dementsprechend lässt er sich als Charakteristik im Verdichterkennfeld darstellen. Es ergeben sich für verschiedene Motordrehzahlen die sogenannten „Schlucklinien" (**Bild 5.3-7**, Beispiel Abgasturbolader-Verdichter, Dieselmotor). Der auf den Eintrittszustand bezogene, vom Motor „geschluckte" Volumenstrom verändert sich nahezu linear mit dem Druckverhältnis. Schnittpunkte zwischen Verdichterkennlinie n_V und Motorschlucklinie n_M stellen Betriebspunkte des Motors dar. Dies ist insbesondere bei der Auslegung von Verdichtern hilfreich, da das Betriebsverhalten im gesamten Kennfeld vorab bewertet werden kann. Bei mechanisch angetriebenen Kompressoren kann so die Übersetzung zwischen Verdichter und Motor bestimmt werden, bei Abgasturboladern helfen diese Schnittpunkte bei der Auswahl eines geeigneten Verdichters und einer geeigneten Turbine.

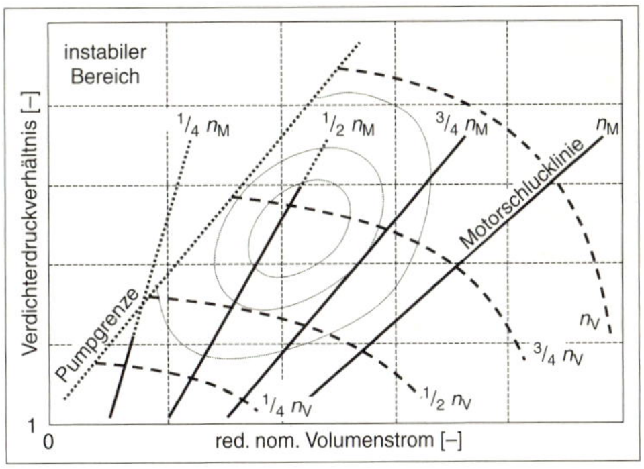

Bild 5.3-7 Motorschlucklinien in einem Turboverdichterkennfeld

5.3.5 Regelung

Wachsende Anforderungen an das Betriebsverhalten (Leistung, Verbrauch, Emissionen, Dynamik) aufgeladener Motoren haben zu einer kontinuierlichen Entwicklung der Turboladerregelung mit wachsender Komplexität geführt. Ungeregelte Lader spielen in Pkw-Anwendungen keine Rolle mehr. Heute sind folgende Regelungsarten von Bedeutung:

Kompressor

Mechanisch angetriebene Verdichter müssen aufgrund der direkten Kopplung an den Motor vollkommen anders als Turbolader geregelt werden. Die Lastregelung erfolgt mit einem regelbaren Bypass um den Kompressor. Dieser arbeitet bei offener Regelklappe quasi lastfrei (nur beim Rootsverdichter ohne innere Verdichtung möglich). Darüber hinaus kann der Kompressor abgeschaltet werden, um den Verbrauch des Motors zu reduzieren. Dies wird bei Kompressoren mit innerer Verdichtung zwingend notwendig (z.B. Schraubenverdichter), um eine Schädigung des Verdichters zu vermeiden.

Turbolader mit Bypassregelung (Wastegate)

Hierbei kann ein Teil des Abgasmassenstroms um die Turbine herumgeführt werden, so dass dieser Teil nichts zur Verdichterleistung beiträgt **(Bild 5.3-8a)**. Damit kann eine kleinere Turbine verwendet werden, die einerseits für höhere Motorleistung bei kleinen Motordrehzahlen und andererseits für eine verbesserte Motordynamik sorgt. Zur Begrenzung des Ladedrucks bzw. Vermeidung von Überdrehzahlen bei Nennleistung wird eine Klappe oder ein Ventil geöffnet. Die Regelung erfolgt üblicherweise selbstregelnd durch einen Überdruck-Aktuator, bei dem der Verdichterdruck an einer Membrane anliegt, die über ein Gestänge die Bypassklappe betätigt.

Turbolader mit Regelung über einen verstellbaren Düsenring

Zur Verbesserung der Energieausnutzung und der Regelbarkeit hat sich in anspruchsvollen Pkw-Dieselmotoren die Regelung mit dem verstellbaren Düsenring durchgesetzt (**Bild 5.3-8b**; Technologie erstmals bei Dieselmotoren eingesetzt im Jahr 1996 im Audi/VW-4-Zylindermotor, 1.9 l, 81 kW und bei Ottomotoren im Jahr 2006 im Porsche-6-Zylinder-Boxermotor, 3.6 l, 353 kW). Hierbei wird der gesamte Abgasmassenstrom durch die Turbine geführt. Die Leitschaufeln bilden einen Düsenkranz, mit dem das Druckgefälle über die Turbine entsprechend der verdichterseitigen Anforderungen angepasst werden kann. Dabei steht die Düsenwirkung (Beschleunigung der Strömung) gegenüber der Leitwirkung (Richtung der Strömung) im Vordergrund. Die Nachteile wiederum größerer Turbinenräder können dadurch auch hinsichtlich der Motordynamik überkompensiert werden. Der erweiterte Kennfeldbereich sowie die genauere Regelbarkeit haben sich insbesondere bei höheren Emissionsanforderungen als Vorteil erwiesen. Die Ansteuerung des Verstellmechanismus erfolgt mithilfe eines Aktuators, der mittels Unterdruck oder elektrisch angetrieben und gesteuert ist. Bei anderen aufgeladenen Motoren konnte sich diese Regelung bisher noch nicht nennenswert durchsetzen. Bei Nutzfahrzeug-Dieselmotoren stellt der Ladedruck (und damit der Druck vor der Turbine) hohe Anforderungen. Bei Ottomotoren liegen die Herausforderungen an Konstruktion und Werkstoffe in der Höhe der Abgastemperatur begründet.

Zweistufig geregelte Aufladung aus zwei Abgasturboladern

Bedingt durch die Einschränkungen der Turbolader mit verstellbarem Düsenring sowie durch wachsende Wünsche an die Höhe des Ladedrucks entwickelte sich der Ansatz, mehrere Turbolader in einer Reihenanordnung aufzubauen und so ein System zu schaffen, dass eine Ladedruckerhöhung in mehreren Stufen realisiert. Sowohl bei Nutzfahrzeugen als auch bei Pkw (z.B. BMW-6-Zylinder-Diesel-Reihenmotor, 3.0 l, 210 kW) gibt es Systeme, die aus einer Hochdruck- und einer Niederdruckstufe bestehen **(Bild 5.3-9a)**. Im einfachsten Fall wird das System mit Hilfe der Regelklappe geregelt, indem die Hochdruckturbine mit einem Bypass umgangen wird und gerade noch so viel Energie umsetzt, dass der Rotor der Hochdruckstufe nicht zum Stillstand kommt. Dieser Aufbau kann den Anforderungen entsprechend erweitert werden, z.B. durch Einsatz eines Wastegate-

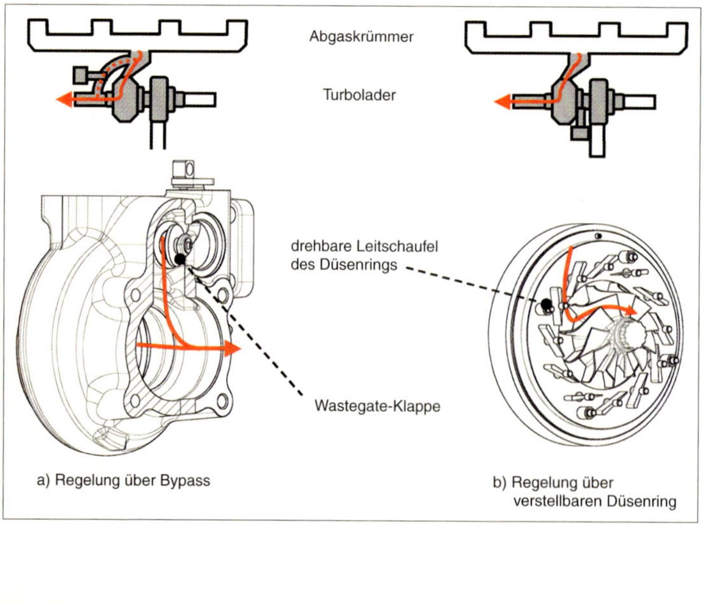

Bild 5.3-8 Regelungsarten einstufiger Turbolader

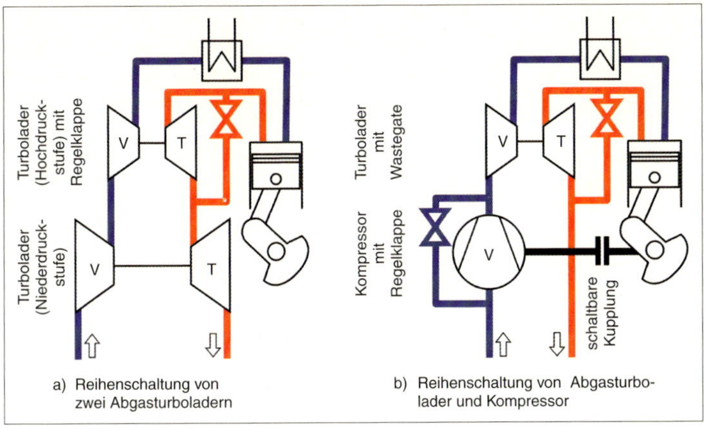

Bild 5.3-9 Zweistufige Aufladung

Turboladers als Niederdruckstufe und eines zusätzlichen Bypasses um den Verdichter der Hochdruckstufe. Die Vorteile dieses Systems liegen neben der Erhöhung des erreichbaren Ladedrucks in einer Verbesserung der Motordynamik (da die Hochdruckstufe Ladedruck mit den Vorteilen eines kleinen Laders aufbauen kann) und des Pumpverhaltens (da die einzelnen Verdichter für sich genommen weniger hoch belastet sind und eine unkritische Pumpgrenzlage aufweisen). Außerdem können verhältnismäßig einfache Turbolader verwendet werden. Nachteilig ist das hohe Bauvolumen des Systems. In vielen Anwendungen ist es nicht möglich, den Platz für eine zweistufige Aufladung zu schaffen. Bei der Anordnung kann es dementsprechend auch zu hohen Strömungsverlusten in den Verbindungselementen (Krümmern) der Lader kommen. Außerdem stellen sich durch hohe Drücke auf der Turbinen- und Verdichterseite hohe Anforderungen an die Abdichtung von Gehäuse und Rotor.

Zweistufig geregelte Aufladung aus Abgasturbolader und Kompressor

Eine Alternative zur Aufladung mit zwei in Reihe geschalteten Turboladern kann die Reihenschaltung von Kompressor und Abgasturbolader sein (**Bild 5.3-9b**, Prinzip des VW-TSI-4-Zylinderreihenmotor, 1.4 l, 125 kW). Dies ist insbesondere dann sinnvoll, wenn der Ladedruck im Nennlastpunkt mit einem Turbolader erreicht werden kann und insbesondere das Fahrverhalten verbessert werden soll. Der Abgasturbolader ist dabei nicht als Hochdruckstufe zu verstehen. Er ermöglicht bei maximaler Motordrehzahl das Erreichen der Nennleistung bei akzeptablem Verbrauch. Geregelt wird er mit Hilfe eines Wastegates. Bei kleinen Motordrehzahlen und hohen Drehmomenten wird der Kompressor (z.B. Rootsverdichter) permanent zugeschaltet, wodurch sich die stationäre und dynamische Leistung der Motors optimieren lassen. Der Kompressor wird mit einer Kombination aus Regelklappe (Bypass) und Magnetkupplung (komplettes Abschalten) geregelt. Der Motor kombiniert somit die Vorteile der Aufladekonzepte „Turbolader“ und „Kompressor“. Der turboaufgeladene, kleinvolumige Motor sichert einen geringen Kraftstoffverbrauch („Downsizing“), der Kompressor gleicht die entsprechenden Nachteile aus bzw. verbessert das dynamische Verhalten des Motors. Nachteilig ist naturgemäß der hohe konstruktive Aufwand dieser Aufladung. Zwar werden verhältnismäßig einfache Lader eingesetzt, deren Technologie in anderen Anwendungsfällen ausreichend erprobt ist, auf der anderen Seite existieren zwei vollständige Ladersysteme, die neben dem konstruktiven Aufwand hohe Anforderungen an die Lastregelung im dynamischen Betrieb stellen.

5.3.6 Motorkomponenten im unmittelbaren Zusammenhang zur Aufladung

Ladeluftkühlung

Die Mehrheit der aufgeladenen Motoren in Fahrzeuganwendungen ist heute mit Ladeluftkühlern ausgestattet. Diese haben den Zweck, die durch den Verdichtungsprozess erhöhten Temperatur der Frischluft zu senken. Die Lufterwärmung ist nicht zu vermeiden und findet auch bei adiabat isentropen Zustandsänderungen statt. Durch die Erhöhung der Dichte mit der Temperaturabsenkung (ideales Gasgesetz) wird eine höhere Luftmenge im Brennraum des Motors ermöglicht. Dementsprechend dient die Ladeluftkühlung primär der Leistungssteigerung. Zusätzlich ergeben sich auch noch Vorteile hinsichtlich einer geringeren thermischen Bauteilbelastung, geringerer Stickoxidbildung und Verbesserung des Klopfverhaltens (bei aufgeladenen Ottomotoren). Technisch umgesetzt wird diese Kühlung durch Wärmetauscher (Ladeluftkühler in **Bild 5.3-3**), die entweder luft- oder wassergekühlt sind.

Abgasrückführung

Im Zuge steigender Anforderungen zur Senkung von Abgasemissionen, ist die Abgasrückführung bei Dieselmotoren nicht mehr wegzudenken. Hierbei wird Abgas meist direkt aus dem Abgaskrümmer der aufgeladenen Frischluft zugeführt. Das Abgas wirkt als Inertgas und senkt lokale Temperaturspitzen bei der Verbrennung im Brennraum. Damit wird die Stickoxidbildung reduziert. Die Menge an rückführbarem Abgas ist begrenzt durch den Druckunterschied zwischen dem Abgasdruck vor der Turbine und dem Ladedruck. Für den Turbolader hat dies verschiedene Auswirkungen. Instationär senkt die Abgasrückführung die an der Turbine zum Antrieb des Verdichters anliegende Leistung. Zur Füllung des Brennraums mit dem Gemisch aus Frischluft und zurückgeführtem Abgas muss der Ladedruck gesteigert werden. Solange Abgasrückführung nur im Teillastbereich des Motors realisiert wird, stellt dies kein Problem dar. Die schärfer werdenden Emissionsgesetze erfordern jedoch zunehmend auch Abgasrückführung im Bereich der Volllast, so dass zur Stabilisierung des Kraftstoff-Luft-Verhältnisses ein zusätzlicher Ladedruckbedarf auch im volllastnahen Bereich realisiert werden muss, was wiederum ggf. zu einem zweistufigen System führen kann.

Schubumluft

Im Ottomotor wird zur Regelung eine Drosselklappe eingesetzt, die zwischen Turboladerverdichter und Saugrohr positioniert wird. Beim Schließen dieser Klappe im Schubbetrieb wird der Verdichter stark gedrosselt. Dies kann zur Folge haben, dass der Verdichterbetriebspunkt in den instabilen Bereich des Pumpens rückt. Zur Vermeidung dieses Effekts wird ein Schubumluftventil verwendet, das den Verdichter durch einen Bypass zwischen Verdichteraus- und -eintritt entlastet. Die Querschnitte des Schubumluftventils bzw. der Schubumluftleitung sind dabei so zu dimensionieren, dass der Drehzahlabfall des Verdichters bei Schließen der Drosselklappe möglichst gering ist, um ein gutes Transientverhalten des Motors bei erneuter Lastaufschaltung zu erreichen.

5.3.7 Sonstige Regelungssysteme

Neben den oben ausführlicher beschriebenen Regelungssystemen gibt es zahlreiche weitere Entwicklungen, die entweder als Nischenlösung verstanden werden können (dort durchaus berechtigt oder erfolgversprechend sein können) oder eine ausreichende Produktreife noch nicht erreicht haben.

Elektrisch unterstützte Aufladung

Auf der Suche nach Erweiterungen von Freiheitsgraden beim Betrieb von Turboladern wurde die Zuführung elektrischer Leistung als eine Option entdeckt. Dabei gab bzw. gibt es verschiedene Ansätze. Entweder kann ein Elektromotor auf der Welle des Turboladers integriert werden, der bei Bedarf zusätzliche Energie auf den Verdichter übertragen kann oder es wird ein zusätzlicher, elektrisch angetriebener Turboverdichter in die Luftstrecke des Motors (vor oder hinter Turboladerverdichter) eingebaut, der direkt den Ladedruck erhöht. Die Vorteile liegen insbesondere in einer Verbesserung des dynamischen Ladedruckaufbaus bei angemessener Regelbarkeit. Nachteilig ist der sehr hohe Bedarf an elektrischer Energie. Um einen wirksamen Beitrag zur Ladedrucksteigerung zu bewirken, wird eine elektrische Leistung in ähnlicher Größenordnung der aerodynamischen Verdichterleistung (mehrere kW) über eine bestimmte Zeit (mehrere Sekunden) benötigt. Die üblichen Bordnetze (besonders 12-Volt-Technik) sind damit allerdings überfordert. Elektrische Zwischenspeicher können eine Lösung sein, führen aber zusammen mit dem Ladersystem und der Leistungselektronik zu hohen Kosten. Schließlich ist noch die Temperaturempfindlichkeit (besonders beim Elektromotor auf der Turboladerwelle) zu nennen. Insgesamt haben Untersuchungen an verschiedenen Stellen ergeben, dass die Wirkung dieser Zusatzaufladung bei vertretbarem Aufwand derzeit nicht ausreichend ist.

Registeraufladung

In Analogie zur Elektrotechnik kann die Schaltung zweier Turbolader statt in Reihenausführung auch in einer Parallelausführung erfolgen (z.B. Peugeot-4-Zylinder-Dieselmotor, 2.2 l, 125 kW). Dies wird als Registeraufladung bezeichnet. Optimal realisierbar ist dieses Prinzip bei Motoren, die ohnehin mit zwei Turboladern ausgerüstet sind (z.B. V-Motoren oder Reihenmotoren mit getrennter Abgasführung). Im Nennleistungsbereich versorgen beide Turbolader den Motor. Bei der geschalteten Parallelanordnung können die Abgasströme beider Turbolader zusammengefasst werden, um einen einzelnen Lader anzutreiben, der dann wiederum den gesamten Motor (bei V-Motoren beide Zylinderbänke) mit Frischluft versorgt. Der andere Lader wird in diesem Fall quasi abgeschaltet. Vorteilhaft ist dabei, dass das einzelne Aufladeaggregat für den Motor als verhältnismäßig kleiner Lader ein gutes dynamisches Verhalten des Motors bewirkt. Im Nennleistungsbereich arbeiten beide Lader gemeinsam. Nachteilig ist allerdings das große Bauvolumen. Außerdem ist das maximale Ladedruckniveau begrenzt. Schließlich ist anzumerken, dass das volle Potenzial erst bei großvolumigen Motoren mit mehr als sechs Zylindern ausgeschöpft werden kann. Diese Motoren werden allerdings häufig mit hydraulischen Wandlern zum Getriebe hin betrieben, was wiederum die Dynamikvorteile der Aufladung schwächt.

Turbo-Compound-Verfahren

Als Ergänzung zum Turbolader gibt es Systeme, bei denen das Ziel verfolgt wird, die Abgasenergie auch nach Austritt aus dem Turbolader weiter zu nutzen. Dafür kann z.B. eine zusätzliche Nutzturbine hinter dem Turbolader angeordnet werden, die dem Abgas Leistung entzieht und mechanisch über ein Getriebe auf die Motorwelle überträgt. Dies nennt man Turbo-Compound-Verfahren. Die Verbrauchsvorteile sind jedoch in einem durchschnittlichen Betrieb verhältnismäßig gering, der konstruktive Aufwand am Motor jedoch hoch. Eine Renaissance könnte dieses System dadurch erfahren, dass es ermöglicht, den Druckunterschied zwischen Abgas und Ladedruck ohne zusätzliche Drosselung und dementsprechende Verbrauchsnachteile zu erhöhen. Damit können höhere Mengen bei der Abgasrückführung erzielt werden.

5.3.8 Ausblick

Die Aufladung von Verbrennungsmotoren hat seit einigen Jahren eine Schlüsselrolle bei der Verbesserung von Verbrennungsmotoren eingenommen. Mit ihr lassen sich alle relevanten Bereiche eines Motorbetriebs beeinflussen. Solange Kraftstoffe als Energiespeicher für Antriebssysteme heiß verbrannt werden, wird die Bedeutung der Aufladung zunehmen. Sowohl Lader- als auch Motorhersteller arbeiten daher intensiv an neuen Technologien. Obwohl sich der Turbolader seit seiner Erfindung 1905 im grundsätzlichen Aufbau nicht wirklich verändert hat, so gab es doch gerade in den letzten Jahren viele bedeutende Erfindungen rund um die Aufladung. Es ist damit zu rechnen, dass sich in den kommenden Jahren einige neue Technologien durchsetzen werden. Hier sind neue Regelungsarten zu nennen, z.B. auch die Realisierung von Kennfelderweiterungen durch variable Verdichter. In der Zukunft werden sich zudem eine Vielzahl an erweiterten Ladersystemen etablieren. Zweistufige Systeme aus zwei Turboladern oder einem Turbolader und einem mechanischen Lader können dafür die Basis sein. Schließlich kann davon ausgegangen werden, dass der Anteil aufgeladener Ottomotoren sprunghaft ansteigen wird, nicht zuletzt um durch deutliche Verbrauchseinsparungen den hohen Kraftstoffpreisen Rechnung zu tragen.

Literatur

[1] *Zinner, K.*: Aufladung von Verbrennungsmotoren: Grundlagen, Berechnungen, Ausführungen. Berlin: Springer-Verlag, 1985

[2] *Hack, G.; Langkabel, J.*: Turbo- und Kompressormotoren: Entwicklung, Technik, Typen. Stuttgart: Motorbuch Verlag, 2003

[3] *Baines, N.*: Fundamentals of Turbocharging. Concepts ETI, Inc., 2005

[4] *Golloch, R.*: Downsizing bei Verbrennungsmotoren. Berlin: Springer-Verlag, 2005

5.4 Triebstrang

5.4.1 Überblick

5.4.1.1 Einleitung

Getriebe sind im Antriebsstrang eines Fahrzeugs ebenso wichtig wie der Verbrennungsmotor. Erst im richtigen Zusammenspiel beider und unter Berücksichtigung der geeigneten Komponenten kann man Anfahren, Vorwärts- und Rückwärtsfahren sowie unterschiedlichste Fahrwiderstände überwinden. Dabei sind in dem Begriff Triebstrang alle Komponenten im Antriebstrang eines Fahrzeugs zusammengefasst, die die Leistung des Motors zu den Rädern leiten.

Wenn wir den Pkw betrachten, finden wir Handschaltgetriebe und Automatgetriebe je nach geographischer Region unterschiedlich stark vertreten. Die automatisierten Schaltgetriebe haben bisher nur in Westeuropa nennenswerte Stückzahlen erreicht. Die größte Verbreitung stufenloser Getriebe liegt in Japan vor, mit Abstand gefolgt von Deutschland (siehe **Tabelle 5.4-1**).

Die Grundanforderungen an die Komponenten des Triebstrangs sind einfache Bedienung, geringe Verluste, geringes Bauvolumen und niederes Gewicht, hohe Zuverlässigkeit und Lebensdauer sowie geringe Kosten.

Tabelle 5.4-1 Anteil der Getriebeart an der Pkw-Produktion

Region	Pkw-Gesamtproduktion [Mio]		Anteil Handschaltgetriebe		Anteil Wandlerautomatgetriebe		Anteil stufenlose Getriebe		Anteil automatisierte Getriebe		Anteil Doppelkupplungsgetriebe	
	1990	2005	1990	2005	1990	2005	1990	2005	1990	2005	1990	2005
Welt	35,5	46,6	58,1%	54,5%	41,6%	40,0%	0,3%	4,5%	0,0%	0,6%	0,0%	0,4%
Nordamerika	7,7	6,7	14,5%	16,2%	85,5%	83,1%	0,0%	0,5%	0,0%	0,0%	0,0%	0,1%
Japan	9,9	9,0	34,6%	17,0%	64,4%	64,1%	0,8%	18,9%	0,0%	0,0%	0,0%	0,0%
Westeuropa	13,1	14,7	90,7%	77,2%	9,0%	18,0%	0,3%	1,9%	0,0%	1,9%	0,0%	1,0%
Deutschland	4,7	5,4	83,3%	64,4%	16,6%	27,9%	0,1%	4,7%	0,0%	0,8%	0,0%	2,3%

5.4.1.2 Aufgaben des Getriebes

Weltweit haben sich Otto- und Diesel-Motor als Fahrzeugantrieb durchgesetzt. Dies wird auf absehbare Zukunft auch so bleiben. Beide Antriebsmaschinen sind durch folgende Charakteristika gekennzeichnet:

- Sie arbeiten nur in einem bestimmten Drehzahlbereich, der durch Leerlauf- und Maximaldrehzahl begrenzt ist. Ein Fahrzeugantrieb aus dem Motor-Stillstand heraus ist nicht möglich.
- Das Motordrehmoment allein reicht für starke Beschleunigung oder zur Überwindung größerer Steigungen nicht aus.
- Die Motoren haben nur eine Laufrichtung. Vorwärts-Rückwärts-Betrieb ist damit nicht möglich.

Das Getriebe kompensiert diese Schwächen des Motors und sorgt mit verschiedenen Übersetzungen (oder auch stufenlos), zusammen mit einem Anfahrelement dafür, dass Zugkraftbedarf und Drehmomentangebot zusammenpassen. Das Getriebe bietet passende Übersetzungen für Beschleunigung, Steigungen und kraftstoffsparendes Fahren an, und ermöglicht auch das Rückwärtsfahren.

Der Fahrzustand eines Fahrzeugs wird durch die so genannte Fahrgleichung beschrieben. Sie stellt das Gleichgewicht her zwischen den zu überwindenden Fahrwiderständen einerseits und dem vom Triebstrang gewandelten Antriebsdrehmoment andererseits. Dabei ist zu berücksichtigen, dass das statische Drehmoment des Motors bei Änderungen der Drehzahl seiner rotierenden Massen vermindert oder vergrößert wird. Zwischen Getriebeeingang und Rad liegt die Getriebewandlung (i/r) und auch der Übertragungswirkungsgrad η_{ges} des gesamten Triebstrangs. Die Fahrgleichung lautet somit:

Antriebsmoment / Rollwiderstand /

$$(M_{mot}\text{-}J_{mot} \cdot \dot{\omega}_{mot})\, i/r \cdot \eta_{ges} = F_w = m \cdot g \cdot f \cdot \cos\alpha$$
$$+ c_w \cdot (\varrho/2) \cdot A \cdot v^2 + F_B + m \cdot g \cdot \sin\alpha + m \cdot \varkappa \cdot a$$

/ Luftwiderstand / Bremskraft / Steigungswiderstand / Beschleunigungswiderstand

Die Wandlung (i/r) ist das Verhältnis der Antriebskraft an den Rädern zum Drehmoment am Getriebeeingang. Falls im Triebstrang kein Schlupf auftritt, entspricht (i/r) gleichzeitig der Übersetzung zwischen Winkelgeschwindigkeit am Getriebeeingang und Fahrgeschwindigkeit.

Die Wandlung (i/r) setzt sich zusammen aus den variablen Übersetzungen im Schaltgetriebe und festen Übersetzungen im Antriebsstrang wie zum Beispiel im Achsgetriebe.

Der Beschleunigungswiderstand berücksichtigt nicht nur die Fahrzeugmasse, sondern mit dem Faktor $\varkappa$ auch die rotatorisch beschleunigten Massen des Fahrzeugs zwischen Getriebeeingang und Rädern. Dafür gilt

$$\varkappa = 1 + \frac{1}{m} \sum^{n} J_n \cdot (i_n/r)$$

Für die Auslegung der Getriebe ist es notwendig, die Grenzen zu ermitteln, innerhalb derer die Wandlung (i/r) variiert. Die größte Wandlung $(i/r)_{max}$ wird für das Befahren starker Steigungen, für hohe Beschleunigung und in der Regel auch zum Anfahren benötigt. $(i/r)_{max}$ kann aus der Fahrgleichung unter Vernachlässigung des Luftwiderstandes und für guten Kraftschluss zwischen Reifen und Fahrbahn berechnet werden. Für maximale Steigfähigkeit ist Beschleunigung 0 in die Fahrgleichung einzusetzen, für maximale Beschleunigung dagegen Steigung 0.

Die für beide Kriterien ermittelten Werte von $(i/r)_{max}$ sind unterschiedlich, da bei max. Beschleunigung die rotierenden Motormassen berücksichtigt werden müssen. Ebenso spielt eine Rolle, ob das Fahrzeug Front-, Heck- oder Allradantrieb hat.

Fragestellungen für die Auslegung der kleinsten Getriebewandlung $(i/r)_{min}$ sind:

a) Soll das Fahrzeug damit seine Maximalgeschwindigkeit in der Ebene erreichen (Einsatz der maximalen Motorleistung, Steigfähigkeit 0, Beschleunigung 0)?

b) Sind gute Steigfähigkeit und Beschleunigungsreserve im obersten Gang wichtig oder soll der Kraftstoffverbrauch möglichst gering sein?

Mit den in a) genannten Daten lässt sich die Wandlung $(i/r)_0$ für Höchstgeschwindigkeit aus der Fahrgleichung ermitteln.

Abweichungen von $(i/r)_0$ werden durch den so genannten Schnellgangfaktor φ definiert.

$$(i/r)_{min} = \varphi \cdot (i/r)_0$$

φ kann folgende Werte haben (siehe **Bild 5.4-1**):

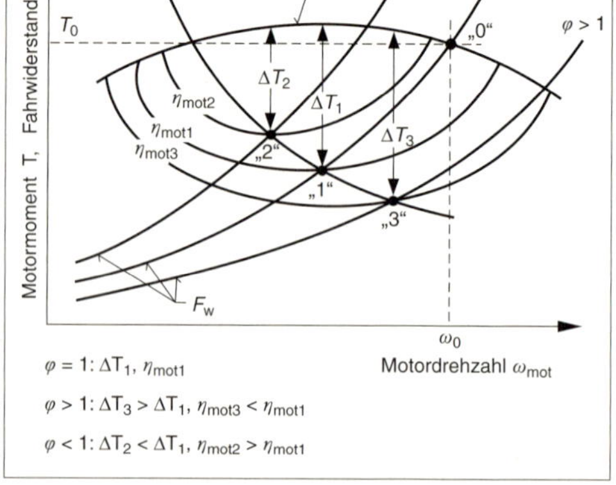

Bild 5.4-1 Motorkennfeld und vom Schnellgangfaktor abhängige Lage der Fahrwiderstandskurve

WN EM 551
ZF sollte drin sein.
Denn mit unserer innovativen
Antriebs- und Fahrwerktechnik
fahren Sie spürbar besser.
www.zf.com

- $\varphi = 1$ Endgeschwindigkeit = Maximalgeschwindigkeit, mittlere Steigfähigkeits- und Beschleunigungsreserve, relativ hoher Verbrauch.
- $\varphi > 1$ Steigfähigkeits- und Beschleunigungsreserve wachsen, Kraftstoffverbrauch nimmt zu, Getriebewandlungsbereich wird reduziert.
- $\varphi < 1$ Steigfähigkeits- und Beschleunigungsreserve nehmen ab, Kraftstoffverbrauch sinkt, Getriebewandlungsbereich wird vergrößert.

Der Wandlungsbereich eines Getriebes ist definiert durch

$$I = (i/r)_{max}/(i/r)_{min}$$

Dieser Wandlungsbereich wird ideal mit einem stufenlosen Getriebe abgedeckt. Durchgesetzt haben sich aber Zahnrad-Stufengetriebe unterschiedlicher Konzeption mit den Vorteilen kompakte Bauweise, günstiges Gewicht, hoher Wirkungsgrad und beherrschbare Technologie. Pkw-Handschaltgetriebe sind heute überwiegend mit 5 oder 6 Gängen ausgeführt. Pkw-Automatgetriebe findet man heute mit 4 bis 7 Gängen. Die Gangstufung ist in der Regel progressiv, das heißt, dass im Bereich der unteren Gänge (hohe Übersetzungen) größere Gangsprünge vorhanden sind. In den oberen Gängen, die einen höheren Fahranteil haben, sind die Gangsprünge dagegen deutlich kleiner. **Bild 5.4-2** zeigt die Zusammenarbeit von Motor und Fahrzeug in Verbindung mit einem progressiv gestuften 6-Gang-Automatgetriebe.

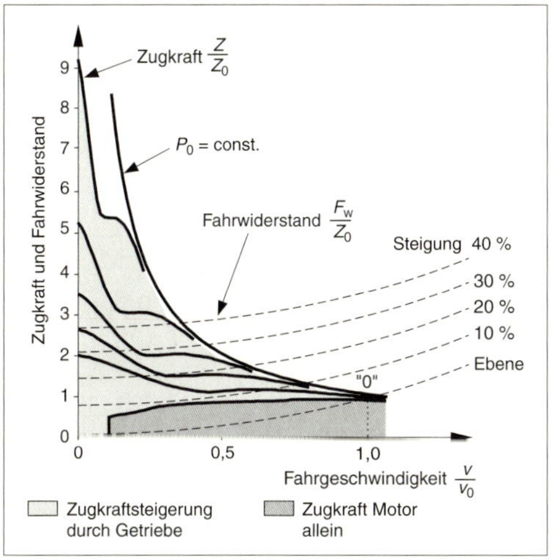

Bild 5.4-2 Fahrkennfeld mit 6-Gang-Automatgetriebe

5.4.1.3 Aufbau und Elemente des Triebstrangs

Zur Übertragung des Drehmoments der Antriebsmaschine zu den Fahrzeugrädern sind folgende Komponenten erforderlich:

- Mechanische Anfahr- und Trennkupplung oder hydrodynamischer Wandler
- Stufen- oder stufenloses Getriebe
- Achsgetriebe mit fester Übersetzung
- Differenziale für Antriebsachsen und evtl. Allradantrieb
- Wellen und Gelenke zur Leistungsübertragung im Antriebsstrang bis hin zu den Rädern
- Bedienungselemente für Kupplung, Getriebe und eventuelle Allradaktivierung.

Tabelle 5.4-2 zeigt die möglichen Anordnungsvarianten des Triebstrangs im Pkw.

Tabelle 5.4-2 Anordnungsvarianten Triebstrang

Antrieb	Motorlage	Angetriebene Achse
Standard	Front längs	hinten
Front	Front längs oder quer	vorn
Mittel	Mitte	hinten
Heck	Heck	hinten
Allrad	Front längs oder quer	vorn und hinten

5.4.1.4 Achsantrieb

Achsgetriebe haben die Aufgabe, das unterschiedliche Drehzahlniveau von Motor und Rad anzupassen. Die Ausführung des Achsgetriebes hängt von der Motoranordnung ab. Bei quer eingebautem Motor ist es ein Stirnradsatz, bei Längsanordnung des Motors ein Kegelradsatz mit Hypoidverzahnung.

Die feste Übersetzung i_a des Achsgetriebes berechnet sich zu

$$i_a = (i/r)_{min}/(i_g)_{min}$$

mit $(i_g)_{min}$ als kleinste Übersetzung des Schalt- oder stufenlosen Getriebes.

Praxiswerte für die Übersetzung des Achsgetriebes liegen zwischen ca. 2,6 bis 4,5.

5.4.1.5 Differenzialgetriebe

Differenzialgetriebe werden eingesetzt, um die bei Kurvenfahrt auftretenden oder durch unterschiedlichen dynamischen Reifenradius (Fertigungstoleranzen, unterschiedlicher Reifenluftdruck) bedingten Drehzahldifferenzen der Räder angetriebener Achsen auszugleichen. So wird Zwangsschlupf vermieden und gleichzeitig Drehmoment übertragen.

Differenzial und Achsantrieb bilden das Achsgetriebe. **Bild 5.4-3** zeigt ein Hinterachsgetriebe mit Kegelradsatz (Ritzel und Tellerrad), Kegelrad-Differenzial, Gehäuse sowie An- und Abtriebsflanschen.

Achs-Differenziale in Kegelradbauweise haben die größte Verbreitung gefunden. Die Ausgleichsräder des Differenzials wirken wie Waagebalken und bringen die beiden Antriebsräder ins Drehmomentgleichgewicht.

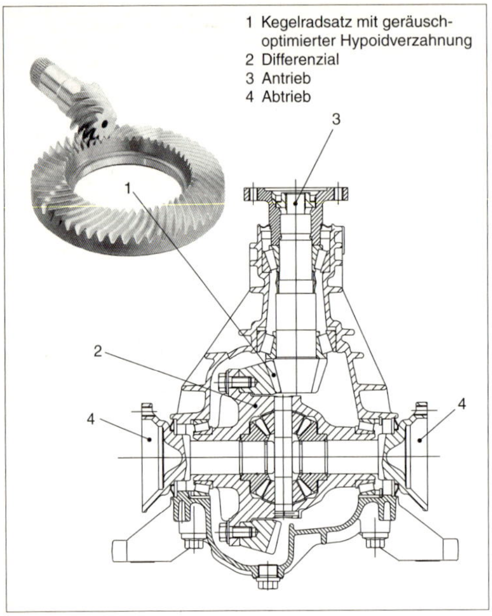

Bild 5.4-3 Pkw-Hinterachsgetriebe (ZF HAG 210)

Bei Fahrbahnverhältnissen mit unterschiedlicher Traktion an den Antriebsrädern bestimmt das Rad mit dem niedrigen Reibwert – bedingt durch den Waagebalken-Effekt – die übertragbare Vortriebskraft des Fahrzeugs und rutscht bei Antriebsmoment-Überschuss durch. Dieser Traktionsverlust kann durch Sperrdifferenziale abgebaut werden. Man unterscheidet formschlüssige (schaltbare) und kraftschlüssige (selbsttätige) Sperren. Die formschlüssigen Sperren verbinden beide Achshälften starr miteinander, was zu Zwangsschlupf und Verspannung bei Kurvenfahrt führt.

Kraftschlüssige Sperrdifferenziale lassen Differenzdrehzahl zwischen den Antriebsrädern zu. Ihr Sperrmoment ist entweder proportional zum Antriebsdrehmoment (Kraftschluss durch Reiblamellen oder durch Reibung an kombinierten Schnecken- und Stirnradverzahnungen) oder abhängig von der auftretenden Differenzdrehzahl (Visco-Sperrdifferenzial).

Aktuell ist zu beobachten, dass strategiefähige, elektronisch geregelte kraftschlüssige Sperrdifferentiale an Bedeutung gewinnen. Eine Traktionsverbesserung kann auch mittels elektronisch gesteuertem Bremseneingriff erzielt werden. Durch Aktivieren der Bremse des durchrutschenden Rades wird ein Drehmoment aufgebaut, das die Traktion am nichtrutschenden Rad sicherstellt.

5.4.1.6 Allrad-Verteilergetriebe

Der Allradantrieb verbessert Traktion und Fahrsicherheit insbesondere auf nasser oder glatter Fahrbahn. Er ist entweder zuschaltbar oder permanent ausgeführt, siehe Kapitel 5.5, **Bild 5.5-2**.

Die beiden Achsen werden über ein zentral angeordnetes Verteilerdifferenzial mit hälftig oder auch asymmetrisch aufgeteiltem Drehmoment angetrieben.

Das Verteilerdifferenzial ist häufig als Stirnrad-Planetensatz ausgeführt und kommt mit formschlüssiger Sperre (bei einigen Geländewagen), mit kraftschlüssiger Sperre oder ungesperrt zum Einsatz. In letzterem Fall auch mit intelligent gesteuertem Eingriff in die Radbremsen, um so eine Sperrwirkung sowohl am Achs- als auch am Verteilerdifferenzial zu erzielen.

Einige Allrad-angetriebene Pkw verzichten auf ein zentrales Verteilerdifferenzial und setzen stattdessen entweder eine Visco-Kupplung oder eine elektronisch geregelte Lamellenkupplung ein.

5.4.1.7 Gelenkwellen

Gelenkwellen überbrücken den Zwischenraum bei räumlicher Trennung von Getriebe und Achsantrieb und auch den zwischen dem Achsdifferenzial und den Rädern. Die Wellen müssen durch Gelenke verbunden werden, wenn die Achsen nicht in einer Flucht liegen. Zusätzlich muss ein Längsausgleich vorgesehen sein, um Toleranzen, Elastizitäten und kinematische Einflüsse auszugleichen. Der Ausgleich der Winkelbewegungen erfolgt durch Kardangelenke, Gleichlaufgelenke und auch Gelenkscheiben.

An die Gelenkwellen in Frontantriebsfahrzeugen werden besonders hohe Anforderungen gestellt. Sie müssen nicht nur die Bewegungen von Motor und Rad ausgleichen, sondern auch die durch den Radeinschlag bedingten großen Beugewinkel beherrschen. Durchgesetzt haben sich Kugelgelenke, die auf eine Entwicklung von Hans Rzeppa zurückgehen, als Festgelenk und alternativ Tripode- oder Kugelgelenke als Verschiebegelenk, **Bild 5.4-4**.

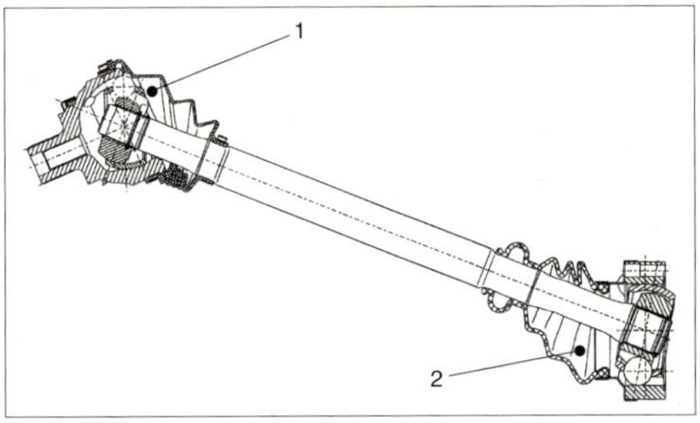

Bild 5.4-4 Gleichlauf-Gelenkwelle für Frontantriebs-Pkw
1 Radseitiges Außenkugelgelenk
2 Differenzialseitiges Innenkugelgelenk

Die Gelenkwellen für Fahrzeuge mit Hinterachsantrieb sind entweder einteilig oder bei größerer Länge auch mehrteilig mit Zwischenlagern.

Einzelheiten zu Aufgaben und Elementen des Triebstrangs siehe Literatur [1–4].

5.4.1.8 Schwingungssystem

Der Antriebstrang von Fahrzeugen ist ein schwingungsfähiges System. Werden Eigenfrequenzen resonanzartig angeregt, so können, je nach vorhandener Dämpfung, Schwingungsamplituden extreme Werte annehmen. Die Folge sind Lebensdauerprobleme und störende Geräusche (Karosseriebrummen, Rasseln).
Bei der Auslegung ist immer der komplette Antriebstrang als System zu betrachten.
Schwingungen im Antriebsstrang treten auf in Form von Torsionsschwingungen, Biegeschwingungen von Gelenkwellen sowie Biegeschwingungen des Motor-Getriebe-Verbandes (Gehäuse).
Massenträgheitsmomente, Massen, Torsions- und Biegesteifigkeiten der einzelnen Antriebstrang-Komponenten sind die bestimmenden Größen für die Eigenfrequenzen.
Die Erregung geschieht typischerweise durch den Verbrennungsmotor (Zylinderzahl, Bauart) und die Gelenkwelle.
Maßnahmen zur Vermeidung von Schwingungsproblemen sind:

Torsionsschwingungen

- Dämpfung des Resonanzdurchlaufs sowie Entkopplung von Verbrennungsmotor und Triebstrang im überkritischen Bereich durch Torsionsdämpfer (Mitnehmerscheibe bei konventioneller Schaltkupplung), Zwei-Massen-Schwungrad, hydrodynamischer Wandler (ggf. Überbrückungskupplung mit Schlupfregelung).
- Verstimmung des Systems durch Tilger.
- Kleine Beugewinkel bei Verlegung der Gelenkwellen anstreben.

Biegeschwingungen

- Kurze Länge der Gelenkwellen (evtl. zwei Wellen mit Zwischenlager).
- Hohe Steifigkeit von Motor- und Getriebegehäuse.

Einzelheiten zu Schwingungen im Triebstrang siehe Literatur [5–7].

5.4.2 Anfahrelemente

5.4.2.1 Kupplungen

Für einen komfortablen Anfahrvorgang und zur Unterbrechung des Drehmomentflusses sind trockene, schaltbare Reibungskupplungen, in Öl laufende Mehrscheiben-Lamellen- und elektrische Magnetpulverkupplungen geeignet. Handschaltgetriebe erfordern für das Schalten eine sehr schnelle und vollständige Unterbrechung des Drehmomentflusses bei möglichst geringem Massenträgheitsmoment. Das leistet nur die trockene Reibungskupplung. Bei stufenlosen Getrieben (CVT) und den modernen Doppelkupplungsgetrieben sind die anderen Kupplungsvarianten mögliche Alternativen [8].

Die trockene Reibungskupplung (**Bild 5.4-5**, im Folgenden kurz: Kupplung,) besteht aus einer am Schwungrad befestigten Membranfeder-Druckplatte, der axial auf der Getriebeeingangswelle verschiebbaren Kupplungsscheibe und dem Ausrücker, der über ein Kugellager den Ausrückweg von den nicht rotierenden Betätigungselementen auf die Druckplatte überträgt [9]. Zweischeibenkupplungen finden Anwendung bei Schwerlast- und Baustellenfahrzeugen, sowie neuerdings auch bei hochmotorisierten Pkws. Zwischen Motor und Getriebe ist ein Torsionsdämpfer erforderlich, der entweder in die Kupplungsscheibe oder in das Schwungrad des Motors (Zweimassenschwungrad) integriert ist.

Drehmomentübertragung

Die Kupplung muss das maximale Motormoment zuzüglich dynamischer Überhöhungen übertragen. Das übertragbare Moment ist das Produkt aus Anpresskraft, Reibungskoeffizient des Reibbelags, mittlerem Reibradius und Zahl der Reibflächen [2]. Durch Variation der Anpresskraft wird die Kupplung zum Drehzahlwandler. Das Drehmoment wird unverändert durchgeleitet. Die Drehmomentübertragung unter Schlupf erwärmt die Kupplung und verursacht damit unvermeidbar den Belagverschleiß. Als Höchstbelastung werden für die ABE fünf Anfahrten an 12% Steigung in fünf Minuten mit zul. Ges.-Gew. (einschließlich Anhänger) gefordert. Dabei kommt es zum Reibwertabfall (Fading) und wegen der Temperaturdifferenz zwischen Reibseite und Rückseite von Anpressplatte und Schwungrad zu deren konischen Verformung, wodurch sich die wirksame Reibfläche und der wirksame Übertragungsradius vermindern. Die Belagfeder kompensiert diese Verformung teilweise. Außerdem, vermindert sie zwangserregte Rupfschwingungen (fühlbar als Schwingung z.B. beim Pkw von etwa 10 Hz) und erleichtert das ruckfreie Anfahren. Im Gegensatz zur Bremse ist für die Kupplung das Wärmespeichervermögen wichtiger als die Wärmeabfuhr. Die Bandbreite praktischer Auslegungen zeigt **Bild 5.4-6**.
Bei der Standard-Bauweise ergibt sich die Ausrückkraft aus der Anpresskraft, geteilt durch das Übersetzungsverhältnis der Membranfeder ($i = 3 \ldots 4$). Wahlweise kann mit einer zusätzlichen, gegen die Membranfeder arbeitenden Feder die Ausrückkraft reduziert werden. Voraussetzung dafür ist eine vom Belagverschleiß unabhängige Membranfederposition, wofür eine Einrichtung zum automatischen Verschleißausgleich geeignet ist [10].
Die Kupplungsscheibe muss den Winkel- und Mittenversatz zwischen Kurbelwelle und Getriebeeingangswelle und das durch die Kurbelwellenbiegung verursachte Schwungradtaumeln ausgleichen können, weil es sonst zum Verschleiß der Verzahnung Nabe/Getriebeeingangswelle kommt.

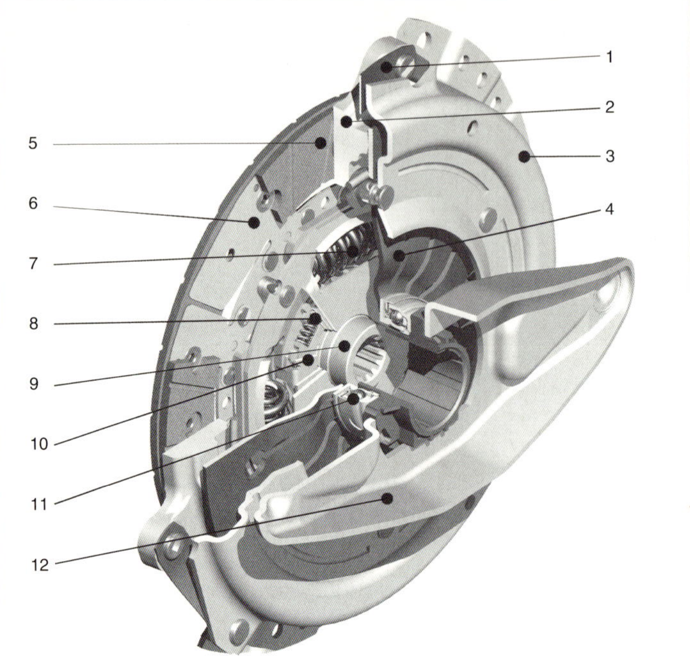

Druckplatte
1 Rückholfeder
2 Anpressplatte
3 Gehäuse
4 Membranfeder

Kupplungsscheibe
5 Reibbelag
6 Belagfeder
7 Feder für Fahrbetrieb
8 Feder für Leerlaufbetrieb
9 Nabe
10 Reibeinrichtung
(Reibring, Tellerfeder, Steuerblech)

Betätigung
11 Ausrücker
12 Ausrückschwinge

Bild 5.4-5 Pkw-Kupplung, bestehend aus Membranfeder-Druckplatte, Kupplungsscheibe mit Torsionsdämpfer und Ausrücker

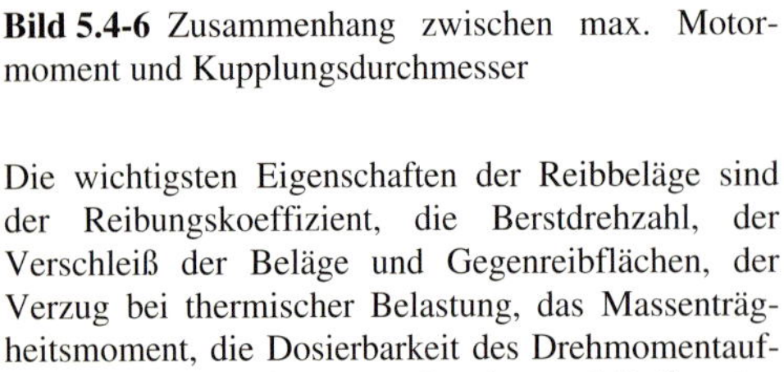

Bild 5.4-6 Zusammenhang zwischen max. Motormoment und Kupplungsdurchmesser

Die wichtigsten Eigenschaften der Reibbeläge sind der Reibungskoeffizient, die Berstdrehzahl, der Verschleiß der Beläge und Gegenreibflächen, der Verzug bei thermischer Belastung, das Massenträgheitsmoment, die Dosierbarkeit des Drehmomentaufbaus und die Neigung zu Rupfen und Reibgeräuschen. Die Koeffizienten für die Gleitreibung (während des Schlupfs) und die Haftreibung (voll eingekuppelt) sind nahezu identisch, sie liegen bei normaler Beanspruchung zwischen 0,3 und 0,45 und sinken bei Fading auf 0,2. Beläge bestehen aus Garnen (vorwiegend Glasfaser- und Aramidbündel mit einem Messing- oder Kupferdraht), eingebettet in einem Reibzement aus Harzen, Kautschuken und Füllstoffen [11]. Metallische Sinterbeläge sind wegen ihrer Rupfneigung weniger gut geeignet, man findet sie jedoch in vielen Nkw-Anwendungen in den USA.

Trennen

Nach dem Auskuppeln darf das Schleppmoment der Kupplung nur etwa 0,2 bis 0,5 Nm betragen. Die Auslaufzeit bis zum Stillstand der Scheibe hängt von ihrem Massenträgheitsmoment und vom Schleppmoment des Getriebes ab.

Drehschwingungsdämpfung

Der Antriebsstrang ist aus Gewichts- und Komfortgründen relativ verdrehweich. Im ersten Gang können bei vollem Motordrehmoment Winkel bis etwa 90° auftreten. Die zündungsbedingte Drehungleichförmigkeit des Motors und Lastwechsel infolge schneller Fahrpedal- oder Kupplungsbetätigungen regen Drehschwingungen an (**Bild 5.4-7**). So kann es z.B. zu Getrieberassel- und Karosseriebrummgeräuschen kommen. Während des Kupplungsschlupfs ist der

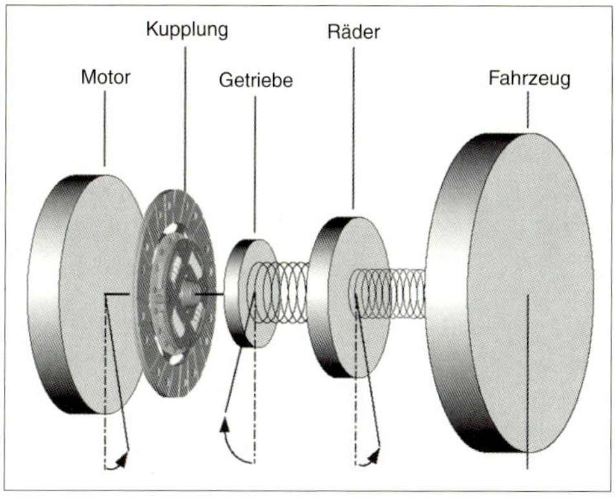

Bild 5.4-7 Der Antriebsstrang als System aus vier schwingenden Massen

Motor schwingungstechnisch vom Rest des Antriebsstrangs entkoppelt.

Mit dem Torsionsdämpfer in der Kupplungsscheibe beträgt die durch die Zündfrequenz angeregte Eigenfrequenz und damit das Rassel- und Brummmaximum je nach Fahrzeugtyp und eingelegtem Gang 40–70 Hz, was zum Beispiel bei 4-Zylindermotoren 1200 bis 2100 1/min entspricht. **Bild 5.4-8** zeigt eine typische Torsionsdämpferkennlinie mit Zug- und Schublast und Anschlägen, die die Drehmomentspitzen aufnehmen. Der Fahrdämpfer wird so abgestimmt, dass bei niedrigst möglicher Federsteifigkeit genau die Reibungshysterese festgelegt wird, die den besten Kompromiss zwischen Resonanzdämpfung und Verschlechterung der überkritischen Entkopplung ergibt. Im Motorleerlauf ohne eingelegten Gang tritt ebenfalls Getrieberasseln auf. Dagegen hilft der Leerlaufdämpfer. Die Federsteifigkeit beträgt etwa 1% von der des Fahrdämpfers. Der Schwingwinkel von ±2° bis ±4° überlagert sich dem statischen Verdrehwinkel, der sich aus dem temperaturabhängigen Schleppmoment des Getriebes ergibt.

Im Zweimassenschwungrad **(Bild 5.4-9)** ist der fettgefüllte Torsionsdämpfer zwischen dem Primär-

Bild 5.4-9 Zweimassenschwungrad (Planetenrad-design, fettgeschmiert)

und Sekundärteil des Schwungrads angeordnet. Das Primärschwungrad ist wie bisher mit der Kurbelwelle verschraubt und trägt den Anlasserzahnkranz und die Zündmarkierungen. Das Sekundärschwungrad, an dem die Druckplatte befestigt ist, ist auf dem Primärschwungrad gelagert und bildet eine der beiden Gegenreibflächen der Kupplungsscheibe. Die durch die Zündfrequenz angeregte Eigenfrequenz des Antriebsstrangs sinkt auf 8 bis 12 Hz, sodass das System bei Leerlaufdrehzahl bereits überkritisch läuft. Die

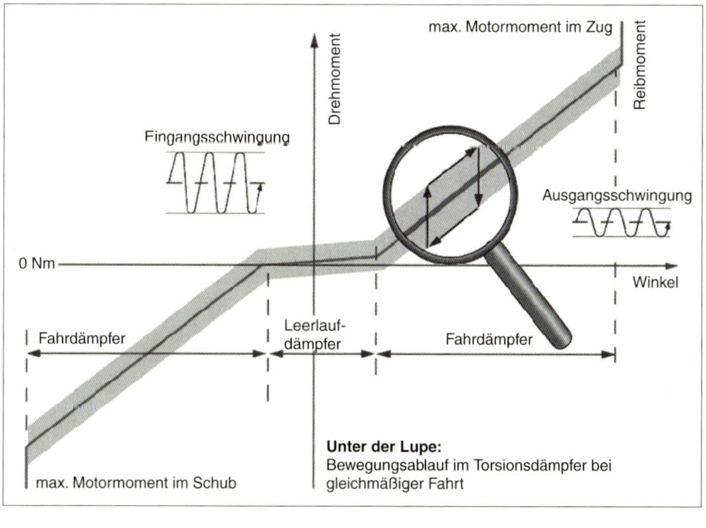

Bild 5.4-8 Torsionsdämpferkennlinie

Entkopplungsgüte ist wegen der großen Sekundärmasse hervorragend. Beim Anlassen und Abstellen des Motors wird die Eigenfrequenz kurzzeitig durchlaufen. Die höchste Beanspruchung tritt als Folge von Fahrfehlern auf: Längeres untertouriges Fahren im Bereich der Eigenfrequenz oder extrem schnelles Einkuppeln bei niedrigen Drehzahlen.

Kupplungsbetätigung

Das Ausrücklager ist meist lebensdauergeschmiert und selbstzentrierend. Die Kupplung wird vorwiegend hydraulisch oder bei automatisierten Schaltgetrieben auch elektromechanisch betätigt **(Bild 5.4-10)**. Die Hydraulik besteht aus dem Geberzylinder mit selbsttätiger Entlüftung, und automatischem Verschleißausgleich, dem Vorratsbehälter, der Druckleitung und dem Nehmerzylinder mit Vorlastfeder. Nehmerzylinder und Ausrücker sind zum Teil zu einem Bauteil, dem konzentrischen Nehmerzylinder (CSC), zusammengefasst.

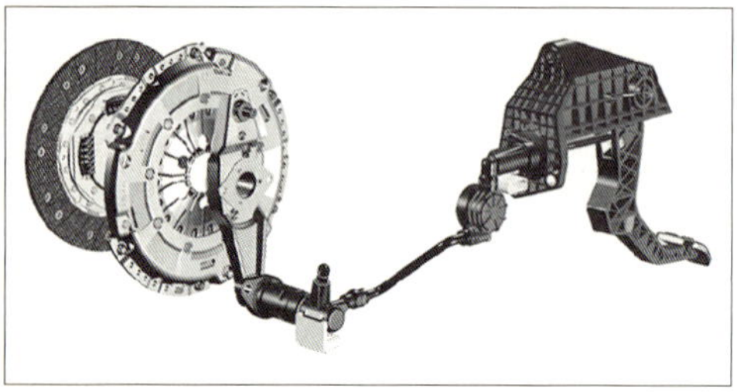

Bild 5.4-10 Kupplung mit hydraulischer Betätigung

Die Pedalcharakteristik **(Bild 5.4-11)** leitet sich aus der Ausrückkraftkennlinie der Druckplatte ab, wobei die Übersetzungen in Pedal, Betätigungshebel und Hydraulik, ggf. eine Hilfsfeder (Übertotpunktfeder), die Reibungsverluste und die Wegverluste durch elastische Verformung zu berücksichtigen sind. Letztere sind auch Voraussetzung für eine gute Dosierbarkeit der Kupplung.

Bei der automatischen Kupplungsbetätigung übernimmt ein elektrohydraulischer oder elektromechanischer Aktuator die Arbeit des Fahrerfußes. Er wird elektronisch angesteuert, und durch Sensoren bzw. CAN-Bus über die Absichten des Fahrers und den Bewegungszustand des Fahrzeugs informiert. Der Fahrerwunsch wird aus dem Fahrpedalwinkel und der -beschleunigung erkannt. Um die Gänge schnell wechseln zu können, muss zeitlich überlappend ausgekuppelt, geschaltet und wieder eingekuppelt werden.

Die automatische Kupplungsbetätigung wird künftig als Baustein für automatisierte Getriebesysteme größere Bedeutung bekommen [39].

5.4.2.2 Hydrodynamische Drehmomentwandler

Einleitung

Hydrodynamische Drehmomentwandler [1] sind hydrodynamische Getriebe, die sowohl Drehzahl als auch Drehmoment über einen weiten Betriebsbereich stufenlos wandeln können. Gegenüber Kupplungen bieten sie den Vorteil der Drehmomenterhöhung. Sie sind jedoch nur in Verbindung mit einer Überbrückungskupplung auch strategiefähig, da die hydrodynamische Kennlinie im Wandlerbetrieb ansonsten das Betriebsverhalten über die Abstimmung der Kreislaufteile vorgibt. Im Pkw-Antriebsstrang werden Wandler heute als Anfahrelement für Stufenautomatgetriebe mit bis zu 8 Vorwärtsgängen und bei stufenlosen Getrieben (CVT) eingesetzt. Die Spreizung eines CVT-Getriebes lässt sich so deutlich erhöhen.

Aufbau

Drehmomentwandler für den Einsatz in Pkw sind nach dem TriLok-Prinzip aufgebaut, d.h. Pumpen- und Turbinenrad stehen sich gegenüber. Zwischen diesen Laufrädern befindet sich das axial durch-

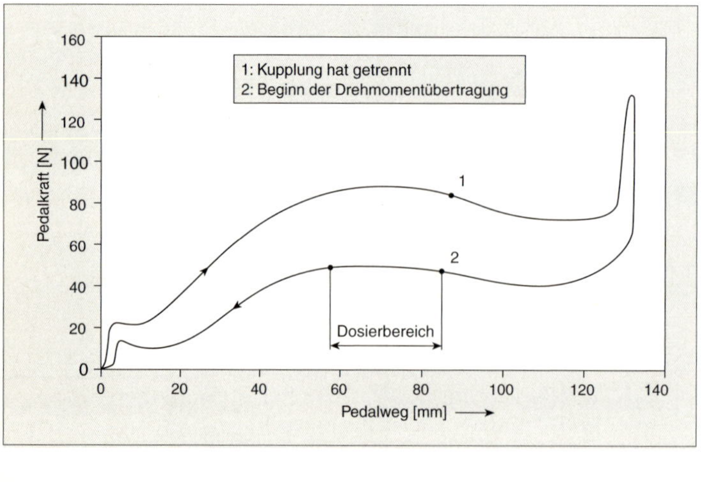

Bild 5.4-11 Kennlinie eines Kupplungspedals

strömte Leitrad. Das Pumpenrad steht direkt mit der Kurbelwelle des Verbrennungsmotors in Verbindung, während das Turbinenrad mit der Getriebeeingangswelle gekoppelt ist. Eine Stützwelle verbindet das Leitrad mit dem Getriebegehäuse. Zwischen Leitrad und Stützwelle ist ein Freilauf angeordnet, der die Drehmomentübertragung in nur einer Richtung zulässt. Zusätzlich sind in das Wandlergehäuse bei aktuellen Pkw-Anwendungen immer Überbrückungskupplungen und häufig Torsionsschwingungsdämpfer integriert (siehe **Bild 5.4-12**). Der Wandler

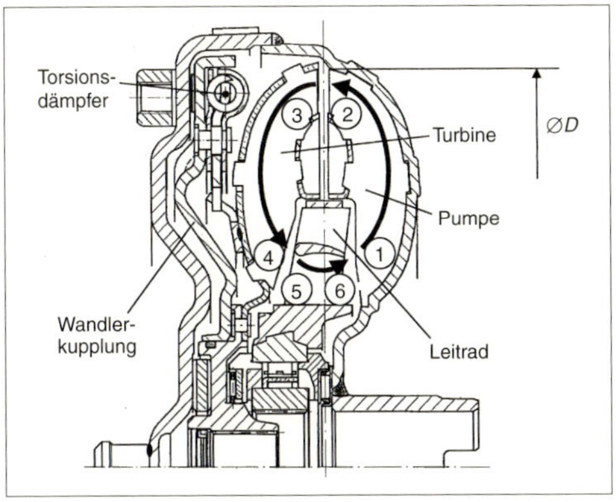

Bild 5.4-12 Drehmomentwandler mit Überbrückungskupplung und Torsionsdämpfer

ist mit dem Druckölkreislauf des Getriebes verbunden und vollständig mit Öl gefüllt. Um die anfallende Verlustwärme abzuführen, wird das Öl mit einem überlagerten Massenstrom ständig ausgetauscht.

Funktionsweise

Hydrodynamischer Betrieb

Beschleunigt ein Fahrzeug aus dem Stand heraus, rotiert die Pumpe bei noch stehender Turbine. Durch den Fliehkraftunterschied wird ein umlaufender Massenstrom erzeugt, dadurch ein Moment übertragen und das Fahrzeug letztendlich angetrieben.

Die dabei stattfindenden inneren Strömungsvorgänge sind in **Bild 5.4-13** in einer Abwicklung der Schaufelgitter aufgezeigt. Die Ein- und Austrittsbereiche der Laufräder sind mit Ziffern von ① bis ⑥ gekennzeichnet und korrelieren mit **Bild 5.4-12**.

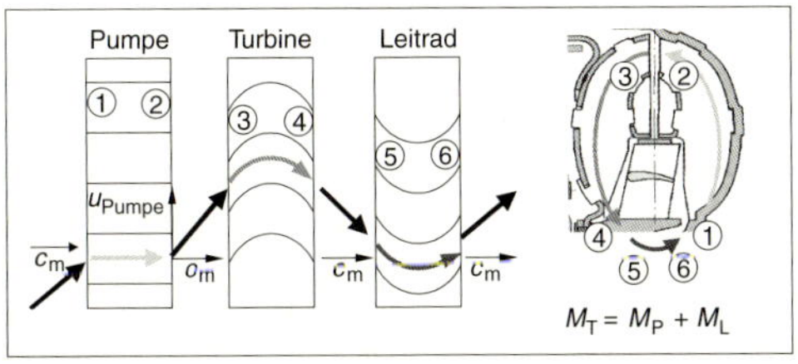

Bild 5.4-13 Prinzipieller Strömungsverlauf

Man definiert für den Drehzahlunterschied zwischen Pumpe und Turbine die Drehzahlwandlung

$$\nu = \frac{\omega_T}{\omega_P} .$$

In der Pumpe, die direkt mit dem Motor verbunden ist, wird ein Fliehkraftdruck erzeugt. Das Öl wird vom Eintritt ① zum Austritt ② beschleunigt. Motordrehmoment M_M und Pumpenmoment M_P sind gleich. Das die Pumpe verlassende Fluid gelangt zum Turbineneintritt ③ und übt auf die Turbinenschaufel je nach Schaufelgestaltung einen Impuls aus. Damit wird das Turbinenmoment M_T, das dem Getriebeeingangsmoment entspricht, erzeugt. Im Leitradgitter (⑤ nach ⑥) erfährt das Fluid eine weitere Strömungsumlenkung mit dem resultierenden Leitradmoment M_L. In diesem Betriebspunkt stützt sich das Leitrad über den Freilauf am Getriebegehäuse ab. Die Momentbilanz des Wandlers lautet

$$\vec{M}_P + \vec{M}_T + \vec{M}_L = \vec{0} .$$

Für die Beträge im dargestellten Betriebspunkt ergibt sich $M_T = M_P + M_L$ und damit die Drehmomentverstärkung bzw. Drehmomentwandlung. Diese wird mit

$$\mu = \frac{M_T}{M_P}$$

definiert und liegt für den Betriebspunkt in Wandlern dieser Bauart zwischen 1,8 und 3,0.

Nähert sich die Turbinendrehzahl der Pumpendrehzahl (**Bild 5.4-14**), hat das Fahrzeug also seinen Anfahrvorgang nahezu beendet ($\nu > 0,9$), wird das Leitrad in einem deutlich anderen Strömungswinkel angeströmt. Ohne Freilauf würde sich die Richtung des Leitradmomentes umkehren und gemäß der Momentenbilanz $M_T = M_P - M_L$ keine Drehmomentverstärkung, sondern eine Reduktion stattfinden. Der Freilauf verhindert jedoch diese Momentübertragung, womit das Leitradmoment zu Null wird und der Wandler in den hydrodynamischen Kupplungsbetrieb übergeht. Es gilt jetzt $M_T = M_P$.

Steigt die Turbinendrehzahl weiter an bis zur identischen Drehzahl der Pumpe ($\nu = 1$), fließt aufgrund des nun gleichen Druckfeldes kein Ölstrom mehr. Es kann kein Moment mehr übertragen werden.

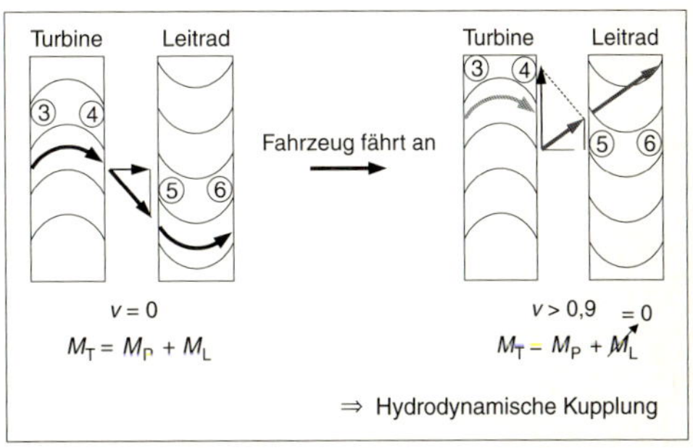

Bild 5.4-14 Strömung während des Anfahrvorgangs

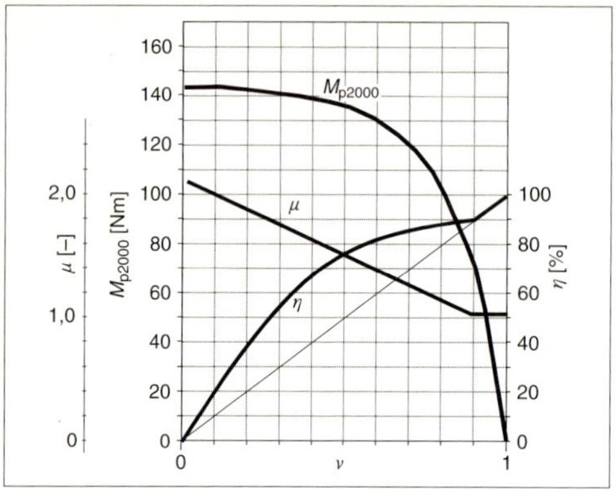

Bild 5.4-15 Typisches Wandlerdiagramm

Im Umkehrschluss folgt daraus, dass zur Drehmomentübertragung vom Motor auf das Getriebe stets Schlupf im Kreislauf vorhanden sein muss. Dieser führt zu einer Verlustleistung innerhalb des Wandlers und damit einer Reduktion des Getriebewirkungsgrads.

In der Praxis hat sich zur Darstellung des Betriebsverhaltens eines Wandlers das so genannte Wandlerdiagramm durchgesetzt (**Bild 5.4-15**). Es wird das Moment der Pumpe (M_{p2000}) bei einer konstanten Drehzahl (i.d.R. $n = 2000\ \text{min}^{-1}$) über der Drehzahlwandlung ν aufgetragen. Weiterhin wird die Momentwandlung μ sowie der Wirkungsgrad η betrachtet. η errechnet sich aus

$$\eta = \frac{M_T \cdot \omega_T}{M_P \cdot \omega_P} = \mu \cdot \nu \ .$$

Charakteristisch für die Momentenaufnahme des Wandlers ist der wie bei hydrodynamischen Strömungsmaschinen übliche quadratische Zusammenhang des Moments mit der Geschwindigkeit. Der hydraulische Durchmesser des Kreislaufs geht mit der 5. Potenz ein:

$$M_P = C \cdot \omega_P^2 \cdot D_P^5$$

Die Konstante C wird bestimmt durch die Dichte des Öls sowie durch die Bauteilgeometrie.

Wird ein derartig gemessenes oder berechnetes Wandlerkennfeld mit einer Motorkennlinie in Zusammenarbeit gebracht, lässt sich theoretisch der Momentverlauf des Getriebeeingangs sowie die Verlustleistung beim Anfahren ermitteln.

Damit ist eine den Wünschen des Kunden gemäße Auslegung des Wandlers möglich. Parameter sind neben der Wandlerdurchmessergröße die Meridianform des Kreislaufs sowie die Schaufelwinkel der drei Laufräder.

Wandlerüberbrückungskupplung

Zur Verbrauchsreduktion ist der Einsatz von Überbrückungskupplungen, die den Rest-Schlupf des Drehmomentwandlers zwischen Pumpe und Turbine unterbindet, seit einigen Jahren Standard. Diese Kupplung erzeugt eine kraftschlüssige Verbindung zwischen Pumpe und Turbine, der Kreislauf ist kurzgeschlossen. Dazu befindet sich im Wandlergehäuse ein Kolben, der mit einem Reibbelag versehen ist. Der Kolben ist verdrehfest mit der Turbine verbunden.

Das Öffnen und Schließen der Wandlerkupplung erfolgt mit der Drucksteuerung des Getriebes. Es werden rechts und links vom Kolben unterschiedliche Drücke erzeugt, die den Kolben in Richtung „Öffnen" oder „Schließen" bewegen. Dabei ist es unbedingt erforderlich, dass der Wandler komplett mit Öl gefüllt ist.

Neben den Vorteilen der schlupffreien Leistungsübertragung bringt die Wandlerkupplung den Nachteil der starren Kopplung von Motor und Getriebe mit sich. Die hervorragenden Eigenschaften bzgl. Schwingungsdämpfung, wie sie die Hydrodynamik bietet, stehen jetzt nicht mehr zur Verfügung. Dies führte dazu, dass zusätzlich Torsionsschwingungsdämpfer, wie sie ähnlich auch bei Trockenkupplungen für Schaltgetriebe bekannt sind, im Drehmomentwandlergehäuse integriert wurden. Der Betriebsbereich, in dem mit aktiver Wandlerkupplung und hohem Komfort gefahren wird, wächst an, so weit in dem vorhandenen Bauraum ein geeigneter Dämpfer integriert werden kann.

Geregelt schlupfende Wandlerüberbrückungskupplung (GWK)

Eine Funktionserweiterung der Wandlerkupplung stellt ihr Einsatz mit geregeltem Schlupf dar. Die Wandlerkupplung wird in dieser Betriebsart nicht vollständig geschlossen. Es verbleibt ein definierter Schlupf zwischen An- und Abtriebsseite. Der Schlupf verhindert, dass die vom Motor erzeugten Drehschwingungen vollständig auf das Getriebe und damit auf den Antriebsstrang übertragen werden. Die deutliche Effizienzsteigerung dieses Systems ergibt sich daraus, dass in den Fahrbereichen, die zuvor aus Komfortgründen eine geöffnete Wandlerkupplung erforderten, jetzt mit dem erheblich kleineren mechanischen Schlupf gefahren werden kann. Die Fahrbereiche, die schon zuvor ein vollständiges Überbrücken ermöglichten, bleiben selbstverständlich erhalten. Hieraus ergeben sich Verbrauchsvorteile, besonders bei Dieselanwendungen.

Die in diesem Betriebszustand anfallende Verlustleistung sollte möglichst effizient aus dem Wandler abgeleitet werden. Dazu geeignete Wandlerkupplungen verfügen zu dem Zeck über Belagnuten und Kolbendüsen. Damit wird eine Überhitzung von Belag und Öl direkt am Reibkontakt weitgehend vermieden. Dies ist auch zwingend notwendig, da in modernen Automatgetrieben keine Ölwechsel über der Lebensdauer mehr vorgesehen sind.

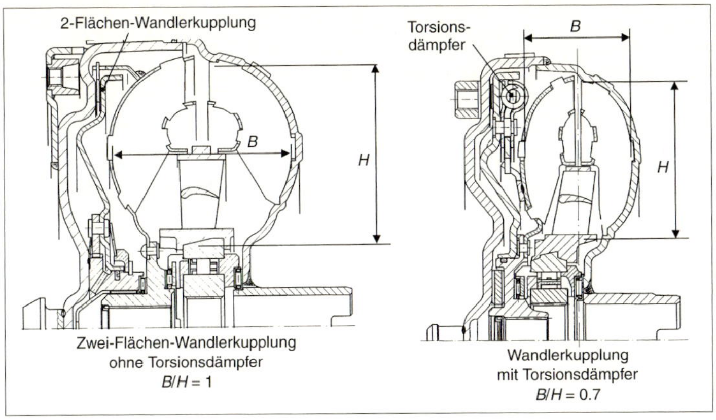

Bild 5.4-16 Ausführungsbeispiele

Ausblick

Der Drehmomentwandler beeinflusst wesentlich Verbrauch und Fahrleistung des Fahrzeugs. Daher obliegt er dem ständigen Zwang, weitere Optimierungen vorzuweisen. Reduziertes Systemgewicht in immer kleineren Bauräumen wird in modernen Antriebssträngen vorausgesetzt (vgl. **Bild 5.4-16**).

Neben den Verbesserungen der hydrodynamischen Eigenschaften ist hier der Abstimmung des Torsionsdämpfers hohe Aufmerksamkeit zu widmen. Ähnlich wie bei den Trockenkupplungssystemen müssen für den jeweiligen Fall die optimalen Steifigkeits-, Reibungs- und Massenverhältnisse gefunden werden. Bei der Überbrückungskupplung zeichnet sich der Trend weg von der reinen Wandlerüberbrückung hin zur Funktionalität einer nassen Anfahrkupplung ab. Damit kann dem hydrodynamischen Moment während des Anfahrens ein weiteres von der Getriebesteuerung beeinflussbares Moment überlagert werden. Das mechanische System Drehmomentwandler ist somit in das elektronische Antriebsstrangmanagement integrierbar.

Aufgrund der angeführten Optimierungsmöglichkeiten sowie des systemimmanenten Vorteils des verschleißfreien Anfahrens mit Momenterhöhung ist auch in den nächsten Jahren mit einer weiten Verbreitung des Drehmomentwandlers für Pkw-Automatgetriebe zu rechnen.

5.4.3 Das Handschaltgetriebe-System

5.4.3.1 Funktion und Aufbau

Die wesentlichen Elemente von Handschaltgetrieben sind:

- Fußbetätigte trockene Anfahr- und Trennkupplung
- Synchronisiertes Zahnradstufengetriebe mit 4 bis 6 Gängen
- Getriebebetätigung mit Übertragung von Schaltbewegung und Schaltkraft vom Schalthebel zum Getriebe.

Die einzelnen Gänge werden formschlüssig geschaltet. Zum Gangwechsel ist deswegen der Kraftfluss Motor-Getriebe durch Betätigung der Kupplung zu trennen. Nach Herausnehmen des vorhergehenden Gangs und Drehzahlanpassung auf Gleichlauf am einzurückenden Schaltelement mittels Synchronisierung kann dann der neue Gang formschlüssig eingelegt werden. Das Schließen der Kupplung beendet den Schaltvorgang.

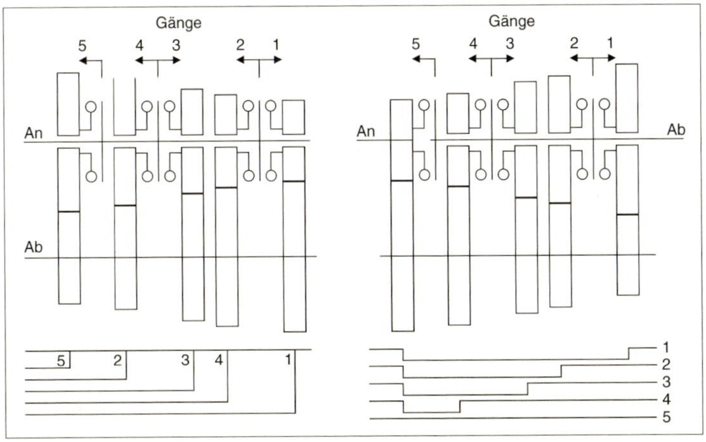

Bild 5.4-17 Bauarten von Handschaltgetrieben

Zur mehrstufigen Übersetzungsbildung sind Zahnradpaare unterschiedlicher Zähnezahl in Vorgelegewellenbauweise angeordnet. Die Getriebe haben üblicherweise eine Vorgelegewelle, gelegentlich auch zwei oder drei. Mit Ausnahme des Rückwärtsgangs, der auch als Schiebezahnrad ausgeführt sein kann, sind alle Zahnräder im Dauereingriff.

Die Handschaltgetriebe gibt es in zwei grundsätzlichen Varianten mit entweder koaxialem An- und Abtrieb oder mit Achsversatz, **Bild 5.4-17**. Die koaxiale Getriebeausführung ermöglicht einen Direktgang ohne Zahneingriff und ist speziell für Fahrzeuge mit Standardantrieb geeignet. Getriebe mit Achsversatz haben keinen Direktgang. Sie kommen in Fahrzeugen mit Front- und Heckantrieb und Blockbauweise von Schalt- und Achsgetriebe zum Einsatz.

Handschaltgetriebe zeichnen sich durch besonders effiziente Leistungsübertragung aus. Geringe Verluste entstehen beim Abwälzen im Zahneingriff, durch Reibung an Schaltelementen mit Differenzdrehzahl, mitlaufenden Verzahnungen und an dynamischen Dichtstellen von Wellen und Lagern sowie durch Planschen. Getriebe mit direkter Leistungsübertragung in einem Gang erreichen Wirkungsgrade bis zu 99%.

5.4.3.2 Verzahnung

In Fahrzeuggetrieben werden ausschließlich Evolventen-Verzahnungen eingesetzt. Sie sind einfach herstellbar und unempfindlich gegenüber Achsabstands-Änderungen.

Im Pkw-Bereich kommt heute generell (mit Ausnahme des Rückwärtsgangs) Schrägverzahnung zum Einsatz.

Die Auslegung der Verzahnung erfolgt mittels Belastungskollektiven und muss Sicherheit gegen Zahnbruch, Flankenermüdung und Fressschäden bieten.

Im Pkw hat die Vermeidung von Zahnradgeräuschen besondere Bedeutung, da die akustischen Anforderungen an die Fahrzeuge ständig steigen. Neben der Schrägverzahnung sind präzise Fertigung, hohe Profilüberdeckung bis hin zur Hochverzahnung sowie geeignete Verzahnungskorrekturen (Schrägungswinkel, Höhen- und Längsballigkeit) wichtige Maßnahmen zur Reduktion von Verzahnungsgeräuschen.

Moderne Berechnungsverfahren auf der Basis der Finiten Elemente erlauben es heute bereits in der Konstruktionsphase eines Getriebes, Wellendurchbiegungen und Gehäuseverformungen unter Last für Verzahnungskorrekturen zu berücksichtigen, um so Belastbarkeit und Geräuschemission positiv zu beeinflussen.

5.4.3.3 Synchronisierung

Zwischenkuppeln und Zwischengas waren früher auch im Pkw üblich, um die für den Gangwechsel erforderliche Drehzahlanpassung der miteinander formschlüssig zu kuppelnden Teile vorzunehmen. Heute geschieht dies durch einen Drehzahlwandler, der der formschlüssigen Zahnkupplung vorgelagert ist.

Durchgesetzt haben sich Sperrsynchronisier-Einrichtungen. Sie sind als Reibungskupplung zur kraftschlüssigen Drehzahlangleichung ausgebildet, lassen das formschlüssige Einrücken des Gangs erst nach Erreichen der Drehzahlgleichheit zu und gewährleisten guten Schaltkomfort, insbesondere was die Gleichförmigkeit des Schaltungsablaufs angeht.

Es gibt verschiedene Arten der Sperrsynchronisierung. Am meisten verbreitet ist das System Borg Warner und zwar in Einfach-, Doppel- oder auch Dreifach-Konus-Bauweise, **Bild 5.4-18**. Synchronisierungen mit Mehrfach-Konus werden bevorzugt in den unteren Gängen eingesetzt, da sie thermisch höher belastbar sind. Sie reduzieren auch die Schaltkraft und ermöglichen so eine Angleichung des Schaltkraftniveaus beim Einlegen der verschiedenen Gänge.

Als Reibpaarungen kommen unter anderem Messing, Streusinter und Molybdän, jeweils gegen Stahl laufend, zum Einsatz.

Nachdem die Synchronisierung mehrfach im Getriebe eingebaut wird, wird bei ihrer Weiterentwicklung natürlich besonders auf die Kostenreduktion geachtet. Modulare Ausführung der Synchronisierung mit möglichst vielen Gleichteilen und Einsatz der Blechumformtechnik sowie der Sintertechnik sind die bevorzugt eingesetzten Fertigungsverfahren.

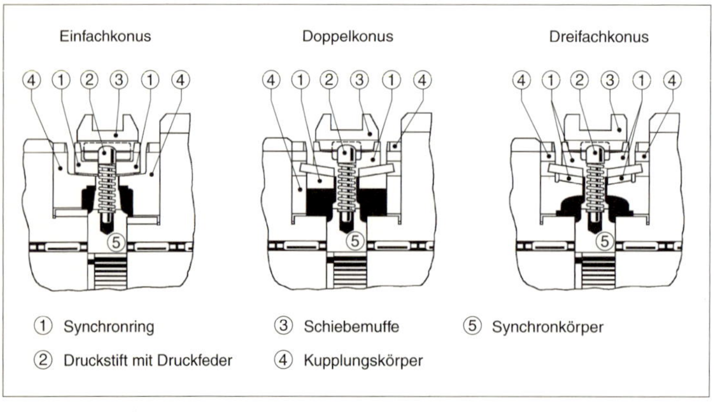

Bild 5.4-18 Synchronisierungs-Systeme

5.4.3.4 Weitere Getriebekomponenten

Leichtbau und geringe Geräuschemission stehen neben geringen Herstellkosten und hoher Zuverlässigkeit bei modernen Handschaltgetrieben im Vordergrund.
Bevorzugte Gehäusewerkstoffe sind Aluminium und zunehmend auch Magnesium. Für möglichst hohe Steifigkeit und geringe Geräuschabstrahlung werden die Gehäuse mithilfe der Finite-Elemente-Methode nach Form, Wandstärke und Verrippung optimiert.
Zur weiteren Gewichtsreduktion kommen Hohlwellen zum Einsatz.
Die Abstützung von Wellen und Zahnrädern erfolgt nahezu ausschließlich mit Wälzlagern: Nadellager für die Losräder, Kugel-, Rollen- oder Kegelrollenlager für die Wellen im Gehäuse.
Die dynamische Abdichtung geschieht mittels Radialwellendichtringen aus Elastomer-Werkstoffen, zum Teil mit Drallstegen zur Erhöhung der Dichtsicherheit. Für die statische Abdichtung von Gehäusetrennflächen und Gehäusedeckeln kommen Feststoff-Flachdichtungen sowie Flüssigdichtungen aus Silikon oder anaerob aushärtenden Kunststoffen zum Einsatz.
Handschaltgetriebe haben heute Lebensdauerfüllung. Überwiegend wird Automatic Transmission Fluid (ATF) verwendet. Das Öl muss durch günstiges Viskositäts-Temperaturverhalten Schwerschaltbarkeit bei tiefen Temperaturen vermeiden und mit geeigneter Additivierung ein möglichst gleichmäßiges Reibverhalten der Synchronisierung unter allen Betriebsbedingungen sicherstellen. Gleichzeitig sind auch Fress- und Pittingtragfähigkeit der Verzahnung zu gewährleisten.
Je nach Getriebegröße und Ausführung liegt die Ölfüllmenge zwischen ca. 1,5 bis 2 Litern. Die Getriebeschmierung erfolgt mittels Spritzöl und spezieller Ölführung mit Ölleitblechen. In Getrieben mit besonders hoher Beanspruchung (z.B. Geländefahrzeuge) findet man auch eine Schmierölpumpe zur Sicherstellung der Ölversorgung.

5.4.3.5 Getriebeschaltung

Die Getriebeschaltung überträgt die Schaltbewegung des Fahrers bis hin zum jeweiligen Schaltelement im Getriebe. Zu unterscheiden sind äußere Schaltung und innere Schaltung.
Die äußere Schaltung geht vom Schalthebel bis hin zum Getriebe. Sie kann als Gestängeschaltung mit fester Verbindung ausgebildet sein oder als Seilzugschaltung mit flexibler Verbindung. Die Seilzugschaltung hat Vorteile in erforderlichem Freiraum, Schwingungsentkoppelung zwischen Motor-Getriebe-Verbund und Fahrzeuginnenraum, Gewicht und Montage, insbesondere bei den besonders beengten Raumverhältnissen in Fahrzeugen mit Frontantrieb und Quermotor [12].
Die innere Schaltung überträgt die eingeleitete Schaltbewegung über Schaltstangen und Schaltgabeln oder Schaltschwingen hin zur Schiebemuffe des Schaltelements.
Bild 5.4-19 zeigt die äußere Schaltanlage in Seilzugausführung für ein 5-Gang-Schaltgetriebe.

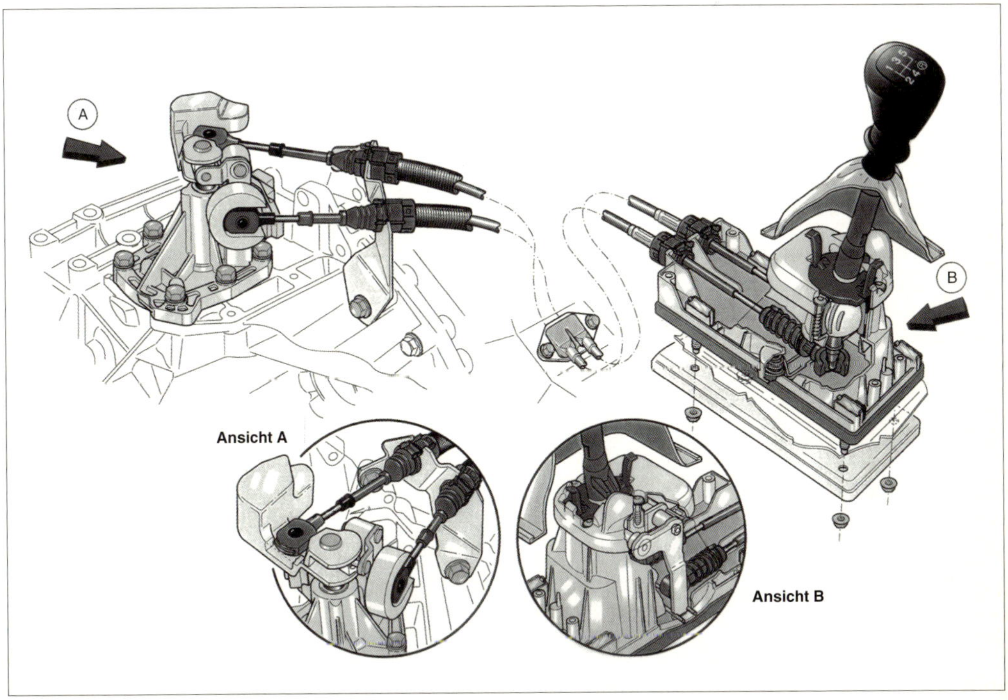

Bild 5.4-19 Äußere Schaltanlage in Seilzugausführung

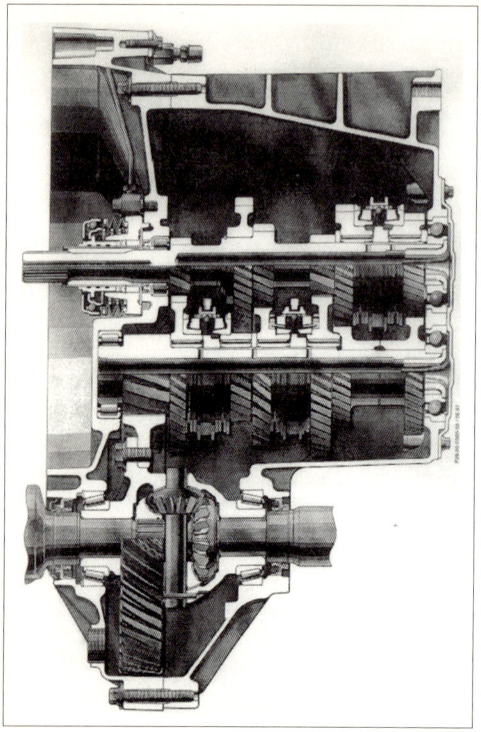

Bild 5.4-20 Mercedes Benz 5-Gang-Schaltgetriebe SG 150

5.4.3.6 Ausführungsbeispiele

Das Mercedes-Benz-5-Gang-Getriebe SG 150, **Bild 5.4-20**, für ein Kompaktfahrzeug mit Frontantrieb und Quermotor ist in 2-Wellen-Bauweise mit Achsversatz zwischen An- und Abtrieb konzipiert und hat 180 Nm maximales Antriebsdrehmoment [13]. Der Wandlungsbereich beträgt 4,7. Erster und zweiter Gang werden mit einer Doppelkonus-Synchronisierung geschaltet, die übrigen Gänge einschließlich RW-Gang mit Einfachkonus.

Zur Gewichtsreduktion sind die Getriebewellen hohl ausgebildet. Das Getriebe wiegt 32 kg inklusive 1,8 Liter Ölfüllung.

Das 6-Gang ZF-Getriebe S6-37, **Bild 5.4-21**, ist für Fahrzeuge mit Standardantrieb (auch in Allradversion) konzipiert [14]. Das maximale Antriebsdrehmoment beträgt 370 Nm. Abhängig vom Antriebsdrehmoment reicht der Getriebewandlungsbereich bis 6,19 mit direkter Übersetzung im 5. Gang. Das Getriebe wiegt 41 kg einschließlich 1,6 Liter Lebensdauer-Ölfüllung. Die Vorgelegewelle ist zur Gewichtsreduktion hohl ausgeführt.

Das S6-37 hat eine geräuschoptimierte Hochverzahnung und kann optional mit automatisierter Schaltung ausgestattet werden.

5.4.3.7 Automatisierte Schaltgetriebe

Automatisierte Schaltgetriebe [15] sind in einigen Pkw der unteren Leistungsklasse einerseits und in sehr sportlichen Fahrzeugen andererseits in Serie eingeführt. Basis sind Handschalt-Synchrongetriebe, die mit elektrohydraulischen oder elektro-mechanischen Aktuatoren für die Kupplungs- und Getriebebetätigung kombiniert werden, **Bild 5.4-22**. Es gibt auch speziell für die Automatisierung konzipierte Getriebesysteme mit bis zu 7 Gängen, die nicht vom Handschaltgetriebe abgeleitet sind. Aus Komfortgründen und zur Absicherung gegen Überdrehen wird der Motor während des Schaltvorgangs durch die Getriebeelektronik geführt. Die passenden Anschlussdrehzahlen nach Abschluss des Schaltvorgangs werden berechnet und eingeregelt.

Automatisierte Schaltgetriebe verbinden den guten Wirkungsgrad von Handschaltgetrieben mit ökonomisch orientierten Schaltprogrammen. Nachteilig ist die deutlich spürbare Zugkraftunterbrechung beim Schalten insbesondere bei Beschleunigungsvorgängen unter hoher Last in den unteren Gängen.

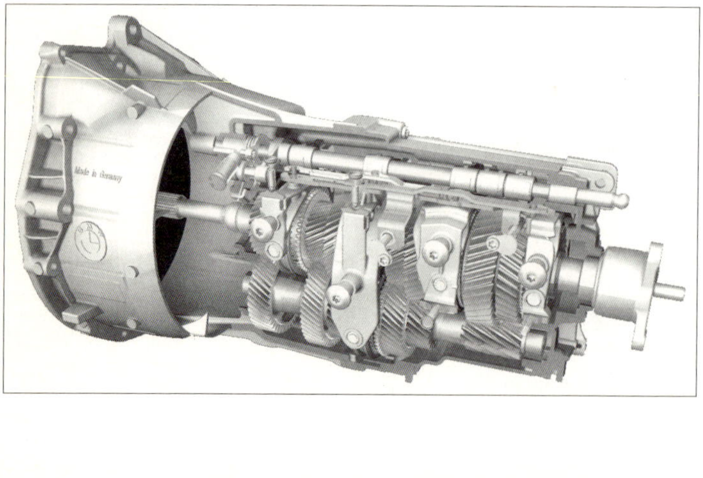

Bild 5.4-21 6-Gang-Schaltgetriebe S6-37

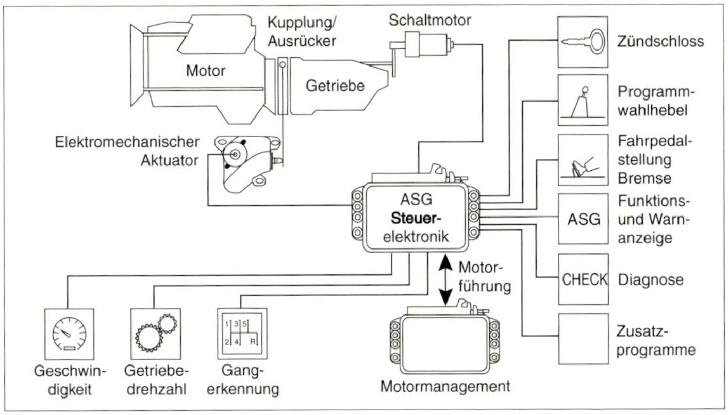

Bild 5.4-22 Systemaufbau automatisierter Schaltgetriebe

5.4.4 Stufenautomatgetriebe

5.4.4.1 Funktionsweise

Automatische Getriebe unterscheiden sich von Handschaltgetrieben im Wesentlichen durch drei Punkte:

1. Das Anfahren erfolgt ohne Kupplungsbetätigung.

Als Anfahrelement bei automatischen Getrieben wird i.d.R. ein hydrodynamischer Drehmomentwandler eingesetzt (vgl. Abschnitt 5.4.2.2). Die minimale Übertragungsfähigkeit des Wandlers bei Motorleerlaufdrehzahl ermöglicht durch geringe Bremskräfte, das Fahrzeug zu Halten oder zum Stehen zu bringen. Beim Öffnen der Bremse kriecht das Fahrzeug. Dies erlaubt ein sehr fein dosiertes Rangieren und Parkieren. Außerdem hält das Kriechmoment das Fahrzeug gegen die Hangabtriebskraft an leichten Steigungen. Die Funktionsweise des Wandlers ermöglicht neben der Auftrennung des Triebstrangs im Stillstand auch ein sehr komfortables Anfahren und durch die Anfahrwandlung eine Zugkraft-Überhöhung mit einer zur Getriebe-Gesamtübersetzung vergrößerten Anfahrbeschleunigung.

2. Die Schaltung erfolgt als Lastschaltung ohne Zugkraftunterbrechung.

Bei Handschaltgetrieben und automatisierten Schaltgetrieben wird für einen Gangwechsel die Trennkupplung zwischen Motor und Getriebe geöffnet. Dabei wird die Zugkraft unterbrochen, die Fahrzeugbeschleunigung bricht ein (vgl. Abschnitt 5.4.3.1). Demgegenüber wird der Gangwechsel bei automatischen Getrieben als Lastschaltung ohne Zugkraftunterbrechung ausgeführt. Dies erfordert mehrere Schaltelemente (Kupplungen, Bremsen), die so dimensioniert sind, dass sie die Motorleistung übertragen und schalten können. In **Bild 5.4-23** ist das Prinzip eines automatischen Getriebes am Beispiel eines 2-Gang-Lastschaltgetriebes dargestellt. Der erste Gang wird über die Kupplung K1 übertragen, während im zweiten Gang die Kupplung K2 geschlossen ist.

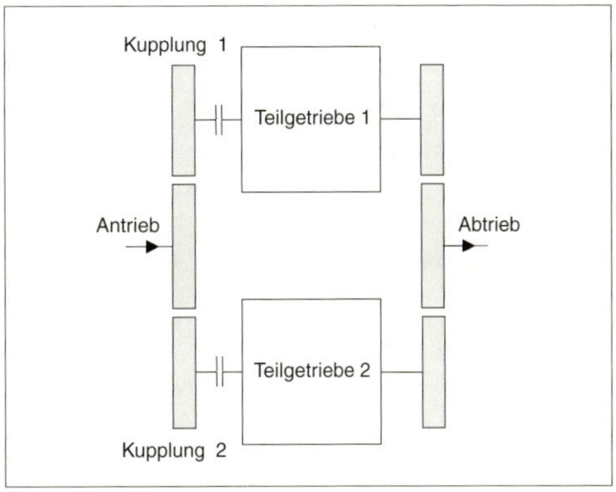

Bild 5.4-23 Prinzipdarstellung eines 2-Gang-Lastschaltgetriebes

Für eine Zug-Hochschaltung sind in **Bild 5.4-24** die Drehmomente an den beiden Kupplungen, das Abtriebsdrehmoment des Getriebes und der Motordrehzahlverlauf dargestellt. Die Schaltung ist als

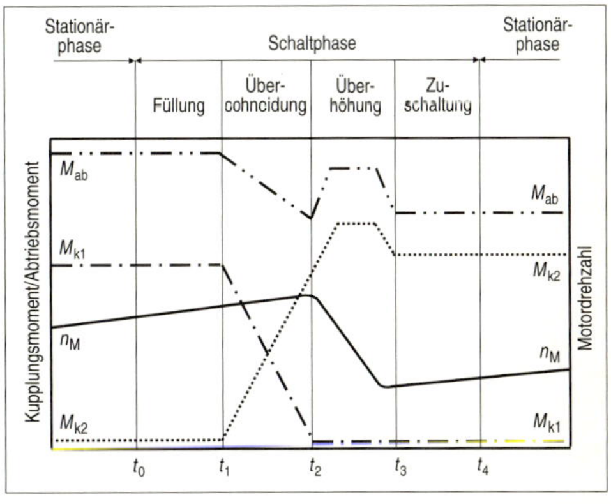

Bild 5.4-24 Momenten- und Drehzahlverlauf bei einer Zug-Hochschaltung

Überschneidungsschaltung ausgeführt. Während der Überschneidungsphase wird das übertragbare Drehmoment der abschaltenden Kupplung abgesenkt und gleichzeitig das Moment der zuschaltenden Kupplung erhöht. Am Ende der Überschneidungsphase überträgt die zuschaltende Kupplung das Drehmoment des neuen Ganges, während noch die Drehzahl des alten Ganges vorliegt. Durch eine weitere Erhöhung des Drehmoments an der Zuschaltkupplung werden die motorseitigen Drehmassen auf das Drehzahlniveau des neuen Ganges synchronisiert (Überhöhungsphase). Aus dem Verlauf des Abtriebsmomentes ist zu erkennen, dass während der Hochschaltung das Drehmoment nach der Überschneidungsphase auf das Niveau des neuen Ganges absinkt. In der Überhöhungsphase kommt es zu einem Anstieg des Abtriebsmomentes durch die Einleitung der Energie der motorseitigen Drehmassen in den Triebstrang.
Mit dem Erreichen der Synchrondrehzahl ist das Abtriebsdrehzahlniveau und das Drehmoment des neuen Ganges erreicht. Der Verlauf des Abtriebsdrehmomentes während der Überhöhungsphase ist durch die Ansteuerung der zuschaltenden Kupplung und durch Manipulation des Motordrehmoments (Motoreingriff) beeinflussbar (siehe Abschnitt 5.4.6.4). Die anderen Schaltungsarten werden in ähnlicher Form gesteuert. Die Schaltungsabläufe sind in der Literatur ausführlich beschrieben [1].

3. Die Gangwechsel werden automatisch ausgeführt.

Bei automatischen Getrieben wird der Gangwechsel nicht durch einen bewussten Eingriff des Fahrers vollzogen, sondern erfolgt automatisch. Dies geschieht durch ein Schaltprogramm und ist im Wesentlichen von den beiden Einflussgrößen Fahrgeschwindigkeit und Drosselklappenstellung abhängig (vergl. Abschnitte 5.4.4.5 und 5.4.6.4).

5.4.4.2 Aufbau

Planetengetriebe

Automatische Getriebe werden i.d.R. als Planetengetriebe ausgeführt. Gründe dafür sind

- die Darstellung von mehreren Übersetzungen mit einem Radsatz (vergl. Abschnitt 5.4.4.3).
- die koaxiale Anordnung der Zentralteile.
- die kompakte Bauweise.
- Die Motorleistung wird durch mehrere Zahneingriffe übertragen (Leistungsteilung).
- der hohe Wirkungsgrad.

In **Bild 5.4-25** ist der schematische Aufbau des 6-Gang-Automatgetriebes ZF-6 HP 26 dargestellt, einem typischen Vertreter moderner Stufenautomatgetriebe für Heckantrieb. Das Getriebeschema zeigt die Anordnung der wichtigsten leistungsführenden Bauelemente:

- Wandler mit schlupfgeregelter Überbrückungskupplung (GWK)
- Kupplungen (A, B, E)
- Bremsen (C, D)
- Freilauf im Wandler
- Radsätze (einfacher Planetensatz und Ravigneaux-Satz)
- mechanische Verbindungselemente (Wellen, Träger, . . .).

Aus dem Schaltungsdiagramm ist zu entnehmen, welche Elemente in welchem Gang geschaltet werden. Zur Leistungsübertragung sind in jedem Gang zwei Schaltelemente geschlossen. Der Gangwechsel erfolgt durch das Zu- und Abschalten jeweils eines Schaltelements. Die Übersetzungen in den einzelnen Gängen werden durch unterschiedliche Koppelungen der Zentralteile der Planetenradsätze gebildet.

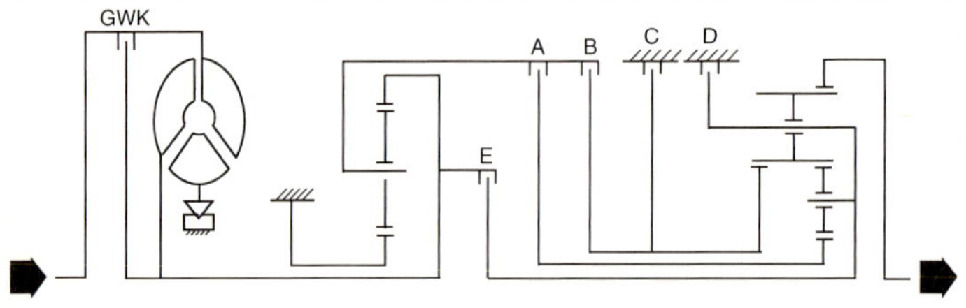

Gang	Kupplung		Bremse			Übersetzung i	Gangsprung PHI
	A	B	C	D	E		
1	●				●	4,171	1,78
2	●			●		2,340	1,54
3	●	●				1,521	1,33
4	●		●			1,143	1,32
5		●	●			0,867	1,25
6			●	●		0,691	Gesamt
R		●			●	–3,403	6,04

Bild 5.4-25 Getriebeschema ZF-6 HP 26

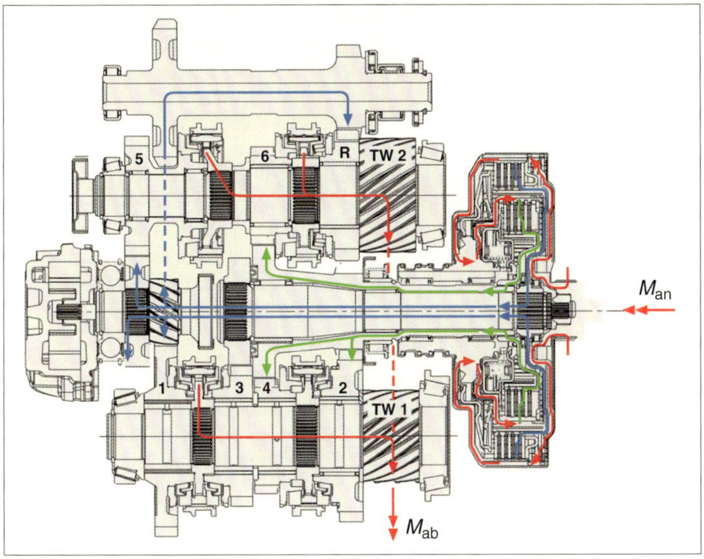

Bild 5.4-26 Prinzipbild VW-DSG250

Bei der Entwicklung eines Planetengetriebe-Systems für ein automatisches Fahrzeuggetriebe ist es wichtig, für den jeweiligen Einsatzbereich eine geeignete Übersetzungsreihe zu finden. Neben einfachen Planetensätzen kommen auch spezielle Radsätze wie der Ravigneaux-, der Simpson- oder der Wilsonsatz zur Anwendung [1, 16, 17].

Automatische Vorgelegegetriebe

Neben den automatischen Getrieben in Planetenbauweise sind heute auch automatische Vorgelegegetriebe im Einsatz. Sie haben als Anfahrelement ebenfalls einen hydrodynamischen Drehmomentwandler. Die Gänge werden wie beim Handschaltgetriebe durch Stirnradstufen gebildet, die jedoch nicht mit Synchronisierungen, sondern mit Kupplungen unter Last geschaltet werden können. Ein Beispiel für ein solches Getriebe ist das 5-Gang-Getriebe W5A180 von DaimlerChrysler für Frontantrieb [18].

Doppelkupplungsgetriebe

Ebenfalls vom Handschaltgetriebe abgeleitet wurde das Doppelkupplungsgetriebe. Es besteht aus zwei ineinander geschachtelten Vorgelegegetrieben, bei denen das eine die geraden, das andere die ungeraden Gänge bildet (vgl. **Bild 5.4-23**). Eingangsseitig sind beide Teilgetriebe mit einer Kupplung versehen, über die Lastschaltungen ausgeführt werden können, ausgangsseitig münden beide Teilgetriebe auf der Abtriebswelle. Die Schaltung der Gänge erfolgt im jeweils nicht leistungsführenden Teilgetriebe durch Synchronisierungen [19]. Die Lastschaltung wird nach den gleichen Prinzipien durchgeführt wie in 5.4.4.1 beschrieben. Für die Vorauswahl der Gänge in den beiden synchronisierten Teilgetrieben ist ein nicht unerheblicher Steuerungs- und Absicherungsaufwand erforderlich. **Bild 5.4.26** zeigt als Beispiel für dieses Getriebeprinzip das Prinzipbild der leistungsführenden Teile des bei VW eingesetzten Direktschaltgetriebes (DSG) für Frontantriebsfahrzeuge [20].

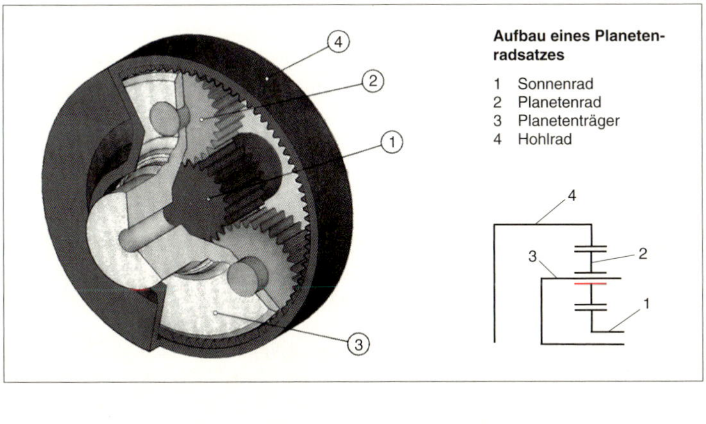

Bild 5.4-27 Planetensatz: Schema und Bild

5.4.4.3 Baugruppen

Planetensatz

Ein Planetensatz **(Bild 5.4-27)** besteht aus den drei Zentralteilen Sonnenrad (1), Planetenträger (3) und Hohlrad (4). Die Planetenräder (2) sind im Planetenträger gelagert. Mit einem Planetensatz lassen sich folgende drei Übersetzungen darstellen:

$$i_3 = \frac{z_4}{z_1} \quad \text{(Standübersetzung)}$$

$$i_{13} = 1 - i_3$$

$$i_{43} = 1 - \frac{1}{i_3}$$

Durch Vertauschung von An- und Abtrieb lassen sich in den genannten Übersetzungen auch ihre Reziprokwerte darstellen. Je nach realisierter Übersetzung und Leistungsanforderung werden Planetensätze mit 3 bis 5 Planeten ausgeführt. Die Sonnen- und Planetenräder sind aus einsatzgehärtetem Stahl. Die Hohlräder sind aus Vergütungsstahl, werden geräumt und für hohe Belastungen nitriert. Die Planetenträger werden aus Blechteilen zusammengeschweißt oder genietet oder sind als Aluminium-Druckgussteile ausgeführt [21]. Der Aufbau von Ravigneaux-, Simpson- und Wilsonsatz ist in der Literatur beschrieben [1, 16, 17]. Für 6-Gang-Automatgetriebe wird heute bevorzugt das Lepelletier-Getriebesystem eingesetzt [22], das aus einem eingangsseitigen einfachen Planetenradsatz und einem ausgangsseitig angeordneten Ravigneauxsatz aufgebaut ist (siehe Getriebeschema in **Bild 5.4-25**).

Schaltelemente

Die Lastschaltelemente in automatischen Getrieben werden als Lamellenkupplungen und Lamellenbremsen ausgeführt. Der Aufbau ist in **Bild 5.4-28** für eine Lamellenkupplung dargestellt. Sie besteht aus einem Außenlamellenträger, der die Stahllamellen radial verdrehsicher, aber axial verschiebbar aufnimmt, einem Innenlamellenträger, in dem die Belaglamellen gehalten werden, einem Zylinder mit einer Drucköl

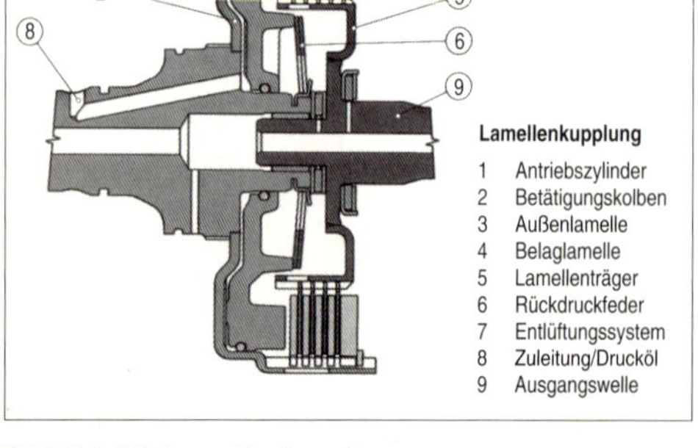

Bild 5.4-28 Lamellenkupplung

zuführung und einem Kolben, der mit Öldruck auf die Stahllamellen gepresst werden kann sowie einer Rückdruckfeder, die bei abgeschaltetem Öldruck den Kolben zurückschiebt, um die Kupplung zu öffnen. Während bei der Kupplung beide Lamellenträger rotierend gelagert sind, hat die Bremse einen gehäusefesten Außenlamellenträger.

Im stationären Zustand sind die Schaltelemente drucklos geöffnet oder mit Hauptdruck hydraulisch geschlossen und übertragen das anliegende Drehmoment kraftschlüssig. Das übertragbare Kupplungsmoment M_K errechnet sich wie folgt:

$$M_K = (F_P - F_f) \cdot n \cdot \mu_{\text{stat}} \cdot r_m$$

Dabei sind n die Anzahl der Reibflächen (zwei pro Lamelle), μ_{stat} der statische Reibwert, r_m der mittlere Reibradius der Kupplungslamellen, F_f die Rückdruckfederkraft und F_p die Druckkraft im Kolben:

$$F_P = \left[\frac{\rho_{\text{Öl}} \cdot \omega_{\text{Öl}}^2}{4} (r_a^2 - r_i^2) + p_{\text{stat}} \right] \pi (r_a^2 - r_i^2)$$

mit $\rho_{\text{Öl}}$ der Dichte des Hydrauliköls, $\omega_{\text{Öl}}$ der Winkelgeschwindigkeit, mit dem das Öl in der Kupplung rotiert, r_a dem Außen- und r_i dem Innenradius des Betätigungskolbens und p_{stat} dem eingestellten Kupplungsdruck.

Die Auslegung des Schaltmoments (maximales Schaltmoment = Motormoment plus Verzögerungsmoment der antriebsseitigen Massenträgheitsmomente) erfolgt nach der gleichen Formel, wobei für den Kupplungsdruck der variabel angesteuerte Schaltdruck p_k und der dynamische Reibwert μ_{dyn} einzusetzen sind. Bei Bremsen ($\omega = 0$) entfällt der Druckanteil aus der Fliehkraft [1].

Als Außenlamellen werden Stahllamellen verwendet. Die Dimenionsierung der Lamellendicke erfolgt nach der Wärmemenge, die während einer Schaltung entsteht und die von der Stahllamelle mit einer akzeptablen Temperaturerhöhung aufgenommen werden muss. Als Innenlamellen werden Belaglamellen eingesetzt, die aus einem Trägerblech (ca. 0,8 mm dick) bestehen, auf das beidseitig der Reibbelag aufgeklebt ist. Als Reibbelag werden so genannte „Papierbeläge" verwendet, die aus einem Stützgerüst aus Zellulose, Aramidfasern, Kunststoffbestandteilen, Mineralien und einer Phenolharztränkung bestehen. Durch die Zusammensetzung des Belags kann der Reibwert in seiner Höhe und dem Verlauf über der Drehzahl beeinflusst werden. Dies hat nicht nur erheblichen Einfluss auf die Übertragungsfähigkeit der Kupplung, sondern auch auf den Schaltkomfort des Getriebes. In den Reibbelag sind Nuten eingebracht, die auch im geschlossenen Zustand der Kupplung eine Durchströmung mit Kühlöl ermöglichen. Dadurch kann nach einer Schaltung die in der Stahllamelle gespeicherte Wärme wieder abgeführt werden.

Außenlamellenträger, Innenlamellenträger, Zylinderraum und Kolben werden als Blechumformteile oder

Aluminium-Druckgussteile ausgeführt. Sie sind meist mit Wellen, Planetenträgern oder anderen Verbindungsteilen verschweißt oder vernietet oder bilden mit den angrenzenden Funktionseinheiten ein Bauteil [21]. Die Kolben sind mit O-Ringen abgedichtet.

Ölversorgung

Die Ölversorgung eines automatischen Getriebes erfüllt folgende Funktionen:

1. Kühlung des hydrodynamischen Drehmomentwandlers.
2. Schmierung und Kühlung des mechanischen Getriebeteils (Schaltelemente, Zahnräder, Lager).
3. Druckversorgung der hydraulischen Steuerung.
4. Druckversorgung der Schaltelement-Betätigung.

Ein Getriebe hat eine Ölfüllung von etwa 6 bis 8 Litern ATF) (automatic transmission fluid). Heutige ATF's bestehen aus einem Grundöl auf Mineralölbasis, dem Additive (chemische Substanzen) beigemischt sind. Durch die Additivierung erfüllt das ATF die vielfältigen Anforderungen in einem automatischen Getriebe:

- Temperaturbeständigkeit von –40 °C bis +150 °C
- thermische Alterungsbeständigkeit
- hoher statischer Reibwert und steigender Reibwertverlauf über der Schlupfdrehzahl
- möglichst geringe Viskositätsänderung über der Temperatur
- Verhinderung von Schaumbildung
- Vermeidung von Ablagerungen
- Vermeidung von Korrosion
- Verträglichkeit mit Dichtungswerkstoffen.

Die Ölversorgung übernimmt eine Innenzahnradpumpe, die durch den Hals des Drehmomentwandlers mit Motordrehzahl angetrieben wird. Die Bauform der Innenzahnradpumpe hat sich durchgesetzt, weil sie sehr gut in den Bauraum zwischen dem Wandler und dem mechanischen Getriebeteil passt, einfach im Aufbau und robust in der Funktionsweise ist. Die theoretische Fördermenge liegt je nach Getriebeanforderung zwischen 14 und 23 cm^3/Umdrehung, der Drehzahlbereich reicht von 600 bis 7000 min^{-1} und der Druckbereich von ca. 3 bis 24 bar. Da die Pumpe für die Leerlaufdrehzahl des Motors bei hohen Öltemperaturen ausgelegt sein muss, ist der Förderstrom bei hohen Drehzahlen viel zu groß. Dieser Volumenstromüberschuss muss möglichst verlustarm in den Ölsumpf oder auf die Saugseite der Pumpe zurückgeführt werden. Um diesen Nachteil zu vermeiden, werden bei einigen Getrieben geregelte Flügelzellenpumpen verwendet.

Zur Ölversorgung gehört auch ein Ölfilter, der auf der Saugseite der Ölpumpe angeordnet ist und im Ölsumpf liegt. Er verhindert, dass Restschmutz aus der Bauteilfertigung und Abrieb, der während des Betriebs entsteht, in die Ölpumpe und die hydraulische Steuerung gelangen.

Hydraulische Steuerung

Seit der Einführung der elektronischen Getriebesteuerung EGS (vgl. Abschnitt 5.4.6) hat die Bedeutung der hydraulischen Steuerung abgenommen. Zur Umsetzung der EGS-Funktionen in die leistungsführenden Bauteile des Triebstrangs ist jedoch nach wie vor die Getriebehydraulik erforderlich. Neben der Umsetzung von analogen und digitalen Drucksignalen, bei denen der Dynamik des Systemverhaltens eine entscheidende Bedeutung zukommt, verbleiben in der Hydraulik nach wie vor Grundfunktionalitäten wie z.B. Druckerhöhung oder -reduzierung, Sicherheits- und Notlauffunktionen.

Das hydraulische Steuerungssystem besteht aus folgenden Teilsystemen:

- Hauptdruckversorgung
- Schaltdrucksteuerung
- Gangwechselsteuerung
- Wandlerkupplungssteuerung
- Schmierdrucksystem
- Notlaufsystem.

Der gesamte Umfang der hydraulischen Steuerungsfunktionen ist in einem Schaltplan beschrieben und im hydraulischen Schaltgerät realisiert. **Bild 5.4-29** zeigt den Aufbau einer typischen Automatgetriebehydraulik. Sie besteht aus einer Ölverteilerplatte (1) und einem Ventilgehäuse (2) aus Aluminium-Druckguss mit Ölkanälen und Öldurchführungen (3) zum Getriebegehäuse. Die Kanäle sind durch ein Zwischenblech (4) und Flachdichtungen (5) mit Durchtrittsöffnungen abgedeckt. Um Leckagen zu vermeiden, werden die Gehäuseteile engmaschig miteinander und dem Getriebegehäuse verschraubt (6). Im Ventilgehäuse sind Ventilbohrungen, in denen die Ventile (7) Ölströme steuern oder Drücke regeln. Die Ventile werden durch Federn (8) in Grundstellung gehalten und mit Stopfen (9) und Klammern (10) im Gehäuse arretiert. Teil des hydraulischen Schaltgeräts sind auch die Magnetventile und Druckregler (11), die in das Ventilgehäuse montiert sind und mit einem Halteblech (12) befestigt werden. Über einen Wählschieber, der mechanisch mit dem Wählhebel verbunden ist, werden die Vorwärts- (D) und Rückwärtsfahrstellung (R) vorgegeben und in der Fahrstufe N (Neutral) mindestens ein Schaltelement drucklos geschaltet, das den Triebstrang auftrennt. Die Umschaltventile werden von außen durch die EGS über Magnetventile oder durch interne Drücke gesteuert. Mit ihnen wird von einem Gang in den anderen geschaltet. Die Regelventile werden ebenfalls von der EGS über Druckregler mit einem analogen Drucksignal angesteuert. Mit den Regelventilen wird der Druckverlauf an der zu- und abschaltenden Kupplung während des Schaltvorgangs gesteuert, der Hauptdruck proportional zum Motormoment eingestellt und die Wandlerkupplung auf eine vorgegebene Schlupfdrehzahl geregelt.

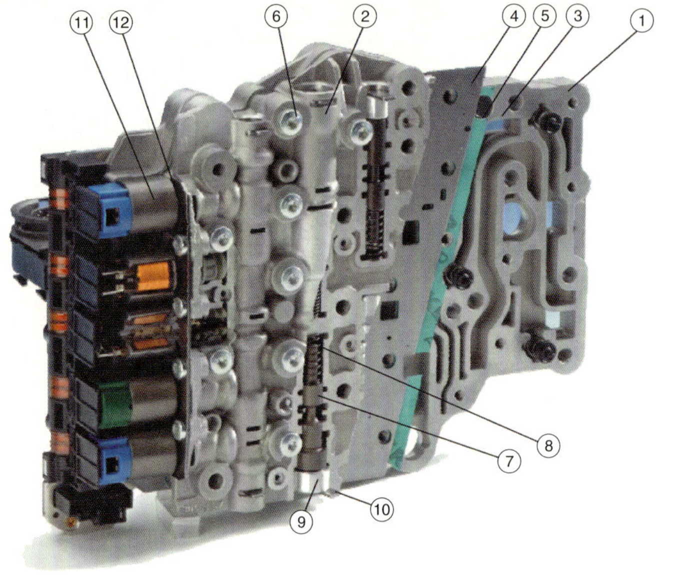

1 Ölverteilerplatte	4 Zwischenblech	7 Ventil	10 Klammer (Federspange)
2 Ventilgehäuse	5 Dichtung	8 Druckfeder	11 Druckregler
3 Durchflusskanal	6 Schraube	9 Stopfen	12 Halteblech

Bild 5.4-29 Hydraulisches Schaltgerät

Das hydraulische Schaltgerät ist meist unten an das Getriebegehäuse angeschraubt. Über Verbindungskanäle wird das Öl zur Ölpumpe, zum Wandler, zur Schmierung und zu den Schaltelementen geleitet. Meist trägt das hydraulische Schaltgerät auch noch Sensoren für Drehzahl und Öltemperatur und die Verkabelung für die Ventile samt dem Getriebestecker. Durch geeignete Ausführung der Hydraulik und des Elektriksatzes lassen sich hydraulische und elektrische Getriebesteuerungskomponenten zu einer elektrohydraulischen Baueinheit zusammenfassen [23]. Bei modernen Automatgetrieben ist die elektronische Getriebesteuerung (EGS) ebenfalls Bestandteil dieser elektrohydraulischen Baueinheit und enthält als Mechatronikmodul die gesamte Steuerungsfunktionalität des Getriebes (vergl. Abschnitt 5.4.6).

5.4.4.4 Betätigung

Wählschieberbetätigung

Automatische Getriebe weisen als äußere Schaltung einen Wählhebel auf, der mit einem Gestänge oder einem Bowdenzug mechanisch mit der Wählwelle des Getriebes verbunden ist. Mit dem Wählhebel werden im Getriebe die Grundfunktionen P (Parken), R (Rückwärtsfahrt), N (Neutral) und D (Vorwärtsfahrt) gesteuert. Dazu wirkt die mechanische Verbindung auf den Wählschieber und die Parksperre. Die Arretierung der Wählwelle erfolgt über eine Rastenscheibe mit einer Feder. Meist ist außen am Getriebe auf der Wählwelle ein Positionserkennungsschalter angebracht. Er dient zur Erkennung der Wählhebelposition, die im Kombi-Instrument angezeigt wird und zur Steuerung des Rückfahrlichts und der Anlasssperre, die ein Starten des Motors in einer Fahrposition verhindert. Bei Getrieben mit integrierter Getriebeelektronik ist der Positionsschalter Teil des Mechatronikmoduls.

Parksperre

Fahrzeuge mit Handschaltgetriebe lassen sich gegen Wegrollen sichern, indem bei abgestelltem Motor ein Gang eingelegt wird. Dies ist bei automatischen Getrieben nicht möglich. Da bei stehendem Motor keine Druckölversorgung vorhanden ist, sind alle Schaltelemente geöffnet, das Getriebe befindet sich in Neutral. Um ein Wegrollen des Fahrzeugs ohne betätigte Handbremse zu verhindern, gibt es bei automatischen Getrieben eine Parksperre. Sie verriegelt durch ein verzahntes Rad und eine Klinke den Getriebeabtrieb gegen das Gehäuse. In den Wählhebelpositionen R, N, und D wird die Parksperrenklinke mit einer Rückhaltefeder am Einfallen in das Parksperrenrad gehindert. Beim Einlegen der Position P wird die Klinke über einen Keil gegen das Parksperrenrad gedrückt. Trifft die Klinke auf eine Lücke, rastet sie ein und verriegelt den Abtrieb. Trifft sie auf einen Zahn, wird sie durch einen Federmechanismus vorgespannt, sodass bei einer Drehung des Abtriebs die Klinke mithilfe der Vorspannkraft in die nächste Lücke des Parksperrenrads einrastet.

Wählhebel

Der klassische Automatgetriebe-Wählhebel weist neben den Hauptfahrpositionen P, R, N und D noch verschiedene Gangstufen auf, z.B. 4, 3, 2, mit denen ein Hochschalten verhindert werden kann. Dies dient in erster Linie dem Bremsbetrieb bei Bergfahrt, kann jedoch auch von leistungsorientierten Fahrern benutzt werden, um den Motor in hohen Drehzahlbereichen zu betreiben. Neuere Ausführungen von Wählhebeln weisen neben der Automatgasse auch eine Tipp-Gasse auf [24]. Beim Übergang des Wählhebels in diese Gasse schaltet die EGS vom Automatmodus in einen Handschaltmodus um. Durch eine Wählhebelbewegung nach vorn (+) wird hoch- und nach hinten (–) zurückgeschaltet. Die Einführung der Tiptronic verfolgte die Absicht, dem Fahrer eines Automat-Fahrzeugs auch die Möglichkeit zu bieten, bei Bedarf wie mit einem Handschaltgetriebe zu fahren. **Bild 5.4-30** zeigt einen Tipp-Wählhebel.

Bild 5.4-30 Wählhebel mit Tippgasse

5.4.4.5 Betriebsverhalten

Das kundenrelevante Betriebsverhalten eines Fahrzeugs mit Automatgetriebe zeigt sich in der Schaltqualität, also der Art und Weise, wie der Gangwechsel vollzogen wird und ob, bzw. wie er spürbar ist und im Schaltprogramm, also in welchem Gang gefahren wird und wann die Gänge gewechselt werden.

Schaltqualität

Da die Schaltung bei einem automatischen Getriebe definitionsgemäß automatisch erfolgt, also vom Fahrer nicht bewusst eingeleitet wird, muss sie weitgehend unspürbar ablaufen, sonst wird sie als störend empfunden. Weiterhin erwartet der Fahrer beim Betätigen des Fahrpedals eine direkte Reaktion in Form einer Fahrzeugbeschleunigung, die i.d.R. durch eine sofortige Rückschaltung erreicht wird. Das Ziel der Schaltablaufsteuerung ist es deshalb, bei Rückschaltungen spontan auf den Fahrerwunsch zu reagieren und Schaltungen möglichst ruckfrei ablaufen zu lassen. Die Grundvoraussetzungen für eine gute Schaltqualität liegen im Aufbau des mechanischen Getriebes und im hydraulischen Steuerungssystem. Mit kleinen Gangsprüngen ist eine gute Schaltung leichter zu erreichen als bei großen Stufen. In der hydraulischen Getriebesteuerung ist ein gutes Systemverhalten maßgebend für eine gute Schaltqualität, d.h. die gesamte sehr stark nichtlineare Übertragungsstrecke muss geringe Totzeiten aufweisen und in allen Betriebszuständen stabil sein. Wenn diese Voraussetzungen gegeben sind, können durch entsprechende Steuerungs- und Regelungsalgorithmen in der EGS die Schaltungsabläufe optimiert werden. Eine genaue Drehzahlerfassung von Getriebeeingangs- und -ausgangsdrehzahl ermöglicht eine Drehzahlregelung der zu- und abschaltenden Kupplung während des Schaltungsablaufs. Diese Regelung führt zu kontinuierlichen, immer gleich ablaufenden Schaltungen, unabhängig von den Betriebsbedingungen. In Schaltungsbereichen, in denen sich die Drehzahl nicht ändert, wird durch adaptive Strategien versucht, die Drucksteuerung der Kupplungen auf die richtigen Größen zu justieren. Mit Adaptionsalgorithmen wird gewährleistet, dass auch Änderungen während der Betriebsdauer, wie z.B. Setzvorgänge oder Verschleiß an den Kupplungen ausgeglichen werden und keinen negativen Einfluss auf das Schaltverhalten und die Schaltqualität des Getriebes haben.

Schaltprogramm

Automatische Getriebe werden in Abhängigkeit der Fahrgeschwindigkeit und des Drosselklappenwinkels geschaltet. Ein Getriebeschaltkennfeld enthält abhängig von diesen Parametern Hoch- und Rückschaltlinien **(Bild 5.4-31)** für alle Gangwechsel. Wird z.B. ein Fahrzeug bei konstanter Motorlast beschleunigt

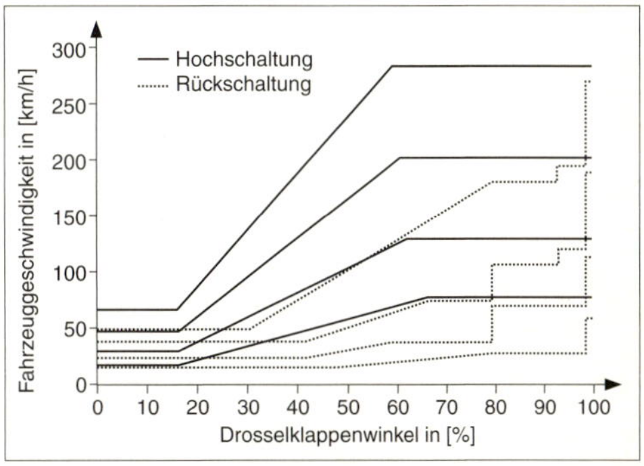

Bild 5.4-31 Schaltkennfeld

und dabei eine Hochschaltlinie überschritten, erfolgt eine Schaltung in den nächst höheren Gang. Wird andererseits durch ein Betätigen des Fahrpedals eine Beschleunigung des Fahrzeugs gefordert und dabei eine Rückschaltlinie überschritten, erfolgt eine Rückschaltung über einen oder mehrere Gänge. Die elektronische Getriebesteuerung bietet für die Gestaltung solcher Schaltkennfelder große Freiheiten. So können mehrere solcher Kennfelder in der EGS abgelegt werden, die eine unterschiedliche Fahrcharakteristik aufweisen. Üblich sind E-Programme (Economy) für ein sehr verbrauchsorientiertes Fahren mit frühen Hochschaltungen und späten Rückschaltungen und S-Programme (Sport) für fahrleistungsorientierte Fahrweise. Die Programme können mit einem Wahlprogrammschalter, der am Wählhebel angebracht ist, vom Fahrer ausgewählt werden oder sie werden von der Getriebeelektronik selbst bestimmt. Dies erfordert eine Schaltstrategie, die aufgrund verschiedener Einflussgrößen, wie z.B. Fahrpedalstellung, Fahrpedalbewegung, Fahrgeschwindigkeit, Längs- und Querbeschleunigung des Fahrzeugs, Bremsbetätigung, usw. eine Klassifizierung der Fahrbedingungen und des Fahrverhaltens vornimmt und bewertet und daraus ein entsprechend der Fahrsituation angemessenes Fahrprogramm auswählt [24]. **Bild 5.4-32** zeigt den Aufbau eines solchen Verfahrens. Eine andere Möglichkeit zur Anpassung des Fahrprogramms bietet der Aufbau eines Schaltkennfeldes, bei dem die Schaltkennlinien durch verschiedene Einflussgrößen variabel an die Fahrsituation angepasst werden können [25]. Eine Übersicht über alle gängigen Methoden zur Ausführung von Schaltprogrammen findet sich in der Literatur [26].

5.4.4.6 Ausführungsbeispiele

Front-Quer-Antrieb

Für Pkw mit Frontantrieb und querliegender Antriebseinheit bleibt für das Getriebe relativ wenig Platz. Es muss daher sehr kurz bauen. Aufgrund der beengten Einbauverhältnisse, der Achslage von Motor und Seitenwellen, der Anordnung von anderen Aggregaten im Vorderwagen und den hohen Anforderungen an die Crashsicherheit werden an den Getriebeaufbau Anforderungen gestellt, die sehr stark vom jeweiligen Fahrzeug-Gesamtkonzept abhängen. Neben noch vereinzelt eingesetzten 3-Gang-Getrieben wird die Front-Quer-Anwendung von 4-Gang-Getrieben dominiert. Als erstes 6-Gang-Automatgetriebe für die Front-Quer-Anwendung wurde vom VW-Konzern für die Golf-Plattform das Getriebe TF-60SN vom japanischen Hersteller Aisin AW eingeführt [27]. Das Getriebe basiert auf dem Lepelletiersystem, die Übersetzungen entsprechen nahezu den in **Bild 5.4-25** dargestellten Werten, das Auslegungsdrehmoment liegt bei 250 Nm und die Baulänge beträgt nur 350 mm. **Bild 5.4-33** zeigt einen Schnitt durch das Getriebe. Daraus sind der Aufbau und die wesentlichen Bauteile ersichtlich.
Ein schmaler Wandler mit Wandler-Überbrückungskupplung und integriertem Torsionsdämpfer und die geschachtelte Bauweise von Radsätzen und Schaltelementen sowie fertigungstechnische Maßnahmen zur Toleranzeinengung tragen zu einer kompakten Bauweise und der kurzen Getriebelänge bei. Das Getriebe hat einen Freilauf im 1. Gang, der den Innenlamellenträger der Bremse B2 gegen das Gehäuse abstützt. Charakteristisch für ein Frontantriebs-

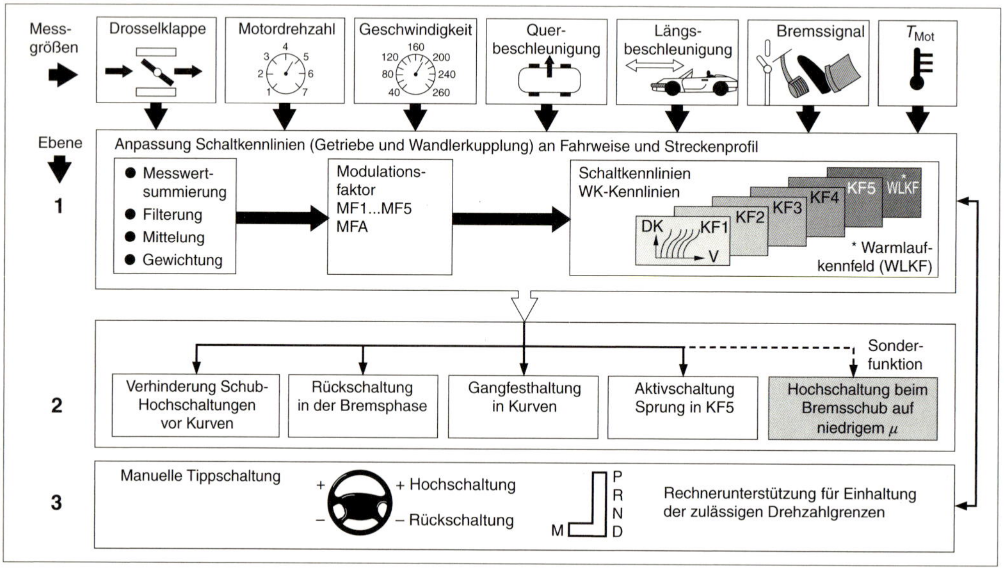

Bild 5.4-32 Schaltstrategie zur Auswahl von Schaltprogrammen

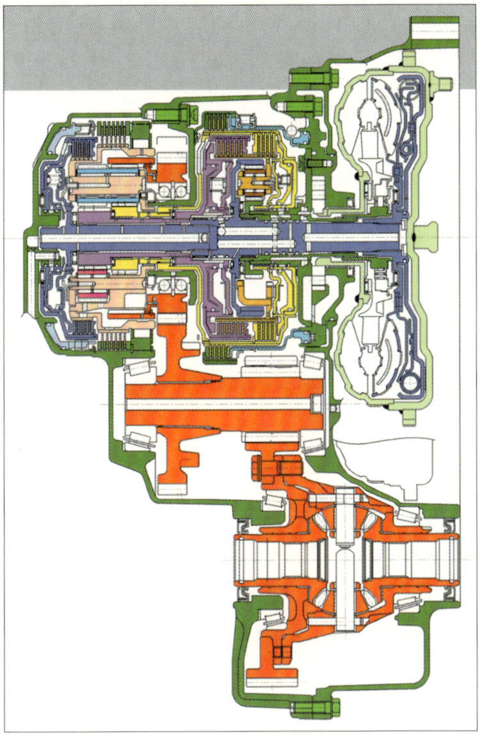

Bild 5.4-33 Schnittbild AW – TF-60SN für Front-Quer-Antrieb

getriebe ist das integrierte Achsgetriebe. Durch unterschiedliche Stirnradstufen lässt sich die Endübersetzung den fahrzeugseitigen Forderungen nach Bergsteigfähigkeit und Höchstgeschwindigkeit anpassen.

Standardantrieb

Für den Standardantrieb wurde 2001 das erste automatische 6-Gang-Getriebe in die Serie eingeführt. **Bild 5.4-34** zeigt das ZF Getriebe 6 HP 26, das eine Gesamtübersetzung von 6,04 aufweist und für Motordrehmomente bis 600 Nm dimensioniert ist. Das Radsatzsystem nach Lepelletier besteht aus einem einfachen Planetensatz am Getriebeeingang, der die Antriebsleistung in 2 Zweige aufteilt, die durch einen Ravigneauxsatz am Getriebeausgang wieder zusammengeführt werden. Mit nur 5 Schaltelementen werden 6 Vorwärtsgänge und der Rückwärtsgang geschaltet. Das Getriebe hat keine Freiläufe, alle Schaltungen laufen als geregelte Lastschaltungen ab. Das Getriebesystem sowie eine optimale Anordnung und Gestaltung der Bauteile ermöglicht einen sehr kompakten Getriebeaufbau. Das 6-Gang-Getriebe hat weniger Teile und baut kleiner und leichter als ein vergleichbares 5-Gang-Automatgetriebe [28].
2003 wurde von Mercedes-Benz ein Automatgetriebe mit 7 Gangstufen eingeführt [29]. Basierend auf dem Mercedes 5-Gang-Automatgetriebe W5A330/580 wurde der einfache eingangsseitige Planetensatz durch einen invertierten Ravigneauxsatz ersetzt und

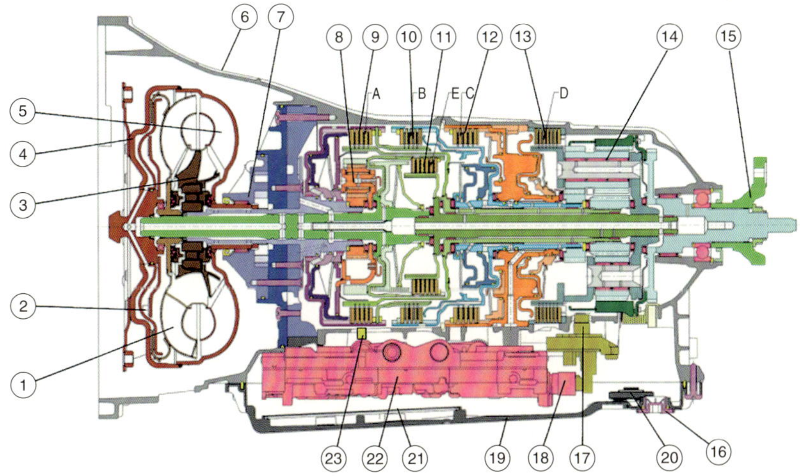

1 Turbine
2 Wandlerkupplung
3 Leitrad Drehmomentwandler
4 Wandlerdeckel
5 Pumpe
6 Getriebegehäuse
7 Ölpumpe
8 vorgeschalteter einfacher Planetensatz
9 Kupplung A
10 Kupplung B
11 Kupplung E
12 Bremse C
13 Bremse D
14 nachgeschalteter Ravigneauxplanetensatz
15 Abtriebsflansch
16 Ölfüllschraube
17 Drehzahlsensor Abtrieb
18 Druckregelventile
19 Ölwanne
20 Magnet
21 Ölsieb
22 hydraulische Steuerung
23 Drehzahlsensor Turbine

Bild 5.4-34 Schnittbild ZF-6 HP 26 für Standard-Antrieb

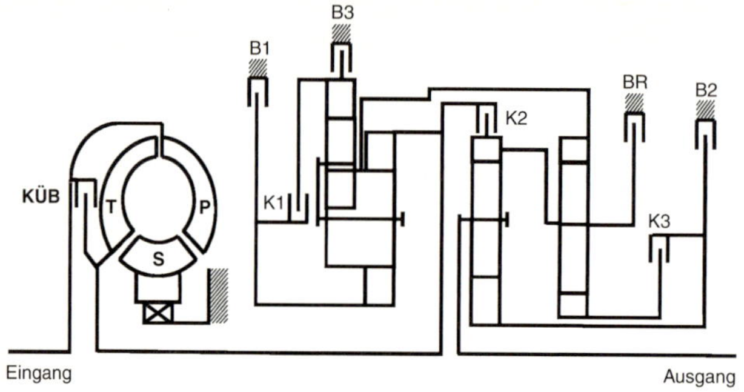

Gang	K1	K2	K3	B1	B2	B3	BR
1			●		●	●	
2			●	●	●		
3	●		●		●		
4	●	●			●		
5	●	●	●				
6		●	●	●			
7		●	●			●	
R1			●			●	●
R2			●	●			●
N			●			●	

Bild 5.4-35 Getriebeschema MB 7-Gang-Getriebe W7A700

eine zusätzliche Lamellenbremse ergänzt, um 7 Vorwärts- und 2 Rückwärtsgänge darzustellen. **Bild 5.4-35** zeigt das Getriebe- und Schaltschema dieses Getriebes, das eine Spreizung von 6,02 aufweist und für Motormomente bis 700 Nm ausgelegt ist.

Front-Längs- und Allradantrieb

Für Fahrzeuge mit Frontantrieb und längs eingebauten Motoren lässt sich aus den Standard-Getrieben eine Variante ableiten, die aus demselben Basis-Getriebe besteht, der Abtrieb aber über eine Stirnradkette und einer neben dem Getriebe liegenden Welle zu einem Achsgetriebe geführt wird, an das die Seitenwellen der Vorderachse angeflanscht werden können. Durch die Integration eines Verteilergetriebes lässt sich ein sehr kompakt bauender Allradantrieb realisieren, der bei Pkw-Allradanwendungen zum Einsatz kommt. Aus dem Standard-Getriebe lässt sich durch Anflanschen eines externen Verteilergetriebes an die Getriebe-Abtriebsseite auch die Möglichkeit für einen add-on-Allradantrieb darstellen. Dies wird in erster Linie für den Einsatz in Geländefahrzeugen realisiert.

5.4.5 Stufenlose Getriebe

5.4.5.1 Funktionsweise

Stufenlose Getriebe bieten gegenüber den Stufengetrieben den Vorteil, dass mit ihnen die starre Kopplung zwischen Fahrgeschwindigkeit und Motordrehzahl für einzelne Gangstufen aufgehoben werden kann. Daraus resultieren zwei Effekte. Zum einen kann die Übersetzung genau der Zugkrafthyperbel angepasst werden (**Bild 5.4-36**). Dies bringt einen Gewinn an Zugkraft und damit eine Steigerung der Fahrleistung. Zum anderen kann die Übersetzung im Teillastbereich, in dem heute der größte Fahranteil liegt, so eingestellt werden, dass sich der Motorbetriebspunkt im Bereich des minimalen Kraftstoffverbrauchs befindet (**Bild 5.4-37**). Dies trägt zur Kraftstoffeinsparung bei. Während die Funktion von Stufengetrieben heute durch Zahnradstufen in Vorgelege- oder Planetenbauweise ausgeführt ist,

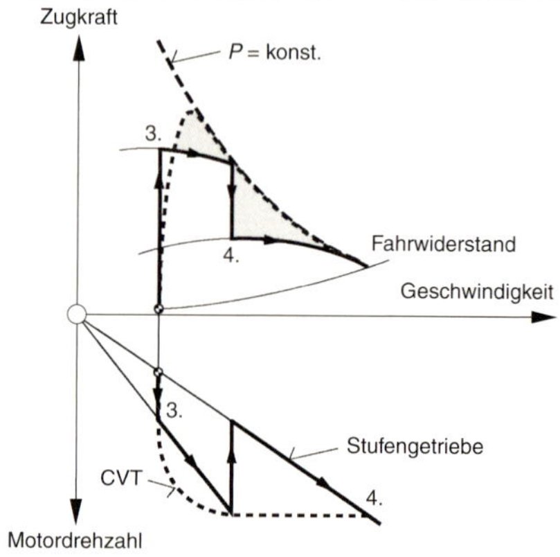

Bild 5.4-36 Übersetzungsanpassung an die Zugkrafthyperbel

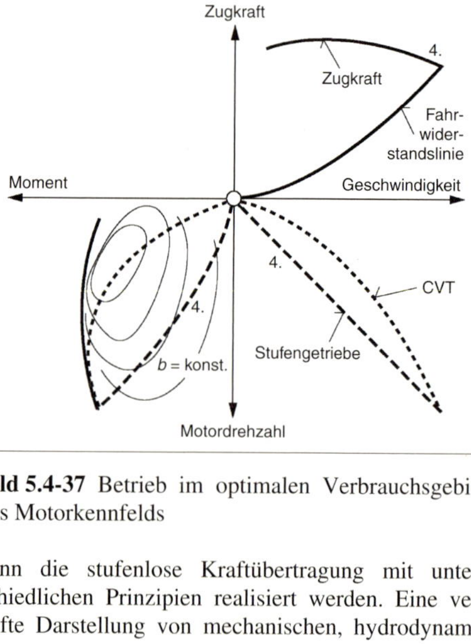

Bild 5.4-37 Betrieb im optimalen Verbrauchsgebiet des Motorkennfelds

kann die stufenlose Kraftübertragung mit unterschiedlichen Prinzipien realisiert werden. Eine vertiefte Darstellung von mechanischen, hydrodynami-

schen, hydrostatischen und elektrischen Getrieben sowie die Möglichkeiten der Leistungsverzweigung ist in der Literatur zu finden [30].
Während sich die elektrischen Antriebe im Kraftfahrzeug bisher nur sehr begrenzt durchgesetzt haben, ist der stufenlose hydrostatische Antrieb in Arbeitsmaschinen für Baufahrzeuge, Traktoren und landwirtschaftlichen Maschinen, aber auch in Nutzfahrzeugen und Bussen für spezielle Einsatzfälle zu finden. Das hydrodynamische stufenlose Getriebe – der Drehmomentwandler – ist heute praktisch jedem Stufenautomatgetriebe als Anfahrelement vorgeschaltet. Bei den mechanischen stufenlosen Getrieben unterscheidet man im Wesentlichen die Wälzgetriebe und die Umschlingungsgetriebe. Bei den Wälzgetrieben sind die Toroidgetriebe am weitesten entwickelt [38]. Die Kraftübertragung von einer Antriebs- auf eine Abtriebsscheibe, die in der Form eines Torus ausgebildet sind, erfolgt über schwenkbare Rollen. Durch Änderung des Neigungswinkels der Reibrollen lässt sich das Übersetzungsverhältnis zwischen An- und Abtrieb stufenlos einstellen. Die Kraftübertragung erfolgt durch Reibkontakt. Dies führt zu sehr hohen Hertz'schen Pressungen an den Bauteilen und erfordert ein spezielles Traktionsfluid, das die hohen Pressungen erträgt und die Umfangskräfte übertragen kann. Toroidgetriebe waren bereits in den 30er-Jahren im Einsatz [31], konnten sich jedoch bisher nicht gegen die Stufenautomatgetriebe durchsetzen.
In der Pkw-Antriebstechnik wird heute das CVT (Continuously Variable Transmission) als stufenloses, mechanisches Getriebe in Form eines Umschlingungsgetriebes eingesetzt. Das Kernelement ist der Variator, der aus zwei Kegelscheibenpaaren besteht. Die Kraftübertragung erfolgt durch ein Umschlingungselement. Durch axiale Veränderung des Scheibenabstandes wird der Laufradius des Umschlingungselements und damit die Übersetzung geändert. Die Kraftübertragung zwischen Scheibenpaar und Umschlingungselement erfolgt durch Reibung. Die axiale Anpressung der Scheiben wird über Kolben durch hydraulischen Druck erzeugt. Die Übersetzungsverstellung wird ebenfalls hydraulisch gesteuert.

5.4.5.2 Aufbau

Der schematische Aufbau eines Getriebes für Front-Quer-Antrieb ist in **Bild 5.4-38** zu sehen [32]. Die für ein CVT charakteristischen Baugruppen sind im Bild bezeichnet. Als Anfahrelement kann neben dem hydrodynamischen Drehmomentwandler, der im Fahrbetrieb überbrückt wird, auch eine trocken- oder nasslaufende Lamellenkupplung oder eine Magnetpulverkupplung dienen. Die Umschaltung von Vorwärts- auf Rückwärtsfahrt ist durch einen Planetenwendesatz mit nasslaufenden Lamellenkupplungen realisiert. Ebenso ist eine Vorgelegewendestufe mit Klauenkupplungen möglich. Zur Druckversorgung steht in der Regel eine Zahnradpumpe zur Verfügung. Als Umschlingungselement dient eine Kette oder ein Schubgliederband. Der Endabtrieb wird mit schrägverzahnten Stirnrädern ausgeführt. Als Achsausgleichsgetriebe kommt ein Kegelraddifferenzial zum Einsatz. Hydraulische und elektronische Steuerungseinheit entsprechen in ihrem Aufbau den aus den Stufengetrieben bekannten Getriebesteuerungen, wobei für die Anpressdrücke um bis zum Faktor 5 höhere Werte als bei Stufenautomatgetrieben benötigt werden.

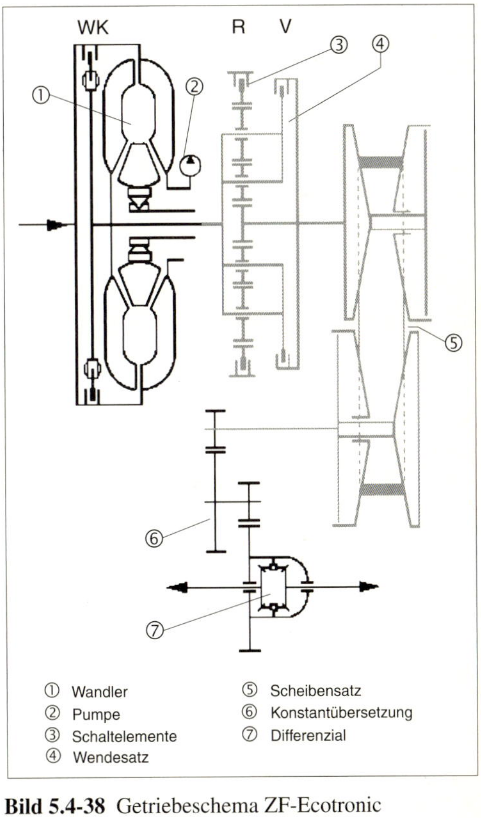

Bild 5.4-38 Getriebeschema ZF-Ecotronic

5.4.5.3 Baugruppen

Neben den von den Stufengetrieben bekannten Bauteilen und Baugruppen (vgl. Abschnitt 5.4.4.3) verdienen die CVT-spezifischen Teile, das Umschlingungselement, der Variator und die Steuerung besondere Beachtung.

Umschlingungselement

Für den Serieneinsatz im Pkw haben sich bisher als Umschlingungselemente das Schubgliederband von Van Doorne's Transmissie (VDT) und die Laschenkette von LuK bewährt. Das Schubgliederband **(Bild 5.4-39)** besteht aus 2 mehrlagigen Bändern, die sich aus ca. 0,2 mm dicken Endlosringen aus hochfestem Stahl zusammensetzen und die Klemmstücke aus gestanztem Stahlblech zusammenhalten. Die Kraftübertragung von der Primär- auf die Sekundärscheibe erfolgt nicht wie bei einer Kette durch Zugkräfte, sondern durch Schub über die Klemmstücke.

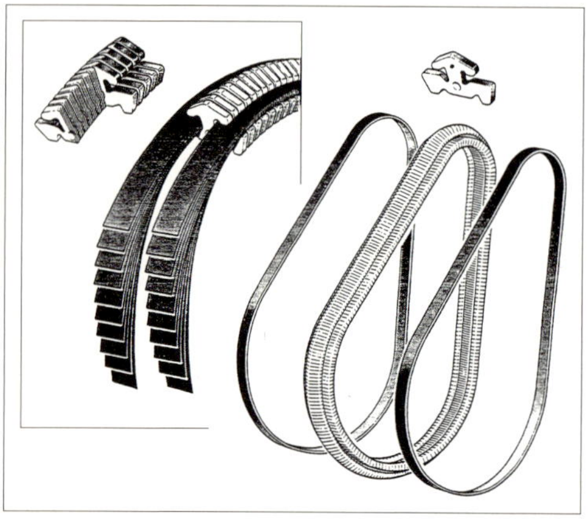

Bild 5.4-39 VDT-Schubgliederband

Für unterschiedliche Leistungsklassen stehen Schubgliederbänder von 24 und 30 mm Breite mit 6, 9, 10 und 12 Stahlringen zur Verfügung. Für kleine Leistungen (Motordrehmomente <65 Nm) kommen auch Bänder aus Gummiwerkstoffen zum Einsatz. Für den Front-Längs-Antrieb wurde 1999 von Audi ein stufenloses Getriebe mit einer Laschenkette von LuK in den Markt eingeführt [33] (**Bild 5.4-40**). Die Kraftübertragung erfolgt von den ballig ausgeführten Variatorscheiben durch Reibung auf die zweiteiligen Stifte der Kette. Die Stifte sind miteinander durch Laschen verbunden, die die Umfangskräfte durch Zug weiterleiten.

Die übertragbare Leistung der heute eingesetzten Umschlingungselemente liegt für beide Bauformen bei etwa 180 kW und einem maximalen Motordrehmoment von 330 Nm. Bei diesen Anwendungen beträgt die Spreizung des Getriebes mit Schubgliederband 5,4, die des Kettenvariators 6,25. Der Kettenvariator weist einen etwas besseren Wirkungsgrad auf, ist aber hinsichtlich des Geräuschverhaltens schwieriger zu beherrschen als das Schubgliederband, und erfordert i.d.R. zusätzliche fahrzeugseitige Dämmmaßnahmen [34].

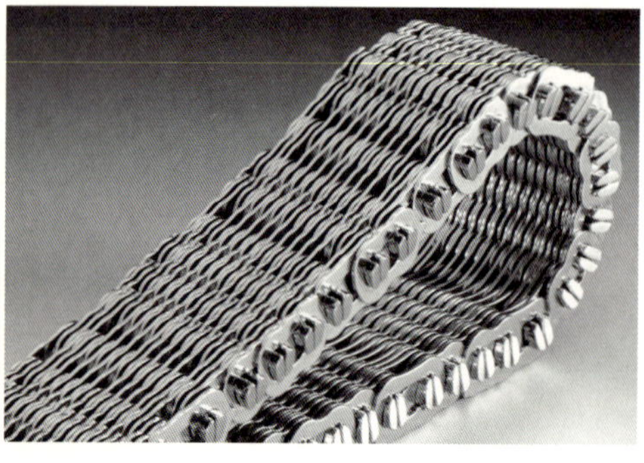

Bild 5.4-40 LuK-Laschenkette

Variator

Bild 5.4-41 zeigt ein ZF-Ecotronic-Getriebe im Schnitt. Daraus ist der Aufbau des konischen Primär- und Sekundärscheibensatzes ersichtlich. Ein Scheibensatz besteht aus einer wellenfesten Scheibe und einer Losscheibe, die auf der Welle axial beweglich geführt ist. Die axiale Führung der Losscheibe ist als Kugelführung ausgebildet, um die Druckkraft aus den Anpresszylindern mit minimaler Reibung an die Kontaktstelle zwischen Scheibe und Band zu übertragen. Geringe Reibung kommt auch der schnellen Scheibenverstellung zugute, um eine hohe Verstelldynamik des Variators zu gewährleisten. Die Scheiben sind aus gehärtetem Stahl mit geschliffenen Kegeloberflächen. Primär- und sekundärseitige Anpresszylinder sind als Blechumformteile ausgeführt. Der Sekundärscheibensatz ist über eine Feder mit einer mechanischen Vorspannkraft beaufschlagt. Der Zylinderraum wurde mit einer zusätzlichen Blechabdeckung versehen, um die Fliehkraftwirkung des Öls zu kompensieren.

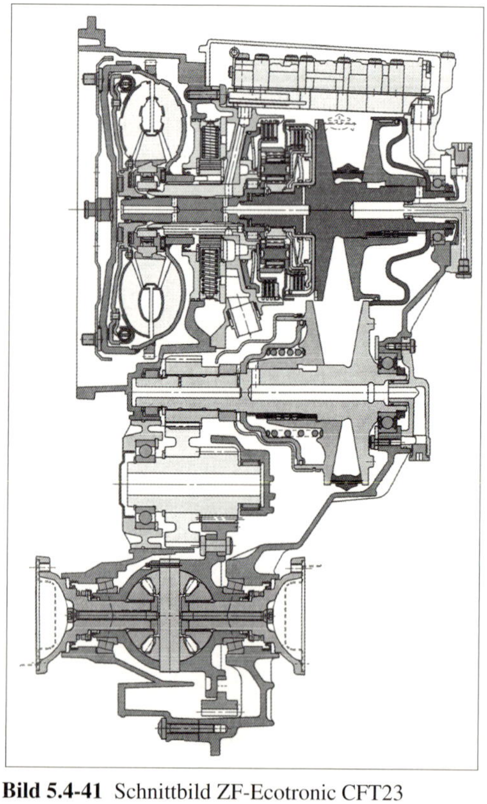

Bild 5.4-41 Schnittbild ZF-Ecotronic CFT23

Steuerung

Bei stufenlosen Getrieben sind keine Gänge zu schalten. Als besondere Aufgaben der Getriebesteuerung sind jedoch die Variatordrucksteuerung für die Anpressung und die Variatorverstellungen für die Übersetzungsregelung zu sehen. Die Anpressung des Bandes oder der Kette sollte proportional zum übertragenen Drehmoment erfolgen. Zu geringe Anpresskräfte führen zum Durchrutschen und zur Zerstörung des Bandes oder der Kette.
Überschüsse in den Anpresskräften bedingen hohe Drücke und daraus resultierend eine hohe Pumpenleistung. Dies führt zu einem schlechten Getriebewirkungsgrad. Deshalb ist eine möglichst genaue drehmomentabhängige Anpressdrucksteuerung von großer Wichtigkeit. Die Übersetzungsregelung erfolgt in der Regel über die Beeinflussung des Sekundärdrucks. Sowohl Anpressdruck als auch Übersetzungsregelung werden in Abhängigkeit von fahrzeug- und getriebeseitigen Signalen in der Getriebelektronik errechnet und mithilfe von elektromagnetischen Druckreglern in hydraulische Drücke umgesetzt, die dann die entsprechenden Ventile in der Hydraulik steuern. Eine Systemdarstellung der Getriebesteuerung mit Signalflüssen und Funktionsinhalten zeigt **Bild 5.4-42**.

5.4.5.4 Betätigung

Für die äußere Schaltung, den Wählhebel, den Positionserkennungsschalter, die Anzeige im Kombiinstrument und die Parksperre gelten für stufenlose Getriebe die Aussagen, wie sie in Abschnitt 5.4.4.4 für die Stufengetriebe ausgeführt sind.

5.4.5.5 Betriebsverhalten

Ein stufenloses Getriebe bietet in seinem Betriebsverhalten einen höheren Freiheitsgrad als Stufengetriebe. Die Zwangskopplung zwischen Fahrgeschwindigkeit, eingelegtem Gang und Motordrehzahl ist aufgehoben. Damit kann das Fahrverhalten eines Kraftfahrzeugs wesentlich beeinflusst werden.

Fahrstrategie

Das Betriebsverhalten eines stufenlosen Getriebes wird von der Verstellstrategie des Variators beeinflusst. Dabei sind alle Möglichkeiten zwischen den Strategien „extrem ökonomisch“ und „sehr sportlich“ möglich. In **Bild 5.4-43** ist in einem Motordiagramm das Kennfeld einer Fahrprogrammsteuerung für unterschiedliche Strategien aufgezeigt. Dabei ist es möglich, über ein fest vorgegebenes Programm eine Betriebskennlinie auszuwählen oder über eine adaptive Betriebspunktsteuerung den geeignetsten Kennfeldpunkt in Abhängigkeit von der aktuellen Betriebssituation einzustellen.

Kraftstoffverbrauch

Ein Grund für den Einsatz von stufenlosen Getrieben ist die Möglichkeit zur Reduzierung des Kraftstoffverbrauchs. Dies ist durch eine im Vergleich zu 4- und 5-Gang-Getrieben ($\varphi = 4{,}0$ bis $5{,}0$) höhere Getriebe-

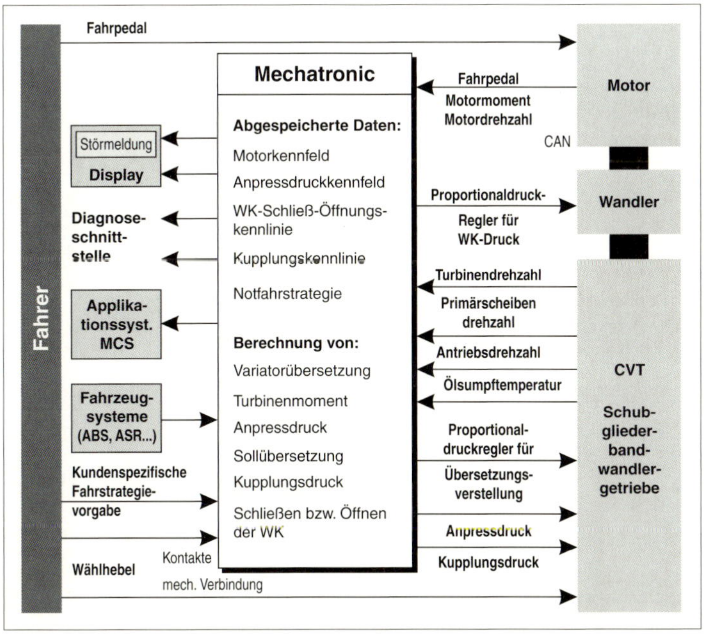

Bild 5.4-42 Blockdiagramm einer CVT-Getriebesteuerung

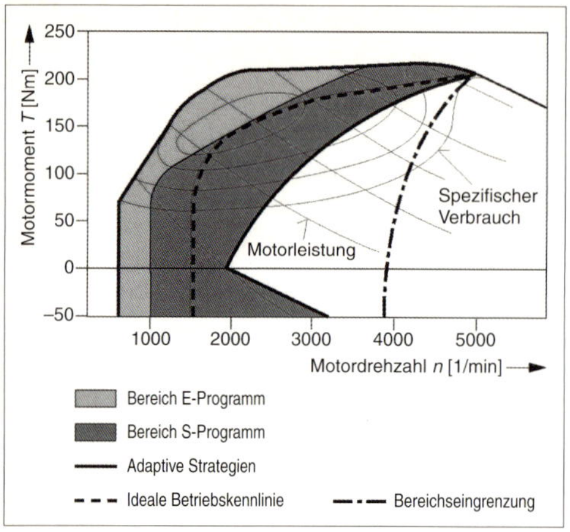

Bild 5.4-43 Fahrprogrammsteuerung eines CVT-Getriebes

spreizung von $\varphi = 5{,}4$ bis 6,4 gegeben. Gegenüber 6-Gang-Stufenautomaten haben stufenlose Getriebe den weiteren Vorteil, dass der Motor über weite Fahranteile in seinem verbrauchsgünstigsten Kennfeldbereich betrieben werden kann. Bei entsprechend ökonomisch eingestellter Fahrstrategie können Verbrauchswerte wie bei einem 5-Gang-Handschaltgetriebe erreicht werden. Gegenüber einem 4-Gang-Automatgetriebe lassen sich Verbrauchsvorteile von bis zu 10% erzielen.

Beschleunigungsverhalten

Durch die Möglichkeit, bei einer Fahrzeugbeschleunigung mit einem CVT direkt der Zugkrafthyperbel nachzufahren, können gegenüber einem Stufengetriebe die Zugkraftlücken ausgefüllt werden. Daraus ergibt sich ein Fahrleistungsgewinn. Dies führt zu besseren Beschleunigungswerten von 0 auf 100 km/h. Messungen haben um bis zu 8% höhere Beschleunigungswerte als bei 4-Gang-Automatgetrieben ergeben. Bei vergleichbaren Verbrauchswerten liegt ein CVT in der Beschleunigung um ca. 4 % besser als ein 6-Gang-Stufenautomat [34].

Komfort

Da bei stufenlosen Getrieben per Definition keine Schaltungen auftreten, gibt es keine Schaltrucke. Unter Schaltkomfortgesichtspunkten ist das CVT ein ideales Getriebe. Je nach Verstellstrategie ist das Motordrehzahlverhalten etwas gewöhnungsbedürftig. Mit elektronisch gesteuerten Getrieben kann das Fahrverhalten jedoch weitgehend dem der Stufengetriebe angepasst werden.

Handschaltmodus

Für eingefleischte Selbstschalter lassen sich auch stufenlose Getriebe mit einem Handschaltmodus ausrüsten. Geschaltet wird mit einem Wählhebel, der eine separate Schaltkulisse mit 3 Stellungen („+“ für Hochschaltung, Mittelstellung und „–“ für Rückschaltung) aufweist. Mit dem CVT werden die festen Gangstufen simuliert, sodass der Fahrer über Tippschaltung z.B. wie mit einem 6-Gang-Getriebe fahren kann.

5.4.5.6 Ausführungsbeispiele

Ein Schnittbild des ZF-Ecotronic-Getriebes CFT23 zeigt **Bild 5.4-41**. Das CVT ist mit einem Drehmomentwandler ausgestattet, um ein Anfahrverhalten und den Komfort beim Rangieren und Parkieren wie bei einem Stufenautomatgetriebe zu erhalten. Eine Besonderheit stellt die Radialkolbenpumpe dar. Sie ist zwischen Wandler und Wendesatz angeordnet. Der Volumenstrom wird durch saugseitige Drosselung auf max. 22 l pro Minute eingestellt. Damit wird die Leistungsaufnahme der Pumpe begrenzt. Dies trägt bei Motordrehzahlen ab etwa 2200 U/min zu einem guten Getriebewirkungsgrad bei. Der Variator wurde bereits in Abschnitt 5.4.5.3 beschrieben, die Leistungsübertragung erfolgt mit einem VDT-Schubgliederband. Die doppelte Stirnradstufe der Endübersetzung ist so aufgebaut, dass durch Einsatz unterschiedlicher Verzahnungsvarianten Anfahrübersetzungen im Bereich von 12,5 bis 17,2 realisiert werden können.

Das **Schnittbild 5.4-44** zeigt eine stufenlose Getriebeausführung mit nasslaufenden Lamellenkupplungen als Anfahrelement. Die Vorwärtsgangkupplung und die Rückwärtsgangbremse des Planetenwendesatzes sind so ausgebildet, dass sie gleichzeitig zum Anfahren in der entsprechenden Fahrtrichtung ge-

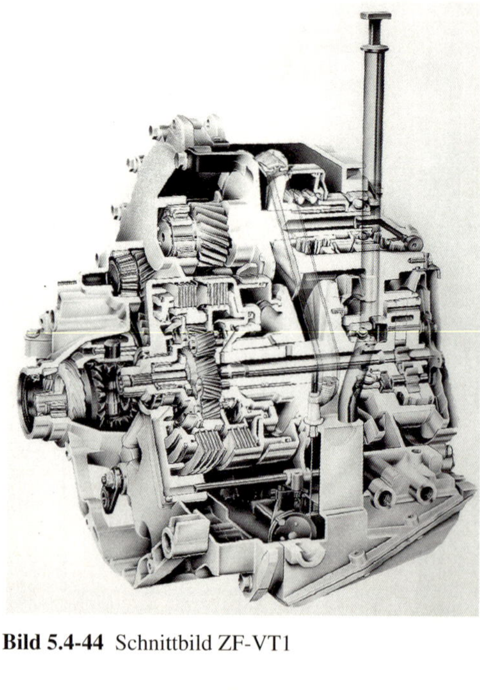

Bild 5.4-44 Schnittbild ZF-VT1

nutzt werden können. Als Pumpe für die Ölversorgung dient eine Außenzahnradpumpe, die auf der Getrieberückseite angeordnet ist und mit einer innen durch den Primärsatz gehenden Steckwelle angetrieben wird. Das Getriebe zeichnet sich durch seine kompakte Bauweise und geringes Getriebegewicht aus. Es wird u.a. im New Mini von BMW eingesetzt [35].

Neben dem bevorzugten Einsatzgebiet der Fahrzeuge mit Front-Quer-Antrieb [32, 34, 35] lassen sich stufenlose Getriebe vorteilhaft auch für Fahrzeuge mit Frontantrieb und längseingebauten Motoren einsetzen.

Ein Ausführungsbeispiel ist in [33] beschrieben.

5.4.6 Elektronische Getriebesteuerung

1983 wurde das erste elektronisch gesteuerte Pkw-Getriebe in Europa in den Markt eingeführt, 1990 betrug der Anteil weltweit bereits 27%, bereits 5 Jahre später waren etwa 83% aller Automatgetriebe elektronisch gesteuert [36]. Heute sind automatische Stufen- und Stufenlosgetriebe sowie automatisierte Handschaltgetriebe ganz selbstverständlich mit einer elektronischen Getriebesteuerung ausgerüstet. Dabei wird immer mehr Funktionalität von der Hydraulik in die Elektronik verlagert. Während bei der ersten Generation der elektronischen Getriebesteuerungen nur das Schaltprogramm von der Elektronik gesteuert wurde, bleibt bei modernen Getrieben der Hydraulik nur noch die Umsetzung der elektrischen Signale in hydraulische Drücke, einige Grundfunktionen sowie Sicherheits- und Notlauffunktionen. Die wesentlichen Funktionsumfänge werden in der EGS realisiert.

5.4.6.1 Gesamtsystem

Die elektronische Getriebesteuerung (EGS) besteht aus einem elektronischen Steuergerät, das einerseits Sensorsignale aus dem Getriebe und dem Fahrzeug und Informationen von anderen Steuergeräten empfängt, diese Eingangsinformationen verarbeitet und Ausgangssignale bereitstellt, mit denen Aktoren im Getriebe und im Fahrzeug angesteuert werden. **Bild 5.4-45** zeigt die Einbindung der EGS in das Kommunikationssystem des Fahrzeugs [25]. Der Datenaustausch mit anderen Steuergeräten (Motorsteuerung, Fahrdynamiksysteme, Kombi-Instrument, Wählhebel, . . .) erfolgt über ein Datenbussystem (CAN). Wichtige Eingangsgrößen aus der Motorsteuerung sind Motormoment, Motordrehzahl, Motortemperatur,

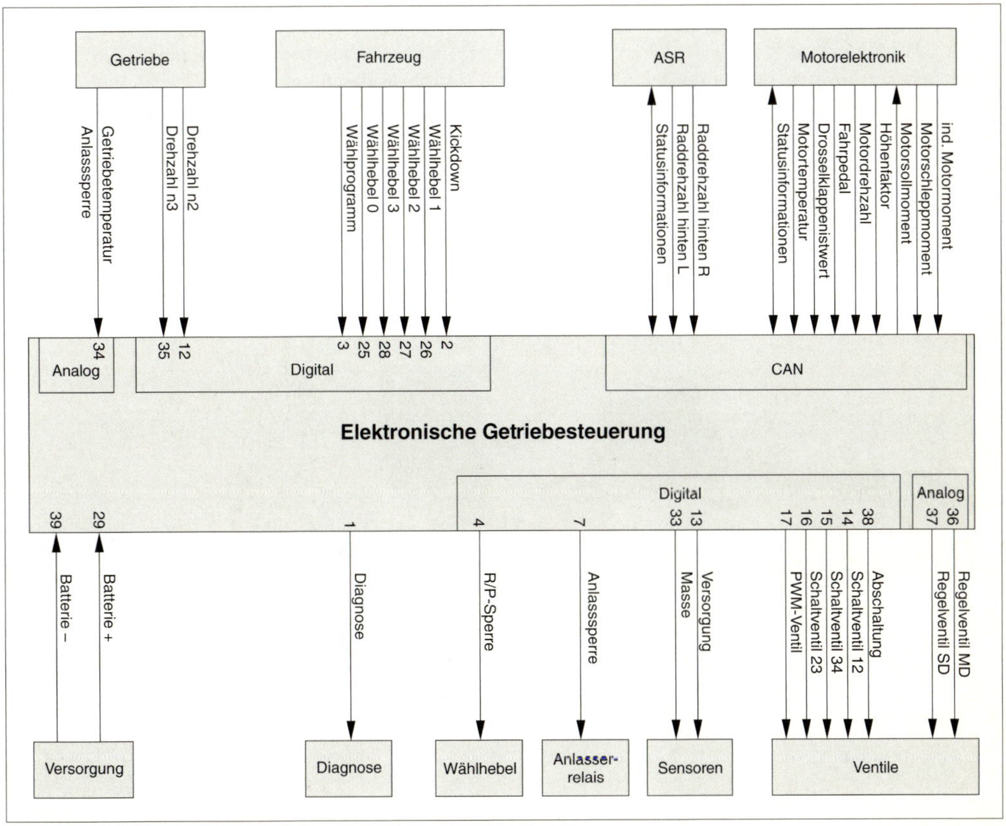

Bild 5.4-45 EGS-Gesamtsystem

Drosselklappenwinkel und Fahrpedalstellung. Aus den Fahrdynamiksteuergeräten werden in erster Linie die Raddrehzahlen verarbeitet. Signale vom Wählhebel über die Wählhebelstellung und das gewünschte Schaltprogramm werden meist mit separaten Kabeln übertragen. Auch die Sensorinformationen aus dem Getriebe (Drehzahlen, Positionserkennung, Getriebetemperatur, ...) werden über einen Kabelstrang an das Getriebesteuergerät geführt.
Vom Steuergerät werden die Ventile im Getriebe angesteuert. Druckregler weisen eine Strom-Druck-Kennlinie auf, sodass über den Strom die Druckhöhe eingestellt werden kann, während für Schaltventile und pulsweitenmodulierte Ventile eine Digitalansteuerung ausreichend ist. Die Stromversorgung der Sensoren und Masseanbindung der getriebeinternen Elektrik erfordert ebenfalls zwei Verbindungskabel. Als weiterer Ausgang ist die Diagnoseleitung zu nennen, die nicht nur zu Diagnosezwecken, sondern auch zur Programmierung des Steuergeräts dient. Wenn das Kombi-Instrument nicht CAN-fähig ist, wird die Ganganzeige im Cockpit ebenfalls mit separaten Kabeln vom Getriebesteuergerät aus angesteuert. Spezielle Anforderungen können die Steuerung des Rückfahrlichts, von shift lock- und key lock-Funktionen sein.

5.4.6.2 Steuergerät

Getriebesteuergeräte werden größtenteils als stand alone-Geräte in Leiterplattentechnik ausgeführt und sind im Fahrzeug-Innenraum oder im Motorraum untergebracht. Die wesentlichen Bauelemente sind Mikroprozessor, Arbeitsspeicher (RAM), Parameterspeicher (EPROM und EEPROM), Timer, Watchdog, CAN-Baustein, Eingangsstufen zur Signalaufbereitung und Ausgabeeinheiten mit Leistungsendstufen, Kondensatoren, Dioden, Transistoren, Netzteil sowie mechanische Bauteile wie Kühlkörper, Stecker und Gehäuse. In heutigen Steuergeräten werden 16- oder 32-bit-Prozessoren eingesetzt. Die Speicherkapazität beträgt bis zu 512 k ROM und 64 k RAM. Für eine mögliche Datenänderung von Seriengeräten werden häufig Flash-Speicher eingesetzt, die im eingebauten Zustand neu beschrieben werden können. Die Taktzeit für einen Programmzyklus liegt zwischen 10 und 20 msec.
In den letzten Jahren haben sich elektronische Getriebesteuerungen etabliert, die in das Getriebe integriert sind. Dabei werden Elektronik, Drehzahlsensoren, Temperatursensor, ggf. Drucksensoren, getriebeinterne Leitungsverbindung, Stecker und Positionsschalter in einer mechatronischen Baueinheit auf der hydraulischen Getriebesteuerung angeordnet [18]. Aus der Umgebung im Getriebeinnenraum resultieren besonders hohe Anforderungen an die elektronischen Bauteile bezüglich Temperatur- und Schwingungsbelastung und an das Gehäuse bezüglich der Dichtheit. Die Ausführung hat jedoch Vorteile bezüglich Bauraum, Gewicht, Zuverlässigkeit, Toleranzen, Getriebeprüfung und Systemkosten. **Bild 5.4-46** zeigt ein Elektronikmodul eines stufenlosen Getriebes ohne Abdeckung, so dass die Bauteile zu sehen sind:

(1) Elektronische Getriebesteuerung (EGS) in Mikrohybridausführung
(2) Drucksensor
(3) Drehzahlsensor
(4) Stecker (16-polig)
(5) Trägerplatte aus Aluminium
(6) Leitungsverbindung als Flexfolie
(7) Kunststoffgehäuse mit Stecker
(8) Ventilkontaktierung

1 Elektronische Steuerung (LTCC „Low Temperature Confired Ceramics“)
2 Drucksensor
3 Drehzahlsensoren
4 Getriebestecker
5 Aluminium Trägerplatte
6 Leitungsverbindung (Flexfolie)
7 Stecker für Drehzahl- und Positionssensor
8 Kontakte für Druckregler

Bild 5.4-46 Elektronisches Getriebesteuerungsmodul in Mikrohybridtechnik

Neben der stand alone-Ausführung und der Integration des Steuergerätes ins Getriebe kommen vor allen Dingen in den USA auch Steuergeräte zum Einsatz, bei denen Motor- und Getriebesteuerung zu einer Baueinheit zusammengefasst sind (Powertrain Controller). Bei japanischen Getrieben finden sich auch außen an das Getriebe angebaute Steuergeräte.

Die Programme für elektronische Getriebesteuerunen werden heute praktisch nur noch in Hochsprache (meist C oder C++) geschrieben. Aufgrund der sehr umfangreichen und komplexen Funktionen erfolgt die Funktionsentwicklung und Programmierung mithilfe entsprechender Tools, die eine klare Strukturierung der Programme ermöglichen und in Verbindung mit Simulationsprogrammen einen sofortigen Funktionstest am Rechner erlauben sowie die Dokumentation erleichtern. Programme sind üblicherweise in einen Programmteil und einen Datenteil gegliedert, wobei die Daten in fixe Größen, variantenabhängige Daten und Applikationsparameter aufgeteilt sind. Oft wird noch zwischen steuergeräte-, getriebe- und fahrzeugspezifischen Programmteilen und Datensätzen unterschieden, die in unterschiedlichen Verantwortungsbereichen entwickelt werden können.

5.4.6.3 Bauteile

Sensoren

Zur Drehzahlerfassung werden Induktivgeber oder Hallsensoren eingesetzt. Meist werden die Getriebeeingangsdrehzahl und die Abtriebsdrehzahl, abhängig vom Getriebekonzept auch noch getriebeinterne Drehzahlen gemessen. Auf einen Abtriebsdrehzahlgeber kann verzichtet werden, wenn die Raddrehzahlen in ausreichender Signalgüte und Dynamik vorliegen. Hallgeber beinhalten eine aufwändigere Technik, ermöglichen jedoch die Erfassung von niedrigeren Drehzahlen als Induktivgeber. Die Getriebeöltemperatur wird mit einem Halbleiterelement gemessen, das als Temperaturpille direkt an die getriebeinterne Leitungsverbindung gelötet ist. Die Wählposition wird in den meisten Fällen mit einem Positionsschalter erfasst, der außen am Getriebe auf die Wählwelle aufgesteckt ist oder im Falle einer integrierten Getriebesteuerung einen Teil des Steuerungsmoduls darstellt. Je nach Anforderung werden der EGS neben den Hauptfahrpositionen P, R, N und D auch die Stellungen 4, 3, 2 und 1 übermittelt, in Position R direkt das Rückfahrlicht angesteuert und die Positionen P und N zur Betätigung von shift- und key lock verwendet.

Aktoren

Als Aktoren zur Umsetzung der Stromsignale aus der EGS in hydraulische Drücke dienen Druckregler, Umschalt- und PWM-Ventile. In **Bild 5.4-47** ist ein Druckregler im Schnitt mit der dazugehörigen Strom-Druck-Kennlinie dargestellt. Es handelt sich um einen Flachsitzregler mit fallender Kennlinie, d.h. er ist im nicht angesteuerten Zustand durch den anliegenden Druck geöffnet und wird mit steigendem Steuerstrom geschlossen. Je nach Anforderung werden auch Druckregler mit steigender Kennlinie eingesetzt, die mit Federkraft geschlossen sind. Druckregler werden heute für Drücke von 0,5 bis 7,5 bar und mit Steuerströmen bis ca. 1 A eingesetzt. Ebenfalls in **Bild 5.4-47** ist ein 3/2-Wege-Magnetventil zu sehen, wie es zur Umschaltung bei einem Gangwechsel verwendet wird. Es ist ein Plattenankerventil mit

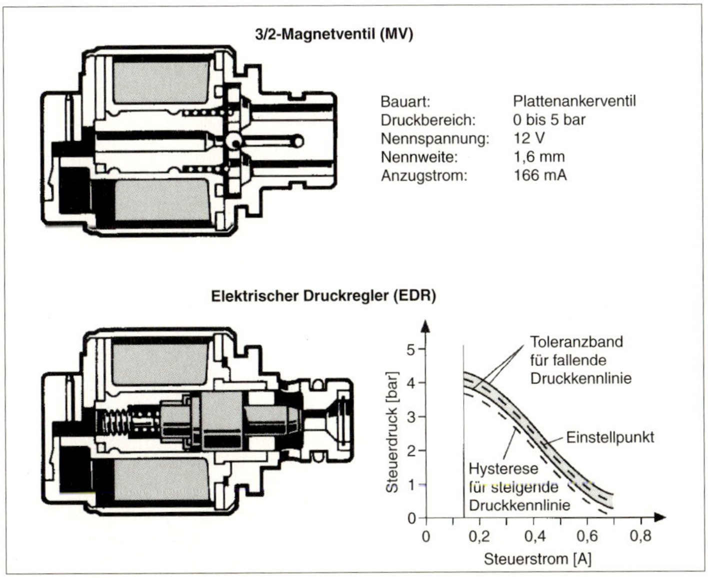

Bild 5.4-47 Druckregler und Umschaltventil

Kugelsitz, das stromlos geschlossen ist. Umschaltventile werden üblicherweise pulsweitenmoduliert (PWM) angesteuert. In der Schaltphase wird ein hoher Anzugstrom aufgebracht, um das Ventil sicher und schnell umzuschalten. In der Haltephase wird der Strom zurückgenommen, um den Strombedarf und die Verlustleistung zu reduzieren. Das Ventil bleibt hydraulisch jedoch in seiner Endlage. Anders ist dies bei PWM-Ventilen, bei denen über die modulierte Ansteuerung das Ventil auch hydraulisch moduliert wird. Durch eine stetige Auf-Zu-Bewegung des Ventils lässt sich mit diesen Schaltventilen ebenfalls eine Druckkennlinie realisieren, die jedoch nicht der Genauigkeit einer Druckreglerkennlinie entspricht.

Verkabelung und Stecker

Bei heutigen Getriebekonstruktionen wird versucht, alle elektrischen Bauteile im Getriebe anzuordnen, sie mit einem Kabelsatz zu verbinden und alle Leitungen über einen Stecker zum Anschluss an das Steuergerät nach außen zu führen. Die getriebeinterne Verkabelung besteht aus einem temperatur- und ölbeständigen Kabelstrang. Sensoren und Aktoren sind entweder direkt verbunden (Kabelschwanz-Ausführung) oder mit Steckverbindungen angeschlossen. Am Getriebestecker werden die Kabelenden gelötet oder verkrimpt. Die Anzahl der Steckerpins hängt stark von der Konfiguration des Gesamtsystems ab. Für stand alone-Steuergeräte werden zwischen 11 und 21 Pins verwendet. Eine kompakte und kostengünstige Alternative bietet ein elektrisches Steuerungsmodul, in das alle elektrischen Bauteile integriert sind und bei dem die Leitungsführung mit gestanzten Leiterbahnen erfolgt [23]. Durch die Integration des elektronischen Steuergeräts in dieses Modul lässt sich der Verkabelungsaufwand weiter reduzieren. In einem ausgeführten Beispiel einer integrierten Getriebesteuerung werden nur noch 5 Pins am Getriebestecker benötigt [18]. In dem Ausführungsbeispiel in **Bild 5.4-46** ist als elektrische Leitungsverbindung eine flexible Kunststofffolie eingesetzt, in die dünne Leiterbahnen aus Kupfer eingebettet sind.

5.4.6.4 Funktionen

Drucksteuerung

Bei elektronisch gesteuerten Getrieben werden die Funktionen der Drucksteuerung in der Software der EGS realisiert. Die Umsetzung der elektrischen Signale in Kupplungsdrücke erfolgt mit Druckreglern in der hydraulischen Getriebesteuerung. Folgende Funktionen sind notwendig, um die Schaltelemente eines Getriebes mit dem erforderlichen Druck anzusteuern:

- Einstellung des Hauptdrucks in Abhängigkeit des Motormoments und der Drehmomentwandlung auf einen Wert, der das Getriebe-Eingangsdrehmoment übertragen kann.
- Schaltdrucksteuerung, mit der die Lastschaltvorgänge moduliert werden. Der prinzipielle Ablauf einer Lastschaltung ist in Abschnitt 5.4.4.1 beschrieben.
- Gangeinlegen bei Stillstand und während der Fahrt.
- Ansteuerung der Wandlerkupplung. Dabei sind neben der offenen und geschlossenen Kupplung auch die Schlupfregelung und die Übergangszustände zu steuern. Die Vielzahl der Einflussparameter bei der Drucksteuerung einer schlupfgeregelten Wandlerkupplung zeigt **Bild 5.4-48** [25].

Die Drucksteuerung bestimmt die Schaltqualität des Getriebes und damit in direktem Maß den Fahrkomfort. Somit kommt der Funktionsentwicklung und der Applikation der Drucksteuerung eine sehr hohe Bedeutung zu.

Motor-Getriebe-Management

Durch die Kommunikation zwischen Motor- und Getriebesteuerung wird die Schaltqualität des Getriebes durch Beeinflussung des Motormoments während der Schaltung verbessert. In **Bild 5.4-49** ist dies am Beispiel einer Zug-Hochschaltung dargestellt. Während der Überhöhungsphase erfolgt die Synchronisierung der Motordrehmassen nicht allein durch eine Erhöhung des Drucks in der Zuschaltkupplung, sondern durch eine gleichzeitige Reduzierung des Motormoments. Da dieser Vorgang sehr dynamisch und in genauer Abstimmung mit der getriebeseitigen Drucksteuerung erfolgen muss, wird er durch die Verstellung des Zündwinkels realisiert [37].

Weitere Funktionen sind die Anfahrdrehzahl- und Anfahrmomentenbegrenzung. Beim Einlegen des Wählhebels in eine Fahrstellung kann die Motordrehzahl begrenzt werden, bis das Getriebe kraftschlüssig ist. Damit wird verhindert, dass Getriebe und Triebstrang mit erhöhter Stoßbelastung beansprucht werden. Ebenfalls kann in diesem Betriebszustand das Motormoment begrenzt werden, um eine unzulässige Wärmebelastung der Reibschaltelemente zu vermeiden. Beim Anfahren im ersten Gang und im Rückwärtsgang mit voller Wandlung wird durch Motoreingriff das Motormoment reduziert, sodass das Getriebe nicht das volle Wandlermoment übertragen muss. Dies ermöglicht eine praxisrelevante Dimensionierung von Getriebe und Triebstrang.

Schaltprogramm

Mit der Einführung der elektronischen Getriebesteuerung ergaben sich für die Gestaltung von Schaltprogrammen vielfältige Möglichkeiten [24–26].

Neben der softwareseitigen Darstellung von unterschiedlichen Schaltprogrammen und der Berücksichtigung des Fahrverhaltens über eine Fahrzustandsidentifikation (vgl. Ausführungen in Abschnitt 5.4.4.5 und **Bild 5.4-32**) werden folgende weitere wesentliche Funktionen realisiert:

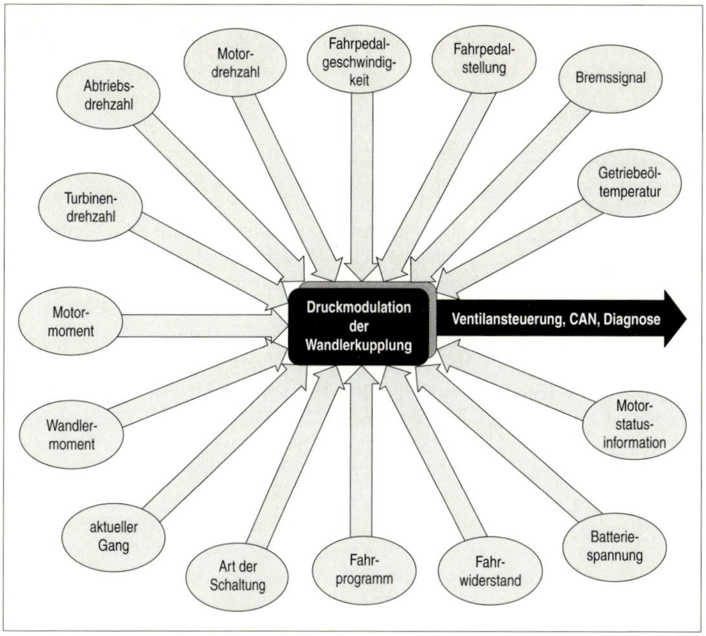

Bild 5.4-48 Einflussfaktoren auf die Drucksteuerung der Wandlerkupplung

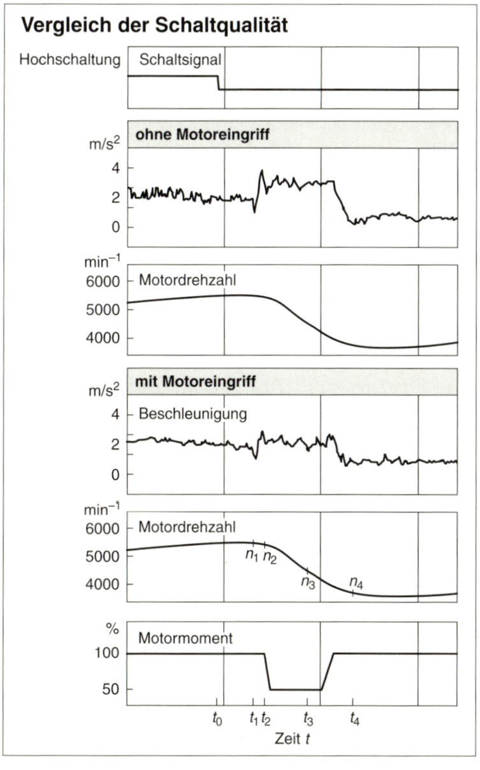

Bild 5.4-49 Motoreingriff während einer Schaltung

- Kompensation von Fahrwiderstandsänderungen: Dabei werden Steigungen, aber auch der Beladungszustand einschließlich Hängerbetrieb des Fahrzeugs erfasst.
- Höhenkompensation: In Höhenlagen wie z.B. bei Passfahrten verlieren Verbrennungsmotoren an Leistung. Da Schaltprogramme auf normale geodätische Höhen abgestimmt sind, müssen sie auf diese Betriebssituation angepasst werden.
- Schaltungsverhinderung in Kurven: Beim Einfahren in eine Kurve wird durch die Gasrücknahme eine Hochschaltung eingeleitet. Durch die Erfassung von Fahrpedalbewegung und Fahrzeug-Querbeschleunigung kann dies verhindert werden. Der Gang wird während der Kurvendurchfahrt gehalten.
- Bremsrückschaltungen an Gefällstrecken: Mit der Steigungserfassung kann beim Bergabfahren die Betriebsbremse durch Rückschaltungen in niedrigere Gänge unterstützt werden.
- Dynamische Vollgasrückschaltungen: Die Rückschaltungen erfolgen nicht an fest definierten Schaltpunkten, sondern in Abhängigkeit des Fahrpedalgradienten. Damit werden bei einem gemächlichen Fahrstil Rückschaltungen erst spät eingeleitet, während bei schnellen Fahrpedalbewegungen spontane Rückschaltungen zur Verfügung stehen.
- Warmlaufprogramm: Im Kaltzustand wird durch eine Schaltpunktanhebung der Motor in höheren Drehzahlen betrieben und dadurch der Katalysator schneller auf seine Betriebstemperatur gebracht.
- Traktionsanforderungen: Fahrwerks-Regelsysteme werden durch spezielle Gangwahl unterstützt.

- Tempomatanforderungen: Durch die Beeinflussung der Schaltlinien kann die Regelgüte bei Tempomatbetrieb verbessert werden.

Weitere fahrzeug- und getriebespezifischen Funktionen sind in Entwicklung, um das Fahrverhalten eines Personenwagens mit automatischen Getrieben zu verbessern. Genannt sei die Beeinflussung des Schaltprogramms durch Verkehrsleitsysteme (GPS) und die optische Erfassung der Fahrbahn und des unmittelbaren Verkehrsgeschehens.

Sicherheitskonzept und Diagnose

Das Sicherheitskonzept der elektronischen Getriebesteuerung ist so aufgebaut, dass bei Ausfall von elektrischen oder elektronischen Signalen die EGS versucht, mit Ersatzwerten weiter zu arbeiten. Dies hat ggf. Auswirkungen auf die Schaltqualität des Getriebes oder schränkt die Funktionen des Schaltprogramms ein, die Verfügbarkeit ist jedoch voll und ganz gegeben. Erst bei Ausfall von Basisinformationen, ohne die ein sicherer Betrieb nicht mehr gewährleistet ist oder von habhaften Fehlern wie z.B. Kabelabfall geht die EGS in Notaus und das Getriebe in einen hydraulischen Notlauf.
Fehler im Betrieb werden von Diagnosefunktionen erfasst und in einem Diagnosespeicher festgehalten. Mithilfe eines Diagnoserechners kann der Diagnosespeicher über die Diagnoseleitung in der Werkstatt ausgelesen werden. Dies ermöglicht im Fehlerfall eine schnelle und zielgerichtete Befundung und Reparatur des ausgefallenen Bauteils.

5.4.7 Ausblick

Der Triebstrang vom Pkw wurde in der Vergangenheit nahezu ausschließlich durch einerseits Handschaltgetriebe und andererseits Wandlerautomatgetriebe geprägt. Dieses Bild hat sich gründlich verändert. Zusätzlich findet man heute automatisierte Getriebe, Doppelkupplungsgetriebe, CVT und, wenn auch nur in sehr geringen Stückzahlen in Japan, Reibradgetriebe (Toroid).
Bei den Getriebesystemen für Pkw mit konventionellem Antrieb können folgende Zukunftsperspektiven skizziert werden:
Das kostengünstige Handschaltgetriebe und das komfortorientierte Wandlerautomatgetriebe werden auch in Zukunft eine wichtige Rolle spielen, das Handschaltgetriebe allerdings mit abnehmendem Anteil. Unter den aktuellen Wandlerautomatgetrieben findet man neben der 6-Gang-Ausführung erste Getriebe mit 7 oder 8 Gängen. Die Weiterentwicklung dieser Getriebeart wird speziell unter den Gesichtspunkten Beitrag zur Verbrauchsreduktion und Verbesserung der Fahrdynamik erfolgen [40].
Automatisierte Getriebe in weiterentwickelter Form wird es auch künftig für kleine, nicht sehr beschleunigungsstarke und sparsame Fahrzeuge sowie für Sportwagen und Transporter geben.
Doppelkupplungsgetriebe passen gut zu sportlichen Fahrzeugen. Bei bestimmten Antriebskonzepten (front – quer und front – längs) können sich auch Vorteile in Bauraum und Gewicht gegenüber einem Wandlerautomatgetriebe ergeben. Von daher werden sich die Doppelkupplungsgetriebe ihren Platz unter den Getriebesystemen erobern.
Auch die stufenlosen Getriebe werden sich weiter entwickeln, allerdings wohl nicht in der progressiven Form, wie in der Vergangenheit erwartet.
Eine weitere wichtige Entwicklungstendenz ist die zunehmende funktionale Vernetzung von strategiefähigen Komponenten und Aggregaten im Fahrzeug, z.B. Automatgetriebe, Allradverteiler, geregeltes Sperrdifferential, Lenkung sowie aktive Fahrwerkskomponenten. Diese funktionale Vernetzung wird wichtige Beiträge zur weiteren Verbesserung von Fahrdynamik, Fahrsicherheit und Fahrkomfort ergeben.
Alternative Antriebssysteme (Hybridantrieb, Brennstoffzelle) werden den Antriebsstrang beeinflussen. Die Entwicklung von Hybridserienfahrzeugen steht noch am Anfang. Je nach künftigem Durchdringungsgrad des Hybrid wird es hier unterschiedliche, neuartige und interessante Lösungen im Antriebsstrang geben. Auf jeden Fall kommen zusätzlich elektrische Komponenten in den Antriebsstrang. Eine erste Lösung mit stufenlosem elektrisch-mechanisch leistungsverzweigtem Getriebe ist bereits in Serie.
Den gravierendsten Einfluss auf den Pkw-Anstriebsstrang wird die Brennstoffzelle haben, falls sie in fernerer Zukunft tatsächlich zum Serieneinsatz kommt. Sie wird die mechanische Antriebstechnik weitgehend durch elektrische Lösungen ersetzen.

Literatur

[1] *Förster, H.-J.*: Automatische Fahrzeuggetriebe. Berlin Heidelberg New York: Springer-Verlag 1990

[2] *Förster, H.-J.*: Die Kraftübertragung im Fahrzeug vom Motor bis zu den Rädern, Handgeschaltete Getriebe. Köln: Verlag TÜV Rheinland GmbH, 1987

[3] *Lechner, G.; Naunheimer, H.*: Fahrzeuggetriebe-Grundlagen, Auswahl, Auslegung und Konstruktion. Berlin Heidelberg New York: Springer-Verlag 1994

[4] *Pierburg, B.; Amborn, P.*: Gleichlaufgelenke für Personenkraftfahrzeuge. Landsberg/Lech: Verlag Moderne Industrie 1998

[5] *Schmidt, G.*: Schwingungen in Pkw-Antriebssträngen. VDI-Berichte 1220, Düsseldorf: VDI-Verlag 1995

[6] *Hafner, K. E.; Maass, H.*: Die Verbrennungskraftmaschine, Band 1 bis 4. Berlin Heidelberg New York: Springer-Verlag 1981/84

[7] *Duditza, F.*: Kardangelenkgetriebe und ihre Anwendungen. Düsseldorf: VDI-Verlag 1973

[8] *Herbst, G.*: Marktchancen von Doppelkupplungstechnologien. ATZ 106 (2004). S. 106 – 116

[9] *Drexl, H.-J.*: Kraftfahrzeugkupplungen. Landsberg/Lech: Verlag Moderne Industrie 1997

[10] *Förster, B.; Lindner, J.; Steinel, K.; Stürmer, W.*: Kupplungssysteme für schwere Nutzfahrzeuge. ATZ 106 (2004). S. 878 – 887

[11] *Trepte, S.*: Verschleißvorausberechnungen und Lebensdauerprognose für Reibwerkstoffe, VDI-Berichte 1786, VDI-Verlag GmbH, Düsseldorf 2003

[12] *Ersoy, M.*: Entwicklungstendenzen für Getriebe-Außenschaltungen. VDI-Berichte 1393, S. 273 – 286, Düsseldorf: VDI-Verlag 1998

[13] *Eberspächer, R.; Göddel, Th.; Wefers, Chr.*: Das Schaltgetriebe und Schaltungskonzept der Mercedes-Benz A-Klasse. VDI-Berichte 1393, S. 491 – 511, Düsseldorf: VDI-Verlag 1998
[14] *Mertinkat, R.; Krieg; W.-E.*: Die neuen 6-Gang-Handschaltgetriebe von ZF. VDI-Berichte 1610, VDI-Verlag GmbH, Düsseldorf 2001
[15] *Ottenbruch, P.; Leimbach, L.*: Die zukunftsweisende Automatisierung des Konventionellen Antriebsstranges, VDI-Berichte 1323, VDI-Verlag GmbH, Düsseldorf 1997
[16] *Looman, J.*: Zahnradgetriebe. Berlin Heidelberg New York: Springer-Verlag 2. Auflage 1988
[17] *Dach, H.; Gruhle, W.-D.; Köpf, P.*: Pkw-Automatgetriebe. Landsberg/Lech: Verlag Moderne Industrie 2. Auflage 2001
[18] *Göddel, T.; Hillenbrand, H.; Hopff, Chr.; Jud, M.*: Das neue Fünfgang-Automatikgetriebe W5A180. Sonderausgabe ATZ und MTZ: Mercedes A-Klasse (1997), S. 96 – 101
[19] *Flegl, H.; Wüst, R.; Stelter, N.; Szodfridt, I.*: Das Porsche-Doppelkupplungs-(PDK-)Getriebe. ATZ 89 (1987) 9, S. 439 – 452
[20] *Schreiber, W.; Rudolph, F.; Becker, V.*: Das neue Doppelkupplungsgetriebe von Volkswagen. ATZ 105 (2003) 11, S. 1022–1039
[21] *Wagner, G.*: Gestaltung und Optimierung von Bauteilen für automatische Fahrzeuggetriebe. Konstruktion 49 (1997) 6, S. 31–35
[22] *Wagner, G.; Lepelletier, P.*: Das Lepelletier 6-Gang-Planetengetriebesystem. VDI-Berichte 1704, S. 329 – 348, Düsseldorf: VDI-Verlag 2002
[23] *Rösch, R.; Wagner, G.*: Elektrohydraulische Steuerung und äußere Schaltung des automatischen Getriebes W5A330/580 von Mercedes-Benz. ATZ 97 (1995) 10, S. 698 – 706
[24] *Maier, U.; Petersmann, J.; Seidel, W.; Strohwasser, A.; Wehr, T.*: Porsche Tiptronic. ATZ 92 (1990) 6, S. 308 – 319
[25] *Rösch, R.; Wagner, G.*: Die elektronische Steuerung des automatischen Getriebes W5A330/580 von Mercedes-Benz. ATZ 97 (1995) 11, S. 736 – 748
[26] *Tinschert, F.; Wagner, G.; Wüst, R.*:Arbeitsweise und Beeinflussungsmöglichkeiten von Schaltprogrammen automatischer Fahrzeuggetriebe. VDI-Berichte Nr. 1175, S. 185 – 203, Düsseldorf: VDI-Verlag 1995
[27] *Katou, N.; Taniguchi, T.; Tsukamoto, K.;Hayabuchi, M.; Nishida; M.; Katou, A.*: AISIN AW New Six-Speed Automatic Transmission for FWD Vehicles. SAE-Paper 2004-01-0651
[28] *Wagner, G.; Bucksch, M.; Scherer, H.*: Das automatische Getriebe 6 HP 26 von ZF – Getriebesystem, konstruktiver Aufbau und mechanische Bauteile. VDI-Berichte Nr. 1610, S. 631 – 654, Düsseldorf: VDI-Verlag 2001
[29] *Greiner, J.; Indlekofer, G.; Nauerz, H.; Dorfschmid, J.; Gödecke, T.; Dörr, C.*: Siebengang-Automatikgetriebe von Mercedes-Benz. ATZ 105 (2003) 10, S. 920 – 930
[30] *Förster, H.-J.*: Stufenlose Fahrzeuggetriebe. Köln: Verlag TÜV Rheinland 1996
[31] *Gott, P. G.*: Changing Gears, The Development of the Automotive Transmission. Warrendale: SAE historial series 90-21369, 1991
[32] *Boos, M.; Krieg, W.-E.*: Stufenloses Automatikgetriebe Ecotronic von ZF. ATZ 96 (1994) 6, S. 378 – 384
[33] *Nowatschin, K.; Fleischmann, H. P.; Gleich, Th.; Franzen, P.; Hommes, G.; Faust, H.; Friedmann, O.; Wild, H.*: Multitronic – das neue Automatikgetriebe von Audi. ATZ 102 (2000) 7/8, S. 548 – 553
[34] *Wagner, G.; Remmlinger, U.; Fischer, M.*: Das stufenlose Getriebe CFT30 von ZF – Ein CVT mit Kettenvariator für 6-Zylinder-Motoren für Front-Quer-Antrieb. VDI-Berichte 1827, S. 461 – 478, Düsseldorf: VDI-Verlag 2004
[35] *Hall, W.; Pour, R.; Mathiak, D.; Gueter, C.*: Das stufenlose Automatikgetriebe für den neuen Mini. ATZ 104 (2002) 5, S. 458 – 463
[36] *Pieper, D.*: Automatic Transmission – An American Perspective. VDI-Berichte 1175, S. 25 – 39, Düsseldorf: VDI-Verlag 1995
[37] *Neuffer, K.*: Elektronische Getriebssteuerung von Bosch. ATZ 94 (1992) 9, S. 442 – 449
[38] *Fuchs, R. D. et al.*: Full Torodial IVT Variator Dynamics SAE 2002-01-0586
[39] *Förster, B.; Steinel, K.*: ConAct – Kupplungsbetätigungssystem für Nutzfahrzeuge mit automatisierten Schaltgetrieben. ATZ 02/2007 Jahrgang 109
[40] *Wagner, G.; Naunheimer, H.; Scherer, H.; Dick, A.*: Neue Automatgetriebegeneration der ZF. 28. Internationales Wiener Motorensymposium, 26./27. April 2007

Formelzeichen in Abschnitt 5.4

Größen und Einheiten		
a	m/s²	Fahrzeugbeschleunigung
c_u	m/s	Strömungsgeschwindigkeit, auf den Umfang bezogen
c_w	–	Luftwiderstandsbeiwert
f	–	Rollwiderstandsbeiwert
g	m/s²	Erdbeschleunigung
i	–	Übersetzung
i_a	–	Übersetzung Achsgetriebe
i_g	–	Übersetzung Stufengetriebe
m	kg	Fahrzeugmasse
n	–	Anzahl
p	Pa	Hauptdruck
r	m	Radius, dynamischer Reifenradius
r_m	m	mittlerer Reibradius
v	m/s	Fahrgeschwindigkeit
z	–	Zähnezahl
A	m²	Querschnittsfläche
D	m	(Profil)durchmesser
D_a	m	Außendurchmesser
D_i	m	Innendurchmesser
F_B	N	Bremskraft
F_W	N	Fahrwiderstandskraft
I	–	Wandlungsbereich Getriebe
J	kg m²	Massenträgheitsmoment
M	Nm	Drehmoment
M_K	Nm	Kupplungs-Drehmoment
$\dot{V}$	m³/s	Volumenstrom
α	°	Steigungswinkel
Δ	–	Differenz
η	–	Wirkungsgrad
$\varkappa$	–	Faktor der rotatorisch beschleunigten Massen des Fahrzeugs
λ	–	Leistungszahl
μ	–	Drehmomentwandlung
μ_{dyn}	–	dynamischer Reibwert
μ_{stat}	–	statischer Reibwert
ν	–	Drehzahlwandlung
ϱ	kg/m³	Dichte
φ	–	Schnellgangfaktor
ω	rad/s	Winkelgeschwindigkeit
$\dot{\omega}$	rad/s²	Winkelbeschleunigung

Indizes	
ges	gesamt
max	maximal
min	minimal
mot	Motor
0	auf Maximalleistung bezogen
L	Leitrad
P	Pumpe
T	Turbine
1	Sonnenrad
2	Planetenrad
3	Planetenträger
4	Hohlrad

5.5 Allradantriebe, Brems- und Antriebsregelungen

5.5.1 Allradantriebs-Konzepte

5.5.1.1 Verwendung von Allradantrieben

Der Vierradantrieb hat Tradition im Automobilbau und hält auch heute eine wesentliche Position im Bereich der Antriebstechnik inne. Technisch gesehen, lassen sich zwei Hauptkategorien für Allradfahrzeuge definieren:

- einmal das Segment der leicht geländegängigen Fahrzeuge (SUV's) und Geländewagen, die vier angetriebene Räder vor allem aus Traktionsgründen benötigen, und
- der Bereich der Sportwagen und Limousinen, wo neben guter Traktion die verbesserte Fahrdynamik ausschlaggebend für den Einsatz von Allradantrieb ist.

Bei reinen Geländewagen im häufigen Offroad-Einsatz bedeutet gutes Traktionsvermögen optimale Reibwertausnutzung an allen Rädern. Dies lässt sich am besten durch eine bei Bedarf starre Koppelung der Achsen erzielen.

Hochmotorisierten Personenkraft- und Sportwagen garantiert der Allradantrieb unabhängig von vorherrschenden Fahrbahnverhältnissen optimale Beschleunigungswerte. Eine gezielte Momentenverteilung im Antriebsstrang erlaubt außerdem eine spezifische Abstimmung des Fahrverhaltens.

Für diese Kategorie scheidet die starre Koppelung der Achsen aus fahrdynamischen Gesichtspunkten, Verschleiß und Komfortgründen – starke Verspannungen – aus. Um diese Verspannung zu unterbinden und eine gewünschte Steuertendenz zu erreichen, sorgen entweder Zentraldifferenziale oder entsprechende Kupplungseinheiten für den notwendigen Drehzahlausgleich. Um gegebenen Kraftschluss an allen Rädern voll auszunützen, erweisen sich zusätzliche Differenzialsperren als sehr vorteilhaft. Zu beachten ist allerdings auch, dass beim Bremsen völlig unabhängige Räder die beste Lösung darstellen. Jede Koppelung beeinflusst die Bremsstabilität mehr oder weniger und bedarf entsprechender Zusatzmaßnahmen. Gleiches gilt auch für einwandfreie Kompatibilität mit Fahrdynamikregelsystemen (ESP).

5.5.1.2 Kennlinien von Allradantrieben

Zur Beurteilung diverser Systeme erweist sich das Traktionsschaubild **(Bild 5.5-1)** als sehr vorteilhaft. In diesem wird die Antriebsmomentenverteilung der dynamischen Gewichtsverteilung des Fahrzeuges gegenübergestellt und so eine prinzipielle Aussage über das Fahrverhalten (Über- oder Untersteuern) ermöglicht. Vertikal werden die Beschleunigung bzw. die Steigung aufgetragen und horizontal die Antriebsmomenten- bzw. Gewichtsverteilung:

Die Koppelung der Achsen des starren Antriebes bewirkt an diesen gleichen Schlupf und somit auch gleiche Reibwertausnutzung. Gemäß der Reibwertdefinition ergibt sich

$$F_V/F_H = G_V/G_H$$

d.h. die Umfangskräfte und damit auch die Momente verteilen sich beim starren Allradantrieb wie die dynamischen Achslasten (Gerade A, auf der sich auch alle Reibwertkurven schneiden). Jede Antriebsverteilung rechts dieser Geraden ergibt eine Betonung der Vorderachse und damit eine Tendenz zu untersteuerndem Fahrverhalten, im linken Feld demnach ein entsprechendes übersteuerndes Verhalten.

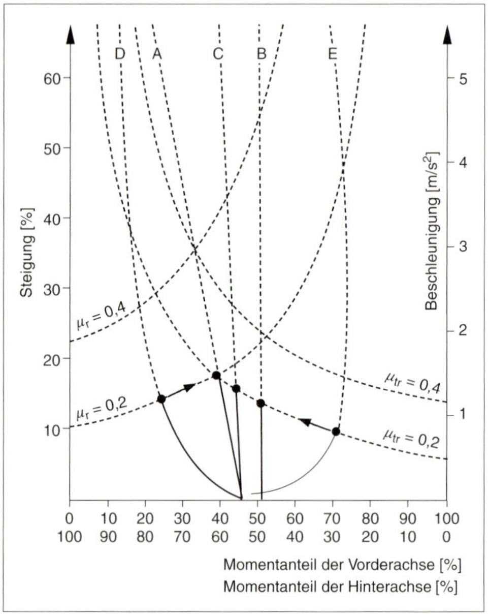

Bild 5.5-1 Traktionsdiagramm

Zentraldifferenziale verteilen die Momente immer im selben Verhältnis (B). Viscotransmissionen (D, E) bzw. Sperren (C) steuern schlupfabhängig, wobei wieder eine Abhängigkeit von Steigung bzw. Beschleunigung besteht.

Die zusätzliche Abhängigkeit von der Geschwindigkeit bzw. Drehzahl führt zu Kennfeldern. Besonders elektronisch geregelte Kupplungen und Sperren erweitern den Regelbereich noch weiter.

Bei Kupplungen z.B. kann zwischen den Grenzen Einachsantrieb einerseits und starre Koppelung andererseits geregelt werden.

Kennfelder sind in ihren Extremwerten zu berücksichtigen und nur die Betrachtung aller Kombinationszustände gibt eine Aussage zum Fahrzeug. Das ideal ausgelegte System gibt dem Fahrer in jedem Beladungs- und Betriebszustand dasselbe Fahrgefühl. Ob über-, untersteuernd oder neutral auszulegen

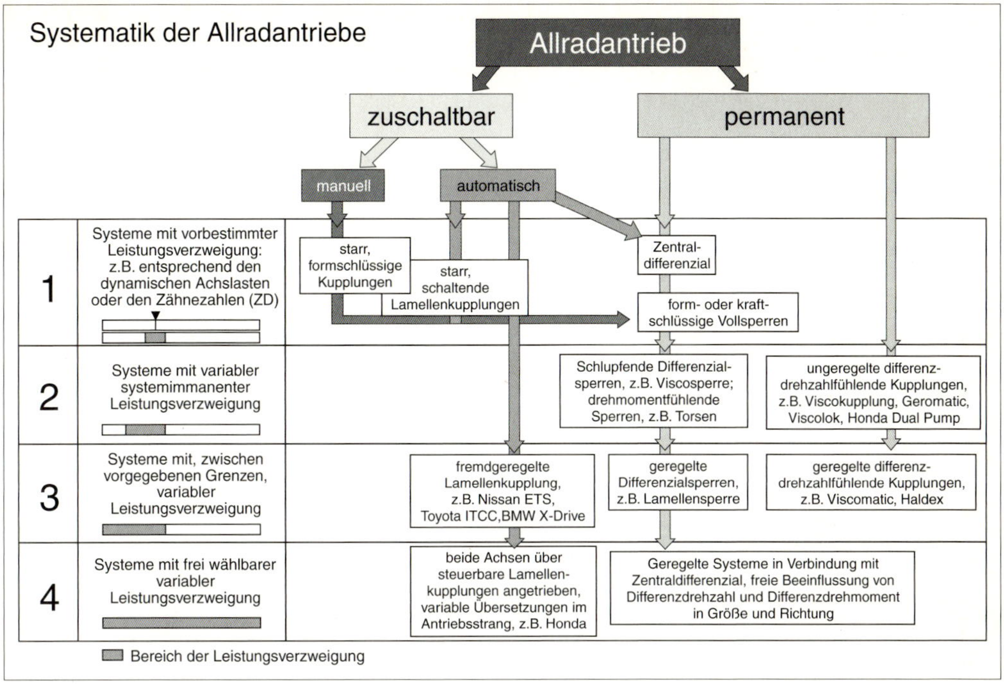

Bild 5.5-2 Varianten des Allradantriebes

ist, entscheidet die Philosophie des Fahrzeugherstellers.

5.5.1.3 Systematik der Antriebe

Die Einteilung nach baulichen Merkmalen ergibt sehr rasch ein unübersichtliches Bild. Wesentlich klarer ist eine Systematik nach der möglichen Leistungsverzweigung, wobei homogene Fahrbahnverhältnisse und Geradeausfahrt vorausgesetzt werden, Geschwindigkeit und Beschleunigung/ Steigung werden variiert.

Nach diesen Kriterien erhält man vier Gruppen oder Generationen, welche aber keinesfalls eine Wertung der Leistungsfähigkeit der einzelnen Systeme darstellen **(Bild 5.5-2)**.

Je nach Einsatzfall (Traktion oder Dynamik), Fahrzeugtyp und Package ist das entsprechende System zu wählen.

Nicht vergessen darf aber werden, dass neben diesen technischen Gründen auch die Zielkosten für ein Fahrzeug einen entscheidenden Einfluss auf die Systemauswahl haben.

In die erste Gruppe fallen der zuschaltbare Vierradantrieb und der permanente Antrieb mit Zentraldifferenzial (ohne bzw. mit mechanischer Sperre).

Die zweite Gruppe baut häufig auf dieser Differenzialverteilung auf, überlagert sie jedoch mit einem systemimmanenten Sperrensystem (z.B. Viscosperre oder Torsen). Hierhin gehört auch der direkte Antrieb der zweiten Achse über eine differenzdrehzahlfühlende Kupplung, die das Zentraldifferenzial ersetzt und abhängig vom Radschlupf Drehmoment überträgt. Neben der bekannten Viscokupplung sind dies Lamellenkupplungen, die von differenzdrehzahlfühlenden Pumpen mit Druck beaufschlagt werden (z.B. Geromatic, Honda Dual Pump, Viscolok und das RBC-System von Toyota).

Typisch für Systeme der dritten Gruppe ist die Verwendung von Elektronik zur externen Regelung von Kupplungen und Zentraldifferenzialsperren. Vertreter dieser Gruppe sind die regelbare Viscokupplung (Viscomatic) und die Lamellenkupplung der Firma Haldex (VW 4motion). Beide Systeme überlagern die interne Charakteristik des Basissystems mit einer externen Regelung. Ausschließlich fremdgeregelt sind Lamellenkupplungen/-sperren, wie sie nachfolgend am Beispiel des BMW X-Drive beschrieben werden.

In einer vierten Gruppe verfügen Allradantriebe über eine frei wählbare Leistungsverzweigung neuerdings auch als „torque vectoring“ bezeichnet und fallweise auch kombiniert mit freier Momentenverteilung quer an den Achsen (siehe unten).

5.5.1.4 Systemkomponenten

Im Folgenden soll nur auf weitgehend etablierte Systeme eingegangen werden:

Zentraldifferenziale

Planetendifferenziale

Neben herkömmlichen Kegelraddifferenzialen eignen sich besonders Planetengetriebe als Mitteldifferenzial, da durch gezielte geometrische Abstimmung der Planetengetriebebauteile (Sonnen-, Planeten- und Hohlrad) und den Modus der Momentenzufuhr und -abnahme eine bestimmte Momentenverteilung im Antriebsstrang erreicht werden kann.

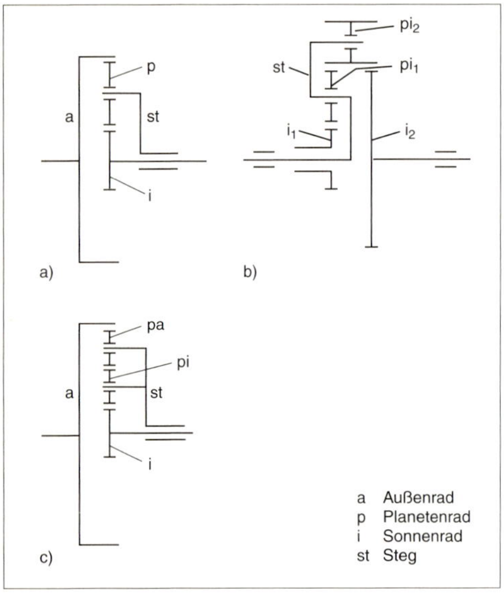

Bild 5.5-3 Planetendifferenziale und ihre Bauformen

Für die gebräuchlichste Anordnung **(Bild 5.5-3a)** errechnet sich die Momentenverteilung bei Antrieb über den Steg über die Durchmesser der Zahnräder:

$M_{Hohlrad}/M_{Sonne} = d_{Hohlrad}/d_{Sonne}$

Mögliche Momentenverteilungen sind:

Anordnung a: Hohlrad : Sonne = 65 : 35 (+/– 5%)
Anordnung b: Sonne 1 : Sonne 2 = 70 : 30 bis 30 : 70
Anordnung c: Steg : Sonne = 65 : 35 bis 50 : 50

Ein Beispiel für eine technische Ausführung nach Anordnung c stellt **Bild 5.5-4** (Mercedes Benz 4matic) dar.

Doppel-Differenzial-Einheit (Unit) DDU

Eine kompakte Lösung für 4WD-Fahrzeuge, welche aus Frontquerantrieben abgeleitet ist, stellt die Ausführung DDU dar **(Bild 5.5-5)**. Dabei werden die Momente an die Wellen entsprechend ihrer Position entlang des Kraftflusses verteilt. Der Radsatz vereinigt die Funktion eines Zentraldifferenzials und die des VA-Querdifferenziales, wobei die Platzvorgabe im Bauraum des FWD-Grund-Getriebes ausreicht.

Zugkraftunterschiede an den Vorderrädern werden durch die Wälzlagerung der Planeten-Räder nicht auffällig. Eine Sperre des Zentraldifferenzials ist möglich.

Die Achsmomentverteilung kann beliebig gewählt werden, wobei eine Aufteilung von VA 65%/HA 35% bis VA 45%/HA 55% möglich ist.

Ausgeführt ist die Version im Hyundai Santa Fe (SUV).

Sperren

Die systemimmanente und feste Momentenverteilung sogenannter „offener" Zentraldifferenziale kann aber immer nur in einem Betriebspunkt auf den Höchstwert der Traktion abgestimmt sein. Um auch für von diesem Bestpunkt abweichende Bedingungen höchstmögliche Zugkraft übertragen zu können, sind Sperren erforderlich.

Einen Sonderfall der Sperren stellt die aktive Bremsbetätigung dar. Diese wird im Kapitel 5.5.2 behandelt.

Mögliche Bauformen von Sperren sind:

- automatische Sperren
  - drehzahlfühlend (Viscosperren u.a.)
  - drehmomentfühlend (Torsen, GKN Powrlock®)

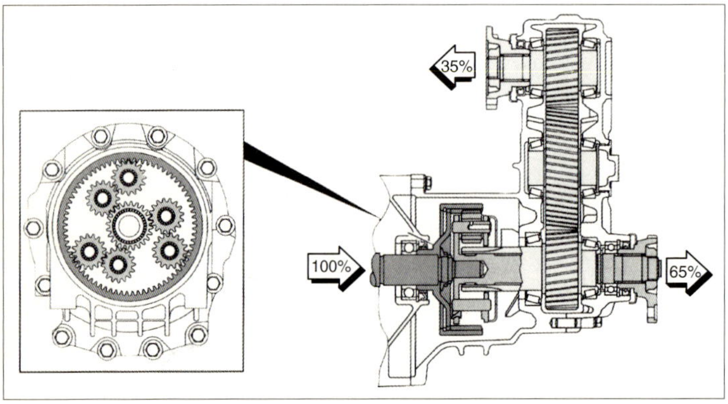

Bild 5.5-4 Mercedes-Benz 4matic

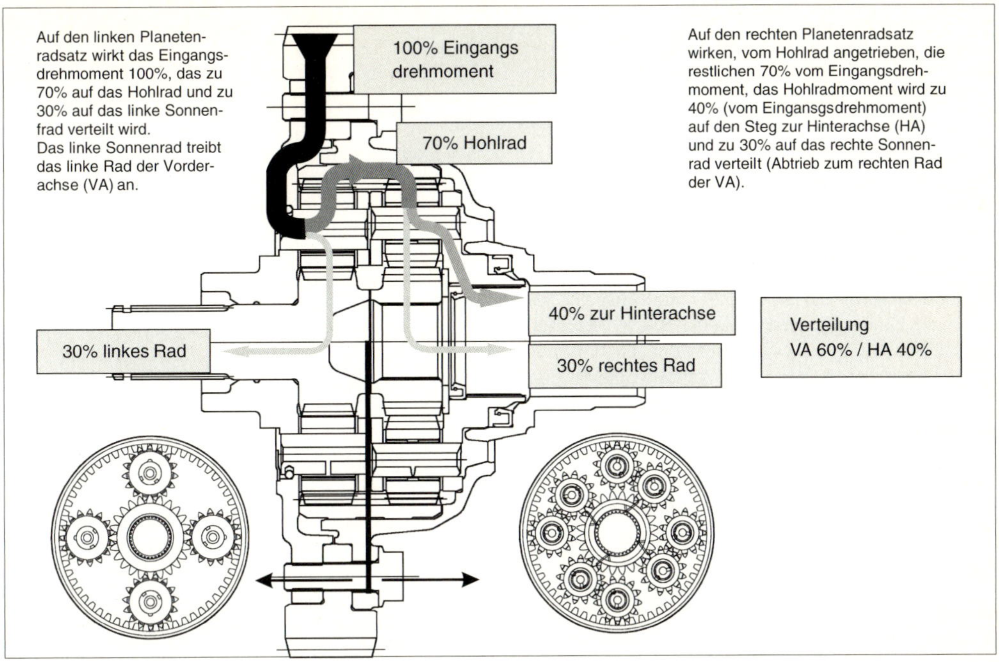

Bild 5.5-5 Doppel-Differenzial-Einheit (Unit) DDU

- extern geschaltete/geregelte Sperren
  - vom Fahrer manuell betätigt
  - elektronisch gesteuert (Steyr ADM, Lamellensperren u.a.)

Zum Vergleich der Sperrensysteme wird häufig der sogenannte Sperrwert verwendet:

$S = (M_{high} - M_{low}) \text{ x } 100 / (M_{high} + M_{low})$ [%]

Ebenso gebräuchlich ist das Momentenverhältnis (torque bias).

$M_{low} : M_{high} = 1 : x$

Torsen-Differenziale, GKN Powrlock®

Dies sind Differenzialeinheiten mit momentenabhängiger Sperrwirkung. Innere Reibung erzeugt ein dem Antriebsmoment proportionales Sperrmoment.

Der bekannteste Vertreter ist das Torsen Typ A (**Bild 5.5-6**) mit gekreuzten Achsen der Ausgleichsräder. Mit parallelen Achsen arbeiten der Typ B und GKN. Torsen Typ C ist ein schrägverzahntes Planetengetriebe mit nur in Taschen des Steges aufgenommenen Planetenrädern. In allen Varianten wird das Sperrmoment durch die Zahngeometrie und die Reibflächenpaarungen abgestimmt.

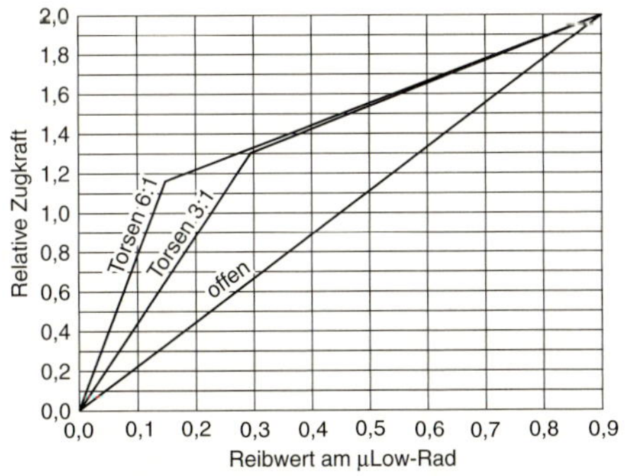

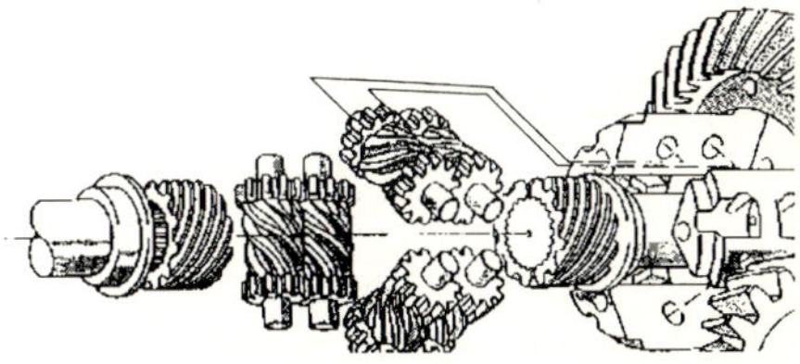

Bild 5.5-6 a) Kennlinien; b) Torsen Differenzial; Typ A

Der große Vorteil der Torseneinheit ist die geringe Verspannung bei Kurvenfahrt, da vom Fahrzeug gewollte Differenzdrehzahlen zugelassen werden. Dies gilt auch für den Bremsvorgang, sodass die Bremsstabilität damit ähnlich wie beim offenen Differenzial gegeben ist.

Kupplungen mit selbsttätiger Momentenanpassung

Alle selbsttätigen Kupplungen reagieren auf die Differenzdrehzahl zwischen Ein- und Ausgang, die durch die Drehzahlunterschiede der Räder verursacht wird. Diese sind aus unterschiedlichen Gründen immer gegeben: Neben dem Antriebsschlupf oder dem „Durchdrehen" eines Rades ergeben sich Unterschiede auch durch Kurvenfahrt, Durchmesserunterschiede der Reifen, Brems- und ESP Manöver sowie Abschleppen oder Prüfstandsbetrieb. In allen Situationen überträgt die Kupplung Drehmoment von der schnellen zur langsamen Seite. In manchen Fällen wie z.B. Bremsverhalten (siehe 5.5.1.9) sind die Auswirkungen negativ und im Fahrzeugverhalten zu beachten.

Viscokupplung

Viscokupplungen **(Bild 5.5-7)** zählen zu den Übertragungselementen mit systemimmanentem Verhalten, das sowohl zur selbsttätigen Antriebsmomentenverteilung als auch zur automatischen, differenzdrehzahlabhängigen Längs- bzw. Quersperre verwendet wird. Die Momentenübertragung erfolgt durch Flüssigkeitsreibung zwischen den Kupplungslamellen als Folge einer aufgezwungenen Drehzahldifferenz zwischen Außen- und Innenteil.

Die paarweise verbauten Innen- und Außenlamellen weisen Schlitze oder Löcher auf, deren geometrische Ausprägung bei Differenzdrehzahl für erhöhte Scherkräfte im Silikonfluid sorgt.

Eine Besonderheit der Viscokupplung ist der systemeigene Schutz gegen Übertemperatur, vielfach „Hump" genannt (engl. für Haken, wegen des Knicks in der Momentenkennlinie). Bei Temperaturerhöhung expandiert das Silikonöl, infolge des hohen Luftlösevermögens des Öles ist der Druckgradient vorerst noch flach, erst bei 100% Füllung steigt er naturgemäß stark an. Dadurch ändern sich auch die Strömungsverhältnisse in der Kupplung, die Lamellen kommen in intensiven Kontakt zueinander, was durch die axiale Verschiebbarkeit und die Öffnungen in den Scheiben erleichtert wird. Die besondere Ausformung der Kanten an den Lamellenschlitzen bewirkt einen „Scheibenwischereffekt". Der steigende Absolutdruck fördert den Aufbau eines Differenzdruckes am Lamellenpaar, wodurch dieses zu einer echten Reibungskupplung wird (Verschleißschutz durch gehärtete Oberfläche).

Im Humpmodus kommt die Kupplung selbsttätig in ein thermisches Gleichgewicht, d.h. die Verlustleistung entspricht der abführbaren Wärme. Die Kupplung wirkt praktisch starr.

Gerodisc, Geromatic und Twin Geromatic, Viscolok

Diese differenzdrehzahlfühlende Kupplung basiert vom Konstruktionsprinzip her auf einer Lamellenkupplung, die selbsttätig über ein Pumpelement und einen Kolben mit Druck beaufschlagt wird.

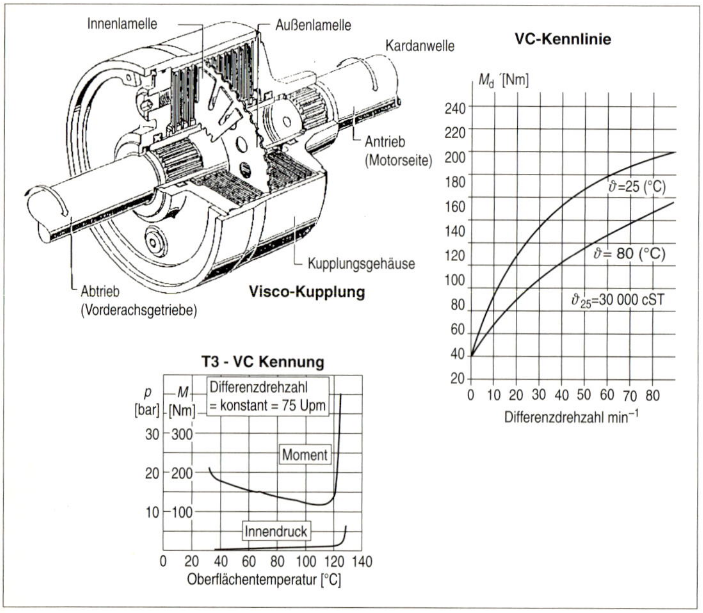

Bild 5.5-7 Kennlinien/ Schnittbild VC-Kupplung

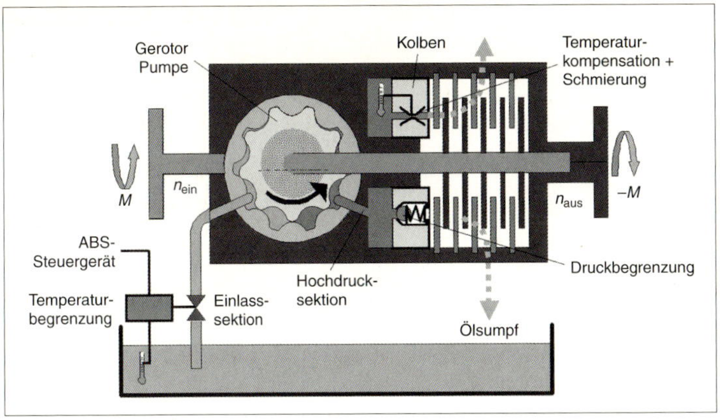

Bild 5.5-8 Geromatic©

Im Detail besteht die *Geromatic©* **(Bild 5.5-8)** aus einem rotierenden Antriebsgehäuse, einer in diesem untergebrachten hydrostatischen Verdrängungseinheit, einer Ausgangswelle und einer Lamellenkupplung zur Verbindung der Ausgangswelle mit dem Antriebsgehäuse. Tritt Differenzdrehzahl auf, so werden die Lamellen durch einen Kolben mittels des von einer Gerotorpumpe erzeugten Druckes zusammengepresst. Je zwei Einlass- und Auslassventile steuern den Ölfluss für beide Relativdrehrichtungen. Ein im Kolben untergebrachtes, temperaturkompensiertes Drosselventil bewirkt einen mit der Differenzdrehzahl progressiv ansteigenden Druck und damit Momentenaufbau. Das abfließende Öl sorgt für die Lamellenkühlung und Schmierung.

Bei Bedarf kann mittels Überdruckventil die Momentenübertragung zur zweiten Achse limitiert werden.

Bei der Twin-Geromatic **(Bild 5.5-9)** wird jedes Hinterrad des Allradfahrzeuges von einer eigenen Einheit angetrieben, das mechanische Differenzial entfällt. Zusätzlich zur Funktion der Koppelung der Achsen erreicht man dadurch auch einen Differenzialsperreneffekt an der Hinterachse.

Kupplungen mit externer Regelung

Die Kennlinie einer ungeregelten Kupplung ist immer ein Kompromiss zwischen Traktion, Fahrdynamik und Komfort.

Durch eine externe Regelung erreicht man eine weitgehend kompromissfreie Erfüllung der Anforderungen.

Bei derartigen Systemen können folgende Einflüsse elektronisch erfasst und zur gezielten Antriebssteuerung eingesetzt werden:

1. Drehzahl der Räder
2. Motormoment, Drosselklappenbewegung
3. Bremssituation
4. Fahrzeug-Sensorik (z.B. ESP-Signal)
5. evt. Lenkwinkel, Retourfahrt, Kupplung
6. Sondersituationen (Abschleppen, Übertemperatur, Prüfstand)

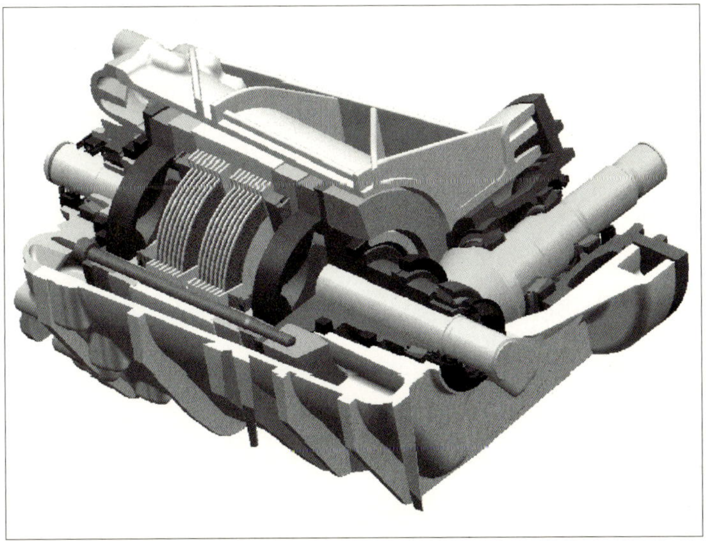

Bild 5.5-9 Twin-Geromatic©

Die gewünschte Eigenlenktendenz wird über die Antriebsmomentenverteilung als Funktion obiger Betriebsdaten vorgegeben.
Eine Verknüpfung der Steuergeräte für Motor, Getriebe und Bremsen erfolgt heute über ein Bus-System.
Die Anforderungen an geregelte Systeme beziehen sich insbesondere:

- auf hohe Momentenübertragung bei sehr geringen Differenzdrehzahlen, was optimale Traktion und einen guten Wirkungsgrad bei gleichzeitig niedriger thermischer Belastung bedeutet.
- ein nahezu differenzdrehzahlunabhängiges Minimalmoment und
- die ausreichend hohen Momentenauf- und -abbaugeschwindigkeiten, um den Anforderungen der Fahrdynamik und Bremsstabilität zu genügen ($M_{max} \rightarrow M_{min} \leq 100$ ms).

Mit Ausnahme der Viscomatic werden zur eigentlichen Drehmomentübertragung nasse Mehrscheibenkupplungen verwendet, die sich in den eingesetzten Aktuatoren und damit auch in ihrem Übertragungs- und Regelverhalten unterscheiden.
Die Viscomatic und die Haldex-Kupplung benutzen die Differenzdrehzahl als Aktuatortreiber und als Regelgröße.
Bei Kupplungen mit reiner Fremdregelung werden Hydraulik oder Elektromechanik (Magnete oder Motoren) verwendet, als Regelgröße dient demgemäss, etwas aufwändiger, direkt die Drehmomentverteilung.
Wesentliche Vertreter dieser Gruppe sind:

Viscomatic©

Basis ist eine geregelte Viscobremse, die das Abstützmoment der Sonne eines Planetengetriebes regelt.
Der Aufbau **(Bild 5.5-10)** gliedert sich in die drei Hauptgruppen:

1. Planetengetriebe und Viscobremse
2. Hydraulik
3. Elektronik und Regellogik

Über einen Kolben werden die Spaltweite (von 0,5 auf 0,15 mm) und das Innenvolumen (Füllgradänderung von 55 auf 92% Siliconöl) der Kupplung verändert, wobei beide Parameter entscheidend sind für die Drehmomenthöhe. Sehr wichtig dabei ist die intensive Durchmischung von Siliconöl und Luft (keine Fliehkraft, da das System stillsteht).
Durch das variable Einbremsen des Sonnenrades über die Viscoeinheit ist es möglich, die Antriebsverteilung zwischen den Grenzen „Einachsantrieb“ und „starrer Allradantrieb“ (bei nahezu blockiertem Sonnenrad) zu variieren.

Haldex©

Auf Basis der Kombination eines differenzdrehzahlfühlenden Pumpensystems (Taumelscheiben und Ringkolben) und einer Lamellenkupplung wird die interne Bandbreite der Momentenübertragung durch externe Regelung erweitert. Über ein fremdgesteuertes Ventil wird das Druckniveau im Hydraulikkreis und damit der aktuelle Betriebspunkt im sehr weiten, verfügbaren Regelbereich eingestellt **(Bild 5.5-11)**.

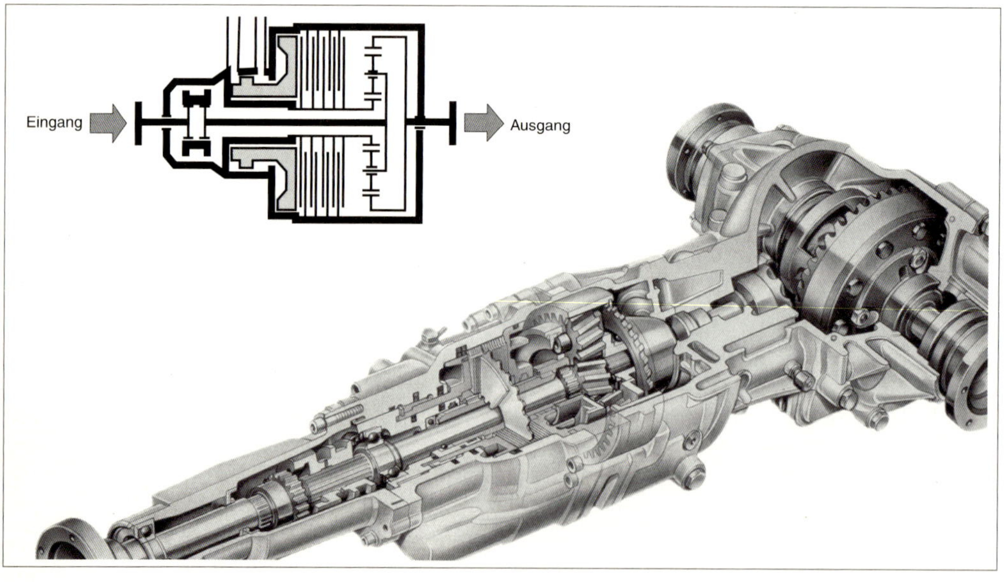

Bild 5.5-10 Viscomatic

Bild 5.5-11 Haldex-Kupplung

BMW X-Drive

Auch dieses zum Antrieb einer Vorderachse entwickelte System bedient sich einer Lamellenkupplung mit Druckmodulation **(Bild 5.5-12)**. Ein Elektromotor in Verbindung mit einem Kugelrampensystem setzt die vom Fahrdynamikregler ermittelte Soll- Drehmomentverteilung in entsprechende Anpresskräfte um.

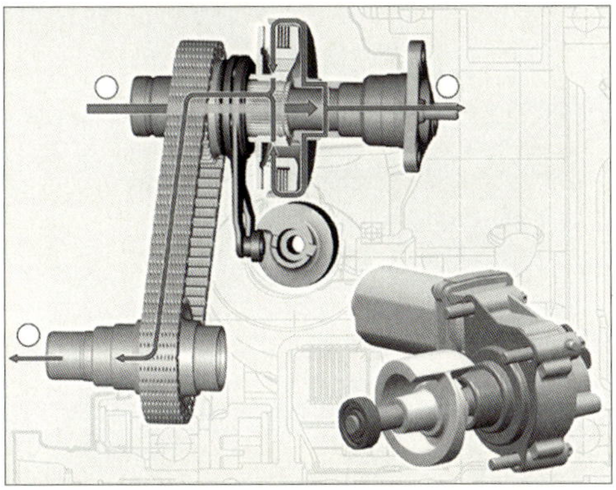

Bild 5.5-12 Schema BMW X-Drive

Variable Drehmomentverteilung zur aktiven Beeinflussung des Gierverhaltens eines Fahrzeuges

Um für sämtliche Fahrzustände (Hoch- und Niedrigreibwert) ein ausgewogenes Fahrverhalten und eine verbesserte Fahrdynamik zu erreichen, bieten moderne Allradsysteme Funktionalitäten für eine optimale Antriebskraftverteilung zwischen den Achsen. Diese Systeme werden zusätzlich durch Fahrdynamikregelsysteme (ESP, DSC, ...) unterstützt, welche die Stabilität eines Fahrzeugs erhöhen. Um die Gierbewegung eines Fahrzeugs aktiv zu beeinflussen, ist eine variable Momentenverteilung zwischen den Achsen nur bedingt brauchbar – diese wirken sich nur bei schneller Kurvenfahrt beziehungsweise bei hoher Ausnutzung des Seitenkraftpotenzials zwischen Reifen und Fahrbahn aus. Eine variable Drehmomentverteilung zu den Rädern einer Achse kann jedoch unter nahezu allen Fahrzuständen ein Giermoment um die Fahrzeughochachse erzeugen.

Für die freie Verschiebbarkeit der Drehmomente wurde von der Firma Ricardo, die selbst auch ein solches System entwickelt, der Begriff „Torque Vectoring" definiert.

Am Markt existieren bereits unterschiedliche Konzepte, wobei man grundsätzlich von zwei Systemfunktionalitäten sprechen kann:

Torque VectoringV – Funktionalität:

Mit Torque Vectoring bezeichnet man Systeme im Antriebsstrang, die in der Lage sind, Momente zwischen den Achsen und/oder zwischen den Rädern einer Achse variabel und kontrolliert gesteuert bzw. geregelt zu verteilen. Diese Verteilung kann unabhängig vom Antriebsmoment (z.B. Mitsubishi Lancer Evo) erfolgen, [2].

Torque Splitter – Funktionalität:

Als Torque Splitter bezeichnet man Systeme, die ein Antriebsmoment zwischen den Achsen bzw. den Rädern verteilen – in diesem Fall liegt jedoch eine Abhängigkeit vom Antriebsmoment vor. Beispielhaft kann hier ein Achsantrieb mit jeweils einer geregelten Kupplung zum Antrieb eines Rades genannt werden (z. B. Honda Legend). Die Notwendigkeit eines Differenzials entfällt in diesem Fall.

*Mitsubishi **Active** Yaw **Control***
*und **Active** Center **Differenzial***

Im Jahre 1996 wurde erstmals von Mitsubishi im Lancer Evolution IV das sogenannte Active Yaw Control – System (AYC) vorgestellt **(Bild 5.5-13)**, [2]. Dieses stellt das erste Torque Vectoring – System in einem Serienfahrzeug dar. In der Version Evo VIII zeigt Mitsubishi die Möglichkeit auf, eine geregelte

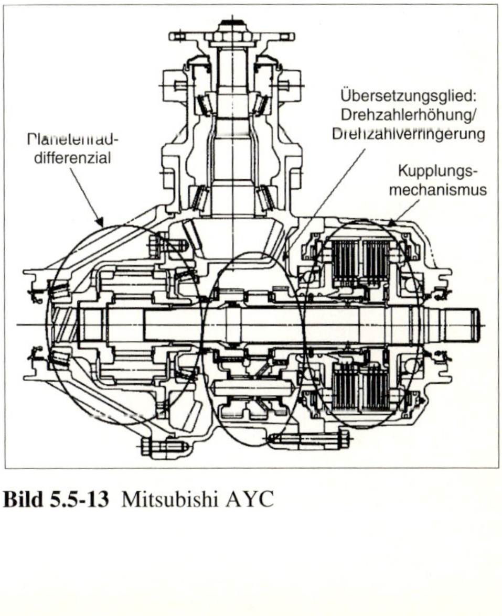

Bild 5.5-13 Mitsubishi AYC

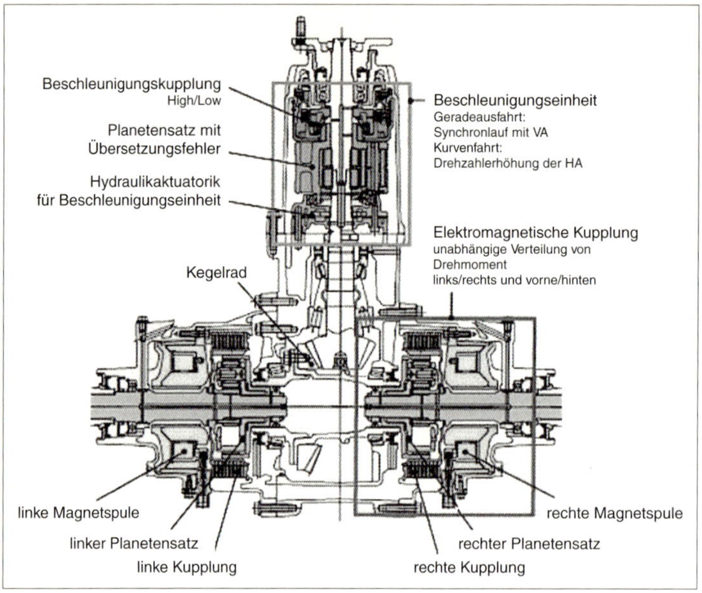

Bild 5.5-14 Honda SH-AWD

Zentraldifferenzialsperre (ACD) mit einem Torque Vectoring Hinterachsgetriebe zu kombinieren.

*Honda **Super Handling All Wheel Drive** System (SH-AWD)*

Honda präsentierte im Jahr 2004 unter der Bezeichnung Super Handling All Wheel Drive ein neues Antriebsstrangkonzept. Dieses kombiniert einen längsverteilenden Kupplungsallrad mit einer querverteilenden Momentenübertragungseinheit an der Hinterachse – in diesem Fall handelt es sich um ein Torque Splitter-System **(Bild 5.5-14)** [2].
Der Antriebsstrang basiert auf einem Frontantrieb, das heißt die Vorderachse ist die primär angetriebene Achse. Das vordere Differenzialgehäuse treibt zusätzlich über ein Umlenkgetriebe und eine Gelenkwelle die Hinterachse an. Mittels einer Planetengetriebestufe kann über eine Kupplung eine Übersetzung zur Hinterachse zwischengeschaltet werden.
Damit wird es insbesondere bei Kurvenfahrt, (bedingt durch die kinematischen Verhältnisse der Raddrehzahlen) möglich, dem kurvenäußeren Hinterrad ein positives Antriebsmoment zuzuführen, obwohl dieses Rad schneller dreht als die durchschnittliche Drehzahl der Vorderräder. Ein herkömmliches Hinterachsdifferenzial kann entfallen, da die beiden elektromagnetisch betätigten Kupplungen schlupfend betrieben werden.

5.5.1.5 Getriebeabtriebe

Ausführungsbeispiele Front-Quer-Antrieb

Für den Einsatz in Fahrzeugen mit Front-Quer Anordnung der Antriebsaggregate eignet sich insbesondere das System der direkt angetriebenen Vorderachse und einer über eine Kupplung angetriebene Hinterachse. Die Ausführung des Vorderachsabtriebs wird von den Faktoren der Raumverhältnisse und der Adapierbarkeit der Basisgetriebe bestimmt.

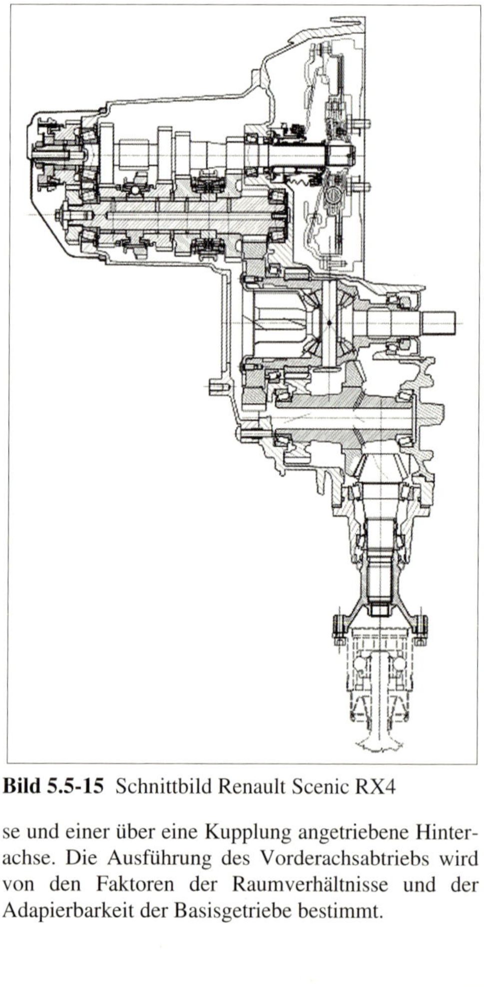

Bild 5.5-15 Schnittbild Renault Scenic RX4

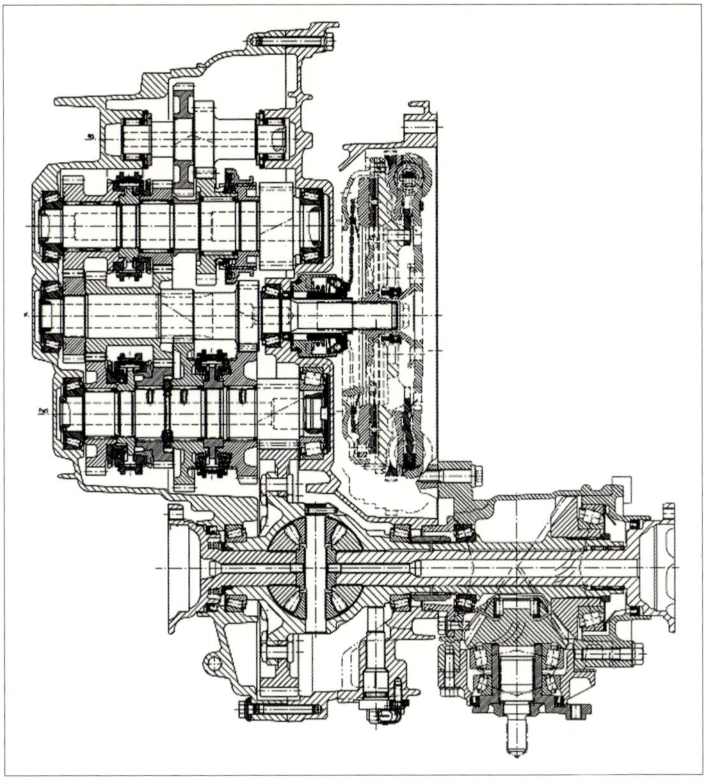

Bild 5.5-16 Schnittbild VW MQ350 4motion

Im Fall des Renault Scenic RX4/Kangoo (**Bild 5.5-15**) ist auf Basis des Frontgetriebes ein Vorderachsabtrieb mit Stirnradstufe und Hypoidtrieb in das Getriebe- und Kupplungsgehäuse integriert, indem eine eigene Stirnradstufe an das Differenzialgehäuse angesetzt wird. Vorteil: Der Kardanwellenstrang kann optimal im Fahrzeug positioniert werden.

Die zweite dargestellte Ausführung basiert auf dem Schaltgetriebe MQ350 von VW (**Bild 5.5-16**) für Fahrzeuge mit 4motion-Antrieb. Der Vorderachsabtrieb ist hier eine eigene Baueinheit welche an das Kupplungsgehäuse angeflanscht wird. Der Drehmomentenabgriff erfolgt am Ausgleichsgetriebegehäuse über eine Steckverzahnung. Vorteile: Das Schaltgetriebe ist nahezu ident mit der Frontantriebsvariante aufgebaut und damit können mit einem Winkelgetriebe unterschiedlichste Wechselgetriebe mit geringen Aufwänden zu einem Allradantrieb adaptiert werden. Ausführungen mit gemeinsamen oder getrenntem Ölhaushalt sind möglich. Als dritte Ausführungsart kann zusätzlich zur Funktion des Vorderachsabtriebs auch ein Zentraldifferenzial in einem Antriebsstrang für Quermotorisierung integriert werden. Angeschlossen an ein Wechselgetriebe wird wie im Fall des Toyota RAV4 (**Bild 5.5-17**) im Final-Drive ein Zentraldifferenzial in Kegelbauweise ange-

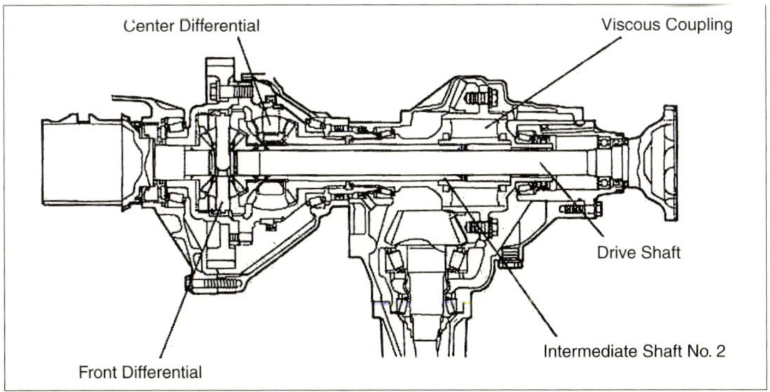

Bild 5.5-17 Schnittbild Toyota RAV 4

ordnet. Eine Visco-Sperre hat die Aufgabe den Schlupf zwischen Vorder- und Hinterachse zu begrenzen. Der Drehmomentenfluss wird nachfolgend zum Vorderachsdifferenzial mit Seitenwellen einerseits und andererseits über einen Kegeltriebsatz und der Kardanwelle zum Hinterachsgetriebe geleitet.

Ausführungsbeispiele für Längsantrieb

Bei Fahrzeugen mit Längsantrieb ergeben sich 2 Möglichkeiten des Aufbaus.

Ein, nach dem Hauptgetriebe angeordnetes Verteilergetriebe wurde bereits in den **Bildern 5.5-4** (Mercedes 4matic) und **5.5-12** (BMW X-drive) vorgestellt. Außer in den bereits beschriebenen Allradsystemen unterscheiden sich diese beiden Verteilergetriebe durch die Art des Seitenversatzes für die Antriebswelle zur Vorderachse. Die Verwendung eines meist zweistufigen Zahnradsatzes ist typisch für den Einbau im beengten Tunnel einer Limousine. Im SUV und Geländewagen ist hingegen eine Zahnkette dominant in Verwendung, die zwar etwas mehr Bauraum benötigt aber kostenmäßige Vorteile bietet. Auch in den Kriterien Wirkungsgrad und Geräusch ist die Kette zumindest gleichwertig.

Neben den eigentlichen Allradkomponenten ist in einem Verteilergetriebe für den vollwertigen Geländewagen auch fast immer eine schaltbare Reduktionsstufe untergebracht **(Bild 5.5-18)**. Mit einem ausgeführten Übersetzungsbereich zwischen 2 und 3 werden die Zugkraft erhöht bzw. die Geschwindigkeit entsprechend reduziert.

Vor der Getriebestruktur her werden dominant Planetengetriebe mit dem daraus resultierenden, typischen Übersetzungswert von 2,7 verwendet. In der Vergangenheit waren diese Getriebe nahezu ausschließlich unsynchronisiert und handgeschaltet, heute finden immer mehr synchronisierte Getriebe mit Aktuatorbetätigung (E-Motor) Verwendung.

In der Ausführung des AUDI Quattro **(Bild 5.5-19)** sind die Funktionen Verteilerdifferenzial (Torsen) und Vorderachsgetriebe mit Hilfe einer Hohlwellenlösung integriert. Eine ähnliche Anordnung setzt Subaru ein.

5.5.1.6 Systemauswahl

Wie bereits bei der Systematik der Allradantriebe ausgeführt, ist die Einteilung in die vier Gruppen keine Wertung der Systeme.

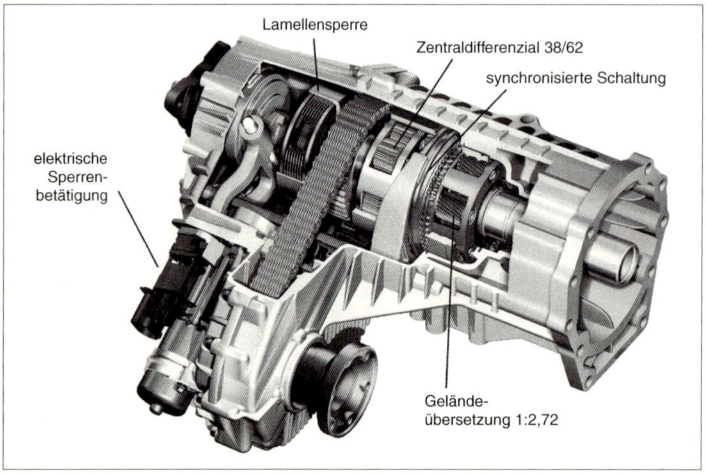

Bild 5.5-18 Verteilergetriebe Volkswagen Touareg

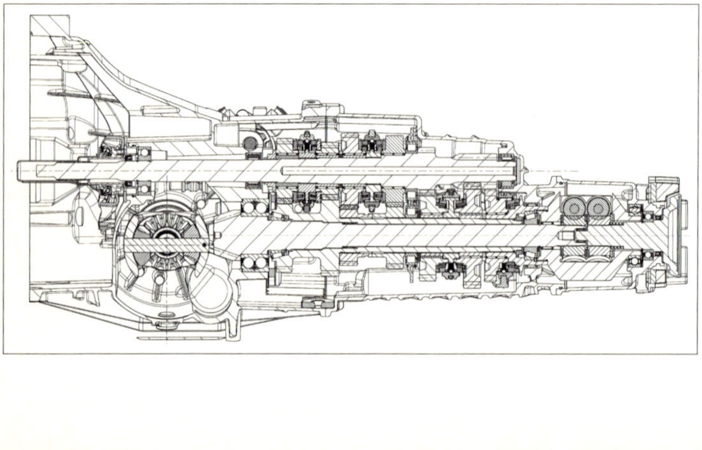

Bild 5.5-19 Schnittbild AUDI quattro ML450

Maßgebend für eine Konzeptentscheidung sind alle in einem Lastenheft für das Fahrzeug angeführten allradspezifischen Forderungen. Die wichtigsten Festlegungen sind die Marktpositionierung, das zu erwartende Einsatzprofil in Kundenhand und die daraus sich ergebende Grundkonzeption des Fahrzeuges.
Weltweit gesehen ist die erhöhte Traktion noch immer *die* dominierende Kundenerwartung, für Europa sind aber die fahrdynamischen Eigenschaften mindestens ebenso wichtig.
Gemeinsam sind die Forderungen nach niedrigsten Kosten, geringem Gewicht und gutem Wirkungsgrad. Ein deutlicher Trend führt auch weg von allradspezifischen Bedienungsorganen und hin zur Forderung der absoluten Verträglichkeit des Allradantriebes mit anderen Regelsystemen (ABS, ESP).
In Vergleichstabellen sind alle für das Fahrzeug relevanten Systeme anzuführen und zu bewerten. Die wichtigsten Kriterien dazu sind:

- Kosten des Gesamtsystems
- Traktion
- dynamisches Verhalten
- aktive/passive Sicherheit
- Gewicht
- Package
- Wirkungsgrad/Verbrauch
- Wartung
- Bedienung
- Image

Die Bedeutung dieser Kriterien ist von Fall zu Fall unterschiedlich.

5.5.1.7 Einfluss auf Crashverhalten

Auch auf das Crashverhalten hat der Allradantrieb wesentlichen Einfluss. Grundsätzlich spielen die Mehrmasse des zusätzlichen Antriebsstranges sowie die geänderte Steifigkeit infolge des Antriebsstranges eine Rolle. Bei quer eingebauten Motoren wird durch den Antriebsstrang üblicherweise die Steifigkeit im Frontcrash erhöht und damit die Deformation der Fahrgastzelle verringert, wenngleich dies auch eine Erhöhung des Crashpulses bewirkt (Kapitel 6.5).

5.5.1.8 Geräusch- und Schwingungstechnik Noise-Vibration-Harshness (NVH)

Die größere Anzahl an Bauteilen des Antriebsstranges von Allradfahrzeugen im Vergleich zu zweiradgetriebenen Fahrzeugen, stellt für den Fahrzeugakustiker eine besondere Herausforderung auf dem Weg zum geräuscharmen und komfortablen Automobil dar. Hinzu kommt, dass die bei der Derivatentwicklung (d.h. 4×2 wird zu 4×4) in vielen Fällen notwendigen Änderungen an der Fahrzeugstruktur, am Fahrwerk und an der Abgasanlage, meist mit einer Verminderung des Akustik- und Schwingkomforts einhergehen.

Aus Sicht der Fahrzeugakustik sind folgende Charakteristika am allradgetriebenen Fahrzeug von Bedeutung (siehe auch Kapitel 3.4):
NVH-Verhalten der Einzelbauteile des Antriebsstranges (z.B. Getriebeeinheiten inkl. Sperren, Antriebswellen, Lamellenkupplungen): Spezielle NVH-Quellen sind z.B. Slip-Stick Effekte bei Lamelleneinheiten und Torsen-Systemen, aber auch bei verspannten Differenzialen. Abhilfe kann durch spezielle Öle bzw. Lamellenausführungen mit spezieller Oberflächenqualität geschaffen werden.
Das NVH-Verhalten des Systems Antriebsstrang (Torsionsschwingungen, Biegeschwingungen, Schwingungstransfer, Geräuschabstrahlung) wird sehr stark beeinflusst durch die erhöhte Anzahl an Aggregatlagerstellen und damit Geräuschübertragungspfaden in den Fahrzeuginnenraum.
Sehr kritisch sind die vermehrten Lastwechselschläge aufgrund möglicher Bewegungen der Abstützelemente. Diesen begegnet man mit sorgfältiger Abstimmung der Aggregate und Achslagerungen und durch gezielte Auslegung des Motor-Managements um abrupte Antriebsmomentenstöße zu glätten. Auch gezielt eingesetzte Reibelemente bringen Abhilfe.
Abstimmung der Fahrwerkslagerelemente unter Berücksichtigung der Fahrdynamik und Geländetauglichkeit des Fahrzeugs
Dynamische Steifigkeit der Fahrzeugstruktur in globalen (Fahrzeugverwindung) und lokalen (Schwingungseinleitung) Schwingungsformen.
Dies ist unter dem Aspekt zu sehen, dass für ein modernes allradgetriebenes Fahrzeug hinsichtlich des Akustik- und Schwingungskomforts durchwegs die gleichen Ansprüche gestellt werden, die man von zweiradgetriebenen Fahrzeugen entsprechend des Standes der Technik erwarten kann.

5.5.1.9 Dimensionierung

Für die Dimensionierung von Getrieben im Antriebsstrang sind hauptsächlich zwei Lastfälle von Bedeutung:

- Dauerbelastung nach Kollektiv, gemessen oder synthetisch ermittelt.
- Gewaltbruchsicherheit unter Extrembelastungen wie z. B. schnelles Einkuppeln, Verlust des Kraftschlusses einer Achse (oder eines Rades) beim Beschleunigen oder im Off-Road-Betrieb. Als Grenzwert gelten je nach Motorisierung entweder das maximal mögliche Antriebsmoment oder das Rutschmoment der Räder.
- Um leichtere Antriebsstränge mit kleineren Dimensionen zu erhalten, müssen beide oben genannten Belastungen reduziert werden. Das Kollektiv kann über die gezielte Kennliniengestaltung der Allradkupplung gesenkt werden, das Maximalmoment durch geeignete Begrenzer limitiert werden.

5.5.1.10 Allradantrieb und Regelsysteme

ABS und Fahrdynamik-Regelsysteme (ESP) gehören bald zur Standardausrüstung im Personenwagen und auch leichten Nutzfahrzeug.
Abhängig vom Koppelungsgrad der Achsen/Räder erfolgt auch hier eine Rückwirkung durch den Allradantrieb. Beim ABS treten Probleme bei der Bildung der Referenzgeschwindigkeit auf (Abhilfe Verzögerungssensor), bei ESP führt der Einzelbremseingriff an einem Rad auch zu Brems/Antriebsmomenten an den anderen Rädern, die zwar deutlich niedriger sind, aber die Effektivität des Systems trotzdem schmälern. Für volle ESP-Tauglichkeit erhebt sich die Forderung nach vollständiger Trennung.

Literatur

[1] *Stockmar J.*: Das große Buch der Allradtechnik. Motor- Buch Verlag, Stuttgart 2004, ISBN: 3-613-024365
[2] Grazer Allradkongress (Veranstalter Magna Steyr): Tagungsbände 2000 bis 2006
[3] *Mohan, S.; Sharma, A.*: Torque Vectoring Axle and Four Wheel Steering: A Simulation Study of Two Yaw Moment Generation Mechanisms SAE 2006-01-0819
[4] *Shibahata, Y.; Tomari, T.*: Direct Yaw Control Torque Vectoring. In: Auto Technology, Volume No. 6, June 2006

5.5.2 Antriebs- und Bremsregelung

5.5.2.1 Unfallvorbeugende Sicherheit

Ein zweckmäßig ausgelegtes Fahrwerk trägt mit den Achsen, der Federung, Dämpfung, Lenkung und Bremsanlage erheblich zur unfallvorbeugenden Sicherheit bei. Im Zusammenhang mit der Massenverteilung werden die Traktion, die Fahrstabilität und das Eigenlenkverhalten des Fahrzeugs wesentlich beeinflusst.
Die Traktion hängt von der Achslast und dem verfügbaren Reibwert zwischen Reifen und Fahrbahn ab. Die maximale Kraftübertragung ist dann erreicht, wenn die Antriebsräder nicht durchdrehen und sich im Bereich des optimalen Antriebsschlupfs befinden. Beim Allradantrieb begrenzt diejenige Antriebsachse, die als erste den optimalen Schlupf übersteigt, die maximale Anfahrbeschleunigung oder Steigfähigkeit des Fahrzeugs.
Die zwei Antriebsachsen eines Allradfahrzeugs erlauben eine höhere Traktion als bei Einachsantrieb (Heckantrieb oder Frontantrieb). Durch besondere technische Vorkehrungen (Traktionssysteme) kann sowohl bei Fahrzeugen mit Einachsantrieb als auch mit Allradantrieb eine nahezu vollständige Kraftschlussausnutzung ermöglicht werden.

5.5.2.2 Traktionssysteme

Neben mechanischen Sperren finden sowohl bei Einachs- wie bei Allradantrieb Aggregate Verwendung, bei denen durch die elektronische Regelung mit Fremdenergie (Hydraulik, Elektrik) eine Sperrfunktion realisiert wird (geregelte Sperren).
Neben den geregelten Sperren werden auch Allradsysteme mit geregelten Kupplungen, die im Bedarfsfall die zweite Antriebsachse zuschalten, verwendet. Die Kombination dieser Systeme mit zusätzlichen Längs- und Quersperren ist ebenfalls bekannt [1] (Kap. 5.5.1).
Ausführungsformen mit elektromagnetischer Längssperre und elektrohydraulischer Quersperre werden ebenso verwendet [2] wie voll hydraulische Lösungen. Die elektronische Regelung der Sperren erfolgt anhand der Radgeschwindigkeitssignale des ABS. Aus den achs- oder seitenweisen Differenzgeschwindigkeiten an Vorder- und Hinterachse kann das Steuergerät auf erforderliche Eingriffe an den Sperren schließen.
Aus Gründen der Aufwandsreduzierung kann die Funktion der geregelten Sperren durch Bremseingriffe an den Antriebsrädern emuliert werden (Brems-Sperr-Differenzial BSD) [3]. Dies setzt voraus, dass eine ausreichende Bremsendimensionierung für eine längere Aktivierung des Bremseneingriffs vorliegt. Werden die Regelbedingungen für einen Bremseneingriff erfüllt, steuert die Pumpe des Bremsregelsystems (ABS, ASC (5.5.2.3.1), DSC (5.5.2.3.2) Volumen in die Bremse ein. Über die Magnetventile wird sichergestellt, dass durch eine Pulsstufenregelung des Bremsdruckes das Rad im Bereich optimalen Schlupfes gehalten wird. Das gegenüberliegende Antriebsrad kann durch den Bremseneingriff ein entsprechend dem eingestellten Bremsmoment höheres Antriebsmoment übertragen [4] .
Das Prinzip des Bremseneingriffs an der Antriebsachse findet bei allen Antriebsarten Verwendung. In Erweiterung des Bremseneingriffs werden Systeme mit zusätzlichen Motoreingriff eingesetzt, die außer der reinen Traktionsregelung auch eine Beeinflussung der Fahrstabilität ermöglichen (Stabilitätssysteme).

5.5.2.3 Stabilitätssysteme

Systeme, die nicht einseitig die Traktionsoptimierung sondern auch die Fzg.-Stabilisierung in den Vordergrund stellen, erfordern zusätzliche Eingriffsmöglichkeiten in den Motor und ggf. weitere Sensorik, die eine Abschätzung des jeweiligen Fahrzustands gestattet. Neben passiven Systemen, die auf Fzg.-Instabilitäten mit einer Reduzierung der Kraftschlussbeanspruchung an den Antriebsrädern reagieren, gibt es aktive Systeme, die durch ein gezieltes Aufbringen von Korrekturmomenten (radindividueller Bremseneingriff) eine Stabilisierung des Fzgs. herbeiführen.

5.5.2.3.1 Passive Systeme ASC, ASR

Passive Stabilitätssysteme verwenden in der Regel ebenso wie ABS nur Eingangssignale der Raddreh-

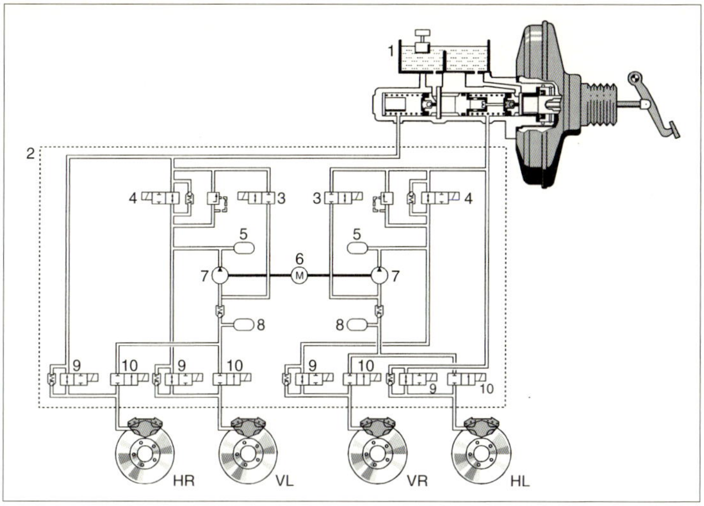

Bild 5.5-20 ABS/ASC-Hydraulikschaltplan

zahlfühler, nur in Sonderfällen werden weitere Signale verarbeitet. Stabilitätsregelsysteme wie ASC (Automatische Stabilitäts Control) [4] oder ASR (Antriebs Schlupf Regelung) [5] bauen auf der Basishardware des ABS auf. Zweckmäßige Modifikationen der Aktorik und Elektronik passen das System für den erweiterten Aufgabenumfang an. Durch einen Schnittstellenverbund zum Antriebsstrang besteht die Möglichkeit, Antriebsmomente in kritischen Situationen zweckmäßig zu modifizieren.

Bild 5.5-20 zeigt den prinzipiellen Hydraulikaufbau eines ASC-Systems für Fahrzeuge mit diagonaler Bremskreisaufteilung. Zur Regelung des Antriebsschlupfs an der Antriebsachse werden zusätzliche Ventile zur Trennung des Hauptzylinders von den Bremskreisen installiert, so dass an der Antriebsachse ein individueller BSD-Druckaufbau ermöglicht wird.

Über Schnittstellen zum Motor-Management können sowohl Diesel- als auch Ottomotoren in die Regelung eingebunden werden. Bei Überschreiten kritischer Antriebsschlupfwerte wird über die Momentenschnittstelle zur Motorsteuerung eine Reduktion des Antriebsmomentes vorgenommen, wobei als Regelkreise die kombinerte Zünd-/Einspritzausblendung, die Zündwinkelverstellung sowie die Drosselklappenregelung bei Ottomotoren bzw. die Einspritzmengen-Regelung bei Dieselmotoren zum Tragen kommt.

Die Aktuatorik für die Drosselklappensteuerung erfolgt überwiegend über eine elektronische Motorleistungsregelung (E-Gas). Bei Pkw Dieselmotoren wird auf die elektronische Regelung der Einspritzpumpe zurückgegriffen.

Bei Ottomotoren wird vereinzelt auf die Drosselklappe als Regelkreis verzichtet und stattdessen nur mit den Regelkreisen Zündung und Einspritzung operiert.

Um unerwünschte Pendelschaltungen während einer ASC-Regelung zu unterbinden, wird die ASC-Regelungs-Information an das Automatikgetriebe-Steuergerät übertragen.

Die negativen Auswirkungen übermäßigen Bremsschlupfs auf die Fahrstabilität an den Antriebsrädern beim heftigen Einkuppeln während eines Rückschaltvorgangs werden durch Regelkreise eliminiert, die durch einen gezielten Motoreingriff das Schleppmoment reduzieren (Motor-Schleppmomenten-Regelung MSR).

Mechanische Bremskraftregler an der Hinterachse werden weitgehend durch eine elektronische Regelung ersetzt, die sicherstellt, dass bei allen Bremsvorgängen unabhängig von der Beladung und der Fahrsituation der Bremsschlupf der Hinterräder auch bereits unterhalb der ABS-Eingriffsgrenzen in stabilitätsunkritischen Bereichen gehalten wird (Elektronische Bremskraft Verteilung EBV) [6].

Bei Bremsvorgängen während spezieller Fahrsituationen – vorzugsweise bei Kurvenfahrt oder Fahrspurwechsel – kann auftretenden Instabilitäten durch eine Cornering Brake Control CBC begegnet werden [7]. Die CBC bringt durch seitenweise unterschiedliche Bremskräfte Kompensationsmomente auf, die eine fahrzeug-stabilisierende Wirkung ermöglichen.

Der Zusammenbau von Steuergerät und Hydraulikaggregat (Aktuatorik mit Pumpe und Magnetventilen) führt zu kompakten Baueinheiten mit reduzierter Anzahl externer elektrischer Schnittstellen. Der Aufwand für die Verkabelung wird hierdurch minimiert, da die Ansteuerung der Magnetventile und der elektrohydraulischen Pumpe durch interne Kontaktierung erfolgt. Das Steuergerät mit Spulenträger wird über einen „magnetischen Stecker“ mit der Hydraulikeinheit verbunden.

Ausführungen mit in die Betätigung integrierter Schlupfregelhydraulik haben sich wegen der damit verbundenen Variantenvielfalt nicht durchsetzen können. Heute überwiegen bei konventionellen Verstärker-Bremsanlagen Systeme, die in Add-On-Technik in die vorhandene Bremsanlage integriert werden (Kap. 7.2).

5.5.2.3.2 Aktive Systeme, DSC, ESP

Stabilitäts- und Traktionssysteme erleichtern das Befahren reibwertkritischer Fahrbahnen. Passive Systeme, die im wesentlichen nur den Längsschlupf, der aus den Raddrehzahlwerten abgeleitet wird, ausregeln, lassen in Abhängigkeit von der Fahrzeuggeschwindigkeit unterschiedliche Eingriffe an Bremse und Motor zu. Sie wirken sich entweder in einer Antriebsmomentenreduktion oder einer Umverteilung des Antriebsmoments auf die Antriebsräder aus.

Durch die Verwendung zusätzlicher Fahrdynamik-Sensorik (Querbeschleunigung, Gierrate, Lenkwinkel) lässt sich sowohl der Fahrzustand als auch die Fahrervorgabe hinsichtlich des beabsichtigten Fahrkurses ermitteln. Aus der Zielabweichung können dann die unterschiedlichen Stellorgane, die über den Schnittstellenverbund mit dem Steuergerät kommunizieren, aktiviert werden. Die aktive Stabilisierung des Fahrzeugs erfolgt über eine radindividuelle Druckbeaufschlagung der Radbremsen, um störenden Giermomenten durch entsprechende Kompensationsmomente zu begegnen, **Bild 5.5-21**.

Solche Systeme – u.a. Dynamische Stabilitäts Control DSC [8], Elektronisches Stabilitäts Programm ESP [9] – weisen neben der reinen DSC-Funktion zur Giermomentenkompensation durch Korrekturmomente als unterlagerten Regelkreis ebenso wie bei der ASC die Cornering Brake Control CBC auf. CBC verschleift den Übergang zum DSC-Eingriff und erlaubt hierdurch ein unter allen Fahrsituationen komfortables Eingreifen des Regelungssystems. Die prinzipielle Wirkung von CBC und DSC ist in **Bild 5.5-22** dargestellt.

In mehreren Studien wurde die Unfall vermeidende bzw. Unfallfolgen reduzierende Wirkung dieser Systeme nachgewiesen. Durch den Einsatz von aktiven Fahrstabilitätssystemen können erhebliche Einsparungen der Unfall-Folgekosten mit entsprechend positiven Auswirkungen für die Volkswirtschaft erzielt werden (Kap. 2.4). Der elektrohydraulische Aufbau von DSC/ESP erfordert neben den Magnetventilen zusätzliche Drucksensorik, hinreichend ausgelegte Rückförderpumpen sowie bei gehobenen Komfortansprüchen Sonderbauformen der Pumpe und eine stetige Regelung zumindest der Einlassventile, **Bild 5.5-23**.

Durch Einsatz von Mehrkolbenaggregaten kann eine wesentliche Glättung des Volumenstroms herbeigeführt werden. Gepaart mit ausreichend dimensionierten elektromotorischen Antrieben lassen sich Stabilisierungsleistungen erzielen, die den Einsatz dieser Systeme weit in den fahrdynamischen Grenzbereich bei immer noch ausreichender Stabilisierung ermöglichen.

Die Verwendung des Mehrkolbenaggregates ermöglicht eine komfortable und akustisch unauffällige Nutzung der Hydraulikpumpe herunter bis in den Stillstandsbereich des Fahrzeugs. **Bild 5.5-24** zeigt eine Ausführungsform mit einer 6-Kolbenpumpe (3 Kolben/Bremskreis) und einem Anbausteuergerät.

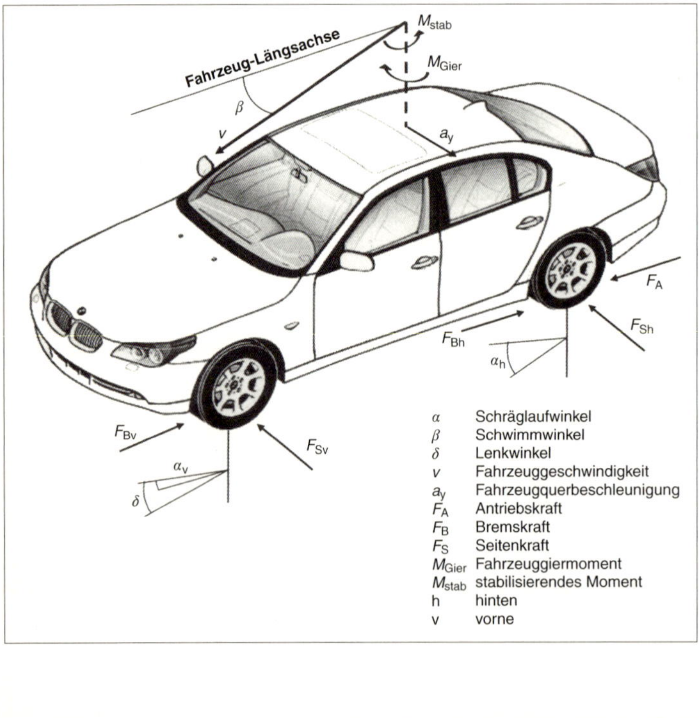

Bild 5.5-21 Funktion DSC

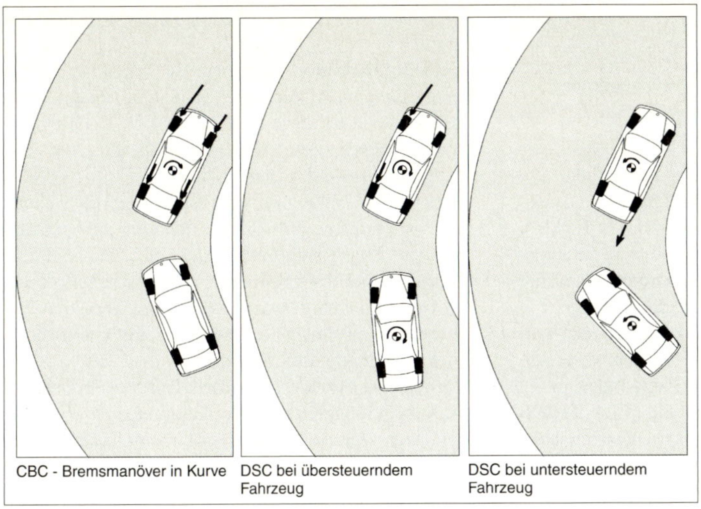

Bild 5.5-22 CBC und DSC bei Kurvenfahrt

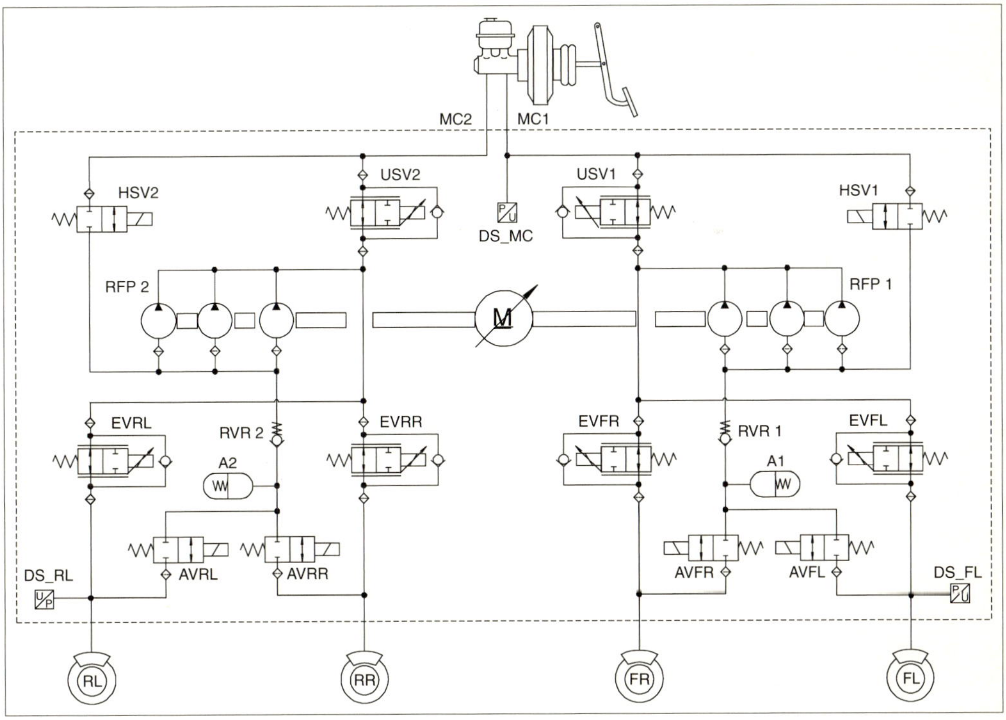

Bild 5.5-23 Hydraulikschaltplan DSC (Quelle: Robert Bosch GmbH)

Für das Tieftemperaturverhalten der DSC wird durch Sondermaßnahmen im Bereich des Hauptzylinders und der DSC-Pumpe der negative Einfluss der Viskositätszunahme bei tiefer Temperatur auf die Druckbereitstellung der Bremse nahezu eliminiert. Früher übliche aktive Verstärker oder elektrische Vorladepumpen werden daher nur noch vereinzelt angetroffen.

DSC Systeme können entweder in konventioneller Unterdruck-Verstärkertechnik integriert werden oder mit Hilfe von hydraulischen Verstärkern realisiert werden. Die höheren Kosten von Hydraulik-Verstärkerbremsanlagen haben bislang nur zu beschränkter Verbreitung geführt.

5.5.2.3.3 Elektronisches Bremsen Management EBM

Der aktive radindividuelle Bremseneingriff der Fahrdynamik-Regelsysteme (5.5.2.3.2) ermöglicht die Realisierung umfangreicher zusätzlicher Funktionsumfänge, die unter dem Sammelbegriff des Elektronischen Bremsen Managements EBM zusammengefasst werden. In **Bild 5.5-25** ist ein morphologischer Stammbaum des EBM exemplarisch dargestellt.

Das EBM stellt die Verzögerungsschnittstelle zur ACC (8.5.5) dar und ermöglicht darüber die Abstandsregelung zu vorausfahrenden Fahrzeugen.

Die Notbremsfunktion der Parkbremse (7.2.4.9) lässt über die Verwendung der hydraulisch/elektronischen Regeleinheit Verzögerungen bis zu 0,6 g durch aktive Druckbeaufschlagung beider Bremskreise zu.

Der hydraulische Bremsassistent (7.2.4.6) wird über die Dynamic Brake Control DBC der EBM-Regeleinheit dargestellt.

Für Bergabfahrten im unteren Geschwindigkeitsbereich besteht über die Hill Descent Control HDC die Möglichkeit der Geschwindigkeits-Konstantfahrt z. B. auch auf reibwert-kritischen Fahrbahnen.

Fahrzeuggespanne werden mit Hilfe einer Anhänger Stabilisierungs Logik ASL aus dem pendelkritischen Geschwindigkeitsbereich automatisch herabgebremst.

Das EBM kann in Verbindung mit konventioneller Betätigungstechnik (Verstärkerbremsanlage, 7.2.4.3) oder als Fremdkraftbremse (5.5.2.4) ausgeführt sein (EHB, EMB).

5.5.2.3.4 EBMx für Allradfahrzeuge

Auf Basis des EBM lässt sich über den Bremseneingriff sowohl die Funktion einer Längssperre als auch die der Quersperren an Vorder- und Hinterachse emulieren. Hierdurch lässt sich ein sehr kostengünstiges Allradkonzept mit offenen Differenzialen realisieren.

Spezielle Detektions-Algorithmen erkennen fehlenden Bodenkontakt einzelner Räder bei Geländefahrt und ermöglichen über einen schnellen Regeleingriff an den Bremsen der betroffenen Räder eine wesentliche Traktionsverbesserung.

Weitere Anwendungen des EBMx ergeben sich bei Off-Road-Fahrzeugen über situativ zweckmäßig variierte Eingriffsgrenzen des ABS, die z.B. bei Bremsungen auf Oberflächen mit losem Untergrund bei Geradeausfahrt bewusst ein Blockieren der Vorderräder und somit ein „Eingraben" mit entsprechender Verzögerung ermöglichen.

Werden aus Gründen erhöhter Traktionsanforderungen geregelte Sperren oder Kupplungen verwendet, lässt sich deren Ansteuerung ebenfalls über eine zweckmäßig erweiterte Version des EBMx darstellen. Die gesamte Fahrdynamikregelung verfügt dadurch in Ergänzung zur Bremse und dem Motor über einen dritten Regelkreis, mit dem gezielt die Verteilung der Antriebsmomente beeinflusst werden kann.

In **Bild 5.5-26** ist der Vergleich des Zeitverhaltens eines Allradsystems mit reiner Sperrenemulation über einen Bremseingriff zu einem System mit geregelter Mittenkupplung (xDrive [22]) dargestellt. Der erheblich verbesserte Momenttransfer zur Vorderachse resultiert in einer wesentlich spontaneren Beschleunigung auf den dargestellten Fahrbahnverhältnissen Eis/Asphalt.

Optimale fahrdynamische Verhältnisse liegen erst vor, wenn eine gezielte achsweise Querverteilung der Antriebsmomente vorliegt (Kap. 5.5.1). Aus Aufwandsgründen wird man hier primär auf die Achse mit dem höheren Achslastanteil fokussieren. In Ergänzung der klassischen Fahrdynamikregelung über Bremse mit radindividueller Eingriffsmöglichkeit, Antrieb und Längsmomentverteilung kann das resultierende Giermoment zusätzlich über seitenweise unterschiedliche Antriebskräfte pro-aktiv beeinflusst werden.

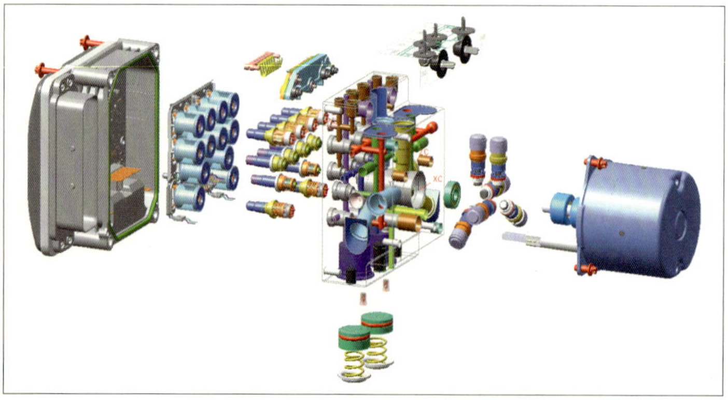

Bild 5.5-24 DSC/ESP Aggregat mit 6-Kolbenpumpe und Anbau-Steuergerät (Quelle: Robert Bosch GmbH)

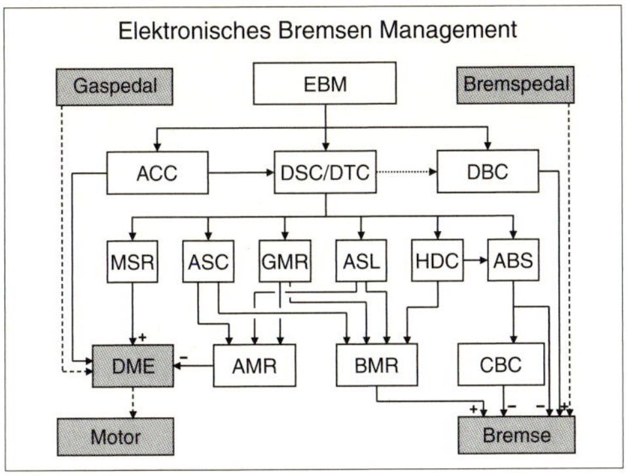

Bild 5.5-25 Morphologischer Stammbaum EBM

5.5.2.3.5 Weiterentwicklung

Durch konsequente Systemintegration und Optimierungen in der Steuergeräte- und Hydraulik-Hardware wurde eine erhebliche Gewichts- und Bauraumeinsparung im Laufe der Entwicklung erreicht.
Die Anbausteuergeräte-Technologie hat sich bei der absoluten Mehrzahl aller Anwendungen zum Standard entwickelt. Bei wesentlich verbesserter Funktionalität wurde die Komponentenanzahl drastisch reduziert, gleichzeitig wurden Bauvolumen und Gewicht mehr als halbiert.
Durch die Fortschritte auf dem Gebiet der Mikroelektronik wurden eine höhere Rechenleistung und ein wesentlich erweiterter Funktionsinhalt ermöglicht. Schnellere Prozessoren mit vergrößertem Speicherplatz erlauben die Einbindung weiterer kundenwerter logischer Funktionen.
Die dargelegten Maßnahmen haben wesentlich zu der rasanten Verbreitung der Bremsregelsysteme bis in Fahrzeugklassen des Kompaktsegments beigetragen. Für Anwendungen mit besonderen Komfort- und Funktionsansprüchen werden Optimierungen bestehender Systeme vorgenommen.

Durch die Verwendung der EHB-Ventiltechnik (5.5.2.4) kann der Schaltkomfort wesentlich verbessert werden. Optimierungen an der Rückförderpumpe mit dem Ziel einer schnelleren Druckbereitstellung und einer Reduktion der hydraulischen Pulsation führen zu einer Leistungsfähigkeit, die der der Fremdkraftbremssysteme EHB und EMB (5.5.2.3.2) sehr nahe kommt. Vorteilhaft ist dabei, dass weiterhin mit dem herkömmlichen 12 V-Bordnetz operiert werden kann.

5.5.2.4 DSC, ESP mit Fremdkraft-Bremsanlage

Verstärker-Bremsanlagen erzeugen die Bremskraft am Rad über die Bremsbetätigung des Fahrers. Die Fahrerfußkraft erfährt hinsichtlich ihrer Wirkung auf den Druckaufbau eine hydraulische oder pneumatische Verstärkung.
Im Gegensatz zu der Verstärker-Bremsanlage wird bei Fremdkraft-Bremsanlagen eine der Fahrerfußkraft proportionale Aussteuerung des Bremsmoments vorgenommen. Hierzu kommen grundsätzlich elektrohydraulische (EHB) oder elektro-mechanische (EMB) Systeme in Frage.
Elektro-mechanische Bremssysteme sind ebenso wie elektrohydraulische Systeme wegen ihrer elektronischen Signalübertragung dem Brake-by-Wire zuzuordnen. Ausführungsformen der EHB werden vereinzelt in Pkw's verwendet, ein weiteres Einsatzgebiet ergibt sich bei Fahrzeugen mit Hybridantrieb (Kap. 5.5.2.5).
Während die bisherigen Ausführungsformen der EHB über eine hydraulische Rückfallebene verfügen, ist dies bei der EMB nicht vorgesehen. Die EMB erfordert ein Systemdesign, das sowohl hinsichtlich der Aktorik als auch im Hinblick auf Bordnetz und Datenkommunikation spezielle Vorkehrungen hinsichtlich Verfügbarkeit und Hilfsbremswirkung erforderlich macht.

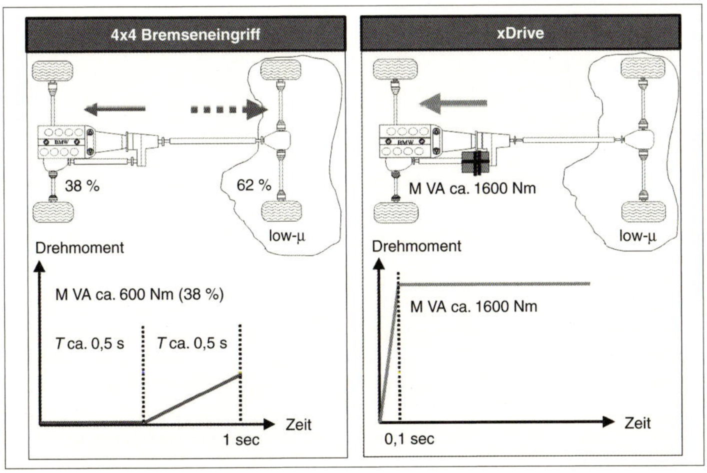

Bild 5.5-26 Zeitverhalten im Vergleich zu konventionellem 4 × 4-Antrieb

Die EMB kann als direkt elektro-mechanisch zuspannender Sattel ausgeführt sein. Eine selbst verstärkende Variante stellt geringere Anforderungen an die Höhe der Bordnetzspannung.
Der Übergang von Add-On-Systemen zu integrierten Anlagen, die sowohl die Betriebsbremsfunktion als auch die Funktion der Stabilitätsregelung einschließen, kann mit Brake-by-Wire-Systemen erfolgen. Die Brake-by-Wire-Lösungen können entweder als Elektro-Hydraulische-Bremse (EHB) [10] oder Elektro-Mechanische-Bremse (EMB) [11] ausgeführt sein. In beiden Fallen wird der Bremswunsch des Fahrers sensiert und über ein Steuergerät in entsprechende Stellbefehle an die Aktuatorik gegeben. Die Rückmeldung über das eingestellte Bremsmoment erfolgt entweder über Drucksensoren oder über eine direkte Messung der Zuspannkraft.

5.5.2.5 Bremssysteme für Fahrzeuge mit Hybridantrieb

Neue Aspekte der Systemauslegung ergeben sich bei Fahrzeugen mit Hybridantrieb, bei denen ein möglichst hoher Anteil der Verzögerungsenergie als elektrische Energie zurückgewonnen werden soll. Eine Aktivierung der Reibungsbremse soll hier nur bei voll geladenem Energiespeicher oder bei hohen Verzögerungen erfolgen [34].
In allen anderen Fällen hat die Rekuperation über die als Generator arbeitende Elektromaschine zu erfolgen.
Der Verzögerungswunsch des Fahrers führt entsprechend der Betriebsstrategie zu unterschiedlichen Aktivierungen der generatorischen Bremsung sowie der Reibungsbremse. Abhängig von der Betriebsbremsanlage – Brake-by-Wire oder Verstärkerbremse – können zusätzliche Vorkehrungen erforderlich werden, um spezielle Anforderungen aus dem Rekuperationsbetrieb erfüllen zu können.
Weitere pedalentkoppelte Ausführungsformen der Bremsanlage für Hybridfahrzeuge bestehen in Sonderbauformen pneumatischer Verstärker, **Bild 5.5-27** die eine By-Wire-Funktionalität emulieren.
EH-Systeme können entweder mit Speichertechnik und entsprechend zugeordneten stetigen Ventilen kombiniert werden, oder es werden elektro-hydraulische Plunger eingesetzt.
Sowohl die EM-Lösung als auch die EH-Plungerlösung stellen erhöhte Ansprüche an die elektrische Energieversorgung. Der Übergang zu einem 42 V-Bordnetz (Batteriespannung 36 V) ist bei Verwendung solcher Systeme wünschenswert.
Kombinationen von konventioneller Betätigung an der Vorderachse und elektro-mechanischer Zuspannung an der Hinterachse (Hybridbremse [23]) werden vor dem Hintergrund der Beibehaltung des 12 V Bordnetzes diskutiert.

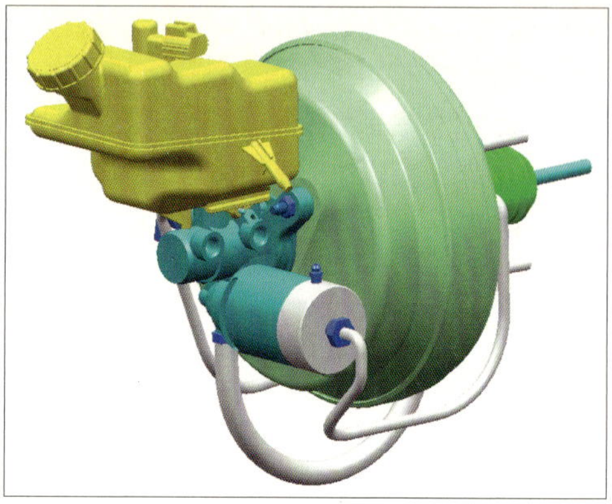

Bild 5.5-27 Bremskraftverstärker für pedal-entkoppeltes Bremssystem

5.5.2.6 Sensorik

Die Stabilitätsregelsysteme sind auf Sensorsignale angewiesen, die sowohl das Radverhalten als auch den Fahrzustand präzise beschreiben. Die wesentlichen Bauarten sind die Raddrehzahlfühler und die Fahrdynamiksensoren.

5.5.2.6.1 Raddrehzahlfühler

Bei der Radgeschwindigkeitssensorik wird zwischen „passiven" und „aktiven" Sensoren unterschieden. Passive Drehzahlfühler arbeiten nach dem Induktionsprinzip und liefern ein zur Drehzahl proportionales Spannungssignal, das über entsprechende Eingangsbeschaltungen im Steuergerät verarbeitet wird.
Der Drehzahlfühler tastet eine Impulsscheibe ab, die entweder als eigenständiges Bauelement im Achsbereich angordnet ist oder im Radlager integriert wird.
Da die Bewegung der Impulsscheibe Voraussetzung für die Spannungserzeugung des Sensors ist, lassen passive Sensoren keine Nullgeschwindigkeits-Messung zu.
Aktive Systeme basieren auf dem Hall Effekt oder nutzen das magnetoresistive Prinzip. Diese Sensoren können bereits aus dem Stillstand heraus ein Geschwindigkeitssignal abgeben. Durch ihre Spannungsversorgung ist bei aktiven Sensoren ein größerer nutzbar Luftspaltbereich zwischen dem Polrad und dem Sensor möglich. Eine weitere Steigerung möglicher Luftspalte ergibt sich mit Einsatz von kodierten (aufmagnetisierten) Impulsscheiben.

5.5.2.6.2 Fahrdynamiksensorik

Außer der Radgeschwindigkeitsinformation sind für fahrdynamische Regelsysteme mit aktiver Bremskrafteinsteuerung Sensoren zur Erfassung der Fahrdynamik erforderlich. Die Sensorsignale für die Gierrate [12], die Querbeschleunigung und den Lenkwinkel werden zur Ermittlung des Soll- und des Istkurses verwendet. Um Übergangszustände genauer unterscheiden zu können, wird zusätzlich der Bremsdruck sensiert.

Die Lenkwinkelsensorik zur Ermittlung des Fahrerwunsches bei DSC-Systemen muss neben der aktuellen Lenkradstellung auch den Lenkwinkelbereich erfassen können. Neben Sensoren in Potentiometer-Technologie werden auch digitale Sensoren auf opto-elektronischer oder Hall-Effekt-Basis verwendet.

Drucksensorik ist sowohl bei Brake-by-Wire Lösungen als auch bei konventionellen DSC-Systemen mit Verstärkertechnik erforderlich.

Literatur

[1] *Schöpf, H.-J.*: Mercedes-Benz Fahrdynamik-Konzept, ASR, ASD und 4MATIC. Autec 1986.

[2] *Sagan, Erich; Stickel, Thomas*: Der neue BMW 525iX-Permanentallradantrieb mit elektronisch geregelten Sperrdifferentialen. ATZ 94 (1992) 4

[3] *Müller, A.; Heißing, B.*: Das Fahrwerk des Audi A4. 5. Aachener Kolloquium Fahrzeug- und Motorentechnik, Aachen, Oktober 1995

[4] *Leffler, H.*, Entwicklungsstand der ABS-integrierten BMW Schlupfregelsysteme ASC und DSC. ATZ 96 (1994) 2

[5] *Gaus, H.; Schöpf, H.-J.*: ASD, ASR und 4MATIC: Drei Systeme im „Konzept Aktive Sicherheit" von Daimler-Benz. ATZ 88 (1986) 5, 6

[6] *Kohl, G.; Müller, R.*: Bremsanlage und Schlupfregelsysteme der neuen 3er-Baureihe von BMW – Teil 1. ATZ 100 (1998) 9

[7] *Fischer, G.; Müller, R., Kurz, G.*: Bremsanlage und Schlupfregelsysteme der neuen 5er-Reihe von BMW. ATZ 98 (1996) 4

[8] *Debes, M.; Herb, E., Müller, R., Sokoll, G., Straub, A.*: Dynamische Stabilitäts Control DSC der Baureihe 7 von BMW. ATZ 99 (1997) 3, 4

[9] *Fennel, H.*: ABS plus und ESP – Ein Konzept zur Beherrschung der Fahrdynamik. ATZ 100 (1998) 4

[10] *Jonner, W.-D.; Winner, H.; Dreilich, L.; Schunck, E.*: Electrohydraulic Brake System – The First Approach to Brake-by-Wire Technology. SAE Paper 960991

[11] *Bill, K.-H.; Semsch, M.*: Translationsgetriebe für elektrisch betätigte Fahrzeugbremsen. ATZ 100 (1998) 1

[12] *Rittmannsberger, Norbert*: Der Drehratensensor für die Fahrdynamikregelung. ATZ/MTZ Sonderausgabe System Partners 97

[13] *Fischer, G.; Heyken, R.; Trächtler, A.*: Aktive Gespannstabilisierung beim X5. ATZ 4/02, Jahrgang 104

[14] *Schopper, M.*: Sensotronic Brake Control (SBC) – die elektrohydraulische Bremse von Mercedes-Benz, Bremsen und Bremsregelsysteme, Haus der Technik eV, 25. – 26. 09. 2002, Essen

[15] *Leffler, H.*: Electronic Brake Management – A Possible Approach for Brake and Control System Integration. FISITA 1996, Prag.

[16] *Leffler, H.*: Traktions- und Stabilitätsregelung des BMW X5. Haus der Technik e.V., Allradtechnik. 10. – 11. 02. 2000, Graz

[17] *Ayoubi, M.; Leffler, H.*: Elektronisches Chassis Management am Beispiel des neuen 7er BMW. Steuerung und Regelung von Fahrzeugen und Motoren – Autoreg 2002. 15. – 16. 04. 2002

[18] *Ayoubi, M.; Köhn, Ph.; Leffler, H.*: Fahrwerksregelung – Systeme und ihre Vernetzung. 4. Braunschweiger Symposium „Automatisierungs- und Assistenzsysteme für Transportmittel". Braunschweig, 11. 12. 2002

[19] *Beiker, S.*: Verbesserungsmöglichkeiten des Fahrverhaltens von Pkw durch zusammenwirkende Regelsysteme. Fortschritt-Berichte VDI. Reihe 12, Verkehrstechnik/Fahrzeugtechnik, Nr. 418, 2000

[20] *Brösicke, G.*: Das Parkbremssystem des neuen 7er BMW. Brems.tech 2002. 12. – 13. 12. 2002, München

[21] *M. Ayoubi; Leffler, H.*: Elektronische Fahrwerks-Regelsysteme am Beispiel des neuen 7er BMW. 6. Tagung der Sächsischen Zulieferindustrie. Chemnitz, 10. 10. 2002

[22] *W. Foag; Leffler, H.*: Prospects and Aspects of an Integrated Chassis Management. SAE Automotive Dynamics & Stability Conference. May 15. – 17., 2000

[23] *Fischer, G.; Müller, R.*: Das elektronische Bremsenmanagement des BMW X5. In: ATZ 102 (2000) Nr. 9 S. 764 – 773

[24] *Ertl, Chr.; Müller, R.; Schenkermayr, G.*: Der neue BMW 330d – Fahrdynamik und Stabilitätsregelung. In: ATZ 101 (1999) Nr. 10 S. 792 – 80

[25] *Leffler, H.*: BMW Fahrwerksregelsysteme – Status und Ausblick. 4. Grazer Allradkongress, 13. – 14. 02. 2003

[26] *Foag, W.; Ayoubi, M.; Zimprich, W.; Leffler, H.*: High End Brems-Regelsysteme: Wohin geht die Reise? BremsTech 2004, München, 09. – 10. 12. 2004

[27] *Leffler, H.*: Der fahrdynamische Allrad von BMW. 6. Grazer Allradkongress. Graz, 03. – 04. 02. 2005

[28] *Leffler, H.; Ayoubi, M.; Billig, Ch.*: xDrive: die Allradtechnik im 3er BMW. 15. Aachener Kolloquium, 2006

[29] *Pfau, W.; Rastel, H.; Nistler, G.; Billig, Ch.; Straub, M.*: BMW xDrive in der 3er und 5er Reihe. Der BMW Allradantrieb für Limousinen. ATZ 10/2005

[30] *Leffler, H.; Schnabel, M.*: Automotive Applications of Mechatronic Systems: State of the Art and Future Prospects. IFAC Congress on Mechatronic Systems, 12.–14. 09. 2006, Heidelberg

[31] *Leffler, H.*: BMW 3er und 5er mit xDrive+. 7. Grazer Allradkongress, 2006

[32] *Kemper, H.; Ruetten, O.; Jentges, M.; Schlosser, A.*: Betriebsstrategien von Hybridfahrzeugen, Funktionen und Applikationen. 15. Aachener Kolloquium, 2006

[33] *Meder, K.*: Innovative Bremsregelsysteme – Verbindung von Sicherheit, Dynamik und Komfort. 57. Internationales Motor Presse Kolloquium 2005, Robert Bosch GmbH, Boxberg

[34] The Regenerative Braking System (Prius) In: Auto Technology Feb. 2005. Special: Toyota Prius, S. 60/61

5.6 Abgasanlagen

5.6.1 Aufgaben der Abgasanlage

Abgasanlagen führen das bei der Verbrennung des Kraftstoff-Luftgemisches im Motor entstehende Abgas ins Freie. Die Abgasanlage übernimmt die Reinigung des Abgases und die notwendige Dämpfung des Abgasgeräusches. Dabei müssen gesetzlich vorgeschriebene Grenzwerte erreicht werden. In modernen Dieselabgasanlagen findet zusätzlich die Filterung und Verbrennung von Russpartikeln statt. Durch die Abstimmung der Abgasanlage an den Motor wird dessen Leistungs- und Drehmomentvermögen positiv beeinflusst. Zusätzliche Anforderungen wie fahrzeugtypischer Sound, geringes Gewicht (Kraftstoffverbrauch), Dauerhaltbarkeit, Optik (z.B. Endrohre) vervollständigen das Aufgabenspektrum einer Abgasanlage.

Eine Abgasanlage besteht prinzipiell aus *Abgaskrümmer*, *Katalysatoren*, *Partikelfilter (bei Diesel)*, *Sensorik*, *Schalldämpfer*, *Endrohr*, *Aufhängungen*, *Rohrleitungen*, *Verbindungselementen* **(Bild 5.6-1)**.

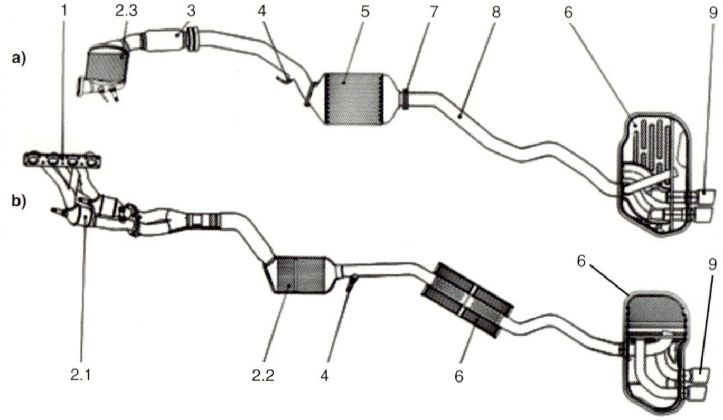

1 Abgaskrümmer, 2.1 Vorkatalysator, 2.2 Unterbodenkatalysator, 2.3 Motornaher Katalysator, 3 Entkoppelelement, 4 Sensorik, 5 Dieselpartikelfilter, 6 Mittel-, Nachschalldämpfer, 7 Verbindungselemente, 8 Rohrleitungen, 9 Endrohre

Bild 5.6-1 Beispiele moderner Abgasanlagen

Weitere Bauteile, wie z.B. Abgasrückführleitung, Turbolader, Entkopplungselemente, Abgasklappe, Schwingungstilger, etc. werden je nach Fahrzeug- und Motorkonzept in der Abgasanlage zu einem Gesamtsystem zusammengefügt.

Der Abgaskrümmer ist das erste Bauteil einer Fahrzeugabgasanlage nach dem Motor. Die Hauptaufgabe des Krümmers ist, die Abgasströme aus den Auslasskanälen des Motors zusammenzuführen. Die Krümmergestaltung und die Gestaltung der am Krümmer oder Abgasturbolader angebundenen Rohre bzw. Katalysatoren haben einen erheblichen Einfluss auf das Leistungs- und Drehmomentverhalten des Motors sowie auf das Emissionskonzept des Fahrzeugs. Beim 4-Zylindermotor werden daher im Regelfall die Krümmerrohre der Zylinder mit maximalem Zündabstand zuerst zusammengeführt (Zylinder 1 und 4, bzw. 2 und 3), um eine negative Beeinflussung der Gaspulsationen auf den Ladungswechsel zu minimieren.

Die transiente Wärmekapazität des Krümmers spielt für die Schadstoffemission ebenfalls eine wichtige Rolle und sollte möglichst gering sein, um ausreichend Wärme für nachgeschaltete Katalysatoren bereit zu stellen.

Katalysatoren vermindern bzw. eliminieren die Verbrennungsschadstoffe im Abgas von Otto- und Dieselmotoren durch Oxidations- oder Reduktionsvorgänge. Als Katalysatoren kommen in der Regel wabenartige Strukturen zum Einsatz, die längs durchströmt sind und eine große überströmte Oberfläche für die Katalyse der chemischen Reaktionen bieten. Je nach Anforderung werden ein oder mehrere Katalysatoren eingesetzt. Bei der Platzierung unterscheidet man motornahe Katalysatoren (direkt nach Krümmer bzw. nach Turbolader), Stirnwand-Katalysatoren (im Motorraum jedoch mit Abstand zum Turbolader bzw. Krümmer) und Unterboden-Katalysatoren. Ziel ist ein möglichst schnelles Anspringen des Katalysators, was durch eine motornahe Positionierung erreicht werden kann.

Dieselpartikelfilter dienen zur Reduktion von Partikelemissionen bei Dieselmotoren, deren Abgase außer den gasförmigen auch feste Schadstoffe in Form von Rußpartikeln enthalten. Im Gegensatz zu Katalysatoren wird bei Partikelfiltern das Grundmaterial direkt durchströmt. Ruß, der Hauptbestandteil der Partikel wird durch Oxidation mit im Abgas enthaltenem Sauerstoff (O_2) oder Stickstoffdioxid (NO_2) entfernt. Bei diesem als Regeneration bezeichneten Vorgang verbleiben nicht oxidierbare Bestandteile als Asche im Filter.

Sensoren im Abgasstrang für chemische und physikalische Größen dienen der Funktionsüberwachung und der Regelung von Abgasreinigungssystemen.

Die für die Regelung beim Otto-Motor notwendige Kenntnis des Sauerstoffgehaltes im Abgas wird durch Lambdasonden direkt gemessen und von der Motorsteuerung entsprechend verarbeitet. Je nach Abgasanlagenkonfiguration kommen auch NO_x-Sensoren, Temperatur- und Druckmesssonden zum Einsatz.

Schalldämpfer sind meist eine Kombination verschiedener Dämpfungsmechanismen. Durch gezielte Auslegung eines Schalldämpfers und durch seine Lage im Abgassystem wird sowohl die Dämpfung der Gaspulsationen als auch das gesamte mechanische Schwingverhalten stark beeinflusst. In typischen Abgasanlagen finden sich neben den Nachschalldämpfern auch Mittel- und Vorschalldämpfer. Bei Dieselmotoren wird auf diese vorderen Schalldämpfer zunehmend verzichtet, da Partikelfilter und Katalysatoren bereits ein ausreichendes Dämpfungsverhalten aufweisen. Im Schnitt wird für die Auslegung der

Größe einer Schalldämpferanlage beim Ottomotor das 10fache des Hubvolumens angesetzt. Dieser Wert kann allerdings stark variieren, je nachdem ob es sich um ein betont sportliches oder limousinenhaftes Fahrzeug handelt. Neben der Erfüllung gesetzlicher Geräuschvorschriften gewinnt die Erzeugung eines markentypischen und fahrzeugtypischen (z.B. Roadster) Klangbilds des Abgasgeräusches zunehmend an Wichtigkeit.

Die Rohrleitungen einer Abgasanlage verbinden die einzelnen Abgaskomponenten zu einem abgestimmten System. Die Länge und der Querschnitt der Rohre sowie die Art der Zusammenführung beeinflussen die Leistungscharakteristik und das akustische Verhalten. Isolierte Rohre (z.B. durch Luftspalt) verändern den Wärmehaushalt in einer Abgasanlage und beeinflussen damit das Anspringverhalten des Katalysators entscheidend.

Verbindungselemente. Für die Montage, bzw. Demontage wird eine Abgasanlage in Baugruppen aufgeteilt. Als wieder montierbare Verbindungen werden Flanschverbindungen, Rohrschellen, V-Bandschellen, Kugelschellen und Verbindungshülsen eingesetzt.

Aufhängungen halten die Abgasanlage an dem Fahrzeug fest. Dabei soll die Übertragung von Schwingungen der Abgasanlage an die Karosserie durch vibrationsdämpfende und schwingungsausgleichende Gummielemente vermindert werden. Die Aufhängung der Abgasanlage sollte vorzugsweise in den Schwingungsknoten des Gesamtsystems erfolgen.

5.6.2 Katalysatoren

Die Emissionen von Verbrennungsmotoren enthalten im Idealfall nur die Produkte vollständiger Verbrennung, also Wasser (H_2O) und Kohlendioxid (CO_2). Von realen Motoren werden jedoch neben den Produkten einer idealen Verbrennung eine Reihe von unerwünschten Abgaskomponenten emittiert. Gesetzlich limitiert sind die Emissionen von Kohlenwasserstoffen (HC), Kohlenmonoxid (CO), Stickoxiden (NO_x) sowie Partikeln (PM). Zur Minderung gasförmiger unerwünschter Abgaskomponenten werden Katalysatoren eingesetzt.

Die Katalysatoren im Automobilbau bestehen aus feinzelligen wabenförmigen Strukturen aus keramischen oder metallischen Werkstoffen. Man unterscheidet zwischen beschichteten Systemen, bei denen der Monolith aus einem *Träger*, einer inerten Matrix, besteht auf die eine katalytisch aktive *Beschichtung* aufgebracht ist und *Vollextrudaten*, bei denen die Aktivkomponente in der gesamten Matrix gleichmäßig verteilt ist. Bei beschichteten Systemen wird auf den Träger zunächst ein *Washcoat* aufgebracht und auf diesen dann die Aktivkomponente. Der Washcoat hat dabei zwei Funktionen: Zum einen ist er für die dauerhafte Verbindung von Träger und Beschichtung verantwortlich, zum anderen vergrößert er aufgrund seiner mikroskopischen Struktur die aktive Oberfläche. Die Zelldichte der Monolithe reicht je nach Einsatzfall von 200 cpsi (Zellen pro Quadratzoll) bis hin zu 1200 cpsi. Mit Wandstärken zwischen 12 mil (≈0,3 mm) bei Vollextrudaten und 2 mil zuzüglich Beschichtung bei Metallträgern.

Dünnwandige, hochzellige Substrate haben besseres Umsetzungsvermögen, weil sie hohe aktive Oberfläche mit schnellem Anspringverhalten nach dem Kaltstart verbinden.

Konventionelle Ottomotoren sind standardmäßig mit *Dreiwegekatalysatoren* ausgerüstet. Durch die Regelung des stöchiometrischen Verhältnisses von Kraftstoff und Verbrennungsluft auf $\lambda = 1$ im Abgas, werden die HC- und CO Emissionen am Katalysator zu H_2O und CO_2 oxidiert und umgekehrt das NO_x zu Stickstoff (N_2) reduziert (Kapitel 5.1.5.6).

Mager betriebene Ottomotoren haben einen zu hohen Restsauerstoff-Gehalt im Abgas. Daher werden bei diesen Motortypen die HC und CO-Emissionen mit reinen *Oxidationskatalysatoren* umgesetzt. Zur Verminderung der NO_x-Emissionen wird bei mager betriebenen Ottomotoren ein *NO_x-Speicherkatalysator* eingesetzt. Dieser Katalysator speichert im Betriebszustand $\lambda > 1$ das vom Motor emittierte NO_x in Form von Metallnitrat. Sobald der Katalysator seine maximale Speicherkapazität erreicht hat wird im Motorbetriebszustand $\lambda = 1$ das gebundene NO_x in Form von NO_2 wieder ausgetrieben.

Eine weitere Technologie zur NO_x-Nachbehandlung ist die *SCR*-Technologie (Selektive Katalytische Reduktion). Hierbei wird im Katalysator mittels der kontinuierlichen Eindüsung eine wässrige Harnstofflösung (AdBlue) das NO_x zu Wasser und Stickstoff umgewandelt (Kapitel 5.1.5.6).

5.6.3 Partikelfilter

Partikelemissionen sind hauptsächlich ein Problem bei Dieselmotoren und im geringen Maße auch von direkt einspritzenden Ottomotoren. Das Größenspektrum der Partikel hat typischerweise ein Maximum bei ca. 100 nm. Diese Partikel sind Agglomerate von Kohlenstoff-Kernen mit angelagerten Kohlenwasserstoffen. Ein weiterer Bestandteil ist Asche, die sich sowohl in den Kondensaten (als Kondensationskeim) als auch in den Agglomeraten findet (Kapitel 5.2.9).

Zur Eliminierung der Partikel aus dem Abgas werden derzeit hauptsächlich Filter aus keramischen Monolithen verwendet. Dabei sind die Kanäle wechselseitig auf der Ein- bzw. Auslassseite verschlossen. Das Abgas passiert die Kanalwand und Partikel werden dabei weitestgehend durch *Oberflächenfiltration* als Filterkuchen zurückgehalten. Derzeit am häufigsten eingesetzte Filtermaterialien aus Siliziumkarbid (SIC) haben Porositäten bis 40%. In der Entwicklung sind hochporöse Substrate mit über 60% Porosität.

Andere Strukturen wie keramische oder metallische Schäume und hochporöse metallische Sinterstruktu-

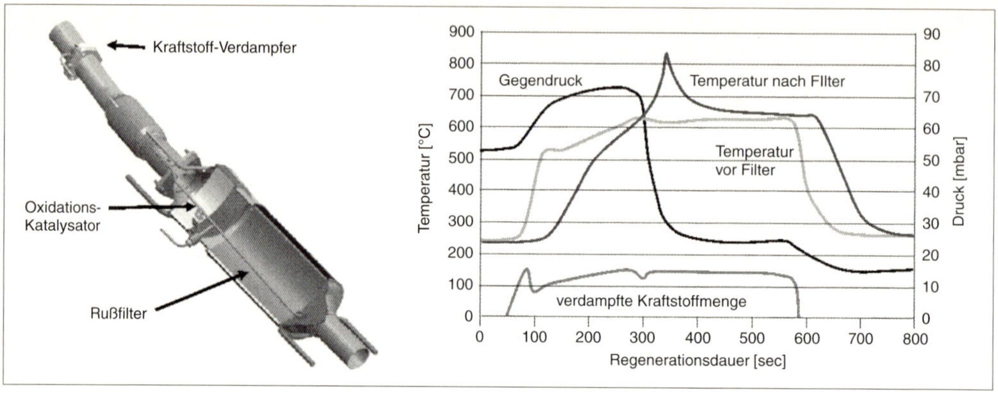

Bild 5.6-2 Außermotorische Regenerationsunterstützung mittels Kraftstoff-Verdampfer

ren bei denen die Partikel in den Poren durch *Tiefenfiltration* abgeschieden werden sind in der Entwicklung. In beschränktem Umfang v.a. im Non-Road Bereich kommen auch andere Systeme wie Faserfilter zum Einsatz.

Durch die kontinuierliche Einlagerung von Ruß und Asche im Filter steigt der Abgasgegendruck. Um dem entgegenzuwirken muß der Ruß in regelmäßigen Abständen abgebrannt werden („Regeneration"). Bei diskontinuierlicher *thermischer Regeneration* wird durch die Motorsteuerung die Abgastemperatur über die Zündgrenze von Ruß auf ca. 650 bis 700 °C angehoben. Der Ruß brennt mit O_2 ab. Um die Zündtemperatur des Rußes herabzusetzen und eine vollständige Regeneration des Filters zu gewährleisten werden teilweise katalytisch wirksame Kraftstoff-*Additive* verwendet Die dabei entstehenden Additiv-Aschen verringern zusätzlich zu den vorhandenen Ölaschen jedoch die Lebensdauer des Filters.

Rein motorische Maßnahmen zur Erhöhung der Abgastemperatur erlauben eine Filterregeneration nicht unter allen Betriebsbedingungen. In Ergänzung dazu besteht die Möglichkeit, nachmotorisch Kraftstoff beispielsweise durch Verdampfung ins Abgas einzubringen. Oxidation des Kraftstoffs an vorgeschalteten Katalysatoren oder an selbst katalytisch beschichteten Filtern erhöht die Abgastemperatur auf das für die Regeneration nötige Niveau **(Bild 5.6-2)**.

Die Reaktion zwischen NO_2 und Ruß wird zur *kontinuierlichen Regeneration* ausgenutzt. Diese Reaktion findet schon bei Temperaturen um 250 bis 300 °C statt.

Wesentlichen Einfluss auf die Regeneration eines Partikelfilters haben die Anströmung und die Verteilung der Rußbeladung über den Filterquerschnitt. Eine möglichst homogene Strömungs- und Temperaturverteilung führen zu einer gleichmäßigen Beladung des Filters. Gleichmäßige Rußverteilung ist wiederum eine Voraussetzung für eine über das ganze Filtervolumen vollständige Regeneration bei gleichzeitig minimierter thermischer Belastung für das Filtersubstrat.

5.6.4 Canning und Monolith-Lagerung

Als *Canning* bezeichnet man die Lagerung von Substraten oder Trägern in einem metallischen Gehäuse, das in den Abgasstrom eingesetzt wird. Keramische Substrate sind Monolithe, die durch hohe Druckfestigkeit in Längsrichtung aber durch geringe mechanische Stabilität quer zur Strömungsrichtung gekennzeichnet sind.

Für die Lagerung des Monolithen im Blechgehäuse wird meist eine *Lagerungsmatte* eingesetzt **(Bild 5.6-3)**.

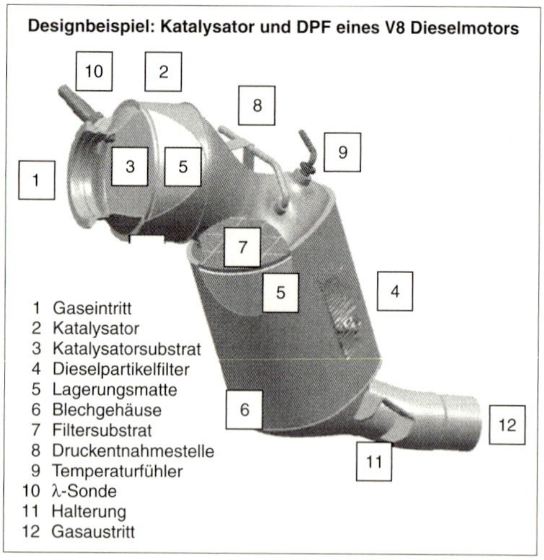

Bild 5.6-3 Detailschnitt eines motornahen Dieselpartikelfilters mit vorgeschaltetem Oxidationskatalysator

Dadurch werden zum einen die geometrischen Toleranzen der Substrate egalisiert, zum anderen muß die

Lagerungsmatte aber auch die im Betrieb unter wechselnden Temperatur- und Druckverhältnissen auftretenden Haltekräfte für den Monolith aufnehmen. Daneben dient die Matte als thermische Isolation nach außen (Reduzierung der Oberflächentemperatur) und nach innen (Wärmespeicher im Substrat). Ausreichend Haltekräfte bedingen einen entsprechenden Druck zwischen Träger und Matte. Zielkonflikt zwischen Haltbarkeit und der Funktion des Trägers: Dünnwandige Hochzeller haben weniger Festigkeit, sind also bruchempfindlicher, andererseits haben diese höhere Umsetzungsraten.

Unrunde Formen ergeben sich häufig aus der Einbausituation im Fahrzeug, die Festigkeit nimmt abhängig von der Unrundheit ab (**Bild 5.6-4**).

Geometrische Toleranzen ergeben sich im Herstellungsprozeß der Substrate während dem Extrudieren und Handling des Rohlings und während dem Tempern im Ofen. Im Canningprozeß müssen diese Einflüsse dahingehend berücksichtigt werden, daß bei genügend Haltekraft (im Betrieb) die Prozeßparameter beim Schließen des Gehäuses ausreichend toleriert sind. Zu hohe Drücke am Monolith erhöhen das Bruchrisiko, zu niedrige Drücke führen zu reduzierter Haltekraft mit der Gefahr von Monolithverschiebung.

Bei Lagerungsmatten wird grundsätzlich zwischen quellenden und nicht quellenden Materialien unterschieden. Die keramischen Fasern bei Quellmatten werden mit Vermikulliten (= Glimmerbestandteile) vermischt, die zu einer Volumenvergrößerung im Betrieb bei ausreichend Temperatur führen. Die Materialien werden durch einen Binder in eine verarbeitungsfähige Form als Matte gebracht. Eine typische Verteilung ist 10% Binder, 45% Fasern, 45% Vermikullit. Nicht quellende Matten bestehen fast ausschließend aus reinen Fasern (≥90%) und Binder. Wichtigste Kenngröße der Matten ist das GBD (engl.: gap bulk density). Es charakterisiert die Verpressung einer bestimmten Masse des Materials im Spalt.

Das GBD-Fenster beschreibt den Bereich zwischen dem GBD bei maximal möglichem kurzeitigem Druck, bedingt durch die Substratfestigkeit, und dem GBD bei minimal notwendiger Haltekraft (**Bild 5.6-5**). Nicht quellende Matten haben ein wesentlich größeres GBD-Fenster als Quellmatten. Je größer das GBD-Fenster, desto mehr Prozeßbreite ist möglich. Im Motorbetrieb sind Quellmatten wg. abnehmendem Druck kritisch im Bereich gemäßigter Temperaturen bei ca. 250 °C, wo die Binderausgasung/Oxidation beginnt, aber noch keine Expansion des Vermikullits einsetzt (sog. Binderloch). Nicht quellende, reine Fasermatten zeigen dagegen eine weitaus geringere Abnahme des Drucks über der Temperatur (**Bild 5.6-5**).

Neben den physikalischen Anforderungen unterliegen Lagerungsmatten auch Umweltgesichtspunkten, die einerseits durch die Gefahrstoffverordnung und andererseits durch die in der sog. TRGS (Technical guideline for hazardous substances) 905 (WHO-fibre), 619 (material substitutes) und 521 (fibre dust) beschrieben sind.

Canningtechnologien: 4 Methoden werden grundsätzlich unterschieden, alle haben das Ziel, ausreichend Haltekraft unter allen Betriebszuständen zu gewährleisten und während dem Canning eine möglichst geringe Belastung des Substrats zu realisieren (**Bild 5.6-6**). Konstante Prozeßparameter am Schließwerk-

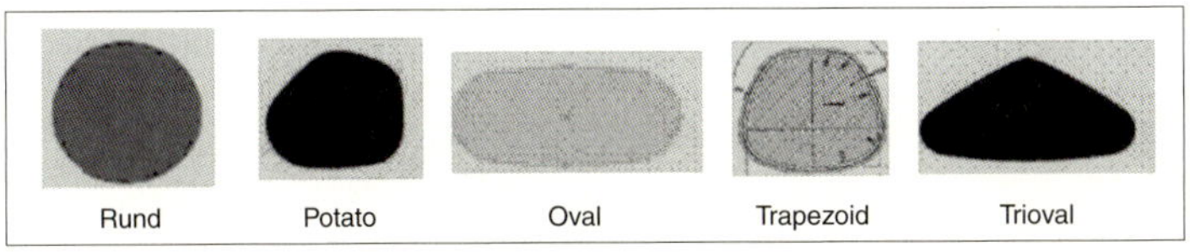

Bild 5.6-4 Konturbeispiele heutiger Katalysatoren oder Partikelfilter

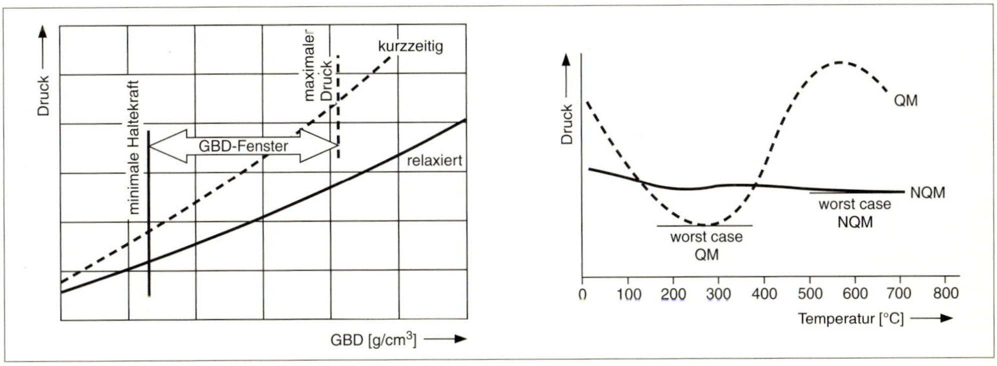

Bild 5.6-5 Druck-GBD Kennlinie und Druck-Temperatur Kennlinie von Lagerungsmatten

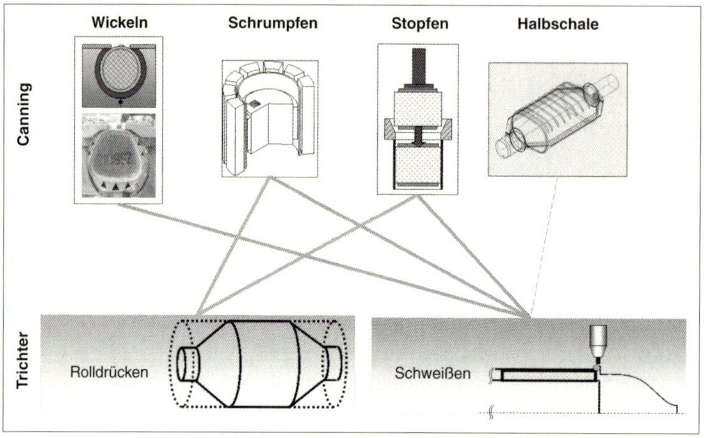

Bild 5.6-6 Canning- und Trichteranbindungs-Technologien

zeug sollten stabiles GBD oder besser noch definierten Mattendruck zur Folge haben.

Wickeln ist die am meisten verbreitete Technologie: Mit definiertem Druck auf einen vorgeformten Blechmantel wird gezielt auf gleichmäßigen Mattenspalt am Umfang verpreßt. Wickeln gleicht deshalb geometrische Toleranzen der Substratoberfläche teilweise aus. Nach dem Schließen des Mantels wird dieser durch eine Längsschweißnaht geschlossen. Grenzen der Technologie: extrem flache Formen, die nach dem Schließen durch den Mattendruck wieder aufgedrückt werden. Mit Hilfe gezielter Mantelblechvorformung und segmentiertem Außendruck kann dieser Effekt reduziert werden.

Bei der *Halbschalenbauweise* wird das Substrat mit der Lagerungsmatte in die tiefgezogene Blechunterschale eingelegt und diese nach dem formschlüssigen Schließen mit der Oberschale verschweißt. Verrippte Schalen erhöhen die Steifigkeit des Gehäuses bei flachen Formen. Grenzen: Durch das Schließen der Schalen wird die Streuung der Hochachse des Substrats teilweise egalisiert, Spaltstreuungen in Querrichtung und im Bereich der Gehäuserippen können nur durch eine größere Mattendicke ausgeglichen werden.

Gestopfte und geschrumpfte Katalysatoren sind Rohrkatalysatoren.

Beim *Stopfen* wird die um das Substrat gewickelte Lagerungsmatte axial in ein Rohr gepreßt und dabei die Matte durch einen Konus verdichtet. Die geometrischen Substrattoleranzen werden dabei über Klassifizierungen einem definierten konstanten Rohrdurchmesser zugeordnet. Grenzen: Sind hohe Haltekräfte notwendig, führen diese wegen der zunehmenden Scherkräfte und Reibungskräfte beim Einschieben des Substrates zur Schädigung der Matte. Unrunde Teile machen die Rohrvorformung wg. der unterschiedlichen Gehäuseverformung kritisch, deshalb wird Stopfen vorrangig nur bei runden Substraten eingesetzt.

Beim *Schrumpfen* wird das Mantelrohr mechanisch auf einen definierten Durchmesser radial reduziert. Eine vorgeschaltete radiale Druckmessung auf Matte und Substrat korreliert den Zielwert für den Durchmesser mit dem individuellen Mattendruck und dem Substratdurchmesser. Die gezielte radiale Verdichtung der Matte führt zu extrem geringen lokalen Belastungen auf das Substrat. Damit ist das Schrumpfen allen anderen Technologien überlegen. Grenzen sind gegenwärtig noch unrunde Teile wg. dem ungleichen Auffederungsverhalten am Umfang.

Die Auswahl des richtigen Canningverfahrens hängt auch von der Trichter/Mantelverbindung bzw. der Form des Trichters ab (**Bild 5.6-6**). Konzentrische *Rohrkatalysatoren* können vorteilhaft mit angerollten Konen kombiniert werden. Gewickelte Katalysatoren haben die größten Freiheiten, was die Monolithform betrifft und können mit unterschiedlichen Trichterkonturen verschweißt werden. *Halbschalenbauweise* kann Vorteile haben, wenn die aufwendigen Tiefziehteile die Trichter enthalten und bei extrem flachen Formen.

5.6.5 Schalldämpfer

Bauarten und Wirkungsweise:

Je nach dem zur Verfügung stehenden Raum im Unterbodenbereich des Fahrzeuges werden Schalldämpfer in Wickel- oder Schalenbauweise hergestellt. Beim kostengünstigen Wickelschalldämpfer, in der Regel mit ovalem oder rundem Querschnitt, wird der Mantel durch Falzen teilweise auch Schweißen verbunden. Aufgrund der bei modernen Fahrzeugen engen Platzverhältnisse kommen vermehrt Schalenschalldämpfer zum Einsatz, deren Gehäuseober- und unterschalen durch Tiefziehen erzeugt werden. Zur Vermeidung von Resonanzen der Schalldämpferoberfläche, die zu störender Schallabstrahlung führen, werden die Schalen versickt, eine Optimierung erfolgt durch den Einsatz moderner Rechenverfahren (Kapitel 10.3) [9].

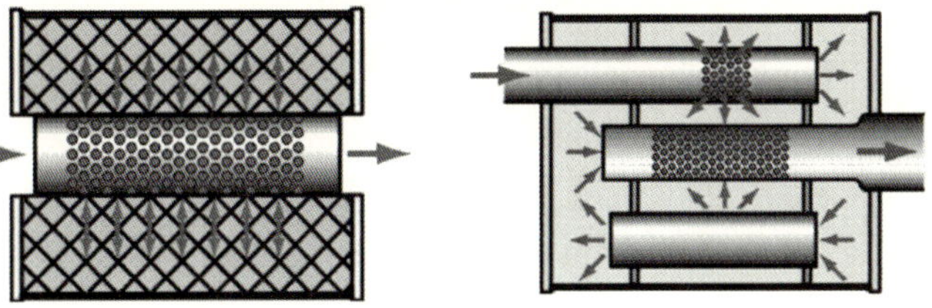

Bild 5.6-7 Schalldämpfungsprinzipien

Grundsätzlich kommen in heutigen Schalldämpferanlagen zwei Dämpfungsprinzipien zum Einsatz, je nach Anforderung einzeln oder auch in Kombination (**Bild 5.6-7**).

Beim *Absorptionsprinzip* wird in Schalldämpferkammern poröses Material in Form von gesundheitlich unbedenklichen Endlosglasfasern oder kurzen, biolöslichen Fasern eingebracht. Aufgrund der Ausblasgefahr der Absorptionsstoffe muß hier die Strömung in perforierten Rohren, welche ggf. noch zusätzlich mit Stahlgestrickmatten abgedeckt werden, geführt werden. Die Schallenergie wird durch Reibung in Wärme umgesetzt, die Absorption beginnt ab ca. 200 Hz und besitzt im Kilohertzbereich eine sehr hohe Dämpfung. Optimierungen können durch Variation der Fülldichten (100 bis 150 g/l), des Absorptionsmaterials (Texturierung, Faserstärke) und auch der Geometrie der Absorptionskammer erreicht werden.

Während Absorptionsschalldämpfer hauptsächlich zur Reduzierung der höheren Frequenzbereiche zum Einsatz kommen, können beim *Reflexionsprinzip* auch tiefe Frequenzen beeinflußt werden. Eine gezielte Anordnung von Kammern, die durch Rohrleitungen verbunden sind, bewirkt aufgrund der Querschnittssprünge und Interferenzen hohe Dämpfungen bis in den tiefen Frequenzbereich von unter 100 Hz.

Häufig wird eine *Kombination* beider Schalldämpferprinzipien genutzt, um im gesamten Frequenzbereich die gewünschte Dämpfung zu erreichen.

5.6.6 Akustische Abstimmung

Das Mündungsgeräusch der Schalldämpferanlage wird durch den Einsatz von 1-D- und 3-D-Berechnungsmethoden ausgelegt und am Prüfstand optimiert. Durch die Hervorhebung oder Absenkung von bestimmten Frequenzanteilen der am Motorauslass erzeugten Abgaspulsationen in der Schalldämpferanlage kann ein spezifischer Klang erzeugt werden. Bei diesem als „Sound Engineering" bezeichneten Verfahren wird das akustische Verhalten der Abgasanlage gezielt so abgestimmt, dass sowohl ein fahrzeugals auch markentypischer Klang entsteht [1, 2]. Ein Roadster wird daher in der Regel lauter sein und signifikante tieffrequenten Geräuschanteile aufweisen, während eine Luxuslimousine möglichst keinerlei auffälliges Brummen haben darf (Kap. 3.4).

Zur Erreichung eines bestimmten Mündungsgeräusches gibt es, basierend auf dem Grundprinzip Reflexion, folgende häufig eingesetzte Schalldämpferelemente [3,4]:

Die *Tiefpass-Kammer* dämpft breitbandig oberhalb ihrer Eigenfrequenz, die so tief abgestimmt sein muß, daß unerwünschte Brummigkeit vermieden wird. Für die Resonanzfrequenz gilt:

$$f_0 = \frac{C}{2\Pi}\sqrt{\frac{A \cdot L}{V}}$$

mit A: Rohrquerschnitt; L: Rohrlänge; V: Kammervolumen; C: Schallgeschwindigkeit

In erster Näherung kann der Endschalldämpfer einer Abgasanlage als isolierter Tiefpaß betrachtet werden. Anhand der Gleichung kann man dann ersehen, dass eine Reduzierung von f_0 und damit eine Erhöhung der Dämpfung für alle Frequenzen größer f_0 durch eine Verlängerung des Ausgangsrohrs, eine Verkleinerung des Rohrquerschnitts oder eine Erhöhung des Kammervolumens erfolgen kann. In vielen Fällen ist die Ausgangsrohrverlängerung das Mittel der Wahl, da eine Querschnittsverkleinerung unweigerlich den Druckverlust der Abgasanlage erhöht und überdies störendes Strömungsrauschen erzeugen kann. Einer ebenso möglichen Volumenvergrößerung steht sehr häufig der fehlende Baumraum entgegen [4].

Der *Helmholtz-Resonator* dämpft im Gegensatz zum Tiefpaß lediglich schmalbandig im Bereich seiner Resonanzfrequenz, vergleichbar einem spezifischen Filter. Die Resonanzfrequenz errechnet sich analog obiger Gleichung [5]. Helmholtzresonatoren werden eingesetzt um spezifische Störfrequenzen zu eliminieren, wie z.B. tieffrequentes Brummen im Leerlauf.

Perforationen in Böden oder Rohren bewirken hauptsächlich durch Reibungseffekte eine breitbandige Dämpfung. Maximale Dämpfung wird dabei im mittleren bis höheren Frequenzbereich (größer 2 kHz) erreicht.

Klappen erzeugen je nach Schaltstellung unterschiedliche Schall- und Strömungswege mit Vorteilen im Dämpfungs- und Abgasgegendruckverhalten. Extern gesteuerte Klappen werden drehzahl- und lastabhängig über ein pneumatisches Ventil geschaltet und sind im Allgemeinen in den Rohrleitungen oder im Endrohr eingebaut. Autonome Klappen hingegen werden in Reflexionsschalldämpfern eingesetzt. Sie öffnen und schließen in Abhängigkeit vom Abgasimpuls und einer mechanischen Feder selbstständig.

Bilder 5.6-8 und **5.6-9** zeigen exemplarisch den Strömungsweg in einen Schalldämpfer bei unterschiedlichen Klappenstellungen. Wie sich aus obiger Gleichung ableiten lässt, mindert ein Klappenschalldämpfer den Zielkonflikt „hohe Dämpfung vs. geringer Druckverlust", über die drehzahl- und lastabhängige Bereitstellung unterschiedlicher Strömungsquerschnitte.

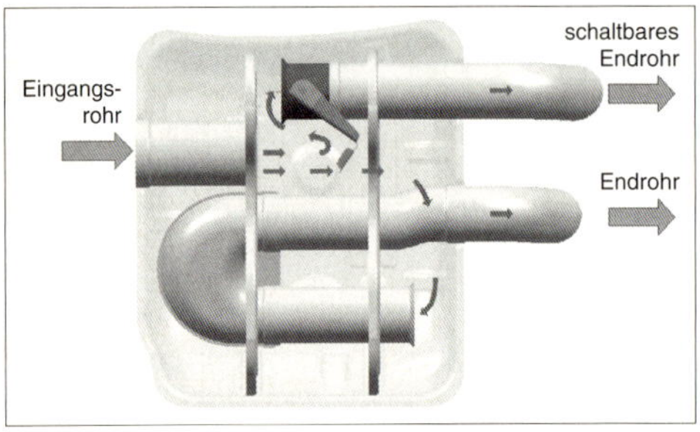

Bild 5.6-8 Schalldämpfer mit Klappe; Klappe geöffnet

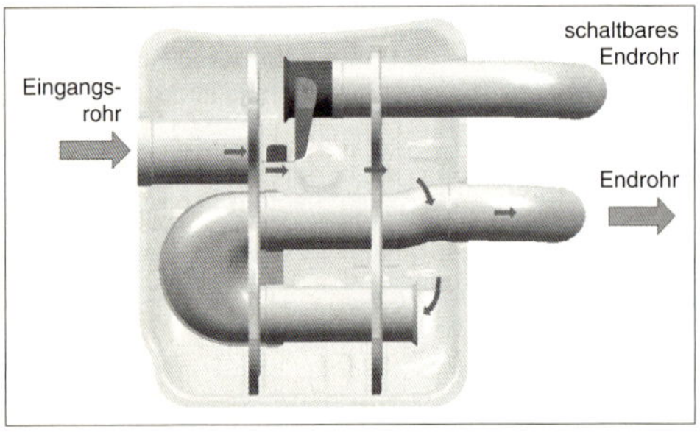

Bild 5.6-9 Schalldämpfer mit Klappe; Klappe geschlossen

5.6.7 Körperschall

Neben dem klassischen Mündungsgeräusch wird über die Abgasanlagenaufhängungen Körperschall in die Karosserie eingeleitet. Ursache ist die mechanische Anregung der Abgasanlage durch den Motor, der eine feste Einspannstelle der Abgasanlage darstellt (Zwangserregte Schwingung). Die Abgasanlage weist aufgrund ihrer Größe, der Massenverteilung und ihrer Form ein sehr komplexes Schwingverhalten auf. Häufig treten Resonanzen bereits bei niedrigen Frequenzen auf und führen zu einem hörbaren Geräuscheintrag in die Fahrgastzelle. Eine Beurteilung des Abgasanlagenschwingverhaltens (Betriebsschwingungsanalyse) wird daher meist in Verbindung mit einer Betrachtung des Innengeräuschs durchgeführt. Die Betriebsschwingungsanalyse wird zur optimalen Auslegung auch mittels einer Finite Element Betrachtung durchgeführt wie **Bild 5.6-10** zeigt.

Simple Auslegungsregeln für das Schwingverhalten der Abgasanlage existieren aufgrund der räumlich komplizierten Schwingungen nicht. In der Praxis wird daher die Abgasanlage primär anhand des zur Verfügung stehenden Bauraums konzipiert und über möglichst früh durchgeführte FEM-Berechungen im Schwingverhalten optimiert. Als Maßnahmen stehen dafür Änderungen der Massenverteilung (Verschiebung/Größenänderung von z.B. Schalldämpfern) und Steifigkeiten (Rohrdurchmesser, -wandstärken) zur Verfügung. Zusätzlich werden auch Massentilger oder motor- bzw. getriebefeste Halter eingesetzt.

Literatur

[1] *Garcia, P. et al.*: Sound Qualität einer Abgasanlage, FVV Workshop Geräuschgestaltung „Über die Kundenzufriedenheit zur Psychoakustik", April 1996

[2] *Zwicker, E., Fastl, H.*: Psychoacoustics: Facts and Models, Springer 1999

[3] *Munjal, M. L.*: Acoustics of Ducts and Mufflers – With Application to Exhaust and Ventilation System Design, John Wiley & Sons, New York, Chichester, Brisbane, Toronto, Singapore, 1987.

[4] *Davies, P. O. A. L.*: Piston engine and exhaust system design, Journal of Sound and Vibration, 190(4), 1996, pp. 677 – 712

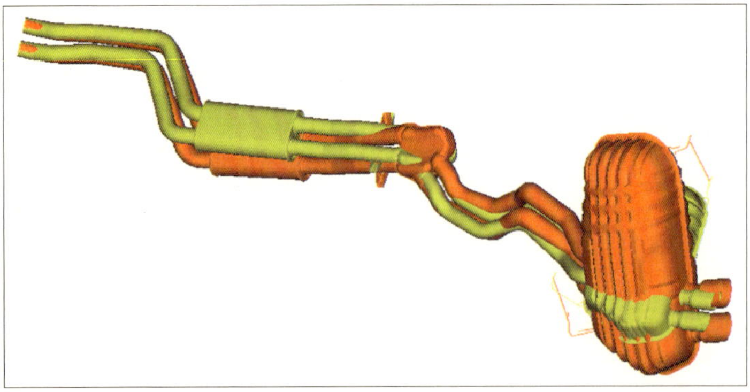

Bild 5.6-10 Eigenfrequenz einer Abgasanlage bei 46 Hz; Darstellung der AGA im Grundzustand (gelb) und ausgelenktem Zustand (orange) bei einer gekoppelten Biege- und Torsionsschwingung; die Amplituden sind zur Visualisierung deutlich überhöht.

[5] *Sealamet, A. and Dickey, N.S.*: Theoretical, computational and experimental investigation of Helmholtz resonators with fixed volume: lumped vs. distributed analysis, Journal of Sound and Vibration, 187(2), pp. 358–367
[6] *Davies, P. O. A. L.*: Practical flow duct acoustics, Journal of Sound and Vibration, 124(1), 1988, pp. 91–115
[7] *Alfredson, R. J. and Davies, P. O. A. L.*: The radiation of sound from an engine exhaust, Journal of Sound and Vibration, 13(4), 1970, pp. 389–408
[8] *Beranek, L. et al.*: Noise and Vibration Control Engineering, John Wiley & Sons, 1992
[9] *Kaiser, R. et al.*: Optimierung von Abgasanlagen mit gekoppelter 1D/3D Simulation, MTZ April 2005, S. 260–267
[10] *Garcia, P.; Wiemeler, D.; Brand J.-F.*: Oberflächenschallabstrahlung von Abgasanlagen. In: MTZ 11/2006, S. 852–859

5.7 Bordenergie-Management

5.7.1 Ausgangssituation

Die Anforderungen zur Reduzierung des Kraftstoffverbrauchs und der Emissionen (z.B. ACEA CO_2-Vereinbarung von kleiner gleich 140g CO_2/km für Fahrzeuge mit Zulassung ab 2008) steigen stetig. Gleichzeitig nimmt die Nachfrage an Sicherheits- und Komfortfunktionen in modernen Kraftfahrzeugen kontinuierlich zu. Die Realisierung zusätzlicher Funktionalität führt zu einem steigenden Anteil elektronischer Steuergeräte und elektrischer Verbraucher und damit zu einem vermehrten Energiebedarf. Die Erzeugung von zusätzlich 100 W elektrischer Leistung bedeutet aber einen Mehrverbrauch von rund 0,17 l/100 km [1] und wirkt damit der Anforderung nach Reduktion des Kraftstoffverbrauchs entgegen. Um die beiden konträren Ansprüche gleichzeitig erfüllen zu können, sind neue Lösungsansätze gefragt. Eine Möglichkeit bietet ein Energiemanagement, welches die Energieflüsse im Kraftfahrzeug intelligent steuert und gleichzeitig die elektrische Energieversorgung des Kfz sicherstellt. Das Ziel eines Energiemanagements ist die Sicherstellung der Startfähigkeit und damit die weitgehende Vermeidung von Liegenbleibern durch entladene Batterien sowie die Steigerung der Energieeffizienz im Fahrzeug, um Kraftstoffverbrauch und Emissionen zu senken. Weitere Aufgaben sind die Erhöhung der Zuverlässigkeit der elektrischen Energieversorgung, Sicherstellung der Spannungsstabilität, die Optimierung der Verfügbarkeit von Komfortsystemen, auch bei Motorstillstand, und die Erhöhung der Batterielebensdauer. Diese Ziele stehen teilweise in Konkurrenz zueinander und müssen daher entsprechend priorisiert werden. Bei zukünftigen sicherheitsrelevanten Anwendungen ist ein Energiemanagement zur Sicherstellung der Energieversorgung dieser Systeme unabdingbar.

5.7.2 Steigender elektrischer Energiebedarf

Im Folgenden sind beispielhaft einige elektrische Verbraucher aufgeführt, die aufgrund der beschriebenen Anforderungen eingeführt wurden bzw. deren Einführung angedacht wird:

- PTC-Zuheizer
- Frontscheibenheizung
- Elektrische Klimatisierung
- Elektrische Servolenkung
- Elektronisches Stabilitäts-Programm (ESP)
- X-by-Wire-Funktionen (Brake-by-Wire, Steer-by-Wire)

Der Einsatz elektrischer Nebenaggregate, die durch den Entfall der Kopplung mit dem Verbrennungsmotor einen bedarfsgerechten Betrieb ermöglichen und damit den Kraftstoffverbrauch senken, erhöht den elektrischen Energiebedarf weiter. Hierzu zählen die elektrische Wasserpumpe, die elektrische Ölpumpe oder Elektrolüfter.

Zur Verdeutlichung werden im Folgenden zwei Funktionen näher beschrieben, die den Kraftstoffverbrauch senken, aber gleichzeitig den elektrischen Energieverbrauch erhöhen bzw. die elektrische Leistungserzeugung beeinflussen.

5.7.2.1 Elektrische Servolenkung

Elektrische Servolenkungen erhöhen sowohl die Sicherheit als auch den Komfort. Die bedarfsgerechte Ansteuerung reduziert zudem den Kraftstoffbedarf. Untersuchungen zeigen, dass eine elektrische Servolenkung im Vergleich zu einer konventionellen hydraulischen Servolenkung bis zu 0,3l/100km einspart [2]. Allerdings stellen elektrische Servolenkungen hohe Anforderungen an das elektrische Bordnetz, sowohl in Bezug auf die Verfügbarkeit als auch aufgrund der hohen auftretenden Spitzenlasten bei Lenkmanövern.

5.7.2.2 Generator mit Schnittstellenregler

Generatoren mit Schnittstellenregler ermöglichen eine intelligente Regelung des Generators und damit eine Möglichkeit der Bremsenergierückgewinnung. Hierbei wird die elektrische Leistung bevorzugt dann erzeugt, wenn wenig Kraftstoff hierfür erforderlich ist. Idealerweise geschieht dies im Schubbetrieb, wenn aufgrund der Schubabschaltung die Erzeugung der elektrischen Leistung keinen Kraftstoff benötigt. Im Gegenzug wird die elektrische Leistungserzeugung gedrosselt bzw. eingestellt, wenn sie wegen des schlechten Wirkungsgrads von Verbrennungsmotor oder Generator einen hohen Kraftstoffverbrauch erfordern würde. Eine entsprechende Strategie ist z.B. in „Energy Management Strategies for Vehicular Electric Power Systems" [3] beschrieben.

Voraussetzung für diese Bremsenergierückgewinnung ist das bewusste Einstellen eines so genannten Partial State of Charge (PSOC), d.h. eines teilgeladenen Zustands der Batterie. Diese Änderung der konventionellen Ladestrategie, deren Ziel eine möglichst voll geladene Batterie war, ermöglicht, dass die Batterie in der Schubphase Ladung aufnehmen kann, die dann in Phasen mit geringem Wirkungsgrad wieder abgegeben wird. Das Unterschreiten eines für die Startfähigkeit notwendigen Mindestladezustands ist dabei auf jeden Fall zu vermeiden.

Um diese Funktion im vollen Umfang nutzen zu können, ist daher die genaue Kenntnis des aktuellen Batteriezustands erforderlich.

Durch diese Art der Bremsenergierückgewinnung sind, abhängig vom Fahrzyklus und der Ausprägung der Strategie, zwischen 1,5 % und 4 % Kraftstoffeinsparung möglich [4], [5].

Weiterer Vorteil des Schnittstellen-Reglers ist die Möglichkeit, das auf den Verbrennungsmotor wirkende Drehmoment des Generators zu ermitteln und zu beeinflussen.

5.7.3 Randbedingungen der elektrischen Energieerzeugung

Parallel zum steigenden Energiebedarf verschlechtern sich die Randbedingungen für die elektrische Leistungserzeugung. Die Verkehrsentwicklung mit vielen Staus und hohen Leerlaufphasen reduziert das Drehzahlangebot für den Generator und damit dessen Leistungsabgabe. Neue Kraftstoff sparende Maßnahmen im Triebstrang wie die Absenkung der Leerlaufdrehzahl oder ein Stopp-Start-Betrieb erschweren die elektrische Leistungserzeugung weiter und stellen parallel erhöhte Anforderungen an die Zuverlässigkeit des elektrischen Bordnetzes.

5.7.3.1 Stopp-Start-Funktion

Bei der Stopp-Start-Funktion wird der Verbrennungsmotor beim Fahrzeugstillstand abgeschaltet und wieder gestartet sobald der Wunsch zur Weiterfahrt erkannt wird, z.B. durch Betätigen des Gaspedals. Diese Strategie vermeidet Leerlaufverluste in Standphasen und spart dadurch Kraftstoff von typischerweise 4 % bis 6 % [6]. Voraussetzung für die Akzeptanz einer Stopp-Start-Funktion ist ein zuverlässiger Wiederstart des Verbrennungsmotors sowie die Verfügbarkeit von Komfortfunktionen während der Standphasen. Insbesondere das Konzept der Innenraumklimatisierung, bei dem Verdichter und Wasserpumpe vom Verbrennungsmotor angetrieben werden, ist zu überdenken. Elektrisch angetriebene Wasserpumpe und Klimakompressor können hier Abhilfe schaffen [7].

5.7.3.2 Maßnahmen zur Steigerung der elektrischen Leistungserzeugung

Um die negativen Auswirkungen des reduzierten Drehzahlangebots zu kompensieren, ist die Optimierung der Generatoren bzw. deren Kopplung an den Verbrennungsmotor denkbar.

Die Generatordrehzahl kann z.B. durch die Ankopplung des Generators über Planentengetriebe oder CVT (Continously Variable Transmission) an den Verbrennungsmotor erhöht werden. Hierdurch lässt sich auch eine reduzierte Drehzahlspreizung erreichen, die eine optimierte Generatorauslegung mit verbessertem Generatorwirkungsgrad ermöglicht. Allerdings muss für den Kraftstoffverbrauch der elektrischen Leistungserzeugung zusätzlich der Getriebewirkungsgrad berücksichtigt werden.

Um die Leistungserzeugung dauerhaft zu steigern sind weitere Verbesserungen des Generatorwirkungsgrads anzustreben.

Nachfolgend sind einige Maßnahmen aufgeführt, die dies bewirken:

- Erhöhter Kupfereinsatz zur Reduzierung der Ständerkupferverluste
- Umschaltbare Ständerwicklung, d.h. drehzahlabhängige Anpassung der Ständerwicklungszahl und dadurch Reduktion der Kupferverluste
- Generatorbetrieb mit freier Spannung und Einstellung der Bordnetzspannung über Leistungselektronik
- Einsatz von Synchrongleichrichtern mit MOSFETs zur Reduzierung der Diodenverluste.

Nachteilig an den genannten Maßnahmen sind die z.T. erheblichen Mehrkosten für deren Umsetzung.

5.7.4 Auswirkungen auf Speichersysteme

Eine Auswirkung des erhöhten elektrischen Leistungsbedarfs bei gleichzeitig verschlechterten Randbedingungen für die elektrische Leistungserzeugung ist die erhöhte Zyklisierung der Batterie. Die Einführung der Bremsenergierückgewinnung erfordert zudem den Betrieb der Batterie im teilgeladenen Zustand, was bei heutigen Bleibatterien eine stark erhöhte Alterung zur Folge hat [5].

In „Energiemanagement in zukünftigen Antriebstrangkonzepten“ [8] wird ein Ladungsdurchsatz durch die Batterie bei Stopp-Start-Systemen abgeschätzt, der einer 100-fachen Nennkapazität der Batterie pro Jahr entspricht. Der bzgl. Lebensdauer kritische kumulierte Energiedurchsatz bei heutigen Starterbatterien beträgt jedoch nur die 100- bis 150-fache Nennkapazität [9]. Dies macht deutlich, dass diese Funktionen neue Anforderungen an die Batterietechnik stellen.

Der Einsatz so genannter AGM (Absorbent Glass Matt) Versionen der Bleisäure-Akkus ist ein erster Schritt zur Erhöhung des kritischen Energiedurchsatzes. Der mögliche Ladungsdurchsatz bei AGM-Batterien ist ca. dreimal höher als bei konventionellen Bleisäure-Akkus.

Alternative Batterietechnologien wie Lithium-Ionen-Akkus, die eine weitere deutliche Erhöhung des möglichen Ladungsdurchsatzes erlauben, werden zukünftig auch in Serienfahrzeugen zum Einsatz kommen.

Als Ergänzung zu Bleisäure-Batterien sind auch Doppelschichtkondensatoren möglich. Diese haben zwar eine geringe Energiedichte, aber eine sehr hohe Leistungsdichte und Zyklenfestigkeit. Dadurch sind sie insbesondere bei Systemen mit Bremsenergie-Rückgewinnung sinnvoll. Der hohe Preis steht allerdings einem verbreiteten Serieneinsatz noch entgegen.

5.7.5 Elektrisches Energiemanagement EEM

Durch die beschriebene Situation steigt das Risiko von Liegenbleibern durch entladene oder defekte Batterien, was bereits heute ein wesentlicher Pannenschwerpunkt ist. Die ADAC-Pannenstatistik 2005 weist einen Anteil von Batteriepannen an den Gesamtpannen von mehr als 15 Prozent für Fahrzeuge nach dem ersten Betriebsjahr aus. Der größte Anteil dieser Batteriepannen ist auf entladene Batterien zurückzuführen. Bei Fahrzeugen nach dem 3. Betriebsjahr entfallen z.B. 5 % aller Pannen auf defekte Batterien und mehr als 10 % aller Pannen auf entladene Batterien.

Der Einsatz eines elektrischen Energiemanagements, das die elektrische Energieverteilung und -erzeugung steuert, kann diesem Trend entgegenwirken und die Pannenzahl durch entladene Batterien deutlich senken. Das Energiemanagement führt damit zu einer erhöhten Verfügbarkeit des elektrischen Bordnetzes und des Fahrzeugs.

Bild 5.7-1 zeigt den prinzipiellen Aufbau eines Elektrischen Energiemanagements (EEM).

Es hat die Aufgabe, während des Fahrbetriebs eine positive oder zumindest ausgeglichene Ladebilanz sicherzustellen und bei Motorstillstand den Energiebedarf so zu überwachen, dass z.B. die Startfähigkeit erhalten bleibt. Zudem können durch koordiniertes Schalten von elektrischen Verbrauchern Spitzenlasten reduziert werden.

Das EEM umfasst die Module „Batteriemanagement“, „Generatormanagement“, „Lastmanagement“ und bietet auch eine Schnittstelle zu Systemen außerhalb der elektrischen Energieerzeugung, -speicherung und -verteilung, z.B. dem Motormanagement [10].

Das EEM steuert die Energieflüsse der Energieerzeugung, -speicherung und des -verbrauchs durch ein intelligentes Management der beteiligten Systeme.

5.7.5.1 Funktionen des EEM

Bild 5.7-2 zeigt eine mögliche Architektur des EEM. Dabei gibt es eine kundenspezifische Schicht mit den gemäß Kunden-Philosophie definierten Funktionen, wie das Anzeige- und Diagnosekonzept, aber auch die Eingriffe des Energiemanagements in der Ruhe- und der Fahrphase [11]. In der kundenunabhängigen Schicht sind Module zusammengefasst, die Eingangs- bzw. Hilfsgrößen für die Kundenfunktionen liefern. Hierunter fällt die Batteriezustandserkennung, aber auch die Ermittlung von Generatorgrößen wie Generatormoment und Leistungsreserve anhand eines Generatormodells. Die für das EEM erforderliche Erkennung der Fahrzeugzustände (Ruhemode, Startmode, …) ist ebenfalls Teil dieser Schicht.

5.7.5.1.1 Ruhestrommanagement

Ein intelligentes Ruhestrommanagement überwacht bei länger geparkten Fahrzeugen die Entladung der Batterie durch dauerhaft aktivierte Steuergeräte, die entweder geplant oder verursacht durch einen Defekt nicht in den Ruhemodus wechseln. Ebenso optimiert es die Verfügbarkeit von Verbrauchern bei abgeschaltetem Verbrennungsmotor. Hierzu zählen z.B. Standheizung und Infotainmentkomponenten wie Navigationssystem, Radio und Telefon.

Die Batteriezustandserkennung sendet bei drohendem Verlust der Startfähigkeit eine Botschaft an das Anzeigemodul, um den Nutzer zu informieren. Zudem reduziert das Verbrauchermanagement bei Annäherung an die Startfähigkeitsgrenze den Energieverbrauch bis hin zum Abschalten einzelner Verbraucher, um die Startfähigkeit möglichst lange zu erhalten.

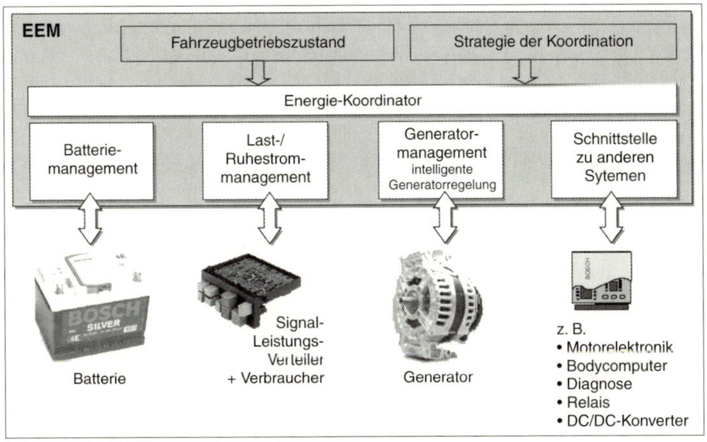

Bild 5.7-1 Struktur eines elektrischen Energiemanagements (EEM)

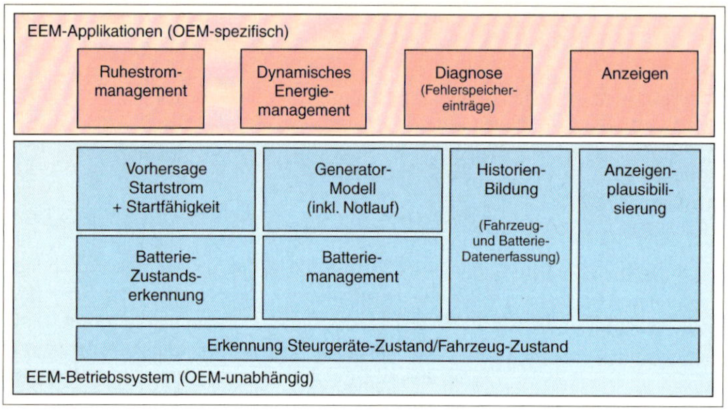

Bild 5.7-2 Mögliche Architektur eines elektrischen Energiemanagements (EEM)

Das Anzeige- und Abschaltkonzept im kritischen Bordnetzzustand, insbesondere die Höhe der Leistungsreduktion und die Priorität der einzelnen elektrischen Verbraucher sind Vorgaben des jeweiligen Fahrzeugherstellers und damit kundenspezifisch.

5.7.5.1.2 Fahrbetrieb/Dynamisches Energiemanagement

Bei laufendem Verbrennungsmotor und damit laufendem Generator steuert das Verbrauchermanagement das Zu- und Abschalten von Verbrauchern. Koordiniertes Schalten von Verbrauchern hilft, Leistungsspitzen zu reduzieren. Zudem kann im Vorfeld von hochdynamischen Schaltvorgängen der Schaltwunsch an das Generatormanagement kommuniziert werden, um die Erregung des Generators frühzeitig einzuleiten und damit die Spannungsstabilität zu erhöhen.

Zum dynamischen Energiemanagementmodul gehören auch die Koordination der Generatorregelung für die Bremsenergierückgewinnung und die Regelung der Hochleistungsheizsysteme wie Frontscheibenheizung und PTC-Zuheizer [12].

Hochleistungsheizsysteme sowie alle elektrischen Verbraucher mit Speicherverhalten werden in Überlastsituationen bevorzugt in der Leistung reduziert, wenn eine weitere Entladung der Batterie vermieden werden soll. Durch temporäres- und prioritätengesteuertes Abschalten der Verbraucher wird erreicht, dass die Funktion der Verbraucher möglichst wenig vom Sollverhalten abweicht und die Funktionseinbußen für die Fahrzeuginsassen kaum wahrnehmbar sind. Bei länger anhaltender oder hoher Überlast ist dies nicht mehr möglich. Da der daraus resultierende Funktionsverlust vom Nutzer nur in Ausnahmefällen akzeptiert wird, muss das Bordnetz so ausgelegt sein, dass diese Phasen nur selten auftreten.

Eine Alternative zur Leistungsreduktion von Verbrauchern durch das EEM ist die temporäre Erhöhung der Leistungserzeugung. Die Leistungsabgabe bei Generatoren ist im unteren Drehzahlbereich stark reduziert. In diesem Bereich bewirken kleine Drehzahlanhebungen bereits eine deutliche Steigerung der Leistungserzeugung. Eine einfache Maßnahme zur Verbesserung der Leistungserzeugung ist daher die Anhebung der Leerlaufdrehzahl. Die Anpassung der Schaltstrategie bei Automatikgetrieben ist eine weitere Alternative zur Anhebung des Drehzahlniveaus. Wegen der negativen Auswirkungen auf Kraftstoffverbrauch und Emissionen sind diese Eingriffe nur in Zuständen sinnvoll, in denen eine beschleunigte Batterieladung erfolgen soll.

5.7.5.1.3 Diagnose und Anzeige

Im Diagnosemodul laufen die kundenspezifischen Überwachungsalgorithmen des EEM. Dies kann sowohl die Erkennung von Komponenten mit zu hohem Ruhestrom inklusive Fehlereintrag umfassen als auch Fehlereinträge durch defekte oder unplausible Eingangsgrößen des Energiemanagements.

Das Konzept der Anzeige kritischer Betriebszustände und der daraus resultierenden Eingriffe des Energiemanagements wird im Anzeigemodul festgelegt. Mit Hilfe des Anzeigekonzepts werden EEM-Eingriffe, die zum Teil Komforteinbußen zur Folge haben, dem Fahrer verständlich gemacht.

5.7.5.1.4 Zusatzfunktionen

Neben den bereits beschriebenen Funktionen unterstützt das Energiemanagement auch Sonderfunktionen **(Bild 5.7-3)**, wie:

- Werkstattdiagnose, z.B. geführte Komponentendiagnose zur Erkennung von fehlerhaften Ruhestromverbrauchern
- Diagnose während der Produktion, z.B. durch Messen der Stromaufnahme des Fahrzeugs und Erkennen fehlerhafter Steuergeräte. Die Einbindung der für das Energiemanagement erforderlichen Sensorik in den Produktionsablauf bietet zudem noch Potenzial zur Kostenreduktion durch den möglichen Entfall von zusätzlichen Diagnosegeräten.
- Aktivierung eines Transportmodus, der z.B. bei der Verschiffung von Fahrzeugen den Ruhestrombedarf minimiert.

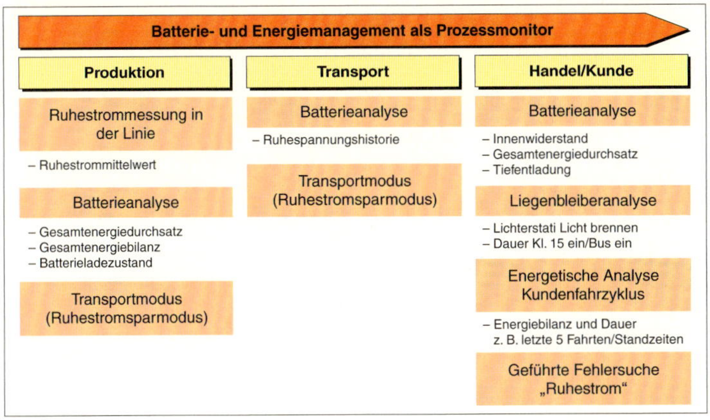

Bild 5.7-3 Zusatzfunktionen des EEM

Das Energiemanagement bietet damit die Möglichkeit einer umfassenden Bordnetzdiagnose und kann eine fahrzeugübergreifende Systemdiagnose unterstützen [13].

5.7.5.2 Batteriezustandserkennung/Batteriemanagement

Eingriffe des elektrischen Energiemanagements gehen gegenüber dem Normalbetrieb mit Komforteinbußen und/oder erhöhtem Kraftstoffverbrauch einher. Sie sind nur notwendig bei kritischem Batteriezustand und z.B. drohendem Verlust der Startfähigkeit.
Voraussetzung für ein gutes Energiemanagement ist daher eine zuverlässige Batteriezustandserkennung, welche die benötigten Batterie-Informationen aus den messbaren Batteriegrößen Strom, Spannung und Temperatur zur Verfügung stellt. Die Messung dieser Größen erfolgt z.B. über einen Elektronischen Batterie Sensor EBS.
Eingangsgrößen für das EEM sind der Ladezustand (**S**tate **o**f **C**harge, SOC), die Leistungsfähigkeit (**S**tate **o**f **F**unction, SOF) und der Alterungszustand (**S**tate **o**f **H**ealth, SOH) der Batterie, d.h. die Vorhersage des Batterieverhaltens für unterschiedliche Szenarien. Die Schnittstelle ist in **Bild 5.7-4** dargestellt.

Die Vorhersage der entnehmbaren Batterieladung bei vorgegebenem Stromprofil bis zum Erreichen der Startfähigkeitsgrenze oder die Vorhersage des Spannungseinbruchs bei einem vorgegebenen Laststrom, liefert Informationen, die die Strategie des Energiemanagements beeinflussen [14].
Die Anforderungen an die Batteriezustandserkennung BZE nehmen mit der Anforderung an die Zuverlässigkeit der elektrischen Energieversorgung stetig zu. Insbesondere für X-by-Wire Anwendungen müssen heutige BZE-Algorithmen noch weiterentwickelt werden.

5.7.5.3 Batteriesensor EBS

Eingangsgrößen der Batteriezustandserkennung sind üblicherweise der Batteriestrom, die Klemmenspannung und die Batterietemperatur. Diese Größen müssen präzise, dynamisch und zeitsynchron erfasst werden, was eine hohe Anforderung an die Sensorik bedeutet. Aus Kosten- und Einbauraumgründen ist ein direkt am Batteriepol platzierter und mit der Polklemme kombinierter Sensor vorteilhaft (**Bild 5.7-5**). Da die Polnische nach DIN 72311 genormt ist, ist keine Applikation an unterschiedliche Batterien erforderlich.

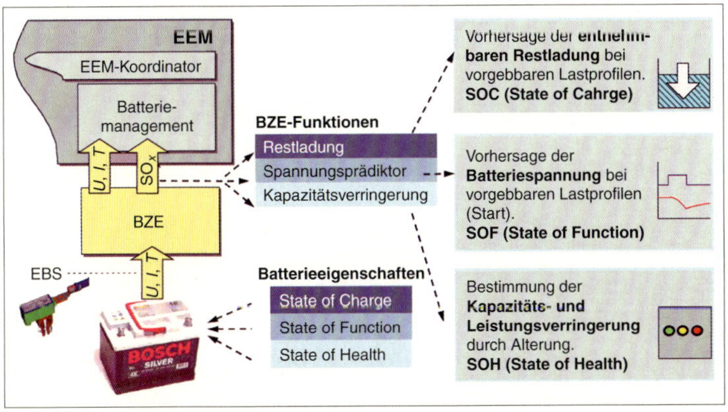

Bild 5.7-4 Schnittstelle zwischen Batteriesensor und EEM

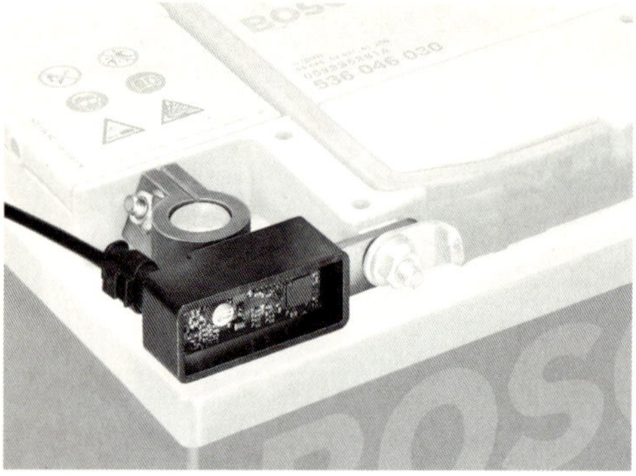

Bild 5.7-5 Elektronischer Batteriesensor EBS

Bild 5.7-6 zeigt das Blockschaltbild eines elektronischen Batteriesensor EBS mit hochintegrierter Elektronik. Der Strom wird mit Hilfe eines Shunts gemessen, wobei sowohl Ruheströme im mA-Bereich als auch Startströme bis 1500A genau gemessen werden können. Basis des EBS ist ein ASIC, das u.a. einen leistungsstarken Mikrorechner zur Messwerterfassung und -verarbeitung enthält. Zudem laufen auf dem Mikroprozessor Algorithmen der Batteriezustandserkennung, deren Ausgangsgrößen über eine Kommunikationsschnittstelle (z.B. LIN-Bus) an übergeordnete Steuergeräte zur Weiterverarbeitung im Energiemanagement übertragen werden [15].

5.7.6 Klauenpolgenerator

5.7.6.1 Elektrische Energiespeicher

Zur Versorgung des Bordnetzes werden in Kraftfahrzeugen Drehstromlichtmaschinen eingesetzt. Wegen seiner robusten Bauform und der preisgünstigen Herstellung hat sich für diesen Anwendungsbereich allgemein der Klauenpolgenerator **(Bild 5.7-7)** durchgesetzt, der ein ähnliches Verhalten wie ein Schenkelpolsynchrongenerator besitzt.

Diese Generatoren besitzen ein geblechtes *Ständerpaket* mit Dreiphasenwicklung. In dieser *Wicklung* wird durch das Drehfeld ein Dreiphasen-Wechselstrom erzeugt. Da die Batterie zum Laden einen Gleichstrom erfordert, muss der Generator über einen

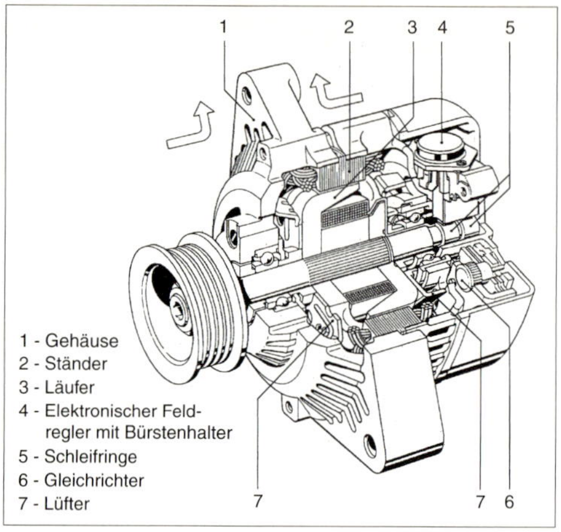

Bild 5.7-7 Aufbau eines Klauenpol-Generators

Gleichrichter mit dem Bordnetz verbunden werden. Der erzeugte Drehstrom wird hierzu durch eine Diodenbrücke (B6-Brücke) gleichgerichtet. Gleichzeitig dient die Diodenbrücke als *Rückstrom-Sperre.* Ein Stromfluss ist nur vom Generator zur Batterie möglich, um ein Entladen der Batterie über den Generator zu verhindern (**Bild 5.7-8**).

Die Maschine unterscheidet sich nur im *Läuferaufbau* gegenüber üblichen Synchrongeneratoren. Der Läufer der Maschine besteht aus zwei Polplatten, deren umgebogene Polfinger wie Klauen einer Kupplung ineinander greifen. Das Polsystem wird durch eine konzentrisch zwischen den Polplatten liegende Gleichstromwicklung erregt. Diese Läuferbauform bietet den Vorteil eines mechanisch einfachen und sehr robusten Aufbaus. Die Erregerwicklung rotiert meist mit dem Läufer mit und erhält ihren Erregerstrom über Schleifringe und Kohlebürsten.

Es existieren jedoch auch schleifringlose Sonderbauformen. Bei diesen rotiert nur die Klauengeometrie, während die Erregerwicklung gegenüber dem Ständer ruht. Hierbei ist jedoch ein weiterer Luftspalt im Erregerkreis erforderlich und die Maschinen sind etwas größer und schwerer im Vergleich zu Maschinen mit rotierender Erregerwicklung. Im Luftspalt der Maschine baut der Läufer durch die sich abwechseln-

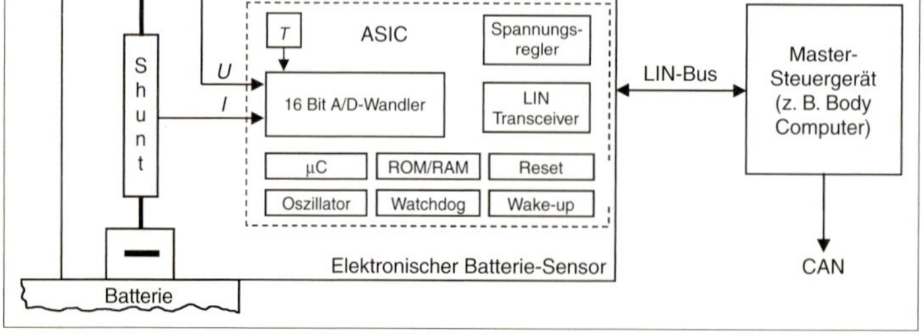

Bild 5.7-6 Blockschaltbild eines EBS (Quelle: Bosch)

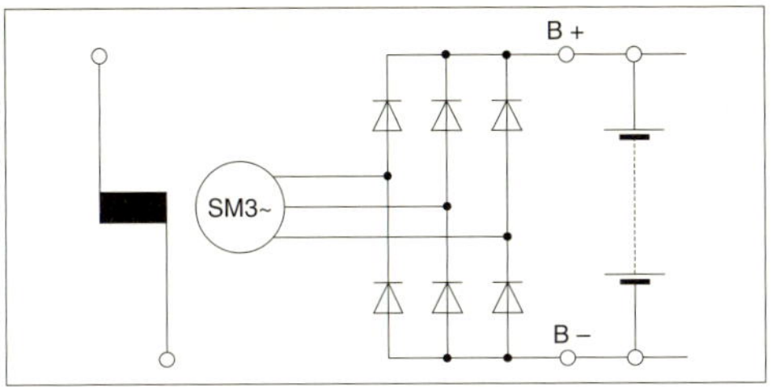

Bild 5.7-8 B6-Brückenschaltung

den Polfinger der beiden Polplatten ein Wechselfeld auf.

5.7.6.2 Leistungs- und Wirkungsgradverhalten

Die Leistung des Generators bei konstanter Ausgangsspannung ist abhängig vom Erregerstrom und der Generatordrehzahl. Üblich ist die Darstellung des Abgabestromes (Abgabeleistung) über der Drehzahl. Dabei ist die maximale Leistung durch den maximalen Erregerstrom begrenzt. Die Abgabeleistung nimmt mit wachsender Temperatur ab, da der Widerstand der Erregerwicklung temperaturabhängig ist. Bei konstanter Bordnetzspannung (Erregerspannung z.B. 14 V bei Pkw oder 28 V bei Nkw) sinkt der maximale Erregerstrom durch den steigenden ohmschen Erregerwiderstand bei höheren Temperaturen.

Bei niedrigen Drehzahlen ist die induzierte Spannung des Generators kleiner als die Bordnetzspannung und es kann kein Strom über die Gleichrichterbrücke in das Bordnetz geliefert werden. Erreicht der Generator bei der Null-Watt-Drehzahl n_0 die Batteriespannung, beginnt er mit der Leistungsabgabe. Bei hohen Drehzahlen arbeitet der Generator nahe bei seinem Kurzschlusspunkt. Der Strom erreicht seinen Maximalwert und kann nicht weiter ansteigen. Die Abgabeleistung ist somit auf einen maximalen Wert begrenzt **(Bild 5.7-9)**.

Die Erzeugung der elektrischen Energie für das Bordnetz durch den Generator ist zwangsweise mit Verlusten verbunden. Wesentliche Verlustfaktoren sind bei luftgekühlten Maschinen die *Kupferverluste* in der Ständerwicklung, die *mechanischen Verluste* und die nicht zu vernachlässigenden *Eisenverluste*. Die Eisenverluste entstehen in den wechselflussbelasteten Ständereisenwegen sowie durch Oberwellenerscheinungen in der Maschine auf den Oberflächen der Polklauen.

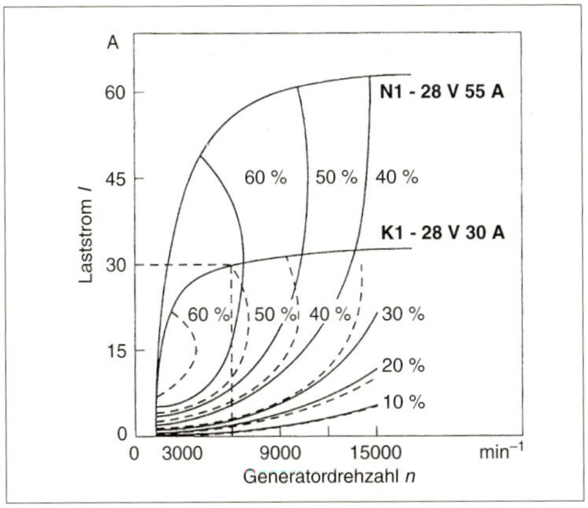

Bild 5.7-9 Wirkungsgrad-Kennfelder für Generatoren Kl und N1

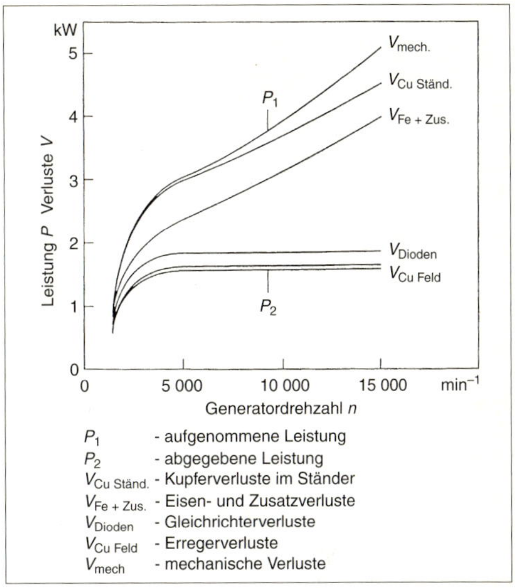

Bild 5.7-10 Leistungsaufteilung bei Drehstrom-Generatoren

Die mechanischen Verluste (diese setzen sich in erster Linie aus den Reibungsverlusten und dem Leistungsbedarf der Lüfter zusammen) und die Eisenverluste steigen stark mit der Drehzahl der Maschine an. Dadurch begründet sich die Tatsache, dass bei hohen Drehzahlen der Generatorwirkungsgrad stark abfällt **(Bild 5.7-10)**. Die Kupfer- und Gleichrichtverluste sind dagegen nur vom Belastungsstrom und somit von der abgegebenen Leistung abhängig und nicht von der Drehzahl.

Die Minimierung dieser Verluste führte in den letzten 10 Jahren zu einer Wirkungsgraderhöhung um etwa 9 %, begleitet von einer Leistungsdichteerhöhung von etwa 0,9 W/cm³ auf 1,4 W/cm³. Die Weiterentwicklung der Wickeltechnik (Kupfer Füllfaktoren) sowie die Leistung über dem Fahrzeugsegment sind in **Bild 5.7-11** dargestellt.

Bild 5.7-12 zeigt ein Beispiel für die aktuellen Generatoren sowie deren Eigenschaften und Kundennutzen.

5.7.6.3 Spannungsregelung

Aufgabe der *Spannungsregelung* ist es, bei stark wechselnden Generatordrehzahlen und unterschiedlichen Belastungen die Bordnetzspannung auf einem konstanten Niveau zu halten.

Der Regler besitzt hierzu beim Klauenpolgenerator als Stellgröße den Erregerstrom. Die heute verwende-

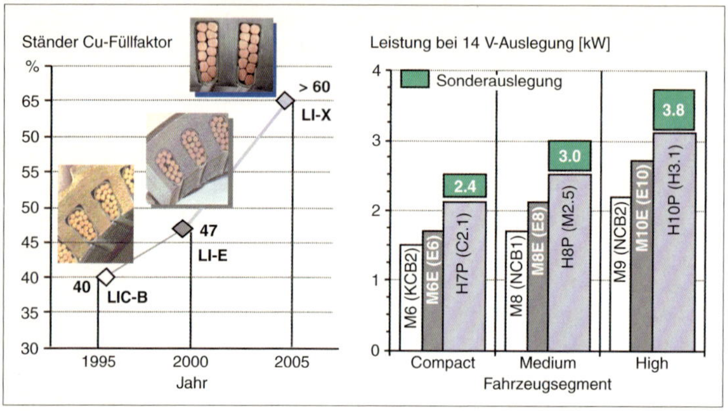

Bild 5.7-11 Leistungssteigerung durch Erhöhung des Cu-Füllfaktors im Ständer bei vergleichbaren Generatorabmessungen

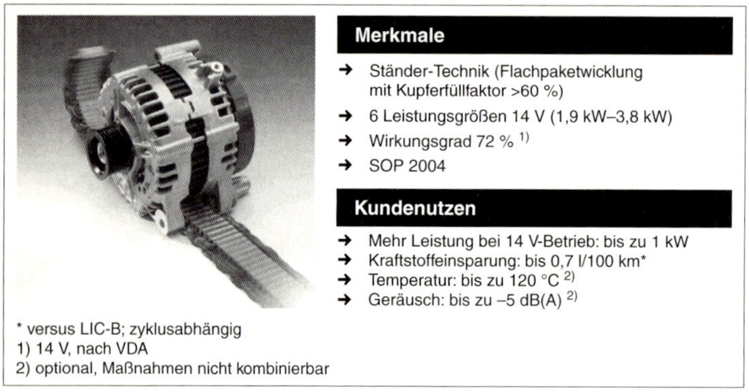

Bild 5.7-12 Beispiel für aktuelle Klauenpolgenerator-Generation mit Kenndaten

ten Regler sind Zwei-Punkt-Regler, die auf ein Toleranzband um die Sollspannung reagieren. Überschreitet die Generatorspannung den oberen Grenzwert des Toleranzbandes, schaltet der Regler den Erregerkreis ab, der Erregerstrom fließt über eine Diode im Freilauf und nimmt mit seiner Erregerzeitkonstanten ab. Wird der untere Grenzwert des Toleranzbandes unterschritten, schaltet der Regler ein und die Erregerwicklung liegt an den Generatorklemmen. Der Erregerstrom steigt an. Somit pendelt der Erregerstrom, entsprechend der Bordnetzbelastung, um den hierzu erforderlichen Mittelwert.

Diese Spannungsregelung kann nur im Teillastbereich des Generators arbeiten. Überschreitet die Bordnetzbelastung die maximal mögliche Abgabeleistung des Generators, kann die Bordnetzspannung unter den Wert des Toleranzbandes absinken. Dieser Fall kann insbesondere bei kleinen Generatordrehzahlen auftreten. In diesem Bereich fällt die Leistungsabgabe des Generators stark ab und die Leistung muss bei großen Lasten teilweise aus der Batterie entnommen werden.

Um bei tiefen Temperaturen ein besseres Ladeverhalten der Batterie zu erhalten, wird bei niedrigen Betriebstemperaturen die *Sollspannungsvorgabe* erhöht. Umgekehrt, um ein Überladen der Batterie zu verhindern, wird bei hohen Temperaturen die Spannungsvorgabe abgesenkt. Somit ist die Sollwertvorgabe für das Bordnetz temperaturabhängig. Abhängig von der Anforderung des Netzes kann in Abhängigkeit des elektrischen Energiebedarfs der Gradient der Reglerkennline verändert werden. Diese *Gradientenregelung* kann beispielsweise auch eingesetzt werden, um im Schubbetrieb des Fahrzeugs die Last des Generators zu erhöhen und somit möglichst viel elektrischen Energieeintrag in die Batterie zu erwirken. Dieses Konzept wird bei elektrischen *Hybridfahrzeugen* eingesetzt, um kinetische Energie in elektrische Energie zu wandeln und damit CO_2 Einsparung zu erreichen. Um das generatorische Moment abhängig von der Last des Verbrennungsmotors regeln zu können, sind moderne Generatoren in das Informationsnetz des Motormanagements eingebunden. Die Funktion des Reglers ist bei heutigen Generatoren zusammen mit dem Stellglied und der Freilaufdiode in einem Gehäuse integriert (**Bild 5.7-13**).

Überspannungsschutz

Überspannungen im Bordnetz können sowohl die angeschlossenen Verbraucher als auch die Bauelemente des Generators schädigen; daher ist die maximal auftretende Spannungshöhe zu begrenzen. Bei Betrieb des Bordnetzes mit einer Batterie fängt diese einen Teil der Überspannungen ab, jedoch wird in den meisten Fällen ein Notbetrieb auch ohne angeschlossene Batterie verlangt. Auch kann bei voll

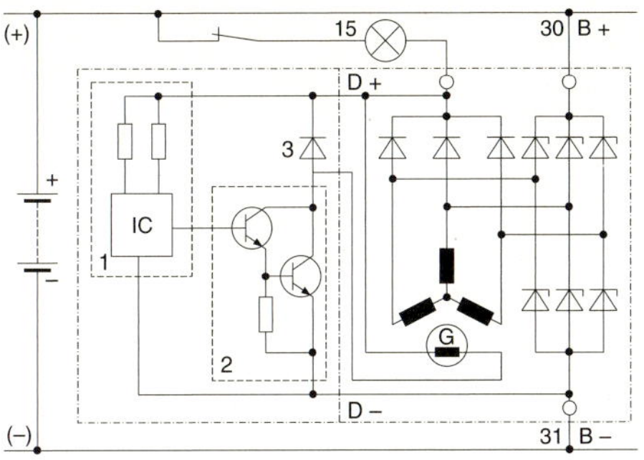

Bild 5.7-13 Schaltbild eines Generators mit elektronischem Regler

geladener Batterie die Bordnetzspannung unzulässig ansteigen, da die Batterie nicht mehr aufnahmefähig ist. Überspannungen können durch verschiedeneUrsachen entstehen. Als wichtige Ursache ist der *Lastabwurf* zu betrachten. Wird vom Bordnetz eine hohe Leistung entnommen und schlagartig ein großer Verbraucher abgeschaltet, steigt die Bordnetzspannung an. Der Generator ist noch nicht auf die neue Belastung eingeregelt. Der Spannungsregler des Generators kann nur mit der Zeitkonstanten des Erregerkreises reagieren (Größenordnung 100 ms). Die überschüssige Generatorleistung muss von der Batterie aufgenommen werden und führt zu einem Spannungsanstieg. Während dieser Zeit ist die Bordnetzspannung in geeigneter Weise auf einen Maximalwert zu begrenzen. Bei Generatoren für 12/14 V Bordnetze werden hierzu üblicherweise die Brückengleichrichter mit *Z-Dioden* bestückt. Die Zenerspannung der Dioden ist so gewählt, dass die Dioden bei einer Spannung von ca. 28 V in Rückwärtsrichtung leiten. Somit wird die maximale Überspannung im Bordnetz wirksam beschränkt. Durch diese Maßnahme kann das komplette Bordnetz wirksam gegen energiereiche Überspannungen geschützt werden. Bei Bordnetzen mit höheren Nennspannungen ist die Verwendung von Z-Dioden nicht mehr möglich. Beim Übergang auf neue, höhere Bordnetzspannungen sind somit geeignete elektronische Maßnahmen vorzusehen, um die Überspannungen zu begrenzen. Aktuelle Generator-Entwicklungen ermöglichen es, unter Beibehaltung des Generatorbauraumes die Generatorspannung über einen programmierbaren Regler im 14 V und 42 V Bereich zu betreiben. Hierdurch kann die Leistung zwischen 14 V/ 3 KW und 42 V/ 8 KW gewählt werden, um beispielsweise Hochleistungsverbraucher zu speisen.

5.7.7 Elektrische Energiespeicher

5.7.7.1 Kenngrößen elektrischer Energiespeicher

Im Kraftfahrzeug-Bordnetz hat der elektrische Energiespeicher, im Allgemeinen die Batterie, die Aufgabe, die vom Generator erzeugte elektrische Energie zu speichern. Mit der gespeicherten elektrischen Energie werden bei Bedarf, z.B. im Motorleerlauf oder bei Motorstillstand, die Verbraucher versorgt. Insbesondere muss die Batterie in der Lage sein, kurzfristig hohe Ströme für den Start des Verbrennungsmotors vor allem bei niedrigen Umgebungstemperaturen zu liefern. Hierzu werden im konventionellen Bordnetz Blei-Säure-Akkumulatoren eingesetzt. Wichtigste Kenngrößen eines Blei-Akkumulators sind die Nennspannung U_N und die Nennkapazität K_N. Beim Bleiakkumulator ergibt sich die Nennspannung als Vielfaches der Einzelzellenspannung von 2 V. Tatsächlich schwankt die Leerlaufspannung einer Zelle im Bereich von ca. 1,94 V bis 2,14 V zwischen leerem und voll geladenem Zustand. Typische Nennspannungen von Bordnetzbatterien sind 12 V im Pkw bzw. 24 V im Nkw. Die Nennkapazität ist nach DIN definiert als die Strommenge, die innerhalb von 20 Stunden bis zu einer Entladeschlussspannung von 1,75 V/Zelle mit konstantem Entladestrom entnommen werden kann. Der dabei fließende Strom wird mit I_{20} bezeichnet. Eine weitere wichtige Kenngröße ist der Kälteprüfstrom I_{-18}. Nach DIN muss die Klemmenspannung bei Entladung mit I_{-18} 30 s nach Entladebeginn mindestens 1,5 V/Zelle und 150 s nach Entladebeginn mindestens 1 V/Zelle betragen. Der Kälteprüfstrom beträgt z.B. ca. 150 A bei einer 36 Ah-Batterie und ist eine wichtige Größe für die Auslegung des Starters.

Bei teilweise elektrisch betriebenen Fahrzeugen (Hybridfahrzeugen) genügen Blei-Säure-Batterien der Anforderung nach Lade-Entladezyklen und Energie nicht. Es werden daher ergänzend Nickel-Metallhydrid oder Lithium Ionen Batterien mit Leistungen im Bereich von 50 kW und Energieinhalten von einigen kWh für die Speisung des elektrischen Antriebs eingesetzt.

Für diese *Traktionsspeicher* sind neben der Energie- und Leistungsdichte wichtige Kenngrößen die kalendarische Lebensdauer, die Zyklenfestigkeit und die Temperaturbeständigkeit. Um die Zyklenfestigkeit zu gewährleisten und den Zustand der Batterie zu überwachen, wird analog zu modernen 12 V Netzen eine Überwachung von Zellengruppen sowie für Li Ionen Systeme Ladungskompensation von Einzelzellen während des Betriebs durchgeführt und die Lade-/ Entladezyklen gesteuert. Die Batterien werden typisch in Intervallen von ±10 % um mittlere Ladezustände herum betrieben, um die Lade- und Entladeströme klein zu halten und damit die Lebensdauer der Batterie zu erhöhen.

Aufgrund ihrer geringeren Energiedichte und hohen Leistungsdichten werden Hochleistungskondensatoren (SuperCaps) in Traktionsnetzen typisch für dynamische Leistungsanforderungen verwendet. Derartige Anwendungen sind Bremsenergierekuperation und elektrische Momentenunterstützung beim Beschleunigen (Torque Assist, Boost). Dieser Speichertyp eignet sich nicht für rein elektrischen Betrieb des Fahrzeugs. Die Energie versus Leistungsdichte verschiedener Speicher ist in **Bild 5.7-14** dargestellt. Diese Darstellung wird als Ragone Diagramm bezeichnet.

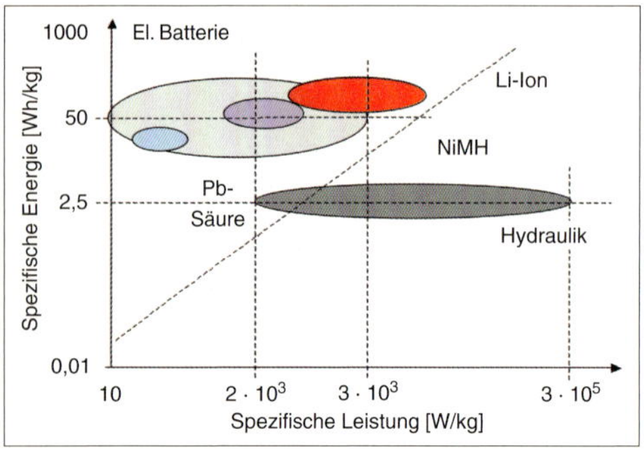

Bild 5.7-14 Ragone Diagramm unterschiedlicher Speichertechnologien

5.7.7.2 Betriebsverhalten von Bleibatterien

Entladung

Bild 5.7-15 zeigt einen typischen Verlauf der Batteriespannung bei Konstantstromentladung. Kurz nach Beginn der Entladung fällt die Spannung auf einen Wert, der sich bis zum Erreichen der vollständigen Entladung, des so genannten Entladeschlusses, kaum ändert. Erst dann bricht die Spannung aufgrund des Verbrauchs an Säure und/oder aktivem Material der Elektroden zusammen.

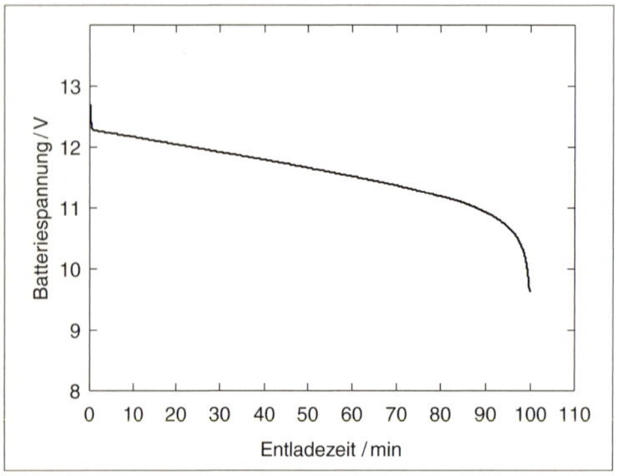

Bild 5.7-15 Batteriespannungsverlauf bei Konstantstromentladung

Wichtig ist hier auch die Abhängigkeit der entnehmbaren Ladung vom Entladestrom. Mit zunehmendem Entladestrom verringert sich der auf die 20-stündige Entladung bezogene Wert.

Dieser Zusammenhang ist in **Bild 5.7-16** dargestellt und kann näherungsweise durch die so genannte Peukert-Gleichung beschrieben werden:

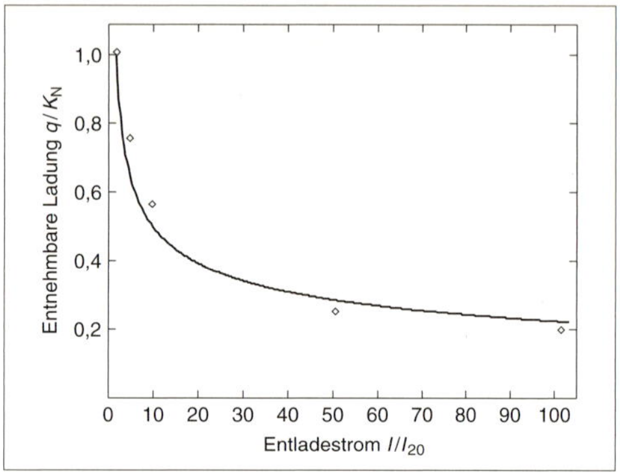

Bild 5.7-16 Entnehmbare Ladung über dem Entladestrom (Peukert-Faktor = 1 ,3)

$$I^n \cdot t_E = \text{const.}, \qquad (1)$$

mit I = Strom, t_E = Entladezeit, Peukert-Faktor n = 1,2 . . . 1,5.

Für den Startfall, bei dem Ströme im Bereich von 200 bis 300 A fließen, würde dies erlauben, eine Ladung von ca. 45 % der Nennladung zu entnehmen. Dies gilt jedoch nur für einen bis zum Entladeschluss konstant fließenden Starterstrom. Da die Startzeit im Allgemeinen jedoch im Bereich weniger Sekunden liegt, ist die damit verbundene Ladungsentnahme, bezogen auf die Nennkapazität, vernachlässigbar klein. Für den Startvorgang wird also von der Batterie kurzfristig eine hohe Stromabgabe und damit eine entsprechend hohe Leistungsdichte gefordert, während die zum Starten benötigte Energie und die damit verbundene Energiedichte gering sind.

Ladung

Beim Laden von Batterien ist zwischen Laden mit konstantem Strom und dem Laden bei konstanter Spannung zu unterscheiden. Im Kfz-Bordnetz wird die Batterie mit Spannungsbegrenzung geladen, d.h. der Ladestrom geht bei Erreichen einer vom Generatorregler eingestellten Spannungsgrenze, die unterhalb der so genannten Gasungsspannung liegt, automatisch zurück und eine schädliche Überladung, die zu verstärkter Wasserzersetzung und Gitterkorrosion führen würde, wird so vermieden. Da die Gasungsspannung stark temperaturabhängig ist, wird auch der Wert der Ladespannung von etwa 14,1 V ± 0,3 V bei 20 °C mit einem Temperaturgradienten von (–7 . . . 10) mV/K nachgeführt. Bei einer Umgebungstemperatur von 50 °C würde demnach z.B. eine Ladespannung von 13.8 V eingestellt. Zur Überwachung des Batteriezustandes und der Erhöhung der Lebensdauer setzen sich in konventionellen Bordnetzen zunehmend Batteriemanagement Systeme durch, die aus den charakteristischen Batteriekenngrößen eine Information über Ladezustand (State of Charge SoC) Gesundheitszustand (State of Health SoH) und Funktionszustand (State of Function SoF) der Batterie

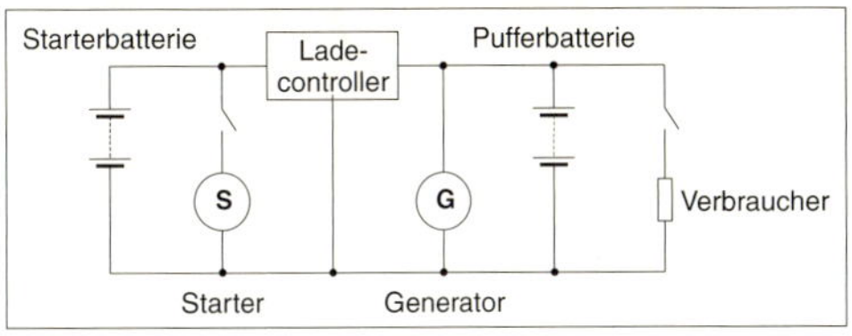

Bild 5.7-17 Zweibatterienbordnetz

errechnen und auf Anfrage an das Energiemanagement weitergeben.

Für hochzuverlässige Bordnetze oder Traktionsbordnetze ist das Batteriemanagement System unumgänglich, um die Anforderungen nach Lebensdauer und Verfügbarkeit zu erfüllen.

Heutige, sicherheitsrelevante x-by-wire Systeme wie z.B. die Elektrohydraulische Bremse EHB nutzen ein Zweibatterienbordnetz (**Bild 5.7-17**) mit Batteriemanagement. Dieses sichere Bordnetz genügt den Anforderungen sicherheitsrelevanter Systeme mit hydraulischer oder mechanischer (konventioneller) Rückfallebene als physikalische Redundanz beim Ausfall der Elektrik/Elektronik.

Literatur

[1] Varchim: Energiemanagement: Herausforderungen für künftige Kraftfahrzeuge, EUROFORUM-Fachtag „Energiemanagement im Automobil", München, 3. 2. 2005

[2] *Pötzl, Kornhaas, Karch, Huart*: Anforderungen an zukünftige Lenksysteme bis zur Fahrzeugoberklasse, VDI Berichte Nr. 1907, 2005

[3] *Koot, Kessels, de Jager, Heemels, van den Bosch, Steinbuch*: Energy Management Strategies for Vehicular Electric Power Systems, IEEE Transactions on vehicular technology, Vol. 54, No. 3, May 2005

[4] *Hafkemeyer, El.Dwaik, Heim, Liebl, Stauber, Traub*: Effiziente Dynamik durch intelligentes Energiemanagement, 12. Internationaler Kongress „Elektronik im Kraftfahrzeug", Oktober 2005

[5] *Karden, Ploumen, Spijker, Kok, Kees, Philps*: Rekuperatives Bremsen in Fahrzeugen mit 14V-Bordnetz, „Energiemanagement und Bordnetze", Haus der Technik e.V., Essen, 12.–13. 10. 2004

[6] Robert Bosch GmbH (Hrsg.): Kraftfahrtechnisches Taschenbuch 26. Auflage. Wiesbaden: Vieweg Verlag, 2006

[7] *Harms, Schnelle, Kneifel, Hohl*: COMET – ein neuer Ansatz zum Energiemanagement im Fahrzeug, VDI-Berichte Nr. 1852, Tagung: Innovative Fahrzeugantriebe, Dresden, Nov. 2004

[8] *Kok, Ploumen, Spijker, Karden*: Energiemanagement in zukünftigen Antriebsstrangkonzepten, 12. Aachener Kolloquium Fahrzeug- und Motorentechnik 2003

[9] *Meißner, Richter*: The challenge to the automotive battery industry: the battery has become an increasingly integrated component within the vehicle electric power system, Journal of Power Sources 144 (2005) 438–460

[10] *Knapp*: Elektrisches Energiemanagement – Funktionen im Energiebordnetz, Euroforum, Elektronik-Systeme im Automobil, 2004

[11] *Frey, Aumayer, Buchholz, Fink, Knapp*: Die Zukunft des 14V Bordnetzes, VDI-Berichte Nr. 1789, 2003

[12] *Zuber, Sterner*: Funktionsentwicklung für moderne Energiemanagement-Systeme, 2. Aachener Elektronik Symposium 2004, 23.–24. 9. 04

[13] *Mäckel*: Trends in der Batterieüberwachung, „Energiemanagement und Bordnetze", Haus der Technik e.V., Essen, 12.–13. 10. 2004

[14] *Iske*: Erfahrungen und Entwicklungslinien von Batteriemanagement und -diagnostiksystemen, „Energiespeicher für Bordnetze und Antriebssysteme", Haus der Technik e.V., Essen, 1. 3.–2. 3. 2006

[15] *Frey, Häffner, Merkle, Schiller*: Batteriesensorik und Batteriezustandserkennung, „Energiemanagement und Bordnetze", Haus der Technik e.V., Essen, 12.–13. 10. 2004

[16] *Barthlott, J.; Schlechter, V.; Hoffmann, N.; Kraft, D.; Kiencke, U.*: Modelling and Simulation of future vehicle Powernets, Proceedings SAE Conference Detroit, March 2004

[17] *Kraft, D.; Hoffmann, N.*: Das elektrische Energienetz – Schlüssel zur Sicherheit und Verfügbarkeit zukünftiger Kfz Systeme, Proceedings VDA Kongress Rüsselsheim, März 2004

[18] *Küsell, M.; Kraft, D.*: Hybride Antriebsstränge in der Simulation, Betrachtung des Gesamtsystems elektrischer Hybridfahrzeuge, ATZ 09/2006, Jg. 108

[19] *Lapp, A.; Kraft, D.*: Organizing complex networked systems in vehicles; European Symposium on EMBEDDED AUTOMOTIVE ELECTRONICS, Toulouse, June, 2004

5.8 Chancen und Risiken des Zweitaktmotors

Anfang der neunziger Jahre wurde der Zweitaktmotor als Pkw-Antrieb aufgrund günstiger Rahmenbedingungen wieder verstärkt in den Entwicklungsabteilungen untersucht. Ein Großteil der Automobilhersteller betrachtete dieses Motorenkonzept als verbrauchs-, gewichts,- und kostengünstige Alternative zu den existierenden Viertakt-Ottomotoren. Mittlerweile sind allerdings die Viertaktmotoren durch Direkteinspritzung, Aufladung und variable Ventiltriebe weiterentwickelt, so dass die Arbeiten am Zweitaktmotor als Pkw-Antrieb eingestellt wurden.

5.8.1 Das Zweitaktverfahren

Das Prinzip des Zweitaktverfahrens ist in **Bild 5.8-1** im Ablauf dem Viertakt-Arbeitsverfahren gegenübergestellt. Der grundlegende Unterschied besteht darin, dass die Prozesse: Ansaugen – Verdichten – Expandieren – Ausschieben nicht über 720° Kurbelwinkel, sondern über 360° stattfinden.

Im Gegensatz zum ladungswechselsteuernden Ventiltrieb des Viertaktmotors werden im Zweitaktbereich in erster Linie Schlitze in der Zylinderbohrung eingesetzt, durch die das im Kurbelgehäuse vorverdichtete Gemisch (im Fall der direkteinspritzenden Verfahren: Luft) in den Brennraum gelangt. Dort verdrängt die Frischladung die Abgase der zuvor stattgefundenen Verbrennung durch die gleichzeitig offenen Auslassschlitze. Zur last- und drehzahlgerechten Optimierung des Ladungswechselvorgangs wird im Auslassbereich ein Walzen- oder Drehschieber verwendet. Seltener werden auf der Auslassseite Ventile zur Verringerung der Überströmverluste angeordnet.

Daher wurde das Konzept: Querspülung mit Vorverdichtung und Auslassverstellung als erfolgverspre-

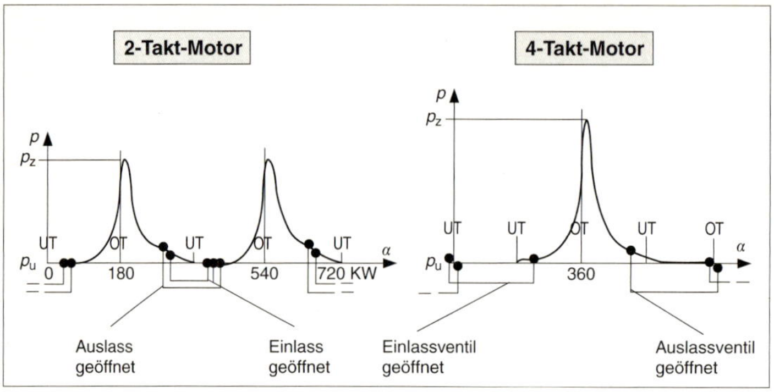

Bild 5.8-1 Zylinderdruckverlauf 2- und 4-Takt-Motor

chendste Variante weiter betrachtet. Die potentiellen Vorteile und die bekannten Problembereiche der folgenden Tabelle bildeten die Schwerpunkte der Zweitaktentwicklung.

Vorteile:

- Günstigeres Package
- Geringeres Gewicht
- Günstigerer Teillastverbrauch
- Höhere spezifische Leistung
- Verbesserter Komfort
- Niedrigere Servicekosten

Problembereiche:

- Erhöhter Ölverbrauch
- Hoher Kraftstoffverbrauch, Abgasemissionen
- Schlechte Leerlaufqualität
- Unausgewogene Motorcharakteristik
- Geringe Motorbremswirkung
- Unzureichende Lebensdauer
- Ungünstiges Geräuschverhalten
- Problematische Fertigung

5.8.2 Das verwendete Konzept

Als Versuchsträger wurde ein moderner kurbelgehäusegespülter Zweitaktmotor mit elektronisch gesteuerter, luftunterstützter Direkteinspritzung, elektronisch gesteuerter Öldosierung sowie elektronisch gesteuerten, variablen Auslasssteuerzeiten (Walzendrehschieber) verwendet. Der Motor mit seinen Details ist in **Bild 5.8-2** dargestellt.

Weitere wichtige Details des Motors sind:

- Spülkonzept:
  - Querspülung mit Vorverdichtung im Kurbelgehäuse unter Verwendung von Reed-Ventilen zur Vermeidung des Rückströmens der Frischluft in das Ansaugsystem

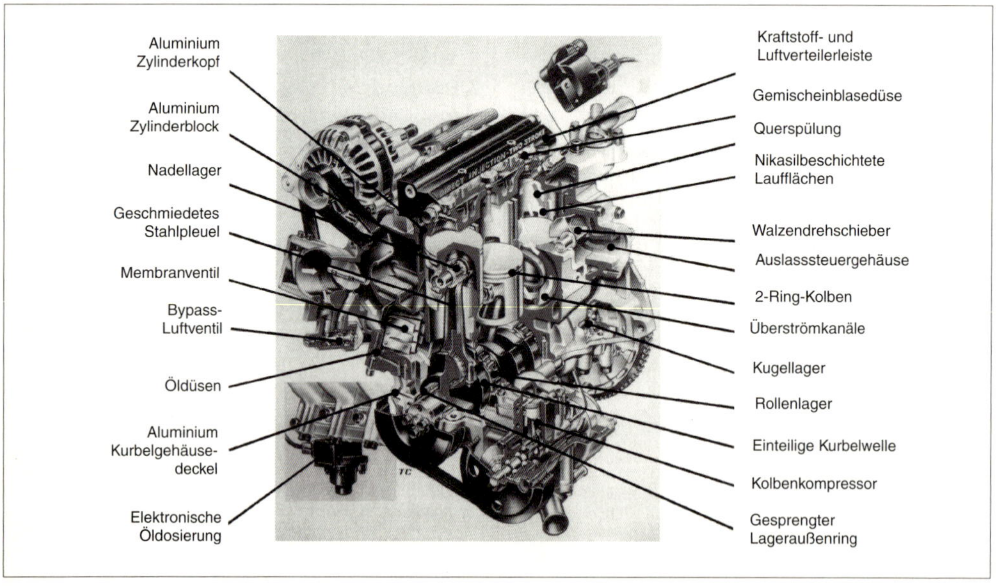

Bild 5.8-2 Moderner kurbelgehäusegespülter 2-Takt-Motor

- Kompressionsverhältnis:
  - geometrisch 10,5 : 1
  - aufgrund der variablen Auslasssteuerzeiten ergibt sich:
  - Auslassschieber offen 6,4 : 1
  - Auslassschieber geschlossen 9,3 : 1

Dieses Konzept erschien attraktiv, da es die einfache Bauweise eines Zweitaktmotors ohne Ventiltrieb mit einem hohen Ausmaß an Einflussmöglichkeit auf den Ladungswechsel verbindet. Durch die Wahl des Einspritzverfahrens in den Brennraum wird ein mögliches Überschieben von Frischgemisch in den Abgastrakt auf das Überschieben von Luft reduziert. Dies ist unabdingbar um eine realistische Chance zur Einhaltung der Abgasgrenzwerte zu haben.

5.8.3 Die Entwicklungsschwerpunkte

Aus den erwarteten Vorteilen und bekannten Schwächen des Zweitaktmotors ergaben sich die Entwicklungsschwerpunkte: Abgas-, Geräuschverhalten, Kraftstoffverbrauch, mechanische Standfestigkeit, Package und Gewicht sowie Kosten.

5.8.3.1 Abgasverhalten

Das Abgasverhalten des betrachteten Zweitaktmotors wird geprägt durch die spezifischen Bedingungen seines Ladungswechsels und der Gemischbildung durch die luftunterstützte Direkteinspritzung. Zusätzlich erschwert wird die Abgasnachbehandlung durch das nicht stoichiometrisch eingestellte Gemisch und die Verlustschmierung mit der daraus resultierenden Kontamination des Katalysators mit Verbrennungsrückständen des Öls.

Durch das mager eingestellte Gemisch sollen die NO_x-Emissionen schon motorseitig so niedrig liegen, dass die Abgasgrenzwerte ohne Abgasnachbehandlung eingehalten werden. Hieraus ergibt sich ein Zielkonflikt zwischen einer verbrauchsgünstigen Verlagerung der Betriebspunkte zu niedrigen Drehzahlen und hohen Lasten und der damit verbundenen hohen Stickoxidemissionen. Weiterhin wird durch die inhomogene Gemischbildung (Restgasschichtung, Spülprozessführung) die Abmagerungsfähigkeit eingeschränkt.

Die Nachbehandlung der Kohlenwasserstoffemissionen ist aufgrund der niedrigen Abgastemperaturen des mager laufenden Motors problematisch. Ebenso liegen die HC-Rohemissionen aufgrund der unvollständigen Verbrennung des geschichteten Gemischs höher (hohe Restgasgehalte und inhomogene Schichtung bei kleinen Lasten/Drehzahlen, unvollständiges Zusammenhalten der Gemischwolke).

Langzeitversuche zeigten, dass die NO_x-Emissionen über eine Laufzeit von 80000 km nahezu konstant auf einem Niveau liegen, die HC-Emissionen jedoch mit der Laufleistung ansteigen. Die Bedingungen der Stufe IV Grenzwerte machen eine Abgasnachbehandlung durch einen $DeNO_x$- bzw. NO_x-Speicherkatalysator unerlässlich. Des weiteren muss ein Öl entwickelt werden das eine Kontamination des Katalysators und damit eine laufzeitbedingte Verschlechterung der Abgasnachbehandlung vermeidet.

5.8.3.2 Geräuschverhalten

Eine Analyse des Ist-Zustandes ergab, dass der Versuchsträger am oberen Ende des Streubandes vergleichbarer 8-Ventil und 16-Ventil Vierzylinder-Viertakt-Ottomotoren lag. Weiter war festzustellen, dass bei niedrigen Drehzahlen die Geräusche des Einspritzsystems, im mittleren Drehzahlbereich das direkte und indirekte Verbrennungsgeräusch und bei hohen Drehzahlen das mechanische Geräusch dominieren. Maßnahmen dieses Geräuschverhalten positiv zu beeinflussen sind: Entkopplung des Einspritz- und Ansaugsystems, Monoblockbauweise und Versteifung des Auslasssteuergehäuses, Gleitlagerung der Kurbelwelle und Einbau der Kurbelwelle in ein Tunnelgehäuse sowie eine Kapselung der Ölwanne.

Weitere Maßnahmen sind der Einsatz graphitierter Kolben, die Erhöhung der Schwungmasse sowie die Reduktion des Druckanstiegs dp/da durch eine Zurücknahme des Zündwinkels. Letztere Maßnahme muss aber mit dem einhergehenden Abfall des Drehmoments abgeglichen werden. Bei niedrigen Drehzahlen und Lasten zeigt sich das, obwohl der Drehkraftverlauf aufgrund der doppelten Zündfrequenz gegenüber einem Viertaktmotor ausgeglichener ist, die zyklischen Schwankungen aufgrund der hohen und undefinierten Restgasgehalte größer sind.

Es muss aber auch klar gesehen werden, dass ein akustisch optimierter Zweitaktmotor nicht mehr das einfache und kostengünstige Motorkonzept darstellt.

5.8.3.3 Kraftstoffverbrauch

Einer der Hauptgründe für die Wiederaufnahme der Entwicklung der Zweitaktmotoren war die erwartete Verbrauchsminimierung aufgrund der geringeren Drosselverluste und Reibung sowie der Verbrennung eines mageren Gemischs. Ein Vergleich der Verbrauchskennfelder von Zwei- und Viertaktmotoren ergab jedoch die in **Bild 5.8-3** dargestellten Unterschiede.

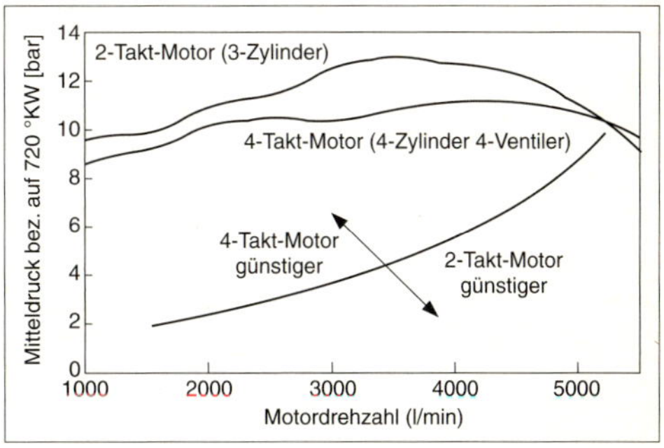

Bild 5.8-3 Unterschiede im spezifischen Kraftstoffverbrauch

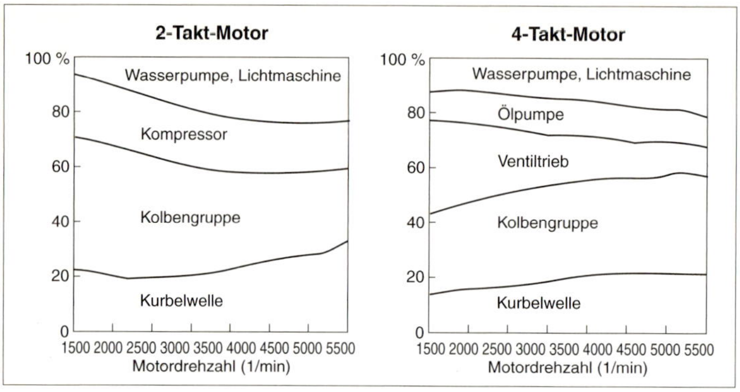

Bild 5.8-4 Aufteilung der mechanischen Reibung

Bezogen auf ein Viertaktarbeitsspiel erreicht der Zweitaktmotor höhere Vollastmitteldrücke. Dieses führt bei einer auf gleiche Fahrleistungen ausgelegten Getriebeübersetzung zu einer Verbrauchsverbesserung durch Betriebspunktverlagerung. Im gesamten Drehzahlbereich erwies sich der Viertaktmotor im oberen Lastbereich als günstiger. Damit ergaben sich im außerstädtischen Bereich des neuen europäischen Fahrzyklus sogar Verbrauchsnachteile für den Zweitaktmotor.

Eine Analyse der Reibung und der Thermodynamik sollte Aufschluss über diesen Sachverhalt geben. Da die Gesamtreibungsverluste von Zwei- und Viertaktmotor auf gleichem Niveau lagen wurde eine detaillierte Analyse durchgeführt.

Bild 5.8-4 zeigt im Vergleich die Anteile von Kurbelwelle, Kolbengruppe und Nebenantrieben (Wasserpumpe, Lichtmaschine) von Zwei- und Viertaktmotor sowie des Kompressors für die Lufteinblasung des Zweitaktmotors und Ventiltrieb und Ölpumpe für den Viertaktmotor an der Gesamtreibung in Abhängigkeit von der Drehzahl. Man erkennt, dass der entfallene Ventiltrieb durch den Kompressor (ca. 20% der Gesamtreibung) kompensiert wird. Besonders auffallend ist der hohe Anteil der Kolbengruppe an der Reibung des Zweitaktmotors. Dies obwohl ein Zweitaktmotor ohne Ölabstreifringe mit einem Viertaktmotor verglichen wird. Die Ursache hierfür sind die Mischreibungsgebiete im Bereich der Kanäle, ein starker Verzug der Bohrung sowie Ölablagerungen in den Ringnuten. Versuche mit Motoren in Monoblockbauweise und alternativen Ölformulierungen zeigen Ansätze, diese Probleme zu beherrschen.

Eine thermodynamische Analyse zeigt Nachteile des Zweitaktmotors nicht nur aufgrund des niedrigen effektiven Verdichtungsverhältnisses. Ebenso steigen die Wärmeverluste aufgrund des insgesamt höheren Temperaturniveaus bedingt durch die doppelte Zündfrequenz an.

Im Vergleich zu einem modernen stoichiometrisch betriebenem Viertaktmotor lassen sich Verbrauchsvorteile von 5–10% erzielen. Dies wird allerdings von direkteinspritzenden Viertaktmotoren im Schichtbetrieb oder mit variabler Ventilsteuerung mittlerweile übertroffen.

5.8.3.4 Mechanische Standfestigkeit

An den Zweitaktmotor werden die gleichen Anforderungen bezüglich der Dauerhaltbarkeit gestellt wie an jeden Viertakt Otto- oder Dieselmotor. Bisher gefertigte Zweitaktmotoren können in der Regel diese hohen Laufleistungen nicht erreichen. Fehlerursachen liegen meist im Bereich Kolben, Ringe und Zylinderrohr die konstruktiv bedingt andere Verhältnisse haben als im Viertaktmotor. Die hohe spezifische Leistung, die doppelte Zündfrequenz und die großen Kolbenoberflächen bei Kurzhubern bewirken einen hohen Wärmeeintrag in den Kolben. Der thermischen Probleme des Kolbens muss sorgfältig Rechnung getragen werden um ein frühzeitiges Versagen zu vermeiden. Die Wärmeabfuhr ist durch die von Spülschlitzen unterbrochenen Zylinderwände unzureichend. Diese Situation wird noch verschlechtert durch die starken Bohrungsverzüge aufgrund der mangelhaften Abstützung der Zylinderrohrwände durch die Spülschlitze. **Bild 5.8-5** zeigt diesen Zusammenhang.

Im Betrieb wird der Verzug durch die ungleiche thermische Belastung der Ein- und Auslassschlitze größer. Durch die hohen erforderlichen Kolbenspiele kommt es Verkokungen in der Ringnut und Abdampfen von Schmieröl im Ringbereich.

Ein weiterer Schwachpunkt stellt das Schmiersystem selbst dar. Das Öl wird über eine kennfeldgesteuerte Dosierpumpe dem Luftstrom im Bereich der Lamellenventile zugemischt. Überschüssiges Öl sammelt sich im Kurbelgehäuse und wird von dort in den Sammelbehälter abgepumpt. Eine gezielte Schmierung kritischer Stellen ist somit nicht möglich. Ebenso bedürfen die Ölqualitäten einer weiteren Optimierung.

Die Funktionsfähigkeit der Lamellenventile und der Kurbelwellenlager kann durch lose Kohlenstoffpartikel die mit der Abgasrückführung ins Ansaugsystem und damit ins Kurbelgehäuse gelangen beeinträchtigt werden.

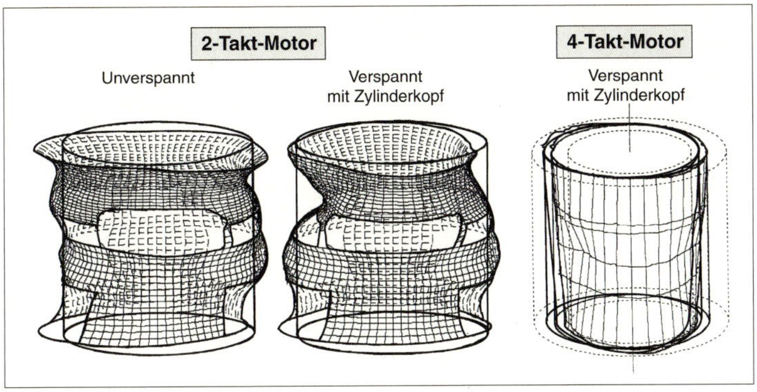

Bild 5.8-5 Statische Bohrungsverzüge von 2- und 4-Takt-Motor

Geeignete Maßnahmen gegen die genannten Probleme wären eine Fertigung des Motors in Monoblockbauweise um die Verzüge zu minimieren sowie die Abdichtung der Lager und die Verwendung einer Druckölschmierung. Diese Maßnahmen stehen jedoch dem Wunsch nach einem einfachen und kostengünstigen Zweitaktmotor entgegen.

5.8.3.5 Package/Gewicht

Die **Bilder 5.8-6** und **5.8-7** zeigen die Unterschiede in den äußeren Abmessungen der Motorenkonzepte Zwei- und Viertaktmotor.
Die Breite des Motors wird in beiden Fällen durch den Ansaug- und Abgaskrümmer sowie die Anordnung der Nebenaggregate bestimmt. Die Gesamtbauhöhe des Zweitaktmotors ist geringer als die des Viertaktmotors. Dieser Vorteil ist jedoch zum größten Teil im Bereich unterhalb der Kurbelwelle zu finden und damit nur bedingt verwendbar da über das Getriebe in Verbindung mit den Antriebswellen die Position der Kurbelwelle vorgegeben ist wenn Vier- und Zweitaktmotoren im gleichen Fahrzeug verbaut werden. Nur ein spezifisch auf den Zweitaktmotor zugeschnittenes Getriebekonzept könnte diesen Bauraumvorteil nutzen. In der Länge hat der betrachtete Zweitaktmotor den Vorteil der Dreizylinderbauweise gegenüber einem Vierzylinder-Viertaktmotor. Wird der Viertaktmotor als Dreizylinder ausgeführt relativiert sich dieser Vorteil ebenfalls. Eine Optimierung des Zweitaktmotorkonzepts aus akustischen und Dauerhaltbarkeitsgesichtspunkten (Kapselung, Gleitlagerung der Kurbelwelle, Druckölversorgung) lässt keinen Spielraum die möglichen Bauraumvorteile des Zweitaktkonzepts zu behalten.
Die gleichen Gründe, die einen Bauraumvorteil des Zweitaktmotors unwahrscheinlich erscheinen lassen, lassen sich auch in der Betrachtung des Gewichts anführen und zeigen, dass es schwierig sein dürfte die

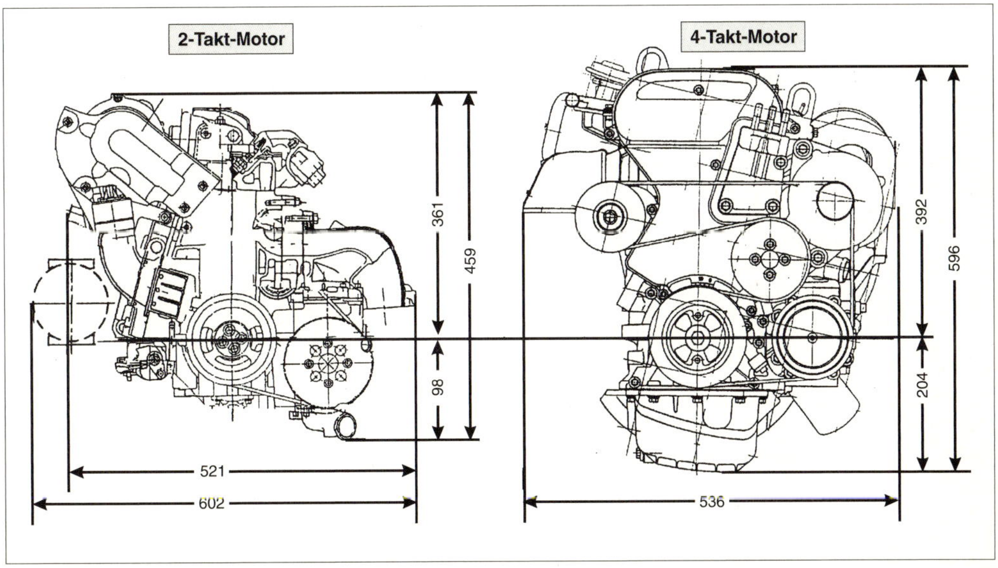

Bild 5.8-6 Package-Vergleich: Breite und Höhe

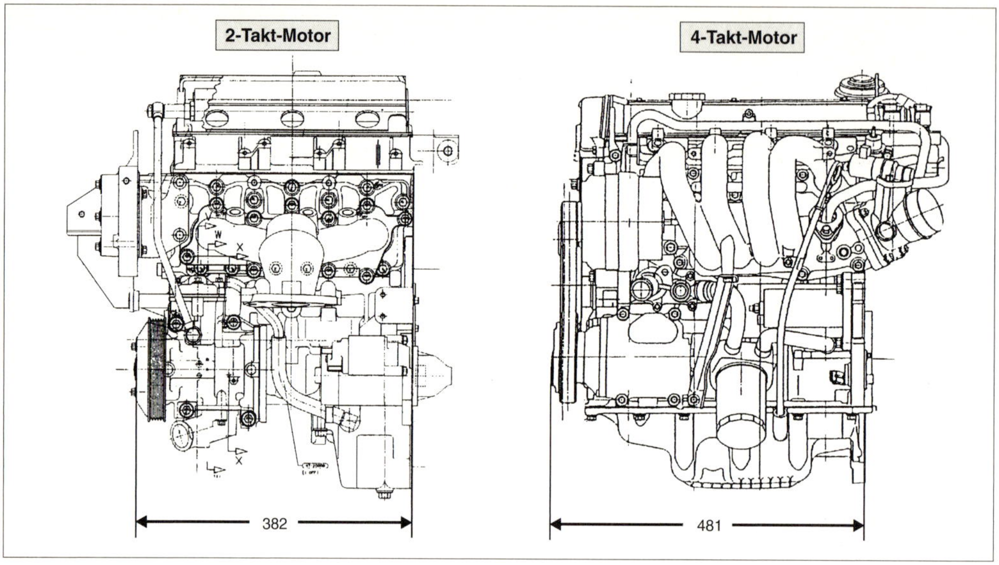

Bild 5.8-7 Package-Vergleich: Länge

mittlerweile erreichten Gewichte eines modernen Viertaktmotors zu erreichen.

5.8.3.6 Kosten

Durch den einfachen Aufbau des Zweitaktmotors wurde eine erhebliche Kosteneinsparung erwartet. Betrachtet man diese Problematik genauer zeigt sich eine Einsparung vor allen Dingen durch den Wegfall des Ventiltriebs und des aufwendigen Zylinderkopfs. Im Gegenzug wird die Bearbeitung des Zylinderblocks der jetzt die Ladungswechselorgane beinhaltet, sowie die Luft für das nächste Arbeitsspiel vorverdichtet, umfangreicher. Ebenso gestaltet sich die Fertigung und Montage der Kurbelwelle und der geteilten Wälzlager der Kurbelwellenhaupt- und Pleuellager aufwendiger. Zweitaktmotorspezifische Bauteile sind die Membraneinlassventile, die die Vorverdichtung der Luft im Kurbelkasten ermöglichen und der Walzendrehschieber zur Steuerung der Restgasmenge. Ebenfalls muss das Gemischeinblasesystem in eine Kostenbetrachtung einbezogen werden. Insgesamt fällt der Kostenvorteil des Zweitaktmotors unter gleichen Randbedingungen gering aus.

5.8.4 Zusammenfassung und Bewertung

Die wesentlichen Punkte lassen sich aus heutiger Sicht wie folgt zusammenfassen:

- Emissionsgrenzwerte sind nur durch aufwendige Abgasnachbehandlung erfüllbar (DeNO$_x$-Katalysator, NO$_x$-Speicher) analog der Viertakt Magermotoren, bzw. Benzindirekteinspritzmotoren
- Aufwendige konstruktive Maßnahmen zur Erzielung eines befriedigenden NVH-Verhaltens erforderlich
- 5–10% potentieller Verbrauchsvorteil gegenüber einem stoichiometrisch betriebenem Viertaktmotor (der aber auch ebenfalls homogen mager oder als direkteinspritzender Motor mit Ladungsschichtung betrieben werden kann)
- Aufwendige Maßnahmen zur Erzielung ausreichender mechanischer Standfestigkeit
- Bauraumvorteil nur in der Länge aufgrund einer geringeren Zylinderzahl bei gleicher spezifischer Leistung
- Geringer Gewichtsvorteil
- keine bis nur geringe Kostenvorteile

Der Zweitaktmotor konnte in der kurzen Entwicklungsphase Anfang der neunziger Jahre nicht so überzeugend weiterentwickelt werden um eine breite Anwendung als Fahrzeugantrieb zu finden. Er bleibt aber aufgrund seiner spezifischen Vorteile ein attraktives Motorkonzept für andere Anwendungen. Dies gilt insbesondere wenn die Anforderungen bezüglich kleiner Bauweise und eingeschränktem Betriebsbereich nur gering durch andere Anforderungen eingeschränkt werden. Anwendungsgebiete sind damit Motoren mit kleinem Hubvolumen im Zweiradbereich und das breite Feld der in erster Linie stationär betriebenen Motoren bei Generatoren, Bootsmotoren, Arbeitsgeräten (Kettensägen, etc.).

Literatur

[1] *Blair, G. P.*: The Basic Design of Two-Stroke Engines, Queen´s University of Belfast

[2] *Krickelberg, Th.*: Zukünftige Chancen des 2-Takt-Motors als Pkw-Antrieb. TU Wien/TU Graz, Nov. 1995, unveröffentlichter Vortrag

[3] *Königs, M.*: Der Zweitakt-Motor. Ford Technologie Präsentation. Köln, 1991

[4] Elements of two-stroke engine development. SAE-SP-988, Collected Paper, 1993
[5] Two-stroke engines theoretical and experimental investigations. SAE-SP-1019, Collected Paper, 1994
[6] Two-stroke engine design and emissions. SAE-SP-1049, Collected Paper, 1994
[7] Progress in two-stroke engines and emission control. SAE-SP-1131, Collected Paper, 1995
[8] Design, modelling and emission control for small two-stroke engines. SAE-SP-1195, Collected Paper, 1996
[9] Design and application of two-stroke engines. SAE-SP-1254, Collected Paper, 1997
[10] *Meinig, U.*: Standortbestimmung des Zweitaktmotors als Pkw-Antrieb. In: MTZ Motortechnische Zeitschrift 62 (2001) Hefte 7/8, 9, 10, 11

5.9 Konventionelle und alternative Kraftstoffe

5.9.1 Energie und Mobilität

5.9.1.1 Energieträger und Energiespeicher

Straßenfahrzeuge benötigen zum Antrieb mechanische Energie an den Rädern (Exergie). Diese Energie kann auf zwei Arten bereitgestellt werden. Eine Möglichkeit besteht darin, dem Fahrzeug laufend Energie von außen zuzuführen. Der andere Weg ist, im Fahrzeug einen Energieträger in angepassten Systemen (Energiespeicher) mitzuführen. Im Interesse der größtmöglichen Beweglichkeit des Fahrzeugs wird üblicherweise der Weg über einen mitgeführten Energiespeicher gewählt. Ausnahmen sind beispielsweise Busse mit Oberleitung.

Es sind verschiedene Möglichkeiten denkbar, Energie im Fahrzeug mitzuführen. Die Speicherung der Energie kann nach einem chemischen Prinzip erfolgen (Kraftstoff im Tank), nach einem elektrischen (Kondensator, Super-Caps), elektrochemischen (Batterie) oder mechanischem Prinzip (Schwungrad, Feder). Die einzelnen Prinzipien unterscheiden sich nach der Energieform, dem Energieträger, dem Energiespeicher sowie nach dem Ursprung der mitgeführten Energie (Primärenergie).

Bei Kraftfahrzeugen werden heute fast ausschließlich chemische Energiespeicher verwendet. Kraftstoffe sind chemische Verbindungen, die bei Nutzung im Rahmen einer exothermen Reaktion Exergie für den Antrieb bereitstellen. Als Alternative zu Kraftstoffen besitzen bis heute lediglich elektrochemische Energiespeicher (Batterie) und elektrische Energiespeicher (Hochleistungskondensatoren) eine geringfügige praktische Bedeutung. Aus der Vielzahl möglicher Kraftstoffe haben sich Benzin und Diesel durchgesetzt. Die Anforderungen an Kraftstoffe für Straßenfahrzeuge sind jedoch vielfältig, und die Bewertung der einzelnen Anforderungen durch die Gesellschaft wandelt sich. Schon seit längerem werden deshalb Alternativen zu Benzin und Diesel gesucht.

5.9.1.2 Kraftstoffe und ihre Primärenergie

Kraftstoffe können nach dem Ursprung ihrer Primärenergie unterschieden werden. Primärenergien sind die endlichen Energien wie Erdöl, Erdgas (fossile Energieträger), Kernenergie und die erneuerbaren

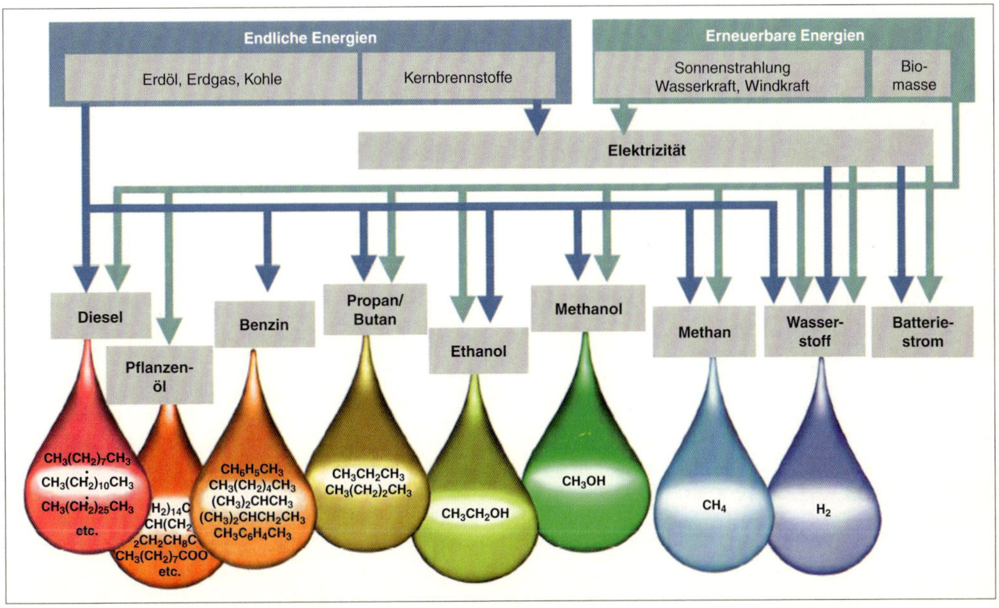

Bild 5.9-1 Die für den Straßenverkehr wesentlichen Kraftstoffe und Primärenergien (Quelle: BMW AG)

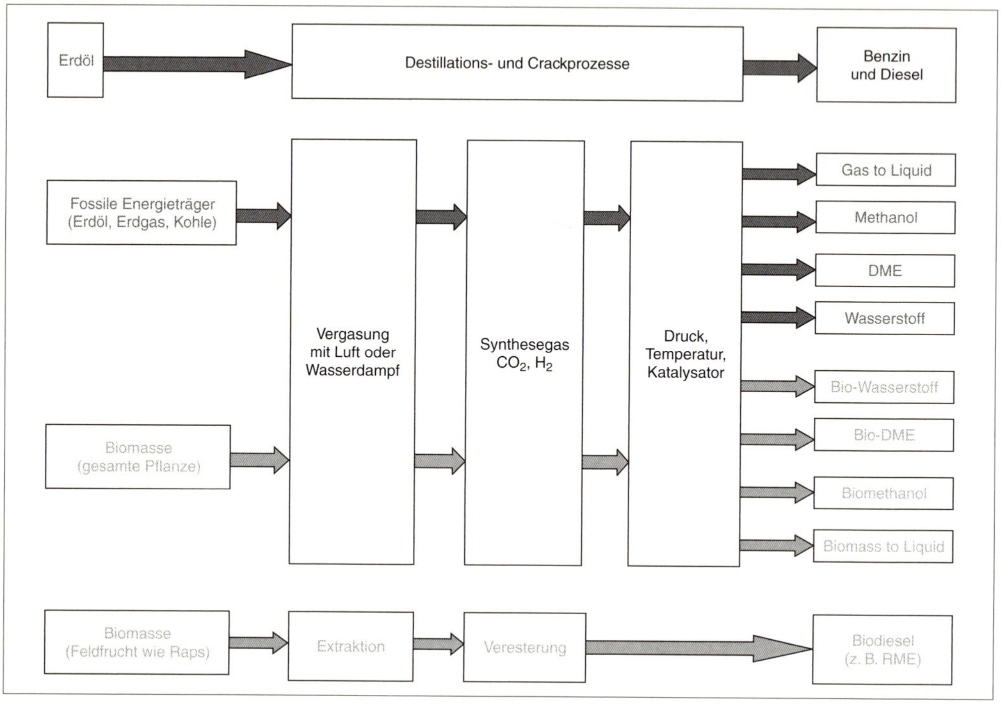

Bild 5.9-2 Wesentliche Möglichkeiten zur Kraftstoffherstellung unter Verwendung verschiedener Primärenergieträger als Ausgangsstoffe (Quelle: BMW AG)

Energien wie Wind-/Wasserkraft, Sonnenenergie, Biomasse. Kraftstoffe, die unter Verwendung fossiler Primärenergie erzeugt werden, heißen fossile Kraftstoffe. Kraftstoffe, deren Primärenergien erneuerbar sind, werden meist als regenerative Kraftstoffe, Kraftstoffe aus Biomasse als biogene Kraftstoffe bezeichnet.

Die Kraftstoffe, die bisher im Straßenverkehr eingesetzt wurden, bestehen aus den chemischen Elementen Wasserstoff (H), Sauerstoff (O) und Kohlenstoff (C); siehe **Bild 5.9-1**. Die überwiegende Mehrheit der Kraftstoffe basiert auf Kohlenwasserstoffverbindungen. Die allgemeine chemische Summenformel der Kohlenwasserstoffe lautet C_nH_{2n+2}. Wenn diese Kohlenwasserstoffketten um OH-Gruppen ergänzt werden, entstehen Alkohole (z.B. Methanol, Ethanol). Wasserstoff (H_2) ist der einzige Kraftstoff, der keinen Kohlenstoff enthält. Wasserstoff kann sowohl aus fossilen Energieträgern, aus Biomasse oder durch Elektrolyse aus Wasser (H_2O) hergestellt werden. Daneben sind auch Verfahren der thermischen Zersetzung oder photokatalytische Verfahren zur H_2O-Spaltung denkbar, sie wurden technisch aber noch nicht umgesetzt.

Aus kohlenwasserstoffhaltigen Ausgangsstoffen können neue Kohlenwasserstoffe synthetisiert werden **(Bild 5.9-2)**. Man spricht dann von synthetischen Kohlenwasserstoffen (Synfuel). Die Kraftstoffsynthese erfolgt in zwei Schritten. Zuerst werden Ausgangsstoffe (z.B. Erdgas, Biomasse) über den Prozess der Wasserdampf-Reformierung oder über autotherme oder allotherme Vergasungsverfahren in Synthesegas zerlegt. Das Synthesegas kann in einem zweiten Schritt, zum Beispiel im Fischer-Tropsch-Verfahren, für die Kraftstoffsynthese verwendet werden. Man spricht bei der Kraftstoffsynthese von GTL (Gas to Liquid), wenn das Synthesegas aus Erdgas hergestellt wurde. Dementsprechend ist CTL (Coal to Liquid) die Bezeichnung für synthetische Kraftstoffe aus Kohle und BTL (Biomass to Liquid) für synthetische Kraftstoffe aus Biomasse. Als Ausgangsstoffe für die Synthese können auch Kunststoffe, Wachse und Fette dienen.

5.9.2 Anforderungen an Kraftstoffe

5.9.2.1 Wandel der Anforderungen

Benzin und Diesel sind die konventionellen Kraftstoffe. Ihre breite Verwendung beruht auf jahrzehntelanger Entwicklung und darauf, dass sie in der Summe ihrer Eigenschaften den Anforderungen an Effizienz, bequemer Handhabung, Sicherheit und Wirtschaftlichkeit bis heute am besten entsprechen. Inzwischen gibt es neben Benzin und Diesel eine Reihe alternativer Kraftstoffe, die den Anforderungen in der Summe ähnlich gut, aber mit anderen Schwerpunkten entsprechen können. Dies gilt um so mehr, als sich auch die Anforderungen weiter entwickelt haben. Heute haben die Gesichtspunkte Umwelt- und Klimaschutz sowie die Versorgungssicherheit besonderes Gewicht. Die zunehmende wirtschaftliche Abhängigkeit vieler Staaten von der geologischen und politischen Verfügbarkeit der Ölvorkommen sowie die mit der Verbrennung fossiler Energieträger verbundenen Umweltauswirkungen haben die Nachteile der konventionellen Kraftstoffe in das Bewusstsein einer breiten Öffentlichkeit gerückt. Damit begann die Suche nach alternativen Kraftstoffen für den Straßenverkehr, die geeignet sind, die Kriterien Ökonomie, Ökologie und Verfügbarkeit in Einklang zu bringen.

Verfügbarkeit und Kosten

- Vertretbare und langfristig kalkulierbare Kosten
- Weltweite Verfügbarkeit oder zumindest Verfügbarkeit auf den wichtigen Fahrzeugmärkten
- Verfügbarkeit von Primärenergie und Rohstoffen in großen Mengen aus unterschiedlichen Regionen der Welt

Umwelt- und Klimaschutz

- Geringe Emissionen bei der Gewinnung der Rohstoffe und der Primärenergien
- Geringe Emission bei der Herstellung
- Geringe Verluste und Emissionen bei Transport, Lagerung und Umfüllung
- Geringes photochemisches Potenzial der Abgase, geringer Beitrag zur Bildung von Smog und Ozon
- Kein Beitrag zum Treibhauseffekt
- Möglichst geringe Umweltschädigung bei ungewollter Freisetzung in Böden, im Wasser und in der Luft
- Biologisch leicht abbaubar

Handhabung und Sicherheit

- Keine Gefährdung für Menschen bei Kontakt, keine toxische, narkotisierende, ätzende und allergieerregende Wirkung
- Gefahrlose Handhabung durch Laien
- Lagerfähigkeit und Transportierbarkeit bei allen Umgebungsbedingungen
- Geringer Dampfdruck zur Vermeidung von Verdunstungsverlusten
- Geringe Neigung zur Bildung explosionsfähiger Gemische
- Keine Einschränkungen beim Abstellen des Fahrzeugs in Garagen

Materialeigenschaften und Antriebsleistungen

- Hohe Energiedichte des gesamten Kraftstoffsystems
- Keine Energieverluste bei Nichtbenutzung des Fahrzeugs
- Geringe Aggressivität gegenüber den Materialien im Kraftstoffsystem
- Einhaltung enger Toleranzen physikalischer und chemischer Eigenschaften
- Zündwilligkeit bzw. Klopffestigkeit im geforderten Bereich bei Maschinen mit innerer Verbrennung
- Bei Ottokraftstoffen ausreichend hoher Dampfdruck für Kaltstarts auch bei tiefen Temperaturen
- Keine schädliche Ablagerung von Inhaltsstoffen des Kraftstoffs oder von Verbrennungsprodukten im Gemischbildungssystem, im Brennraum und im Auspuff
- Keine Substanzen, die als Katalysatorgifte wirken
- Geringe Anforderungen an die Motortechnik (z. B. Vermeidung von zu hohen Einspritzdrücken beim Dieselmotor)
- Saubere Verbrennung, insbesondere Minimierung der Rohemissionen von NOx, HC und Ruß; einfache Abgasnachbehandlung zur Einhaltung der Emissionsgrenzwerte
- Verträglichkeit mit Schmierölen.

Bild 5.9-3 Kraftstoffe müssen heute eine Vielzahl sehr unterschiedlicher Anforderungen erfüllen (Quelle: BMW AG)

Kaum ein Kraftstoff ist in der Lage, alle Anforderungen zu erfüllen. Bei einem Blick auf das gesamte Spektrum der Erwartungen, die von unterschiedlichen Seiten an Kraftstoffe gerichtet werden, wird dies noch deutlicher; siehe **Bild 5.9-3**.

Bei der Vielzahl und Unterschiedlichkeit der Anforderungen sind Zielkonflikte unausweichlich. Fasst man alle Kriterien zusammen, ist erkennbar, dass bisher aus guten Gründen fast ausschließlich Benzin und Diesel als Kraftstoff eingesetzt wurden. Sie bilden seit langem eine weltweit in der Summe ihrer Eigenschaften akzeptierte Annäherung an die genannten Anforderungen. Neue technische Entwicklungen können aber durchaus dazu führen, dass Optionen, die bisher als unattraktiv gelten mussten, reif für eine breitere Anwendung werden.

5.9.2.2 Endliche Ressourcen fossiler Kraftstoffe

Etwa 90 Prozent der Energie, die in Europa für den Transport benötigt wird, stammen aus Erdöl. Erdöl zählt wie Erdgas zu den Primärenergien, die sich aus den Ablagerungen biologischen Materials früherer erdgeschichtlicher Phasen gebildet haben. Diese fossilen Ressourcen sind begrenzt. Die Verfügbarkeit auf Erdöl basierender Kraftstoffe (z.B. Benzin, Diesel) wird in den nächsten Jahrzehnten voraussichtlich spürbar zurückgehen. Damit muss ein zunehmend größer werdender Anteil des heute aus Erdöl gedeckten, stationären und mobilen Energiebedarfs durch andere Energien und Energieträger substituiert werden. Sollte der Energiebedarf weltweit weiter steigen, wird das Erdöl-Fördermaximum (depletion midpoint) schon bald erreicht sein [1]. Von diesem Zeitpunkt an kann die Nachfrage nach Erdöl nicht mehr durch das Angebot gedeckt werden. Die Verknappung des Angebots wird den Preis pro Barrel Erdöl deutlich ansteigen lassen. Dies gilt in einem größeren Zeitrahmen auch für andere endliche Energieressourcen wie Erdgas und Kohle.

5.9.2.3 Umwelt- und Klimaschutz

Der heute erreichte Standard der Abgasreinigung bei Otto- und Dieselmotoren ist sehr hoch, und die Grenzen des technisch noch Machbaren sind bald erreicht. Durch die Optimierung der Verbrennung im Motor und eine aufwändige Abgasnachbehandlung konnten die klassischen Abgasemissionen Kohlenmonoxid (CO), Kohlenwasserstoffe (HC), Stickoxide (NO_x) und Partikel in den letzten zwanzig Jahren deutlich abgesenkt werden [2]. Ein wichtiger Beitrag zur Verringerung der Emissionen war der Aufbau einer flächendeckenden Infrastruktur für bleifreies Benzin in Europa im Zeitraum 1985 bis 1992 als Voraussetzung für den Einsatz von Katalysatoren in Fahrzeugen. Bei Dieselmotoren steht die Abgasnachbehandlung durch Partikelfilter und teilweise durch weitere Komponenten als jüngstes Beispiel für eine vergleichbare Entwicklung. Einzelheiten hierzu sind in den Kapiteln 5.1 bis 5.3 enthalten.

Neben den Luftqualitätsproblemen steht heute der Treibhauseffekt im Mittelpunkt der öffentlichen Diskussion. Im Protokoll von Kyoto von 1997 hat sich die Europäische Union verpflichtet, im Zeitraum von 2008 bis 2012 die Emissionen von sechs Treibhausgasen, u.a. Kohlendioxid (CO_2), gegenüber dem Stand von 1990 um 8 Prozent zu vermindern [3]. Dies führt zur Frage, wie die verkehrsbedingten CO_2-Emissionen bei weiter zunehmender Mobilitätsnachfrage und steigender Fahrleistung langfristig verringert werden können. Radikale Ansätze zur Verkehrsreduzierung sind im Hinblick auf die Verknüpfung von Wirtschafts- und Verkehrsleistung problematisch [4]. Zur Verminderung der CO_2-Emissionen erscheinen weitere Effizienzsteigerungen bei der Nutzung konventioneller, d.h. im Wesentlichen fossiler und biogener, Energieträger unausweichlich. Zugleich muss schon heute der Wechsel zu kohlenstoffärmeren bzw. kohlenstofffreien Energieträgern vorbereitet werden.

Es ist wichtig, dass beim Vergleich der CO_2-Emissionen von Kraftstoffen und Energieträgern die gesamte Kette von der Gewinnung der Ausgangsstoffe (z.B. des Rohöls) bis zur Verwendung im Auto betrachtet wird (well to wheel). Für den Treibhauseffekt ist es gleichgültig, wo die klimawirksamen Gase freigesetzt werden. Werden kohlenstofffreie Kraftstoffe aus fossilen Ausgangsprodukten hergestellt, fallen CO_2-Emissionen zwar nicht beim Fahrbetrieb, aber bei der Produktion der Kraftstoffe an, und es würde lediglich eine Verschiebung der Emissionen aus der Phase der Kraftstoffnutzung in die Phase der Kraftstoffherstellung stattfinden. **Bild 5.9-4** zeigt für verschiedene Kraftstoffe und unterschiedliche Herstellungspfade die eingesetzte Energie und den Ausstoß an Treibhausgasen. Die Darstellung lässt das hohe Potenzial von Wasserstoff aus erneuerbaren Primärenergien zur Verminderung der Treibhausgas-Emissionen erkennen. Der Ausstoß an klimawirksamen Gasen ist größer als bei Benzin und Diesel, wenn Wasserstoff mit Hilfe fossiler Primärenergien hergestellt wird. Die Ellipsen beschreiben die Bandbreite der möglichen Werte in Abhängigkeit vom jeweiligen Herstellungsort.

5.9.2.4 Kraftstoffe als Teil des Energiesystems

Die Entwicklung der weltweiten Nachfrage nach Energie wird die Markteinführung alternativer Kraftstoffe entscheidend beeinflussen. Die Endlichkeit der fossilen Ressourcen, die Abhängigkeit der Energie-

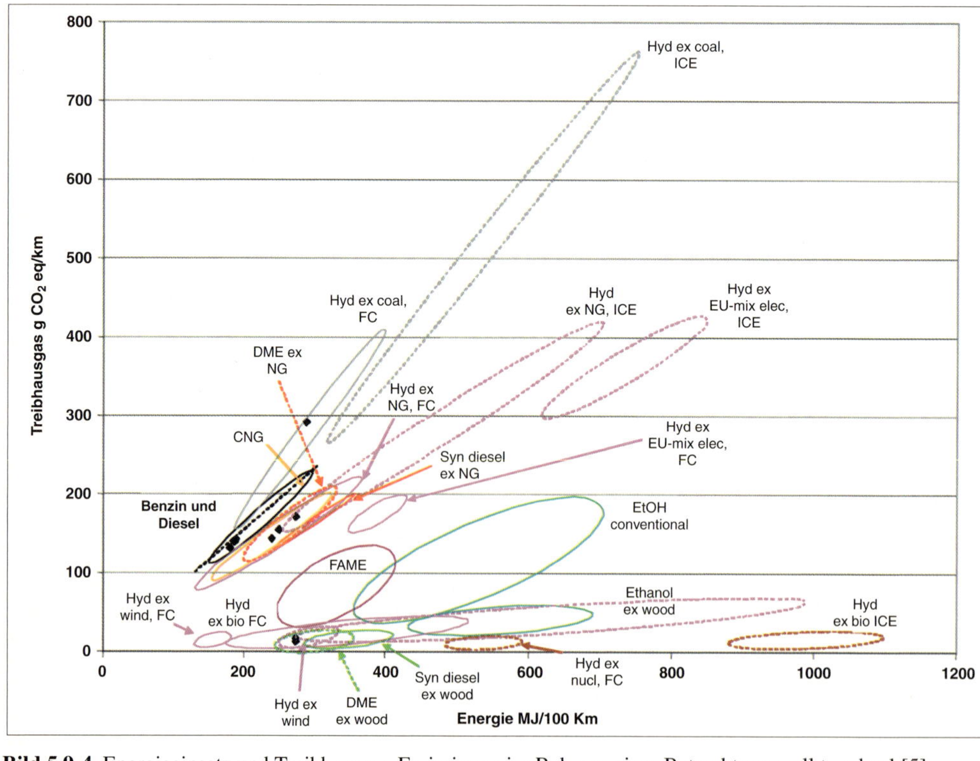

Bild 5.9-4 Energieeinsatz und Treibhausgas-Emissionen im Rahmen einer Betrachtung well to wheel [5]

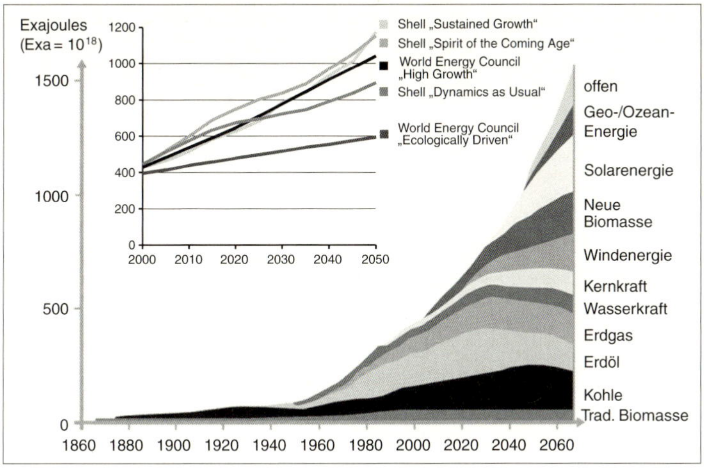

Bild 5.9-5 Verschiedene Szenarien zur Entwicklung des Weltenergiebedarfs und die möglichen Potenziale der einzelnen Energien zur Bedarfsdeckung im Szenario „Sustained Growth“ [8]

versorgung von politisch instabilen Regionen und vor allem die Hinweise auf einen möglichen Anteil der anthropogenen CO_2-Emissionen am Treibhauseffekt sind Faktoren, die zu erheblichen Veränderungen im Energiesystem führen werden. In den nächsten Jahrzehnten wird der Verbrauch der fossilen Energieressourcen sein Maximum durchlaufen [6]. Für Öl wird dieser Zeitpunkt frühestens 2008, spätestens 2030 erwartet. Ein Großteil der zusätzlich benötigten Energie wird durch erneuerbare Energien abgedeckt werden müssen; siehe **Bild 5.9-5**. Diese Substitution betrifft den Ursprung der Primärenergie (endlich, regenerativ) und die Art der verwendeten Energieträger (fossil, biogen, andere chemische und elektrochemische Speicher). Neue großtechnische Nutzungsmöglichkeiten für nichtfossile Primärenergieformen – Solarstrom, Windenergie, Geothermie, Biomasse, Wasserkraft – werden entwickelt und je nach den Bedingungen am Standort eine wichtige Rolle spielen.

Die dabei auftretenden Nutzungskonkurrenzen zwischen stationären und mobilen Anwendungen müssen geklärt werden [7]. Aus heutiger Sicht kann nicht mit Sicherheit vorhergesagt werden, ob sich im Zuge dieser Entwicklung eine Verschiebung der Energieversorgung des Straßenverkehrs hin zu Wasserstoff oder in Richtung auf Kohlenwasserstoffe nichtfossilen Ursprungs ergeben wird. Eines unter mehreren möglichen Szenarien wäre auch, dass der Verkehrssektor weiter überwiegend auf fossilen Kraftstoffen beruhen wird.

5.9.3 Fossile Kraftstoffe

5.9.3.1 Benzin und Diesel

Benzin und Diesel setzen den Standard, an dem sich alle alternativen Kraftstoffe messen lassen müssen. Benzin und Diesel sind Kohlenwasserstoffgemische, die heute ganz überwiegend aus Erdöl in Destillations- und Crackprozessen gewonnen werden [9]. Benzin zeichnet sich im Vergleich zu Diesel durch kürzere Kohlenwasserstoffketten aus. Benzin und Diesel enthalten bis zu 15 Volumenprozent Beimengungen (Additive) von MTBE (Methyl-Tertiär-Butylether) und ETBE (Ethyl-Tertiär-Butylether). MTBE und ETBE sind petrochemische Produkte, die zur Verbesserung der Klopffestigkeit und Zündwilligkeit dienen. Früher wurde hierfür Blei zugesetzt. MTBE wird aus Methanol und Isobuten und ETBE (Ethyl-Tertiär-Butylether) aus Ethanol und Isobuten gewonnen. Die Energiedichte des Dieselkraftstoffes wird mit 42,5 MJ/kg entsprechend 11,8 kWh/kg oder 10 kWh/l angegeben, Benzin hat eine Energiedichte von 44 MJ/kg bzw. 12 kWh/kg oder 9 kWh/l). [10].

5.9.3.2 Synthetische Kraftstoffe (SynFuel)

Synthetisches Benzin und synthetischer Dieselkraftstoff können aus unterschiedlichen Primärenergien in der jeweils gewünschten und optimierten Zusammensetzung (Designer-Kraftstoffe) hergestellt werden. Die Erzeugung des Synthesegases erfolgt in der Regel über Erdgas (GTL – Gas to Liquid), im Prozess können aber auch andere fossile Energieträger wie z.B. Kohle eingesetzt werden (CTL – Coal to Liquid). Das Erdgas, das je nach Herkunft bis zu 98% aus Methan (CH_4) besteht [11], wird im Dampfreformierungs-Prozess bei 900 °C und einem Druck von etwa 30 bar großtechnisch zu Synthesegas gespalten. Bei der anschließenden Synthese finden katalytische Reaktionen des Gases statt. Im Rahmen der weiteren Aufbereitung, die ähnlich einer konventionellen Raffinerie aus Destillations- und Crackprozessen besteht, werden die Produkte Diesel und Naphta (Rohbenzin) erzeugt. Die Vorteile von SynFuel sind darin zu sehen, dass ein Einsatz in allen konventionellen Motoren möglich ist. Auch Motoren, die bereits 30 oder 40 Jahre alt sind, können mit Synfuel betrieben werden und erbringen dabei zum Teil

Tabelle 5.9-1 Stoffliche und sicherheitsspezifische Eigenschaften von Benzin, Methan und Wasserstoff [28, 29]

Kenngrößen	Einheit	Benzin	Erdgas (Methan)	Wasserstoff
Unterer Heizwert	(kWs/g)	44,5	50	120
Selbstentzündungstemperatur	(°C)	228–501	540	585
Flammentemperatur	(°C)	2200	1875	2045
Zündgrenzen in der Luft	(Vol %)	1,0–7,6	5,3–15	4–75
Minimale Zündenergie	(mWs)	0,24	0,29	0,02
Verbrennungsgeschwindigkeit in Luft (stöchiometrisches Gemisch)	(cm/s)	40	40	265
Detonationsgrenzen	(Vol %)	1,1–3,3	6,3–13,5	13–65
Detonationsgeschwindigkeit	(km/s)	1,4–1,7	1,39–1,64	1,48–2,15
Theoretische Explosionsenergie	(kg TNT/m^3 Gas)	44,22	7,03	2,02
Diffusionskoeffizient in Luft	(cm^2/s)	0,05	0,16	0,61

bessere Leistungs- und Emissionswerte im Vergleich zu der Zeit, als sie noch dem Stand der Technik entsprachen. Die Verwendung dieses Kraftstoffs würde keine technischen Änderungen bei Distribution, Tankstellen und Fahrzeugen voraussetzen [12]. Bei einer Herstellung aus fossilen Ausgangsstoffen wird das durch den Verbrauch von Benzin und Diesel aufgeworfene Problem des massenhaften Verbrauchs endlicher Ressourcen nicht gelöst. SynFuel bietet dadurch nur eine mittelfristige Alternative.

5.9.3.3 Erdgas (Methan)

Erdgas besteht überwiegend aus Methan (CH_4), das hervorragende verbrennungstechnische Eigenschaften besitzt; siehe **Tabelle 5.9-1**. Methan wird in flüssiger Form als LNG (Liquefied Natural Gas) oder unter Druck von ca. 250 bar als CNG (Compressed Natural Gas) als Kraftstoff im Auto eingesetzt. Die Verflüssigung macht eine Abkühlung auf ca. –161 °C bei Umgebungsdruck erforderlich. Für die Druckspeicherung im Fahrzeug mit bis zu 250 bar muss das Erdgas an der Tankstelle mit einem Druck von etwa 350 bar zur Verfügung gestellt werden. Ein Kubikmeter Erdgas besitzt bei Raumtemperatur einen Heizwert von 35,9 MJ, das entspricht etwa 1,13 *l* Benzin oder 1 *l* Diesel [13]. Beim Einsatz von Erdgas im Verbrennungsmotor werden rund 16% weniger CO_2 freigesetzt als bei der Verbrennung von Benzin, gegenüber Diesel wird die Emission von CO_2 um 13% vermindert [14]. Erdgas ist wie Erdöl ein fossiler und endlich vorkommender Energieträger. Erdgas wird zwar eine längere Verfügbarkeit zugeschrieben, durch eine verstärkte Nutzung im Verkehrssektor würde die Reichweite aber möglicherweise stärker als erwartet abnehmen. Darüber hinaus besteht eine starke Nutzungskonkurrenz, weil auch andere Sektoren wie Hausbrand und Industrie verstärkt auf Erdgas setzen. In Deutschland werden schon heute 22% des Primärenergiebedarfs mit Erdgas gedeckt. Bis zum Jahr 2020 wird dieser Anteil auf über 30% ansteigen.

5.9.3.4 LPG (Autogas)

Liquefied Petroleum Gas (LPG) wird umgangssprachlich Autogas genannt und ist ein Gemisch aus Propan und Butan im nominellen Verhältnis von 50:50. LPG kann unter mäßigem Druck (5 bis 10 bar) verflüssigt werden. Im Vergleich zu Benzinfahrzeugen ohne Katalysator weisen LPG-Fahrzeuge deutlich geringere Emissionen auf. Die Stickstoffoxide liegen um ca. 20% niedriger, die Kohlenwasserstoffe um den Faktor 2 bis 3. Benzol ist im Abgas so gut wie nicht enthalten. Auch das photochemische Potenzial der Abgase von LPG-Fahrzeugen ist deutlich geringer als das von Benzinfahrzeugen. Die Motorleistung und der Kraftstoffverbrauch eines LPG-Fahrzeugs liegen um ca. 5% niedriger als die Werte eines vergleichbaren Benzinfahrzeugs. LPG fällt bei der Erdölförderung, bei der Förderung von Erdgas und im Raffinerieprozess als Begleitgas an. Alternativ kann LPG synthetisch aus Synthesegas hergestellt werden. Der wesentliche Nachteil liegt, wie bei allen Kraftstoffen, die auf fossilen Energieträgern beruhen, in der begrenzten Verfügbarkeit. Darüber hinaus werden beim Einsatz als Kraftstoff nur sehr geringe CO_2-Reduzierungen erzielt [14].

5.9.4 Biokraftstoffe

5.9.4.1 Synthetische Kraftstoffe aus Biomasse

Synthetisches Benzin und synthetischer Dieselkraftstoff können auch aus erneuerbaren Primärenergien

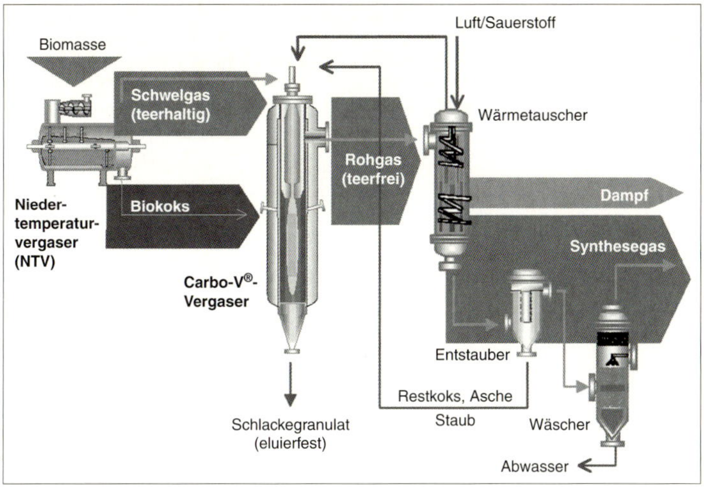

Bild 5.9-6 Herstellung des Synthesegases für synthetische Kraftstoffe aus Biomasse mit der Carbo-V® Flugstromvergasung von CHOREN [15]

gewonnen werden [12]. Für den so produzierten Kraftstoff hat sich die Bezeichnung „BTL" für „Biomass to Liquid" durchgesetzt, teilweise ist auch die Bezeichnung „Sunfuel" gebräuchlich. Wie Synfuel kann BTL in der jeweils gewünschten und optimierten Zusammensetzung (Designer-Kraftstoff) hergestellt werden. Kennzeichnend für den Herstellungsprozess von BTL ist die Biomassevergasung der gesamten Pflanze. Mit dem Gas werden in der Fischer-Tropsch-Synthese Kohlenwasserstoff-Verbindungen hergestellt, die eine wachsartige Konsistenz haben und als „Syncrude" bezeichnet werden. Bei der weiteren Aufbereitung entstehen in Destillations- und Crackprozessen die Produkte Diesel und Naphta (Rohbenzin). Aufgrund der Zerlegung der Ausgangsstoffe zu Synthesegas ($CO + H_2$) und der anschließenden Fischer-Tropsch-Synthese besitzen alle synthetischen Kraftstoffe unabhängig von den Ausgangsstoffen die gleiche Qualität. Allerdings ist je nach Herkunft der Biomasse das Verhältnis von CO zu H_2 in der Zusammensetzung des gewonnenen Synthesegases unterschiedlich. Zur Herstellung einer fest definierten BTL-Qualität ist deshalb die Zumischung von H_2 erforderlich. Bei der Herstellung von Oktan entspricht die Reaktionsgleichung für den Fischer-Tropsch-Prozess: $8\,CO + 17\,H_2 \Leftrightarrow C_8H_{18} + 8\,H_2O$. Für den Gesamtprozess muss noch nachgewiesen werden, dass er eine Kraftstoffproduktion in großtechnischem Umfang zulässt; zu einem der derzeit erprobten Verfahren siehe **Bild 5.9-6** [15]. Die Verwendung von BTL in konventionellen Motoren würde keine technischen Änderungen bei den Tankstellen und Fahrzeugen voraussetzen. Das Attraktive an Biokraftstoffen wie BTL ist der nahezu geschlossene Kreislauf von CO_2. Pflanzen verarbeiten während des Wachstums CO_2. Werden diese Pflanzen zu Kraftstoff verarbeitet, wird dabei näherungsweise nur die Menge CO_2 freigesetzt, die beim Wachstum der Pflanzen gebunden wurde. BTL trägt dadurch zur Reduzierung von anthropogenen CO_2-Emissionen bei. Der Nachteil aller Biokraftstoffe, auch von BTL, ist das begrenzte Potenzial, die konventionellen Kraftstoffe dauerhaft zu ersetzen. Mit BTL aus fester Biomasse (Holz, Stroh, Energiepflanzen) könnten theoretisch etwa 20 bis 30 Prozent des europäischen Kraftstoffbedarfs abgedeckt werden [5]. In der Praxis wird dies jedoch nicht der Fall sein, da die Nutzung von Biomasse für BTL in Konkurrenz zu anderen Verbrauchern (z.B. stationäre Nutzung in Biogasanlagen, Heizwerke) steht. Ein großer Teil des Biomassepotenzials in Deutschland wird schon heute in stationären Bereichen verwendet [16] und steht für den Verkehr nicht mehr zur Verfügung. Es darf auch nicht übersehen werden, dass bei Bio-Kraftstoffen andere Nachteile für die Umwelt auftreten können. Die durch die Verwendung von Düngemitteln, Fungiziden und Pestiziden auftretenden umweltrelevanten Aspekte müssen genauso berücksichtigt werden wie Emissionen beim Anbau, der Ernte und beim Transport zu den Verwertungsstellen. Hinzu kommt die Gewässerbelastung durch Nitrate, Sulfate und Chloride, hervorgerufen durch die Düngung und Eutrophierung (Überdüngung) bei großtechnischer, ertragsintensiver Landwirtschaft.

5.9.4.2 PME , RME

Dieselkraftstoff kann durch die Umwandlung von in verschiedenen Pflanzenfrüchten enthaltenen Ölen hergestellt werden (Biodiesel). Diese Pflanzenöle und Pflanzenfette, auch „PME" (Pflanzliches Methylester) genannt, bestehen zu 97% aus Triglyceriden. Chemisch gesehen handelt es sich um Fettsäuremethylester. Geeignete Pflanzen für die Herstellung von Biodiesel sind z.B.: Soja, Raps, Jatropha [17]. In Europa wird nahezu ausschließlich „RME" (Raps-

Methylester) im Straßenverkehr genutzt. Die Produktion von RME erfolgt durch Extraktion von ölhaltiger Biomasse durch Pressung oder Einsatz eines Lösemittels, das nach der Extraktion aus dem Öl entfernt wird. Danach erfolgt das „Verestern" [18]. Das Pflanzenöl und Methanol werden im Massenverhältnis von etwa 9:1 in Gegenwart einer Menge eines alkalischen Katalysators (beispielsweise 0,5 bis 1% Natriumhydroxid, Kaliumhydroxid oder Kaliummethylat) bei 50 bis 80 °C unter Normaldruck in Rührmaschinen zur Reaktion gebracht. Das Ergebnis sind rund 90% RME und 10% Glycerin. Das Glycerin findet Verwendung als Rohstoff in der chemischen Industrie.

5.9.4.3 Alkohole (Ethanol, Methanol)

Alkohole besitzen die chemische Strukturformel C_xH_yOH und können bei kleinem *x,y*-Wert ebenfalls als flüssige Kraftstoffe eingesetzt werden. Als Kraftstoff sind hier jedoch nur die niedrigen Alkohole wie Methanol und Ethanol von Bedeutung. Ausgangsstoffe für die Produktion sind in der Regel Zuckerrüben, Rohrzucker oder Treber, deren Biomasse mit Hilfe von Hefen oder Bakterien zu Ethanol vergoren wird. Auch Maischen aus stärkehaltigen Produkten wie Kartoffeln, Weizen, Reis oder Mais können nach der enzymatischen Umwandlung der Stärke in Zucker eingesetzt werden [16]. Ethanol hat die chemische Struktur CH_3CH_2OH und besitzt mit einem Heizwert von 26,8 MJ/kg und einer Dichte von 0,79 kg/l etwa 65% der Energiespeicherdichte von Benzin [13]. Der Siedepunkt liegt bei 78 °C. Mit einer hohen Oktanzahl von ROZ 108 kann Ethanol als guter Ottokraftstoff gelten. Wasserfrei kann Ethanol Benzin bis zu einem Anteil von 22% beigemischt werden.

Methanol (CH_3OH) ist der einfachste Alkohol. Im großtechnischen Maßstab wird Methanol heute im Wege der Dampf-Reformierung aus Erdgas (CH_4) hergestellt. Die Produktion von Bio-Methanol erfolgt über die Biomassevergasung. Das bei der Biomassevergasung erzeugte Synthesegas wird mit hochspezifischen Katalysatoren bei Drücken von etwa 50 bis 100 bar und Temperaturen von 230 bis 280 °C zu Methanol weiterverarbeitet [19]. Methanol besitzt einen Heizwert von 725 kJ/Mol. Methanol ist flüssig, giftig und wird daher nur als Blending Benzin und Diesel beigemischt. Eine Beimischung von bis zu 15% kann ohne größere Anpassungen an Fahrzeug und Motor erfolgen. Methanol löst viele Kunststoffe, ist stark korrosiv und fordert deshalb eine angepasste Werkstoffwahl sowohl im Fahrzeug als auch an Tankstellen. Beim Fahrzeugbetrieb mit reinem Methanol treten Kaltstartprobleme auf, deshalb werden stets etwa 15% Benzin beigemischt (Kraftstoffbezeichnung M85). Als Verbrennungsprodukte im Fahrzeug entstehen CO_2 und Wasser.

5.9.4.4 DME

„DME" (Dimethylether) ist der einfachste Ether mit der Strukturformel $H_3C-O-CH_3$. DME kann wie Methanol über die Dampf-Reformierung von Erdgas (CH_4) oder über die Vergasung von Biomasse erzeugt werden. Das bei der Biomassevergasung erzeugte Synthesegas wird mit hochspezifischen Katalysatoren zu DME weiterverarbeitet. Unter Raumbedingungen liegt DME in gasförmigem Zustand (Siedetemperatur −24,9 °C) vor und kann bei ca. 5 bar verflüssigt werden. Bei Motorraum-Temperatur muss DME bei 15 bis 30 bar unter Druck gehalten werden, um das Auftreten von Dampfblasen zu verhindern. Die Energiedichte liegt bei 28,8 MJ/kg bei einer Dichte der Flüssigkeit von 0,67 kg/l. Dies entspricht ohne die Berücksichtigung der Druckspeichertechnik einer volumenbezogenen Energiedichte von 54% gemessen an Dieselkraftstoff. DME wird in Fahrzeugen in Druckspeichertanks und in flüssiger Phase gelagert. Das Kraftstoffsystem im Fahrzeug ist dem von LPG (Autogas), ähnlich. DME besitzt eine hohe Zündwilligkeit. DME ist nicht toxisch und wirkt nicht korrosiv.

5.9.5 Wasserstoff

5.9.5.1 Stoffliche Eigenschaften, Herstellung, Potenziale

Wasserstoff ist das leichteste und einfachste Element im Periodensystem. Es besteht aus einem Proton und einem Elektron. Wasserstoff kommt wie alle Gase außer den Edelgasen stets in Form von zweiatomigen Molekülen vor (H_2). Wasserstoff ist ein farbloses, geruchloses, geschmackloses und ungiftiges Gas. Wasserstoff ist auf der Erde in freier Form (als Primärenergie) praktisch nicht anzutreffen. Er liegt ausschließlich in chemisch gebundener Form, z.B. als Wasser (H_2O), in den verschiedensten Kohlenwasserstoffen (Erdöl, Erdgas, Kohle, Biomasse usw.) oder in anderen organischen Verbindungen vor und muss unter Einsatz von Energie freigesetzt werden.

Wasserstoff wird heute noch überwiegend aus fossilen Energieträgern hergestellt (50% Erdgas, 30% Erdöl, 10% Kohle). Nur ein sehr geringer Teil wird durch Elektrolyse von Wasser produziert. Aus allen Kohlenwasserstoffen wie Erdgas, Rohöl, Kohle oder Biomasse kann Synthesegas erzeugt werden, das hauptsächlich aus Kohlenmonoxid (CO) und Wasserstoff (H_2) besteht. Durch Konvertierung des darin enthaltenen CO mit Wasserdampf (H_2O) zu Kohlendioxid (CO_2) wird ein wasserstoffreiches Gasgemisch gewonnen, aus dem reiner Wasserstoff abgetrennt wird [20].

Wasserstoff ist der einzige kohlenstofffreie Kraftstoff und besitzt deshalb große Potenziale bei der CO_2-Reduktion. Neben chemischen Primärenergieträgern kann auch elektrische Primärenergie zur Herstellung

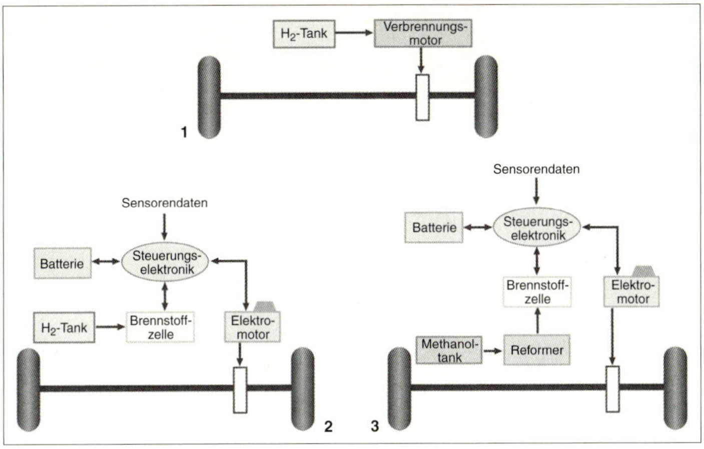

Bild 5.9-7 Funktionsprinzip eines wasserstoffspezifischen Kraftfahrzeugs mit einem Verbrennungsmotor (1) und mit einem Brennstoffzellen-/Elektroantrieb (2 und 3) [20]

von Wasserstoff genutzt werden. Wasserstoff kann aus biogenem oder nichtbiogenem Methan im Steam Reforming-Prozess erzeugt oder durch Elektrolyse aus Wasser gewonnen werden. Der für die Elektrolyse erforderliche Strom kann aus verschiedenen erneuerbaren Energiequellen wie Sonne, Wind und Wasserkraft hergestellt werden. Auch die Stromerzeugung mit Hilfe der Kernenergie, die kein CO_2 freisetzt, kommt in Betracht, wenn sie gesellschaftliche Akzeptanz findet. Die Herkunft des Stroms aus erneuerbaren bzw. CO_2-freien Energien ist allerdings auch Voraussetzung dafür, dass Wasserstoff sein Potenzial zur Verminderung der CO_2-Emissionen ausschöpfen kann [21].

Gewichtsbezogen hat Wasserstoff einen hohen Energiegehalt. Seine Energiedichte (33,3 kWh/kg) ist etwa dreimal so hoch wie die von Benzin. Ganz anders sieht es beim volumenbezogenen Energieinhalt aus. Bei der Verwendung von Wasserstoff bei Umgebungsdruck und Umgebungstemperatur würde der Energieinhalt von 1 Nm^3 Wasserstoff etwa dem von 0,3 l Diesel entsprechen. Um den volumenbezogenen Energieinhalt zu erhöhen, kann Wasserstoff komprimiert oder tiefkalt verflüssigt werden. In der Industrie hat sich für gasförmigen Wasserstoff die Bezeichnung CGH_2 (Compressed Gaseous Hydrogen) oder nur CH_2 (Compressed Hydrogen), für tiefkalt verflüssigten Wasserstoff die Bezeichnung LH_2 (Liquefied Hydrogen) eingebürgert.

5.9.5.2 Antriebskonzepte für Wasserstoff

Wasserstoff kann für unterschiedliche Antriebskonzepte verwendet werden. Fahrzeuge, die von einem Elektromotor mit einer Brennstoffzelle angetrieben werden, benötigen Wasserstoff zur Stromerzeugung in der Brennstoffzelle. Wasserstoff kann aber auch unmittelbar als Kraftstoff im Verbrennungsmotor eingesetzt werden; siehe **Bild 5.9-7**.

Ein Vorteil der Verwendung von Wasserstoff im Verbrennungsmotor liegt darin, dass man auf der bisherigen Entwicklungsarbeit an Otto- und Dieselmotoren aufbauen und von deren Weiterentwicklung auch in Zukunft profitieren kann. Die Leistungen des Wasserstoff-Verbrennungsmotors kommen den herkömmlichen Motoren am Nächsten. Einzelheiten des Wasserstoff-Verbrennungsmotors werden in Kapitel 4.3.5 behandelt.

Die Funktion der Brennstoffzelle als Energiewandler für den Antrieb durch einen Elektromotor wird in Kapitel 4.3.2 behandelt. Brennstoffzellen können mit verschiedenen Treibstoffen betrieben werden. PEM-Brennstoffzellen, wie sie heute in Kraftfahrzeugen eingesetzt werden, müssen allerdings mit Wasserstoff oder wasserstoffreichem Gas versorgt werden. Bei Verwendung von Kohlenwasserstoffen, wie z.B. Benzin oder Methanol, muss der Kraftstoff zunächst in wasserstoffreiches Gas umgewandelt werden. Die Umwandlung erfolgt über einen Reformierungsprozess, bei dem der Kraftstoff zusammen mit Wasser in Wasserstoff und im Wesentlichen Kohlendioxid aufgespalten wird. Der direkte Betrieb mit Wasserstoff ist die einfachste und energetisch effizienteste Art, die Brennstoffzelle in ein Antriebssystem zu integrieren.

5.9.5.3 Wasserstoffspeichersysteme

Kraftstoffversorgungsanlagen für alternative Energien sind in Kapitel 7.7 dargestellt. Die Verwendung von Wasserstoff als Kraftstoff hängt jedoch entscheidend davon ab, dass es gelingt, die volumenbezogene Energiedichte dieses Energieträgers im Fahrzeug zu erhöhen; siehe **Bild 5.9-8**. Die vielversprechendsten Optionen und aktuellsten Forschungsansätze sollen deshalb hier gesondert dargestellt werden.

Systeme zur Speicherung von komprimiertem gasförmigem und von tiefkalt verflüssigtem Wasserstoff befinden sich im Einsatz oder sind in der Entwicklung (siehe Kapitel 7.7).

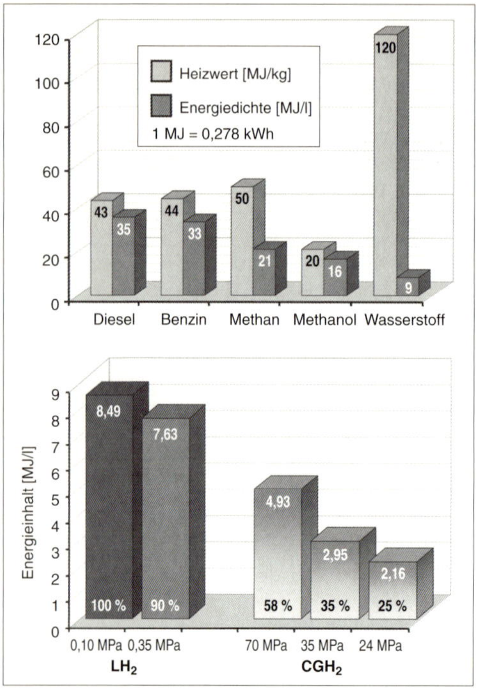

Bild 5.9-8 Vergleich der volumen- und massenspezifischen Energieinhalte von verschiedenen Energieträgern (Quelle: Linde Gas AG)

In der Forschung wird an weiteren Möglichkeiten der effektiven und sicheren Speicherung von Wasserstoff gearbeitet:

- Die Verwendung von Metallhydriden setzt darauf, dass bestimmte Metallhydrid-Legierungen durch eine thermische Behandlung Wasserstoff aufnehmen und wieder freisetzen können. Kommt molekularer Wasserstoff mit der Oberfläche des Speichermaterials in Berührung, zerfällt er in atomaren Wasserstoff und dringt in das Material ein. Dadurch werden ein niedrigerer Betriebsdruck sowie eine Vereinfachung der Sicherheitsvorrichtungen im Vergleich zu Druckspeichersystemen ermöglicht. Der Speicher kühlt sich bei der Freisetzung von Wasserstoff ab und verringert durch diesen Effekt die Freisetzungsrate. Die Verwendung von Metallhydriden bietet Vorteile in der volumenbezogenen Speicherdichte. Nachteilig sind die niedrigen gewichtsbezogenen Speicherdichten bei Niedertemperaturhydriden, die begrenzte Anzahl von Speicherzyklen und die hohen Materialkosten. Entwicklungsziele sind die Steigerung der gewichtsbezogenen Speicherdichten (3 bis 8%) durch Einsatz neuer Legierungen und die Absenkung der Betriebstemperaturen (< 100 °C) [23].
- Bei der Wasserstoffspeicherung in chemischen Verbindungen setzt man darauf, dass bestimmte Materialien Wasserstoff binden und in einem chemischen Prozess wieder freisetzen können. Grundsätzlich eignen sich hierfür eine Reihe von Stoffen; die Versuche der Wasserstoffspeicherung mit Ammoniak (NH_3) und Hydrazin (NH_2-NH_2) wurden aufgrund der Toxizität dieser Stoffe aufgegeben. Noch aktuell sind die Forschungen mit Natrium-Borhydrid ($NaBH_4$), das eine gewichtsbezogene Speicherdichte von 5,4 Gewichtsprozent aufweist. Nach dem Tanken wird eine wässrige alkalische Lösung aus Natrium-Borhydrid über einen geeigneten Katalysator geleitet und Wasserstoff produziert. Zurück bleibt Borax ($NaBH_4 + H_2O \rightarrow 4H_2 + NaBO_2$), das an der Tankstelle entfernt und in einem chemischen Prozess (Hydrierung) wieder in Natrium-Borhydrid umgewandelt wird. Der Tankvorgang ist aufgrund der flüssigen Form von Natrium-Borhydrid einfach. Ungünstig sind die hohen Wärmemengen, die im Fahrzeug frei gesetzt werden, der hohe Energieaufwand bei der Herstellung des Speichermaterials, der zu hohen Herstellungskosten führt, die Eigenschaft des Speichermaterials zur Selbstzersetzung und seine hohe Toxizität.
- Ein noch sehr junges Forschungsthema ist die Speicherung von Wasserstoff in Kohlenstoff-Nano-Fasern [24]. Kohlenstoff-Nano-Fasern bestehen aus übereinander gestapelten Graphitebenen, in die Wasserstoff unter Umgebungstemperatur und bei einem Druck von ca. 120 bar eingelagert wird. Unterhalb eines Druckes von ca. 40 bar soll der Wasserstoff wieder aus dem Material entweichen. Trotz mehrerer Veröffentlichungen über hohe gewichtsbezogene Speicherdichten (zwischen 8 und 20 Gewichtsprozent) bedarf die Eignung dieses Ansatzes als Speichersystem für Kraftfahrzeuge noch eingehender wissenschaftlicher Untersuchungen.
- Ebenfalls erst vor kurzer Zeit wurde der Einsatz von Alanaten bei der Wasserstoffspeicherung untersucht, aber als zurzeit nicht aussichtsreich bewertet [25].

5.9.6 Herausforderungen für alternative Kraftstoffe

Die endlichen Ressourcen für die konventionellen Kraftstoffe und die mit ihrer Verwendung einhergehenden Umweltauswirkungen machen langfristig die Umstellung von Benzin und Diesel auf Kraftstoffe aus erneuerbaren Energien notwendig. Ein solcher Wechsel geht weit über das hinaus, was geleistet werden musste, als verbleites durch bleifreies Benzin ersetzt wurde. Auf die Bewältigung folgender Herausforderungen wird es dabei besonders ankommen. Zunächst gilt es, die Verfügbarkeit ausreichender Mengen an alternativer Primärenergie für den Verkehr zu sichern. Und parallel hierzu müssen die Technologien für die Kraftstoff-Herstellung, Vertei-

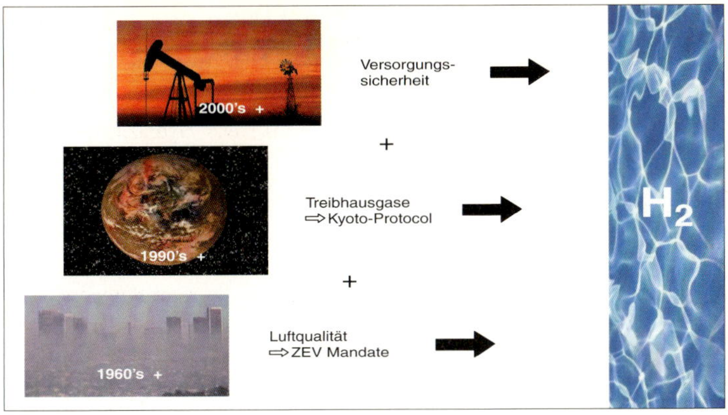

Bild 5.9-9 Drei Herausforderungen, eine Antwort.

lung und Speicherung so weit entwickelt sein, dass einem großtechnischen Einsatz nichts mehr im Wege steht. Aus heutiger Sicht sind noch viele Weichenstellungen vorzunehmen. Eine Prognose, ob und gegebenenfalls welche der aufgezeigten Alternativen sich durchsetzen kann, ist mit erheblicher Unsicherheit verbunden. Es ist schon fraglich, ob es überhaupt möglich ist, dass der Verkehr in der Zukunft wie in den vergangenen Jahrzehnten mit lediglich zwei Kraftstoffarten auskommt. In den USA [26], Japan und von der Europäischen Union wurden Forschungsschwerpunkte zur Herstellung und Speicherung von Wasserstoff gebildet. Für Deutschland hat die „Verkehrswirtschaftliche Energiestrategie" [27] Überlegungen angestellt, in welchem zeitlichen Rahmen Wasserstoff als am aussichtsreichsten bewerteter alternativer Kraftstoff am Markt eingeführt werden kann. Inzwischen zeigen viele Studien, dass Wasserstoff die Antwort auf drei große Herausforderungen geben kann: Die Reduzierung von Emissionen, die Reduzierung von Treibhausgasen wie CO_2 und das Ende der Abhängigkeit von nur wenigen, endlichen Energiequellen; siehe **Bild 5.9-9**.

Die entsprechenden Fragen beschäftigen die ganze Welt, für wirtschaftlich aufstrebende Länder wie z.B. die Volksrepublik China oder Indien haben sie sogar besondere Bedeutung [29].

Literatur

[1] World energy, technology outlook 2050, Amt für amtliche Veröffentlichungen der Europäischen Gemeinschaften, Luxemburg, 2006

[2] TREMOD Transport Emission Estimation Model, Institut für Energie- und Umweltforschung Heidelberg GmbH im Auftrag des Umweltbundesamtes, 2000

[3] Bundesministerium für Umwelt, Naturschutz und Reaktorsicherheit, Klimaschutz – Global und lokal, Berlin, 2004 (www.bmu.de)

[4] Grünbuch „Hin zu einer europäischen Strategie für Energieversorgungssicherheit", Amt für amtliche Veröffentlichungen der Europäischen Gemeinschaften, Luxemburg, 2001

[5] EUCAR/Concawe/IRCY, Well-to-wheels analysis of future automotive fuels and associated powertrains in the European context, 2003, well-to-wheels Report, Version 26, 2006, http://ies.jrc.cec.eu.int/wfw.html

[6] Energy in focus, BP Statistical Review of World Energy June 2004, www.bp.com

[7] World Energy Council, Global energy scenarios to 2050 and beyond, www.worldenergy.org

[8] Shell International, Energy Needs, Choices and Possibilities. Exploring the Futures. Scenarios to 2050, New York, 2001

[9] *Franck, H.-G.; Stadelhofer, J.W.*: Industrielle Aromatenchemie. Rohstoffe-Verfahren-Produkte, Springer Verlag Berlin-Heidelberg-New York, 1987

[10] Aus der Sprache des Öls, Mineralölwirtschaftsverband e. V. Hamburg, 12. Auflage, 2001

[11] Prozesskettenanalyse und Verfügbarkeit von Erdgas als Kraftstoff für Fahrzeuge, Forschungsstelle für Energiewirtschaft der Gesellschaft für praktische Energiekunde e.V., 1996

[12] *Steiger W.; Warnecke W.; Louis J.*: Potenziale des Zusammenwirkens von modernen Kraftstoffen und künftigen Antriebskonzepten, Automobiltechnische Zeitschrift 105 (2003) Heft 3, Wiesbaden, 2003

[13] *Schindler V.*: Kraftstoffe für morgen, Eine Analyse von Zusammenhängen und Handlungsoptionen, Springer Verlag Berlin-Heidelberg-New York, 1997

[14] Market Development of Alternative Fuels, Report of the Alternative Fuels Contact Group, 2003

[15] Choren Industries, Der Weg in die neue Stoff- und Energiewirtschaft, www.choren.de

[16] *Kaltschmitt M., Hartmann H.*: Energie aus Biomasse. Grundlagen, Techniken und Verfahren, Springer Verlag Berlin – Heidelberg – New York, 2001

[17] Indisches Nuß-Öl soll Autos antreiben, „Die Welt" vom 2. November 2004; Treibstoff aus der Giftpflanze, „Die Zeit" vom 31. Dezember 2004

[18] *Schröter W.; Lautenschläger K.-H.; Teschner J.*: Taschenbuch der Chemie, 19. Auflage, 2002

[19] *Hollemann F.; Wiberg E.*: Lehrbuch der anorganischen Chemie, 101. Auflage, 1995

[20] Ullmann's Encyclopedia of Industrial Chemistry, John Wiley & Sons, 7. Auflage (Elektronische Ausgabe), 2005; H_2-Mobilität der Zukunft. Unterrichtsprojekt zum Thema Wasserstoff in der Sekundarstufe 1 und 2, BMW Group, München, 2001

[21] *Stromberger, R.*: Aufbau einer Tankstelleninfrastruktur zur Versorgung von Fahrzeugen mit dem alternativen Kraftstoff Wasserstoff unter Berücksichtigung technischer, ökonomischer und ökologischer Gesichtspunkte, München 2003

[22] The European Hydrogen Technology Platform, Implementation Plan-Status 2006, März 2007; https://www.hfpeurope.org

[23] *Bünger U.*: Entwicklungsstand und Perspektiven von Wasserstoffspeichersystemen für mobile und portable Anwendungen, L-B-Systemtechnik GmbH Ottobrunn, 2001, www.hyweb.de

[24] *Chambers A., Park C., Baker R. T., Rodriguez N. M.*: Hydrogen storage in graphite nanofibers, Proceedings of the 1998 U. S. DOE Hydrogen Program Review, www.eere.energy.gov. Atkinson, K. et al., Carbon nanostructures: An efficient hydrogen storage medium for fuel cells?, Fuel Cell Bulletin 4 (38), 9–11, 2001

[25] *Jensen C. M.; Sun D. et al.*: Catalytically enhanced systems for hydrogen storage, Proceedings of the 2002 U. S. DOE Hydrogen Program Review, www.eere.energy.gov. Fichtner M., Fuhr O., Kircher O., Magnesium alanate – a material for reversible hydrogen storage?, Journal of alloys and compounds 1 (2002), 2002

[26] The Hydrogen Economy – Opportunities, Costs, Barriers and R&D Needs, National Academy of Science (USA), 2004

[27] *Fabri, J.; Heinrich, H.; Heuer, W.; Huss, C.; Krumm, H.; Nierhauve, B.; Schaller, K. V.; Wolf, J.*: TES – An Initiative for Tomorrow's fuels. In: On Energies of Change – The Hydrogen Solution (Herausgeber: Carl-Jochen Winter), Gerling Akademie Verlag, 2000. Zweiter Statusbericht der „Verkehrwirtschaftlichen Energiestrategie" (VES), 2001 (nicht veröffentlicht). Die VES ist eine Initiative der Unternehmen BMW, BP, Daimler Chrysler, MAN, Opel, RWE, Shell, Total, Volkswagen und der Regierung der Bundesrepublik Deutschland

[28] *Winter, C.-J.; Nitsch, J. (Hrsg.)*: Wasserstoff als Energieträger. Berlin: Springer-Verlag, 1986

[29] Linde Gas AG, www.linde-gas.de

[30] *Schwab, R.*: Auf dem Weg zu einer Wasserstoffinfrastruktur im Straßenverkehr. Eine Studie der rechtlichen Rahmenbedingungen in der Gesetzgebung der EU und in Deutschland. Berlin: Institut für Mobilitätsforschung, Berlin, ifmo-studien, 2006

[31] *Knie, A. et al.*: Zukunft 2020 – Perspektiven für Chinas Motorisierung. Herausgeber: Knie, A., WZB Wissenschaftszentrum Berlin für Sozialforschung, 2006

[32] *Hass, H. et al.*: Optimum Diesel Fuel for Future Clean Diesel Engines. SAE Technical Papers 2007-01-0035, 2007

6 Aufbau

6.1 Karosseriebauweisen

6.1.1 Selbsttragende Karosserie

In der Anfangszeit des Automobils wurde die Karosserie – dem Beispiel des Kutschenbaus folgend – auf einem Rahmengestell befestigt. Diese Bauweise findet man heute nur noch bei Lastkraftwagen und Off-Road-Fahrzeugen. Im Bereich der Personenwagen hat sich die selbsttragende Karosserie durchgesetzt – eine hochkomplexe Bauweise, die vielen Anforderungen gerecht werden muss. Sie reichen von konsequentem Leichtbau über wirksamen Insassenschutz bis hin zu attraktivem Aussehen. Ein Weiteres kommt hinzu: Da alle Bauteile eines Fahrzeuges an der Karosserie befestigt werden müssen, ist sie der wichtigste Aggregateträger.

6.1.1.1 Entwicklungsanforderungen

Der Anforderungskatalog ist umfangreich: So stellen Form- und Farbgebung (Design), Platzverhältnisse sowie Insassenschutz und Aufprallverhalten für den Kunden kaufentscheidende Kriterien dar. Hinzu kommen die firmeninternen Entwicklungsanforderungen, die sich die Automobilhersteller selbst auferlegen, **Tabelle 6.1-1**, siehe auch Kap. 4.2.

Aufgrund der Komplexität – in der Praxis enthält das Lastenheft für eine Karosserie viele Hundert Anforderungen und Parameter – wird zunehmend rechnergestützt entwickelt. Dabei besteht die Aufgabe zunächst darin, jeder Anforderung ein realistisches Ziel zuzuordnen und diese Teilziele dann dem gewünschten Gesamtziel unterzuordnen.

Diese Ziele sind angesichts kürzer werdender Entwicklungszeiten nur zu erreichen, wenn der gesamte Entwicklungsprozess wesentlich durch die Berechnung gestützt und bestimmt wird. Testaktivitäten haben heutzutage vor allem die Funktion, die mit analytischen Methoden gewonnenen Ergebnisse zu validieren beziehungsweise die Rechenmethode zu verfeinern und abzustimmen.

Tabelle 6.1-1 Anforderungen an die Karosserieentwicklung

Kundenrelevante Kriterien	Produktionsrelevante Kriterien
gelungenes Design	einfache Zusammenbaufolge
maximale Sicherheit	Nutzung vorhandener Fertigungseinrichtungen
geringer Kraftstoffverbrauch	geringe Teilevielfalt
hoher Komfort	einfache Fügetechniken
hohe Funktionalität	leichte Herstellbarkeit
hohe Qualität und Lebensdauer	gute Schweißzugänglichkeit
attraktiver Preis	hohe Prozessgüte
niedrige Reparaturkosten	Gleichteile- und Plattformlösungen
niedriger Geräuschpegel	optimierter Werkstoffeinsatz
alltagstaugliche Abmessungen	niedrige Fertigungskosten
...	...

6.1.1.2 Außenhaut

Die Außenkontur eines Fahrzeuges wird durch drei Hauptfaktoren bestimmt: Das sind zunächst die Grundvorgaben aus dem Package, dann das Design sowie die Aerodynamik. Das Design ist, wie Marktuntersuchungen immer wieder zeigen, das kaufentscheidende Merkmal schlechthin.

6.1.1.2.1 Design

Das Design (Kap. 4.1) und die Karosserieentwicklung erfolgen simultan in einem vernetzten Prozess, da Designvorgaben sich in aller Regel auf Abmessungen und Charakteristika der Karosserie auswirken. In diesem Prozess haben die Designer die überaus wichtige Rolle von Koordinatoren, die bereits in der Entwurfsphase die physikalischen Eigenschaften der verwendeten Materialien, Konstruktionsanforderungen und Produktionsgesichtspunkte zu berücksichtigen haben. Deshalb müssen sie sich von Anfang an die Fachkompetenz der Konstruktionsingenieure und Fertigungsplaner sichern.

Kurz: Das Design beeinflusst die Gestaltung einer Rohkarosserie erheblich. So werden heute bereits zum Beginn der Fahrzeugentwicklung alle gewünschten Varianten berücksichtigt. Limousine und Coupé derselben Baureihe sind dafür ein gutes Beispiel:

bei Planung der Limousine muss bereits berücksichtigt werden, wenn ein geplantes Coupé keine B-Säule besitzen soll. Bei der Dimensionierung von Säulen und Streben ist zu berücksichtigen, inwieweit diese im späteren Fahrzeug sichtbar sind. Der Einbau von Innenraumteilen ist möglichst flexibel zu halten, um verschiedene Austattungslinien zu ermöglichen. Sichtbare Verbindungen und Fugen, zum Beispiel

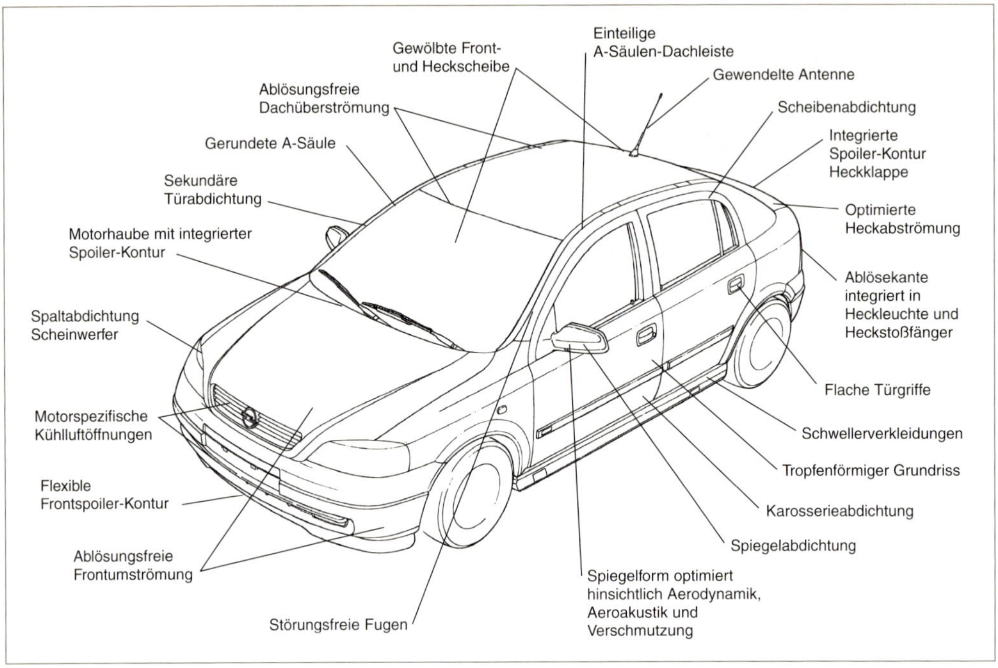

Bild 6.1-1 Maßnahmen zur Aerodynamikoptimierung der Außenhaut

zwischen Seitenwand, Türen und Heckklappe, müssen sehr präzise ausgeführt werden, um den steigenden Anforderungen an die optische Fahrzeugqualität zu entsprechen.

6.1.1.2.2 Aerodynamik und Aeroakustik

Bereits anhand der ersten Plastilin-Modelle im Maßstab 1:5 erfolgt eine aerodynamische Voroptimierung der Karosserie im Windkanal. Im weiteren Entwicklungsablauf müssen bei allen Änderungen die Belange von Design und Package immer wieder berücksichtigt werden. Die abschließende Gestaltung und Optimierung erfolgt mit einem Kunststoffmodell im Maßstab 1:1. Insbesondere die Bereiche der vorderen und hinteren Stoßfänger, Außenspiegel, A-Säulen, Dachleisten, Schwellerverkleidung und Unterbau werden dabei detailliert untersucht.

Die aerodynamische Optimierung umfasst eine Vielzahl von Einzelmaßnahmen, **Bild 6.1-1** (siehe auch Kap. 3.2). Folgende konstruktive Maßnahmen haben sich bei üblichen Grundkörpern als vorteilhaft herausgestellt [1], um einem möglichst geringen Luftwiderstandsbeiwert zu erzielen:

Die Umströmung des vorderen Fahrzeugbereiches sollte möglichst ablösefrei erfolgen. Dazu ist es notwendig, die Übergänge abzurunden. Vorteilhaft ist weiterhin eine starke Neigung der Windschutzscheibe – bei Berücksichtigung der Sichtverhältnisse – in Verbindung mit einer Rundung der A-Säulen. Die Strömung wird am günstigsten über gewölbtes Dach geführt, wobei die Wölbung konstant verlaufen sollte. Am Fahrzeugheck ist aerodynamisch eine definierte Ablösung der Strömung erforderlich. Ein Heckeinzug („Boat-Tailing“) hilft, das sogenannte Totwassergebiet möglichst klein zu halten, was sich auch auf die Verschmutzungsneigung positiv auswirkt. Ein solcher Einzug kann bei Stufenhecklimousinen durch das Herunterziehen des Daches gestaltet werden. Durch eine geeignete Neigung der Heckschräge kann vor allem bei Stufenheckfahrzeugen der durch Luftwirbel induzierte Luftwiderstand minimiert werden.

Deutlichen Einfluss auf den Lufwiderstand eines Fahrzeuges, aber auch auf die zu minimierenden Auftriebskräfte, hat die Gestaltung des Unterbodens. Ziel ist eine möglichst glatte Fahrzeugunterseite, wobei natürlich Kompromisse eingegangen werden müssen, um zum Beispiel die Kühlung von Bremsen und Katalysator sicherzustellen. Einen großen Anteil am Gesamtluftwiderstand haben auch die Räder (bis zu $c_W = 0{,}06$). Versuche, diesen Anteil durch konstruktive Maßnahmen deutlich abzusenken, zum Beispiel mit zur Außenhaut bündigen Hinterrädern, brachten bislang nicht den gewünschten Erfolg.

In weiteren Entwicklungsschritten werden die durch die Umströmung der Karosserie entstehenden Windgeräusche und die Verschmutzung von Seiten- und Heckscheiben bei Regenfahrt reduziert. Scharfen Kanten und Türfugen ist dabei besondere Aufmerksamkeit zu widmen, weil sie die Windgeräusche mit zunehmender Geschwindigkeit progressiv erhöhen (siehe auch Kap. 3.2 und 3.4).

6.1.1.3 Package

Die Festlegung der Karosserieformen und -abmessungen definiert auch den Bauraum für alle einzubauenden Fahrzeugsysteme und -komponenten. Das Ergebnis dieses Festschreibungsprozesses, der sich parallel zur Design- und Aerodynamikentwicklung vollzieht, wird als Package bezeichnet (Kap. 4.2).
In der Regel stehen vor Beginn einer Fahrzeugentwicklung die wichtigen Schlüsselabmessungen als Sollwerte bereits fest, **Tabelle 6.1-2** und **Bild 6.1-2**. Dazu gehören nicht nur Länge und Breite über alles, sondern eine ganze Reihe weiterer markanter Fahrzeugkoordinaten, die die Karosserie beschreiben: beispielsweise der Übergang der Motorhaube zur Windschutzscheibe sowie zur Kühlerverkleidung, Böschungswinkel, Bodenfreiheit, Lage und Kontur der Stoßfänger, die Lage der Hüftpunkte vorne und hinten, Abstand des Lenkrades zum Fahrer oder das Kofferraumvolumen.
Das Package eines Fahrzeuges bestimmt das Raumgefühl der Insassen wesentlich. Positiv wirken sich vor allem folgende Eigenschaften aus:

- hohes Dach
- Übergang Motorhaube/Windschutzscheibe weit vorgezogen
- langer Radstand
- breite Spur.

Natürlich können diese Punkte nur soweit umgesetzt werden, wie dies Design, Aerodynamik und die von der festgelegten Fahrzeugklasse abhängigen Hauptabmessungen zulassen.

Tabelle 6.1-2 Schlüsselabmessungen für das Package

Außenmaße	Innenmaße
Länge über alles	Beinraum vorne/hinten (L34/L51)
Breite über alles	Knieraum Passagier hinten (L48)
Höhe (H100)	Abstand Hüftpunkt vorne zu Hüftpunkt hinten (L50)
Radstand	Kopfraum vorne/hinten/ seitlich (H75, Kopfschwunglinie, W27)
Spur vorne/hinten	relative Höhe der Sitze vorn und hinten zu den Fersenpunkten (H30)
Kofferraumvolumen (V210)	Sichtwinkel nach vorne und hinten, jeweils nach oben und nach unten
Tankvolumen	Schulterraum vorne/ hinten sowie Breite zwischen den Armauflagen der Türverkleidung
	Abstand Mitte Fahrersitz zur Fahrzeugmitte (W20)

Basis der Innenraumauslegung ist die Sitzposition des Fahrers. Zunächst gilt es, den Verstellbereich für die Sitzlängen und -höhenverstellung festzulegen. Die Längenverstellung muss so gestaltet sein, dass der

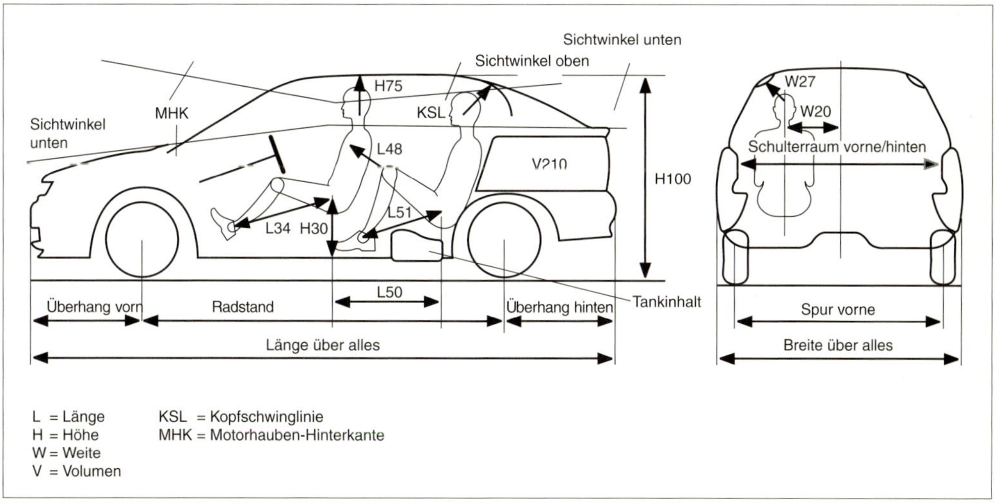

Bild 6.1-2 Wichtige Fahrzeugabmessungen

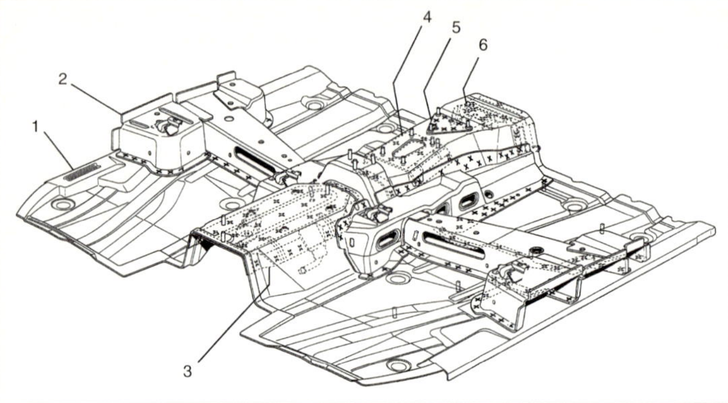

Bild 6.1-3 Beispiel für Unterboden vorn

1 Boden vorn, 2 Querträger Vordersitz, 3 Versteifung vorderer Tunnel, 4 Halterung Airbagsteuergerät, 5 Versteifung für die Befestigung des Feststellbremshebels, 6 Brücke für Abgasanlage

Fahrer ausreichend Platz hat: Er muss Lenkrad und Pedalerie bequem erreichen können und darf die Fondpassagiere nicht einengen. Bei der Sitzhöhenverstellung sind die Sicht über die Instrumententafel, der Kopfraum H75, die Erreichbarkeit der Pedale, Ein- und Ausstieg sowie alle Sichtwinkel zu berücksichtigen.
Anschließend wird ein Referenzpunkt in der Sitzverstellung definiert, der Hüftpunkt (H-Punkt). Er entspricht der Sitzeinstellung des 95-%-Mannes (nur 5 % der Bevölkerung auf den Zielmärkten sind größer). Dessen Sitzposition wird durch die Sitzhöhe und den Hackenpunkt bestimmt. Die Fußsohle muss das Fahrpedal berühren (siehe auch Kap. 6.4.1).
Der H-Punkt lässt sich rechnerisch oder messtechnisch bestimmen. Ausgehend vom ihm werden die übrigen Innenraummaße wie Bein- und Kopfraum ermittelt. Die Knie- und Beinfreiheit der Fondpassagiere werden wesentlich durch den Abstand zwischen H-Punkt Fahrer und H-Punkt Fondpassagier bestimmt.
Des weiteren wird durch das Package auch die Anordnung von Motor- und Getriebeeinheit samt aller weiteren Aggregate unter der Motorhaube festgelegt. Die Hauptauslegungskriterien hierbei sind die Freigängigkeit beim Einbau und Betrieb der Aggregate, der freie Verformungsweg zur Erfüllung einer guten Versicherungseinstufung (AZT-Typschaden) und genügend Freiraum von der Motorhaube zu „harten Teilen“ um den Fussgängerschutz zu erfüllen.

6.1.1.4 Karosseriestruktur

Die Karosseriestruktur hat folgende Aufgaben:

- Aufnahme aller Kräfte und Momente
- gestaltfester Innenraum
- periphere Energieumsetzungszonen
- Aufnahme aller Antriebsaggregate und der Achsmodule.

Im Folgenden wird die Konstruktion einer Rohkarosserie exemplarisch beschrieben. Es handelt sich dabei um ein 1998 in Serie gebrachtes, fünftüriges Fahrzeug der Kompaktklasse [2]. Wenn auch abhängig von der Philosophie des Automobilherstellers, der Fahrzeugklasse und der Modellgeneration einzelne Konstruktionsumfänge von Hersteller zu Hersteller differieren, deckt die Schilderung doch viele Anwendungen ab. Die Reihenfolge der einzelnen Abschnitte entspricht dabei der Produktionssequenz im Karosserierohbau.

6.1.1.4.1 Unterboden

Basis des Unterbodens sind die Längs- und die Querträger. Sie werden vorn und hinten von Bodenblechen abgeschlossen, **Bild 6.1-3**.
Die beiden vorderen Längsträger, die sich aus dem Vorderrahmen und dessen Verlängerung zusammensetzen, sind an der Stirnseite mit einer Schließplatte ausgestattet, an der der Stoßfänger angeschraubt wird. Auf der rechten Seite sorgt eine eingeschweißte und mit einer Gewindeplatte versehene Verstärkung für die Aufnahme der anschraubbaren Abschleppöse. Im weiteren Verlauf der Längsträger sind an deren Unterseite die Aufnahmen für den Chassisträger angeschweißt. Außerdem sind auf dem Längsträger auch die Motorlager angebracht.
Der Vorderrahmen, der nicht nur Motor und Vorderachse aufnehmen muss, sondern bei einem Frontalaufprall eine zentrale Rolle als energieaufnehmende Komponente spielt, wird gezielt an den Stellen mit den höchsten Lastbeaufschlagungen versteift. Im gezeigten Beispiel endet die Verlängerung des Vorderrahmens an der Verbindung des Sitzquerträgers zum Boden. Bei anderen Unterbaukonzepten kann sie aber auch bis zum Fersenblech durchgezogen werden. Die Verlängerung dient vor allem dazu, im Fahrbetrieb und beim Aufprall das Durchbiegen des Bodens zu verhindern. Der Sitzquerträger gewährleistet zusammen mit den auf dem Boden angebrachten Sitzauflagen eine steife Anbindung der Vordersitze. An der Sitzauflage wird auf der Oberseite auch das Schloss des Sicherheitsgurtes befestigt. Beim Frontalaufprall werden in das Schloss sehr hohe Kräfte eingeleitet, die dieser Träger gut aufnehmen kann.
Das Gerippe für den hinteren Unterboden wird aus den beiden Hinterrahmen-Längsträgern und den drei Querträgern für den Boden hinten, für die Hinterachse und

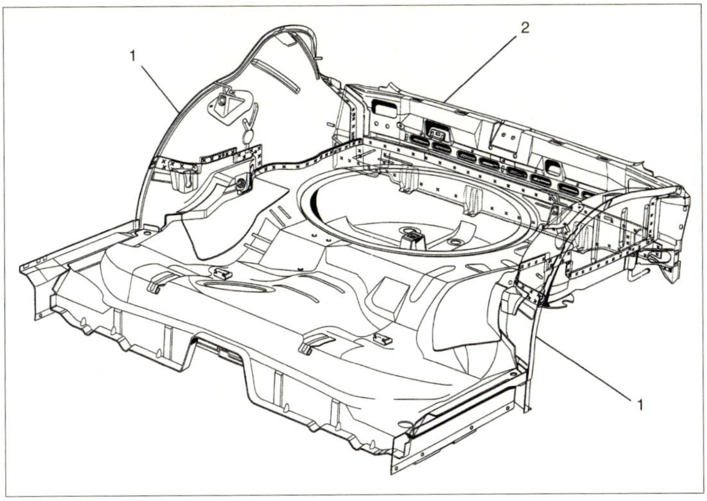

Bild 6.1-4 Unterboden hinten
1 Radgehäuse innen,
2 Rückwand unten

für die Rückwand gebildet. **Bild 6.1-4**. Um einen besseren Kraftfluss zu erhalten, wird der Hinterrahmen direkt mit dem Schweller verbunden. Diese Anbindung ist bei einem Heckaufprall von Vorteil und erhöht die Steifigkeit der gesamten Karosserie. In diesem Bereich befindet sich auch die am Hinterrahmen angebrachte Halterung für die Hinterachse. Die Rahmenmitte wirkt als Gegenlager für die Federung der Hinterachse. Hinten links wird die Abschleppöse befestigt; rechts die Halterung für das Endrohr der Abgasanlage. Der Einsatz von Tailored Blanks ermöglichte es, im hinteren Bereich des Unterbodens – im Gegensatz zum Vorderrahmen – auf Verstärkungen zu verzichten.

Der Querträger am hinteren Boden sorgt während des Fahrbetriebes dafür, dass sich der Boden im Bereich der hinteren Sitze nicht zu stark durchbiegt. Entsprechend wirkt er bei einem Heckaufprall Deformationen des Unterbodens entgegen. In diesen Träger sind auch die Aufnahmepunkte für die vorderen Tankspannbänder integriert.

Der Querträger der Hinterachse ist sowohl für den Heckaufprall als auch für die Torsionssteifigkeit entscheidend. So stabilisiert er bei einem Heckaufprall den Hinterrahmen und verhindert unkontrolliertes Ausknicken. Als Biegeträger wirkt er starken Verwindungen des Hinterrahmens entgegen, die durch gegenläufige Verformung der Hinterrahmenprofile entstehen können. Um dieses Verhalten des Hinterachsquerträgers optimal zu nutzen, ist die Anbindung an den Hinterrahmen entsprechend zu gestalten. Dazu ist es erforderlich, den Querträger sowohl in voller Profilhöhe seitlich mit dem Hinterrahmen zu verbinden als auch eine zusätzliche Lasche mit der Rahmenunterseite zu verschweißen. Die Breite des Anschlusses ist so zu wählen, dass die beiden Flanken des Querträgers den Hinterrahmen genau dort abstützen, wo er infolge eines Unfalls ausbrechen oder verdrehen würde. Außerdem ist dieser Querträger ein wichtiges Befestigungselement: er nimmt die Schrauben des hinteren Tankspannbandes auf und an ihm werden die Rücksitzbank und der mittlere Sicherheitsgurt hinten befestigt.

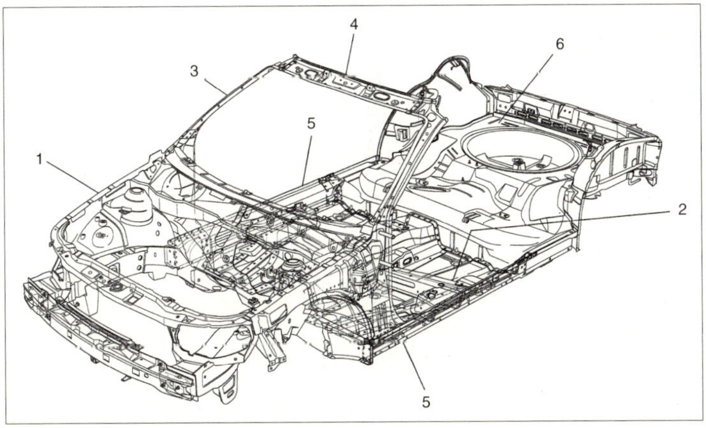

Bild 6.1-5 Beispiel für eine Rohkarosserie ohne Seitenteile und Dach
1 Vorderwagen; 2 Unterboden vorn; 3 A-Säule innen;
4 vorderer Dachrahmen;
5 Boden seitlich vorn;
6 Unterboden hinten

Der Rückwand-Querträger soll Durchbiegen des Bodens im Bereich der Reserveradmulde verhindern. Das Gerippe des hinteren Unterbaus wird mit dem Boden geschlossen. In dem gezeigten Beispiel ist die Reserveradmulde direkt in das hintere Bodenblech eingeschweißt. Gängig sind aber auch Konstruktionen, bei denen die Muldenform vom Bodenblech selbst gebildet wird.
Das Radgehäuse wird innen an den vertikalen Flansch des Hinterrahmens angeschweißt. Die Verstärkung der Rückwand nimmt die Verlängerungen der Radgehäuse auf. Diese Verlängerungen sind wichtig für die Torsionssteifigkeit der Gesamtkarosserie und die lokale Steifigkeit der Hecköffnung. Für den Heckaufprall wird außerdem ein zusätzlicher Lastpfad geschaffen.

6.1.1.4.2 Aufbau

Auf dem Unterboden werden zunächst die Frontteile befestigt, **Bild 6.1-5**. Das obere Frontteil muss Schloss und Verriegelung für die Motorhaube aufnehmen. Des Weiteren sind an dieser Komponente Puffer zum Einstellen der Spaltmaße für die Motorhaube sowie die Kühlerhalterungen befestigt. Die seitlichen Frontteile nehmen die Scheinwerfer auf. Es schließt sich der vordere Radkasten an – auch „Radeinbau“ genannt. Er kann ein- oder zweiteilig ausgeführt werden. Auf dem Radeinbau ist die Aufnahme für das Federbein positioniert, die wegen ihrer Form „Federbeindom“ heißt. Letzterer nimmt alle Reaktionskräfte des Federbeins auf. Um ausreichende Steifigkeit zu erzielen, muss der Radeinbau über ein möglichst gerades, als Zugstrebe wirkendes Element mit dem Vorderrahmen verbunden werden.
Über dem Radeinbau befindet sich eine Strebe, die beim Frontalaufprall gezielt Kräfte in die A-Säule und in den Türschacht einleitet, bevor sie selbst durch kontrollierte Verformung Energie absorbiert. Der Radeinbau schließt hinten mit dem Seitenteil – Stirnwand ab. Quer dazu verläuft die Stirnwand selbst, die zusammen mit der Schließplatte und der Verlängerung des Vorderbodens den Motor- vom Fahrgastraum trennt. Stirnwand und Schließplatte dienen als Aggregateträger. Die Schließplatte schirmt die Fahrgastzelle zum einen vor Geräuschen und Verschmutzung ab, zum anderen verhindert sie bei einem Aufprall das Eindringen des Motors oder anderer Aggregate. Die Stirnwandeindringung nach einem Frontalaufprall gilt daher als Maß für die Strukturgüte einer Karosserie und wird oft zum Vergleich herangezogen. Über der Stirnwand befindet sich noch eine verstärkte Abdeckung, die zusammen mit der A-Säule innen und dem vorderen Dachrahmen die Frontscheibenöffnung bildet.

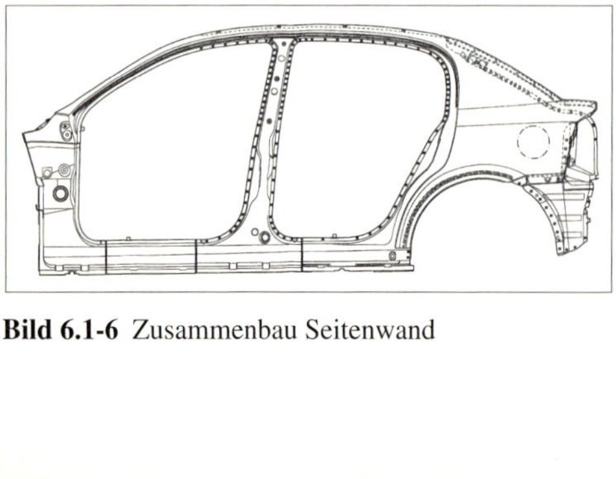

Bild 6.1-6 Zusammenbau Seitenwand

6.1.1.4.3 Zusammenbau Seitenwand

Der Zusammenbau Seitenwand besteht im Wesentlichen aus einem inneren und einem äußeren Teil, **Bild 6.1-6**. Im Türöffnungsbereich bilden diese Schalen zusammen mit der A-Säule innen auch die Säulen-

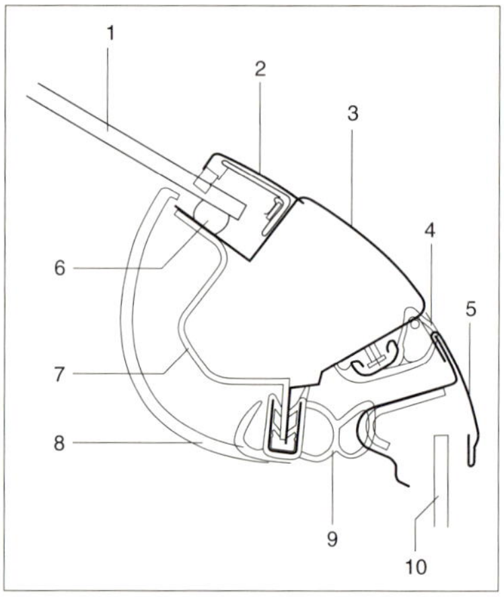

Bild 6.1-6a Schnitt A-Säule
1 Frontscheibe, 2 Frontscheibeneinfassung, 3 A-Säule außen, 4 Sekundärdichtung, 5 Fensterrahmen Vordertür, 6 Scheibenkleber, 7 A-Säule innen, 8 Verkleidung A-Säule, 9 Türdichtung, 10 Seitenscheibe Vordertür

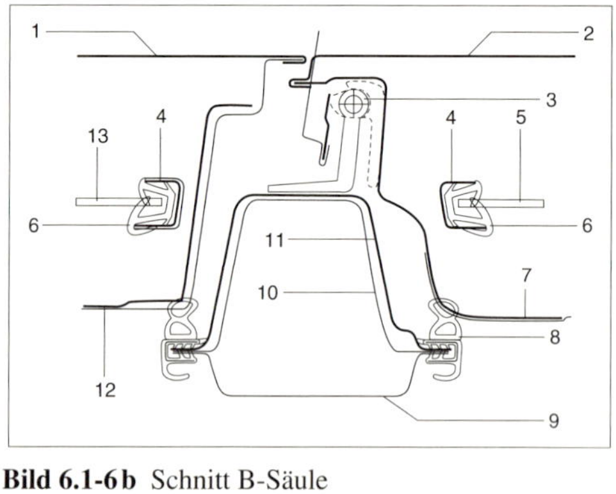

Bild 6.1-6b Schnitt B-Säule
1 Türaußenhaut Vordertür, 2 Türaußenhaut Hintertür, 3 Türscharnier Hintertür, 4 Führungsschiene, 5 Seitenscheibe Hintertür, 6 Dichtung Seitenscheibe, 7 Gerippe Hintertür, 8 Türdichtung, 9 Seitenwand innen, 10 Seitenwand außen, 11 Verstärkung B-Säule, 12 Gerippe Vordertür, 13 Seitenscheibe Vordertür

querschnitte. Der A-Säulenquerschnitt, **Bild 6.1-6a**, zeigt bei sehr vielen Fahrzeugen noch eine zusätzliche Verstärkung, die bei Cabriolets auch teilweise aus hochfesten Rohrquerschnitten bestehen. Während auf dem inneren Flansch der A-Säule die Windschutzscheibe befestigt ist, trägt der äußere Flansch die Türdichtung. Der B-Säulenquerschnitt, **Bild 6.1-6b**, ist beidseitig mit Türdichtungen ausgestattet. Zusätzlich sind an der B-Säule die Scharniere für die Hintertür angebracht. Das Beispiel zeigt geschweißte Scharniere. In vielen Fahrzeugen sind diese Komponenten auch angeschraubt. Die Auswahl ist Hersteller spezifisch. Im Bereich der Scharnieranbindungen für die Türen sind zusätzliche lokale Versteifungen angebracht. Bei dem gezeigten Fahrzeug wurden die Versteifungen außen aufgeschweißt; bei vielen anderen Fahrzeugen sind sie davon abweichend zwischen innerem und äußerem Seitenwandteil angebracht. Diese Verstärkungen dienen auch der akustisch relevanten Reduzierung der Diagonalverformung in den Türöffnungen während des Fahrbetriebes. Die Verstärkung der B-Säule ist außerdem für den Seitenaufprall sehr wichtig, weil sie Intrusionen in den Innenraum verringert.

Im Heckbereich wird an der Seitenwand noch eine Verlängerung angebracht. Ein Ansatzstück umschließt die Öffnung für die Heckleuchten. Wie schon die Verlängerung der Radgehäuse ist diese Maßnahme wichtig, um die Torsions- und Heckdiagonalsteifigkeit zu erhöhen.

6.1.1.4.4 Dach

Letztes Bauteil in der Produktionssequenz der gezeigten Rohkarosserie ist das Dach. Es besteht aus der Dachhaut, die durch eingeklebte Dachspriegel stabilisiert wird, und dem hinteren Dachrahmen. Während die Dachspriegel auf die Gesamttorsionssteifigkeit der Karosserie keinen Einfluss haben, spielt der hintere Dachrahmen eine entscheidende Rolle. Als Option kann das Dach auch ein Schiebe- oder Schiebehebedach enthalten. Letzteres, **Bild 6.1-6c**, ist heute am weitesten verbreitet. Das einfache Schiebedach hat keine große Bedeutung mehr, und das Ausstelldach ist nur noch über den Zubehörhandel als Nachrüstoption zu erhalten. Um die Anzahl der Schiebedachvarianten zu begrenzen, muss bereits in der Designphase darauf geachtet werden, die Anschlussflächen zum Schiebehebedach für alle Fahrzeuge einheitlich zu definieren. Unter dieser Voraussetzung ist das Schiebehebedach eine Designvorgabe. Die zu lösende komplexe Aufgabe heißt, den gesamten Mechanismus des Schiebehebedachs einschließlich des elektrischen Antriebs in der zur Verfügung stehenden Bauhöhe von maximal 6 cm zu integrieren. Letztere wird durch zwei gegenseitige Bedingungen vorgegeben: Zum einen fordern die Gesetze der Aerodynamik eine niedrige Gesamthöhe des Fahrzeugs, zum anderen ist der Platzbedarf der Insassen zu erfüllen – angesichts der Tatsache, dass der „95 % Mann" heute bereits für eine Körpergröße von 1,89 m steht. Sitze lassen sich nicht beliebig absenken, und ausreichende Federwege sind aus Komfortgründen erforderlich. Ein wichtiges Detail stellt die Entwässerung des Schiebehebedachs dar. Das von dort abzuführende Regenwasser wird über einen im Dach verlegten Schlauch durch die A-Säule in den Radlauf geleitet. Diese Einzelheit legt nahe, die A-Säule nicht durch Schottbleche zu versperren.

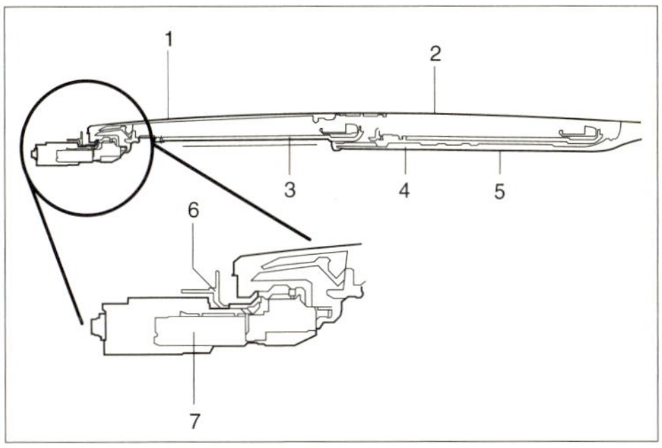

Bild 6.1-6c Schiebehebedach
1 Glasdeckel, 2 Dach, 3 Sonnenschutz,
4 Rahmenboden, 5 Formhimmel, 6 Rahmen,
7 Motor

6.1.1.4.5 Anbauteile

Unter Anbauteilen versteht man alle zur Karosserie gehörigen Teile, die nicht mit der Rohkarosserie verschweißt werden, also unter anderem Türen, Klappen, Kotflügel und Stoßfänger. Die Entwicklung der Anbauteile ist von zwei Trends gekennzeichnet:

Modularisierung

Durch die Vergabe von Entwicklung und Produktion an externe Unternehmen werden Anbauteile zunehmend als Komplettmodule an das Band des Automobilherstellers zugeliefert. Ein Beispiel hierfür stellt das Frontend-Modul dar, das neben vorderem Stoßfänger und Scheinwerfern auch den Kühler umfassen kann. Türmodule bestehen mittlerweile nicht nur aus der Außenhaut, dem Fenster und der Innenverkleidung, sondern auch aus der gesamten Mechanik und Elektronik für die Verriegelung, Scheibenbetätigung, Spiegel und Lautsprecher.

Einsatz von Leichtbau-Werkstoffen

Der Einsatz neuer Karosseriewerkstoffe mit einem geringeren spezifischen Gewicht als Stahl (Kap. 6.2) hat in großen Stückzahlen vor allem bei den Anbauteilen begonnen. So bestehen Stoßfänger überwiegend und Kotflügel zunehmend aus Kunststoffen. Motorhaube und Heckklappe werden zunehmend aus Aluminium gefertigt. Für extrem sparsame Fahrzeuge (zum Beispiel das Drei-Liter-Auto) werden auch großflächige Klappen aus Magnesium eingesetzt.

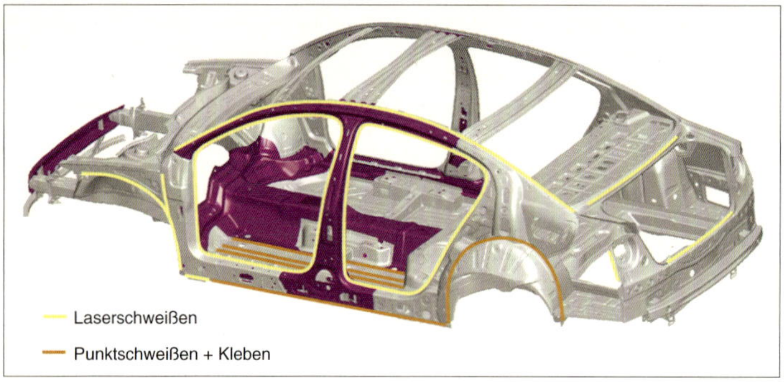

Bild 6.1-6d Laser- und Punktschweißen beim neuen Passat [4]

6.1.1.4.6 Verbindungstechnik

Die Auswahl des für die jeweilige Anwendung optimalen Fügeverfahrens ist entscheidend für die Güte einer Karosserie, da sie zum Beispiel auf Torsionssteifigkeit und Korrosionsbeständigkeit Auswirkungen zeigt [3]. Für die hier betrachtete Ganzstahlkarosserie ist das Punktschweißen mit Abstand das bedeutendste Fügeverfahren. Je nach Fahrzeugtyp wird die Karosserie mit 3000 bis 5000 Schweißpunkten gefügt, die heute fast ausschließlich automatisiert von Industrierobotern oder in Vielpunktschweißanlagen gesetzt werden. Die Festlegung der Schweißpunktlage mit Hilfe moderner CAE-Werkzeuge (Kap. 10.2) ist integraler Bestandteil der Karosserieentwicklung.

Von den Schutzgas-Schweißverfahren wird im Karosseriebau hauptsächlich das Metall-Aktivgas-Verfahren (MAG) eingesetzt. Es kommt für hochbeanspruchte Teile wie Gewindeplatten zur Aufnahme der Achsen sowie an Stellen, deren eingeschränkte Zugänglichkeit das Punktschweißen nicht erlauben, zur Anwendung.

Das Lichtbogen-Bolzenschweißen ermöglicht eine tragfähige Verbindung in Bereichen, die, zum Teil bedingt durch fertigungstechnische Abläufe, nur einseitig zugänglich sind. An einer Rohbaukarosserie werden durchschnittlich 150 stiftförmige Bolzen angeschweißt. Den größten Anteil hat dabei der Bodenbereich.

In den letzten Jahren hat das Laserstrahlschweißen sich erste Großserienanwendungen erobert [4]. Neben der hohen Bearbeitungsgeschwindigkeit erweist sich vor allem die bessere Oberflächenqualität als vorteilhaft. Das **Bild 6.1-6d** zeigt die Verteilung des Laserschweißens und des Punktschweißens mit Kleben. So kann eine an der Oberfläche liegende Laserschweißnaht vor dem Lackieren mit wesentlich geringerem Zeitaufwand entfernt werden. Hohe Reparaturfreundlichkeit und damit eine einhergehende niedrige Typschadenklasse (AZT-Typschaden) erfordern eine zerstörungsfreie Demontage und Montage der beschädigten Teile. Erreicht wird dies durch geschraubte Stoßfängersysteme und Frontmodule wie im **Bild 6.1-6e** gezeigt ist, was mittlerweile Stand der Technik bei allen Fahrzeugherstellern ist. In Zukunft werden mechanische Fügeverfahren wie Durchsetzfügen und Stanznieten sowie die Kombination dieser Techniken mit Kleben an Bedeutung gewinnen [5]. Speziell die Klebeanwendungen werden zukünftig zunehmen, da sie eine ideale Möglichkeit darstellen, Werkstoffkombinationen von Stahl, Aluminium und Kunststoffen problemlos zu verbinden.

6.1.1.4.7 Materialauswahl und Leichtbau

Die ständig steigenden Sicherheits- und Komfortanforderungen schlagen sich in immer höheren Rohkarosseriegewichten nieder. Diesem Trend setzt sich die Automobilindustrie mit intelligenten Leichtbaukonzepten entgegen. Eine Karosserie bestand in den achtziger Jahren fast ausschließlich aus Qualitätsstahl

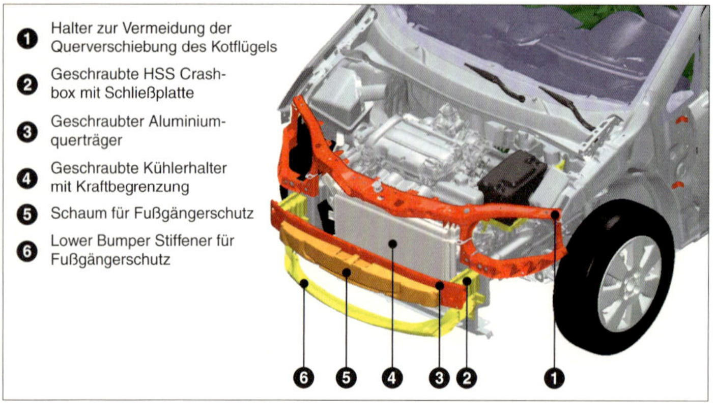

Bild 6.1-6e Schraubteile für kostengünstige Instandsetzung

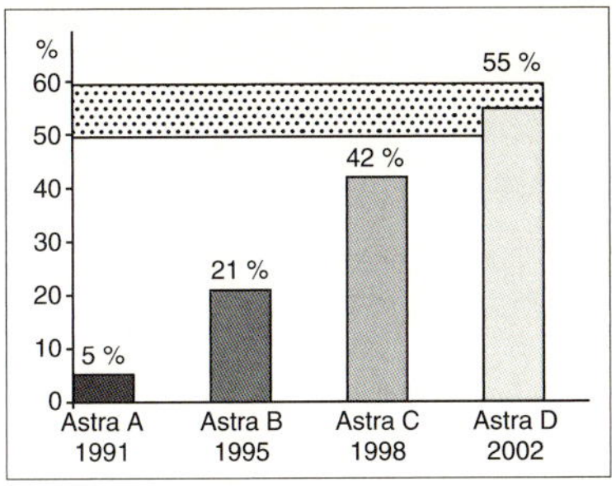

Bild 6.1-6f Leichtbauaktivitäten – Hochfeste Stähle und alternative Materialien in der Rohkarosserie

ST14. Dieser hat in den heutigen modernen Karosserien, wie im **Bild 6.1-6f** gezeigt nur noch einen Anteil von weniger als fünfzig Prozent [8].

Im Zuge der knapper und teurer werdenden Kraftstoffe nimmt der Einsatz von Aluminium, Magnesium und Kunststoffen in der Rohkarosserie zu. In der Großserie werden speziell Bauteile mit niedrigen Strukturanforderungen aus Aluminium hergestellt. Bei komplexer und schwieriger Geometrie der Teile bietet sich zudem das Aluminium- bzw. Magnesium-Duckguss-Verfahren an. Es gibt aber auch schon Ansätze wie z. B. der Vorderbau bei der 5-er Serie des BMW zeigt, ganze Baugruppen aus Aluminium herzustellen. Komplette Karosserien aus Leichtmetall wie beim Audi A8 werden zukünftig noch die Ausnahme darstellen. Kunststoffe hingegen können heute durch ihre chemische Zusammensetzung und der Zugabe von Glas- oder Kohlefasern exakt auf die Anforderungen des Bauteils zugeschnitten werden. Diese Kunststoffbauteile bieten die Möglichkeit viele Funktionen zu integrieren und damit verschiedene Stahlbauteile zu ersetzen. Der Ein-

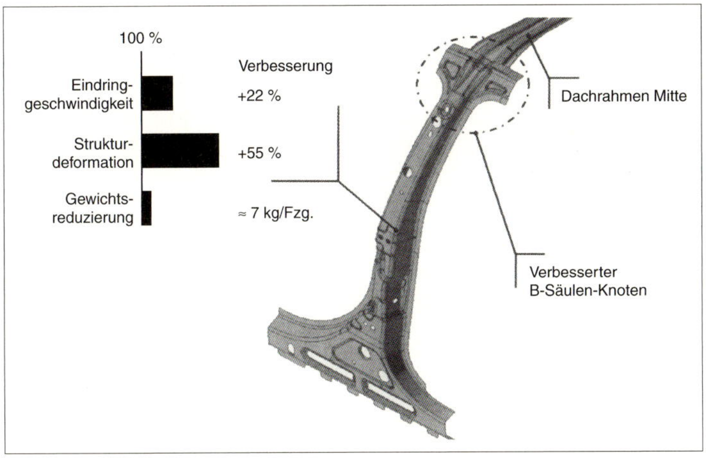

Bild 6.1-6g Verstärkung B-Säule

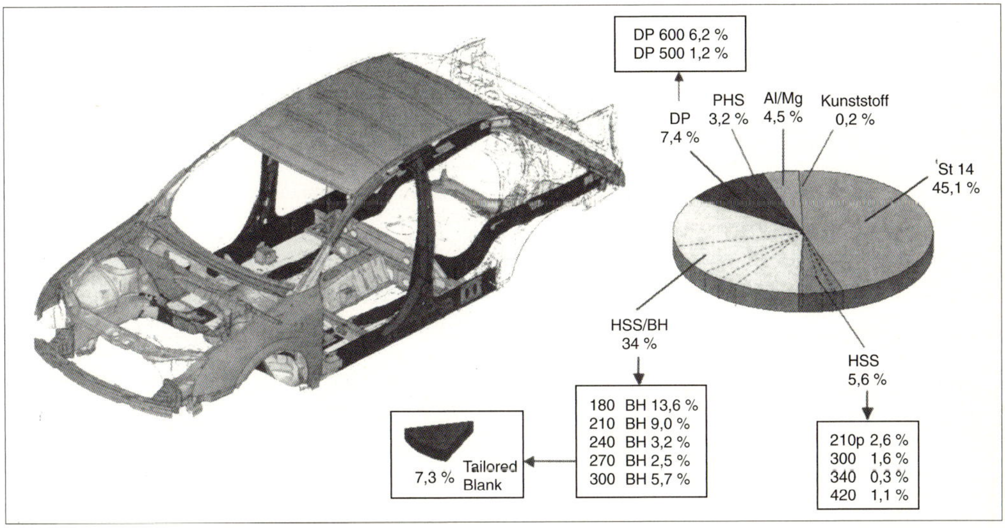

Bild 6.1-6h Leichtbauaktivitäten

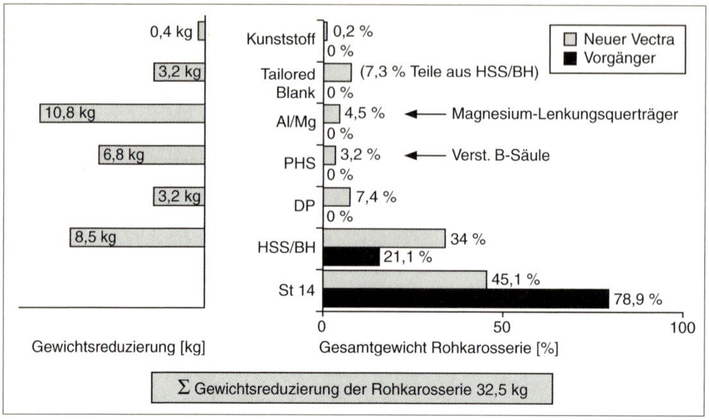

Bild 6.1-7 Leichtbauaktivitäten

satz dieser multifunktionalen Kunststoffbauteile wird deshalb in Zukunft steigen. Der größte Teil des ST14 wird aber wieder durch Stahl, jedoch mit teilweise deutlich höheren Streckgrenzen, ersetzt. Diese hochfesten Stähle nehmen beim Umformen z.B. im Crash, wesentlich mehr Energie auf als ein ST14 mit gleicher Blechdicke. Im **Bild 6.1-6g** ist die Verstärkung B-Säule eines Mittelklassefahrzeugs dargestellt. Sie wurde aus einem ultra-hochfesten Stahl im Warmumformprozess hergestellt (Press Hardend Steel) und erreicht dadurch eine Streckgrenze von 1200 Mpa.

Gegenüber einer konventionellen, ca. sieben Kilogramm schwereren Verstärkung aus St14, verringert sie die Eindringgeschwindigkeit beim Seitencrash um mehr als 20 Prozent und die Strukturdeformation sogar um über 50 Prozent. In welchen Anteilen die einzelnen höherfesten Stahlsorten in einer Karosserie eines typischen Mittelklassefahrzeugs vorkommen ist in **Bild 6.1-6h** dargestellt [8].

Bild 6.1-7 zeigt die Gewichtseinsparung die durch diese Stahlsubstitution erzielt werden kann. Für Großserienfahrzeuge ist dies eine kostengünstigste Variante um Gewicht zu sparen. Bei Karosserien von Nischenfahrzeugen und Kleinserien ist die Mischbauweise aus den unterschiedlichsten Materialien schon sehr weit fortgeschritten. Teilweise werden sogar schon komplette Karosserien ausschließlich aus Leichtmetallen und Kunststoff hergestellt (Kap. 6.1.2 und Kap. 6.2).

6.1.1.4.8 Sicken und Verprägungen

Große Blechflächen, die nicht zur Karosserieaußenhaut gehören, werden mit Sicken und Verprägungen stabilisiert und ausgesteift. Die optimale Anordnung wird heute mittels Finite-Element Analysen ermittelt, um die maximalen Steifigkeits- und Frequenzerhöhungen zu erreichen (Kap. 10.3). Zusätzliche Verprägungen werden auch dort eingebracht, wo Blechflächen direkt aufeinander liegen oder ineinander geschachtelt sind um eine optimale Benetzung der Karosserie im KTL-Bad zu gewährleisten und Spaltkorrosion zu vermeiden (Kap. 6.3.2.2).

6.1.1.5 Karosserieeigenschaften

6.1.1.5.1 Zusammenbautoleranzen

Allgemeines Ziel vieler Automobilhersteller ist es, Fugen (Spaltmaße), vor allem im sichtbaren Bereich, so klein wie möglich zu halten. Gleichzeitig müssen die Fugen weitestgehend parallel verlaufen. Ein entwicklungsbegleitendes Toleranzmanagement legt den Grundstein für einen qualitativ hochwertigen Rohbau.

Um eine konstante Reproduzierbarkeit im Karosseriebau sicherzustellen, werden bereits zu Entwicklungsbeginn von einer neuen Karosserie Zusammenbaustudien erstellt. Diese legen alle Mess-, Spann- und Aufnahmestellen für die Fertigungseinrichtungen, nicht nur für die Gesamtkarosserie, sondern auch für alle Einzelkomponenten fest. Dabei werden vor den möglichen Bauteiltoleranzen zunächst die Toleranzen für die Fugen festgelegt. Hierbei ist besonders darauf zu achten, dass sich die Spannstellen immer an denselben Positionen befinden, damit der Produktion gezielte Angaben zur Einarbeitung und später zur Qualitätssicherung gegeben werden können. Die Konstruktion der Werkzeuge und der Kontrolleinrichtungen erfolgt ausschließlich anhand der Zusammenbaustudien und der Produktzeichnungen.

Fügestationen erlauben die hohen Qualitätsanforderungen unter Produktionsbedingungen. Diese Station erlaubt es, die Unterbodengruppe mit den Seitenwänden und dem Dach mit gleich bleibender Präzision zu verschweißen. Dies ist möglich durch den Spannrahmen der Station, der ein in sich geschlossenes, von äußeren Einflüssen unabhängiges System bildet und gewährleistet, dass die Karosseriekomponenten immer nach den Vorgaben der Zusammenbaustudie gespannt werden.

6.1.1.5.2 Karosseriesteifigkeiten

Entwicklungsziel ist stets eine steife Karosserie mit einer homogenen Struktur, die die Grundlage für ein Fahrzeug mit gutem dynamischen Geräuschverhalten und guten Fahreigenschaften bildet. Die Steifigkeitsauslegung erfolgt weitgehend mit Hilfe rechnerischer Methoden (Kap. 10.3).

Unter *Torsionssteifigkeit* versteht man die Verwindung der Karosserie um eine Achse bei Beaufschlagung mit einem Moment. Im Fahrbetrieb kommt es, zum Beispiel durch Fahrbahnunebenheiten, häufig zur Einleitung solcher Momente und dabei zu Relativbewegungen zwischen der Karosserie und deren Anbauteilen. Diese Verformungen können zu unerwünschten Schwingungen und Geräuschen führen, weshalb man sich um möglichst hohe Torsionssteifigkeit bemüht (siehe auch Kap. 3.4).

Maßnahmen hierzu sind unter anderem:

- optimierte Profilübergänge und -verbindungen (Strukturknoten)
- Profilaufbau von Quer- und Längsträgern
- Vermeidung von Gelenken und Profileinschnürungen
- multifunktionale Verstärkungen
- optimierte Anordnung der Schweißpunkte
- Einsatz von Tailored Blanks
- zusätzliche Querträger.

Folgende Torsionssteifigkeiten werden von modernen Karosserien erreicht:

- Limousinen: 12 bis 24 kNm/deg (und mehr)
- Schrägheck: 10 bis 14 kNm/deg (und mehr)
- Kombi: 10 bis 15 kNm/deg (und mehr)
- Vans: 10 bis 12 kNm/deg (und mehr).

Allerdings darf nie allein die Gesamtsteifigkeit betrachtet werden. Der Konstrukteur sollte für jedes Bauteil die lokale Steifigkeit optimieren. Der absolute Wert für die Torsionssteifigkeit c_T ist ebenso von nur relativer Aussagekraft. Er muss in Verbindung mit der Masse m und der Aufstandsfläche A eines Fahrzeuges gesetzt werden, da zwischen Leichtbau und Steifigkeit ein Zielkonflikt besteht. Ein typischer Wert für die Leichtbaugüte, **Bild 6.1-8**, kann dann folgendermaßen definiert werden:

$$L = \frac{c_T A}{m}$$

Hinsichtlich zukünftiger Entwicklungen ist insbesondere bedingt durch noch höhere Crashanforderungen

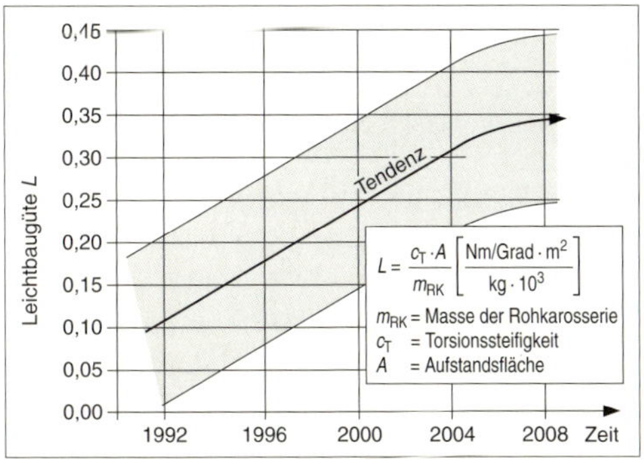

Bild 6.1-8 Leichtbaugüte von Rohkarosserien

(Beispiel: Euro-NCAP) mit dem verstärkten Einsatz von zusätzlichen Sicherheitsmaßnahmen, wie etwa Versteifungen, zu rechnen [2]. Die daraus resultierenden Gewichtserhöhungen kompensieren die positive Entwicklung der Leichtbaugüte zum Teil.

Die *Biegesteifigkeit* gibt an, welche Kraft (kN) man aufbringen muss, um die Karosserie zwischen den beiden Achsen um einen bestimmten Betrag, zum Beispiel 1 mm abzusenken. Diese Belastungen treten im Fahrbetrieb insbesondere beim Durchfahren von Bodenwellen auf. Hohe Steifigkeit erreicht man, wenn die Längsträger, Vorder- und Hinterrahmen sowie der Schweller in ihrer Profilhöhe aufgebaut werden oder eine Verstärkung eingebracht wird.

Für die Anschraubpunkte von Fahrwerksteilen wie Achsen, Dämpfer und Federn benötigt man steife Anlenkpunkte an der Karosserie, sogenannte *Koppelpunkte*. Diese Forderung ergibt sich, da man bei der Fahrwerkabstimmung die Nachgiebigkeit der Karosserie so weit wie möglich ausschalten möchte. Um diese hohen Steifigkeiten zu erreichen, muss man an soliden Rahmenteilen anschließen und teilweise zusätzlich mit lokalen Verstärkungen arbeiten.

Die *Torsioneigenfrequenz* eines Gesamtfahrzeuges sollte zwischen 23 und 24 Hz liegen (siehe auch Kap. 3.4). Um diese zu erreichen, beträgt der Zielwert für die Rohkarosserie 35 bis 45 Hz bezogen auf die erste symmetrische Eigenfrequenz (Biegung) und 30 bis 40 Hz für die erste asymmetrische Eigenform. Je höher der Wert ausfallen soll, desto steifer und entsprechend leicht muss die Karosserie sein. Wichtig ist aber auch eine sich über die gesamte Karosserie erstreckende ausgewogene Steifigkeit, um die auftretenden Schwingungsamplituden niedrig zu halten.

6.1.1.5.3 Aufprallverhalten

Wesentliches Karosserie-Entwicklungsziel ist selbstverständlich ein optimales Verhalten bei allen Aufprallarten. Dabei gilt es in erster Linie, die Fahrgastzelle stets intakt zu halten. Intrusionen von Karosserieteilen oder Aggregaten sind unbedingt zu vermeiden. Der Energieabbau, der nötig ist, um die Insassenbeschleunigungen durch den Aufprallimpuls zu begrenzen, sollte vor allem beim Frontalaufprall in der Vorderwagenstruktur und den Längsträgern erfolgen. Einzelne Maßnahmen sind im Kapitel 6.1.1.4 zur Karosseriestruktur bereits ausgeführt, weitere Einzelheiten (auch zum Fußgängerschutz) finden sich in Kap. 6.5.

6.1.1.6 Ausblick

Der Karosseriebau der Zukunft ist vor allem durch den Zwang zu weiteren Gewichtseinsparungen gekennzeichnet, um den Kraftstoffverbrauch zu reduzieren. Nach [6] kann man bei der Verringerung des Karosseriegewichtes um 100 kg mit sekundären Gewichtseinsparungen an anderen Aggregaten wie Bremsen und Getriebe in Höhe von 16 kg rechnen.

Die Ganzstahl-Karosserie wird aufgrund ihrer erwiesenen Prozessfähigkeit und der günstigen Materialkosten auch weiterhin einen hohen Marktanteil halten. Während sich allerdings der Anteil des Qualitätsstahles deutlich verringert, steigen die Anteile von höherfesten Stahlsorten und von Bake-hardening-Stählen, deren Festigkeit durch eine zusätzliche Wärmebehandlung erhöht wird.

Literatur

[1] *Hucho, W.-H.*: Aerodynamik des Automobils. 5. Aufl. Wiesbaden: Vieweg Verlag, 2005

[2] *Hiement, R. u.a.*: Optimierung von Karosserie und Fahrwerk des neuen Opel Astra als Beispiel für erfolgreiches Frontloading. In: VDI-Bericht 1398 (1998), S. 101 – 122

[3] *Leuschen, B.; Hopf, B.*: Fügen von Stahl, Aluminium und deren Kombination. In: VDI-Bericht 1264, 1996

[4] ATZ/MTZ-Extra, April 2005, Der neue Passat

[5] *Hahn, O.; Gieske, D.*: Ermittlung fertigungstechnischer und konstruktiver Einflüsse auf die ertragbaren Schnittkräfte an Durchsetzfügeelementen. FAT-Bericht 116, 1995

[6] *Braess, H.-H.*: Negative Gewichtsspirale. In: ATZ 101 (1999), Nr. 1

[7] Weitere Informationen insbesondere in den VDI-Berichten 665 (1988), 818 (1990), 968 (1992), 1134 (1994) und 1398 (1998) sowie in der ATZ

[8] *Teske, L.; Strehl, R.; Hallik, M.*: Das Karosseriekonzept des neuen OPEL Vectra C. In: VDI-Bericht 1674 (2002) S. 85 – 98

[9] GZVB, Faszination Karosserie, 2. Braunschweiger Symposium 2005, ISBN 3-937655-00-4

[10] ATZ/MTZ -Extra-Ausgaben über Neuentwicklungen

6.1.2 Space-Frame

6.1.2.1 Einleitung

Weltweit ist seit Jahrzehnten eine deutliche Zunahme der Fahrzeuggewichte in der Automobilindustrie zu verzeichnen. So betrug seit den achtziger Jahren die Gewichtszunahme in der Mittelklasse und unteren Oberklasse im Schnitt etwa 15 kg pro Jahr. Im einzelnen ist die stetige Gewichtszunahme auf höhere Sicherheitsanforderungen, verschärfte Gesetzgebungen, gestiegene Komfortansprüche, zunehmend umfangreicher werdende Zusatzausstattungen und die Universalität der Fahrzeuge zurückzuführen (**Bild 6.1-9**).

Diese Gewichtszunahme bedingt bei gleichen Fahrleistungen eine Anpassung des Motoren-/Getriebeaggregates und damit verbunden stärkere Fahrwerke und Bremsanlagen sowie ein größeres Tankvolumen.

Die oben genannten Gewichtszunahmen bilden eine Gewichtsspirale, die zu einer Steigerung des Energieverbrauchs und der Umweltbelastung führt. So werden üblicherweise für 100 kg Mehrgewicht je nach Fahrzeugtyp und Motorbauart etwa 0,3 *l* bis 0,6 *l* Kraftstoffmehrverbrauch pro 100 km in Ansatz gebracht (**Bild 6.1-10**).

Der Energieverbrauch eines Fahrzeuges wird während der Laufzeit vom Gesamtfahrwiderstand und dem Energieverbrauch an Bord bestimmt. Danach ist die Masse eine wesentliche, den Fahrwiderstand beeinflussende Größe.

Nicht nur aus ökologischen Gründen werden von modernen Kraftfahrzeugen niedrigerer Kraftstoffverbrauch, geringere Emissionen und Recyclefähigkeit gefordert. Aus Kundensicht sind auch eine kontinuierliche Verbesserung der Fahreigenschaften wie Fahrzeugdynamik oder Fahrzeugagilität gewünscht, wie sie bei gleichbleibender Motorisierung durch eine Reduzierung des Fahrzeuggewichts erzielt werden können.

6.1.2.2 AUDI-Space-Frame

Das größte Gewichtsmodul im Fahrzeug bildet die Karosserie. Ein Karosserieleichtbau als primärer Schritt z.B. in Form einer Vollaluminiumkarosserie ermöglicht, zusammen mit der konsequenten Nutzung von Leichtbauwerkstoffen im ganzen Fahrzeug, zusätzliche sekundäre Gewichtsreduzierungen. So sind dann ohne Abstriche bei den Fahrleistungen kleinere Motoren einsetzbar. Weitere Gewichtserleichterungen resultieren aus geringeren Belastungen für Fahrwerk, Getriebe, Räder, Bremsen und aus einer verkleinerten Tankanlage und einer angepassten Abgasanlage (**Bild 6.1-11**).

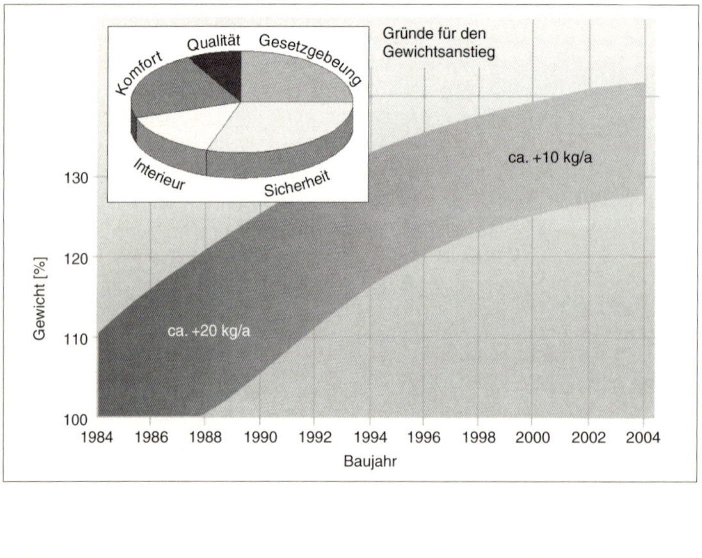

Bild 6.1-9 Gewichtsentwicklung im Automobilbau

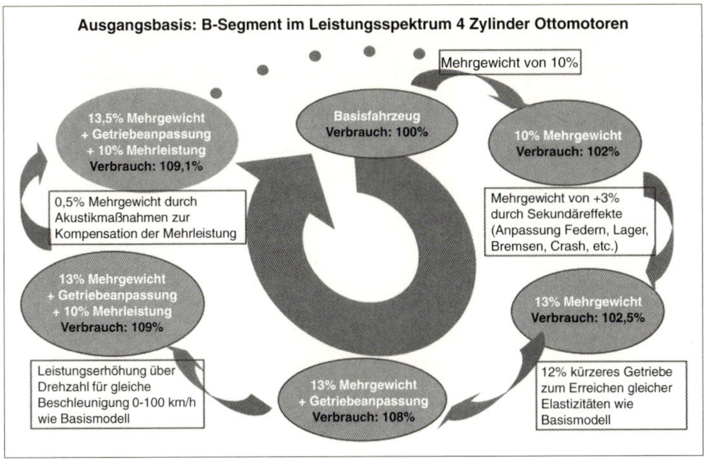

Bild 6.1-10 Kompensation über Leistungssteigerung

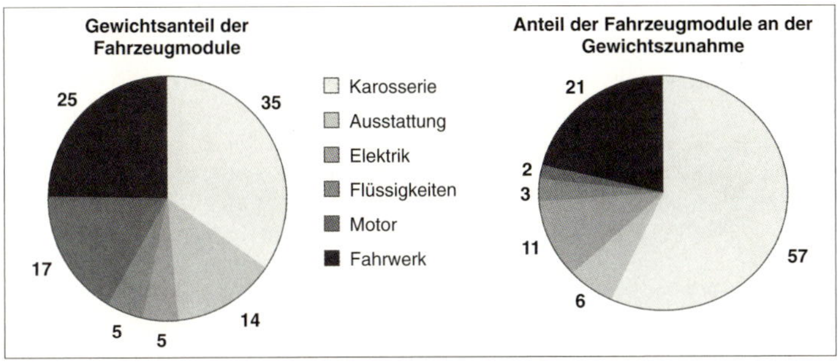

Bild 6.1-11 Gewichtsanteil der einzelnen Module im Fahrzeug und deren Gewichtszunahme

Die Analyse möglicher Leichtbauwerkstoffe bezüglich spezifischem Gewicht, Festigkeit, Steifigkeit, Crashverhalten, Verfügbarkeit und Energiebedarf zeigt im Kfz-Karosseriebau deutliche Vorteile für den Werkstoff Aluminium.

Die reine Substitution einer Stahlkarosserie, führt zu einer maximalen theoretischen Gewichtseinsparung von 66 %. Eine funktionsgleiche Auslegung bezüglich Crashmanagement, statische und dynamische Steifigkeiten und maximale Einzellasten, führt zu einer realistischen Gewichtseinsparung von 45 %. Die Nutzung der unterschiedlichen Halbzeugarten des Aluminiums in funktionsgerechter Gestaltung macht den leichten Werkstoff zusätzlich sehr attraktiv.

Neben dem eingesetzten Blech stehen mit Aluminium-Strangpressprofilen und Aluminium-Gussteilen kostengünstige Halbzeuge zur Verfügung, die sich zu einer aluminiumgerechten Konstruktion vereinigen lassen.

Die Verwendung dieser Halbzeugarten führte im Karosseriebau zu einem neuen Konstruktionskonzept, dem Audi-Space-Frame (ASF®).

Das Ergebnis der werkstoffgerechten Konzeptauslegung im Audi A8 führte zu einer außergewöhnlichen Produktqualität und der besten Leichtbaugüte. Die Leichtbaugüte ist wie folgt definiert:

$$\text{Leichtbaugüte } L = \frac{m_{\text{Ger}}}{c_1 \cdot A}\left(\frac{\text{kg}}{\text{Nm/Grad} \cdot \text{m}^2}\right) \cdot 10^3$$

m_{Ger} = Gerippegewicht (ohne Türen und Klappen)
c_1 = Torsionssteifigkeit
A = Aufstandsfläche (Spur · Radstand)

Sie ist ein Maßstab dafür, mit wie wenig Masse bei gegebener Radaufstandsfläche welche Steifigkeit erreicht wurde. Mit 220 kg Karosseriegewicht ohne Türen und Klappen und einer Torsionssteifigkeit von 32.000 Nm/Grad erreicht die neue A8 ASF-Karosse eine Leichtbaugüte von 1,5 und ist damit eindeutig Klassenprimus. Die erreichte Gewichtseinsparung liegt gegenüber einer vergleichbaren heutigen Stahlkarosserie in Blechschalenbauweise bei etwa 45 %.

Über diese Vorteile des ASF®-Konzeptes bezüglich der Gewichtsreduzierungspotentiale und den damit verbundenen ökologischen und fahrdynamischen Konsequenzen zeichnet sich die Aluminiumstruktur mit ausgezeichnetem Energieabsorptionsvermögen, idealen Recyclingvoraussetzungen und sehr günstiger energetischer Bilanzierung aus. Derivate können mit erheblich reduziertem Aufwand gegenüber einer konventionellen Karosseriebauweise realisiert werden.

6.1.2.3 Das Karosseriekonzept des ASF®

Der Audi Space Frame wurde mit dem AUDI A8 im Jahr 1994 erstmals für ein Serienfahrzeug eingeführt. Dieses Karosseriekonzept wurde dann im A2, welcher 1999 auf den Markt kam, für einen Großserien-

einsatz weiterentwickelt. Das Produktportfolio der Fahrzeuge mit ASF wurde bis Ende 2006 bei Audi um folgende Modelle ergänzt: Lamborghini Gallardo Coupé, Lamborghini Gallardo Spider, Audi TT Coupé, Audi TT Roadster und Audi R8. In der Karosse des neuen TT findet zum ersten mal der ASF in hybrider Bauweise seine Anwendung.
Ein besonderes Merkmal des ASF ist der verwendete Aluminiumhalbzeugmix aus Guss, Profilen und Blech. Sie bilden eine selbsttragende Rahmenstruktur, in die jedes Flächenteil mittragend integriert ist. Der ASF verwirklicht mit wenig Masse eine maximale Stabilität. Er wurde für höchste Steifigkeits-, Komfort- und Sicherheitsanforderungen dimensioniert. Konstruktive Merkmale sind multifunktionale Großgussteile, lange durchgehende Profile und ein hoher Anteil von geraden Strangpressprofilen.
Es werden nur an den Stellen gebogene Profile eingesetzt, wo die Außenhautform dies notwendig macht **(Bild 6.1-12)**.

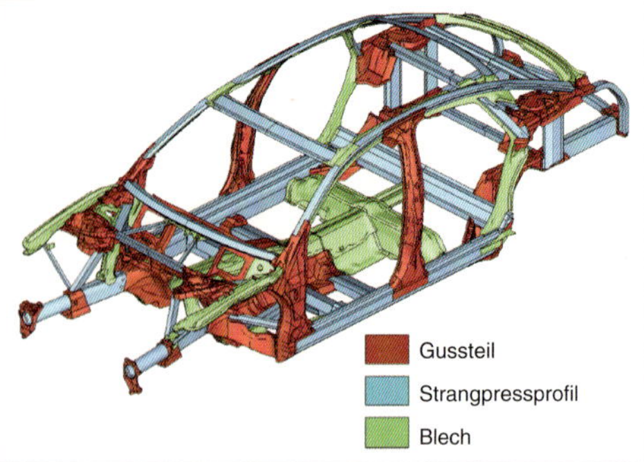

Bild 6.1-12 Spaceframe Audi A8 (D3). Das Materialkonzept

Über die genannten konstruktiven Maßnahmen wird eine deutliche Reduzierung der Teilezahl erreicht. Dies verbessert einerseits den Komfort (weniger Verbindungsstellen zwischen den Bauteilen), andererseits wirkt es sich günstig auf die Kosten und die Fertigungsprozesse aus. Die bekannten Verbindungstechniken wie MIG-Schweißen, Nieten und Laserschweißtechnik werden stetig weiter optimiert. Das Laserhybridschweißen vereint die Vorteile beider thermischen Fügetechnologien (MIG- und Laserschweißen), wobei die Verbindungsarten des MIG-Schweißens (Überlappnaht, Kehlnaht) und die Festigkeit der Fügezone mit der geringeren Wärmezufuhr des Laserschweißens bei gleichzeitig höheren Prozessgeschwindigkeiten kombiniert werden.

6.1.2.4 Der Aufbau der ASF Karosserie A8

Der Aufbau beginnt mit dem Vorder- und Hinterwagen. Diese beiden Baugruppen werden zusammen mit dem Unterboden zu einem Spaceframe zusammengebaut. Zuletzt werden dann die einteilige Seite und das Dach mit der Struktur verbunden, die dann mit Kotflügel, Türen und Klappen vervollständigt wird, bevor sie nach dem Finish in den Lackierungsprozess eingesteuert wird.
Der Vorderwagen enthält als zentrales Bauteil das Großgussteil Wasserkasten. Dieses Bauteil hält die Klimaanlage, den Pedalbock, den Scheibenquerträger und es verbindet die beiden Säulen A rechts und links. Die Säule A wird ebenfalls aus zwei Großgusshalbschalen gebildet. Sie umschließen unten den Schweller und oben den durchgehenden Dachrahmen seitlich.
Diese beiden Strangpressprofile sind neben der Tunnelstruktur die zentralen Bauteile für die Biegesteifigkeit der Karosserie **(Bild 6.1-13)**.

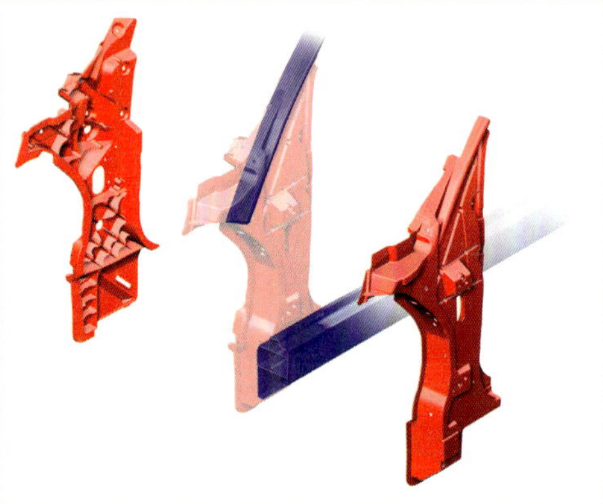

Bild 6.1-13 A-Säule

Die Längsträger sind in einen vorderen und hinteren unterteilt und werden durch ein Gussteil verbunden. Das Gussteil ermöglicht durch seine hohe Gestaltungsfreiheit die Vereinigung verschiedener Funktionen, wie die Aufnahmen des Hilfsrahmens, der Motortraverse, der Kotflügelbankabstützung und der Federbeinabstützung. Der vordere Längsträger ist wie beim Vorgänger geschraubt ausgeführt, um eine einfache Reparatur möglich zu machen.
Im Hinterwagen dominieren zwei zentrale Großgussteile, das Verbindungsteil Schweller/Längsträger und das Verbindungsteil Säule C/D. Das Verbindungsteil Schweller/Längsträger ist das größte Gussteil. Es nimmt den kompletten hinteren Hilfsrahmen auf und verbindet den Längsträger hinten mit dem Schweller. Seine hohe Steifigkeit schützt beim Heckcrash den dazwischenliegenden Tank. Das Verbindungsteil Säule C/D nimmt die Luftfederung oben auf und an seiner Vorderseite den Gurtroller. Es bildet das Portal für die Federbeinaufnahme der Luftfederung **(Bild 6.1-14)**.
Der Vorderwagen und der Hinterwagen werden mit dem Dachrahmen seitlich, dem Schweller, den Sitzquerträgern, dem Pfosten B und den Bodenblechen zu einem geschlossenen Space Frame zusammengeführt. Der Dachrahmen seitlich ist ein IHU (Innen-Hochdruck-Umformung) geformtes Strangpressprofil **(Bild 6.1-15)**.

Bild 6.1-14 Das Portal der Luftfederung hinten

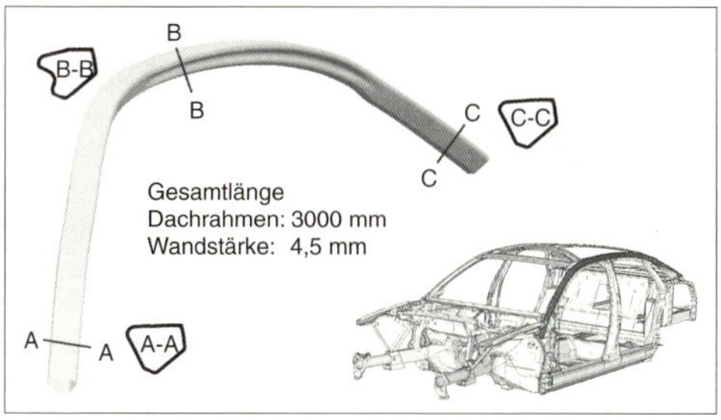

Bild 6.1-15 Hydrogeformter Dachrahmen seitlich, 3D gebogen

Es bildet an den unterschiedlichen Stellen, je nach Notwendigkeit, verschiedene Querschnitte aus. Der Pfosten B ist ein multifunktionales Großgussteil, dass neben den Scharnieranbindungen für die hintere Türe und der Schließbügelanbindung für die vordere Tür auch die hohen Anforderungen aus den Seitencrashdisziplinen erfüllen muss. Weiterhin ist der Pfosten B ein zentrales Bauteil für den Komfort. Zum Abschluss werden die einteilige Seite und das Dach zugeführt. Der A8 hat eine einteilige Seite, die ebenso wie das Dach über Laserschweißen mit der Struktur zusammengefügt wird.

6.1.2.5 Werkstoffe und Fertigungstechnologien

6.1.2.5.1 Blechteile und Verfahren

Warmaushärtbare Legierungen werden wegen der fließfigurenfreien Oberfläche hauptsächlich für die Außenhaut verwendet. Entsprechende Legierungen werden jetzt auch im Strukturbereich eingesetzt und bieten dort höhere Festigkeiten und ein höheres Energieaufnahmepotenzial als die naturharten Legierungen. Mit Umsetzung einer neuen Prozesskette, ohne gesonderte Warmauslagerung der Karosserie kommen, erstmalig neuentwickelte, schnellaushärtende Legierungen im Außenhautbereich zum Einsatz (**Bild 6.1-16**).

Diese Legierungen auf Basis der AA 6016 A erreichen bei geringeren Temperaturen und Zeiten ein vergleichbares Festigkeitsniveau wie die herkömmlichen AA 6016 A-Legierungen. Im Innenbereich werden Legierungen nach AA 6181 A eingesetzt. Die Warmbehandlung erfolgt jetzt im Zuge der KTL-Trocknung in der Lackiererei (**Tabelle 6.1-3**).

Weiterhin wird mit teilweisem Verzicht von Entfettungs- und Passivierumfängen der Aufwand zur Herstellung der Karosserie weiter optimiert. Alle Blechlegierungen werden im Zustand T4 als Platine oder Coil angeliefert. Nach Umformung und Warmbehandlung wird die Streckgrenze auf über 200 MPa erhöht, was gegenüber einer nichtausgelagerten Außenhaut zusätzliche Gewichtspotenziale erschließt.

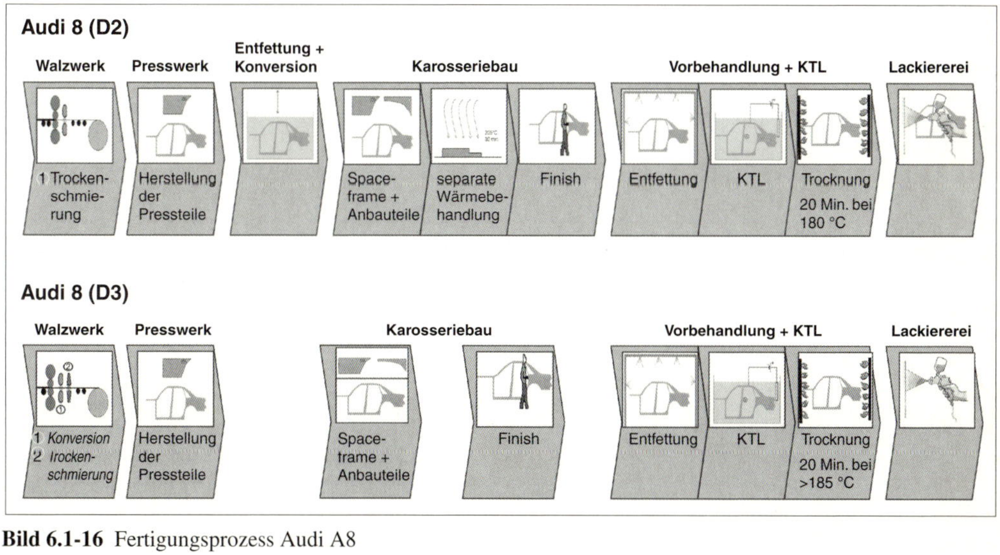

Bild 6.1-16 Fertigungsprozess Audi A8

Tabelle 6.1-3 Wärmebehandlung in der Lackiererei

Halbzeug	Legierung/Zustand	Zugfestigkeit R_m in MPa	Dehngrenze $R_{p0.2}$ in MPa	Bruchdehnung A_{80} in %
Blech	AA6016/T4	≤235	≤130	$A_{80\,mm} \geq 24$
	AA6016/T6	≥240	≥200	$A_{80\,mm} \geq 12$
	AA6016 schnellhärtend/T4	≤235	≤130	$A_{80\,mm} \geq 24$
	AA6016 schnellhärtend/T6*	≥240	≥200	$A_{80\,mm} \geq 12$
	AA6181 A/T4	≤240	≤140	$A_{80\,mm} \geq 23$
	AA6181 A/T6	≥280	≥210	$A_{80\,mm} \geq 10$

T6*: Wärmebehandlung mit 2 % Vordehnung bei > 185 °C/20 min

Gleichzeitig werden bleibende Beulen durch Hagelschlag oder lokale Eindruckstellen beim Zudrücken von Klappen oder dem Polieren vermieden.

Aluminiumbleche sind gegenüber den im Stahlbereich gebräuchlichen Tiefziehblechen in ihrer Umformbarkeit eingeschränkt. Die Erfahrungen aus vorangegangenen Audi-Aluminium-Karosserien erlaubte es aber, sehr komplexe Bauteilgeometrien, wie die der einteiligen Seitenwand zu realisieren (**Bild 6.1-17**).

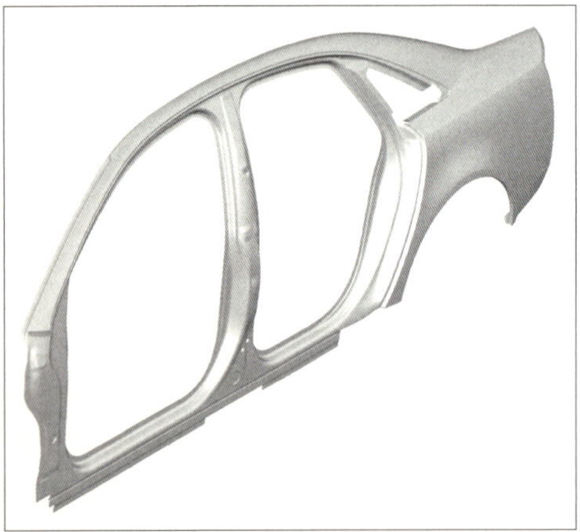

Bild 6.1-17 Seitenwand D3

6.1.2.5.2 Strangpressprofile und Verfahren

Die hohe Gestaltungsfreiheit bezüglich der Profilquerschnittsgeometrie erschließt dem Konstrukteur eine Vielzahl neuer Möglichkeiten, die weit über die konventionelle Blechbauweise hinausgehen. Strangpressprofile sind ideale Tailored Tubes.

Durch die Möglichkeiten von Wanddickenvariationen im Querschnitt, Flanschanpressungen zur Verbindung anschließender Bauteile, oder der Profilverrippung durch Stege lassen sich die Halbzeuge hinsichtlich Form, Funktion und Gewicht hervorragend optimieren.

Die Gestaltungsfreiheit der Profilrinnen-Verrippung bietet, ähnlich wie bei den Gußknoten, eine ideale Nutzung der topologischen Optimierung. Schließlich ergibt sich aus den geschlossenen Strangpressprofilen durch die Erhöhung der Funktionsintegration aufgrund der variablen Querschnitte eine deutliche Reduzierung der Anzahl der Einzelteile einer Karosserie. Dies wirkt sich auch positiv bei der Reduzierung der Fügelängen aus.

Beachtet werden muss aber, dass das Fügen von Hohlprofilen typischerweise Fügeverfahren mit einseitiger Zugänglichkeit benötigt, es sei denn, die Verbindung wird über einen angepressten Flansch vorgenommen. Das Audi-Spaceframe-Konzept ASF bedingt ein anderes Aufbau- und Fügekonzept als eine Blechschalenlösung. Voraussetzung für eine seriensichere, vollautomatisierte Aluminium-Verbindungstechnologie ist ein maximaler Spalt von etwa einem Drittel der minimalen Wanddicke der Profile zwischen den Fügestellen zweier Bauteile. Im Mittel weisen die ASF-Halbzeuge des A8 eine Wanddicke von 2,0 mm auf. Berücksichtigt man die Vorrichtungs- und Robotertoleranzen sowie den Schweißverzug aufgrund der Wärmeeinbringung, liegen die Toleranzanforderungen des Karosserieentwicklers hinsichtlich Formlinie und Profilquerschnitt im Bereich von ±0,3 mm.

Die Profile besitzen im Gegensatz zu den Blechhalbschalen des konventionellen Stahlkarosseriebaus bereits als Einzelteile eine sehr hohe Bauteilsteifigkeit und bieten damit keine Möglichkeit, in Spannvorrichtungen die notwendige Spaltgeometrie im Verbindungsbereich sicherzustellen. Die erhöhten Anforderungen einer vollmechanisierten Fügetechnik im Karosseriebau bedingen Toleranzen, wie sie von den Strangpressprofilherstellern im Großserienmaßstab nur bedingt erzielt werden können. Daher müssen die Strukturbauteile des Audi Space Frames ASF teilweise durch einen nachgeschalteten Kalibrierprozess „in Form" gebracht werden.

Als Bauteilwerkstoffe kommen ausschließlich Legierungen aus dem Legierungssystem AlMgSi, ähnlich der EN-AW 6106, zum Einsatz. Abgeschreckt mit den Medien Luft, Wasser oder einem nebligem Gemisch aus der Warmumformungstemperatur, kaltausgelagert und stabilisierungsgeglüht auf einen weitgehend stabilen Zustand, erreichen Legierungen dieser Spezifikation Zugfestigkeiten um 200 MPa, Streckgrenzen von zirka 100 MPa und Dehnungen (A5) um 25 %.

Kalibrierung und Innenhochdruckumformung

Die Toleranzanforderungen von ±0,3 mm an den Profilquerschnitt, aber auch an die Formlinie, bedingen einen an das Strangpressen anschließenden Kalibrierprozess. Das Innenhochdruckumformen gehört zu den wirkmedienunterstützten Verfahren. Die Extrusionsteile werden in einem in Ober- und Unterteil geteilten Werkzeug, welches der Endkontur des Bauteils entspricht, mit einem Innendruck bis zu 1500 bar beaufschlagt. 4-Säulen Pressen mit Zuhaltekräften bis zu 5500 t übernehmen die Zuhaltung der Werkzeuge.

Neue Verfahren: Runden im Strangpressen

Als neues Verfahren wird im A8 erstmals ein Strangpressprofil eingesetzt, welches direkt im Extrusionsprozess gerundet wurde und einen separaten Streckbiegevorgang überflüssig macht. Beim Runden im Extrusionsprozess wird der auslaufende, rund 550 °C heiße Strang durch Führungsrollen auf die gewünschte Biegekontur gebogen.
Dieses Verfahren hat neben den einfachen, kostengünstigen Formgebungswerkzeugen den Vorteil, dass durch den Rundungsvorgang kein Umformvermögen verzerrt wird und keine Einfallungen durch das Biegen auftreten. Der Verzicht auf den nachfolgenden Streckbiegevorgang reduziert zusätzlich die Fertigungskosten.

6.1.2.5.3 Gussteile und Verfahren

Der prozentuale Gewichtsanteil der Gussteile in der A8-Struktur stieg im Gegensatz zum Vorgängermodell von zirka 27 % auf etwa 34 % an. Dies gelang bei einer deutlich reduzierten Teilezahl. Die im A8 (D3) eingesetzten multifunktionalen Großgussteile stellen eine konsequente Weiterentwicklung der Gussteile dar. Es wurde großes Augenmerk auf die Funktionsintegration und der Verringerung der Teileanzahl gelegt. Vorteile der Teilereduktion liegen insbesondere bei dem reduzierten Logistikumfang. Weitere Kostenersparnisse werden durch den verkleinerten Fügeumfang erzielt. Durch die Rückführung einer Schweißgruppe auf ein Bauteil werden Fügetoleranzen vermieden und die Baugruppengesamttoleranz wesentlich verbessert.

Vakuum-Druckguss

Dünnwandige Formgussteile für den Automobilbau, hergestellt in einem Vakuum-Druckgussverfahren, werden bei Audi seit 1993 in Karosseriestrukturen verbaut. Die Vorteile liegen auf der Hand. Durch das beanspruchungsgerechte, dreidimensional mögliche Anpassen der Wanddicken an die Betriebslastanforderungen und durch die lokale Versteifung durch angegossene Rippen ist es möglich, eine optimale Kombination von Gewicht und Funktionalität zu erzielen. Das Verfahren zur Bauteilherstellung ist Vakuum-Druckguss, mit dem gasarme, gut schweißbare und wärmebehandelbare Teile mit guten mechanischen Eigenschaften und hoher Maßhaltigkeit erzielbar sind. Das Verfahren verbindet zudem eine hohe Produktivität mit der Fähigkeit zur Herstellung von „nearnetshape“-Teilen. Eine Übersicht über die verwendeten Gusswerkstoffe gibt folgende **Tabelle 6.1-4**.

6.1.2.6 Fügeverfahren

Das Fügen der Einzelteile zur Karosseriestruktur gehört zum Kerngeschäft eines Automobilherstellers. Da das Audi Space Frame-Konzept sich grundsätzlich von einem (Stahl-) Blechkonzept unterscheidet, ist naturgemäß sowohl die Aufbaufolge als auch die Fügetechnik unterschiedlich. Gegenüber den im alten A8 (D2) eingesetzten Fügeverfahren wurden im neuen A8 (D3) weiterentwickelte Technologien, wie das MIG-Schweißen, Stanznieten und Rollfalz-kleben, aber auch neue Fügetechnologien, wie das Laserstrahl- und das Laserstrahl-MIG-Hybridschweißen, eingesetzt. Die beim ASF angewandten Verfahren sollen hier mit ihren spezifischen Eigenschaften näher erläutert werden.

6.1.2.6.1 MIG-Schweißen mit Impulslichtbogen

Beim MIG-Schweißen wurde ein Automatisierungsgrad von >80 % erreicht. Mit der neuen Stromquellengeneration wird die Reproduzierbarkeit der Güte von Schweißverbindungen deutlich erhöht. Die Impulstechnik erlaubt auch bei Dünnblechen (t = 0,9–1,5 mm) die Verwendung von verhältnismäßig dicken Drahtelektroden (∅ 1,2 mm), wodurch die Drahtförderung verbessert und somit prozesssicherer wird. Durch den Einsatz von Großspulgeräten zur Förderung des Zusatzwerkstoffes wird die Rüstzeit zum Wechseln der Drahtrollen verringert. Gleichzeitig wird mit konstanten Eigenschaften der großen Gebinde die Stabilität des Schweißprozesses positiv beeinflusst. Ein wichtiger Beitrag zur Erhöhung der Prozesssicherheit liegt in der Anwendung von Systemen zur automatischen Brennervermessung und Korrektur des Roboterprogramms. Mit diesen Systemen werden eventuelle maßliche Veränderungen des Schweißbrenners während des Fertigungsablaufes online erfasst und in der Ablaufsteuerung des Roboters berücksichtigt. Das MIG-Schweißen wird vorwiegend zum Fügen von Strangpressprofilen, Druckgussbauteilen und zum Verbinden von Strang-

Tabelle 6.1-4 Guss-Werkstoffe im A8-Spaceframe

Halbzeug	Legierung/Zustand	Zugfestigkeit R_m in MPa	Dehngrenze $R_{p0,2}$ in MPa	Bruchdehnung A_5 in %
Guss	GD-AlSi10Mg	≥180	120–155	>15
	GD-AlMg3Mn	≥180	120–155	≥15
	AlSi7Mg Sandguss	≥200	≥160	≥7

pressprofilen mit Gussbauteilen eingesetzt. Die Fügegeschwindigkeit kann je nach Wanddicken bis auf zirka 1 m/min erhöht werden. Dies und die Verringerung der ins Bauteil eingebrachten Energie wirkten sich positiv auf die Maßhaltigkeit der Baugruppen aus.

6.1.2.6.2 Stanznieten mit Halbhohlniet

Das Stanznieten hat sich als punktförmige Verbindungstechnik bereits 1993 bei der A8 Al-Space-Frame-Karosserie gegenüber Widerstandspunktschweißen und Clinchen durchgesetzt. Als kraft- und formschlüssige Verbindung bietet das Stanznieten gegenüber anderen punktförmigen Fügeverfahren deutlich höhere statische und dynamische Verbindungsfestigkeiten mit sehr hohem Arbeitsaufnahmevermögen. Weitere Vorteile sind das Herstellen von wärmearmen Verbindungen ohne thermische Bauteilverzüge, die zudem gas- und wasserdicht ausgeführt sind. Mit 2400 Stanznieten kommen in der neuen A8 Al-Space-Frame Karosserie nun mehr als doppelt so viele Verbindungen als in der ersten ASF-Karosserie zum Einsatz. Die Technologie wird großflächig sowohl in der Karosseriestruktur als auch bei der Fertigung von Türen, Front- und Heckklappe zum Einsatz gebracht.

Dabei müssen Bleche, Strangpressprofile und Druckgussteile in Kombination der unterschiedlichen Legierungen in einer Gesamtmaterialstärke von 2,0–6,0 mm verbunden werden. Für die rund 100 verschiedenen Werkstoff- und Materialstärkenkombinationen mit unterschiedlichen Oberflächen kommen lediglich drei unterschiedliche Nietgeometrien mit gleicher Härte zum Einsatz. Bei einigen Anwendungen werden die Verbindungen dreilagig ausgeführt (**Bild 6.1-18**).

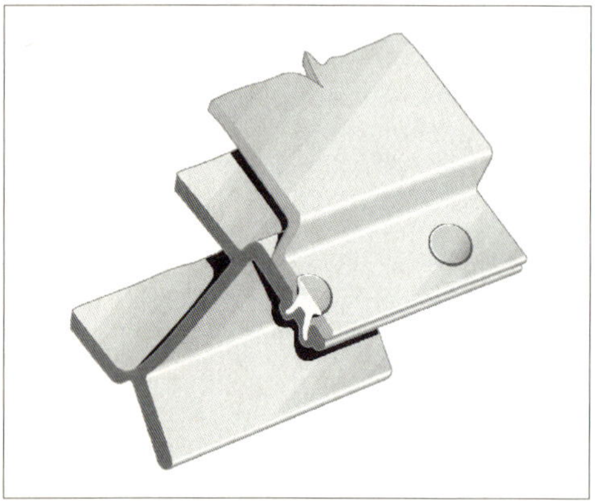

Bild 6.1-18 Stanznieten mit Halbhohlniet

Um die hohen Qualitätsstandards im Serienprozess einhalten zu können, wurde die Stanzniettechnologie über die Jahre kontinuierlich weiterentwickelt. Durch Optimierungen des Stanznietequipments und gezielter Online-Prozessüberwachung kann heute eine nahezu hundertprozentige Prozesssicherheit gewährleistet werden. Die Störhäufigkeit bei der Nietzuführung liegt dabei unter 0,25‰. Im Karosseriebau des neuen Audi A8 wurde gezielt daraufhin gearbeitet die Automatisierung und die Fertigungsflexibilität die Stanzniettechnik weiter zu erhöhen. Weiterhin werden bei automatisierten Anwendungen erstmalig auch klappbare C-Rahmen zum Einsatz gebracht, um das Einschwenken der Fügezangen in komplexe Bauteilstrukturen zu erleichtern und Störkonturen in der Anlage zu verringern.

6.1.2.6.3 Laserstrahl-Schweißen

Im Audi A8 werden Nd:YAG-Festkörperlaser mit 4 kW Ausgangsleistung eingesetzt. Neben dem günstigen Absorptionsverhalten des Laserstrahls gegenüber Aluminiumoberflächen bei einer Wellenlänge von λ = 1064 nm ist diese spezifische Wellenlänge zur Strahlführung mittels flexibler Glasfaserkabel vom Strahlerzeuger zum Bauteil geeignet. Damit ist dieses Lasersystem sehr gut mit Industrierobotern kombinierbar. Die hauptsächlichen Vorteile des Laserstrahlschweißens gegenüber mechanischen Fügeverfahren sind linienförmige anstelle punktförmiger Verbindungen, geringere Flanschbreite bei Überlappverbindungen und einseitige Zugänglichkeit beim Fügen. Verglichen mit anderen Schweißverfahren ist der Laser-Prozess aufgrund der bei den gegebenen Blechdicken höheren, erreichbaren Schweißgeschwindigkeiten (3,3–5,5 m/min), der geringeren Wärmeeinbringung und damit geringerem Bauteilverzug und den geringeren Anforderungen an einen definierten Oberflächenwiderstand vorteilhaft. Insgesamt werden rund 20 m Laser-Verbindungslänge im A8-Spaceframe realisiert. Beispiele hierfür sind die Anbindung der Bodenbleche an die MIG-geschweißte Strangpressprofil-Rahmenstruktur, die Anbindung der einteiligen Seitenwand an Dachrahmen und Schweller und die Anbindung des Daches an die Dachrahmen (**Bild 6.1-19**).

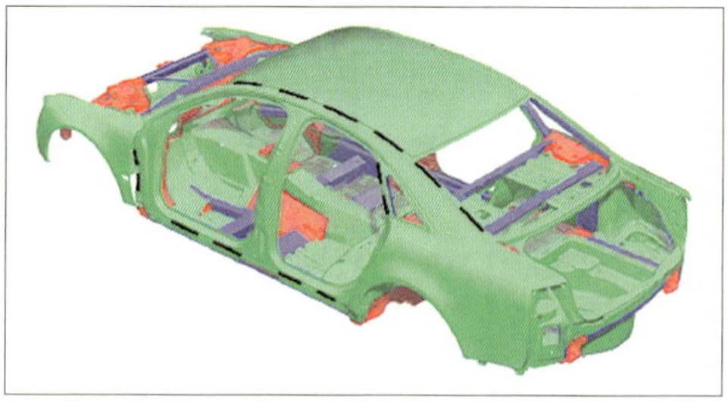

Bild 6.1-19 Laserstrahl-Schweißen

6.1.2.6.4 Laserstrahl-MIG-Hybridschweißen

Über die Kombination der beiden Fügeverfahren MIG- und Laserstrahlschweißen lassen sich diverse synergetische Effekte erzielen, welche im Anwendungsfall die fertigungstechnischen Grenzen heutiger thermischer Fügeverfahren hinsichtlich Nahtqualität, Produktivität und Wirtschaftlichkeit erweitern. Im Vergleich zum Laserstrahlschweißen mit Zusatzwerkstoff wird die

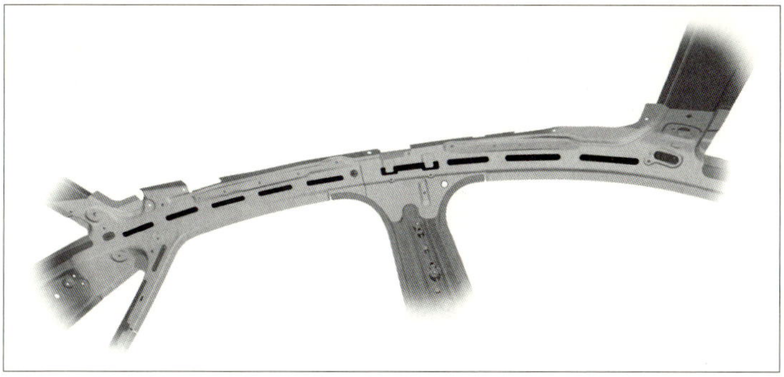

Bild 6.1-20 Laserstrahl-MIG-Hybridschweißen

Prozesssicherheit und die Spaltüberbrückbarkeit gesteigert, woraus sich hohe Nahtqualitätsgüten ergeben. Der Zusatzwerkstoff wird prozesstechnisch trivial über die abschmelzende Drahtelektrode des MIG-Prozesses dem Schmelzgut zugeführt.

Im Vergleich zum konventionellen MIG-Schweißen wird die Schweißgeschwindigkeit und die Einschweißtiefe signifikant gesteigert und der Lichtbogenprozess stabilisiert. Im Anwendungsfall wird die Anbindung von diversen Blechteilen auf das Strangpressprofil Dachrahmen mittels Hybridschweißen umgesetzt (**Bild 6.1-20**).

Insgesamt werden zirka 5 m Nahtlänge je Fahrzeug realisiert. Bei der notwendigen hohen Materialdickenpaarung von 2 auf 4 mm kann selbst gegenüber dem Laserstrahlschweißen der Energieeintrag in das Bauteil über die Steigerung der Schweißgeschwindigkeit reduziert werden, woraus minimierte thermische Verzüge der Baugruppe resultieren.

6.1.2.6.5 Rollfalzen + Kleben

Die Verbindung von Innen- und Außenblech bei Türen und Klappen wird im A8 (D3) durch Rollfalzen und Kleben mittels robotergeführter Werkzeuge realisiert. Vorteile des Verfahrens sind die kurze Einarbeitungszeit, die hohe Flexibilität und eine bessere Qualität und Anmutung des Falzes. Erstmalig wird eine Vorhärtung des Klebers durch ein integriertes induktives Gelieren vorgenommen.

6.1.2.7 Reparaturkonzept

Für die bisher entwickelten Aluminiumfahrzeuge der Audi AG wurden die Belange des Kundendienstes von Anfang an berücksichtigt. Damit war es möglich, konsequent ein auf schnellen und kostengünstigen Service ausgerichtetes Gesamtkonzept zu realisieren.

Steifigkeitsstaffelungen in den unfallgefährdetsten Karosseriebereichen sollen die Schadenseindringtiefe möglichst gering halten. Die Deformationskraft des geschraubten vorderen Längsträgers liegt unter der Deformationskraft des anschließenden hinteren Längsträgers und diese wiederum unter der Deformationskraft der Fahrgastzelle (**Bild 6.1-21**).

Im Bereich der Fahrzeugseite wurde die Karosseriestruktur unter anderem durch das Großgussteil Säule B so steif ausgelegt, dass die Verformungstiefe bei einem Seitenaufprall gering bleibt.

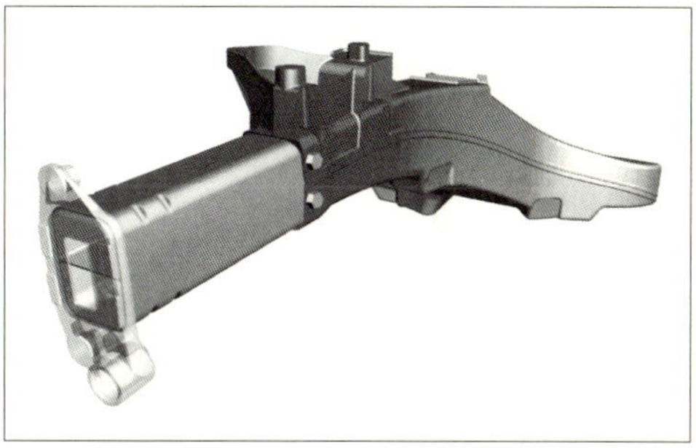

Bild 6.1-21 Reparaturlösung – geschraubter Längsträger

Die Auslegung der Karosseriestruktur mit vorprogrammierten, definierten Verformungszonen minimiert nach einem Unfall Richtvorgänge am Fahrzeug und gibt die Reparaturabschnitte konstruktiv vor. Hierdurch werden die Reparaturzeiten verringert und die Instandsetzungskosten liegen trotz neuer Karosserietechnik günstiger oder im gleichen Rahmen wie bei üblichen Stahlkarosserien.

Für die Instandsetzung der Space-Frame-Karosserie des A2 kommen in Abhängigkeit der unterschiedlichen Halbzeugarten Blech-, Guss- und Strangpressteile unterschiedliche Konzepte zum Einsatz: Blechteile mit geringen Verformungen können rückverformt werden. Die Rückverformung geschieht unter gezielter Wärmezufuhr. Beulen lassen sich mit einem neu entwickelten Werkzeug durch ein dem Bolzenschweißen ähnliches Verfahren problemlos beseitigen. Hierzu wird ein Bolzen im Beulbereich aufgeschweißt und die Beule mit dem Bolzen herausgezogen. Anschließend wird der Bolzen durch Abschleifen entfernt.

Stärker verformte Bleche lassen sich entweder komplett oder auch abschnittsweise austauschen. Als Verbindungstechniken werden Nieten in Verbindung mit Kleben (kaltaushärtende Zweikomponentenkleber) eingesetzt. Das Spachteln und Lackieren entspricht der Vorgehensweise bei Stahlblechfahrzeugen. Blechreparaturen können von jedem dafür aus-

gerüsteten und ausgebildeten AUDI-Händlerbetrieb durchgeführt werden.
Beschädigte Gussteile müssen generell erneuert werden. Aus Festigkeitsgründen ist eine Rückverformung nicht zugelassen, da aufgrund der hohen Steifigkeit die Gefahr einer Rissbildung besteht. Als Fügeverfahren kommen Schutzgasschweißen (MIG), Nieten und Kleben zum Einsatz.
Strangpressprofile müssen bei Beschädigung ausgetauscht werden, da eine Rückverformung hier unkontrolliert abläuft. Der Austausch findet je nach Art der Beschädigung abschnittsweise unter Verwendung von Muffen im Trennungsbereich oder aber komplett statt. Die ausgetauschten Profilabschnitte bzw. komplette Profile werden wiederum durch Schutzgasschweißen (MIG) gefügt.
Laserstrahl-Schweißnähte werden im Reparaturfall durch MIG-Schweißen oder durch Blindnieten mit zusätzlichem Kleben ersetzt. Zum Entfernen der Lasernaht wird diese ausgeschliffen und die so voneinander getrennten Teile gelöst.

6.1.2.8 Energiebilanz

Die Verbesserung der Umweltverträglichkeit steht heute, insbesondere bei Kraftfahrzeugen, im Mittelpunkt des Interesses. Hierzu ist es erforderlich, den gesamten Produktlebenszyklus zu betrachten und zu optimieren. Dabei gilt es durch effiziente Nutzung nicht erneuerbarer Ressourcen und niedrige Schadstoffemissionen die Umweltauswirkungen zu minimieren. Dies betrifft den gesamten Produktzyklus, von der Werkstoffgewinnung und Produkterzeugung über die Produktnutzung bis zum Recycling für den nächsten Zyklus bzw. zur umweltschonenden Entsorgung. Aufgrund der Wechselwirkungen der einzelnen Phasen des Gesamtzyklus handelt es sich dabei um eine Optimierungsaufgabe, die auch Kompromisse in einzelnen Phasen zugunsten der Gesamtbilanz erfordern kann.
Studien zeigen, dass der überwiegende Energieverbrauch eines Fahrzeuges durch den Fahrbetrieb bestimmt wird. Es ist daher ökologisch günstiger, in den Phasen der Materialherstellung, der Fahrzeugfertigung oder des Recyclings einen höheren Aufwand in Kauf zu nehmen, wenn dafür im Fahrbetrieb Umweltbelastungen verringert werden.
Für die Herstellung von Primär-Aluminium wird mehr Energie benötigt als für die Herstellung der entsprechenden Menge Stahl. Der Energiebedarf zur Herstellung einer Pkw-Karosserie aus reinem Primär-Aluminium wäre etwa doppelt so hoch wie der einer vergleichbaren Stahlkarosserie. Im Verlaufe des Fahrbetriebes würde die Summe der verbrauchten Energie aber durch den Minderverbrauch geringer als beim entsprechenden Stahl-Fahrzeug.
Für ein theoretisches Fahrzeug mit einer aus Primäraluminium hergestellten Karosserie liegt die Amortisationsstrecke bei ca. 55000 km mit Otto-Motor, bei einem Fahrzeug mit TDI-Motor amortisiert sich die Aluminiumkarosserie gegenüber einer konventionellen Karosserie bei ca. 85000 km – also ebenfalls sicherlich innerhalb der Gesamtfahrstrecke eines Fahrzeuges.
In der Praxis werden in allen Halbzeugen recycelte Materialien in unterschiedlichen Mengenanteilen eingesetzt, womit die erwähnten theoretischen Modelle eine noch positivere Energiebilanz für den Einsatz des Leichtbauwerkstoffes erfahren.
Ökologisch ergibt der Karosserieleichtbau mit Aluminium unter Einbeziehung der Recyclinggutschrift eine ausschließlich positive Energiebilanz.

Literatur

[1] *Rink, C.*: Aluminium als Karosseriewerkstoff, Recycling und energetische Betrachtungen. Dissertation, Hannover, 1996

[2] *Haldenwanger, H. G.*: Zum Einsatz alternativer Werkstoffe und Verfahren im konzeptionellen Leichtbau von Pkw-Rohkarosserien. Dissertation, TU Dresden, 1997

[3] *Stümke, A.; Bayerlein, H.; Eckl, F.*: Laseranwendungen bei AUDI. In: Lasermaterialbearbeitung im Transportwesen, Bremen, BIAS Verlag, 1997

[4] *Müller, S.*: Robotereinsatz beim Fügen von Aluminium-Leichtbaustrukturen. In: Fügeverfahren zur Realisierung von innovativen Leichtbaukonzepten, Erding, April 1999

[5] *Rottländer, H. P.*: Laserverbindungstechnik im Automobilkarosseriebau. In: Aachener Kolloquium Lasertechnik, Aachen, 1998

[6] *Ullrich, W.*: Das Kundendienstkonzept zur Aluminium-Karosserie. In: Auditorium, Aluminium-Technologie im Karosseriebau, Oktober 1993

[7] *Mayer, H.; Venier, F.; Koglin, K.*: Die ASF-Karosserie des Audi A8. In: Der neue Audi A8. ATZ/MTZ Sonderheft, August 2002

[8] *Ruch, W.; Eritt, U.; Wanka, R.*: New technologies in the Audi A2, Aluminium World, Issue No. 2 – October 2001

[9] *Hoffmann, A.; Birkert, A.*.: Gestaltungsrichtlinien für die Auslegung von innenhochdruckumgeformten Strukturbauteilen aus Aluminium. DGM 6./7. 11. 2001 Internationale Konferenz „Hydroumformung“ in Fellbach.

[10] *Hoffmann, A.*: Innenhochdruckumformen von Aluminiumprofilen. Aluminium-Kurier, Nr. 3, 2002

[11] *Niemeyer, M.*: Lasergestützte Fügeverfahren im Aluminium-Karosseriebau, Strahltechnik, Hrsg. G. Sepold, T. Seefeld, ISBN 2-933762-09-X

[12] *Christlein, J.; Schüler, L.*: Audi A2: Realisierung eines zukunftsweisenden Leichtbaukonzepts mit Hilfe der Simulation, VDI-Tagung „Entwicklungen im Karosseriebau“, 11./12. 5. 2002

[13] *Christlein, J.*: Process chain simulation in aluminium car bodies, CRASHMAT 2002 „2nd Workshop for material and structural behaviour at crash processes“, 15./16.4.2002

[14] *Schäper, S.*: Zum Zielkonflikt Recyclingquoten versus Leichtbau/About the Design Conflict between Recycling Quotas and Light Weight Construction; Vortrag zur Gemeinschaftstagung Fachhochschule Hamburg/VDI Gesellschaft Fahrzeugtechnik, 7./8. Mai 2002; VDI Berichte 1674, pp. 213–229; ISBN 3-18-091674-5

[15] *Timm, H.; Koglin, K.; Audi AG*: Die neue Audi TT-Karosse. Konferenz „Automotive Circle International“, EuroCarBody 2006, Bad Nauheim/Frankfurt, 26 Oktober 2006

[16] *Scheurich, H.; Kappler, A.; Audi AG*: The new Audi A8 body. Conference „Automotive Circle International“, Bad Nauheim/ Frankfurt, 13./14. März 2007

[17] *Elend, L.-E.; Hoffmann, A.; Scheurich, H.; Audi AG*: Aluminium-Strangpreßprofile im Karosseriebau. DGM-Symposium Strangpressen, Weimar, 26./27. Oktober 2006

[18] *Koch, H.; Audi AG*: Duktiler Druckguss – Anwendungen und Tendenzen. Seminar „Eigenspannungen und Verzug beim Giessen von Leichtmetallen“, Kassel, 06. September 2005

6.1.3 Karosserie Stahlleichtbau-Studien

6.1.3.1 Einleitung

Stahl ist noch immer mit über 50 %-Anteil der dominierende Werkstoff im Karosseriebereich. Um den Anforderungen des 21. Jahrhunderts hinsichtlich Sicherheit, Umweltverträglichkeit und Kosten gerecht zu werden, wurden im Rahmen der ULSAB-Studien drei eng verzahnte Einzelentwicklungsprojekte über den Zeitraum von 1994 bis 2001 durchgeführt.

ULSAB (Ultralight Steel Auto Body) ist das erste Projekt, das 1994 von einem Konsortium aus 35 Stahlfirmen in Auftrag gegeben wurde. Auf dem Package einer viertürigen, fünfsitzigen Mittelklasse-Limousine **(Bild 6.1-22)** wurden die Möglichkeiten des Einsatzes von modernen Stahlwerkstoffen für den Karosserierohbau zur Erreichung maximaler Gewichtserleichterung untersucht. Zur Definition der funktionalen Ziele und zur Ermittlung von Vergleichswerten wurde ein Benchmark von insgesamt 32 Fahrzeugen bezüglich Gewicht, Steifigkeit, Package und Konzept durchgeführt.

Bild 6.1-22 ULSAB-Karosserie

1997 startete das Projekt ULSAC (Ultralight Steel Auto Closures) [10] mit gleicher Aufgabenstellung für Fahrzeugtüren und -deckel. Die Entscheidung bzgl. des Türkonzepts fiel bei diesem Projekt zugunsten einer rahmenlosen Tür und eines modularen Montagekonzepts.

Zwei Jahre später begann die dritte Studie – ULSAB-AVC (Ultralight Steel Auto Body – Advanced Vehicle Concepts) [7], die die Erfahrungen und Konzeptuntersuchungen der vorangegangenen Projekte um die verbleibenden Komponenten einer Gesamtfahrzeugentwicklung einschließlich Antrieb und Fahrwerk erweiterte. Dabei wurden die Rahmenbedingungen entsprechend neuer und zusätzlicher Ziele angepasst und Abgasgesetze sowie erweiterte Sicherheitsanforderungen berücksichtigt. Die Projekte ULSAB und ULSAC fokussierten neben der Entwicklung, Planung und Wirtschaftlichkeitsbetrachtung die Herstellung von Prototypen zu Versuchs- und Demonstrationszwecken und zur Validierung der Simulationsergebnisse.

6.1.3.2 Zielsetzung

Durch Einsatz moderner Stahlwerkstoffe, der zugehörigen Formgebungs- und Fügeverfahren, gewichtsorientierte Packageauslegung und nicht zuletzt durch werkstoffgerechte Konstruktion soll beim ULSAB der Nachweis erbracht werden, dass eine Gewichtserleichterung um 25 % gegenüber dem Durchschnitt der Benchmark-Karosserien realisierbar ist.

Das Projekt umfasst die Konstruktion und rechnerische Simulation des Steifigkeits-, Festigkeits- und Crashverhaltens. Zu berücksichtigen sind die gesetzlichen Grenzwerte beim 0°-Front-Crash nach US-NCAP (New Car Assessment Program), 50 %-Offsetcrash mit 55 km/h gegen die starre Barriere, Seitencrash 50 km/h nach ECE-R 95, Heckcrash mit 35 mph nach FMVSS 301 und statischen Dacheindrücktest nach FMVSS-Standard 216. Der Nachweis der angestrebten statischen Torsions- und Biegesteifigkeiten (größer oder gleich dem Durchschnitt der Vergleichsfahrzeuge) erfolgt zusätzlich durch Versuche an der Demonstrations-Hardware.

Für die Türen, Front- und Heckdeckel des ULSAC-Projekts sind 10 % Gewichtseinsparung gegenüber dem leichtesten Vergleichsbauteil nachzuweisen. Dabei soll beim quasistatischen Türeindrückversuch (vergleichbar dem Türeindrücktest nach FMVSS 214) an Realbauteilen das gleiche Kraftniveau wie beim Durchschnitt der Vergleichstüren erreicht werden.

Das Projekt ULSAB-AVC ergänzt den Kastenrohbau mit Türen und Deckeln um die verbleibenden Interieur-, Exterieur- und Antriebsumfänge. Dabei ist die Karosserie an ein neues Styling angepasst und auf die Erfüllung erweiterter Sicherheitsanforderungen (EURO-NCAP, Pfahl-Seitencrash) ausgelegt. Über ein Gleichteil- und Plattformkonzept werden die Marktanforderungen nach kostengünstiger Modellvielfalt berücksichtigt. Auf einer Plattform können

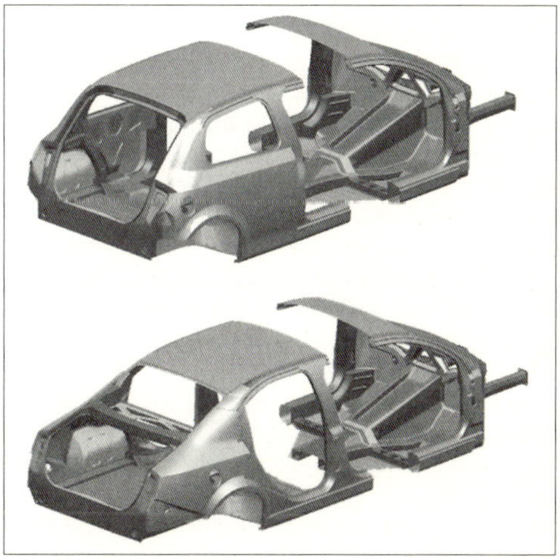

Bild 6.1-23 Gleichteilkonzept ULSAB-AVC (C-Class oben, PNGV-Class unten)

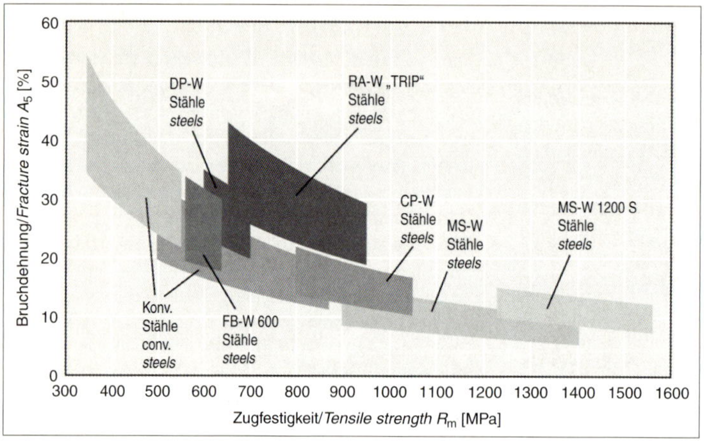

Bild 6.1-24 Verteilung hoch- und höchstfester Stähle (Bruchdehnung über Zugfestigkeit)

mit geringen Modifikationen zwei unterschiedliche Karosserien, eine Fließheckvariante der europäischen Kompaktwagenklasse (C-Class) und eine amerikanische Mittelklassen-Stufenhecklimousine der PNGV-Klasse (Partnership for a New Generation of Vehicles), realisiert werden **(Bild 6.1-23)**.

6.1.3.3 Umsetzung

Durch konsequenten Werkstoff-, Form- und Fertigungsleichtbau und begleitende rechnerische Simulation werden Lösungen für die anspruchsvollen Projektziele erarbeitet.

6.1.3.3.1 Werkstoffleichtbau

Hoch- und höherfeste Stahlgüten

Die bevorzugte Verwendung von Stahlwerkstoffen **(Bild 6.1-24)** mit Streckgrenzen $Rp_{0,2}$ im Bereich von 210 bis 800 MPa ermöglicht es beim ULSAB, Potenziale zur Steigerung der Crashsicherheit, Steifigkeit und Gewichtsreduktion konsequent zu nutzen.

Zum Einsatz kommen Bake hardening-Stähle für die Karosserieaußenhaut zur Erhöhung der Beulfestigkeit und mikrolegierte Feinkornstähle für die Aufbau- und Plattformstruktur.

Um die Intrusionen in die Fahrgastzelle beim Front- und Seitenaufprall zu minimieren, werden Stirnwand- und Sitzquerträger aus borlegiertem Sondertiefziehstahl hergestellt. Das Material wird warm in das Umformwerkzeug eingelegt, tiefgezogen und anschließend abgeschreckt, dabei erhält das Bauteil seine endgültige Festigkeit ($Rp_{0,2}$ > 800 MPa). Insgesamt sind 90 % des ULSAB-Rohbaus in hoch- und höchstfesten Stahlgüten gefertigt **(Bild 6.1-25)**.

Die ULSAC-Tür besitzt eine Rahmenstruktur aus Schloss- und Scharnierrohr mit 1,0 bzw. 1,2 mm Blechstärke und einer Streckgrenze von 280 MPa. Die obere prismatische bzw. untere rohrförmige Verstärkung wird aus Dualphasenstahl DP 800 hergestellt. Für die Türaußenhaut wird wie bei den ULSAB-Außenteilen Bake hardening-Stahl mit einer Streckgrenze von 260 MPa verwendet.

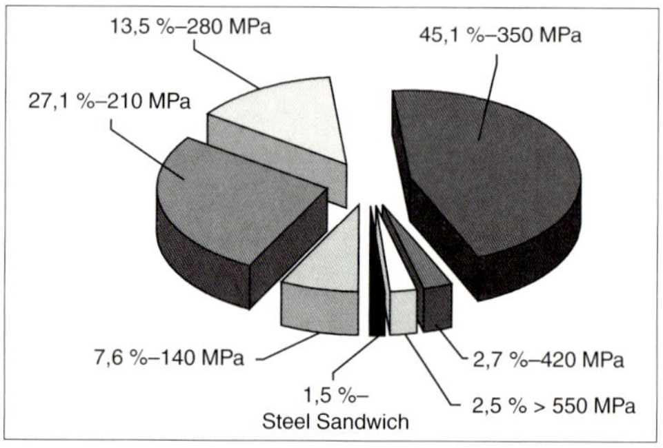

Bild 6.1-25 Gewichtsanteile der Blechgüten im ULSAB nach Festigkeitsklassen

Die weitergehende Leichtbaustudie ULSAB-AVC verwendet für den Kastenrohbau über 95 % hoch- und höherfeste Bleche, davon allein 75 % Dualphasenstähle mit einer Streckgrenze bis 700 MPa. Zum Schutz des Insassenraums bei Seitencrash werden borlegierte Stähle als B-Säulen- und Tunnelverstärkung eingesetzt.

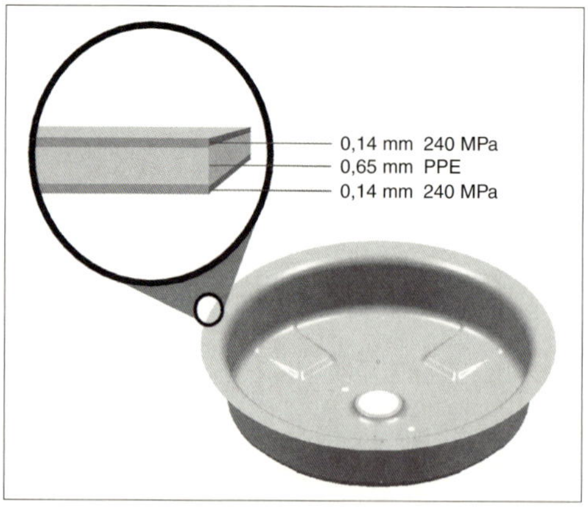

Bild 6.1-26 Reserveradmulde aus Stahlsandwich

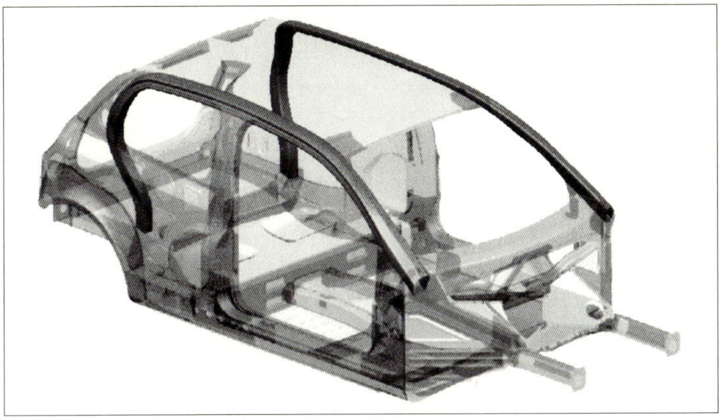

Bild 6.1-27 Dachrahmen seitlich ULSAB-AVC

Stahl-Sandwichbleche

Für die Reserveradmulde und die Stirnwand des ULSAB kommen 0,93 mm dicke Stahlsandwichbleche zum Einsatz **(Bild 6.1-26)**. Gegenüber konventionellen Akustikblechen ist die Deckschichtdicke auf 0,14 mm reduziert und die Mittelschicht aus Polypropylen auf 0,65 mm erhöht. Dieser Wandaufbau ermöglicht eine Halbierung des Gewichts gegenüber den bisher hierfür verwendeten Stahlblechen von 0,8 mm Dicke.

Für die Stirnwand werden darüber hinaus Sekundärgewichtserleichterungen erzielt, weil sich die Schallabstrahlung vom Motor- in den Fahrgastraum verringert. Die isolierende Kunststofflage erlaubt kein Punktschweißen der Sandwichbleche. Sie werden deshalb mit den angrenzenden Rohbauteilen verklebt.

6.1.3.4 Fertigungsleichtbau

6.1.3.4.1 Innenhochdruckumformung (IHU)

Innenhochdruckumformung ist ein Verfahren, welches für Bauteile der Rohkarosserie noch selten genutzt wird. Im Projekt ULSAB ist mit dem seitlichen Dachrahmen eine besonders anspruchsvolle Anwendung realisiert worden **(Bild 6.1-27)**.

Dieses Bauteil integriert A-Säule, Dachrahmen und C-Säule und verläuft ohne Trennung von der vorderen Scharniersäule bis an das hintere Radhaus. Die Querschnittsform ist entsprechend den Anforderungen bezüglich Festigkeit, Steifigkeit und Package (z.B. Sichtwinkel an der A-Säule) gewählt. Als Halbzeug dient ein lasergeschweißtes, hochfestes Rohr mit 96 mm Durchmesser und 1,0 mm Wandstärke aus mikrolegiertem Stahl mit einer Streckgrenze von 280 MPa.

An der ULSAC-Tür kommen ebenfalls innenhochdruckumgeformte Teile zum Einsatz. Zusätzlich zum Steifigkeitsvorteil werden bei der Herstellung der innenhochdruckumgeformten Schloss- und Scharnierrohre Funktionsteile wie Türschlossbefestigungen und Scharnierbuchsenaufnahmen zur Durchführung der Scharnierschrauben angeformt. Der Türrohbau wird durch die geschlossenen, im Querschnitt an die Belastung angepassten Profile bezüglich Durchhang, Verdrehsteifigkeit und Eindrückwiderstand gewichtsoptimal verstärkt.

Bei der Folgestudie ULSAB-AVC wird neben dem aus dem ULSAB bekannten Dachrahmen, der hier aus höchstfestem Dualphasenstahl gefertigt wird, die Innenhochdruckumformung für die vorderen Längsträger verwendet. Die Träger können aufgrund der flanschlosen Ausführung bei Ausnutzung des gleichen Bauraums auf das Gewicht bezogen eine größere Crashenergie aufnehmen.

Die dreidimensional gebogenen IHU-Bauteile der Tür, die seitlichen Dachrahmen und vorderen Längsträger werden in vier Schritten gefertigt:

1. Herstellung des Rohres durch diskontinuierliches Laser- oder Hochfrequenzschweißen
2. Vorbiegen des Rohres auf einer Dornbiegemaschine
3. Vorformen zur korrekten Startgeometrie für das anschließende Werkzeug zur Innenhochdruckumformung
4. Beaufschlagung des in ein geschlossenes Werkzeug eingelegten, vorgeformten Rohres mit hohem Druck (beim Schlossrohr 1500 bar) bis zur endgültigen Formgebung. Dabei wird das Ausgangsbauteil an die Innenkontur des Werkzeugs angeformt. Die an den Rohrenden wirkende Axialkraft führt Material während des Verformungsprozesses in das Werkzeug nach und verringert den Dünnzug bei der Umformung [4].

6.1.3.4.2 Laserschweißen

Die besonderen Merkmale des Laserschweißens – geringer Wärmeverzug trotz linienförmiger Schweißnaht, bei Automatisierung hohe Wiederholgenauigkeit und Schweißgeschwindigkeit – werden für alle Leichtbauprojekte konsequent berücksichtigt und bei jedem Projekt sukzessive ausgebaut.

Innenhochdruckgeformte Bauteile erfordern, aufgrund der entfallenen Schweißflansche, Fügeverfahren mit einseitiger Zugänglichkeit der Fügestelle. Bei Baugruppen in Schalenbauweise erhöhen die durchgängigen Lasernähte die statische und dynamische

Steifigkeit [5]. Beim ULSAB werden daher u.a. die Tür- und Scheibenausschnitte lasergeschweißt, und die Crashträger vorne und hinten erhalten zur Erhöhung der Energieaufnahme gegenüber konventionell punktgeschweißten Strukturen durchgehende Lasernähte. Bei quasistatischen Drückversuchen von Crashträgern wurde nachgewiesen, dass durchgehend lasergeschweißte Deformationsträger mit gleicher Geometrie und aus dem gleichen Material eine bis zu 40 % höhere massenspezifische Energieaufnahme als die punktgeschweißte Variante besitzen.

Die Einzelanwendungen addieren sich in der ULSAB-Karosserie zu insgesamt 18 m Lasernaht. Mit diesen Verfahren werden bei der ULSAC-Tür **(Bild 6.1-28)** die Türabschlussteile und das Spiegeldreieck auf den vorher im MIG-Fügeverfahren aus den IHU-Teilen und Verstärkungsrohren hergestellten Türrahmen geschweißt. Bei der ULSAB-AVC-Studie wird der Einsatz von Laserschweißungen weiter intensiviert, so dass dem Karosserierohbau 723 Schweißpunkte bei gleichzeitig 114 m Lasernaht genügen.

Bild 6.1-28 ULSAC-Türrahmen und Komplettür

6.1.3.4.3 Tailored blanks/Tailored tubes

Durch maßgeschneiderte Platinen und Rohre kann der Materialeinsatz im Rahmen der definierten Funktionsanforderungen bezüglich Gewicht optimiert werden. Darüber hinaus können Schweißbaugruppen ersetzt und somit Fertigungszeit und Maßhaltigkeit verbessert werden.

Die umfangreichste Einzelanwendung von Tailored blanks stellt die Platine der Seitenwand des ULSAB-Rohbaus dar **(Bild 6.1-29)**. Sie besteht aus fünf einzelnen Zuschnitten mit fünf unterschiedlichen Blechdicken und drei Stahlgüten.

Der vordere Türkörperabschluss der ULSAC-Tür ist ebenfalls aus einer Tailored blank-Platine gefertigt, um die lokale Elastizität bei minimalem Werkstoffeinsatz so zu gestalten, dass der Türdurchhang unterhalb der geforderten Grenzwerte bleibt. Die Blechdicke der unteren Scharnieranbindung ist örtlich auf 1,2 mm gegenüber 1,0 mm im oberen Bereich erhöht.

31 % der Tiefziehteile der ULSAB-AVC-Karosserie sind Tailored blanks. Darüber hinaus werden Tailored tubes an exponierten Bauteilen eingesetzt; so sind die vorderen, innenhochdruckumgeformten Längsträger aus einem Halbzeugrohr mit zwei unterschiedlichen Blechdicken gefertigt. Der vordere, im Deformationsbereich liegende Teil wird in 1,5 mm Blechdicke und der verbleibende hintere Teil des Trägers in 1,3 mm Blechdicke ausgeführt.

6.1.3.4.4 Formleichtbau

Unter Formleichtbau versteht man die werkstoffgerechte Konstruktion, die die Bauteilgeometrie entsprechend der auf das Bauteil wirkenden Belastung und des verwendeten Werkstoffs berücksichtigt [6]. Im Karosseriebau mit strukturmechanisch biegeweichen Dünnblechen bedeutet dies, die Bauteile so auszuführen, dass Biegekräfte über Zug- und Druckkräfte abgefangen werden. Der hintere Längsträger des ULSAB ist ein Beispiel für Form- und Fertigungsleichtbau. Er besteht aus lasergefügten Halbschalen, die aus dreiteiligen Tailored blanks gefertigt

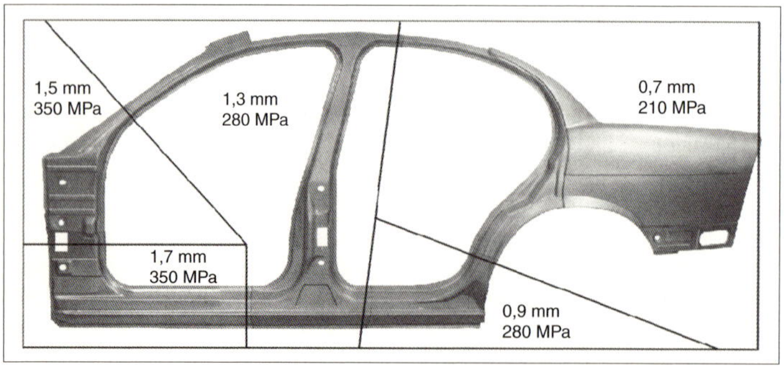

Bild 6.1-29 Seitenwand ULSAB – Tailored blank Platine und Fertigteil

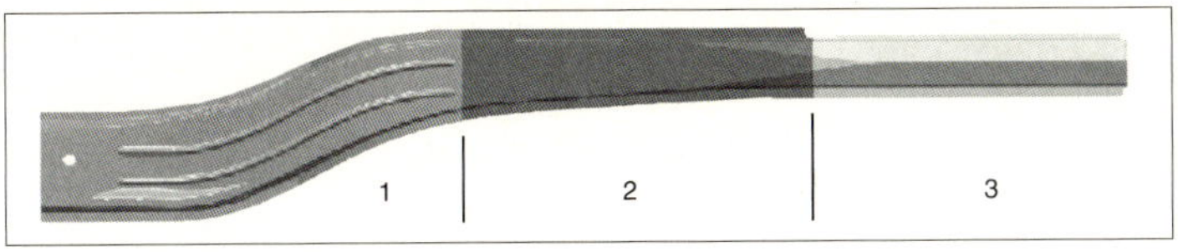

Bild 6.1-30 Hinterer Längsträger: (Zone 1: Aufnahme der Fahrwerkskräfte, Zone 2: Aufnahme der Kofferraumlast, Zone 3: Energieaufnahme beim Heckcrash)

werden. Den verschiedenen Zonen des Trägers kommen verschiedene Aufgaben zu.
Der Übergang vom Längsträger zum Bodenträger ist harmonisch gestaltet, um ohne zusätzliche Knotenversteifungen die Stabilität des Trägers beim Heckaufprall zu gewährleisten (**Bild 6.1-30**). Der Querschnitt im Deformationsbereich ist hexagonal gestaltet, um einerseits ein Maximum an längenspezifischer Energieaufnahme beim Crash zu erreichen, und um andererseits hinreichend Widerstand gegen Biegekollaps aufzuweisen.
Crashboxen vor dem Fußraum des ULSAB-AVC sind weitere Ansätze im Formleichtbaukonzept (**Bild 6.1-31**). Anstelle von Trägern mit hoher Materialstärke werden hier speziell Zonen mit definiertem Energieabsorptionsvermögen integriert. Die Fahrzeugverzögerung und die Kompaktierung des Vorderwagens können hierdurch noch spezifischer auf die Anforderungen an die Insassenbelastungen abgestimmt werden.

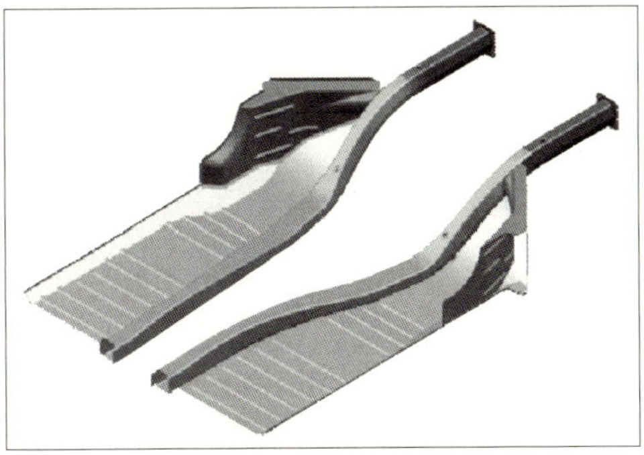

Bild 6.1-31 Seitliche Crashboxen

6.1.3.5 Wirtschaftlichkeit

Die Auswahl der Karosserie- und Teilekonzepte einschließlich der Füge- und Fertigungsmethoden berücksichtigt für alle Projekte ein Großserienproduktionsvolumen von 225 000 Einheiten pro Jahr. Die Wirtschaftlichkeitsbetrachtungen und das Ziel der Kostenreduzierung werden durch optimalen Materialeinsatz, Umstellung auf verschleißarme Fügeverfahren (von Widerstandspunkt- auf Laserschweißen) und durch Teilereduktion aufgrund von Fertigungsverfahren, wie der Innenhochdruckumformung, und der Verwendung von Tailored blanks realisiert.
Für die Kalkulation der Kosten von Bauteilen, Baugruppen, Fertigungsschritten und Fügeoperationen wurde von den Projektteams in Zusammenarbeit mit dem MIT (Massachusetts Institute of Technology, Cambridge, USA) ein Kostenmodell erstellt. Dieses berücksichtigt alle in der Produktion anfallenden Kostenarten und relevanten Parameter. In die detaillierten Kosten fließen unter anderem produktionsseitige Faktoren wie Jahresarbeitstage, Investitionskosten, Platzbedarf der Einrichtungen, Wartungsaufwand, Anschlussleistungen und Zykluszeiten der Maschinen, Materialpreise, Löhne und das Verhältnis von indirekten zu direkten Arbeitskräften ein. Betriebswirtschaftlich werden bspw. Kosten aus kalkulatorischen Abschreibungen von Maschinen und Gebäuden, kalkulatorische Zinsen, Umlaufkapitaldauer und Produktzyklus berechnet.

6.1.3.6 Ergebnis

Während der Entwicklung von ULSAB, ULSAC und ULSAB-AVC wurde besonders auf einen durchgängigen Simultaneous Engineering-Prozess geachtet. Zur Erreichung der Projektziele wurde das Expertenwissen aus Konstruktion, Fahrzeugsicherheit, FEM-Berechnung, Werkstofftechnologie, Einzelteil- und Zusammenbauplanung frühzeitig eingebracht.
Die ULSAC-Tür erreicht mit 10,47 kg (flächennormalisiert 13,27 kg/m^2) gegenüber dem Mittelwert der Vergleichstüren ein um 33 % geringeres Gewicht. Die ULSAB-Karosserie wiegt 203 kg und ist damit 25 % leichter als der Durchschnittswert der Benchmark-Karosserien. Crashberechnungen zeigen, dass die Struktur das geforderte Deformationsverhalten aufweist. Die statische Torsionssteifigkeit beträgt im Versuch 20.800 Nm/° und übertrifft den Durchschnitt der Benchmark-Karosserien um 80 %. Für das Gesamtfahrzeugkonzept ULSAB-AVC wurde ein Karosseriegewicht von 202 kg für die Kompaktwagenklasse und 218 kg für die Stufenhecklimousine der PNGV-Klasse errechnet.
Damit wurde das aus der ULSAB-Studie abgeleitete Gewichtsziel, trotz gleichzeitig gestiegenen Sicherheitsanforderungen, unterschritten. FEM-Simulationsergebnisse des EURO-NCAP-Crashs (64 km/h mit 40 % Überdeckung und deformierbarer Barriere) bestätigen die konzeptionelle Auslegung der Karosserie, da einerseits das gewünschte Deformationsverhalten, andererseits die notwendige Stabilität der Zelle unter Crash-Belastungen erreicht wurde. Verglichen mit aktuellen EURO-NCAP Untersuchungsergebnissen hat demzufolge ULSAB-AVC das Potenzial zu einer bestmöglichen 5-Sterne-Bewertung.
Mit den ULSAB-, ULSAC- und ULSAB-AVC-Studien wurde gezeigt, dass bei konsequenter Anwendung heute bekannter Leichtbaumaßnahmen und dem Einsatz modernster Stahlwerkstoffe und Ferti-

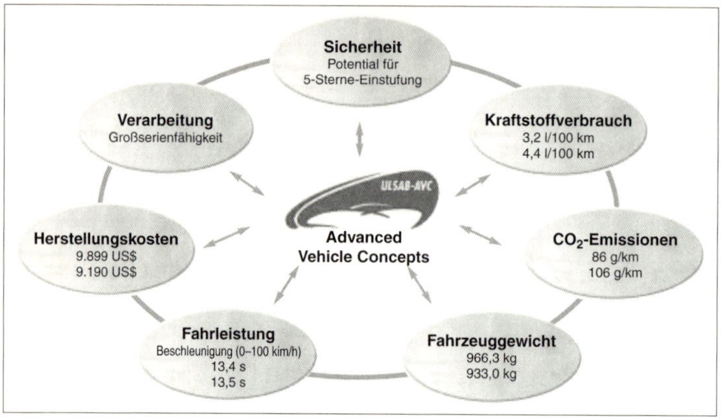

Bild 6.1-32 ULSAB-AVC-Ergebnisse für das Kompaktklassen-Modell

gungstechnologien deutliche Gewichtsreduzierungen gegenüber heutigen Großserienkarosserien ohne Einbußen bei Funktion, Sicherheit und Wirtschaftlichkeit möglich sind (**Bild 6.1-32**).

Literatur

[1] ULSAB Phase 2 Endgame Presentation Package, The ULSAB Consortium 1998

[2] ULSAC Overview Report, Stahl-Informations-Zentrum 2000

[3] ULSAB-AVC Overview Report, The ULSAB-AVC Consortium 2002

[4] *Leitloff, F. U.*: Innenhochdruckumformung – Grundlagen, Anwendungen, Perspektiven, Vortragsreihe VDI, Stuttgart 1998

[5] *Hornig, J.*: Laser-strahlende Zukunftsaussichten beim Schweißen im Karosseriebau, VDI Berichte Nr. 1264, S. 149 ff., VDI-Verlag GmbH Düsseldorf 1996

[6] *Lüdke, B.*: Funktionaler Karosserie-Leichtbau; Von den Anforderungen an die Rohkarosserie zu den Anforderungen an die Rohkarosseriewerkstoffe, VDI Berichte Nr. 1543, S. 115 ff., Düsseldorf 2000

[7] ULSAB-AVC Engineering Summary, Automotive (R)Evolution in Steel, http://www.stahl-info.de/stahl_im_automobil/ ultraleicht_stahlkonzepte/ulsab_avc/ulsab_avc.pdf

[8] Warmband – Qualität in großer Bandbreite, ThyssenKrupp Stahl, Duisburg, April 2002, http://www.thyssen-krupp-stahl.com

[9] ULSAB – Materials and Processes, The ULSAB-AVC Consortium, http://www.autosteel.org/ulsab/

[10] Ultraleichte Automobil-Anbauteile aus Stahl, Übersetzung des ULSAC Overview Report 1. Auflage, ISSN 0175-2006, Stahl-Informations-Zentrum, Düsseldorf 2000, http://www.autosteel.org/ulsac/

Weiterführende Literatur

[11] *Hilfrich, E.*: Closures-Konzepte aus Stahl, mobiles 29, Fachzeitschrift für Konstukteure, Ausgabe 2003/2004, Hamburg, S. 83 ff.

[12] *Adam, H.; Osburg, B.; Ramm, St.*: Die Zukunft der Stahlkarosserie – Evolution und Revolution, mobiles 28, Fachzeitschrift für Konstrukteure, Ausgabe 2002/2003, Hamburg, S. 16 ff.

[13] *Groche, P.; Henkelmann, M.*: Herstellung von Profilen aus höher- und höchstfesten Stählen durch Walzprofilieren, Institut für Produktionstechnik und Umformmaschinen, TU Darmstadt, http://www.ptu.tu-darmstadt.de/content/personal/henkelmann/ henkelmann.html

[14] div. Publikationen (Zwischen-, Abschlussberichte) unter http://www.autosteel.org/

6.1.4 Cabriolet

6.1.4.1 Einführung

Unter Cabriolets werden Fahrzeuge verstanden, deren Dach aufklappbar oder abnehmbar ist und deren Fenster versenkt werden können. Vom Cabriolet zu unterscheiden sind die zweisitzigen Roadster und der Spider, wobei der Spider ein Fahrzeug ohne Dach ist.

Cabriolets haben seit Jahren eine Renaissance erlebt. 1987 sind in Deutschland 30400 neue Cabriolets zugelassen worden. 2004 haben sich die Zulassungszahlen mit ca. 160000 mehr als verfünffacht. Damit haben Cabriolets einen Marktanteil bei den Neuzulassungen von 4,9 %. 2007 sind nahezu 50 Cabriolet Fahrzeuge über alle Fahrzeugklassen von ca. 30 Herstellern im Angebot.

Da Cabriolets trotz des gestiegenen Marktanteils Nischenfahrzeuge sind, werden sie häufig aus Kostengründen als Derivate von Großserienfahrzeugen entwickelt (Beispiel **Bild 6.1-33**).

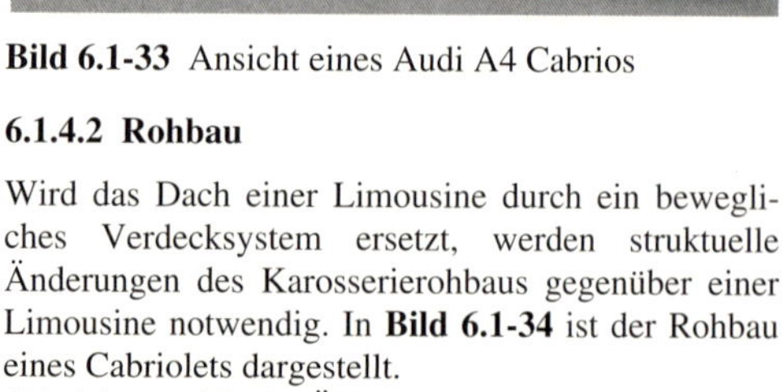

Bild 6.1-33 Ansicht eines Audi A4 Cabrios

6.1.4.2 Rohbau

Wird das Dach einer Limousine durch ein bewegliches Verdecksystem ersetzt, werden struktuelle Änderungen des Karosserierohbaus gegenüber einer Limousine notwendig. In **Bild 6.1-34** ist der Rohbau eines Cabriolets dargestellt.

Cabrioletspezifische Änderungen am Rohbau sind in dem Bild markiert. Die kleinen Bildausschnitte werden im Laufe des Artikels erläutert. Die Bezeich-

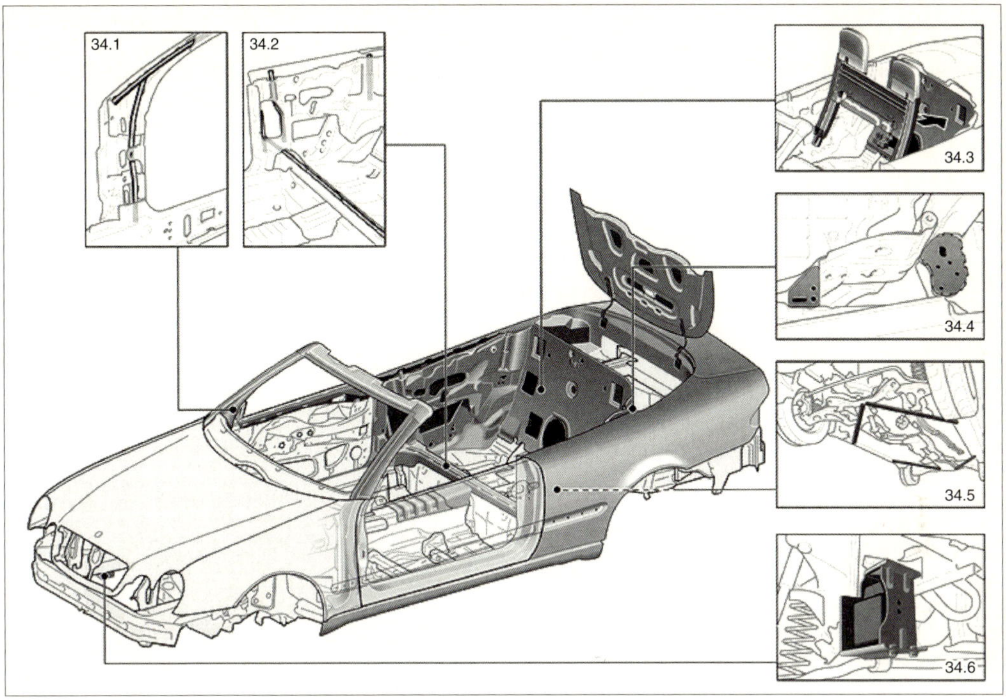

Bild 6.1-34 Rohbau eines Cabriolets

nung der kleinen Bilder wird im Folgenden oben links mit (34.1) beginnend und über das Bild oben rechts (34.3) bis zu Bild unten rechts (34.6) durch nummeriert.

Konstruktiv muss für die Unterbringung des Verdecks gesorgt werden. Bei Cabriolets wird zumeist das Verdeck vollständig in der Karosserie versenkt, indem es in einer Verdeckwanne abgelegt wird. Die Verdeckwanne wird entweder aus Steifigkeitsgründen karosseriefest ausgeführt oder variabel, z.B. als Rollo, damit bei geschlossenem Verdeck ein größeres Kofferraumvolumen zur Verfügung steht. Durch einen festen Verdeckdeckel oder durch eine flexible Persenning wird das abgelegte Verdeck geschützt.

Da die meisten Karosserien selbsttragend konstruiert sind, führt das Entfernen des Daches zu einem erheblichen Steifigkeitsverlust. Dieses hätte nachteilige Auswirkungen sowohl auf das Schwingungsverhalten als auch auf das Crashkonzept des Cabriolets. Durch entsprechende Versteifungsmaßnahmen muss beidem entgegen gewirkt werden.

Bei einer Neukonstruktion eines Cabriolets/Roadsters oder Spiders findet neben der selbsttragenden Karosserie auch die Spaceframe-Technik Anwendung (Kap. 6.1.2). Diese Technik bietet den Vorteil, dass z.B. im Bodenbereich gezielt höhere Steifigkeiten erreicht werden können. Weiterhin bietet diese Technik Vorteile beim Gewicht und beim Verformungsverhalten im Crashfall. Die Außenhaut des Fahrzeugs aus Kunststoff- oder Blechteilen wird an der Rahmenkonstruktion befestigt.

6.1.4.2.1 Karosseriesteifigkeit

Zu geringe statische Karosseriesteifigkeiten können die Fahrdynamik des Fahrzeugs negativ beeinflussen und zusätzlich zur Folge haben, dass die Türen, Klappen und vor allem das Verdeck z.B. beim Parken auf einem Bordstein sich nicht einwandfrei öffnen oder schließen lassen.

Die dynamische Steifigkeit einer Karosserie bestimmt wesentlich den Schwingungskomfort eines Fahrzeugs. Eigenfrequenzen der Karosserie sollten nicht mit Eigenfrequenzen von schwingungsfähigen Komponenten wie z.B. Motor, Achse, Abgasanlage und Lenksäule übereinstimmen, um Resonanzanregung zu vermeiden. Bei Cabriolets ist der erste zu beobachtende Karosseriemode immer der erste Torsionsmode. Die Eigenfrequenz dieses Modes liegt nahe der Motor- und Achseigenfrequenz. Der erste Torsionsmode ist daher für den Fahrkomfort als besonders kritisch zu bewerten, da er durch Motor- und Achsschwingungen leicht angeregt werden kann. Das Ziel ist es, eine möglichst hohe Steifigkeit zu erreichen, um die Karosserie insbesondere von Motor- und Achsschwingungen zu entkoppeln.

Limousinenkarosserien sind unter Einbeziehung des Daches selbsttragend konstruiert, so dass das Entfernen des Daches zu einem Steifigkeitsverlust um ca. 85 % führt.

Zur Kennzeichnung der dynamischen Steifigkeit zeigt **Bild 6.1-35** Werte der Torsionseigenfrequenz des Rohbaus von viersitzigen Cabriolets. Limousinen haben erste Rohbaueigenfrequenzen von bis zu 50 Hz, moderne Cabrioletrohbauten erreichen meist nur 50 % dieser Steifigkeit.

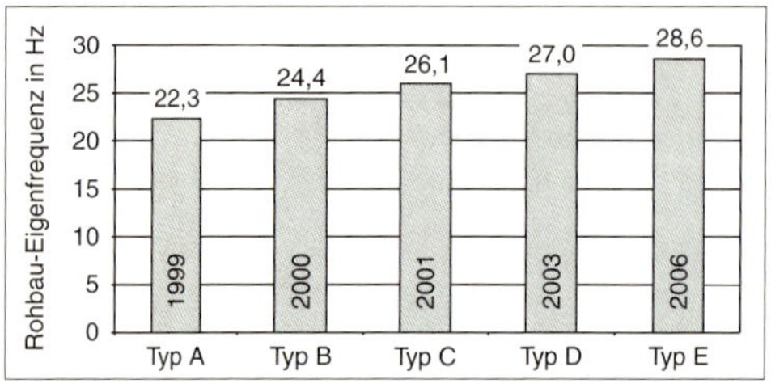

Bild 6.1-35 Erste Torsionseigenfrequenz Rohbau von viersitzigen Cabriolets

Als Gesamtfahrzeug haben viersitzige Cabriolets eine erste Torsionseigenfrequenz um 15 Hz. Genau in diesem Frequenzbereich sind Achs- und Motorresonanzen zu erwarten, so dass die für den Fahrer störenden Torsionsschwingungen der Karosserie verstärkt angeregt werden. Die Torsionsschwingung ist die komfortbestimmende Schwingung im Cabriolet.

Durch die Torsionsschwingungen der Karosserie werden Rückspiegel- und Lenkradzittern verursacht. In **Bild 6.1-36** werden Querschwingungen des Rückspiegels eines Cabriolets mit denen eines Coupés verglichen. Bei ca. 15 Hz werden beispielsweise beim Cabriolet um mehr als das zehnfache höhere Schwingungsamplituden am Rückspiegel beobachtet.

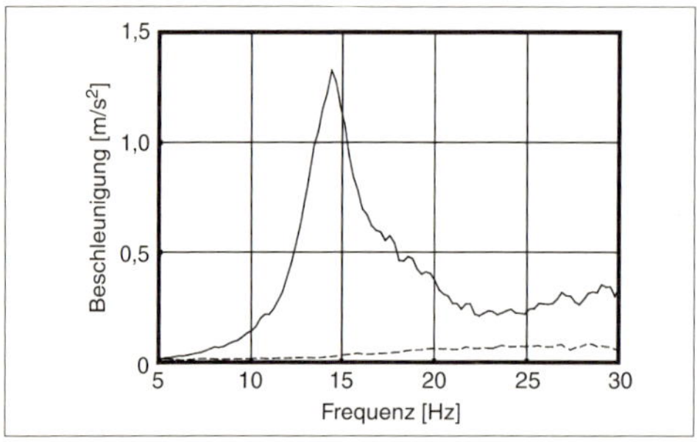

Bild 6.1-36 Querbeschleunigung des Rückspiegels auf Hydropulsprüfstand —: Cabriolet; -----: Coupé

Im Sitz sind verstärkt Schwingungen spürbar. Diese resultieren aber aus Biegeschwingung der Karosserie. Folgende Maßnahmen haben sich zur Erhöhung der Karosseriesteifgkeit bewährt:

- vergrößerte Längsträgerquerschnitte (z.B. Türschweller)
- Querwände
- Optimierung der Übergänge vom Längsträger auf A- und B-Säule
- Diagonalstreben vorne und hinten (**Bild 6.1-34.5**)
- Einbinden von Anbauteilen in den Kraftfluss der Torsion (z.B. vorderer Hilfsrahmen, Motorunterfahrschutz)

Diese Versteifungsmaßnahmen erhöhen das Gewicht einer Cabrioletkarosserie um bis zu 120 kg im Vergleich zur entsprechenden Limousine.

6.1.4.2.2 Karosserietilger

Stellt sich bei der Entwicklung eines Cabriolets heraus, dass der Schwingungskomfort nicht ausreichend ist, wird die erste Torsionsmode einer Karosserie in der Regel mit Tilgern gedämpft (vgl. **Bild 6.1-34.6**). Als Tilgermasse werden die Batterie, der Motor, bei automatischen Verdecken auch die Hydraulikpumpe oder Zusatzmassen genutzt.

Das **Bild 6.1-37** verdeutlicht die Wirkungsweise eines Tilgers. Dargestellt ist die gemessene Beschleunigung in Querrichtung am Windschutzrahmen als Funktion der Erregungsfrequenz für ein Fahrzeug mit bzw. ohne Tilger. Ohne Tilger ist bei etwa 14 Hz ein Maximum im Spektrum zu erkennen. In dem Bild erkennt man die Wirkungsweise eines klassischen Tilgers: Die Resonanzspitze wird in zwei Seitenbänder aufgespalten und die Amplitude wird gesenkt.

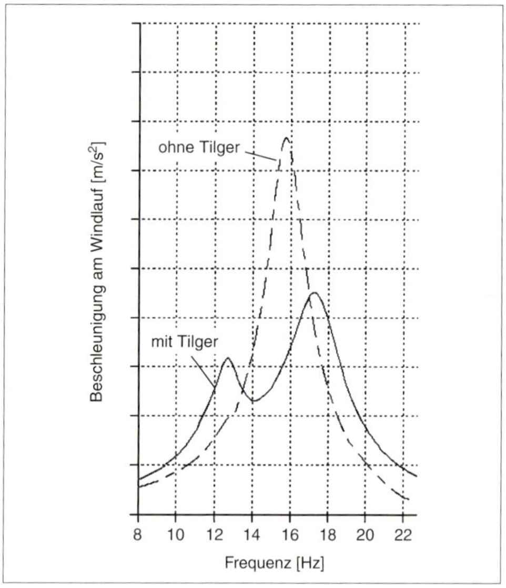

Bild 6.1-37 Wegamplitude in Querrichtung am Windschutzrahmen als Funktion der Erregerfrequenz für ein Fahrzeug mit bzw. ohne Tilger

Als Einbauort der Tilger eignen sich Orte der größten Schwingungsamplituden der ersten Torsionsmode. Diese werden immer an den äußeren Ecken einer Karosserie liegen. In vielen Cabriolets sind Tilger mit einer Masse von 12 kg und mehr verbaut.

Wird die Batterie als Tilger genutzt, ist bei der Entwicklung besonders auf die Dauerhaltbarkeit der Batterie zu achten. Die Batterie als Tilger wird z.B. im 3er BMW Cabriolet eingesetzt.
Den Motor als Tilger zu nutzen ist besonders reizvoll, da hierdurch keine zusätzlichen Massen in das Fahrzeug eingebracht werden müssen. Jedoch ist die Auswirkung der Änderung der Steifigkeit der Motorlager auf das Innengeräusch zu beachten. Für den Porsche Boxster und das New Beetle Cabriolet wird der Motor als Tilger erfolgreich genutzt.
Bei der Auslegung des Tilgers ist zu beachten, dass sich die dynamische Steifigkeit des Fahrzeug mit dem Öffnen und Schließen des Verdecks verändert, jedoch der Tilger auf nur eine Frequenz abgestimmt sein kann. Durch eine ausreichend hohe Dämpfung ist eine entsprechende Breitbandigkeit der Tilgerwirkung erzielbar.
Aktive Schwingungsreduktionssysteme für Cabriolets befinden sich noch im Forschungsstadium [2].

6.1.4.2.3 Betriebsfeste Auslegung von Cabrioletkarosserien

Die Betriebsfestigkeit einer Karosserie und der betroffenen Anbauteile ist eine weitere wesentliche Anforderung.
Die notwendigen Maßnahmen zur Steifigkeitserhöhung (Längsträger, Querwände, Säulenübergänge, Diagonalstreben), sowie die Sicherstellung der Crasheigenschaften und die Forderung nach Leichtbau stellen miteinander konkurrierende Eigenschaften dar.
Die notwendigen Aussteifungen führen zu lokalen großen Steifigkeitssprüngen. Die hieraus resultierenden Überhöhungen in den Materialspannungen können die Betriebsfestigkeit des Cabriolets gegenüber der Basislimousine herabsetzen (z.B. Anbindung Diagonalstrebe an Rohbau oder Übergang A – Säulenfuss in Schweller).
Hinzu kommt, dass die Karosserie eines Cabriolets wegen der deutlich geringeren Steifigkeit bei gleichen äußeren Belastungen größeren Verformungen und damit Bauteilbeanspruchungen ausgesetzt ist.
Da ein Cabriolet im allgemeinen eine Derivatentwicklung ist, verschieben sich so oftmals hohe lokale Beanspruchungen in die Fügezone von Übernahmeteilen.
Ca. 90 % der Ermüdungsschäden in einer Cabrioletkarosserie haben ihren Ursprung in Fügestellen (MIG-/MAG-Nähte, Schweisspunkte etc.). Folgende grundsätzliche Konstruktionsprinzipien zur Vermeidung von Ermüdungsschäden (mangelnde Betriebsfestigkeit) gelten für die Cabrioletentwicklung in besonderem Maße:

- Vermeidung von großen Steifigkeitssprüngen
- Fügestellen nach Möglichkeit ausserhalb hochbeanspruchter Bereiche.

Möglichkeiten zur Betriebsfestigkeitsoptimierung liegen in der Modifikation der Bauteilgestaltung, der Werkstoffwahl und des Fertigungsprozesses. Dabei liegt das größte Potenzial in der Geometrieoptimierung.
Die Betriebsfestigkeitsoptimierung erfordert eine genaue Kenntnis des cabriospezifischen Belastungsprofils.

6.1.4.3 Sicherheitsrelevante Auslegung von Cabriolets

Mit den gestiegenen Anforderungen an die Fahrzeugsicherheit werden nunmehr nicht nur Bauteile, sondern auch Sicherheitssysteme von den Basisfahrzeugen übernommen oder cabrioletspezifisch neuentwickelt. Hierbei muss das Cabriolet die gleichen Sicherheitsanforderungen erfüllen wie das Basisfahrzeug.

Frontcrash

Bei einem Frontalcrash wird der Großteil der Crashenergie über den Fahrzeugboden und cabriospezifisch über den Kraftpfad Tür abgebaut. Deshalb werden die Schweller durch doppelte Blechstärken, Tailored Blanks oder Versteifungsrohre verstärkt und die Tür im Brüstungsbereich und an der Türanbindung steifer ausgeführt.

Seitencrash

Die zu einem festen Dach durchgehende fehlende B-Säule bei Cabriolets wird durch eine Versteifung des Bodens, der unteren B-Säule und der Seitenwand kompensiert.
Hierfür werden vielfach Rohrverstärkungen eingesetzt (vgl. **Bild 6.1-34.2**).
Durch die beim Cabriolet versteiften A- und B-Säulen werden das Türschloss und die Scharniere stärker beansprucht.
Zum Abfangen des Insassen kann der im Sitz oder in der Türverkleidung vorhandene Thoraxairbag zu einem Kopf-Thorax-Airbag vergrößert werden.

Heckcrash

Der Heckcrash ist wie bei der Limousine der Hauptbelastungsfall für die Tankanlage. Anders als bei der Limousine ist für das Cabriolet auch sicherzustellen, dass für beide Lagen des Verdeckes (geschlossen/geöffnet) keine Teile in den Fahrgastraum eindringen können.

Überschlag

Bei einem Überschlag muss für einen ausreichend großen Überlebensraum gesorgt werden.
Dabei wird die A-Säule des Fahrzeugs besonders beansprucht. Ein Abknicken der Säule muss vermieden werden. Dazu wird die A-Säule durch integrierte Rohre aus hochfestem Stahl und der Windlauf durch

Blechdickenerhöhung und durch Querschnittsvergrößerungen verstärkt (vgl. **Bild 6.1-34.1**).
Zur Unterstützung der A-Säule dient in vielen Cabriolets ein Überrollbügelsystem. Es existieren feste Überrollbügel in Höhe der B-Säule und Überrollbügel, die erst im Notfall ausfahren. Konstruktiv gelöst wird diese Art Überrollschutz als Überschlagcassette oder aufstellbare Bügel, bei der stabile Rohre im Notfall durch Federkraft hochschnellen und verriegeln.
Zur Auslösung des Überschlagschutzsystems registrieren Sensoren die Schräglage des Fahrzeugs und die Beschleunigungen um die Fahrzeuglängs- bzw. Fahrzeugquerachse sowie ob am Fahrzeug eine „schwereloser" Zustand (Verlust der Bodenhaftung oder vollständiges Ausfedern der Räder) vorliegt.

6.1.4.4 Türen

Cabriolets erfordern rahmenlose Türen. Bei einer rahmenlosen Tür nimmt die Scheibe Druck-, Torsions- und Biegekräfte auf, die sonst vom Türrahmen aufgenommen werden. Diese Kräfte entstehen durch den Schließgegendruck der Tür an die A-Säule und an das Verdeck sowie durch Auszugskräfte aufgrund von Unterdruck bei Fahrt an der Türscheibe.
Um diesen Anforderungen zu genügen, muss die Materialstärke der Türscheibe erhöht, der Türschacht verstärkt und meist auch das System des Fensterhebers angepasst werden.

6.1.4.5 Dachsystem

Zu den Dachsystemen bei Cabriolets zählen Stoffverdecke und die faltbaren Festdächer (Retractable Hardtop RHT). Mischformen aus beiden Systemen wie das Dualtop oder eine Teilöffnung wie zum Beispiel das Targa-Dach werden hier nicht behandelt.

6.1.4.5.1 Faltbares Festdach (Retractable Hardtop)

Als Erweiterung des klassischen Stoffverdeckes sind seit Erscheinen des DC SLK und des Peugeots 206 CC die Retractable Hardtops (RHT) zu sehen. Sie bieten Vorteile im Fahrkomfort aufgrund geringerer Windgeräusche und höherer Karosseriesteifigkeit bei geschlossenem Dach, in der Herstellung, der vermeintlichen Anti-Vandalismusfähigkeit und des Designs. Die erfolgreichsten auf dem Markt befindlichen RHT's sind in 2 Bereiche aufgeteilt, den vorderen Dachbereich und den hinteren Heckscheibenbereich. Die festen Dachteile bestehen aus Blech in Schalenbauweise, sind in Wagenfarbe lackiert oder haben einen Glaseinsatz. Sie falten sich über eine einfache Kinematik in den Kofferraum und benötigen aufwändige Heckklappen und Hutablagen. Durch die Packungshöhe des gefalteten Dachs ist das Kofferraumvolumen eingeschränkt.

Für 4-sitzige Cabriolets mit RHT sind seit 2006 Fahrzeuge im Markt, die bis zu 5 bewegliche Dachteile im Kofferraum ablegen können (VWEOS) [7] (**Bild 6.1-38**).

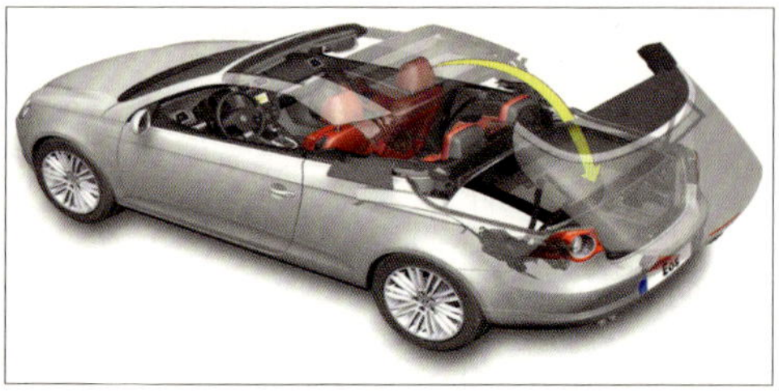

Bild 6.1-38 Technik des Dachs (transparent) des EOS (Quelle: Volkswagen AG)

6.1.4.5.2 Stoffverdeck (Softtop)

Ein Stoffverdeck muss ganzjahrestauglich sein, hohen optischen Ansprüchen genügen und die Lebensdauer des Fahrzeuges erreichen. Es besteht aus einem Verdeckgestell und einem textilen Dachaufbau.

Verdeckaufbau

Ein Verdeckaufbau kann über 300 Teile umfassen und verwendet nahezu alle in der Fahrzeugtechnik gebräuchlichen Materialien.
Das Verdeckgestell wird zunehmend aus Gewichtsgründen in Leichtbauweise hergestellt. Es werden Profile oder Druckgussteile aus Aluminium oder Magnesium verwendet. Nur hoch belastete Teile werden in Stahl ausgeführt.
In dem **Bild 6.1-39** sind die Komponenten eines Verdeckgestells dargestellt. Zu unterscheiden sind Verdecke mit klappbarem Verdeckstoffhaltebügel von Verdecken mit einer karosseriefesten Anbindung.
Die Spriegel sorgen für eine Steifigkeit des Verdeckgestells in Querrichtung und dienen gleichzeitig als Auflage für den Verdeckstoff.
Es gibt manuell betriebene Verdecke und im zunehmendem Maße halb- bzw. vollautomatische. Bei halbautomatischen Verdecken wird das Verdeck im Gegensatz zum vollautomatischen manuell verriegelt. Das Öffnen des Verdecks erfolgt bei beiden Varianten automatisch.
Die Verdeckspitze wird entweder durch zwei seitliche Verschlüsse oder durch einen mittig angebrachten Zentralverschluss am Windlauf verriegelt. Bei Verdecken mit klappbaren Verdeckstoffhaltebügeln ohne Übertotpunktkinematik sind zusätzlich ein oder zwei Verriegelungen notwendig, die den Verdeckstoffhaltebügel am Verdeckdeckel verschließen.
Bei den halb- bzw. vollautomatischen Verdecken werden elektromechanische und elektrohydraulische Antriebe verwendet. Bei Systemausfall ist eine Notbetätigung möglich. Elektrohydraulische Antriebe haben den Vorteil, dass sie flexibel in der Auslegung sind, da sie durch eine Vielzahl von Zylindergrößen auch in engen Fahrzeugbauräumen unterzubringen sind. Ist eine

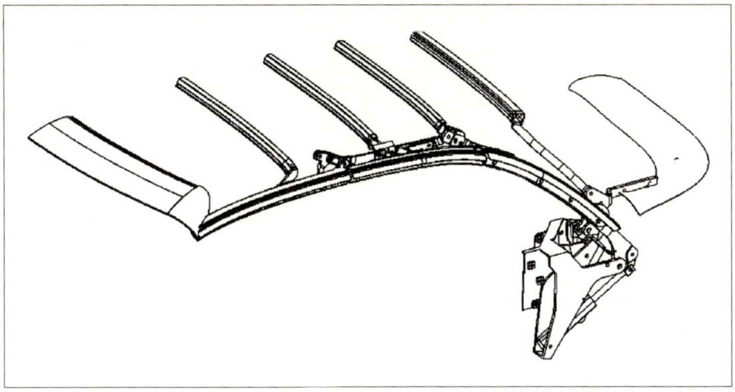

Bild 6.1-39 Darstellung der Komponenten eines Verdeckgestells

Hydraulikanlage für das Verdeck im Fahrzeug installiert, können auch andere Elemente wie Deckel und Schlösser mit Hydraulikzylindern angetrieben werden.
Ein weiteres Unterscheidungsmerkmal bei Verdecken ist die Heckscheibe, die in Form einer festen Mineralglasscheibe oder einer flexiblen Kunststoffscheibe ausgeführt sein kann. Durch eine feste Heckscheibe erfährt das Verdeck höhere Stoffspannungen beim Öffnen bzw. Schließen und hat eine größere Packungshöhe. Die Mineralglasscheibe kann im Gegensatz zur Kunststoffscheibe beheizt werden und ist unempfindlicher gegen Verkratzung.

Textilumfang

Der Textilumfang im Verdeck besteht bei einem Cabriolet aus dem Bezug, einem Verdeckpolster und dem Innenhimmel. Das Verdeck eines Roadsters ist nicht gepolstert und in einigen Fällen wird auch auf den Innenhimmel verzichtet.
Bei der Auswahl der Verdeckstoffe ist auf eine gute Faltenreversibilität und auf eine Resistenz gegen Temperatur- und Umwelteinflüsse zu achten.
Der Bezug sorgt für Dichtigkeit bei Regen.
Stand der Technik für den Bezugstoff ist eine dreilagige Ware. Die obere Lage des Bezugstoffes besteht entweder aus einem PVC-Material mit Narbung oder aus einem gewebten Stoff. Als Stoff wird meistens Polyacryl verwendet. Eine Gummierung zwischen Ober- und Unterschicht des Bezugs sorgt für die Wasserundurchlässigkeit des Verdecks. Die untere Lage, wiederum aus einem gewebten Stoff (meist Polyester) gefertigt, dient der Optik und der Haltbarkeit.
Das Verdeck wird zur thermischen und akustischen Isolation geplostert. Weiterhin kann die Polsterung zur äußeren Kaschierung der Spriegel dienen. Der Kern einer Polstermatte besteht in der Regel aus einem Vliesmaterial, das sich beim Schließen des Verdecks gut komprimieren lässt und das beim Öffnen ein gutes Rückstellverhalten zeigt. Damit die Polstermatte Zugkräfte aufnehmen kann, wird sie an der Ober- und Unterseite mit einem Gewebe umhüllt.
Der Innenhimmel dient nur optischen Zwecken und besteht aus einem stückgefärbten Profilgewirke.

Ziel beim Verdeckaufbau ist eine vollständig klebefreie Anbindungstechnik, um die Aufwände in der Fertigung zu minimieren.

Dichtungen

Das Verdeck muss gegen die Karosserie und gegen die Fenster so abgedichtet werden, dass das Cabriolet waschstraßentauglich ist. Für Cabriolets ist ein eigenständiges Wassermanagement mit speziellen Dichtungen notwendig.
Verwendet werden großvolumige Dichtungen, um Toleranzen ausgleichen zu können. Da viele Dichtungen bei geöffnetem Verdeck gut zu erkennen sind, müssen sie auch optischen Ansprüchen genügen.
Um den Übergang Türscheibe-Verdeck abzudichten, wird vielfach mit Kurzhubabsenkung gearbeitet. Dabei wird beim Öffnen bzw. beim Schließen der Tür die Türscheibe automatisch einige Milimeter abgesenkt oder angehoben.
Die Minimierung von Windgeräuschen und die Schallisolation sind bei der Dichtungsentwicklung wichtige Nebenziele.

Literatur

[1] *Hanus, K.H., Paul, A.*: Reduzierung von Karosserieschwingungen und Innengeräusch mit Hilfe von Tilgern, Stuttgarter Symposium Kraftfahrwesen u. Verbrennungsmotoren, Symposium (1997)

[2] *Kalinke, P., Gnauert, U.*: Potenzialanalyse von aktiven Schwingungsreduktionssystemen zur Verbesserung des Schwingungskomforts bei Cabriolets, mobiles 28 (Ausgabe 2002/ 2003)

[3] *Pappenheim, T., Ludorff, J.*: Sicherheitsrelevante Auslegung von Cabriolets, VDI Tagung Innovativer KFZ – Insassen- und Partnerschutz, Berlin, September 2001

[4] *Wohlgemuth, J., Nordhoff, R.*: Verdecktextilien von der Entwicklung bis zur Fertigung, dargestellt am Beispiel des MB CLK Cabriolets, Haus der Technik e.V. Essen: Cabrio-Systeme (1998)

[5] *Schulte-Frankenfeld, N.*: Fahrzeugstrukturen für hohen Insassenschutz bei Cabriolets, European Automotive Safety, Bad Nauheim (2004)

[6] *Borne, P.*: Spezifische Anforderungen an die Aeroakustik bei Cabriolets, Haus der Technik, Essen (2004)

[7] *Franke, S.; Oehmke, B.*: Das innovative Dach- und Karosserie-Konzept des neuen Volkswagen EOS, Karosseriebautage Hamburg, 2006

6.1.5 Frontendmodule

Frontendmodule sind aus der modernen Pkw-Entwicklung nicht mehr wegzudenken, z.T. wie beim VW-Golf, werden sie bereits in der dritten Fahrzeuggeneration eingesetzt **(Bild 6.1-40)**. Verbunden mit dem Konzept des offenen Vorderwagens, in den der Motor von vorn eingesetzt wird, sind Frontendmodule die Baugruppen mit denen das Fahrzeug an der Front verbunden und geschlossen wird. Das Weltmarkvolumen für Frontendmodule liegt derzeit bei 12 Mio. Einheiten und wird bis zum Jahr 2009 auf 14 Mio. Einheiten davon über 7 Mio. Einheiten im europäischen Markt steigen. Unterschieden werden kann zwischen Projekten, bei denen der Fahrzeughersteller die Module selbst entwickelt und fertigt (Inhouse: Etwa 26 % des Weltmarktes), Projekten bei denen die reine Montage an Zulieferer vergeben wird (Assembly: Etwa 15 % des Weltmarktes) und Projekten, bei denen sowohl Entwicklung als auch Montage vom Zulieferer durchgeführt wird [1].

Bild 6.1-40 Frontendmodul VW Golf

6.1.5.1 Bestandteile von Frontendmodulen

Der Begriff Frontend ist nicht genormt, so dass hersteller- und projektspezifisch unterschiedliche Umfänge gemeint sein können. Je größer der Umfang bei der Konzeption eines Frontendmoduls, desto höher das Kosteneinsparpotenzial. Typische Hauptbestandteile sind:

- Strukturträger
- Kühlkomponenten
- Stoßfängerquerträger und Crashboxen
- Scheinwerfer und weitere Front- und Signalleuchten
- Ggf. der Stoßfängerüberzug

Der Strukturträger ist die Integrationsplattform aller Einzelkomponenten für das Frontendmodul. Außerdem integriert er das Haubenschloss, den Baudenzug, die Fanghaken und die Anschlagpuffer. Technologisch gibt es heute unterschiedlichste Lösungen für den Strukturträger. Er kann aus Plastik, Aluminium oder Stahl bestehen, wird immer häufiger aber auch als Hybridbauteil (PP- oder PA-Plastik/Stahl) im In-Mold oder Post-Mold Verfahren hergestellt. Besondere Vorteile der Hybridträger liegen in der Möglichkeit, hohe Funktionsintegration und geringe Toleranzen bei gleichzeitig hoher Steifigkeit und hoher Wärmebeständigkeit zu realisieren.

Idealerweise sollte der Strukturträger in der Lage sein, die je nach Motorisierung unterschiedlichen Kühlergrößen und Ausstattungen möglichst effizient zu integrieren.

Der Querträger mit den Crashboxen stellt im Normalbetrieb ein „Verschlusselement" des offenen Vorderwagens dar und versteift die Karosserie. Im Crashfall (bis 16 km/h gegen eine feste Barriere) soll die Crashenergie gezielt durch die Deformation des Querträgers und der betreffenden Crashbox abgebaut werden. Die Integration der Scheinwerfer und des Stoßfängerüberzugs sind stark durch Designanforderungen geprägt. Hier geht es darum, die sich ergebenden Spalten und Fugen klein und gleichmäßig zu halten. Das Ziel aller Überlegungen ist es, dass sich das gewünschte Bild am Montageband beim Fügen des Frontends ohne Nachstellarbeiten ergibt [2].

6.1.5.2 Entwicklungs- und Fertigungskompetenz für Frontendmodule

Für reine Montageprojekte liegt der Schlüssel zur erwünschten Kostenreduzierung beim Einsatz von Frontendmodulen in sehr effizienter Just-In-Time, Just-In-Sequence Fertigung und einem effizienten Projektmanagement. Aufgrund der extrem hohen Variantenzahl (Wagenfarbe, Motorisierung/Kühlung, Beleuchtungsausstattung) kann jedes Modul erst auf Abruf gefertigt werden und muss dann genau in der Reihenfolge der Fahrzeugproduktion am Montageband angeliefert werden, um aufwendige Zwischenlagerungen zu vermeiden. Die entscheidenden Fertigungsschritte in der Modulfabrik sind Montagen der beigestellten Komponenten häufig durch Klipsen oder Schrauben.

Werden auch die Entwicklungsumfänge modulbezogen vergeben, so stehen neben der Hauptaufgabe des Frontends, den Vorderwagen abzuschließen und zusammenzuhalten, folgende Anforderungen im Fokus:

- Umsetzung der Designaspekte des Automobilherstellers
- Integration von Lichttechnik und Kühlfunktion
- Außenumströmung
- Gewährleistung des Fußgängerschutzes
- Effizientes Crashmanagement
- Kostengünstige Montage

6.1.5.3 Innovationen für Frontendmodule

Durch den zunehmenden Einsatz von Kunststoffüberzügen, z.B. auch für die Seitenwand, ergeben sich völlig neue Lösungsansätze, welche die Vision von der fugenlosen Fahrzeugfront in realisierbare Nähe rücken. **Bild 6.1-41** zeigt ein Frontendmodulkonzept, bei dem die Funktion der Schweinwerferabschlussscheibe so erweitert wurde, dass sie partiell auch als Stoßfängerüberzug dient. Die großflächige Scheibe aus Polycarbonat ist nur dort transparent, wo dies für

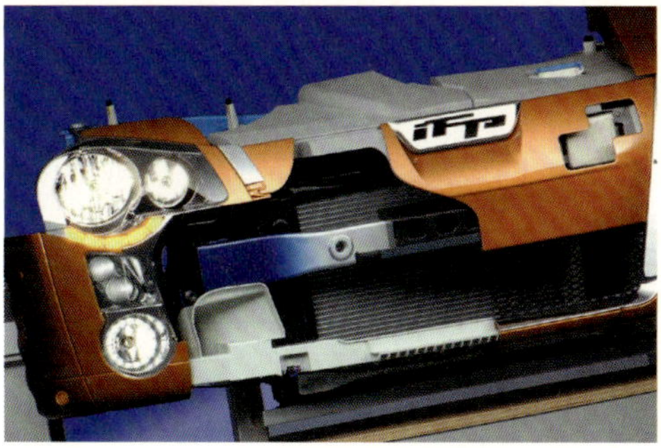

Bild 6.1-41 Hochintegriertes Frontendmodul (Quelle: HBPO)

die dahinter liegende Licht- und Elektronikfunktionen notwendig ist. Der Rest der Scheibe ist in Wagenfarbe lackiert. Die beiden außenliegenden Scheiben bilden zusammen mit einem Mittelteil, welches durch „Sliding Tabs" fugenlos mit ihnen verbunden wird, den Stoßfängerüberzug [3].
Die Integration komplexerer Lichttechnik, ausgereifterer Kühlerregelungen sowie von Sensoren für Fahrerassistenz und Crash-Management erhöht den Elektronikanteil im Frontendmodul erheblich und führt zu der Herausforderung, hier innovative Integrationskonzepte zu entwickeln.
Mit den neuen gesetzlichen Regelungen zum Fußgängerschutz (EU Verordnung 2003/102/EC) in der festgelegt ist, dass Pkw und leichte Nutzfahrzeuge ab Oktober 2005 Tests für den Unterschenkel- und Kinderkopfaufprall bestehen müssen und ab September 2010 erhöhte Anforderungen auch für Oberschenkel- und Erwachsenenkopf gelten, gehen erhebliche neue Anforderungen an Frontendmodule einher. Flachere Kühlerkonzepte sind notwendig, um mehr Freiraum zwischen Außenhaut und den darunter liegenden Komponenten für Crashmaßnahmen im Hinblick auf Oberschenkel- und Kinderkopfaufprall zu bekommen. Optimierter Fußgängerschutz wird aber auch realisiert durch verstärkte Stoßfängerüberzüge oder den gezielten Einsatz von Fußgängerschutzquerträgern unterhalb des Stoßfängers, die dem Körper bei einer Frontalkollision eine Drehbewegung aufzwingen, so dass er über die Motorhaube abrollt [3].

Literatur

[1] Frost & Sullivan, European Market for Front-end Modules, 2006
[2] Div. Firmenschriften, HBPO GmbH, Lippstadt, hbpogroup.com
[3] *Opperbeck, Hassdenteufel, Krasenbrink, Cheron*: Hochintegriertes Frontendmodul. ATZ 108, 2006

6.2 Materialien der Karosserie

6.2.1 Historischer Rückblick

In den Anfängen des Automobilbaus wurden Karosserieformen und -strukturen weitgehend nach der Form von Kutschen realisiert. Die entsprechenden Karosserien bestanden überwiegend aus Stahl und Holz und wurden häufig auf Fahrgestelle montiert. Es dominierte die Einzelanfertigung auf Kundenwunsch; erst später wurden im Zuge der zunehmenden Industrialisierung kostengünstigere Herstell- und Bearbeitungsverfahren entwickelt. Im heutigen automobiltechnischen Großserienbau dominieren maßgeschneiderte werkstofftechnische Systemlösungen, wobei im Karosseriebau eine breite Materialvielfalt verwendet wird, bestehend aus hochfesten und vergüteten Stählen, Leichtmetallen, wie z. B. Aluminium und Magnesium, sowie thermoplastischen und duroplastischen Kunststoffen [1] (**Bild 6.2-1** und **Bild 6.2-2**).

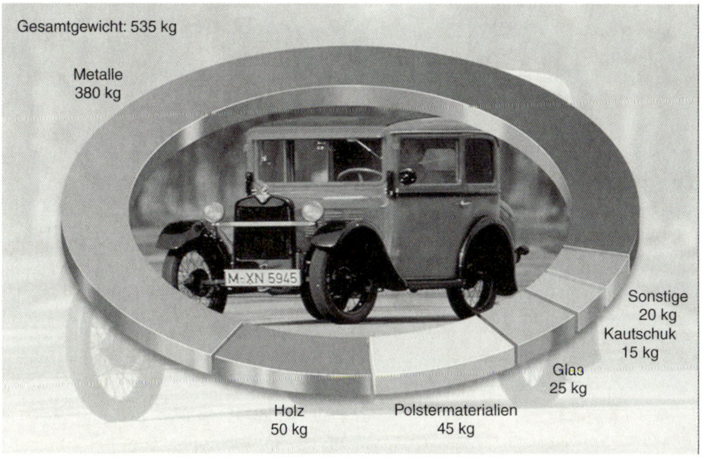

Bild 6.2-1 Werkstoffeinsatz BMW DIXI

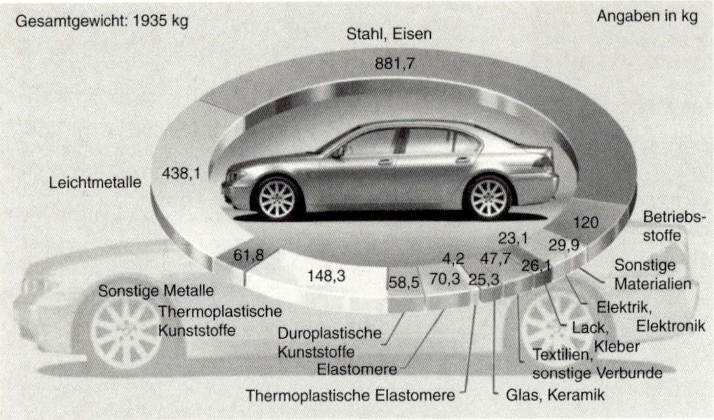

Bild 6.2-2 Werkstoffeinsatz im Pkw-Bau (Beispiel 7er BMW)

Bild 6.2-3 Instrumententafel des Maybach Zeppelin DS 7 (1930 bis 1937, Quelle: DaimlerChrysler)

Damit wird heute eine bestmögliche Zielerreichung in einer komplexen Anforderungsmatrix, bestehend u. a. aus Leichtbau, Sicherheit, Steifigkeit, Zuverlässigkeit, Umweltverträglichkeit und Kosten sichergestellt.

Der Innenraum von Karosserien und hier speziell das Cockpit ist eine wichtige Schnittstelle zwischen Fahrer und Technik. Die verwendeten Werkstoffe unterliegen einem ständigen Wandel, getrieben von steigenden Anforderungen u.a. an Komfort, Design und Ergonomie. Während in den frühen Jahren des Automobilbaus für das Cockpit überwiegend Metalle, Holz und Leder zum Einsatz kamen **(Bild 6.2-3)**, wird heute für derartige Anwendungen ein breites Spektrum an Kunststoffen und Textilmaterialien verwendet [2] **(Bild 6.2-4)**.

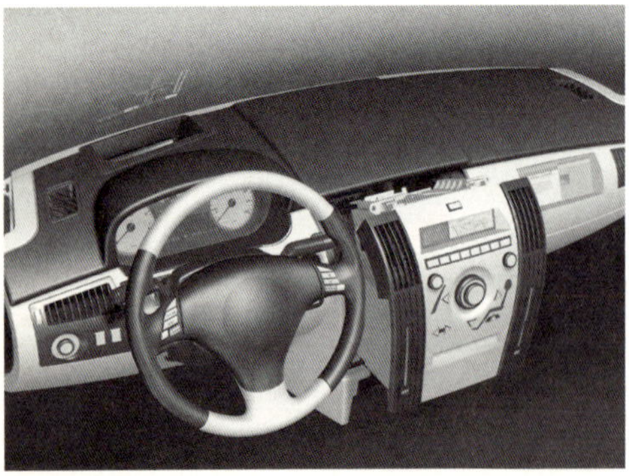

Bild 6.2-4 Modulares Cockpitkonzept (Quelle: Siemens VDO)

6.2.2 Konzepte und Bauweisen

Wird ein Auto in einem bestimmten Marktsegment positioniert, so werden Stückzahlen und Verkaufspreis geplant. Dies hat große Einflüsse bzw. Konsequenzen sowohl für die Funktion der Karosserie als auch auf deren Werkstoffauswahl. Die optimale Auswahl der Werkstoffe hängt von vielen Faktoren ab, da derselbe Werkstoff sich nicht in jedem Projekt wirtschaftlich rechnet.

Im heutigen Großserienautomobilbau dominiert die Blechschalenbauweise mit Stahlwerkstoffen; es werden sowohl die Karosseriestruktur als auch die Anbauteile gezielt auf die jeweilige Anforderung ausgelegt. Diese Bauweise ist für hohe Stückzahlen wirtschaftlich; hohem Anlageninvest stehen günstige Werkstoffkosten gegenüber.

Eine weitere Möglichkeit besteht darin, die Rohkarosserie komplett aus Aluminium zu fertigen. Dafür eignet sich u.a. die Aluminium Space Frame Bauweise [3], welche aus einer Gitterrahmenstruktur aus Strangpressprofilen besteht (Kapitel 6.1.2). Diese Bauweise ist vor allem für Kleinserien besonders ökonomisch; die im Vergleich zu Stahl höheren Werkstoffkosten des Aluminiums werden durch die geringeren Investkosten für derartige Anlagen kompensiert **(Bild 6.2-5)**. Bei neueren Fahrzeugmodellen findet man aus Leichtbaugründen auch Mischbauweisen für die Karosseriestruktur aus Stahl und Aluminium; hierbei wird z. B. ein Aluminium-Vorderbau mit der Stahlkarosse verbunden.

Ein Ansatz für zukünftige Karosseriekonzepte besteht in der Bauteil- und Funktionsintegration im Bereich der tragenden Strukturelemente im Verbund mit einer

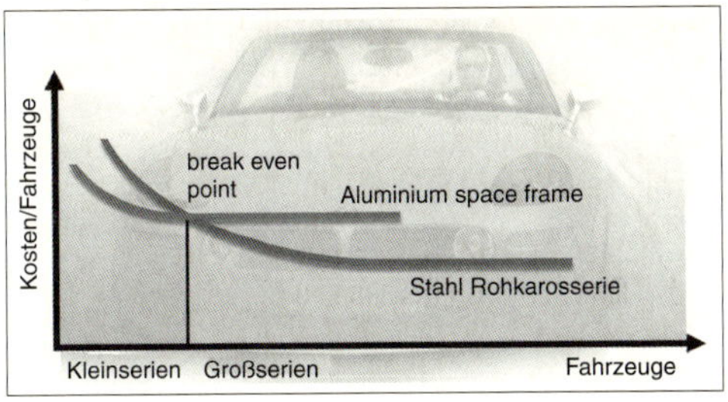

Bild 6.2-5 Wirtschaftliche Betrachtung von Aluminium Space Frame vs. Stahlkarosserie

optimierten Krafteinleitung und entsprechend gewählten Fertigungsverfahren [4].

Eine Übersicht von Zielkonflikten bei der Entwicklung von Karosserien gibt **Tabelle 6.2-1**. Der optimale Einsatz eines geeigneten Materials spielt nicht nur in wirtschaftlicher sondern auch in technischer Hinsicht eine große Rolle. Die ersten Überlegungen müssen den grundlegenden Kriterien wie Kosten, Verfügbarkeit, Verformbarkeit, Fügen usw. gelten.

Der Zielkonflikt Steifigkeit – Festigkeit – Leichtbau lässt sich anschaulich bei der Konzeption einer Karosserie verdeutlichen.

Das Leichtbau-Werkstoffkriterium für die Beulfestigkeit der Trägerstruktur ist $\sqrt{R_{p0,2}}/\varrho$ [6]. Somit kann sie über die Werkstofffestigkeit erhöht werden. Um eine Reduzierung der Blechdicke bei gleicher Beulfestigkeit zu erreichen, muss die Festigkeit aber überproportional angehoben werden, da die Festigkeit linear, die Blechdicke aber quadratisch bis kubisch in die Beulfestigkeit einfließt. Das Potenzial höherfester Stähle in der Außenhaut ist deshalb geringer als bei Strukturteilen.

Die Beulsteifigkeit der Schalenstruktur wiederum berechnet sich nach dem Leichtbau-Werkstoffkriterium $\sqrt[3]{E}/\rho$ und ist stark vom E-Modul abhängig [6]. Da der E-Modul aber bei den Stählen ungefähr gleich ist, ist keine Verbesserung bei der Verwendung von höherfesten Stählen zu erwarten. Grosses Potenzial ist bei der Substituierung des Stahles durch Aluminium vorhanden, wenn man bei gleichem Gewicht die Blechdicke erhöht, da die Dicke, je nach Geometrie, zur 2ten oder 3ten Potenz eingeht.

Die Verwendung einer Aluminium-Lithium Legierung führt zu einem besseren Verhältnis von mechanischer Eigenschaft zu Masse, da der E-Modul erhöht und die Dichte reduziert wird.

Verringert man aus Gewichtsgründen die Stirnwanddicke, hat dies einen Einfluss auf die Akustikeigenschaften des Innenraumes. Akustikmaßnahmen, wie Dämmmatten, welche hier Abhilfe schaffen würden, sind meist teurer als eine Blechdickenerhöhung der Stirnwand.

Die verwendeten Werkstoffe sollen geeignet für Reparaturverfahren wie Ausbeulen, Schweißen, usw. sein. Die Konstruktion muss wirtschaftliche Reparaturabschnitte berücksichtigen.

6.2.3 Anforderungen und Auslegungskriterien an die Werkstoffe der Karosserie

Die Anforderungen an die Werkstoffe der Karosserie ergeben sich zuerst aus den funktionalen Eigenschaften des Fahrzeugs und einer gesamthaften Betrachtung der Prozesskette Presswerk – Karosseriebau – Oberfläche.

Anforderungsprofile der Karosserie- und der Interieurwerkstoffe sind in den **Tabellen 6.2-2** und **6.2-3** zusammengefasst.

Mit den ausgewählten Rohkarosserie-Werkstoffen werden Schwingfestigkeitsuntersuchungen bis hin zum Ausfall unterzogen und in Wöhlerdiagrammen (Nennspannungsamplitude über der Schwingspielzahl) aufgetragen. Oft werden Dauerfestigkeitskennwerte

Tabelle 6.2-1 Zielkonflikte im Karosseriebau

Konstrukteurziele	Zielkonflikte
Einsatz des „idealen“ Werkstoffes	Kosten, Korrosion, Fügen, Reparatur, Recycling, Vorschriften, . . .
Gleichzeitig hohe Festigkeit und Steifigkeit	Bauraum steht in Konkurrenz steifigkeitserhöhender Strukturmaßnahmen wie Querschnittserhöhung
Multifunktionalität des Bauteiles	Werkstoffeigenschaften und Herstellbarkeit
Leichtbau	Akustische Auswirkungen
Design in Abhängigkeit der Stückzahl	Richtige Werkstoffauswahl und eventuelle Limitierung durch Herstellprozess
Kreislauffähigkeit des Materials	Kosten

Tabelle 6.2-2 Grundlegende Anforderungen an Rohkarosseriewerkstoffe

Karosserie
Festigkeit
Steifigkeit
Leichtbau
Wirtschaftlichkeit
Korrosionsbeständigkeit
Fügbarkeit
Sicherheit
Reparaturfreundlichkeit
Optik
Verfügbarkeit
Recyclingfähigkeit

Tabelle 6.2-3 Grundlegende Anforderungen an Innenraumwerkstoffe

Interieur
Haptik
Optik
Steifigkeit
Festigkeit
Wirtschaftlichkeit
Energieaufnahme
Verfügbarkeit
Recyclingfähigkeit

($N > 10^6$) angenommen, die es in der Realität in strenger Form nicht gibt. Die Schwingfestigkeit fällt nach dem Knick bei N_k der Wöhlerlinie weiterhin leicht ab **(Bild 6.2-6)**. Dadurch können Schäden im Bereich von hohen Schwingspielzahlen ($N > 10^6$) unter konstanten Belastungsamplituden auftreten. Vorhandene Erfahrungen erlauben aber eine Abschätzung des Wöhlerlinienverlaufes bis in den Bereich von Gigazyklen mit folgenden Neigungen nach dem Abknickpunkt: $k^* = 45$ (5% Schwingfestigkeitsabfall pro Dekade) für Eisenbasiswerkstoffe und Magnesiumlegierungen, $k^* = 22$ (10% Abfall) für Aluminiumlegierungen und Schweißverbindungen mit hohen Zugeigenspannungen. Auf Grund des beobachteten Abfalls der Schwingfestigkeit oberhalb von 10^7 Schwingspielen wird die vorhandene IIW-Richtlinie (International Institute of Welding) zur schwingfesten Bemessung von geschweißten Konstruktionen entsprechend überarbeitet [7].

Nach Festlegung der Werkstoffe bzw. Fügeverfahren und Durchführung von Simulationen werden erste Karossen mittels Betriebsfestigkeitsprüfungen zyklischen Belastungen unterzogen **(Bild 6.2-7)**. Die Belastungsamplituden sind unterschiedlich in deren Häufigkeit, wobei auch Missbrauchsfälle abgedeckt werden müssen. Sicherheitskritische Bauteile sind so auszulegen, dass sie im Falle eines Missbrauches eine definiert plastische Verformung hinnehmen, bevor sie komplett versagen.

Im Presswerk werden Themen wie Umformverhalten, notwendige Umformkräfte und das Schneidverhalten des Werkstoffes berücksichtigt. Für das Fügen der Bauteile im Karosseriebau ist die Eignung der Werkstoffe für die verschiedenen kalten und warmen Fügeverfahren zu bewerten, wobei insbesondere das Fügen unterschiedlicher Werkstoffe betrachtet werden muss. Beispiele sind Stahl-Aluminium Verbindungen.

Trotz aller gewichtssenkenden Maßnahmen steigt das Fahrzeuggewicht bei allen Automobilherstellern an. Ein Grund hierfür ist, wie in **Tabelle 6.2-4** gezeigt, in der zunehmenden Ausstattung der Fahrzeuge zu suchen. Vergleicht man Karosserien mit ähnlicher Aufstandsfläche und Fahrzeuglänge (z.B. BMW 3,0Si und BMW 330i) müsste die Rohkarosserie des BMW 330i um 41 kg schwerer sein. Tatsächlich sind es aber nur 10 kg bei einer Verdoppelung der Steifigkeit. Dies entspricht einer Gewichtseinsparung von 31 kg oder 12%, die über konstruktive Maßnahmen, verbesserte

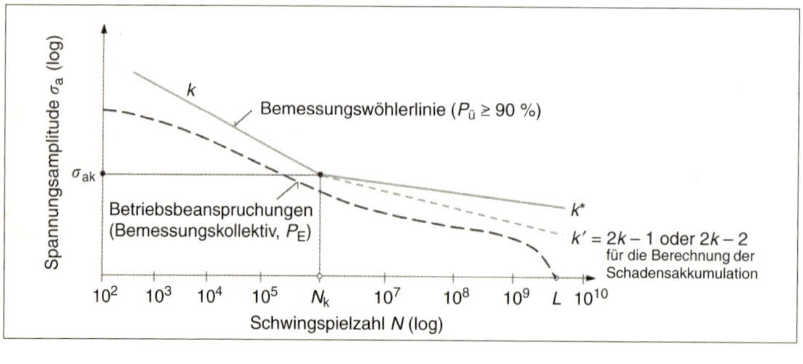

Bild 6.2-6 Betriebsfeste Bemessung

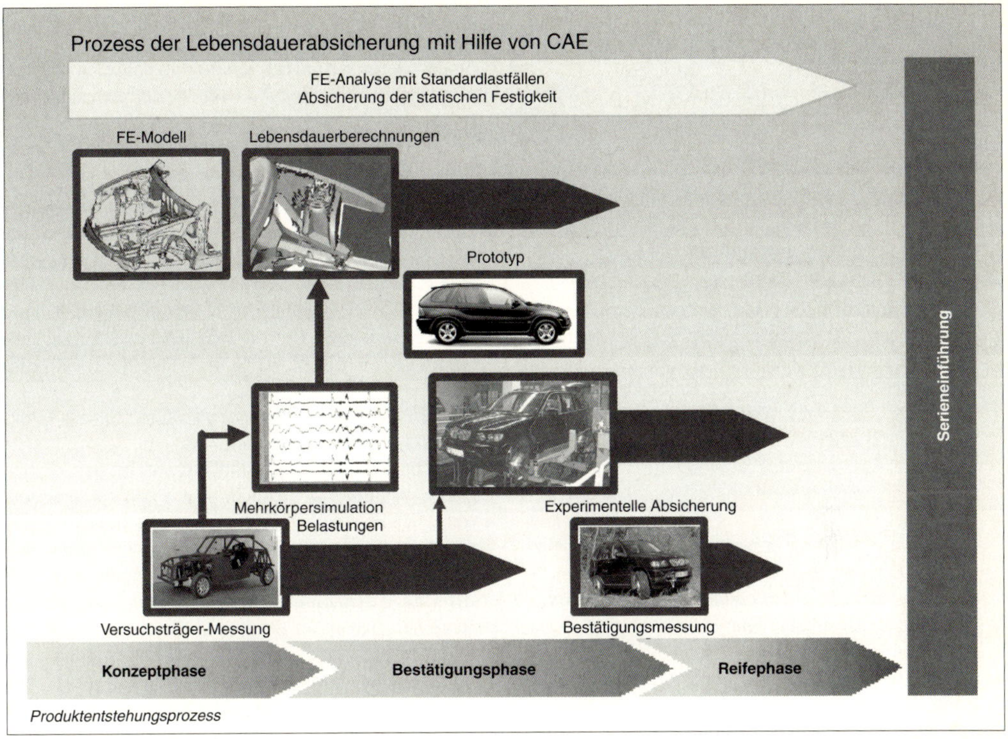

Bild 6.2-7 Lebensdauerabsicherung mit Hilfe von CAE (für die Standardlastfälle)

Tabelle 6.2-4 Vergleich Oberklasselimousine BJ. 1975 vs. Mittelklasselimousine 2001

	BMW 3,0 Si Bj. 1975	Δ Gewicht	BMW 330i Bj. 2001
Fahrzeuglänge	4,70 m	–10 kg	4,47 m
Innenraumlänge	~1 810 mm		1 883 mm
Aufstandsfläche	3,99 m²	+5 kg	4,05 m²
Gewicht	1 440 kg		1 430 kg
Gerippegewicht	250 kg		260 kg
Beschl. 0 - 100	8,5 sec		6,5 sec
Steifigkeit	≈9 000 Nm/°	+35 kg	≈17 500 Nm/°
Δ Ausstattung Blech		+11 kg	Türverstärkung, verstärkte Schlösser und Sitzgestelle, . . .
		Σ + 41 kg	
Δ Ausstattung		+71 kg	Klima/Heizung (25), 6 Airbags (6) Kopfstützen, Gurtsysteme (6), ABS, ASR (5), 5 Ganggetriebe (5), Reversible Stoßfänger (10), Fensterheber (4), 2. Spiegel (2), Abgasreinigung (8)

Fügeverfahren und Reduzierung der Blechdicke durch z.B. Verwendung von höherfesten Stählen erreicht worden sind [8].

Leichtbau und Gewichtsreduzierung im Automobilbau sind nicht nur in Kilogramm zu messen, sondern auch in Relation zu den erreichten Funktionen und der Größe zu betrachten. Die Auslegung der Rohkarosseriestruktur erfolgt hauptsächlich nach strukturdynamischen, statischen, crashrelevanten und gewichtsoptimierten Gesichtspunkten.

- *Strukturdynamische Auslegung*: (Kapitel 3.4): Ziel ist das Erreichen der schwingungstechnischen und akustischen Ziele. Diese Anforderungen sind in den letzten Jahren gestiegen. Sie erweisen sich in zunehmendem Maße als die treibende Kraft bei der Dimensionierung von guten Karosseriestrukturen. Als ein Maßstab für die dynamische Güte einer Karosserie kann das Schwingungsverhalten im Leerlauf betrachtet werden.
- *Statische Auslegung:* Bei der statischen Auslegung geht es primär um die steifigkeits- und festigkeitsrelevante Optimierung der Karosseriekonstruktion für das quasistatische Fahrverhalten wie z.B. Verwindung der Karosserie bei Kurvenfahrten.
- *Crashrelevante Auslegung:* (Kapitel 6.5): Ein ständiger Entwicklungsschwerpunkt ist die Verbesserung des Insassenschutzes. Wie auch in der statischen Auslegung (Steifigkeit) nimmt hierbei die Simulation einen besonderen Schwerpunkt ein, da sich mit ihr schon in der Konzeptphase wirksame Maßnahmen in die Karosseriekonstruktion integrieren und absichern lassen. Die zuvor beschriebenen guten statischen und dynamischen Eigenschaften bilden eine hervorragende Basis zur Crashoptimierung.
- *Gewichtsoptimierte Auslegung:* Zusätzlich zu den drei vorher genannten Auslegungskriterien spielen der Kraftstoffverbrauch und die Fahrdynamik eine bedeutende Rolle. Aus Sicht der Karosserie wird der Verbrauch neben der Aerodynamik vom Fahrzeuggewicht geprägt. Durch die selbstragende, optimierte Bauweise der Karosserie ging der Anteil der Rohkarosserie am Leergewicht trotz der Funktionssteigerungen deutlich zurück [9].

Es wurde, ausgehend von den wichtigsten Karosseriefunktionen und den dazu definierten Zielen, die spezifische Leichtbauquote oder der Leichtbaugütewert L definiert, welcher der Quotient aus dem benötigten Gerippegewicht m_{Ger} (ohne Scheiben) pro Torsionssteifigkeit C_r (mit Scheiben) und der zugehörigen Aufstandfläche A (Spur × Radstand) ist **(Bild 6.2-8)**.

Dieser Leichtbaugütewert L, also Gewicht pro Funktion und Größe, zeigt, welche gravierende spezifische Gewichtsreduktion die Stahlkarosse in den letzten Jahren erfahren hat. Erreicht wurde die Verbesserung von L durch bessere Konstruktionen, bessere Fügeverfahren (Laserschweißen, Kleben, ...) und durch neu entwickelte Werkstoffe. Die Funktionen wie statische, dynamische Steifigkeiten und passive Sicherheit haben bei annähernd gleichem Flächengewicht einen hohen Stand erreicht. Daher gilt es zukünftig unter Beibehaltung dieser Funktionen, alle Anstrengungen, sich auf die Reduzierung des Flächengewichtes zu konzentrieren und somit eine weitere Verbesserung der Leichtbaugüte zu erzielen.

6.2.4 Typische Karosseriewerkstoffe

6.2.4.1 Stahlwerkstoffe

Bild 6.2-9 zeigt, dass die über das Rohkarosseriegewicht gemittelte Mindestdehngrenze der eingesetzten Stähle in den letzten Jahren stark zugenommen hat.

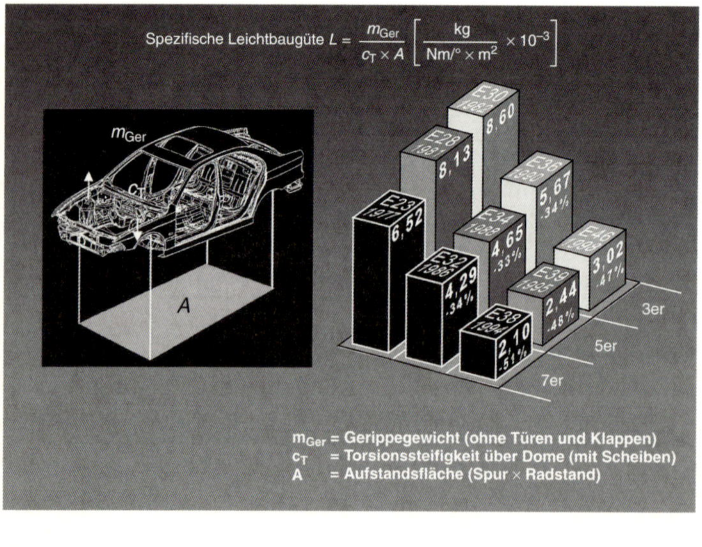

Bild 6.2-8 Entwicklung des funktions- und größenbezogenen Gerippegewichtes

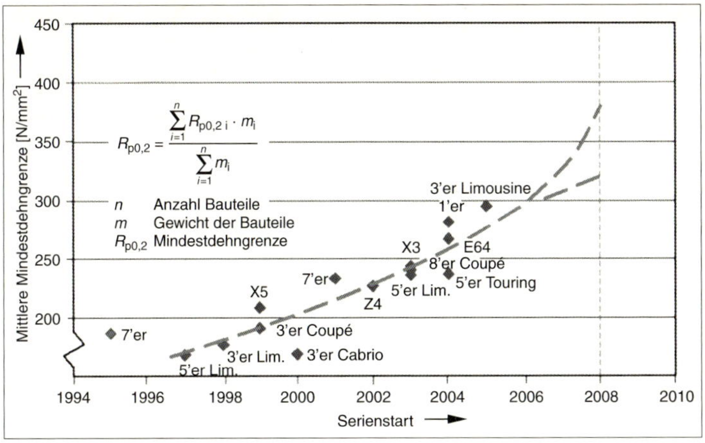

Bild 6.2-9 Entwicklung der Mindestdehngrenzen von typischen Karosseriestahlwerkstoffen

Zur Reduzierung des Karosseriegewichts und wegen des Wettbewerbs mit Leichtbauwerkstoffen wie Aluminium, Magnesium und Kunststoff wurden in den letzten Jahren neue Stahlsorten entwickelt. 50 % der heute verfügbaren Sorten wurden in den letzten 10 Jahren entwickelt oder zumindest optimiert [8].

Bei den bisher üblichen kaltgewalzten Stählen reicht das Festigkeitsspektrum von speziellen Tiefziehsorten wie DX56 oder DC06 mit einer Mindestfestigkeit von 120 MPa bis zu mikrolegierten Sorten mit 420 MPa. Warmgewalzte Stähle erreichen heute schon Zugfestigkeiten von über 1200 MPa, kaltgewalzte Stähle gleicher Festigkeit sind in Entwicklung. In den meisten Festigkeitsklassen stehen unterschiedliche Stahlsorten mit unterschiedlichen Eigenschaften zur Verfügung.

In **Tabelle 6.2-5** ist eine Struktur und Klassifizierung der Stahlwerkstoffe abgebildet. Oft werden Stähle wie DP600 nach der maximalen Festigkeit, der Zugfestigkeit, bezeichnet. Um bei der Bauteilauslegung auf der sicheren Seite zu sein, muss aber der worst case, also die minimale Dehngrenze herangezogen werden.

Tabelle 6.2-5 Klassifizierung der Stahlsorten nach Festigkeit und weiteren Eigenschaften (H = Höherfester Stahl; B = Bake hardening Stahl; Y = IF (interstitial free) Stahl; I = Isotroper Stahl; X = Dualphasen Stahl; T = TRIP Stahl

$Rp_{0.2}$ [MPa]	Referenz für Tiefziehen	Zusätzliche Festigkeit durch Bake Hardening bei geringer Umformung	Hohe Kaltverfestigung und bake hardening bei großer Umformung	Streckziehen	Verbesserte Umformbarkeit bei höheren Materialkosten	Deutlich bessere Umformbarkeit bei deutlich höheren Kosten
120	DC06, DX56				DC07, DX57	
140	DC04, DX54					
160	H160Y	H160B				
180	H180Y	H180B				
220	H220Y	H220B		H220I		
260	H260Y	H260B	H270X	H260I		
300		H300B	H300X	H300I		Austenit
340	H340LA		H340X			Austenit
380	H380LA					Austenit
420	H420LA		H400T		H400T	Austenit
500	H500X					
700	CP-W 800					
1 000	MS-W 1200					Warmumformbare Borstähle

Werkstoffe und Blechdicken in der Außenhaut sind u.a. nach der Beulfestigkeit (z.B. bei Hageleinwirkung) und Beulsteifigkeit (Einbeulen der Heckklappe beim Anschieben des Fahrzeuges) auszulegen.
Bake Hardening Stähle haben sich in vielen Bereichen der Außenhaut durchgesetzt, da sie im weichen Zustand gut umformbar sind und durch die Erwärmung im Lackierprozess eine zusätzliche Festigkeitssteigerung erfahren. Bake hardening Stähle zeichnen sich dadurch aus, dass der bake hardening Effekt gerade in gering umgeformten Bereichen relativ groß ist, so dass er bei der Türaußenhaut voll zum Tragen kommt.
Die Kaltverfestigung von IF-Stählen (Y-Stählen) und isotropen Stählen ist größer als die von bake hardening Stählen. Bei stärker umgeformten Bauteilen kann die Kaltverfestigung dieser Stähle alleine größer sein, als die Kaltverfestigung plus Festigkeitssteigerung durch Wärmebehandlung bei bake hardening Stählen. In diesen Fällen bieten sich isotrope Stähle für Bauteile mit Streckziehbeanspruchung und IF-Stähle für Bauteile mit Tiefziehbeanspruchung an.
Die überwiegend durch Streckziehen hergestellte Frontklappe ist ein Beispiel für die Verwendung isotropen Stahls.
Darüber hinaus ist zu beachten, dass bei Strukturteilen im Fahrzeuginneren, insbesondere in Bereichen von Blechdopplungen und Knotenpunkten die für entsprechende bake hardening Effekte erforderlichen Temperatur-Zeitverläufe in den Trocknerprozessen nicht immer erreicht werden. Die Festigkeitssteigerung durch bake hardening ist in diesen Bereichen deshalb häufig gegenüber der Kaltverfestigung bei der Umformung gering.
Dualphasenstähle (DP-Stähle) sind ab Festigkeiten von 270 MPa verfügbar. Für die Außenhaut können Bleche dieser Festigkeit nur eingesetzt werden, wenn das Design begrenzte Anforderungen an die Umformtechnik stellt. Um das Potenzial der DP-Stähle voll auszuschöpfen, muss die Umformung aber so groß wie möglich sein. DP-Stähle weisen einen bake hardening Effekt auf. Im Gegensatz zu den bisherigen bake hardening Stählen ist die Verfestigung bei geringer Bauteildehnung aber gering und nimmt erst mit zunehmender Dehnung zu. Bei geringer Umformung kann deshalb ein bake hardening Stahl gleicher Ausgangsfestigkeit zu höherer Beulfestigkeit führen.

6.2.4.2 Aluminiumlegierungen

Die Bedeutung von Aluminium als Karosseriewerkstoff hat aufgrund seiner geringen Dichte, der hohen spezifischen Festigkeit und Steifigkeit, seiner Korrosionsbeständigkeit und seiner passablen Umformbarkeit in den letzten Jahren stark zugenommen.
Aluminiumlegierungen werden abhängig vom Herstellungsverfahren in zwei Hauptgruppen eingeteilt: Plastisch verformbare Knetlegierungen und Gusslegierungen. Innerhalb dieser beiden Hauptgruppen kann man zwischen aushärtbaren und nicht aushärtbaren (naturharten) Legierungen unterscheiden.
Für die Karosserie stehen hauptsächlich die Produktformen Blech, Profil und Gussteile zur Verfügung. Bei den Blechlegierungen sind im Karosseriebereich vorrangig die 5xxx (Al-Mg Basis, nicht aushärtbar) und die 6xxx (Al-Mg-Si Basis, aushärtbar) Legierungen im Einsatz.
Die Legierungen der 5xxxer Gruppe sind naturhart, d.h. sie erfahren lediglich während der Umformung eine Kaltverfestigung, die nicht weiter gesteigert werden kann. Wenn eine Umformung notwendig ist, müssen diese Legierungen nach dem Walzen vollständig weichgeglüht werden. Während der Umformung im Presswerk erfahren sie eine Kaltverfestigung, welche während des KTL-Prozesses (Kathodische Tauch Lackierung) wieder teilweise zurückgehen kann. Die Legierungen der 6xxxer Gruppe verhalten sich hier anders, denn sie können bei einer Warmauslagerung nach der Umformung mit einem entsprechenden Temperatur-/Zeitkollektiv noch eine Festigkeitssteigerung erfahren.
Die Festigkeit des fertigen Bauteiles wird somit entschieden beeinflusst von

- Anlieferungszustand des Platinen
- Zunahme der Festigkeit bei der Umformung
- Zeit-Temperaturverlauf der nachfolgenden Wärmebehandlungen **(Bild 6.2-10)**

Im Gegensatz zu 5xxx Legierungen haben die 6xxx den Vorteil, dass bei einer Umformung keine Oberflächenunebenheiten in Form von großen flammenförmigen Mustern (Fließfiguren Typ A) oder in Form von feinen Streifen (Typ B) auftreten. In Euro-

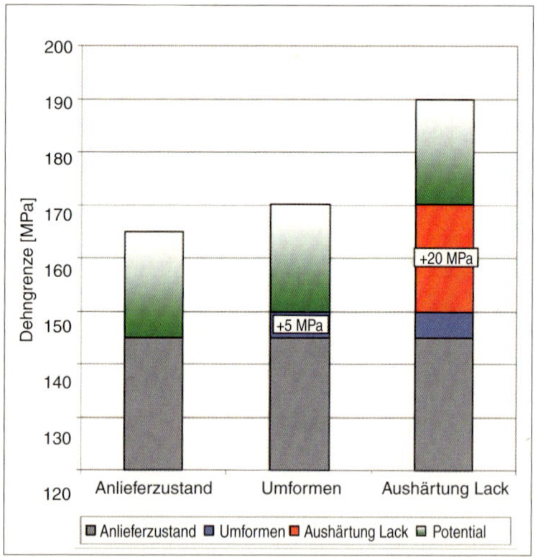

Bild 6.2-10 Steigerung der Dehngrenze nach den einzelnen Verfahrensschritten zur Erreichung der endgültigen Festigkeit am Motorträger aus AlSi0,6Mg0,5

Tabelle 6.2-6 Einsatzbeispiele von Aluminium

Außenhaut	Frontklappe Seitenwände	AA6016 AA6016	bördeloptimiert bördeloptimiert
Innenblech	Frontklappe Seitenwände vorne	AA5182 AA5182	
Strukturteile	Vorderbau	AlMg3,5Mn(0,5)	

pa setzen sich die Legierungen AA6016 oder die AA6181A für Außenhautanwendungen durch, wogegen in Japan großteils AlMg(Cu) Legierungen und in Nordamerika höherfeste AA6111 und AA6022 verwendet werden. Neue Entwicklungen gehen speziell das Problem der Entstehung der Fließfiguren bei 5xxx Legierungen an und die AA5182ffa (fließfigurenarm) kann als Alternative angesehen werden. Die bessere Umformbarkeit ermöglicht eine komplexere Bauteilgestaltung, wobei auch die geringeren Herstellungskosten als Vorteile zählen (**Tabelle 6.2-6**).

Schmelz- und pulvermetallurgisch hergestellte Aluminiumschäume haben den Vorteil niedriger Dichte (0.2 g/cm^3) bei einer Porosität von knapp 90 Prozent. Die Potentiale sind einerseits in der Verwendung als Energieabsorber (A-Säule) oder aber als Schallisolierung zu finden.

6.2.4.3 Magnesiumlegierungen

Magnesium hat eine geringere Dichte (1,74 g/cm^3) als Aluminium und ist daher um etwa ein Drittel leichter als Aluminium. 2,7 Gewichtsprozent der Erde sowie 0,13% der Weltmeere bestehen aus diesem Leichtmetall, was dessen Verfügbarkeit auf mehrere Jahrhunderte sichert. Die Kennwerte wie spezifische Festigkeit (E/ϱ) und die auf Dichte normierte Steifigkeit sind ebenfalls besser als von einigen Stahlsorten (**Bild 6.2-11** und **Tabelle 6.2-7**). Magnesium kann als Strangpressprofil, als Gussmaterial und – eher noch selten – als Blech konstruktiv eingesetzt werden. Dennoch ist die Verbreitung im Karosseriebereich aufgrund der hohen Korrosionsneigung, den Materialkosten und der aufwendigen Verarbeitung derzeit noch gering. Der Korrosion versucht man mit der Verwendung von HP (high purity)-Legierungen ent-

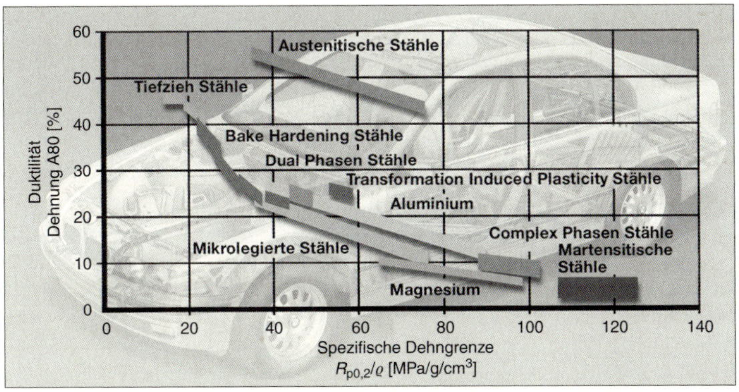

Bild 6.2-11 Duktilität über spezifischer Dehngrenze

Tabelle 6.2-7 Materialeigenschaften

	E-Modul [Mpa]	Dichte [g/cm³]	Rp02 [Mpa]	E/ρ	√E/ρ	³√ E/ρ	Rp0,2/ρ	√Rp0,2/ρ
DC 04	210000	7,85	185	26752	58,4	7,6	23,6	1,7
H 300 B	210000	7,85	340	26752	58,4	7,6	43,3	2,3
Borstahl	210000	7,85	1100	26752	58,4	7,6	140,1	4,2
AlMg5Mn	70000	2,70	185	25926	98,0	15,3	68,5	5,0
AlSi1,2Mg0,4	70000	2,70	260	25926	98,0	15,3	96,3	6,0
AZ 91 T6 (Mg-Guss)	45000	1,75	200	25714	121,2	20,3	114,3	8,1
TiAl 6 V 4 F89 (Titan-Blech)	110000	4,50	820	24444	73,7	10,6	182,2	6,4
GFK (‖, 55%)	40000	1,95	950	20513	102,6	17,5	487,2	15,8
GFK (⊥, 55%)	12000	1,95	475	6154	56,2	11,7	243,6	11,2
AFK (‖, 55%) TM-Typ	70000	1,35	1500	51852	196,0	30,5	1111,1	28,7
AFK (⊥, 55%) TM-Typ	6000	1,35	750	4444	57,4	13,5	555,6	20,3
CFK (‖, 55%)	110000	1,40	1100	78571	236,9	34,2	785,7	23,7
CFK (⊥, 55%)	8000	1,40	700	5714	63,9	14,3	500,0	18,9
GF-PA-12 (‖, 54%)	35400	1,70	600	20824	110,7	19,3	352,9	14,4
GF-PA-12 (⊥, 54%)	4400	1,70	65	2588	39,0	9,6	38,2	4,7
Glas (massiv) spröde	70000	2,50	1000	28000	105,8	16,5	400,0	12,6

gegenzuwirken, welche sich durch geringe Eisen-, Kupfer- und Nickelgehalte auszeichnen.
Magnesium lässt sich im kalten Zustand aufgrund seiner hexagonalen Gitterstruktur sehr schlecht umformen. Daher werden Magnesium-Knetlegierungen hauptsächlich durch Strangpressen, Warmpressen oder Walzen umgeformt.
Magnesium-Gusslegierungen können im Vakuum Druckguss hergestellt werden, welches eine wirtschaftliche Herstellung von geometrisch komplexen Bauteilen bei geringen Wandstärken erlaubt. Auch die längeren Werkzeugstandzeiten im Druckguss sind ein Vorteil.

6.2.4.4 Kunststoffe

Kunststoffe werden seit Mitte der 70er Jahre mit Erfolg im Karosseriebereich eingesetzt. Generelle Anforderungen an Karosserieaußenhautbauteile aus Kunststoff sind: Ausreichendes mechanisches/thermisches Eigenschaftsprofil, Class-A Oberfläche, geeignetes Bruchverhalten, Lackierfähigkeit und niedrige Wärmeausdehnung.
Beleuchtet man die Hintergründe und Entscheidungskriterien bei der Auswahl eines Kunststoffsystems für eine Anwendung, so stellt man fest, dass ein System dann ausgewählt wird, wenn es im Vergleich zu anderen Werkstoffsystemen unter Berücksichtigung der Kriterien

- Design
- Maßhaltigkeit
- Integration
- Korrosion
- Oberfläche
- Bruchverhalten
- Kosten
- Gewicht

zu deutlichen Vorteilen kommt (**Tabelle 6.2-8**).
Bauteile, die bereits im Rohbau an die Karosserie montiert werden und den gesamten Lackierprozess (On-line-Lackierung) des Fahrzeuges durchlaufen, sind Temperaturen bis 200 °C im KTL-Trockner ausgesetzt. Wird das Bauteil nach dem KTL-Trockner-Durchlauf an die Karosserie gebaut (Inline), erreichen die maximal auftretenden Temperaturen etwa 160 °C. Der Einfluss der Temperaturbelastung auf die Eigenschaften des Klebstoffes muss bei der Bauteilauslegung bereits im Vorfeld berücksichtigt werden. Aufgrund der Forderung nach Online- bzw. In-line-Lackierung sowie mangelnder Wirtschaftlichkeit und geringem Gewichtspotenzial werden PUR-(R)RIM (Reinforced Reaction injection moulding) Werkstoffe überwiegend nur noch für Stoßfängerverkleidungen eingesetzt.

Tabelle 6.2-8 Vergleich der Werkstoffe (Beispiel Seitenwand 6er BMW)

Werkstoffe	Stahl	Aluminium	Thermoplast	SMC	RRIM
Gewicht pro Bauteil [kg]	4,5	2,5	2,5	2,9	3,2
Wandstärke [mm]	0,8	1,2	3	2,1	3,5
Lackierszenario	online	online	inline	online	inline
Herstellkosten [%]	100	170	100	120	150

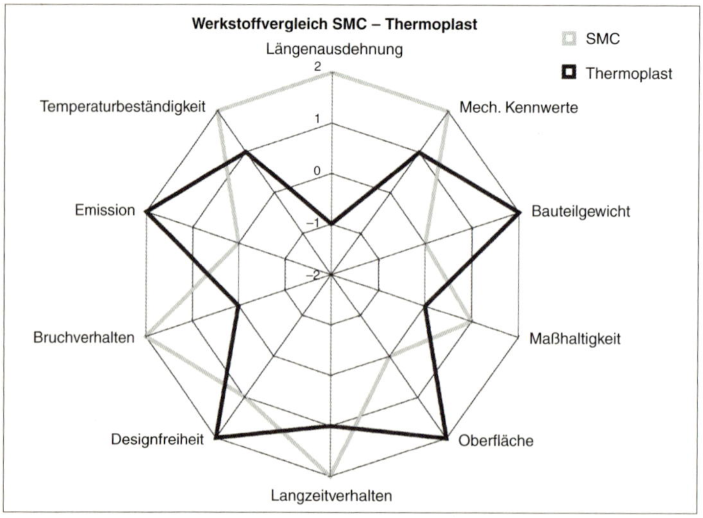

Bild 6.2-12 Werkstoffvergleich SMC – Thermoplast

Tabelle 6.2-9 Eigenschaftsprofil von Online- bzw. Inline lackierten Kunststoffen (k.B. = kein Bruch)

Eigenschaft	Einheit	Prüfnorm	Off-line	On-line
Biege-E-Modul	N/mm^2	DIN 53457	3.300	1.800
Schlagzähigkeit	KJ/m^2	DIN 53453	k.B.	k.B.
Kerbschlagzähigkeit	KJ/m^2	DIN 53453	18	45
Zugfestigkeit	N/mm^2	DIN 53455	55	45
Reißdehnung	%	DIN 53455	23	50
Längenausdehnungskoeff.	10-6/K	DIN 53752	45	90
Vicat B/50 Erweichungs-Temperatur	°C	DIN 53460	130	175

Bild 6.2-12 zeigt, dass Sheet Mould Compounds (SMC) Vorteile bezüglich des niedrigen Längenausdehnungskoeffizienten, der Steifigkeit und des Bruchverhaltens bieten. Die Vorteile von Thermoplasten sind Gewicht, Designfreiheit und die gute Oberflächenstruktur.

6.2.4.4.1 Thermoplaste

Es sind seit längerem Thermoplaste auf dem Markt erhältlich, welche die Anforderungen, die an eine Kunststoffaußenhaut gestellt werden, im wesentlichen erfüllen. Im Bereich der konventionell lackierten Thermoplast-Spritzgießbauteile kann prinzipiell zwischen zwei Werkstoffgruppen unterschieden werden, welche aufgrund der unterschiedlichen Wärmeformbeständigkeit als Offline bzw. Inline/Online-Kunststoffe eingesetzt werden und in der **Tabelle 6.2-9** verglichen werden.

Offline-Kunststoffe

Diese Kunststoffe weisen ein relativ gutes mechanisches Eigenschaftsprofil auf und sind in dieser Hinsicht den Inline/Online-Kunststoffen deutlich überlegen. Die Wärmeformbeständigkeit ist jedoch wesentlich niedriger einzustufen. Die Hauptnachteile dieser Werkstoffe sind in der Farbgebung, dem sogenannten Farbmatching, zu sehen, da diese Bauteile separat lackiert werden und mit der Karosserie hinsichtlich der Farbeigenschaften (Farbton, Glanz, Brillanz) übereinstimmen müssen. Hinzu kommt, dass der separate Lackierprozess sehr kostenintensiv ist und einen entsprechenden logistischen Aufwand in der Montage erfordert.

Inline/Online-Kunststoffe

Diese Kunststoffe weisen deutlich niedrigere mechanische Eigenschaften als die Offline-Kunststoffe auf, mit Ausnahme der deutlich höheren Wärmeformbeständigkeit. Dadurch ist eine Lackierung mit der Karosserie möglich, so dass keine Farbmatching-Probleme bei der Herstellung entstehen. Für die Funktion sind jedoch deutliche Nachteile gegenüber den Offline-Thermoplasten vorhanden.

6.2.4.4.2 Duroplaste

Zahlreiche Kriterien, wie die große Formfreiheit, Funktionsintegration und die Wirtschaftlichkeit bei niedrigen Stückzahlen sprechen für Duroplaste (**Tabelle 6.2-10**), deren Einführung in der Außenhaut bereits viele Jahre zurückliegt. Von diesen Werkstoffen werden bei vergleichbarem Gewicht gleiche Funktionalitäten wie bei einer Metallkonstruktion vorausgesetzt. Durch neueste Entwicklungen werden porenfreie Bauteile mit einer entsprechenden Class-A-Oberfläche erreicht. Diese Bauteile können im Rohbau montiert werden und durchlaufen den gesamten Lackierprozess. Optimierte Emissionswerte und gute Recyclingkonzepte haben die Situation für diese Werkstoffgruppe in den letzten Jahren deutlich verbessert.

Tabelle 6.2-10 Duroplaste (BMC = Bulk moulding compound; UP = ungesättigter Polyester)

Kunststoffe und Technologie	Kunststoff	Verfahren	Oberfläche
SMC	UP - GF	Pressen	Online Lackierung
BMC	UP - GF	Spritzgiessen	Inline-lackierfähig
RIM	PUR	Schäumen	Offline-Lackierung
R RIM	PUR -GF	Schäumen	Inline-lackierfähig

Die für Anwendungen in der Außenhaut bedeutungsvollsten Verfahren sind SMC und RRIM. Die Harzsysteme erstrecken sich über das Spektrum der ungesättigten Polyester-, Vinylester- und Epoxyharze sowie Polyurethane. Während bei den Thermoplastwerkstoffen verschiedene Eigenschaftsprofile durch deren Vielfalt abgedeckt werden, geschieht hier die Einstellung der Eigenschaften größtenteils über die Rezeptur, Art und Richtung der Verstärkungsfasern und über den Faseranteil.
Das Recycling von Duroplasten ist durch den Mahl- und Sichtprozess sehr aufwändig und führt zu einer Verteuerung der Produkte (Füll- und Verstärkungsstoffe).

6.2.5 Sortenreine Beispiele

6.2.5.1 Stahl Seitenrahmen

Dieses Bauteil ist ein schwieriges Karosserieteil, da sowohl hohe Ziehtiefen (Türausschnitte) als auch hochwertige Außenhautqualität erreicht werden muß. Bisher konnten dafür nur weiche Tiefziehsorten DC04 oder DX54 verwendet werden, in einigen Fällen waren sogar Sondertiefziehsorten DC06, DX56, DC07 oder DX57 erforderlich.

Bild 6.2-13 zeigt, welcher Teil des Seitenrahmens bei Frontal-, Seiten- und Heckcrash beansprucht wird. Durch höhere Festigkeit lässt sich die Blechdicke bei gleicher Crashperformance reduzieren und Gewicht sparen.

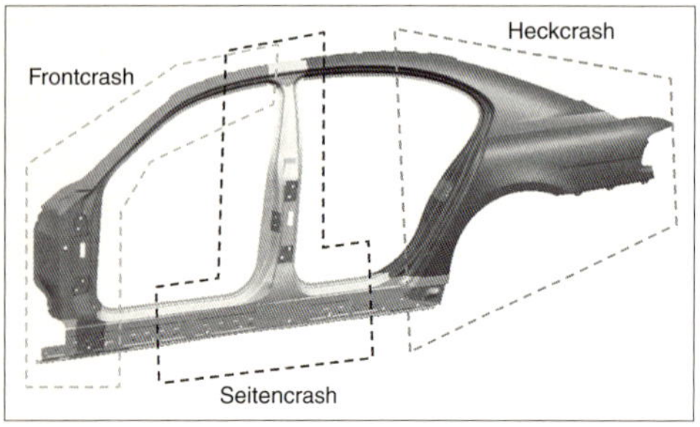

Bild 6.2-13 Im Crash beanspruchte Bereiche des Seitenrahmens außen

Bei einer aktuellen Oberklasselimousine wird mit einem H180Y ein höherfester Stahl für einen Seitenrahmen eingesetzt. Die Blechdicke kann bei vergleichbarer Crashperformance gegenüber einem weichen Stahl um 0,1 mm reduziert werden was einer Gewichtseinsparung von 4 kg pro Fahrzeug entspricht.

Die Einsparung weiterer 4 kg durch Einsatz eines H220Y ist nicht möglich, da mit diesem Werkstoff, wie **Bild 6.2-14** zeigt, die Grenzen der Umformbarkeit überschritten sind. Auch der Einsatz eines H180B ist nicht möglich. Dieser führt in weniger stark umgeformten Bereichen, insbesondere im Außenhautbereich, zwar zu einer zusätzlichen Festigkeitssteigerung durch den Bake Hardening Effekt, die Tiefziehbeanspruchung in diesem Bauteil ist aber so hoch, dass für eine prozesssichere Fertigung der für Tiefziehen optimierte IF-Stahl H180Y erforderlich ist.

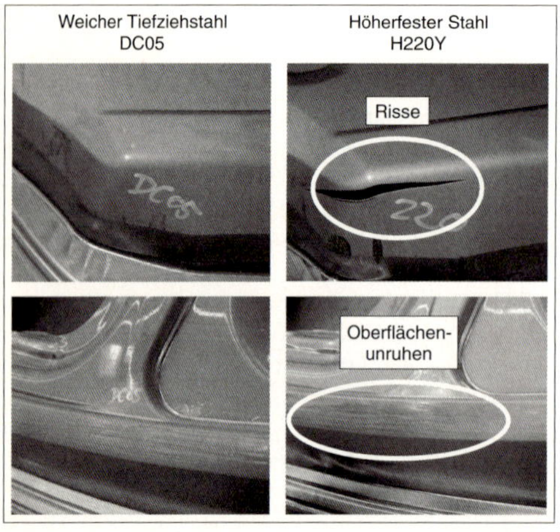

Bild 6.2-14 Ziehkritische Bereiche in Seitenrahmen außen

6.2.5.2 Aluminium Seitentür

Die in Schalenbauweise hergestellte Seitentür muss die gleichen Sicherheits- und Steifigkeitsziele wie eine Stahltüre aufweisen **(Bild 6.2-15)**. Erreicht wird dies durch eine Alu-Schalenbauweise mit zwei V-förmig angeordneten Versteifungsstreben (Strangpressprofile) und einer Türverhakung. In hohen dauerbelasteten Bereichen werden Verstärkungen aus hochfestem Aluminium eingesetzt. Der Zusammenbau entsteht durch Fügen mit speziellen Nieten und Kleben. Durch diese Bauweise kann das Gewicht um 10 kg pro Fahrzeug im Vergleich zu einer gleich dimensionierten Stahltür reduziert werden.

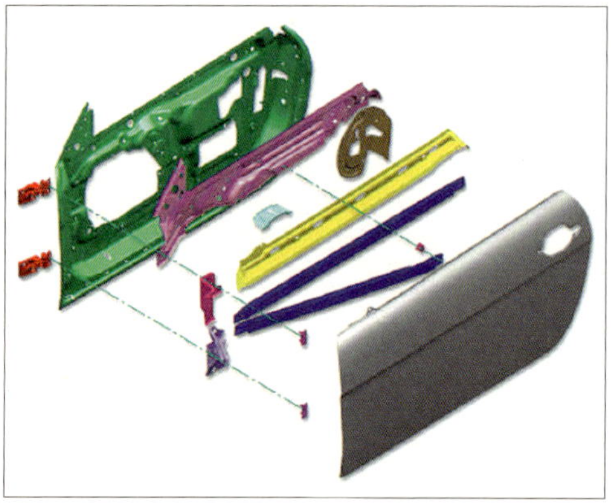

Bild 6.2-15 Tür in Schalenbauweise (rot = Stahl, andere = Aluminium)

6.2.5.3 Magnesium Instrumententafelträger

Die Einsatzgebiete von Magnesium erstrecken sich eher auf den Innenbereich wie z. B. Instrumenten-Tafelträger. Mit einer Integration mehrerer Komponenten kann hier bei einem mittels Druckgussverfahren hergestellten I-Tafelträger **(Bild 6.2-16)** ein Gewichtsvorteil von ca. 3 kg im Gegensatz zu einer Stahlvariante erreicht werden. Ein geschweißter Träger würde aus 25 Teilen bestehen. Zur Beherrschung der Korrosion muss gewährleistet werden, dass sich kein Elektrolyt an den Berührungsflächen zur Stahlkarosserie sammeln kann.

6.2.5.4 Hardtop als Sandwichkonstruktion

Die Vorteile des verwendeten Werkstoffs, PUR-GF/PUR Schaum Sandwich mit PUR Gießelastomercoating gegenüber Aluminium sind u. a. durch Designfreiheit und Fertigungsprozess gegeben. Voraussetzung hierbei ist die werkstoffgerechte Konstruk-

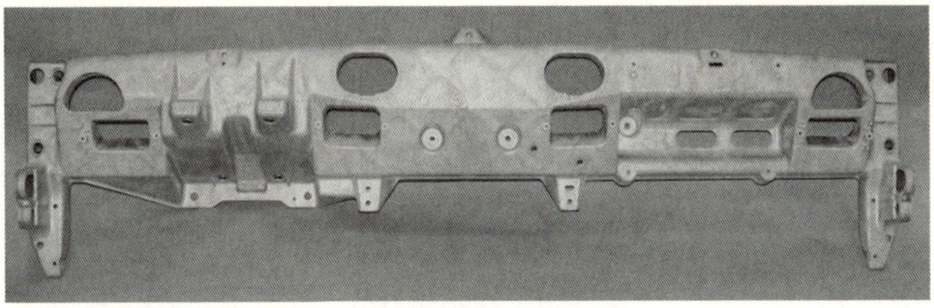

Bild 6.2-16 Mg I-Tafelträger aus AM60

tion. Werkzeugsystem und Oberflächenveredelung müssen für diese Anwendung angepasst werden. Bei Stückzahlen von ca. 5000 über die Laufzeit verteilt ergeben sich Kostenvorteile gegenüber einem Aluminium-Hardtop.

6.2.6 Mischbauweisen

6.2.6.1 Mischbau in der Karosserie

Für Agilität und Dynamik eines Fahrzeugs spielt nicht nur das Gesamtgewicht, sondern auch die Gewichtsverteilung eine entscheidende Rolle. Strebt man eine gleichmäßige Achslastverteilung von je 50 % auf die Vorder- bzw. Hinterachse an, kann der Vorderbau, aufgrund des schweren Motors, aus Leichtmetall bestehen und an die Stahlkarosserie angebunden werden. Ein weiterer Vorteil besteht darin, dass der Aluminiumvorderwagen im Falle eines Crashs die Verformungsenergie, bei kontrollierter Verformung, sehr gut absorbiert, hingegen die Fahrgastzelle sich nicht verformt. Bei diesem Konstruktionsprinzip müssen unterschiedliche Wärmeausdehnungen von Stahl und Aluminium, mögliche Kontaktkorrosion sowie kostengünstige Reparaturkonzepte berücksichtigt werden.

Durch den Einsatz von Aluminium im Vorderbau einer oberen Mittelklasselimousine wurde eine Gewichtsreduzierung in Höhe von ca. 20 kg erreicht (**Bild 6.2-17**).

Die Design-Anforderungen hinsichtlich Flächenverlauf und charakterbildenden Sicken am Fahrzeug

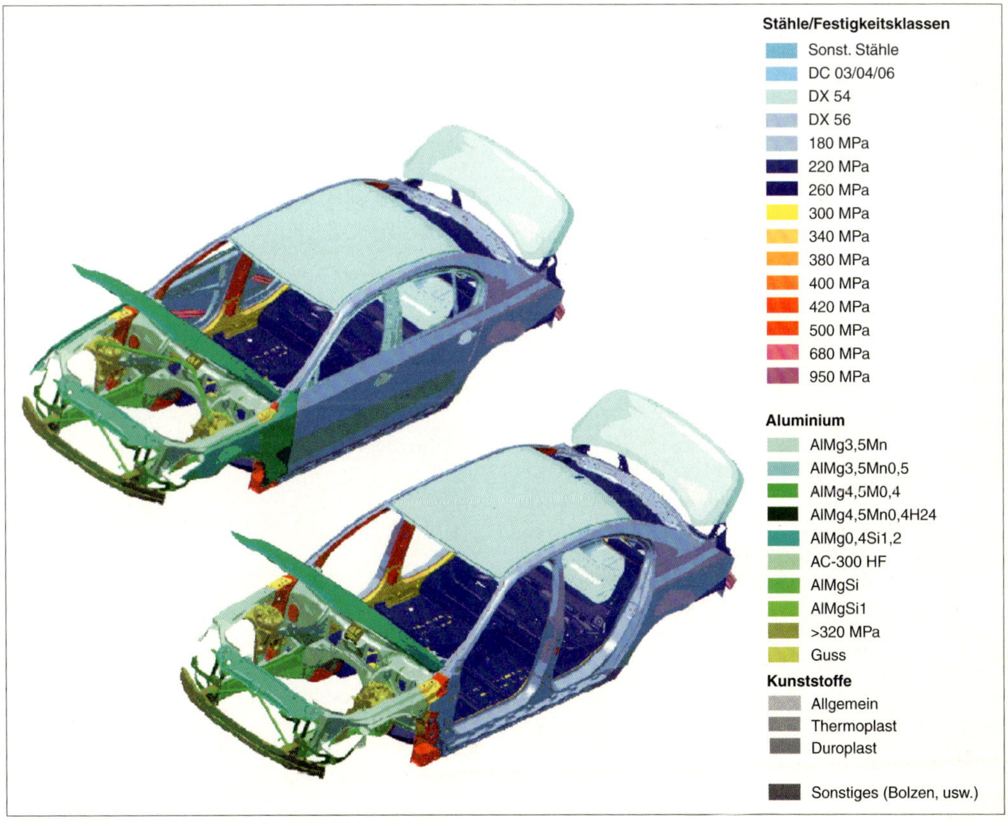

Bild 6.2-17 Stahlkarosserie mit Aluminiumvorderbau

wachsen stetig. Gestalterische Einschränkungen, indem z.B. nur gewisse Radien oder Verprägungen zulässig oder Flächenbombierungen im Wechsel zwischen konkav und konvex untersagt sind, ermöglicht der Einsatz von Thermoplasten eine Umsetzung gerade dieser charakteristischen Formen. In diesem Fall lässt sich mit einer Seitenwand vorne aus einem Thermoplasten gegenüber der Stahlvariante ca. 3 kg Gewicht pro Fahrzeug einsparen. Aus diesen Gründen bestehen die vorderen Seitenwände beim BMW 3er Coupé **(Bild 6.2-18)** aus einem mineralverstärkten Thermoplasten, der noch dazu eine kostengünstige Online-Lackierung erlaubt.

Bild 6.2-18 BMW 3er Coupé

Die Realisierung hängt entscheidend davon ab, die hohe Wärmedehnung konstruktiv in den Griff zu bekommen **(Bild 6.2-19)**. Einerseits muss das Fugenbild passen, anderseits dürfen bei einer zu großen Behinderung der Wärmedehnung keine optisch sichtbaren Oberflächenunebenheiten entstehen. Gelöst wurde diese Aufgabe mit Hilfe einer äußerst innovativen Anbindungstechnik, in der sich die Seitenwand über den Stützträger und Scheinwerfer definiert nach vorne bewegen kann. Die Seitenwand wird im Bereich der A-Säule und Türeindrehung fest verschraubt. Diese Technik gewährleistet die notwendige Montagetoleranz bei der Verschraubung und lässt auch eine genau definierte Wärmedehnung zu. Die Freigängigkeiten für Toleranzausgleich und temperaturbedingte Längenänderung sind voneinander entkoppelt **(Bild 6.2-20)**. Durch den Einsatz von dafür eigens konstruierten Abdeckkappen, die die restliche auftretende Wärmedehnung in eine gleichmäßige

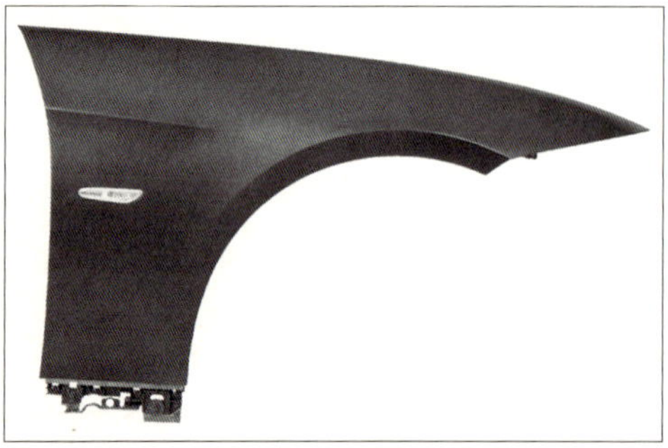

Bild 6.2-19 Detailansicht Thermoplast Seitenwand

Bild 6.2-20 Ansicht der Verschraubung in der Wasserrinne und dem Verbindungselement

Bombierung übergehen lässt, erkennt der Kunde optisch nicht die am Bauteil auftretende geometrische Veränderung. So kann selbst bei extremer Sonneneinstrahlung die Türfuge gehalten werden. Ein weiterer Aspekt ist die Möglichkeit der Integration von verschiedenen Aufnahmen für weitere Exterieur-Elemente wie Zierelemente, seitliche Blinker usw.

Die Frontklappe und die Türen aus Aluminium sind zwei weitere Beiträge zur Gewichtsreduktion. Darüber hinaus verringert die 2 Komponenten-Verklebung der Frontklappe das Gewicht auf der Vorderachse um ein weiteres Kilogramm. Um die markanten Konturen im Heckbereich des Fahrzeugs darzustellen, fiel bei der Heckklappe die Wahl auf den Werkstoff SMC. Zudem ermöglicht er die Umsetzung der Designanforderungen mit einteiliger Außenhaut und die Integration von Abrisskante und Antennen in den Heck- und Verdeckverbund des Fahrzeugs **(Bild 6.2-21)**. SMC ist korrosionsfrei und erlaubt kostengünstige Online-Lackierung.

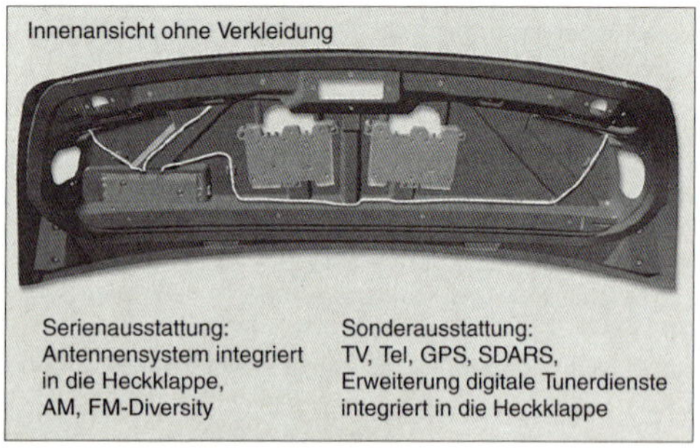

Bild 6.2-21 Heckklappe in SMC

6.2.6.2 Mischbau im Innenraum (Cockpit) und Frontendmodule

Da der Erfolg neuer Fahrzeugmodelle zunehmend von der Innenraumgestaltung abhängt gilt der Ober-

Tabelle 6.2-11 Vor- und Nachteile von Dekorationsverfahren [17]

	Spritzgießen	Softlackieren von Bauteilen	Insert moulding	Hinterspritzen und Hinterprägen von Kunstleder und Softtouchfolien	Mehrkomponenten-verfahren speziell: Überspritzen mit TPE / TPU	PUR - Gießhaut - Überfluten in 2 Prozessschritten	SkinForm Verfahren
Lederähnliche Haptik	-	0	0	+	0/+	+	+
Kratzfestigkeit	-	-	+	+	-	+	+
Komplexe, stark dreidimensionale Oberflächen mit engen Radien	+	+	0	0	+	+	+
Durchbrüche	+	+	+	-/0	+	+	+
Kein Dekor- oder Narbungsverzug	0	0/+	-	-/0	+	+	+
Oberflächenveredelung so dünn wie möglich	0	+	0/+	0/+	-	-	+
Softtouch am Bauteil	-	-/0	-/0	+	0	+	+
Partieller Softtouch	-	-	-	-/0	-	+	+
Keine Nacharbeit	+	+	+	-	+	-	+
Keine Vorformlinge	+	+	-	0/+	+	-/+	+
Großserientaugliches Verfahren	+	+	+	+	+	+	+
Kaschieren von Spritzgießfehlern	-	-	+	+	0/+	+	+
Wenig Verzug des Bauteils	+	-/0	0	-/0	-/0	+	+
One Shot Prozess	+		- (Folien vorformen)	- (Bauteilbeschnitt)	+	-	+

\+ gut realisierbar

0 realisierbar mit Einschränkungen

\- nicht realisierbar

flächengestaltung und dem Akustikverhalten des Cockpits ein wachsendes Augenmerk. Diese Dekorationsverfahren reichen vom Softlackieren über das Hinterspritzen oder Hinterprägen von Kunstleder oder Softtouchfolien bis hin zum Einsatz von Gießhäuten. Die individuellen Vor- und Nachteile der einzelnen Verfahren sind in **Tabelle 6.2-11** zusammengefasst.

Speziell für Fahrzeuge der Kompaktklasse, die unter einem besonderen Kostendruck gefertigt werden, fordern die Automobilhersteller immer häufiger Materialien, die

- eine hohe Zähigkeit, Chemikalien- und Wärmeformbeständigkeit,
- sehr gute Oberflächenqualität,
- angenehme Haptik,
- günstiges akustisches Dämpfungsverhalten und
- eine problemlose Verarbeitbarkeit

in sich vereinigen. Vor allem Blends auf Basis von PA und ABS haben sich in diesem Zusammenhang bewährt.

Neben der Gewichtseinsparung bieten die Polymerwerkstoffe zahlreiche weitere Vorteile. Diese reichen von einer größeren Designfreiheit über die Möglichkeit, zusätzliche Funktionen in die Bauteile zu integrieren, bis hin zu einem exakt definierten Crashverhalten.

Zu den jüngsten Trends bei der Gestaltung von Cockpits zählt die Integration von metallisch wirkenden Oberflächen. Dabei werden jedoch nur selten Stahl oder Aluminium eingesetzt. Für die Oberflächenmetallisierung von Kunststoffteilen stehen zahlreiche Technologien im Wettbewerb, deren Vor- und Nachteile in **Tabelle 6.2-12** zusammengestellt sind.

Aufgrund zahlreicher Vorteile gilt die Zusammenfassung von Stoßfängersystem samt Montageträger und Crashboxen, Scheinwerfern mit Verkabelung, Teilen der Crashsensorik, Kühler, Haubenschloss und Dichtungen zu einem montagefertigen Frontendmodul als Stand der Technik. Die Vorteile von Frontendmodulen sind in **Tabelle 6.2-13** zusammengefasst; siehe auch Kap. 6.1.5. Wegen der vielfältigen Aufgaben sowie einer hohen Integrationsdichte bestehen die Frontends regelmäßig aus einer Vielzahl unterschiedlicher Werkstoffe. Neben Kunststoffen für Verkleidungsteile, Spoilerlippen, Kühlergrill, Schutzleisten oder Kennzeichenträger kommen auch Stahl und Aluminium für die Stoßfängerquerträger, Buntmetalle für den Kühler sowie Glas oder transparente Kunststoffe für die Streuscheiben der Scheinwerfer zum Einsatz.

Für die Frontmodulträger befinden sich fünf verschiedene Werkstofftypen mit unterschiedlichen Eigenschaften und Anforderungen an die Fertigungstechnik im Wettbewerb (**Tabelle 6.2-14**). Hybride Strukturen erleichtern die Funktionsintegration, da die Metallstruktur das notwendige Crashverhalten und die Steifigkeit gewährleistet, während die Kunststoffteile die Integrationspunkte bilden [19].

Tabelle 6.2-12 Entscheidungsmatrix zur Fertigung metallisch wirkender Oberflächen (Quelle: Fa. Karmann)
Bewertungen: + + sehr gut bis – – sehr schlecht

		Kunststoffe					
	Metalle	Lackierung	Metallisierung	Galvanisierung	Folienhinter-spritztechnik	Heißpräge-folientechnik	eingefärbtes Spritzgußmaterial
Optik	++	+	++	++	++	++	+
Haptik	++	-	+	+	o	-	- -
mechanische Eigenschaften	++	o	o	o	o	o	o
Maßhaltigkeit	++	-	o	o	+	+	++
Alterungs-beständigkeit	++	o	+	+	+	+	o
Versagens-verhalten	++	o	o	o	+	o	o
Oberflächen-empfindlichkeit	++	o	- -	+	++	+	+
Herstellungs-verfahren	- -	- -	- -	- -	-	o	++
Teilepreis	- -	-	- -	- -	o	+	++
Werkzeug-kosten	- -	- -	- -	- -	- -	- -	++
Gewicht	- -	++	++	++	++	++	++
geometrische Freiheit	++	++	++	++	o	-	++
Recyklier-barkeit	++	-	-	-	-	-	++

Zu den aktuellen Herausforderungen bei der Entwicklung von Frontendmodulen zählen die Regelungen zum Fußgängerschutz (Kapitel 6.5). Zu den ersten Lösungen, den Beinaufprall abzumildern, zählen der Einsatz zusätzlicher Energieabsorber in Höhe des Stoßfängerquerträgers sowie die Integration eines zusätzlichen Querträgerprofils unter dem Stoßfängerquerträger als Überfahrschutz.

6.2.7 Materialspezifische Aspekte der Fertigungstechnik

6.2.7.1 Tailored products

Zur konsequenten Kosten- und Gewichtsreduzierung, kann man je nach Belastung und Bedürfnissen unterschiedliche Blechplatinen zusammenschweißen (Laserschweißen). Sie können hinsichtlich der Werkstoffgüte aber auch in der Blechdicke der zu verbindenden Teile differieren.

Einen anderen Weg der Gewichtseinsparung bietet die Verwendung von Tailored rolled Blanks (TRB – **Bild 6.2-22**). Hier wird der Walzspalt während des Walzvorganges verändert (**Bild 6.2-23**). So kann die Dicke des Blechs in Längsrichtung überall den jeweiligen Belastungen des Bauteils entsprechend angepasst werden. Unterschiedliche mechanische Kennwerte stellen sich je nach Umformung ein. Dieses kostengünstige Verfahren hat zudem den Vorteil, dass es keine Schweißnaht gibt. Die homogene Umformung verhindert eine Kerbwirkung, und der Fa-

Tabelle 6.2-13 Vorteile von Frontendmodulen (Quelle: Fa. Decoma)

➔ Funktionsintegration	- Teilereduktion
➔ Reduzierung der Montagezeiten	- Ergonomische Montage des Moduls - Verbesserte Fahrzeugmontage - Geringe Anzahl der Montagepunkte am Band
➔ Einfache Werkslogistik	- Geringe Zahl von Bauteilen/Modulen - weniger Lieferanten - kurze Wege - weniger Ansprechpartner - geringer Lagerbestand - reduzierter Platzbedarf
➔ Gewichtsreduzierung	- Verbesserung der Gesamtenergiebilanz
➔ Qualitätsverbesserung	- Toleranzen, Fehlerrate – Qualitätskostenreduzierung
➔ Kurze Entwicklungszeiten	- Kooperation der Entwicklungspartner
➔ Geringe Reparaturkosten	- Modulbauweise
➔ Niedrige Versicherungs-einstufung	- Reparaturfreundlichkeit des Gesamtsystems

Tabelle 6.2-14 Materialalternativen für Frontmodulträger (Quelle: Fa.Decoma)

Kriterium	Werkstoff				
	Stahl	GMT	Aluminium	Hybridtechnologie BAYER Ford Focus	MKV
Werkstoff(e)	Stahlbleche mit unterschiedlichen Wandstärken	Thermoplast mit 40% Lang-Glas-faser Verstärkung	Aluminiumbleche mit versch. Wandstärken	Stahlträger im Verbund mit PA6, 30% Glasfaser Verstärkung	Hohlprofil durch Stahlträger und Spritzgußteil PP 40% Lang-Glasfaser verstärkt
Fügeart	Schweißen Schrauben Kleben	Metallinserts einpressen oder setzen	Schweissen Schrauben Kleben	Stahlträger wird umspritzt	Stahlträger wird mit Spritzguss Träger Ultraschall-vernietet
Steifigkeit (%)	100	30	80	100	100
Energieaufnahme (%)	100	Ca. 10	100	150	(150)
Verarbeitungs-Toleranzen	X Y Z +/- 2 mm	X +/- 1,2 mm Y +/- 0,8 mm Z +/- 1,0 mm	X Y Z +/- 2 mm	X +/- 1 mm Y +/- 0,5 mm Z +/- 1,5 mm	X Y Z +/- 0,8 mm
Korrosionsschutz	Verzinkung KTL Beschichtung	Nicht notwendig	Chromatierung KTL Beschichtung	KTL Beschichtung	KTL Beschichtung
Ca. Kosten (%)	100	135 (incl. Blech)	150	120	115
Gewicht (kg)	4	4,1	2	3,1	3,3
Serienerfahrung	Ja	Ja	Ja	Ja	Bedingt (Airbag Deckel)

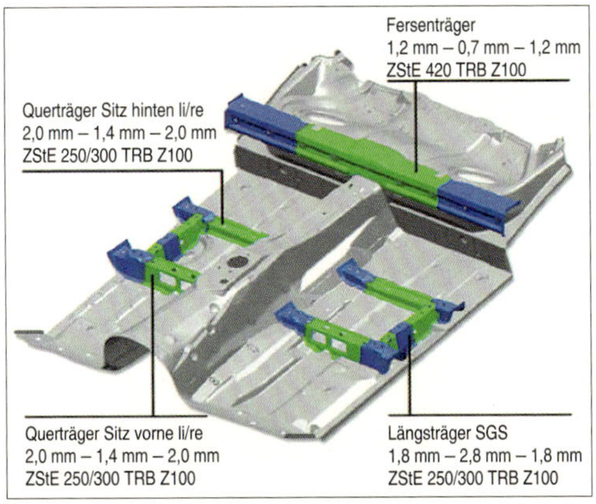

Bild 6.2-22 Tailored rolled blanks gefertigte Bauteile in Coupé und Cabrio (BMW 6er)

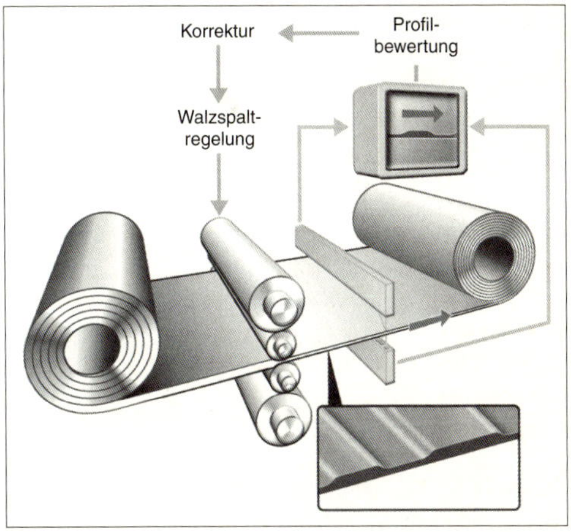

Bild 6.2-23 Walzprozess der Tailored rolled blanks-Platine (Quelle: MUBEA)

serverlauf wird nicht beeinträchtigt. Zudem verkürzt dieses flexible Walzen den Herstellungsprozess solcher Bleche und ermöglicht ihre Umformung durch weitere Verarbeitungsschritte wie z. B. durch Tiefziehen oder Hydroforming.

6.2.7.2 Superplastisches Umformen (SPF)

Das superplastische Umformen ist ein Verfahren zur Herstellung komplexer Bauteilgeometrien mit hohen Umformgraden und eignet sich besonders für geringe Stückzahlen (bis ca. 1000 Einheiten pro Jahr).

Das Werkzeug besteht aus einer formgebenden Matrize und einer Lufteinlassplatte. Das Blech wird warm umgeformt, die Umformkraft wird durch Luftdruck aufgebracht. Hierfür wird das Blech auf die beheizte Matrize gelegt, die Presse wird geschlossen und durch die Luftzufuhr von oben Druck aufgebracht. Die Umformung erfolgt für Aluminium bei ca. 500 °C, der Luftdruck beträgt 10–20 bar. Das Material wird durch Druck- und Wärmeeinbringung in den plastischen Zustand gebracht. Zunächst formt es sich frei in der Matrize aus und legt sich im weiteren Verlauf der Umformung vollständig an die Matrize an (**Bild 6.2-24**).

6.2.7.3 Innenhochdruckumformen (IHU)

Unter der Innenhochdruckumformung (IHU) ist das Aufweiten metallischer Rohre durch Wasserdruck von innen in einem geschlossenen Werkzeug zu verstehen. Die Verfahren des Innenhochdruckumformens von Hohlprofilen lassen sich nach den Spannungen in der Umformzone klassifizieren [22]. Mit der Innenhochdruckumformung lassen sich komplex geformte rohrförmige Hohlkörper aus einem Stück fertigen, die mit anderen Fertigungsverfahren nicht oder nur mehrteilig herstellbar sind.

Das Werkzeug wird dabei im Allgemeinen durch eine hydraulische Presse geöffnet, geschlossen und zugehalten. Der Umformvorgang erfolgt auf hydraulischen Pressen mit einer Öl- oder Wasserhydraulik.

Der Umformvorgang in vier Schritten wird anhand eines T-Stückes näher beschrieben (**Bild 6.2-25**).

IHU Werkstoffe sollten tiefziehbar sein, ein feinkörniges Gefüge aufweisen und weichgeglüht sein. Beim Innenhochdruckumformen werden Rohteile aus Halbzeugen, wie gezogenen oder geschweißten Rohren, Doppelwandrohren, Strangpressprofilen oder geschweißten oder vorgeformten Platinen eingesetzt:

Vorteile dieses Verfahrens sind:

- Hohe Form- und Maßgenauigkeit
- Herstellung komplexer Geometrien in wenigen Fertigungsstufen
- Verbindungsschweißnähte entfallen
- Integration zusätzlicher Fertigungsoperationen in das Umformwerkzeug, Teilereduzierung
- Gute mechanische Eigenschaften am Bauteil

6.2.7.4 Folientechnik als Alternative zur Nasslackierung

Die zunehmende Verwendung von Polymerwerkstoffen im Karosseriebau erfordert von den Beteiligten je nach Anwendung und verwendetem Kunststofftyp umfassende Problemlösungen (**Tabelle 6.2-15**). Allen Anwendungen und Kunststofftypen gemein ist das Problem, dass die kontinuierliche Verlagerung der Lackierung von Karosserieaußenteilen aus Kunststoff auf Zulieferer die Farbtonharmonisierung (Colour matching) erschwert. Als alternative Problemlösungen gelten Folienkonzepte, bei denen beschichtete oder eingefärbte Kunststofffolien nicht nur eine identische Farbe zwischen den unterschiedlichen Karosseriemodulen sicherstellen, sondern auch die herkömmliche Nasslackierung substituieren [20].

Der Einsatz hochglänzender Folien zum Hinterspritzen mit Thermoplasten auf Basis von PP, ABS oder PC wurde zunächst für Anwendungen im Fahrzeuginnenraum entwickelt. Seit Mitte der 90er Jahre wird die Technik zunehmend auch im Exterieurbereich angewendet. Zu den Beispielen zählten zunächst Zierleisten, Außenspiegel, Dachleisten, Radkappen, Schweller und Kühlergrills [21].

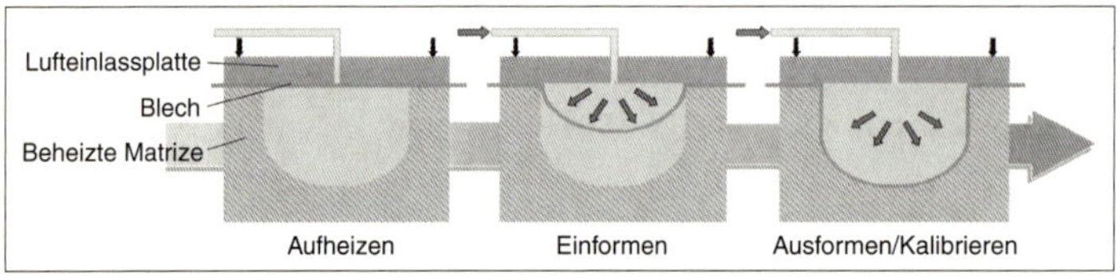

Bild 6.2-24 Verfahrensprinzip Superplastisches Umformen

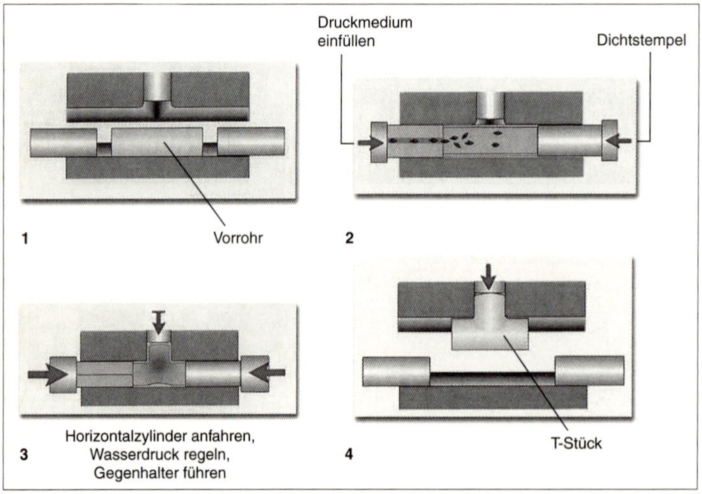

Bild 6.2-25 Prozessschritte IHU (Quelle: Schuler AG)

Tabelle 6.2-15 Anwendungen und Probleme heutiger Kunststoff-Karosseriewerkstoffe (Quelle: BASF)

Material	Anwendungen	Probleme
SMC	Komplettkarosseriebeplankungen Renault Espace und Avantime, Heckdeckel DC, diverse Nutzfahrzeuge	▪ Hohe Nacharbeit, ▪ nicht großserientauglich bei >70.000 Stück/Jahr
PUR-RRIM	Heckklappe DC A-Klasse Brasilien, Kotflügel VW D1	▪ nicht großserientauglich ▪ Nacharbeit
PPE/PA	On-line lackierte Kotflügel diverser Renault, PSA Peugeot, DC A-Klasse, VW New Beetle	▪ Hohe thermische Längenausdehnung ▪ Geringe Steifigkeit ▪ Dimensionsstabilität
PBT/PC	Beplankung MCC Smart, Heckblenden, Stoßfängerblenden	▪ Hohe thermische Längenausdehnung
ASA/PC	Heckklappe DC A-Klasse Europa, Heckblende E-Klasse	▪ Mittlere Längenausdehnung ▪ Spezielles Prozess-know-how erforderlich

Zwar gibt es bislang keine Folie, die für alle Karosseriebereiche mit ihren unterschiedlichen Anforderungen geeignet ist oder eingesetzt wird, dennoch ließen sich für einzelne Serienanwendungen bereits Class A-Oberflächen erzielen. Das PFM-System (Paintless Film Moulding) von BASF zum Beispiel wird für das Dachmodul des Smart Fortwo eingesetzt und erzielt dort eine Class A-Oberfläche.

Für PFM-Bauteile wird zunächst eine zwei- oder dreischichtige Folie coextrudiert. Sie besteht aus einer eingefärbten ASA- oder ASA/PC-Trägerschicht und einer klaren PMMA-Deckschicht, die für Glanz, Härte, Kratzfestigkeit und Witterungsbeständigkeit verantwortlich ist. Eine optionale zweite PMMA-Schicht zwischen Trägermaterial und Oberflächenfolie kann dazu beitragen, die Farbanmutung zu erhöhen. In einem zweiten Prozessschritt wird der Folienverbund mit verstärkten oder unverstärkten Thermoplasten auf Basis von Styrolcopolymeren und deren Blends hinterspritzt, hinterschäumt oder hinterpresst **(Bild 6.2-26)**. Je nach Hinterformmaterial und Verarbeitungstechnik können dabei unterschiedliche Bauteileigenschaften maßgeschneidert werden **(Tabelle 6.2-16)**. Zu den Schlüsselfaktoren zählen die Oberflächenqualität und Temperierung des Formwerkzeugs, die Sauberkeit der Umgebung von Folie und Werkzeug sowie die Qualität der eingesetzten Rohstoffe.

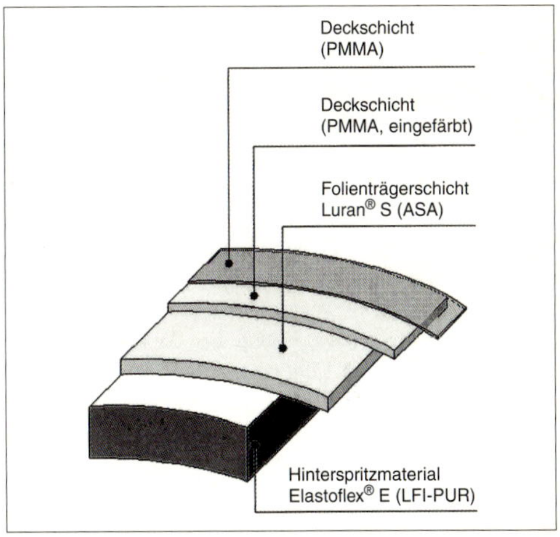

Bild 6.2-26 Oberflächenaufbau eines Paintless Film Moulding (PFM)-Bauteils (Quelle: BASF)

Tabelle 6.2-16 Einfluss der Verarbeitungsverfahren auf die Materialeigenschaften

Hinterformmaterial (ABS)	Terluran® GP-22	Terluran® GP-35	Terluran® GP-35	Terluran® GP-35
Folienträgermaterial	ASA	ASA	ASA	ASA
Glasfasergehalt [%]	15	15	30	30
Spritzguß (SG), Pressen (LFT)	SG	LFT	SG	LFT
Glasfaserlänge [mm]	1–5	>10	1–5	>10
E-Modul [N/mm²]	2930–3490	3365–3734	3250–4710	4135–4642
Streckgrenze [N/mm²]	47–58	42–47	49–73	44–46
Schlagzähigkeit ISO179/ 1fU bei 23 °C [kJ/m²]	18–21	30–36	13–17	53–69

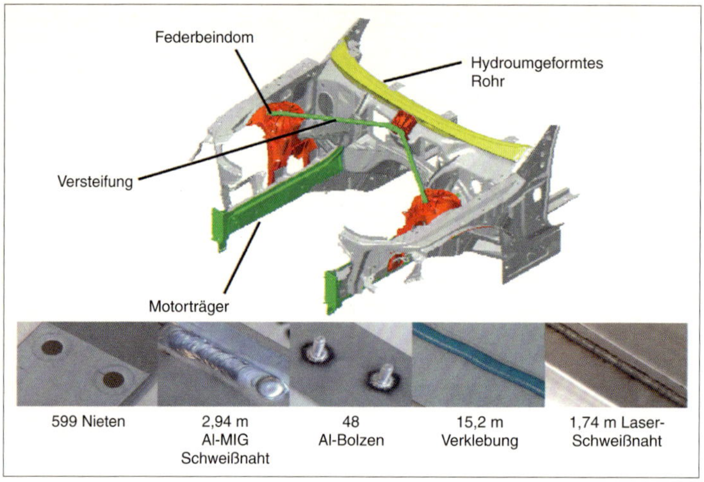

Bild 6.2-27 Fügeverfahren an einem Mischvorderwagen

6.2.7.5 Fügevefahren

Im Rahmen der Entwicklung von Bauteilen aus Kunststoffen für die Fahrzeugaußenhaut wird das Thema Verbindungstechnik und im speziellen das Kleben immer wichtiger. Außenhautbauteile aus Kunststoff sind in der Regel in zweischaliger Bauweise konzipiert. Dabei wird die Außenschale in Class-A-Oberflächenqualität mit einem verstärkenden Innenteil verklebt. Bei der Innenschale kann es sich sowohl um ein verstärktes Kunststoffteil als auch um ein Metall handeln. Werden Bauteile unterschiedlicher Werkstoffe gefügt, muss das Ausdehnungsverhalten der einzelnen Fügepartner bei Temperaturänderung berücksichtigt werden. Gegebenenfalls müssen die Unterschiede der Längenausdehnung von Innen- und Außenschale, sofern sie aus unterschiedlichen Werkstoffen gefertigt sind, durch den Klebstoff ausgeglichen werden.

Beispiele für Fügeverfahren, welche im Metall-Mischbau angewendet werden, sind in **Bild 6.2-27** abgebildet.

Literatur

[1] *Stauber, R.*: „Metalle im Automobilbau – Innovationen und Trends“, 9. Handelsblatt Jahrestagung Automobiltechnologien-Vision Automobil, München, 04/2005

[2] *Bachsteffel, J.; Rau, H.; Laux, J. J.*: „IMC Slush Technologie im Interieur – Eine neue Werkstoffgeneration für hochwertige Oberflächen, VDI-K Tagung Kunststoffe im Automobilbau, Mannheim, 04/2005

[3] *Timm, H.*: “Concept- and technology trends for a cost-attractive body lightweight construction”, Aluminium 2004, Essen, 09/2004

[4] *Franke, H.-J.*: „Faszination Karosserie“, 2. Braunschweiger Symposium, Braunschweig, 01/2005

[5] *Pfestorf, M.; Hooputra, H.; Bassi C.*: „Anforderungen an Aluminiumblechwerkstoffe im Spannungsfeld von Funktion und Fertigung“, Proceedings of the 6th European Automotive Conference „The Process Chain Aluminium Automobile“, Technik + Kommunikations-Verlags GmbH, Bad Nauheim, 06/2004

[6] *Lüdke, B.*: „Funktionaler Rohkarosserie-Leichtbau, von den Anforderungen an die Rohkarosserie zu den Anforderungen an die Rohkarosseriewerkstoffe“, VDI Bericht Nr. 1543, 2000

[7] *Sonsino, C. M.*: „Dauerfestigkeit – eine Fiktion“, Fraunhofer Institut für Betriebsfestigkeit und Systemzuverlässigkeit (LBF), Darmstadt, 2005

[8] *Staeves, J.; Pfestorf, M.*: „Einsatz höherfester Stähle im Automobilbau“, 8. Umformtechnisches Kolloquium Darmstadt, Darmstadt, 04/2003

[9] *Lüdke, B.*: „Funktionaler Rohkarosserie-Leichtbau am Beispiel der neuen BMW Generation“, Stahl und Eisen 119 Nr. 5, 1999

[10] *Grünn, R.*: „Die Karosserie des neuen 6er Cabrios von BMW-Ableitungskonzept, Leichtbaustrategie und Fertigungsprozess“, VDI Bericht Nr. 1833, 2004

[11] *Hicken, S.*: „Aluminiumeinsatz in der Karosseriestruktur. Praxisbeispiele von Rolls-Royce bis BMW 7er“ BMW intern

[12] *Poweleit, A.; Rebholz, C.; Kettner, G.*: „Die neue BMW 7er Karosserie“, Euro Car Body, Bad Nauheim, 2001

[13] *Korzonnek, J.*: „Die Kunststoffkarosserie-Außenhautspezifische Risiken“, SKZ-Fachtagung Würzburg, Würzburg, 11/2000

[14] *Mehn, R.; Peis, R.; Zhang, S.*: „Einsatz flächenhafter Sandwichbauteile im Automobil“, 12. Aachener Kolloquium: Fahrzeug- und Motorentechnik, Aachen, 2003

[15] *Lüdke, B.*: „Von den Anforderungen an die Rohkarosserie zu den Anforderungen an den Werkstoff und die Prozesskette Presswerk-Rohbau-Lack“, DVM-Tag, Berlin, 04/2005

[16] *Schwager, H.; Meyr, W.; Derks, M.*: „Innovative Polyurethantechnologie im Premiumfahrzeugbau“, FAPU, KP Verlag, 2001

[17] *Mitzler, J. et. al.*: „Hochwertige Innenraum-Oberflächen hergestellt im SkinForm-Verfahren“ VDI-Tagung Kunststoffe im Automobilbau, Mannheim 2005, Seite 115

[18] N. N.: „Oberflächen aus einem Guss“ AUTOMOBIL PRODUKTION, Sonderausgabe Innenraum 2004, Seite 40

[19] *Ludwig, H.-J.*: „Frontendmodule“ VDI-K-Tagung Kunststoffe im Automobilbau, Mannheim 2001, Seite 165

[20] *Grevenstein, A. u.a.*: „Kunststofffolien – Neue Konzepte für die Karosserie-Außenhaut“ ATZ, 12/2002, S. 1120

[21] *Grevenstein, A.*: „Neue Technologien für Karosserieaußenteile“ VDI-K-Tagung Kunststoffe im Automobilbau, Mannheim 2003, Seite 116

6.3 Oberflächenschutz

Der Schutz sämtlicher Oberflächen in einem Automobil ist von entscheidender Bedeutung. Gelegentliches Auftreten aggressiver Medien in der Umwelt (saurer Regen, Streugranulate) sowie der intensive Wettbewerb in der Automobilindustrie, der zum Teil durch lange Garantien gegen „Durchrostung" ausgetragen wird, haben zur Entwicklung aufwendiger Lack- und Korrosionsschutzsysteme geführt. Mit dem gestiegenen Umweltbewusstsein bei Herstellern und Kunden fanden ab etwa 1990 verstärkt Lackierverfahren mit reduzierten Emissionen, zum Beispiel auf Basis von Wasserlacken, in die Serienproduktion Eingang.
Das folgende Kapitel führt in die gängigen Verfahren zur Erzielung eines guten, das heißt langzeitstabilen Oberflächenschutzes ein. Alle Ausführungen beziehen sich, sofern nicht explizit anders vermerkt, auf die selbsttragende Ganzstahlkarosserie. Für den Einsatz alternativer Karosseriewerkstoffe wie Aluminium oder Kunststoff müssen die Prozesse adaptiert werden.

6.3.1 Nutzen des Oberflächenschutzes

Die bei einem Kraftfahrzeug durchgeführten Oberflächenschutzmaßnahmen lassen sich in drei Funktionsgruppen unterteilen:

- Schutz des Karosseriewerkstoffes Stahl vor Korrosion
- Schutz der Lackierung, die als Designelement einen hohen Wert für den Kunden darstellt
- Temporäre Maßnahmen zum Schutz des Fahrzeugs während des Transports vom Automobilhersteller zum Kunden.

6.3.1.1 Korrosionsschutz

Ein wirkungsvoller Korrosionsschutz hat mehrere positive Effekte:

- konstante Strukturfestigkeit über die Lebensdauer des Fahrzeuges
- langfristige Werterhaltung und damit verbunden erhöhte Wirtschaftlichkeit
- Ressourcenschonung durch längere Betriebsdauer.

Warum tritt Korrosion an der Karosserie auf? Die meisten Metalle kommen in der Natur als Oxide, Sulfide oder Karbonate vor – als Erze also, weil diese chemischen Verbindungen die energetisch stabilste Form darstellen. Erst durch Energiezufuhr wird im Verhüttungsprozess aus dem Eisenerz das Metall Eisen erzeugt. Wird der daraus erzeugte Stahl Umwelteinflüssen oder aggressiven Medien ausgesetzt, geht das Material wieder in den energetisch günstigeren Zustand über: das Oxid. Dann spricht man bei Metallen von Korrosion.
DIN 50900 definiert den Begriff Korrosion wie folgt: „Korrosion ist die Reaktion eines metallischen Werkstoffes mit seiner Umgebung, die eine messbare Veränderung des Werkstoffes bewirkt und zu einer Beeinträchtigung der Funktion eines metallischen Bauteiles oder eines ganzen Systems führen kann. In den meisten Fällen ist die Reaktion elektrochemischer Natur. In einigen Fällen kann sie jedoch auch chemischer oder metallphysikalischer Natur sein."
Soll sich also eine Konstruktion aus metallischen Bauteilen über längere Zeit stabil verhalten, muss dieses werkstoffbedingte Verhalten bereits bei der Konstruktion und in der Produktionsplanung berücksichtigt werden.
Korrosion besteht darin, dass in einer anodischen Reaktion (Metallauflösung, Oxidation) frei werdende Elektronen über einen elektrischen Leiter (das Metall selbst) zu einer kathodischen Reaktion (Reduktion) transportiert werden. Ein ionischer Leiter (Elektrolyt) schließt dabei den Stromkreis. Die bei Korrosionsschäden an Karosserien wichtigste elektronenverbrauchende Reaktion ist die Reduktion von Luftsauerstoff, **Bild 6.3-1**. Die Stärke des Korrosionsangriffes hängt außer vom Material wesentlich von der Zusammensetzung des Elektrolyten (zum Beispiel dessen pH-Wert) und der Umgebungstemperatur ab.
An der Fahrzeugkarosserie können in der Regel drei Korrosionsarten auftreten: Oberflächen-, Spalt- und Kontaktkorrosion. Findet der beschriebene Vorgang auf einer freiliegenden Metalloberfläche statt, so spricht man von Oberflächenkorrosion.
Spaltkorrosion kann an der Karosserie zum Beispiel in Flanschen oder Bördelungen und unter Dichtungen auftreten. Sie ist vor allem darauf zurückzuführen, dass Feuchtigkeit aus Spalten schlecht entweichen kann. Gleichzeitig wirken eingebrachte Salzrückstände hygroskopisch, das heißt, sie halten den Spalt ebenfalls feucht. Da sich die Oberflächen in den beschriebenen Bereichen durch mangelnde Zugänglichkeit nicht immer entsprechend beschichten und damit schützen lassen, müssen konstruktiv unvermeidbare Spalte entweder an eine trockene Stelle verlegt oder abgedichtet werden.

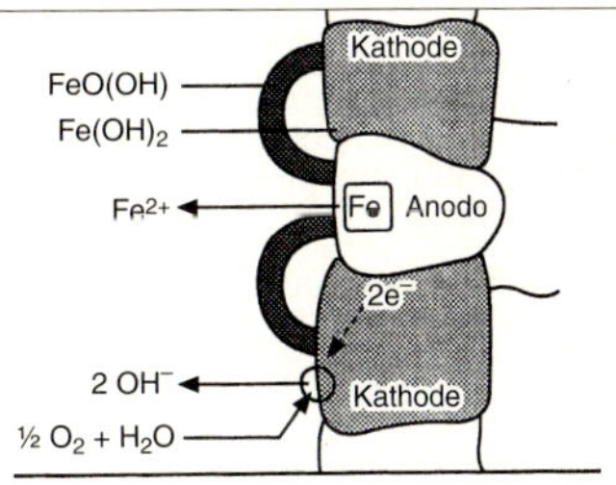

$$Fe \longrightarrow Fe^{2+} + 2e^-$$
$$\tfrac{1}{2} O_2 + H_2O + 2e^- \longrightarrow 2\,OH^-$$

$$Fe + \tfrac{1}{2} O_2 + H_2O \longrightarrow Fe(OH)_2$$
$$2\,Fe(OH)_2 + \tfrac{1}{2} O_2 \longrightarrow 2\,FeO(OH) + H_2O$$

Bild 6.3-1 Elektrochemische Abläufe während des Korrosionsvorgangs

Haben zwei verschiedene Metalle elektrischen Kontakt, kann es in Anwesenheit eines Elektrolyten zu Kontaktkorrosion kommen. Je höher die Potentialdifferenz zwischen den Werkstoffen ist und je kleiner die Anode im Verhältnis zur Kathode ausfällt, desto größer sind Korrosionsgeschwindigkeit und -schädigung. Um Kontaktkorrosion zu vermeiden, muss man entweder auf den Einsatz von Materialien mit unterschiedlichem Potential verzichten oder die Bauteile galvanisch voneinander trennen.

6.3.1.2 Oberflächenschutz

Die Automobillackierung schützt nicht nur den Werkstoff vor Umwelteinflüssen, sondern ist zugleich ein wesentliches Designelement. Deshalb muss speziell das Decklacksystem, das in der Regel aus zwei Schichten – farbigem Basislack und Klarlack – besteht, folgenden Einflüssen standhalten:

- Chemikalien (Kraftstoffe, Vogelkot usw.)
- UV-Strahlen
- mechanische Einwirkungen (Steinschlag, Waschanlagen).

6.3.1.3 Transportschutz

Der Transportschutz ist so gestaltet, dass er ausschließlich das Neufahrzeug auf dem Weg vom Hersteller zum Händler oder Endkunden vor mechanischen Einwirkungen und aggressiven Umwelteinflüssen beim See- und Bahntransport schützt, zum Beispiel Abrieb von der Oberleitung und von den Bremsen der Waggons. In der Regel werden Wachse und/oder Folien eingesetzt. Von allen anderen Maßnahmen des Oberflächenschutzes unterscheidet sich der Transportschutz vor allem durch seine zeitlich begrenzte Einsatzdauer.

6.3.2 Entwicklung und Produktion des Oberflächenschutzes

Die Lastenheftanforderungen an den Oberflächenschutz für die Karosserie und ihre Komponenten sind in der Regel in firmeninternen Vorschriften festgelegt. Ergänzend dazu gibt es ein umfangreiches DIN/ISO-Normenwerk zum Korrosionsschutz. Die Verifikation einzelner Fahrzeugkomponenten erfolgt im Versuch anhand ebenfalls weitestgehend standardisierter Tests. Dazu gehören unter anderem Steinschlag-, Haftungs-, Feuchtklima-, UV-, Salznebel- und Abriebfestigkeitsprüfungen. Diese werden sowohl im Labor als auch auf Freibewitterungsgeländen durchgeführt. Darüber hinaus wird das neuentwickelte Gesamtfahrzeug auf unterschiedlichen Strecken erprobt und Korrosionstests ausgesetzt.
Der Aufbau des Oberflächenschutzes an der Karosserie folgt in der Regel dem in **Tabelle 6.3-1** gezeigten Schema.

6.3.2.1 Blechvorbeschichtung

Heute kommen in erheblichem Maße verzinkte oder mit Zinklegierungen beschichtete Stahlbleche im Karosseriebau zum Einsatz. Die Zinkschicht ist eine sehr wirksame Korrosionsbarriere. Ihre Wirksamkeit entfaltet sie vor allem, wenn die Lackschicht bereits verletzt ist. Dann nämlich wirkt das Zink aufgrund seines niedrigeren elektrischen Potentials als galvanisches Element. Bei Anwesenheit eines Elektrolyten korrodiert so zunächst allein die Zinkschicht.
Karosseriebleche verzinkt in der Regel der Stahlhersteller. Hierbei gibt es verschiedene Arten der Vorbeschichtung. Neben der elektrolytischen Verzinkung und der Feuerverzinkung gibt es „Galvannealed"-Blech, dessen Zinkschicht nach der Feuerverzinkung durch eine thermische Behandlung in eine Zink-Eisen-Legierung umgewandelt wird. Bei Duplex-Beschichtungen wird ein verzinktes Blech zusätzlich mit organischen Stoffen beschichtet. Einige Automobilhersteller verwenden neben elektrolytisch aufgebrachtem reinen Zink auch Zink-Nickel-Legierungen mit 11% Nickelanteil, die eine größere Barrierewirkung aufweisen.

6.3.2.2 Maßnahmen in der Karosseriekonstruktion

Bereits in der Konstruktionsphase können Oberflächen- und Korrosionsschutz wesentlich beeinflusst werden. Dies beginnt bereits bei der Werkstoffauswahl. Hinzu kommt, dass durch geeignete Materialpaarungen oder Vermeidung entsprechender Berührungsstellen sich zum Beispiel Kontaktkorrosion von vorne herein ausschließen lässt. Weiterhin können zum Beispiel Hohlräume, die Feuchtigkeit ausgesetzt

Tabelle 6.3-1 Aufbau des Karosserie-Oberflächenschutzes

Schicht	Funktion	Dicke in µm
Decklack	Farbton und Schutz	40–70
Grundlack	Schaffung einer glatten Oberfläche	20–35
Kathodische Tauchlackierung (KTL)	Korrosionsschutz, besonders in Hohlräumen	18–35 (außen), mind. 10 (in Hohlräumen)
Phosphatierung	Korrosionsschutz und Lackhaftung	1,5
Zink (elektrolytisch + Schmelzverfahren); Zinklegierungen (elektrolytisch)	Korrosionsschutz	5–8
Stahlblech	mechanische Festigkeit	

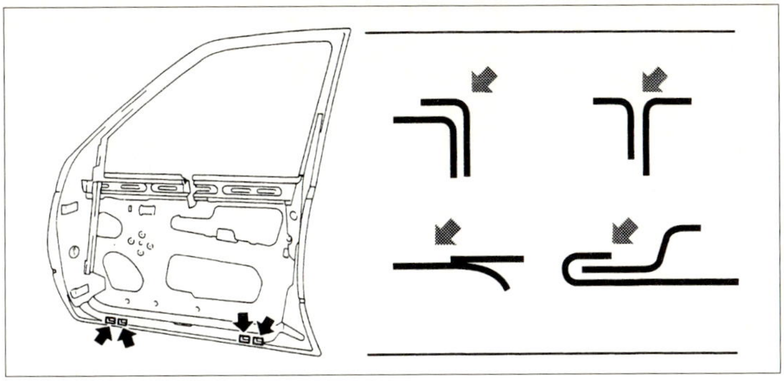

Bild 6.3-2 Lage von Entlüftungsöffnungen und Gestaltungsmöglichkeiten für korrosionsoptimierte Fügestellen

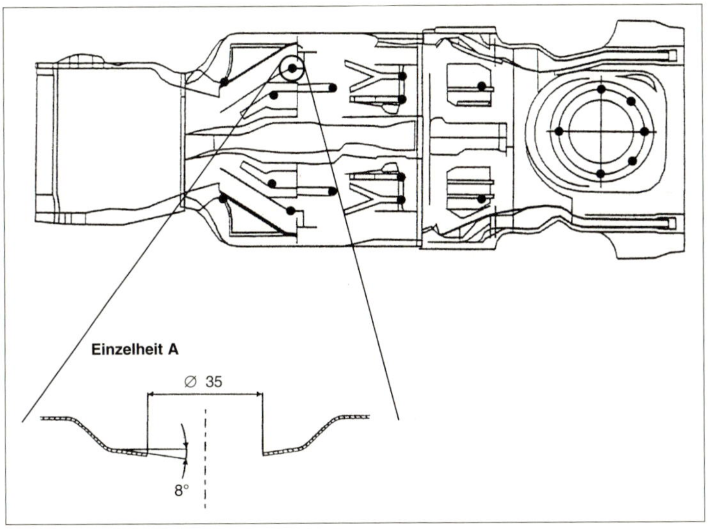

Bild 6.3-3 Lage und Gestaltung von Ablauföffnungen am Fahrzeugunterboden

sind, so gestaltet werden, dass sich eine gute Belüftung ergibt. Solche Hohlräume finden sich in Türen, Holmen und Trägern. Die Belüftungsöffnungen sorgen gleichzeitig für einen guten Lackeintritt bei der Elektrotauchlackierung.

Konstruktiv sollten außerdem alle Komponenten derart gestaltet werden, dass Wasser gut ablaufen kann. Bei der Verbindung zweier Blechteile sind scharfe Kanten oder scharfkantige Übergänge zu vermeiden, **Bild 6.3-2**. Zusätzlich muss der Konstrukteur prüfen, ob Hohlräume beispielsweise durch Wachs zu schützen oder Verbindungsstellen mit Dicht- und Klebstoffen abzudichten sind.

Maxime ist in jedem Fall die prozessgerechte Konstruktion des Fahrzeugs. Dabei sind insbesondere Vorgaben zu beachten, die zum Beispiel die Handhabung der Rohkarosserie im Produktionsprozess betreffen (Aufnahmelöcher für die Fördertechnik). Abhängig vom gewählten Fertigungsverfahren sind Öffnungen in der Karosserie vorzusehen, die das Ein- und Auslaufen von Prozessmaterialien erlauben, **Bild 6.3-3**. Flansche, Bördel und Überlappungen sind so zu gestalten, dass das Auftragen von Klebstoff und Abdichtmaterialien leicht und prozesssicher möglich ist.

6.3.2.3 Maßnahmen in der Produktion

Bild 6.3-4 zeigt die typischen Stationen einer Automobilfertigung. Von Hersteller zu Hersteller können sich bedingt durch die unterschiedlichen Produktprogramme und mit der Zeit gewachsene Fertigungsprozesse Abweichungen ergeben.

6.3.2.3.1 Kleben und Dichten

Konstruktiv nicht vermeidbare Schweiß- und Bördelflansche werden durch den Auftrag von Klebstoff oder Dichtmasse vor dem Eindringen von Wasser, korrosiven Medien sowie Luftsauerstoff geschützt, **Bild 6.3-5**. Das Kleben, ein Fügeverfahren, gewinnt in der Automobilindustrie zunehmend Bedeutung. Es hat den Vorteil, dass mit dem Fügen auch die Abdichtung einer Verbindungsstelle gegeben ist. Klebeverbindungen können bei prozessgerechter Konstruktion die Festigkeit von Schweißpunkten nicht nur erreichen, sondern sogar übertreffen.

Die notwendigen Dichtoperationen sind entweder im Rohbau oder in der Lackiererei durchzuführen. Im Rohbau müssen all jene Karosseriestellen abgedichtet werden, die nach dem Zusammenbau nicht mehr

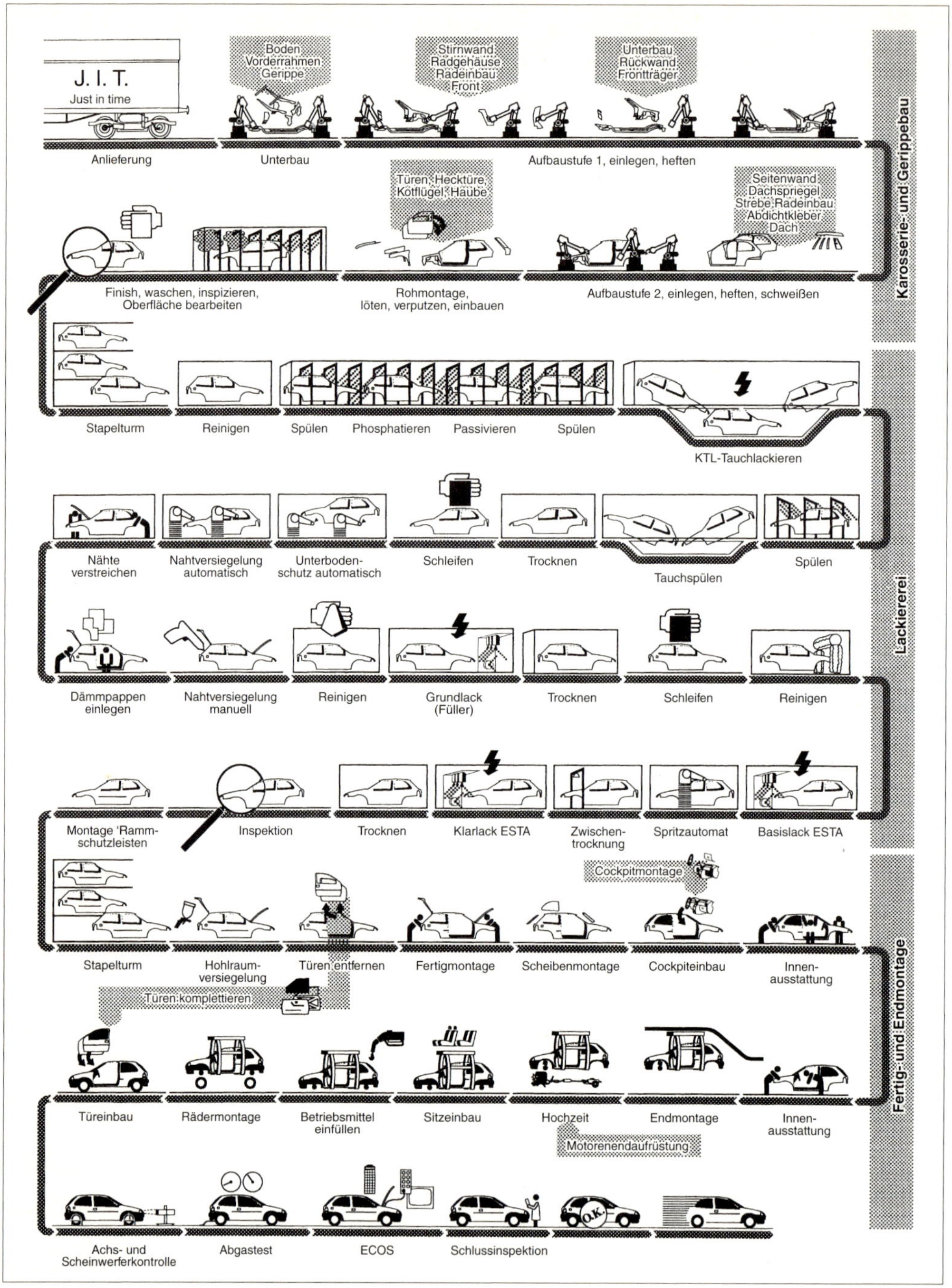

Bild 6.3-4 Prozessablauf in der Automobilfertigung

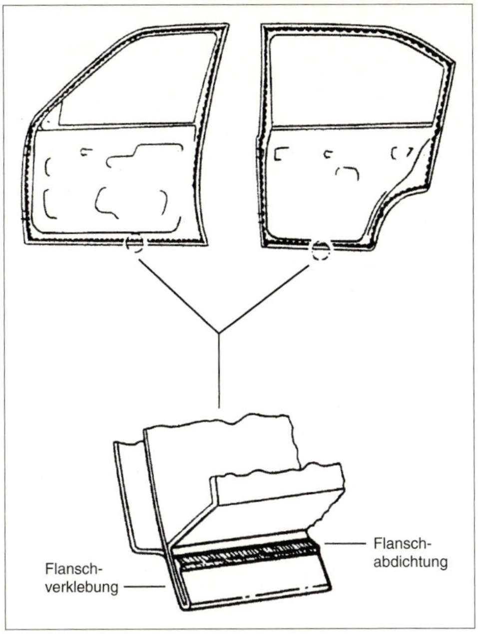

Bild 6.3-5 Lage von Verklebungen und Abdichtungen

zugänglich sind, wie zum Beispiel verdeckte Bördelflansche oder Stützgerippe, die zur Unterfütterung der äußeren Bleche erforderlich sind. Bei dieser Prozessabfolge sind bei der Definition der Taktzeiten im Rohbau die für Klebeverbindungen notwendigen Vor- und Nachbehandlungszeiten zu berücksichtigen.
Wird die Dichtoperation in der Lackiererei durchgeführt, erfolgt der Materialauftrag normalerweise auf eine fettfreie, KTL-lackierte Oberfläche. Da die Aushärtung zusammen mit dem Grundlack erfolgt, ist kein zusätzlicher Trockenprozess erforderlich.
In **Tabelle 6.3-2** sind die Dichtmaterialien dargestellt. Die Entscheidung über den Einsatz eines bestimmten Werkstoffes sollte immer im Zusammenhang mit der gewünschten Festigkeit beziehungsweise Elastizität getroffen werden.

6.3.2.3.2 Vorbehandlung

Die Karosserieoberflächen werden vor dem eigentlichen Lackierprozess einer Vorbehandlung unterzogen, die zum einen dem Korrosionsschutz, zum anderen einer besseren Lackhaftung dient. Auf Ganzstahl-Karosserien ist der Standardprozess in die Stufen Reinigen/Entfetten, Spülen, Aktivieren, Phosphatieren, Spülen, Passivieren und abermaliges Spülen mit vollentsalztem Wasser untergliedert.
Der vom Rohbau gelieferten Karosserie haften noch Reste von Korrosionsschutzölen, Schmierstoffen, Schleifstäube sowie andere Verschmutzungen an, die entfernt werden müssen, um die Qualität des Lackierprozesses zu sichern. Reinigung und Entfettung der Karosserie erfolgen mit wässrigen alkalischen und tensidhaltigen Lösungen. Beim anschließenden Spülen wird die noch anhaftende Reinigungslösung entfernt. Eine Aktivierung der Oberfläche mit Titanphosphat vor der eigentlichen Phosphatierung soll die Phophatiergeschwindigkeit erhöhen, das Schichtgewicht verringern und so für besonders feinkristalline Schichten sorgen.
Die Phosphatierung erfolgt mit einer Lösung, die als Hauptbestandteile Zink, Nickel- und Mangan-Ionen sowie Phosphorsäure und einen Beschleuniger (Oxidationsmittel wie Nitrit, Peroxid oder Hydroxylamin) enthält. Zur Behandlung einer Stahl-Aluminium-Karosserie wird zusätzlich freies Fluorid benötigt. Die saure Phosphatlösung wirkt als Beizmittel. Durch die Beizreaktion werden Eisen-II- und Zinkionen sowie atomarer Wasserstoff gebildet. Der Beschleuniger depolarisiert den Wasserstoff, befreit also die Metalloberfläche von Wasserstoffblasen, die die Phosphatierreaktion stören können. Aufgrund der Beizreaktion nimmt die Säurekonzentration an der Metalloberfläche stark ab, dafür bildet sich dort eine Schicht von schwer löslichem Zink- oder Zink-Eisen-Phosphat. Das Schichtgewicht liegt zwischen 1,5 und 4 g/m^2. Das entstehende Eisen-II-Phosphat wird durch das Oxidationsmittel in schwer lösliches Eisen-III-Phosphat überführt und als Schlamm abgeschieden. Auf der Karosserie verbliebene Schlammpartikel werden in einem weiteren Spülgang entfernt.

Tabelle 6.3-2 Dichtmaterialien und Klebstoffe im Karosseriebau

Material	Haupteinsatzgebiet	Festigkeit	Elastizität
Epoxidharze, Kautschuke	Strukturelle Verklebungen im Rohbau, Kleben von Bördelfalzen	++++	+
Produkte auf Kautschukbasis; Heißbutyle	Unterfütterungsklebstoff und Abdichtung im Karosserie-Rohbau	+++	++
PVC-Plastisole	Abdichtungen und Unterfütterung in der Lackiererei	++	+++
Acrylat-Plastisole	Rohbauabdichtungen	+	++++

In der Phosphatschicht möglicherweise verbliebene Poren werden durch eine Passivierung mit wässriger Hexafluorzirkonsäurelösung oder organischer Nachspüllösung geschlossen. Reste wasserlöslicher Salze sind abschließend mit vollentsalztem Wasser abzuspülen.
Die Applikation der Phosphatierung erfolgt entweder im Spritz- oder im Tauchverfahren oder in einer Kombination aus beidem.

6.3.2.3.3 Elektrotauchlackierung

Durch hohe Wirtschaftlichkeit und eine sehr gleichmäßige Schichtdickenbildung hat sich die Elektrotauchlackierung als Verfahren zum Korrosionsschutz in der Automobilindustrie etabliert. Bei diesem Verfahren wird der zu lackierende Körper in ein Lack-Wasser-Bad mit einem Anteil von 15 bis 25% dispergierter Lackteilchen getaucht. Durch Anlegen einer Gleichspannung zwischen Werkstück und Tauchbad wandern die Lackteilchen an die Werkstückoberfläche und werden dort abgeschieden. Man unterscheidet zwischen der anodischen Elektrotauchlackierung (ATL) und der kathodischen Elektrotauchlackierung (KTL). Aufgrund des besseren Korrosionsschutzes hat sich die KTL, bei der die Karosserie als Kathode wirkt, **Bild 6.3-6**, durchgesetzt.

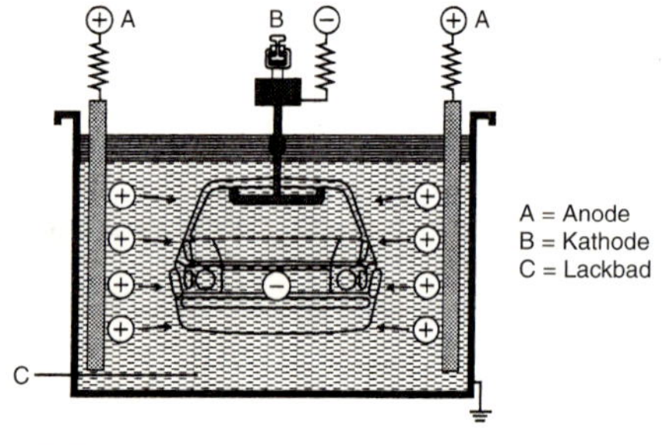

Kathodische Elektrotauchlackierung

1. Überführung von wasserunlöslichen, stickstoffbasischen Bindemitteln mit organischen Säuren in die wasserlösliche Form:

$R_3\text{–}N + CH_3COOH \longrightarrow R_3[NH]^+\ [CH_3COO]^-$

2. Elektrolyse des Wassers (Kathodenreaktion):

$2\,H_2O + 2e^- \longrightarrow H_2\uparrow + 2\,OH^-$

3. Koagulation (Abscheidung) des Bindemittelkation in der basischen Diffusionsgrenzschicht an der Kathode:

$R_3[NH]^+ + OH^- \longrightarrow R_3\text{–}N + H_2O$

Bild 6.3-6 Kathodische Elektrotauchlackierung: Schema und Reaktionsgleichungen

Die elektrochemische Abscheidung erfolgt üblicherweise innerhalb von 2,5 bis 4 Minuten. Bei größeren Stückzahlen werden die Tauchbecken meist als Durchlaufanlage gestaltet, die zwischen zwei und sieben Gleichrichterfelder mit unterschiedlichen Spannungen besitzt. Je nach Lackart und Verfahren werden Schichtdicken an außen liegenden Teilen von 18 bis 35 µm erzielt, wobei in Hohlräumen Schichtstärken von mindestens 10 µm erreicht werden müssen.
Ein Kaskadenspülprozess befreit die Karosserie nach dem KTL-Tauchbad von elektrochemisch nicht gebundenen Lackpartikeln. Zur Reduzierung des Wasserverbrauchs und zur Lackrückgewinnung wird als Spülmittel Ultrafiltrat eingesetzt, ein Medium, das man aus KTL-Lack in einer Ultrafiltrationsanlage erzeugt. Der Kaskadenspülvorgang der Karosserie verläuft entgegen der Prozessrichtung. Spülmittel und Lackreste werden danach wiederum dem Tauchbecken zugeführt. Nach einem letzten Spülgang mit vollentsalztem Wasser wird der an der Karosserie haftende Lack bei Temperaturen von 160 bis 180 °C etwa 20 Minuten eingebrannt. Gleichzeitig kann dieser Trocknungsvorgang dazu genutzt werden, Bake-Hardening-Stähle, die ihre endgültige Festigkeit erst nach einer Wärmebehandlung erreichen, sowie Klebe- und Dichtmaterialien nach- beziehungsweise auszuhärten.

6.3.2.3.4 Grund- und Decklackierung

Der äußere Oberflächenschutz und die Farbgebung erfolgen durch aufgesprühte Nasslacke, in Einzelfällen auch durch Pulverlacke. Der Grundlack, auch Füllgrund oder Primer genannt, hat dabei die Aufgabe, eventuell vorhandene, aus den vorhergehenden Prozessschritten stammende raue Stellen oder Unebenheiten auszugleichen und einen glatten Untergrund für den Decklack zu gewährleisten. Außerdem bildet er die haftvermittelnde Schicht für den Decklack. Neben einfarbigen, meist grauen Grundlacken werden auch farbige oder sogar decklackfarbtonspezifische Primer eingesetzt. Farbige Grundlacke haben den Vorteil, dass die Decklackschicht dünner ausgeführt werden kann (Kostenvorteil) und leichtere mechanische Beschädigungen im Kundenbetrieb weniger auffallen.
Als Decklack kommen in der Regel Zweischichtsysteme zum Einsatz, die aus einem Basislack zur Farbgebung und einem Klarlack bestehen. Bei den Basislacken wird zwischen Uni- und Effektfarbtönen (Metallic, Mica) unterschieden. Effektfarbtöne enthalten neben Farbpigmenten, zum Beispiel Aluminium- oder Glimmerpartikel, die abhängig von der Lichteinstrahlung verschiedene Farb- oder Glitzereffekte erzeugen. Bei der Farbtonentwicklung ist insbesondere darauf zu achten, dass die eingesetzten Pigmente lichtstabil und dass sie vollständig in das Bindemittel eingebettet sind. Ansonsten können, zum Beispiel durch dauerhafte Sonneneinstrahlung, Farb-

tonverschiebungen entstehen oder sich Pigmente an der Grenzschicht ansammeln und dort zu Haftungsproblemen führen.

Der Klarlack wird als Schutz zur Glättung und zur Erzielung eines Glanzeffektes eingesetzt. Er muss chemisch so beschaffen sein, dass er auch unter extremer UV-Einstrahlung nicht vergilbt. Des Weiteren muss er vor Verkratzung schützen, wie sie zum Beispiel bei der Autowäsche vorkommen kann, und er muss organischen und anorganischen Stoffen wie Kraftstoff, Vogelkot, Baumharzen und saurem Regen gewachsen sein.

Das komplette System aus Grund-, Deck- und Klarlack muss weiterhin die darunter liegenden Schichten vor dem Eindringen von Feuchtigkeit und UV-Strahlen schützen. Speziell die KTL-Schicht enthält Epoxidharze, die durch UV-Licht zersetzt werden könnten. Die Folge davon wären Haftungsverlust des Grundlackes und anschließendes Abblättern des Gesamtaufbaus. Eine weitere Anforderung stellt die Widerstandsfähigkeit gegen mechanische Beaufschlagung, zum Beispiel durch Steinschlag, dar, die durch einen guten Haftungsverbund der Schichten sowie eine entsprechende Flexibilität erreicht wird.

Nasslacke bestehen aus flüchtigen und nichtflüchtigen Bestandteilen. Die flüchtigen Bestandteile, organische oder wässrig-organische Lösemittel, dienen der Verarbeitbarkeit des Lackes. Die nichtflüchtigen Bestandteile bilden nach der Aushärtung den eigentlichen Lackfilm. Für die Schichtbildung sorgt das enthaltene Bindemittel, für das hauptsächlich Alkyd-, Acryl-, Polyurethan- und Melaminharz zum Einsatz kommen. In das Bindemittel eingelagert werden Farbpigmente sowie verschiedene Hilfsstoffe, unter anderem Benetzungs-, Verlaufs-, Mattierungs- und Antiabsetzmittel sowie Weichmacher, Filmbildner und Füllstoffe.

Der Auftrag des Lackes erfolgt in Spritzkabinen. Diese sind nach Möglichkeit in einem separaten Bereich des Gebäudes (Reinraum-Bereich) angeordnet. Damit wird der Prozessempfindlichkeit der Lackmaterialien in Bezug auf Schmutz oder sonstige Störungen (etwa durch Silikon) Rechnung getragen. Bei der Verarbeitung sind entsprechend enge Grenzen bei Lufttemperatur und Feuchte einzuhalten, um Farbtonschwankungen zu vermeiden. Für wasserbasierte Lacke sind dies zum Beispiel 23 °C Lufttemperatur (±3 K) und 65 % relative Feuchte (±5%).

Während die Innenlackierung in der Regel durch Roboter oder Handlackierer erfolgt, kommen bei der Außenlackierung neben Robotern auch Spritzautomaten zum Einsatz. Für die Lackapplikation werden hauptsächlich luftzerstäubende Spritzpistolen und elektrostatische Hochrotationsglocken (ESTA) eingesetzt. Getrocknet wird die Karosserie in Durchlauftrocknern durch Strahlung, Umluft oder durch die Kombination von beidem. Die Trockenzeit beträgt in der Regel 30 Minuten bei Temperaturen von etwa 165 °C bei Grundlacken und 140 °C bei Decklacken. Das Lacksystem härtet während des Trockenprozesses aus, das heißt, die Molekülketten des Bindemittels reagieren und vernetzen durch den Temperatureinfluss an zuvor blockierten Stellen. Die hierbei entstehenden Makromoleküle bilden dann einen entsprechend stabilen Verband. Die eingangs erwähnten Pigmente und Hilfsstoffe sind in das entstandene Molekülnetz eingeschlossen und beeinflussen dessen Eigenschaften zum Beispiel in Bezug auf Härte, Schleifbarkeit, Verlauf und Glanz.

Neben den gängigen Nasslacken kommen auch Pulverlacke und Powder Slurry zum Einsatz. Sie haben aber gegenwärtig in der Automobilindustrie einen sehr kleinen Marktanteil. Bei Pulverlacken entfällt der Lösemittelanteil; die nicht an das Werkstück angelagerten Lackteilchen (Overspray) können direkt wieder dem Prozess zugeführt werden. Häufige Farbwechsel und niedrige Stückzahlen belasten allerdings die Wirtschaftlichkeit. Eine Nachbesserung ist in der Regel zudem nur mit Nasslacken möglich, was die Bereitstellung zusätzlicher Anlagen bedingt. Aus diesem Grund werden Pulverlacke heute in erster Linie als einfarbige Grundierung oder als Klarlack eingesetzt. Eine Kombination aus beiden Verfahren stellen „Powder Slurry"-Lacke dar. Hier wird vom Lackhersteller ein Pulverlack in ein wässriges Lösungsmittel eingearbeitet. Der Lack kann dann in bestehenden, modifizierten Nasslack-Anlagen eingesetzt werden. Auch diese Technologie kommt – genauso wie das Pulverlackverfahren – praktisch ohne organische Lösungsmittel aus.

6.3.2.4 Hohlraumkonservierung und Unterbodenschutz

Wirksamer Korrosionsschutz von Hohlräumen und Unterboden erfordert aufgrund der dort gegebenen hohen Beanspruchungen nicht nur besondere Abdichtoperationen, sondern weitergehende Maßnahmen wie die Hohlraumkonservierung durch Wachse. Sie erfolgt in der Regel direkt nach dem Lackieren. Der Unterbodenschutz wird zum Teil in der Lackiererei und zum Teil am Ende des Produktionsprozesses aufgebracht.

6.3.2.4.1 Hohlraumkonservierung

Die Hohlraumkonservierung mit Wachs dient der Versiegelung von Spalten und Flanschen und somit der Vermeidung von Spaltkorrosion. **Tabelle 6.3-3** nennt die zum Einsatz kommenden Wachse.

Für die Wirksamkeit der Abdichtung von engen Spalten ist das Penetrationsverhalten der Wachse entscheidend. Man kann es mit der folgenden einfachen Methode überprüfen: Zwei rechteckige Prüfplatten mit definiertem Abstand werden bei Raumtemperatur waagerecht aufeinander gelegt und mit einem definierten Gewicht beaufschlagt. Anschließend ist eine Kante mit einem Überschuss an Wachs zu verschließen. Nach Ablauf der Testzeit und Auseinanderklappen der Platten lässt sich die Wachseindringstrecke messen.

Tabelle 6.3-3 Wachse zur Hohlraumkonservierung

Material	Festkörperanteil in %
Heißluftwachs	100
Heißspritzwachs	100
Lösemittelfreies Spritzwachs	>99
Spritzwachs auf Lösemittelbasis	>70
Wasserbasiertes Spritzwachs	>40

Bereits bei der Fahrzeugkonstruktion muss die Art des Wachs-Applikationsverfahrens berücksichtigt werden. Die Hohlraumkonservierung kann entweder im Heißflut- oder im Spritzverfahren erfolgen. Beim Heißfluten wird die Karosserie im Beschichtungsbereich auf 60 bis 70 °C erwärmt und die Hohlräume mit etwa 120 °C heißem Wachs völlig ausgefüllt. Ein Teil des Wachses erstarrt und haftet an dem kühleren Karosserieblech, während der Rest des Materials wieder abläuft. Die Hohlräume müssen für dieses Verfahren in jedem Fall so gestaltet werden, dass ein sicheres und definiertes Auslaufen gewährleistet ist. Lufteinschlüsse im oberen Bereich der Profile sind zu vermeiden.

Das Spritzverfahren erfolgt im Gegensatz zum Heißflutverfahren bei Raumtemperatur, wobei Objekt- und Materialtemperatur nicht mehr als 10 K auseinander liegen sollten. Das Wachs wird mit oder ohne Vermischung mit Luft unter hohem Druck (zwischen 2000 und 12 000 kPa) in die Karosseriehohlräume eingesprüht. Konstruktiv sind deshalb unbedingt genügend Öffnungen zur Materialapplikation vorzusehen.

6.3.2.4.2 Unterbodenschutz

Der Fahrzeugunterboden ist durch Steinschlag starken mechanischen Belastungen ausgesetzt. Zudem ist die Korrosionsanfälligkeit des Unterbodens durch Feuchtigkeit und Streusalz erheblich. Als Schutz davor haben sich Materialien auf Bitumen-, PVC- und Polyurethanbasis bewährt. Bereiche, die nicht durch diese Materialien zu schützen sind, werden mit Wachsen versiegelt, **Bild 6.3-7**. Diese Behandlung schützt gleichzeitig die in diesem Bereich liegenden Fahrwerkskomponenten.

Mit Ausnahme des Heißwachses können die gleichen Materialien eingesetzt werden wie bei der Hohlraumkonservierung. Die verwendeten Wachse müssen sich im Unterbodenbereich weniger durch hohes Penetrationsvermögen als durch hohe Beständigkeit gegen Auswaschen auszeichnen.

Für die Applikation werden alle gängigen Spritztechniken angewendet. Automatisierte Anlagen müssen modellspezifisch gesteuert werden, da nicht alle Bereiche des Unterbodens beschichtet werden dürfen. So sind die Zonen unter der Abgasanlage einschließlich des Katalysators frei zu halten.

6.3.2.5 Transportschutz

Der Kunde verlangt bei der Übergabe ein qualitativ und optisch einwandfreies Fahrzeug. Deshalb wird in der Fertigung ein zusätzlicher Transportschutz aufgebracht. Er schützt den frischen Lack über einen Zeitraum von bis zu sechs Monaten vor schädlichen Einwirkungen. **Tabelle 6.3-4** zeigt die zur Verfügung stehenden Transportschutzarten und -materialien.

Tabelle 6.3-4 Transportschutz

System	Einsatz
Wachse (auf Lösungsmittel- oder Wasserbasis)	Serie
Acrylsysteme	Serie
Folie	Serie
Spritzbare Folien	im Versuchsstadium
Transportschutzhauben	Serie

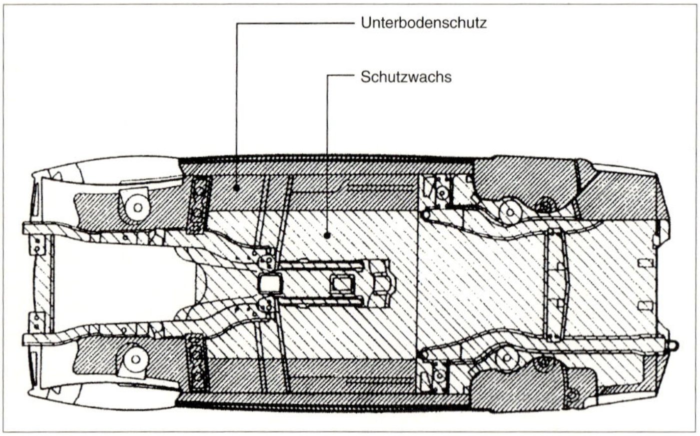

Bild 6.3-7 Beispiel für den Einsatz von Unterbodenschutzmaterial und Schutzwachs

6.3.3 Ausblick

Der Oberflächenschutz der Karosserie hat technisch einen sehr hohen Stand erreicht, der auch durch die immer umfangreicheren von der Industrie gegebenen Garantien gegen Durchrostung dokumentiert wird. Bei der Weiterentwicklung der Verfahren haben Automobil-, Anlagen- und Lackhersteller in den letzten Jahren immer umweltverträglichere Produkte und Verfahren in der Produktion eingeführt. Die gemeinsamen Anstrengungen haben bereits erhebliche Wirkung gezeigt. Vor allem durch den verstärkten Einsatz von Lacken auf Wasserbasis konnten die oberflächenbezogenen Lösemittelemissionen erheblich gesenkt werden, **Bild 6.3-8**. Sollten sich Pulverlacke in ihrem Anwendungsspektrum verbessern, sind weitere Emissionsverringerungen möglich.

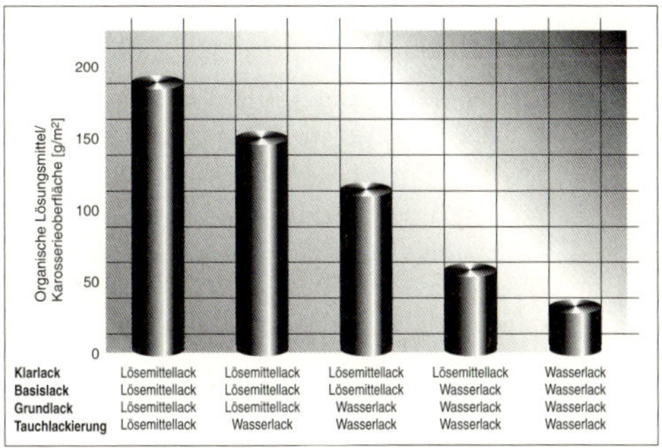

Bild 6.3-8 Rückgang der Emissionen von organischen Lösemitteln

Weitere Beispiele für Schritte zu umweltverträglicheren Verfahren sind die Umstellung auf bleifreie Elektrotauchlackierung sowie chromfreie Nachspüllösungen. Um den Wasserverbrauch zu verringern, wird bei den Lackierprozessen zunehmend in geschlossenen Kreisläufen gearbeitet.

Ein weiteres Entwicklungsziel ist die Erhöhung der Kratzbeständigkeit von Klarlacken. Der Einsatz von UV-härtbaren Systemen ist eine Technologie, die intensiv erforscht wird. Das kombinierte Trocknen mit UV-Strahlen und mit Umluft zeigt derzeit die besten Ergebnisse.

Der andere Lösungsansatz sieht den gezielten Einsatz von anorganischen Partikeln vor, die in den Klarlack eingebracht werden. Diese anorganischen Partikel sind so klein, dass ihre Dimension in Nanometer gemessen und angegeben wird. Man spricht deshalb von sogenannten Nanopartikeln oder in Verbindung mit Lacksystemen von Nanolacken. Aufgrund der sehr geringen Größe der Partikel sind sie für die visuelle Wahrnehmung unsichtbar und nehmen keinen Einfluss auf das Erscheinungsbild der Lackierung. Durch den Einsatz dieser Nanopartikel lassen sich die Eigenschaften der Lackierung hinsichtlich Kratzbeständigkeit und Schmutzanhaftung beeinflussen. Eine großtechnische Umsetzung hat bereits im kleineren Umfang stattgefunden.

Durch den Zwang zum Karosserie-Leichtbau werden in der Zukunft verstärkt Metall-Mischbauweisen in die Automobilproduktion Eingang finden und insbesondere Anbauteile aus Aluminium oder Kunststoff zum Einsatz kommen. Ein solcher Materialmix verlangt die Anpassung aller Prozesse (Kap. 6.2).

Literatur

Fachbücher:

DIN-Taschenbücher aus dem Bereich der Normenausschüsse Anstrichstoffe und ähnliche Beschichtungsstoffe, Pigmente und Füllstoffe (Nr. 30, 49, 117, 143, 168, 195, 201, 232, 278. Berlin: Beuth

Jahrbuch für Lackierbetriebe. Vinzentz, erscheint jährlich

Müller, Klaus-Peter: Praktische Oberflächentechnik: Vorbehandeln – Beschichten – Prüfen. Wiesbaden: vieweg 1998

Prüftechnik bei Lackherstellung und Lackverarbeitung. Vinzentz 1996

Bloser, F.: Automobillackierung zwischen Design und Umsetzung. In: *Braess, H.-H.; Seiffert, U. (Hrsg.)*: Automobildesign und Technik. Wiesbaden: Vieweg Verlag, 2007

Fachzeitschriften:

Adhäsion – kleben und dichten, Vieweg Verlag

Farbe & Lack, Vinzentz Verlag

Galvanotechnik, Euden G. Leutze Verlag

JOT – Journal für Oberflächentechnik, Verlag Vieweg (Die Septemberausgabe ist jeweils speziell dem Thema Automobillackierung gewidmet.)

mo – Metalloberfläche/Beschichten von Metall und Kunststoff, Carl Hanser Verlag

6.4 Fahrzeuginnenraum

6.4.1 Ergonomie und Komfort

Die Ergonomie als Begriff hat sich in den letzten Jahrzehnten von einer nur wenigen Experten bekannten Fachdisziplin in das Bewusstsein einer breiten Öffentlichkeit als Ausdruck für optimale menschengerechte Gestaltung entwickelt.

Grundsätzlich kann formuliert werden: die *Ergonomie ist die Lehre vom Menschen und seiner Arbeit.* Ziel der Ergonomie ist es, die Arbeit und die Arbeitsumgebung optimal an den Menschen anzupassen.

Man unterscheidet heute zwischen *Macroergonomics,* die Regeln der Gestaltung der Arbeitsorganisation, des Betriebs und der Arbeitsgruppen umfasst und *Microergonomics,* die Regeln für die Gestaltung von Arbeitsplätzen und Arbeitsmitteln enthält.

Im Bereich der Microergonomics lässt sich eine Unterscheidung zwischen der Auslegung von Arbeitsplätzen und der Gestaltung von Produkten treffen.

Dieser Beitrag befasst sich mit der Produktergonomie im Kraftfahrzeugbau.

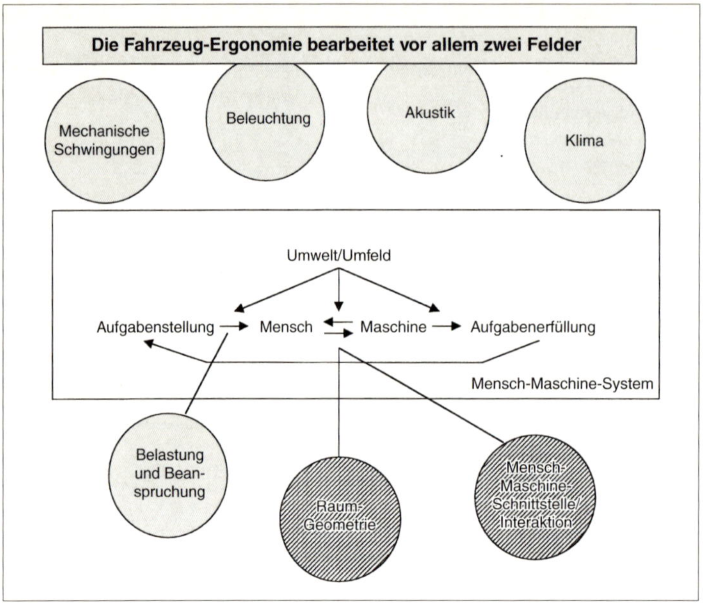

Bild 6.4-1 Einsatzgebiete ergonomischer Methoden und Anforderungen

6.4.1.1 Ergonomische Anforderungen an das „Gesamtfahrzeug"

In der Fahrzeugindustrie gibt es heute vielfältige Einsatzgebiete für die zugrundeliegenden ergonomischen Methoden und Anforderungen (**Bild 6.4-1**).

Im Automobilbau liegen die Schwerpunkte zunächst einmal in der Raumgeometrie und der Mensch-Maschine-Schnittstelle.

Ziel der Raumgeometrie ist es, die objektiven und subjektiven Erwartungen der Kunden zu erfüllen. Auslegungsziel der Mensch-Maschine-Interaktion ist die optimale Belastung des Fahrers (keine Über-, aber auch keine Unterforderung).

Hierbei schließt sich der Kreis der optimalen Anpassung (**Bild 6.4-2**).

Um ein „richtiges" Raumgefühl für Fahrer und Insassen festzulegen, ist in der Automobilentwicklung die Packagephase ein entscheidender Entwicklungsschritt. Im Package (Kap. 4.2) werden alle relevanten Fahrzeugkomponenten „zusammengefügt" und so in einen Plan eingezeichnet, dass sie in die Außenabmessungen hineinpassen. Eine wesentliche Komponente stellen dabei natürlich die Insassen dar. Grundsätzlich ist zunächst festzulegen, wie viele und welche Personen in das neue Fahrzeug „hineinpassen" sollen. Dabei ist es klar, dass eine fünfsitzige

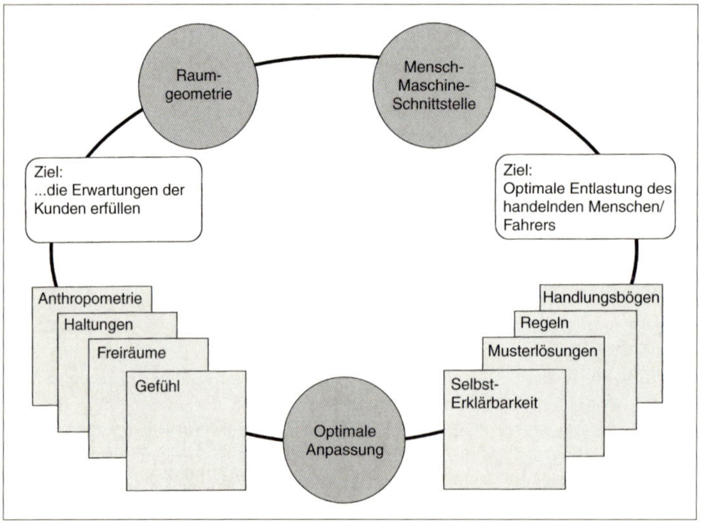

Bild 6.4-2 Arbeitsweise der Ergonomie

Limousine fünf Personen einschl. Gepäck aufnehmen können muss. Bei einem Sportcoupe ist jedoch zu entscheiden, ob vollwertige Plätze im Fond vorhanden sein müssen oder ob es sich um ein 2 + 2 Konzept (Auslegung Fond nur für kleine Personen oder Kinder) handelt.

Für die Ergonomie ist dabei von ganz wesentlicher Bedeutung, dass in dieser Phase der „Maßkettenfestlegung“ fast der gesamte Lebenszyklus eines Autos in Betracht gezogen werden muss. Inklusive der Entwicklungszeit dauert ein Autoleben etwa 15 bis fast 25 Jahre.

Die durchschnittliche Zunahme der mittleren Körperlänge der Menschen in Mitteleuropa beträgt, zumindest bisher, in zehn Jahren etwa 1,5 cm. Das bedeutet, dass die Ergonomen ihr Raumkonzept für die Insassen, die in 15 Jahren wahrscheinlich größer sein werden, bereits heute auslegen müssen.

Bis in die 80er-Jahre wurden die Innenraumauslegungen mit zweidimensionalen Schablonen (in der Seitenansicht, keine Breite) getätigt. Seit Ende der 50er-Jahre existiert eine SAE-Schablone, die zusammen mit der H-Punkt-Messmaschine auch heute noch, wenngleich in revidierter Form, Grundlage für eine Vielzahl von Gesetzesnachweisen ist. Die SAE-Schablone zeigt einen Torso mit beweglichen Beinen in der Seitenansicht **(Bild 6.4-3)** und kann durch eine Kopfbereichskontur und Schablonen für Augenellipsen – letztere liegen in der Seitenansicht und in der Draufsicht vor – ergänzt werden.

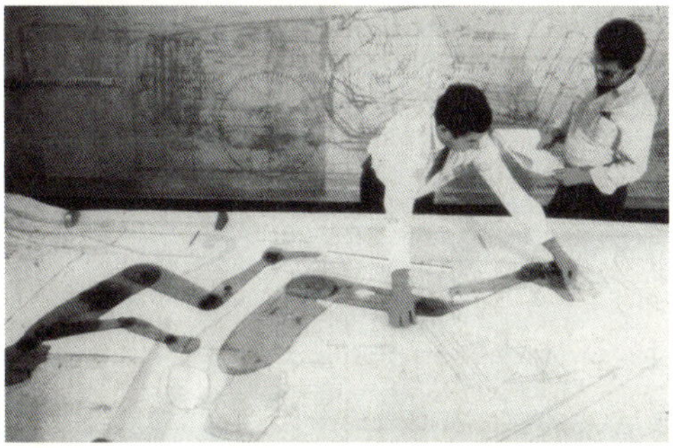

Bild 6.4-3 Fahrzeugauslegung mit der SAE-Schablone

Seit Anfang der 70er-Jahre gibt es die Kieler Puppe (DIN 33408). Diese Schablone zeigt ein Menschmodell in der Seitenansicht mit beweglichem Arm, Bein, Kopf und Rumpf.

Die Schablonen gibt es für unterschiedliche Perzentile (Körpergröße) sowie für Männer und Frauen. Sie liegen sowohl im Maßstab 1:1 als auch verkleinert vor. Alle diese Schablonen leiden unter drei Nachteilen:

- Die Modelle existieren (mit Ausnahme der Augenellipse) nur in der Seitenansicht.
- Die Schablonen wachsen im Gegensatz zur Bevölkerung (wie bereits beschrieben) nicht.
- Es gibt keine Angaben, welche Einstellungen einer natürlichen Haltung entsprechen.

Mit Einführung der CAD-Technik wurde der Nachteil der zweidimensionalen Schablonen besonders augenfällig.

Fahrerarbeitsplatz

Eine wichtige Schnittstelle zwischen Fahrer und Fahrzeug ist der Sitz, gemeinsam mit den informationstechnischen Komponenten (Anzeigen) und den Stellteilen für die Fahrfunktionen.

Der Sitz ist vor allem als Stütz-, Halte- und Positionierungsfunktion des Fahrers im Automobil von großer Bedeutung. Die Sitzeinstellung wird in der Regel individuell vom Fahrer vorgenommen, jedoch bestimmen oft räumliche Anordnungen von Anzeigen und Stellteilen eine andere Positionierung des Sitzes, die zu einer unangenehmen Zwangshaltung und damit zu einer muskulären Verspannung des Körpers führen können. Das muss so weit wie möglich verhindert werden.

Der Fahrer soll in einer komfortablen Grundhaltung sitzen können und dabei genügend Bewegungsfreiräume durch Verstellung des Sitzes für eine optimale – orthopädische – Körperhaltung erreichen.

Das im Package von Fahrzeugtechnikern festgelegte Sitzverstellfeld zeigt die Verstellmöglichkeiten des Sitzes in Länge und Höhe. Eine kleine Frau, genannt 5-Perzentil, würde im Feld links oben und ein großer Mann (95-Perzentil) rechts unten mit seinem Becken bzw. H-Punkt = Hüftpunkt sitzen. Ein ausgewählter H-Punkt im Sitzverstellfeld ist der Sitzreferenzpunkt (SRP), der für vergleichende Messungen verwendet wird **(Bild 6.4-4)**.

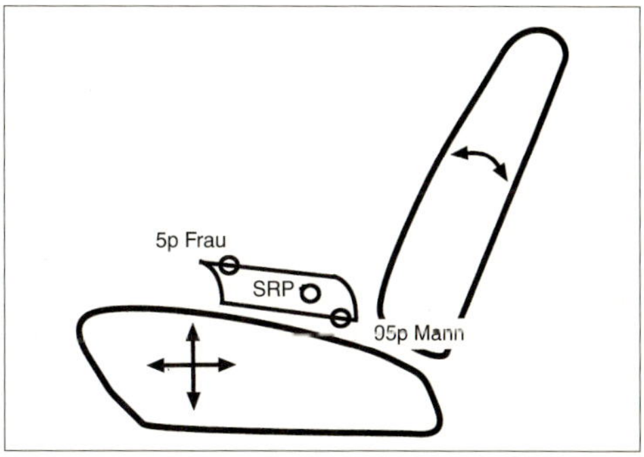

Bild 6.4-4 Verstellfeld eines Sitzes (SRP = Seat Reference Point)

Wichtig ist dabei, dass jede Einstellung im Sitzverstellfeld eine optimale Sicht auf Anzeigen und Erreichbarkeit der Stellteile, aber auch von Ablagen ermöglicht. In vielen Fahrzeugen ist deshalb heute eine zusätzliche Lenkradverstellung in Neigung und Länge zur optimalen Positionierung des Fahrers vorgesehen.

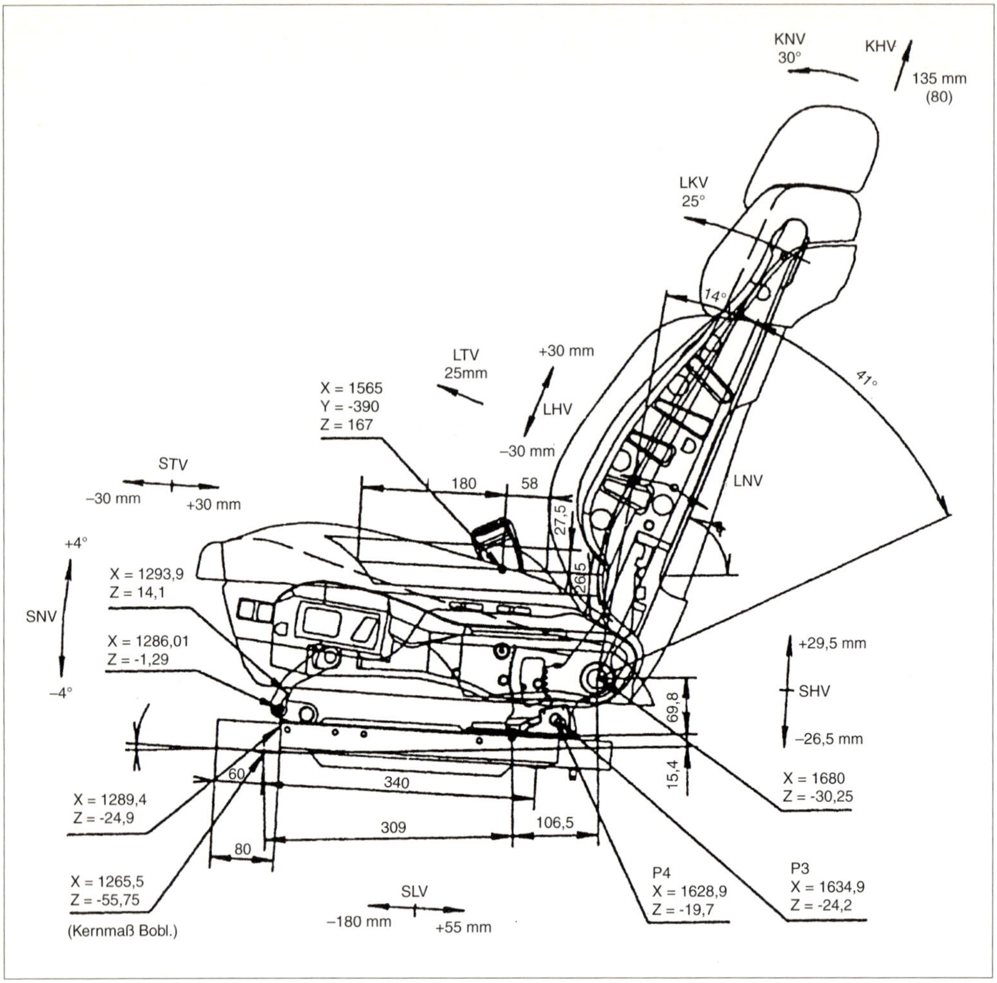

Bild 6.4-5 Einrichtungsmaße und Verstellfunktionen eines Sitzes

Aber auch der Sitz selbst ist mit einer Vielzahl von Verstellfunktionen versehen (**Bild 6.4-5**);

SLV	Sitzlängsverstellung
SHV	Sitzhöhenverstellung
SNV	Sitzneigungsverstellung
STV	Sitztiefenverstellung
SBV	Sitzbreitenverstellung
LNV	Lehnenneigungsverstellung
LTV	Lordosentiefenverstellung
LHV	Lordosenhöhenverstellung
LKV	Lehnenkopfverstellung
KHV	Kopfstützenhöhenverstellung
KNV	Kopfstützenneigungsverstellung

selbst diese vielen Möglichkeiten einer Komfortverbesserung werden ständig erweitert, so gibt es bereits heute „Klima-“ oder „Massagesitze“. Damit wird den Ansprüchen der Nutzer an den Fahrzeugkomfort gemäß der Bedürfnispyramide entsprochen.

Bei der Gestaltung des Sitzes ist es unerlässlich ergonomische Aspekte zu berücksichtigen, bezüglich:

- der Fixierung des Körpers
- der Freiräume für Betätigungen
- der Erleichterung des Ein- und Ausstiegs
- und der generellen Einstellbarkeit

6.4.1.2 Ergonomische Grundauslegungen

In frühen Definitionsphasen wird die Packageauslegung mit der Einführung der CAD-Technik in den Automobilentwicklungsprozess und damit der 3-dimensionalen Darstellung nicht nur beschleunigt, sondern es werden auch frühe und hohe *Aussagefähigkeiten ermöglicht.*

In der modernen Industriegesellschaft ist Zeit zum entscheidenden Wettbewerbsfaktor geworden. Zunehmende Komplexität im Fahrzeug-Entwicklungsprozess führt dazu, dass im Auslegungsablauf immer früher, immer schneller und immer mehr Ziele gleichzeitig erfüllt werden müssen.

Es war deshalb naheliegend, gleichzeitig mit der Einführung und Verbreitung der CAD-Programme in der Konstruktion auch Menschmodelle in CAD darzustellen und dem Entwickler anzubieten. Es existiert hierzu eine Vielzahl von Angeboten für spezielle, zusätzliche Untersuchungsthemen wie der Crashsimulation (z.B. Madymo) oder des Klimaempfindens.

Daneben wurde jedoch eine noch größere Zahl von allgemeinen Menschmodellen entwickelt, die für die Auslegung von Arbeitsplätzen geeignet sind. Alle diese Rechnermodelle versuchen, den Menschen in bestimmten Anwendungsfällen mehr oder weniger genau nachzubilden; sie liefern ein dreidimensionales Abbild.

In der Automobilindustrie hat sich das von den deutschen Fahrzeugherstellern entwickelte Menschmodell RAMSIS als Standard durchgesetzt. Der heutige Stand des RAMSIS-Modelles erlaubt es, statische Haltungen sowie Bewegungen des Hand-Arm-Systems und der Beine in Fahrzeugkonzepten zu untersuchen. Daneben können Aussagen über die Sicht und die Erreichbarkeit von Bedienelementen gemacht werden. RAMSIS kann sogar „aus den Augen schauen“ und Verdeckungen, bedingt durch Lenkrad oder Hutzen, erkennen.

Dabei ist die Übereinstimmung der gefundenen Haltung mit der eines realen Menschen durch Versuche im Fahrsimulator und durch spezielle Versuchsfahrten in einem realen Fahrzeug belegt (**Bild 6.4-6** und **6.4-7**).

Von Vorteil ist dabei die Möglichkeit, über das Komfortmodell zumindest Tendenzen der Komfortverbesserung feststellen zu können. Für die Überprüfung der statischen Kopffreiheit ist z.B. die Kopfbewegungskontur ein gut einsetzbares Hilfsmittel, das dem Verhalten realer Personen entspricht.

Das entscheidende Kriterium für den Einsatz des RAMSIS ist jedoch die richtige Wahl der geometrischen Restriktionen. Hier müssen Erfahrungswerte vorhanden sein, die u.U. von Hersteller zu Hersteller verschieden sind.

Bei einem modernen Entwicklungsablauf werden mit Hilfe des RAMSIS im Package die Positionen der für die Auslegung relevanten Personen gefunden und ihre Reichweiten, Sichtfelder und Anlageflächen festgelegt. Diese Flächen werden dann in das Styling-Programm ALIAS übertragen. Ein CAS-Designer entwirft das Interieur unter Berücksichtigung dieser Vorgaben, wobei er zusammen mit dem Ergonomen Bauteile, wie z.B. Heizungs- und Radiobedienung positioniert (siehe auch Kap. 4.1).

Das fertige ALIAS-Modell wird dann in Schaum gefräst und in ein Ergonomiemodell eingebaut, wo es von Versuchspersonen und Entscheidungsträgern beurteilt werden kann. Mit dieser Vorgehensweise können in der Regel eine Vielzahl von Konzepten durchgespielt werden, bevor man das zielführende Konzept in den sehr kosten- und zeitaufwendigen Aufbau von Prototypen einarbeitet.

Der Aufbau der traditionellen Konzeptmodelle gliedert sich in der Regel in die Bereiche Geometrie-Aufbauten sowie Anzeige- und Bedien-Sitzkisten. Während es sich bei letzteren hauptsächlich um einen Funktionsmusterbau handelt, der dem User-Interface-Team zur Umsetzung der Bedienkonzepte in Hardware und die damit verbundenen ergonomischen Aussagen über Anzeige- und Bedienlogik, Haptik,

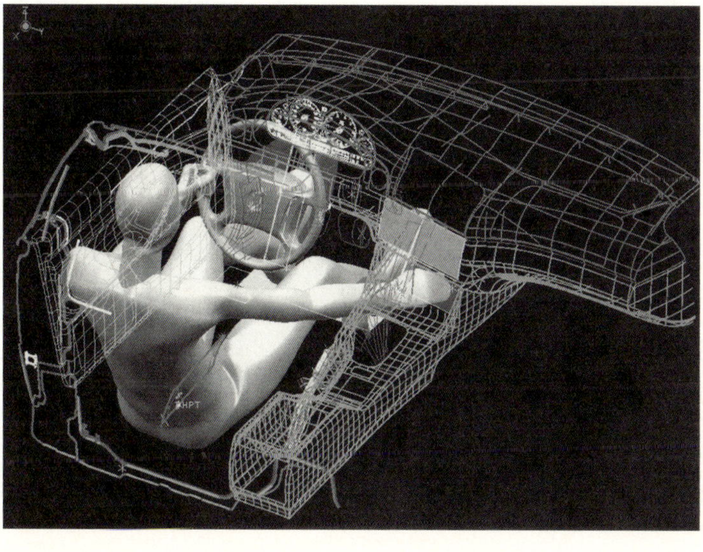

Bild 6.4-6 Cockpitauslegung mit RAMSIS

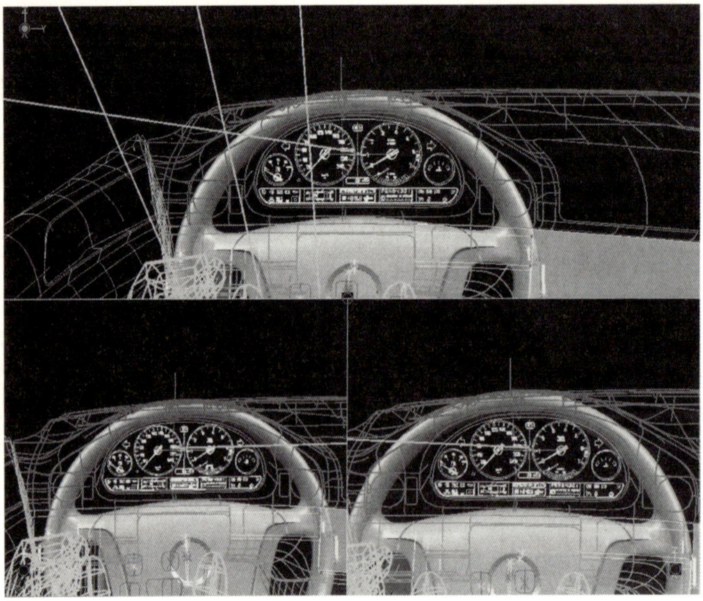

Bild 6.4-7 Erkennbare Überdeckungen aus Sicht der „RAMSIS-Augen"

Material, Bedienakustik etc. dient, werden die Geometrie-Aufbauten für anthropometrische und Wahrnehmungs-Untersuchungen eingesetzt.
Zielsetzung der Modellaufbauten ist immer die Absicherung von Package- und Designvorschlägen. Vor der Einführung von Menschmodellen im CAD wurden auf diese Weise auch anthropometrische Überprüfungen zu Fahrzeuggeometrien, Greifräumen und Sichtbereichen durchgeführt (**Bild 6.4-9**). Viele dieser Untersuchungen können, wie beschrieben, heute in frühen Phasen virtuell bearbeitet werden.

Anthropometrische Vermessung

Mit Hilfe der oben beschriebenen Konzeptaufbauten werden Reihenuntersuchungen durchgeführt, bei denen ausgewählte Versuchspersonen die geometrischen Verhältnisse beurteilen. Dabei ist es erforderlich, die Körpermaße der Beurteiler genau zu kennen, um gesicherte Aussagen in Hinblick auf das angestrebte Kundenkollektiv zu erhalten. Heute haben sich berührungslose Messverfahren durchgesetzt. Dabei kann die Versuchsperson durch Kameras in verschiedenen Ansichten aufgenommen oder die Körperoberfläche in einem Laserscanner erfasst werden.
Bei der Aufnahme mit Kameras aus verschiedenen Richtungen wird ein Menschmodell entweder manuell oder automatisch den Bildern überlagert und so lange verändert, bis es dem Bild der zu vermessenden Person entspricht.
Bei der Vermessung mit Hilfe eines Laserscanners werden Laserlinien auf den Körper projiziert. Mehrere Kameras, die rund um den Körper angeordnet sind, nehmen die Laserlinie unter definierten Winkeln auf. Da die Position der Laserlichtquelle und der Kameras bekannt ist, lässt sich die Position eines Profilschnitts in X- und Y-Richtung berechnen. Die Position in Z-Richtung erhält man durch die Bewegung der gesamten Anordnung von oben nach unten (**Bild 6.4-8**).

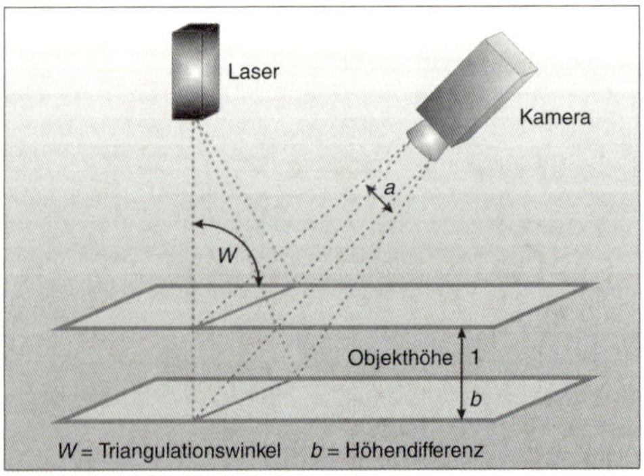

Bild 6.4-8 Laserschnittverfahren

Auf diese Weise entsteht eine der Körperoberfläche entsprechende dreidimensionale Punktewolke. Ein Triangulationsprogramm berechnet aus den einzelnen Punkten eine geschlossene Oberfläche.
Die Vermessung kann nun an dem dreidimensionalen Abbild der Versuchsperson erfolgen. Dabei werden Strecken und Umfänge entweder direkt gemessen oder über die Anpassung eines Menschmodelles erfasst.
Immer entscheidender wird heutzutage die Beurteilung des Raumeindrucks, also des Fahrzeugcharakters: Ab welcher Höhe vermittelt zum Beispiel eine

Bild 6.4-9 Modellaufbauten zur Ermittlung des Greifraumes

Brüstungshöhe ein Gefühl der Sicherheit/Geborgenheit und, ab welcher Höhe wird die Sicht nach außen beeinträchtigt?

Um eine vergleichende Darstellung verschiedener Geometrievarianten zu ermöglichen, werden variable Modellaufbauten erstellt. Diese erlauben dem Insassen, unterschiedliche Raumgeometrien elektromotorisch einzustellen und im direkten Vergleich zu erleben. Hierbei können die Aufgabenstellungen weit gespannt sein, beispielsweise der Abgleich alter und neuer Generationen oder mit Vergleichsfahrzeugen, alternative Sitzanordnungen oder das Erleben verschiedener Exterieurvarianten als Insasse (**Bild 6.4-10** und **Bild 6.4-11**). Von großem Vorteil ist hier die Kombination von In- und Exterieur, der eingestellte Innenraum lässt sich so sehr leicht in seinen Außenproportionen nachvollziehen und umgekehrt (**Bild 6.4-12**). Komplexere Variationen lassen sich mit speicherprogrammierbaren Steuerungen sehr komfortabel und präzise realisieren.

Wurden Modellaufbauten bisher in Schnitten aufgebaut – dabei ist eine Fläche durch eine Anzahl von Spanten dargestellt, deren Oberflächen teilweise miteinander verbunden werden – finden heute haupt-

Bild 6.4-10 Lange Version einer verstellbaren Sitzkiste

Bild 6.4-11 Kurze Version einer verstellbaren Sitzkiste

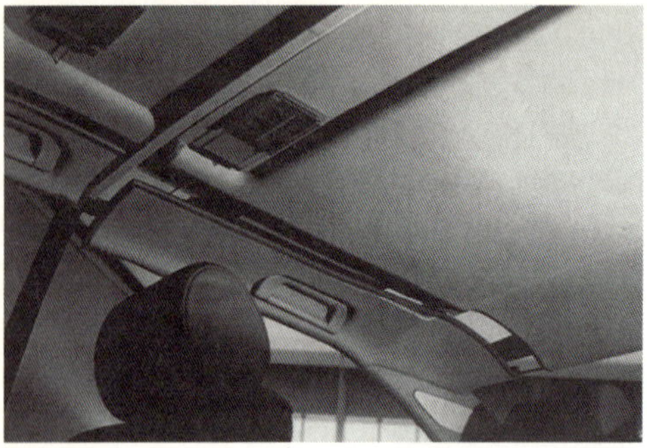

Bild 6.4-12 Ermittlung der seitlichen Kopffreiheit

sächlich nach CA-Daten gefräste Schaumteile Verwendung (**Bild 6.4-13**).

Bild 6.4-13 CA-gefräste Schaumteile zur frühen Bewertung des Raumgefühls

Die kundengerechte und sichere User-Interface-Gestaltung in Kraftfahrzeugen stellt Designer, Ergonomen und Bauteilkonstrukteure vor völlig neue Aufgaben. Die Softwareindustrie kann hier nur bedingt helfen, da sich Tischcomputer grundlegend von mobilen Anwendungen, also für Aufgaben während der Fahrt, unterscheiden.
Die Zahl verfügbarer Bedienfunktionen in Kraftfahrzeugen hat sich in den letzten Jahren dramatisch erhöht. Während in den sechziger Jahren zwischen 20 und 30 Funktionen neben den reinen Fahrfunktionen zur Verfügung standen, verfügt ein gut ausgestattetes Fahrzeug der Luxus-Klasse heute über ca. 500 dieser Funktionen. Die Grafik zeigt die zahlenmäßige Entwicklung von Bedienelementen und Anzeigen bei Kraftfahrzeugen (**Bild 6.4-17**).
Ende der achtziger Jahre wurde vorübergehend eine Trendumkehr bei der Anzahl der Anzeigen erreicht.
Dies wurde durch den Einsatz einer multifunktionalen Anzeige erzielt, in diesem Fall ein Display zur Ausgabe von Text. Dadurch wurden viele Warnlampen für Fahrzeugzustandsmeldungen (z.B. Waschwasserstand) überflüssig.

Eine weitere Trendumkehr zeigte sich Anfang der neunziger Jahre. Erstmals sank auch die Zahl der Bedienelemente. Dies wurde wiederum durch Multifunktionalität erreicht, in vorliegendem Fall durch frei belegbare und beschriftbare Tasten.
Erstmals kam als Sonderausstattung ein Bildschirm zum Einsatz mit neuen Möglichkeiten der Darstellung und auch der Gestaltung von Funktionen. Zum ersten Mal stand auch ein Navigationssystem zur Verfügung und das sogar mit einer Kartendarstellung, auf der der Fahrer seine Fahrtroute planen und seinen Standort verfolgen kann (Kap. 6.4.2).
In Zukunft wird durch die Vernetzung von Informationen und durch die Tatsache, dass fast überall und zu jeder Zeit Informationen abrufbar sind, ein weiterer Anstieg der sogenannten Sekundärfunktionen, also der Funktionen, die nicht unmittelbar zum Fahren gehören, zu verzeichnen sein.

6.4.1.3 Entwicklungsmethoden, Einbindung der Ergonomie in den Produktentstehungsprozess

Menschmodellierung im Fahrzeugentwicklungsprozess

Durch Computersimulation in der Definitions- und Konstruktionsphase eines neuen Produktes können langwierige und kostspielige Tests (wie bereits beschrieben) reduziert werden. Bemerkenswert – aus Sicht der Ergonomie – ist die Tatsache, dass der Mensch in seinen unterschiedlichen Eigenschaften und Bedürfnissen früher nur in Teilbereichen der CAx-Kette enthalten war, mit der Konsequenz einer nicht immer menschgerechten Gewichtung aller Ziele. Diese Defizite beziehen sich sowohl auf die ergonomische Qualität des Produktes als auch auf die Gestaltung der Arbeitsplätze zur Produktion der Fahrzeuge.
Seit den sechziger Jahren wurden weltweit ca. 150 verschiedene Menschmodelle mit unterschiedlichen Zielsetzungen entwickelt (Auslegung/ergonomische Bewertung von Sitzarbeitsplätzen oder manuellen Arbeitsplätzen, Klimadummies, Crashdummies, Animationstools). Die meisten davon sind sog. „In-house-Entwicklungen", die, von Industrieunternehmen entwickelt, ganz spezielle Aufgabenschwerpunkte haben.
Einige der Werkzeuge zur Simulation menschlichen Verhaltens sollen am Beispiel Automobil (und Motorrad) exemplarisch im Kontext des Produktentstehungsprozesses erläutert werden. Der Fokus liegt hierbei auf einer prozessorientierten Betrachtung. Bewertet man den gesamten Prozess (**Bild 6.4-14**), so wird deutlich, dass spätere Änderungen am Produkt höhere Kosten auslösen, da der Detaillierungsgrad des Produktes und die dazugehörigen Kostenauswirkungen etwa exponentiell mit der Entwicklungszeit zunehmen.
Simulationstools greifen also am effizientesten zu Beginn einer Entwicklung (Kap. 10.2). Folge ist, dass

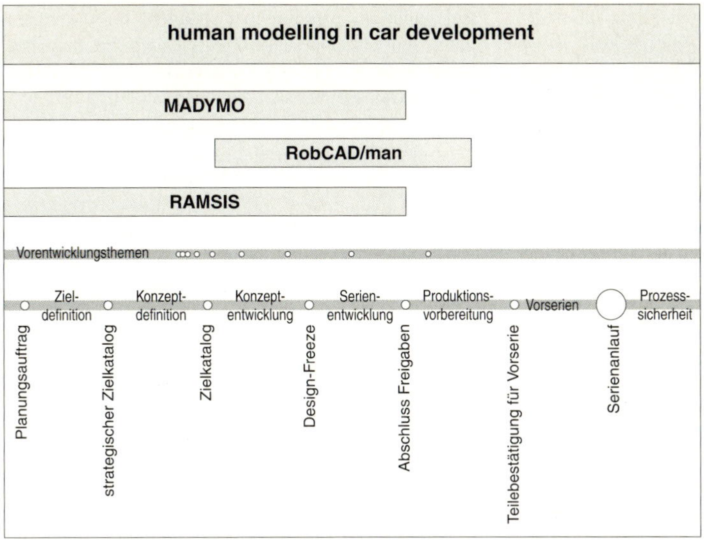

Bild 6.4-14 Einbindung der Ergonomie in den Produktentstehungsprozess

in der Zieldefinitionsphase („Produktvision") und in der Konzeptphase, deren Abschluss der Zielkatalog ist, alle konzeptionellen Produktparameter festgelegt werden müssen. Daher wird in diesen Phasen mit einer hohen Zahl infrage kommender Alternativen gearbeitet, die mit fortschreitendem Projektstatus immer weiter eingeengt werden. Zusätzlich steuern praktisch alle am Prozess beteiligten Fachstellen in der Vorentwicklungsphase ihre Anforderungen ein.

Dies hat für ein Simulationstool zwei Haupt-Anforderungen zur Folge:

- Schnelligkeit: Um der steigenden Anzahl von Konzeptideen und Produktvarianten gerecht zu werden, muss die ergonomische Einzeluntersuchung in immer kürzerer Zeit mit immer höherem Aussagegehalt abgearbeitet werden.
- Transparenz: Um allen Projektpartnern eine effiziente Entscheidungshilfe zur Verfügung zu stellen, müssen die Untersuchungsergebnisse darstellerisch, inhaltlich und graphisch leicht, schnell und dennoch präzise umsetzbar sein.

Die hier vorgestellten Menschmodelle sind zur Zeit für eine Anwendung in der Automobilentwicklung prädestiniert. Ihre Zielsetzungen weichen allerdings jeweils mehr oder weniger stark voneinander ab. Für die geometrische Auslegung des Fahrzeuges ist das Simulationsprogramm RAMSIS am bedeutendsten.

- RAMSIS:
  (**R**echnergestütztes **a**nthropometrisch-**m**athematisches **S**ystem zur **I**nsassen-**S**imulation) ist ein dreidimensionales Menschmodell zur Auslegung und Analyse von Fahrerarbeitsplätzen **(Bild 6.4-15)**.
  Hervorstechendstes Merkmal von RAMSIS sind die Haltungsmodelle. In Versuchen mit per Videogrammetrie oder mit Markersystemen vermessenen Probanden in verschiedenen Szenarien (Automobil, LKW, Motorrad ...) gewonnene Daten liefern nach Auswertung mit RAMSIS selbst statistische Modelle für Gelenkwinkelverteilungsfunktionen. RAMSIS ist dann in der Lage, unter Definition der Aufgabe mittels Restriktionen wahrscheinlichste Haltungen zu simulieren.
  Neben den klassischen Überprüfungsmöglichkeiten wie Sichtsimulation und Greifräume bietet RAMSIS zahlreiche Analysetools wie z.B. Spiegelsicht, Komfortbewertung der Haltungen und Gurtanalysen. Im Produktentstehungsprozess kommt RAMSIS in der Definitions- und Konzeptphase zum Einsatz.
  Seit der Einführung des Programms wird in der Industrie, bei Zulieferern und an Universitäten

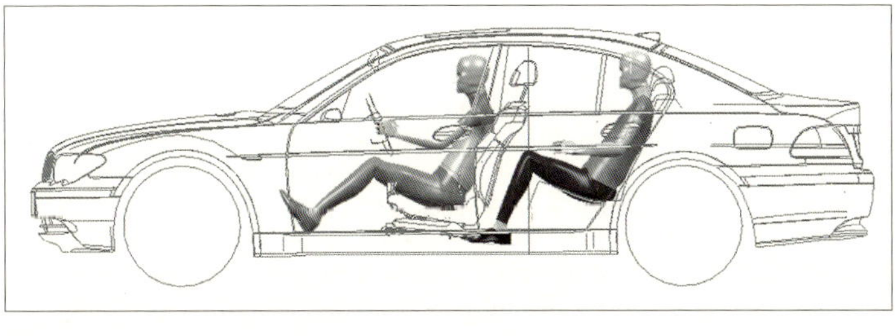

Bild 6.4-15 Platzierung der Mensch-Modelle im Fahrzeug

kontinuierlich an der Weiterentwicklung der Software gearbeitet. Ein wichtiges Teilprojekt ist dabei „RAMSIS-Dynamisch" (**Bild 6.4-16**). Hier wird das Menschmodell schrittweise in die Lage versetzt Bewegungen, von Arm- und Beinbewegungen bis zu Ganzkörperbewegungen, zu simulieren. Ähnliche Weiterentwicklungen finden auch für die meisten anderen Menschmodelle (z.B. Transom/Jack oder DELMIA/SAFEWORK) statt.

Ein weiteres sehr wichtiges Problem ist die Anbindung des RAMSIS an das Fahrzeug über den Sitz. Dies geschieht bis heute durch einen Translations-

Bild 6.4-16 Weiterentwicklung des RAMSIS für den dynamischen Ein- und Ausstieg

vektor, der den nach SAE definierten H-Punkt mit dem Hüftgelenk des Menschmodells verbindet. Dadurch wird das Modell im Sitzverstellfeld platziert. Dieser Offset-Vektor ist für jeden Menschen unterschiedlich und der statistische Zusammenhang zwischen Geschlecht, Körpergröße und Korpulenz und Offset muss für jeden Sitz neu bestimmt werden. Mit Hilfe von Mehrkörpersystemen und der Beschreibung der Sitzeigenschaften im Rechner wird derzeit versucht das realistische Einsitzverhalten von Menschen zu simulieren.

Es könnte letztendlich vollständig auf die heute noch notwendigen und bereits beschriebenen Versuchsaufbauten (Sitzkiste) verzichtet werden. Tatsächlich wird den Entscheidungsträgern aber auch in näherer Zukunft das bestätigte Konzept in einem Gesamtmodell vorgestellt werden.

Ein wichtiges Simulationsinstrument für die Auslegung und ergonomische Überprüfung von Industriearbeitsplätzen ist neben Transom/Jack das Programm eM-Human.

- eM-Human (früher RobCAD/man):
  ist eine Applikation, die es erlaubt, Werkersimulationen innerhalb einer Untersuchungszelle des Montageplanungssystems eM-Power (Tecnomatix) durchzuführen. Hierbei können alle relevanten Werkertätigkeiten hinsichtlich ergonomischer und zeitlicher Gesichtspunkte virtuell abgesichert werden. Im Einzelnen werden Zugänglichkeit (Greif- und Freiräume), Einsehbarkeit, Erreichbarkeit, Taktzeiten, etc. betrachtet.
  Hingewiesen werden soll noch auf weitere Entwicklungsmethoden, wie Klima- oder Akustikdummies.

Nach einer zeitweisen Konzentration der Menschmodelllandschaft werden in letzter Zeit wieder neue Simulationsprogramme entwickelt mit erweiterten Einsatzspektren und Darstellungsmöglichkeiten. Die Hersteller moderner Menschmodelle kooperieren dabei zunehmend bei der Entwicklung neuer Funktionalitäten.

Eine große Herausforderung für zukünftige Simulationstools besteht in der Aufgabe, menschliche Eigenschaften auch bis hin zu kognitiven Fähigkeiten realistisch und gesamthaft darzustellen.

6.4.1.4 Neue Entwicklungen zur Mensch-Maschine-Interaktion

Bevor neue Bedienkonzepte für Fahrzeuge in Betracht kommen, ist erst einmal eine grundlegende Frage zu beantworten: Warum sind neue Konzepte zur Mensch-Maschine-Interaktion im Fahrzeugcockpit überhaupt notwendig? Schließlich ist die Bedienung von Kraftfahrzeugen in der mehr als hundertjährigen Geschichte des Automobils gewachsen und jeder Autofahrer hat sich an viele Dinge gewöhnt. Bei näherer Betrachtung zeigt sich, dass die Standardisierung der Bedienung schnell ihre Grenzen erreicht, wenn man über die reinen Fahrfunktionen hinausschaut. Gerade die Anzahl der Sekundärfunktionen ist in den letzten Jahrzehnten stark gestiegen. Ursache ist der Wunsch der Fahrzeugkäufer nach mehr Funktionalität im Fahrzeug. Gleichzeitig besteht heute der Wunsch nach einer Vereinfachung der Bedienung.

Eine Analyse der Anzahl der Schalter und Anzeigen in den Cockpits von Fahrzeugen der letzten 50 Jahre zeigt eine starke Zunahme ab Mitte der 70er Jahre (**Bild 6.4-17**).

Zu dieser Zeit wurde durch die Mikroelektronik eine neue Ära der Fahrzeugfunktionalität eingeläutet. Durch die rapide Zunahme der Funktionen begann aber auch der „Krieg der Knöpfe". Da ein Ende dieses Funktionszuwachses nicht in Sicht war, wurden neue Formen der Mensch-Maschine-Interaktion

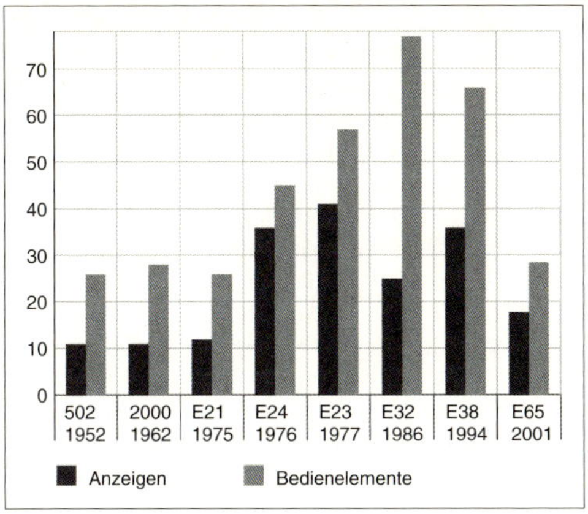

Bild 6.4-17 Zunahme von Anzeigen und Bedienelementen in Fahrzeugcockpits (Beispiel BMW)

im Fahrzeug entwickelt. Zunächst befanden sich nur einzelne wenige Geräte im Fahrzeug, ein Radio und eine Heizung. Die Zunahme der Audio-Funktionen (CD, Tape, Klangeinstellungsfunktionen), sogenannte Bordcomputer für Fahrzeugdaten wie z.B. Verbrauch und Reichweite und schließlich Navigationssysteme führten weg vom Einzelgerätekonzept und hin zu multifunktionalen Geräten mit Displays.

Der Einsatz von Bildschirmen bietet einen sehr gewichtigen Vorteil: Der Bildschirm kann, da er ja nicht im Greifbereich liegen muss, im primären Sichtbereich positioniert werden. Wenn der Bildschirm also sehr weit oben, möglichst nahe am Fahrgeschehen, und auch relativ weit weg vom Auge des Fahrers liegt, um die Akkomodationszeit gering zu halten, dann ist eine Lage erreicht, bei der die Ablenkung vom Verkehrsgeschehen minimal ist.

Die Bedienung des Bildschirms kann im optimalen Greifbereich, also z.B. in einer Armauflage, angeordnet werden. Voraussetzung dafür sind Bedienteile, die keine Blickzuwendung erfordern. Das bedeutet, dass die Anzahl der Schalter bzw. Eingabemöglichkeiten entsprechend reduziert werden muss (**Bild 6.4-18**).

Da der Bildschirm ein zentrales Element der neuen Bedienkonzepte ist, muss dessen Bedienung konsequent auf Fahrtauglichkeit optimiert werden. Das Ziel heißt: Bedienung mit minimaler Blickzuwendung.

Weltweit geht die Entwicklung in zwei grundsätzliche Richtungen: Systeme mit Touchscreen und Systeme mit mechanischen Eingabeelementen.

Touchscreens werden vor allem von japanischen Herstellern eingesetzt. Sie bieten den Vorteil eines kompakten, als Einheit einbaubaren Systems. Die Einstiegsschwelle für ungeübte Nutzer ist niedrig, da Hand und Auge eng zusammenspielen. Nachteilig ist die fehlende haptische Rückmeldung, sowohl beim Auffinden als auch beim Auslösen einer Funktion. Außerdem muss der Bildschirm im Greifbereich positioniert werden. Das führt zu einem relativ geringen Abstand zum Auge und zu verlängerten Akkomodationszeiten.

Systeme mit mechanischen Eingabeelementen können gute haptische Rückmeldung bieten. Die Drehknöpfe, die von vielen europäischen Herstellern eingesetzt werden, zeigen über Raststellungen das Weiterwandern eines Cursors an. Im iDrive-System von BMW ist ein Eingabeelement mit variabler haptischer Rückmeldung eingesetzt, das durch haptische Marken, fühlbare „Anschläge" und andere Effekte zusätzliche Orientierung in den Menüs gibt und so die Bedienung ohne Blickzuwendung fördert. In **Bild 6.4-19** ist die Nutzung der variablen Haptik

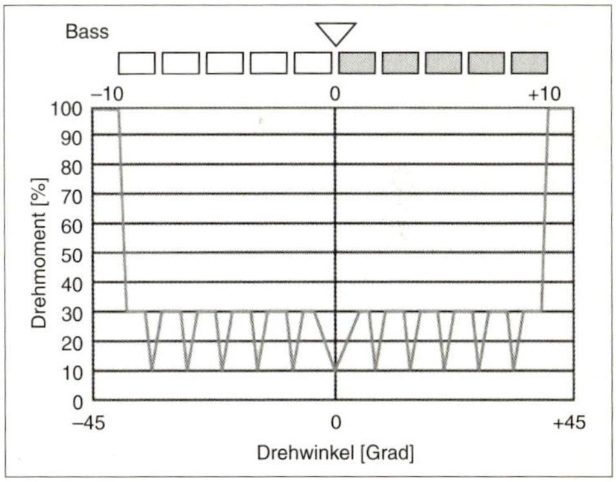

Bild 6.4-19 Schematischer Zusammenhang zwischen grafischem Menü (hier: Einstellung der Bassfrequenzen) und Drehmomentverlauf des Bedienelements

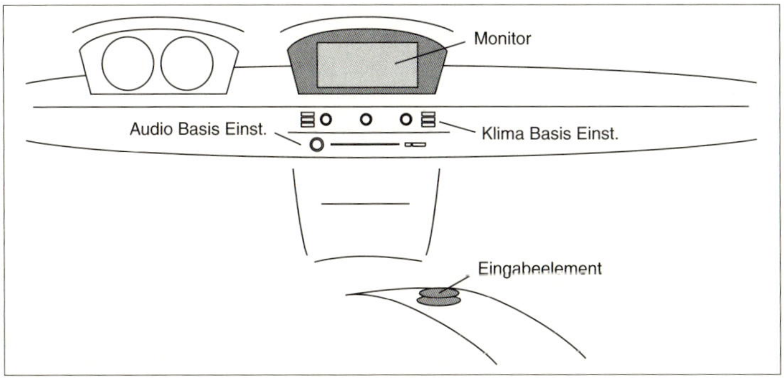

Bild 6.4-18 Typische Konstellation einer Cockpit-Gestaltung in einem modernen PKW

am Beispiel der Klangeinstellung eines Radios gezeigt. Beim Einstellen der Bassfrequenzen spürt der Nutzer Anschläge am Ende des Einstellbereichs und eine veränderte Rastung in der Mittelstellung.
Für die Steuerung des Bildschirms werden unterschiedliche Konzepte bei den Eingabeelementen verfolgt (z.B. VW Phaeton, Audi A8). Als zentrales Element wird zwar immer ein Dreh-Druck-Knopf verwendet, doch wird eine unterschiedliche Anzahl von zusätzlichen Tasten für Menüwechsel hinzugefügt. Durch die teils fest teils variabel belegten Tasten wird die Einstiegsschwelle für unerfahrene Nutzer niedrig gehalten. Allerdings wird umso mehr Blickzuwendung notwendig, je größer die Anzahl der Tasten ist, wie man aus der Arbeitswissenschaft weiß.
Eine andere Lösung besteht darin, nur ein einziges Element zur Steuerung des Bildschirms zu verwenden und keinerlei weitere Tasten hinzuzufügen. Zum Dreh-Druck-Knopf wird noch der Freiheitsgrad „Schieben" hinzugefügt. Dies erlaubt Menüwechsel ganz ohne Blickzuwendung, da die Menüs ähnlich wie bei einer Gangschaltung aufgerufen werden. Zudem bieten neue Techniken wie variables Force-Feed-Back und Spracheingabe hervorragende Möglichkeiten, eine Fahrzeugbedienung hinsichtlich reduzierter Blickzuwendung und geringer Ablenkung vom Verkehrsgeschehen weiter zu verbessern. Ebenso lassen sich die seit längerem von den Autoradios bekannten Stationstasten zu sogenannten Favoritentasten weiterentwickeln. Sie können zusätzlich zu Audiofunktionen z.B. mit Telefonnummern und Navigationszielen belegt werden und ersparen dadurch komplexe Eingabevorgänge.
Gerade das Thema Spracheingabe wird, obwohl seit Jahren für Teilumfänge eingeführt, noch an Bedeutung gewinnen. Hier geht der Weg über Erweiterung des erkannten Wortschatzes, Erkennung von unbekannten, nur als ASCII-Zeichen vorhandenen Worten, wie z.B. Namen in einem Telefonregister, Wordspotting, also dem Erkennen von Schlüsselworten in einem flüssig gesprochenen Text hin zu natürlichsprachlichem Dialog. Dabei müssen nicht nur die reine Spracherkennertechnik weiterentwickelt werden, sondern auch die Dialogstrukturen. Die Akzeptanz von Spracheingabesystemen hängt zu einem sehr großen Teil von der Erkennerleistung ab, aber auch von den Dialogen an sich.
In den nächsten Jahren wird Spracherkennung zumindest für wichtige Funktionen weiterhin redundant ausgelegt sein, d.h. die Funktionen, die über Sprache bedient werden, können auch über ein anderes Medium bedient werden. Der Grund liegt darin, dass Situationen, in denen Spracheingabe nicht vollständig funktioniert, nicht ausgeschlossen werden können. Man denke in diesem Zusammenhang nur an Lärm von aussen, Kinder im Fahrzeug, Erkältungen, die sich auf die Stimme schlagen etc.
Eine zukünftige Herausforderung für die Gestaltung der Mensch-Maschine-Interaktion stellen die sogenannten Fahrerassistenzsysteme dar [s. Kap. 8.5.5]. Das sind Systeme, die den Fahrer in seiner unmittelbaren Fahraufgabe unterstützen, also in der Regelung der Längs- und Querdynamik. Wie zeigt man beispielsweise einem Fahrer an, dass er im Begriff ist, die Strasse zu verlassen? Wie zeigt man an, dass der Regelbereich des Längsdynamiksystems nicht ausreicht, und der Fahrer selbst bremsen muss? Wie warnt man den Fahrer, dass die Gefahr des „Sekundenschlafes" besteht? Das Spektrum der möglichen Anzeigearten reicht von Anzeigen mit Displays über Akustik/Vibrationen bis hin zu Eingriffen am Stellteil selbst. So könnte das Fahrzeug z.B. das Erreichen des Fahrbahnrandes durch ein Lenkmoment signalisieren und den Fahrer intuitiv veranlassen, seine Spur zu korrigieren. Mittlerweile sind die ersten Fahrzeuge mit Assistenzsystemen zur Spurhaltung auf dem Markt.
Wenn Lenken, Beschleunigen und Verzögern über einen „Draht" („wire"), also eine elektronische Steuerung, erfolgen, ergeben sich neue Möglichkeiten der Mensch-Maschine-Interaktion. Hier wird eine der größten Herausforderungen darin bestehen, Systeme, die sich in vielen Jahren Automobilgeschichte durchgesetzt haben, zu ersetzen und etwas spürbar Besseres zu entwickeln.
Trotz neuer Interaktionsformen und trotz Fahrerassistenzfunktionen, die den Fahrer in seiner Fahraufgabe entlasten, scheint mittlerweile eine Grenze bei der Anzahl der einzusetzenden Funktionen erreicht. Diese Grenze wird durch zwei Faktoren bestimmt:

1. Die mentale Kapazität des Fahrers, die für die Bedienung von Sekundärfunktionen notwendig ist und die je nach Fahrsituation unterschiedlich groß ist.
2. Die Akzeptanz immer neuer Funktionen durch den Kunden. Insbesondere die Senioren sind immer weniger willens, sich mit der Bedienung ihres Fahrzeugs lange auseinanderzusetzen, um dann Funktionen mit einem für sie eher geringen Nutzen bedienen und verstehen zu können.

Mittlerweile hat man auch auf Seiten der Gesetzgeber in der Bedienung des Fahrzeugs potentielle Grenzen erkannt und arbeitet nun an Maßnahmen, um lenkend einzugreifen. Aus der weltweiten „driver distraction" –Diskussion (USA, Japan, Europa) gibt es mittlerweile erste Tendenzen. Diese Empfehlungen betreffen nicht die Art der Mensch-Maschine-Interaktion, da man die Entwicklung bei den Fahrzeugherstellern nicht blockieren will, wohl aber Prüfverfahren, denen sich die fertige Mensch-Maschine-Schnittstelle unterziehen sollte. Als Beispiel sei hier der sogenannte Okklusionstest genannt.

Literatur

[1] *Bandow, F.; Helbig, K.; Vogt, N.*: Bestimmung der Fahrersitzposition im Fahrbetrieb, ATZ 10/2004 Jahrgang 106, Friedr. Vieweg & Sohn Verlagsgesellschaft mbH Wiesbaden

[2] *Bengler, K.; Herrler, M.; Künzner, H.*: Usability Engineering bei der Entwicklung von iDrive, In „it+ti" Informationstechnik und Technische Informatik 3/2002, *Oldenbourg Verlag*

[3] *Blauert, J.; Schaffert, E.*: Automatische Sprachein- und ausgabe, Schriftenreihe der Bundesanstalt für Arbeitsschutz, 1985

[4] *Bubb, H.*: Ergonomie in Mensch-Maschine-Systemen. Tagung Komfort und Ergonomie in Kraftfahrzeugen, Haus der Technik, Essen, 1997

[5] *Bubb, H.*: Ergonomie und Sitzgestaltung, Berichte aus der Ergonomie, Shaker Verlag, Aachen 2004

[6] *Bullinger, H.-J.; et al.*: Anthropometrische und kognitve Evaluierung der Fahrer-/Fahrzeug-Schnittstelle im PKW, ATZ 98 (1996) 7/8

[7] *Chaffin, D.*: Digital Human Modeling for Vehicle and Workplace Design, SAE, 2001

[8] *Cherednichenko, A.; Assmann, E.; Bubb, H.*: Computational Approach for Entry Simulation, Digital Human Modeling for Design and Engineering, SAE Conference Lyon, 2006

[9] *Elsholz, J.*: „Die Gestaltung des Arbeitsplatzes nach ergonomischen und physiologischen Gesichtspunkten". 4. BMFT-Statusseminar, 1976, Verlag TÜV Rheinland 1977, S. 473 – 485

[10] *Elsholz, J.; Bortfeld, M.*: „Anwendungsorientierte Untersuchungen an Bedienelementen nach ergonomischen und physiologischen Gesichtspunkten". 18. FISITA-Kongress 1978, Budapest, Berichtsband 1, S. 231 – 244

[11] *Färber, B.*: Grundlagen und Möglichkeiten der Nutzung sprachlicher Informationssysteme im Kraftfahrzeug, FAT Bericht Nr. 23, Frankfurt/Main FAT, 1981

[12] *Färber, B.*: „Mehr Instrumente, mehr Sicherheit?" VDI-Bericht 819, 1990, S. 1 – 18

[13] *Fastenmeier, W.*: Welche Informationen brauchen Fahrer wirklich? VDI Bericht Nr. 948, VDI-Verlag, Düsseldorf, 1992

[14] FAT-Bericht 64: „Sicherheitsorientierte Bewertung von Anzeige- und Bedienelementen in Kraftfahrzeug-Grundlagen", 1987

[15] FAT-Bericht 74: „Sicherheitsorientierte Bewertung von Anzeige- und Bedienelementen in Kraftfahrzeugen" – Empirische Ergebnisse, 1988

[16] FAT-Bericht 123: „RAMSIS – Ein System zur Erhebung und Vermessung dreidimensionaler Körperhaltungen von Menschen zur ergonomischen Auslegung von Bedien- und Sitzplätzen im Auto", FAT-Bericht 135: „Mathematische Nachbildung des Menschen – RAMSIS 3 D Softdummy", 1997

[17] *Hafner, E.*: Ergonomische Aspekte bei der Gestaltung zukünftiger Cockpits, In Ergonomie und Verkehrssicherheit (Bubb, Hrsg.) Konferenzbeiträge zur Herbstkonferenz 2000, GfA, Herbert Utz Verlag, München, 2000

[18] Handbuch für Ergonomie, Hrsg. Bundesamt für Wehrtechnik und Beschaffung, Koblenz, 1989

[19] *Keck, E.*: Grundlagen zur Entwicklung und Gestaltung von Kraftfahrzeuginstrumenten, Dissertation, Berlin, 1987

[20] *Krems, J. F.; Keinath, A.; Baumann M.; Bengler K.; Gelau, C.*: Evaluating Visual Display Designs in Vehicles: Advantages and Disadvantages of the Occlusion Technique, Chemnitz Technical University, Chemnitz, 2000

[21] *Künzner, H.*: Entwicklung einer Bedienoberfläche für einen Fahrzeugmonitor, VDI Bericht Nr. 948, VDI-Verlag, Düsseldorf, 1992

[22] *Landau, K. (Hrsg.)*: „Mensch-Maschine-Schnittstellen" Herbstkonferenz der Gesellschaft für Arbeitswissenschaft Okt. 1998, Verlag Institut für Arbeitsorganisation, Stuttgart, 1998

[23] *Luczak, H.*: Arbeitswissenschaft, Springer Verlag, Berlin, 1998

[24] *Maynard, H. B.; Schwab, J. L.; Stegemerten, G. J.*: Methods-Time Measurement (Erstausgabe), McGraw-Hill Book Company, New York, 1948

[25] *Seidl, A.*: RAMSIS das führende Ergonomiewerkzeug für Design und Entwicklung von Kraftfahrzeugen. Tagung Fahrzeugkomfort Haus der Technik Essen, 1999

[26] SAE J: 1100 Motor Vehicle Dimensions Society of Automotive Engineers Inc. Warren Dale, Jun 1993

[27] SAE J: 826 Devices for use in Defining and measuring vehicle seating Accomodation Warren Dale, Apr 1980

[28] *Schmidtke, H.*: Ergonomie, Carl Hanser Verlag München Wien, 1993

[29] Sonderheft ATZ MTZ: „VW Phaeton", Friedr. Vieweg& Sohn Verlagsgesellschaft mbH Wiesbaden, Juli 2002

[30] Sonderheft ATZ MTZ: „AUDI A8", Friedr. Vieweg& Sohn Verlagsgesellschaft mbH Wiesbaden, 2002

[31] *Timpe, T.-P.; Kolreb, H. (Hrsg.)*: Mensch-Maschine-Systemtechnik, Symposion Publishing Düsseldorf, 2002

[32] *Zeller, A.; Wagner, A.; Spreng, M.*: IDrive - Zentrale Bedienung im neuen 7er von BMW, In VDI-Ber. Nr. 1646, VDI-Verlag Düsseldorf, 2001

[33] *Preh GmbH*: Artikel „Einfacher Fahren", Automobil Elektronik Sonderausgabe „Preh GmbH" S. 10, Sept 2006

[34] *Jeitner, M.; Küchler, W.; Schaare, R.*: „Weniger Schalter im Fahrzeuginterieur", ATZ 09/2005, 107. Jahrgang S. 746

6.4.2 Kommunikationssysteme und Navigation

6.4.2.1 Ziele und Lösungen

Kommunikationssysteme und Navigation im Auto decken im Wesentlichen drei Themenkreise ab: Sie dienen dazu, die Fahrtroute zu optimieren, indem sie etwa unnötige Suchfahrten oder Wartezeiten in Staus zu vermeiden helfen. Sie bieten während der Fahrt Unterhaltung, sei es in Form von Musik aus dem Radio oder durch Beschreibungen von Sehenswürdigkeiten an der Strecke, und sie erhöhen Sicherheit und Komfort z. B. indem sie im Pannenfall die Weitergabe von Informationen aus dem Auto heraus ermöglichen oder erlauben, das passende Hotel zu finden und zu buchen.

Die Realisierungen dieser Systeme fußen auf drei Basisgeräten: Autoradio, Mobiltelefon und Navigationsanlagen.

Die am häufigsten genutzten Standards und Systeme sind der UKW-Rundfunk, GSM (Global System for Mobile Communication) und GPS (Global Positioning System). Charakteristisch für die Mehrzahl der Standards ist, dass sie nicht primär für die Nutzung im Auto entwickelt wurden und dass ihre Adaption an dieses Umfeld hohen Aufwand erfordert.

Im Folgenden soll auf die Basisgeräte und einige Verknüpfungen genauer eingegangen werden.

6.4.2.2 Autoradio

Das Autoradio [1] steht als Oberbegriff für Rundfunkempfänger, Kassettenlaufwerk, CD-Laufwerk oder -Wechsler und ähnliche primär der Unterhaltung dienende Anlagen. Ein Standardgerät hat heute typischerweise UKW, RDS, eine 4 × 20 W-Endstufe und ein CD-Laufwerk. Geräte mit der Möglichkeit, digital komprimierte Musikstücke (z.B. MP3) abzuspielen, liegen im Trend. Anschlussmöglichkeiten tragbarer Geräte oder Halbleiterspeicher (Memory-Stick, SD-Card) sind gefragt.

In Europa wird überwiegend UKW-Rundfunk gehört. Die in einem UKW-Empfänger eingesetzten Schaltungsblöcke zeigt **Bild 6.4-20**.

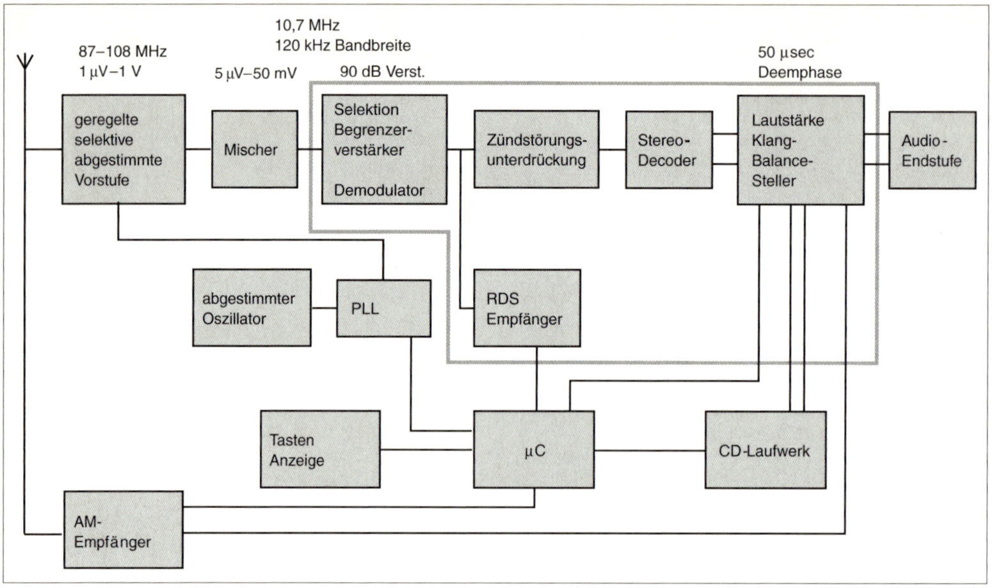

Bild 6.4-20 Blockschaltbild eines einfachen Autoradios

In einer geregelten Vorstufe wird durch abgestimmte Bandpassfilter eine erste, grobe Selektion des gewünschten Senders erreicht. Im Mischer wird das Signal mit Hilfe eines PLL-kontrollierten Oszillators auf die Zwischenfrequenz von 10,7 MHz umgesetzt. Hier findet die eigentliche Selektion des Senders statt. Das ZF-Signal wird zum Multiplexsignal (MPX-S) demoduliert. **Bild 6.4-21** zeigt dessen Spektrum.

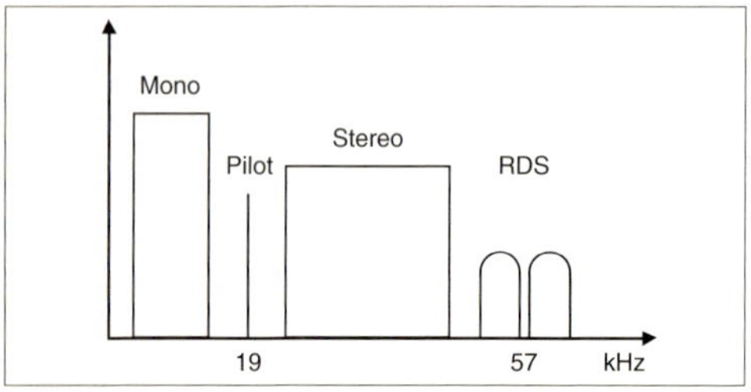

Bild 6.4-21 Spektrale Aufteilung der Audio- und Zusatzsignale im MPX-Signal

Es enthält das Audiosignal in Form eines Mono- und eines Stereosignals und die Zusatzsignale des RDS. Störungen, die durch die Motorzündung hervorgerufen werden, können im MPX-Signal erkannt und ausgeblendet werden.

Nach der Stereodecodierung und dem Ausgleich der senderseitigen Höhenanhebung (Deemphase) liegen die ursprünglichen Audiosignale wieder vor.

Bei neueren Lösungen, wie etwa dem DigiCeiver von Blaupunkt wird das ZF-Signal digitalisiert. Verstärkung, Selektion, Demodulation und Stereodekodierung bis hin zur Audioverarbeitung erfolgen hierbei durch Bearbeitung in einem digitalen Prozessor. Dadurch sind sehr viel aufwändigere Regelmechanismen als bei herkömmlichen analogen Lösungen möglich. Ein verbesserter Empfang wird z.B. durch eine variable Bandbreite des ZF-Filters möglich.

Das Audiosignal lässt sich durch die digitale Verarbeitung optimal auf die akustischen Eigenschaften des Fahrzeuginnenraumes anpassen, etwa durch einen adaptiven Equalizer oder durch eine Verarbeitung, bei der Fahrgeräusch und Audiosignal analysiert werden und das Audiosignal so modifiziert wird, dass das Fahrgeräusch verdeckt wird. Um weitere vielfältige Anforderungen zu erfüllen, haben hochwertige Autoradios häufig mehrere Empfänger:

1. Es lässt sich durch die geeignete Verknüpfung der ZF-Signale zweier Empfänger, die über zwei im Fahrzeug installierte Antennen das Signal eines gleichen Senders empfangen, die Empfangsqualität für diesen Senders verbessern. Dazu sind zwei Regelsysteme im Einsatz, einmal eine schnelle Umschaltung zwischen den beiden Signalen auf das jeweils momentan bessere Signal, zum anderen eine adaptiv gewichtete Addition der beiden Signale mit dem Ziel eines möglichst störungsarmen Summensignals. Die Wirkung lässt sich als Richtungsselektion beschreiben, die störenden Mehrwegeempfang ausblendet.
2. Im Hintergrund stimmt sich ein Empfänger ständig auf unterschiedliche Sender mit dem eingestellten Programm ab und bewertet die Qualität im Vergleich zum gehörten Sender. Falls der Empfang auf einer anderen Frequenz besser ist, schaltet das Radio automatisch auf diesen um.

Tabelle 6.4-1 Einige Informationsinhalte des RDS-Telegramms

PS	Name der Rundfunkanstalt (max. 8 ASCII-Zeichen)
PTY	Kennzeichnung des Programminhalts z.B. Nachrichten, Sport, Musik, . . .
TP	Kennzeichnung eines Senders mit Verkehrsfunkmeldungen
AF	Frequenzliste von Sendern mit gleichem Programm
EON	Informationen über max. 8 andere Programmketten (PTY, TP, TA, AF etc.)
TA	Kennzeichnung einer Verkehrsfunkmeldung
TDC	transparenter Datenkanal
CT	Datum- und Zeitangabe

3. Zusatzsignale werden nicht von allen Sendern abgestrahlt. Ein Hintergrundempfänger ermöglicht es, diese Signale von einem anderem als dem gehörten Sender zu empfangen.

Dabei werden die einzelnen Empfänger häufig situationsabhängig für unterschiedliche Aufgaben genutzt.

Durch die Miniaturisierungsfortschritte der Halbleitertechnik lässt sich heute die digitale Signalverarbeitung für mehrere Empfänger in einem Chip zusammenfassen.

6.4.2.2.1 RDS (Radio Data System)

Über RDS [2] werden unhörbar im Rundfunksignal verschiedene Steuer- und Informationsdaten übertragen, **Tabelle 6.4-1**.

Die für Autofahrer wichtigsten mit RDS übertragenen Informationen sind Kennungen für Verkehrsfunksendungen und -Durchsagen.

Sehr hilfreich sind auch die Angaben über die Frequenzen von Sendern mit dem gleichen Programm (AF). Da die Region, in der ein Rundfunkprogramm empfangen werden kann, meist größer als die Reichweite eines Senders ist, muss bei Überlandfahrten öfter die Frequenz gewechselt werden, wobei die Empfangsqualität im Abstand weniger Meter schwankt. Die AF-Information ermöglicht es, dieses Umschalten im Autoradio zu automatisieren.

Eigenschaften von RDS:

Übertragungsverfahren: Amplitudenmodulation mit unterdrücktem Träger bei 57 kHz ± 2,4 kHz, phasenstarr zum Pilotton, Datenrate 1,2 kbit/sec.

6.4.2.2.2 TMC

Eine Anwendung des TDC in RDS ist TMC (Traffic Message Channel). Über diesen Kanal werden Verkehrsmeldungen codiert übertragen. Für die Codierung werden standardisierte, länderspezifische Kataloge von Verkehrsknotenpunkten im Fernstraßennetz sowie ein allgemeiner Katalog von möglichen Verkehrsstörungen verwendet. Hierdurch wird eine äußerst kompakte und sprachunabhängige Codierung erreicht. Für die Übertragung von TMC-Meldungen sind dadurch nur ca. 100 bit/sec erforderlich.

Die TMC-Meldungen können im Empfänger decodiert werden und entweder mittels synthetischer Sprache als Audiosignal ausgegeben, als Textmeldung auf einem Display angezeigt oder für dynamische Routenberechnung in einem Navigationssystem verwendet werden. Da die Codierung sprachunabhängig erfolgt, können die Meldungen bei der Decodierung in verschiedene Sprachen übersetzt werden, was es ermöglicht, Meldungen auch im fremdsprachigen Ausland in seiner eigenen Landessprache zu hören oder als Textmeldung zu lesen.

6.4.2.3 DAB

DAB steht für Digital Audio Broadcast und ist ein digitales Übertragungssystem, mit dem Rundfunkempfang in der Qualität vergleichbar wird mit dem Hören digitaler Speichermedien. Bei der Übertragung wird nicht mehr unterschieden zwischen Audio-, Video- oder Daten sonstiger Anwendungen. Die Datenströme können freizügig aus unterschiedlichen Teildatenströmen zu einem Multiplex-Signal zusammengesetzt werden. Es ist geplant, dass DAB langfristig den UKW-Rundfunk ersetzt.

Das Übertragungsverfahren ist für mobilen Empfang konzipiert, toleriert Mehrwegeempfang und hat umfangreiche Fehlerkorrekturmöglichkeiten.

Die hohe Datenrate macht DAB besonders geeignet für Zusatzdienste mit bildlichen Darstellungen.

Erweiterte Verkehrsinformationsdienste im Rahmen des TPEG Formates befinden sich in der Entwicklung.

Eine Variante der DAB Technologie, das so genannte DMB System ermöglicht die TV Übertragung an portable Empfänger. Erste kommerzielle Ausstrahlungen auf Basis dieser Technik existieren in Korea und Deutschland. Weitere digitale Übertragungsverfahren sind in Kapitel 8.5.4, „Infotainment/Multimedia“ zu finden.

Die Ausstrahlung von DAB Programmen erfolgt im VHF Band für landesweite bzw. nationale Verbreitung. Lokale Angebote insbesondere im städtischen Bereich erfolgen im L-Band. Durch den Gleichwellenbetrieb erfolgt die Ausstrahlung für das gesamte Versorgungsgebiet auf der gleichen Frequenz. Dies stellt eine einheitliche Versorgung für alle Programme sicher, nutzt die vorhandenen Frequenzen gut aus und erspart dem Hörer das Umschalten der Frequenzen.

Nach der internationalen Frequenzplanungskonferenz RRC06 stehen ab 2007 ausreichend Frequenzen für die Hörfunkverbreitung zur Verfügung und es bestehen auf diesen Frequenzen keine Leistungsbeschränkungen.

6.4.2.4 DRM (Digital Radio Mondiale)

Digital Radio Mondial, kurz DRM, ist ein neuer, sich in der Standardisierung befindlicher, Rundfunkstandard für die Lang-, Mittel- und Kurzwelle [3], [4]. Durch ähnliche Verfahren wie bei DAB wird die Übertragung von Signalen auch für diese Bänder weitgehend störungsfrei gestaltet und durch den Einsatz neuester Audiokompressionsverfahren eine gute Qualität für Musik und Sprachprogramme sichergestellt. Hierdurch wird es möglich die Vorteile der großen Reichweite zu nutzen und gleichzeitig Hörer durch gute Qualität zu gewinnen.

6.4.2.5 Satellitenradio

In den USA ist seit 2001 der gebührenpflichtige Satellite Audio Radio Service (SDARS) in Betrieb. Dabei werden über Satelliten auf geostationären oder hochgradig elliptischen Umlaufbahnen im Frequenzband 2310–2360 MHz mehr als hundert Rundfunkprogramme landesweit ausgestrahlt. Der Empfang ist auch im Auto möglich. Zur Ausleuchtung von Problemgebieten wie Innenstädten werden Umsetzer benutzt.

6.4.2.6 Autotelefon

Das Autotelefon bietet die Möglichkeit individuell und bidirektional Informationen auszutauschen. Technische Lösungen gibt es schon seit langem, der Durchbruch kam jedoch erst nach der Einführung des GSM-Standards (Global System of Mobile Communication) [5], [6], [7]. Er ist in Deutschland mit dem D- und dem E-Netz eingeführt und in vielen anderen Ländern weltweit. UMTS ist als mögliches Nachfolgesystem noch in der Einführungsphase.

Das Mobiltelefonnetz hat sicherzustellen, dass der Benutzer jederzeit und an jedem Ort anrufen oder angerufen werden kann. Um dieses zu ermöglichen, besteht das Netz aus umfangreichen hierarchischen Strukturen. **Bild 6.4-22** skizziert den Aufbau eines GSM-Netzes.

Die mobilen Endgeräte (MS) kommunizieren über die Basisstationen (BTS) und Basiskontrollrechner (BSC) mit den Mobil-Vermittlungsstellen (MSC). In diesem Verbund werden physikalische Eigenschaften der Kommunikation wie Frequenzkanal, Feldstärke, Zeitschlitz u.ä. für die Kommunikation mit dem Endgerät festgelegt. Aufgrund von Feldstärken, Fehlerraten etc., die das Endgerät meldet, wird die aktuell zugehörige Basisstation bestimmt oder ein Wechsel der Basisstation vorgegeben. Außerdem wird die Berechtigung bei einem Einbuchungsvorgang überprüft und der Aufenthaltsort jedes eingebuchten Benutzers in anonymisierter Form verfolgt. Die mobil empfangenen Daten werden für das Festnetz aufbereitet oder umgekehrt die aus dem Festnetz stammenden für den Mobilfunk.

Bestimmten MSC sind verschiedene Register zugeordnet, in denen Daten über Benutzer, Geräte u.ä. abgespeichert sind.

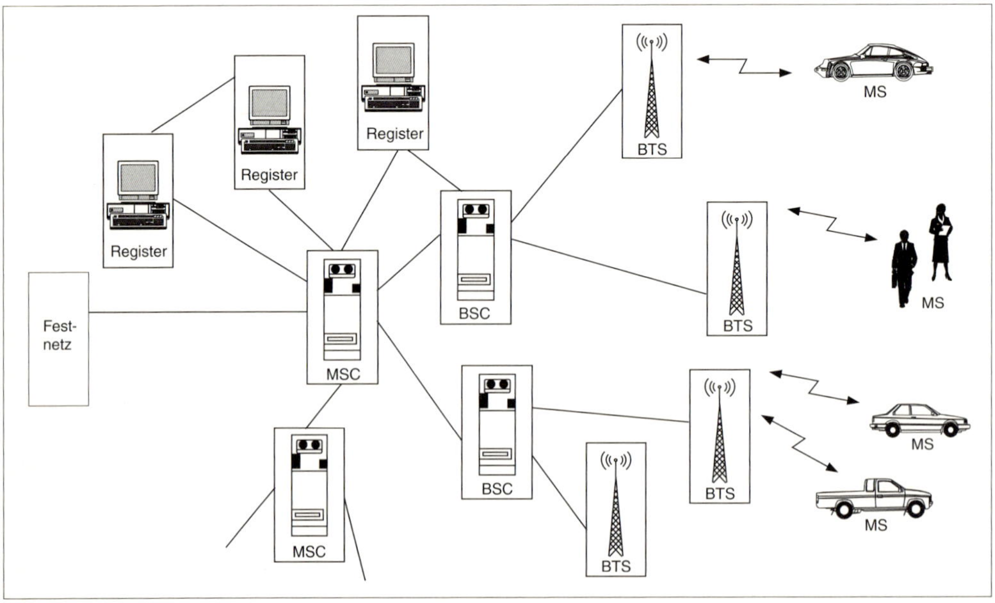

Bild 6.4-22 Das Autotelefon als Teil eines großen Kommunikationsnetzwerkes

Eine Besonderheit von GSM ist die SIM (Subscriber Identity Modul)-Karte. Diese ins Endgerät einzusteckende Berechtigungskarte trägt u.a. benutzerspezifische Daten, mit denen sich der Benutzer gegenüber dem Netz identifiziert.
Nutzdaten bei GSM können Sprache, allgemeine Daten oder Faxdaten sein. Parallel zu einem Telefongespräch können kurze Mitteilungen (Short Message Service, SMS) übertragen werden.
Zur Erhöhung der Datenübertragungsrate von 9,6 kByte/s (bzw. 14,4 kBit/s im Compressed Mode mit verringerter Fehlerkorrektur) wurden die Dienste (HSCSD (High Speed Circuit Switched Data) und GPRS (General Packet Radio System) in GSM eingeführt, bei denen mehrere Datenkanäle gebündelt werden. Bei HSCSD können durch feste Zuteilung von bis zu acht Kanälen Übertragungsraten von bis zu 115,2 kBit/s erzielt werden. Bei GPRS erfolgt wie im Internet keine feste Zuordnung von Kanälen zum Nutzer, die Daten werden paketorientiert vermittelt. Mit Hilfe von WAP (Wireless Application Protocoll) lassen sich eingeschränkt Internet-Seiten im Telefon-Display darstellen.

6.4.2.6.1 UMTS

UMTS (Universal Mobile Telecomminications System) ist ein Mobilfunk-Standard der dritten Generation mit deutlich höherer Datenübertragungsrate [8]. So werden der schnelle Zugang zum Internet und mobile multimediale Video- und Daten-Anwendungen wie etwa mobile Bildtelefonie oder Datenbankabfragen möglich. Seit Mitte 2004 sind die Netze von vier Betreibern in Deutschland in Betrieb. Sie decken zunächst im Wesentlichen die Großstädte ab.
Die Datenübertragungsrate bei UMTS nimmt mit dem Abstand von der Basisstation und mit der Geschwindigkeit der Mobilstation ab. Sie fällt von 2 MBit/s bei nahezu ruhender Mobilstation in der Nähe der Basisstation auf 344 kBit/s bei Geschwindigkeiten bis etwa 120 km/h und 144 kBit/s bei höheren Geschwindigkeiten. Die tatsächlichen Übertragungsraten können je nach Netzauslastung noch darunter liegen.

6.4.2.6.2 Handys im Fahrzeug

Die Mehrzahl der Mobiltelefone sind Handys, die nicht primär für den Einsatz im Auto entwickelt wurden. Die wesentlichen Komponenten eines GSM-Handys sind ein 2-Watt Sende- und Empfangsteil, eine digitale Signalverarbeitungseinheit für die Kanal- und Sprachcodierung und ein Steuerteil, welches das Zusammenspiel mit dem restlichen Netz koordiniert. Dazu kommen Mikrofon, Lautsprecher, Antenne, Tastatur, Anzeige, Akku und SIM-Kartenleser. Externe Schnittstellen wie IrDA und Bluetooth sowie eine Kamera sind weit verbreitete Zusatzausstattungen.

Um den Einsatz von Handys im Auto zu verbessern und zu vereinfachen, gibt es Einbausätze, die zunächst eine Halterung für das Gerät bieten. Darüber erfolgt üblicherweise eine Stromversorgung aus dem Bordnetz und ein Anschluss an eine externe Antenne. Diese ist wichtig, da mit ihm die Sendeleistung des Gerätes nicht in der als Faradaykäfig wirkenden Fahrgastzelle erfolgt, sondern außerhalb abgestrahlt wird.
Telefonieren des Fahrers mit dem Handy während der Fahrt ist aus Sicherheitsgründen schon in vielen Ländern, darunter auch Deutschland, verboten. Einbausätze enthalten deshalb auch häufig eine Freisprecheinrichtung, bei denen die Sprache der Insassen über ein z.B. im Bereich des Innenspiegels angebrachtes Mikrofon aufgenommen und das Telefon-Audiosignal über einen eingebauten Lautsprecher wiedergegeben wird.
Freisprecheinrichtungen müssen Rückkopplungen unterdrücken, die durch die Aufnahme des aus dem Lautsprecher kommenden Audiosignals im Mikrofon entstehen können. Digitale Signalprozessoren ermöglichen auch echokompensierende Lösungen, das gleichzeitige Sprechen und Hören sowie eine Fahrgeräuschunterdrückung im Mikrofonsignal.

6.4.2.7 Bakenkommunikation

Baken [9], [10] dienen der Kommunikation mit einer meist hinter der Windschutzscheibe im Fahrzeug installierten Einheit (OBU „on board unit“) über Entfernungen von einigen Metern. Sie sind i.d.R. auf Brücken direkt über der Fahrbahn oder am Rand der Straße aufgestellt. Schwerpunkt ihrer Anwendung sind die Gebührenerfassung bei fließendem Verkehr z.B. an Autobahnzahlstellen oder Zugangsberechtigungsanlagen.
Als Übertragungsmedium hat sich die Mikrowelle bewährt. Um die OBU möglichst kostengünstig zu machen, werden Up- und Downlink unterschiedlich realisiert. Für das Uplink vom Fahrzeug zur Bake wird das Transponderprinzip genutzt. Ein von der Bake ausgestrahlter 5,8 GHz-Träger wird in der OBU mit einem phasenmodulierten Unterträger von 1,5 oder 2 MHz moduliert und zurückgeschickt. Dabei werden Datenraten von 250 kbit/s erreicht. Im Down link moduliert die Bake den 5,8 GHz-Träger in der Amplitude. Dabei ist die Datenrate 500 kbit/s.
Aus Gründen des Datenschutzes enthält die OBU häufig eine anonyme Chipkarte mit einem Guthaben, von dem die Gebühren abgebucht werden.

6.4.2.8 Navigation

Navigationssysteme [11] helfen dem Fahrer, sich in fremden Straßennetzen schneller und sicherer zu orientieren.
Navigation basiert auf dem ständigen Vergleich der aktuellen Position mit einem geplanten Weg zu einem Ziel. Daraus ergeben sich unmittelbar die unbedingt

notwendigen funktionalen Komponenten, ein Ortungssystem zur ständigen Bestimmung der jeweiligen Fahrzeugposition, eine Eingabemöglichkeit für das Fahrziel, eine Routenberechnungseinheit, die Navigationseinheit zur Bestimmung notwendiger Fahrmanöver sowie eine Ausgabeeinheit für Richtungshinweise (siehe **Bild 6.4-23**).

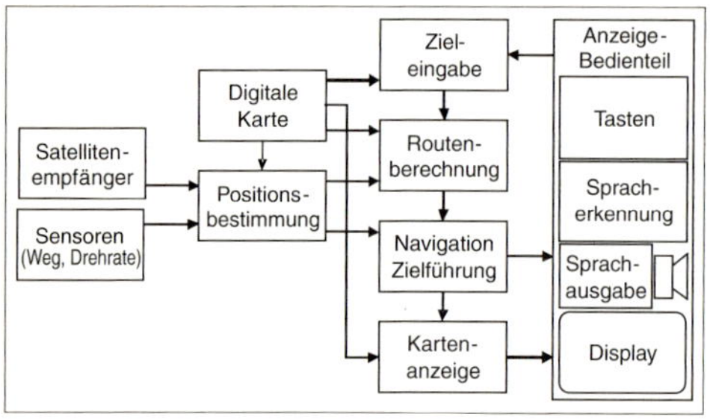

Bild 6.4-23 Funktionale Basiskomponenten einer Fahrzeugnavigation

Für den Massenmarkt des Automobils bedeutete die Einführung der Navigation, sie so zu gestalten, dass sie ohne navigatorische Vorkenntnisse zu benutzen ist, keine Bedienung während der Fahrt benötigt und möglichst wenig vom Verkehrsgeschehen ablenkt. Diese Ziele wurden durch Systeme erreicht, die dem Fahrer bei notwendigen Abbiegevorgängen, rechtzeitig gesprochene Hinweise geben.

Heutige Systeme gehen mit einer Vielzahl von Zusatzfunktionen weit über die grundlegenden Navigationsfunktionen hinaus und sind häufig in Fahrerinformationssysteme integriert. Die wesentlichste Zusatzfunktion ist die Darstellung von Kartenausschnitten in einem weiten Bereich wählbarer Maßstäbe.

Die Positionsbestimmung erfolgt weitgehend über das amerikanische Satellitensystem GPS (Global Positioning System), wird aber zukünftig auch über das im Aufbau befindliche europäische System GALILEO erfolgen. Weitere Sensoren, wie Wegsignale vom Tacho oder Drehratensensoren, unterstützen die Ortung in Situationen schlechten Empfangs der Satellitensignale. Die als Geo-Koordinaten mit einer Genauigkeit von ca. ±5 m bestimmte Position ist für den Fahrer nicht nützlich, da er sie zumeist nicht zu interpretieren wüsste und er daraus auch keine Schlüsse für seinen Weg ziehen kann. Erst der Vergleich von Positionen mit einem digital gespeicherten Straßenplan ermöglicht eine nützliche Positionsangabe (z.B. durch den Straßennamen) und einen Vergleich mit einer geplanten Fahrtroute.

Zur Planung einer Route muss der Fahrer sein Fahrziel eingeben können. Auch dieser Schritt erfolgt in der Regel nicht unter Verwendung von Geo-Koordinaten, sondern z.B. durch Angabe einer Adresse (Stadt, Strasse, Hausnummer). Hierzu ist wieder die digitale Karte erforderlich.

Die Routenberechnung erfolgt dann von der jeweils aktuellen Position zum eingegebenen Fahrziel in einem üblicherweise als gerichteter Graph gespeichertem Straßennetz der digitalen Karte. Der Nutzer kann zumeist wählen, ob die Route nach dem Kriterium der Fahrzeit oder Fahrstrecke optimiert werden soll und ob optional Mautstrecken, Fähren, Autobahnen, Tunnel etc. gemieden werden sollen. Auch die Kombination solcher Kriterien und Optionen ist möglich.

Die Zielführung erfolgt aus dem Vergleich des aktuell befahrenen Straßenabschnittes mit der Folge der Straßenabschnitte, die als optimale Route berechnet wurde.

Liegt der aktuelle befahrene Straßenabschnitt auf der Route, wird ermittelt welche Aktion der Fahrer durchzuführen hat, um den nächsten Straßenabschnitt der Route zu erreichen. Diese Aktion kann in einen Satz für eine synthetische Sprachausgabe oder in eine Grafik übersetzt werden. Muss der Fahrer nur einfach dem Straßenverlauf weiter folgen, wird zumeist nichts gesprochen und nur eine einfaches Symbol mit einer Entfernung zum nächsten Aktionspunkt ausgegeben.

Der Fahrer erwartet ein Ergebnis der Routenberechnung schon wenige Sekunden nachdem er sein Ziel eingegeben hat. Bei der Größe heutiger digitaler Karten im Fahrzeug (z.B. Westeuropa, USA/Kanada) stellt dieses hohe Anforderungen an die verwendete Algorithmik sowie an die Datenstrukturen der Karte. Auch nach irrtümlichem oder absichtlichem Abweichen von der berechneten Route besteht die Erwartung, bereits an der nächsten Abzweigung wieder einen Hinweis zu erhalten, wie die Fahrt fortgesetzt werden soll.

6.4.2.8.1 Digitale Karte

Die digitale Karte hat in den letzten Jahren an Inhalt erheblich zugenommen, um dem Fahrer mehr Orientierung und Information zu bieten.

Die Darstellung einer Karte auf einem Farbdisplay, die einer gedruckten Karte immer ähnlicher wird, erfordert außer dem Straßennetz Hintergrundinformationen, wie Gewässer, bebaute Flächen, Eisenbahnen und vieles mehr. Sie wird von einigen Systemen auch in perspektivischer Pseudo-3D-Darstellung gezeigt. Digitale Geländemodelle sowie Gebäude in Großstädten machen die Karte mehr und mehr zu einer fotorealistischen Darstellung.

POIs (Points-of-Interest) ermöglichen es dem Nutzer, sein Ziel nicht mittels einer Adresse auszuwählen, sondern anhand einer Kategorie und im näheren Umkreis seiner Position oder eines anderen Fahrzieles. Hiermit wird es möglich z.B. die nächste Tankstelle oder Werkstatt zu finden oder ein Hotel oder Restaurant in der Nähe seines eigentlichen Fahrzieles zu suchen. Mit der Karte gelieferte digitalen Reiseführer bieten darüber hinaus Zusatzinformation über

Öffnungszeiten, Hotelzimmer, Menüangebote und alles weitere aus entsprechenden Printmedien bekannte.
Weitere Inhalte werden zukünftig in die digitale Karte aufgenommen um die Vorausschaumöglichkeiten von Fahrerassistenzsystemen zu verbessern. Die digitale Karte kann in einem sogenannten Elektronischen Horizont [13], einem praktisch unbegrenzten Vorausschaubereich Daten liefern über z.B. Kurvenradien, Steigungen, Straßenbreiten u.v.m. Eine Fusion dieser Daten mit denen der übrigen Sensorik von Fahrerassistenzsystemen dient außerdem der Absicherung der Signalinterpretation.
Mit dem wachsenden Datenumfang der digitalen Karte wurde die anfangs eingesetzte CD-ROM als Speichermedium zu klein. Die DVD hat sie bereits zu einem erheblichen Anteil ersetzt. Zukünftige Systeme werden zunehmend automotive-taugliche Festplatten verwenden, während für sehr kostengünstige Systeme mit geringeren Anforderungen an den Datenumfang Halbleiterspeicher (z.B. SD-Card) eingesetzt werden, deren übliche Kapazität bereits die einer CD-ROM überschritten hat.

6.4.2.8.2 Dynamische Navigation

Dynamische Navigation unterstützt selbst Fahrer, die ihre Route kennen dadurch, dass sie Meldungen über Verkehrsstörungen dazu benutzt, nach Alternativrouten zu suchen [12]. Die codierten Verkehrsnachrichten des RDS-TMC werden hierzu verwendet.
Aus den codiert übertragenen Verkehrsknotenpunkten vor und hinter einer Störung werden mittels einer Zuordnungstabelle in der digitalen Karte diejenigen Straßenabschnitte bestimmt, die von der Störung betroffen sind. Liegen solche Abschnitte auf der berechneten Route, so wird entweder automatisch eine neue Route berechnet oder es wird dem Fahrer ein Hinweis auf die Störung gegeben und abgefragt, ob er die Berechnung einer Alternativroute wünscht.
Die standardisierten Störungsursachen des TMC werden als Verringerung des Verkehrsflusses interpretiert, so dass gestörte Abschnitte mit einem erhöhten Fahrzeitbedarf bewertet werden. Nicht bei allen Störungen, mit Ausnahme von Vollsperrungen, ergibt sich eine sinnvolle Alternative. In solchen Fällen bleibt es bei der ursprünglichen Route, jedoch mit einem erhöhten geschätzten Fahrzeitbedarf und dem Hinweis, dass die Route Verkehrsstörungen enthält.
Bei der Berechnung einer Alternativroute werden alle gemeldeten Verkehrsstörungen berücksichtigt, so dass die Alternative nicht über eine andere gemeldete Störung führen kann.
Auch bei Wegfall von Störungen erfolgt eine Neuberechnung der Route, so dass keine unnützen Umwege gefahren werden müssen.
Nachteile der dynamischen Navigation mittels TMC liegen darin, dass die Codierung der Verkehrsknoten numerisch begrenzt ist und deshalb nur auf das Fernstraßennetz (in Deutschland Autobahnen und Bundesstraßen) angewendet wird. Codierte Meldungen über andere Straßen erfolgen nicht. Es besteht daher die Gefahr, dass Alternativrouten über ebenfalls überlastete Sekundärstraßen geführt werden.
Ein unter der Bezeichnung AGORA entwickeltes Verfahren [14] soll zukünftig die Codierung von Verkehrsmeldungen auf allen Straßen und ohne Referenztabellen in der digitalen Karte möglich machen. Auf diese Weise codierte Nachrichten können wegen der benötigten Bandbreite allerdings nicht mehr über RDS übertragen werden, jedoch bietet DAB eine entsprechende Möglichkeit.
In Japan wird dynamische Navigation über das Vehicle Information and Communication System (VICS) angeboten. Es arbeitet ähnlich TMC auf Basis codierter vordefinierter Punkte im Straßennetz, benutzt aber andere Kommunikationsverfahren.

6.4.2.8.3 Fahrerinformationssysteme

Navigation ist bereits in vielen Fahrzeugen ein Bestandteil von Fahrerinformationssystemen geworden. Diese erleichtern dem Fahrer die Benutzung der vielfältigen Funktionen verschiedener Systeme nach

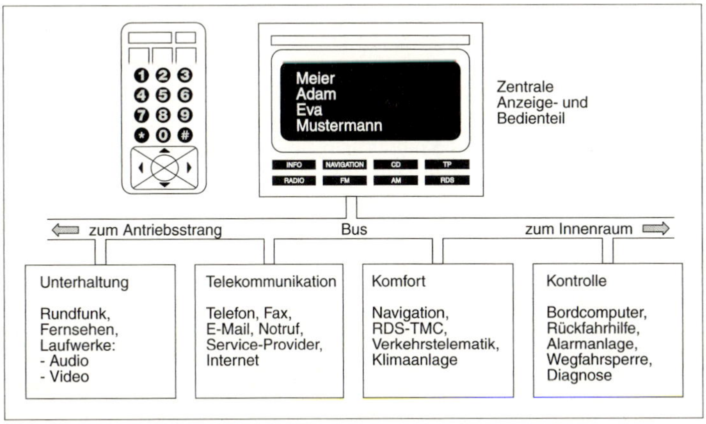

Bild 6.4-24 Struktur eines Fahrerinformationssystems

einheitlichen Prinzipien und geben ihre Informationen zumeist auf einem zentralen, gemeinsamen Display aus.
Die funktionalen Komponenten eines Fahrerinformationssystems zeigt **Bild 6.4-24**. Sie sind zumeist über ein Bussystem miteinander verbunden und können dezentral an verschiedenen Stellen im Fahrzeug verbaut sein und sind zum Teil oder alle in gemeinsamen Gehäusen untergebracht.
Bedienelemente sind häufig als Softkeys rund um das Display angeordnet oder als Tasten in Multifunktionslenkrädern zu finden. Eine menügeführte Bedienung über einen zentralen Knopf, der gedreht, gedrückt und gekippt werden kann, liegt ebenso im Trend wie eine zunehmende Bedienbarkeit durch Spracherkennungssysteme. Eine besondere Herausforderung stellt hierbei derzeit noch die Zieleingabe von Navigationssystemen durch gesprochene Städte- und Straßennamen wegen ihrer hohen Vielzahl dar.
Die akustischen und grafischen Ausgaben der Systeme können priorisiert werden, so dass eine Informationsüberflutung des Fahrers vermieden werden kann.

Literatur

[1] Elektronik im Kraftfahrzeugwesen, expert Verlag Band 437, ISBN 3-8169-1024-6, 1994
[2] RDS-Standard: CENELEC EN 50067
[3] *Riegler*: DRM – Digital Radio Mondial, Siebel-Verlag, Baden-Baden 2006, ISBN 3-88180-650-4
[4] *Hofmann, F.; Hansen, C.; Schäfer, W.*: Digital Radio Mondiale (DRM) – Digital sound broadcasting in the AM bands. IEEE Trans. On Broadcasting, Bd. 49 (2003), Nr. 3
[5] GSM recommendations, Special Mobile Group (Technical Comittee SMG), ETSI, European Telecommunications Standards Institute, F-06921 Sophia Antipolis Cedex
[6] *Mouly, M.; Pautet, M.*: 4, rue Elisee Reclus, F-91120 Palaiseau, The GSM System for Mobile Communications, Autorenveröffentlichung, ISBN: 2-9507190-0-7
[7] *Redl, S.; Weber, M.*: D-Netz-Technik und Messpraxis, München: Franzis, 1993 (Funkschau: Technik) ISBN 3-7723-4851-3
[8] *B. Walke, M. P. Althoff, P. Seidenberg*: UMTS – Ein Kurs, J. Schlembach Fachverlag, 2001, ISBN 3-9353-4015-X
[9] CEN, ENV 12253, CEN, ENV 278/9/#64 und 65 Road Transport and Traffic Telematics
[10] *Detlefsen, W.; Grabow, W.*: Interoperable 5.8 GHz DSRC Systems as basis for Europeanwide ETC Implementation, 27th European Microwave Conference EMC, Jerusalem, Sep. 1997
[11] Elektrik und Elektronik für Kraftfahrzeuge, Sicherheits- und Komfortsysteme, Ausgabe 98/99, Herausgeber Robert Bosch GmbH, Stuttgart, Bestell Nr. 1 987 722 037
[12] *Neukirchner, E.*: Einfluss von Verkehrsmeldungen auf die Routenempfehlungen fahrzeugautonomer Zielführungssysteme, ITG-Fachbericht „Informatik im Verkehr", Vorträge anlässlich VDE-Kongress '96, Okt. '96 in Braunschweig, Copyright: VDE-Verlag GmbH Berlin und Offenbach, ISBN 3-8007-2205-4
[13] *Vogt; Varchmin; Garrelts; Mittaz*: Navigation-based Driver Assistance Systems, IST European Congress, Hannover, Germany – TS 37 "Map Enabled ADAS" 3 June 2005
[14] Ertico, Avenue Louise 326, B-1050 Brussels Belgium: Location referencing change request for ISO, Version 1.0, 10. 02. 2003 http://www.ertico.com/en/activities/activities/agora_website.htm

6.4.3 Innenraumbehaglichkeit/ Thermischer Komfort

Die inzwischen sehr hohe Ausstattungsrate von Klimaanlagen selbst bei Kleinfahrzeugen unterstreicht die außerordentlich wichtige Rolle des thermischen Komforts bei der Kaufentscheidung eines Fahrzeugs. Behaglichkeit bedeutet entspanntes Fahren, Entlastung und Konzentration auf die primären Verkehrsaktivitäten.

6.4.3.1 Komfortbedürfnisse der Fahrzeuginsassen

Bubb [1] beschreibt in einer Komfortpyramide **(Bild 6.4-25)** die verschiedenen Bedürfnis-Faktoren, die für das individuelle Komfort-Empfinden erfüllt sein sollten. Nach dieser Hierarchie werden Komfort-Mängel erst bewusst, wenn die darunter liegenden Bedürfnisse erfüllt sind.

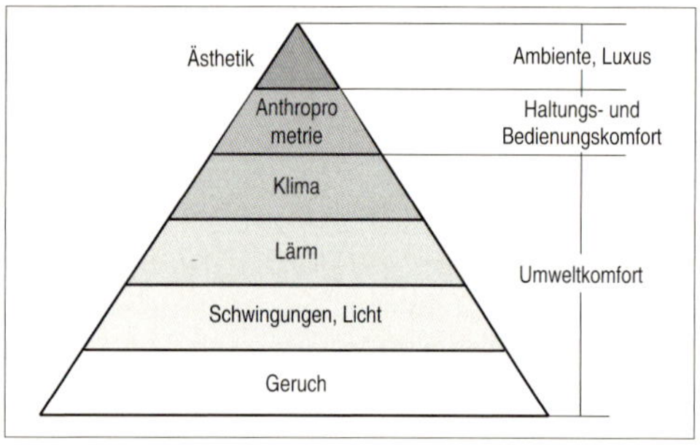

Bild 6.4-25 Komfortpyramide nach Bubb

Fanger [2] beschrieb erstmals die Variablen für den thermischen Komfort in Gebäuden:

- Umwelt (Lufttemperatur, -geschwindigkeit, -feuchte, Strahlung)
- Aktivität
- Kleidung

Er entwickelte daraus eine komplexe Behaglichkeitsformel über die ideale Kombination der Klimaparameter, sowie durch Versuche mit Probanden in der Praxis eher anwendbare Indizes PMV (Predicted Mean Vote) als mittlere Beurteilung des globalen Raumklimas und als Funktion daraus den PPD (Predicted Percentage of Dissatisfied) als den erwarteten Prozentsatz der Unzufriedenen (siehe auch [3]).
Im Kraftfahrzeug herrschen jedoch kritischere Bedingungen als in Gebäuden.
Durch die Scheiben in der oberen Hälfte der Kabine ergeben sich völlig unterschiedliche Strahlungs- und Isolationswerte, die wiederum unterschiedliche Luftgeschwindigkeiten und -temperaturen erfordern, um thermischen Komfort zu erreichen.
Auf Basis der Fanger'schen Behaglichkeitsuntersuchungen wurden für das Fahrzeug spezifische Bewertungsmethoden entwickelt, die anstelle des globalen Komforts den lokalen Komfort bewerten [4, 5, 6].

Der LMV (Local Mean Vote) beschreibt die erwartete Komfortbewertung an allen Körperteilen, vom Kopf bis zu den Füßen (**Bild 6.4-26**). Dabei werden die o.a. Einflussgrößen in einer summarischen Größe RST (Resultant Surface Temperature) abgebildet. Die Methodenentwicklung ist inzwischen soweit fortgeschritten, dass sowohl mit thermischen Dummies in realen Fahrzeugen als auch über CFD-Berechnungen (Computational Fluid Dynamics) im frühen Stadium einer Fahrzeugentwicklung Voraussagen über den thermischen Komfort möglich sind.

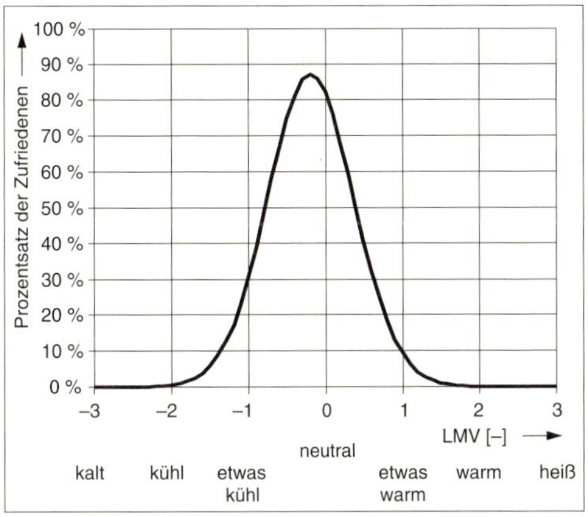

Bild 6.4-26 Komfortbewertung an Körperteilen mit LMV

Nach der Theorie eigentlich unabhängig, in der Praxis jedoch durchaus zu berücksichtigen sind regionale Unterschiede im Komfortempfinden – während in Europa eher eine indirekte zugfreie Klimatisierung gefragt ist sollte für den US-amerikanischen Markt auch eine mehr direkte Klimatisierung berücksichtigt werden.

Thermischer Komfort in der Fahrzeugkabine bedeutet nicht zuletzt auch Sicherheit im Straßenverkehr. Der Einfluss des Innenraumklimas und die Auswirkungen sind in [7] ausführlich beschrieben. Danach gibt es eindeutige Zusammenhänge der thermischen Belastung u.a. auf die Reaktion, Vigilanz, Wahrnehmung/Entscheidung und Emotionen, allerdings gibt es keine eindeutigen Grenzwerte. Umfangreiche Tests zeigten die Abnahme von Reaktionsgeschwindigkeit, Sinneswahrnehmung und Kombinationsgabe um 20% bei Anstieg der Innenraumtemperatur von 25 auf 35 °C [8, 9].

6.4.3.2 Funktionen und Aufbau von Klimageräten

Ein Klimatisierungssystem besteht aus dem Heizkreislauf, dem Kälte-Kreislauf, der Luftansaugung mit Wasserabscheidung, dem Klimagerät, den Luftführungen und Luftaustritten im Innenraum, der Entlüftung und der zugehörigen Bedienung, Regelung und Steuerung mit Sensorik und Aktuatorik.

Der Heiz- und Kältekreislauf ist bereits in Kap. 3.3.2 beschrieben, so dass hier der Schwerpunkt auf das Klimagerät, die Luftführung und die Regelung gelegt wird.

Das Modul Klimagerät besteht im Wesentlichen aus den Hauptkomponenten (siehe auch **Bild 6.4-27**):

- Gebläse
- Filter zur Luftreinigung
- Verdampfer (siehe 3.3.2)
- Heizkörper (siehe 3.3.2)
- ev. Zuheizer (siehe 3.3.2)
- Temperiereinrichtung
- Luftverteileinrichtung (i.d.R. Klappen)

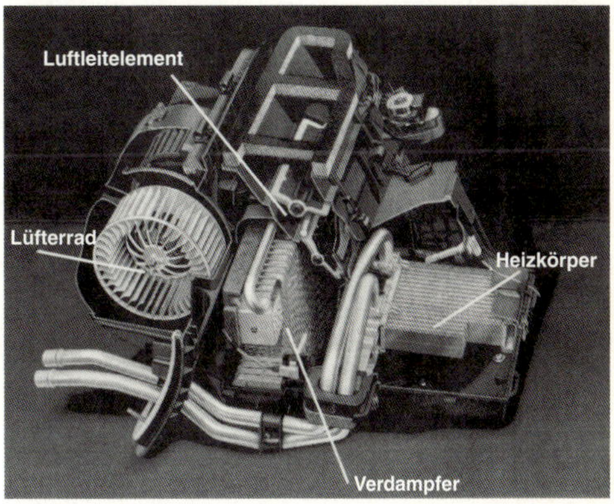

Bild 6.4-27 Hauptkomponenten eines Klimagerätes

Die Ermittlung der benötigen Energieströme zur Temperierung der Kabine bei der Auslegung eines Klimatisierungssystems ist ebenfalls in Kap. 3.3.2. beschrieben, so dass bei der weiteren Beschreibung stillschweigend von der Bereitstellung von genügend Heiz- und Kälteleistung ausgegangen wird.

Ein Klimagerät wird mit folgenden Funktionen charakterisiert:

- Luft fördern
- Luft reinigen
- Luft temperieren und entfeuchten
- Luft verteilen

Dies gilt unabhängig vom Automatisierungsgrad und der Anzahl der Klimazonen.

6.4.3.2.1 Funktionen des Klimagerätes – Luft fördern

Die Luft wird vom Gebläse über Öffnungen in oder an der Motorhaube über eine Wasserabscheidung in das Klimagerät angesaugt. Durch die Luftverteileinrichtung wird die inzwischen temperierte Luft über Kanäle und Luftauslässe in die Kabine gefördert. Nach der Durchströmung der Kabine gelangt die Luft über Öffnungen im Heckbereich schließlich wieder ins Freie. Bedingt durch den Druckabfall in der Entlüftung baut sich im geschlossenen Fahrzeug bei normaler Luftmenge ein

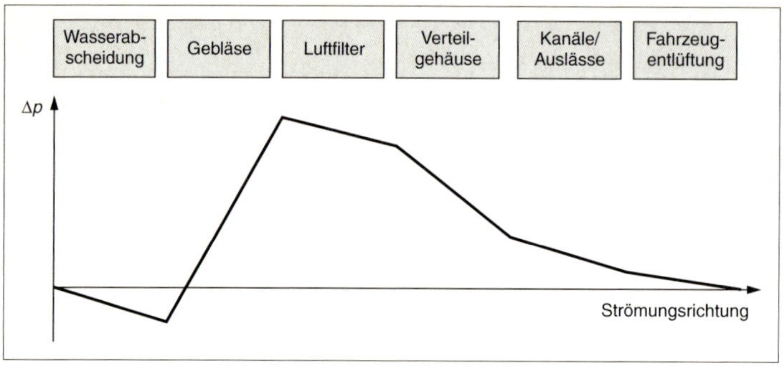

Bild 6.4-28 Druckverlauf bei der Kabinendurchströmung

leichter Überdruck von ca. 20 Pa auf, der ein Einströmen von untemperierter Luft durch Undichtigkeiten in den Türen verhindert. Allerdings ist die Kabine insbesondere dort sorgfältig abzudichten, wo aufgrund der aerodynamischen Gegebenheiten bei Fahrt ein größerer Staudruck als in der Kabine entsteht wie z.B. im Stirnwandbereich. Dieser Effekt würde bei kalten Außentemperaturen zu unangenehmen Zugerscheinungen führen. **Bild 6.4-28** zeigt einen typischen Druckverlauf von der Ansaugung bis zur Entlüftung.

Die Wasserabscheidung ist im Allgemeinen im Motor- oder Aggregateraum angeordnet. Der Ansaugbereich der Außenluft befindet sich meist unmittelbar bei der Frontscheibe, wo die Staudruckbelastung bei hohen Geschwindigkeiten am geringsten ist. Die Wasserabscheidung ist geometrisch so ausgelegt, dass über Umlenkungen die Zuluft selbst bei hohen Luftmengen tröpfchenfrei ist.

Der nachfolgende Gebläsetrakt beinhaltet das Gebläse, entsprechende Klappen zur Umschaltung von Frisch- auf Umluft oder Umluftanteile. Diese Umschaltung wird zur schnelleren Kabinenabkühlung sowie zur Abschottung gegen schlechte Außenluftqualität benötigt. Die Umluft wird im Cockpitbereich angesaugt.

Das Gebläse **(Bild 6.4-29)** besteht aus einem Lüfterrad, Spiralgehäuse und einem Motor, üblicherweise einem Permanentmagnetmotor. Die Ansteuerung des Motors erfolgt entweder über Vorwiderstandsgruppen mit entsprechender Stufigkeit oder zunehmend über elektronische stufenlose Regler.

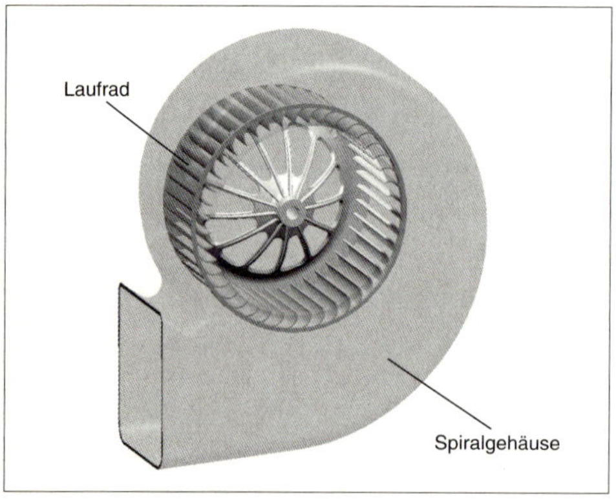

Bild 6.4-29 Gebläse mit Spiralgehäuse

Je nach Kabinengröße werden die Gebläse auf eine maximale Förder-Leistung für das Abkühlen oder Aufheizen von 7 bis 11 kg/min Luft ausgelegt. Im stationären Fall wird pro Person von einem Luftdurchsatz von 0,5 kg/min ausgegangen, also ca. 2,5 kg/min für einen normalen Pkw. Die erforderliche Luftmenge wird mit den Druckabfällen des Gesamtsystems in einer sogenannten Verbraucherkennlinie **(Bild 6.4-30)** aufgetragen und mit Gebläsekennlinien verglichen, so dass ein geeignetes Gebläse ausgewählt werden kann [10].

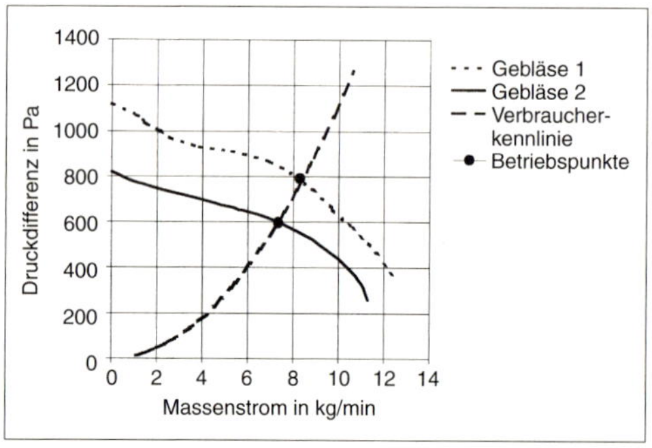

Bild 6.4-30 Gebläse und Verbraucherkennlinie

Der Durchmesser der Lüfterräder beträgt dabei zwischen 100 und 160 mm bei einer Höhe von 50–90 mm. Weitere Unterscheidungen liegen in der Art der Ansaugung im Lüfterrad, ein- oder zweiflutige Lüfterräder saugen die Luft axial aus einer oder beiden Richtungen an. Seltener werden Gebläse mit 2 Lüfterrädern eingesetzt.

6.4.3.2.2 Funktionen des Klimagerätes – Luft reinigen

Zum Komfortbedürfnis des Autofahrers gehört auch eine entsprechende Luftgüte – unangenehme Gerüche

und Schmutzpartikeln sollen nicht in die Kabine gelangen.
Die Partikelbelastung ist ursächlich nur zum Teil dem Straßenverkehr zuzuordnen, unerwünschte Pollen müssen von sogenannten Partikelfiltern ebenso abgeschieden werden wie normaler Straßenstaub. **Bild 6.4-31** zeigt das Größenspektrum der verschiedenen Partikel. Partikelfilter werden entweder in der Luftansaugung oder nach dem Gebläse angeordnet, die druckseitige Anordnung hat dann sowohl eine Frischluft- als auch Umluftfilterfunktion. Als zusätzlicher Vorteil ergibt sich hier eine schallabsorbierende Wirkung für das Klimagerät.

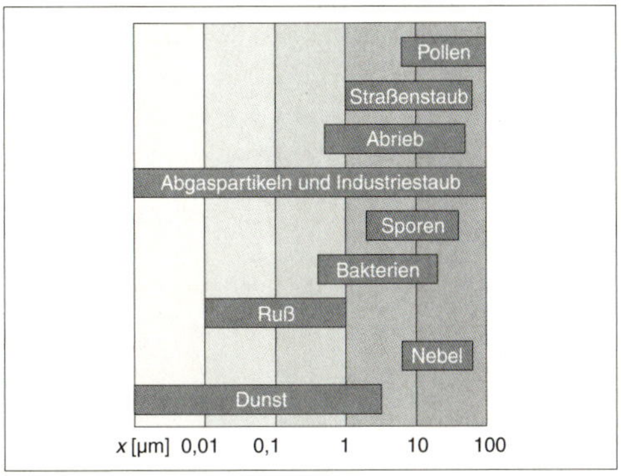

Bild 6.4-31 Partikelgrößen

Das Filtermaterial besteht aus ein- oder mehrlagigen synthetischen Mikrofaservliesen, die nach Fraktionsabscheidegrad, Staubkapazität und Strömungswiderstand spezifiziert werden.
Gasförmige Luftverunreinigungen lassen sich durch Aktivkohlefilter zurückhalten, die in Hybridfiltern (**Bild 6.4-32**) als zusätzliche Lage auf den Partikelfilter aufgebracht werden. Die Aktivkohle hat eine wirksame Oberfläche von etwa 1000 m^2/g, die Auslegung der Gesamtschicht erfolgt nach der Adsorptionskapazität und je nach Grundmaterial nach der Adsorptionseffizienz. Die Nutzungsdauer eines Hybridfilters beträgt ca. 30000 bis 50000 km Fahrleistung.

6.4.3.2.3 Funktionen des Klimagerätes – Luft temperieren und entfeuchten

Luftstrom abwärts schließt sich nach dem Gebläsetrakt das Luftverteilgehäuse an. Die Luft strömt zunächst durch den Verdampfer (siehe Kapitel 3.3) und wird dort gegenüber der Umgebungstemperatur abgekühlt. Da kühlere Luft deutlich weniger Luftfeuchtigkeit aufnehmen kann als wärmere, wird ein Teil der Kälteleistung nur dazu verwendet, die Luft zu entfeuchten. Das abgeschiedene Kondenswasser fließt durch Öffnungen an der Unterseite des Klimagerätes aus dem Innenraum ins Freie ab. Unter normalen Betriebszuständen hat die aus dem Verdampfer ausströmende Luft eine Temperatur von 3–5 °C und eine relative Feuchtigkeit von 90%. Es ist speziell darauf zu achten, dass die Lufttemperatur nach dem Verdampfer besonders homogen ist, damit kann der Betriebsbereich bis nahe an den Vereisungspunkt von 0 °C zur effektiven Entfeuchtung bzw. für eine minimale Ausblastemperatur im Kühlungsbedarf gefahren werden.
Der abgekühlte Luftstrom wird ganz oder zum Teil dem nachfolgenden Heizkörper zur eigentlichen Temperierung zugeführt. Dabei unterscheiden wir grundsätzlich 2 Varianten der Wärmezufuhr:

– bei der wasserseitigen Steuerung oder Regelung (siehe **Bild 6.4-33**) wird der Volumenstrom des warmen Kühlmittels in den Heizkörper über kontinuierliche (manuell oder elektrisch angesteuerte) Ventile oder über quasikontinuierliche Taktventile eingestellt. Dabei reicht im Teillastbetrieb ein Volumenstrom von weniger als 100 l/h.

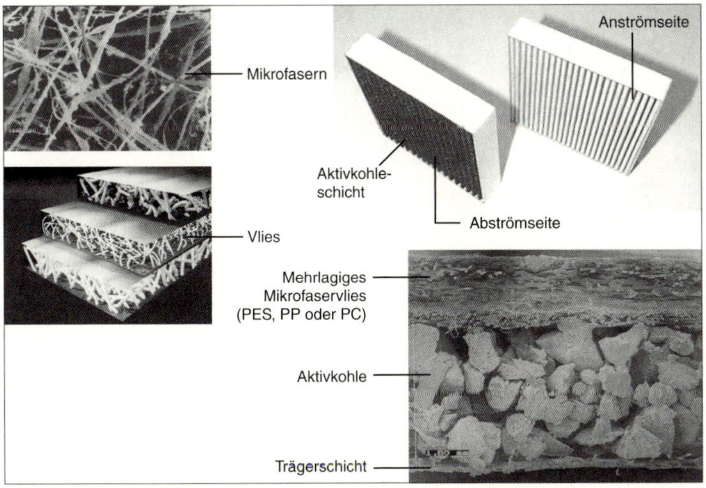

Bild 6.4-32 Partikel- und Hybridfilter

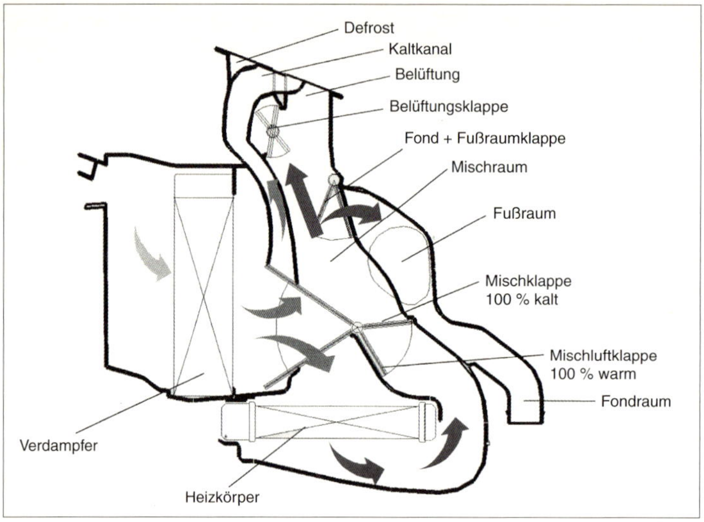

Bild 6.4-33 Schnitt durch ein Klimagerät (wasserseitige Steuerung)

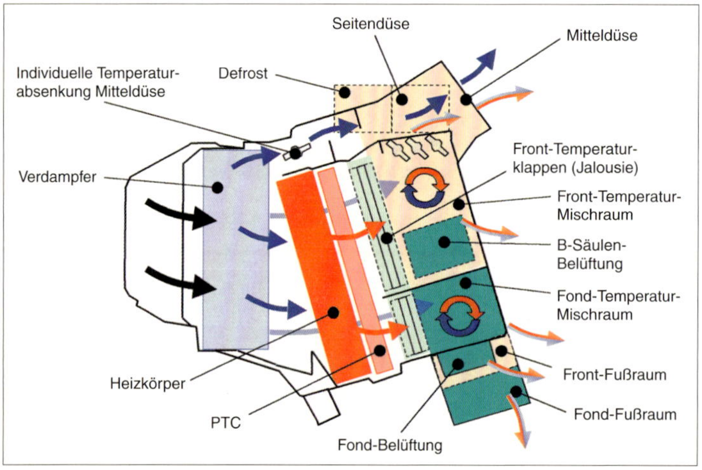

Bild 6.4-34 Vierzonen-klimaanlage, luftseitige Steuerung

– Bei der luftseitigen Variante (siehe **Bild 6.4-34**) wird der Heizkörper kontinuierlich mit dem vollen Kühlmittel-Volumenstrom des Heizkreislaufes durchströmt. Durch Mischklappen wird ein mehr oder weniger großer Teilluftstrom durch den Heizkörper geführt, aufgeheizt und hinter dem Heizkörper mit dem anderen nicht erwärmten Teilluftstrom im so genannten Mischraum gleichmäßig vermischt.
Diese Art der Temperatursteuerung besitzt eine besonders schnelle Ansprechcharakteristik, eine gute manuelle Regelbarkeit und eine Unempfindlichkeit gegenüber Drehzahlsprüngen des Fahrzeugmotors (Änderungen im Kühlmittelvolumenstrom). Allerdings benötigt diese Bauart etwas mehr Bauraum und Abstimmungsaufwand für den Mischraum, damit keine Temperatur-Strähnen in den nachfolgenden Luftführungen entstehen.

Der oben beschriebene Modus mit Abkühlen der Luft zur Trocknung und Aufheizen zur Temperierung wird auch als Reheat-Betrieb bezeichnet.

6.4.3.2.4 Funktionen des Klimagerätes – Luft verteilen

Grundsätzlich wird der Hauptluftstrom in das Klimagerät durch Klappenmechaniken auf 3 Ebenen verteilt **(Bild 6.4-35)** und über anmontierte Kanäle zu den Luftauslässen geführt:

- die Fußraumzone
- die Belüftungsebene (auch Mittelebene)
- Defrost

Bei aufwändigeren Anlagen kommen noch Abgänge für die Fondbelüftung, den Fondfußraum und die B-Säulenbelüftung dazu **(Bild 6.4-36)**.

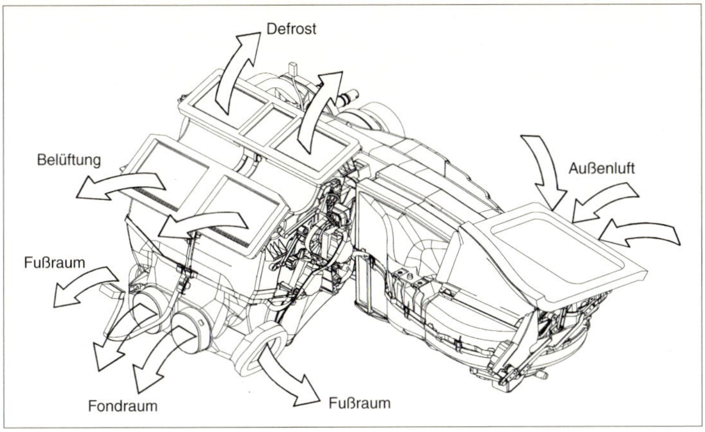

Bild 6.4-35 Luftauslässe am Klimagerät

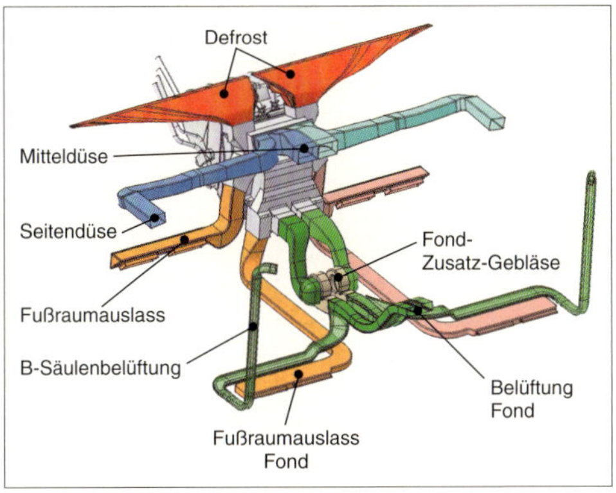

Bild 6.4-36 Luftführung vom Klimagerät zu den Auslässen

Es wird bei der Luftverteilung im Klimagerät darauf geachtet, dass eine Temperaturschichtung zwischen Fußraum und Belüftungsdüsen entsteht, um dem Komfortempfinden nach „kühlem Kopf und warmen Füssen" Rechnung zu tragen.

Im Heizungsfall wird die Luft zu den Fußraum- und den Defrostausströmern geführt, im Kühlungsfall strömt die Luft durch die Seiten- und Mittenausströmer. Durch entsprechende Kinematiken am Klimagerät sind jedoch auch sehr viele Kombinationen einstellbar.

6.4.3.2.5 Bauformen von Klimageräten

Bedingt durch die je nach Fahrzeughersteller unterschiedlichen Fahrzeug-Konzepte und entsprechende Bauraumvorgaben gibt es im wesentlichen 2 Bauformen für das Klimagerät:

- Bei der symmetrischen Bauform sind die Komponenten Gebläse, Verdampfer und Heizkörper hintereinander in Fahrzeuglängsrichtung symmetrisch zur Fahrzeugmitte angeordnet. Diese Anordnung führt zu günstigen Strömungsverhältnissen, hat Vorteile beim Druckabfall, benötigt aber entsprechenden Bauraum in x-Richtung. Durch die mittensymmetrische Bauform- und -anordnung werden keine Varianten für Links- und Rechtslenkerfahrzeuge benötigt.
- Weniger Bauraum in x-Richtung jedoch mehr in y-Richtung erfordert die asymmetrische Bauform, hier ist das Gebläsegehäuse seitlich (bei Linkslenkerfahrzeugen i.d.R. rechts) vom Luftverteilgehäuse angeordnet. Ungleichmäßige Anströmungen des Verdampfers können durch entsprechende Luftleitteile vermieden werden.

6.4.3.2.6 Mehrzonigkeit und Zusatzgeräte

Die in den vorherigen Kapiteln beschriebenen Funktionalitäten lassen sich auf mehrere Zonen des Fahrzeuges erweitern – bereits in der unteren Mittelklasse ist eine links/rechts getrennte Temperatursteuerung für den Frontbereich oft schon Standard. Dazu wird im Klimagerät durch Duplizierung der Temperatursteuerungsmechaniken der Gesamtluftstrom in 2 Zonen aufgeteilt. Diese Möglichkeit ist auch für die Luftverteilung gegeben, somit ergibt sich für die Klimageräte in den verschiedenen Fahrzeugklassen ein sehr breites Spektrum von der einfachen 1-zonigen Basis-Anlage bis hin zur Anlage mit 4 getrennten Temperatur- und Luftverteilzonen für den Front- und Fondbereich **(Bild 6.4-34)**. Durch einen modularen Aufbau des Klimagerätes lassen sich Konzepte für komplette Fahrzeugplattformen verwirklichen [9].

In großen Fahrzeugkabinen der Luxusklasse oder Großraumlimousinen findet man heute zusätzliche Geräte zur Luftaufbereitung im Innenraum. Wegen der langen Luftkanalführung ergeben sich für die Fondbereiche höhere Druckabfälle und Temperaturverluste hin zu den Luftauslässen. Die zusätzlichen Geräte sind Gehäuse mit kleineren Gebläsen (maximale Luftleistung ca. 4 kg/min) bis hin zu kompakten Klimageräten mit Gebläse, Verdampfer und Heizkörper und Luftverteilmechaniken. Neuere Entwicklun-

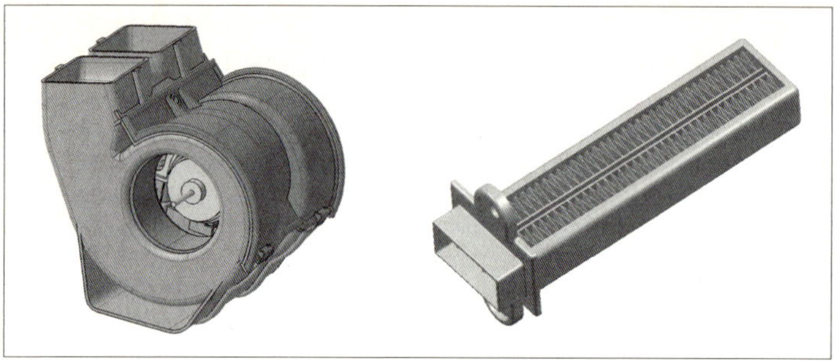

Bild 6.4-37 Zusatz-Gebläse und Mini-PTC

gen führen zu extrem flachen Gebläsen in Luftkanälen und Mini-PTC-Heizkörper mit Heizleistungen bis 250 W (siehe auch Kapitel 3.3.2.), **Bild 6.4-37**.

6.4.3.3 Steuerung und Regelung von Klimaanlagen

Im Subsystem Regelung sind zusammengefasst die Bedienelemente, die Sensoren zur Erfassung des thermischen Zustandes der Fahrgastzelle und der äußeren Bedingungen sowie die Aktuatoren zur Beeinflussung der Energieströme (Luft, Kühlmittel, Kältemittel, siehe auch Kapitel 3.3.2.)

6.4.3.3.1 Regelung und Automatisierungsgrade

Klimaanlagen lassen sich in 3 Klassen einteilen:

- manuelle
- halbautomatische
- vollautomatische

Manuelle Klimaanlagen werden heute meist noch in Kleinfahrzeugen angeboten. Dabei werden über mechanische Stellelemente im Bediengerät die Luftmenge (Vorwiderstandsgruppe), die Temperatur und die Luftverteilung eingestellt (i.d.R. über Bowdenzüge). Lediglich für den Vereisungsschutz des Verdampfers ist eine einfache Regelung vorgesehen.

Der Bediener muss die Anlage entsprechend den thermischen Rahmenbedingungen einstellen und bei deren Änderungen entsprechend anpassen.

Bei der halbautomatischen Klimaanlage wird zumindest die Innenraum-Temperatur auf einen voreingestellten Wert eingeregelt. Eine heute meist digitale Elektronik errechnet aus der Temperaturvorgabe, den entsprechenden Randbedingungen (z.B. Kühlmitteltemperatur, Außen-Temperatur) und den Kennlinien des Klimagerätes die erforderliche Ausblastemperatur. Damit wird das Mischungsverhältnis von warmer und kalter Luft (bei luftseitigen Anlagen) oder der Kühlmittelvolumenstrom (bei wasserseitigen Anlagen) eingestellt. Bei wasserseitigen Anlagen wird zusätzlich die Ausblastemperatur nach dem Heizkörper in einem unterlagerten Regelkreis eingebunden. Der komplette Regelkreis wird durch die Erfassung und Rückführung der tatsächlichen Innenraumtemperatur geschlossen.

Vollautomatische Klimaanlagen regeln zusätzlich zur gewünschten Innenraumtemperatur die Gebläseleistung und die Luftverteilung. Das Gebläse wird stufenlos über einen elektronischen Linearregler oder Taktregler eingestellt, die Klappen für die Luftverteilung werden über kleine Stellantriebe ebenfalls stufenlos in Position gebracht.

Der Regelkreis ist so aufgebaut (siehe **Bild 6.4-38**), dass die Automatikfunktion möglichst schnell einen hohen thermischen Komfort für die Insassen einstellt und jeweils den sich verändernden Rahmenbedingungen anpasst [12]. Entsprechende Sensoren für die

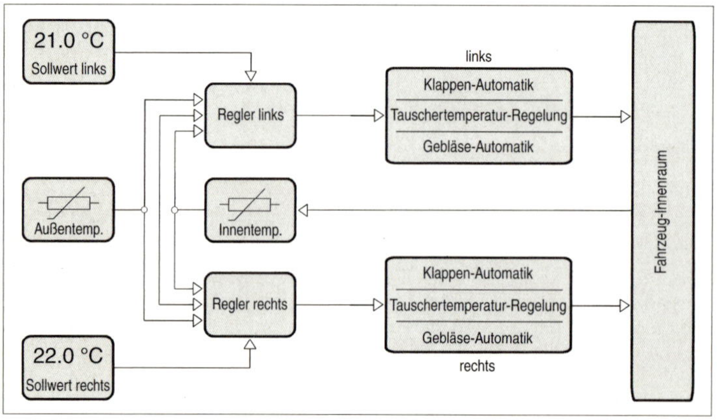

Bild 6.4-38 Regelung einer vollautomatischen Klimaanlage

Klimaanlage (siehe Kap. 6.4.3.2.3) sowie zusätzliche Daten (z.B. Fahrgeschwindigkeit, Motordrehzahl, Kühlmittel-Temperatur, länderspezifische Einstellungen, etc.), die heute aus dem Fahrzeugnetzwerk (meist CAN) „kostenlos" zur Verfügung stehen, werden im Regelkreis zur Störgrößenaufschaltung berücksichtigt.

Der eigentlichen Komfortregelung über Lufttemperatur, -menge und -verteilung sind weitere Steuerungs- und Regelungsfunktionen überlagert:

- Beschlagfreihaltung der Scheiben:
  Luftmenge an die Frontscheibe, Luftentfeuchtungsfunktion über den Verdampfer durch variable Leistungssteuerung des Kompressors (bei trockener Zuluft ist keine Entfeuchtung erforderlich → kraftstoffsparender Betrieb möglich)
- Defrostfunktion zum schnellen Abtauen der Scheiben, über den Bediener eingestellt
- Frischluft-Umluftautomatik zur schnelleren Abkühlung durch Rezirkulation der bereits kühleren Kabinenluft oder zur Abschottung gegen schlechte Luftqualität von außen über einen Luftgütesensor
- Steuerung der Kompressorkupplung und bei geregelten Kompressoren des Kältemittelvolumenstroms
- Steuerung des Kondensatorlüfters über den Kältemitteldruck
- Kompressorlaststeuerung bei Beschleunigungsvorgängen
- Steuerung von Zuheizeinrichtungen

Vollautomatische Anlagen werden bis hin zur 4-zonigen Anlage mit getrennter Temperatur, Luftverteilung und zukünftig wohl auch Luftmenge angeboten.

6.4.3.3.2 Bedienung

Unabhängig vom Automatisierungsgrad müssen dem System Sollwerte vorgegeben werden. Im einfachsten Fall einer manuellen Klimaanlage entspricht die Bedienung den Grundfunktionen des Klimagerätes. D.h. folgende Bedienfunktionen sind erforderlich: die Luftmenge erhöhen oder vermindern, die Temperatureinstellung ändern, ggf. die Klimaanlage erst einschalten, die Luftverteilung ändern (z.B. die Defrosteinstellung wählen) und die Umlufttaste betätigen (**Bild 6.4-39**). Mit weiterem Automatisierungs- bzw. Ausstattungsgrad kommen weitere Funktionen hinzu, z.B. links/rechts Trennung, Restwärmeausnutzung (Nutzung der im Kühlmittel gespeicherten Energie bei kurzen Parkphasen), Luftgüteautomatik.

Zur Temperatureinstellung ist eine Symbolik mit „rot" und „blau" entsprechend der Zuordnung „warm" und „kalt" allgemein verständlich, mit automatischer Temperaturregelung werden auch die entsprechenden „°C"-Sollwerte angezeigt. Die Luftverteilungssymbolik erfolgt mit Piktogrammen, auf denen die entsprechende Ausströmungsrichtung er-

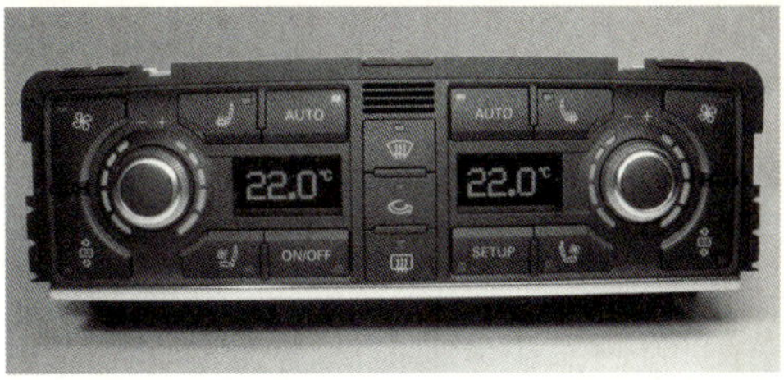

Bild 6.4-39 Bedienelemente

sichtlich ist, die Gebläseleistung wird mit mehr oder weniger großen oder gefüllten „Propellern" dargestellt.

Es gibt grundsätzlich keine Standardbedienelemente für die Klimaanlage, hier ist die Einbindung in das Gesamtbedienkonzept (siehe Kapitel 6.4.1) des Fahrzeugs mit durchgängigen Bedienelementen, Anzeigen und Beleuchtungen erforderlich.

6.4.3.3.3 Aktuatorik, Sensorik

Die stufenlos verstellbaren Klappen im Klimagerät werden mit kompakten elektrischen Gleichstrom- oder Schrittmotoren angetrieben, wobei Drehmomente zwischen etwa 10 (einfache mittig gelagerte Klappe) und 50 Ncm (Umluftklappe mit Staudruckbelastung) erforderlich sind. In den Gleichstrommotoren ist meistens ein Potentiometer integriert, um die genaue Position der Klappe zu kennen, bei den Schrittmotoren werden die Verstellschritte in der internen oder externen Elektronik gezählt. Bei komplexen Anlagen mit vielen Klappen setzt sich zunehmend die LIN-Bus-Ansteuerung (LIN: Local Interconnecting Network) durch, um die Verkabelung und den Aufwand im Steuergerät gering zu halten, in den Aktuatoren ist in diesem Fall ein ASIC integriert.

Der Klimaanlage werden primär folgende Sensoren zugeordnet (die Sensorik des Kältekreises ist in Kap. 3.2 beschrieben):

- Verdampferfühler: misst die Luft am Verdampferaustritt zum Schutz gegen Vereisung, auch benötigt zur gleitenden Kälteregelung. Besteht aus einer einfachen NTC-Pille (NTC: Negative Temperature Coefficient) mit Gehäuse und Schutz gegen Feuchtigkeit
- Ausblasfühler: misst die Luft nach Heizkörper (bei wasserseitigen Anlagen).
- Innenraumtemperaturfühler: angeordnet im Bereich der Dachbedieneinheit oder im Cockpit, meist belüftet durch ein Miniaturgebläse. Unbelüftete Sensoren lassen sich durch Einsatz von Kompensationslogiken über Software realisieren.
- Solarsensor: erfasst die Sonneneinstrahlungsintensität und meist auch den Einfallswinkel. Der besonnte Bereich wird automatisch etwas stärker und mit kühlerer Luft angeblasen.

- Feuchtesensor: dient zur Logik der Beschlagsfreihaltung und gleitenden Kälteleistungsregelung (siehe auch [13, 14, 15])
- Luftgütesensor: erfasst als Leitgase meist CO und NO_x und dient zur automatischen Abschottung über die Umluftklappe gegen schädliche Gase [16].

Literatur

[1] *Bubb, H.*: Ergonomie in Mensch-Maschine-Systemen, Lehrgangsunterlagen „Komfort und Ergonomie im Kraftfahrzeug", Haus der Technik, Essen, 1995

[2] *Fanger, P.O.*: Thermal Comfort. Analysis and Application in Environmental Engineering. Danish Technical Press, Copenhagen, 1970

[3] DIN EN ISO 7730: Analytische Bestimmung und Interpretation der thermischen Behaglichkeit durch Berechnung des PMV- und des PPD-Indexes und der lokalen thermischen Behaglichkeit. Normentwurf Stand 10/2003

[4] *Bureau, C. et al.*: MARCO, Method to Assess Thermal Comfort. VTMS6, Paper C599/051/2003,Brighton 2003

[5] *Frühauf, F.*: Thermische Behaglichkeit im Fahrzeug von morgen. IIR-Fachkonferenz „Innovative Konzepte für Thermomanagement im Kfz". Stuttgart 2002

[6] *Kühnel, W. et al.*: CFD. Cabin Flow Analysis as Part of the Product Development Process. VTMS6, Paper C599/053/2003, Brighton 2003

[7] *Temming, J.*: Fahrzeugklimatisierung und Verkehrssicherheit. Auswirkungen sommerlichen Klimas in Kfz auf die Leistungsfähigkeit der Fahrer. Schriftenreihe 177, Forschungsvereinigung Automobiltechnik e.V.. Frankfurt 2003

[8] *Arminger, G. et al.*: Einfluss der Witterung auf das Unfallgeschehen im Straßenverkehr. ATZ 9/99

[9] *Taxis-Reischl, B.*: Wärmebelastung und Fahrverhalten. ATZ 9/99

[10] *Bacher, C. et al.*: Entwicklung neuer Gebläse für Nfz- und Pkw-Klimaanlagen. ATZ 9/2004

[11] *Schmiederer, K.*: Flexible HVAC-Systems for Global Cross-Car and Cross-Brand Application. Auto-Technology 4/2004

[12] *Kampf, H.*: Die physiologisch geregelte Klimaanlage. ATZ 9/2001

[13] *Knittel, O.; Ruf, Ch.*: Von der Erfassung der Luftfeuchtigkeit zum komfortoptimierten Klimabetrieb. VDI-Berichte 1415

[14] *Knittel, O.; Ruf, C.*: Feuchtesensor für Klimaautomaten. ATZ 1/2000

[15] *Käfer, O.*: Pkw-Klimatisierung – Umluftautomatik mit Feuchteregelung im Fahrzeuginnenraum. ATZ 6/1998

[16] N.N.: Luftgütesensor AQS. Firmenschrift der Fa. Paragon AG, Delbrück, 2005

6.4.4 Fahrzeuginnenausstattung

6.4.4.1 Zur Geschichte des Innenraums

Seitdem die Menschen Hilfsmittel zur Fortbewegung nutzen, haben Sie den Wunsch, den Innenraum dieser Vehikel so bequem wie möglich zu gestalten. Lange Zeit war komfortables oder gar luxuriöses Reisen nur auf Schiffen möglich. Landfahrzeuge wurden meist für den Transport von Waren verwendet. Mit der Erfindung der Federung im 16. Jh. wurde aus dem Warentransporter ein Reisemobil, das gegenüber Fußgänger und Reiter einen Vorteil hatte: Man war vor Wind und Wetter geschützt. Linierer, Schreiner, Kürschner – quasi die ersten Zulieferer – bemühten sich den Reisekomfort stetig zu verbessern. Die Kutsche wurde zum Statussymbol.

Auch die ersten Automobile waren nichts anderes als motorisierte Kutschen [1]. Stetig steigende Fahrgeschwindigkeiten verlangten eine erste Ergänzung im Innenraum, nämlich Anzeigeinstrumente.

Ab 1930 entdeckte man den „Luftwiderstand" auch für die Serienentwicklung. Autos bekamen geschwungene Linien, die sich auf den Innenraum übertrugen. Bleche lösten den Hauptwerkstoff Holz ab. Das nackte Blech wurde an Türen und Seiten mit Stoff überspannter Pappe verschönert, das Dach mit einem in Drahtspriegeln verspannten Stoff verkleidet. Die Sitze waren durchgehende Bänke.

Erst etwa 1950 gab es Einzelsitze für vorne, die auch längs verstellbar waren und beim Fahrer eine verstellbare Lehne haben mussten. Heizungen gab es meist nur gegen Aufpreis. Klobige Röhrenradios brachten die Welt der Musik in den Innenraum.

Anfang der 70er Jahre fanden vermehrt moderne Kunststoffe Einzug in den Innenraum. Bleche wurden zunehmend mit Kunststoffteilen verblendet. 1979 gab es in Europa den ersten elektrisch verstellbaren Sitz. Die damals hohe Zahl von Verkehrstoten zwang die Hersteller zu mehr Sicherheitsmaßnahmen: Automatikgurte und Polsterungen wurden eingeführt. Anfang der 80er Jahre kam die Airbag-Technologie in Serie. Die Innenräume differenzierten sich mehr und mehr durch anspruchsvolle Farbeffekte bei Verkleidungen und Textilien.

Die 90er Jahre waren geprägt von der Zunahme von E/E Systemen und der Variabilität der Innenraumkonzepte. Beide Trends werden heute ergänzt durch den Wunsch des Kunden nach Individualität. Der Innenraum spielt mehr denn je bei der Kaufentscheidung eine wichtige Rolle [7, 10, 14]: Das Innenraumdesign soll Emotionen wecken, Komfort, Sicherheit und Funktionaliät dürfen dabei nicht leiden – alles muss verschmelzen und die Markenidentität ausstrahlen [7].

6.4.4.2 Anforderungen an Innenraum und Komponenten

Diese Wohlfühlatmosphäre [8, 14] wird von subjektiven und objektiven Faktoren **(Tabelle 6.4-2)** bestimmt. Für die daraus folgenden möglichst messbaren Anforderungen muss der Konstrukteur die Synthese aus konstruktiver Machbarkeit und Kostenverträglichkeit finden.

Tabelle 6.4-2 Zur Bestimmung des Wohlfühlfaktors

subjektiv	objektiv
Optik (visueller Eindruck) Olfaktorik (Geruch) Haptik (Anfassqualität) Akustik (Klangfarbe)	Ergonomie Thermischer Komfort Sicherheit Akustik (Lautstärke)

6.4.4.2.1 Optik

Unter Optik ist der visuelle Gesamteindruck, auch Charakter des Innenraums, zu verstehen, der sich z.B. zwischen den Attributen sportlich – nüchtern – luxuriös bewegt (vgl. Design Kap. 4.1). Der Kunde kann heute aus einer Fülle von Material- und Farbkombinationen wählen. Aktuell geht ein Trend zur Mehrfarbigkeit und dem Einsatz natürlicher Stoffe [7,10]. Für den Konstrukteur bedeutet das:

- Beherrschen verschiedener Verfahren (Lackieren, Tiefziehen/Kaschieren Folien, Färben im Werkzeug)
- Ergänzung von Oberflächen durch natürliches Material (textile I-Tafel, Stein-Dekorleisten, Leder hinterschäumt, Kleinteilbelederung)

Für die optischen Anforderungen an Geometrie/Verarbeitung bedeutet dass:

- Markenidentität/Wiedererkennungsfaktor muss bei Neukonstruktion berücksichtigt werden
- Spaltmaß b. Premium 0 bis 1 mm (u.U. bis 3 mm)
- optische Passgenauigkeit (Übergänge Türbrüstung/Cockpit; Säulenverkleidung/Himmel)
- Strichrichtung von Textilien

Abgerundet wird die Optik durch die Beleuchtung [6]. Durch die Ausleuchtung bestimmter Bereiche wird der Innenraum spezifischer, erscheint größer und strukturierter (höhere Wertigkeit/Sicherheitsgefühl). Konstruktiv herausfordernd sind die Integration von Beleuchtungsmitteln in die Verkleidungsteile und die Entwicklung von individuellen bzw. markenspezifischen Beleuchtungskonzepten.

6.4.4.2.2 Olfaktorik

Der Geruch ist eine subjektive Empfindung, die sich durchaus als positiv oder negativ bewerten lässt. Ein Olfaktorikteam untersucht während der Entwicklungsphase Materialproben, Bauteile (bis zu 500 pro Fahrzeug) und den gesamten Innenraum [3]. Die Materialien werden zwei Stunden unter Vakuumatmosphäre einer Temperatur von 80° ausgesetzt. Anschließend wird der Einzelgeruch, wie auch die Wechselwirkung von Werkstoffen überprüft. Die Geruchsproben bekommen Schulnoten von 1 (geruchslos) bis 6 (unerträglich). Für die Entwicklung des Innenraums bedeutet dies konkret, dass bestimmte Materialien, Werkstoffe oder Kleber nicht mehr oder nur bedingt zur Verfügung stehen. Ziel ist es, einen möglichst neutralen Duft zu erreichen.

6.4.4.2.3 Ergonomie

Die konstruktive Umsetzung der in 6.4.1 gezeigten Anforderungen betrifft fast alle Baugruppen:

- Cockpit: Das Infodisplay wandert von der Mittelkonsole in die I-Tafel – erfordert Umstellung d. Geometrie (Doppelhutzen, Aussparungen für klappbare/versenkbare Schirme/HUD, neue Ablagefächer)
- Verkleidungsteile: Integration von mehr Bedienelementen in Tür-, Sitz-, Dachverkleidungen (durch mehr E/E-Applikationen); Integration von Kinematiklösungen, Ablagefächer
- Sitze: Mechanismen für Sitzverstellung (bis zu 18-Wege Verstellung → Integration zusätzlicher Aktoren [8,18]); Entwicklung leicht justierbarer Sitzkonzepte mit Einhandbedienung (kein Ausbau von Einzelsitzen, ebener Laderaum)
- Gepäckraum: variable Ladekonzepte für SUV

Grundsätzlich gilt, dass die Ergonomie auch in Zusammenhang mit der Haptik zu sehen ist. Auch die Auswirkung von Innenraumbeleuchtungen auf die subjektive Befindlichkeit von Fahrer und Passagieren ist hier zu berücksichtigen [23, 24].

6.4.4.2.4 Haptik

Die Haptik beinhaltet Bereiche der Physik, der Physiologie und der Psychologie [5]. Im Fahrzeuginnenraum ist zwischen der Anfassqualität der Bedienelemente und der Oberflächen zu unterscheiden. In beiden Fällen ergibt sich das Problem der Messbarkeit von Qualität (= subjektivem Empfinden) [4, 6, 7]. Seit einigen Jahren wird versucht, mit physikalischen Methoden die haptischen Eigenschaften der Materialien zu messen. Eine Messrobotic ermittelt die Drück-, Schiebe-, Zieh-, Dreh-Rückstellkräfte [4], die mit einer Bewertung durch Testpersonen verglichen werden. Die Bilanz aus beiden Methoden bildet die Grundlage für ein Lastenheft der Betätigungshaptik. Es beinhaltet u.a. die Punkte Leichtgängigkeit, mittlere Betätigungswege, definierte Endanschläge, exakte Führungen, Geräuscharmut und die eindeutige Rückmeldung am Schaltpunkt [11].

Ähnlich wird auch bei der Bewertung von Oberflächen vorgegangen [4, 12]. Zuerst werden die subjektiven Eindrücke von Testpersonen bezüglich bestimmter Materialproben festgehalten. Dabei wird „technische Narbung" höherwertig eingestuft als eine unregelmäßige N. Gleiches gilt für weiches Leder

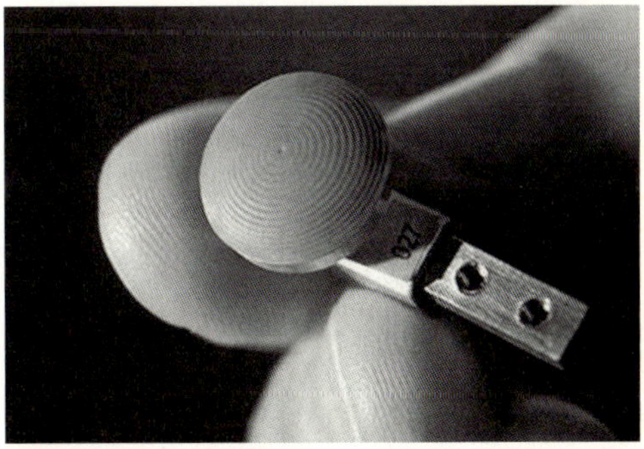

Bild 6.4-40 Papillartaster (künstliche „Fingerbeere") zur Messung von Anfassqualität (Bild aus [12])

gegenüber hartem Leder [12]. Dann werden die den haptischen Eindruck beeinflussenden Materialparameter (**Bild 6.4-40**) wie statische Verformung, Rauigkeit, Dämpfung oder Reibwert ermittelt, teilweise mit einer Messgenauigkeit von bis zu 60 Nanometern [13]. So kann gefühlte Qualität in Zahlen ausgedrückt werden.

Der Ingenieur muss dann den Materialmix finden, der die Synthese aus angenehmer Haptik und vertretbaren Kosten bildet (siehe Kapitel 6.4.4.3).

6.4.4.2.5 Akustik

Wie beim Geruch ist ein geräuschloses Auto für die Insassen nicht angenehm (Kap. 3.4). Der Innenraumakustiker muss daher einen Kompromiss zwischen Schallisolierung und Sounddesign finden. Als grober Richtwert finden sich bei Autotests Messwerte für den Geräuschpegel im Innenraum, die zwischen 60 Dezibel (bei 100 km/h) und 80 Dezibel (180 km/h) liegen. Dies sagt wenig über die subjektive Qualität aus. Bei einem Sportwagen kann ein hoher lastabhängiger Geräuschpegel durchaus gewünscht sein. Um ein ausgewogenes Verhältnis der einzelnen Frequenzen zu bekommen, müssen bis zu 120 Bauteile im Innenraum berücksichtigt werden.

Dazu werden u.a. Schallabsorptions- und Schalldämmmessungen (Petite-Cabine), Verlustfaktormessungen (Vibrometer-Methode für Schäume) sowie Untersuchungen mit dem Laser-Scanning-Vibrometer durchgeführt. Eine gute Schallisolierung schlägt sich allerdings auf Gewicht (Körperschalldämpfungsschicht) oder Kosten (Alu-Polyolefin-Sandwich) nieder. Eine kosten- und gewichtsparende Alternative bilden PUR-Schäume [17].

6.4.4.2.6 Sicherheit

Insassen nehmen Sicherheitssysteme meist indirekt, d.h. über die Ausstattungsbeschreibung wahr (zu Grundlagen, Bestimmungen und Technik siehe Kap. 6.5). Sichtbare Airbagdeckel gelten heute als Zeichen für mindere Qualität. Daher ist man bestrebt, Airbags unsichtbar zu machen, dabei muss aber die problemlose Entfaltung sichergestellt sein. Außerdem gilt es, Bauraum für neue Sicherheitssysteme zu schaffen (Dachhimmel; Spurhalteassistent, Airbags dritte Sitzreihe, Laderaumsicherheit). Weitere konstruktive Herausforderungen ergeben sich durch die gesetzlichen Vorschriften für bestimmte Bereiche, die nicht durch einen Airbag gesichert werden können (Kopfstütze, Kniezone, Steifigkeit von Bodengruppen und Lehnen (siehe auch 6.4.4.3).

6.4.4.2.7 Thermischer Komfort

Einfache Klimaanlagen sind im Kleinwagensegment fast Standard, in der Oberklasse geht nichts mehr ohne Mehrzonenklimaautomatik (Kap. 6.4.3). Die konstruktive Herausforderung liegt hier in der Integration des HVAC-Moduls im Cockpitmodul (inkl. Schnittstellenmanagement), in der Konstruktion der Luftkanäle (bspw. bis zur 3. Sitzreihe) und der Ausströmer (Vermeiden von Zugluft usw.). Eine Herausforderung im Premiumsegment ist die elektrische Ansteuerung des Ausströmers bei indirekter Belüftung [14, 18, 30].

6.4.4.3 Baugruppen des Innenraums

Der Innenraum eines Fahrzeuges lässt sich durch sechs Baugruppen bzw. Module definieren, die jedoch konstruktiv stets in ihrer Gesamtheit zu betrachten sind.

6.4.4.3.1 Cockpit/Tunnelkonsole

Hier sind die primären (Hutze/Lenksäule) und sekundären (Mittel-/Tunnelkonsole) Bedien- und Anzeigenelemente (Instrumente, Lichtschalter, Radio, Navibildschirm) untergebracht, ebenso die Airbagsysteme für Fahrer und Beifahrer. Zusätzlich zum klassischen Handschuhfach befinden sich heute weitere Staufächer in der Mittelkonsole sowie im oberen Bereich der Instrumententafel. Die Tunnelkonsole verfügt mittlerweile über deutlich mehr Funktionen als nur Schaltkasten und Handbremsenabdeckung, Telekomunikation- und Navigationssteuerung werden bevorzugt hier untergebracht, des Weiteren aufwendige Cupholder-Lösungen und Armauflagen.

Das Cockpit ist ein überaus komplexes Bauteil des Innenraums (**Bild 6.4-41**). Es besteht aus den Hauptelementen Instrumententafel, Querrohrträger, Kabelbaum mit Schaltern sowie dem Heizklimagerät mit Luftführungen zu den Defrosterdüsen für die Scheiben bzw. zu den „Mannausströmern“. Die Instrumententafel kann als einteilig oder mehrteilig (mehr Designfreiheit) ausgeführt sein. An Bedeutung gewinnen außerdem Gleichteilkonzepte die sich für Rechts- wie Linkslenkervarianten sowie für Plattformderivate einsetzen lassen, ohne dass diese Gleichteile von den Insassen identifiziert werden können (Markenidentität).

Der Querrohrträger wird in Stahl, Aluminium oder Magnesium teilweise auch in Kunststoff ausgeführt. Aus Gewichtsgründen kommen zunehmend Hybridkonstruktionen zum Einsatz. Typische Querrohrträger wiegen bis zu 10 kg, ein Aluminium-Magnesium-Hybrid nur 6 kg bei gleicher Steifigkeit. Bei den Oberflächen stehen Leder oder Kunststoff zur Auswahl: Die Palette der Verfahren reicht von Spritzguss – lackiert, Oberfläche in kaschierter Ausführung oder tiefgezogene Folien hinterschäumt mit den unterschiedlichen Kunststoffträgern (früher Blechträger) bis hin zu formgesinterten Häuten in den Materialien PVC, PU (aromatisch als auch aliphatisch) bzw. TPU oder auch IMC-TPU (in-mould coated thermoplastisches Polyurethan [16]). Der Innenraumcharakter

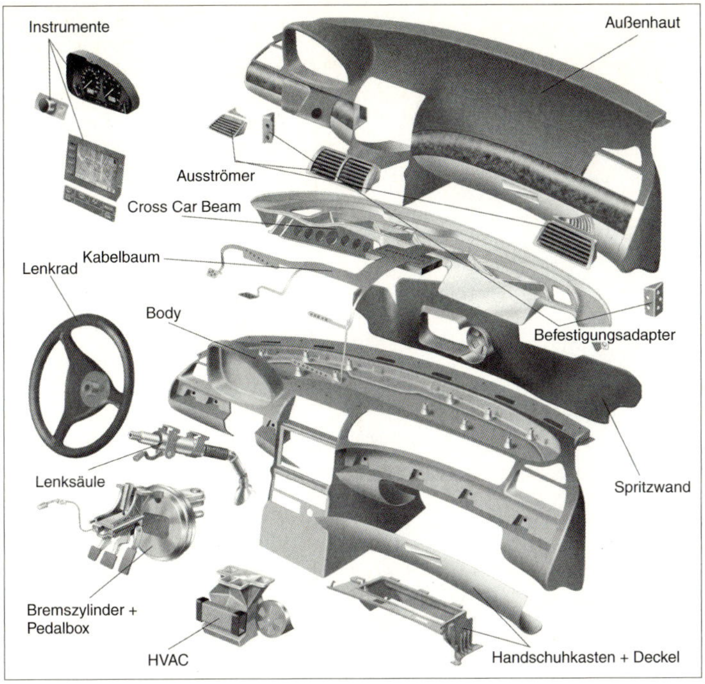

Bild 6.4-41 Aufbau des Cockpits mit Darstellung der wichtigsten Bauteile

wird durch Zierblenden aus Kunststoff, Aluminium oder auch Echtholz definiert. Tendenz zu Kunststoffen als Metallimitat (Gewicht).

Für die Unfallfolgen mildernde Sicherheit müssen alle Materialien im Cockpitbereich die Kriterien des Kopfaufpralls erfüllen sowie nicht splittern bzw. keine scharfen Kanten aufweisen. Für den Beifahrerairbag wird die Schalttafel gezielt geschwächt. Diese Schwächungsverfahren sind je nach Aufbau unterschiedlich und erstrecken sich von mit Laser angebrachter Feinstlochung (Lochdurchmesser ca. 0,2 mm bei harten Oberflächen in Spritzguss) bis hin zur Laserung durch den gesamten Aufbau – durch Träger, Schaum und Haut. Airbagrisslinen können auch gefräst oder mittels Ultraschallmessern geschnitten werden. Neu sind Gieß- und Spritzverfahren, bei denen die Schwächung während des Prozesses eingebracht wird. Die Haut hat lediglich eine Restwandstärke von rund 0,4 mm.

6.4.4.3.2 Sitze

Laut ADAC verbringt ein Autofahrer etwa 300 Stunden im Jahr auf einem Autositz, 25% der Körperoberfläche sind dabei im Kontakt mit der Sitzfläche. Primäre Funktion des Sitzes (Sitzposition s. Kap. 4.2) ist daher das Wohlbefinden sicherzustellen: einerseits durch optimale Einstellmöglichkeiten gemäß der Körperergonomie (bis zu 18 Wege, Seitenführung, Sitzpolsterlänge) andererseits durch die Integration von Komfortfunktionen wie Memory Funktion, Easy Entry-Einstiegs- und Ausstiegsposition, Multikonturmatten mit Massage und Lordosenunterstützung, Sitzheizung und Kühlfunktion zu steigern (**Bild 6.4-42**) [8, 18]. Ein Großteil dieser Funktionen ist bei fast allen Segmenten für Fahrer- und Beifahrersitz erhältlich. Für Fondsitze gibt es dies erst ab der Oberklasse.

Neben den klassischen 5-Sitz-Konfigurationen gibt es für Minivans und Großraumlimousinen besondere Sitzanlagen für den Fond, die eine größere Variabilität der Raumunterteilung ermöglichen. Wichtigste Funktion: Die Sitzbänke können teilweise oder ganz in den Boden versenkt werden, um eine größere Nutzungsbreite zu ermöglichen. Leicht ausbaubare Sitze sind meist in Fahrzeugen niedrigeren Preisniveaus zu finden.

Sitze bestehen im Wesentlichen aus Sitzstruktur, Sitzpolsterung, Sitzbezug, Komfortmechanik/Elektrik und Sicherheitssystemen.

Die Sitzstruktur besteht heute weitestgehend aus Stahl, z.B. Formbleche oder Rohrrahmen, seltener aus anderen Materialien wie Aluminium, Magnesium oder Kunststoff. Dual- und Triple-Phasen Stähle ermöglichen immer dünnere Wandstärken (Reduzierung von 800–1000 Gramm an der Grundstruktur des Sitzes) [21]. Ein Nachteil höherfesten Stahls ist die geringere Duktilität [21]. Die Anwendung von Magnesium in Druckgussbauteilen kann Sitzstrukturen um bis zu 30% leichter machen, aber geringe Schlagzähigkeit steht dem gegenüber. Mit zunehmender Anforderung zur Gewichtreduzierung sind Leichtbauwerkstoffe zu bevorzugen (ein vollausgestatteter Fahrersitz der Luxusklasse wiegt heute bis zu 52 kg

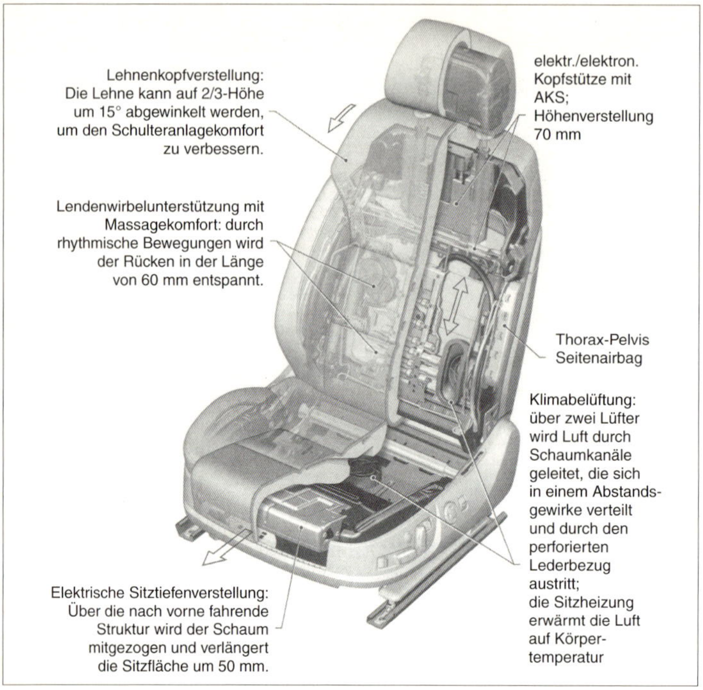

Bild 6.4-42 Vollausgestatteter Fahrersitz einer Premiumlimousine (Bild aus [18])

[9]). Die Schaumkissen sind meistens aus offenporigem Polyurethan-Schaum gefertigt. Teilweise werden diese Schaumkissen direkt auf die in die Sitzaußenform gezogenen Textildekore bzw. Folien hinterschäumt. Für höherwertige Fahrzeugsegmente sind sowohl Sitzkissen als auch Sitzlehnen Schaumkissen aus mehreren Lagen mit unterschiedlicher Dichte angefertigt, um den höchsten Komfort zu erreichen.
Sitzoberflächen sind genähte bzw. zum Teil geformte Bezüge (Pressformen, Vakuum tiefgezogen), sie können aus den unterschiedlichen Textilien, Kunststofffolien und aus Leder gefertigt werden. Diese werden im Montagevorgang über die Sitzkissen bzw. Sitzgestelle drapiert und mit Kunststoff- oder Metallclipsen am Gestell befestigt. Sitzstoffe müssen immer geringe Dehnwerte aufweisen, um jahrelang faltenfrei und gespannt als Sitzoberfläche zu dienen, zudem hinaus atmungsaktiv, schweißabsorbierend und mit niedrigen Abriebwerten behaftet. Die Verkleidungsumfänge bestehen weitestgehend aus Kunststoffen.
Seitenairbags sind bereits Standard bei Einzelsitzen und werden zunehmend auf allen Sitzplätzen eingesetzt; aktive Kopfstützen nutzen Massenträgheit des Insassen zur Aktivierung und federn so den Kopf bei einem Aufprall ab. Dadurch reduziert sich der Neck-Injury Criteria Wert unter 60% des Vergleichwerts von nichtaktiven Stützen (vgl. Kap. 6.5). Eine Alternative sind in die Lehne integrierte Kopfstützen (kein Spalt zwischen Lehne und Stütze).

6.4.4.3.3 Tür-, Seitenverkleidungen

Tür- und Seitenverkleidung sollen die Atmosphäre eines insgesamt stimmigen Innenraums unterstreichen (Bleche und „Mechanik“ verdecken) und als zusätzliche Schallisolierung dienen. Zudem sind sie Bestandteil des Komfort- und Bedienkonzepts (Fensterheber, Spiegelsteuerung, Lautsprecher, Sitzverstellung, Türöffner). Die Türverkleidung bildet mit Fensterheber/Schließmechanik und ggf. Außenhaut oft ein Modul. Türverkleidungen werden in unterschiedlichen Aufbauarten gefertigt. (Bestandteile der Türverkleidung s. **Bild 6.4-43**).
Die Armauflagen sind je nach Komfortausstattung des Fahrzeuges in den seitlichen Verkleidungen angeformt bzw. bei hochwertigen Fahrzeugen zusammen mit dem Türzuziehgriff separat an der Türverkleidung bzw. an dem dahinter liegenden Rohbau angeschraubt. Ablagefächer mit Deckeln (oft auch mit Kinematik) werden als Modul angesteckt, einfache Kartentaschen werden teilweise mitgeformt.
Moderne Türverkleidungen werden üblicherweise in einem One-Step LPE/LPS-Prozess hergestellt, bei dem der Träger (z.B. ABS, PP etc.) und das Dekor (Folien und Stoffe) im gleichen Arbeitsschritt vereint werden. Die Zierleisten können aus Kunststoffen (mit unterschiedlicher Oberflächenbeschaffenheit wie Metall, Carbon, Grafit, Alu usw.) oder unterschiedlichen Holzarten hergestellt werden. Armauflagen sind

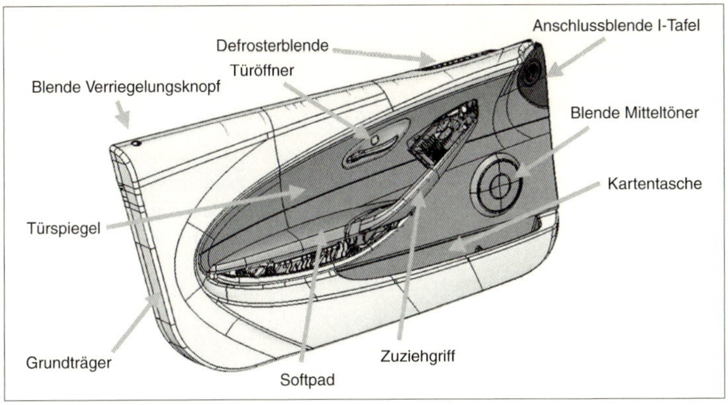

Bild 6.4-43 Aufbau Türverkleidung

meist weich gepolstert, da die Oberflächen in PVC-Schaumfolie (oder Leder, Stoff etc. ausgeführt) gefertigt werden. Bei der Türbrüstung muss darauf geachtet werden, dass der Übergang zum Cockpit fließend gestaltet wird (oft durch Slushbrüstung). Bei den Tür- und Seitenverkleidungen ist der Seitenairbag mit Hilfe von Stoffspiegeln abgedeckt. Diese sind derart befestigt, dass sie im Auslösungsfall des Airbags zur Seite gedrückt werden. Zusätzliche Sicherheitsmerkmale sind energieabsorbierende Elemente, um durch gezielte Energieaufnahme den Energieabbau bei einem Seitenaufprall zu unterstützen.

6.4.4.3.4 Dachhimmel, Säulenverkleidung

Die Primärfunktion des Himmels ist neben der Verkleidung und akustischer Dämmung des Daches die Unterbringung von Sonnenblenden und Beleuchtungen sowie die Einfassung von Schiebedächern und der dazugehörigen Schalter oder Mechaniken. Auch Luftführung, Leitungen und Kopfairbags werden in den Himmel integriert. Seit kurzem dient der Dachhimmel zusätzlich als Halterung für Unterhaltungselektronik (LCD-Bildschirme/DVD-Player) für die 2. u. 3. Sitzreihe bzw. als Möglichkeit um weitere Ablagemodule zu integrieren.
Zum Dachhimmelmodul gehören die Säulenverkleidungen. Sie sorgen für den harmonischen Übergang von der Seitenverkleidung zum Himmel und dienen als Abdeckung von Luftkanälen und Gurten (**Bild 6.4-44**).
Das Dachhimmelmodul besteht aus dem eigentlichen Himmel, mit integrierter Luftführung und Elektrik und den anschließenden Verkleidungsteilen. A- und C-Säule sind meist einteilig, während die B-Säule immer aus zwei Teilen besteht. Je nach Ausführung (Kombi/Minivan) gehören auch D-Säulenverkleidung bzw. Dachabschluss dazu. Außerdem sind die meisten Leuchten im Innenraum im Himmel angebracht.
Der Dachhimmel ist meist in Sandwichbauweise ausgeführt. Das Dekor besteht aus Stoff (Vlies bzw. Alcantara stehen je am Ende des Spektrums). Der Aufbau darunter variiert je nach Hersteller (z.B. PU-Schaumschicht zwischen Stoffschichten).

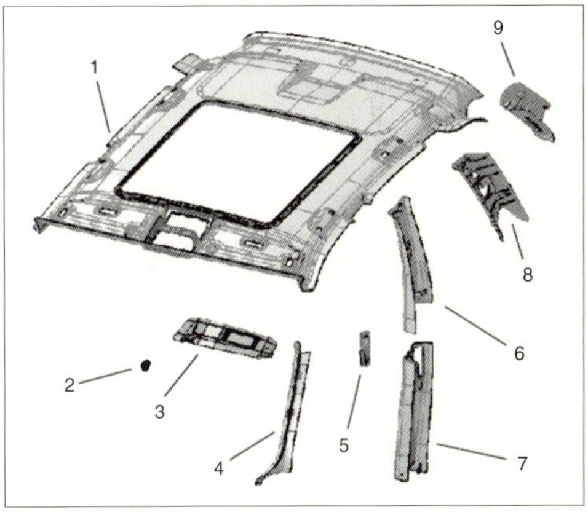

Bild 6.4-44 Aufbau Dachhimmel
(1) Dachhimmel mit Aussparung, (2) Befestigung Sonnenblende, (3) Sonnenblende, (4) A-Säule, (5) Gurtumlenker, (6) B-Säule, (7) B-Säule Abschluss, (8) C-Säule, (9) D-Säule/Dachabschluss

Die Säulenverkleidungen bei preiswerteren Fahrzeugen sind reiner Spritzguss typischerweise aus Poly-Propylen, eine gängige Größenordnung ist ca. 35 mm Deformationsweg. Höherwertige Fahrzeuge haben stoffkaschierte Säulenverkleidungen (Dekor ABS-PC, PP jeweils mit PES-Gewirke) die heute im Hinterspritzverfahren (LPS) hergestellt. Dadurch entfällt der Produktionsschritt „Kaschieren" bzw. das dafür erforderliche Auftragen von Klebern.
Zu beachten ist hier der „Umbug" des Dekors im Sichtbereich, der Übergang zwischen Säulenverkleidung und Seitenteilen und die Strichrichtung der Textilien.
Die Kopfairbag-Variante kommt immer mehr zum Einsatz. Sie ist in den seitlichen Himmel-Bereichen angebracht. Kritisch im Auslösungsfall ist das Abtauchen der Himmelverkleidung bzw. ein entsprechendes Wegdrücken von Säulenverkleidungen um ein einwandfreies Öffnen des Kopfairbags der über die gesamte Fahrzeugseite wie ein Vorhang (man spricht

auch vom *Curtain-Airbag*) geöffnet wird, zu ermöglichen. Weitere Möglichkeiten die Sicherheit zu erhöhen betreffen die Integration von intelligenten Energieabsorptionselementen, die den Insassenschutz gemäß FMVSS 201 übererfüllen.

6.4.4.3.5 Gepäckraum/Laderaum

Angespornt durch den Erfolg von SUVs und Crossovermodellen hat sich der Laderaum zum Lifestyleprodukt entwickelt. Selbsttätige mit separat öffnendem Heckfenster versehene Heckklappen sind keine Seltenheit. In der Oberklasse sind auch elektrisch ausfahrbare Ladeböden möglich. Ein hochwertiger Laderaum verfügt meist über ein variables Verzurrsystem mit Ösen und Schienen.

Der Laderaum ist aufgebaut aus Seitenteilverkleidung, Bodenverkleidung mit Bodenplatte, Laderaumabdeckung bzw. Heckklappenverkleidung (**Bild 6.4-45**).

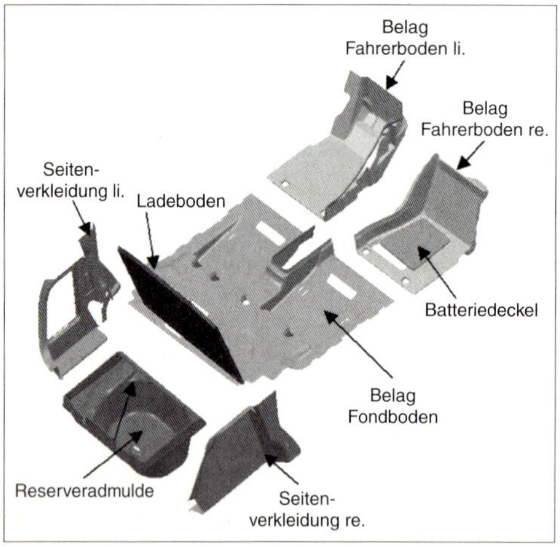

Bild 6.4-45 Gepäckraum/Bodenverkleidung

Im unteren Segment bestehen die Seitenteile aus nacktem PP; bei höherwertigen Fahrzeugen ist der Träger mit Dekorstoff überzogen (z.B. Softscherdilour). Der Teppich für die Bodenverkleidung besteht meist aus Strickvelour oder Perlvelour. Die Bodenplatte, die den Zugang zu Reserverad oder weiteren Ablageflächen abdeckt wird meist in Spannholz ausgeführt, wegen des Gewichts aber zunehmend auch in Sandwichbauweise aus Pappwappen.

Im Gepäckraum geht es um die Sicherung der Ladung durch Verzurrösen, Netzsicherungen und Schienensysteme. Durch die Einführung von klappbaren Zusatzsitzen im Laderaum wird verstärkt über zusätzliche Sicherungssysteme für Personen nachzudenken sein.

6.4.4.3.6 Bodenverkleidung, Akustik

Die Teppichverkleidung dient in erster Linie zur Auskleidung des gesamten Innenraumbodens und der darunter liegenden Metallstrukturen und Kabelkanäle, sowie der Schalldämmung und Isolierung von Fahr- und Betriebsgeräuschen und ist damit wesentlicher Bestandteil der Gesamtfahrzeugakustik.

Die Bodenverkleidung setzt sich zusammen aus Fahrerboden, Fondboden und Kofferraumverkleidung (**Bild 6.4-45**). Je nach Fahrzeuggröße kann die Auskleidung des Fahrgastraums einteilig oder mehrteilig sein (zum Aufbau der Dämmung u. Isolierung vgl. Kap 3.4).

Die Materialien von den Teppichauskleidungen spannen sich vom preiswertesten Nadelvlies in den unteren Fahrzeugklassen bis zu den hochwertigsten Velouren mit Anteilen von Seide in den oberen Fahrzeugsegmenten. Bei höherwertigen Fahrzeugen geht der Trend zur integrierten Isolation mit Hilfe von direkt auf den Teppich geschäumten Schaum. Diese Ausführungen sind zwar als Teppichausführung teurer, aber in der Gesamtbilanz (Gewichtsbilanz, Montagefreundlichkeit etc.) als Kompakt-System bestehend aus einem Feder-Masse-Aufbau durchaus wettbewerbsfähig [17].

6.4.4.4 Entwicklungsablauf Innenraum

Bedingt durch die immer kürzeren Entwicklungszeiten („Virtuelle Entwicklung“) konzentrieren sich die Automobilhersteller zunehmend auf ihre Kernkompetenzen und haben große Teile der Wertschöpfung auf Zulieferer verlagert. Diese übernehmen Verantwortung für die Entwicklung und Fertigung von Modulen, Systemen und teilweise sogar kompletten Fahrzeugen. So wird die Eigenleistung der Automobilhersteller pro „Durchschnittsauto“ im Jahr 2015 wahrscheinlich nur noch ca. 23% betragen [19]. Neben den klassischen Modulen wie Sitzen und Cockpit, werden heute bereits Dach- und Türmodule von den Lieferanten entwickelt und gefertigt [28]. Die Entwicklung ist gleichzeitig ist ein Spagat zwischen Innovationsdruck und Kostenersparnis. Der Kunde erwartet ein neues Auto mit einem neuen Innenraum. Andererseits versucht man natürlich möglichst viele carry over-Teile zu verwenden (**Bild 6.4-46** zeigt den gesamten Entwicklungsablauf).

6.4.4.4.1 Lastenheft

Das Lastenheft wird bestimmt vom Finanzrahmen, der Machbarkeit, mit den eventuell vorgegebenen Produktionseinrichtungen und natürlich positioniert gegen den zukünftigen Wettbewerb. Wichtig ist die richtige Abschätzung der späteren Verkaufsstückzahlen. Sie bestimmt Ausführung und Anforderungen an Anzahl der Werkzeuge und Produktionseinrichtungen.

Zum Beispiel wird hier festgelegt, welche Verfahrenstechnik bspw. für die Instrumententafel verwendet werden soll und welche Anforderungen diese erfüllen muss (**Tabelle 6.4-3**).

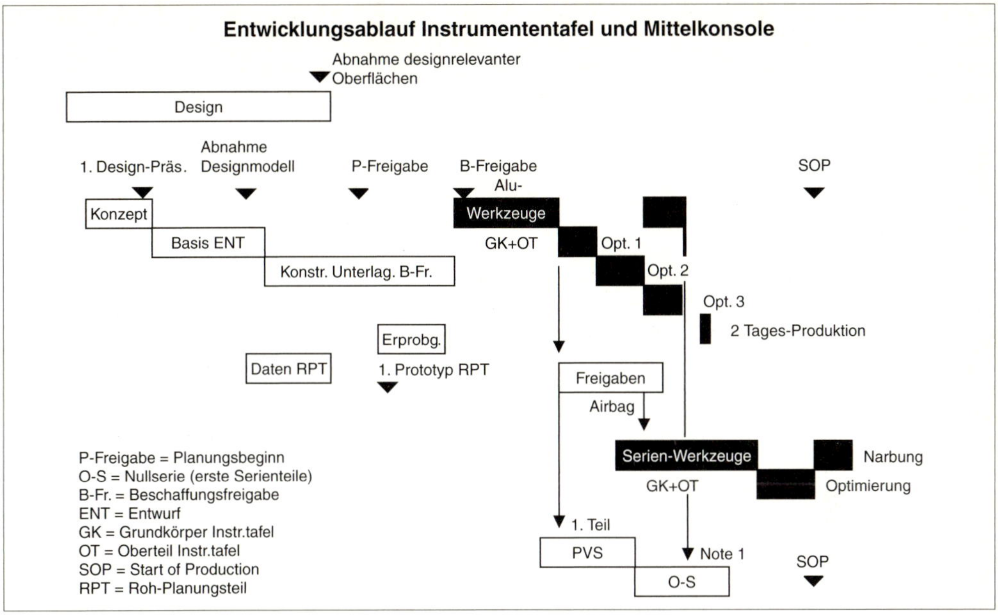

Bild 6.4-46 Entwicklungsablauf

Tabelle 6.4-3 Anforderungen Oberfläche [16]

Oberflächeneigenschaften	Substrateigenschaften
Berührhaptik Narbwiedergabe Oberflächenbeständigkeit Farbflexibilität Mehrfarbigkeit Alterungsbeständigkeit	Druckhaptik Designfreiheit physik. Eigenschaften Anwendungsflexibilität

Selbst bei optimaler Großserienfertigung (etwa 200 000 Fahrzeuge/Jahr) bestehen die Herstellungskosten etwa zur Hälfte aus umgelegten Entwicklungskosten und Investitionen.

6.4.4.4.2 Berechnung/Digital Mockup

Passend zum Lastenheft und abgestimmt auf parallel zum Design zu erarbeitenden „Mockups“ werden eine mehrfache Anzahl von Modellen zeichnerisch entworfen und die favorisierten Entwürfe in so genannten „Sitzkisten“ realisiert. Ist das Plastilinmodell als herstellbar und optisch akzeptiert abgenommen, wird es für eine endgültige Beurteilung mit Lack, Folie und Stoffen auf möglichst realistisches Aussehen getrimmt (Kap. 4.1 bzw. 6.4.1).
Im Mockup wird parallel zum Styling in täglicher Abstimmung das Package (vgl. Kap. 4.2) dargestellt. Für den Innenraum werden alle Modelle dann noch einmal in Einzelteilen in Gießharz gefertigt, um das Zusammenspiel nebeneinander liegender Bauteile in der Sitzkiste abzustimmen. Nach Abnahme des Stylingmodells werden die Oberflächen nach einem Rastergitter punktförmig abgenommen und „digitalisiert“. Experten glätten diese „Punkte“ zu „Flächen“. Bei der Berechnung der Werkzeugauslegung im Bereich Kunststoffe hat sich die Spritzgieß-Simulation zur Werkzeugauslegung (Moldflow, CADmould etc.) weitgehend als Standard etabliert. Mithilfe der Software können wichtige Eckdaten für die Füllbarkeit (FMEA, Lufteinschlüsse, Bindenähte, Druckverlust, Schließkraft) und Kostenkalkulation des Teils ermittelt werden.

6.4.4.4.3 Teilekonstruktion

Diese von den Stylingmodellen abgenommenen Oberflächen dienen den Konstrukteuren als Basis zur Geometriebeschreibung der Einzelteile.Der geglättete Datensatz bildet die „Schokoladenseite“ des Bauteiles. Die Struktur und die Befestigungen werden ankonstruiert. Bei allem ist darauf zu achten, dass die Teile mit möglichst wenig Hinterschnitten hergestellt werden können. Das vereinfacht die Werkzeuge. Gleichzeitig arbeiten Konstrukteure der Rohkarosse an der Blechstruktur unter der ebenfalls stilistisch abgenommenen Fahrzeugaußenhaut. Zwischen Rohbau und Innenausstattung ergibt sich hier eine großflächige, alles umfassende Schnittstelle.

6.4.4.4.4 Datenkontrollmodelle

Da gerade im Innenraum die Bauteile oft weich und flexibel sind, werden sogenannte Datenkontrollmodelle, meistens aus temperaturstabilen Kunststoffen, hergestellt. Es handelt sich hier immer um Teile und

anliegende Teile, die mit entsprechender „Verstiftung“ als Baugruppen exakt passen müssen. Diese Datenkontrollmodelle beziehen sich auf die erarbeiteten Datensätze der Teilekonstruktion.
Aus den Datenkontrollmodellen entstehen dann „Lehren“ für die Bauteile und Werkzeuge. Für die Werkzeuge muss bei den Datensätzen ein werkstoffgerechter „Schrumpffaktor“ eingearbeitet werden.
Alle Teilehersteller haben die anschließenden Teile ihres eigentlichen Teiles als Referenzmodelle, nach denen die Qualitätsabnahme erfolgt. Es hat sich gezeigt, dass angrenzende Teile in Baugruppen von einem einheitlichen „Referenzsystem“ konstruiert und auch so maßlich bestimmt werden. Hierdurch wird dann bei Werkzeugen, Lehren und bei den Bauteilen selbst vermieden, dass sich Toleranzen addieren.

6.4.4.4.5 Prototypen/Testing

Sobald die Teilekonstruktion abgeschlossen ist, werden Hilfswerkzeuge für die Ausrüstung der Prototypen erstellt. Prototypen werden benötigt, um die Crashsicherheit zu beweisen, die Dauerhaltbarkeit zu ermitteln, Geräusche zu optimieren und die Funktion als Ganzes beurteilen zu können. Bis zu 70 technische Prüfungen müssen Verkleidungsteile bestehen, bevor sie zur Produktion freigegeben werden. Die Teile dürfen sich über die gesamte Fahrzeuglebensdauer nicht verformen oder verfärben (Prüfung durch extreme Freibewitterungszyklen). Auch muss der durch Alterung entstehende Schrumpf konstruktiv berücksichtigt werden, besonders bei Kunststoff-Materialien, da sonst „Verwerfungen“ möglich sind. Qualität und Herstellungskosten hängen wesentlich von Produktionsprozessen ab. Die Tendenz zur virtuellen Abwicklung dieser Aspekte ist auch im Innenraum weiter fortschreitend [29, 30].

6.4.4.4.6 Serienproduktion/Montage

Die meisten Baugruppen des Innenraums werden heute in Just-in-Time oder sogar Just-in-Sequenz gefertigt. Viele Zulieferer ziehen deshalb in die Zuliefererparks der OEM. Die Globalisierung zwingt Hersteller und Zulieferer zudem auch weltweit Produktionsstandorte zu betreiben. Dies bringt vor allem für den kritischen Punkt des Serienanlaufs große Herausforderungen mit sich: Die Werkzeuge sind neu, eventuell auch die Prozesse, was die Anfälligkeit für Fehler erhöht, die schnell zu Produktionsausfällen oder sogar Rückrufaktionen führen können. Vor allem die Individualisierung wird sich stärker auf die Serienproduktion auswirken. So betragen die Produktionsinvestitionen (ohne produktspezifische Werkzeugkosten) für eine Instrumententafelfertigung der gehobenen Mittelklasse rund 20 Millionen Euro und die Kosten für die produktspezifischen Werkzeuge sogar noch mehr: Alleine das Werkzeug des Trägers der I-Tafel kostet – je nach Ausführung – zwischen 500 000 und 900 000 Euro, bei einer Ausbringung von rund 1000 Teilen täglich. Daher kann für Nischenfahrzeuge und Kleinserien zukünftig Rapid-Manufacturing zunehmend interessant werden [20, 27]. Weiter wird zukünftig die ökologische Bilanz von Produktionsprozessen im Hinblick auf die Klimadiskussion eine stärkere Rolle bei der Fertigung von Innenraumkomponenten eine Rolle spielen. Alternative Trägermaterialien, z.B. aus nachwachsenden Rohstoffen, werden relevanter werden [26].

6.4.4.4.7 Variantenmanagement

Dies ist derzeit eine der größten Herausforderungen für die Automobilindustrie. Sie ist der Preis, der für die seit Jahren ungebrochene Ausweitung der Modellpaletten und das Individualisierungsangebot für Endverbraucher zu bezahlen ist. Alleine bei dem neuen Modell einer Oberklassenlimousine hat sich die Zahl der Varianten bei Handschuhkästen von 20 auf 152 und bei Türverkleidungen von 608 auf 18 819 im Vergleich zum Vorgänger erhöht [15]. Allein bei den Rücksitzen einer Luxuslimousine ergeben sich heute schon fast 5000 Varianten [18]. Die Folgen schlagen sich in Logistikplanung und Produktionssteuerung, erhöhtem Platzbedarf und Handlingsaufwand nieder. Eine Lösungsmöglichkeit bildet ein ganzheitliches Variantenmanagement [15].

6.4.4.5 Ausblick

Für die Zukunft lassen sich einige Tendenzen erkennen [2]. Die Wohlfühlatmosphäre durch verbesserte Optik und Haptik wird auch für die Bereiche von Lkws und Kleinlastern zu beachten sein [25]. Die Integration von E/E-Komponenten wird in allen Baugruppenbereichen weiter fortschreiten. Durch elektrische Betätigung von Getriebe, Handbremse und eventuell auch Lenkung wird weiter Baumraum eingespart. Leichtbau und neuen Materialien werden Gewichtseinsparungen bringen. Die wichtigste, weil immer größer werdende Zielgruppe der Zukunft wird die Seniorengeneration sein. Einfache, intuitive Bedienung, verbesserter Komfort bei Einstieg und Beladen werden hier verlangt werden. Parallel dazu wird die Individualisierung weiter fortschreiten. Es ist zu erwarten, dass ähnlich wie bei Handys, es in Zukunft ein voll personalisiertes Auto geben wird. Beispielsweise können ab Werk persönliche Motive durch verschiedene Verfahren auf die Dekorelemente des Innenraums projiziert werden. Die Innenraumbeleuchtung kann dem Geschmack des Fahrers angepasst werden und die Sitzbezüge können „nach Gusto“ wöchentlich gewechselt werden. Für die Entwicklung wird sich auch in Zukunft alles um die technische und unternehmensübergreifende Integration drehen.

Literatur

[1] *Möser, K.*: Geschichte des Autos, Frankfurt (Main), 2002.

[2] *Wildemann, H.*: Entwicklungstrends in der Automobil- und Zulieferindustrie, München, 2004.

[3] *Lüßmann-Geiger, H.*: Geruchs- und Emissionsmessung in der Automobilindustrie, Vortrag Fraunhofer WKI Workshop „Sensorische Prüfung von Produkten für den Innenraum, Braunschweig, 20./21. 2. 2003.

[4] *Grundler, E.*: Lässt sich gefühlte Qualität objektiv beurteilen?, Technische Rundschau 22, 2004 S. 36–38.

[5] *Grunwald M.; Beyer, L. (Hrsg.)*: Der bewegte Sinn. Grundlagen und Anwendungen zur haptischen Wahrnehmung, Basel, 2001

[6] *Pietzonka, S.; Bluhm, M.; Zwick, H.*: Technik und Design, Neue Möglichkeiten für automobile Innenlichtkonzepte, ATZ, 3, 2004, JG 106, S. 211–217.

[7] *Schlott, S.*: Fachtagung Innenraum – Emotion und Technik vereint, Automobil Produktion, Dezember 2004 S. 70–74.

[8] *Jung, C. et. al.*: „Das Interieur des Maybach", Maybach Sonderausgabe ATZ, September 2002, S. 92–118.

[9] *Friedrichs, B.; Baumeister, A.*: Mobile Innenarchitektur – Harmonie und Ästhetik, BMW 6er Sonderausgabe ATZ, Mai, 2004, S. 21–24.

[10] *Schlott, S.*: Innenraumtrends – Sehnsucht nach Einzigartigkeit, Sonderausgabe Innenraum Automobilproduktion, März 2004, S. 6–12.

[11] *Mauter, G.*: Haptische Anforderungen an Bedienelemente, 3. Fachtagung Fortschritte im Automobil Innenraum, Ludwigsburg 2004.

[12] *N. N.*: Ein Gespür für Qualität; DaimlerChrysler HighTech Report, 2/2004, S. 60–63.

[13] *Weinhold, W.*: Innovative Oberflächen-Messtechnik für Mikromechanik und Haptik; Vortrag Material Innovativ Würzburg, 03/2004.

[14] *Feichter, E. et al.*: Interieur – intelligentes Wohlfühlen mit Niveau, VW Passat Sonderausgabe ATZ/MTZ, April 2005, S. 26–40.

[15] *Alders, K.*: Komplexitätsmanagment bei der Audi AG, Vortrag Automobilforum Graz, Oktober 2004.

[16] *Bachsteffel J.; Laux, J.*: IMC Slush-Technologie im Interieur – Eine neue Werkstoffgeneration für hochwertige Oberflächen; Tagungsband VDI-Kongress Kunststoffe im Automobilbau, März 2005.

[17] *Stricker, K*: Ganzheitliche Akustikentwicklung vom Radlauf bis zur Windschutzscheibe, ATZ 3/2005 S. 184–193.

[18] *Fromm P., Cerhak A., Hamberger W.*: Innenraum erleben, ATZ Sonderausgabe Audi A8, S. 24–39. [19] *N. N.*: Future Automotive Industry Structure (FAST) 2015, Mercer Management Consulting & Frauenhofer Gesellschaft, München 2003.

[20] *Büchling, J.*: *Rapid Manufacturing* – Auf direktem Weg zur Serie, Automobil Industrie, 1–2, 2005, S. 38–41.

[21] *Schlott, S.*: AGR-Sitze – Komfort für alle Klassen, Sonderausgabe Innenraum Automobilproduktion, 3/2004, S. 32–34.

[22] *Laux, J.*: Neue Werkstoffgeneration für hochwertige Oberflächen; ATZ, Dezember 2006, S. 1014–1019

[23] *Ehling, K.*: „Gefühl Licht": Lichtwahrnehmung durch den Fahrer; Vortrag CTI Automotive Interior Lighting Conference, 9.–10. October 2006

[24] *Wambsganß, H.*: Licht im Fahrzeuginnenraum; Vortrag beim Festsymposium zum 50jährigen Bestehen des Fachgebietes Lichttechnik an der TU Darmstadt, 24. November 2006

[25] *Sonderausgabe ATZ*: „Der Neue Sprinter von Mercedes Benz", Juni 2006

[26] *Roscher, M.*: Serieneinsatz, Weiterentwicklung und Neuerungen von naturfaserverstärkten Trägerwerkstoffen im automobilen Innenraum; Vortrag beim 5. Fachkongress Fortschritte im Automobilinnenraum 14.–15. November 2006, Ludwigsburg

[27] *Miller, M.*: (R)evolution von Oberflächendesign, Prototyping und Produktionstechnik; Vortrag beim 5. Fachkongress Fortschritte im Automobilinnenraum 14.–15. November 2006, Ludwigsburg

[28] *Rottig, H.-J.*: Der Schritt von der Innenverkleidung zum Türmodul; Kunststoffe 10/2006, S. 113–116

[29] *Audi AG*: Aspekte der virtuellen Entwicklung beim Innenraum des Q7, Presseinformation Audi Q7, Februar 2006

[30] *Schneider, Th. et al.*: Modernes Thermomanagement am Beispiel der Innenraumklimatisierung; ATZ 02, 2007

6.5 Fahrzeugsicherheit

6.5.1 Allgemeines

Die hohe Wachstumsrate der Personen- und Güterbeförderung durch Pkw's und Nutzfahrzeuge hat nicht nur Vorteile, sondern teilweise bis Anfang der 70er-Jahre auch einen Anstieg der schweren und tödlichen Verletzungen pro Personenkilometer verursacht. Seitdem ist die Anzahl tödlich Verletzter pro Transportkilometer durch zahlreiche Verbesserungen der Verkehrsführung (Straße, Signalgebung), Ausbildung der Verkehrsteilnehmer und Leistungsfähigkeit der Fahrzeuge gesunken. Auch für die Wissenschaft wurde das Thema Fahrzeugsicherheit immer wichtiger. Bereits Mitte der 50er-Jahre definierte Prof. Koessler, Leiter des Instituts für Fahrzeugtechnik an der Technischen Universität Braunschweig, die Aufgaben für Automobilentwickler wie folgt: „Die Fahrzeuge müssen so konstruiert und hergestellt werden, dass sie ein Transportgut möglichst schnell, sicher und komfortabel von einem Punkt A zu einem Punkt B bewegen können". Die Automobilfirmen verstärkten ihre Aktivitäten sowohl auf dem Gebiet der Unfallvorbeugung als auch auf dem Gebiet der Unfallfolgenmilderung, populärwissenschaftlich auch „aktive und passive Sicherheit" genannt [1], wie z.B. das grundlegende Patent von Barényi über „Das Prinzip des gestaltfesten Fahrerraums" aus dem Jahr 1952 [2] zeigt. Während in den USA der Schutz der Insassen im Kollisionsfall im Vordergrund stand, hat Europa dem Fahrzeugführer eine wesentlich höhere Verantwortung zugesprochen. Einen besonderen Schub erfuhr die Fahrzeugsicherheit Mitte der 60er-Jahre in den USA durch den Verbraucheranwalt Ralph Nader und die *NHTSA (National Highway Traffic Safety Administration)*. Inzwischen gibt es weltweit Sicherheitsgesetze, die durch Verbraucherinformationen und die Produkthaftung ergänzt werden. Die Verbraucherinformation wird durch große Versicherungen, den Gesetzgeber, Verbraucherschutzorganisationen und durch Automobilfachzeitschriften erarbeitet. Die Produkthaftung hat ebenfalls einen wichtigen Impuls für sicherheitstechnische Einrichtungen bewirkt. Der Fahrzeughersteller übernimmt für die technische Ausführung seines Produktes die Verantwortung, wobei sichergestellt sein muss, dass das von ihm im Markt angebotene Fahrzeug mindestens dem Stand

der Technik entspricht. Auch beim Kunden hat die Fahrzeugsicherheit inzwischen einen hohen Stellenwert, so dass ein sicherheitstechnisch gutes Fahrzeug auch ein wesentliches Verkaufsargument ist.
Die **Tabelle 6.5-1** gibt eine Übersicht über die sicherheitsrelevanten Vorschriften in den USA.

Tabelle 6.5-1 Vorschriften der Federal Motor Vehicle Safety Standard (USA)

FMVSS	Inhalt
101	Bedienungseinrichtungen und Anzeigegeräte
102	Getriebeschaltschema, Anlassersperre und Getriebebremswirkung
103	Entfrostung und Beschlagentfernung von Windschutzscheiben
104	Scheibenwischer und Scheibenwaschanlage
105	Hydraulische Bremsanlagen
106	Bremsschläuche
108	Leuchten, reflektierende Einrichtungen und zugehörige Ausrüstungen
109	Neue Luftreifen für Pkw
110	Reifenauswahl und Felgen bei Pkw
111	Rückspiegel
113	Motorhaubenverriegelung
114	Diebstahlsicherung
116	Kraftfahrzeugbremsflüssigkeiten
118	Fremdkraftbetätigte Fenster, Trennwände und Dachteilsysteme
119	Neue Luftreifen für Kfz mit Ausnahme von Pkw
120	Reifenauswahl und Felgen für Kfz mit Ausnahme von Pkw
121	Druckluftbremsanlagen
124	Fahrpedalanlage
126*	Lastkraftwagen – Camperaufbau
129	Neue nichtpneumatische Reifen für Personenkraftwagen
135	Hydraulische Bremsanlage
201	Schutz der Insassen bei Aufschlag gegen die Wageninnenseite
202	Kopfstützen
203	Aufprallschutz für den Fahrer gegenüber der Lenkanlage
204	Verschiebung der Lenkanlage im Crash
205	Verglasungswerkstoffe
206	Türschlösser und Teile zur Türbefestigung (Seiten- und Hecktüren)
207	Sitzsysteme
208	Insassenaufprallschutz
209	Sicherheitsgurtanforderungen
210	Sicherheitsgurtverankerungen
211	Radmuttern, Radscheiben und Radkappen

Tabelle 6.5-1 (Fortsetzung)

FMVSS	Inhalt
212	Windschutzscheibeneinbau
213	Kinderrückhaltesysteme
214	Schutz gegen Seitenaufprall
216	Widerstandsfähigkeit des Daches bei Eindrücken
219	Zoneneindringung bei Windschutzscheiben
301	Dichtigkeit der Kraftstoffanlage
302	Brennbarkeit von Innenmaterialien
303	Kraftstoffsystem von Fahrzeugen mit Erdgasantrieb (CNG)
304	Druckbehälter für verdichtetes Erdgas (CNG)

* Zukünftig: FMVSS 126 Elektronisches Stabilitäts-Kontrollsystem

Die Vorschriften der europäischen Gemeinschaft sind im Kapitel 2.2.2.1 aufgeführt. Die Vorschriften selbst unterliegen einem ständigen Wandel, sei es, weil der Stand der Technik oder neue Erkenntnisse dies erfordern. Zum Beispiel bedeutet die Tatsache, dass immer mehr Fahrerassistenzsysteme eingesetzt werden auch, dass die Vorschriften neue innovative Lösungen erlauben. Das Wiener Weltabkommen, welches unter anderem definiert, dass bei Fahrerunterstützung die Verantwortung beim Fahrer bleibt, kann man auch dahingehend interpretieren, dass bei einer besseren Leistungsfähigkeit des technischen Systems der Fahrer immer noch die Hauptaufgabe der Fahrzeugführung hat, aber bei bestimmten Fahrsituationen „überstimmt“ werden kann. ABS, ESP und ACC sind dafür Beispiele. Volle Automatisierung kann nur in den Bereichen erfolgen, in denen der Mensch aufgrund der Dynamik der physikalischen Effekte keine Chance zum Eingreifen hätte.

6.5.2 Gebiete der Fahrzeugsicherheit

Die Fahrzeugsicherheit lässt sich in die im **Bild 6.5-1** dargestellten Bereiche unterteilen.
Erste grundlegende Definitionen wurden bereits von Wilfert [3] erarbeitet. Durch die zahlreichen Erweiterungen reichen die Begriffe „passive“ und „aktive“ Sicherheit nicht mehr für eine präzise Beschreibung des Gebietes aus [4]. Zumal die Gebiete über Sensorik und Aktuatorik zusammenwachsen. Zeitgerechter sind folgende Begriffe:

- Unfallvorbeugung (umgangssprachlich = aktive Sicherheit): Alle Maßnahmen, die dem Zweck dienen, Unfälle zu vermeiden.
- Unfallfolgenmilderung (umgangssprachlich = passive Sicherheit): Alle Maßnahmen, die dem Zweck dienen, die Unfallfolgen zu minimieren.
- Precrash-Maßnahmen zur Verringerung der Unfallschwere

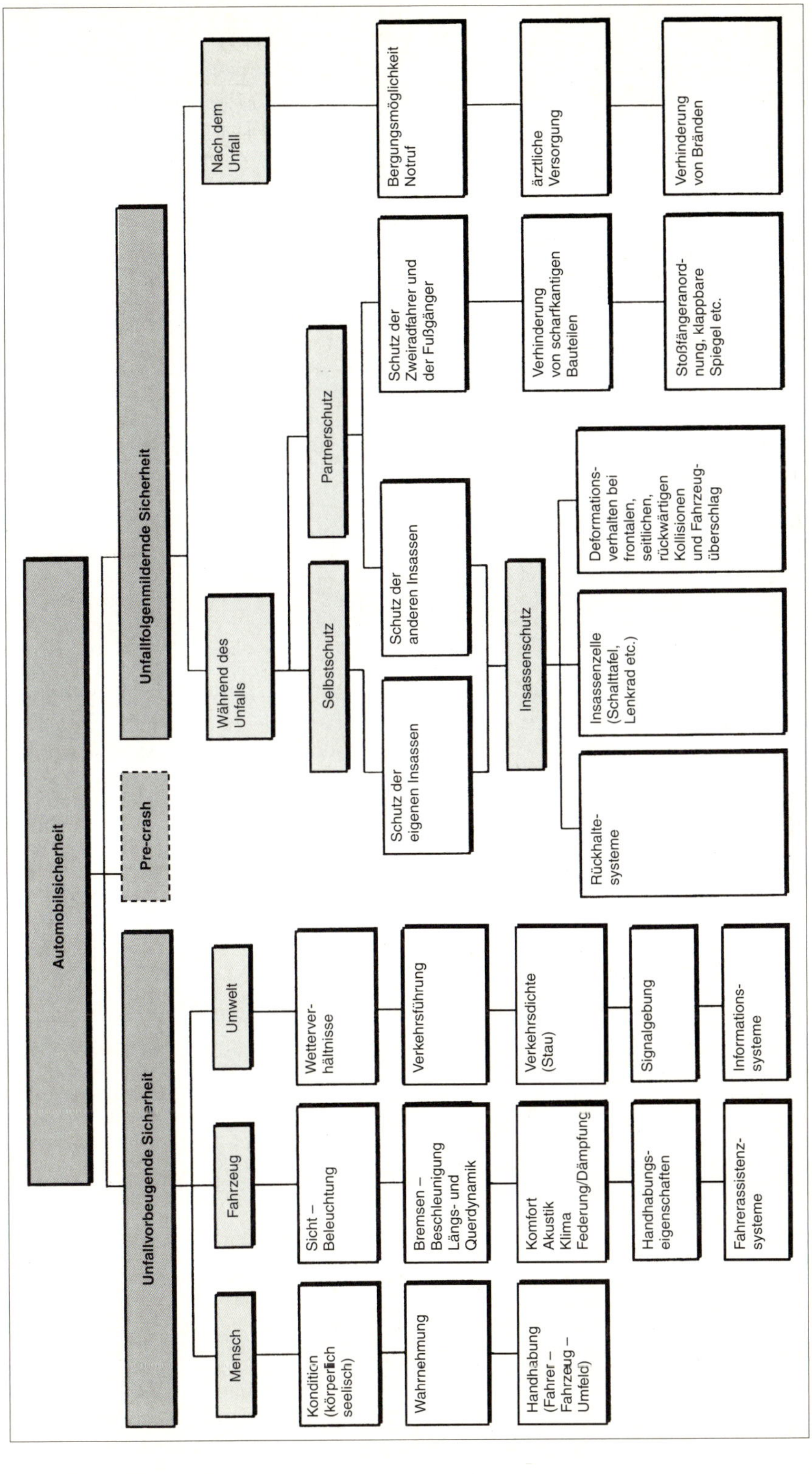

Bild 6.5-1 Gebiete der Automobilsicherheit

Zu den unfallvorbeugenden Maßnahmen zählen neben der Verhaltensweise des Fahrzeugführers auch ein „gutmütig-verzeihendes" Verhalten des Fahrzeuges in extremen Fahrsituationen, zunehmend Fahrerassistenzsysteme wie ABS, ACC, ESP, die Umwelteinflüsse, das Informationsangebot für den Fahrer, die Straßenverhältnisse und die Verkehrssituation, selbstverständlich auch der technisch einwandfreie Zustand des Fahrzeuges.

Hauptverursacher von Unfällen ist nach wie vor der Mensch. Allerdings ist die Schwankungsbreite der Ursachenzuordnung sehr groß. Der gleiche Fahrer kann bei unterschiedlichen Fabrikaten auch ein unterschiedliches Unfallverhalten zeigen. Alkohol- und drogenfreies Fahren, guter Komfort und Ergonomie, ausreichende Beleuchtung und gute Sicht, zahlreiche Assistenzsysteme speziell im Bereich des Fahrverhaltens (Bremsen, Antriebe, ABS, Giermomentregelung, Bremsassistent, siehe auch Kapitel 7), hohe Fahrstabilität, Windunempfindlichkeit sowie Informations- und Kommunikationssysteme werden die Unfallhäufigkeit weiter reduzieren. **Bild 6.5-2** zeigt den Weg der Veränderung auf einem Teilgebiet der Unfallvorbeugung [5].

6.5.3 Daten der Unfallstatistik

Die Entwicklung der Unfallzahlen wird weltweit erfasst und veröffentlicht. Ganz besonders hatte sich Prof. Max Danner, München/Berlin, um die systematische Erfassung und Auswertung von Unfalldaten verdient gemacht (z.B. [6]). Wie wichtig die Unfallanalyse geworden ist, zeigt das Kapitel 2.3, in welchem auf Methodik und Ergebnisse näher eingegangen wird. **Bild 6.5-3** [7] stellt die Entwicklung der Getötetenrate im Straßenverkehr als Funktion von Milliarden Fahrzeugkilometer pro Jahr für verschiedene Länder dar. Im Vergleich der Jahre 2004 und 1970 zeigt sich ein Rückgang der tödlich Verletzten um im Schnitt mehr als 80 Prozent, wobei Großbri-

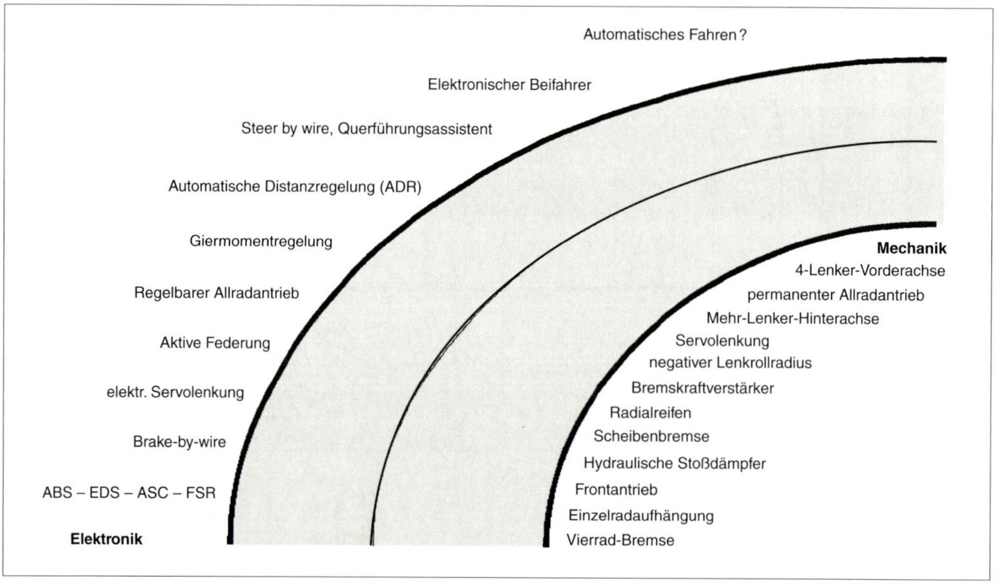

Bild 6.5-2 Innovationen zur Unfallvorbeugung

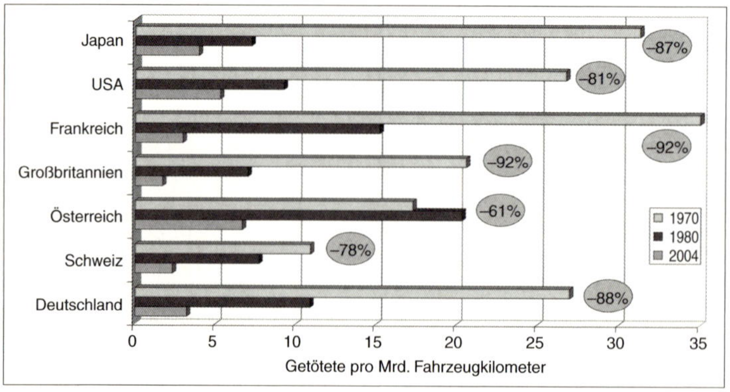

Bild 6.5-3 Entwicklung der Rate der Verkehrstoten auf Autobahnen. Quelle: IRTAD

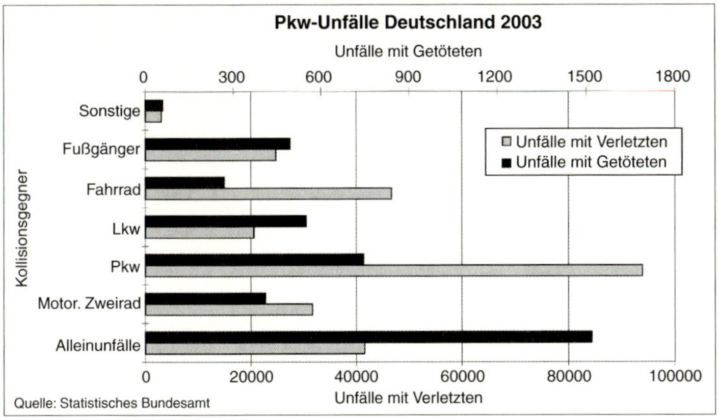

Bild 6.5-4 Unfallgegner der Pkw bei Unfällen mit Personenschaden und Getöteten. Quelle: Statistisches Bundesamt

tannien der Spitzenreiter im positiven Sinn ist. Allerdings sind die öffentlichen Nahverkehrsmittel und die Eisenbahn noch um einen Faktor 10 besser, dabei ist zu berücksichtigen, dass diese Fahrzeuge von Berufsfahrern betrieben werden.

Die Hauptgruppe der Unfallbeteiligten sind die Pkw-Insassen, gefolgt von Fußgängern, Radfahrern und motorisierten Zweiradfahrern. Im **Bild 6.5-4** sind die am Unfallgeschehen Beteiligten näher charakterisiert. Dabei ist der hohe Anteil der Pkw-Alleinunfälle bei den Getöteten und der Anteil der Verletzten bei der Pkw/Pkw-Kollision am größten. Insgesamt hat sich der Anteil der getöteten Pkw-Insassen bezogen auf die Summe von Verletzten und Getöteten in den letzten Jahren deutlich verringert. Durch Daten der Volkswagenunfallforschung [8] ergibt sich folgende Kollisionsartverteilung für tödlich verletzte angegurtete Pkw-Insassen:

- Seite mit Fahrgastzelle 34%
- Frontal, teilüberdeckt 28%
- Frontal, vollüberdeckt 25%
- Heck 6%
- Seite außerhalb der Fahrgastzelle 4%
- Sonstige 3%

Es gibt noch zahlreiche andere Informationen wie Aufprallgeschwindigkeit, Geschwindigkeitsänderung, Sitzbelegung, Insassentyp, Kollisionsobjekt, Verletzungsschwere verschiedener Körperteile etc. So kann man z.B. bei Pkw/Fußgänger-Kollisionen sehr genau die Körperregion erkennen, bei denen die Fußgänger häufiger verletzt werden [9].

Das **Bild 6.5-5** zeigt die Art der Verletzungsschwere als Funktion der Kollisionsgeschwindigkeit. Der bereits hohe Stand des Fußgängerschutzes durch die Fahrzeugkonstruktion zeigt sich deutlich.

Die Unfallanalyse ist Basis für zahlreiche Unfallsimulationstests, für die Kriterien der Versuchspuppen und für die Fahrzeugkonstruktion.

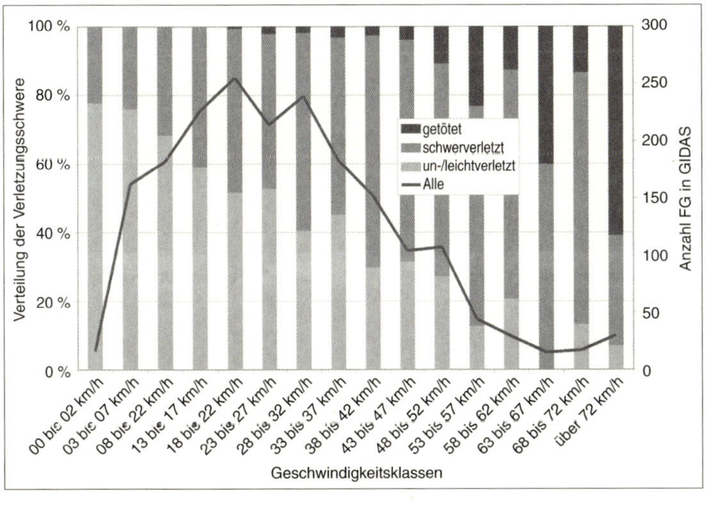

Bild 6.5-5 Fußgängerverletzungsschwere als Funktion der Kollisionsgeschwindigkeit (Quelle: GIDAS)

6.5.4 Biomechanik und Schutzkriterien

6.5.4.1 Biomechanik

6.5.4.1.1 Grundlagen

Beginnend in den USA, später in Europa und dem Rest der Welt wird die Biomechanik verstärkt erforscht. Wesentlichen Anteil an der Untersuchung der menschlichen Widerstandsfähigkeit gegen stoßartige Belastungen hatte der amerikanische Colonel Stapp, der im Selbstversuch als erster Mensch aus einer Geschwindigkeit von 632 mph (rd. 1000 km/h) in 1,4 s bis zum Stillstand verzögert wurde. Das entspricht (bei einem Rechteckimpuls) einer über die Gesamtdauer wirksamen Verzögerung von 20 g. Die jährlich in den USA stattfindenden Konferenzen zu diesem Thema sind nach diesem Colonel Stapp benannt worden. In Würdigung seiner Aktivität erhielt er höchste Auszeichnungen und Ehrungen. So heißt es im Vorwort und in der einleitenden Ehrung zur 8. Stapp-Konferenz [10]:

„The Stapp Car Crash Conferences are named in honor of Colonel John Stapp, USAF (MC), who pioneered (and is still pioneering) in establishing human impact tolerance levels. His historic rocket sled rides at Holloman Air Force Base, New Mexico, in 1954, in which he voluntarily subjected himself to up to 40 G accelerations while stopping from a speed of 632 miles per hour in 1,4 seconds still represent the best basis for quantitating human tolerance to acceleration. In addition to his own dangerous volunteers work, he has directed countless other safety research programs involving human volunteers, animals and cadavers. The equipment and techniques developed under his guidance have become standard in this research area and have contributed much to the advancement of safety. The naming of these conferences after Colonel STAPP is a fitting tribute to a man who has dedicated his life – even to the point of risking it – to research aimed at increasing man's chances of survival in adverse crash environments."

Neben der *Stapp-Conferences* sind *IRCOBI [11] = International Research Council on the Biomechanics of Impacts und das EEVC = European Experimental Vehicle Committee* weitere wichtige Institutionen zur Erarbeitung und zum Austausch biomechanischer Forschungsergebnisse. Für die Fahrzeugsicherheit ist die Biomechanik ein Mittel zur Beschreibung der Verletzungsmechanismen und ein Instrument zur Ermittlung der mechanischen Belastbarkeit des menschlichen Körpers. Die Resultate der biomechanischen Forschung führen zur Festlegung von Belastungsgrenzen. Daraus werden die Schutzkriterien abgeleitet, die als physikalische Größen mit Versuchseinrichtungen gemessen werden und deren direkter Messwert oder daraus abgeleitete Grenzen nicht überschritten werden dürfen.

6.5.4.1.2 Belastungsgrenzen

Die Belastungsgrenzen beschreiben u.a. Knochenbrüche, Organschädigungen und andere Verletzungen. Eine Klassifizierung wird durch den *„Abbreviated Injury Scale" (AIS)* bzw. *„Overall Abbreviated Injury Scale" (OAIS)* vorgenommen. *AIS* und *OAIS* beurteilen eine Einzel- bzw. die Gesamtverletzungen und reichen von 0 bis 6 [12, 53]. Die Einteilung zeigt die **Tabelle 6.5-3**.

Die Belastungsgrenzen werden beeinflusst durch das Alter, Geschlecht, Anthropometrie, Masse und Masseverteilung. Deshalb ist es schwierig, in Unfallsimulationsversuchen alle vom Unfall Betroffenen (Fahrzeuginsassen, Fußgänger) darzustellen. Mit Hilfe von Versuchspuppen soll ein möglichst großes Spektrum erfasst werden.

Im Folgenden werden einige Belastungswerte für den Menschen näher beschrieben.

Tabelle 6.5-3 AIS-Skala *(Abbreviated Injury Scale)*

AIS-Stufe	Verletzungsschwere
1	Leichte Verletzung, z.B. – Schürf- und Schnittwunden – Prellungen
2	Mittelschwere Verletzung, z.B. – tiefe Fleischwunden – Gehirnerschütterung mit Bewusstlosigkeit (unter 15 min)
3	Schwere Verletzung, z.B. – Gehirnerschütterung mit Bewusstlosigkeit (unter 1 h) – Zwerchfellriss – Verlust eines Auges
4	Sehr schwere Verletzung (lebensgefährlich), z.B. – Hirnquetschung mit Bewusstlosigkeit (unter 24 h) – Magenriss – Beinverlust, oberhalb des Knies
5	Sehr schwere Verletzung (niedrige Überlebenschance), z.B. – Hirnquetschung mit Bewusstlosigkeit (über 24 h) – Herzmuskelriss – Rückenmarksverletzung mit Querschnittslähmung
6	Sehr schwere Verletzung (sehr niedrige Überlebenschance, nicht behandelbar), z.B. – Schädelzertrümmerung – Brustkorbzerquetschung – Abriss des Rückenmarks in Höhe des 3. Halswirbels oder darüber

Äußere Verletzungen

Schnittverletzungen im Gesicht und am Hals konnten bei früheren Fahrzeugkonstruktionen durch Aufschlag gegen die Windschutzscheibe entstehen. Eine Bewertung dieser Verletzungen ist von *Prof. Patrick, Wayne State University, USA*, vorgenommen worden. Die eingeklebte Verbundglasscheibe hat ganz wesentlich zur Reduzierung von Schnittverletzungen beigetragen und hält den Fahrer- und Beifahrer-Airbag zurück.

Schädelbrüche durch das Aufschlagen auf Teile des Fahrzeuginnenraums werden nach Swearingen [13] wie folgt begrenzt: Die Verzögerung an der Schädelpartie, multipliziert mit der Kopfmasse, ergibt eine Kraft, die ein Brechen der Schädelpartie bei flächenhafter Lasteinleitung hervorruft. Beschleunigungsgrenzwerte betragen z.B. für die Stirn 200 g, die Nase 30 g und das Kinn 40 g. Brustverletzungen können durch das Aufschlagen auf Lenkrad und Armaturenbrett entstehen. Deshalb soll die Aufprallreaktionskraft möglichst kleiner als 8000 N sein. Die Brustdeformation sollte 5 cm nicht überschreiten.

Ein Bruch des Oberschenkels kann bei Längskräften von mehr als 11 000 N eintreten. Nachdem Kopf und Körper inzwischen gut geschützt sind, rücken Verletzungen der unteren Extremitäten (Fußgelenke) stärker in den Vordergrund.

Innere Verletzungen

Sehr viel schwieriger sind die inneren Verletzungen des Menschen zu erfassen. Die größten Probleme sind zweifelsohne die Beanspruchung des Gehirns und der Halswirbelsäule. Für den Kopf gilt die Aussage, dass in anterior-posterior-Richtung eine Beschleunigung von 80 g über einen Zeitraum von 3 ms nicht überschritten werden soll. Bewusstlosigkeit und schwere Beschädigungen des Gehirns werden nach der Patrick-Kurve [14] beurteilt, **Bild 6.5-6**. Sie zeigt den Zusammenhang zwischen Verzögerungshöhe und Einwirkdauer. Aus der Patrick-Kurve wurde auch das Head Injury Criterion (HIC) abgeleitet.

Über die Grenzbelastung durch die Rotationsbeschleunigung gibt Fiala in [15] Auskunft. Er hat bei einer Gehirnmasse von 1300 g eine Drehbeschleunigung von weniger als 7500 rad/s^2 als zulässig ermittelt.

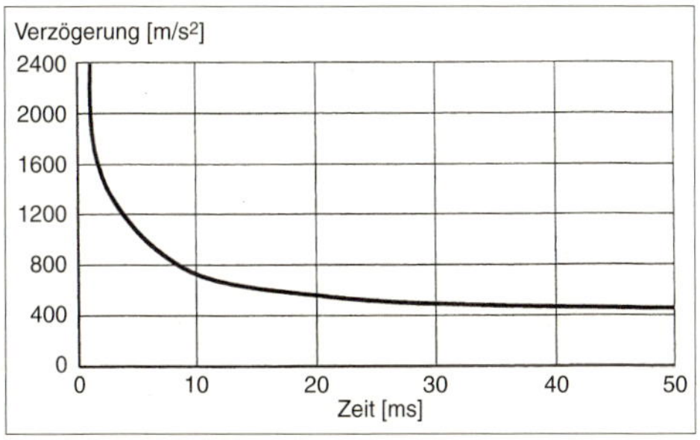

Bild 6.5-6 Patrick-Kurve (Maßstab zur Beurteilung der Belastungen des menschlichen Gehirns)

Ebenso kritisch wie der Kopf ist der Hals. Als verbindendes Element zwischen Rumpf und Kopf wird er bei allen Unfällen einer mehr oder weniger großen Belastung ausgesetzt. Das betrifft insbesondere den aus sieben Halswirbeln bestehenden Nacken, der bei einer relativen Vorwärtsbewegung des Kopfes zum Rumpf (Flexion) und bei einer relativen Rückwärtsbewegung zum Rumpf (Extension) hoch belastet ist. Bei diesen Bewegungen entstehen Zug-, Druck- und Scherkräfte sowie Drehmomente. Je nach Muskulatur und Verhaltensweise des Insassen können dabei schwere Verletzungen auftreten. Besonders kritisch kann ein zu hohes Moment am okzipitalen Condylus (Hinterhauptgelenkknochen) sein.

Verletzungen der Halswirbelsäule rücken zunehmend in den Vordergrund, nachdem durch den Sicherheitsgurt und Airbag Kopf und Körper schon gut geschützt sind. Durch die inzwischen von vielen Institutionen durchgeführten Unfalluntersuchungen muss sichergestellt werden, dass die Kriterien die am Unfall beteiligten Personen (auch die älter werdenden Menschen) abbilden [52].

6.5.4.2 Schutzkriterien

Für Versuchspuppen oder Simulationseinrichtungen von Körperteilen gibt es zahlreiche Kriterien, deren wesentliche im Folgenden aufgelistet sind. Dabei sind länderspezifische Einflüsse zu berücksichtigen. Für den Frontalaufprall gilt in den USA:

- das *Head Injury Criterion*

$$HIC \le 1000 \approx \left[\frac{1}{t_2 - t_1} \int_{t_1}^{t_2} a_{\text{res}} \, \mathrm{d}t \right]^{2,5} (t_2 - t_1)$$

- Resultierende Brustbeschleunigung: <60 g über einen Zeitraum größer 3 ms
- Brustbeindeformation: kleiner als 3 inch = 76,2 mm
- Oberschenkelkraft je Oberschenkel <10 kN

und in Europa

- Kopf: HPC <1000 und resultierende Kopfbeschleunigung <80 [g] unter Ausschluss von Spitzen <3 ms.
- Brust: Die Brustdeformation *TCC* ≅ *Thorax Compression Criterion* <50 mm.
- Das *Viscose Criterion VC* $<1{,}0$ m/s.
- Beine: Die Oberschenkelkraft $<9{,}07$ kN bei 0 ms und $<7{,}56$ kN nach 10 ms.
- Die Schienbeinkraft *(Tibia Compression Force Criterion = TCFC)* <8 kN.
- Der Schienbeinindex *(Tibiaindex = TI)*, gemessen oben und unten darf den Wert von 1,3 nicht überschreiten. Der Tibia-Index ist:
  $TI = |M_R/(M_C)_R| + |F_Z/(F_C)_Z|$
  mit M_X = Biegemoment um die x-Achse,
  mit M_Y = Biegemoment um die y-Achse

$(M_C)_R$ = Kritisches Biegemoment < 225 Nm

$(F_C)_Z$ = Kritische Kompressionskraft in Z-Richtung mit < 35,9 kN

$M_R = \sqrt{(Mx)^2 + (My)^2}$

- Die Knieverschiebung < 15 mm.
- Nacken: Das Nackenverletzungskriterium = Neck Injury Criteria (NIC) darf die Zug- und Scherkräfte, die in kN als Funktion der Zeit angegeben sind, nicht überschreiten. Das Biegemoment um die *y*-Achse in der Rückwärtsbewegung soll < 57 Nm sein. Die Vorwärtsbewegung wird zunächst nur dokumentiert (Grenzwert < 190 Nm).
- Lenkradbewegung: Die verbleibende Lenkradverlagerung im Zentrum des Lenkrades soll < 80 mm vertikal und < 100 mm rückwärts horizontal sein.
- Bezüglich der bereits erwähnten Fußverletzungen gibt es noch keine präzisen Kriterien. Auf jeden Fall soll eine zu große Drehung und ein direkter Kontakt vermieden werden.

Das **Bild 6.5-7** gibt einen Überblick über einige der Anforderungen.

Für den Seitenaufprall gelten folgende Kriterien in den USA:

- Brustkorb: Brustkorbtrauma (TTI) muss bei Pkw's mit vier Seitentüren < 85 g und mit zwei Seitentüren < 90 g sein.

  TTI = ½ $(G_R + G_{LS})$

  G_R = höchster Wert der Beschleunigung der oberen und unteren Rippe in [g]

  G_{LS} = Spitzenbeschleunigung der unteren Wirbelsäule in [g]
- Becken: Die resultierende Beschleunigung muss kleiner als 130 g sein.

Folgende Kriterien gelten in Europa:

- Kopf: *„Head Protection Criterion" HPC* < 1000, falls eine Berührung des Kopfes mit einem Fahrzeugteil stattfindet.
- Brust: Brusteindrückung < 42 mm, Viscose Kriterium *VC* < 1,0 m/s.
- Becken: Maximale Belastung der Schambeinfuge (PSPF) < 6 kN.
- Bauch: Maximale innere Belastung des Bauches APF < 2,5 kN ≅ einer äußeren Belastung < 4,5 kN.

Das **Bild 6.5-8** zeigt einige der Anforderungen für die Beurteilung der Leistungsfähigkeit für den Seitenschutz in den USA und Europa.

Bei der Auslegung der Fahrzeuge und Rückhaltesysteme muss man die Toleranzen des gesamten Systems berücksichtigen. D.h., um gesichert mit allen Fahrzeugen z.B. einen Grenzwert für das HIC von 1000 zu unterschreiten, muss das Entwicklungsziel deutlich niedriger sein.

6.5.4.3 Simulationseinrichtungen

6.5.4.3.1 Kopf

Für die Simulation des Kopfaufschlages auf das Armaturenbrett oder im Fahrzeuginnenraum wird die in SAE J 921 [16] spezifizierte reduzierte Pendelmasse von 6,8 kg, mit Beschleunigungsaufnehmern bestückt, benutzt. Der Kopf kann auch mit einer Folie beklebt werden, die die maximale Flächenpressung beim Aufschlag auf feste Teile bewertet. Für die Überprü-

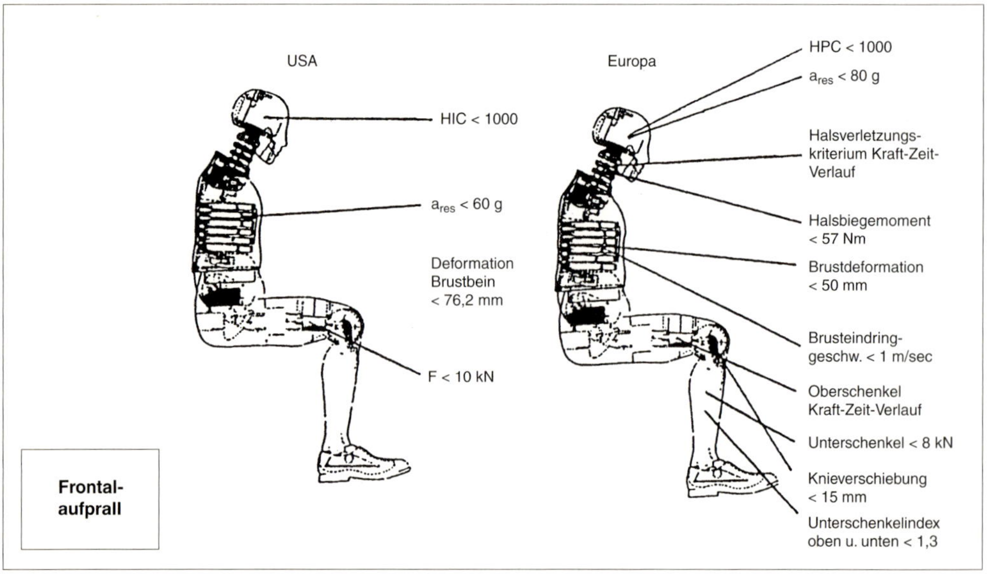

Bild 6.5-7 Anforderungen für Versuchspuppenmessung (Frontalaufprall)

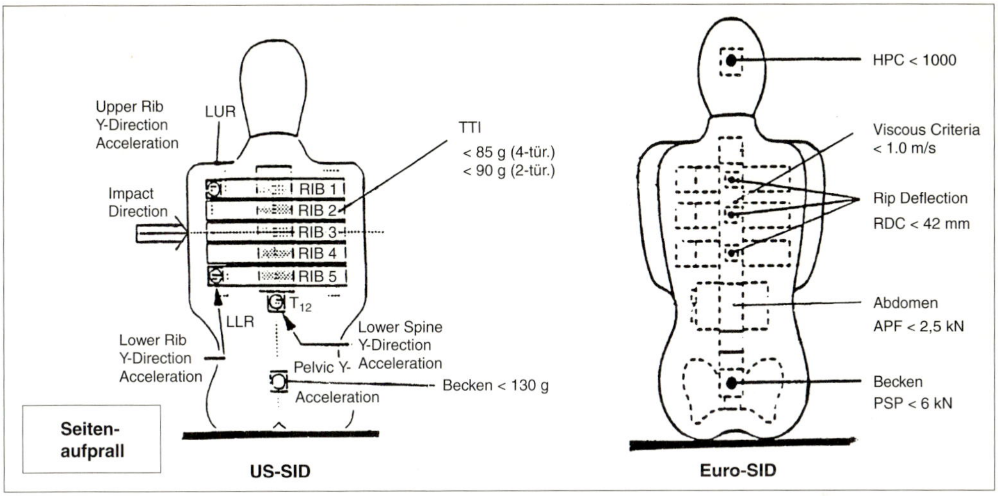

Bild 6.5-8 Anforderungen an Versuchspuppen für den Seitenaufprall

fung des Fahrzeuginnenraumes wird die Kopfform frei fliegend auf die Aufschlagstelle zubewegt.

6.5.4.3.2 Rumpf

Für das Messen der Kraft in horizontaler Richtung beim Aufprall auf die Lenkanlage wird als Belastung ein Körperblock nach SAE 944a verwendet. Dieser Körperblock repräsentiert den Rumpf eines 50%-Mannes und wiegt 36 kg. Allerdings wird der Rumpf durch die Installation von Airbags und Dreipunktgurten nicht mehr als Entwicklungstool eingesetzt.

6.5.4.3.3 Gesamtkörper

Für die Simulation des gesamten Körpers gibt es zahlreiche Versuchspuppen. Sie reichen von Kinderpuppen (verschiedene Altersstufen) über die 5%-Frau, den 50%-Mann bis zum 95%-Mann. Die Prozentangabe schließt immer den entsprechenden Größenbereich ein. Für die Unfallsimulationstests, inklusive der Überprüfung der gesetzlichen Vorschriften werden die 5 % Frau, die 50 % und 95 % Mann sowie die Kinderversuchspuppen verwandt, **Bild 6.5-9**. Für die Seitenaufprallsimulation wird in den USA der SID und in Europa der Euro-SID verwandt. **Bild 6.5-10** demonstriert die Unterschiede im Aufbau der Versuchspuppen. Bezüglich der Weiterentwicklung der Seitenaufprall-Versuchspuppen gibt es zahlreiche Aktivitäten. Der Euro-SID 2 wird für die NCAP-Tests eingesetzt. Dies gilt auch für den durch eine Rippenerweiterung veränderten Dummy Euro-SID 2re. Für den US-Standard *FMVSS 201* wird die SID-H3 Versuchspuppe verwandt. Dies ist eine Kombination des US-SID und der Hybrid III-Version. Zukünftig soll weltweit eine einheitliche Versuchspuppe, der World-SID, benutzt werden. Bei allen Versuchspuppen sind Messwertaufnehmer im Kopf, im Nacken,

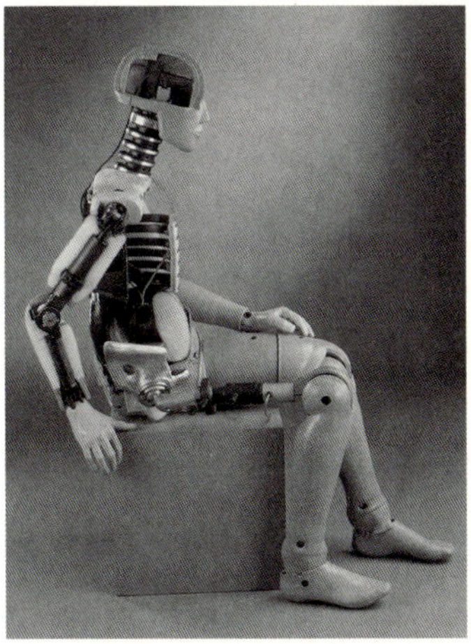

Bild 6.5-9 Hybrid III-Versuchspuppe

in der Brust, im Becken und in den Oberschenkeln installiert. Gemessen werden Beschleunigungen, Kräfte und Deformationswege.

Die Kenntnisse über Verletzungsmechanismen und Belastungsgrenzen nehmen zu, die Verbesserung der Prüfeinrichtungen und -methoden unterliegen einem ständigen Optimierungsprozess. Zum Beispiel ist in Schweden von den Firmen SAAB, Volvo und Autoliv in Zusammenarbeit mit der Universität Chalmers ein Biofidelic Rear Impact Dummy [17] entwickelt worden, mit dem man das Schleudertrauma beurteilen kann. Die positive Weiterentwicklung gilt auch für die mathematische Modellbeschreibung der Versuchspuppen, zum Beispiel FAT-Bericht Nr. 150 [46]. Diese mathematische Modellierung deckt zahlreiche menschliche Größen ab bis hin zur Schwangeren.

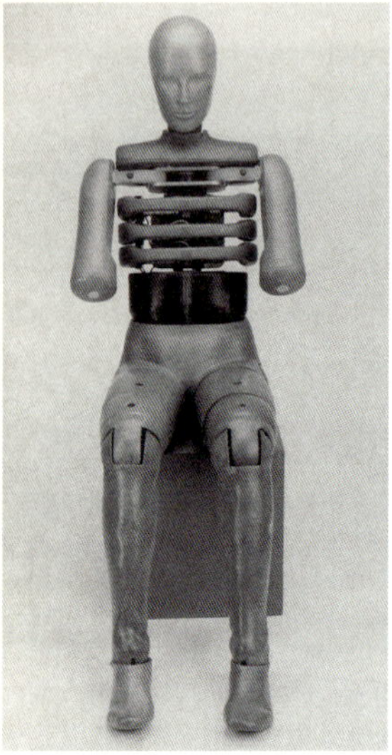

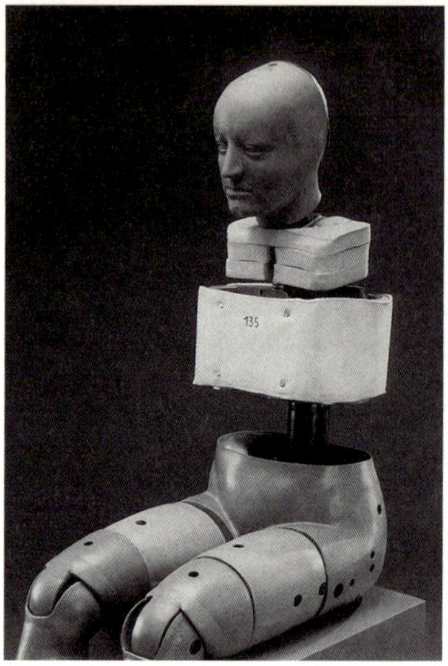

Bild 6.5-10 Versuchspuppen für den Seitenaufprall
links: Euro-SID
rechts: US-SID

6.5.5 Quasistatische Anforderungen an die Karosserie

6.5.5.1 Sitz- und Sicherheitsgurtverankerungspunkt-Tests

Für den Fall, dass das innenliegende Sicherheitsgurtschloss am Sitz befestigt ist, werden Sitz und Verankerungspunkte gleichzeitig geprüft. Über Körperblöcke wird mit Zugbändern die Kraft gleichmäßig entsprechend FMVSS 210 aufgebracht. Je Körperblock müssen mehr als 14 000 N Widerstand geleistet werden. Die Verstärkung im Bereich der oberen Befestigungspunkte in den B-Säulen muss so ausgeführt sein, dass ein Einreißen der B-Säule infolge zu großer örtlicher Steifigkeit vermieden wird.
Die Sitze selbst können im Regelfall die am Gurtverankerungspunkt auftretenden Kräfte nicht aufnehmen, da der Sitz nur das 20fache seines Eigengewichts als Kraft über einen Zeitraum von 30 ms aushalten muss. Für den innenliegenden Verankerungspunkt bedient man sich des steifen Fahrzeugmitteltunnels, an dem eine zackenförmige Sitzführungsschiene befestigt ist. Bei einer Belastung durch einen entsprechend schweren Unfall rastet der Verankerungspunkt fest ein. Sitze, an denen auch der obere Gurtverankerungspunkt angebracht ist, müssen über die Lehne die Kräfte und Momente abstützen und sind wegen der notwendigen Steifigkeit relativ schwer gebaut.

6.5.5.2 Dachfestigkeit

Zur Überprüfung der Dachfestigkeit entsprechend FMVSS 216 wird eine Platte verwendet, die um 25° nach außen (bezogen auf die horizontale Fahrzeuglängsebene) und um 5° nach vorn geneigt ist. Als Anforderung gilt, dass bei einer Belastung mit dem eineinhalbfachen des Leergewichts (maximal jedoch 5000 pounds ≅ 2267 kg) die Eindrückung (senkrecht zur Plattenoberfläche) von 5 inches (≅ 12,7 cm) nicht überschreiten darf.

6.5.5.3 Seitenstruktur

Neben den Erprobungen durch dynamische Versuche gibt es nach FMVSS 214 auch einen quasistatischen Test. Bei diesem Versuch wird ein Zylinder senkrecht zur Fahrzeuglängsachse in die Tür gedrückt. Die Unterkante des Zylinders ist dabei 5 inches (≅ 12,7 cm) über dem untersten Punkt der Tür. Der Prüfkörper hat einen Durchmesser von 12 inches (≅ 30,5 cm). Seine Höhe muss mindestens so bemessen sein, dass er die Unterkante des Fensterausschnittes um mindestens ½ inch (≅ 1,27 cm) überragt. **Bild 6.5-11** zeigt die Widerstandsfähigkeit einer Karosserie, wobei eine Tür mit und ohne Biegeträger geprüft wurde. Bei derartigen Versuchen wird die erreichbare Höchstkraft durch die Fähigkeit zur Kraftübertragung über Schloss und Scharniere auf die A- und B-Säulen begrenzt, so dass in beiden Fällen (mit und ohne Biegeträger) etwa die gleiche Höchstkraft erreicht wird. Deutliche Unterschiede bestehen in dem erreichten Niveau bei 6 inches (≅ 15,2 cm) und bei 12 inches (≅ 30,5 cm). Besonders zu Beginn der Deformation bietet eine Tür mit Biegeträger erheblich mehr Widerstand gegen das Eindringen eines anderen Körpers.

6.5.6 Dynamische Fahrzeugkollision

6.5.6.1 Frontale Kollision

Zur Überprüfung einer eventuellen Beschädigung der Scheinwerfer, Leuchten und weiterer, für die Sicherheit wichtiger Bauteile (z.B. bewegliche Fahrwerks-

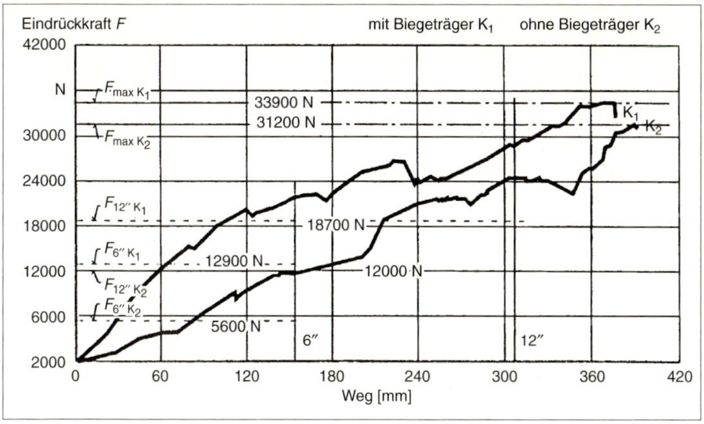

Bild 6.5-11 Versuchsergebnisse (für eine Tür mit und ohne Biegeträger) eines Türeindrückversuches

teile) werden ein Fahrzeugaufprall mit niedrigem υ gegen eine feste Wand und ein Pendelaufschlagversuch gegen den Stoßfänger durchgeführt. Während es in den USA hierzu ein Gesetz gibt, ist in Europa diese Anforderung nur in einigen Ländern zwingend. Der Schadenumfang am Fahrzeug bei niedrigen Aufprallgeschwindigkeiten wird indirekt über die Einstufung in die Kfz-Versicherungsklassen abgedeckt, wodurch weniger der sicherheitstechnische Aspekt, sondern vielmehr die Reparaturkosten berücksichtigt werden. Bis zu Aufprallgeschwindigkeiten von 8 km/h sollen keine bleibenden Beschädigungen auftreten. Für die Beurteilung von Reparaturschäden wird bis zu 16 km/h Aufprallgeschwindigkeit geprüft.

Bei höheren Aufprallgeschwindigkeiten muss die Bewegungsenergie der Kollisionspartner zum größten Teil durch die Deformation von Fahrzeugbauteilen abgebaut werden. Bei einer Frontalkollision gegen ein festes Hindernis, das 90° zur Fahrzeuglängsrichtung steht, ergeben sich die im **Bild 6.5-12** dargestellten Verzögerungs-, Geschwindigkeits- und Deformations-Zeit-Verläufe. Der Rückprall, erkenntlich an der negativen Geschwindigkeit, zeigt, dass auch für diesen Fall ein elastischer Anteil (des Fahrzeugs) von rd. 10% vorhanden ist, so dass beim Aufprall gegen eine feste Wand mit 50 km/h die gesamte Geschwindigkeitsänderung rd. 55 km/h beträgt. Die von dem aufprallenden Fahrzeug auf die Barriere übertragenen Kräfte sind z.B. wie folgt. An der vor der Barriere angebrachten Kraftmessplatte wurden in Messsegmenten von 325 mm × 325 mm Größe Deformationskräfte gemessen. Beim Aufprall eines rd. 1 000 kg schweren Pkw mit 50 km/h gegen eine feste Wand ergab sich als höchste Einzelkraft 128 kN, bei der Addition der Einzelkräfte ergeben sich rd. 300 kN als Spitzenwert. Im **Bild 6.5-13** sind die Anteile eines Fahrzeugvorderbaus während des Frontcrashes an der Energieabsorption dargestellt. Der Aufprall gegen eine feste Wand lässt sich unter Annahme eines plastischen Stoßes mit folgenden Größen beschreiben:

$\ddot{s}_{FZ}$ Verzögerung des Fahrzeuges während des Aufpralles als $f(t)$,
$\dot{s}_{FZ}$ Geschwindigkeit des Fahrzeuges während des Aufpralles als $f(t)$,
s_{FZ} Weg des Fahrzeuges während des Aufpralles als $f(t)$,
F, $\overline{F}$ Deformationskraft, mittlere Deformationskraft,
v_i Aufprallgeschwindigkeit, Δv Geschwindigkeitsänderung.

Nimmt man ferner an, dass die Deformationskraft konstant ist, und weiter gilt $\ddot{s}_{FZ} = -a$, $\dot{s}_{FZ(t=0)} = v_i$, $s_{FZ(t=0)} = 0$, so ergibt sich

$$\ddot{s}_{FZ(t)} = -a \quad \text{und} \quad \frac{m_{FZ}}{2}(v_i^2 - \dot{s}^2) = \int_0^s F \cdot ds = \overline{F} \cdot s_{FZ},$$

$$\dot{s}_{FZ(t)} = -a \cdot t + v_i,$$

$$s_{FZ(t)} = -\frac{a \cdot t^2}{2} + v_i \cdot t,$$

$$s_{FZ(s)} = -\frac{v_i^2 - \dot{s}^2}{2a}.$$

Ersetzt man die mittlere Deformationskraft durch $\overline{F} = m_{FZ} \cdot a$, dann ergibt sich aus Gl. (5) eine weitere interessante Tatsache:

$$\frac{m_{FZ}}{2} \cdot v_i^2 = m_{FZ} \cdot a \cdot s_{FZ} \quad \text{oder} \quad v_i^2 = 2a \cdot s_{FZ}.$$

Daraus folgt, dass sich beim frontalen Aufprall die Deformationskräfte unterscheiden können. Je größer die Fahrzeugmasse ist, desto größer ist der Wert $F = m \cdot a$. Es gilt aber auch, dass wegen der Insassenbeanspruchung – gleiche Verzögerung vorausgesetzt – die Deformationswege beim Aufprall gegen ein festes Hindernis aufprallgeschwindigkeits- und nicht masseabhängig sind. Bei einer Aufprallgeschwindigkeit von ca. 50 km/h haben der Großteil der Fahrzeuge Deformationswege von 450 bis 750 mm. Diese

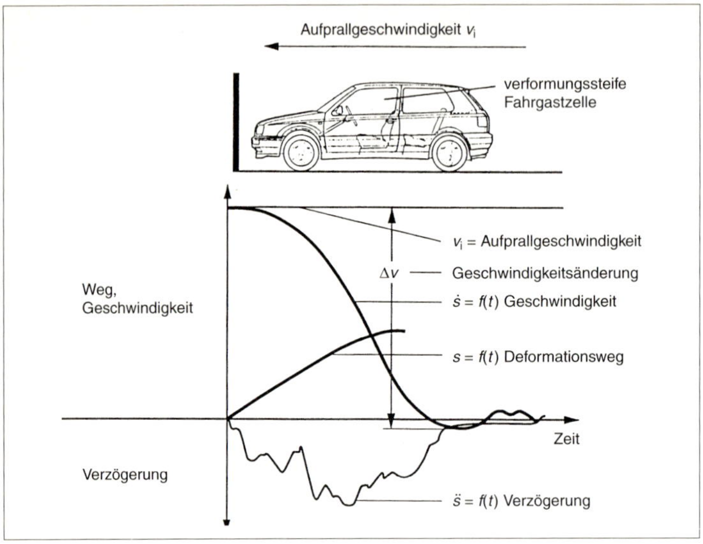

Bild 6.5-12 Prinzipielle Verläufe von Verzögerung, Geschwindigkeit und Deformationsweg bei einem Frontalaufprall

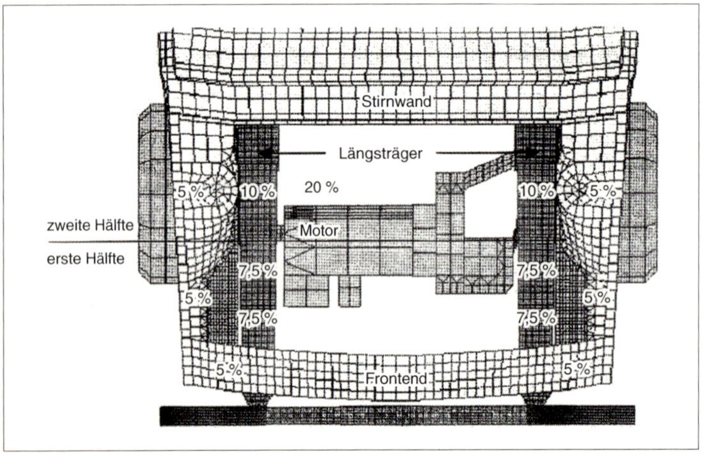

Bild 6.5-13 Energieabsorptionsverteilung beim Frontalaufprall [18]

steigen bei Aufprallgeschwindigkeiten von 35 mph (≅ 56 km/h) um rd. 100 bis 150 mm.

Das Verhalten beim 30°-Aufprall ähnelt sehr stark einem frontalen Fahrzeug-Fahrzeug-Zusammenstoß; durch die Abgleitphase im Vergleich zum Frontalaufprall führt dies eher zu einer schwächeren Belastung der Insassen. Im Gegensatz dazu ist der Offset-Aufprall eine extrem starke Beanspruchung für die Fahrzeugstruktur. Der größte Teil der zu absorbierenden Energie muss von einer Fahrzeugseite aufgenommen werden. Die jeweiligen Geschwindigkeitsänderungen (im Schwerpunkt) Δv_x und Δv_y betragen, auf die Fahrzeugmitte bezogen,

30°-Aufprall $v_i \approx 50$ $\Delta v_x \approx 57{,}6$ $\Delta v_y \approx 14{,}4$ km/h.

40%-Offset- $v_i \approx 50$ $\Delta v_x \approx 52{,}2$ $\Delta v_y \approx 13{,}7$ km/h.

Beim frontalen Zusammenstoß zweier Fahrzeuge mit den Massen m_1 und m_2 gelten folgende Zusammenhänge:

$$\frac{m_1 \cdot v_{i2}^2}{2} + \frac{m_2 \cdot v_{i2}^2}{2} = \frac{1}{2}(m_1 + m_2) \cdot u^2 + F \cdot (\Delta s_1 + \Delta s_2) \quad (1)$$

mit u als der gemeinsamen Geschwindigkeit nach dem Stoß:

$$u = \frac{m_1 \cdot v_{i1} + m_2 \cdot v_{i2}}{m_1 + m_2} \quad (2)$$

Beim Einsetzen der Anfangsrelativgeschwindigkeit

$$v_r = v_{i1} - v_{i2} \quad (3)$$

beider Fahrzeuge ergibt sich aus den Gln. (1) und (2)

$$v_r^2 = 2F \cdot (\Delta s_1 + \Delta s_2) \cdot \frac{m_1 + m_2}{m_1 \cdot m_2}. \tag{4}$$

Damit sind die Geschwindigkeitsänderungen für die Fahrzeuge 1 und 2:

$$\Delta v_1 = v_{i1} - u = (v_{i1} - v_{i2}) \cdot \frac{m_2}{m_1 + m_2} = v_r \cdot \frac{m_2}{m_1 + m_2} \tag{5}$$

$$\Delta v_2 = v_{i2} - u = (v_{i2} - v_{i1}) \cdot \frac{m_1}{m_1 + m_2} = v_r \cdot \frac{m_1}{m_1 + m_2} \tag{6}$$

Für die häufig diskutierte Frage, welche Geschwindigkeiten bei einem Frontalaufprall gegen eine feste Wand gewählt werden muss, um eine frontale Kollision zweier identischer Fahrzeuge mit jeweils gleichen Anfangsgeschwindigkeiten $v_{i1} = v_{i2}$ zu simulieren, gilt, dass dann auch die Geschwindigkeitsänderung der betrachteten Fahrzeuge gleich sein muss, also Δv_{1B} beim Aufprall gegen eine feste Barriere gleich Δv_{1FZ} bei der Fahrzeug-Fahrzeug-Kollision. Für den plastischen Stoß ergeben sich dann folgende Zusammenhänge:

Fall I. Aufprall gegen eine feste Barriere

$$\Delta v_{1B} = (v_{i1} - v_{i2}) \cdot \frac{m_2}{m_1 + m_2}$$

mit m_2 = Barriere = ∞ und v_{i2} = Barriere = 0 (7)

$$\Delta v_{1B} = v_{i1} \tag{8}$$

Fall II. Aufprall gegen ein zweites Fahrzeug

$$\Delta v_{1FZ} = (v_{i1} - v_{i2}) \cdot \frac{m_2}{m_1 + m_2}$$

mit $m_2 = m_1 = m$ und $v_{i2} = -v_{i1}$ (9)

$$\Delta v_{1FZ} = v_{i1}$$

Somit entspricht der Barrierenaufprall eines Fahrzeuges mit v_{i1} einem Fahrzeug-Fahrzeug-Aufprall, bei dem jedes Fahrzeug eine Geschwindigkeit von v_{i1}, allerdings entgegengesetzt, hat, oder dem Aufprall eines Fahrzeuges mit $2 \cdot v_{i1}$ auf ein stehendes Fahrzeug. Ein 50-km/h-Aufprall gegen eine feste Barriere hat damit, einen plastischen Stoß vorausgesetzt, die gleichen Folgen wie ein Zusammenstoß zweier Fahrzeuge gleicher Masse bei einer Relativgeschwindigkeit von 100 km/h. Berücksichtigt man jedoch die Tatsache, dass das elastische Verhalten bei einem Barrierenaufprall ausgeprägter ist, dann entspricht dies einer Geschwindigkeit von rd. 110 km/h. Bei der normalerweise eintretenden Reboundphase durch die Teillastizität ist die äquivalente Testgeschwindigkeit beim Aufprall gegen eine feste Barriere ca. 10% niedriger als im echten Unfallgeschehen.
Für die Sicherheitsuntersuchungen des Frontalaufpralls gelten die im **Bild 6.5-14** dargestellten Anforderungen.

6.5.6.2 Seitliche Kollision

Auch für die seitliche Kollision gibt es Simulationsverfahren:

- Für Fahrzeuge, die vor dem 01. 09. 2004 gebaut wurden, fährt unter 90° eine starre Barriere (1814 kg) jeweils in die Seiten des zu prüfenden Fahrzeugs. Kriterium ist die Dichtigkeit der Kraftstoffanlage, Kap. 7.6.
- Der Aufprall einer beweglichen Barriere US-Standard FMVSS 214, mit 1361 kg in einer „crabbed" Konfiguration mit 54 km/h in die Seiten des zu prüfenden Fahrzeugs [19].
- Ein Pfahlaufprall mit 25,4 cm Durchmesser unter 75° bzw. 90° in die Seiten des zu prüfenden Fahrzeugs. Die Aufprallgeschwindigkeiten sind für den FMVSS 201 29 km/h und für den FMVSS 214 32 km/h.

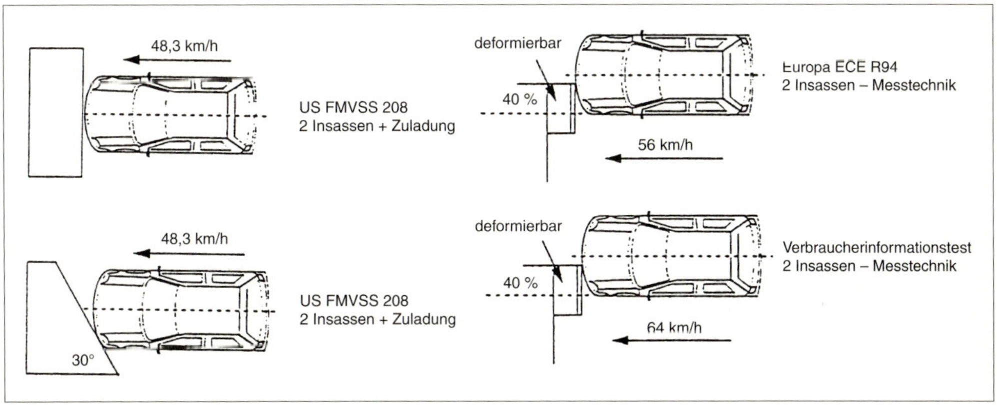

Bild 6.5-14 Unterschiedliche Frontalaufprallprüfverfahren

– Aufprall einer beweglichen Barriere, entsprechend 96/27/EEC [20]. Diese Barriere fährt unter 90° in die Seiten des zu prüfenden Fahrzeugs. Das Barrierengewicht beträgt 950 kg. Die Front ist deformierbar gestaltet und die gesetzliche Aufprallgeschwindigkeit ist 50 km/h.

Durch das Insurance Institute for Highway Safety (IIHS) wurde ein weiterer Seitencrash definiert. Bei diesem Test soll die Kompatibilität zwischen light duty truck, sport utility vehicle und Pkw verbessert werden.

6.5.6.3 Heckkollision

Auch für die Heckkollision wurden zahlreiche gesetzliche Anforderungen definiert. Die in der ECE R34 definierte Barriere wird mit 38 und 50 km/h in das Heck des zu prüfenden stehenden Fahrzeugs gefahren. Für die Prüfung der Tankanlage beträgt das Gewicht nach FMVSS 301 1841 kg und die Aufprallgeschwindigkeit ca. 50 km/h. Ab Mitte des Jahres 2006 wurde ein weiterer Test eingeführt (FMVSS 301). Hier fährt eine 1350 kg schwere deformierbare Barriere mit 80 km/h offset in das Heck. Hauptkriterium ist die Dichtigkeit der Kraftstoffanlage [19].

6.5.6.4 Fahrzeugüberschlag

Der Fahrzeugüberschlag rückt speziell in den USA wieder stärker in den Vordergrund. Folgende Testverfahren sind relevant: Die Dichtheit der Kraftstoffanlage wird mittels eines „Rhönrades" vor und nach der frontalen, seitlichen und Heckkollision durch Drehen des Fahrzeuges in 90°-Schritten getestet (Verweildauer in jeder Position: 5 min). Gegen das Auslaufen des Kraftstoffes sind Schwerkraftventile in der Leitung zwischen Kraftstofftank und Aktivkohlebehälter eingebaut, die bereits bei Schräglage sperren (Kap. 7.6).

Im Zusammenhang mit der Überprüfung des Insassenverhaltens wird das gesamte Fahrzeug einem dynamischen Überschlagtest unterzogen. Hierzu wird das Fahrzeug unter 23° auf einen Schlitten gestellt, der mittels einer genau definierten Verzögerung aus einer Geschwindigkeit von 30 mph (≅ 48,3 km/h) abgebremst wird. Das Fahrzeug führt dann eine mehrfache Rotationsbewegung aus, wie im **Bild 6.5-15** dargestellt. Interessant sind die im Vergleich zur frontalen und seitlichen Kollision zeitlich sehr viel längeren Abläufe von bis zu mehreren Sekunden. Sie garantieren den angegurteten Insassen eine hohe Überlebenschance ohne große Verletzungen, wenn der Überlebensraum erhalten bleibt.

Seitens der NHTSA sollen die auch für den Überschlag relevanten quasistatischen Gesetze FMVSS 214, 206, 216 verschärft werden und ein „containment-Test" für die Kopfseitenairbags ausgearbeitet werden. Hierbei wird eine Kopfform von Innen gegen den gezündeten Kopfairbag geschossen [21].

6.5.6.5 Karosserie

Die konstruktionsbedingt eingeschränkten Verformungsmöglichkeiten im Deformationsbereich moderner Kompaktfahrzeuge erfordern Deformationselemente mit möglichst hohem volumenspezifischen Energieaufnahmevermögen. Der Kraft-Zeit-Verlauf sollte dabei möglichst konstant sein. Faltenbeulen, Stulpverformung, andere Aggregatanordnung, stabiler Querverbund (Wegtauchen des Aggregats) sind einige Lösungen.

Um die Windschutzscheibe beim Unfall im Rahmen zu halten, hat sich die Methode des Einklebens der Verbundglasscheibe durchgesetzt.

Zur Erfüllung des nicht gesetzlich geforderten Kriteriums, dass auch nach schweren Unfällen die Türen ohne allzu große Mühe geöffnet werden können, ist die Türschlosskonstruktion von Bedeutung. Sie muss garantieren, dass sie auch bei begrenzten Relativbewegungen in Fahrzeuglängsrichtung intakt bleibt und der Öffnungsmechanismus nicht außer Kraft gesetzt wird.

Für den Fall eines Seitenaufpralles ist neben einer soliden Konstruktion der A- und B-Säulen und der Seitenverstärkungen die Querabstützung zwischen den Säulen stabil zu gestalten. Hierzu muss über die Sitzquerträger und andere Querverstärkungen, z.B. unter dem Armaturenbrett oder im Hinterwagenbereich, die notwendige Festigkeit erreicht werden (Kap. 6.1.1).

6.5.7 Insassenschutz

6.5.7.1 Fahrzeuginnenraum

Neben den klassischen Rückhaltesystemen (Sicherheitsgurte) unterliegt der gesamte Fahrzeuginnenraum speziellen Anforderungen. Es darf z.B. in möglichen Kopfaufschlagsbereichen (Prüfung mit einer Kugel

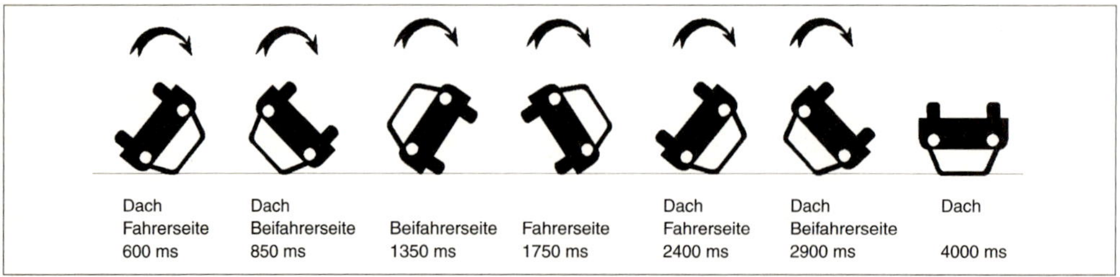

Bild 6.5-15 Bewegungsablauf eines Fahrzeuges im Überschlagtest

von 165 mm Durchmesser) ein Bauteilradius von 2,5 bis 3,2 mm (je nach Lage) nicht unterschritten werden.

Die neue Version des FMVSS 201 erfordert bei zahlreichen Aufschlaggebieten im Fahrzeuginnenraum mit einer Kopfform die Unterschreitung eines vorgegebenen Beschleunigungsniveaus. Einen besonderen Schwerpunkt bilden auch die Lenksäulen mit den Airbag-Lenkrädern. Im Zusammenwirken mit dem Sicherheitsgurt und Sitz sind sie ein wesentliches Element für den Insassenschutz. Damit die Lenksäule mit Lenkrad nicht zu weit in den Innenraum eindringt, obwohl durch den FMVSS 208 technisch überholt, ist auch bei einem Aufprall mit ca. 50 km/h das Eindringen der Lenkradmitte in horizontaler und vertikaler Richtung begrenzt. Die definierte Bewegung des Lenkgetriebes erlaubt ein teleskopartiges Zusammenschieben der Lenksäule. Auch beim „steer-by-wire" wird das Lenkrad den Airbag aufnehmen, zumal der Einsatz der Joystick-Lenkung im Pkw sehr unsicher ist. Einen Überblick über Sicherheitslenkungen findet man in [22, 23].

Ebenso darf das Fußhebelwerk während einer Frontalkollision nicht zu weit in den Innenraum eindringen und scharfkantig splittern.

Auch alle übrigen Fahrzeuginnenteile haben direkt oder indirekt etwas mit der Fahrzeugsicherheit zu tun. Speziell für den Seitenschutz ist die Gestaltung der Türinnenseite von Bedeutung, da sie dazu beitragen kann, die Belastungen des Insassen abzubauen Kap. 6.4.4.

6.5.7.2 Rückhaltesysteme

Bei den Rückhaltesystemen wird unterschieden zwischen Einrichtungen, die aktiv sind, damit ihre Schutzwirkung erreicht wird – Sicherheitsgurt anlegen oder Kinderrückhaltesysteme sind hierfür gute Beispiele –, und Einrichtungen, deren Schutzwirkung ohne Zutun der Insassen automatisch beim Unfall aktiviert wird, z.B. Gurtwegbegrenzung, Gurtstrammer, Airbag.

Moderne Gurtsysteme besonders in Kombination mit dem Airbag sind äußerst leistungsfähig und garantieren den Insassen einen hervorragenden Schutz im Kollisionsfall.

Ein entscheidendes Kriterium für die Güte und Wirksamkeit eines Gurtrückhaltesystems ist die Abstimmung der Einzelkomponenten aufeinander, d.h. nur das perfekte Zusammenspiel von Fahrzeugstruktur, Lenkradbewegung, Sitzverhalten, Innenraumgestaltung, Gurtcharakteristik und Airbagverhalten garantiert einen optimalen Insassenschutz.

6.5.7.2.1 Sicherheitsgurte

Weltweit hat sich der Dreipunktgurt mit Aufrollautomatik durchgesetzt. Der Dreipunktgurt ist inzwischen im Regelfall bei allen außen liegenden Sitzen und immer häufiger auch bei dem Mittelsitz eines 5-Sitzers der hinteren Sitzreihe eingebaut. Das Schloss ist bei verstellbaren Sitzen direkt am Sitz befestigt, die außen liegende Seite des Gurtes an der B- oder C-Säule.

Das zulässige Feld der Gurtverankerungspunkte ist durch gesetzliche Regelungen exakt vorgeschrieben (**Bild 6.5-16**). Der außen obenliegende Punkt ist bei den meisten Fahrzeugen höhenverstellbar. Das Komfortempfinden des Menschen für die Lage des Gurtes und dessen Schutzwirkung gehen konform.

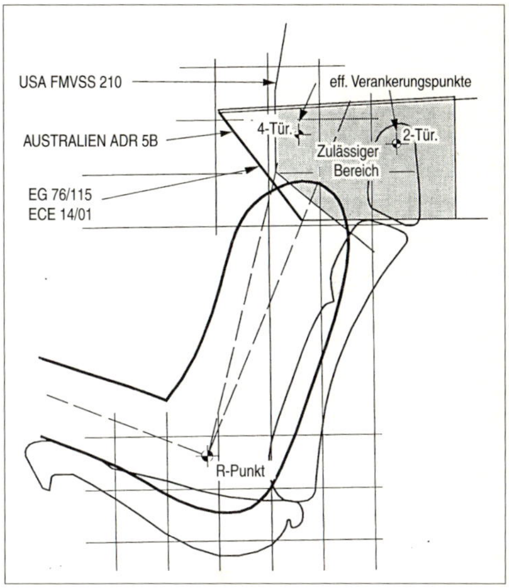

Bild 6.5-16 Gesetzlich vorgeschriebene Bereiche für die geometrische Lage des oberen Gurtverankerungspunktes

Für das Sperren der Gurte beim Unfall sorgen zwei voneinander unabhängige mechanische Systeme. Ein System nutzt die Fahrzeugbeschleunigung oder -verzögerung (Pendelprinzip). Bei einem Impuls von mehr als 0,4 g wird die Sperrung ausgelöst. Eine zweite Sperre reagiert auf die Gurtauszugsbeschleunigung, wobei oberhalb eines festgelegten Wertes gesperrt wird, d.h. bei Auszugsbeschleunigungen von mehr als 1 g tritt die Sperrung innerhalb von 50 mm Auszugslänge ein.

Für das optimale Zusammenwirken von Sicherheitsgurten und der Fahrzeugstruktur gibt es eine Reihe von Subsystemen, wie Gurtklemmer (Gurtwegbegrenzer) mechanische oder pyrotechnische Gurtstrammer.

Im Einzelnen wirken die Systeme wie folgt:

Der Gurtklemmer bewirkt, dass der Gurt oberhalb des Aufrollautomaten geklemmt wird, nachdem die Blockierung des Automaten stattgefunden hat. Dadurch wird verhindert, dass die Restlänge des Sicherheitsgurtes auf dem Gurtbandaufroller zusammengezogen wird und somit nochmals eine Gurtlose, je nach Sitzposition bis zu 10 cm, freigegeben wird.

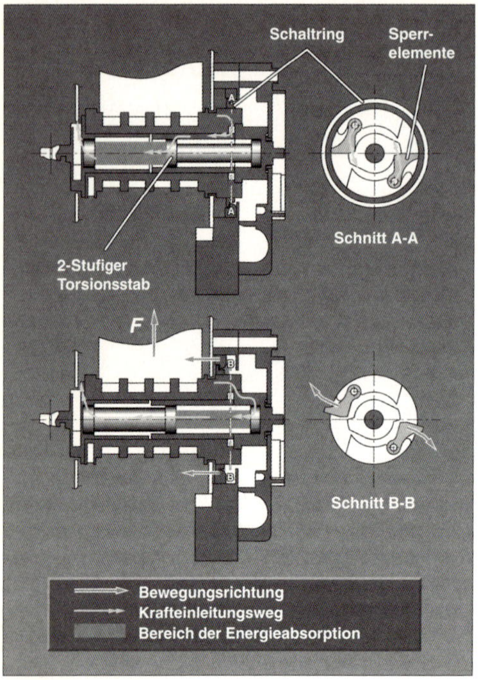

Bild 6.5-17 Gurtautomat mit unterschiedlichem Kraftniveau [24]

Beim kaum noch eingebauten mechanischen Gurtstrammer wird nach dem Überschreiten eines Verzögerungs-Schwellwertes eine Feder freigegeben, die den Gurt innerhalb von rd. 10 ms vorspannt.

Beim pyrotechnischen Gurtstrammer wird, in Abhängigkeit von der Unfallschwere, sensorgesteuert nach Überschreiten einer Verzögerungsschwelle das Gurtband gestrafft. Innerhalb von 20 ms wird der Gurt bei einem 50-km/h-Frontalaufprall gegen eine feste Wand mit 1 000 N vorgespannt. Nach dem Auslöseimpuls wird das am Kolben befestigte Seil so zurückgezogen, dass die Gurtwickelspule entgegengesetzt zur Auszugsrichtung zurückgedreht wird. Die neueste Lösung für eine Gurtkraftbegrenzung ist aus **Bild 6.5-17** zu erkennen. Hier wird nach dem Gurtstrammen, wenn das hohe Kraftniveau zu lange anhält, mittels Pyrotechnik auf ein kleineres Niveau umgeschaltet [24].

Welche Art der Zusatzeinrichtung verwendet wird, ist abhängig vom Zusammenwirken aller für den Unfallablauf wichtigen Komponenten: Fahrzeugdeformationscharakteristik, Sitz, Rückhaltesysteme und geometrische Anordnung.

Für die Bereitschaft zum Anlegen des Gurtes ist der Komfort ebenfalls eine wichtige Größe. Die Anordnung des Gurtschlosses am Sitz und die Gurthöhenverstellung haben hierzu bereits sehr positive Beiträge geleistet. Eine weitere Maßnahme zur Minimierung der Gurtlose beim Dreipunktgurt ist die Optimierung der Rückzugskraft durch den Gurtautomaten, um ein einwandfreies Aufrollen zu garantieren, ohne dass im angelegten Bereich die Kraft übermäßig hoch ist. Teilweise werden auch zwei Automaten pro Gurt angeboten, um die Auszugskraft gering zu halten.

6.5.7.2.2 Kinderrückhaltesysteme

Es gibt kein singuläres Kinderrückhaltesystem, das allen Alters- und Entwicklungsstufen gerecht werden kann. Bei der Auslegung von Kinderrückhaltesystemen muss insbesondere die im Vergleich zu Erwachsenen unterschiedliche Massenverteilung heranwachsender Menschen berücksichtigt werden.

Einige Hersteller bieten Kindersitze an, die auch für die Befestigung im Fahrzeug optimal ausgelegt sind.

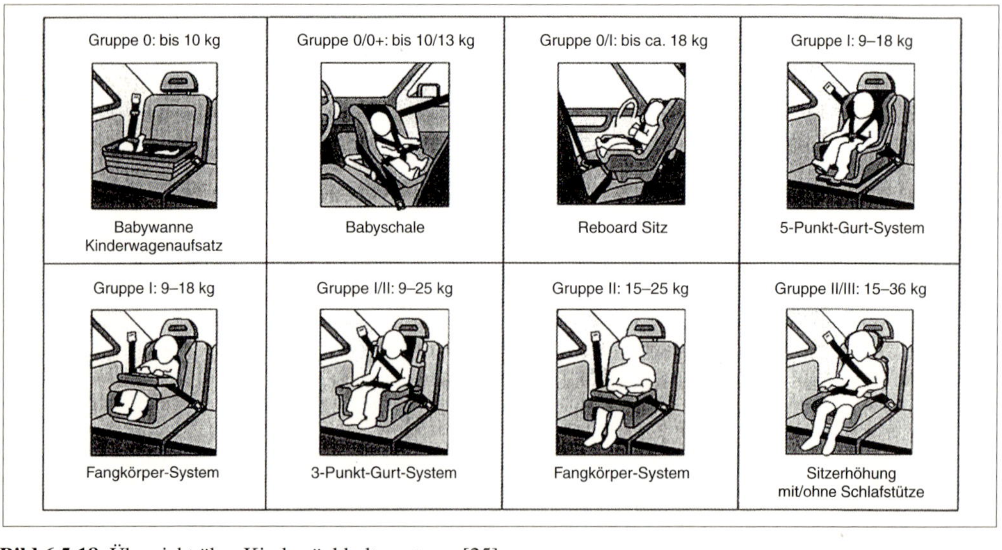

Bild 6.5-18 Übersicht über Kinderrückhaltesysteme [25]

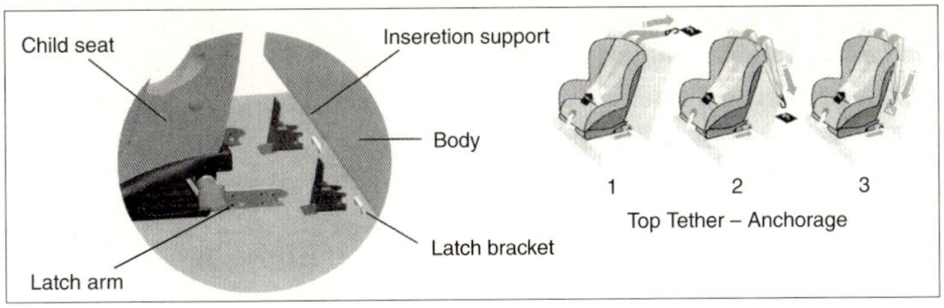

Bild 6.5-19 ISOFIX-Befestigungen der Kindersitze [26]

Bild 6.5-18 zeigt eine Übersicht über in der EU vorhandenen Anforderungen an Kindersitze [25] und **Bild 6.5-19** zeigt die Top Tether ISOFIX-Befestigungen der Kindersitze [26]. Es ist zu wünschen, dass für derartige Systeme die internationale Normung zur Vorschrift wird. Für den Einbau gibt es zwei grundsätzlich unterschiedliche Möglichkeiten: rückwärts gerichtete Kindersitzsysteme und in Fahrtrichtung eingesetzte Systeme. Beim Rebound-System sitzt das Kind entgegen der Fahrtrichtung. Diese Anordnung ist für Babys und Kleinkinder besonders empfehlenswert, da diese Position die Gefahr schwerer Halswirbelverletzungen besonders bei Frontkollisionen minimiert. Gerade in dieser Altersklasse ist der Kopf, bezogen auf die entwickelte Halsmuskulatur, zu schwer. Bei Fahrzeugen mit Beifahrerairbag wird derselbe beim Einbau des Kindersitzes deaktiviert. Ältere Kinder mit entsprechend entwickelter Halsmuskulatur können ohne Bedenken Kindersitze benutzen, die in Fahrtrichtung angebracht sind [27].

6.5.7.2.3 Airbag-Systeme

Auch beim Airbag gibt es teilweise unterschiedliche Ausführungen, was auf die amerikanische Gesetzgebung zurückzuführen ist.

Durch die in den USA erhobene, nicht ganz glückliche Forderung nach *„passive restraints"* ergibt sich bei den Airbag-Kunden eine sinkende Bereitschaft, die Gurte anzulegen. Das ist aber geradezu eine Pervertierung des Sicherheitsgedankens. Das Airbag-System sollte und darf nur eine Ergänzung zum Gurt sein. Die unterschiedliche Insassenkinematik, angegurtet oder nicht angegurtet, erfordert unterschiedliche Airbag-Systeme, die jeweils optimal auf das gleichzeitig eingebaute Rückhaltesystem abgestimmt sein müssen.

Bei Systemen mit Dreipunktgurt bewegt sich der Insasse zunächst relativ zum Fahrzeug nach vorn, bis der Gurt sperrt. Danach setzt sich die Relativbewegung verzögert nach vorn fort. Diese wird durch den Beckengurt mit einer vertikalen Kraft nach unten beeinflusst. In der Schlussphase des Aufpralles entsteht eine stärkere Kopfrotation, die durch die zusätzlichen Fahrer- und Beifahrer-Airbag-Systeme deutlich reduziert werden kann.

Die Airbag-Systeme bestehen aus kompakten Einheiten. Ein bzw. mehrere Sensoren bewerten den Verzögerungs-Zeit-Verlauf, also die Unfallschwere. Hat der Sensor ausgelöst, wird ein Zünder in einem pyrotechnischen Behälter aktiviert, der seinerseits die Verbrennung des pyrotechnischen Materials auslöst. Mit dem erzeugten Gas wird der Bag gefüllt. Die Sensorauslösezeit bei einem 50-km/h-Wandaufprall beträgt bis zu 30 ms, die Zeit für das anschließende Aufblasen des Bags rd. 25 ms. Der zunächst herrschende Bag-Innendruck beträgt etwa 1,8 bis 2,2 bar. Der prinzipielle Ablauf nach der Sensorauslösung ist für Fahrer- und Beifahrerseite in **Bild 6.5-20** dargestellt.

In den Ländern mit geringer Sicherheitsgurtanlegequote, z.B. in den USA, müssen die zulässigen Insassenbelastungswerte auch mit Systemen ohne Sicherheitsgurte erreicht werden. Das erfordert eine entsprechende Gestaltung des Bereiches unterhalb des Armaturenbrettes, z.B. durch den Einbau eines energieabsorbierenden Kniepolsters, ähnlich wie in Fahrzeugen mit einem passiven Gurtsystem. Das Sensorsystem muss bei dieser Auslegung (Airbag als einziges Rückhaltesystem) wesentlich präziser arbeiten und auch bei schräger Stoßrichtung (–30° bis +30° zur Fahrzeuglängsrichtung) noch sicher auslösen. Das System ist so ausgelegt, dass es allein die gesamte Rückhaltefunktion des Insassen übernehmen kann. Das Fahrerbagvolumen beträgt bei solchen Systemen rd. 80 l, das Beifahrerbagvolumen rd. 150 l. Die Abstimmung des Bags darf nicht nur für den 50%-Mann vorgenommen werden. Sie muss auch kleine Personen (im Extremfall vor dem Armaturenbrett stehende Kinder) und sehr große und schwere Insassen berücksichtigen. Öffnungen im Bag sorgen für ein gesteuertes Kraft-Weg-Verhalten. Durch das schnelle Aufblasen des Airbags sind auch eine geringe Anzahl von tödlichen Verletzungen aufgetreten. Aus diesem Grund werden Airbags entsprechend der Unfallsituation und der Größe des Insassen und der Sitzposition gezündet und in ihrem Aufblasdruck/Zeitverlauf variiert.

In der Anfangsphase des Airbageinsatzes wurden in den USA mehr als 100 Personen tödlich verletzt [28] und das Gesetz musste komplett überarbeitet werden, um zum Beispiel „out of position" und Insassen unterschiedlicher Größe zu berücksichtigen. Die **Tabelle 6.5-4** zeigt eine Übersicht über diese Forderungen [29].

Auch die Anforderungen an die „Advanced Airbags" werden für die USA-Fahrzeuge in zwei Stufen (die

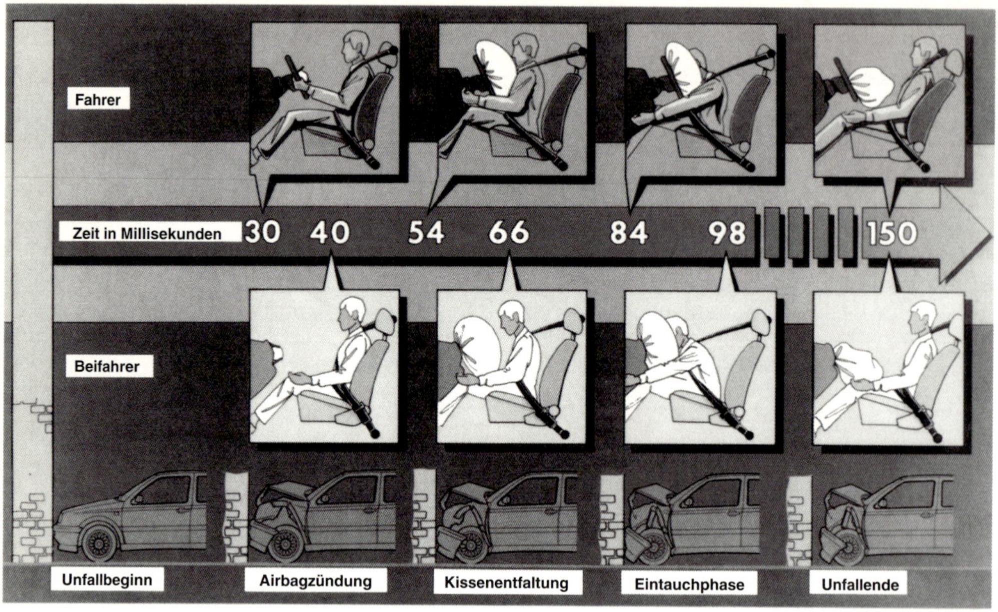

Bild 6.5-20 Zeitlicher Ablauf und Schutzwirkung eines Rückhaltesystems aus Dreipunktgurt und Airbag im Frontalaufprall (Fahrer und Beifahrerseite)

Tabelle 6.5-4 Prüfanforderungen für Airbag-Systeme, FMVSS208

Dummy / Testanforderungen	50% erwachsener Mann	5% erwachsene Frau	6 Jahre altes Kind	3 Jahre altes Kind	12 Monate altes Baby
Feste Barriere, angegurtet, 48 km/h, senkrecht	X	X	N/A	N/A	N/A
Feste Barriere, angegurtet, 56 km/h, senkrecht	X	N/A	N/A	N/A	N/A
Feste Barriere, angegurtet, 32–40 km/h, senkrecht und 30° Offset	X	N/A (nur senkrecht)	N/A	N/A	N/A
Offset deformierbare Barriere Crashtest (Fahrerseite) angegurtet, 40 km/h		X			
Automatische Unterdrückung (Statischer Test um zu bestimmen, wann der Airbag automatisch deaktiviert wird, wenn ein Kind in einem Fahrzeugsitz ist oder falls ein Kind im Beifahrersitz in den Positionen ist, die im Standard definiert sind.)	N/A	N/A	X	X	X
Option Aufblasen mit geringem Risiko (Das Fahrzeug muss die Verletzungskriterien erfüllen, wenn der Fahrer- oder Beifahrerairbag aufgeblasen wird wie im Standard definiert.)	N/A	X	X	X	X
Option „Out of Position"; automatische Airbag-Unterdrückung	N/A	X	X	X	N/A

erste bis 2007 und die zweite bis 2009) eingeführt. Die Stufe zwei erhöht die Aufprallgeschwindigkeit für die angegurteten Insassen frontal gegen die Barriere von 48 auf 56 km/h.

Airbag-Systeme werden inzwischen auch für andere Sitzpositionen und Unfallarten, z.B. für Fondpassagiere und für den Seitenschutz, eingesetzt. Dabei stellt sich beim Seitenaufprall das Erkennen eines schweren Unfalls als besonders schwierig heraus. Die Zeit für das Erkennen des Unfalles und für das Aufblasen eines Airbags muss sehr kurz sein, da der Insasse bei einem 50-km/h-Seitenaufprall nach rd. 25 ms bereits Kontakt mit der Türinnenseite haben kann. Für den Seitenschutz wurden zunächst Airbags angeboten, die den Brust- und Beckenbereich schützen. Bei zahlreichen Fahrzeugen wurde dies in Richtung Kopfairbag für beide Fahrzeuginnenseiten erweitert, **Bild 6.5-27**. Diese Kopfairbags können bei entsprechender Sensorik auch für den Schutz bei Überschlagunfällen eingesetzt werden, um Kopfverletzungen zu reduzieren.

6.5.7.2.4 Sitze, Sitzlehne und Kopfstütze

Die Verbesserungen in der Frontal- und Seitenkollision hat zunehmend den Fokus auch auf die Heckkollision und eine einwandfreie Funktion der Kopfstütze gelegt. Die Halswirbelverletzungen sind häufig sehr langwierigen Erholungsprozessen unterzogen, so dass neue Lösungen zur Verbesserung erarbeitet wurden. Ein Beispiel ist *Volvo*, bei dem sich die Rückenlehne parallel zum Oberkörper rückwärts bewegt. Oder Saab, **Bild 6.5-21**, wo sich im Fall einer Heckkollision die Kopfstütze nach oben und gleichzeitig näher an den Kopf bewegt.

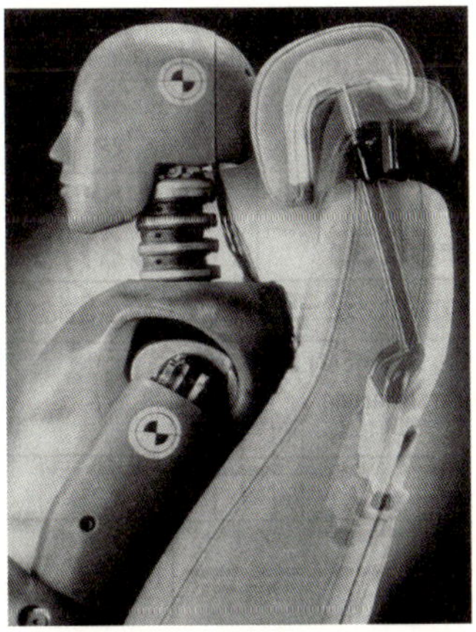

Bild 6.5-21 Kopfstütze (SAAB), die sich nach oben und vorn bei der Heckkollision bewegt

6.5.8 Zusammenwirken von Rückhaltesystemen und Fahrzeug

6.5.8.1 Unangegurteter Insasse

Beim frontalen Aufprall eines Fahrzeuges gegen eine feste Barriere oder ein anderes Fahrzeug bewegt sich der Insasse aufgrund seiner Trägheit relativ zum Fahrzeug in Richtung Armaturenbrett und/oder Lenkrad. In erster Näherung gilt:

Fahrzeug	Insasse bis Aufschlag	
$\ddot{s}_{FZ} = -a$	$\ddot{s}_1 = 0$	(10)
$\dot{s}_{FZ} = -a \cdot t + v_1$	$\dot{s}_1 = v_1$	(11)
$s_{FZ} = \frac{a \cdot t^2}{2} + v_1 \cdot t + s_0$	$\dot{s}_1 = v_1 \cdot t + s_0$	(12)

Der Relativweg zwischen Insasse und Fahrzeug ist

$$\Delta s = s_1 - s_{FZ} = \frac{a \cdot t^2}{2} \quad (13)$$

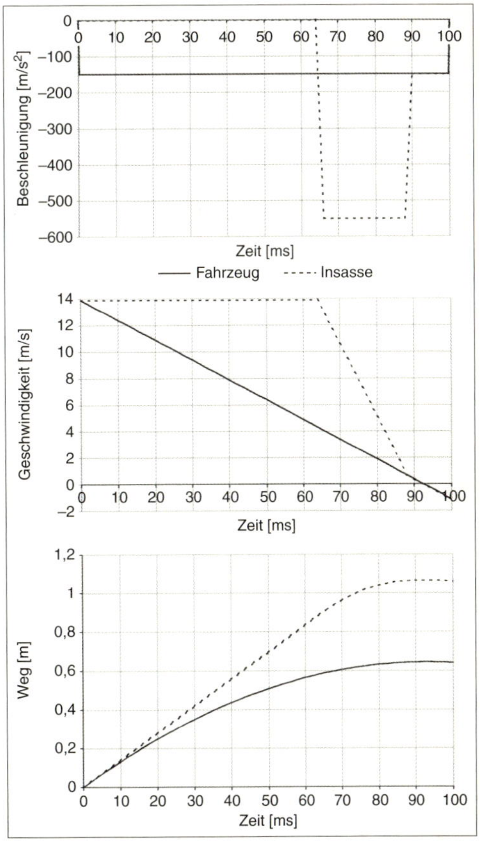

Bild 6.5-22 Verzögerung-Zeit-, Geschwindigkeit-Zeit- und Weg-Zeit-Verläufe für Fahrzeug und Insasse bei einem 50-km/h-Aufprall auf ein festes Hindernis

Bei einem 50-km/h-Aufprall, einer mittleren Fahrzeugverzögerung von 15 g und einem Abstand Insasse–Lenkrad von 0,30 m schlägt der Insasse nach rd. 64 ms auf. Die Differenzgeschwindigkeit beträgt dann noch rd. 33,4 km/h. Ohne Rückhaltesystem muss die kinetische Energie des Insassen von Lenkrad, Armaturenbrett und Windschutzscheibe aufgenommen werden. Setzt man für diese Verzögerung einen möglichen Weg von rd. 0,1 m (Innenraum und Restfahrzeugdeformation) an, ergibt sich eine mittlere Insassenverzögerung von 44 g über einen Zeitraum von rd. 21,5 ms. **Bild 6.5-22** zeigt diesen theoretischen Verlauf.

6.5.8.2 Dreipunktgurt

Beim Dreipunktgurt ohne Gurtklemmer oder Gurtstraffer wird der Insasse nach dem Blockieren der Automaten zunächst so weit nach vorn bewegt, bis das Gurtband auf der Automatikrolle zusammengezogen ist. Durch den Beckengurtteil und den Oberkörpergurt wird der Körper des Insassen relativ zum Fahrzeug zurückgehalten. Der Beckengurt erzeugt mit wachsender Kraftbeanspruchung auch eine vertikale Kraft nach unten, so dass auch die Sitzschalenkonstruktion und deren Abstützung in das Insassenschutzsystem mit einbezogen werden muss. **Bild 6.5-23** zeigt typische Kopf-Verzögerungs-Zeit und Brust-Verzögerungs-Zeit-Funktionen und den Verlauf der Gurtkräfte für eine mit einem Dreipunktgurt angeschnallte Versuchspuppe beim 50-km/h-Barrierenaufprall.

Um die Vorwärtsverlagerung des Insassen speziell auf der Fahrerseite zu begrenzen, werden Gurtbandklemmer oder Gurtstraffer eingesetzt. Nach dem Erreichen einer fahrzeugtypspezifischen Aufprallschwere wird der mechanische Gurtstrammer direkt oder der pyrotechnische Strammer über einen Sensor aktiviert.

Es ergeben sich zwei Effekte: Der Anstieg der Gurtkraft beginnt früher und das Kraftniveau ist im Vergleich zu einem normalen Dreipunktgurt bei gleichem Verzögerung-Zeit-Verlauf etwas kleiner. Dies kann man allerdings auch durch das Vermindern der Verzögerung der Fahrgastzelle beim Aufprall gegen ein Hindernis erreichen.

6.5.8.3 Airbag-Systeme

Die beiden unterschiedlichen Auslegungen „Airbag plus Dreipunktgurt“ und „Airbag ohne Gurtsystem“ führen zu unterschiedlicher Insassenbewegung. Zunächst zum System mit Dreipunktgurt. Der Insasse macht am Anfang eine ähnliche Bewegung wie bei konventionellen Rückhaltesystemen. Nach dem Aufblasen des Bags wird die Kopfrotation deutlich reduziert, und auch die Brustverzögerungswerte verbessern sich. **Bild 6.5-24** zeigt für einen Schlittensimulationsversuch eines 50-km/h-Barriereaufpralles die resultierenden Kopf- und Brustverzögerungen der Versuchspuppen sowie die Kniekräfte. In speziellen Versuchen wird auch die Flächenpressung gemessen, die beim Aufschlag auf ein energieabsorbierendes Lenkrad im Vergleich zu einem Airbag-Lenkrad entsteht. Beim Airbag-Lenkrad ist die Flächenpressung deutlich geringer.

Beim Airbag-System, das im Wesentlichen für den Fall des unangeschnallten Insassen ausgelegt ist, wird die Verzögerung des Insassen auf der Fahrerseite über den Airbag, die Lenksäule und das energieabsorbierende Kniepolster aufgebracht. Auf der Beifahrerseite muss die Energie durch den Airbag und das Kniepolster absorbiert werden. Besonders kritisch sind bei nicht angelegtem Gurt die „Out-of-position“-Probleme, z.B. das Nicht-mittig-zum Airbag-Sitzen. Schon deshalb ist es notwendig, dass der Dreipunktgurt angelegt wird. Inzwischen sind bei den meisten Fahrzeugen zumindest die Sensorikhardwarekomponenten und die Airbaggrößen länderunabhängig einheitlich ausgelegt. Über Softwareanpassung werden spezielle Wünsche berücksichtigt. Die Veränderungen sind in **Tabelle 6.5-5** zu erkennen.

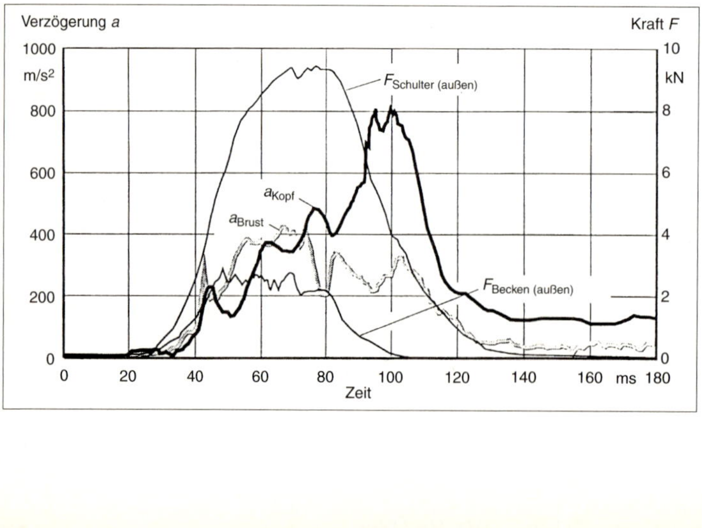

Bild 6.5-23 Verzögerungs-Zeit- und Gurtkraft-Zeit-Funktion für eine mit einem Dreipunktgurt angeschnallte Versuchspuppe bei einem 50-km/h-Barrierenaufprall

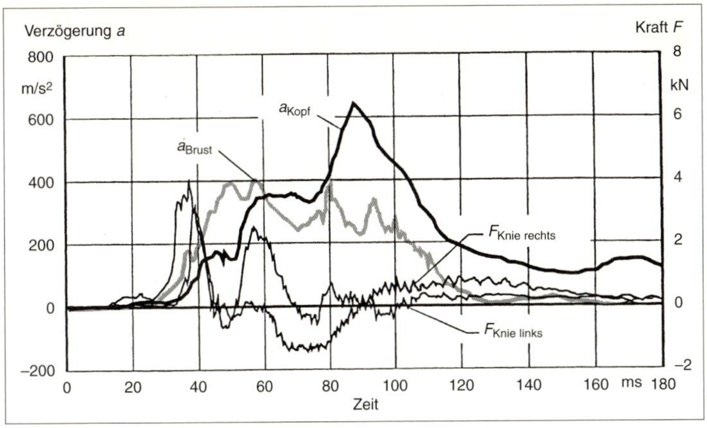

Bild 6.5-24 Kopf- und Brustverzögerungswerte sowie Kniekräfte (Schlittenversuch, 50 km/h, System mit Airbag und Dreipunktgurt)

Tabelle 6.5-5 Zur Weiterentwicklung des Airbags

Ältere Airbag-Technik	Neuere Airbag-Technik
Crashsignal, Verzögerungs-Zeit-Funktion wird ausgewertet ↓	Crashsignal wird ausgewertet, entsprechend Schwere wird erste oder zweite Stufe gezündet bzw. gar nicht. Gurtanlegung wird überprüft. Beifahrersitz wird mit Ultraschall, Video und über Infrarot-Sensoren überwacht: Sitzbelegung ↓ Out of position Kindersitz
Steuergerät gibt je nach Situation Signal zum Zünden ↓	Steuergerät gibt je nach Situation Signal zum Zünden. ↓
Generator bläst Airbag auf	Zweistufengenerator wird gezündet. Je nach Situation werden nur der Fahrerbag oder auch der des Beifahrers aufgeblasen.

6.5.8.4 Pre-Crash

Erste Fahrzeuge haben bereits Pre-Crash-Systeme eingesetzt [30, 31]. Wird über die Sensorik ein schwerer Unfall antizipiert, dann werden das Schiebedach geschlossen, die Sitzlehnen in vertikale Position gebracht und die Gurtstraffer aktiviert.

6.5.8.5 Einflüsse auf die Leistungsfähigkeit der Rückhaltesysteme

Die Komplexität realer Unfälle macht deutlich, dass sich zahlreiche Einflüsse widerspiegeln. Dies gilt auch für die Versuchsstreuungen, die bewirken, dass die Auslegungskriterien noch deutlich z.T. mehr als 30% unter den gesetzlichen Grenzwerten liegen müssen.

6.5.9 Seitenkollisionen

Die Möglichkeiten des Einsatzes besonderer Rückhaltesysteme zum Schutz der Insassen bei seitlichen Kollisionen sind wegen der örtlichen Nähe des Insassen zur Tür begrenzt. Die beeinflussbare Größe ist die Steifigkeit der Karosserie gegen das Eindringen des stoßenden Fahrzeuges, z.B. durch eine kollisionsgerechte Konstruktion des Schwellers oder durch Türbiegeträger und Türverstärkungen in Schulterhöhe. Auch innerhalb der Fahrgastzelle sind Querverstärkungen unter dem Armaturenbrett, Sitzquerträger, Sitzkonstruktion und Querverstärkungen im hinteren Fahrzeugbereich für den Insassenschutz hilfreich.

Die zweite Größe ist die Gestaltung des Fahrzeuginnenraumes. Besondere Bedeutung haben die Form und das Material der Tür- und Seitenteilverkleidungen. Das Airbag-System für die Fahrzeugseite ist abhängig von einem funktionsfähigen Sensorsystem, das so frühzeitig das Eintreten eines schweren Unfalles erkennen muss, dass der Bag gefüllt werden kann, bevor der Kopf des Insassen die Seitenscheibe berührt.

6.5.9.1 Theoretische Betrachtung

Im Vergleich zum Frontalaufprall ist beim Seitenaufprall die Variationsbreite des möglichen Unfallvorganges noch größer (z.B. Stoßrichtung, Anstoß-

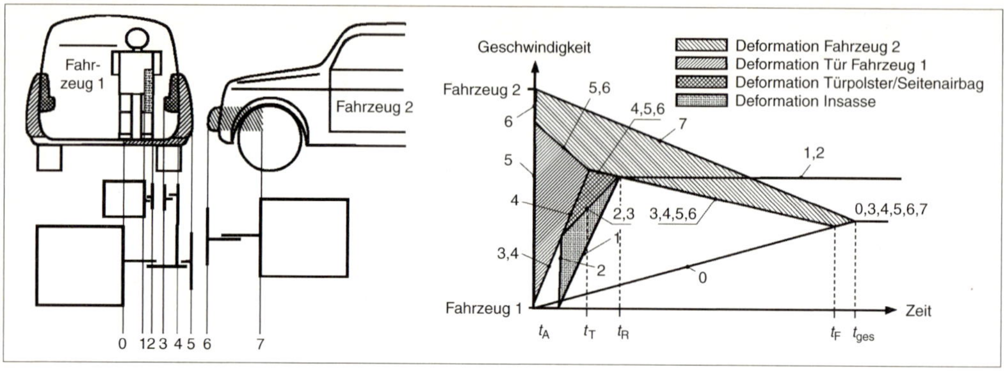

Bild 6.5-25 Schematische Geschwindigkeit-Zeit-Darstellung für Fahrzeugstruktur und Insassen bei einer rechtwinkligen Seitenkollision

punkt). Außerdem steht den Fahrzeuginsassen nur wenig Deformationsweg zur Verfügung.

Wesentliche Faktoren sind:

- beteiligte Kollisionspartner (Masse, Struktursteifigkeit, Strukturgeometrie),
- Aufprallort und -winkel, Aufprallgeschwindigkeiten und Insassenplatzierung,
- Fahrzeuginnenraumgestaltung, Benutzung von Rückhaltesystemen.

Im **Bild 6.5-25** wird der Fahrzeug-Fahrzeug-Seitenaufprall prinzipiell erklärt. Dargestellt sind das stoßende und das gestoßene Fahrzeug mit einem Insassen an der Stoßseite, das abgeleitete mechanische Ersatzmodell und der vereinfachte Bewegungsablauf des Stoßvorganges am Beispiel eines Geschwindigkeit-Zeit-Diagrammes.

Die Ziffern 1 bis 7 kennzeichnen die Geschwindigkeit-Zeit-Verläufe der fahrzeugbezogenen indizierten Bauteile und des Insassen. Die von diesen „Geschwindigkeitsbahnen" eingegrenzten Flächen entsprechen den Relativwegen (Deformationswegen) zwischen den indizierten Bauteilen bzw. zwischen den Bauteilen und den Insassen.

Die Kraft-Weg-Kennungen der Strukturen und des seitlichen Rückhaltesystems (Polster) werden zwecks einfacher Darstellung als rechteckförmig angenommen. Schwingungen des mechanischen Ersatzsystems werden nicht berücksichtigt. Die daraus resultierenden Funktionen $a = f(t)$ und $s = f(t)$ weichen damit von denen eines realen Unfalles ab. Aufgrund dieser Randbedingungen und des Einmassen-Insassen-Systems ist nur ein qualitativer Vergleich des im folgenden diskutierten Kollisionsmodells mit den realen Gegebenheiten möglich. Das stoßende Fahrzeug fährt mit der Geschwindigkeit v_{st} unter 90° in die Seite eines stehenden Fahrzeuges. Die Türaußenseite 5 hat nach kurzer Zeit die gleiche Geschwindigkeit wie der Stoßfänger 6. Die Türinnenseite 3 hat bei t_T die gleiche Geschwindigkeit wie der Stoßfänger. Der Kontakt zwischen Insasse und Rückhaltesystem 3 beginnt zum Zeitpunkt t_A. Bei t_T ist die Relativgeschwindigkeit zwischen Insassen und Tür am größten. Sie ist größer als die Geschwindigkeitsänderung des gestoßenen Fahrzeuges. Der Insasse wird vom Polster verzögert. Der Deformationsweg ist s_R. Insasse 1 und Stoßfänger 6 haben bei t_R die gleiche Geschwindigkeit. Bis t_{ges} werden Insasse und Stoßfänger gleichzeitig verzögert. Die Deformation der Seitenstruktur ist bei t_F beendet (Sitze gehen z.B. auf Block, d.h. es steht kein weiterer Deformationsweg mehr zur Verfügung. Die Frontstruktur des stoßenden Fahrzeuges hat sich um s_F deformiert. Die Deformation der Seitenstruktur wird durch die Relativbewegung der Tür 3 zu einem unverformten Punkt des Fahrzeuges bestimmt.

6.5.9.2 In den USA und Europa definierte Seitenaufpralltests

Bei der Prüfung mit der beweglichen Barriere ergeben sich die im **Bild 6.5-26** dargestellten Verzögerungs-Zeit-Verläufe an der Aufprallbarriere und am getesteten Fahrzeug. Dem Versuch liegen folgende Daten zugrunde:

Testfahrzeug	$m_2 = 1435$ kg,
Anfangsgeschwindigkeit	$v_2 = 0$ km/h,
Barriere	$m_1 = 1385$ kg,
Anfangsgeschwindigkeit	$v_1 = 54{,}5$ km/h.

Man kann erkennen, dass der Aufprall nach rd. 100 ms beendet ist. Kriterien sind Brust- und Beckenbeschleunigung.

In Europa ist seit 1998 ein Testverfahren mit einer eigenen Barriere und einer besonderen Versuchspuppe (Euro-SID) im Einsatz. Mit dem Euro-SID sollen auch die Kopfbeschleunigung, die Brustdeformation und -geschwindigkeit bewertet werden.

Leider wirken sich die unterschiedlichen Versuchspuppen (in USA und Europa) auch bezüglich der Seitenschutzmaßnahmen unterschiedlich aus.

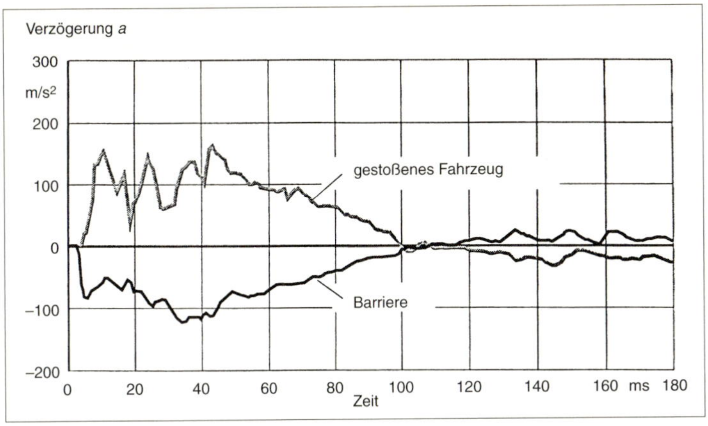

Bild 6.5-26 Verzögerung-Zeit-Verläufe an der Aufprallbarriere und am getesteten Fahrzeug (Versuch gemäß USA-Seitenaufprallvorschrift FMVSS 214)

Bild 6.5-27 Kopf-Airbag beim Seitenaufprall [31]

Zunächst wurde der Schutz bei seitlicher Kollision durch das Fahrzeug selbst – widerstandsfähige Karosse und energieabsorbierender Innenraum – erzielt. Nach Einsatz eines Brust-Airbag, der aus der Sitzlehne oder Armbrüstung kommt, werden immer mehr Oberkörper- und Kopfairbags, wie **Bild 6.5-27** zeigt, eingesetzt [29]. Das Bild zeigt den „Fenster-Airbag", welcher in diesem Fall 2 m lang, 250 Millimeter breit und 60 Millimeter dick ist. Mit 9 Kammern hat er ein Volumen von 12 Litern. Innerhalb von 25 Millisekunden ist er „aufgeblasen". In neuen Fahrzeugen wird der Seitenschutz durch „Windowbags" und der Überrollschutz durch diese Windowairbags weiter verbessert.

Um die Kompatibilität im Seitenaufprall zu verbessern, werden neue Tests eingeführt (siehe Punkt 6.5.10.2).

6.5.10 Kompatibilität

6.5.10.1 Allgemeine Aussage

Da auf dem Gebiet der Unfallfolgenmilderung bereits erhebliche Fortschritte erreicht wurden, findet die Verträglichkeit bzw. Kompatibilität der Verkehrsteilnehmer untereinander zunehmende Bedeutung bei sicherheitsrelevanten Maßnahmen. Die ersten Arbeiten zu diesem Thema reichen bereits in die frühen 70er-Jahre [32, 33, 34] zurück.

Im Unfallgeschehen des Straßenverkehrs sind besonders folgende Teilnehmergruppen zu berücksichtigen: Fußgänger, Zweiradfahrer, Pkw-, Lkw- und Businsassen. Verletzungen können bei Unfällen mit anderen Kollisionspartnern oder beim Alleinunfall auftreten. Bei Kompatibilitätsuntersuchungen hat sich gezeigt, dass ein globaler Ansatz, der alle Kollisionsgruppen einschließt, außerordentlich komplex ist und die Lösungsmöglichkeiten sehr erschwert. Für die Auslegung von Fahrzeugen gehen unter Kompatibilitätsaspekten folgende Kriterien in den Kollisionsablauf ein:

- Massenverhältnis, Geometrie der Fahrzeugstruktur, Kraft-Weg-Kennung der Fahrzeugstruktur, Anordnung und Masse der Antriebsaggregate,
- Rückhaltesysteme, Geometrie der Fahrgastzelle (Überlebensraum)

- Verhalten von Lenkung, Armaturenbrett, Aufpolsterung usw.

Bei Kompatibilitätsbetrachtungen muss die Verringerung der Unfallfolgekosten, allen daraus relevanten Folgen, wie evtl. verringerter Komfort, erhöhter Energie- und Rohstoffverbrauch, gegenübergestellt werden. Allerdings wird von den heutigen Fahrzeugbesitzern vorausgesetzt, dass der Selbstschutz, d.h. der Schutz als Insasse im eigenen Fahrzeug, nicht verringert wird. Neben der Beschreibung der Unfallart muss daher auch eine Information über die Verletzungsart und -schwere vorliegen. Zwischen der Verletzungsschwere, die nach der „*AIS*"-Skala eingestuft wird, und dem Verletzungskriterium, das mittels Versuchspuppe gemessen und berechnet wird, muss eine Beziehung gefunden werden, um die jeweilige Maßnahme bewerten zu können.

Für verschiedene Masseklassen und Rückhaltesysteme können die Kraft-Deformations-Kennlinien so verändert werden, dass ein Minimum der Gesamtkosten (Unfallfolgekosten, Herstell- und Betriebskosten) erreicht wird. Kennt man

- das Unfallgeschehen in Korrelation zur „*AIS*"-Verletzungsschwere,
- die Korrelation der „*AIS*"-Insassenverletzung zu den Messdaten der Versuchspuppe,
- die finanzielle Bewertung der Insassenverletzung und der durch den Konstruktionsaufwand entstehenden Kosten,

so kann man Fahrzeuge und Rückhaltesysteme im Hinblick auf minimale Gesamtkosten optimieren. In einer umfassenden Studie wurde unter Verwendung eines Frontkollisions- und eines Seitenkollisionsmodelles ein spezielles Optimierungsverfahren entwickelt, um kompatible, d.h. miteinander verträgliche Fahrzeuge zu finden. Die Studie [35] ergab folgende Schlüsse:

- Die Umsetzung einer höheren Deformationsenergie zwischen Frontbereich und Motor senkt die Aggressivität des Fahrzeuges; beim Aufprall gegen ein anderes Fahrzeug verbessert das Absenken der Deformationsenergie im oberen Bereich der Frontstruktur den Seitenschutz. Die Umsetzung eines Teils der Deformationsenergie zwischen Motor und Fahrgastzelle erhöht den Insassenschutz. Grundsätzlich sind bei einem leichten Fahrzeug die Struktur steifer auszuführen und die Insassenrückhaltesysteme optimal auszuführen (Gurtstraffer, Airbag, Auslösezeit).
- Der Seitenschutz kann durch adäquate Auslegung des Frontbereichs erheblich verbessert werden. Der Seitenairbag ist positiv zu bewerten.
- Bei angelegtem Sicherheitsgurt ist das Sicherheitsniveau heutiger Fahrzeugkonstruktionen ausreichend, allerdings hilft das Airbag-System, Kopfverletzungen zu reduzieren.
- Durch Abstimmung der Fahrzeugstrukturkennung mit dem Sicherheitsgurtsystem wird der Insassenschutz verbessert.

Zahlreiche Arbeiten von Wissenschaftlern und Automobilunternehmen [36] in der jüngsten Zeit haben sich diesem Thema wieder mit größerer Intensität gewidmet.

Neuere Untersuchungen [37] bestätigen die Notwendigkeit der mathematischen Versuchspuppenmodelle, um eine präzisere Aussage über das Kompatibilitätsverhalten von Fahrzeugen zu definieren. Örtliche Kraftspitzen bedeuten automatisch ein reduziertes Kompatibilitätsverhalten. Man kann daher mit FEM-Modellen und/oder der Kraftmessung beim Frontalaufprall die Kraftverteilungsgüte als ein Maß für die Kompatibilität einsetzen. Besonders das erarbeitete „bulk head concept" scheint eine interessante Lösung zu sein [38]. Bei diesem Konzept wird davon ausgegangen, dass bei genügender Steifigkeit der Fahrgastzelle die Möglichkeiten der heutigen Rückhaltesysteme ausreichen, um eine Überlebenschance auch bei sehr schweren Fahrzeug-/Fahrzeugunfällen zu garantieren.

Nach mehr als 30 Jahren Forschungs- und Entwicklungsarbeiten werden die gesetzlichen Anforderungen konkreter. Die von IIHS definierte Barriere von 1 500 kg mit dem hochgesetzten Deformationselement fährt mit 50 km/h unter 90° in die Seite des zu prüfenden Fahrzeuges. Für die Front zu Front-Kompatibilität werden geometrische Forderungen an die absorbierende Struktur gestellt. Auch die Höhe der Deformationskraft und eine Höhengewichtung sind in Diskussion [39, 40]. Diese Anforderungen schließen „Light Duty Trucks" und SUV = „Sport Utility Vehicles" mit ein. Im Jahr 2005 [Zobel] wurden in einer internationalen Konferenz die weltweiten Ergebnisse diskutiert. Als Konklusion bleibt festzuhalten, dass die Integrität der Insassenzelle von entscheidender Bedeutung für die Reduktion von schweren und tödlichen Verletzungen bei der Fahrzeug-/Fahrzeugkollision ist. Dabei müssen die Insassenschutzsysteme einen hohen Leistungsstand aufweisen.

6.5.10.2 Pkw/Lkw-Kollision

Ein besonderes Kompatibilitätsproblem ist die Kollision zwischen einem Lkw und einem Pkw, da nicht nur das Massenverhältnis, sondern vor allen Dingen die geometrischen Verhältnisse kritisch sind. Auch in den USA wird die Inkompatibilität zwischen den „light duty trucks" und den Pkw's als sehr bedenklich eingestuft.

Für den Lkw-Bereich wird in [41] eine zukunftsweisende Lösung aufgezeigt: der Plankenrahmen, der den gesamten Lkw und Hänger umgibt und somit ein Unterfahren verhindert. **Bild 6.5-28** zeigt die Draufsicht für die prinzipielle Anordnung.

6.5.10.3 Fußgängerkollision

Eine weitere Inkompatibilität ist bei der Kollision von Fußgängern und Pkw's vorhanden. Sowohl die

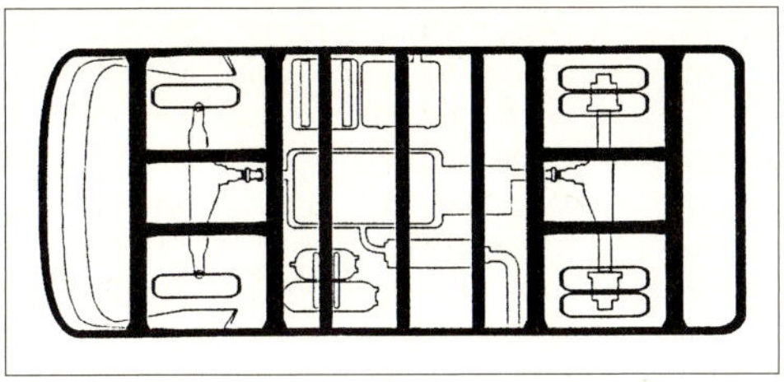

Bild 6.5-28 Plankenrahmen zur Erhöhung des Unterfahrschutzes

Massenverhältnisse als auch die unterschiedlichen Körpergrößen und Widerstandsfähigkeit der Fußgänger lassen nur geringen Spielraum für eine Verbesserung der Situation. Allgemein gilt, dass folgende Maßnahmen positiv sind.

- die reduzierte Wartezeit an Lichtsignalanlagen <40 s
- getrennte Signalisierung von Abbiegern und Fußgängern
- das Bewusstsein wecken beim Kraftfahrer für den Geschwindigkeitseinfluss beim Bremsen
- Verkehrserziehung insbesondere Kindergarten/ Schule, Erscheinungsbild, Kleidung, Aufmerksammachen auf die Gefahrensituation: Abbiegen

Die **Bilder 6.5-29** und **6.5-30** zeigen die aktuelle Situation der Gesetzgebung für Europa [42]. Sie beinhaltet zwei Einsatztermine, die Phase I für neu typgeprüfte Fahrzeuge ab 1. 10. 2005 und die Phase II ab 1. 09. 2010. Für die Phase I gilt z.B., dass der Beinsimulator sich nicht mehr als 21° beim Aufprall verdrehen soll, die Scheerbewegung am Knie soll unter 6 mm liegen und die Verzögerung darf 200 g nicht überschreiten. Beim Aufprall der Kopfform mit 35 km/h soll das HPC (Headprotection-criteria) für 1/3 der Fläche den Wert von 2000 und für 2/3 der Fläche von 1000 nicht überschreiten [43].

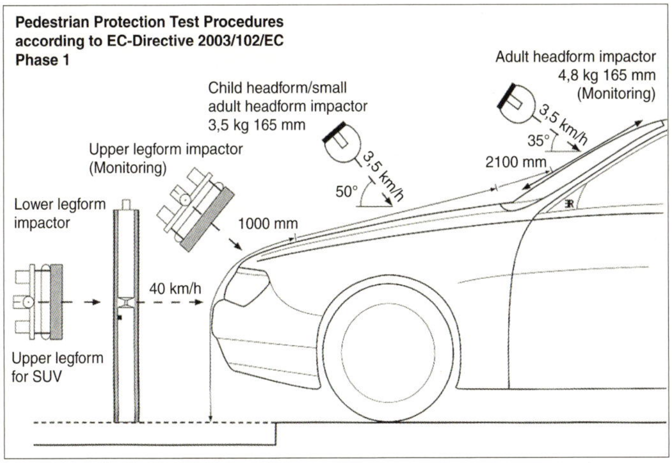

Bild 6.5-29 Fußgängerschutzgesetzgebung in Europa, Phase I [42]

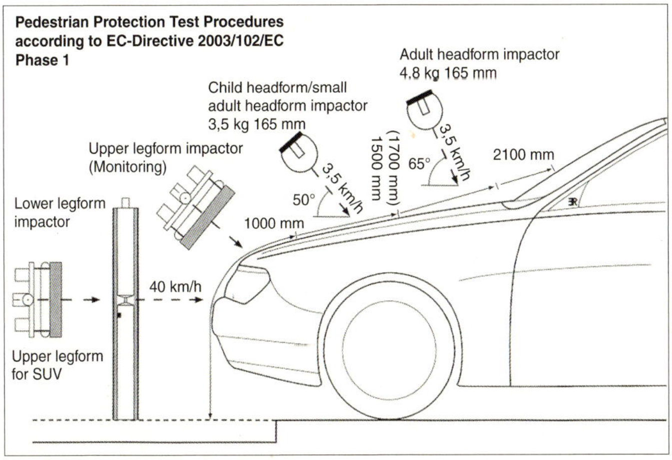

Bild 6.5-30 Fußgängerschutzgesetzgebung in Europa, Phase II [42]

In der Phase II sollen die Grenzwerte erweitert und verschärft werden. Erste Kriterien wurden bereits von der Europäischen Kommission veröffentlicht [43].
Zusätzlich wird in Europa seit längerer Zeit bei den Verbraucherinformationstests auch die Leistungsfähigkeit der Fahrzeuge bezüglich des Fußgängerschutzpotentials bewertet.
Während die Phase I noch mit klassischen Ingenieurslösungen erfüllt werden kann, erfordert die Phase II je nach Anforderungsschwere eine Fußgängeraufprallerkennung (Sensorik) und eine aktive Haube (Deformationsweg) so dass der konstruktive Aufwand deutlich höher wird. Außerdem muss darauf geachtet werden, dass der Schutz der Kinder nicht zu Gunsten der Erwachsenen wieder reduziert wird.
Zusätzlich werden präventive Maßnahmen wie Tagfahrlicht und ABS eingeführt.
Auch in Japan hat ein Gesetz zum Fußgängerschutz eingesetzt. Allerdings wird hier nur der Kopfaufschlag simuliert.

6.5.11 Rechnerunterstützung bei der Entwicklung von Sicherheitskomponenten

6.5.11.1 Grundlagen

Schon in der Vorentwicklungsphase eines Kraftfahrzeuges muss anhand der geometrischen Vorgaben ein Optimierungsprozess zwischen Unfallverhalten, Masse, Innenraumakustik und Schwingungsverhalten gefunden werden. Der Durchbruch auf dem Gebiet der Berechnung wurde durch Entwicklung von stabilen Softwareprogrammen und die Weiterentwicklung der Rechnersysteme erreicht. Wenn auch viele Parameter die Ergebnisse bei Unfallsimulationsversuchen beeinflussen, so ist doch die Berechnung ein wichtiger Beitrag zur Verbesserung der gesamten Entwicklungsabläufe. Beim Produktentstehungsprozess spielt die Berechnung für das Zusammenwirken von Entwicklung, Produktion, Marketing, Finanzen sowie Qualitätssicherung und -planung eine immer größere Rolle (Kap. 10.3).

6.5.11.2 Beschreibung der numerischen Werkzeuge

Die wichtigste Aufgabe bei jeder rechnergestützten Ingenieursarbeit ist die Erstellung und Anwendung physikalisch-mathematischer Modelle [44].
Der wesentliche Aspekt für den Automobilingenieur ist nicht die Entwicklung neuer Software, sondern die kreative Anwendung.
Im Frontalaufprall kommt es nicht immer zum direkten Kontakt zwischen Insassen und Fahrzeuginnenraum. Daher ist häufig eine getrennte Struktur- und Rückhaltesystemauslegung möglich. Für die Berechnung der Fahrzeugstruktur beim Frontalaufprall werden die Massen der Insassen durch einfache FEM-Versuchspuppenmodelle simuliert. Für die Insassen- und Rückhaltesimulation wird der im Aufprall gemessene Beschleunigungsimpuls zu Grunde gelegt. Dieser Beschleunigungsimpuls wird der Fahrgastzelle vorgegeben und dient zur Überprüfung der MKS (Mehrkörpersimulation) – Insassenmodelle zusammen mit den Rückhaltesystemen und Sitzen. Zusätzlich ist es manchmal notwendig, eine relative Bewegung von Fahrzeugbauteilen (Lenksäule, Pedalerie, Instrumententafel und Spritzwand) abzubilden. Für Aufgaben mit höherem Detaillierungsgrad werden die MKS-Versuchspuppenmodelle durch FEM-Insassenmodelle ersetzt. Dies ist z. B. unterhalb der Schalttafel und im Bereich des Fußraums notwendig.
Im Seitenaufprall kommt es schon bei mittelschweren Kollisionen sehr schnell zum Kontakt zwischen Struktur und Insassen. Daher benötigt man eine hohe Modellierungsgüte für die Struktur und Insassen, so dass der Seitenaufprall im Wesentlichen komplett mit FEM berechnet wird. Das heißt, es findet eine Gesamt-FEM-Simulation für die Struktur, für die Rückhaltesysteme und die Insassen statt.
Mit wachsender Rechnerleistung und immer höheren Anforderungen an die Modellierungsgüte wird auch der Frontalaufprall zunehmend komplett mit FEM berechnet.
Die Rückkopplung mit Versuchsergebnissen hat sich ebenfalls wesentlich beschleunigt, dies gilt nicht nur für die Erfassung und Auswertung der Beschleunigungssignale sondern auch für den Vergleich mit den Highspeed-Videoaufnahmen.
Die CAD-Daten *(CAD = Computer Aided Design)* bilden die Basis für das FEM-Modell *(FEM = Finite-Element-Methode)*. Hiermit wird das Fahrzeugstrukturverhalten untersucht; von den einzelnen Komponenten bis hin zur Gesamtfahrzeugstruktur. Dabei ist die bei den meisten Automobilherstellern auf Supercomputern installierte Software ein wesentliches Element.

6.5.11.3 Komponentenberechnung

Wichtigste Bauteile für die Energieabsorption bei vielen Unfällen sind die vorderen Längsträger. Zahlreiche Theorien haben sich mit dem Phänomen des Faltenbeulens als Mittel zur optimalen Energieumsetzung beschäftigt. Es gilt folgende Beziehung für die mittlere Faltenbeulkraft F [45]:

$$F = \sigma_F \cdot \delta_F \cdot \alpha_F \frac{s_x^2 \cdot Ux}{Ua};$$

σ_F = Formbeiwert, δ_F = Fließgrenze des Werkstoffes, α_F = 1,0 bis 1,5 geschwindigkeitsabhängiger Erhöhungsfaktor, s_x = Blechdicke, U_x = Profilumfang mit Blechdicke s_x, U_a = Gesamtumfang des Profiles.
Bild 6.5-31 zeigt die rechnerische Simulation eines Längsträgers [18].

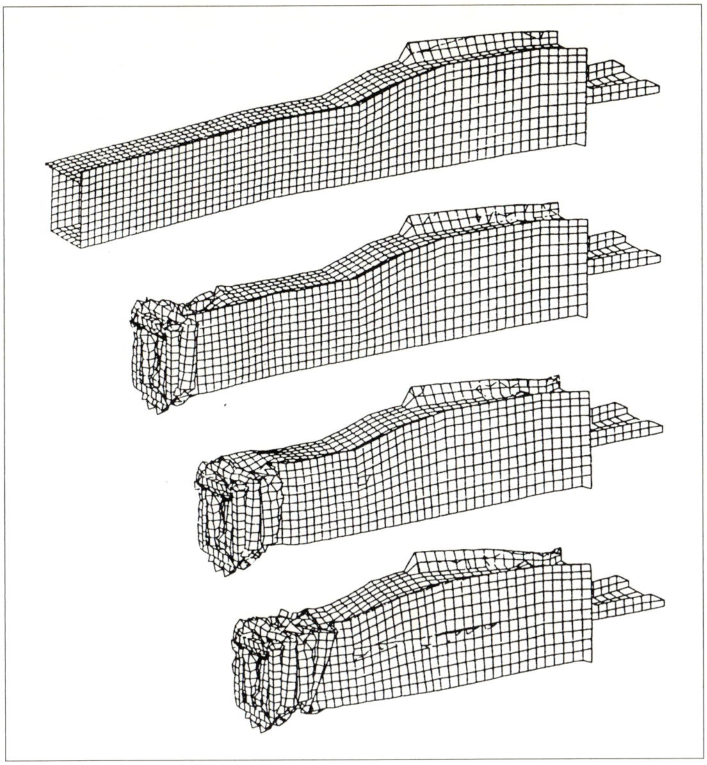

Bild 6.5-31 Finite-Element-Modell eines Längsträgers (Verhalten während der Deformation)

Bild 6.5-32 Fahrzeug/Fahrzeug-Kollisionssimulation

Z.B. werden mit PAM-Crash (FEM) derartige Probleme berechnet. Besonders wichtig sind die Längs- und die Querabstützung, z.B. der vorderen Längsträger, die die Kräfte in die Karosserie einleiten. Der Beginn des Faltenbeulens ist deutlich zu erkennen. Beim Faltenbeulen wird je Deformationslänge die größte Energie umgesetzt. Am geringsten ist die Energieaufnahme bei einer Knickung durch hohe Biegemomente. Auch andere Herstellverfahren, wie Kleben, Clinchen, Laserschweißen, andere Werkstoffe wie tailored blanks, faserverstärkte Kunststoffe etc. werden untersucht [46].
Natürlich können noch sehr viele weitere Einzelkomponenten wie Details des Fahrzeuginnenraums, der Airbags, der Sicherheitsgurte, der Lenkanlage, des Kopfaufschlaggebiets, etc. simuliert werden.

6.5.11.4 Gesamtfahrzeugauslegung

Schon in der Konzeptionsphase kann der Konstrukteur mit den vorgegebenen Eckdaten der grundsätzlichen Auslegung wie Radstand, Spurweite, Aggregatlage, Aggregatgröße und sonstigen Dimensionierungsdaten erste Berechnungsläufe durchführen, die als Prinzipstudien allerdings noch keine quantifizierbare Aussage liefern. Sie ermöglichen aber den Bau von Prototypen, deren Sicherheitsverhalten gut vorausgesagt werden kann. In der späteren Entwicklungsphase werden schon wesentlich präzisere Aussagen sowohl aus Berechnung als auch aus den Versuchen erwartet.
Dank gestiegener Rechenkapazität (Parallel-Rechner) können detaillierte FEM-Modelle eingesetzt werden, so dass auch Fahrzeug-Fahrzeug-Kollisionen im Bereich akzeptabler Rechenzeiten liegen. **Bild 6.5-32** zeigt als Beispiel eine Fahrzeug-Fahrzeug-Kollision [47].

6.5.11.5 Gesamtmodell

Es ist notwendig, dass sowohl das Fahrzeug als auch das Insassenverhalten in einer gesamten Berechnung ermittelt werden können. Wie bereits unter Punkt 6.5.11.2 erwähnt, ist der Einsatz der Methodik sehr von der Aufgabenstellung abhängig. Inzwischen gibt es auch schon neue Ansätze, die eine erste Auslegung in einer sehr frühen Phase des Produktentstehungsprozesses ermöglichen [47, 48].

6.5.11.5.1 Fahrzeugmodell

Das im FEM-Programm definierte Fahrzeugmodell kann z.B. aus

- einem Vorderwagen mit 72 Balkenelementen
- einem Motorblock
- einer flachen Shellstruktur (220 Shellelemente) als Kontaktfläche
- einer starren Fahrgastzelle

bestehen. Der Vorderbau aus Balkenelementen ermöglicht eine variable Steifigkeitsverteilung sowohl in Längs-, Quer- als auch in Höhenrichtung, so dass (mit weniger Aufwand und Rechenzeit als bei den komplexeren FEM-Modellen) Modellvarianten untersucht werden können. Die Deformationskräfte der Balkenelemente werden vom Benutzer vorgegeben. Die Kraft-Weg-Kennungen dieser Balkenelemente können beliebig definiert, aber auch zur „Abbildung" von Versuchen mit wirklichen Fahrzeugen bzw. konventionellen FEM-Rechnungen verwendet werden.

6.5.11.5.2 Insassensimulation

Mittels Insassensimulation über MKS-Programme können Insassenrückhaltesysteme optimiert werden. Für die Modellbildung werden exakte Eingabedaten insbesondere der Versuchspuppen benötigt. Bei der Simulation der Versuchspuppen wird bezüglich der Modellbildung intensiv zwischen den Automobilherstellern zusammengearbeitet [46]. Die MKS-Simulation erlaubt, die Sicherheitsentwicklung in drei wesentlichen Bereichen weiterzuführen:

- Prinzip- und Trendanalyse,
- Plausibilitätsprüfung des Systems,
- Bauteil-Datenentwicklung.

Bei der Optimierung von Sicherheitsgurten (z.B. Analyse des Einflusses von Gurtklemmer, Gurtstraffer, Sitzverhalten, Lage der Gurtverankerungspunkte) und Airbags kann die MKS-Methode angewendet werden.
Es können auch die Relativbewegungen der Versuchspuppe zur Karosserie oder einzelnen Bauteilen, aber auch die Verzögerung-Zeit-, Kraft-Zeit- und Weg-Zeit-Verläufe dargestellt werden. Durch die Kopplung von Struktur- und Insassenverhalten ergibt sich die Möglichkeit, das Gesamtsystem (Fahrzeug und Insasse) rechnerisch zu bewerten.
Bild 6.5-33 enthält zwei Hybrid III-Dummies, einen Fahrzeuginnenraum, eine Lenkanlage, einen Fahrer-

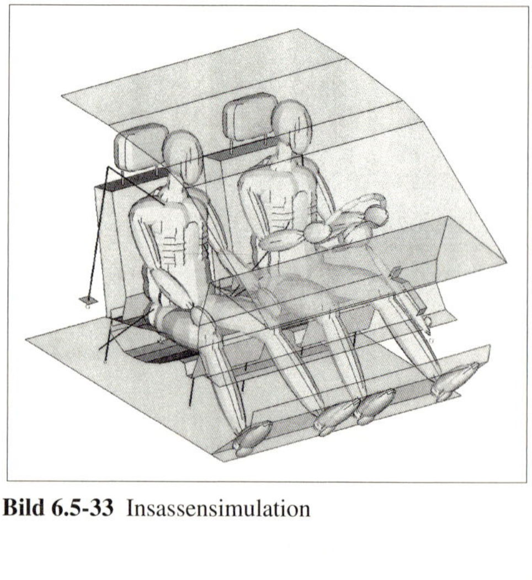

Bild 6.5-33 Insassensimulation

airbag. Im Gegensatz zu den meisten Insassenmodellen werden die Dummies des Modells nicht von einem Beschleunigungsfeld belastet. Vielmehr wird der Innenraum, also die Umgebung der Insassen, mit der Fahrgastzelle des Fahrzeugmodells gekoppelt. Diese Kopplung ist interaktiv. Deshalb ist eine Rückwirkung der Insassen auf das Fahrzeug möglich. Durch die Kopplung wird (ohne den Aufwand einer nachgeschalteten Berechnung) den Insassen die dreidimensionale Bewegung des Fahrzeugs aufgeprägt. Um in einer Rechnerwelt zu bleiben und speziell für die Simulation des Seitenaufpralls gibt es inzwischen FEM-Ausführungen der verschiedenen Versuchspuppen. Diese erfordern zwar einen höheren Rechneraufwand, erzielen aber praxisnähere Ergebnisse [49].

Die Simulation des Aufprallverhaltens einschließlich des Rückhaltesystems unter Berücksichtigung der Versuchspuppen ist ein wichtiges Hilfsmittel im Entwicklungprozess. Der Aufwand für die Modellerstellung kann dann als gerechtfertigt bezeichnet werden, wenn das Modell die Basis für eine ganze Modellreihe ist. Aufgrund der vielfältigen Motor- und Getriebekombination ist die Berechnung auch hilfreich für eine „Worst-case"-Betrachtung, d.h. die Betrachtung der denkbar schlechtesten Konfiguration. Allerdings wird auch in Zukunft auf Entwicklungs- und Bestätigungsversuche nicht verzichtet werden können.

Die rechnerische Simulation von Unfällen beschränkt sich nicht nur auf die unterschiedlichen Frontal- und Seitenkollisionen sondern wurde inzwischen auch auf die Heckkollisionen, den Fahrzeugüberschlag und den Fußgängerschutz erweitert. **Bild 6.5-34** zeigt ein entsprechendes Bild einer Testkonfiguration für die Simulation eines Beinaufschlags gegen die Fahrzeugkarosserie [50].

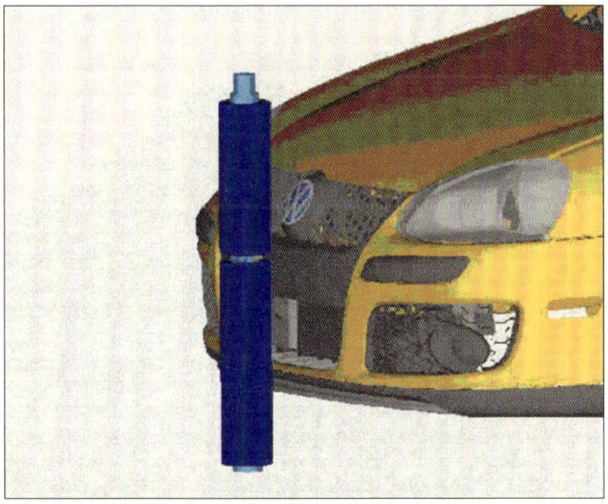

Bild 6.5-34 Simulation Beinimpaktor

Die Fortschritte auf dem Gebiet der Berechnung erlauben eine deutliche Entlastung der Versuchsarbeit pro Modell. Die frei werdende Kapazität wird für die vergrößerte Anzahl der Modellvarianten und die Erhöhung der Zahl der Versuche dringend benötigt.

6.5.12 Zusammenfassung

Die Fahrzeugsicherheit ist ein integraler Bestandteil des Produktentstehungsprozesses. Die Möglichkeiten, das Fahrzeug als Transportmittel noch sicherer zu machen, sind durch den Einsatz von moderner Technik weiter gestiegen. Die Initiativen einzelner Hersteller haben – unabhängig von den sicherlich notwendigen gesetzlichen Regelungen – wieder Bewegung in dieses wichtige Fachgebiet gebracht. Da auf dem Gebiet der unfallfolgendmildernden Maßnahmen mehr als 90% der denkbaren und sinnvollen Systemverbesserungen eingesetzt haben (aktuell sind die weiteren Verbesserungen zum Fußgängerschutz, zu smart restraints und zur Kompatibilität) kommt der Unfallvorbeugung eine wesentlich größere Bedeutung zu. Wo immer die dabei eingesetzte Sensorik, z.B. Pre-Crash-Erkennung vorhanden ist, kann sie auch bei der weiteren Systemverbesserung bezüglich des Insassenschutzes helfen.. Denkbar wäre: In Position bringen des Sitzes, der Sitzlehne, der Kopfstütze, das Schiebedach schließen, die Gurtstraffer teilweise vorspannen etc. Erste Lösungen zu diesem Thema haben in Serienfahrzeugen eingesetzt. Auch die Vereinbarung der Europäischen Kommission und der Automobilindustrie, ab 2009 ein automatisches Notrufsystem einzusetzen, welches bei schweren Unfällen aktiviert wird, ist sehr positiv zu sehen [51]. Die Vision, das Automobil so sicher wie die Eisenbahn zu machen, gilt es nun zu verwirklichen.

Literatur

[1] *Braess, H.-H.*: Aktive und passive Sicherheit im Straßenverkehr, Zeitschrift für Verkehrssicherheit 42 (1996)

[2] *Barény, I.B.*: Das Prinzip des gestaltfesten Fahrerraums, Deutsches Bundespatent 854.157 (1952)

[3] *Wilfert, K.*: Entwicklungsmöglichkeiten im Automobilbau, ATZ 1973, S. 273 – 278

[4] *Seiffert, U.*: Fahrzeugsicherheit Personenwagen, VDI-Verlag Düsseldorf 1992, ISBN 3-18-401264-6

[5] *Seiffert, U.*: Die Automobiltechnik nach der Jahrtausendwende, Euroforum München 25. und 26. Mai 1998

[6] *Danner, M.*: New Investigations of HUK-Accident Research, Interior Safety of Automobiles, Report 4. Int. Techn. Conf. on Experimental Safety Vehicles, Kyoto 1973

[7] Quelle: IRTAD

[8] *Langwieder, K.*: Realitätsbezogene Crashtests – eine Grundlage für mehr Sicherheit von Pkw, Tagung Crash-Test 1996, TÜV-Akademie, München, 15. und 16. Oktober 1996

[9] *Otte, B.*: Verletzungsmuster und Verletzungsschwere bei Crashkonfigurationen im realen Unfallgeschehen, Tagung Crash-Test 1996, TÜV-Akademie, München, 9. und 10. März 1998

[10] Eighth Stapp Car Crash Conference, Wayne State University Press, Detroit 1996

[11] IRCOBI proceedings 1998, International IRCOBI conference on Biomechanics of Impact. Göteborg, 16. 18. September 1998

[12] AAAM (American Association for Automotive Medicine), The Abbreviated Injury Scale, 1980 Revision

[13] *Swearingen, Ist.*: Tolerances of Human Face to Crash Impact, Federal Aviation Agency July 1965, repart no. AM 65-20, Oklahoma City

[14] *Patrick, L. M. et. al.*: Survived by Design-Head-Protection, 7. Stapp Car Crash Conference, Oklahoma City

[15] *Fiala, E. u.a.*: Verletzungsmechanik der Halswirbelsäule, Technische Universität Berlin, März 1970, Forschungsbericht

[16] Prüferschrift nach SAE J 921 Motor Vehicle Instrument Panel Laboratorium Impact Test Procedure – Head Area, November 1971

[17] Denton ATD Inc.: Product Description, Milan, USA, www.denton.com

[18] Wittemann, W.: Imporved Vehicle Crash-Worthiness. Design by Control of the Energy Absorption for Different Collision Situations, TU Eindhoven 1999. ISBN 90-386-0680-2

[19] US-FMVSS – No. 301: Fuel System Integrity, National Highway Safety Administration; NHTSA: FMVSS 214: Schutz gegen Seitenaufprall, Washington, USA

[20] EWG 96/27: Insassenschutz Seitenaufprall

[21] *Chou, E. et al.*: A literature review of rollover test methodologies. Int. J. Vehicle Safety, Vol. 1, Nos 1/2/3, 2005

[22] *Buck, W.*: Energy Absorbing Sterring Columns and Safety Steering Wheels in Focus, Automobil Industrie Nr. 3, 1975, Seite 27 – 42

[23] *Juby, D., O'Neill, B.*: Steering Column Movement in severe frontal Crahes and it's appaerent Effect on Airbag Performance, 17. ESV-Conference, Amstersam 2001

[24] ATZ/MTZ: Der neue BMW 7er, Sonderausgabe, Verlag Vieweg, Wiesbaden November 2001

[25] ECE-R44: Einheitliche Bedingungen für die Genehmigung der Rückhalteeinrichtungen für Kinder in Kraftfahrzeugen, Economic Commission for Europe (ECE)

[26] Fa. Britax-Römer, Ulm, 2006

[27] *Degener, M.*: ISOFIX, das neue Befestigungssystem für Kindersitze, Haus der Technik, Essen, 29. 09. 1998

[28] Status Report, Insurance Institute for Highway Safety, Vol. 33, No. 9, Oct. 1998

[29] *Sziliagyi, I. et al.*: Consequences of the new NHTSA regulations, 5th International Symposium Airbag, Karlsruhe Dezember 2000, ISSN 0722-4087

[30] DaimlerChrysler AG: Presseunterlagen IAA Frankfurt 2001

[31] Sonderausgabe ATZ/MTZ, Die neue S-Klasse, Wiesbaden 1998; ATZ/MTZ: Der neue Maybach, Wiesbaden, September 2002

[32] *Ventre, Ph.*: Homogeneous Safety and heterogeneous Carpopulation?, 3. International Technical Conference on Experimental Safety Vehicles, Washington, D.C. Juni 1972

[33] *Seiffert, U.*: Probleme der Fahrzeugsicherheit, Dissertation, Technische Universität Berlin 1974

[34] *Appel, H.*: Sind kleine Wagen unsicherer als große?, VDI-Nachrichten, Düsseldorf, Nr. 7/14. 02. 1975

[35] *Richter, B. u.a.*: Entwicklung von Pkw im Hinblick auf einen volkswirtschaftlich optimalen Insassenschutz, Abschlussbericht BMFT, S. 116, gefördert vom Bundesminister für Forschung und Technologie, 1984

[36] *Huber, G.*: Passive Safety of Vehicles including Partner Protection, Fisita, Prag 1996

[37] *Relou, et. al.*: Entwicklung kompatibler Fahrzeuge mittels kompatibilitätsbewertender Crashsimulation, VDI, Berechnungstagung Würzburg 1998; Relou: Dissertation Methoden zur Entwicklung crash-kompatibler Fahrzeuge, TU Braunschweig 2000

[38] *Schwarz, T.*: Selbst- und Partnerschutz bei frontaler Pkw-Pkw-Kollision (Kompatibilität), VDI-Bericht, Reihe 12, Nr. 502, VDI-Verlag, Düsseldorf, ISBN 3-18-350212-7

[39] *Scheef, J*: Anforderungen an Fahrzeugsicherheit, Symposium Concept, Februar 2004, Graz

[40] Insurance Institute für Highway Safety Status Report Side Impact Crash Tests. Vol. 39, No. 5, April 2004

[41] *Schimmelpfennig, K.-H.*: Bord Frame, a possible contribution to improve passive safety, 15. International Technical Conference on the Enhanced Safety of Vehicles, Melbourne, Australia, May 1996

[42] www.easi.de/training

[43] http://wg17.eerc.org/wg17publicdoes/wg17publication.html

[44] *Seiffert, U.; Scharnhorst, Z.*: Die Bedeutung von Berechnungen und Simulationen für den Automobilbau. VDI-Bericht 699, Düsseldorf, VDI-Verlag 1988

[45] *Beermann, H.-J. u.a.*: Aufpralluntersuchungen mit vereinfachten Strukturmodellen, Vortragsausdrucke der 4. IfF-Tagung, Braunschweig, Juni 1982

[46] FAT-Bericht Nr. 146: Konzept für numerische Auslegung durch Blechbauteile 1999

[47] *Relou, J. et al.*: VDI-Berichte 1411, Berechnung und Simulation im Fahrzeugbau, VDI-Verlag Düsseldorf 1998, ISBN 3-18-091411-4

[48] *Kersten, R.*: Methodik zur Entwicklung von crashkompatiblen Gesamtfahrzeugkonzepten, Dissertation TU Braunschweig, 2004, ISBN: 3-86130-600-X

[49] FAT-Bericht Nr. 150: Charakterisierung von US SID und EUR SID-1 zur Ermittlung von Daten für FEM-Crashsimulation

[50] *Strutz, T. et al.*: Frontendgestaltung für den passiven Fußgängerschutz, 2. Braunschweiger Symposium Karosserie, 2005, GZVB Braunschweig, ISBN: 937655-03-4

[51] Europäische Kommission IP/05/134 Notrufnummer „112" vom Auto, Brüssel, 03. 02. 2005

[52] IRCOBI 1999 International Ircobi Conference On the Biomechanics of impact, Sept. 1999 Sitges (Spain)

[53] *Otte, D. et al.*: Die neue Abbreviated Injury Scale (AIS) 2005 – Nutzen einer standardisierten Klassifikation der Verletzungsschwere. Zeitschrift Verkehrsunfall und Fahrzeugtechnik, Oktober 2006

Allgemeine Literatur

Kramer, F.: Passive Sicherheit von Kraftfahrzeugen. Grundlagen – Komponenten – Systeme, Braunschweig/Wiesbaden: Verlag Vieweg 1998

VDI-Berichte 1471, Innovativer KFZ-Insassen- und Partnerschutz, VDI-Verlag Düsseldorf 1999, ISBN 3-18-09/471-8

VDI-Bericht 1559: Berechnung und Simulation im Fahrzeugbau, VDI-Verlag Düsseldorf 2000, ISBN 3-18-091559-5

VDI-Berichte 1637: Innovativer Insassen- und Partnerschutz, VDI-Verlag Düsseldorf 2001, ISBN 9-18-091637-0

VDI-Bericht 1701: Berechnung und Simulation im Fahrzeugbau, VDI-Verlag Düsseldorf 2002, ISBN 3-18091701-6

Fraunhofer Institut Chemische Technologie: Airbag 7. Internationales Symposium, Karlsruhe Dezember 2004

Seiffert, U. et al.: Automotive Safety Handbook, SAE International 2004, Warrendale, USA

VDI-Berichte 1911: Innovativer Insassen- und Partnerschutz, VDI-Verlag Düsseldorf 2006 ISBN 3-13-091911-6

VDI-Berichte 1967: Berechnung und Simulation im Fahrzeugbau, VDI-Verlag Düsseldorf 2006 ISBN 3-18-091967-1

Fraunhofer Institut Chemische Technologie: Airbag 8. Internationales Symposium, Karlsruhe Dezember 2006

Zobel, R. et al.: International Technical Automotive Conference Compatibility in Road Traffic ATZ, MTZ, Dresden 2005

7 Fahrwerk

7.1 Einführung

Automobile sind Fahrzeuge, deren Bewegung auf einer vorgegebenen Oberfläche, in der Regel einer Fahrbahn, vom Fahrer in Längs- und Querrichtung sowie um die Hochachse (Gierachse) in bestimmten, vom Straßenverlauf oder physikalisch vorgegebenen Grenzen, frei bestimmt werden kann. Hierbei sind die Quer- und Gierbewegung eng miteinander gekoppelt.

In senkrechter Richtung zur Fahrbahn muss das Automobil hingegen dem Straßenverlauf ohne aktiven Eingriff des Fahrers folgen (Berg- und Talfahrt). Kurzwellige Fahrbahnunebenheiten sollten jedoch nur soweit auf das Fahrzeug übertragen werden, wie es die Fahrsicherheit, der Fahrerwunsch nach Fahrbahnkontakt und das subjektive Fahrkomfortempfinden erfordern.

Das quer-, längs- und vertikaldynamische Verhalten eines Automobils wird durch eine Vielzahl von Parametern bestimmt. In vielen Bereichen liegen nichtlineare Zusammenhänge und komplexe Kopplungen der Zustandgrößen vor. Daher stellt das Fahrwerk und in erweitertem Sinne die Fahrdynamik auch heute noch ein hoch interessantes Themengebiet dar, insbesondere wenn der Fahrer als Zustandserkenner, Regler und subjektiver Beurteiler berücksichtigt wird.

7.1.1 Definition des Begriffs Fahrwerk

Mit Ausnahme der Schwerkraft und der aerodynamischen Kräfte und Momente werden alle äußeren Kräfte und Momente dem Fahrzeug über die Kontaktzone der Reifen mit der Straße aufgeprägt. Die aerodynamischen Kräfte und Momente werden in der Regel als Störgrößen betrachtet. Hierbei wird an Luftwiderstand, Auftrieb und Seitenwind gedacht. Aerodynamische Kräfte und Momente sind jedoch auch bei nicht für den Rennsport konzipierten Fahrzeugen einsetzbar zur Optimierung des Fahrverhaltens. Wegen der starken Interaktion zwischen dem Fahrwerk und der Aerodynamik bei hohen Geschwindigkeiten sind beide gemeinsam zu betrachten.

Das Fahrwerk im engeren Sinn kann als Verbund der Systeme des Kraftfahrzeugs verstanden werden, die sowohl zur Erzeugung und Beeinflussung der Kräfte in den Kontaktzonen Fahrbahn/Reifen als auch zu deren Übertragung auf das Fahrzeug dienen: Rad/Reifen, Radbremsen, Radträger/Radführung/Lenksysteme, Federung/Dämpfung.

Im erweiterten Sinn werden zusätzlich alle Systeme mit einbezogen, die für das Führen eines Kraftfahrzeugs erforderlich sind: Brems-, Kupplungs- und Gasbetätigung, Lenkrad, Lenksäule, fahrdynamische Regelsysteme zur Unterstützung der Funktionen des Fahrwerks, sowie Fahrerassistenzsysteme, die zur Entlastung des Fahrers einen Teil seiner Führungsaufgaben übernehmen. Dazu gehören ebenfalls aktive Sicherheitssysteme, die bei Unfallgefahr entweder fahrdynamische Regelsysteme praekonditionieren oder unmittelbar Aktionen zur Vermeidung eines Unfalls bzw. zur Reduzierung der Unfallschwere einleiten.

Im vorliegenden Kapitel wird ein Überblick über die Funktionen der Radführung, Lenkung und Federung sowie der fahrdynamischen Regelsysteme gegeben. Die Brems- und Antriebsschlupfregelsysteme werden in Kapitel 5.5.2 eingehend behandelt, Fahrerassistenzsysteme in Kapitel 8.5.5.

7.1.2 Aufgaben des Fahrwerks

Mit seiner Rolle als Verbindungsglied zwischen Straße und Fahrzeug liefert das Fahrwerk einen wesentlichen Beitrag zu Fahrdynamik und Fahrkomfort. Darüber hinaus beeinflusst das Fahrwerk Raumnutzung, Gewicht, Aerodynamik und Kosten.

Der hohe Stellenwert des Fahrwerks im Gesamtsystem Automobil lässt sich aus Folgendem ableiten:

1. Ein fahrdynamisch gut abgestimmtes Automobil ist für den Fahrer mit geringem Aufwand zu fahren. Es setzt die vom Fahrer eingegebenen Stellgrößen unmittelbar vorhersehbar und präzise um und vermittelt ein Gefühl der Sicherheit bis hin zur Befriedigung. Dieser erlebbare Eindruck ebenso wie die fahrdynamische Bewertung in der Fachpresse, stellt bei vielen Kunden ein wichtiges Entscheidungskriterium beim Kauf dar.
2. Die Fahrdynamik eines Automobils bestimmt ganz wesentlich die Möglichkeiten des Fahrers, kritische Situationen zu vermeiden oder zu beherrschen. In Deutschland sind etwa ein Drittel der im Verkehr Getöteten durch Abkommen von der Fahrbahn und etwa ein Fünftel bei Zusammenstößen mit entgegenkommenden Fahrzeugen zu beklagen (**Bild 7.1-1**). Wegen der Häufigkeit von Unfällen als Folge des Kippens von Fahrzeugen mit hohem Schwerpunkt wurde von der nordamerikanischen Behörde NHTSA (National Highway Traffic Safety Administration) der „fish hook"-Test zur Bewertung der Kippsicherheit eingeführt [1]. Ohne Einzelanalyse der Unfallabläufe (Kapitel 2.4) ist eine quantitative Aussage über das Potenzial einer Steigerung der Sicherheit durch eine weitere Optimierung des Fahrverhaltens und des Einsatzes fahrdynamischer Regelsysteme nicht möglich. Selbst wenn dem Fahrer ein großer Einfluss zugeschrieben wird, erscheint eine deutliche Verringerung der Zahl der Unfallopfer durch Ab-

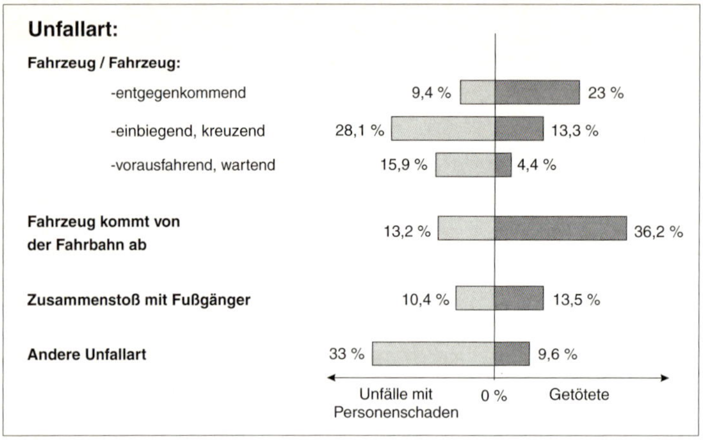

Bild 7.1-1 Aufteilung der Verletzten und Toten in Abhängigkeit des Unfallgeschehens (Angaben: Statist. Bundesamt Deutschland 2002)

kommen von der Fahrbahn und Zusammenstoß mit entgegenkommenden Fahrzeugen realistisch. In Zukunft wird vorausgesetzt, dass die Fahrwerkregelsysteme in Verbindung mit den Fahrerassistenzsystemen es ermöglichen werden, nicht nur die Beherrschbarkeit des Fahrzeugs durch den Fahrer zu erhöhen sondern auch die Unfallfolgen zu reduzieren (crash mitigation). So kann z.B. bei Unvermeidbarkeit eines Zusammenstoßes automatisch eine Vollbremsung eingeleitet werden. Hierzu ist jedoch eine sehr gute Erkennung und Interpretation des Umfeldes erforderlich sowie eine sichere Prognose für den möglichen Bewegungsablauf sowohl des eigenen Fahrzeugs als auch der anderen beteiligten Verkehrsteilnehmer.

3. Das Fahrwerk setzt mit den Fahrwerkregelsystemen die Voraussetzungen für die Einführung von Fahrerassistenzsystemen, die den Fahrer bei seiner Fahrzeugführungsaufgabe unterstützen. Ebenfalls werden hiermit die Voraussetzungen geschaffen für eine Automatisierung von Teilfunktionen des Fahrens. So verfügt man heute bereits über eine automatische Abstandsregelung beim Fahren, die auch das Stoppen und Anfahren im Stau übernehmen kann. Ferner kommt für begrenzte Anwendungen auch vollautomatisches Fahren in Betracht.
4. Hoher Fahrkomfort wird nicht nur subjektiv als angenehm empfunden und stellt somit ein Wettbewerbskriterium dar, sondern der Fahrkomfort hat auch einen nachgewiesenen Einfluss auf das physische und psychische Leistungsvermögen des Fahrers und somit auf die Sicherheit [2]. Es ist jedoch zu berücksichtigen, dass hoher Fahrkomfort im Widerspruch zu hoher Fahrdynamik und Sicherheit steht. Dieser Zielkonflikt kann durch den Einsatz adaptiver Systeme gelöst werden. Es ist jedoch zu berücksichtigen, dass die Bewertung des Fahrkomforts durch den Fahrer subjektiv erfolgt und daher sowohl von seiner fahrzeugbezogenen Erwartungshaltung als auch von seiner Motivation abhängt.

Das Fahrwerk ist nicht allein maßgebend für Fahrdynamik und Fahrkomfort, von gleichrangiger Bedeutung sind Gesamtfahrzeuggrößen wie Schwerpunkthöhe, Achslastverteilung, Trägheitsradien, Radstand und Spurweite sowie im höheren Geschwindigkeitsbereich die aerodynamischen Eigenschaften. Wegen der erforderlichen Reduzierung der zur globalen Erwärmung beitragenden Emissionen und der Verknappung und Verteuerung der Kraftstoffe, ergeben sich aufwändigere Antriebsysteme mit höherem Bauraumbedarf. Desgleichen steigt dieser für Rekuperationsspeicher und für alternative Energieträger mit geringerer volumetrischer Energiedichte. Da von den technischen Systemen das Fahrwerk nach dem Antrieb den höchsten Bauraumbedarf im Fahrzeug hat, sollte zukünftig mit geringem Bauvolumen die gewünschten Funktionen erreicht und gegebenenfalls neue Gesamtfahrzeugarchitekturen berücksichtigt werden.
Es sei noch angemerkt, dass eine Zusammenstellung der häufig vorkommenden Formelzeichen und Begriffe den Rahmen dieses einführenden Kapitels sprengen würde. Es wird daher auf die Literatur hingewiesen, z.B. [3].

7.1.3 Fahrdynamik und Fahrwerkskräfte

Geht man von der bereits skizzierten Vorstellung aus, dass das Fahren eines Automobils die Bewegung eines Körpers in einer Gasatmosphäre und einem Schwerkraftfeld ist, wobei die vertikalen Kräfte, die Antriebs- und Bremskräfte sowie die seitlichen Führungskräfte über die Kontaktflächen der Reifen mit der Fahrbahn übertragen werden, erscheint es naheliegend und sinnvoll, die Dynamik des Fahrens ausgehend von diesen Kräften zu analysieren.
Dieser Ansatz geht konform mit der oft vorgenommenen Unterteilung der Fahrdynamik in Längs-, Quer-und Vertikaldynamik. Die 6 Freiheitsgrade des Fahrzeugs, das hier vereinfachend als ein Einmassensystem betrachtet wird, sind wie in **Tabelle 7.1-1** dargestellt an Längs-, Quer- und Vertikaldynamik beteiligt.

Tabelle 7.1-1 Beteiligung der Fahrzeugfreiheitsgrade an Längs-, Quer- und Vertikaldynamik

Bezeichnung	Primäre Freiheitsgrade	Sekundäre Freiheitsgrade
Längsdynamik	Längsbewegung Nickbewegung	Hubbewegung
Querdynamik	Querbewegung Gierbewegung Wankbewegung	Nickbewegung Hubbewegung
Vertikaldynamik	Hubbewegung Nickbewegung Wankbewegung	Querbewegung

Die Längs-, Quer- und Vertikaldynamik sind weder bei den primär betroffenen Freiheitsgraden noch bei den sekundären Freiheitsgraden voneinander unabhängig. Darüber hinaus bestehen gegenseitige, komplexe Abhängigkeiten der Reifenkraftkomponenten (Kapitel 7.3).

7.1.3.1 Querdynamik: Fahrwerkskräfte in Querrichtung

In Fahrzeugquerrichtung werden hauptsächlich die Reifenseitenkräfte von der Fahrbahn auf den Fahrzeugaufbau übertragen. Bei gelenkten Rädern ergeben sich in Fahrzeugquerrichtung auch Komponenten aus den Reifenumfangskräften, die bei größeren Lenkwinkeln nicht vernachlässigt werden können.

Definitionsgemäß besteht die primäre Aufgabe der Radführungskräfte darin, die Querdynamik des Fahrzeugs bezüglich Einhaltung der vom Fahrer gewünschten Bahn sowie der Drehbewegung um die Hochachse zu kontrollieren. Durch die Höhe des Schwerpunktes zur auf den Aufbau einwirkenden Seitenkraftkomponente ergibt sich die Wankbewegung des Fahrzeugs. Sie entkoppelt die Querbewegung des Fahrzeugschwerpunktes von der Querbewegung der Radaufstandsflächen. Das Fahrzeug und das Umfeld stellen die Regelstrecke dar, der Fahrer den Regler. Die in der Regelungstechnik üblichen Begriffe und Verfahren finden daher auch in der Fahrdynamik Verwendung, z.B. [4].

Die Reifenseitenkräfte sind im Wesentlichen eine Funktion des Schräglaufwinkels der Räder mit der Radlast und der Umfangskraft als wichtigste Parameter (Kapitel 7.3). Reifenseitenkraftkomponenten, die aus dem Radsturz oder einer Asymmetrie des Reifens resultieren, sind bei Reifen für Automobile im Gegensatz zum Motorad – oder für spezielle Anwendungen entwickelte Reifen von geringerer Bedeutung und werden hier nicht berücksichtigt. Sie sind jedoch für die Feinabstimmung des Fahrverhaltens, den Reifenverschleiß und die erzielbare maximale Seitenkraft von Wichtigkeit.

Die Schräglaufwinkel und mit ihnen die Reifenseitenkräfte lassen sich entsprechend ihres Entstehungsmechanismus in unterschiedliche Kategorien einteilen: als Folge vom Lenken der Räder, als Folge von Querverschiebungen der Räder relativ zum Fahrzeug und als Reaktion auf die, dem Fahrzeug von Außen aufgeprägten Kräften.

7.1.3.1.1 Lenken der Räder

Durch Aufprägen eines Lenkwinkels an den Rädern der Vorderachse erzeugt der Fahrer unmittelbar eine Änderung der Schräglaufwinkel der Räder dieser Achse. Die resultierende Seitenkraft oder Seitenkraftänderung stellt die erste Phase des Reifenseitenkraftaufbaus dar. Sie erzeugt eine Änderung der Querbeschleunigung und, da sie exzentrisch zum Fahrzeugschwerpunkt angreift, ebenfalls eine Drehbeschleunigung. Letztere enthält eine Komponente um die Gierachse und eine Komponente um die Wankachse [5]. Da die Quer-, die Gier- und die Wankbeschleunigung im ersten Augenblick ausschließlich von der Seitenkraft der gelenkten Räder verursacht werden, sind sie zueinander proportional. Hieraus kann abgeleitet werden, dass die Anfangsbewegung des Fahrzeugs um eine fahrzeugfeste Momentanachse erfolgt. Diese Momentane Drehachse ist das räumliche Analogon zum Stoßmittelpunkt bei einer ebenen Bewegung. Als Folge der Änderung des Bewegungszustandes des Fahrzeugs bilden sich sowohl an der Vorder- als auch an der Hinterachse in den Radaufstandspunkten Geschwindigkeitskomponenten quer zum Reifen aus, die den ursprünglichen Schräglaufwinkel der Vorderachse reduzieren bzw. den weiteren Aufbau verzögern, während an der Hinterachse durch die sich dort aufbauende Quergeschwindigkeit der Seitenkraftaufbau erst beginnt. Die anfängliche Richtung der Seitenkraft an der Hinterachse hängt von der Lage des Schwerpunktes, den Trägheitsradien für Gieren und Wanken, dem Radstand und der Höhe der Rollzentren an Vorder- und Hinterachse ab **(Bild 7.1-2)**.

Die anfängliche Richtung prägt wesentlich das Anlenkverhalten des Fahrzeugs. Erst danach entstehen als Folge des sich aufbauenden Schwimmwinkels und der Giergeschwindigkeit die Schräglaufwinkel und Reifenseitenkräfte wie sie bei stationärer Kurvenfahrt leicht herleitbar sind.

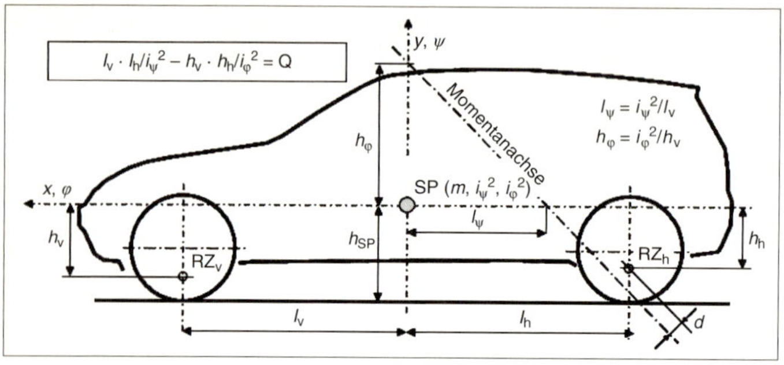

Bild 7.1-2 Einfluss der Fahrzeugarchitektur auf die erste Fahrzeugreaktion bei schnellen Lenkwinkeländerungen. Lage der Momentanachse relativ zum Rollzentrum der Hinterachse:
vor: $Q > 1$
auf: $Q = 1$
hinter: $Q < 1$

Lenkbewegungen der Räder werden außer durch den Fahrer auch durch konstruktive Maßnahmen, den Vorspuränderungen, verursacht. Diese entstehen:

- durch die vertikalen Federbewegungen teils als Folge der Kinematik der Radführung, teils als Folge der Änderung der Kräfte in der Radführung durch die Feder- und Dämpferkräfte und der hiermit einhergehenden elastischen Verformungen
- durch Reifenlängs- und -querkräfte sowie Reifenrückstellmomente als Folge der elastokinematischen Eigenschaften der Radführung
- durch elastische Verformungen im Lenkungsstrang
- durch aktive Lenksysteme (Kapitel 7.4.6.1).

Die beschriebenen Möglichkeiten zur Lenkwinkeländerung werden gezielt eingesetzt um den erforderlichen Grad an Fahrstabilität einzustellen, die Phasenlage zwischen Lenkwinkel, Giergeschwindigkeit und Querbeschleunigung bei instationären Fahrmanövern zu verbessern und die Kurshaltung beim Lastwechsel und Bremsen in der Kurve zu optimieren.

Konventionelle passive Fahrwerke können mit einer Art einfachen „mechanischen Regelung“ versehen werden, die situativ automatisch korrigierende Lenkbewegungen an Vorder- und Hinterrädern durchführt. Zur Verbesserung von Anlenkverhalten und Stabilität gehört es zur Auslegung vieler Hinterachsen, dass sich bei Kurvenfahrt ein Lenkwinkel aufbaut, der den Gradienten der Achsseitenkraft über dem Schräglaufwinkel der Achse erhöht, während an der Vorderachse die entgegengesetzte Wirkung vorgesehen wird.

Der Nachteil dieser mechanischen passiven Regelung besteht in den sehr einfachen Abhängigkeiten der induzierten Lenkwinkelkomponente vom Einfederzustand und den einwirkenden Kräften. Außerdem stellen diese Größen nicht die optimalen Zustandsgrößen für die Beschreibung des momentanen fahrdynamischen Zustandes des Fahrzeugs dar. Es kann beispielsweise nicht unterschieden werden, ob die am Reifen wirkende Seitenkraft vom Fahrer herbeigeführt wurde um eine Richtungsänderung zu bewirken, oder ob es sich um eine Störkraft handelt. Deshalb werden von einigen japanischen Fahrzeugherstellern vereinzelt aktive Systeme an der Hinterachse eingesetzt um mittels rechnergeregeltem Lenken der Hinterräder den Seitenkraftaufbau zu beeinflussen. In Serie sind ebenfalls Systeme (z.B. Aktivlenkung von BMW [6]), die an der Vorderachse eine intelligente Interpretation der Eingabe des Fahrers ermöglichen und das Verhalten des Regelsystems Fahrer/Fahrzeug/Straße optimieren.

Bei rechnerbeeinflusstem Lenken an Vorder- und Hinterachse ist die Analogie mit “fly by wire” beim Flugzeug erkennbar. Es wird daher häufig der Begriff “steer by wire” verwendet falls die eindeutige mechanische Verbindung zwischen dem Betätigungsorgan und den Rädern mittels Regelsystemen aufgebrochen wird.

7.1.3.1.2 Querverschiebung des Radaufstandspunktes

Verschiebungen des Radaufstandspunktes (Definition siehe Kapitel 7.4.1) quer zur Rollrichtung eines Rades erzeugen ebenfalls Schräglaufwinkel, da die sich aus Längs- und Quergeschwindigkeit ergebenden Geschwindigkeitsvektoren nicht mit der Rollrichtung des Rades zusammenfallen. Die resultierenden Seitenkräfte widersetzen sich der Querverschiebung und dienen in der Regel der Spurführung des Fahrzeugs. Die Querbewegung an den Radaufstandspunkten kann zwei Ursachen haben:

- Die gesamte Achse wird als Folge von Quer-, Gier- und Wankbewegung des Fahrzeugs quer zur eigentlichen Rollrichtung der Räder bewegt. Dies kann eine Folge von z. B. Lenkbewegungen, Kurvenfahrt, Seitenwind oder Straßenquerneigung sein. Die Zusammenhänge hierzu sind in den Kapiteln 7.1.3.1.1 und 7.1.3.1.3 näher beschrieben.
- Die Radführungen erzeugen in der Regel eine Querbewegung des Radaufstandspunktes beim Ein- und Ausfedern. Das Verhältnis der Querbewegung zur Vertikalbewegung wird durch die Höhe des Rollzentrums bestimmt. Hierbei ist das Verhalten von Einzelradaufhängungen, Verbundlenkerachsen und Starrachsen unterschiedlich. Die Höhe des Rollzentrums dient sowohl dazu die Wankmomentenabstützung unabhängig von Federung und Dämpfung bei Kurvenfahrt zu erhöhen als auch das Anlenkverhalten zu verbessern.

Nachteilig wirkt sich die kinematisch bedingte Querverschiebung des Radaufstandspunktes aus, wenn sie durch Fahrbahnunebenheiten hervorgerufen wird, da störende Reifenkräfte in Querrichtung entstehen, die sich ungünstig auf Geradeauslauf und Kurshaltung auswirken.

7.1.3.1.3 Stabilisieren des Fahrzeugs auf einer vorgegebenen Bahn

Die Schräglaufwinkel und damit die Reifenseitenkräfte entstehen in diesem Fall durch Abweichen von der ungestörten Fahrzeugbahn infolge äußerer Einwirkungen zum Beispiel Seitenwind, Straßenseitenneigung und -unebenheiten, aber auch durch Störung des Seitenkraftverhältnisses an Vorder- und Hinterachse durch z.B. eine vom Fahrer ausgelöste Längsbeschleunigung.
Geht man vereinfachend von einem stabilen, eingeschwungenen Zustand aus, so erfolgt durch die Störung eine Quer-, Wank- und Gierbewegungskomponente des Fahrzeugs, wodurch sich die Schräglaufwinkel an den Räder des Fahrzeugs verändern. Bei einer korrekten fahrdynamischen Auslegung des Fahrwerks resultieren Kraftänderungen an den Rädern, die zu einem neuen eingeschwungenen Fahrzustand führen mit nur einer geringen Abweichung von der ursprünglichen Bahn. Die Größe der Abweichung von der ursprünglichen Bahn ist ein Maß für die querdynamische Störempfindlichkeit eines Fahrzeugs.
Die Störempfindlichkeit nimmt mit zunehmender Geschwindigkeit zu. Gründe hierfür sind:

- die Abhängigkeit der Reifenseitenkraft vom Schräglaufwinkel. Hieraus folgt, dass doppelte Fahrgeschwindigkeit doppelte resultierende Quergeschwindigkeit bedeutet bei Annahme einer gleichen seitlichen Störkraft
- die näherungsweise umgekehrt proportionale Abhängigkeit der Gierdämpfung von der Fahrgeschwindigkeit
- die proportionale Zunahme der aerodynamischen Seitenkräfte und Giermomente bei gleicher Seitenwindgeschwindigkeit mit der Geschwindigkeit
- die quadratische Abhängigkeit des Auftriebs von der Geschwindigkeit.

Aktive Lenksysteme bieten ein hohes Potential, Abweichungen vom Sollwert ausregeln bzw. verringern zu können. Voraussetzung ist jedoch ein ausreichend schnelles Erkennen der Abweichung und Reagieren der Regelsysteme um eine Interferenz mit der Fahrerreaktion zu vermeiden. Die derzeit zur Verfügung stehende Sensorik und Fahrzustandserkennung kann dies oft noch nicht ausreichend gewährleisten.

7.1.3.2 Längsdynamik: Fahrwerkskräfte in Fahrzeuglängsrichtung

In Fahrzeuglängsrichtung werden im Wesentlichen die Antriebs- und Bremskräfte von der Fahrbahn auf den Fahrzeugaufbau übertragen. Bei gelenkten Rädern wirken in Fahrzeuglängsrichtung ebenfalls Komponenten aus den Reifenseitenkräften, die bei größeren Lenkwinkeln nicht vernachlässigt werden können.
Die primäre Aufgabe der Antriebs- und Bremskräfte besteht darin, die Längsdynamik des Fahrzeugs bezüglich Beschleunigung und Geschwindigkeit zu kontrollieren. Durch Längsbeschleunigungen in Verbindung mit der Höhe des Fahrzeugschwerpunktes entstehen dynamische Achslaständerungen wodurch Nick- und Hubbewegung angeregt werden. Bei Kurvenfahrt wird wegen des unterschiedlichen Einfederzustandes links und rechts in der Regel auch der Wankwinkel beeinflusst und die Wankmomentenabstützung zwischen Vorder- und Hinterachse verändert.
Die Kopplung der Längs- und der Vertikaldynamik hängt von der Schwerpunktlage, dem Radstand und der Radführungskinematik (Antriebs- und Bremskraftabstützwinkel, Kapitel 7.4.1) ab. Nick- und Hubsteifigkeit sowie Dämpfung sind die stabilisierenden Größen. Bei angetriebenen Starrachsen ist zusätzlich das auf den Aufbau als Wankmoment wirkende Kardanwellenmoment zu beachten.
Folgende physikalische Zusammenhänge bewirken eine Beeinflussung der Querdynamik durch die Längsdynamik:
Die dynamische Achslastveränderung infolge Beschleunigen oder Verzögern des Fahrzeugs ergibt eine gegensinnige Veränderung der momentanen Normalkraft an Vorder- und Hinterachse. Wegen der in einem weiten Bereich annähernd linearen Abhängigkeit der Reifenseitenkraft von der Normalkraft verändert sich die Seitenkraftverteilung zwischen Vorder- und Hinterachse merklich, woraus beim Verzögern ein in die Kurve hineindrehendes übersteuerndes Moment, beim Beschleunigen ein aus der Kurve hinausdrehendes untersteuerndes Moment entsteht.
Vorspuränderungen, unmittelbar hervorgerufen durch die Änderung der Umfangskräfte (elastokinematische Vorspuränderung), mittelbar durch die Änderung des Einfederzustands der Räder (kinematische Vorspuränderung) erzeugen Seitenkraftkomponenten, die das Fahrverhalten beeinflussen (Kapitel 7.4.1 und 7.4.2). Die besprochenen Vorspuränderungen ermöglichen das Abstimmen des Fahrverhaltens beim Lastwechsel oder beim Bremsen in der Kurve.
Umfangskraftdifferenzen zwischen dem linken und dem rechten Rad können durch die Bremsen oder den Antrieb verursacht werden. Sie erzeugen unmittelbar ein Moment um die Fahrzeughochachse. In der Regel wird versucht den Unterschied gering zu halten, bei den Bremsen durch das Konzept, bei angetriebenen Achsen durch die Verwendung eines Differenzialgetriebes. Bei den Brems- und Antriebsschlupfregelsystemen ist teilweise ein Kompromiss zwischen der Höhe der resultierenden Längskraft und dem infolge Asymmetrie erzeugten Giermoment erforderlich.
Das durch ungleiche Umfangskräfte erzeugte Giermoment wird jedoch auch positiv eingesetzt. Bei Sperrdifferenzialen erzeugt die Sperrwirkung je nach

Fahrzustand verschiedene Wirkungen. Bei geringer Querbeschleunigung in Verbindung mit einem kleinen Kurvenradius ergibt sich ein in die Geradeausfahrt rückdrehendes Giermoment das sich der Zunahme der Untersteuerneigung durch die Achslastverlagerung überlagert. Um in diesem Fahrzustand ein ausgeprägtes Untersteuern zu vermeiden, wird die Sperrwirkung des Differenzials begrenzt bzw. geregelt. Beim Verzögern mit dem Motorbremsmoment hingegen hilft das Sperrmoment, das durch die dynamische Achslastverlagerung bewirkte übersteuernde Moment zu kompensieren.

Bei höherer Geschwindigkeit und hoher Querbeschleunigung ändert sich jedoch der Wirkmechanismus der Quersperrung. Sowohl beim Beschleunigen als auch beim Verzögern mit dem Motor stellt sich nun als Folge der unterschiedlichen Radlasten kurvenaußen und -innen eine höhere Umfangskraft am kurvenäußeren Rad ein. Durch das Beschleunigen wird das Fahrzeug nun, im Gegensatz zu vorher, übersteuernder, beim Gaswegnehmen bleibt die Untersteuertendenz jedoch auch hier erhalten. Um letzteren Effekt, der sich positiv auf das Lastwechselverhalten auswirkt, verstärkt zu nutzen, wird bei einigen Fahrzeugen die Sperrwirkung des Differenzials im Schiebebetrieb höher gewählt als beim Antreiben.

Bei Differenzialen mit regelbarem Sperrmoment können die geschilderten Wirkprinzipien genutzt werden um zusätzlich zur Radschlupfregelung eine Stabilitätsregelung des Fahrzeugs zu realisieren. Während bei einem geregelten Sperrdifferential bei höherer Geschwindigkeit eine fahrdynamische Wirkung nur beim Antreiben oder Verzögern erzielt wird, können mittels spezieller Achsgetriebe auch ohne Antriebs- oder Schleppmomente hinein- und hinausdrehende Giermomente erzeugt werden bzw. Gierdämpfung durch gegensinnige Umfangskräfte an einer Achse [7, 8]. Hierbei wird die Motorleistung über das spezielle Achsgetriebe wahlweise vom linken Rad auf das rechte, oder vom rechten auf das linke, übertragen.

Bei Bremsregelsystemen wird ein geregelter asymmetrischer, vom Fahrer unabhängiger Bremseingriff gezielt eingesetzt, um das Fahrzeug im Grenzbereich zu stabilisieren [9]. Auch außerhalb des Grenzbereiches werden die Möglichkeiten einer asymmetrischen Bremskraftverteilung genutzt um das Fahrverhalten beim Bremsen in der Kurve zu verbessern (Kapitel 7.2).

Bei Bremssystemen mit der Möglichkeit zur radindividuellen Bremskraftverteilung kann die beim Bremsen auftretende Kursabweichungen a priori durch ein Giermoment, herbeigeführt durch eine gezielte Bremskraftasymmetrie, korrigiert werden.

Die *Abhängigkeit der Reifenseitenkraft von der Umfangskraft* ermöglicht es beim Bremsen über die Bremskraftverteilung zwischen Hinter- und Vorderachse das Seitenführungsvermögen einer Achse gegenüber der anderen zu schwächen und auf diese Weise mittelbar ein Moment um die Hochachse zu erzeugen. Beim Antreiben und Verzögern mit dem Motorantriebs- bzw. -schleppmoment kann analog das Seitenführungsvermögen reduziert werden. Bei Allradantrieb beeinflusst daher die Antriebskraftverteilung auf Vorder- und Hinterachse das Fahrverhalten. Der Einfluss ist jedoch im üblichen Bereich des Brems- und Antriebsschlupfes gering und wird vom Einfluss der Achslaständerung überdeckt. Jedoch im Bereich der maximal übertragbaren Kräfte an einer Achse, ist eine gezielte Verteilung der Bremskräfte und bei Allradantrieb der Antriebskräfte von wesentlichem Einfluss [7, 8]. Hierbei sind die momentanen Radlasten und der zur Verfügung stehende Reibbeiwert wichtige Einflussgrößen bei der Optimierung der Querdynamik (**Bild 7.1-3**).

7.1.3.3 Vertikaldynamik: Fahrwerkskräfte in Fahrzeughochrichtung

Die vertikalen Kräfte, die zwischen Fahrwerk und Aufbau wirken, ergeben sich aus Feder- und Dämpferkräften sowie aus den vertikalen Reaktionskräften der Reifenquer- und -längskräfte. Die Reifennormal kräfte differieren von den resultierenden Feder-, Stabilisator- und Dämpferkräften um die Trägheitskräfte der ungefederten Massen. Die Aufgabe der

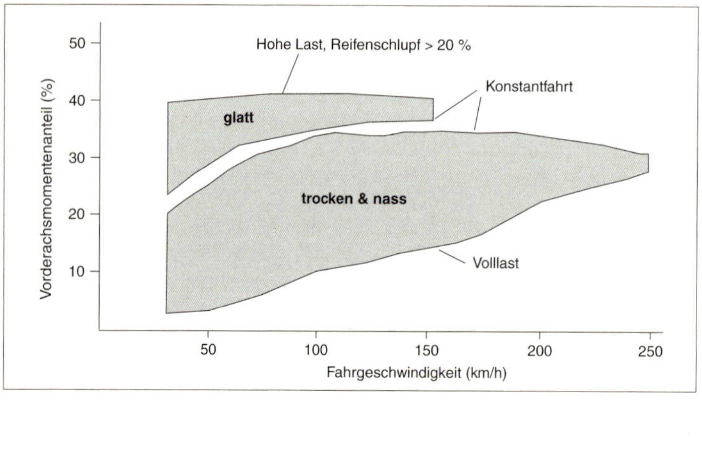

Bild 7.1-3 Antriebskraftverteilung in Abhängigkeit von der Geschwindigkeit beim Porsche Carrera 4 [10]

Vertikaldynamik ist es, die Aufbaumasse auf den Rädern abzustützen und Hub-, Wank- und Nickbewegungen des Fahrzeugs relativ zur Fahrbahn in engen Grenzen zu halten, bzw. bei aktiven Systemen wenigstens die Wankbewegung zu eliminieren. Das Wanken stellt einen wichtigen aber unerwünschten Freiheitsgrad dar der die Querdynamik wesentlich negativ beeinfusst. Der Aufbau soll, soweit es der Federweg zulässt, gegenüber den Fahrbahnunebenheiten isoliert werden. Um die Übertragung der Längs- und Seitenkräfte möglichst wenig zu beeinträchtigen ist eine weitere Aufgabe der vertikaldynamischen Systeme die dynamischen Radlastschwankungen ausreichend klein zu halten. Die Maxima der Radlastschwankungen treten im Bereich der Eigenfrequenz der ungefederten Massen und der Aufbaueigenmode auf. Während die Radlastschwankungen im Eigenfrequenzbereich der ungefederten Massen das Umfangskraft- und Seitenkraftpotenzial reduzieren, können die niederfrequenten Radlastschwankungen zum Anregen einer Gier-/ Querschwingung des Fahrzeugs führen. Aktive Federungssysteme bieten die Möglichkeit die Aufbaubewegungen und zumindest die niederfrequenten Radlastschwankungen zu reduzieren. Der Einfluss auf Verbrauch und Emissionen ist jedoch nicht unerheblich.

Wegen der degressiven Abhängigkeit der Reifenseitenkraft von der Radlast lässt sich ab mittleren Querbeschleunigungen der Grad der Untersteuerneigung mittels der Wanksteifigkeitsverteilung zwischen Hinter- und Vorderachse beeinflussen. Dabei hängt das von der Achse erbrachte Wankmoment nicht nur vom Wankwinkel, sondern auch von der Hubbewegung und dem Nickwinkel des Fahrzeugs ab, so dass hier ein wirkungsvolles Werkzeug zur Abstimmung des Kurvenverhaltens auch beim Lastwechsel und Bremsen besteht.

Wie bereits erwähnt wirken neben den Feder- und Dämpferkräften über die Radführung auch vertikale Reaktionskräfte aus den Reifenseiten- und -umfangskräften auf den Aufbau sowie auf die ungefederten Massen. Diese Kräfte resultieren aus den Brems-, Antriebs- und Seitenkraftabstützwinkeln als Folge der kinematischen Kopplung der Längs- und Querbewegung der Radaufstandspunkte mit der Vertikalbewegung. Diese Effekte werden genutzt um Wank- und Nickwinkel zu reduzieren. Bei rasch eingeleiteten Manövern wirkt sich hierbei besonders günstig im Vergleich zur Stabilisierung über die Federrate aus, dass die Wank- und Nickbeschleunigungen und -geschwindigkeiten geringer sind. Auf diese Weise werden das Anlenken und das Wanküberschwingen günstig beeinflusst. Die Achskinematik ist dabei jedoch so auszulegen, dass unerwünschte Effekte wie Aufstützen bei Kurvenfahrt, Stempeln beim Bremsen und Antreiben sowie zu starke Beeinträchtigung des Geradeauslaufs vermieden werden.

Die Zielkonflikte zwischen den Anforderungen an Komfort, Bodenhaftung der Räder, sowie fahrdynamisch adäquater Radlastverteilung und guter, als angenehm empfundene Ankopplung des Fahrzeuges an die Fahrbahn bei instationären Fahrmanövern und langwelliger Anregung durch die Fahrbahn sind mit konventionellen voll passiven Federungssystemen nur bedingt lösbar. Erschwerend ist, dass das Fahrzeuggewicht und die Achslastverteilung wegen der oft nicht unerheblichen Zuladung schwanken [4]. Niveauregelung, semi-aktive Fahrwerke mit situativer Anpassung von Systemparametern und vor allem aktive geregelte Federungs- und Dämpfungssysteme bieten hohes Potential diese Zielkonflikte zu verringern (Kapitel 7.4.4).

Bei der Vertikaldynamik wirken als äußere Kräfte und Momente neben Gewicht und Reifennormalkräften auch die aerodynamische Auftriebskraft und das aerodynamisches Nick- und Wankmoment. Auftriebskraft und Nickmoment werden oft mittels des Auftriebs an Vorder- und Hinterachse beschrieben (Kapitel 3.2). Größe und Verteilung der aerodynamischen Auftriebskräfte haben insbesondere bei höheren Geschwindigkeiten einen bedeutenden Einfluss auf das querdynamische Verhalten, da sie die Reifennormalkraft und die Achsparameter Vorspur, Seiten- und Längskraftabstützwinkel sowie Federkraftverlauf verändern. Bei Kurvenfahrt bewirkt der Fahrzeugschwimmwinkel ein Schräganströmen des Fahrzeugs so dass eine aerodynamische Seitenkraft und ein aerodynamisches übersteuerndes Moment entstehen. Zur Kompensation dieses hineindrehenden Momentes wird in der Regel hinten ein niedrigerer Auftriebsbeiwert als vorne gewählt.

7.1.4 Basis-Zielkonflikte

Bei der Optimierung des Fahrverhaltens treten mehrere Zielkonflikte auf, deren Größe sowohl ein Indikator für die Qualität des gewählten Fahrwerks als auch des Gesamtfahrzeugkonzeptes darstellt:

- Zur Erzielung eines guten Anlenk- und Kurvenverhaltens sind in Abhängigkeit vom Massenpackage des Fahrzeugs Mikrolenkbewegungen als Funktion von Radeinfederung, Reifenseitenkraft und -rückstellmoment erforderlich. Das Fahrwerk sollte jedoch auf unebener Fahrbahn möglichst keine, den Geradeauslauf störenden Reifenkräfte und -momente erzeugen. Bei der Auswahl des Fahrzeugkonzeptes und des Package sollte daher die Rückwirkung auf das Fahrwerk und das fahrdynamische Potential berücksichtigt werden.
- Die unmittelbare Abhängigkeit des elastokinematischen Eigenlenkverhaltens von der Quersteifigkeit der Radträgeranbindung erfordert bei einigen Achstypen eine hohe Querlenkerlagersteifigkeit. Zur Isolierung der höherfrequenten Transversalschwingungen des Rad/Reifensystems ist jedoch eine ausreichende Elastizität der Radführung in Querrichtung wünschenswert. Es sind daher die

Achskonzepte zu bevorzugen, die neben hoher Längsfederung auch eine ausreichende Querelastizität bei gutem elastokinematischem Eigenlenkverhalten zulassen.

- Die Antriebs- und Bremskräfte sollten möglichst direkt, d.h. ohne Schwingungen anregende Phasenverschiebungen und Koppeleffekte auf den Fahrzeugaufbau übertragen werden. Diese Anforderung steht jedoch in Konflikt mit der Zielsetzung, von der Fahrbahn herrührende Stöße durch eine gezielte Längsfederung und -dämpfung zu mildern. Der Zielkonflikt lässt sich fahrwerkseitig entschärfen bei Auswahl von Achskonzepten mit hoher Drehsteifigkeit um die Querachse bei gleichzeitiger hoher Längselastizität des Radträgers zur Karosserie. Die Längsfederung und -dämpfung hat bei gelenkten Rädern auch einen wesentlichen Einfluss auf die Anregung von Lenkraddrehschwingungen. Hierbei ist die Lage der Eigenfrequenzen der Längs- und Lenkschwingungsformen der ungefederten Massen sowie die Höhe der Kopplung dieser Schwingungsformen von Bedeutung.
- Bei der Auslegung des Federdämpfersystems besteht eine wesentliche Aufgabe darin, einen guten, dem Charakter des Fahrzeugs gerecht werdenden Kompromiss zwischen Fahrverhalten und Fahrkomfort zu finden. Dies wird dadurch erschwert, dass die jeweils günstigste Abstimmung sowohl von der Fahrbahnoberfläche, der momentanen Fahrgeschwindigkeit als auch von den vom Fahrer eingeleiteten Fahrmanövern abhängt. Um den Zielkonflikt bei der Federdämpferabstimmung zu entschärfen, sollte deshalb bei der Festlegung des Gesamtfahrzeugkonzeptes die Interaktion mit Schwerpunkthöhe, Nick- und Wankträgheitsradien sowie Radstand und Spurweite Berücksichtigung finden. Semi-aktive und aktive Systeme haben hier großes Potenzial, das in Zukunft verstärkt ausgeschöpft werden wird.

Anhand der hier beispielsweise aufgeführten Zielkonflikten ist zu ersehen, dass das Fahrwerk eine komplexe Aufgabe zu erfüllen hat, insbesondere auch da in die Bewertung das subjektive Empfinden des Menschen eingeht. Die genannte Aufgabenvielfalt sollte das Fahrwerk mit geringem Aufwand an Gewicht, Bauraum und Kosten erfüllen und dies möglichst unbeeinflusst von Umweltbedingungen und bei gleichbleibender Funktionsqualität über die gesamte Lebensdauer des Fahrzeugs.

Bei dieser komplexen Aufgabenstellung können die Möglichkeiten geregelter fahrdynamischer Systeme **(Bild 7.1-4)** einen wichtigen Beitrag leisten sowohl zur Entschärfung der genannten funktionellen Zielkonflikte als auch zur Erzielung einer neuen Qualität der Fahrdynamik. Hierbei ist die Aufgabenverteilung zwischen der passiven mechanischen Radführung und den Eigenschaften der Regelsysteme einer Optimierung zuzuführen. Wegen der sich verschärfenden globalen Emissions- und Energiesituation sind aktive Systeme jedoch nur industrialisierbar, wenn sie einen relevanten Vorteil gegenüber passiven Lösungen bieten.

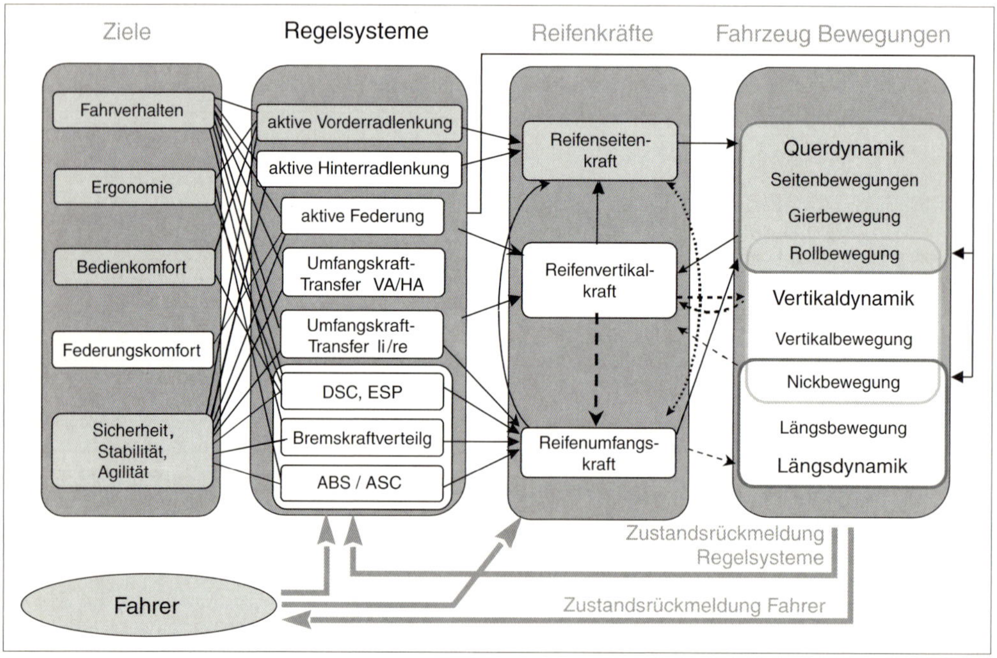

Bild 7.1-4 Wirkzusammenhänge fahrdynamischer Regelsysteme [11]

7.1.5 Ausblick

Im Bereich der Fahrwerkentwicklung erfolgt eine weitere deutliche Funktionssteigerung durch die Einführung von Fahrwerkregelsystemen, die unmittelbar oder mittelbar das Fahrverhalten verbessern [11]. Die zunehmende Zahl an fahrdynamischen Regelsystemen macht es erforderlich das Zusammenspiel der einzelnen Regelsysteme in einem Fahrzeug so zu gestalten, dass zumindest keine negativen Interferenzen auftreten, möglichst jedoch funktionale Synergien entstehen. Hierzu ist eine funktionale Integration der Regelsysteme zu einem „Integrated Chassis Management ICM" erforderlich [12]. Das ICM muss eine Schnittstelle zum Antriebsstrang-Management und zu den Fahrerassistenzsystemen aufweisen um deren Anforderungen, ähnlich wie die des Fahrers, umsetzen zu können. Die Koppelung der Fahrdynamik-Regelsysteme mit den Fahrerassistenzsystemen wird zu einer deutlichen Funktionserweiterung der Fahrdynamik-Regelsysteme führen, da Informationen über die Bahn des Fahrzeugs, den Straßenverlauf und über weitere Verkehrsteilnehmer zur Verfügung stehen werden um die Aktion der Regelsysteme weiter zu optimieren.

Die Notwendigkeit einer funktionalen Integration kann zu einer Lösung mit weitgehender Zusammenfassung der fahrdynamischen Regelung in einem Steuergerät führen oder zu einer Verteilung der fahrdynamischen Regelfunktionen auf mehrere Steuergeräte bei gleichzeitiger Vernetzung. Zwischen diesen beiden extremen Lösungsansätzen sind auch Kombinationen denkbar.

Zwischen der Architektur der Hard Ware und der Funktionsstruktur der Soft Ware besteht eine gegenseitige Abhängigkeit. Für ein Szenario integrierter Regelfunktionen gehen zwingend Ansätze zur Beherrschung der Komplexität, Variantenvielfalt und Sicherheit einher. Dies umfaßt im einzelnen:

- einen optimalen, auf funktionale Integration ausgerichteten Regelsystem-Baukasten für eine schnelle und bestmögliche Konfigurierbarkeit produktspezifischer Funktionsinhalte.
- ein Sicherheitskonzept, das wo erforderlich, funktionale Redundanz und „fail silent"-Verhalten verbunden mit „gracefull degradation" und Rekonfiguration des restlichen Systems beinhaltet.
- ein Funktions- und Konfigurationsmanagement für einen skalierbaren Funktionsumfang abhängig von Anzahl, Art und Verfügbarkeitszustand der fahrzeugindividuell verbauten Fahrdynamik-, Fahrzeugführungs-, Aktuatorik- und Sensorsysteme.
- eine offene Architektur mit standardisierten Schnittstellen, die obige Anforderungen unterstützt.
- und schließlich neue Geschäftsmodelle mit Zulieferern bei eindeutig definierten Schnittstellen in Technik und Verantwortung.

Die Beherrschung der funktionalen Integration und der Hard Ware Architektur stellt eine wesentliche, systemübergreifende Aufgabe bei der Entwicklung fahrdynamischer Systeme dar. Da eine Standardisierung der Schnittstellen sowie eine offene Systemarchitektur zu den Voraussetzungen zählen, hängt die zukünftige Verbreitung fahrdynamischer Regelsysteme auch von der Zusammenarbeit der Fahrzeughersteller und den Zulieferern ab. Hier sind gemeinsame Anstrengungen im Rahmen von AUTOSAR erkennbar (Kapitel 8.1).

Literatur

[1] National Highway Traffic Safety Administration: A Demonstration of the Dynamic Test Developed NHTSA's NCAP Rollover Rating System; DOT HS 809 705 August 2004

[2] *Wierwille, W. W.; Gutmann, J. C.; Hicks, T. G.; Muto W. H.*: Secondary task measurement of work load as a function of simulated vehicle dynamics and driving conditions; Human Factors, 1977, S. 557–575

[3] *Mitschke, M.; Wallentowitz, H.*: Dynamik der Kraftfahrzeuge, Band C, Fahrverhalten, Springer Verlag 2004

[4] *Zomotor, A.*: Fahrwerktechnik: Fahrverhalten, Vogel Fachbuch, 1987

[5] *Pauly, A.*: Dynamique transitoire, contribution à l'étude du comportement de guidage non stationnaire, Vortrag S.I.A., Ecole Centrale de Lyon, 1979

[6] *Fleck, R.*: „Aktivlenkung" – ein wichtiger erster Schritt zum Steer-by-Wire, HdT-Tagung Pkw-Lenksysteme – Vorbereitung auf die Technik von morgen, Essen, April 2003

[7] *Furukawa, Y.; Abe, M.*: Advanced Chassis Control Systems for Vehicle Handling and Active Safety, Vehicle Systems Dynamics, 28 (1997), pp. 59–86

[8] *Greger, M.*: Auswirkung einer variablen Momentenverteilung auf die Fahrdynamik, Dissertation TU München, 2006

[9] *van Zanten, A. Th.; Erhardt, R.; Pfaff, G.*: Die Fahrdynamikregelung von Bosch, at-Automatisierungstechnik 44 (1996) 7

[10] *Birch, S.*: New Stability from the Porsche Stable, Automotive Engineering International, Februar 1999, S. 16

[11] *Pauly, A.*: Active Front Steering – ein wichtiger Baustein von Drive by Wire, VDI Arbeitskreis Fahrzeug- und Verkehrstechnik, UniBw Hamburg, 06. 12. 2001

[12] *Leffler, H.; Ayoubi, M.*: ECM – Elektronisches Chassis Management; Steuerung und Regelung von Fahrzeugen und Motoren – AUTOREG 2002, Mannheim, April 2002; VDI-Bericht 1672

7.2 Bremssysteme

7.2.1 Einführung

Das Bremssystem gehört zu den sicherheitsrelevanten Systemen. Von seiner Funktionstüchtigkeit in allen Fahrsituationen hängt die Sicherheit der Fahrzeuginsassen und anderer Verkehrsteilnehmer ab. Die ursprüngliche Funktion, ein Fahrzeug entsprechend dem Fahrerwunsch aus jeder Fahrgeschwindigkeit abzubremsen, wurde in den letzten Jahren um umfangreiche elektronisch geregelte Funktionen erweitert. Die zunehmenden Komfortansprüche an moderne Fahrzeuge, die damit verbundene Zunahme des

Fahrzeuggewichts und die heute erreichbaren Geschwindigkeitsbereiche, führen zu erweiterten Leistungsanforderungen an moderne Bremssysteme.

Die in diesem Buch beschriebenen Bremssysteme beschränken sich hauptsächlich auf hydraulisch betätigte Reibungsbremsen, wie sie heute überwiegend in Pkws und Leicht-Lkws verwendet und wohl auch in zukünftigen Fahrzeugen Anwendung finden werden. Als weiterführende Literatur wird das Vieweg Bremsenhandbuch [1] empfohlen.

7.2.1.1 Physikalische Grundlagen

Bewegungsänderungen von Fahrzeugen (Lenken, Beschleunigen, Bremsen) werden von Kräften bewirkt. Alle Kräfte zur Änderung der Fahrzeugbewegung, die der Fahrer eines Fahrzeuges beeinflussen kann, werden ausschließlich durch die Reibverbindung zwischen Reifen und Fahrbahn übertragen (siehe **Bild 7.2-1**). Die maximale Höhe dieser Reibkräfte hängt u.a. von den Normalkräften an den Rädern, den Radlasten ab. Sie werden durch Fahrzeuggewichtskraft und aerodynamischen Auf-/Abtrieb hervorgerufen. Zu diesem statischen Anteil kommen im instationären Fahrbetrieb noch dynamische Anteile hinzu: Achslastverlagerungen (z.B. beim Antreiben/Bremsen, Kurvenfahrt) bedingt durch die Schwerpunktlage des Fahrzeugs oder Fahrbahnunebenheiten erzeugen dynamische Radlasten, die sich den statischen Anteilen überlagern. Mit diesen Radlastschwankungen variieren im Fahrbetrieb auch die auf die Fahrbahn übertragbaren Kräfte.

Die Bremskraft am Rad wird von der Betätigungskraft (Fußkraft auf dem Bremspedal) zuzüglich einer Hilfskraft aus dem Bremskraftverstärker erzeugt (**Bild 7.2-2**). Im (Tandem-)Hauptzylinder wird die Betätigungskraft in hydraulischen Druck gewandelt. Überschlägig lassen sich nachfolgende Gleichungen aufstellen. Der hydraulische Bremsdruck p errechnet sich aus Fahrerfußkraft F_{Fahrer}, Pedalübersetzung i, Bremskraftverstärkung V, Hauptzylinderfläche A_{HZ} und Wirkungsgrad η:

$$p = \frac{F}{A} = \frac{F_{\text{Fahrer}} \cdot i_{\text{Pedal}} \cdot V}{A_{\text{HZ}}} \cdot \eta_{\text{Betätigung}}$$

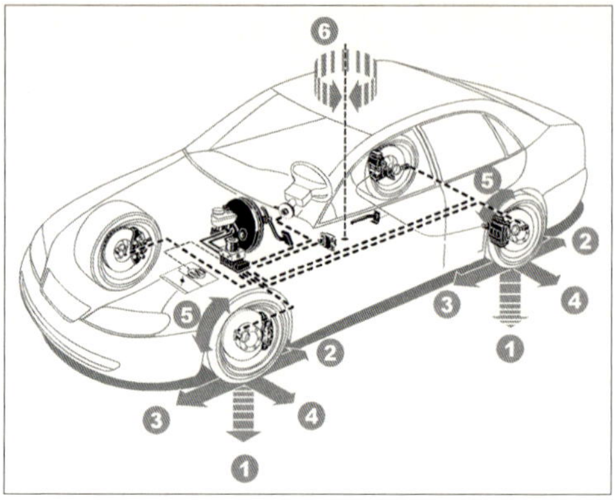

Bild 7.2-1 Kräfte und Momente am Fahrzeug (1 Radlast, 2 Bremskraft, 3 Antriebskraft, 4 Seitenführungskraft, 5 Brems-/Antriebsmoment, 6 Giermoment)

Dieser Druck wirkt auf die Radbremszylinder, welche die Reibflächen der Bremsen mit Spannkräften beaufschlagen. Dadurch wird ein Bremsmoment am Rad erzeugt, welches über die Reifen als Bremskraft auf die Fahrbahn übertragen wird. Diese Bremskraft F_{B} am Rad errechnet sich aus hydraulischem Druck p, Radbremszylinderfläche A_{RBZ}, Wirkungsgrad η, innerer Übersetzung C^*, wirksamem Reibradius r und dynamischem Reifenrollradius R:

$$F_{\text{B}} = p \cdot A_{\text{RBZ}} \cdot \eta_{\text{RBZ}} \cdot C^* \cdot \frac{r_{\text{wirk}}}{R_{\text{roll}}}$$

Die innere Übersetzung C^* wird auch als Bremsenkennwert bezeichnet. Sie beschreibt das Verhältnis von Umfangs-/Reibkraft an den Bremsbelägen zur Spannkraft am Radbremszylinder:

$$C^* = \frac{F_{\text{Umfang}}}{F_{\text{Spann}}}$$

Als äußere Übersetzung $i_{\text{ä}}$ wird das Verhältnis zwischen Spannkraft am Radbremszylinder und Betätigungskraft am Bremspedal bezeichnet. Sie kann auch unter Berücksichtigung des Wirkungsgrades als Verhältnis von Pedalweg zu den Spannwegen (inkl. Verlustwege) an n Bremsen dargestellt werden:

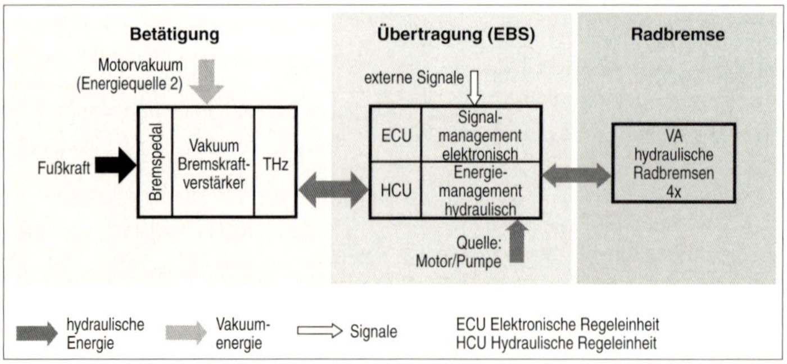

Bild 7.2-2 Hydraulisches Bremssystem mit elektronischer Regelung

$$i_{ä} = \frac{F_{\text{Spann}}}{F_{\text{Betätigung}}} = \eta_{\text{Betätigung}} \cdot \frac{s_{\text{Pedal}}}{n \cdot s_{\text{Spann}}}$$

Kombiniert man obige Gleichungen erhält man (in stark vereinfachter Form und mit begrenztem Gültigkeitsbereich) die Radbremskraft als Funktion der Fahrerfußkraft, welche von den Eigenschaften der drei Subsysteme „Mechanik Betätigung", „Hydraulik" und „Mechanik Radbremse" abhängt:

$$F_{\text{B}} = \underbrace{i_{\text{Pedal}} \cdot V \cdot \eta_{\text{Betätigung}}}_{\substack{\text{Mechanik}\\ \text{Betätigung}}} \cdot \underbrace{\frac{A_{\text{RBZ}}}{A_{\text{HZ}}} \cdot \eta_{\text{RBZ}}}_{\text{Hydraulik}} \cdot \underbrace{C^{*} \cdot \frac{r_{\text{wirk}}}{R_{\text{roll}}}}_{\substack{\text{Mechanik}\\ \text{Radbremse}}} \cdot F_{\text{Fahrer}}$$

Als rotierende Massen besitzen die Räder Trägheitsmomente. Deren Beharrungsvermögen gegenüber Drehzahlveränderungen muss insbesondere beim Bremsen mit Schlupfregelung ebenfalls berücksichtigt werden.

Neben diesen längsdynamischen Betrachtungen spielen auch querdynamische Effekte eine Rolle bei Brems- und Fahrstabilitätssystemen (siehe **Bild 7.2-1**). Ein Drehmoment um die Fahrzeug-Vertikalachse wird als Giermoment bezeichnet. Es wird entweder durch den Fahrer (z.B. Lenken) oder durch äußere Einflüsse (z.B. Seitenwind, reibwertbedingt unterschiedliche Antriebs-/Bremskräfte auf beiden Fahrzeugseiten) erzeugt. Die sogenannten Seitenführungskräfte wirken der Zentrifugalkraft bei Kurvenfahrt entgegen und halten das Fahrzeug in der Spur. Bei Überbeanspruchung der Reibpaarung Reifen–Fahrbahn kann ein Giermoment nicht mehr ausreichend über die Seitenführungskräfte an den Rädern kompensiert werden, d.h. das stabile Kräftegleichgewicht geht verloren und das Fahrzeug kommt ins Schleudern. Im Rahmen der physikalischen Grenzen können Fahrstabilitätssysteme den Fahrer durch gezielten Bremseneingriff in solchen Situationen unterstützen (siehe Kapitel 7.2.4.5).

Bremsvorgang

Ein Bremsvorgang lässt sich bis zum Stillstand des Fahrzeugs in folgende Phasen untergliedern (**Bild 7.2-3**):

- Auftauchen eines Hindernisses
- Wahrnehmungszeit t_w (Hindernis-Erkennung durch Fahrer)
- Schreckzeit t_h
- Reaktionszeit t_r
- Betätigungszeit t_b
- Anschwellzeit der Fußkraft t_f
- Ansprechzeit der Bremse t_a (Berührung des Pedals bis zum Erreichen einer spürbaren Verzögerung)
- Schwelldauer t_s (ab t_a bis Erreichen von 75% des Druck-Endwertes)
- Vollbremszeit t_v
- Lösezeit (Zeit zwischen dem Beginn des Lösens der Betätigungseinrichtung und dem vollständigen Verschwinden der Bremskraft)

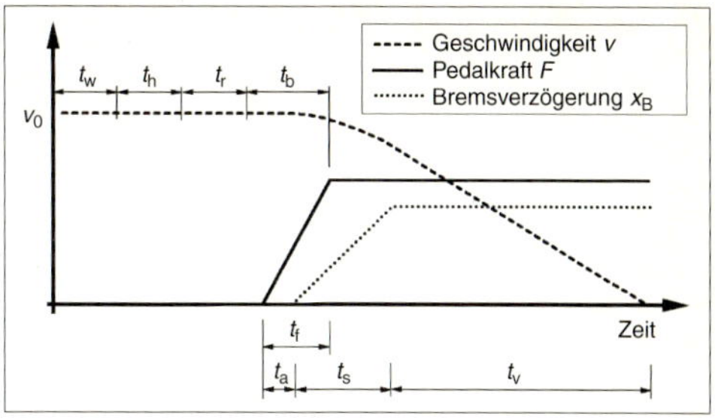

Bild 7.2-3 Zeitlicher Ablauf eines Bremsvorgangs

Über die Dauer der Bremsung kann aufgrund der Fahrzeug- und Bremsdynamik keine konstante Verzögerung vorausgesetzt werden. Für viele Betrachtungen ist die erreichte mittlere Verzögerung b über dem Bremsweg jedoch ausreichend. Sie errechnet sich aus der Ausgangsgeschwindigkeit v_0 und dem Bremsweg s:

$$b = \frac{v_0^2}{2 \cdot s}$$

Kurze Bremswege bzw. das Erreichen maximaler Verzögerung setzen u.a. folgende Rahmenbedingungen voraus:

- Hoher Reibwert zwischen Fahrbahn und Reifen
- Schneller Aufbau einer möglichst großen Betätigungskraft
- Unmittelbares Ansprechen der Bremsanlage ohne Verlustzeiten in Betätigung, Übertragungsgliedern, Radbremsen etc.
- Rad-individuelle vollständige Reibwertausnutzung
- Annäherung an ideale Bremskraftverteilung

Elektronische Regelsysteme ermöglichen insbesondere Normalfahrern die Optimierung einiger zuvor genannter Rahmenbedingungen für kurze Anhaltewege (z.B. Bremsassistent). Sie werden in nachfolgenden Kapiteln im Detail erläutert.

7.2.1.2 Arten von Bremsanlagen

Für Kraftfahrzeuge ist die Ausrüstung von zwei von einander unabhängigen Bremsanlagen gesetzlich vorgeschrieben.

Unterschieden werden hinsichtlich ihrer Funktion:

- **Betriebs-Bremsanlage** (BBA)
  Diese wird über das Bremspedal betätigt und dient zur Verzögerung des Fahrzeuges bis zum Stillstand (siehe Kap. 7.2.2.10 und Kap. 7.2.2.13).
- **Hilfs-Bremsanlage** (HBA)
  Die Hilfs-Bremsanlage muss die Verzögerung des Fahrzeugs bei Ausfall der Betriebs-Bremsanlage sicher stellen. Diese Funktion wird mit Hilfe eines zweiten Bremskreises in der Betriebs-Bremsanlage erreicht (siehe auch Kap. 7.2.2.4).

- **Feststell-Bremsanlage** (FBA)
  Diese hat die Aufgabe, das Fahrzeug nach dem Stillstand gegen Wegrollen abzusichern (siehe Kap. 7.2.2.10 und Kap. 7.2.2.13).
- **Dauer-Bremsanlage** (DBA)
  Sie entlastet die Betriebs-Bremsanlage z.B. auf längeren Gefällestrecken wird aber ausschließlich bei schweren Nutzfahrzeugen (Lkw) eingesetzt.

Allgemeine Anforderungen

Betriebs- und Hilfsbremsanlage müssen in ihrer Wirkung vom Fahrzeugführer dosierbar sein. Die Bremsanlagen müssen so gebaut sein, dass die geforderte Bremswirkung zuverlässig erreicht wird. Der Zustand der Bauteile muss leicht nachprüfbar sein. Verschleißteile sind so zu bemessen, dass sie erst nach angemessener Betriebsdauer nachgestellt oder ausgewechselt werden müssen. Für Verschleißkompensation sind Nachstelleinrichtungen vorzusehen.
Die Anlagen müssen vom Fahrersitz ergonomisch und zeitlich unmittelbar betätigt werden können. Beeinträchtigungen beim Führen des Fahrzeuges sind hier nicht zulässig.
Bremssysteme bestehen heute im wesentlichen aus folgenden Komponenten (s. **Bild 7.2-2**):

- Brems-Pedal
- Bremskraftverstärker
- (Tandem/Zweikreis)Hauptbremszylinder mit Ausgleichbehälter
- Elektronisches Bremssystem (z.B. ABS)
- Radbremsen (Scheiben-/Trommelbremsen)
- Bremskraftsteuereinrichtungen (auch Bremskraftregler bzw. -minderer genannt) für die Hinterachse für Fahrzeuge ohne elektronisches Bremssystem
- Übertragungselemente (Bremsschläuche, Rohrleitungen)

Gesetzliche Vorschriften

Die meisten Staaten haben eigene Vorschriften für Bremsanlagen. In Deutschland ist dies der § 41 der StVZO. In der EG müssen Bremsanlagen der EG Richtlinie 71/320 entsprechen. Diese Vorschrift ist im § 41 StVZO umgesetzt. Neben der EG Richtlinie 71/320 gibt es noch die Regelungen ECE R 13 und ECE R 13H, die von der UNO in Genf erlassen sind. Sie dürfen von allen Staaten angewendet werden, die das Abkommen von 1958 zur gegenseitigen Anerkennung von Typgenehmigungen gezeichnet haben. Das können auch Staaten außerhalb der EG und Europas sein. ECE R 13 und EG 71/320 sind im Wortlaut identisch. Die ECE R 13H (das H steht für „harmonisiert“) stellt eine Angleichung US-amerikanischer und europäischer Vorschriften dar. Japan und Australien haben inzwischen ihre nationalen Bremsengesetze durch die ECE R 13H abgelöst. Bei der Beantragung einer EG Typgenehmigung kann der Hersteller anstelle der 71/320 EG wahlweise auch die Prüfung nach ECE R 13 oder ECE R 13H beantragen. Die USA haben eigene Richtlinien und auch ein eigenes Zulassungsverfahren. Anstelle des weltweit üblichen Typgenehmigungsverfahrens ist in den USA eine Selbstzertifizierung üblich. Für Pkw Bremsen ist in den USA die FMVSS 135 vorgeschrieben, deren Anforderungen etwa denen der ECE R 13H entsprechen.
In den Vorschriften ist in der Regel eine Abbremsung oder ein Bremsweg bei einer maximalen Fußkraft vorgeschrieben. Die geforderten Werte sind nach Bremsanlage und Fahrzeugklasse gestaffelt. Für die Betriebsbremsanlage von Pkw wird z.B. in Europa eine Abbremsung von 0,6 g bei 500 N Fußkraft gefordert. In den Vorschriften ist hierfür auch die Prüfmethode festgelegt. Neben der geforderten Abbremsung wird in den meisten Vorschriften aus Fahrstabilitätsgründen noch eine Blockierreihenfolge gefordert. So darf z.B. in Europa die Hinterachse bei Verzögerungen zwischen 0,15 g und 0,8 g nicht vor der Vorderachse blockieren. Fahrzeuge mit ABS müssen die Vorschriften zur Blockierreihenfolge nicht erfüllen, da hier ein Blockieren der Räder generell verhindert wird.

Bremskreisaufteilungen

Die Aufteilung in getrennte Bremskreise erhöht die Sicherheit gegen Ausfall eines Teils der Bremsanlage. Das Fahrzeug muss mit dem intakt gebliebenen Bremskreis noch gemäß der gesetzlichen Bestimmung abgebremst werden können.
Auf Grund unterschiedlicher Fahrzeug-Achlast-Verteilungen und Schwerpunktlagen ergeben sich verschiedene Möglichkeiten zur Aufteilung der Bremskreise. Am häufigsten sind (siehe auch DIN 74000):

Vorder-/Hinterachs-Bremskreisaufteilung („schwarz/weiß“: S/W-Aufteilung):
Hierbei werden Vorderräder und Hinterräder des Fahrzeugs jeweils von einem separaten Bremskreis versorgt. Wesentliche Aspekte hierbei sind:

- Kein Schiefziehen des Fahrzeugs bei Kreisausfall
- Einsatzmöglichkeit eines gestuften Tandem-Haupt-Zylinders (unterschiedliche „äußere Übersetzung“ für Vorder- und Hinterachse)
- Einsparung einer zweiten Bremsleitung zur Hinterachse
- Verbleibende HA-Bremswirkung bei thermischer Überlastung der Vorderachse (z.B. bei Dampfblasenbildung)

Diagonale Bremskreisaufteilung („X-Aufteilung“, „X-Split“):
Bei dieser Anordnung werden jeweils die diagonal gegenüber liegenden Bremsen von einem Bremskreis versorgt. Der höhere Bremskraftanteil der Vorderachse wird dabei auch bei einem Kreisausfall immer an

einem Rad genutzt. Schiefziehen bei Kreisausfall infolge der unsymmetrischen Bremskraftverteilung zwischen links und rechts kann durch entsprechende Achskonstruktion, z.B. durch einen negativen Lenkrollradius, kompensiert werden (s. Kap. 7.4.5) [2]. Die diagonale Bremskraft-Aufteilung wird vorwiegend in Fahrzeugen mit höherem Vorderachslastanteil verwendet.

Sonstige Bremskreisaufteilung (HH-Aufteilung):
Aus Kostengründen in Pkws wenig verbreitet sind Bremskreisaufteilungen, bei denen in einem Bremssattel an der Vorderachse (HH-Aufteilung auch Hinterachse) zwei Kolben separat von je einem Bremskreis angesteuert werden. Dies hat zur Folge, dass bei Ausfall eines Bremskreises immer noch beide Vorderachsbremsen – wenn auch nur mit einem von zwei Kolben – gebremst werden können. Solche Bremskreisaufteilungen finden vorwiegend in Fahrzeugen mit hohem zulässigen Gesamtgewicht und bei leichten Lkws Verwendung.

7.2.1.3 Bremsenauslegung

Die Grundauslegung einer Bremsanlage für ein Fahrzeug wird im Wesentlichen durch folgende Größen bestimmt:

- Fahrzeug-Leer-/zulässiges Gesamt-Gewicht
- Lastverteilung auf Vorder- und Hinterachse leer und beladen
- Maximal-Geschwindigkeit
- Radstand
- Fahrzeug-Schwerpunktlage
- Rad-/Felgen-Größe
- Reifentyp
- Energieversorgung für Bremssystem (z.B. Vakuum aus dem Verbrennungsmotor)

Die Bremsenauslegung hat so zu erfolgen, dass die Bewegungsenergie des Fahrzeuges über die Reibungsbremse für alle gesetzlich oder vom Fahrzeughersteller vorgeschriebenen Prüfungen in Wärmeenergie umgesetzt werden kann, ohne dass die Bremsanlage in ihrer Funktion beeinträchtigt wird (z.B. Fading aufgrund einer Überhitzung der Bremsscheibe).
Für Fahrzeuge mit hohem zulässigem Gesamtgewicht, hohem Schwerpunkt, kurzem Radstand und großer Maximalgeschwindigkeit stellt dies bei begrenzter Felgengröße und damit begrenztem Bremsscheibendurchmesser eine technische Herausforderung dar.

Bremskraftverteilung (BKV)

Ziel der Bremskraftverteilung ist es, auf homogener Fahrbahn im teilgebremsten Zustand ein neutrales Fahrverhalten zu ermöglichen. Dies ist idealerweise bei jeder Verzögerung an allen Rädern durch gleiche Ausnutzung des zur Verfügung stehenden Kraftschlusses zwischen Reifen und Fahrbahn anzustreben. Auf die Achsen bezogen heißt das, dass die Bremskraft an den Achsen entsprechend der Achslasten aufgeteilt wird. Die sogenannten „dynamischen Achslasten" beim Bremsen ergeben sich durch eine Belastung der Vorderachse bei gleichzeitiger Entlastung der Hinterachse. Sie sind abhängig von den statischen Achslasten, der Schwerpunktshöhe des Fahrzeugs sowie von der Verzögerung.
Üblicherweise werden in der Bremssystemauslegung einige Größen dimensionslos dargestellt. Dazu gehört die Abbremsung z als Verhältnis der Fahrzeugverzögerung b zur Erdbeschleunigung g:

$$z = \frac{b}{g}$$

Außerdem werden die Größen ψ als Verhältnis von Schwerpunktlage in Längsrichtung l_v zum Radstand l, sowie χ als Verhältnis von Schwerpunktlage in vertikaler Richtung h_s zum Radstand l verwendet (siehe **Bild 7.2-4**). Damit lassen sich die idealen Bremskräfte für Vorder- und Hinterachse (F_{BV} und F_{BH}) bezogen auf die Fahrzeuggewichtskraft G darstellen:

$$\frac{F_{BV}}{G} = [1 - \psi + z \cdot \chi] \cdot z$$

$$\frac{F_{BH}}{G} = [\psi - z \cdot \chi] \cdot z$$

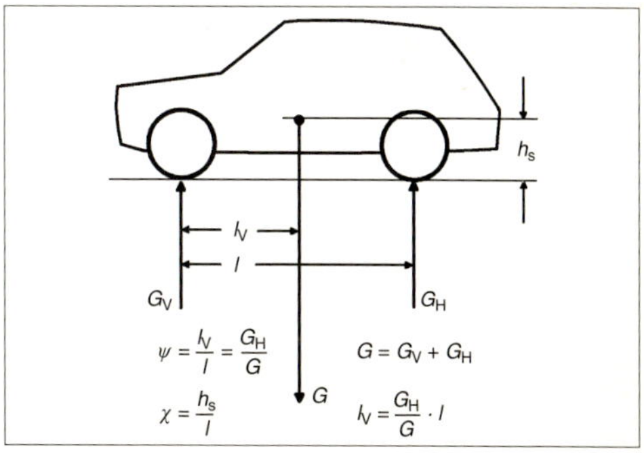

Bild 7.2-4 Prinzipskizze Schwerpunktlage

Auf Basis der dynamischen Achslastverlagerung beim Bremsen kann die so genannte „ideale Bremskraftverteilung" abgeleitet werden. Im „Bremskraftverteilungsdiagramm" wird für jede Verzögerung die ideale Bremskraft-Aufteilung zwischen Vorder- und Hinterachse dargestellt.
Die Kurve der idealen Bremskraftverteilung (**Bild 7.2-5**) ist eine nicht lineare Funktion (Wurzelfunktion zuzüglich linearem Anteil).
Mit einer solchen Bremskraftverteilung ist es nicht bei allen Fahrzeug-Beladungszuständen möglich, beide Achsen im gesamten Reibwert- und Verzöge-

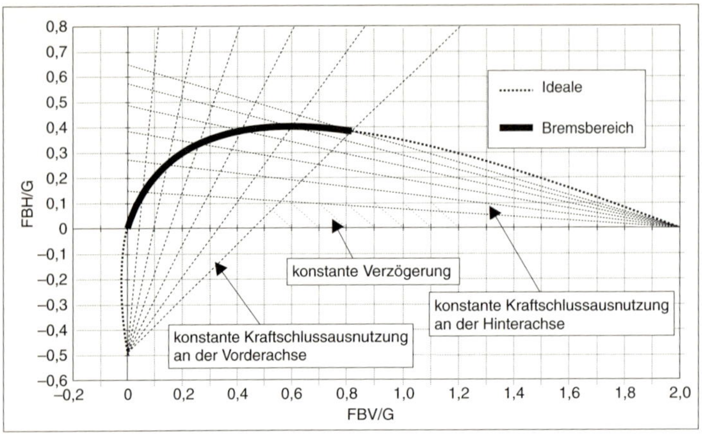

Bild 7.2-5 Bremskraftverteilungsdiagramm (hier als vollständiges Umfangskraftdiagramm, FBV Vorderachsbremskraft, FBH Hinterachsbremskraft, G Fahrzeuggewichtskraft)

rungsbereich gleichzeitig bis zur Blockiergrenze abzubremsen. Laut Gesetzgebung muss sichergestellt sein, dass bis zu einer Fahrzeug-Verzögerung von 0,8 g die Vorderachse immer vor der Hinterachse blockiert. Eine blockierende Hinterachse führt zu unkontrollierbarem, instabilem Fahrverhalten. Die Auslegung der realen Bremskraftverteilung erfolgt so, dass – häufig unter Zuhilfenahme von Bremskraftverteilern (s. Kap. 7.2.2.8) – der Schnittpunkt mit der idealen Bremskraftverteilung oberhalb von 0,8 g Verzögerung liegt. Diese Bremskraftverteilung bezieht sich auf Geradeausfahrt. Bei Kurvenfahrt verteilen sich die idealen Bremskräfte ungleich auf die Bremsen einer Achse, da sich wegen der Querbeschleunigung die Radlasten – ähnlich wie in Längsrichtung die Achslasten – verändern.

Durch den Einsatz von elektronischen Schlupfregelsystemen (EBV: Elektronische Bremskraft-Verteilung) lässt sich die Bremskraftverteilung ohne zusätzliche hydraulische Bauteile der idealen Bremskraftverteilung auch bei Kurvenfahrt angleichen.

Das Bremskraftverteilungsdiagramm verdeutlicht Abhängigkeiten zwischen Fahrbahnreibwert, dynamischer Achslast und Fahrzeug-Verzögerung. Es bildet die Grundlage für die Auslegung von Bremsanlagen und wird ausschließlich von geometrischen Fahrzeugdaten und der Achslastverteilung bestimmt.

Die Kurve im ersten Quadranten zeigt die ideale Bremskraftverteilung (Ideale). Der Bremsbereich (dicke Linie) wird begrenzt durch den Reibwert zwischen Reifen und Fahrbahn. Darüber hinaus gehende Werte sind nur noch gestrichelt dargestellt.

Im dritten Quadranten entspricht die Ideale der optimalen Verteilung der Antriebsmomente bei allradgetriebenen Fahrzeugen.

Dimensionierung

Bremsanlagen werden in heutigen Fahrzeugen so ausgelegt, dass sie eine wesentlich höhere Abbremsung leisten können, als durch die gesetzlichen Vorschriften gefordert wird. Der Bremskraftübertragung wird durch die Reibung zwischen Reifen und Fahrbahn eine physikalische Grenze gesetzt.

Aus dem Fahrzeuggewicht und der zu erreichenden Verzögerung ergibt sich ein Bremsmoment, das durch die Zuspannkraft des Bremssattels über den wirksamen Radius der Bremsscheibe aufgebracht werden muss.

Die erforderliche Zuspannkraft legt über die Wahl der Kolbenflächen des Bremssattels den Systemdruck fest. Die Bremsanlage nimmt aufgrund ihrer Elastizitäten unter Druckbeaufschlagung Volumen auf, welches vom Tandem-Hauptzylinder der Betätigungseinheit bereitzustellen ist. Die Volumenaufnahme des Bremssystems (Bremssättel, Schläuche, Rohrleitungen, etc.) bestimmen Durchmesser und Hub (Ausstoß-Volumen) des Tandem-Hauptzylinders.

Felgengröße und -kontur bestimmen den verfügbaren Einbauraum und damit die Kombination aus Sattel, Bremsbelag und Bremsscheibe.

Bei der Bremsung wird kinetische Energie über Reibung in Wärme umgewandelt und zu einem Teil in den entsprechend dimensionierten Bauteilen gespeichert, zum anderen Teil durch Luftkühlung an die Umgebung abgegeben.

Die thermische Belastung der Bremse wird dabei in erster Linie durch die erreichbare Höchstgeschwindigkeit beeinflusst. Je schneller das Fahrzeug ist, desto mehr kinetische Energie muss in Wärme umgesetzt werden.

Das zweite wesentliche Kriterium für die thermische Auslegung ist die Dauer der Bremsung (z.B. Passabfahrt; hier wird über längere Zeit bei geringer Verzögerung eine starke Aufheizung der Bremsscheibe erzeugt, ohne dass diese durch ausreichende Zufuhr von Kühlluft an die Umgebung wieder abgeführt werden kann).

Die Bremsen sind so ausgelegt, dass eine vom Hersteller festgelegte Scheiben-Grenz-Temperatur unter realistischen Extrembelastungen nicht überschritten wird, da sonst mit nachlassender Bremsleistung (Fading) bis hin zur Zerstörung der Bremse gerechnet werden muss.

Bremspedalcharakteristik (Ergonomie)

Die Pedalcharakteristik ist durch Maßnahmen an Radbremse und Betätigung beeinflussbar (**Bild 7.2-6**). Fahrzeughersteller nutzen die Pedalcharakteristik zur marken- und modellspezifischen Ausprägung ihrer Fahrzeuge. Die wesentlichen Parameter sind:

- Ansprech- und Löse-Verhalten
- Leerwege
- Springer*
- Verstärkung (Verzögerung bezogen auf Pedalkraft)
- Hysterese
- Pedalweg
- Pedalweg und Pedalkraft im Aussteuerpunkt**
- Pedalwegverlängerung und Pedalkrafterhöhung bei Fading

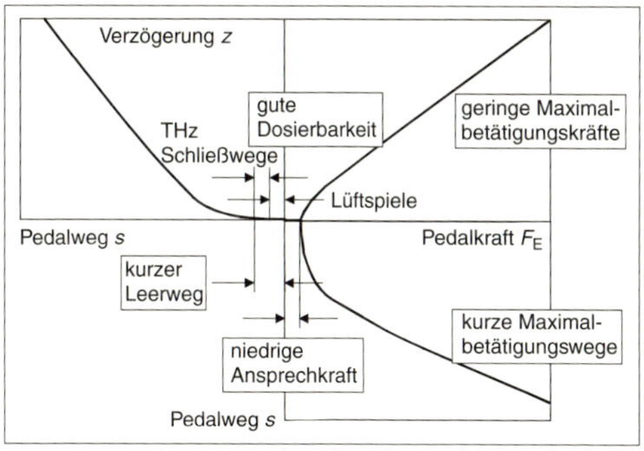

Bild 7.2-6 Anforderungen an die Pedalcharakteristik

Die Weiterentwicklung von Bremsbetätigungen (Pedalwerk, Bremskraftverstärker und Hauptzylinder) geht zu kurzen Leerwegen, niedrigen Ansprechkräften und hohen Springern, um ein möglichst direktes Ansprechen der Bremsanlage zu erreichen. Über die Auswahl von Verstärkungsfaktor und Pedalweg kann der Betätigungskomfort den Anforderungen des Fahrzeugherstellers angepasst werden [3].

*) „Springer" bezeichnet den Beginn der Füllung der Bremsanlage durch den Bremskraftverstärker bereits bei geringer Krafteinwirkung auf das Bremspedal. Hierdurch wird die sonst zu einem sogenannten „stumpfen Pedal" führende Wirkung der Dichtungsreibung im Hauptzylinder und in den Radbremsen nicht spürbar. Eine Dosierung des Bremsdruckes erfolgt in diesem Bereich nahezu ausschließlich über den Pedalweg.

**) Als Aussteuerpunkt wird das Erreichen der Baugrößen-abhängigen Begrenzung der Bremskraftunterstützung durch den Brems-Kraft-Verstärker (BKV) bezeichnet.

7.2.2 Bremssystemkomponenten

Für Bremssystemkomponenten bestehen hohe Anforderungen hinsichtlich Robustheit, Funktionssicherheit bei unterschiedlichsten Umweltbedingungen, Umweltverträglichkeit, Akustik (NVH = noise, vibration, harshness) und Ausfallsicherheit.

7.2.2.1 Bremspedal

Das Bremspedal ist die wesentliche Schnittstelle zwischen Fahrer und Bremssystem. Über die Pedalcharakteristik (funktionaler Zusammenhang zwischen Pedal-Kraft, Weg und Verzögerung) erfolgt eine Rückmeldung über die Bremsung und den Zustand der Bremsanlage.

7.2.2.2 Bremskraftverstärker

Bremskraftverstärker verstärken die am Pedal aufgebrachte Fußkraft durch eine sogenannte „Hilfskraft". Sie erhöhen damit den Bedienkomfort und die Fahrsicherheit. Es werden heute hauptsächlich zwei Bauarten verwendet:

- Vakuum-Bremskraftverstärker
- Hydraulik-Bremskraftverstärker

Vakuum-Bremskraftverstärker

Der Vakuum-Bremskraftverstärker – auch Vakuum-Booster genannt – hat sich bisher trotz seiner deutlich größeren Abmessungen gegenüber dem Hydraulik-Bremskraftverstärker behaupten können. Wesentliche Gründe hierfür sind seine kostengünstige Bauart und die kostenlose Verfügbarkeit der Vakuumenergie der meisten Saugmotoren.

Die Vakuumkammer des Bremskraftverstärkers ist über eine Unterdruckleitung mit dem Ansaugrohr des Motors oder einer separaten Vakuumpumpe (z.B. bei Dieselmotoren und direkteinspritzende Otto-Motoren mit sehr geringem Unterdruckniveau im Ansaugrohr) verbunden.

Beginnend mit der Lösestellung wird im Folgenden die Funktion erläutert.

Lösestellung (s. **Bild 7.2-7**):
In dieser Stellung herrscht auf beiden Seiten des Membrantellers der gleiche Unterdruck. Die Gerätefeder hält den Membranteller gegen den auf den Querschnitt des Steuergehäuses wirkenden Atmosphärendruck in seiner Ausgangsstellung.

Teilbremsstellung (s. **Bild 7.2-7**):
Bei Betätigung der Kolbenstange mittels Bremspedal schließt das Tellerventil zunächst die Vakuumverbindung der pedalseitigen Arbeitskammer. Im weiteren Verlauf der Bewegung wird der Außenluftkanal geöffnet. Dadurch baut sich vor dem Membranteller atmosphärischer Druck auf. Zwischen dem vorderen und dem hinteren Raum des Verstärkers entsteht so

ein Druckunterschied, der den Membranteller in Richtung Tandem-Hauptzylinder drückt und so die Fußkraft unterstützt. Die Hilfskraft ist dabei das Produkt aus Differenzdruck und Membrantellerfläche.

Im Tandem-Hauptzylinder baut sich durch die Vorwärtsbewegung der Kolben hydraulischer Druck auf. Bei konstanter Fußkraft kommen die Kolben im Tandem-Hauptzylinder, die Druckstange und der Ventilkolben nach einer von der Höhe der Fußkraft abhängigen Verschiebung zum Stillstand. Jetzt bewirkt die Reaktionsscheibe, dass sich der Ventilkolben auf das Tellerventil setzt und die Zufuhr von Außenluft stoppt.

Damit ist eine Bereitschaftsstellung erreicht, die bei jeder Änderung der Pedalkraft eine Vergrößerung bzw. Verkleinerung der Druckdifferenz zwischen beiden Seiten des Membrantellers bewirkt. Es wird analog zur Pedalkraft der hydraulische Druck im Bremssystem erhöht bzw. reduziert und so die entsprechende Verzögerung eingestellt. Der Verstärkungsfaktor (Verhältnis von Ausgangskraft zu Eingangskraft) wird durch das Verhältnis der Querschnittsfläche des Ventilkolbens zu derjenigen der Gummireaktionsscheibe bestimmt.

Vollbremsstellung (s. **Bild 7.2-7**):

In der Vollbremsstellung ist die Verbindung der pedalseitigen Arbeitskammer zur Vakuumkammer vollständig geschlossen und der Außenluftkanal ständig geöffnet. Damit wirkt auf den Membranteller

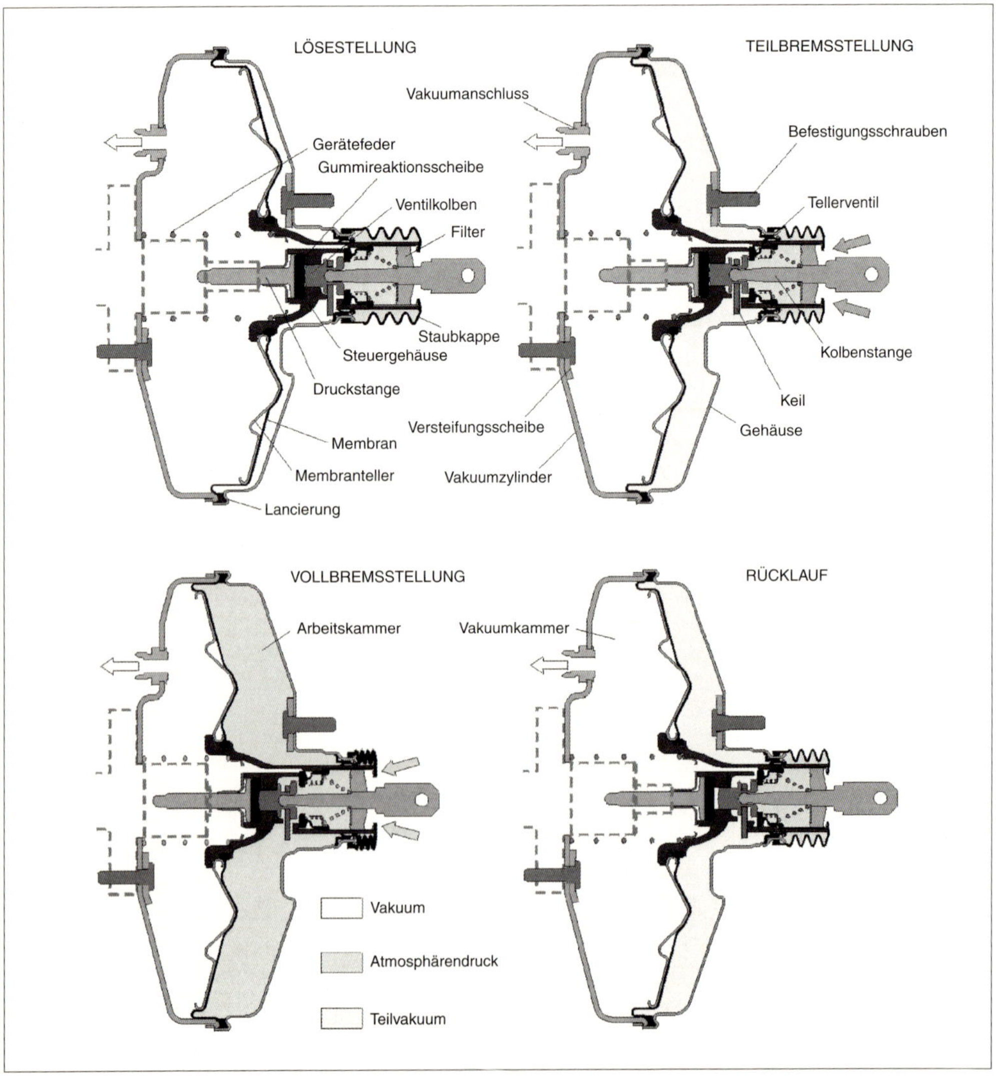

Bild 7.2-7 Betriebsstellungen eines Einfach-Vakuumbremskraftverstärkers

der Atmosphärendruck in vollem Umfang, es ist die maximal mögliche Hilfskraft erreicht. Dieser Zustand wird „Aussteuerpunkt" des Verstärkers genannt. Eine weitere Erhöhung der Kraft auf die Tandem-Hauptzylinder-Kolben ist nur durch eine weitere, gleich hohe Steigerung der Betätigungskraft möglich.

Rücklauf (s. **Bild 7.2-7**):
Beim Lösen des Bremspedals wird in beiden Kammern des Verstärkers wieder Unterdruck aufgebaut und die Gerätefeder stellt Membranteller und Pedal wieder in die Ausgangsposition zurück.
Neben der oben dargestellten Bauart sind auch Bremskraftverstärker in Zugankerbauart verbreitet. Bei diesem Gerät wird die bei Betätigung auftretende Zugkraft nicht über die Gehäuseschalen übertragen, sondern über Bolzen (Zuganker), die das Gerät inklusive Membran und Membranteller vollständig durchdringen. Diese Konstruktion erlaubt deutlich dünnwandigere und aus anderen Materialien (Aluminium, Kunststoff) gefertigte Gehäuse und damit erhebliche Gewichtseinsparungen.
Darüber hinaus wird die Aufweitung des Gehäuses (Dehnung) minimiert.
Als Boostergröße wird üblicherweise der Durchmesser des Verstärkers in Zoll angegeben. Gängige Gerätegrößen liegen zwischen 7″ und 11″. Bei größeren Fahrzeugen reicht das Arbeitsvermögen der Einfachgeräte nicht aus. Hier kommen Tandem-Bremskraftverstärker zur Anwendung, bei denen zwei Einfachgeräte hintereinander in einem Gerät angeordnet sind. Die Baugrößen reichen von 7″/8″ bis 10″/10″. In **Bild 7.2-8** ist ein solches Gerät als elektrisch ansteuerbarer Bremskraftverstärker dargestellt.
Für bestimmte Fahrzeug-Montagekonzepte wurden „Front-Bolt-Geräte" entwickelt. Hierbei sind die Zuganker hohl ausgeführt, so dass motorraumseitig Befestigungsschrauben durchgesteckt werden können, mit denen das Gerät an der Fahrzeugspritzwand fixiert wird.

Aktiver Bremskraftverstärker

Zur Darstellung von Zusatzfunktionen werden „aktive Bremskraftverstärker" eingesetzt, die zusätzlich elektrisch ansteuerbar sind (s. **Bild 7.2-8**). Genutzt werden können diese für diese Funktionen ESP-Vorladung (Kapitel 7.2.4.5), elektronischer Bremsassistent (Kapitel 7.2.4.6) und ACC (Kapitel 7.2.4.8).
Aktive Bremskraftverstärker weisen einen im Steuergehäuse integrierten Magnetantrieb auf. Mittels einer Schiebehülse ist es möglich, mit dem elektrisch betätigten Magnetantrieb das Tellerventil zu betätigen. Dabei wird zunächst die Verbindung zwischen Vakuumkammer und Arbeitskammer geschlossen; mit einer weiteren Strombeaufschlagung wird die Verbindung der Arbeitskammer zur Außenluft geöffnet und der Bremskraftverstärker betätigt.
Zur sicheren Erkennung des Fahrerwunsches wird ein „Löseschalter" in das Steuergehäuse integriert.

Mechanischer Bremsassistent

Zur generellen Beschreibung der Bremsassistent-Funktion siehe Kapitel 7.2.4.6.
Bei diesem Konzept wird die Trägheit des Bremskraftverstärkers ausgenutzt, die bei schneller Betätigung (Notbremsung) dazu führt, dass das Tellerventil einen definierten Öffnungshub überschreitet. Damit erfolgt eine Arretierung des Tellerventils, das dann geöffnet bleibt, selbst wenn die Fußkraft wieder geringfügig reduziert wird (**Bild 7.2-9**).

Hydraulik-Bremskraftverstärker

Hydraulische Verstärker haben im Vergleich zu Vakuumbremskraftverstärkern Vorteile im Hinblick auf Energiedichte (und damit einen deutlich höheren Aussteuerpunkt), und Einbauraum. Dem stehen nachteilig die höheren Kosten und das bei bisherigen Hydraulikverstärkern auftretende „stumpfe Pedal-

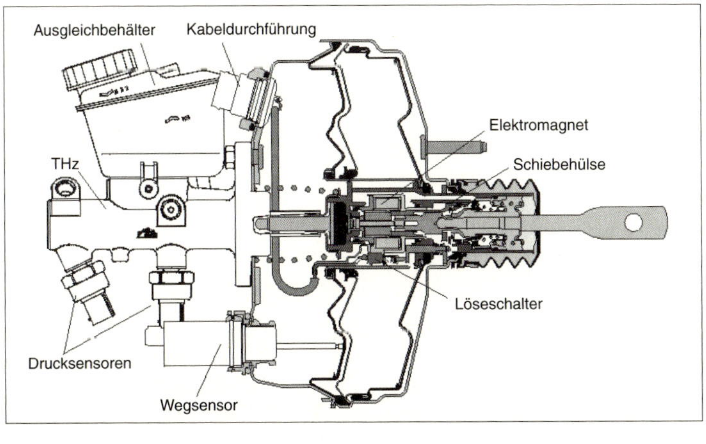

Bild 7.2-8 Aktiver Bremskraftverstärker in Tandem-Bauweise

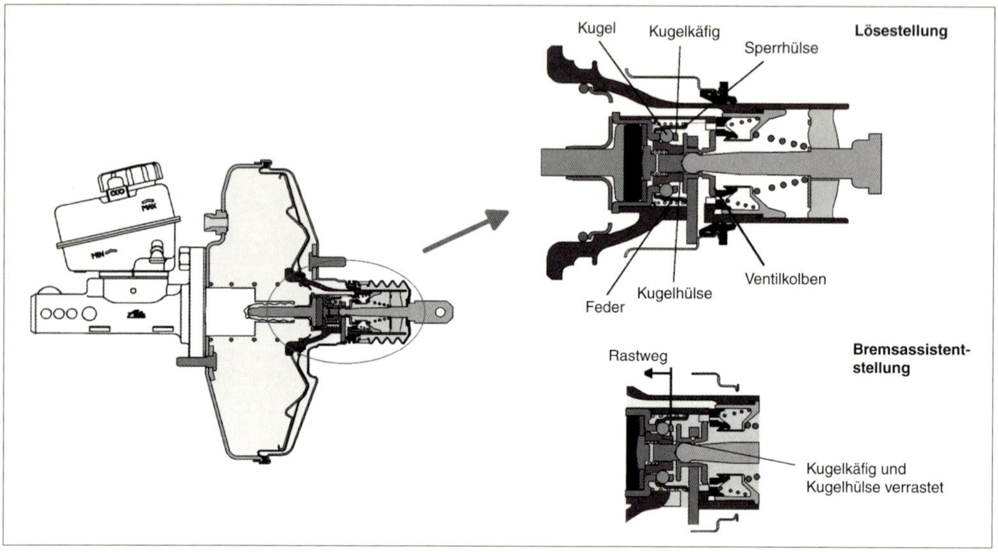

Bild 7.2-9 Mechanischer Bremsassistent

Bild 7.2-10 Hydraulik Bremskraftverstärker für Sonderschutzfahrzeuge

gefühl“ (kein Springer) gegenüber. Hydraulische Verstärker (siehe **Bild 7.2-10**) werden insbesondere in schweren Pkw (z.B. gepanzerten Sonderschutz-Fahrzeugen) eingesetzt. Hier ist die hohe Verstärkungskraft vorrangig vor der Pedalcharakteristik.

7.2.2.3 Vakuumpumpe

Die bei Fahrzeugen mit Otto-Motor im Ansaugtrakt verfügbare Vakuumenergie stellt eine kostengünstige Energiequelle für den Bremskraftverstärker dar. Bei Einspritzmotoren (Diesel-Motor und Benzin-Direkteinspritzmotoren) werden Vakuumpumpen erforderlich. Diese Pumpen sind zumeist Flügel-Zellen-Pumpen und können mechanisch über eine Motorwelle oder bedarfsgerecht elektrisch angetrieben werden.

7.2.2.4 (Tandem)-Hauptzylinder

Der (Tandem)-Hauptzylinder hat die Aufgabe die Ausgangskraft des Bremskraftverstärkers in hydr. Druck umzuwandeln.
Auf Grund der gesetzlich geforderten Zweikreisigkeit der Bremsanlage werden (Einfach)-Hauptzylinder nur noch in Sonderfällen (z.B. Rennfahrzeugen) eingesetzt.
Der heute generell eingesetzte Tandem-Hauptzylinder (THz) entspricht einer Kombination zweier hintereinander geschalteter Hauptzylinder in einem Gehäuse. Er ermöglicht den Druckauf- und -abbau in der Bremsanlage. Bei Volumenänderungen im Bremssystem, z.B. bei Temperaturänderungen oder Verschleiß der Bremsbeläge, wird über die Ausgleichbohrung und den Ausgleichbehälter der Volumenausgleich sichergestellt.
Die Kolben begrenzen zwei Kammern, die des Primärkreises (auch Druckstangenkreis genannt) und des Sekundärkreises (auch Schwimmkreis genannt). Fällt ein Kreis aus (z.B. Leckage), wird dies über einen verlängerten Pedalweg spürbar, da der jeweilige Kolben bis zum Anschlag vorgeschoben werden muss, bevor sich im anderen, intakten Bremskreis Druck aufbauen kann. Je nach Bauart werden unterschieden:

- Schnüffelloch-Tandem-Hauptzylinder
- Zentralventil-Tandem-Hauptzylinder
- Plunger-Tandem-Hauptzylinder

Schnüffelloch-Tandem-Hauptzylinder

Beim Schnüffelloch-THz (siehe **Bild 7.2-11**) werden die Verbindungen zum Ausgleichbehälter durch kleine Bohrungen (sogenannte „Schnüffellöcher“) in

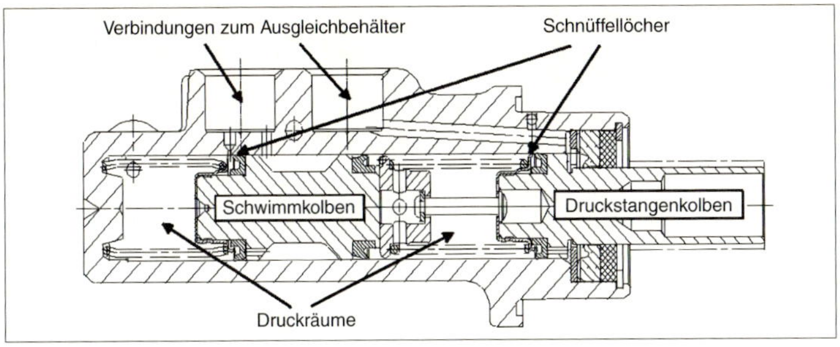

Bild 7.2-11 Schnüffelloch-Tandem-Hauptzylinder

der Zylinderbohrung gebildet. Beim Betätigen der Kolben werden diese Bohrungen von den Dichtungsmanschetten überfahren und dadurch die Verbindungen zwischen den Hauptzylinderkammern und den Ausgleichbehälterkammern unterbrochen. Ab dieser Position erfolgt ein Druckaufbau. Beim Lösen der Bremse laufen die Kolben in die Ruhestellung zurück, wobei die Bremsflüssigkeit aus den Radbremsen wieder in den Hauptzylinder zurückfließt.

Zentralventil-Tandem-Hauptzylinder

In Verbindung mit elektronischen Brems-Funktionen (z.B. ABS, ASR, ESP) können die THz-Kolben bis zur Lösestellung zurückgedrückt werden. Das Überfahren des oben beschriebenen Schnüffellochs unter Druck kann zu einer Beschädigung der Manschettendichtung führen.
Deshalb werden bei Schlupfregelsystemen Hauptzylinder verwendet bei denen die Schnüffellochfunktion durch Zentralventile (oder Hauptzylinder in Plunger-Bauart) ersetzt werden. Diese oder Hauptzylinder in Plunger-Bauart erlauben ein Öffnen auch unter hohem Druck ohne Beschädigung der Dichtelemente. Beim Zentralventil-THz (siehe **Bild 7.2-12**) sind die Kammern über „Zentralventile", die im Druckstangenkolben und im Schwimmkolben angeordnet sind, mit dem Ausgleichbehälter verbunden. Im unbetätigten Zustand werden sie durch Anschläge (Zylinderstifte) offengehalten.

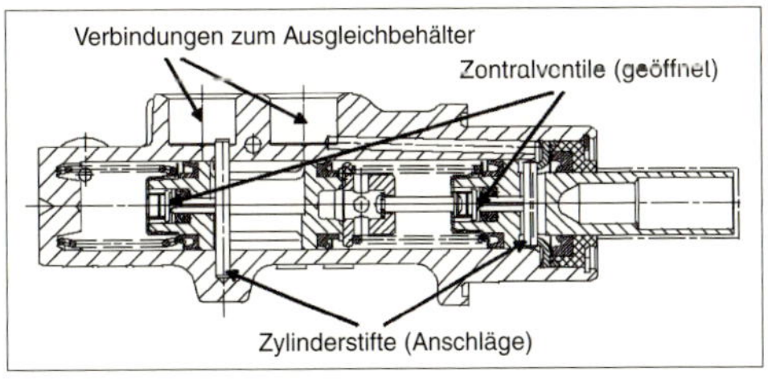

Bild 7.2-12 Zentralventil-Tandem-Hauptzylinder

Bei Betätigung des Bremspedals wird der Druckstangenkolben über die Druckstange des Bremskraftverstärkers vorgefahren. Hierbei erfolgt gleichzeitig auch ein Vorfahren des Schwimmkolbens, der bei noch geöffneten Zentralventilen über eine zwischen Druckstangenkolben und Schwimmkolben vorgespannte Feder vom Druckstangenkolben betätigt wird. Die gefesselte Feder ermöglicht ein nahezu gleichzeitiges Schließen der beiden Zentralventile, wodurch der Gesamtschließweg des THz gegenüber sequenziellem Schließen halbiert werden kann. Dies verkleinert den gesamten Leerweg und verbessert das Ansprechverhalten der Bremsanlage.
Mit Schließen der Zentralventile wird der Rücklauf des Tandem-Hauptzylinders zum Ausgleichs-Behälter abgesperrt.

Plunger-Tandem-Hauptzylinder

Als Bauraum-optimierte Variante wird der Tandem-Hauptzylinder in Plunger-Bauart (siehe **Bild 7.2-13**) bevorzugt dann eingesetzt, wenn eine geringe Gesamtlänge der Betätigungseinheit erforderlich ist. Die kurze Bauweise wird durch spezielle Anordnung von Druckfedern, Dicht- und Führungselementen erreicht.

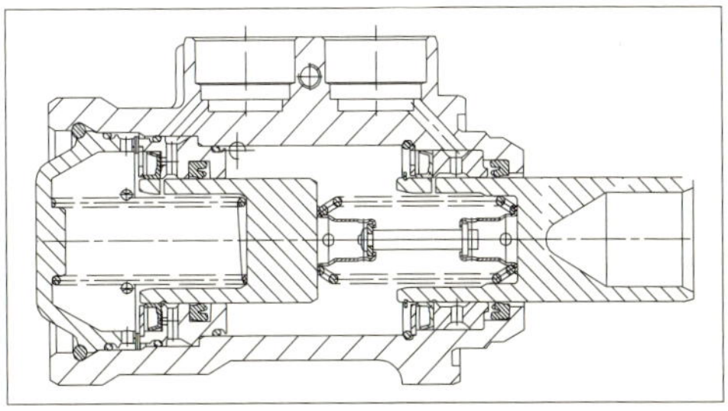

Bild 7.2-13 Plunger Tandem-Hauptzylinder

Der Ventilmechanismus ist zudem auch für ABS-, ASR- und ESP-Anwendungen geeignet. In der Ausgangsstellung verbinden die im Kolben angeordneten Ventilbohrungen die jeweilige THz-Kammer mit der zugehörigen Behälterkammer. Bei Betätigung durch die Druckstange werden diese Bohrungen, die sich in Betätigungsrichtung gesehen vor den Dichtmanschetten befinden, unter die Dichtlippen der Manschetten geschoben, was dazu führt, dass die Verbindungen geschlossen werden. Bei weiterer Betätigung werden diese Bohrungen von der Dichtmanschette kammerseitig wieder freigeben, was ohne Beschädigung erfolgt, da in dieser Stellung auf beiden Seiten der Dichtlippe der gleiche hydraulische Druck wirksam ist. Dies ist besonders beim Lösen wichtig, da bedingt durch eine mögliche Vorfüllung des Bremssystems, beispielsweise bei ASR- oder ESP-Regelung, in dieser Stellung ein hoher Druck im Hauptzylinder herrschen kann.

7.2.2.5 Ausgleichbehälter

Der Ausgleichbehälter

- beinhaltet das Reservevolumen für die zusätzliche Volumenaufnahme durch Belagverschleiß
- gewährleistet den Volumenausgleich innerhalb der Bremsanlage unter verschiedenen Umgebungsbedingungen
- verhindert bei unterschiedlichen Fahrsituationen das Ansaugen von Luft in das Brems-System
- reduziert das Aufschäumen der Bremsflüssigkeit
- trennt bei absinkendem Flüssigkeitsspiegel das Reservevolumen der Hauptzylinderkreise

Er wird mittels sogenannter „Behälterstopfen" von oben in den Tandem-Hauptzylinder eingeknöpft. Üblicherweise ermöglicht eine weitere Befestigung mit dem Tandem-Hauptzylinder eine Erst-Befüllung des Brems-Systems mit Bremsflüssigkeit auch mit höheren Drücken. Außerdem ist so gewährleistet, dass bei einem Unfall die brennbare Bremsflüssigkeit nicht austreten kann. Darüber hinaus

- kann er als Volumenspeicher für eine hydraulisch betätigte Kupplung oder auch für eine ESP-Vorladepumpe dienen und
- bevorratet gegebenenfalls die Bremsflüssigkeit, die zum Laden eines Hydrospeichers benötigt wird (z. B. Hydraulikverstärker, **Bild 7.2-10**)

Um sicherzustellen, dass die Bremsanlage in Lösestellung drucklos ist, ist der Behälterinnenraum über die Behälterverschraubung mit der Atmosphäre verbunden.

Der Bremsflüssigkeitsstand ist von außen sichtbar, da der Behälter aus durchscheinendem Material gefertigt ist. So ist Bremsflüssigkeitsverlust am Unterschreiten der „Min"-Marke erkennbar. Zusätzlich erfolgt über die Behälterwarneinrichtung eine Anzeige durch die Bremsenwarnleuchte im Armaturenbrett.

7.2.2.6 Bremsflüssigkeit

Im hydraulischen Teil der Bremsanlage ist Bremsflüssigkeit das Medium für die Energieübertragung zwischen Tandem-Hauptzylinder, gegebenenfalls hydraulischer Regeleinheit und den Radbremsen. Zusätzlich hat sie die Aufgabe, bewegte Teile wie z.B. Dichtungen, Kolben und Ventile zu schmieren und vor Korrosion zu schützen.

Bremsflüssigkeit muss auch bei Tieftemperaturen (bis zu –40 °C) gute Fließeigenschaften besitzen (Viskosität), um sowohl ein gutes Ansprech- und Löseverhalten der Bremsen als auch eine gute Funktion der elektronischen Regelsysteme zu ermöglichen. Darüber hinaus muss die Bremsflüssigkeit eine hohe Siedetemperatur aufweisen, damit es selbst bei stärkster thermischer Belastung der Bremsanlage nicht zur Dampfblasenbildung kommt. Die Kompressibilität von Dampfblasen würde dazu führen, dass wegen des begrenzten Ausstoßvolumens des Tandem-Hauptzylinders kein ausreichender Druck mehr aufgebaut werden kann. Bei Bremsflüssigkeiten wird unterschieden zwischen Glykol-basierten und Silikonbremsflüssigkeiten.

Glykol-Bremsflüssigkeiten, die auf Polyglykolen und Polyglykol-Ether basieren, sind hygroskopisch. Sie nehmen Wasser auf und binden es. So wird vermieden, dass eingedrungenes Wasser ungelöst bleibt und beim Sieden Dampfblasen bilden kann. Zahlreiche internationale Normen, z.B. DOT3, DOT4, DOT5.1, fordern für die nach einem bestimmten Verfahren mit Wasser angereicherte Bremsflüssigkeit eine möglichst hohe sogenannte „Nasssiedetemperatur". Um im Betrieb einen ausreichend geringen Wassergehalt sicherzustellen, ist ein regelmäßiger Wechsel der Bremsflüssigkeit erforderlich.

Silikonbremsflüssigkeiten nach DOT5 basieren auf hydrophobem Silikonöl, das nur Spuren von Wasser aufnehmen kann. Eventuell vorhandenes ungelöstes Wasser kann u.U. sieden (Dampfblasenbildung, s.o.) oder zu Korrosion von Bauteilen führen. Die Kompressibilität und die Menge an gelöster, u.U. ausgasender Luft ist bei Silikonbremsflüssigkeiten höher als bei Glykol-Bremsflüssigkeiten. Wegen ihres besonderen Eigenschaftsbildes dürfen diese Bremsflüssigkeiten nur nach ausdrücklicher Zustimmung des Fahrzeugherstellers eingesetzt werden. Hauptsächlich ist das der Fall bei Fahrzeugen, die über mehrere Jahre eingelagert werden (z.B. militärischen KFZ).

Bremsflüssigkeit ist heute im Allgemeinen recyclingfähig. Grundvoraussetzung hierfür ist sortenreine Sammlung, Reinigung und chemische Aufarbeitung.

7.2.2.7 Bremsleitungen und -schläuche

Zur Verbindung der hydraulischen Komponenten eines Bremssystems werden hochdruckfeste Bremsrohr-, Bremsschlauch- und armierte Schlauchleitungen (Flexleitungen) verwendet. Wesentliche Anforderungen sind Druckfestigkeit, mechanische Belastbarkeit, geringe Volumenaufnahme, chemische Beständigkeit zum Beispiel gegen Öl, Kraftstoffe und Salzwasser sowie thermische Unempfindlichkeit.

Bremsrohrleitungen stellen die hydraulische Verbindung zwischen unbeweglichen Anschlusspunkten dar. Sie bestehen aus doppelt gewickelten, hartgelöteten Stahlrohren. Zum Schutz gegen Umgebungseinflüsse wird die Rohroberfläche verzinkt und mit einem Kunststoffüberzug versehen.

Bremsschlauchleitungen finden sich an den Übergängen zu beweglichen, dynamisch stark beanspruchten Teilen wie Achsschenkel oder Bremssattel. Sie stellen die einwandfreie Weiterleitung des Flüssigkeitsdrucks zu den Bremsen auch unter extremen Bedingungen sicher. Bremsschlauchleitungen bestehen aus einem Innenschlauch, einem zweilagigen Geflecht als Druckträger und einer äußeren Gummischicht zum Schutz des Druckträgers vor äußeren Einflüssen.

Armierte Schlauchleitungen (Flexleitungen) werden ähnlich wie Bremsschlauchleitungen an den Übergängen zu dynamisch beanspruchten Teilen verbaut. Sie bestehen aus Poly-Tetrafluor-Ethylen (PTFE)-Leitungen mit Edelstahlgeflecht als Druckträger und gegebenenfalls einem anderen thermoplastischen Elastomer als äußere Schutzschicht. Dadurch ergibt sich eine gewisse Flexibilität, so dass Flexleitungen nur für Verbindungen mit geringer Bewegung genutzt werden, wie sie zum Beispiel durch Belagverschleiß an den Bremssätteln auftreten. Flexleitungen dämpfen die Körperschallübertragung und werden deshalb auch zur Verbesserung des akustischen Komforts, zum Beispiel zwischen THz und Hydraulikeinheit eingebaut.

7.2.2.8 Bremskraftverteiler

Beim Bremsvorgang bewirkt die dynamische Achslastverteilung eine Entlastung der Hinterräder (**Bild 7.2-4**). Diese können dadurch nur einen geringer werdenden Anteil der Bremskraft übertragen. Im gleichen Maße nimmt die dynamische Vorderachslast und demzufolge auch die übertragbare vordere Bremskraft zu. Zur Realisierung kurzer Bremswege ist es daher wichtig, den Bremskraftanteil der Hinterräder möglichst gut auszunutzen, ohne dass diese früher blockieren als die Vorderräder. Dieser gesetzlichen Forderung wurde zunächst durch kleiner dimensionierte Hinterradbremsen Rechnung getragen. Ausreichend ist diese Maßnahme wegen der nichtlinearen idealen Bremskraftverteilungs-Kennlinien in der Regel nicht, so dass „Bremskraftverteiler" (siehe **Bild 7.2-15**) eingesetzt wurden, die seit Mitte der neunziger Jahre weitgehend von der elektronischen Bremskraftverteilung EBV abgelöst wurden (siehe Kapitel 7.2.4.2).

Man unterscheidet drei Bauformen:

Bremsdruckbegrenzer limitieren den ausgangsseitigen Druck zu den Radbremsen auf einen konstruktiv festgelegten Abschaltdruck.

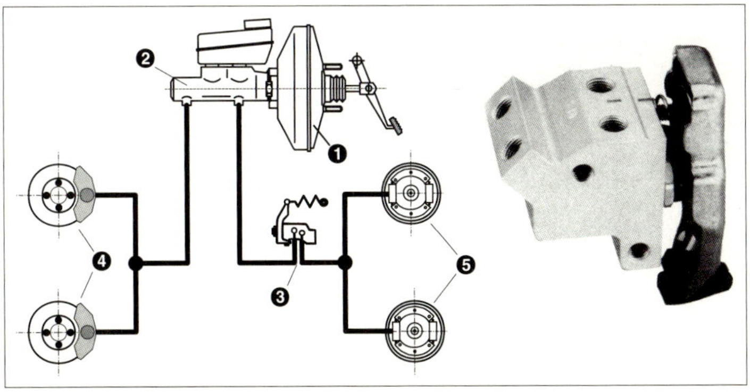

Bild 7.2-14 Lastabhängiger Druckminderer: 1 Vakuum-Bremskraftverstärker, 2 Tandem-Hauptzylinder mit Ausgleichbehälter, 3 Bremskraftregler, 4 Radbremse Vorderachse, 5 Radbremse Hinterachse

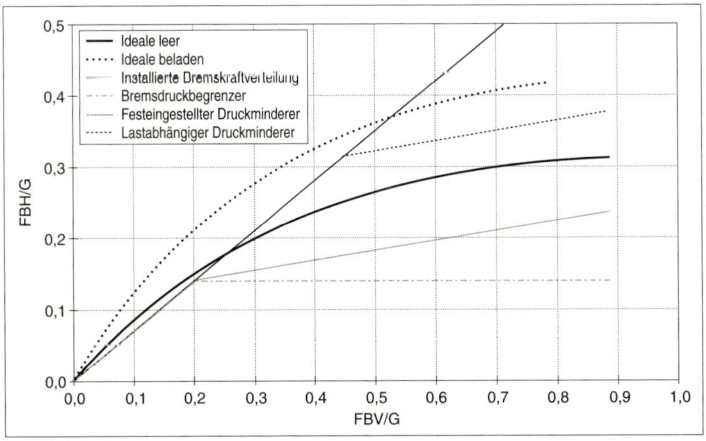

Bild 7.2-15 Kennlinien von Bremskraftverteilern

Druckabhängige (festeingestellte) Druckminderer werden in Fahrzeugen eingesetzt, bei denen nur geringe Achslaständerungen zu erwarten sind. Die auch Bremskraftregler genannten Minderer haben einen fest eingestellten Umschaltpunkt, ab dem der Hinterachsdruck in einem festen Verhältnis zum Vorderachsdruck abgeregelt wird.

Lastabhängige Druckminderer (Bild 7.2-14) werden vor allem in Fahrzeugen verbaut, bei denen die Achslasten durch hohe Zuladung stark variieren können. Auch bei Kleinwagen mit hohem Schwerpunkt und kurzem Radstand und damit stark verzögerungsabhängiger Achslastverteilung sind lastabhängige Druckminderer sinnvoll. Die Zuladung wird hierbei indirekt über die Einfederung des Fahrzeugs ermittelt, wobei der beim Einfedern verringerte Abstand zwischen Karosserie und Hinterachse zu einer Erhöhung der Federkraft und damit zu einer Erhöhung des Umschaltpunktes führt.

7.2.2.9 Hydraulisch/Elektronische Regeleinheit (HECU)

Die hydraulisch/elektronische Regeleinheit heutiger ABS/ASR/ESP-Anlagen (z.B. TEVES MK 60, **Bild 7.2-16**) besteht aus einem zentralen Hydraulikblock mit Magnetventilen, einer integrierten Pumpe mit einem angeflanschten Elektromotor (HCU = hydraulic control unit) und einem Spulenträger einschließlich der darin enthaltenen Elektronik (ECU = electronic control unit). Der Spulenträger wird mittels eines „magnetischen Steckers“ aufgesetzt.

Die hydraulisch/elektronische Regeleinheit ist durch zwei Hydraulikleitungen mit den Bremskreisen des THz verbunden, von der HCU führen Bremsleitungen zu den Radbremsen.

Ventile

Die elektromagnetischen Ein- und Auslassventile sind im Hydraulikblock zusammengefasst. Sie ermöglichen die Modulation der Radbremsdrücke. Jedem geregelten Bremskreis sind ein Einlassventil mit parallel geschaltetem Rückschlagventil sowie ein Auslassventil zugeordnet. Wie in **Bild 7.2-18** gezeigt, ist das Einlassventil im ungeschalteten Zustand offen (stromlos offen SO), das Auslassventil geschlossen (stromlos geschlossen SG).

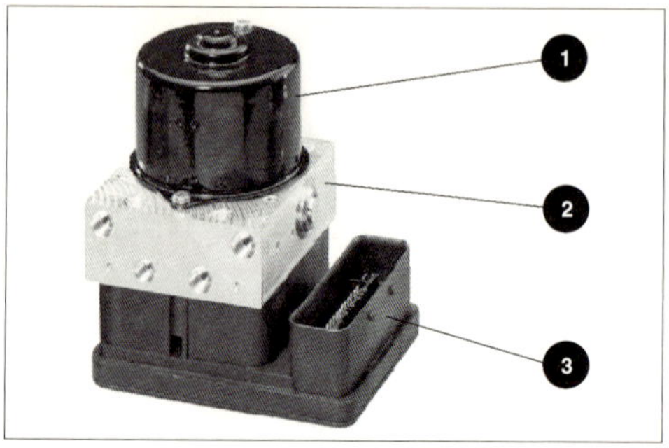

Bild 7.2-16 ABS-Anlage mit angeflanschtem Motor 1, Hydraulikblock 2 und Spulenträger mit Elektronik 3

Pumpe

Während der ABS Regelung wird das aus den Radbremsen entnommene Volumen in die Niederdruckspeicher zwischengespeichert. Die in die HCU integrierte zweikreisige Kolbenpumpe fördert dieses Bremsflüssigkeitsvolumen aus dem Niederdruckspeicher zurück in die jeweiligen Bremskreise des THz. Während aktiver Regelvorgänge der ASR oder des ESP, die ohne Pedalbetätigung ablaufen, stellt die Pumpeneinheit das in der Druckaufbauphase benötigte Flüssigkeitsvolumen zur Verfügung.

Elektronische Regeleinheit für (Brems-)Regelsysteme

Auf Basis von Sensorinformationen (Raddrehzahlen, Gierrate, Lenkradwinkel, etc.) berechnet der elektro-

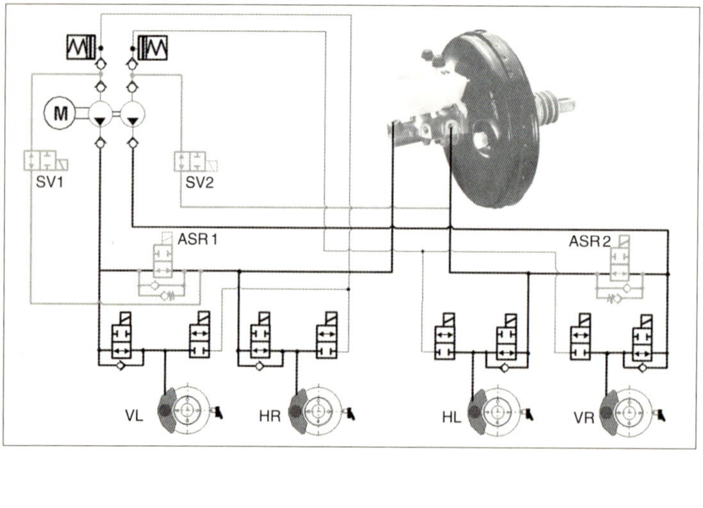

Bild 7.2-17 ABS-Hydraulikschaltbild (schwarz) mit Zusatzkomponenten für ASR (grau). Pkw mit Frontantrieb und diagonaler Bremskreisaufteilung

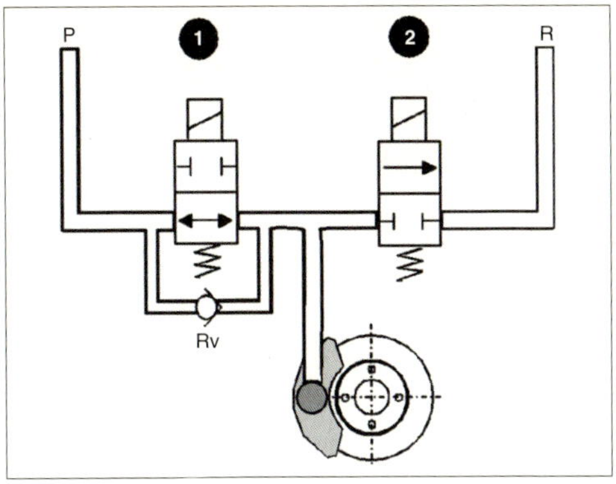

Bild 7.2-18 ABS Ventilkonfiguration: 1 Einlassventil (SO), 2 Auslassventil (SG), P Anschluss zur Betätigung, R Rücklauf, Rv Rückschlagventil

nische Regler (ECU) in einer komplexen Regellogik die Steuerung der Stellglieder für den Bremsen- und Motoreingriff. Ziel dieser Eingriffe ist, dass sich die Räder mit dem für den jeweiligen Fahrzustand optimalen Schlupf drehen. Weitere wichtige Aufgaben des elektronischen Reglers sind die Pegelanpassung und Wandlung der Ein- und Ausgangssignale, die Sicherheitsüberwachung des elektronischen Regelsystems und die Fehlerdiagnose. Der Regler ist als Mikroprozessorsystem ausgeführt. Eingangsgrößen sind zum Beispiel:

- Sensorsignale (Raddrehzahl, ABS-Pumpenmotordrehzahl, Lenkradwinkel, Gierrate, etc.)
- Schaltsignale (zum Beispiel Bremslichtschalter)
- Informationen vom Verbrennungsmotor für die in das Motormanagement eingreifenden Regelsysteme
- Betriebsspannung

Ausgangsgrößen sind zum Beispiel:

- Schaltsignale (Magnetventile, ABS-Pumpenmotor der HCU, Warn- und Funktionsleuchten, etc.)
- Signale zur Anpassung des Schlepp- oder des Antriebsmoments des Verbrennungsmotors
- Signale zur Überwachung sicherheitsrelevanter Baugruppen
- Informationen über Fehlerzustände

Die in der Regellogik realisierte Struktur lässt sich als Regler mit adaptivem Verhalten bezeichnen. Das heißt: Der Arbeitspunkt wird durch Suchverfahren kontinuierlich an das jeweilige Optimum der Regelstrecke angepasst. Die Regellogik beinhaltet:

- vom jeweiligen Fahrzeug unabhängige grundlegende Algorithmen
- Algorithmen, die durch geeignete Einstellung von Parametern auf verschiedene Fahrzeugmodelle angepasst werden
- Maßnahmen, die speziell für einen Fahrzeughersteller oder ein Modell entwickelt wurden

Die Algorithmen werden in der Programmierhochsprache „C“ erstellt und sind in zahlreiche Module aufgeteilt. Das erlaubt eine schnelle Anpassung der Software, die Wartbarkeit der Software bei vertretbarer Komplexität und die Kombinierbarkeit verschiedener Module wie z.B. ABS, ASR und Giermomentenregelung (GMR).

7.2.2.10 Scheibenbremsen

Die Scheibenbremsen erzeugen Bremskräfte am Rad. Nahezu alle Pkw-Vorderradbremsen sind Scheibenbremsen. Bei heutigen Fahrzeugen sind auch die Hinterachsbetriebsbremsen als Scheibenbremsen ausgeführt.

Scheibenbremsen sind Axialbremsen. Die Zuspannkräfte des Bremssattels werden über hydraulische Zylinder in axialer Richtung auf die Bremsbeläge aufgebracht, die beidseitig auf die Planreibflächen der Bremsscheibe (auch „Rotor“ genannt) wirken. Die Kolben und Beläge sind in einem sattelartig über den Außendurchmesser der Scheibe greifenden Gehäuse untergebracht. Die Beläge stützen sich in Drehrichtung der Scheibe an einem am Achsschenkel befestigten Bauteil ab.

Die Bremsbelagflächen bedecken jeweils einen Teil einer ebenen Ringfläche (Teilscheibenbremse). Im Allgemeinen ist unter dem Begriff „Scheibenbremse“ immer eine Teilscheibenbremse zu verstehen. Vollscheibenbremsen, bei denen die gesamte Scheibe mit einem ringförmigen Belag in Berührung gebracht wird, sind im Pkw-Bau nicht gebräuchlich. Bei Scheibenbremsen werden Fest-, Rahmen- und Faustsättel unterschieden: Festsättel beinhalten Kolben zu beiden Seiten der Bremsscheibe **(Bild 7.2-23)**; Schwimmrahmen- und Faustsättel nur auf einer Seite, sie sind verschiebbar gelagert **(Bilder 7.2-24 u. 7.2-25)**.

Der Bremsenkennwert C^* einer Scheibenbremse ist linear abhängig vom Belagreibwert **(Bild 7.2-19)**.

Weitere Merkmale sind:

- Hohe thermische Belastbarkeit
- Geringere Empfindlichkeit gegenüber Reibwertschwankungen des Belags (s.o.)
- Gleichmäßiges Ansprechen (Reproduzierbarkeit)
- Gleichmäßiger Belagverschleiß
- Einfache (selbsttätige) Nachstellung
- Einfacher Belagwechsel

Die Abdichtung der Kolben im Sattel erfolgt durch Kolbendichtringe mit quadratischem Querschnitt in einer profilierten Gehäusenut **(Bild 7.2-20)**. Sie erzeugen nach dem Bremsvorgang ein Zurückziehen des Kolbens (rollback) und sorgen dadurch für ein sogenanntes „Lüftspiel“ (geringes Rest-Bremsmoment). Bei starker axialer Verformung und Verschiebung der Bremsscheibe (z.B. Radlagerspiel) wird mit der Dichtungsgeometrie das Wiedervorziehen des Kolbens erreicht (knockback).

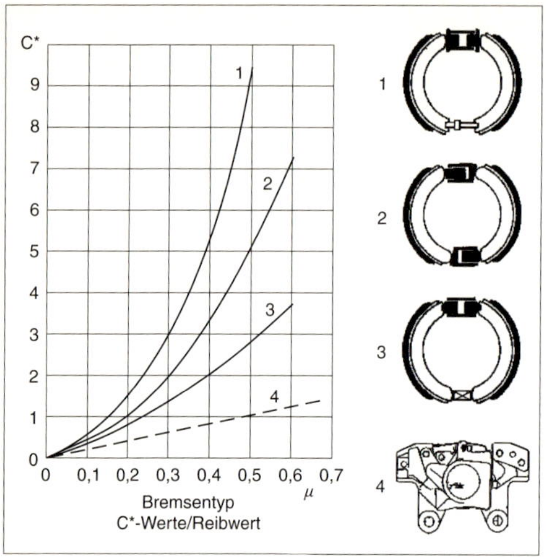

Bild 7.2-19 C^*-Kennwerte von Bremsen: 1 Duo-Servo Trommelbremse, 2 Duplex-Trommelbremse, 3 Simplex-Trommelbremse, 4 Scheibenbremse

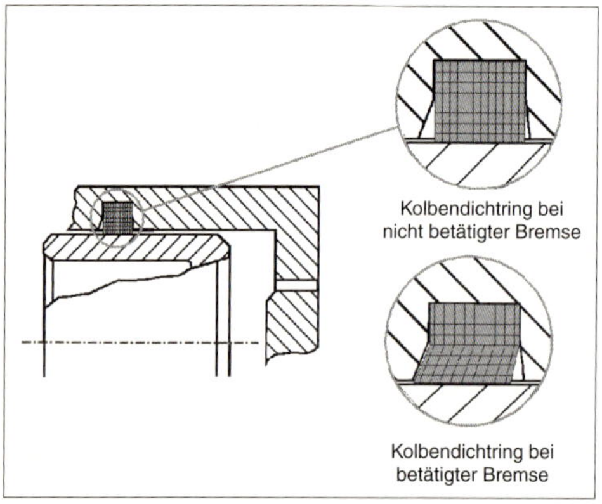

Bild 7.2-20 Verformung des Kolbendichtrings (Vierkantring)

Eine Schutzkappe sichert den Bereich zwischen Kolben und Gehäusebohrung gegen das Eindringen von Feuchtigkeit und Schmutz. Sie ist als Faltenbalg geformt, da sie sich dem veränderlichen Hub anpassen muss, der durch Verschleiß der Beläge und der Scheibenreibflächen sowie axiale Toleranzen entsteht.
An der höchstgelegenen Stelle des Zylinders ist zum Entlüften der Bremsanlage (z.B. durch Werkstätten) eine Entlüfterschraube angebracht, um eventuell eingedrungene Luft aus der Bremshydraulik zu entfernen.

Sattel-Werkstoffe

Die Gehäuse der Faustsättel werden im Allgemeinen aus Kugelgraphitguss in den Qualitäten GGG50 . . . 60 gegossen. Bei Anforderungen an geringes Gewicht setzt man verschraubte Gehäuse ein, wobei die Zylinderseite aus hochfestem Aluminiumguss und die Gehäusepratze, die über die Scheibe auf den Belag der Felgenseite führt, aus hochwertigem Kugelgraphitguss ist. Bei besonderen Anforderungen an geringes Gewicht wird das gesamte Gehäuse als ein Teil in Aluminium ausgeführt (siehe **Bild 7.2-26** Faustrahmensättel).

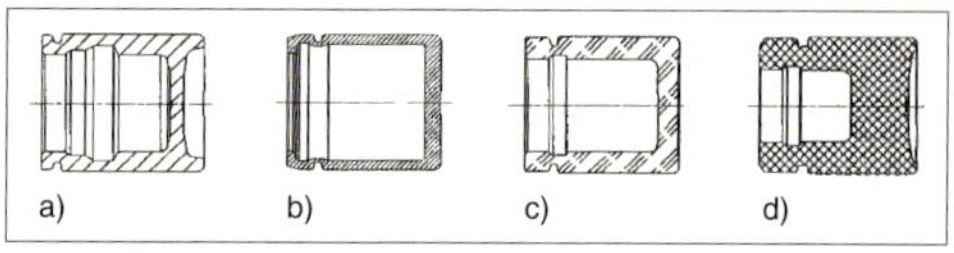

Bild 7.2-21 Bremssattelkolben aus verschiedenen Werkstoffen

Bremskolben werden aus a) Grauguss, b) Stahl, c) Aluminium-Legierungen und d) spritzbaren Kunststoffen hergestellt, **Bild 7.2-21**. Bei Stahlkolben ist Tiefziehen und Fließpressen üblich. Um die erforderliche Oberflächengüte und vor allem die Durchmessertoleranz sicherzustellen, ist ein Schleifen des Außendurchmessers notwendig.

Sattelauslegung

Hier verwendet man (siehe auch Kap. 7.2.2.13 Trommelbremse) einen C^*-Wert, der sich aus dem Verhältnis von Reibkraft und Zuspannkraft des Kolbens ergibt. Bei Scheibenbremsen gilt:

$$C^* = 2\mu$$

Die Zuspannkraft wird in der Kolbenmitte angreifend angenommen. Übliche Reibwerte für Scheibenbremsen liegen zwischen μ = 0,35 bis 0,50 (d.h. C^* = 0,7 . . . 1,0), wobei μ als mittlerer Betriebsreibwert der Belagsorte definiert ist. Er kann in Abhängigkeit von Scheibentemperatur, Fahrzeuggeschwindigkeit, Flächenpressung, etc. schwanken.
Die Steifigkeit eines Bremssattels wird indirekt über seine Fluidaufnahme über dem hydraulischen Druck im Zylinder definiert, die „Volumenaufnahme“. Man berechnet die Volumenaufnahme mittels 3D-Modellen und überprüft dies durch Messungen im Versuch.
Der auf das Fahrzeugleben bezogene Festigkeitsnachweis eines Faustsattelgehäuses erfolgt durch hydraulische Druckbeaufschlagung mit pulsierender Belastung. Diese Erprobung erfolgt im praktischen Versuch mit genau definierten Parametern, da Gestalteinflüsse noch nicht einwandfrei mit elektronischen Rechenprogrammen erfasst werden können.

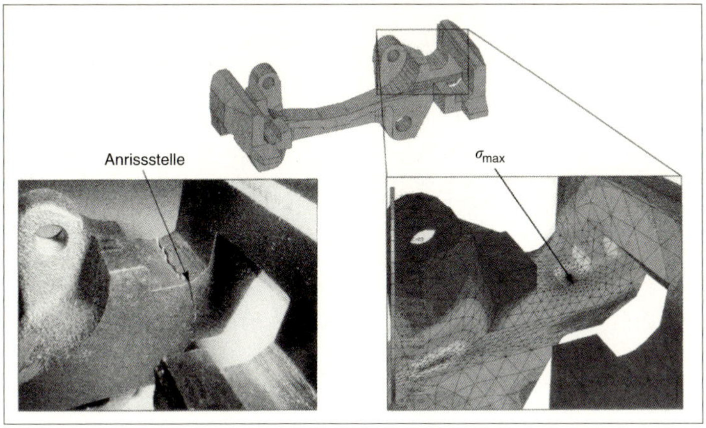

Bild 7.2-22 Spannungsverteilung in der Simulation

Die Spannungsverteilung im Bauteil wird heute mit modernen FEM-Werkzeugen ermittelt und dargestellt, **Bild 7.2-22**.

Festsattel

An der Vorderachse schwerer Pkw mit Heckantrieb sind Festsättel weit verbreitet, da diese Fahrzeuge ausreichend Einbauraum an der Vorderachse bieten.
Festsättel sind durch beidseitig der Scheibenreibflächen angeordnete Bremszylinder und durch ein feststehendes Gehäuse gekennzeichnet (siehe **Bild 7.2-23**). Das Gehäuse besteht aus zwei Hälften, die axial miteinander verschraubt sind. Die auf beiden Scheibenseiten befindlichen Kolben sind durch Kanalbohrungen in den Gehäusehälften hydraulisch miteinander verbunden. Die Kanalbohrungen sind an der Kontaktfläche mit Dichtungen nach außen abgedichtet. Der Übergang dieser Bohrungen über den Scheibenaußendurchmesser ist thermisch sensibel. Besondere Maßnahmen zur Kühlluftführung und ausreichend gute Bemessung der Scheibe verhindern eine Dampfblasenbildung, die zum Bremsenausfall durch zu hohe Bremsflüssigkeitsaufnahme (= Pedal am Boden) führen könnten. Die Beläge stützen sich tangential an Anschlagführungen seitlich der Kolben ab.
Vorteil dieser Sattelkonstruktion ist die durch hohe Steifigkeit bedingte geringe Volumenaufnahme.

Rahmensattel

Dadurch dass beim Rahmensattel sich nur auf einer Seite Kolben befinden, lässt sich die Bremsscheibe axial tiefer in die Felgenschüssel (d.h. zur Felgenaußenseite) verlagern. Dies erleichtert im Allgemeinen die Realisierung eines negativen Lenkrollradius, **Bild 7.2-24**.
Die Reaktionskraft des Kolbens wird mit einem Rahmen über die Scheibe auf den felgenseitigen Belag übertragen. Das Zylindergehäuse ist im Rahmen befestigt. Beide Beläge stützen ihre jeweiligen tangentialen Bremsumfangskräfte unmittelbar auf

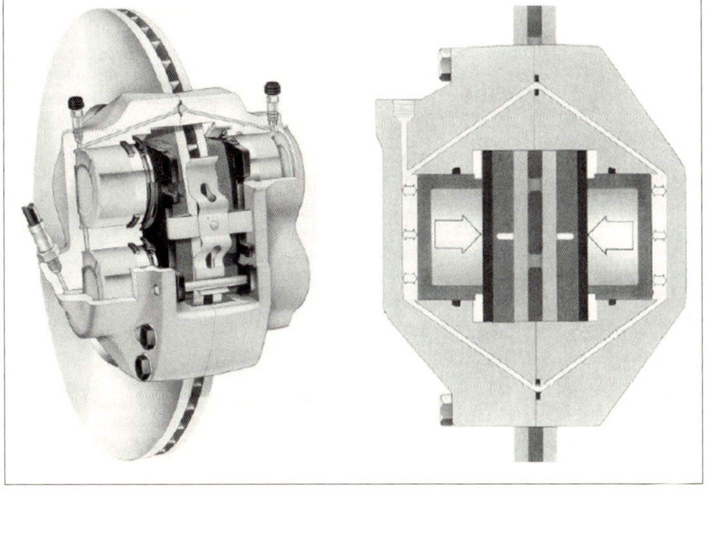

Bild 7.2-23 Festsattel

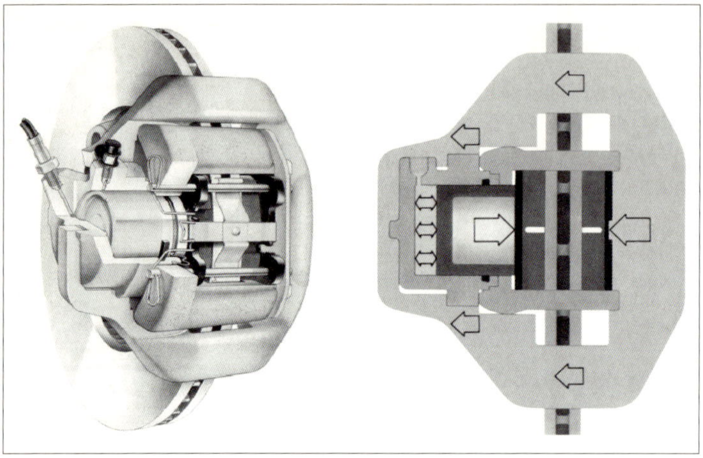

Bild 7.2-24 Schwimmrahmensattel

zwei Arme des mit der Radnabe bzw. Achsschenkels festverschraubten Halters ab. Der Vorteil von Rahmensätteln ist die niedrige Bremsflüssigkeitstemperatur im Zylinder, da zum einen die Bremsflüssigkeit nicht über die Bremsscheibe geführt wird, zum anderen der große, offene Belagschacht der Kühlluft guten Zutritt zu den Belägen erlaubt.

Faustsattel

Faustsättel bieten die gleichen Einbauvorteile wie Rahmensättel. Weitere wesentliche Vorteile von Faustsätteln sind:

- Großflächige Beläge
- Optimale Belagform
- Geringes Gewicht
- Kleine Baugröße

Das meist einteilige Gehäuse gleitet auf zwei Armen eines festgeschraubten Halters oder des Achsschenkels selbst. Die beiden Halterarme können auf der Felgenseite mit einer angegossenen Brücke verbunden sein oder, wie beim TEVES FN-Prinzip, **Bild 7.2-25**, über hakenförmige Enden der Belagträgerplatte. Auf diese Weise ist es möglich, die Beläge beim Bremsvorgang zumindest teilweise als gezogene Beläge auszuführen (pull-push Prinzip). Die axialen Reibungskräfte in den Halterführungen liegen auf der Scheibeneinlaufseite. Mit dieser Bauweise werden zwei wesentliche Funktionsvorteile erreicht: zum einen „schmiegen" sich die Beläge gleichmäßig an die Scheibenreibfläche an, was zum parallelen Belagverschleiß (gewünscht) wesentlich beiträgt; zum anderen werden Geräusche reduziert.

Faustsattel FN

Durch eine spezielle Faustsattelkonstruktion (FN-Ausführung) wird eine nahezu gleiche Scheibengröße wie bei einer innenumgriffenen Scheibe erreicht mit dem Vorteil eines größeren Reibradius und damit

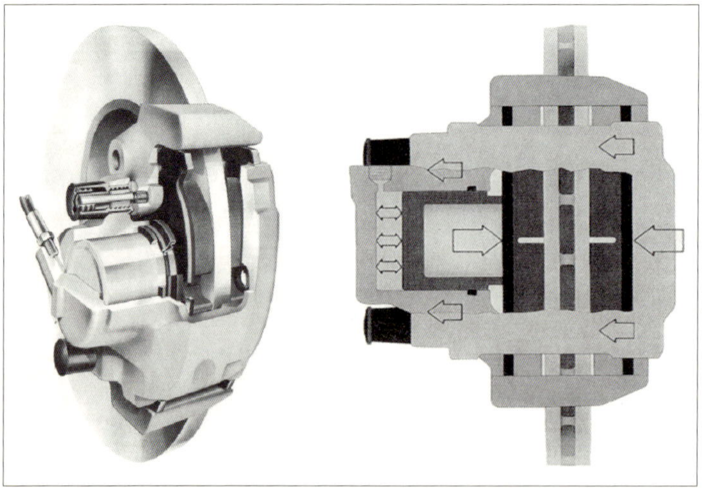

Bild 7.2-25 Faustsattel Bauart Teves FN

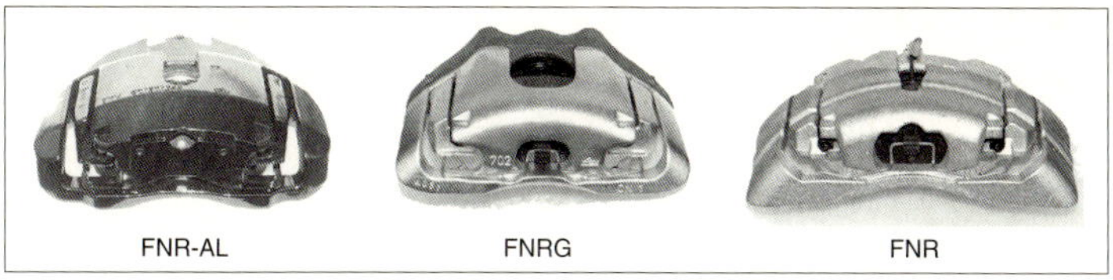

Bild 7.2-26 Faustrahmensättelvarianten: FNR-AL: Aluminium, FNRG: Composite, d.h. Halter Aluminium, Brücke und Sattel aus Grauguss, FNR: Grauguss

höheren Bremsmomentes bei gleichem Bremsdruck. Dabei kann die Gehäusebrücke an der engsten Konturenstelle im Rad sehr lang und deshalb dünn gehalten werden, ohne dass die Sattelsteifigkeit (Volumenaufnahme) sich verschlechtert.

Faustsattel FNR

Eine weitere Vergrößerung des Scheibenaußendurchmessers ist bei Einsatz eines Faust-Rahmen-Sattels (FNR) möglich, **Bild 7.2-26**. Hierbei wird die Gehäusebrücke, wie beim Faustsattel beschrieben, ebenfalls nach außen um die beiden Haltearme herumgeführt und felgenseitig mit der mittleren Gehäusepratze zu einem einzigen Gussstück fest verbunden.

Kombinierter Faustsattel

Beim Kombi-Faustsattel (FNc) werden die Funktionen von Betriebs- und Feststellbremse in einem

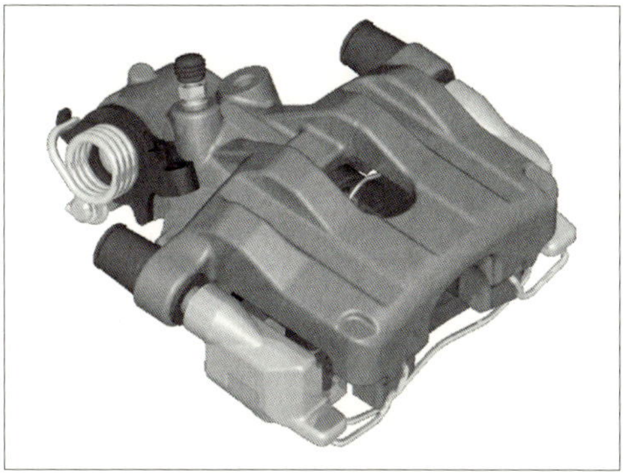

Bild 7.2-27 Kombi-Faustsattel FNc

Scheibenbremssattel zusammengefasst, wobei dieselben Reibpartner für beide Aufgaben genutzt werden. Die Betriebsbremse ist analog dem des Faustsattels, die Feststellbremse wird über einen Bowdenzug aktiviert, welcher über einen Hebelmechanismus die Betätigungswelle **(Bild 7.2-28)** verdreht. Da der C^*-Wert nur dem einer Scheibenbremse mit $C^* = 2\mu$ entspricht, muss für die Feststellbremsung eine erhöhte Kraft auf den Kolben erzeugt werden. Die Betätigung erfolgt über einen Handhebel **(Bild 7.2-35)**.

Gegenüber der Verschleißnachstellung der Betriebs(scheiben)bremse – Kolben rutscht unter dem Dichtring vor – ist die Nachstelleinrichtung für die Feststellbremse aufwändiger **(Bild 7.2-28)**.

Tritt während einer Bremsung zusätzlich zu Belagkompression und Verformungen des Gehäuses noch Verschleiß auf, kann dieser Verschleiß-Weg durch Gehäuseentlastung, bzw. durch die Rückstellfähigkeit des Dichtrings, nicht vollständig kompensiert werden, es erfolgt eine Verschleißnachstellung.

Die Spindel (2) wird dann durch die Kraft der Rückstellfeder (4) wieder zur Anlage am Druckstück (5) gebracht. Da die Rückstellfederkraft etwa der dreifachen Antriebsfederkraft entspricht, wird die Nachstellmutter (1) von der Spindel (2) mitgenommen, und der Reibkonus öffnet sich. Die Nachstellmutter wird nun durch die Wirkung der Antriebsfeder zur Drehung veranlasst und schließt den Reibkonus wieder. Damit ist ein axialer Längenausgleich (Nachstellung) erfolgt.

7.2.2.11 Bremsscheiben

Ca. 90% der beim Bremsen umgesetzten Energie geht zunächst in die Scheibe und wird von dort an die

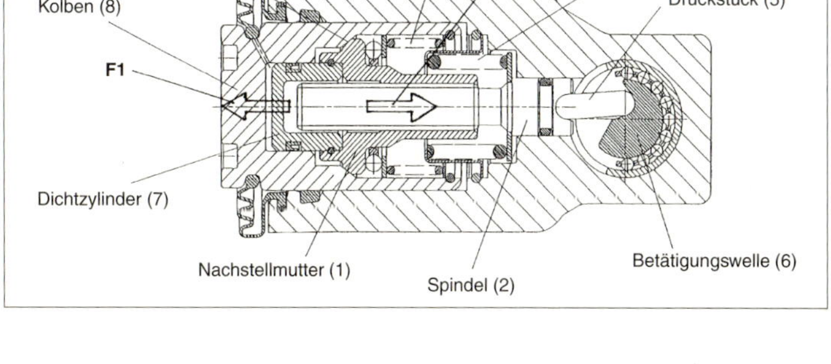

Bild 7.2-28 Nachstellung

Umgebungsluft weitergegeben. Im Reibring werden, z.B. bei Bergabfahrten, Temperaturen bis zu 700 °C (Rotglut) erreicht. Um eine höhere Wärmeaufnahmekapazität zu erreichen, gibt es außerdem Entwicklungskonzepte für Systeme mit Doppelbremsscheiben.

Massive/belüftete Bremsscheibe

Um eine bessere Kühlwirkung zu erreichen werden neben den massiven Bremsscheiben zunehmend innenbelüftete Scheiben eingesetzt, **Bild 7.2-29**.

Bild 7.2-29 Massive Bremsscheibe (links) und innenbelüftete ATE Power Disc (rechts)

Eine weitere Maßnahme zur Verbesserung der Kühlung und darüber hinaus zum Ansprechverhalten bei Nässe (Wasserempfindlichkeit) bildet der Einsatz von gelochten oder genuteten Bremsscheiben. Allerdings ist dies mit höheren Kosten u.U. einer stärkeren Geräuschbildung verbunden.

Um derartige Nachteile zu vermeiden, wurde die „ATE Power Disc" entwickelt, in deren Ringflächen eine Endlosnut eingearbeitet ist. Weitere Vorteile dieser Multifunktionsnut sind:

- Optische Erkennung der Verschleißgrenze
- Verbessertes Bremsen bei Nässe
- Verringertes Fading
- Riefenfreies Verschleißbild von Belag und Scheibe

Schirmung

Aufgrund der Einbaubedingungen der Bremsscheibe innerhalb der Felgenkontur hat die Scheibe einen einseitigen Befestigungsflansch (Scheibentopf). Der Reibring tendiert daher bei Erwärmung dazu, zu schirmen, d.h. die Reibflächen gehen von Planflächen in Kegelflächen über. Das kann zu ungleichem Belag- und Scheibenverschleiß durch punktuelle Anlage der Belagreibfläche auf dem Reibring führen [21]. Geräuschentwicklung und Rubbeln können die Folge sein. Als Rubbeln wird eine Kombination von Lenkradschwingung, Pedalpulsation und niederfrequenter Geräuschbildung bezeichnet. Durch konstruktive Maßnahmen kann die Schirmung in Grenzen gehalten werden (**Bild 7.2-30**).

Zum Erreichen einer guten Bremsenqualität werden hohe Anforderungen an die Fertigungsgenauigkeit von Bremsscheiben gestellt. Darüber hinaus ist im Fahrzeug entsprechende Laufgenauigkeit der Scheibenanflanschfläche und optimiertes Lagerspiel sicherzustellen.

Schwimmend gelagerte Bremsscheiben

Schwimmend gelagerte Bremsscheiben bestehen aus zwei Einheiten: ein völlig planer äußerer Reibring ist in axialer Richtung verschiebbar auf einem inneren, nabenfesten Scheibenträger angebracht. Vorteile sind z.B.:

- Keine Schirmung
- Minimierte Wärmeleitung in die Radlagerung
- Reduziertes Lüftspiel, da die beweglich gelagerte Scheibe nicht die Beläge (und damit die Kolben) zurückdrückt

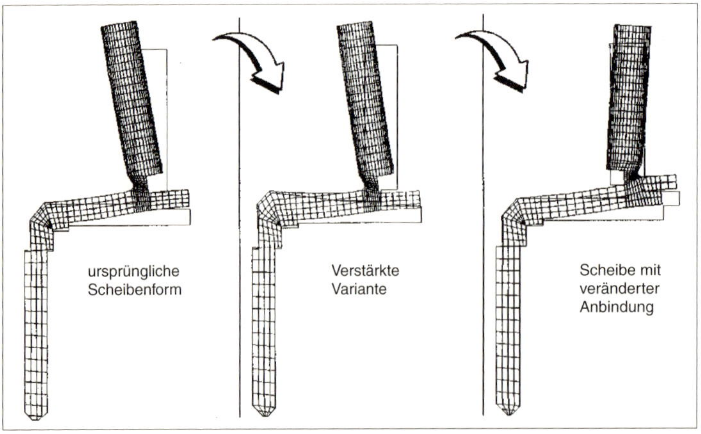

Bild 7.2-30 FE-Analyse zur Reduzierung der Scheibenschirmung

Schwimmend gelagerte Bremsscheiben werden in Kombination mit Festsätteln eingesetzt, sie finden vorwiegend bei Motorrädern Verwendung.

Scheiben-Werkstoffe

Der übliche Scheibenwerkstoff ist perlitischer Grauguss in den Qualitäten GG15 . . . 25. Geringe Zusätze von Chrom, Molybdän geben dem Werkstoff eine höhere Verschleißfestigkeit sowie ein günstigeres Wärmerissverhalten. Ein hoher Kohlenstoff-Gehalt erhöht die Wärmeaufnahmegeschwindigkeit.
Eine Neuentwicklung ist die C/SIC-Bremsscheibe (**Bild 7.2.31**). Bei ihr kommt mit Kohlefaser (C) verstärkte Keramik mit SIC-haltiger Matrix zum Einsatz. Die Vorteile einer C/SIC Bremsscheibe gegenüber einer Grauguss-Bremsscheibe sind:

- Höhere Verschleißfestigkeit mit einer Lebensdauer bis ca. 300.000 km
- Verringerung ungefederter Massen durch 2/3 Gewichtsersparnis
- Hohe Temperaturbeständigkeit
- Korrosionsbeständigkeit (Dadurch entfallen negative Begleiterscheinungen der Grauguss-Bremsscheibe, wie z.B. Kontakthaftung oder festrostende Bremsbeläge)

Durch den hohen Fertigungsaufwand ist die C/SIC-Bremsscheibe jedoch wesentlich teurer. Sie wurde speziell für Hochleistungs-Sportwagen entwickelt und kommt darüber hinaus in besonderen Fahrzeugen der Oberklasse zum Einsatz.

Bild 7.2-31 C/SIC-Bremsscheibe

7.2.2.12 Bremsbeläge

Der wesentliche Faktor für die Wirksamkeit einer Bremse ist der Bremsbelag. Seine physikalischen und chemischen Eigenschaften bestimmen die Qualität einer Bremsanlage entscheidend [4, 5]. Anforderungen an einen Bremsbelag sind u.a.:

- Reibwerthöhe μ
- Reibwertkonstanz (z.B. bei unterschiedlicher Temperatur, Nässe, Salz oder Schmutz)
- geringer Belagverschleiß sowie geringer Verschleiß des Reibpartners (Trommel oder Scheibe)
- minimale Geräuschbildung bzw. hohe Geräuschdämpfung, z.B. gegen (hochfrequentes) Quietschen und (niederfrequentes) Rubbeln
- geringe Kompressibilität

7.2.2.13 Trommelbremsen

Trommelbremsen sind Radialbremsen. Sie haben zwei Bremsbacken, die durch hydraulische Radzylinderbetätigung beim Bremsen nach außen gegen die Reibfläche der Trommel gedrückt werden. Bei Beendigung der Bremsung ziehen Federn die Bremsbacken wieder nach innen, so dass zwischen Trommelreibfläche und Bremsbelägen ein „Lüftspiel“ entsteht.

Simplex-Trommelbremse

Bei Personenwagen kann diese Bauart an der Hinterachse aus Kostengründen (Integration der Feststellbremsfunktion) eingesetzt werden. Das erzeugte Bremsmoment ist nur wenig von Reibwertschwankungen abhängig (C^* = 2,0 bis 2,3, **Bild 7.2-19**), so dass eine gleichmäße Bremswirkung (links/rechts) erreicht wird und damit das Fahrverhalten während der Bremsung ausreichend stabil ist.
Die in Fahrtrichtung vorn liegende Bremsbacke, die Primärbacke, erzeugt rund 65% des Bremsmomentes, die hinten liegende Sekundärbacke nur etwa 35%. Der Primärbelag wird daher zum Verschleißausgleich dicker ausgeführt, oder der Umfangswinkel beider Backen wird unterschiedlich groß gewählt. Der Umfangswinkel ist der Winkel in Umfangsrichtung, über den der Belag Kontakt mit der Trommel hat (**Bild 7.2-32a**).

Duplex-Trommelbremse

Bei der Duplex-Trommelbremse sind beide Backen gleich ausgeführt. Jede Backe stützt sich an einem eigenen Festpunkt am Bremsträger ab und wird über einen einfach wirkenden Sackloch-Radzylinder gegen die Trommel gedrückt. Hierbei sind beide Bremsbacken Primärbacken mit hoher Selbstverstärkung. Der C^*-Wert liegt bei etwa 2,5 bis 3,5 und erschwert die Dosierung. Die Integration einer Feststellbremseinrichtung ist überdies aufwändig, so dass diese Bauart nur geringe Bedeutung hat (**Bild 7.2-32b**).

Duo-Servo-Trommelbremse

Diese Bremse (**Bild 7.2-32e**) erzeugt ein sehr hohes Bremsmoment, da das Nacheinanderschalten der beiden Bremsbacken eine besonders wirksame Selbstverstärkung erzeugt (C^* = 3,5 bis 6,5). Duo-Servo-Trommelbremsen werden daher häufig in Fahrzeugen mit hoher Nutzlast, etwa kleinen bis mitt-

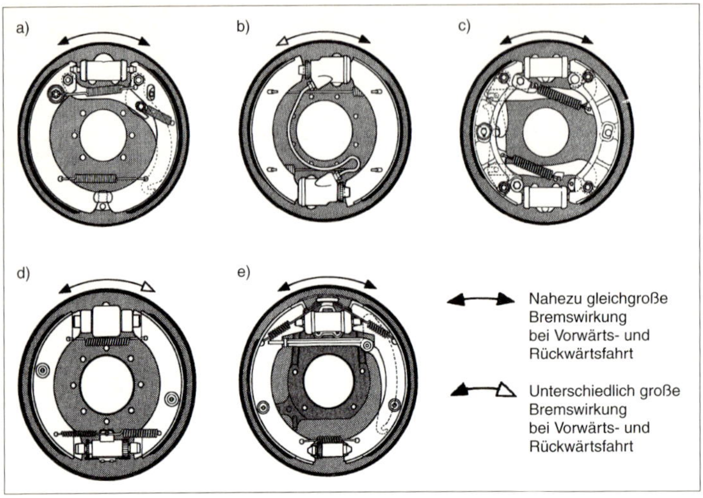

Bild 7.2-32 a) Simplex-Trommelbremse, b) Duplex-Trommelbremse, c) Duo-Duplex-Trommelbremse, d) Servo-Trommelbremse, e) Duo-Servo-Trommelbremse

leren Lkw, verbaut. In der Regel ist ein automatischer Verschleißausgleich eingebaut, bei den über einen Seilzug ein Nachstellhebel betätigt wird, der durch das Verdrehen einer Ritzelmutter indirekt eine nicht verdrehbare Spindelschraube herausbewegt.

Durch Befestigung eines Hebels an der Sekundärbacke und einer Druckstange zur Übertragung einer Reaktionskraft auf die Primärbacke lässt sich eine Feststelleinrichtung leicht integrieren. Sehr zweckmäßig ist der Einsatz der Duo-Servo-Trommelbremse in Kombination mit einer Scheibenbremse („drum-in-hat“). Die nur mechanisch betätigte Trommelbremse übernimmt hierbei die Funktion der Feststellbremse und die Scheibenbremse den Betriebsbremsanteil der Hinterachse. Ein Vorteil dieser Kombination ist, dass die Beläge für Feststell- und Betriebsbremse unabhängig voneinander optimal ausgelegt werden können **(Bild 7.2-33)**.

Bremstrommel-Werkstoffe

Aufgrund der kostengünstigen Herstellung sind Bremstrommeln aus Grauguss heute allgemein verbreitet. Für besondere Anwendungen gibt es gewichtsoptimierte Lösungen. Beispiele hierzu sind:

- Zweiteilig in Verbundguss hergestellt. Der äußere Bereich besteht aus einer Aluminiumlegierung, innen ist wegen der geeigneteren Reibpaarung ein Graugussring eingesetzt
- Matrix aus Keramik bzw. Aluminiumoxid eingegossen in Aluminiumtrommel

Bremstrommeln aus Aluminium sind anspruchsvoll in der Herstellung und haben wegen der niedrigen Temperaturbeständigkeit einen eingeschränkten Leistungsbereich. Am besten eignen sie sich daher für Hinterachsbremsen besonders leichter Fahrzeuge.

Nachstellung

Reibbelagverschleiß bei Trommelbremsen kann durch manuelle Nachstellung mit einfachen Werkzeugen ausgeglichen werden **(Bild 7.2-34)**. Da die Wartungsintervalle moderner Fahrzeuge aber immer länger werden und sich dadurch bis zur Nachstellung unerwünschter Bremspedalhub einstellen würde, werden automatische Nachstelleinrichtungen verbaut.

Feststellbremsen

Mit einer Trommelbremse ist die Feststellbremsfunktion leicht zu realisieren. Die Betätigungskraft wird

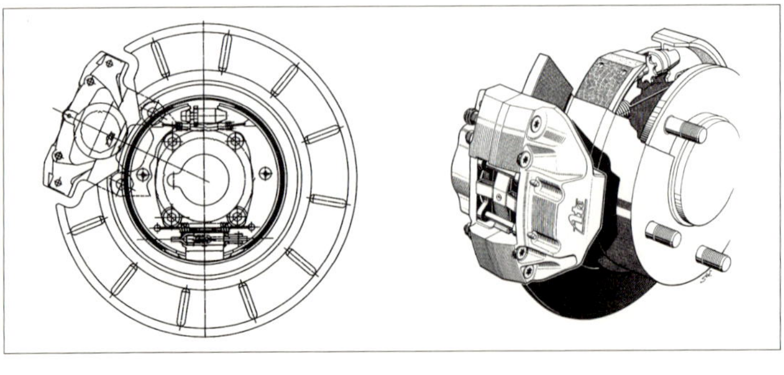

Bild 7.2-33 Kombination aus Scheiben- und Duo-Servo-Trommelbremse (Topf-Bremse)

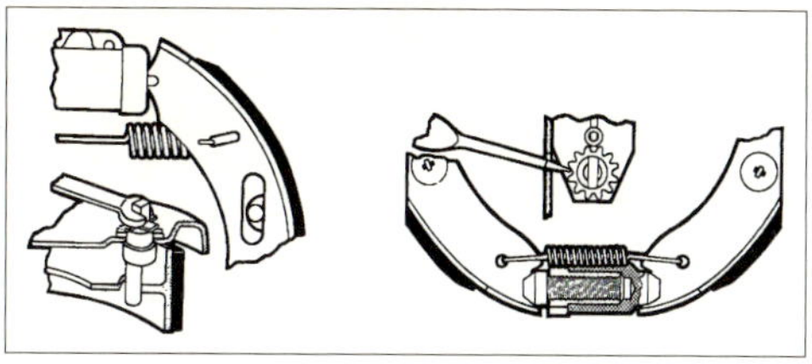

Bild 7.2-34 Manueller Reibbelagverschleißausgleich von Trommelbremsen durch Exzenter- (links) und Zahnradnachstellung (rechts)

über Seilzüge (Bowdenzüge) von der Betätigungseinrichtung auf die Hebel der Trommelbremse übertragen. Heute sind fast ausschließlich Systeme mit rein mechanischer Betätigung über Hand- oder Fußhebel in Gebrauch (**Bild 7.2-35**). Sie werden zunehmend von einer elektromotorischen Betätigung, der „elektrischen Parkbremse" (EPB) ersetzt (siehe Kapitel 7.2.4.9).

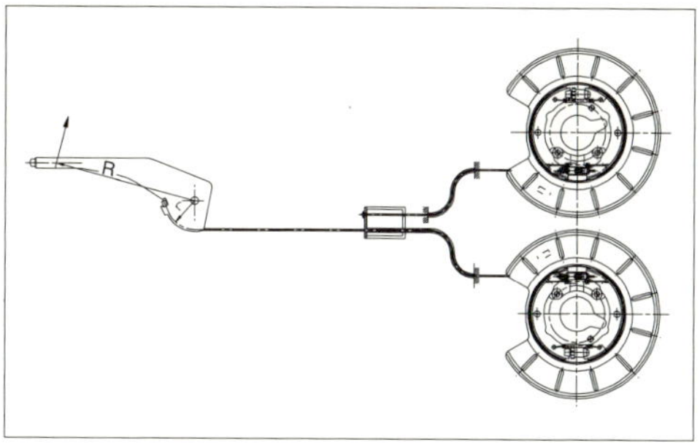

Bild 7.2-35 Betätigungsmechanismus Feststellbremse (hier „Handbremse")

7.2.3 Sensoren

7.2.3.1 Betätigungswegsensor

Der Wegsensor wird für den Bremsassistent genutzt. Dort stellt er ein elektrisches Signal zur Verfügung, aus dem die Position des Bremspedals und die Betätigungsgeschwindigkeit abgeleitet werden. Der Wegsensor ist ein Schleifpotentiometer mit linearer Kennung. In Abhängigkeit von der Schleiferposition wird der Elektronik des Bremsassistenten eine definierte Spannung zur Auswertung geliefert, **Bild 7.2-36**.

7.2.3.2 Raddrehzahlsensor

Der Raddrehzahlsensor (auch Drehzahlfühler genannt) erfasst die aktuelle Drehzahl eines Rades. Ein am Achsschenkel befestigter Sensor und das sich mit dem Rad drehende Impulsrad bilden eine Sensoreinheit (**Bild 7.2-37**).

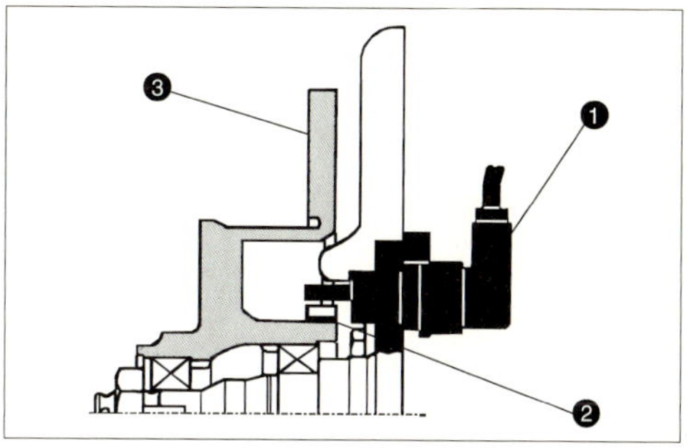

Bild 7.2-37 Radial angeordneter Raddrehzahlsensor. 1 Sensor, 2 Impulsrad, 3 Bremsscheibe

Bei Fahrzeugen mit Hinterachsantrieb lassen sich die Raddrehzahlen der Hinterachse auch mit nur einem Sensor erfassen. Er sitzt antriebsseitig im Differenzial. Das Sensorsignal entspricht in diesem Fall dem arithmetischen Mittel beider Hinterraddrehzahlen.
Je nach Einbauverhältnissen und Ausführung des Impulsrades wird der Sensor axial oder radial angeordnet. Es werden zwei Sensor-Bauarten (passiv oder aktiv) unterschieden:

Induktive (passive) Raddrehzahlsensoren

Passive Raddrehzahlsensoren arbeiten nach dem Induktionsprinzip. Im Sensorkopf befinden sich – wasserdicht in Kunststoff eingespritzt – ein Dauermagnet, eine Spule und eine Kabelverbindung (**Bild 7.2-38**).
Durch die vorbeilaufenden Zähne des Impulsrades aus ferromagnetischem Material verändert sich der magnetische Fluss. Durch die magnetische Induktion entsteht eine Wechselspannung (s. **Bild 7.2-39**), deren Frequenz proportional der Drehzahl des Rades ist. Sie kann vom elektronischen Regler nur ausgewertet werden, wenn die Amplitude innerhalb eines vorgegebenen Spannungsbereichs liegt. Um diesen Spannungsbereich sicherzustellen, ist ein festgelegter Abstand (Luftspalt) zwischen Sensor und Impulsrad einzuhalten.

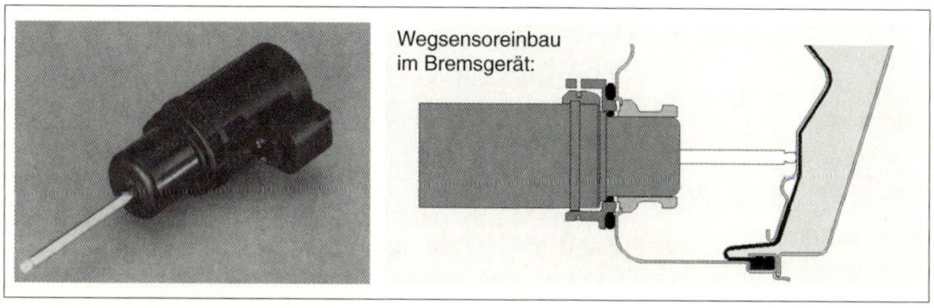

Bild 7.2-36 Betätigungswegsensor

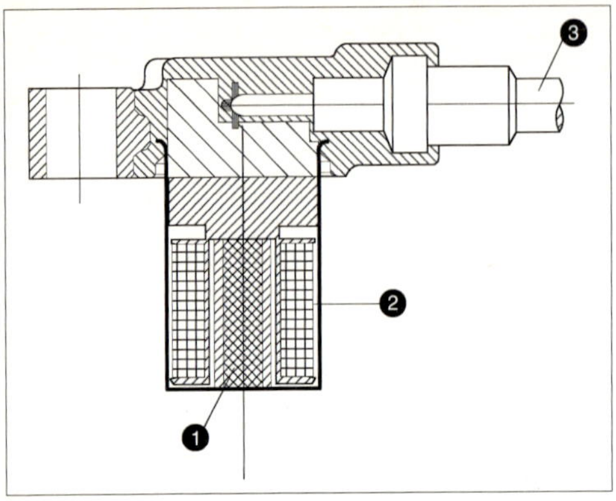

Bild 7.2-38 Induktiver Raddrehzahlsensor: 1 Permanentmagnet, 2 Spule, 3 Kabelverbindung

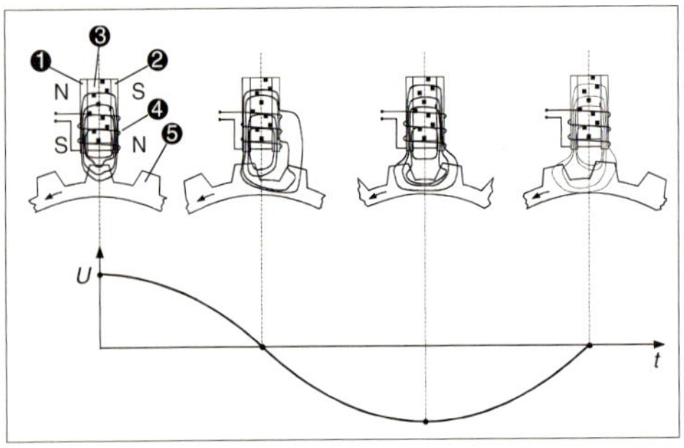

Bild 7.2-39 Funktionsweise des induktiven Raddrehzahlsensors (t Zeit, U Spannung, N Nordpol, S Südpol, 1 + 2 Permanentmagnete, 3 Weicheisenkern, 4 Spule, 5 Impulsrad)

Magnetoresistive (aktive) Raddrehzahlsensoren

Die Sensorbaugruppe (s. **Bild 7.2-40**) besteht aus der Kombination einer Brückenanordnung dünner magnetoresistiver Metallschichten (Elementarsensoren) mit einer elektronischen Folgeschaltung zur Signalaufbereitung. Das Wirkprinzip des Elementarsensors beruht darauf, dass sich der elektrische Widerstand der magnetoresistiven Schichten ändert, sobald sich ein parallel durch diese Schichten verlaufendes Magnetfeld ändert.

Es gibt zwei Varianten aktiver Raddrehzahlsensoren. Bei der ersten wird dem Elementarsensor zur Erzeugung des Magnetfeldes ein Permanentmagnet hinterlegt. Die Änderung der Feldstärke im Substrat ergibt sich durch ein ferromagnetisches Impulsrad, das zum Beispiel als Zahnrad ausgeführt sein kann. Bei der zweiten Variante rotiert ein magnetischer Encoder vor dem Sensor, der das Sensorelement und einen kleinen Stützmagneten enthält. Das erzeugte Stützfeld verhindert einen Frequenzverdoppelungseffekt im Sensorelement bei kleinen Luftspalten. Eine Folge gleichartiger, einander abwechselnder Nord- und Südpol-Areale bildet die Encoderspur des magnetischen Encoders. Zwei aufeinander folgende Nord-/Südpole bilden ein Inkrement und entsprechen einem Zahn bei einem ferromagnetischen Impulsrad. Der elektronische Regler versorgt die Sensoren im Betrieb mit elektrischer Energie. Die Sensoren erzeugen einen rechteckförmigen Signalstrom, dessen Frequenz proportional der Drehgeschwindigkeit der Räder ist. Die Vorteile von magnetoresistiven Raddrehzahlsensoren gegenüber induktiven sind unter anderem:

- Sensierung bis zum Stillstand (v = 0 km/h)
- Verbesserung der Signalqualität (digitales Signal mit hoher Auflösung ermöglicht großen Luftspalt)
- Weitgehende Unempfindlichkeit des Signals gegenüber Temperaturschwankungen und Vibrationen
- Reduzierung von Gewicht und Bauraum

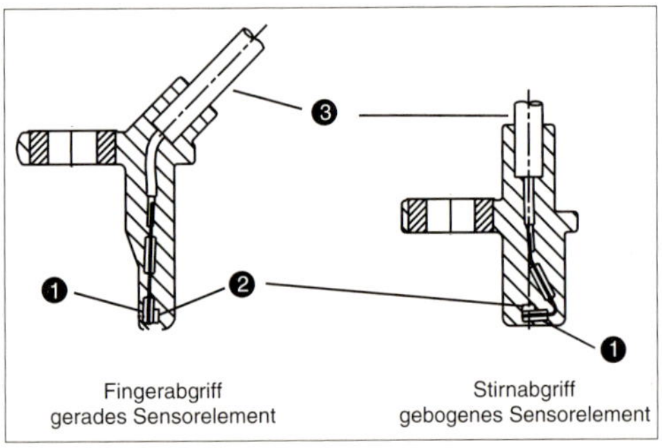

Bild 7.2-40 Magnetoresistiver Raddrehzahlsensor im Schnitt. 1 Sensorelement, 2 Stützmagnet, 3 Kabelverbindung

7.2.3.3 Beschleunigungssensor (längs und quer)

Dieser Sensor (siehe **Bild 7.2-41**) erzeugt ein, zur Beschleunigung des Fahrzeugs proportionales Signal. Gemeinsam mit dem Gierratensensor liefert er die für die Giermomentenregelung des ESP benötigten Informationen über den querdynamischen Zustand

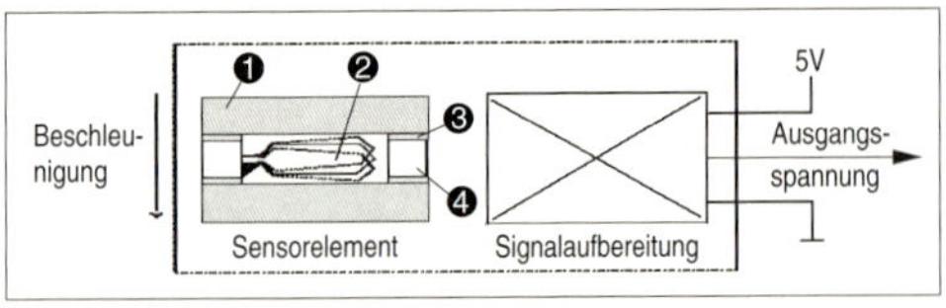

Bild 7.2-41 (Quer-)Beschleunigungssensor. 1 Außenelektrode, 2 Biegebalken (seismische Masse), 3 Isolator und Verbindungselement für die Elektroden, 4 Mittelelektrode

des Fahrzeugs. Der Beschleunigungssensor besteht aus einem mikromechanischen Biegebalken, der unter dem Einfluss der Beschleunigung seine Lage ändert und damit zu einer Kapazitätsänderung einer Kondensatoranordnung führt. Die Kapazitätsänderung wird elektronisch ausgewertet, das Signal wird – z.B. über CAN-Bus – an den elektronischen Regler weitergeleitet.

7.2.3.4 Gierratensensor

Der Gierratensensor erfasst die Drehwinkelgeschwindigkeit eines Fahrzeugs um seine Hochachse, die Gierrate. Dazu erzeugt er ein der Gierrate proportionales Signal und liefert damit – gemeinsam mit dem Querbeschleunigungssensor – die für die Giermomentenregelung des ESP benötigten Informationen über den Fahrzustand.
Zwei miteinander verbundene, parallel zur Fahrzeughochachse angeordnete Quarz-Stimmgabeln bilden das Sensorelement. Eine elektronische Schaltung regt die obere Stimmgabel zu sinusförmigen Schwingungen an. Beim Gieren des Fahrzeugs wirkt auf die Zinken der Stimmgabel eine von der Drehrate abhängige Corioliskraft. Diese wird auf die untere Stimmgabel übertragen, wo sie eine sinusförmige Schwingung erzeugt, die über eine Verstärkerschaltung in ein der Drehrate proportionales Signal umgewandelt wird. Das Schaltungskonzept beinhaltet außer der Schwingungserzeugung für die obere Stimmgabel die Signalverarbeitung und Sicherheitselemente zur Erkennung interner Sensorfehler.
Der Gierratensensor befindet sich idealerweise im Fahrzeugschwerpunkt. Die Kombination des Gierratensensors mit dem Querbeschleunigungssensor in einem gemeinsamen Gehäuse mit einem Stecker wird als „Cluster" bezeichnet, **Bild 7.2-42**. Analog der Erfassung der Gierrate wird das gleiche Sensorprinzip auch für die Erfassung der Rollrate genutzt (siehe Kapitel 7.2.4.7).

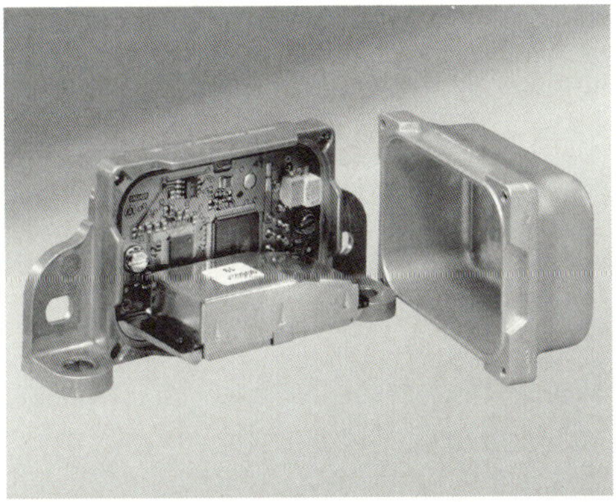

Bild 7.2-42 Sensorcluster – Zusammenfassung von Beschleunigungs- und Gierratenssensor in einem Gehäuse

7.2.3.5 Lenkradwinkelsensor

Der Lenkradwinkelsensor übermittelt dem ESP-Steuergerät Informationen über den aktuellen Lenkwinkel und damit über die gewünschte Fahrtrichtung. Der Lenkradwinkel wird durch eine geeignete Anordnung mehrerer Fotozellen und Lichtschranken optisch gemessen und in Datenworte übersetzt. Aus Sicherheitsgründen erfolgt die Übersetzung in zwei Mikroprozessoren. Über z.B. einen CAN-Datenbus gelangen die Datenworte an den elektronischen Regler. Vom Lenkradwinkelsensor **(Bild 7.2-43)** werden neben hoher Winkelauflösung, Sicherheit und Zuverlässigkeit auch möglichst geringe Abmessungen gefordert, da im Lenksäulenbereich nur wenig Einbauraum zur Verfügung steht.

Bild 7.2-43 Lenkradwinkelsensor

7.2.3.6 Drucksensor

Der Drucksensor misst den über das Bremspedal eingesteuerten Bremsdruck. Dieser wird z.B. bei der ESP-Funktion zur Erfassung des Fahrerwunsches genutzt. Er besteht aus einer Keramikanordnung und verändert seine Kapazität bei Druckbeaufschlagung. Das keramische Messelement ist zusammen mit einer elektronischen Auswerteschaltung in einem Metallgehäuse untergebracht.

7.2.3.7 Abstandssensoren

Abstandsmessung mit Radar- oder Infrarot-Technologie

Den Abstand zum vorausfahrenden Fahrzeug messen Adaptive Cruise Control (ACC) Sensoren entweder mit einem 77-GHZ-Radar nach dem Puls-Doppler-Prinzip oder auch mit einer Infrarot-Sensorik, **Bild 7.2-44**. Die aufwändige Radar-Variante bleibt dabei auch in Zukunft in ihrer Leistungsfähigkeit in manchen Bereichen unerreicht. Damit ist sie prädestiniert für die gehobenen Fahrzeugklassen.
Die kostengünstigere Infrarot-Technologie ermöglicht nun jedoch den ACC-Einsatz erstmals auch in der Mittel- und Kompaktwagen-Klasse in größeren Stückzahlen. Und sie bietet dazu eine weitere sicherheitsbezogene Funktion: Bei Nebel, Schneefall oder starkem Regen kann die Sensorik die tatsächliche Sichtweite erkennen und dem Fahrer eine der Witterung angepasste Geschwindigkeit nahe legen.

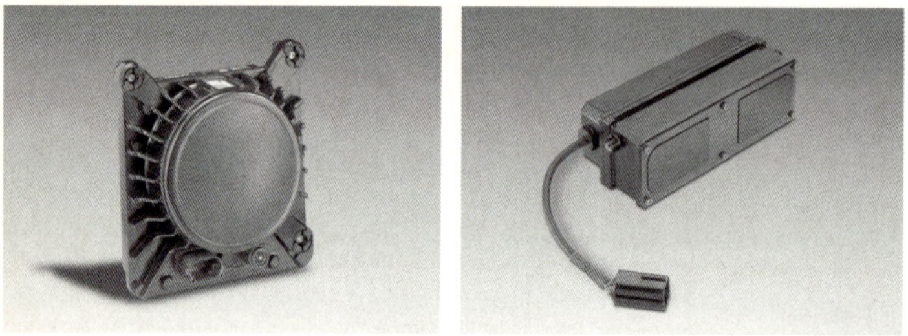

Bild 7.2-44 ACC-Sensoren, links Radarsensor, rechts Infrarotsensor

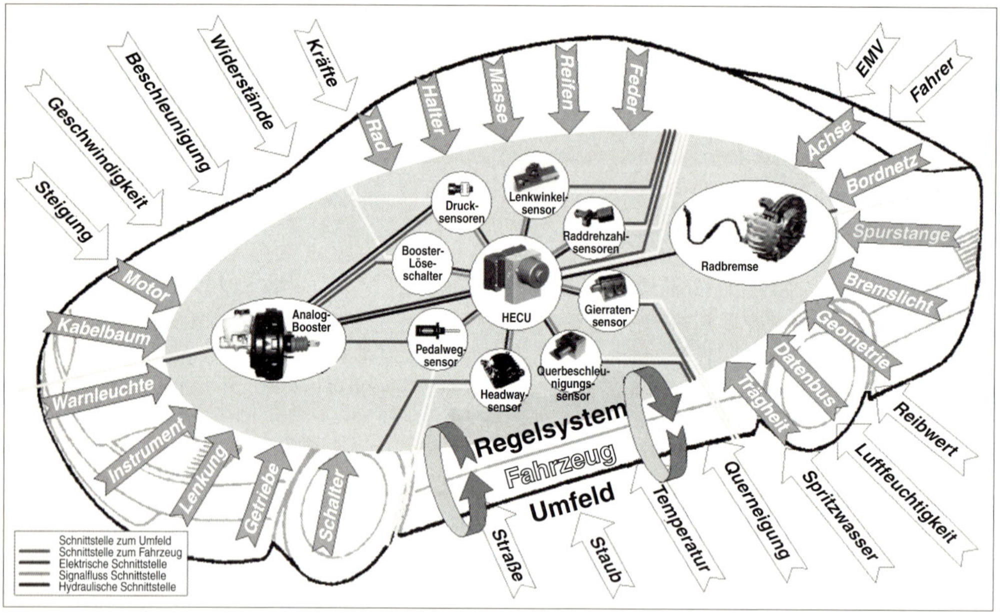

Bild 7.2-45 Einflussfaktoren und Regelsystem-Schnittstellen

7.2.4 Bremsenfunktionen und Assistenzsysteme

Das heute im Automobilbau erreichte Maß an Komfort und aktiver Sicherheit wäre ohne elektronische Regelsysteme nicht möglich, **Bild 7.2-45**. Sie werden auch künftig eine vielfältige Erweiterung der individuellen Mobilität ermöglichen. Um Sicherheit und Zuverlässigkeit der Bremsanlage trotz zunehmender Komplexität zu gewährleisten, beinhalten elektronische Regelsysteme aufwändige Sicherheitsschaltungen und modular aufgebaute Sicherheitsalgorithmen.

Zum Beispiel werden bei Ausfall eines Teilsystems die noch verbleibenden Restfunktionen der jeweils niedrigeren Ebene bis hinunter zur mechanisch/ hydraulischen aufrecht erhalten. Die Bremsbetätigung bleibt auch dann gesichert, wenn die Funktion des Regelsystems vollständig ausfällt, zum Beispiel durch eine gestörte Spannungsversorgung.

7.2.4.1 Antiblockiersystem (ABS)

Die Aufgabe der Schlupfregelsysteme, Brems- und Vortriebskräfte durch geeignete Eingriffe in Bremsanlage und Motormanagement so zu modulieren, dass das bestmögliche fahrdynamische Verhalten unter den gegebenen Umständen erreicht wird, lässt sich auf unterschiedliche Weise lösen. Die Methoden und Algorithmen sind von den Grundzügen her bei allen Systemherstellern ähnlich, da auch die verwendeten Eingangsgrößen sowie die Steuergrößen gleich sind. Was die regelungstechnische Ausführung angeht, unterscheiden sich aber die Programme erheblich. Ein wichtiger Aspekt dabei ist die jeweilige Anpassung der Elektronik (sowohl Hardware als auch Software) an die einzelnen Sensoren (mit z.T. unterschiedlichen Wirkprinzipien), an die Stellglieder des Systems, an die spezifischen Eigenschaften aller beteiligten Komponenten und insbesondere an das Fahrzeug [6].

Kraftschluss in Längsrichtung – Bremsschlupf/Antriebsschlupf

Die Gesetzmäßigkeiten, die für den Kraftschluss zwischen Reifen und Fahrbahn gelten, sind komplexer als die der Coulomb'schen Reibung. Der Grund dafür liegt in den Eigenschaften des Gummireifens (siehe Kapitel 7.3 Reifen).

Ein Reifen kann nur dann Kräfte auf die Fahrbahn übertragen, wenn Gleitschlupf vorliegt. Die Umfangsgeschwindigkeit des gebremsten Rades ist folglich kleiner als die Geschwindigkeit des Fahrzeuges.

Zur Vereinfachung dieser Zusammenhänge werden spezielle Verhältniszahlen eingeführt, der Bremsschlupf λ_B und der prozentuale Antriebsschlupf λ_T:

$$\lambda_B = \frac{(v_F - v_U)}{v_F} \cdot 100\%$$

λ_B = Bremsschlupf in %
v_F = Fahrgeschwindigkeit (Geschwindigkeit des Radmittelpunktes)
v_U = Umfangsgeschwindigkeit des Rades

$$\lambda_T = \frac{(v_U - v_F)}{v_U} \cdot 100\%$$

λ_T = Antriebsschlupf in %

Bremskraftbeiwert und andere Einflussgrößen

Die charakteristische Größe für das Bremsvermögen eines Fahrzeugs ist der Kraftschlussbeiwert oder auch Bremskraftbeiwert μ_B.

$$\mu_B = \frac{F_B}{F_A}$$

μ_B = Bremskraftbeiwert
F_B = Bremskraft
F_A = Radaufstandskraft

Für jede Kombination von Reifen und Fahrbahn existiert ein bestimmter funktionaler Zusammenhang zwischen Bremskraftbeiwert und Schlupf **(Bild 7.2-46)**.

Der Bremskraftbeiwert zeigt in Abhängigkeit vom Schlupf unter fast allen Bedingungen einen ähnlichen, charakteristischen Verlauf. Ein Bremskraftbeiwert und ein Schlupf von Null kennzeichnen das frei rollende Rad. Bei einem Bremsschlupf von in der Regel zwischen 8 und 30 Prozent erreicht der Bremskraftbeiwert seinen Maximalwert. Er fällt mit weiter steigenden Schlupfwerten mehr oder weniger stark ab. Bei einem Bremsschlupf von 100 Prozent ist das Rad blockiert.

Der ansteigende Bereich der μ-Schlupf-Kurve (Bremskraftbeiwert-Kurve) wird als stabiler Bereich bezeichnet. Das Fahrzeug bleibt weitestgehend lenkbar und stabil. Jenseits des kritischen Schlupfes beginnt der instabile Bereich. Wird der Bremsdruck in diesem Schlupfbereich nicht schnell genug reduziert, kommt es innerhalb kurzer Zeit zum Blockieren des Rades.

Wesentliche Bedeutung für den Kraftschlussbeiwert hat die Fahrbahnoberfläche. Weiterhin ergibt sich

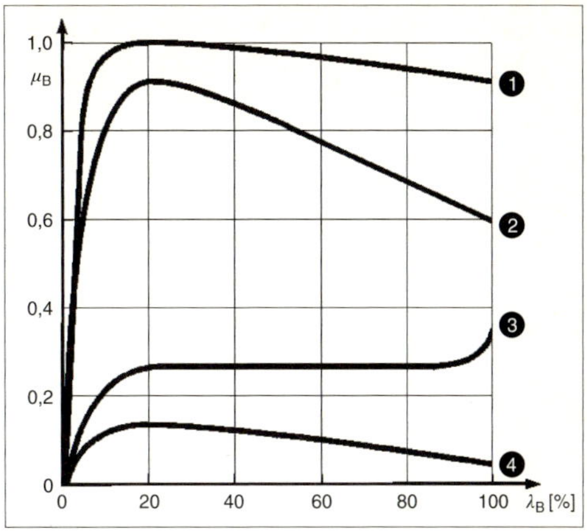

Bild 7.2-46 Bremskraftbeiwertverläufe. λ_B Bremsschlupf, μ_B Bremskraftbeiwert, 1 trockener Asphalt, 2 nasser Asphalt, 3 Neuschnee, 4 Eis

abhängig vom Reifen eine andere Bremskraftbeiwertkurve. Wichtige Einflussgrößen sind Art und Profil des Reifens (z.B. Gummimischung, Profilform und Abnutzungsgrad), Dimension, Fülldruck, Temperatur und Radaufstandskraft.

Eine Besonderheit zeigt die Bremskraftbeiwertkurve für losen Neuschnee und Schotter. Ihr Maximum liegt bei einem Schlupf von 100 Prozent. Diese Besonderheit wird von einem Keil aus Schnee oder Schotter bewirkt, der sich mit zunehmendem Schlupf vor den blockierten Rädern aufbaut. Auch hier existiert jedoch ein kritischer Schlupfwert. Wird er erreicht, nimmt zwar nicht das Bremsvermögen ab, doch das Fahrzeug verliert an Lenkbarkeit und Stabilität.

Kraftschluss in Querrichtung

Ähnliche Zusammenhänge zwischen Reifenverformung und Kraftübertragung, wie sie beim Bremsen und beim Antreiben die Längsdynamik des Fahrzeugs bestimmen, zeigen sich auch bei der Querdynamik. Eine Seitenführungskraft, um z.B. das Fahrzeug in der gewünschten Spur zu halten, kann der Reifen nur dann aufbauen, wenn er seitlich verformt wird und „Seitenschlupf" aufgebaut wird.

Dazu müssen die Bewegungsrichtung des Radmittelpunktes und die Längsrichtung des Reifens voneinander abweichen. Der Winkel zwischen diesen beiden Richtungen wird Schräglaufwinkel α genannt **(Bild 7.2-47)**.

Für das Seitenführungsvermögen wird der „Seitenkraftbeiwert" μ_S definiert:

$$\mu_S = \frac{F_S}{F_A}$$

μ_S = Seitenkraftbeiwert
F_S = Seitenführungskraft
F_A = Radaufstandskraft

Der funktionale Zusammenhang zwischen Seitenkraftbeiwert und Schräglaufwinkel α ist beispielhaft in **Bild 7.2-47** dargestellt.

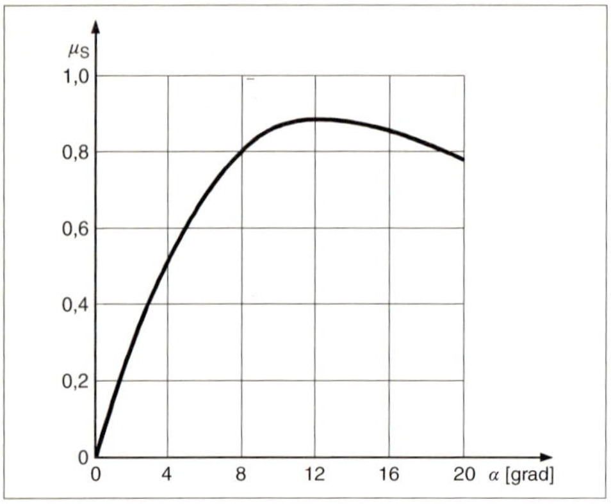

Bild 7.2-47 Seitenkraftbeiwert μ_S in Abhängigkeit vom Schräglaufwinkel α

Kombination des Kraftschlusses in Längs- und Querrichtung

Unter den vorgegebenen Bedingungen von Reifen, Fahrbahn und Radaufstandskraft (Normalkraft) kann ein Rad nur eine begrenzte Gesamtkraft übertragen. Die Aufteilung der Gesamtkraft in die beiden Komponenten Bremskraft und Seitenführungskraft kann näherungsweise durch den Kamm'schen Reibungskreis (siehe **Bild 7.2-48**) graphisch dargestellt werden.

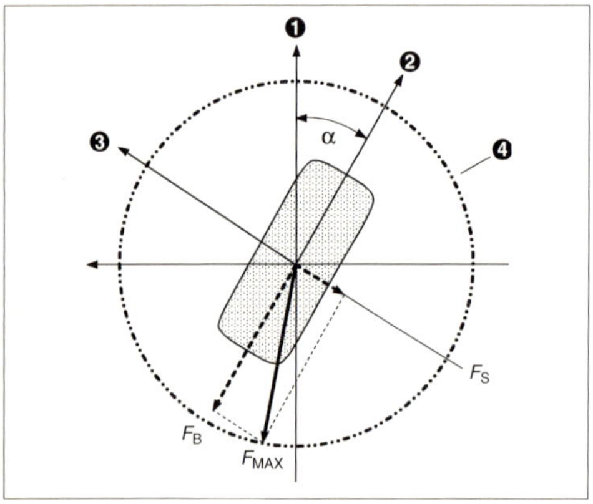

Bild 7.2-48 Kamm'scher Reibungskreis F_N Normalkraft, F_{max} maximal übertragbare Gesamtkraft, F_{Rad} Gesamtkraft am Rad, μ Kraftschlussbeiwert Reifen/Fahrbahn, F_B Bremskraft, F_S Seitenführungskraft, α Schräglaufwinkel, 1 Bewegungsrichtung des Radmittelpunktes, 2 Längsrichtung des Rades, 3 Querrichtung des Rades, 4 Kamm'scher Reibungskreis (mit Radius F_{max})

Die geometrische (vektorielle) Summe beider Kraftkomponenten kann nicht größer werden als die vom Reifen maximal übertragbare Gesamtkraft. Hieraus wird deutlich:

- Nur bei Geradeausfahrt ist die maximale Bremskraft erreichbar
- Bei extremer Kurvenfahrt ist die übertragbare Bremskraft erheblich kleiner als bei Geradeausfahrt
- Bei einer starken Verzögerung ist die Lenkbarkeit gegenüber dem ungebremsten Zustand eingeschränkt

Eine Vollbremsung mit blockierten Rädern führt zum vollständigen Verlust der Seitenführungskräfte und damit zum Verlust der Lenkbarkeit und der Stabilität. Anhand von **Bild 7.2-49** wird deutlich, wie mit zunehmendem Schlupf aufgrund der Beanspruchung des Bremskraftbeiwertes in Längsrichtung der Seitenführungskraftbeiwert abnimmt.

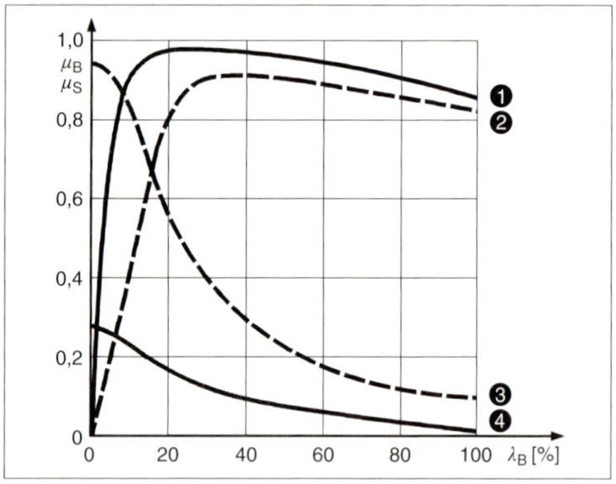

Bild 7.2-49 Brems- und Seitenkraftbeiwerte als Funktion des Bremsschlupfes bei zwei verschiedenen Schräglaufwinkeln auf trockener Betonfahrbahn
λ_B Bremsschlupf, μ_B Bremskraftbeiwert, μ_S Seitenkraftbeiwert, 1 Bremskraftbeiwert bei Schräglaufwinkel α = 2°, 4 Seitenkraftbeiwert bei Schräglaufwinkel α = 2°, 2 Bremskraftbeiwert bei Schräglaufwinkel α = 5°, 3 Seitenkraftbeiwert bei Schräglaufwinkel α = 5°

ABS-Funktionalität

Zu starkes Bremsen ohne ABS verursacht je nach Fahrbahnzustand oder Fahrsituation ungünstig große Radschlupfwerte oder gar Blockieren der Räder. Ausbrechen des Fahrzeugs aus der Spur und eine Beeinträchtigung der Lenkbarkeit sind mögliche Folgen. Abgesehen von wenigen Ausnahmefällen verlängert sich auch der Bremsweg. ABS erlaubt Vollbremsungen ohne blockierende Räder und ohne die daraus resultierenden Gefahren. Mit Hilfe des Bremspedals ist die erforderliche individuelle Dosierung der optimalen Bremskraft an jedem Rad nicht möglich. Besonders deutlich wird dies auf unterschiedlich griffigem Untergrund (z.B. rechts/links), weil der optimale Bremsdruck an den einzelnen Rädern dann unterschiedlich groß ist. ABS verbessert:

- die **Fahrstabilität**, indem es das Blockieren der Räder verhindert, wenn bei einer Vollbremsung der Bremsdruck bis zur Blockiergrenze und darüber hinaus steigt. Eine Drehung des Fahrzeugs um die Fahrzeughochachse (Schleudern) bei Verlust der Seitenführungskräfte an der Hinterachse wird zum Beispiel verhindert
- die **Lenkbarkeit** bei Vollbremsungen auch bei den unterschiedlichsten Fahrbahnzuständen. Trotz voll betätigter Bremse kann das Fahrzeug durch eine Kurve gelenkt werden oder einem Hindernis ausweichen
- den **Bremsweg**, da es den jeweils verfügbaren Reibwert zwischen Reifen und Fahrbahn bestmöglich ausnutzt. Insbesondere reagiert es adaptiv auf Veränderungen der Fahrbahngriffigkeit, etwa von trockenem auf nassen Asphalt. Der Bremsweg mit ABS ist kürzer als bei einer Bremsung ohne ABS

Der Fahrer kann sich auf die Bewältigung der Verkehrssituation konzentrieren, ohne sich um die optimale Dosierung der Bremsleistung Gedanken zu machen (z.B. gebremstes Umfahren eines Hindernisses). Außerdem verhindert ABS das Entstehen von Flachstellen auf der Lauffläche der Reifen (Bremsplatten).

Grenzen des ABS

Sonderfälle wie Neuschnee oder Kies, der bei blockierenden Rädern einen bremsenden Keil vor den Rädern bildet, sind im Alltag kaum relevant. Hier ist die Verbesserung von Lenkbarkeit und Fahrstabilität durch ABS wichtiger als der kürzest mögliche Bremsweg bei blockierten Rädern. ABS kann die physikalischen Gesetzmäßigkeiten nicht außer Kraft setzen. Auf glatter Fahrbahn ist der Bremsweg trotz ABS-Regelung länger als auf trockener, griffiger Straße, denn die höchstmögliche Bremskraft bestimmt stets der Reibwert zwischen Reifen und Fahrbahn. Und Bremsen – auch mit ABS – kann bei zu hohen Kurvengeschwindigkeiten die Seitenführungskraft nicht vergrößern. Das Fahrzeug kann daher trotz ABS aus der Kurve getragen werden.

Arbeitsbereich des ABS

Der optimale Schlupf und damit die beste Bremswirkung wird nicht durch maximalen, sondern durch genau dosierten Bremsdruck erreicht **(Bild 7.2-50)**. Ziel der ABS-Regelung ist es den kritischen Schlupf nicht zu überschreiten der von den jeweiligen Bedingungen zwischen Reifen und Fahrbahn bestimmt wird. Der Arbeitsbereich der ABS-Regelung wird stets so gewählt, dass zugleich bestmögliche Fahrstabilität und Lenkbarkeit gegeben sind. Wird ein Rad so abgebremst, dass es den Bereich optimalen Schlupfes überschreitet, beginnt die ABS-Regelung.

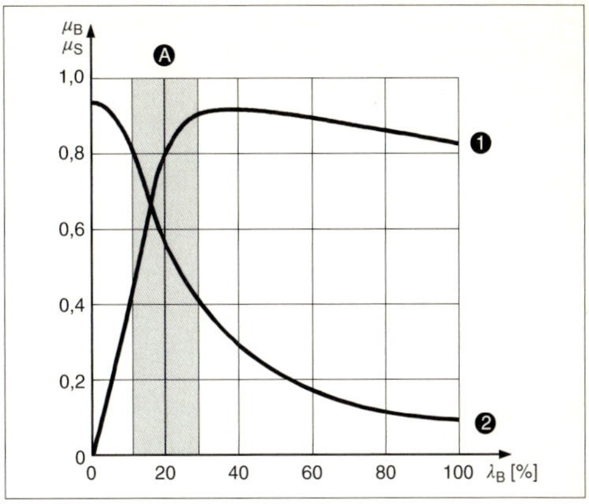

Bild 7.2-50 Regelbereich (A) des ABS mit λ_B Bremsschlupf, μ_B Bremskraftbeiwert (Verlauf 1), μ_S Seitenkraftbeiwert (Verlauf 2)

Bild 7.2-51 zeigt einen Bremsvorgang ohne ABS-Regelung. Bereich I entspricht der ungebremsten Fahrt. Die Radumfangsgeschwindigkeit gleicht der (konstanten) Fahrzeuggeschwindigkeit, es liegt kein Schlupf vor. Im Bereich II ist die Bremse leicht betätigt, es liegt ein geringer Bremsdruck an. Daher ist die Radumfangsgeschwindigkeit um einen bestimmten Anteil geringer als die Fahrzeuggeschwindigkeit, die stetig abnimmt. Der Schlupf liegt im stabilen Bereich. Bereich III entspricht einer Vollbremsung, bei der der Radbremsdruck über die Blockiergrenze steigt. Die Radumfangsgeschwindigkeit verringert sich zunehmend bis zum Stillstand des Rades. Die Fahrzeuggeschwindigkeit wird ebenfalls geringer, wobei der Blockierreibwert die Verzögerung bestimmt.

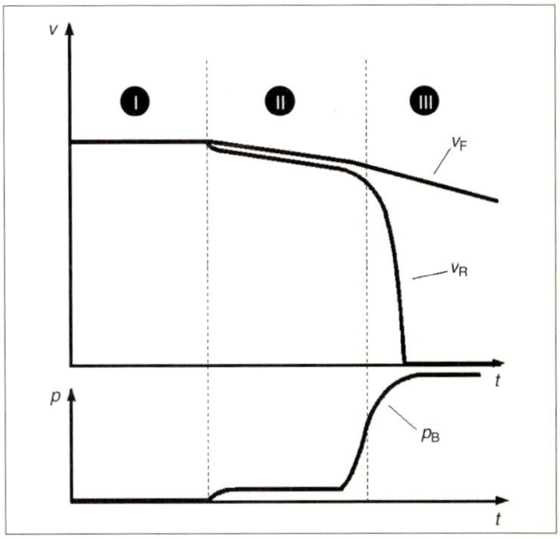

Bild 7.2-51 Bremsung ohne ABS (ein Rad). t Zeit, v Geschwindigkeit, p Druck, I ungebremste Fahrt, II Teilbremsung, III Vollbremsung ohne ABS, v_F Fahrzeuggeschwindigkeit, v_R Radumfangsgeschwindigkeit, P_B Betätigungsdruck.

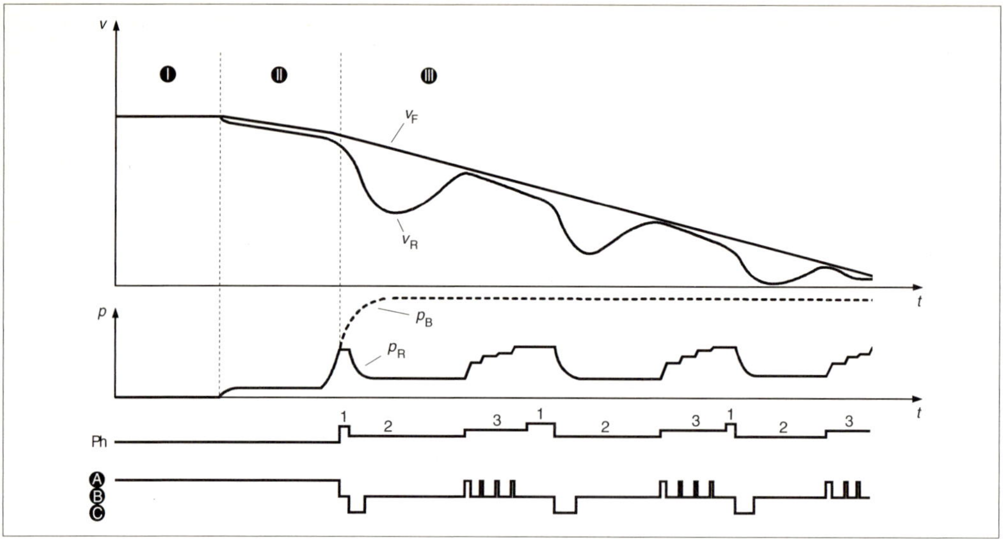

Bild 7.2-52 Ablauf einer ABS-Regelung (ein Rad). *t* Zeit, *p* Druck, *v* Geschwindigkeit, *Ph* Phase, I ungebremste Fahrt, II Teilbremsung, III ABS-Bremsung, v_F Fahrzeuggeschwindigkeit, P_B Betätigungsdruck, v_R Radumfangsgeschwindigkeit, P_R Radbremsdruck, *A* Druckaufbau, *B* Druckhalten, *C* Druckabbau

Die sehr rasche Drehzahlabnahme eines Rades ist charakteristisch für eine Blockierneigung, da die Radverzögerung größer ist als die maximale mögliche Fahrzeugverzögerung. Erkennt der elektronische Regler über den Raddrehzahlsensor den Abfall der Raddrehzahl, gibt er entsprechende Befehle zur Bremsdruckmodulation an die Magnetventile. Jeweils zwei Ventile pro Regelkreis – das in stromlosem Zustand offene Einlassventile und das stromlos geschlossene Auslassventile (siehe **Bild 7.2-52**) – führen diese Modulation durch.

Regelungsphasen

Der ABS-Regelungszyklus läuft prinzipiell in drei Phasen ab **(Bild 7.2-52)**.

Druckhalten (Phase 1)

Bei Pedalbetätigung steigt der Radbremsdruck an und die Radumfangsgeschwindigkeit verringert sich progressiv. Zeigt die Radumfangsgeschwindigkeit eine Blockierneigung, wird das Einlassventil geschlossen. Selbst bei Erhöhung des Betätigungsdrucks kann der Radbremsdruck nicht weiter ansteigen.

Druckabbau (Phase 2)

Nimmt die Radumfangsgeschwindigkeit trotz konstanten Bremsdrucks weiter ab, so dass der Radschlupf zunimmt, reduziert der elektronische Regler den Bremsdruck an diesem Rad. Dazu hält er das Einlassventil geschlossen und öffnet das Auslassventil. Daraus folgt ein vermindertes Bremsmoment an der Radbremse. Mit Hilfe der Radverzögerung lässt sich abschätzen, wie lange dieser Druckabbaupuls sein muss, damit das Rad in einer gewissen Zeit wieder beschleunigt („prädiktive Regelung"). Verhält sich das Rad nach Ablauf dieser Zeit nicht wie erwartet, kann der Regler einen weiteren Bremsdruckabbau einsteuern. In extremen Fällen wie etwa einem Reibwertsprung von Asphalt auf Eis dauert dieser Abbau so lange, bis das Rad die gewünschte Wiederbeschleunigung aufweist.

Druckaufbau (Phase 3)

Erhöht sich die Radumfangsgeschwindigkeit so weit, dass sie den Bereich des optimalen Schlupfes unterschreitet, baut der elektronische Regler wieder stufenweise Bremsdruck auf. Hierzu bleibt das Auslassventil geschlossen, während das Einlassventil mehrfach kurz geöffnet wird.
Dieser Drei-Phasen-Regelzyklus mit den Phasen Druck halten, Druck abbauen und Druck aufbauen wiederholt sich mehrmals pro Sekunde. Die Reihenfolge der drei Phasen ist variabel.

Spezielle Regelalgorithmen

Durch die kontinuierliche Auswertung der Raddrehzahlsensorsignale kann der elektronische Regler stets mit einer der Situation angepassten Regelstrategie reagieren. Die Regelung der Vorderachse erfolgt radindividuell. An den Hinterrädern kommt das „Select low"-Prinzip zum Einsatz, das heißt: Das Hinterrad mit der stärkeren Blockiertendenz bestimmt das Druckniveau für beide Hinterräder. So wird die Bremskraftausnutzung an der Hinterachse vermindert zugunsten höherer Seitenkraft und damit zu erhöhter Fahrstabilität. Besonderen Fahrbahn- und Fahrzustands-Bedingungen wird der ABS-Regler durch speziell hierfür entwickelte Algorithmen gerecht. Zu nennen sind hier etwa Eis-Fahrbahnen, seitenweise unterschiedlich griffige Fahrbahnen („μ-Split"), Kurvenfahrt, Schleudervorgänge, Einsatz von Noträdern und vieles mehr.

7.2.4.2 Elektronische Bremskraftverteilung (EBV)

Die elektronische Bremskraftverteilung ersetzt den hydraulischen Bremskraftverteiler (Kapitel 7.2.2.8) durch einen zusätzlichen Softwarealgorithmus in der ABS-Software. Dieser Algorithmus ermöglicht im Teilbremsbereich eine optimierte Bremskraftverteilung zwischen Vorder- und Hinterachse. Damit wird die Kraftschlussausnutzung an der Hinterachse optimiert bei gleichzeitigem Erhalt der Fahrstabilität [7].
Hierzu nutzt der EBV-Algorithmus die jeweilige Fahrzeugverzögerung und die Querbeschleunigung. Beide Größen werden aus den vier gemessenen Radgeschwindigkeiten errechnet. Erkennt der elektronische Regler eine Überbremsung der Hinterachse, schließt er das entsprechende Hinterrad-Einlassventil und verhindert so einen weiteren Druckaufbau. Bei weiterer Überbremsung kann durch Öffnen des Hinterrad-Auslassventils Druck abgebaut werden. Zur bestmöglichen Ausschöpfung des Kraftschlusspotenzials führt EBV den Druck der hinteren Radbremsen bei Unterbremsung wieder pulsweise an das Druckniveau im Hauptzylinder heran. Die EBV-Funktion benötigt keine zusätzlichen Bauteile, sie nutzt die beim ABS vorhandenen Komponenten. Die Integration in das ABS-Sicherheitskonzept sorgt im Gegensatz zum hydraulischen Regler für die Überwachung der Wirksamkeit der Bremskraftverteilung.

7.2.4.3 Erweitertes Stabilitäts-Bremssystem (ABSplus)

ABSplus sorgt durch gezielt unterschiedliches Einstellen von Bremskräften an beiden Fahrzeugseiten für ein korrigierendes Giermoment, so dass das Fahrzeug stabilisiert und die Lenkbarkeit verbessert wird. Diese Erweiterung des ABS-Regelalgorithmus ist als ABSplus oder CBC (Cornering Brake Control) bekannt. Allein aus den Verläufen der Raddrehzahlen erkennt dieses System die Fahrsituation – insbesondere Kurvenfahrt – ohne Gierraten- oder Querbeschleunigungssensor. ABSplus optimiert den (Brems-)Schlupf und damit die Bremskraftverteilung, zugleich bewirkt es eine Gierratenkompensation. Besonders wirkungsvoll ist ABSplus bei dynamischen Fahrmanövern wie Kurvenfahrten im Grenzbereich und Spurwechseln. Dies gilt bei Vollbremsungen (aktive ABS-Regelung) und insbesondere bei Teilbremsungen [8].

7.2.4.4 Antriebsschlupfregelung (ASR)

ASR verhindert unnötiges Durchdrehen der Antriebsräder durch einen gezielten Bremseneingriff (BASR) und/oder durch einen Eingriff in das Motormanagement (MASR).
Die Antriebsschlupfregelung basiert sowohl hardwareseitig (Hydraulik, Sensorik) als auch softwareseitig auf ABS [9]. Zum aktiven Druckaufbau ist eine Erweiterung der HCU um Trenn- und Saugventile erforderlich (**Bild 7.2-17**, **Bild 7.2-53**).

ASR-Funktionalität

Die Antriebsschlupfregelung

- sichert die Fahrstabilität heckgetriebener bzw. die Lenkbarkeit frontgetriebener Fahrzeuge
- wirkt als Sperrdifferenzial

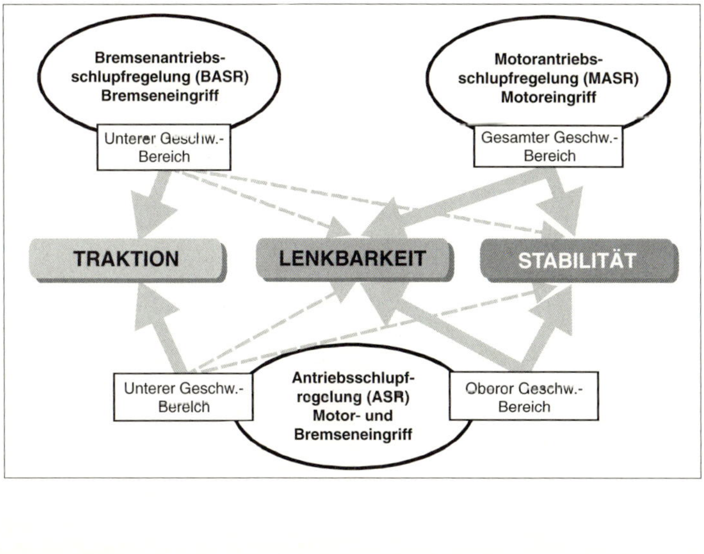

Bild 7.2-53 Konzepte der Antriebsschlupfregelung

- passt die Vortriebskräfte den Fahrbahnbedingungen an
- warnt durch eine Informationsleuchte vor Erreichen der physikalischen Stabilitätsgrenze (etwa bei Glätte) und
- verringert den Reifenverschleiß

Bremsenregelung der ASR (BASR)

Auf unterschiedlich griffiger Fahrbahn (μ-split) kann die auf der griffigen Fahrbahnseite mögliche Vortriebskraft nicht ausgenutzt werden. Die Ursache hierfür liegt im Differenzialgetriebe zwischen den Rädern der angetriebenen Achse, bei dem die Seite mit dem geringeren Kraftschlusspotenzial das Moment auf der gegenüber liegenden Seite begrenzt. Mit Hilfe der Raddrehzahlsensoren erkennt BASR das Überschreiten der Kraftschlussgrenze an einem Rad und verringert dieses Durchdrehen mittels eines entsprechenden, aktiven Bremseneingriffs. Das dadurch aufgebrachte Bremsmoment wirkt als zusätzliche Abstützung auf das Differenzial und steht somit am gegenüber liegenden Rad als Antriebsmoment zur Verfügung.

Bremsen-ASR regelt im wesentlichen den Anfahrbereich. Um eine thermische Überlastung der Bremse zu vermeiden, wird durch den elektronischen Regler über ein Temperaturmodell die Bremseneingriffsdauer begrenzt.

Motorregelung der ASR (MASR)

Zur Entlastung der Bremsen reduziert ASR bei niedrigen Geschwindigkeiten zusätzlich zur Bremsenregelung das Motordrehmoment so weit, dass auch ohne beidseitigen Bremseneingriff an den Antriebsrädern die bestmögliche Haftwertausnutzung für den Vortrieb erreicht wird. Im oberen Geschwindigkeitsbereich, ab etwa 40 km/h, kommt es kaum noch zu Bremseneingriffen, da die Motorregelung frühzeitig das Antriebsmoment reduziert, um die Fahrstabilität zu erhöhen.

Motor-Schleppmomenten-Regelung (MSR)

Hohes Motorschleppmoment, zum Beispiel bei Gaswegnahme oder Herunterschalten, erzeugt Bremsmomente an den angetriebenen Rädern, ohne dass die Bremse betätigt wird. Insbesondere bei niedrigen Reibwerten wird dadurch deutlicher Schlupf an den Antriebsrädern hervorgerufen. Vor allem bei heckangetriebenen Fahrzeugen kann es dadurch zu instabilem Fahrverhalten kommen. Die MSR reduziert durch dosiertes, aktives „Gasgeben" den durch das Motorschleppmoment generierten Schlupf. Der Eingriff ins Motormanagement erfolgt in aller Regel über CAN-Bus.

7.2.4.5 Elektronisches Stabilitätsprogramm (ESP/DSC/VSC)

Das elektronische Stabilitätsprogramm **(Bild 7.2-54)** kombiniert die Funktionen der Radschlupfregelungen (ABS, EBV, ASR) mit der Giermomentenregelung (GMR). Die Giermomentenregelung ist eine elektronische Regelung zur Verbesserung des querdynamischen Fahrverhaltens. Unabhängig von einer Pedalbetätigung

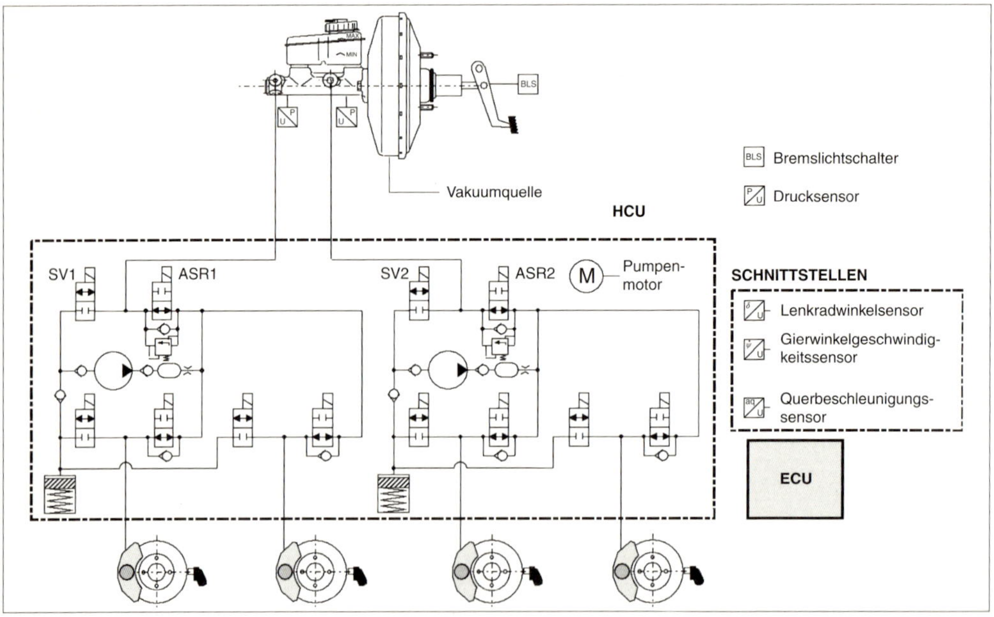

Bild 7.2-54 Elektronisches Stabilitätsprogramm, Systemschaltbild: SV1/SV2 Saugventile, ASR1/ASR2 Trennventile

stabilisiert sie das quer- und längsdynamische Fahrverhalten durch Bremsen- und Motoreingriff [7, 10].

Mit Hilfe von Echtzeitsimulationsmodellen errechnet das elektronische Stabilitätsprogramm aus Raddrehzahlen, Lenkradwinkel und Hauptzylinderdruck das gewünschte Fahrverhalten. Das tatsächliche Fahrverhalten erfasst das elektronische Stabilitätsprogramm mit Hilfe der Gierrate und der Querbeschleunigung.

Vor allem bei sehr schnellen Lenkbewegungen kann ein Fahrzeug den Lenkradeinschlag nicht mehr in die erwartete Richtungsänderung umsetzen. Es kommt entweder zum Untersteuern oder zum Übersteuern, im Extremfall bis zum „Schleudern". Die Abweichung zwischen Fahrer-Wunsch (Richtung, Geschwindigkeit) und Fahrzeug-Verhalten (Gierrate, Querbeschleunigung) wird ermittelt und durch die Giermomentenregelung mittels Bremseneingriff (an bis zu drei Rädern gleichzeitig) ausgeregelt.

Untersteuern korrigiert GMR primär durch Einbremsen des kurveninneren Hinterrades, Übersteuern durch Einbremsen des kurvenäußeren Vorderrades. Dieses selektive, aktive Bremsen baut einseitig wirkende Längskräfte und dadurch das gewünschte Giermoment auf. Eine unterstützende Wirkung entsteht durch die gezielte Reduzierung von Seitenführungskräften infolge der über Bremsmomente aufgebauten Längskräfte. Zu hohes Antriebsmoment reduziert das elektronisches Stabilitätsprogramm – wenn erforderlich – durch Eingriff ins Motormanagement.

Die erweiterte ABS/ASR-Hydraulik mit dem integrierten elektronischen Regler ist Kernstück des elektronischen Stabilitätsprogramms. Diese Hydraulik ermöglicht den radindividuellen, aktiven Aufbau von Bremsdruck unabhängig von einer Betätigung des Bremspedals.

Bei extremer Kälte ist wegen veränderter Bremsflüssigkeitsviskosität das Ansaugverhalten der ABS-Pumpe allein nicht ausreichend. Über verschiedene Vorladeeinrichtungen kann in solchen Situationen die notwendige Fördermenge der Pumpe erreicht werden. Ein extern ansteuerbarer Bremskraftverstärker (aktiver Booster) kann die bei extremer Kälte benötigte Vorladung für die Hydraulikpumpe sicherstellen. Eine weitere Lösungsmöglichkeit ist eine elektrische Vorladepumpe, die Bremsflüssigkeit aus dem Ausgleichs-Behälter ansaugt und am THz-Ausgang einspeist. Durch eine Blende bildet sich ein Staudruck, der als Vorladedruck vor der ESP-Hydraulikpumpe anliegt und somit die erforderliche Fördermenge sicherstellt.

7.2.4.6 Bremsassistent (MBA, EBA, HBA)

Der Bremsassistent ist ein System zur Fahrerunterstützung bei Gefahr- resp. Notbremsungen. Der BA greift automatisch in den Bremsablauf ein, sobald er eine Notbremssituation erkennt, auf die der Fahrer nicht ausreichend reagiert. Diese Situation wird erkannt, indem die Betätigungs-Charakteristik des Bremspedals – bei elektronischen Systemen in Kombination mit der Fahrzeuggeschwindigkeit – bewertet wird. Der Einsatz des Bremsassistent-Systems verkürzt in einem derartigen Fall den Bremsweg, indem schnellstmöglich die volle Bremskraft aufgebaut wird (siehe durchgezogene Verzögerungslinie in **Bild 7.2-55**).

Die Bremsassistent-Funktion wird derzeit durch die nachfolgend beschriebenen Systeme realisiert [11].

Mechanischer Bremsassistent

Für den mechanischen Bremsassistenten MBA (Kapitel 7.2.2.2 und **Bild 7.2-9**) findet als Vollbremshilfe in Notsituationen ein besonderer Bremskraftverstärker Verwendung. Bei diesem wird die Massenträgheit von Komponenten des Bremskraftverstärkers ausgenutzt, die bei schneller Betätigung dazu führt, dass das Tellerventil einen bestimmten Öffnungshub

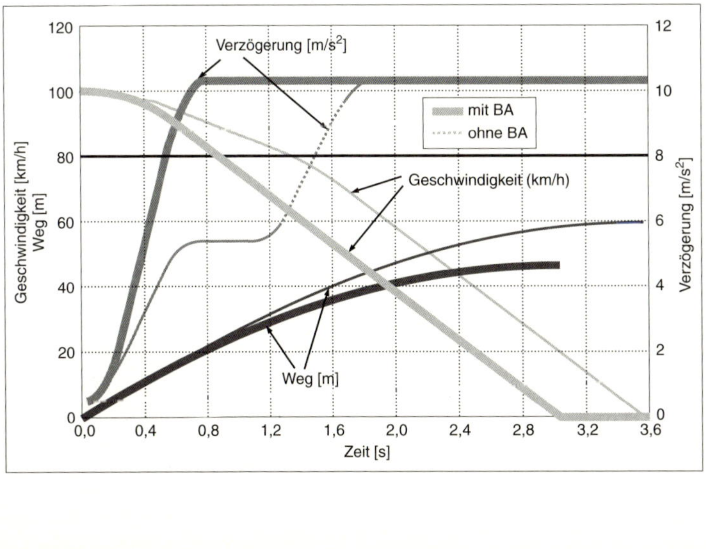

Bild 7.2-55 Geschwindigkeit und Bremsweg über der Zeit mit und ohne Bremsassistent

überschreitet. Mit Überschreiten dieses Öffnungshubs erfolgt eine Arretierung dieses Ventils. Im Unterschied zum elektrischen BA (s.u.) kann der Bremsdruck auch während der BA-Funktion über die Pedalstellung moduliert werden. Der Mechanismus ist vollständig integriert, die Charakteristk des Vakuum-Bremskraftverstärkers bleiben erhalten.

Elektronischer Bremsassistent

Die Notsituation wird mit Hilfe eines Wegsensors über die Betätigungsgeschwindigkeit erkannt. Die Verstärkung der Fahrerfußkraft wird über einen Magnetantrieb im Bremskraftverstärker (siehe Kap. 7.2.2) ausgelöst. Für viele Funktionserweiterungen moderner Bremssysteme werden elektrisch ansteuerbare, so genannte „aktive Booster" eingesetzt (**Bild 7.2-8**):

- in ESP-Systemen (Kapitel 7.2.4.5) als Vorladung der Pumpe zur Gewährleistung einer hohen Druckaufbaudynamik, insbesondere bei tiefen Temperaturen
- als Vollbremshilfe in Notsituationen
- beim Adaptive Cruise Control (ACC) (s. Kap. 7.2.4.8) zum Einregeln einer von einer Bremspedalbetätigung unabhängigen und komfortablen Teilbremsung

Aktive Bremskraftverstärker weisen einen im Steuergehäuse integrierten Magnetantrieb auf. Mittels einer Schiebehülse ist es möglich, mit dem elektrisch betätigten Magnetantrieb das Tellerventil zu betätigen. Dies geschieht so, dass zunächst die Verbindung zwischen Vakuumkammer und Arbeitskammer geschlossen wird; mit einer weiteren Strombeaufschlagung wird die Verbindung der Arbeitskammer zur Außenluft geöffnet und der Bremskraftverstärker betätigt.

Hydraulischer Bremsassistent

Die Fähigkeit der ESP-Hydraulik, unabhängig von der Brems-Pedalbetätigung Druck in den Radbremsen aufzubauen, wird für eine weitere Zusatzfunktion genutzt, den „hydraulischen Bremsassistent" (HBA). Der HBA nutzt auch die vorhandene Sensorik. Drucksensorsignale dienen dem elektronischen Regler zur Erkennung einer Vollbremsung in Notsituationen. Wird ein eingestellter kritischer Druckgradient überschritten, schließt der elektronischer Regler die ASR-Trennventile (**Bild 7.2-54**), öffnet die elektrischen Ansaugventile und aktiviert die Pumpe. Die Pumpe steigert den über das Pedal eingebrachten Druck nun auf Rad-Blockierdruckniveau. Im Gegensatz zum mechanischen Bremsassistent wird der Radbremsdruck vom elektronischen Regler analog zum THz-Druck (Fahrerwunsch) moduliert. Beim Unterschreiten eines Mindestdrucks schaltet sich die HBA-Funktion wieder ab.

7.2.4.7 Bremskraftverstärkerunterstützung

Die Hilfskraftunterstützung ist durch das zur Verfügung stehende Vakuum, sowie durch die bauliche Ausführung des Bremskraftverstärkers begrenzt. Diese Grenze wird als Aussteuerpunkt bezeichnet, welcher mit zusätzlicher Sensorik erkannt werden kann. Diese Erkennung wird für nachfolgend beschriebene Funktionen genutzt.

Die Bremskraftverstärkerunterstützungsfunktion besteht darin, dass der hydraulische Druck in den Radbremsen über den Druck im THz hinaus erhöht werden kann. Hierzu wird die Verbindung zwischen THz und Hydraulikeinheit über Magnetventile getrennt, die Pumpe angesteuert und der Druck in den Radbremskreisen moduliert. Hiermit können Unterstützungsfunktionen für folgende Betriebszustände dargestellt werden (**Bild 7.2-56**):

- **Bremsenfading:** Durch die hydraulische Unterstützung wird die Verstärkung über den Aussteuerpunkt des Vakuum Bremskraftverstärkers hinaus aufrecht erhalten
- **Hydraulischer Bremsassistent**
- **Reduziertes Vakuum** in der Kaltstartphase des Verbrennungsmotors
- **Verstärkerausfall:** Durch Druckaufbau mit Hilfe der ABS/ESP-Einheit wird der Ausfall des Bremskraftverstärkers kompensiert

7.2.4.8 Active Rollover Protection (ARP)

Fahrzeuge mit kritischem Wankverhalten (z.B. hoher Schwerpunkt, „weiches" Fahrwerk) neigen unter Extrembedingungen zum Umkippen. ARP als Softwareerweiterung des ESP-Systems wirkt der Kipptendenz bei hoher Querbeschleunigung durch aktiven Bremseneingriff entgegen [12].

Mithilfe einer fahrzeugspezifischen Modellbildung sowie zusätzlicher Erkennungsmöglichkeiten (z.B. Wank-Sensorik) und geeigneter Algorithmen wird bei Kippgefahr das kurvenäußere Vorderrad überbremst, das Fahrzeug untersteuert. Durch die Reduzierung der Querkraft wird die Kippneigung reduziert.

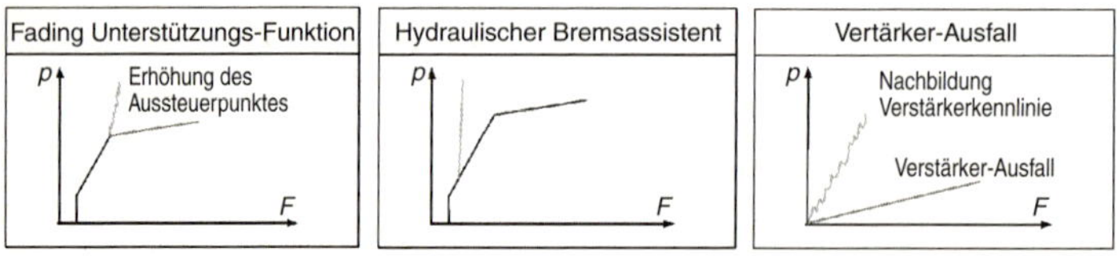

Bild 7.2-56 Funktionalitäten der Bremskraftverstärkerunterstützung (F = Fußkraft)

7.2.4.9 Adaptive Cruise Control (ACC)

Abstandsregelsystem Adaptive Cruise Control ACC (auch „intelligenter Tempomat" genannt) passt die Geschwindigkeit des eigenen Fahrzeuges automatisch an den Verkehrsfluss an und hält einen zeitlich vorgegebenen Abstand zum vorausfahrenden Fahrzeug. Dies wird erreicht durch selbsttätige Änderung des Motormoments oder Bremsen. Als Komfortsystem nutzt ACC nicht das volle Potenzial beim Beschleunigen und Bremsen. Für die Erfassung des Fahrzeugumfeldes sind Radar und Infrarot Sensoren **(Bild 7.2-44)** heute im Markt verfügbar (siehe Kapitel 7.2.3.7 und Kapitel 8.5.5).

7.2.4.10 Fremdkraftbetätigte Parkbremse (Elektrische Parkbremse)

Im Hinblick auf die stetige Erhöhung der aktiven Sicherheit sowie die Verbesserung der Bediensicherheit und des Komforts wird die mechanische Handbremse zunehmend durch ein elektromechanisches System ersetzt. Die Grundfunktion der EPB ist das Betätigen bzw. das Lösen der Parkbremse bei Stillstand des Fahrzeuges. Auf Tastendruck erfolgt ein zeitlich und bezüglich der Maximalkraft definiertes Zuspannen und Lösen der Feststellbremse. Der freiwerdende Einbauraum im Innenraum wird für anderweitige Funktionen nutzbar.
Bei der elektrischen Parkbremse wird der Handbremshebel der mechanische Feststellbremse durch einen Schalter im Armaturenbereich ersetzt. Dieser steuert über ein elektronisches Steuergerät:

- elektromechanische Radbremsaktoren innerhalb der Radbremse
- Zentralaktor der die Hinterradbremse (Duo-Servo oder Kombisattel) über einen Bowdenzug betätigt

Mechanische Selbsthemmung in den Aktoren sichert die Feststellbremsfunktion auch nach Ausschalten der Zündung. Über den elektronischen Regler werden folgende Funktionen ermöglicht **(Bild 7.2-57)**:

- Steuerung der Zuspannkräfte
- Belagverschleißerkennung
- Alarmfunktion bei nicht betätigter Feststellbremse vor Verlassen des Fahrzeuges
- Ansteuerung der Warn- und Kontroll-Leuchte im Armaturenbrett
- Sicherheitslogik
- Diagnose-Funktionen

Neben der Zündschloss-Stellung erfasst der elektronische Regler über einen Wipptaster den Wunsch zu Parken, sowie über eine Schnittstelle zum übergeordneten ABS/ESP-Regler den Fahrzustand.
Das Einbringen einer Antiblockierfunktion bei einer Betätigung der EPB während der Fahrt bedeutet eine Integration einer Betriebsbremsfunktion in die Feststellbremsfunktion und geht damit in die Richtung der übergeordneten Funktionalitäten einer aktiven Parkbremse (APB). Das Funktionsspektrum reicht ausgehend von der einfachen Feststellung oder Wegrollsperre (bei Automatikgetriebe) über eine dosierte Anfahrhilfe am Berg (sogenannte Hill Holder-Funktion) bis zur Diebstahlssperre und zur Einparkunterstützung in Verbindung mit Abstandssensorik.

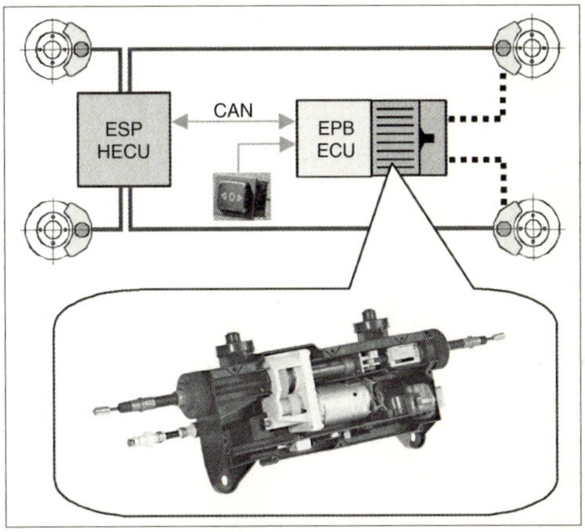

Bild 7.2-57 Systemlayout der elektrischen Parkbremse

7.2.5 Neue und zukünftige Systemarchitekturen

7.2.5.1 Elektrohydraulisches Bremssystem (EHB)

Die elektrohydraulische Bremse ist ein Fremdkraftbremssystem [13]. Die wesentlichen Merkmale sind: geringe Baugröße, zeitoptimiertes Ansprechverhalten des Bremssystems und modellierbare Bremspedal-Charakteristik. Die EHB ist sowohl bei Normalbremsung als auch in der Radschlupfregelung ein von der Betätigung (Bremspedal) entkoppeltes und dadurch rückwirkungsfreies Bremssystem. Es besteht aus den Baugruppen **(Bild 7.2-58)**:

- Bremspedalgefühl-Simulator (elektronisches Bremspedal mit applizierbarem Bremsgefühlgeber)
- hydraulisch/elektronische Regeleinheit (HECU = hydraulic electronic control unit) **(Bild 7.2-59)**
- vier hydraulischen Radbremsen

Aus dem gemessenen Pedalwegsignal und dem im Simulator aufgebauten Druck wird die gewünschte Verzögerung abgeleitet. Der mit Magnetventil absperrbare Simulator nimmt einen Teil des Hauptzylindervolumens auf, um gemeinsam mit einem Federpaket die Bremspedalcharakteristik darzustellen **(Bild 7.2-60)**. Weg- und Drucksignale werden über Kabel („by-wire") an den elektronischen Regler geleitet und mit weiteren, den Fahrzustand und Fremdbremseingriffe beschreibenden Sensorsignalen (z.B.: Raddrehzahlen, Lenkwinkel, Gierrate, Querbe-

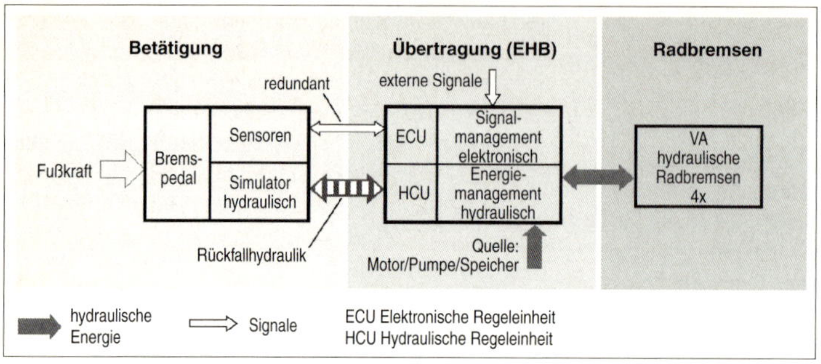

Bild 7.2-58 Elektrohydraulisches Bremssystem

Bild 7.2-59 EHB-Elektro-Hydraulische Regeleinheit

schleunigung) verarbeitet. Der elektronische Regler errechnet daraus die Vorgaben für – hinsichtlich Bremsverhalten und Fahrstabilität optimale – radindividuelle Bremsdrücke.

Versorgt aus einem Druckspeicher wird mit Hilfe der hydraulischen Regeleinheit die Bremsenergie entsprechend dieser Vorgabe erzeugt. Die Vorladung des Druckspeichers erfolgt durch eine integrierte Motor-Pumpen-Einheit.

Beim Bremsen wird die hydraulische Verbindung zwischen THz und hydraulischer Regeleinheit unterbrochen. Der Bremsdruck im Rad wird aus der vorgeladenen Speichereinheit über Regelventile eingestellt.

Neben den bereits genannten Vorteilen ist das System geräuscharm, zeigt ein besseres Crashverhalten und ermöglicht eine verbesserte Pedalergonomie.

Vorteile für den Fahrzeughersteller sind:

- Höhere Bremsdynamik (Druckspeichersystem)
- Verbessertes Packaging und vereinfachte Montage durch Wegfall des Vakuumbremskraftverstärkers im Spritzwandbereich
- Verwendung einheitlicher Baugruppen für unterschiedliche Fahrzeugvarianten
- Einfache Realisierung von Fremdbremseingriffen über externe Signale
- Vakuumunabhängig, daher optimale Eignung für saugverlustoptimierte Verbrennungsmotoren
- Einfache Vernetzbarkeit mit zukünftigen Verkehrsleitsystemen

Der Aufbau der Regeleinheit ermöglicht die Integration aller heutigen Bremseingriffs- und Radschlupf-Regelfunktionen (z.B. ABS, EBV, ASR, ESP, BA, ACC, . . .) ohne weiteren Hardware-Aufwand (ABS: Anti Blockier System, EBV: Elektronische Bremskraftverteilung, ASR: Antriebs-Schlupf-Regelung, ESP: Elektronisches-Stabilitäts-Programm, BA: Bremsassistent, ACC: Abstands-Regel-Tempomat).

Bei Störungen des Systems stehen zwei Rückfallebenen zur Verfügung:

Erste Ebene: Bei einem Ausfall des Hochdruck-Speichers bleibt die „brake-by-wire“ Funktion wei-

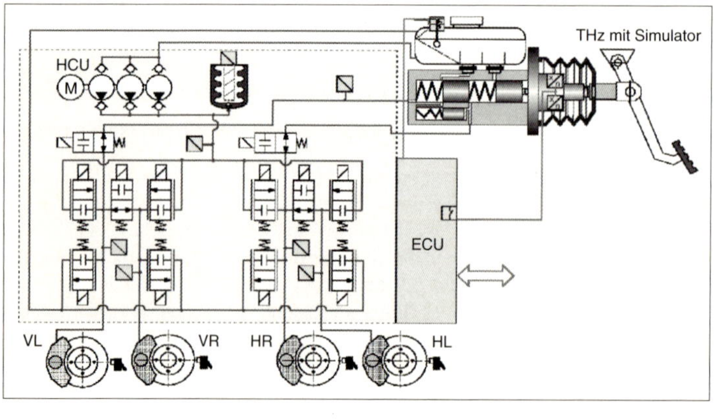

Bild 7.2-60 Schaltbild EHB mit schematischer Darstellung der Systemkomponenten

terhin erhalten, die Bremsen werden jedoch ausschließlich von der Pumpe versorgt.

Zweite Ebene: Bei einer Störung der „brake-by-wire Funktion (z.B. wegen eines Ausfalls der elektrischen Energieversorgung) bleiben die hydraulischen Verbindungen des Hauptzylinders zu den beiden Radbremskreisen erhalten und es wird ohne Verstärkung proportional zur aufgebrachten Fußkraft in alle vier Radbremsen eingebremst. Die Simulatorfunktion ist dabei abgeschaltet.

Die gesetzlich geforderte hydraulische Zweikreisigkeit des Bremssystems bleibt trotz Teilausfall erhalten.

7.2.5.2 Regeneratives Bremsen

Die Bremsenergierückgewinnung (Rekuperation) bietet noch Potenzial im Hinblick auf verbrauchsoptimiertes Fahren (siehe Einsatz in Hybridfahrzeugen, Kap. 4.3.3). Ziel der Rekuperation ist es, die Bewegungsenergie des Fahrzeuges nicht ausschließlich – wie beim hydraulischen Bremssystem – in thermische Energie umzusetzen und an die Umgebung abzugeben. Vielmehr soll eine Energieform erzeugt werden, die sich speichern lässt und direkt oder indirekt wieder als Antriebsenergie nutzbar wird. Im Antriebsstrang integriert bietet ein Kurbelwellen- oder Getriebe-Starter-Generator (siehe auch Kap. 5.7) die Möglichkeit zur Unterstützung der Bremsfunktion, **Bild 7.2-61**.

Kurbelwellen-Starter-Generator Systeme

Das System (z.B. Integrated Starter Alternator Damper, ISAD) kombiniert in einer leistungsfähigen elektrischen Maschine die Generator- und Anlasserfunktion. Abhängig vom Batterie-Ladezustand wird das im Generatorbetrieb erzeugte Bremsmoment als elektrische Energie der Batterie zugeführt. Reicht das Generatormoment nicht aus, um die vom Fahrer gewünschte und über das Bremspedal eingesteuerte Abbremsung zu erreichen, wird der fehlende Anteil über die hydraulische Reibungsbremse ergänzt. Je größer das bereitgestellte Bremsmoment des Generators ist, desto geringer ist der Anteil der Reibungsbremse. Für die situationsgerechte Verteilung der Bremsenergie auf Generator und Reibungsbremse sorgt eine Elektronik. Beim Beschleunigen ist das ISAD-System darüber hinaus in der Lage über einen von der Batterie-Ladung begrenzten Zeitraum die Antriebsleistung des Verbrennungsmotors mit einem zusätzlichen Antriebsmoment zu unterstützen.

Damit bietet das regenerative Bremssystem wertvolles Potenzial zur Erfüllung der Selbstverpflichtung der europäischen Automobilindustrie zur Senkung der CO_2-Emmissionen (Ziel für das Jahr 2008: < 140 g CO_2/km).

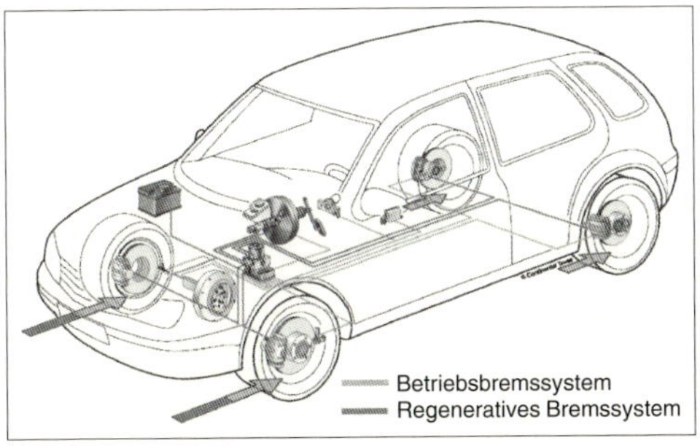

Bild 7.2-61 Regeneratives Bremssystem im Fahrzeug

7.2.5.3 Elektro-Hydraulische Combi Bremse (EHC)

Als EHC wird ein System bezeichnet, bei dem die Zugspannkräfte für die Reibungsbremse an der Vorderachse hydraulisch und an der Hinterachse elektromechanisch erzeugt werden [14], **Bild 7.2-62**.

Dabei ermöglicht die elektromechanische Hinterachsbremse die Betriebs-Brems- und die Feststell-Brems-Funktion in einem kompakten Bauteil. Eine integrierte Arretiervorrichtung sichert die Feststell-Brems-Funktion auch bei ausgeschalteter Zündung. Je nach Bremskreisaufteilung (Kapitel 7.2.1.2) wird die Vorderachse über einen Hauptzylinder oder Tandem-Hauptzylinder mit Bremsdruck versorgt. Die Bremskraft der Hinterräder wird abhängig von Brems-Pedal-Weg und/oder -Kraft elektronisch geregelt, **Bild 7.2-63**. Das System bietet folgende Vorteile:

- Kleiner dimensionierte Betätigung (Bremskraftverstärker + Tandemhauptzylinder)
- Größen- und Komponenten-reduzierte elektronisch/hydraulische Regeleinheit

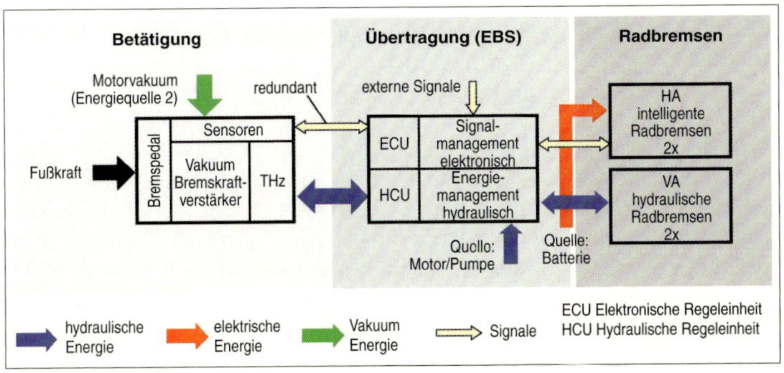

Bild 7.2-62 Elektro-Hydraulische Combi Bremse

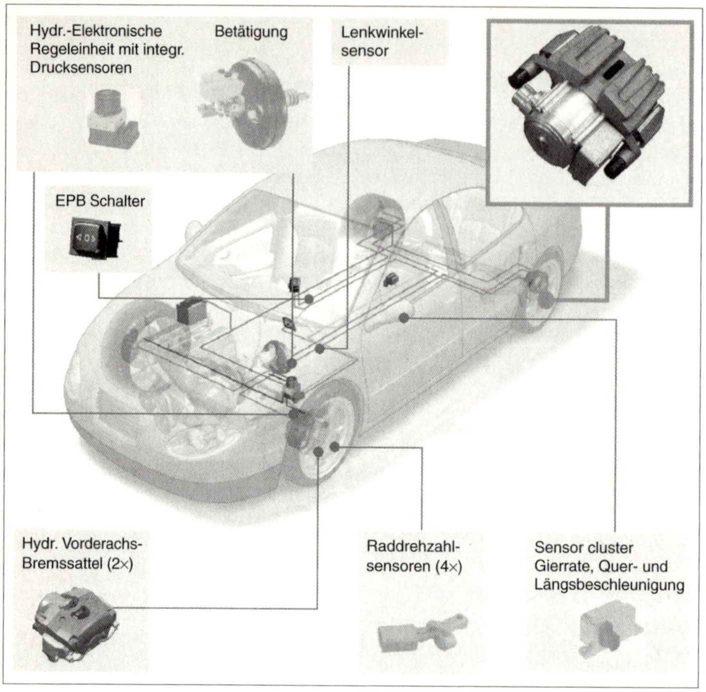

Bild 7.2-63 Elektro-Hydraulische Combi Bremse

- Reduzierter Erstmontage- und Wartungsaufwand
- Kein Hinterachs-Restbremsmoment
- Minimierte ABS-Pedalrückmeldung
- Niedriges Geräuschniveau
- Nutzung von vorhandener, nicht-redundanter 12V-Bordnetzstruktur

Funktionen wie elektronische Bremskraftverteilung, Berg-Anfahr-Hilfe (Hill Holder) und elektrische Parkbremse sind durch Integration in die Software realisierbar.

7.2.5.4 Vernetztes Chassis

In heutigen Fahrzeugen wirkt der Fahrer mit seinen Bedienelementen Lenkrad, Gaspedal und Bremspedal direkt auf die jeweiligen Systeme Lenkung, Antrieb und Bremse [15], **Bild 7.2-64**. Eine bedarfsgerechte, den Fahrerwunsch interpretierende Kombinationsregelung existiert bisher nur in Ansätzen, wie z.B. bei dem aus dem Bremsstabilitätssystem ESP initiierten Motoreingriff während der Traktions- bzw. Gierratenregelung.

Mit der Evolution der Einzelsysteme in Richtung computergesteuerter Fremdkraftsysteme ergeben sich neue Ansätze bei der Chassissystementwicklung. Dies gilt einerseits vor dem Hintergrund zusätzliche, über die Einzelsystemfunktionen hinausgehende Gesamtsystemfunktionen zu erschließen, anderseits aber auch vor dem Hintergrund ungewollte gegenseitige Beeinflussung der auf die gleichen Fahrzustandsgrößen wirkenden Regelkreise auszuschließen. Als Beispiel sei hier das Gierverhalten genannt, das von allen drei Chassissystemen, Lenkung, Bremse und Fahrwerk sowie darüber hinaus auch vom Antrieb (speziell bei regelbaren Zwischengetrieben) beeinflusst werden kann. Die weitere Optimierung des Chassis mit fremdeingriffsfähigen Systemen bedingt folglich eine gesamtheitliche Betrachtung der Wirkkette.

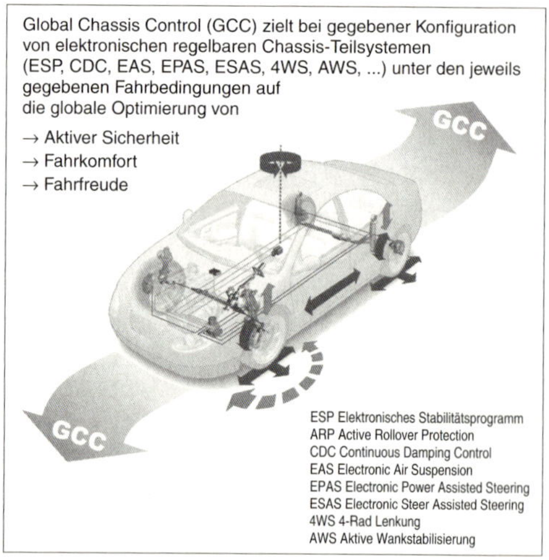

Bild 7.2-64 Beispiel für ein vernetztes Chassis System: Global Chassis Control GCC von Continental Teves

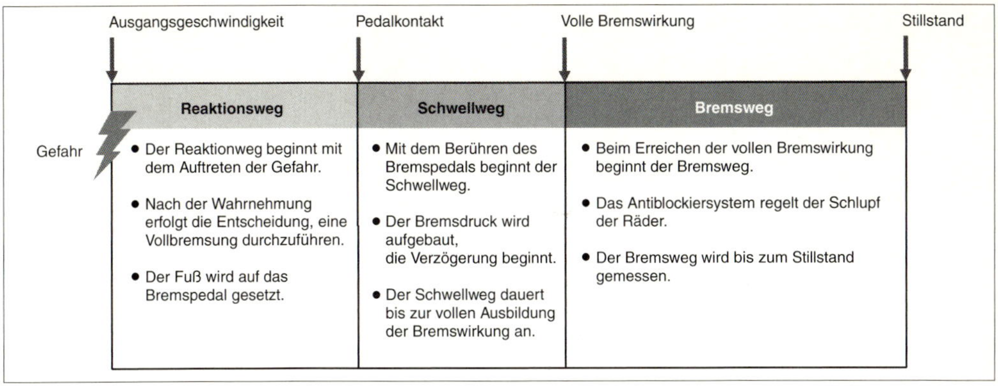

Bild 7.2-65 Phasen des Anhalteweges

Bei der Entwicklung von Global Chassis Control ist zu beachten, dass eine hohe Abhängigkeit zwischen Funktionalität, Softwarearchitektur und E/E-Architektur besteht. Dabei steht insbesondere eine klare Funktions- und Gerätehierarchie mit definierten, einheitlichen Schnittstellen im Vordergrund. Global Chassis Control erreicht ohne entsprechende Struktur sonst schnell einen Komplexitätsgrad, der einen nicht vertretbaren Entwicklungs- und Applikationsaufwand nach sich zieht. Folgende Szenarien zeigen exemplarisch die Vorteile eines solchen Vernetzungsansatzes.

Gesamtbetrachtung Anhalteweg

Der Anhalteweg eines Fahrzeugs bei einer Notbremsung setzt sich zusammen aus dem Reaktionsweg, den das Fahrzeug ungebremst während der Zeit zurücklegt, die der Fahrer zum Reagieren benötigt, dem Schwellweg, der in der Übergangsphase vom Zeitpunkt der Pedalberührung bis zur vollen Ausbildung der Bremsung zurückgelegt wird und dem sich daran anschließenden Bremsweg bis zum Stillstand, **Bild 7.2-65**.

Signifikante Anhaltewegverkürzungen kann man nur erreichen, wenn die beteiligten Komponenten und Prozesse in einem ganzheitlichen Ansatz gemeinsam optimiert werden [16]. Durch den sinnvollen Zusammenschluss der technischen Möglichkeiten und des Know-Hows auf der Reifen- (siehe Kap. 7.3), Bremsen- und Fahrwerkseite (Kap. 7.4) konnte sowohl der Reaktions- als auch der Bremsweg in einer Notbremssituation in der Größenordnung von 10–15% gegenüber dem heutigen Stand reduziert werden.

Erweitertes Elektronisches Stabilitätsprogramm ESP II

Aufbauend auf das heutige Fahrdynamikregelsystem ESP lässt sich am Beispiel einer Notbremsung auf Fahrbahnen mit unterschiedlichen Reibwerten (μ-Split) der Vorteil der Vernetzung von Bremssystem und Lenkung eindrucksvoll darstellen.

Steht im vernetzten System zusätzlich die aktive Lenkung zur Verfügung **(Bild 7.2-66)**, kann das von den unterschiedlichen Bremskräften herrührende Giermoment durch ein computergesteuertes Gegenlenken kompensiert werden. Der Fahrer kann das Lenkrad weitgehend gerade halten (Geradeausbremsung). Die Lenkradstellung entspricht also dem gewünschten Fahrzeugkurs. Die schnelle Giermomentenkompensation durch die Lenkung lässt gleichzeitig einen nahezu unverzögerten Bremsdruckaufbau an den Rädern und eine modifizierte Hinterachs-Bremsdruckregelung zu. Der Bremsweg auf μ-Split reduziert sich dadurch erheblich.

7.2.5.5 Elektromechanisches Bremssystem (EMB)

Die elektromechanische Bremse auch „trockenes brake-by-wire" genannt arbeitet ohne Bremsflüssigkeit. Das System besteht aus einer Bremsbetätigung mit integrierter Steuerelektronik und vier elektromechanischen Radbremsmodulen. Die Übertragung von Bremssignalen und Bremsenergie erfolgt rein elektrisch/elektronisch, **Bild 7.2-67**. Wie bei der EHB (Elektro-Hydraulische Bremse) ist die Betätigung rückwirkungsfrei durch die Entkopplung des Pedals (Sollwertvorgabe) von den Bremsen. Zur Sicherstellung der Zweikreisigkeit wird ein redundantes Signal- und Energienetz benötigt. Wegen der für die Vorderachsbremsung benötigten höheren Leistung, ist eine 12V-Architektur nicht mehr ausreichend. Die oben genannten Anforderungen bedingen neue E/E-Architekturen (Kapitel 8.1 Zukünftige Bordnetze) [22].

Die Betätigung besteht aus einem elektronischen Bremspedal, welches als Bestandteil eines verstellbaren Pedalmoduls ausgeführt werden kann, das neben dem Brems- auch das Gaspedal und die zentrale Elektronik enthält. Das elektronische Bremspedal setzt sich zusammen aus dem Pedalgefühlsimulator und Sensoren zur Fahrerwunscherfassung. Die Pe-

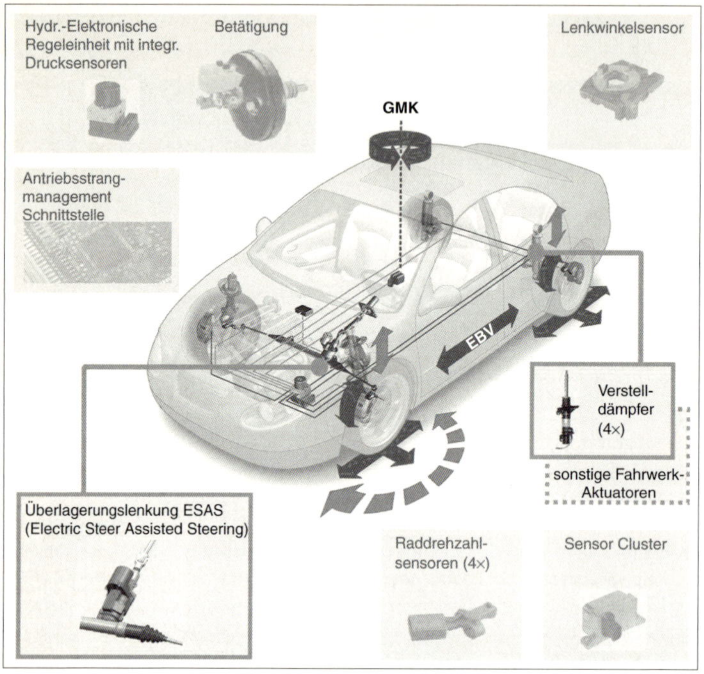

Bild 7.2-66 ESP II – ESP kombiniert mit aktivem Lenk- und optionalem Fahrwerkseingriff

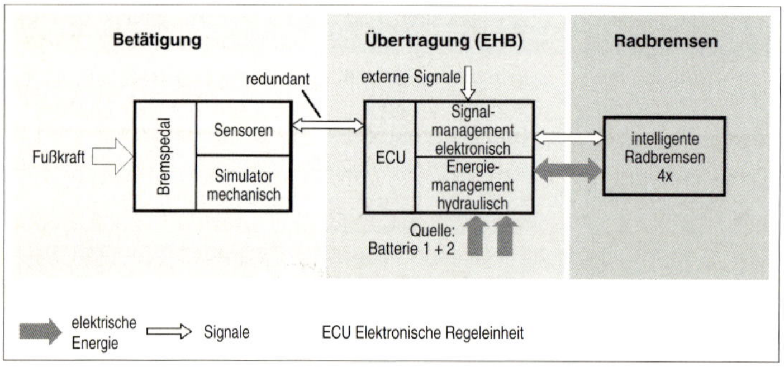

Bild 7.2-67 Elektromechanisches Bremssystem

dalweg- bzw. Pedalkraft-Signale werden von der zentralen Elektronik mit weiteren, den Fahrzustand und Fremdbremseingriffe beschreibenden externen Signalen (z.B.: Raddrehzahlen, Gierrate, Querbeschleunigung) verarbeitet und in hinsichtlich Bremsverhalten und Fahrstabilität optimale radindividuelle Bremsenzuspannkräfte umgerechnet. Die entsprechenden elektrischen Informationen werden über ein redundantes Bussystem (by wire) an die Radbremsmodule übertragen. Jedes der elektromechanischen Radbremsmodule besteht aus einer Radbremsen-ECU und einem elektromechanischen Aktuator (Motor-Getriebeeinheit, **Bild 7.2-68**).

Wie bei der EHC wird die Brems-Funktion durch eine integrierte Arretiervorrichtung sichergestellt. Die Ansteuerung erfolgt über einen Taster und eine rein elektrische Signalankopplung.

Bei Radschlupf-Regelungsvorgängen (z.B. durch ABS, ASR, ESP) ist die Bremsmomenten-Modulation dem vom Fahrer eingesteuerten Bremsenwunsch übergeordnet.

Das System hat gegenüber hydraulischen Bremssystemen folgende Vorteile:

- Höhere Bremsdynamik
- Optimales Brems- und Stabilitätsverhalten
- Einstellbare Bremspedalcharakteristik
- Keine Betriebsgeräusche
- Verbesserte Ergonomie durch verstellbares Pedalmodul
- Verbesserte Umweltverträglichkeit und Verringerung der Brandgefahr bei Unfällen durch Entfall der brennbaren Bremsflüssigkeit
- Keine Restbremsmomente
- Besseres Crashverhalten

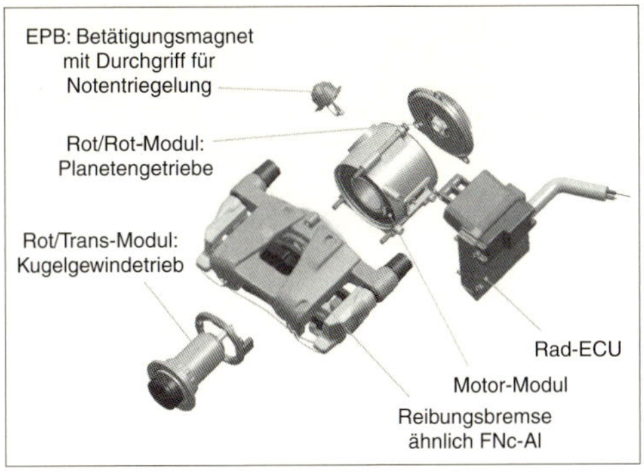

Bild 7.2-68 Schnittbild der EMB (hier Hinterachsbremse)

Vorteile für den Fahrzeughersteller sind:

- Geringster Packaging- und Montageaufwand („plug & play“ anstelle „fill and bleed“)
- Geringe Anzahl an Komponenten
- Vakuumunabhängig, daher optimale Eignung für saugverlustoptimierte Verbrennungsmotoren
- Darstellbarkeit der Schnittstelle zu Assistenzsystemen (z.B. ACC stop & go, Einparkhilfe usw.) mit geringem Aufwand
- Einfache Vernetzbarkeit mit zukünftigen Verkehrsleitsystemen

7.2.5.6 Ausblick

Der Einsatz einer konventionellen Elektromechanischen Bremse (EMB) auf der Vorder- und Hinterachse ist wegen der hohen elektrischen Leistungsanforderung nur bedingt möglich.

Über eine Erhöhung der inneren Übersetzung der Bremse lassen sich Vorderachsaktoren auch im derzeitigen Bordnetz darstellen. Greift man auf Standard-Reibpaarungen zwischen Belag und Bremsscheibe zurück, lässt sich dies über eine Erhöhung der Anzahl der Reibflächen erreichen. Ein Ansatz ist die Maximum Torque Brake (MTB) von Delphi, die aus zwei schwimmend gelagerten Bremsscheiben und drei Belägen, die von einem Sattel betätigt werden, aufgebaut ist.

Während die Verdoppelung der Reibflächen in erster Näherung doppelt so gut ist wie die herkömmliche Scheibenbremse, bietet die Selbstverstärkung eine reibwertabhängige Verbesserung, die im Einzelfall theoretisch unendlich hoch werden kann. Die in der Entwicklung befindliche sog. Elektronische Keilbremse (EWB) von Siemens VDO Automotive nutzt diese Selbstverstärkung, um die erforderliche elektromechanische Betätigungsenergie zu reduzieren. Der Wunsch, die kinetische Fahrzeugenergie zu nutzen und mit der Teilbelagscheibenbremse zu kombinieren, um einen Vorteil der Trommel- mit den Vorteilen der Scheibenbremse zu kombinieren, ist nicht neu. Viele Patente aus den fünfziger und sechziger Jahren beschäftigen sich mit diesem Thema. Mit den heutigen Möglichkeiten der Mechatronik werden Anstrengungen unternommen, die besonderen Eigenschaften dieser Systeme wie z.B. die stark progressive Kennung solcher Bremsen in Bezug auf Reibwertschwankungen und die damit verbundenen Bremsmomentschwankungen zu optimieren.

Literatur

[1] *Breuer, B.; Bill K.*: Bremsenhandbuch. Wiesbaden: Vieweg Verlag, 2006

[2] *Reimpell, J.; Betzler, J. W.*: Fahrwerktechnik: Grundlagen. Vogel Verlag, Würzburg 2000

[3] *Strien, H.*: Auslegung und Berechnung von Pkw-Bremsanlagen. Selbstverlag Alfred Teves GmbH, Frankfurt/Main

[4] *Oehl, K.-H.; Paul, H.-G.*: Bremsbeläge für Straßenfahrzeuge. Bibliothek der Technik Band 49. Verlag Moderne Industrie, Landsberg/Lech 1990

[5] *Brecht, J.*: Materialeigenschaften von Reibwerkstoffen. 23. Internationales μ-Symposium, 24./25. 10. 2003 Bad Neuenahr

[6] *Fennel, H; Gies, P.; Sticher, T.*: Strategien zur Software-Entwicklung für Kfz-Regelsysteme, ATZ Automobiltechnische Zeitschrift, Heft 1, Januar 2002

[7] *Rieth, P.*: Elektronisches Stabilitätsprogramm, Die Bremse, die lenkt. Bibliothek der Technik Band 223, Verlag Moderne Industrie, Landsberg/Lech 2001

[8] *Fennel, H.*: ABS plus und ESP – Ein Konzept zur Beherrschung der Fahrdynamik, ATZ Automobiltechnische Zeitschrift, Heft 4, 1998

[9] *Fennel, H.; Gräber, J.; Seibert, W.*: Traction Control System with Teves ABS Mark II, SAE Doc.No. 860506, 1986

[10] Robert Bosch GmbH, Kraftfahrzeugtechnisches Taschenbuch. Wiesbaden: Vieweg Verlag, 2006

[11] *Weisse, J.*: Gibt es Verbesserungspotenzial für den Bremsassistenten? 23. Internationales μ-Symposium, 24./25. 10. 2003 Bad Neuenahr

[12] *Fennel, H.*: Technology Solutions to Vehicle Rollovers. An Integrated Strategy for Active and Passive Rollover Protection, Vortrag, SAE Government/Industry Meeting, Washington, 13.–15. Mai 2002

[13] *Stoll, U.*: SBC – Die elektrohydraulische Bremse von Mercedes-Benz. 20. Internationales μ-Symposium, 27./28. 10. 2000 Bad Neuenahr

[14] *Schmittner, B.; Rieth, P.*: Das Hybrid-Bremssystem – Die Markteinführung der elektromechanischen Bremse EMB. brems.tech 2004, 9./10. 12. 2004 München

[15] *Rieth, P.; Remfrey, J.*: APIA – the way to the accident and injury preventing vehicle, crash.tech 2005, 10 May 2005 Nuremberg

[16] *Semmler, S.; Rieth, P.*: 13. Aachener Kolloquium „Fahrzeug- und Motorentechnik“, Global Chassis Control – Das vernetzte Fahrwerk, 04. Oktober 2004 – 06. Oktober 2004

[17] *Huinink, H.; Rieth, P.; Becker, A.*: Maßnahmen zur Verkürzung des Anhaltewegs in Notbremssituationen – Das „30 m Auto“, VDA Technischer Kongress 2001, 26. – 27. März 2001 Bad Homburg

[18] *Kelling, E.; Remfrey, J.; Rieth, P.; Semmler, S.*: Integrationstrends in der Fahrzeugelektronik am Beispiel Global Chassis Control, 7. Symposium zum Thema AAET, 23. Februar 2006 Braunschweig

[19] *Rieth, P.; Remfrey, J.*: Fascination Innovation, XXVL. International μ Symposium Brake Conference, 16 June 2006 Bad Neuenahr

[20] *Gombert, B.; Gutenberg, P.*: Die elektronische Keilbremse, Automobiltechnische Zeitschrift ATZ, 108. Jahrgang November 2006

[21] *Schumann, M.*: Analysenmethode zur Beurteilung des ungleichförmigen Bremsscheibenverschleißes an Pkw-Scheibenbremsen. Fortschr.-Ber. VDI Reihe 12 Nr. 635. Düsseldorf: VDI Verlag

[22] *Dausend, U.*: Potenzial der Selbstverstärkung und einer nicht konstanten Getriebekennung zur Verminderung der Leistungs- und Energieaufnahme einer elektromechanischen Radbremse. Fortschr.-Ber. VDI Reihe 12 Nr. 621. Düsseldorf: VDI Verlag 2006

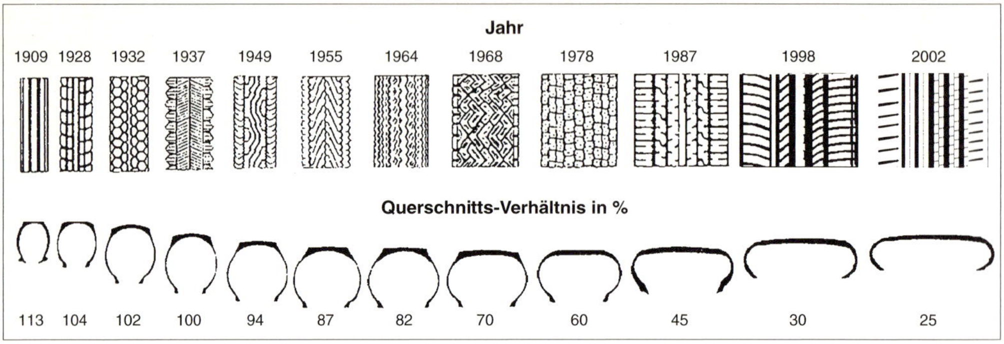

Bild 7.3-1 Entwicklung der Querschnittsverhältnisse in den Jahren 1909 bis 2006

7.3 Reifen, Räder und Gleitschutzketten

7.3.1 Einführung

Im Jahre 1845 erhielt der Schotte Robert William Thomson das britische Patent 10990 auf einen elastischen luftgefüllten Reifen aus gummiertem Gewebe und Leder. Thomson war seiner Zeit weit voraus, sein Patent, es enthielt bereits Ansätze wie Profilnuten als Gleitschutz oder den Einsatz für Schienenfahrzeuge, geriet in Vergessenheit.

Im Jahre 1888 wird der Luftreifen durch John Boyd Dunlop zum zweiten Mal erfunden, da „vorbekannt“, erhält er nur in England ein Patent. Inzwischen machte das Fahrrad eine stürmische Entwicklung durch; ausgehend vom eisenbereiften „Knochenschüttler“ Draisine war die Einführung des Luftreifens nach dem zwischenzeitlichen Verwendung von Vollgummi- bzw. Hohlraumreifen ein entscheidender Schritt zu erhöhtem Komfort bei reduziertem Rollwiderstand. Aufbauend auf den Erfahrungen mit den „Pneumatics” für das Fahrad nahmen die Reifenhersteller die Weiterentwicklung für die deutlichen höheren Ansprüche an Automobilen auf. Die Reifenhersteller mussten die skeptischen Autopioniere von den Vorteilen des Luftreifens durch eigene Versuche überzeugen.

Nicht unerwähnt bleiben sollte jedoch, dass sowohl Dunlop als auch Thomson bei ihren Erfindungen von einer Entdeckung profitierten, die der amerikanische Chemiker Charles Goodyear 1839 gemacht hatte: die Vulkanisation des Kautschuks mit Hilfe des Schwefels.

Die Entwicklung des Luftreifens verlief durchaus nicht geradlinig hin zu unseren heutigen Fahrzeugreifen, vielmehr erfolgte sie auf mehreren, teils parallel verlaufenden, teils sich beeinflussenden Entwicklungsrichtungen der Vulkanisate, Festigkeitsträger, Reifenstrukturen, Querschnittsverhältnisse **(Bild 7.3-1)** usw.

Der entscheidende Schritt auf dem Wege zum Reifen von heute war die Einführung des Radialreifens mit Vorteilen in der Lebenserwartung, im Rollwiderstand, Kraftschluss und im Fahrverhalten. Der Radialreifen ist bei Pkw-Reifen weitgehend Standard, bei Nutzfahrzeugreifen schreitet die Radialisierung schnell voran. In den Industrienationen werden kaum noch Diagonalreifen gefahren. Deshalb wird hier auf den Diagonalreifen kein Bezug mehr genommen.

7.3.2 Reifenaufbau

Der Reifen ist ein komplexer Verbundkörper aus Materialien unterschiedlichster physikalischer Eigenschaften **(Bild 7.3-2)**.

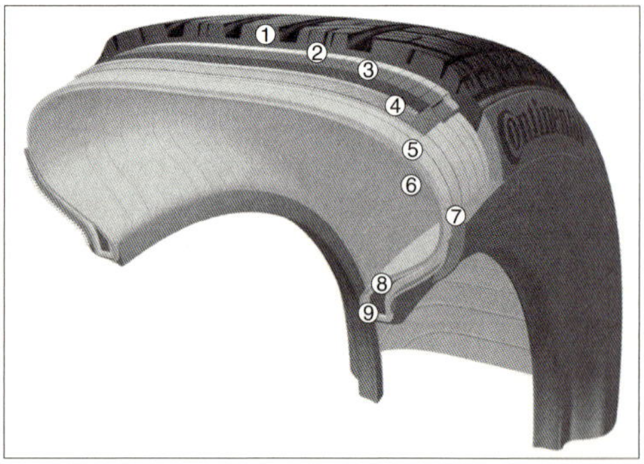

Bild 7.3-2 Reifenaufbau für einen typischen Pkw-Reifen mit den Bauteilen: ① Laufstreifen, ② Unterplatte, ③ Bandage, ④ Stahlkord Gürtellagen, ⑤ Karkasse, ⑥ Innenschicht, ⑦ Seitenwand, ⑧ Kernprofil, ⑨ Kern

Der Radialreifen besteht aus den Hauptbauelementen

- Reifenwulst
- Karkasse
- Gürtel
- Laufstreifen.

Der Reifenwulst gewährleistet den festen Sitz des Reifens auf der Felge. Um diese Aufgabe erfüllen zu können, sind in den Reifenwulst ein oder mehrere zugfeste Drahtkerne eingebettet. Beim schlauchlosen Reifen übernimmt der Reifenwulst außerdem die

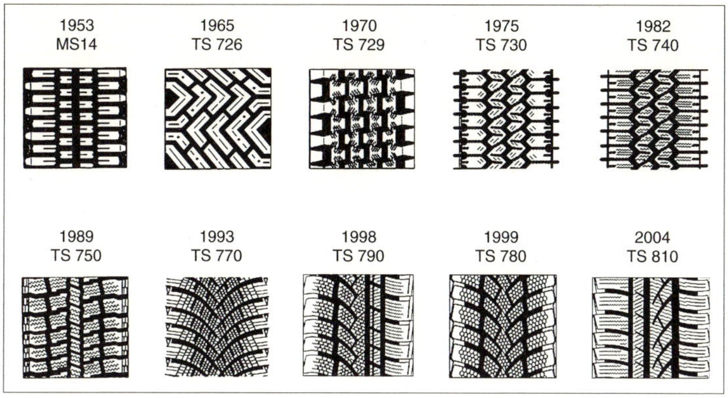

Bild 7.3-3 Entwicklung der Profile von Winterreifen; vom groben Klotz- zum Hochlamellenprofil

Abdichtung des eingeschlossenen Luftvolumens gegenüber der Umgebung.

Der eigentliche Festigkeitsträger eines Reifens ist der Gewebeunterbau oder die Karkasse. Die Karkasse besteht aus einer oder mehreren Gewebelagen, die am Kern verankert sind.

Beim Radialreifen haben die Kordfäden einen Winkel von etwa 90° zur Laufrichtung. Die für die Funktion dieses Reifens notwendige Steifigkeit wird durch die zusätzliche auf der Karkasse liegende Gürtelkonstruktion erreicht.

Der Laufstreifen umgibt die Karkasse an ihrem äußeren Umfang und muss die zwischen Kraftfahrzeug und Fahrbahn auftretenden Kräfte übertragen. Die Gummimischung und die Profilierung des Laufstreifens werden nach den geforderten Eigenschaften ausgelegt. Die abriebfeste Seitenwand schützt die Gewebelagen vor äußeren Einflüssen.

Das Profil der Lauffläche kann sehr unterschiedlich gestaltet werden und hängt stark vom vorgesehenen Einsatz ab. Für Winterreifen zum Beispiel hat sich in den letzten Jahrzehnten eine deutliche Wandlung vom grobstolligen Klotzprofil hin zum weichen Hochlamellenprofil vollzogen (**Bild 7.3-3**).

7.3.3 Anforderungen an Reifen

Im System Fahrzeug-Straße nimmt der Reifen eine herausragende Rolle ein: Als Bindeglied zwischen Fahrbahn und Fahrzeug überträgt er alle Kräfte und Momente, sein Übertragungsverhalten geht deutlich in Fahrverhalten, Komfort und Sicherheit des Gesamtfahrzeugs ein (Kap. 7.1).

Die dynamischen Eigenschaften eines Fahrzeuges werden damit maßgeblich durch das Reifenverhalten beeinflusst. Radlast, Federung, Dämpfung, Achskinematik und Fahrwerkselastizitäten, Motorleistung und Geschwindigkeit sowie die Einsatzart haben einen großen Einfluss auf die Auslegung von Reifen (**Bild 7.3-4**).

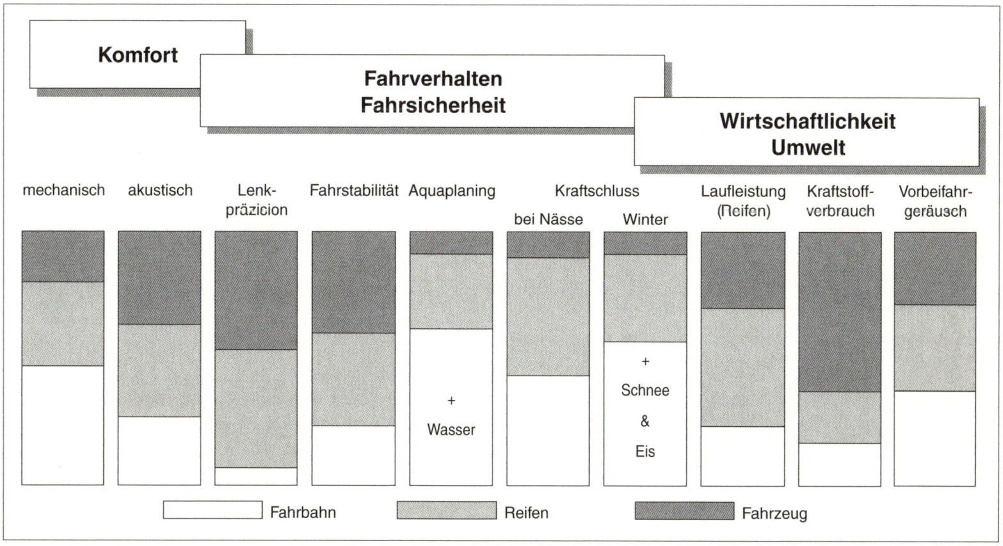

Bild 7.3-4 Einfluss von Fahrbahn, Reifen und Fahrzeug auf Gebrauchseigenschaften

Beim pneumatischen Reifen ist das unter Überdruck eingeschlossene Gas oder Gasgemisch das tragende Element; die Hülle bestimmt nach Form, konstruktiver Auslegung und Materialeinsatz weitgehend die Gebrauchseigenschaften des Reifens. An die Gebrauchseigenschaften werden von der Kraftfahrzeugindustrie, dem Endverbraucher und in zunehmendem Maße vom Gesetzgeber Anforderungen gestellt, die nicht immer miteinander in idealer Weise vereinbar sind. Widerstreitende Anforderungen führen unabdingbar zu Zielkonflikten, die die Reifenindustrie ständig zu lösen hat.

Reifen werden im harten Wettbewerb nach den Pflichtenheften der Fahrzeugindustrie und eigenen ehrgeizigen Vorgaben stetig weiterentwickelt. So stellen die heutigen im Markt befindlichen Serienreifen einen weitgehend ausgewogenen Kompromiß dar, der allen Belangen der Fahrsicherheit, des Fahrkomforts, des Lenkverhaltens, der Fahrstabilität und der Wirtschaftlichkeit, aber auch den verstärkten Forderungen des Umweltschutzes in einer für den Verbraucher vernünftigen Weise Rechnung trägt.

7.3.3.1 Gebrauchseigenschaften

Die Entwicklung von Pkw- und Lkw-Reifen wird entscheidend durch die sich ständig ändernden und darüber hinaus wachsenden Anforderungen der Pkw- und Lkw-Hersteller an die Kraftfahrzeuge beeinflusst. Die **Tabelle 7.3-1** zeigt die typischen Abhängigkeiten von Einflussgrößen der Reifenauslegung auf die Gebrauchseigenschaften:

Tabelle 7.3-1 Einfluss der Reifenparameter auf die Gebrauchseigenschaften

Eigenschaft / Einfluss	Nassgriff	Geräusch	Laufleistung	Rollwiderstand	Aquaplaning	Qualität
Form,Kontur	•	•	•	●	●	•
Profil	●	●	•	•	●	•
Material	●	•	●	●	•	•
Konstruktion	•	•	●	•	•	•
Herstellungsprozess				•		●

Die Gebrauchseigenschaften beschreiben für den Verbraucher die einzelnen Eigenschaften der Reifen und sind immer in Verbindung mit Fahrzeug, Straße und Fahrer zu sehen. Zur Ermittlung der Gebrauchseigenschaften werden Versuche durchgeführt, die sowohl nach subjektiven als auch nach objektiven Kriterien bewertet werden.

Gebrauchseigenschaften dienen zur Bewertung in Hinblick auf die jeweilige Kundenerwartung. Da sich die Rahmenbedingungen im Laufe der Zeit ändern, unterliegen auch die Anforderungen an die Erfüllung bestimmter Gebrauchseigenschaften einem zeitlichen Wandel.

Die Entwicklung im Automobilbau in den letzten Jahrzehnten hat in Verbindung mit dem Ausbau des Straßennetzes dazu geführt, dass die Anforderungen an Pkw- und Lkw-Reifen gestiegen sind. Dieser Anstieg wird auch deutlich an der Zahl der Gebrauchseigenschaften, die heute im Rahmen technischer Reifenfreigaben geprüft werden müssen.

1960 gab es für Pkw-Reifen im Wesentlichen 10 Kriterien, die am Fahrzeug oder auf dem Prüfstand untersucht und bewertet wurden. Es waren z.T. sehr spezielle Einzelmerkmale, wie z.B. Schienenführigkeit (die Fähigkeit des Reifens, das Fahrzeug ohne plötzlichen Seitenversatz aus den Straßenbahnschienen hinauszuleiten, ein bei den damals gebräuchlichen Diagonalreifen wichtiges Kriterium), z.T. aber auch sehr pauschale Merkmale wie Kurvenfahrt.

In den Jahren danach erwies sich eine feinere Aufteilung des Beurteilungsgitters als sinnvoll, um von seiten der Reifenhersteller eine gezielte Optimierung der Reifen, auch im Hinblick auf besondere fahrzeugspezifische Probleme, durchführen zu können. Parallel dazu führte der Übergang vom Diagonal- zum Radialreifen zum Wegfall einiger Beurteilungskriterien, die für Radialreifen nicht relevant waren.

Heute hat sich ein Beurteilungskatalog als sinnvoll herausgestellt, der mehr als 40 einzelne Beurteilungskriterien enthält. Eine Übersicht liefert **Bild 7.3-5**. Die nachfolgend aufgeführten z.T. allgemein bekannten, fahrdynamischen Beurteilungskriterien (Kap. 7.5) werden dabei unter rein reifenspezifischen Gesichtspunkten betrachtet, d.h. es wird nur der Einfluss des Reifens auf das Verhalten des Gesamtfahrzeugs untersucht.

Fahrkomfort	**Lenkverhalten**	**Fahrstabilität**
Federungskomfort	... im 0°-Bereich	Geradeausstabilität
Geräuschkomfort	... im Proportionalbereich	Kurvenstabilität
Laufruhe	... im Grenzbereich	Bremsen in Kurven
	Lenkpräzision	
Kraftschluss	**Haltbarkeit**	**Wirtschaftlichkeit/Umwelt**
Traktion	Strukturelle Dauerhaltbarkeit	Lebenserwartung
Bremsweg	Hochgeschwindigkeitstüchtigkeit	Rollwiderstand
Rundenzeiten	Platzdruck	Runderneuerungsfähigkeit
Aquaplaning	Durchschlagsfestigkeit	Vorbeifahrgeräusch

Bild 7.3-5 Übersicht über Bewertungskriterien von Pkw-Reifen

Die subjektive Bewertung eines Kraftfahrzeugs stellt auch heute immer noch den Maßstab dar, ob ein

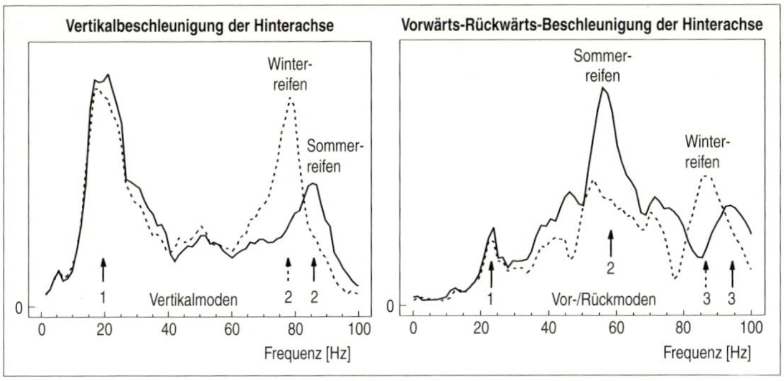

Bild 7.3-6 Vergleich Komfort von Winter- und Sommerreifen bei Überfahrt einer Schlagleiste (Zahlen im Bild = Eigenfrequenzen).

Reifen für ein bestimmtes Kraftfahrzeug geeignet ist. Trotzdem werden große Anstrengungen unternommen, die Bewertung mehr objektiv vorzunehmen.

Der Vorteil der objektiven Bewertung ist die größere Reproduzierbarkeit und die bessere Erklärbarkeit der Ergebnisse durch eine physikalische Beschreibung der Phänomene. Kennt man die Physik hinter einer Reifeneigenschaft, kann eine gezielte Optimierung bezüglich der gewünschten Eigenschaft erfolgen.

Für den Bereich Fahrkomfort wurde durch Messung der Vertikalbeschleunigung an der Hinterachse eines Pkw bei der Überfahrt einer Schlagleiste ein Zusammenhang zwischen der subjektiven Beurteilung und den Spitzenwerten der Beschleunigung im Frequenzbereich bis 100 Hz gefunden (**Bild 7.3-6**).

Der Winterreifen regt bei der vertikalen Beschleunigung die Achse mit seiner Vertikalmode (ca. 75 Hz) wesentlich stärker an als der Sommerreifen, dessen Frequenz um ca 10 Hz höher liegt. Diese fahrzeugspezifische Anregung wird deutlich im Fahrzeug als Dröhnen wahrgenommen. Beim Sommerreifen ergibt sich eine stärkere Anregung der zweiten Vor-/Rückmode bei ca. 55 Hz.

Durch Kenntnis der Eigenmoden der Reifen und der gemessenen Beschleunigungsfrequenzspektren am Fahrzeug lassen sich die vorhandenen Frequenzspitzen erklären und die notwendigen konstruktiven Änderungen.

Auch beim Reifenfahrbahngeräusch ist die Wechselwirkung mit der Fahrbahn entscheidend. **Bild 7.3-7** zeigt, dass die Bandbreite der Geräuschentwicklung infolge unterschiedlicher Fahrbahnoberflächen größer ist als die Bandbreite durch Reifengrößen und Profilausführungen.

Zur Beurteilung des Fahrverhaltens im Proportionalbereich, d.h. bei Querbeschleunigungen bis zu 0.4 g, lassen sich zusätzlich zur subjektiven Beurteilung die Übertragungsfunktionen eines Fahrzeugs heranzie-

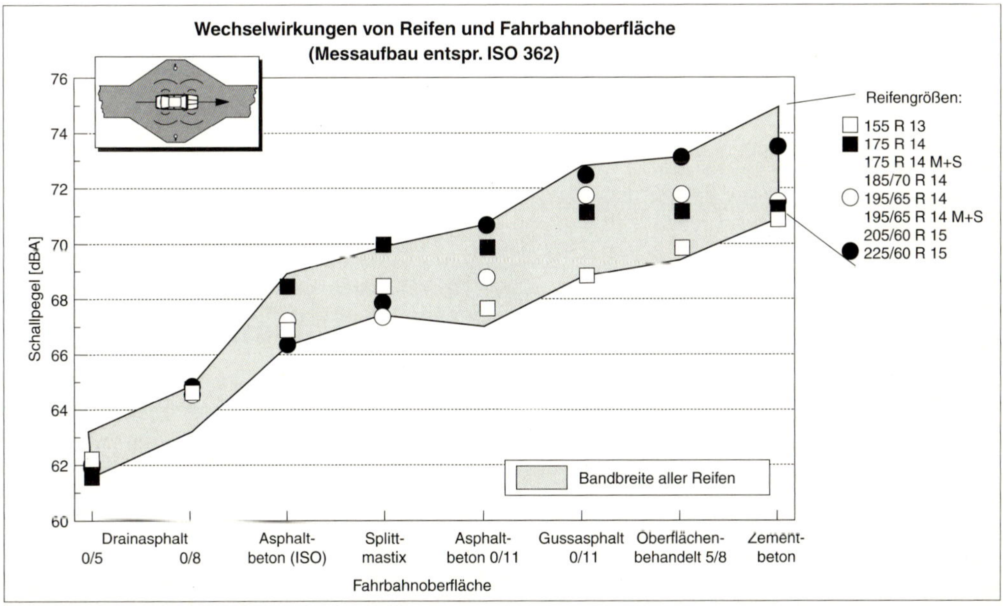

Bild 7.3-7 Schallpegel auf unterschiedlichen Fahrbahnoberflächen

hen, wobei die Übertragungsfunktionen durch unterschiedliche Fahrmanöver ermittelt werden können (**Bild 7.3-8**). Günstig ist im Allgemeinen für eine gute subjektive Beurteilung:

- ein großer Frequenzbereich der Querbeschleunigung
- eine große Gierdämpfung und
- eine kleine Phasenverschiebung

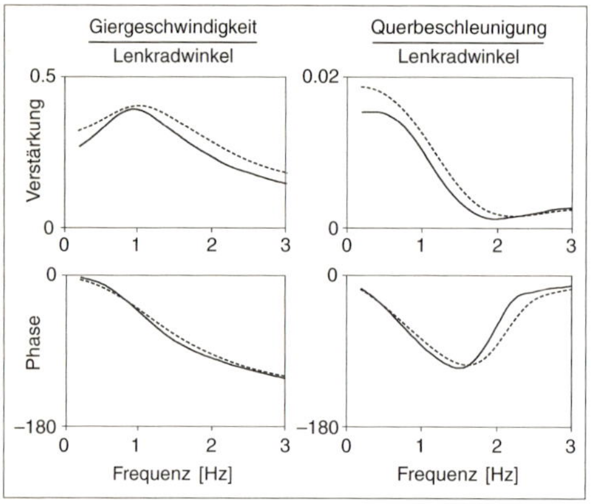

Bild 7.3-8 Übertragungsfunktionen nach Verstärkung und Phase für einen typischen Pkw mit einem subjektiv sehr guten (gestrichelte Linie) und mäßig guten (durchgezogene Linie) Reifensatz.

Auf dem heutigen Entwicklungsstand haben Qualitätsreifen hohe Haltbarkeitsreserven und damit auch eine zunehmende Missbrauchsresistenz. Trotzdem sind Ausfälle durch Verletzungen und Betriebsfehler nicht ganz auszuschließen.

Eine eindeutige Analyse der „Schadensgeschichte" von zerstörten Reifen ist problematisch. Reifen haben ein integrierendes Gedächtnis für die Folgen von Fehlbehandlungen. Dem Reifenfachmann gelingt ein Nachweis für einen längeren Einsatz mit Minderluftdruck anhand von Kriterien wie Wulstanscheuerungen und Innenseelenverfärbungen.

Die Wirtschaftlichkeit von Reifen betrifft weniger die Herstellung oder die Verwertung als vielmehr den Betrieb am Fahrzeug. Durch den Rollwiderstand der Reifen muss ständig vom Motor Arbeit zur Überwindung aufgebracht werden. Je weniger Rollwiderstand die Reifen besitzen, desto geringer ist der Kraftstoffverbrauch.

In **Bild 7.3-9** ist dieser Zusammenhang mit der Auswirkung auf die Volkswirtschaft der Bundesrepublik Deutschland für 1997 dargestellt, die aber weitgehend heute immer noch Bestand hat. Durch eine Reduzierung des Reifenrollwiderstandes um 30% lässt sich der Kraftstoffverbrauch um ca. 4,8% senken, was einer Einsparung von ca. 60 *l* pro Reifen während des Reifenlebens entspricht. Volkswirtschaftlich gerechnet ließe sich durch eine Rollwiderstandsreduzierung in dieser Größenordnung eine Kraftstoffmenge von über 2,5 Mrd. Liter Kraftstoff einsparen.

Runderneuerte Reifen haben gegenüber Neureifen meist einen Nachteil im Rollwiderstand bis zu 10%. Demzufolge ist die Runderneuerung aus Energiebilanzgründen fraglich, da meist eine größere Menge an Kraftstoff im Betrieb verbraucht wird als durch die Wiederverwendung der Karkasse eingespart wird.

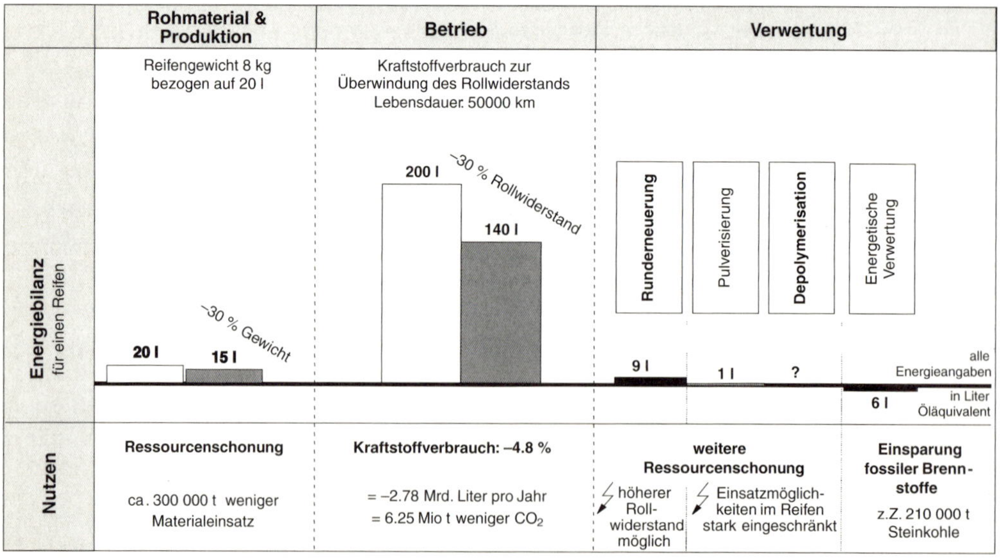

Bild 7.3-9 Energiebilanz von der Produktion über Betrieb bis zur Verwertung von Reifen (BR Deutschland, 1997)

7.3.3.2 Gesetzliche Anforderungen

Die gesetzlichen Anforderungen an Reifen beziehen sich auf die Reifenbeschriftung mit den entsprechenden Kennzeichnungen sowie dem Genehmigungszeichen und der Genehmigungsnummer nach ECE-Regelung 30. Die Reifen tragen in einem Kreis ein E und die Nummer des Genehmigungslandes sowie nachgestellt eine mehrstellige Genehmigungsnummer, z.B.:

(E12) 028355

7.3.3.3 Reifen und Räder, Normung

Die Normung von Reifen und Rädern ist in der ETRTO und der DIN festgeschrieben. Als Beispiel die Bezeichnung der Reifengröße für einen Reifen der Größe **195/65 R 15 91 T**:

195	Reifennennbreite (mm)
65	Nenn-Querschnittsverhältnis (%)
R	Symbol für Radialreifen (Gürtelreifen)
15	Felgendurchmesser (Zoll-Code)
91	Tragfähigkeitskennzahl oder „Load Index" („91" bedeutet, dass der Reifen mit maximal 615 kg belastet werden darf)
T	Geschwindigkeitssymbol für zulässige Höchstgeschwindigkeit (T = 190 km/h)

Weitere Kennzeichnungen auf der Seitenwand:

TUBELESS	schlauchlos TUBE TYPE Reifen dürfen nur mit Schlauch montiert werden
DOT	Department of Transportation (USA-Verkehrsministerium)
0302	verschlüsseltes Produktionsdatum (03 = 3. Woche, 02 = Jahr 2002) (bis zum 31.12.1999 stand nach der dritten Ziffer ein Dreieck)
TWI	Kennzeichnung des Profilabnutzungsanzeigers (TWI= Tread Wear Indicator) Über den Umfang gleichmäßig verteilte Querstege in den Längsprofilrillen, die bei 1,6 mm Restprofil auftauchen.
Reinforced	bei verstärkten Reifen mit erhöhter Tragfähigkeit
M+S	bei Winterreifen

7.3.4 Kraftübertragung Reifen Fahrbahn

Der Reifen muss nicht nur bei den unterschiedlichsten Fahrbahnbelägen (Asphalt, Beton, Pflaster), sondern auch bei allen Witterungsbedingungen und Geschwindigkeiten des Fahrzeugs die Kraftübertragung zur Straße sicherstellen.

Damit bedeutet das Kraftschlussverhalten einen Schwerpunkt für den Reifenentwickler. Als Einflussgrößen auf das Kraftschlussverhalten werden vor allem Reifenart und Reifenzustand, Fahrbahnart und Fahrbahnzustand, Betriebsbedingungen und Betriebsfehler berücksichtigt.

7.3.4.1 Tragverhalten

Das Tragverhalten (F_z) einer idealen Membran ist beschrieben durch Innendruck (p_i) · Kontaktfläche (A) (**Bild 7.3-10**). Beim Reifen kommt durch die steife Schalenstruktur des Reifens noch ein zusätzlicher Strukturtraganteil (k) von ca. 10–15% hinzu. Bei Reifen mit Notlaufeigenschaften ist k deutlich größer (siehe Kap. 7.3.6.1).

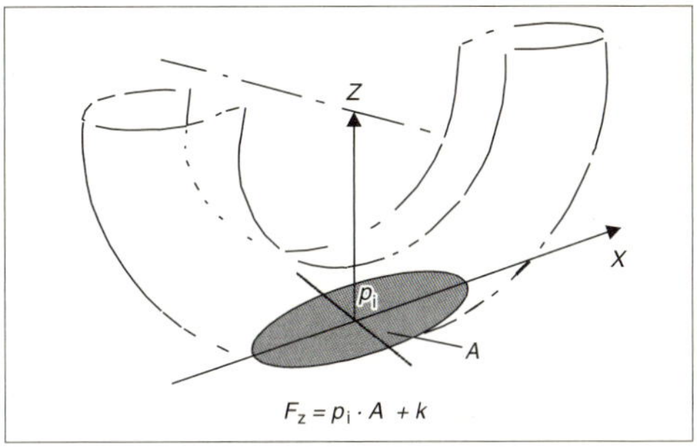

Bild 7.3-10 Tragverhalten eines Luftreifens

7.3.4.2 Kraftschlussverhalten, Aufbau von Horizontalkräften

Das Kraftschlussverhalten von Reifen wird im Wesentlichen von den Reibpartnern Gummi – Fahrbahnoberfläche bestimmt.

Der Kraftschlussbeiwert ist nicht konstant sondern hängt von der Reibpaarung Laufflächenmischung und Straßenoberfläche, dem Kontaktdruck, der Gleitgeschwindigkeit sowie der Temperatur ab (**Bild 7.3-11**).

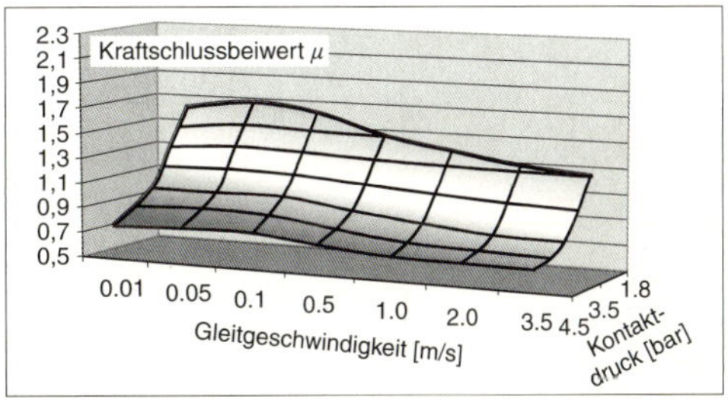

Bild 7.3-11 Labormessung des Kraftschlussbeiwerts μ abhängig vom Kontaktdruck und der Gleitgeschwindigkeit auf Korund-180 für eine typische Laufflächenmischung

Im Allgemeinen gilt: Je niedriger der Kontaktdruck gehalten werden kann und je homogener die Druckverteilung innerhalb der Bodenaufstandsfläche ist, desto höher sind die übertragbaren Seiten- und Umfangskräfte. Bei höheren Schlupf- oder Gleitgeschwindigkeiten nehmen die Kraftschlussbeiwerte ab. Je nach Einsatzgebiet entwickeln Gummimischungen in unterschiedlichen Temperaturbereichen ihre höchs-

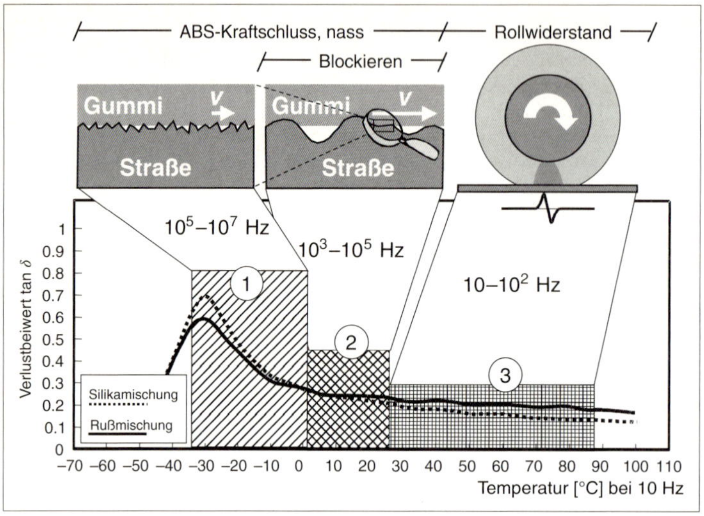

Bild 7.3-12 Typischer Verlauf des Verlustbeiwerts tan δ über der Temperatur mit den relevanten Bereichen für Kraftschluss auf nasser Straße und Rollwiderstand für zwei Reifenmischungen (Ruß- und Silikamischung) und Umrechnung nach der WLF-Transformation (Proben aus Reifen, Messung bei 10 Hz mit konstanter Kraft)

ten Kraftschlusswerte. Bei einem Betrieb außerhalb dieses Temperaturbereichs sind die Werte deutlich kleiner. So werden häufig Winterreifen für einen Temperaturbereich von –20 bis 10 °C, Sommerreifen von 5 bis 40 °C ausgelegt. In diesen Temperaturbereichen haben sie den höchsten Kraftschluss.

Die Adhäsion bestimmt die übertragbaren Kräfte im Bereich kleiner Gleitgeschwindigkeiten (z.B. vorderer Bereich der Reifenaufstandsfläche beim ABS-Bremsen), die Hysterese im Bereich hoher Gleitgeschwindigkeiten (z.B. Blockierbremsen).

Der (Gummi-)Mischungsentwickler hat durchaus Möglichkeiten, seine Schwerpunkte auf den Kraftschluss im „Haft-“ oder „Gleitbereich“ zu legen, d.h. der beste „ABS-Reifen“ ist nicht notwendigerweise der beste „Blockierreifen“.

Das dynamische Verhalten des viskoelastischen Werkstoffs Gummi beschreibt ein komplexer Modul, der aus Speichermodul und Verlustmodul besteht ($E^* = E' + iE''$). Der Verlustbeiwert tan δ als Verhältnis Verlustmodul zu Speichermodul ist ein Maß für die Energieverluste bei der Deformation des viskoelastischen Gummis. Als stark verkürzte Erklärung mag hier genügen, dass der Entwickler verschiedenen Temperaturbereichen der tan δ Kurve auf Basis eines Temperatur-Frequenz-Äquivalentprinzips (WLF-Transformation) bestimmte typische Reifeneigenschaften zuordnen kann.

Physikalisch unterscheiden sich die in **Bild 7.3-12** gekennzeichneten Bereiche der tan δ-Kurve: Bereiche 1 und 2 sind relevant für das Bremsen auf nasser Fahrbahn, Bereich 1 vor allem für den quasi Haftbereich mit sehr kleinen Gleitgeschwindigkeiten im vorderen Bereich der Bodenaufstandsfläche (vergleiche auch **Bild 7.3-14**), Bereich 2 für die höheren Gleitgeschwindigkeiten im hinteren Teil der Aufstandsfläche oder beim Blockierbremsen. Bereich 3 ist relevant für den Rollwiderstand mit der zyklischen Gummideformation beim Rollen.

Dem Bereich 1 kann physikalisch eine adhäsionsunterstützte nanoskalige Hystereseréibung, Bereich 2 eine mesoskalige Hysteresereibung und Bereich 3 eine impulsförmige Gummideformation zugeordnet werden. Anschaulich: Je kleiner die Rauigkeitsskala im Kontakt Reifen-Straße wird, desto höher ist die zugeordnete Frequenz.

Die Kompromisslage niedriger Kraftstoffverbrauch durch niedrigen Rollwiderstand (tan δ klein im Bereich 3 bei 60 °C) bei kurzen Bremswegen (tan δ groß in den Bereichen 2 und 3, d.h. kleiner ca. 20 °C) soll auf ein möglichst hohes Niveau gebracht werden. Wie aus **Bild 7.3-12** zu entnehmen, ist dies bei Silikamischungen gelungen.

7.3.4.3 Antreiben und Bremsen; Umfangskräfte

Im **Bild 7.3-13** wird beispielhaft ein Bremsvorgang ohne ABS dargestellt. Hier soll nicht auf Bremssysteme, sondern auf den Beitrag der Reifen eingegangen werden. Dargestellt ist der Kraftschlussbeiwert μ, definiert als Quotient aus Umfangskraft und Normalkraft aufgetragen gegenüber dem Radschlupf beim Bremsen.

Allgemein wird der Schlupf λ bei seitenkraftfreirollendem Rad definiert als

$$\lambda = \frac{R_{\text{dyn}} \cdot \omega - v}{v}$$

mit R_{dyn} = dynamischer Reifenradius, ω = Raddrehzahl und v = Fahrzeuggeschwindigkeit. Der dynamische Reifenradius ist der wirksame Abrollradius des Rades. Er kann nur indirekt aus der zurückgelegten Strecke und der Anzahl der Radumdrehungen bestimmt werden.

Um beim Antreiben bei durchdrehendem Rad nicht auf Werte über 1 bzw. 100% zu kommen, wird der Schlupf häufig auch statt auf die Fahrzeuggeschwindigkeit auf die Radgeschwindigkeit $R_{dyn} \cdot \omega$ bezogen. **Bild 7.3-13** macht deutlich, dass Reifen über den ganzen Bereich bis zum Schlupf 100% gefordert werden können. Bemerkenswert ist, dass die Reifen beim Bremsen mit blockierten Rädern die gesamte kinetische Energie verzehren müssen, beim ABS-Bremsen wird der größte Anteil von der Bremsanlage „übernommen".

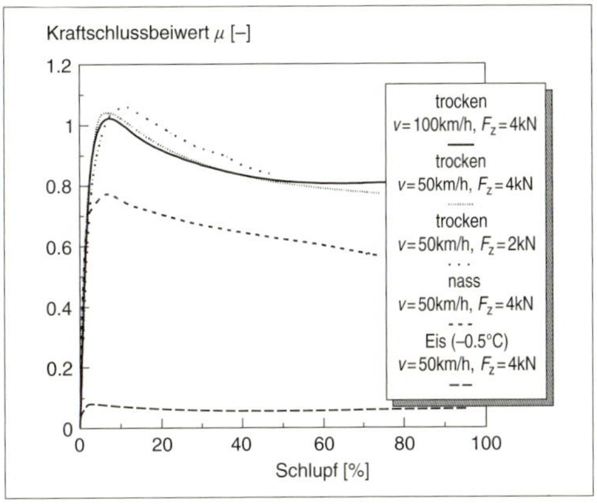

Bild 7.3-13 Kraftschlussbeiwert μ bei unterschiedlichen Fahrbahnzuständen und Einsatzbedingungen

Mit Erhöhen des Bremsschlupfes bilden sich zunehmende Gleitbereiche in der Aufstandsfläche aus **(Bild 7.3-14)**. Vom Auslauf, jeweils auf der rechten Seite vergrößert sich die Gleitzone Richtung Einlauf. Kurz vor dem Erreichen des Schlupfmaximums befindet sich fast die gesamte Kontaktzone im Gleitzustand. Der im vorderen Teil der Bodenaufstandsfläche als Haftbereich gekennzeichnete Teil charakterisiert einen Bereich, in dem nur sehr kleine Gleitgeschwindigkeiten auftreten also makroskopisch quasi Haften vorliegt.

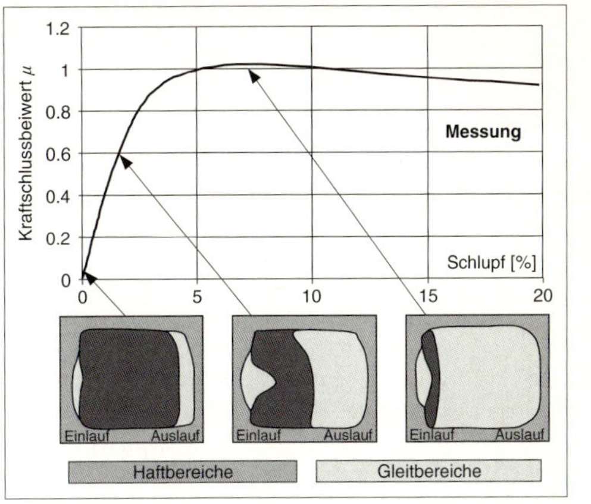

Bild 7.3-14 Haft- und Gleitzonen in der Bodenaufstandsfläche eines Reifens beim Bremsen bei unterschiedlichem Radschlupf aus FEM Berechnungen (links: Einlauf, rechts: Auslauf)

Neben der Abhängigkeit von der Fahrzeugauslegung und der Fahrgeschwindigkeit haben Reifenart und Fahrbahnrauigkeit einen bestimmenden Einfluss.

Die Darstellungen in den **Bildern 7.3-13** bis **7.3-15** stellen den erreichbaren Kraftschluss abhängig von den Einflussfaktoren Fahrbahn, Reifen und Betriebsbedingungen dar und damit Kenngrößen für erreichbare Antriebsbeschleunigungen und Bremswege.

Verschiedene Kombinationen von Reifenprofilen und Laufflächenmischungen können sehr unterschiedliche Traktion auf Schnee erzeugen **(Bild 7.3-15)**. Die Kombination zeigt, dass für die Wintereigenschaften vor allem die Laufflächenmischung mit Wintereigenschaften entscheidend ist, die bei tiefen Temperaturen elastischer bleibt gegenüber typischen Sommermischungen.

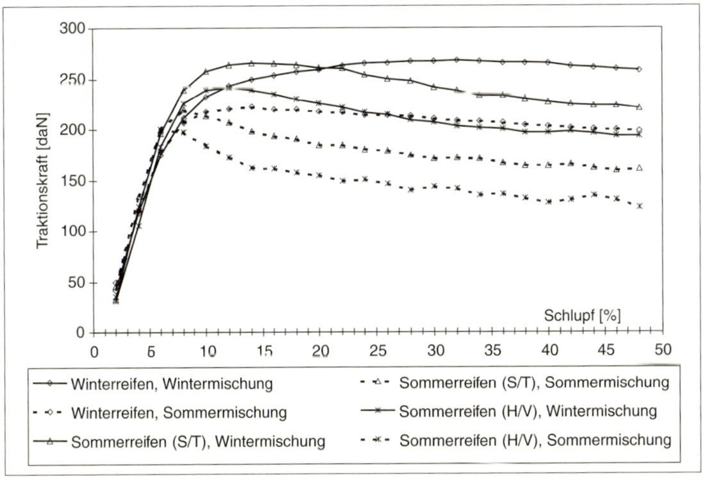

Bild 7.3-15 Beeinflussung des Kraftschlusspotenzials durch Reifen und Laufflächenmischungen bei Traktion auf Schnee

7.3.4.4 Schräglauf; Kräfte und Momente

Für die Fahrdynamik von Kraftfahrzeugen sind die Größe und Charakteristik der zu übertragenden Kräfte von entscheidender Wichtigkeit für ein angenehmes und sicheres Fahren. Mit zunehmendem Schräglaufwinkel des Reifens wird die Seitenkraft radlastabhängig bis zu einem Maximalwert im Bereich zwischen 5° und 15° Schräglaufwinkel aufgebaut **(Bild 7.3-16)**.

Durch die Latschverformung und die beginnenden Gleitvorgänge in der Kontaktzone zwischen Reifen und Fahrbahn entsteht ein Rückstellmoment. Das Rückstellmoment versucht, das Rad und damit auch das Lenkrad wieder in die Ausgangsstellung zurückzudrehen. Es erreicht ein Maximum, wenn die Schräglaufkennlinie beginnt, den linearen Anstieg deutlich zu verlassen und kann bei weiter zunehmendem Schräglaufwinkel negativ werden.

Zusätzlich dargestellt ist der Sturzeinfluss des Rades. So erhöht ein negativer Sturz die Seitenkraft bei Kurvenfahrt, vermindert aber gleichzeitig das Rückstellmoment. Ein positiver Sturz wirkt umgekehrt.

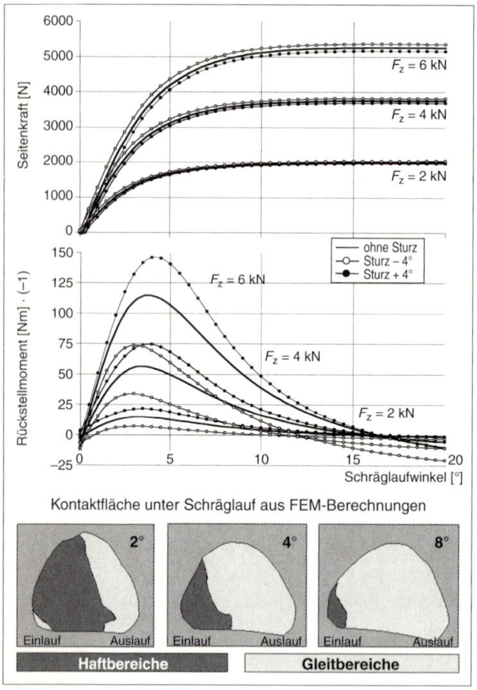

Bild 7.3-16 Seitenkraft und Rückstellmoment über Schräglaufwinkel für einen typischen Pkw-Reifen bei unterschiedlichen Radlasten mit zugehörigen Kontaktbereichen bei 2°, 4° und 8° Schräglaufwinkel.

Eine kompakte Darstellung der Reifenkräfte ermöglicht das sog. Gough-Diagramm **(Bild 7.3-17)** für die Parameter Seitenkraft, Rückstellmoment, Reifennachlauf, Radlast und Schräglaufwinkel. Der Nachlauf ist definiert als der Abstand des Angriffspunkts der resultierenden Seitenkraft im Latsch zur Reifenmitte. Das Gough-Diagramm ermöglicht die quasi-statische Bestimmung der Seitenkräfte und Rückstellmomente an beiden Rädern einer Achse bei Kurvenfahrt.

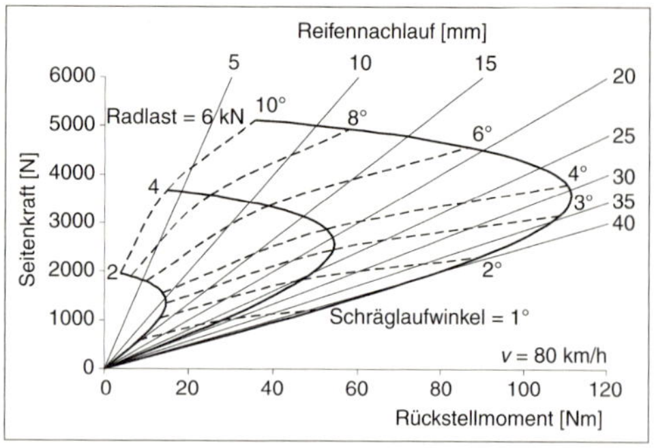

Bild 7.3-17 Gough-Diagramm für einen typischen Pkw-Reifen

Alle bisher betrachteten Kräfte und Momente gelten für den stationär rollenden Reifen. Bei einer Änderung der Betriebsbedingung des Reifens wie Schräglaufwinkel, Last, Sturz und Felgenquerverschiebung relativ zum Latsch dauert es eine gewisse Zeit, bis sich der neue stationäre Zustand eingestellt hat. Dies soll an zwei Beispielen für die Seiten- und Umfangskraft verdeutlicht werden:

Die Änderung der Seitenkräfte wird über das Einlaufverhalten des Reifens beschrieben und ist besonders für die Querdynamik des Fahrzeugs von Bedeutung. Der Reifen baut die Reaktionskräfte über eine bestimmte Abrollstrecke auf, deren Länge im Wesentlichen von den Reifenparametern Masse, Dämpfung, Reibung im Latsch und den Betriebszuständen abhängt.

Die entsprechende Kenngröße ist die Relaxations- oder Einlauflänge; sie ist definiert als die Wegstrecke, bei der die Seitenkraft $Fy = Fy_0 \cdot (1 - 1/e)$ erreicht **(Bild 7.3-18)**. Für Pkw-Reifen liegen typische Einlauflängen zwischen 0,2 und 0,7 Meter.

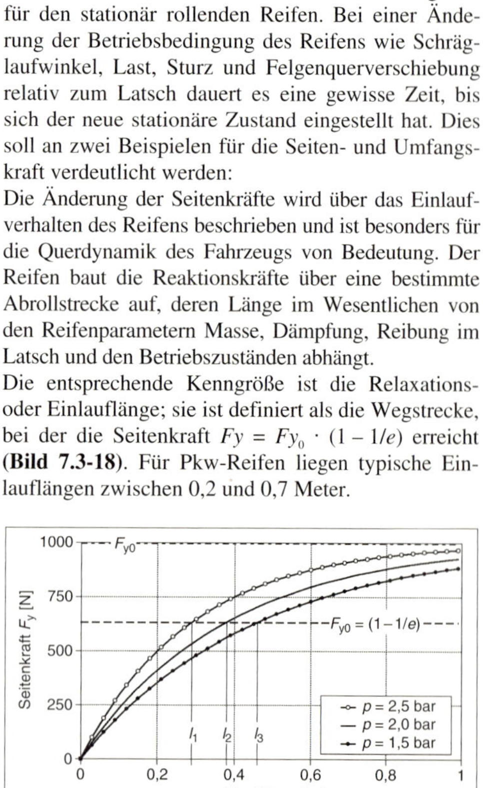

Bild 7.3-18 Aufbau der Seitenkraft mit zugehörigen Einlauflängen l_x in Abhängigkeit vom Luftdruck p bei einer Schräglaufwinkeländerung von 0° auf 1°.

Die Einlauflänge l kann auch über

$$l = C_\alpha / C_y$$

mit der Schräglaufsteife C_α und der Quersteifigkeit C_y abgeschätzt werden.
Wird z.B. an einem freirollenden Rad der Schräglaufwinkel schnell genug verstellt, folgen Seitenkraft und Rückstellmoment wegverzögert. Die eindeutige Zuordnung von Schräglaufwinkel, Seitenkraft und Rückstellmoment geht mit wachsender Lenkfrequenz verloren. Zusätzliche Radlastschwankungen im niederfrequenten Bereich führen zu weiteren dynamischen Einlaufvorgängen. So können bei Kurvenfahrt durch langwellige Straßenunebenheiten über den Reifen Kräfte und Momente in die Leistung eingeleitet werden, die vom Fahrer kompensiert werden müssen.
Die ganze Komplexität des Reifenverhaltens kann dann nicht mehr mit einfachen Gleichungen sondern nur noch mit dynamischen Reifenmodellen beschreiben werden.
Grundsätzlich gibt es Einlauflängen für alle Kraftrichtungen. Bei periodischen Änderungen der Betriebsbedingungen ergibt sich ein Phasengang. Dazu kommt die dynamische Antwort des schwingungsfähigen Systems im Zeitbereich.
In **Bild 7.3-19** ist die Umfangskraft-Bremsschlupfkennlinie für zwei Geschwindigkeiten dargestellt. Beim Aufbringen eines Bremsimpulses nimmt zunächst der Schlupf zu, bevor die Kraft aufgebaut wird. Es bildet sich eine Reihe von Konvergenzpunkten, die den stationären Kurvenverlauf kennzeichnet. In diesem Falle wird das Antwortverhalten des Reifens auf die Änderung des Bremsmoments bestimmt von der Reifendynamik und der Einlauflänge in Umfangsrichtung.

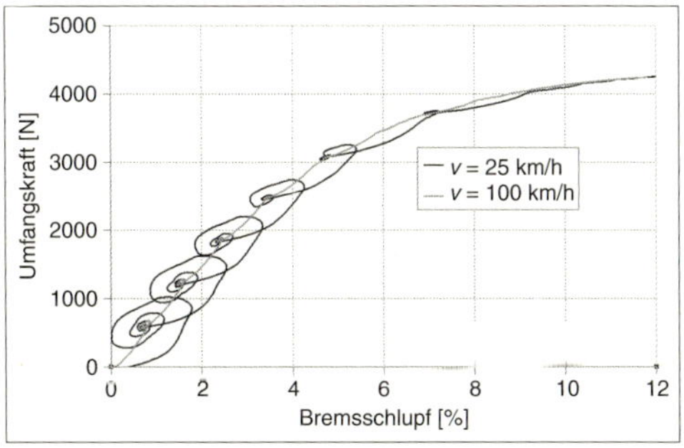

Bild 7.3-19 Dynamische Reifenantwort auf eine stufenweise Erhöhung der Bremskraft.

7.3.4.5 Reifen unter Quer- und Längsschlupf

Hier ist neben der Frage des Kraftschlusses insbesondere auch die Reifencharakteristik für die Beherrschbarkeit eines Fahrzeuges im Grenzbereich interessant. Sportlich geübte Fahrer nutzen einen höheren, schmalen Grenzbereich für höhere Kurvengeschwindigkeiten, für den Normalfahrer ist ein breiter Grenzbereich – in den er ungeübt nur selten in Grenzsituationen kommt – eine Chance.
Zunächst soll **Bild 7.3-20** die Geschwindigkeits- und Schlupfverhältnisse am rollenden Rad unter Schräglauf verdeutlichen.
Der Reifen kann sein maximales Kraftschlusspotenzial jeweils nur in einer Richtung anbieten **(Bild 7.3-21)**.
Da die Kraftschlussmaxima in Umfangsrichtung und Querrichtung bis zu einem bestimmten Grade unterschiedlich sind, wird der verallgemeinernd angesetzte (Kamm'sche) Kraftschlusskreis zu einer Ellipse.

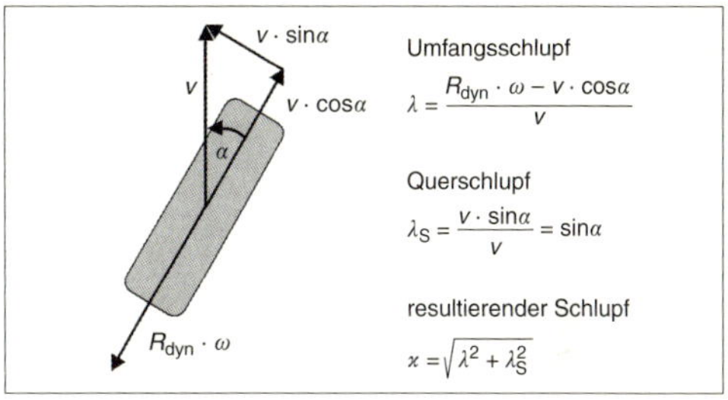

Bild 7.3-20 Geschwindigkeits- und Schlupfverhältnisse am rollenden Rad unter Schräglauf (R_{dyn} = dynamischer Reifenradius, ω = Raddrehzahl, α = Schräglaufwinkel und v = Fahrzeuggeschwindigkeit)

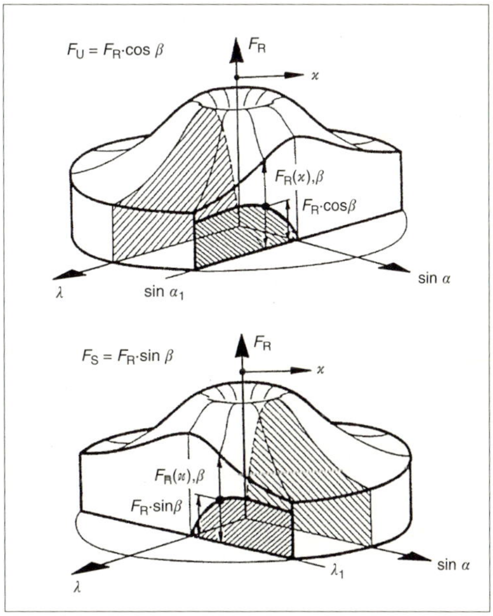

Bild 7.3-21 „Reibungskuchen„ nach Prof. Weber als eine allgemeine Darstellung für die resultierenden Führungskräfte am Reifen (F_U = Umfangskraft, F_S = Seitenkraft, F_R = Reibkraft, χ = resultierender Schlupf, α = Schräglaufwinkel, α_1 = beliebiger Schräglaufwinkel $\neq 0$, λ = Längsschlupf, λ_1 = beliebiger Längsschlupf $\neq 0$, β = Winkel der Richtung der Reibkraft im Kamm'schen Kreis)

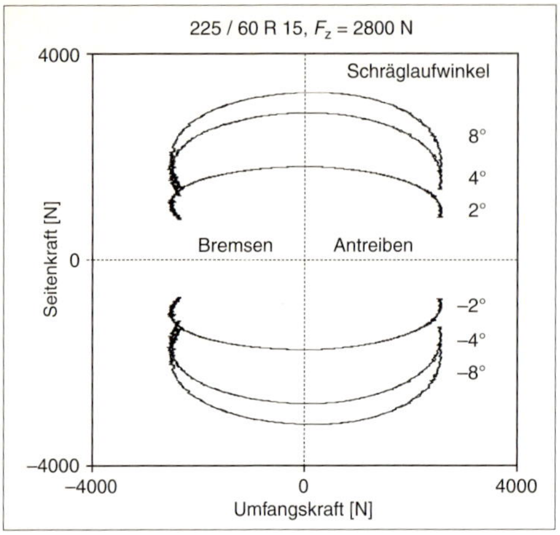

Bild 7.3-22 Kraftschlusspotenzial bei kombinierter Reibkraft durch Seiten- und Umfangskraft.

Für verschiedene Schräglaufwinkel ist das Verhältnis zwischen Seiten- und Umfangskraft in **Bild 7.3-22** dargestellt.

7.3.4.6 Reifengleichförmigkeit

Strukturseitenkraft und Konizität

Reifen laufen ohne Führung durch die Radaufhängung aufgrund ihres Schichtaufbaus der Festigkeitsträger nicht geradeaus. Jeder Reifen besitzt konstante Seitenkräfte, die ein Abweichen von der idealen Gerade bewirken. Diese Kräfte setzen sich zusammen aus der drehrichtungsabhängigen Strukturseitenkraft F_{SS} und der drehrichtungsunabhängigen Konizität F_K. Die Strukturseitenkraft ergibt sich aus der inneren Struktur des Reifens, die Konizitätskraft aus der Reifengeometrie.

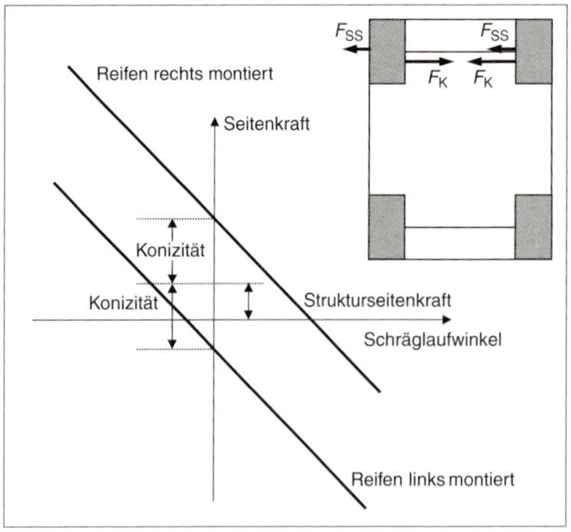

Bild 7.3-23 Einfluss der Drehrichtung auf die resultierenden Kräfte von Strukturseitenkraft F_{SS} und Konizität F_K.

Durch Wenden eines oder mehrerer Reifen auf der Felge lassen sich in der Praxis Reklamationen wegen „einseitigen Ziehens" vielfach beseitigen (**Bild 7.3-23**).

Reifenrundlauf

Eine Reifenungleichförmigkeit beschreibt die Abweichung des Reifens von einem idealen Rotationskörper. Die geometrischen Abweichungen werden durch Höhen- und Seitenschläge dargestellt. Wichtiger sind die Kraftschwankungen des eingefedert rollenden Rades in radialer, lateraler und tangentialer Richtung. Sie stellen die Summenwirkung aus der Variation von Geometrie und Steifigkeit über dem Umfang dar. Im Allgemeinen werden für diese Größen Grenzwerte festgelegt, die nicht überschritten werden dürfen, damit im Fahrzeug diese Störungen nicht spürbar werden.

7.3.5 Reifen als integraler Baustein des Gesamtsystems Fahrzeug

Die Reifenentwicklung wird zunehmend innerhalb des Gesamtsystems Fahrzeug bzw. von Subsystemen unter Einsatz von Simulationswerkzeugen durchgeführt. Ziel ist es, den virtuellen Reifen am virtuellen Fahrzeug im Entwicklungsstadium so zu optimieren, dass nur noch Versuchsmuster mit hoher Erfolgswahrscheinlichkeit auf schnellerem Wege zu einem besseren Verhalten des Fahrzeugs führen. In enger Entwicklungspartnerschaft gibt es in zunehmendem Maße gemeinsame Projekte zwischen Reifen- und Fahrzeugindustrie, in denen im Vorfeld Reifen- und Fahrzeugkonzepte abgestimmt werden.

7.3.5.1 Reifenmechanik, Materialeigenschaften

Die mathematische Beschreibung des Verhaltens von Gummi ist wegen des stark nichtlinearen und über der Zeit veränderlichen Verhaltens anspruchsvoll. **Bild 7.3-24** zeigt einen Zugversuch bei dem in 5 Stufen die Dehnung um jeweils 10% erhöht wurde. In den

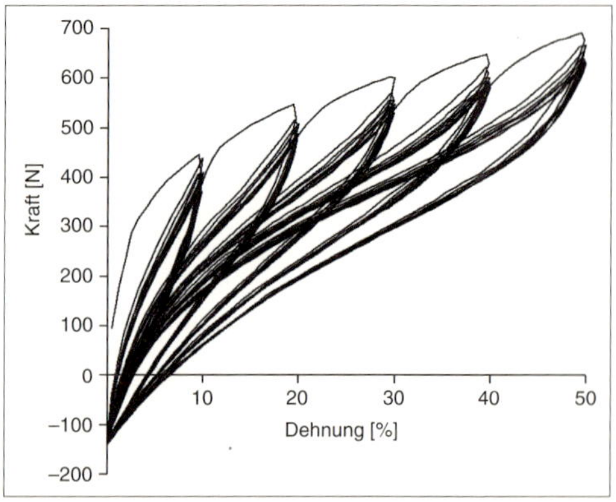

Bild 7.3-24 Experimentelle Untersuchung des Dehnungsverhaltens einer rußgefüllten Gummiprobe bei zyklischer Belastung über 5 Laststufen.

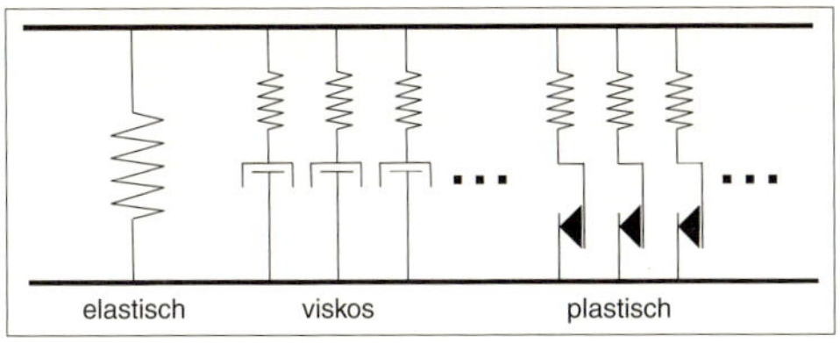

Bild 7.3-25 Ersatzmodell für Gummiverhalten.

jeweiligen Stufen wurde die Dehnung 10 mal hoch- und heruntergefahren. Der erste Zyklus einer Laststufe zeigt immer die höchsten Kraftwerte, die dann während der nächsten Zyklen immer weiter abnehmen, bis ein stationärer Zustand erreicht ist.
Dieses Materialverhalten modellmäßig abzubilden erfordert einen hohen Aufwand für die Simulation. Die Nachbildung kann z. B. durch eine Anordnung von Federn, Dämpfern und Reibelementen erfolgen, die für verschiedene Dehngeschwindigkeiten das elastische, viskose und plastische Gummiverhalten beschreiben **(Bild 7.3-25)**.
Die einzelnen Anteile können physikalisch erklärt werden:
Das elastische Verhalten beschreibt allgemein das Gummiverhalten. Es wird durch eine meist nichtlineare Feder beschrieben, die sowohl die Nichtlinearität der Spannungs-Dehnungs-Kurve als auch die Inkompressibilität berücksichtigt.
Der viskose Anteil kommt aus der geschwindigkeits- d.h. damit auch frequenzabhängigen Steifigkeit des Gummimaterials und beschreibt über das Temperatur-Frequenz-Äquivalent auch das Temperaturverhalten. Je höher die Frequenz oder je tiefer die Temperatur desto härter reagiert Gummi auf eine äußere Belastung.
Die Anpassung des Speicher- (E') und Verlustmoduls (E'') über einen Frequenzbereich von ca. 5 Dekaden **(Bild 7.3-26)** ist mit 10 Maxwell-Elementen bestehend aus je einer Feder und einem Dämpfer möglich.

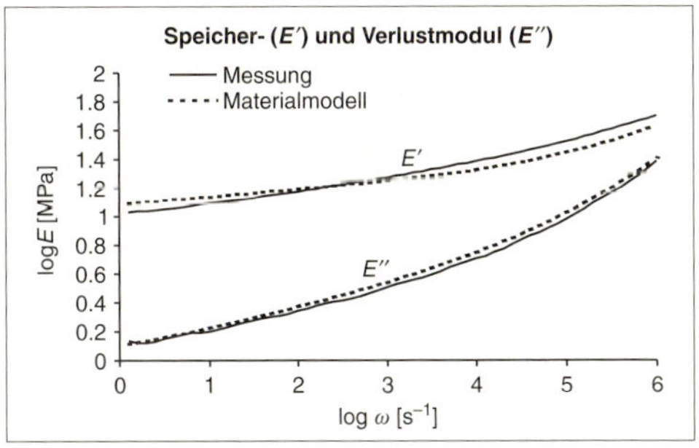

Bild 7.3-26 Anpassung des Materialgesetzes an die Messwerte über einen Frequenzbereich von 5 Dekaden.

Mit dem plastischen Anteil kann der inneren Materialstruktur Rechnung getragen werden. Eine Hypothese besagt, dass unter Deformation die Polymerketten auf den Füllstoffoberflächen gleiten, wodurch eine Reibungshysterese hervorgerufen wird. Sichtbar wird dieses Verhalten in **Bild 7.3-27** dadurch, dass

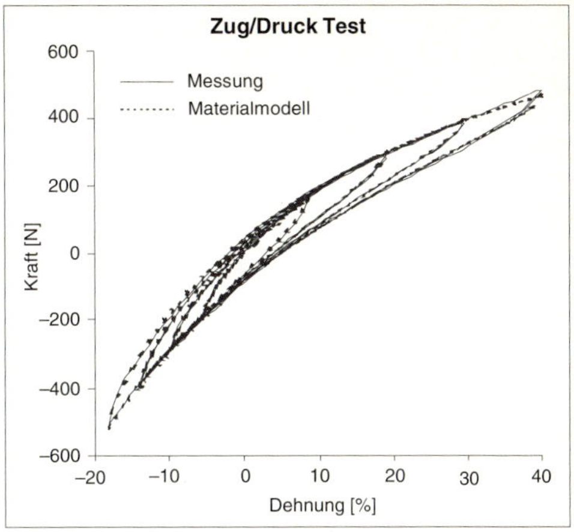

Bild 7.3-27 Anpassung der Materialgesetze an die Materialhysterese im stationären Zustand bei unterschiedlichen Dehnamplituden.

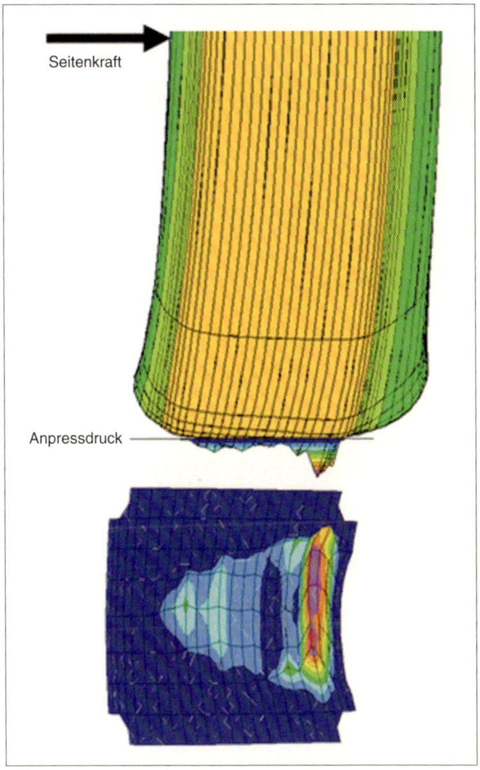

Bild 7.3-28 Reifenberechnung mit der Finiten Elemente Methode (FEM) für einen stationär rollenden Reifen unter Schräglauf mit berechnetem Kontaktdruck und Felgenkräften.

die Kraft auch bei niedrigen Dehngeschwindigkeiten bei Dehnungszunahme (Belastung) größer ist als bei Dehnungsabnahme (Entlastung).

Die Anpassung erfolgt über die Prandtl-Elemente (Feder und Reibelemente), die den plastischen Materialanteil beschreiben **(Bild 7.3-25)**. Sowohl die Kurvenform als auch die typische Gummihysterese für gefüllte Netzwerke werden richtig wiedergegeben.

Das Einbringen der komplexen Gummibeschreibung in Form von Materialgesetzen in die Reifenberechnung ermöglicht eine Vielfalt an Vorhersagen von Reifeneigenschaften. Ein Beispiel ist die Reifenverformung unter Schräglauf im stationär rollenden Zustand mit Informationen über die Kraft- und Reibverhältnisse in der Bodenaufstandsfläche zur Optimierung von Kraftschluss unter Seitenkraft bei Antreiben und Bremsen **(Bild 7.3-28)**.

Dabei müssen den Reibverhältnissen in dem Kontaktbereich Reifen-Fahrbahn besondere Aufmerksamkeit geschenkt werden. Die Kraftübertragung ist im Wesentlichen abhängig von dem lokalen Anpressdruck, der Gleitgeschwingigkeit der Profilklötze und der Temperatur in der Kontaktzone.

Diese Werte müssen durch separate Tests von Materialproben mit der Fahrbahnoberfläche ermittelt werden. Das kann im Labor oder mit mobilen Prüfeinrichtungen auf der Teststrecke durchgeführt werden. Die in **Bild 7.3-11** gezeigte Abhängigkeit des Reibkoeffizienten μ vom Kontaktdruck und der Schlupfgeschwindigkeit muss für eine erfolgreiche Berechung berücksichtigt werden.

Um einen hohen Kraftschluss zu erhalten, sollte bei Optimierungsrechnungen angestrebt werden, den Kontaktdruck möglichst niedrig und die Druckverteilung in der Bodenaufstandsfläche möglichst homogen d.h. ohne Kontaktspitzen zu halten.

Unter Berücksichtigung dieser Kontaktphänomene lassen sich mit FEM-Analysen stationäre Kennlinien für Seitenkraft, Rückstellmoment und Umfangskraft schon recht genau berechnen. Einen Vergleich von gemessenen zu berechneten Seitenkraft-Schräglaufkennlien zeigt **Bild 7.3-29**.

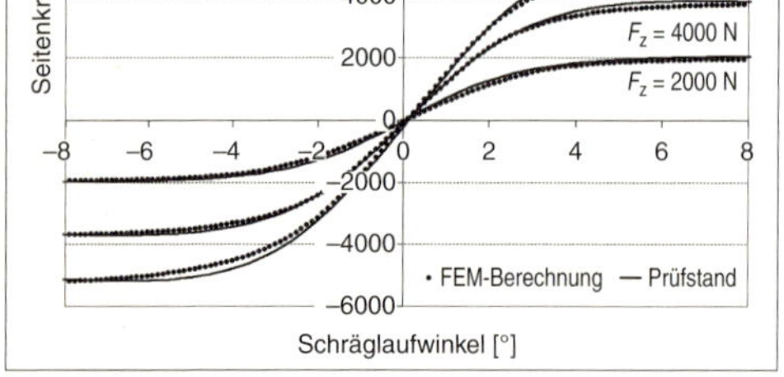

Bild 7.3-29 Vergleich von Prüfstandswerten mit FEM berechneten Seitenkraft-Schräglaufkennlinien für einen Standard-Pkw-Reifen bei drei Radlasten.

Weitere Anwendung findet die FEM bei der Vorhersage von Haltbarkeit, Rollwiderstand, Temperaturverteilung, Abrieb, Aquaplaning, usw.

7.3.5.2 Reifenmodelle

Reifenmodelle dienen dazu, Reifeneigenschaften qualitativ oder quantitativ darzustellen und vorherzusagen. Sie können je nach Anforderung unterschiedliche Komplexität besitzen, beginnend bei einfachen mathematischen bis hin zu detaillierten dynamischen FEM-Modellen.

Als Beispiel für ein einfaches MKS-Reifenmodell (MKS = Mehrkörpersystem), bestehend aus Federn, Massen und Dämpfern, kann das Modell aus **Bild 7.3-30** angesehen werden. Sichtbar sind die Felge und das deformierte Gürtelband sowie die Kräfte an der Achse und in der Reifenaufstandsfläche.

Die zur Berechnung notwendigen Reifenparameter können über spezielle Messungen oder Berechnungen aus komplexeren Reifenmodellen (z.B. FEM) bestimmt werden. Das Modell ist damit in der Lage, eine unebene Straße zu überfahren und die entstehenden Kräfte an die Achse und damit ein angekoppeltes Fahrzeugmodell weiterzugeben. Der Bodenkontakt wird über sog. Bürsten (nicht dargestellt) abgetastet und die entstehenden Kontaktkräfte berechnet.

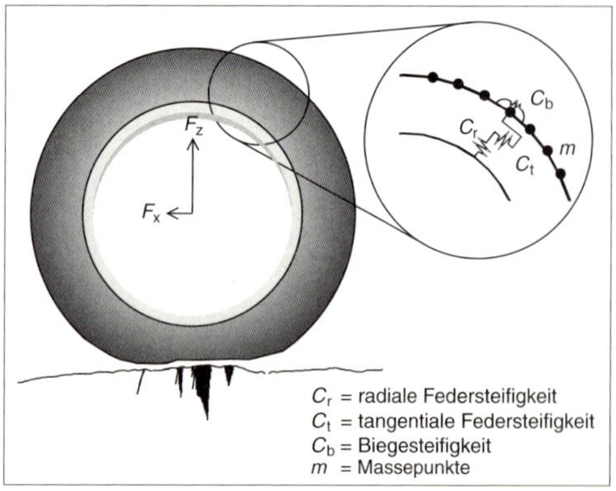

Bild 7.3-30 Einfaches MKS-Reifenmodell (FTire) zur Fahrt über eine raue Straßenoberfläche; Darstellung der Achs- und Kontaktkräfte nach Größe und Richtung

7.3.5.3 Gesamtmodelle

Ein Austausch der Modelle zwischen Reifen–Fahrzeugindustrie am Beispiel Continental, verbreitert die Fahrzeugkompetenz durch Ausweiten der automotiven Produktpalette.

Zur Simulation des komplexen Zusammenspiels von Fahrzeugkomponenten und Reifen kommen bevorzugt Mehrkörpersysteme zum Einsatz **(Bild 7.3-31)**.

Reifenmodelle für die Horizontaldynamik, die mit den Fahrzeugmodellen gekoppelt werden, geben in der Simulation auf ebenen Fahrbahnen und konstan-

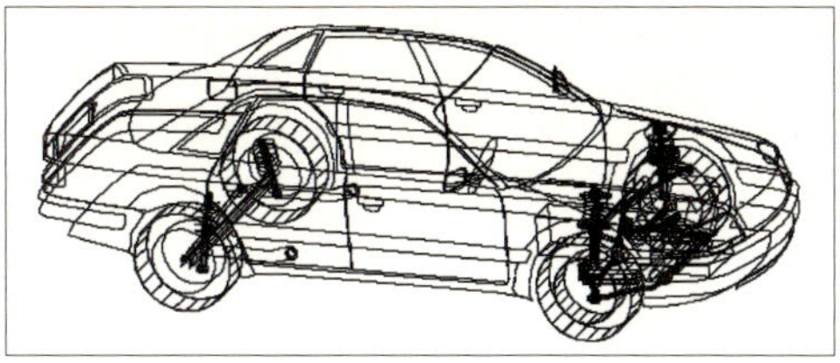

Bild 7.3-31 Komplexes Fahrzeugmodell für die Fahrdynamiksimulation

tem Reibwert das Reifenverhalten mit hoher Genauigkeit wieder. Um Aussagen auch zur Längs- und Vertikaldynamik machen zu können, werden zukünftig auch komplexe Reifenmodelle zum Einsatz kommen, die die Reifenkräfte und -momente auch auf unebenen Fahrbahnen mit wechselnden μ-Werten liefern.

7.3.5.4 Beschreibung des Fahrverhaltens

Die „letzte Instanz" bei der Beurteilung von Komfort und Fahrverhalten ist der Fahrer. Das Verstehen der Physik, die das subjektive Fahrerurteil begründet, ist Voraussetzung für eine gezielte Entwicklung vor allem auf der Basis von Simulationsrechnungen. Der Reifenentwickler wird in die Lage versetzt, die Wirkung konstruktiver und materialtechnischer Maßnahmen auf das Verhalten des Systems Fahrzeug objektiv zu bewerten.

7.3.5.5 Synergien zwischen Reifen und anderen Systemkomponenten

Die Kenntnis der Wechselwirkung zwischen Reifen und anderen Komponenten führt zu Synergien für Eigenschaften und Kosten sowohl im Hinblick auf das System als auch für die Komponenten wie den Reifen.

Als Beispiel kann die Abstimmung von Reifen auf das ABS/ESP-Bremssystem und umgekehrt zur Erreichung möglichst kurzer Bremswege angeführt werden. Sind am Fahrzeug zusätzlich noch geregelte Dämpfer vorhanden, so lassen sich diese ebenfalls mit in eine Abstimmung einbeziehen.

7.3.6 Zukünftige Reifentechnologien

Der etwa 100 Jahre alte Reifen – jünger als das Automobil – hat erhebliches Potenzial für die Zukunft. Der unter 7.3.5. beschriebene Weg wird zu neuen Technologieansätzen führen.

Bei den klassischen Gebrauchseigenschaften werden besonders der Rollwiderstand, die Fahrsicherheit und der Fahrkomfort im Vordergrund stehen. Zunehmend gefordert wird eine ausreichende Pannenlauffähigkeit bei Luftverlust.

7.3.6.1 Reifensysteme mit Notlaufeigenschaften

Die Forderung nach Reifen mit Notlaufeigenschaften werden in zunehmendem Maße von der Automobilindustrie gefordert. Diese leitet sich ab aus dem Anspruch der Verbraucher nach mehr Sicherheit und Komfort sowie dem Wunsch der Fahrzeughersteller, auf das Reserverad zukünftig zu verzichten. Es gibt mehrere unterschiedliche Systemansätze.

Zu heutigen Rad-Reifensystemen kompatible Systeme sind die selbsttragende Karkasse sowie im Rad integrierte Stützringe.

Bei der selbsttragenden Karkasse (**Bild 7.3-32**) werden die Reifenflanken so verstärkt, dass im Falle eines Luftverlustes die Reifenstruktur die Trageigenschaften übernehmen kann. Die Reifenkonstruktion erfordert dafür spezielle Gummimischungen und Verstärkungen, die trotz der hohen Deformation in der Seitenwand nicht überhitzen und damit unnötig hohen Rollwiderstand erzeugen sowie noch akzeptablen Abrollkomfort liefern.

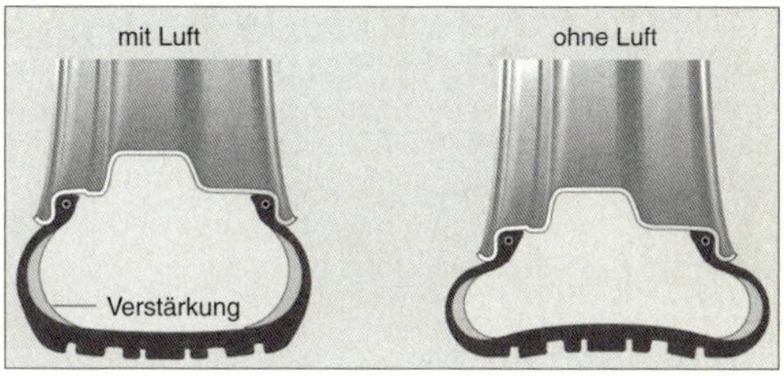

Bild 7.3-32 Reifen mit selbsttragender Karkasse

Bei moderaten Fahrgeschwindigkeiten lassen sich im Pannenlauf durchaus Distanzen bis zu 100 km und mehr zurücklegen. Dem Fahrer wird damit der Reifenwechsel in einer gefahrlosen Umgebung oder einer Werkstatt ermöglicht.

Im Rad integrierte Stützelemente können auf herkömmlichen Felgen zusammen mit herkömmlichen Reifen montiert werden. Im Pannenfall rollt der Reifen auf dem Stützelement ab. Dieses verhindert auch das Abrutschen der Reifenwülste ins Tiefbett. Eine Ausführungsform zeigt **Bild 7.3-33**: Das Tragelement besteht aus einem profilierten Metallring mit Gummifüßen. Im Pannenfall erfolgt eine Schmierung der Kontaktfläche zum Reifen, da hier große Relativbewegungen auftreten.

Ein völlig neuer Weg wird mit dem PAX-System beschritten (**Bild 7.3-34**). Sowohl Reifen als auch

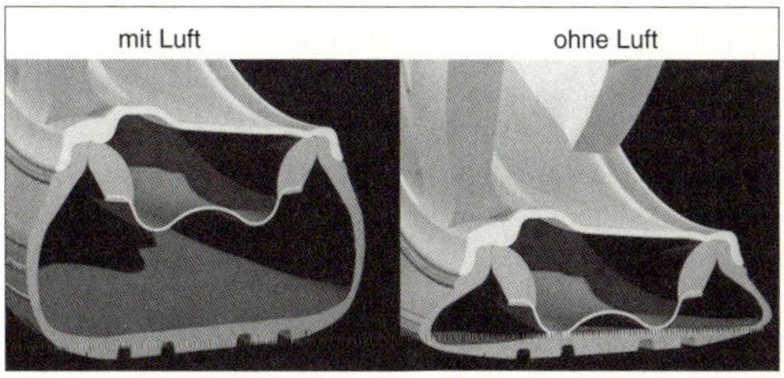

Bild 7.3-33 Metallring mit Gummilagerung im Standardreifen als Stützelement beim Pannenlauf

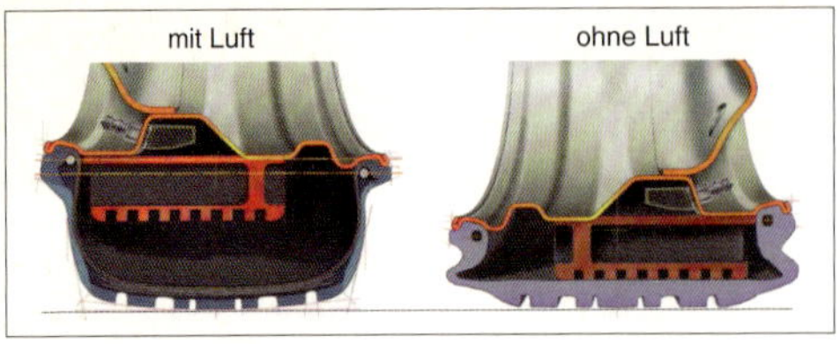

Bild 7.3-34 PAX-System mit Stützring

Felge sind mit bisherigen Systemen nicht mehr kompatibel. Im Innenraum befindet sich das Stützelement. Durch die ungleich hohen Felgenhörner kann es leicht in den Reifen eingebracht werden. Die spezielle Wulstkonstruktion ermöglicht den sicheren Sitz auf der Felge im Notlauf.
Neueste Entwicklungsansätze gehen in Richtung Reifen ohne Innendruck, bei denen die ganze Traglast von der Reifenstruktur getragen wird.

7.3.6.2 Reifenbezogene Zusatzprodukte

Reifenbezogene Zusatzprodukte können z.B. zur Geräuschdämpfung durch Absorber und Resonatoren im Reifen und im Radhaus Eingang finden. Die Auslegung der Reifen erfolgt so, dass die Schallabstrahlung in die Richtung dämpfender Radhausauskleidungen gelenkt wird.

7.3.6.3 Reifendruckkontrolle

Ein weiteres Zusatzprodukt ist die Luftdrucküberwachung während der Fahrt. Die Luftdruckkontrolle von Reifen ist in den USA für Neufahrzeuge bereits gesetzlich vorgeschrieben. Anlass waren viele Unfälle, die aufgrund von Minderluftdruck aufgetreten sind.
Auf dem Markt verfügbar sind zwei unterschiedliche Messprinzipien: Die direkt messenden und die indirekt messenden Systeme.
Bei den direkt messenden Geräten wird über ein im Innenraum des Reifens an der Felge angebrachtes Sensormodul der Luftdruck und die Reifeninnenraumtemperatur gemessen. Per Funk werden die Informationen von allen Rädern an einen Empfänger im Fahrzeug übermittelt. Die heutigen Geräte benötigen eine Batterie; in der Entwicklung sind aber bereits Geräte, die die Energie von außen über elektromagnetische Felder einspeisen oder die die Energie aus der Rollbewegung des Reifens generieren.
Die indirekt messenden Systeme nutzen die Tatsache aus, dass Reifen bei unterschiedlichen Luftdrücken einen unterschiedlichen Abrollumfang haben. Die Raddrehzahl kann leicht über die ABS-Sensoren bestimmt werden. Diese Systeme benötigen keine zusätzlichen Sensoren und können zusammen mit einem ABS-System relativ preiswert realisiert werden.
Die Genauigkeit der aufwändigeren, direkt messenden Systeme wird von den indirekt messenden Systemen nicht erreicht. Beide Systeme geben dem Fahrer eine Warnung bei Luftverlust und sind bereits mit stark zunehmender Durchdringung im Markt. Mit der Überwachung des Reifendruckes im Fahrzeug wird die Anzahl von Pannenfällen durch Früherkennung entscheidend reduziert und damit ein entscheidender Schritt zu mehr Sicherheit vollzogen.
Bei Fahrzeugen mit Reifendruckregelung wird die Kontrolle vom Regelsystem übernommen.

7.3.6.4 Auf Reifen abgestimmte Komponenten im Fahrwerk

Für eine Abstimmung zwischen Reifen und Fahrwerkskomponenten bietet sich z.B. das Federbeinkopflager an, so dass die reifenspezifischen Anregungen im Geräusch- und Vibrationsbereich von der Einleitung in das Chassis abgekoppelt werden. Gleiches gilt auch für andere Fahrwerkslager.
Es zeichnet sich ab, dass zukünftig auch adaptive Fahrwerklager zum Einsatz kommen, die situative Verstellmöglichkeiten bieten und speziell auf die Reifenbedürfnisse angepasst sind.
Als weiterer Trend wird die Optimierung von Reifen und Fahrwerk auf bestimmte Betriebszustände wie zum Beispiel Kurvenfahrt oder Bremsen an Bedeutung zunehmen. Für den Reifen kann das bedeuten, dass die Vergleichmäßigung der Kontaktkraft in der Reifenaufstandsfläche unter unterschiedlichen Einsatzbedingungen eine bessere Ausnutzung des Kraftschlusspotenzials zur Folge hat. Erste Veröffentlichungen haben das bestehende Optimierungspotenzial bereits aufgezeigt.

7.3.6.5 Materialentwicklung

Die Anhebung der Kompromisslage zwischen Kraftschlusserhöhung und Rollwiderstandsreduzierung steht seit jeher im besonderen Blickpunkt der Materialentwicklung. Mit der Einführung der Silikatechnologie ist bereits ein bedeutender Schritt zur Überwindung der Kompromisslage gelungen (**Bild 7.3-35**).
Darüber hinaus zeichnet sich ab, dass der Gummi selbst noch ein Entwicklungspotenzial in Richtung

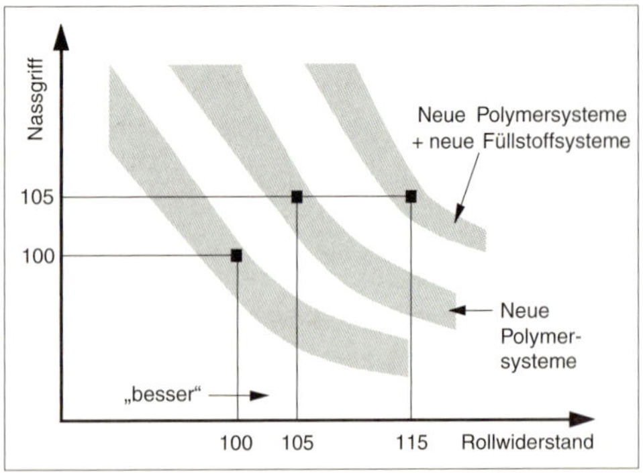

Bild 7.3-35 Potenzial neuer Mischungskonzepte zur Minderung der Kompromisslage Nassgriff zu Rollwiderstand (Rollwiderstand >100% bedeutet geringere Energiedissipation, daher „besser“)

eines adaptiven Werkstoffes besitzt. Als Beispiel dafür sind sogenannte „partiell thermoreversible Kautschuknetzwerke“ zu nennen. Zusätzliche, chemisch maßgeschneiderte, thermoreversible Vernetzungsdomänen auf Basis supramolekularer Strukturen werden in das konventionelle Polymernetzwerk so integriert, dass sich die viskoelastischen Eigenschaften einer Reifenlauffläche den Einsatzbedingungen hinsichtlich Temperatur, Frequenz und Verformung anpassen können.
Die Entwicklung des Verständnisses bruchmechanischer Vorgänge auf molekularem Niveau und die Erarbeitung darauf aufbauender Konzepte zur Vorhersage der Lebensdauer von Gummiwerkstoffen sind eine weitere Herausforderung an die Materialforschung am Reifen.

7.3.6.6 Reifen mit erweiterten Funktionen

In seiner Funktion zuverlässig Kräfte und Momente im Kontakt zur Fahrbahn zu übertragen und somit Fahrstabilität sowie Fahrkomfort zu gewährleisten, ist der Reifen die Systemkomponente, die alles „erfährt“, was sich zwischen Fahrzeug und Straße – sozusagen direkt vor Ort – abspielt.
Unter der Überschrift „intelligenter Reifen“ werden verschiedene Ansätze verfolgt, die Funktionen von Reifen, insbesondere auch mit geeigneter Sensorik, zu erweitern. Entwicklungsziel ist ein Reifen, der als integrale Komponente des Fahrwerks möglichst viele Informationen an Fahrer und Fahrzeug liefert.
Der Reifen wird über seine derzeitige Funktion hinaus zum Datenträger und Datengeber zur Erfassung und Bereitstellung von Informationen über

- seine *Identität* und seine *Eigenschaften* (z.B. Herstellungsdatum, Sommer- oder Winterreifen),
- seinen *Zustand* (z.B. Reifendruck, Reifentemperatur),
- den *Fahrbahnzustand* (eisig, verschneit, nass, trocken) und
- den *Fahrzustand* (aktuell wirkende Kräfte und Momente).

Diese Daten dienen zur direkten Information des Fahrers und als Eingangsgrößen für elektronische Sicherheits- und Komfortsysteme.
Von Seiten der Automobilindustrie wird heute schon die Einbringung von Elektronik in den Reifen zur eindeutigen Identifizierung von Reifen und zur automatischen Dokumentation der Zuordnung zum Fahrzeug gefordert.
Dies soll über RFID-Transponder (RF = Radio Frequency) geschehen, die zum Lesen und Schreiben mit einer externen Antenne angefunkt werden. Jeder Transponder besitzt eine Identifikationsnummer und kann mit zusätzlichem Speicherplatz für eine Speicherung von Daten ausgestattet sein. Die vom Reifenhersteller abgelegten Daten wie DOT-Nummer, Reifengröße, Seriennummer, Profilvariante, Lastindex aber auch Messdaten können bei Bedarf ausgelesen und um weitere Informationen ergänzt werden.
Reifen werden zukünftig mit geeigneten Sensorsystemen Luftdruck, Temperatur, Kräfte, Geschwindigkeit und Beschleunigungen detektieren, die, ins Fahrzeug übertragen, als Kontrollsignale für Fahrdynamik-Regelsysteme zur Verfügung stehen. Darüber hinaus werden Ansätze verfolgt, das aktuelle maximale Kraftschlusspotenzial zwischen Reifen und Fahrbahn abzuschätzen.
Ein Wunsch für die Zukunft ist, dass der Reifen nicht nur seinen oder den Zustand der Umgebung detektiert, sondern sich aktiv an die jeweilige Fahrsituation anpasst.
Das kann z.B. heißen: wenn in einer Fahrsituation keine besonderen Anforderungen gestellt werden, rollt der Reifen leise, komfortabel und mit wenig Rollwiderstand. Wenn Seiten- oder Bremskraft gefordert sind, wird der Kraftschluss mit der Straße erhöht und das Profil versteift sich, um ein Kippen der Profilklötze zu verhindern. Bei Aquaplaning vergrößern sich die Profilrillen, um mehr Wasser abführen zu können.
Es gibt die Vision, durch Ein- und Ausschalten von elektromagnetischen Feldern chemische „Schalter“ in den Reifenmischungen zu aktivieren oder über magneto- oder elektrorheologische Effekte, die Verbindungsstellen im Gummi nach Bedarf knüpfen und lösen können, um so die Steifigkeit und den Rollwiderstand gezielt zu verändern.
Auf diesem Gebiet ist noch viel Grundlagenarbeit zu leisten. Daher wird der Reifen als Aktuator wohl noch einige Zeit auf sich warten lassen.

Literatur

Ammon, D.; Gipser, M.; Rauh, J.; Wimmer, J.: Effiziente Simulation der Gesamtsystemdynamik Reifen-Achse-Fahrbahn, Reifen, Fahrwerk, Fahrbahn, VDI-Berichte Nr. 1224, 1995

Andre, F.: OPC Michelin Fahrwerksystem, 11. Aachener Kolloquium Fahrzeug- und Motorentechnik 2002

ATZ, Drucklose Reifen-Felgen-Kombination, ATZ, März 2005, Seite 182

Bachmann, Th.: Literaturrecherche zum Reibwert zwischen Reifen und Fahrbahn, Fortschritt-Berichte VDI Reihe 12: Verkehrstechnik/Fahrzeugtechnik Nr. 286, VDI Verlag

Becherer, Th.; Oehler, R.; Raste, Th.: Der Seitenwandtorsions-Sensor SWT, ATZ Automobiltechnische Zeitschrift 11/2000

Becker, A.; Seifert, B.: Simulation von Abrieb und von Reifenkennwerten für Handling mit einem stationär rollenden FE-Reifenmodell, 6. Fachtagung Reifen Fahrwerk Fahrbahn 1997, VDI Berichte 1350

Becker, A.; Dorsch, V.; Kaliske M.; Rothert, H.: A material model for simulating the hysteretic behavior of filled rubber for rolling tires, Tire Science and Technology, Vol. 26, No. 3, 1998

Böhm, F.; Willumeit, H.-P.: Proceedings of the 2nd International Colloquium on Tyre Models for Vehicle Dynamic Analysis, University of Berlin, Swets & Zeitlinger Publishers, 1997

Bungart, Th.; Huinink, H.: Alles über Reifen, ReifenMagazin 2/03, 3/03, 4/03, 5/03, 1/04

Clark, S. K.: Mechanics of Pneumatic Tires, U.S. Department of Transportation National Traffic Safety, Administation Washington, D.C. DOT HS 805 952, August 1981

Eichhorn, U.: Reibwert zwischen Reifen und Fahrbahn – Einfluss und Erkennung, Dissertation TH Darmstadt, Fachgebiet Fahrzeugtechnik Fortschritt-Berichte VDI Reihe 12 Nr. 222, Düsseldorf VDI-Verlag, 1994

Eichler, M.: A ride comfort tyre model for vibration analysis in full vehicle simulation, Vehicle System Dynamics Supplement 27, Swets & Zeitlinger B.V., Lisse, the Netherlands, 1997, pp. 109–122

Ernst, G. K.: Nassgriff: Dauerauftrag für die Reifenentwicklung, Tagungsband HDT, Essen, 11/94

ETRTO, Standard Manual, Brüssel

ETRTO, Engineering Design Information, Brüssel

Fach, M.: Lokale Effekte der Reibung zwischen Pkw-Reifen und Fahrbahn. Dissertation TU Darmstadt, 1999, Fortschritt-Berichte VDI Reihe 12 Nr. 411, Düsseldorf VDI-Verlag 2000

Fischlein, H.; Gnadler, R.; Unrau, H.J.: Der Einfluss der Fahrbahnoberflächenstruktur auf das Kraftschlussverhalten von PKW-Reifen bei trockener und nasser Fahrbahn, ATZ Automobiltechnische Zeitschrift 10/2001

Gabler, A.; Straube, E.; Heinrich,, G.: Korrelationen des Nassrutschverhaltens gefüllter Vulkanisate mit ihren viskoelastischen Eigenschaften, Kautschuk Gummi Kunststoffe 46, Jahrgang Nr. 12/93

Gipser, M.: FTire Software: Advances in Modelization and Data Supply, 25th Annual Meeting and Conference on Tire Science and Technology, Akron, 2006

Goertz, H.; Hüsemann, Th.: Der intelligente Reifen – Ein Ansatz zum unfallfreien Verkehr, tyre.wheel.tech, München, 2004

Haken, K.-L.; Essers, U.; Wohanka, U.: Neue Erkenntnisse zum Einfluss der Reifenbreite und -querschnittsform auf die Reifeneigenschaften und ihre Berücksichtigung bei der Fahrwerksauslegung, VDI-Tagung „Reifen, Fahrwerk, Fahrbahn", Hannover, 1993

Heinrich, G.: The dynamics of tire tread compound and their relationship to wet skid behaviour, Progress in colloid & polymer science 90 p. 16–26, 1992

Heinrich, G.; Schramm, J.; Klüppel, M.; Müller, A.; Kendziorra, N.; Kelbch, S.: Zum Einfluss der Straßenoberflächen auf das Bremsverhalten von PKW-Reifen, VDI-Tagung „Reifen, Fahrwerk, Fahrbahn", Hannover, 2003

Holtschulze, J.: Analyse der Reifenverformungen für eine Identifikation des Reibwerts und weiterer Betriebsgrößen zur Unterstützung von Fahrdynamikregelsystemen, Schriftenreihe Automobiltechnik, ika RWTH Aachen, 2006

Huinink, H.; Schröder, C.: Dynamische Interaktion Bremse – Reifen – Straße, XVIII. Internationales μ-Symposium Bremsen-Fachtagung, Fortschritt-Berichte VDI Reihe 12 Nr. 373, Düsseldorf VDI-Verlag, 1999

Hüsemann, T.; Goertz, H.: Bestimmung der Reibwerte zwischen Reifen und Fahrbahn – Ein methodischer Ansatz, 15. Aachener Kolloquium Fahrzeug- und Motorentechnik, 2006

Kaliske, M.; Rothert, H.: Internal material friction of rubber modelled by multiplicative elasto-plastic approach, Preceedings of the 4th International Conference on Computational Plasticity, Barcelona, 1995

Kendziorra, N.; Härtel, V.: Einsichten in die Dynamik des Reifen / Fahrbahn-Kontaktes und deren Bedeutung für geregelte Bremsvorgänge, VDI-Tagung „Reifen, Fahrwerk, Fahrbahn", Hannover, 2003

Kluge, St.; Volk, H.: Der intelligente Reifen – Neue Trends und Entwicklungen, 4. Darmstädter Reifenkolloquium, 2002

Lion, A.; Espenau; Kardelky, C.: Representation of the Thermomechanical Behaviour of Reinforced Rubber in Continuum Mechanics, Int. Rubber Conference, Nürnberg, 2003

Mitschke, M.: Dynamik der Kraftfahrzeuge, Antrieb und Bremsung, Band A, 3. neubearbeitete Auflage, Springer Verlag Berlin, 1995

Normann, N: Reifendruck-Kontrollsystem für alle Fahrzeugklassen, ATZ Automobiltechnische Zeitschrift 102 (2000)

Ozawa, Y.; Endo, N.; Kondo, H.;Shimizu, T.; Morita, K.: Recent Developments in Tire Elastomers, Int. Rubber Conference, Nürnberg, 2003

Pacejka, H. B.; Besselink, I. J. M.: Magic Formula Tyre Model with Transient Properties, Swets & Zeitlinger B.V., Lisse, the Netherlands, 1997, pp. 234–249

Reimpell, J.: Fahrwerktechnik, Reifen und Räder, Vogel Verlag, 1982

Rhyne, T. B.; Cron, S. M.: Development of a Non-Pneumatic Wheel, Tire Science and Technology, 2006

Scaltritti, D.; Matrascia, G.; Danesin, D.; Girardin, Ch.: A new methodology for indoor and out-door tyre testing, tyre.wheel.tech, München, 2004

Schröder, C.; Chung, S.: Influence of tire characteristic properties on the vehicle lateral transient response, 8th Annual Meeting and Conference on Tire Science and Technology, Akron, Ohio, March, 1994

Strothjohann, Th.; Breuer, B.; Dollinger, F.; Köbe, A.; Prenninger, M.: Potentiale der Oberflächenwellentechnologie für den Darmstädter Reifensensor. 3. Darmstädter Reifenkolloquium. Fortschritt-Berichte VDI Reihe 12 Nr. 437, Düsseldorf VDI-Verlag 2000

Tomka, G. J.; Eaton, S.; Milne, J.; Hall, W.; Jones, P.; Mottram, J. T.: Foresight Vehicle: Smarter Tires Using Advanced Sensors for Improved Safety, SAE 2002-01-1871, 2002

Wallentowitz, H.: Fahrwerkstechnologie im nächsten Jahrtausend, Tag des Fahrwerks am 5. Oktober 1998 im Institut für Kraftfahrwesen Aachen (ika)

Wang, Y. Q.; Gnadler, R.; Schieschke, R.: Einlaufverhalten von Automobilreifen, ATZ Automobiltechnische Zeitschrift 96/1994

Weber, R.: Reifenführungskräfte bei schnellen Änderungen von Schräglauf und Schlupf, Habilitationsschrift, Fakultät Maschinenbau, Universität Karlsruhe, 1981

Zegelaar, P.W.A.: The dynamic response of tires to brake torque variations and road unevennesses, Dissertation Delft University, 1998

7.3.7 Räder

7.3.7.1 Einführung/Historie

Das Rad zählt zu den bedeutendsten Erfindungen der Menschheit. In der Natur gibt es keine Vorbilder. Es ist aus Rollen oder Walzen entstanden, die zum Transport schwerer Lasten beim Bau der Pyramiden verwendet wurden. Um 4000 v.Chr. kam man auf die Idee, hölzerne Kreisscheiben mit einer Achse zu verbinden. Die Sumerer hatten um 3000 v.Chr. Fahrzeuge, auch mit 4 Rädern, in Gebrauch. Von der Kreisscheibe bis zum Holzspeichenrad mit „Reifen" aus Metall zur Verschleißreduzierung, wie etwa 1000 v.Chr. von den Assyrern erstmalig verwendet, vergingen 3000 Jahre. Nahezu weitere 3000 Jahre dauerte es, bis mit der industriellen Revolution weitere Bauweisen aufkamen, die teilweise bis heute Bestand haben (Stahlspeichenrad, 1888 Luftreifen, Vollscheibenstahlrad).

Es folgte 1926 das erste Aluminium Gussrad auf einem Bugatti. Heute werden Räder hauptsächlich aus Stahl oder Aluminium gefertigt. Welche Bauweisen letztendlich zum Einsatz kommen, wird vom Belastungsprofil, den fahrdynamischen Anforderungen, der Ästhetik und den Kosten bestimmt. Der Zwang zum Energiesparen und damit auch zur Reduzierung der Luftverschmutzung erfordert konsequenten Leichtbau.

7.3.7.2 Normung/Terminologie

Räder sind durch die Europäische ETRTO – Norm in Bezug auf Größen und Felgenprofile festgelegt. Je nach verwendeten Reifen kommen unterschiedliche Profile zur Anwendung.

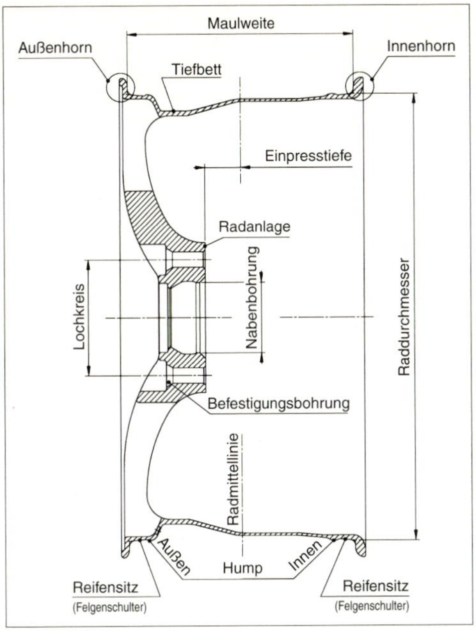

Bild 7.3-36 Rad Terminologie

Die Schnittstelle zum Fahrzeug (Bremsenfreigängigkeit, Einpresstiefe, Lochkreis, Nabenbohrung) ist sehr individuell und wird vom Fahrzeughersteller vorgegeben. Alle anderen Bereiche (Radschüssel, Felgenaußenseite, teilweise auch Felgenkontur) folgen stilistischen Vorgaben und den Belastungsanforderungen (**Bild 7.3-36**).

7.3.7.3 Wesentliche Herstellverfahren

- Gießen
  - Aluminium- und Magnesium-Rad
    - Niederdruck Kokillenguss
    - Schwerkraft Kokillenguss

Bild 7.3-37 3D Modell

- Gesenkschmieden (Pressen)
  - Aluminium – und Magnesiumrad
- Blechumformung/Stanzen/Walzen
  - Stahlrad, Aluminium-Bandrad

7.3.7.4 Serieneinsatz (Marktanteile heute und in Zukunft)

Weltweit wurden 2005 für Pkw- und Leicht-Lkw Neufahrzeuge weit mehr als 300 Mio. Räder benötigt. In Deutschland und USA ist dabei der Aluminium-Rad-Anteil bereits über 50 % mit weiter steigender Tendenz. Sonderkonstruktionen, wie mehrteilige Räder und Räder aus exotischen Werkstoffen (Magnesium, Kunststoffe, Verbundwerkstoffe), spielen hierbei eine vernachlässigbare Rolle.

7.3.7.5 Entwicklungs-Methodik

7.3.7.5.1 CAD Konstruktion

3D Geometrie (**Bild 7.3-37**), 2D Zeichnungsableitung, Surface, Solids. Diese Daten werden für die Festigkeitsanalyse, Gieß-/Umformsimulation, Herstellung der Kokille, Schmiedeform, Spannmittel, Prüfpläne und zur Programmierung der Bearbeitungsmaschinen benötigt.

7.3.7.5.2 Finite Elemente Analyse

Mit Hilfe der Finite Elemente Analyse können vielfältige, mehrachsige Lastfälle im Rad simuliert werden. Die FE – Lastmodelle der üblichen Prüfstände (Umlaufbiegung – **Bild 7.3-41** und Abrollen – **Bild 7.3-42**) ermöglichen relativ genaue Vorhersagen zur Versagenswahrscheinlichkeit, vorausgesetzt der Hersteller verfügt über eine umfangreiche Ergebnisdatenbank und daraus abgeleitete Bauteilermüdungskurven zum jeweils verwendeten Material und Herstellverfahren. Daraus lassen sich die maximal zulässigen Vergleichs-Spannungen ermitteln. Die Zwarp-

Entwicklungsziele	Einfluss auf
Geringes Gewicht, geringes Massenträgheitsmoment	Fahrdynamik, Kraftstoffverbrauch
Stabilität, Steifigkeit	Fahrdynamik, Lebensdauer, Deformationen
Dauerfestigkeit, Duktilität	Sicherheit, Lebensdauer
Korrosionsschutz	Werterhalt, Optik, Sicherheit
Ästhetik	Marketing, Verkaufsargument
Gute Bremsenkühlung	Sicherheit

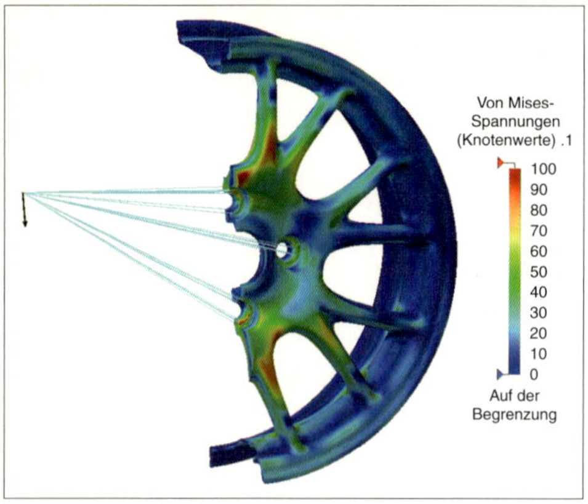

Bild 7.3-38 FE-Analyse (Umlaufbiegemodell)

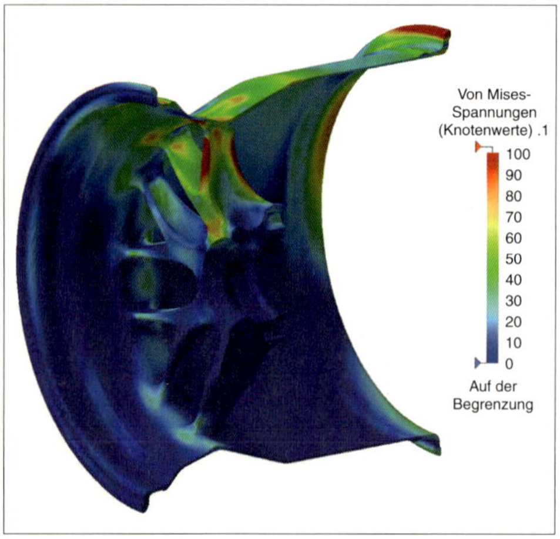

Bild 7.3-39 FE-Analyse (Steifigkeitsmodell, Hoch- und Seitenkraft)

Prüfung (zweiaxiale Abrollprüfung) und auch die Impact-Prüfungen werden noch mit empirischen Methoden mit Hilfe von statischen Ersatzmodellen simuliert, da nicht-lineare Berechnungsmethoden bisher wegen des hohen Aufwands nicht gerechtfertigt waren.

7.3.7.5.3 Prüfstandserprobung

Die Prüflasten und Anforderungen ergeben sich aus:

- Fahrzeuggewicht
- Reifen (dynamischer Abrolldurchmesser, laterale Haftreibungszahl μ)
- Prüfkriterien (Fahrzeughersteller, TÜV)
- Oberflächenanforderung
- Thermische Belastung

Daraus ergeben sich für die FE Analyse die entsprechenden Randbedingungen wie:

- Radlast
- Seitenkraft
- Stoßfaktoren → Bodenwellen, Schlaglöcher, Schwellen, Bordsteine
- Antriebs- und Bremsmomente
- Materialeigenschaften

Verschiedene, standardisierte Prüfungen helfen die Dauerfestigkeit und Crashsicherheit nachzuweisen.

- Umlaufbiegeprüfung
  Bei Kurvenfahrt wird das kurvenäußere Rad durch Seitenkraft und erhöhte Radiallast belastet. Diese Kräfte erzeugen im Rad zwei Biegemomente deren Werte durch den dynamischen Halbmesser (r_{dyn}) und die Einpresstiefe (e od. ET) als Hebelarme bestimmt werden. Für die Umlaufbiegeprüfung wird als Prüflast die zweifache max. Radlast angesetzt (Abheben kurveninneres Rad, **Bild 7.3-40**). Das so ermittelte Biegemoment wird dann zum Nachweis der Dauerfestigkeit bei der Umlaufbiegeprüfung **(Bild 7.3-41)** erzeugt, wobei unterschiedliche Anforderungen über die prozentuale Höhe geregelt werden.

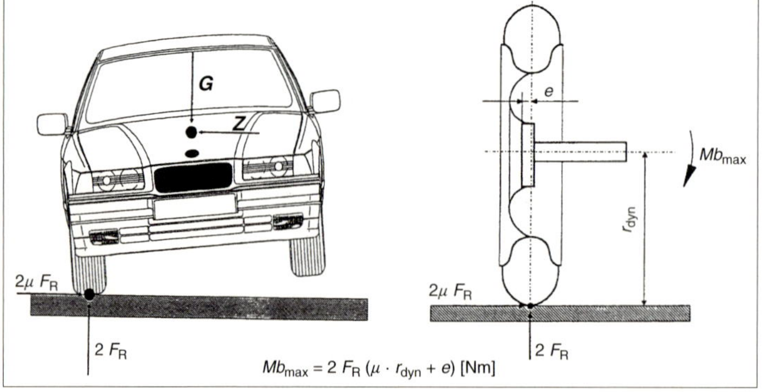

Bild 7.3-40 Kräfte am Rad (TÜV Vereinfachung)

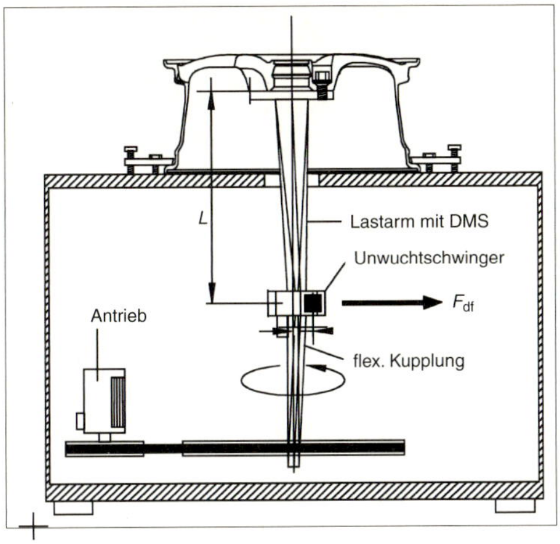

Bild 7.3-41 Umlaufbiegeprüfung (schematisch)

- Radiallastprüfung
  Diese dynamische Prüfung dient ebenfalls, wie die Umlaufbiegeprüfung, zum Absichern der Ermüdungsfestigkeit, normalerweise unter konstanter Radiallast (bei Pkw 2.5-fache maximale Radlast). Einige Automobilhersteller fordern jedoch eine zusätzliche Seitenkraftkomponente, die durch Schrägstellung (Lenkwinkel) erzeugt wird.
- Zweiaxiale Räderprüfung (ZWARP)
  Umlaufbiege- und Abrollprüfung können die Realität nicht in allen Bereichen des Bauteils genau abbilden. 100 %ige Sicherheit ist deshalb nicht gewährleistet, wie Räder mit Anrissen nach längerem Fahrbetrieb in der Vergangenheit immer wieder zeigten. Aus diesem Grund wurde vom Fraunhofer-Institut (LBF in Darmstadt) vor einigen Jahren die ZWARP Prüfung entwickelt. Das bereifte Rad wird dabei einer ständig wechselnden dynamischen Belastung in radialer und lateraler Richtung ausgesetzt. Die Steuerungssoftware ermöglicht dabei das Nachfahren verschiedener, realitätsnaher Lastkollektive wie Hockenheimring, Nürburgring und den sog. Europazyklus.

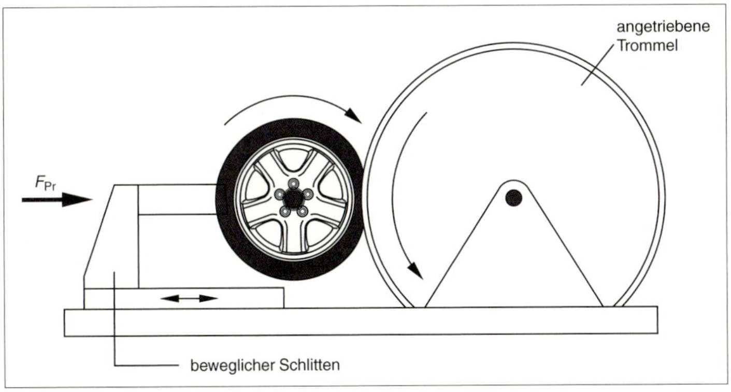

Bild 7.3-42 Radiallastprüfstand (schematisch)

Bild 7.3-43 Zweiaxiale Räderprüfung (ZWARP)

- Impact Test (SAE J175)
  Mit dieser Prüfung wird ein seitlicher Aufprall auf einen Bordstein simuliert. Dabei wird das bereifte Rad (Felgenhorn außen und die Radschüssel) einer hohen dynamischen Belastung ausgesetzt, welche durch ein Fallgewicht erzeugt wird. Der Impact darf nicht zum schlagartigen Luftverlust oder Bruch führen.

- Cass Test 240 h/Salzsprühtest 1000 h SS DIN 50021
  Die Prüfungen dienen zum Nachweis der Korrosionsbeständigkeit. Die Lackoberfläche wird vor Testbeginn teilweise bis auf das Grundmaterial vorgeschädigt (Ritzspur, Steinschlag) und danach mit einer Salzlösung besprüht.

- Radialschlagtest
  Hierbei fällt ein Gewicht mit einer Schlagfinne auf das stehende bereifte Rad. Diese Prüfung simuliert das Überfahren eines Hindernisses. Die Aufprallgeschwindigkeit beträgt bis zu 5,2 m/s. Die Fallenergie wird abhängig von der Radlast in bis zu 3 Laststufen eingestellt.

- Wechseltorsionsprüfung
  Hierbei wird das Rad einem wechselnden Torsionsmoment zur Simulation der Brems- und Antriebskräfte ausgesetzt. Dieser Test ist für Kraftrad – Räder zwingend vorgeschrieben, bei Pkw-Rädern nur, falls hinsichtlich der Anzahl und Querschnitte der Speichen Bedenken bestehen.

- Werkstoffprüfung
  Diese wird zur Absicherung an den geprüften Rädern – um bei späteren Ausfällen im Fahrbetrieb Werkstofffehler ausschließen zu können – und während der Serie durchgeführt. Mindestwerte für Zugfestigkeit, Streckgrenze und Bruchdehnung sind vorgegeben (Fahrzeughersteller, TÜV).

7.3.7.5.4 Fahrerprobung im Rahmen der Fahrzeugentwicklung (Dauerläufer)

Im Rahmen der Fahrerprobung bei neuen Fahrzeugmodellen wird das Serienrad beim Automobilhersteller „freigefahren", das heißt alle Aspekte hinsichtlich Fahrdynamik, Struktur- und Korrosionsfestigkeit werden geprüft.
Es gibt zahlreiche weitere Prüfungen, die jedoch meist Fahrzeughersteller-spezifisch angewandt werden.

7.3.7.5.5 Entwicklungstendenzen zur Methodik

- automatisierte Strukturoptimierung, Bionik für Radspeichen, Evolutionsstrategien
- Lastwechselvorhersagen zur ZWARP-Prüfung (Software, welche die Ergebnisse dieser Prüfung prognostiziert)
- Gießsimulation
- Umformsimulation

7.3.7.6 Fertigungsverfahren – Weiterentwicklung

7.3.7.6.1 Stahlrad

Das Stahlscheibenrad (**Bild 7.3-44**), immer noch Basisausstattung bei vielen Pkw im unteren Median und bei Nkw fast ausschließlich verwendet, hat Kostenvorteile. Allerdings gilt dies nur für die Großserie, wegen der hohen Anfangsinvestition in Anlagen und Werkzeuge. Es wird aktuell aus höherfesten Stählen gefertigt und besteht aus zwei verschweißten Teilen, der Felge und der Radschüssel. Neuere Entwicklungen ermöglichen durch eine beanspruchungsgerechte, variable Materialverteilung in der Felge Gewicht zusätzlich einzusparen. Dabei werden die weniger belasteten Bereiche der Felgenschultern ausgedünnt. Dieses wird in heutigen Serienproduktionen mittels Drückwalzen des gerundeten zylindrischen Felgenbandes oder in einer Kombination Drückwalzen und Felgenprofilierung ausgeführt.

Bild 7.3-44 Stahlscheibenrad

Felgenherstellung:	Coil → Zuschneiden → Rundwalzen, → Verschweißen → Entgraten → Rund drücken → Voraufweiten → Profilieren (3 Operationen) → Kalibrieren → Ventilloch Stanzen und Entgraten
Radschüssel:	Coil → Zuschneiden → Tiefziehen/Formpressen (3 – 5 Operationen) → Stanzen Lüftungs- und Bolzenlöcher → Entgraten Lüftungslöcher
Komplettrad:	Verschweißen → Oberflächenbehandlung (Reinigen, Entfetten, Tauchlackieren)

Mit Full/Semi-Full-Face Scheibenrädern, bei denen die Anbindung der Felge an die Radschüssel am Felgenhorn oder unter dem äußeren Reifensitz statt im Tiefbett erfolgt, wird das Aussehen wegen der größeren Schüssel verbessert. Ebenfalls zur Aufwertung der Optik aber auch zur Verbesserung der Bremsenkühlung, wurde neuerdings die klassische Speichenradoptik (5 oder mehr Speichen) umgesetzt. Die Herstellung der Radschüssel dieses so genannten Stahlstrukturrades **(Bild 7.3-45)** ist aufwändiger durch notwendige größere Materialdicken, komplexere Formgebung und erheblich größere Lüftungslöcher. Nach wie vor verwendete Kunststoff-Radabdeckungen können mit höherem gestalterischem Freiheitsgrad dargestellt werden.

Bild 7.3-45 Stahlstrukturrad

7.3.7.6.2 Leichtmetallrad

Alu-„Bandrad", Alu-Gussrad, Alu-Schmiederad, Mg-Gussrad, Mg-Schmiederad

Das **Aluminium-Bandrad** aus einer Knetlegierung, wird ähnlich einem Stahlrad gefertigt und erreicht spezifische Tragfähigkeiten deutlich über dem Stahlrad, dem Aluminium – Gussrad und Schmiederad. Wie beim Stahlrad ist die stilistische Freiheit eingeschränkt und es sind hohe Investitionen in Werkzeuge erforderlich. Aus diesem Grund wird es nur als Basisausstattung für höherwertige Pkw verbaut mit dem Ziel, Gewicht einzusparen.

Das **Aluminium-Gussrad (Bild 7.3-46)** wird für Groß- und Kleinserie hauptsächlich im Kokillenguss hergestellt. Die Gestaltungsfreiheit ist hier am höchsten. Als Lifestyle-Produkt tritt häufig die Funktionalität eher in den Hintergrund. Obwohl aus Leichtmetall gefertigt sind die Radgewichte nicht zwingend optimal niedrig. Als Legierungen kommen die veredelte untereutektische $AlSi_7Mg$ bzw. naheutektische $AlSi_{11}Mg$ zum Einsatz (teilweise ohne T6 Warmbehandlung).

Standardherstellung: Schmelzen → Gießen → (Warmbehandlung) → mechanische Bearbeitung (Vorbohren oder Stanzen, Drehen, Bohren, Entgraten, Schleifen) → Oberflächenbehandlung (Entfetten, Passivieren, Pulvergrundieren, Lackieren)

Zur Verbesserung der Festigkeit als Gewichtsoptimierungs-Maßnahme wird bei höherwertigen Rädern zusätzlich ein *Flow-Forming* (Drückwalzen unter erhöhter Temperatur) des Felgenbetts durchgeführt.

Mit aufwändigen Technologien kann bei großen Durchmessern dem damit verbundenen Gewichtszuwachs entgegen gewirkt werden **(Bild 7.3-47)**:

- Speichen hohl gegossen
- umlaufende Hohlräume in der Felgenschulter außen (Stylingfreiheit ohne höheres Gewicht)
- umlaufender Hohlraum in der Felgenschulter innen (hohe Steifigkeit um Stöße besser abzufangen)

Das **Aluminium-Schmiederad** ist nochmals teurer als alle vorgenannten Bauarten, hat aber eine höhere spezifische Tragfähigkeit als das Alu-Gussrad bei etwas reduzierter Gestaltungsfreiheit. Dieses Rad wird, ausgehend von einem Stutzen (meist $AlMgSi_1$), durch mehrstufiges Pressen (Radspeiche, Felgenansatz) und Drückwalzen hergestellt. Presskräfte bis zu 8000 to sind dazu erforderlich. Eine preisgünstige Variante stellt das Leichtschmiederad mit vereinfachtem Styling und weniger Pressstufen dar (Kostenvorteil).

Herstellung: Rundstange (gegossen oder extrudiert) → Stutzen → mehrstufiges Pressen → Drückwalzen Felge → Warmbehandlung → danach wie Alu-Gussrad

Das **Magnesium-Guss**- und **Magnesium-Schmiederad** wird wie das entsprechende Alu-Rad hergestellt. Die deutlich höheren Kosten sind durch den Materialpreis, größeren Aufwand beim Schmieden- und Drückwalzen sowie höheren Aufwand beim Korrosionsschutz bedingt. Gussräder sind vom Markt nahezu verschwunden. Schmiederäder finden im Rennsport und teilweise im high-end Segment Verwendung. Dort wird die hohe spezifische Festigkeit einiger Magnesiumlegierungen genutzt um sehr leichte Räder zu bauen.

Bild 7.3-46 Aluminium-Rad

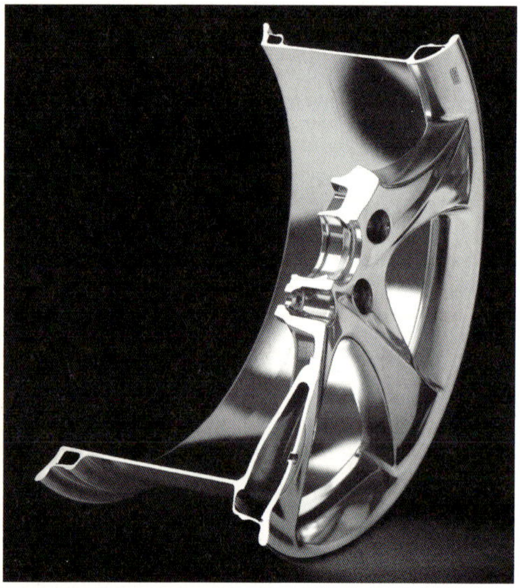

Bild 7.3-47 Aluminium Hohlkammer-Gussrad

7.3.7.6.3 Kunststoff-Rad (Composite-Rad)

Seit den 70ger Jahren und sporadisch bis heute wird versucht Räder aus faserverstärkten Kunststoffen herzustellen. Diese bestanden aus Glasfaser eingebettet in eine Duromer-Matrix. Aspekte, wie das Problem der thermischen Belastung, das spröde Bruchverhalten und die Verwendung zufällig orientierter Glasfasern, die eine geringe oder überhaupt keine Gewichtsersparnis ergab, wurden vernachlässigt.
Konstruktionen, die z.B. endlose, ausgerichtete Kohlestofffasern verwenden, sind extrem teuer. Außerdem ist bei tatsächlich sehr viel leichterem Rad ein hohes Sicherheitsrisiko vorhanden, da jeder Stoß die innere Struktur schädigen kann (Delamination). Die geringe Bruchzähigkeit der verwendeten duromeren Harze ist dafür verantwortlich. Solch ein Rad bedarf also einer ständigen Überwachung, es sei denn man geht den Weg einer extremen Überdimensionierung. Dann aber ist der Gewichtsvorteil nicht mehr gegeben. Bis heute finden Composite Räder fast nur im Rennsport Verwendung, wo ständige Überprüfung geleistet werden kann.

7.3.7.7 Gewichtsrelationen

Ungefederte Massen, Massenträgheitsmoment und Steifigkeit beeinflussen maßgeblich das fahrdynamische Verhalten des Fahrzeugs in Bezug auf Lenkkräfte, Lenkpräzision, Radlastschwankungen sowie Beschleunigungs- und Bremsdynamik. Da das Rad sowohl translatorisch als auch rotatorisch beschleunigt bzw. verzögert werden muss und außerdem zu 100 % den ungefederten Massen zuzurechnen ist, wirkt sich Gewichtsreduzierung durch Leichtbau im Vergleich zu anderen Bauteilen am Fahrzeug mehrfach aus.

Tabelle 7.3-2 Rädergewichte

Ausführung	Gewicht [%]	Pkw Rad 8 × 18″ Radlast 700 kg
Stahlrad (Standard-/Strukturrad)	100	12500–13500 g
Alu gegossen	80–110	10500 g*)–14000 g
Alu geschmiedet	~73	9500 g*)
Mg gegossen	~73	9600 g*)
Mg geschmiedet	~63	7900 g*)
Composite (mit duromerem Harz)	<45 bis >75	6000 g–10000 g**)

*) Gewichtsoptimiert bzw. leichtes Styling
**) je nach Sicherheit

Bei der Gewichtsreduzierung hat das Stahlrad durch höherwertige Stähle in den letzten Jahren große Fortschritte gemacht.

7.3.7.8 Größenrelationen

Die Entwicklung von ursprünglich sehr großen und schmalen Rädern zu breiteren, kleineren Rädern war bestimmt durch verbesserte Straßenoberflächen und immer höheren Kurvengeschwindigkeiten. Seit den 70er Jahren setzt allerdings beim Pkw wieder ein Trend zu größeren Rädern ein, der verschiedene Ursachen hat (Ästhetik, Fahrdynamik, größere Bremsen). Räder mit 13″ Durchmesser sind in einigen Anwendungsfällen solchen mit 18″ und mehr gewichen.

7.3.7.9 Rad/Reifen – Besondere Aspekte

- **Verdrehen des Reifens auf der Felge**
  Probleme können bei der Übertragung der Brems-/Antriebsmomente auftreten, insbesondere bei sportlichen und leistungsstarken Fahrzeugen und Reifen mit höheren μ-Werten (heutige Sportreifen bringen es auf bis zu 1.2, üblich ist 0.9), kann es zum Verdrehen des Reifens auf der Felge kommen. Durch Anpassen der Oberflächenbeschaffenheit im Reifensitz, zum Beispiel durch spezielle Anti-Rutsch-Lacke, wird versucht dem entgegen zuwirken.

- **Horndeformationen/Beschädigung durch Bordsteine**
  Niedrige Reifenquerschnitte führen zu hoher Belastung der Felge beim Überfahren von Schlaglöchern, Bodenwellen, Schwellen und Bordsteinen und dadurch zu Horndeformationen und Beschädigungen. Anfahrschutz aus Edelstahl oder Composite-Material kann helfen Folgekosten bei Beschädigung des Außenhorns zu reduzieren.

- **Hochfrequente Schwingungen**
  Fahrbahn- und Reifen- initiierte Schwingungen im hochfrequenten Bereich führen zu erhöhtem Verschleiß der Felgenhörner im Bereich der Kontaktflächen. Auch hier kann ein Anti-Rutsch-Lack verschleißhemmend wirken.

- **Unwucht**
  Sensitive Radaufhängungen erfordern geringe Toleranzen für Rundlauf- und Planlauf am Rad. Unwuchten, verursacht durch ungleiche Massenverteilung in radialer Richtung (statische Unwucht) und in axialer Richtung (dynamische Unwucht), werden bei Aluminium-Rädern meist durch Spannfehler beim Bearbeiten, Verzug der Rohlinge, Dichteschwankungen (beim Gussrad) hervorgerufen. Mit zunehmendem Raddurchmesser und Radgewicht sind diese Unwuchten schwerer zu beherrschen.

7.3.7.10 Energiebetrachtung bei Herstellung/ Recycling

Der weitaus größte Teil der Räder wird aus Stahl und Aluminium gefertigt. Eine Energiebetrachtung für diese Materialien ist von Bedeutung, zumal gerade beim Aluminium von weiter steigendem Bedarf auszugehen ist und bereits heute der Anteil am weltweiten Stromverbrauch zur Herstellung von Primäraluminium bei mehr als 2,5 % liegt.
Zur Herstellung von einer Tonne Primäraluminium werden 4 to Bauxit benötigt und es sind dazu heute ca. 13 bis 18 MWh Strom über die gesamte Prozesskette (Bauxit → Tonerde Al_2O_3 → Elektrolyse) erforderlich. Diese Energie ist im Werkstoff gespeichert und könnte zum großen Teil wieder zurück gewonnen werden, was allerdings auf Grund der hervorragenden Recyclingfähigkeit von Aluminium und ständig steigendem Bedarf eine rein hypothetische Betrachtung ist. Beim Recyclingprozess (Sekundäraluminium-Gewinnung) werden nämlich lediglich ca. 5 % der ursprünglichen Energie (auf Grund des niedrigen Schmelzpunkt von 660 °C) benötigt und es gibt keine Qualitätseinbuße. Diese Recyclingfähigkeit kann, über mehrere Bauteilzyklen gesehen, die Energiebilanz deutlich verbessern, wenn nicht sogar positiv werden lassen, da die Energieeinsparung (siehe 7.3.7.11) durch Leichtbau und die Schonung von Ressourcen durch Langlebigkeit nicht vernachlässigt werden darf.
Für die Stahlerzeugung wird in etwa 6–8 MWh Strom pro Tonne verbraucht. Stahl erfordert jedoch einen höheren Energieaufwand beim Recycling und zwar nicht nur beim Einschmelzen (ca. 1500 °C) sondern bereits im Vorfeld beim Einsammeln, Transport, Sortierung, da höhere Gewichte bewegt werden müssen. Wenn man den zusätzlichen Kraftstoffverbrauch einrechnet, den schwerere Bauteile verursachen aber auch den höheren Energieverbrauch im Laufe von Recyclingzyklen, wird die Energiebilanz im Vergleich zum Aluminium immer irgendwann negativ. Bauteile aus Aluminium sind damit auch eine Investition in die Zukunft.

7.3.7.11 Umweltschonung

Gewichtsoptimierte Leichtbau-Räder helfen Kraftstoffverbrauch und Emissionen zu reduzieren. Wie oben erwähnt, wirkt sich Gewichtsreduzierung am Rad im Vergleich zu anderen Bauteilen am Fahrzeug mehrfach positiv aus.

Literatur

Arbeitskreis Räder (Audi, BMW, Mercedes Benz, Porsche, VW): AK-Lastenheft-LH08 4.42

Bönning M., Michelin: Konzepte zur Optimierung von Pkw Rädern, Rad.Tech 2002

Deutscher Automobil Veteranen Club e.V.: Kulturhistorische Reminiscenzen – Am Anfang war das Rad. . ..

ETRTO Standard Manual 2006

Quinkertz R.: Dissertation – Optimierung der Energienutzung bei der Aluminiumherstellung, Mai 2002

Reimpell, J.: Fahrwerktechnik Reifen und Räder. München: Vogel Verlag, 1986

TÜV: Richtlinie für die Prüfung von Sonderrädern an Kraftfahrzeugen, Krafträdern und Anhängern v. 14. 12. 1995

WVM – WirtschaftVereinigung Metalle: Artikel Aluminium – Leichtgewicht unter den Metallen, 2006

7.3.8 Gleitschutzketten

7.3.8.1 Einleitung

Gleitschutzketten sind Vorrichtungen zur Erhöhung der Kraftübertragung zwischen Reifen von Kraftfahrzeugen bzw. deren Anhängern, und schneebedeckten, vereisten Fahrbahnen oder schmierigem, schlammigem Gelände. Gemäß ihrem häufigsten Einsatzgebiet werden sie auch als Schneeketten bezeichnet. Schneeketten müssen den Bedingungen des Verkehrszeichens „Schneeketten vorgeschrieben“ entsprechen [1]. Gemäß StVO ist die Höchstgeschwindigkeit bei Verwendung von Schneeketten auf 50 km/h begrenzt [2].

7.3.8.2 Wirkungsprinzip von Gleitschutzketten

Gleitschutzketten sollen auf dem Reifen locker montiert werden, um durch eine Relativbewegung zwischen Reifen und Kette – als „Wandern“ bezeichnet – sich selbst und das Reifenprofil zu reinigen und so stets neue Greifkanten in die Aufstandsfläche einzubringen. Bei zu stramm montierten Gleitschutzketten kann dieser Effekt nicht eintreten. Darüber hinaus können bei längerer Fahrt auf trockener Fahrbahn lokal erhöhte Temperaturen auftreten mit negativer Einwirkung auf die Reifen.

Durch das Aufschlagen der Kette auf die Fahrbahn und den erhöhten örtlichen Druck der Kettenglieder in der Aufstandsfläche des Reifens drücken sich Kettenteile in die Fahrbahn ein und führen zu einem Verzahnungseffekt. Da sich auf Eis oder Schnee im Bereich zwischen 0 °C und –8 °C – insbesondere unter Druck – ein Wasserfilm oder Kompressionseis bildet, ist die Wirksamkeit von Gleitschutzketten in diesem Temperaturbereich besonders groß. Bei tiefen Temperaturen ändern sich die Eigenschaften von Schnee und werden tendenziell denen von Sand ähnlich, wodurch die Reifeneigenschaften dominieren.

7.3.8.3 Aufbau von Gleitschutzketten

Gleitschutzketten bestehen aus einem Laufnetzteil, das sind diejenigen Kettenteile, die unmittelbar mit der Lauffläche des Reifens und der Fahrbahn in Kontakt stehen, sowie seitlich angeordneten Befestigungseinrichtungen. Durch geeignete Konstruktionsmerkmale sind Gleitschutzketten der Form und der Dimension des Reifens anzupassen [3–6].

7.3.8.3.1 Laufnetzformen

Gemäß der Anordnung von Kettenteilen auf der Lauffläche unterscheidet man gemäß **Bild 7.3-48** Leiter-, Zick-Zack-, Spur-, Kantenspur- und Doppelspurketten. Wichtig für die Abstimmung zwischen Reifen und Kette ist, dass stets ein Wechsel zwischen freien Reifenflächen und Kettenteilen stattfindet. Gleitschutzketten sollen aus dem Reifen kein „Eisenrad“ machen. Die Scherflächen zwischen den Kettenteilen sind wesentlich für die Kraftübertragung auf weichem Untergrund. Durch die quer gerichteten Kettenstränge wird Vortriebskraft erzielt, durch die längs gerichteten Kettenstücke Seitenführungskraft. Doppelspurketten sind für breite Reifen geeignet, wie sie insbesondere bei Fahrzeugen für die Schneeräumung eingesetzt werden.

Das Laufnetz der Gleitschutzkette muss annähernd gleichmäßig über den Reifenumfang verteilt sein, so dass in jeder Radstellung sich Kettenteile in der Aufstandsfläche des Reifens befinden. Die gleichmäßige Aufteilung des Laufnetzes, wie beispielsweise bei der Kantenspurkette, führt zu einem ruhigen Lauf.

7.3.8.3.2 Greifelemente

Das Laufnetz der Gleitschutzkette kann aus unterschiedlichen Greifelementen bestehen, die die Griffigkeit wesentlich beeinflussen. Die älteste Ausfüh-

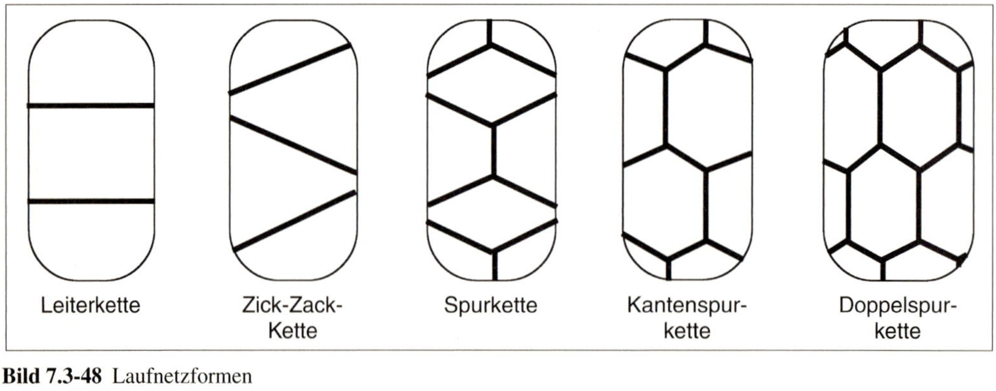

Bild 7.3-48 Laufnetzformen

rungsform ist die gedrehte Kette. Ketten mit zusätzlich aufgeschweißten Elementen, wie Stachel zur Erhöhung der Griffigkeit und Verschleißfestigkeit, sind in Mitteleuropa nicht zulässig, da sie zu einer Beschädigung der Straße führen können. Im Forsteinsatz sind diese Ketten jedoch gängig. Moderne Gleitschutzketten bestehen aus kurzen Kettengliedern, die bruchunempfindlicher sind als lange Kettenglieder. Um die Griffigkeit zu erhöhen können die Kettenglieder durch Zusatzelemente, wie Greifstege, ergänzt werden (**Bild 7.3-49**). Diese Greifelemente wirken wie Spaten auf Schnee oder weichem Untergrund und führen zu einer hohen Punktbelastung, so dass sich diese Elemente besonders gut in den Untergrund eindrücken können und somit maximale Vortriebskraft ergeben. Dies ist besonders beim Schneeräumeinsatz wichtig. Darüber hinaus gibt es Konstruktionen, bei denen teilweise die Stahlkettenglieder durch Kunststoffelemente ersetzt sind, die durch eingebaute Spikes verstärkt werden.

Bild 7.3-49 Beweglicher Greifsteg

7.3.8.3.3 Dimensionierung

Die Dimensionierung von Gleitschutzketten wird im Wesentlichen durch das Fahrzeuggewicht, die Antriebsleistung und die Reifendimension bestimmt. Gleitschutzkettenglieder müssen eine hohe Oberflächenhärte und einen zähen Materialkern aufweisen. Dies wird durch die Verwendung von einsatzgehärteten Stählen erreicht. Gleitschutzketten für Pkw bestehen üblicherweise aus Kettengliedern mit einem Materialdurchmesser von 3–4 mm, die für Lkw liegen im Bereich von 7–9 mm.

Gleitschutzketten benötigen einen zusätzlichen Freiraum zwischen Reifen und Fahrzeugteilen. Gemäß Ö-Norm V 5117 darf bei Pkw-Reifen der Überstand der montierten Kette auf der Reifeninnenseite höchstens 20 mm und auf der Reifenaußenseite 25 mm betragen. Im Betrieb heben sich die Laufnetzteile der Gleitschutzkette von der Lauffläche ab. Die auftragende Höhe ist vom Reifenquerschnittsverhältnis, der Geschwindigkeit und der Kettenspannung abhängig [7]. Die sich vom Reifen abhebenden Kettenteile schlagen auf die Fahrbahn auf. Dies führt einerseits auf glatter Fahrbahn zur Erhöhung der Griffigkeit durch das Eindringen der Stahlteile in die Fahrbahnoberfläche, andererseits aber auch zum Verschleiß der Kette. Der Verschleiß wird durch die Schlagenergie verursacht, welche mit dem Quadrat der Geschwindigkeit ansteigt. Auf eisiger Fahrbahn, z.B. Blitzeis, sind Ketten aus groben Gliedern ungeeignet. Hier wirken kleine kurzgliedrige Ketten aus kantigen Profilen.

7.3.8.4 Kraftübertragung Kette – Fahrbahn

Die Hauptaufgabe der Gleitschutzkette ist, das Kraftschlussverhalten zu verbessern, das entscheidend vom Reifen, dem Fahrbahnzustand und den Betriebsbedingungen abhängt [8, 9].

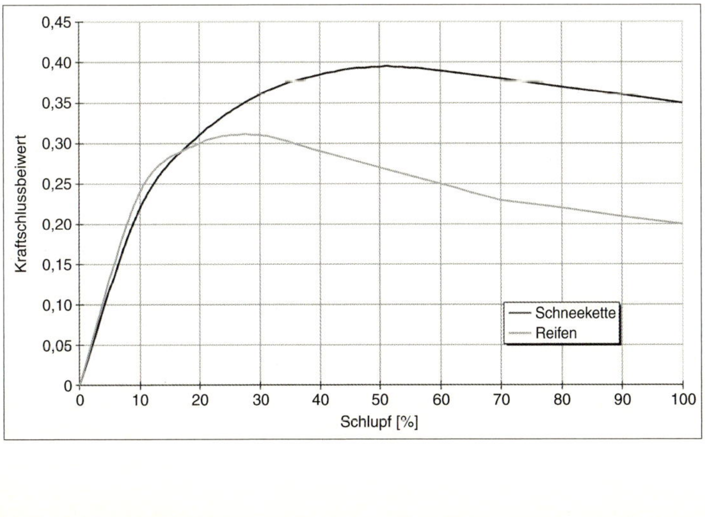

Bild 7.3-50 Kraftschluss-Schlupf-Diagramm auf Schnee (–1 °C).

Der Kraftschlussbeiwert, aufgetragen über dem Schlupf für eine Schneefahrbahn **(Bild 7.3-50)** zeigt beispielhaft, dass sich zunächst der Kraftschluss mit steigendem Schlupf erhöht, ähnlich wie beim Reifen. Im Unterschied zum Reifen wird jedoch der Höchstwert des Kraftschlusses mit Ketten bei höherem Schlupf erreicht, d.h. dass unter bestimmten Schneebedingungen auch bei 100 % Schlupf noch ein guter Kraftschluss gegeben ist. Im Unterschied dazu verliert der Reifen unter diesen Bedingungen deutlich an Kraftschluss. In der Praxis zeigt sich, dass beim Anfahren am Berg stets etwas unterschiedliche Bedingungen zwischen dem rechten und linken Rad eines Fahrzeuges herrschen. Dies führt, zumindest bei Fahrzeugen ohne weitere Regelsysteme dazu, dass ein Rad durchdreht (100 % Schlupf) und kein Anfahren möglich ist. Im Unterschied dazu ist beim beketteten Reifen Kraftschluss gegeben. Dieser Effekt ist besonders deutlich erkennbar bei Temperaturen im 0 °C-Bereich. Viele Autofirmen haben dieser Erkenntnis Rechnung getragen, indem das ESP-System bei Schneekettenbetrieb ausgeschaltet werden kann.

Fahrzeuge mit Gleitschutzketten erreichen auf schneebedeckter Fahrbahn den kürzesten Bremsweg bei blockierten Rädern. Das Fahrzeug ist in diesem Zustand jedoch nicht mehr lenkbar. Deshalb ist es wichtig, dass Gleitschutzketten im normalen Regelbereich des ABS, d.h. bei Schlupfwerten unter ca. 30 %, den Kraftschluss erhöhen. Hierzu sind feingliedrige Netzketten mit kantigen Gliedern oder zusätzlichen Greifelementen geeignet.

7.3.8.5 Montagesysteme

Eine Gleitschutzkette wird bestimmungsgemäß unter schlechten Witterungsbedingungen benötigt. Deshalb ist eine einfache Montage, insbesondere auch unter widrigen Umgebungsbedingungen, ein entscheidendes Kriterium für den Einsatz einer Kette. Die verschiedenen Montagesysteme lassen sich wie folgt gliedern:

- Geteilte Ketten stellen das älteste Kettensystem dar. Es wird heute nur noch bei einfachsten Ketten und im Lkw-Bereich verwendet. Die Kette wird bei diesem System vor oder hinter dem Reifen ausgebreitet und bandartig auf den Reifen aufgezogen.
- Bei Seilketten besteht die innere Seitenkette aus einem Drahtseilring, der im offenen Zustand hinter dem Reifen durchgeführt werden muss, um ihn dann im oberen Reifenbereich zu schließen, so dass ein Seilring auf der Innenseite des Reifens entsteht. Auf der Außenseite gibt es verschiedene Verschlussmechanismen, die teilweise ein automatisches Nachspannen ermöglichen.
- Bei Bügelketten besteht die innere Seitenkette aus einem Federstahlbügel, an dem die Laufnetzteile befestigt sind. Mit Hilfe des Bügels kann die Kette problemlos über den Reifen geschoben werden, was insbesondere bei engen Radkästen, wie beispielsweise Heckfahrzeugen oder winterlich vereisten Radkästen besonders wichtig ist **(Bild 7.3-51)**. Die Schließung erfolgt nach einer kurzen Radbewegung durch eine von außen zu betätigende Spannkette.

Bild 7.3-51 RUD-matic-Schneekette

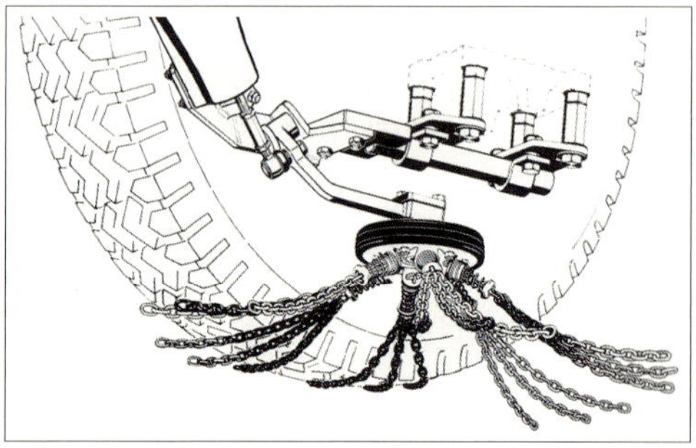

Bild 7.3-52 Rotogrip-System

- Gleitschutzketten, die im Wesentlichen aus einem Kettengürtel bestehen, können auf eine innere Halterung verzichten, um engsten Durchgangsverhältnissen zwischen Reifen und Fahrzeugteilen Rechnung zu tragen, sofern sie auf der Radaußenseite durch Haltearme am Rad fixiert sind.
- Rotationsketten wurden für Nutzfahrzeuge entwickelt, da mit größer werdendem Reifendurchmesser die Gleitschutzketten schwerer werden, was natürlich die Montage behindert. Bei diesem System wird über einen angetriebenen Schwenkarm ein Reibrad gegen die Innenseite des Reifens ge-

drückt, an welchem Kettenstränge befestigt sind, die gleichsam wie Streusplitt vor den Reifen geworfen werden und nach Überfahren durch den Reifen wieder eingesammelt werden (**Bild 7.3-52**). Die Funktion dieses Systems erreicht jedoch noch nicht den Stand einer vollwertigen Gleitschutzkette. Es ist daher für den Kurzstreckenverkehr oder als Anfahrhilfe geeignet. Rotationsketten können auf Knopfdruck vom Fahrzeug aus eingeschaltet werden.

Literatur

[1] StVZO § 37, Gebotsschild Nr. 268

[2] StVO § 3, Abs. 4, Höchstgeschwindigkeit 50 km/h

[3] Ö-Norm V 5117, 12/2004 „Schneeketten für Fahrzeuge der Klassen M1, N1, 01, 02 – Anforderungen, Prüfung, Normkennzeichnung“ und Ö-Norm V 5119, 12/2004 „Schneeketten für Fahrzeuge der Klassen N2, N3, M2, M3, O3, O4 – Anforderungen, Prüfung, Normkennzeichnung“

[4] CUNA/NC 178-01, 07/2001 „Road vehicles“

[5] NFR 12-780, 1989

[6] SAE Classification J 1232, 1985

[7] *Zeiser, P.; Maute, D.*: „Prüfstand und Meßverfahren zur Ermittlung der Hüllkurven von Gleitschutzketten mit bewegter, ebener Fahrbahn“, ATZ, 11/1992

[8] „Schneeketten“, lastauto-omnibus, 10/1972

[9] „Haftungsfrage“, MAN-Magazin, 1/1988

7.4 Fahrwerkauslegung

7.4.1 Kinematik der Radaufhängung

Die Kinematik der Radaufhängung bestimmt die räumliche Bewegung des Rades bei Federungs- und Lenkbewegungen. Wegen der entscheidenden Bedeutung der Stellung des Rades und damit des Reifens zur Straße spielt die kinematische Analyse der Radaufhängung eine wichtige Rolle. Sie steht am Anfang des Entwicklungsprozesses, wenn das Achskonzept festgelegt wird und findet später im CAD-System zur Freigangsuntersuchung der Bauteile ihre Fortsetzung. Im fortgeschrittenen Entwicklungsstadium wird der Einfluss der Achskinematik auf das Fahrverhalten in Simulationsrechnungen mit Vollfahrzeugmodellen beurteilt und im realen Fahrversuch optimiert.
Einige kinematische Kenngrößen sind genormt (ISO 8855/DIN 70000); vollständige Beschreibungen finden sich in [1], [2].

7.4.1.1 Radhubkinematik

Der Sturzwinkel γ, der auf ebener Fahrbahn die Neigung des Rades zur Vertikalen beschreibt, beeinflusst die Übertragbarkeit von Seitenkräften zwischen Reifen und Straße. Beim üblicherweise negativen Sturz zeigt die Oberseite des Rades in Richtung Fahrzeugmitte, und das Rad möchte wie ein umgelegter Kegel auf einer Kreisbahn abrollen. Wird es von der Radaufhängung daran gehindert, entsteht eine Seitenkraft nach fahrzeuginnen. Außerdem wird durch negativen Sturz die innere Reifenschulter höher belastet und damit die Verformung des Latsches durch Seitenkraft von außen, die zur Entlastung des inneren Latschbereichs führt, zum Teil kompensiert. Daher ist das Seitenkraftübertragungspotenzial von Reifen unter negativem Sturz (innerhalb des verfügbaren Kraftschlusses) höher als bei positiven Werten. Für extreme Niederquerschnittsreifen ist zur Straße Sturz 0° anzustreben, um Kantenlauf zu vermeiden [3]. Bei Einzelradaufhängungen sollte also die Sturzänderung beim Einfedern den Wankwinkel des Fahrzeugs bei Kurvenfahrt zumindest teilweise kompensieren, um positiven Sturz am kurvenäußeren Rad zu vermeiden. Starrachsen bieten hier den Vorteil, dass der Sturz zur Fahrbahn bei Kurvenfahrt konstant bleibt.
Der Vorspurwinkel ist positiv, wenn die Räder in der Draufsicht nach vorne innen zeigen, andernfalls spricht man von Nachspur. Durch einen kleinen stationären Vorspurwinkel im Minutenbereich werden im Reifenlatsch bei Geradeausfahrt geringe seitliche Schubspannungen erzeugt. Daraus resultieren links und rechts gegengleiche Seitenkräfte, die die Elastizitäten in der Radaufhängung vorspannen und an Vorderachsen das eventuell vorhandene Spiel in Spurstangengelenken und Lenkgetriebe eliminieren. Das Fahrzeug kann dadurch schneller auf Lenkwinkeleingaben reagieren und läuft stabiler geradeaus, da durch die Vorspannung ein Nulldurchgang der Gelenkkräfte im Lenkungsstrang vermieden wird.
Bei Federungsbewegungen kann sich der Vorspurwinkel mit dem Radhub ändern und das Eigenlenkverhalten des Fahrzeugs beeinflussen; man spricht dann von Rollsteuern oder Wanklenken. Der für das Fahrverhalten maßgebliche Einfluss ist hier die Vorspuränderung beim Einfedern, also am kurvenäußeren Rad mit der höheren Radlast. Da die Hinterachse i.a. nicht direkt vom Fahrer beeinflusst werden kann, sind die Lenkwinkel, die sich über dem Federweg oder unter äußeren Kräften (s. Kap. 7.4.2 Elastokinematik) einstellen, für das Fahrverhalten des Gesamtfahrzeugs entscheidend, obwohl sie klein sind. So kann beispielsweise mit einer Vorspurtendenz beim Einfedern an der Hinterachse ein untersteuernder Effekt erzeugt werden. Große Vorspuränderungen über dem Federweg führen auf unebener Fahrbahn aber zu niederfrequenten Lenkmomentschwankungen, die die Fahrspurhaltung beeinträchtigen, und sollten deshalb vermieden werden.
Die räumliche Bewegung der Radaufhängung, insbesondere des Radaufstandspunkts und des Radmittelpunkts, kann projiziert werden in die Radmittellängsebene (Seitenansicht) und in die Radquerebene (Ansicht von hinten).

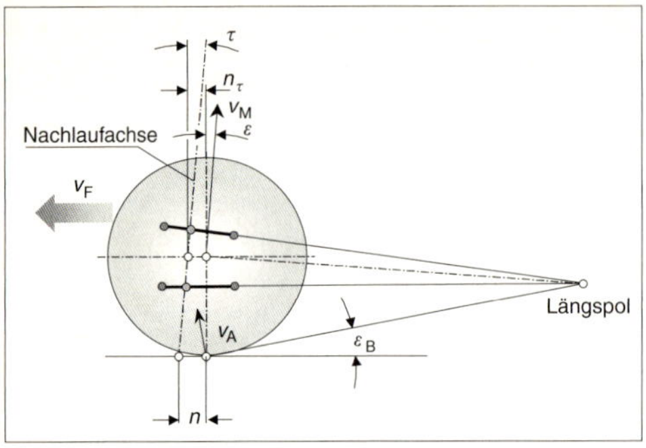

Bild 7.4-1 Schematische Seitenansicht (Vorderachse)

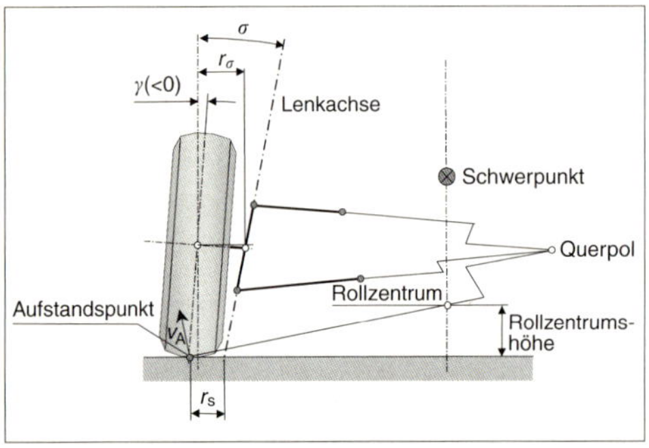

Bild 7.4-2 Schematische Heckansicht (Vorderachse)

Der Punkt in der jeweiligen Ebene, der das momentane Zentrum der Drehbewegung darstellt, ist der Momentanpol. Die beiden Pole, Längs- und Querpol, **Bild 7.4-1** und **Bild 7.4-2**, können ersatzweise als Verbindungsstellen der Radaufhängung zum Aufbau betrachtet werden. Von ihnen gehen die Polstrahlen aus, die senkrecht auf den Geschwindigkeiten der betrachteten Punkte der Radaufhängung stehen. Stellt man sich als Ersatz für die Radaufhängung eine Geradführung des Radaufstandspunkt senkrecht zum Polstrahl vor, so hat eine Kraft senkrecht auf die Geradführung keine Bewegung des Radaufstandspunkts zur Folge. Diejenigen Komponenten von Längs- und Seitenkräften, die durch die Pole gehen, werden also direkt von den Lenkern der Radaufhängung aufgenommen, der Rest erzeugt Federungs- und damit Aufbaubewegungen. Der Winkel der Polstrahlen zur Horizontalen bestimmt den Anteil der Kräfte, der in den Lenkern abgestützt wird, und heißt deshalb Stützwinkel.

Beim Bremsen entsteht am Radaufstandspunkt eine Resultierende aus Bremskraft und dynamischer Achslastverlagerung. Zeigt diese Resultierende durch den Längspol, spricht man von 100% Bremsnickausgleich, da keine Federungsbewegung auftritt. Der Bremsnickausgleich hängt von Radstand, Schwerpunktshöhe und Bremskraftverteilung ab; der Bremsstützwinkel ε_B ist dagegen achsspezifisch und beschreibt die Neigung des Polstrahls vom Längspol zum Radaufstandspunkt. Da das Bremsmoment sich üblicherweise an der Radaufhängung abstützt, kann man sich Rad und Radträger fest verblockt vorstellen. Die ganze Einheit und so auch der Radaufstandspunkt drehen sich damit um den Längspol der Radaufhängung, für den Bremsstützwinkel ist also die Bewegung des Radaufstandspunkts als Angriffspunkt der Bremskraft maßgeblich.

Der Polstrahl vom Längspol zum Radmittelpunkt legt dessen momentane Geschwindigkeit fest; wenn diese eine Komponente nach hinten hat, spricht man von positivem Schrägfederungswinkel. Im Gegensatz zur Längsfederung aus den Gummilagern der Radaufhängung hat der Schrägfederungswinkel für den Fahrkomfort keine große Bedeutung mehr; er stellt aber den Antriebs-Stützwinkel ε für den Antrieb über Gelenkwellen dar. In diesem Fall bleibt nämlich die Radaufhängung momentenfrei, die Antriebskraft greift für die Radaufhängung in Radmitte an. Das Versatzmoment von Radmitte zum Radaufstandspunkt ist das Antriebsmoment und wird am Achsgetriebe abgestützt. Damit bleibt das Rad gegenüber der Radaufhängung drehbar und der Radaufstandspunkt dreht sich nicht mehr um den Längspol der Aufhängung, sondern bewegt sich parallel zum Radmittelpunkt. Für den Antriebsstützwinkel ist also die Bewegung der Radmitte als Angriffspunkt der Antriebskraft maßgeblich. Ein Anfahrnickausgleich ergibt sich bei negativen Schrägfederungswinkeln an Vorderachsen und bei positiven an Hinterachsen. Bei Starrachsen dagegen stützt sich das Antriebsmoment am Achskörper ab; man kann sich Rad und Aufhängung fest verblockt vorstellen und der Antriebsstützwinkel ist gleich dem Bremsstützwinkel. Radträgerfeste Vorgelege-Untersetzungsgetriebe mit Drehrichtungsumkehr erhöhen den Antriebs-Stützwinkel; gleichsinnig drehende reduzieren ihn.

Der Querpol beschreibt die Bewegung des Radaufstandspunktes relativ zum Aufbau in der Radquerebene. Aus Symmetriegründen schneiden sich die Polstrahlen der beiden Achshälften in Fahrzeugmitte und legen das Rollzentrum fest. Die Verbindung der Rollzentren von Vorder- und Hinterachse heißt Rollachse, um sie beginnt das Fahrzeug bei Kurvenfahrt im Moment des Anlenkens zu wanken. Der Abstand der Rollachse zum Schwerpunkt ist der Hebelarm der Trägheitskraft und bestimmt das Wankmoment, das über die Federung abgestützt wird. Ein Rollzentrum auf der Fahrbahn führt zu großen Federbewegungen und hohen Wankwinkeln. Liegen die Rollzentren in Schwerpunktshöhe, so nimmt die Federung keine Kraftkomponenten mehr auf und damit entsteht auch kein Wankwinkel. Hohe Rollzentren sind bei Einzelradaufhängungen aber mit deutlichen Spurweitenänderungen beim Durchfedern und damit mit Querschlupf am Radaufstandspunkt verbunden. Mit Rücksicht auf Traktion und Seitenführung sind deshalb

Rollzentrumshöhen über 150 mm heute selten. (Starrachsen mit ihrer konstanten Spurweite können höhere Rollzentren aufweisen.) Durch die Neigung der Rollachse lässt sich die Verteilung der Wankfederrate auf Vorder- und Hinterachse beeinflussen. Ein z.B. an der Hinterachse höherliegendes Rollzentrum entspricht einer höheren Wankabstützung hinten, die zu größeren Radlastdifferenzen hinten führt, das Seitenführungspotenzial hinten reduziert und damit einen übersteuernden Einfluss darstellt. Die Summe der Radlastdifferenzen hängt nur von Schwerpunktshöhe und Spurweite ab und ist für alle Rollzentrumshöhen konstant, nur die Verteilung vorn zu hinten ist mit der Lage der Rollachse beeinflussbar.

Wenn sich die Rollzentren über dem Einfederweg ändern, verschiebt sich auch die Lage der Rollachse bei Beladung. Damit das Fahrverhalten bei voller Zuladung nicht unerwünscht beeinträchtigt wird, muss also die Rollzentrums-Höhenänderung von Vorder- und Hinterachse aufeinander mit dem Ziel abgestimmt werden, die Neigung der Rollachse und damit die Wankratenverteilung vorn zu hinten mit zunehmender Beladung nicht zu stark zu ändern.

Die Rollzentren und damit die Rollachse sind für den symmetrischen Federungszustand in der Fahrzeug-Symmetrieebene definiert. Beim einseitigen Federn lässt sich zwar zeichnerisch ein Schnittpunkt der beiden Polstrahlen vom Querpol zum Radaufstandspunkt bestimmen, der dann i.a. nicht mehr in der Mittellängsebene liegt, sondern seitlich versetzt; physikalisch deuten aber kann man die entstehende seitlich verlagerte Rollachse anschaulich nicht mehr. Entscheidend für die Aufbaubewegung unter Querbeschleunigung sind die Ein- und Ausfederwege.

Bei Kurvenfahrt und ausgeprägtem Wankwinkel ergibt sich durch die antimetrische Federungsbewegung eine links und rechts unterschiedliche Krafteinleitung in die Radaufhängung. Welchen Anteil der Resultierenden dabei die Lenker und welchen die Federung aufnimmt, hängt von der Höhe des Querpols ab, bzw. von dessen Höhenänderung über dem Federweg. Ist diese Höhenänderung klein oder Null (z.B. bei Längslenkerachsen), sind die in die Federung eingeleiteten Kraftkomponenten kurvenaußen kleiner als kurveninnen, das Fahrzeug federt also außen weniger ein als es innen ausfedert. Daraus resultiert eine Schwerpunktsanhebung, die das abzustützende Wankmoment vergrößert. Diesen unerwünschten Effekt nennt man Aufstützen. Er lässt sich durch ausreichende Rollzentrumshöhenänderung (abhängig von der Rollzentrumshöhe) verringern oder ganz vermeiden, weil dadurch die Asymmetrie der Federkraftänderung kurvenaußen und -innen reduziert wird.

7.4.1.2 Lenkkinematik

Die Lenkung soll sowohl die Führung des Fahrzeugs ermöglichen als auch eine Rückmeldung über Fahrzustand und Fahrbahnbeschaffenheit an den Fahrer geben. Diese Eigenschaften lassen sich im Wesentlichen mit einer gezielten Auslegung der Lenkdrehachse erreichen, um die das Rad bei Lenkbewegungen schwenkt.

Dabei sind in **Bild 7.4-2** der Spreizungswinkel σ als Neigung der Lenkdrehachse zur Vertikalen gezeigt und der Lenkrollhalbmesser oder -radius r_s als horizontaler Abstand des Radaufstandspunktes vom Durchstoßpunkt der Lenkdrehachse durch die Radaufstandsebene. In der Seitenansicht, **Bild 7.4-1**, ergibt sich der Nachlaufwinkel τ ebenfalls als Neigung der Lenkdrehachse zur Vertikalen und die Nachlaufstrecke n als horizontaler Abstand des Radaufstandspunkts vom Durchstoßpunkt. Nachlaufwinkel und -strecke können unabhängig voneinander gewählt werden, wenn man einen Nachlaufversatz n_τ einführt, der den horizontalen Abstand der Lenkdrehachse von der Radmitte in der Seitenansicht beschreibt.

Der Nachlaufwinkel erzeugt am kurvenäußeren eingeschlagenen Rad negativen Sturz, der sich günstig auf das Seitenkraftübertragungspotenzial der Reifen auswirkt. Kurveninnen ergibt sich positiver Sturz, der den Platzbedarf des voll eingeschlagenen Rades im Radhaus reduziert. Zusammen mit Nachlaufstrecke und Lenkrollradius ergibt sich ein Hebelarm der Radlast um die Lenkdrehachse, der Radlasthebelarm. Die entstehenden Momente bewirken eine Rückstellung der Lenkung, wenn sich die Größen kurveninnen und kurvenaußen unsymmetrisch ändern, was wegen der Ackermannbedingung i.a. der Fall ist (s. Kapitel 7.4.5, Gewichtsrückstellung). Bei schnellerer Kurvenfahrt überwiegt der Einfluss der Seitenkraft, die um die Nachlaufstrecke (und den Reifennachlauf) versetzt an der Lenkdrehachse angreift und ebenfalls rückstellend wirkt [4].

Beim Durchfedern dreht sich der Radträger in der Seitenansicht um seinen Längspol, und Nachlaufwinkel und -strecke ändern sich. Um diese Änderung zu begrenzen, und damit das Rückstellverhalten nicht zu sehr zu beeinflussen, muss der Längspol genügend weit entfernt sein, was die Größe der Stützwinkel einschränkt. Der Lenkrollradius stellt den Hebelarm der Bremskraft dar; bei negativen Werten (Radaufstandspunkt innerhalb des Durchstoßpunkts) ergibt sich ein Lenkwinkel, der dem bei unsymmetrischen Bremskräften entstehenden Giermoment entgegengesetzt ist. Allerdings ist auch die Rückmeldung am Lenkrad entgegengesetzt zur Störung.

Der Spreizungsversatz r_σ als horizontaler Abstand des Radmittelpunkts vom Schnittpunkt Lenkdrehachse/Radachse in der Ansicht von hinten ist der Hebelarm einer Stoßkraft, die auf das ungebremste Rad einwirkt. Der Spreizungsversatz wird deshalb auch Störkrafthebelarm genannt. Das Versatzmoment zwischen Radaufstandspunkt und Radmittelpunkt geht dabei als Beschleunigungsmoment in die Rad-

drehzahl ein; die Radaufhängung bleibt momentenfrei.
Beim Antrieb über Gelenkwellen muss der Beugewinkel zwischen radseitigem und getriebeseitigem Wellenteil berücksichtigt werden. Der Hebelarm der Antriebskraft oder Triebkrafthebelarm [1] ist bei Beugewinkel 0° gleich dem Störkrafthebel. Für nach innen oben geknickte Abtriebswellen wird der Triebkrafthebel größer, für nach innen unten geknickte kleiner als der Störkrafthebel.

Literatur

[1] *Matschinsky, W.*: Radführungen der Straßenfahrzeuge, 3. Auflage 2007, Springer Verlag
[2] *Reimpell, J.*: Fahrwerktechnik: Grundlagen, 3. Auflage 1995, Vogel Buchverlag
[3] *Haken, K.-L.*; *et al.*: Besondere Eigenschaften von Niederquerschnittsreifen bei trockener und nasser Fahrbahn und ihre Auswirkung auf die Fahrdynamik, Stuttgarter Symposium Kraftfahrwesen und Verbrennungsmotoren, K8.1, 1995
[4] *Zomotor, A., Hrsg.; Reimpell, J.*: Fahrwerktechnik: Fahrverhalten, 2. Auflage 1991, Vogel Buchverlag Würzburg

7.4.2 Elastokinematik

Die Elastokinematik beschreibt die Bewegung der Räder gegenüber der Karosserie unter Berücksichtigung der aus den Radkräften resultierenden elastischen Verformungen der Achskomponenten (ISO 8855).
Mit Hilfe von Elastomerlagern (meist als Gummilager ausgeführt) werden Elastizitäten der Radaufhängung gezielt in Achsen eingebaut. Um den heute bei einem PKW geforderten Abrollkomfort realisieren zu können, muss die Radaufhängung eine Längsfederung zulassen, die üblicherweise durch Gummilager realisiert wird. Auch um Geräusche von den Insassen fern zu halten, sind Gummilager zwischen den Metallbauteilen unverzichtbar. Zusätzlich sind Elastizitäten unvermeidbar, denn neben den Gummilagern weisen auch die Stahl- und Aluminiumbauteile nennenswerte Elastizitäten auf. Diese bewirken unter Lasten Änderungen von Vorspur und Sturz. Achsgeometrie und -elastizitäten müssen so aufeinander abgestimmt werden, dass das durch elastische Verformungen bedingte Lenkverhalten die Fahreigenschaften optimiert. Da die Lenkwinkel aus den Elastizitäten verhältnismäßig klein sind, kann durch sie vor allem das Fahrverhalten bei kleinen Schräglaufwinkeln und bei höherer Geschwindigkeit verbessert werden.
Nachstehend werden einige prinzipielle Zusammenhänge dazu erläutert. Eine genaue Achsauslegung ist nur durch Simulation möglich, weil viele Einzeleinflüsse und die räumliche Anordnung der gesamten Radaufhängung zu berücksichtigen sind. Als Simulationsmodelle werden heute meist MKS-Modelle, wo erforderlich (z.B. Verbundlenkerachsen) auch nichtlineare FEM-Modelle verwendet (Kapitel 10.3).

7.4.2.1 Wirkung von Bauteilelastizitäten

Unter Bauteilelastizitäten werden die unvermeidlichen Elastizitäten der benötigten Metallbauteile verstanden. Die Verformungen der Achsbauteile und der Gummilager wirken sich prinzipiell gleichermaßen auf das Fahrverhalten aus und können deshalb beide gezielt genutzt werden [1]. Zu beachten ist jedoch, dass sich Gummi während der Fahrzeuglebensdauer setzt und verhärtet, während Metalle ihre Elastizitäten beibehalten. Für die Schwingungsisolation ist es günstig, die Elastizitäten in Gummilagern zu realisieren, vgl. Kapitel 7.4.2.2, weil die Materialdämpfung von Gummi erheblich größer ist als jene von Stahl oder Aluminium.
Zu beachten ist, dass die Verschiebungen an den Kinematikpunkten der Achsträger bei hohen Lasten bis zu einigen Millimetern betragen können und deshalb gegenüber den Gummilager-Verformungen nicht zu vernachlässigen sind.
Dreieckslenker tragen in Doppelquerlenker- und Federbeinachsen erheblich zur Gesamtelastizität bei. So kann der Querlenker einer Federbeinachse durchaus eine zusätzliche Längsfederung von mehreren Millimetern bewirken. Der Beitrag des Radträgers zur Elastokinematik hängt stark vom Achsprinzip ab. In Federbeinachsen wirkt der Dämpfer als radführendes Element und ist folglich auf Biegung belastet. Die Durchbiegung des Dämpfers bewirkt nicht nur Verkantungswinkel am Kolben und an der Stangenführung, sondern liefert auch unter Seitenkraft einen Beitrag zum Sturz, ggf. auch zum Lenkwinkel. Die Elastizität der Karosserie kann zu Klapper- und Knarzgeräuschen sowie zu Zitterbewegungen führen, siehe auch Kapitel 3.4. Durch ihre globale Torsion und Biegung beeinflusst die Karosserie zwar nicht die Elastokinematik der Radaufhängung, wohl aber das Fahrverhalten. Den größeren Einfluss haben jedoch lokale Elastizitäten. Sie dürfen meist nicht einzeln betrachtet werden, weil sich eine Belastung an einem Karosserielager auch an anderen Lagern als Verformung auswirkt [2, 3]. Entscheidend ist, ob durch die Gesamtverformung ein Lenkwinkel hervorgerufen wird. Während gerade Stablenker in der Regel als starr betrachtet werden können, muss die Elastizität der wegen der Freigängigkeit gekröpften Lenker berücksichtigt werden. Auch Kugelgelenke weisen meist eine relevante Elastizität auf, die sich zusätzlich über der Laufzeit eines Fahrzeuges erhöhen kann.
Da Fahrzeuge auch kosten- und gewichtsmäßig zu optimieren sind, kann nicht gefordert werden, dass alle Bauteile beliebig steif sein sollen. Vielmehr müssen durch geschickte Konstruktion die Bauteile und die gesamte Radaufhängung so ausgelegt wer-

den, dass die Elastizitäten keine schädliche Wirkung haben oder besser sogar nützlich sind [4].
In der Fahrzeugentwicklung wird zunächst durch Simulation untersucht, welche Elastizitäten zulässig sind. Diese werden auf Gummilager, Kugelgelenke und Achsbauteile aufgeteilt. Dann werden die Bauteile konstruiert. Mit der Methode der Finiten Elemente (FEM) wird die Festigkeit überprüft und die erreichte Steifigkeit ermittelt. In der Achs- und Gesamtfahrzeugsimulation wird das Verhalten unter Berücksichtigung aller relevanten Elastizitäten beurteilt. Wenn die Bauteile gefertigt sind, werden auf Prüfständen die Steifigkeiten der Achsbauteile und Gummilager überprüft, aber auch das elastische Verhalten einer Achse oder des Gesamtfahrzeuges nachgemessen. Bei dem in **Bild 7.4-3** gezeigten MTS System-Prüfstand wird die Karosserie gefesselt. Während über Plattformen die vier Räder weg- oder kraftgesteuert belastet werden, nehmen Sensoren die Winkel- und Positionsänderungen an den Rädern auf. Die Messergebnisse werden mit den vorher durchgeführten Berechnungen verglichen, um ggf. genauere Erkenntnisse über die eingesetzten Simulationsverfahren zu gewinnen. Im Fahrversuch zeigt sich schließlich, ob das Zusammenwirken aller Einflüsse, d.h. insbesondere der Kinematik und Elastokinematik, unter allen denkbaren Fahrzuständen tatsächlich das gewünschte Fahrverhalten ergibt.

Bild 7.4-3 Prüfstand zur Messung der Kinematik und Elastokinematik

7.4.2.2 Elastomerlager

Elastomerlager haben eine Reihe von Aufgaben im Fahrwerk zu erfüllen. So sollen sie

- Winkelbewegungen z.B. als Alternative zu Kugelgelenken ermöglichen,
- Federwege in den Fahrwerkanbindungspunkten zur Verfügung stellen sowie über Bedämpfung und Isolierung von Schwingungen des Rad-/Reifensystems und der Aggregate den Komfort für die Insassen verbessern,
- als Gestaltungselement der elastokinematischen Fahrwerksauslegung das Vorspurverhalten der Räder in Abhängigkeit von äußeren Längs-, Quer- und Hochkräften gezielt beeinflussen.

Diese funktionalen Anforderungen stehen häufig im Widerspruch zueinander.

Gelenkfunktion: Im Vergleich zum Kugelgelenk stellt ein entsprechend ausgelegtes Elastomerlager die Gelenkfunktion kostengünstiger dar. Gleichzeitig wird bei der Übertragung der Kräfte eine oft erwünschte Elastizität und Dämpfung erreicht. Ein weiterer Vorteil von elastischen Gelenken ist das Fehlen von Losbrechmomenten, insbesondere unter Vorlast (z.B. Radlast). Dieser Vorteil kann bei großen Auslenkungen und gleichzeitig erforderlicher hoher radialer Steifigkeit des Lagers jedoch zum Nachteil werden. Das resultierende elastische Rückstellmoment kann dann z.B. die gewünschte Gelenkfunktion beeinträchtigen oder die hohe Torsionsbelastung einen Kompromiss bei der radialen Steifigkeitsauslegung erfordern.

Schwingungsisolation und -dämpfung: Bei stoßförmiger Störungseinleitung ermöglicht eine elastische Lagerung sowohl einen allmählichen Anstieg der weitergeleiteten Kraft als auch eine kurzzeitige Speicherung der eingeleiteten Stoßenergie mit anschließender teilweiser Absorption durch die Dämpfung des Elastomers. Hieraus ist erkennbar, dass neben den elastischen Eigenschaften des Elastomerlagers auch die Dämpfung eine wesentliche Rolle spielt.
Die dynamische Federsteifigkeit hat auf das Schwingungsisolationsverhalten einer elastischen Lagerung einen großen Einfluss und ist damit eine wichtige Beurteilungs- und Auslegungsgröße.

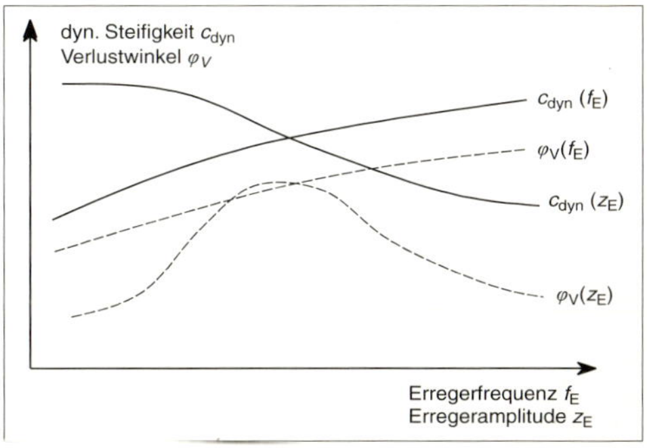

Bild 7.4-4 Frequenz- und Amplitudenabhängigkeit von Elastomerlagereigenschaften

Federsteifigkeit und Dämpfung bei dynamischer Beanspruchung sind durch die viskoelastische Natur der Elastomere im Wesentlichen von der Frequenz, der Erregeramplitude und der Temperatur abhängig, **Bild 7.4-4**. Mit steigender Frequenz vergrößern sich u.a. dynamische Federsteifigkeit, Verlustwinkel und Dämpfung. Mit abnehmender Erregeramplitude ist ebenfalls eine Erhöhung der Steifigkeit verbunden, bei gleichzeitiger Ausbildung eines Maximums des Verlustwinkels. Schließlich beeinflusst auch die

Temperatur des Elastomer-Federkörpers sowohl Federrate als auch Dämpfung des Lagers und wirkt sich auf die Lebensdauer aus.

Voraussetzung für gute Isolationswirkung ist ein genügend großes Verhältnis von Erregerfrequenz zu Systemeigenfrequenz [5]. Liegt die Erregerfrequenz unterhalb des Wurzel 2-fachen der Systemeigenfrequenz, ist keine Isolation mehr möglich, **Bild 7.4-5**. In der Praxis hat sich ein Verhältnis zwischen Lagersteifigkeit und lokaler Karosseriesteifigkeit von mindestens 1 : 10 bewährt.

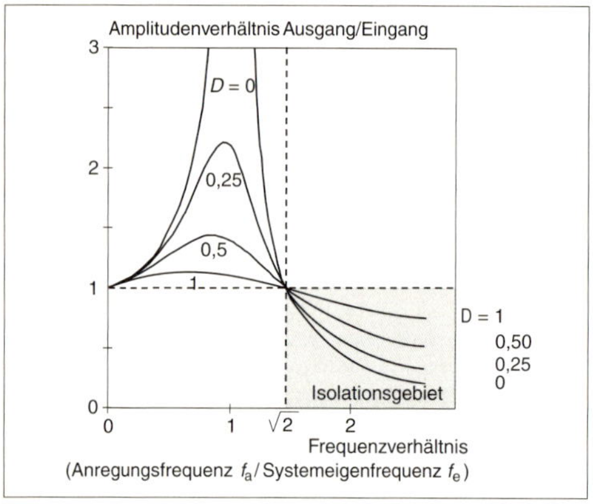

Bild 7.4-5 Einfluss von Dämpfung und Frequenzverhältnis beim Ein-Massen-Schwinger mit Fußpunkterregung

Isolierung von schwingenden Bauteilen: Die Isolierung von Erregungen aus Rad-/Reifensystem, Motor/Getriebe, Hinterachsgetriebe, Achsträger usw. von der Karosserie bzw. den Insassen stellt einen der wichtigsten Beiträge der Elastomerlager dar. Hierbei wird versucht, durch weiche Lagerung des schwingenden Körpers die im Lagerelement als Funktion der Auslenkung entstehende Kraft niedrig zu halten bzw. nur stark gemindert in die Karosserie einzuleiten. Unter diesem Abbau von Erregerkräften versteht man im schwingungstechnischen Sinne Isolation bzw. Dämmung oder Entstörung. Bei dieser Funktion der Elastomerlager ist Dämpfung nicht erwünscht, da sie zu einer Erhöhung der übertragenen Kraft führt. Da sich Körperschall in festen und flüssigen Medien wellenförmig ausbreitet, wird die Schallisolierung in elastischen Lagerungen mittels Reflexion bewirkt, **Bild 7.4-6**. Stößt die Welle dabei auf eine Übertragungsstelle zweier unterschiedlicher Werkstoffe mit den Schwingwiderständen (Impedanzen) Z_1 und Z_2, so wird sie teilweise reflektiert, d.h. in ihrer Ausbreitung gehindert. Dabei ist die Reflexion umso größer, je größer der Impedanzsprung p als Verhältnis Z_1/Z_2 ist.

Elastomerwerkstoffe besitzen einen niedrigen Elastizitätsmodul und geringe Dichte, daraus resultieren die sehr wirkungsvollen körperschalldämmenden Eigen-

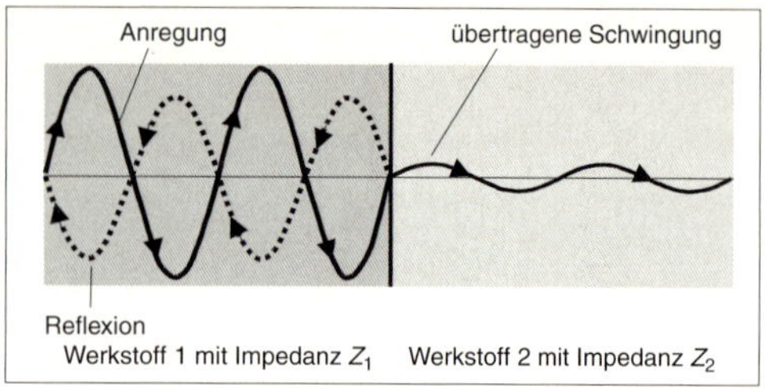

Bild 7.4-6 Schallisolierung durch Reflexion am Werkstoffübergang

schaften. Da es sich oft nicht vermeiden lässt, im Betrieb Resonanzstellen des Systems zu durchfahren, ist es von hoher Wichtigkeit, die elastische Lagerung mit ausreichender Dämpfung zu versehen, um dem schwingenden System kinetische Energie durch Umwandlung in Wärme zu entziehen. Dadurch werden Schwingungsausschläge beim Durchfahren einer Resonanzstelle in Grenzen gehalten. Verlustwinkel und Dämpfungsmaß beschreiben den Parameter Dämpfung in einem schwingungsfähigen System. Der Verlustwinkel sagt aus, um wieviel Grad die aus elastischem und dämpfendem Anteil zusammengesetzte Kraft der elastischen Verformung vorauseilt; das Dämpfungsmaß ist das dimensionslose Verhältnis der gegebenen Dämpfung zur kritischen Dämpfung [6].

Die Dämpfung entsteht durch die innere Reibung der Elastomere. Damit verbunden ist aber auch eine dynamische Verhärtung, die mit zunehmender Frequenz ansteigt, sodass die Isolierwirkung bei höheren Frequenzen abnimmt. Es überlagert sich die schon erwähnte Zunahme der Steifigkeit mit abnehmender Amplitude, sodass hier auch die Grenzen der reinen Elastomerlager deutlich werden. Mit zunehmender Shore-Härte nimmt die Werkstoffdämpfung im Allgemeinen zu. Steifigkeit, Dämpfung und Festigkeit werden wesentlich von den dem Grundpolymer beigefügten Füllstoffen beeinflusst, wobei (klar spezifizierte) technische Ruße eine besondere Rolle spielen [7].

Bauarten (Bild 7.4-7): Grundsätzlich kann Gummi in Elastomerlagern auf Schub (Scherung) oder Druck/Zug beansprucht werden. Aufgrund der Volumenkonstanz des Werkstoffs lässt sich bei der Druck/Zug-Beanspruchung eine größere Steifigkeit realisieren als bei Schubbeanspruchung. Mit diesen zwei Beanspruchungsarten können konstruktiv richtungsabhängige Lager ausgelegt werden. Eine positive Beeinflussung hinsichtlich Funktion (z.B. Vergrößerung der möglichen Torsionswinkel bei Lenkerbuchsen) und Lebensdauer kann durch Einbringung von Druckvorspannungen in den Elastomerkörper erzielt werden. U.a. werden hierdurch die Schrumpfspannungen kompensiert, die durch das Abkühlen nach dem Vulkanisieren entstehen [8].

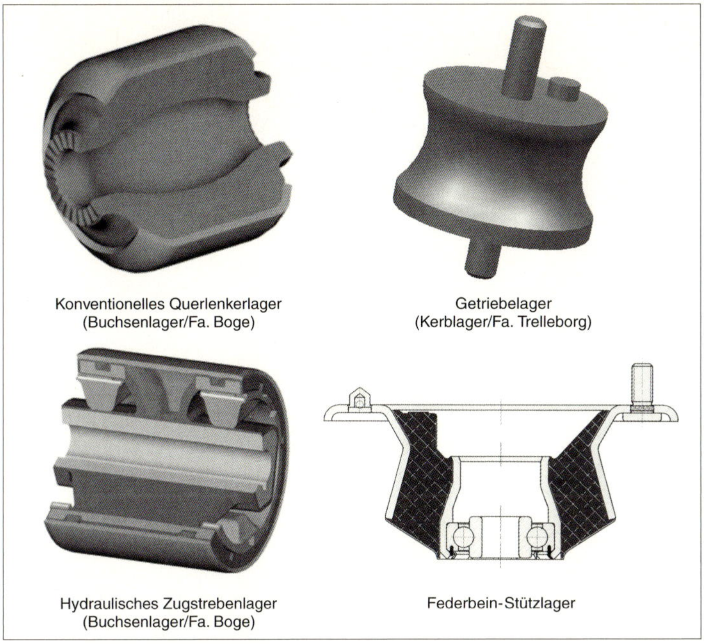

Bild 7.4-7 Beispiele für Lagerausführungen

Konventionelle Gummilager: Für viele Anwendungsfälle wie z.B. die Anbindung von Lenkern, Streben oder Stoßdämpfern gehören rotationssymmetrische Buchsenlager nach wie vor zu den kostengünstigsten Lösungen. In Abhängigkeit von den auftretenden Belastungen ist hierbei der Gummi am Innen- und Außenteil anvulkanisiert, eingepresst oder auch eingeknöpft. Zur Erzielung richtungsabhängiger und funktionsoptimierter Kraft-/Weg-Kennlinien werden Buchsenlager häufig mit Nieren versehen. Darüber hinaus kann durch entsprechend angeordnete Stege und Anschlagpuffer sowie das Einvulkanisieren von Zwischenblechen die Variabilität der Kennlinien weiter erhöht werden. Insbesondere für die Motor-/Getriebelagerung wird neben den Buchsenlagern eine Vielzahl weiterer Bauformen eingesetzt, um entsprechend Aggregatanordnung, Lagerungskonzept und verfügbarem Bauraum bestmögliche Lagereigenschaften zu erzielen. Häufig verwendete Ausführungsformen sind z.B. Keillager, Dachlager und sog. Kerblager [5, 7].

Hydrolager: Über die reine Elastomerdämpfung hinaus kann durch Kombination des Gummilagers mit einer entsprechenden Hydraulikvorrichtung das Dämpfungsangebot erheblich erhöht und innerhalb gewisser Grenzen in Abhängigkeit von Schwingfrequenz und -amplitude bedarfsgerecht angepasst werden. Hierbei stehen zwei grundsätzliche Effekte zur Verfügung: 1. Dämpfung durch viskose Reibung, 2. Schwingungstilgung durch Beschleunigung von Fluidmasse. **Bild 7.4-8** zeigt exemplarisch die Ausführung eines hydraulischen Motorlagers: Die Arbeitskammer wird durch die äußere Schwingungsanregung in ihrem Volumen verändert und dadurch

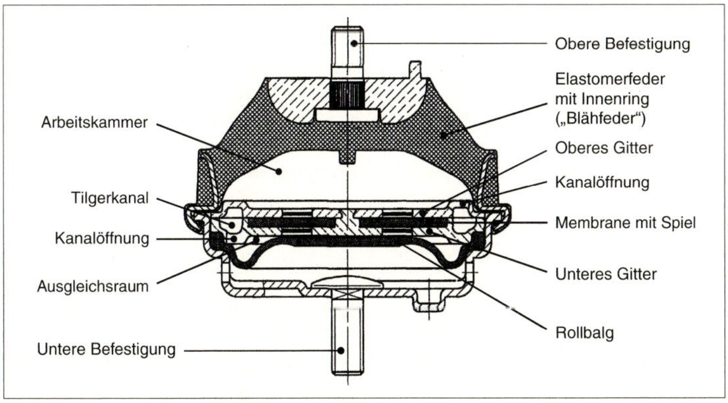

Bild 7.4-8 Einkammer-Hydrolager mit Entkopplung

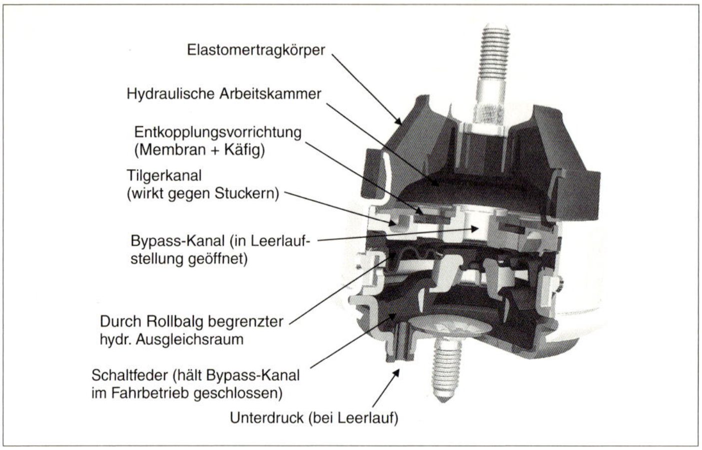

Bild 7.4-9 Dämpfungssteuerbares Hydrolager (Vibracoustic)

Über- oder Unterdruck erzeugt. Die Flüssigkeitsmasse im Kanal und die Blähwandsteifigkeit der Elastomerfeder bilden ein schwingfähiges System, das durch die Anregung in einem abgestimmten Frequenzbereich in Resonanz gerät und durch die Trägheit sowie Dissipation der Strömung ein hohes Dämpfungsmaß erzeugt. Die beiden Gitter mit zwischenliegender, oftmals spielbehafteter Membran sorgen dafür, dass für kleine Anregungen die hydraulische Dämpfung abgeschaltet wird; dies verbessert die Akustik. Im Automobilbau hat sich die Anwendung hydraulisch gedämpfter Lager für die Längsschwingbewegung der Räder und bei der Aggregatelagerung bewährt [9]. Als gewisser Trend bei den hydraulischen Motorlagern ist die Integration der Anschlagfunktion zur Begrenzung der Aggregatebewegung (insbesondere im Fahrbetrieb und bei Unfallsituationen im niedrigen Geschwindigkeitsbereich) in das Lager erkennbar [20, 21].

Schaltbare Lager: Nicht nur zur Lagerung von Dieselmotoren werden heute vielfach Hydrolager eingesetzt, bei denen die Hydraulik entweder je nach Betriebszustand zu- bzw. abgeschaltet, oder aber bedarfsgerecht verändert werden kann. Ziel ist hierbei meistens, im hinsichtlich Akustik und Vibrationen kritischen Leerlauf ein Maximum an Isolation zu erhalten und dagegen im Fahrbetrieb durch Zuschalten oder entsprechendes Verstellen der Hydraulik die raderregte Aggregatbewegung (Stuckern) unter Inkaufnahme eines reduzierten Isolationsgrades in gewünschtem Maße zu bedämpfen. Die Verstellung kann hierbei elektrisch [10] oder mittels Unterdruck erfolgen. **Bild 7.4-9** zeigt ein Schaltlager, bei dem durch Anlegen von Unterdruck ein Bypasskanal geöffnet wird, der dann den auf die Stuckerfrequenz abgestimmten Ringkanal überbrückt. Hierdurch wird der hydraulisch bedingte Dämpfungsanstieg in einen höheren, im Leerlauf nicht relevanten Frequenzbereich verschoben. Zusätzlich kann der vor diesem Anstieg auftretende Abfall der dynamischen Steifigkeit dazu genutzt werden, in einer dominanten Anregungsfrequenz die Isolation lokal zu erhöhen.

Nachteil der bisher beschriebenen „dämpfungssteuerbaren Hydrolager“ ist einerseits, dass die Hydraulik und damit die Verstellung der dynamischen Steifigkeit nur in einer Richtung wirkt und andererseits, dass nur die dynamische, nicht aber die statische Federrate verändert werden kann. Dieser Nachteil wird durch „steifigkeitssteuerbare Hydrolager“ behoben, **Bild 7.4-10**. Hierzu sind 2 konzeptionelle Ansätze bekannt, die beide auf der Parallelschaltung eines auf den Leerlauf abgestimmten Basisgummilagers mit einem zuschaltbaren, für den Fahrbetrieb optimierten Hydrolager beruhen. Während bei der von der Fa. Trelleborg entwickelten Ausführung die An- bzw. Abkopplung der beiden Lagerelemente durch einen elektrisch angetriebenen, kardanischen Klemmmechanismus erfolgt (**Bild 7.4-11**), dient bei dem Konzept von der Fa. ContiTech ein wahlweise aufzubauendes Luftpolster als Entkopplungselement.

Aktive Lager: Unter diesen Begriff fällt eine ganze Reihe neuer, größtenteils noch nicht abgeschlossener Entwicklungen. Im erweiterten Sinn werden darunter Lager verstanden, bei denen die Eigenschaften durch Änderung der Parameter Dämpfung, Steifigkeit oder Masse dem jeweiligen Betriebszustand optimal und deutlich schneller als bei den vorgenannten Schaltlagern angepasst werden können. Ansätze zur technischen Umsetzung bieten hierbei u.a. elektro- sowie magnetorheologische Flüssigkeiten, deren Viskosität durch Anlegen eines elektrischen bzw. magnetischen Feldes erhöht werden kann. Die Ansteuerung solcher Lager kann dabei als einfache „Open-Loop“-Steuerung in Abhängigkeit eines oder mehrerer Betriebsparameter wie z.B. der Motordrehzahl oder aber auch als komplexes, selbst optimierendes Regelungssystem ausgeführt sein [11]. Selbstverständlich fallen aber auch diejenigen Lagerausführungen unter diese Rubrik, die selbst Aktionskräfte erzeugen und dem System zur Schwingungskompensation ge-

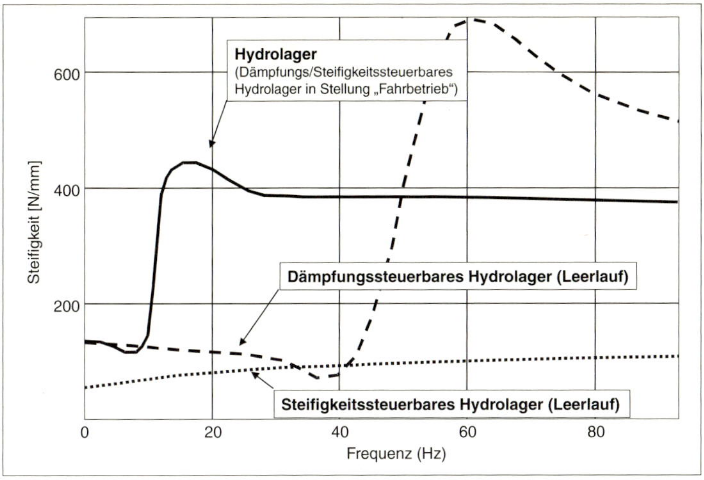

Bild 7.4-10 Vergleich der dynamischen Steifigkeitskennlinien schaltbarer Hydrolager

genphasig zur störenden Anregung aufprägen. Dies kann direkt, z.B. durch Unterdruck oder über einen Elektromagneten geschehen, oder aber auch in Form einer schwingenden, sogenannten seismischen Masse. Zur Krafterzeugung sind neben den klassischen hydraulischen, pneumatischen und elektromagnetischen Lösungen auch piezoelektrische und magnetostriktive Aktoren interessante Alternativen [12]. Bis auf wenige spezielle Einzelanwendungen im Bereich der Aggregatlagerung konnten sich aktive Lager bisher nicht als technische Serienlösungen durchsetzen. Hauptgrund hierfür ist wohl der im Verhältnis zum erzielbaren Nutzen heute noch beträchtliche Kostenaufwand.

Kombination von Elastomerlagern mit anderen Bauelementen: Ein nicht zu unterschätzender Vorteil von Elastomerlagern ist, dass sie sich zur Erzielung einer kompakten, gewichtsoptimierten Bauweise leicht zusammen mit anderen Komponenten in komplexere Bauteile integrieren lassen. Beispiele hierfür sind das in **Bild 7.4-7** dargestellte Federbeinstützlager oder die elastische Anbindung eines Kugelgelenkes mittels anvulkanisierter Gummihülse an einen Querlenker zur Erzielung positiver elastokinematischer Effekte [13]. Um den durch die Elastomereigenschaften begrenzten Spielraum (z.B. hinsichtlich der Dämpfungsuntergrenze oder des Verhältnisses Axial- zu Radialsteifigkeit) zu vergrößern, können die Elastomerfedern auch mit anderen Federelementen wie z.B. Schraubenfedern aus Stahl kombiniert werden [14].

Tilger: Einen Sonderfall für den Einsatz von Elastomerlagern stellen Schwingungstilger dar, bei denen eine elastisch aufgehängte Masse zur Tilgung störender Vibrationen verwendet wird. Die Tilgerwirkung

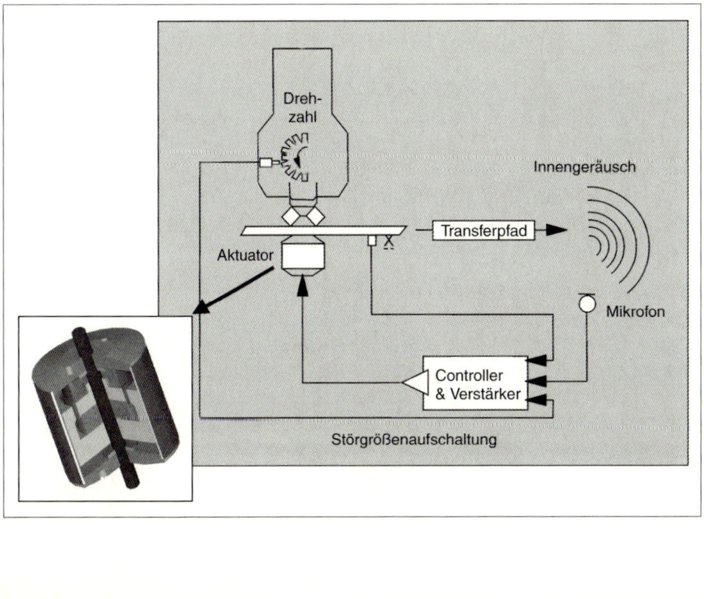

Bild 7.4-11 Beispiel für ein aktives Lagerungssystem mit elektromagnetischem Aktuator (Fa. Trelleborg)

beschränkt sich hierbei allerdings auf eine bestimmte Frequenz. Durch Erhöhung der Dämpfung, ggf. auch mittels Hydraulik, kann die „Breitbandigkeit“ erhöht werden. Auch hier besteht die Möglichkeit, durch den Einsatz von Aktuatorik den wirksamen Frequenzbereich bedarfsgerecht auszuweiten. So kann eine aktive Lagerung auch als Kombination eines konventionellen Lagerelements mit einem aktiven Tilger dargestellt werden.

Lagerauslegung: In Anbetracht der sehr speziellen und komplexen Eigenschaften der einsetzbaren Werkstoffe ist es bei der Entwicklung von Elastomerlagern besonders wichtig, von Anfang an sämtliche Anforderungen sowie Rahmenbedingungen zu kennen und zu berücksichtigen. Gegebenenfalls muss nach Vorliegen einer ersten Lagerauslegung auch noch einmal der umliegende Bauraum verändert werden. Die konstruktive Auslegung der Lager erfolgt heute standardmäßig mit Hilfe entsprechender Simulations- und FEM-Programme [3, 9, 15]. In diese Untersuchungen müssen auch verstärkt Toleranz- bzw. Grenzmusterbetrachtungen mit einfließen, um später in der Serienfertigung eine gleich bleibende Qualität der Fahrzeuge bezüglich Fahrverhalten und Komfort sicherzustellen [22].

Neben den positiven funktionalen Eigenschaften weisen Elastomere noch eine Reihe einschränkender Merkmale auf, die bei der konstruktiven Auslegung der Lager sowie deren Umfeld berücksichtigt werden müssen. So verändern Elastomerwerkstoffe in Abhängigkeit von den einwirkenden Lasten, Temperaturen und Medien ihre Eigenschaften wie Steifigkeit, Dämpfung und Festigkeit über der Zeit [16]. Hinzu kommt ein mit höherer Temperatur stärker werdendes Fließverhalten, das bei statisch vorbelasteten Lagern zu vermehrten Setzungserscheinungen führen kann. Diese treten hauptsächlich während der ersten Kilometer eines Fahrzeugs auf und müssen unter Umständen konstruktiv vorgehalten werden. Bei der Auslegung hinsichtlich der statischen und dynamischen Lagereigenschaften muss angesichts der unterschiedlichen Einsatzbedingungen oft ein Kompromiss gefunden werden, der alle Extrembedingungen abdeckt und auch die zeitlichen Veränderungen des Elastomers mit berücksichtigt. Neben hohen und sehr niedrigen Temperaturen wirken sich UV-Licht und Ozon negativ auf Lebensdauer und Bruchlast aus. Insbesondere im Hinblick auf das Haftsystem ist auch auf mögliche korrosive Medien wie Salzwasser ein besonderes Augenmerk zu richten. Bezüglich der Temperaturbelastung ist nicht nur die auftretende Umgebungstemperatur, sondern auch die infolge Dämpfungsarbeit im Lager selbst entstehende Wärme zu berücksichtigen.

Wegen seiner insgesamt ausgeglichensten Eigenschaften ist Naturkautschuk (NR) der am häufigsten für Lager eingesetzte Elastomerwerkstoff. Sein größter Nachteil ist seine eingeschränkte Temperaturbeständigkeit. Während für NR-Mischungen von den Lagerherstellern im Allgemeinen eine maximale Dauertemperatur von ca. 80 °C genannt wird, liegen die kurzzeitig im Fahrzeug von den Bauteilen zu ertragenden Temperaturen oft deutlich höher. Da sich aber bei höheren Temperaturen die Lebensdauer reduziert, ist in solchen Fällen neben den Betriebslasten die genaue Kenntnis des im Fahrzeugleben auftretenden „Temperaturkollektivs“ wichtig. Häufig müssen in der Lagerumgebung temperatursenkende Maßnahmen ergriffen werden. Dazu gehören Wärmeschutzbleche, aber auch die gezielte Zuführung von Kühlluft. Grundsätzlich stehen zwar mit synthetischen Kautschuksorten wie z.B. EPDM (Ethylen-Propylen-Dien-Kautschuk), FKM (Fluor-Kautschuk), oder VMQ (Silikon-Kautschuk) auch Elastomerwerkstoffe für Temperaturen bis über 150 °C zur Verfügung, doch weisen diese deutliche Nachteile hinsichtlich der mechanischen Eigenschaften auf [3, 5]. Erste Anwendungen von Motorlagern mit Silikontragfeder zeigen jedoch für die Zukunft ein Potenzial auf.

7.4.2.3 Wirkung äußerer Kräfte

Die am Rad angreifenden Vertikal-, Längs- und Querkräfte verändern die durch Vorspur und Sturz beschriebene Radstellung. Welche Änderungen unter verschiedenen Fahrsituationen günstig sind, wird im Folgenden kurz erläutert. Eine ausführliche Darstellung findet sich z.B. in [17]. Wie die Radstellungsänderung konstruktiv beeinflusst wird, hängt vom Achsprinzip, der Anordnung der Lenker und den Elastizitäten ab und wird exemplarisch veranschaulicht. Zur Vertiefung empfiehlt sich [18].

Die Änderung von Vorspur und Sturz über dem Radhub ist zunächst eine Eigenschaft der Kinematik. Die Bedeutung für das Fahrverhalten wurde in Kapitel 7.4.1.1 beschrieben. Durch die Elastizitäten in der Radaufhängung werden beide Kenngrößen verändert. Bei der kinematischen Auslegung einer Achse ist deshalb die elastische Änderung vorzuhalten.

Bild 7.4-12 zeigt den Querlenkerverband einer Doppelgelenk-Federbeinachse, die konstruktive Ausführung der gesamten Achse ist in **Bild 7.4-21** zu sehen. Die Führung des Radträgers in Längs- und Querrichtung erfolgt durch den Querlenker Q und die Zugstrebe Z; gelenkt wird mit der Spurstange S. Da das Federbein nach innen geneigt sein muss, bewirkt die Radaufstandskraft eine Zugbelastung im Querlenker Q und verschiebt wegen der Elastizität c_Q den radträgerseitigen Querlenkerpunkt nach außen. Das Stützlager wandert nach innen. Dadurch nimmt der negative Sturz zu. Wie sich die Vorspur ändert, hängt davon ab, ob die Lenkung vor oder hinter Radmitte angeordnet ist.

Liegt sie wie im Bild vorne, geht die Achse durch die oben beschriebene Verlagerung des Querlenker-Anlenkpunktes unter Radaufstandskraft in Vorspur.

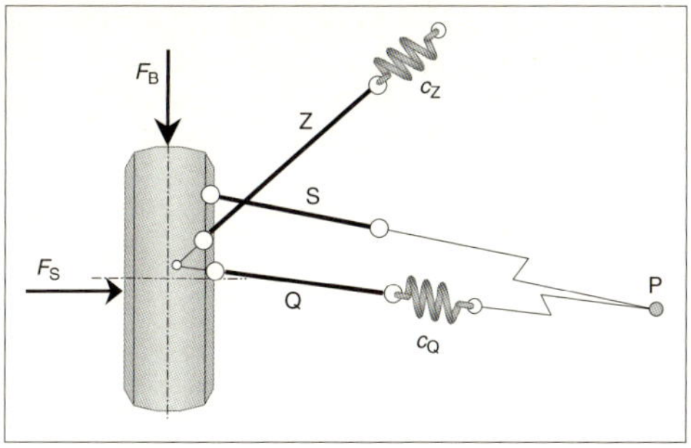

Bild 7.4-12 Schematische Draufsicht des Querlenkerverbandes einer Doppelgelenk-Federbeinachse

Bezüglich der Längskraft-Elastokinematik gibt es verschiedene Anforderungen. Sowohl beim Bremsen als auch beim Beschleunigen geradeaus ist es erfahrungsgemäß für die Fahrstabilität günstig, wenn beide Achsen leicht in Vorspur gehen. Die übertragbaren Kräfte beim Beschleunigen sind jedoch größer, wenn der Schräglaufwinkel der Reifen möglichst klein ist.

Beim Bremsen auf unterschiedlichen Reibwerten (μ-split) bewirken links und rechts ungleiche Bremskräfte ein Giermoment, welches das Fahrzeug zur Hochreibwertseite drehen möchte. Wenn nun die Vorderachse durch die Bremskraft in Vorspur geht, entsteht durch die Lenkwinkeländerung ein entgegengerichtetes Giermoment, welches das Fahrzeug stabilisiert. Entsprechendes gilt, wenn die Hinterachse auf Nachspur geht.

Anders sind die Verhältnisse, wenn bei Kurvenfahrt das Gas weggenommen wird (Lastwechsel) oder beim Anbremsen in der Kurve. Bei beiden Manövern ändern sich zunächst die Radlasten: die Vorderachse wird mehr, die Hinterachse weniger belastet. Bei höherer Radlast und zunächst gleichem Schräglaufwinkel bauen die Reifen vorne eine größere Seitenkraft, hinten wegen der Entlastung eine kleinere Seitenkraft auf, sodass in der Summe ein Giermoment entsteht, welches das Fahrzeug nach kurveninnen lenken möchte. Dieses Giermoment wird reduziert, wenn die Vorderachse so ausgelegt ist, dass sie durch eine Bremskraft in Nachspur geht, und die Hinterachse so, dass sie in Vorspur geht. Zwar ändern die Räder links und rechts ihren Lenkwinkel gleichermaßen, da aber die Radlast der Kurvenaußenräder höher ist, kommt die Lenkwinkeländerung dieser Räder stärker zum Tragen und bewirkt ein nach kurvenaußen gerichtetes Giermoment.

Generell ist für das Fahrverhalten die Elastokinematik beider Achsen wichtig. Beim Bremsen ist die elastokinematische Lenkwinkeländerung an der Vorderachse größer als an der Hinterachse, weil die Bremskraft vorne im Allgemeinen deutlich größer ist als hinten. Ferner wirkt sich die Lenkwinkeländerung vorne stärker aus, weil dort die Radlast zunimmt. Beim Anfahren kann die Längskraft-Elastokinematik nur an der angetriebenen Achse genutzt werden.

Die Ausführungen zeigen auch, dass es eine einzige optimale elastokinematische Abstimmung nicht geben kann. Vielmehr ist eine Abstimmung immer eine achsbezogene Synthese aus den Anforderungen verschiedenster Fahrzustände. Die Abstimmung muss ferner die Ziele der Gesamtfahrzeugauslegung berücksichtigen und ist immer im Zusammenhang mit anderen Parametern wie Reifenverhalten, Federung, Stabilisatoren etc. zu sehen. In der Realität sind die Fahrzeuge meist so ausgelegt, dass die Vorderachse unter Bremskraft leicht in Nachspur geht und die Hinterachse leicht in Vorspur. Wenn es das Achskonzept zulässt, werden angetriebene Hinterachsen zusätzlich so ausgelegt, dass sie auch bei Vortriebskraft in Vorspur gehen.

Bei der in **Bild 7.4-12** gezeigten Doppelgelenk-Federbeinachse wird die Längsfederung durch das Zugstrebenlager mit der Steifigkeit c_Z realisiert. Für das freirollende Rad ist c_Z klein. Beim Auftreten einer Bremskraft F_B dreht sich der Radträger zunächst um den Pol P, d.h. die Achse geht bei der dargestellten Anordnung leicht in Nachspur. Bei großer Bremskraft geht das Zugstrebenlager auf Anschlag (c_Z wird groß). Dann kommt auch das Querlenkerlager mit seiner erheblich höheren Steifigkeit c_Q zur Wirkung. Da der Querlenker beim Bremsen auf Druck belastet ist und die Spurstangenkraft verhältnismäßig klein bleibt, stellt sich die vorliegenden Achse weiter in Nachspur, **Bild 7.4-13**.

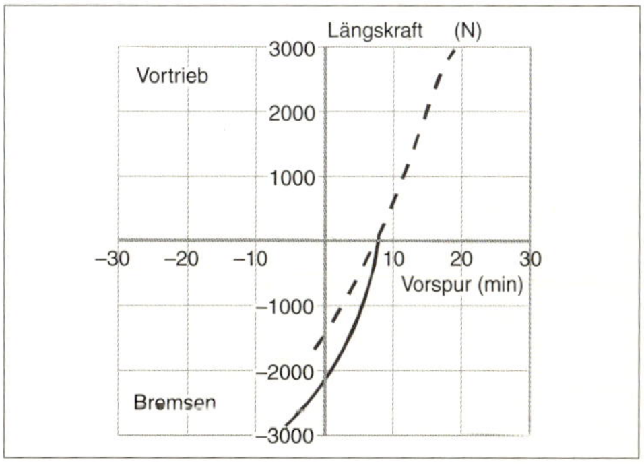

Bild 7.4-13 Typischer Verlauf der Vorspur einer Federbeinachse unter Brems- und Vortriebskraft

Ein weiterer wichtiger Aspekt der Elastokinematik ist die Änderung von kinematischen Kenngrößen durch elastische Verformungen. **Bild 7.4-14** zeigt schematisch eine Doppelquerlenkerachse in Seitenansicht. Die Spreizachse S ergibt sich als Verbindungslinie der beiden radträgerseitigen Querlenkerpunkte für Längskraft 0 (gestrichelte Lenkerlage), die zugehörige Nachlaufstrecke n ist eingetragen.

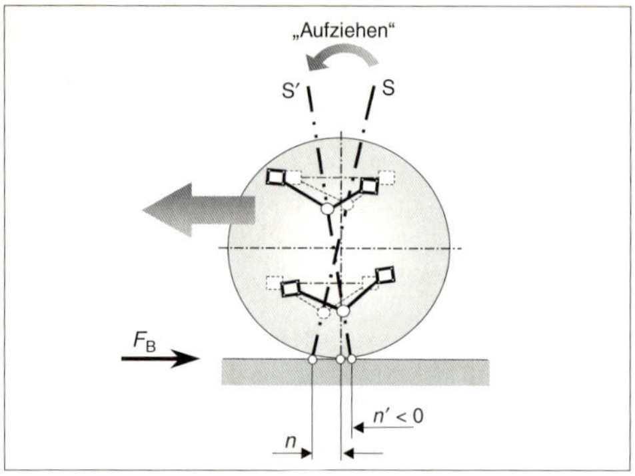

Bild 7.4-14 Prinzipbild einer Doppelquerlenkerachse unter Bremskraft in Seitenansicht

Die Radlängsfederung sei durch die karosserieseitigen Gummilager realisiert. Da ein Bremsmoment als Kräftepaar von den Querlenkern aufgenommen werden muss, bewegt sich der untere nach hinten und der obere nach vorne. Dadurch „zieht sich der Radträger auf", d.h. er verdreht sich um die Fahrzeugquerachse. Die Spreizachse S dreht damit nach S', aus der Nachlaufstrecke n wird die negative Nachlaufstrecke n' (auch Vorlauf genannt).
Ein weiterer Effekt beim Aufziehen des Radträgers ist, dass sich die Neigung der Spurstange ändert, welche den Verlauf der Vorspur über dem Radhub steuert. Das bedeutet, dass der Verlauf der Vorspur über dem Radhub unter Bremskraft gegenüber dem Verlauf ohne Bremskraft geneigt wird, **Bild 7.4-15**.

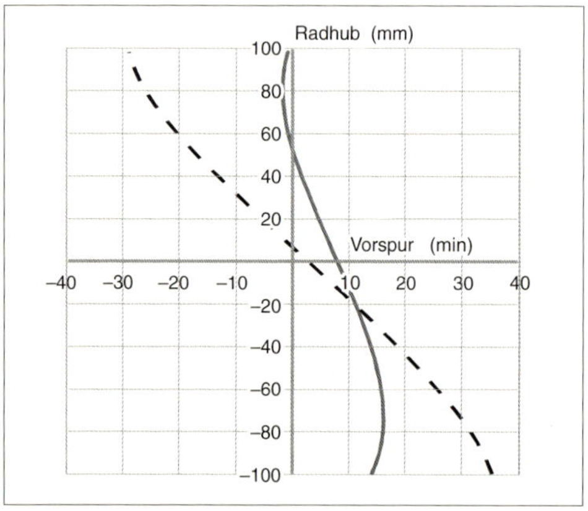

Bild 7.4-15 Typischer Verlauf der Vorspur einer Doppelquerlenkerachse über dem Radhub

Um das Aufziehen des Radträgers zu begrenzen, ist es wichtig, eine große Abstützbasis zwischen den Lenkern zu realisieren. Es ist deshalb günstig, bei einer Doppelquerlenkerachse den oberen Querlenker über dem Rad anzuordnen, **Bild 7.4-34**. Muss der obere Querlenker in die Radschüssel gelegt werden, so kann die für den Komfort wichtige Längsfederung mittels eines elastisch gelagerten Achsträgers realisiert werden, die Querlenker können dann härter ausgeführt sein. Günstig ist es auch, wenn das Bremsmoment mittels eines Integrallenkers über den unteren Querlenker aufgenommen wird, weil sich dann im oberen Querlenkerverband keine Längskräfte ergeben. Dies ist bei der Integrallenker-Hinterachse realisiert, **Bild 7.4-23**.
Auch die Seitenkraft verändert durch die in einer Achse vorhandenen Elastizitäten Vorspur und Sturz. Wie in Kapitel 7.4.1.1 gezeigt, entsteht bei Einzelradaufhängungen aus dem Wankwinkel am Kurvenaußenrad ein Sturzverlust, der nur teilweise durch die Kinematik ausgeglichen werden kann. Eine nach innen weisende Kraft kann bei allen gängigen Achsen den Sturzverlust nur vergrößern. Unter diesem Aspekt ist bei der Achse in **Bild 7.4-12** ein steifes Querlenkerlager erforderlich.
Durch die Lenkwinkeländerung aus der Seitenkraft wird das Lenkverhalten des Fahrzeugs beeinflusst. In der Regel soll auch durch die Seitenkraft-Elastokinematik ein leicht untersteuerndes Verhalten (siehe Kapitel 7.1) erreicht werden. Dazu ist es erforderlich, dass bei einer nach fahrzeuginnen wirkenden Seitenkraft die Vorderachse in Nachspur geht und die Hinterachse in Vorspur. So wird mit den aus der Querbeschleunigung resultierenden Radkräften ein Lenkwinkel erzeugt, der die Querbeschleunigung abbaut. Durch den Lenkwinkel an der Hinterachse wird zugleich der Schwimmwinkel reduziert.
Andere Anforderungen ergeben sich aus Bedingungen wie Seitenwind und Fahrbahnquerneigung, denn diesen äußeren Kräften soll das Fahrzeug nicht unerwünscht nachgeben. Vor allem für die Unempfindlichkeit gegen Seitenwind ist es aus elastokinematischer Sicht günstig, wenn eine nach fahrzeuginnen weisende Kraft an der Vorderachse Vorspur bewirkt.
In der Regel werden – sofern möglich – beide Achsen so ausgelegt, dass sie auch durch die Seitenkraft untersteuern. Entscheidend für das Fahrverhalten ist das Zusammenspiel beider Achsen. Die konkrete Abstimmung ergibt sich aus den Fahreigenschaftszielen und ist im Zusammenhang mit vielen anderen Abstimmparametern wie der Federung, Stabilisierung, Aerodynamik u.s.w., aber auch mit kinematischen und elastokinematischen Einflüssen aus Radhub und Längskraft zu sehen.
Bei der in **Bild 7.4-12** dargestellten Achse geht der Querlenker Q unter einer nach innen weisenden Seitenkraft F_s auf Druck. Liegt nun die Lenkung vorne, so geht die Achse wegen der Elastizität c_Q in Nachspur, **Bild 7.4-16**. Ist die Lenkung hinten angeordnet, so geht sie in Vorspur. In diesem Fall ist eine sehr hohe Querlenkersteifigkeit erforderlich.
Ein etwas anderes Bild ergibt sich, wenn bei einer Federbeinachse die Lenkung hinten und deutlich oberhalb des Querlenkers angeordnet ist. Durch die

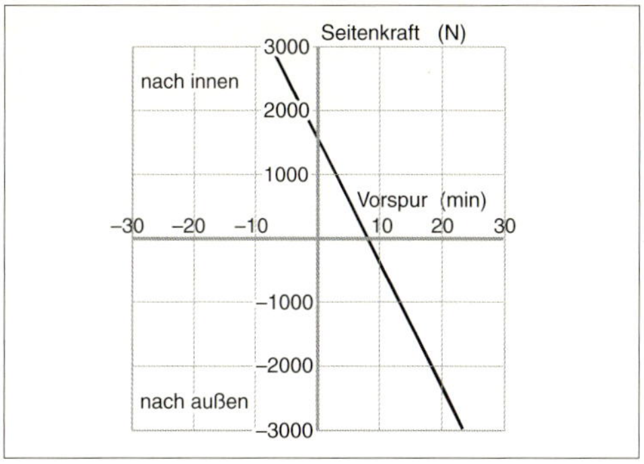

Bild 7.4-16 Typischer Vorspurverlauf einer Federbein-Vorderachse mit vornliegender Lenkung unter Seitenkraft bei festgehaltenem Radhub

nach innen weisende Seitenkraft entsteht im Dämpfer ein Biegemoment. Die Durchbiegung des Dämpfers vergrößert den (positiven) Sturz des Kurvenaußenrades, was zur Folge hat, dass der Radträger oberhalb des Querlenkers nach außen gedrückt wird. Da er am Spurstangengelenk festgehalten wird, ergibt sich ein Einfluss in Richtung Nachspur.

Ein weiterer wichtiger Aspekt für das Seitenkraft-Lenkverhalten ist die Torsionselastizität der Lenksäule als Teil der Gesamt-Lenkelastizität. Bei den für die elastokinematische Auslegung relevanten Fahrzuständen (kleine bis mittlere Lenkwinkel und Schräglaufwinkel) ist die Summe aus geometrischem Nachlauf und Reifennachlauf stets positiv. So ergibt sich das für das Lenkgefühl wichtige rückstellende Moment am Lenkrad. Das Moment bewirkt eine Verdrehung der Lenksäule, welche ihrerseits bei festgehaltenem Lenkrad einen untersteuernden Lenkwinkel an den Rädern verursacht.

An der Hinterachse ist es günstig, wenn die Räder unter einer nach fahrzeuginnen weisenden Seitenkraft in Vorspur gehen. Bei den gewichts- und kostengünstigen Längslenker-, Schräglenker- und Verbundlenkerachsen wirken die Elastizitäten der Achsbauteile dieser Forderung entgegen. Durch schräggestellte Gummilager zwischen der Karosserie und dem Hinterachsträger bzw. dem Verbundlenker kann das Lenkverhalten der Bauteile teilweise kompensiert werden. Bei den aufwändigeren Doppelquerlenker-, Raumlenker- und Integrallenker-Achsen dagegen lässt sich das Seitenkraftsteuerverhalten beliebig einstellen, siehe Kapitel 7.4.3 sowie [4, 18] und [19].

Die Betrachtungen in diesem Kapitel zeigen, wie mittels Elastizitäten das Fahrverhalten beeinflusst werden kann. Dabei werden stets durch Radkräfte Lenkwinkel und Sturzänderungen bewirkt. Die Kräfte selbst sind unvermeidbar, sie resultieren aus dem Betrieb des Fahrzeugs. Für konventionelle Fahrwerke muss bei der Auslegung das gesamte Spektrum möglicher Kräfte berücksichtigt werden, was immer zu Kompromissen bei der Synthese zwingt. Wenn es gelingt, durch Regelungssysteme ein Fahrzeug zusätzlich vorteilhaft zu beeinflussen, kann sich die Gewichtung bei der Abstimmung der Elastokinematik verschieben.

Literatur

[1] *Sagan, E.*: Auslegung von Achskinematik und Elastokinematik – immer ein Kompromiss?, Haus der Technik, Tagung Fahrwerktechnik, Osnabrück 2001
[2] *Drecoll, N.*: Der Einfluss der Karosseriedeformation auf die Fahrwerkskinematik. Logos Verlag Berlin, 2001
[3] *Hempel, J. (Hrsg.)*: Schwingungstechnik für Automobile, 2002, Vibracoustic GmbH & Co. KG, Weinheim, ISBN 3-00-010-274-4
[4] *Matschinsky, W.*: Radführungen der Straßenfahrzeuge, 3. Auflage 2007, Springer Verlag
[5] *Hofmann, M.*: Antivibrationssysteme (Die Bibliothek der Technik, Bd. 225), 2001, Verlag Moderne Industrie
[6] *Mitschke, M.*: Dynamik der Kraftfahrzeuge, Band B: Schwingungen, 3. Auflage 1997, Springer Verlag
[7] *Hinsch, P.*: Einige Untersuchungen zum Messen dynamischer Moduln von Elastomeren, Kautschuk + Gummi Kunststoffe 42/89, Nr. 9, S. 752–756
[8] *Naploszek, H.*: Vorgespannte Elastomerlager zur Reduktion von Nebenfederraten, ATZ 101/1999, Nr. 2, S. 94–96
[9] *Müller, M.; Heidrich, M.; Bernhard, U.*: Die Auslegung von Motorlagerungssystemen, ATZ 99/1997, Nr. 2, S. 92–99
[10] *van Basshuysen, R.; Kuipers, G.; Hollerweger, H.*: Akustik des Audi 100 mit direkteinspritzendem Turbo-Dieselmotor, ATZ 92/1990, Nr. 1, S. 14–21
[11] *Melcher, J.; Krajenski, V; Hanselka, H*: Adaptronik im Automobilbau, ATZ 100/1998, Nr. 4, S. 256–265
[12] *Haldenwanger, H.-G.; Klose, P.*: Schwingungsisolation und -kompensation durch piezokeramisch aktivierte Motorlagerungen, ATZ 95/1993, Nr. 4, S. 174–179
[13] *Hartig, F.; Reichel, M.*: Das Fahrwerk des neuen 3er, (Der neue 3er), Sonderausgabe ATZ und MTZ 1998
[14] *Denker, D.*: Schnittstellenprobleme zwischen Aggregat und Karosserie und ihre Lösung bei Leichtbaukonzepten, System Partners 97 (ATZ/MTZ Sonderausgabe), 1997, S. 116–117
[15] *Becker, K. et al.*: Entwicklung von Akustik und Schwingungskomfort am neuen Audi A6, ATZ/MTZ Sonderausgabe: Der neue Audi A6, März 2004, S. 53–55
[16] *Hutter, W.; Wölfl, A.*: Elastomerlager im PKW, KGK Kautschuk Gummi Kunststoffe, 51. Jahrgang, Heft 7–8/1998, S. 506–511
[17] *Mitschke, M.; Wallentowitz, H.*: Dynamik der Kraftfahrzeuge, Band C: Fahrverhalten, 3. Auflage, Springer Verlag 2003
[18] *Merker, Th.; et al.*: Das SL-Fahrwerk – Dynamik und Komfort vereint. ATZ Sonderausgabe: Der neue Mercedes SL, Oktober 2001
[19] *Riedl, H.: Kölbel, S.*: Das Fahrwerk des neuen 7er. ATZ Sonderausgabe: Der neue BMW 7er, November 2001
[20] *Riedl, H. et al.*: Das Fahrwerk des neuen 5er, ATZ/MTZ Sonderausgabe: der neue BMW 5er, August 2003, S. 81
[21] *Bauer, M. et al.*: Das Fahrwerk des Porsche Cayenne, ATZ/MTZ Sonderausgabe: Porsche Cayenne, Juli 2003, S. 100/101
[22] *Daubenschmid, W. et al.*: Auf Achse, S-Klasse – Abstimmung und Erprobung, ATZ/MTZ Sonderausgabe: Die neue SLK-Klasse, April 2004, S. 61/62

7.4.3 Radaufhängungen

Die Radaufhängung übernimmt mit den Bauteilen Radträger, Radlager, Lenker (mit Gelenken und Gummilagern), Feder und Dämpfer die Führung des Rades und die Abstützung äußerer Kräfte. Dabei unterscheidet man je nach Freiheitsgrad der Aufhängung Starrachsen, Einzelradaufhängungen und Verbundachsen [4, 5]. Starrachsen können einseitig oder parallel einfedern, weisen also zwei Freiheitsgrade auf. Bei Einzelradaufhängungen ist der symmetrische und antimetrische Federungsvorgang identisch und entspricht nur einem Freiheitsgrad. Verbundachsen können je nach Ausführung unterschiedliche Grade der Kopplung von linkem und rechtem Rad aufweisen und liegen in den Eigenschaften daher zwischen Starrachsen und Einzelradaufhängungen. Bei gelenkten Achsen kommt jeweils ein Freiheitsgrad dazu, nämlich die Drehbarkeit des Rades um die in der Nähe der Hochachse liegende Spreizachse.
Die Auswahl des Achskonzepts wird von vielen Randbedingungen beeinflusst, z.B. Einsatzspektrum (Geschwindigkeitsbereich, Achslast . . .), Bauraum, Antriebsart, Kosten, Gewicht usw., **Tabelle 7.4-1**. Allgemein gilt, dass die Möglichkeit, die kinematischen Auslegungsparameter zu optimieren, mit der Zahl der Lenker und Gelenke zunimmt. So kann beispielsweise die Lenkdrehachse von Vorderachsen durch die radseitigen Kugelgelenke von zwei Dreieckslenkern festgelegt werden. Die Lage der Gelenke ist allerdings durch den notwendigen Bauraum für die Bremse und den erforderlichen Freigang zur Felge beim Lenken nicht frei wählbar. So müssen Kompromisse z.B. hinsichtlich Spreizungswinkel, Spreizungsversatz und Lenkrollradius eingegangen werden. Werden die beiden realen Gelenke durch die virtuellen Pole von je zwei Stablenkern ersetzt, lässt sich die Spreizachse unabhängig von Bauraumzwängen festlegen. Die virtuelle Spreizachse kann sich über dem Federweg und dem Lenkeinschlag auch gezielt ändern, was weitere Freiheitsgrade der Auslegung eröffnet.
Bauraumüberlegungen spielen auch bei der Festlegung von Reifen- und Felgendimension eine Rolle. Im Hinblick auf Leichtbau sowie niedrige ungefederte und rotierende Massen wären möglichst leichte, also kleine und schmale Rad-/Reifenkombinationen wünschenswert, zur Reduzierung des Kraftstoffverbrauchs durch niedrigen Rollwiderstand schmale Reifen mit großem Durchmesser. Aus optischen und fahrdynamischen Gründen werden allerdings gerne große Felgen mit breiter Bereifung gewählt, die u.a. auch Einbauraum für großdimensionierte Bremsscheiben und -sättel bieten. Diesem Vorteil stehen der erhöhte Platzbedarf im Radhaus mit Auswirkung auf das Gesamtfahrzeugpackage (Lenkeinschlag, Wendekreis, Kofferraumvolumen, . . .) und das in der Regel höhere Gewicht gegenüber. Der Gewichtsproblematik begegnet man mit dem Einsatz innovativer Materialien und Verfahren, z.B. Aluminium-Bandräder als Substitution des Stahlrades, Leichtbauschmiederäder zunehmend auch als Serienausstattung, Leichtmetallgussräder mit Aluschaumkernen, Magnesium, faserverstärkte Kunststoffe.
Im Missbrauchs- oder Crashfall muss die Radaufhängung spezielle Anforderungen erfüllen: im Falle der Überlastung eines Bauteils soll sich vor dem endgültigen Versagen eine deutliche Verformung einstellen. Zum einen, um (vor dem Bruch) auf die Schädigung durch die Überlastung erkennbar hinzuweisen und eine Weiterfahrt auszuschließen, zum anderen aus Produkthaftungsgründen: die Verformung beweist, dass dem Bruch des Bauteils eine missbräuchliche Überlastung vorhergegangen ist, die in einer unfallartigen Situation entstand. Damit ist die Kausalität von Unfall und Bauteilversagen festgelegt: erst Crash,

Tabelle 7.4-1 Einige Auswahlkriterien für Achskonzepte

	Starrachsen	Einzelradaufhängungen			Verbundachsen
		eben	sphärisch	räumlich	
Kinematisches Auslegungspotential	–	0	+	+ +	0
Längsfederung	–	0	+	+ +	–
Kosten	+	0	–	– –	+
Bauraum	– –	0	0	+	–
Gewicht	–	0	+	+	0
Unempfindlichkeit (Achslast, Geländetauglichkeit, Toleranzen, . . .)	+ +	0	–	–	0

dann Bruch und nicht umgekehrt. Die verwendeten Materialien für radführende Bauteile müssen deshalb Bruchdehnungen von mindestens 6% aufweisen.

7.4.3.1 Starrachsen

Wegen ihrer robusten Bauart sind Starrachsen als Vorder- und Hinterachsen von Gelände- und Nutzkraftfahrzeugen häufig zu finden, **Bild 7.4-17**. Die Achsbrücke verbindet linkes und rechtes Rad starr und enthält bei angetriebenen Achsen das Achsgetriebe. Antriebs- wie Bremsmomente stützen sich also am Achskörper ab, damit sind Brems- und Anfahrstützwinkel (ohne Vorgelege-Getriebe) identisch. Die Führung erfolgt im einfachsten Fall über Blattfedern, sonst über Längs- oder Dreieckslenker. Die Seitenführung übernimmt meist ein sogenannter Panhard-Stab, der möglichst lang ausgeführt wird, um Querschütteln zu minimieren.

Vorteilhaft bei Starrachsen ist vor allem die Spur- und Sturzkonstanz beim Wank- und Parallelfedern, was die Reifentragfähigkeit günstig beeinflusst. Außerdem sind guter Anfahr- und Bremsnickausgleich sowie ein hochliegendes Rollzentrum ohne Spurweitenänderung möglich, wodurch Wank- und Nickbewegungen des Aufbaus reduziert werden können. Angetriebene Starrachsen kommen ohne Gleichlaufgelenke für die Abtriebswellen aus; nicht angetriebene Achsen sind relativ kostengünstig auszuführen. Ein für Geländefahrzeuge wichtiger Pluspunkt ist die gleich bleibende Bodenfreiheit des Achskörpers beim Einfedern.

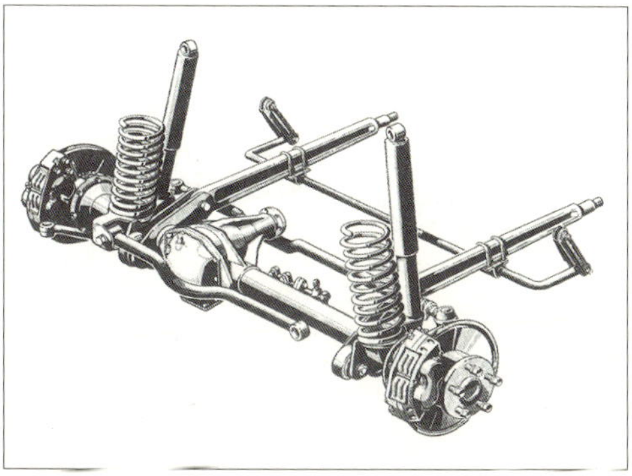

Bild 7.4-17 Angetriebene, lenkbare Starrachse (Mercedes G-Modell)

Nachteilig sind die hohen ungefederten Massen der Starrachse und der große Raumbedarf der Achsbrücke beim Durchfedern. Wegen störender elastokinematischer Lenkwinkel bei einseitiger Längskraft ist nur geringe Längsfederung in den Lenker-Gummilagern möglich. Durch die Beeinflussung des anderen Rades beim einseitigen Einfedern entstehen dort Radlast- und Sturzänderungen; außerdem ergibt sich wegen der endlichen Länge des Panhard-Stabes ein Querversatz. Schließlich ist die übertragbare Leistung bei gegebener Achslast begrenzt, da die Abstützung des Antriebsmoments bei längsliegender Gelenkwelle zu Radlastunterschieden führt, die am entlasteten Rad erhöhten Schlupf verursachen. Dieser Effekt lässt sich durch ein Sperrdifferenzial vermeiden. Bei angetriebenen Starrachsen mit separat an der Karosserie aufgehängtem Achsgetriebe (DeDion-Achsen) bleibt der Achskörper selbst frei von Antriebsmomenten und es treten beim Anfahren keine Radlastunterschiede auf.

7.4.3.2 Einzelradaufhängungen

Die Einzelradaufhängungen lassen sich nach der Bewegungsgeometrie klassifizieren: Rad und Radträger können um eine feste Drehachse schwenken und führen damit eine Bewegung in einer Ebene aus, die senkrecht auf der Drehachse steht (ebene Radaufhängung). Schwenkt die Momentanachse beim Federn um einen festen Punkt, bewegen sich die Radträgerpunkte auf Kugelschalen um diesen Zentralpunkt. Man spricht deshalb von sphärischen Radaufhängungen. Im allgemeinen Fall der räumlichen Bewegung ist der Drehung um die Momentanachse eine Vorschubbewegung in Achsrichtung überlagert, die Momentanachse wird damit zur Momentanschraubachse. Das kinematische Potential der Aufhängung steigt hierbei mit der Zahl der unabhängig voneinander wählbaren Parameter. Eine Gerade im Raum ist durch 4 Parameter festgelegt (Punkt und Richtung), damit können die 5 Auslegungsparameter (Vorspur- und Sturzänderung, Anfahr- und Bremsnickausgleich sowie Rollzentrumshöhe) nicht alle frei gewählt werden. Bei einer räumlichen Radaufhängung mit Momentanschraubachse kommt als unabhängiger 5. Parameter die Schraubensteigung hinzu. (Für nicht angetriebene Achsen ist der Antriebsstützwinkel natürlich ohne Bedeutung, damit reichen 4 frei wählbare Parameter aus.)

Die Sturzänderung über dem Federweg soll den Sturzverlust zur Straße bei Kurvenfahrt mit Karosserie-Wankwinkel kompensieren. Wegen der beidseitigen Einfederung über der Zuladung ist das mit Rücksicht auf die Reifentragfähigkeit bei hohen Sturzwerten nur teilweise möglich. Diesen Zielkonflikt versuchen Sturzverstellsysteme zu lösen (aktiv: Mercedes F400; passiv: Michelin OCP-System), allerdings noch nicht in Serie.

Ebene Einzelradaufhängungen

Hierzu gehören alle Aufhängungen mit fester Drehachse wie Längslenker-, Schräglenker- oder Doppelquerlenkerachsen mit parallelen Lenker-Drehachsen. Als Beispiel sei eine Schräglenker-Hinterachse näher beschrieben, **Bild 7.4-18**.

Die Sturzänderung über dem Federweg lässt sich so wählen, dass der Sturzverlust zur Straße durch den Wankwinkel bei Kurvenfahrt zumindest teilweise kompensiert wird. Durch den hochliegenden Längspol ist der Bremsnickausgleich gut. Angetriebene Schräglenkerachsen besitzen üblicherweise einen Hinterachsträger, der das Achsgetriebe mit aufnimmt. Mit großvolumigen Gummilagern ist dann gute Längsfederung und akustische Entkopplung erreichbar.

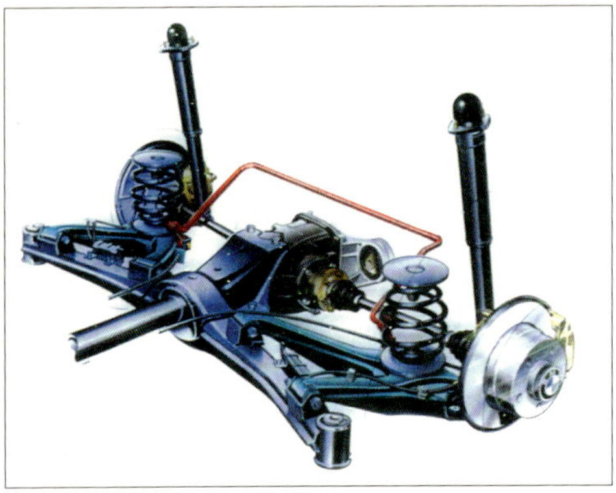

Bild 7.4-18 Schräglenkerachse (Hinterachse BMW Z3)

Wegen der eingeschränkten Auslegungsfreiheit ist eine Vorspuränderung beim Durchfedern ebenso wenig vermeidbar wie die geringe Rollzentrumshöhenänderung, die einen Aufstützeffekt bei Kurvenfahrt hervorruft. Bei Seiten- und Längskraft stellen sich durch die Lenkerlager- und Bauteilelastizitäten unerwünschte übersteuernde Lenkwinkel ein, die nur durch erhöhten Aufwand bei der Hinterachsträgerlagerung kompensiert werden können. Dabei werden Lager mit unterschiedlichen Federraten längs und quer verbaut und so angestellt, dass sie einen Federschwerpunkt hinter dem Seitenkraftangriff bilden, sodass die ganze Achse um den Federschwerpunkt schwenkt und das kurvenäußere Rad in Richtung Vorspur mitnimmt.

Sphärische Einzelradaufhängungen

Der Zentralpunkt, um den die Momentanachse und alle Radträgerpunkte schwenken, ist oft als karosserieseitiger Längslenker-Lagerpunkt ausgeführt. Sind Radträger und Längslenker ein integrales Bauteil, so sind zur kinematischen Bestimmtheit noch 2 Querlenker notwendig (aus Gründen der Vorspurkonstanz relativ lang, Zentrallenkerachse BMW Z4, **Bild 7.4-19**) oder 3 kürzere Lenker mit einer Querbeweglichkeit des Längslenkers. Diese 4-Lenker-Achsen werden zunehmend als hochwertige Hinterachsen von Frontantriebsfahrzeugen eingesetzt (Schwertlenkerachse Ford Focus, Mehrlenker-Hinterachsen VW Golf V, **Bild 7.4-20**, Mazda 6). Ihre Vorteile liegen im hohen fahrdynamischen Potenzial und in der Möglichkeit, durch kompakte und tiefliegende Anordnung von Federn und Dämpfern ein großes Kofferraumvolumen mit guter Durchladebreite zu realisieren. Sphärische Aufhängungen sind aber auch Achsen mit Trapezlenker und Sturzlenker, wenn die radträgerseitige und karosserieseitige Drehachse des Trapezlenkers einen gemeinsamen Schnittpunkt haben (Audi [3], Jaguar [2], Porsche Weissach-Achse [1]).

Bei der Zentrallenkerachse kann der Sturzverlauf ähnlich wie beim Schräglenker gewählt werden,

Bild 7.4-19 Zentrallenker-Hinterachse (BMW Z4)

durch die zusätzliche Auslegungsfreiheit bei bewegter Momentanachse lässt sich über dem Einfederweg auch noch Vorspurkonstanz erreichen. Anfahr- und Bremsnickausgleich sind gut; das großvolumige Längslenkerlager ermöglicht ausreichende Längsfederung. Durch sorgfältige Abstimmung der axialen und radialen Federraten und die Anstellung des Lagers in der Draufsicht können stabilisierende Vorspuränderungen bei Längs- und Seitenkräften eingestellt werden.

Bild 7.4-20 Hinterachse VW Golf V

Nicht frei wählbar ist dagegen die Rollzentrumshöhenänderung, die einen ähnlichen Aufstützeffekt erzeugt wie die Schräglenkerachse. Die zwei langen Querlenker benötigen außerdem relativ viel Bauraum; bei der Ausführung mit drei kurzen Lenkern steigt der Aufwand an Bauteilen.

Räumliche Einzelradaufhängungen

Vorderachsen sind wegen der Lenkbarkeit im Allgemeinen räumliche Mechanismen. Sehr verbreitet ist die Federbeinachse, **Bild 7.4-21**, bei der der Dämpfer fest mit dem Radträger verbunden ist und radführende Aufgaben übernimmt. Feder und Dämpfer sind im Prinzip konzentrisch angeordnet und bilden als Federbein eine Einheit. Mittels einer Schräganordnung der Feder zur Dämpfermittelachse kann die durch Querkräfte erhöhte Dämpferreibung reduziert werden; man spricht vom Querkraftausgleich.

Bild 7.4-21 Doppelgelenk-Federbein-Vorderachse (BMW 5er-Reihe)

Wegen ihres günstigen Bauraumbedarfs und der geringen Zahl an Bauteilen hat die Federbein- (auch McPherson-)Achse sich als häufigste Frontantriebs-Vorderachse etabliert. Kinematisch entspricht das Federbein einer Geradführung, die man sich ersetzt denken kann durch einen unendlich langen Dreieckslenker senkrecht zum Federbein durch das Stützlager. Quer- und Längspol lassen sich dann wie bei Doppelquerlenkerachsen konstruieren. Wenn der untere Dreieckslenker (oder Sichellenker) aufgelöst wird in zwei Stablenker, ergibt sich ein Pol, der die Spreizachse festlegt. Damit können Bauraumzwänge (z.B. wegen der Bremsscheibe) umgangen werden.

Wird auch der obere Dreickslenker in zwei Einzellenker aufgelöst, entsteht eine 5-Lenker-Achse als allgemeine Form der räumlichen Radführung. Die Spreizachse ist jetzt durch zwei Pole festgelegt und zur virtuellen Spreizachse geworden. Dieser Aufwand wird aber zur Zeit nur bei angetriebenen Achsen betrieben.

Angetriebene räumliche Hinterachsen sind in unterschiedlichen Ausführungen auf dem Markt: 5 einzelne Stablenker (Raumlenkerachse DaimlerChrysler, **Bild 7.4-22**), 3 Stablenker und 1 Dreieckslenker (Porsche 911), Trapezlenker mit 2 Querlenkern und Pendelstütze (Audi, Integralachse BMW 5er-/7er-Reihe [6], **Bild 7.4-23**).

Bild 7.4-22 Raumlenker-Hinterachse (Maybach)

Bild 7.4-23 Integral-Hinterachse (BMW 5er-Reihe)

Durch die unabhängig wählbaren Parameter ist bei räumlichen Achsen ein Optimum an kinematischen Eigenschaften erreichbar: günstiger Vorspur- und Sturzverlauf, gute Anfahr- und Bremsabstützung, Vermeidung des Aufstützeffekts durch geeignete Rollzentrumshöhenänderung. Die elastokinematische Auslegung bietet durch die vielen Gummilager die Möglichkeit, unter allen äußeren Lasten stabilisierende Lenkwinkel zu erzeugen und gleichzeitig gute Längsfederung zur Verfügung zu stellen. Da der Hinterachsträger, an dem die Lenker angebunden sind, üblicherweise gummigelagert mit der Karosserie verbunden ist, können auch die Hinterachsgetriebegeräusche vom Innenraum fern gehalten werden. Je nach Auslegung kann die gesamte Längsfederung der Achse entweder nur durch die Hinterachsträgerlager realisiert werden oder auch teilweise in den Lenkerlagern. Den funktionellen Vorteilen steht der hohe Bauaufwand gegenüber, den die vielen Lenker, Gelenke, Gummilager und der komplizierte Hinterachsträger mit sich bringen.

7.4.3.3 Verbundachsen

Allgemein zeigen Achsen dann Verbundwirkung, wenn beim einseitigen Federn das andere Rad nicht unbeeinflusst bleibt bzw. wenn sich der parallele und der wechselseitige Federungszustand unterscheiden. Das ist z.B. auch bei den heute nicht mehr gebräuchlichen Eingelenk-Pendelachsen der Fall. Die Verbundlenkerachse im engeren Sinne, die heute noch die übliche Hinterachse für Frontantriebs-PKW darstellt, **Bild 7.4-24**, besteht meistens aus zwei biege- und torsionssteifen Längsarmen, die die Räder tragen, und einem torsionsweichen Querprofil, das die beiden Längsarme verbindet. Je nach Positionierung des Querprofils (näher an den Längsarmlagern oder näher an den Radmitten) entsprechen die kinematischen Eigenschaften eher denen einer Längslenkerachse oder einer Starrachse. Für den Fall, dass das Profil etwa in der Mitte der Längsarme liegt, ergibt sich beim einseitigen Einfedern eine Momentanachse durch das Längsarmlager und den Schubmittelpunkt des Querprofils, der aus Symmetriegründen in Ruhe bleibt. Diese Momentanachse liegt im Raum ähnlich wie eine Schräglenker-Drehachse und erzeugt Vorspurzunahme und mehr negativen Sturz am einfedernden Rade. Beim gleichsinnigen Einfedern dagegen wird das Querprofil nicht tordiert, Vorspur und Sturz bleiben an beiden Rädern annähernd konstant.

Diese Vorspur- und Sturzkonstanz ist neben der kostengünstigen Bauart mit nur zwei Lagerstellen der Hauptvorteil der Verbundlenkerachse. Nachteilig sind der Bauraumbedarf des Querprofils beim Durchfedern sowie die elastokinematische Übersteuerneigung bei Längs- und Seitenkräften. Durch angestellte Gummilager mit axial und radial unterschiedlichen Federraten können allerdings korrigierende Vorspurwinkel erzeugt werden. Wie bei Starrachsen ist die Längsfederung wegen der Lenkeffekte bei einseitiger Längskraft begrenzt. Einer Verwendung als angetriebene Achse steht die Kollision des Querprofils mit der Gelenkwelle im Weg.

Bild 7.4-24 Verbundlenker-Hinterachse (Opel Astra)

Literatur

[1] *Bantle, M.; Braess, H.-H.*: Fahrwerksauslegung und Fahrverhalten des Porsche 928, ATZ 79 (1977), Nr. 9, S. 369–378

[2] *Cartwright, A. J.*: The development of a high comfort, high stability rear suspension, IMechE 1986, Proc Instn Mech Engrs Vol. 200 No. D5, S. S53–S60

[3] *Leitermann, W.; et al.*: Der neue Audi 200 quattro, ATZ 86 (1984) 10, S. 417–421

[4] *Matschinsky, W.*: Radführungen der Straßenfahrzeuge, 3. Auflage 2007, Springer Verlag

[5] *Reimpell, J.*: Fahrwerktechnik: Grundlagen, 4. Auflage 2000, Vogel Buchverlag

[6] *Riedl, Kölbel, Nixel, Schwarz*: Das Fahrwerk des neuen 5er. ATZ und MTZ Sonderausgabe August 2003, Seite 80 ff.

[7] *Krämer, M.*: Die neue C-Klasse von Mercedes-Benz. Wiesbaden: Vieweg Verlag, 2007

7.4.4 Federung, Dämpfung, Stabilisatoren

Die Federung als Oberbegriff für das Zusammenwirken von Tragfedern, Stabilisatoren und Schwingungsdämpfern hat eine Reihe für das Gesamtverhalten des Fahrwerks höchst bedeutsame Aufgaben zu erfüllen. So soll sie

- den Fahrzeugaufbau und damit vor allem auch die Insassen vor unangenehmen Hub-, Nick- und Wankschwingungen sowie vor Stößen schützen und damit zum mechanischen Schwingungskomfort beitragen.
- für eine möglichst gleichmäßige Bodenhaftung der Räder sorgen, als Voraussetzung für die zur Kurshaltung, zum Antreiben und Bremsen erforderliche Kraftübertragung zwischen Reifen und Fahrbahn. Dies ist ein wesentlicher Aspekt der Fahrsicherheit.
- durch eine ausgewogene Kräfte- und Momentenverteilung zwischen den Rädern einer Achse einerseits und den beiden Achsen andererseits das Fahrverhalten positiv mitgestalten. Dies tangiert sowohl Aspekte des Fahrkomforts als auch der Fahrsicherheit.

Für die Auslegung der einzelnen Komponenten ist die Aufgabe nicht schwer; die eigentliche Kunst liegt in der ausgewogenen und auf die Fahrverhaltens- und Komfortziele abgestellten Abstimmung aller Funktionen zueinander. Der Prozess wird im Folgenden am Beispiel eines komfortorientierten Fahrzeugs näher erläutert. Hinweise für abweichende Vorgehensweisen beim Sportfahrzeug finden sich am Ende.

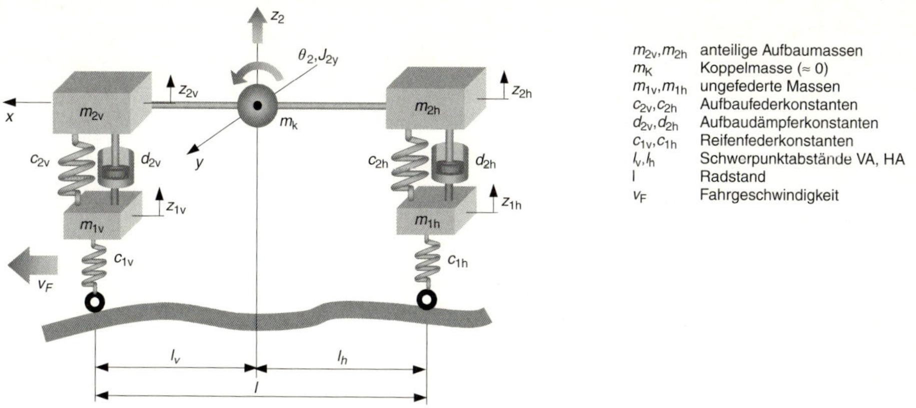

$$m_2\ddot{z}_2 + (d_{2v} + d_{2h})\dot{z}_2 + (c_{2v} + c_{2h})z_2 - (d_{2v}l_v - d_{2h}l_h)\dot{\theta}_2 - (c_{2v}l_v - c_{2h}l_h)\theta_2 - d_{2v}\dot{z}_{1v} - d_{2h}\dot{z}_{1h} - c_{2v}z_{1v} - c_{2h}z_{1h} = 0 \quad (1)$$

$$J_{2y}\ddot{\theta}_2 + (d_{2v}l_v^2 + d_{2h}l_h^2)\dot{\theta}_2 + (c_{2v}l_v^2 + c_{2h}l_h^2)\theta_2 - (d_{2v}l_v - d_{2h}l_h)\dot{z}_2 - (c_{2v}l_v - c_{2h}l_h)z_2 + d_{2v}l_v\dot{z}_{1v} - d_{2h}l_h\dot{z}_{1h} + c_{2v}l_vz_{1v} - c_{2h}l_hz_{1h} = 0 \quad (2)$$

Bild 7.4-25 Halbfahrzeugmodell für Hub- und Nickschwingungen sowie zugehörige Schwingungsgleichungen (nach [6])

Die verwendeten Formelzeichen leiten sich aus dem Modell nach **Bild 7.4-25** ab. Mit der Reifenwahl (Kapitel 7.3) ist c_1 festgelegt. Nachdem inzwischen auch ein Achskonzept vorliegt, ist m_1 bekannt und der verfügbare Bauraum für die Federung beschrieben. Die Koppelmasse m_K kann erfahrungsgemäß für die meisten PKW näherungsweise zu 0 gesetzt werden, gleichbedeutend mit einer Entkoppelung von Hub- und Nickschwingungen.

7.4.4.1 Tragfeder

Wie der Name nahe legt, haben die Federn c_2 vorrangig eine Tragfunktion, nämlich das Tragen der anteiligen Aufbaumasse m_2. Da ein Fahrzeug gegenüber der Konstruktionslage auch be- und entladen wird, ändert sich m_2 von $m_{2,\text{leer}}$ bis zur vollen Zuladung $m_{2,\text{voll}}$ im Einzelfall erheblich.

Für alle Beladungen wird ein möglichst gleich bleibender Schwingungskomfort gewünscht, was zunächst einmal die Forderung nach stets ausreichendem Federweg bedeutet; mit Rücksicht auf die Schwingungsempfindung des Menschen aber auch niedrige (0.7 ÷ 2 Hz) und möglichst konstante Eigenfrequenz der Feder [3, 6, 8].

Bild 7.4-26 zeigt, dass die Aufbaubeschleunigungen von der Feder c_2 nur in der Umgebung der Aufbaueigenfrequenz (um 1 Hz) maßgeblich beeinflusst werden. Die Überhöhungen nehmen mit weicher werdender Feder deutlich ab und verlagern sich entsprechend der abnehmenden Eigenfrequenz.

Dies gilt im unteren Frequenzbereich auch für die Radlastschwankungen; bei höheren Anregungsfrequenzen werden Letztere durch die weiche Feder allerdings vergrößert.

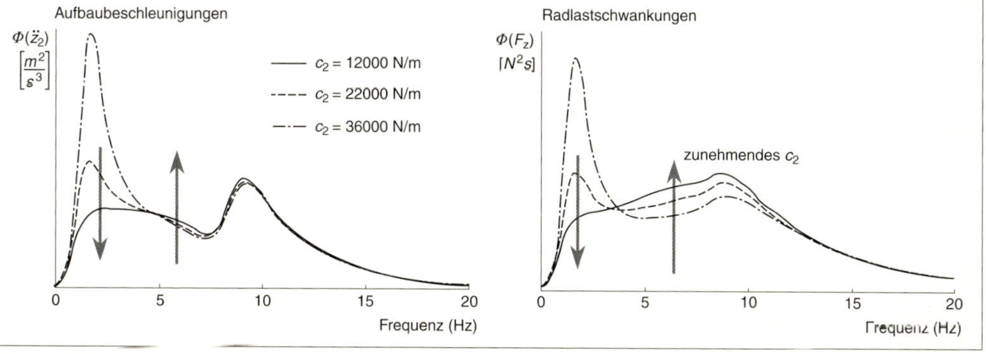

Bild 7.4-26 Einfluss der Federsteifigkeit c_2 auf die Leistungsspektren von Aufbaubeschleunigung und Radlastschwankungen

Für ein Rad aus dem Halbfahrzeugmodell nach **Bild 7.4-25**, lassen sich einige vereinfachte Zusammenhänge ableiten:
Die Aufbaueigenfrequenz in Hz

$$f_2 = \frac{1}{2\pi}\sqrt{\frac{c_2}{m_2}} \tag{3}$$

bzw. die bei Konstrukteuren beliebtere Schwingzahl in min^{-1}

$$n_2 = 60 f_2 \tag{4}$$

die statische Einfederung unter m_2 in m

$$z_{21,0} = z_{2,0} - z_{1,0} = \frac{m_2 g}{c_2} \tag{5}$$

und über Vergleich mit Gl. (3)

$$z_{21,0} = \frac{g}{4\pi^2 f_2^2}\,. \tag{6}$$

Gl. (6) quantifiziert den unmittelbaren Zusammenhang von Eigenfrequenz und statischer Einfederung. So lässt sich leicht nachrechnen, dass für den oben angegebenen Bereich günstigen Schwingungsempfindens statische Federwege bis 500 mm benötigt würden. Da üblicherweise im PKW aber aus Packagegründen nur ca. 200 mm Gesamtfederweg verfügbar sind, muss für Werte $f_2 < 1$ Hz schon an den zusätzlichen Einbau einer Niveauregulierung (Abschnitt 7.4.4.4) zur Kompensation der statischen Einfederung gedacht werden. Als weitere Synthese-Randbedingung verdeutlicht Gl. (3), dass für eine angestrebte Konstanz der Eigenfrequenz über der Zuladung progressive Federn benötigt werden. Während die Gasfeder, siehe Abschnitt 7.4.4.4 und [2], diesem geforderten Verhalten prinzipbedingt nahe kommt, sind Stahlfedern in der verbreitetsten Form als gerade zylindrische Schraubenfedern erst einmal linear. Um Stöße abzumildern, wie sie beim Durchfahren von Bodenwellen mit entsprechender Fahrgeschwindigkeit auftreten können, werden deshalb Zusatzfedern (meist PU-Schaum-Teile) verbaut, sodass durch Kennlinienüberlagerung ohnehin eine Progressivität der Gesamtfederkennlinie entsteht, **Bild 7.4-27**. Das Bild soll auch in Erinnerung rufen, dass der annähernd lineare Federanteil aus den Gummilagern der Achslenker in die Auslegung einzubeziehen ist. Weiteres Feintuning der Kennlinie ist durch geeignete hubabhängige Federübersetzungen oder z.B. den Einsatz „gewundener“ Schraubenfedern möglich [1]. Die Progression hilft im Übrigen auch bei wechselseitigen Federungsvorgängen, weil sie die Wankwinkelzunahme über der Last degressiv gestaltet; gleichzeitig erzeugt sie aber einen Aufstützeffekt.

Damit ist eine erste Federvariante für die im vorliegenden Fall stärker zuladungsabhängige Hinterachse festgelegt.

Bei der Auslegung der Vorderachse muss nun das erwünschte Zusammenwirken von Vorder- und Hinterachse umgesetzt werden. Für den Komforteindruck der Insassen, der meist durch die Effektivwerte von Aufbaubeschleunigungen – besser unter Einbeziehung des menschlichen Empfindens mit dem K-Wert [8] auf dem Sitz – beschrieben wird, zeigt [6] sehr anschaulich, dass es unter Einbeziehung von Nickschwingungen auf die Lage der Sitze ankommt,

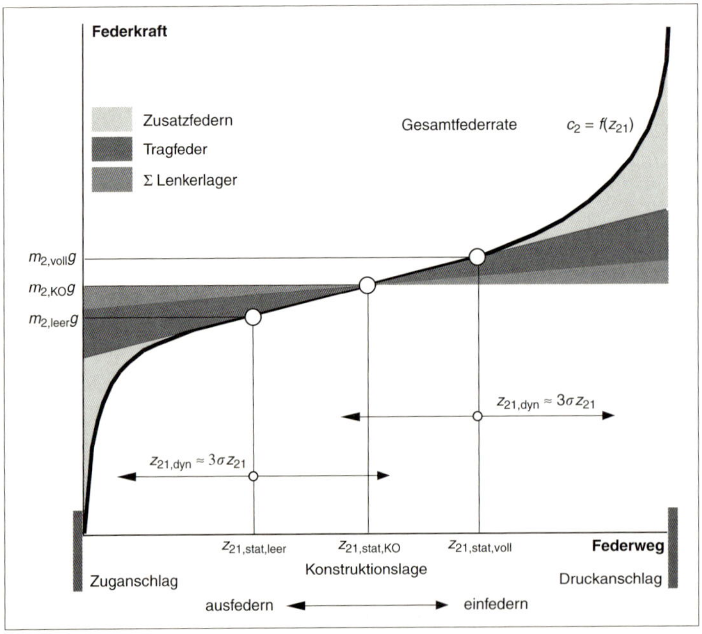

Bild 7.4-27 Zusammensetzung der Gesamtfederkennlinie für die Tragfederung

wie die Abstimmrelation vorn/hinten zu wählen ist (hier werden nur Nickschwingungen aus Fahrbahnunebenheiten behandelt; Anfahr- und Bremsnicken s. Abschnitt 7.4.1).

Da zum Zeitpunkt der Federungsauslegung die Lage der Sitze i.a. festgelegt ist, muss sich der Konstrukteur am Auslegungsziel orientieren: vom Komfort her fahrerorientiert oder bevorzugt für Mitreisende auf den hinteren Sitzen ausgelegt. Während im ersten Fall die Federung vorn weicher als hinten auszulegen wäre, lässt sich mit dem umgekehrten Auslegungsansatz hinten ein deutlich höherer Komfort darstellen. Dass im Fall der Fondorientierung hinten generell bessere *K*-Werte erreichbar sind, ist durch die Phasenlage der Aufbaubeschleunigungen vorn/hinten bei Vorwärtsfahrt begründet. Weil die Phasenlagen aber wiederum fahrgeschwindigkeitsabhängig sind, hängt natürlich auch dieser Zugewinn davon ab. Weil bei Fahrzeugen mit Front- bzw. Standardantrieb aber die Hinterachse nahezu die ganze Zuladung erfährt, ist der Fondkomfort-Ansatz praktisch nur in Verbindung mit Niveauregelung umsetzbar, oder die Vorderachse müsste unnötig hart gefedert werden, was dem Hubkomfort wieder schaden würde. In jedem Fall ist es sinnvoll, nicht zuletzt auch mit Rücksicht auf das Verhalten beim Überfahren von Einzelhindernissen, die Eigenfreqenzen von Vorder- und Hinterachse auseinander zulegen, weil dadurch Nickschwingungen in jedem Fall schneller beruhigt werden. Daher wird in der Praxis meist $f_{2,v}/f_{2,h} = 0{,}8 \div 0{,}95$ angewendet.

Als Tragfedern kommen Schrauben-Druckfedern, Drehstabfedern oder Blattfedern zum Einsatz. Die früher sehr verbreiteten geschichteten Blattfedern mit Führungsfunktion an Starrachsen sind heute fast nur noch im Nutzfahrzeugbereich zu finden. Auch Drehstabfedern werden aus Kosten- und Bauraumgründen eher selten verwendet. Durchsetzen konnte sich die aus Draht gewickelte Schraubenfeder, vor allem in der zylindrischen Ausführungsform. Bei kegeligen oder tonnenförmigen Federn passen die einzelnen Windungen eingefedert zum Teil ineinander, wodurch die Bauhöhe reduziert werden kann.

Für die zylindrische Druckfeder gilt:

stat. Federkraft $$F = \frac{\pi d^3}{8D}\tau_t$$

Federweg $$s = \frac{8\,D^3 n}{G d^4} F$$

Federrate $$c = \frac{G\,d^4}{8\,D^3 n}$$

Federarbeit $$W = \frac{\pi^2 d^2 D n}{16 G}\tau_t^2$$

mit
- d: Drahtdurchmesser
- D: Windungsdurchmesser
- n: Windungszahl
- τ_t : Torsions-Schubspannung
- G: Schubmodul

Für eine hohe Federarbeit bei wenig Materialeinsatz ist also eine möglichst hohe zulässige Schubspannung anzustreben. Aus diesem Grund kommen als Federwerkstoffe höchstfeste hochlegierte Stähle wie z.B. 54SiCr6 zum Einsatz, die nach dem Umformen zur weiteren Festigkeitssteigerung noch kugelgestrahlt werden. Damit lassen sich bei Zugfestigkeiten von 2000 MPa zulässige Torsionsspannungen bis zu 1300 MPa erreichen.

Um Geräusche zu vermeiden, werden zwischen Feder und Federteller Federunterlagen aus Gummi eingesetzt, die auch der Federpositionierung dienen.

7.4.4.2 Stabilisierung

Nachdem beide Achsen bezüglich der Tragfedern definiert sind, richtet sich das Augenmerk auf das Wankverhalten. Da, wie z.B. in [6] gezeigt, Wankschwingungen und Hub-/Nickschwingungen als entkoppelt betrachtet werden können, sieht das Schwingungsmodell nach **Bild 7.4-28** für eine Achse dem **Bild 7.4-25** sehr ähnlich, nur dass jetzt beide Achsen betrachtet werden, die durch eine ausreichend torsionssteife Aufbaumasse m_2 miteinander verbunden sind und zusätzlich Stabilisatorfedern $c_{S,v}$ und $c_{S,h}$ enthalten.

Bei Kurvenfahrt mit der Querbeschleunigung a_y greift im Schwerpunkt S eine Fliehkraft F an, die mit dem Hebelarm h_{RZ} zum Kippmoment des Aufbaus

$$M_K = m_2 \cdot a_y \cdot h_{RZ} \qquad (9)$$

führt, welches sich nach Einstellen eines Wankwinkels φ noch um die Komponente $m_2 \cdot g \cdot h_{RZ} \cdot \varphi$ vergrößert. h_{RZ} ist der Wankhebelarm und ergibt sich aus dem Abstand Schwerpunkt zu Rollachse, Abschnitt 7.4.1. Das etwas vereinfacht dargestellte Kippmoment M_K muss mit dem Wankfederungsmoment M_W im Gleichgewicht stehen:

$$M_K = m_2 h_{RZ}(a_y + g\varphi) = (c_{\varphi v} + c_{\varphi h})\,\varphi = M_W\,, \qquad (10)$$

wobei $c_{\varphi v}$, $c_{\varphi h}$ die resultierenden Achs-Wankraten sind, in deren Verhältnis sich auch das Moment M_w auf die Achsen verteilt (torsionssteifer Aufbau vorausgesetzt). Eine verfeinerte Betrachtung findet sich in [5].

Die Wankneigung lässt sich nun leider nicht einfach durch Anheben der Rollzentrumshöhen auf Höhe des Schwerpunktes ($h_{RZ} = 0$) abstellen. Das würde (außer bei Starrachsen) zu sehr ungünstigen Raderhebungskurven mit großen Spurweitenänderungen führen und damit zu Traktionsproblemen und hohem Reifenverschleiß. Eine völlige Eliminierung des Wankwinkels ist zumindest im fahrdynamischen Grenzbereich aus Gründen der Fahrerinformation auch gar nicht gewünscht.

Bei normalen Wankhebelarmen um 500 mm und einer aus Komfortgründen weichen Tragfederung muss daher, um den Wankwinkel gering zu halten, ein zusätzlicher Stabilisator verbaut werden, der eine

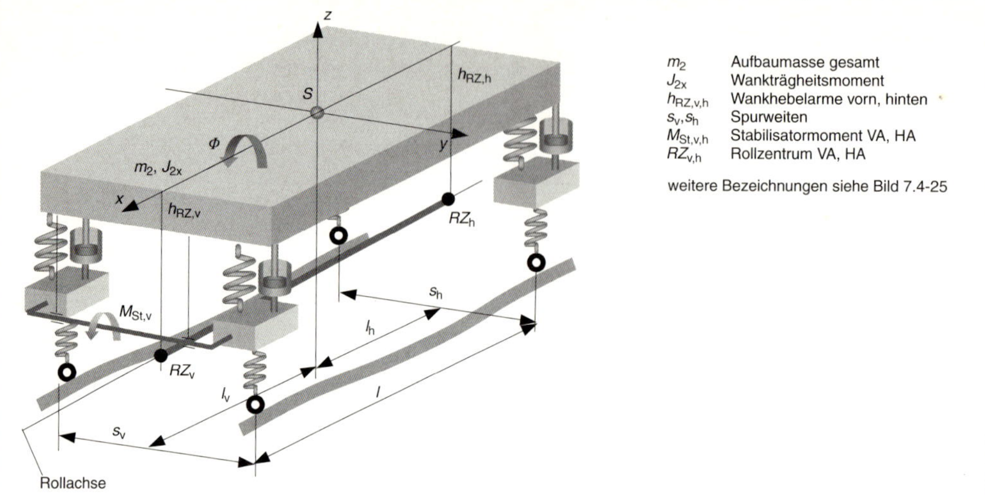

Vereinfachungen: gleiche Spurweiten $s_v = s_h = s$
gleiche Reifenfedern $c_{1v} = c_{1h} = c_1$ und damit $\dot{\Phi}_{1v} = \dot{\Phi}_{1h} = \Phi$...

$$\frac{2J_{2x}}{s^2}\ddot{\Phi}_2 + (d_{2c} + d_{2h})(\dot{\Phi}_2 - \dot{\Phi}_1) + (c_{2v} + c_{2h})(\Phi_2 - \Phi_1) = 0 \quad (7)$$

$$(m_{1v} + m_{1h})\ddot{\Phi}_1 - (d_{2v} + d_{2h})(\dot{\Phi}_2 - \dot{\Phi}_1) - (c_{2v} + c_{2h})(\Phi_2 - \Phi_1) + 2c_1\Phi_1 = 4c_1\Delta h \quad (8)$$

Bild 7.4-28 Fahrzeugmodell für Wankschwingungen und die wichtigsten Schwingungsgleichungen [6]

parallel geschaltete, aber nur bei wechselseitigen Radhüben wirksame Feder darstellt. Die Wankfederrate ergibt sich dann aus der Addition der beiden Federn unter Einführung der Spurweite $s_{v,h}$ an den Achsen zu

$$c_{\varphi v,h} = (c_{2v,h} + c_{Sv,h})\frac{s_{v,h}^2}{2}. \quad (11)$$

Wenn an der, in der Regel vertikal weicher ausgelegten Vorderachse die Stabilisatorrate so ausgelegt ist, dass der angestrebte Maximal-Wankwinkel nicht überschritten wird, müssen Aufstütz- und Eigenlenkverhalten überprüft werden. Solange die Vorderachse allein stabilisiert ist, übernimmt sie wegen der deutlich höheren Wanksteifigkeit auch einen entsprechend größeren Teil der Wankmomentabstützung.
Dies führt zu einer stärkeren Radlastverlagerung zwischen kurveninnerem und -äußerem Rad und ab Querbeschleunigungen von ca. 0,4 g wegen der Nichtlinearität der Reifen-Seitenkraftkennlinien zu einem progressiv höheren Schräglaufwinkelbedarf der Achse. Weil der Fahrer jetzt nachlenken muss, um den Kurvenradius beizubehalten, spricht man von Untersteuern. Dieser Effekt ist aus Fahrstabilitätsgründen in bestimmtem Maß erwünscht. Ist der Untersteuergrad allerdings zu hoch, kann es erforderlich sein, die Hinterachse stärker zur Abstützung des Wankmoments heranzuziehen. Wenn aus Komfortgründen dort nicht die Aufbaufeder steifer ausgelegt werden kann, wird auch an dieser Achse ein Stabilisator vorzusehen sein.

7.4.4.3 Schwingungsdämpfung

Wenn über die Trag- und Stabilisatorfederung gute Voraussetzungen für den gewünschten Hub-/Nick- und Wank-Komfort geschaffen sind, müssen noch Maßnahmen zur Beruhigung der durch äußere Kräfte eingeleiteten Schwingungen ergriffen werden. Diese Aufgabe kommt den Schwingungsdämpfern zu. Die Dämpfung wirkt dabei nicht nur auf die Aufbaumasse, sondern trägt auch ganz maßgeblich zur Fahrsicherheit bei, **Bild 7.4-29**, während die Tragfederraten einen geringeren Einfluss auf die Radlastschwankungen haben, **Bild 7.4-26**. So gilt für die Dämpfungsmaße an Aufbau $D_{2v,h}$ und Rad $D_{1v,h}$:

$$D_{2v,h} = \frac{d_{2v,h}}{2\sqrt{(c_{2v,h} m_{2v,h})}} \quad (12)$$

$$D_{1v,h} = \frac{d_{2v,h}}{2\sqrt{(c_{1v,h} + c_{2v,h})\, m_{1v,h}}} \approx \frac{d_{2v,h}}{2\sqrt{c_{1v,h} m_{1v,h}}}. \quad (13)$$

In der Praxis liegen Werte für $D_{2v,h}$ bei 0.2–0.25 und für $D_{1v,h}$ etwas darüber, zumindest, wenn die ungefederten Massen klein sind. **Bilder 7.4-29** und **7.4-30** zeigen für stochastische Fahrbahnanregung sehr anschaulich, dass entlang der Linie für eine gegebene Aufbaufederkonstante c_2 durch die Wahl der Dämpferkonstanten d_2 eine wesentliche Entscheidung für die Synthesequalität Komfort – Fahrsicherheit getroffen wird. Wegen der stets kombinierten Hub- und Nickschwingungen sowie der Abhängigkeit des gesamten Diagramms von Fahrgeschwindigkeit,

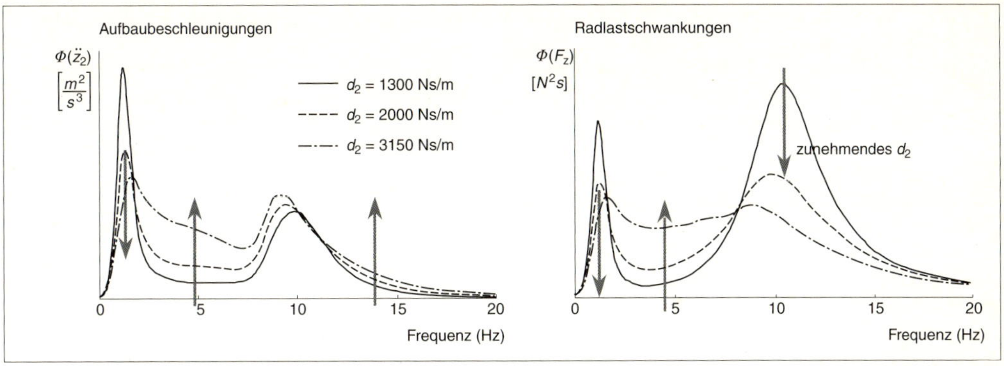

Bild 7.4-29 Einfluss der Dämpfer d_2 auf die Leistungsspektren von Aufbaubeschleunigung und Radlastschwankungen

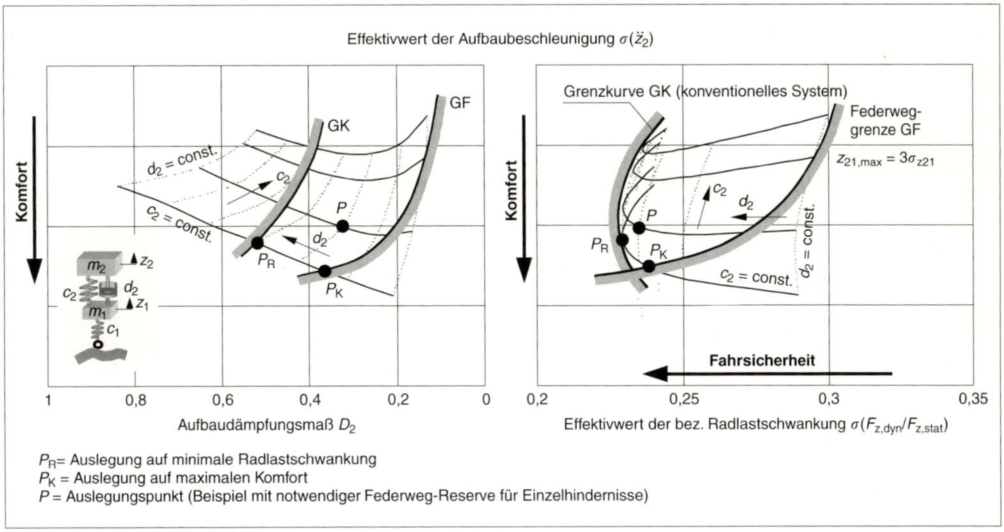

Bild 7.4-30 Auslegungsgrenzen im Konfliktschaubild Komfort – Fahrsicherheit als Funktion von Federung und Dämpfung sowie zugehörige Dämpfungsmaße

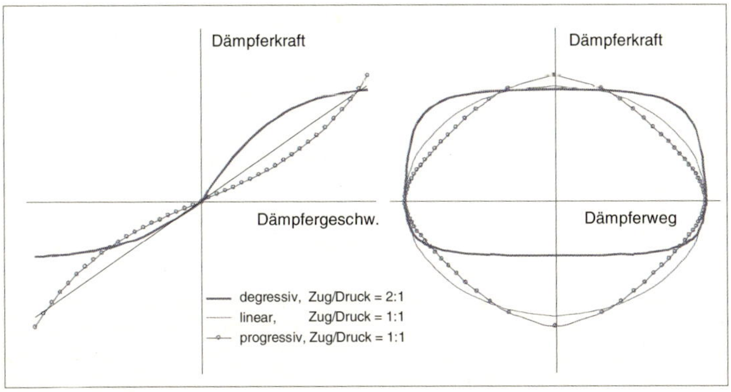

Bild 7.4-31 Beispiele für Kennlinien von Dämpferkräften über Dämpfergeschwindigkeit und Auswirkung auf Arbeitsdiagramme

Zuladung und vor allem auch dem Unebenheitstyp der angesetzten spektralen Fahrbahnunebenheiten empfiehlt sich eine parallele Optimierung der Dämpferkonstanten $d_{2v,h}$ an Vorder- und Hinterachse unter Variation der wesentlichen Einflussparameter in der Simulation.

Als ausgeführte Schwingungsdämpfer werden heute fast ausschließlich zwei Bauarten – hydraulische Teleskopdämpfer in Einrohr- und Zweirohrausführung – eingesetzt, welche in vielen Konstruktionsvarianten und Ventilsystemen angeboten werden.

Bisher konnte durchaus mit linearer Dämpferkennung, **Bild 7.4-31**, gerechnet werden. Wird nun aber, wie schon oben bei der Federauslegung, wegen des signifikanten Komforteinflusses [4] auch das Verhalten bei Einzelhindernissen (z.B. Bodenwellen, Kanaldeckel) oder Fahreraktionen (z.B. Anlenken) in die Betrachtung einbezogen, dann muss der konkrete Verlauf der Dämpferkraft F_d über der Dämpferkolbengeschwindigkeit υ_D weiter angepasst werden: die Dämpferkennlinie wird nichtlinear.

Eine gebräuchliche Form der Nichtlinearität ist die Degression im Zugstufenast der Dämpferkennung. Sie resultiert aus dem Bestreben, für kräftige Ausweichmanöver einen zeitlich harmonischen Wankwinkelaufbau zu erreichen, der für das subjektive Sicherheitsgefühl in einer solchen, in der Regel eher ungewohnten Fahrsituation sehr wesentlich ist. Dafür sind schon bei niedrigem υ_D hohe Dämpfkräfte an den kurveninneren Rädern erforderlich. Dies bedeutet ein stärkeres Anstellen der Zugkennung als aus der linearen Rechnung bestimmt ($d_{2Z} > d_{2\,\text{lin}}$) und würde bei hohen υ_D neben zunehmendem Unkomfort zu einer Überdämpfung der Räder und damit auch zu größeren Radlastschwankungen führen.

Deshalb wird ab $\upsilon_D \approx 0.15$ m/s die Kennung etwas unter $d_{2\,\text{lin}}$ abgesenkt. Die Kurven im Arbeitsdiagramm werden fülliger, die Dämpferarbeit ist damit bei niedrigen υ_D größer geworden.

Verbreitet werden auch geknickte Dämpferkennungen mit unterschiedlichen Dämpferkonstanten für Einfedern (Druckstufe d_{2D}) und Ausfedern (Zugstufe d_{2Z}) verwendet, wobei die Druckstufe vor allem an Vorderachsen bis auf Verhältnisse von $d_{2D} : d_{2Z} = 1 : 3$ abgesenkt wird. Damit soll beim Auffahren auf rampenförmige Einzelhindernisse das „Anfedergefühl" verbessert werden. Dies kann in Grenzen auch erreicht werden; weil aber mit zunehmender Unsymmetrie der Dämpferkennlinie der statistische Komfort ab- und die Radlastschwankung zunimmt, sollte das Druck-/Zug-Verhältnis nicht unnötig abgesenkt und die positive Wirkung einer ausreichenden Längsfederung der Achsen ausgeschöpft werden.

In den vorausgehenden Abschnitten wurde gezeigt, dass die Erarbeitung einer bezüglich der Fahrzeugziele erfolgreichen Gesamtabstimmung einen komplexen Syntheseprozess darstellt, der vom Konstrukteur entweder empirisch mit viel Erfahrung, besser unter Nutzung moderner Simulationstools umgesetzt werden muss. Wird die Simulation eingesetzt, können u.a. auch bessere, dafür aufwendigere Komfortbewertungskriterien eingesetzt werden. War eingangs nur der K-Wert für die Vertikalbeschleunigung erwähnt worden, lässt sich nach [15] durch vektorielle Addition aller an der jeweiligen Betrachtung beteiligten Teilschwingungen der aussagefähigere Gesamtwert der bewerteten Schwingstärke K_{ges} berechnen:

$$K_{\text{ges}} = \sqrt{K_1^2 + K_2^2 + \ldots + K_n^2} = \sqrt{\sum_{i=1}^{n} K_i^2}\,. \tag{14}$$

Auf den Komfort kann nicht so viel Rücksicht genommen werden, wenn das Fahrwerk für ein Sportfahrzeug ausgelegt werden soll. In diesem Fall wird neben besonders guter Bodenhaftung (Kurvengrenzgeschwindigkeit) Wert auf kleine Federwege und Wankwinkel gelegt, was zu deutlich härteren Federn, entsprechend strafferer Schwingungsdämpfung und höheren Stabilisatorraten führt. Begrenzt werden die Werte bei Vernachlässigung des Komforts nur durch die Forderung nach stets geringen Radlastschwankungen.

Durch einen diagonalen Dämpfungsverbund (Audi RS6), also eine ungeregelte Verbindung der Dämpfer vorn links mit hinten rechts und umgekehrt, läßt sich die Bedämpfung der reinen Hub-Bewegung von der Wank- oder Nickbewegung entkoppeln. Dabei wird das gegensinnige Federn der diagonal gegenüberliegenden Räder beim Wanken oder Nicken durch Drosselverluste in der Verbindungsleitung stärker bedämpft als das Parallelfedern.

7.4.4.4 Vertikaldynamiksysteme

Ein großes Verbesserungspotenzial im Vergleich zu den passiven Komponenten bieten Vertikaldynamik-Systeme, also Regelsysteme, welche die Vertikalkräfte zeitlich bedarfsgerecht optimieren. Bei der Abstimmung von passiven Federn, Schwingungsdämpfern und Stabilisatoren lässt sich immer nur ein Kompromiss zwischen Fahrverhalten (Handling, Agilität) und Fahrkomfort realisieren, d.h. die Fahrwerke lassen sich sportlich oder komfortabel, aber nicht im zeitlichen Sinne zugleich beliebig sportlich und komfortabel abstimmen.

Vertikaldynamiksysteme stellen für kleine Zeitfenster bedarfsgerechte, fahrzustandsabhängige Vertikalkräfte zwischen Rad und Karosserie ein, um den Zielkonflikt zwischen Fahrverhalten und Fahrkomfort, soweit das physikalisch möglich ist, aufzulösen, Abschnitt 7.4.4.3. Bezogen auf **Bild 7.4-30** bedeutet das ein Durchbrechen der Grenzkurve GK in Richtung mehr Komfort und Fahrsicherheit. Hierfür benötigen diese Systeme auf der Hardwareseite Sensoren, ein Steuergerät, Aktuatoren sowie eine Energieversorgung und auf der Softwareseite eine geeignete Regelstrategie. Die Vertikaldynamiksysteme prägen den Normalfahrbereich und sind somit im Gegensatz zu den Sicherheits- bzw.

Schlupfregelsystemen nicht nur im Grenzbereich, sondern permanent erfahrbar und „erlebbar".

Nachstehend folgt eine Kurzbeschreibung in drei Kategorien:

- Niveauregulierung (heute vorzugsweise mit Luftfederung),
- Verstelldämpfersysteme und
- Aktiv-Federn/Aktiv-Stabilisatoren.

Die Niveauregulierung führt bei Beladungsänderungen ein Betriebsmedium zu den Federbeinen zu oder ab, so dass der Fahrzeughöhenstand konstant bleibt und damit immer eine optimale Federwegreserve zur Verfügung steht. Diese Kennlinie lässt sich ohne Rücksicht auf Niveauänderungen durch Beladung auslegen. Beide Punkte führen zu einem verbesserten Schwingkomfort, der nicht nur bei Zuladung erfahrbar ist. Aufgrund von Gewichts- und Kostenvorteilen setzt sich die Luftfederung als Niveauregulierung zunehmend durch und löst die hydropneumatische Federung ab. Zudem besitzt die Luftfederung den Vorteil einer weitgehend konstanten Aufbaueigenfrequenz über der Beladung, **Bild 7.4-32**. Neben allradgetriebenen Fahrzeugen, die Rundum-Luftfederungen seit 1992 serienmäßig verbaut haben, setzen sich Hinterachs-Luftfedern [10] sowie Rundum-Luftfedern [11] auch im Limousinenbereich immer mehr durch.

Bei den Luftfedern der Fahrzeug-Niveauregulierung handelt es sich um Niederdruckgasfedern mit konstantem Gasvolumen. Die Energie zur Regulierung des statischen Fahrzeughöhenstandes bei Beladungsänderung oder eines anderen vorgegebenen Sollhöhenstandes wird im Allgemeinen von einer Kompressoreinheit bereitgestellt. Von den zwei Luftfederarten Faltenbalg- und Rollbalgfeder hat sich für die Anwendung im PKW nur die Rollbalgfeder durchgesetzt. Wesentliche Elemente der Luftfeder sind Deckel, Abrollkolben und Rollbalg mit Spannelementen, **Bild 7.4-33**. Der Rollbalg ist ein Elastomerschlauch mit einvulkanisiertem Festigkeitsträger. Letzterer besteht aus zwei oder mehreren gekreuzten Fadenlagen, kann aber für Sonderausführungen auch aus nur einer axial verlaufenden Fadenlage bestehen. Dann ist zwingend eine Außenführung des Rollbalges als Stützelement erforderlich. Die Luftfeder kann sowohl als einzelstehende Feder, als auch als Federbein ausgeführt werden.

Die (federwegabhängige) Gasfederrate einer Luftfeder setzt sich im allgemeinen Fall aus zwei Anteilen zusammen:

$$c_G = c_V + c_A \tag{15}$$

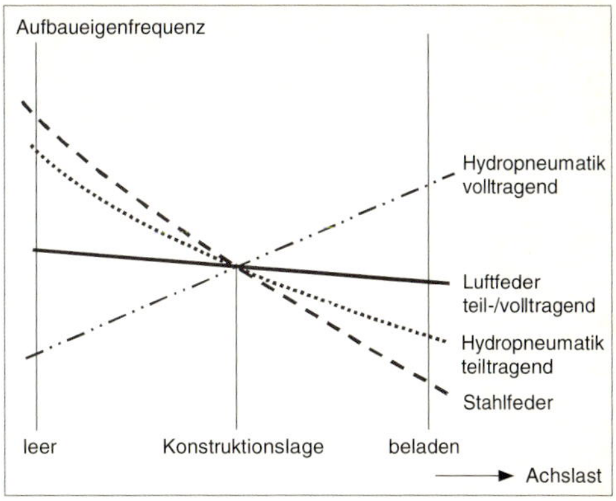

Bild 7.4-32 Beladungseinfluss auf die Aufbaueigenfrequenz bei verschiedenen Niveauregelsystemen

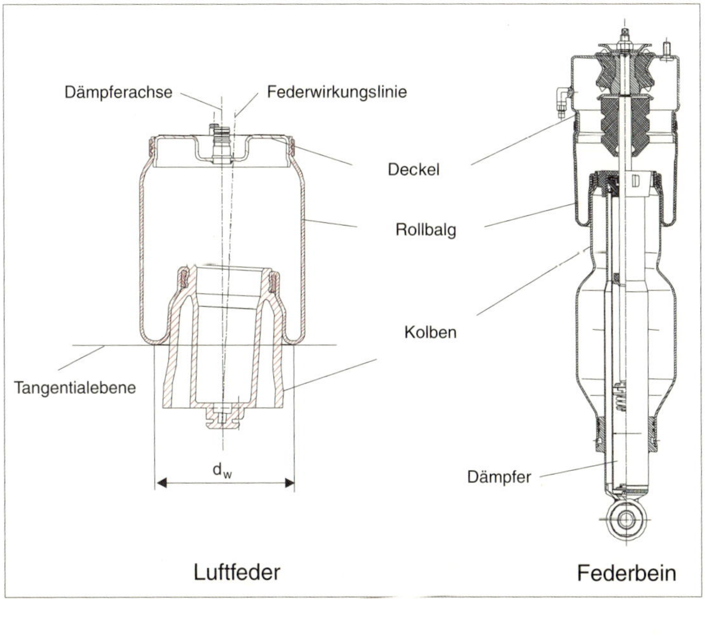

Bild 7.4-33 Bauform einer Luftfeder und Beispiel für Federbein-Realisierung

mit der Volumensteifigkeit

$$c_V = (P_a + p_{ü}) \cdot n \cdot \frac{A_w \cdot A_g}{V_0} \quad (16)$$

und der Flächenfedersteifigkeit

$$c_A = p_{ü} \cdot \frac{\partial A_w}{\partial z_{21}} \quad (17)$$

Hierin sind:

- A_W wirksame Querschnittsfläche als von der Berührlinie der Tangentialebene an die Rollbalgfalte eingeschlossene Fläche, B links
- A_g geometrische Querschnittsfläche (theoretische Größe)
- $\partial A_W/\partial z_{21}$ Änderung der wirksamen Fläche über dem Federhub
- n Isotropenexponent (abhängig von der Federungsgeschwindigkeit 1.00 bis 1.38)
- $p_{ü}$ Überdruck in der Luftfeder
- p_a Umgebungsdruck
- V_0 Innenvolumen in Konstruktionslage

Ist der Verlauf der wirksamen Federfläche über dem Federhub konstant, z.B. bei zylindrischem Rollbalg auf zylindrischem Abrollkolben, so wird die Flächenfedersteifigkeit zu Null und die Gasfederrate allein durch die Volumensteifigkeit bestimmt.

Je nach Geschwindigkeit der thermodynamischen Zustandsänderung der Luft beim Federn wird zwischen dynamischen (adiabaten) Federvorgängen ($n = 1.38$) und quasi-statischen (isothermen) Federvorgängen ($n = 1.0$) unterschieden, z.B. [12].

Neben den rein thermodynamischen Federungseigenschaften machen sich bei sehr kleinen Anregungen zusätzlich die Eigenschaften der Rollbalgwand als Steifigkeitsanteil c_{RB} bemerkbar [13]. Dies äußert sich in einer mit abnehmendem Federhub exponentiell zunehmenden Verhärtung der Feder, die je nach Balgaufbau die Größe der Gasfederrate leicht überschreiten kann und deshalb zwingend in die Gesamtfederrate $c_{LF,\,ges}$ einbezogen werden muss:

$$c_{LF,\,ges} = c_G + c_{RB} \quad (18)$$

Da kleine Federwege überwiegend auf guten Straßen bis zu hohen Geschwindigkeiten vorkommen, wird der Komfortverlust aus der Rollbalgverhärtung besonders deutlich und unangenehm empfunden. Durch den Einsatz einer Einlagen-Axialbalgfeder mit Außenführung und sehr dünner Balgwandstärke kann dieser negative Effekt deutlich verringert werden.

Die elektronischen Verstelldämpfersysteme verändern die Vertikalkräfte über den Dämpfkräften abhängig vom sensierten Fahrzustand. Einen guten Einblick in das Verbesserungspotenzial des Schwingkomforts durch Verstelldämpfersysteme sowie deren grundsätzliche Funktion gibt nochmals **Bild 7.4-29**.

Das Bild zeigt links die Leistungsspektren der vertikalen Aufbaubeschleunigung des Fahrzeugs für unterschiedliche Dämpferkennlinien, die jeweils fest beim Befahren einer mittleren Landstraße eingestellt waren. Das Leistungsspektrum der Aufbaubeschleunigung des Fahrzeugs ist, wie oben schon erwähnt, ein gebräuchliches, wenn auch vereinfachtes objektives Bewertungsmaß für den Schwingkomfort. Je kleiner die Amplituden des Spektrums sind, umso weniger störende Schwingungen erfahren die Insassen beim Befahren der Straße, d.h. kleine Flächeninhalte der Spektren bedeuten statistisch mehr Schwingkomfort. Es ist erkennbar, dass im Frequenzbereich von ca. 2 bis 30 Hz die weiche Kennlinie des Dämpfers einen besseren Komfort liefert; von 0,3 bis ca. 1,5 Hz reduziert die harte Kennlinie die Beschleunigungsamplituden und verbessert so den Schwingkomfort.

Da neben dem Komfort weiterhin die Fahrdynamik und die dynamischen Radlastschwankungen zu berücksichtigen sind, **Bild 7.4-29** rechts, ergibt sich folgende prinzipielle Systemfunktion für Verstelldämpfersysteme: Bei primär aufbaufrequenten Vertikalschwingungen – um 1,2 Hz – sowie dominanten längs- und querdynamischen Fahrzeugbewegungen werden härtere Dämpfkräfte über vier Verstelldämpfer gestellt, die die Aufbaubewegung beruhigen bzw. reduzieren. Bei primär radfrequenten Vertikalschwingungen – ca. 12 Hz – sind eher mittlere Dämpfkräfte vorteilhaft, die noch eine befriedigende Radbedämpfung liefern. Bei Anregungen zwischen diesen beiden Fahrzeugeigenfrequenzen sind sehr weiche Dämpfkräfte für einen guten Fahrkomfort einzustellen. Für die Erkennung des Fahrzustandes verwenden die Verstelldämpfersysteme als Informationsquelle z.B. Sensoren für die Aufbau- und Radbeschleunigungen, das Lenkwinkelsensorsignal sowie die Vorderradsignale des ABS-Systems. Die Verstelldämpfersysteme verwenden als Regelstrategie das sogenannte ‚Sky-Hook-Prinzip' [15], welches Funktionsvorteile bei aufbaufrequenten Straßenanregungen bietet.

1987 wurde erstmalig in Europa ein Verstelldämpfersystem unter dem Namen EDC (Electronic Damping Control) eingeführt [14]. Basis dieser EDC-Generation sind Verstelldämpfer mit 3 wahlweise einstellbaren, automatisch geschalteten Dämpferkennlinien. Neben 3-stufigen Ausführungen kommen in den letzten Jahren mehrstufige Verstelldämpfer zum Einsatz, z.B. DC mit radindividuell einstellbaren 4-stufigen und Toyota mit ca. 15-stufigen Dämpfern. Seit 2001 verwendet BMW die nächste Generation der Verstelldämpfersysteme [15] in Großserienfertigung. Diese Kennfelddämpfer können unendlich viele Kennlinien realisieren und bieten damit ein neues Maß an Fahrkomfort (Aufbauruhe, Isolation) und Fahrspaß. Neben BMW werden gleichartige Dämpfer nunmehr auch bei VW (Phaeton [26]) und Audi (A8 [27]) eingesetzt. Dabei können vom Fahrer 2, 4 oder gar 2 × 4 Kennfelder mit unterschiedlichen Dämpfer-Charakteristiken von Komfort bis Sport gewählt werden. Während die vorgenannten Automobilhersteller ein Verstelldämpfersystem abgeleitet von der konventionellen Dämpfer-Ventiltechnologie einsetzen, gibt es auch Anwendungen von magnetorheologischen Flüssigkeiten im Cadillac Seville, in der Chevrolet Corvette, im Audi TT und R8 [30]. Bei diesem System wird durch Veränderung eines Magnetfeldes die Viskosität der Dämpferflüssigkeit derart verändert, dass je nach Bedarf weiche bzw. harte Dämpfkräfte erzeugt werden können.

Aktive Federn werden seit 1990 auf dem japanischen Markt [16, 17] angeboten, Aktive Stabilisatoren in Europa seit 1995 [18], eine neue Realisierungsart seit 1998. Aktive Federn können nahezu beliebige Vertikalkräfte im Bereich der Aufbau-Eigenfrequenz stellen und aktive Stabilisatoren entsprechende Vertikalmomente. Die kundenwertigen Funktionsvorteile sind je nach Systemausprägung unterschiedlich. Generell stehen die hohen technischen Aufwendungen dieser hydromechanischen Systeme einer breiten Markteinführung entgegen.

Die Lösungen der japanischen Produzenten (Beispiel Toyota Soarer 1991) basieren auf einer hydropneumatischen Aktivfeder (ersetzt konventionelle Feder und Dämpfer), einer Hydraulikversorgung, einem Steuergerät und mehreren Sensoren. Die Versorgung beinhaltet eine Axial- oder Radialkolbenpumpe, Versorgungs- und Pulsationsspeicher, einen Ölbehälter, einen Kühler, einen Hochdruckfilter sowie Verbindungsleitungen. Diese Versorgung realisiert ein Konstantdrucknetz, d.h. der Versorgungsdruck wird möglichst konstant auf dem Maximaldruck von z.B. 160 bar gehalten.

Derartige Konstantdrucknetze machen erhebliche technische Aufwendungen erforderlich, um einen geringen akustischen Geräuschpegel zu realisieren. Die hydropneumatische Aktivfeder basiert auf der hydropneumatischen Federung, die aus einem Differenzialzylinder, einem Gasdruckspeicher (Wirkung als Federelement) und einer Drossel (Wirkung als Dämpferelement) besteht sowie einem Regelventil, welches in den Differenzialzylinder Hochdrucköl zu- bzw. abführen kann. Der aktive Eingriff erfolgt über das Regelventil und ist als Zusatzmaßnahme realisiert. Im Gegensatz zur vollaktiven Feder [20] federt die aktive hydropneumatische Feder auch ohne Zu- und Abfuhr von Drucköl. Dies führt zu Vorteilen im Schwingkomfort und in der Energiebilanz, wenn man die vollaktive Feder als Vergleichspartner betrachtet. Der notwendige Sensoraufwand ist erheblich. Nissan verwendet für die Erfassung des Fahrzustands 2 Quer-, ein Längs- und drei Vertikalbeschleunigungssensoren sowie vier Höhenstandssensoren. Toyota verbaut zusätzlich fünf Drucksensoren. Das Steuergerät wertet diese Informationen aus und steuert die vier hydropneumatischen Aktivfedern bedarfsgerecht. Der reale Kundennutzen ist im Vergleich zum Aufwand und insbesondere zum Energiemehrverbrauch kritisch zu betrachten. So haben die aufwendigen Aktivfedern auf dem japanischen Markt auch keine wirkliche Verbreitung gefunden.

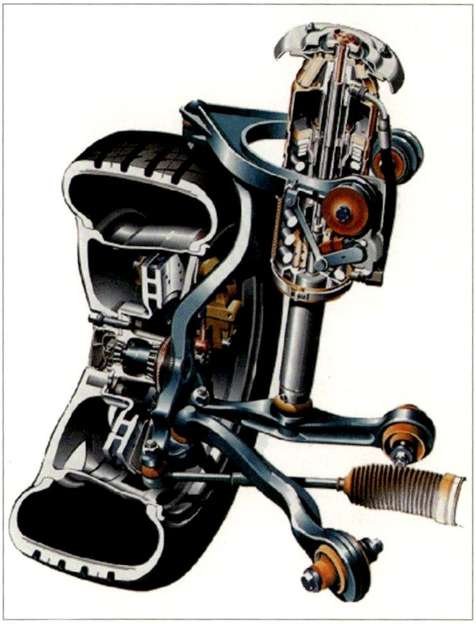

Bild 7.4-34 Active Body Control-Federbein der DaimlerChrysler AG

Eine alternative Form der aktiven Feder, die vom technischen Aufwand durchaus vergleichbar ist mit den Systemen der japanischen Anbieter, wird von DaimlerChrysler unter dem Namen ABC – Active Body Control – angeboten [21]. Der grundsätzliche Unterschied zu den zuvor behandelten aktiven Federn ist der Aufbau der vier Federbeine. In **Bild 7.4-34** ist ein Schnittbild des oberen Teils eines ABC-Federbeins dargestellt. Die Hülse eines Plungerzylinders stützt sich auf der Schraubenfeder ab, die den Fahrzeugaufbau trägt. Durch Zu- und Abfuhr von Drucköl über ein Regelventil führt die Hülse des Plungerzylinders Bewegungen aus, spannt so die Schraubenfeder entsprechend dem Hülsenweg vor und erzeugt damit die gewünschten Zusatzkräfte. Letztere sollen ebenso wie bei den zuvor dargestellten aktiven Federn die Bewegungen der Karosserie in den Freiheitsgraden Nicken, Wanken und Hub weitgehend reduzieren sowie eine Niveauregulierung ermöglichen. Neben der Schraubenfeder ist ein passiver Gasdruck-Schwingungsdämpfer im Federbein integriert, der eine weiche Kennlinie hat, welche die Radbewegung noch ausreichend bedämpft. Ebenso wie bei den hydropneumatischen Aktivfedern ist ein Konstantdrucknetz realisiert, es sind eine Vielzahl

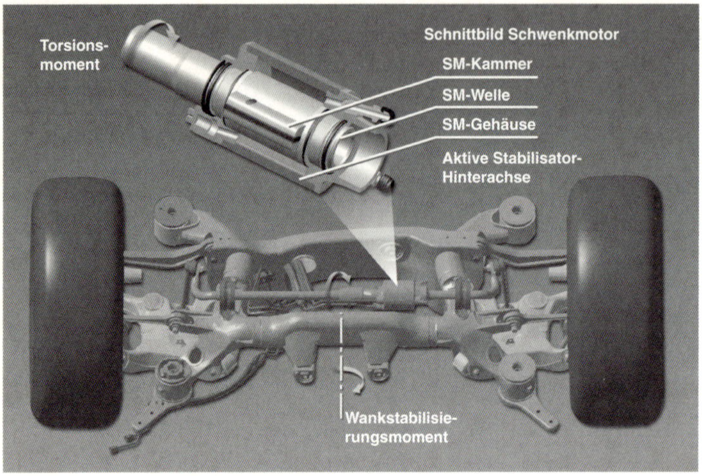

Bild 7.4-35 Aktive Stabilisator-Hinterachse des Dynamic Drive im BMW 7er

von Regelventilen notwendig und es werden ähnliche Sensoren wie in [16] verwendet. Dazu kommen noch die Sensoren, welche die Plungerzylinder regeln. Gegenüber den hydropneumatischen Aktivfedern besitzt die ABC-Lösung als prinzipielle Vorteile geringere Reibungskräfte, die im Kraftfluss Rad zur Karosserie wirken sowie mehr Freiheitsgrade in der Gestaltung der Federkennlinie. Da der Aufwand der ABC-Technologie erheblich ist, wird der Markt wohl auch bei diesem System zumindest vorläufig auf ein sehr kleines Fahrzeugsegment beschränkt bleiben.

Im Gegensatz hierzu bietet der Rover Discovery mit ACE ein Wankstabilisierungssystem, das bei Kurvenfahrt durch aktive Stabilisatoren Vertikalmomente aufbaut, die dem Wankmoment des Fahrzeugaufbaus entgegenwirken [19]. Am aktiven Stabilisisator ist ein hydraulischer Differenzialzylinder mit Hebelarm anstelle eines Stabilisatorschenkels verbaut. Da aber ACE ein ein-kanaliges System ist, werden beide Aktuatoren an Vorder- und Hinterachse mit dem gleichen Druck angesteuert, so dass lediglich eine Wankstabilisierung möglich ist. Damit ist ACE als eine Vorstufe zum zwei-kanaligen Dynamic Drive von BMW zu sehen, welches die Drücke an beiden aktiven Stabilisatoren weitgehend unabhängig von einander einstellen kann.

Dynamic Drive realisiert eine aktive Wankstabilisierung und gleichzeitig ein optimales Eigenlenkverhalten durch eine fahrzustandsabhängige Verteilung der Stabilisierungsmomente zwischen Vorder- und Hinterachse [25]. Das Handling und die Agilität werden hierdurch deutlich verbessert, verbunden mit einem Gewinn an Fahrsicherheit und Aufbauschwingkomfort, letzteres in besonderem Maße bei Geradeausfahrt bzw. sehr geringen Querbeschleunigungen.

Dynamic Drive besteht aus zwei aktiven Stabilisatoren, einem Ventilblock mit integrierten Sensoren, einer Tandempumpe, einem Querbeschleunigungssensor, einem Steuergerät sowie aus weiteren Versorgungskomponenten. An Vorder- und Hinterachse sind in den mechanischen Stabilisatoren drehende hydraulische Aktuatoren integriert (siehe **Bild 7.4-35**). Diese aktiven Stabilisatoren stellen das Kernelement des Dynamic Drive dar. Sie wandeln Druck in ein Torsions- sowie über die Anbindung in ein Stabilisierungsmoment um, so dass die Wankbewegung des Fahrzeugaufbaus bei Kurvenfahrt minimiert bzw. gänzlich beseitigt wird. Durch die entsprechende Verteilung der Momente zwischen Vorder- und Hinterachse wird eine hohe Agilität und Zielgenauigkeit über dem gesamten Geschwindigkeitsbereich und ein optimales Eigenlenk- sowie ein gutmütiges Lastwechselverhalten erzeugt. Andererseits sind die Aktuatoren bei Geradeausfahrt bzw. sehr geringen Querbeschleunigungen drucklos, so dass die Drehfederrate des Stabilisators die Grundfederung nicht verhärtet und die Kopierbewegung des Fahrzeugaufbaus reduziert wird. Eine neue Anwendung des Dynamic Drive in enger Systemvernetzung mit einem modernen Verstelldämpfersystem wird seit 2006 erstmalig im BMW X5 eingesetzt [29].

7.4.4.5 Ausblick

Durch kontinuierliche Fortentwicklung der Fahrwerkselemente, durch immer besseres und tieferes Verständnis der Fahrzeug- und Zulieferindustrie für das komplexe Zusammenwirken sowie durch immer leistungsfähigere Entwicklungsinstrumente, Materialien und Herstellverfahren konnten gerade in den letzten 2 Jahrzehnten wieder erstaunliche Fortschritte in der Qualität von Fahrwerken erzielt werden. Obwohl aus Kostengründen auch heute noch die meisten Fahrwerke konventioneller Natur, d.h. aus passiven Komponenten aufgebaut sind, darf also zu Recht von einem hohen erreichten Niveau „mechanischer Intelligenz“ gesprochen werden.

Wenngleich auch zukünftig findige Ingenieure sicher noch weitere Detailverbesserungen einführen werden, muss nach über 100 Jahren Automobilentwicklung doch zur Kenntnis genommen werden, dass das weitere Entwicklungspotenzial des Fahrwerks mit konventionellen Elementen keine Chancen für kundenrelevante Durchbruchsinnovationen mehr erkennen lässt.

Bei dem Versuch, die Frage zu beantworten, was noch erwartet werden kann, hilft zunächst möglicherweise ein wenig Selbstkritik: Bis heute ist aufgrund der Komplexität der Aufgabe streng genommen kaum jemand in der Lage zu sagen, ob ein neu entwickeltes, hervorragendes Fahrwerk das wirkliche, unter den gegebenen Randbedingungen erreichbare Maximum darstellt, oder eben „nur" die aktuelle Bestleistung des beteiligten Entwicklerteams. Deshalb sollte die Chance genutzt werden, im Zuge fortschreitender Virtualisierung des Entwicklungsprozesses den heute vorliegenden, systemübergreifender gewordenen Kenntnisstand über kausale Zusammenhänge, zusammen mit leistungsfähigen Rechnern und Programmen sowie der intensiveren Einbeziehung anderer Wissenschaftszweige als wichtige Hilfen auf der Suche nach dem jeweils möglichen globalen Optimum einer neuen Fahrwerksynthese zu nutzen. Dabei wird es attraktiv bleiben, die notwendige Grenze von i.a. kosten- und gewichtstreibenden Steifigkeitsforderungen an Achsbauteile, an lokale Karosserieanbindungspunkte und globale Karosserieeigenschaften dahingehend zu hinterfragen, inwieweit durch immer präzisere Kenntnis dortiger Nachgiebigkeiten dieselben eventuell noch umfassender in die Auslegung mit einbezogen werden können.

Die nächste technische Revolution auf dem Fahrwerksektor wird aber neuen, leistungsfähigen Fahrwerkregelsystemen mit zukunftsorientierter Systemkonfiguration und Vernetzung vorbehalten sein, bei der vermutlich auch das Thema „Preview", also zeitliche und räumliche Vorausschau für Fahrspurführung und Fahrbahnunebenheiten endlich produktive Umsetzung erfahren wird. Diese Systemwelt wurde seit Jahrzehnten in der Theorie aufbereitet, z.B. [22, 23, 24, 28] und teilweise auch prototypenhaft erprobt. Erst heute aber ist die Technik für die benötigten Aktuatoren, Sensoren, Bussysteme und Elektronik so weit, dass an eine seriengerechte Umsetzung unter wirtschaftlichen Aspekten gedacht werden kann. Es ist möglich, dass sich unter solchen Randbedingungen für die konventionellen (nicht geregelten) Teile des Fahrwerks der Kompromisszwang gegenüber heute reduziert oder günstig verlagert, dennoch wird auch dann die heute erreichte „mechanische Intelligenz" unverzichtbare Basis der Fahrwerksabstimmung bleiben.

Literatur

[1] *Brüninghaus GmbH*: Technische Daten Fahrzeugfedern, Teil 1: Drehfedern, Stahlwerke Brüninghaus Werdohl, 1969

[2] *Gold, H.*: Eigenschaften einer ausschließlich mit Gas (Luft) arbeitenden Feder-Dämpfer-Einheit, VDI-Berichte 546, 1984, VDI-Verlag

[3] *Griffin, M. J.*: Handbook of Human Vibration, Academic Press London 1990

[4] *Hennecke, D.*: Zur Bewertung des Schwingungskomforts von PKW bei instationären Anregungen, Fortschr.-Ber. VDI-Reihe 12 Nr. 237. Düsseldorf VDI Verlag 1995

[5] *Matschinsky, W.*: Radführungen der Straßenfahrzeuge: Kinematik, Elasto-Kinematik und Konstruktion, 3. Auflage 2007, Springer-Verlag Berlin Heidelberg

[6] *Mitschke, M.; Wallentowitz, H.*: Dynamik der Kraftfahrzeuge, Band B: Schwingungen, 3. Auflage 1997, Springer Verlag

[7] *Mitschke, M.; Wallentowitz, H.*: Dynamik der Kraftfahrzeuge, Band C: Fahrverhalten, 3. Auflage 2003, Springer Verlag

[8] VDI 2057: Einwirkung mechanischer Schwingungen auf den Menschen, Blatt 1–3, 1987

[9] *Zomotor, A.*: Fahrwerktechnik: Fahrverhalten, 2. Auflage 1991, Vogel Buchverlag

[10] *Breuer, N.; Kock, J.*: Die pneumatische Niveauregelanlage des Audi A6, ATZ/MTZ Sonderausgabe 38, 1995

[11] *Scheerer, H.; Römer, M.*: Luftfederung mit adaptivem Dämpfungssystem im Fahrwerk der neuen S-Klasse; 7. Aachener Kolloquium Fahrzeugtechnik, 1998

[12] *Schützner, E.-Chr.*: Thermodynamische Analysen von Luftfedersystemen, VDI-Berichte 1153, S. 113–135, 1994

[13] *Dreyer, W.; Oehlerking, C.*: Untersuchungen von Luftfeder-Rollbälgen für Personenkraftwagen, ATZ (88), Nr. 10, S. 535ff., 1986

[14] *Hennecke D.; et al.*: Anpassung der Dämpferkennung an den Fahrzustand eines PKW; VDI-Bericht 650: Reifen, Fahrwerk, Fahrbahn; Hannover, 1987

[15] *Konik, D.; et al.*: Electronic Damping Control with Continuously working damping valves (EDCC); AVEC '96, Aachen, 1996

[16] *Fukushima, N.; Fukuyama, K.*: Nissan Hydraulic Active Suspension, Fortschritt der Fahrwerkstechnik 10, Aktive Fahrwerkstechnik, Braunschweig 1991

[17] *Tanaka, H.; et al.*: Development of a vehicle integrated control system, FISITA '92, London, 1992

[18] *Goroncy, J.*: Citroen Xantia Activa mit neuem Fahrwerk, ATZ 7/8 97, 1995

[19] *Parsons, K. G. R.; et al.*: The Development of ACE for Discovery II, SAE 2000 World Congress, Detroit, 2000

[20] *Williams, D.; Wright, P.*: Vehicle suspension arrangements, Group Lotus Car Companies, EP 0 142 947 of 23. 10. 1984

[21] *Merker, T.; et al.*: Das SL-Fahrwerk, Dynamik und Komfort vereint, ATZ/MTZ Sonderausgabe Mercedes SL, 2001

[22] *Gipser, M.*: Verbesserungsmöglichkeiten durch aktive Federungselemente aus theoretischer Sicht, VDI-Berichte Nr. 546, 1984

[23] *Acker, B.; Darenberg, W.; Gall, H.*: Aktive Federung für Personenwagen, Ölhydraulik und Pneumatik 33 (1989), Heft 11

[24] *Wallentowitz, H.; Konik, D.*: Actively influenced suspension systems – Survey of actual patent literature, EAEC Conference, 1991

[25] *Jurr, R.; Behnsen, S.; Bruns, H.; Held, G.; Hochgrebe, M.; Straßberger, M.; Zieglmeier, F.*: Das aktive Wankstabililisierungssystem Dynamic Drive, ATZ/MTZ Sonderausgabe BMW 7er, 2001

[26] *Eichler, M. et al.*: Das Fahrwerk des VW Phaeton, ATZ/MTZ Sonderausgabe VW Phaeton, 2002

[27] *van Meel, F. et al.*: Audi adaptive air suspension – die neue Luftfederung des Audi A8, ATZ/MTZ-Sonderausgabe Audi A8, 2002

[28] VDI-Bericht 1972: Federn – Unverzichtbare Bauteile der Technik, 2006

[29] *Nienhuys, M.; Fröhlich, M.*: Das Verstelldämpfersystem des BMW X5 – Entwicklung des Sensor- und Beobachterkonzepts, ATZ 03/2007 (109), S. 248ff., 2007

[30] *Glaser, H. et al.*: Das Fahrwerk des Audi R8, chassis.tech März 2007, TÜV Süd, TU München

7.4.5 Lenkung

Die Fahrzeugführung erfolgt bei Straßenfahrzeugen durch den Fahrer (fast ausschließlich) über das Lenkungssystem. Für die Verkehrssicherheit ist es von erheblicher Bedeutung, mit welcher Genauigkeit einerseits der Fahrzeugführer einen persönlich gewünschten oder von Straßenverlauf und Verkehrsgeschehen vorgegeben Kurs einhalten kann, und andererseits das Fahrzeug eine solche Vorgabe selbständig beibehält. Der Fahrer muss stets das sichere Gefühl haben, dass das Fahrzeug zuverlässig auf seinen Wunsch reagiert. Die Genauigkeit der Kurshaltung ist umso besser, je schneller der Fahrer gewollte und auch ungewollte Kursänderungen erkennen kann und je rascher und je genauer den Erwartungen entsprechend das Fahrzeug auf Lenkeinschläge des Fahrers reagiert.

Für den Lenksystementwickler ergeben sich daraus eine Anzahl von Anforderungen und Hinweisen zur kundennahen Auslegung:

- Kleiner Wendekreis, niedrige Parkierkräfte, kleine Lenkwinkel am Lenkrad
- Leichtgängigkeit, Feinfühligkeit, Zielgenauigkeit, guter Geradeauslauf, ausreichende Direktheit, spontanes Ansprechen
- Ausgeprägter Straßenkontakt, Rückmeldung des Kraftschlusses Reifen/Fahrbahn
- Selbständiges Rückstellen in Mittellage, stabilisierendes Verhalten bei allen Fahrmanövern
- Störgrößenunterdrückung aus Fahrbahnunebenheiten, Seitenwind, Antrieb, Bremsen, Reifenbauarten . . ., keine ausgeprägte Neigung zu Eigenschwingungen
- Erfüllung der Crashvorschriften zum Insassenschutz
- Verschleiß- und Wartungsarmut sowie kein negativer Einfluss auf das Verschleißverhalten der Bereifung.

7.4.5.1 Lenkungskinematik

Kenngrößen zur Lenkkinematik

Die grundlegenden Eigenschaften einer Lenkungsanlage sind durch vier geometrische Größen zur Beschreibung von Lage und Ausrichtung der Lenkdrehachse des Rades (Spreizachse) im Fahrzeug bestimmt:

- Lenkrollradius und Nachlaufstrecke
- Spreizungswinkel und Nachlaufwinkel

Darüber hinaus gibt es auf Radmitte bezogene Kennwerte wie Spreizungs- und Nachlaufversatz. Letztere sind redundant und ergeben sich nach Festlegung der Spreizachse zwangsweise. Alle Größen sind bereits in Kapitel 7.4.1 erläutert (**Bilder 7.4-1**, **7.4-2**).

Die Größen Lenkrollradius, Nachlaufstrecke, Spreizungsversatz etc. stellen wirksame Hebelarme für äußere Kräfte auf die Lenkung dar. Für die seitens der Normung sehr einfache, für die Berechnung aber nicht ausreichend exakte Definition dieser Kennwerte wird auf [1] verwiesen. Die Bedeutung dieser Kenngrößen zur Lenkungskinematik bei der Fahrwerkauslegung und bevorzugte Größenordnungen bei modernen Straßenfahrzeugen werden nachstehend anhand der wichtigsten Betriebszustände und der dort auftretenden äußeren Kräfte diskutiert.

Lenkrollradius – Bremskraft

Der Begriff Lenkrollradius lässt vermuten, dass der Radaufstandspunkt des gelenkten Rades auf einer Bahn mit diesem Krümmungsradius abrollt. Dies gilt aber nur für den Sonderfall einer völlig senkrechten Spreizachse. Bei vorhandenem Spreizungs- und Nachlaufwinkel vergrößert sich der Krümmungsradius, die Bahnkurve wird spiralförmig [1]. Der Lenkrollradius bezeichnet daher keinen Halbmesser einer Kreisbahn, sondern kann nur als wirksamer Hebelarm von Längskräften um die Spreizachse gesehen werden, die in der Fahrbahnebene wirken und am Radaufstandspunkt angreifen, wenn sich Antriebs- oder Bremsmomente auf dem Radträger abstützen und so Rad und Radträger als momentan fest verbunden gedacht werden können. Dies gilt z.B. für heute übliche außen, d.h. in der Radschüssel liegende Radbremssysteme, und entsprechend für in der Radschüssel liegende Antriebsmotoren (z.B. Elektrofahrzeug mit Radnabenmotor).

Überlegungen zur optimalen Größe des Lenkrollradius wurden früher wegen fehlender Servounterstützung bezüglich des Lenkmoments im Stand angestellt und führten deshalb zu relativ großen Lenkrollradien. Dies hatte bei unsymmetrischen Bremsmomenten (Bremsenverzug, besonders bei Trommelbremsen) oder Fahrbahnreibwerten Probleme bei der Kurshaltung zur Folge und führte zum negativen Lenkrollradius, z.B. [2, 5]. Vor allem in Abhängigkeit vom Antriebskonzept bauen die verschiedenen Fahrzeughersteller bis heute unterschiedliche Konzepte bezüglich Betrag und Vorzeichen des Lenkrollradius, **Tabelle 7.4-2**.

Der negative Lenkrollradius wurde durch seine stabilisierende Wirkung beim Bremsen auf unterschiedlichen Reibwerten (μ-split) bekannt. Für den stationären Fall erzeugt ein Bremsvorgang bei μ-split durch die höheren Bremskräfte auf der Hochreibwertseite ein Giermoment hin zu dieser Fahrzeugseite mit Folge einer entsprechenden Kursänderung. Bei einer Fahrwerksauslegung mit negativem Lenkrollradius wird auf der Hochreibwertseite ein zum niedrigen Reibwert hindrehendes Lenkmoment erzeugt, welches dem Giermoment aus den Bremskräften entgegenwirkt, **Bild 7.4-36**. Für den hier beschriebenen Fall lässt sich für einen stationären Arbeitspunkt eine Abstimmung finden, welche ohne Eingriff des Fahrers am Lenkrad zu einem Gleichgewicht im Lenkungssystem und somit zur weitgehend ungestörten Geradeausfahrt führt.

Tabelle 7.4-2 Kinematische Kennwerte aktueller Fahrzeuge in Konstruktionslage [11, 12, 13]

		Frontantrieb				Allrad		Heckantrieb							
		Audi A4	MB A-Klasse	VW Golf V	Ford Mondeo	Porsche Cayenne	VW Phaeton	BMW 3er	BMW 5er	MB E-Klasse	BMW 7er	MB S-Klasse	Maybach 57	Porsche Boxster	MB SL
Achsprinzip*	–	ML	FB	FB	FB	ML	ML	DFB	DFB	ML	DFB	ML	ML	FB	ML
Lenkrollradius	mm	–7,8	–20,7	–	–16	3,5	–0,5	6,1	2	–0,6	0	2,11	12,5	–7	4,5
Nachlaufstrecke	mm	21,9	13,8	40	–	47,7	26,1	19,7	27,9	31,7	26	32,7	39,2	41	36
Spreizungsversatz	mm	11,2	44,1	–	–	67	22,2	77,8	78,8	26,4	88,1	27,2	72,3	83	31
Nachlaufwinkel	°	3,1	2,8	7,5	2,5	8,5	3,7	7,1	7,9	9,2	8,11	9,1	10,6	8	11,8
Spreizungswinkel	°	4,1	14,1	14,8	14,7	–	5,2	14,1	14,5	6	15,4	5,2	14,7	–	6,1

* FB: Eingelenk-Federbeinachse
DFB: Doppelgelenk-Federbeinachse
ML: Mehrlenkerachse

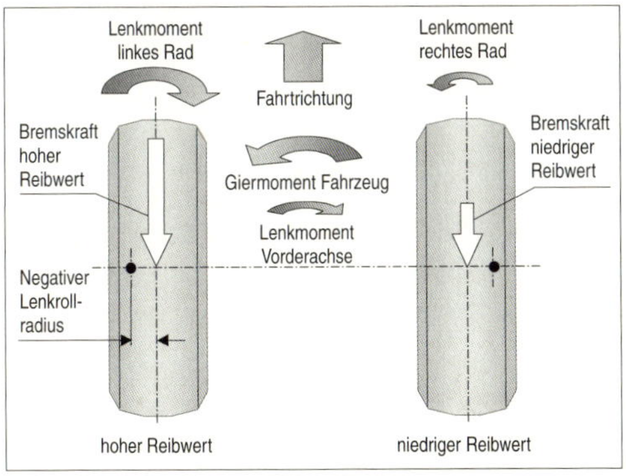

Bild 7.4-36 Kräfte und Momente an der Vorderachse bei negativem Lenkrollradius und μ-Split-Bremsvorgang

Für Fahrzeugkonzepte mit Frontantrieb (auch Allradantrieb) und Federbeinachsen ist der negative Lenkrollradius eine willkommene Möglichkeit, den Spreizungsversatz und somit den für die Antriebseinflüsse wichtigen Störkrafthebelarm zu reduzieren.

Zu beachten ist, dass beim negativen Lenkrollradius das Lenkrad zur Fahrzeugseite mit dem niedrigen Reibwert (d.h. üblicherweise zur Fahrbahnaußenseite) zieht und dadurch den Fahrzeugführer zur Gegenreaktion veranlasst. Diese Reaktion verstärkt aber die beginnende Gierbewegung des Fahrzeugs. Bei der Argumentation für den positiven Lenkrollradius wird dieses „Fehlverhalten" des Fahrers als Teilnehmer im Regelkreis Lenkung und die damit verbundenen (unbewussten) Lenkkorrekturen einbezogen.

Der Lenkrollradius sollte also so wenig von Null abweichen, dass der Einfluss instationärer Bremskräfte unterdrückt wird und die Information des Fahrzeugführers über den Betriebszustand des Fahrzeuges eindeutig ist.

Nachlaufstrecke – Seitenkraft – Reifennachlauf

Nachlauf liegt vor, wenn der Radaufstandspunkt hinter dem Durchstoßpunkt der Lenkachse durch die Fahrbahnebene liegt, **Bild 7.4-36**. Die Nachlaufstrecke ist Teil des wirksamen Hebelarms einer in der Fahrbahnebene angreifenden Seitenkraft senkrecht zur Projektionsebene des eingeschlagenen Rades. Dabei ist zu beachten, dass die Reifenseitenkraft um den Betrag des Reifennachlaufs (Kap. 7.3) versetzt wirkt und sich deshalb der wirksame Hebelarm aus Nachlaufstrecke und Reifennachlauf zusammensetzt. Seitenkräfte führen bei wirksamen Hebelarmen >0 zu einem rückdrehenden Moment und tragen somit zu einem stabilen Geradeauslauf bei.

Spreizungsversatz (Störkrafthebel) – Rollwiderstandskräfte, Antriebskräfte

Alle äußeren Kräfte und Kraftkomponenten können beim frei rollenden Rad nur über die Radlagerung und den Radträger auf die Lenkachse übertragen werden. Dies sind bei nicht angetriebenem Rad Rollwiderstandskräfte, Stoßkräfte und mit dem Rad/Reifen umlaufende Unwuchtkräfte. Diese Kräfte wirken über den Spreizungsversatz (Störkrafthebelarm) als Störkräfte auf die Achsaufhängung. Im Allgemeinen gilt der Spreizungsversatz auch als wirksamer Hebelarm einer über Antriebswellen erzeugten Antriebs-, Schlepp- oder Bremskraft. Diese Aussage gilt aber nur für den Sonderfall Beugewinkel Null in den Antriebsgelenken.

Nachlaufversatz

Der Nachlaufversatz ist der waagrechte Abstand der Radmitte zur Spreizachse in der Seitenansicht eines Fahrzeuges. Da an der Radmitte keine Seitenkräfte angreifen, hat dieser Kennwert als Krafthebelarm keine Bedeutung. Bezüglich der Kräfte ist es somit für den Entwickler unbedeutend, ob durch die Wahl von Nachlaufstrecke und Nachlaufwinkel ein Nachlauf- oder ein Vorlaufversatz entsteht. Dies gilt aber nicht für die räumliche Bewegung des Rades und der damit verbundenen Bauteile. Ein Nachlaufversatz führt z.B. bei angetriebenen Achsen zu einer erhöhten Längenänderung der Antriebswelle während des Lenkvorgangs. Deshalb sind dem Versatz von Radmitte und Lenkdrehachse bei Frontantrieb Grenzen gesetzt. Positiv für den Raumbedarf des gelenkten Rades ist ein Vorlaufversatz: Die hinter der Radmitte liegende Schwenkachse (Spreizachse) lässt den Reifen beim kurveninneren Lenkeinschlag im kritischen Bereich der Stirnwand weniger weit zur Fahrzeuginnenseite schwenken. Selbstverständlich wird der Raumbedarf für kurvenäußere Radeinschlagwinkel dafür größer. Da aber der kurveninnere Radlenkwinkel größer als der kurvenäußere ist, wird mit dieser Maßnahme eine Ausmittelung des seitlichen Raumbedarfs und somit mehr Raum für Motor und Karosseriestruktur erreicht.
Die nun folgenden Kennwerte haben keinen direkt sichtbaren Konstruktionsparameter zur Folge, sind aber für die Beurteilung verschiedener Konzepte sehr hilfreich bzw. für die optimale Funktion einer Fahrzeuglenkung von entscheidender Bedeutung.

Radlasthebelarm – Hochkraft – Gewichtsrückstellung

Sind Spreizungswinkel und Nachlaufwinkel gleich Null, d.h. die Spreizachse steht senkrecht, so erfährt das Rad bzw. der Aufbau bei Lenkbewegung keine Höhenstandsänderung, der Radlasthebelarm ist gleich Null. Ist die Spreizachse geneigt, hebt oder senkt sich das Rad gegenüber dem Fahrzeugaufbau bei Lenkeinschlag; die Radlast stützt sich offensichtlich auf einem Hebelarm größer Null ab. Durch diese Hubbewegung wird Energie dem Aufbau (und der Federung) zugeführt oder freigesetzt. Diese Energie wirkt sich über das Lenkgestänge am Lenkrad aus.
Mathematisch ausgedrückt, ist der Radlasthebelarm die Ableitung der Hubbewegung des Rades nach dem Lenkwinkel:

$$p = -\mathrm{d}z/\mathrm{d}\delta \qquad (19)$$

Der Radlasthebelarm, **Bild 7.4-37**, sollte in der Geradeausstellung der Lenkung nahe Null sein, um Lenkmomente aus Vertikalkraftschwankungen (einseitigen Straßenanregungen) zu vermeiden. Ferner sollte er bei Lenkeinschlag am kurvenäußeren Rade kleiner werden, um eine „Gewichtsrückstellung" der Lenkung zu bewirken. Beim (größeren) kurveninneren Radeinschlag ergibt sich nämlich bei positivem Radlasthebelarm eine Anhebung des Aufbaus, beim kurvenäußeren eine Absenkung und nur durch links und rechts unterschiedliche Hub- bzw. Senkbewegung kann in der Summe eine Anhebung des Schwerpunkts erzeugt werden, die rückstellend wirkt. Die Ableitung des Radlasthebelarms nach dem Lenkwinkel, das bedeutet die zweite Ableitung des Radhubs nach dem Lenkwinkel in der Geradeausstellung, Gl. (20), ist der „Hebelarm der Gewichtsrückstellung" [1, 6]. Ersatzweise kann dieser Hebel als Pendel gedacht werden, dessen Pendelmasse das Gewicht des Vorderwagens hat und das bei Auslenkung um den Radlenkwinkel ein entsprechendes Rückstellmoment ergibt.

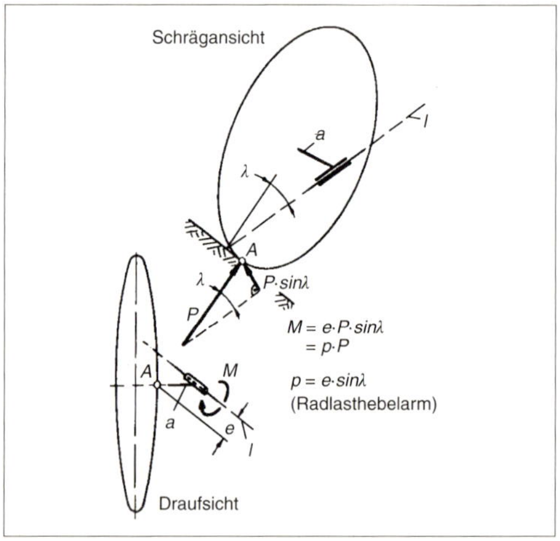

Bild 7.4-37 Zeichnerische Darstellung des Radlasthebelarms (nach [6])

$$\mathrm{d}p/\mathrm{d}\sigma = r_\sigma \cdot \tan\sigma - n \cdot \tan\tau \quad \text{(feste Spreizachse)} \qquad (20)$$

Die Gewichtsrückstellung ist bei Geradeausfahrt die einzige Größe (bei Vorspur- und Sturzwinkel gleich Null), welche die Lenkung in der Mittelstellung zentriert!
Bei Radaufhängungen mit virtueller Spreizachse kann die Gewichtsrückstellung durch die Schwenkbewegung der Spreizachse über dem Lenkwinkel [6] oder durch Erzeugen einer Schraubbewegung entlang der Spreizachse zusätzlich verstärkt bzw. auch verringert werden. Unabhängig von der Lenkungskinematik lassen sich die Rückstellmomente in der Lenkung durch die Anlenkung von Federelementen (Stabilisator, Federung, Kurvenscheiben usw.) direkt am Radträger beeinflussen. Zu beachten ist, dass sich damit bei unsymmetrischen Radlaständerungen Rückwirkungen in die Lenkung ergeben.

Triebkrafthebelarm – Antriebsmoment, Schleppmoment

Bei Radaufhängungen mit fester Spreizachse (z.B. übliche Doppelquerlenkerachsen) ist der Spreizungsversatz oder Störkrafthebelarm unveränderlich über Lenkeinschlag und Radhub und demnach am kurvenäußeren und kurveninneren Rad immer gleich groß. Bei gleichem Antriebsmoment an beiden Rädern sollte sich somit unter Vernachlässigung der Wirkung von Lenkdifferenzwinkeln auch bei Störkrafthebeln größer Null ein Momentengleichgewicht der vortreibenden Kräfte ergeben und die Lenkung unbeeinflusst bleiben. Trotzdem kann man bei Frontantriebsfahrzeugen den Antriebseinfluss in der Lenkung beobachten. In [4] führten diese Beobachtungen zur Definition eines Hebelarms der Triebkräfte. Analog dem Lenkrollradius muss dieser Hebelarm als diejenige Größe betrachtet werden, welche bezüglich der Lenkachse wirksam wird, wenn bei blockiertem Antrieb Längskräfte im Radaufstandspunkt auf das Rad wirken. Dieser Triebkrafthebelarm ist an einem sehr einfachen Beispiel mit fester Spreizachse und ebener Kinematik ohne Herleitung in **Bild 7.4-38** dargestellt. Eine Parallele zur Winkelhalbierenden zwischen Radachse und Antriebswelle im Schnittpunkt von Radachse und Spreizachse durchstößt die Fahrbahnebene im Abstand des Triebkrafthebelarmes vom Radaufstandspunkt. Aus dem Bild lässt sich leicht ableiten, dass nur bei Gelenkwellenbeugewinkel Null der Spreizungsversatz dem Triebkrafthebelarm entspricht und weiter, dass sich der Triebkrafthebelarm am eingefederten Rad verringert und am ausgefederten Rad vergrößert. Bei ungleich langen Antriebswellen führt dies nicht nur bei Kurvenfahrt, sondern auch beim parallelen Ein-/Ausfedern zu Differenzen zwischen linkem und rechtem Rad und somit zu Antriebseinflüssen in der Lenkung.

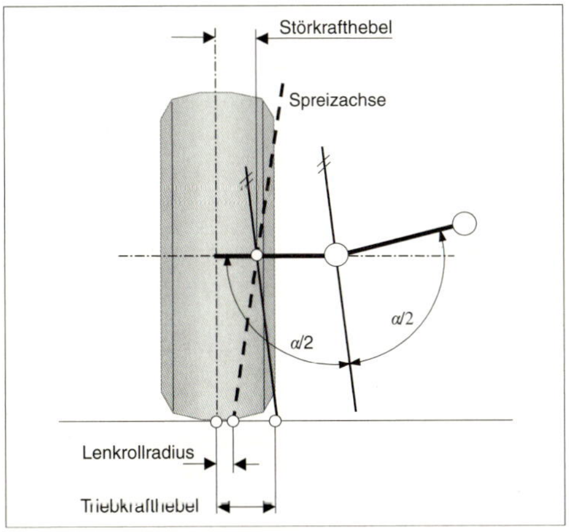

Bild 7.4-38 Triebkrafthebelarm einer angetriebenen Achse bei fester Spreizachse

Wirkung von Störgrößen

Störanregungen, hervorgerufen durch Unwucht des Rades, Radialkraftschwankungen des Reifens (elastische Ungleichförmigkeit) oder Bremsmomentschwankungen führen an der Radaufhängung und somit im Lenksystem zu drehfrequenz- und damit fahrgeschwindigkeitsabhängigen Schwingungserscheinungen in verschiedenen Richtungsebenen: Lenkradvertikalschwingung, Lenkraddrehschwingung usw. Über die richtige Wahl der oben beschriebenen kinematisch wirksamen Hebelarme können die Wirkungen der immer vorhandenen Störanregungen/Eigenfrequenzen vermindert bzw. so weit unterdrückt werden, dass der Fahrer sie nicht mehr wahrnimmt. Weitere wichtige Parameter sind die Steifigkeiten der Radführungselemente und die Lage der elastokinematischen Lenkdrehachse zum Schwerpunkt der ungefederten Massen. Auch richtungsabhängige Wirkungsgrade von Lenkgetrieben können hier helfen, indem ein hoher Wirkungsgrad von oben nach unten die Feinfühligkeit der Lenkung unterstützt, während ein niedriger Wirkungsgrad von unten nach oben bei der Unterdrückung von Störgrößen hilft. Zahlreiche Beiträge wie z.B. [9] zeigen, dass die vom Fahrer als Lenkunruhe reklamierten Erscheinungen ein häufiges und ernst zu nehmendes Problem darstellen.

Bestimmung der idealen Lenkeinschlagwinkel am Rad

Bisher wurde die Lenkungskinematik diskutiert, ohne zu behandeln, wie beide Räder Idealerweise gelenkt werden müssen, um die primäre Aufgabe der Lenkung zu erfüllen, das Fahrzeug auf einen vom Fahrer bestimmten Kurs sicher zu führen. Kinematisch einwandfrei gelenkt ist ein Fahrzeug dann, wenn sich die Normalen auf die Geschwindigkeitsvektoren aller Räder in einem Punkt treffen. Für eine Kurvenfahrt bei geringer Querbeschleunigung und kleinen Seitenkräften und somit sehr kleinen Schräglaufwinkeln (siehe Kap. 7.3) können vereinfachend die Verlängerungen der Radmittelachsen zur Bestimmung des für jeden Kurvenradius optimalen Lenkeinschlagwinkels verwendet werden, **Bild 7.4-39**. Ein derartiges Gesetz wurde erstmalig von Lankensperger und Ackermann beschrieben. Für Zweispurfahrzeuge mit zwei Achsen (Vorderachse gelenkt), ergibt sich nach Ackermann folgende Vorschrift für die Lenkwinkelbeziehung der beiden gelenkten Räder:

$$\cot \delta_a = \cot \delta_i + \frac{b}{l} \tag{21}$$

Das Lenkgestänge sollte nun nach Ackermann derart gestaltet sein, dass jede beliebige Krümmung bis zum konstruktiv festgelegten minimalen Wendekreisdurchmesser mit zwangsfrei abrollenden Rädern befahren werden kann. Lenkfehler, d.h. Abweichun-

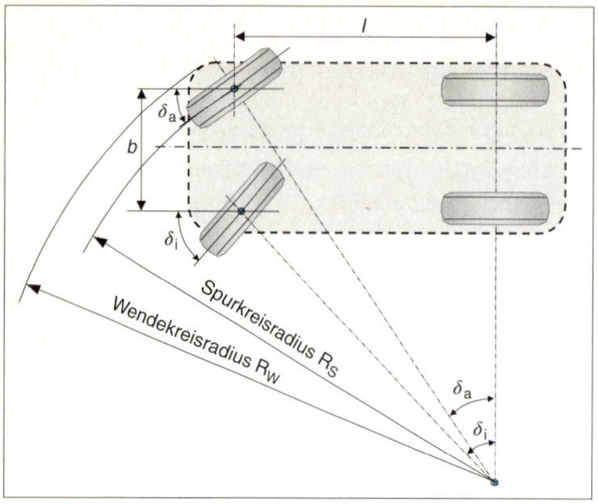

Bild 7.4-39 Ackermannbedingung für Lenkeinschlagwinkel kurvenaußen/kurveninnen sowie Definition Spur- und Wendekreis

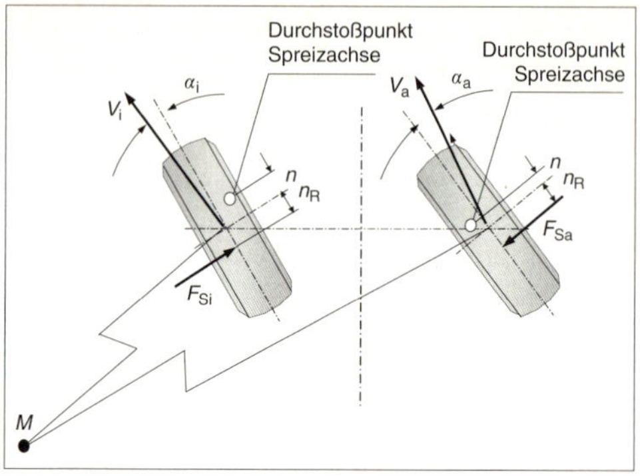

Bild 7.4-40 Wirksame Kräfte und Hebel bei eingeschlagenen Rädern und falschem Spurdifferenzwinkel

gen von der idealen Lenkwinkelbeziehung (Ackermannfunktion) nach Gl. (21) führen dagegen zum zwangsweisen Schräglauf der Reifen. Ist der Lenkfehler z.B. derart gestaltet, dass der kurveninnere Lenkeinschlagwinkel kleiner ist als der Solllenkwinkel, spricht man von einer Abweichung hin zum Paralleleinschlag. Von Bedeutung ist dieser Lenkwinkelfehler für den Lenkungsrücklauf bei großen Lenkeinschlagwinkeln und langsamer Kurvenfahrt: hier fehlt das rückstellende Moment aus der Seitenkraft. Der erzwungene Schräglaufwinkel wirkt wie eine viel zu große Vorspur und hat an beiden Rädern eine nach innen weisende Seitenkraft zur Folge, **Bild 7.4-40**. Die Seitenkraft des kurveninneren Rades greift bei Radaufhängungen mit großen Spreizungs- und Nachlaufwinkeln (Federbeinachsen) aufgrund des Lenkeinschlagwinkels an einer vergrößerten Nachlaufstrecke, die kurvenäußere Seitenkraft an einer verkleinerten Nachlaufstrecke an und kann somit das eindrehende Lenkmoment nicht kompensieren. Ist das kurvenäußere Rad schon in Vorlauf, wird das eindrehende Moment des kurveninneren Rades durch das kurvenäußere sogar verstärkt; die Lenkung dreht ein.

Die realisierte Lenkfunktion darf also bei Federbeinachsen nur geringfügig von der Sollfunktion nach Ackermann abweichen ($<3°$). Dies ist bei vorne liegender Zahnstangenlenkung leichter zu erreichen als bei Lenkungslage hinter Radmitte. Für den leicht parallelen Lenkungseinschlag spricht der kleinere Lenkwinkel des kurveninnen eingeschlagenen Rades und der damit verbundene geringere Raumbedarf im Radhaus. Bei gleicher mittlerer Lenkungsübersetzung (siehe unten) führt eine Auslegung in Richtung Parallellenkung zu einem schnelleren Ansprechen, da das verstärkt fahrzeugführende kurvenäußere Rad durch den überlagerten Vorspurwinkel schneller Seitenkraft aufbaut.

Einfluss der Lenkgetriebebauart auf das Lenkgestänge

Die Übertragung der vom Fahrer eingeleiteten Lenkbewegung erfolgt über Lenkgetriebe und Lenkgestänge auf die Räder. In der Regel muss das Lenkgestänge zusätzlich die Radhubbewegung nachvollziehen. Dies führt bei Einzelradaufhängungen zu geteilten Spurstangen, deren Position und Länge so zu wählen sind, dass bei der Federbewegung das gewünschte Eigenlenkverhalten und bei der Lenkbewegung die angestrebte Lenkfunktion erreicht wird.

Bei einer Zahnstangenlenkung wird die Drehbewegung des Lenkrades direkt auf die Zahnstange übertragen und dabei in eine lineare Bewegung übersetzt. Die Spurstange fungiert als Koppelglied zwischen dem aufbaufesten Lenkgetriebe und dem mit dem Radträger fest verbundenen Spurhebel. Die lineare Bewegung der Spurstange wird in der Lenkdrehachse wieder in eine Schwenkbewegung (Lenkeinschlag) des Rades umgesetzt.

Da die Spurstangen aufgrund der Aufgabenstellung im Wesentlichen quer zur Fahrzeuglängsachse verlaufen sollen, sind bei Zahnstangenlenkungen grundsätzlich zwei Positionen für den radseitigen Spurhebel wählbar: eine nach hinten oder eine nach vorne weisende Position, **Bild 7.4-41**. An dieser Stelle sei auch erwähnt, dass zur Einleitung einer korrekten Drehbewegung das Ritzel der Zahnstangenlenkung bei vorne liegendem Spurhebel hinter der Zahnstange und bei hinten liegendem Spurhebel vor bzw. auf der Zahnstange liegen muss.

Bei einer Hebellenkung wird die Drehbewegung des Lenkrades mittels eines Getriebes auf einen Hebel untersetzt (Lenkstockhebel) und über die Spurstange und den radseitigen Spurhebel auf das Rad übertragen. Aus dieser Tatsache ergeben sich in Kombination mit den bereits oben diskutierten Spurhebellagen zwei weitere Möglichkeiten, ein Lenkgestänge aufzubauen: Lenkstockhebel (der Hebel am Lenkgetriebe) nach vorne und nach hinten weisend, **Bild 7.4-41c–f**. Zur Verbindung der gegenüberliegenden Fahrzeug-

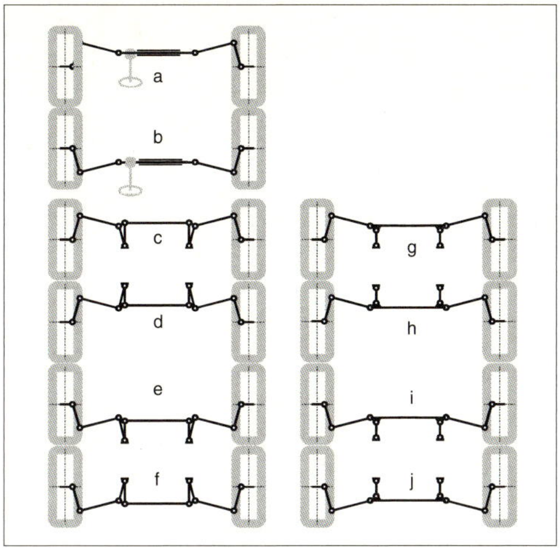

Bild 7.4-41 Lenkgestängebauarten
a–b Zahnstangenlenkung, c–f Hebellenkung, Spurstangen am Lenkstockhebel, g–j Hebellenkung, Spurstangen an mittlerer Spurstange

seite dient eine quer angeordnete mittlere Spurstange. Diese überträgt den Lenkbefehl auf einen symmetrisch zum Lenkstockhebel und zur Fahrzeuglängsachse gelagerten Schlepphebel, den Lenkführungshebel. Eine weitere Verdoppelung der konstruktiven Möglichkeiten ergibt sich bei Hebellenkungen aus der Art der Anlenkung der inneren Spurstangengelenke: direkt am Lenkstockhebel oder an der mittleren Spurstange, **Bild 7.4-41g–j**. Zu beachten ist, dass bei

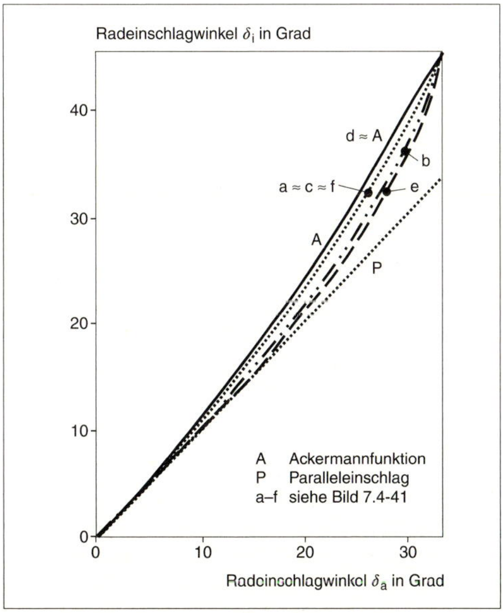

Bild 7.4-42 Lenkfunktionen der Lenkgestängebauarten aus Bild 7.4-41 (nach [1])

der Anlenkung der äußeren Spurstangen an der mittleren Spurstange alle vier Gelenke auf einer Wirkungslinie liegen, andernfalls muss die mittlere Spurstange verdrehsteif und achsparallel zum Lenkstockhebel gelagert sein.
Entscheidend für die Wahl einer dieser Varianten sind die räumlichen Möglichkeiten im Fahrzeug und die angestrebte Funktion. **Bild 7.4-42** zeigt die charakteristischen Lenkfunktionen für die im PKW üblichen Lenkgestängeanordnungen bei fester Spreizachse.
Die besten Ergebnisse sind erfahrungsgemäß mit vorne liegenden radseitigen Spurhebeln erreichbar. In Kombination mit einem gegenläufigen Lenkstockhebel lässt sich darüber hinaus die beste Annäherung an die ideale Lenkfunktion darstellen. Leider ist gerade diese Anordnung im PKW kaum realisierbar, da das weit vorne liegende Lenkgetriebe und die Lenkstockhebel erhebliche Bauraumprobleme verursachen.

Einfluss des Gesamtfahrzeug- und Achskonzepts auf die Lenkung

Ungewollte Lenkeinschläge durch Federbewegungen der Räder während der Fahrt müssen vermieden werden, bzw. nach Betrag und Richtung derart erfolgen, dass die Fahrzeugführung und Fahrzeugstabilisierung unter allen Umständen gewährleistet ist. Diese Funktion übernimmt das Lenkgestänge. Anhand des bei modernen Straßenfahrzeugen weit verbreiteten Achstyps Federbeinachse sollen hier die Ausprägungen von Lenkgestängen in Verbindung mit Lenkgetriebebauarten gezeigt werden. Der Trend geht aufgrund der optimalen Synthese von Funktion, Kosten und Gewicht in allen Fahrzeugklassen zur Zahnstangenlenkung, weshalb diese Bauart nachstehend angesprochen werden soll.
Alle bisher diskutierten Lenkgestängekonfigurationen wurden nur bezüglich ihrer Lage in der Ebene diskutiert. Für eine optimale Entkoppelung der Lenkung von der Federbewegung ist darüber hinaus die richtige Spurstangenlänge zur jeweiligen Höhenposition zu finden. Für Fahrzeuge mit Frontantrieb, quer eingebautem Antriebsaggregat, Federbeinachse und Zahnstangenlenkgetriebe gibt es z.B. nur zwei realisierbare Positionen: unter der Karosseriestruktur auf Höhe der Radmittelachse oder über Karosseriestruktur und Reifen; jeweils hinter der Vorderachse. Da bei der Federbeinachse der obere Querlenker durch die Schubführung des Dämpfers ersetzt ist, liegt der Krümmungsmittelpunkt des Ersatzlenkers auf einer Normalen zur Federbeinachse durch den Stützlagerpunkt und im Unendlichen. In **Bild 7.4-43** ist die Bestimmung der Spurstangenlänge für diesen Fall nach einem vereinfachten (ebenen) Verfahren von Bobillier dargestellt. Wird eine Spurstangenlage in Höhe des unteren Querlenkers gewählt, nähert sich auch die Spurstangenlänge LU der des unteren Querlenkers. Je höher die Spurstange angeordnet wird,

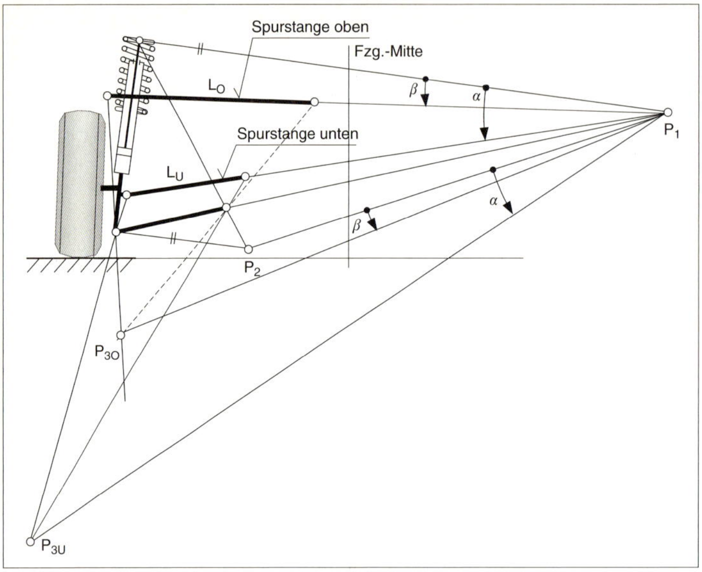

Bild 7.4-43 Bestimmung der Spurstangenlänge bei Federbeinachsen und unten bzw. oben liegender Spurstange

umso länger muss diese für eine optimale Spurwinkelführung des Rades ausgeführt werden (LO). Aus diesem Grund können bei Federbeinachsen außen am Zahnstangenlenkgetriebe angelenkte Spurstangen nur bei Tieflage realisiert werden. Hoch liegende Spurstangen erfordern mittig angelenkte Lenkgetriebebauarten, siehe **Bild 7.4-49** unten.

Grenzen des Lenkeinschlagwinkels

Schon bei der Bestimmung der optimalen Lenkfunktion und des daraus resultierenden Gelenkvierecks bzw. -dreiecks ist es vorteilhaft, die Begrenzung des Lenkeinschlagwinkels durch die Übertragungsglieder zu ermitteln. Für die Funktionssicherheit eines Lenkgestänges ist der Übertragungswinkel der Spurstange an der Lenkgetriebeseite und an der Radseite wichtig. Wird er zu klein, bedeutet dies, dass das Gestänge unter Einwirkung äußerer Kräfte in Strecklage geraten und somit die exakte Führung des Rades nicht mehr erfüllen, im Extremfall sogar überdrückt werden kann. Zur Beurteilung des Übertragungswinkels (**Bild 7.4-44**) müssen bei räumlichen Achsen die wirksamen Hebelarme senkrecht zur Drehachse in allen möglichen Radstellungen herangezogen werden. Ohne mechanische Lenkeinschlagbegrenzung sollte beim PKW der Übertragungswinkel nicht kleiner als 25° sein.

Bei Fahrzeugen mit Frontantrieb ist zusätzlich die Begrenzung des Lenkeinschlags durch die Antriebswellen zu untersuchen. Die Fortschritte der Gelenkwellenindustrie ermöglichen heute Antriebswellenbeugewinkel in Extremlagen von nahezu 50°. Bei optimierten Frontantriebskonzepten ergeben sich damit gegenüber dem Standardantrieb keine nennenswerten Nachteile.

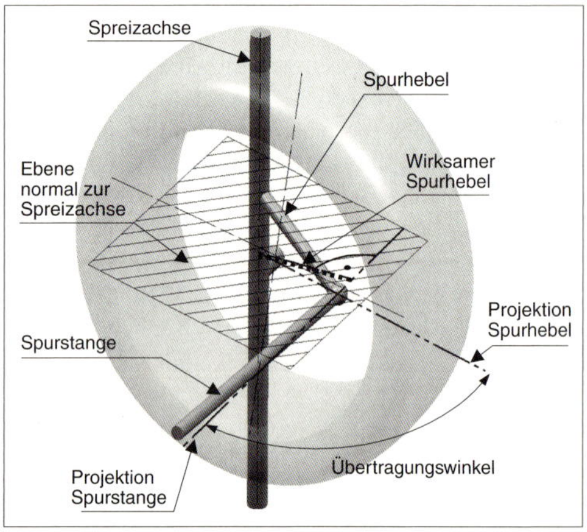

Bild 7.4-44 Übertragungswinkel zwischen Spurhebel und Spurstange

Lenkgesamtübersetzung

Die Lenkgesamtübersetzung als Verhältnis von Lenkraddrehwinkel zu Radwinkel wird nach unten begrenzt von der Direktheit des Lenkungsansprechens bei hohen Fahrgeschwindigkeiten; hier sind Werte unterhalb von 14 selten. Die obere Grenze folgt aus der Höhe des zumutbaren Lenkaufwands im Parkierbereich, dies hängt somit unmittelbar mit dem Vorhandensein einer Servounterstützung zusammen und überschreitet eine Übersetzung von 20 kaum. Die Festlegung eines konkreten Wertes wird durch die gewünschte Positionierung des Zielfahrzeugs (sportlich agil oder komfortbetont) mitbestimmt [10]. Konstruktiv entspricht die Lenkgesamtübersetzung dem Produkt aus Lenkgestänge- und Lenkgetriebeübersetzung. Für die Lenkgestängeübersetzung muss dabei der Mittelwert aus kurvenäußerem und kurveninnerem Lenkeinschlagwinkel berücksichtigt werden. Bei bekannten wirksamen Spurhebeln, **Bild 7.4-44**, lässt sie sich aus dem Verhältnis Spurhebel zu Lenkstockhebel bestimmen.

Lenkspindel

Nur in den wenigsten Anwendungsfällen ist die Verbindung zwischen Lenkrad und Lenkgetriebe durch eine einfache und gerade Verbindungswelle (Lenkspindel) zu realisieren. Üblich sind Lenksäulen mit einem oder zwei Winkelgelenken. Bei geringen Beugewinkeln (bis ca. 5°) lassen sich die Kreuzgelenke durch Gelenkscheiben ersetzen. Lenksäulen mit einem Kreuzgelenk erzeugen bei Beugewinkeln >15° einen für den Fahrer spürbaren Ungleichförmigkeitsgrad U:

$$U = \frac{\omega_{2\max} - \omega_{2\min}}{\omega_1} = \tan\beta \cdot \sin\beta \qquad (22)$$

In derartigen Fällen ist eine Zwischenwelle und ein zweites Kreuzgelenk einzuführen, **Bild 7.4-45**.

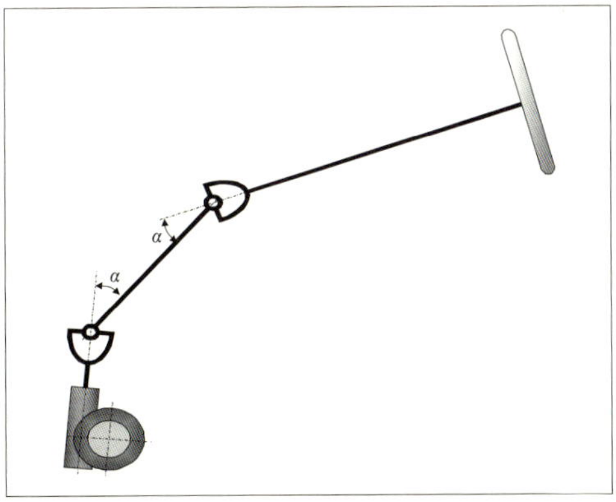

Bild 7.4-45 Beispiel einer „ebenen" Lenksäule mit zwei Kreuzgelenken in W-Anordnung und ausgeglichenen Beugewinkeln

Die Drehungleichförmigkeit nach dem ersten Kreuzgelenk kann durch das zweite Gelenk wieder aufgehoben werden. Dabei müssen folgende Bedingungen erfüllt sein:

- die Beugewinkel der Gelenke müssen gleich sein und
- die Gabeln der mittleren Welle müssen gleichzeitig in ihren aus An- und Abtriebswellen gebildeten Ebenen A und B liegen, **Bild 7.4-46**, [7, 8].

Bei einem in der Ebene liegenden Lenkstrang bedeutet dies, dass die Gabeln der mittleren Welle in einer Ebene liegen. Bei „windschief" zueinander stehenden Lenkspindeln müssen die Gabeln um den Winkel der Beugungsebenen beider Gelenke zueinander verdreht sein. Die beiden Kreuzgelenke können dabei gleichsinnig (W-Anordnung) oder gegensinnig (Z-Anordnung) gebeugt sein.

Die Umlenkung des Lenkmoments im Gelenk bewirkt an der Gabel ein Zusatzmoment MZ, **Bild 7.4-47**. Dieses Zusatzmoment bewirkt Kräfte auf die Lager, welche die Wellen biegend beanspruchen. In der praktischen Anwendung bedeutet dies, dass Gelenkbeugewinkel über 30° generell vermieden werden sollten, da die hieraus resultierenden hohen Querkräfte in Verbindung mit der vorhandenen Lagerreibung und der endlichen Lagersteifigkeit auch bei bezüglich der Beugewinkel ausgeglichenen Lenkspindelanordnungen zu spürbaren Lenkmomentschwankungen führen.

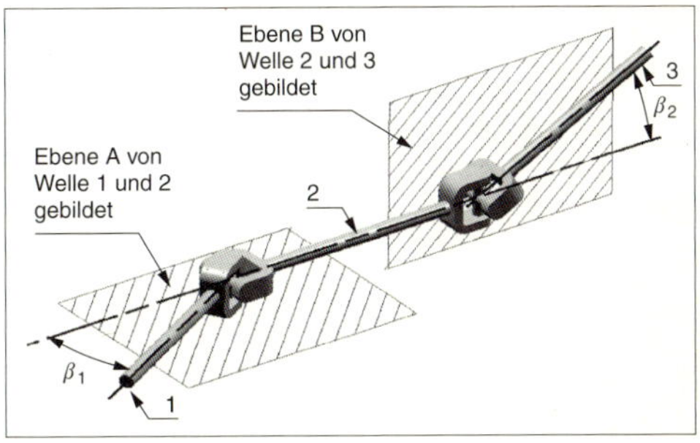

Bild 7.4-46 Beispiel einer „windschief" angeordneten Lenkspindel mit zwei Kreuzgelenken in Z-Anordnung und vollständigem Ausgleich

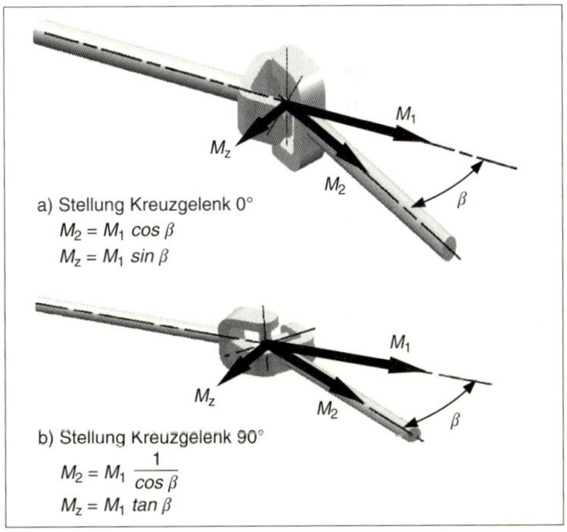

Bild 7.4-47 Spezielle Kreuzgelenkstellungen 0° (a) und 90° (b)

Literatur

[1] *Matschinsky, W.*: Radführungen der Straßenfahrzeuge, Kinematik, Elastokinematik und Konstruktion, 3. Auflage 2007, Springer-Verlag

[2] *Braess, H.-H.*: Ideeller negativer Lenkrollhalbmesser, ATZ 77 (1975) S. 203 – 207

[3] *Reimpell, J.*: Fahrwerktechnik Grundlagen, 3. überarbeitete Auflage 1995, Vogel Buchverlag

[4] *Matschinsky, W.*: Bestimmung mechanischer Kenngrößen von Radaufhängungen, Dissertation TU Braunschweig, 1992

[5] *Braess, H.-H.*: Beitrag zur Fahrtrichtungserhaltung des Kraftwagens bei Geradeausfahrt unter besonderer Berücksichtigung des Lenkrollhalbmessers. ATZ 67 (1965), S. 218–221

[6] *Matschinsky, W.; Dietrich, C.; Winkler, E.*: Die Doppelgelenk-Federbeinachse der neuen BMW-Sechszylinderwagen der Baureihe 7, ATZ 79 (1977), S. 357–365

[7] *Reinecke, W.*: Konstruktions-Richtlinien für die Auslegung von Gelenkwellenantrieben. MTZ Jahrgang 19, Nr. 10 (1958), S. 349–352

[8] Eugen Klein KG Gelenkwellen: Firmenschrift

[9] *Dödlbacher; Gaffke*: Untersuchung zur Reduzierung der Lenkungsunruhe. ATZ 80 (1978) S. 317–322

[10] *Weir, D. H.; di Marco, R. J.*: Correlation and Evaluation of Driver/Vehicle Directional Handling Data, SAE-Paper 780010, 1978

[11] ATZ und MTZ Sonderausgabe für Audi A4, BMW 3er, BMW 5er, BMW 7er, Maybach 57, MB A-Klasse, MB S-Klasse, Porsche Cayenne, VW Golf V, VW Phaeton, Porsche Boxster, MB SL

[12] *Boettcher/Czeike/Richter et al.*: Der neue BMW 3er – Hohe Agilität und exzellente Fahrdynamik. ATZ und MTZ Sonderausgabe Mai 2005, Seite 112ff.

[13] *Engel/Brühl/Kleczka et al.*: Die neue S-Klasse von Mercedes Benz – Fahrwerksystem. ATZ und MTZ Sonderausgabe Oktober 2005, Seite 100ff.

7.4.5.2 Lenkgetriebe und -gestänge

Lenkgetriebe und -gestänge haben die Aufgabe, den vom Fahrer vorgegebenen Lenkraddrehwinkel in einen definierten Radeinschlagwinkel am kurveninneren und kurvenäußeren Rad (bei PKW's: Vorderrad) umzusetzen. Nachstehend werden die gebräuchlichsten Lenkgetriebe-Bauarten beschrieben.

Kugelmutterumlauf-Lenkgetriebe

Über Jahrzehnte war vor allem im oberen Pkw-Segment und bei leichten Nutzfahrzeugen das Kugelmutterumlauf-Lenkgetriebe – vorzugsweise mit hydraulischer Unterstützung – weit verbreitet **(Bild 7.4-48)**. Aufgrund deutlicher Gewichts- und Kostennachteile gegenüber der Zahnstangenlenkung ist diese Lösung allerdings bei den Personenkraftfahrzeugen inzwischen so gut wie verschwunden.

Die am Lenkrad ausgeführte Drehbewegung wird über die Lenksäule der Eingangswelle des Lenkgetriebes zugeführt. Diese Welle ist an ihrem unteren Ende als Schnecke ausgebildet, deren Drehbewegung über eine endlose Kugelkette den Lenkgetriebekolben axial hin- und herbewegt. Bei der Hydraulikausführung wird je nach Drehrichtung eine Seite des Kolbens mit Drucköl beaufschlagt und so die mechanisch eingeleitete Axialbewegung des Kolbens hydraulisch unterstützt.

Die rechtwinklig dazu angeordnete Segmentwelle wird über den Zahneingriff des Kolbens in Drehung versetzt.

An der Segmentwelle ist der Lenkstockhebel montiert, der über ein Kugelgelenk ein Lenkgestänge bewegt, das aus einer mittleren Spurstange und – daran rechts und links ebenfalls über Kugelgelenke fixierten

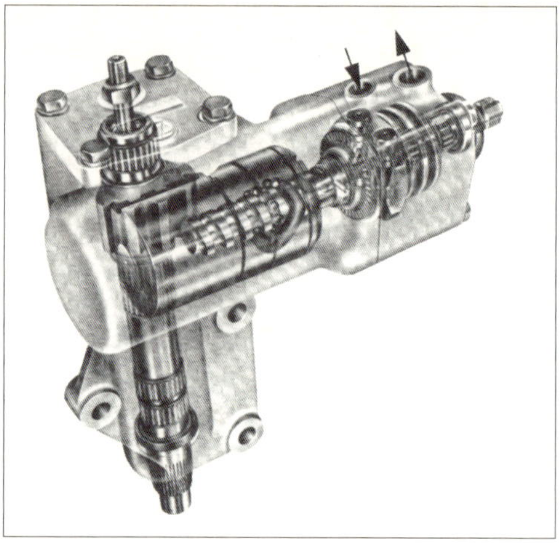

Bild 7.4-48 Kugelmutter-Hydrolenkgetriebe mit Drehkolbenventil (Quelle: ZF)

– seitlichen Spurstangen besteht. Spiegelbildlich zum Lenkstockhebel befindet sich auf der rechten Fahrzeugseite zur Führung des Lenkgestänges ein Lenkführungshebel. Die seitlichen Spurstangen sind außen an den radseitigen Achsschenkeln befestigt. Zur Vorspurwinkel-Einstellung der Vorderräder können die seitlichen Spurstangen über ein Verstellgewinde in ihrer Länge verändert werden. Über eine Höhenverstellung des Lenkstockhebels am Lenkgetriebe lassen sich ggf. vorhandene Toleranzen der Höhenlage der inneren Spurstangengelenke ausgleichen. Dadurch können für das linke und rechte Vorderrad identische Vorspurkurven über dem Federweg erreicht werden, was für einen stabilen Geradeauslauf beim beidseitigen Einfedern des Fahrzeugs erforderlich ist. Auslegungskriterien für das Lenkgestänge sind im Wesentlichen die gewünschte Achskinematik, Freigängigkeitserfordernisse und die zu übertragenden Kräfte (Knicksteifigkeit).

Die Vorteile einer Kugelmutterlenkung liegen in einem hohen Lenkkomfort mit geringer Stoßempfindlichkeit aufgrund der höheren Gesamtelastizität des Systems. Außerdem bietet die variable Auslegungsmöglichkeit des Lenkvierecks dem Konstrukteur große Freiheiten zur Realisierung von günstigen Vorspurkurven und Gesamtlenkübersetzungen mit niedrigen Belastungen der Spurstangen und des Lenkgetriebes. Die größere Elastizität kann sich jedoch auch nachteilig bezüglich Lenkungsansprechen und Lenkgefühl um die Mittellage auswirken.

Entscheidend für den zunehmenden Rückgang der Kugelmutterlenkung im Pkw-Sektor in jüngster Zeit dürften jedoch die deutlichen Gewichts- und Kostennachteile gegenüber der Zahnstangenlenkung sein.

Zahnstangenlenkgetriebe

In heutigen Pkw's am meisten verbreitet ist die Zahnstangenlenkung immer häufiger auch bei kleine-

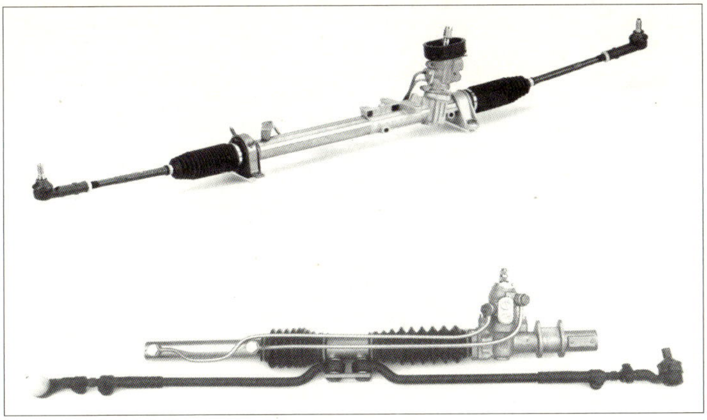

Bild 7.4-49 Zahnstangen-Hydrolenkgetriebe (Quelle: ZF)

ren Fahrzeugen mit hydraulischer oder elektrischer Unterstützung. Auch in Fahrzeugen der Oberklasse verdrängt sie zunehmend die Kugelmutterlenkung, **Bild 7.4-49**.

Bei der Zahnstangenlenkung werden die Drehbewegungen des Lenkrades über ein meist schrägverzahntes Ritzel in eine Verschiebebewegung der Zahnstange umgesetzt. Gegenüber der Verzahnung ist ein federbelastetes Druckstück so angeordnet, dass ein möglichst spielfreies Ineinandergreifen von Ritzel und Zahnstange über dem gesamten Hub gewährleistet ist.

An der Zahnstange sind die seitlichen Spurstangen über Kugelgelenke befestigt und mit Faltenbälgen aus Gummi oder Kunststoff gegen Verschmutzung und Wassereindringen geschützt. Für verschiedene Anwendungsfälle können die Spurstangen beidseitig, mittig oder beide an einem Ende der Zahnstange angebracht sein. Die Spurstangen sind außen wiederum über Kugelgelenke mit den radseitigen Achsschenkeln verbunden und können über ein Gewinde zur Vorspurwinkel-Einstellung in ihrer Länge verändert werden.

Zur mechanischen Auslegung eines Zahnstangenlenkgetriebes sind neben Festigkeits- und Bauraumüberlegungen besonders zwei Dinge wichtig: der Zahnstangendurchmesser und die Zahnstangenlänge. Der Zahnstangendurchmesser wird maßgebend durch die Belastung beim sog. Bordsteinabdrücktest bestimmt. Hierbei dürfen bei blockiertem Vorderrad mit zulässiger Vorderachslast und bei voller hydraulischer Unterstützung mit einem Lenkradmoment von 80 Nm keine bleibenden Verformungen an der Zahnstange auftreten. Die Zahnstangenlänge ergibt sich bei einer Hydrolenkung mit seitlich angebrachten Spurstangen zu min. 6 mal dem einfachen Zahnstangenhub (2 × Hub Verzahnung + 2 × Hub Hydraulikkolben + 1 × Hub Verzahnungsende bis innere Dichtung + 1 × Hub Axialgelenk bis äußere Stangendichtung). Dazu kommen noch die axialen Bauräume für die Dichtungen und die Verzahnungsausläufe. Ist diese erforderliche Zahnstangenlänge nicht im Fahrzeug unterzubringen, so sind Nachteile im Wendekreis (kürzerer Hub) oder im Fahrverhalten (kürzere Spurstangen, dadurch geänderte Vorspurkurve beim Ein-/Ausfedern der Räder) zu erwarten.

Bessere Voraussetzungen für genügend lange Spurstangen bietet der erwähnte Mittenabgriff. Eine andere Möglichkeit ist, den Hydraulikarbeitszylinder außen liegend parallel zur Zahnstange anzubringen.

Die Vorteile einer Zahnstangenlenkung gegenüber der Kugelmutterlenkung liegen auf der Hand:

- geringere Kosten, geringeres Gewicht durch einfacheren Aufbau und Entfall von Lenkzwischenhebeln und -stangen,
- geringerer Raumbedarf; allerdings ist bei tiefliegender Lenkung u.U. weiterer Bauraum unter der Motorölwanne erforderlich,
- geringere Lenkelastizität und damit direkteres Ansprechen der Lenkung.

Bauartbedingt ist der Wirkungsgrad einer Zahnstangenlenkung in beiden Richtungen (Ein- und Rückdrehen) bei höheren Lenkmomenten zunächst gleich und liegt in der Größenordnung von 90%, **Bild 7.4-50**. Das bedeutet zusammen mit der hohen Steifigkeit gute Lenkpräzision, aber auch Empfindlichkeit auf Störungen (Stößigkeit, Lenkunruhe). Durch Maßnahmen wie Vergrößerung des Winkels zwischen Ritzel und Gehäuse kann der Wirkungsgrad und damit die Störungsempfindlichkeit um bis zu 10% reduziert werden, allerdings zum Preis erhöhter Reibung auch in Eindrehrichtung. Eine Erhöhung der Dämpfung z.B. durch Rückschlagventile im Zulauf, Dämpfungsventile am Zylinder oder eine elastische Lenkgetriebelagerung steigert den Lenkkomfort ebenfalls.

Bei der Kugelmutterlenkung dagegen ist Eindreh- und Rückdrehwirkungsgrad unterschiedlich (Eindrehen 75–80%, Rückdrehen 65–70%), was sich auf die Isolierung von Störungen günstig auswirkt. Dämpfung und Elastizität liegen höher als bei der Zahnstangenlenkung

und sorgen für guten Lenkkomfort, verbunden allerdings mit etwas geringerer Lenkpräzision.
In der Summe sind die Unterschiede zwischen beiden Lenkungsbauarten im Fahrzeug oft kaum noch fühlbar, weshalb sich die kostengünstigere Zahnstangenlenkung durchgesetzt hat.

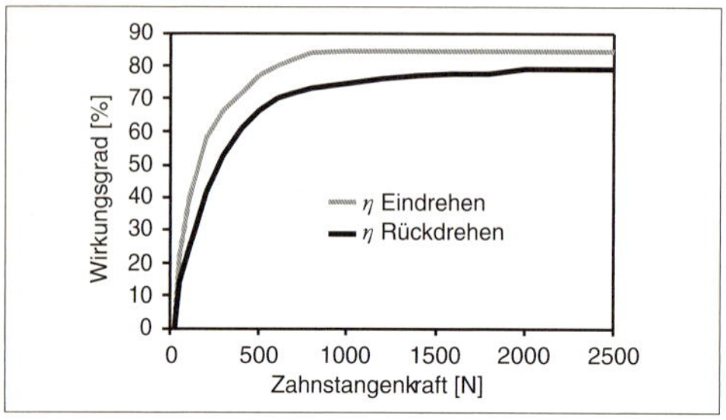

Bild 7.4-50 Wirkungsgradverläufe einer Zahnstangenlenkung

7.4.5.3 Lenkunterstützung

Auch im Kleinwagensegment gehört inzwischen die Servolenkung weitestgehend zur Basisausstattung. Hierbei werden die vom Fahrer aufzubringenden Lenkkräfte durch einen hydraulisch oder elektrisch betriebenen Aktuator verringert.
Prinzipiell bietet auch das manuelle Lenkgetriebe die Möglichkeit einer gewissen Lenkunterstützung in Form der Lenkgetriebe- und Lenkgestängeübersetzung. Bei größerer Lenkgetriebeübersetzung werden die Lenkkräfte am Lenkrad dementsprechend geringer, allerdings unter Inkaufnahme größerer Lenkraddrehwinkel. So ausgelegte Fahrzeuge wirken leicht unhandlich, Agilität und Lenkgefühl gehen zunehmend verloren. Bis zu einem gewissen Grad lässt sich dieser Nachteil bei manuellen Zahnstangen-Lenkgetrieben durch eine variable Lenkübersetzung verringern. Dabei wird die Verzahnung über dem Hub mit unterschiedlichem Modul und Eingriffswinkel in einem speziellen Taumelfließpressverfahren gefertigt, das Ritzel ist normalverzahnt. Die Übersetzung wird so ausgelegt, dass sie im Mittenbereich ausreichend direkt ist und zu den Endanschlägen hin zur Reduzierung der Parkierkräfte immer indirekter wird. Die Wirkung einer Hilfskraftlenkung ist damit allerdings nicht zu erreichen. Eine derartige variable Übersetzung zwischen Kolben und Segmentwelle ist auch bei einer Kugelumlauflenkung möglich.

Hydraulische Lenkunterstützung

Vor allem bei Pkw's mit höheren Vorderachslasten und damit höherem Lenkleistungsbedarf ist die hydraulische Lenkunterstützung immer noch weit verbreitet. Am Beispiel einer Zahnstangenhydrolenkung mit Drehschieberventil, **Bild 7.4-51**, soll das Funktionsprinzip erklärt werden.

Eine vom Fahrzeugmotor üblicherweise über einen Keilriemen angetriebene Hydraulikpumpe E (bei PKW heute vorwiegend Flügelzellenpumpen) liefert das für die Lenkunterstützung erforderliche Drucköl über einen Hochdruck-Dehnschlauch H zum Lenkventil im Lenkgetriebe. In Geradeausstellung des Lenkrades fließt ein konstanter Ölstrom durch das in Neutralstellung stehende Lenkventil (offene Mitte) und durch die Rücklaufleitung zurück in den Ölbehälter. Der Druck in den beiden Kammern des Arbeitszylinders ist gleich groß und entspricht dem wegen innerer Strömungswiderstände im Lenksystem aufgebauten Umlaufdruck von ca. 2–5 bar. Es erfolgt in dieser Stellung keine Lenkunterstützung.
Beim Drehen des Lenkrads im Uhrzeigersinn wird die Zahnstange und somit auch der Kolben des Arbeitszylinders nach rechts verschoben. Da die Bewegung des Kolbens durch Drucköl unterstützt werden soll, muss dieses in den linken Zylinderraum geleitet werden. Die drei Steuernuten des Drehschiebers werden im Uhrzeigersinn verschoben und die Einlassschlitze (*P*) für den Druckölzulauf weiter geöffnet. Die Einlassschlitze (*O*) jedoch schließen und sperren den Druckölzulauf zu den Axialnuten (*Q*) der Steuerbüchse. In der Arbeitsstellung des Ventils fließt das Drucköl durch die Einlassschlitze (*P*) in die untere Radialnut (*L*) der Steuerbüchse und gelangt von dort in den linken Zylinderraum, sodass für die hydraulische Unterstützung der Kolbenbewegung gesorgt ist. Die geschlossenen Steuerschlitze (*W*) verhindern, dass das Öl zum Behälter abfließt. Das Öl aus dem rechten Zylinderraum wird verdrängt. Es fließt über die obere Radialnut (*K*) in der Steuerbüchse zu den Rücklaufnuten (*S*) des Drehschiebers. Die Stege (*V*) des Drehschiebers unterbinden den direkten Übertritt des Öls zu den stets zum Ölbehälter geöffneten Rücklaufnuten (*T*) der Steuerbüchse. Wird das Lenkrad gegen den Uhrzeigersinn gedreht, setzt die hydraulische Unterstützung im rechten Zylinderraum ein.
Die erforderliche Größe der hydraulischen Unterstützung hängt ab von der maximal aufzubringenden Spurstangenkraft, die beim Einschlagen der Räder in den Endstellungen mit maximaler Vorderachslast, Größtwert der Reibung bei ungünstigster Reifenwahl und zusätzlicher Betätigung der Fußbremse auftritt. Zusätzliche Einflussgrößen sind wie bereits erwähnt die Gesamtlenkübersetzung (Lenkgetriebe- und Lenkgestängeübersetzung) und das maximal zulässige Handlenkmoment. Ausgehend von der erforderlichen Unterstützungskraft kann mit dem maximal von der Pumpe aufgebrachten Druck die erforderliche Kolbenfläche und mit dem aus Festigkeitsgründen meist vorgegebenen Zahnstangendurchmesser auch der erforderliche Arbeitskolbendurchmesser und damit der Lenkgetriebedurchmesser im Zylinderbereich berechnet werden.

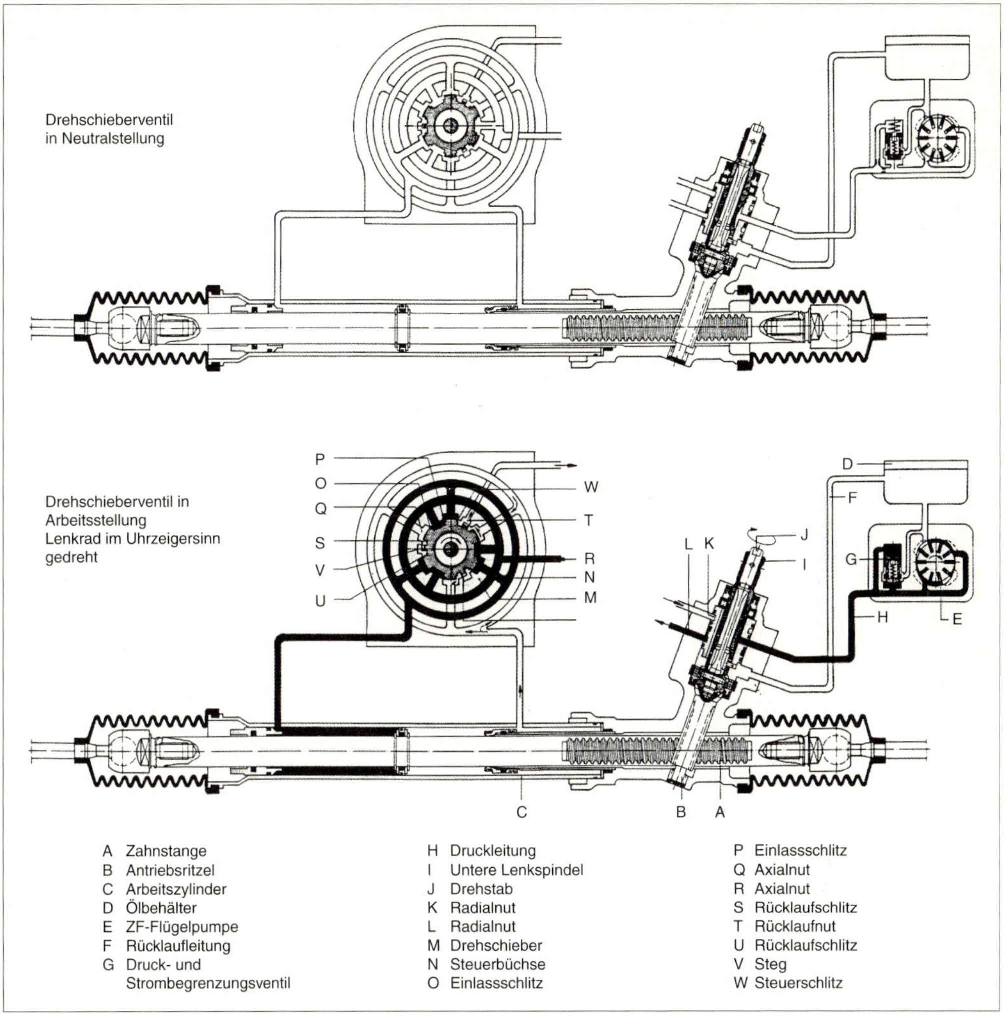

Bild 7.4-51 Zahnstangen-Hydrolenkung mit Drehschieberventil und Seitenantrieb (Quelle: ZF)

Ein weiterer wichtiger Auslegungswert für das Lenksystem ist der von der Pumpe zu liefernde Ölvolumenstrom. Er ist bestimmend für die erreichbare Lenkwinkelgeschwindigkeit, d.h. mit welcher Geschwindigkeit der Fahrer das Lenkrad drehen kann, ohne dass eine hydraulische Verhärtung eintritt.

Wie bereits erwähnt, ist es die Aufgabe des Lenkventils, je nach Drehrichtung des Lenkrads Drucköl in die dazugehörige Arbeitskammer zu leiten und so die Kraft auf den Arbeitskolben auf der entsprechenden Seite zu verstärken, mit dem Ziel, das am Lenkrad aufzubringende Lenkmoment zu reduzieren.

Die Abhängigkeit des Handlenkmoments vom vorhandenen Öldruck wird mit der sog. Ventilkennlinie dargestellt und ist ein direktes Maß für die vorhandene Lenkunterstützung.

Meist wird bei Zahnstangenhydrolenkgetrieben der Differenzdruck in den beiden Arbeitskammern gemessen. Bei Kugelmutterlenkgetrieben ist die Differenzdruckmessung schwierig, deshalb wird hier der Öldruck am Lenkgetriebeeingang gemessen. Es ergibt sich prinzipiell die gleiche Ventilkennlinie, jedoch verschoben um den im System herrschenden Umlaufdruck.

Die Ventilkennlinie kann durch Modifikationen an den Ventilsteuerkanten und durch Änderung der Steifigkeit des Ventildrehstabs den jeweiligen Erfordernissen der Lenkungsabstimmung (Lenkkräfte, Lenkgefühl) angepasst werden. Eine Möglichkeit, die Kennlinienvariation während des Fahrbetriebs zu realisieren, wird mit der geschwindigkeitsabhängigen Servolenkung geboten. Fa. ZF entwickelte dafür die elektronisch gesteuerte „Servotronic“.

Sie arbeitet rein geschwindigkeitsabhängig, d.h., nur die vom elektronischen Tachometer angezeigte Fahrgeschwindigkeit steuert die Leichtgängigkeit der Lenkung, unabhängig von der jeweiligen Motordrehzahl. Ein Mikroprozessor wertet die Geschwindigkeitssignale aus und bestimmt die Größe der hydraulischen Rückwirkung und damit die Betätigungskraft am Lenkrad. Diese Größe wird in Form elektrischer Impulse über einen elektro-hydraulischen Wandler auf das Drehschieberventil der Lenkung übertragen, wobei sich die hydraulische Rückwirkung im Verhältnis zur Fahrgeschwindigkeit ändert. Die spezielle Auslegung der Lenkungscharakteristik, **Bild 7.4-52**, bewirkt, dass im Parkierbereich und beim Lenken im Stand nur minimale Kräfte am Lenkrad aufzubringen sind, während sich mit zunehmender Geschwindigkeit fast das Gefühl einer mechanischen Lenkung einstellt. Somit wird bei hohen Geschwindigkeiten exaktes, zielgenaues Lenken ermöglicht. Dabei ist jedoch zu bemerken, dass Öldruck und Volumenstrom zu keinem Zeitpunkt reduziert werden und deshalb in Notsituationen, z.B. bei schnellen Lenkkorrekturen Lenkraddrehgeschwindigkeiten bis 800°/s ohne Einbruch in der Servofunktion sicherstellen. Durch diese Eigenschaften wird eine außerordentlich hohe Lenkpräzision und Sicherheit bei gleichzeitig bestem Lenkkomfort erreicht und damit der Zielkonflikt zwischen niederen Parkierkräften und Lenkpräzision bei hohen Geschwindigkeiten weitgehend gelöst.

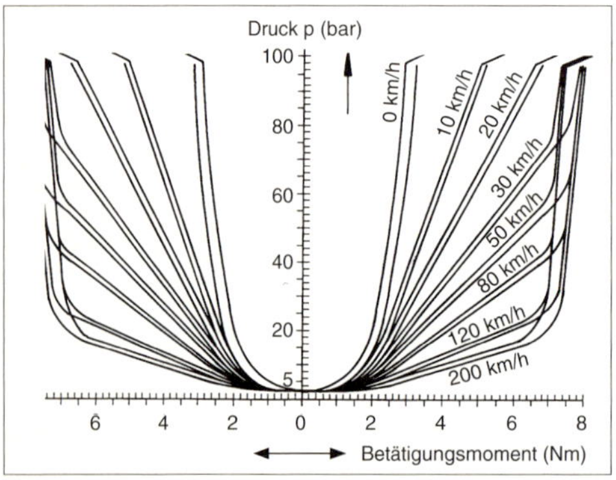

Bild 7.4-52 Servotronic-Ventilkennlinien-Diagramm (Quelle: ZF)

Abschließend sei noch erwähnt, dass die bei manuellen Lenkgetrieben angesprochene variable Lenkgetriebeübersetzung natürlich auch bei Servolenkungen Anwendung findet, jedoch hier mit umgekehrter Zielrichtung. Während bei manuellen Lenkgetrieben die Übersetzung zu den Endanschlägen hin indirekter wird, um die Parkierkräfte zu reduzieren, wird bei Servolenkungen die Lenkungsgesamtübersetzung bei größeren Lenkeinschlägen direkter, weil hier wegen der Servounterstützung nicht auf niedrige Parkierkräfte geachtet werden muss. Dadurch lassen sich sehr kleine Werte für die Anzahl Lenkradumdrehungen von Anschlag zu Anschlag erreichen (ca. 3 Umdrehungen), welche ein optimales Fahrzeughandling beim Parkieren und bei Wendemanövern ermöglichen.

Über Jahrzehnte hat sich die beschriebene Hydrolenkung mit „offener Mitte" (Open-Center) zur bewährten und funktional perfekt ausgereiften Standardlösung für Kraftfahrzeuge entwickelt. Infolge der mechanischen Kopplung der Hydraulikversorgung an den Antriebsmotor ergeben sich jedoch Nachteile, insbesondere hinsichtlich des Leistungsbedarfs. Diese konnten bis heute nicht vollständig behoben werden, auch wenn inzwischen durch Einsatz von bedarfsorientiert ansteuerbaren bzw. geregelten Energiesparpumpen die Verlustleistung des Hydrauliksystems deutlich reduziert werden kann [11].

Eine bezüglich Wirkungsgrad optimale Lösung wäre durch den konzeptionellen Umstieg vom hydraulischen Open-Center- auf ein Closed-Center-Prinzip möglich, bei dem im Ruhezustand kein Volumenstrom und damit auch keine Verlustleistung erzeugt wird [12]. Einem Serieneinsatz in absehbarer Zukunft stehen aber die hohe Komplexität eines solchen Systems und noch viele ungeklärte Fragestellungen entgegen.

Elektrohydraulische Lenkunterstützung

Eine spezielle Ausführung der hydraulischen Lenkunterstützung ist die elektrohydraulische Unterstützung. Hier wird die Ölpumpe (Flügelzellen-, Rollenzellen- oder Zahnradpumpe) nicht vom Fahrzeugmotor angetrieben, sondern von einem Elektromotor. Die Einzelkomponenten E-Motor, Ölpumpe, Ölbehälter und Elektronikeinheit können zu einer kompakten Einheit, dem sog. Powerpack, zusammengefasst werden, **Bild 7.4-53**. Das Servolenkgetriebe bleibt weitgehend unverändert (bis auf Ventilkennlinienanpassung).

Die Vorteile eines solchen Powerpacks liegen einerseits in der Kompaktheit des Aggregats, das ggf. eine Vormontage des Lenksystems ermöglicht. Andererseits bietet die elektrohydraulische Lenkung natürlich

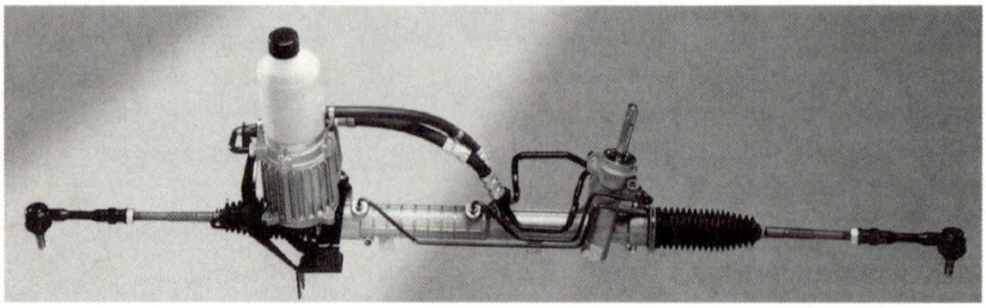

Bild 7.4-53 Zahnstangen-Lenkgetriebe mit elektrohydraulischer Unterstützungseinheit: „Powerpack" (Quelle: TRW)

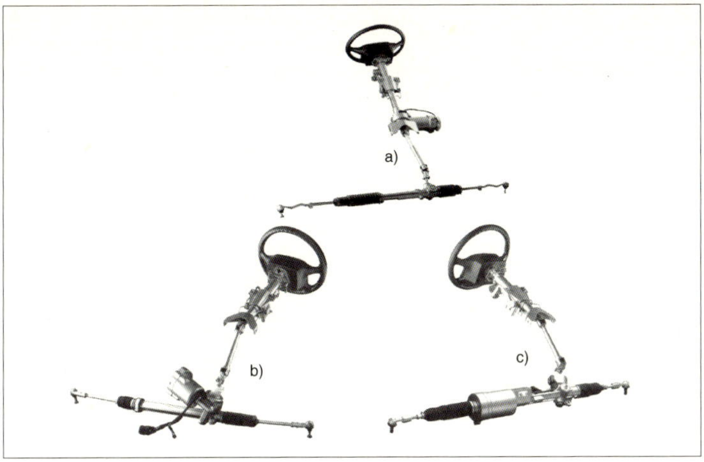

Bild 7.4-54 ZF-Servolectric, Ausführungsmöglichkeiten (Quelle: ZF)

die Möglichkeit, bei abgeschaltetem (z.B. im Schubbetrieb, vor Ampeln oder Bahnübergängen) oder auch ausgefallenem Fahrzeugmotor weiterhin eine Lenkungsunterstützung zur Verfügung zu haben.

Der E-Motor lässt sich bedarfsgerecht ansteuern, sodass die Pumpe nur beim Lenken betrieben werden muss. Dadurch ist ein geringerer Energieverbrauch und damit eine Kraftstoffeinsparung möglich. Die bei der hydraulischen Lenkunterstützung mit relativ hohen Mehrkosten realisierte geschwindigkeitsabhängige Lenkung lässt sich durch elektronische Steuerung des E-Motors relativ einfach und kostengünstiger realisieren.

Nachteilig bei dieser Ausführung sind die derzeit noch höher als bei einer konventionellen Hydrolenkung liegenden Systemkosten und das durch den zusätzlichen E-Motor bedingte Mehrgewicht, welches durch den Entfall der Saug- und Rücklaufleitungen nur zum Teil kompensiert werden kann. Zudem ist der Einsatz der elektrohydraulischen Lenkung aufgrund der erreichbaren Leistung derzeit noch nicht in Fahrzeugen mit höherer Vorderachslast möglich.

Elektrische Lenkunterstützung

Bei Personenkraftwagen kann die elektromechanische Lenkung (**E**lectric **P**ower **S**teering) durchaus als die Lenkung der Zukunft betrachtet werden. Die wesentlichen Gründe hierfür sind:

1. **Optimaler Wirkungsgrad:** Von allen heute bekannten Lösungen ist die EPS das Lenksystem mit dem höchsten Wirkungsgrad. Im Gegensatz zur herkömmlichen Hydrolenkung verbraucht sie nur dann Energie, wenn dem System tatsächlich Lenkleistung abgefordert wird. Damit liefert diese Lenkung einen nennenswerten Beitrag zur CO_2- bzw. Verbrauchsreduzierung der Fahrzeuge.
2. **Zusatzfunktionen:** Im Gegensatz zur Hydrolenkung, bei der die Lenkmomentencharakteristik nur durch körperliche Modifikationen bzw. Ergänzung von Komponenten (Lenkventil, Servotronic-Steller) beeinflusst werden kann, geschieht dies bei der EPS über die Software. So kann z.B. die Unterstützungskraft geschwindigkeits- oder auch lenkwinkelabhängig geregelt werden. Damit kann auch dem Fahrer die Möglichkeit gegeben werden, per Knopfdruck zwischen unterschiedlichen Lenkungscharakteristiken zu wählen.
3. **Einfache Abstimmbarkeit:** Diese Tatsache erleichtert natürlich auch die Entwicklungsarbeit. Der „Hardware-Aufwand“ bei der Lenkungs-Abstimmung für ein bestimmtes Fahrzeug kann dadurch deutlich reduziert werden.
4. **„Enabler-Funktion“:** Für die Realisierung von Fahrerassistenzsystemen, die ein automatisches Fahren - z.B. beim Einparken - ermöglichen, bietet die elektrische Lenkung die besten Voraussetzungen, da die hierfür erforderliche Aktuatorik (im Gegensatz zur Hydrolenkung) bereits mit der Basislenkung zur Verfügung steht. Damit eröffnet die EPS auch prinzipiell die Möglichkeit zur Verwirklichung von sog. „steer by wire“-Systemen, bei denen die mechanische Verbindung zwischen Bedienelement und gelenkten Rädern aufgehoben ist und die Umsetzung des fahrerseitigen Lenkbefehls nur noch auf elektronischem Weg erfolgt.

Bei den elektromechanischen Lenksystemen wird die erforderliche Lenkkraftunterstützung direkt von einem E-Motor aufgebracht, der an verschiedenen Stellen im Lenksystem angeordnet sein kann. Derzeit kommen 4 Einbauorte in Betracht, die jeweils unterschiedliche Vor- und Nachteile haben:

- Die Servoeinheit, bestehend aus E-Motor, Schneckengetriebe, Elektronik und Sensorik ist in die Lenksäule integriert, **Bild 7.4-54a**.
  Vorteile: geringer Raumbedarf, Lenksäule und Servoeinheit einbaufertig montiert
  Nachteile: evtl. beim Crashverhalten; Geräusche, wenn Servoeinheit im Fahrzeuginnenraum platziert ist; Unterstützungsmoment geht über untere Lenkspindel,

deshalb nur für kleinere Fahrzeuge mit geringen Lenkkräften geeignet.

- Die Servoeinheit wirkt auf das Ritzel, **Bild 7.4-54b**

  Vorteile: Lenkgetriebe und Servoeinheit sind ein Bauteil, die Unterstützungskraft wirkt direkt auf das Ritzel, deshalb sind höhere Lenkmomente möglich

  Nachteile: größerer Platzbedarf im Motorraum, höhere Temperatur-, Dichtheits- und Lebensdaueranforderungen bzgl. Verschleiß

- Eine Variante dieser Ausführung ist die Doppelritzellösung, **Bild 7.4-54c**. Dabei sitzt beim Linkslenkergetriebe die Servoeinheit an der Stelle, an der beim Rechtslenker die Lenksäule ans Lenkgetriebe montiert wird. Beim Rechtslenkerlenkgetriebe wird das Ganze spiegelbildlich ausgeführt. Vorteilhaft wirkt sich hier aus, dass üblicherweise der Platzbedarf für eine Rechtslenkerlenkgetriebevariante vorgehalten ist, der dann für die Servoeinheit des Linkslenkers genutzt werden kann. Nachteilig sind die Kostenmehrung und evtl. Toleranzprobleme durch die erforderlich werdenden doppelten Ritzel und Zahnstangenverzahnungen.

- Die Servoeinheit wirkt direkt auf die Zahnstange. Der E-Motor ist konzentrisch um die Zahnstange oder achsparallel zu ihr angeordnet und überträgt sein Moment mittels eines Reduktionsgetriebes, z.B. bestehend aus Zahnriemen und Kugelumlaufgetriebe.

  Vorteil: Die Unterstützungskraft wird direkt an der Stelle erzeugt, an der sie auch benötigt wird. Damit sind auch höhere Zahnstangenkräfte zu realisieren.

  Nachteil: höherer Aufwand durch zusätzliches Getriebe, höhere Temperatur- und Dichtheitsanforderungen, Engstelle zu Ölwanne oder Vorderachsträger.

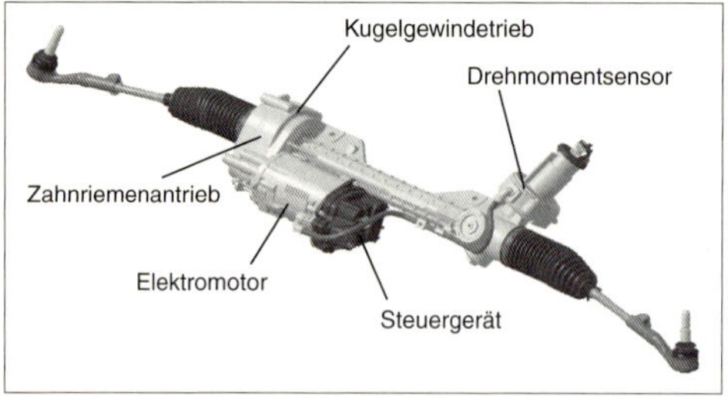

Bild 7.4-55 EPS mit achsparallelem Antrieb für die BMW 1er- und 3er-Reihe der Fa. ZFLS [15]

Der Einsatz elektrischer Lenksysteme ist natürlich sehr stark von den Gegebenheiten des elektrischen Bordnetzes abhängig. Das heute übliche 12 V-Bordnetz wird in vielen Fällen – speziell im Oberklassesegment – für einen Einsatz der EPS nicht ausreichen. Zusätzliche Bordnetzmaßnahmen, die z.B. die Anhebung der am Aktuator verfügbaren Spannung bewirken, können hier jedoch Abhilfe schaffen.

Generell lässt sich sagen, dass mit dem heutigen Stand der Elektrolenkungen aufgrund der begrenzten Leistungsfähigkeit des 12 V-Bordnetzes noch keine Fahrzeuge der Oberklasse ausgerüstet werden können. Eine Umstellung auf ein Bordnetz mit höherer Spannung (z.B. 42 V) könnte hier einen deutlichen Entwicklungsschub mit sich bringen (Kapitel 5.7).

Der notwendige Engineering-Aufwand zur Erreichung des von der hydraulischen Lenkung her bekannten Lenkgefühls und die derzeit gegenüber einer konventionellen Hydrolenkung noch höheren Gesamtkosten stehen einer schnellen Verbreitung entgegen. Andererseits bieten die Elektrolenkungen gegenüber der elektrohydraulischen Lösung den Vorteil einer noch größeren Kraftstoffeinsparung durch bedarfsgerechte Regelung und eine hohe Wartungsfreundlichkeit, da Ölstands- und Dichtheitskontrollen wie bei Hydrolenkungen entfallen. Die Elektrolenkung bietet schnelle und vielfältige Variationsmöglichkeiten bezüglich der Lenkungsabstimmung durch Softwareanpassungen statt durch Hardwareänderungen. So kann z.B. die Unterstützungskraft geschwindigkeits-, last- oder auch lenkwinkelabhängig geregelt werden. Eine aktive Umschaltung der Lenkcharakteristik als Fahrerwunsch ist einfach über die Software umsetzbar.

Die Elektrolenkung stellt weiterhin die bevorzugte Grundlage für zukünftige Entwicklungen hinsichtlich der Vernetzung von Regelsystemen dar.

Literatur

[1] *Duminy, J.*: Contribution of modern steering systems to improve driving stability, 3. EAEC-Konferenz, Straßburg, 1991

[2] *Junker, H.*: Moderne Lenkungstechnologie. Von den Anforderungen zur technischen Realisierung, Automobil-Industrie, Heft 4/90, S. 379 – 389

[3] *Stoll, H.*: Fahrwerktechnik: Lenkanlagen und Hilfskraftlenkungen. Herausgeber Jörnsen Reimpell, 1. Auflage 1992, Vogel Buchverlag

[4] ZF-Kugelmutter-Hydrolenkungen für PKW und leichte Nutzfahrzeuge. Veröffentlichung aus dem Geschäftsbereich Lenkungstechnik der ZF Friedrichshafen AG, 1995

[5] *Müller, S.*: Zukünftige verbrauchsarme Servolenkungen für vollständige Steer-By-Wire-Funktionalität, ATZ 4/2004

[6] ZF-OCE-Lenksystem, Elektrohydraulisches Lenksystem für PKW und Transporter. Veröffentlichung aus dem Geschäftsbereich Lenkungstechnik der ZF Friedrichshafen AG, 1997

[7] ZF-Servolectric, die elektrische Servolenkung. Veröffentlichung aus dem Geschäftsbereich Lenkungstechnik der ZF Friedrichshafen AG, 1998

[8] *Ruck, G.*, ZFLS; *Dominke, P.*, Robert Bosch GmbH: Electric Power Steering – The First Step on the Way to "Steer-by-Wire" SAE 1999-01-0401

[9] *Harnett, Philip*: Objective Methods for the Assessment of Passenger Car Steering Quality VDI Fortschritt – Berichte Reihe 12/Nr. 506

[10] *Poestgens, Ulrich*: Servolenksysteme für PKW und Nutzfahrzeuge Verlag Moderne Industrie, 2001

[11] *Bootz, A. et al.*: Evolutionäre Energiesparkonzepte für die Hydrauliklenkung im PKW 5. Internationale Fluid Power Konferenz Aachen, 2006

[12] *Müller, S. et al.*: Analysis of a Closed-Center Hydraulic-Steering-System for Full Steer-by-wire-functionality and low fuel consumption. Proceedings of The Ninth Scandinavian International Conference on FluidPower, SICFP05, June 1–3, Linköping, Schweden, 2005

[13] *Brunschweiler, D.*: Moderne Lenksysteme, ATZ 2/2005, S.104–109

[14] *Harrer, M.; Schmitt, T.; Fleck R.*: Elektromechanische Lenksysteme – Herausforderungen und Entwicklungstrends. 15. Aachener Kolloquium Fahrzeug- und Motorentechnik, 2005

[15] *Debusmann, C; Budaker, M.*: Ein elektromechanisches Lenksystem der oberen Leistungsklasse am Beispiel der EPS-APA im 3er-BMW. PKW-Lenksysteme – Vorbereitung auf die Technik von morgen, Haus der Technik, 24./25. 04. 2007

7.4.6 Aktive Lenksysteme

7.4.6.1 Einleitung

In Kapitel 7.1 wurden die verschiedenen Mechanismen des Aufbaus der Reifenseitenkräfte diskutiert und die Möglichkeit dargestellt, diese Kräfte durch den Verlauf des Radeinschlagwinkels zu beeinflussen, die von einem Fahrdynamik-Regler vorgegeben werden. Im Gegensatz zu den konstruktiv festgelegten kinematischen und elastischen Lenkwinkelkorrekturen wirken diese nicht reaktiv als Folge von äußeren Kräften und Momenten, sondern aktiv und können als Funktion von mehreren Eingabe- und fahrdynamischen Zustandsgrößen dargestellt werden. Auf diese Weise sind Regelungsstrategien möglich, die ein fahrdynamisches Verhalten bewirken, das bis zu den physikalischen Grenzen deutlich von bekannten Verhaltensweisen abweichen kann und das Fahrverhalten unter möglichst allen Bedingungen beeinflussen.

Sieht man von einzelnen Weiterentwicklungen der Servolenkungen ab, die der Kategorie der Aktiven Lenksysteme zugeordnet werden können (Kapitel 7.4.6.2.1), wurden zunächst fahrdynamische Lenksysteme für die Hinterachse in Serie gebracht. Grund war die Erkenntnis, dass durch Beeinflussung des zeitlichen Aufbaus der Seitenkräfte an der Hinterachse und durch Reduzierung des Fahrzeugschwimmwinkels bereits mit einer Steuerung ohne Rückführung von fahrdynamischen Zustandsgrößen oder sogar mit einer einfachen mechanischen Ankoppelung der Hinterradlenkung an die Vorderradlenkung, eine Verbesserung des instationären Fahrverhaltens bei höheren Geschwindigkeiten erzielt werden konnte.

Aktive Vorderachslenksysteme , die einen Lenkwinkel an den Vorderrädern ermöglichen der von dem vom Fahrer vorgegebenen Lenkradwinkel deutlich abweichen kann, wurden sehr früh für Forschungszwecke realisiert [1, 2]. Die Idee wurde jedoch für einen möglichen Einsatz in Serienfahrzeugen erst ab Mitte der neunziger Jahre von Fahrzeugherstellern und Zulieferern wieder aufgegriffen [3, 4] und inzwischen zur Serienreife entwickelt z.B. [5, 6]. Damit hat auch bei der Lenkung der Einsatz von elektronischen Rechnern zur Verbesserung des Verhaltens der Regelstrecke Fahrzeug und zur fahrerunabhängigen Beeinflussung begonnen. Das gleiche gilt für die sogenannten „Heading Control"-Systeme [7], welche durch aktive Lenkradmomente das Einhalten einer vorgegebenen Fahrspur unterstützen.

In den Kapiteln 5.5.1/7.1 wurde bereits darauf hingewiesen, dass über asymmetrische Reifenumfangskräfte ein Giermoment erzeugt und damit auch gelenkt werden kann. Diese Asymmetrie kann sowohl mit Hilfe des Bremssystems erzeugt werden, wie es z.B. von Stabilisierungseingriffen bekannt ist, oder über direkt vom Fahrerwunsch gesteuerte speziell hierfür entwickelte Antriebskomponenten. Es besteht eine funktionale Überlappung der Antriebs- und Lenkfunktion weshalb diese Systeme im Kapitel „Aktive Lenksysteme" mit aufgeführt werden.

Neben Zielen wie Gewicht, Kosten, Energiebedarf, Verfügbarkeit und funktionaler Sicherheit ist eine der Hauptaufgaben für den Entwickler, die Eingriffe von aktiven fahrdynamischen Lenksystems so zu gestalten, dass sie vom Fahrer entweder als positiv empfunden, nicht bemerkt oder zumindest als nicht störend akzeptiert werden. Ferner ist zu gewährleisten, dass in keinem Fall das Zusammenwirken von Fahrer und aktivem Lenksystem zu einer Verschlechterung des Verhaltens des Gesamtsystems führt. Sowohl die in einigen Ländern geltenden Vorschriften bezüglich Lenkungssystemen als auch die Anforderungen an sicherheitsrelevante elektronische Fahrwerk-Regelsysteme erschweren die Markteinführung von aktiven Systemen. Ein Übergang von dem bisherigen deterministischen zu einem probabilistischen Sicherheitsansatz ist im Automobilbau erforderlich. Es bestehen hier jedoch noch keine allgemein anerkannten Sicherheitsstandards wie im Flugzeugbau [8]. Deshalb werden bei der Entwicklung von sicherheitsrelevanten Systemen mit elektronischer Regelung oft die Richtlinien IEC 61508 [9] verwendet, die sowohl Risiko-Klassen definiert als auch daraus die Anforderungen für die Funktionale Sicherheit und den Entwicklungsprozess ableitet. Da die IEC 61508 nicht automobilspezifisch sind, befindet sich ein domänespezifischer Standard (ISO WD 26262) in Entwicklung [10].

7.4.6.2 Aktive Vorderradlenkungen

Mit dem Begriff „steer by wire" sind aktive Vorderradlenkungen ab Mitte der neunziger Jahre verstärkt in den Vordergrund getreten. Dies geschah als Folge der Übertragung des „fly by wire"-Ansatzes vom Flugzeug auf das Automobil. Oft wird unter dem Begriff „steer by wire" nicht nur das Aufbrechen der direkten mechanischen Verbindung zwischen Lenkrad und Rädern verbunden mit einer elektronischen Regelung verstanden, sondern der spezifische Lösungsansatz mit elektromechanischen Aktuatoren. Diese restriktive Interpretation steht jedoch im Widerspruch zum in der Luftfahrt üblichen Sprachgebrauch, wo keine Einschränkung bezüglich der Art der Aktuatoren besteht. Aus diesem Grund wird hier der allgemeinere Begriff „aktive Vorderradlenkung" vorgezogen, da dieser alle aktiven Lenksysteme beinhaltet, die zur Verbesserung des Zusammenspiels Fahrer/Fahrzeug eingesetzt werden können.

Im Folgenden werden die bekannten Lösungsansätze für aktive Vorderradlenkungen nach ihrer Funktion klassifiziert. Wegen des Neuheitsgrades und der damit möglichen raschen Entwicklung auf diesem Gebiet wird kein Anspruch auf Vollständigkeit erhoben.

7.4.6.2.1 Aktive Servolenkungen

Charakteristisch für diese Lenkungssysteme sind die Überlagerung des vom Fahrer aufgebrachten Momentes am Lenkrad mit einem geregelten Moment, das eine Funktion zusätzlicher fahrdynamischer Zustandsgrößen ist. Es kann die Aktion des Fahrers, situativ durch einen Regler moduliert, mehr oder weniger stark unterstützen, dem Fahrer entgegenwirken oder unabhängig vom Fahrer die Lenkbewegung kontrollieren. Eine wie bei heutigen Lenkungen übliche, weitgehend feste geometrische Relation zwischen dem Winkel am Lenkrad und dem Lenkwinkel an den Rädern bleibt dabei erhalten.

Zu dieser Kategorie von Lenkungen zählen:

- Lenkungen mit variablen, z.B. geschwindigkeitsabhängigen Betätigungskräften. Historische Beispiele mit hydromechanischem Regler sind Lenksysteme von Citroën bei denen das vom Fahrer wahrgenommene Rückstellmoment mittels eines hydromechanischen Aktuators als Funktion des Lenkwinkels und der Fahrzeuggeschwindigkeit erzeugt wurde. Ein elektronischer Regler findet z.B. bei der ZF Servotronic Verwendung, bei der die Servowirkung an die Geschwindigkeit angepasst wird (siehe Kapitel 7.4.5.2).
- Lenkungen mit Erkennung des Freihand-Modus und aktivem Lenkungsrücklauf sowie Bedämpfung der Lenkrad/Fahrzeugschwingungen. Aufwändige hydromechanische Ausführungen sind von früheren Citroën-Fahrzeugen her bekannt, während die Realisierung bei elektrischen Servolenkungen eine relativ einfache Option darstellt [11], die in Zukunft zunehmend Anwendung finden wird. Da diese Zusatzfunktionen bei den klassischen hydromechanischen Servolenkungen nicht realisiert werden können, wird hier voraussichtlich eine Weiterentwicklung stattfinden, um unter Einbezug von Mikroprozessoren und hydroelektronischen Bauteilen bzw. durch Integration eines zusätzlichen elektrischen Lenkmomenten-Aktuators dieselben Funktionen zu ermöglichen. Eine weitere langfristige Möglichkeit ist die Substitution der hydraulischen Servolenkungen durch elektrische Systeme.
- Lenkungen mit situativ wirkenden, angepassten Momenten im Sinne einer Assistenz für den Fahrer [7]. Dies können sowohl sogenannte „Heading Control"-und „Lane Departure Warning"-Systeme sein als auch Hilfen für den Fahrer in fahrdynamischen Grenzsituationen. Diese Systeme befinden sich zum Teil noch in Entwicklung. Ihre Effizienz und Akzeptanz ist an eine zuverlässige Fahrzeugumfelderkennung gekoppelt. Nissan, Honda und Toyota bieten auf dem japanischen Markt Modelle mit „Heading Control" an während „Lane Departure Warning"-Systeme auch von europäischen Herstellen angeboten werden.
- Automatisches Lenken beim Einparken ist eine weitere Funktion die aktive Lenksysteme ermöglichen und die von einigen Herstellern angeboten wird. Diese Funktion geht über die reine kommunikative Unterstützung hinaus und stellt einen ersten Schritt zum automatischen Fahren in einer verkehrstechnisch leicht beherrschbaren Situation dar.

7.4.6.2.2 Lenkungen mit aktiv veränderlicher mechanischer Übersetzung

Unter diesen Begriff fallen Lenkungen, bei denen die mechanische Übersetzung zwischen dem Lenkrad und den Vorderrädern über einen Verstellmechanismus verändert werden kann. Honda hat eine derartige Lenkung auf den Markt gebracht [12]. Hierbei wird das elektromotorisch einstellbare Hebelarm-Verhältnis $(b - a)/b$ genutzt, um eine Variabilität der Übersetzung als Funktion der Fahrgeschwindigkeit zu erreichen, **Bild 7.4-56**. Das verwendete Prinzip ergibt

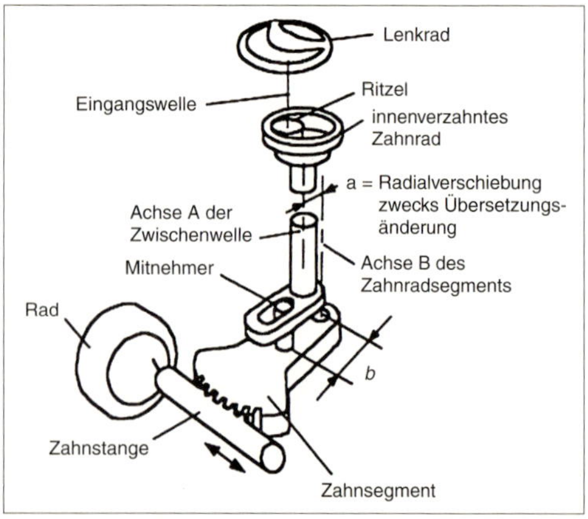

Bild 7.4-56 Prinzip der Lenkung mit variabler Übersetzung von Honda [12]

jedoch auch eine Veränderung der Übersetzung als Funktion der Amplitude des Winkels. Daher ist nur ein beschränkter Winkelbereich nutzbar und zwischen dem Verstellmechanismus und dem Lenkrad ist ein Reduktionsgetriebe erforderlich, dessen Einfluss mittels einer Anpassung der Übersetzung zwischen Ritzel und Zahnstange kompensiert wird. Da mit dem von Honda verwendeten Prinzip gleichzeitig die Weg- als auch die Kraftübersetzung verändert werden, ist eine Anpassung der Servowirkung an die Geschwindigkeit des Fahrzeugs erforderlich.

7.4.6.2.3 Überlagerungslenkungen

Überlagerungslenkungen sind dadurch charakterisiert, dass dem vom Fahrer eingegebenen Lenkwinkel ein weiterer Winkel durch einen Aktuator überlagert werden kann. Der zusätzliche Winkel wird durch einen Regler definiert und dient zur Erhöhung von Agilität und Stabilität des Fahrzeugs sowie zur Kompensation von Störgrößen wie z. B. dem destabilisierenden Giermoment bei μ-split Bremsung. Darüber hinaus kann der Gradient Radlenkwinkel über Lenkradwinkel z.B. als Funktion der Fahrgeschwindigkeit und des Lenkradwinkels variabel gestaltet werden. Im Gegensatz zu Lenkungen mit aktiv veränderbarer mechanischer Übersetzung verändert sich das auf das Lenkrad rück gemeldete Radrückstellmoment hierbei nicht.

Es können elektrische oder hydraulische Aktuatoren verwendet werden. Eine direkte mechanische Verbindung zwischen dem Lenkrad und den gelenkten Rädern bleibt bei der Überlagerungslenkung bestehen, so dass bei abgeschaltetem Aktuator die herkömmliche Lenkfunktion erhalten bleibt. Durch diese Eigenschaft sind die Sicherheitsanforderungen wesentlich leichter zu erfüllen als bei den nachfolgend beschriebenen reinen „steer by wire“-Systemen.

Eine weitere, in der Regel positiv bewertete Eigenschaft, ist die direkte mechanische Übertragung des um den Anteil der Servolenkung verringerten Radrückstellmomentes auf das Lenkrad. Der Aufwand für die Erzeugung eines künstlichen Rückstellmomentes, wie bei reinen „steer by wire“-Systemen, ist nicht erforderlich und die vom Fahrer aufgebrachte Lenkarbeit wird genutzt. Dieser Aspekt beeinflusst Komplexität, Systemgewicht, Kosten, Verfügbarkeit und Energieverbrauch nicht unwesentlich.

Neben der Differenzierung durch die Regelstrategie unterscheiden sich Überlagerungslenkungen durch die konstruktive Ausführungsformen:

- Überlagerung einer Translationsbewegung im Bereich der Spurstangen, der Zahnstange oder des Lenkgetriebegehäuses. Die durch einen Aktuator erzeugte Translation z. B. des Lenkgetriebegehäuses addiert sich zur Relativbewegung der Zahnstange zum Lenkgetriebegehäuse, **Bild 7.4-57**. Als nachteilig ist der erhöhte Bauraumbedarf für die Translation des Lenkgetriebes und die hohe Stellerleistung zu nennen, da der Eingriff des Aktuators nicht von der Verstärkung durch die Servolenkung unterstützt wird.
- Überlagerung einer Rotationsbewegung zwischen Lenkgetriebe und Lenkrad. Diese Ausführungsform bietet den Vorteil, einen nicht mechanisch begrenzten überlagerten Lenkwinkel zuzulassen und die Unterstützung der Servolenkung für den Aktuator zu nutzen. Die mit der Überlagerungslenkung erreichbare höhere Radeinschlaggeschwindigkeit stellt jedoch höhere Ansprüche an die Leistung des Servosystems der Lenkung. Die Überlagerung kann mittels eines speziellen Additionsgetriebes erfolgen, **Bild 7.4-58**, oder durch unmittelbare Überlagerung einer zusätzlichen, geregelten Drehbewegung, **Bild 7.4-59**. Die erste Lösungsvariante wird von BMW bei der Aktiv Lenkung eingesetzt unter Verwendung eines Getriebes, das als „+ Planetengetriebe“ oder „kom-

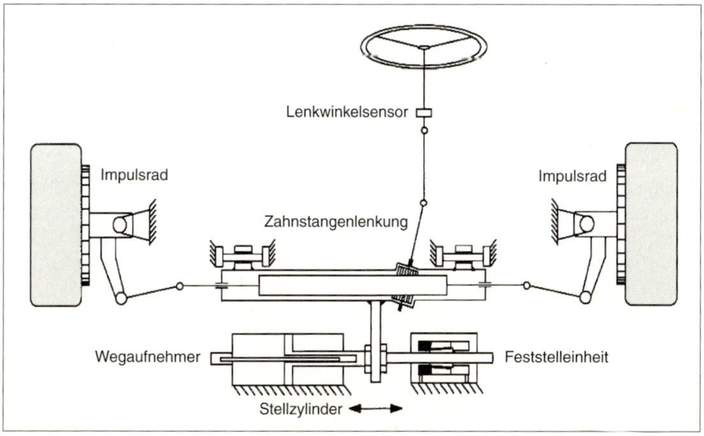

Bild 7.4-57 Überlagerungslenkung nach dem Prinzip der Lenkgetriebeverschiebung, hydraulischer Aktuator, mechanische Arretierung bei Ausfall [Fleck, R.: Konstruktion einer Aktiven Lenkung, DA TU München, IVK 2/1996]

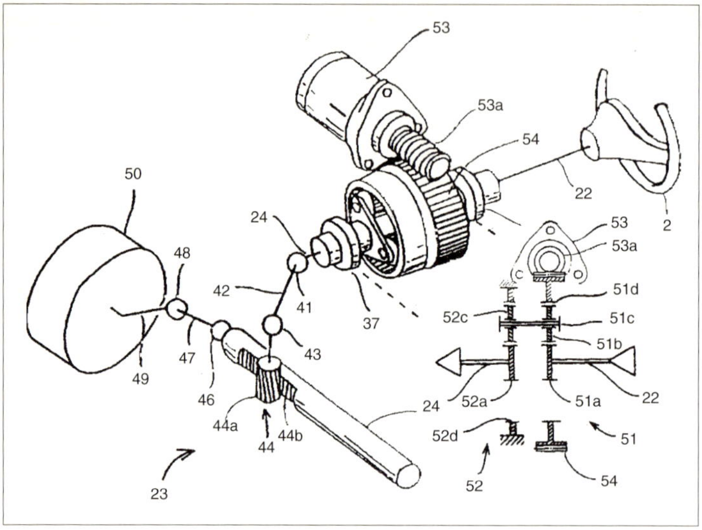

Bild 7.4-58 Überlagerungslenkung nach dem Prinzip der Winkelüberlagerung mittels Planetengetriebe, zweites Planetengetriebe zur Kompensation der Übersetzungsänderung (Honda, Patentschrift DE 4326355)

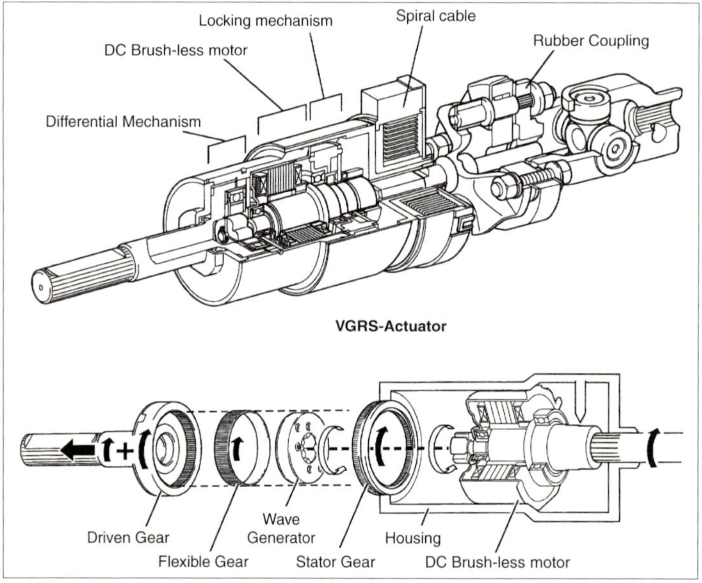

Bild 7.4-59 Überlagerungsaktuator des Toyota Landcruiser Cygnus. Der sich zusammen mit der Lenkwelle drehende Aktuator ist zwischen Lenkrad und Lenkgetriebe angeordnet. Es wird ein „Harmonic Drive"-Getriebe und zur Verriegelung eine elektromagnetische Kupplung verwendet (Quelle Toyota)

plexes Planetengetriebe" bekannt ist und das die Zahl der erforderlichen zusätzlichen Zahneingriffe gering hält (siehe Kapitel 7.4.6.2.4). Toyota verwendet die zweite Variante zur Darstellung einer variablen Lenkungsübersetzung.

Gegenüber der bereits im Kapitel 7.4.6.2.2. beschriebenen Lösung, bei der eine effektive Veränderung der mechanischen Übersetzung erfolgt, bietet die Verwendung des Überlagerungsprinzips den Vorteil, dass sich das Lenkkraftniveau (Momenten-Übersetzung) unabhängig von der wahrgenommenen Winkel-Übersetzung verhält. Wegen der Möglichkeit, eine rechnergeregelte Lenkwinkelkomponente zu erzeugen, sind die Anforderungen an das Sicherheitskonzept jedoch deutlich höher.

Vergleicht man die beiden letzten Ausführungsformen von Überlagerungslenkungen, besticht zunächst der einfache mechanische Aufbau der von Toyota gewählten Lösung. Es erfolgt jedoch bei einer Änderung der Drehzahl des Elektromotors eine Rückkoppelung des durch die Trägheit des Rotors entstehenden Momentes mit der Lenkwelle und es ist eine aufwändige Energie- und Signalübertragung zum rotierenden Aktuator erforderlich.

Die Aktiven Lenksysteme nach dem Überlagerungsprinzip bieten die Möglichkeit, mittels eines Fahrdynamik-Reglers einen von der direkten Vorgabe des Fahrers abweichenden Radlenkwinkel zu erzeugen. Sie unterscheiden sich aus funktionaler Sicht dadurch von den im Kapitel 7.4.6.2.5 behandelten „steer by wire"-Lenksystemen, dass ein Anteil der an den Rädern wirkenden Lenkmomente weiterhin mechanisch auf das Lenkrad übertragen wird .

7.4.6.2.4 Integration von Überlagerungslenkung und geregelter Servolenkung

Die integrierten Funktionen einer Überlagerungslenkung und einer regelbaren Servolenkung ermöglichen, beide Zustandsgrößen einer Lenkung, die Winkelzuordnung zwischen Lenkrad und Räder sowie das Lenkradmoment, mit Hilfe eines Reglers in einem weiten Bereich frei zu gestalten, **Bild 7.4-60**. Von BMW wurde zusammen mit ZF-Lenksysteme ein derartiges integriertes System unter der Bezeichnung „Active Front Steering AFS" entwickelt [5, 6]. Im Unterschied zu den frühen Funktionsmustern, **Bild 7.4-61**, wurden für die Serienlösung die Komponenten Überlagerungssteller und geregelte Servolenkung integriert, **Bild 7.4-62**.
Diese weltweit als erste von BMW eingeführte „Aktive Lenkung" mit „steer by wire" Funktionalität ermöglicht neben der separaten Regelung von Lenkmoment und der wahrnehmbaren Lenkübersetzung auch geregelte Lenkeingriffe zur Stabilisierung des Fahrzeugs und zur Kompensation von Störungen. Darüber hinaus ist auch eine Anpassung des Lenkverhaltens des Fahrzeugs über die Lenkungs-Software möglich. Als wesentlicher Unterschied zu

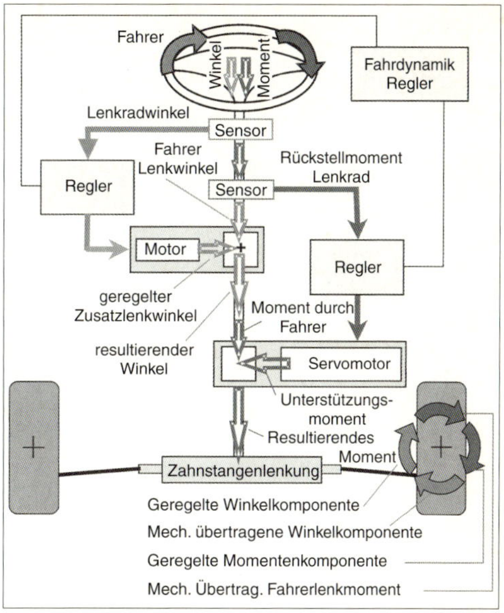

Bild 7.4-60 Schema der Integration von Überlagerungslenkung und geregelter Servolenkung [Pauly, A.: AFS, ein wichtiger Baustein von Drive by Wire. VDI Arbeitskreis Fahrzeug- und Verkehrstechnik. Hamburg 06.12.2001]

den im folgenden Kapitel abgehandelten „steer by wire"-Systemen bleibt bei der „Aktiven Lenkung" die direkte mechanische Verbindung zu den Vorderrädern auch im Normalbetrieb bestehen. Durch dieses Merkmal wird ein „authentisches" Lenkgefühl gewährleistet mit feinfühliger Rückmeldung des Fahr-

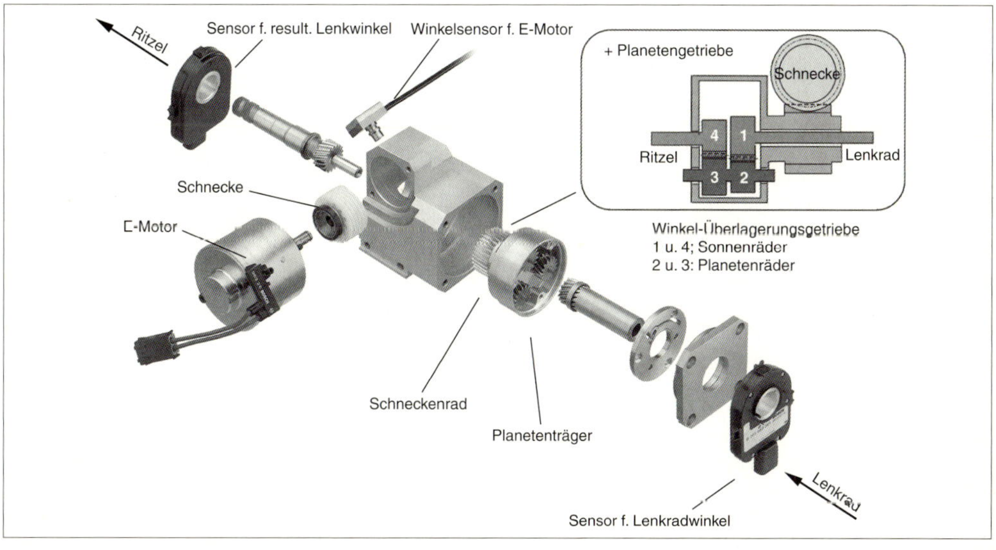

Bild 7.4-61 Funktionsmuster des BMW AFS Winkelüberlagerungsaktuators [Pauly, A.: AFS, ein wichtiger Baustein von Drive by Wire. VDI Arbeitskreis Fahrzeug- und Verkehrstechnik. Hamburg 06.12.2001]

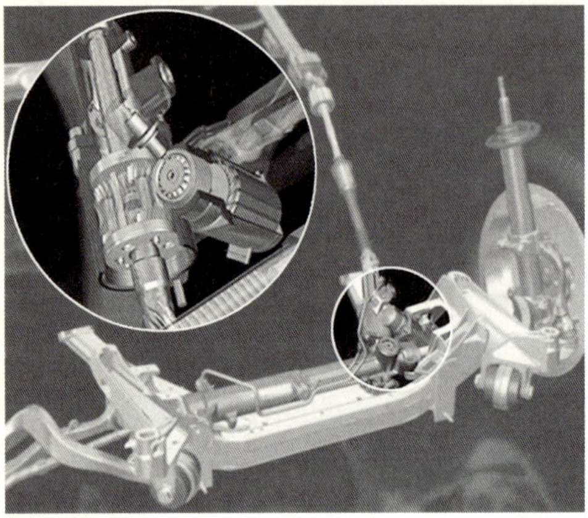

Bild 7.4-62 Integrierter AFS Aktuator von BMW. Ausschnitt: Winkelüberlagerungsaktuator [Köhn, P; Wachinger, M.; Fleck, R.: Aufbau und Funktion der Aktivlenkung von BMW. HdT Tagung „Fahrwerktechnik“ Juni 2003]

bahnzustandes an den Fahrer. Darüber hinaus stellt die direkte mechanische Verbindung gleichzeitig eine dauernd aktive mechanische Rückfallebene dar. Auf diese Weise wird ein relativ einfaches Sicherheitskonzept möglich, das neben geringer Komplexität und hoher Verfügbarkeit des Systems auch Kosten-, Gewichts- und Packagevorteile bietet.

7.4.6.2.5 „Steer by wire“-Lenksysteme

Bei den unter diesen Oberbegriff fallenden Systemen ist keine direkte Verbindung zwischen dem Lenkrad und den gelenkten Rädern im normalen Betrieb vorhanden bzw. sie ist passiv geschaltet; der Lenkwinkel der Räder wird mittels eines geregelten hydraulischen oder elektrischen Stellers erzeugt. Wie bei der Überlagerungslenkung ist der feste kinematische Zusammenhang zwischen Lenkradwinkel und Radlenkwinkel aufgehoben. Darüber hinaus erfolgt keine unmittelbare Übertragung des Rückstellmomentes der Räder und das wahrgenommene Lenkradmoment wird mittels eines Lenkmomenten-Simulators erzeugt. Kommt ein geregelter aktiver Simulator zum Einsatz, kann das Lenkradmoment optimal nach ergonomischen und physio-psychologischen Gesichtspunkten gestaltet werden.

Dient das Lenkrad nicht mehr dazu, zumindest einen Teil der vom Fahrer aufzubringenden Lenkarbeit in das Lenkungssystem einzuspeisen, kommen auch andere Formen von Betätigungsorganen in Frage. So wurde die Übertragbarkeit der vom Flugzeug her bekannten Betätigungen auf das Automobil untersucht [13]. Zu beachten sind die beim Kraftfahrzeug auftretenden Massenträgheitskräfte der Arme und des gesamten Körpers als Folge der sehr schnellen Änderung von Quer-, Wank- und Längsbeschleunigung, die störende Rückkopplungen verursachen. Aus diesem Grund wurde zum Beispiel in [14] die Verwendung eines hydraulisch bedämpften, auf Störkräfte unempfindlichen handtellergroßen Drehknaufs einem „Side stick“ vorgezogen. Die zukünftige Entwicklung auf diesem Gebiet ist von Interesse, auch weil das Lenkrad als ergonomischere Lösung den historischen Lenkhebel ersetzte. Grund war die Erhöhung der Lenkpräzision durch indirektere Übersetzung der Betätigung und die Möglichkeit, trotzdem große Radeinschlagwinkel zu erzeugen. Später wurde diese Eigenschaft bei Servolenkungen genutzt um bei Ausfall des Servosystems eine Mindestlenkbarkeit zu erhalten.

Diese Möglichkeit, die nur das Lenkrad bietet, hat einen wichtigen Einfluss auf die Sicherheitsarchitektur von „steer by wire“-Systemen. Um den Sicherheitsanforderungen zu genügen, muss ein „fail functional“-Verhalten sicher gestellt sein, das bis zu zwei Fehler toleriert. Diese Anforderung erhöht Kosten, Gewicht, Bauraumbedarf, Komplexität und reduziert die Verfügbarkeit.

Bei Verwendung einer per se als sicher geltenden mechanischen Rückfallebene mit Lenkrad kann eine einfache Redundanz jedoch ausreichen, um den Sicherheitsanforderungen zu genügen. Die mechanische Rückfallebene schränkt jedoch die Freiheit bezüglich der Direktheit und Variabilität der Übersetzung ein, da im Störfall die funktionale Degradation,

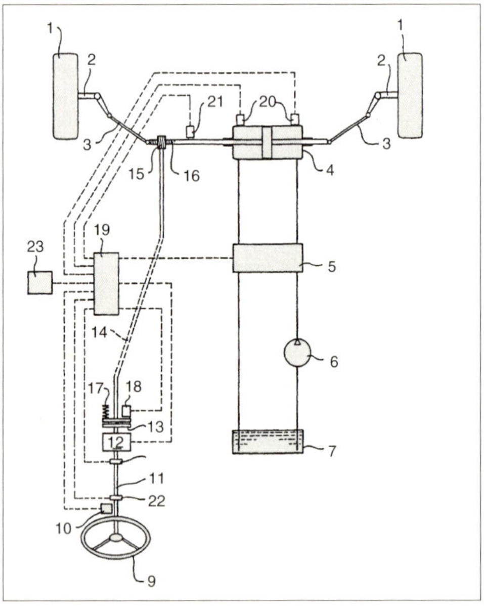

Bild 7.4-63 Prinzipdarstellung eines elektrohydraulischen Lenksystems mit elektrischem Lenkmomentsimulator und mechanischer manueller Rückfallebene; die manuelle Rückfallebenenfunktion kann mit dem Lenkmomentsimulator unterstützt werden [DB, Patentschrift DE 19755044 C1]

hier die plötzliche Änderung von Übersetzungsverhältnis und Betätigungskraft, den Fahrer nicht überfordern darf. Einen interessanten Lösungsansatz, der sich mit dieser Problematik befasst, zeigt **Bild 7.4-63**. Hier übernimmt der elektrische Lenkmomenten-Simulator die Funktion einer elektrischen Servolenkung, sobald das System auf die manuelle Rückfallebene umschaltet.

Eine Differenzierung der „steer by wire"-Lenkungen lässt sich nach folgenden Merkmalen durchführen:

- Gemeinsamer Steller für beide Räder einer Achse oder radindividuelle Lenkung. Letzteres erscheint wegen des hohen Aufwandes nur in Sonderfällen vertretbar.
- Elektromechanische, **Bild 7.4-64**, oder hydromechanische Aktuatoren, **Bild 7.4-63**.

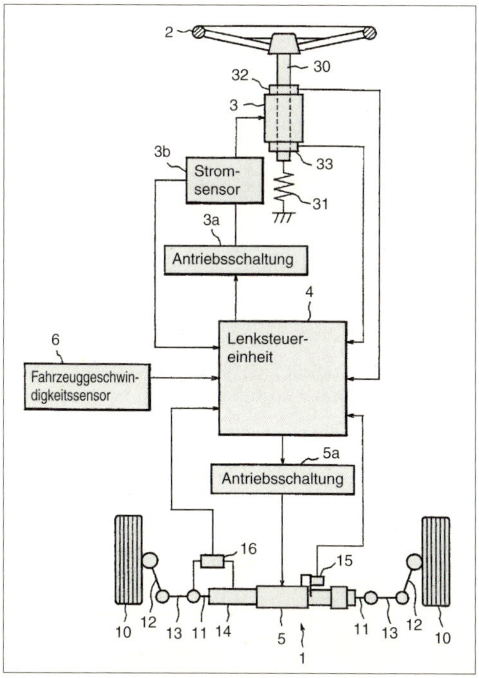

Bild 7.4-64 Prinzipdarstellung eines elektromechanischen Lenksystems mit elektrischem Lenkmomentensimulator [Koyo Seiko, DE 19806458 A1]

- Art der Erzeugung des Lenkradrückstellmomentes. Hierzu sind bevorzugt sowohl passive Feder-Dämpfer-Systeme als auch elektromechanische Aktuatoren einsetzbar.
- Vorhandensein und Ausführung einer manuellen Rückfallebene. Aus der Literatur sind mechanische Rückfallebenen mit Kupplung, **Bild 7.4-63**, und hydrostatische bekannt, z. B. Patentschrift EP 0818382 A2.
- Steuerungs- und Regelungsalgorithmen für die Übertragungsfunktionen des Winkels zwischen Lenkrad und Vorderrädern.
- Strategie der Stabilisierungs- und Störgrößenausregelungsfunktionen
- Auslegungsstrategien für die Leistungsoptimierung des Systems Fahrer/Fahrzeug/Umfeld sowie für eine positive subjektive Bewertung durch den Fahrer.

7.4.6.3 Aktive Hinterradlenkungen

Aktive Hinterradlenksysteme bieten gegenüber aktiven Vorderradlenkungen den Vorteil, sowohl die Größe des Schwimmwinkels als auch den zeitlichen Verlauf des Aufbaus der Seitenkräfte an der Hinterachse unmittelbar beeinflussen zu können. Der geringe, für die Verbesserung der Fahrdynamik erforderliche Radeinschlagwinkel (2°–3°) ist bei Fehlfunktion im Allgemeinen einfacher zu beherrschen. Es ist deshalb nicht verwunderlich, dass fahrdynamische Hinterradlenksysteme bereits seit längerem von einigen Fahrzeugherstellern angeboten werden. Das hohe Potenzial bei der Verringerung des Wendekreises bei Fahrzeugen mit langem Radstand wie „home mobiles" und „light trucks" hat zur Verstärkung der Aktivitäten bei der Hinterradlenkung geführt. Der durch den großen Einschlagwinkel der Hinterräder bedingte Raumbedarf spielt bei diesen Fahrzeugen keine so entscheidende Rolle wie bei üblichen Automobilen.

Vom Sicherheitsaspekt her sind aktive Hinterradlenkungen ähnlich zu bewerten wie Überlagerungslenkungen, da es ausreicht, sie bei Erkennen eines Fehlers in Neutralstellung zurückzuführen oder sogar nur einfach abzuschalten. Voraussetzung ist, dass die Hinterräder in dieser Position festgesetzt werden. Dies kann bei hydraulischen Systemen vorzugsweise durch vorgespannte Federn erfolgen [15]. Bei elektromechanischen Aktuatoren bieten sich Getriebe mit Selbsthemmung an. Eine Rückführung in Geradeausstellung ist bei Ausfall der Positionsregelung oder der Energieversorgung mit vertretbarem Aufwand nicht möglich. Der allgemeine Trend geht jedoch in Richtung elektromechanischer Aktuatoren.

7.4.6.3.1 Hinterradlenkungen ohne fahrdynamische Regelung

Erste Systeme (Honda 1987) begnügten sich mit einer mechanischen Ankopplung der Hinterradlenkung an die Lenkung der Vorderachse [16]. Streng genommen ist diese nur eine spezielle Form der bei Sonderfahrzeugen schon lange bekannten Allradlenkungen. Doch während letztere dazu dienen, den Wendekreis zu verringern und bei vielachsigen Fahrzeugen auch den Reifenverschleiß zu reduzieren, hat die in **Bild 7.4-65** dargestellte Lenkung primär fahrdynamische Ziele. Durch das gleichsinnige Einschlagen der Hinterräder zu den Vorderrädern wird der Aufbau der

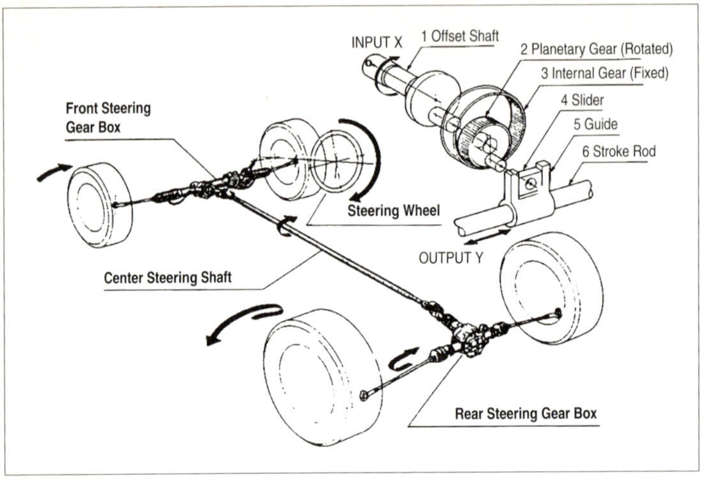

Bild 7.4-65 Hinterradlenkung mit mechanischer Ankopplung an die Vorderachse [16]

Seitenkräfte an der Hinterachse bei instationären Fahrmanövern beschleunigt und der Schwimmwinkel reduziert. Hierdurch erfolgt eine Verkürzung der Ansprechzeit der Querbeschleunigung auf Lenkwinkeländerungen und eine Erhöhung der Stabilität, da das Überschwingen der Giergeschwindigkeit verringert wird.

Die Kopplung der Lenkbewegung der Hinterachse mit der Vorderachse wurde beim gewählten Beispiel mittels eines speziellen Getriebes so gestaltet, dass bei großen Lenkwinkeln, wie sie nur bei niedrigen Geschwindigkeiten vorkommen, die Lenkbewegung der Hinterachse gegensinnig zu den Vorderrädern wird. Auf diese Weise wird die Lenkbarkeit der Hinterachse auch zur Reduzierung des Wendekreises genutzt.

Einen wichtigen Fortschritt stellt die in **Bild 7.4-66** gezeigte Ausführung einer elektronisch geregelten hydromechanischen Hinterradlenkung dar (BMW 1991). Der Hinterradlenkwinkel wird mittels eines geschwindigkeits- und lenkwinkelabhängigen Kennfeldes, **Bild 7.4-67**, definiert [17]. Ein geschwindigkeitsabhängiges Zeitglied verzögert den Aufbau des Lenkwinkels an der Hinterachse, um das Fahrverhalten im unteren Geschwindigkeitsbereich agiler zu gestalten. Da keine Rückführung von fahrdynamischen Zustandsgrößen in den Regler erfolgt, stellt die BMW-Lenkung bezüglich ihrer fahrdynamischen

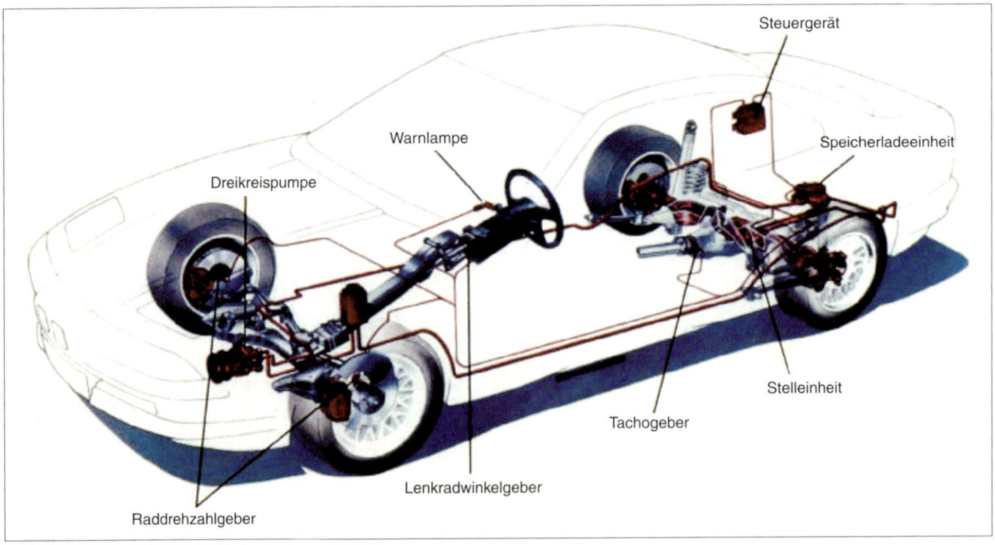

Bild 7.4-66 Hinterradlenkung BMW 850 Csi 1990, Anordnung Gesamtsystem [Donges, E.: Aktive Hinterachskinematik für den BMW 850i. Automobil Revue Nr. 38 1991]

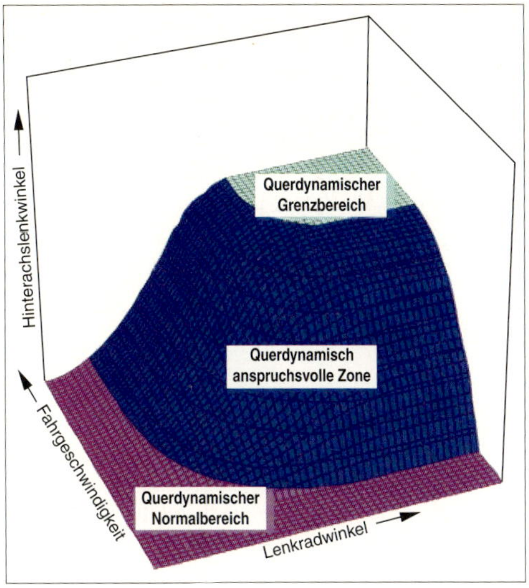

Bild 7.4-67 Lenkwinkelkennfeld für die Steuerung einer Aktiven Hinterradlenkung als Funktion des Lenkradwinkels und der Fahrgeschwindigkeit [17]

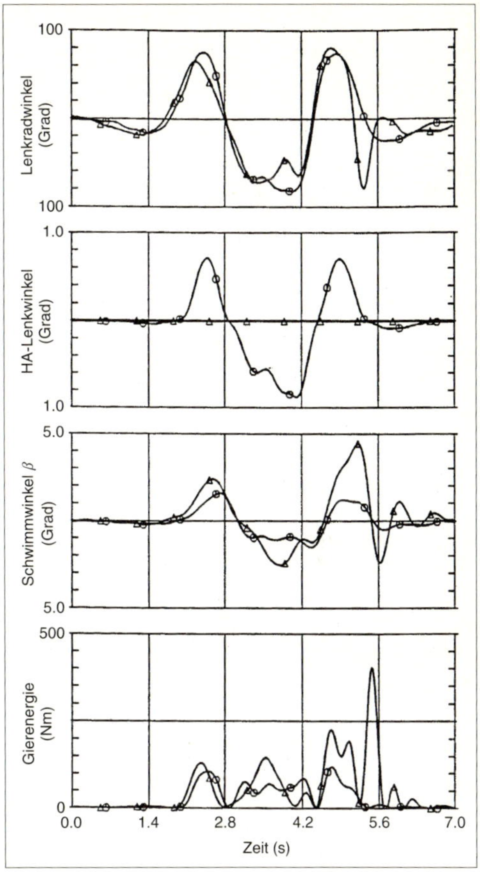

Bild 7.4-68 Beispiel eines doppelten Fahrspurwechsels mit und ohne Hinterradlenkung. Die Verbesserung von Lenkaufwand sowie Schwimmwinkel- und Giergeschwindigkeitsverlauf ist beim 2. Fahrspurwechsel beachtlich [17]

Funktion eine Steuerung dar. In **Bild 7.4-68** ist die Auswirkung dieser aktiven Hinterradlenkung bei einem doppelten Fahrspurwechsel dargestellt.

7.4.6.3.2 Hinterradlenkungen mit fahrdynamischer Regelung

Eine Besonderheit stellt die in **Bild 7.4-69** gezeigte Hinterradlenkung dar (Mitsubishi 1988), die der Vollständigkeit halber hier aufgeführt wird. Sie beinhaltet eine rein hydromechanische Steuerung bei der jedoch der fahrdynamische Zustand Berücksichtigung findet. Mit Hilfe der hydraulischen Drücke in der Servolenkung der Vorderachse wird ein hydraulisches Ventil der Hinterradlenkung angesteuert, das Richtung und Betrag des Lenkwinkels in Richtung Untersteuern der Hinterachse bestimmt. Die Druckdifferenz im Servosystem ist sowohl ein Maß für die Lenkgeschwindigkeit als auch für das Seitenkraftniveau an der Vorderachse. Das Hydrauliksystem der Hinterradlenkung wird über eine von der Hinterachse angetriebene Pumpe mit einem von der Fahrzeuggeschwindigkeit abhängenden Volumenstrom versorgt. Hierdurch wird die gewünschte zusätzliche Abhängigkeit des Lenkwinkels der Hinterachse von der Fahrzeuggeschwindigkeit erreicht.
Mit fortschreitender Entwicklung der Sensorik, insbesondere des Gierratensensors, führten japanische Hersteller Hinterradlenkungen auf dem Markt ein, die eine elektronische fahrdynamische Regelung verwenden. Auf diese Weise können auch äußere Störungen und Abweichungen von einem im Regler simulierten Sollverhalten ausgeregelt werden.

In Europa war die Einführung von neuen bzw. weiterentwickelten elektrohydraulischen Hinterradlenksystemen bei einigen Herstellern geplant. Die rückläufige Konjunktur auf dem Automobilsektor Anfang der neunziger Jahre und die Orientierung des Marketings nach mehr Komfort, passiver Sicherheit und unmittelbar wahrnehmbarem Kundennutzen verzögerte die Entwicklung.
Mit den bei mechatronischen Systemen bezüglich Gewicht und Kosten erzielten Fortschritten ist eine verbreiterte Einführung von Hinterradlenkungen vorstellbar. **Bild 7.4-70** zeigt die Anordnung der Toyota Aristo-Hinterachse mit aktiver elektromechanischer Hinterradlenkung. Der Aufbau des Aktuators mit Elektromotor, Untersetzungsgetriebe sowie Mutter und Spindel ist in **Bild 7.4-71** dargestellt.
Die Einführung der Überlagerungslenkung in Verbindung mit geregelten Servolenksystemen, deren

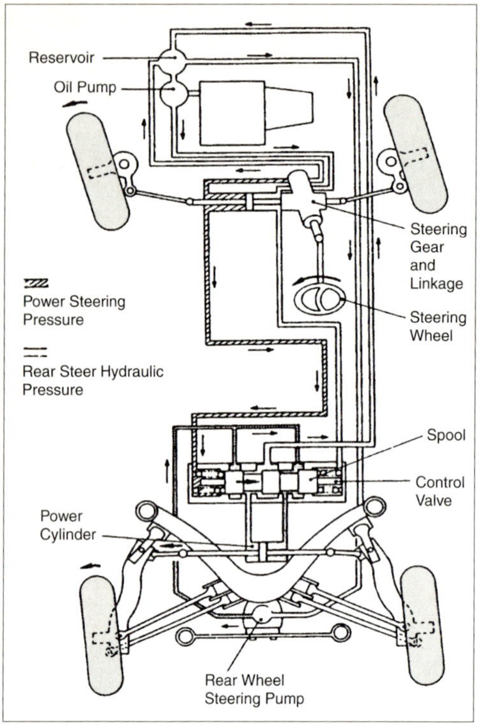

Bild 7.4-69 Hinterradlenkung von Mitsubishi 1988, Prinzipdarstellung [Yamaguchi, J.: Global Viewpoints. Automotive Engineering April 1988]

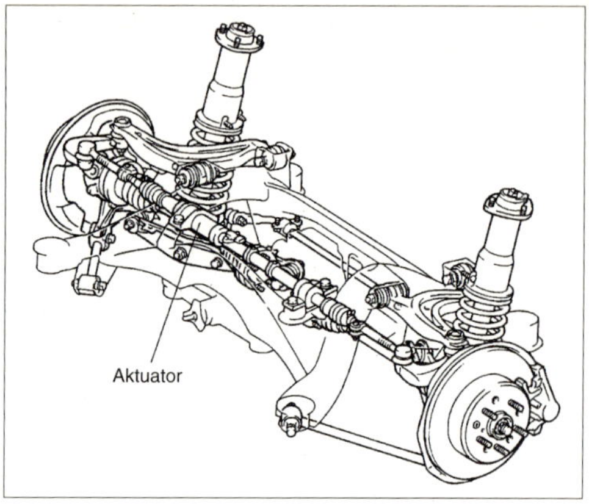

Bild 7.4-70 Anordnung der Hinterachse des Toyota Aristo mit Hinterradlenkung [Toyota: Technische Informationen, Modell Aristo. 1998]

Funktionen für den Fahrer unmittelbar wahrnehmbarer sind als die der Hinterradlenkung, hat den serienmäßigen Einsatz der geregelten Hinterradlenkung verzögert. Ferner hat die Reduzierung des Schwimmwinkels infolge der Fortschritte beim Fahrwerk jedoch vor allem beim Reifen die Notwendigkeit der Hinterradlenkung relativiert. Ferner führt die Erhöhung des Seitenführungsgradienten der Hinterachse durch untersteuerndes Einschlagen der Hinterräder zu einem höheren Lenkradwinkelbedarf, wodurch eine Begrenzung des Potenzials der aktiven Hinterradlenkung gegeben ist. Diese Begrenzung kann jedoch mit Hilfe einer aktiven Vorderradlenkung eliminiert werden. Außerdem entsteht durch die Kombination von aktiver Vorder- und Hinterradlenkung die Möglichkeit der weitgehenden dynamischen Entkopplung von Gier- und Schwimmwinkel (siehe Kapitel 7.1). Hieraus kann abgeleitet werden, dass infolge des hohen fahrdynamischen Potenzials der Kombination von aktiver Vorderradlenkung und aktiver Hinterrad-

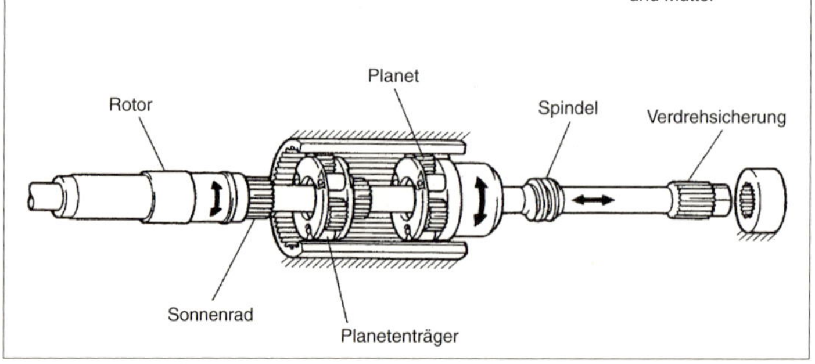

Bild 7.4-71 Elektromechanischer Aktuator der Aktiven Hinterachslenkung des Toyota Aristo [Toyota: Technische Informationen, Modell Aristo. 1998]

lenkung eine Renaissance der aktiven Hinterradlenkung bei Fahrzeugen mit hohen fahrdynamischen Ansprüchen zu erwarten ist.
Mit den für den Antriebstrang entwickelten speziellen Differenzial- und Verteilergetrieben, die mittels der Radumfangskräfte ein geregeltes Giermoment erzeugen können, ist für die Hinterradlenkung ein Konkurrent mit ebenfalls hohem fahrdynamischem Potenzial entstanden [18], [19]. Im Kapitel 5.5.1 wird detailliert auf die variable Antriebs- und Schleppmomentenverteilung eingegangen.

Literatur

[1] *Segel, L.*: The Variable Stability Automobile – Vehicle Concept and Design. SAE 650658

[2] *Niemann, K. et al.*: Entwicklungsmöglichkeiten an Lenksystemen für Kraftfahrzeuge und ihr Einfluß auf die Kurshaltung, ATZ 82/1980, Heft 10, S. 525 – 532

[3] *Krämer, W.*: Improved Driving Safety by Electronic Steering Assistance. EAEC 6th European Congress 1997

[4] *Akita, T; Yamazaki, M.; Kikkawa, T.; Yoshida, T.*: User Benefits of Active Front Steering Control System: Steer-By-Wire. ISATA 1999

[5] *Pauly, A.; Fleck, R.; Baumgarten, G.; Eckrich, M.; Köhn, P.*: A Steer by Wire Concept for Passenger Cars Designed for Function, Safety and Reliability. JSAE Paper, 2001, Nr. 20015329

[6] *Schuster, M.; Grupp, M.; Richter, T.; Pischinger, M.*: Die Aktivlenkung des neuen BMW 3er. Sonderausgabe ATZ/MTZ Mai 2005, S. 132 – 138

[7] *Donges, E.; Naab, K.*: Regelsysteme zur Fahrzeugführung und -stabilisierung in der Automobiltechnik. AT Automatisationstechnik 1996/5, S. 226 – 236

[8] Aerospace Recommended Practise 4754, Certification Considerations for Highly-Integrated or Complex Aircraft Systems. SAE Dec. 1996

[9] Functional safety of electrical/electronic/programmable electronic safety-related systems. CEI/IEC 61508 International Standard, 1998

[10] Jung, Ch.: Ableitung eines domänen-spezifischen Standards für die Automobilindustrie. EUROFORUM-Seminar „Sicherheitsrelevante Software-Entwicklung und Prüfung nach IEC 61508", Nürnberg, April 2007

[11] *Badawy, A.; Zuraski, J.; Bolourchi, F.; Chandy, A.*: Modeling and Analysis of an Electric Power Steering System. SAE Paper 1999-01-0399

[12] *Kawai, T.; Shibahata, Y.; Shimizu, Y.; Kohno, F.; Sano, S.*: Variable Gear Ratio Steering System. Tagung „Pkw-Lenksysteme im Jahr 2000" in Essen

[13] *Eckstein, L.*: Entwicklung und Überprüfung eines Bedienkonzepts und von Algorithmen zum Fahren eines Kraftfahrzeugs mit aktiven Sidesticks, VDI Fortschrittsbericht 12, Nr 471, 2001

[14] *Pauly, A.*: Lenkmaschine zur Untersuchung des instationären Fahrverhaltens von Kraftfahrzeugen. ATZ 79/1977, Heft 7, S. 307 – 310

[15] *Schneider, R.*: Konzipierung einer marktgerechten Stelleinheit als Aktuator einer aktiven Hinterradlenkung für Personenkraftwagen. 1995 Dissertation, RWTH Aachen

[16] *Shoichi, S.; Tateomi, M.; Yoshimi, F.*: Operational and Design Features of Steer Angle Dependent Four Wheel Steering System. 11. ESV-Konferenz 1987

[17] *Donges, E.; Aufhammer, R.; Fehrer, P.; Seidenfuß, T.*: Funktion und Sicherheitskonzept der Aktiven Hinterachskinematik von BMW. ATZ 92/1990, Heft 10, S. 580 – 587

[18] *Furukawa, Y.; Abe, M.*: Advanced Chassis Control Systems for Vehicle Handling and Active Safety. Vehicle System dynamics, 28 (1997), pp. 59 – 86

[19] *Leffler, H.*: XDrive and Vehilcle Dynamics Control of the New BMW X5. 8. European All-Wheel Drive Congress Graz. April 2007

[20] *Greger, M.*: Auswirkungen einer variablen Momentenverteilung auf die Fahrdynamik. 2006 Dissertation TUM München

7.5 Beurteilungskriterien

7.5.1 Subjektive Fahreigenschaftsbeurteilung

Die subjektive Beurteilung ist auch in der Zeit hoch entwickelter Messtechnik und CAE-Entwicklungsmethoden nach wie vor ein wesentliches Instrument zur Feinabstimmung der Fahreigenschaften.
Grund hierfür ist die Fähigkeit versierter Versuchsingenieure, komplexe Zusammenhänge wie das Fahrverhalten in vergleichsweise kurzer Zeit hinreichend gut einordnen zu können. Zudem sind einige Kriterien, wie z.B. die Komforteigenschaften aufgrund ihrer Komplexität bisher nur unzureichend objektiv messbar [1].
In der Regel gewinnt man gleichzeitig einen umfassenden Eindruck der Gesamtfahrzeugeigenschaften, wodurch auch die Sichtweise des sog. „Normal"-Fahrers, d.h. des späteren „Kunden" mit betrachtet wird.
Die Durchführung der Bewertung erfolgt üblicherweise anhand von aneinander gereihten Fahrmanövern auf speziellen Versuchsstrecken mit bekannten Kurvenverläufen, Reibwerten, usw.
Zweckmäßig ist auch der Vergleich mit einem bekannten Referenz- oder Wettbewerbs-Fahrzeug unter gleichen Voraussetzungen.
Ergänzt wird dies durch Beurteilungsfahrten unter Kundenbedingungen auf öffentlichen Straßen.
So ergibt sich für den versierten Versuchsingenieur letztlich ein umfassender Eindruck über Quer-, Längs- und Vertikaldynamik des zu beurteilenden Fahrzeugs.
Die Bewertung des weitläufigen Gebietes der Gesamtfahreigenschaften erfolgt mittels Bewertungsbögen. Diese werden untergliedert, z.B. in

- Fahreigenschaften/Stabilität
- Lenkeigenschaften/Achskinematik
- Bremseigenschaften
- Regelsystemverhalten (längs/quer)
- Komforteigenschaften
- Gespanneigenschaften
- Antrieb/Kraftübertragung

Eine klare Zuordnung der zahlreichen Einzelkriterien nach entsprechenden Themengebieten ist eine notwendige Voraussetzung für eine zielorientierte Bewertung und damit Weiterentwicklung der zu untersuchenden Entwicklungsstände von Fahrzeugen [18].

Für die subjektive Beurteilung der Fahrzeuge wird entsprechend der zu bewertenden Teilbereiche ein Fragebogen aufgestellt, in dem die Beurteiler die Fahrzeuge nach einer bestimmten Skala bewerten können.

Für die Bewertung der Einzelkriterien hat sich eine offene unipolare Notenskala mit 10 Stufen (0 = untauglich, 10 = herausragend) als zweckmäßig erwiesen. Hier bietet sich auch die Möglichkeit, über mehrere Beurteilungskriterien oder auch Bewerter einen Mittelwert bilden zu können.

Um hierbei die Streuung der Ergebnisse einzuengen, sind an die Beurteiler hohe Anforderungen hinsichtlich ihrer Urteilsfähigkeit zu stellen. Sie müssen ausreichend sachkundig sein, um die entsprechenden Eigenschaften beurteilen und unterscheiden zu können. Des Weiteren ist ein ausgezeichnetes Wahrnehmungsgedächtnis erforderlich, um alle Empfindungen bis zur Endbeurteilung präsent zu haben.

Wird die Bewertung durch eine Gruppe von Beurteilern durchgeführt, so besteht die Möglichkeit sog. „Ausreißer" (große Abweichungen vom Mittelwert) zu erkennen und zu eliminieren.

Die subjektive Fahreigenschaftsbeurteilung ist auch ein wesentlicher Bestandteil bei der Entwicklung objektiver Messverfahren zur Beschreibung der Fahreigenschaften. Erst durch Korrelationsbetrachtung von Subjektivurteilen und objektiv erfassten Daten (siehe Kap. 7.5.2) können die aussagekräftigsten Mess-/Kenngrößen für o.g. Einzelkriterien identifiziert werden.

7.5.2 Objektive Fahreigenschaftsbeurteilung

Obwohl der Fahrer eines Kraftfahrzeugs die Fahreigenschaften stets gesamthaft subjektiv beurteilen wird, gewinnt die objektive Beurteilung immer mehr an Bedeutung. Im systematischen Entwicklungsprozess eines Fahrzeugs sowie beim Vergleich verschiedener Fahrzeuge untereinander ist die Ermittlung objektiver Kenngrößen ein nicht mehr wegzudenkendes Werkzeug. Diese Kenngrößen bzw. auch Kennfunktionen lassen sich aus Messungen, die während der Fahrt mit einem realen Fahrzeug aufgenommen werden, oder auch – neuerdings immer häufiger – aus Simulationsergebnissen mit einem Fahrzeugmodell am Computer, bestimmen. Die zugehörigen Fahrmanöver sind weitgehend definiert und vereinheitlicht und zum großen Teil auch in ISO/DIN-Normen beschrieben. Hauptsächlich handelt es sich hier um sogenannte „open-loop"-Testverfahren der Querdynamik. Vertikal-dynamische Verfahren sind bisher noch nicht so weit verbreitet bzw. vereinheitlicht. Die nachfolgenden Beschreibungen beziehen sich deshalb nur auf die querdynamischen Eigenschaften eines Fahrzeugs.

„Open-loop"-Verfahren werden gewählt, um den Fahrereinfluss aus den Messergebnissen oder auch Rechenergebnissen möglichst herauszuhalten, d.h. bei den Fahrmanövern ist die Fahreraktivität darauf beschränkt, die Bedienelemente wie z.B. Lenkrad oder Gaspedal während der Messung möglichst konstant zu halten oder auch loszulassen. Eine umfassende Übersicht über die querdynamischen Testverfahren ist in [2, 18] zu finden.

Grundlage für die Beurteilungen sind die Fahrzeugbewegungen im Koordinatensystem nach **Bild 7.5-1**. Hauptsächlich werden gemessen und beurteilt:

- Längs- und Quergeschwindigkeit $\dot{x}$, $\dot{y}$, auch zur Bestimmung des Schwimmwinkels

$$\beta = \arctan\left(\frac{\dot{y}}{\dot{x}}\right)$$

- Längs- und Querbeschleunigung $\ddot{x}$, $\ddot{y}$
- Gierwinkel und Giergeschwindigkeit ψ, $\dot{\psi}$
- Wank- und Nickwinkel φ, θ

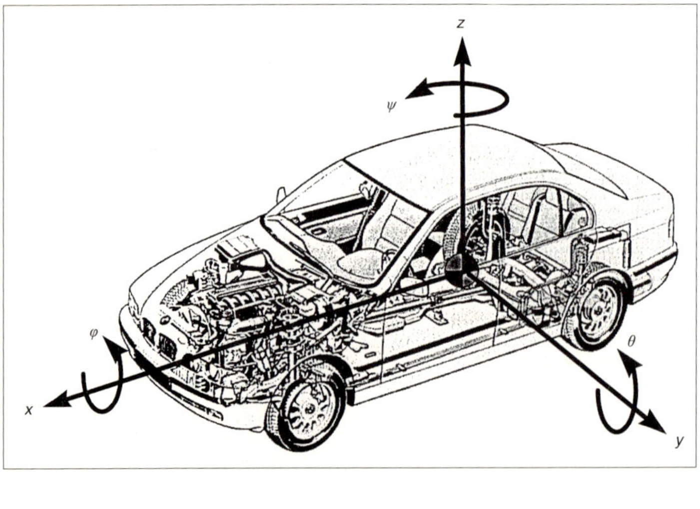

Bild 7.5-1 Fahrzeug im Koordinatensystem

sowie die Betätigungsgrößen des Fahrers:

- Lenkradwinkel und Lenkmoment δ_H , M_H
- Gas- und Bremspedalwege, bzw. -kräfte
- Bremsdruck

Als Messaufnehmer für die Fahrzeugbewegungsgrößen (Beschleunigungen und Winkel) haben sich kreiselstabilisierte Plattformen (oder ähnliche Messverfahren) und für die Geschwindigkeiten korrelationsoptische Sensoren bewährt. Die Kreiselstabilisierung ist notwendig um die Ursprungsebenen des Koordinatensystems erdfest festzuhalten und so die translatorischen Beschleunigungen des Fahrzeugs unabhängig von Nick- und Wankwinkeln messen zu können. Neuere Messgeräte (z.B. sog. VBoxen) nutzen die Ortung über Satelliten (GPS) und berechnen daraus Geschwindigkeiten und Bescheunigungen. Die Messung von Lenkraddrehwinkel und Lenkmoment erfolgt meist durch spezielle Messlenkräder, die anstelle des ursprünglichen Lenkrads montiert werden. Die Messdaten lassen sich über einen Messaufbau im Fahrzeug online verarbeiten. Neuere Testverfahren stellen immer höhere Anforderungen hinsichtlich genauer Lenkwinkeleingaben, z.T. auch abhängig von der Fahrzeugreaktion. Z.B. ist beim sogenannten „Fish-hook" Test (s. Kap. 7.5.2.4) die Einleitung einer Lenkrichtungsumkehr abhängig vom Wankwinkel bzw. von der Wankwinkelgeschwindigkeit. Diese Tests können nur mit einer Lenkmaschine gefahren werden. Die Anordnung im Fahrzeug zeigt **Bild 7.5-2**. Das Lenkrad wird ersetzt durch ein Messlenkrad mit Elektromotor und einer Abstützung für das Reaktionsmoment.

Bild 7.5-2 Lenkmaschine im Fahrzeug zur genauen Vorgabe von Lenkwinkelfunktionen

Zusätzlich gibt es eine Menge von Messeinrichtungen, die in der Fahrzeugentwicklung zur Beurteilung und Optimierung der einzelnen Eigenschaften, vor allem auch der Bauteilkomponenten, Anwendung finden. So ist z.B. zur Beurteilung der Fahrdynamik wichtig zu wissen, wie sich die einzelnen Räder am Fahrzeug hinsichtlich ihrer Vorspur- und Sturzeinstellung in den verschiedenen Fahrmanövern, z.B. beim Bremsen in der Kurve, verhalten. Eine Messeinrichtung für die Messung dieser Größen während der Fahrt zeigt **Bild 7.5-3**. Laserstrahlen, deren Quellen radseitig befestigt sind, treffen auf karosseriefeste Empfänger, die die Radwinkeländerungen registrieren. Über die zeitgleiche Darstellung des Fahrzeugbewegungsablaufs können so wichtige achselastokinematische Funktionen analysiert und in ihren Auswirkungen beurteilt werden.

Bild 7.5-3 Einrichtung zur Messung von Vorspur und Sturz während der Fahrt

7.5.2.1 Geradeausfahrt

Bei der Beurteilung der Geradeausfahrt ist zwischen zwei verschiedenen Randbedingungen zu unterscheiden:

a) die „ungestörte" Geradeausfahrt mit konstanter Geschwindigkeit, bei der nur Störungen durch die (auch vermeintlich ebene) Fahrbahn ins Fahrzeug eingeleitet werden und
b) die gestörte Geradeausfahrt, bei der Seitenwind-, Brems- und Antriebskräfte oder auch Kräfte aus einem mitgeführten Anhänger auf das Fahrzeug einwirken.

Zu a) gibt es nur wenig allgemein verbreitete Messverfahren. Zum einen sind die Fahrzeugbewegungsgrößen sehr klein und damit nur erschwert interpretierbar und zum anderen ist bei einer längeren Geradeausfahrt immer der Fahrereinfluss vorhanden, so dass eine eindeutige Fahrzeugbeurteilung nicht ohne weiteres möglich wird. Lösungsansätze sind hier in der Aufnahme von Lenkradwinkelspektren bei Fahrt auf einer bestimmten Straße, in der Zeitbetrachtung bis zum Verlassen eines Spurkanals bei festgehaltenem Lenkrad oder in der Ermittlung des „Giergeschwindigkeitsfehlers" zu finden. Nach [3] werden Giergeschwindigkeitsmessungen während der Geradeausfahrt aufgeteilt in einen Anteil, der aus den Lenkradwinkeln stammt (ermittelt aus einem „Einspurmodell") und einen Restanteil. Dieser Restanteil ist der sogenannte „Giergeschwindigkeitsfehler", der ein Maß für die Abweichung von der Geradeausfahrt ist. In [4] wird ein enger Zusammenhang zwischen dem Phasenverzug von Lenkeingabe zu Fahrzeugquerbeschleunigung und der Geradeauslaufgüte beschrieben. Fahrzeuge mit kleinen Phasenverzügen und damit schnellem Ansprechverhalten zeichnen sich durch gute Regeleigenschaften aus und werden dadurch auch im Geradeauslauf mit „gut" beurteilt. Zur Beurteilung des „Lenkgefühls" bei Geradeausfahrt eignet sich der „Weave Test" nach ISO 13674, Part 1, bei dem mit einer Lenkfrequenz von 0,2 Hz ein Sinuskurs gefahren wird und aus dem Verlauf des Lenkradmoments über dem Lenkradwinkel im Bereich der Lenkradmittelstellung auf die Lenkeigenschaften hinsichtlich Kurskorrigierbarkeit geschlossen werden kann. In ISO 13674, Part 2 wird der „Transition Test" beschrieben, bei dem aus der Geradeausfahrt bei langsamer Lenkwinkelzunahme die Fahrzeugreaktionen Giergeschwindigkeit und Querbeschleunigung in Abhängigkeit von Lenkwinkel und Lenkmoment aufgezeichnet werden.

Zu b) gibt es zahlreiche Testmanöver. Z.B. wird die Seitenwindempfindlichkeit eines Fahrzeugs häufig an einer Seitenwindanlage beurteilt. Gebläse erzeugen dabei einen künstlichen Seitenwind von ca. 60–80 km/h, der meist rechtwinklig zur Fahrtrichtung wirkt. Die Gebläse haben meistens eine Gesamtlänge von 15–40 m. Als Beurteilungsgrößen werden hauptsächlich die während der Vorbeifahrt gemessenen Gierwinkel, Giergeschwindigkeiten und Querabweichungen herangezogen. Im Vergleich zum natürlichen Wind gibt es jedoch eine Reihe von Unzulänglichkeiten (Anströmwinkel, Böen), die zur Entwicklung von Messverfahren bei natürlichen Bedingungen führten. In [5] wird die Windstörung nach Stärke und Richtung mittels einer auf dem Fahrzeugdach montierten „Windfahne" gemessen und die auftretenden Fahrzeugreaktionen (Giergeschwindigkeit) dazu ins Verhältnis gesetzt. Die Untersuchung des Gesamtsystems Fahrer/Fahrzeug unter natürlichen Windbedingungen nach [13] kommt zu dem Ergebnis, dass ein Fahrer Windstörungen unter 0,5 Hz gut ausregeln kann und die Seitenwindreaktionen des Fahrzeugs dadurch geringer werden, **Bild 7.5-4**. Zwischen 0,5 und 2,0 Hz verstärkt der Fahrer eher die Gierreaktionen und ab 2 Hz ist kein Fahrereinfluss mehr feststellbar, d.h. für die Beurteilung des Seitenwindverhaltens sind auch die Lenkeigenschaften des Fahrzeugs von großer Bedeutung.

Versuche zur Beurteilung der Bremseigenschaften bei Geradeausfahrt beziehen sich in erster Linie auf die erzielten Bremswege (vergl. DIN 70028) und die Fahrtrichtungshaltung (auftretende Giergeschwindigkeit) auf unterschiedlichen Fahrbahnoberflächen und -reibwerten. Zusätzlich wird bei diesen Versuchen und auch beim Beschleunigen der auftretende Nickwinkel gemessen, der ein Maß für die „Anti-Dive"-Eigenschaften des Fahrwerks ist. Gute Fahrwerke reagieren hier im Normalfall mit Nickwinkeln $\leq 1°$.

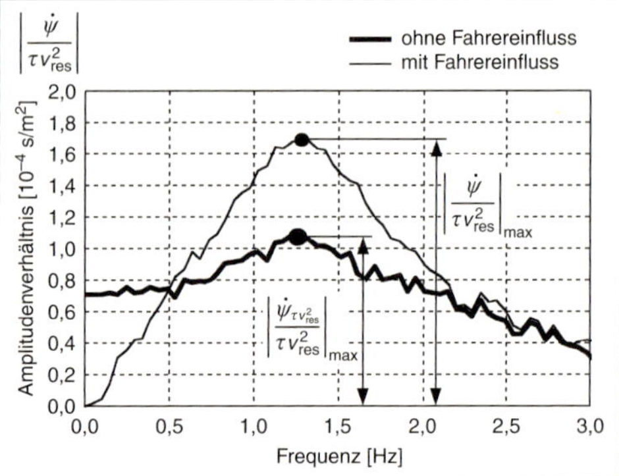

Bild 7.5-4 Fahrzeuggierreaktion (bezogen auf die Windstörung) bei Seitenwind mit und ohne Fahrereinfluss [aus 13]

Bei Kombination des Pkw mit einem Anhänger kann es zu deutlichen Einbußen in der Fahrstabilität kommen. Mit dem Lenkwinkelimpulstest wird die Fahrstabilitätsgrenze ermittelt. Der Fahrzeugzug wird dazu aus ungestörter Geradeausfahrt zu Gierschwingungen mittels kurzem Lenkimpuls angeregt. Aus dem Verlauf der Differenz der Gierbewegungen zwischen Pkw und Anhänger – dem sogenannten Knickwinkel – lässt sich das Dämpfungsmaß bestimmen. Die Dämpfungsmaße bei verschiedenen Fahrgeschwindigkeiten ergeben durch Inter- bzw. Extrapolation die Fahrgeschwindigkeit, bei der die Stabilitätsgrenze erreicht, die Dämpfung also 0 wird. Übliche Stabilitätsgrenzen für Pkw mit etwa gleichschweren Anhängern liegen je nach Anhängerbauart zwischen 80 und 140 km/h.

7.5.2.2 Kurvenverhalten

Zur Beurteilung des Kurvenverhaltens gibt es vor allem die Fahrmanöver:

- stationäre Kreisfahrt
- Lastwechsel aus stationärer Kreisfahrt
- Bremsen, Beschleunigen in der Kurve
- Aquaplaning

Bei der stationären Kreisfahrt wird das Fahrzeug mit unterschiedlichen Geschwindigkeiten auf einer Kreisbahn mit gleichbleibendem Radius gefahren. Die Messergebnisse werden üblicherweise über der Querbeschleunigung, s. **Bild 7.5-5**, aufgetragen. Der

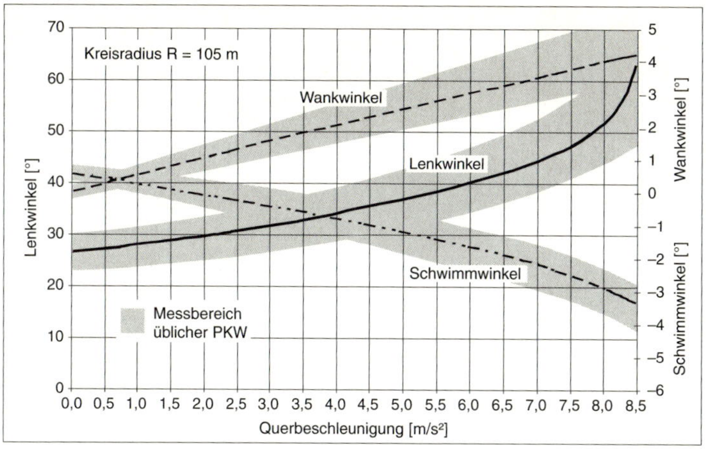

Bild 7.5-5 Lenk-, Schwimm-, und Wankwinkelverlauf in Abhängigkeit der Querbeschleunigung bei stationärer Kreisfahrt mit einem Radius von 105 m

Lenkwinkelverlauf ist ein Maß für das Eigenlenkverhalten. Die Zunahme mit der Querbeschleunigung ist typisch für ein untersteuerndes Fahrzeug; der Grenzbereich (üblicherweise Querbeschleunigung >7 m/s^2) wird dem Fahrer durch eine starke Zunahme des Lenkwinkels (und meistens auch Abnahme des Lenkmoments, hier nicht dargestellt) angekündigt. Schwimm- und Wankwinkelverlauf sind ein Komfort- und Sicherheitsmaß und entsprechen in diesem Beispiel den Anforderungen eines modernen Pkw's.

Die Lastwechselreaktion bei Kurvenfahrt wird gemessen, indem bei stat. Fahrt auf einem bestimmten Kreisradius plötzlich das Gaspedal losgelassen wird. Am Fahrzeug stellt sich aufgrund des Motorbremsmoments eine Verzögerung ein, die durch Achslastverlagerungen und auch achselastokinematischen Änderungen eine Kursabweichung zur Folge hat. Die Größe dieser Kursabweichung wird beurteilt anhand der gemessenen Giergeschwindigkeit und Querbeschleunigung. Zur kompakten Darstellung und unter Berücksichtigung der menschlichen Reaktionszeit haben sich hier die 1-Sekundenwerte bewährt, d.h. es wird die Änderung der Fahrzeugbewegungsgröße 1 Sekunde nach Ereignisbeginn (hier das Loslassen des Gaspedals) betrachtet. Ein Ergebnisbeispiel dazu zeigt **Bild 7.5-6**. Die Änderung der Giergeschwindigkeit nach 1 Sekunde ist über der Ausgangsquerbeschleunigung aufgetragen. Bei niedrigen Ausgangsquerbeschleunigungen ist fast keine Kursabweichung feststellbar; die Giergeschwindigkeitsänderung ist geringfügig negativ aufgrund des langsamer werdenden Fahrzeugs. Erst bei höheren Querbeschleunigungen ist eine Zunahme der Giergeschwindigkeit feststellbar, d.h. das Fahrzeug dreht in die Kurve hinein.

Das Bremsen und Beschleunigen während der Kurvenfahrt wird in einem ähnlichen Fahrmanöver beurteilt. Zusätzlich wird nach der Freigabe des Gaspedals die Bremse mit unterschiedlichem Druck betätigt

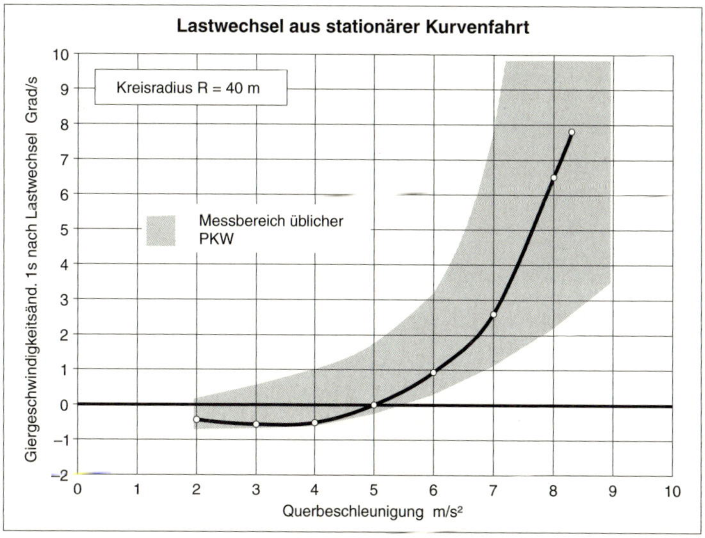

Bild 7.5-6 1-Sekundenwerte der Giergeschwindigkeitsänderung beim Lastwechsel aus stationärer Kreisfahrt mit einem Radius von 40 m

bzw. das Gaspedal weiter betätigt um verschiedene Abbremsungen bzw. Beschleunigungen zu erzielen. Die Darstellung der 1-Sekundenwerte erfolgt ähnlich wie beim Lastwechselversuch, die Längsverzögerung erscheint als zusätzliche Variable.

Ein sehr spezielles Fahrmanöver ist die Untersuchung des Aquaplaningverhaltens. Es ist dazu eine Kreisteststrecke notwendig, die segmentweise bewässerbar ist. Das Fahrzeug wird bei verschiedenen Geschwindigkeiten und damit auch verschiedenen Querbeschleunigungen mit festgehaltenem Lenkrad und konstanter Drosselklappenstellung durch das Segment gefahren. Die Änderungen von Giergeschwindigkeit und Querbeschleunigung sind wiederum ein Maß für die Kursabweichung.

7.5.2.3 Übergangsverhalten

Das Übergangsverhalten beschreibt die Fahreigenschaften eines Fahrzeugs, die beim Übergang von der Geradeausfahrt in eine Kurve bzw. beim plötzlichen Kurswechsel in Erscheinung treten. Der Lenkwinkelsprung ist hier ein typisches Beurteilungsverfahren. Aus der Geradeausstellung wird das Lenkrad schnell um einen bestimmten Winkel verdreht und anschließend festgehalten. Die Fahrzeugantwort, hauptsächlich gemessen in Giergeschwindigkeit, Querbeschleunigung und Schwimmwinkel ist ein Maß für die Schnelligkeit des Ansprechens, die Fahrstabilität unter diesen Bedingungen und die „Direktheit" der Lenkung. Bei einem großen Zeitverzug zwischen Lenkeingabe und Anstieg der Giergeschwindigkeit wirkt das Fahrzeug träge und kurvenunwillig. Sind beim Übergang auf die stationären Giergeschwindigkeits- und Querbeschleunigungswerte große Amplituden und lange Einschwingzeiten zu beobachten, ist die Stabilität beeinträchtigt. Der „Verstärkungsfaktor" des Fahrzeugs ist das Verhältnis aus Giergeschwindigkeit zu Lenkradwinkel und beschreibt, wieviel Lenkwinkel der Fahrer für eine bestimmte Gierreaktion des Fahrzeugs aufbringen muss. Eine sehr direkte Lenkung zeichnet sich danach durch einen großen Verstärkungsfaktor aus.

Weitere „open-loop"-Verfahren sind durch andere Eingabeformen des Lenkwinkels gekennzeichnet. Man unterscheidet eine Einzel-, Dauersinus-, Dreieckimpuls- und regellose Lenkwinkeleingabe (vergl. ISO 7401). Beim Einzelsinus werden ähnlich wie beim Lenkwinkelsprung die Verzögerungszeiten zwischen Lenkeingabe und Fahrzeugreaktion (Giergeschwindigkeit und Querbeschleunigung) beurteilt, bei den anderen Verfahren findet eine Auswertung der Fahrzeugbewegungsgrößen im Frequenzbereich statt. Üblicherweise werden Frequenzen bis 4 Hz ausgewertet. Die Verstärkungsfunktionen für Giergeschwindigkeit und Querbeschleunigung sowie die zugehörigen Phasengänge geben Aufschluss über die querdynamischen Eigenschaften des Fahrzeugs. Möglichst bis zu einer Frequenz von 2 Hz gleichbleibende Verstärkungen und geringe Phasenverzüge sind Kriterien für ein harmonisches Fahrverhalten im Übergangsbereich. Eine übersichtliche Darstellung der Ergebnisse in einem Diagramm nach Weir-DiMarco [14] lässt den Zusammenhang zwischen Gierverstärkung und Zeitverzug zwischen Fahrzeugeingabe und Fahrzeugreaktion erkennen. Die Gierverstärkung ist dabei das Verhältnis zwischen Giergeschwindigkeit und Lenkwinkel im stationären Zustand. Der Zeitverzug ist der Kehrwert der Frequenz bei der die Phasennacheilung gerade 45° beträgt.

Auch „closed-loop"-Verfahren finden hier Anwendung. Der Fahrer hat die Aufgabe, bestimmte Kurse möglichst schnell zu durchfahren. Am bekanntesten ist der doppelte Fahrspurwechsel nach ISO 3888 (nur genormte Spurgasse, die Durchführung selbst ist zu sehr fahrerabhängig und deshalb nicht als Norm geeignet). Geübte Fahrer durchfahren die ISO-Gasse mit modernen PKW mit ca. 110–125 km/h (und mehr). Daneben gibt es noch zahlreiche Slalomtests. Die Pylonenabstände betragen meist 18, 30 oder 36 m. Als objektive Beurteilungsgrößen dienen die gemessene Durchfahrtzeit und die während der Fahrt aufgezeichneten Fahrzeugbewegungsgrößen. Bei Betrachtung der Slalomtests ist darauf zu achten, dass das Ergebnis wesentlich von dem Zusammenspiel des Pylonenabstandes mit dem Radstand, der Länge und der Giereigenfrequenz des Fahrzeug abhängig ist.

Im Jahre 1997 ist der „Elchtest" als Prüfung für die Kippstabilität sehr populär geworden. Aufgrund der sehr breiten Fahrgasse ist hier jedoch ein sehr großer Fahrereinfluss festzustellen, so dass der Test als objektives und reproduzierbares Beurteilungsverfahren keine Anerkennung gefunden hat. Eine zum Verband der Deutschen Automobilindustrie gehörende Expertenkommission hat den Elchtest überarbeitet und die Gassenbreite (abhängig von der Fahrzeugbreite) soweit eingeschränkt, dass der Fahrereinfluss möglichst klein gehalten wird [6]. Zudem gibt es eine eindeutige Definition zur Gaspedalbetätigung. Der „VDA"-Test wird ab 10 m vor Ende der ersten Gasse im Schubbetrieb gefahren. Diese Fahrsituation soll dem realen Geschehen näherkommen, bei dem der Fahrer in einer Notsituation wohl das Gaspedal freigeben wird.

7.5.2.4 Weitere Testverfahren

Im Rahmen der Aktivitäten von Behörden und Verbraucherschutzorganisationen zur Entwicklung von Beurteilungsverfahren zur Aktiven Sicherheit sind einige sehr spezielle Testmanöver entstanden bzw. in der Diskussion, die durch genau beschriebene Randbedingungen möglichst reproduzierbar und revisionssicher gestaltet werden sollen. Z.B. wurde von der amerikanischen Behörde NHTSA (National Highway Traffic Safety Administration) der „Fishhook" Test zur Bewertung der Kippsicherheit eines

Fahrzeugs eingeführt [11]. Über eine Lenkmaschine wird eine Lenkwinkeleingabe nach **Bild 7.5-7** vorgegeben. Das „Gegenlenken" findet dabei genau zu dem Zeitpunkt statt, wenn der Wankwinkel sein Maximum erreicht hat. Dadurch soll möglichst der „worst case" getestet werden. Als Bewertungskriterium für „Kippen" gilt das gleichzeitige Abheben von 2 Rädern um mindestens 50 mm von der Fahrbahn. Die Fahrgeschwindigkeit wird ausgehend von ca. 50 km/h bis auf 80 km/h stufenweise gesteigert, wenn kein „Kippen" festgestellt wird. Im Fall des „Kippens" wird der Test beendet. Ähnlich kipp-kritische Manöver und Zusammenhänge sind auch in [16] beschrieben.

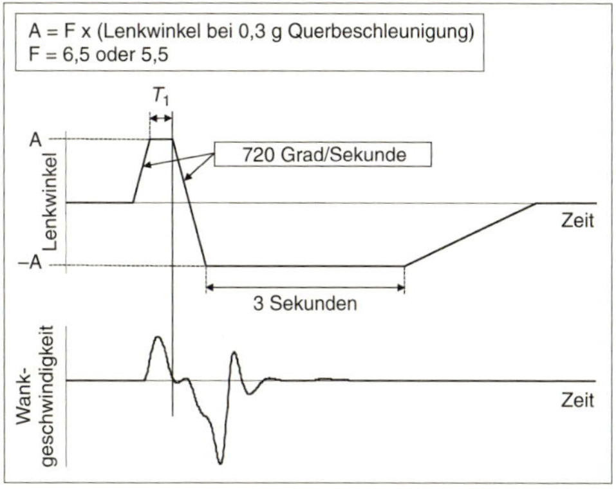

Bild 7.5-7 Lenkwinkeleingabe in Abhängigkeit der Wankbewegung beim Fish-hook Test

Weitere Verfahren, z.B. für die Prüfung der Wirksamkeit von Fahrstabilisierungssystemen (ESP, DSC, ESC im Amerikanischen), sind im Entstehen. In speziellen Lenkmanövern [12] sollen die Stabilität und das Ausweichvermögen (Responsiveness) eines Fahrzeugs mit ESC bewertet werden. Die sinusförmige Lenkwinkeleingabe mit einer Haltezeit von 500 ms in der zweiten Halbwelle (sine with dwell) scheint sich hier durchzusetzen und ermöglicht eine deutliche Differenzierung von Fahrzeugen mit und ohne ESC. Die Stabilität wird über die Abnahme der Giergeschwindigkeit nach Beeindigung der Lenkfunktion und die Responsiveness über den erreichten Querversatz geprüft.

7.5.2.5 Ausblick

Wie beschrieben, gibt es schon eine Reihe von objektiven Testverfahren. Sie erlauben allerdings nur Aussagen über spezielle Fahreigenschaften in „künstlichen" Fahrsituationen unter genau definierten Randbedingungen. Eine Beurteilung der Gesamtfahreigenschaften ist mit diesen bisher nur beschränkt gültigen Ergebnissen nicht möglich. Es müssen vielmehr noch weitere Verfahren entwickelt werden, die zum einen auch die Vertikaldynamik mit einbeziehen und zum anderen auch den Fahrer bzw. die Fähigkeiten des Menschen als Regler berücksichtigen.

Um hier herauszufinden, welche physikalische Bewegungsgrößen im Fahrbetrieb vom Menschen wahrgenommen und in ihrer Intensität als mehr oder weniger gut bzw. schlecht empfunden wird, wurden bereits einige Forschungsarbeiten durchgeführt. Dabei wurde stets versucht, eine möglichst gute Korrelation zwischen Fahrerurteilen und gemessenen Größen bei bestimmten Fahrmanövern zu finden. In einer umfassenden Studie [7], (FAT/BAST) in der zahlreiche Normal- und Testfahrer die ISO-Spurwechselgasse und einen Landstraßenkurs befuhren, wird berichtet, dass der Zeitverzug zwischen Lenkwinkeleingabe und Giergeschwindigkeits- und Querbeschleunigungsaufbau und die Größe des Schwimmwinkels wesentlich das Fahrerurteil prägen.

Der hier, wie bisher üblich, verwendete korrelative Ansatz wird in [8] kritisch hinterfragt und gerade wegen der immer geringer werdenden Unterschiede zwischen modernen Fahrzeugvarianten – zumindest im üblichen Fahrbetrieb – nicht mehr ohne weiteres als zielführendes Werkzeug angesehen. Eine verbesserte Methode wird in einem handlungsorientierten Ansatz gesehen [9], bei dem der Frage nach der Beanspruchung des Fahrers durch fahrdynamische Zustände nachgegangen wird. Die Fahrerhandlung im geschlossenen Regelkreis rückt hier also mehr in den Mittelpunkt. In individuell vorgegebenen Beanspruchungsstufen sollen die fahrdynamisch relevanten Bedienhandlungen der Fahrer analysiert werden und vor allem auch die Fahr- und Handlungsfehler betrachtet werden. In [15] wird diesen Anforderungen weitgehend entsprochen und über Fahrsimulatorversuche eine gute Korrelation zwischen Fahrerkriterien (Vorausschauzeit, Schnittfrequenzen, usw.) und Subjektivurteilen gefunden. Die Fahrerkriterien werden ähnlich wie auch in [13] aus dem gesamten Regelkreis Fahrer/Fahrzeug ermittelt. Eine weitere Studie der FAT/BAST [17] untersucht die Auswirkungen von Vertikaldynamik-Störungen auf den Regelkreis Fahrer/Fahrzeug und kommt zu dem Ergebnis, dass hauptsächlich Gier- und Wankbewegungen in die Störungsbewertung eingehen.

Aufbauend auf diesen Erkenntnissen sind die Zusammenhänge der menschlichen Wahrnehmung, der menschlichen Urteilsfindung und der objektiven fahrdynamischen Größen zukünftig noch intensiver zu untersuchen. So wird es möglich werden, grundsätzlich einen großen Bereich der Fahreigenschaften objektiv zu beschreiben und damit die systematischen Methoden in der Fahrwerksentwicklung stetig zu verbessern und den Erfordernissen nach immer mehr Fortschritt anzupassen. Nach heutigem Kenntnisstand wird letztendlich jedoch stets das Subjektivurteil über die Gesamtfahreigenschaften eines Fahrzeugs entscheiden.

Diese Zusammenhänge sind auch bei den z.Zt. laufenden Vorbereitungen eines Euro NCAP (New Car

Assessment Programme) zur Aktiven (unfallvorbeugenden) Sicherheit zu beachten [10]. Mögliche, reproduzierbare Testmanöver auf trockenen Fahrbahnen, z.B. Bremsen in der Kurve, Bremsweg geradeaus, usw., sind reine open-loop Manöver bei denen nicht festgestellt werden kann, wie gut ein Fahrer zur Vermeidung eines Unfalls mit dem Fahrzeug harmoniert bzw. schon in früher Phase durch Fahrzeug- oder Lenkmomentreaktionen einen kritischen Fahrzustand wahrnehmen und ausregeln kann. Das EURO-NCAP kann deshalb nur einen Teilaspekt der Unfallvorbeugung bewerten.

Literatur

[1] *Hennecke, D.*: Zur Bewertung des Schwingungskomforts von Pkw bei instationären Anregungen, Diss. TU Braunschweig, 1994

[2] *Zomotor,A., Braess, H.-H., Rönitz, R.*: Verfahren und Kriterien zur Bewertung des Fahrverhaltens von Personenkraftwagen, ATZ 12/97 und 3/98

[3] *Dettki, F.*: Methoden zur Bewertung des Geradeauslaufs von Pkw, VDI-Bericht 1335 (1997), S. 385–405

[4] *Loth, S.*: Fahrdynamische Einflussgrößen beim Geradeauslauf von Pkw, Diss. TU Braunschweig, 1997

[5] *Schaible, S.*: Fahrzeugseitenwindempfindlichkeit unter natürlichen Bedingungen, Diss. RWTH Aachen, 1998

[6] VDA-Pressemitteilung der ad hoc Arbeitsgruppe Fahrzeugsicherheit vom 1. 4. 98

[7] *Riedel, A., Arbinger, R.*: Subjektive und objektive Beurteilung des Fahrverhaltens von Pkw, FAT (Forschungsvereinigung Automobiltechnik e.V.) Schriftenreihe Nr. 139

[8] *Neukum, A.*: Bewertung des Fahrverhaltens im Closed Loop – Zur Brauchbarkeit des korrelativen Ansatzes, Haus der Technik Fachbuch Band 12, 2002, S. 1–20

[9] *Neukum, A., Krüger, H.-P., Schuller, J.*: Der Fahrer als Messinstrument für fahrdynamische Eigenschaften? VDI-Berichte Nr. 1613, 2001, S. 13–32

[10] *Fendick, M.*: Status of the Activities and Results for the Road Safety, Technical Concept of a P NCAP, VDA, Technischer Kongress Fahrzeugsicherheit, Elektronik 2002, S. 87–101

[11] National Highway Traffic Safety Administration: A Demonstration of the Dynamic Tests Developed for NHTSA's NCAP Rollover Rating System, DOT HS 809 705 August 2004 http://www-nrd.nhtsa.dot.gov/vrtc/ca/capubs/RolloverPhaseVIIIReport_NCAPdemo081104.pdf

[12] *Sagan, E., Jansen, E.*: Bewertung von ESP-Systemen in fahrdynamischen Testverfahren (Ergebnisse des VDA-AK Handling), VDA Technischer Kongress 2005

[13] *Wagner, A.*: Ein Verfahren zur Vorhersage und Bewertung der Fahrerreaktion bei Seitenwind, Diss. Universität Stuttgart, 2003

[14] *Weir, D. H., DiMarco, R. J.*, Correlation and Evaluation of Driver/Vehicle Directional Handling Data, SAE-Paper 780010, 1978

[15] *Henze, R.*: Beurteilung von Fahrzeugen mit Hilfe eines Fahrermodells, Diss. TU Braunschweig, 2004

[16] *Baumann, F.*: Untersuchungen zur dynamischen Rollstabilität von Personenkraftwagen, Diss. TU Darmstadt, 2003

[17] *Neukum, A. et al.*: Fahrer – Fahrzeug – Wechselwirkungen bei Fahrmanövern mit Querdynamikbeanspruchungen und zusätzlichen Vertikaldynamikstörungen, FAT – Schriftenreihe Nr. 208, 2007

[18] *Heißing, B.; Ersoy. M.*: Fahrwerkhandbuch. Wiesbaden: Vieweg Verlag, 2007

7.6 Kraftstoffsystem

7.6.1 Gesetzliche und kundenspezifische Vorschriften

7.6.1.1 Gesetzliche Vorschriften

Steigendes Umweltbewußtsein und damit einhergehende schärfere Emissionsgesetzgebungen sowie zunehmende Anforderungen an die Sicherheit der Verkehrsteilnehmer stellen die Entwickler von Kraftstoffversorgungsanlagen laufend vor neue Herausforderungen. Die Einhaltung der Grenzwerte wird darüber hinaus über eine immer höhere Lebensdauer gefordert.

Gesetzliche Vorschriften haben grundsätzlich einen nationalen oder einen mehrere zusammengeschlossene Staaten umfassenden Geltungsbereich. Allerdings kann ein Erfüllungsnachweis gleicher oder ähnlicher Anforderungen als Basis zur Zertifizierung in anderen Ländern herangezogen werden, trotzdem bleibt eine Harmonisierung der gesetzlichen Anforderungen das Ziel, um die derzeit wichtigsten Vorschriften aus den USA, dem ECE-Raum und Japan zu vereinheitlichen. Die gesetzlichen Anforderungen in den meisten anderen Staaten orientieren sich heute an diesen drei Rechtskreisen.

StVZO § 45 und § 46 (BRD). Diese nationale Vorschrift ist bei ausschließlich auf die Bundesrepublik Deutschland beschränkten Zulassungen anwendbar. Für die Typgenehmigung in der Europäischen Union wird sie durch die entsprechende EU-Richtlinie ersetzt.

70/156 EWG. Gemäß dieser Rahmenrichtline wird in der europäischen Union die Betriebserlaubnis für Gesamtfahrzeuge erteilt. Darin wird hinsichtlich der Anforderungen an die einzelnen Fahrzeugsysteme (wie z.B. Kraftstoffanlage, Emissionen, Bremsen, Geräuschentwicklung) auf EG-Richtlinien bzw. äquivalente ECE-Regelungen verwiesen, in denen sich dann die jeweils einzuhaltenden Grenzwerte und Prüfanforderungen wieder finden.

70/221/EWG. Diese Richtlinie befaßt sich unter anderem mit den Anforderungen an Kraftstoffbehälter und legt einige konstruktive Grundsätze fest. Der Tank muß korrosionsfest sein, einen Überdruck von 0,3 bar aushalten und ein Druckausgleichssystem besitzen. Der Kraftstoffbehälter darf nicht im Insassenraum liegen, die Einfüllöffnung darüber hinaus nicht im Gepäck- oder Motorraum. Aus dem Tank oder Einfüllstutzen austretender Kraftstoff darf nicht in den Innenraum gelangen, entweichender Kraftstoff ist so abzuleiten, dass er sich nicht an heißen Bauteilen entzünden kann. Während eines normalen Betriebs des Fahrzeugs darf aus dem Tankverschluß oder Entlüftungssystem kein Kraftstoff austreten, bei einem Überschlag ist ein geringes Austropfen zulässig. Der Kraftstoffbehälter muß so im Fahrzeug verbaut sein, daß er bei einem Front- oder Heckauf-

prall geschützt ist. Am gesamten Tank und Einfüllstutzen darf es zu keiner elektrostatischen Aufladung kommen.
Für aus Kunststoff hergestellte Kraftstoffbehälter existieren eine Reihe weiterer Prüfungen, bei denen die Dichtheit am Ende des Tests nachzuweisen ist.

1. Aufprallversuch mit einem pyramidenförmigem Stahlpendel bei –40 °C und 30 Nm
2. Mechanische Festigkeit: 5 Stunden mit 0,3 bar Überdruck bei 53 °C
3. Kraftstoffdurchlässigkeit eines im Permeationsgleichgewicht befindlichen Tanks bei einer 8-wöchigen Lagerung bei 40 °C (Grenzwert: Massenverlust von 20 g/24 h)
4. Kraftstoffbeständigkeit: Nach der Prüfung 3 müssen die Prüfungen 1 und 2 wiederholt werden.
5. Brandtest: Der zu 50 % mit Kraftstoff befüllte Behälter wird für 2 Minuten einer definierten Beflammung ausgesetzt
6. Formbeständigkeit des zu 50 % mit Wasser befüllten Kraftstofftanks bei 95 °C für 1 Stunde

TRIAS 42. Diese japanische Verordnung entspricht inhaltlich weitestgehend der europäischen Richtlinie 70/221/EWG.
GB 18296. Zusätzlich zu den Anforderungen der 70/221/EWG wird in dieser chinesischen Verordnung eine Rüttelprüfung mit definierten Amplituden und Beschleunigungen verlangt.
49 CFR 571.301 (FMVSS 301). Diese US-Vorschrift behandelt die Unversehrtheit (Dichtheit) der Kraftstoffanlage nach definierten Crashversuchen. Die Anforderungen beinhalten Frontalaufprall-Konfigurationen im Bereich von –30° bis +30° mit jeweils 48 km/h gegen eine starre Barriere, einen Heckaufprall mit einer beweglichen deformierbaren Barriere mit einer Geschwindigkeit von 80 km/h, sowie einen Seitenaufprall mit beweglicher deformierbarer Barriere in Krebsgangkonfiguration mit einer Geschwindigkeit von 53 km/h. Anschließend an jeden Aufprallversuch muß ein statischer Roll-Over-Test (Drehung um die Fahrzeuglängsachse) absolviert werden. Der Kraftstoffbehälter ist bei jedem Test zu 90 % bis 95 % mit Ersatzflüssigkeit gefüllt und darf nach Ende jedes Tests nur eine definierte Menge an Flüssigkeit verlieren.
TRIAS 33. In dieser japanischen Vorschrift werden ebenfalls Crash-Versuche zur Überprüfung der Kraftstofftankdichtheit beschrieben. Allerdings stellt die FMVSS 301 die härtere Anforderung dar.
ECE R34. Diese Regelung (Insassenschutz im Frontalaufprall) enthält ebenfalls Anforderungen an die Dichtheit der Kraftstoffanlage nach einem Frontalaufprall mit 56 km/h gegen eine deformierbare Barriere mit nur 40 % Überdeckung. Eine Leckagemenge von mehr als 30 g/min ist nach dem Aufprall nicht zulässig.

Verdunstungs-Emissionen. Mittlerweile gelten nahezu weltweit Vorschriften zur Begrenzung der Verdunstungs-Emissionen von Kohlenwasserstoffen aus Pkw. Diese Emissionen des Gesamtfahrzeuges werden im so genannten SHED-Test (Sealed Housing for Evaporative Determination) in einer gasdichten Prüfkammer gemessen. Die Prüfabläufe dieser SHED-Tests sind national unterschiedlich, bestehen jedoch immer aus einer Vorkonditionierung, die dazu dient, das Fahrzeug in einen reproduzierbaren Zustand zu bringen und dem eigentlichen Emissionstest, bei dem sowohl die Emissionen in einer einstündigen Heißabstellphase als auch in einem oder mehreren 24h-Abstellzyklen gemessen werden, **Bild 7.6-2**. Zur Zeit sind die Vorschriften in den USA am umfangreichsten und die Grenzwerte, besonders LEV II (0,5 g/Test) und PZEV (0,35 g/Test) in Kalifornien, die strengsten. die kalifornischen Vorschriften sind mittlerweile von weiteren Bundesstaaten übernommen worden (z.B. New York, Massachusetts, Maine, Vermont, ...). Eine weitere Besonderheit an der amerikanischen Gesetzgebung ist der sog. ORVR-Test (On Board Refueling Vapour Recovery). Im Gegensatz zu den europäischen Anforderungen muss hier das Fahrzeug die bei der Betankung entstehenden Kraftstoffdämpfe auffangen.
All diese Vorschriften reglementieren stets die Emissionen des gesamten Fahrzeuges. Für die Fahrzeug-, bzw. Komponentenentwicklung unterteilt man die Emissionsquellen in zwei Gruppen.
Dies sind zum ersten die „Fuel-Emissionen", also Emissionen aus verdampfendem Kraftstoff. Kraftstoffdampf kann im Fahrzeug aus allen kraftstoff- und kraftstoffdampfführenden Komponenten emittieren. Hierbei unterscheidet man drei Quellen:

- Mikroleckagen (aus den Verbindungsstellen)
- Permeation (durch die Wände der Bauteile)
- Migration (z.B. über die Aktivkohle im Aktivkohlebehälter)

Der zweite Teil sind die „Non-Fuel Emissionen", also Emissionen, die nicht vom Kraftstoff herrühren. Zu diesen zählen Kohlenwasserstoffe aus Betriebsmitteln wie der Kühlflüssigkeit, dem Kältemittel der Klimaanlage, Ölen und Schmierstoffen. Des Weiteren können neben Lacken, Klebstoffen und Konservierungsstoffen auch Kunststoffe, wie z.B. Reifen, Interieur-Bauteile, Dämmmaterialien und Verkleidungen, Kohlenwasserstoffe emittieren, **Bild 7.6-1**.
Bei der Entwicklung von Teilsystemen werden von den gesetzlich vorgeschriebenen Fahrzeug-Tests abgeleitete Komponenten-Tests in Mini-SHEDs durchgeführt. Die gesetzlichen Grenzwerte werden für diese Tests in herstellerspezifische Komponenten- und Teilsystem-Zielwerte aufgeteilt.
OBD II (On-Board-Diagnosis, Stage II). Diese offiziell als „Section 1968.1 of Title 13, California Code of Regulations (CCR)" bezeichnete Verordnung

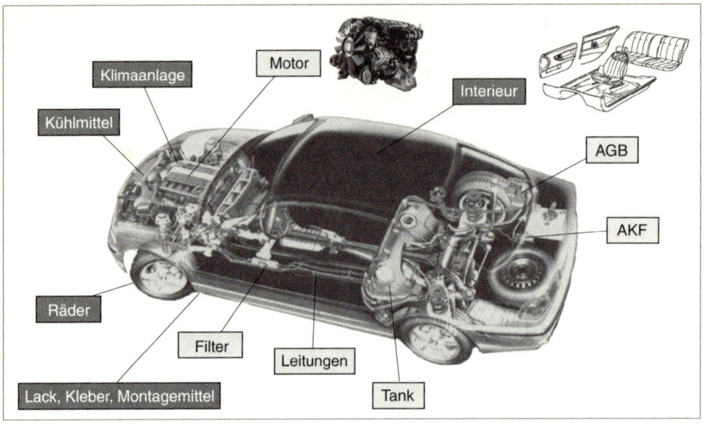

Bild 7.6-1 Quellen von Kohlenwasserstoffemissionen am Pkw (Quelle: BMW)

ist in Kalifornien gültig ab Modelljahr 1994. Zweck dieser Verordnung ist die Reduzierung von Emissionen, indem Fehlfunktionen des Katalysators und des Motors, Kraftstoffverdunstungsemissionen sowie andere, Emissionen verursachende Komponenten ständig kontrolliert werden und dies im Versagensfall schnellstmöglich über eine Warnlampe am Armaturenbrett angezeigt wird. Es sollen also nicht nur Totalausfälle von Bauteilen, sondern auch eine Überschreitung von Grenzwerten detektiert werden. Dabei ist die OBD II-Regelung eine Fortsetzung der OBD I, in der Art, dass physikalische Systemfunktionen wie die Kraftstoffsystemdichtheit online kontrolliert werden können. Die Umsetzung im Kraftstoffsystem erfolgt über Unter- oder Überdrucksysteme im Fahrbetrieb oder im Stand.

7.6.1.2 Kundenspezifische Anforderungen

Neben den gesetzlichen Vorschriften haben natürlich die Anforderungen des Kunden einen erheblichen Einfluss auf die Ausführung des Produktes. Diese Anforderungen sind allgemeiner Art in Lastenheften (LH), in technischen Lieferbedingungen (TL), Qualitätsvorschriften (QV), Prüfvorschriften (PV) und Versuchsrichtlinien (VR), herstellerinternen Normen und Spezifikationen angeführt. Sie können grob in Funktions- und Werkstoffanforderungen unterteilt werden.

7.6.2 Anordnung im Fahrzeug

Die Anordnung des Kraftstoff-Behälters im Fahrzeug (**Bild 7.6-3**) erfolgt unter Berücksichtigung folgender Punkte:

- Lage Motor-Getriebeeinheit (Front-/Heck- bzw. Mittelmotor)
- Karosserievariante (Limousine, Kombi, Roadster usw.)
- Sicherheitsaspekte (z.B. Einbaulage außerhalb der primären Knautschzonen usw.)

Üblicherweise wird der Kraftstoff-Behälter außerhalb des Fahrzeug-Innenraumes angeordnet. Bei Fahrzeu-

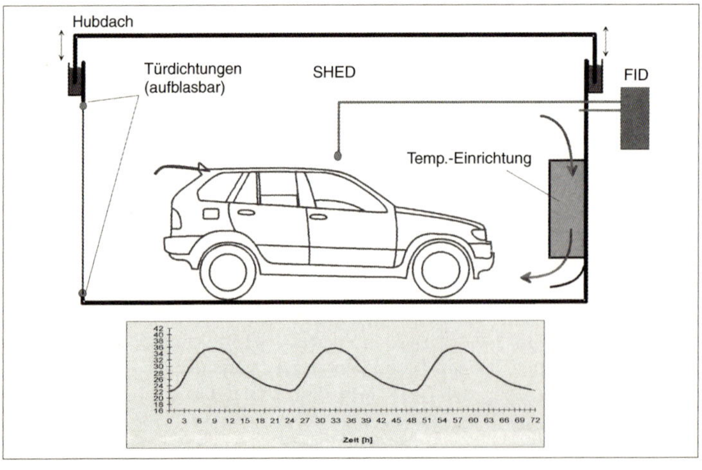

Bild 7.6-2 VT-SHED (VT = Variable Temperature) (Quelle: BMW)

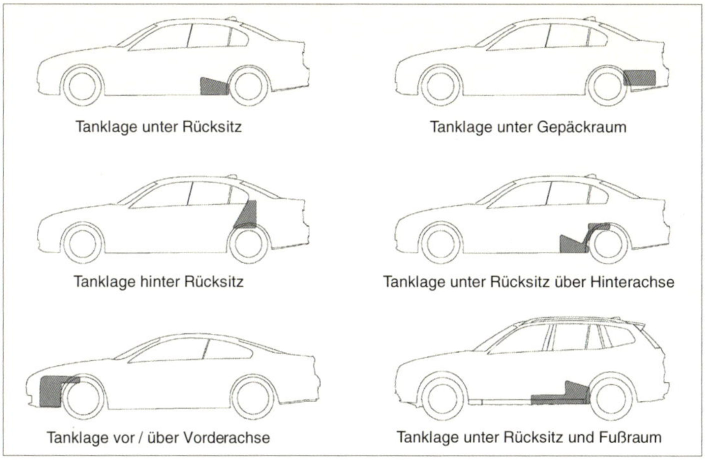

Bild 7.6-3 Anordnung Kraftstoff-Behälter in Limousinen

gen mit hochgesetzter Fahrgastzelle, Unterflurmotoranordnung, (A-Klasse MB, Mini-Van's usw.) sind auch Anordnungen hinter der Vorderachse unter dem Bodenblech verwirklicht. Bei der Anordnung hinter den Rücksitzen im Gepäckraum sind geeignete Sicherheitsvorrichtungen, z.B. dichte Trennwand aus Stahlblech oder sonstige geeignete Materialien zum Fahrzeug-Innenraum vorzusehen; die Kombination mit einer Durchladevorrichtung ist nicht realisierbar, der Einsatz eines Skisacks ist erschwert.

7.6.3 Systemvarianten

Großen Einfluss auf die Auslegung der Kraftstoff- Versorgungs-Anlage (KVA) haben die Emissionsanforderungen, die Be- und Entlüftung im Betriebszustand, sowie die Aufnahme der Kraftstoffvolumenerhöhung durch Wärmeausdehnung. Größte Verbreitung haben die beiden nachstehend beschriebenen drucklosen Systeme.

7.6.3.1 Externes Ausgleichsvolumen

Diese Systemvariante ist auf einen zusätzlichen Kraftstoff-Ausgleichsbehälter angewiesen **(Bild 7.6-4)**, der im Idealfall mittig über dem Krst.-Behälter angeordnet ist. Da eine solche Anordnung bei den meisten Fahrzeugen nicht realisierbar ist (Beeinträchtigung des Fahrzeuginnenraums), wird eine Anordnung des Kraftstoff-Ausgleichs-Behälters im Bereich der hinteren Radhäuser realisiert. Als erforderliches Ausgleichsvolumen werden 3 bis 5 % des Kraftstoff-Behältervolumens vorgesehen. Über diesen Kraftstoff-Ausgleichsbehälter erfolgt auch die Betriebsent-/belüftung des Systems.

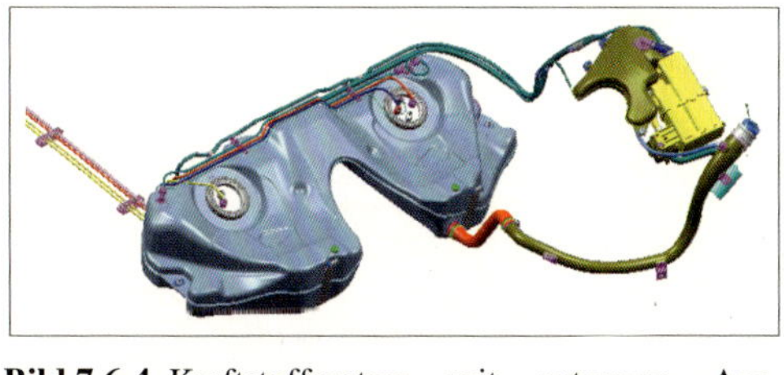

Bild 7.6-4 Kraftstoffsystem mit externem Ausgleichsvolumen, BMW 7cr-Reihe E65

7.6.3.2 Internes Ausgleichsvolumen

Diese Variante **(Bild 7.6-5)**, erleichtert durch den Entfall von Bauteilen (Externer Ausgleichbehälter, Leitungen und Verbindungen) die Einhaltung der gestiegenen Emissionsanforderungen. Jedoch ist abhängig von der Tankform ggf. ein etwas größeres Ausgleichsvolumen vorzuhalten. Die Volumenbereitstellung erfolgt durch Steuern der Betankungsmenge im Krst.-Behälter mit Ventilen, bzw. durch den Verschluss der Betankungsentlüftung über den Kraftstoff-Spiegel.

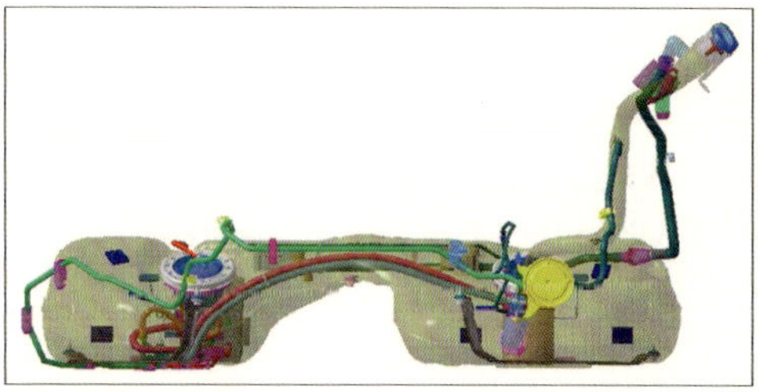

Bild 7.6-5 Kraftstoffsystem mit internem Ausgleichsvolumen, BMW 3er E90

Aus Emissionsgründen ist es heute auch üblich, weitere Bauteile und Verbindungen, wie Kraftstoffpumpe, Ventile, Druckregler und Filter in den Kraftstoffbehälter zu integrieren.

7.6.3.3 Auslegungskriterien

Die Auslegung des Entlüftungssystems erfolgt unter Berücksichtigung eines statischen und eines dynami-

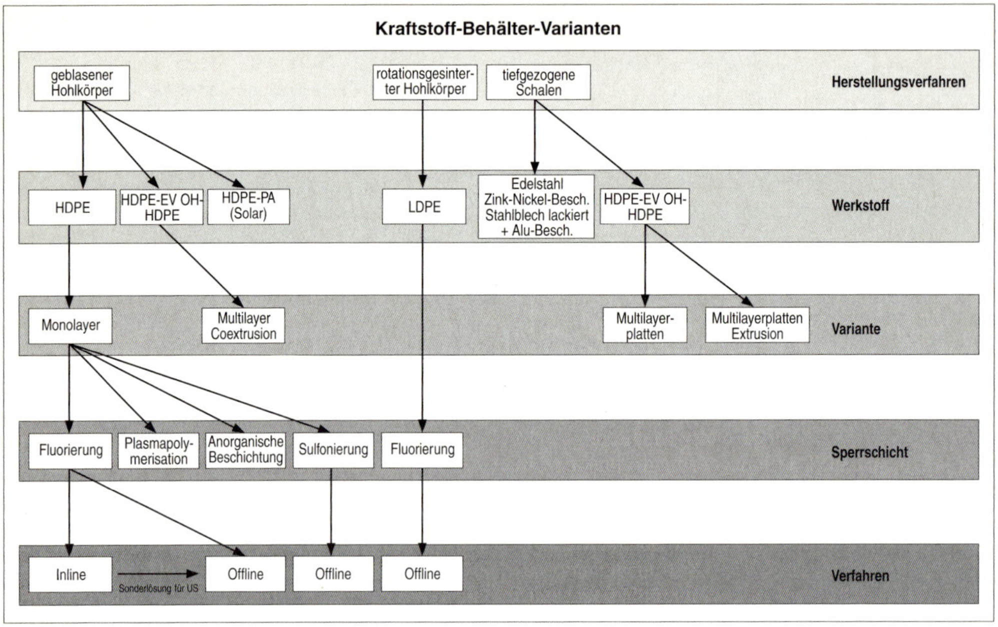

Bild 7.6-6 Kraftstoff-Behälter-Herstellungsverfahren

schen Prüfverfahrens. Im statischen Verfahren werden die maximalen Schräglagen (Kenngrößen herstellerspezifisch) des Fahrzeuges überprüft, wobei ein Austritt von Kraftstoff nicht zulässig ist. Das dynamische Verfahren entspricht dem kundentypischen Fahrzyklus auch unter extremen Randbedingungen (z.B. hohe Außentemperaturen mit Winterkraftstoffen). Zur Vermeidung von Kraftstoff-Dampfaustritt erfolgt die Verbindung zur Atmosphäre über ein Aktivkohlefilter.

7.6.4 Kraftstoff-Behälter

Die heutigen Materialien des Kraftstoff-Behälters werden unter verschiedenen Gesichtspunkten ausgewählt. Einige davon sind:

- Stabilität unter Crash- u. Umwelteinflüssen
- Permeationsdichte (LEV II, Zero EVAP)
- Alterungsbeständigkeit
- Gute Verarbeitungseigenschaften [2]
- Herstellbarkeit von anspruchsvollen Geometrien
- Recycling.

Im Schema **(Bild 7.6-6)** werden die verwendeten Verfahren dargestellt: Man unterscheidet grundsätzlich zwei Kategorien:

1. Metall-Kraftstoff-Behälter
2. Kunststoff-Kraftstoff-Behälter

7.6.4.1 Metall-Kraftstoff-Behälter

Der Metall-Kraftstoff-Behälter weist eine lange Historie auf. Schon die ersten Autos und Motorräder fuhren mit Metalltanks. Heute verwendet man für die sehr komplex gewordenen Geometrien primär St14Zi/Ni, sowie hochlegierte Stähle, z.B. X5CrNi1810 und legierte Aluminiumbleche (vorrangig bei Motorrädern). Nach dem Umformungsprozess werden die Schalen durch ein automatisches Schweißverfahren gasdicht miteinander verschweißt. Die meistverbreiteten dieser Verfahren sind:

- 2D-/3D-Rollnahtschweißen
- Laserschweißen
- Induktionsschweißen
- Löten.

7.6.4.2 Kunststoff-Kraftstoff-Behälter

In den 70er-Jahren begann die Automobilindustrie mit der Entwicklung des Kunststofftanks. Aufgrund der immer komplizierteren Geometrie wurden zusammen mit der kunststoffverarbeitenden Industrie und den Produzenten von Kunststoffmaterialien ein Extrusionsblasverfahren [3] weiter- und entsprechende Materialien neu entwickelt. Dabei handelt es sich um ein Hochdruck-Polyethylen (HDPE), welches so modifiziert wurde, das es gegen den Einfluss von allen weltweit handelsüblichen Kraftstoffen resistent ist. Die meistverbreiteten Materialien sind:

Lupolen 4261 A	(Fa. Basell)
Hostalen GM 9350 C	(Fa. Basell)
HDPE 201B	(Fa. Total Petrochemicals)
Eltex RSB 714	(Solvay)

Durch die Verschärfung der Emissionsgesetzgebung mussten zusätzlich Diffusionssperren entwickelt werden. Zuerst wurde die Tankblase mit Fluorgas (F_2) behandelt. Dies kann entweder im Extrusionsblasprozess erfolgen – man spricht von Inline-Fluorieren – oder nach dem Blas- und Schweißkomplettierungsprozess, genannt Offline-Fluorieren. Beim Fluorieren wird der Behälter nach einer Inertisierung mit einem F_2/N_2-Gasgemisch beaufschlagt. Dadurch entsteht eine polare Oberfläche, welche die Löslichkeit und damit die Permeation von unpolaren Medien im Basispolymer deutlich verringert. Im Vergleich zu unbehandelten HDPE-Kraftstoff-Behältern werden die Permeationsverluste bei Benzin um mehr als 99 % reduziert. In den 90er-Jahren wurde ein bis dahin nur von der Verpackungsindustrie genutztes Verfahren, das Blasverfahren mit coextrudierten Kunststoffmaterialien (siehe **Bild 7.6-7** und **Bild 7.6-8**), für die Herstellung von Kunststofftanks entwickelt. Hierbei werden bis zu 7 Schichten unterschiedlicher Kunststoffe während des Blasvorgangs miteinander verbunden. Eine spezielle Zwischenschicht aus polarem EVOH (Ethylenvinylalkohol-Copolymer) bildet dabei eine Permeationssperre.

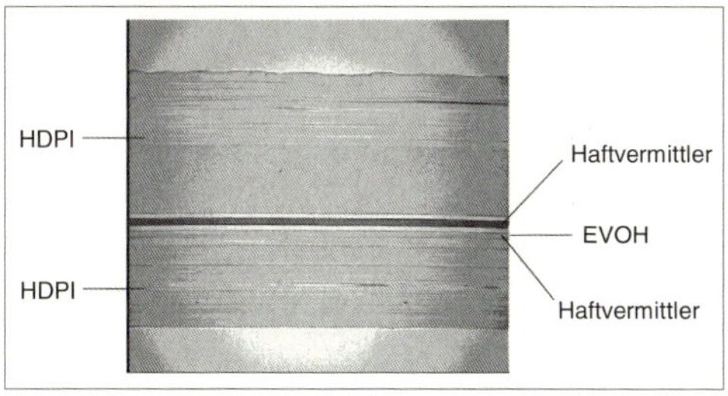

Bild 7.6-7 Wandaufbau eines coextrudierten Kraftstoff-Behälters

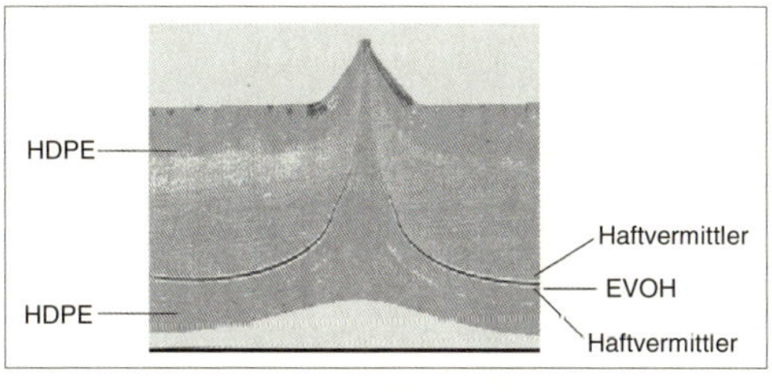

Bild 7.6-8 Nahtaufbau eines coextrudierten Kraftstoff-Behälters

Bei der Komplettierung des extrusionsgeblasenen Tanks mit Bauteilen wie z.B. Stutzen, Halter usw. verwendet man verschiedene Schweißverfahren. Einige der Bekanntesten sind:

- Vibrationsschweißung
- Ultraschallschweißung
- Heizelementschweißung
- Laserschweißung.

7.6.5 Fördersysteme

Die grundsätzliche Aufgabe der Fördersysteme ist es, den Motor in allen Betriebszuständen mit einer ausreichenden Kraftstoffmenge zu versorgen. Eine große Anzahl verschiedener Einflussgrößen führt zu ganz unterschiedlichen Ausführungen der Fördersysteme. Wurde z.B. in der Vergangenheit der Kraftstoff noch in einem großen Kreislauf, sprich vom Kraftstoff-Behälter über die Einspritzleiste wieder zum Kraftstoff-Behälter gefördert, so sind heute fast nur noch rücklauffreie Systeme im Einsatz.

7.6.5.1 Förderung des Kraftstoffs

Um die Anforderungen an die Förderung des Kraftstoffs zu erläutern, muss speziell das Zusammenwirken der Kraftstoff-Pumpe und des Schwalltopfes, bzw. Kraftstoff-Behälters betrachtet werden. Die Kombination hat erheblichen Einfluss auf das Absaugverhalten und damit das nutzbare Kraftstoffvolumen.

7.6.5.2 Elektro-Kraftstoff-Pumpe (EKP) und deren Anordnung

Stand der Technik sind 1-stufige und 2-stufige elektrische Kraftstoffpumpen mit unterschiedlichen Pumpen (Zahnring-/Trochoiden-, Seitenkanal-, Peripheralkanal-, Flügelzellen- bzw. Rollenzellen- und Schrauben-Pumpen). Die Seitenkanal- und Peripheralkanal-Pumpen zählen zur Gruppe der Strömungs-Pumpen, die anderen genannten gehören zur Gruppe der Verdrängerpumpen. Bei höheren Systemdrücken von 3 bar haben sich in der Praxis die Trochoiden-Pumpen bewährt. Seitenkanal- und Peripheralkanal-Pumpen gibt es in verschiedenen Varianten. Sie zeichnen sich durch ihren kontinuierlichen Druckaufbau mit sehr geringen Pulsationen und durch große Laufruhe aus. Bezüglich ihres maximalen Druckaufbaus und des Wirkungsgrades sind sie gegenüber Verdrängerpumpen jedoch im Nachteil. Diese Strömungs-Pumpen werden bei erhöhten Anforderungen an das Heißförderverhalten oft als Vorstufe in Kombination mit den oben behandelten Trochoiden-Pumpen eingesetzt. Flügel- und Rollenzellen-Pumpen haben aufgrund des Herstellaufwandes und der gestiegenen Geräuschanforderungen an Bedeutung verloren. Zur Geräuschminimierung und Reduzierung der Abnutzung müssen Werkstoffe mit sehr guten Gleiteigenschaften ausgewählt werden. Bei der Dimensionierung der Kraftstoff-Pumpe müssen zwei Gesichtspunkte besonders beachtet werden:

a) Beim Kaltstart muss die EKP bei verminderter Betriebsspannung, d.h. verminderte Drehzahl, genügend Kraftstoff bei vorgegebenem Systemdruck (meist unterhalb Nenndruck) zum Verbrennungsmotor fördern.
b) Der maximale Volumenstrom einer EKP muss aus nachfolgenden Gründen immer höher als der maximale Kraftstoffbedarf des Motors sein:

- über die Vor-/Rücklaufleitung wird häufig zumindest eine Saugstrahlpumpe betrieben, die, zur einwandfreien Funktion, eine Mindestdurchflussmenge von 15–25 l/h benötigt,
- der Kraftstoffdruckregler benötigt bei Mittelklassefahrzeugen eine Mindestdurchflussmenge von ca. 15 l/h, um in einen stabilen Regelbereich zu gelangen,
- Zuschläge für Bordnetzschwankungen, Heißförderabfall.

Druckbegrenzungs- und Systemdruckhalteventil

Im Pumpenkörper können ein Druckbegrenzungsventil und ein Systemdruckhalteventil enthalten sein. Wird die Kraftstoffleitung abgequetscht, so verhindert das Druckbegrenzungsventil einen Druckaufbau über den zulässigen Berstdruck der Kraftstoffleitung hinaus. Das Systemdruckhalteventil soll nach dem Abstellen des heißen Fahrzeugs den Druck zwischen Pumpe und Druckregler für eine gewisse Zeit aufrechterhalten, in der der Kraftstoff wieder auf normale Temperaturen abfallen kann. Wird der Druck nicht beibehalten, wird ein Start nach kurzer Zeit (Heißstart) erschwert.

7.6.5.3 Pumpenanordnungen

Grundsätzlich gibt es für Elektro-Kraftstoff-Pumpen zwei Einbaukonzepte, einmal als Inline-Version und zum anderen als In-Tank-Version. Inline-Pumpen werden in einer geräuschdämpfenden Halterung außerhalb des Tanks an der Karosserie in die Kraftstoffvorlaufleitung eingebaut. Zu den wichtigsten Anforderungen zählt hier vor allem die Dichtheit der EKP sowie die Beständigkeit gegen Salzwasser, Schmutz und diverse Betriebsstoffe wie Motoröl, Frostschutzmittel, Bremsflüssigkeit etc. Aufgrund der Entfernung vom Kraftstoff-Behälter muss die EKP ein gutes Ansaugverhalten besitzen. Ein großer Vorteil ist der einfachere Zugriff im Falle einer Reparatur. Die In-Tank-Pumpe wird entweder am Verschlussflansch oder im Schwalltopf befestigt und in beiden Fällen mit Dämpfungsgummis vom Behälter schwingungsentkoppelt. Der Abstand des saugseitigen Filters zum Behälterboden ist eine wichtige Einflussgröße für das Ansaugverhalten. Für die ideale Ausnutzung des Tankvolumens muss der Abstand zum Boden unabhängig von Behälterdeformationen besonders gering gehalten werden. Dies kann durch eine Teleskopausführung, d.h. durch eine federnde Abstützung realisiert werden. Die vertikale Auslenkung der Tankeinbaueinheit kann durch Ausbuchtungen am Behälterboden eingeschränkt werden.

7.6.5.4 Anforderungen zur elektrischen/elektronischen Systemeinbindung

Stellvertretend für alle elektrischen Bauteile der Kraftstoff-Versorgungs-Anlage sollen hier Anforderungen zur elektrischen/elektronischen Einbindung erläutert werden. Immer höhere Aufwendungen werden zur Absicherung der elektromagnetischen Verträglichkeit erforderlich (Kap. 8.4). Das Aussenden von Spannungsspitzen auf Stromversorgungs-, Signal-, Daten- und Steuerleitungen darf demnach keine negativen Auswirkungen haben. Außerdem sollen elektrische Komponenten für alle üblichen Funk- und Radiowellenbereiche hinreichend entstört sein. Neben der angemessenen Isolation der elektrischen Leitungen darf keine Funktionsbeeinträchtigung entstehen, die ihre Ursache in einem falschen Anschluss der elektrischen Leitungen hat (Verpolsicherheit).

7.6.5.5 Elektro-Kraftstoff-Pumpen-Regelung

Zur Senkung des Stromverbrauchs und damit des CO_2-Ausstoßes eines Fahrzeugs wird die hydraulische Leistung der elektrischen Kraftstoffpumpe (EKP) bedarfsgerecht geregelt. Derzeit gibt es zwei Regelungsarten in Serie: Drehzahlregelung und Druckregelung. Bei der Drehzahlregelung wird die EKP-Drehzahl entsprechend der Solldrehzahl eingeregelt. Die Solldrehzahl ergibt sich aus der im EKP-Steuergerät hinterlegten Kennlinie die abhängig ist von der Charakteristik der EKP, der benötigten Kraftstoffmenge des Verbrennungsmotors und der Saugstrahlpumpen im Tank. Bei der Druckregelung wird der Kraftstoffdruck direkt vor der Kraftstoff-Hochdruckpumpe bzw. Einspritzleiste gemessen und mit dem Solldruck verglichen. Bei Abweichungen zu diesem wird die EKP-Spannung vom EKP-Steuergerät entsprechend angepasst und somit die hydraulische Leistung reguliert. In Zukunft werden verstärkt elektronisch kommutierte Kraftstoffpumpen eingesetzt. Die mechanischen Kommutatoren des Elektromotors werden durch elektronische Kommutatoren ersetzt. Die elektrische Energie wird rein über das elektrische Feld übertragen. Aus diesem Grund gelten die elektronisch kommutierten Kraftstoffpumpen als medienunabhängig und bieten deshalb eine hervorragende Möglichkeit, den verschiedenen Zusammensetzungen zukünftiger Kraftstoffe zu begegnen. Eine elektronisch kommutierte Kraftstoffpumpe ist im Gegensatz zu den Kraftstoffpumpen mit mechanischem Kommutator nur mit einem Steuergerät zu betreiben.

7.6.5.6 Saugstrahlpumpe

In **Bild 7.6-9** ist der Aufbau einer Saugstrahlpumpe [4] prinzipiell dargestellt. Diese Ausführung ist eine passive Pumpe ohne mechanische, bewegte Bauteile und wird durch den Kraftstoff der Vor- oder Rücklaufleitung angetrieben. Mit ihr wird bei Mehrkammerbehältern der in entlegenen Kammern vorhandene Kraftstoff in den Haupttankbereich mit Schwalltopf und EKP gefördert.

Oft ist eine weitere Saugstrahlpumpe zur aktiven Befüllung des Schwalltopfes aus der Hauptkammer erforderlich. Bei Einkammerbehältern wird die Saugstrahlpumpe meist direkt am Schwalltopf befestigt bzw. in die Konstruktion des Schwalltopfes einbezogen. Die Dimensionierung variiert je nach Antrieb über Vor- (Hochdruck) oder Rücklauf (Niederdruck).

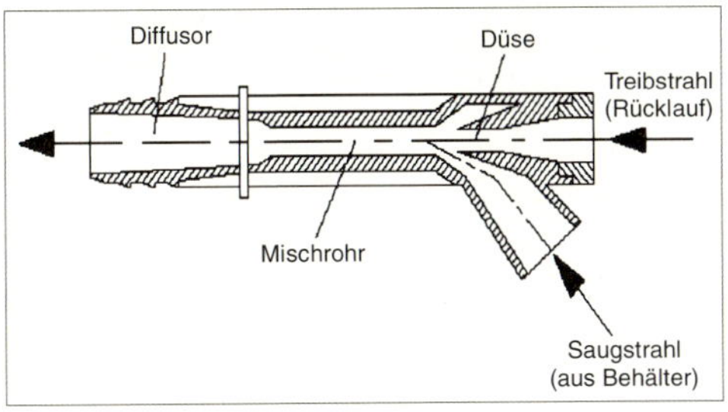

Bild 7.6-9 Saugstrahlpumpe rücklaufgetrieben

7.6.5.7 Schwalltopf

Die zurzeit technisch verwirklichten Schwalltöpfe sind aufgrund der Einbausituation und der Motoranforderungen von der Form her sehr verschieden. Gemeinsam ist ihnen das Ziel: Geringe, im Behälter verbliebene Kraftstoffmengen bei Extremsituationen am Absaugort der Pumpe bereitzustellen, sodass die einwandfreie Funktion des Motors gewährleistet ist. Unter Extremsituationen versteht man z.B.:

- Steigungen und Gefälle in Fahrtrichtung,
- Schräglagen quer zur Fahrtrichtung,
- volle Beschleunigungen und maximale Verzögerungen des Fahrzeugs oder
- lange Kurvenfahrten mit hohen Querbeschleunigungen.

Die ersten beiden Punkte betreffen das Ansaugverhalten im Betrieb wie auch nach u.U. längeren Abstellzeiten des Fahrzeuges. Als Einbauort empfiehlt sich jeweils eine Stelle, an der sich der Kraftstoff leicht sammeln kann. Dies muss bei der Konstruktion der Behälterkonturen berücksichtigt werden. Je nach Ausführung können noch zusätzliche Funktionen in den Schwalltopf integriert werden. Die Anforderungen an den Schwalltopf sind immer im Zusammenhang mit der EKP und der jeweiligen Behälterbauform zu sehen. Der Schwalltopf kann auf folgende Art und Weise im Kraftstoff-Behälter befestigt werden:

- Verschweißung des Schwalltopfes mit dem Behälter,
- Nachträgliche Verbindung durch Bajonettverschluss, Schnappverbindung etc.
- Andrücken des in der Tankeinbaueinheit integrierten Schwalltopfes auf dem Tankboden mittels Federelemente.

7.6.6 Filtrierung des Kraftstoffs

Zur Reduzierung von Verschleiß und zur Erhaltung der Funktion für Bauteile der Kraftstoffversorgung und des Motors muss der Kraftstoff von Verunreinigungen getrennt werden. Der Schmutz kann unterschieden werden in „Urschmutz", der im Kraftstoff an den Tankstellen oder in Neuwagen zu finden ist, sowie in Staub, Lack- und Metall-Partikel, Rost, ferner bei Dieselkraftstoffen Wasser, Teer und Paraffin. Die erste Filtrierung erfolgt normalerweise an der Saugseite der EKP. Hier sollte die Maschenweite der Siebe nicht zu klein gewählt werden, da sonst eine Beeinträchtigung des Ansaugverhaltens entstehen kann. Stützkörper verhindern hier das Zusammenziehen des Filters. Die zweite und eigentliche Filtrierung erreicht man durch separate Filter, die in die Kraftstoffvorlaufleitung eingesetzt sind. Diese unterscheiden sich in ihrer Auslegung deutlich nach den verwendeten Kraftstoffarten für Dieselmotoren und Ottomotoren. Die Standzeit und die Filterfeinheit müssen auf die Umgebungseinflüsse abgestimmt werden. Filter für Ottomotoren haben aufgrund der höheren Systemdrücke bei Außenverbau ein Gehäuse aus Metall. Die Filter sind in der Regel beständig gegen methanolhaltige Kraftstoffe. Filter für Dieselkraftstoff sind wesentlich aufwendiger. Bei tiefen Temperaturen, d.h. unterhalb des Trübungspunktes, kann das im Kraftstoff enthaltene Paraffin kristallisieren und so den Filter verstopfen. Dies wird durch Heizsysteme vermieden, die sich selbstständig in vorgegebenen Temperaturbereichen zuschalten. Nach Bedarf werden Wasserabscheider mit elektronisch arbeitendem Wasserstandsmelder und Entlüftungssysteme für die Sicherung des guten Startverhaltens nach Wartungsarbeiten eingesetzt. Erwähnte Zusatzkomponenten können im Filter integriert oder vor bzw. nach dem Filter eingebaut werden. Um an den Einspritzventilen unabhängig von der abgenommenen Kraftstoffmenge einen konstanten Systemdruck zu erhalten, werden Kraftstoffdruckregler eingesetzt. Sie werden aus Stahl bzw. Edelstahl hergestellt und sind entweder in der Einspritzleiste integriert oder zunehmend im Tank installiert.

7.6.7 Volumen-Messeinrichtung

Zur Messung des Kraftstoffinhaltes sind grundsätzlich verschiedene physikalische Prinzipien mit ihren unterschiedlichsten Ausführungen denkbar:

- direkte Füllhöhenmessung
- Ermittlung des Kraftstoffgewichtes
- Kapazitive Messung
- Optische Messung
- Ultraschallmessung.

Unter der Bewertung von Genauigkeit und Auflösung, Adaption an verschiedene Tankgeometrien, Lebensdauer, Signalverarbeitung, Montage- und Wartungsfreundlichkeit, Unabhängigkeit von verschiedenen Betriebszuständen und nicht zuletzt der Kosten hat sich bis heute die direkte Füllhöhenmessung in fast allen Fahrzeugen durchgesetzt.

7.6.7.1 Hebelgeber

Beim Hebelgeber **(Bild 7.6-10)** ist der Schwimmer am Ende eines Drahthebels befestigt. Durch die Konstruktion des Hebels als auch der verschiedenen Schwimmer lässt sich der Messbereich entscheidend beeinflussen. Die Schwimmer sind in unterschiedlicher Geometrie (z.B. quaderförmig, kugelig), in verschiedenen Verfahren (z.B. geblasen, geschäumt) als auch durch unterschiedliche Materialien abgedeckt. Die Höhe des Schwimmers wird über ein offenes, oder gekapseltes Potentiometer in ein elektrisches Signal umgesetzt und zur Weiterverarbeitung ans Kombiinstrument weitergeleitet. Die Dämpfung des Signals bei Schwappbewegungen des Kraftstoffs erfolgt elektronisch mittels der Software im Kombiinstrument.

Bei der Befestigung der Füllstandsgeber unterscheidet man grundsätzlich zwischen der bodenabgestützten und der deckelabgestützten Ausführung. Ausschlaggehend für die Auswahl ist neben der Formbeständigkeit des Behälters auch die gewünschte Erfassungsgenauigkeit des jeweiligen Füllstandsbereichs.

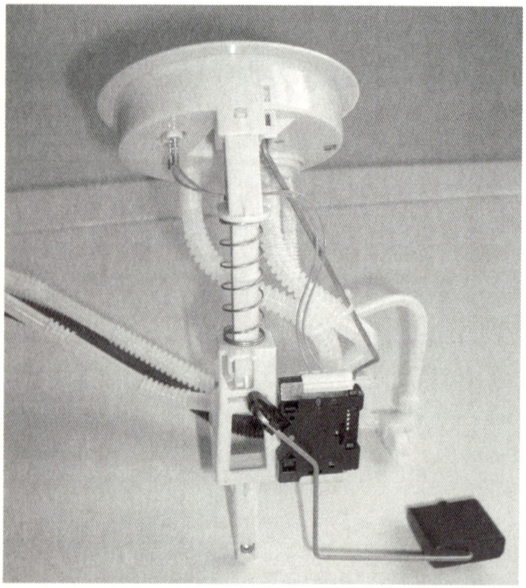

Bild 7.6-10 Hebelgeber mit Bodenabstützung, BMW 3er-Reihe E90

7.6.7.2 Tauchrohrgeber

Bei diesen Gebern **(Bild 7.6-11)** gleitet der Schwimmer in Form einer Ringscheibe in einem senkrecht stehendem Rohr über einen Führungsstab. Am Schwimmer befestigte Kontakte greifen einen Widerstand ab. Durch ein hydraulisches Labyrinth wird eine Dämpfung der Schwimmerbewegung bzw. des abgegebenen Signals erreicht.

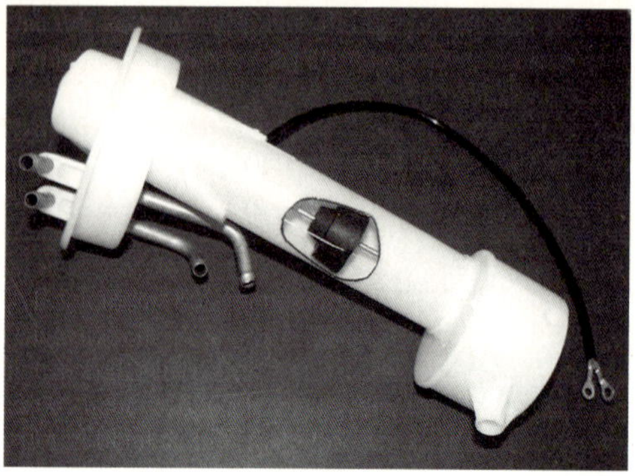

Bild 7.6-11 Tauchrohrgeber (geschnitten), BMW 5er-Reihe E34

7.6.8 Aktivkohlefilter (AKF)

Um die gesetzlichen Verdunstungsemissions-Grenzwerte und die Kundenanforderungen bezüglich Kraftstoffgeruch zu erfüllen, werden die Kohlenwasserstoff-Dämpfe aus der Tankentlüftung in einem Aktivkohlefilter (AKF) aufgefangen. Zur Regenerierung des AKF wird ein Teilstrom der Motoransaugluft durch den Filter geleitet und die Kohlenwasserstoffe somit der Verbrennung zugeführt.

Es wird zwischen zwei verschiedenen Ausführungen des AKF unterschieden, der US- und der ECE-Ausführung. Die US-Variante hat ein größeres Kohlevolumen, da sie auch die Emissionen bei der Betankung (ORVR; onboard refueling vapour recovering) aufnehmen muss. Darüber hinaus sind die AKF oft als Mehrkammersysteme aufgebaut. Diese können mit verschiedenen Kohlesorten befüllt sein, um besonders niedrige Emissionswerte zu erreichen.

Hierbei ist auf eine optimale Durchströmung des Aktivkohlebetts zu achten, um vorzeitiges Abschalten der Zapfpistole bei der Betankung durch zu hohen Druckverlust im AKF zu verhindern.

Bei den ECE Ausführungen, die ausser USA und Korea auch in allen anderen Märkten zum Einsatz kommen, handelt es sich um konstruktiv einfacher ausgeführte Komponenten, die aufgrund der anderen gesetzlichen Anforderungen ein kleineres Volumen aufweisen können **(Bild 7.6-12)**.

7.6.9 Ausblick

Um die Anforderungen eines Hybrid-Fahrzeuges an das Kraftstoffversorgungssystem erfüllen zu können, sind weitere Schritte zur Optimierung des Verdunstungskontroll-Systems und des Kraftstoffkreislaufes notwendig.

Durch die elektrischen Fahranteile eines Hybrid-Fahrzeuges kann vom Verbrennungsmotor nicht mehr genügend Spülluft zur Regeneration des AKF zur Verfügung gestellt werden. Damit ist es notwendig, entweder die Belastung des AKF durch Benzindämpfe

Bild 7.6-12 Aktivkohlefilter, 3 Kammern (Quelle Fa. Delphi)

zu reduzieren, oder die verbleibende Spülluftmenge optimal auszunutzen.
Ersteres kann zum Beispiel dadurch erreicht werden, dass ein geschlossenes System realisiert wird. Dabei handelt es sich um einen druckfesten Kraftstofftank (bis 0,3 bar) mit einem Absperrventil im Entlüftungspfad. Hierdurch wird das Ausgasen des Kraftstoffs in den meisten Betriebszuständen verhindert und der AKF nicht beladen. Bei US-Systemen ist der AKF dann primär für die Betankungsemissionen nötig (ORVR). Während des Fahrbetriebs werden nur minimale Mengen bei Überschreiten des Betriebsdrucks des Tanks in den AKF geladen, die kurze Zeit später wieder durch den Motor herausgespült werden. Während der Abstellphasen des Fahrzeugs wird durch den Überdruck im Tank in der Regel das Ausgasen des Kraftstoffs unterdrückt.
Intelligente Tanksysteme können die zur Verfügung stehenden Motorlaufphasen besser nutzen. Hierbei sind einige Sensoren notwendig, die das aktuelle Ausgasungsverhalten des Kraftstoffs ermitteln und die Motorsteuerung entsprechend zur Spülluftoptimierung beeinflußen. Das Regelverhalten des Systems Motor – Tankentlüftung wird somit schneller und das zur Verfügung stehende Spülluftvolumen steigt.
Aufgrund der endlichen fossilen Energieträger wird der weltweite Einsatz alternativer Kraftstoffe und neuer Additive in naher Zukunft eine weitere Herausforderung für die Kraftstoffversorgungsanlagen darstellen. Viele der heutigen Komponenten (z.B. Kraftstoffpumpen, Füllstandsgeber und Dichtungen) müssen dafür neu ausgelegt werden.

Literatur

[1] *Meinig, U.; Heinemann, J.*: Neue Anforderungen für Tankentlüftungssysteme. Automobiltechnische Zeitschrift Heft 03/99

[2] *Saechtling, H.-J.*: Verarbeitungsverfahren, Kunststoff Taschenbuch 26. Auflage, Seite 305 – 317. Carl Hanser Verlag München 1995

[3] *Sievert, H.; Thielen, M.*: Trends beim Coextrusionsblasformen, Kunststoffe 88, Seite 1218 – 1221. Carl Hanser Verlag München 1998

[4] Strahlpumpen, Techniker Handbuch, Seite 1184. Vieweg Verlag Braunschweig 1995

[5] Entwurf der „Economic Commission for Europe (ECE)" TRANS/WP.29/1998/33, 1999

[6] California Environmental Protection Agency, Manufacturers Advisory Correspondence MAC #99-01, 1999

[7] *Hämmerl, A.; Kramer, F.; Langen, P.; Schulz, G.; Schulz, T.*: BMW-Automobile für den wahlweisen Benzin- oder Erdgasbetrieb. Automobiltechnische Zeitschrift Heft 12/95

[8] *Wozniak, J. J.*: The John Hopkins University Applied Physics Laboratory, Advanced Natural Gas Vehicle Project, 1998

[9] Gase Handbuch: Messer Griesheim, 3. Auflage, 1989

[10] *Pehr, K.*: Experimentelle Untersuchungen zum Worst-Case-Verhalten von LH_2-Tanksystemen. VDI-Berichte Nr. 1201 S. 57 – 72, VDI-Verlag Düsseldorf, 1995

[11] *Klee, W.; et al.*: Barrieretechnologien: Ein Beitrag zur Emissionsreduzierung von Kraftstoffanlagen, in: Kunststoffe im Automobilbau, VDI-Gesellschaft Kunststofftechnik, 2000, S. 309 – 335

[12] *Berry, G. D., Martinez-Frias, J., Espinosa-Loza, F., Aceves, S. M.*: Hydrogen Storage and Transportation, Encyclopedia of Energy, Academic Press (in Vorbereitung)

[13] „European Integrated Hydrogen Project" EIHP (http://www.eihp.org/)

[14] „Automobiltechnische Zeitschrift" – ATZ, Band 105 (2003) Heft 6, Seite 590 – 596; Visteon, Intelligente Tanksysteme der Zukunft

[15] „Tanktech 2003" – Plenarvortrag Hugo Kroiss BMW „Entwicklung der Anforderung an die Kraftstoffförderung"

7.7 Kraftstoffversorgungsanlagen für alternative Energieträger

7.7.1 Anforderungen

Das Spektrum der alternativen Energieträger und ihr jeweiliges Potenzial für eine Verwendung als Kraftstoff werden in Kapitel 5.9 behandelt. Im Hinblick auf die Handhabung und Speicherung von alternativen Kraftstoffen ist davon auszugehen, dass die Anforderungen der Kunden sich an den Gewohnheiten im Umgang mit Benzin und Diesel orientieren und Nachteile kaum akzeptiert werden.
Wie in vorstehenden Abschnitten ausgeführt, können Methanol und Rapsmethylester (RME, auch Biodiesel genannt) grundsätzlich zu den alternativen Kraftstoffen gezählt werden. Beimengungen, wie bis zu 5 % RME im Dieselkraftstoff in Frankreich sind schon seit Jahren üblich. In einigen Ländern, insbesondere in Brasilien und in den USA, sind Kraftstoffe mit hohen Anteilen von Ethanol am Markt. Da der Ethanol-Anteil variiert („Flexible Fuel") ist ein Sensor

notwendig, der das jeweilige Mischungsverhältnis von Ethanol und Benzin ermittelt, um den Motorbetrieb an das aktuelle Mischungsverhältnis anpassen zu können. Die Speicherung von Methanol, Ethanol und RME erfolgt in Kraftstoffversorgungsanlagen, wie sie oben beschrieben wurden, wenn bei der Wahl der Werkstoffe die besonderen chemischen Eigenschaften von Methanol, Ethanol und RME berücksichtigt wurden.

Wie Kapitel 5.9 weiterhin zeigt, sind Erdgas und langfristig auch Wasserstoff für den mobilen Einsatz geeignet. Die Speicherung dieser beiden Energieträger erfolgt gasförmig in Druckspeichern oder verflüssigt bei tiefen Temperaturen in sogenannten Kryospeichern. Beim Erdgas unterscheidet man daher zwischen CNG (Compressed Natural Gas, komprimiertes Erdgas) und LNG (Liquified Natural Gas, verflüssigtes Erdgas). Letzteres ist bei rund –160 °C flüssig, während Wasserstoff bei Temperaturen um –250 °C flüssig gespeichert werden kann.

7.7.2 Gesetzliche Vorschriften

Die bei der Speicherung von Erdgas und Wasserstoff eingesetzte Technik muss dem heute gültigen Sicherheitsbedürfnis und den aktuellen Standards entsprechen. So sind die zu treffenden Maßnahmen umfangreicher als bei Benzin- und Dieselkraftstoff, die bereits vor etwa einem Jahrhundert eingeführt wurden und zu denen viele Erfahrungen vorliegen. Es existieren sowohl für die Speicherung in Druckbehältern als auch in Kryospeichern eine Vielzahl von Vorschriften.

Es müssen, anders als bei einer Kraftstoffversorgungsanlage für Benzin oder Diesel, die wichtigen Bauteile der Druckbehälter oder Kryospeicher noch eine behördliche Zulassung besitzen.

Die Bestimmungen für die Zulassungen sind in den verschiedenen Ländern auch innerhalb der Europäischen Union noch unterschiedlich.

Für mit komprimiertem Erdgas betriebene Fahrzeuge wurde im Jahr 2000 im Rahmen der ECE ein Übereinkommen getroffen, das für alle Mitgliedsstaaten dieses Abkommens einen einheitlichen rechtlichen Prüfungsmaßstab schafft [1].

1998 wurde das „European Integrated Hydrogen Project" EIHP [2] mit dem Ziel gegründet die Sicherheit wasserstoffbetriebener Fahrzeuge zu gewährleisten und deren Typzulassung zu ermöglichen. Das EIHP legte im Rahmen seiner Arbeit je einen Entwurf für Flüssigwasserstoffspeicheranlagen und für Hochdruckspeicheranlagen für neue ECE-Regelungen vor, die ein einheitliches Verfahren zur Typzulassung von wasserstoffbetriebenen Fahrzeugen im ECE Raum ermöglichen würden. Da diese UNECE Entwürfe nicht die erforderliche politische Zustimmung gefunden haben, hat die EU die Initiative ergriffen mit dem Ziel, bis 2008 gesetzliche Regelungen für H2 Speichersysteme in Kraft zu setzen. Parallel arbeitet die UNECE an globalen technischen Regelungen (GTR) für H2 Fahrzeuge.

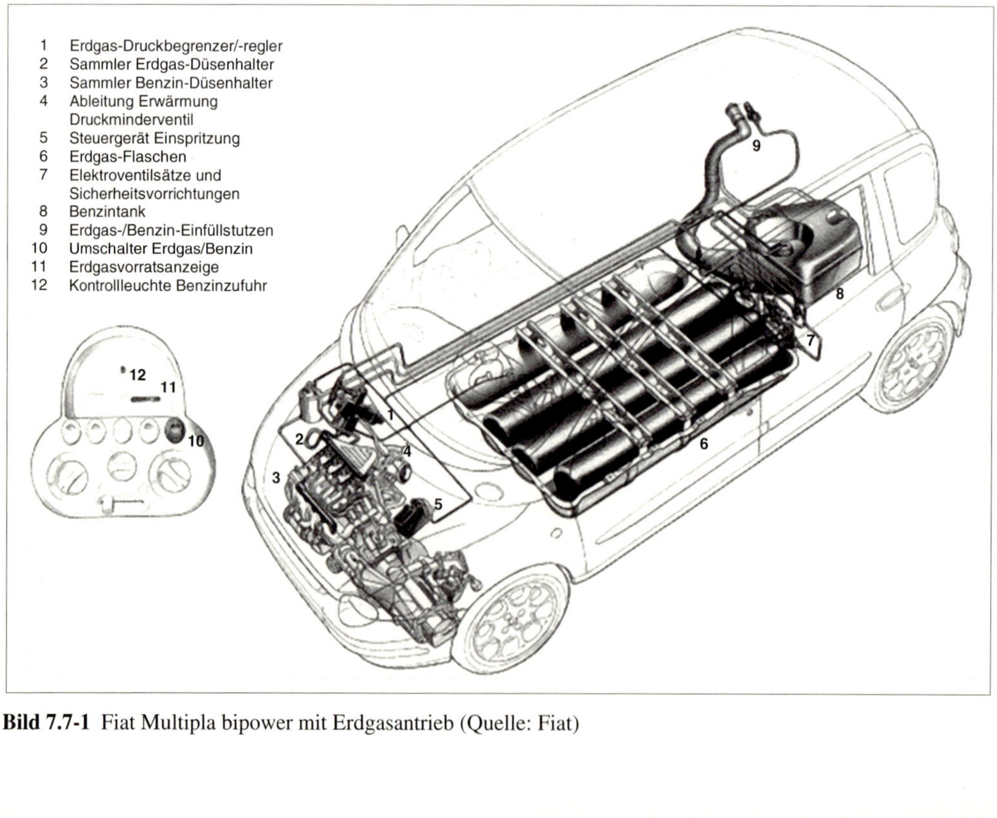

Bild 7.7-1 Fiat Multipla bipower mit Erdgasantrieb (Quelle: Fiat)

7.7.3 Anordnung im Fahrzeug

Die im Fahrzeug verwendeten Druck- und Kryospeicher sind von gleichartigen, stationären Speichern oder Transportbehältern, wie sie in der Logistik von technischen Gasen verwendet werden, abgeleitet und weiterentwickelt. Neben dem erforderlichen Platzbedarf müssen die Anforderungen zur Crashsicherheit, Montierbarkeit und auch bezüglich der Gewichtsverteilung im Fahrzeug berücksichtigt werden. Zudem verbleibt bei den meisten Konzepten der Benzintank im Fahrzeug, damit dieses als Bi-Fuel-Fahrzeug, auch bei nur wenigen vorhandenen Tankstellen für Erdgas oder Wasserstoff, alltagstauglich bleibt [3].

Sehr häufig wird der Speicher in den Gepäckraum eingebaut, wobei die Reduzierung des Gepäckraumvolumens in Kauf genommen werden muss. So wurde der BMW 316 g, das erste europaweit zugelassene Erdgasauto, eigens für den Einsatz in Fahrzeugflotten, z.B. bei Energieversorgungsbetrieben konzipiert. Die Rücksitzbank ist zugunsten eines größeren Gepäckraumes für die Unterbringung des Druckspeichers entfallen. Nur wenige Einschränkungen ergeben sich für den Kunden, wenn die Speicher „versteckt“ in der Fahrzeugstruktur untergebracht werden können. Dieses ist beim Fiat Multipla Bipower (**Bild 7.7-1**) der Fall, bei dem mehrere Druckspeicher im Wagenboden integriert sind.

Bei Speicherung von verflüssigtem Erdgas oder Wasserstoff können durch die erheblich höheren Dichten die jeweiligen Speichergrößen im Vergleich zu Druckspeichern reduziert werden, was deren Integration erleichtert. Wird die Speichergröße belassen, ermöglichen Kryospeicher im Vergleich zur Druckspeicherung eine bis doppelt so große Reichweite des Fahrzeuges.

7.7.4 Kraftstoffbehälter und Kraftstoffsysteme für Druckgas

7.7.4.1 Kraftstoffbehälter

Druckspeicher für Erdgas oder Wasserstoff werden in der Regel mit 200–350 bar betrieben, es laufen weltweit Entwicklungen für Speichersysteme mit Drücken bis zu 700 bar. Ausgehend von Stahlbehältern, wurden in den letzten Jahren Speicher aus neuen Werkstoffen entwickelt, die leichter und weniger korrosionsanfällig sind. So werden heute Speicher aus Verbundwerkstoffen mit Innenbehältern aus Aluminium oder PE entwickelt. Das Gewicht eines Speichers aus kohlefaserverstärktem Verbundwerkstoff mit Aluminiuminnenbehälter beträgt nur noch ein Drittel des Gewichtes eines reinen Stahlspeichers [4] (**Bild 7.7-2**), (**Tabelle 7.7-1**).

Auch wenn es immer wieder Experimente mit unterschiedlichen Geometrien gibt [6], die den Anforderungen aus dem Package besser entsprechen würden, werden heute nach wie vor ausschließlich zylinderförmige Speicher eingesetzt. Durch die Verwendung

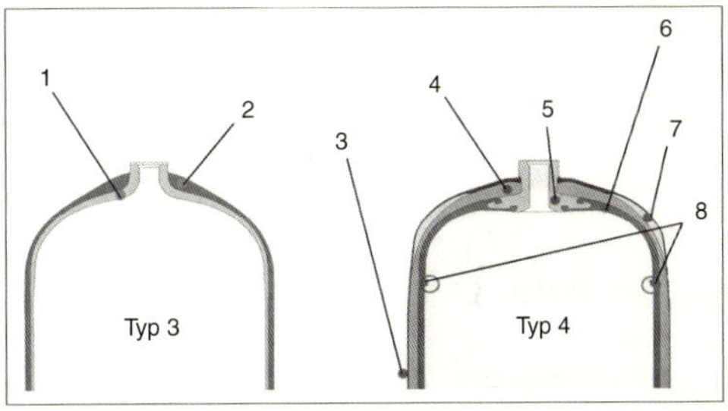

Bild 7.7-2 Aufbau Druckgasbehälter
1 Nahtloser Metall-Innentank, 2 Faserverbund, 3 Schutzschicht, 4 Faserverbund- Umwicklung, 5 Anschlussstück aus Metall, 6 Kunststoffliner, 7 Stoss-Schutz, 8 Schweißnaht Liner

zäher Werkstoffe kann sichergestellt werden, dass der Druckspeicher nicht schlagartig bersten kann, auch wenn alle Sicherheitssysteme versagen würden.

Eine Thermosicherung am Speicher verhindert, dass der Druck im Speicher im Brandfall über das zulässige Maß hinaus ansteigt, indem diese das Gas aus dem Speicher entweichen lässt. Diese Sicherung kann punktuell durch eine Schmelzlotsicherung oder umfassender durch eine lineare Thermosicherung dargestellt werden [6].

7.7.4.2 Kraftstoffsysteme

Da die Dichte gasförmiger Kraftstoffe stark von deren Temperatur abhängt, reicht die bloße Druckmessung zur genauen Bestimmung des Füllstandes bei Druckspeichern nicht aus. Neben dem Druck wird

Tabelle 7.7-1 Typen Druckgasbehälter

Behältertyp	I	II	III	IV
Material Innenbehälter (Liner)	Metall	Metall	Metall	Kunststoff
Material Tankstruktur	Metall	Umfangbewickelt (Nur zylindrischer Bereich)	Vollständig bewickelt	Vollständig bewickelt

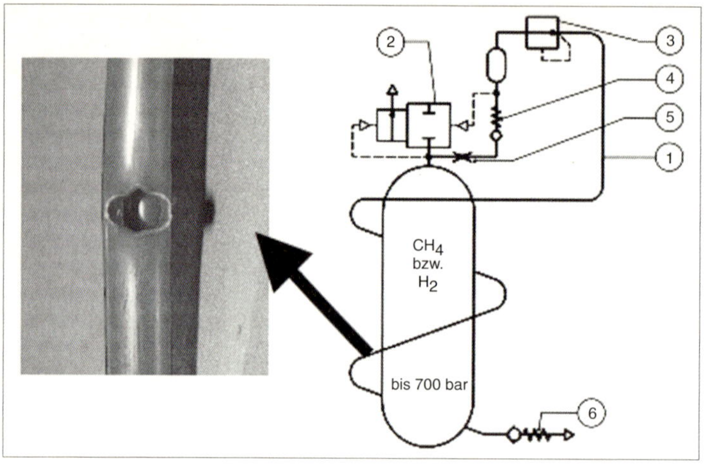

Bild 7.7-3 Schema Lineare Thermosicherung (Quelle: Rotarex)
1 Thermosensitiver Polymerschlauch mit charakteristischem Berstbild, 2/2 Wegeschaltventil, 3 Druckregler, 4 Rückschlagventil, 5 Drossel, 6 federbelastetes Sicherheitsventil

auch die Temperatur des Gases gemessen und daraus der Kraftstoffinhalt im Speicher berechnet. Um zu verhindern, dass große Mengen Gas aus dem Speicher austreten, falls die Leitung vom Speicher abreißen sollte, sind die Druckspeicher mit einem Durchflussbegrenzer ausgestattet. Alle notwendigen Armaturen, also Sicherheitsventile sowie Betankungs-, Absperr- und Magnetventile und Druckregler werden in einem einzigen Ventilkopf (**Bild 7.7-4**), der direkt an der Flasche angeordnet ist, integriert.

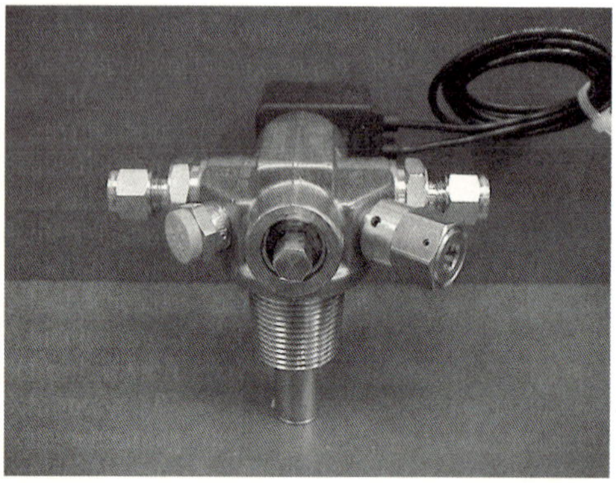

Bild 7.7-4 Absperreinheit für Druckgas (Quelle Rotarex)

Bei der schnellen Betankung erwärmt sich das Gas im Tank durch die Kompression des Gases. Füllt man einen Behälter schnell mit Wasserstoff (350 bar), steigt die Temperatur theoretisch auf ca. 440 K. Wegen der dann geringeren Dichte des Wasserstoffes bedeutet dies eine Verringerung der Speicherkapazität des Behälters um 30 %. Um den Behälter trotzdem vollständig zu befüllen, ist ein Druck von theoretisch ca. 525 bar notwendig. Tatsächlich nimmt die Behälterwand einen Teil der Wärme auf, so dass die Temperatur nur auf ca. 350 K steigt. Dies bedeutet eine Reduzierung der Speicherkapazität um 12 % bzw. einen Überdruck von 15 % (400 bar) [7]. Um aber eine nahezu 100 % Befüllung des Tanks zu erreichen, sind folgende Lösungen möglich: niedrigere Befüllgeschwindigkeit, höherer Betankungsdruck und/oder unterkühlte Betankung (ca. –40 °C).

7.7.5 Kraftstoffbehälter und Kraftstoffsysteme für tiefkalt flüssige Gase

7.7.5.1 Kraftstoffbehälter

Kryobehälter bestehen aus zwei Hüllen (siehe **Bild 7.7-5**), zwischen denen sich eine Vakuum-Superisolation befindet. Durch das Vakuum werden die Konvektion, durch die reflektierenden Aluminiumfolien und Glasfasermatten zur Abstandshaltung der Folien die Strahlung minimiert, dadurch können die

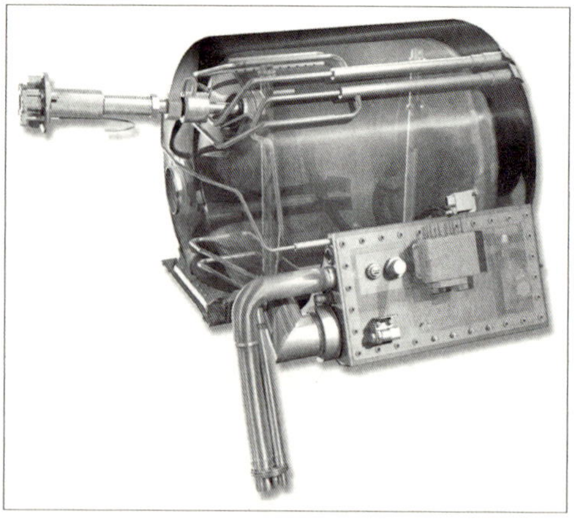

Bild 7.7-5 Kryospeicher (Quelle: BMW AG)

Werte des Wärmeeintrags auf unter 1 W begrenzt werden. Über die Aufhängung des Innentanks und die Rohrleitungen werden zusätzlich jeweils ca. 1 Watt Wärme eingetragen. Auch bei diesem geringen Wärmeeinfall siedet das flüssige Erdgas bzw. der flüssige Wasserstoff und der Druck im Kryobehälter steigt an. Bei Erreichen des maximal zulässigen Betriebsdruckes entweicht das Gas über ein Überströmventil [8]. Das Gas kann dann primär in einer Brennstoffzelle genutzt oder in einem Boil-off-Managementsystem oxidiert oder in die Atmosphäre abgegeben werden. Auch Kryobehälter sind mit zwei voneinander unabhängigen Druckbegrenzungseinrichtungen ausgerüstet, die den Speicher öffnen, falls der höchstzulässige Druck überschritten werden sollte [9].

7.7.5.2 Kraftstoffsysteme

Die Förderung des Gases erfolgt bei Kryobehältern in der Regel über das Druckgefälle zwischen dem Speicher und dem Gemischaufbereitungssystem der Brennstoffzelle oder des Motors. Der Druck im Kryobehälter kann aufgebaut oder aufrecht erhalten werden, indem durch eine Heizung der flüssige Kraftstoff kontrolliert verdampft wird. Dies kann als elektrische Heizung oder mit erwärmtem Kraftstoff indirekt über einen Wärmetauscher erfolgen. Der Kraftstoff kann dem Tank flüssig oder gasförmig entnommen werden. Je nach Entnahmeprinzip ist das System der Kraftstoffvorwärmung anzuordnen und auszulegen. Vorzugsweise wird die dazu erforderliche Wärmeenergie in Form von Abwärme des Verbrauchers dem System zur Verfügung gestellt. Für alle Systeme ist eine tanknahe Absperrvorrichtung erforderlich. Dies bedeutet bei kryogenen Systemen, dass Ventile im Bereich des tiefkalten Kraftstoff anzuordnen sind. Derartige Ventile, deren Verschleißteile austauschbar sind, wurden entwickelt und sind jetzt verfügbar. Baugruppen, bei denen Leckagen von Kraftstoff möglich sind, wie zum Beispiel Ventile oder Wärmetauscher, werden in einer gasdichten Nebensystemkapsel untergebracht. So können Kraftstoffleckagen aufgefangen, detektiert und gezielt entsorgt werden. Die Messung der Füllhöhe erfolgt in Kryobehältern über kapazitive Sonden oder über die Änderung des temperaturabhängigen Widerstandes einer Sonde. Die Betankung von kryogenen Systemen erfolgt mit unterkühltem Kraftstoff. Der Kraftstoff wird in den Tank eingesprüht. Dadurch kommt es an den unterkühlten Tröpfchen zur Kondensation des Gases im Tank. Die Rückgasmenge wird dadurch erheblich reduziert oder kann bei flüssigem Erdgas sogar fast vollkommen verhindert werden. Die Betankung erfolgt deshalb meist über zweiflutige Kupplungen, die es zulassen, dass gleichzeitig flüssiger Kraftstoff aufgenommen und Rückgas abgegeben werden kann. Im Rahmen eines internationalen Konsortiums wurde eine nutzerfreundliche Kupplung für Flüssigwasserstoff entwickelt, die weltweit standardisiert werden soll [10]. Die Kraftstoffsysteme sind für Fahrzeuge mit Brennstoffzellenantrieb und verbrennungsmotorischem Antrieb prinzipiell identisch (**Bild 7.7-6** zeigt ein Fahrzeug mit Brennstoffzellenantrieb). Beim BMW Hydrogen 7, dem ersten Serienfahrzeug mit Verbrennungsmotor und Flüssigwasserstoffspeicher ist die Kraftstoffversorgungsanlage in Heck des Fahrzeugs untergebracht. Der Tank befindet sich im crashgeschützten Bereich über oder vor der Hinterachse, die Kraftstoffaufbereitungseinrichtungen (Ventile, Sensoren, Wärmetauscher) in einer direkt am Tank integrierten Nebensystemkapsel (**Bild 7.7-7**).

Bild 7.7-6 Wasserstoff-Versorgungssystem in einem Fahrzeug mit Brennstoffzellenantrieb (Quelle: Adam Opel GmbH)

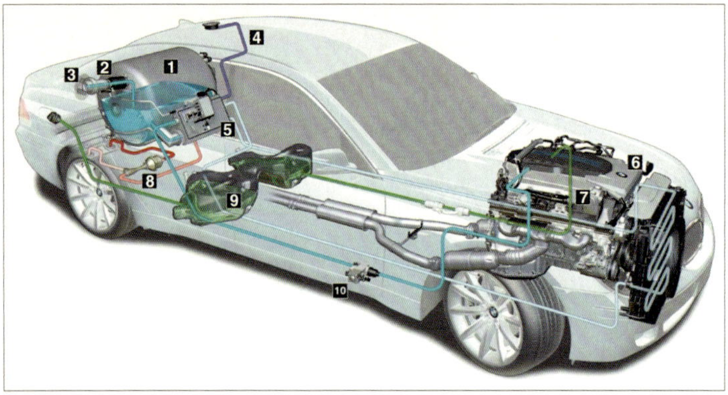

Bild 7.7-7 Wasserstoff-Versorgungssystem in einem Fahrzeug mit Verbrennungsmotor (Quelle BMW AG)
1 Flüssigwasserstoff-Behälter, 2 Tankklappe Wasserstoff, 3 Tankkupplung, 4 Sicherheitsabblaseleitung, 5 Nebensystemkapsel, 6 Bivalenter Verbrennungsmotor, 7 Sauganlage mit H2 Rail, 8 Boil-off-Management-System, 9 Benzintank, 10 Druckregler

Zum Antrieb führt eine Wasserstoffleitung für gasförmigen Wasserstoff mit etwa Umgebungstemperatur, sowie Kühlwasserleitungen, die über das Kühlwasser die Energie zur Erwärmung des Wasserstoffs bereitstellen.

7.7.6 Entwicklungstendenzen

Grundsätzlich sind zwei Hauptgebiete der Entwicklung sichtbar, die Integration von Tankssystemen in das Fahrzeug und die Entwicklung automobilgerechter Komponenten [11]. Kraftstoffsysteme für unter Normalbedingungen gasförmige Medien haben bezogen auf den Energieinhalt einen mehrfachen Bauraumbedarf, beispielsweise ca. 4-fachen Raumbedarf für Flüssigwasserstoff gegenüber Benzin. Für künftige Fahrzeuggenerationen sind deshalb Konzepte zu entwickeln, die dem großen Raumbedarf des Tanks Rechung tragen, den Nutzwert des Fahrzeugs sicherstellen und zugleich eine sichere Unterbringung im Fahrzeug gewährleisten [12].

Aus Kostengründen werden Systeme mit einem Speicher bevorzugt, deshalb werden zunehmend Konzepte mit einer Anordnung in einem zentralen Mitteltunnel verwirklicht.

Sowohl für Systeme mit kryogener Speicherung als auch für Drucksysteme mit Drücken über 350 bar werden Bauteile entwickelt, die einen sicheren und uneingeschränkten Einsatz im Fahrzeug zulassen und gleichzeitig kostengünstig sind. Weiter sind Betankungseinrichtungen und -Verfahren zu entwickeln und weltweit zu standardisieren um einen reibungslosen Betrieb der neuen Technologie sicherzustellen. Um den Betankungsprozess sicher und optimal steuern zu können werden, sind Datenschnittstellen zur Kommunikation zwischen Fahrzeug und Tankstelle zu entwickeln und zu standardisieren.

Die überkritische Wasserstoffspeicherung mit (ca. <20 bar) und hohem überkritischem Boil-off Druck (bis 350 bar) weist interessante Potenziale bzgl. einer hohen Speicherkapazität (10 kg H_2 in 150 l Speichervolumen bei <300 l Systemvolumen) bei deutlich verlängerten verlustfreien Druckaufbauzeiten (>10 Tage) und Standzeiten (mehrere Monate) auf [12]. Interessant scheint auch das Industrialisierungs- und Kostenpotenzial einer vereinfachten MLI Super-Isolation, die durch geringere thermische Anforderungen des Speichersystems möglich wird. Weitere Forschungsaktivitäten werden Aussagen zur Realisierbarkeit bringen müssen.

Literatur

[1] „Übereinkommen über die Annahme einheitlicher technischer Vorschriften für Radfahrzeuge, Ausrüstungsgegenstände und Teile, die in Radfahrzeuge eingebaut und/oder verwendet werden können, und die Bedingungen für die gegenseitige Anerkennung von Genehmigungen, die nach diesen Vorschriften erteilt werden, Regelung Nr. 110: Einheitliche Bedingungen für die Genehmigung der I. Speziellen Bauteile von Kraftfahrzeugen, in deren Antriebssystem komprimiertes Erdgas (CNG) verwendet wird, II. Fahrzeuge hinsichtlich des Einbaus spezieller Bauteile des genehmigten Typs für die Verwendung von komprimiertem Erdgas (CNG) in ihren Antriebssystemen“ (ECE-R-110) vom 28. Dezember 2000

[2] „European Integrated Hydrogen Project“ EIHP (http://www.eihp.org/)

[3] *Hämmerl, A.; Kramer, F.; Langen, P.; Schulz, G.; Schulz, T.*: BMW-Automobile für den wahlweisen Benzin- oder Erdgasbetrieb. Automobiltechnische Zeitschrift Heft 12/95

[4] *Sirosh, N.*: High Pressure Hydrogen Storage: Lessons-Learned and the Path Forward. The 2003 Hydrogen Production & Storage Forum

[5] *Wozniak, J. J.*: The John Hopkins University Applied Physics Laboratory, Advanced Natural Gas Vehicle Project, 1998

[6] *Andreas T.E.* Neues Sicherheitssystem für H2 Druckgasbehälter HZwei 04/06

[7] *Berry, G. D., Martinez-Frias, J., Espinosa-Loza, F., Aceves, S. M.*: Hydrogen Storage and Transportation, Encyclopedia of Energy, Academic Press

[8] Gase Handbuch: Messer Griesheim, 3. Auflage, 1989

[9] *Pehr, K.*: Experimentelle Untersuchungen zum Worst-Case-Verhalten von LH2-Tanksystemen. VDI-Berichte Nr. 1201 S. 57–72, VDI-Verlag Düsseldorf, 1995

[10] *Danner, S.*: Liquid Hydrogen Refueling Coupler – Series Production Status as a Premise for Standardization, hydrogen.tech, München 2006

[11] *Brunner, T.*: Liquide Hydrogen Storage for Passenger Car Application – Roadmap to Mass Market, Hyderogen Production & Storage Forum, Vancouver, 2006

[12] *Lapetz J.; Natkin R.; Zanardelli V.*: The Design, Development, Validation and Delivery of the Ford H2 ICE E-450 Shuttle Bus, International Symposium on Hydrogen Internal Combustion Engines, Graz, 2006

[13] *Aceves, S.; Berrry, G.; Weisberg, A.; Perfect, S.; Espinosa, F.*; Advanced Concepts for Vehicular containment of Compressed and Cryogenic Hydrogen, 16th World Hydrogen Energy Conference, Lyon, 2006

8 Elektrik/Elektronik/Software

8.1 Bedeutung Elektrik/Elektronik/ Software für das Automobil

8.1.1 Einleitung

Steigende Anforderungen hinsichtlich Sicherheit, Umweltschutz und Komfort führten in den vergangenen Jahren zu einem starken Anstieg der Fahrzeugfunktionen. Wesentliche Treiber dafür waren verschärfte Abgas- und Sicherheitsbestimmungen; in den letzten Jahren kamen komplexe Infotainment- und Assistenzsysteme hinzu, die nur durch ein Zusammenwirken mehrerer Steuergeräte realisiert werden konnten. Deren intuitive Bedienung sowie Personalisierung der Funktionen erforderte eine systemübergreifende Mensch-Maschine-Schnittstelle (HMI – Human Machine Interfaces). Durch die massiv gestiegene Anzahl an elektrischen Verbrauchern nahm auch der Energiebedarf deutlich zu, sodass über elektronische Energiemanagementsysteme ein ausgeglichener Energiehaushalt sichergestellt werden musste.

Die Integration zusätzlicher Funktionen führte dazu, dass innerhalb kurzer Zeit die Zahl der Steuergeräte in modernen Fahrzeugen um den Faktor 2–3 auf etwa 40 Steuergeräte gestiegen ist **(Bild 8.1-1)**. Über verschiedene Bussysteme (z.B. CAN, LIN, MOST) sind die Steuergeräte eng miteinander vernetzt.

Die gewachsenen Ansprüche der Kunden konnten im Wesentlichen durch den zunehmenden Einsatz von Elektronik befriedigt werden, deren Technologie in den letzten Jahren enorme Fortschritte zu verzeichnen hatte **(Bild 8.1-2)**. Rechenleistung und Speicherdichte stiegen in den vergangenen Dekaden exponentiell an, während die relativen Hardwarekosten überproportional sanken.

Die zunehmende Bedeutung der Elektronik hat die Automobilindustrie in den letzten Jahren geradezu revolutioniert und verlief in mehreren Phasen [3]. In der Anfangsphase wurden bei der Konstruktion neuer Systeme die Eigenschaften bewusst auf die mechanischen und elektrischen/elektronischen Teilsysteme verteilt, um ein optimales Einzelsystem zu erhalten. Die Innovationsphase ist gekennzeichnet durch die Einführung der Datenbussysteme, insbesondere des CAN [4]. Die Vernetzung bildet die Grundlage der eigentlichen Revolution, da sie es ermöglicht, Funktionen auf mehrere Steuergeräte zu verteilen. Die zunehmende Integration von Mobiltelefonen in das System Fahrzeug bietet sogar die Möglichkeit, Daten mit der Umwelt auszutauschen.

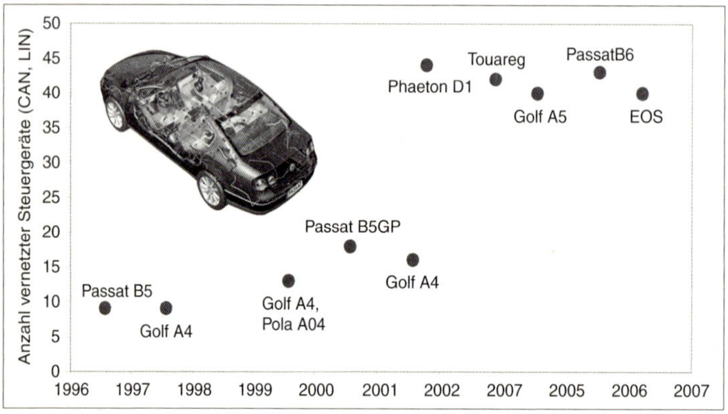

Bild 8.1-1 Entwicklung der Steuergeräteanzahl in Kraftfahrzeugen, am Beispiel vonVolkswagen

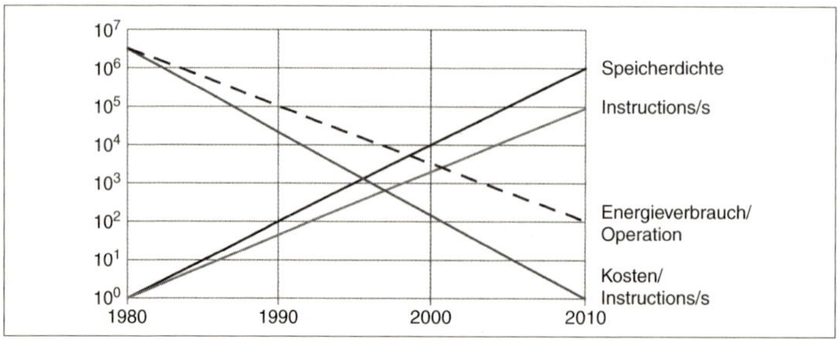

Bild 8.1-2 Entwicklung von Hardware-Performance und -Kosten

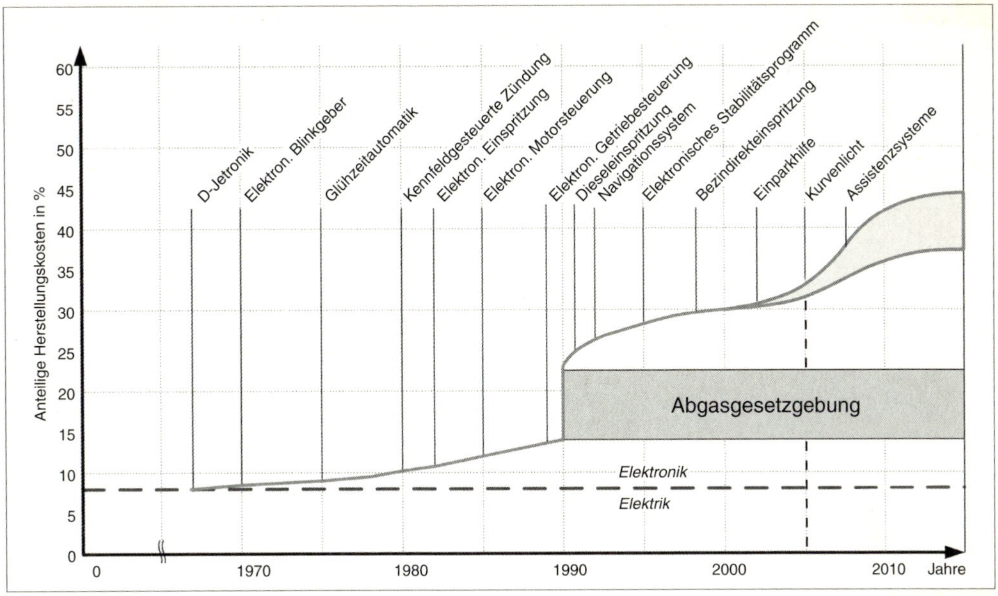

Bild 8.1-3 Entwicklung der anteiligen Herstellkosten für Elektronik nach [3]

Der Anteil der Elektroniksysteme an den Herstellkosten des gesamten Fahrzeugs ist stetig gestiegen. Zur Zeit liegt er je nach Ausstattungsvariante bei ca. 20 Prozent. Die Wertschöpfung hat sich von der Mechanik zur Elektronik und Software verlagert [18]. Neuere Prognosen gehen davon aus, dass sich dieser Verlagerungseffekt weiter fortsetzen wird (**Bild 8.1-3**).

Qualitätssichernde Maßnahmen haben dazu geführt, dass die Ausfallsicherheit von Bauteilen und Teilsystemen deutlich erhöht werden konnte (**Bild 8.1-4**, links). Die gestiegene Anzahl von Steuergeräten bei gleichzeitig starker Erhöhung der Funktionalität hat zur Folge, dass Anzahl und Umfang der Funktionen pro Steuergerät deutlich zugenommen haben und jedes Steuergerät zu einem Konstrukt hoher Komplexität geworden ist. Das vernetzte Gesamtsystem Fahrzeug hat vielstufige funktionale Wechselwirkungen und dynamische Abhängigkeiten, die trotz umfangreichen Wissens über Komponenten- oder Teilsystemverhalten nur schwer zu beherrschen sind. Hinzu kommt eine Heterogenität bei Bussen, Subbussen, Protokollen und Gateways sowie bei den Prozessen [16].

Von dieser Entwicklung ist nicht ein Kfz-Hersteller allein betroffen, sondern alle OEMs stehen vor derselben Herausforderung. In jüngster Vergangenheit sind die Auswirkungen besonders deutlich bei Fahrzeugen im Premiumsegment zu Tage getreten, da diese Fahrzeuge eine sehr hohe Funktionsdichte und Komplexität aufweisen, die nur noch mit großem Aufwand zu beherrschen ist (**Bild 8.1-4**, rechts).

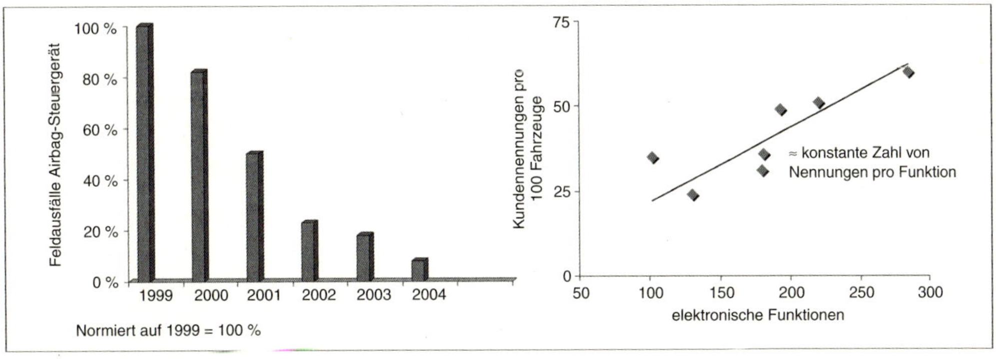

Bild 8.1-4 Ausfallsicherheit am Beispiel des Airbag-Steuergeräts (links) [2], Qualitätsprobleme in Abhängigkeit der Zahl elektrischer Funktionen (rechts) [9]

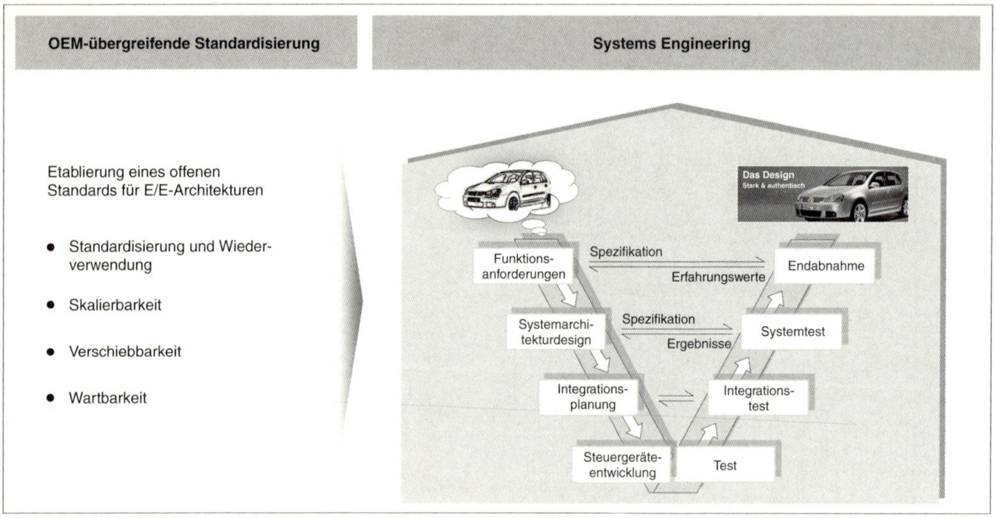

Bild 8.1-5 Unterstützung des Systems Engineering durch Standardisierung

Elektronik wird auch künftig als wesentlicher Innovationsmotor der Automobilindustrie gesehen. Auf sie entfallen in Zukunft ca. 90 Prozent aller Innovationen im Automobil, von denen wiederum bis zu 80 Prozent in Software realisiert werden [19]. Um die steigende Komplexität weiterhin beherrschen zu können, müssen neue Anforderungen an Entwicklungsprozess und Technologie erfüllt werden.

8.1.2 Neue Anforderungen an Entwicklungsprozess und Technologie

Das Beherrschen der wachsenden Systemkomplexität wird für Fahrzeughersteller und Zulieferer wettbewerbsentscheidend, vor allem wenn Zeitbedarf, Kosten und Qualität des Entwicklungsprozesses betrachtet werden. Eine ganzheitliche Entwicklung der Fahrzeugelektronik wird unter Fortführung der heutigen, komponentenorientierten Bauteilentwicklung nur noch mit enormen Aufwand möglich sein, weil die Funktionen zunehmend miteinander vernetzt und auf mehrere Steuergeräte verteilt werden. Eine übergreifende Betrachtung des Systems Fahrzeug und seiner Teilsysteme ist Voraussetzung für qualitäts- und termingerechte Markteinführung zukünftiger Innovationen auf Basis einer leistungsfähigen Systemarchitektur und -integration. Dazu ist es notwendig, den Betrachtungshorizont von der Ebene der Bauteilschnittstellen auf die Ebene der Funktionsschnittstellen zu erweitern.

Diese Vorgehensweise stellt die vom Kunden gewünschte Funktion – unabhängig von der Hardware – in den Mittelpunkt der Entwicklung und bildet die Grundlage für die anschließende Umsetzung in Softwaremodule sowie deren Verteilung auf Steuergeräte. Zudem lassen sich die Softwaremodule flexibel einsetzen und wieder verwenden sowie Funktionsumfänge an die Anforderungen der jeweiligen Fahrzeugklasse vom Kleinwagen bis hin zum Premiumfahrzeug skalieren. Bisher fehlte allerdings noch eine geeignete, OEM-übergreifende und standardisierte Architektur, Softwaremodule ohne Änderungen auf unterschiedliche Hardwareplattformen verschiedener OEMs zu portieren.

Konsequentes Systems Engineering [7] unterstützt durch Standardisierung ist die Voraussetzung, sowohl die Komplexität zu beherrschen als auch kürzeren Technologielebenszyklen und steigenden Qualitäts- und Sicherheitsanforderungen gerecht zu werden. Sowohl die Spezifikation als auch die Integration softwarebestimmter Systeme muss damit zur Kernkompetenz der Automobilhersteller werden. Eine qualitätsgerechte Softwareentwicklung ist ohne strukturierte Entwicklungsabläufe nicht mehr möglich. Die Herausforderung besteht darin, die linke und rechte Seite des V-Diagramms über die Sprossen miteinander zu vernetzen und dies in der Organisation abzubilden, (**Bild 8.1-5**).

8.1.3 Systems Engineering

Ziel des Systems Engineering ist es, sich künftigen technologischen Herausforderungen zu stellen und die Anforderungen weltweiter Märkte unter Berücksichtigung der Unternehmensentwicklung zu erfüllen (**Bild 8.1-6**).

Dabei verfolgt das Systems Engineering den interdisziplinären Ansatz, komplexe Systeme in ihrer Gesamtheit zu verstehen, deren Komplexität zu beherrschen und diese letztendlich in hoher Qualität umzusetzen. Systems Engineering fokussiert in einer

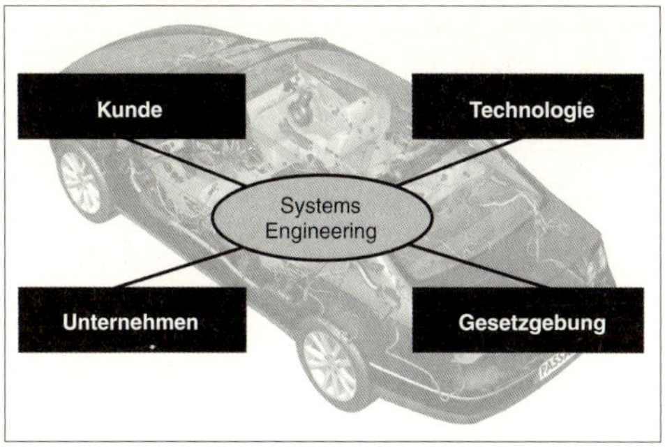

Bild 8.1-6 Ganzheitliche Sicht der Produktentwicklung beim Systems Engineering

frühen Phase des Entwicklungsprozesses auf Kundenwünsche und die daraus resultierenden Funktionen. Diese Vorgehensweise erfordert eine ganzheitliche, integrierte Sicht der Anforderungen an die Fahrzeugentwicklung, die den gesamten Produktlebenszyklus, d.h. von der Fertigung eines Fahrzeugs über den Kundendienst bis hin zur Verwertung erfasst. Insbesondere sind die möglichen Einflüsse der schnelllebigen Elektroniktechnologien bei den Schnittstellenanforderungen zu berücksichtigen, da eine Fahrzeugreihe bis zu 20 Jahre betreut werden muss (**Bild 8.1-7**). Der dazugehörige Entwicklungsprozess wird im Folgenden vertieft.

8.1.3.1 Eigenschaften des Entwicklungsprozesses

Die Ziele des Systems Engineering können nur durch eine methodische Vorgehensweise erreicht werden. Zudem ist es erforderlich, dass Vorgaben und Beschreibungen von Funktionen folgende Eigenschaften aufweisen:

- Klarheit
- Vollständigkeit
- Nachvollziehbarkeit
- Widerspruchsfreiheit/Konsistenz
- Verbindlichkeit
- Realisierungsunabhängigkeit
- Eindeutigkeit und
- Wiederverwendbarkeit.

Die Funktionsbeschreibungen und -vorgaben können mit Hilfe des Requirements Engineering (s.u.) so verfasst werden, dass die ersten sechs Anforderungen vollständig erfüllt werden. Die Beschreibung der für den Kunden erlebbaren Funktionen steht im Mittelpunkt. Durch Modellierung und Simulation von Funktionen kann zusätzlich eine Eindeutigkeit der Funktionsdarstellung sichergestellt werden. Erfolgt die Beschreibung unabhängig von einer möglichen Implementierung, wird implizit deren Wiederverwendung ermöglicht; einmal erstellte Funktionsbeschreibungen lassen sich für Folgeprojekte verwenden, auch wenn die Technologie zur Umsetzung sich zwischenzeitlich geändert hat. Die Vorteile dieser Methodik werden insbesondere sichtbar, wenn Funktionen vom OEM spezifiziert und anschließend vom Zulieferer in Software umgesetzt werden. Anforderungsdokumente sind in standardisierter Form vorhanden und lassen keinen Spielraum für mögliche Fehlinterpretationen sowie für fehlerhafte und unvollständige Funktionsumsetzungen.

In frühen Phasen der Fahrzeugentwicklung lassen sich zum einen, unterstützt durch Rapid Control Prototyping Verfahren (s.u.) und auf Basis ausführbarer Beschreibungen, Funktionen bereits im Vorfeld erlebbar und entscheidbar präsentieren und dadurch können stabile Konzeptentscheidungen herbeigeführt werden. Zum anderen lassen sich aus präzisen und eindeutigen Funktionsbeschreibungen frühzeitig Testszenarien ableiten, um später in der Integrations- und Testphase die Umsetzung der Kundenfunktionen genau überprüfen zu können. Darüber hinaus eröffnet die Unabhängigkeit der Beschreibung neue wirtschaftliche Möglichkeiten, insbesondere beim Lieferantenmanagement und bei der Förderung des Wettbewerbs.

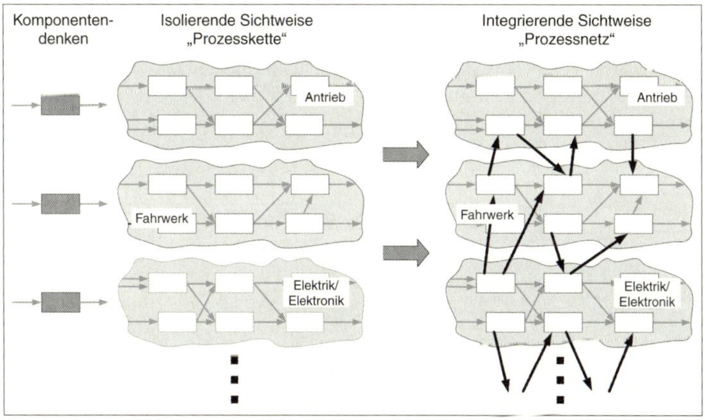

Bild 8.1-7 Systems Engineering bedingt einen Wechsel von der komponenten hin zur funktionsorientierten, domänenübergreifenden Fahrzeugentwicklung [16]

Die Erstellung von Funktionsanforderungen wird aber nur dann wirklich erfolgreich sein und den Reifegrad des zu entwickelnden Produkts deutlich erhöhen, wenn angemessene Methoden, Prozesse und am Ende auch geeignete Tools eingesetzt werden. Die Präzision und Nachvollziehbarkeit der Anforderungen kann durch den Einsatz von Requirements Engineering erreicht werden. Die Eindeutigkeit und auch die Beurteilbarkeit von Funktionskonzepten wird durch den Einsatz von Modellierungstechniken unterstützt, während die Erstellung von frühen Umsetzungen mit Methoden des Rapid Control Prototypings erreicht werden kann.
Diese drei methodischen Ansätze werden im Folgenden näher erläutert.

Requirements Engineering

Requirements Engineering (RE) ist eine Methodik mit dem Ziel, eine explizite mit allen Beteiligten abgestimmte Anforderungs- und Systemspezifikation auszuarbeiten und zu dokumentieren, die als Basis für die weitere Entwicklung dient [6]. So lässt sich u.a. die Vollständigkeit und Konsistenz von Anforderungen erreichen. Die in der Folge reduzierte Anzahl von Änderungen ermöglicht eine intensivere Bewertung jeder einzelnen Änderung. In Summe lässt sich durch diese Effekte der Reifegrad der Entwicklung beurteilen und Ansatzpunkte identifizieren, wie der Reifegrad erhöht werden kann.
Die Anforderungsspezifikation beschreibt sowohl die geforderten funktionalen als auch nicht funktionalen Eigenschaften. Wesentliches Ziel ist dabei eine detaillierte Beschreibung des Verhaltens der zu entwickelnden Funktion im Fahrzeug auf Systemebene. Es wird dabei nur die Funktion beschrieben, die für den Fahrer später auch erlebbar ist. Das Dokument selbst wird nach Themenfeldern untergliedert, insbesondere nach funktionalen und nicht funktionalen Anforderungen. Die Anforderungen sind semantisch zu analysieren, um Vollständigkeit, Konsistenz und Eindeutigkeit der Beschreibung zu gewährleisten. Die Erweiterung der Anforderungen um Modelle ist in vielen Fällen sinnvoll, um das Gesamtverständnis des betrachteten Systems zu verbessern und die Nachvollziehbarkeit der Entwicklung sicherzustellen. Die formalisierte Struktur der Anforderungsspezifikation erlaubt es, Anforderungen zu priorisieren und ihre Umsetzung und Überprüfung zu verfolgen [11].

Modellentwurf/Simulationstest

Modelle bilden die Realität in abstrahierter Form nach. Der Abstraktionsgrad der Modelle richtet sich nach den jeweiligen Ansprüchen. Für die Unterstützung der Anforderungsspezifikation sind die Modelle sehr abstrakt gestaltet, um die Komplexität zu reduzieren und die allgemeinen Abhängigkeiten und Abläufe verständlich darzustellen. Soll der Inhalt der Modelle erlebbar sein, müssen die Modelle detaillierter und vor allem ausführbar gestaltet werden. Hier kommen grafische Beschreibungstechniken wie Blockdiagramme oder Zustandsautomaten zum Einsatz (**Bild 8.1-8**). Blockdiagramme, häufig auch als Datenflussdiagramme bezeichnet, stellen kontinuierliche Daten- oder Signalflüsse dar. Beim Zustandsautomaten hingegen werden diskrete Zustände und die jeweils klar definierten Zustandsübergänge abgebildet. Trotz der grafischen Beschreibung sind diese Techniken als formal oder zumindest semiformal anzusehen, da die verwendeten Modelle weitestgehend eine formale, eindeutige Semantik haben. Das Verhalten ist exakt beschrieben und kann daher nicht falsch interpretiert werden.
Die zu entwickelnden Funktionen lassen sich mit diesen Beschreibungstechniken nach dem Baukastenprinzip zusammenstellen. Unter bestimmten Voraussetzungen ist es auch möglich, die beiden Techniken miteinander zu kombinieren. Für die Modellerstellung sind keine Programmierkenntnisse im herkömmlichen Sinne erforderlich. Die modellierten Inhalte lassen sich überprüfen, sobald die Modelle in ausführbarer Form vorliegen.

Rapid Control Prototyping/Codegenerierung

Simulationen im Labor können nicht alle relevanten Testfälle abdecken. Insbesondere bei dynamischen Systemen ist eine Abarbeitung in Echtzeit am realen Prozess erforderlich. Die Interpretation der Modelle selbst erlaubt keine Abarbeitung in Echtzeit. Dazu müssen die grafischen Modelle in konkrete Programmiersprachen übersetzt werden und in ein Echtzeitbetriebssystem eingebettet werden. Auf geeigneten Rechnern können die übersetzten Modelle in der realen Umgebung zuerst im Labor und anschließend im Fahrzeug erprobt werden. Diese Vorgehensweise wird als Rapid Control Prototyping bezeichnet und hat sich in den vergangenen Jahren etabliert, insbe-

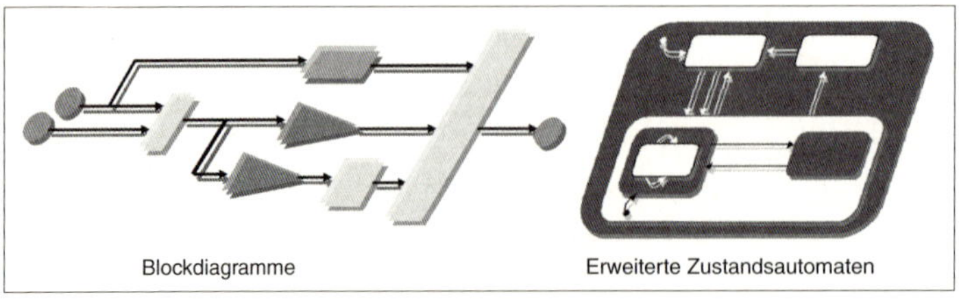

Bild 8.1-8 Grafische Beschreibungstechniken [10]

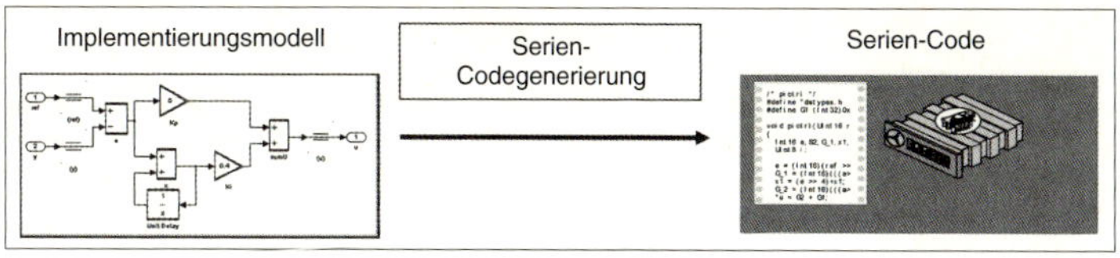

Bild 8.1-9 Automatisierte Codegenerierung für den Serieneinsatz [10]

sondere bei der Entwicklung von Fahrerassistenzsystemen [21]. Dadurch können die zu entwickelnden Funktionen schon in einer sehr frühen Phase im realen Fahrzeug „erlebt“ werden. Die Validierung der Modelle lässt sich realitätsnah durchführen. Zusammen mit der abstrakten Beschreibung können schnell alternative Ideen real getestet werden, sodass in der Folge ein stabiles und abgesichertes Konzept entsteht. Die Risiken und der Aufwand bei der nachfolgenden, kostspieligen Realisierung der Modelle können so minimiert werden.

Die Implementierung eines validierten Modells im Seriensteuergerät wird automatisiert mit Hilfe von Codegeneratoren durchgeführt ([10], **Bild 8.1-9**). Hocheffizienter Seriencode kann automatisiert jedoch nur dann generiert werden, wenn die Modelle in einem angepassten Modellierungsstil erstellt sind. Dazu gehört die Beschränkung auf solche Modellierungselemente, die vom Codegenerator in effizienten Code umgesetzt werden können und mit den begrenzten Ressourcen des Seriensteuergeräts auskommen. Die Verwendung und Einhaltung von Modellierungsrichtlinien ist daher notwendig. Bei Verwendung eines seriennahen Prototyping-Systems oder des Seriensteuergeräts selbst ist ein Test in der realen Umgebung am Prüfstand oder im Fahrzeug möglich [22].

8.1.3.2 Systemintegration

Kernaufgabe des Automobilherstellers bei der Integration ist es, die Funktionssicherheit des elektronischen Gesamtsystems und insbesondere der vernetzten Steuergeräte zu garantieren. Bis vor wenigen Jahren reichte es aus, lediglich einzelne Steuergeräte unabhängig voneinander zu erproben. Heute dagegen sind in immer stärkerem Maße Erprobungen im Systemverbund erforderlich. Offene Signalschnittstellen, die im realen System durch Sensoren bzw. Aktoren bedient werden, werden durch Simulatoren nachgebildet. Zur Durchführung einer stufenweisen Integration der Elektronikkomponenten und deren Funktionsabsicherung ist ein Prozess notwendig, der aus den vier einzelnen, in **Bild 8.1-10** dargestellten und nachfolgend beschriebenen Testebenen besteht. Jede Ebene hat dabei ihre eigene Testschwerpunkte. Folgende Erprobungsumfänge werden berücksichtigt:

- Simulation und Tests der Busphysik und -topologie
- Tests der Botschafts- und Signalebene
- Test des Transportprotokolls
- Entwicklung von Prüfständen und Teststrategien
- Tests realer, vernetzter Steuergeräte im Verbund
- Test der gesamten Vernetzung in einem realen Fahrzeug
- Test des Netzwerkverhaltens im Dauerlauf
- Einhaltung von Prüfnormen und -vorschriften

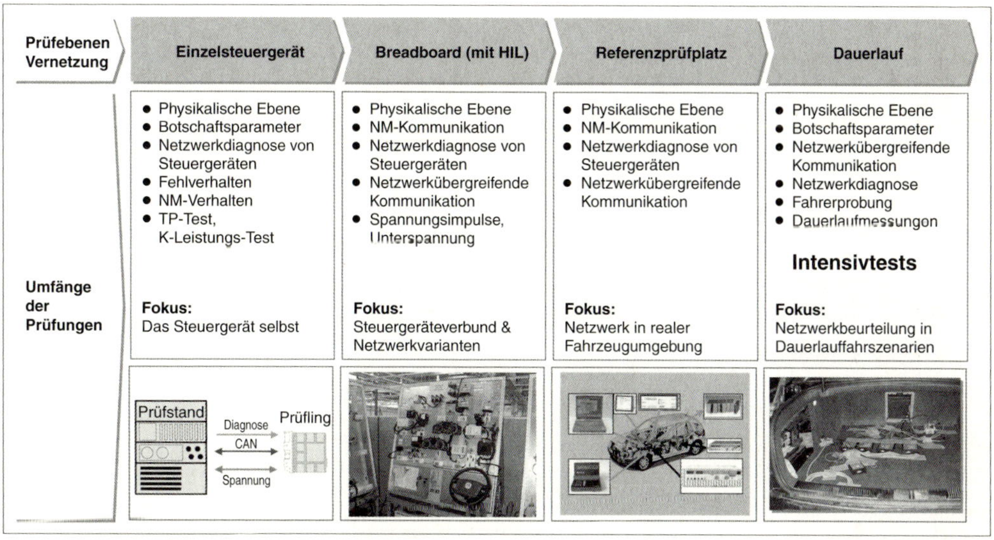

Bild 8.1-10 Prüfebenen der Vernetzung [17]

Testautomatisierung

Um die wachsende Menge der Aufgaben im Testumfeld bei zunehmender Reduzierung der Entwicklungszeit und unter Berücksichtung der Kosten- und Qualitätsanforderungen zu bewältigen, muss ein immer größerer Teil der Tests automatisiert ablaufen. Dadurch können Tests auch während der Nacht und am Wochenende durchgeführt werden („Lights-out-Tests"). Der Zeitgewinn kann wiederum dazu genutzt werden, Testtiefe und Testabdeckung zu steigern. In den späten Entwicklungsphasen hat sich das automatisierte Testen bereits etabliert. Die Tests der Steuergeräte werden mit Hilfe von Hardware-in-the-Loop (HIL)-Simulation durchgeführt. Dazu werden die realen elektronischen Steuergeräte in eine Simulationsumgebung eingebunden. Die Generierung der Sensorsignale sowie die Erfassung und Verarbeitung der Aktorsignale erfolgen dabei in dem echten Zeit- und Werteverhalten. Komplexe Fahrzeugkomponenten wie Motor, Getriebe oder Fahrwerk werden im Simulator über spezielle mathematische Modelle nachgebildet. Großer Vorteil dieser Simulatoren ist, dass die Tests jederzeit reproduzierbar sind. Der Nutzen von HIL-Simulation und Testautomatisierung konnte bereits in vielen Projekten nachgewiesen werden [15].

Einzelsteuergerätetest

Die einzelnen Steuergeräte werden bezüglich ihres spezifischen funktionalen Verhaltens bis zur Schnittstelle geprüft. Die Schnittstelle kann entweder ein Bussystem sein oder aber aus konventionellen Signalleitungen bestehen. Für diese Tests werden HIL-Simulatoren eingesetzt. Auf diese Weise lassen sich Funktionsfehler unter Echtzeitbedingungen aufdecken, die als Einzelfehler im späteren Fahrzeugnetzwerk nur schwer zu diagnostizieren sind.

Weiterhin wird die Grundkommunikation des Steuergeräts überprüft. Um das Verhalten des Steuergeräts im Fehlerfall, vor allem bei Leitungsfehlern, zu analysieren, werden bewusst Fehler injiziert, um die Fehlertoleranz des Prüflings zu bestimmen.

Integrationstests

Bei der nächsten Teststufe werden die Wechselwirkungen zwischen Funktionen verschiedener Steuergeräte und deren Kommunikation im Verbund überprüft, um festzustellen, ob sich das zusammengesetzte System den Vorgaben entsprechend verhält.

Der so genannte Breadboardtest stellt den ersten Steuergeräte-übergreifenden Test eines vernetzten Systems oder Teilsystems innerhalb des Fahrzeugs dar (**Bild 8.1-11**). Im Gegensatz zu den Komponententests werden die Schnittstellen zwischen den Steuergeräten in die Tests integriert. Dazu werden die Steuergeräte über die Bussysteme miteinander verbunden und mit Sensoren und Aktoren so funktionsnah wie möglich betrieben. Die Eingangsparameter werden über weite Bereiche variiert, die Reaktionen erfasst und ausgewertet. Zusätzlich ist die Möglichkeit der Fehlerinjektion gegeben. Der Prozess kann mit HIL-Simulatoren unterstützt werden. Für jedes Bussystem werden getrennte Breadboardtests durchgeführt.

Bei dem Referenzfahrzeugtest werden elektronische Funktionen an einem exemplarisch aufgebauten Fahrzeug überprüft, das aus einer Fahrzeugkarosse, einem kompletten Fahrzeugbordnetz, den zugehörigen Steuergeräten sowie den Sensoren und Aktoren eines Fahrzeugprojektes besteht. Motor und Getriebe werden weiterhin mit einem eigenen Simulator nachgebildet. Ziel dieses Tests ist es, den Einsatz von Steuergeräten mit neuen Hard- und/oder Softwareversionen abzusichern. Die vernetzten Fahrzeuggrundfunktionen werden dazu nach standardisierten Testumfängen anhand des Prüfkatalogs abgeprüft. Der Schwerpunkt liegt besonders auf Funktionen, die Fahrer und Insassen wahrnehmen.

Gesamtsystemtest

Die Dauerlauferprobung dient der Beobachtung und Analyse von Vernetzungsproblemen in einem realen Fahrzeug im Dauereinsatz. Die Priorität liegt dabei nicht auf den gefahrenen Kilometern, sondern auf der Betriebszeit der elektrischen Komponenten. Schwer-

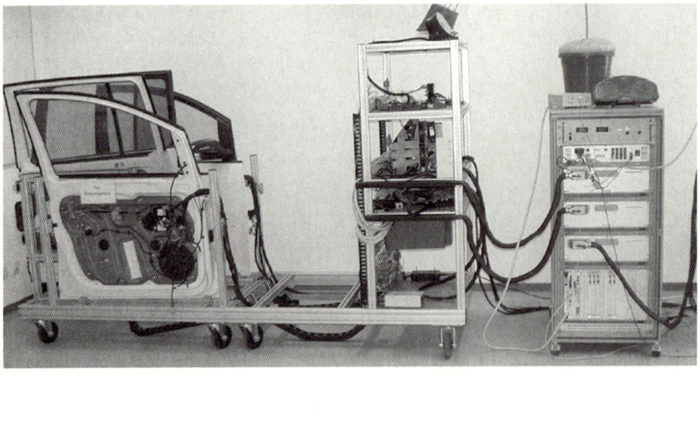

Bild 8.1-11 Breadboardaufbau des CAN-Komfortsystems (inklusive Subsysteme) [17]

punktmäßig wird die Zuverlässigkeit dieser Komponenten wie Scheibenwischer oder Fensterheber bei der Bedienung getestet. Dazu wird ein aus bekannten Fahrszenarien zusammengesetzter Fahrzyklus verwendet.

Die Intensivtests stellen die letzte Station der Integration von Elektronik in ein Fahrzeug dar. Das Gesamtsystemverhalten aus Kundensicht wird in intensiven Prüfungen unter definierten Bedingungen getestet, die die möglichen Einsatzszenarien des Fahrzeugs möglichst exakt widerspiegeln und auch Missbrauchtests enthalten. So werden die Fahrzeuge in Klimakammer auf ihr Verhalten in besonders heißen oder kalten Umgebungen getestet. Es werden aber auch Messungen beispielsweise des Ruhestroms oder des EMV-Verhaltens vorgenommen. Grundlage für die Durchführung dieses Tests sind elektrisch aktuelle Fahrzeuge. Durch eine kontinuierliche Baustandsaktualisierung wird die Verfügbarkeit solcher Fahrzeuge sichergestellt.

Als Abschluss dieses Tests sind die Erprobungsfahrten zu sehen, bei denen die fertigen Fahrzeuge in realer Umgebung auf ihre Funktionsfähigkeit überprüft werden. Auch hier werden Extremsituationen ausgesucht, um das Grenzverhalten der Fahrzeuge festzustellen. Verlaufen diese Tests erfolgreich, steht der Freigabe für die Produktion dieser Fahrzeuge von Seiten des Gesamtsystemverhaltens nichts mehr im Wege.

8.1.4 Neues Technologiekonzept: AUTOSAR

Das Potenzial von Systems Engineering kann nur dann voll ausgeschöpft werden, wenn unterstützende Maßnahmen wie Standardisierungen umgesetzt werden. Seit den 90er Jahren gibt es eine Reihe von Standardisierungsbestrebungen hinsichtlich der Vereinheitlichung von Betriebssystemen (z.B. OSEK), Bussystemen (z.B. FlexRay, Most), Basis Software (z.B. HIS) und Funktionsschnittstellen (z.B. Cartronic). Ein Großteil dieser Bestrebungen wird seit Mitte 2003 unter AUTOSAR zusammengeführt und konzeptionell neu ausgerichtet. AUTOSAR, Automotive Open System Architecture, ist eine Entwicklungspartnerschaft von Automobilherstellern und Zulieferern mit dem Ziel, gemeinsam ein standardisiertes Elektrik/Elektronik (E/E)-Architekturkonzept zu entwickeln, mit dem die steigende Komplexität der E/E-Systeme beherrscht werden kann [17].

Die AUTOSAR Partnerschaft hat eine dreigliedrige Struktur. Sie ist unterteilt in Core Partners, Premium Members sowie Associate Members. Bis auf Associate Members können sie im Rahmen verschiedener Vereinbarungen mit spezifischen Rollen aktiv an den Entwicklungen mitwirken.

AUTOSAR soll als grundlegende Infrastruktur für das Management von Funktionen innerhalb zukünftiger Anwendungen und Standard-Software-Modulen dienen. AUTOSAR berücksichtigt die Bereiche der Karosserie-Elektronik, Antrieb, Fahrwerk, Sicherheit, Multimedia-Systeme, Telematik sowie die Mensch-Maschine-Schnittstelle. Standardisierungen haben bereits zu vielen positiven Effekten innerhalb der Automobilindustrie geführt. AUTOSAR wird diesen Nutzen für Automobilhersteller, Zulieferer sowie für Toolhersteller und neue Entwicklungspartner zur Verfügung stellen.

Die AUTOSAR-Mitglieder wollen bei Automobilelektronik speziell den Grad an Austauschbarkeit von Funktionssoftware erhöhen. Sogar zwischen den Fahrzeugplattformen der Anbieter soll sich eine gewisse Austauschbarkeit einstellen, wenn es sich um nicht wettbewerbsrelevante Funktionen, wie z.B. die Lichtsteuerung, handelt. Komplexe Anwendungen wie Informations- und Assistenzsysteme und erhöhte Komfortstandards sind zentrale Treiber für die AUTOSAR-Partnerschaft.

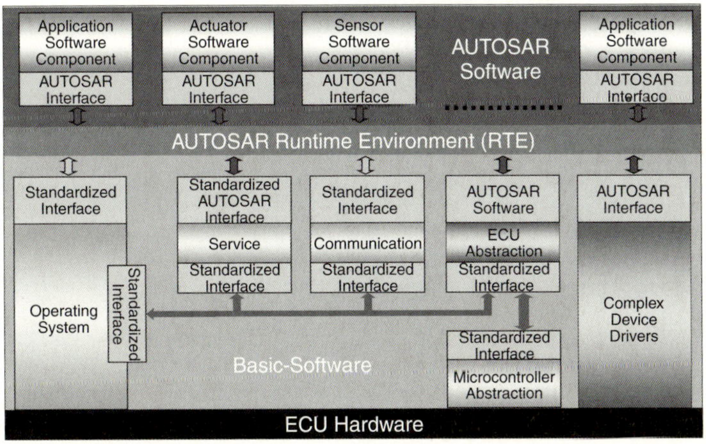

Bild 8.1-12 AUTOSAR Architektur [17]

Die Ziele von AUTOSAR sind klar definiert. Die Implementierung und Standardisierung von Basisfunktionen soll als industrieweite Basic Software etabliert werden. Die Skalierbarkeit über Fahrzeuge, Plattformen und Hersteller ist ebenso unabdingbar wie die Integration von funktionellen Modulen verschiedener Zulieferer. Außerdem sollen Funktionen im Netzwerk verschiebbar sein.

Die AUTOSAR Steuergeräte-Software-Architektur gliedert sich in die Ebenen Applikation, AUTOSAR Run Time Environment (RTE) und Basic Software. Die Applikation wird immer funktionsorientiert spezifiziert und entwickelt. Die Implementierung der Software-Komponenten ist unabhängig von der Infrastruktur. Die Kommunikation von AUTOSAR Softwarekomponenten erfolgt über funktionale Schnittstellen.

Das AUTOSAR RTE bildet die Kommunikationsschicht beim Datenaustausch zweier oder mehrerer Applikationen. Aber auch der Datenaustausch mit der Basic Software wird durch das AUTOSAR RTE übernommen, das jeweils für ein konkretes Steuergerät und die darin vorhandenen Softwarekomponenten generiert wird.

Die Basic Software repräsentiert die Schicht der nichtfunktionalen Standardsoftware. Dazu gehören Standarddienste wie Diagnose oder Speichermanagement. Aber auch die Bereitstellung der Kommunikation (CAN, LIN, FlexRay, I/O, etc.) wird durch die Basic Software realisiert. Wichtig ist in diesem Zusammenhang auch die Abstraktion des Microcontrollers. Zusätzlich können komplexe proprietäre Gerätetreiber notwendig sein, die parallel zur Basic Software einen direkten Zugriff auf die Hardware ermöglichen.

Die AUTOSAR Methode definiert auch die Vorgehensweise bei der Erstellung der Systemarchitektur, die aus der formalen Beschreibung von Software- und Hardware-Komponenten abgeleitet wird, siehe **Bild 8.1-13**. Das Zusammenwirken von AUTOSAR-Softwaremodulen wird im Entwurfsstadium mit Hilfe des „Virtual Functional Bus“ überprüft. Für jedes Softwaremodul existiert eine Beschreibungsdatei, in der die Schnittstelleneigenschaften des Moduls formal beschrieben sind. Bevor das System generiert und die Software implementiert wird, lässt sich auf Basis der „Software Component Descriptions“ prüfen, in wie weit das Zusammenspiel aller Komponenten und Schnittstellen funktionieren kann. Für die Hardware der Steuergeräte existiert ebenfalls eine formale Beschreibung. Die „ECU-Descriptions“ enthält Informationen zu den Schnittstellen und Res-

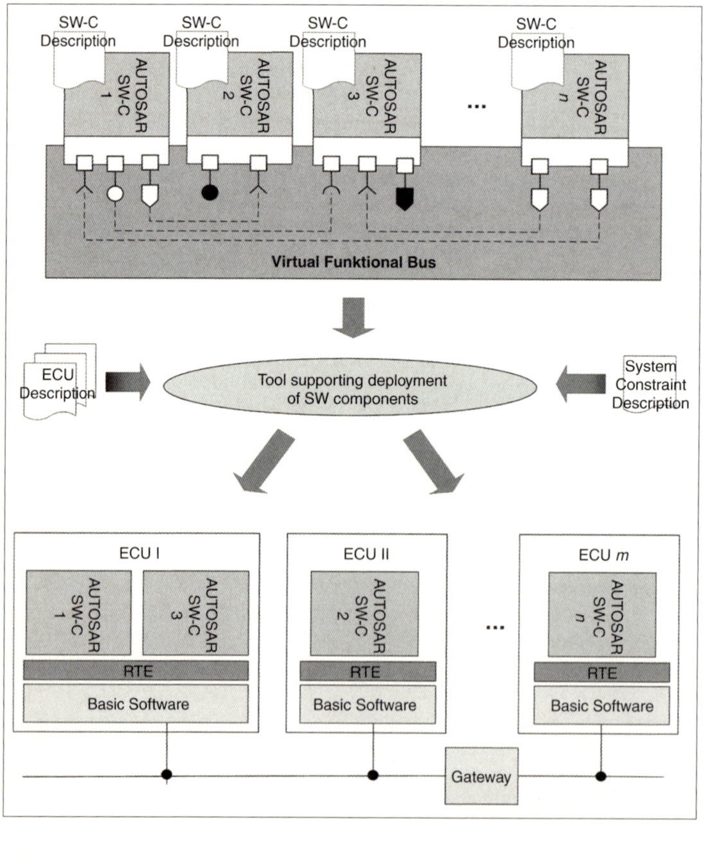

Bild 8.1-13 AUTOSAR Virtual Functional Bus [17]

sourcen der Hardware. Die „System Constraint Description“ beinhaltet die Randbedingungen für das Gesamtsystem. Auf Grundlage dieser formalen Beschreibungen der SW Komponenten, ECU-Ressourcen und des gesamten E/E-Systems kann die Verteilung der SW Komponenten auf die einzelnen Steuergeräte durchgeführt werden. Die Generierung einer geeigneten Systemarchitektur kann durch den Einsatz entsprechender Tools entscheidend unterstützt werden.

In 2004 wurde das AUTOSAR Konzept erstellt. Mitte 2006 wurde die Spezifikationsphase abgeschlossen und die AUTOSAR Methode endgültig definiert, so dass nach erfolgreicher Integration und Validierung Ende 2006 die Technologiereife von AUTOSAR erreicht wurde. OEM-spezifische Serienentwicklungen sind damit möglich. Da die E/E-Architektur der vorhandenen Fahrzeuge nicht schlagartig auf die neue AUTOSAR-Architektur umgestellt werden kann, ist die parallele Verwendung von AUTOSAR-Modulen und bestehenden proprietären Komponenten von vornherein vorgesehen. Ab 2007 geht AUTOSAR in die Phase II und nimmt sich weiterer, neuer Themen an, wie Sicherheitskonzepte und Multimedia.

8.1.5 Ausblick

Wertigkeit und Charakter moderner Kraftfahrzeuge werden zunehmend durch komplexe Softwarefunktionen bestimmt. Neue Funktionen bestehen häufig aus Teilfunktionen unterschiedlicher Zulieferer und sind nur im Systemverbund realisierbar. Die hieraus resultierende, stark wachsende Komplexität der E/E-Architektur stellt für die Automobilindustrie eine Herausforderung dar, die wettbewerbsentscheidend wird. Systems Engineering ist ein ganzheitlicher Ansatz, auf Basis einer funktionsorientierten Entwicklung die E/E-Komplexität zu beherrschen, und zwar unter Berücksichtigung des gesamten Produktlebenszyklus sowie unter Miteinbeziehung aller relevanten Fahrzeugdomänen.

Hilfreich für das Komplexitätsmanagement ist die Entwicklungspartnerschaft AUTOSAR, im Wesentlichen durch deren Standardisierung von Funktionsschnittstellen und nicht wettbewerbsrelevanter Basis Software. Die Weichen sind gestellt, den Paradigmenwechsel von der steuergeräte- hin zur funktionsorientierten Entwicklung zu vollziehen und neue Geschäftsfelder zu eröffnen. Durch die klare Trennung von Hardware und Software und deren Wiederverwendbarkeit gewinnt Software als Produkt an Bedeutung.

Literatur

[1] Automotive Open System Architecture, www.AUTOSAR.org

[2] *Denner, V.*: „Automobilelektronik der Zukunft“, Euroforum Kongress „Elektronik Systeme im Automobil“, München, 2005

[3] *Ehlers, T.*: „Verfahren zur Sicherstellung der Systemintegrität in Fahrzeugen mit vernetzten Steuergeräten“, Braunschweig, Technische Universität, Institut für Elektrische Messtechnik, Dissertation, 2003, ISBN 3-9808181-6-0, 2003

[4] *Etschberger, K.*: „CAN Controller Area Network Grundlagen, Protokolle, Bausteine, Anwendungen“, Hanser Verlag, München, Wien, 1994

[5] *Fischer, P.*: „Moore's Law, die rasante Entwicklung der Technologie“, Vorlesungsunterlagen Digitale Schaltungstechnik, Universität Mannheim, Institut für Technische Informatik, Mannheim 2004

[6] *Fleischmann, A.; Geisberger, E.; Pister, M.*: „Herausforderungen für das Requirements Engineering eingebetteter Systeme“, TUM-INFO-09, Technische Universität München, 2004

[7] INCOSE: ‚Systems Engineering Handbook v2a‘, 2004, www.incose.org

[8] *Isaac, R.*: „Influence of Technology Directions on System Architecture“, Presentation IBM, IBM Research Division, 2004

[9] JD Power IQS ratings: defects per 100 vehicles, October 2003, Summe von „Features and Controls“, „Sound System“, „HVAC“, Quelle: JD Power & Associates; McKinsey and Company

[10] *Klein, T.*: „Modellbasierte Entwicklung von Fahrzeugsoftware in der Automobilindustrie“, Vorlesung Institut Software Systems Engineering, Technische Universität Braunschweig, Braunschweig, 2004

[11] *Klein, T.; Fey, I.; Grochtmann, M.; Conrad, C.*: „Modellbasierte Entwicklung eingebetteter Fahrzeugsoftware bei DaimlerChrysler“, GI-Edition Lecture Notes In Informatics (Rumpe, B.; Hesse, W. Hrsg.): ‚Proceedings Modellierung‘, Marburg, 2004

[12] *Kurzweil, R.*: „The Age of Spiritual Machines: When Computers Exceed Human Intelligence“, Penguin USA, 2001

[13] Mercer Management Consulting: „Technologische Veränderungen und deren Konsequenzen für die Automobilzulieferer und -ausrüster Industrie bis 2010“, Studie, Mercer Management Consulting, München, 2001

[14] *Moore, G.*: „No exponential is forever“, International Solid State Circuits Conference (ISSCC), San Francisco, 2003

[15] *Otterbach, R.; Schütte, F.*: „Effiziente Funktions- und Software-Entwicklung für mechatronische Systeme im Automobil“, Workshop „Intelligente, mechatronische Systeme“, Paderborn, 2004

[16] *Reichart, G.*: „Systems Engineering – ein neues Entwicklungsparadigma für die Automobilindustrie?“ 9. EUROFORUM Tagung Elektronik-Systeme im Automobil, München, 2005

[17] *Scharnhorst, T.*: „Management of the E/E Complexity by Introducing a Software Development Process and the Open System Architecture“, 6th Braunschweig Conference AAET, Braunschweig, 2005

[18] *Schernikau, J.*: „Gestaltung von mechatronikgerechten Organisationen in der Produktentwicklung“, Dissertation, Lehrstuhl für Produktionssystematik des Werkzeugmaschinenlabors (WZL) der RWTH Aachen, Shaker Verlag, 2001, Aachen, ISBN 3-8265-8522-4

[19] *Schleuter, W.*: „Herausforderungen der Automobil-Elektronik“, IKB Unternehmerforum, Köln, 2002

[20] *Scott, S.*: „Designing for the High End“, 10th International Symposium on High Performance Computer Architecture, Madrid, 2004

[21] *Schwab, G.*: „Untersuchungen zur Ansteuerung adaptiver Kraftfahrzeugscheinwerfer“, Dissertation, Technische Universität Ilmenau, Fachgebiet Lichttechnik, Der Andere Verlag, 2003, ISBN 3-8995 9047-3

[22] *Stroop, J.; Köhl, S.; Lamberg, K.; Otterbach, R.*: „Simulation, Implementierung und Test vernetzter, zeitgesteuerter Fahrzeugsysteme“, 4. Symposium „Steuerungssysteme für den Antriebsstrang von Kraftfahrzeugen“, Berlin, 2003

[23] *Scharnhorst, T. et al.*: ‚AUTOSAR – Challenges and Achievements 2005‘ VDI Konferenz „Elektronik im Fahrzeug“, Baden Baden, 2005

[24] *Fennel, H. et al.*: Achievements and exploitation of the AUTOSAR development partnership Convergence 2006, Detroit, 2006

8.2 Das Bordnetz

8.2.1 Bestandteile des Bordnetzes

8.2.1.1 Übersicht

Unter Bordnetz versteht man einen Sammelbegriff für alle zur Verbindung und Versorgung der elektrischen Bauteile eines Fahrzeuges erforderlichen Komponenten, einschließlich der zu ihrer Integration (Befestigung, Einbau) ins Fahrzeug nötigen nichtelektrischen Bauteile. Damit umfasst es wesentlich mehr als die zur Signalübertragung und Energieversorgung erforderlichen Leitungen.

Von den etwa 11 000 Teilen, die laut Stückliste eines Fahrzeugmodells der Elektrik zugeordnet werden, bildet den weitaus größten Umfang das Bordnetz in seinen vielen Ausführungsvarianten (**Bild 8.2-1**).

In **Tabelle 8.2-1** sind die wichtigsten Teilegruppen aufgeführt. Diese sind überwiegend in Kabelsätzen als *Fertigungsmodule* zusammengefasst. Insbesondere Befestigungsteile an der Karosserie, Aggregaten oder anderen Montageeinheiten werden teilweise vor Einbau von Leitungssträngen im fahrzeugbauenden Werk vormontiert.

Obwohl das Bordnetz scheinbar aus einfachen Komponenten in bewährten Technologien hergestellt wird,

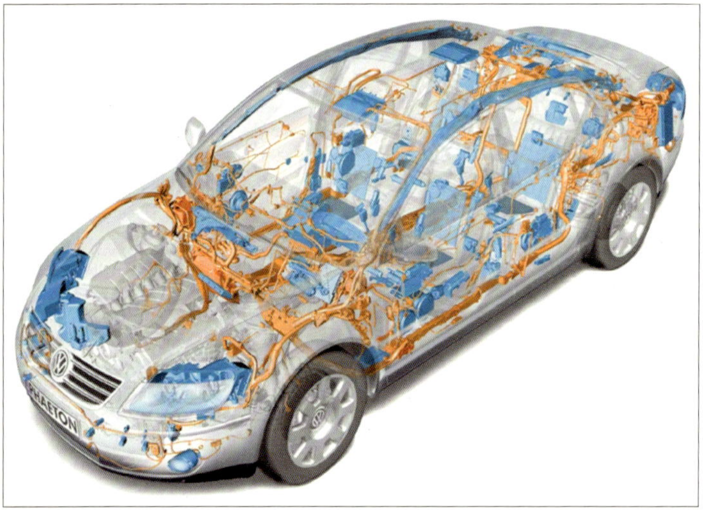

Bild 8.2-1 Elektrikkomponenten (blau) und Bordnetz (braun) eines Oberklasse-Fahrzeuges

Tabelle 8.2-1 Bestandteile des Bordnetzes und einige typische Teilezahlen in einem Fahrzeug der unteren Mittelklasse

Komponente	Typische Anzahl
Hauptleitungssatz aus Leitungssatzmodulen	1 Kundenspezifisch in 40 Mrd. Varianten
Einzelleitungen	613
Steckgehäuse	165
Kontakte	671
Splices (Crimp, Ultraschall- geschweißt)	85
Autarke Leitungssätze (Motor, Tür, Sitz, Cockpit, Frontend, Dach/Himmel…)	12
Kabelschwänze an Komponenten	
Schutzelemente: Schläuche, Wellrohr, Schaumrohr (Klapperschutz)	
Befestigungsteile: Clips, Kabelkanäle	
Formteile: Kabelführungen, Einschäumung	
Relais- und Sicherungsboxen	5
Elektronische Leistungsmodule	1
Massebolzen	

hat seine Ausführung auf die Qualität des Endproduktes Automobil einen großen Einfluss. Infolge der hohen Teile- und Variantenzahl, seiner unhandlichen Form und vieler manueller Fertigungsschritte ist die Beherrschung jedes Details nicht nur in der Konstruktion, sondern stärker als bei allen anderen Elektrikkomponenten in der Logistik und den Fertigungsabläufen von Bedeutung.

Die Vorgehensweise bei der Grundauslegung eines Bordnetzes hat sich über lange Zeit relativ geradlinig dargestellt. Ausgehend von der in Schaltplänen dokumentierten elektrischen Verschaltung vordefinierter Komponenten wurde in den durch die Fahrzeugauslegung vorgegebenen Kabeltrassen eine Leitungsführung entwickelt, die man bei Bedarf durch Unterteilung mittels Steckverbindungen an die Gegebenheiten der Fahrzeugmontage anpasste. Diese Vorgehensweise führt aufgrund des stark angestiegenen Umfangs an elektrisch/elektronischen Systemen in modernen Fahrzeugen nicht nur zu unwirtschaftlichen, sondern auch zu nicht mehr verbaubaren Lösungen.

8.2.1.2 Fahrzeugpackage

Eine immer effizientere Ausnutzung des Innenraums des Fahrzeuges und die wachsende Zahl an Leitungen schränken die Freiheitsgrade des Entwicklers zunehmend ein. Da das Bordnetz keine direkte Kundenrelevanz hat, müssen im Einzelfall immer Kompromisse zugunsten anderer Anforderungen eingegangen werden. Eine gute Auslegung entsteht in der Regel in sehr vielen Iterationsschleifen. Grundlagen für ein gutes Bordnetzkonzept sind ein Fahrzeugpackage (d.h. die Positionierung von Einbauräumen für Komponenten und Kabeltrassen) und eine Elektronik-Systemarchitektur, die aufeinander und auf die Montagefolge des Fahrzeuges abgestimmt sind. Wie in den folgenden Abschnitten gezeigt wird, verlangt dies einen ganzheitlichen Ansatz bei der Konzeption der *E/E-Architektur*, der eng mit der Vorentwicklung der mechanischen Fahrzeugkomponenten verzahnt ist.

Die typischen Kabeltrassen in einem Pkw sind in **Bild 8.2-2** aufgeführt. Inwieweit sie genutzt werden, hängt von der Position der elektrischen Bauteile und den zur Verfügung stehenden Trassenquerschnitten ab. Um den Herstellungs- und Montageaufwand niedrig zu halten, ist eine einfache Struktur des Kabelbaums mit wenigen Abzweigungen und parallelen Zweigen anzustreben.

8.2.1.3 Leitungen

Die Basiselemente zur Erfüllung der funktionalen Aufgaben des Bordnetzes sind Leitungen, Sicherungen, Schalt- und Verteilungselemente. Das Leitermaterial ist überwiegend Kupfer, als Litze ausgeführt, um eine Verlegung in den bezüglich Querschnitt und Krümmung stark variierenden Geometrien zu ermöglichen. Bei Kabelstrecken, die Biegewechselbelastungen unterworfen sind, ist ggf. eine hochflexible Ausführung mit feineren Litzen erforderlich. Aus Gewichtsgründen wird speziell bei den Hauptenergieleitungen mit großem Querschnitt etwa seit dem Jahr 2000 in Serienfahrzeugen vereinzelt Aluminium eingesetzt. Aluminium erfordert andere Verbindungstechnologien. Das bei Kupfer bewährte Crimpen ist hier wegen des Fließverhaltens des Grundmaterials nicht einsetzbar, bewährt haben sich stattdessen Reibschweißverbindungen. Signalleitungen müssen zur Verbesserung von Stör-Ein- und -Abstrahlung verdrillt (twisted-pair) oder als Koaxialleitung eingesetzt werden. Die koaxiale Ausführung mit geflochtenem Schirm ist nur aufwändig zu verarbeiten. Man strebt leicht zu kontaktierende Einzelleiter an, was sich, wie die Sensorleitung zeigt, durch einen beigelegten zusätzlichen Leiter mit leitfähiger Ummantelung realisieren lässt, der mit normalen Crimpkontakten versehen die Verbindung zum Schirm herstellt.

Die bei der Montage auf die Leiter wirkenden Zugkräfte bedingen, dass Einzelleiter mit Querschnitten kleiner 0,5 mm^2 im Fahrzeugbau praktisch nicht einsetzbar sind. Der Querschnitt der meisten Signalleitungen ist nicht durch ihre elektrische, sondern die

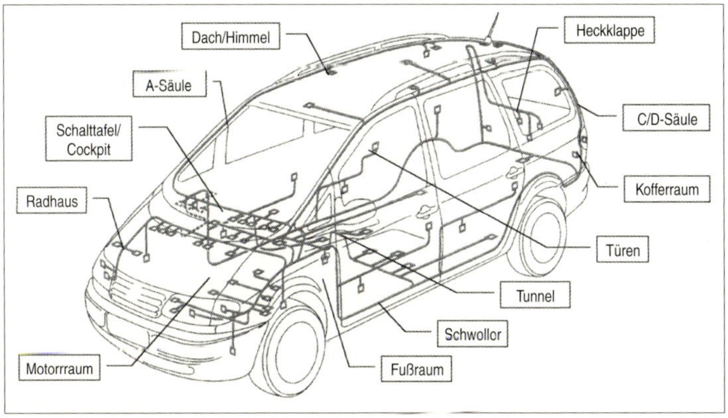

Bild 8.2-2 Typische Kabeltrassen in einem Pkw

mechanische Beanspruchung dimensioniert. Für spezielle Verbindungen wie zwischen Geräten im Infotainment Bereich werden mehradrige Spezialkabel eingesetzt. Da hier meist Punkt-zu-Punkt-Verbindungen herzustellen sind, können die Einzelleiter in Form einer Sonderleitung vorverarbeitet werden. In diesem Fall werden die Zugkräfte von dem Leitungsverbund aufgenommen, so dass auch kleinere Querschnitte eingesetzt werden dürfen.

Als Isolationsmaterial im Fahrzeugbau wird nach wie vor überwiegend PVC eingesetzt. Ersatzstoffe sind aus Umweltschutzgründen seit langem in Untersuchung, konnten sich aber wegen hoher Kosten bisher nicht durchsetzen. Ein durchgängiger PVC-Einsatz erleichtert aber das Recycling der Kabelsätze und verbessert die Umweltbilanz durch Wiederverwendung der Rohstoffe. PVC erreicht seine Grenzen bei hohen Umgebungstemperaturen über ca. 105 °C, wie sie zunehmend in Aggregatenähe erreicht werden. Hier können nur Elastomere (Silikon, bis ca. 150 °C) oder vernetzte Kunststoffe (Teflon o.ä. bis >200 °C) verwendet werden. Neben Temperatur und Umweltverhalten ist der Isolationswerkstoff noch nach Isolierfähigkeit, Flexibilität/Härte, mechanischer Belastbarkeit, Abriebfestigkeit, Medienbeständigkeit und Flammwidrigkeit den Einsatzbedingungen entsprechend auszuwählen.

8.2.1.4 Knotenpunkte

Aus den Anfangszeiten der Fahrzeugelektrik mit rein mechanischen Schaltern hat das Relais als elektromechanisches Funktionselement überlebt. In einer modernen Ausführung aus optimierten und automatisierten Fertigungsprozessen erreicht es akzeptable Qualitätswerte. Vornehmlich bei größeren Strömen (>10 A) hat es noch Kostenvorteile gegenüber Halbleiterschaltern. Es wird in Relais-, Verteil- und Sicherungsboxen verbaut und mit dem Leitungsstrang verbunden, allerdings infolge der Verbreitung elektronischer Steuerungen auch im klassischen Energieverteilungsbereich zunehmend in elektronische Steuergeräte („Bordnetz-Steuergeräte", „intelligente Leistungsmodule", „Schalt- und Auswerte-Modul") integriert (**Bild 8.2-3**). Durch den Aufbau auf Platinen lassen sich wesentlich kompaktere Baugruppen realisieren, da Sockel und Kontakte entfallen, Signalverteilung im Layout direkt statt über Einzelleiter realisiert wird sowie Steuerlogik in Form eines Mikrocontrollers und elektronische Schaltelemente gleich mit integriert werden können.

Die Topologie des Bordnetzes beinhaltet meist mehrere im Fahrzeug verteilte Knotenpunkte, an denen Leitungsmodule über Steckverbinder zu koppeln, Energieleitungen verzweigt und damit erneut abgesichert und ggf. Schaltelemente eingefügt werden müssen. Dies führt auf Koppelstationen (**Bild 8.2-3** oben), deren Volumen meist durch die Steckverbinder und Sicherungselemente bestimmt wird. Zur

Bild 8.2-3 Bordnetzkomponenten: einfache Relais-/Sicherungsbox *(oben links)*, Bordnetzsteuergerät mit Elektronik, Schmelzsicherungen, Relais und Steckeraufnahmen, geöffnet *(unten links)*, verschiedene Bauformen elektromechanischer Relais *(oben rechts)*

internen Verschaltung werden neben Platinen, die schnell ihre Grenzen erreichen, wenn große Ströme zu verteilen sind, Stanzgitter eingesetzt. Beide Technologien bringen den Nachteil relativ hoher Investitionskosten und langer Werkzeuglaufzeiten mit sich, so dass dort, wo große Flexibilität von Bedeutung ist, häufig eine Verschaltung im Leitungssatz zum Einsatz kommt.

8.2.1.5 Sicherungen

Sicherungselemente unterbrechen den Stromfluss im Fehlerfall. Ihre Aufgabe muss immer mit Priorität der Leitungsschutz sein, so dass sie nach elektrischer Belastung und thermischen Eigenschaften der nachgeschalteten Leitungen zu dimensionieren sind. Während in früheren Fahrzeugen oft aus Kostengründen Kompromisse im Absicherungskonzept eingegangen wurden und man sich auf die leistungsführenden Leitungen beschränkte, hat das gestiegene Qualitäts- und Sicherheitsbewusstsein dazu geführt, dass ein – wie in anderen Bereichen der Elektrotechnik üblich – konsequentes Absicherungskonzept allgemeiner Standard ist. Hierdurch bedingt hat die Zahl der Sicherungselemente im Fahrzeug deutlich zugenommen.

Schmelzsicherungen sind mit Abstand die preisgünstigste Ausführung. Dort, wo nur die reine Sicherungsfunktion gegen Leitungsfehler (Kurzschluss o.ä.) zu realisieren ist, werden sie fast ausschließlich verwendet. Ihr Hauptnachteil, die irreversible Auslösefunktion, ist wegen der niedrigen Auftretenswahrscheinlichkeit praktisch nicht von Nachteil. Ihre Auslösecharakteristik kann gut der zu schützenden Leitung angepasst werden. Soll die Sicherung auch Geräteschutzfunktionen übernehmen, z.B. den Schutz eines Verstellmotors gegen Überlastung bei Blockierung (festgefrorene Wischer, Fensterheber u.ä.), werden reversible Elemente wie „Circuit Breaker" mit thermischer Auslösung über Bimetallkontaktstreifen verwendet. Für kleinere Ströme kommen auch rücksetzbare Sicherungen aus leitfähigen Polymeren (Markennamen „Polyswitch", „Polyfuse") zum Einsatz. Bei Überschreitung des Auslösestromes brechen die Polymerketten auf, was zu einer drastischen Erhöhung des Längswiderstands führt. Mit Rücknahme des Laststroms und nach Abkühlung des Elementes kehrt das Material in seinen Ausgangszustand mit guter Leitfähigkeit zurück. Alle nicht automatisch rücksetzenden Varianten sind noch der Einschränkung unterworfen, dass sie nur in für den Nutzer einfach zugänglichen Bauräumen verbaut werden dürfen.

8.2.2 Auslegungskriterien

8.2.2.1 Bestandteile einer qualitätsorientierten Bordnetzauslegung

Fehlerquellen

Aufgrund der hohen Teilezahl, verbunden mit vielen manuellen Fertigungsschritten sowohl bei der Herstellung des Kabelbaums als auch beim Einbau in das Fahrzeug, ist das Bordnetz eine der Hauptfehlerquellen in jeder Qualitätsstatistik. Ursachen für Schäden, die sich entweder als Unterbrechung oder Kurzschluss zeigen, sind

- lockere Kontakte infolge nicht gesteckter oder nicht verrasteter Steckverbindungen,
- mechanische Beschädigung der Isolation durch Scheuern: Besonders gefährlich sind Bewegungen an scharfen Blechkanten, oder – vornehmlich bei Verlegung im Außenraum wie z.B. im Radhaus – durch Sand, Split u.ä.,
- Bruch des Leiters durch Dauerbewegung: Kritisch an Übergängen zu Türen und Klappen sowie zum Aggregat und Fahrwerkteilen,
- Ausfall der Verbindung durch Überhitzung: Entweder elektrisch durch zu hohe Strombelastung oder durch Umgebungstemperaturen, die die Materialgrenzwerte überschreiten,
- Korrosion an Kontaktelementen: Wassereintritt ist selbst bei abgedichteten Steckgehäusen z.B. durch Kapillarwirkung über mehrere Meter im Leiter beobachtet worden,
- Nicht zum Ausfall, aber zu Beanstandungen der Klappergeräusche, führen lose bzw. nicht sauber geführte Leitungen.

Gute Qualitätswerte lassen sich nur durch konsequente Detailarbeit erreichen. Die konstruktive Auslegung muss nicht nur die Beanspruchungen im Betrieb, sondern gleichermaßen während Fertigung und Montage berücksichtigen. Infolge der vielen möglichen Fehlerursachen sollte sie fehlertolerant sein.

Leitungsverlegung

Im Bereich der Leitungsverlegung bedeutet dies, die Kabelstränge so präzise zu führen, dass Berührung mit kritischen Teilen sicher ausgeschlossen werden kann und ein möglicher Schaden bei Fehlverbau trotzdem durch Schutzelemente wie Bandagierung, Schläuche, Wellrohre oder Kabelkanäle verhindert wird.

Insbesondere der Hauptleitungsstrang muss aufgrund seiner Größe und vielen Verzweigungen eng toleriert werden. Hierzu muss er in Bereichen mit großen Krümmungen und engen Platzverhältnissen dreidimensional vorgeformt sein. Dies erreicht man mit Kunststoff-Formteilen, die gleichzeitig die Einzelleitungen zusammenfassen und schützen. Zur exakten Positionierung des Leitungssatzes im Fahrzeug müssen Aufnahmepunkte an der Karosserie (Schweißbolzen, Löcher) und am Leitungssatz (Clipse, Aufnahmen an den Kabelführungen) eng toleriert gesetzt werden. Freie Befestigungspunkte z.B. mit Kabelbindern, die früher üblich waren, dürfen nur an unkritischen Stellen wie an Zwischenpunkten langer geradliniger Trassen (z.B. im Schwellerbereich) vorgesehen werden, da sie keine Sicherheit gegen Fehlmontage (ungenaue Position, „Vergessen" des Montageschrittes) bieten.

Bild 8.2-4 zeigt anhand der Zunahme der verschiedenen Elemente der Leitungsverlegung über drei Generationen eines Fahrzeugmodells den dramatischen Anstieg der Anforderungen in diesem Bereich. Obwohl sich hier auch das Wachstum des Umfangs an Fahrzeugelektrik abbildet, überwiegt der Einfluss durch den in dieser Zeit vorangetriebenen Qualitätsanspruch.

Für bestimmte Sonderleitungen wie Koaxialkabel und insbesondere Lichtwellenleiter, die zur Vernetzung der Infotainment-Komponenten eingesetzt werden, müssen Mindestbiegeradien eingehalten werden, da sie sonst entweder mechanisch geschädigt oder Signale zu stark bedämpft werden. Erreicht wird dies durch geschickte Trassenwahl, meist ist der Einsatz von Formteilen unumgänglich, um auch beim Handhaben der Leitungssätze eine Beschädigung sicher auszuschließen.

Weitere Bauteile für die Leitungsverlegung sind:

Wärmeschutzbleche, die dort zum Einsatz kommen, wo Umgebungstemperaturen die Grenzen verfügbarer Isolationsmaterialien überschreiten.

Tüllen und Faltenbälge, die Leitungen an Übergängen zwischen Bauräumen (Karosserie zu Türen, Deckeln, etc.) gegen mechanische Beanspruchung, Staub und Feuchtigkeitseintritt schützen.

Ähnliche Funktionen erfüllen **Durchführungen.** Die Löcher bzw. Ausschnitte in Karosserieblechen, die zur Durchführung von Leitungen erforderlich sind, weisen oft die vielfache Fläche des Kabelquerschnitts auf, um bei der Montage das Durchfädeln der Steck-

Stückzahl/Jahr	A1-Golf 1977	A1-Golf 1982	A2-Golf 1983	A2-Golf 1990	A3-Golf 1991	A3-Golf 1996
Schweißteile	14	17	3	16	10	7
Kabelclips	13	34	109	172	232	267
Stahlklammern	14	11	5	15	56	67
Kabelbinder	19	41	71	78	10	20
Schrauben	9	5	–	–	24	42
Muttern	3	5	1	1	68	82
Klebebefestigungen	42	27	12	3	17	40
Kabelkanalführungen	–	–	3	3	18	28
Nieten	1	–	–	2	6	8
	115	**140**	**204**	**290**	**441**	**561**

Bild 8.2-4 Entwicklung der Zahl der Befestigungsteile des Bordnetzes über mehrere Fahrzeuggenerationen

verbinder zu ermöglichen. Kritischer Einsatzfall ist aufgrund der hohen Leitungszahl die Durchführung vom Innen- zum Motorraum. Neben der sicheren Abdichtung des Leitungssatzes zum Blech muss auch der Feuchtigkeitseintritt durch Kapillarwirkung zwischen den Einzelleitern verhindert werden. Dies gelingt durch dem Druckgefälle folgende vertikale Leitungsführung mit Bandagierung oder Einbringen elastischer Massen zwischen die Einzelleiter im Durchführungsbereich.

Schrumpfschläuche, mit denen sich kurze Leitungsbereiche schützen und formen lassen.

Sonderleitungen mit robustem umspritzten Mantel ersparen weitere Schutzelemente und werden z.B. in den Radhäusern zum Anschluss der Sensoren an Fahrwerksteilen eingesetzt.

Steckverbindungen

Steckverbindungen im Bordnetz werden manuell gefügt. Die Verbindungselemente sollten konstruktiv so ausgeführt sein, dass alle infolge der Prozessunsicherheiten möglichen Fehler verhindert werden. Praktisch lässt sich dies realisieren, indem alle Montageschritte so abgesichert werden, dass im Fehlerfall der nächste Arbeitsgang nicht vollzogen werden kann. Am Beispiel der Sekundärverriegelung (**Bild 8.2-5** und **Bild 8.2-6**) lässt sich dies Prinzip gut darstellen: Wird der Kontakt nicht so weit in das Gehäuse eingeschoben, dass die Federn im Gehäuse verrasten, steht sein Kasten über die Wirkebene der Sekundärverriegelung hinaus und verhindert das Einschieben des Verriegelungsteils. Dies ragt damit seitlich aus dem Gehäuse und blockiert das Aufsetzen des Steckers auf sein Gegenstück. Sowohl eine einfache Sichtkontrolle als eine Durchgangsprüfung zeigen den Fehler auf.

Man unterscheidet Steckverbinder nach ihrem Verwendungszweck, es gibt Kupplungen und Geräteanschlüsse. Sie bestehen generell aus dem Gehäuse und dem Kontaktteil, das den Strom führt. Das Gehäuse erfüllt folgende Aufgaben:

- Elektrische Isolation zwischen den Kontakten: Bei hohen Spannungen bzw. hohen Eingangsimpedanzen der angeschlossenen Geräte müssen Kriechströme durch in das Gehäuse eingedrungene Feuchtigkeit oder leitfähige Stäube unterbunden werden, dies erfolgt durch entsprechend dimensionierte Kontaktabstände oder zusätzliche Stege, die die wirksame Kriechstrecke zwischen den Kontakten erhöhen.
- Mechanischer Schutz der Kontakte: Selbstverständlich muss das Gehäuse durch Materialwahl und Konstruktion allen bei Montage (Trittfestigkeit) und im Betrieb auftretenden Krafteinwirkungen widerstehen können. Oft übersehen wird allerdings die Möglichkeit, die Kontakte z.B. bei schrägem Zusammenführen der Steckgehäuse zu verbiegen (*Kojiri-Test*). Dies lässt sich durch lange Gehäuseführungen oder zusätzliche Nut-Steg-Führungen verhindern. Bei extremen Ansprüchen (Airbag-Steckverbinder) wird u.U. auch der Schutz bei offenem Steckverbinder gefordert, dann sind mit Scharnieren am Gehäuse angebundene oder lose Schutzhauben sinnvoll.
- Führung und Fixierung des Kontaktes: Durch entsprechende Toleranzen in den Kontaktkammern muss sichergestellt werden, dass das Kontaktelement beim Fügen der Gehäuseteile genügend Bewegungsfreiheit hat, um ohne Verformung sein Gegenstück zu finden, ohne dabei auf Kanten zu stoßen, die den Fügevorgang blockieren. Zur Aufnahme der beim Fügevorgang oder bei Zug an der Leitung entstehenden Kräfte stützt sich das Kontaktelement mittels Rasthaken oder der Kontaktschulter am Gehäuse ab („Wirkebene" in **Bild 8.2-6**). Bei Einschubkontakten kann die Abstützung über die Kontaktschulter nur durch ein parallel zur Wirkebene nach Kontaktmontage eingeführtes Teil realisiert werden. Diese sog. *Sekundärverriegelung* stellt zwar einen Zusatzaufwand dar, ist jedoch zur Realisierung hinreichend großer Kontaktkräfte sinnvoll. Wie oben beschrieben,

kann sie gleichzeitig zur Absicherung des gesamten Montagevorgangs der Steckverbindung genutzt werden.

- Zugentlastung für den Kontakt: Um die Zugkräfte auf die Verbindung von Leitung und Kontakt oder die Belastung der Kontaktverriegelung zu begrenzen, kann eine Zugentlastung erforderlich sein. Oft wird diese einfach durch Anwickeln bzw. Kabelbinder zwischen Leitung und einer passenden Ausformung des Gehäuses erreicht.
- Abdichtung der Kontaktelemente gegen Staub und Feuchtigkeit: Das sicherste Dichtprinzip stellt das radial über mehrere Lippen wirkende elastische Dichtelement dar. Die früher meist verwendeten axial (d.h. in Steckrichtung) wirkenden Dichtungen sind besonders empfindlich gegen Fremdkörper (Staub), da diese die Dichtlippe anheben und damit in kleinen Bereichen öffnen. Die Dichtung zwischen Leitung und Gehäuse erfolgt durch sogenannte *Seals*, zylindrische Silikonkörper mit Bohrung, durch die die Leitung geschossen und die dann in eine rohrförmige Gehäuseaufnahme gepresst werden. Durch die elastische Verformung wird gegen Leitung und Gehäuse radial Druck aufgebaut, wodurch eine wirkungsvolle Dichtung entsteht. Bei hochpoligen Steckverbindern werden auch Silikonmatten oder Gele verwendet. Einzelne Hersteller setzen auch Gussmassen ein. Dichtungen sollten immer innerhalb des Gehäuses liegen, um den Schutz der empfindlichen Lippen gegen Außenwirkung zu gewährleisten.
- Dämpfung mechanischer Schwingungen: Besonders Niederdruckkontakte sind empfindlich gegen Mikrobewegungen der Kontaktzone, wie sie bei Einkopplung von Vibration vom Gehäuse oder von der Leitung entstehen können. Schwingungen werden oft durch die o.g. Seals ausreichend gedämpft, reicht dies nicht aus, muss die Leitung fest an das Gehäuse gekoppelt werden (z.B. mit der Zugentlastung), dann allerdings ist auch auf eine feste Verbindung des Gehäuses mit dem Gegenstück zu achten.
- Verbindung der Steckelemente: Im Fahrzeugbereich am meisten verbreitet sind bei Kunststoffgehäusen einfach aus dem Grundmaterial im Spritzvorgang hergestellte Verriegelungsarme oder solche aus Federstahl. Sie verrasten auf Nasen auf dem Gegenstück. Entscheidend bei ihrer Auslegung ist, dass eine wirksame haptische, akustische und ggf. optische Rückmeldung über die korrekte Verriegelung erfolgt. Dies lässt sich mit der Konturierung der Nase erreichen, die außerdem bis zur vollständigen Verrastung eine so hohe Rückstellkraft erzeugen sollte, dass ein nur teilweise aufgesetzter Stecker so weit zurückgedrückt wird, dass kein elektrischer Stromfluss zustande kommt.
  Bei hochpoligen Verbindungen werden Hebelarme eingesetzt, die über eine Kulissenführung oder einen Zahntrieb die Steckkräfte herabsetzen. Rastarme verhaken sich beim Transport leicht im Leitungsstrang und sind daher durch Kammern oder Stege zu schützen.
  Speziell hochpolige Trennstellen im Feuchtraum werden auch mit Bajonettverschlüssen ausgeführt. Sie benötigen mehr Raum für die Montage, sind aber gut abzudichten und zu handhaben.
- Codierung der Steckverbindung als Sicherheit gegen Fehlsteckung. Im einfachsten Fall erfolgt dies über Einfärbung des Gehäuses, allerdings ist diese Farbcodierung nicht prozesssicher, sie sollte nur als Montagehilfe genutzt werden. Besser sind Formcodierungen, die über die Gehäuseform oder Stege am Gehäuse, die auf Nuten im Gegenstück abgestimmt sind, wirkungsvoll ein Fehlstecken verhindern.
- Gehäuse von Schneid-Klemm-Verbindern werden mehrteilig ausgeführt. Beim Fügen der Gehäusehälften werden die Leiter in die Kontaktschneiden gedrückt.

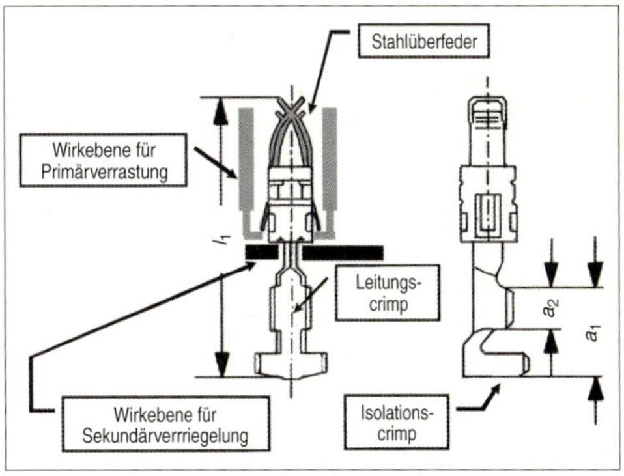

Bild 8.2-5 Funktionselemente eines Flachkontaktes

Kontakte

Eine Kontaktierung erfolgt über Stift und Hülse. Die Funktionselemente eines Kontaktteils sind, **Bild 8.2.5**

a) die **Kontaktzone**, auszulegen nach
   - **Konstruktionsprinzip:** verbreitet für normale Signal- und Energieübertragung sind *Rund-* und *Flachkontakte*. Hohe Ströme (>100 A) oder spezielle Anforderungen wie Schirmung führen zu Sonderaufbauformen. Speziell am Aggregat und an Fahrwerksteilen sind Kontakte extrem durch Vibration beansprucht. Mikrobewegungen der Kontaktzone erzeugen hohen Verschleiß und führen zu vorzeitigem Ausfall. In solchen Fällen werden vornehmlich *Hochdruckkontakte* eingesetzt. Flachkontakte sind heute mit einer *Stahlüberfeder* versehen, die über die Lebensdauer eine hohe und gleichbleibende Kontaktkraft gewährleistet. Der Übergangswiderstand wird außerdem durch

- **Material und** ggf. **Oberflächenbeschichtung** bestimmt, üblich sind Messing, Bronze oder Speziallegierungen, mit Oberflächen aus Zinn oder, speziell für niedrige Ströme, aus Gold. Die Federeigenschaften guter Kontaktmaterialien verändern sich durch Relaxation mit der Zeit, daher werden bei hochwertigen Kontakten Kontaktkräfte über ein unabhängiges Element *(Stahlfeder)* erzeugt.
- der **Strombelastung**; sie bestimmt die Kontaktgröße, bei Flachkontakten wird sie durch die Breite des Messerteils gekennzeichnet. Verbreitet sind die Größen 0,63 mm (<3 A), 1,5 mm (<10 A), 2,8 mm (<20 A), 4,8 mm (<35 A) und 9,5 mm (<70 A).

b) der Leitungsanschluss: Das früher verbreitete *Löten* wird nur noch geräteintern (Leiterplattenanschluss) verwendet, da *Crimpen* **(Bild 8.2-8)** bei richtig ausgelegtem Fertigungsprozess, wie er mit modernen Anschlagautomaten gewährleistet ist, nicht nur preisgünstig, sondern auch qualitativ ohne Einschränkungen einsetzbar ist. Ein guter Crimpanschlag ist zweiteilig.

c) der Gehäuseaufnahme: *Einschubkontakte* benötigen Rastfedern, die den Kontakt nach dem Einschieben im Gehäuse fixieren. Bei Einsatz einer *Sekundärverriegelung* muss das Kontaktgehäuse so gestaltet werden, dass das Verriegelungselement vorbeigeführt werden und Zugkräfte aufnehmen kann **(Bild 8.2-6)**. *Schneid-/Klemm-Kontakte* werden unmittelbar formgebend im Gehäuse fixiert.

Die genannten Stromwerte stellen nur Richtwerte bei normalen Umgebungsbedingungen dar. Wird der Kontakt unter hohen Umgebungstemperaturen wie z.B. im Motorraum eingesetzt, muss er nach der *Derating-Kurve* dimensioniert werden. Sie gibt die Stromtragfähigkeit in Abhängigkeit von der Umgebungstemperatur wieder.

Dabei ist die Wärmeableitung aus der Kontaktzone für die kritische Temperatur am Kontakt entscheidend. Die Verlustleistung wird aufgrund seiner guten Leitfähigkeit im Wesentlichen vom Leiter abgeführt. Somit lässt sich die Belastung eines Kontaktes ggf. durch Überdimensionierung der angeschlagenen Leitung erhöhen.

Das wichtigste elektrische Auslegungskriterium ist der Spannungsabfall am Kontakt. Er bestimmt die Verlustleistung und damit die thermische Belastung, ebenfalls sind seine Rückwirkungen auf den Stromkreis zu bewerten. Der Widerstand im Starterkreis beispielsweise darf Werte von wenigen Milliohm nicht überschreiten, was einen Strompfad über mehrere Kontakte praktisch verbietet. Aus dem Prüfplan **(Tabelle 8.2-2)** sind weitere Auslegungskriterien ersichtlich.

Weitere Qualitätsfaktoren

Für eine hohe Produktqualität sind darüber hinaus schon bei der Konstruktion des Bordnetzes folgende Gesichtspunkte zu berücksichtigen:

- weitgehend automatisierte Fertigung ermöglichen, also bei Wahl der Leitungsstrangstopologie Strukturen in Punkt-zu-Punkt- oder Z-Form bevorzugen

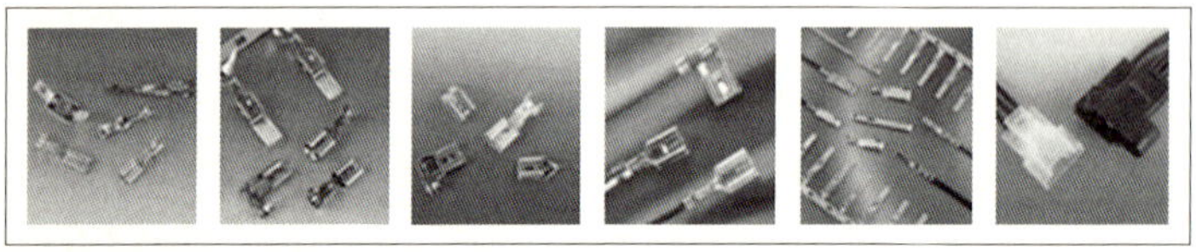

Bild 8.2-6 Kontaktausführungen (Quelle: GHW)

Tabelle 8.2-2 Prüfplan für Kontaktsysteme nach DIN 46249

Mechanische Prüfung	Elektrische Prüfung	Thermische Prüfung	Korrosions-Prüfung
Aufsteckkraft	Kontaktspannungs-abfall	Stromerwärmung 1 Stunde	Spannungs-abfall
Abziehkraft	Crimpspannungs-abfall	Feuchte Wärme 2 Tage	Korrosion Salznebel 96 Stunden
Ausziehkraft		Temperatur-/Stromwechselprüfung 500 Stunden	Korrosion Schadgas SO_2
		Spannungsabfall	Spannungs-abfall

- Einhaltung der Prozessparameter aller Verarbeitungsmaschinen, Doppelanschläge sollten z.B. vermieden werden, da sie zu unvollständigen Crimpverbindungen führen können
- Absicherung der Montage z.B. durch Formcodierung von Steckern
- Vermeidung von Handhabungsfehlern: Schutz empfindlicher Teile wie der Rastarme
- Formgebung in kritischen Verlegebereichen durch Kabelführungen
- Schutzelemente bei Berührungs- oder Klappergefahr vorsehen

8.2.2.2 Leitungsstrangfertigung

Die Arbeitsschritte bei der Fertigung eines Fahrzeug-Bordnetzes sind:

Rohmaterial vorbereiten
- Leitungen schneiden
- Kontakte anschlagen

Fertigungsmodule herstellen
- Legen
- umwickeln bzw. fixieren
- Prüfen
- verpacken und versenden

Konfektionierung des fahrzeugspezifischen Leitungssatzes
- Module zusammenlegen und verschalten
- Form-, Schutz- und Befestigungsteile montieren
- Prüfen
- Just-in-Time Anlieferung ins fahrzeugbauende Werk

Das Ablängen und Schneiden der Einzelleitungen geschieht automatisiert (**Bild 8.2-7**). Auch Crimpverbindungen von Kontakten werden auf Automaten hergestellt, da nur dort das entscheidende Funktionselement des Leitungssatzes mit hinreichender Prozesssicherheit verarbeitet werden kann (**Bild 8.2-8**).
Bei einer guten Crimpverbindung presst der *Leitercrimp* alle Litzen des Leiters gasdicht zusammen. Beim Crimpen müssen Kraft und Weg der Stempel überwacht werden, um alle Fehler und Toleranzen ausschließen zu können. Während der gesamten Verarbeitungskette ist darauf zu achten, dass bei Lagerung, Transport und Handhabung die offenen Kontakte nicht beschädigt werden. Sie müssen vor Nässe und Schmutz geschützt werden und dürfen sich mit ihren Rastelementen nicht verhaken.
Verbindungen innerhalb des Kabelbaums sollen nur wenig Bauraum beanspruchen und besonders zuverlässig sein, da sie nach der Montage nicht mehr zugänglich sind. Bewährt hat sich hier die *Ultraschallverschweißung*, die ebenfalls prozessoptimierte Automaten verlangt. Weiterhin eingesetzt werden *Quetschverbinder*.
Das Zusammenlegen der Einzelleitungen zu Leitungssätzen geschieht fast ausschließlich manuell auf sogenannten *Legebrettern* (**Bild 8.2-9**). Ansätze zu Automatisierung wurden in den 1980er Jahren inten-

Bild 8.2-7 Ablängen von Einzelleitungen (Quelle: VW Bordnetze GmbH)

Bild 8.2-8 Crimpen: Verbindung von Kontakt und Leitung (Quelle: VW Bordnetze GmbH)

siv verfolgt, haben aber zu sehr komplexen und teuren Maschinen geführt. Parallel dazu setzte die Verlagerung der Produktionsstätten in Niedriglohnländer ein, so dass aus überwiegend wirtschaftlichen Gründen trotz aller Prozessrisiken die manuelle Fertigung beibehalten wurde. Nur einfache Leitungsstrangtopologien wie Punkt-zu-Punkt Verbindungen werden automatisiert hergestellt.

Steckverbinder und Kabelführungen sind auf den *Legebrettern* fixiert, die Leiter werden in gabelförmige Aufnahmen eingelegt, Kontakte gesteckt, Inline-Verbindungen hergestellt und der Strang abschließend umwickelt bzw. mit weiteren Schutzelementen wie Wellrohren o.ä. versehen. Präzise Vorgaben auf dem Legebrett sind die Voraussetzung für eng tolerierte Leitungsmaße. Für Bereiche mit komplizierter Leitungsverlegung kann es erforderlich sein, die Leitungen schon auf dem Legebrett in eine entsprechende dreidimensionale Form zu legen.

Um den Konflikt zwischen kostengünstiger Großserienfertigung und fahrzeugspezifischer Ausführung des Kabelbaums zu lösen, modularisiert man diesen in mehrere Leitungssätze mit wenigen Ausführungsformen. Aus diesen Modulen wird dann der fahrzeugspezifische Kabelbaum aufgebaut (*konfektioniert*). Module können mit zeitlichem Vorlauf in großen Losen gefertigt werden, aus Kostengründen erfolgt dies meist in weiter Entfernung von der Fahrzeugmontage. Die *Konfektionierung* des Fahrzeugkabelbaums geschieht bei Just-in-Time Fertigung in der Nähe des Fahrzeugherstellers.

Um die in den manuellen Fertigungsschritten und der komplexen Logistik begründeten Prozessunsicherheiten ausschließen zu können, wird eine 100 %-Prüfung des Endproduktes vor Auslieferung vorgeschrieben. Nur rechnergesteuert ist eine hinreichende Prüftiefe zu erreichen. Geprüft werden üblicherweise

- Durchgang zwischen allen Kontakten (Stromfluss)
- Kurzschlüsse benachbarter Kontakte (Isolationsprüfung)
- Verrastung der Kontakte (mechanisch durch Kraft mittels Prüfkontakt)
- Vorhandensein und Position aller Befestigungsteile (Prüfaufnahme, elektrisch abgefragt)
- korrekter Typ und Position von Sicherungen und Relais (Bildverarbeitung)

8.2.2.3 Modularität

Alle Variationsmöglichkeiten bei der Konfiguration eines Fahrzeuges, die elektrische Komponenten betreffen, erhöhen die Variantenzahl im Bordnetz. In modernen Großserienfahrzeugen der Mittelklasse lassen sich in der Größenordnung von 40 Milliarden theoretische Varianten des Hauptkabelbaums ermitteln. **Tabelle 8.2-3** zeigt die Einflussfaktoren.

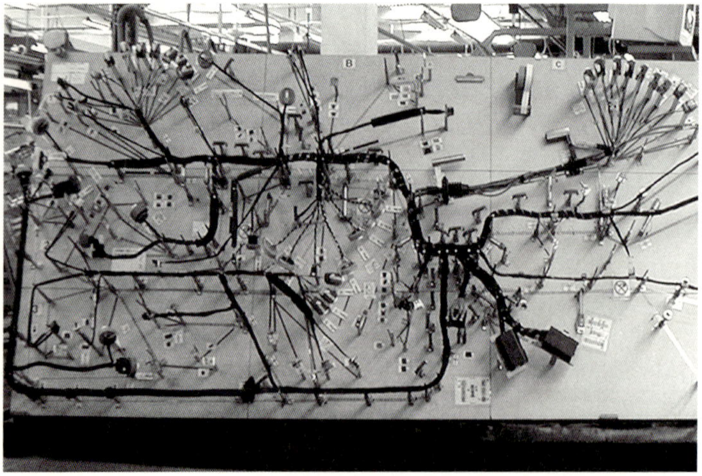

Bild 8.2-9 Leitungsstrangfertigung auf dem Legebrett (Quelle: VW Bordnetze GmbH)

Tabelle 8.2-3 Variantenbildende Faktoren mit Beispielen

Karosserieform	2/4-Türer Limousine/Kombi/Cabrio
Fahrerposition	Rechts-/Linkslenker
Motor- und Getriebevarianten	Otto/Diesel, Zylinderzahl, Motorsteuerungstyp Handschalter/Automat
Ausstattungsoptionen	Radio/Navigation/Soundpaket Mechanische/elektrische Fensterheber Zentralverriegelung/Keyless Entry
Länderspezifische Ausstattung	Tagesfahrlicht (Schweden, Kanada) Abgasvorschriften: Leckdiagnosepumpe, ...

Eine individuelle Fertigung des Komplettbordnetzes für Großserienfahrzeuge wäre absolut unwirtschaftlich. Die Lösung liegt in einer *Modularisierung* des Leitungssatzes **Bild 8.2-10**, wobei jedes *Modul* möglichst einen variantenbildenden Faktor abdecken sollte. Aus m Modulen lassen sich dann bis zu m^2 Varianten (theoretische Obergrenze, nicht alle davon sind praktisch sinnvoll) erzeugen, der entscheidende Vorteil ist, dass so nur m Varianten logistisch zum Tragen kommen. Die Konfektion erfolgt möglichst spät im Fertigungsfluss, also bei der Montage des Fahrzeuges oder in einer vorgelagerten Fertigungsstätte des Systemlieferanten. In **Tabelle 8.2-4** sind Vor- und Nachteile beider Ansätze gegenübergestellt, aus strategischen Gründen (Fertigungstiefenreduzierung) und Qualitätsgesichtspunkten (100 % Vorprüfbarkeit des Bordnetzes) hat sich die zweite Variante durchgesetzt.

Überwiegend dort, wo der Fertigungsablauf des Fahrzeuges *ausgelagerte Montagen* vorsieht (z.B. Türen, Dach, Stoßfänger etc.), kommen Teilleitungssätze zum Einsatz, die separat im *Montagemodul* verlegt und erst bei seiner Montage am Fahrzeug mit dem Bordnetz verbunden werden.

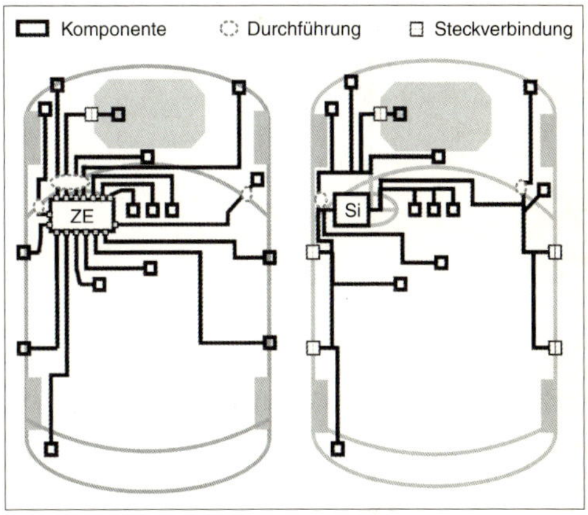

Bild 8.2-10 Mehrteiliges modulares Bordnetz *(links)* und einteiliger kundenspezifischer Kabelbaum *(rechts)*

Tabelle 8.2-4 Vor- und Nachteile verschiedener Modularisierungskonzepte

Konfektion bei der Fahrzeugmontage	Konfektion in der Leitungssatzfertigung
+ wenig Leitungsstrangvarianten	+ Exakte Verlegung + 100 % Vorprüfung des Zusammenbaus möglich + minimale Montagezeit beim Fahrzeughersteller
– Montageaufwand für Zusammenbau im fahrzeugbauenden Werk – ungenaue Verlegung – fahrzeugfeste Befestigungsteile bedeuten Zusatzaufwand – zusätzliche Steckverbindungen	– Aufwändige Logistikkette beim Zulieferer – Fahrzeugspezifische Leitungssätze mit hohen Variantenzahlen erfordern Just-in-Time Anlieferung – sehr große Hauptleitungssätze

8.2.2.4 Logistik und Fahrzeugmontage

Die logistischen Abläufe bei der Bordnetzfertigung sind eng mit denen des Fahrzeugherstellers verknüpft (**Bild 8.2-11**).

Die langen Herstellungs- und Transportzeiten bedingen, dass der Bordnetzlieferant, um Zwischenlager zu vermeiden, seine Modulstruktur und Fertigungsabläufe auf die vom Fahrzeughersteller vorgegebenen Zeitpunkte abstimmen muss. Hierzu existiert ein mehrstufiger Informationsfluss, über den von einer Grobplanung des Fahrzeugvolumens („Vorschau") bis zum Just-in-Time Abruf des fahrzeugspezifischen Kabelbaums Teileflüsse und Fertigungsschritte von Hersteller und Lieferant synchronisiert werden.

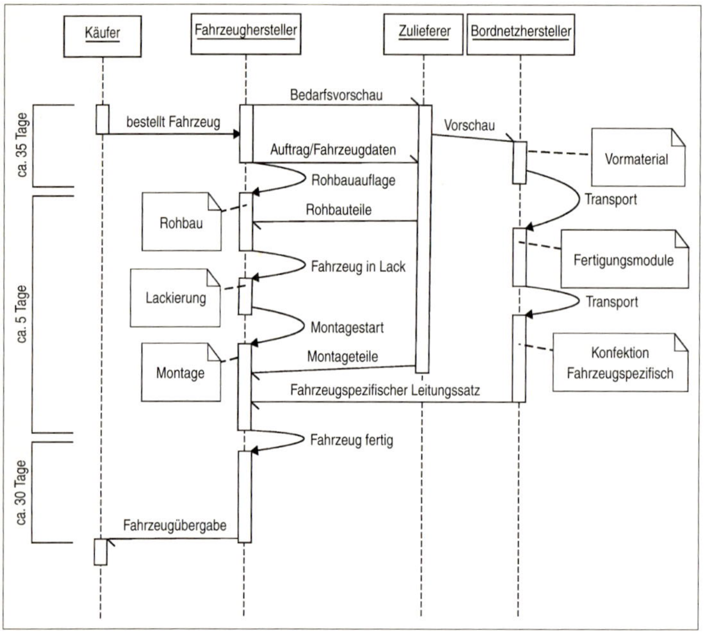

Bild 8.2-11 Logistische Verknüpfung von Bordnetz- und Fahrzeugfertigung

Tabelle 8.2-5 Prozesssicherheit bei der Montage des Bordnetzes

Montagegesichtspunkte	Umsetzungsmöglichkeit
Fertigungsmodule	Vorverkabelung von Fertigungsmodulen mit robusten Trennstellen: Stoßfänger, Türen, Sitz, Motor, ggf. Dach. Anlieferung vorverkabelter und vorgeprüfter Baugruppen: z.B. Klimagerät, Türaggregateträger, Tank, …
Überprüfung der Montageschritte an Zwischenstationen und am Bandende	Leitungsdurchgang über Onboard-Diagnose der Steuergeräte, vom Prüfrechner der Fertigung abgefragt. Befestigungselemente von Verkleidungsteilen so auslegen, dass ihre Montage bei fehlerhafter Verlegung eines Kabelbaums blockiert wird.
Sichere Befestigungspunkte	Am Leitungsstrang fixierte Clipse/Kanäle verhindern das „Vergessen" von Montageelementen. Fehlerhafter Einbau blockiert die folgende Montage der Verkleidungsteile.
Reduzierung des Risikos von Halbsteckungen	Steckung nur im zugänglichen Bereich, dafür ggf. Stecker mittels „Kabelschwanz" von der Komponente weg verlagern. Sichtkontrolle.
Prozessichere Schraubverbindungen	Beispiel Massebolzen: mit Rohbau verschweißt, Hutmutter hält Kontaktflächen lackfrei. Verschraubungen automatisiert mit Drehwinkel- und Drehmomentkontrolle durchführen.

Der Einbau der Leitungsstränge in das Fahrzeug und die Verbindung mit den elektrischen Komponenten geschieht im Montagewerk des Herstellers. Mit Blick auf die Produktqualität (**Tabelle 8.2-5**) muss auch hier jeder Schritt prozesssicher ausgelegt werden. Eine vollständige Prüfung des Bordnetzes ist unwirtschaftlich und nach erfolgter Vorprüfung beim *Systemlieferanten* auch unnötig. Solange der Fahrzeughersteller konsequent seine eigenen Wertschöpfungsumfänge prüft und die Qualitätssicherung des Lieferanten entsprechend auditiert, ist eine vollständige Prüfabdeckung gegeben.

Die Verlegung des Hauptleitungssatzes erfolgt überwiegend im Innenraum. In der Regel ist er so groß und stark verzweigt, dass er in einem Behälter verpackt angeliefert wird. Als Ausgangspunkt der Verlegung wählt man sinnvollerweise einen Knotenpunkt, oft ist dies die Zentralelektrik oder eine entsprechende Koppelstation im Schalttafelbereich. Andere Konzepte gehen von einer den Innenraum abdeckenden Kabelführung aus, mit der der Leitungssatz in einem Arbeitsgang eingesetzt und verlegt ist. Aufgrund der Größe der Teile lässt sich dies nur mit Handhabungsautomaten (Robotern) durchführen.

8.2.3 Architektur des Bordnetzes

8.2.3.1 Topologie, Koppel- und Trennstellen

Die Topologie, d.h. die räumliche Ausprägung des Leitungsstranges ist offensichtlich durch die durch das Fahrzeugpackage vorgegebenen Kabeltrassen begrenzt. Position und Verschaltung der elektrischen Komponenten geben die zu verlegenden Leitungen vor. Freiheitsgrade bestehen in Grenzen bei der Wahl der Trassen für die einzelne Leitung. Der so entstehende Kabelbaum muss die Randbedingungen der Leitungsstrangfertigung erfüllen, aber auch die der Montage im Fahrzeug. Letztere sind wesentlich durch das Montagekonzept bzw. die Produktionsanlagen des Fahrzeugherstellers definiert.

Alle ausgelagerten Montagen – die sogenannten *Fertigungsmodule* – erfordern separate Leitungssätze und damit Trennstellen zum restlichen Bordnetz. Die Position der Steckverbindung zu dieser Trennstelle kann fahrzeug- oder modulseitig gewählt werden. Vorteile lassen sich erzielen, wenn existierende Steckverbindungen mitgenutzt werden. So kann das Türsteuergerät, wenn es in der Nähe des Leitungsübergangs zur Tür platziert wird und einen modularen Stecker besitzt, gleichzeitig die Funktion der Koppelstelle übernehmen, so dass durch die Trennung keine zusätzliche Kontaktstelle entsteht.

Der verbleibende *Hauptleitungssatz* muss im Fahrzeug verlegt werden. Schwierigkeiten entstehen bei den Übergängen zu Vorder- und Hinterwagen, den Radhäusern und anderen außerhalb der Fahrzeugzelle liegenden Teilen. Hier müssen Durchführungen (Löcher) in Blechen vorgesehen und als Schutz gegen Feuchtigkeit und Staub gedichtet und oft auch akustisch gedämmt werden. Wird der Leitungssatz nicht getrennt, müssen Teile durch die Durchführungen gefädelt werden, was immer dann problematisch wird, wenn große oder viele Steckverbinder oder sogar Kabelführungen an diesen Zweigen montiert sind. Zu wählen ist dann zwischen großen, die Festigkeit der Blechteile schwächenden Löchern mit komplexen Dichtungsausführungen oder einer zusätzlichen Steckverbindung, mit der der Leitungssatz geteilt und damit beidseitig montierbar wird.

Leitungssätze weisen immer eine baumähnliche Struktur auf. *Maschen* sind in der Regel nicht verlegbar und müssen ggf. durch eine Steckverbindung aufgetrennt werden.

Für bestimmte Leitungen existieren weitere Einschränkungen bezüglich der Trassenwahl:

- Diebstahlschutz
- Sicherheitssysteme
- Elektromagnetische Verträglichkeit (EMV)

8.2.3.2 Ausstattungsvarianten

Eines der wesentlichen Ziele bei der Auslegung der Elektrik ist es, ein Kostenoptimum für den Gesamtumfang zu erreichen. Die Bewertung darf nicht auf eine Fahrzeugvariante beschränkt sein, sondern muss über die vollständige Angebotspalette erfolgen. Speziell die Mehrausstattungen und ihr geplanter Marktanteil haben eine große Bedeutung. Da bei Fahrzeugen mit einfacher Basisausstattung meist andere Gerätekonfigurationen wirtschaftlich sind als bei hoch ausgestatteten Fahrzeugen, kann nur über eine Mischkalkulation das Optimum berechnet werden. Ein anderer Ansatz besteht darin, Gerätekonfiguration und Bordnetz ausstattungsabhängig zu steuern, so dass sich für jede Modellvariante die günstigste Kombination ergibt.

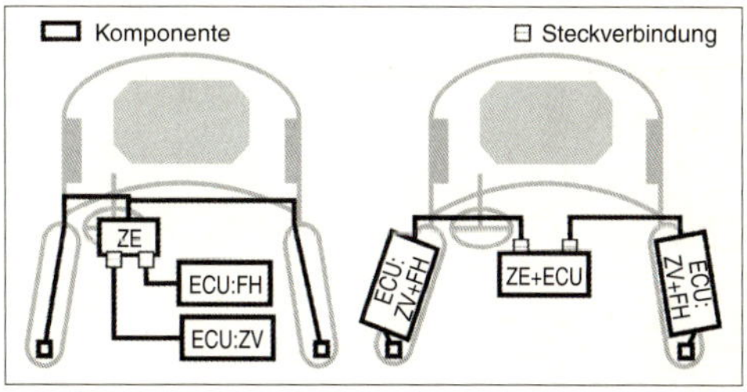

Bild 8.2-12 Architekturvarianten: Einfluss der Angebotsstruktur auf die Funktionsverteilung

Bild 8.2-12 zeigt zwei Architekturvarianten für die Funktionen Zentralverriegelung und Fensterhebersteuerung. Bei niedriger Ausstattungsrate ist der modulare Aufbau (links) optimal. Bei hochvolumiger Ausstattung mit elektrischen Fensterhebern und Zentralverriegelung ist die rechte Variante vorteilhaft.

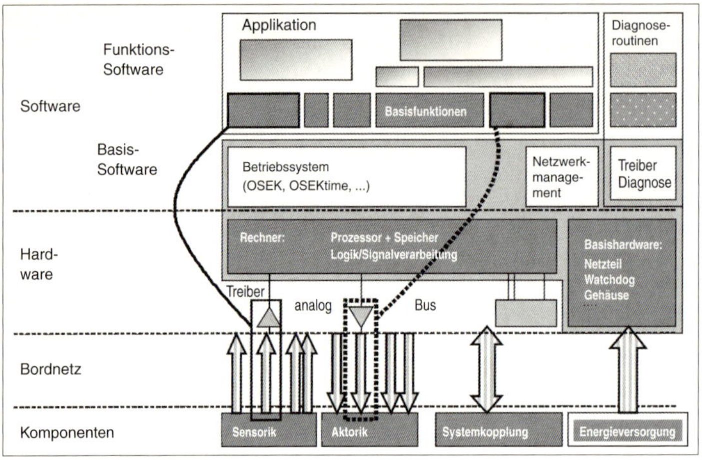

Bild 8.2-13 Steuergeräte-architektur mit Schnittstellen zum Bordnetz

Zwar sind in jedem Fahrzeug zwei Steuergeräte in den Türen zu verbauen, diese decken aber beide Funktionen ab, haben eine gemeinsame Energieversorgung und Signale können effektiv auf einem Netzwerk mit einfacher Verkabelung ausgetauscht werden. Einer Vereinfachung des Kabelsatzes steht ein höherer Aufwand in der Elektronik gegenüber.

8.2.3.3 Systemarchitekturen

Im traditionellen Entwicklungsprozess wurden die elektrischen Komponenten von den sogenannten Systementwicklern vorgegeben. Sie bilden damit feste Randbedingungen für die Bordnetzauslegung, die höchstens in ihrer Zuordnung zu Einbauräumen variiert werden können.

Sprengt man dieses Paradigma und ordnet in der Konzeptphase den Einbauräumen universelle Steuergeräte zu, auf die die Funktionen frei verteilt werden können, öffnen sich neue Freiheitsgrade für die Optimierung. **Bild 8.2-13** zeigt die interne Architektur eines Steuergerätes mit ihren Schnittstellen zum Bordnetz. Die internen Ressourcen wie Rechenleistung, Speicher und die spezifische Ausprägung der Treiber hängen von den im Steuergerät zu verarbeitenden Funktionen ab. Mit der Zuordnung von Funktionen zu Steuergeräten sind auch die Verschaltung und damit wesentliche Parameter des Bordnetzes festgelegt. Ein *ganzheitlicher Optimierungsansatz* variiert dementsprechend neben der Bordnetztopologie die *Funktionsverteilung* im Fahrzeug, **Bild 8.2-14**. Beide zusammen bilden die Fixpunkte einer Elektrik/Elektronik-Architektur, die Dimensionierung der Komponenten leitet sich daraus ab. Die Gesamtkosten der Architektur setzen sich aus denen der Elektrik/Elektronik-Komponenten, der Bordnetzkomponenten und der Leitungsstränge einschließlich des Aufwandes für die Leitungsverlegung zusammen.

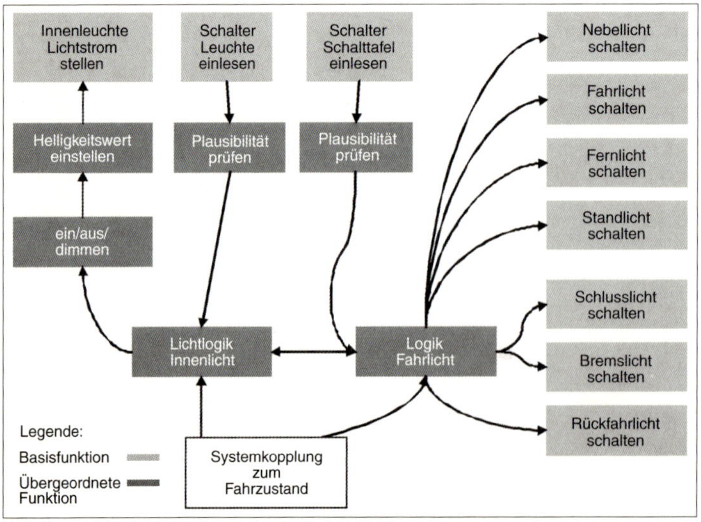

Bild 8.2-14 Funktionsstruktur am Beispiel einer vereinfachten Lichtsteuerung

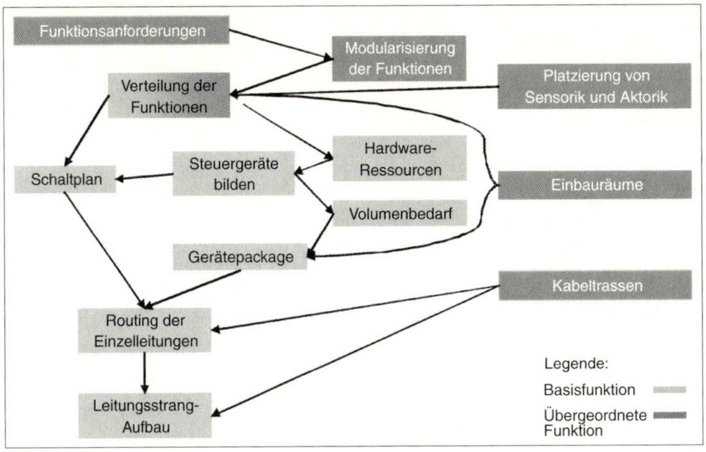

Bild 8.2-15 Arbeitsablauf bei der Architekturfestlegung

Die Wechselwirkung der verschiedenen Parameter und die Arbeitsabläufe bei der Konzeption der Systemarchitektur sind in **Bild 8.2-15** dargestellt. Zusätzlich zu den aus der Bordnetzentwicklung bekannten Vorgaben von Einbauräumen und Kabeltrassen fließen die Funktionsanforderungen mit ein. Sie resultieren aus der technischen Produktbeschreibung (Lastenheft) des Fahrzeuges. Ein gewisser Freiheitsgrad besteht bezüglich der Unterteilung der Funktionen. Wie an dem Beispiel der Lichtsteuerung **(Bild 8.2-14)** ersichtlich, kann man sie als monolithischen Funktionsblock oder als vernetzte Struktur von Funktionsmodulen vorgeben. Die Granularität dieser Vorgabe (Unterteilung bzw. Modularisierung der Funktionen) gibt den Rahmen für die räumliche Verteilung vor. Ein monolithischer Funktionsblock erzwingt automatisch ein einzelnes Steuergerät. Bei verteilten Funktionen ergeben sich Hardwareressourcen und Verschaltung aus den in den verschiedenen Einbauräumen platzierten Funktionsumfängen. Zu beachten ist, dass die Software derart *verteilter Systeme* deutlich komplexer ausfällt, z.B. müssen Zustandsinformationen und das Zeitverhalten der verteilten Prozesse synchronisiert werden.

Neben den technischen Einflüssen unterliegen derartige Architekturoptimierungen starken organisatorischen und kommerziellen Randbedingungen. Traditionell werden Steuergeräte nach Funktionsumfängen abgegrenzt und von *Systemlieferanten* entwickelt und gefertigt, die auf ein Anwendungsgebiet spezialisiert sind. Im Fall der freien Funktionsverteilung muss der Fahrzeughersteller die entsprechende Verantwortung übernehmen und die Kompetenzen zur Integration besitzen.

8.2.3.4 Energieversorgung und Absicherung

Über das Bordnetz werden alle elektrischen Komponenten mit Energie versorgt. Alle Leitungen sind gegen Kurzschluss abzusichern. Um die Fehlersuche zu erleichtern, sollten Funktionsbereiche klar einzelnen Sicherungen zugeordnet werden. Dies führt häufig auf die in **Bild 8.2-16** dargestellte Konfigura-

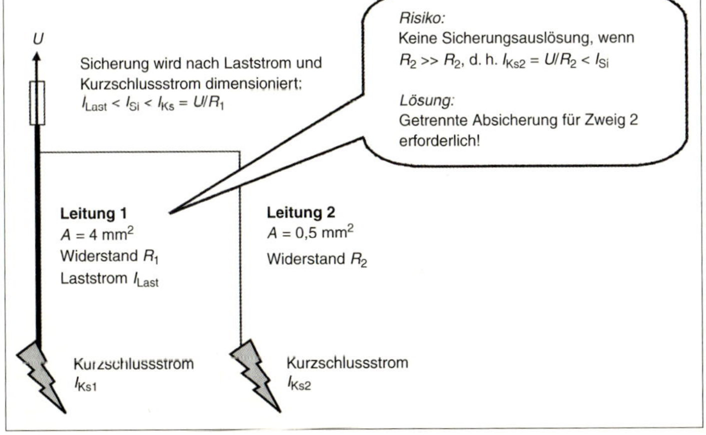

Bild 8.2-16 Sicherungsauslegung

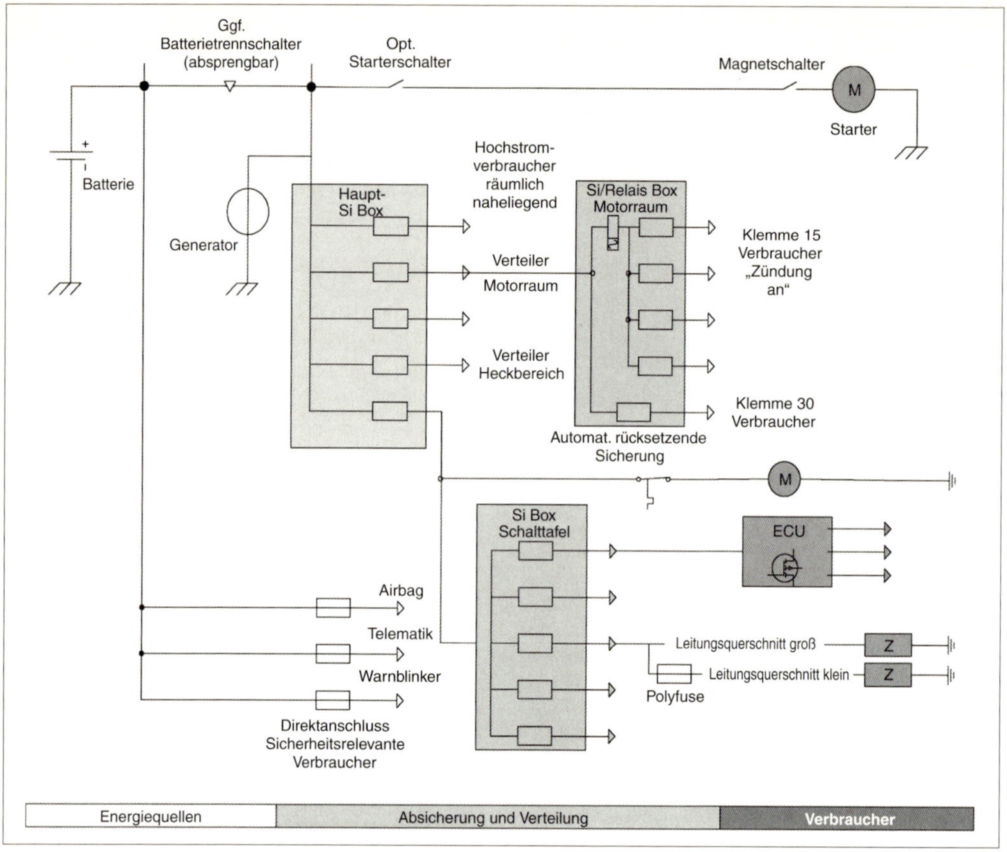

Bild 8.2-17 Konventionelle Struktur der Energieversorgung

tion, bei der zwei Leitungen mit unterschiedlicher Strombelastung an eine gemeinsame Sicherung gelegt werden. Bei der Dimensionierung von Leitungsquerschnitt und Sicherung muss gewährleistet sein, dass auch bei einem Kurzschluss auf der Leitung mit niedrigem Querschnitt die Sicherung anspricht.

Baumförmige Energieverteilungsstrukturen (**Bild 8.2-17**) – wie sie bis heute überwiegend verwendet werden – führen auf einen niedrigen Verkabelungsaufwand, verlangen aber ein hierarchisches Sicherungskonzept. Üblicherweise wird in der Nähe der Batterie eine Hauptsicherungsbox untergebracht, von der die Hauptenergieleitungen zu weiteren Verteilungsknoten in Schalttafel, Heck und ggf. Motorraum geführt und nahe liegende leistungsstarke Verbraucher gespeist werden. Die Unterverteilung und deren Absicherung finden in den Knoten statt.

Die Sicherungselemente sind so zu dimensionieren, dass nur der direkt von einem Fehler betroffene Zweig abgetrennt wird (*Selektivität*), der übergeordnete dagegen funktionsfähig bleibt. Dies erreicht man durch entsprechende Staffelung von Sicherungswert und Auslösecharakteristik.

Problematisch ist die Absicherung der *Starterleitung*. Zum einen ist der zusätzliche Widerstand einer Schmelzsicherung unerwünscht, zum anderen überlappt der Bereich zulässiger Starterströme sich mit dem der Kurzschlussströme, wenn man realistische Übergangswiderstände an der Fehlerstelle berücksichtigt. Die Lösung liegt in der Wahl eines anderen Auslösekriteriums. Der praktisch relevante Fehlerfall ist der Kurzschluss, der bei einem Fahrzeugcrash durch Blech- oder Motorteile, die die Leitungsisolation durchschneiden, entsteht. Der Crashsensor im Airbagsteuergerät liefert ein geeignetes Signal, mit dem ein Trennschalter nahe der Batterie geöffnet wird. Verbreitet hierfür sind Batterieklemmen, aus denen mittels einer Zündkapsel die Leitung herausgeschossen wird.

Auch hinsichtlich der Absicherung sind die Leitungen zur Energieversorgung von sicherheitsrelevanten Systemen besonders zu behandeln. Um ihre Verfügbarkeit zu maximieren, sollten sie auf der obersten Ebene abgesichert werden, wie in **Bild 8.2-17** für Warnblinker, Airbag und Telematikeinheit (Notruf) dargestellt. Für Fahr- und Standlicht des Fahrzeuges

Tabelle 8.2-6 Anforderungen an die Energieverteilungsstruktur und ihre Elemente

Anforderung	Umsetzung
Niedrige Spannungsabfälle zum Verbraucher	Innere Widerstände minimieren Höheres Spannungsniveau (42V oder größer)
Möglichst konstante Versorgungsspannung	Geregelter Generator Speicher (Batterie) mit Stützfunktion
Robuste Energieleitungen	Geschütze Leitungsverlegung mit Kabelführungen, Wellrohr, Schutzschlauch Sonderleitungen mit hochflexibler Litze, speziellen Isolierungen
Absicherung gegen Bordnetzfehler	Kurzschluss nach Masse: Sicherungselemente Weitere Fehlerarten bei Mehrspannungsbordnetzen: Weiche Kurzschlüsse zu anderen Spannungsebenen elektronisch abgesichert
Komponentenschutz gegen Überlast (blockierte Motoren)	Konflikt Leitungs-/Verbraucherschutz: Rücksetzbare Sicherungen bzw. Halbleiterschalter
Ansprechen der Absicherung betrifft möglichst wenige Verbraucher	Hoher Absicherungsgrad: Leitungszweige fein strukturiert, hierarchische Absicherung
Selbstheilende Absicherung	Rücksetzende Sicherungen, Halbleiter
Diagnose von Fehlern in allen Bordnetzelementen (Leitungen, Sicherungen, Kontakte, Verteiler)	Strom/Spannungsmessungen mit Anbindung an Kommunikationsnetzwerke
Hohe Verfügbarkeit, ggf. hohe Sicherheit	Ausfallsicherheit durch redundante Strukturen
Eingriffsmöglichkeiten für Lastmanagement	Abschaltung und Leistungssteuerung für Lastkreise durch elektronische Schaltelemente
Eingriffsmöglichkeiten für Ruhestrombegrenzung	Zwangsabschaltung von Zweigen durch aktive Lastschalter
Erfassung der Leistungsflüsse	Ankopplung der Steuerungen mit Lastschaltern an ein Energiemanagement Ggf. Strommessung in Steuergeräten
Option auf mehrere Spannungsebenen	42 V, 140 V, …; Kopplungselemente (DC/DC Wandler zwischen Ebenen)
Minimale Störabstrahlung/keine Störeinkopplung in Steuer/Medienleitungen	Verlegung, Schirmung, Filterelemente

wird eine Teilredundanz gefordert. Bei Ansprechen einer Sicherung im Lichtstromkreis darf nur die Beleuchtung auf einer Fahrzeugseite betroffen sein, also sind die Leitungen doppelt zu verlegen und abzusichern. Vollständige *Redundanz*, wie sie für sicherheitskritische Systeme mit *fail-operational* Charakteristik erforderlich wird, setzt eine andere als die in **Bild 8.2-17** gezeigte konventionelle Energieversorgungsarchitektur voraus.

Die Anforderungen an die elektrische Energieversorgung sind in **Tabelle 8.2-6** zusammengestellt. Mit Einführung der Vernetzung und elektronischer Schaltelemente im Bordnetz bilden sich neue Strukturen heraus, ebenso führt der steigende Bedarf an elektrischer Energie zu neuen Spannungsebenen oder Mehrspannungsbordnetzen.

8.2.4 Der Bordnetz-Entwicklungsprozess

8.2.4.1 Abläufe

Konzeptphase

Die Entwicklung eines Bordnetzes beginnt mit der Zusammenstellung der Basisdaten.
Unter Berücksichtigung der vielfältigen Kriterien aus *Funktion*, *Package* und *Fertigung* wird daraus das Konzept zur Platzierung aller Komponenten und zum Routing der Kabelstränge abgeleitet. Dieser Schritt erfolgt weitgehend manuell und setzt viel Erfahrung voraus, um eine hinreichend optimierte Lösung zu erzielen.
Damit lassen sich sodann die Leitungsstränge konstruieren, hierzu werden im Wesentlichen die elektrischen Daten genutzt, allerdings sind die Stränge auf Einhaltung der Trassenquerschnitte zu kontrollieren.
Gleichzeitig werden Absicherungs- und Massekonzept entwickelt, dabei entstehen Sicherungsdosen und elektrische Verteil- und Schaltmodule, die ebenfalls im Package vorgehalten werden müssen.

Serienentwicklung

Der Prozess der Serienentwicklung umfasst die Detailkonstruktion aller Komponenten. Aufgrund der umfangreichen Schnittstellen ist mehr als bei allen anderen Fahrzeugteilen eine regelmäßige Abstimmung mit allen benachbarten Baugruppen (Kollisionsuntersuchungen am *Digital Mockup*, in Referenzfahrzeugen...) unumgänglich. Speziell die mit der Leitungsverlegung befassten Personen müssen in vielen Entwicklungsgruppen (*SETs*) mitarbeiten. Umfangreiche Ressourcen sind für die Detailkonstruktion der Leitungsverlegung erforderlich. Diese beinhaltet

- Bearbeitung der Bordnetz-Schnittstellen zu Karosserie-, Aufbau- und Aggregat-Teilen: Konstruktion von Sicken, Löcher, Eindrückungen, Entschärfung von Blechkanten zur Gestaltung der Trassen,
- Setzen von Bolzen und Löchern für Clipse zur Befestigung der Kabelführungen,
- Festlegung der Masseverbindungen (Bolzen) unter EMV-Gesichtspunkten,
- Detailkonstruktion und Einbau der Kabelführungen und Befestigungsteile (in der Regel Kunststoff-Spritzgussteile, teilweise Blechhalter),
- Veränderungen an Steuergeräte-Gehäusen oder Konstruktion spezieller Halter für elektrische Komponenten zur Befestigung in den Einbauräumen,
- Detailkonstruktion der projektspezifischen Sicherungsdosen, Koppelstationen, Tüllen und Boxen,
- Einbau aller Bordnetz-Umfänge, auch der aus anderen Projekten übernommenen *Gleichteile*.

Da in Fahrzeugprojekten auch während der Entwicklungszeit häufig geändert wird und in Folge seiner Ausdehnung meist das Bordnetz betroffen ist, besteht der Bordnetz-Entwicklungsprozess real aus vielen Iterationsschleifen.

Tabelle 8.2-7 Basisdaten des Bordnetz-Entwicklungsprozesses

Elektrische Daten	Mechanische Daten
Elektrische Komponenten im Fahrzeug	
Schnittstellenbeschreibung – Steckerzahl und -typ – Signalbelegung – Kontaktart – Strombelastung	Geometrische Modelle mit – Abmaßen: Form, Oberflächen – Befestigungsart – Spezifikation Temperatur, Feuchtigkeit
Integration zu Systemen im Fahrzeug	
Anforderungen an – Energieversorgung – Masseverbindung – elektromagnetische Verträglichkeit	Einbauräume für Komponenten – Lage und Größe – Umgebungsbedingungen – Zugang für Montage und Leitungsführung
Schaltpläne mit Informationen zur – Verschaltung der Komponenten zu Systemen – Anschluss an Netzwerke	Kabeltrassen – Verlauf (Topologie) – Querschnitt – Umgebungsbedingungen – Fertigungsbedingte Trennstellen

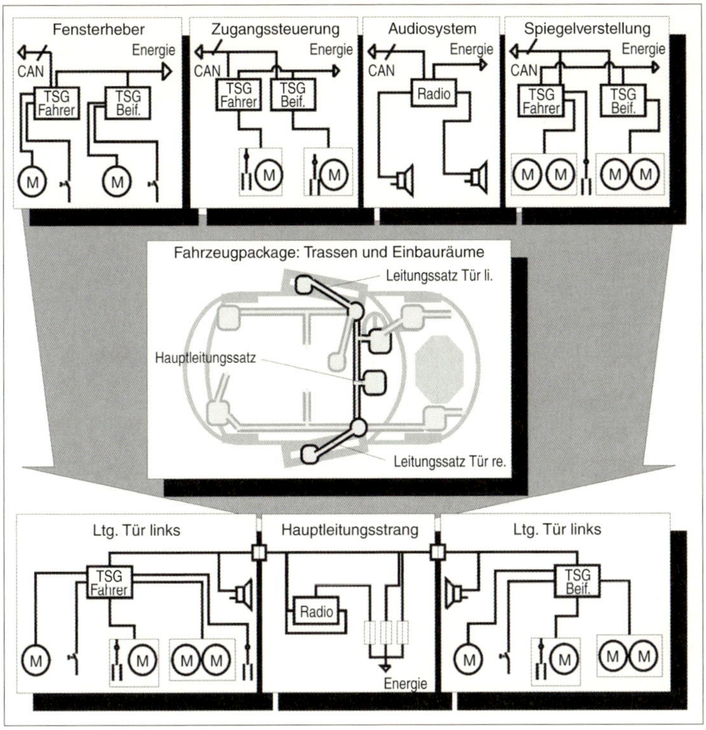

Bild 8.2-18 Ableitung der Kabelschaltpläne aus Systemschaltplänen und Package
Oben: Schematische Darstellung der Schaltpläne von den vier die Türleitungen bildenden Systemen
Unten: Schematische Darstellung der Topologie der Türleitungssätze und eines Teils des Hauptleitungsstranges

In dieser Phase entstehen folgende Daten:

- Systemschaltplan: elektrische Verschaltung aller zu einer Systemfunktion gehörigen Bauteile mit Detaillierung hinsichtlich Kontakt/Pinnummern und Potenzialen (Masse, Kl.15, …).
- Kabelschaltplan: elektrische Verschaltung der Bauteile unter Einbeziehung der Topologie des Leitungssatzes. Fasst alle Leitungen verschiedener Systeme, die entsprechend der Leitungsverlegung einen einzelnen Leitungsstrang bilden, zusammen. Ergänzend zu den relevanten Daten aus den Systemschaltplänen werden Leitungsfarben, Querschnitte und Kabelsatz-interne Verbinder (Splices) hier dokumentiert, allerdings ohne die geometrischen Informationen der Leitungsverlegung.
- Formboard: zweidimensionale Abwicklung des Leitungssatzes zur Erstellung einer Zeichnung und ggf. Auslegung eines Legebrettes. Entsteht aus dem Kabelschaltplan, ergänzt um alle Details des Leitungssatzaufbaus (Befestigungsteile, Schutzelemente, Umwicklung, usw.) und alle geometrischen Maße, reduziert um Details der elektrischen Verschaltung.
- 3D-CAD-Datensätze und Zeichnungen aller Komponenten
- DMU (Digital Mockup): Geometriedaten aller Fahrzeugteile in ihrer vorgesehenen Einbauposition. Während der Entwicklung des Bordnetzes werden daraus die Informationen über die umgebenden Teile gezogen und im Gegenzug alle Teile des Bordnetzes eingestellt.
- In der Stückliste und in Einbauskizzen werden die Produktdaten verwaltet und Details für die Fertigung aufgeführt.

Erprobung

Auf Basis der elektrischen Daten lassen sich Simulationsrechnungen zur Stromverteilung ausführen. Ebenso können Testvektoren für die Verschaltungsprüfung realer Leitungsstränge generiert werden. Mit der Verfügbarkeit erster Prototypen beginnt die Erprobung in Laboraufbauten durch Zusammenschalten von Bordnetz und elektrischen Komponenten. Dies ermöglicht zwar nur das Auffinden einfacher Verschaltungsfehler, stellt aber einen schnellen und effektiven Test hinsichtlich der häufigsten Fehlerart dar. *HIL-Tests* im Systemverbund und der Dauerlauf im Fahrzeug vervollständigen die elektrische Erprobung. Alle mechanischen Eigenschaften der Bordnetzkomponenten werden ähnlich dem Ablauf bei anderen Fahrzeugteilen Dichtigkeits-, Schwingungs-, Festigkeits- und Klima-Tests auf Prüfständen und im Fahrzeug unterworfen. Wie alle Komponenten wird auch das Bordnetz erst nach Erprobung im Fahrzeug freigegeben.

8.2.4.2 Lieferantenstruktur

Die große Zahl an Teilen in unterschiedlichen Technologien, verbunden mit komplexen Fertigungsab-

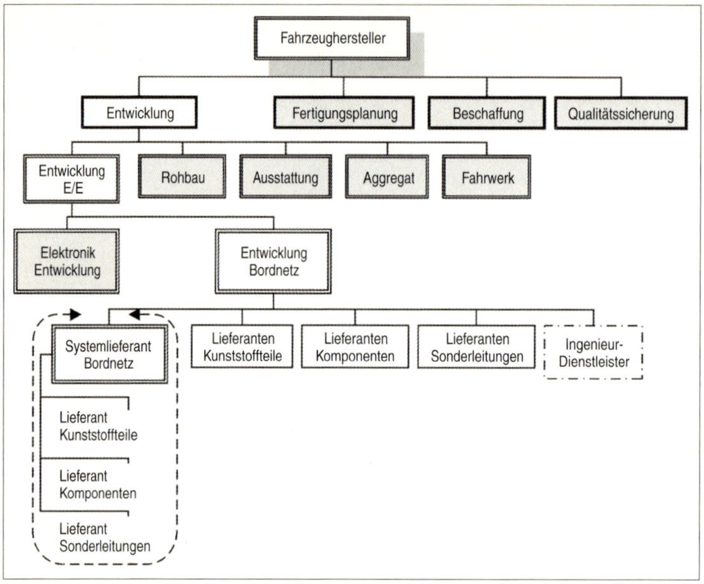

Bild 8.2-19 Organisatorische Einbindung der Lieferanten in die Bordnetz-Entwicklung

läufen, bedingen ähnlich komplexe Organisationsstrukturen für Entwicklung und Fertigung eines Bordnetzes. Während bis in die 1970er Jahre viele Automobilhersteller ihre Kabelsätze selbst hergestellt haben, ist heute die Entwicklung in Teilen und die Fertigung vollständig an sogenannte Systemlieferanten ausgelagert.

Der Fahrzeughersteller konzentriert sich auf die für das Fahrzeug relevanten Eigenschaften des Bordnetzes, er spezifiziert die Anforderungen, gibt Systemschaltpläne und Montageabläufe vor und koordiniert die Auslegung des Package. Die Detailkonstruktion wird bei Lieferanten durchgeführt. Je nach deren Produktspektrum kommen Leitungen, Komponenten und Kunststoffteile aus einer Hand oder werden weiter untervergeben. Da man anstrebt, möglichst viele Gleichteile modellübergreifend einzusetzen und außerdem gewisse Teile erst in der Fahrzeugfertigung montiert werden, greift die Beschaffung des Herstellers auch direkt auf Unterlieferanten zu. Ein großes Fahrzeugprojekt bindet allein für die Bordnetzentwicklung etwa 50 bis 100 Personen, **Bild 8.2-19** zeigt die typische Organisationsstruktur und ihre Schnittstellen in dieser Phase.

8.2.4.3 CAD-Werkzeuge

Zur Steigerung der Effizienz und der Prozesssicherheit hat man schon früh versucht, in der Entwicklung CAD-Werkzeuge einzusetzen. Zur Schaltplan- und Zeichnungserstellung war dies ab den 1960er Jahren möglich. Die beim Bordnetz unerlässliche Einbeziehung der Geometriedaten des Fahrzeuges scheiterte lange Zeit an der Leistungsfähigkeit der verfügbaren Rechenanlagen. Um ein Bordnetz hinreichend genau im CAD-System nachbilden zu können, müssen die umgebenden Teile dreidimensional mindestens in ihrer Außengeometrie sehr genau und in der Regel das ganze Fahrzeug abdeckend modelliert werden. Dadurch entstehen Datenvolumina, die erst seit den 1990er Jahren mit einer für Arbeitsabläufe akzeptablen Geschwindigkeit von Arbeitsplatzrechnern bewältigt werden.

Die Arbeitsabläufe und damit auch die Verkettung der dabei entstehenden Daten gliedern sich in zwei parallele Stränge. Beide gehen von Datenbanken mit Komponenteninformationen aus. Mit auf die elektrischen Parameter ausgelegter CAD-Software werden System- und Kabelschaltpläne bearbeitet, während mit Mechanik-CAD-Werkzeugen im *DMU* (*Digital MockUp*) Bauteile platziert, Leitungsstränge, Befestigungs- und Formteile konstruiert und dann unter Verwendung der Schaltplandaten eine Zeichnung entwickelt wird (**Bild 8.2-20**). Die Kerne der Werkzeuge sind in der Regel verbreitete Programme aus ähnlichen Anwendungsbereichen wie die ECAD-Software Lcable (Mentor Graphics) und die MCAD-Software Catia (IBM/Dassault). Ein echter Effizienzgewinn wird allerdings erst erzielt, wenn diese über Schnittstellen untereinander und mit den Stücklistensystemen, Teiledatenbanken und dem DMU-System gekoppelt werden. Ebenso sollte eine Schnittstelle zur Fertigungsvorbereitung des Lieferanten vorhanden sein. Damit werden manuelle Übertragungsvorgänge überflüssig und automatische Plausibilitätsprüfungen wie

- Verwendung des gleichen Teils und damit konsistenter Daten über den gesamten elektrischen und mechanischen Pfad,
- Konsistenz der Verschaltung in allen Dokumenten im Einklang mit einer Netzliste,

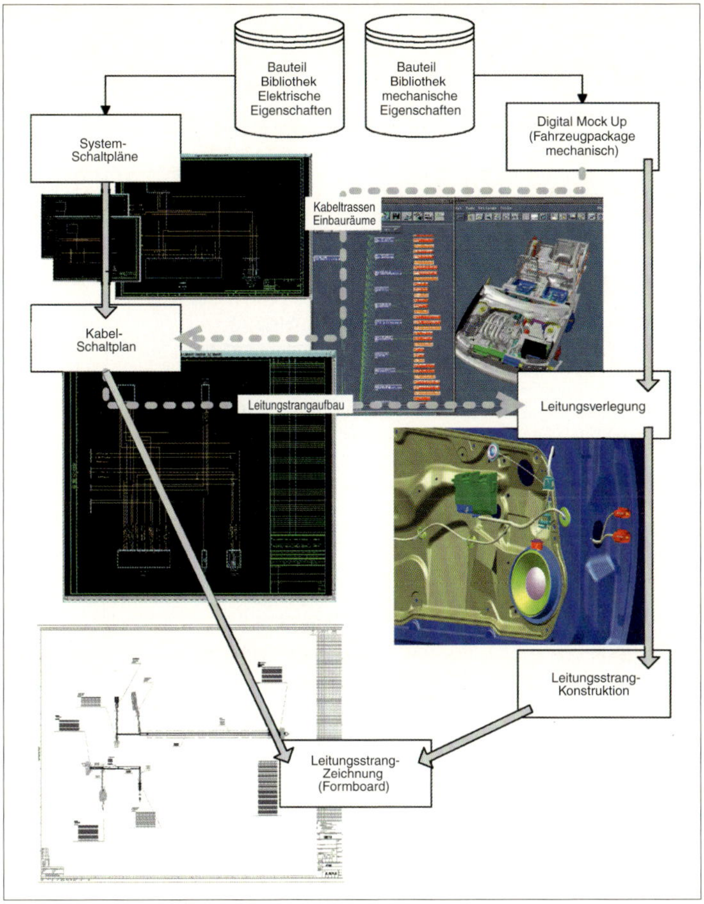

Bild 8.2-20 Datenfluss in einer CAD Werkzeugkette zur Bordnetzentwicklung

- Korrekte Zuordnung von Leiterquerschnitten und Kontaktgrößen auf Basis der in den Komponentendaten enthaltenen Stromwerte,

möglich.

Die Systeme bilden das reale Verhalten der biegeschlaffen Leitungsstränge so gut ab, dass das daraus entstehende virtuelle Bordnetz **(Bild 8.2-21)** für Kollisions- und Montageuntersuchungen im DMU verwendet werden kann. In der Regel ist jedoch eine

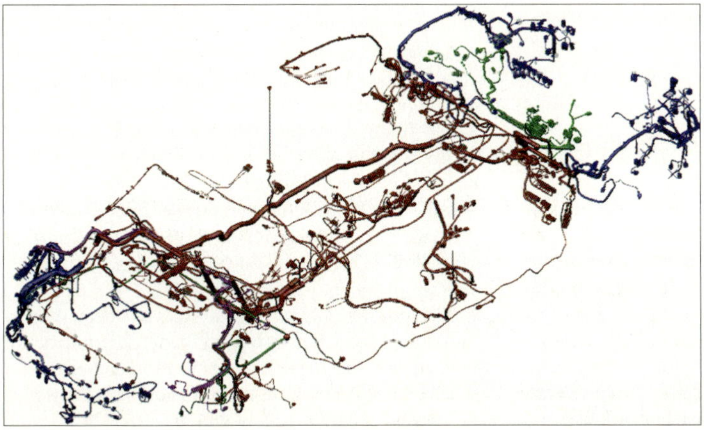

Bild 8.2-21 CAD-Modell eines Fahrzeug-Bordnetzes (VW Phaeton)

Tabelle 8.2-8 Trends in der Bordnetzentwicklung

Optimierungsbereich	Technologie bzw. Methode
Bauraum	Flachleiter/Folienleiter
Gewicht	Aluminiumleiter
Umwelt	PVC-freie Isolierung
Aggregat	Steigender Anteil hochtemperaturfester Leitungen
Fahrwerk	Sonderleitungen für Anwendungen an bewegten Teilen
Multimedia	Lichtwellenleiter für Multimediaanwendungen (MOST)
Bauraum	3D-Formgebung für exakte Leitungsverlegung
Qualität, Wartbarkeit	Ersatz von nichtreversiblen Sicherungen durch reversible, diagnosefähige Elemente (Halbleiter)
Qualität, Bauraum	Ersatz von Relais und Stromverteilern durch elektronische Leitungsmodule
Kosten	Ganzheitliche Optimierung von Bordnetz- und Elektronikarchitektur
Entwicklungszeit, Prozesssicherheit	durchgängige CAD-Prozesskette mit standardisierten Schnittstellen

manuelle Korrektur der Leitungslängen über Prototypenbau und Montage und Vermessung im Fahrzeug erforderlich, um aus den vielfältigen Toleranzeinflüssen ein für die Großserie optimiertes Produkt zu ermitteln.

8.2.5 Entwicklungstrends

8.2.5.1 Übersicht

Aufgrund des relativ großen Einflusses des Bordnetzes auf Kosten und Qualität des Fahrzeugs und der starken Wechselwirkung mit anderen Bauteilen herrscht ständig Bedarf zur weiteren Optimierung. Bezüglich der vielfältigen Faktoren, die Kosten, Qualität, Funktionalität und Fertigungsprozesse beeinflussen, existieren Potenziale durch Einsatz neuer Technologien oder über methodische Ansätze. **Tabelle 8.2-8** zeigt Trends zu verschiedenen Optimierungszielen auf.

8.2.5.2 Flachleiter

Beispielhaft für diese Trends soll hier der Einsatz von Flachleitern vertieft werden. Die Motive zum Wechsel von Rund- auf Flachleiter sind

- reduzierung des Leitungssatzvolumens
- reduzierung des Verdrahtungs-/Fahrzeuggewichts
- günstigeres Verhalten bezüglich Klappergeräuschen
- bessere Verlegbarkeit in kritischen Bauräumen (Form, Querschnitt)
- Erhöhung der Qualitätsstandards durch höhere Automatisierung in der Kabelsatzherstellung.

Einsatzbereiche sind vornehmlich dort zu finden, wo flache Querschnitte oder komplexe Verzweigungen mit konventionell aufgebauten Leitungssätzen schwer zu realisieren sind, also in

- Himmel
- Tür
- Cockpit

Da die Einzelkosten der Flachleiter (noch) denen anderer Leitungssätze vergleichbar sind, können sie ihre Vorteile nur in einer ganzheitlichen Betrachtung von Montageaufwand und Einzel- und Qualitätskosten ausspielen. Flachleiter sind in den Ausführungsformen *FFC* und *FPC* im Einsatz.

FFC – Flexible Flat Cable

Unter *FFC*, **Bild 8.2-22** versteht man als Meterware verfügbare Flachleitungen mit mehreren Leitern, ähnlich zu den in der Computertechnik eingesetzten. Flache Leiter aus gewalzten Rundleitern oder geschnittener Kupferfolie werden zwischen zwei isolierende Folien eingeklebt (laminiert: *FLC – Flexible Laminated Cable*), alternativ kann die Isolierung direkt auf die Leiter extrudiert werden (*FEC – Flexible Extruded Cable*).

Lange Leitungspfade sind mit derartiger Meterware günstiger als mit *FPC* herzustellen, dafür sind Abzweigungen aufwändiger und bedingen vor allem zusätzliche Fertigungsschritte (Crimpen, Schweißen) und damit Qualitätsrisiken.

Extrudierte Flachleiter lassen sich mit den gleichen Isolationsmaterialien wie Rundleiter herstellen und sind damit in einem weiteren Temperaturbereich verfügbar und aufgrund des einfacheren Materialmixes (kein Kleber) besser recyclierbar als *FPC*.

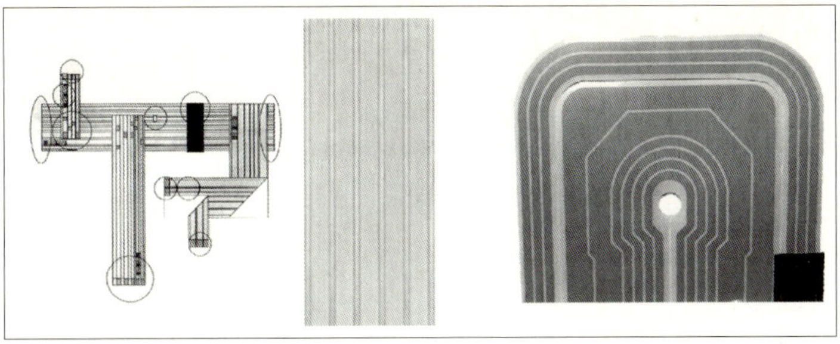

Bild 8.2-22 FFC (links) und FPC (rechts) Folienleiter (Quelle: Coroplast)

FPC – Flexible Printed Circuit

FPC, **Bild 8.2-22** sind mit einer aus der Leiterplattenherstellung abgeleiteten Technologie hergestellte Leiterstrukturen, die zwischen einer flexiblen Träger- und einer Deckfolie einlaminiert werden.

Tabelle 8.2-9 Aufbau eines FPC-Leiters

Schicht	Dicke
Basisfolie aus PET, PEN, PI	50 µm
Kleber	15 µm
Kupferfolie, geätzt	70 µm
Kleber	15 µm
Deckfolie	50 µm

FPC sind seit 2001 im Serieneinsatz. Aufgrund der Längenbegrenzung der Basismaterialien in der Fertigung müssen lange Abschnitte in der Leitertopologie mäanderförmig in parallele Strukturen abgebildet werden. Diese können dann in einem Fließprozess hergestellt werden. Die parallel gelegten Leitungsabgänge werden perforiert zusammengehalten und können nach Einbau eines Nutzens im Fahrzeug oder Modul leicht getrennt und verlegt werden. Die Mäander werden durch Falten in die gewünschte Form gebracht.

Da *FPC* kosteneffektiv nur mit einer Ebene herzustellen sind, sind besondere Verfahren zur Querverbindung mehrerer Leiter erforderlich, z.B. über aufgecrimpte Brücken, die auch wieder aus *FPC*-Abschnitten bestehen können.

FPC bieten die Möglichkeit, mit bewährten Technologien Bauteile direkt auf den Leitungssatz aufzubringen und somit Funktionselemente wie Halbleiterschalter, LED u.ä. in den Leitungsstrang zu integrieren. Damit entfallen Kontaktierungen und Platinen. Handhabung und Schutz dieser Teile müssen aber auf den Einsatzzweck und die Montageabläufe hin ausgelegt werden. *FPC* haben die größten Vorteile bei komplexeren, verzweigten Leitungstopologien. Die Kosten hängen stark davon ab, in wie weit sich die Leitungstopologie in eine hohe Ausnutzung der Rohmaterialien umsetzen lässt.

Literatur

Bosch: Schaltzeichen und Schaltpläne. In: Bosch Gelbe Reihe: Elektrik und Elektronik für Kraftfahrzeuge (1999)

Brabetz, L.; Jäschke, J.; Müller, D.: Elektrische Energieverteilung im Kfz-Optimierung der Bordnetztopologie. In: VDI-Gesellschaft Fahrzeug- und Verkehrstechnik: Elektronik im Kraftfahrzeug. Bd. 1547, Düsseldorf, 2000

DIN 72552 Klemmenbezeichnungen in Kraftfahrzeugen, Berlin: Beuth Verlag, 1971

Döring, M. et al.: Methoden zur Optimierung der Wirtschaftlichkeit von Komponenten und deren Verkabelung im Kfz bei gegebener Zuverlässigkeit und Topologie. In: VDI-Gesellschaft Fahrzeug- und Verkehrstechnik: Elektronik im Kraftfahrzeug. Bd. 1646, Düsseldorf, 2001

Forum Bordnetz: Road vehicles – Conditions for electrical and electronic equipment for a 42V powernet – Part 1: General, 2000

Forum Bordnetz: Road vehicles – Conditions for electrical and electronic equipment for a 42V powernet – Part 2: Electrical Loads, 2000

Friedrich, R. et al.: Technische Raffinesse: Die Elektrik und Elektronik der neuen BMW 3er Baureihe. In: ATZ/MTZ (1998)

Hofmann, P. E. H.; Thurner, Th.: Neue Elektrik/Elektronik Architekturansätze. In: VDI-Gesellschaft Fahrzeug- und Verkehrstechnik: Elektronik im Kraftfahrzeug. Bd. 1646, Düsseldorf, 2001

Jung, C.; Melbert, J.; Koch, A.: Dynamische Wechselwirkungen im 42V-Bordnetz. In: VDI-Gesellschaft Fahrzeug- und Verkehrstechnik: Elektronik im Kraftfahrzeug. Bd. 1547, Düsseldorf, 2000

Leohold, J.: Auslegung und Optimierung von Fahrzeug-Bordnetzen. In: VDI-Gesellschaft Fahrzeug- und Verkehrstechnik: Elektronik im Kraftfahrzeug. Bd. 1287, Düsseldorf, 1996

Leohold, J. et al.: Das elektrische Bordnetz. In: ATZ/MTZ Sonderheft Volkswagen Phaeton (2002)

Olk, J.; Rosenmayr, M.; Stich, U.: Vorsicherungs- und Bordnetzsteuergeräte für neue Bordnetzstrukturen. In: VDI-Gesellschaft Fahrzeug- und Verkehrstechnik: Elektronik im Kraftfahrzeug. Bd. 1646, Düsseldorf, 2001

Schöttle, R.; Threin, G.: Elektrisches Energiebordnetz: Gegenwart und Zukunft. In: VDI-Gesellschaft Fahrzeug- und Verkehrstechnik: Elektronik im Kraftfahrzeug. Bd. 1547, Düsseldorf, 2000

Schramm, D.; Bouda, H.; Brand, R.: Zentralelektriken und Module zur Leistungsverteilung als integrale Bestandteile zukünftiger Bordnetze. In: ATZ/MTZ Automotive Electronics September, Sonderheft (2001) S. 56 – 60

Wieland-Werke: Wieland-Buch Kupferwerkstoffe, 5. Auflage. Ulm: Wieland-Werke AG, 1986

8.3 Kommunikationsbordnetze

8.3.1 Einleitung

Der Anteil der Elektronik im Fahrzeug hat in den letzten Jahren stetig zugenommen. Selbst in preiswerten Kleinwagen sind deshalb eine Vielzahl von Sensoren, Aktoren und Steuergeräten installiert. In Fahrzeugen der Oberklasse, wo zusätzlich auch noch Unterhaltungs-, Klima- und Navigationsgeräte sowie aufwändige Assistenzsysteme eingesetzt werden, summiert sich die Zahl der Steuergeräte auf mittlerweile bis zu 30–50 Electronic Control Units (ECU). Weil viele dieser Einheiten funktional voneinander abhängig sind und zum Beispiel das Airbagsteuergerät auf die Crashsensoren oder der Scheibenwischer auf den Regensensor angewiesen ist, müssen diese Komponenten miteinander kommunizieren können. Eine konventionelle Verkabelung einzelner Geräte über dezidierte Signalleitungen ist angesichts der Vielzahl der zu vernetzenden Steuergeräte kaum mehr möglich. Deshalb kommen im Fahrzeug zunehmend so genannte Busse zum Einsatz. Das sind Leitungssysteme mit dazu gehörigen Steuerungskomponenten, die zum Austausch von Daten und/oder Energie zwischen verschiedenen Hardware- oder auch Software-Komponenten dienen.

Dabei haben sich seit Beginn der siebziger Jahre zahlreiche unterschiedliche Bussysteme etabliert, die sich vor allem hinsichtlich ihrer technischen Auslegung, der Leistungsfähigkeit und ihrer Kosten unterscheiden und deshalb im Fahrzeug für jeweils unterschiedliche Aufgabenstellungen und Einsatzgebiete genutzt werden (siehe **Bild 8.3-1**).

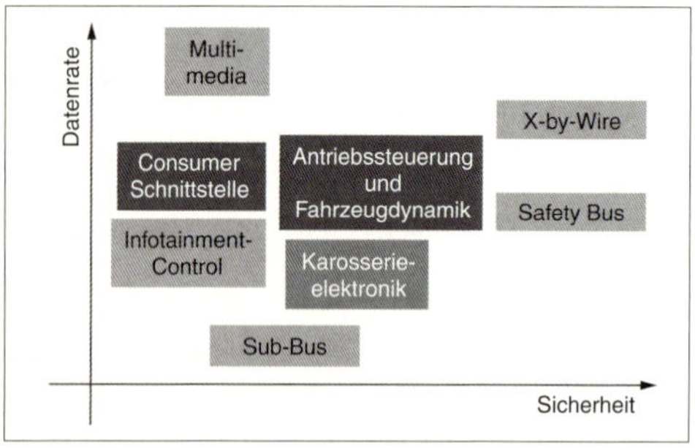

Bild 8.3-1 Funktionale Anwendungsprofile von BUS-Systemen

Die Kommunikation zwischen diesen einzelnen Netzwerken erfolgt über spezielle Gateways und Schnittstellen. Obwohl damit viele Informationsstränge gebündelt werden können, haben die erforderlichen Netzwerke eine immense Größe: Während in den Fünfziger Jahren rund 30 Meter Kabel im Fahrzeug verlegt worden sind, machen etwa in der Mercedes S-Klasse (W 220) rund 1900 Leitungen, ca. 3800 Steckverbindungen und eine Gesamtlänge von drei Kilometern den Kabelbaum zu einer der aufwändigsten und teuersten Komponente. Diese in elektrische und optische Systeme unterteilten Busse werden im ersten Teil dieses Kapitels in ihren Grundzügen erklärt und in Leistungsfähigkeit und Funktionsspektrum gegenüber gestellt.

Über diese Kommunikationsnetzwerke innerhalb des Fahrzeugs hinaus wächst in der Automobilindustrie die Bedeutung von Netzwerken, die das Fahrzeugsystem nach außen öffnen und den Wagen mit seiner externen Umwelt verbinden. Statt Kabeln oder Lichtleitern kommen dann Funknetzwerke zum Einsatz, die im zweiten Teil des Kapitels vorgestellt werden.

8.3.2 Kabelgebundene Bordnetze

Für die Vernetzung der fahrzeuginternen Systeme werden heute ausschließlich kabelgebundene Datenbusse eingesetzt. Sie übermitteln sämtliche Informationen und Befehle aus den Bereichen „Control" (Sensoren von der Außentemperatur bis zur Raddrehzahl) und „Command" (Steuerung vom Fensterheber bis zum Assistenzsystem) und sind auch die Basis für Entertainment-, Multimedia- und Video-Applikationen. Außerdem ersetzen sie unter dem Stichwort „x-by-wire" zunehmend mechanische Verbindungen etwa beim „elektronischen Gaspedal" oder bei der in zahlreichen Prototypen und Forschungsfahrzeugen bereits realisierten elektronischen Lenkung.

Klassifiziert werden diese Netzwerke neben der Datenkapazität und der Übertragungstechnik nach ihrer Topologie, also dem Aufbau der Verbindung [1]. Dabei gibt es drei Grundtypen:

- **Punkt-zu-Punkt-Verbindung:** Ein Netzwerk mit nur zwei Teilnehmern (wird im weiteren nicht betrachtet).
- **Ring-Netzwerk:** Ein Netzwerk, bei dem alle Komponenten in einem Ring miteinander verbun-

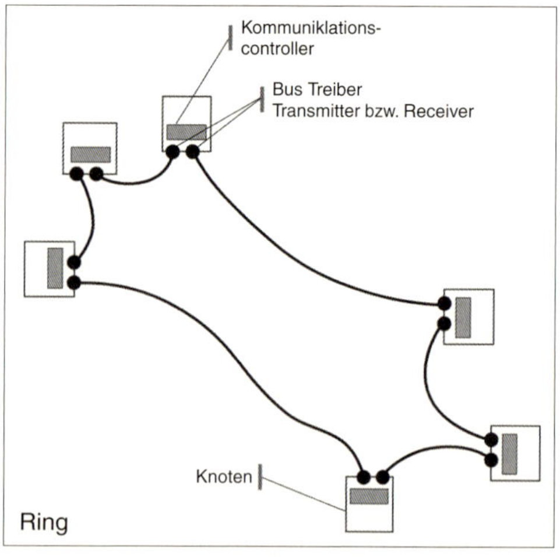

Bild 8.3-2 Ringschaltung eines optischen Systems.

den werden **(Bild 8.3-2)**. Größter Vorteil dieser Architektur ist der geringe Verkabelungsaufwand und die schnelle Verbindung. Dafür jedoch ist die Datenübertragung zwischen allen Komponenten gefährdet, wenn der Ring an einer Stelle unterbrochen ist. Deshalb müssen aufwändige Kontroll-Systeme und „Bypass"-Lösungen entwickelt werden.

- **Sternverbindung:** Sie verknüpft alle Komponenten über einen im Zentrum des Sterns installierten „Hub", auch „Bus Guardian" (Bus-Wächter) genannt, der die reibungslose Kommunikation gewährleistet **(Bild 8.3-3)**. Weitere Kontrollsysteme sind nicht nötig, so dass der Stern deutlich kostengünstiger ist als der Ring. Außerdem kann auch beim Ausfall eines Strahls auf allen anderen Strahlen weiter kommuniziert werden. Allerdings steigt beim Stern der Aufwand für die Verkabelung und damit auch das Fahrzeuggewicht. Bei einem Ausfall des Hubs kommt es zum Totalausfall des Netzes.

Unabhängig von der Architektur bieten Bussysteme gegenüber der singulären Signalleitung zwischen einzelnen Komponenten eine Reihe von Vorteilen:

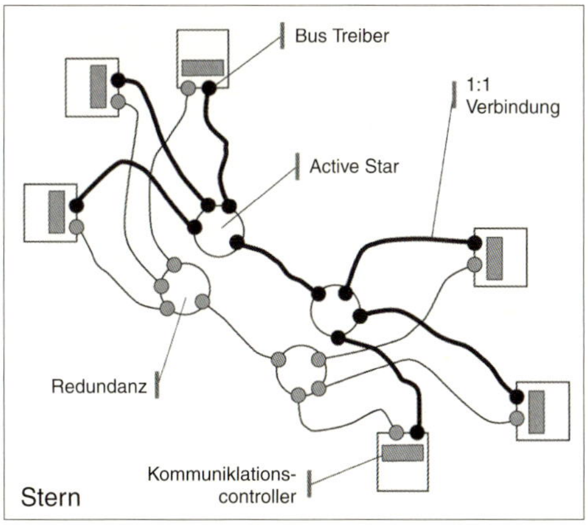

Bild 8.3-3 Konfiguration mit aktivem Stern

- Jede Fahrzeugkomponente muss nur einmal an den Bus angeschlossen werden. Die Verkabelung wird einfacher, der benötigte Bauraum kleiner, das Gewicht geringer und die Kosten sinken. In der Mercedes S-Klasse (W220) spart der Einsatz der Bussysteme bei Maximalausstattung etwa 17 Kilogramm Kabelsatzgewicht (39 kg statt 56 kg) und 1000 Meter Kabelsatzlänge (2200 m statt 3200 m).
- Sämtliche Geräte an einem Bus können miteinander kommunizieren und aufeinander reagieren. Zum Beispiel startet dann bei eingeschaltetem Scheibenwischer mit dem Einlegen des Rückwärtsgangs automatisch auch der Heckscheibenwischer. Diese Verknüpfung nennt man „Multiplexing".
- Mit redundanten Leitungen können Ausfälle besser vermieden werden.
- Weil der Bus, seine Schnittstellen und die Kommunikation standardisiert sind, steigt die Modularität der Komponenten. So können viele Steuergeräte in unterschiedlicher Konfiguration in verschiedenen Fahrzeugen verwendet werden, wobei dann nur einzelne Module für zusätzliche Funktionen integriert oder entsprechend herausgenommen werden müssen.

Grundsätzlich muss bei den kabelgebundenen Bordnetzen zwischen zwei Übertragungstechniken unterschieden werden: Den elektrischen und den optischen Datenbussen **(Bild 8.3-4)**. Diese Systeme werden im nachfolgenden Abschnitt vorgestellt.

8.3.2.1 Elektrische Kommunikationsbordnetze

Bei der elektrischen Kommunikation im Netzwerk werden die Daten über konventionelle Kupferkabel als elektrische Impulse versendet. Diese Übertragung ist grundsätzlich relativ preiswert und sehr robust gegenüber mechanischer Belastung. Allerdings sind kabelgebundene Netzwerke anfällig für elektromagnetische Störungen und müssen deshalb aufwändig abgeschirmt und isoliert werden (Kapitel 8.4), was die Kosten erhöht. Außerdem sind die Kabelbäume

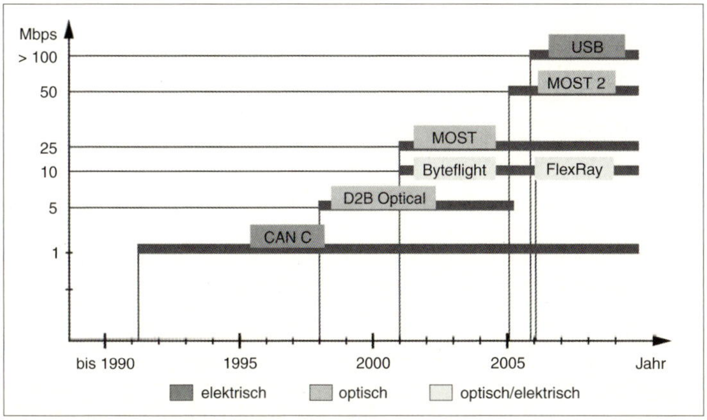

Bild 8.3-4 Ausgewählte kabelgebundene Bussysteme im Vergleich

verhältnismäßig schwer. Dennoch stellen sie den Löwenanteil der Netzwerke im Fahrzeug.

Die wichtigsten BUS-Systeme im Einzelnen [2, 5]:

LIN: Das Local Interconnect Network (LIN) ist der einfachste und preiswerteste Bus im Fahrzeug. Er besteht aus einem einzigen 12 V-Kabel und ermöglicht mit einem seriellen Datenformat die kostengünstige Kommunikation für Sensoren und Aktoren mit einer geringen Bandbreite von 19,6 KBit/s. Der Bus hat nur einen Master (Sender) und bis zu 16 Slaves (Empfänger) und vernetzt vor allem Temperatur- und Feuchtigkeitssensoren, Aktoren und Beleuchtungselemente. Um Energie zu sparen, kann das LIN-Netzwerk auch in einem „Schlaf-" oder Standby-Modus betrieben werden, bis eine „wake-up"-Message die Slaves aktiviert.

CAN: Das Controller Area Network – kurz: CAN – findet seit Anfang der neunziger Jahre verstärkten Einsatz im Fahrzeugbau und vernetzt mit einem zweiadrigen Kabelstrang zum Beispiel das ABS-System oder die Motorsteuerung. Der serielle CAN-Bus verfügt über eine Datenübertragungsgeschwindigkeit von 10 KBit/s bis 1 MBit/s bei einer Buslänge bis zu einem Kilometer. Die maximale Anzahl der Teilnehmer („Knoten") im Bus beträgt 32, weil die Netze jedoch intern aufgeteilt werden können, sind deutlich höhere Gesamtzahlen möglich. Sämtliche Teilnehmer im CAN können „Master" oder „Slave" sein und dann Informationen nicht nur empfangen, sondern auch versenden. Dieses Konzept nennt man „Multi-Master-Bus". Gesteuert wird die Kommunikation über die Ereignisse: Wann immer eine ECU eine Informationen senden will, wird der entsprechende CAN-Controller beauftragt und bringt die Nachricht auf den Weg, sobald der Kanal frei ist. Müssen gleichzeitig mehre Informationen gesendet werden, regelt die vorgegebene Prioritätenliste die Reihenfolge. Empfängeradressen gibt es auf dem CAN-Bus nicht; die jeweilige Information erreicht immer alle Teilnehmer. Um den CAN-Bus vor den Einflüssen starker elektromagnetischer Felder zu schützen, verfügt das System über einen Mechanismus, der fehlerhafte Übertragungen erkennt und wiederholt. Außerdem können Fehler lokalisiert und entsprechende Controller vom Netzwerk getrennt werden.

TTCAN: Vor allem in sicherheitsrelevanten Systemen kommt als Weiterentwicklung des CAN-Busses der so genannte Time Triggered CAN (TTCAN) zum Einsatz. Dort erfolgt die Kommunikation nicht ereignis-, sondern zeitgesteuert: Alle Knoten werden mit Referenznachrichten auf eine gemeinsame Systemzeit geeicht und kommunizieren danach in festgelegten Zeitfenstern. Während auf dem normalen CAN die Laufzeit und die Sendezeit einer Nachricht nicht präzise bestimmt werden können, ist auf diese Weise sichergestellt, dass die entsprechenden Informationen nach einem genauen Zeitplan übermittelt werden.

DC-BUS: Während die zuvor beschriebenen BUS-Systeme zusätzliche Kabelbäume verlangen, benutzt dieser relativ neue Ansatz die im Fahrzeug bestehenden Gleichstromleitungen für den Datenaustausch. Diese „Power Line Communication" ist aber zahlreichen Störeinflüssen ausgesetzt und deshalb bis heute noch in keinem Serienfahrzeug verwirklicht worden.

USB/Firewire: Um den wachsenden Anforderungen an die Übertragungskapazität Rechnung zu tragen, werden für Telematik- und Assistenzsysteme zunehmend die aus der Computerwelt entlehnten Busse USB und Firewire aber auch Ethernet diskutiert. Sie erlauben Übertragungsraten von 200 bis 400 MBit/s und können auch mit Lichtwellenleitern realisiert werden. Allerdings erfordert ihr Kommunikationsprotokoll mit der isochronen Übertragung schnelle Zwischenspeicher an jedem Knoten.

8.3.2.2 Optische Kommunikationsbordnetze

Neben den elektrischen Informationsübertragern haben sich im Fahrzeug für schnelle und volumenstarke Datenverbindungen auch optische Systeme etabliert. Dort werden die Informationen von elektrischen in optische Impulse umgewandelt und dann mit Lichtleitern aus Kunststoff oder Glasfaser übertragen. Der Vorteil der Lichtleiter liegt vor allem in der deutlich höheren Übertragungsrate und im geringeren Gewicht. Außerdem gibt es keine EMV-Störungen. Allerdings sind derartige Netzwerke in der Herstellung etwas teurer und in der Produktion sehr viel sensibler, weil sie mechanisch nicht stark beansprucht werden können. So sind zum Beispiel bei der Montage Biegeradien von einigen Zentimetern erforderlich und sie dürfen niemals geknickt werden. Und für Wartung und Reparatur müssen die Werkstätten Spezialwerkzeuge vorhalten.

Die wichtigsten optischen BUS-Systeme im Einzelnen [2]:

D2B Optical: Der Domestic Data Bus (D2B Optical) war das erste in Serie eingesetzte optische Netzwerk. Mit einer Übertragungsrate von 5,6 MBit/s hat es mit einer Ringstruktur bis zu fünf Teilnehmer über eine 0,98 Millimeter dicke Leitung aus Polymetylmethacrylat (PMM) synchron vernetzt. Eingesetzt wurde es ausschließlich für Multimedia-Komponenten.

MOST: 1998 wurde für die Multimedia-Umgebung im Fahrzeug der Bus für Media Oriented Systems Transport (MOST-Bus) eingeführt. MOST-Netzwerke werden meistens als Ring ausgeführt, bei sicherheitskritischen Anwendungen kommen Doppelringe zum Einsatz. In einem solchen Ring können bis zu 64 MOST-Geräte eingebunden werden. Weil das System auf einfache Bedienung (Plug-and-Play) hin konzipiert worden ist, können einzelne Geräte mühelos entfernt oder hinzugefügt werden. In einem MOST-Netzwerk übernimmt ein MOST-Gerät die Rolle eines Timing-Masters, der kontinuierlich MOST-Frames in den Ring einspeist. Die zu Beginn der Übertragung eines MOST-Frames versendete Präambel dient den Timing-Slaves zur Synchronisation. Über die der synchronen Übertragung zugrunde gelegten Biphasen-Codierung können sich die Timing-Slaves ständig nachsynchronisieren. Insgesamt steht der Übertragung von Streaming-Daten (synchrone Datenübertragung) und von Paketdaten (asynchrone Datenübertragung) eine Bandbreite von circa 23 MBit/s zur Verfügung. Diese ist in 60 physikalische Kanäle gegliedert, die vom Anwender selektiert und konfiguriert werden können. MOST unterstützt bis zu 15 unkomprimierte Stereo-Audio-Kanäle in CD-Qualität oder bis zu 15 MPEG1-Kanäle zur Audio-Video-Übertragung [3]. Die Übertragung von hochauflösenden, unkomprimierten Videodatenströmen ist mit MOST allerdings noch nicht möglich. Gleichzeitig bietet MOST einen Kanal zur Übertragung von Kontrollbotschaften. Dazu steht eine Bandbreite von 768 kB zur Verfügung. Pro Sekunde können damit fast 3000 Kontrollbotschaften übertragen werden. Mit Hilfe der Kontrollbotschaften können MOST-Geräte sowie die synchrone bzw. asynchrone Datenübertragung konfiguriert werden.

Mit neuen Lichtleitern wird die Übertragungsrate im MOST-BUS künftig weiter steigen. So werden ab dem Jahr 2008 MOST II mit 50 MBit/s und nach 2010 MOST III mit bis zu 150 MB/s erwartet.

Byteflight/FlexRay: Für größere Datenmengen vor allem in „x-by-wire"-Systemen und sicherheitsrelevanten Anwendungen werden seit einigen Jahren der Byteflight-Bus und dessen Weiterentwicklung FlexRay eingesetzt. Sie ermöglichen eine frei konfigurierbare synchrone und asynchrone Übertragung mit einer hohen Bandbreite von maximal 10 MBit/s. Das flexible und erweiterbare Netzwerk besteht aus maximal 64 Knoten, die entweder mit Punkt-zu-Punkt-Verbindungen oder über eine klassische Bus-Strukur miteinander verknüpft werden können. Als physikalisches Übertragungsmedium werden Kupferkabel oder aber mehrheitlich Lichtleiter eingesetzt. In seiner Grundkonzeption ist FlexRay vergleichbar mit dem zeitgesteuerten CAN-Bus. Während der TTCAN allerdings die Fehlertoleranz und die Sicherheit in den Vordergrund stellt, liegt hier der Schwerpunkt auf der Flexibilität der Kommunikation. Die Entwicklung von FlexRay wurde 1999 von BMW und DaimlerChrysler initiiert. Mittlerweile sind aber weitere Automobilhersteller und alle namhaften Zulieferer am entsprechenden Konsortium beteiligt.

8.3.3 Drahtlose Kommunikationsbordnetze

Die kabellose Vernetzung wird im Fahrzeug vor allem für die Integration externer Systeme für Kommunikation oder Infotainment genutzt [4]. Zwar sind heute einzelne Komponenten wie das Mobiltelefon oder der PDA mehrheitlich noch per Kabel mit dem Fahrzeug verbunden. Doch wachsende Komfortansprüche, die schnellen Wechselintervalle der mobilen Endgeräte und eine steigende Zahl der Systeme machen eine Umstellung dringend erforderlich.

Für die kabellose Verbindung stehen verschiedene Techniken zur Wahl, die in den kommenden Abschnitten vorgestellt werden (vgl. **Bild 8.3-5**):

Infrarot: Eine Möglichkeit zur kabellosen Systemintegration bietet die Infrarot-Technik. Dafür haben vor allem Unternehmen aus der Computerindustrie in den neunziger Jahren des letzten Jahrhunderts die Infrared Data Association (IrDA) gegründet und die physische Spezifikationen sowie die Standards für Kommunikationsprotokolle einer Schnittstelle definiert, die mittels infrarotem Licht den Austausch von Daten ermöglicht. In der fortschrittlichsten Spezifikation werden damit Datenraten von 16 MBit/s erreicht. Ein Vorteil dieser Technik ist der preisgünstige Aufbau der Systeme. Nachteilig sind aber die geringe Übertragungsentfernung, die in der Spezifikation mit 100 cm festgelegt ist, sowie die zwingend benötigte Sichtverbindung zwischen Sender und Empfänger. Aus diesen Gründen kommen Infrarot-Übertragungen im Fahrzeug allenfalls bei Fernbedienungen zum Einsatz.

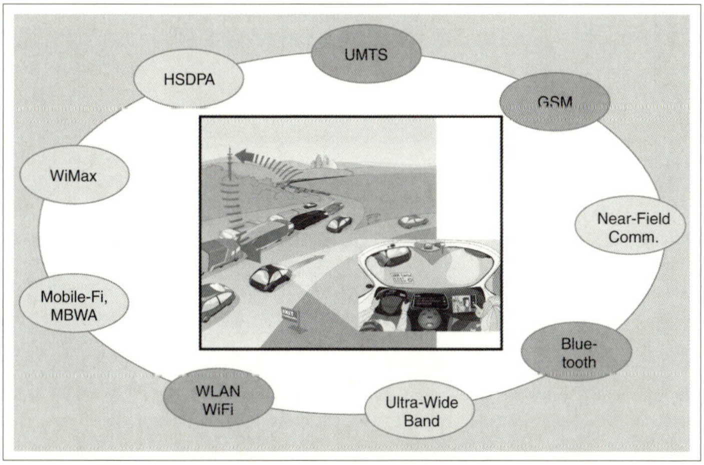

Bild 8.3-5 Mit drahtlosen Netzwerken erfolgt der Datenaustausch zwischen Fahrzeug und Umwelt/ Infrastruktur

Zigbee: Zigbee ist ein drahtloses Netzwerk, das nur auf kurze Entfernungen arbeiten kann und vor allem für die Kommunikation von und zu Sensoren eingesetzt wird. Es bietet eine Datenübertragungsrate von 106 oder 212 KBit/s und wird in Zukunft auch 424 KBit/s übermitteln können. Im Auto überbrückt Zigbee meist nur wenige Zentimeter und kommt deshalb als Nischenanwendung zum Beispiel in der Kommunikation mit den Luftdrucksensoren der Reifen zum Einsatz.

Bluetooth: Eine Schlüsselrolle bei der Vernetzung der internen und externen Komponenten im Fahrzeug kommt dagegen der Bluetooth-Technologie zu. Definiert und verwaltet wird dieser Standard von der Bluetooth Special Interest Group (SIG), in der bislang über 2000 Unternehmen zusammen geschlossen sind. Dieser Standard für die kabellose Vernetzung von Geräten über kurze Distanz definiert eine drahtlose Schnittstelle, über die sowohl mobile Kleingeräte wie Mobiltelefon und PDA als auch Computer oder Peripheriegeräte in einem Netzwerk miteinander kommunizieren können. Ein solches Netzwerk wird auch als „Wireless Personal Area Netzwerk" (WPAN) bezeichnet. Die verfügbare Nutzer-Datenrate liegt bei derzeit maximal 2,5 MBit/s (Bluetooth 2.0 plus Enhanced Data Rate (EDR)). Herzstück des Systems ist ein Mikrochip, das Bluetooth-Modul. Es benötigt wenig Energie, bietet integrierte Sicherheitsmechanismen und ist günstig herzustellen. Somit kann es in einer breiten Palette von elektronischen Geräten eingesetzt werden. Prinzipiell besteht ein Bluetooth-Modul aus einem HF-Teil und einem Basisband-Controller, der die Schnittstelle zum Hostsystem, zum Beispiel dem PC, Laptop oder Handy darstellt. In der Norm sind drei Sendeleistungsklassen mit 1 mW (0 dbm), 2,4 mW (4 dBm) und 100 mW (20 dBm) definiert, die Reichweiten von 10 m bis 100 m zulassen (vgl. **Bild 8.3-6**). Ein direkter Sichtkontakt zwischen Sender und Empfänger ist nicht nötig. Beim Einsatz im Fahrzeug ist aber vor allem die Reflektion der Funkwellen am Metall sowie die Absorption des menschlichen Körpers zu berücksichtigen. Bluetooth-Geräte dürfen weltweit zulassungsfrei betrieben werden und senden im 2,4-GHZ-ISM-Funkband (ISM = Industrial, Scientific and Medical). Ein Bluetooth-Netzwerk kann aus bis zu 255 Teilnehmern bestehen, wovon acht Geräte gleichzeitig aktiv sein können. Ein Gerät übernimmt die Rolle des Masters und kann bis zu sieben weitere Teilnehmer (Slaves) ansprechen. Der Master steuert die Kommunikation und vergibt Sende-Slots an die Slaves.

Da Bluetooth universell einsetzbar ist, hat die Bluetooth SIG etwa 20 so genannte Profile definiert, die als Bindeglied zwischen den Anwendungen und der Bluetooth-Hardware fungieren. Diese Profile werden entwickelt und betreut von drei Expertengruppen innerhalb der Bluetooth-Organisation, die eine zielgerichtete Applikationsentwicklung ermöglichen sollen. Den automobilen Bereich betreut die „Car Working Group" (CWG), die künftige Anwendungsszenarien im Automobil erkennen und in die Definition neuer Profile einarbeiten soll. Dabei steht Bluetooth für zweierlei Anwendungen: den Datenaustausch zwischen portablen Endgeräten und dem Fahrzeug sowie den drahtlosen Transport von Audio- und Videosignalen für Unterhaltung und Information. Die erste Phase der Integration von Bluetooth in die Fahrzeuge hat bereits begonnen. So verfügen einige Modelle vor allem in der Mittel- und Oberklasse über eine Bluetooth-Schnittstelle für Mobiltelefone, so dass die Gespräche über das Audiosystem des Fahrzeugs geführt werden können. Bis zum Jahr 2009/2010 rechnen Experten mit einem erweiterten Funktionsumfang durch das Einbringen weiterer Bluetooth-Profile. Zum Beispiel:

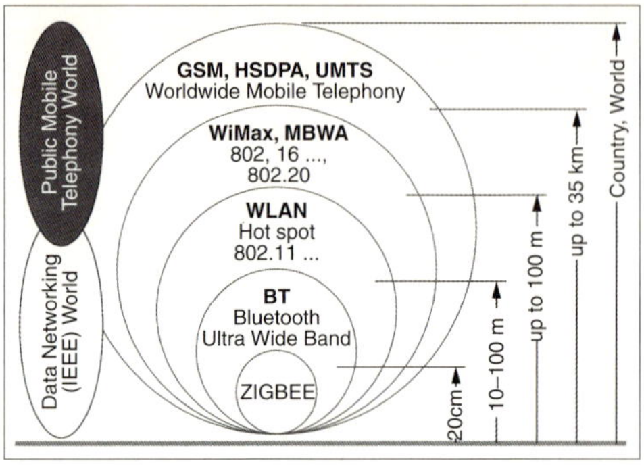

Bild 8.3-6 Reichweiten von Kommunikationsnetzen

- Mobiltelefone werden weiter integriert und der SIM-Zugriff für kommerzielle Anwendungen geöffnet
- Location Based Services erweitern die Funktionen des Navigationssystems
- Fahrzeugfunktionen wie die Schließanlage oder die Standheizung können universell ferngesteuert werden.

Ultra Wide Band: Als eine künftige Übertragungstechnik für die Kommunikation im Fahrzeug und damit als möglichen Nachfolger des HF-Teils von Bluetooth sehen die Entwickler das Ultra Wide Band (UWB), das Datentransferraten bis zu 480 MBit/s ermöglichen wird und sich damit zum Beispiel für die kabellose Übertragung auch von bewegten Bildern in Echtzeit eignet. Dabei setzt die Industrie auf ein breites Frequenzspektrum von 7,5 GHz, das im Bereich zwischen 3 und 10 GHz in 14 Bänder mit einer Breite von je 528 MHz unterteilt ist. Diese sind in fünf Kanälen zusammengefasst, von denen nur der erste notwendig ist, während die anderen vier optional hinzukommen können. Die Lizensierung dieses Fre-

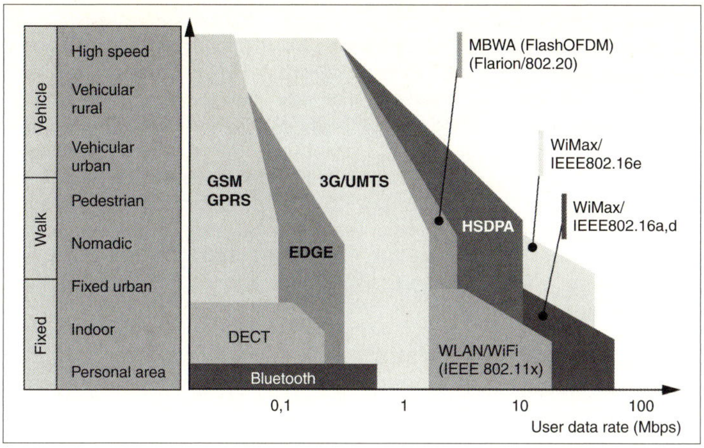

Bild 8.3-7 Datenübertragungsraten verschiedener Einsatzfelder im Vergleich

quenzbereichs stößt auf Schwierigkeiten und ist länderspezifisch unterschiedlich geregelt (z.B. für die EU derzeit nur im „Home"-Bereich). Ein weiterer Vorteil dieser Technologie ist der sehr geringe Energiebedarf, der weit unterhalb der Bluetooth-Kommunikation liegt. Mit den ersten Anwendungen im Consumer-Bereich wird ab 2007 gerechnet, der Einsatz im Fahrzeug wird entsprechend verzögert erfolgen.

WLAN: Eine Alternative und Ergänzung zur Bluetooth-Kommunikation vor allem für den Datenexport aus dem Fahrzeug heraus ist die WLAN-Technologie. Dieser Begriff steht für Wireless Local Area Network und bezeichnet ein drahtloses Funknetzwerk verschiedener Rechner oder Steuereinheiten, dem in der Regel ein Standard der IEEE 802.11-Familie zugrunde liegt. Auch WLAN-Netzwerke senden wie Bluetooth-Anwendungen auf dem weltweit verfügbaren 2,4-GHz-Band oder auch auf dem ebenfalls lizenzfreien 5-GHz-Band und erreichen je nach Standard eine Datenübertragungsrate von 11 MBit/s (Protokoll 802.11b) bis 54 MBit/s (Protokoll 802.11g), wie **Bild 8.3-7** zeigt. Im Vergleich zu WPANs haben WLANs eine deutlich größere Sendeleistung und damit größere Reichweiten. So können Daten im Idealfall über rund 300 Meter übertragen werden.

Nach aktueller Einschätzung wird die WLAN-Verbindung im Automobil allerdings mittelfristig nicht annähernd so weit verbreitet sein wie die Bluetooth-Technologie. Sie ist teurer, aufwändiger und vor allem bei den zu integrierenden Endgeräten weniger weit verbreitet. Denkbar ist deshalb derzeit allenfalls der parallele Einsatz beider Übertragungstechnologien: Innerhalb des Fahrzeugs kommunizieren die Infotainment-Komponenten über ihre Bluetooth-Schnittstelle, und nach außen erfolgt etwa der Download neuer Musiktitel oder aktueller Verkehrsinformationen über ein WLAN-Netzwerk.

WLAN für Car-to-Car-Kommunikation: Um die Erforschung, Standardisierung und Einführung zu beschleunigen, haben namhafte Automobilhersteller und Zulieferer im Jahr 2005 das Car-2-Car Communication Consortium (C2C CC) gegründet, das auf Basis von WLAN auf europäischer Ebene möglichst schnell einen offenen Industriestandard für die Kommunikation zwischen Fahrzeugen und zwischen Fahrzeugen und Infrastruktureinrichtungen erarbeiten soll. Diesen neuen Kommunikationspfad wollen die Hersteller vor allem zur Optimierung der Verkehrsflüsse und zur Steigerung der Sicherheit nutzen: So könnte zum Beispiel ein Fahrzeug, das plötzlich in Stau, Nebel, Glatteis oder einen Unfall gerät, Informationen an alle betroffenen Verkehrsteilnehmer im unmittelbaren Umkreis der Gefahrenstelle weitergeben. Dann könnte der nachfolgende Verkehr rechtzeitig gewarnt werden und entsprechend auf die neue Situation reagieren. In der Vision der Entwickler kann jedes Fahrzeug in diesen ad-hoc-Netzwerken die Rolle des Senders, Empfängers oder Vermittlers (Routers) übernehmen. So baut sich ähnlich eines Staffellaufs eine Informationskette auf, die auch weite Entfernungen überbrücken kann. Parallel zum Kontakt von Fahrzeug zu Fahrzeug soll auf diesem Wege auch die Kommunikation mit stationären Einrichtungen verbessert werden. So würde die Werkstatt den Fehlerspeicher online auslesen, ohne auch nur die Motorhaube zu öffnen. Und statt ständig neue Navigationskarten zu kaufen, könnten Autofahrer die aktuellsten Daten einfach an der Tankstelle downloaden.

Mobile Broadband Wireless Access: Die Mobile Broadband Wireless Access-Technologie (MBWA) ist eine Weiterentwicklung von WLAN für mobile Klienten. Während WLAN zwar kabellos aber prinzipiell ortgebunden und statisch ist, wird diese Funkverbindung eine Datentransferrate von 384 KBit/s bis 4 MBit/s ermöglichen, auch wenn sich das Fahrzeug mit bis zu 250 km/h bewegt. Die Reichweite einer Funkzelle ist auf bis zu 35 Kilometer ausgelegt (**Bild 8.3-6**). Mit den ersten Einsätzen im Fahrzeug ist sallerdings nicht vor 2010 zu rechnen. Einen ähnlichen Ansatz verfolgt die WiMAX-Technologie, die einen mobilen Internetzugang mit einer Datenrate von maximal 10 MBit/s in Aussicht stellt. WiMAX wird durch die CE-Industrie, z.B. Intel, massiv gefördert. Ob diese Netzwerke allerdings auch für das Auto relevant werden, ist derzeit noch nicht abzusehen.

GSM, UMTS und HSDPA: Als Alternative zum Download von Infotainment- oder Navigationsdaten wie WLAN oder MBWA gelten die klassischen Mobilfunkverbindungen. Mit einer Datenrate von 14,4 Kbit/s ist GSM allerdings dafür nicht leistungsstark genug. Auch in UMTS-Netzen ist die Transferrate mit 384 Kbit/s noch relativ gering. Erst wenn der Standard High Speed Downlink Packet Access (HSDPA) Datenraten von bis zu 14,4 MBit/s ermöglicht, wird man tatsächlich Spielfilme oder Kartenupdates ins Auto laden können.

8.3.4 Zusammenfassung und Ausblick

Die stetig steigende Anzahl elektronisch geregelter Komfortfunktionen, die wachsende Zahl von Infotainment-Komponenten und vor allem eine Vielzahl neuer Assistenz- und Sicherheitssysteme von der Umfeldüberwachung bis zum automatischen Eingriff in das Fahrzeuggeschehen in Grenzfällen, z.B. bei drohenden Unfällen, werden den Daten- und Informationsfluss im Fahrzeug weiter anschwellen lassen. Gleichzeitig wird die Vernetzung mit anderen Fahrzeugen, mit Verkehrsleitzentralen und externen Datenbanken für Infotainment-Inhalte oder sonstige Informationen zunehmen.

Innerhalb des Fahrzeugs benötigen die Entwickler vor allem für „x-by-wire"-Systeme sowie die optische Überwachung und Interpretation der Fahrzeugumgebung leistungsfähige Busse mit hoher Zuverlässigkeit und großen Transferraten. Weil kabellose Verbindungen dafür nicht genügend Sicherheit bieten, gehört die Zukunft auf diesem Feld den Lichtleitern und damit den Folgegenerationen von MOST und Byteflight. Das gilt auch für die Multimedia-Anwendungen, deren fortschreitende Entwicklungen einen stetig wachsenden Bedarf an steigenden Transferraten erwarten lässt. Aus Kostengründen allerdings werden auch konventionelle Busse wie LIN oder CAN in weniger spezialisierten Anwendungen weiterhin zum Einsatz kommen.

Obwohl jeder Zentimeter Kabel oder Lichtleiter zusätzliches Gewicht, zusätzlichen Platzbedarf und zusätzliche Kosten bedeutet, werden sich die Fahrzeughersteller von der festen physikalischen Verbindung der einzelnen Knoten zunächst nur dann lösen, wenn externe mit den internen Systemen vernetzt werden müssen. Also zum Beispiel bei der Integration von Mobiltelefonen oder Handheld-Computern. Ebenfalls kabellos muss selbstverständlich die Vernetzung mit anderen Fahrzeugen oder mit entsprechenden Steuerzentralen erfolgen.

Bei diesen externen Verbindungen innerhalb des Fahrzeugs wird sich Bluetooth als Standard weiter etablieren, bevor sich die UWB-Technik mit höherer Übertragungsrate und geringerem Energieverbrauch durchsetzt. Für die Kommunikation zwischen Fahrzeug und Umwelt dagegen sind die Perspektiven noch nicht so klar: Dort konkurrieren WLAN und MBWA bzw. WiMAX als Computernetzwerke mit wachsender Reichweite und steigender Übertragungsrate auf der einen und GSM, UMTS und HSDPA als leistungsstarke Mobilfunknetzwerke auf der anderen Seite.

Literatur

[1] *Bärz, R.*: Kommunikation in Mobilen Systemen, Seminar Mobile Systeme 2003, Universität Koblenz-Landau, 2003

[2] *Dohmke, T.*: Bussysteme im Automobil: CAN, FlexRay und Most, TU Berlin. März 2002

[3] *Dudenbostel, D.*: IBEC 2002 Conference Paris, France, 9–11 July 2002, „MPEG Compression used for in Car Mobile Multimedia Transmission (MOST)"

[4] *Wallentowitz, H., Reif, K.*: Handbuch Kraftfahrzeug-Elektronik, Wiesbaden: Vieweg Verlag, 1. Aufl., 2006

[5] *Wolf, M., Weimerskirch, A., Paar, Ch.*: Security in Automotive Bus Systems, ESCAR, Bochum 2004

Weitere Informationen:
LIN: http://www.lin-subbus.org/
CAN: http://www.can-cia.org/can/
TTCAN: http://www.can-cia.org/can/ttcan/
USB: http://www.usb.org/home
MOST: www.mostnet.rog
BYTEFLYGHT: http://www.byteflight.com
FLEXRAY: http://www.flexray.com
INFRAROT: http://www.irda.org/
ZIGBEE: http://www.zigbee.org/en/index.asp
BLUETOOTH: https://www.bluetooth.org/
UWB: http://www.palowireless.com/uwb/tutorials.asp

8.4 Elektromagnetische Verträglichkeit – EMV

Die Sicherstellung der elektromagnetischen Verträglichkeit (EMV) hat in den letzten Jahren eine zunehmende Bedeutung bekommen. Während vorher die meisten Fahrzeugfunktionen überwiegend mechanisch/hydraulisch oder elektromechanisch vorgenommen wurden, erfolgen die Regel- und Steuerungsfunktionen immer öfter über elektronische Systeme mit mikroprozessorbestückten Steuergeräten und elektronischen Sensoren und Aktuatoren, die neuerdings in der Regel über Bus-Systeme, wie dem CAN, miteinander vernetzt sind. Unter EMV versteht man allgemein, dass ein elektronisches Gerät eine angemessene Störfestigkeit aufweist, also nicht unzulässig beeinflusst wird, und seine Störaussendung soweit begrenzt wird, dass in

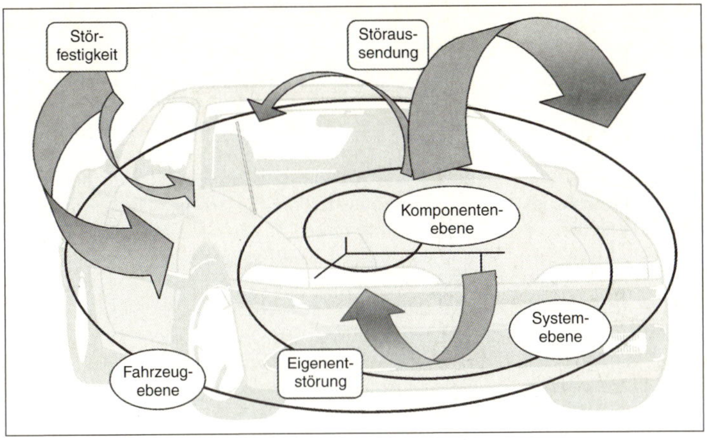

Bild 8.4-1 EMV im Kraftfahrzeug

seiner Umgebung ein störungsfreier (Rund-) Funkempfang ermöglicht wird. Für das Kraftfahrzeug bedeutet das, dass sich die elektronischen Systeme nicht gegenseitig stören, nicht durch Sender beeinflusst werden und störungsfreier Rundfunkempfang im Kraftfahrzeug und seiner Umgebung möglich ist **(Bild 8.4-1)**.

8.4.1 Eigenentstörung

Für das Kraftfahrzeug bedeutet dies zunächst, dass durch die Auslegung der elektronischen Systeme sichergestellt werden muss, dass die Systeme der Fahrzeugelektronik im selben Fahrzeug untereinander störungsfrei funktionieren und sich gegenseitig nicht beeinflussen. Bei der Behandlung dieser EMV-Problematik muss eine Vielzahl von Störmechanismen berücksichtigt werden. Unter diese Thematik fallen die durch Schalthandlungen (Bordnetzimpulse) entstehenden impulsförmigen Störspannungen, deren Amplituden ein Vielfaches der 12-V-, 24-V- oder eventuell auch 42-V-Bordnetzspannung betragen können. Diese Störungen, die durch die Komponenten der Bordnetzelektrik und -elektronik selber hervorgerufen werden, gelangen über die Signal- und Versorgungsleitungen an die Ein- und Ausgänge der anderen elektronischen Komponenten und können dort zu Störungen führen, wenn diese Komponenten nicht entsprechend störfest ausgelegt sind. Durch geeignete Messverfahren (Laboraufbauten) werden einerseits die elektrischen und elektronischen Komponenten als Störquellen charakterisiert, andererseits wird über genormte Prüfimpulse ihre Störfestigkeit getestet. In abschließenden Fahrzeugmessungen wird dann die Verträglichkeit der Systeme untereinander überprüft, da letztendlich auch die Fahrzeugverkabelung einen erheblichen Einfluss auf das Störverhalten haben kann.

Das Thema Eigenentstörung schließt auch ein, dass in bordnetzeigenen (Rund-) Funkempfängern ein störungsfreier Empfang möglich ist und durch im Fahrzeug betriebene Sender die Systeme der Fahrzeugelektronik nicht beeinflusst werden. Diese Thematik bekommt durch die Zunahme der im Fahrzeug eingesetzten Systeme zur mobilen Kommunikation (Mobiltelefon, Navigation, Fernsehempfang, ...) zunehmende Bedeutung. Die im Bordnetz auftretenden Ströme und Spannungen weisen ein von den Signalformen abhängiges Frequenzspektrum auf. Diese Signale können als Störgrößen entweder leitungsgebunden über den Kabelbaum oder gestrahlt über die Empfangsantennen im Fahrzeug an die Eingänge der Funkempfänger gelangen, wo diese Signale nicht von Nutzsignalen unterschieden werden können. Das von den elektronischen Komponenten ausgesandte Störspektrum muss deshalb so weit begrenzt werden, dass an den Antenneneingängen keine unzulässig hohen Störsignale auftreten. Besonders kritisch sind dabei die von den Taktsignalen der Digitalschaltungen hervorgerufenen schmalbandigen Störungen. Zur Beurteilung des Störverhaltens der elektrischen und elektronischen Komponenten werden in der Prüftechnik verschiedene Messverfahren im Labor angewendet, die die Beurteilung der Störaussendung dieser Komponenten erlauben. Abhängig vom späteren Einsatz müssen dabei bestimmte Grenzwerte eingehalten werden. Abschließend muss das gesamte Störverhalten im Serienfahrzeug mit fest eingebauten Empfängern und Antennen überprüft werden.

8.4.2 Störfestigkeit gegen externe elektromagnetische Felder

Da Kraftfahrzeuge sich in einer unbekannten elektromagnetischen Umgebung bewegen, muss sichergestellt werden, dass zum Beispiel durch leistungsstarke Rundfunksender keine Beeinflussung der Fahrzeugfunktionen auftritt. Bei seinem Betrieb kann das Kraftfahrzeug und damit seine elektronischen Komponenten erheblichen elektromagnetischen Feldern ausgesetzt sein. Die Sendersignale werden von den

Fahrzeugstrukturen, z.B. vom Kabelbaum, aufgefangen und gelangen dadurch an die Ein- und Ausgänge der elektronischen Geräte. In den Halbleiterbauelementen können diese Signale, ähnlich wie in den Empfängerschaltungen der Funkempfänger, demoduliert werden und zu ungewollten Pegelverschiebungen führen. Werden in den elektronischen Schaltungen die dadurch veränderten Signalspannungen als vermeintliche Nutzsignale interpretiert, kann dies zu Funktionsstörungen führen, z.B. zum Abschalten von Sicherheitssystemen, wie ABS oder ASR, zu Leistungsverlusten im Motor oder auch zu fehlerhaften Anzeigen, die den Fahrer irritieren. Durch geeignete Messverfahren, z.B. durch Bestrahlung mit Antennen oder andere Verfahren, mit denen hochfrequente Signale in die Prüflinge eingekoppelt werden können, wird zunächst im Labor an den Komponenten und später am Serienfahrzeug die Störfestigkeit überprüft. Für Fahrzeugmessungen werden dazu große Schirmhallen, ausgekleidet mit Hochfrequenzabsorbern, und mit Rollenprüfstand eingesetzt, um das Fahrzeug realistisch betreiben zu können.

Das Kraftfahrzeug nimmt, wegen seiner Betriebsart, und dass bei einer Fehlfunktion infolge einer eventuellen Beeinflussung durch externe Sender eine Gefährdung von Leib und Leben auftreten kann, gegenüber anderen Produkten in Bezug auf die Anforderungen (Feldstärke) eine Sonderstellung ein. Während für andere elektrotechnische Produkte für den privaten oder industriellen Einsatz in den einschlägigen Normen Feldstärken bis maximal 10 V/m angegeben werden, müssen Kraftfahrzeuge gegenüber sehr viel größeren Feldstärken störfest sein. In der zulassungsrelevanten Kfz-EMV-Richtlinie 95/54/EG ist eine Störfestigkeit von 30 V/m gefordert. In der Praxis haben die meisten Fahrzeughersteller noch deutlich höhere Anforderungen an die Störfestigkeit ihrer Fahrzeugmodelle.

8.4.3 Fernentstörung

Neben den Anforderungen an die Störfestigkeit werden in der EG-Richtlinie 95/54/EG auch Anforderungen zum Schutz des ortsfesten (Rund-) Funkempfangs gestellt. Die Störaussendung des gesamten

Tabelle 8.4-1 Internationale EMV-Normen für Kraftfahrzeuge

Bezeichnung	**Titel**
Störaussendung	
IEC/CISPR 12	Limits and methods of measurement of radio interference characteristics of vehicles, motor boats, and spark-ignited engine-driven devices
IEC/CISPR 25	Limits and methods of measurement of radio disturbance characteristics for the protection of receivers used on-board vehicles
Störfestigkeit	
ISO 7637	Road vehicles – Electrical disturbance by conduction and coupling Part 1: Definitions and general Part 2: Passenger cars and light commercial vehicles with nominal 12 V and 24 V supply voltage – Electrical transient conduction along supply lines only Part 3: Vehicles with nominal 12 V or 24 V supply voltage – Electrical transient transmission by capacitive and inductive coupling via lines other than supply lines
ISO 10605	Road vehicles – Electrical disturbance from electrostatic discharges
ISO 11451	Road vehicles – Electrical disturbances by narrow-band radiated electromagnetic energy – Vehicle test methods Part 1: General and definitions Part 2: Off-vehicle radiation source Part 3: On-board transmitter simulation Part 4: Bulk current injection (BCI)
ISO 11452	Road vehicles – Electrical disturbances by narrow-band radiated electromagnetic energy – Component test methods Part 1: General and definitions Part 2: Absorber lined chamber Part 3: Transverse electromagnetic mode (TEM) cell Part 4: Bulk current injection (BCI) Part 5: Stripline Part 6: Parallel plate antenna Part 7: Direct radio frequency (RF) power injection

IEC/CISPR: Commision Électrotechnique Internationale/Comité International Spécial des Pertubations Radioélectriques International Electrotechnical Commission/International Special Committee on Radio Interference
ISO: International Organisation for Standardisation (TR: Technical Report)

Fahrzeugs muss so weit begrenzt werden, dass in einer festgelegten Entfernung die vorgegebenen Störfeldstärken nicht überschritten werden. Besonderes Augenmerk muss dabei auf die richtige Auslegung der Hochspannungszündanlage gelegt werden, da diese in der Regel die höchsten Störfeldstärken außerhalb des Fahrzeugs hervorruft.

8.4.4 Normen und Richtlinien

Die einschlägigen EMV-Messverfahren sind in nationalen und internationalen Normen beschrieben. In der Tabelle 8.4-1 sind die wichtigsten internationalen Normen für die EMV von Kraftfahrzeugen zusammengestellt. In Deutschland ist für die Fahrzeugzulassung (Typgenehmigung) in Bezug auf EMV der § 55a der StVZO relevant, in dem die Einhaltung der in der europäischen Richtlinie 95/54/EG beschriebenen Anforderungen festgelegt ist.

8.4.5 Sicherstellung der EMV

Während in früheren Jahren die notwendigen Entstörmaßnahmen häufig nachträglich, außerhalb der zu entstörenden Komponente in Form eines Entstörfilters oder einer zusätzlichen Schirmung, vorgenommen wurden, ist eine derartige Vorgehensweise bei modernen Serienfahrzeug nicht mehr wirtschaftlich einsetzbar. Vielmehr muss die Sicherstellung der EMV ein Bestandteil der Entwicklung sein. Bei elektronischen Komponenten müssen die EMV-Anforderungen beim Schaltungskonzept, bei der Auswahl der Bauelemente, bei der Gestaltung des Gehäuses und beim Layout der Leiterplatte berücksichtigt werden. Bei Elektromotoren und elektromechanischen Stellern wird durch die konstruktive Gestaltung und geeignete interne Beschaltung mit Entstörelementen die Störaussendung minimiert.

Literatur

[1] *Gonschorek, K.-H.; Neu, H. (Hrsg.):* Die elektromagnetische Umwelt des Kraftfahrzeugs, FAT-Bericht Nr. 101, 1993

[2] *Lindl, B.; Scheyhing, J.:* EMV – die Entstörung von Kraftfahrzeugen, ATZ (1999) S. 292 – 301

[3] *Pfaff, W. R.; Bauer H. (Hrsg.):* Elektromagnetische Verträglichkeit (EMV) und Funkentstörung, Bosch Autoelektrik Autoelektronik, Vieweg, Braunschweig, Wiesbaden 2002, S. 64 – 79

[4] *Pfaff, W. R.:* Bewertung von „EMV-Prüfkonzepten für Kraftfahrzeuge“, EMV '94, Karlsruhe 1994

[5] *Ludwig, A.; Ehrhard, R.; Mäurer, C.:* Einsatz der numerischen Feldsimulation in der EMV. GMM-Fachbericht Elektromagnetische Verträglichkeit, S. 85 – 92, VDE-Verlag, Berlin, Offenbach 2002

8.5 Funktionsdomänen

8.5.1 Einleitung

Die Elektrifizierung des Automobils begann schon vor dem 1. Weltkrieg, mit Lichtmaschine, Zündung, Beleuchtung und Anlasser.
Heute gibt es kaum noch eine Funktion am Fahrzeug, an der Elektrik, Elektronik und Software nicht beteiligt sind. Deren Teilfunktionen und Zusammenwirken mit Antrieb, Fahrwerk und Karosserie sind in den entsprechenenden Teilkapiteln dargestellt.
Im Folgenden sollen noch wichtige eigenständige Funktionsdomänen erläutert werden.

8.5.2 Beleuchtung

8.5.2.1 Zulassung

Lichttechnische Einrichtungen an der Fahrzeugaußenseite müssen zugelassen sein. Die entsprechenden Regelungen bestehen aus Anbau- und Betriebsvorschriften. Zunehmend werden nationale Regelungen durch internationale ersetzt. Die weltweite Anwendung gliedert sich in

- ECE-Anwendungen (für Rechts- und Linksverkehr)
- Länder, die im Wesentlichen ECE-Regelungen anwenden, aber diese Regelungen noch nicht voll (z.B. Japan) oder nur teilweise übernommen haben (z.B. China, Australien). Die Richtlinie E76/756/EWG [1] regelt den Anbau.
- SAE-Anwendungen gelten für die USA und mit Modifikationen in Kanada [2].

Manche Länder erkennen sowohl ECE- als auch SAE-Regelungen an.
Speziell zwischen den ECE- und SAE-Regelungen wird eine Harmonisierung versucht, um gleiche lichttechnische Einrichtungen weltweit einsetzen zu können [3]; allerdings bleibt die Unterscheidung nach Rechts- und Linksverkehr.

Tabelle 8.5-1 Lichttechnische Einheiten

Lichttechnische Einheiten	
Größe	SI-Einheit
T Lichtstrom	lm (Lumen)
I Lichtstärke	cd (Candela)
L Leuchtdichte	cd/m^2
Q Lichtmenge	lm · s
P Leistung	W
J Lichtausbeute	lm/W
E Beleuchtungsstärke	lx = lm/m (Lux)

Die nationalen Zulassungsbehörden im ECE-Bereich vergeben Prüfzeichen, die aus einem E und einer Zahl bestehen. Beispielsweise ist E1 = Deutschland (ECE) und e1 = Deutschland (EG). Für die USA sind DOT-Zeichen erforderlich. Zulassungszeichen sollten möglichst auf der Außenseite von Scheinwerfern und Leuchten angebracht werden [4].

8.5.2.2 Lichttechnische Begriffe

Einheiten – Sichtbares Licht stellt einen kleinen Teil des elektromagnetischen Spektrums dar und reicht von 380 bis 700 nm Wellenlänge.
Messverfahren – Für Scheinwerfer ist die Messentfernung in Europa oft 25 m, dann besteht der Zusammenhang 1 lx $\widehat{=}$ 625 cd. Für die Messung müssen die Messeinrichtungen entsprechend der Farbempfindlichkeit des menschlichen Auges V (λ) korrigiert sein. Am besten sehen wir bei Tageslicht im hellen Grün (555 nm) bei Dunkelheit besser im Blauen.
Reichweite – Üblich ist die Definition eines Abstandes, in dem die Beleuchtungsstärke einen definierten Wert erreicht. Für Abblendlicht wird oft der Punkt am eigenen Straßenrand genannt, an dem die Beleuchtungsstärke 1 Lux ist.
Isolux-Darstellungen – Zur Lichtbeurteilung können Darstellungen gleicher Beleuchtungsstärke (Isolux) oder Lichtstärke (Isocandela) dienen, sowohl als Wanddarstellung (meist nur für einen Scheinwerfer) oder als umgerechnete Straßendarstellung.
Sichtweite – Subjektive und von vielen Faktoren abhängige Entfernung, in der ein Gegenstand noch erkannt werden kann.

Blendung – Physiologische Blendung ist messbar als Beleuchtungsstärke im Gegenverkehr, *psychologische* Blendung stellt den subjektiven Grad der Störung dar und kann von Lichtfarbe und Größe der leuchtenden Fläche abhängen.

8.5.2.3 Scheinwerfer

Scheinwerfer dienen zur Ausleuchtung der Fahrzeugumgebung. Zugelassene Scheinwerfer sind heute bei mehrspurigen Fahrzeugen stets paarweise angeordnet.

8.5.2.3.1 Historische Entwicklung

In der Frühzeit des Automobils waren Nachtfahrten eher unüblich. Acethylengas aus einem mitgeführten Karbid-Gaserzeuger erlaubte bereits um 1905 eine als ausreichend und von manchen als zu grell empfundene Scheinwerfer-Konstruktion. Elektrische Beleuchtung setzte sich nach dem ersten Weltkrieg allmählich durch.
Ab 1957 wurde dann asymmetrisches Abblendlicht eingeführt, das den eigenen Fahrbahnrand weiter ausleuchtet, ohne den Gegenverkehr zu blenden. Damit entstanden unterschiedliche Scheinwerfer für Rechts- und Linksverkehr.
In den USA waren nach dem zweiten Weltkrieg nur *sealed beam* Scheinwerfer zulässig. Ab den 60er Jahren wurden weltweit Halogenlampen eingeführt, die etwa doppelte Lichtleistung brachten und sich vollständig durchgesetzt haben. Seit 1991 werden Xenonscheinwerfer vermarktet, die erneut eine mehr als doppelte Lichtleistung bringen und deren Marktanteil kontinuierlich zunimmt.

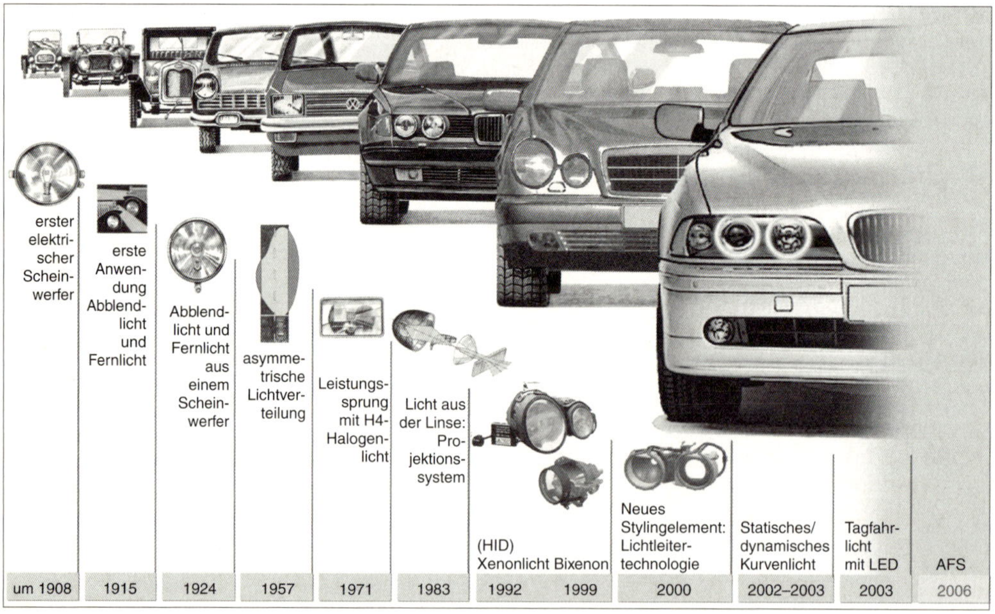

Bild 8.5-1 Produktentwicklung Scheinwerfer

Neben der Leistungssteigerung der Lichtquellen ist auch die Reflektortechnik in Sprüngen weiterentwickelt worden **(Bild 8.5-1)**. Trotzdem ist die Unfallhäufigkeit bei Dunkelheit immer noch mehr als doppelt so hoch wie bei Tageslicht, so dass die Notwendigkeit einer Weiterentwicklung sicherlich besteht [5, 8, 9, 12].

8.5.2.3.2 Scheinwerferarten

Abblendlichtscheinwerfer – bei der heutigen Verkehrsdichte das am meisten (95 bis 97 %) benutzte Fahrlicht.
Fern- und Zusatzfernscheinwerfer – allein oder zusammen mit dem Abblendlicht betrieben.
Nebelscheinwerfer – dürfen in Deutschland nur bei Nebel, Regen oder Schnee und geringen Sichtweiten betrieben werden. (In der Schweiz und Norwegen auch als „Kurven-Scheinwerfer").
Rückfahrscheinwerfer – sind eigentlich Leuchten, auch wenn speziell bei Nkw oft Nebelscheinwerfer dafür eingesetzt werden.
Arbeits- und Suchscheinwerfer – dürfen nicht zur Fahrbahnbeleuchtung während der Fahrt verwendet werden.

Zwei-/Vier-Scheinwerfer-System

Wird derselbe Reflektor für Abblend- und Fernlicht verwendet, so handelt es sich um ein Zwei-Scheinwerfer-System. Sind dagegen Abblend- und Fernlichtfunktion getrennt, so ergibt sich ein Vier-Scheinwerfer-System das sich insgesamt durchgesetzt hat.

Rechts-/Linksverkehr

Für Europa werden für Großbritannien und Irland linksasymmetrische Scheinwerfer benötigt, ansonsten rechtsasymmetrische. Für Fahrten vom Kontinent nach Großbritannien und umgekehrt sollte die Möglichkeit bestehen, den asymmetrischen „Lichtfinger" des Abblendlichtes abzuschatten. Bei Reflexionsscheinwerfern geschieht dies durch Abkleben der Streuscheibe, bei Projektionsscheinwerfern müssen interne Abschatter betätigt werden.

8.5.2.3.3 Reflektortechnologie

Scheinwerfer bestehen im Wesentlichen aus der Lichtquelle und einem Reflektor, der das Licht sammelt und richtet. Zusätzlich können transparente optische Elemente wie Linsen oder Prismen die Lichtverteilung bewirken und eventuell mit der transparenten Abschlussscheibe kombiniert sein. Zwei grundsätzlich verschiedene Systeme lassen sich unterscheiden:

Reflektionssystem

Licht aus dem Brennpunkt einer Rotationsparabel (Paraboloid) wird parallel gerichtet und stellt damit eine gute Basis für Fernlicht dar. Eine Lichtquelle außerhalb des Brennpunktes erzeugt ein konvergierendes Lichtbündel **(Bild 8.5-2)**. Der obere geneigte Teil des Bündels ergibt Abblendlicht, der untere Teil muss für europäische Lichtverteilungen abgeschattet werden. Bei zwei Wendeln – wie z.B. in der H4 Lampe – kann aus demselben Paraboloidreflektor Abblend- und Fernlicht erzeugt werden. Die eigentliche Lichtverteilung wird durch Prismen und Zylinderlinsen auf der Streuscheibe erzeugt [4]. Seit 1988/89 werden Freiflächen-Reflektoren eingesetzt, die mit Computerprogrammen so berechnet werden, dass die gewünschte Lichtverteilung direkt ohne zusätzliche Profile erzeugt wird. Sinnvoll ist eine Strahlenblende, die innen matt sein sollte, um direkt austretendes Licht abzuschatten und außen aus dekorativen Gründen meist glänzend erscheint.

Projektionssystem

Während das Reflektionssystem großflächige Reflektoren benötigt, kann das Projektionssystem bei gesteigertem Lichtstrom mit einer kleinen (ca. 70 mm Durchmesser) asphärischen Linse auskommen. Seit Mitte der achtziger Jahre haben sich Projektionssysteme zunächst mit Ellipsoid- dann ab 1988 mit Freiflächen-Reflektoren durchgesetzt und dominieren bereits die automobile Mittelklasse. Vorteile sind neben dem kompakten und modularen Aufbau die beliebige Gestaltung der Hell-Dunkel-Grenze durch die Form der im Inneren befindlichen Blende, deren Abbild von der Linse auf die Straße projiziert wird [8, 9].

Reflektormaterialien

Traditionelle Reflektoren waren aus Blech, überwiegend Stahl, seltener Messing oder Aluminium gepresst [3]. Die Oberfläche ist durch Lack eingeebnet

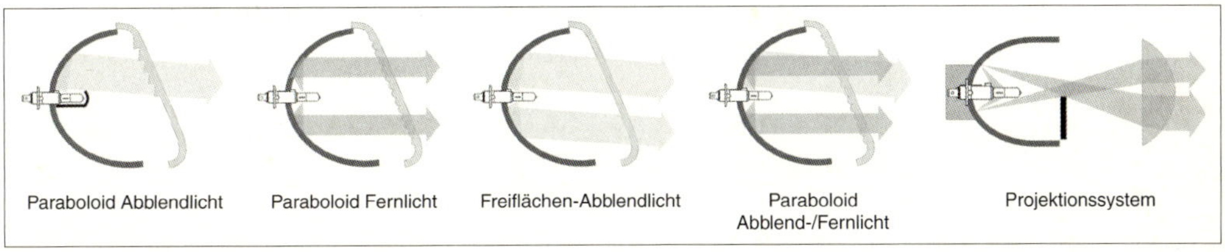

Bild 8.5-2 Strahlengänge

und mit Reinaluminium im Vakuum metallisiert. Einschließlich einer zusätzlichen Korrosionsschutzschicht beträgt der Reflexionsgrad etwa 87 %. Reflektoren aus Metallguss (Magnesium. Aluminium und früher Zink) werden bei kleinen Abmessungen und hohen Temperaturen (speziell Projektionssystemen) benutzt. Bei Reflektionssystemen wird am häufigsten Duroplast (BMC) verwendet (z.B. LPP – *Low Profile Polyester*), das gute Wärmebeständigkeit und Formtreue vereinigt, aber eine Grundlackierung benötigt.

Spiegelfläche

An die Reflektorfläche werden hohe Ansprüche gestellt. Die Rauigkeit darf nur etwa 1/10000 mm betragen. Kondensierte Flüssigkeit im Scheinwerfer zerstörte früher häufig Reflektoren. Durch Einführung von durchlüfteten Scheinwerfern und verbessertem Korrosionsschutz konnte dieses Problem gelöst werden.

8.5.2.3.4 Abschlussscheibe

Abschlussscheiben mit optischen Profilen (sog. Streuscheiben) können nur max. 25° aus der Senkrechten gekippt werden. Bei Freiflächen-Reflektoren sind „optikfreie" Abschlussscheiben möglich, die erheblich stärker geneigt und „gepfeilt" sein können. Summenwinkel von 60° und mehr sind keine Seltenheit, dabei ist aber zu beachten, dass die Lichtverluste in Abhängigkeit vom resultierenden Auftreffwinkel der Lichtstrahlen stark zunehmen. Bei 0 °C beträgt die Transmission bei Glas etwa 92 % und bei Kunststoff etwa 85 % (**Bild 8.5-3**). Gepresste Glasscheiben werden nur noch bei Zusatzscheinwerfern verwendet wo ihre gute Wärmebeständigkeit von Vorteil ist.

In Europa wurden bis 1983 ausschließlich gepresste (seltener gewalzte) Glasscheiben verwendet. Der Pressvorgang legt der Gestaltung enge Grenzen auf und ergibt durch schnellen Werkzeugverschleiß grobe

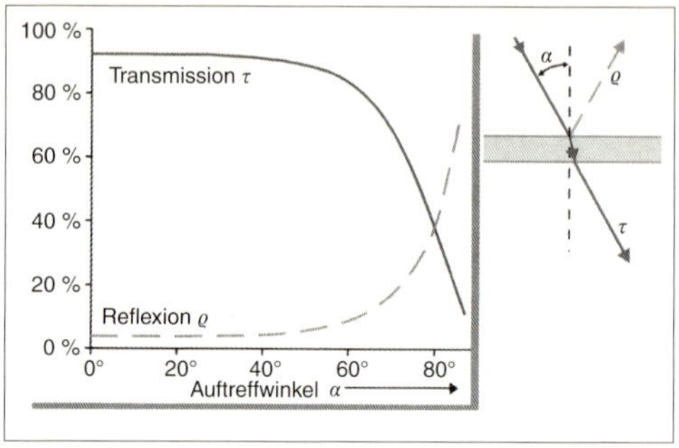

Bild 8.5-3 Reflexions- und Transmissionsgrad in Abhängigkeit vom Auftreffwinkel

Toleranzen. Positiv ist die Kratzfestigkeit und die relativ gute Temperaturbeständigkeit, die durch chemische oder thermische Härtung gesteigert werden kann.

1993 wurde erstmalig eine Kunststoffscheibe in Europa nach der neuen ECE-Regelung zugelassen [7, 8]. In USA und Japan wurden schon etwas früher Kunststoffscheiben erfolgreich eingesetzt [6]. Die Vorteile gegenüber Glas sind das geringe Gewicht und die Designfreiheit. Überwiegend ist das Basismaterial Polycarbonat, geschützt durch eine äußere Hartbeschichtung, die unter Reinraumbedingungen aufgebracht werden muss. Eine maximale Temperatur von 145 °C darf auch bei verschmutzter Scheibe nicht überschritten werden, das erfordert speziell bei Halogenlicht besondere Berechnungs- und Simulationsprogramme.

Bei leichter Verschmutzung der Abschlussscheiben erhöht sich zunächst die Blendung, bei zunehmender Verschmutzung sinkt dann die Lichtleistung. Scheinwerfer-Reinigungsanlagen (**Bild 8.5-4**) stellen ein wichtiges Sicherheitselement dar und waren z.B. bis zur Übernahme der EG-Regelungen in Skandinavien Vorschrift. Für die Reinigung von Kunststoffscheiben

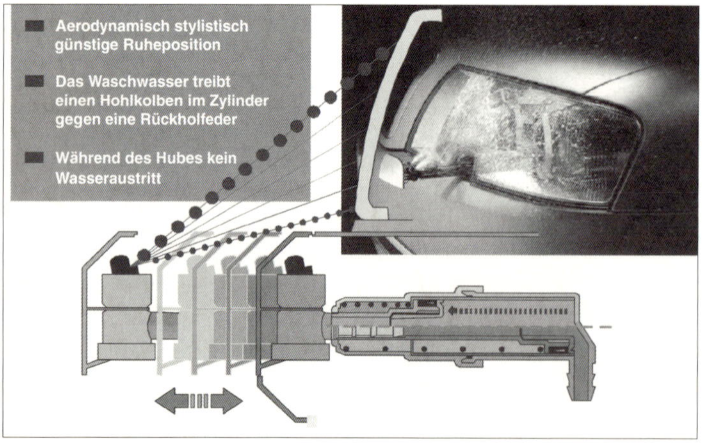

Bild 8.5-4 Scheinwerfer-Reinigungsanlage (Quelle: Hella KgaA)

können nur Strahlwasseranlagen und keine Wischer mehr eingesetzt werden [6, 7, 8]. Neben feststehenden Düsen werden vorzugsweise Teleskope eingesetzt, die am einfachsten durch den Wasserdruck ausgefahren werden. Betätigung erfolgt in Verbindung mit der Windschutzscheibenreinigung, wenn das Licht eingeschaltet ist [3, 4, 8]. Bei Verwendung von Hochleistungshalogenlampen und speziell Xenonlampen für das Abblendlicht ist in der ECE-Regelung die Installation einer Scheinwerfer-Reinigungsanlage vorgeschrieben.

8.5.2.3.5 Scheinwerfer-Einstellung

Die korrekte Ausrichtung des Lichtbündels muss bei der Erstmontage, nach Reparaturen und eventuell nach dem Lampenwechsel hergestellt werden.
Beim Abblendlicht richtet sich die Vertikaleinstellung nach der waagerechten Hell-Dunkel-Grenze, die horizontale nach dem Knickpunkt des (meist) 15° Winkels. Dazu kann eine Markierung auf einer Tafel, ein optisches oder ein elektronisches Einstellgerät dienen. Fernscheinwerfer werden – wenn sie nicht mit dem Abblendlichtteil verbunden sind – nach dem Maximum eingestellt. Die Grundeinstellung beim Abblendlicht kann zwischen 1,0 % und 1,6 % betragen und wird am Scheinwerfer angegeben [1].
In Nordamerika wurde aus Anlagepunkten auf der Streuscheibe der lange Zeit allein zulässigen *Sealed Beam* (SB) Einsätze eine rein mechanische Einstellung abgeleitet, die mit sogenannten *„Aimern"* erfolgt [2].
Seit 1990 ist es zulässig, vertikale (meist Wasserwaagen) und horizontale Aimer in jeden amerikanischen Scheinwerfer einzubauen. Damit wurde der Einsatz von „Gehäuse-Scheinwerfern“ mit feststehender Frontscheibe auch in Nordamerika möglich [2].
Seit 1997 ist in Nordamerika auch ein dem europäischen Verfahren ähnliches „visual aiming“ wahlweise für eine rechte oder linke waagerechte Hell-Dunkel-Grenze zulässig [2]. Ist die horizontale Ausrichtung – wie in Nordamerika häufig – nicht genau definiert, kann auf eine horizontale Einstellung ganz verzichtet werden.
Die Scheinwerfer-Einstellung ist auf das unbeladene Fahrzeug ausgelegt. Beladung bewirkt ein Absenken des Fahrzeug-Hecks und zum Teil erhebliche Blendung des Gegenverkehrs.
Eine vom Fahrersitz bedienbare vertikale Leuchtweitenregelung (LWR) der Scheinwerferneigung ist seit 1991 in Deutschland und seit 1998 europaweit Vorschrift [1]. Das elektrische System hat sich gegenüber mechanischen, hydraulischen und pneumatischen durchgesetzt.
Die korrekte Bedienung der LWR ist nicht immer gegeben. Für Xenonlicht und andere intensive Lichtquellen schreibt die ECE-Regelung 48 daher eine automatische LWR vor, die selbsttätig Beladungsänderungen ausgleicht. Nicht vorgeschrieben, aber sehr wirksam, ist eine Erweiterung zur dynamischen LWR, durch die auch Fahrzeugbewegungen beim scharfen Bremsen und Beschleunigen ausgeglichen werden. Diese LWR müssen in Sekundenbruchteilen reagieren und erfordern einen sehr viel größeren Versteilbereich der Reflektoren. Es werden meist Schrittmotoren eingesetzt [8].
Zur Ansteuerung der automatischen LWR muss die Lage der Fahrzeugkarosserie relativ zur Fahrbahn erkannt werden, dazu dienen Drehwinkelsensoren, die über ein Gestänge die Einfederung der Vorder- und/oder Hinterachse feststellen.

8.5.2.3.6 Scheinwerfer-Lichtquellen

Nur die in den internationalen Regelungen genormten Lichtquellen dürfen als austauschbare Lichtquellen verwendet werden. Durch „Deregulation“ in Amerika und die Übernahme von amerikanischen Glühlampen in die europäischen Regelungen ist für viele Lichtquellen ein weltweiter Einsatz möglich geworden (**Bild 8.5-5**).
Glühlampen strahlen vor allem unsichtbares Infrarotlicht (also Wärme) ab, daneben sichtbares Licht, das im Vergleich zum Tageslicht gelblich-weiß erscheint. Bis 1992 war in einigen Ländern (speziell Frankreich) gelbes Licht vorgeschrieben und ist dort auch noch zulässig. Die Anforderungen an Fahrzeug-Glühlampen sind bedingt durch Erschütterungen und Spannungsschwankungen erheblich höher als an Haushaltslampen. Glühlampen gibt es für 6, 12 und 24 V Anwendungen.
Der Halogenprozess verhindert das Schwärzen des Lampenkolbens und regeneriert die Glühwendel, so dass im Vergleich zu normalen Glühlampen eine etwa doppelte Lichtmenge, eine höhere Lichttemperatur und doppelte Lebensdauer erzielt werden können [10, 11]. Die Halogenlampen sind in Regelung 37 für die Einwendellampen und Regelung 8 für die H4 Doppelwendellampe zusammengefasst.
Bedeutung haben:

- H1für Abblendlicht, Nebellicht und Fernlicht
- H3 vorzugsweise für Nebelscheinwerfer
- H4 für Abblend- und Fernlicht aus demselben Reflektor

Erst 1995 stand mit der H7 eine präzise Alternative zur H1 Lampe für Freiflächen-Reflektor-Technik zur Verfügung.
Neu sind Halogenlampen mit Dichtsockel: H8 (vorzugsweise für Nebellicht), H9 (Fernlicht) und H11 (Abblendlicht). Der Bajonett-Sockel erleichtert den Austausch besonders bei der Sonderform der H7 Lampe als „One-Touch“, die neben dem Bajonett noch Schleifkontakte zur elektrischen Verbindung hat. In Nordamerika sind als Ein-Wendel-Lampen HB(Halogen Bulb)3 für Fernlicht und HB4 für Abblendlicht üblich. Dort hat bei den Zwei-Wendel-Lampen die HB5 inzwischen die HB1 ersetzt und wird ihrerseits durch die neue H13 ersetzt werden.

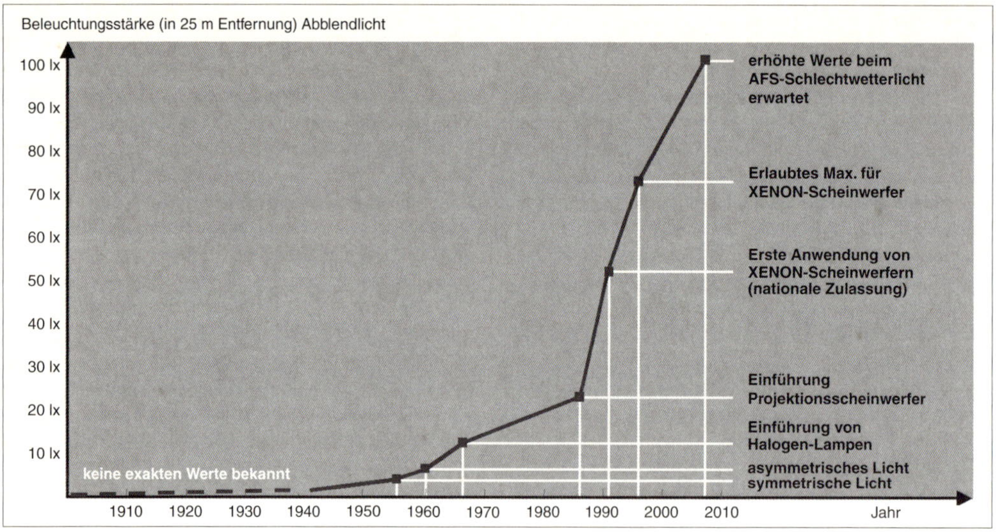

Bild 8.5-5 Anstieg der Beleuchtungsstärke bei Kraftfahrzeug-Scheinwerfern

Wegen einer anderen Gewährleistungspraxis sind in Nordamerika vorwiegend Lampen im Einsatz, die bei Verzicht auf hohe Lichtleistung eine hohe Lebensdauer aufweisen.

Zur Angabe der Lampenlebensdauer dienen verschiedene Kennzahlen:

Tc bezeichnet die Anzahl von Stunden bis 63,6 % und B3 die Zeit, bis 3 % der Prüflinge ausgefallen sind. Glühlampen sind extrem empfindlich gegen Überspannung, andererseits ist die tatsächliche Lebensdauer von Qualitätslampen höher als die Spezifikation. Wenn auf langes Lampenleben Wert gelegt wird, sind bei gleicher oder nur geringfügig schwächerer Lichtleistung LL (Longlife) Typen erhältlich.

8.5.2.3.7 Xenonlicht

Die Halogenlampentechnik hat ihren Zenit erreicht. Deutliche Fortschritte konnten nur durch die Einführung einer völlig neuen Lichtquelle erzielt werden. Dieses Licht ist als Xenonlicht bekannt. Die zugehörigen Lampen werden Gasentladungslampe, GDL = *gas discharge lamp* oder *HID = high intensity discharge* genannt.

Das Xenonlicht ist etwa 2,5 mal intensiver und tageslichtähnlicher als Halogenlicht (**Bild 8.5-6**). Erzeugt wird es durch einen etwa 4 mm langen Lichtbogen in einem erbsengroßen Entladungsgefäß, in dem sich in kleinen Mengen Salze von seltenen Erden

Tabelle 8.5-2 Lebensdauerwerte verschiedener Halogen-Lampen. Spezifizierte und tatsächliche Lebensdauer sind:

	Spezifizierte Lebensdauer Tc (DIN 60810) (in Stunden)	Realistische Lebensdauer Tc (in Stunden)
H1	400	960
H3	400	990
H4 (Abblendlicht)	700	1050
H 7	550	630
H7LL = long life	930	1000
H11	2000	2100

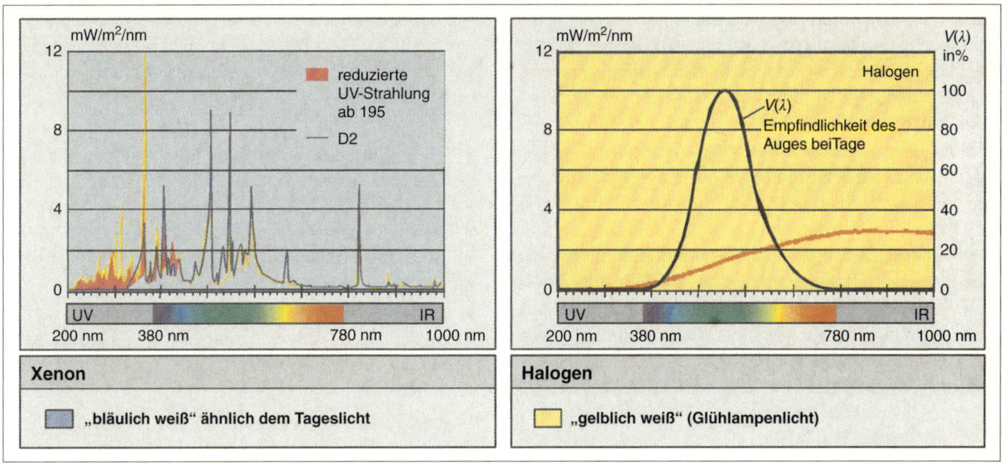

Bild 8.5-6 Spektrumvergleich einer Xenon- mit einer Halogenglühlampe

befinden. Während bei der Halogenlampe ein kontinuierliches Spektrum abgestrahlt wird mit wenig UV- und viel IR-Licht, enthält Xenonlicht fast nur sichtbares Licht und sehr wenig IR. Bei der ersten Generation der Xenonlampen entstand ein hoher UV-Lichtanteil. Bei der zweiten Generation seit 1995 wird durch einen zusätzlichen Filterkolben der UV-Lichtanteil reduziert [7, 10, 11].

Im Gegensatz zu Halogenlampen benötigt Xenonlicht eine Ansteuerelektronik (ballast) zum Betrieb am 12 V oder 24 V Bordnetz. Die Funktionen dieser Elektronik sind:

- Erzeugen einer Zündspannung von 18000 bis 28000 V
- Verdampfen der Halide durch kurzzeitig hohe Energiezufuhr (bis 17 Ampere)
- Konstanter Betrieb mit nur ca. 35 Watt Leistungsaufnahme (also deutlich weniger als den 60 Watt einer Halogenlampe)
- Automatisches Wiederzünden z.B. bei Erlöschen durch starke Erschütterung
- Spannungsstabilisierung für Versorgungsspannungen zwischen 9 und 18 Volt
- Kurzschluss- und Nebenschlussüberwachung zum Schutz gegen Berührung.

Bedingt durch das komplizierte Startverfahren erreicht Xenonlicht bei Kaltstart erst nach etwa 3 Sekunden die volle Leistungsfähigkeit. Um sofort beim Einschalten des Lichtes eine ausreichende Beleuchtungsstärke zu haben, enthält das Entladungsgefäß eine Xenongasfüllung.

Die Lebensdauer einer Xenonlichtquelle hängt von der Anzahl der Einschaltvorgänge nicht von der Brenndauer ab. Im Normalfall übertrifft die Lebensdauer diejenige des Fahrzeugs. Die ersten Xenonscheinwerfer wurden 1992 in Deutschland und den USA ausgeliefert. Die hohe Leuchtdichte der damals relativ kleinen Projektionslinse (Durchmesser 60 mm) wurde von vielen Verkehrsteilnehmern als störend, die überragende Lichtleistung dagegen als entscheidender Sicherheitsgewinn empfunden.

Seit 1996 ist mit den ECE Regelungen 98 und 99 ein weltweiter Einsatz von Xenonscheinwerfern möglich, für das ECE-Gebiet in Verbindung mit Scheinwerferreinigungsanlage und automatischer LWR. Seit 1995 ist die zweite Lampengeneration D2R für Reflexions- und D2S für Projektionssysteme auf dem Markt. Diese Lampen weisen eine konzentrische Steckverbindung auf. Sie sind damit auswechselbar, was aber wegen des empfindlichen Aufbaus und der möglichen elektrischen Gefährdung nur in einer Fachwerkstatt erfolgen sollte. Der Aufbau der Ansteuerelektronik kann variieren, gängig ist eine Trennung von Hochspannungs- und Niederspannungsteil. Dabei kann der Hochspannungsteil mit der D1S oder D1R Lampe fest verbunden sein oder auf die D2S oder D2R Lampe aufgesteckt werden. Hinsichtlich der Integra-

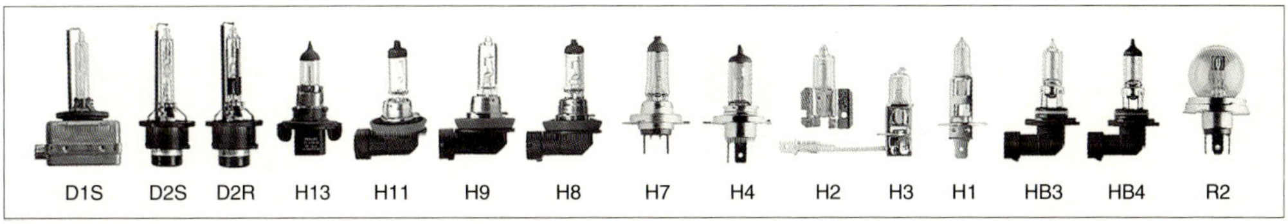

Bild 8.5-7 Halogen und Xenonlampen (R2, sog. Bilux *Nicht-Halogen-Lampe* zum Vergleich)

tion weiterer Funktionen variiert der Niederspannungsteil, beispielsweise kann die Ansteuerung dynamischer Lichtfunktionen wie Kurvenlicht in den Niederspannungsteil der Xenonelektronik integriert sein. Im Markt findet man aber auch Lösungen bei denen eine Funktionstrennung zwischen Xenon Ballast und einem zusätzlichen Scheinwerfersteuergerät für Kurvenlicht und z.B. die Ansteuerung von LED Modulen realisiert ist.
Die Weiterentwicklung der Xenonlichtquellen geht zur Zeit in Richtung Entfall des geringen Quecksilberanteils (ca. 0,5 mg) in der Lampe, obwohl dieser bisher toleriert wird. Die in diesem Kontext entwickelten Lichtquellenfamilien heißen D3 (mit integriertem Zündteil) und D4 (ohne Zündteil), **Bild 8.5-7**.

8.5.2.4 Bi-Xenon

Der Einsatz von zwei Xenonlichtquellen für Fern- und Abblendlicht in einer Lampe ist prinzipiell unmöglich. Die Verwendung von zwei Xenonsystemen für Fern- und Abblendlicht ist sehr aufwändig. Deshalb war zunächst das Hinzuschalten einer Halogenlichtquelle zum Xenon-Abblendlicht die Lösung für das Fernlicht. Eine konsequente Weiterentwicklung der Xenon Technologie stellen jedoch seit 1999 die Bi-Xenon-Systeme dar, **Bild 8.5-8**. Bei diesen wird ein Umschalter eingesetzt, der angetrieben durch einen Zugmagneten eine Blende so bewegt, dass wahlweise Abblend- und Fernlicht aus derselben Xenonlichtquelle entsteht. Die Umschaltung erfolgt dabei so schnell (<0,3 Sekunden), dass auch eine effektive Lichthupenwirkung erzielt werden kann. Bei Ausfall geht das System durch Federzug in die Abblendlichtstellung. Wegen des einfachen und betriebssicheren Aufbaus und der überragenden Lichtleistung hat sich das System in Projektionstechnik schnell durchgesetzt, während entsprechende Reflektionssysteme mit bewegter Lampe, verschobenem Reflektor oder bewegter Strahlenblende entweder schon wieder vom Markt verschwunden sind, oder nur lokale Bedeutung haben [13, 15, 18].

8.5.2.5 Lichtbewertung

Der überproportionale Anteil von Unfällen bei Nacht zeigt, dass hier ein erhöhtes Risiko herrscht. Die Sicht bei Scheinwerferlicht wird daher zunehmend als wichtiges Sicherheitselement erkannt und bewertet [3]. Allgemein sollte ein gutes Scheinwerfer-Abblendlicht

- die Straße gleichmäßig und fleckenlos ausleuchten
- eine gute Sichtweite am eigenen Fahrbahnrand haben
- die eigene Fahrbahn betonen (Führungslicht)
- ausreichende Streubreite haben
- den Gegenverkehr nicht blenden
- bei Nebel nur geringe Eigenblendung erzeugen
- die eigene Fahrbahn bis etwa 40 m nicht zu stark ausleuchten, da bei nasser Straße dies durch Reflexion zu extremer Blendung des Gegenverkehrs führt.

Gegenüber dem Abblendlicht ist in Mitteleuropa Fernlicht von untergeordneter Bedeutung, wird in Nordeuropa aber sehr viel höher bewertet (Elche!).
Die Lichtleistung wird durch die Eigenschaften der Scheinwerfer und durch fahrzeuggebundene Einflüsse bestimmt. Beim Scheinwerfer spielen Reflektorgröße oder die Auslegung und Linsengröße des Projektionssystems sowie Neigung und Pfeilung der Abschlussscheibe eine entscheidende Rolle, außerdem Lampentyp und speziell die tatsächliche Versorgungsspannung. Fahrzeuggebunden sind Anbauhöhe, Sitzposition, Neigung der Windschutzscheibe und eventuelle Tönung oder Metallisierung der Scheibe.
Vergleichende Lichttests von Zeitschriften sind umstritten aber populär. Fair durchgeführt können sie das Bewusstsein für gutes Scheinwerferlicht schärfen und fortschrittlichen Lichttechniken zum Durchbruch verhelfen. Wegen der sehr viel höheren Leistung der Xenon- oder Bi-Xenon-Systeme wird zwischen Halogen- und Xenon-Varianten unterschieden. Ist für ein Fahrzeug Xenonlicht auch nicht optional erhältlich, wird das inzwischen bei Fahrzeugtests als Mangel registriert und führt zur Abwertung. Ein guter Lichttest umfasst einen statischen Test, vorzugsweise in einem „Lichtkanal“ und Fahrtests unter unterschiedlichen Umgebungsbedingungen. Durch virtual reality Methoden läst sich in der Entwicklungsphase die spätere Scheinwerferleistung heute sowohl statisch, als auch dynamisch (Virtuelle Nachtfahrt) bereits ausreichend genau simulieren und optimieren [7].

Bild 8.5-8 Projektionsmodule (Quelle: Hella KgaA)

8.5.2.6 Tagfahrlicht und Positionslicht

Um bewegte Fahrzeuge auch bei Tage auffällig zu gestalten und damit Unfälle zu vermeiden fordern unter anderem die skandinavischen Länder, Kanada und die Schweiz durchgängig Tagfahrlicht. Ab 2007 wird sehr wahrscheinlich mit einer Einführungsfrist von 30 Monaten der Einsatz von speziellen Tagfahrleuchten für alle neuen Fahrzeugmodelle europaweit (ECE-Regelung) vorgeschrieben werden, während in USA und Kanada weiterhin das Fahren mit Abblendlicht oder spezielle Fernlichtern möglich sein wird.
Die Lösung mit speziellen Tagfahrleuchten wird in Europa deshalb favorisiert, da beim ständigen Fahren mit Abblendlicht relativ viel elektrische Energie und damit Kraftstoff verbraucht würde (120 W Leistung ≙ etwa 0,12 Liter pro 100 km) während spezielle Tagfahrleuchten typisch nur etwa 12 Watt, beim Einsatz von weißen LED's noch weniger Leistung verbrauchen. Ein zukunftsweisender Ansatz ist hier die Integration der Tagfahrleuchten in den Scheinwerfer und die Kombination mit der Positionslichtfunktion, speziell wenn diese als Stylingelement geformt ist. 2003 stellte der Einsatz von weißen LED für Tagfahrlicht/Positionslicht die erste LED-Anwendung für Scheinwerferfunktionen überhaupt dar [16, 18], **Bild 8.5-9**. Inzwischen nutzen viele Fahrzeughersteller die stilistischen Optionen die diese Funktion bietet um ihr Nachtdesign markenspezifisch zu definieren.

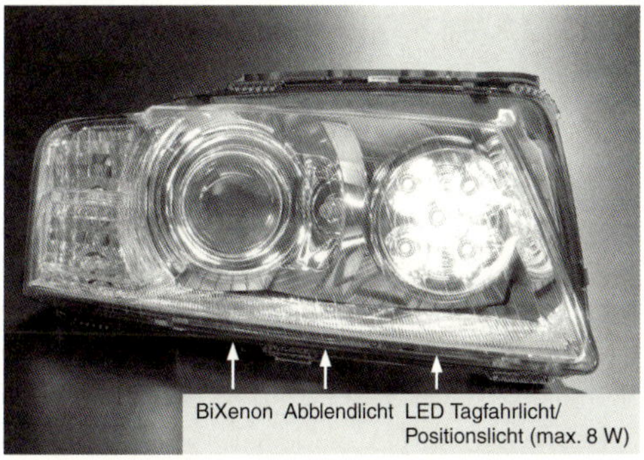

Bild 8.5-9 Bi-Xenon-Scheinwerfer mit LED-Tagfahrleuchte (Quelle: Audi AG)

8.5.2.7 Zusatzscheinwerfer

Nach ECE-Regelung 19 ist ein Paar Nebelscheinwerfer zulässig, die bei schlechter Sicht das Abblendlicht unterstützen oder zusammen mit dem Positionslicht allein betrieben werden können. Große Streubreite zur Ausleuchtung der Fahrbahnränder und eine scharfe waagerechte Hell-Dunkel-Grenze sind Kennzeichen guter Nebelscheinwerfer [3].
Eine Verstärkung des Fernlichts kann durch fest zugeschaltete oder wahlweise betriebene Fernscheinwerfer bewirkt werden. Die regionalen Regelungen sind unterschiedlich. In Mitteleuropa darf eine gesamte Referenzzahl (bezieht sich auf das Maximum) von 37,5 nicht überschritten werden.

8.5.2.8 Intelligente Scheinwerfer

Im Prozess der internationalen Normung wurde in den letzten Jahren AFS (Adaptive Frontlighting System), ein Scheinwerfersystem, das sich selbsttätig und optimal an die jeweiligen Verkehrsverhältnisse anpasst intensiv diskutiert und mit ECE Regelung R123 verabschiedet, **Bild 8.5-10**.
Im Einzelnen sind statt des bisherigen Abblendlichtes eine Vielfalt von Lichtverteilungen für spezifische Fahrsituationen vorgesehen :

- **Town light** für niedrige Geschwindigkeiten
- **Cross country** wie heutiges Abblendlicht
- **Motorway light** als weitreichendes Licht
- **Adverse weather light** Schlechtwetterlicht mit Reduktion der Blendung des Gegenverkehrs bei gleichzeitiger kräftiger Ausleuchtung des eigenen Fahrbahnrandes

Alle diese neuen Lichtverteilungen lassen sich mit einem **Kurvenlicht** kombinieren, **Bild 8.5-11**. Beim statischen Kurvenlicht oder Abbiegelicht wird zur Kurveninnenseite Licht aus einem separatem Reflektor oder Projektor hinzugeschaltet. Beim dynamischen Kurvenlicht schwenken die Scheinwerfer ebenfalls zur Kurveninnenseite in Abhängigkeit vom Kurvenradius. Während für statisches Kurvenlicht Halogenlicht verwendet wird, kann dynamisches oder „mitlenkendes" Kurvenlicht sowohl durch Halogenlicht als auch besonders vorteilhaft durch schwenkende Bi-Xenon Projektionssysteme realisiert werden. In der Ober- und Mittelklasse ist dies bereits die bevorzugte Ausführung. Ihr Vorteil ist eine dramatische Verbesserung der Sichtweite um 60 % bis 90 % in engen Kurven sowohl beim Abblendlicht als auch beim Xenonfernlicht. Durch modularen Aufbau lässt sich eine solche kompakte Schwenkeinheit mit Bi-Xenon-Projektions-Modul und Schrittmotor mit Getriebe und gegebenenfalls Rückmeldung leicht im Scheinwerferdesign integrieren.
Der modulare Aufbau kann so erweitert werden, dass an Stelle der beweglichen Blende des Bi-Xenon-Systems entweder mehrere Blenden oder eine drehbare Freiform-Walze die unterschiedlichen Lichtverteilungen erzeugen. Zusätzlich sind speziell beim Autobahnlicht (motorway light) einfache aber wirksame Maßnahmen wie das Anheben des Scheinwerfers durch den Leuchtweitesteller sowie eine elektrische Leistungssteigerung des Xenonlichtes möglich.
Seit 2006 sind die ersten AFS-Scheinwerfersysteme im Markt, **Bild 8.5-12**.
Zur Ansteuerung der „intelligenten" Scheinwerfer können neben Geschwindigkeitssignal, Lenkwinkelsensor und Querbeschleunigungssensor alle weiteren Informationen über die Verkehrssituation vorzugs-

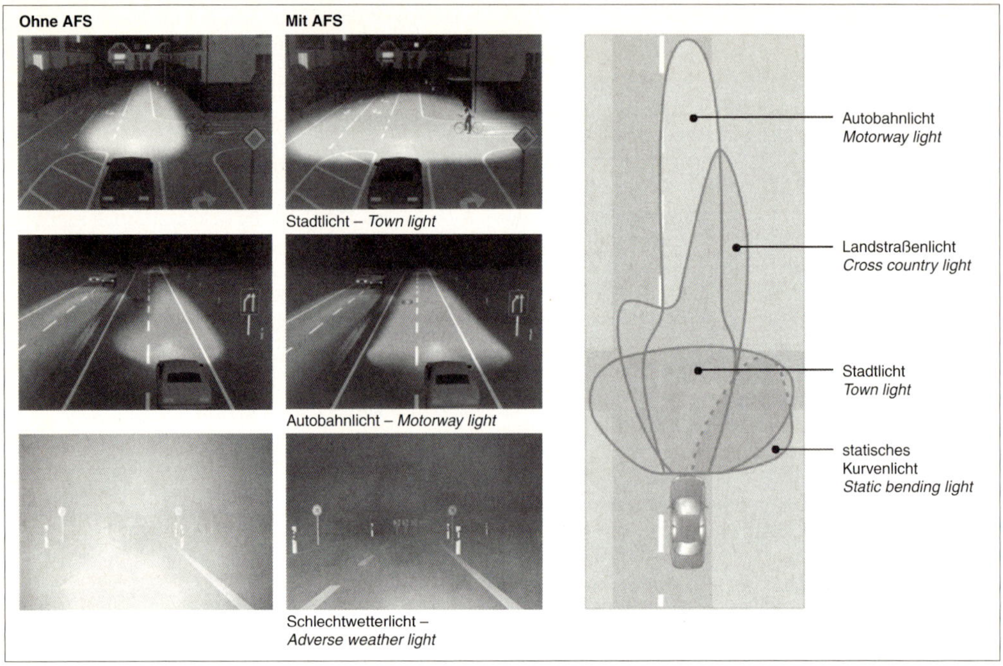

Bild 8.5-10 AFS-Prinzip

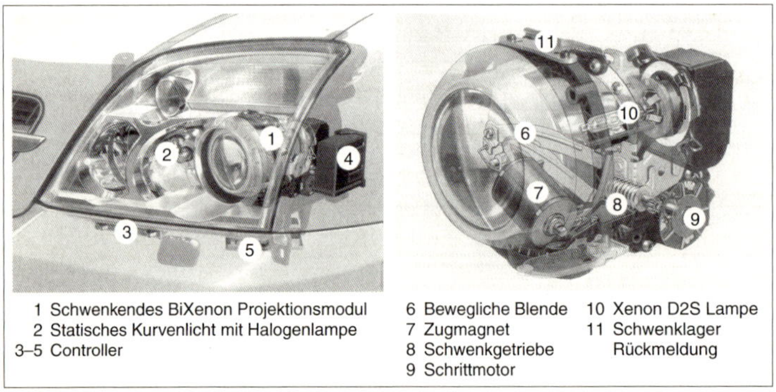

Bild 8.5.-11 Kurvenlicht-Scheinwerfer

weise über Kameras und Bildverarbeitung sowie das Navigationssystem herangezogen werden [15–18]. Werden Informationen aus dem Verkehrsraum für die prädiktive Lichtsteuerung eingesetzt so spricht man von assistierenden Lichtsystemen; diese können neben der Infrastruktur vor dem Fahrzeug auch andere Verkehrsteilnehmer identifizieren und bei der Auswahl der Lichtverteilung berücksichtigen. Ein erstes System dieser Art wurde 2005 als Fernlichtassistent in den Markt gebracht und schaltet automatisch zwischen den klassischen Fern- und Abblendlichtverteilungen. Auch Kameras werden bereits, entweder in Verbindung mit Spurhaltesystemen oder Nachtsichtsystemen eingesetzt. Während die passiven Nachtsichtsysteme nur die vorhandene Wärmestrahlung aufnehmen, wird bei den leistungsfähigeren aktiven Systemen gezielt für den Menschen nicht sichtbares Infrarotlicht in den Fernbereich zur Unterstützung des sichtbaren Abblendlichtes ausgestrahlt. Die über eine Kamera aufgenommenen Infrarotbilder werden für den Fahrer dann in einem Display dargestellt [18], Kap. 8.5.5.

Zukünftige assistierende Lichtsysteme werden kamera- und bildverarbeitungsbasiert auch die Lichtfunktionen innerhalb der AFS Regelungen variieren und damit eine sehr gute situationsspezifische Adaption ermöglichen.

8.5.2.9 Scheinwerfer-Zukunftsentwicklungen

Erste LED Scheinwerfer, d.h. Geräte bei denen neben den heute schon realisierten Signalfunktionen erstmals auch Abblendlicht und Fernlicht mit Leuchtdio-

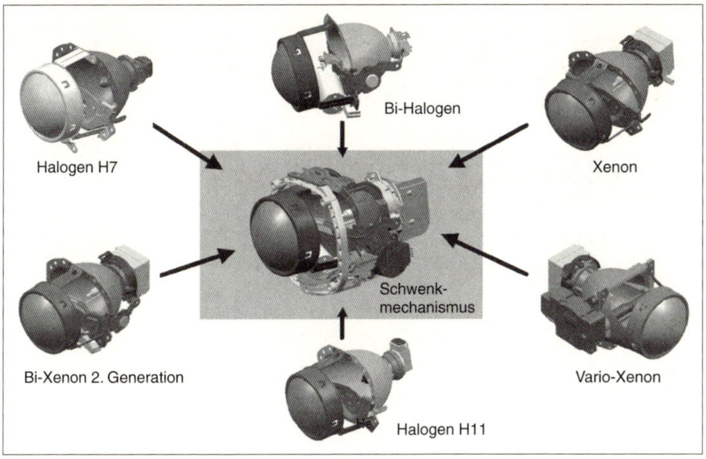

Bild 8.5-12 Produktfamilie AFS-Projektionsmodule (Quelle: Hella KgaA)

Bild 8.5-13 LED-Scheinwerfer (Quelle: Hella KgaA)

den als Lichtquellen realisiert sind werden 2007 in Serie gehen, **Bild 8.5-13**.
Treibende Kraft dieser Entwicklung sind zunächst stylistische und technologische Motive. Für die Zukunft erhofft man sich von LED Scheinwerfern einhergehend mit komplett neuen Gerätekonzepten jedoch eine ganze Reihe weiterer Vorteile:

- Helleres Licht (Farbtemperatur über 4000 K)
- Geringerer Energieverbrauch
- Kein Lampenwechsel (da LED's eine sehr hohe Lebensdauer aufweisen)
- Kleinere Gerätevolumen und neue Integrationskonzepte
- Freie Programmierbarkeit der Lichtverteilung.

Gerade der letzte Punkt motiviert Forschungsarbeiten in denen es unter Verwendung frei programmierbarer LED-Arrays darum geht quasi permanent mit Fernlicht zu fahren und nur ganz gezielt die Sichtbereiche anderer Verkehrsteilnehmer auszublenden oder Licht gezielt einzusetzen um Gefahrenstellen im Verkehrsraum zu markieren.
In Forschungsfahrzeugen getestet wird auch die Verwendung von Datenprojektoren anstelle von Scheinwerfern, die es ermöglichen komplexeste Variationen von Lichtverteilungen in den Verkehrsraum zu schreiben oder auch Signale und Zeichen in das Umfeld zu projizieren.

8.5.2.10 Signalleuchten

Im Gegensatz zu Scheinwerfern dienen Signalleuchten nicht zur Fahrbahnausleuchtung (Ausnahme Rückfahrlicht), sondern um die Fahrzeugabmessungen, das Kennzeichen und die Absichten des Fahrers darzustellen. Auch hier dürfen nur in den Regelungen enthaltene Funktionen und zulässige Lichtquellen verwendet werden. Signalleuchten tauchten erst spät an Fahrzeugen auf und beschränkten sich oft auf eine kombinierte Rück-/Kennzeichenleuchte. Fahrtrichtungsänderungen wurden zunächst freiwillig durch drehbare Pfeile, Armzeichen und später durch beleuchtete Winker dargestellt.
Signalleuchten sind heute großflächige Gestaltungselemente, die bei homogener oder „brillianter" Ausleuchtung eine große Vielfalt von Erscheinungsbildern darstellen und zudem im „kalten" Zustand fast beliebige Farben aufweisen können, **Bild 8.5-14**.
Die Fahrzeugabmessungen werden vorn durch zwei weiße Positionslichter, hinten durch zwei rote Positionslichter (Schlusslichter) dargestellt. Fahrtrichtungsänderungen und Warnblinken werden durch vordere, hintere und seitliche Blinkleuchten, Bremsen durch hintere und mittlere hochgesetzte Bremsleuchten angezeigt.
Hintere Kennzeichenbeleuchtung oder selbstleuchtende Schilder und gegebenenfalls seitliche Markierungsleuchten komplettieren die bei Dunkelheit ständig zu betreibenden Signalleuchten.
Das Rückfahrlicht dient der Ausleuchtung der rückwärtigen Fahrbahn, zeigt aber auch die Absicht des Rückwärtsfahrens an. In Schweden sind zudem vordere Rückfahrleuchten zulässig.

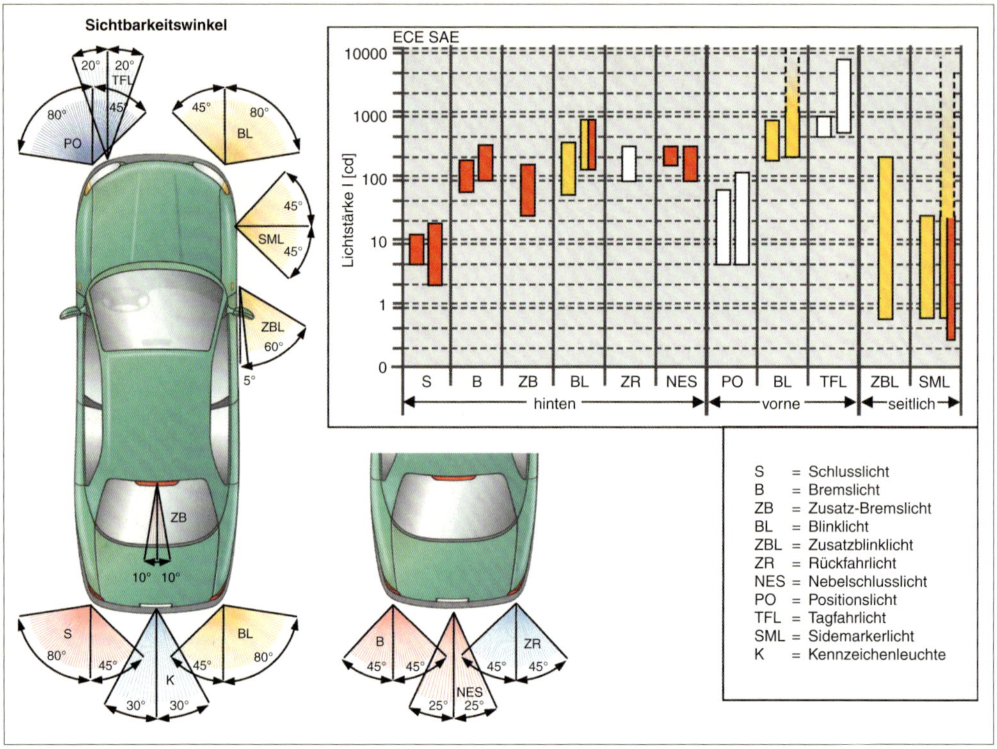

Bild 8.5-14 Signalleuchten Anforderungen

Die Nebelschlussleuchte(n) ist (sind) bei neuen Fahrzeugen vorgeschrieben, in USA geduldet. Rückstrahler sind aus praktischen Gründen oft mit Heckleuchten zusammengebaut, dreieckige Rückstrahler sind Anhängern vorbehalten.

Vordere Fahrtrichtungsanzeiger richten sich in ihrer Intensität nach dem Abstand zum Abblend- oder Nebellicht. Für vordere Blinkleuchten wird aus Stylinggründen im ausgeschalteten Zustand oft ein „weißes" oder ein brillantes Erscheinungsbild gewünscht, ihr Licht ist gelb (amber).

Rückwärtige Fahrtrichtungsanzeiger sind ebenfalls gelb, in USA auch oft rot. Die lichttechnischen Anforderungen sind geringer als bei den vorderen. Das gilt auch für die für Neufahrzeuge geforderten seitlichen Zusatzblinkleuchten.

Die vorderen Begrenzungsleuchten (Positionsleuchten) sind oft in einem der Scheinwerferreflektoren angeordnet. Zusammen mit dem Abblendlicht stellen sie das „Nachtdesign" des Fahrzeuges dar. Eine viel beachtete Alternative stellt die Gestaltung des Positionslichtes als beleuchtetes Designelement dar. In 2000 wurden erstmalig leuchtende Ringe eingesetzt, die ein „Markenzeichen" geworden sind. Ursprünglich mit flexiblen Lichtleitern beleuchtet, eignen sich jetzt besonders weiße Hochleistungs-LED zur direkten Einkopplung und ermöglichen die Kombination mit Tagfahrlicht.

In USA können Schlussleuchten in Mehrfachfunktion als Bremsleuchten und auch als Fahrtrichtungsanzeiger dienen [2]. In Europa sind Doppelfunktionen von Schluss-Bremslicht mit Zweiwendellampen zulässig, allerdings sind Einzelfunktionen vorzuziehen.

Zunächst in Deutschland wurde ab 1980 ein Paar hochgesetzte Bremsleuchten zulässig. Von Vorteil war die Sichtbarkeit durch die Rückfenster und Frontscheiben mehrerer Fahrzeuge und damit eine frühere Bremsbereitschaft [3, 4]. Durch zu hohe Lichtwerte, Abstrahlung ins Fahrzeuginnere und fragwürdige mechanische Befestigung geriet das Konzept in Europa in Misskredit. In USA wurden mit einer einzelnen hochgesetzten Bremsleuchte erfolgreiche Feldversuche gemacht [6]. 1985 wurde in den USA die hochgesetzte Bremsleuchte Vorschrift [2], seit 1991 wird sie in Europa geduldet, seit 1998 ist sie Vorschrift (EG).

Eine oder zwei rote Nebelschlussleuchten mit Lichtstärken höher als beim Bremslicht sollen bei schlechter Sicht das Fahrzeug sichtbar machen. Zum Bremslicht muss ein Abstand von 100 mm eingehalten werden.

Parkleuchten sind optional und strahlen nach vorn weiß, nach hinten rot. Häufig werden ein vorderes Positionslicht und eine Schlussleuchte als Parkleuchte verwendet.

8.5.2.11 Lichtquellen für Signalleuchten

Normale Glühlampen dominieren bei Signalfunktionen. Üblich sind Bajonettsockel und *Wedgebase*. Kodierung der Bajonette verhindert Fehlbestückung. Solange die Lichtquellen wechselbar sind, dürfen nur solche verwendet werden, die in der ECE-Regelung verankert sind. Zur Erleichterung des Lampenwechsels werden speziell bei Heckleuchten die Lampen auf Lampenträgern zusammengefasst.
Halogenlampen finden nur zögernd Anwendung bei Signalleuchten, obwohl sie Vorteile hinsichtlich Lichtfarbe (weiß), Energieverbrauch und Intensität haben. Ein Beispiel für Halogenlampen ist die H6W, die zunehmend im vorderen Positionslicht eingesetzt wird.
Lightemitting Diodes (LED) bieten im Vergleich zu Glühlampen viele Vorteile für Signalfunktionen, insbesondere

- schnelles Einschaltverhalten, ca. 170 ms kürzere Reaktionszeit,
- geringer Energieverbrauch, es wird direkt Licht im roten Spektrum erzeugt,
- lange Lebensdauer,
- geringer Raumbedarf.

Dagegen stehen der hohe Preis und eine Veränderung der fotometrischen Leistung bei Wärme. Die beste Anwendung für LED ist die Bremslichtfunktion speziell bei hochgesetzten Bremsleuchten [6–8].
Neonröhren haben ähnliche Eigenschaften wie LED, erfordern aber wegen der Ansteuerelektronik und der schwierigen EMV (elektromagnetische Verträglichkeit) hohen Aufwand und werden bei Neuentwicklungen nicht mehr eingesetzt [6, 7].

8.5.2.12 Bauformen

Signalleuchten können sowohl als Einzelfunktionen, als auch zusammengebaut ausgeführt werden. Im Frontbereich werden die Signalfunktionen Positionslicht, Fahrtrichtungsanzeiger und für die USA beleuchteter *sidemarker* (sowie der passive *side reflector*) meist mit dem Scheinwerfer zu einer Lichteinheit vereinigt. Im Seitenbereich dominieren Einzelfunktionen für Zusatzblinkleuchte und – wenn vorhanden – Seitenmarkierungsleuchten. Im Heckbereich sind die Funktionen meist in einer gemeinsamen Heckleuchte pro Seite vereinigt, gelegentlich auf zwei Teilbereiche verteilt. Bei Heckleuchten werden häufig komplizierte Spritzgusstechniken in Mehrfarbenmaschinen (bis 4 Farben) angewendet. Die farbigen Signalfunktionen können betont oder kaschiert werden, in letzter Zeit sind ähnlich wie bei Scheinwerfern brillante Aufbauten mit klarer Abschlussscheibe populär geworden.
Früher wurden die Leuchten in zwei Kategorien eingeteilt: Leuchten mit (Paraboloid-) Reflektor, die sowohl das direkte Licht als auch das vom Reflektor gerichtete Licht ausnutzen und Leuchten ohne Reflektor, die das direkt abgestrahlte Licht über Prismen in der Abschlussscheibe verteilen [4]. Inzwischen sind weitere Prinzipien wie Ellipsoidreflektoren, Facettenreflektoren und Freiformreflektoren entstanden.
Bei den Streuoptiken gibt es verschiedene Muster, die ein homogeneres Erscheinungsbild erlauben [8]. Die nach dem französischen Physiker benannte Fresnel-Optik stellt eine Stufenlinse mit guten Richteigenschaften dar. Bei flachem Aufbau erfasst sie einen großen Raumwinkel [4].
Ähnlich der Fresnellinse kann ein Leuchtenreflektor aus konzentrischen Reflektorsegmenten zusammengesetzt werden. Eine zukünftige Weiterentwicklung stellen holographische Reflektorstrukturen dar [8–11].
Ähnlich der Anwendung beim Scheinwerfer erlaubt der Freiflächenreflektor eine kontinuierliche Lichtverteilung ohne irgendwelche optischen Profile auf der Lichtscheibe.
Leuchtenfunktionen lassen sich auch mit Lichtleitern darstellen, wobei farbiges Licht in transparente Stäbe eingespeist und durch Prismen quer zur Stabachse abgestrahlt wird [8].

8.5.2.13 Dynamisches Bremslicht und Leuchten-Zukunftsentwicklungen

Zur Anzeige von starker Verzögerung ist ein zweistufiges Bremslicht bereits im Einsatz, hierbei wird die leuchtende Fläche oder die Intensität des Bremslichtes vergrößert. Eine andere Lösung ist es, die hochgesetzte Bremsleuchte oder alle Bremsleuchten mit einer Frequenz von 7Hz blinken zu lassen. Ebenfalls realisiert wurde die automatische Einschaltung der Warnblinkanlage bei besonders starker Verzögerung.
In Untersuchung sind weitere Verfeinerungen der Signalbeleuchtung wie Anpassung der Leuchtstärke an die Umgebungsbedingungen wie Helligkeit, Sichtweite oder Verschmutzung, wozu auch der sinnvolle Ersatz der Nebelschlussleuchte(n) gehört. Denkbar wäre es auch, bei Verwendung eines rückwärtigen Näherungssensors zu schnell herankommende z.B. am Stauende durch die Signalleuchten automatisch zu warnen.

8.5.2.14 Innenbeleuchtung und Einstiegsleuchten

Den gestiegenen Komfort-Erwartungen wird eine einfache Innenleuchte nicht mehr gerecht, in Ober-

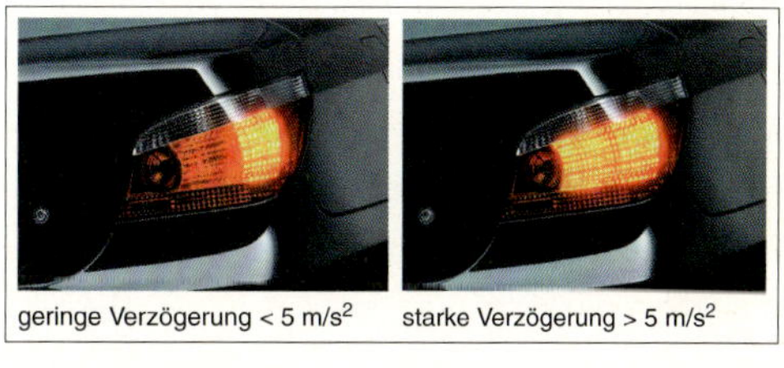

Bild 8.5-15 Dynamisches Bremssignal (Quelle: BMW AG)

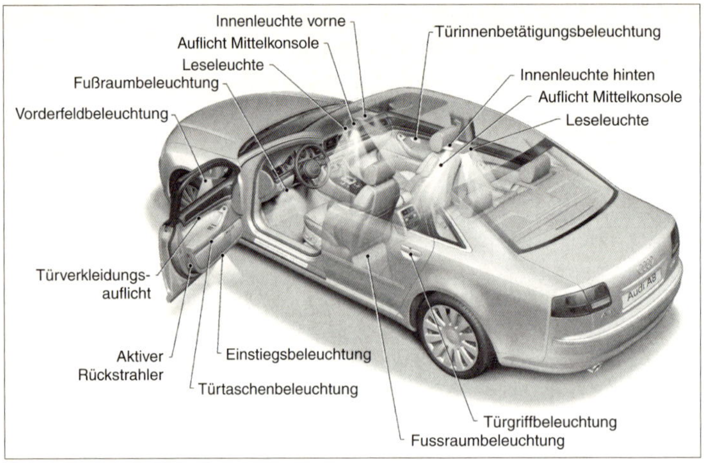

Bild 8.5-16 Innenbeleuchtung (Quelle: Audi AG)

klassenfahrzeugen sind bereits mehr als hundert Lichtaustritte im Innenraum installiert worden (**Bild 8.5-16**). Neben Bedarfslichtquellen wie Leseleuchten ist das Bestreben der *ambienten Innenbeleuchtung* Orientierung und Raumgefühl zu vermitteln. Fortschritte in der LED Technologie haben dazu geführt, dass bevorzugt wartungsfreie LED statt Glühlampen (z.T. mit Lichtleitern) eingesetzt werden. Das gilt auch für spezielle Einstiegsleuchten im Außenbereich wie Vorfeld- und Handgriffleuchten [14].

Zukünftig könnten gerade im Innenraum erste Anwendungen für den Einsatz organischer LED´s in der Fahrzeugbeleuchtung liegen.

8.5.2.15 Beleuchtungsstyling

Die Beleuchtungseinrichtungen am und im Fahrzeug haben sowohl im „kalten" wie im eingeschalteten Zustand einen dominierenden Styling-Effekt bekommen. Beim Tag- wie Nachtdesign wird eine eigenständige Erscheinung bei gleichzeitigem Behalten einer „Familienähnlichkeit" angestrebt. Zusätzlich gilt es, Modetrends zu berücksichtigen. Darüber hinaus eignen sich die Beleuchtungseinrichtungen dazu, bei Sondermodellen und „Facelifts" ein geändertes oder frischeres Aussehen ohne grundlegende Änderung des Fahrzeugblechkleides zu realisieren.

Moderne Berechnungs- und Entwicklungsverfahren sowie Fortschritte bei den Lichtquellen ermöglichen die Berücksichtigung von Stylingwünschen ohne Einbuße oder sogar bei Steigerung der lichttechnischen Funktionalität.

Literatur

[1] Europäische Gemeinschaft Richtlinie E 76/756 EWG
[2] NHTSA, FMVSS 108
[3] *Bockelmann, Werner:* Auge – Brille – Auto, Springer Verlag ISBN 3-540-16429-4
[4] *Robert Bosch GmbH:* Kraftfahrtechnisches Taschenbuch. Wiesbaden: Vieweg Verlag, 2006
[5] PAL Symposium, Proceedings, Progress in Automobile Lighting, Darmstadt University of Technology, 1997/1999/2001/2003/ 2005
[6] SAE conference, jährliche Vorträge auch zu lichttechnischen Themen
[7] ATZ, diverse Veröffentlichungen auch zu lichttechnischen Themen, Technische Optik
[8] Hella KGaA, Automotive Lighting, Valeo, Visteon Firmenschriften und Internet
[9] Bosch, Veröffentlichungen des früheren K2-Bereiches
[10] Philips, Forschungsberichte
[11] Osram, Firmenschriften
[12] *Eichhorn/Labahn/Decker:* Adaptive Lichtsteuerung, Adaptronic Congress 2000
[13] *Hendrischk/Kalze/Damasky:* Bi-Xenon bringt Leistung, System Partners 1997
[14] *Abel/Labahn/Pietzonka:* Systementwurf für situationsgerechte Innenbeleuchtung, Special Interior Partners 2000
[15] *Lachmayer/Eichhorn:* Synergien von Licht und Mechatronik, VDI Elektronik im Kfz 1998
[16] *Hendrischk/Grimm/Kalze:* Adaptive Scheinwerfer, ATZ 11/2002
[17] *Thiemann/Seuss/Bertram/Opgen-Rhein*: Mechatronik im Scheinwerfer, ATZ 1/2002
[18] *Kesseler/Kleinkes/Könnig:* Nachtsichtsysteme kurz vor der Serienreife, ATZ 1/2005
[19] Pressemitteilungen Audi, BMW, Mercedes, Opel 2003/4
[20] *Lachmayer/Amsel:* Light-based Driver Assistance, Vision Kongress, Rouen 2006

8.5.3 Cockpit-Instrumentierung

8.5.3.1 Einleitung

Unter dem Begriff Instrumentierung fasst man die Anzeigen und Bediengeräte im Fahrzeug-Cockpit zusammen, mit deren Hilfe der Fahrer unmittelbar auf die Fahraufgabe bezogene Aufgaben des Beobachten und Bedienens ausführt. Somit ist die Instrumentierung eine zentrale Schnittstelle zwischen Mensch und Maschine (engl. Human Machine Interface HMI) im Fahrzeug. Bedingt durch immer mehr Fahrerassistenz- und Informationssysteme hat das HMI als Teil des Fahrerarbeitsplatzes stark an Bedeutung gewonnen. Zwischen Instrumentierung und Infotainment

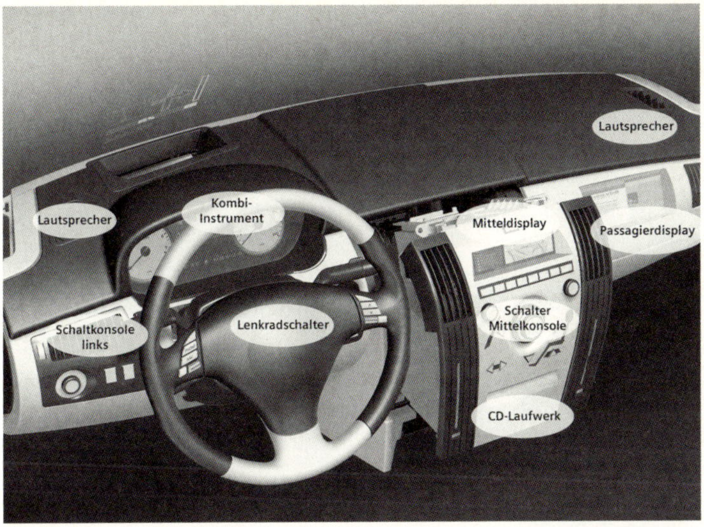

Bild 8.5-17 Typische Struktur der Instrumentierung im Cockpit

(d. h. Radio, Navigation, Multimedia und Connectivity) hat sich aus ergonomischen Gründen eine räumliche Trennung etabliert, **Bild 8.5-17** (Kapitel 6.4.1). Wegen ihrer Bedeutung für die unmittelbare Fahraufgabe befindet sich nur die Instrumentierung innerhalb eines 30 Grad umfassenden Blickfeldes in Sehrichtung des Fahrers. Die Instrumentierung trägt erheblich zur stilistischen Gestaltung des Cockpits bei.

8.5.3.2 Informationsdarstellung

Die Hauptaufgabe der Instrumentierung besteht unter anderem darin, Fahrzeugzustände (z.B. Geschwindigkeit und Drehzahl sowie wichtige Zustands- und Warnmeldungen) unter allen Lichtverhältnissen in erfassbarer Form darzustellen. Als visuelle Schnittstelle dafür dient das Kombinations-Instrument, dessen Größe vom Lenkradauschnitt bei Geradeauslauf begrenzt wird. Um auf dieser Fläche möglichst viele Informationen darstellen zu können, werden die Kontrolllampen und dedizierten (Rund-)Anzeigen der Hauptinstrumente zunehmend durch multifunktional genutzte Displays ergänzt.

8.5.3.2.1 Kombinations-Instrument

Kombinationsinstrumente werden heute in ihrer Funktionsvielfalt für low-, mid- und high-Varianten skaliert. Integrierte Kombinations-Instrumente der gehobenen Klasse sind de facto grafikfähige Controller, die teilweise in Master-Slave-Architektur ausgeführt werden. Als Beispiel kann hier ein leistungsfähiges Kombinations-Instrument mit 5″ TFT-LCD (320 × 240 Pixel), zwei 32-bit-RISC-Prozessoren 64 MHz, 2 MB Flash, SRAM und Grafik-Beschleuniger mit 1 MB VRAM dienen [1]. Integrierte Kombinations-Instrumente beruhen vielfach auf der Verbindung aus einer starren Multilayer-Funktionsleiterplatte und einer flexiblen Leiterplatte. Die Bestückung mit oberflächenmontierbaren Bauelementen (SMD-Komponenten) in hoher Packungsdichte sowie mit Leuchtdioden (LEDs bzw. SideLEDs) ist charakteristisch für den heutigen Kompaktaufbau. Die geforderte Grafikfähigkeit sowie neue Funktionen und das hohe Maß an Vernetzung einzelner Funktionen und Subsysteme (z.B. Wegfahrsperre, Map Matching als Teil der Navigationssystems) haben den Softwareanteil an der Instrumentierung stark gesteigert.

Zeigerantrieb für Instrumente

Als Antrieb von Rundanzeigen im Kombinations-Instrument haben sich Schrittmotoren wegen ihrer höheren Genauigkeit und Maßhaltigkeit sowie ihren geringeren Abmessungen etabliert. Anzeigeschrittmotoren, die technisch auf einem zweipoligen Drehmagneten innerhalb einer Kreuzspulanordnung sowie einem Untersetzungsgetriebe basieren, erlauben eine hohe Schrittauflösung und verhältnismäßig hohe Zeigermassen. Für spezielle Anwendungen wird der Schrittmotor auch in Kombination mit einem Getriebe als Ringzeigersystem eingesetzt. Die Ansteuerung erfolgt entweder mit einem IC oder einem modularen Controller.

Beleuchtung

Für die Beleuchtung der Instrumentierung besteht ein sehr großer Dynamikbereich in Bezug auf die Umgebungslichtverhältnisse im Straßenverkehr. Stand der Technik ist heute der Einsatz von LEDs zur Beleuchtung von der Unterseite der Instrumentenoberfläche her (Backlight). Dank des schnellen Entwicklungsfortschritts bei der LED-Technik lässt sich inzwischen nahezu das gesamte Lichtfarbspektrum im Fahrzeug nutzen. Die steigende Lichtausbeute macht LEDs auch zukünftig zu einer Lösung für den Ersatz von quecksilberhaltigen Kaltkathodenlampen

(Cold-Cathode Fluorescence Lamps, CCFL). Eine neue Option ist die Verwendung einer Elektrolumineszenzfolie als Bestandteil der Beleuchtung eines Kombinations-Instruments. Unter Spannung gibt die Folie ein z.B. kaltweißes Licht ab, das sich beispielsweise zur Skalenringbeleuchtung nutzen lässt, **Bild 8.5-18**.

Bild 8.5-18 Kombinations-Instrument mit weißer Elektrofluoreszenzfolie zur Skalenringbeleuchtung

8.5.3.2.2 LC-Displays im Kombinations-Instrument

Durch die Integration von Punktmatrix-Displays in Kombinations-Instrumenten ist es möglich, die Komplexität des HMI variabel zu gestalten, während ihr Leistungsumfang tatsächlich steigt. Durch die hohe Variabilität besteht die Möglichkeit, Informationen alphanumerisch bis hin zu videobasierten, bildhaften Darstellungen auf konfigurierbaren Anzeigeflächen zu ermöglichen. Unterschiedliche Flüssigkristallanzeigearten (Liquid Crystal Display, LCD) erleichtern es zudem, dem Fahrer situationsbezogen so viel Information wie nötig und doch so wenig wie möglich anzubieten. Weil die grafische Darstellung von Informationen und die farbliche Informationspriorisierung eine wachsende Rolle spielt, ersetzen vollfarbfähige Aktivmatrix-Displays in Dünnschichttechnik (Thin Film Transistor LCD, TFT-LCDs) teilweise bereits die in der Fahrzeug-Instrumentierung insgesamt vorherrschenden Passivmatrix-LCDs. Üblich ist die mechanische Integration eines Displays im Kombinations-Instrument entweder zwischen den Rundinstrumenten oder als Bestandteil der Rundanzeige(n), **Bild 8.5-19**.

8.5.3.2.3 Weitere Display-Arten im Cockpit

Während Vakuum Fluoreszenzanzeigen (Vacuum Fluorescence Display, VFD) im Vergleich zur dominierenden LCD-Technik vor allem in Europa seltener eine Rolle spielen, zeichnet sich mit der Organischen Licht Emittierenden Diode (Organic Light Emitting Diode, OLED) eine neue Displaytechnologie mit Potenzial als Ergänzung zur LCD- beziehungsweise TFT-Technologie ab. Mit einem verbreiteten Einsatz

Bild 8.5-19 Kombinations-Instrument mit zwischen den Rundinstrumenten integrierter TFT-Anzeige

im Fahrzeug ist zu rechnen, sobald z.B. die Lebensdauer von OLEDs für bestimmte Farben weiter verbessert ist.

8.5.3.2.4 Head-up-Display (HUD)

Das aus der Luftfahrttechnik bekannte und in Monochromausführung vereinzelt schon länger im Fahrzeug genutzte Head-up-Display (HUD) ist in vollfarbfähiger Ausführung im Automobil eine Neuerung. Bei dieser Darstellungsform werden Fahrzeug- und verkehrsbezogene Informationen direkt in den Bereich der Windschutzscheibe eingeblendet. Zur Realisierung des Systems befindet sich ein Modul, bestehend aus einem Spiegelsystem, ein transmissives TFT-Display und ein sehr leuchtstarkes LED-Array im Inneren der Armaturentafel [2, 3]. Bedingt durch den optischen Strahlengang nimmt der Fahrer die Anzeige in einer scheinbaren Entfernung von 2 bis 2,5 m wahr, **Bild 8.5-20**.

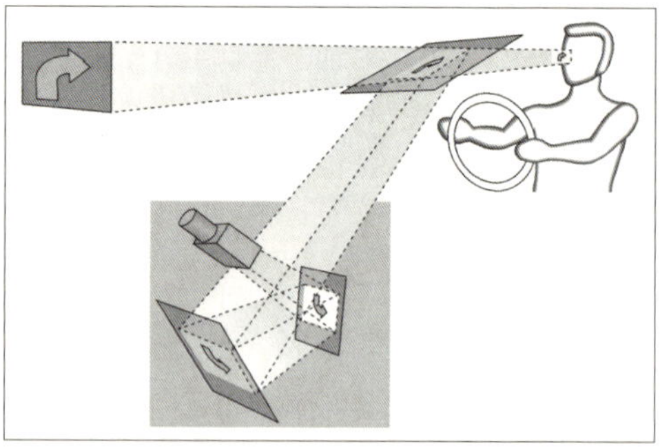

Bild 8.5-20 Strahlengang im HUD

Durch den Abstand des virtuellen Bildes im unteren Teil der Windschutzscheibe reduziert sich die Akkomodation der Augen erheblich beim Ablesen der Anzeige. Dies führt zur Reduzierung der Ablesezeit im Vergleich zum Ablesen des Kombinationsinstrumentes. Durch permanente Nachregelung der Leuchtintensität in Abhängigkeit von der Helligkeit des

Hintergrunds bleibt die Anzeige bei wechselnden Umgebungslichtbedingungen immer gut ablesbar. Zusätzliche Relevanz gewinnt das HUD, weil es neue Möglichkeiten bietet, etwa um die Anzeige eines Nachtsichtsystems zu integrieren.

8.5.3.3 Eingabeelemente

Neben den etablierten elektromechanischen Bedienelementen (Lenkstockschalter, Schalter, Taster) bedingt die Funktionsfülle in höher ausgestatteten Fahrzeugen neue Bedienkonzepte [4]. Dazu werden mehrere Eingabefunktionen in einem zentralen Bedienelement und einem zugeordneten Display zusammengefasst. Je nach aktiviertem Menüpunkt nimmt das Bedienelement (z.B. Drehsteller) für jede Bedienaufgabe das dazugehörige Schaltverhalten an, **Bild 8.5-21**.

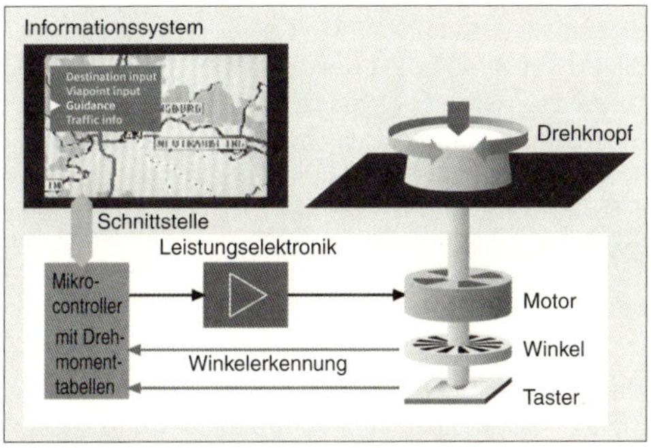

Bild 8.5-21 Schematische Darstellung eines Drehstellers mit programmierbarer haptischer Rückmeldung für ein Navigationssystem

Die entsprechenden Drehmomentkennlinien sind in einem Mikrocontroller gespeichert. Teilweise geben zentrale Bedienelemente dem Fahrer eine programmierbare haptische Rückmeldung, werden also zusätzlich als Ausgabeelement genutzt [5]. Im Vorserienstadium befinden sich Drehsteller-Lösungen mit berührungsempfindlicher Oberfläche (Touchpad), die dem Fahrer Eingaben in Form von Buchstaben und Symbolen erlauben [6].

8.5.3.4 Ausblick

Vor allem die Bedeutung der Displaytechnik (Größe, Darstellungsqualität und Anzeigeort) in der automobilen Mensch-Maschine-Schnittstelle wird weiter steigen. Im Hinblick auf eine drohende Überforderung des Fahrers durch die steigende Zahl elektronischer Systeme im Fahrzeug werden multimodale HMI-Lösungen einschließlich Sprachbedienung und taktilem Kommunikationskanal an Bedeutung gewinnen. Die Rechen- und Speicherkapazitäten der Elektroniksysteme werden zunehmen, da aufgrund der zu erwartenden, steigenden Funktionsvielfalt der Softwareanteil wächst. Mechanische Anforderungen bestehen darin, die Instrumente kompakter (vor allem flacher) werden zu lassen.

Literatur

[1] *Brohm, T., Blume, H.-J.*: Mit einem Zeiger fing es an – Anzeige-Technologien im Automobil, Elektronik, (Jg. 52), Sonderheft Automotive, S. 70–75, März 2003

[2] *Würtenberger, M., et al.*: Systemarchitektur der Fahrerinformations- und Anzeigesysteme der neuen 5er Baureihe: Moderne Bordnetztopologie und ergonomisches HMI zur Beherrschung von Komplexität und Informationsflut, VDI-Berichte Nr. 1789, Elektronik im Kraftfahrzeug, Baden-Baden, September 2003

[3] *Blume, H.-J. et al.*: HUD – eine skalierbare Technik für alle Fahrzeugklassen, VDI-Berichte Nr. 1789, Elektronik im Kraftfahrzeug, Baden-Baden, September 2003

[4] *Abel, H.-B., Meier-Arendt, G., Willnauer, B.*: Ergonomische Bedienelemente für elektronische Fahrzeugsysteme. ATZ (Jg. 107) Ausg. 5, Mai 2005

[5] Hautnah am Geschehen – Automobil Produktion, Sonderheft Innenraum, März 2003

[6] *Jungmann, Th.*: Auto erkennt Handschrift des Fahrers, www.all4engineers.com, 12. 9. 2003

8.5.4 Infotainment/Multimedia

8.5.4.1 Übertragungssysteme

Die Anwendungen für drahtlose Übertragungssysteme im Automobil sind vielfältig und gewinnen immer mehr an Bedeutung. Die Architektur zum Empfang von Informationen [1] ist dabei weitgehend gleich und kann wie in **Bild 8.5-22** dargestellt betrachtet werden.

8.5.4.1.1 AM/FM

Neben dem traditionellen Rundfunk auf UKW, Mittelwelle und Kurzwelle [2] entwickeln sich weltweit

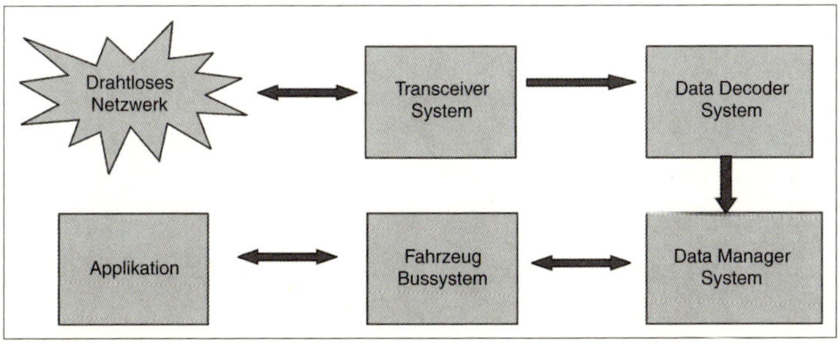

Bild 8.5-22 Übersicht der Übertragungssysteme

mehrere digitale Standards. Sie zeichnen sich durch verbesserte Klangqualität und zusätzliche Datendienste aus.

8.5.4.1.2 Digital Radio

Digital Audio Broadcasting DAB

Die Verbreitung von Radioprogrammen über UKW stößt an ihre Grenzen, da die Frequenzen angesichts der Vielzahl von Sendern knapp werden. Weiterhin unterliegen analoge Funksignale unterschiedlichen Arten von Störungen wie z.B. Reflektionen, die u.a. durch Berge, Gebäude und Witterungseinflüsse verursacht werden. DAB steht für Digital Audio Broadcasting und ist ein digitales System zur terrestrischen Übertragung von Daten aller Art. Es wurde im Rahmen des Eureka 147 Projektes entwickelt und bietet nahezu CD Qualität sowie zusätzliche Radio- und Datenservices. Die Audiodaten sind MP2-codiert (MPEG Layer-2).

DAB verwendet die folgenden beiden Frequenzbänder:

1. Das Band III (ca. 170–220 MHZ), welches teilweise bis heute für TV Ausstrahlungen genutzt wird.
2. Das L-Band (1452–1492 MHZ).

Während in Deutschland beide Frequenzbereiche genutzt werden, wird in Großbritannien nur im Band III und in Kanada nur im L-Band gesendet. Das L-Band wird in Deutschland für lokale Ausstrahlungen genutzt während das Band III landesweit zu empfangen ist.

Beim Digitalradio muss der Hörer keine Frequenz mehr einstellen. Mehrere Programme, deren Namen auf dem Display angezeigt werden, sind in einem Ensemble zusammengefasst. Ensembles werden regional unterschiedlich angeboten. Die Rundfunkstationen strahlen in der Regel programmbegleitende Informationen wie z.B. Liedtitel, Komponist oder Albumname aus, die vom Empfänger angezeigt werden.

Um eine genauso große Fläche wie ein UKW-Sender abzudecken, sind mit DAB insgesamt mehrere Sender nötig. Trotzdem sind die Betriebskosten deutlich geringer. Da alle Sender durch das COFDM-Verfahren auf der selben Frequenz senden können, ist dieses Verfahren sehr frequenzökonomisch und würde es erlauben, ein Programmensemble in ganz Deutschland unter einer Frequenz empfangbar zu machen.

High Definition (HD) Radio

Eine effiziente Möglichkeit die Klangqualität zu verbessern und gleichzeitig die bestehende Infrastruktur zu erhalten, ist High Definition Radio [3]. Hierbei werden die 200 kHz Abstände zwischen den Sendern benutzt, um zusätzliche digitale Informationen zu versenden. Das Verfahren nennt sich In-Band-On-Channel (IBOC) und findet in den USA zunehmend Anklang. Es wird im FM-Band (88–108 MHz) und AM-Band (520–1710 kHz) verwendet. Moduliert wird im Code Orthogonal Frequency Division Multiplex (folgend COFDM genannt)-Verfahren. Dabei wird das kodierte Signal mit einer Fehlerkorrektur versehen und dann über mehrere modulierte Trägerfrequenzen verteilt gesendet. Das Verfahren sorgt dafür, dass die sonst üblichen Störgeräusche und Signalschwankungen, so genannte Kanalfadings und -überlagerungen, nicht mehr auftreten.

Satellite Digital Audio Radio Services (SDARS)

Das digitale Satellitenradio ist in den USA mittlerweile sehr erfolgreich. Dem Zuhörer stehen etwa 150 Kanäle zur Verfügung, angefangen vom Musikspartensendern über Informationssendungen bis hin zu Verkehrsinformationen. Alle Kanäle werden in den gesamten USA annähernd in CD-Qualität ausgestrahlt. Die Empfänger werden durch Bezahlung einer monatlichen Gebühr freigeschaltet. Die beiden Anbieter Sirius und XM verwenden ein Hybrid-Übertragungssystem aus Satelliten und terrestrischen Sendern. Das Modulationsverfahren der terrestrischen Transmitter ist COFDM, die Satelliten benutzen QPSK (Quadrature Phase Shift Keying). Die Satellitenträgerfrequenz beträgt 2,3 GHz.

Digital Radio Mondiale – DRM

Eine interessante Alternative zum konventionellen Rundfunk ist Digital Radio Mondiale. Hierbei werden digitale Audiodaten und Informationen über Kurz-, Mittel-, und Langwelle versendet. Die sehr schmalen Kanalbreiten erfordern eine leistungsstarke Komprimierung der Audiodaten. Hierfür wurde der MPEG4 AAC Codec in Kombination mit einem Spectral Band Replication (SBR) Verfahren ausgewählt. SBR ermöglicht eine weitere Datenreduktion um 40 %. Als Modulationsverfahren wurde ebenfalls das COFDM-Verfahren verwendet. Somit ergibt sich fast eine UKW Klangqualität mit großer Reichweite. Außerdem lassen sich Zusatzinformationen wie Programmnamen und Textmeldungen übertragen. Seit dem Jahr 2003 ist DRM auf Sendung. Es wird erwartet, dass es aufgrund seiner weltweiten Verfügbarkeit ab 2005 zunehmend an Marktakzeptanz gewinnen wird.

8.5.4.1.3 Digital Video Broadcasting-Terrestrial (DVB-T)

Mit Digital Video Broadcasting-Terrestrial können die Fahrzeuginsassen Fernsehprogramme auch während der Fahrt weitgehend störungsfrei empfangen. Weitere Vorteile sind der Empfang von Bildern in Kinoqualität, 16:9 Bildformat und Surround Sound.

DVB-T verwendet MPEG2-codierte Fernsehsignale. Als Modulationsverfahren wurde auch hier aus o.g. Gründen das COFDM-Verfahren ausgewählt.

8.5.4.1.4 Bluetooth

Bluetooth ist ein offener Standard zur drahtlosen Kommunikation zwischen Desktop- und Laptop-

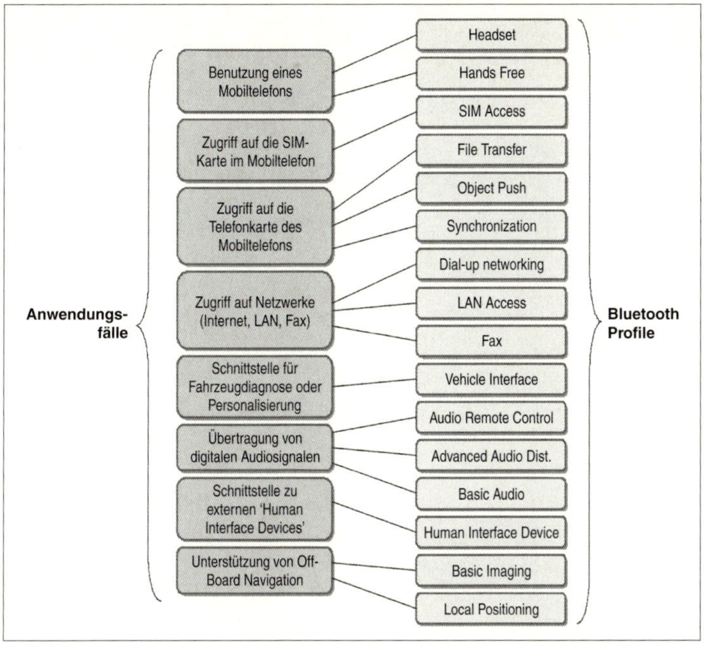

Bild 8.5-23 Bluetooth Profile

Computern, PDA's, Mobiltelefonen, Druckern, Scannern und sogar Haushaltsgeräten [4, 5]. Eine weltweite Kompatibilität ist über die Benutzung des global verfügbaren Frequenzbandes von 2,4 GHz gewährleistet. Bluetooth wurde ursprünglich von Ericsson entwickelt und wird mittlerweile von der Special Interest Group (SIG) vorangetrieben. Die SIG besteht aus neun Firmen (Ericsson, 3COM, Agere, IBM, Intel, Microsoft, Motorola, Nokia, Toshiba) sowie 1.800 Partnern, die ihre Unterstützung für diesen Standard zugesagt haben.

Die Bluetooth Spezifikation beinhaltet den Link Layer und den Application Layer. Diese unterstützen Daten, Sprache und Applikationen.

Zur Unterstützung unterschiedlicher Anwendungen wurde eine Reihe von Profilen entwickelt, die den Anwendungsfällen zugeordnet werden können (siehe **Bild 8.5-23**). Diese Profile werden im Bluetooth Standard definiert. Die gezeigten Profile befinden sich teilweise noch in der Entwicklung. Beim Kauf von Bluetooth Geräten ist darauf zu achten, dass nicht notwendigerweise alle freigegebenen Profile implementiert sind. Kompatibilität ist also nur gewährleistet, wenn zwei Geräte das gleiche Profil für den gewünschten Anwendungsfall implementiert haben.

Das wichtigste Profil für Mobiltelefone ist das Hands Free Profile (HFP). Es wurde für Freisprecheinrichtungen entwickelt, die Mobiltelefone „fernsteuern", also z.B. Anrufe einleiten oder annehmen. Bisher erfolgte die Datenübertragung zwischen dem Mobiltelefon und der Freisprecheinrichtung über die nicht standardisierte Schnittstelle des Mobiltelefons.

8.5.4.2 Human Machine Interface-Konzepte

Die steigende Zahl von Features beeinflussen die oberen Fahrzeugklassen wie auch die Fahrzeuge des Massenmarktes. Einige Markttreiber sind in **Bild 8.5-24** dargestellt.

Es müssen intelligente HMI-Konzepte geschaffen werden, damit alle Features einfach und sicher bedient werden können [6]. Ein wichtiges Konzept dabei ist die Spracherkennung.

8.5.4.2.1 Spracherkennung

Die Kommunikation mittels Sprache ist für den Menschen die natürlichste Form der Kommunikation. Insbesondere für den Fahrer eines Kraftfahrzeuges bietet die automatische Spracherkennung daher die Möglichkeit, ausgewählte Funktionen innerhalb des Fahrzeuges unter minimaler Ablenkung vom Straßenverkehr auszuführen [7].

Die mit Hilfe der Spracherkennung zu bedienenden Funktionen im Fahrzeug lassen sich vereinfacht in vier verschiedene Bereiche aufteilen:

- Klimaanlage
- Audio
- Navigation
- Telefon/Telematik

Während der Funktionsumfang und damit auch die Anzahl der Kommandos, die das Spracherkennungssystem erkennen muss, für die beiden Bereiche Klima und Audio recht beschränkt ist, ist für die beiden Bereiche Navigation und Telefon/Telematik das Gegenteil der Fall. Nimmt man beispielsweise die

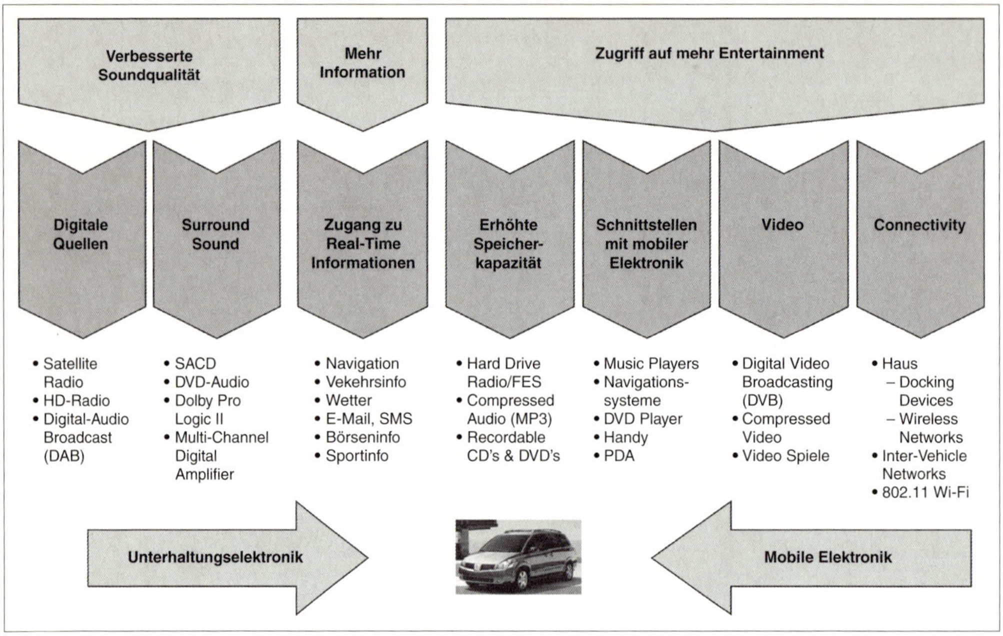

Bild 8.5-24 HMI Konzepte

Funktion der Zieleingabe bei einem Navigationssystem, so muss das Spracherkennungssystem alle in Frage kommenden Zielorte erkennen können, obwohl es sich dabei um einige tausend verschiedene Worte handeln kann. Damit wird deutlich, dass man bei der Spracherkennung zur Steuerung eines Navigationssystems nicht mit einem Spracherkennungssystem arbeiten kann, welches die Erkennung auf der Basis von ganzen Worten durchführt (sog. Ganzworterkenner). In diesem Fall wäre es nämlich notwendig, für alle verschiedenen Zielorte Sprachdaten von vielen verschiedenen Sprechern zu sammeln, was einen nicht zu vertretenden Aufwand darstellen würde. Vielmehr setzt man in diesem Fall heute üblicherweise sogenannte phonembasierte Spracherkennungssysteme ein, die auf der Basis der verschiedenen lautsprachlichen Einheiten (Phoneme), arbeiten, aus denen eine Sprache aufgebaut ist. Die deutsche Sprache zum Beispiel besteht aus etwa 40 verschiedenen Phonemen. Eine Voraussetzung für den Einsatz eines phonembasierten Spracherkennungssystems ist, dass für jedes zu erkennende Wort die entsprechende Phonemfolge, die sogenannte phonetische Transkription, bekannt ist. Falls sich die vom Spracherkennungssystem zu erkennenden Worte im Laufe der Zeit dynamisch ändern können, wie dies zum Beispiel bei Telefonbucheinträgen der Fall ist, so muss das System selbstständig in der Lage sein, aus der geschriebenen Form des zu erkennenden Wortes die phonetische Transkription zu ermitteln. Dies geschieht mittels eines sogenannten „Grapheme to Phoneme" Konverters.

Neben der durch den Funktionsumfang bedingten Fähigkeit eine große Anzahl verschiedener Worte und einen sich dynamisch ändernden Wortschatz erkennen zu können, stellt die automatische Spracherkennung im Fahrzeug die folgenden generellen Anforderungen an das verwendete System.

Robustheit gegenüber einer geräuschvollen Umgebung: Die in einem Fahrzeug vorherrschenden Fahrgeräusche können sich in Abhängigkeit von verschiedenen Faktoren wie Fahrgeschwindigkeit, Wetterbedingungen, Öffnungszustand der Fenster usw. stark ändern. Aus diesem Grund ist es für die zufriedenstellende Funktion eines Spracherkennungssystems unerlässlich, dass dessen Erkennungsleistung robust ist: gegenüber Änderungen des Signal-zu-Rausch-Verhältnisses zwischen dem Sprachsignalanteil und dem durch die Umgebungsgeräusche hervorgerufenen Rauschanteil im Mikrofonsignal.

- Sprecherunabhängige Spracherkennung und Abdeckung von Dialekten
- Abgrenzung des Sprechers von Störgeräuschen
- Skalierbarkeit des Systems
- Natürlicher Sprachdialog

Bild 8.5-25 zeigt ein Blockdiagramm eines modernen Spracherkenners, welcher die oben genannten Anforderungen zur Anwendung in einem Kraftfahrzeug erfüllt.

8.5.4.2.2 Freisprechen als Anwendung von Bluetooth und Spracherkennung

Im folgenden wird ein System vorgestellt, das durch Kombination der in Kapitel 8.5.4.1.4 und Kapitel

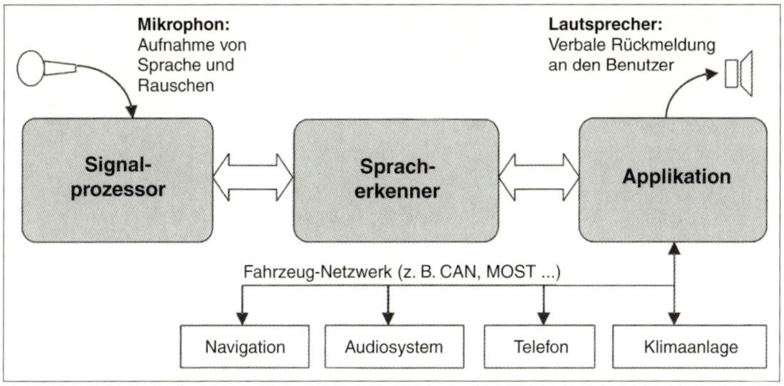

Bild 8.5-25 Blockdiagramm eines Spracherkenners

8.5.4.2.1 vorgestellten Technologien ein einfaches und vor allem sicheres Telefonieren während der Fahrt ermöglicht [8]. Damit trägt es wesentlich zur Entlastung des Fahrers bei. In **Bild 8.5-26** ist ein vereinfachtes Blockdiagramm dieses Systems dargestellt. Es zeichnet sich nicht nur durch eine verbesserte Bedienung des Mobiltelefons im Fahrzeug aus, sondern erlaubt zusätzlich die Verwendung von mehreren Generationen Mobiltelefonen in Verbindung mit nur einer Freisprecheinrichtung.

Über das zentrale Kontrollmodul erfolgt eine Steuerung des Bluetooth Mobiltelefons über Sprachbefehle. Die Grammatik der Spracherkennung kann den Kundenwünschen angepasst werden. Grundsätzlich lässt sich hier zwischen einem Sprachdialog mit dem Benutzer oder einzeiligen Kommandos unterscheiden. Der Sprachdialog wird mit einem Befehl wie z.B. „Nummer wählen" eingeleitet. Über Sprachausgabe werden dann die weiteren benötigten Informationen, in diesem Fall die Telefonnummer, erfragt. Beim einzeiligen Kommando würde die Telefonnummer ohne Rückmeldung vom System direkt nach dem Befehl gesprochen. Rückmeldungen an den Benutzer können nicht nur akustisch über Sprachausgabe, sondern ebenfalls visuell erfolgen. Hierfür werden vorzugsweise vorhandene Displays, wie z.B. im Kombiinstrument, im Radio oder, falls vorhanden, das Zentraldisplay, verwendet. Da diese Komponenten in den meisten Fällen mit dem Bussystem (z.B CAN oder MOST) des Fahrzeugs verbunden sind, gibt es hier lediglich einen Mehraufwand im zentralen Kontrollmodul für das entsprechende Businterface sowie die benötigte Software.

Die Mobiltelefonhalterung ist optional gezeigt, da sie lediglich dazu dient, den Akku des Mobiltelefons aufzuladen. Die Datenübertragung zwischen Kontrollmodul und Mobiltelefon erfolgt ausschließlich über Bluetooth. Das integrierte GSM Modul ermöglicht in Verbindung mit dem Bluetooth ‚SIM Access Profile' (siehe Kapitel 8.5.4.1.4) die Verwendung einer externen GSM Antenne, auch wenn keine Halterung für das Mobiltelefon vorhanden ist.

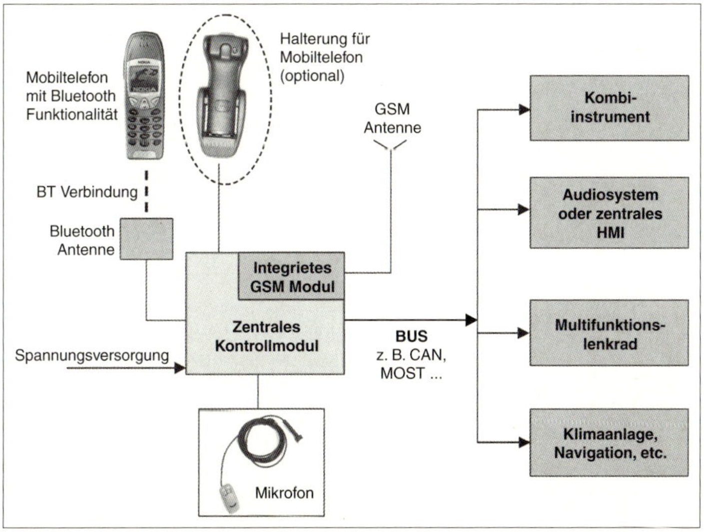

Bild 8.5-26 Kombination aus Bluetooth und Spracherkennung zum Freisprechen im Kfz

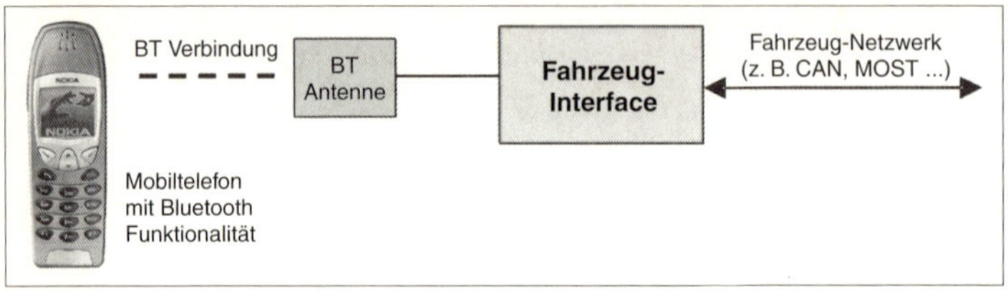

Bild 8.5-27 Wireless Gateway

8.5.4.3 Ausblick

Wireless Gateway/Konvergenz

Mobile Unterhaltungs- und Kommunikationselektronik wie z.B. Mobiltelefone, PDA's und MP3-Player haben wesentlich kürzere Lebenszyklen als das Fahrzeug selbst. Während ein Fahrzeug problemlos zehn bis 15 Jahre im Betrieb sein kann, ist die Technologie mobiler Unterhaltungselektronik schon nach ein bis zwei Jahren überholt. Dies bereitet besonders beim Mobiltelefon Schwierigkeiten, da die im Fahrzeug eingebauten Freisprecheinrichtungen bei Anschaffung eines neuen Mobiltelefons ganz oder teilweise ersetzt werden mussten. Der Grund hierfür liegt nicht nur in der unterschiedlichen Bauform, die eine andere Aufnahme benötigt, sondern auch in den unterschiedlichen Protokollen die über die serielle Schnittstelle übertragen werden. Diese Protokolle variieren von Hersteller zu Hersteller.

Bild 8.5-27 zeigt die Vernetzung des Mobiltelefons mit dem Fahrzeug über den drahtlosen Bluetooth Standard. Bluetooth bietet hier im Fahrzeug erstmalig die Möglichkeit, die kurzlebige Kommunikations- und Unterhaltungselektronik (insbesondere Mobiltelefone) an die wesentlich längere Lebenszeit eines Fahrzeugs anzupassen. Bei dieser Lösung ist zur reinen Datenübertragung kein Mobiltelefonadapter notwendig. Ausnahme: Der Akku des Mobiltelefons soll im Fahrzeug geladen werden.

Im Gegensatz zu der seriellen Schnittstelle an Mobiltelefonen handelt es sich bei Bluetooth um einen Standard, der bei allen mit dieser Technologie ausgestatteten Mobiltelefonen in gleicher Weise implementiert ist. In der Praxis bedeutet das u.a., dass mehrere Nutzer eines Fahrzeuges mit Mobiltelefonen unterschiedlicher Hersteller eine Verbindung zu dem Fahrzeug aufbauen können. Bluetooth bietet darüber hinaus die Möglichkeit mit Geräten wie z.B. PDA's zu kommunizieren.

Im Gegensatz zur seriellen Schnittstelle ist jedoch bei Verwendung von Bluetooth der Datenzugriff z.B. beim Mobiltelefon durch die dort in der Software implementierten Bluetooth Profile beschränkt (siehe Kapitel 8.5.4.1.4).

Literatur

[1] *DeVries, P., Chrysochoos, M., Kumthekar, S.*: The Mobile Wireless Ether – Finding Its Way Into The Automobile, SAE 2002-21-0046

[2] *Lüke, H. D.*: Signalübertragung, Springer-Verlag, ISBN: 3-540-52177-1

[3] *Layer, D.*: Digital Radio Takes to the Road, http://www.spectrum.ieee.org/WEBONLY/publicfeature/jul01/dig.html

[4] Bluetooth SIG, Components of Bluetooth Specifications Version 1.1, Part A, Radio Specification

[5] Bluetooth SIG, Components of Bluetooth Specifications Version 1.1, Part B, Baseband Specification

[6] *Schulze, M.*: Konvergenz zwischen Telematik und Multimedia, Euroforum Konferenz, Elektroniksysteme im Automobil, 31. 01. 2005 – 03. 02. 2005, München

[7] *Susen, A.*: Spracherkennung, Vde-Verlag, Februar 1999, ISBN: 3800723239

[8] *Kreye, M.*: Entlastung des Fahrers und Verbesserung des HMI durch den Einsatz von Spracherkennung und Bluetooth Technologie, VDI-Verlag, Elektronik im Kraftfahrzeug Tagung 2003

8.5.4.4 Fahrzeugantennen

Während noch vor wenigen Jahrzehnten Fahrzeuge nur zur Versorgung des Radios mit einer Antenne ausgestattet wurden, hat heutzutage die Anzahl der Dienste, die im Fahrzeug empfangen werden, stark zugenommen. **Tabelle 8.5-3** zeigt eine Aufstellung der in modernen Fahrzeugen vorhandenen Dienste mit ihren Frequenzen.

Die Aufgabe aller Antennen besteht darin, die Energie aus dem elektromagnetischen Feld einer Freiraumwelle in das elektromagnetische Feld einer Leitungswelle zu überführen, d.h., die Feldwellenimpedanz des freien Raums von $Z_{\text{Freiraum}} = 120\,\pi\,\Omega \approx 377\,\Omega$ [1] auf die Impedanz der im Fahrzeug verlegten Leitung – typ. 50 Ω, selten 75 Ω – zu transformieren. Eine wichtige Kenngröße von Antennen für den Einsatz im Fahrzeug ist daher die Fußpunktimpedanz, eine weitere das Richtdiagramm, das die Strahlungsleistung S_r einer Antenne in Abhängigkeit der Raumwinkel angibt.

Bild 8.5-28 zeigt links das Richtdiagramm eines vertikal ausgerichteten Hertzschen Dipols [1, 2] der Länge h, der von einem konstanten Strom I_0 durchflossen wird, in logarithmischer Darstellung in der Ebene senkrecht zur Dipolachse, rechts in der Ebene parallel zur Dipolachse. Der Dipol und seine Ausrichtung im Raum wird durch den Pfeil gekennzeichnet. Ein Hertzscher Dipol besteht aus einem sehr kurzen, sehr dünnen elektrischen Leiter und soll hier stellver-

Tabelle 8.5-3 Im Fahrzeug empfangbare Dienste und ihre Frequenzen.

Dienst	Frequenzbereich
Langwelle	153 ... 279 kHz
Mittelwelle	531 ... 1.611 kHz
DRM (Digital Radio Mondiale)	unterhalb 30 MHz
Ultrakurzwelle	87,5 ... 108 MHz (76 ... 90 MHz in Japan)
Fernsehen, analog oder digital (DVB-T: Digital Video Broadcast – terrestrial)	48 ... 68 MHz (Band I) 90 … 108 MHz (nur Japan) 174 ... 230 MHz (Band III) 470 ... 850 MHz (Band IV/V)
DAB (Digital Audio Broadcast): digitaler Radioempfang in Europa	174 ... 240 MHz (Band III) 1.452 ... 1.491 MHz (L-Band)
Funkfernbedienungen für Zentralverriegelung, Standheizung und/oder heimisches Garagentor Aktive Sensoren zur Reifenfülldrucküberwachung	315 MHz in Nordamerika 433 MHz in Europa oder 868 MHz, je nach OEM
Telefon	880 ... 960 MHz (GSM900) 824 ... 894 MHz (AMPS USA) 810 ... 956 MHz (PDC Japan) 1.710 ... 1.880 MHz (GSM1800) 1.850 ... 1.990 MHz (PCS USA/Japan) 1.920 ... 2.170 MHz (UMTS)
GPS (Global Positioning System)	1.575,42 MHz
SDARS (Satellite Digital Audio Radio Services): digitales Satellitenradio in Nordamerika	2.320 ... 2.345 MHz
DSRC (Digital Short Range Communication), z.B. ETC (Electronic Toll Collect): elektronische Mauterfassung	5,8 GHz

tretend für kurze lineare Antennen, wie sie als Kotflügel- oder Dachstabantennen häufig für Rundfunkempfang eingesetzt werden, betrachtet werden. Sein Richtdiagramm in der horizontalen Ebene (links) über dem Azimutwinkel ist kreisrund, d.h., der Dipol empfängt aus allen Richtungen gleich gut. In der vertikalen Ebene im Bild rechts zeigt sich in der Längsrichtung des Dipols eine Nullstelle, d.h., aus dieser Richtung ist mit einer solchen Antenne kein Empfang möglich. Da die Ausrichtung eines Automobils zu einem zu empfangenen Sender im Alltagsbetrieb rein zufällig ist, ist für praktisch alle Fahrzeugantennen ein kreisrundes Richtdiagramm in der horizontalen Ebene notwendig. Prinzipiell eignen sich

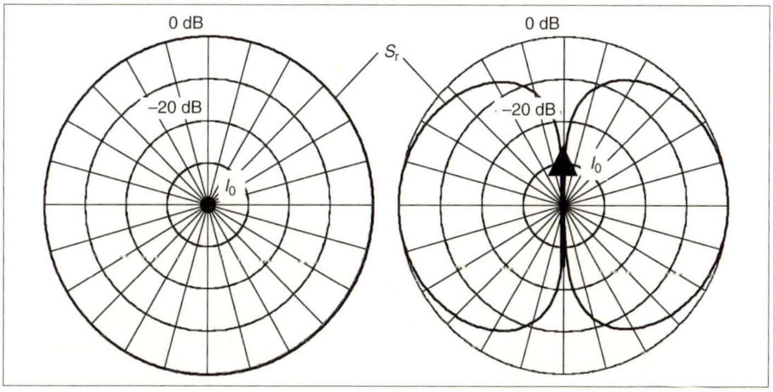

Bild 8.5-28 Richtdiagramm eines Hertzschen Dipols

daher Dipolantennen bzw. kurze lineare Antennen oder auch $\lambda/4$-Dipole über leitenden Ebenen besonders gut für Anwendungen im Automobil.
Eine weitere wichtige Anforderung an Fahrzeugantennen liegt in der Breitbandigkeit. So lautet z. B. die Fußpunktimpedanz R_s einer kurzen linearen Antenne mit $h \ll \lambda$ [1] im Freiraum

$$R_s = \frac{2}{3} Z_{\text{Freiraum}} \pi \left(\frac{h}{\lambda} \right)^2 = \frac{2}{3} Z_{\text{Freiraum}} \pi \left(\frac{hf}{c} \right)^2 \quad (1)$$

mit der Wellenlänge λ, der Ausbreitungsgeschwindigkeit c und der Frequenz f. R_s hängt quadratisch von der Frequenz f ab und ist damit nicht breitbandig, sondern nur für eine einzige Frequenz an das o.g. 50-Ω-Niveau des Fahrzeugbordnetzes anpassbar. Durch einen nachgeschalteten breitbandigen Verstärker kann die Bandbreite der Antenne in engen Grenzen erhöht werden. Solche Antennenverstärker werden in direkter Nähe zur Antennenstruktur, z.B. bei Stabantennen im Antennenfuß, verbaut. Die Spannungsversorgung der Verstärker erfolgt über eine separat verlegte Leitung oder aber über den Innenleiter der Antennenleitung vom Empfänger aus (sog. Phantomspeisung). Gleichung (1) verdeutlicht insbesondere die Notwendigkeit, für jeden Dienst nach **Tabelle 8.5-3** eine eigene Antenne ins Fahrzeug zu integrieren. So ist es nicht möglich, über eine einzige Antenne alle Dienste bei den verschiedensten Frequenzen zu empfangen.
Viele Störungen insbesondere im UKW- und TV-Empfang werden durch Mehrwegeausbreitung verursacht. Von der Fahrzeugantenne werden neben dem direkten Empfangspfad vom Sender zum Empfänger auch Reflektionen beispielsweise an Gebäuden, Bergen oder Bäumen empfangen, die sich dem Signal des direkten Pfades überlagern. Falls die zeitliche Verzögerung des „Umwegs" gegenüber dem direkten Pfad gerade einer halben Wellenlänge bei der Nutzfrequenz entsprechen, interferieren die verschiedenen Pfade destruktiv und die Empfangsfeldstärke bricht ein. Diese Punkte minimaler Feldstärke sind örtlich sehr stark begrenzt. Durch Verwendung mehrerer voneinander unabhängiger Antennen im Fahrzeug lässt sich die Qualität des Empfangssignals insbesondere in stark gestörten Umgebungen verbessern [3], da sich mit hoher Wahrscheinlichkeit mindestens eine Antenne außerhalb solch einer Mehrwegestörung befindet.
Dieses sog. Antennendiversity, das vorwiegend bei UKW-Rundfunk- und Fernsehempfang zum Einsatz kommt, lässt sich durch einen Schalter realisieren, der, sobald die Qualität des Empfangssignals unter eine definierte Grenze sinkt, eine andere Antenne zum Empfänger durchschaltet. Dabei sind Zeitkonstanten von 25 µs für die Erkennung der Störung und die Umschaltung der Antenne einzuhalten [3], um zu verhindern, dass die Mehrwegestörung im Audiosignal hörbar bzw. im Bildsignal sichtbar wird. Sinkt die Signalqualität erneut unter die definierte Grenze, wird auf die nächste Antenne umgeschaltet usw. Prinzipiell ist die Anzahl der Antennen bei diesem System nicht beschränkt, praktisch werden jedoch nicht mehr als vier Antennen im Fahrzeug integriert. Seit einigen Jahren kommen vermehrt sog. Phasendiversity-Systeme, z.B. [4], insbesondere bei UKW-Rundfunk zum Einsatz. Diese zunächst auf zwei Antennen beschränkten Systeme stellen jeder Antenne einen eigenen Empfänger zur Verfügung. Ein Signalprozessor verknüpft digital die Empfangssignale beider Empfänger und kann so das Signal-zu-Rausch-Verhältnis des resultierenden Signals auch außerhalb von Mehrwegeempfangsstörungen um bis zu 3 dB im Vergleich zur Einzelantenne steigern. Neuere digitale Rundfunksysteme wie DAB oder DVB-T sind durch die speziellen Vorteile ihres digitalen Modulationsverfahrens COFDM (Coded Orthogonal Frequency Division Multiplexing) [5] unempfindlich gegen Störungen durch Mehrwegeempfang.
Neben den bereits erwähnten Stabantennen kommen für Radio-, Fernseh- und die Funkfernbedienungsanwendungen im Fahrzeug häufig integrierte Antennen zum Einsatz. Diese bieten den Vorteil, dass das Fahrzeugdesign nicht durch sichtbare Anbauteile eingeschränkt wird, und einen Schutz vor Vandalismus sowie einen Komfortgewinn z.B. in Waschanlagen oder Garagen mit niedriger Raumhöhe, da das Abmontieren eines Antennenstabes entfällt. Metallische Strukturen, die in dielektrische Teile der Karosserie integriert werden, dienen als passive Strahlerelemente. Als Dielektrikum wird vorwiegend Glas verwendet. Somit bieten sich alle nicht versenkbaren Scheiben als Träger für Antennenstrukturen an, die z.B. durch Silberdruck aufgebracht werden. Häufig verwendete Scheiben sind – falls vorhanden – Seitenscheiben im Bereich des Kofferraums oder auch die Windschutz- oder die Heckscheibe. In der Heckscheibe kann eine eigene Struktur als optische Erweiterung des Heizfeldes der Heckscheibenheizung oder aber das Heizfeld selbst sehr unauffällig als Antenne verwendet werden.
Bild 8.5-29 zeigt das Heizfeld in einer geöffneten Heckklappe eines Kompaktklassefahrzeugs mit integrierter Antennenstruktur für Rundfunk und Fernsehen. Bei dieser Lösung deuten nur die senkrechten Leiter (s. Ellipsen) im Heizfeld, die zur Abstimmung der Antenne eingefügt wurden, darauf hin, dass hier Antennen in das Fahrzeug integriert worden sind. In der Maximalausstattung befinden sich je zwei Antennen für UKW und Fernsehen in der Heckscheibe. Zusätzlich befinden sich die o.g. Verstärker zur Verstärkung der empfangenen Signale und zur breitbandigen Anpassung der Impedanz an das Fahrzeugbordnetz nicht sichtbar hinter den Verkleidungsele-

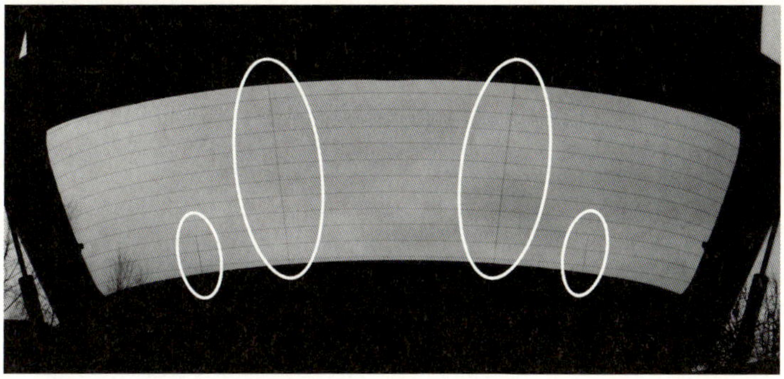

Bild 8.5-29 Blick auf die geöffnete Heckklappe eines Kompaktklassefahrzeugs mit integrierter AM/FM/TV-Antennenstruktur

menten der Heckklappe. Wird wie in **Bild 8.5-29** das Heizfeld selbst als Antennenstruktur verwendet, ist für einen einwandfreien Empfang durch geeignete elektrische Filter sicherzustellen, dass die empfangenen, hochfrequenten Ströme auf dem Heizfeld nicht über die Spannungsversorgung des Heizfeldes gegen die Fahrzeugmasse kurzgeschlossen werden, sondern in die Antennenleitung zum Empfänger eingekoppelt werden können.

Weitere mögliche Einbauorte für integrierte Antennen sind – falls im Fahrzeug vorhanden – Kunststoffkarosserieteile oder beispielsweise Kunststoffspoiler. Diese Integration kann z.B. durch Einclipsen von Drähten, die als Antennenstrukturen fungieren, erfolgen oder auch durch Verbau von Kunststofffolien, die mit Antennenstrukturen bedruckt sind.

Für Telefonanwendungen haben sich kurze lineare Antennen in verschiedensten Ausführungsformen und Designs oder gedruckte Strukturen auf stehenden Platinen in passiven Dachantennen durchgesetzt. Unter schwarz gefärbten Randbereichen von flach stehenden Scheiben, vorzugsweise Windschutz- oder Heckscheiben lassen sich Schlitzstrahler nicht sichtbar integrieren. Weitere Bauräume für integrierte Telefonantennen bieten ggf. vorhandene Kunststoffkarosserieteile. Da die zur Verfügung stehenden Bauräume durch die Karosserie und das Fahrzeugdesign in ihren Abmessungen vorgegeben sind, können hier sog. Faltdipole [6] in verschiedensten fahrzeugmodellspezifischen Ausführungsformen zum Einsatz kommen.

Während Rundfunk- und Telefonantennen vorwiegend auf Empfang in der horizontalen Ebene hin optimiert werden, wird von Empfangsantennen für die satellitenbasierten Systeme GPS und SDARS eine nahezu halbkugelförmige Richtcharakteristik gefordert. An jedem Ort der Welt sind immer mindestens 4 GPS-Satelliten empfangbar. Diese können relativ zum Fahrzeug unter beliebigen Azimut- und Elevationswinkeln am Himmel positioniert sein. Dahingegen lassen sich für den Empfang der Satellitensignale der beiden SDARS Betreiber XM Satellite Radio und Sirius Satellite Radio aufgrund der Satellitenbahnen und des auf die USA und Kanada begrenzten Empfangsgebiets Vorzugselevationswinkel zwischen 50 und 70 Grad gegen den Horizont angeben. Dennoch kann abhängig von der Fahrzeugausrichtung, dem Fahrzeugneigungswinkel und der jeweils aktuellen Satellitenposition auch Empfang aus allen anderen Elevationswinkeln notwendig sein. Hinzu kommt, dass insbesondere in urbanen Gebieten, wo durch bauliche Gegebenheiten die Wahrscheinlichkeit einer Abschattung der Satellitensignale sehr hoch ist, zusätzliche terrestrische Antennen zur Verbreitung des Programms eingesetzt werden. Die Signale dieser terrestrischen Antennen werden unter einem sehr kleinen Elevationswinkel von unter 10° zum Horizont empfangen. Solche nahezu halbkugelförmigen Richtdiagramme lassen sich mit Mikrostreifenantennen, sog. Patch-Antennen [1], realisieren.

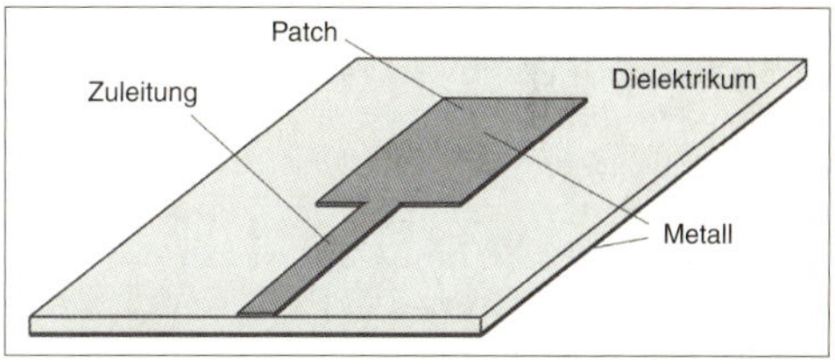

Bild 8.5-30 Schematische Darstellung einer Patch-Antenne

Bild 8.5-30 zeigt die schematische Darstellung einer Patch-Antenne. Eine durch seine Abmessungen auf die Arbeitsfrequenz abgestimmte metallische Fläche („Patch“) ist auf ein auf der Rückseite ebenfalls metallisiertes Dielektrikum, z.B. eine Keramik oder ein Platinenmaterial, aufgebracht. Die Kantenlänge des Patches entspricht in etwa einer halben Wellenlänge bei der Arbeitsfrequenz. Als Empfangsantenne verwendet ist es in der Lage, Signale aus nahezu allen Raumwinkeln oberhalb der Ebene des Dielektrikums zu empfangen. Das Patch wird z.B. über eine ebenfalls auf das Dielektrikum aufgebrachte Zuleitung wie im Bild oder über eine rückseitig angeschlossene Koaxialleitung kontaktiert. Antennen dieser Art werden meist in Dachantennen, vereinzelt auch unter Kunststoff oder Glas integriert. Durch die hohe Dämpfung auf der langen Übertragungsstrecke vom Satelliten zur Empfangsantenne sind die Empfangsfeldstärken an den Satellitenantennen sehr gering. Deshalb ist es notwendig, das Empfangssignal direkt an der Empfangsantenne mit sehr rauscharmen Vorverstärkern mit Rauschzahlen im Bereich von 0,5 bis 1,5 dB und hohen Verstärkungen von ca. 22 bis 30 dB zu verstärken, bevor es dem Empfänger zugeführt wird.

Literatur

[1] *Bächtold, W.*: Mikrowellentechnik. Wiesbaden: Vieweg Verlag, 1999

[2] *Pozar, D. M.*: Microwave and RF Design of Wireless Systems, John Wiley & Sons, Inc., ISBN 0-471-32282-2

[3] *Lindenmeier, H. K.; Reiter, L. M.; Hopf, J. F.; Schwab, A. J.*: Multiple FM window antenna system for scanning diversity with an integrated processor. 40th IEEE VTC, S. 1 – 6, Mai 1990.

[4] http://www.blaupunkt.com/de/technology_1.asp

[5] *Scott, J. H.*: The how and why of COFDM, EBU Technical Review, Winter 1998.

[6] *Meinke, H., Gundlach, F. W.*: Taschenbuch der Hochfrequenztechnik. Berlin/Heidelberg: Springer-Verlag, 1992

8.5.5 Fahrerassistenzsysteme

Bereits Ende der 1980er Jahre wurden im europäischen Forschungsprogramm PROMETHEUS (PROgraMme for a European Traffic with Highest Efficiency and Unlimited Safety) die Visionen für einen Straßenverkehr mit höchster Effizienz und mit höchstem Sicherheitsniveau entwickelt [1]. Allerdings waren damals die notwendigen Komponenten (wie z.B. Sensoren zur Umfelderfassung und kompakte Hochleistungsrechner) und Systeme nicht verfügbar. Heute sind sie da und rücken die Vision vom „sensitiven Fahrzeug", das sein Umfeld erfasst und aus der Lage und der Relativgeschwindigkeit von Objekten zum eigenen Fahrzeug Warnungen und Fahrzeugeingriffe zur Vermeidung von Unfällen ableitet, immer näher. Ultraschall-Einparkhilfesysteme erfreuen sich zunehmender Kundenakzeptanz. ACC (Adaptive Cruise Control) – Systeme sind in der Hochlaufphase und Systeme zur Nachtsichtverbesserung erfreuen sich bereits kurz nach ihrer Serieneinführung hoher Akzeptanz am Markt. Weitere Sensoren und Systeme befinden sich in einem raschen Entwicklungsprozess. Auf ihrer Basis werden neue Funktionen mit hoher Relevanz für Sicherheit und Komfort entwickelt.

Die Wirkung aktueller aktiver und passiver Sicherheitssysteme kann weiter verbessert werden, wenn zuverlässige Informationen über die Umgebung des Fahrzeugs einbezogen werden. Denn je früher die Systeme einen möglichen Autounfall erkennen, desto wirkungsvoller können sie ihre Aufgabe erfüllen. Durch frühzeitige Warnung des Fahrers kann eine Vorverlegung der Fahrerreaktion herbeigeführt werden. Bei „aktiven" Fahrerassistenzsystemen, bei denen vom Rechner in die Fahrzeugdynamik eingegriffen wird, erfolgt eine schnellere Fahrzeugreaktion als dies mit der normalen Reaktion des Fahrers auf einen erkannten Gefahrenzustand möglich wäre.

8.5.5.1 Unfallursachen und Fahrerassistenzsysteme zu ihrer Vermeidung

1998 wurden in der Triade (Europa, USA und Japan) im Straßenverkehr mehr als 93000 Personen getötet, was zu einem volkswirtschaftlichen Schaden von mehr als 400 Milliarden Euro führte. Allein in Europa beträgt er etwa 160 Milliarden EUR pro Jahr. Die EU-Kommission hat es sich daher zum Ziel gesetzt, die Zahl der Verkehrstoten in Europa drastisch zu senken. Hierzu hat sie in 2001 das eSafety-Programm gestartet, das in der EU 15 zu einer Halbierung der Verkehrstoten auf etwa 21000 bis zum Jahre 2010 führen soll.

Der zunehmend hohe Standard an passiver Sicherheit in unseren Fahrzeugen hat in der Vergangenheit trotz etwa gleich bleibender Zahl an Unfällen zu einem kontinuierlichen Absinken der Zahl der Verkehrstoten geführt. Airbag oder Gurtstraffer tragen neuerdings wesentlich zur weiteren Erhöhung der passiven Sicherheit in modernen Fahrzeugen bei. Während diese Systeme Unfallfolgen mindern können, helfen aktive Sicherheitssysteme, wie ABS, das Elektronische Stabilitäts-Programm ESP und der hydraulische Bremsassistent HBA dem Fahrer in kritischen Situationen, einen Unfall zu vermeiden.

Dennoch wird allein mit den genannten Systemen das Ziel der EU nicht erreicht werden können. Entscheidend bei der Entwicklung zukünftiger aktiver und passiver Fahrerassistenzsysteme ist die Fähigkeit des Fahrzeugs, seine Umgebung wahrzunehmen und zu interpretieren, gefährliche Situationen vorausschauend zu erkennen und den Fahrer bei seinen Fahrmanövern bestmöglich zu unterstützen.

In kritischen Fahrsituationen entscheiden häufig lediglich Bruchteile von Sekunden, ob es zu einem Unfall kommt oder nicht. So haben frühere Studien von Enke [2] ergeben, dass rund 65 Prozent der Auffahrunfälle, fast ein Drittel der Frontalzusammenstöße und die Hälfte der Kreuzungsunfälle gar nicht passieren würden, wenn der Fahrer nur eine halbe Sekunde früher reagieren könnte.

Um Schwerpunkte bei der Entwicklung solcher Systeme setzen zu können, die das höchste Unfallvermeidungspotenzial besitzen, empfiehlt es sich, einen Blick auf die Unfallstatistiken zu werfen, s. **Bild 8.5-31**.

Nach dieser Statistik der BASt (Bundesanstalt für Straßenwesen) aus dem Jahre 2004 sind etwa 30 % aller Unfälle auf Frontalzusammenstöße und Auffahren zurückzuführen. Weitere 25 % werden durch

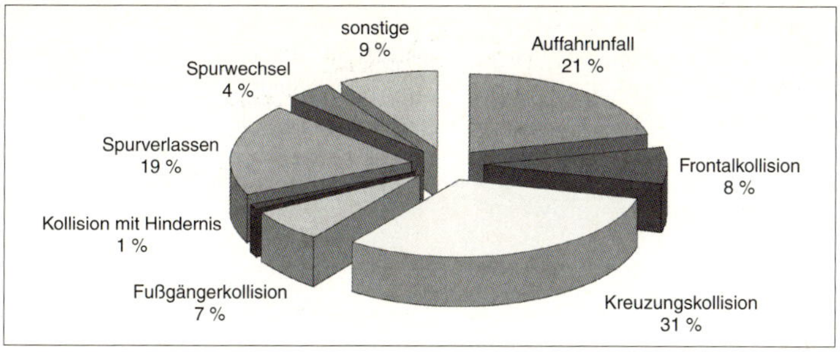

Bild 8.5-31 Unfälle in Deutschland innerhalb und außerhalb geschlossener Ortschaften

Spurwechsel und durch unbeabsichtigtes Verlassen der Fahrspur verursacht. Bei den restlichen handelt es sich um relativ komplexe Unfallhergänge wie Kreuzungsunfälle und Kollisionen mit Fußgängern.

8.5.5.2 Fahrerassistenz

Was versteht man unter Fahrerassistenz? Fahrerassistenzsysteme sollen den Fahrer in allen Verkehrssituationen unterstützen und ihm ein entspanntes, stress- und unfallfreies Fahren ermöglichen. Der Begriff wird vielfach genutzt. Je nach Anwendung ist zu unterscheiden zwischen:

- Fahrerinformationssystemen; Beispiele: Navigation, Verkehrszustandsmeldungen (TMC = Traffic Message Channel, DAB = Digital Audio Broadcast, das Mobilfunknetz GSM)
- Fahrzeugkommunikationssystemen; Beispiele: Systeme zur Fahrzeug-Fahrzeug-Kommunikation und zur Kommunikation zwischen Fahrzeugen und Infrastruktureinrichtungen
- Fahrerassistenzsystemen zur Fahrzeugstabilisierung; Beispiele: ABS (Antiblockiersystem), ESP (Elektronisches Stabilisierungs-Programm), ASR (Automatische Schlupfregelung) u.a.
- Prädiktiven Fahrerassistenzsystemen, die mit Hilfe von Rundumsichtsensoren die Fahrzeugumgebung abtasten; Beispiele: Einparkhilfe, ACC (Adaptive Cruise Control)
- Systemen zur Erkennung des Fahrerzustands zur adaptiven Gestaltung von Warnungen und Fahrzeugeingriffen.

Schon während des eingangs erwähnten PROMETHEUS-Projekts wurde eine Struktur zur Fahrerassistenz entwickelt, s. **Bild 8.5-32** [1].

Je nach Situation erhält der Fahrer aus den Informationen dieser Systeme erzeugte, situationsgerechte Warnungen über den optischen, den akustischen und den haptischen Sinneskanal. Situationsgerechte Fahrzeugeingriffe durch ein Fahrerassistenzsystem müssen für den Fahrer jederzeit transparent und nachvollziehbar sein, damit er nicht erschrickt und möglicherweise falsch reagiert. Die Bedienung von Assistenzsystemen sollte weitestgehend intuitiv und ohne lange Blickabwendungen möglich sein.

Durch die ständige Zunahme von Assistenzsystemen im Fahrzeug kommt der Ausgestaltung des HMI (Human Machine Interface bzw. Human Machine Interaction) hohe Bedeutung zu.

8.5.5.3 Fahrzeugkommunikationssysteme

Die rasche Verbreitung von Funksystemen im Heim- und Bürobereich (WLAN = Wireless LAN) macht

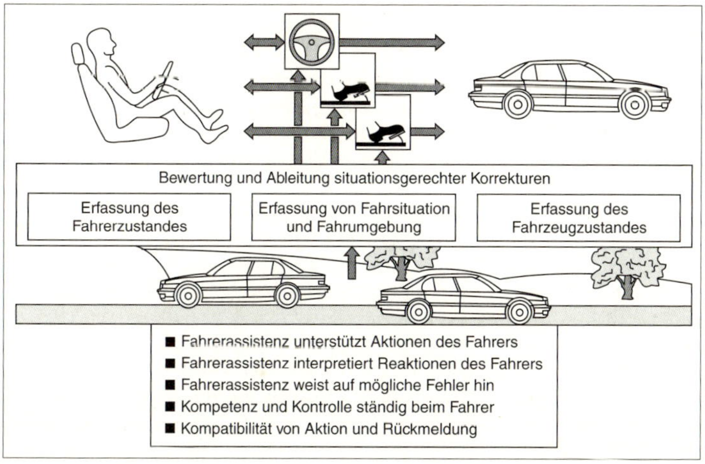

Bild 8.5-32 Konzept der Fahrerassistenz [1]

solche Systeme auch für die Fahrzeugapplikation interessant. Anwendungen liegen im Bereich der Fahrzeug-Fahrzeug-Kommunikation (C2CC = Car to Car Communication) und der Kommunikation zwischen Fahrzeugen und Infrastruktureinrichtungen (C2IC). Im Bereich der Fahrerassistenzsysteme sind neben dem Unterhaltungsbereich vor allem Sicherheitsanwendungen von hohem Interesse. Die C2CC-Anwendungen liegen im Bereich der Übermittlung von akuten Warnungen bei Unfällen und Staumeldungen. Im C2IC-Bereich wird an Kommunikation mit Ampeln, Verkehrsschildern oder Schranken gedacht, aber auch der Download von aktuellen Verkehrsinformationen ist vorgesehen [4].

Hierzu werden zwischen den Fahrzeugen und den Infrastruktureinrichtungen hochdynamische ad hoc-Netzwerke aufgebaut. Voraussetzung für die Schaffung eines solchen Systems ist zunächst ein Standard für die Kommunikation. Bisher ist lediglich das 5 GHz-Frequenzband festgelegt, ein Standard für die Datenübertragung wird gegenwärtig in einem Konsortium erarbeitet, dem die großen deutschen Automobilhersteller angehören. Ständige Verfügbarkeit des Netzes und die Sicherheit gegen das Eindringen von Hackern ist von großer Bedeutung.

8.5.5.4 Fahrerassistenzsysteme zur Fahrzeugstabilisierung

Ende 2001 wurde eine Erhebung des Statistischen Bundesamtes [3] veröffentlicht, aus der hervorgeht, dass die Häufigkeit für Schleuderunfälle bei Fahrzeugen, die mit dem Elektronischen Stabilitäts-Programm (ESP) ausgerüstet sind, signifikant gesunken ist. Diese, bisher einmalige Einführung eines Fahrerassistenzsystems zu einem definierten Zeitpunkt, erlaubte eine klare statistische Zuordnung und bestätigte damit die These, dass Fahrerassistenzsysteme ein hohes Unfallvermeidungspotenzial besitzen.

Zusätzliche Verbesserung wird von Systemen wie PRE-SAFE erwartet. Es verknüpft aktive und passive Sicherheit, indem es kritische Situationen mit erhöhtem Unfallrisiko durch Kombination der Sensorsignale des ESP und des Brake Assist-Systems (BAS) berücksichtigt. PRE-SAFE löst präventive Sicherheitsmaßnahmen am Fahrzeug aus, um die Fahrzeuginsassen bestmöglich auf einen eventuell bevorstehenden Unfall vorzubereiten, indem es reversible Rückhaltemittel (Gurtstraffer) aktiviert, die Lehnen der Sitze senkrecht stellt und das Schiebedach schließt (Kap. 6.5).

Ebenso wie das Eingreifen in die Fahrzeugdynamik beim ESP kann aber das Auslösen von Unfall vermeidenden Maßnahmen oder von Maßnahmen zur Milderung von Unfallfolgen immer erst dann erfolgen, wenn eine Fahrzeuggröße gerade außer Kontrolle geraten ist oder wenn ein Unfall gerade geschieht. Heute werden Airbags erst durch die Sensierung eines bereits eingetretenen Zusammenstoßes ausgelöst. Typische Reaktionszeiten des Systems liegen bei 5 ms. Trotz der extrem kurzen Zeit für die Auslösung Unfall mildernder Maßnahmen tragen Airbags signifikant zur Verminderung der Unfallschwere und von Unfallfolgen bei. Aber wegen dieses extrem kurzen verfügbaren Zeitintervalls ist das Potenzial heutiger Systeme begrenzt.

Dieses hohe Unfallvermeidungspotenzial ist in noch höherem Maße auf prädiktive Fahrerassistenzsysteme übertragbar, da diese vorausschauend auf eine gefährliche Situation reagieren können. Sie erweitern den Detektionshorizont des Fahrzeugs durch Einsatz von Umfeldsensoren. Damit können Objekte und Situationen im Umfeld des Fahrzeugs in die Berechnung von Unfall vermeidenden und Unfall mildernden Maßnahmen einbezogen werden.

8.5.5.5 Prädiktive Fahrerassistenzsysteme

Durch eine elektronische „Rundumsicht" lassen sich zahlreiche Fahrerassistenzsysteme realisieren. Heute sind die für solche Systeme notwendigen elektronischen Komponenten – hochempfindliche Sensoren und Hochleistungs-Mikrorechner – verfügbar oder mit realistischem Zeitplan in Entwicklung.

8.5.5.5.1 Sensoren für Fahrerassistenzsysteme

Für die Erkennung von Objekten im Fahrzeugumfeld ist eine Reihe von Sensoren erforderlich. Ultraschallsensoren befinden sich seit etwa 1993 für Einparkhilfen im Einsatz, Radarsensoren für den „Intelligenten Tempomaten" seit 1999/2000. Die Videotechnik hat als Nachtsichtassistent Ende 2005 in Fahrzeuge der Luxusklasse Einzug gehalten, zeitgleich mit Mikrobolometer-Sensoren zur Erfassung von Wärmebildern. Weitere, neue Sensoren befinden sich in Entwicklung. Mit all diesen Sensoren werden Objekte erfasst und ihre Position und Relativgeschwindigkeit zum eigenen Fahrzeug errechnet. Hieraus lassen sich Gefahrenzustände ermitteln. Die Detektionsbereiche sind in **Bild 8.5-33** dargestellt.

8.5.5.5.2 Ultranahbereichssensoren in Ultraschalltechnik

Heutige Einparkhilfen nutzen Ultranahbereichs-Sensoren in Ultraschalltechnik. Sie besitzen eine Reichweite von 2,5 Meter und mehr. Die Sensoren werden im Stoßfänger angebracht. Beim Annähern an ein Hindernis erhält der Fahrer eine akustische und/oder optische Anzeige.

Bild 8.5-34 zeigt einen Ultraschallsensor der 4. Generation mit unterschiedlichen Steckerabgängen. Die Ansteuerelektronik und die Signalauswertung sind im Sensor integriert [5, 6].

Baugleiche Sensoren mit noch höherer Reichweite zum Einsatz in Parkassistenzsystemen, die eine Parklücke ausmessen und dem Fahrer Hinweise zum optimalen Einparken geben, befinden sich kurz vor Serieneinführung. Bei Fahrzeugen mit elektrischer Servo-

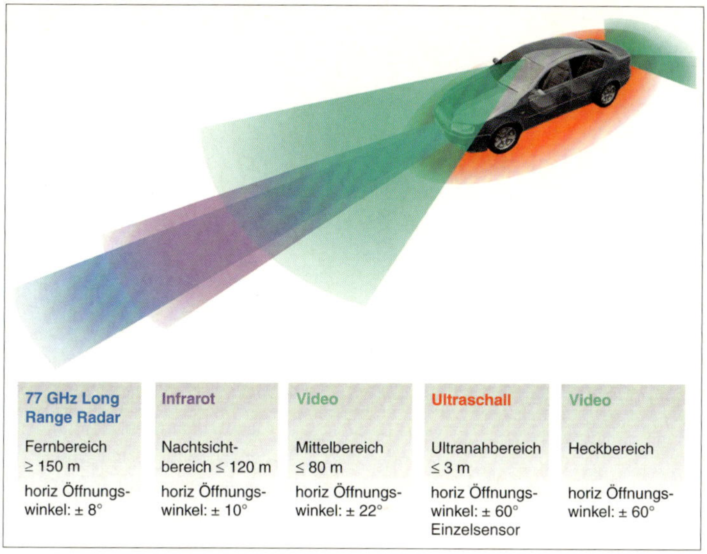

Bild 8.5-33 Erfassungsbereiche von Umfeldsensoren

Bild 8.5-34 Ultraschallsensor der 4. Generation

lenkung werden vermehrt halbautomatische Systeme zum Einsatz kommen, bei denen der Fahrer nur noch die Längsführung des Fahrzeugs übernehmen muss während die Lenkung vom Rechner betätigt wird.

8.5.5.5.3 Fernbereichsradar 77 GHz

Der mehrzielfähige Fernbereichs-Sensor mit einer Reichweite von bis zu 200 m basiert auf dem Radarprinzip. Der Begriff Radar steht für „Radio Detection and Ranging". **Bild 8.5-35** zeigt den Fernbereichs-Radarsensor der zweiten Generation (Serienanlauf 2004). Er zeichnet sich gegenüber der 1. Generation durch einen größeren Öffnungswinkel der Radarkeule sowie durch deutlich reduziertes Bauvolumen und Gewicht aus. Beim Bosch-Radar sind Hochfrequenzteil und Steuergerät in einem Gehäuse integriert. Über CAN greift es direkt auf Bremse und Motronic zu.

Eine schmale Radarkeule mit einem Öffnungswinkel von ±8° tastet den Raum vor dem Fahrzeug ab und ermittelt den Abstand sowie die Relativgeschwindigkeit zu vorausfahrenden Fahrzeugen. Das Steuergerät (obere Platine) ist im Sensorgehäuse integriert. Die Winkelinformation gewinnt der Radarsensor aus der Auswertung von vier Radarstrahlen, die von 4 Polyrods (s. untere Platine) emittiert werden. Die zur Vermeidung von Vereisung beheizbare Linse am Vorderteil des Sensors dient zur Bündelung der Radarstrahlen auf den Öffnungswinkel [5–8].

8.5.5.5.4 Fernbereichslidar

Lidarsensoren für ACC-Anwendung sind in Japan seit einigen Jahren im Einsatz, wenngleich mit gegenüber Radar reduziertem Leistungsvermögen. Lidar (Light Detection and Ranging) benutzt elektromagnetische Wellen im infraroten Wellenlängenbereich zwischen 800 und 1 000 nm. Lidarstrahlen werden durch Nebel und schlechte Sichtverhältnisse, vor allem Gischt, mitunter erheblich gedämpft, die Messreichweite wird dadurch entsprechend reduziert.

8.5.5.5.5 Nahbereichssensoren

Für den Nahbereich kommen neben Ultraschallsensoren mit erweitertem Entfernungsmessbereich (bis etwa 4,5 m) Short-Range-Radar-Sensoren auf Basis 24 GHz oder Lidar infrage. Sie können einen „virtuellen Sicherheitsgürtel" um das Fahrzeug bilden, die beiden letztgenannten mit einer Reichweite bis etwa 20 m.

Für das 24 GHz Ultra Wide Band (UWB) liegt seit Anfang 2005 eine EC-Richtlinie vor, die einen zeitlich begrenzten Einsatz bis Mitte 2013 regelt. In diesem Zeitraum darf zum Schutz der etablierten Dienste (Radioastronomie, Erderkundungs-Satelliten-Service) eine Penetrationsrate von 7 % je europäisches Land nicht überschritten werden. Die mögliche Nachfolgefrequenz (79 GHz UWB) wurde bereits 2004 in Europa ohne Einschränkungen freigegeben.

Bild 8.5-35 77 GHz-Radar der zweiten Generation mit integriertem Steuergerät

8.5.5.5.6 Video Sensor

Bild 8.5-36 zeigt eine automobiltaugliche Videokamera. Der Kamerakopf enthält den Bildaufnehmer-Chip (Imager) mit der Optik und einer Elektronik zur Ansteuerung der Kamera. Die Bildverarbeitung erfolgt in einem separaten Hochleistungsrechner.

Da die Helligkeit von Bildszenen im automotiven Umfeld nicht kontrollierbar ist, reicht der Dynamikbereich herkömmlicher Bildsensoren (CCD) nicht aus. Es werden daher hochdynamische Imager benötigt. CMOS-Technologie mit nichtlinearer Luminanzkonversion deckt heute einen sehr großen Helligkeits-Dynamikbereich (bis max. 150 dB) ab und ist damit für die typischen Automobilanwendungen herkömmlichen CCD-Sensoren weit überlegen.

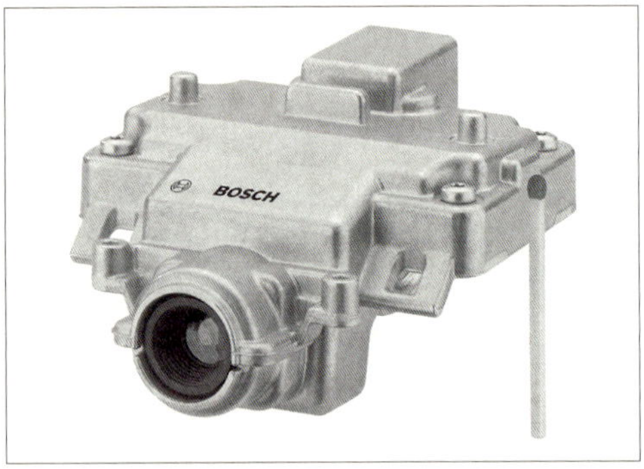

Bild 8.5-36 CMOS-Kamera für Automobilanwendungen

8.5.5.6 Fahrerassistenzsysteme für Komfort und Sicherheit

Auf Basis der beschriebenen Sensoren lässt sich eine Vielzahl von Fahrerassistenzsystemen realisieren.

8.5.5.6.1 Adaptive Cruise Control (ACC)

ACC in seiner heutigen Ausprägung misst den Abstand zum vorausfahrenden Fahrzeug und regelt den Sicherheitsabstand zum Vordermann. **Bild 8.5-37** zeigt die prinzipielle Funktion des ACC.

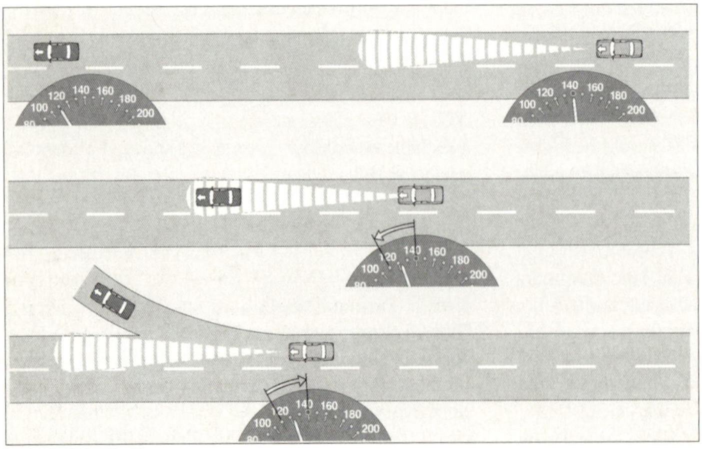

Bild 8.5-37 Funktionsweise des ACC-Systems

Bei freier Fahrbahn fährt das Fahrzeug mit der vorgewählten Geschwindigkeit (Tempomat-Modus, **Bild 8.5-37**, oben).

Bei Erfassung eines vorausfahrenden Fahrzeugs passt ACC die Fahrgeschwindigkeit automatisch an und folgt im festgelegten Sicherheitsabstand (**Bild 8.5-37**, Mitte). Die gesetzte Wunschgeschwindigkeit und der Sicherheitsabstand werden durch Eingriff in Gas und Bremse eingehalten. Bei zu hoher Annäherungsgeschwindigkeit wird der Fahrer gewarnt.

Verlässt das langsamer vorausfahrende Fahrzeug die eigene Spur (**Bild 8.5-37**, unten) so beschleunigt das eigene Fahrzeug wieder auf die zuvor eingestellte Wunschgeschwindigkeit.

Um Kurvenfahrten mit zu hoher Geschwindigkeit auszuschließen, werden zusätzlich die Signale der ESP-Sensorik einbezogen. ACC reduziert dann automatisch die Geschwindigkeit. Das ACC-System kann vom Fahrer jederzeit durch Betätigung des Gaspedals überstimmt oder durch ein kurzes Antippen des Bremspedals abgeschaltet werden [9].

ACC in der heutigen Ausprägung funktioniert bei Geschwindigkeiten oberhalb 30 km/h bis etwa 200 km/h. Die nächste Stufe der Funktionserweiterung wurde mit der Funktion ACCplus 2006 in Serie eingeführt. Diese Funktion erlaubt es, das Fahrzeug bis zum Stillstand abzubremsen. Antippen des Gaspedals genügt, um das System bei freier Fahrbahn wieder einzuschalten. In einem noch weiteren Entwicklungsschritt wird der Funktionsumfang, gegebenenfalls durch die Fusion von ACC mit einer Videosensorik, auf ACC FSR (Full Speed Range) erweitert. Nach dem Abbremsen des Fahrzeugs in den Stillstand wird das Fahrzeug innerhalb eines vorgegebenen Zeitintervalls selbständig wieder anfahren und damit dem Fahrer das lästige Stop-and-Go-Fahren im Kolonnenverkehr abnehmen.

8.5.5.6.2 Prädiktive Sicherheitssysteme (Predictive Safety Systems, PSS)

Das heutige ACC ist als Komfortfunktion ausgelegt, das den Fahrer bei seiner Arbeit entlastet. Seit 2005 wird ACC als Bestandteil des „Predictive Safety Systems" zum Sicherheitssystem erweitert.

Da in 68 % aller Auffahrunfälle Unachtsamkeit die Ursache für den Unfall ist, besitzt PSS ein hohes Unfallvermeidungspotenzial. In weiteren 11 % kommt zur Unaufmerksamkeit noch zu dichtes Auffahren hinzu, in 9 % aller Auffahrunfälle ist zu dichtes Auffahren die alleinige Ursache [11]. Diesem hohen Anteil an Auffahrunfällen kann durch prädiktive Fahrerassistenzsysteme zur Längsführung entgegengewirkt werden, den beiden letztgenannten bereits durch die normale ACC-Funktion.

Bild 8.5-38 zeigt eine Analyse des Bremsverhaltens bei Unfällen [12]. Eine echte Notbremsung erfolgt nur in 39 % aller Fahrzeug-Fahrzeug-Unfälle bzw. in 31 % der Unfälle, bei denen kein zweites Fahrzeug beteiligt war. In nahezu der Hälfte aller Kollisionen wird überhaupt nicht merklich gebremst (Bremsdruck <2 m/s^2), während bei den restlichen Unfällen zu zaghaft gebremst wird. Diese Analyse bestätigt, dass prädiktive Fahrerassistenzsysteme einen hohen Beitrag zur Unfallvermeidung und Unfallfolgenmilderung leisten können, wenn es gelingt, mit ihnen das Bremsverhalten des Fahrers zu unterstützen, zu beschleunigen oder durch einen Rechnereingriff vornehmen zu lassen.

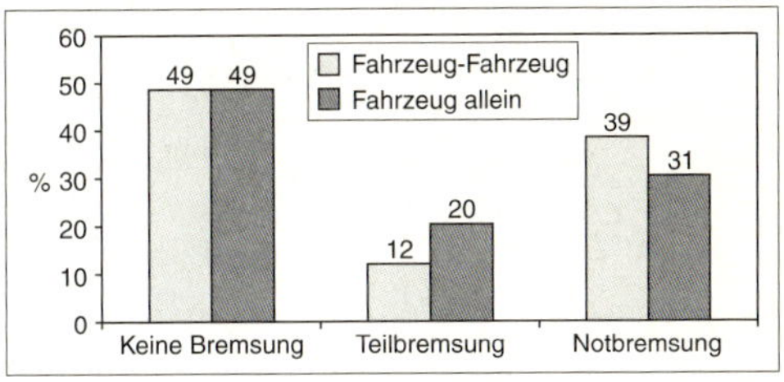

Bild 8.5-38 Bremsverhalten bei Unfällen

Für die Weiterentwicklung von prädiktiven Sicherheitssystemen ist ein schrittweises Vorgehen eingeschlagen worden:

- 1. Stufe: Unterstützung bei der optimalen Vollbremsung (Serieneinführung 2005)
  In der ersten Stufe bereitet das System die Bremsanlage auf eine mögliche Notbremsung vor. In unfallkritischen Situationen baut es dazu Bremsdruck auf, legt die Bremsbeläge unmerklich an die Scheiben an und passt den hydraulischen Bremsassistenten an. Der Fahrer gewinnt so wichtige Sekundenbruchteile bis die volle Bremswirkung eintritt. Macht er nun eine Notbremsung, erhält er die schnellstmögliche Bremsreaktion bei optimalen Verzögerungswerten und damit den kürzestmöglichen Anhalteweg. Kommt es zu einem Unfall, kann das System die Folgen mildern und dabei auch Leben retten.
  In ungefähr der Hälfte aller Kollisionen prallen die Fahrer ungebremst auf das Hindernis auf. Für diese Art von Unfällen werden die zwei Folgegenerationen des Predictive Safety Systems entwickelt.
- 2. Stufe: Warnung bei drohenden Auffahrunfällen
  Das Predictive Safety System der 2. Generation bereitet nicht nur die Bremsanlage vor, es warnt den Fahrer zudem rechtzeitig vor kritischen Verkehrssituationen und kann damit in vielen Fällen Unfälle verhindern. Dazu löst das System einen kurzen, starken Bremsruck aus. Wie Fahrerstudien gezeigt haben, lenkt eine solche kinästhetische Warnung die Aufmerksamkeit des Fahrers mit der kürzesten Reaktionszeit auf das Fahrgeschehen. Alternativ oder zusätzlich kann das System den Fahrer durch ein kurzes Anziehen der Sicherheitsgurte alarmieren. Durch diese Systemausprägung

lassen sich somit zusätzlich zu den Unfallsituationen, in denen die 1. Stufe wirkt, auch die, in **Bild 8.5-38** dargestellten Fälle adressieren, bei denen, hauptsächlich durch Unaufmerksamkeit bedingt, gar nicht oder mit minimaler Bremsverzögerung gebremst wird. Die Serieneinführung ist Ende 2006 erfolgt.

- 3. Stufe: Notbremsung bei unvermeidbaren Kollisionen
  Die dritte Ausbaustufe des Predictive Safety Systems wird nicht nur eine unvermeidbare Kollision mit einem vorausfahrenden Fahrzeug erkennen. Das System löst in diesem Fall eine automatische Notbremsung mit maximaler Fahrzeugverzögerung aus. Damit reduziert es insbesondere die Schwere eines Unfalls, wenn der Fahrer nicht oder nur unzureichend auf die vorausgegangenen Warnungen reagiert hat. Im Zuge der Serieneinführung solcher Systeme ist eine Tendenz zu zunehmenden Bremsdrücken zu beobachten. Die automatische Steuerung der Fahrzeugfunktion verlangt eine sehr hohe Sicherheit bei der Erkennung von Objekten und der Abschätzung des Unfallrisikos, beispielsweise durch Kombination mit Videosensoren zur Unterstützung der Radarsensorik [10]. Zudem ist es erforderlich, die rechtlichen Voraussetzungen für den Einsatz des Systems im öffentlichen Straßenverkehr zu schaffen.

8.5.5.6.3 Video Systeme

Die bereits angesprochene Videotechnik kommt zunächst bei informierenden (auch bildgebenden) Fahrerassistenzsystemen zum Einsatz. **Bild 8.5-39** zeigt den prinzipiellen Aufbau eines Videosystems. Die im Bild aufgelisteten Punkte zeigen beispielhaft auf, welche Informationen von einem Bildverarbeitungssystem extrahiert werden können.

Heutige Videosensoren sind bezüglich Auflösung, Empfindlichkeit und Helligkeitsdynamik noch weit von der Leistungsfähigkeit des menschlichen Sehapparates entfernt, aber moderne Methoden der Bildverarbeitung zusammen mit neu entwickelten hochdynamischen Bildsensoren zeigen ein enormes Potenzial dieser Sensorik auf. Die Videoplattform ist multifunktional ausgelegt, d.h. mit einer Kamera kann eine Vielzahl von warnenden und Fahrzeug eingreifenden Funktionen realisiert werden [10].

Die extrahierten Bildmerkmale können in Form von Objektlisten über einen Datenbus anderen Komponenten im Fahrzeug zur Verfügung gestellt werden. Im gezeichneten Beispiel wird die vom Bildverarbeitungsrechner erkannte und als solches interpretierte Geschwindigkeitsbeschränkung vom Kombiinstrument übernommen und als Symbol im Graphikdisplay des Instruments angezeigt. Beachtet der Fahrer die Geschwindigkeitsbegrenzung nicht, so kann ihn das System zusätzlich akustisch oder haptisch, beispielsweise durch Erschweren der Gaspedalbetätigung, warnen.

Auf Basis dieser Komponenten und Informationen sind warnende und Fahrzeug eingreifende Funktionen möglich. Die Frontkamera kann Funktionen wie z.B. Spurerkennung mit Spurverlassenswarnung oder die erwähnte Verkehrszeichenerkennung erschließen. Daneben kann sie, wie oben beschrieben, als Unterstützung des ACC-Sensors dienen, um neben der Entfernungsmessung eine Objekterkennung und -klassifikation durchzuführen. Besondere Bedeutung kommt

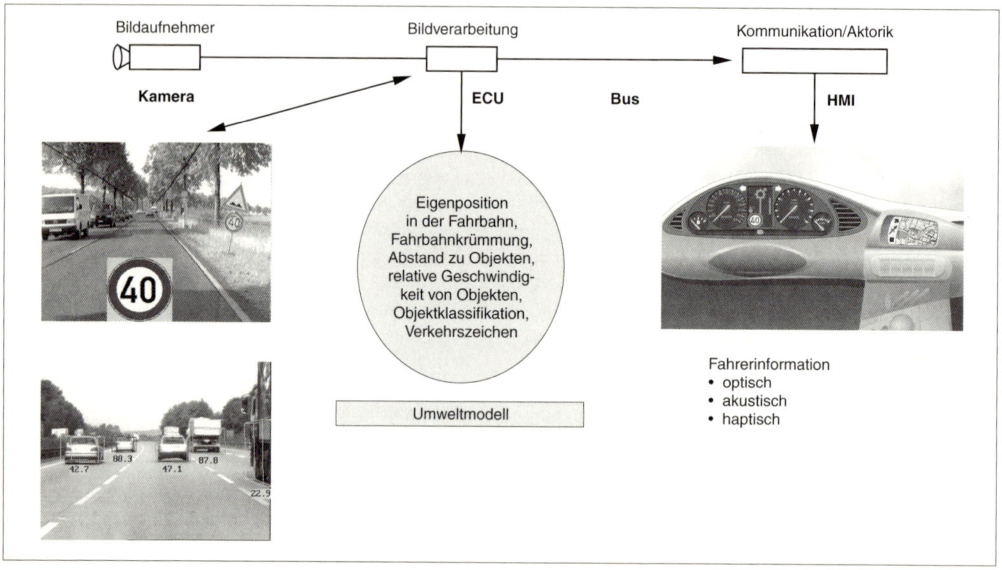

Bild 8.5-39 Prinzip eines Videosensors mit Funktionsbeispielen

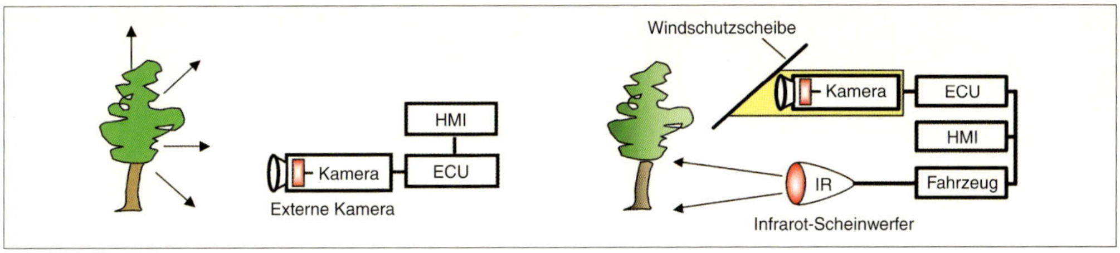

Bild 8.5-40 Ferninfrarotsystem (links) und Nahinfrarotsystem (rechts)

in der Einführungsphase einer Funktion zur Verbesserung der Nachtsicht zu, die hohes Unfallvermeidungspotenzial besitzt.

8.5.5.6.4 Nachtsichtsysteme

Systeme zur Verbesserung der Nachtsicht können einen wesentlichen Beitrag zur Reduktion von Unfällen leisten, da sich fast 50 % aller tödlichen Unfälle bei Nacht ereignen obwohl nur rund ein Fünftel aller Fahrten bei Nacht stattfinden [14]. Neben schlechten Wetterverhältnissen kommt beschränkte Sicht bei Nacht vor allem bei Gegenverkehr vor. Es sind bereits Scheinwerfer in Serie, die ihre Lichtverteilung an bestimmte Verkehrsverhältnisse anpassen, sie können jedoch das Problem der Blendung, von der vornehmlich ältere Fahrer betroffen sind, nicht völlig eliminieren (Kap. 8.5.2).

Derzeit sind zwei verschiedene Verfahren zur Nachtsichtverbesserung in Serie, nämlich ferninfrarot (FIR)-basierte Systeme und nahinfrarot (NIR)-basierte Systeme.

Bild 8.5-40 zeigt den prinzipiellen Unterschied zwischen den beiden Verfahren [15].

Ferninfrarot (FIR) Systeme

FIR-Nachtsicht-Verbesserungssysteme empfangen Wärmestrahlung im sog. „fernen" Infrarot-Wellenlängenbereich zwischen 7 und 12 μm, die von Gegenständen ausgestrahlt wird. Es handelt sich um passive Systeme, die keine zusätzlichen Strahlungsquellen zur Beleuchtung der Objekte benötigen.

Die pyroelektrische Wärmebildkamera oder Mikrobolometerkamera zur Aufnahme des Wärmebildes ist nur im oben angegebenen Wellenlängenbereich empfindlich. Da Windschutzscheibenglas diese Wellenlängen nicht durchlässt, muss die Kamera im Außenbereich des Fahrzeugs verbaut werden. Aktuell verfügbare Sensoren besitzen eine Auflösung von 320 × 240 Bildpunkten (QVGA). Seine Signale werden über ein Steuergerät (ECU) auf ein Display (HMI) gegeben.

Warme Gegenstände zeichnen sich im Bild als helle Konturen im dunklen (kälteren) Umfeld ab. Die Bilddarstellung ist jedoch für den Fahrer eher ungewohnt, da das Erscheinungsbild nicht dem eines normalen Reflexionsbildes entspricht. Nachteilig ist auch, dass sich Objekte, die sich bei tiefen Außentemperaturen kontrastreich gegen den Hintergrund abheben, bei warmem Umfeld nur noch einen geringen Kontrast aufweisen.

Nahinfrarot (NIR) Systeme

Nahinfrarotsysteme verwenden Infrarotstrahlung im Spektralbereich zwischen 800 nm und 1.000 nm, nahe dem sichtbaren Spektrum. Da Gegenstände keine Strahlung in diesem Wellenlängenbereich aussenden, müssen sie mit speziellen Scheinwerfern bestrahlt werden, damit sie von einer infrarotempfindlichen Videokamera aufgenommen werden können. Bildsensoren aus Silizium sind in diesem Wellenlängenbereich sensibel und damit für Taganwendungen ebenso geeignet wie für Nachtsichtsysteme.

Halogenlampen für Automobilscheinwerfer besitzen einen hohen Infrarotanteil, der von der Grenze des sichtbaren Spektrums (380–780 nm) bis zu Wellenlängen jenseits 2000 nm reicht, mit einem Maximum zwischen 900 and 1000 nm. Die Obergrenze der nutzbaren Wellenlänge bei Verwendung einer Videokamera liegt bei 1100 nm, der Empfindlichkeitsgrenze von Silizium. In Praxis werden zur Realisierung des NIR-Systems zusätzliche Leuchtmodule in die Frontscheinwerfer integriert. Sie bestehen aus einem Halogenscheinwerfer mit vorgesetztem optischen Filter, der die sichtbaren Anteile des emittierten Spektrums herausfiltert.

Durch die Nähe des NIR-Spektrums zum sichtbaren Spektrum reflektieren natürliche Objekte NIR ähnlich wie sichtbares Licht, d.h. das Bild gleicht weitgehend dem normalen Seheindruck bei Fernlicht und erscheint dem Fahrer vertraut.

Um ein kontrastreiches, brillantes Bild zu erhalten und um Objekte gut erkennen zu können, wird bei hochwertigen Systemen das Videobild nachbearbeitet. Damit können Fußgänger in einer Entfernung von bis zu 150 m sicher detektiert werden.

Heute verfügbare Videosensoren haben eine Auflösung von 640 × 480 Bildpunkten und mehr. Weitere Entwicklungen richten sich auf warnende Systeme, bei denen der Fahrer im Bedarfsfall vor Objekten auf oder neben der Straße bedarfsgerecht gewarnt wird.

Bild 8.5-41 zeigt die Ansichten eines NIR-Systems (oben) und eines FIR-Systems (unten).

Im oberen **Bild 8.5-41 a** ist deutlich zu erkennen, dass nur Objekte erkennbar sind, die von den IR-

Scheinwerfern angestrahlt werden. Das Bild erscheint dem Betrachter so vertraut wie ein Schwarzweiß-Fernsehbild. Spurmarkierungen zeichnen sich im Bild deutlich ab.
Beim unteren FIR-**Bild 8.5-41 b** fällt vor allem die große Reichweite auf. Es werden alle Gegenstände erfasst, deren Temperatur höher als die Umgebungstemperatur ist. Spurmarkierungen sind hingegen nur andeutungsweise sichtbar.

Bild 8.5-41 a und b Erscheinungsbild eines NIR-Systems (oben) und eines FIR-Systems (unten)

Ein Vergleich der Eigenschaften der beiden Systeme ergibt z.T. deutliche Vorteile für das NIR-System. Hier sind beispielhaft zu nennen, [15–20]:

- Mehrfachnutzung der Kamera auch für Tagfunktionen,
- Objekterkennung auch von Gegenständen mit Umgebungstemperatur,
- Wetterperformance
- Kosten (vor allem unter dem Aspekt der Mehrfachnutzung),
- Verbaubarkeit hinter der Windschutzscheibe,
- Anmutung (gewohntes Erscheinungsbild), demzufolge gute Erkennungsleistung

Bei folgenden Eigenschaften zeigt das FIR-Prinzip Vorteile:

- Erkennbarkeit von lebenden Objekten
- Blendung durch entgegenkommende Fahrzeuge
- Reichweite

Bei Befürwortern der FIR-Technik wird letzteres als herausragendes Argument für diese Technik angeführt. Allerdings wird die hohe Reichweite in Praxis häufig nicht benötigt da schon ab Reichweiten von 100 m, die vom NIR-System mühelos erbracht werden, bei Landstraßengeschwindigkeiten genügend Zeit für Unfall vermeidende Maßnahmen zur Verfügung steht.

Darstellung von Nachtsichtinformation

Das Kamerabild kann an verschiedenen Orten im Fahrzeug platziert werden, nämlich in der Windschutzscheibe als Head-up Display, HUD), in der Mittelkonsole oder im Kombiinstrument. Wissenschaftliche Untersuchungen [21] kommen zu dem Ergebnis, dass die Anordnung des Graphikbildschirms zur Darstellung des Kamerabildes im Kombiinstrument vom Endverbraucher am besten akzeptiert wird. Dieser Einbauort wurde bei der neuen S-Klasse gewählt. **Bild 8.5-42** zeigt die beiden Betriebsmodi.

Bild 8.5-42 Betriebsmodi des Kombiinstruments
Oben: Tachometer-Anzeige,
unten: Nachtsicht-Modus

Im Nachtsichtmodus wird die Geschwindigkeitsanzeige in Form eines horizontalen Balkens realisiert.
In Weiterentwicklung der Nachtsichtsysteme wird die Bilddarstellung durch situationsgerechte Warnungen vor Objekten auf oder neben der eigenen Fahrbahn ergänzt oder sogar ersetzt werden. Solche Maßnahmen beschleunigen die Erkennung relevanter Objekte und wirken einer eventuellen, längeren Blickabwendung zum Ablesen des Bildschirms entgegen. Ideal wäre z.B. die Einblendung eines Warnsymbols in der Windschutzscheibe an der Stelle, an der das Objekt bei Fortsetzung der Fahrt für den Fahrer sichtbar wird.
Im Heckbereich ist die Kamera in der einfachsten Ausführungsform als Einpark- bzw. Rückfahrhilfe denkbar. Ein höherer Nutzen ergibt sich, wenn über Bildverarbeitung Objekte im Heckbereich des eigenen Fahrzeugs detektiert werden und der Fahrer bei gefährlichen Situationen (z.B. rasche Annäherung eines Fahrzeuges auf der Überholspur) situationsgerecht gewarnt wird.

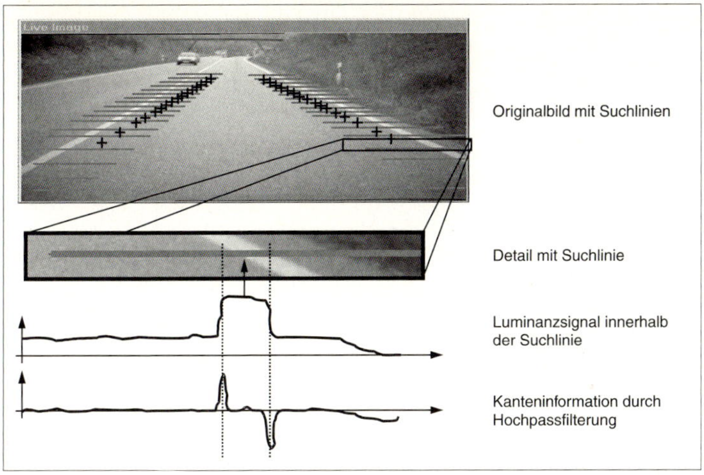

Bild 8.5-43 Details des Spurerkennungsalgorithmus

8.5.5.6.5 Spurverlassenswarner/ Spurwechselassistent

Unbeabsichtigte Spurwechsel gehören zu den häufigsten Unfallursachen. Sie sind zumeist durch Müdigkeit (Sekundenschlaf) oder durch Ablenkung verursacht. Ein Spurwechselassistent soll dieser Unfallursache entgegenwirken, indem er die voraus liegenden Fahrbahnbegrenzungen detektiert und den Fahrer warnt, wenn die Gefahr besteht, dass eine Begrenzungslinie überfahren wird, ohne dass der Blinker gesetzt wurde.

Systeme zur Spurverlassenswarnung (LDW = Lane Departure Warning) können sowohl in Mono- als auch in Stereotechnik aufgebaut werden. Die Reichweite eines Monosystems liegt bei VGA-Auflösung des Imagers, bei guten Wetterverhältnissen und guten Spurmarkierungen im Bereich knapp über 40 m, beim Stereosystem sind es etwa 10–20 % mehr. Bisher konnten sich aus Kostengründen nur Monosysteme am Markt etablieren. **Bild 8.5-43** erläutert das Prinzip der Fahrspurerkennung.

Wie dargestellt, sucht das Bildverarbeitungssystem nach Fahrspurmarkierungen vor dem Fahrzeug, indem Kontrastunterschiede zwischen Asphalt und Linie ausgewertet werden. Lücken in den Spurmarkierungen werden durch Kalman-Filterung überbrückt. Das obere Bild zeigt das Kamera-Bild mit Suchlinien (siehe Detail im zweiten Bild von oben) und die Kreuze im oberen Bild markieren den Spurverlauf, der vom Bildverarbeitungsrechner berechnet wird. Um eine Linie zu detektieren, wird das Luminanzsignal innerhalb der Suchlinie analysiert. Durch Hochpassfilterung werden die Grenzen der Fahrspurmarkierung detektiert.

Aus diesen Signalen kann eine Warnung für den Fahrer abgeleitet werden, wenn er die Fahrspur überfährt. Verschiedene Warnmodalitäten sind hierbei denkbar: Eine akustische Warnung in Form eines Warntons aus dem Fahrzeuglautsprecher (Stereoton vermittelt zusätzlich eine Richtung) oder ein sog. „Nagelbandrattern“ haben sich als wirksame Warnung erwiesen. Neuerdings erschließt man für diese Warnung den haptischen Sinneskanal. Ein Vibrieren des Sitzes (mit Richtungsinformation) wurde Ende 2004 auf den Markt gebracht. Vibrieren des Lenkrads (Vorteil: direkte Assoziation mit der Lenkung) oder Beaufschlagung der Lenkung mit einem leichten Gegenmoment werden derzeit auf ihre Eignung untersucht.

8.5.5.7 Ausblick

Bild 8.5-44 zeigt das vielfältige Einsatzgebiet von Fahrerassistenzsystemen auf dem Weg zum „Safety Vehicle“. Sie lassen sich untergliedern in:

- Komfortsysteme mit dem Fernziel „Semiautonomes Autofahren“ und in
- Sicherheitssysteme mit dem Ziel der Unfallvermeidung.

Fahrerunterstützende Systeme warnen den Fahrer vor Gefahren im Fahrzeugumfeld oder schlagen Fahrmanöver vor. Beispiele hierfür sind die Einparkhilfe oder Systeme zur Verbesserung der Nachtsicht. Auch Spurverlassenswarmer und Systeme zur Detektion von Objekten im toten Winkel können einen hohen Beitrag zur Unfallvermeidung leisten.

Die Systeme zur Fahrzeugführung führen vom ACC-System bis zur vollständigen Längsführung auch in urbanen Bereichen und bei hohen Fahrzeuggeschwindigkeiten. Hierbei geht man von einer komplexen Datenfusion von Radar- und Videodaten aus. Ergänzt man die Längsführung um ein – ebenfalls videobasiertes – System zur Querführung (Spurhalteassistent), ist eine autonome Fahrzeugführung im Prinzip denkbar.

Passive Sicherheitssysteme beinhalten die vorausschauende Erkennung möglicher Crash-Situationen (Precrash) und die Funktionen zum Fußgängerschutz.

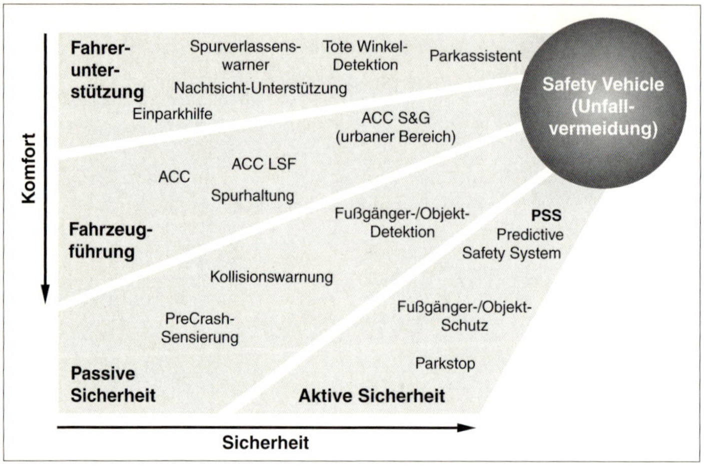

Bild 8.5-44 Fahrerassistenzsysteme ebnen den Weg zum Unfall vermeidenden Fahrzeug

An die Funktionen der aktiven Sicherheit werden die höchsten Anforderungen bezüglich Funktionalität und Zuverlässigkeit gestellt. Sie reichen vom einfachen Parkstop, der das Fahrzeug beim Einparken vor einem Hindernis automatisch abbremst, bis hin zu den prädiktiven Sicherheitssystemen. An dieser Stelle geht die Perspektive bis hin zum Unfall vermeidenden Fahrzeug, zur rechnergestützten Durchführung von Fahrmanövern zur Kollisionsvermeidung.

Dennoch: Der Funktionalität der genannten Systeme sind heute noch deutliche Grenzen gesetzt, die durch Unzulänglichkeiten von Sensorik und mangelnder Rechnerintelligenz bedingt sind. Ein erster Schritt ist die Datenfusion, z.B. Radar mit Video. Radar bietet exzellente und schnelle Messungen von Entfernung und Geschwindigkeit, kann aber nur sehr eingeschränkt eine Aussage über Größe und Art eines Hindernisses machen. Hier ergänzt die Videosensorik in idealer Weise. Sie ist in der Lage, eine Größenabschätzung des Hindernisses vorzunehmen. Kombiniert mit den Signalen des Radars ist eine recht gute Aussage über Art und Relevanz eines erkannten Objekts möglich. Weitere Entwicklungen, insbesondere im Bereich der Videotechnik, werden Aussagen über die Art der Objekte zulassen (Objektklassifikation). Eine Szeneninterpretation mit Vorhersage der Bewegung anderer Verkehrsteilnehmer wird uns dann in den Bereich der komplexen Unfallvermeidung führen [13].

Auch komplexe Fahrerassistenzsysteme dürfen den Fahrer nicht dazu verleiten, die Kontrolle über das Fahrzeug einem Rechner zu überlassen. Heutige Systeme sind so konzipiert, dass die Kontrolle und die Verantwortung über das Fahrzeug jederzeit beim Fahrer liegen. Der Fahrerwunsch hat immer Vorrang. Eingriffe in das Fahrzeug gegen den Fahrerwillen sind nach dem Wiener Weltabkommen nicht zulässig und bedürfen einer Neuauflage des Abkommens.

Trotz aller technischen Fortschritte wird der unfallfreie Straßenverkehr nach Einschätzung des Verfassers eine Vision bleiben. Aber es gibt zahlreiche Maßnahmen zur schrittweisen Einführung von Komfort- und Sicherheitssystemen, die maßgeblich zum entspannteren Fahren, zur Milderung von Unfallfolgen und zur Vermeidung von Unfällen beitragen können. Die EU hat mit dem e-Safety-Programm die richtige Initiative ergriffen. Fahrzeughersteller und Zulieferer haben die Aufgabe aufgegriffen und versuchen ihren Beitrag zur Erreichung dieses Ziels zu erbringen.

Literatur

[1] *Braess, H. H.*: „Das intelligente Auto auf der intelligenten Straße – Was hat PROMETHEUS gebracht?“ 5. Stuttgarter Symposium Kraftfahrzeuge und Verbrennungsmotoren, 18.–20. 02. 2003

[2] *Enke, K.*: „Possibilities for Improving Safety Within the Driver Vehicle Environment Loop“, 7th Intl. Technical Conf. on Experimental Safety Vehicle, Paris (1979)

[3] Anonymisierte Stichproben aus Unfalldaten des Statistischen Bundesamtes (1998–2001)

[4] *Lübke, L.*: „Car-to-Car Communication – Technologische Herausforderungen“, Tagungsband VDE-Kongress, Berlin, 18.–20. 10. 2004

[5] „Sicherheits- und Komfortsysteme“ Vieweg-Verlag (2004)

[6] Bosch: „Kraftfahrtechnisches Taschenbuch“, 26. Auflage, Vieweg-Verlag (2006)

[7] *Kühnle, G.; Mayer, H.; Olbrich, H.; Steffens, W.; Swoboda, H.-C.*: „Low-Cost Long-Range-Radar für zukünftige Fahrerassistenzsysteme“, 11. Aachener Kolloquium Fahrzeug- und Motorentechnik, Aachen, 2002

[8] *Olbrich, H.; Beez, T.; Lucas, B.; Mayer, H.; Winter, K.*: „A Small, Light Radar Sensor and Control Unit for Adaptive Cruise Control“, International Congress and Exposition, Detroit, Michigan, Feb. 23.–26., 1998, SAE Technical Paper Series 980607

[9] *Winner, H.; Winter, K.; Lucas, B.; Mayer, H.; Irion, A.; Schneider, H.-P.; Lüder, J.; Zabler, E.; Denner, V.; Walther, M.*: „Adaptive Fahrgeschwindigkeitsregelung ACC“, Bosch Technische Unterrichtung, 1. Ausgabe, April 2002, ISBN 3-7782-2034-9

[10] *Knoll, P. M.*: „Vorausschauende Sicherheitssysteme – die Schritte zur Unfallvermeidung“, VDA Technischer Kongress, Rüsselsheim (2004)

[11] NHTSA – Report (2001)

[12] *Langwieder*: „Analyse des Bremsverhaltens bei Verkehrsunfällen", Gesamtverband der deutschen Versicherungswirtschaft (2001)
[13] *Frank, R.*: „Sensing in the Ultimate Vehicle", Proceedings Convergence 2004/21/0055
[14] Unfallstatistik Deutschland des Statistischen Bundesamts (2002)
[15] *Knoll, P.M. et al.*: „Verbesserung der Nachtsicht mit nahem Infrarot-Simulation und Realisierung", Proc. VDI-Tagung „Optische Technologien" (2003)
[16] *Frost & Sullivan*: Marktstudie Fahrerassistenzsysteme „FAS 2005-15 in Europa", (09/2005)
[17] *Tauner, A.*: „Ansätze zur Fahrbahnerkennung in Wärmebildern bei der Orientierung in einem passiven NightVision-Bild", VDI-Berichte Nr. 1907 (2005)
[18] *Tsimoni, O. et al.*: „Pedestrian Detection with Night Vision Systems Enhanced by Automatic Warnings", Studie der University of Michigan, UMTRI-2005-23 (2005)
[19] *Knoll, P.M.*: „Nachtsichtverbesserung im Kraftfahrzeug", ATZ 01/2006
[20] *Locher, J.*: „Mensch-Maschine Interaktion in der automobilen Displaytechnik, Vortrag Lichttechnik-Tage in Karlsruhe (LTiK), 08. 11. 2005
[21] *Pataki, K. et al.*: „Anwendung von Usability-Maßen zur Nutzeneinschätzung von Fahrerassistenzsystemen"; in Journal of Human Factors (2007)
[22] *Seiffert, U. et al.*: Automotive Safety Handbook 2. Edition SAE International, Warrendale ISBN 978-0-7680-1798-4

8.5.6 Telematik

Um Mobilität nachhaltig zu sichern, bedarf es der Nutzung neuer Informations-, Kommunikations- und Leittechnologien im Verkehr. Die **Verkehrstelematik** bezeichnet als Zusammenfassung von Telekommunikation und Informatik den Einsatz modernster Technologien zur Effizienzsteigerung von Verkehrs- und Transportprozessen, zur Erhöhung der Sicherheit, des Reisekomforts sowie der Umweltschonung. Die rasante Entwicklung im Bereich der mobilen Kommunikation und die Möglichkeit, große Datenmengen sicher, zeitnah und kostengünstig zu übertragen, werden die Telematik in Form des „Ctx" im Bereich „Car to Car" und „Car to Infrastructure" Kommunikation in eine neue Dimension führen.

Bild 8.5-45 Städtisches Verkehrschaos bei Nacht

Ein wichtiger Baustein für europaweite Telematikanwendungen ist ein hochgenaues und zuverlässiges Ortungs- und Navigationssystem. Daher hat die Europäische Union den Aufbau eines globalen, zivilen Satellitennavigationssystems einschließlich terrestrischer Infrastruktur beschlossen. GALILEO wird voraussichtlich ab 2012 einsatzbereit sein, **Tab. 8.5-4**, **Bild 8.5-46**.

Tabelle 8.5-4 Galileo-Dienste

Galileo Services	Open Service	Commercial Service		Public Regulated Service		Safety-of-Life Service
Coverage	Global	Global	Local	Local	Global	Global
Accuracy	15-30 m (single frequency) 5-10 m (dual frequency)	5-10 m (dual frequency)	<10 cm – 1 m (local augmentation signals)	1 m (local augmentation signals)	4-6 m (dual frequency)	4-6 m (dual frequency)
Availability	99%	99%	99%	99-99.9%	99-99.9%	99% - 99.9%
Integrity	Not generally required	Value-added services		Mandatory requirement		Yes
Alert Limit	-	20-45 m	2-3 m	3-5 m	<15 m	12-20 m
Time to Alert	-	10 s	1 s	1 s	6 s	6 s
Integrity Risk	-	$2x10^{-7}$/hour	$2x10^{-7}$/hour	$2x10^{-9}$/150 s	$3.5x10^{-7}$/150 s	$2x10^{-9}$/150 s
Continuity Risk	-	10^{-4}/hour	10^{-4}/hour	< 10^{-5}/15 s	< 10^{-5}/15 s	$8x10^{-6}$/15 s
Certification and Service Guarantees	No	Guarantee of service possible		Build for certification, guarantee of service possible		Yes

Bild 8.5.-46 Einsatz von Galileo

8.5.6.1 Grundlagen und Technologien der Verkehrstelematik

Die **zentrale Aufgabe** der Verkehrstelematik ist eine Verkehrsbeeinflussung durch Information, Kommunikation, Steuerung und Regelung, aber auch Überwachung mit dem Ziel einer Minderung der Negativwirkung des Verkehrs in allen seinen Teilbereichen.

Zum Einsatz kommen terrestrische und satellitengestützte Mobil-Kommunikationssysteme, zunehmend wird auch die Internet-Technologie in Fahrzeugen genutzt. Transportiert werden Daten zur Verkehrslage, zu Routenempfehlungen, zu Aufträgen und Ladungen. Das Informatik-Element beschreibt die Verarbeitung eingehender Verkehrs- oder Dispositionsdaten in Planungs- und Simulationstools. Die Ausgabedaten werden entweder betriebsintern verwendet oder im Rahmen von Mehrwertdiensten (z. B. Flottenmanagement) angeboten.

Die **Positionsbestimmung** mobiler Objekte ist ein zentrales Element der Verkehrstelematik, sie ermöglicht die Zielführung von Fahrzeugen und die Abbil-

Tabelle 8.5-5 Vergleich Galileo – GPS

	Galileo	Navstar GPS
Beginn Entwicklung	2001	1973
1. Satellitenstart	Ende 2005	27.06.1977
Gesamtanzahl Satelliten	27 + 3 Ersatz	21 + 3 Ersatz
Umlaufbahnen	3	6
Höhe	23616 km	20180 km
Inklination der Bahnen	56 Grad	55 Grad
Umlaufzeit	13 h 45 min	11 h 58 min
Frequenzen	E5a, E5b, E6, L1	L1, L2
geodätisches Datum	GTRF	WGS 84
Zeitsystem	(GST) GALILEO Zeit	GPS Zeit
Zeitkorrektur	GPS/UTC	UTC (USNO)
Signalcharakteristik	Code Identifikation	Code Identifikation
Codes	für jeden Satelliten verschieden	für jeden Satelliten verschieden
künstliche Systembeeinflussung	PRS Signale verschlüsselt	S / A bis 05/2001, AS
Integrity-Information	ja	nein

GALILEO	
E5a	1176,45 MHZ
E5b	1207,14 MHz
E6	1278,75 MHz
L1	1575,42 MHz

Navstar GPS	
L1	1575,42 MHz
L2	1227,6 MHz

Quellen
Deutscher Funknavigationsplan Band 2, Schlussbericht, GALILEO Open Service (OS SIS ICD) Signal in Space Interlace Control Document.

dung der Verkehrssituation durch z.B. Floating Cars. An Verfahren stehen derzeit Map-Matching, die Koppel- und Satellitennavigation (GPS/DGPS/Galileo) und die Ortung mit Hilfe der Mobilfunksysteme einzeln und in Kombination zur Verfügung. Einen Vergleich zwischen Galileo und Navstar GPS zeigt **Tabelle 8.5-5**.

Intermodale Telematikansätze versuchen, die verschiedenen Verkehrsträger in einem einheitlichen Konzept zu integrieren, um so z.B. die Verfolgung eines Containers während des Transports auf Schiene, Schiff oder Straße (besonders auch im grenzüberschreitenden Verkehr) zu ermöglichen, eine optimale Transportroute mittels verschiedener Verkehrsträger zu ermitteln oder einem Verkehrsteilnehmer Informationen über die Anschlussmöglichkeiten zu anderen Verkehrsmitteln zur Verfügung zu stellen.

Neben den technischen Aspekten beschäftigt sich die Verkehrstelematik auch mit den sozialen, ökonomischen und ökologischen Auswirkungen der Verkehrssteuerung durch IuK (Informations- und Kommunikations-) Technologien. Dazu gehören die Verringerung der negativen Auswirkungen des Verkehrs auf die Umwelt, der Wandel des Mobilitätsverhaltens innerhalb der Gesellschaft und die Verbesserung der Wirtschaftlichkeit im Personen- und Güterverkehr durch die Optimierung der Kapazitätsauslastung der vorhandenen Transport- und Verkehrsinfrastruktur.

Vorteile, die Verkehrstelematikanwendungen für den **Umweltschutz** bieten, können in folgende Punkte zusammengefasst werden:

- Energieeinsparung durch Stauvermeidung und verstärkte Nutzung öffentlicher Verkehrsmittel,
- Verringerung der Abgasemissionen durch Verkürzung des Stop-and-Go-Verkehrs und Vermeidung von Umwegen,
- weniger Autofahrten durch zuverlässigere und damit attraktivere öffentliche Verkehrsmittel,
- Verringerung weiterer Straßenbaumaßnahmen und damit geringerer Landschaftsverbrauch.

Verkehrstelematikdienste sorgen für einen **besseren Ablauf des Verkehrs** und unterstützen die **Mobilität im Individual- und öffentlichen Verkehr** z.B. aufgrund folgender Wirkungen:

- Geringere Wartezeiten beim ÖPNV durch Fahrplanauskunftssysteme und sichere Anschlüsse,
- optimale Kombination öffentlicher und privater Verkehrsmittel,
- Beschleunigung des Bus-, Straßenbahn- und Zugverkehrs durch Betriebsleitsysteme,
- Verringerung der Irrfahrten in unbekannten Städten durch automatisierte, dynamische Zielführungs- und Parkleitsysteme,
- schnelleres Eintreffen der Rettungsdienste.

Einsparungen, die durch den Einsatz von Verkehrstelematikdiensten erreicht werden können, sind z.B.

- Weniger Leerfahrten durch Fracht- und Flottenmanagement,
- Verringerung der Fahrzeugbestände durch bessere Auslastungsquoten,
- weniger Kilometerleistung und Zeiteinsparung durch individuelle Zielführungssysteme, Umgehung von Staus,
- bessere Abstimmung der Verbindungen zwischen verschiedenen Verkehrsträgern (Modal Split),
- schnellere Abwicklung von Grenzformalitäten,
- geringere Lagerhaltungskosten (Just-In-Time-Steuerung).

Der Austausch von Informationen zwischen mobilen Objekten und Dienstleistungszentralen erfolgt derzeit mit Hilfe unterschiedlicher Telekommunikationsmittel. Dabei spielt der Ortsbezug für viele Dienste eine wichtige Rolle. Die „Location based services" werden u.a. als Motor für die Einführung dieser Technologien in einem breiten Marktsegment gesehen. Die Navigationssysteme in Fahrzeugen sind schon weit verbreitet und werden durch neue Technologien zum mobilen Internet, dem Wireless World Wide Web, ausgebaut. Derzeit benötigt man noch verschiedenste Einheiten für die Aufgaben der Kommunikation, Ortung und Organisation der Abläufe. Diese Einheiten entwickeln sich zu einem persönlichen, digitalen Assistenten. Spracheingaben, Nahfeld-Sensoren und Nahfeld-Kommunikation (WLAN, Bluetooth) werden unsere Welt verändern. Die Zeitabstände der technologischen Sprünge werden ständig verkürzt. Dieses ist bereits jetzt bei den Nutzern von Mobiltelefonen Realität, denn nach zwei Jahren nach Ende der normalen Vertragslaufzeit werden in der Regel die Geräte durch neue und weiterentwickelte Geräte ersetzt. Die Kunden haben sich bereits auf diese Marktentwicklung eingestellt. Dadurch werden Dienstleistungen möglich, die noch vor Jahren völlig utopisch waren. Auch das, was man heute als Telematik bezeichnet, wird hierin aufgehen.

8.5.6.2 Endgeräte

Die eigentlichen Endgeräte werden sich dahingehend entwickeln, dass neue Technologien und neue Formen der sog. Mensch-Maschine-Schnittstelle völlig neuartige Gerätetypen auf den Markt bringen werden. Die Kommunikationstechnologie und deren rasante Entwicklung in den letzten Jahren haben gezeigt, dass der Abstand der Quantensprünge innerhalb dieser Technologien immer kürzer wird. Das Handy wird sich vom eigentlichen Gerät der Sprachkommunikation mehr und mehr entwickeln zu einem Gerät der Datenkommunikation. Die klassischen Bereiche, die heute noch auch hardwaremäßig und softwaremäßig getrennt voneinander existieren, also die Ortung, die Kommunikation und die Datenverarbeitung, werden über kurz oder lang miteinander verschmelzen. Hierzu wird es neue Formen der Kommunikation zwischen dem Menschen und den Geräten bzw. den Geräten untereinander geben. Die Spracheingabe wird ein wesentliches Element der Mensch-Maschine Schnittstelle darstellen. WLAN und Bluetooth wird die

Kommunikation zwischen den Geräten revolutionieren. Die Hardwaretechnologie wird dazu führen, dass Rechnersysteme und Kommunikationssysteme inklusive Ortungskomponenten in einem Gerät verschmelzen werden. Nicht nur die Berufswelt, sondern insbesondere unser tägliches Leben wird sich derart entwickeln, dass wir über kurz oder lang mit einem PDA, einem Persönlichen Digitalen Assistenten, ausgestattet werden. Dieser Assistent wird für uns wesentliche Aufgaben des täglichen Lebens organisieren. Er wird einfachste Kommunikationsverbindungen herstellen, er wird uns, wenn wir es wünschen, zu bestimmten Orten führen, er wird unsere logistischen Probleme organisieren, uns Hilfestellung geben bei Navigationsaufgaben, nicht nur im Auto, sondern in allen Verkehrsträgern, er wird bei Notfällen schnell und zielgenau Hilfe organisieren und noch vieles mehr.

8.5.6.3 Dienstleistungen der Zukunft

Bei den Dienstleistungen der Zukunft im Bereich der Verkehrstelematik spielen zunächst alle Dinge eine große Rolle, die mit der Vernetzung der Verkehrsträger zu tun haben, **Bild 8.5-47**. Dies ist die eigentliche zentrale Aufgabe, um einen Verkehrskollaps, wie er ja schon prognostiziert worden ist, für die Zukunft zu verhindern. Die Mobilität der Bevölkerung wird mehr und mehr zunehmen und hierauf müssen sich auch die entsprechenden Dienstleister einstellen. Studien belegen, dass bis zum Jahr 2015 durch den Einsatz der Telekommunikation das Verkehrsaufkommen um etwa 5 % zurückgehen wird. In dieser Zeit wird sich aber das Mobilitätsverhalten der Menschen wesentlich verändern. Junge Menschen werden früher und ältere Menschen länger als heute individuell mobil sein. Die Zahl der Teilnehmer am Verkehrsgeschehen wird wachsen. Verkehrsströme werden sich verlagern, Berufsverkehr und Freizeitverkehr werden andere Gewichtungen erhalten. Auch in diesem Bereich wird die Ortung eine immer größere Rolle spielen, da z.B. Übergänge von einem Verkehrssystem auf das andere damit zusammenhängen, wo man sich befindet und wie lange man noch benötigt, um zu einem Verkehrsübergabepunkt zu gelangen.

Ein immer wieder diskutiertes Thema im Bereich der Verkehrstelematik ist die Gebührenerfassung. Die Einführung der Lkw-Maut wurde mit erheblicher Verzögerung im Jahr 2005 in Deutschland realisiert und hat im Jahr 2006 3,08 Milliarden Euro eingebracht. Die Mauterfassungssysteme werden sicherlich die Diskussion neu beleben, ob auch andere Verkehrsteilnehmer auf besonderen Autobahnen (privat finanziert) zur Finanzierung beitragen sollen. Der Aspekt des Datenschutzes und der Integrität der Datenerfassung muss dabei allerdings immer berücksichtigt werden. Heute ist es jedoch mehr ein politisches als ein technisches Problem. Die Dienstleistungen der Zukunft werden auch die Gebührenerfassung im Verkehrsgeschehen flexibel und mobil realisieren. Hierzu zählt nicht nur das Thema Autobahngebühren, hierzu zählt auch das Thema Electronic Ticketing, das sicherlich eine weitere interessante Ergänzung im Dienstleistungsbereich darstellen wird. Wir werden in Zukunft mit unserem mobilen Endgerät, wie immer das letztendlich aussehen wird, auch den Zahlungsverkehr nicht nur im Bereich ÖPNV oder anderer Verkehrsträger realisieren.

Kraftfahrzeugbezogen bieten die neuen Technologien der Verkehrstelematik eine Reihe von Ansatzmöglichkeiten, um die Verkehrssicherheit zu verbessern. So sind sowohl elektronische Abstandswarnsysteme (**Bild 8.5-48**), die Auffahrunfälle verhindern, als auch Systeme, die den Fahrer bei Abbiege- und Fahrstreifenwechselvorgängen unterstützen (optisch und/oder akustisch) oder auch in Kurven über die Fahrzeug-Fahrzeug-Kommunikation vor Staus warnen, entwickelt. Als weitere Telematikanwendungen werden von der Industrie derzeit für Kraftfahrzeuge fahrerunabängige Hilfen zur automatischen Steuerung des Fahrzeugabstandes und der Geschwindigkeit bis hin zur Koppelung mehrerer Lkw im Konvoi entwickelt. Diese technischen Möglichkeiten, die eine Vielzahl von Rechtsfragen berühren, müssen frühzeitig im Dialog mit der Industrie unter ordnungs- und rechtspolitischen Gesichtspunkten abgeklärt werden, um den Nutzen zu optimieren und Fehlentwicklungen zu vermeiden.

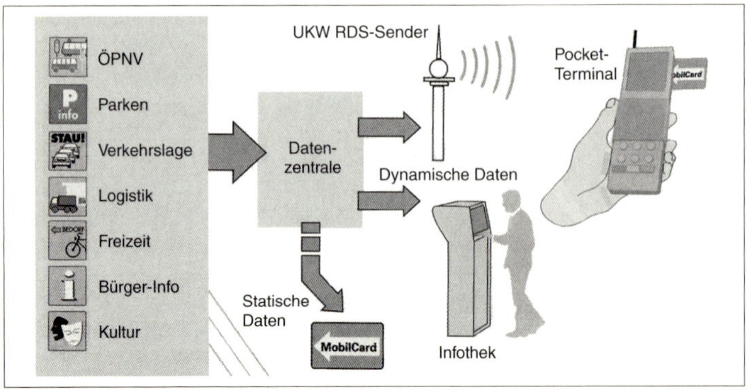

Bild 8.5-47 Mögliche Dienstleistungen durch Telematiksysteme

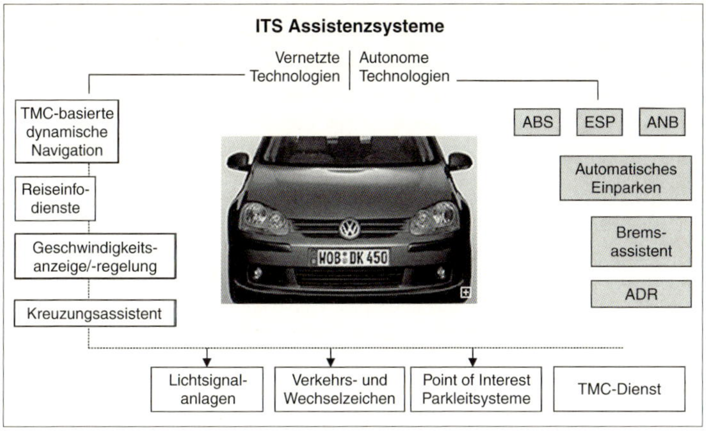

Bild 8.5-48 ITS Assistenzsysteme

Mit dem europäischen zivilen Satellitennavigationssystem Galileo soll die Unabhängigkeit von national kontrollierten Systemen und Anwendungsmöglichkeiten in sicherheitskritischen und hoheitlichen Anwendungsbereichen eröffnet werden. Die Wettbewerbsfähigkeit der europäischen Industrie soll in zukunftsgerichteten Aufgabenfeldern gestärkt werden. Dazu gehören u.a. alle Bereiche, die eine präzise Ortsbestimmung und/oder Zeitangaben benötigen, wie Finanzdienstleistungen, Flottenmanagement, Frachtverfolgung, Geodäsie und Landwirtschaft sowie Anwendungsbereiche mit hohen Grundanforderungen nach Kontinuität, Integrität und Präzision der Systeme, wie z.B. vollautomatischer Präzisionsanflug im Luftfahrtbereich, Zugleit- und Überwachungssysteme im Schienenverkehr, weltweite Verfolgung von Containern oder Kollisionswarnsysteme in Flugzeugen. Die meisten Anwendungen von Galileo liegen im Verkehrsbereich. Deshalb wird das Bundesministerium für Verkehr, Bau- und Wohnungswesen im Rahmen der Aktivitäten der Europäischen Kommission an diesem Projekt weiterhin mitarbeiten.

Die Altersstruktur der Bevölkerung wird dazu führen, dass der Bedarf an sicheren Informations- und Notrufsystemen wachsen wird. Dadurch wird eine deutliche Steigerung der Qualität, insbesondere auch für ältere Mitbewohner im Bereich der Mobilität erreicht werden. **Mobilität und Sicherheit** werden einen großen Bereich von zukünftigen Dienstleistungsangeboten darstellen.

Literatur

[1] Delphi'98-Umfrage. Studie zur globalen Entwicklung von Wissenschaft und Technik, Karlsruhe 1998 (BMBF)

[2] Telematik im Verkehr – Entwicklungen und Erfolge in Deutschland, Stand: August 2004 (BMVBW)

[3] *Kasties, Günther*: Vortrag Euroforum – 8. Jahrestagung Elektronik Systeme im Automobil, Fachtag „Umsetzung von Telematik und Multimedia im Automobil", Februar 2004

[4] *Kasties, Günther*: Vortrag Euroforum – 9. Jahrestagung Elektronik Systeme im Automobil, Fachtag „Telematik und Multimedia im Automobil", Februar 2005

[5] *Evers, Harry-H.; Kasties, Günther*: Kompendium der Verkehrstelematik, TÜV-Verlag, ISBN 3-8249-0421-7

8.6 Mensch-Maschine-Interaktion

Das Führen eines Kraftfahrzeuges kann als eine klassische Domäne der Mensch-Maschine-Interaktion bezeichnet werden. Gerade hier ist das Zusammenwirken eines Menschen mit einem technischen System von essenzieller Bedeutung. Verbindend ist hierbei die gemeinsame Aufgabenstellung bzw. Zielstellung für das Mensch-Maschine-System. Der Ausgestaltung der Schnittstelle kommt dabei eine besondere Bedeutung für die realisierbare Interaktion zwischen dem Menschen und der Maschine zu. Dieses kann sich auch in dem Realisierungsgrad der Aufgabenstellung bzw. dem Erfüllungsgrad zur Zielerreichung spiegeln.

Elementare Anforderungen an das Gesamtsystem sind auf abstraktem Level die Fragen der Sicherheit, der Wirtschaftlichkeit und der Effizienz. Eine funktionale Unterteilung kann im Wesentlichen unter den Aspekten der Erhöhung der Sicherheit sowie der Erhöhung des Komforts erfolgen.

Im Bereich der Sicherheit sind zum einen die Aspekte der Beherrschbarkeit des technischen Systems als herausragende Systemeigenschaft zu unterstreichen, andererseits jedoch auch die Leistungsfähigkeit des Systems, die Menschen adäquat zu unterstützen und so die Sicherheit des Gesamtsystems zu erhöhen. Auf der Komfortseite ist die Fragestellung der Entlastung sowie der Nutzenerhöhung im Sinne der Gebrauchswertsteigerung besonders zu betrachten. Gleichzeitig ist jedoch das Risiko der Monotonie und Unaufmerksamkeit bei zu starker Entlastung zu bedenken.

Für die Gestaltung einer effizienten Mensch-Maschine-Interaktion sind Fragestellungen aus multidisziplinären Arbeitsfeldern zu beantworten. Hierbei sind Aspekte der Ergonomie und Anthropotechnik sowie der kognitiven Wissenschaften auf der menschbezogenen Seite sowie Aspekte der Systemtechnik auf der technischen Seite von besonderer Bedeutung. Die Frage der Bedienbarkeit und der Beherrschbarkeit steht dabei besonders im Vordergrund (siehe auch Kap. 6.4.1).

Neue technische Systeme im Kraftfahrzeug eröffnen neue Potenziale, wobei der Vernetzung einzelner Systeme ebenso wie der ergonomischen Gestaltung der Ein-/Ausgabemedien eine besondere Rolle zukommt. Durch die im Fahrzeug mittlerweile vorhandene (Rechner-)Infrastruktur ergeben sich bei der Vernetzung neue Realisierungsmöglichkeiten. So kann z.B. der Monitor des Navigationssystems als Anzeigemedium beim Einparken dienen, der Rechner kann für die Ermittlung der optimalen Einparktrajektorie genutzt werden. Hier kann dann eine symbolisch ausgewertete Darstellung des Sensorsignals erfolgen oder möglicherweise ein Kamerabild mit idealer Fahrtrajektorie angezeigt werden. Wird der Einparkvorgang auch noch motorisch durch eine direkte Ansteuerung der Lenkung unterstützt, so wird der Fahrer hier stark entlastet – ihm verbleibt die motorische Handlung in Form von Gasgeben und Bremsen und die Überwachungsaufgabe. Gleichzeitig ist damit gewährleistet, dass die Aufmerksamkeit des Fahrers erhalten wird, da er zwar von Teilaufgaben entlastet wurde, jedoch aktive Teilaufgaben noch immer bei ihm verbleiben.

8.6.1 Das System Fahrer–Fahrzeug

Neben der Tatsache, dass eine Vernetzung der im Fahrzeug verbauten technischen Komponenten wirtschaftliche Vorteile bietet, kommt unter dem Blickwinkel der Mensch-Maschine-Interaktion auch der funktionalen Vernetzung eine besondere Bedeutung zu. Bei der funktionalen Vernetzung geht es um die Gestaltung eines Gesamtsystems, das die intuitive Nutzung erlaubt. Hierbei geht es nicht um punktuelle Schnittstellen zum Fahrzeug oder um die Erfassung der Umgebung, sondern um eine konsistente Darstellung und um ein konsistentes Erleben seitens des Fahrers für das Verhalten des Fahrzeugs, des Assistenzsystems in Bezug zur Fahrsituation und der aktuellen Umgebungssituation. Dieses erfordert ein Management der realisierten Funktionen, um widersprüchliche Aussagen zu vermeiden oder eine Überbeanspruchung, gerade in für den Fahrer belastenden/kritischen Situationen, zu unterbinden. Hierfür ist die technische Vernetzung der Informationen eine notwendige Voraussetzung, jedoch noch nicht ausreichend für eine situationsadaptive Systemrealisierung. Grundsätzlich bilden jedoch die kombinierte technische als auch die funktionale Vernetzung der entsprechenden Unterstützungsfunktionen einen Schlüssel für die Systemakzeptanz.

Bei dem Mensch-Maschine-System „Fahrer–Fahrzeug" und der hierfür notwendigen Interaktion handelt es sich auf abstraktem Niveau um eine Aufgabenteilung innerhalb definierter Grenzen des Gesamtsystems. Hierbei geht es um die Aufnahme und Bewertung der Umgebungs- und Prozessinformationen und der daraus abgeleiteten Reaktion in dem Zusammenspiel des technischen Systems mit dem Fahrer. Dabei gilt es schon im Systemdesign stetig einen optimalen Informationsfluss herzustellen. Aus diesem Grund sollen im Folgenden zunächst die Grundaufgaben des Fahrers bei der Fahrzeugführung und in einem zweiten Schritt das System „Fahrer–Fahrzeug–Umwelt" unter dem Blickwinkel der jeweiligen Interaktionspotenziale betrachtet werden. Diese Potenziale bieten auch Ansatzpunkte für den Einsatz möglicher Assistenzsysteme in Kraftfahrzeugen.

Elementare Aufgaben der Fahrzeugführung spiegeln sich im Wesentlichen in den drei Kernaufgaben

- Navigation
- Längsführung
- Querführung

wider.

Für das Fahren von einem Startpunkt zu einem Zielort sind im Rahmen der Navigation wichtige Aufgabenstellungen zu lösen. Hierbei geht es im Wesentlichen auch um die planerischen Aufgaben der Auswahl einer dedizierten Route, auf der das Ziel erreicht werden soll. Im Rahmen der Längsführung sind neben der primären Fragestellung, z.B. der Geschwindigkeitsregelung, auch die Aufgaben der Abstandshaltung zum Vordermann im Kontext des Verkehrsflusses zu betrachten. Bei der Querführung geht es insbesondere um die Fragestellung der Spurhaltung bzw. des Spurwechsels. Sowohl Längs- als auch Querführung erfüllen stabilisierende Aufgaben, die in ihrer Kombination entsprechende Fahrmanöver ermöglichen. Gleichzeitig muss die Ausführung dazugehöriger Sekundäraufgaben für eine sichere Fahrzeugführung gewährleistet werden. Neben dem Einschalten der Beleuchtung, dem Betätigen des Scheibenwischers und dem Anzeigen der Fahrtrichtung werden häufig weitere Aufgaben gelöst. Dieses kann Funktionen der Klimatisierung und Lüftungssteuerung ebenso wie das Überwachen bei Systemstörungen oder auch der Realisierung von Nebenaufgaben, wie z.B. Radiohören, Telefonieren etc., beinhalten.

Bei der Gestaltung der Mensch-Maschine-Interaktion im Kraftfahrzeug ist es wichtig, die Erfüllung der primären Aufgabenstellung sicherzustellen und zu unterstützen. Aber auch die Ausführung der Sekun-

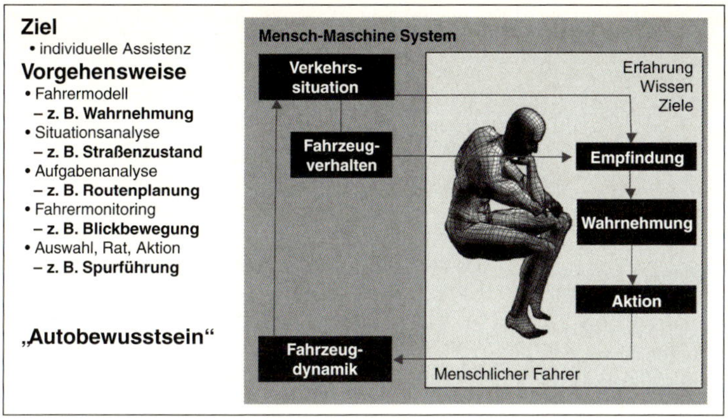

Bild 8.6-1 Zukünftige Assistenzsysteme zur Unfallvermeidung

däraufgaben ist für eine sichere, effiziente Fahrzeugführung von herausragender Bedeutung. Einen deutlichen Mehrwert stellt jedoch auch die Unterstützung und Ermöglichung der Wahrnehmung spezifischer Tertiäraufgaben ohne negative Einflüsse auf die Sicherheit dar. Um eine entsprechende Steigerung im Bereich der Sicherheit und des Komforts zu ermöglichen, wurden und werden nach wie vor zahlreiche Unterstützungs- und Assistenzsysteme erforscht und entwickelt. Hierfür sollen im Folgenden die Grundaufgaben und die entsprechenden Grundfunktionen betrachtet werden.

Mit dem Ziel, leistungsfähige Assistenzsysteme zu realisieren, **(Bild 8.6-1)** kommt der Frage nach der individuellen Assistenz eine besondere Bedeutung zu. Aufbauend auf einem (kognitiven) Fahrermodell sind die Aspekte

- der Situationsanalyse,
- der Aufgabenanalyse,
- des Fahrermonitorings und
- der Reaktion (Information, Unterstützung, Übernahme)

zu betrachten. Ein langfristiges Ziel könnte in diesem Zusammenhang auch die Entwicklung eines „Auto-Bewusstseins“ darstellen mit dem „Selbstverständnis“, den Fahrer adäquat zu unterstützen.

Als gängige Einteilung in der vielfältigen Literatur wird häufig in Situationserfassung, Situationsanalyse, Situationsbewertung, Aktionsauswahl und Aktionsausführung unterteilt. Im Bereich der Situationserfassung und -analyse nimmt die Erfassung der Umgebungssituation eine besondere Stellung ein. Diese kann sowohl technisch über eine entsprechende Sensorik als aber auch über den Menschen realisiert werden. Über eine entsprechende sensorische oder menschliche Wahrnehmung entsteht ein – im Idealfall adäquates – Situationsbewusstsein. Die entsprechende Situationsbewertung und die sich daraus ergebende situative Reaktion kann wiederum sowohl durch ein technisches System (z.B. Pre-crash-detection, Collision mitigation) als auch direkt durch den Menschen erfolgen. Bei der Aktionsausführung kann dies sowohl automatisch oder teilautomatisch als aber auch im Sinne einer sensomotorischen Unterstützung, wie z.B. eine entsprechende Kraftverstärkung (Servolenkung), umgesetzt werden.

Bei der Realisierung von Assistenzsystemen bzw. automatischen oder teilautomatischen Eingriffen gilt es, die adäquate Einbeziehung des Fahrers sicherzustellen. Hierbei ist es wichtig, dass das Systemverhalten für den Fahrer erwartungsgemäß erfolgt. Bei allen Aktivitäten und Systemreaktionen ist zu gewährleisten, dass der Fahrer grundsätzlich im Loop bleibt. Hierfür ist es nicht notwendig, dass diese Einbindung starr erfolgt, vielmehr ist auch eine dynamische Verteilung zwischen technischem System und Fahrer denkbar. Hieraus können sich abgestufte Reaktionen, je nach der aktuellen Einbindungsintensität des Fahrers, ableiten. Die Schwierigkeit ist es dabei allerdings, sicherzustellen, dass die Einbindung des Fahrers gerade in kritischen Situationen nicht nur schnell, sondern auch korrekt und adäquat erfolgt. Wie bei allen Automatisierungen besteht die Gefahr des abnehmenden Situationsbewusstseins, gerade bei komplexen Aufgabenstellungen. Dies kann sich in dem Unvermögen, die aktive Kontrolle in kritischen Situationen übernehmen zu können, äußern, da ein Verständnis für den aktuellen Prozesszustand nicht mehr gegeben ist. Vorausgegangen ist hier oftmals „ein Abschalten“ des Fahrers aufgrund von „Langeweile“. Dies bedeutet, dass im Rahmen der Kopplung zwischen System und Fahrzeug das Assistenzsystem die Funktion der Einbindung des Fahrers gewährleisten muss. Das kann sehr wohl eine dynamische Kopplung sein, die eine engere Einbindung des Fahrers oder auch eine losere Einbindung mit einer höheren Automatisierungsfunktion verkoppelt. Dabei darf der Aspekt der Risikohomöostase, d.h. die Kompensation der sichernden und unterstützenden Funktion durch eine zunehmende Risikobereitschaft, nicht unberücksichtigt bleiben.

Grundsätzlich und allgemein aufgebaut lässt sich die Fragestellung nach der Allokation der entsprechenden Aktivitäten aus den Arbeiten von Rasmussen [3, 4] ableiten. Standen bei Rasmussen die kognitiven Verhaltens- oder Fertigkeitsebenen beim Menschen wie

- sensomotorische Fähigkeiten,
- regelbasiertes Verhalten und
- wissensbasiertes Verhalten

im Vordergrund, so können diese Ebenen nicht nur als eine Basis für deren Zuordnung zum Menschen verstanden werden, sondern auch – ggf. in Teilen – von einem technischen System übernommen werden. Hierbei kommt jedoch der Frage des „Situationsbewusstseins" ebenso eine starke Bedeutung zu wie der der adäquaten Interaktion. So müssen zum Beispiel die mittels eines „Night Vision Systems" technisch sensierten Parameter und die daraus abgeleiteten Informationen auch dem Fahrer, entsprechend *seiner* sensorischen Fähigkeiten, vermittelt werden.

Die Vermittlung der relevanten Information ist insbesondere auch unter dem Blickwinkel der verwendeten Technologien zu betrachten. Hierbei soll im Folgenden exemplarisch die Ein-/Ausgabe über Monitorsysteme und Sprachsysteme genannt werden.

8.6.2 Informationsvermittlung

Weit verbreitet sind inzwischen auch Multifunktionsanzeigen im Cockpit, die auf der Basis von LCD-Anzeigen oder LED-Arrays Informationen über Uhrzeit, Außentemperatur, Verbrauch, Reichweite etc. darstellen. Diese Informationen sind häufig in einer sequentiellen Folge abrufbar. Dieser Abruf erfolgt häufig über entsprechende Wippschalter, die in der Nähe des Lenkrades oder am Lenkrad selbst angebracht sind. Ebenso werden bestimmte Informationen für den Fahrer über diese Anzeigen besonders hervorgehoben. Dieses erfolgt durch Blinken der Anzeigen, zum Beispiel beim Unterschreiten einer bestimmten Temperaturgrenze. Gleichzeitig wird die Aufmerksamkeit des Fahrers durch einen akustischen Warnton auf diese Besonderheit gezogen. Zusätzlich zu den Multifunktionsanzeigen werden nach wie vor spezifische Informationen, einzelne symbolische Anzeigen, in den Instrumenten eingesetzt. Eine logische Selektion der einzelnen Anzeigen in einer koordinierenden Art und Weise erfolgt in den seltensten Fällen. Hier wäre es wichtig, zum einen Anzeigen adäquat zu priorisieren, zum anderen diese Anzeigen situationsspezifisch darzustellen.

Ein weiteres Medium zur Anzeige von Informationen ist das sogenannte Head-up-Display. Hiermit werden bestimmte Informationen in die Scheibe eingespiegelt, wobei die eingespiegelte Information für den Fahrer virtuell vor dem Auto liegt. Dieses hat den Vorteil, dass Ablenkungen vom Verkehrsgeschehen minimiert werden können. Andererseits ist jedoch zu beachten, dass im Einzelfall bei besonderen Sichtverhältnissen (zum Beispiel Nebel) es auch hier zu Ablenkungseffekten kommen kann.

Bei der Ausgabe von Informationen ist zukünftig eine verstärkte 3D-Darstellung zu erwarten. Die derzeitigen Probleme hinsichtlich der Anforderungen an Prozessor und Speicherkapazität werden durch neue, Ressourcen sparende Subsets, z.B. auf der Basis von OpenGL, gelöst [5]. Offene Systeme bilden die Basis zur Gestaltung neuer Funktionalitäten. Über OSGI (Open Services Gateway Initiative) und den dahinter stehenden Zusammenschluss von Industriepartnern eröffnen sich Vernetzungsmöglichkeiten von bisher isoliert ausgeführten Applikationen. Infotainment- und Telematikanwendungen stehen dabei primär im Fokus. Ähnliches gilt für die Initiative AUTOSAR (Automotive Open System Architecture). Ebenfalls wird hier die Widerverwendbarkeit, Kompatibilität und Erweiterbarkeit durch Standardisierung von Systemfunktionen und Schnittstellen erreicht.

Die Möglichkeit, Eingaben über Touch Screen Monitore im Fahrzeug zu realisieren, ist unter Ablenkungsgesichtspunkten zu betrachten. Hier ist der Blickkontakt zur Positionierung der Eingabe auf dem Schirm notwendig, wobei zum Beispiel bei rastenden Drehwählern – nach einiger Übung – ein Blickkontakt kaum noch notwendig erscheint bzw. sich dessen Dauer entsprechend verkürzt. Ähnliches gilt u.a. auch für fest positionierte Druckschalter.

Insgesamt ist die erzielte Reaktionszeit des Systems von besonderer Bedeutung. Längere Latenzzeiten, eine mehr als drei Sekunden dauernde Wartezeit („Sanduhr"), erscheint nicht akzeptabel. Hier sind mindestens signifikante (Teil-)Reaktionen sicherzustellen.

Sprachsteuersysteme können konzeptionell eine sinnvolle Alternative darstellen. Hier ist jedoch auf der Nutzerseite qualitativ eine sehr hohe Erwartungshaltung zu verzeichnen. Neben einer hohen Erkennungsrate mit kurzen Reaktionszeiten bildet eine einfach strukturierte Schnittstelle die Basis. „Information on demand", kontextabhängige Hilfen etc. bilden hier einen zukünftig Applikationspool.

Ein weiteres Element mit einer starken Auswirkung für die Mensch-Maschine-Interaktion ist für den Infotainment-Bereich zu erwähnen. Neben den klassischen Elementen wie Radio, CD-Spieler, Kassettendeck etc. halten hier auch zunehmend Video und DV-Systeme Einzug. Ziel dieser Systeme ist es, Unterhaltungsmedien, zum Beispiel für Fond-Passagiere zu bieten. Aus Sicherheitsgründen ist zu gewährleisten, dass der Fahrer während der Fahrt nicht durch diese Systeme übermäßig abgelenkt wird.

8.6.3 Ein einfaches kognitives Fahrermodell

Bei der Betrachtung des Fahrzeugführers und dessen notwendiger Interaktion ist ein kognitives Fahrermo-

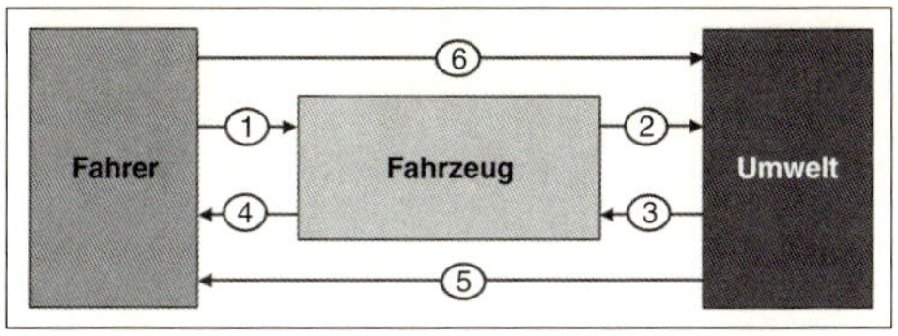

Bild 8.6-2 Das System Fahrer – Fahrzeug – Umwelt

dell nützlich. Die Interaktion zwischen Fahrer, Fahrzeug und Umwelt ist schematisch in **Bild 8.6-2** dargestellt. Der Fahrer wirkt dabei durch seine Bedienhandlungen auf das Fahrzeug ein (1), was wiederum zu Wirkungen in der Umwelt führt (2). Entsprechend ergibt sich ein Rückzweig mit Reaktionen der Umwelt (3) über das Fahrzeug zum Fahrer (4). Ebenso gibt es direkte Wechselwirkungen zwischen Fahrer und Umwelt (5, 6). In einem einfachen kognitiven Fahrermodell **(Bild 8.6-3)** sind einzelne Instanzen ebenso wie unterschiedliche Interaktionsschnittstellen zu identifizieren. Anzeigen und Reaktionen seitens des Fahrzeugs und der Umwelt müssen vom Fahrer wahrgenommen werden. Hier sind mindestens die Stufen der sensorischen Verarbeitung und die Reizidentifikation zu unterscheiden. Die folgende Verarbeitung, Reaktionsauswahl und Reaktion bis hin zur motorischen Umsetzung schließt sich an.

Setzen Fahrerassistenzsysteme an den unterschiedlichen Stellen an **(Bild 8.6-4)**, so gilt es auch hier, die Interaktionsschnittstellen entsprechend zu gestalten. Eine Unterteilung in Sicherheitsrelevante- und Komfortsysteme ist nur beschränkt sinnvoll. Bei den meisten Systemen können aus Sicht der Mensch-Maschine-Interaktion diese Aspekte nicht vollständig separiert werden. Die Ausprägung der Assistenzfunktionen liegt hier zum einen in der Funktion selber, auf der anderen Seite jedoch sehr stark in der Realisierung der entsprechenden Mensch-Maschine-Interaktion und der damit einhergehenden Auslegung der Benutzerschnittstelle. Daher wird im Folgenden die Klassifikation nach Art des Eingriffs bevorzugt. Hierbei ist es sinnvoll, die assistierenden Systeme in informierende, handlungsunterstützende und übernehmende, automatische Systeme zu unterscheiden.

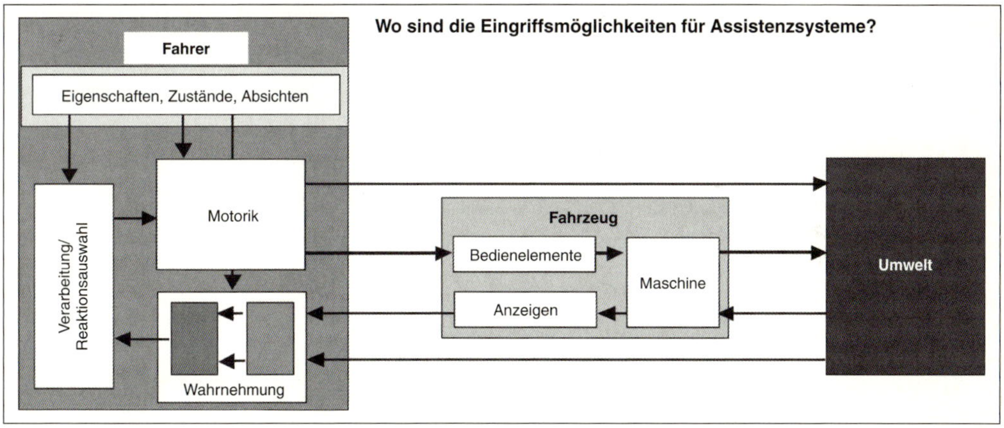

Bild 8.6-3 Ein einfaches Fahrer-Fahrzeugmodell

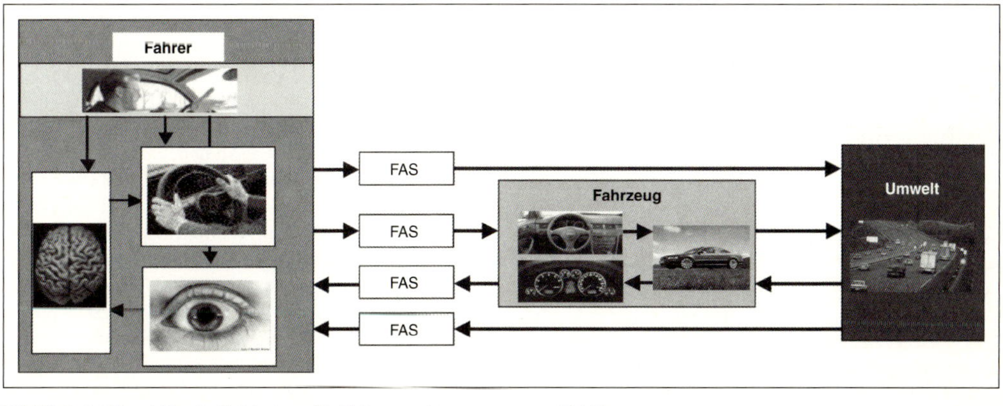

Bild 8.6-4 Eingriffsmöglichkeiten für Fahrerassistenzsysteme (FAS)

Durch den Einsatz der Systeme verändern sich die kognitiven Prozesse. In Verbindung mit den individuellen Zielen und Zuständen des Fahrers wird die individuelle Bewertung und Akzeptanz durch die subjektive Bewertung der Mensch-Maschine-Interaktion und auch von Fahrerassistenzsystemen insbesondere dann positiv ausfallen, wenn der individuelle Handlungsspielraum den Eigenschaften des Fahrers entspricht und die Wahrnehmung der kognitiven Assistenz als adäquat empfunden wird.

Stand bislang die notwendige Technik bei der Entwicklung von Assistenzsystemen im Vordergrund, kommt hier dem Zusammenspiel von Mensch und Maschine eine steigende Bedeutung zu. Durch die stärkere Einbeziehung von Assistenzfunktionen in die bewussten kognitiven Prozesse des Fahrers ändert sich die Anforderung an die Assistenzsysteme für den Fahrer und das Fahren signifikant.

Mit steigender Komplexität der Systeme und der gelieferten Unterstützungsleistung gilt es, die durch die Assistenz erreichte Änderung der Fahraufgabe, frühzeitig bei der Entwicklung von Assistenzsystemen zu berücksichtigen, und dieses für den Bedarf des Fahrers stimmig zu gestalten.

8.6.4 Messung der Leistung, Belastung und Beanspruchung

Den Fragestellungen der Leistung, Belastung und Beanspruchung bei der Mensch-Maschine-Interaktion kommt eine besondere Bedeutung zu. Im Folgenden soll in Anlehnung an Johannsen dieser Aspekt kurz beleuchtet werden [1]. Die Belastungsgrößen der Mensch-Maschine-Interaktion bedingt durch Verfahren, Aufgabe, Situation und Umgebung sowie die entsprechenden Leistungsgrößen im Sinne von konkreten Ergebnissen der Aufgabenerfüllung, haben einen objektivierbaren Charakter und sind den direkten Messungen zugänglich. Hierbei können auch simulative Einrichtungen oder Forschungsfahrzeuge, wie z.B. das ViewCar®, eingesetzt werden.

Hierbei handelt es sich um ein Fahrzeug, dass mit einer besonderen Sensorik zur Untersuchung der Mensch-Maschine-Interaktion ausgerüstet ist. Sechs Videokameras zeichnen dabei die Umgebungssituation um das Fahrzeug herum auf. Gleichzeitig werden über spezielle Sensorik, wie z.B. Laserscanner oder Radar, Umgebungsparameter sowie die Relation zu umgebenden Objekten erfasst und aufgezeichnet. Über weitere Videosysteme ist das Verhalten des Fahrers erfassbar und über ein entsprechendes Blick-Bewegungs-System wird die Blickrichtung und die Blickverweildauer entsprechend sensiert. Ebenfalls lassen sich weitere Parameter des Fahrers wie z.B. Lidschluss, Puls, Frequenzänderungen der Stimme, Muskelspannungen etc. zeitsynchron mit anderen Daten aufzeichnen. Längs- und Querführungsaufgaben können anhand eines integrierten Spurerkennungssystems sowie einer hochauflösenden Ortungsplattform erkannt werden. Diese Ortungsplattform besteht aus einem Differenzial-GPS in Verbindung mit einer Odometrie und einer eigenen Inertialplattform. Selbstverständlich werden alle Informationen des internen Fahrzeugbusses auch zeitsynchron zu den übrigen Daten aufgezeichnet. Damit kann das Zusammenwirken von Belastung, Beanspruchung und Leistung bei Realfahrten untersucht werden.

8.6.5 Simulation

Für eine adäquate Systementwicklung und ein entsprechendes Design der Mensch-Maschine-Schnittstelle gilt es, die Fahrerbedürfnisse frühzeitig im Entwicklungsprozess zu berücksichtigen. Neben dem Test der Konzepte für die Assistenz gilt es, auch hier die Akzeptanz und das Verhalten/den Umgang mit den Systemen systematisch zu untersuchen. Diesem Aspekt kommt vor dem Hintergrund einer emotionalen Ablehnung von Produkten gerade an der Schnittstelle zum Käufer zukünftig eine besondere Bedeutung zu. Neben der Untersuchung in Realfahrten, wie oben beschrieben, kommt, auf diesen Erfahrungen aufbauend, dem Einsatz von Simulatoren eine zunehmende Bedeutung zu. Neben der subjektiven Bewertung solcher Systemausprägungen ergibt sich hiermit auch die Möglichkeit, den Umgang des Menschen mit diesen technischen Systemen zu objektivieren. Aufbauend auf den Ergebnissen der Kognitionswissenschaften, kann die Ergonomie aus dem Lern- und Interaktionsverhalten der Fahrer Ansätze für eine optimale und transparente Bedienlogik und Ausprägung des Systems entwickeln.

Mittlerweile werden vielfach Fahrsimulatoren zur Bewertung der Potenziale und der Untersuchung von Bedien- und Anzeigenkonzepten herangezogen. Hierfür werden sowohl Festsitzsimulatoren als auch dynamische Simulatoren, die einen realistischeren Fahreindruck vermitteln, eingesetzt.

Wesentliche Vorteile des Einsatzes von Simulatoren für die Untersuchung dieser Schnittstellen liegt in der Möglichkeit der Reproduzierbarkeit der Ergebnisse bei konstanten bzw. gezielt veränderbaren Umweltbedingungen. Die Möglichkeit der korrekten Wiederholbarkeit ermöglicht überhaupt erst die Aussage auf der Basis von repräsentativen Gruppen in der Nutzung und im Umgang bestimmter Systeme. Ebenso lassen sich auch Extremsituationen, die in der Realität eine Gefährdung der Probanden darstellen würden, systematisch untersuchen. Hiermit ergibt sich die Chance, insbesondere auch frühzeitig mit einer definierten Variabilität, eine realitätsnahe Untersuchung von kritischen Variablen von Assistenzsystemen in der Relation zum Menschen durchzuführen.

Ein leistungsfähiges Untersuchungskonzept ergibt sich damit in mehreren Schritten. Zunächst können mit Versuchsfahrzeugen in Realfahrten grundsätzliche Untersuchungen durchgeführt werden. Die Versuchsfahrten liefern Ergebnisse mit einem nur beschränkt detailliert wiederholbaren Charakter der Fahrtindikatoren für belastende und beanspruchende Situationen und dem Potenzial für Assistenzuntersuchungen. Diese ersten Ergebnisse können reproduzierbar in einer simulativen Umgebung mit zunächst einfacheren Systemen, wie Festsitz-Simulatoren oder in Virtual Reality Laboren, untersucht werden. Eine deutliche Verfeinerung dieser Ergebnisse erreicht man durch den Einsatz von dynamischen Fahrsimulatoren (**Bild 8.6-5**), wo die Realitätstreue von Umgebungseindrücken durch entsprechende Bewegungen bzw. Beschleunigungen abgebildet werden kann. Hier lassen sich vielfältige Aussagen schon sehr realitätsnah, aber dennoch unter dediziert reproduzierbaren Bedingungen darstellen. Aufbauend auf diesen Ergebnissen sind dann die Ergebnisse wieder in Form von Realfahrten zu validieren, wobei dieses insbesondere mit flexiblen Versuchsträgern, wie z.B. dem FASCar realisiert werden können. Hierbei ist es möglich, entsprechende Assistenzeingriffe kraft- und zeitmäßig limitiert im Realverkehr oder auch unlimitiert auf dem Testgelände einzusetzen.

Bild 8.6-5 DLR Fahrsimulator

Mit diesem integrierten Zyklus lassen sich sowohl die Fragen des objektivierbaren Nutzens als auch der notwendigen Akzeptanz durch den potenziellen Kunden evaluieren. Diese Vorgehensweise ist im **Bild 8.6-6** nochmals schematisch dargestellt.

Anders als bei körperlichen Belastungen, wo in der Regel die Minimierung von Belastungen angestrebt wird, ist die mentale Belastung zu optimieren. Gerade im Zusammenwirken mit automatisierenden Systemen sind für die Mensch-Maschine-Interaktion die folgenden Aspekte zu betrachten.

Durch die Automatisierung kann sich für den Menschen eine primäre Reduktion der Beanspruchung bis hin zur vollständigen Entlastung ergeben. Hier kommt der notwendigen Aufgabengestaltung eine besondere Bedeutung zu, da von einer entsprechenden Verminderung der Aufmerksamkeit ausgegangen werden muss. Eine angepasste Reaktion bei einem Ausfall des technischen Systems ist unter Umständen unmöglich oder zumindest kritisch.

Andererseits kann sich für den Menschen auch eine deutliche Erhöhung der Beanspruchung ergeben. Die Informationen zur Systemüberwachung durch den Menschen können für diesen eine besondere und möglicherweise eine stärkere kognitive Anforderung darstellen. Insbesondere die Informationsvermittlung nur über einen Kanal (z.B. nur Visualisierung) kann dabei eine besondere Herausforderung bedeuten.

Generell stellt der teilweise extrem kurzfristige, aufgabenbedingte Wechsel zwischen den oben genannten Verhaltens- oder Fertigkeitsebenen herausragende Anforderungen an den Menschen. Die Beanspruchungsgrößen für den Menschen spiegeln sich zum einen in dem subjektiven Empfinden des Fahrers, sind aber auch teilweise über physiologische Messmethoden und subjektive Bewertungen und Befragungsmethoden zugänglich. Auch diese Ansätze sind in dem oben genannten ViewCar® realisierbar.

Literatur

[1] *Johannsen, G.*: Mensch-Maschine-Systeme, Springer, 1993

[2] *Jürgensohn, Th; Timpe, K.-P.(Hrsg.)*: Kraftfahrzeugführung, Springer, 2001

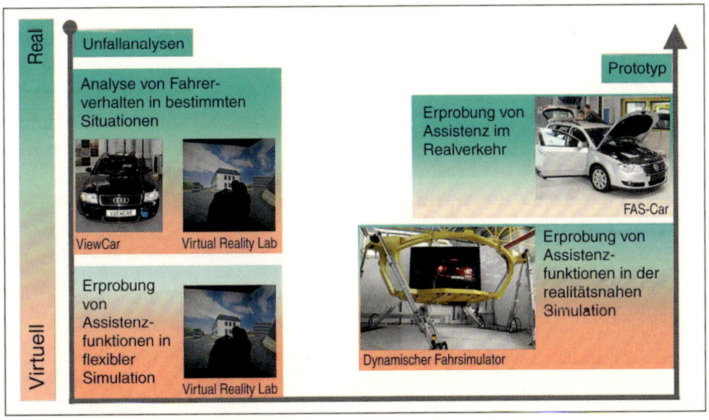

Bild 8.6-6 Integrierter Systementwurf von Assistenzsystemen

[3] *Rasmussen, J.*: Skills, rules and knowledge; signals, signs and symbols and other distinctions in human performance models. IEEE Transactions on Systems, man and Cybernetics, Vol. 13, pp. 139–193, 1983

[4] *Rasmussen, J.*: Information Processing and Human Machine Interaction, North-Holland, 1986

[5] *Struck, N.*: „Fahrzeugnavigation und Infotainment in 3D", Elektronik Automotive, Heft 1/2005, S-100-103, 2005

[6] *Vollrath, M., Lemmer, K.*: Wahrnehmung von Assistenzsystemen, Symposium Automatisierungs- und Assistenzsysteme für Transportmittel, 2003

[7] *Suikat, R., Rataj, J., Schäfer, H. und Reulke, R.*: ViewCar – den Fahrer verstehen, VDI-Tagung „Optische Technologien in der Fahrzeugtechnik", Baden-Baden, 18./19. Juni 2003

[8] bast, Berichte der Bundesanstalt für Straßenwesen, Fahrzeugtechnik, Heft F 60, Ableitung von Anforderungen an Fahrerassistenzsysteme aus Sicht der Verkehrssicherheit, 2006

8.7 Software

Wie im Mooreschen Gesetz vorhergesagt, steigt die Leistungsfähigkeit der Halbleiter und der Steuergeräte bei konstanten Preisen exponentiell. Mit der billigeren und höheren Hardwareleistung können IT-Systeme wirtschaftlich sinnvoll in neue Anwendungsbereiche vordringen. Dies eröffnet immer weitere Möglichkeiten für den Einsatz von elektronikbasierten Funktionen in Fahrzeugen.

Vor diesem Hintergrund nimmt der Anteil an Software in Fahrzeugen durch die wachsenden Forderungen nach höherer und differenzierter Funktionalität schnell zu. Die Folge ist eine immer umfassendere und komfortablere Funktionalität, die erhebliche Beiträge zur Beherrschbarkeit der Fahrzeuge, zur Unfallsicherheit sowie zum Komfort leistet. Die Kehrseite ist aber auch eine erhebliche Zunahme der Komplexität der Softwaresysteme in den Fahrzeugen.

Bild 8.7-1 Überblick Software im Automobil

Dies führt auf zahlreiche Herausforderungen in Hinblick auf Beherrschbarkeit der Entwicklung und des Einsatz von Software **(Bild 8.7-1)**.

8.7.1 Vorbemerkungen zum Thema Software

Mit Software kommt ein technisches Konzept in die Fahrzeuge, das sich radikal von den hergebrachten Denkweisen und Konzepten des Maschinenbaus unterscheidet und entsprechend grundlegend andere Entwicklungs- und Logistikmethoden erfordert. Software benötigt zwar zur Ausführung Hardware. Die Software selbst aber ist immateriell. Sie besteht aus Programmen („Algorithmen") und Daten, die auf der Hardware ausgeführt werden. Die Hardware besteht aus programmierbaren integrierten Schaltungen (Sensoren, Aktuatoren, Prozessoren und Steuergeräten und deren Vernetzung), auf die die Software geladen und zur Ausführung gebracht wird.

Hardware ist dabei meist uniform, weitgehend anwendungsunspezifisch und folglich für unterschiedliche Anwendungen einsetzbar. Die Software bestimmt in der Regel die eigentliche Verhaltensweise (die „Funktionalität") eines Hardware-/Softwaresystems. Die Hardware ist charakterisiert durch ihre Leistung wie Verarbeitungsgeschwindigkeit und ihr Speicherplatzvolumen und bestimmt damit die Performanz, mit der die Software ausgeführt wird, die Software wird durch ihre Funktionalität und ihre Ressourcenbedarf gekennzeichnet.

Software benötigt im Gegensatz zu den Erzeugnissen des Maschinenbaus keine eigentliche Produktion. In der Produktion eines Fahrzeuges muss die Software lediglich in die Steuergeräte eingebracht werden, soweit das nicht bereits durch den Zulieferer erfolgt, der für das Steuergerät verantwortlich ist. Damit ergeben sich für Software völlig andere Kostenstrukturen. Hauptkostenfaktor sind die Entwicklungskosten und Kosten für die Wartung. Hinzu kommen noch Folgekosten für Gewährleistung und Betriebsrisiken.

Die Unterschiede zwischen Software, elektronischer Hardware und klassischer Mechanik des Maschinenbaus erfordern bei der schnell wachsenden Bedeutung von Software neue Fachkompetenzen in der Automobilindustrie. Das schnelle Umsetzen ganz neuer innovativer Funktionen im Automobil basierend auf Software verspricht hohes Potenzial, erfordert aber Lernprozesse und birgt naturgemäß Risiken. Entwicklungs- und Wartungsprozesse müssen auf die schnell wachsende Bedeutung von Software ausgerichtet werden.

8.7.2 Softwareentwicklungsprozess

Die Entwicklung von Software erfordert darauf gezielt zugeschnittene Entwicklungsprozesse. Der Entwicklungsprozess wird typischerweise in Phasen aufgeteilt **(Bild 8.7-2)**. In jeder Phase werden spezifische Zwischenergebnisse erarbeitet, die in den folgenden Phasen genutzt werden. Nachstehend werden die Phasen grob beschrieben.

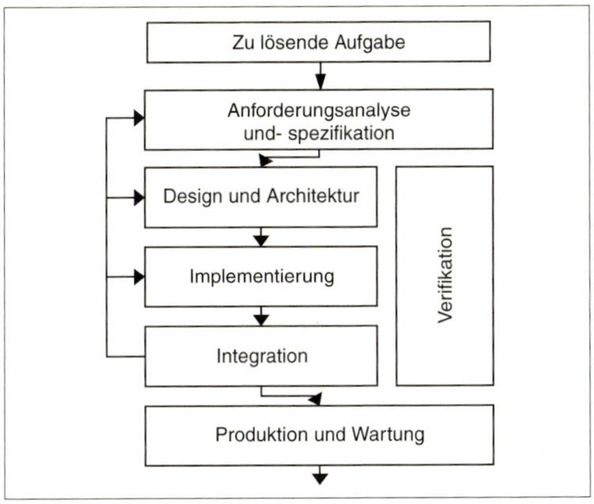

Bild 8.7-2 Entwicklungsphasen

Dabei ist zu beachten, dass die Entwicklung in aller Regel verteilt erfolgt. Neben dem Automobilhersteller, der vornehmlich für die frühen Phasen zuständig ist, sind Zulieferer für den Entwurf und die Implementierung der Software, oft auch für eine Teilintegration in Baugruppen zuständig. Die Integration ins Fahrzeug als Gesamtsystem erfolgt dann in der Regel wieder durch den Automobilhersteller. Diese Arbeitsteilung erfordert eine besonders systematische Festlegung der Anforderungen und der Architektur, da beides für die Beherrschung der Integrationsphase entscheidend ist.

8.7.2.1 Einbettung in den Systementwicklungsprozess

Da die Softwarefunktionen eng in die unterschiedlichsten Funktionen eines Fahrzeugs eingreifen und damit das Verhalten und die Charakteristik entscheidend mitprägen, ist die Softwareentwicklung von der Entwicklung des Gesamtsystems Fahrzeug nicht zu trennen. Das „Software Engineering" ist somit in das „Systems Engineering" zu integrieren.

Besonders bedeutsam ist diese Verzahnung in der Anforderungsfestlegung. Im Systems Engineering werden die Fahrzeugfunktionen festgeschrieben. Auf dieser Grundlage werden dann die softwarebasierten Funktionen spezifiziert. Dabei ist zu beachten, dass keine andere Technik soviel Freiheitsgrade bietet wie die Software.

Die Entwicklung softwarebasierter Systeme im Fahrzeug verläuft, wie in **Bild 8.7-3** schematisch dargestellt, von der Festlegung der Anforderungen und Funktionen (Nutzungsebene) über die logische Architektur und die Clusterebene, in der logische Komponenten zu Softwareeinheiten zusammengefasst werden, die dann in Steuergeräte abgebildet werden können, bis hin zur Plattformebene, die aus der Hardwarearchitektur mit der Laufzeitumgebung wie Betriebssystem, Bus- und Gerätetreibern besteht.

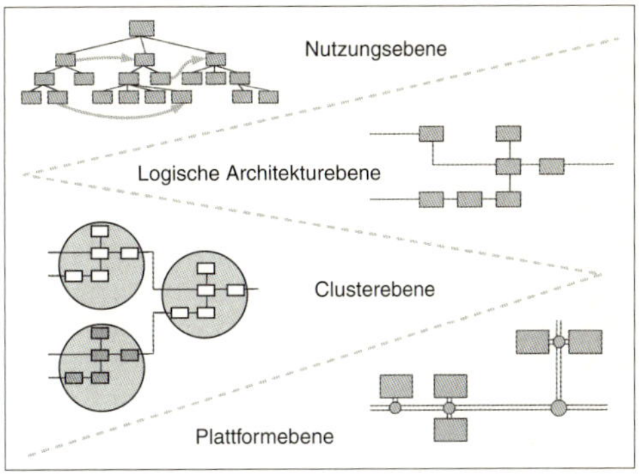

Bild 8.7-3 Abstraktionsebenen im Entwicklungsprozess

8.7.2.2 Anforderungsanalyse und -spezifikation

Eine gerade in Hinblick auf die Neuartigkeit vieler Funktionen und die verteilte Entwicklung in ihrer Bedeutung oft unterschätzte Phase der Softwareentwicklung ist die Anforderungsphase. Dabei wird zunächst in einer Analysephase die zu lösende Aufgabe analysiert. Auf Basis dieser Analyse werden dann die Anforderungen an das System spezifiziert. Dabei sind im Wesentlichen zwei Schwierigkeiten zu bewältigen. Es ist bei einer Vielzahl konkurrierender Zielvorgaben zu ermitteln, welche funktionale und nichtfunktionale Anforderungen an das Zielsystem tatsächlich bestehen bleiben. Funktionale Anforderungen richten sich auf das Verhalten eines Softwaresystems, nichtfunktionale Anforderungen betreffen Eigenschaften der Realisierung oder des Entwicklungsprozesses. Ferner sind die Anforderungen unmissverständlich zu dokumentieren, so dass sie als verbindliche Vorgaben für die weitere Entwicklung dienen können.

Die Festlegung der Anforderungen ist weniger einfach, als es im ersten Moment klingen mag, da Softwaresysteme große Entscheidungsspielräume für die Festlegung ihres Verhaltens lassen. Hinzu kommt, dass das Verhalten der zu erstellenden Systeme in allen Konsequenzen zum Zeitpunkt der Anforderungsspezifikation nur schwer vorstellbar ist. Ferner ist die unmissverständliche, präzise Beschreibung von Anforderungen ein nicht zu unterschätzendes Problem. Besonders kritisch sind die Vielzahl von Gesichtspunkten und die große Zahl unterschiedlicher Interessengruppen, die alle bei der Erstellung einer Anforderungsspezifikation zu berücksichtigen sind.

Dabei sollte eine Anforderungsfestlegung weitgehend unabhängig von der späteren Realisierung erfolgen. Generell sollte die Anforderungserhebung ohne Rücksicht auf die später stattfindende Partitionierung in Hard- und Software erfolgen, um Entwurfsentscheidungen nicht zu früh festzulegen.

8.7.2.3 Design und Architektur

In der Architektur eines Softwaresystems wird die Untergliederung eines Systems in seine Bestandteile („Softwarekomponenten") festgelegt. Die Architektur ist für die arbeitsteilige Entwicklung eines Systems von entscheidender Bedeutung und erfordert deshalb besondere Sorgfalt in der Festlegung. Hier sind Methoden des Top-Down-Entwurfs, bei dem ein System ausgehend von einer Nutzungssicht schrittweise in Teilsysteme zerlegt wird, mit Methoden des Bottom-Up-Entwurfs zu kombinieren, wobei aus bestehenden Systemkomponenten schrittweise das Gesamtsystem aufgebaut wird. Hier kann sich insbesondere der Einsatz von Modellen (siehe 8.7.3.1) vorteilhaft auswirken, die die Funktionsweise der Komponenten über ihre Systemgrenzen (die „Schnittstellen") unmissverständlich beschreiben.
Für die Architektur unterscheiden wir zwischen der Hardwarearchitektur und der Softwarearchitektur. Für die Software ist dabei die eigentliche Anwendungssoftware von der Systemsoftware, insbesondere dem Betriebssystem, zu unterscheiden (**Bild 8.7-4**). Das Betriebssystem setzt auf dem Steuergerät („CPU") auf.

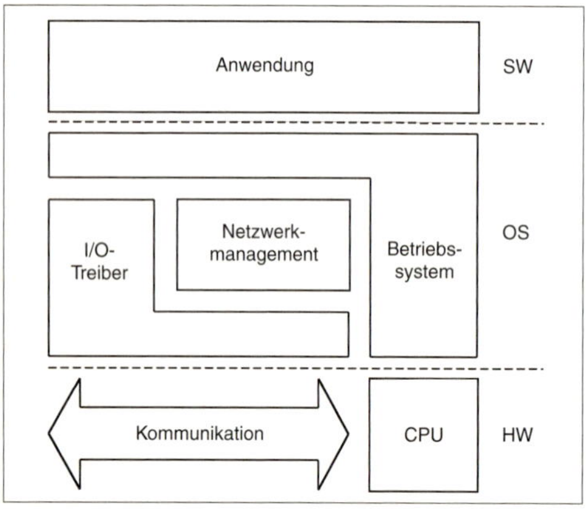

Bild 8.7-4 Systemarchitektur

Die Hardwarearchitektur besteht aus den Hardwarekomponenten wie Prozessoren (Steuergeräte, CPU), Sensoren, Aktuatoren sowie den sie verbindenden Netzwerken. Die Softwarearchitektur besteht in der Regel aus Betriebssystemanteilen sowie Systemdiensten und den sich darauf abstützenden Anwendungsprogrammen. Diese können zweckmäßigerweise in Schichten aufgebaut sein.

8.7.2.4 Implementierung und Modultest

In der Implementierung werden die in der Softwarearchitektur festgelegten Bestandteile durch Programme realisiert. Wir sprechen von Codierung. Dies kann händisch durch Programmierer erfolgen oder durch Generierung des Codes durch ein Werkzeug. Letzteres setzt voraus, dass das Verhalten so präzise in Modellen erfasst wurde, dass der Code daraus automatisch abgeleitet werden kann.
Ein wesentlicher Bestandteil der Codierung ist die Qualitätssicherung durch Maßnahmen der Verifikation wie etwa Codeinspektion und Modultest. Nur wenn die Softwaremodule weitgehend fehlerfrei sind, ist die Voraussetzung für eine Beherrschung der Integration gegeben.

8.7.2.5 Integration

Die realisierten Programme sind in der Regel in Module gegliedert. Diese werden in der Integration schrittweise zu größeren Softwareeinheiten zusammengefügt.
Die Software ist schließlich in die Zielhardware einzubringen und mit ihrer technischen Umgebung zu integrieren. Dann ist aus den so entstehenden Systemteilen in Schritten („inkrementell") das Gesamtsystem aufzubauen. Kritisch ist bei der Integration die Sicherstellung des korrekten Zusammenspiels der Systemteile. Um dieses zu gewährleisten sind umfangreiche Tests erforderlich. Im ungünstigen Fall werden Fehler im Architekturkonzept oder in der Realisierung der Module erst zu diesem Zeitpunkt entdeckt.

8.7.2.6 Validierung und Verifikation

Validierung hat zum Ziel zu überprüfen, ob die formulierten den tatsächlichen Anforderungen („das richtige System wird entwickelt") entsprechen. Verifikation beschreibt die Konsistenzsicherung zwischen Artefakten der Entwicklung („das System wird korrekt gemäß den formulierten Anforderungen entwickelt"). Beides ist wesentlicher Teil der Qualitätssicherung.
Die Durchführung der Implementierung und Integration erfordert eine sorgfältige Qualitätssicherung. Ziel ist der Nachweis, dass die realisierte Software den Anforderungen genügt. Dazu bieten sich Techniken des Reviews, der Inspektion, des Testens und auch der maschinengestützten Modellprüfung oder logischen Verifikation an.
Dabei ist darauf zu achten, dass durch Validierung und Verifikation die in jeder Phase der Entwicklung unvermeidlich auftretende Fehler möglichst früh entdeckt und beseitigt werden. Verschleppte Fehler bergen enorme Risiken, verursachen in den späteren Entwicklungsphasen und erst recht im Feld überproportionale Kosten und Zeitverzögerungen.

8.7.2.7 Produktion und Wartung

In der Fahrzeugproduktion ist die Software in die Hardware des Fahrzeugs einzubringen. Im Laufe der

Nutzung des Fahrzeugs werden neue verbesserte („Update"), in Hinblick auf die Funktion erweiterte („Upgrade") Versionen der Software erzeugt und nachgeladen.
Besonders kritisch wird dadurch die Wartung von Software im Fahrzeug, da neue Versionen kompatibel in die Hardware im Fahrzeug eingebracht werden müssen. Dies erfordert sorgfältige logistische Überlegungen in Hinsicht auf Konfiguration und Versionsbildung.

8.7.3 Erfolgsfaktoren

Der enorme Zuwachs von Software im Fahrzeug an Umfang und Funktionalität stellt die Automobilindustrie vor neue Herausforderungen. Besonderes Augenmerk kommt der Komplexitätsbewältigung in Hinblick auf die Zuverlässigkeit der Software zu und der Erhöhung der Produktivität in Hinblick auf die dramatisch steigenden Aufwände bei der Entwicklung der Software.
Hier ist die Avionik mit der Zuverlässigkeit von Software in Verkehrsflugzeugen weiter. Moderne Verkehrsflugzeuge fliegen „by-Wire". Die Zuverlässigkeit ist beeindruckend hoch. Allerdings sind die Kostenmodelle unterschiedlich zu denen in der Fahrzeugentwicklung.

8.7.3.1 Modellbildung

Wie kaum ein anderes Gebiet ist die Softwaretechnik auf angemessene Techniken zur Modellbildung angewiesen. Eine besondere Rolle spielt bei der Software im Fahrzeug das Thema Reaktivität und Echtzeit. Die Software muss auf Ereignisse aus der Umgebung angemessen werden und zur richtigen Zeit reagieren.
Da Software immateriell ist und dabei komplexe dynamische Vorgänge mit statischen Mitteln beschreibt und bis ins letzte Detail festlegt, kommt Techniken, die es erlauben, das Verhalten der Software nachvollziehbar und überprüfbar zu beschreiben, eine besondere Bedeutung zu.

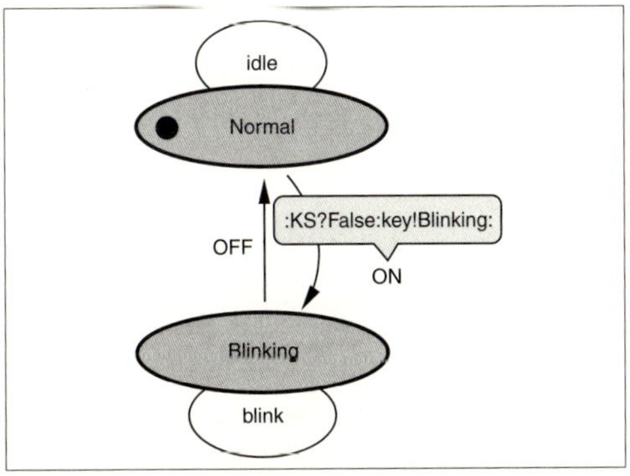

Bild 8.7-5 Zustandsübergangsdiagramm

Die Informatik hat eine ganze Reihe von Modellen entwickelt, um Software zu beschreiben und anschaulich darzustellen. Inzwischen existieren auch Modellierungssprachen und Werkzeuge, die das Erstellen von Modellen unterstützen.
Diese Reaktionen von Systemen lassen sich anschaulich durch Zustandsübergangsdiagramme darstellen (siehe **Bild 8.7-5**).
Die Bildung von Modellen für Software schafft die Möglichkeit, frühzeitig ohne die Betrachtung störender technischer Details, die Softwarefunktionalität unmissverständlich festzulegen und zu überprüfen. Dies führt auf den modellgetriebenen Ansatz der Softwareentwicklung.

8.7.3.2 MMI

Die auf Basis von Software geschaffene umfangreiche, neuartige Funktionalität in Fahrzeugen erfordert neue Konzepte, um diese Funktionalität dem Fahrer und Nutzer in angemessener Weise zur Verfügung zu stellen. Allein die hohe Zahl der Funktionen und die Schwierigkeit, ihre Wirkungsweise unmissverständlich zu verstehen, führt auf große Herausforderungen. Wir sprechen bei der Aufgabe, den Nutzern (Fahrer, Beifahrer, aber auch Wartung) die elektronisch basierten Funktionen durch Dialog mit der Maschine transparent für den Zugriff zur Verfügung zu stellen, von der Mensch-Maschine-Interaktion (kurz MMI, Kap. 8.6). Insbesondere der Umfang an Funktionen bereitet hier zunehmend Schwierigkeiten, wie auch die vielfältigen Einstellungsmöglichkeiten der Funktionen eines Fahrzeugs, die die Software dadurch bietet.
Durch die Softwaresysteme können Fahrzeuge in einer völlig neuen Weise auf die Bedürfnisse eines Fahrers zugeschnitten werden. Wir sprechen von „Personalisierung". Dazu ist es jedoch erforderlich, dass dem Fahrer entsprechende Möglichkeiten der Einstellung gegeben werden. Die bisher im Fahrzeug vorherrschenden Techniken durch Schieber, Knöpfe und Anzeigeinstrumente kommen dabei schnell an ihre Grenzen. Neue Bedien- und Anzeigekonzepte sind gefragt, die einfach und selbst erklärend sind und trotzdem dem Fahrer die volle Verfügung über alle vorhandenen Funktionen geben und ihm auch die entsprechenden Informationen über den Zustand seines Fahrzeugs zurückspiegeln. Neuartige Konzepte der Interaktion zwischen Nutzern und Fahrzeug kombinieren akustische Signale, Sprache und visuelle sowie taktile Möglichkeiten. Es entsteht eine multimodale Mensch-Maschine-Interaktion.
Dabei ist bemerkenswert, dass auch die Mensch-Maschine-Schnittstelle durch Software selbst flexibel und programmierbar wird. Die Nutzung von Anzeigeinstrumenten aus der Computertechnik, also von Bildschirmen und programmierbaren Anzeigen (wie „Menue"-Techniken etc.), erlaubt es, eine Vielzahl von unterschiedlichen Konzepten im gleichen Fahrzeug zu realisieren. Die angemessene Gestaltung und

Nutzung dieser Möglichkeiten ist eine der großen Herausforderungen der Zukunft.

8.7.3.3 Qualitätssicherung

Die enorme Komplexität der Software in Fahrzeugen stellt die Entwicklung vor große Herausforderungen. Durch die hohe Kombinatorik des Systemverhaltens sowie die Vernetzung und dadurch oft bedingten verdeckten logischen Abhängigkeiten gibt es viele Fehlerquellen, wie beispielsweise logische Fehler der Software und auch Integrationsfehler, die oft schwer zu ermitteln sind. Auch Fehler in der Infrastruktur können zu erheblichen Störungen führen. Besonders kritisch ist, dass das Auftreten unerwarteter Fehler oft Folgefehler verursacht, die einerseits folgenschwere Beeinträchtigungen der Funktionen nach sich ziehen, aber auch schwerlich zu diagnostizieren sind.

Entscheidend ist es, die Fehler vor Anlaufen der Produktion zu finden und zu beseitigen. Dazu sind umfangreiche Inspektionen, Reviews, Tests und Erprobungen erforderlich. Spontane Ausfälle der Fahrzeugsoftware („transiente" Fehler) im Feld rühren dagegen immer von der Hardware her, Softwarefehler sind hingegen stets systematische, logische Fehler, also Versäumnisse in der Entwicklung. In Hinblick auf Hardwarefehler kann Software jedoch mit geeigneten Methoden fehlertolerant gestaltet werden. Dies führt jedoch in der Regel auf höhere Kosten.

Da die Funktionen immer stärker vernetzt werden, aber gleichzeitig im Baukastenprinzip unterschiedliche Teile des Fahrzeugs und damit auch Funktionen von unterschiedlichen Herstellern geschaffen werden, kommt der Integration und der Integrationsfähigkeit im Zusammenhang mit Software im Fahrzeug eine herausragende Bedeutung zu. So müssen die Softwaresysteme, die von Zulieferern geschaffen werden und Schnittstellen zu anderen Softwaresystemen im Fahrzeug haben, in Hinblick auf ihre Schnittstellen genau beschrieben werden, so dass sie dann in einen Integrationsrahmen, der durch die Softwarearchitektur gegeben ist, eingepasst werden können.

Zur Bewältigung der angesprochenen Probleme wird es in Zukunft erforderlich sein, die Softwaresysteme im Fahrzeug viel stärker aus einer Gesamtsystemsicht zu sehen und zu entwickeln. Frühzeitig ist eine Funktions- und Softwarearchitektur festzulegen mit genau abgegrenzten Schnittstellen, wie das in der Softwaretechnik üblich ist. Auf dieser Basis ergibt sich ein systematisches Top-Down-Vorgehen, in das sich realisierte Softwaresysteme mit ihrer Vernetzung systematisch einfügen müssen.

8.7.4 Entkopplung von Infrastruktur und Plattformen

Die Software wird auf der Hardware des Fahrzeugs ausgeführt. Da die Hardware (Steuergeräte) starke Unterschiede aufweist, ist es für die Übertragbarkeit der Software zwischen unterschiedlichen Hardwareplattformen sinnvoll, einheitliche Softwarestrukturen („Softwareplattform") zu verwenden, auf die dann die Anwendungssoftware aufsetzen kann. Wichtigster Bestandteil ist dabei das Betriebssystem.

Langfristig ist zu erwarten, dass einheitliche Plattformen, zumindest bei den einzelnen Herstellern, entstehen, die es erlauben, Lösungen von Fahrzeugreihen auf andere Fahrzeugreihen zu übertragen und auch innerhalb der einzelnen Fahrzeugreihen unterschiedliche Hardwarelösungen einzusetzen, ohne dass die Software massiv dafür geändert werden muss. Dies ist eines der wesentlichen Ziele von AUTOSAR, eines gemeinsamen Projektes von Automobilherstellern, Zulieferern und Dienstleistern zur Vereinheitlichung und Standardisierung der Plattformen im Fahrzeug (Kap. 8.1).

8.7.5 Produktlinien

Typischerweise sind in den Fahrzeugen immer wieder ähnliche Funktionen durch Software realisiert. Deshalb empfiehlt sich der Produktlinienansatz, der der systematischen Entwicklung von immer wieder neuen Versionen eines Produkts Rechnung trägt.

Der Produktlinienansatz ist ein inzwischen in vielen Details beschriebener Ansatz für die Entwicklung von Softwaresystemen mit immer wieder ähnlichen Funktionsmerkmalen. Wichtigster Bestandteil des Produktlinienansatzes sind das sogenannte Domänenmodell und auch die Domänenarchitektur, in der die Funktionen eines Fahrzeuges strukturiert dargestellt werden („Featurebaum"). Dieser kann am günstigsten nach dem Prinzip der Nutzungsfälle (modelliert durch Szenarien; **Bild 8.7-6**) aufgebaut werden, in denen

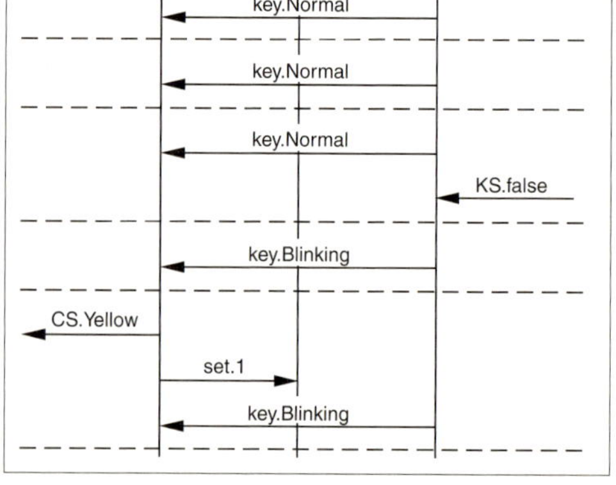

Bild 8.7-6 Interaktionsdiagramm

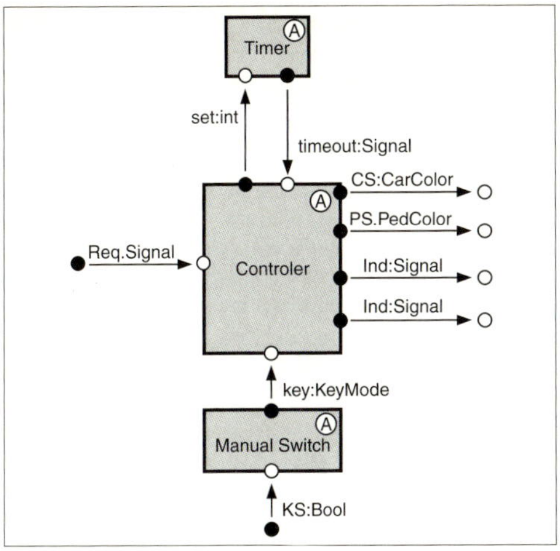

Bild 8.7-7 Strukturdiagramm

dargestellt wird, für welche Aufgaben die einzelnen Softwaresysteme und im Überblick das gesamte Softwaresystem im Fahrzeug gedacht ist. Zweiter wesentlicher Bestandteil der Produktlinien ist es dann, eine Komponentenarchitektur (**Bild 8.7-7**) für das Fahrzeug zu entwerfen, auch Systemarchitektur oder logische Architektur genannt, in der zur Realisierung der Funktionen das Softwaresystem in einzelne Komponenten zergliedert wird. Aus dieser Architektur wird dann schließlich die Softwarearchitektur gewonnen, die zeigt, wie die Bestandteile der Software sich gliedern und ferner die Hardwarearchitektur, die die Bestandteile des Hardwaresystems umfasst. Die Idee des Produktlinienansatzes ist es, alle diese Architekturen in verallgemeinerter Form zu entwickeln, so dass aus ihnen durch Spezialisierung die Lösungen für die einzelnen Baureihen abgeleitet werden können.

8.7.6 Anwendungsfelder

Die Anwendungsfelder der Software in Fahrzeugen werden immer vielfältiger. Die Software erlaubt es, umfangreich differenzierte Funktionen ins Fahrzeug einzubringen.

Grundsätzlich lassen sich zwei Arten von Gründen für die Implementierung von Funktionen im Fahrzeug durch Steuergeräte und Software unterscheiden. Zum einen wird diese Technik eingesetzt, um neuartige Funktionen im Fahrzeug zu realisieren. Typisches Beispiel ist die elektronisch unterstützte Fahrstabilität, die in ihrer ausgeprägten Form ohne Steuergeräte und zugeschnittene Software nicht denkbar wäre. Weitere Beispiele sind Navigationsgeräte oder Formen der Personalisierung im Fahrzeug durch die Einstellung von Komfortfunktionen und Fahrzeugcharakteristika auf die Bedürfnisse einzelner Fahrer.

Ein zweiter wichtiger Komplex der Anwendung von Software ist die Realisierung bekannter Funktionen, die bisher mechanisch und hydraulisch durch elektronische und elektrische Bauteile realisiert worden sind. Das wichtigste Gebiet in diesem Zusammenhang ist wohl das Gebiet des „Drive by Wire". Dabei werden klassische Funktionen des Fahrzeugs, wie etwa Bremsen durch Hydraulik oder Lenkung mit Lenkgestänge, durch Elektromotoren und Steuergeräte sowie Software ersetzt. Man verspricht sich dabei Vorteile im Hinblick auf das Packaging, auf kostengünstigere Produktionslösungen, aber auch im Hinblick auf neuartige Funktionalität, die Potenzial für weitere Innovationen aufweist.

Damit treffen sich beim „Drive by Wire" beide Beweggründe für den Einsatz von Software im Fahrzeug. Zunächst werden herkömmliche Funktionen durch Hardware-/Softwarerealisierungen ersetzt, was Vorteile für die technische Realisierung – die Kosten der Produktion oder das Packaging – hat. Durch den Umstand, dass nun diese Funktionen elektronisch angesteuert werden, ist es möglich, im Fahrzeug zusätzlich Funktionalitäten zu schaffen und dem Fahrer zur Verfügung zu stellen.

Allerdings erfordert der Einsatz umfassender „By-Wire"-Lösungen in den Fahrzeugen eine deutliche Erhöhung der Zuverlässigkeit der Systeme. Gerade in sicherheitskritischen Anwendungen ist ein Einsatz nur dann zu verantworten.

8.7.6.1 Fahrerassistenzsysteme

Ein wichtiges Anwendungsfeld von Software sind Fahrerassistenzsysteme, die den Fahrer unterstützen, seine Aufgaben vereinfachen, ihn warnen und zusätzliche Informationen geben (siehe auch 8.5.5). Auch auf diesem Gebiet sind die technischen Möglichkeiten bei weitem nicht ausgeschöpft. Bisher werden schon heute verfügbare Techniken kaum genutzt, durch Beobachtungen des Fahrers und seiner Aktivitäten, Informationen über seine Befindlichkeiten, Absichten und seine Ziele zu sammeln und daraus Schlussfolgerungen zu ziehen, wie das Fahrzeug stärker auf die Bedürfnisse des Fahrers eingestellt werden kann und zusätzliche Hilfen und Informationsdienste zur Verfügung gestellt werden können. Nur langsam klären sich in diesem Bereich die Fragen, welche Form der Unterstützung der Fahrer benötigt und wünscht, wie man sicherstellen kann, dass man den Fahrer nicht entmündigt, dass er sich über das Potenzial seines Fahrzeuges noch bewusst ist und dieses realistisch einschätzen kann und wie man den Fahrer in die Lage versetzt, die Charakteristika seines Fahrzeugs so weit wie möglich nach seinen eigenen Vorstellungen zu bestimmen.

8.7.6.2 Infotainment

Neben der Unterstützung der primären Funktionen im Fahrzeug steigt der Bedarf an Information und Unterhaltung im Fahrzeug. Über längst verbreitete Funktionen hinaus, wie dem Autoradio, sind drahtlose Telefone, Fernsehen, Navigationsgeräte und die Einbin-

dung typischer Informatiktechnologie bis hin zu Spielen und Informationsdiensten verstärkt in Fahrzeugen zu finden. Gerade die drahtlose Kommunikation eröffnet eine Vielzahl neuer Möglichkeiten, Kap. 8.5.4.
Nahezu grenzenlose Möglichkeiten bietet die Integration von übergreifenden Verkehrsleitsystemen und Kommunikationssystemen zwischen den Fahrzeugen mit dem Fahrzeug selbst. Dadurch wird es beispielsweise möglich, dass hintereinander fahrende oder in eine Kreuzung einfahrende Fahrzeuge Informationen austauschen. So kann beispielsweise auf eine Vollbremsung des Vordermannes elektronisch reagiert werden. Weiter wird es auch möglich, Informationen aus den Fahrzeugen zu sammeln und an zentrale Verkehrsleitstände zu geben. Somit wäre eine zuverlässige Gewinnung von Daten über die Verkehrssituation gegeben. Gleichzeitig könnten spezifische Daten in die Fahrzeuge zurück übertragen werden, Kap. 8.5.6)
Diese Beispiele zeigen bereits auf, wie umfangreich die Möglichkeiten durch die Vernetzung von Kommunikation und Software im Fahrzeug bereits heute sind. Nur langsam klären sich die Geschäftsmodelle, nach denen diese Möglichkeiten genutzt werden, aber auch die Wünsche der Kunden und ihre Akzeptanz gegenüber entsprechenden Lösungen.

8.7.6.3 Karosserie- und Komfortfunktionen

Die Funktionen in und um den Innenraum bieten eine Fülle von Möglichkeiten für eine Unterstützung von Fahrern und Passagieren. Beispiele sind Schließung, Steuerung der Fenster, Spiegel, des Lichts, der Scheibenwischer, Klimatisierung, Sitze und vieles mehr. Gerade hier kann ein hoher Komfort durch eine starke Personalisierung erreicht werden.

8.7.6.4 Sicherheitsfunktionen

Eine Fülle von Möglichkeiten bieten Funktionen zur passiven und aktiven Sicherheit in Hinblick auf Unfälle. Dies beginnt mit Funktionen zur Unfallvermeidung („aktive Sicherheit“) bis hin zum Eingriff in die Reaktionen des Fahrers. Dies führt auf kritische technische und konzeptionelle Fragen für die Mensch-Maschine-Schnittstelle. Auch schwierige rechtliche Fragen sind hierbei zu klären.
Im Falle eines Unfalls können Systeme der passiven Sicherheit die Insassen oder Unfallgegner vor schweren Verletzungen schützen. Beispiele sind Gurtstraffer, adaptive Airbagsteuerung und vielfältige Precrashfunktionen, durch die ein Fahrzeug auf einen als unvermeidlich erkannten Unfall so vorbereitet wird, dass das Verletzungsrisiko gemindert wird, Kap. 6.5 und Kap. 8.5.5

8.7.7 Technische Herausforderungen zur Software im Fahrzeug

Besondere Probleme der Software ergeben sich aus der Festlegung der Anforderungen, der Beherrschung der Komplexität der Realisierung und der Qualität und der Softwarelogistik (Wartung und Fehlerbeseitigung). Kritisch sind auch der ständig steigende Entwicklungsaufwand und die Beherrschung der Entwicklungsprozesse.

8.7.7.1 Zuverlässigkeit

Unter der Zuverlässigkeit von Software verstehen wir die Fehlerfreiheit, Verfügbarkeit und angemessene Reaktion auch in Grenzsituationen im Sinne der Anforderungen. In bestimmten Anwendungsfeldern ist die garantierte Zuverlässigkeit der Software absolutes Muss. Beispiele sind Softwaresysteme, deren Zuverlässigkeit für die Unfallvermeidung, die Fahrzeugfunktionen oder die Verhinderung von technischen Defekten zwingend Voraussetzung ist.
Allerdings unterscheiden sich die Methoden zur Messung, Steigerung und Sicherung der Zuverlässigkeit von Software stark von denen der Ermittlung und Bewertung der Zuverlässigkeit mechanischer Systeme. Für Software gibt es keinerlei Schwierigkeiten in Hinblick auf Fragen wie etwa Materialermüdung. Software kann aber logische Fehler durch eine inkorrekte Realisierung oder Konzeptfehler in Folge einer fehlerhaften Festlegung der Anforderungen aufweisen.
Die Zuverlässigkeit softwarebasierter Funktionen im Fahrzeug hat noch nicht den hohen Standard erreicht, wie er in der zivilen Luftfahrt heute anzutreffen ist. Die Gründe dafür sind vielfältig. Die unterschiedlichen Stückzahlen und Stückkosten erlauben für viele bewährte Ansätze der zivilen Luftfahrt wie der redundanten Auslegung von Steuergeräten ein Übertragen auf den Automobilbereich nicht. Auch sind die Vorschriften und Zulassungsprozesse in der zivilen Luftfahrt rigider. Im Automobilbereich sind die Verfahren des TÜV noch zu wenig auf die Besonderheiten softwareintensiver Systeme zugeschnitten.
Problematisch sind nicht zuletzt die rechtlichen Gesichtspunkte bei der Freigabe innovativer Systeme. Greifen Systeme stark in die Autonomie des Fahrers ein, indem sie seine Fahrmanöver korrigieren, treten Haftungsfragen auf (siehe die VDI/VW Gemeinschaftstagung „Integrierte Sicherheit und Fahrerassistenzsysteme“, 2006). Dies führt dazu, dass bestimmte Funktionen, die durchaus im statistischen Mittel einer Unfallvermeidung dienen könnten, nicht zum Einsatz kommen.

8.7.7.2 Wartung und Logistik

Nicht nur die Erstellung der Software, auch die Einbringung der Software in die Fahrzeuge während der Produktion, die Wartung der Software und das Ersetzen der Software im Fahrzeug durch neue Softwarestände bringen eine Vielzahl von Schwierigkeiten mit sich. Insbesondere ist Software in diesem Zusammenhang kaum mit den üblichen Prozessen der Automobilindustrie richtig zu behandeln.

Eine Schwierigkeit dabei ist beispielsweise, dass, bedingt durch die großen Unterschiede bei den Sonderausstattungen, kaum ein Softwaresystem in einem Fahrzeug einer Baureihe einem anderen gleicht.
Zugleich werden die Softwaremodule im Rahmen von Fehlerkorrektur, Funktionserweiterung und Anpassung an neue Hardware weiterentwickelt. Es entstehen unterschiedliche Versionen der Softwaremodule. Dieses Problem der Versionierung von Softwaresystemen erfordert eine hohe Modularität und weitgehende Kompatibilität der Software.
Heute wird bei der Wartung von Fahrzeugen mit sogenannten Softwareständen gearbeitet. Ein Softwarestand definiert eine Konfiguration, die sich aus einer Familie von untereinander verträglichen Softwareversionen zusammensetzt.
Macht man sich klar, dass für die Software immer wieder neue, verbesserte Softwarestände produziert und freigegeben werden, so ist eine der großen Schwierigkeiten, in den individuellen Fahrzeugen die genaue Information über den aktuellen Softwarestand zu haben und über die Möglichkeiten, diesen Softwarestand insgesamt oder in Teilen zu verändern.
Die Inkompatibilität zwischen unterschiedlichen Softwareteilen und die Inkompatibilität zwischen gewissen Hardware- und Softwarekomponenten führen letztlich auf schwer beherrschbare Probleme. Werkstätten müssen den aktuellen Softwarestand eines Fahrzeugs feststellen können und bei Wartungs- und Reparaturarbeiten darauf achten, das wieder konsistente Softwarestände im Fahrzeug sichergestellt sind.
Im Gegensatz zu der üblichen Schnelllebigkeit in der Computerindustrie, wo typischerweise Hardware nach drei bis fünf Jahren ausgemustert wird, müssen wir im Automobil Voraussetzungen dafür schaffen, dass Fahrzeuge zwanzig Jahre und länger im Markt sind. Sie müssen über diese ganze Zeit auch im Hinblick auf ihre Softwarestände gepflegt und gewartet werden. Dies bringt völlig neue Herausforderungen mit sich.

8.7.7.3 Vernetzung

Waren die ersten Softwaresysteme in Fahrzeugen im Wesentlichen bestimmt von regelungstechnischen Aspekten und liefen diese Systeme weitgehend isoliert, ohne mit anderen Funktionen in Interaktion zu treten, so beobachten wir heute eine immer stärkere Vernetzung der einzelnen Funktionen. Traditionell funktional völlig unabhängige Bestandteile des Fahrzeugs werden durch die Vernetzung ihrer Steuergeräte plötzlich voneinander abhängig. Beispiele sind Fahrstabilitätssysteme oder die komfortable Feststellbremse. Durch angepasste Bremsanlagen werden heute funktionale Abhängigkeiten zwischen Fahrzeugteilen, wie Motor, Bremsen und Fahrwerk geschaffen, die bisher nicht vorhanden waren.

Diese Abhängigkeiten sind typischerweise „Bottom up“ entstanden. Dies heißt, dass unsystematisch („ad hoc“) die Vernetzung einzelner Funktionen stattgefunden hat. Inzwischen sind die funktionalen Abhängigkeiten so vielfältig, dass im Entwicklungsprozess leicht die Übersicht verloren geht. Dies führt dazu, dass gelegentlich überraschende, unbeabsichtigte Abhängigkeiten auftauchen, die in ungewollten fehlerhaften Verhalten resultieren („Feature Interaction“). Dieses Phänomen, das aus Softwaresystemen, beispielsweise der Telekommunikation, wohl bekannt ist, erzwingt, dass in Zukunft der Entwurf der Funktionen im Fahrzeug viel stärker systematisch „Top down“ erfolgt und dass das Fahrzeug und seine Softwaresysteme grundsätzlich von vornherein als Gesamtsystem gesehen werden.

8.7.7.4 Multiplexing, Zeitbeherrschung und Determinismus

Die Hardwarestrukturen werden aus Kostengründen gemeinsam für unterschiedliche Funktionen genutzt. So laufen auf den Steuergeräten Programme zeitlich versetzt ab, die die unterschiedlichen Funktionen realisieren. Wir sprechen von Multiplexing. Die Festlegung, welche Funktion wann zur Ausführung kommt, wird durch das „Scheduling“ bestimmt. Auch auf den Bussystemen werden Nachrichten und Signale für unterschiedliche Anwendungen zeitlich versetzt übertragen.
Die zeitlich verschränkte Ausführung führt dazu, dass die Reaktionszeiten bei den einzelnen Funktionen nicht nur durch die Geschwindigkeit der Steuergeräte sondern auch durch die Reihenfolge der Ausführung bestimmt werden. Durch zufällige Verdrängung der Ausführung einzelner Funktionen können unerwartete Verzögerungen auftreten, wenn die Steuerung der Steuergeräte und der Bussysteme jeweils auf die auftretenden Ereignisse reagiert. Bei dieser Vorgehensweise spricht man von Ereignissteuerung. Das zeitliche Verhalten einzelner Funktionen erscheint dann nicht vorhersagbar und nichtdeterministisch.
Dieser Nichtdeterminismus ist für sicherheits- und zeitkritische Anwendungen nicht akzeptabel. Abhilfe schaffen Methoden der Zeitsteuerung, wo das Scheduling auf Steuergeräten und Bussen nicht über Ereignisse sondern über fest vergebene Zeitintervalle erfolgt. Flexray ist ein Bussystem, das das Konzept der Zeitsteuerung unterstützt und zurzeit in erste Serienfahrzeuge eingebaut wird.

8.7.7.5 IT-Security

Die Vernetzung der Fahrzeuge nach innen und außen schafft Anforderungen in Hinblick auf die IT-Sicherheit (engl. Security) der Informationen und Funktionen im Fahrzeug. Hinzu kommen wichtige Fragen der sogenannten Privacy, das heißt, der Sicherstellung, dass vertrauliche Daten über den Fahrer

nicht unzulässig gesammelt und unbefugt genutzt werden.
Insgesamt nimmt das ganze Thema der IT-Zugriffssicherheit (engl. Security im Fahrzeug) einen immer höheren Stellenwert ein. Die Sicherung der Informationen im Fahrzeug gegen unbefugte Nutzung und Manipulation wird eines der kritischen Fragestellungen für moderne Hardware-/Softwaresysteme in Fahrzeugen.

8.7.8 Potenzial

Software bietet enormes Potenzial für Kraftfahrzeuge. Sie erweist sich als der Innovationstreiber.
Wie bereits erwähnt, wird auf das Thema „Drive by Wire" in der Automobilindustrie mit besonderen Erwartungen geblickt. Bisher gibt es zwar nur vereinzelt Lösungen in dieser Hinsicht (siehe Kap. 5 und 7), aber langfristig erwarten sich die Automobilhersteller umfassende Lösungen, bei denen beispielsweise die Lenkung eines Fahrzeugs völlig durch Elektronik ersetzt wird. Versuchsträger dazu existieren bereits. Dies erfordert Stellmotoren zur Steuerung der Räder und gleichzeitig Aktuatoren und Sensoren in der Lenkung, mit denen die Lenkbewegungen des Fahrers erfasst werden. Damit der Fahrer auch noch das Gefühl für die Straße hat, ist dabei ein sogenanntes haptisches Feedback erforderlich. Die auf das Fahrzeug wirkenden Kräfte werden so ebenfalls auf elektronischem Weg auf die Lenkung des Fahrers rückübertragen.
Drive by Wire bedingt hohe Anforderungen in Hinblick auf die Zuverlässigkeit der Systeme. Insbesondere die Frage, wie man die Systeme ausfallsicher macht, sobald keine mechanischen Notsysteme mehr vorhanden sind, steht hierbei im Vordergrund.
Gelingt es „Steer by Wire" zu realisieren, so sind die Möglichkeiten für weitere Innovationen nahezu unbeschränkt. Beispielsweise ist keine Notwendigkeit mehr für ein Lenkrad gegeben. Das Fahrzeug kann möglicherweise ebenso gut durch einen „Joystick" gelenkt werden, wobei die damit verbundenen ergonomischen Fragen noch zu klären sind (siehe auch 6.4.1). Dies erlaubt wiederum völlig andere Lösungen im Bereich der Armaturen und der Gestaltung des Fahrgastraums. Sind die Steuersignale der Lenkung erst einmal elektronisch erfasst, so gibt es vielfältige Möglichkeiten, auch hier zusätzliche Funktionen aufzusetzen. Dies geht von der automatischen Einparkfunktion über die Korrektur der Lenkvorgänge bei Instabilitäten bis hin zu Fragen einer dynamisch beeinflussten Lenkung, bei der der Lenkeinschlag geschwindigkeitsabhängig gewählt wird, Kap. 7.4.6.
Das Beispiel „Drive by Wire" zeigt das riesige Potenzial von Softwarelösungen im Fahrzeug, aber gleichzeitig die bisher nicht vollständig bewältigten Herausforderungen für die Entwicklungsingenieure.

8.7.9 Organisatorische Herausforderungen

Die starke Zunahme von Software in Fahrzeugen hat nicht nur tiefgreifende technische Auswirkungen auf das Fahrzeug und seine Entwicklung, sondern auch tiefwirkende organisatorische Auswirkungen auf Automobilunternehmen und die Zulieferindustrie. Zum einen müssen Kompetenzen in dieser Hinsicht aufgebaut werden, des Weiteren müssen die Prozesse auf die neuen Techniken zugeschnitten werden.
Eine Vielzahl fortgeschrittener Prozesse und Verfahren der Informatik findet in der Praxis der Softwareentwicklung für Automobile noch nicht hinreichend Berücksichtigung. Eine Erhöhung ihres Softwarereifegrads ist für viele Hersteller und Zulieferer deshalb ein Ziel hoher Priorität. Dazu werden standardisierte Verfahren zur Bewertung des Softwarereifegrades von Unternehmen verwendet wie CMMI und SPICE.

8.7.9.1 Prozesse

Besonders gravierend wirkt sich dabei aus, dass die Lebenszyklen in der Softwareindustrie typischerweise deutlich kürzer sind als üblicherweise im Automobilbereich. Ein eindringliches Beispiel in diesem Zusammenhang sind die mobilen Telefone in Fahrzeugen. Neue Generationen mobiler Telefone erscheinen in der Regel alle ein- bis eineinhalb Jahre. Eine neue Fahrzeuggeneration wird alle sechs bis acht Jahre angegangen. Diese Unterschiede zeigen schon, dass bei konsequentem Einbau aktueller Technologie in Fahrzeuge in einem Serienmodell alle ein- bis eineinhalb Jahre neue Telefontypen eingebaut werden sollten, was bedeutet, dass während der Lebensdauer der Fahrzeugproduktion drei- bis viermal das Konzept des mobilen Telefons erneuert werden muss. Diese unterschiedlichen Zyklen, auch bei der Entwicklung von Software vor Anlauf der Produktion sind mit den klassischen Automobilprozessen heute unzureichend integriert.
Langfristig stellt sich auch die Frage, ob im Gegensatz zur heutigen Situation Software im Automobilumfeld nicht immer stärker auch eigenständiges Produkt wird. Heute werden Softwarelösungen in der Regel verkapselt in Hardwarelösungen vertrieben. So produzieren Zulieferer die mechanischen Geräte wie Bremsen, die dazugehörigen Sensoren und Aktuatoren, die Stellmotoren, die Steuergeräte und schließlich die Software in der Regel in einem Bauteil. Mittel- bis längerfristig ist jedoch zu erwarten, dass die Anzahl der Prozessoren in den Fahrzeugen eher wieder abnimmt und dass eine Vielzahl von Funktionen auf einzelnen Prozessoren und Steuergeräten zusammengefasst wird. Dies bedeutet, dass die Software für unterschiedliche Funktionen nicht mehr in den entsprechenden Geräten verkapselt in dafür gewidmeten Steuergeräten läuft, sondern, wie in klassischen Informatiksystemen, in Multiplexbetrieb

auf einen Prozessor. Dies führt unweigerlich dazu, dass die Software getrennt von den Geräten gesehen und integriert werden muss. Der nächste Schritt liegt auf der Hand. Damit kann die Software auch unabhängig von der Mechanik der Sensorik und Aktuatorik erstellt werden.
Damit sind langfristig neue Formen der Zuliefer- und Softwareindustrie zu erwarten, die die Bedürfnisse der Automobilindustrie in dieser Hinsicht befriedigen. Software wird auch im Fahrzeug zum eigenständigen Teilprodukt. Letztlich kann Software auch nachträglich den Funktionsumfang eines Fahrzeugs erweitern.

8.7.9.2 Impakt und langfristige Perspektiven

Software im Fahrzeug stellt schon heute, aber stärker noch für die Zukunft, eine der Herausforderungen schlechthin für die Automobilindustrie dar. Dramatische Änderungen im Produkt, in den Entwicklungs-, aber auch Produktionsprozessen in den Geschäftsmodellen und im Markt sind zu erwarten.
Software basierte Funktionen sind für die Zukunft entscheidende Innovationstreiber. Das Thema zeigt damit hohes Potenzial, aber auch Risiken. Alle beteiligten Unternehmen der Automobilindustrie sind heutzutage organisatorisch, personell und technisch auf diese Herausforderungen noch nicht hinreichend eingestellt. Die Fähigkeit, sich schnell und flexibel auf die angesprochenen Themen auszurichten und einzustellen, diese zu bewältigen und beherrschen, und dabei die Marktführerschaft zu behalten, wird eine der entscheidenden Fähigkeiten im Wettbewerb der Zukunft sein.

Literatur

[1] *Bauer, A.; Broy, M.; Romberg, J.; Schätz, B.; Braun, P.; Freund, U.; Mata, N.; Sandner, R.; Ziegenbein, D.*: Auto-MoDe-Notations, Methods, and Tools for Model-Based Development of Automotive Software. In: Proceedings of the SAE 2005 World Congress, Detroit, MI, Apr. 2005. Society of Automotive Engineers.

[2] *Broy, M.*: Challenges in Automotive Software Engineering. Key Note 28th International Conference on Software Engineering (ICSE 2006)

[3] *Broy, M.*: The ‚Grand Challenge' in Informatics: Engineering Software-Intensive Systems. IEEE Computer, Oktober 2006, 72–80

[4] *Broy, M.; Pretschner, A.; Salzmann, Ch.; Stauner, Th.*: Software-intensive systems in the automotive domain: challenges for research and education. In: Proceedings of the SAE 2006 World Congress, Detroit, MI, Apr. 2006. Society of Automotive Engineers

[5] *Broy, M.; Rausch, A.*: Das neue V-Modell XT – Ein anpassbares Vorgehensmodell für Software und System Engineering. Informatik Spectrum, Juni 2005

[6] *Bühne, S., Lauenroth, K.; Pohl, K.; Weber, M.*: "Modeling Features for Multi-Criteria Product-Lines in the Automotive Industry", Proc. 1st Intl. Workshop of Software Engineering for Automotive Systems, pp. 9–16, 2004

[7] *Decomsys*: "Designer Pro", http://www.decomsys.com/htm/frs/3_flexraydesign_pro.htm, 2006

[8] *Douglass, B. P.*: Real-Time UML – Developing Efficient Objects for Embedded Systems. Addison-Wesley, 1999

[9] *Clements, P.; Northrop, L. M.*: Software Product Lines – Practices and Patterns. Addison-Wesley, 2001

[10] *Kneuper, R.*: CMMI – Verbesserung von Softwareprozessen mit Capability Maturity Model Integration. Heidelberg: dpunkt.verlag, November 2002

[11] *Hardung, B., Kölzow, T.; Krüger, A.*: "Reuse of Software in Distributed Embedded Automotive Systems", in Proc. EMSOFT'04, 203-210, 2004

[12] *Hindel, B., Hörmann, K.; Müller, M.; Schmied, J.*: Basiswissen Software-Projektmanagement – Aus- und Weiterbildung zum Certified Project Manager nach dem iSQI-Standard. iSQI-Reihe Heidelberg: dpunkt.verlag, 2006

[13] *Jackson, M. A.*: Software Requirements & Specifications – a lexicon of practice, principles and prejudices, Addison-Wesley Press, 1995

[14] *Liggesmeyer, P.*: „Software-Qualität". Heidelberg: Spektrum Verlag, 2002

[15] *Leveson, N. G.*: Safeware – System Safety and Computers, Addison-Wesley, 1995

[16] *Mores, R.; Hay, G.; Belschner, R.; Berwanger, J.; Ebner, C.; Fluhrer, S.; Fuchs, E.; Hedenetz, B.; Kuffner, W.; Krüger, A.; Lormann, P.; Millinger, D.; Peller, M.; Ruh, J.; Schedl, A.; Sprachmann, M.*: "FlexRay – The Communication System for Advanced Automotive Control Systems". Doc. No. SAE 2001-01-0676, SAE, 2001

[17] *Peled, D. A.*: Software Reliability Methods. Berlin/Heidelberg/New York: Springer-Verlag, 2001

[18] *Scharnhorst, Th.*: Systementwurf für Elektronikarchitekturen im Fahrzeug. 4. Braunschweiger Symposium Automatisierungs- und Assistenzsysteme für Transportmittel. VDI Reihe 12, 525, 2003

[19] *Sommerville, I.*: Software Engineering, Addison-Wesley, 2001

[20] *Spillner, A.; Linz, T.*: Basiswissen Softwaretest: Aus- und Weiterbildung zum Certified-Tester. Heidelberg: dpunkt.verlag, 2003

[21] *Weber, M.; Weisbrod, J.*: "Requirements engineering in automotive development: Experiences and challenges". IEEE Software 20 (2003) 16–24

[22] X-by-Wire Consortium, "X-by-wire – Safety related fault tolerant systems in vehicles – final report". Project BE95/1329, Contract BRPR-CT95-0032, 1998

[23] VDI/VW Gemeinschaftstagung „Integrierte Sicherheit und Fahrerassistenzsysteme", Wolfsburg, Germany, Oct. 12–13, 2006

8.8 Moderne Methoden der Regelungstechnik

Moderne Regelsysteme sind eine wichtige Grundlage für die Innovationen im Automobil der vergangenen Jahre und werden zukünftig für weitere wesentliche Veränderungen im Bereich der individuellen Mobilität verantwortlich zeichnen. Die eingesetzten Regelungsverfahren sind für die Leistungsfähigkeit moderner Fahrerassistenz-, Antriebs- und Sicherheitssysteme im Kraftfahrzeug von großer Bedeutung.
In diesem Abschnitt wird ein Überblick über die modernen Methoden der Regelungstechnik gegeben und eine Bewertung der einzelnen Verfahren vorgenommen. Dieses Instrumentarium kann unterstützend für die Auswahl eines passenden Entwurfsverfahrens für die jeweils vorliegende Regelungsaufgabe herangezogen werden.

8.8.1 Anforderungen an Regelsysteme im Kraftfahrzeug

Trotz der unterschiedlichen übergeordneten Ziele (Sicherheit, Umweltschutz, etc.) lassen sich die Anforderungen an Regelungssysteme im Kraftfahrzeug zusammenfassen zu:

- Der Regler muss das System stabilisieren.
- Das System hat im geregelten Zustand neben der Stabilität zusätzliche definierte Güteeigenschaften zu erfüllen (z.B. schnelles Einschwingen und Einhalten einer max. zulässigen Abweichung vom Sollwert).
- Das für den Reglerentwurf oftmals benötigte Modell des Systems kann resultierend aus Abweichungen zwischen System- und Modellverhalten Unsicherheiten besitzen, die im Entwurf berücksichtigt werden müssen.
- Stabilität und Güteeigenschaften müssen erfüllt werden, auch wenn das zu regelnde System während der Laufzeit Parameterschwankungen unterliegt, die nicht genauer ermittelt werden können (z.B. Reifengriffigkeit oder Zuladung).

Da Regelungssysteme zunehmend in sicherheitsrelevanten Bereichen eingesetzt werden, müssen diese unter den gegebenen Randbedingungen einer kritischen Fahrsituation sicher und zuverlässig funktionieren. Andernfalls könnten kostenintensive und imageschädigende Rückrufaktionen die Folge sein.

Entsprechend **Bild 8.8-1** müssen moderne Regelungen ausreichende Robustheit gegenüber Modellunsicherheiten und Parametervariationen aufweisen, um Stabilität und Güteeigenschaften auch unter realen Einsatzbedingungen erfüllen zu können. Hierzu müssen die Modellunsicherheiten, verrauschten Signale und Parameterschwankungen bereits während des Entwurfs berücksichtigt werden. Dafür sind sehr gute Kenntnisse der klassischen Regelungstechnik und ein intensives Verständnis des zu regelnden Prozesses notwendig. Werden diese Anforderungen bereits im

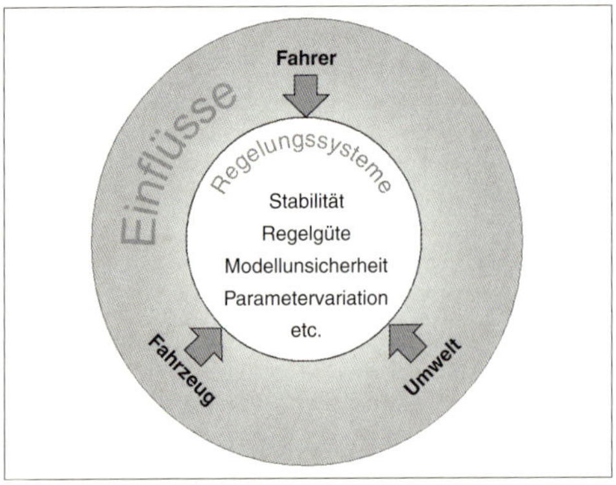

Bild 8.8-1 Anforderungen an moderne Regelungsverfahren im Kraftfahrzeug-Umfeld

Entwurf des Regelungssystems eingebracht, so können hervorragende Robustheits- und Performance-Eigenschaften erzielt werden.

8.8.2 Moderne Reglerentwurfsverfahren

Die im Fahrzeugsektor am weitesten verbreitete PID-Regelung [4] umfasst die einfachste, vom Aufwand/Nutzen-Verhältnis allerdings sehr attraktive Klasse von Reglern. Der Regelfehler wird proportional, integral und differenzial gewichtet. Sämtliche Kombinationen dieser Gewichtung sind möglich. Viele Anwender besitzen grundlegende Kenntnisse der PID-Regelung, da diese Regelungen Bestandteil der überwiegenden Anzahl technisch-orientierter Ausbildungskurse sind. Brauchbare Regler können für viele Anwendungen ohne explizites Modellwissen durch einfaches Anpassen der Parameter oder durch automatisierte Parametrierung erzielt werden. Aussagen bzgl. Robustheit sind jedoch nicht explizit möglich, weshalb dieses Verfahren für eine Vielzahl anspruchsvoller Anwendungen nicht ausreichend ist.

Nachfolgend wird eine Auswahl von modernen Reglerentwurfsverfahren unter anwendungsorientierten Gesichtspunkten erörtert. Es kann keine generelle Aussage darüber getroffen werden welches der Verfahren zu favorisieren ist, da die verfahrensspezifischen Vor- und Nachteile mit den aus dem jeweils individuell vorliegenden Anwendungsfall resultierenden Anforderungen abzugleichen sind.

8.8.2.1 Adaptive Regelung

Mit adaptiven Reglern können Systeme mit Modellunsicherheiten bzw. mit zeitlich veränderlicher Dynamik gehandhabt werden. Veränderungen im Verhalten der Regelstrecke werden detektiert und der Regler in Folge dessen an das neue dynamische Verhalten angepasst (**Bild 8.8-2**). Die Adaption kann sowohl offline als auch online durchgeführt werden. Voraussetzung für den Einsatz adaptiver Regelungssysteme sind solide Kenntnisse in klassischer Regelungstechnik, nichtlinearen und digitalen Systemen sowie im Bereich der Systemidentifikation. Ein Derivat adaptiver Regler sind selbsteinstellende Regler, vorzugsweise PID-Regler [16]. Sie sind industriell beliebt, da sie sich per Knopfdruck selbst einstellen. Populär ist das sogenannte Gain- oder auch Parameter-Scheduling. Die Reglerparameter werden vorab für verschiedene Betriebspunkte, zwischen denen während des laufenden Betriebes umgeschaltet wird, ausgelegt. Bei der höchstwertigen Form der adaptiven Regler, den modellbasierten adaptiven Reglern, werden die Parameter kontinuierlich aufgrund des aktuellen Streckenverhaltens nachgeführt [2]. Im Kfz-Bereich werden adaptive Regelungen z.B. bei der adaptiven Dämpferregelung eingesetzt, mit der unterschiedliche Fahrwerkscharakteristiken bei einem Fahrzeug realisiert werden können.

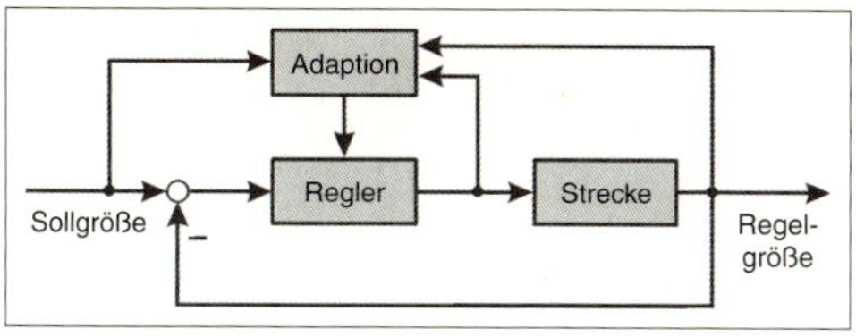

Bild 8.8-2 Struktur einer adaptiven Regelung

8.8.2.2 Fuzzy-Regelung

Bei Fuzzy-Regelungen wird das Regelgesetz intuitiv mit vorhandenem Wissen über die Prozessregelung in sprachlich formulierten Wenn-Dann-Regeln aufgestellt. Die Einbettung dieser sogenannten Inferenz in die Reglerstruktur ist in **Bild 8.8-3** dargestellt. Zum Design einer Fuzzy-Regelung ist kein mathematisches Modell der Regelstrecke und damit auch keine Linearisierung notwendig. Soll der Reglerentwurf von einer Simulation begleitet werden, so wird dieser Vorteil hinfällig, da für Simulationszwecke zwangsläufig ein Modell der Regelstrecke vorliegen muss. Wichtigste Voraussetzung zum Entwurf einer Fuzzy-Regelung ist das Vorhandensein von Wissen über die Regelung des Prozesses. Mit einfachem Verständnis der Fuzzy-Entwurfsmethodik können schnell brauchbare Regler realisiert werden. Höherwertige Fuzzy-Regler gestalten sich aufgrund der extrem hohen Anzahl an verfügbaren Parametern als aufwändig. Für gute Lösungen ist eine solide Kenntnis der Fuzzy-Theorie unumgänglich. Bei der schnell unüberschaubar werdenden Anzahl an potenziellen Regeln wirkt sich eine fehlende Systematik zur Erstellung des Regelwerks nachteilig aus. Außerdem gibt es keine Möglichkeit sich widersprechende Regeln zu erkennen. Nichtlinearitäten können bei Fuzzy-Reglern einfach integriert werden. Häufig wird durch das intuitive Vorgehen gute Robustheit erzielt, im Entwurf kann dies aber nicht quantitativ berücksichtigt werden [5]. Eine exemplarische Anwendung ist ein Fuzzy-ABS-System, bei dem sowohl der eigentliche Regler als auch eine Schätzung der Geschwindigkeit des Fahrzeugschwerpunktes auf Methoden der Fuzzy-Logik beruht [11].

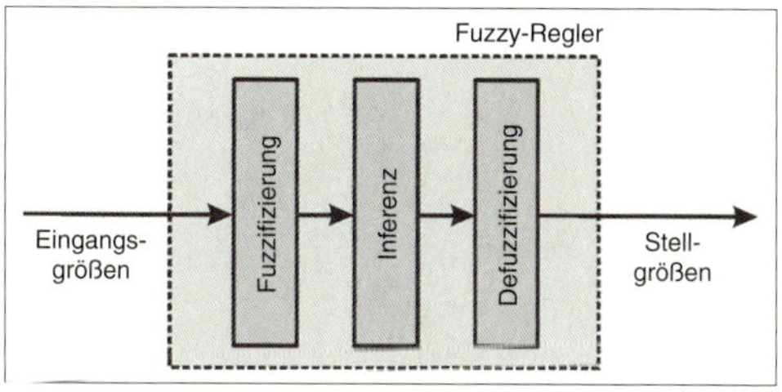

Bild 8.8-3 Struktur eines Fuzzy-Reglers

8.8.2.3 Γ-Synthese

Die Γ-Synthese kann als konsequente Weiterentwicklung des klassischen Polvorgabe-Entwurfs mit einer Erweiterung auf unsichere Regelstrecken verstanden werden. Die Lage sämtlicher Eigenwerte des geschlossenen Kreises soll trotz Anwesenheit von Unsicherheiten auf ein definiertes Polgebiet beschränkt werden [1]. Das Verfahren beschränkt sich im Wesentlichen auf die Modellierung von Unsicherheiten in physikalischen Parametern, also strukturierte Unsicherheiten. Nicht nachgebildetes dynamisches Verhalten oder Modellvereinfachungen können nicht über unstrukturierte Unsicherheiten abgefangen werden. Die Modellierung der Unsicherheiten, wie auch alle weiteren Betrachtungen im Rahmen der Γ-Synthese, erfolgen ausschließlich anhand des charakteristischen Polynoms des geschlossenen Kreises. Mit dieser Fokussierung wird zwar a priori das Potenzial vergeben, auch Zeit- und Frequenzbereichs-Einflüsse von Nullstellen in den Reglerentwurf zu integrieren, dafür kann aber auf das gesamte Wissen der klassischen Regelungstechnik aufgebaut werden. Die Γ-Synthese bietet ein breites Spektrum an Hilfsmitteln zum Reglerentwurf – aber es ist auch ein intensives Verständnis der Regelstrecke notwendig.

Die Performance-Anforderungen werden über Polgebiete formuliert **(Bild 8.8-4)**. Zeitbereichs-Anforderungen wie minimale Einschwingzeit oder minimale Dämpfung aber auch Frequenzbereichs-Anforderungen wie Beschränkung der Bandbreite können so vorgegeben werden. Das aus einfachen geometrischen Elementen zusammengesetzte zulässige Polgebiet wird als Γ-Gebiet bezeichnet. Liegen alle Eigenwerte des mit Unsicherheiten behafteten geschlossenen Kreises in dem gewünschten Gebiet Γ, so wird dies in der Γ-Synthese als robuste Performance bezeichnet. Darüber hinaus müssen wichtige Vorgaben wie z.B. die Struktur des gewünschten Reglers vor Beginn des Entwurfs vom Anwender festgelegt wer-

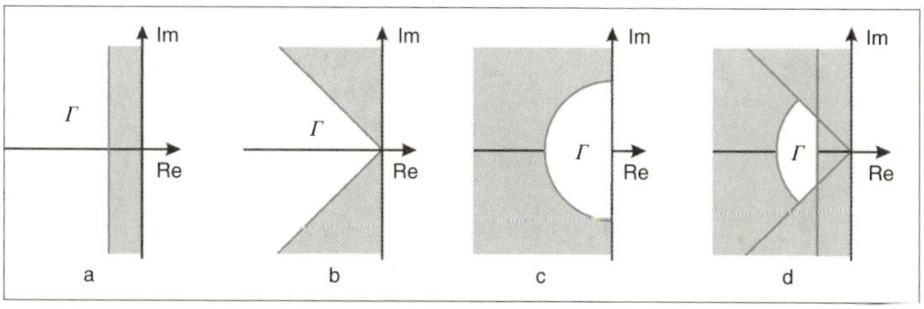

Bild 8.8-4 Polgebiete zur Performance-Spezifikation

den. Die Γ-Synthese zeigt dann in grafischer Form die zulässigen Koeffizientenbereiche auf, aus denen der Entwurfsingenieur nach eigenem Ermessen die günstigsten auswählen kann. Diese Reglerentwurfsmethodik wurde bei der Stabilisierungsfunktion der BMW-Aktivlenkung, die sich heute in den Baureihen 3, 5 und 6 im Serieneinsatz befindet, angewendet [3].

8.8.2.4 Neuronale Regelung

Als Vorbild für künstliche neuronale Netze dient das biologische Nervensystem. Ein neuronales Netz wird darauf trainiert, eine bestimmte Funktion auszuführen. Aufgrund dieser Eigenschaft werden neuronale Netze für adaptive Regler und schwerpunktmäßig zur Systemidentifikation, teilweise auch für prädiktive Regelungen eingesetzt. Neuronale Netze können aber auch als Regler verwendet werden [13]. Der Ansatz der Verhaltensnachbildung verbindet die neuronalen Regelungen mit den Fuzzy-Regelungen. Beide werden häufig unter dem Begriff Soft Computing zusammengefasst. Für neuronale Regelungen muss sich der Anwender intensiv mit der spezifischen Funktionsweise neuronaler Netze auseinandersetzen und gute Kenntnisse in der Systemidentifikation besitzen. Allgemeine regelungstechnische Kenntnisse sind sekundär. Da neuronale Netze erst ihre eigentliche Funktion antrainiert bekommen müssen, sind umfangreiche Lerndaten erforderlich. In Fällen von schwierig durchzuführender Modellbildung können so Messdaten über das Systemverhalten aufgenommen und als Lerndaten zur Systemidentifikation mittels neuronaler Netze verwendet werden. Neuronale Netze werden aber auch als Modellfolgeregler verwendet. Die Komplexität eines neuronalen Netzes bestimmt der Anwender durch die Vorgabe der Anzahl an Schichten des Netzes (**Bild 8.8-5**). Transparenz ist bei neuronalen Netzen aufgrund der Black Box Struktur nicht gegeben. Typisches Einsatzgebiet neuronaler Netze ist z.B. das momentenbasierte Motormanagement [8].

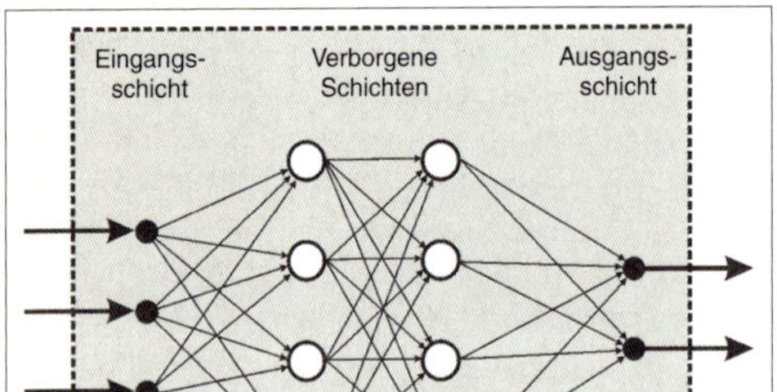

Bild 8.8-5 Struktur eines neuronalen Netzes

8.8.2.5 Norm-optimale Regelung

Bei den norm-optimalen Entwurfsverfahren handelt es sich um sehr junge Verfahren bei denen zum ersten Mal die Definition einer Norm für regelungstechnische Fragestellungen herangezogen wird. Diese Entwurfsverfahren sind eine konsequente Fortentwicklung der optimalen Zustandsregelung kombiniert mit einem optimalen Beobachter. Zu den norm-optimalen Entwurfsverfahren zählen die H_2- und H_∞-Regelung [15], die μ-Synthese [17] sowie die lediglich im diskreten lösbare L_1-optimale Regelung [14].

In den Reglerentwurf können bereits Modellunsicherheiten integriert werden (**Bild 8.8-6**). Für die Modellierung von Unsicherheiten werden zumeist frequenzabhängige Wichtungsfunktionen verwendet. Mit ihnen kann abgestimmt nach Frequenzbereichen eine prozentuale (multiplikative Unsicherheit) oder absolute Abweichung (additive Unsicherheit) vom nominellen Modell beschrieben werden. Die Performance-Anforderungen werden ebenfalls anhand von Wichtungsfunktionen formuliert. Die gebräuchlichste Struktur mit drei Wichtungsfunktionen ist der Mixed-Sensitivity-Entwurf, der die gezielte Modellierung frequenzabhängiger Eigenschaften ermöglicht. Während der Reglersynthese wird ein Gütefunktional minimiert, woraus ein für die gestellten Anforderungen optimaler Regler resultiert. Eine Analyse im Anschluss an den Entwurfsvorgang ist nicht erforderlich, da der resultierende Regler die geforderten Robustheitseigenschaften garantiert einhält.

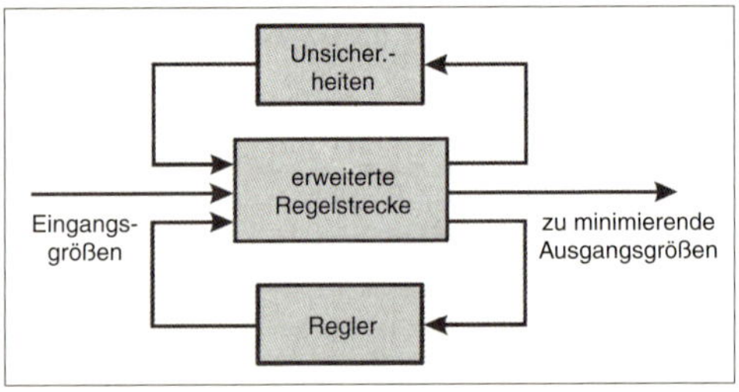

Bild 8.8-6 Struktur einer norm-optimalen Regelung

Da die Reglerübertragungsfunktion Ergebnis eines automatisch ablaufenden Iterationsprozesses ist, muss der Regler als Black Box betrachtet werden – aus welchen Komponenten sich der Regler zusammensetzt, kann nicht transparent nachvollzogen werden. Damit besteht auch keinerlei Möglichkeit einer nachträglichen „manuellen Optimierung". Ein mögliches Anwendungsgebiet norm-optimaler Regler im Kfz-Bereich sind Spurführungsassistenten [10].

8.8.2.6 Prädiktive Regelung

Regelungen, die auf Basis eines Streckenmodells das zukünftige Verhalten der Regelstrecke über einen definierten Zeithorizont berücksichtigen und anhand einer Optimierung in die Stellgrößenberechnung integrieren, werden als prädiktive Regelungen bezeichnet (**Bild 8.8-7**). Anwender prädiktiver Regelungen benötigen allgemeine Kenntnisse in digitaler Regelung und Handhabung von Gütekriterien. Der Zeitaufwand für den Entwurf konzentriert sich vor allem auf die Erstellung eines exakten Streckenmodells. Der Entwurf eines ersten Reglers ist relativ einfach, beim Entwurf höherwertiger Regler besteht die größte Schwierigkeit in der hohen Anzahl an zu berechnenden Parameter. Das Umsetzen von Anforderungen in die Syntax des Verfahrens über individuell definierbare Gütekriterien ist gut realisierbar. Stabilität ist bei prädiktiven Reglern nicht garantierbar, dafür können Stellgrößenbegrenzungen berücksichtigt werden und eine Erweiterung auf nichtlineare Prozesse ist möglich [12]. Prädiktive Regler werden z.B. bei der Gierratenregelung eingesetzt, um einem Über- bzw. Untersteuern des Fahrzeugs frühzeitig entgegenzuwirken.

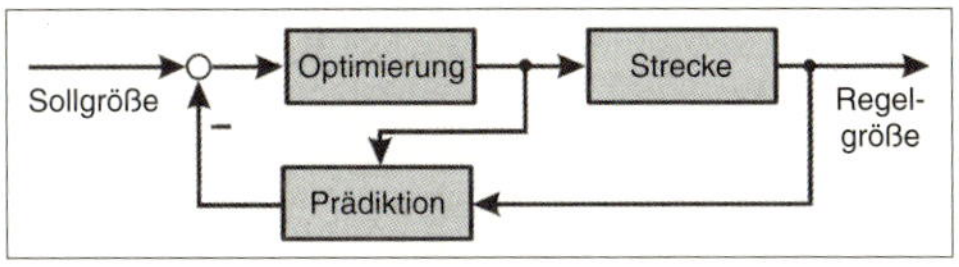

Bild 8.8-7 Struktur einer prädiktiven Regelung

8.8.2.7 Quantitative Feedback Theory (QFT)

Der Entwurf für robuste Regelungen mit der Quantitative Feedback Theory (QFT) ist ein Verfahren im Frequenzbereich und ist anwendbar auf ein breites Spektrum von Systemen: zeitinvariant und zeitvariant, linear und nichtlinear, kontinuierlich und zeitdiskret, Ein- und Mehrgrößensysteme [15]. Ziel der QFT-Synthese ist es, einen Regler mit möglichst niedriger Ordnung und minimaler Bandbreite zu entwerfen, der trotz Unsicherheiten in der Regelstrecke sowohl robuste Stabilität als auch robuste Performance gewährleistet. Als roter Faden entlang des gesamten Entwurfsprozesses zieht sich dabei das gezielte Nutzfrequenzbereichs-orientierte Formulieren von sowohl den Unsicherheiten als auch den Performance-Anforderungen. Als grafisches Hilfsmittel wird das Nicholsdiagramm verwendet, das die Vorteile von Bode-Diagramm und Polardarstellung in sich vereint. Die strukturierten Unsicherheiten werden mit den in die Übertragungsfunktion eingehenden Parameterintervallen festgelegt. Die unstrukturierten Unsicherheiten können am einfachsten auf die gleiche Art und Weise beschrieben oder bei der Beschreibung der Performance-Anforderungen in den Entwurf integriert werden.

Zur Formulierung der Performance-Anforderungen steht dem Anwender ein breites Spektrum an Möglichkeiten zur Verfügung: Sowohl im Zeitbereich mit Toleranzschläuchen als auch im Frequenzbereich mit Begrenzungsfunktionen können Anforderungen an jede im System auftretende Übertragungsfunktion formuliert werden **(Bild 8.8-8)**. Anforderungen an die Performance des geschlossenen Kreises können damit äußerst flexibel und gleichzeitig sehr gezielt in den Entwurf eingebracht werden.

Der Entwurfsvorgang besteht darin, durch das gezielte Ergänzen von Reglerelementen den Phasen- und Betragsverlauf des Frequenzganges so zu verändern, dass die über die Grenzkurven definierten Anforderungen nicht verletzt werden. In diesem Loop Shaping stehen dem Anwender alle bekannten Übertragungsfunktionselemente zur Verfügung. Mit wie vielen bzw. wie wenigen Elementen im Regler die Anforderungen erfüllt werden, hängt wesentlich vom Know-How des Entwurfsingenieurs ab. Mit solider Erfahrung in der klassischen Regelungstechnik können auf einfache Art und Weise robuste Regler mit sehr niedriger Ordnung und geringer Bandbreite erzeugt werden. Bei weniger Erfahrung besteht die Gefahr, dass durch das Hinzufügen zu vieler Elemente Regler mit zu hoher Ordnung erzeugt werden. Seine Leistungsfähigkeit hat das QFT-Entwurfsverfahren z.B. bei der automatischen Spurführung von Pkw unter Beweis gestellt [7].

8.8.3 Evaluierung moderner Regelungsverfahren

Nachdem die grundlegenden modernen Reglerentwurfsverfahren mit ihren spezifischen Eigenschaften erläutert wurden, die Entwurfsmethoden und die synthetisierten Regler je nach Betrachtungsweise jedoch große Unterschiede aufweisen, wird nun eine Evaluierung der vorgestellten Verfahren vorgenommen. Zur Bewertung der Reglerentwurfsverfahren wurden praxisorientierte Gesichtspunkte entsprechend den Kategorien *Entwurfsvorgang* und *Entwurfsergebnis* ausgewählt. Anhand von 7 Kriterien wird die Leistungsfähigkeit der Reglerentwurfsverfahren beurteilt und eingestuft. Dies entspricht dem Versuch einer objektiven und transparenten Bewertung der betrachteten Entwurfsverfahren für moderne Regler in dem sonst aufgrund heterogener Vorgehensweisen und verfahrensspezifischer Nomenklatu-

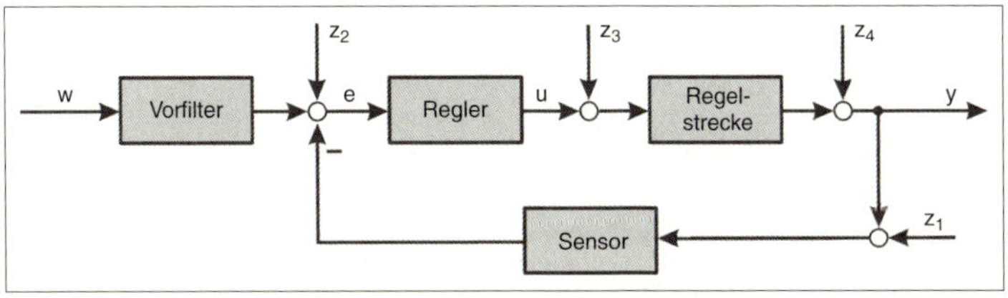

Bild 8.8-8 Regelkreisstruktur für QFT-Entwurf (w – Sollgröße, y – Regelgröße, z_1 bis z_4 – Störgrößen, e – Regelabweichung, u – Stellgröße)

ren schwer zu vergleichenden Feld. Ein Anspruch auf Vollständigkeit wird bei dieser Übersicht nicht erhoben.

In der ersten Kategorie wird der Entwurfsvorgang bewertet. Die Reglertypen werden an Fragen gemessen, welcher Anspruch von dem Verfahren an den notwendigen regelungstechnischen Verständnisgrad gestellt wird und welcher Engineering-Aufwand mit dem Entwurf verbunden ist. Außerdem wird bewertet, wie die gestellten Anforderungen im Rahmen des Entwurfs eingebracht werden können und inwieweit eine Toolunterstützung notwendig und gegeben ist.

Die zweite Kategorie beurteilt die Leistungsfähigkeit des entstandenen Reglers. Kriterien wie die erzielbare Performance und die Robustheit der synthetisierten Regler werden ebenso analysiert wie deren Transparenz.

Ziel dieser Evaluierung ist es, dem Anwender ein Instrumentarium zur zielsicheren Auswahl geeigneter Regelungssysteme für effiziente Anwendungen bereitzustellen. Die in **Tabelle 8.8-1** zusammengefassten Beurteilungen können allerdings nur als Anhalt für den jeweiligen Reglertyp gewertet werden. Für eine detailliertere Bewertung ist eine intensive Analyse der einzelnen Entwurfsverfahren für die jeweiligen Reglertypen unerlässlich.

8.8.4 Ausblick

Moderne Reglerentwurfsverfahren setzen sich verstärkt insbesondere in anspruchsvollen und sicherheitsrelevanten Bereichen auch in der Kraftfahrzeugtechnik durch. Die dargestellten modernen Entwurfsverfahren bringen zahlreiche Vorteile und eine erhebliche Leistungssteigerung gegenüber den üblichen klassischen Regelungen mit sich. Allerdings können bei Systemen mit hochgradig nichtlinearem Verhalten, wie beispielsweise der Fahrzeuglängsführung, selbst diese Verfahren nicht die gestellten Anforderungen erfüllen. Für derartige Anwendungsfälle kann auf nichtlineare Regelungen, bei denen das Verhalten der Regelstrecke mit einem nichtlinearen Modell abgebildet wird, zurückgegriffen werden [6]. Eine Linearisierung des Modells entfällt hierbei komplett. Spezifika nichtlinearer Systeme sind mehrere mögliche Gleichgewichtspunkte und das Auftreten von Grenzzyklen. Der Entwurf von Regelungen für nichtlineare Systeme ist stark mathematikorientiert [9], was fundierte Kenntnisse in Mathematik für den

Tabelle 8.8-1 Reglerentwurfsverfahren im Vergleich

	Entwurfsvorgang				Entwurfsergebnis		
	notw. regelungs-technischer Verständnisgrad[1]	Entwurfsaufwand[2]	Umsetzung von Anforderungen in Entwurfsmethodik	Toolunterstützung	Performance	Robustheit	Transparenz
Adaptive Regelung	–	–	–	0	+	+	+
Fuzzy-Regelung	+	+	–	+	0	0	+
Γ-Synthese	–	– –	0	+	+	+	+
Neuronale Regelung	–	– –	– –	+	–	0	– –
Norm-optimale Regelung	– –	–	+	+	+	++	– –
Prädiktive Regelung	–	0	+	+	+	–	0
QFT	– –	–	++	+	+	++	++

[1] +: niedriger Verständnisgrad, –: hoher Verständnisgrad

[2] +: wenig Aufwand, –: hoher Aufwand

Anwender unabdingbar macht. Die Modellierung dynamischer Prozesse in nichtlinearer Form ist in den meisten Fällen realitätsnaher als eine linearisierte und damit nur für einen begrenzten Bereich um einen Arbeitspunkt herum gültige Betrachtungsweise. Inwieweit sich dieser Vorteil lohnt, muss aufgrund des extrem hohen Aufwandes für den Entwurf im Einzelfall abgeschätzt werden.

Literatur

[1] *Ackermann, J.*: Robust Control – The Parameter Space Approach. Springer-Verlag, Berlin/Heidelberg, 2nd Ed., 2002

[2] *Åström, K. J., Wittenmark, B.*: Adaptive Control. Addison-Wesley, Reading, MA, 2nd Ed., 1995

[3] *Bünte, T., Schweiger, C., Odenthal, D. und Baumgarten, G.*: Modellierung, Regelung, Simulation und Bewertung der Fahrdynamik. Erster Verkehrstechnischer Tag, Braunschweig, 2004

[4] *Dorf, R. C. und Bishop, R. H.*: Modern Control Systems. Prentice-Hall, Upper Saddle River, 10th Ed., 2005

[5] *Driankov, D., Hellendoorn, H. und Reinfrank, M.*: An Introduction to Fuzzy Control. Springer-Verlag, New York, 2nd Ed., 1996

[6] *Ganzelmeier, L.*: Nichtlineare H_∞-Regelung der Fahrzeuglängsdynamik. Fortschritt-Berichte VDI: Reihe 8, Nr. 1069, Düsseldorf, 2005

[7] *Helbig, J.*: Robuste Regelungsstrategien am Beispiel der PKW-Spurführung. Fortschritt-Berichte VDI: Reihe 8, Nr. 1025, Düsseldorf, 2004

[8] *Isermann, R., Hafner, M. und Schüler, M.*: Einsatz schneller neuronaler Netze zur modellbasierten Optimierung von Verbrennungsmotoren. MTZ Motortechnische Zeitschrift 61 (2000), S. 704 – 711

[9] *Isidori, A.*: Nonlinear control systems. Springer-Verlag, Berlin, 1996

[10] *Jaschke, K. P.*: Lenkregler für Fahrzeuge mit hoher Schwerpunktlage. Dissertation, TU Braunschweig, 2002

[11] *Kiencke, U. und Nielsen, L.*: Automotive Control Systems. Springer, Berlin, Heidelberg, New York, 2000

[12] *Levine ,W. S.*: The Control Handbook. CRC-Press, Boca Raton, 1996

[13] *Liu, G. P.*: Nonlinear identification and control: a neural network approach. Springer-Verlag, London, 2001

[14] *Müller, K.*: L_1-optimale Abtastregelungen mit minimaler Stellgröße. Fortschritt-Berichte VDI: Reihe 8, Nr. 844, Düsseldorf, 2000

[15] *Sidi, M.*: Design of Robust Control Systems. Krieger Publishing, Malabar, 2001

[16] *Yu, C.-C.*: Autotuning of PID Controllers. Springer, Berlin, Heidelberg, New York, 1999

[17] *Zhou, K. und Doyle, J. C.*: Essentials of Robust Control. Prentice-Hall, London, 1998

9 Werkstoffe und Fertigungsverfahren

9.1 Ein Blick zurück

Die Werkstoffe und Technologien, die in den Automobilen zum Einsatz kommen, spiegeln den jeweils vorhandenen Stand der Technik wider. Das für die gegebenen Anforderungen bestgeeignete Material bzw. Fertigungsverfahren kommt zum Einsatz. Somit ist ein Exkurs in die Werkstoffe der frühen Automobile zugleich ein Blick zurück in die Werkstofftechnik der damaligen Zeit, siehe auch **Tabellen 9.1-1** und **9.1-2**.

Die Automobile des 19. Jahrhunderts mussten mit einer aus heutiger Sicht „überschaubaren“ Werkstoff-Vielfalt auskommen. Die Materialien aus dem Kutschenbau für Fahrwerk und Aufbau sowie die Eisen- und Buntmetalle aus dem Stationär-Motorenbau für das Antriebsaggregat bildeten den Ausgangspunkt einer dann auch durch das Automobil getriebenen Werkstoff-Neu- und Weiterentwicklung.

Die Aufbauten boten zunächst keinen Wetterschutz, eine Innenausstattung im heutigen Sinne gab es nicht. Als Werkstoff für Bremsbeläge an Klotzbremsen kam Leder zum Einsatz. Die Rahmen bestanden aus Stahlrohren und wurden in den ersten Jahren des 20. Jahrhunderts durch kombinierte Holz- und Eisenrahmen und dann gepresste Stahlrahmen, die eine erhöhte Tragfähigkeit bei niedrigem Gewicht aufwiesen, ersetzt.

Als Material für Karosserien wurde zunächst vorwiegend Holz verwandt, wobei vereinzelt auch Aluminium, Holz- oder Blechkombinationen vorkamen. Motorhauben zum Beispiel waren häufig aus Aluminiumblech in einem Stück gefertigt.

Holz blieb bis in die 30er-Jahre das wichtigste Material für die Karosserieaufbauten. Es brauchte je nach verwendeter Holzart eine entsprechende aufgespachtelte, mehrlagige Grundierung, die dann über Tage austrocknen musste. Darauf wurde dann ebenfalls in mehreren Lagen der Decklack aufgebracht. Für das Armaturenbrett wurden Holzbretter verwendet; sie leben im Namen des Bauteils auch heute noch weiter. Die Räder hatten, wie im Kutschenbau, Holzspeichen.

Das vielfach auftretende Versagen von Teilen aufgrund von Ermüdung (z.B. Kurbelwellen oder Federn) führte zu starken Überdimensionierungen der Fahrzeugkomponenten. General Motors gründete im Jahr 1911 sein erstes Werkstofflabor, um ein besseres Verständnis für Metalle zu erarbeiten.

Für die Vorderachse seines ‚Model T‘ verwendete Ford 1907 einen teuren, mit Vanadium legierten Stahl, der eine höhere Festigkeit als die herkömmlichen Stähle aufwies.

Bereits nach dem ersten Weltkrieg waren die Konstrukteure bemüht, das Gewicht der Fahrzeuge niedrig zu halten. Dieses führte unter anderem zu einem verstärkten Einsatz von Aluminium, z.B. für Kurbelgehäuse, Getriebegehäuse und Karosseriekomponenten. Schon vorher begann man primär in Amerika damit, Aluminium-Druckgussteile, zum Beispiel zur Verbindung von Rahmen, für den Automobilbau zu verwenden. Die dortige Automobilindustrie wurde sehr schnell der größte Anwender von Druckgussteilen. Mit Sandgussformen wurden vereinzelt sogar großflächige und dünnwandige Teile wie Dächer oder Türen produziert.

Es gab jedoch auch Probleme, wie das Beispiel der Zink-Druckgusstechnik zeigt. Entsprechende Teile schwollen an, verloren ihre Form und wurden bröcklig. Grund dafür waren Blei- und Zinn-Verunreinigungen in der Legierung, die elektrolytische Vorgänge verursachten und die Funktionalität des Teils nicht mehr gewährleisteten.

Für die Firmen Dodge und Pontiac fand 1913 bzw. 1915 die Ganzstahlkarosserie zum ersten Mal Einzug in den Serienwagenbau. Biege- und Torsionssteifigkeit waren höher als bei der bis dahin verwendeten Mischbauweise aus Holz und Blech. Um die Karosserien zu bauen, die auf einem Patent von Edward G. Budd basierten und aus bis zu 300 Blechteilen bestanden, wurden aus Frankreich neu entwickelte Acetylen-Schweißanlagen nach Amerika importiert. Auch Punktschweißmaschinen existierten zu dieser Zeit bereits. Zu einer entsprechenden Automobilkarosserie gehörten damals ungefähr 1100 Schweißpunkte.

Die Umformung der Bleche war Handarbeit für Spezialisten und entsprechend teuer. Dieses kann auch als Grund dafür angesehen werden, warum sich die Ganzstahlkarosserie erst in den 20er und 30er-Jahren immer weiter bei Serienfertigungen durchsetzte. Voraussetzung dafür war die Entwicklung leistungsstarker Pressen für Karosseriebleche, um eine Serienfertigung von entsprechenden Blechteilen in größerer Stückzahl zu ermöglichen. Ford zum Beispiel baute sein T-Modell mit Holzgerippe-Karosserie bis zur Produktionsumstellung 1927. Ebenfalls in jenem Jahr präsentierte Krupp ein speziell für Karosserieteile geeignetes Tiefzieh-Feinblech.

Weiterhin dominierte die Bauweise eines fahrfähigen Leiterrahmens, auf den anschließend die Karosserie montiert wurde.

Es gab Ausnahmen, wie zum Beispiel der im Oktober 1922 präsentierte Lancia Lambda, der einen kastenförmig hochgezogenen Rahmen besaß und damit als das erste Fahrzeug mit einer teilweise selbsttragenden Karosserie angesehen werden kann. Lancia besaß das Patent für ein Fahrzeug ohne herkömmliches Fahrgestell.

Tabelle 9.1-1 Beispiele für Innovationserfolge und Fehlversuche

Jahr	Firma/Fahrzeug	Bemerkung	
1922	Weymann-Karosserie	Lederbespannte Karosserie zur Reduzierung der Klappergeräusche	↓
1924	du Pont	Pyroxylin Lack, der die notwendige Lackierzeit von etwa 3 Wochen auf 2 Tage reduzierte und eine Oberflächenqualität garantierte, die um einiges über der bis dahin üblichen Lacke lag.	↑
1926	Safety Stutz	Splitterfreies Sicherheitsglas mittels einer in der Mitte des Glases eingelegten Drahteinlage.	↑
1936	Volkswagen	Magnesium Gussteile, im Wesentlichen für Getriebe- und Kurbelgehäuse mit der Folge einer großen Gewichtsersparnis	↑
40er/50er	Crosley-Kleinwagen	Motor aus gepresstem und gestanztem Stahlblech	↓
1941	Opel	Tauchgrundierung	↑
1945	Grégoire AF	Aluminium-Karosserie mit Aluminiumgussteilen für die tragende Struktur	↓
Ende 40er	Michelin	Stahlgürtelreifen	↑
50er	Lloyd 300 (‚Leukoplastbomber')	Hartholz-Fachwerk-Gerippe mit Sperrholzverkleidung und Kunstlederbezug	↓
1954	Panhard Dyna 54	Selbsttragende Karosserie aus punktgeschweißten Aluminiumblechen	↓
1954	GM Corvette	Stahl-Karosserie mit faserverstärkten Kunststoffaußenteilen	→
1957	Lotus Elite Coupé	Karosserie aus glasfaserverstärktem Kunststoff. Drei großflächige Teile, die miteinander verklebt werden.	→
1962	Glas	Kunststoff-Zahnriemen zum Nockenwellenantrieb	↑
1977	Porsche	Feuerverzinktes Stahlblech für die Rohkarosserie ermöglicht 6-, später 10-jährige Korrosionsschutzgarantie	↑
1980	GM Corvette	Glasfaserverstärkte Blattfeder	→
1981	DMC (DeLorean Motor Company)	Stahl-Zentralrahmen, faserverstärkte Kunststoffstruktur mit daran angeschraubten Edelstahl-Außenhautteilen	↓
1983	Polimotor Research Inc.	Vierzylinder-Ottomotor, bei dem die ruhenden Teile, wie zum Beispiel der Motorblock, aus Phenol-Verbundwerkstoff bestehen.	↓
1994	Audi A8	Voll-Aluminium-Karosserie in „Aluminium Space Frame"-Bauweise	↑

↑ – Konnte sich in dieser oder abgewandelter Form durchsetzen
→ – Wurde zumindest partiell weiterverfolgt
↓ – Konnte sich nicht durchsetzen

In den dreißiger Jahren ersetzte Aluminium als Werkstoff für Kolben das Gusseisen in den meisten Motoren. Zylinderköpfe aus Aluminium dagegen waren zu diesem Zeitpunkt aus Gründen der Haltbarkeit weniger erfolgreich.

Ebenfalls in den 30er-Jahren stiegen die Anwendungen für Elastomere. Chrysler zum Beispiel verwendete zur Steigerung des Akustik-/Schwingungskomforts Gummilager für seinen 4-Zylinder Motor. Weiterhin

Tabelle 9.1-2 Der Motorsport als Schrittmacher für neue Werkstoffe und Technologien

Jahr	Firma/Fahrzeug	Bemerkung
1895	Michelin	Fahrzeug mit Luftbereifung im Rennen Paris-Bordeaux-Paris
1899	Dürrkopp	Entwicklung eines kleinen Sportwagens, der zur Gewichtsreduzierung eine Aluminium-Karosserie besaß.
1900	Maybach/Daimler	Für Jellinek gelieferter Daimler, den dieser dann nach seiner Tochter ‚Mercedes' nannte, hatte einen weitgehend aus Aluminium und Magnesium hergestellten Motor sowie einen Bienenwabenkühler aus Messing.
1934	Auto-Union	Kurbelgehäuse und Zylinderköpfe aus Aluminiumguss gefertigt beim 16-Zylinder Motor
1962	Porsche	Titan für die Pleuel des Formel 1-Motors
1963	Porsche 904 GTS	Erstes deutsches Serienfahrzeug mit GFK-Außenhaut
1967	Porsche 910/8	Verwendung eines Aluminium-Gitter-Rohrrahmens mit part. Sekundärfunktion der Rohre als Ölleitung
1971	Porsche 917	Verwendung von Magnesium für Gitter-Rohrrahmen
1981	Hercules/McLaren/Lotus	Tragende Struktur von Formel 1-Fahrzeugen erstmals aus kohlefaserverstärkten Kunststoffen

wurden Elastomere erstmals zur Abdichtung der Karosserie eingesetzt.

Da auch das Design der Fahrzeuge immer mehr zu einem Verkaufsargument wurde, fing man an, diese äußerlich zu verzieren. So verwendete Ford rostfreie Stähle für Kühlergehäuse, Türgriffe und Haubenabdeckungen. Mit dem gleichen Ziel wurden in den 30er-Jahren ebenfalls vermehrt verchromte Bauteile als Stilelement verwendet.

Das durchschnittliche Automobil verwendete 1955 ungefähr 5 kg an Kunststoffen mehrheitlich für dekorative Teile, wie z.B. Raddeckelembleme oder Hupenknöpfe. Zwischen 1960 und 1970 stieg der durchschnittliche Anteil an Kunststoffen von 11 kg auf 45 kg. Der größte Anteil davon entfiel auf nichttragende Interieurbauteile.

Die Einführung der Kunststoffe in das Fahrzeug verlief eingangs nicht reibungslos. Sie wurde zwischendurch getrübt durch ‚billig' und unfertig wirkende Anwendungen. Erst in den sechziger Jahren wurde Kunststoff generell akzeptiert und verlor zunehmend sein Image des preiswerten Ersatzwerkstoffes.

Mehrere Gründe haben dazu geführt, dass sich Faserverbundkunststoffe bis heute noch nicht in größerer Stückzahl im Automobilbau durchgesetzt haben. Diese sind z.B. gegenüber Aluminium und Stahl höhere Werkstoffkosten, aufwändigere Fertigungsverfahren mit zum Teil langen Zykluszeiten und aufwändige Prüf- und Qualitätssicherungsverfahren.

Weiterführende Literatur

[1] *Bott, H.*: Fortschritte im Automobilbau am Beispiel der Rennwagentechnik, 100 Jahre Automobil, VDI-Berichte Nr. 595, VDI-Verlag, Düsseldorf, 1986.

[2] *Hediger, F.; Fersen, H.-H. v.; Sedgwick, M.*: Klassische Wagen: 1919 – 1939, Hallwag AG, Bern und Stuttgart, 1988.

[3] *Gloor, R.*: Nachkriegswagen: 1945 – 1960 Personenautos, Hallwag AG, Bern und Stuttgart, 1980.

[4] *Gloor, R.*: Personenwagen der 60er-Jahre, Hallwag AG, Bern und Stuttgart, 1984.

9.2 Werkstoffe moderner Kraftfahrzeuge

Das folgende Kapitel gibt einen Gesamtüberblick zum umfangreichen Thema „Werkstoffe und Fertigungsverfahren" sowie zu den damit eng verknüpften Fertigungs-, Füge-, und Recylingverfahren im Automobilbereich.

9.2.1 Materialanteile im Automobilbau

Bild 9.2-1 [1] zeigt, wie sich der Anteil der in der Automobilindustrie eingesetzten Werkstoffgruppen prozentual in den letzten 30 Jahren verändert hat. Die Prognose für das Jahr 2010 gibt einen Hinweis darauf, dass besonders im Bereich Kunststoffe und Alu-

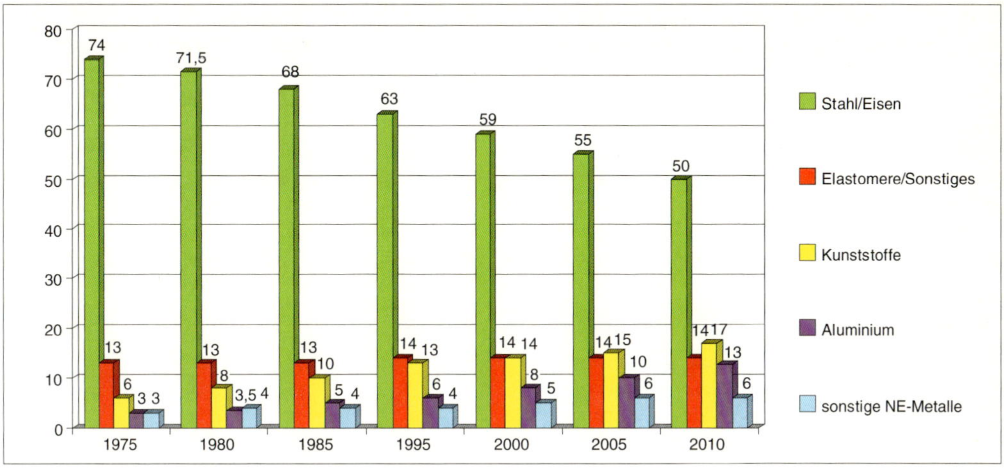

Bild 9.2-1 Werkstoffanteile [%] im Pkw

minium weitere, innovative Auslegungskonzepte für zukünftige Fahrzeugbaugruppen zu erwarten sind.

Auf Basis der Beschlüsse des Kyoto Protokolls und zukünftig weiter verschärfter Emissionsgrenzwerte leiten sich für die Karosserieentwicklung mehrere Zielsetzungen ab. Der Leichtbau ist durch Einsatz neuer Werkstoffe und intelligente Konstruktionen weiter zu optimieren, um damit der einhergehenden Minderung des Kraftstoffverbrauchs Rechnung zu tragen. Zudem sind die Anforderungen an die Fahrzeugsicherheit, den Komfort und die Kosten zu berücksichtigen.

Karosserie

Der nach wie vor dominierende Werkstoff in der Karosserie ist Stahl. Unter dem Fokus des Leichtbaus werden verstärkt hoch- und höchstfeste Stähle mit einer Streckgrenze $R_{p0,2}$ von 200 MPa bis sogar 1 800 MPa (Bor-legierte Stähle) ausgewählt [2]. Der Porsche Cayenne, ausgezeichnet mit dem Stahl-Innovationspreis 2003 [8], ist das erste Serienfahrzeug, das Mehrphasenstähle mit einem Anteil von circa 65 % in der Karosserie zum Einsatz gebracht hat [3].

Aluminiumintensive Karosseriekonzepte sind bis heute im Wesentlichen auf Fahrzeuge der Oberklasse beschränkt, hatten in Verbindung mit dem „3-Liter-Auto“ aber auch in der Kompakt- und Kleinwagenklasse Einzug gehalten (z.B. Audi A2).

Kunststoffe spielen vor allem im Interieur eine dominierende Rolle. Im Exterieurbereich findet man sie hauptsächlich im nichttragenden Bereich wieder. Unter dem Begriff „Hybridtechnologie“ zeichnet sich aber auch hier eine Entwicklung ab, Kunststoffe und Metalle in der tragenden Karosseriestruktur zukünftig kombiniert zum Einsatz zu bringen [4].

Über einen Einsatz von Magnesium in Karosseriekonzepten wird verstärkt nachgedacht. Dagegen scheint sich der Einsatz von Faserverbundwerkstoffen im tragenden Karosseriebereich auf Sonderserien und Versuchsfahrzeuge zu beschränken. Ein Durchbruch in der Großserie ist trotz vieler interessanter Ansätze (z.B. Audi A6: vorderer Dachrahmen) in naher Zukunft unwahrscheinlich.

Fahrwerk

Auch im Fahrwerk stellen Leichtmetalle, speziell Aluminium als Guss- oder Knetlegierung, einen immer größeren Werkstoffanteil. Der Anteil an Stahl- und Eisenwerkstoffen nimmt dementsprechend auch im Fahrwerk kontinuierlich ab.

Magnesium wird in den typischen Fahrwerksbereichen (Schwenklager, Lenker, etc.) aufgrund der Korrosionsproblematik und der niedrigen mechanischen Kennwerte dagegen noch nicht eingesetzt.

Magnesiumräder sind zwar technisch machbar, blieben jedoch auf Kleinserienanwendungen im Sportwagenbereich (z.B. Porsche Carrera GT) beschränkt [5].

Antrieb

Im Antrieb kommt heute schon eine Vielzahl von Werkstoffen zum Einsatz, so dass hier der Begriff „Multi-Material-Design“ am ehesten gerechtfertigt ist [6].

Kurbelgehäuse aus hochsiliziumhaltigem Aluminium (z.B. AlSi17Cu4) oder Grauguss finden sich ebenso wie Ansaugrohre aus glasfaserverstärktem Kunststoff oder Kurbelwellen aus geschmiedeten Stahlwerkstoffen. Keramikmaterialen in Katalysatoren sind heute ebenso Stand der Technik wie sog. Keramik-Preforms für verschleißarme Zylinderlaufflächen als Einlegeteile in Aluminiumkurbelgehäusen. Im neuen Reihensechszylinder Ottomotor von BMW wurde der Werkstoff Magnesium zum ersten Mal als Mg/Al-Verbundkurbelgehäuse in Serie gebracht. Gegenüber einem vergleichbaren Aluminium Kurbelgehäuse wurden hierdurch ca. 10 kg Gewicht eingespart. Neben dem Kurbelgehäuse besteht die Zylinderkopfhaube aus Magnesium.

Zusammenfassend bleibt festzuhalten, dass die Verwendung von Stahl anteilig zwar kontinuierlich gesunken ist, aber nach wie vor eine dominierende Rolle im Automobilbau spielt. Die Steigerungsraten der Kunststoffe haben sich in den letzten Jahren abgeschwächt, doch werden sie in innovativen Fahrzeugkonzepten zukünftig weiter eine wichtige Rolle spielen. Der Anteil von Leichtmetallen, und hier liegt der Fokus besonders auf Aluminium, wird bei der Auslegung zukünftiger, gewichtsoptimierter Fahrzeuge weiter an Bedeutung gewinnen. Mit zunehmender Verkehrsdichte und durch gesellschaftliche und ökologische Veränderungen wurden und werden die Anforderungen an Automobile immer komplexer und anspruchsvoller. Nicht durch alleinige Materialsubstitution, sondern erst durch eine integrale Betrachtungsweise von Werkstoff + Bauweise + Verfahren werden neue Lösungsansätze zur Bewältigung zukünftiger Aufgaben entwickelt.

Literatur

[1] Innovativer Werkstoffeinsatz in Kraftfahrzeugen – Entwicklungstendenzen, Chancen und Ansätze in NRW, Institut für Kraftfahrwesen, Institut für Bildsame Formgebung, Institut für Kunststoffverarbeitung der RWTH Aachen, Januar 1997

[2] *Lüdke, B.*: Funktionaler Rohkarosserie-Leichtbau – Von den Anforderungen an die Rohkarosserie zu den Anforderungen an die Rohkarosseriewerkstoffe, Verein Deutscher Ingenieure, VDI/FVT Jahrbuch 2001, Fahrzeug- und Verkehrstechnik, Düsseldorf, 2001, S. 90 ff.

[3] *Mönig, M.; Mehrkens, M.*: Die Rohkarosserie des Porsche Cayenne, mobiles 29, Fachzeitschrift für Konstukteure, Ausgabe 2003/2004, Hamburg, S. 8 ff.

[4] *Gotzmann, G.*: Hybridtechnologie für den Automobil-Leichtbau, mobiles 28, Fachzeitschrift für Konstukteure, Ausgabe 2002/2003, Hamburg, S. 92 f.

[5] *Steinhauser, D.*: Der Porsche Carrera GT – ein innovatives Fahrzeugkonzept, mobiles 30, Fachzeitschrift für Konstrukteure, Ausgabe 2004/2005, Hamburg, S. 6 ff.

[6] *Friedrich, H. E.*: Leichtbautechnologien im Pkw – die Konkurrenz von Werkstoffen und Bauweisen nimmt zu, 5. Euroforum-Werkstofftagung für die Automobilindustrie, Bonn, 17./18. Februar 1997

[7] *Friedrich, H. E.*: Leichtbau und Werkstoffinnovationen im Fahrzeugbau, ATZ Automobiltechnische Zeitschrift, S. 258ff., 03/2002

[8] Stahl-Innovationspreis 2003, Stahl-Informations-Zentrum Düsseldorf 2003, http://www.stahl-info.de/stahlinnovationspreis_2003/dokusip2003.pdf

9.2.2 Fortschritte in den Leistungsmerkmalen

9.2.2.1 Festigkeit und Verarbeitung

9.2.2.1.1 Stahlwerkstoffe

Karosseriestrukturen sind heute immer noch geprägt durch die klassische Stahl-Schalenbauweise. Ein weiteres Leichtbaupotenzial wird durch die Weiterentwicklung von Stahlwerkstoffen und -halbzeugen gehoben, die zu kostenoptimierten Karosserien in Stahl-Schalenbauweise mit deutlichen Gewichtseinsparungen gegenüber aktuellen Karosserien führen werden [1].

Im Folgenden werden speziell Entwicklungen im Bereich der Stahl-Feinbleche betrachtet (**Tabelle 9.2-1**). Im ersten Schritt wurden zunächst höherfeste Bleche (Mindeststreckgrenze >180 MPa) entwickelt. In jüngster Zeit sind durch intensive Weiterentwicklung höchstfeste Stahlbleche, teilweise mit Zugfestigkeiten von über 1450 MPa, im Einsatz. Durch die Nanotechnologie werden weitere Potenziale im Bereich der Metalllegierungen erwartet.

Weiche Stähle

Aufgrund der gestiegenen Anforderungen an die Tiefzieh- bzw. Streckziehbarkeit der Werkstoffe wurde neben den seit längerem bekannten weichen Stahlfeinblechen die Stahlsorte DC 06 (IF 18, Sondertiefziehstahl) entwickelt. Hierbei ist es gelungen, durch eine Optimierung der Vakuumbehandlung immer niedrigere Kohlenstoff- und Stickstoffgehalte einzustellen und durch entsprechende Legierungselemente abzubinden.

Höherfeste Stähle

Mikrolegierte Stähle

Zu den mittlerweile bewährten und bereits seit längerem, bei vielen Fahrzeugherstellern eingeführten Stählen gehören mikrolegierte Stähle (Legierungselemente Niob, Vanadium und Titan). Diese Stähle wurden Mitte der 70er-Jahre konzipiert und seitdem kontinuierlich weiterentwickelt. Bereits heute wird im Rohbau ein (gewichtsbezogener) Anteil an hoch- und höchstfesten Blechen von über 50 % realisiert. Seit Beginn der Entwicklung dieser Stahlsorten war eine stetige Festigkeitssteigerung gegenüber unlegierten Stählen bei gleichzeitig besseren Verarbeitungseigenschaften möglich. Heute können diese Stähle bis zu einer Mindeststreckgrenze von 700 MPa geliefert werden.

Bake Hardening Stähle

Unter der Bezeichnung Bake Hardening Stähle werden Kaltbandstähle genannt, die bei Raumtemperatur alterungsbeständig sind und im Anlieferungszustand eine gute Kaltumformbarkeit infolge einer niedrigen Streckgrenze aufweisen. Der hier wirksame Bake Hardening-Effekt ist die gezielte Einflussnahme auf Ausscheidungsvorgänge zur Festigkeitssteigerung von kohlenstoffarmen Stählen über ihre chemische Zusammensetzung, die Abkühlgeschwindigkeit und ggf. ein anschließendes Anlassen. Bei Raumtemperatur liegt eine stabile Kohlenstoffübersättigung im Gefüge vor, so dass während der üblichen Lagerungszeiten keine natürliche Alterung auftritt. Die Stabilisierung des Kohlenstoffs gelingt durch Mikro-

Tabelle 9.2-1 Kennwerte von Tiefziehblechgüten
(Auswahl von häufig verwendeten Stählen, Angaben können je nach Hersteller variieren)

	Streckgrenze $Rp_{0,2}$ [MPa]	Zugfestigkeit R_m [MPa]	Bruchdehnung A80 [%]	Anisotropiewert r_m	Verfestigungsexponent n_m
Unlegierte Kaltbandstähle (DIN EN 10152)					
DC 03 +ZE	140–240	270–370	≥ 34	≥ 1,3	k. A.
DC 04 +ZE	140–220	270–350	≥ 37	≥ 1,6	≥ 0,16
DC 06 +ZE	120–190	270–350	≥ 37	≥ 1,8	≥ 0,20
Mikrolegierte Stähle					
H260 LAD +Z/ZF *(DIN EN 10292)*	260–330	350–430	≥ 26	k. A.	k. A.
H320 LA (+ZE) *(DIN EN 10268)*	320–410	> 400	≥ 22	k. A.	k. A.
H420 LAD +Z/ZF *(DIN EN 10292)*	420–520	470–590	≥ 17	k. A.	k. A.
Phosphorlegierte Stähle (DIN EN 10292)					
H220 PD +Z/ZF	220–280	340–400	≥ 32	1,3	0,15
H260 PD +Z/ZF	260–320	380–440	28	k. A.	k. A.
Bake-Hardening-Stähle (DIN EN 10292)					
H180 BD +Z/ZF	180–240	300–360	≥ 34	1,5	0,16
H260 BD +Z/ZF	260–320	360–440	≥ 28	k. A.	k. A.
H300 BD +Z/ZF	300–360	400–480	≥ 26	k. A.	k. A.
Isotrope Stähle (Datenblatt Salzgitter AG)					
ZStE 220i (+Z/ZE)	220–260	300–380	≥ 36	≥ 0,19	≥ 0,15
ZStE 250i (+Z/ZE)	250–290	320–400	≥ 34	≥ 0,18	≥ 0,15
ZStE 280i (+ZE)	280–320	340–440	≥ 32	≥ 0,17	≥ 0,15
Dualphasenstähle (SEW 97 – 2)					
H260 X	260–330	≥ 450	≥ 27	k. A.	0,21
H340 X	340–410	≥ 600	≥ 20	k. A.	0,18
Rest-Austenit-Stähle (ThyssenKrupp Stahl)					
RA-K40/70	≥ 400	≥ 700	≥ 24	k. A.	≥ 0,23
Complexphasenstähle (ThyssenKrupp Stahl)					
CP-W 800	≥ 680	800–980	≥ 10	k. A.	k. A.
Martensitphasenstähle (ThyssenKrupp Stahl)					
MS-W 1200	≥ 900	1200–1450	≥ 5	k. A.	k. A.

legieren des Stahls mit diffusionshemmenden bzw. karbidbildenden Legierungselementen. Bei Temperaturen von ca. 170–200 °C erfolgt die Ausscheidung eines Teils des Kohlenstoffs und damit das festigkeitssteigernde Blockieren von Versetzungen.
Bei heute üblichen Lackeinbrennprozessen und -temperaturen erfahren Bake Hardening-Stähle durch die kontrollierte Ausscheidungshärtung neben der gemeinhin vorausgegangenen Verformungsverfestigung (Work Hardening) eine zusätzliche Streckgrenzensteigerung in der Größenordnung von 40 MPa (Einsatzform gehärteter Bauteile z.B. im VW Passat [6]). Die Mindeststreckgrenzen im Anlieferungszustand dieser Bleche liegen im Bereich von 180–300 MPa.

IF-Stähle

Als Besonderheit sind sog. höherfeste IF-Stähle (Interstitial Free) zu sehen. Diese Werkstoffe in Streckgrenzenlagen von 180–260 MPa weisen ein besonders hohes Verformungsvermögen auf, sind allerdings nur im angegebenen Festigkeitsbereich verfügbar.

Isotrope Stähle

Diese Stähle besitzen in der Blechebene gleichgerichtete Fließeigenschaften und damit eine geringe Neigung zur Zipfelbildung bei gleichzeitig erhöhter Festigkeit. Die Mindeststreckgrenzen im Anlieferungszustand dieser Bleche liegen im Bereich von 210–280 MPa. Auch diese Stähle weisen einen Bake-Hardening Effekt nach der Vorverformung auf.

Mehrphasenstähle

Für Konstruktionselemente und crashrelevante Strukturteile im Fahrzeugbau sind zunehmend hoch- und höchstfeste Stähle von Interesse. Das grundsätzliche Problem einer steigenden Werkstofffestigkeit ist dabei eine naturgemäße Verminderung des Umformvermögens. Hierdurch können die Einsatzmöglichkeiten des Werkstoffes begrenzt sein.
Dies führte zu neuen Konzepten, den sog. Mehrphasenstählen. Die Festigkeitssteigerung beruht hier auf einer Gefügehärtung (structural hardening). In eine Matrix bestehend aus weichen, ferritischen Anteilen wird möglichst gleichmäßig verteilt ein härterer Gefügeanteil aus einer oder mehreren anderen Phasen eingebracht.
Begonnen hat diese Entwicklung mit den Dualphasenstählen (DP), gefolgt von Rest-Austenit Stählen (TRIP = Transformation Induced Plasticity). Hinzugekommen sind in jüngster Zeit höchstfeste Complexphasenstähle (CP) und Martensitphasenstähle (MS). Diese decken einen Festigkeitsbereich von ca. 800–1450 MPa ab. Erfolgreich eingesetzt werden die CP- und MS-Stähle bereits bei Türaufprallträgern, Stoßfängerquerträgern, Sitzquerträgern und anderen, crash-relevanten Bauteilen (z.B. Verstärkungen, Säulen).

Herstellung und Gefüge von Mehrphasenstählen

Wie bereits einleitend erwähnt, basieren die besonderen Eigenschaften der Mehrphasenstähle auf ihrer Mikrostruktur. Eine oder mehrere Härtungsphasen müssen möglichst gleichmäßig in die weiche Ferritmatrix eingebettet sein (**Bild 9.2-2**). Ausgehend von einem Austenit-Ferrit Zweiphasengefüge, das beim Warmband nach dem Walzende bzw. beim Kaltband im Durchlaufglühprozess während des Glühens eingestellt wird, erfolgt eine rasche Abkühlung, mit der die sonst übliche Perlitumwandlung so weit wie möglich unterdrückt, und eine Martensitbildung des verbliebenen C-angereicherten Austenits erreicht wird. So lässt sich bspw. beim DP-Stahl ein Martensitgehalt von ca. 10–20 % mit Zugfestigkeiten von 500–600 MPa erzielen. Weitere Entwicklungen deuten noch höhere Festigkeiten dieser Werkstoffvariante an.
Bei TRIP- und CP-Stählen findet die Austenitumwandlung gezielt bei höheren Temperaturen im Bereich des Bainits statt. Daher setzt sich das Gefüge

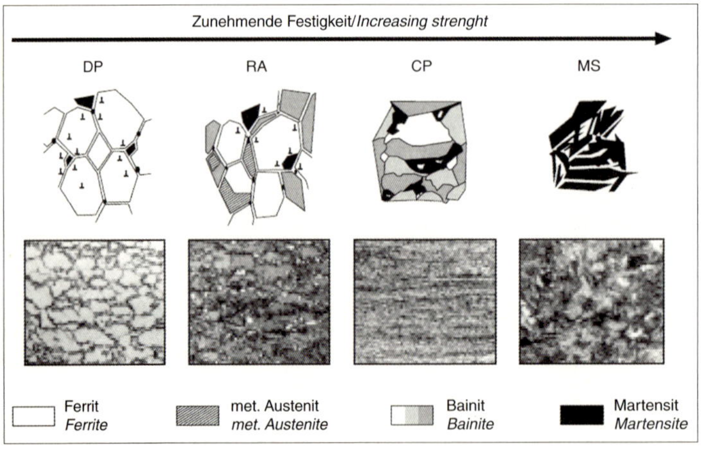

Bild 9.2-2 Gefügehärtung bei Mehrphasen-Stählen

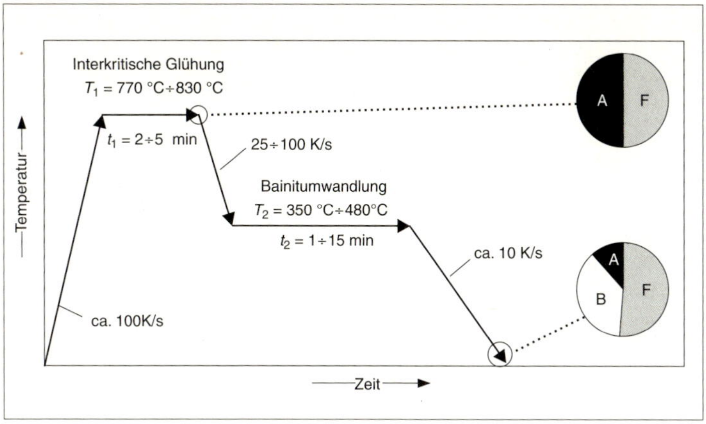

Bild 9.2-3 Schematische Darstellung der Glühbehandlung von kaltgewalzten TRIP-Stählen mit Angabe der entstehenden Phasen: A = Restaustenit, F = Ferrit, B = Bainit

bei einem TRIP-Stahl neben dem Hauptbestandteil Ferrit aus einem Anteil an eingelagertem Bainit und einem geringen Anteil metastabilen Restaustenits zusammen. Dieser Restaustenit wandelt sich erst bei einer nachfolgenden Verformung, z.B. dem Tiefziehen, in Martensit um. **Bild 9.2-3** zeigt eine schematische Darstellung der Glühbehandlung eines kaltgewalzten TRIP-Stahls mit den jeweils entstehenden Phasen. TRIP-Stähle sind derzeit mit Festigkeiten von 700–850 MPa verfügbar.

CP-Stähle weisen ebenfalls eine sehr feine Gefügestruktur gemäß obigen Muster auf. Zusätzlich findet jedoch durch feine Karbid- und/oder Nitridausscheidungen eine Ausscheidungshärtung statt. Der Festigkeitsbereich dieser Stähle liegt etwa zwischen 800 und 1000 MPa.

Eigenschaften von Mehrphasenstählen

Das gute Verformungsverhalten dieser Stähle beruht auf der überwiegenden Konzentration der plastischen Verformung auf die weichere Matrix, speziell zu Beginn des Umformprozesses. Im klassischen Zugversuch drückt sich ein gutes Verfestigungsvermögen in einem hohen *n*-Wert (Verfestigungsexponent) bzw. einem niedrigen Streckgrenzenverhältnis R_e/R_m aus. Bei konventionellen höherfesten mikrolegierten Güten kann die Streckgrenze mehr als 90 % der Zugfestigkeit betragen. Bei DP-Stählen weist sie dagegen nur ca. 70 % der Zugfestigkeit auf. Dies erleichtert den Umformprozess erheblich. Das Risiko für ein partielles Ausdünnen oder gar des Reißens bei schwierigen Umformprozessen wird durch das hohe Verfestigungsvermögen dieser Stähle verringert. Durch die starke Verfestigung werden trotz niedriger Ausgangsstreckgrenzen nach der Umformung hohe Bauteilfestigkeiten erzielt.

Noch niedrigere Streckgrenzenverhältnisse und gleichzeitig gute Verfestigungswerte werden mit TRIP-Stählen erreicht. Die mit diesen Stahlsorten, gemessen an ihren Festigkeiten im Bereich von 700–850 MPa, erreichbare Umformbarkeit ist bislang unübertroffen.

CP-Stähle werden derzeit als Warmband mit einer minimalen Dicke von ca. 1,5 mm hergestellt, die Herstellung als Kaltband befindet sich noch in der Entwicklung. Bislang bekannte Werkstoffe dieser Festigkeitsklasse mussten in der Regel warmumgeformt und danach vergütet werden. Der Vorteil der CP-Stähle liegt darin, dass eine Kaltumformung (ohne anschließende Vergütung) und damit ein erhebliches Kosteneinsparungspotenzial möglich ist.

Der bereits oben beschriebene Bake-Hardening Effekt kann auch bei den Mehrphasenstählen beobachtet werden. Hierbei ist die Verfestigung nach vorausgegangener Verformung umso größer, je höher die Ausgangsfestigkeit des Werkstoffes war.

Eine Verzinkung im Herstellprozess, also direkt am Coil, der hier beschriebenen Werkstoffe ist möglich und aus Korrosionschutzgesichtspunkten, speziell bei reduzierten Blechdicken, auch sinnvoll.

Wie auf dem Symposium „Material Innovativ" im März 2005 von der Fa. ThyssenKrupp Stahl vorgestellt, befindet sich eine neue Generation an höchstfesten Stählen derzeit in Entwicklung. Es handelt sich hier um die sog. L-IP-Stähle (Leichtbaustähle mit induzierter Plastizität), die auf Mechanismen der verformungsinduzierten Umwandlung, dem TWIP-Effekt (TWinning Induced Plasticity), eine Zugfestigkeit im Bereich 1000–1400 MPa bei einer gleichzeitig extrem hohen Bruchdehnung von 40–60 % erreichen sollen. Mit einem Serieneinsatz der L-IP-Stähle wird im Jahr 2009 bzw. 2010 gerechnet [5].

Generell ist festzuhalten: Die Auswahl der einzusetzenden Feinblechsorte für ein bestimmtes Festigkeitsniveau soll mit besonderem Blick auf die hauptsächlich zu erwartende Umformbeanspruchung (Streck- oder Tiefziehbeanspruchung) getroffen werden. In einer Kombination von Streck- und Tiefziehbeanspruchungen haben Stähle mit gleichermaßen hohen *r*- und *n*-Werten Vorteile [4].

Edelstähle

Edelstahl Rostfrei ist ein Sammelbegriff für die nicht rostenden Stähle, die sich durch eine erhöhte Beständigkeit gegen chemisch angreifende Stoffe auszeichnen. Im Allgemeinen weisen diese Werkstoffe einen Chromgehalt von mindestens 10,5 % auf. Höhere Cr-Gehalte und weitere Legierungsbestandteile (Nickel, Molybdän) verbessern die Korrosionsbeständigkeit weiter. Es wird zwischen ferritischen Chromstählen und austenitischen Chrom-Nickel-Stählen unterschieden. Als besonders interessant für den Fahrzeugbau hat sich in jüngster Zeit die zweite Gruppe erwiesen. Diese austenitischen Werkstoffe weisen eine äußerst gute Kaltverfestigung auf und übertreffen die ferritischen Sorten bezüglich der erzielbaren Dehnungswerte erheblich. Es können extrem hohe Umformgrade realisiert werden. Zusammen mit der erwähnten guten Kaltverfestigung ergeben sich hohe Bauteilfestigkeiten. Neuere Werkstoffkonzepte, bei denen ein Teil der teuren Legierungselemente durch Stickstoff ersetzt wird, können zu einer Reduzierung des derzeit gegenüber herkömmlichen Stählen noch sehr hohen Preises führen. Ein Einsatz im crashrelevanten Bereich von Fahrzeugen ist ebenso denkbar, wie die Herstellung von Anbau- oder Fahrwerksteilen, bei denen auf einen entsprechenden Korrosionsschutz durch Lackierung verzichtet werden könnte.

Literatur

[1] *Adam, H.; Osburg, B.; Ramm, St.*: Die Zukunft der Stahlkarosserie – Evolution und Revolution, mobiles 28, Fachzeitschrift für Konstukteure, Ausgabe 2002/2003, Hamburg, S. 16 ff.

[2] *Bleck, W.*: „TRIP-Stähle – Eine neue Klasse hochfester, kaltumformbarer Stähle“ Studiengesellschaft Stahlanwendung, 30 Jahre Forschung für die Stahlanwendung, Düsseldorf, 1998, S. 18

[3] Warmband. Qualität in großer Bandbreite, Thyssen Krupp Stahl AG, Duisburg, April 2002, http://www.thyssen-krupp-stahl.com

[4] Höherfester Stahl für den Automobil-Leichtbau, Thyssen Krupp Stahl AG, Duisburg, August 1999, Werbung Best.-Nr. 2045; http://www.thyssen-krupp-stahl.com

[5] *Flehmig, T.; Patberg, L.*: Konzepte und Produkte aus Stahl für die Karosserie der nächsten Generation, Symposium Material Innovativ, 10. März 2005, Nürnberg;
Fachvortrag im Internet-Fernsehen unter:
http://www.auto-managertv.com/Material-Innovativ2005.swf

[6] ATZ/MTZ: Der neue Passat, Sonderausgabe. Wiesbaden: Vieweg Verlag, April 2005

Gusseisen

Bei Gusseisen handelt es sich um Eisen-Kohlenstoff-Legierungen mit mindestens 2 % Kohlenstoff sowie weiteren Legierungselementen, vor allem Silizium. Man unterscheidet:

- Gusseisen mit Lamellengraphit (DIN EN 1561)
- Gusseisen mit Kugelgraphit (DIN EN 1563)
- Gusseisen mit Vermiculargraphit
- Tempergusseisen (DIN EN 1562)
- Austenitisches Gusseisen (DIN EN 1564)
- Hartguss
- Verschleißbeständiges legiertes Gusseisen (DIN 1695)
- Bainitisches Gusseisen (DIN EN 1564)

Gusseisen mit Lamellengraphit, auch als Grauguss bezeichnet, ist mit Abstand der am meisten vergossene Gusswerkstoff. Es kommen verschiedene Qualitäten mit Zugfestigkeiten von 100–200 MPa (EN-GJL 100) bis zu Zugfestigkeiten von 350–450 MPa (EN-GJL-350) zur Anwendung.

Einige Gründe, den Werkstoff Grauguss zu wählen, sind der relativ niedrige Kilopreis, die leichte Herstellbarkeit, die guten gießtechnischen Eigenschaften, die gute Bearbeitbarkeit, eine im Verhältnis zur Zugfestigkeit hohe Druck- und Biegewechselfestigkeit, die Unempfindlichkeit gegen höhere und tiefere Temperaturen sowie gegen Temperaturwechsel, die Unempfindlichkeit gegen Kerben, das gute Dämpfungsverhalten und die guten Notlaufeigenschaften. Einsatz im Kraftfahrzeug u.a. bei Bremsscheiben, Motorblöcken und als Schalenhartguss bei Nockenwellen.

Gusseisen mit Kugelgraphit, auch als Sphäroguss bekannt, hat gegenüber Gusseisen mit Lamellengraphit den Vorzug einer höheren Zugfestigkeit und vor allem einer höheren Duktilität. Es kommen Qualitäten mit Zugfestigkeiten größer 350 MPa (EN-GJS-350-22) bis zu Zugfestigkeiten größer 900 MPa (EN-GJS-900-2) zum Einsatz. Verwendung findet Sphäroguss im Kraftfahrzeug bei Ausgleichsgetriebegehäusen, Pleueln, Achsschenkeln, Schwungrädern, Ausrückhebeln und Kurbelwellen.

Bainitisches Gusseisen unterscheidet sich in die Gruppen

- Bainitisch-austenitisches Gusseisen mit Kugelgraphit
- Bainitisches Gusseisen mit Kugelgraphit
- Austempered Ductile Iron, ADI (Bezeichnung nach dem Warmbehandlungsverfahren, angelsächsischer Sprachgebrauch)
- Austenitisch-ferritisches Gusseisen mit Kugelgraphit (Bezeichnung nach dem Gefüge der metallischen Grundmasse „Ausferrite“) [1].

Im Folgenden wird auf die Qualität ADI bzw. Austenitisch-ferritisches Gusseisen mit Kugelgraphit eingegangen, eine neue Entwicklung im Bereich bainitisches Gusseisen. Diese neue Gusseisensorte zeichnet sich durch eine günstige Kombination von Festigkeit, Zähigkeit, Dämpfungsfähigkeit und Verschleißbeständigkeit aus. ADI wird durch eine Vergütungsbehandlung von hochwertigen Gussstücken aus Gusseisen mit Kugelgraphit hergestellt. Das Gussstück wird auf eine Temperatur von 840 bis 950 °C erhitzt, zur Austenitisierung auf dieser Temperatur gehalten und dann auf die Umwandlungstemperatur in der Bainitstufe von 230 bis 450 °C rasch abgekühlt [2]. Die Grundmasse von ADI besteht aus nadligem Ferrit in einer Matrix aus hochgekohltem, stabilisiertem Auste-

nit, auch als Ausferrit bezeichnet. Dieses Gefüge hat mit dem bei Stahl vorliegenden Bainit nur entfernte Ähnlichkeit.
Es wird in vier Qualitäten mit mindestens 800 MPa Zugfestigkeit (EN-GJS-800-8) bis mindestens 1400 MPa Zugfestigkeit (EN-GJS-1400-1) unterschieden. Typische Bauteile für diesen Werkstoff sind Achsgehäuse, Radnaben, Zahnkränze und Kurbelwellen.

Literatur

[1] Konstruieren + Gießen 22 (1997) Nr. 3
[2] Gießerei Praxis Nr. 3/4-1996, Bainitisches Gusseisen mit Kugelgraphit im Vergleich zu anderen Konstruktionswerkstoffen, S. 71 f

9.2.2.1.2 Leichtmetalle

Hochfeste Aluminiumlegierungen

Insbesondere im Fahrwerk konzentriert sich die Entwicklung auf hochfeste und gleichzeitig hochzähe Legierungen. Die für diese Bauteile häufig eingesetzten Gießtechniken geben außerdem die notwendigen Verarbeitungseigenschaften dieser Werkstoffe vor. Im Folgenden sollen zwei typische Vertreter dieser Legierungen kurz vorgestellt und charakterisiert werden.
„Magsimal-59" (Fa. Rheinfelden), chemische Bezeichnung AlMg5Si2Mn, ist innovativer Gusswerkstoff für Druckguss und Squeeze Casting, (siehe Kap. 9.2.5), der im Gusszustand (Bezeichnung F) hohe Festigkeit bei höchster Bruchdehnung besitzt. In **Tabelle 9.2-2** ist die Werkstoffzusammensetzung wiedergegeben [1].
In vielen Fällen ist eine Wärmebehandlung der Gussstücke nicht mehr notwendig. Trotzdem werden nahezu die gleichen Festigkeitseigenschaften einer ver-

Tabelle 9.2-2 Chemische Zusammensetzung der Legierung AlMg5Si2Mn (Massenanteil in %)

	Si	Fe	Cu	Mn	Mg	Zn	Ti	andere
min.	2,0			0,5	5,0			
max.	2,5	0,15	0,05	0,8	6,0	0,08	0,20	0,06

gleichbaren Warmaushärtung T6, bei gleichzeitig hervorragenden Dehnungswerten erreicht.
Die mechanischen Eigenschaften der Druckguss- und Squeeze Casting-Bauteile hängen von den Abkühlungsgeschwindigkeiten und den erzielbaren Dendritenabständen in den einzelnen Bauteilabschnitten und damit von den Wandstärken und der Werkzeugtemperatur ab. Bis 4 mm Wandstärke liegen im Gusszustand gute Streckgrenzen- ($R_{p\,0,2}$), Zugfestigkeits- (R_m) und Dehnungswerte (A_5) vor. Mit zunehmenden Wandstärken bis 12 mm ist neben Zugfestigkeit und Dehnung vor allem die Streckgrenze von einem Abfall betroffen [1].
Bei 5 % Bruchwahrscheinlichkeit beträgt die Dauerfestigkeit für den Zustand „*F*" 100 MPa **(Bild 9.2-4)**. Im Vergleich dazu hat AlSi7MgT6 Kokillenguss warmausgehärtet, unter gleichen Prüfbedingungen geprüft, 93 MPa Dauerfestigkeit. Da auf eine Wärmebehandlung bei der Verwendung von *„Magsimal-59"* verzichtet werden kann, können diese Teile kostengünstig hergestellt werden.
Mögliche Anwendungsbeispiele sind Lenkradskelette, Fahrwerksträger, Gussknoten für Space Frame Karosserien, Naben für Speichenräder mit eingegossenem Stahl und Bremsringe [1].
„Silafont 36" (Fa. Rheinfelden), chemische Bezeichnung AlSi9 MgMnSr, ist eine duktile Druckgusslegierung mit geringem Eisengehalt, eine Weiterentwicklung auf Basis des bekannten Werkstoffs AlSi 9 Mg, **Tabelle 9.2-3**.
Der Richtwert für Silizium wird mit 10,5 % angegeben, womit die Legierung gut gießbar ist und ein gutes Formfüllungsvermögen aufweist. Der Eisen-

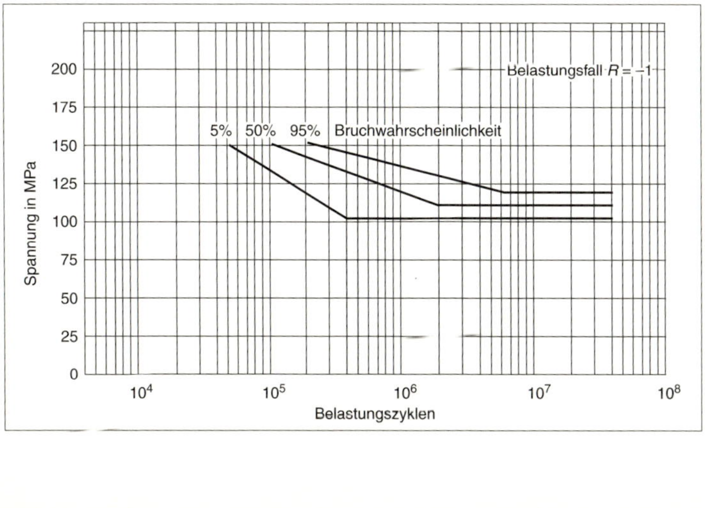

Bild 9.2-4 Wöhlerkurven für die Legierung AlMg5Si2Mn (Magismal-59) im Gusszustand.
Bem.: Idealisiert dargestellt! In der Praxis erkennt man einen leichten Abfall der Dauerfestigkeit

Tabelle 9.2-3 Mechanische Eigenschaften von „Silafont 36“ in Abhängigkeit vom Behandlungszustand

Werkstoff-zustand	R_p 0,2 [MPa]	R_m [MPa]	A5 [%]	HB 5/250-30
F	120–150	250–290	5–10	75–95
T4	95–140	210–260	15–22	60–75
T5	155–245	275–340	4–9	90–110
T6	210–280	290–340	7–12	100–110
T7	120–170	200–240	15–20	60–75

Gehalt wurde so niedrig wie möglich eingestellt, um den Anteil der meist plattenförmig vorliegenden AlFeSi-Phasen möglichst gering zu halten. Diese Phasen sind wesentliche Ursache für niedrige Festigkeits- und Dehnungswerte.

Zur Erhöhung der Gestaltfestigkeit und zur Verringerung der Klebeneigung des Bauteils in der Form wurde der Mangangehalt auf rund 0,65 % angehoben. Mangan besitzt bei der Herabsetzung der Klebeneigung die gleiche Wirkung wie Eisen. Damit die Siliziumphase bereits im Gusszustand fein verteilt vorliegt, ist die Legierung mit Strontium dauerveredelt. Die mechanischen Eigenschaften werden durch die Höhe des Magnesiumgehaltes eingestellt [3].

Niedriger Magnesiumgehalt bedeutet hohe Dehnung bei geringer Festigkeit, und umgekehrt bedeutet hoher Magnesiumgehalt hohe Festigkeit, bei geringerer Dehnung.

Die mechanischen Eigenschaften für die verschiedenen Behandlungszustände sind in Tabelle 9.2-3 dargestellt [4].

Durch Variieren der Auslagerungstemperatur und der Auslagerungszeit können Dehnungs- und Festigkeitswerte gezielt beeinflusst werden **(Bild 9.2-5)** [2].

Bei 5 % Bruchwahrscheinlichkeit liegt die höchste Dauerfestigkeit im Gusszustand F vor, gefolgt von den Zuständen T4 und T6 **(Bild 9.2-6)**. Die Unterschiede sind allerdings nicht sehr groß, was zeigt, dass die Dauerfestigkeit nicht vom Warmbehandlungszustand abhängt. Im Zustand *F* wird eine Dauerfestigkeit von 89 MPa erreicht [2].

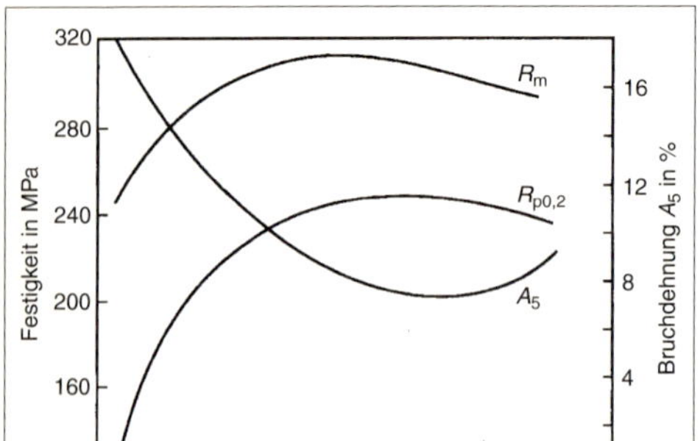

Bild 9.2-5 Mechanische Eigenschaften als Funktion der Auslagerungszeit. Mg-Gehalt 0,3 %, Wärmebehandlung: 490 °C/3 h; Abschreckung in Wasser; Auslagerungstemperatur: 170 °C

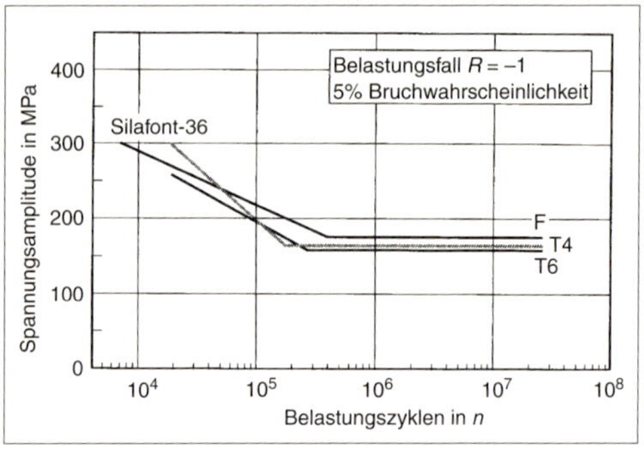

Bild 9.2-6 Wöhlerkurven von „Silafont 36“ unter Berücksichtigung der Wärmebehandlung; Bem.: Idealisiert dargestellt! In der Praxis erkennt man einen leichten Abfall der Dauerfestigkeit

Die neue Legierung wird bereits für eine Vielzahl von Gussteilen (z.B. Lenkradskelette, Gussknoten für „Space-Frame“, Integralträger und Fahrzeugtürrahmen) eingesetzt [2].

Die Entwicklung duktilerer Aluminium-Legierungen ist bereits soweit fortgeschritten, dass ganze Bauteile (wie z.B. B-Säule im Audi A8) komplett aus Aluminium in Serie druckgegossen werden können. Durch Absenken des Silizium-Gehaltes auf 4 % in Kombination mit einem Magnesium-Gehalt zwischen 0,1 und 0,2 % können Bruchdehnungswerte von 16–20 % bei einer Dehngrenze von 100–220 MPa erreicht werden (AlSi4Mg2Mn). Durch Zugabe von Kupfer konnte die Dehngrenze zusätzlich gesteigert werden. Höhere Anforderungen an die Festigkeit im Gusszustand wurden durch Anhebung des Magnesium-Gehaltes erreicht.

Magnesium-Legierungen

Magnesium ist mit einer Dichte von etwa 1,74 kg/dm^3 der leichteste aller metallischen Werkstoffe. Magnesium wurde bereits vor 80 Jahren erfolgreich als Konstruktionswerkstoff im Fahrzeug- und Flugzeugbau eingesetzt. Bereits im VW Käfer steckten über 17 Kilogramm Magnesiumlegierungen – für Kurbelgehäuse, Getriebegehäuse, Lichtmaschinenarm

und andere Bauteile. Wegen der geringen Hitze- und Korrosionsbeständigkeit wurde lange Zeit der Einsatz von Magnesium im Automobilbereich begrenzt. Erst als es Mitte der 80er-Jahre gelang, reinere und damit korrosionsbeständigere Legierungen herzustellen, gewann Magnesium, auch aufgrund eines fallenden Material- bzw. Halbzeugpreises und interessanter Eigenschaften, wie hoher spezifischer Energieaufnahmefähigkeit und wirtschaftlichen Recyclingpotenzials, wieder an Bedeutung.
Ergänzend muss jedoch erwähnt werden, dass das Problem der Kontaktkorrosion dieser Legierungen nicht gelöst wurde und durch einen entsprechenden Oberflächenschutz und eine abgestimmte Verbindungstechnik berücksichtigt werden muss.
Komplexe Bauteile mit unterschiedlichen, variablen Wanddicken werden heute aus Magnesium-Walzplatten durch spanende Bearbeitung mit geringen Schnittkräften und -momenten gefertigt. Hierbei sind allerdings besondere Arbeitsvorschriften zu berücksichtigen, um der leichten Entflammbarkeit der Magnesium-Stäube und -Späne entgegen zu wirken [5, 6].
Rund 90 % aller Magnesiumbauteile werden wegen der hervorragenden Gießeigenschaften von Magnesium als Gussbauteile hergestellt. Aber auch als Schmiede-, Strangpress- oder Blechbauteil hält Magnesium in der Karosserie Einzug und kann gegenüber einer bereits gewichtsoptimierten Al-Bauweise das Karosseriegewicht um weitere 15–20 % reduzieren [7].

Magnesium für Gussbauteile

AZ91HP (MgAl9Zn1HP) und AZ81HP (MgAl8Zn1 HP) sind Magnesiumgusswerkstoffe mit guten Festigkeitseigenschaften, guter Korrosionsbeständigkeit und sehr guter Gießbarkeit. Der Zusatz HP – high purity (hochrein) bedeutet eine starke Absenkung der Schwermetallanteile Eisen, Nickel und Kupfer und eine damit im Vergleich zu den in der DIN 1729 aufgeführten Legierungen verbesserte Korrosionsbeständigkeit.
In Abhängigkeit von Gießverfahren und vom Behandlungszustand werden für die Legierungen AZ91HP und AZ81HP die in **Tabelle 9.2-4** aufgeführten, mechanische Werkstoffeigenschaften erzielt.
Diese Legierungen kommen vor allem bei Druckgussteilen, wie z.B. Deckeln und Zylinderkopfhauben, zum Einsatz.
AM60HP (MgAl6HP) und AM50HP (MgAl5HP) sind ebenfalls High Purity Mg-Legierungen. Sie zeichnen sich durch hohe Festigkeit und Dehnung, verbunden mit guter Gießbarkeit und Kaltverformbarkeit, aus.

Tabelle 9.2-4 Mechanische Werkstoffeigenschaften von Magnesium-Gusslegierungen

Legierung	Gießverfahren	Zustandsbezeichnung	Zugfestigkeit [MPa]	0,2 %-Grenze [MPa]	Bruchdehnung [%]	Brinellhärte [HB-5/250]	Biegewechselfestigkeit [MPa][2]	Schmelzbereich [°C]
AZ 91 HP[1]	Druckguss		200–250	150–170	0,5–3,0	65–85	50–70	420–600
	Kokillenguss	– F	160–220 (120)	110–130 (90)	2–5 (1)	55–70	70–90	420–600
		– T6	240–300 (170)	150–190 (130)	2–7 (1,5)	60–90	80–100	420–600
	Sandguss	– F	160–220 (130)	90–120 (80)	2–5 (1)	50–65	70–90	420–600
		– T6	240–300 (170)	150–190 (140)	2–7 (1,5)	60–90	80–100	420–600
AZ 81 HP[2]	Druckguss		200–240	140–160	1–3	60–85	50–70	425–615
	Kokillenguss	– F	160–220 (130)	90–110 (80)	2–6 (1)	50–65	70–90	425–615
	Sandguss	– F	160–220 (130)	90–110 (80)	2–6 (1)	50–60	70–90	425–615

[1] Übereinstimmung nach DIN 1729 Bl. 2, Werte in Klammern sind Mindestwerte, Gebrauch dieser Werte für Gussstücke bis max. 15 mm Wanddicke
[2] Umlaufbiegeversuch nach DIN 50113 bei 50×10^6 Lastwechsel.

Tabelle 9.2-5 Mechanische Werkstoffeigenschaften von Mg-Gusslegierungen in Abhängigkeit von Gießverfahren und Behandlungszustand

Legierung	Gieß-verfahren	Zustands-bezeich-nung	Zugfestig-keit [MPa]	0,2 %-Grenze [MPa]	Bruch-dehnung [%]	Brinell-härte [HB-5/250]	Biege-wechsel-festigkeit [MPa][2]	Schmelz-bereich [°C]
AM 60 HP[1]	Druck-guss		190–230	120–150	4–8	55–70	50–70	445–630
	Sandguss	– F	180–240 (140)	80–110 (80)	8–12 (4)	50–65 (50)	70–90	445–630
		– T4	190–250 (150)	90–110 (90)	8–15 (6)	50–65 (50)	70–90	445–630
AM 50 HP[2]	Druck-guss		180–220	110–140	5–9	50–65	50–70	440–625

[1] Übereinstimmung nach DIN 1729 Bl. 2, Werte in Klammern sind Mindestwerte, Gebrauch dieser Werte für Gussstücke bis max. 15 mm Wanddicke

[2] Umlaufbiegeversuch nach DIN 50113 bei 50×10^6 Lastwechsel

In **Tabelle 9.2-5** sind die in Abhängigkeit von Gießverfahren und Behandlungszustand erzielbaren mechanischen Werkstoffeigenschaften aufgeführt. Diese Legierungen eignen sich sehr gut zur Herstellung von Sitzteilen (z.B. DaimlerChrysler), Instrumententafelträger, Räder, Cabrio-Verdeckgestellen (Porsche: Boxster und 911 Carrera) und Lenkradskeletten, die in Druckguss gefertigt werden.

Faser- bzw. partikelverstärkte Aluminium- und Magnesiumverbundwerkstoffe, deren Hauptvorteile in der Erhöhung von Zugfestigkeit, Streckgrenze, E-Modul und Warmfestigkeit erwartet werden, sind in Entwicklung, kommen aber derzeit aus Kostengründen in Großserie noch nicht zum Einsatz.

Magnesium für Schmiedebauteile

Im Porsche Carrera GT kamen zum ersten Mal in einem Serienfahrzeug Felgen aus Magnesium **(Bild 9.2-7)** [8] zum Einsatz, die als Rohlinge im Schmiedeverfahren hergestellt wurden. Das spezielle Verfahren verbessert das Dauerfestigkeitsverhalten des Werkstoffs und ermöglicht eine 25 prozentige Gewichtseinsparung gegenüber Rädern in Aluminium-Gusstechnik. Allerdings sind bedingt durch das Fertigungsverfahren im Vergleich zu Gussbauteilen Designmöglichkeiten – wie z.B. Hinterschnitte – eingeschränkt.

Verwendet wird die Magnesium-Knetlegierung AZ80A (MgAl8Zn) mit einer Zugfestigkeit im Bereich von 290–320 MPa und einer Bruchdehnung A5 von etwa 5–12 %. Zur Reduzierung der Korrosionsempfindlichkeit wird das Rad zuerst geschliffen, anodisiert, KTL-beschichtet und anschließend lackiert. Bei der Auslegung des Bauteils ist besonders durch Vermeidung scharfer Kerben und Kanten der Kerbempfindlichkeit des Werkstoffs entgegenzuwirken. Auch zur Vermeidung der Kontaktkorrosion ist eine galvanische Trennung zu verschiedenen Anbauteilen notwendig.

Bild 9.2-7 Felge des Porsche Carrera GT

Magnesium für Blechbauteile

Durch ein neues Verfahren zur Magnesium-Blechherstellung, in dem Magnesium zuerst als Band flach gegossen, anschließend zu Blech ausgewalzt und dann in der noch vorhandenen Wärme zu Platinen verarbeitet wird, ist mit einer zukünftig positiven Wirkung auf die Preisentwicklung zu rechnen. Vorteil des Fertigungsverfahrens ist ferner, dass die warmen Platinen in Ziehwerkzeugen direkt zu Blechbauteilen weiterverarbeitet werden können. Durch diesen Prozessschritt umgeht man eine Schwäche des Magnesiums: Aufgrund des hexagonalen Atomaufbaus verfügt Magnesium – wie Titan auch – nur über eine Gleitebene und bietet daher bei 3 Gleitrichtungen nur 3 Gleitmöglichkeiten (im Vergleich dazu hat Aluminium 12 Gleitmöglichkeiten). Dies bedeutet, dass Magnesium grundsätzlich bei Raumtemperatur ein geringes Formänderungsvermögen und eine hohe Kerbempfindlichkeit hat. Erst durch ein temperiertes Tiefziehverfahren – oberhalb von 225,03 °C zerfällt der hexagonale Kristallaufbau in eine pyramidenförmige Gitterstruktur – wird ein erhöhtes Formänderungsvermögen mit Magnesium erreicht. In Abhängigkeit der Gefügestruktur und -morphologie kann jedoch der sprunghafte Anstieg der Bruchdehnung zu tieferen Temperaturen verschoben werden, was zu Reduzierungen der Energie- und Anlagekosten führt. Bereits ab 150–180 °C lassen sich gute Umformergebnisse erzielen.

Im Carrera GT setzte Porsche als erster Hersteller Magnesiumblech im Sichtbereich des Fahrers in Form der Mittelkonsole ein [8]. Als zweischalige Bauweise mit Laserlötung wurde zum einen der Gewichtsanforderung, zum anderen den optischen und haptischen Qualitätsansprüche durch Einsatz von Magnesium Rechnung getragen. Verwendet wird die Legierung AZ 31 mit einer Zugfestigkeit zwischen 240 und 260 MPa.

Die Entwicklung von Mg-Blechen wird ferner seit November 2001 durch das BMBF gefördert. Die zwei Verbundvorhaben sollen an dieser Stelle nur kurz erwähnt werden: Im Vorhaben *ULM* (Ultra-Leichtbauteile aus Magnesium) wird eine Magnesiumblechstruktur für die Verkehrstechnik entwickelt. Im Vorhaben *MIA* (Magnesium im Automobil) konzentriert sich die Entwicklung auf die Herstellung von Fahrzeugkomponenten aus Mg-Knetlegierungen als Schmiede-, Strangpress- oder Blechbauteile.

Aufgrund des aktuell hohen Preises und der Qualitätsanforderungen im Herstellprozess ist in nächster Zeit davon auszugehen, dass Magnesium für Blechbauteile nur in Kleinstserien und Premiumsegmenten Verwendung findet.

Literatur

[1] *Hielscher, U.; Sternau, H.; Koch, H.; Klos, R.*.: Neuentwickelte Druckgusslegierung mit ausgezeichneten mechanischen Eigenschaften im Gusszustand, Gießerei 85 (1998) Nr. 3, S. 62–65

[2] *Hielscher, U.; Sternau, H.; Koch, H.; Franke, A. J.*: Duktile Druckgusslegierung mit geringem Eisengehalt, Gießerei 82 (1995) Nr. 15, S. 517–523

[3] *Hielscher, U., u.a.*: Gießerbrief Nr. 5, (1997) S. 1

[4] Verarbeitungsmerkblatt Silafont-36, Fa. Rheinfelden

[5] *Miller, F.*: Leichtbau, Fraunhofer Magazin 4.2002, Fraunhofer-Gesellschaft, München, 2002, S. 8 ff., http://www.fraunhofer.de/magazin.

[6] *Hausberg, K.; Götzinger, B.; Friesenbichler, Th.*: Entwicklung eines Stoßfängerquerträgers mit Crashboxen aus Magnesium, mobiles 28, Fachzeitschrift für Konstrukteure, Ausgabe 2002/2003, Hamburg, S. 58 ff.

[7] *Friedrich, H. E.*: Leichtbau und Werkstoffinnovationen im Fahrzeugbau, ATZ Automobiltechnische Zeitschrift, S. 258 ff., 03/2002

[8] *Steinhauser, D.*: Der Porsche Carrera GT – ein innovatives Fahrzeugkonzept, mobiles 30, Fachzeitschrift für Konstrukteure, Ausgabe 2004/2005, Hamburg, S. 6 ff.

Weiterführende Literatur

[9] *Eibisch, H.; Hartmann, M.; Singer, R.*: Herstellung und Eigenschaften von Kohlenstofflangfaserverstärktem Magnesium im Druckguss, 3. Ranshofener Leichtmetalltage 2004, 23.–25. Juni 2004, Ranshofen (Österreich), veröffentlich in Druckguss-Praxis, Vol. 6, S. 255–260, Schiele & Schön Verlag, 2004

[10] *Mordike, B., Wiesner, P.*: Fügen von Magnesiumwerkstoffen, Fachbuchreihe Schweißtechnik 147, 2005

Metallschäume im Automobilbau

In Anlehnung an die Bionik wird versucht, „metallische Knochen“ zu entwickeln. Metallschäume sind vergleichbar porös wie Knochen **(Bild 9.2-8)** und können das Gewicht um 90 % reduzieren.

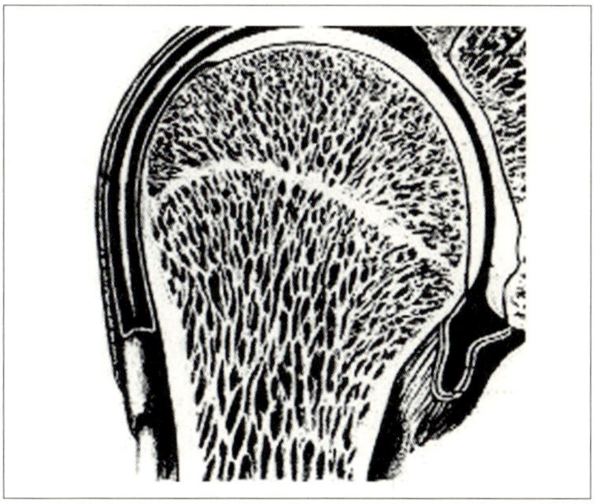

Bild 9.2-8 Knochenaufbau des Humerus

Metallschäume sind bereits seit den 50er-Jahren bekannt, jedoch war es bislang nicht möglich, geschäumte Metalle in ausreichender Menge und gleich bleibender Qualität herzustellen.

Man unterscheidet zwischen pulvermetallurgischen, schmelzmetallurgischen und speziellen Herstellungsverfahren (z.B. Abscheide-Technik), wobei die pulvermetallurgischen Varianten als die geeignetsten angesehen werden. Hierbei wird ein Treibmittel mit dem Metallpulver vermischt und konsolidiert (HIP, Strangpressen, etc.). Danach kann dieses Halbzeug durch Erwärmung auf Temperaturen nahe dem Schmelzpunkt reproduzierbar aufgeschäumt werden.

Um qualitativ einen guten Schaum zu erhalten, ist im Aufschäumprozess die Degradation des Schaumes einzuschränken. Aufgrund der Schwerkraft und der Oberflächenspannung strebt die Schmelze aus den Stegen in die Knoten zu fließen. Risse und zu große Poren sind die Folge. Mit Hilfe der numerischen Simulation können die Randbedingungen des Aufschäumprozesses bestimmt und für die jeweiligen Anforderungen angepasst werden [6].

Bild 9.2-9 Rohrprofile mit Aluminiumschaum

Neben den bekannten Aluminiumschäumen lassen sich weitere Metalle und Legierungen aufschäumen, so z.B. Zink, Zinn, Bronze, Messing und Blei. Titan- und Eisenschäume [5] befinden sich noch in der Entwicklung. Zurzeit werden fast ausschließlich geschlossenporige Schäume hergestellt. Metallschäume erlauben die Herstellung einer Vielzahl von Formenvarianten, wie z.B. ausgeschäumte Hohlformen **(Bild 9.2-9)** oder Werkstoffverbunde und Platten. Die Platten können vor dem Aufschäumen tiefgezogen werden, was die Formvarianz noch erhöht **(Bild 9.2-10)**. Das Fügen von Metallschäumen kann mit Hilfe von Laserschweißprozessen, aber auch durch Kleben, Verschrauben oder Vernieten erfolgen. Das Löten eignet sich nicht, da es hierbei zu Korrosionsproblemen aufgrund von Kontaktkorrosion in den Poren kommen kann [1, 2, 3].

Die mechanischen Eigenschaften (Festigkeit, E-Modul) steigen mit zunehmender Schaumdichte stark an. Die elektrische und thermische Leitfähigkeit der Schäume ist gegenüber den massiven Legierungen deutlich reduziert, während der thermische Ausdehnungskoeffizient unverändert bleibt. Bei der plastischen Verformung von Metallschäumen bleibt das Spannungsniveau über einen großen Verformungsweg hin nahezu konstant und ähnelt dabei stark einem idealen Absorber. Gängige Aluminiumschäume können bei Stauchung etwa 80 bis 90 % der Energie des idealen Absorbers aufnehmen. Aus diesem Grund lassen sich Metallschäume z.B. für energieabsorbierende Front-, Seiten- und Heckaufprallelemente einsetzen. Eine weitere Anwendung der metallischen Schäume ergibt sich aus der Tatsache, dass diese das Knick- und Stauchverhalten von Hohlprofilen deutlich steigern und deshalb z.B. als Versteifungen eingesetzt werden können. Das Korrosionsverhalten von Metallschäumen hängt stark von den verwendeten Metallen und ihrer Lage im Fahrzeug ab. Die für die Verwendung im Kraftfahrzeug in Frage kommenden Aluminiumschäume können als eher unkritisch angesehen werden, da sie über eine geschlossene Oxidschicht verfügen, die bei unterschiedlichen Metallkombinationen eine genügende Isolation bietet.

Bild 9.2-10 Tiefgezogenes und anschließend geschäumtes Blech

Literatur

[1] *Banhart, J.; Baumeister, J.; Weber, M.*: Metallschaum – ein Werkstoff mit Perspektiven; ALUMINIUM 70, Jahrgang 1994, S. 209

[2] Aluminiumschäume – Konstruktionswerkstoffe mit großem Potential; ALUMINIUM 73, Jahrgang 1997, S. 336 – 339

[3] *Banhart, J.; Baumeister, J.; Weber, M.; Melzer, A.*: Aluminiumschaum – Entwicklungen und Anwendungsmöglichkeiten, Ingenieur Werkstoffe 7 (1998), S. 43 – 45

[4] *Baumeister, J.*: Verfahren zur Herstellung von Metallschäumen in Banhart, J.: Metallschäume, Beiträge zum Symposium Metallschäume Bremen, 06. – 07. 03. 1997, MIT-Verlag, S. 10

[5] Entwicklung von Technologien zur Herstellung von Stahlschäumen (Projekt 431), Berichte aus der Anwendungsforschung, Ausgabe 2/2003, Forschungsvereinigung Stahlanwendung e. V., Düsseldorf November 2003, http://www.stahl-online.de/stahlforschung/1/Aktuelles/Aktuelles.htm

[6] Singer, R. F.: Visionen in Metall – leichter, fester, billiger, Beiträge zum Symposium Material Innovativ, 10. März 2005, Nürnberg.

Titan-Legierungen

Titan-Legierungen werden derzeit vor allem in der Luft- und Raumfahrt sowie im Fahrzeugrennsport eingesetzt. Der Hauptbeweggrund für den Einsatz von Titan ist die Reduzierung des Gewichtes.

Das größte Potenzial für die Anwendung von Titan im Fahrzeug bietet sicherlich der Antriebsbereich, da hier durch eine Gewichtseinsparung, d.h. eine Verringerung der bewegten Massen, der Kraftstoffverbrauch im besonderen Maße reduziert werden kann. Mögliche Serienanwendungen von Titanlegierungen sind z.B. Pleuel, Tassenstößel, Zahnräder, Ventile, Ventilsitzringe, Ventilfederteller, Schrauben, Differentialgehäuse, diverse Antriebswellen etc.

Die Vorteile von Titanlegierungen sind eine hohe statische und dynamische Festigkeit in Verbindung mit einer geringen Dichte, eine gute Warm- und Zeitstandfestigkeit und sehr gute Korrosionseigenschaften.

Nachteilig sind die schwierige Umformbarkeit (wie Mg-Legierungen), die schwierige mechanische Bearbeitung, eine höhere Kerbempfindlichkeit als Stahl sowie ein ungünstiges Tribologieverhalten.

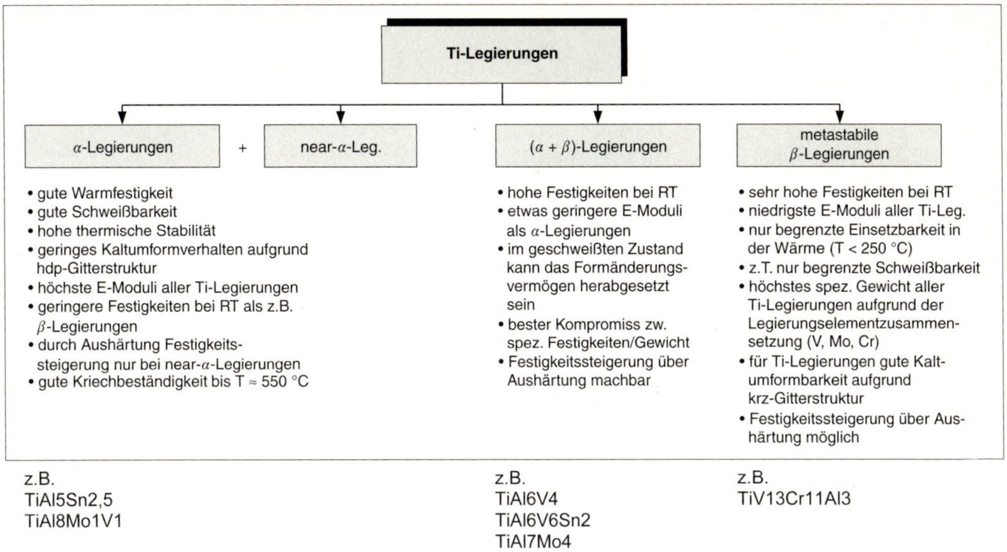

Bild 9.2-11 Titan-Legierungen

Zur Verbesserung der Verschleiß- und Dauerfestigkeit werden Bauteile aus Titanlegierungen häufig nitriert.

Eine weitere Möglichkeit, die tribologischen Eigenschaften von Titanlegierungen zu verbessern, ist die Oberflächenbeschichtung. Neben den bekannten klassischen elektrochemischen oder chemischen Verfahren finden die plasma- und ionengestützten Hochvakuumverfahren (CVD, PVD) in Kombination mit den galvanischen Verfahren immer breitere Anwendung [1].

Man unterscheidet zwischen verschiedenen Titanlegierungen (**Bild 9.2-11**). In der Entwicklung befinden sich neue intermetallische γ-TiAl(Cr,Mo,Si)-Legierungen für hochwarmfeste Anwendungen wie z.B. Ventile, Turbolader, Pleuel, Kolbenbolzen [2].

In **Tabelle 9.2-6** sind die mechanischen Kennwerte von α-, und $\alpha + \beta$-Legierungen im Vergleich zur γ-TiAl-Legierung (Ti48Al2Cr) aufgeführt [1].

Die hohen Kosten zur Gewinnung von Titan und die hohen Verarbeitungskosten lassen trotz moderner Herstellungstechnologien einen Serieneinsatz im Pkw-/Lkw-Bereich in naher Zukunft unwahrscheinlich erscheinen. Als Konzept wurde eine Abgasanlage aus Titan im Audi A2 ÖKO untersucht.

Eine Weiterentwicklung bei der Titangewinnung und fortschrittliche Verarbeitungstechniken sollten jedoch mittel- bis langfristig den Einsatz von Titan auch in der Großserie ermöglichen.

Literatur

[1] *Repenning*: Titan – ein Werkstoff für tribologische Beanspruchungen; Ingenieur Werkstoffe 2/98, S. 14 ff.

[2] *Knippscheer; Frommeyer*: Intermetallische Leichtbaulegierungen für Motorkomponenten; Ingenieur-Werkstoffe 3/98, S. 32 ff.

Tabelle 9.2-6 Eigenschaften verschiedener Titanlegierungen

Eigenschaft	Einheit	α-TiAl (Ti48Al2Cr)	α + β (TiAl6V4)	γ-Ti
Dichte	[g/cm^3]	3,7–3,9	4,5	4,6–4,9
E-Modul	[GPa]	155–180	105–115	90–105
Streckgrenze	[MPa]	400–750	850–950	1 200–1 350
Zugfestigkeit	[MPa]	400–850	900–1100	1 200–1 600
Bruchdehnung RT	[A%]	1–4	10–16	12–25

Sandwichverbunde

Plattierte Bleche

Beim Plattieren wird ein stählerner Kern aus Band oder Blech mit Auflagen aus anderen Metallen untrennbar verbunden. Als Auflage kommen beispielsweise NE-Metalle wie Aluminium, Bronze, Kupfer, Messing, Nickel und Titan, aber auch spezielle Edelstähle zum Einsatz.

Mit diesem Verfahren ist es möglich, die guten Gebrauchseigenschaften von Stahl, wie Festigkeit, Federungs-, Umform- und Tiefziehvermögen, um weitere, bei anderen Metallen angelegte spezifische Eigenschaften zu ergänzen. Dies können beispielsweise elektrische Leitfähigkeit, Wärmereflexion bzw. -leitung, Hitzebeständigkeit, Korrosionsbeständigkeit sein.

Beim Plattieren wird zunächst durch hohe Press- und Reibungskräfte ein mechanischer Verbund erzeugt, bei dem der Auflagewerkstoff durch Adhäsion mit dem Stahl verbunden wird. Bei der anschließenden Wärmebehandlung geht die Adhäsionshaftung in Diffusionshaftung über, die Metalle sind untrennbar miteinander verbunden. Die so produzierten Bänder bzw. Bleche bestehen aus zwei, drei oder noch mehr Lagen, wobei große Freiheit bei der Kombination von Werkstoffen und der Dicke ihrer Auflage gegeben ist. Nahezu täglich werden plattierte Werkstoffe in die Hand genommen. Sie kommen im Automobil als Bestandteil von Schalldämpferanlagen, Hitzeschilden, Schutzblechen, Kugellagerkäfigen, Schlauchkupplungen und Zylinderkopfdichtungen vor. Jeder nutzt diese Technik aber auch privat – als Euro-Münzen [1].

Metall-Kunststoff-Metall Verbunde

Eine interessante Neuentwicklung für Anwendungen im Karosseriebereich stellen Metall-Kunststoff-Metall Verbunde dar (**Bild 9.2-12**). In diesem Fall wurden die jeweiligen Werkstoffgrenzen durchbrochen und durch Kombination von bekannten Materialien und deren positiven Eigenschaften ein in Bezug auf Steifigkeit, Gewicht und Akustik optimierter Werkstoffverbund entwickelt [2].

Im Vergleich zu Stahlblechen mit gleicher Biegefestigkeit oder Aluminiumblechen (1 mm) sind diese Sandwichbleche (0,2 mm Al/0,8 mm Polypropylen/ 0,2 mm Al), ca. 60 % bzw. 35 % leichter. Durch Verwendung von unterschiedlichen Deckschichtmaterialien und Kernschichtwerkstoffen, zusammen mit angepassten Wandstärken, lassen sich die Eigenschaften den Anforderungen anpassen. In der Regel wird als Kernschicht Polypropylen in einer Dicke von ca. 0,8 mm verwendet, das beidseitig mit ca. 0,2 mm starken Aluminium- oder Stahlfolien verklebt ist.

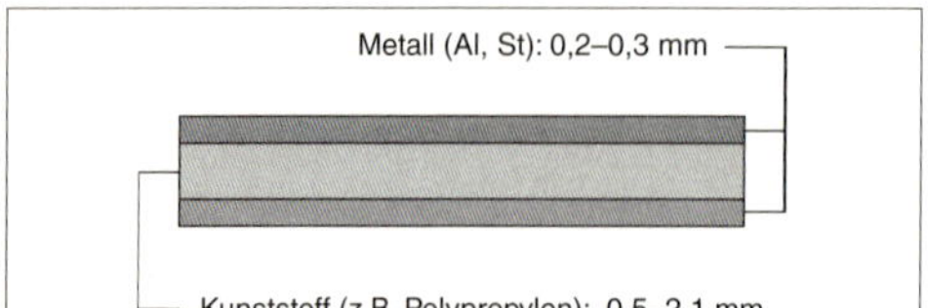

Bild 9.2-12 Metall-Kunststoff-Metall Verbund

Erste Untersuchungen in Form einer Reserveradmulde im ULSAB-Projekt (Stahl-Kunststoff-Stahl) und einer Fronthaubenstudie des VW Lupo (Al-Kunststoff-Al) untermauern das hohe Leichtbaupotenzial dieses Verbundes.

Wie bei jedem neuen Werkstoff müssen aber auch hier die materialspezifischen Besonderheiten bei der Verarbeitung berücksichtigt werden.

So sind die im Karosseriebereich überwiegend eingesetzten Schweißverfahren mit der damit verbundenen Temperaturbelastung aufgrund der thermoplastischen Kernschicht nicht als Fügeverfahren geeignet.

Mögliche Fügeverfahren sind dagegen die mechanischen Fügeverfahren (Stanznieten, Bördeln, Durchsetzfügen) und das Kleben.

Auch beim Tiefziehen müssen die Prozessparameter den im Vergleich zu herkömmlichen Stahl- oder Aluminiumblechen geänderten Werkstoffeigenschaften angepasst werden.

Gleiches gilt für das gesamte Fertigungslayout, wo die heute üblichen KTL- bzw. Decklacktemperaturen der Karosserielackierung eine On-Line-Lackierung dieser Sandwichbleche unter Umständen unmöglich machen (Schmelztemperatur der Polypropylen Kernschicht: ca. 163 °C, KTL-Temperatur ca. 160–185 °C).

Die ersten Ansätze sind jedoch Erfolg versprechend und lassen auf weitere Fortschritte hoffen.

Literatur

[1] Stahl-Informations-Zentrum: Plattierte Werkstoffe – Clever kombinieren macht Stahl leistungsfähiger; http://www.stahl-info.de/aktuelles/pm_plattierte_werkstoffe.htm

[2] *Horst E. Friedrich*: Leichtbau und Werkstoffinnovationen im Fahrzeugbau; ATZ 3/02 Jahrgang 104, S. 258 ff.

9.2.2.1.3 Edelmetalle

Als Edelmetalle werden die Elemente Silber (Ag) und Gold (Au), sowie Ruthenium (Ru), Rhodium (Rh), Palladium (Pd), Osmium (Os), Iridium (Ir) und Platin (Pt) bezeichnet. Da sie elektrochemisch sehr edel sind, d.h. eine hohe Korrosions- und Oxidationsbeständigkeit aufweisen, werden sie vor allem in der Chemie- und Elektronikindustrie eingesetzt.

Elektronikkomponenten

Edelmetalle, insbesondere Gold- und Silberlegierungen, finden Anwendung in verschiedenen elektronischen Komponenten im Fahrzeugbau.

Gold- und Silberlegierungen werden primär in Bereichen eingesetzt, in denen

- niedrige elektrische Ströme fließen (<5 mA),
- niedrige Übergangswiderstände gefordert sind,
- die Kontakte vor Korrosion geschützt werden müssen,
- Kontakte vor Abrieb (hervorgerufen durch Relativbewegungen im Mikrobereich) geschützt werden müssen,
- eine sehr hohe Kontaktsicherheit elektronischer Sicherheitsbauteile gefordert ist.

Beispiele für den Edelmetalleinsatz in der Automobilindustrie:

- vergoldete Kontakte in Airbagmodulen
- Bonddrähte aus Gold zur Kontaktierung auf Leiterplatten in Integrated Circuits (IC)
- Silberlegierungen werden aufgrund ihrer niedrigen Durchgangswiderstände und der niedrigen Ströme sowohl in den leitenden Schichten der Leiterbahnen als auch in Relais verwendet
- Sensortechnik (Raddrehzahlaufnehmer, Außenluftkühler, Lambdasonden, . . .)
- Katalysatoren für Verbrennungsmotoren (Platin, Palladium und Rhodium).

Literatur

[1] *Beck, G.*: Edelmetall-Taschenbuch, Hrsg.: Degussa AG, 3. Auflage, Giesel, 2001.

9.2.2.1.4 Kunststoffe

Aus der Reihe der vielen Weiterentwicklungen innerhalb der Kunststoffe (Hochkristallines Polypropylen, PPO/PA-Blends, etc.) ist vor allem die Entwicklung von endlosfaserverstärkten Thermoplasten und die Langglasfaser-Technologie hervorzuheben.

Flächige, gewebeverstärkte Thermoplaste

Diese Werkstofffamilie, konsolidiert in der Praxis des Öfteren auch als „Organoblech" [3] bezeichnet, schließt die Lücke zwischen den kurz- und langglasfaserverstärkten Spritzgusstypen und den glasmattenverstärkten Thermoplasten (GMT) und SMC (Sheet-moulding-Compound)-Materialien.

Als Matrixwerkstoffe kommen hauptsächlich Polypropylen (PP), Polyester (PET) und Polyamide (PA) zum Einsatz. Als Gewebe- bzw. Gestrickwerkstoff sind Glasfasern, synthetische Fasern (z.B. Aramid), Carbonfasern oder Kombinationen aus diesen möglich. Durch mehrlagige Gewebeaufbauten lassen sich darüber hinaus verschiedene Faserrichtungen festlegen (z.B. +45°/–45°, 0°/90°).

Aus Kostengesichtspunkten konzentrieren sich die derzeitigen Überlegungen hauptsächlich auf die Glasfaser. Abhängig von Matrixmaterial, Fasertyp, Fasergehalt und Gewebetyp lassen sich die mechanischen Eigenschaften dieser Prepregs leicht variieren und den gegebenen Anforderungen anpassen **(Bild 9.2-13)** [1].

Die Eigenschaften dieser Werkstoffe können unter folgenden Schlagworten zusammengefasst werden:

- geringe Dichte
- hohe mechanische Kennwerte (Festigkeit, E-Modul)
- Korrosionsbeständigkeit
- hohe Energieabsorption/ Zähigkeit
- schweißbar
- recyclingfähig
- tiefzieh-/thermoformbar [2]

Durch die thermoplastische Matrix können die Prepregs oder die vorkonsolidierten Halbzeugplatten („Organobleche") durch Aufheizen über den jeweiligen Schmelzpunkt der eingesetzten Matrix und anschließendem Tiefziehen und Verpressen zum fertigen Bauteil umgeformt werden **(Bild 9.2-14)** [4].

Die erreichbare Oberflächenqualität ist aufgrund der hohen Faseranteile eher schlecht, so dass eine An-

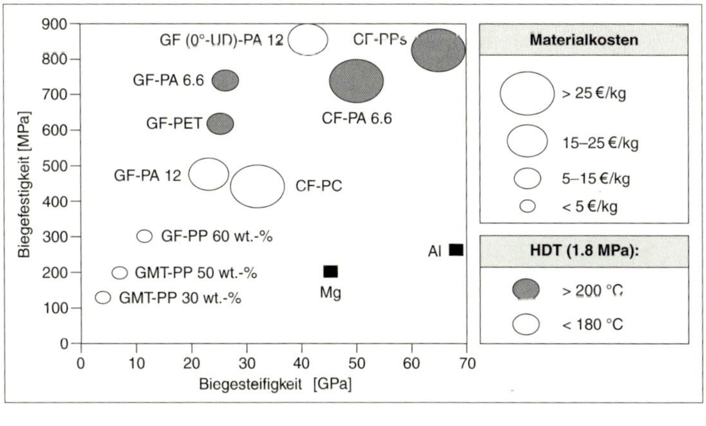

Bild 9.2-13 Eigenschaftsspektrum thermoplastischer Composites

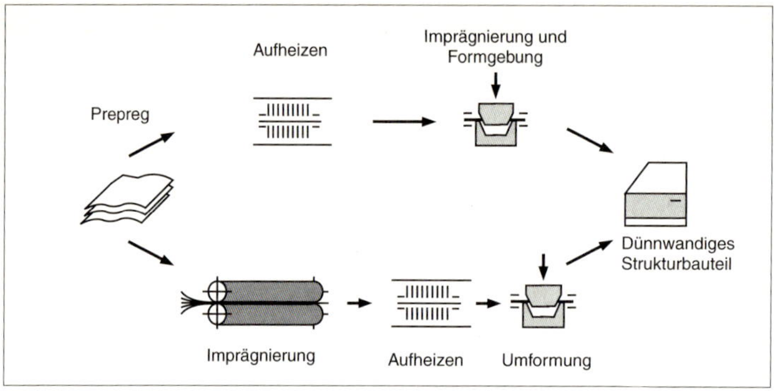

Bild 9.2-14 Mögliche Produktionsvarianten zur Herstellung dünnwandiger Strukturbauteile

wendung in optisch anspruchsvollen Außenhautbereichen (Class-A-Oberflächen) nicht möglich ist.

Auch unter Recyclinggesichtspunkten lassen sich diese Werkstoffe gut wiederverwerten, indem sie gemahlen und dann als kurzglasfaserverstärktes Spritzgussmaterial weiterverarbeitet werden bzw. als Kernschicht in Sandwichverbundwerkstoffen Verwendung finden.

Als Nachteile müssen jedoch die immer noch zu hohen Halbzeugkosten und die Aufwendungen zur Qualitätssicherung genannt werden.

Literatur

[1] *Mayer, C.*: Wirtschaftliche Herstellung von textilverstärkten thermoplastischen Halbzeugen, 28. Internationale AVK-Tagung 01./02. Oktober 1997, AVK Frankfurt 1997, S. 3

[2] *Neitzel, M. u.a.*: Gewebeverstärkte Thermoplaste im Karosseriebau, Autohausspezial 14/15/1996, S. 113

[3] *Ostgathe, M. u.a.*: Organobleche aus Thermoplastpulver, Kunststoffe 86 (1996), Carl Hanser Verlag, München, S. 1838

[4] *Breuer, U.; Ostgathe, M.*: Halbzeug- und Bauteilherstellung – Umformverfahren-, Faserverbundwerkstoffe mit thermoplastischer Matrix, expert Verlag 1997, S. 108

Weiterführende Literatur

[5] Tagungsband zum VDI Kongress „Kunststoffe im Automobilbau 2005“, Band-Nr.: 4270, Mannheim, 9. – 10.03.2005, ISBN: 3-18-234270-3

Lang-Faserverstärkte-Thermoplaste (LFT)

Zwischen den etablierten Werkstoffsystemen (GMT, SMC, bzw. Kurzglasfaser verstärkte Thermoplaste), entwickelt sich zurzeit eine weitere Werkstoffgruppe, die sogenannten **L**ang-**F**aserverstärkten-**T**hermoplaste (LFT).

Hohe Steifigkeit bei sehr gutem Energieaufnahmevermögen zeichnen diesen neuen Werkstoff aus, der damit den Anforderungen der „Leichtbauweise“ vollauf gerecht wird. Die Langglasfaserverstärkung bewirkt außerdem eine deutliche Steigerung der Kerbschlagzähigkeit und Wärmeformbeständigkeit. Durch den Glasfaseranteil und der damit verbundenen schlechten Oberflächenqualität sind sichtbare „Class-A“-Außenanwendungen nicht, bzw. Interieuranwendungen im Sichtbereich nur mit starken Einschränkungen möglich. Typische Anwendungen sind Frontmodulträger oder kaschierte Schalttafelträger.

Es gibt derzeit drei LFT-Werkstofftypen, die bereits mit Erfolg eingesetzt werden. Man unterscheidet hierbei zwischen unterschiedlichen Faserlängen und den dazugehörigen Verfahrenstechniken (**Tabelle 9.2-7**).

Um die guten mechanischen Eigenschaften des Granulats möglichst ohne Verluste im Bauteil umzusetzen, gilt für die LFT-Verarbeitung als wichtigste Forderung die Faserschonung, d.h. ein weitgehender Erhalt der Faserlänge.

Eine schonende Verfahrensvariante ist das Fließpressen. Durch eine LFT-gerechte Schneckengeometrie des Plastifizierextruders und einem Schmelzeeintrag über eine Breitschlitzdüse in das offene Werkzeug werden mit dieser Technik Faserschädigungen durch unzulässige Scherung im Vergleich zum Spritzgießen deutlich reduziert.

In Verbindung mit wärmeformbeständigeren Matrixmaterialien (z.B. PA, PBT, etc.) und anderen Faserverstärkungen (z.B. Carbonfasern) werden Langfaserverstärkte-Thermoplaste weitere neue Anwendungen erschließen, die heute noch metallischen Werkstoffen vorbehalten sind.

Literatur

[1] *Bürkle, E.*: Status quo in der PP-Spritzgießverarbeitung, Fortschritte mit Polypropylen im Kfz-Bereich, Tagung 17./18. Juni 1998 Süddeutsches Kunststoffzentrum, Würzburg

Weiterführende Literatur

[2] SKZ (Hrsg.): Langfaserverstärkte Thermoplaste (LFT), Tagungshandbuch 2006, Fachtagung vom 06.-07.12.2006 in Würzburg

Tabelle 9.2-7 Klassifizierung thermoplastischer FVK-Systeme

	Kurzfaserverstärkte Thermoplaste		Langfaserverstärkte Thermoplaste		
Faserlänge im Bauteil [mm]	<1	1–5	5–25	5–25	>10
Rohmaterial Halbzeug	Kurzfaser-granulat	LFT-Granulat	LFT-Granulat	Direkt-LFT Direkt-verfahren	GMT Matten-technik
Verarbeitungs-verfahren	Spritzgießen		Fließpressen		
Neigung zur Anisotropie	sehr hoch	gering	hoch	hoch	gering

Elastomere

Auch auf dem Gebiet der Elastomere kam es zu prägnanten Neuentwicklungen. Ein Beispiel sind Kautschukmischungen für Schläuche zum Einsatz in Klimaanlagen. Durch die Umweltanforderungen gefordert, erfolgte eine Umstellung des Kältemittelsystems (R134a) und infolgedessen die des Schmiermittels (Polyalkylenglykol) sowie eine Erhöhung der Betriebstemperatur (≈+10 °C). Umfangreiche Untersuchungen ergaben, dass in diesem Fall andere Elastomere und Mischungsherstellungen erforderlich sind. Die Ergebnisse dieser Untersuchungen zeigen, dass Chlor- bzw. Brombutylkautschuk sowie HNBR ausgezeichnete Basispolymere für Kautschukmischungen zum Einsatz in Kfz-Klimaanlagen sind. Elastomere aus diesen Werkstoffen erfüllen die strengsten Spezifikationen der Automobilhersteller.

Ein weiteres Beispiel sind die Kautschukmischungen für Schläuche zum Einsatz im Kraftstoffbereich.

Durch die Umweltanforderungen werden vom Gesetzgeber sehr strenge Anforderungen an die Kraftstoffpermeation (Kap. 7.6) gestellt. Durch umfangreiche Untersuchungen wurde festgestellt, dass eine Verminderung der Permeation nur durch eine zusätzliche Sperrschicht erreicht werden kann. Hier erwies sich FPM als ausgezeichnete Sperrschicht. Die Ergebnisse dieser Untersuchungen zeigen, dass durch den Einsatz einer FPM-Innenschicht die Permeation gegenüber einem Standardschlauch stark verringert werden kann.

Neue Kautschukmischungen wurden auch in der Reifenindustrie entwickelt (Kap. 7.3).

Thermoplastische Elastomere (TPE) gewinnen immer mehr an Bedeutung; diese sollen ihren Platz zwischen Elastomeren und Thermoplasten finden. Die Automobilindustrie erscheint hier häufig als Ort des Wettbewerbs zwischen Elastomeren und TPE. Hier stehen vor allem die Faltenbälge der Achsen und Antriebswellen im Blickpunkt, wobei nun auch auf der Motorseite TPE-E den konventionellen Elastomerwerkstoff zu verdrängen sucht. Die Vorteile der TPE liegen im Vergleich zu Elastomeren in der Gewichtsreduktion, Rezyklierbarkeit und Verarbeitung. Durch die thermoplastische Verarbeitbarkeit der TPE ergibt sich nicht selten ein Kostenvorteil. Die Nachteile der TPE hinsichtlich Medien- oder Wärmeformbeständigkeit werden zunehmend durch neue Materialentwicklungen oder TPE-gerechte Konstruktion aufgefangen [1].

Literatur

[1] *Raue, F*: Elastomere vs. TPE, Kunststoffe 88 (1998) 12, S. 2279–2283

Textilien

Komfort und Wohlbefinden sind die zentralen Themen, die mit der Verwendung von textilen Werkstoffen und Leder im Automobil verknüpft sind. Doch nicht nur im Interieur, sondern auch in vielen anderen Bereichen sind Textilien wichtige Helfer zur Erfüllung unterschiedlicher funktioneller Anforderungen [1]. Je nach Einsatzgebiet und Anwendung sind dabei eine Vielzahl von Anforderungen bzgl. Funktion und Verarbeitung zu erfüllen (**Tabelle 9.2-8**) [1].

Die früher eingesetzten Naturfasern wurden zwischenzeitlich größtenteils von Kunstfasern verdrängt. Die dominierenden Fasertypen sind Polyester- und Polyamidfasern, die in den letzten Jahren durch die wesentlich kostengünstigeren PP-Fasern ergänzt wurden. Naturfasern, wie z.B. Wolle, findet man teilweise noch in Sitzanwendungen. Neben den eigentlichen Faserwerkstoffen ist vor allem der Gewebetyp und der Gesamtaufbau des Gewebes ausschlaggebend für das spätere Eigenschaftsprofil.

Tabelle 9.2-8 Anforderungsprofil an textile Werkstoffe

Funktion	Verarbeitung
Dehnbarkeit Heißlichtechtheit Luftdurchlässigkeit Scheuerfestigkeit Steifigkeit Schwerentflammbarkeit Klimabeständigkeit Fogging/Geruch ...	Verformbarkeit Druckempfindlichkeit Vernähbarkeit Verschweißbarkeit Klebefähigkeit Vulkanisierbarkeit ...

Einen groben Überblick über die heute eingesetzten textilen Materialien am Beispiel der Mercedes-Benz S-Klasse zeigt **Tabelle 9.2-9** [1]. Mehrlagige Verdeckstoffe für Cabrios sind aus Polyester- bzw. Polyester/Polyacryl-Mischgeweben mit einer Zwischenschicht aus Chloropren-Kautschuk aufgebaut.

Leder

Leder kann als der klassische Werkstoff zur Gestaltung und Individualisierung des Fahrzeuginnenraums bezeichnet werden (**Bild 9.2-15**).

Die Vorteile von Leder sind neben der hohen Qualitätsanmutung, die haptischen Eigenschaften sowie das angenehme „Sitzgefühl" durch die hohe Wasserdampfdurchlässigkeit. Aufgrund der hohen Materialkosten und der sehr anspruchsvollen Lederherstellung und Kaschierung von Bauteilen kommt Leder hauptsächlich in gehobenen Mittel- und Oberklassefahrzeugen zum Einsatz. In der Vergangenheit wurde besonders auf die Verbesserung des Schrumpfverhaltens bei höheren Temperaturen sowie einer Optimierung des Fogging- und Geruchsverhaltens geachtet.

Bild 9.2-15 Lederbezogene Interieurteile

Tabelle 9.2-9 Beispiele für textile Anwendungen in der S-Klasse, Mercedes-Benz Typ W 220

Bauteil	Materialverwendung	Textiles Produkt	Werkstoffe
Sitz	Polsterstoff (Sitzfläche)	Flachgewebe kaschiert	55 Gew.-% Polyester + 45 Gew.-% Wolle; Polyurethan-Schaum; Polyamid oder Polyester
		Veloursgewebe	70 Gew.-% Polyester + 30 Gew.-% Wolle im Flor
	Verkleidungsstoff	gerautes Gewirke kaschiert	Polyester; Polyurethan Schaum; Polyamid oder Polyester
	Polstermaterial	genadelte Watte	50 Gew.-% Wolle + 25 Gew.-% Zellulose-fasern + 25 Gew.-% Synthesefasern
	Unterfütterung	Gewebe	50 Gew.-% Zellulose + 50 Gew.-% Polyester
	Unterpolsterung	Gummihaarmatte	22,5 Gew.-% Kokosfasern + 22,5 Gew.-% Schweinshaare + 55 Gew.-% Latex als Binder
	Sicherheitsgurt	Webband	Polyester
Himmel	Bezugsmaterial Fertighimmel	Rundstrickvelours kaschiert	Polyester; Polyurethan Schaum; Trägerteil
Türverkleidung	Bezug Mittelteil	Flachgewebe kaschiert	55 Gew.-% Polyester + 45 Gew.-% Wolle; Polyurethan Schaum schweißfähig
	Bezug Unterteil Türtasche	Veloursteppich getuftet	Polyamid auf Polyester-Vlies bzw. Polyester Gewebe

Das Schrumpfverhalten konnte mit Einführung der chromfreien Gerbung zusammen mit speziellen Trocknungsverfahren deutlich verbessert werden. Fogging- und Geruchsoptimierungen erreichte man durch die Verwendung geruchs- und foggingarmer Hilfsstoffe während der Gerbung. Heute wird Leder zur Erzielung einer möglichst guten Farbegalität und einer makellosen Oberfläche mit einer ca. 25 µm „dicken" Lackschicht lackiert.
Zukünftige Entwicklungen beschäftigen sich mit dem Kundenwunsch nach Naturleder, d.h. einer stärkeren Betonung des natürlichen Ledercharakters (Geruch, Haptik, Optik) mit möglichst wenig Einbußen in Bezug auf die Alltagstauglichkeit (Verschmutzung, Farbechtheit, Abrieb, . . .). Hierfür gibt es erste Lösungsansätze aus der Nanotechnologie: Neue Beschichtungssysteme auf Basis anorganisch-organischer Hybridpolymere, die über die chemische Zusammensetzung und Prozessparameter speziellen Anforderungen angepasst werden können, bewirken durch einen 4 µm dünnen Oberflächenschutz eine nahezu unveränderte Gebrauchseigenschaft (natürliche, optische und haptische Eigenschaften) des Leders. Der Vorteil dieser noch in der Entwicklung befindlichen Beschichtung liegt auf der ausgeprägten Hydrophobie bei gleichzeitig hoher Wasserdampfdurchlässigkeit. Die Hybridpolymerschicht besticht durch eine sehr gute Kratzfestigkeit und verbessert neben der Verschleißfestigkeit des Leders auch die Lichtechtheit [3].

Literatur

[1] *Eissler, E. u.a*: Einsatz textiler Materialien bei der Mercedes-Benz S-Klasse, Textilien im Automobilbau, VDI-Kongress 30./31. Oktober 1991, S. 18–40, VDI-Gesellschaft Textil und Bekleidung, Düsseldorf 1991

[2] *Francke, G.*: Leder – ein klassischer Interieurwerkstoff, Kunststoffe im Automobilbau, Tagung Mannheim 25/26. März 1998, S. 337–349, VDI-Verlag GmbH, Düsseldorf 1998

[3] ORMOCER®e für Lederzurichtung, Symposium Material Innovativ, 10. März 2005, Nürnberg, Handout am Ausstellerstand vom Fraunhofer Instituts Silicatforschung (ISC), Würzburg

Weiterführende Literatur

[4] *Hegenauer, H.*: Fachkunde für Leder verarbeitende Berufe, 8. überarb. Auflage, Ernst Heyer Verlag, Essen, 2001

9.2.2.1.5 Verglasung

Die Anforderungen an die moderne Autoverglasung sind vielfältig und reichen von den ästhetischen Wünschen des Kunden bis hin zu komplexen Schutzfunktionen. Dementsprechend groß ist die Anzahl der unterschiedlichen Glassorten und Kombinationsmöglichkeiten mit anderen Materialien. Der Trend geht vor allem in Richtung verschiedener Farbgebungs- und Beschichtungssysteme mit flexiblen und vielfältigen Eigenschaften.
Generell unterscheidet man zwischen ESG (Einscheibensicherheitsglas) und VSG (Verbundscheibensicherheitsglas).
ESG wird in einer Stärke von etwa 3,15 mm in Fahrzeugen eingesetzt, die aber aus Gewichtsgründen weiter gesenkt werden soll.
Im Gegensatz zu dem ESG ist das VSG deutlich vielfältiger. Auch stehen verschiedene Funktionsintegrationen im Vordergrund des Interesses. Die gängige Dicke des VSG liegt im Bereich 5 bis 6 mm, die sich in zwei Scheiben von je 2,1 bis 2,6 mm und eine dazwischen liegende Kunststofffolie aufteilt. Beim 3l- Lupo von VW wurde eine Glasdickenpaarung von 1,6/1,6 mm aus Gewichtsgründen eingesetzt. Mechanische sowie aeroakustische Anforderungen, besonders bei Fahrzeugen mit Frontmotorisierung, führen aber wieder zurück zur 2,1/2,1 mm Glasdickenpaarung. Neuste Serienentwicklungen für den Bereich Dachverglasung vereinen die jeweiligen positiven Eigenschaften von ESG und VSG mit zusätzlichen, wünschenswerten Funktionen, die bisher im Markt so nicht verfügbar waren. So besteht z.B. das Glas ProTec® im Wesentlichen aus Glasscheibe, Folie und einer speziellen Verklebung. Bei Fremdeinwirkung, die zum Bruch des Glases führt, werden Glassplitter durch die Folie im Dach gebunden. Die glatte, elastisch stabile Dach-Innenfläche bleibt erhalten. Zudem wird ein hoher Rückhalte-Effekt gegenüber Einwirkungen von außen und innen erzielt [5].
Bewegliche Seitenscheiben haben eine Gesamtdicke zwischen 5 und 6 mm, feste Seitenscheiben mindestens eine Dicke von 3,5 mm. Aufgrund der Schichtstruktur der VSG können weitere Funktionen, wie z.B. spezielle Beschichtungen oder Antennen integriert werden. So werden teilweise heute schon Metalloxidschichten aufgebracht, die die (nicht sichtbare) Wärmestrahlung des Sonnenlichtes zu 60 bis 70 % reflektieren und so die Aufheizung des Fahrzeuginnenraumes vermindern. Zudem können Metalloxidschichten auch als Scheibenheizung betrieben werden. Neben den Metalloxidschichten werden außerdem Infrarotschutzschichten (Audi A8, Mercedes S-Klasse) verwendet, die ebenso das unkontrollierte Aufheizen des Innenraumes verhindern. Die Schichten können aber auch als Radio- und TV-Antenne verwendet werden. Die bekannten gedruckten Leitungen werden durch Feindrahtstrukturen ersetzt, die kaum noch mit bloßem Auge zu erkennen sind. Sowohl das ESG, als auch das VSG können von außen mit hydrophoben, d.h. Wasser abweisenden Schichten beschichtet werden (Kap. 9.2.6), die eine Verschmutzung durch im Wasser angesammelte Schmutzpartikel verhindern. Ein möglicher Einsatz ergibt sich vor allem für Seiten- und Heckscheiben.
Eine weitere Möglichkeit ist die Kombination von Glas mit Polykarbonat. Dabei wird eine dünne Glas-

scheibe auf eine nicht kratzbeständige, aber leichtere Polykarbonatscheibe als Träger aufgeklebt. Durch diese Kombination ist eine weitere Gewichtsreduktion möglich. Nachteilig ist die dadurch reduzierte Verwindungssteifigkeit der Karosserie. Die Darstellung solcher Systeme ist z. Zt. noch auf zweidimensionale kleinere Formate (DIN A4) beschränkt. Als nächstes Entwicklungsziel ist das Herstellen großer, gekrümmter Flächen geplant [1].

Das Lamellendach der neuen A-Klasse ist ein Beispiel für den Einzug von Polycarbonat in der Automobilverscheibung. So sind bereits die hinteren feststehenden Seitenscheiben der smart Modelle, der vordere Teil des Panoramadachs, aber auch das transparente Heckklappenelement des Mercedes-Benz C-Klasse Sport Coupé aus Makrolon® [4]. Vorteil dieser Technik ist neben der möglichen Gewichtseinsparung von ca. 15–40 %, eine sehr gute (Kälte-)Schlagzähigkeit und eine durch die Spritzgießtechnologie sehr große Gestaltungsfreiheit bei gleichzeitig großer Integrationsfähigkeit (z.B. von Antennenmodulen, Jalousien, Beleuchtungskörpern oder auch Solarzellen) [3].

Kosten, Kratz- und Alterungsbeständigkeit, mechanische Eigenschaften, Herstellbarkeit und Qualitätsanmutung sind nur einige Aspekte, die im Vergleich zu Glas ganzheitlich für einen Einsatz im Automobil abgewogen werden müssen.

Literatur

[1] *Assmann, K.*: Automobilverscheibung – sicherer Durchblick mit Polycarbonat, 10 Kunststoffe 86 (1996), S. 366–368

[2] Dauerhaft geschützt – Kratzfestlackierungen von Platten und Fertigteilen, 8 Kunststoffe 86 (1996), S. 1111–1112

[3] *Assmann, K.*: Leichte Scheibensysteme für Automobile, VDI-Z Spezial 1995, Ingenieurwerkstoffe, September III/95

[4] *Lehner, E.; Aengenheyster, G.*: Automobil-Verscheibung aus Polycarbonat – Anforderungen der Automobilindustrie und Lösungen, Beitrag zum Internationalen Kongress „Kunststoffe im Automobilbau", VDI Kunststofftechnik, Mannheim, 9.–10. 03. 2005

[5] *http://www.webasto.com/press/de/3023_5139.html*

Weiterführende Literatur

[6] *Schottner, G.; Abersfelder, G., (Hrsg.)*: Fahrzeugverglasung, Expert Verlag, 1995

[7] *Pollak, M.; Teschner, H.*: Verglasung heutiger und zukünftiger Fahrzeugdächer. In: *Braess, H.-H.; Seiffert, U. (Hrsg.)*: Automobildesign und Technik. Wiesbaden: Vieweg Verlag, 2007

9.2.2.2 Verschleißschutz

Nach der alten, seit November 1997 nicht mehr gültigen DIN 50320 wurde Verschleiß definiert als „die Beanspruchung der Oberfläche eines festen Körpers durch Kontakt und Relativbewegung eines festen, flüssigen oder gasförmigen Gegenkörpers".

In der Technik – das Fachgebiet, das sich mit Reibung und Verschleiß befasst, wird Tribologie genannt – ist Verschleiß normalerweise unerwünscht. In Ausnahmefällen, wie z.B. bei Einlaufvorgängen, können Verschleißvorgänge jedoch auch technisch erwünscht sein [1].

Gerade im Antrieb ist es Ziel, immer verschleißfestere Werkstoffe zu finden, um die Lebensdauer zu erhöhen und/oder Ausfälle zu vermeiden, den Kraftstoffverbrauch zu reduzieren und das Geräuschverhalten zu optimieren.

Die Verschleißeigenschaften metallischer Werkstoffe werden in erster Linie durch Legieren und/ oder durch eine Oberflächenbehandlung verbessert. Eine weitere Möglichkeit ist der Einsatz von Sintermetallen, die Herstellung von Verbundwerkstoffen oder die Verwendung keramischer Werkstoffe.

MMC (Metallmatrix-Verbundwerkstoffe)

Bei den Metallmatrix-Verbundwerkstoffen finden meist Werkstoffe auf Leichtmetallbasis Anwendung. Ziel ist es, in den kritischen Bereichen das Verschleißverhalten und die tribologischen Eigenschaften lokal zu verbessern. Ein Beispiel ist ein partiell mit einem hohlzylindrischen Formkörper aus Silizium („Lokasil II") verstärktes Kurbelgehäuse aus dem Werkstoff GD-AlSi9Cu3.

Diese hochporösen, hohlzylindrischen Formkörper aus Silizium, sog. Preforms (**Bild 9.2-16**), werden unter Druck während des Gießens (Squeeze casting) mit einer kostengünstigen Aluminium-Sekundärlegierung infiltriert. Der Verbundwerkstoff, der lokal entsteht, ist tribologisch vergleichbar mit übereutektischen Legierungen. Das Silizium im Verbund hat eine mittlere Korngröße von 45 bis 55 µm [2].

Durch die eingegossenen Silizium-Preforms werden die tribologischen Eigenschaften der Zylinderlauffläche gezielt verbessert, ohne das gesamte Kurbelgehäuse aus einer verschleißoptimierten, hochwertigen und damit teuren Primäraluminiumlegierung herstellen zu müssen. Im Vergleich zu eingegossenen Graugussbüchsen lässt diese Variante eine kompaktere Bauweise durch engere Zylinderabstände zu und besitzt durch den homogenen Verbund zwischen metallischer Matrix und Preform eine wesentlich bessere Wärmeleitfähigkeit. Der gleichmäßige Ausdehnungskoeffizient unterbindet außerdem eine Unrundheit während der Lebensdauer des Motors und ermöglicht so eine effiziente und schadstoffarme Kraftstoffverbrennung.

Als ein weiteres Beispiel ist ein in der Entwickung befindliches neues Verfahren. Magnesium, als das leichteste Metall, konnte bislang aufgrund unzureichender Festigkeit und Steifigkeit nicht für schnell bewegte Massen eingesetzt werden. Durch Gasdruckschmelzinfiltritation wird eine Faserpreform aus Kohlenstofffasern mit flüssigem Magnesium infiltriert. Das Ergebnis ist ein C/Mg-Metallmatrixverbundwerkstoff, der unter anderem durch eine geringe Dichte, einer hohen spezifischen Steifigkeit

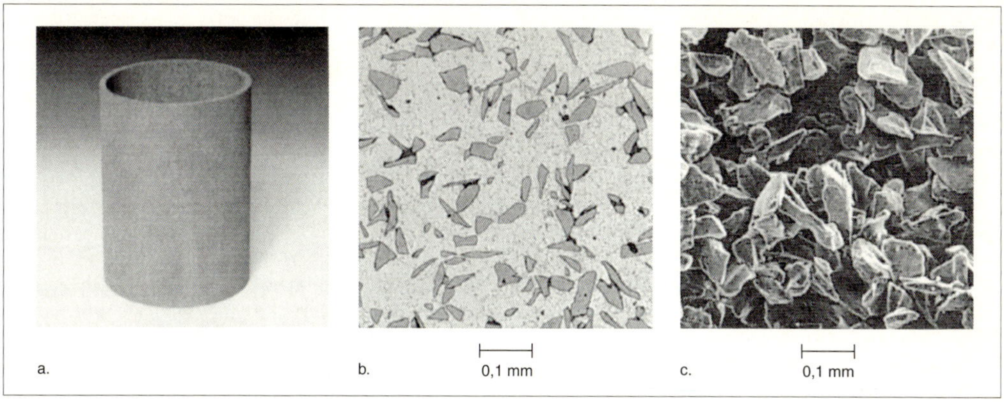

Bild 9.2-16 a) Lokasil II – Preform; **b)** Mikrogefüge des Verbundwerkstoffes; mittlere Silizium-Korngröße 45–55 µm; **c)** Preformstruktur mit ca. 25 Vol-% Silizium

und Festigkeit (bis 300 °C) und nicht zuletzt einer hohen Verschleißbeständigkeit Vorteile bietet. Eine großserientaugliche Herstellung wird für den Einsatz im Automobil erst durch einen neuen Prozess der Faserinfiltration im Druckguss angestrebt [5].

Keramik

Innerhalb der Keramik werden drei Gruppen unterschieden:

Silikatkeramik

Porzellan, Steinzeug, Glaskeramik, Steatit, Magnesiumaluminiumsilikat MAS (Cordierit); MAS ist aufgrund seiner hohen Thermoschockbeständigkeit und des niedrigen Wärmeausdehnungskoeffizienten trotz niedriger Festigkeiten für technische Anwendungen (z.B. Monolithen von Katalysatoren) interessant.

Oxidkeramik

Einphasige, einkomponentige Metalloxide auf der Basis von Aluminium, Zirkon, Beryllium, Magnesium und Titan, Titanate, Ferrite.

Nichtoxidkeramik

Hauptsächlich auf der Basis von Kohlenstoff, Silizium, Stickstoff und Bor hergestellte Keramik und Sialone (Si-, Al-, O-, N-Verbindungen).
Oxid- bzw. Nichtoxidkeramik und daraus gebildete mehrphasige Dispersionskeramiken werden der technischen Keramik (Ingenieur-, Industrie- oder Strukturkeramik) zugeordnet.
Die Vorteile von technisch relevanten Keramiken sind die hohe Druckfestigkeit und Härte, die hohe Verschleiß- und Hochtemperaturfestigkeit, sowie eine gute Korrosionsbeständigkeit und ein geringes Gewicht.
Die Nachteile von Keramik sind die geringe Duktilität, eine hohe Streuung der Werkstoffkennwerte, z.T. eine geringe Thermoschockbeständigkeit, die aufwändige Herstellung und Bearbeitung und die komplizierte Fügetechnik mit anderen Werkstoffen.
Keramische Bestandteile im Verbund sind eine Möglichkeit, die Vorteile der neuen Werkstoffe zu nutzen. Mit der Porsche Ceramic Composite Brake (PCCB) aus carbonfaserverstärktem Siliziumkarbid (C/SiC) im Porsche 911 GT2 wurde erstmalig ein Serienfahrzeug mit einer Keramikbremsscheibe ausgerüstet (**Bild 9.2-17**). PCCB ist leicht und thermisch extrem belastbar. Dabei ist es hart und bruchzäh zugleich, das heißt unempfindlich gegen Thermoschocks und mechanische Schlageinwirkung. Das Gewicht einer derartigen Bremsscheibe beträgt lediglich die Hälfte einer herkömmlichen Graugussscheibe. Das reduziert vor allem die ungefederten Massen, wodurch Fahrsicherheit und Fahrkomfort weiter verbessert werden [4].

Bild 9.2-17 Porsche Ceramic Composite Brake (PCCB)

Eine weitere mögliche Anwendung von Keramik in Kraftfahrzeugen ist der Einsatz von Ventilen aus Siliziumnitrid. Die Reibleistung kann mit diesen Ventilen um bis zu 40 % reduziert, gleichzeitig das Verschleißverhalten verbessert und die Geräuschemission minimiert werden [3].
Als zu lösende Aufgaben für den weiteren Serieneinsatz gelten die hohen Produktionskosten und eine nicht ausreichende Prozesssicherheit in der Fertigung.
Eine immer breitere Anwendung finden keramische Oberflächenbeschichtungen, wie z.B. PVD-, CVD-Schichten, sowie thermisch gespritzte Schichten.
Diese Schichten werden auf ein metallisches Bauteil aufgebracht, um die Härte und somit die Verschleißbeständigkeit und die Temperaturbeständigkeit an der Oberfläche zu erhöhen. Sie sind in der Regel dünn und müssen normalerweise nicht nachbearbeitet werden.
Gerade unter Leichtbaugesichtspunkten sind diese Oberflächenbehandlungen vorteilhaft, da der Werkstoff des Bauteils nicht mehr über die hochbelasteten Randbereiche definiert wird [3].

Literatur

[1] *Gräfen*: Lexikon Werkstofftechnik, VDI-Verlag, 1991, S. 1086

[2] *Köhler*: Ludescher Niehues, Peppinghaus: Lokasil-Zylinderlaufflächen, Sonderdruck Fa. KS Aluminium-Technologie AG

[3] *Gasthuber; Krebser*: Strukturkeramik zur Reduzierung der dynamischen Massen im Ventiltrieb des Kolbenmotors, Interner Bericht Fa. Daimler-Chrysler, 1991

[4] *Martin, R.*: Neue Werkstoffe für Bremsscheiben, ATZ Automobiltechnische Zeitschrift, S. 1086 ff., 12/2000

[5] Kohlenstofflangfaserverstärkte Magnesium-Werkstoffe, Symposium Material Innovativ, 10. März 2005, Nürnberg, Handout am Ausstellerstand von Neue Materialien Fürth GmbH, http://www.nmfgmbh.deh

9.2.2.3 Korrosionsschutz

DIN EN ISO 8044 definiert die Korrosion wie folgt:
„Korrosion ist die Reaktion eines metallischen Werkstoffes mit seiner Umgebung, die eine messbare Veränderung des Werkstoffes bewirkt und zu einer Beeinträchtigung der Funktion eines metallischen Bauteiles oder eines ganzen Systems führen kann. In den meisten Fällen ist die Reaktion elektrochemischer Natur, in einigen Fällen kann sie chemischer oder metallphysikalischer Natur sein."
Der Begriff Korrosionsschutz muss von dem der Korrosionsbeständigkeit unterschieden werden, der als grob qualitatives Maß des Widerstehens eines Metalls gegen den Angriff durch das Korrosionsmedium gebraucht wird. Ein an sich völlig korrosionsbeständiger Überzug, z.B. aus Gold, ist nicht zwingend der absolute Korrosionsschutz. Der Goldüberzug kann porig sein und dann die Korrosion des unedleren Grundmaterials fördern, ohne selbst angegriffen zu werden. Zink als Überzugsmetall auf Stahl verhält sich entgegengesetzt. Bei durchgehenden Verletzungen geht Zink in Lösung und schützt durch Eigenkorrosion das Substrat.

Werkstoffbeschichtungssysteme

Die Oberflächenbehandlung eines Werkstoffes verfolgt das Ziel, ihn für eine Anwendung zu optimieren oder eine Anwendung zu ermöglichen.
Dies gilt sowohl für die klassischen Beschichtungsverfahren als auch für Umwandlungsprozesse wie Ätzen, Oxydieren oder Implantieren. Wesentliche Anwendungsziele sind Oberflächenfunktionen als Korrosionschutz, Oxidationsschutz, Verschleißschutz, Gleitvermögen, Wärmedämmung, Abdeckung oder das Erzielen eines Oberflächeneffekts. Oft sind mehrere Ziele gleichzeitig zu berücksichtigen.
Die Anforderungen an eine Oberflächenbeschichtung zum Korrosionsschutz können dekorativ/funktionell oder nur funktionell ausgerichtet sein. Diese Unterscheidung ist wichtig, da dekorative Beschichtungen im Regelfall eine aufwändigere mechanische Vorbehandlung benötigen und damit auch die Beschichtungskosten beeinflusst werden. Im Interesse eines technisch und wirtschaftlich optimalen Entwicklungsprozesses müssen die Belange einer späteren Oberflächenbeschichtung von Anfang an mit einbezogen werden.

Elektrolytisch abgeschiedene Metallschichten

Die Metallabscheidung kann in einem Elektrolytbehälter oder ohne diesen mittels Tampon-Galvanisieren (eingesetzt zum selektiven Beschichten, meist als Reparaturlösung) erfolgen [2]. Das Bauteil ist als Kathode gepolt. Aus der Vielzahl abscheidbarer Metalle finden zum Korrosionschutz folgende Anwendung: Chrom, Nickel, Kupfer, Zink, Silber, Zinn, Gold und Blei. Von den galvanisch abscheidbaren binären Metalllegierungen haben ZnCo, ZnFe, ZnNi an Bedeutung gewonnen. Diese Schichten sind chromatierbar und ersetzen aufgrund ihrer deutlich besseren Korrosionsbeständigkeit die chromatierten Zinkschichten bei Verbindungselementen und Bauteilen im Fahrwerk- und Motorbereich. Zusätzliche organische Dünnschichtüberzüge steigern nochmals den Korrosionschutz und die Temperaturbeständigkeit. Solche Oberflächen finden auch Anwendung in Kontakt mit Magnesiumbauteilen [3].
Bei höchstfesten Stählen (≥ 1000 MPa) und elektrolytischer Abscheidung ist immer die Gefahr der Wasserstoffversprödung gegeben [4]. Man denke in diesem Zusammenhang auch an stark kalt umgeformte Blechteile und auch daran, dass bei der kathodischen Tauchentfettung und beim Beizen mit Mineralsäuren Wasserstoff erzeugt wird. Diese Vorbehandlungsverfahren werden häufig für Beschichtungsverfahren eingesetzt, die selbst keine Wasserstoffschädigung

verursachen. Dies trifft auch auf die galvanische Abscheidung von Aluminium zu. Bei der Abscheidung aus aprotischen, d.h. wasserfreien Lösungen tritt keine Wasserstoffversprödung auf. Die Aluminierung ist außerordentlich duktil, lässt sich chromatieren und bei Schichtdicken ab ca. 20 µm auch farbig anodisieren. Sie eignet sich z.B. für Schlauchquetschverbinder.

Galvanisch abgeschiedene Schichten sind nicht konturtreu. An Ecken und Spitzen werden aufgrund der höheren Stromdichten dickere Schichten erzeugt. Wegen der begrenzten Streufähigkeit ist das Beschichten von komplexen Geometrien oft nur unter Zuhilfenahme von Zusatz- bzw. Innenelektroden möglich. Bei der Konstruktion der Teile ist auf gute Spülmöglichkeit zu achten. Verschleppte Elektrolyte verteuern den Prozess, am Werkstück zurückbleibende können zur Korrosion führen. Es empfiehlt sich, die Konstruktionsempfehlungen in den Publikationen der Fachverbände zu beachten.

Außenstromlos abgeschiedene Metalle

Für den Korrosionsschutz ist es vorzugsweise Nickel. Weitere abscheidbare Metalle sind Kupfer, Silber und Zinn [1]. Die Schichten werden mit Hilfe chemischer Reduktionspartner aus wässrigen Metallsalzlösungen abgeschieden. Daraus resultiert auch die Bezeichnung „Chemisch Nickel“ [5]. Besonderer Vorteil ist die Konturtreue im Vergleich zu galvanischen Schichten. Das Verfahren gestattet die Beschichtung innenliegender Flächen. Es kann Stahl und Aluminium beschichtet werden, aber auch auf Graphit, Keramik oder Kunststoffen ist eine Abscheidung möglich, wenn vorher Metallschichten aufgebracht wurden, die eine chemische Reaktion ermöglichen. Die ausgezeichnete Korrosionsbeständigkeit wird durch passiven Schutz gewährleistet, d.h. auf Stahl und Aluminium darf die Schicht keine Poren oder Risse aufweisen, die das Grundmetall freilegen. Bei starker Korrosionsbelastung sind auf Stahl mindestens 25 µm, auf Aluminium höhere Schichten erforderlich. Die Empfindlichkeit gegenüber Spannungsrisskorrosion von hochfesten Stählen lässt sich durch chemischen Nickel herabsetzen, zum Teil sogar verhindern.

Eine weitere positive Eigenschaft ist das tribologische Verhalten von stromlos Nickel. Durch Einlagerung von PTFE, SiC, und Diamant-Teilchen lässt es sich auch als Dispersionschicht in weiten Bereichen steuern. Stromlos Nickelschichten können die Dauerfestigkeit in Abhängigkeit vom Grundwerkstoff, der Wärmebehandlung und der Schichtdicke bis zu 60 % verringern.

Anodisieren

Umwandeln der Oberflächenschicht eines Metalls in eine oxidische Deckschicht durch anodisches Oxidieren, beim Aluminium meist in schwefelsaurer oder chromsaurer Lösung. Bauteile mit Überlappungen, aus welchen der Elektrolyt nicht entfernt werden kann, dürfen nicht nach dem Schwefelsäureverfahren, Werkstoffe mit mehr als 7,5 % Legierungsanteilen nicht nach dem Chromsäureverfahren behandelt werden. Die Schichten weisen nachverdichtet ein ausgezeichnetes Korrosionsverhalten auf, lassen sich zudem einfärben und eignen sich ferner zur Vorbehandlung zum Lackieren. Für den letzten Fall darf dann aber aus Haftungsgründen die Schicht nicht mehr verdichtet werden [6].

Durch „Hartanodisieren“ mit gekühlten Elektrolyten bestimmter Zusammensetzung lassen sich Schichtdicken von 50–100 µm erzielen. Diese sind in der Lage, elektrisch und thermisch zu isolieren. Die Schichten sind hart und spröde und bilden unter mechanischer Belastung Risse. Die Dauerfestigkeit wird durch Rissfortschritt ins Grundmaterial erheblich verringert.

Lackieren

Lackierungen sind Schutzschichten auf Basis organischer Substanzen, in der Regel auf Basis von Polymeren. Verschiedene Zusätze wie z.B. Zinkchromat, Bleimennige und andere toxische Pigmente sind nicht mehr zulässig oder mit hohen Arbeitsschutzauflagen verbunden. Diese aktiven Korrosionsschutzpigmente waren in der Lage, mangelhafte Oberflächenvorbehandlungen zu kaschieren. Unabhängig von Substrat, Lackchemie und Auftragsverfahren ist eine werkstoffgerechte Oberflächenvorbereitung und Vorbehandlung die Voraussetzung für eine korrosionsbeständige Lackierung. Für Bauteile aus Magnesium gilt insbesondere, dass bei hoher Korrosionsbelastung eine Lackierung keinen Schutz gegen Kontaktkorrosion bietet.

Ein weiterer Punkt, der berücksichtigt werden muss, ist das Setzverhalten organischer Beschichtungen. Vorspannkräfte können erheblich beeinträchtigt werden (Kriechen, vor allem unter Temperatureinfluss). Weitere Beschichtungsverfahren, auf die hier nicht näher eingegangen wurde, sind:

- *Thermische Spritzschichten (Flamm-, Lichtbogen-, Detonations- und Plasmaspritzen)*
- *PVD- und CVD-Schichten*
- *Schmelztauchschichten (Al, Zn, Sn, Pb und deren Legierungen)*
- *Walzplattierschichten*
- *Diffusionsschichten.*

Literatur

[1] *Simon, H.; Thoma, M.*: Angewandte Oberflächentechnik für metallische Werkstoffe, 2. Auflage, Carl Hanser Verlag München, 1989

[2] *Hoch, H.*: Tampon-Galvanisieren, Handbuch der Galvanotechnik, Band II, Abschnitt 20.1., Carl Hanser Verlag München 1966

[3] *Koeppen, H.-J.; Laudien, G.*: Bewertung von Oberflächenschutzsystemen für Schrauben, Jot 1998/9 S. 74–81

[4] *Boss, M.; Singen*: Wasserstoffversprödung: Verstehen der Ursachen ermöglicht Gegenmaßnahmen, Metalloberfläche 47, 1993 S. 24–27

[5] Verfahren mit Zukunft: Chemisch vernickeln, Oberfläche + Jot 1982, Heft 10, S. 16–21

[6] *Hibben, M.; Blecher, A.*: Oberflächenbehandlung von Aluminium-Karosserieblechen, Neue Werkstoffe im Automobilbau, Tagung Wolfsburg 30. 11./01. 12. 1995, S. 127 ff., VDI-Verlag, Düsseldorf, 1995

Weiterführende Literatur

[7] *Kittel, H.*: Lehrbuch der Lacke und Beschichtungen, 2. erw. Auflage, S. Hirzel Verlag, Stuttgart, 1998

[8] *Jelinek, W.*: Praktische Galvanotechnik: ein Lehr- und Handbuch, 5. Auflage, Leuze Verlag, 1997

9.2.3 Fortschritte in der Fügetechnik

9.2.3.1 Schweißen und Löten

Im folgenden Kapitel sollen ausgewählte Entwicklungen speziell aus den Bereich der Fügeverfahren von im Karosseriebereich eingesetzten Blechen (Kapitel 9.2.2.1.1) betrachtet werden.

Widerstandspunktschweißen

Im Bereich der Stahlwerkstoffe ist das Widerstandspunktschweißen nach wie vor das dominante Verfahren. Hierbei hat speziell im Bereich des Karosserierohbaus in den letzten Jahren verstärkt die sog. Mittelfrequenzschweißung (1000 Hz) Einzug gehalten. Durch diese Technik ist es möglich, robotergeeignete Transformatorschweißzangen zu realisieren, die ein erheblich reduziertes Gewicht und kleinere Bauformen gegenüber herkömmlichen 50 Hz Wechselstromschweißzangen aufweisen. Durch ein günstigeres Verhältnis von Effektivstrom zu Spitzenstrom konnte darüber hinaus die Spritzerneigung beim Punktschweißen deutlich reduziert werden. Verbesserte Steuerungen und intelligente Regelungen erlauben heute eine sichere Verschweißung auch höherfester bzw. beschichteter Bleche.
Das Punktschweißkleben, bei dem Klebstoff zusätzlich in der Fügeebene appliziert wird, kann das Tragverhalten solcher Verbindungen gerade auch in Bezug auf die Schwingfestigkeit nochmals verbessern.

Laserschweißen

Das Laserschweißen, das zunächst Verbreitung im Fahrzeugbau bei den Tailored Blanks (Kapitel 6.1.3) gefunden hat, kommt zunehmend auch beim Fahrzeugzusammenbau zum Einsatz. Hierbei wird das Tragverhalten speziell von höherfesten Blechen dadurch positiv beeinflusst, dass die Bleche quasi flächig miteinander verbunden sind. Derzeit werden sowohl CO_2-Laser als auch Festkörperlaser (Nd-YAG) eingesetzt. Konstruktiv lassen lasergeschweißte Verbindungsbereiche eine Reduzierung der Flanschbreite zu. Auch können Fügungen bei nur einseitiger Zugänglichkeit (z.B. im Dachbereich) mit hoher Sicherheit geschweißt werden. Gestiegene Laserleistungen bei gleichzeitig verbesserten Strahlqualitäten lassen darüberhinaus auch ein Schweißen mit Zusatzdraht zu. Hierdurch lassen sich andere Fügegeometrien, z.B. auch Kehlnähte, realisieren bei gleichzeitig verbesserter Spaltüberbrückbarkeit.

Löten

Die modernen im Karosseriebau verwendeten Verfahren sind das MIG-, Plasma- und Laserlöten. Der wesentliche Unterschied zum Schweißen besteht darin, dass nur das verwendete Zusatzmaterial, vorzugsweise eine Kupferlegierung, nicht aber der zu fügende Grundwerkstoff aufgeschmolzen wird. Das flüssige Lot benetzt den Grundwerkstoff, dringt in die Oberfläche ein und stellt durch Erzeugung einer Legierung an der Grenzfläche die Verbindung her [1]. Das Verfahren ermöglicht bei Karosserielötstellen aufgrund der Größe des Verbindungsbereichs Festigkeiten, die teilweise über denen des Grundwerkstoffs liegen.
Durch das abgesenkte Temperaturniveau beim Fügevorgang kommt es bei verzinkten Blechen zu einer reduzierten Beeinflussung der Zinkschicht und ggfs. zu einer verminderten Aufhärtung in der Wärmeeinflusszone. Weiterhin ist die Spaltüberbrückbarkeit mit dem verwendeten Zusatzmaterial besser und der Wärmeverzug geringer. Allerdings muss wegen der unterschiedlichen elektrochemischen Potenziale der verwendeten Werkstoffe, speziell im Falle verzinkter Bleche, im Fügebereich ein ausreichender Korrosionsschutz z.B. durch eine einwandfreie KTL-Beschichtung erfolgen.

Hochfrequenzschweißen

In der Einführung befindet sich derzeit das Hochfrequenzschweißen von Tailored Blanks. Hierbei werden die Platinen mit einem definierten Spalt zueinander gespannt. Der hochfrequente Strom wird mittels Spannschienen direkt über die Platinen geführt. Durch elektrodynamische Effekte konzentriert sich der Schweißstrom an den Blechkanten. Nach Erreichung der notwendigen Temperatur wird der Strom abgeschaltet und die erwärmten Fügekanten werden zusammengepresst. Es lassen sich extrem kurze Schweißzeiten realisieren (1 s/m). Die Anforderungen an die Nahtkantenvorbereitung sind geringer als beim Laserschweißen, auch nichtlineare Nähte lassen sich leicht realisieren. Als Verfahrensvariante lässt sich das Verschweißen auch bereits umgeformter Bauteile, d.h. also auch konturierter dreidimensionaler Nähte, sehen. Auf diese Weise ist es denkbar, bspw. bei Automobilseitenwänden gleiche Vorderteile mit unterschiedlichen Heckvarianten zu verbinden. Als nachteilig ist jedoch anzusehen, dass die aufgrund des Stauchvorgangs entstandenen Nahtüberhöhungen abgearbeitet werden müssen.

Literatur

[1] *Posch, T.; Christiansen, T.*: Untersuchung der Einflussparameter beim Laserlöten, 4. BIAS-Anwenderforum, Bremen, 2002

Weiterführende Literatur

- *Schmidt, M.*: „Hochfrequenzschweißen in der Automobilindustrie" Industriekolloquium „Fertigen in Feinblech" Universität Clausthal, 12/98
- *Emmelmann, C.*: Stand der Technik und Entwicklungstendenzen, 3. Euroforum-Konferenz „Lasereinsatz im Automobilbau", Aachen, 13./14. 02. 2001

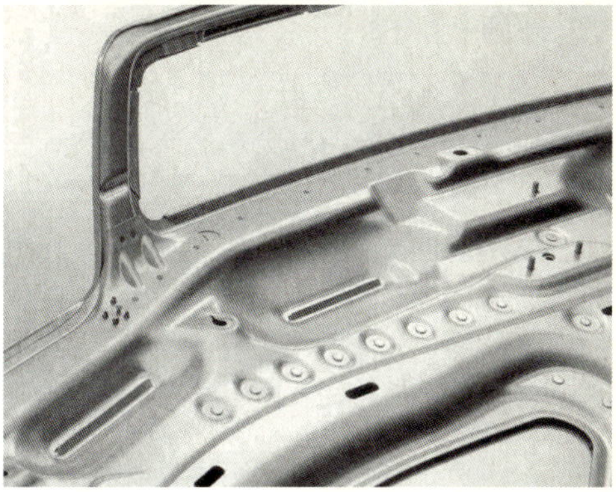

Bild 9.2-19 Praxisbeispiel für Stanznietanwendungen: Audi A6-Motorhaube

9.2.3.2 Mechanische Fügeverfahren

Als Alternative zum Widerstandspunktschweißen bieten sich zunehmend umformtechnische Fügeverfahren wie das Stanznieten und das Durchsetzfügen (Clinchen) an. Das Fügen durch Umformen ist eine Sammelbezeichnung für Fertigungsverfahren, bei denen die Fügeteile und/oder die Hilfsfügeteile örtlich, bisweilen auch ganz umgeformt werden [1]. Mit diesen mechanischen Verfahren lassen sich sowohl unbeschichtete als auch beschichtete Blechformteile verbinden. Ein weiterer Vorteil ist darin zu sehen, dass bei den mechanischen Verfahren keine Anwendungsbegrenzung auf Stahlwerkstoffe besteht. Vielmehr lassen sich auch metallurgisch unverträgliche Werkstoffe miteinander verbinden.

Stanznieten

Beim Stanznieten werden die zu verbindenden Teile ohne Vorlochen mit Nietelementen verbunden (**Bilder 9.2-18** und **9.2-19**) [4]. Das beim „konventionellen" Nieten erforderliche Vorlochen der Fügeteile wird durch einen entsprechenden Niet-Schneidvorgang ersetzt.

Stanznieten mit Halbhohlniet

Beim Stanzen mit Halbhohlniet entsteht die Verbindung in einem durchgehenden Stanz- und Umformvorgang **(Bild 9.2-20)** [1]. Die zu verbindenden Blechteile werden auf die Matrize gelegt. Mit dem Vorschub der Setzeinheit erfolgt durch das Aufsetzen der Setzeinheit eine Fixierung der Fügeteile. Mit dem weiteren Vorschub wird der Niet der Fügestelle zugeführt.

Im sich anschließenden Fügevorgang durchtrennt der Stanzniet das obere, stempelseitige Blechteil und verformt bei gleichzeitiger eigener Verspreizung das untere, matrizenseitige Blechteil plastisch zu einem Schließkopf. Die Form des Schließkopfes wird hierbei wesentlich durch die Kontur der Matrizengravur bestimmt.

Das Nietelement erhält im plastisch umgeformten Werkstoff der Fügeteile über Kragenbildung seinen Schließkopf. Das aus der oberen Blechlage ausgestanzte Material füllt den hohlen Nietschaft aus und wird dabei unverlierbar eingeschlossen [1].

Das Erreichen einer grossen Verspreizung des Nietschaftes ist eine wichtige geometrische Kenngröße. Sie hat wesentlichen Einfluss auf die übertragbaren Scherzug- und Kopfzugkräfte. Durch die Stauchung des Stanznietes wird ein spaltfreier Formschluss der Fügeteile erreicht. Außerdem wird der Stanzniet axial und radial verspannt, sodass ein Kraftschluss in die Verbindung eingebracht wird.

Bild 9.2-18 Dreilagige Aluminiumverbindung im Schliffbild

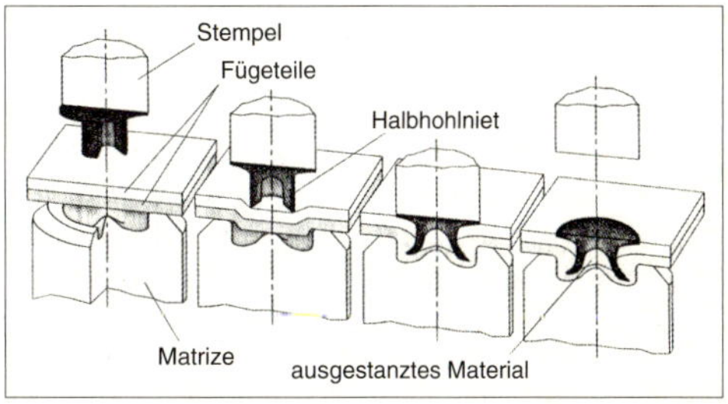

Bild 9.2-20 Arbeitsfolge beim Stanznieten mit Halbhohlniet

Stanznieten mit Vollniet

Beim Stanznieten mit Vollniet dient das Nietelement als Einweg-Schneidstempel. Er wird jedoch selbst nicht umgeformt. Die verwendeten Werkstoffe der Stanzniete müssen härter sein als die zu fügenden Teile. In der Praxis eingesetzte Werkstoffe sind Stahl, Kupfer, Aluminium und Edelstahl mit verschiedenen Oberflächenbeschichtungen.

Durchsetzfügen

Beim Durchsetzfügen (Clinchen) handelt es sich um ein umformtechnisches Fügen von Werkstoffen ohne Hilfsfügeteil [2, 3]. Eine Charakterisierung der Durchsetzfügeverfahren ist folgendermaßen möglich:

- nach der Fügeelementausbildung: Durchsetzfügen mit und ohne Schneidanteil
- nach der Kinematik der Werkzeugteile: ein- und mehrstufiges Durchsetzfügen [1]

Durchsetzfügen mit Schneidanteil

Beim Durchsetzfügen mit Schneidanteil entsteht das Fügeelement unter der lokalen Wirkung eines kombinierten Scherschneid- und Durchsetzfügevorganges und eines Kaltstauchvorganges. Der aus der Blechebene heraus verschobene Blechwerkstoff wird gestaucht, so dass durch Breiten eine kraft- und formschlüssige Verbindung entsteht. Das Durchsetzen und das Einschneiden begrenzen den Fügevorgang. Je nach Art und Zuordnung der Schneiden bzw. des Durchsetzens und des Stauchens kann zwischen ein- und mehrstufigen Durchsetzfügesystemen unterschieden werden.

- Einstufiges Durchsetzfügen mit Schneidanteil: Einstufiges Durchsetzfügen ist gegeben, wenn die Verbindung während eines ununterbrochenen Hubes eines einzigen Werkzeugteiles entsteht. Diese Verfahrensvariante ist mit einfach wirkenden Fügepressen ausführbar.
- Mehrstufiges Durchsetzfügen mit Schneidanteil: Mehrstufiges Durchsetzfügen ist gegeben, wenn die Verbindung unter Einwirkung nacheinander bewegter Werkzeugteile hergestellt wird. Mit einem mehrteiligen Fügewerkzeug werden die Fügeteile an der Verbindungsstelle partiell eingeschnitten und versetzt [1].

Durchsetzfügen ohne Schneidanteil

Auf der Grundlage der Durchsetzfügeelemente mit Schneidanteil wurden in den letzten Jahren weitere Fügeelemente entwickelt. Charakteristisches Kennzeichen dieser Fügeelemente ist es, die Verbindungsfestigkeit nicht nur durch Vergrößerung der Scherfläche, sondern durch Verminderung des Schneidanteils zugunsten des Umformanteils zu erhöhen.
Beim Durchsetzfügen ohne Schneidanteil wird in einem kombinierten Einsenk- und Durchsetzvorgang (das Einsenken begrenzt den Fügebereich) sowie einem Kaltstauchvorgang (das durchgesetzte Werkstoffvolumen wird gestaucht) eine kraft- und formschlüssige Verbindung durch Fließpressen erzeugt. Für das ein- oder mehrstufige Durchsetzfügen ohne Schneidanteil sind entsprechende Werkzeugsysteme mit und ohne bewegte Matrizenteile konzipiert worden.

- Einstufiges Durchsetzfügen ohne Schneidanteil (**Bild 9.2-21**):
  Beim einstufigen Durchsetzfügen ohne Schneidanteil ist der Grundgedanke, ein unterschiedliches Fließverhalten von matrizenseitigem und stempelseitigem Fügeteil zu erreichen. Erst dadurch wird ein nachweisbarer Hinterschnitt und damit eine kraft- und formschlüssige Verbindung möglich.

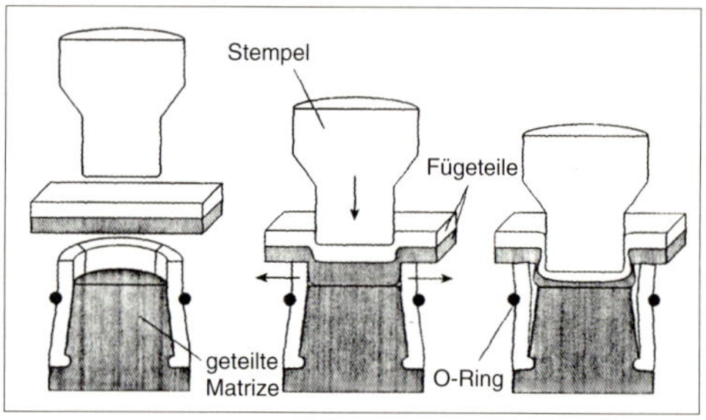

Bild 9.2-21 Arbeitsfolge beim einstufigen Durchsetzfügen ohne Schneidanteil

- Mehrstufiges Durchsetzfügen ohne Schneidanteil: Das mehrstufige Durchsetzfügen ohne Schneidanteil ist durch eine zeitliche Trennung von Durchsetz- und Stauchphase gekennzeichnet. Dadurch ist der Fügekraftbedarf zur Herstellung eines Fügeelementes etwa 20 % geringer als beim einstufigen Durchsetzfügen [1].

Literatur

[1] *Budde, L.; Pilgrim, R.*: Stanznieten und Durchsetzfügen, Verlag Moderne Industrie (1995)
[2] *Budde, L.; Bold, M.; Hahn, O.*: Grundsatzuntersuchungen zum Festigkeitsverhalten von Durchsetzfügeverbindungen aus Stahl, FAT Schriftenreihe Nr. 89, Frankfurt 1991
[3] *Hahn, O.; Gieske, D.*: Ermittlung fertigungstechnischer und konstruktiver Einflüsse auf die ertragbaren Schnittkräfte an Durchsetzfügeelementen, FAT Schriftenreihe Nr. 116, Frankfurt 1995
[4] Stanznieten im Karosserieleichtbau, Böllhoff Systemtechnik GmbH & Co. KG, mobiles 27, Fachzeitschrift für Konstrukteure, Ausgabe 2001/2002, Hamburg, S. 61ff.

Weiterführende Literatur

[5] *Hahn, O.*: Fügen durch Umformen, Studiengesellschaft Stahlanwendung, Dokumentation 707 (1996)
[6] *Hahn, O.*: Neue Lösungen mit Stahl beim Automobil-Leichtbau, Studiengesellschaft Stahlanwendung (1997)

9.2.3.3 Kleben

Dem Kleben als eigenständigem Fügeverfahren, vor allem aber in Kombination mit Schweiß- und mechanischen Fügeverfahren, kommt eine zunehmend wichtige Bedeutung zu [2, 4].

Der Einsatzschwerpunkt dieser Technologie liegt heute innerhalb der Automobilindustrie eindeutig im Karosseriebereich, wobei die Klebtechnik in allen Bereichen zur Lösung unterschiedlichster Aufgaben und Anforderungen beitragen kann:

- Verbinden unterschiedlicher Materialien
- Schall- und Schwingungsdämpfung
- Gas- und Flüssigkeitsdichtung
- Erhöhung der Bauteilsteifigkeit
- Korrosionsschutz (Spaltkorrosion, Kontaktkorrosion)
- Verzugsarmes Fügen durch geringe Temperaturbelastung
- Flächige Krafteinleitung [2, 3]

Aus der Vielzahl möglicher Aufgabenstellungen resultiert eine entsprechende Anzahl zur Verfügung stehender Klebstoffsysteme **(Bild 9.2-22)** [1].

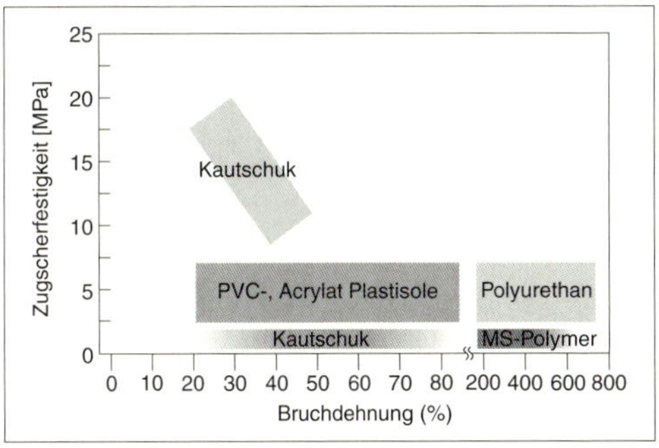

Bild 9.2-22 Klebstoffsysteme

Im Bereich der strukturellen Verklebungen dominieren im Automobil heißhärtende, 1 K-Epoxid-Klebstoffe. Ihr Vorteil liegt im Wesentlichen in den hohen mechanischen Kennwerten und dem gut automatisierbaren Klebeprozess sowie dem gutmütigen Verarbeitungsverhalten.

Stehen dichtende, schall- oder schwingungsdämpfende Maßnahmen im Vordergrund, haben sich vor allem PUR- und PVC-Klebstoffe bewährt.

Entscheidende Bedeutung bei allen Klebungen hat die Oberflächenbeschaffenheit der Fügepartner. Bei metallischen Werkstoffen beeinflussen hauptsächlich durch Umformung (Tiefziehöle, etc.) und Transport entstandene Verunreinigungen, aber auch Korrosionsprodukte an der Oberfläche die Fügequalität negativ.

Dagegen spielt bei polymeren Materialien auch die molekulare Struktur und die damit verbundene Polarität der Oberfläche eine entscheidende Rolle. In vielen Fällen ist deshalb vor dem Verkleben eine Reinigung (Entfettung) bzw. im Bereich der Kunststoffe eine Vorbehandlung (Beflammen, Plasmabehandlung) notwendig.

Je nach Anforderung an die Fügestelle können die mechanischen Eigenschaften durch zusätzliche chemische (Haftprimer) oder mechanische Verfahren (Aufrauen, Strahlen) nochmals verbessert werden [5].

Auch durch eine klebstoffgerechte Konstruktion lassen sich geklebte Verbindungen positiv beeinflussen. Am sichersten sind in dieser Hinsicht Scher- und Zugbeanspruchung der Verbindung; am ungünstigsten die Schälbeanspruchung [6]. Einige Konstruktionshinweise zeigt **Bild 9.2-23 a)** und **b)**.

Da es sich bei allen Klebstoffsystemen um polymere Werkstoffe handelt, müssen, neben den bereits beschriebenen konstruktiven und die Oberfläche betreffenden Einflüssen, auch temperatur- und alterungsbedingte Effekte bei der Auslegung von Klebeverbindungen berücksichtigt werden [6].

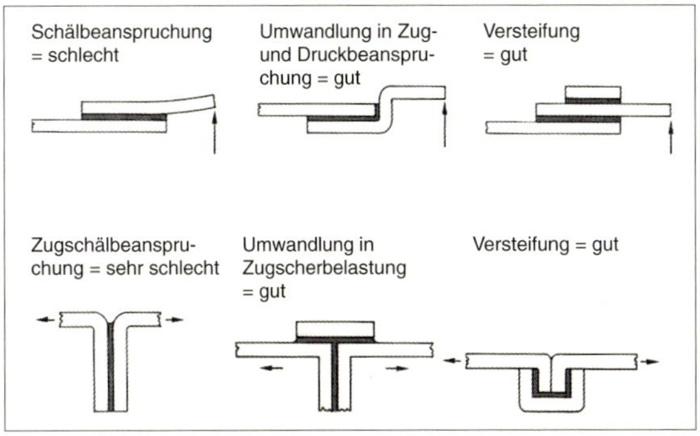

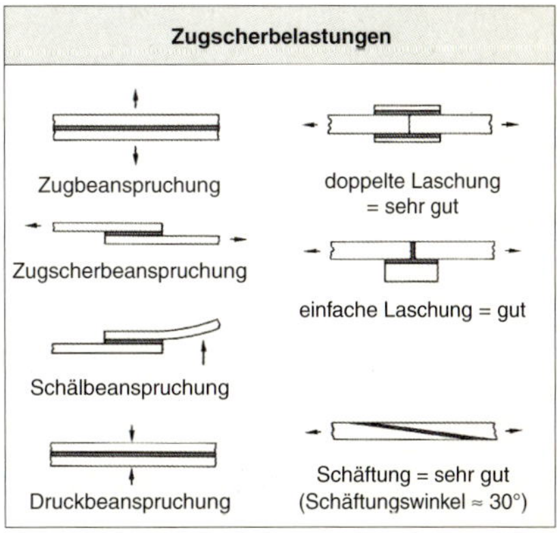

Bild 9.2-23 a) und b) Konstruktionsbeispiele für Klebeverbindungen

Aus diesen Gründen (Krafteinleitung, Temperatur, Alterung) liegt eine Kombination der Klebtechnik mit den bekannten thermischen, aber auch mechanischen Fügeverfahren auf der Hand.

So kann durch Punktschweiß-Kleben die Steifigkeit und die Schwingfestigkeit der Karosserie aufgrund der deutlichen Reduzierung der Mikrobewegungen in den Flanschen bei gleichzeitiger Reduzierung der Zahl der Schweißpunkte deutlich erhöht werden; gleiches gilt für die Kombination von Durchsetzfügen und Kleben [1].

Für eine gleichbleibende und reproduzierbare Verbindungsqualität sind folgende Voraussetzungen notwendig:

- Klebegerechte Flanschauslegung und Spaltmaße
- Definierte Klebstoffmenge und Zusammensetzung durch:
  - Robotergeführte Auftragssysteme
  - Kontinuierliche Prozessüberwachung (z.B. photographische On-Line-Kontrolle)

Unter Berücksichtigung dieser Aspekte ist die Integration der strukturellen Verklebung in bestehende Fertigungslinien bei vielen Automobilherstellern erfolgreich durchgeführt worden **(Tabelle 9.2-10)**. Weitere Entwicklungen zielen in erster Linie auf ein besseres, d.h. praxisgerechtes Verständnis der Alterungsvorgänge und einer weiteren Optimierung der Automatisierung und Prozesskontrolle. In Hinblick auf die Altfahrzeugentsorgung ist weiterhin das Thema Recycling, d.h. die Trennung von Klebeverbindungen, in die Forschungs- und Entwicklungsaufgaben mit einzubeziehen (Kap. 9.2.5).

Tabelle 9.2-10 Exemplarische Klebstoffanwendung in der Serienfertigung von Pkws am Beispiel der AUDI AG [7]

Einsatzzweck	Materialbasis
Rohbau	
Bördelfalz- und Punktschweiß-klebstoff	Epoxidharz
Bördelfalz- und Punktschweiß-klebstoff für Aluminium	Epoxidharz
Strukturklebstoff	Epoxidharz
Struktur- und Falzverklebung, auswaschbeständig	Kautschuk
Unterfütterungsklebstoff	Kautschuk, Acrylat, PVC/ Epoxidharz, Polyurethan
Lackiererei	
Feinnahtabdichtung	PVC, Festkörper ca. 97 %
Grobnahtabdichtung	PVC, Festkörper ca. 97 %
Montage	
Scheibenklebestoff	Polyurethan (luftfeuchtigkeitshärtend)
Glasaktivator*	Silan, Ethanol >95 % (ca. 1–2 g/Fahrzeug)
Glasprimer*	Polyurethan, Acetate und Ketone (ca. 1–2 g/Fahrzeug)

*Lösemittelhaltige Produkte

Literatur

[1] *Jost, R.*: Punktschweißkleben in der Serienfertigung, 6. Paderborner Symposium Fügetechnik, S. 106–112, Druckerei Reike GmbH, Paderborn 1998

[2] *Hennemann, O. D.*: Fügetechniken – Basis für den modernen Leichtbau, S. 71–79, VDI-Bericht 1235, Neue Werkstoffe im Automobilbau, VDI-Verlag GmbH, Düsseldorf 1995

[3] *Bischoff, J.*: Fügetechniken im Vergleich, Adhäsion, Kleben & Dichten, Jahrgang 38, 4/94, S. 10–16

[4] *Kötting, G.*: Klebetechnik fördert Leichtbau, Automobil-Produktion, S. 108–110, Juni 1998

[5] *Wuich, W.*: Metallklebverbindungen mit Kunststoffklebern, Kunststoffberater 7/8 1984, S. 27–30

[6] *Habenicht, G.*: Kleben – Grundlagen, Technologie, Anwendungen, Springer Verlag Berlin Heidelberg, New York, Tokyo 1986, S. 308–313

[7] *Peters, N.; Nunge, S.; Geldermann, J.; Rentz, O.*: Bericht über Beste Verfügbare Techniken (BTV) im Bereich der Lack- und Klebstoffverarbeitung in Deutschland – Teilband II Klebstoffverarbeitung –, Deutsch-Französisches Institut für Umweltforschung (DFIU), Universität Karlsruhe (TH), Karlsruhe, August 2002

Weiterführende Literatur

[8] *Sauer, J.*: Automobilkarosserien Kleben, Fachartikel aus „Kunststoffe", 3/2003, Carl Hanser Verlag, München

9.2.4 Fortschritte in der Um- und Urformung

9.2.4.1 Metalle

9.2.4.1.1 Innenhochdruckumformen

Das Verfahren des Innenhochdruckumformens basiert auf der Aufweitung eines Körpers bis zur Anlage an eine Werkzeuggravur durch die kraftgebundene Wirkung eines flüssigen Mediums unter direktem Kontakt des Mediums mit dem Werkstück. Der kraftgebundenen Wirkung des flüssigen Mediums können andere Kräfte, wie z.B. Axialkräfte und Querkräfte, überlagert werden, die dann eine den Umformprozess unterstützende Funktion haben.

Das Innenhochdruckumformen lässt sich nach der kennzeichnenden Gestaltgebung in vier Verfahrensvarianten unterteilen **(Bild 9.2-24)**, die wie folgt beschrieben werden können:

- *Nachprägen*: In der Literatur auch als Kalibrieren bezeichnet. Ein durch Biegen und Andrücken vorgeformtes Werkstück wird durch die alleinige Wirkung des Innendruckes zur Anlage an das Formwerkzeug gebracht.
- *Aufweiten*: Das Material wird in der Wandung abgestreckt und damit die Oberfläche vergrößert. Hierbei erfolgt die Umformung allein durch die Wirkung des Flüssigkeitsdruckes. Die mögliche Größe der Ausformung richtet sich nach der Dehnfähigkeit des eingesetzten Werkstoffes in der Umformrichtung.

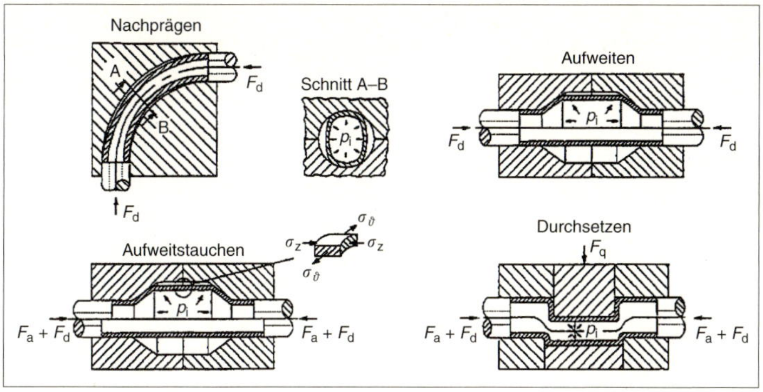

Bild 9.2-24 Prinzipskizzen der Verfahrensvarianten des IHU

- *Aufweitstauchen*: Durch axiales Nachschieben wird zusätzlich Werkstoff in die Umformzone eingebracht. Es lassen sich somit geometrisch größere Formelemente gegenüber dem Aufweiten erzielen. Die Lage und die Anzahl dieser Formelemente ist indes begrenzt, da die Axialkräfte den Werkstoff aufgrund der Reibung mit dem Werkzeug nicht über längere Wege, starke Biegungen sowie Querschnittsveränderungen transportieren können.
- *Durchsetzen*: Versetzen der Achse eines Hohlkörpers über eine Teillänge durch ein seitlich dazu wirkendes Werkzeugelement. Durch das zusätzliche Aufbringen einer Querkraft können die Werkstücke in einem Schritt unter Innenhochdruck gebogen und gleichzeitig aufgeweitet werden [1].

Technische Vorteile des Innenhochdruckumformens:

- Bauteile komplexer Geometrien in einem Stück herstellbar
- Entfall von Verbindungsschweißnähten
- Hohe Form- und Maßgenauigkeit der Bauteile
- Erhöhung der Bauteilfestigkeit und -steifigkeit durch Kaltverfestigung des Werkstoffes
- Im gleichen Werkzeug können Rohre mit unterschiedlichen Wanddicken und unterschiedlichen Werkstoffen eingesetzt werden [2]

Technische Nachteile des Innenhochdruckumformens:

- Komplizierte, lange Bauteile werden durch Abstreckung geformt, daher nur begrenzte Umfangsunterschiede möglich
- Aufwändige Prototypenwerkzeuge
- Zykluszeiten relativ langsam
- Komplexe Anlagentechnik

In der Karosserie steht dabei hauptsächlich die im IHU-Verfahren optimale Bauraumausnutzung, durch den Wegfall von Schweißflanschen und damit eine Gewichtsersparnis bei zugleich hoher Bauteilsteifigkeit, im Vordergrund. Einteilige, durchgängige Längsträger oder Überrollbügel belegen eindrucksvoll die Vorteile dieser Technik. Die A-Säulen des

Bild 9.2-25 Einteilige A-Säule des Volvo C70

neuen Volvo C70 z.B. sind erstmalig einteilig mit der Innenhochdruck-Umformung (IHU) gefertigt und verbinden damit höchste Sicherheitsanforderungen mit hoher Präzision und Wirtschaftlichkeit **(Bild 9.2-25)** [9].

Aber auch im Fahrwerk konnte sich diese Technik in Form einer IHU-umgeformten Hinterachskonstruktion bereits beweisen.

Den klassischen Anwendungsfall im Antrieb stellen Abgaskrümmer in jeglicher Form und Größe dar. Hier war vor allem die komplexe Formteilgestaltung ausschlaggebend für die Auswahl der IHU-Technologie.

9.2.4.1.2 Hydromechanisches Umformen

Im Gegensatz zum herkömmlichen mechanischen Tiefziehen wird beim hydromechanischen Tiefziehen das Werkstück gegen einen Flüssigkeitsdruck in der Ziehkammer geformt. Im Tiefziehteil entsteht hierbei ein dreiachsiger Spannungszustand, der sich günstig auf das Ziehverhalten auswirkt. Im Vergleich zum herkömmlichen Tiefziehen sind Verbesserungen bei Ziehtiefe, Oberflächengüte und geringere Wanddickenreduzierung im kritischen Bereich realisierbar.

Eine Weiterentwicklung des hydromechanischen Umformens ist das Aktive Hydro-Mec-Verfahren der Firma SMG Engineering. Konventionell hergestellte Motorhauben, Dächer oder Türaußenbleche verfügen

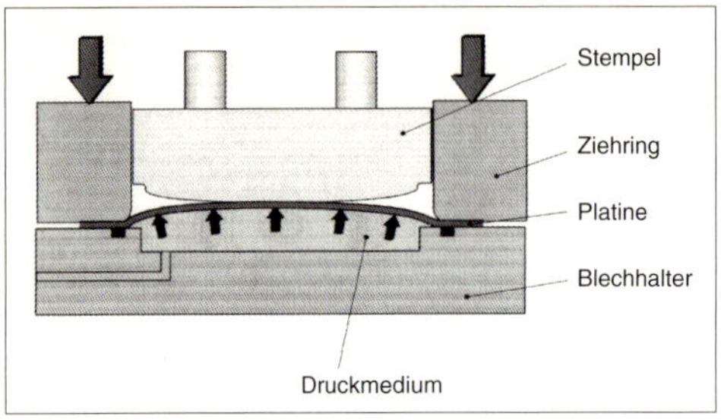

Bild 9.2-26 Hydro-Mec-Verfahrens-Werkzeug geschlossen und Vorreckprozess

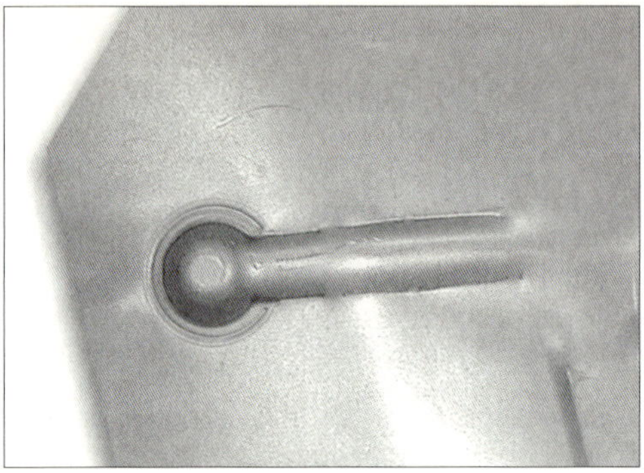

Bild 9.2-27 Platine mit Ausformung durch Dichtstempel

bei konv. Umformung je nach Formgebung in der Bauteilmitte nur über eine sehr geringe Beulsteifigkeit. Ursächlich dafür ist der geringe Umformgrad und damit keine ausreichende Materialverfestigung in diesem Bereich [3].

Beim „Aktiven Hydro-Mec"-Verfahren wird die Platine mittels eines gesteuert eingebrachten Druckmediums zunächst vorgereckt, wodurch eine Materialverfestigung stattfindet, dann wird gegen einen einseitigen Formkonturstempel ausgeformt. In **Bild 9.2-26** ist die Wirkungsweise des Aktiven Hydro-Mec-Verfahrens dargestellt [3].

9.2.4.1.3 Zwei-Platinen-Innenhochdruckumformen

Verfahrensprinzip

Neben Rohren und Profilen lassen sich auch zwei lose aufeinander liegende oder im Randbereich miteinander verschweißte Blechplatinen durch einen IHU-Prozess umformen. Hierzu werden die Platinen paarweise in das Werkzeug eingelegt. Abhängig von der Bauteilgeometrie gibt es verschiedene Verfahren, über die das flüssige Wirkmedium zwischen die Bleche eingeleitet wird [4]. Als Beispiel ist eine Lanze zu nennen, die zwischen die beiden Bleche reicht. Eine weitere Möglichkeit bietet der halbkugelförmige Dichtstempel, dessen Austrittsöffnung nach dem Schließen des Werkzeugs zwischen den beiden Platinen liegt **(Bild 9.2-27)** [4]. Die untere Platine wird hierzu vorgelocht. Nach dem Schließen des Werkzeugs beginnt unmittelbar mit dem Einbringen des Wirkmediums der Umformvorgang.

Während es bei der IHU-Rohrumformung nötig ist, das Werkstück zu Beginn des Arbeitsgangs zu entlüften, entfällt dieser Schritt bei der Blechumformung, da zwischen den beiden flach aufeinander liegenden Blechen kein Hohlraum vorhanden ist. Die unter Druck zwischen die Bleche zugeführte Flüssigkeit bläst das Werkstück auf. Der Einsatz von Doppelblechen bietet analog zum Tiefziehen die Möglichkeit, speziell zugeschnittene Formplatinen einzusetzen, deren Abmessungen sich über die Länge stark ändern. Das für die Ausformung der Werkzeuggravur erforderliche Material wird also in den jeweiligen Werkstückquerschnitten bereitgehalten.

Verfahrensvarianten

Bei der Umformung miteinander verschweißter Platinen werden die Flansche von Ober- und Unterteil gleichzeitig in die Formgravur eingezogen. Dieses Verfahren eignet sich zur Herstellung von Bauteilen, deren Ober- und Unterschale im Querschnitt in etwa das gleiche Abwicklungsverhältnis aufweisen. Gegenüber dem konventionellen Verfahren, bei dem zwei Halbschalen durch einen Tiefziehprozess hergestellt und anschließend verschweißt werden, bietet das IHU verschweißter Platinen den Vorteil, dass die Bleche im ebenen Zustand und nicht erst nach der Umformung gefügt werden. Bei dieser Verfahrensart werden Bauteile mit dicht geschweißten Flanschen hergestellt, bspw. Kraftstofftanks **(Bild 9.2-28)** [5].

Dabei lässt sich die Prozesskette verkürzen und der Betriebsmittelaufwand reduzieren. Ein weiteres Einsparpotenzial bietet sich im Bereich der Umformwerkzeuge: Während man für das Innenhochdruck-

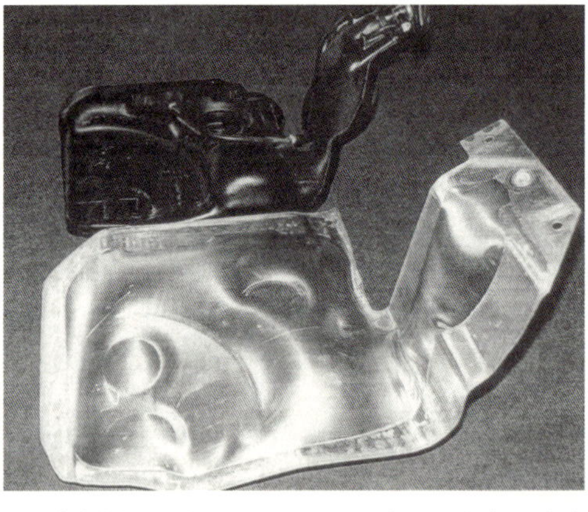

Bild 9.2-28 Kraftstofftank aus zwei Aluminiumplatinen

umformen lediglich zwei Werkzeugmatrizen – die obere und die untere Formwerkzeughälfte – benötigt, ist beim Tiefziehen von Bauteilober- und Bauteilunterschale jeweils ein komplettes Ziehwerkzeug bestehend aus Ziehstempel, Blechhalter und Matrize je Werkzeugstufe erforderlich.

Soll mit Hilfe eines IHU-Prozesses ein Bauteil hergestellt werden, dessen Ober- und Unterschale deutlich verschiedene Ziehtiefen aufweisen, so müssen unverschweißte Platinen eingesetzt werden. Die fehlende Schweißnaht erlaubt, dass sich Ober- und Unterteil während der Umformung relativ zueinander bewegen. Dadurch wird die Gefahr der Falten- und Rissbildung weitestgehend eliminiert. Beim Einsatz dieses Verfahrens ist besonders zu beachten, dass die Trennfuge zwischen Ober- und Unterteil ausschließlich durch die Stößelkraft abgedichtet wird. Daher müssen obere und untere Werkzeughälfte sehr sorgfältig durch Touchieren und Feinschleifen aufeinander eingearbeitet werden.

9.2.4.1.4 Kaltfließpressen

Kaltfließpressen ist ein Prozess aus der Reihe der Massivumformverfahren mit einer Umformtemperatur unterhalb der Rekristallisierungstemperatur. Ein Zuschnitt oder Pressrohling wird in einem Gesenk durch einen Stempel, der den notwendigen Druck ausübt, umgeformt. Stempel und Gesenkwände bilden zusammen das Kaliber [6]. Untergliedert wird das Verfahren nach der Richtung des Materialflusses im Werkzeug: a) Rückwärtsfließpressen zur Herstellung von Näpfen, b) Querfließpressen für Fittings und c) Vorwärtsfließpressen zur Querschnittsänderung.

Ursprünglich war das Verfahren nur für die Verarbeitung von Kupfer, Aluminium und kleineren Stahlapplikationen geeignet. Bei der Herstellung von Verbindungselementen aus Stahl, wie bspw. Schrauben und Nieten, wird diese Art der Umformung seit langem erfolgreich praktiziert. Mit fortschreitender Entwicklung der Anlagentechnik erweiterte sich der Werkstoffeinsatz auf Stahlteile mit Stückmassen von bis zu 15 kg **(Bild 9.2-29)** [8].

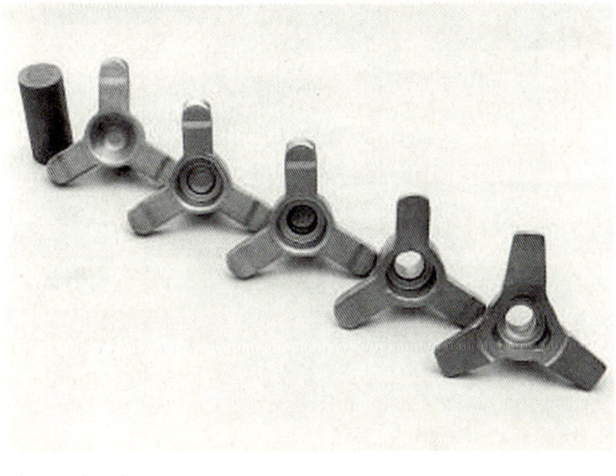

Bild 9.2-29 Kaltfließpressteil aus C45

Dabei ist bei der Werkzeugauslegung darauf zu achten, dass die Flächenpressung ca. 2500 MPa nicht überschreitet.

Kaltfließpressen bietet gegenüber anderen Umformtechniken eine Anzahl von Vorteilen, wie Werkstoffeinsatz, hohe Ausbringung, hohe Maßhaltigkeit und Reproduzierbarkeit und optimierte Nutzung der Werkstoffeigenschaften durch den günstigen Faserverlauf bei sehr guter Oberflächenqualität [7].

Der Trend der Kaltumformung geht zu weitestgehend endkonturnah geformten Teilen, die keiner (Net shape) oder die nur noch einer geringen Bearbeitung (Nearnet shape) bedürfen. Die Entwicklung wird durch neue Werkzeugbauwerkstoffe, hochverschleißfeste Beschichtungen und rechnergestützte Prozess- und Werkzeugauslegung unterstützt. Aktuelle Anwendungen für das Verfahren sind u.a. Achszapfen, Tripoden und Karosseriebefestigungen, wie Achs- und Stoßfängeraufnahmen.

Literatur

[1] *Lichtenberg, S.*: Studiengesellschaft Stahlanwendung, Möglichkeiten und Grenzen des Umformens von Stahlwerkstoffen mit hydraulischen Wirkmedien, 1996

[2] *Schuler*: Handbuch der Umformtechnik, Springer Verlag 1996, S. 431f

[3] *Käsmacher, H.*: Innenhochdruckumformen – eine Alternative in der Fertigungstechnik, Europäische Forschungsgesellschaft für Blechverarbeitung e.V., EFB-Tagungsband Nr. T16, Hannover 1996

[4] *Birkert, A. R., Sünkel, R.*: Hydroforming – Umformen mit Wirkmedien im Automobil, Bibliothek der Technik Bd. 230, Verlag moderne Industrie, 2002, S. 45

[5] *Goppelt, G.*: Neue Umformverfahren für Aluminium in Kraftfahrzeugen, ATZ Automobiltechnische Zeitschrift, 12/2000, S. 1092ff.

[6] *Landgrebe, D., u.a.*: Massivumformtechniken für die Fahrzeugindustrie, Bibliothek der Technik Bd. 213, Verlag moderne Industrie, 2001

[7] *Schacher, H. D.*: Trends and developments of cold forging in the automotive industry, S. 55 ff., 10th Int. Cold Forging Congress, VDI-Berichte 1555, Düsseldorf, 2000

[8] www.uni-stuttgart.de/ifu/broschuere/6_23.htm, 23. 07. 2002

[9] *Proksch, J.; Mierzejewski W.: Esser, S.*: Die A-Säule des neuen Volvo C70; ATZ Automobiltechnische Zeitschrift, Ausgabe 012/2006, S. 1056ff.

9.2.4.1.5 Gießtechnik

In der Gießtechnik konzentrierten sich die Anstrengungen hauptsächlich auf die Entwicklung neuer und die Optimierung bestehender Verfahren, mit dem vorrangigen Ziel, wärmebehandelbare und schweißbare Bauteile aus Al-Druckguss herstellen zu können. Das entscheidende Merkmal solcher Bauteile besteht in einer möglichst geringen Gasporosität. Als Ergebnis dieser Entwicklungen konnten sich in den letzten Jahren drei neue Verfahren, „Squeeze Casting", „Thixo Casting" und Vakuumdruckguss am Markt etablieren.

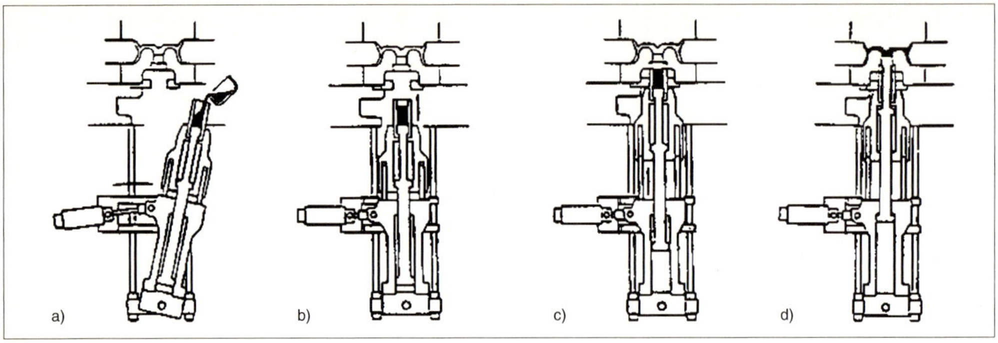

Bild 9.2-30 Gießzyklus beim Indirect-Squeeze-Casting: a) Dosieren, b) Schwenken in die Vertikale, c) Andocken an die Form, d) Formfüllen und Erstarren

Squeeze Casting

Squeeze Casting verbindet die wirtschaftlichen Vorteile des Druckgießens mit den besonderen Anforderungen an wärmebehandelbare und schweißbare Gussteile. Der Squeeze Casting Prozess zeichnet sich dabei durch ein abgestimmtes Geschwindigkeitsprofil des Gießkolbens aus, der die Luft aus der Gießkammer und dem Angusskanal verdrängt. Die kontrollierte und geregelte Gießkolbengeschwindigkeit führt, zusammen mit einer optimierten Geometrie von Gießkammer und Angusskanal, zu einer laminaren und damit gasarmen Formfüllung (0,5 ÷ 2,0 m/s Anschnittgeschwindigkeit).

Eine exemplarische Darstellung des Verfahrens zeigt **Bild 9.2-30** [1].

Thixo Casting

Vor dem eigentlichen Thixo Casting, auch unter „Semi-Solid Metal“ (SSM)-Guss bekannt, wird zuerst spezielles Stangenmaterial hergestellt und anschließend zu Bolzen geschnitten [2].

Die Herstellung des Stangenmaterials aus der SSM-Legierung erfolgt im Strangguss-Verfahren, kombiniert mit elektromagnetischem Rühren. Der dabei entstehende Gefügezustand (Dendritenbildung) verleiht den Legierungen das thixotrope Verhalten im halbflüssigen Zustand [3].

Die Bolzen werden danach z.B. durch Induktionsspulen auf eine bestimmte Temperatur erhitzt, bei welcher sowohl feste als auch flüssige Aluminiumteile vorhanden sind. Die erweichten Bolzen werden anschließend in die Gießkammer der Druckgussmaschine eingelegt und in die Druckgussform gepresst (**Bild 9.2-31**).

Die aufgeheizten Bolzen behalten ohne äußere Krafteinwirkung die äußere Form und fließen erst unter Druck wie eine Flüssigkeit.

Zurzeit steht nur die Legierung AlSi7Mg zur Verfügung. Weitere Aluminiumlegierungen und Magnesiumlegierungen sind in Entwicklung.

Die von Gasporosität und Schwindungslunkern freien Gussteile sind wärmebehandelbar und schweißbar. An wärmeausgelagerten Bauteilen aus AlSi7Mg werden folgende mechanische Kennwerte erreicht:

Streckgrenze $R_{P\,0,2}$: ≥ 230 MPa
Zugfestigkeit R_m: ≥ 290 MPa
Dehnung A_5: ≥ 11 %.

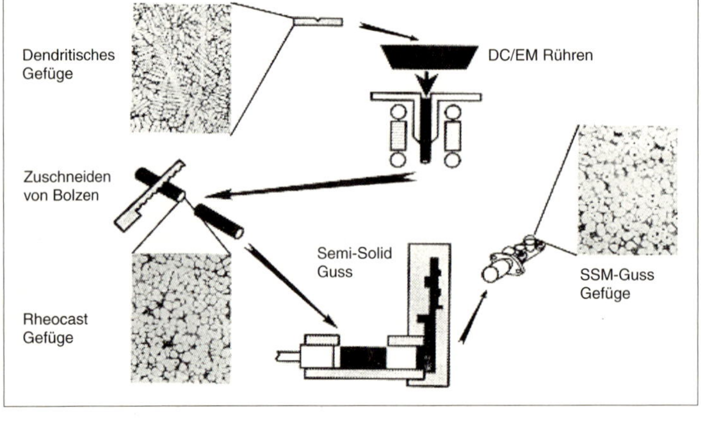

Bild 9.2-31 Verfahrensablauf beim Thixo Casting

Vakuumdruckguss

Auch im Vakuumdruckguss können druckdichte, warmaushärtbare und schweißbare Druckgussteile mit hohen Festigkeits- und Dehnungswerten hergestellt werden.

Das entscheidende Verfahrensmerkmal ist die Evakuierung von Druckgussform, Anschnitt und Füllkammer, wobei Werte deutlich unter 100 mbar erreicht werden. Die Zykluszeit verlängert sich nur unwesentlich, so dass die Wirtschaftlichkeit des Druckgießens erhalten bleibt.

Durch die Evakuierung wird die Gasporosität im Bauteil auf ein Maß reduziert, das es ermöglicht, an den Gussteilen eine Wärmebehandlung durchzuführen. An warmausgelagerten Bauteilen aus der Legierung AlSi10Mg werden in Abhängigkeit von Wärmebehandlungsparametern, Bauteilgeometrie und Abkühlbedingungen in der Gießform folgende mechanische Kennwerte erreicht:

Streckgrenze $R_{P\,0,2}$: $\geq 180-260$ MPa
Zugfestigkeit R_m: $\geq 230-320$ MPa
Dehnung A_5: $\geq 6-14$ %.

Aus Materialsicht unterliegt dieses Verfahren keinerlei Beschränkungen, so dass sowohl die heute üblichen Aluminium- als auch Magnesiumlegierungen zur Anwendung kommen.

Literatur

[1] *Kaufmann, H.*: Endabmessungsnahes Gießen: Ein Vergleich von Squeeze-casting und Thixocasting, Gießerei 1994, Nr. 11, S. 342–350

[2] *Young, K. P.*: Semi-Solid Metal Guss – eine neue Technologie von Bühler (ohne Jahresangabe)

[3] *Hasse, S.*: Gießerei-Lexikon, S. 1286, 18. Auflage, Verlag Schiele u. Schön, Berlin, 2000, S. 1286

9.2.4.1.6 Schmieden

Unter Schmieden versteht man eine Gruppe von Fertigungsverfahren, die nach DIN 8583-1 überwiegend den Verfahren der Umformtechnik in der Gruppe Druckumformen zuzuordnen sind. Dazu zählen das Freiformen, Gesenkformen, Eindrücken und Durchdrücken. Nach dem Unterscheidungsmerkmal Freiformen und Gesenkformen unterteilt sich das Schmieden in Freiformschmieden und Gesenkschmieden.

Das Freiformschmieden erfordert einfache, im allg. nicht an die Form des Werkstückes gebundene Werkzeuge. Das Gesenkschmieden erfolgt mit an die Werkstückform gebundenen Werkzeugen.

Das Schmieden wird üblicherweise in einem Temperaturbereich durchgeführt, bei dem im Werkstoff Erholungs- und Rekristallisationvorgänge ablaufen. Dies dient dazu, das Umformvermögen des Werkstoffes zu erhöhen und Spannungen im Werkstoff abzubauen. Bei einigen Legierungen liegt die Schmiedetemperatur in einem eng begrenzten Temperaturbereich, um unerwünschte Phasenumwandlungen zu vermeiden [1].

9.2.4.1.7 Schmiedestahl

Zum Schmieden werden unlegierte und legierte Stähle, vor allem Einsatz- und Vergütungsstähle verwendet. Das Formänderungsvermögen und damit die Schmiedbarkeit nehmen mit steigendem Kohlenstoffgehalt ab.

Zum Schmieden wird das Halbzeug abgeschert, auf Schmiedetemperatur erwärmt, plastisch umgeformt und anschließend wärmebehandelt. Die Wärmebehandlung kann aus der Schmiedehitze (energiesparend) oder als weitere Behandlung durchgeführt werden.

Eine Reinigung der Schmiedeoberflächen erfolgt durch Strahlen. Meist werden gesenkgeschmiedete Bauteile anschließend noch an den Funktionsflächen spanend bearbeitet.

Die Vorteile von Schmiedebauteilen gegenüber Gussbauteilen sind z.B. gute mechanische Eigenschaften aufgrund des eingestellten Gefüges und geringere Streuungen in der Produktion infolge einer geringen Häufigkeit innerer Werkstofffehler.

Ein wesentlicher Einsatzbereich von Schmiedeteilen sind hochbeanspruchte und sicherheitsrelevante Bauteile, wie z.B. Pleuel, Kurbelwellen, Schwenklager, Achsschenkel, Getriebegangräder etc.

Trotz allem ist der Anteil von Schmiedestahl rückläufig. Durch Weiterentwicklung der Schmiedeverfahren versucht man, diesen Trend aufzuhalten. Dazu gehören z.B. das Präzisionsschmieden, Halbwarmschmieden, gratlos Schmieden oder das Schmieden unter Schutzgas, um eine Zunderbildung und eine Entkohlung zu vermeiden.

Als weiteres werden die Wärmebehandlungsverfahren unter Ausnutzung der Restwärme weiterentwickelt. Eine Wärmebehandlung direkt aus der Schmiedehitze erfordert auch eine geeignete Anpassung der Legierungszusammensetzung an die Abkühlbedingungen.

Literatur

[1] *Gräfen, H.*: Lexikon Werkstofftechnik, VDI-Verlag, 1991

9.2.4.2 Polymere

Neben der Einführung immer ausgereifterer Maschinentechnik zur Kosteneinsparung wurden auch gesamte Fertigungssysteme betrachtet und so durch Weiterentwicklung bekannter Standardtechnologien, wie z.B. dem Spritzgießen, neue Verarbeitungsverfahren entwickelt.

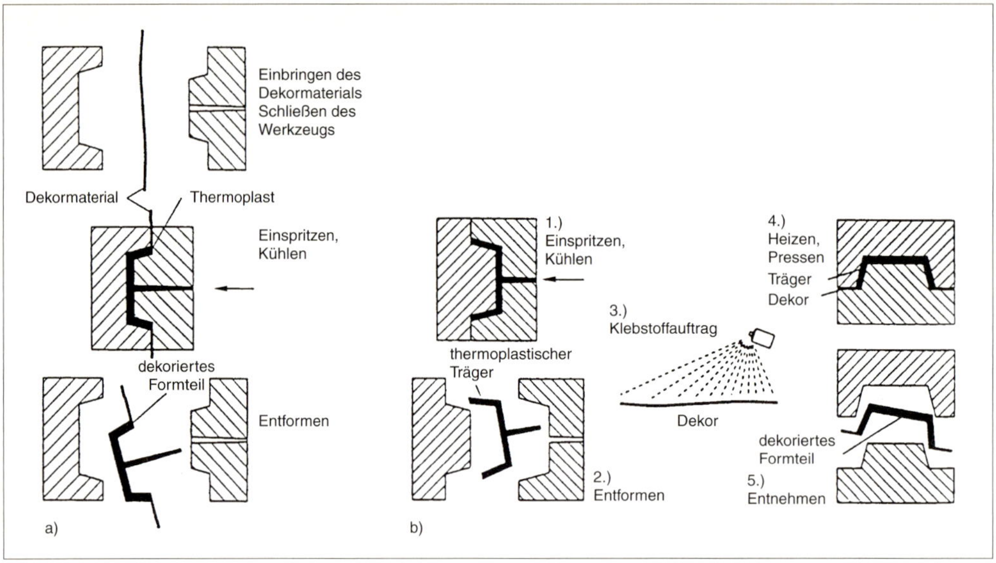

Bild 9.2-32 a) und b) Verfahrensablauf der „One-Shot-Technik" am Beispiel der Hinterspritztechnik (HST) im Vergleich zur herkömmlichen Kaschiertechnik
a) Hinterspritztechnik b) Kaschiertechnik

Zweifarbige Heckleuchten durch Mehrkomponententechnik oder hart-weich-Verbindungen sind nur zwei Beispiele von innovativen Fertigungstechnologien, die in der Automobilindustrie inzwischen Stand der Technik sind.
Kombiniert man unterschiedliche Materialien durch eine geschickte Fertigungstechnik, wie in den folgenden drei Fertigungsverfahren beschrieben, lässt sich das Anwendungsspektrum nochmals deutlich erweitern.

One-Shot-Technik

Unter der „One-Shot-Technik" versteht man das Verbinden jeglicher Art von Dekormaterial (Stoffe, Leder, Schaumfolien, Lackfolien, etc.) und das gleichzeitige Herstellen des Trägerteils in einem Arbeitsschritt (**Bild 9.2-32 a)** und **b)**) [1].
Anwendung findet dieses Verfahren z. Zt. größtenteils im Interieurbereich zur Herstellung von Innenverkleidungsteilen (A-/B-/C-Säulen, Instrumententafel, etc.) mit optisch und haptisch anspruchsvollen Oberflächen. Im Exterieurbereich stellt diese Technik noch die Ausnahme dar.
Abhängig von Dekormaterial und Bauteilgröße kommt das Hinterspritzen, das Hinterpressen/-prägen, das Hinterschäumen oder das Hinterblasen zum Einsatz. Das Dekormaterial kann dabei nicht in beliebiger Form vorliegen, sondern muss in Aufbau und Eigenschaften auf den jeweiligen Fertigungsprozess abgestimmt werden [3].
Wesentliche Vorteile des Verfahrens sind:

- Reduzierte Produktionskosten (bis zu 60 %) [2]
- Verbesserte Umweltverträglichkeit durch Klebstoffvermeidung, und gleichzeitig
- Reduzierung von Fogging und Fahrgastinnenraumemissionen.

Nachteilig sind die bis zu 30 % höheren Werkzeugkosten, denen jedoch der Wegfall der Kaschierwerkzeuge gegenübersteht. Zusammenfassend lässt sich festhalten, dass sich die „One-Shot-Technik" in der Automobilindustrie fest etablieren konnte und überall dort zum Einsatz kommt, wo Wert auf eine umweltfreundliche Produktion und emmisionsoptimierte Bauteile gelegt wird, und eine ausreichend hohe Stückzahl das etwas komplexere Fertigungsverfahren und die höheren Werkzeugkosten rechtfertigt.

Literatur

[1] *Michaeli, W.; Galuschka, S.*: Hinterspritztechnik, Teil 1: Eine Analyse der Randbedingungen, Plastverarbeiter 44. Jahrgang 1993, Nummer 3, S. 102 – 106
[2] *Mischke, J.; Bagusche, G.*: Hinterspritzen von Textilien, Teppichen und Folien, Kunststoffe 81 (1991) Nummer 3, S. 199 – 203
[3] *Bürkle, E.*: Hinterpressen und Hinterprägen – eine neue Oberflächentechnik, Innovative Spritzgießtechnologien – ein Beitrag zur Konjunkturbelebung, Fachtagung Süddeutsches Kunststoffzentrum 01./02. Dezember 1993, Würzburg, S. 23

Gasinnendrucktechnik (GIT)

Die Gasinnendrucktechnik wird zur gezielten und definierten Erzeugung von Hohlräumen in Spritzgussteilen eingesetzt (**Bild 9.2-33**) [2]. Es handelt sich um eine Art 2-Komponentenspritzguss, wobei es sich bei der zweiten Komponente nicht um ein Polymer, sondern um ein Gas (in der Regel Stickstoff) handelt.

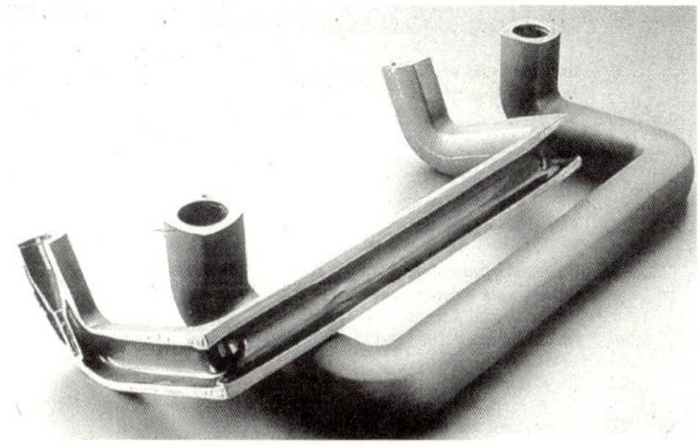

Bild 9.2-33 Dickwandiges Formteil aus Polyamid

Die Hohlraumausbildung erfolgt mit Hilfe eines unter Druck stehenden (bis max. 300 bar) inerten Gases.
Zu Beginn wird das Formteil geometrie- und verfahrensabhängig zu 50 ÷ 100 % mit Schmelze gefüllt (**Bild 9.2-34 a)** und **b)**) [1].
In einem zweiten Verfahrensschritt folgt die Gasinjektion. Durch den Gasdruck wird die Schmelzefront weiter nach vorne getrieben und die Kavität komplett gefüllt, bzw. das überschüssige Material in eine Nebenkavität (Überlauf) oder den Schneckenvorraum zurückgedrückt [1].
Die Gaseinleitung kann sowohl direkt ins Formteil, in den Angusskanal oder über die Maschinendüse erfolgen.
Betrachtet man die realisierten Bauteile, können drei typische Anwendungsgruppen genannt werden:

a) rohrförmige Bauteile
   Beispiele: Außenzierleisten, Dachhaltegriffe, Kühlwasserverteilerstücke
b) flächige Teile mit Versteifungsrippen
   Beispiel: Gehäuseabdeckungen
c) schalenartige, dünnwandige Formteile mit dickwandigen Bereichen
   Beispiel: Außenspiegelgehäuse, Mittelkonsolen, Türtaschen

Für alle drei Gruppen gelten GIT-spezifische Gestaltungsregeln, die zur Erzielung optimaler Bauteilqualitäten unbedingt einzuhalten sind. Abschließend muss auf die vielen Verfahrensvarianten und -patente hingewiesen werden.
Vor einer Entscheidung für die Gasinnendrucktechnik ist deshalb eine Abklärung evtl. anfallender Lizenzgebühren unerlässlich.
Vor- und Nachteile der GIT können wie folgt zusammengefasst werden:

+ größere Gestaltungsfreiheit bei der Formteilauslegung
+ kürzere Zykluszeiten bei dickwandigen Formteilen
+ Steifigkeitserhöhung bei gleichem Gewicht
+ weniger Verzug, geringere Eigenspannungen
+ Reduzierung von Einfallstellen
+ Verringerung der Schließkraft

– höhere Anlagenkosten
– anspruchsvollere Prozessführung
– höherer Aufwand für Qualitätssicherung
– Mehrfachkavitäten realisierbar, aber aufwendig und empfindlich

Literatur

[1] *Johannaber F.*: Gas-Injektions-Technik beim Spritzgießen (GIT), Innovative Spritzgießtechnologien – ein Beitrag zur Konjunkturbelebung, Fachtagung Süddeutsches Kunststoffzentrum 01/02. Dezember 1993, Würzburg
[2] *Ehritt, J.; Schröder, K.*: Gasinnendruck- und Zweikomponenten-Spritzgießverfahren, Hüthig GmbH, Heidelberg 1995

Weiterführende Literatur

– Gasinjektionstechnik – Verfahrenstechnik, Anlagentechnik, Gestaltungsregeln, Institut für Kunststoffverarbeitung in Industrie und Handwerk an der RWTH Aachen 1995

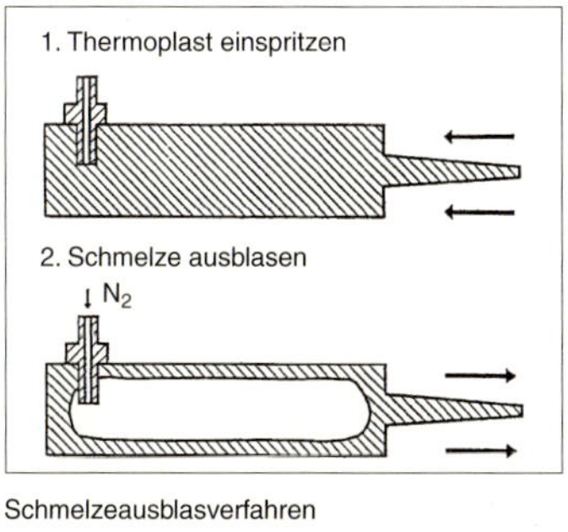

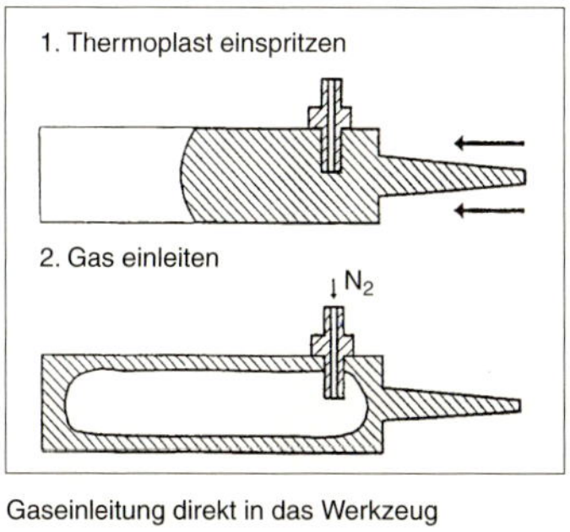

Bild 9.2-34 a) und b) Prinzipielle Darstellung der Verfahrensschritte der Gasinnendrucktechnik

Hybridtechnik

Eine interessante Technik innerhalb der Kunststoffverarbeitung stellt die Hybridtechnik dar. Die bisher in vielen Anwendungen eingesetzten Stahlbleche versprechen zwar Stabilität, sind aber relativ schwer. Kunststoffe zeichnen sich durch Leichtigkeit aus, besitzen aber oft zu geringe Festigkeits- und Steifigkeitswerte [2]. Die Hybridtechnik dagegen nutzt gezielt die Vorteile der unterschiedlichen, im Wettbewerb stehenden Werkstoffe, um sie in einem Formteil miteinander zu kombinieren [1]. Der Durchbruch dieser Technologie gelang mit der serienmäßigen Einführung des Frontend-Trägermoduls im Audi A6 [3]. Türträgermodule zur Aufnahme von Fensterheber, Lautsprecher und der Scheibenführung sind darüber hinaus ebenso denkbar wie Tragstrukturen von Heckklappen oder Instrumententafelträger.

Um ein Hybridbauteil anzufertigen, wird ein tiefgezogenes und gelochtes Stahlblechteil in ein Spritzgießwerkzeug eingelegt und mit einem geeigneten Kunststoff umspritzt. Dabei dringt die Kunststoffschmelze durch die eingestanzten Öffnungen des Bleches und bildet so beim Erstarren eine hochbelastbare kraft- und formschlüssige Verbindung. Das Blech benötigt weder einen Haftvermittler noch anderweitige zusätzliche Behandlungen [4].

Mit dieser Technik lassen sich tragende Metallteile sehr dünnwandig auslegen. Hierdurch lassen sich mit der Hybridtechnik Gewichtseinsparungen von bis zu 40 % im Vergleich zu einer ebenso belastbaren reinen Metallkonstruktion erzielen [4]. Kosteneinsparungen können durch Modulbauweise realisiert werden, indem Befestigungselemente, Lagerstellen für Frontklappen und Scheinwerfern, Kabelhalterungen oder Frontverkleidungen in die Bauteile bereits bei der Fertigung integriert werden (**Bild 9.2-35**, Kap. 6.1.5) [6].

Ein weiterer Vorteil: Der Kunststoff bringt zugleich Farbe in die Hybridbauteile, denn die eingesetzten Thermoplaste sind in einer Fülle von Farbtönen verfügbar. Darüber hinaus wird angestrebt, dass sich die Kunststoffoberflächen mit Textilien bzw. Folien dekorieren lassen, und das in einem Arbeitsgang beim Spritzgießen. Dieses Verfahren wird IMD (In-Mould-Decoration, Patent Bayer AG) genannt [6].

Bild 9.2-35 Hybrid-Frontend, Ford Focus

Der typische Nachteil von Verbundbauteilen in Bezug auf die Recyclingfreundlichkeit ist bei Hybridbauteilen nicht zu erwarten. Ausgediente Hybridbauteile lassen sich sehr schnell mittels einer Hammermühle zerkleinern und mit Hilfe von Sieben und Magneten voneinander trennen und danach problemlos wieder verwerten.

Zusammenfassend kann gesagt werden: Metall/Kunststoff Verbundteile stellen überall dort eine optimale Lösung dar, wo Stabilität, Festigkeit und Funktionssicherheit gefordert sind und/oder ein niedriges Gewicht der Baugruppe Vorteile bringt. Hybridbauteile bieten gegenüber gleichstarken Metallkonstruktionen deutliche Kosten- und Gewichtsvorteile. Diese Vorteile fallen umso größer aus, je höher der Grad der Integration von Zusatzfunktionen in das Bauteil ist.

Literatur

[1] *Goldbach, H.; Hoffner, J.*: Hybridbauteile in der Serienfertigung, Kunststoffe, Vol. 87 (1997), S. 1133 – 1138

[2] Ein Werkstoff-Traumpaar für das angestrebte Drei-Liter-Auto. Hybrid-Technologie vereinigt die Vorteile von Metall und technischen Thermoplasten, VDI-Nachrichten, Band 50 (1996), Heft 35

[3] Innovative Systemlösungen mit Bayer-Werkstoffen für den Audi A6, Bayer-Broschüre 11/98

[4] Stark im Verbund. Hybridtechnologie integriert Zusatzfunktionen beim Herstellprozess, Zeitschrift: Produktion, Landsberg, Band 37 (1998), Heft 42

[5] *Kohake, H.*: Präzision durch Spritzgießen mit extrem dünnen Wandstärken am Beispiel von Metall-Kunststoffverbindungen, Präzision im Spritzgießprozess, Tagung Baden-Baden 7./8. März 2001, S. 135 ff., VDI-Verlag, Düsseldorf, 2001, S. 135 – 140

[6] Hybridtechnologie für den Automobil-Leichtbau – Die Entwicklung geht weiter, Böllhoff Bayer AG, mobiles 27, Fachzeitschrift für Konstrukteure, Ausgabe 2001/2002, Hamburg, S. 8 – 12

Weiterführende Literatur

– Kunststoff-Stahlblech-Verbundbauweise, Materialwissenschaft und Werkstofftechnik, Band 29 (1998), Heft 1

9.2.5 Fortschritte in der Umweltverträglichkeit

Ein in den letzten 30 Jahren immer stärker zunehmendes Umweltbewusstsein in Gesellschaft und Politik hatte auch Auswirkungen auf die Automobilindustrie. Neben verbrauchsoptimierten Motoren spielen inzwischen weitere ökologische Aspekte, wie Recyclingfreundlichkeit, schadstofffreie Werkstoffe, umweltverträgliche Fertigungsverfahren etc., eine große Rolle bei der Gesamtbetrachtung einer Fahrzeugentwicklung.

Werkstoffrichtlinien und Ersatz umweltschädlicher Inhaltsstoffe/Materialien

Eine entwicklungstechnische Herausforderung war die Umstellung auf umweltverträgliche Materialien, ohne die Gebrauchseigenschaften zu verschlechtern oder die Herstellkosten unzumutbar zu erhöhen.
Seit dem 01.07.2003 gilt gemäß der EU Richtlinie EU-RL 2000/53/EG ein Verbot für den Einsatz von Blei, Quecksilber, Kadmium und Chrom (VI) in Neufahrzeugen und Ersatzteilen. Entsprechend einem im Juni 2002 geänderten Anhang II dürfen ab 1. 7. 2007 keine chrom(Vl)haltigen Überzüge zum Zweck des Korrosionsschutzes in den Fahrzeugen mehr eingesetzt werden. Bis 01. 07. 2007 dabei darf der Grenzwert von 2 g Chrom (VI) für ein Fahrzeug bis 3,5 t allerdings nicht überschritten werden [10]. Eine Schicht gilt dann als chromfrei, sofern sie einen unteren Grenzwert (0,02 $\mu g/cm^2$) nicht überschreitet [11].
Ebenfalls ist der Einsatz von halogenierten Kohlenwasserstoffen bei der Herstellung von Bauteilen und Fahrzeugen verboten, bzw. unterliegt starken Einschränkungen.
Laut EU-RL 2000/53/EG sollen Bauteile, die Blei, Quecksilber, Kadmium oder Chrom (VI) enthalten, gekennzeichnet und regelmäßig aktualisiert aufgelistet werden, um ein Verbrennen oder eine Deponierung dieser Bauteile zu vermeiden.
Schon seit längerem werden in der Fahrzeugproduktion umweltschädliche Werkstoffe durch umweltverträglichere ersetzt. So werden zum Beispiel asbestfreie Brems- und Kupplungsbeläge sowie Dichtungen verbaut, FCKW-freie Kältemittel in Klimaanlagen, kadmiumfreie Kunststoffstabilisatoren und umweltfreundliche Wasserlacke zur Grundierung der Karosserie verwendet. Es werden Dispersionskleber oder die One-Shot-Technologie (siehe 9.2.4.2) eingesetzt. Um die Innenraumemissionen zu reduzieren, werden mittlerweile TPO-Schaumfolien als Cockpitkaschierung sowie geruchs- und emissionsoptimierte Polymere verwendet.
Neben den Anforderungen aus der Altauto-Richtlinie sind bei der Auslegung der Bauteilwerkstoffe auch Grenzwerte bei der Emission im Fahrzeuginnenraum zu beachten. Bedingt durch das immer weiter steigende Umwelt-, Gesundheits- und Qualitätsbewusstsein ist es nötig geworden, die Emissionen so gering wie möglich zu halten. Bestätigt werden diese durch unterschiedliche Messverfahren. Zum einen wird der VOC-Wert (Volative Organic Components) nach VDA 278 ermittelt. Hierbei wird die Konzentration von leicht flüchtigen, gasförmigen Kohlenwasserstoffen untersucht. Zum anderen wird der Fog-Wert gemäß VDA 278 ermittelt. Dieser sagt aus, wie hoch der Anteil schwer flüchtiger Kohlenwasserstoffe im Fahrzeuginneren ist. Desweiteren wird die Formaldehyd-Flaschenmethode nach VDA 275 angewendet. Alle Messverfahren setzen voraus, dass die Prüfungen innerhalb von 2 Tagen durchgeführt werden, da die Emissionen stark von der Lagerdauer der Bauteile beeinflusst werden. Neben den oben aufgeführten, sensorischen Messungen ist der subjektive Eindruck der Nase nicht zu unterschätzen. Experten auf diesem Gebiet ermitteln, wie ein neues Auto riechen muss, damit das Fahrzeug dem Qualitätsanspruch des Kunden auch auf diesem Sektor gerecht wird [12].

Einsatz nachwachsender Rohstoffe

Zusätzlich zu den bisher in der Automobilindustrie bekannten Werkstoffen auf Basis nachwachsender Rohstoffe, z.B. HM-PP (Holzmehl gefülltes Polypropylen) oder Holzfaserformstoffe HFFS (Holzfaser mit Bindersystemen auf duroplastischer Basis), werden seit geraumer Zeit vermehrt Werkstoffe aus Naturfasern mit verschiedenen Matrices verwendet.
Primär werden Nawaro's (**Na**ch**wa**chsende **Ro**hstoffe) als Trägerteile in Fahrzeuginnenräumen, als Träger für Kofferraumauskleidungen oder geschlossene Laderäume bei Nutzfahrzeugen eingesetzt.
Neben den bekannten Anwendungen im Fahrzeuginnenraum werden verstärkt auch Teile im Exterieurbereich auf Basis nachwachsender Werkstoffe untersucht. Die Faseraufbereitung erfolgt mit herkömmlichen oder leicht modifizierten Maschinen aus dem Bereich der Textiltechnik [3]. Bei Werkstoffsystemen auf thermoplastischer Basis werden heute zu einem großen Teil Hybridvliese verwendet, die sich aus einer Mischung von Naturfaser und Polypropylenfaser (Mischungsverhältnis 30 %/70 % bis 50 %/50 %) zusammensetzen. Zum Ausgleich von größeren Qualitätsschwankungen bei Naturfasern, werden häufig Mischungen verschiedener Fasern hergestellt. Zusätzlich können mit einer Mischung speziell gewünschte mechanische Eigenschaften gezielt hergestellt werden [4], **(Bild 9.2-36)**.
Werden Duroplaste als Matrix-Werkstoff verwendet, kommen neben den seit langem bekannten Polyester- und Epoxid-Harz-Systemen seit kurzer Zeit auch Polyurethan-Systeme zum Einsatz. Auf der Faserseite wird heute primär die Gruppe der Bastfasern Flachs, Sisal und Kenaf eingesetzt. Aus der Gruppe der Hartfasern wird primär Sisal verwendet [5].
Je nach Bauteilgeometrie und verwendetem Werkstoffsystem kommen die bekannten Verarbeitungsverfahren wie das Fließpress- und das Umformverfahren zur Anwendung. Das Spritzgießverfahren mit naturfaserverstärkten Werkstoffen findet derzeit noch keine Serienanwendung, ist aber in Erprobung. Ein Problem hierbei ist die wesentlich höhere Belastung bei der Verarbeitung, was zu einer Vorschädigung der Faser führen kann [6].
Ein neueres Verfahren, das bereits für Serienanwendungen eingesetzt wird, ist das Polyurethan-Sprüh-

verfahren. Hierbei werden Naturfasermatten beidseitig mit einem hochreaktiven Polyurethan mittels Roboter besprüht und anschließend sofort in einem Presswerkzeug unter Druck und Temperatur ausgehärtet [7, 8].

Die Vor- und Nachteile der Naturfasern können wie folgt zusammengefasst werden:

+ niedrigere Dichte im Vergleich zu Glasfasern
+ gute akustische Eigenschaften
+ gutmütiges Bruchverhalten
+ CO_2-neutrale Verbrennung

- Wasseraufnahme (bis ca. 15 %)
- Geruchsverhalten
- Inhaltsstoffe (Fungizide, Pestizide)
- Qualitätsschwankungen

Ungeachtet dieser Nachteile stellen Naturfasern eine sinnvolle Ergänzung im Materialspektrum dar und konnten bereits in vielen Automobilanwendungen traditionelle Werkstoffe verdrängen.

Verbesserung der Recyclingquoten

Schon heute werden ca. 75-Gew.% von Altfahrzeugen (Baujahr 1987 und älter) recycelt. Im Wesentlichen handelt es sich dabei um alle metallischen Werkstoffe, wie z. B. Stahl, Guss, Eisen und NE-Metalle, die im Shredder zerkleinert, sortiert und anschließend einem werkstofflichen Recycling (Stahlwerk, Umschmelzhütte) zugeführt werden. Die restlichen 25-Gew.%, die sog. „Shredderleichtfraktion“ (SLF), landen dagegen auf der Deponie. Sie setzen sich zu ca. 1/3 aus Kunststoffen, aber auch aus Glas, Elastomeren, Holz und Schmutz zusammen.

In der Europäischen Gemeinschaft fallen jährlich zwischen 8 und 9 Millionen Tonnen Abfälle aus Altfahrzeugen an, die ordnungsgemäß entsorgt werden müssen. Das Ziel ist daher, Abfälle soweit wie möglich zu vermeiden, Abfälle wiederzuverwenden bzw. nicht wiederverwendbare Teile zu verwerten.

Das Europäische Parlament hat aus diesem Grund in der Richtlinie 2000/53/EG die Hersteller dazu verpflichtet, bis spätestens 01. 01. 2006 eine Wiederverwendung und Verwertung bei allen Altfahrzeugen von mindestens 85 % des durchschnittlichen Fahrzeuggewichts zu erreichen. Bis spätestens 1. Januar 2015 werden die Wiederverwendung und Verwertung bei allen Altfahrzeugen auf mindestens 95 % des durchschnittlichen Fahrzeuggewichts pro Jahr erhöht.

Die Lösung dieser Anforderungen liegt in der Schaffung von geschlossenen Materialkreisläufen analog dem Metallrecycling. Dabei hat sich in der Automobilindustrie eine allgemein gültige Formel bewährt, mit der die Kreislaufeignung (KE) eines Bauteils oder einer Baugruppe grob bestimmt werden kann (1) [14], [18]:

$$KE = \frac{\text{Kosten (äquivalentes Neumaterial + Entsorgung)}}{\text{Kosten (Demontage, Logistik, Aufbereitungskosten)}} \tag{1}$$

Ist der Quotient größer gleich 0,8, kann das untersuchte Bauteil bzw. die Baugruppe wirtschaftlich einem stofflich geschlossenen Materialkreislauf zugeführt werden. Als bestimmende Größe erweisen sich dabei die Demontagekosten, die notwendig sind, um eine sortenreine Trennung der einzelnen Werkstoffe zu erreichen. Demontageanalysen, mit deren Hilfe eine strukturierte Zerlegung und Auswertung des kompletten Fahrzeugs stattfinden, liegen heute bei allen Automobilherstellern vor, liefern wichtige Aussagen über derzeit wirtschaftlich erreichbare Recyclingquoten bestehender Fahrzeuge und zeigen gleichzeitig Optimierungspotenziale für Neukonstruktionen auf. Um eine bessere Wiederverwertung zu erreichen, wird empfohlen, Klebverbindungen zwischen Bauteilen aus unverträglichen Werkstoffen zu vermeiden und eine möglichst optimale Zugänglichkeit für Demontagewerkzeuge zu gewährleisten. Eben-

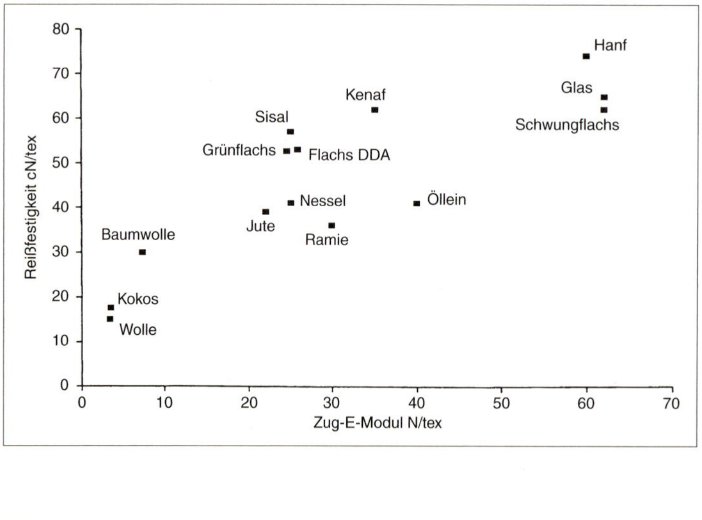

Bild 9.2-36 Vergleich der mechanischen Eigenschaften verschiedener Fasern, (Quelle: FH Reutlingen, Institut für angewandte Forschung)

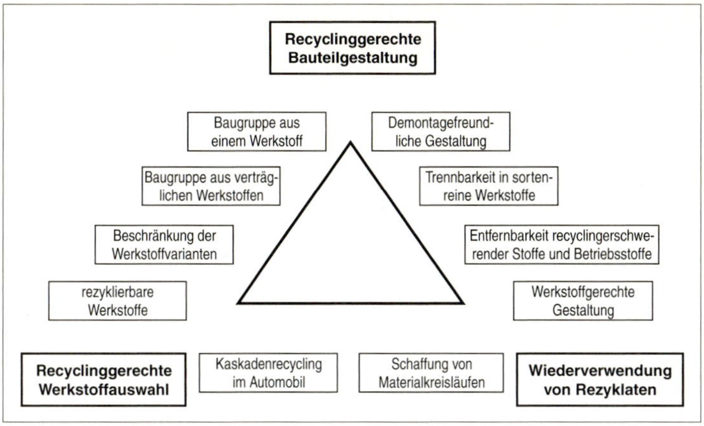

Bild 9.2-37 Recyclingdreieck

so sollte angestrebt werden, zum einen halogenfreie Flammschutzmittel und Leiterplatten zu verwenden, zum anderen Beschichtungen und Lacke durch recyclingfreundliche und umweltverträgliche Stoffe zu ersetzen bzw. deren gesamten Einsatz zu minimieren.

Zusammen mit internen Recyclingnormen bzw. der VDA-Norm 2243-1 und der Europäischen Recyclingnorm „Design for Recycling, DFR" bilden sie den Grundstock für eine umweltgerechte und ökonomisch realisierbare Fahrzeugentwicklung. Die inhaltlichen Schwerpunkte lassen sich in einem sog. „Recyclingdreieck" darstellen **(Bild 9.2-37)** [9].

Meßbare Erfolge erkennt man am deutlich gestiegenen Anteil von Kunststoffrezyklaten von derzeit ca.12 % bezogen auf den gesamten Kunststoffanteil im Fahrzeug, der verstärkten Freigabe von Recyklaten und an zunehmenden Bemühungen, „Einstoff-Lösungen", wie sie z.B. an der Schalttafel des Porsche „Boxster" und dem Modell „911 Carrera" – MJ 97 – MJ 04 – in Form einer „All-PP-Variante" erfolgreich umgesetzt wurden, für die Bauteilentwicklung zu definieren.

Energetische Nutzung

Der hohe Kunststoffanteil in der SLF zeigt automatisch den Weg der thermischen Verwertung auf. Streng genommen handelt es sich auch bei der energetischen Verwertung in den meisten Fällen um ein stoffliches Recycling, da die für eine Verbrennung notwendige Menge an Primärenergie wie z.B. Öl, Gas, Kohle etc. durch die SLF ersetzt bzw. reduziert werden kann oder z.B. als Reduktionsmittel bei der Stahlherstellung Verwendung („Metallurgisches Recyling") findet.

Das Haupthindernis dieser Prozesse liegt jedoch weniger in der technischen Beherrschbarkeit dieser Verfahren, sondern vielmehr in der mangelnden umweltpolitischen Akzeptanz, wodurch dieser Lösungsweg bisher in vielen Fällen blockiert wird.

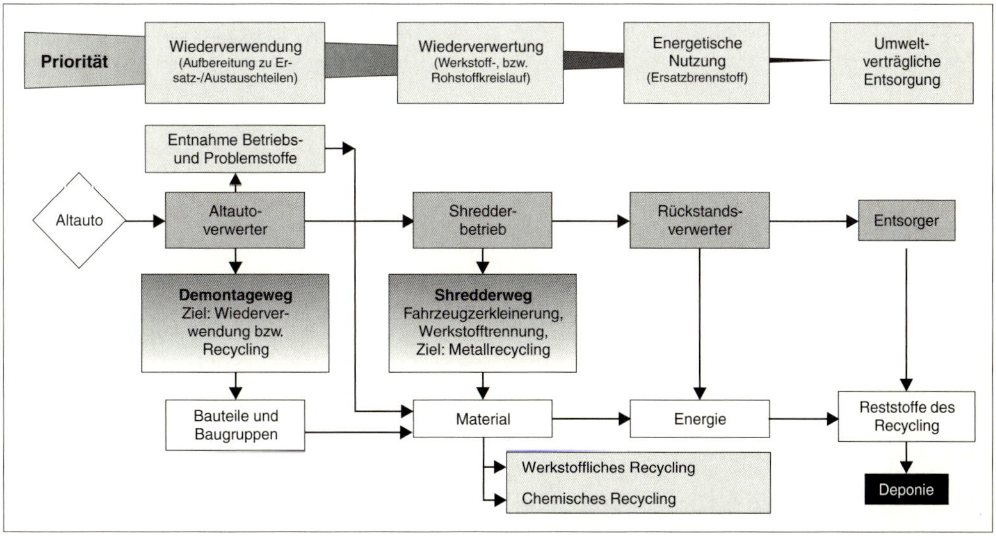

Bild 9.2-38 VDA-Konzept zur Altautoverwertung

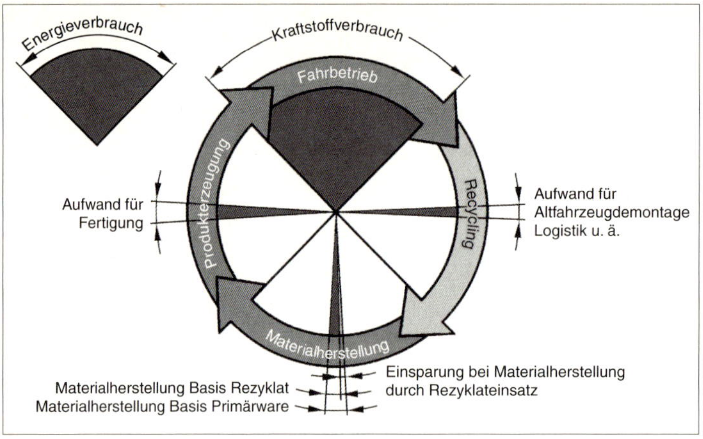

Bild 9.2-39 Prinzip der Energiegesamtbilanz eines Materialkreislaufs

Einen zusammenfassenden Überblick auf das vom VDA entworfene Konzept der Altautoverwertung zeigt **(Bild 9.2-38)** [1].

Ökobilanz/ Energiebilanz

Grundsätzlich sind bei der Erstellung einer Ökobilanz alle die Umwelt betreffenden Stoff- und Energieströme zu berücksichtigen, gegeneinander abzuwägen, zu gewichten und abschließend zu bewerten [12]. Die dazu zur Verfügung stehenden Modelle sind äußerst komplex und zeitaufwendig, so dass man sich in der Automobilindustrie auf die Energiebilanz **(Bild 9.2-39)**, die die Ökobilanz maßgeblich beeinflusst, konzentriert hat [1].

Die Energiebilanz ist ein gut geeignetes Instrument zur Bewertung unterschiedlicher Materialien in Verbindung mit speziellen Bauteilen oder Baugruppen **(Bild 9.2-40)** [3]. Es ist denkbar, dass die bisherigen Systemgrenzen in Zukunft auch auf ganze Fahrzeuggruppen (Karosserie, Antrieb, etc.) oder sogar auf ganze Fahrzeuge ausgedehnt werden [2].

Trotz vieler Erkenntnisse befindet sich der wichtige Bereich der „richtigen" Abschätzung und Bewertung von Wirkungen noch im Anfangsstadium [2]. Die notwendige Transparenz und Nachvollziehbarkeit als Voraussetzung für eine allgemeine Akzeptanz dieser Methode und einer objektiven Vergleichbarkeit ist damit heute noch nicht gegeben.

Für interne Vergleiche spricht jedoch nichts gegen eine (Energie)-Bilanzierung, die schon jetzt einen wertvollen Beitrag bei der Werkstoff- und Technologieauswahl im Rahmen der Fahrzeugentwicklung liefern kann.

Literatur

[1] *Schäper, S.; Haldenwanger, H.-G.; Rink, C.; Sternau, H.*: Materialrecycling von aluminiumintensiven Altfahrzeugen am Beispiel des AUDI A8, VDI-Bericht 1235, VDI-Verlag GmbH, Düsseldorf 1995, S. 249–266

[2] *Saur, K.; Stichling, J.;Hoffmann, R.; Finkbeiner, M.; Eyerer, P.*: Fahrzeugdesign und Umweltrelevanz – Erfahrungen mit Life Cycle Engineering, Werkstoffe im Automobilbau 98/99, Sonderausgabe von ATZ und MTZ, Wiesbaden, 10/1998, S. 12–15

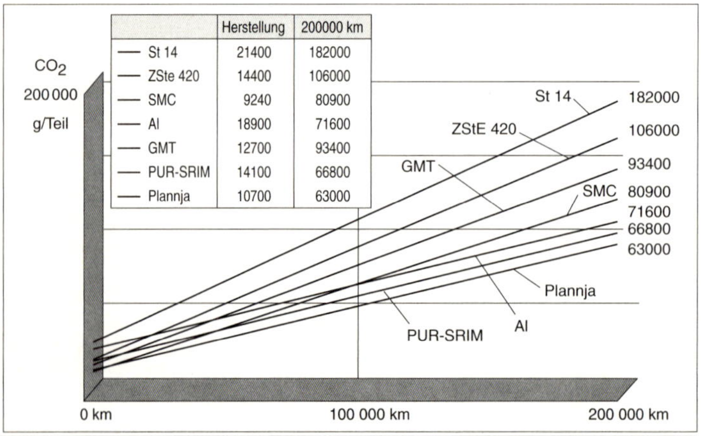

Bild 9.2-40 CO_2-Emissionen zur Herstellung und Nutzung verschiedener Stoßfängerträger

[3] *Schüssler, A.*: Automobilinnenteile aus Naturfaservliesen – Verwendung von Naturfasergemischen und PP-Fasern, Kunststoffe 88 [1998] 7, Carl Hanser Verlag, München, S. 1006 – 1008

[4] *Flemming, M.; Roth, S.; Ziegmann, G.*: Faserverbundbauweisen – Fasern und Matrices, Springer Verlag, München 1997

[5] Einteilung der Fasern gemäß DIN 60001 T1, Textile Faserstoffe, Mai 2001

[6] *Colberg, H.; Sauer, M.*: Spritzgießen naturfaserverstärkter Kunststoffe, Kunststoffe 87 [1997] 12, Carl Hanser Verlag, München, S. 1780 – 1782

[7] Starke Leichtgewichte, Plastverarbeiter 8/1998, Hüthig-Verlag, Heidelberg, S. 108 – 109

[8] *Müller, H; Fries, K.-W.*: PURe Natur im Automobil, Kunststoffe 88 [1998] 4, Carl Hanser Verlag, München, S. 544 – 546

[9] *Mast, P. u.a.*: Ressourcenschonung durch Recycling von Kunststoffbauteilen aus Automobilen, Kunststoffe im Automobilbau – Anwendung und Wiederverwendung, VDI-K, VDI-Verlag, Düsseldorf, 1991

[10] Richtlinie des Europäischen Parlaments; EU-RL 2000/53/EG Artikel 4 Absatz 2 Buchstabe a) Ausgenommene Werkstoffe und Bestandteile, 27. Juni 2002

[11] *Preikschat, P.*: Hannover Messe 2002: Chrom(VI)freie Oberflächen, SurTech GmbH, D-64673 Zwingenberg; EU-Altauto-Richtlinie, S.16, http://www.surtech.com

[12] *Pagani, A.; Weidinger, B.; Kranner, L.*: Emissionen – Messvorschriften und analytische Erfahrungen; 5, Workshop „Geruch und Emissionen bei Kunststoffen“, 7. – 8. April 2003, Kassel

[13] Richtlinie des Europäischen Parlaments; EU-RL 2000/53/EG Artikel 7 Absatz 2 a&b

[14] *Volkhausen, W.*: Methodische Beschreibung und Bewertung der umweltgerechten Gestaltung von Stahlwerkstoffen und Stahlerzeugnissen, Dissertation an der Fakultät für Werkstoffwissenschaft und Werkstofftechnologie der Technischen Universität Bergakademie Freiberg, 2003

Weiterführende Literatur

[15] *Bauer, H.; Haldenwanger, H.-G.; Schneider, W.*: Recycling von Altfahrzeugen: Kreislaufeignung von Werktstoffen als Funktion der Demontagewirtschaftlichkeit, Kunststoffe im Automobilbau – Trends, Technologien, Anwendungen, VDI-Kunststofftechnik, VDI-Verlag GmbH, Düsseldorf 1997, S. 165 – 179

[16] *Schlösser, Th.*: Naturfaserverstärkte Fahrzeugteile, Kunststoffe 87 [1997] 9, Carl Hanser Verlag, München

[17] *Braess, H.-H.*: Das Automobil von der Produkt- zur Systemoptimierung – Ziele und Aufgaben des Life-Cycle-Managements, ATZ Automobiltechnische Zeitschrift 101 (1999) 12

[18] *Schäper, S.*: Nebenwirkungen der Recyclingquoten der EU-Altautodirektive auf Leichtbaukonzepte sowie auf den Einsatz nachwachsender Rohstoffe im Pkw, EUROFORUM-Konferenz, Freising, 10./11. 10. 2000

[19] *Müssig, J.*: Untersuchung der Eignung heimischer Pflanzenfasern für die Herstellung von naturfaserverstärkten Duroplasten – vom Anbau zum Verbundwerkstoff, Fortschr.-Bericht VDI Reihe 5 Nr. 630; Düsseldorf; VDI Verlag 2001

[20] *Senftleben, D.*: Verfahren zur Generierung von Leitindikatoren für die ganzheitliche Entwicklung und Beurteilung von Automobilkomponenten. Dissertation: Uni Siegen, 2006

9.2.6 Nanotechnologie (im Automobil)

Definition

Die Nanotechnologie befasst sich mit der definierten Erzeugung von Bauteilen, Schichten und Strukturen auf Atom- und Molekülebene. Der Nanobereich (10^{-9} m = 1 nm) beinhaltet Objekte und Strukturen von der Größe einzelner Atome und Moleküle **(Bild**

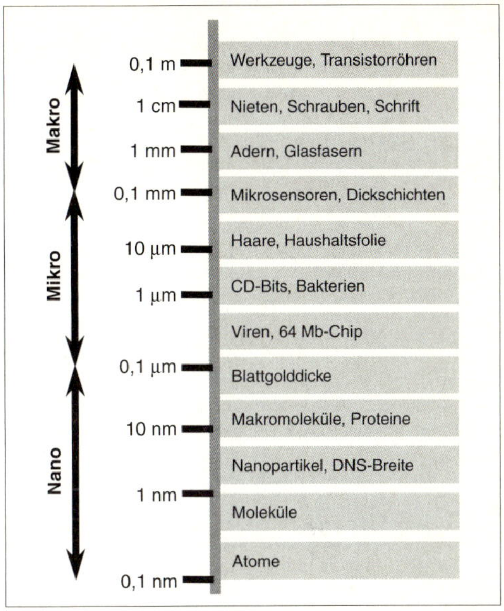

Bild 9.2-41 Von der Nano- zur Makrowelt: Größenbeispiele

9.2-41) [1]. Die Größe eines Atoms beträgt $^1/_4$ bis $^1/_2$ nm, die eines Moleküls ca. 1 bis einige nm. Als Definition für Nanostrukturtechnik gelten Anordnungen, die in mind. einer Dimension 100 nm nicht überschreiten. Die Abmessungen von Bauteilen der Mikrosystemtechnik sind um Faktor 10^3 größer. Der Lotus-Effekt zum Vergleich, der formal keine Nanostruktur darstellt, wird durch Oberflächenstrukturen der Blätter der Lotuspflanze (*Nelumbo nucifera*) hervorgerufen, die im Bereich von 5 – 300 Mikrometer (1 µm = 10^3 nm) liegen.

Sie spielt sich in einem Übergangsbereich zwischen individuellen Atomen oder Molekülen einerseits und größeren Festkörpern andererseits ab. In diesem Zwischenbereich treten Phänomene auf, die an makroskopischen Gegenständen bislang nicht beobachtet werden konnten **(Bild 9.2-42)**. Für Lacke und Farben können z.B. unterschiedliche Farbeffekte durch kontrollierte Änderung der Partikelgröße realisiert werden. Minimale Beimischungen von Nanopartikeln ändern die Eigenschaften eines Festkörpers deutlich, so dass Folien reißfester werden oder Keramiken kaum noch zerbrechen [6].

Entwicklung der Nanotechnologie

Im Jahr 1981 wurde es möglich, die theoretischen Überlegungen der Nanowelt, die 1959 erstmalig vom Physiker R. P. Feynman veröffentlicht wurden, zu visualisieren. Die feine Spitze eines Rastertunnelmikroskops (Scanning Tunnel Microskope = STM) fährt eine zu untersuchende Oberfläche berührungsfrei im konstanten Abstand ab, dabei gehen durch Quanteneffekte Elektronen von dem Prüfkörper zur Mikroskop-

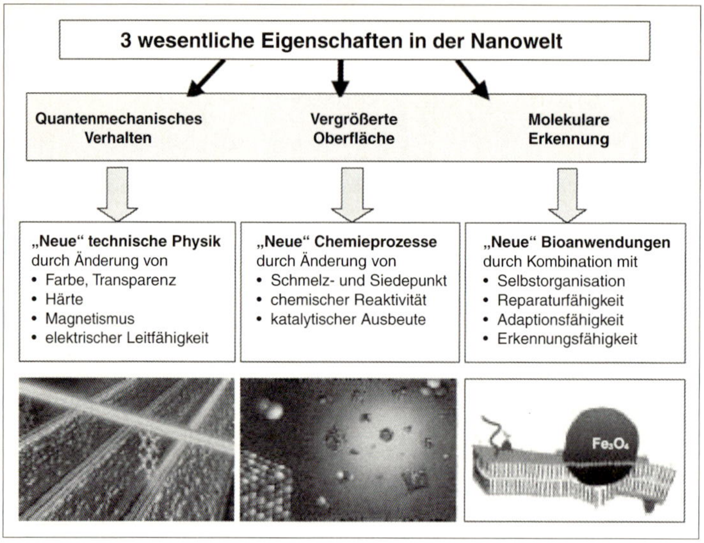

Bild 9.2-42 Wesentliche Eigenschaftsänderungen in der Nanowelt

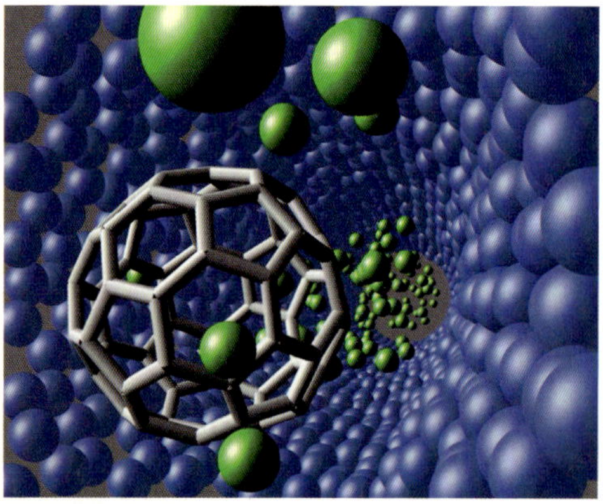

Bild 9.2-43 Buckyballs

spitze über. Dieser Tunnelstrom kann ausgewertet werden und bildlich die Oberfläche darstellen [2].

Ein weiterer Schritt folgte 1985, als nachgewiesen wurde, dass Werkstoffe im nanoskaligen Bereich andere Eigenschaften als im Makroskopischen besitzen: Eine neuentdeckte Erscheinungsform des Kohlenstoffs, welche aus hohlkugelförmigen Molekülen mit 60 oder 70 Kohlenstoffatomen („Buckyballs“, s. **Bild 9.2-43**) besteht und die Vorstufe zu den Nanotubes darstellt. Diese Nanotubes haben die höchste Zugfestigkeit aller bekannten Materialien, sind elektrisch leitend und in der Lage, aufgrund der hohlen Struktur andere Stoffe aufzunehmen.

Mit der Entdeckung des GMR-Effektes (Giant Magnetoresistance) 1988 bei Schichtanordnungen von Eisen und Chrom in atomarer Dimension ist ein zusätzlicher Nachweis erbracht, dass sich Materialeigenschaften auf Molekülebene vom Festkörper unterscheiden, und damit das Gebiet der Nanotechnologie endgültig als Zukunftstechnik etabliert. Der GMR-Effekt beschreibt eine starke Abhängigkeit der elektrischen Leitfähigkeit der Schichten vom angelegten Magnetfeld. Diese Wirkung wird heute bei praktisch allen Festplatten-Leseköpfen genutzt und stellt eine der am meisten verbreiteten Nanotechnologieanwendungen dar.

Industrielle Produktion

Die aus der Nanotechnologie erwachsenden Potenziale stellen die Industrie vor die Aufgabe, Ergebnisse aus Forschung und Entwicklung schnell in die Praxis umzusetzen, um die Anschlussfähigkeit im internationalen Wettbewerb zu erhalten und auszubauen. Ziel ist, mit neuartigen Verfahren sowohl der Präzisionsfertigung als auch der Mikrostrukturtechnik neue Grenzen im Nanometerbereich (einige hundert nm) zu beherrschen.

Neue Verfahren der Oberflächenbeschichtungen ermöglichen Funktionsschichten, die auf ultradünnen Schichten mit charakteristischen Schichtdicken von weniger als hundert Nanometern beruhen. Die Herausforderung besteht hier, die auf kleinen Flächen reproduzierbar herstellbaren Schichten auf große Flächen aufzubringen, wobei oftmals Toleranzen von wenigen Atomlagen einzuhalten sind.

Bei der Produktion von Nanomaterialien ist zur Sicherstellung einer hochwertigen Qualität darauf zu achten, dass der Werkstoff eine enge Korngrößenverteilung aufweist. Denn je enger die Korngrößenverteilung ist, desto besser kommen die typischen Eigenschaften der Nanoteilchen, wie optische Eigenschaften, Magnetismus oder chemische Reaktionsfähigkeit, zum Tragen. Die Weiterverarbeitung dieser Nanomaterialien stellt die Industrie vor große Herausforderungen, um neuartige Werkstoffe, wie transparente

Tabelle 9.2-11 Beispiele für einstellbare Eigenschaften von Nanomaterialien

Eigenschaft	Beispiele für Effekte durch nanoskalige Konfiguration
Katalytisch	Erhöhte katalytische Wirkung durch stark vergrößerte Oberfläche
Elektrisch	Erhöhte elektrische Leitfähigkeit in Keramiken und magnetischen Nanokompositen, höherer elektrischer Widerstand in Metallen
Magnetisch	Erhöhte magnetische Koerzitivität bis zu einer kritischen Korngröße (unterhalb dieser Größe Abnahme der Koerzitivität bis zu superparamagnetischen Verhalten)
Mechanisch	Erhöhte Härte und Festigkeit von Metallen und Legierungen, verbesserte Duktilität, Härte und Formbarkeit von Keramiken
Optisch	Spektrale Verschiebung der optischen Absorptions- und Fluoreszenseigenschaften, Steigerung der Lumineszens von Halbleiterkristalliten
Sterisch	Erhöhte Selektivität und Wirksamkeit von Membranen, Anpassung von Hohlräumen für den Transport oder die kontrollierte Abgabe spezifischer Moleküle
Biologisch	Erhöhte Durchlässigkeit für physiologische Barrieren (Membrane, Blut-Hirn-Schranke etc.), erhöhte Biokompatibilität

Keramiken mit besonderen Eigenschaften, herzustellen [6].
Als schwierig erweist sich meist, diese erwünschten Eigenschaften über den nachfolgenden Fabrikationsprozess hinaus zu erhalten. So neigen lose Schüttungen von Nanopulvern vieler Werkstoffe schon bei Raumtemperatur dazu, durch Diffusionsprozesse zu größeren Partikeln bzw. fest verbundenen Agglomeraten zusammenzuwachsen [6].

Nanomaterialien

Tabelle 9.2-11 gibt einen Überblick über wesentliche physikochemische und biologische Eigenschaften von Nanomaterialien, die sich aufgrund der Nanoskaligkeit gezielt einstellen und optimieren lassen.
Nanostrukturen sind sowohl strukturierte Oberflächen, dünnste Schichtanordnungen als auch nanomechanische Festkörper. Die Eigenschaften der Nanomaterialien basieren auf dem sehr großen Verhältnis von Ober- bzw. Grenzfläche zu Volumen sowie den hier in den Vordergrund tretenden Quanteneffekten.
Feste Materialien können aus der Gasphase, aus der flüssigen Phase und aus Festkörpern so hergestellt werden, dass sie in wenigstens einer Dimension nanoskalig (d.h. per Definition kleiner als 100 nm) sind.
Für Materialsynthesen aus der Gasphase kennt man mehrere relevante Verfahren. Es handelt sich um die Chemische Gasphasenabscheidung (CVD, Chemical Vapour Deposition), die Physikalische Gasphasenabscheidung (PVD, Physical Vapour Deposition), aerosolbasierte Methoden, wie die Gasphasenkondensation (CVC, Chemical Vapour Condensation), Sputtertechniken und die Flammensynthese. Während letztere Methode nur zur Herstellung von Pulvern geeignet ist, können mit den anderen sowohl Pulver als auch dünne Schichten abgeschieden werden.
Die wichtigsten Verfahren zur Herstellung bzw. Abscheidung von Pulvern und dünnen Schichten aus der flüssigen Phase sind das Sol-Gel-Verfahren und die elektrochemische Abscheidung. Beide Verfahren eignen sich weiterhin zum Aufbau nanoporöser Volumenkörper. Industriell genutzte Anwendungsgebiete für den Sol-Gel-Prozess sind zum Beispiel kratzfeste Lacke, Antireflexbeschichtungen oder hydrophobe (wasserabweisende) Schutzschichten.
Nanoporöse Festkörper lassen sich auch über polymerpyrolytische Methoden realisieren. Ferner lassen sich über Laserstrahlschmelzen ultradünne Oberflächenfilme erzeugen. Ein weiteres bedeutendes Verfahren ist die zerstörungsfreie In-situ-Erzeugung von Nanostrukturen in Volumenkörpern. Hier handelt es sich primär um die gesteuerte Kristallisation amorpher Werkstoffe zu nanokristallinen Kompositen. Diese Methode gewinnt für Metalle und Legierungen stark an Bedeutung. Nanoporöse Festkörper lassen sich beispielsweise über elektrochemische Oxidationsprozesse aus dichten metallischen Volumenkörpern gewinnen [6].
Metalloxide, insbesondere Siliziumdioxid, Ceroxid, Titandioxid, Aluminiumoxid, weisen im Bereich der anorganischen Nanopartikel gegenwärtig die größte wirtschaftliche Bedeutung auf. Im Bereich der Katalyse machen Nanopartikel als poröse Trägerschicht für Autoabgaskatalysatoren den größten Marktanteil aus. Hierbei wird vor allem nanoskaliges Aluminiumoxid verwendet, das als poröser Gerüststoff für den Edelmetallkatalysator dient, der fein verteilt insitu auf das Substrat abgeschieden wird. Nanostrukturierte Kohlenstoffpartikel finden hauptsächlich Verwendung in Füllstoffen für Gummi und Pigmente, die

zum Beispiel bei der Herstellung von Autoreifen eingesetzt werden.

Unter dem Begriff Nano-Kompositmaterialien werden folgende Materialien zusammengefasst:

Polymerbasierte Nanokomposite, Keramische Matrixmaterialien, Metallische Matrixmaterialien, Aerogele sowie Zeolithe.

Im Automobilbereich werden *polymerbasierte Nanokomposite* zur Verbesserung der (thermo)-mechanischen Eigenschaften (Brandschutz, mechanische Verstärkung) eingesetzt. *Keramische Matrixmaterialien* verbessern vor allem die thermomechanischen Eigenschaften, die Bruchzähigkeit und die Warmumformbarkeit („Superplastizität") dieser an sich spröden Werkstoffgruppe [6].

Durch Verstärkung von Metallen durch keramische Fasern, insbesondere Siliziumkarbid, aber auch Alumiumoxid oder Aluminiumnitrid lassen sich thermisch hochbelastbare *metallische Matrixmaterialien* mit hoher Festigkeit herstellen. Durch ein nanoskaliges Gefüge der Metall-Matrix-Komposite lassen sich eine höhere Festigkeit und Beständigkeit gegen Materialermüdung und darüber hinaus eine bessere Formbarkeit und Superplastizität erzielen. Auch partikelverstärkte Stähle sind derzeit für den Automobilsektor in der Entwicklung.

Aerogele sind hochporöse Feststoffe mit einer inneren Oberfläche zwischen 600 und 1000 m^2 pro Gramm. Mit einer Dichte zwischen 0,003 und 0,35 g/cm^3 gelten sie als die leichtesten bekannten Feststoffe. Besonders für den Automobilsektor ist neben den anderen herausragenden technisch nutzbaren Eigenschaften die extrem niedrige thermische und akustische Leitfähigkeit von Interesse.

Ähnlich wie Aerogele sind *Zeolithe* hochporöse Festkörper auf Basis von Alumosilikaten, die sowohl in der Natur vorkommen als auch künstlich hergestellt werden, aber für den Automobilbereich eine geringe Bedeutung haben [6].

Durch nanoskalige Schichtsysteme lassen sich viele Effekte durch Beschichtung bzw. Oberflächenfunktionalisierung erzielen, die im Automobilsektor vor allem mit dem Ziel des Verschleißschutzes (kratzfeste Kunststoffoberflächen), des Einsatzes von Antibeschlagschichten und Easy-to-clean-Schichten durch hydrophile bzw. hydrophobe Oberflächen (Lotus-Effekt) sowie der Nutzung optischer Eigenschaften (antireflektierende Gläser) zum Einsatz kommen (sollen). Beim neuen Porsche Carrera wird bei den Seitenscheiben und den Außenspiegeln die Oberflächeneigenschaft hierdurch beeinflusst. Die Seitenscheibe ist hydrophob (wasserabweisend), der Außenspiegel hydrophil (wasseranziehend), was in beiden Fällen zu einem Selbstreinigungseffekt führt. Interessant für den automobilen Einsatz von nanoskaligen Schichtsystemen ist aber auch die Verbesserung der thermischen und chemischen Eigenschaften, die sich hierdurch als Korrosionsschutz für Metalloberflächen eignen [6].

Nanoanwendungen, wie bspw. optische Leiter von Displays, Nanomarkierungen oder Leiterbahnen für elektronische Bauteile, werden durch subtraktive und additive Erzeugung von Nanostrukturen hergestellt. Zu den subtraktiven Verfahren zählt das Lift-off-Verfahren **(Bild 9.2-44)**. Ein fotolackbeschichtetes Substrat mit Nanofunktionsschicht, wobei der Fotolack die gewünschte Kontur abbildet, wird einem Lösungsmittel ausgesetzt. Am Prozessende bleibt das Substrat mit der definierten Nanofunktionsschicht. Dieses Verfahren eignet sich zur Produktion von optischen Leitern, die als Head up Displays in Windschutzscheiben verwendet werden können **(Bild 9.2-45)**. Ein Beispiel der additiven Herstellungsarten von metallischen Nanostrukturen für elektronische Komponenten ist die elektronenstrahlinduzierte Zersetzung von Metallsalzen **(Bild 9.2-46)**. Eine Nanobeschichtung aus Palladiumacetat wird mit einem Elektronenstrahl lokal behandelt. Dabei wandelt sich das Palladiumacetat örtlich in metallisches Palladium um. Dieses Edelmetall ist gegen den anschließenden Ätzvorgang resistent [3].

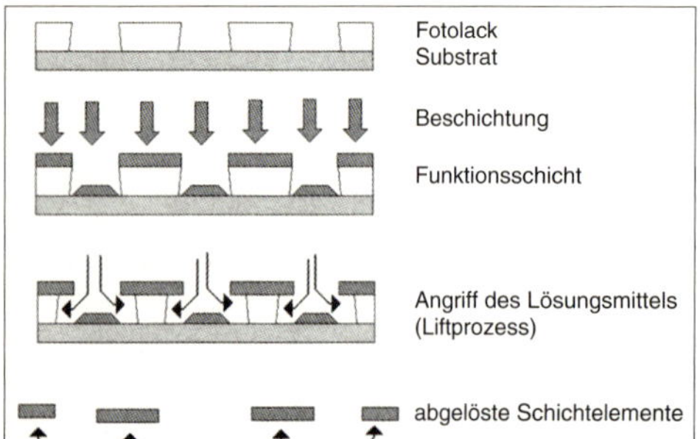

Bild 9.2-44 Lift-off-Verfahren

Bild 9.2-45 Corvette – Head up Display

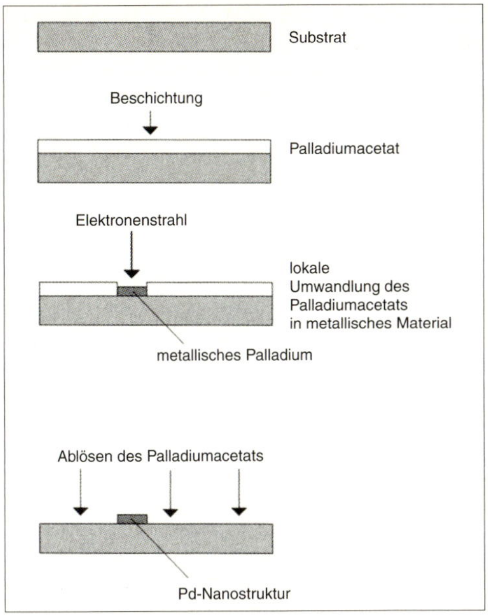

Bild 9.2-46 Elektronenstrahl-induzierte Zersetzung

Nanoprodukte im Automobilbereich

Durch die Nanotechnologie können in der Fahrzeugentwicklung zum einen Innovationen dargestellt und zum anderen bei bekannten Bauteilen Produkteigenschaften kombiniert und verbessert werden.

Das gezielte Einstellen von Oberflächeneigenschaften ist ein Anwendungsgebiet der Nanostrukturtechnik im Automobil. Auf leichte und preiswerte Grundkörper wird mit Nanoverfahren die gewünschte Oberfläche aufgebracht. Die Bedampfung von Scheinwerferelementen mit Aluminium, um daraus Reflektoren herzustellen, ist eine klassische nanotechnische Umsetzung. Das Reflexionsvermögen des Aluminiums wird auf eine leichte, nahezu beliebig darstellbare Form eines Scheinwerferreflektors übertragen. Weitere Applikationen mit Serienreife sind u.a. Antireflexbeschichtungen von Instrumenten und hydrophobe Beschichtungen von Verglasungen. Bei Innenspiegeln wird durch elektrochrome Nanobeschichtungen die Transparenz entsprechend der einfallenden Lichtintensität angepasst, wodurch ein automatischer Abblendeffekt erzeugt wird (**Bild 9.2-47**).

Mit der Einstiegschwelle vom Chevrolet Astro und GMC Safari Midsize Van wurde 2001 erstmalig ein Fahrzeug mit einen Außenteil aus Nanocomposit versehen. Dieses thermoplastische Teil besitzt einen Kreidefüllstoff (Smectite) in Nanodimension. Das Ergebnis der größeren interagierenden Fläche zwischen Polymermatrix (TPO) und Füllstoff ist ein Teil mit ca. 8 % verringertem Gewicht bei vergleichbaren mechanischen Kennwerten [4].

Für die nahe Zukunft wird Nanotechnologie bei der Entwicklung von Head-up-Displays für Fahrzeugen von Bedeutung sein. Teiltransparente Bildschirme, die Bestandteile der Frontscheibe sind, stellen dem Fahrer direkt und ohne Umwege über einen Projektor die Informationen der Instrumente in Augenhöhe zur Verfügung.

Bild 9.2-47 Instrumententafel Audi TT: Links ohne und rechts mit Antireflexbeschichtung

Ein Blick in die Zukunft

Das gezielte Einstellen einer Feinstruktur bei Nanophasenmetallen, die ein Mehrfaches an Festigkeit verglichen mit einem herkömmlichen Konstruktionswerkstoff besitzen, bergen durch die mögliche Gewichtsreduzierung für die Automobilindustrie ein zukünftiges Potenzial zur Verbrauchsverringerung. Die besondere Eigenschaft von Nanophasenmaterialien ist, dass sie keine Versetzungen (eindimensionale Gitterfehler) bilden und daher um ein vielfaches härter sind und gleichzeitig auf eine duktile Grundstruktur aufgebracht werden können. Im Motorenbau bietet sich der Einsatz von nanotechnischen Applikationen zur Steigerung der Lebensdauer durch reibungsarme Beschichtungen an.

Mit dem Voranschreiten der Entwicklung von Brennstoffzellen wird sich ein weiteres Einsatzgebiet der Nanotechnologie eröffnen. Durch Kompaktierung von Nanopulvern oder alternativ durch Porösitäten in Festkörpern lassen sich makroskopische Bauteile mit großen inneren Oberflächen erzeugen, welche in Brennstoffzellen und bei der Speicherung von Gasen maßgeblich sind. Wasserstoffspeicher aus hohlen Nanofasern (Nanotubes), **Bild 9.2-48**, besitzen eine Kapillarwirkung, die eine Speicherkapazität vom Dreifachen ihres Eigengewichts erreichen kann.

Nanobeschichtete Bleche der Karosserie könnten zukünftig den Korrosionsschutz, der aktuell durch Zinkbeschichtung, Grundierung und Lack gebildet wird, übernehmen. Dabei können die Nanopartikel farblich eingestellt und vor der Umformung aufgebracht werden, sodass der abschließende Lackierprozess entfallen kann. Edelstahlaußenhautflächen an Fahrzeugen wurden aufgrund von optischen Abzeichnungen, die durch Hautberührungen hervorgerufen werden, wenig verwendet. Bei Einsatz geeigneter Nanobeschichtungen wären unversiegelte Edelstahl-

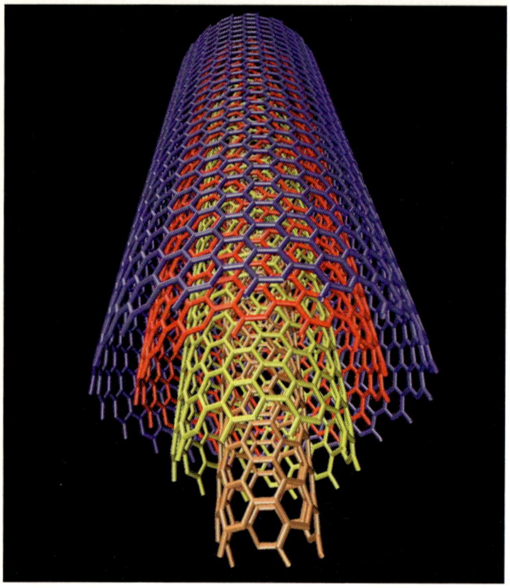

Bild 9.2-48 Nanotubes

applikationen möglich, weil Handabdrücke auf den Flächen nicht mehr sichtbar sind.

Ein weiterer Teilaspekt der Nanotechnologie ist das Fügen von Bauteilen mit Nanooberflächen. Der im Allgemeinen unerwünschte Effekt des Kaltverschweißens von polierten Oberflächen kann zukünftig durch definierte Rauigkeiten kleiner 1 nm genutzt werden. Diese Wirkung, die heute bereits bei Halbleiterelementen eingesetzt wird, kann in der Zukunft makroskopische Bauteile aus unterschiedlichen Werkstoffen verbinden, die zurzeit ohne Zusatzmaterial (Kleber oder Lote) nicht fügbar sind.

Unter dem Begriff „MagneRide®" ist die erste semiaktive Fahrwerksregelung im Jahr 2002 in einem Cadillac Seville STS serienmäßig zum Einsatz gekommen. Es handelt sich hierbei um eine magnetorheologische Flüssigkeit, die die Eisenpartikel in der Flüssigkeit so ausrichtet, dass dadurch die Dämpferkraft aktiv geregelt werden kann. Das System besteht aus Einrohr-Stoßdämpfern, Sensoren und einem Steuergerät und verbessert sowohl die Fahrdynamik als auch den Fahrkomfort.

Tabelle 9.2-12 Potenzielle Nanotechnologie-Anwendungen im Automobilbau in verschiedenen Stufen der Wertschöpfungskette

Grundstoffe/-verfahren (Nanomaterialien/Tools)	Komponenten/Systeme	Anwendungen
Materialien, Werkstoffe • Hochfeste Stähle • Metall-Matrix-Komposite • Nanopartikel verstärkte Polymere • Katalytische Nanopartikel • Thermoelektrika • Nano-Klebstoffe • Nanofluide ... **Verfahren/Tools** • PVD-, CVD-Verfahren • Nanopartikelsynthese • Ionenstrahl-/Plasmaverfahren ... **Funktionale Schichten** • Ultra-hydrophob • Elektrochrom • Antireflex • Verschleißschutz • Kratzfestigkeit **Elektronik und Sensorik** • Magnetoelektronik • WBG-Halbleiter (SiC, GaN) • LED, OLED ...	**Fahrwerk** • Reifen • Stoßdämpfer • Sensorik **Antriebssystem** • Zündanlage, Einspritzung • Kraftstofftank/-zusätze • Abgasanlage • Brennstoffzelle • Batterien • Schmiermittel, Kühlung • Thermoelektrische Abwärmenutzung **Karosserie/Außenhaut** • Tragende Struktur • Scheiben • Lackierung • Außenhaut-Funktionalisierung **Innenraum/Ausstattung** • Konsolen/Armaturen • Anzeigen/Displays • Beleuchtungstechnik • Elektronik, DV	**Sicherheit** • Aktive Sicherheit (Bremsen, Scheinwerfer, Sicht (indirekte Sicht, Radar etc.), Fahrverhalten) • Passive Sicherheit (Fahrzeugstruktur, Airbag, Fußgängerschutz) **Komfort/Design** • Klimatisierung • Effektlackierung • Selbstreinigende Oberflächen • Unterhaltung/Infotainment (Internet, Videodienste) • Navigations-/Verkehrsleitsysteme **Umwelt/Nachhaltigkeit** • Kraftstoffverbrauch • Schadstoffemissionen • Geräuschemissionen • Ressourcenschonende Produktion • Recycling

Weitere Einsatzfelder von Nanopartikeln sind ebenso die Reifen: Dort verändern sie die innere Reibung, wodurch sich die Lebensdauer erhöht, der Kraftstoffverbrauch und die Abrollgeräusche sich gleichzeitig verringern [5]. Auch Nanobeschichtungen von Fasern sind ein Ansatzpunkt. Die nicht hinreichend alterungsbeständigen und leicht entflammbaren Naturfasern werden so zu feuerbeständigen Konstruktionswerkstoffen, welche auch in Außenbereichen und in Hochtemperaturzonen eingesetzt werden können.

Nicht alle der vorgestellten Einsatzgebiete der Nanotechnologie sind heute bereits serientauglich, jedoch haben viele Einzelaspekte schon in der Konsumgüterindustrie Einzug gehalten. Der zukünftige Erfolg und eine hohe Marktdurchdringung von neuen nanotechnisch-optimierten Bauteilen wird stark davon abhängen, wie schnell großseriengeeignete preiswerte Produktionsverfahren zur Verfügung stehen und vorhandene Lücken der Grundlagenkenntnisse geschlossen werden.

Für die Zukunft wird Kohlenstoffnanoröhren (CNT) ein hohes wirtschaftliches Potenzial prognostiziert aufgrund ihrer außergewöhnlichen molekularen Eigenschaften, wie z.B. extrem hohe Zugfestigkeiten (auf molekularer Ebene eine ca. 100 mal bessere Zugfestigkeit als Stahl) sowie eine hervorragende thermische und elektrische Leitfähigkeit.

Mit Piezofaser-Funktionswerkstoffen ist es gelungen, adaptive Materialien zu entwicklen, die sich an ihre ständig ändernde Umgebung anpassen können. Dieses Anwendungsfeld wird auch als *Adaptronik* bezeichnet und ist ein grundlegender Baustein für die zukünftige Realisierung von „X-by wire"-Techniken. Mit Hilfe von piezoelektrischen Materialien (z.B. Fasern aus Blei-Zirkon-Titanat – PZT), die auf mechanische Umformung reagieren und ein elektrisches Signal erzeugen oder durch Anlegen einer elektrischen Spannung verformt werden, können diese beide Eigenschaften in Bauteile integriert werden. Keramisches PZT wird mittels eines Sol-Gel-basierten Spinnverfahrens hergestellt. Schon mit einem geringen Gehalt an PZT-Fasern lassen sich sehr gute Sensoren realisieren, die auf mechanische Verformungen wie Stoß, Biegung oder Druck reagieren. Aktorische Anwendungen lassen sich mit einem höheren Gehalt an Fasern verwirklichen [8, 9].

Die *Adaptronik* eröffnet vielfältige Anwendungsfelder im Automobilsektor. Prototypen solcher aktiven Bauteile dämpfen z.B. den Lärm in Autos (z.B. durch adaptive Motorlagerungen, Radaufhängungen, Dach oder Kardan- und Antriebswellenwellen). Als elektronisch gesteuerte Injektoren haben sich Piezokeramiken bereits heute in Diesel Common Rail Systeme etabliert [10].

Es ist abzusehen, dass eine nanotechnologische Kompetenz im Automobilbau in Zukunft zu den Kernfähigkeiten gehören wird. Zusammenfassend zeigt **Tabelle 9.2-12**, welche Anwendungen der Nanotechnologie im Automobilbau möglich sind.

Literatur

[1] *Bachmann, G.*: Innovationsschub aus dem Nanokosmos, Zukünftige Technologien Nr. 28, VDI-Technologiezentrum, Okt. 1998

[2] *Niggemann, J., Franz, O.*: Research-Studie Nanotechnologie, HWAG Hamburg, Febr. 2001

[3] *Köhler, M.*: Nanotechnologie – Eine Einführung in die Nanostrukturtechnik, Wiley-VCH-Verlag, Weinheim, 2001

[4] *Buchholz, K.*: Nanocomposite debuts on GM vehicles Automotive engineering international, Nr.10, 2001, S. 56 ff.

[5] *Niedermeier, W., Freund, B.*: Nanostrukturruße – Eine neue Generation für verbesserte Lkw-Reifen, Kautschuk-Gummi-Kunststoffe Nr. 10, 1999, S. 670 ff.

[6] *Luther, W.; Malanowski, N.; Bachmann, G.; Hoffknecht, A.; Holtmannspötter, D.; Zweck, A.; Heimer, T.; Sanders, H.; Werner, M.; Mietke, S.; Köhler, T.*: Nanotechnologie als wirtschaftlicher Wachstumsmarkt Innovations- und Technikanalyse (Band 53), Hrsg.: VDI-Technologiezentrum im Auftrag des BMBF; 2004, http://www.bmbf.de/pub/nanotech_als_wachstumsmarkt.pdf

[7] *Langenfeld, S.; Friedrich, H.*: Nanotechnology in cars – prospect and venture, Kunststoffe im Automobilbau, Tagung Mannheim, 13./14. März 2002, VDI Verlag, 2002, S. 299 – 304

[8] *Warzelhan, V.*: Innovationspipline Polymere – Anwendungspotential Nanotechnologie –, Symposium Material Innovativ, 10. März 2005, Nürnberg.

[9] Piezofaser-Funktionswerkstoffe, Symposium Material Innovativ, 10. März 2005, Nürnberg, Handout am Ausstellerstand der Fraunhofer Allianz FhG.

[10] *Michaelis, A.*: Neue Materialien für zukünftige Innovationen in Elektronik und Energietechnologie, Symposium Material Innovativ, 10. März 2005, Nürnberg.

Weiterführende Informationen unter:

http://www.bmbf.de/pub/foerderkonzept_nanoelektronik.pdf
http://www.upob.de/deutsch/nanotech/VDI_nanokosmos.pdf

9.3 Wettbewerb der Werkstoffe

Die Automobilindustrie steht wie schon so oft vor einschneidenden Veränderungen. Die vor Jahren durch die japanische Exportoffensive ausgelöste, massive Kostendiskussion ist inzwischen durch zwei weitere Trends erganzt worden. Zum einen handelt es sich dabei um eine zunehmende Individualisierung der Kundenbedürfnisse, zum anderen um eine noch stärkere Beachtung der Umweltverträglichkeit. Aus diesen beiden Haupttrends lassen sich weitere unmittelbare Entwicklungen ableiten.

Mehr Individualität bedeutet mehr Modellvarianten bzw. kleinere Stückzahlen der einzelnen Modelle. Zur kostengünstigen Herstellung solcher Varianten wird in Zukunft deshalb eine noch stärkere Modularisierung einzelner Baugruppen notwendig sein. Auf Werkstoffe und Fertigungsverfahren bezogen bedeutet dies, auf niedrige Stückzahlen und spezifische Anforderungen abgestimmte Konzepte, gleichbedeutend mit dem zunehmenden Trend hin zu Mischbau-

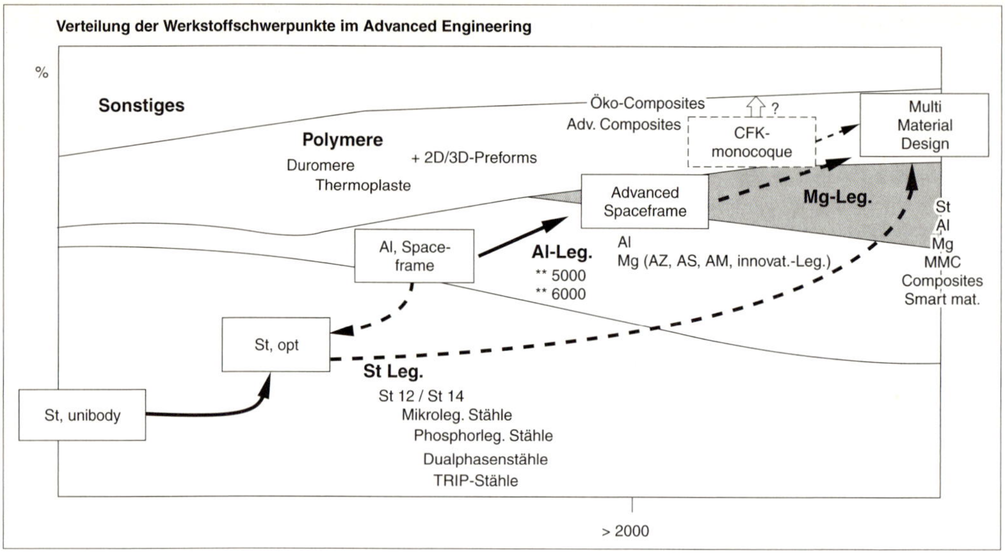

Bild 9.3-1 Denkbare Evolutionen von Werkstoffen und Bauweisen im Fahrzeugbau

weisen und möglichst flexiblen und kostengünstigen Fertigungsverfahren [2].

Auch die internationale Ausrichtung der Automobilindustrie und eine auf mehrere Fertigungsstandorte verteilte Produktion verlangen nach flexiblen und standortunabhängigen Werkstoff- und Fertigungskonzepten. Die Akzeptanz neuer Werkstoffe wird deshalb nicht zuletzt von deren uneingeschränkten Verfügbarkeit, einer ausgereiften und prozesssicheren Fertigungstechnologie sowie frei wählbaren Fertigungsstandorten abhängen.

Der Bereich Umweltverträglichkeit ist sehr stark durch die aktuelle Co_2- und Klimaschutzdiskussion geprägt. Für die Automobilindustrie bedeutet dies, eine weitere Forcierung des Einsatzes von Leichtbaukonzepten in Karosserie, Antrieb und Fahrwerk, sowie neuen Antriebskonzepten. Großes Potenzial wird in diesem Zusammenhang anpassungsfähigen Materialien, den sog. „smart materials" zugestanden, mit deren Hilfe ein für den jeweiligen Betriebszustand optimales Bauteilverhalten erreicht werden könnte.

Eine mögliche Verteilung zukünftiger Werkstoffschwerpunkte zeigt **Bild 9.3-1** [1].

Der durch die Modularisierung bereits identifizierte Trend der Mischbauweise erfährt durch die Forderung nach Leichtbau nochmals eine deutliche Verstärkung. Sehr schnell erkennt man jedoch auch die Schwierigkeiten solcher Szenarien.

Wo unterschiedliche Werkstoffe mit unterschiedlichen Eigenschaften und Verhalten miteinander verbunden werden sollen, versagen die heute üblichen, wärmeintensiven Fügetechniken.

Der Entwicklung neuer, geeigneter Fügeverfahren kommt deshalb eine elementare Bedeutung bei der Umsetzung der zuvor formulierten Ziele zu.

Gleiches gilt für die Simulation. Nur durch die Entwicklung geeigneter Modelle und die Ermittlung der relevanten Werkstoffkennwerte sind verlässliche Aussagen über das Crashverhalten, sowie auch über Lebensdauer und fertigungsgerechte Bauteilauslegung möglich – Grundvoraussetzungen für eine schnelle, kostengünstige und effiziente Fahrzeugentwicklung und -produktion.

Eine weitere mit der Mischbauweise verbundene Schwierigkeit könnte in der wirtschaftlichen Rezyklierbarkeit solcher Konstruktionen liegen. Das Streben nach geschlossenen Materialkreisläufen bei einer späteren Altfahrzeugentsorgung ist deshalb ebenso wichtig, wie die Entwicklung neuer Recyclingtechnologien schon zu Beginn einer Fahrzeugneuentwicklung.

Der Blickwinkel der verantwortlichen Konstrukteure wird sich noch weniger auf einzelne Baugruppen und Komponenten, sondern immer mehr auf eine gesamtheitliche Betrachtung des Automobils fokussieren.

Der Wettbewerb zwischen den einzelnen Werkstoffgruppen, auch innerhalb einer Werkstofffamilie, wird sich deutlich verschärfen, aber auch zu heute noch nicht praktikablen Kombinationen und „Allianzen" führen.

In der erfolgreichen interdisziplinären Zusammenarbeit von Werkstoffspezialisten, Konstrukteuren, Fertigungsfachleuten und Designern wird in Zukunft der Schlüssel zum Erfolg liegen.

Gleichzeitig vergrößert sich durch diesen Wettbewerb auch die Chance, noch vorhandene Leichtbau- und Kostenpotenziale schneller zu erkennen und vor allem umzusetzen, und somit die Zukunft der automobilen Mobilität nachhaltig zu sichern.

Literatur

[1] *Friedrich, H. E.*: Leichtbautechnologie im Pkw – die Konkurrenz der Werkstoffe nimmt zu, Euroforum-Konferenz „Stahl, Aluminium und Magnesium im Wettbewerb", 17./18. Februar 1998, Bonn

[2] Innovativer Werkstoffeinsatz in Kraftfahrzeugen – Entwicklungstendenzen, Chancen und Änsätze in NRW, Institut für Kraftfahrwesen, Institut für Bildsame Formgebung, Institut für Kunststoffverarbeitung der RWTH Aachen, Januar 1997

[3] *Friedrich, H. u.a.*: Aktive Materialien und Systeme für neue Effekte und Funktionen im Automobil: ATZ Automobiltechnische Zeitschrift, 12/2003, S. 1200 ff.

9.4 Wälzlager im Fahrzeugbau

9.4.1 Einleitung

Wälzlager gehören zu den wichtigsten Komponenten im Fahrzeugbau.

Um die richtigen Lager für die entsprechenden Einbaustellen im Fahrzeug auszuwählen, müssen viele äußere Betriebsbedingungen berücksichtigt werden. Die wichtigsten Einbaustellen für Wälzlager sind im **Bild 9.4-1** dargestellt.

Entscheidend für die Lagerauswahl sind u.a. die Richtung und Größe der Belastung, die erforderliche Genauigkeit der Lager, die Drehgeschwindigkeit, der zur Verfügung stehende Einbauraum und die Umfeldbedingungen. Die Lagerbauart wird nach den physikalischen Eigenschaften wie die Übertragbarkeit von skalaren Lasten (radial, axial, tangential) festgelegt. Das führt dann zum Einsatz von unterschiedlichen Wälzlagerbauformen. Kegelrollenlager, Rillenkugellager und Nadellager bilden den Standard im Getriebebereich. Kupplungsausrücklager werden i.a. als Rillenkugellager ausgeführt, ebenso Federtellerlager. Als Radlager werden zweireihige Schrägkugellager oder Kegelrollenlager eingesetzt. **Bild 9.4-2** zeigt ein typisches Beispiel einer Pkw-Radlagereinheit und die Verbindung mit der Fahrzeugachse über den Radträger. Hierbei sind viele Funktionen für den Fahrbetrieb zu berücksichtigen.

Im **Bild 9.4-3** ist der Entwicklungsfortschritt von Radlagerungen in den vergangenen 40 Jahren dokumentiert. Darin sind die mechanischen und elektronischen Funktionen eingetragen, die im Laufe der Entwicklung in das Radlager integriert wurden und das weitere Entwicklungspotenzial, z.B. die Messung von Radkräften über das Radlager als Messträger.

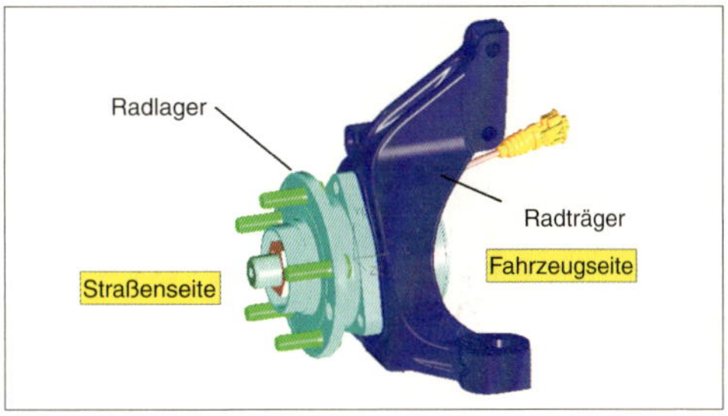

Bild 9.4-2 Radlager – Hub Unit, Pkw – Vorderachse

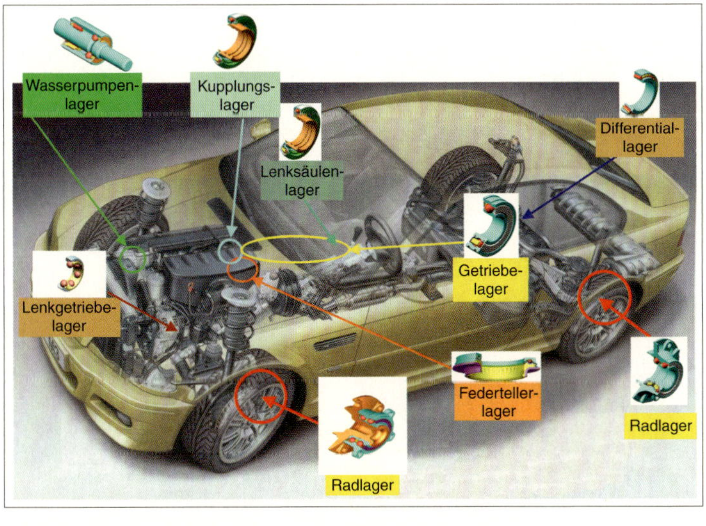

Bild 9.4-1 Die wichtigsten Einbaustellen für Wälzlager im Fahrzeugbau

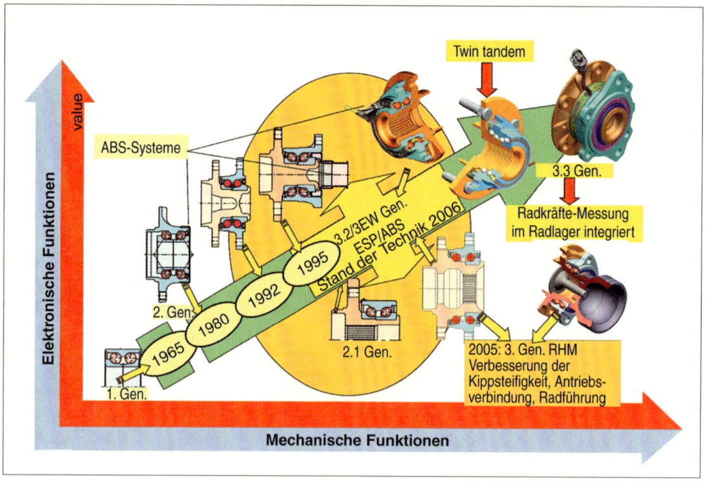

Bild 9.4-3 Radlagerentwicklung und Integration von Zusatzfunktionen

9.4.2 Konstruktions- und Berechnungsgrundlagen für die Gestaltung von Kfz-Wälzlagerungen

Zur Führung und Abstützung eines umlaufenden Maschinenteils sind in der Regel zwei in bestimmtem Abstand voneinander angeordnete Lager erforderlich. Für die Anordnung der Lager in den Aggregaten der Fahrzeuge gibt es zahlreiche Möglichkeiten, hier können nur einige wichtige besprochen werden.

- **Angestellte Lagerungen** werden überwiegend aus zwei spiegelbildlich angeordneten Schräglagern, d.h. Schrägkugellagern oder Kegelrollenlagern gebildet, **(Bild 9.4-4)**. Diese Lagerbauarten werden im Getriebe- und im Radlagerbereich mit möglichst geringem Spiel oder leichter Vorspannung eingesetzt.
- **Einzellager als Fest-Loslager** werden als Rillenkugellager oder Zylinderrollenlager und Nadellager zur Führung von Getriebewellen und als Stützlager für Wasserpumpenwellen benutzt.

Weitere Lagerstellen sind in der Lichtmaschine, im Anlasser, im Achsantrieb, in der Lenkung, im Riementrieb (Spannrollen, Lüfter). Die Grundtypen hierfür sind Kugellager/Rollenlager.

9.4.2.1 Berechnungsgrundlagen und Methoden

Bei der Dimensionierung der Wälzlagerungen unterscheidet man grundsätzlich zwei Berechnungsmethoden, **Bild 9.4-5** zeigt hierzu die Vorgehensweise.
Die konventionelle Berechnungsmethode ist unter dem **Zweig A** dargestellt. Hierbei wird die Betriebs-

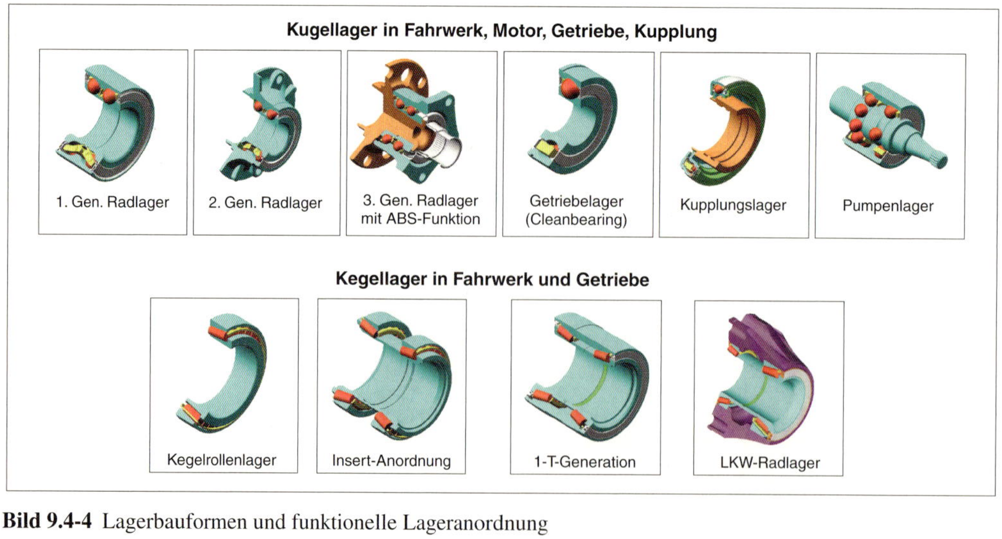

Bild 9.4-4 Lagerbauformen und funktionelle Lageranordnung

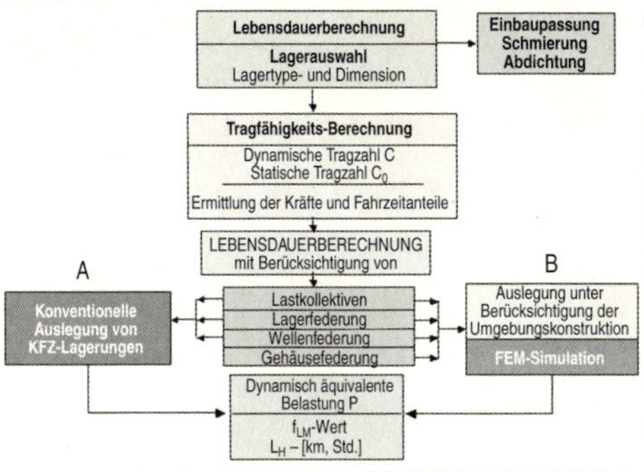

Bild 9.4-5 Grundlagen der Lebensdauerberechnung von Wälzlagern

festigkeit (Ermüdungslebensdauer) im Wälzkontakt als Grundlage für die Vorausberechnung der Lebensdauer des Wälzlagers mit analytischen herstellerspezifischen Berechnungsprogrammen ermittelt. Die DIN/ISO-Norm 281 dient als Basis für die Auslegungsberechnung.

Aus jahrzehntelangen Erprobungen der Lagerhersteller wurde eine Basisgleichung für die Ermüdungslebensdauer entwickelt. Die erweiterte Lebensdauergleichung aDIN-Faktor nach DIN/ISO 281 Beiblatt 4 berücksichtigt die Faktoren a_1, Beiwert für die Erlebenswahrscheinlichkeit und a_{DIN}, Beiwert zur Berücksichtigung der Betriebsbedingungen, wie Umfeldbedingungen, Schmierung, Materialien usw.

$$L = [C/P]^p \ (10^6 \text{ Umdrehungen}) \text{ oder}$$

$$L = \pi \cdot D_R \cdot [C/P]^p \ (\text{km})$$

mit L: nominelle Lebensdauer ,
C: dynamische Tragzahl [kN],
P: dyn. äquivalente Belastung [kN]
p: Lebensdauerexponent, $p = 3$ Kugellager,
$p = 10/3$ Rollenlager,
D_R (mm) Raddurchm. für Radlagerberech.

Für eine ausführliche Beschreibung der analytischen Berechnungsmethoden wird z.B. auf das Fachbuch eines Wälzlagerherstellers [1] verwiesen.

Für die Auslegung von Wälzlagern für die heutigen, in allen Aggregaten gewichtsoptimierten Kraftfahrzeuge genügt es nicht mehr, nur das Maschinenelement Wälzlager als ein separates Bauteil mit starrer Umgebungskonstruktion zu betrachten und zu berechnen. Das bedeutet für die Berechnungs- und Entwicklungsabteilungen der Lagerhersteller, auch unter den Gesichtspunkten der Produkthaftung, dass der Berechnungsstandard auch den Zweig B im **Bild 9.4-5** beinhalten muss. Hierbei wird die unmittelbare Umgebungskonstruktion (z.B. **Bild 9.4-2**) berücksichtigt, die als Aufnahmeteil (Schwenklager oder Radträger) für das Wälzlager dient.

9.4.2.2 Berechnung und Integration von Zusatzfunktionen in ein Radlager

Im **Bild 9.4-6a** ist die Lastverteilung in den Radlagern einer Pkw-Achse gezeigt, wie sie sich bei Kurvenfahrt einstellt. **Bild 9.4-6b** zeigt das Simulationsmodell (FEM) für die Analyse der Bauteilfestigkeit und der Ermüdungsfestigkeit im Wälzkontakt der Radlagerung, dazu können mögliche Messstellen zur Messung von Radkräften definiert werden. Das Ziel solcher Analysen ist, die Messstellen zu finden, die es im Fahrbetrieb der Steuereinheit erlauben, entspre-

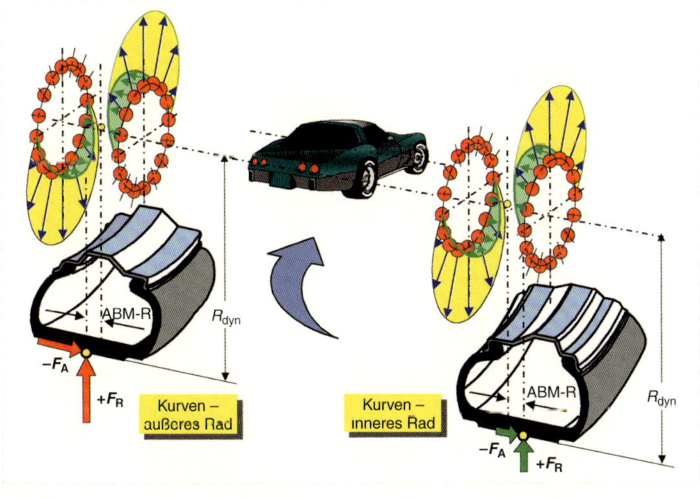

Bild 9.4-6a Reaktionskräfte (Lastverteilung) im Wälzkontakt bei Kurvenfahrt

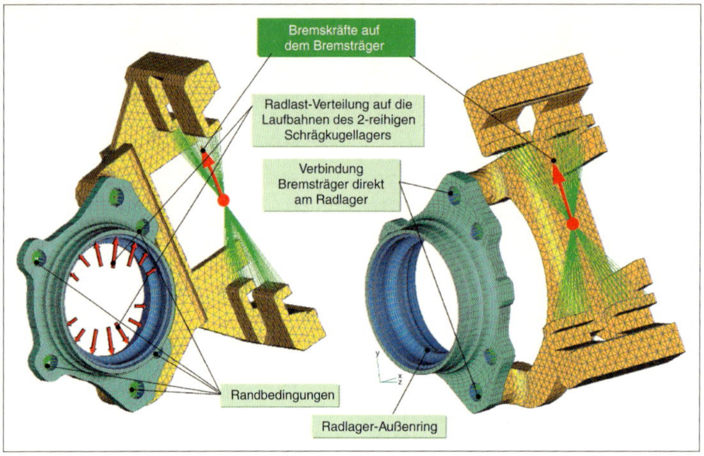

Bild 9.4-6b FEM – Simulation, Struktur Modell mit Last- und Randbedingungen

chend der dynamischen Radkräfte und Brems- oder Beschleunigungskräfte die Fahrdynamik positiv zu beeinflussen.

9.4.2.3 Neuentwicklungen in der Kfz-Wälzlagertechnik am Beispiel eines Achsgetriebes, ein Beitrag zu geringerem Kraftstoffverbrauch

Achsgetriebe von Personenwagen wurden bisher standardmäßig mit axial vorgespannten Kegel-Rollenlagern ausgerüstet, **Bild 9.4-7a**. Die Forderung nach höherem Wirkungsgrad (geringere Reibmomente) und Verbesserung der Gebrauchsdauer von Achsgetrieben führte zu der im **Bild 9.4-7b** gezeigten Neuentwicklung. Hier werden die Kegelrollenlager durch Schrägkugellager ersetzt. Schrägkugellager haben neben geringeren Reibungsverlusten durch ihre Bauform die Eigenschaft, dass durch die höhere elastische Federung im Vergleich zum Kegelrollenlager die für die Funktion wichtige Vorspannkraft über die Betriebslebensdauer erhalten bleibt. In Prüfstandsversuchen mit Komplettgetrieben und im Fahrversuch wurde das neue Lagerungskonzept erprobt und ist jetzt in Serie [5]. Im Typprüf-Verbrauch betrug die Kraftstoffersparnis bis zu 1,5 % gegenüber dem bislang eingesetzten Hinterachsgetriebetyp.

Als weiteres Beispiel wird eine neue Radlagerung beschrieben.

Kegelrollenlager werden aufgrund ihrer hohen radialen Tragfähigkeit standardmäßig in schwere Kraftfahrzeuge (Light Trucks, Lkw) als Radlager eingebaut, **Bild 9.4-8a**. Ein Nachteil ist auch hier das wesentlich höhere Reibmoment im Vergleich zum Kugellager. Im Rahmen der Reduzierung des Kraftstoffverbrauchs wurde eine vierreihige Schrägkugellagereinheit entwickelt, **Bild 9.4-8b.**

Hier werden die Kegelrollenlagerreihen durch jeweils zwei Kugellagerreihen ersetzt. Im Vergleich zum Kegelrollenlager besitzt das vierreihige Schrägkugellager aufgrund des Punktkontaktes und der entfallenden Bordkontakt-Reibung zwischen Kegelrollen und Innenringbord Kegelrollenlager ein geringeres Reibmoment. Das hat in Testfahrzeugen eine merkliche Kraftstoffersparnis bewirkt. Zusätzlich wird durch dieses Design eine höhere Kurvensteifigkeit (Kippsteifigkeit) erreicht. Aufgrund seiner hohen Tragfähigkeit ist es insbesondere für das Light-Truck- bzw. SUV-Segment geeignet.

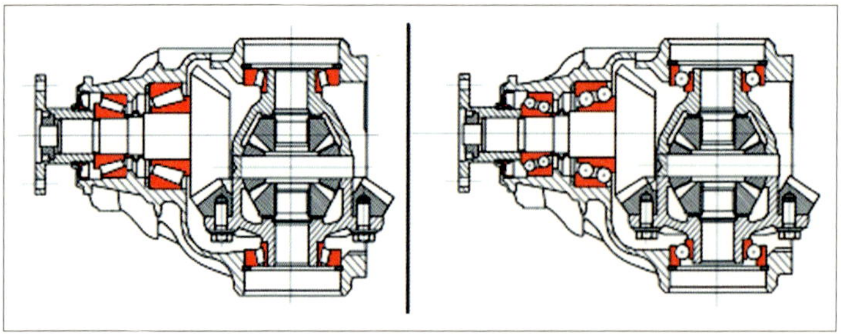

Bild 9.4-7a Standardlagerung in Achsgetrieben

Bild 9.4-7b Neuentwicklung reibungsarme Schrägkugellager

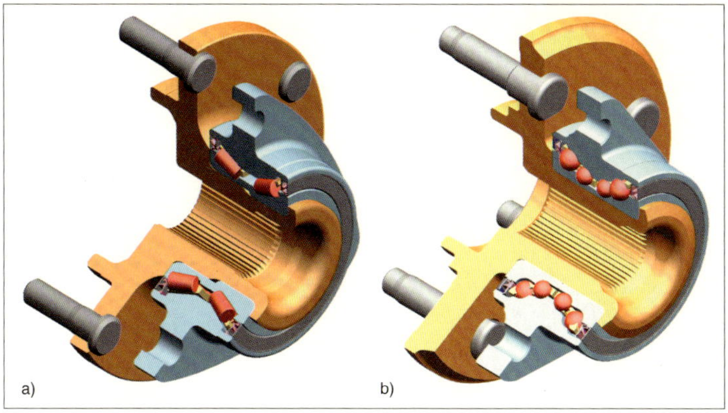

Bild 9.4-8 a) Standardradlagerung Kegelrollenlager für Light Trucks; **b)** Neuentwicklung vierreihiges (Twin Tandem) Schrägkugellager

9.4.2.4 Verifizierung der Konstruktions- und Berechnungsmethoden durch Prüfmethoden

Die Wälzfestigkeit und die Bauteilfestigkeit für die Wälzlagerungen im Fahrzeug werden im Versuchsfeld bei den Lagerherstellern an Muster- oder Serienteilen geprüft. Auch im Versuchsfeld sind die Prüfeinrichtungen so konzipiert, dass die Schnittstellenfunktion der Wälzlager im Fahrzeug durch die unmittelbar mitmontierten Original-Umgebungsbauteile und deren Umfeldbedingungen, (z.B. Aufheizen des Lagers durch Bremsvorgänge) der Realität nachgebildet wird [2]. Im **Bild 9.4-9** ist eine Übersicht von Prüfeinrichtungen dargestellt.

9.4.3 Funktion von Schmierung und Schmierstoffen für die Wälzlager im Kraftfahrzeug

Wälzlager unterliegen im Kraftfahrzeug besonderen Betriebsbedingungen. Die in den Lagern eingesetzten Schmierstoffe müssen die Funktionsfähigkeit und die notwendige geringe Reibung (Reibbeiwerte $\mu \approx 0{,}002$, last- und bauformabhängig) über die gesamte Lebensdauer des Fahrzeuges sicherstellen. Das erfordert integrierte Dichtungen und Schmierstoffe, die heute für die gesamte Lebensdauer der Fahrzeuge konzipiert sind.

Die kompakten Aggregate führen zu einer hohen Leistungsdichte. Daraus resultieren einige grundlegende Anforderungen für die Auswahl der Schmierstoffe für den Einsatz in Kraftfahrzeugen:

Je nach Aggregat reicht der Temperaturbereich von –40 °C bis zu kurzzeitig über 200 °C.

Während der Stillstandszeiten darf sich keine Korrosion bilden. Auch beim Transport der Fahrzeuge auf Schiene oder Straße müssen Verschleißerscheinungen in den Wälzlagern durch entsprechende Schmiermittelwahl verhindert werden. Die üblichen Umfeldbedingungen, wie Winterbetrieb, Schlechtwegestrecken, Witterungseinflüsse usw. müssen ertragen werden können.

Die volle Leistungsfähigkeit ist über den gesamten Nutzungszeitraum zu sichern.

Je nach Anwendungsort werden die Lager unterschiedlich geschmiert. Wälzlager, die in Getrieben, Motorgehäusen und Differenzialen eingesetzt sind, werden auch mit den dort verwendeten Ölen geschmiert. Obwohl bei der Auswahl dieser Öle wälzlagerspezifische Anforderungen nicht den Vorrang

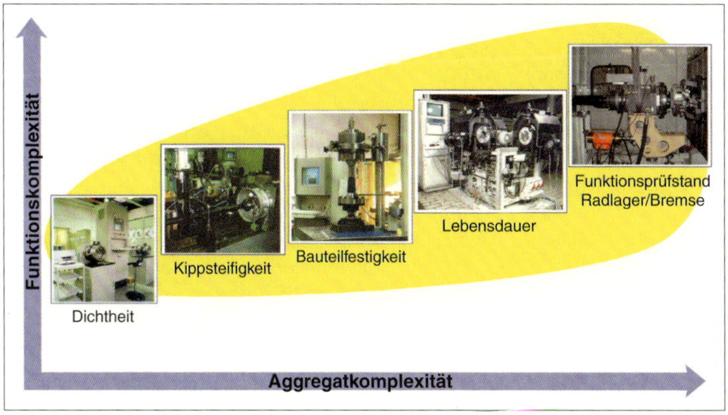

Bild 9.4-9 Prüfeinrichtungen für Wälzlagerungen im Fahrzeug

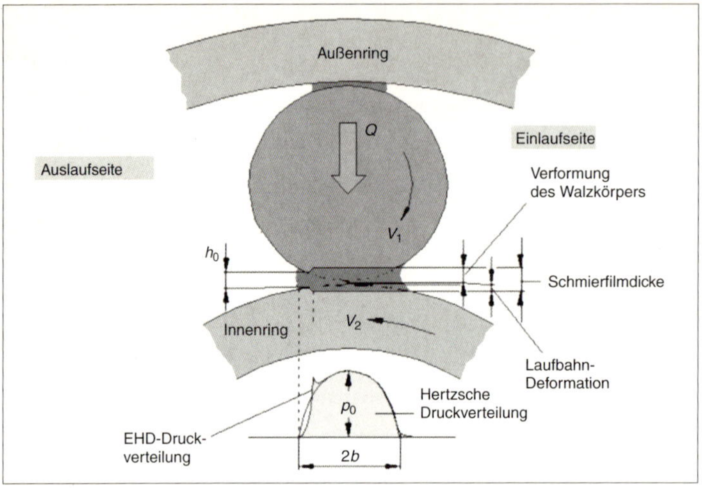

Bild 9.4-10 Elastohydrodynamischer Schmierfilm und Druckverteilung

haben, ist es dennoch wichtig, auch die Belange der Wälzlager hinsichtlich der Additivauswahl mit zu berücksichtigen. Ansonsten können Lagerausfälle oder Funktionsstörungen durch Verschleiß die Folge sein. Eine wirksame Trennung aller im Wälzlager in Kontakt tretenden Funktionsflächen durch einen ausreichend dicken Schmierfilm **(Bild 9.4-10)** oder durch eine physikalisch-chemische oder rein chemische Trennschicht ist daher notwendig [3].

Die Wartungsintervalle bzw. die Ölwechselintervalle werden auch hier immer weiter verlängert. Im Getriebe ist bereits häufig eine Lebensdauerfüllung verwirklicht. Das Öl muss dann seine wichtigen Eigenschaften über die gesamte Lebensdauer des Fahrzeugs beibehalten.

Die meisten Lager werden fettgeschmiert. In Verbindung mit einer auf die Beanspruchung optimierten Mikro- und Makrogeometrie und wirksamen Dichtsystemen, die sowohl Schmutzeintritt als auch Schmierstoffaustritt verhindern, werden mit exakt auf die Beanspruchung abgestimmten Schmierfetten sichere Lösungen realisiert.

Die Entwicklungen z.B. im Bereich der Wirksamkeitsverbesserungen der Bremsleistung führt auch zu höheren Spitzentemperaturen bei den Radlagern.

Damit muss auch eine entsprechende Fettauswahl getroffen werden, damit diese höheren Temperaturen ohne negative Auswirkungen auf die Gebrauchsdauer ertragen werden können. Eine Entwicklung zu höheren Temperaturen ist bei allen Lagerungen im Motorraum zu berücksichtigen. Gesteigerte Antriebsleistungen und eine Reihe zusätzlicher Aggregate beengen die Einbauverhältnisse. Der Anspruch nach immer leiseren Fahrzeugen bedingt Elemente zur Geräuschdämmung, die gleichzeitig auch wärmedämmend wirken. Die Lager erreichen aufgrund der schlechteren Wärmeabfuhr höhere Temperaturen und benötigen daher temperaturstabilere Schmierfette.

Bisher werden die Anforderungen im Falle unzureichender physikalischer Trennung der Kontaktflächen durch spezielle Verdicker und besonders wirksame Additive erfüllt. Grundsätzlich bedarf jede Lagerstelle einer eigenen Analyse und meist einer speziellen Lösung. Der hohe Sicherheitsbedarf im Fahrzeugbau und das Risiko der Schadenswahrscheinlichkeit, allerdings im ppm-Bereich, bedingen einen hohen Testaufwand vor dem Serieneinsatz. Die Wälzlagerhersteller haben ein umfangreiches Prüfsystem aufgebaut, um Wälzlager und Schmierstoffe, sowohl als Einzelkomponente als auch als Gesamtsystem vorab prüfen zu können. So werden bereits heute Lösungen für die Anforderungen zukünftiger Fahrzeuggenerationen erarbeitet.

9.4.4 Zusammenfassung, Entwicklungspotenziale

Hier kann nur ein kleiner Ausschnitt aus dem Anwendungs- und Entwicklungspotenzial in den unterschiedlichen Aggregate-Bereichen des Automobils gezeigt werden. Beispielhaft für das Innovationspotenzial neuer Wälzlagerkonzepte sei hier die Radlagerung genannt. Hier spielt sich in dem Kontakt Rad/Straße die vollständige Fahrdynamik wider. Das hat bei der Fahrzeugentwicklung dazu geführt, dass man in das Radlager Fahrer- und Fahrsicherheitsunterstützende Funktionen wie z.B. ABS-Sensoren integriert hat. Neue Entwicklungskonzepte **(Bild 9.4-6b)** sollen zusätzliche Möglichkeiten, z.B. die Messung von Radkräften innerhalb des Radlagers möglich machen.

Wälzlager gehören zu den spezifisch am höchsten belasteten Maschinenelementen und entsprechend hoch sind auch die Anforderungen an die eingesetzten Werkstoffe. Die Wälzelemente Ringe und Wälzkörper sind aus durchhärtbarem Chromstahl, Einsatzstahl oder Vergütungsstählen gefertigt. Es werden neue Werkstoffe z.B. Keramik (geringes Gewicht,

hohe Drehzahlen) [4] entwickelt, Oberflächenbeschichtungen sollen die Verschleißfestigkeit erhöhen. Derzeit sind dem Großserieneinsatz durch hohe Herstellkosten noch wirtschaftliche Grenzen gesetzt.
In Kombination mit verbesserten tribologischen Systemen bietet das Wälzlager für zukünftige Fahrzeuggenerationen ein großes Entwicklungsfeld.
Neben dem Fahrwerk ist auch in anderen Fahrzeug-Aggregaten für den Lagerhersteller der Trend zum Systemlieferanten durch Integration von zusätzlichen Funktionen in das Wälzlager vorgegeben.

Literatur

[1] *Brändlein; Eschmann; Hasbargen; Weigand*: Die Wälzlagerpraxis (Vereinigte Fachverlage GmbH, Mainz (1995))

[2] *Schlereth; Hofmann; Weigand*: Der virtuelle Produktentstehungsprozess im Automobil- und Motorenbau (5. Automobiltechnische Konferenz, ATZ Automobiltechnische Zeitschrift, MTZ Motortechnische Zeitschrift (2001))

[3] *Hamrock; Dowson*: Ball Bearing Lubrication, The Elastohydrodynamics of Elliptical Contacts (by John Wiley and Sons (1981))

[4] *Bayer, O.; Streit, E.*: Keramik in Hybridlagern für höchste Beanspruchungen (Keramische Zeitschrift 52 (2000) [11])

[5] *Georg v. Petery*: Kraftstoffersparnis durch maßgeschneiderte Lager für Achsgetriebe von BMW, ATZ 12/2004

[6] VDI-Ber. 1942 (2006). Gleit- und Wälzlagerungen – Gestaltung, Berechnung, Einsatz

10 Produktentstehungsprozess

10.1 Simultaneous Engineering und Projektmanagement im Produktentstehungsprozess

10.1.1 Einleitung

In ihrem Vorwort charakterisieren die Herausgeber die Produktentstehung sehr treffend als einen hochkomplexen Prozess, dessen Gestaltung und Optimierung immer größere Bedeutung gewinnt. Letztendlich muss dieser Prozess termingerecht zu einem Fahrzeug führen, das für die Zielkunden so attraktiv ist, dass sie es zu einem Preis erwerben wollen, der mit den Renditevorstellungen des Automobilunternehmens im Einklang steht und damit dessen Wettbewerbsfähigkeit sichert. Das **Bild 10.1-1** umreißt einen Produktentstehungsprozess schematisch.

Die hohe Komplexität des Produktentstehungsprozesses (im weiteren PEP genannt) beruht auf den vielfältigen Anforderungen an die Produktgestaltung, insbesondere wenn es sich um ein Fahrzeug für den globalen Einsatz handelt. An diesem Prozess sind zahlreiche kreative Mitarbeiter beteiligt, sowohl innerhalb der Organisation des Automobilherstellers (im Weiteren als OEM, Original Equipment Manufacturer, bezeichnet) als auch im Lieferantenumfeld und bei diversen Dienstleistern, die zur Abdeckung von Kapazitätsspitzen heute bei jedem OEM eine wichtige Rolle spielen.

In der Summe können es über 1000 Beteiligte sein, die interdisziplinär und lokal variabel in einem Simultaneous-Engineering-Prozess miteinander vernetzt werden müssen. Bedingt durch globale Beschaffungsstrategien nimmt die lokale Variablität der Prozessbeteiligten ständig zu. Dabei müssen Kultur- und Sprachbarrieren überwunden werden, und es müssen zu jedem Zeitpunkt und an jedem Ort aktuelle, aufeinander abgestimmte Produktdaten verfügbar sein.

Dies alles bedarf einer straffen und durchgehenden Organisation, eines möglichst lückenlosen Regelwerks und eines transparenten Prozess-Controllings. Die Organisation muss den Entwicklungsprozess auf der Basis fest vereinbarter Meilensteine vorantreiben, den qualitativen Fortschritt monitoren und für alle Beteiligten transparent machen. Dabei geht es auch darum, Probleme beim Prozess als auch bei den Produkteigenschaften unmittelbar zu identifizieren und mit gezielten Maßnahmen zu lösen. Meine persönliche Erfahrung sagt: „Ein gefundenes Problem ist ein gelöstes Problem.“ Deshalb kommt dem offenen und offensiven Umgang mit Problemen innerhalb des PEP eine entscheidende Bedeutung zu.

Im Folgenden möchte ich auf einige unterschiedliche Organisationsformen eingehen, mit denen der PEP bei verschiedenen OEMs geführt wird, und die diversen Prozessabschnitte im Detail beleuchten. Dazu soll die Marke AUDI als Referenz dienen.

10.1.2 Produktentstehungsprozess

10.1.2.1 Organisationsformen

Nahezu alle großen OEMs sind heute in den Bereichen, die am Produktprozess beteiligt sind, crossfunktional organisiert. Auf der einen Seite stehen die Linienbereiche, die sich an den klassischen Fahrzeugkomponenten wie den Aggregaten, dem Aufbau, der Elektrik und der Eigenschaftsentwicklung des

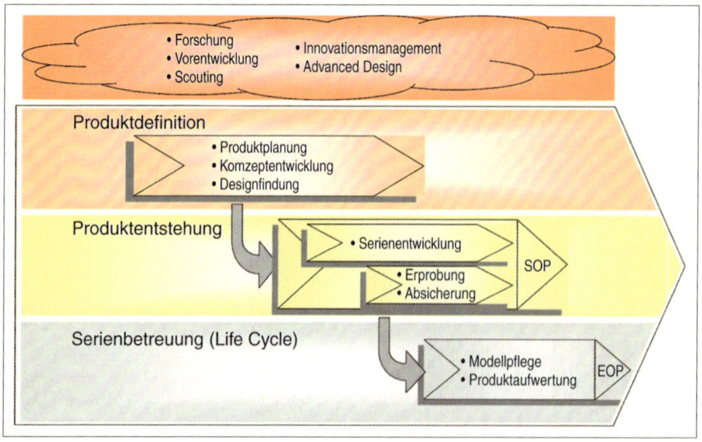

Bild 10.1-1 Produktentstehungsprozess: Von der Forschung bis zur Serienbetreuung

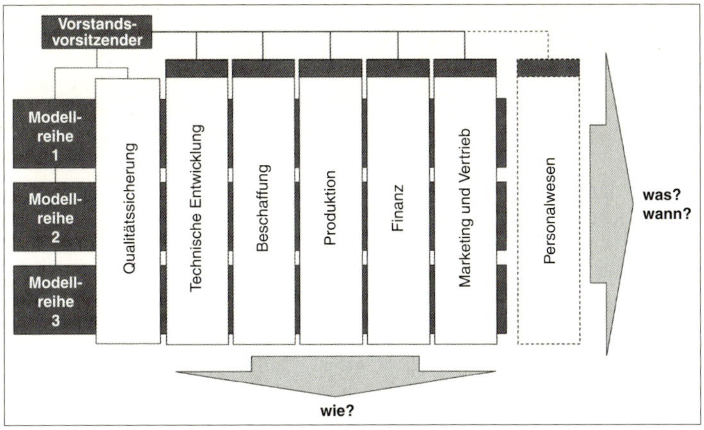

Bild 10.1-2 Beispiel einer Organisationsform: Modellreihen vernetzen die Linienbereiche

Gesamtfahrzeuges orientieren. Auf der anderen Seite existieren projektorientierte Managementbereiche, die den Produktprozess treiben.

Die Unterschiede zwischen den einzelnen OEMs liegen darin, wie die Verantwortung zwischen dem Linien- und dem Prozess- beziehungsweise Produktmanagement aufgeteilt ist. Die Bandbreite bei den Produktmanagern reicht hier von einer reinen Prozess- oder Projektverantwortung mit dem Schwerpunkt Koordination bis hin zur vollen Produktverantwortung mit ganzheitlicher Entscheidungsbefugnis über das Eigenschaftsspektrum des Fahrzeuges. In letzterem Fall spricht man von heavy product management.

Im ersten Fall – der traditionellen Vorgehensweise – sind die am Prozess beteiligten Fachleute disziplinarisch den einzelnen Linien zugeordnet, und die Eigenschaftsverantwortung liegt beim Linienmanagement (siehe **Bild 10.1-2**). Die verantwortliche Beauftragung von Dienstleistern obliegt ebenfalls den Linienmanagern. Die Aufgabe der Projektmanager besteht darin, die Vernetzung der Linienbereiche zu organisieren und den Projektfortschritt zu treiben und zu monitoren.

Im zweiten Fall – beim heavy product management – sind alle Mitarbeiter disziplinarisch dem Produktmanager unterstellt, der dann auch die Einhaltung der Produkttargets (Ziele) und der Produkteigenschaften verantwortet. Die Linienmanager organisieren in diesem Fall lediglich die Bereitstellung kompetenter Fachkapazitäten und haben hinsichtlich der einzelnen Projekte eine „Betreuungs"-Verantwortung. Denkbar ist in diesem Fall auch die Beauftragung externer Entwicklungsteams unter der Verantwortung des Produktmanagements.

Zwischen diesen Extremformen stehen zahlreiche Mischformen. Alle Organisationsformen sind mit den richtigen Menschen und Systemen an Bord arbeitsfähig und können zu wettbewerbskonformen Produkten führen, solange bewusst mit den systembedingten Besonderheiten umgegangen wird. Die linienorientierte Organisation birgt die Gefahr längerer Entscheidungszyklen und einer starken Belastung der Entscheidungsträger in der Linie; ihre Stärke ist die hohe Durchgängigkeit technischer Lösungen und Eigenschaften.

Heavy-product-management-Organisationen, wo mehrere autarke Projektorganisationen mit unabhängiger Entscheidungsverantwortung parallel ablaufen, bringen einen entgegengesetzten Schwachpunkt mit sich: Hier muss dem Auseinanderlaufen und der Verselbstständigung der Projektmannschaften entgegengewirkt werden, sonst können Synergien zwischen den einzelnen Produkten auf der Strecke bleiben und die Markenidentität der Produkte leiden.

Eine nächste Ebene an Organisationskomplexität wird notwendig, wenn ein Konzern über mehrere Marken mit eigener Markenidentität und entsprechend unterschiedlichen Eigenschaftsspektren der Fahrzeuge verfügt. Beim Volkswagen-Konzern mit seinem breiten Marken-Portfolio beispielsweise ist dies der Fall. Für die Entwicklung der Karosserien („Hüte") gelten hier bei den einzelnen Marken Organisationsformen nach den oben beschriebenen Mustern. Hinsichtlich der Plattformen und Komponenten-Baukästen sind jedoch zentrale Verantwortlichkeiten zu definieren, die, zeitlich aufeinander abgestimmt, einen Entwicklungsverbund mit den Entwicklungen der einzelnen Marken eingehen.

Im VW-Konzern liegen die Entwicklungsverantwortung und das Produktmanagement für die Quer-Plattformen – die Plattformen mit quer zur Fahrtrichtung eingebautem Antrieb – in der Verantwortung der Marke Volkswagen. Nutzt beispielsweise AUDI als Ersteinsetzer eine neue Quer-Plattform, so stellt VW sie als Basisentwicklung termingerecht dem AUDI-Projekt zur Verfügung. Die markenspezifische Eigenschaftsentwicklung liegt anschließend bei AUDI. In gleicher Weise handelt AUDI, wenn es darum geht, dass die Marke Volkswagen eine – bei AUDI entwickelte – Längs-Plattform nutzen will.

Bild 10.1-3 Plattform- und Modulstrategie: Große Hersteller müssen komplexe Aufgaben meistern

Die hohe Flexibilität von Fahrzeugkonzepten, die heute existiert, führt zu der Gefahr, dass es bei den Hüten zu einem Wildwuchs an Komponentenkomplexität kommen kann. Um dem entgegenzuwirken, haben sich in den großen Mehrmarken-Konzernen inzwischen sogenannte Modulmanagement-Organisationen etabliert, die die Verfügbarkeit von Komponenten verantworten **(Bild 10.1-3)**.

Im VW-Konzern beispielsweise werden die sogenannten Roadmaps der Fahrzeugkomponenten für alle Marken über vier Managementbereiche hinweg verantwortet. Bei den vier Roadmaps handelt es sich um die Aggregate, das Fahrwerk, die Elektrik/Elektronik und den Aufbau. Auf diese Art ist ein verbindlicher Komponentenbaukasten entstanden, der innerhalb eines Regelwerks für alle Marken des Konzerns zugänglich ist. Da die Mehrzahl der Komponenten von Zulieferern hergestellt und auch von ihnen mitentwickelt werden, ist deren Einbindung eine der zentralen Aufgaben im Prozess.

Die gemeinsamen Komponentenbaukästen sind für alle größeren OEMs zur Grundlage der Modellpolitik und der Entwicklungsarbeit geworden. Sie bringen zahlreiche Vorteile mit sich: Sie sparen Entwicklungszeit und Entwicklungskosten, sie senken über die erhöhten Stückzahlen und die damit möglichen Scale-Effekte die Einkaufspreise drastisch, und sie ermöglichen es, ein bewährtes Zusammenspiel der Bauteile auf neue Modelle zu übertragen.

Noch in den 90er Jahren vollzog sich diese Strategie bei den Herstellern in Grenzen, die durch die tragenden Teile der Karosserie und die Fahrwerkskonstruktion – also die Blech-Plattformen – starr vorgegeben waren. Die Flexibilisierung und Dynamisierung, die in der Zwischenzeit im gesamten PEP stattgefunden hat, versetzt die Ingenieure heute in die Lage, die Plattformen so flexibel zu nutzen, dass starke Differenzierungen zwischen den Modellen möglich sind.

Auf einem weltweiten Automobilmarkt, auf dem sich die wenigen Fahrzeugklassen von einst in hohem Tempo immer weiter aufsplitten, sichert diese Flexibilität dem OEM die Zukunft. Sie macht es ihm möglich, mehr Produkte in kürzerer Zeit zu geringeren Kosten in besserer Qualität und höherer Komplexität auf den Markt zu bringen.

10.1.2.2 Projektorganisation im VW-Konzern

Unabhängig von den Zuständigkeiten bei der Produktverantwortung ist es für eine Projektstruktur notwendig, alle am PEP beteiligten Unternehmensbereiche umfassend abzubilden. Das höchste Entscheidungsgremium ist eine Runde, die aus den Vorständen der Marke und dem Top-Management besteht. Unterhalb dieses Gremiums trifft das Produktteam, abgestuft nach dem Level der Aufgabe (Eigenschaften, Kosten, Aufwand, Termine), die anstehenden Entscheidungen selbst.

Das **Bild 10.1-4** zeigt die Projektorganisation im VW-Konzern. Die Leitung des Fahrzeugprojekts liegt in den Händen eines Produktmanagers. Er ist außerhalb der Linienbereiche angesiedelt, berichtet direkt an die Unternehmensleitung und arbeitet damit bereichsneutral. Ihm sind weitere Mitarbeiter unterstellt, die Unterprojekte führen oder unterstützende Aufgaben wahrnehmen. Der Produktmanager führt ein zentrales Produktteam aus Vertretern der Linienbereiche. Sie arbeiten zu 100 Prozent für das Projekt, gehören jedoch disziplinarisch ihren Linien an. Dieses Team treibt das Projekt, monitort seinen Fortschritt und bereitet gegebenenfalls Vorlagen zur weiteren Entscheidungsabfolge vor.

Die Simultaneous-Engineering-Struktur, die unterhalb dieser Ebene liegt, ist auf sogenannte Fachteams aufgeteilt. Dies sind die Fachteams Aggregate, Fahrwerk, Karosserie, Ausstattung, Elektrik/Elektronik und Gesamtfahrzeug. Die komponentenbezogenen Teams bearbeiten Produkteigenschaften, Kosten, Termine und Ähnliches. Gleichzeitig behandelt das Fachteam Gesamtfahrzeug die Gesamtfahrzeugeigenschaften (beispielsweise Gewicht), den Fahrzeugbau innerhalb der Produktentstehung – Stichwort Prototypen, Vorserien – und die Fahrzeugerprobung. Die sogenannten SE (Simultaneous Engineering)-Teams sind feste Größen im PEP und bereichsübergreifend besetzt. Ihre Aufgabe ist die Umsetzung auf Bauteilebene. In Summe existiert eine feste Struktur von ca. 50 SE-Teams, die sich für die Projekte immer wieder neu bilden.

Für die Vernetzung ist es sehr hilfreich, wenn die Projektmitarbeiter räumlich nahe beieinander ange-

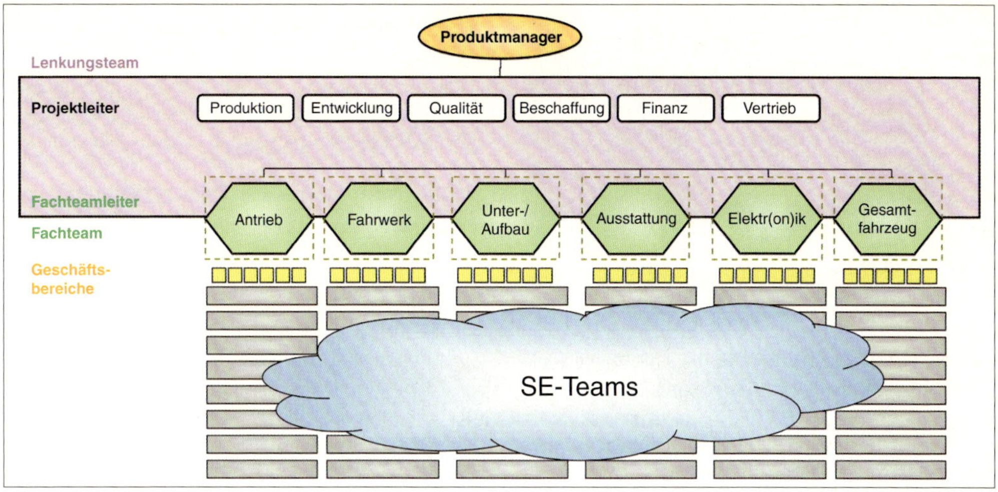

Bild 10.1-4 Projektorganisation bei AUDI: Linienbereiche und Fachteams arbeiten eng vernetzt

siedelt sind, um die Kommunikationswege kurz zu halten und den Teamgedanken zu fördern. Ein Beispiel für eine solche moderne Organisation ist das Elektronik-Center von AUDI. Auf dem Gelände der Technischen Entwicklung angesiedelt, werden alle Kompetenzen der Marke auf diesem Gebiet unter einem Dach gebündelt. Hier arbeiten mehrere hundert Mitarbeiter aus der Elektronik-Entwicklung, aus verschiedenen Einkaufsbereichen, aus der Produktionsvorbereitung und Qualitätssicherung, aus dem Kundendienst und dem Controlling zusammen.

Die jeweiligen Projektteams kooperieren bereichsübergreifend. Sie können räumlich zusammengefasst werden, ohne dass dafür größere Umbauten nötig wären. Da sich das Feld Elektronik, das AUDI als Schlüsseltechnologie und Kernkompetenz betrachtet, mit hoher Dynamik entwickelt, besitzen effiziente Prozesse und flache Hierarchien hier besondere Bedeutung.

10.1.2.3 PEP-Ablauf und Meilenstein-Definition

Damit sich derart komplexe Organisationsformen auf die Sache, also den Produktfortschritt konzentrieren können, ist ein durchgängiger PEP-Ablauf mit einer entsprechenden Meilenstein-Struktur Grundvoraussetzung. Die PEPs der einzelnen OEMs sind sich prinzipiell ähnlich, unterscheiden sich allerdings im Detail aufgrund der Kompetenzstrukturen und der Aufteilung zwischen Kerneigenleistung und Fremdleistung. Eine große Rolle spielt auch die Frage, wie sicher ein Entwicklungsbereich mit virtuellen Entwicklungsmethoden umgehen kann. Ich möchte mich hier auf das Beispiel AUDI konzentrieren.

Der PEP bei AUDI setzt sich aus den Prozessen Produktplanung, der eigentlichen Produktentstehung (Serienentwicklung) und der Produktpflege (Serienbetreuung, Modellpflege) über den Lebenszyklus des Fahrzeugs zusammen. Während die Produktplanung schon sehr früh beginnen kann – wichtig ist, dass sie zum vereinbarten Stichtag steht und in sich „feasible" (durchführbar) ist –, dimensioniert AUDI den Prozess der Serienentwicklung terminlich so knapp wie möglich.

Hierfür gibt es mehrere Gründe:

- Eine späte Designentscheidung ist ein Garant für ein hochaktuelles Design. Der „goldene Schuss" zu Beginn eines Projekts ist die absolute Ausnahme. Ein gutes Design muss reifen, und nach meiner Erfahrung kommen die besten Designideen immer – fast zu – spät.
- Die Serienentwicklung ist kostenintensiv, es besteht ein proportionaler Zusammenhang zwischen Zeit und Kosten.
- Die Serienentwicklung bindet eine Vielzahl von Mitarbeitern, die möglichst schnell wieder für Folgeprojekte frei werden müssen.

Bei einem Premiumhersteller wie AUDI spielt das Design eine entscheidende Rolle, weil es das neue Modell in die starke, gewachsene Identität der Marke einbetten muss. Eine besondere Herausforderung war diese Aufgabe bei der Entwicklung des AUDI Q7 – es galt, die generell eher rustikale Linienführung eines großen SUV mit der spezifischen Formensprache von AUDI in Einklang zu bringen. In traditioneller Manier startete die Arbeit der Designer mit Bleistift und Zeichenblock, wie in **Bild 10.1-5** dargestellt.

Grundsätzlich beginnt die Serienentwicklung bei AUDI mit der Designentscheidung und erstreckt sich über einen Zeitraum von zirka 2 Jahren bis zum Start of Production (SOP). Dieser Zeitraum ist als Idealablauf definiert, er kann sich bei besonders guten, aber

Bild 10.1-5 Designskizze: Die AUDI-Designer gaben dem Q7 ein markantes Gesicht mit

späten Ideen der Designer auch noch einmal reduzieren – das ist fast die Regel.

Voraussetzung für derart kurze Abläufe ist, dass alle nicht Design-relevanten Entwicklungsumfänge – zum Beispiel die Plattformen oder Neuentwicklungen aus den Bereichen Aggregate, Fahrwerk oder Elektronik – einen beherrschbaren Umfang nicht überschreiten. Die Voraussetzungen dafür müssen bereits früh, im Rahmen der Produktplanungsphase, definiert und verbindlich verabschiedet werden. Deshalb kommt dieser frühen Phase eine signifikante Bedeutung hinsichtlich der späteren Prozessbeherrschung zu.

Die exakte Organisation der Prozesse in einem möglichst frühen Stadium ist ein Prinzip, das im gesamten PEP immer höhere Bedeutung gewinnt. Wird es konsequent angewendet, so lassen sich in der Planungsphase mit einem relativ geringen Einsatz der Gesamtressourcen die wesentlichen Kriterien zur Prozessstabilität festlegen, wie das **Bild 10.1-6** zeigt. Dieses Prinzip kommt nicht nur in der Produktplanungsphase zur Anwendung, sondern auch in den folgenden Unterabschnitten des Entwicklungsprozesses.

10.1.3 Produktplanung

Der Kunde ist das Maß der Dinge. Deshalb beginnt jede Produktplanung mit einer Analyse der zukünftigen Kundenbedürfnisse, wie sie sich zum Zeitpunkt des SOPs darstellen werden. Diese Analysen sind sehr tiefgreifend. Sie nutzen das in der eigenen Organisation erarbeitete Know-how, beziehen sich aber auch auf Szenarienforschungen einschlägiger Institute.

Wesentliche Fragestellungen lauten beispielsweise:

- Welche politischen Änderungen sind absehbar? Die deutsche Wiedervereinigung 1990 beispielsweise nahm einen sehr großen Einfluss auf das Kundenpotenzial.
- Wie verändert sich die allgemeine Wirtschaftslage?
- Wie entwickelt sich die Verfügbarkeit von Öl und damit Kraftstoffen?
- Wie verändert sich die Steuerpolitik?
- Welchen Einfluss hat die Alterspyramide auf das Kaufverhalten? Beispielsweise legen ältere, kaufkräftige Kunden mehr Wert auf komfortable Ausstattungen.
- Wie entwickeln sich soziale Strukturen der Kunden? Wie nimmt die Bedeutung des Markenprestiges zu?
- Wie verändert sich das Wettbewerbsumfeld? Auf welche Wettbewerber wird das neue Auto treffen?
- Und viele Fragen mehr.

Diese Szenarien werden für alle bedeutenden Märkte erarbeitet und ergeben einen Spiegel des zu erwartenden Kundenverhaltens. Natürlich sind die Ergebnisse nicht absolut, deshalb arbeiten die Analysen mit gewissen Bandbreiten – sie definieren Leitplanken, innerhalb derer das Kundenverhalten zu erwarten ist.

Eine weitere Steuergröße ist die Unternehmensstrategie. Hier nehmen strategische Fragestellungen zur

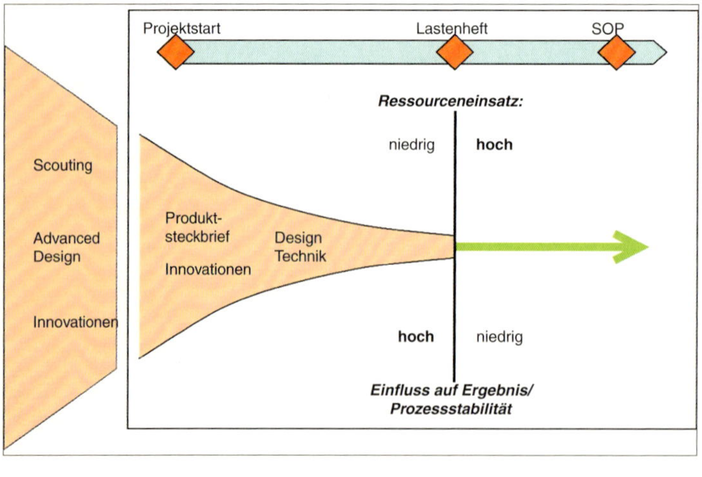

Bild 10.1-6 Frühe Prozessorganisation: Überschaubarer Ressourceneinsatz führt zu hoher Prozesssicherheit

langfristigen Ausrichtung des Unternehmens Einfluss auf die Produktdefinition.

- Wie sieht die Wachstums-Strategie des Unternehmens aus? Das Wachstum muss über alle Bereiche klar definiert sein. Dabei beginnt man rückwärts mit dem Marktpotenzial und kommt über die Handelskette, die Fertigungskapazitäten und die Entwicklungskapazitäten zur Produktdefinition.
- Welche Volumen- und Renditeziele soll das neue Fahrzeug erfüllen?
- Sind die Ziele des Unternehmens mit der vorhandenen Modellpalette erreichbar oder muss in neue Segmente investiert werden?
- Und viele Fragen mehr.

Wenn es um die Definition eines Nachfolgemodells geht, können sich die Produktplaner auf die Erfahrungen vom Vorgängermodell stützen und schwerpunktmäßig die bestehenden Kunden und das Wissen der Vertriebsorganisation in ihre Analyse einbeziehen. Dieses Vorgehen ist eher konservativ und zielt darauf ab, den bestehenden Kunden eine attraktive Produktfortführung anzubieten. Bei Premiummarken kann man von einer hohen Loyalitätsrate ausgehen. Die Kunden sind in der Regel weniger experimentierfreudig und erwarten eher einen evolutionären Produktfortschritt.

Steht jedoch die Kreation neuer Modelle im Vordergrund, um neue Marktsegmente und Kunden zu erobern, dann sind erweiterte Techniken notwendig. Sie lassen sich unter dem Begriff „Scouting" zusammenfassen und meinen eine Art von Trendforschung. Beispielsweise werden Teams von Produkt- und Marktspezialisten in Märkte mit Trendcharakter entsandt. Dort sollen sie die potenziellen Kunden und deren Bedürfnisse kennen lernen und analysieren, um daraus die entsprechenden Schlüsse für Produktideen oder -ausprägungen zu ziehen.

Die Produktideen fließen in ein Eigenschaftsspektrum des zu entwickelnden Fahrzeugs ein. Es orientiert sich auf der einen Seite an den kurzfristigen Kundenbedürfnissen, muss aber auf der anderen Seite auch die langfristigen Ziele der Marke absichern – die Kernwerte, die etwa bei AUDI Sportlichkeit, Prestige und progressive Technik heißen. Vom Kunden erlebbar, müssen sich diese Kernaussagen in jedem neuen Produkt wiederfinden, um die Glaubwürdigkeit der Marke langfristig sicherzustellen. Autos wie der Q7 und der TT sind für die Markenidentität von AUDI absolut glaubwürdig, ein gewerblicher Lieferwagen hingegen würde dem Markenimage schaden.

Auf diese Art entsteht ein Eigenschaftsspiegel, der – wie in **Bild 10.1-7** dargestellt – in Form einer Eigenschaftsspinne visualisiert werden kann. Bei der Definition der Produktinhalte bietet eine solche Kategorisierung Entscheidungshilfen bei der Frage, welche Bereiche hinsichtlich Kosten und Aufwendungen Priorität erhalten sollen.

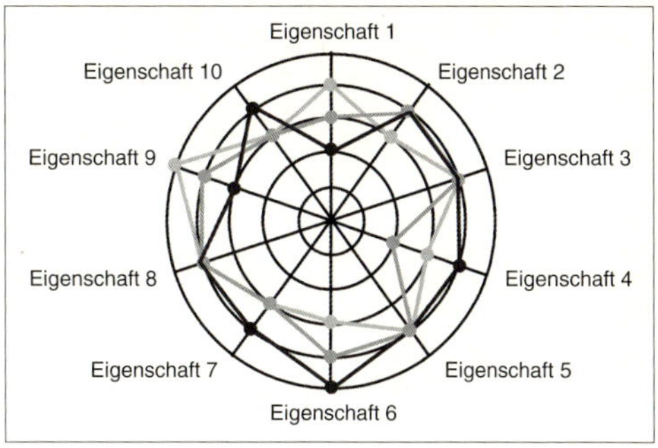

Bild 10.1-7 Eigenschaftsspinne: Unterschiedliche Fahrzeugprofile bei drei Herstellern

Eine wichtige Frage innerhalb der Produktplanungsphase ist, ob und inwieweit die notwendigen Komponenten bereits im Unternehmen verfügbar sind, oder ob ihre Entwicklung zeitsynchron noch angestoßen werden muss. Hier können sich die Produktplaner auf die Vorentwicklungs-Roadmaps der einzelnen Linien beziehen. Gegebenenfalls müssen sie aber auch die entsprechenden Entwicklungen anstoßen.

Am Ende einer Produktfeasibility ist das Fahrzeug hinsichtlich der Inhalte und Eigenschaften beschrieben, die einzelnen Kostenblöcke sind zugeordnet und targetiert, und der planerische Nachweis der Rentabilität ist erbracht. Die Organisation, die den weiteren PEP zu verantworten hat, muss von diesem Punkt an in der Lage sein, sich den erarbeiteten Targets zu unterwerfen und das Produkt mit den verfügbaren Kapazitäten wie beschrieben zu entwickeln.

10.1.4 Innovationsmanagement

Über die Attraktivität eines Fahrzeuges entscheiden neben der zielgenauen Positionierung im angestrebten Kundensegment hinsichtlich Markenimage, Design, Produkteigenschaften und Preis nicht zuletzt die innovativen Technikinhalte. Besonders bei Technologie-orientierten Marken sind Innovationen ein „added value" (zusätzlicher Wert) für die Glaubwürdigkeit der Markenaussage. Wichtige Innovationen, die bis heute den Markenwert von AUDI prägen, waren zum Beispiel der quattro-Antrieb, die vollverzinkte Karosserie und der Aluminium Space Frame. Bei Volkswagen spielten der TDI-Antrieb oder das Doppelkupplungsgetriebe DSG wichtige Rollen.

Zur Stärkung einer Marke ist es wichtig, dass die oft mit viel Aufwand und Ingenieurskunst etablierten Innovationen konkret und nachhaltig mit der Marke identifiziert werden. Innovationen wie ABS und ESP haben sich inzwischen klar im Markt durchgesetzt, werden vom Kunden jedoch nicht mehr mit einem bestimmten Hersteller assoziiert und sind deshalb markenneutral etabliert. Es reicht also nicht, Innovationen zu generieren – sie müssen auch gepflegt und

immer wieder mit der Marke in Zusammenhang gebracht werden.
Innovationen sind kein Zufallsprodukt. Sie müssen vielmehr langfristig geplant werden und bedürfen eines geregelten Ablaufes im Vorfeld des PEP. Die Basis einer Innovation ist die Idee; das technologische Umsetzen und die erfolgreiche Markteinführung machen aus der Idee eine Innovation. Ein Automobilunternehmen ist auf Ideen und deren Umsetzung zu Innovationen angewiesen, um sich im Wettbewerb zu behaupten. Deshalb wird das Generieren von Ideen heute systematisiert, und zwar mit dem Focus auf die Kernaussagen der Marke und damit auf die Eigenschaftsprofile der Fahrzeuge.
Die Systematisierung beginnt bereits mit der Angewandten Forschung, in der naturwissenschaftliche Erkenntnisse hinsichtlich automobiler Anwendungen erarbeitet werden. Auf dieser Basis werden Tools wie Brainstorming, Ideenwettbewerbe und Innovations-Workshops genutzt. Dieser Prozess läuft kontinuierlich und permanent, unabhängig von Fahrzeugmodell-Zyklen.
Der nächste Schritt ist die Integration der neuen Lösung in eine Fahrzeugumgebung. Sie findet im Rahmen einer Vorentwicklung statt. In dieser Phase werden die Komponenten fahrzeuggerecht gestaltet und in einem Fahrzeugumfeld erprobt. Ziel ist es, die Eigenschaftspotenziale der Innovation im Fahrzeug und ihre Fähigkeit zur Serienentwicklung zu überprüfen und nachzuweisen. In dieser Phase ist es wichtig, die Verantwortung zumindest teilweise schon an die Serienentwickler mitzuübertragen.
Der serienverantwortliche Entwickler muss die Serienentwicklungsfähigkeit bestätigen, um eine verbindliche Zusage für die Umsetzung im Fahrzeug geben zu können. Deshalb muss sich die Vorentwicklungsphase am Zeitplan des Zielfahrzeuges orientieren. So kann die vorentwickelte Komponente in den Komponentenpool beziehungsweise Baukasten aufgenommen werden, der den Konzeptentwicklern zur Verfügung steht. Dieser Ablauf bedarf einer produktorientierten Steuerung und Verfolgung.

Lieferanteneinbindung

Innovationen entstehen heute zu einem großen Teil in Zusammenarbeit mit Lieferanten. Für die Lieferanten bedeutet ein Produktangebot mit Innovationspotenzial einen strategischen Wettbewerbsvorteil gegenüber der Konkurrenz. Eine für einen OEM attraktive Produkteigenschaft oder ein Produktinhalt mit Wettbewerbsvorteilen hinsichtlich „time to market“ stärkt die Position des Zulieferers gegenüber dem OEM.
Der Zulieferer kann sich sozusagen für eine gewisse Zeit eine Monopolstellung erarbeiten, die ihm das Verhandeln von Preisen und Lieferbedingungen erleichtert. Innovationsstärke ist somit gerade für Zulieferer hinsichtlich der Zukunftsabsicherung von strategischer Bedeutung. Häufig suchen potente Lieferanten und OEMs nach strategischen Partnerschaften, in denen gemeinsam erarbeitete, langfristige Innovations-Roadmaps die Grundlage für gemeinsame Wachstums-Szenarien bilden.
Auch die Einbindung von Lieferanten in Innovationsprozesse muss kontinuierlich getrieben werden, um langfristig erfolgreich zu sein. Es bedarf eines Managements, um den Austausch zu initiieren und operativ am Leben zu erhalten. Als hilfreich haben sich hier Lieferanten-Roadshows und -Workshops erwiesen, die organisatorisch auf Top-Management-Ebene initiiert und thematisch auf zu erwartende Szenarien ausgerichtet sind. In ihnen definieren beide Seiten die Leitplanken für die gemeinsamen Kreativitätsziele.
Konkreter und auch näher an der Projektintegration sind sogenannte Konzeptworkshops, zu denen in Frage kommende Zulieferer eingeladen werden. Hier wird über die industrielle Umsetzung eines konkreten Innovationsansatzes diskutiert. Für solche Konzeptworkshops bewerben sich in der Regel mehrere Lieferanten im gegenseitigen Wettbewerb.
Gegenseitiges Vertrauen und eine stabile Unternehmenskultur des OEM sind Grundvoraussetzungen, damit alle Lieferanten ihre besten Ideen in diesem Wettbewerb offen legen und ein Technologievorsprung nicht über den OEM gleichgerichtet wird.
Nach Festlegung der Leitplanken ist die frühzeitige Einbindung des Lieferanten eine Grundvoraussetzung, um dessen Kompetenzen für die weitere Gestaltung des Fahrzeuges zu nutzen.

10.1.5 Produktinhalte, Lastenhefte, Gesetze

Die Eigenschaften, die in der Phase der Produktplanung definiert worden sind, werden in der nächsten Arbeitsphase in sogenannten Eigenschaftsprofilen hinterlegt. Ausgehend von einer technischen Produktbeschreibung werden diese Profile auf die Ebenen der einzelnen Bauteile heruntergebrochen, so dass funktionale Lastenhefte definiert werden können. Sie bilden die Basis für detaillierte Bauteil-Lastenhefte, deren technische Zielwerte während der Entwicklungsphasen kontinuierlich validiert (überprüft) werden. Wenn beispielsweise – wie beim AUDI TT – der Aspekt „Sportlichkeit“ in der Eigenschaftsspinne hohen Stellenwert genießt, fließt er auch in die funktionalen Lastenhefte ein. Die Fahrwerksingenieure bekommen damit das Ziel gesetzt, eine entsprechende Konstruktion zu erarbeiten. Das Gleiche gilt auch für die anderen Entwicklungsbereiche.
Ebenfalls müssen die Vertriebsmärkte definiert werden, wobei die Zulassungskriterien wie die Gesetze und Normen, die in den einzelnen Ländern gelten, zu berücksichtigen sind. Zugleich werden jetzt das Aggregate-Programm für die Länder sowie die gewünschten Serien- und Sonderaustattungen festge-

legt. Bei den gesetzlichen Vorgaben ist zwischen Produktgesetzen (Abgasnormen, Crash- und Beleuchtungsvorschriften) und Auflagen zu den Produktionsverfahren zu unterscheiden. Ergänzend zu den Gesetzesvorgaben ist aus Produkthaftungsgründen der sogenannte „state of the art“ in den Lastenheften zu berücksichtigen; das heißt, dass alle definierten Anforderungen mindestens dem Stand der Technik entsprechen müssen.
Parallel zu den funktionalen Lastenheften entstehen Projekt-Lastenhefte. In ihnen werden die technischen Produkteigenschaften mit finanziellen Kennzahlen und Targets, Qualitäts- und Service-Anforderungen und Angaben zur terminlichen Zielerreichung zusammengeführt. Die Projektlastenhefte müssen zum Ende der Konzeptphase zur Verfügung stehen; sie geben die Rahmenbedingungen für eine geordnete Serienentwicklung vor.

10.1.6 Konzeptentwicklung

Die Aufgabe der Konzeptentwicklung ist es, das Fahrzeug im Rahmen der vielfältigen Anforderungen zu definieren und die Umsetzbarkeit seines Konzepts nachzuweisen. Die Konzeptdefinition beginnt schon sehr früh, parallel zur Produktplanungsphase. Initiiert durch die Produktidee werden auf der Basis von Analysen und Benchmarks erste Konzeptideen erarbeitet und als Input in die Produktplanung eingesteuert. Nachdem das Fahrzeug im Rahmen der Produktplanung beschrieben wurde und die Wirtschaftlichkeit auf Basis von Unternehmens-Szenarien und Untersuchungen zu den Renditezielen nachgewiesen wurde, wird das Projekt zur weiteren Konzeptdetaillierung freigegeben.
Die Konzeptentwicklung muss ein gesamtheitlicher Prozess sein, an dem alle wertschöpfenden Bereiche aktiv und simultan beteiligt sind. Das Konzeptteam soll sich aus spezialisierten Konzeptingenieuren zusammensetzen und Fachingenieure aus allen Bereichen, die im PEP Verantwortung tragen, einbinden. Diese frühe Integration der für die Serienentwicklung verantwortlichen Bereiche aus der Entwicklung, der Produktion, dem Kundendienst und der Qualitätsabsicherung ist besonders wichtig, da ein gutes Konzept von gelungenen Kompromissen lebt. Sie sind zwar in der Konzeptphase zu erarbeiten, müssen aber später im weiteren Entwicklungsprozess bis hin zur Produktabsicherung und schließlich vor dem Kunden getragen werden.
Im Zeitalter der Derivatisierung von Fahrzeugsegmenten kommt der Konzeption von Plattformen und Baukästen eine immer stärkere Bedeutung zu. Der Grundstein für eine Plattform beziehungsweise einen Baukasten wird in der Phase der Konzeptdefinition gelegt. Dazu muss bekannt sein, welche Ausprägung die zu integrierenden Fahrzeugderivate haben sollen. Wichtige Eckdaten sind die Rädergrößen, die Aggregatestränge und die Grundabmessungen, insbesondere in der Breite und der Höhe. Auch die Dimensionierung des Bordnetzes mit der Vernetzungsarchitektur und seine späteren Ausbaustufen sind in dieser Phase festzulegen.
Die Konzeptdetaillierung startet zeitgleich mit dem Beginn der Designarbeit. Im Fall des AUDI Q7 gehörte es zu den wichtigen Prämissen, eine dritte Sitzreihe als Option anbieten zu können. Daraufhin wurde der Radstand auf etwas mehr als drei Meter festgelegt. Ferner definierte die Konzeptentwicklung wichtige Parameter wie die Kapazität des Tanks und den Einsatz der Luftfederung.

Technikmodell

Grundsätzlich stehen die Konzeptentwickler vor der Aufgabe, ein Package zu erarbeiten, das die Realisierung des zuvor beschriebenen Eigenschaftsspektrums zulässt. Früher umfasste das Grundpackage wenig mehr als die wesentlichen Außen- und Innenabmessungen, die den Designern als Vorgabe für ihre Modellentwürfe dienten. Heute jedoch starten die Konzeptentwickler mit einem sogenannten Technikmodell, das – noch unabhängig vom Design – ein virtuelles Gesamtfahrzeug darstellt (Kap. 4.2).
Es handelt sich um eine Zusammenstellung von Schnitten und Strukturknoten, deren Konstruktionssystematik in Berechnungsprogrammen niedergelegt ist, wie **Bild 10.1-8** illustriert. Die Programme beinhalten das methodische Know-how, mit dem die Konstrukteure eine Fahrzeugstruktur auslegen. Gekoppelt an die Karosseriestruktur werden auch die Anbauteile wie Türen und Klappen sowie die Anbauteile des Interieurs dargestellt.
Dieses Technikmodell dient den Designern als Vorgabe für ihre diversen Modellentwürfe. Es ist so aufgebaut, dass es sich den Daten der sich ändernden Designmodelle parametrisch anpasst. Die wesentlichen Konzeptschnitte sind im Technikmodell als Konstruktionsgrundlagen programmiert, so dass Formänderungen aus dem Designprozess unmittelbar zu einer Anpassung der Konstruktion führen, die auch die Nachbarbereiche selbsttätig einbezieht. Die Integration von Mindestquerschnitten und der Verbund mit Simulationstools zur Strukturberechnung zeigen auf, wenn eine neue Designlösung durch die Architektur der Konstruktion nicht mehr abgebildet werden kann.
Die Daten des Technikmodells bilden auch die erste Basis für den virtuellen Nachweis der Fahrzeugeigenschaften, die in der Produktplanungsphase definiert worden sind. So lässt sich ständig kontrollieren, ob das Eigenschaftsprofil weiterhin erreicht wird, wenn sich die Designausprägungen ändern, was besonders in der Frühphase des Projekts oft intensiv der Fall ist.
Da das Technikmodell die wesentlichen kostentreibenden Bauteile des Fahrzeugs beinhaltet, kann es auch als Basis für erste Kostenkalkulationen dienen, die dann analog zur weiteren Detaillierung des Modells in ihrer Qualität reifen.

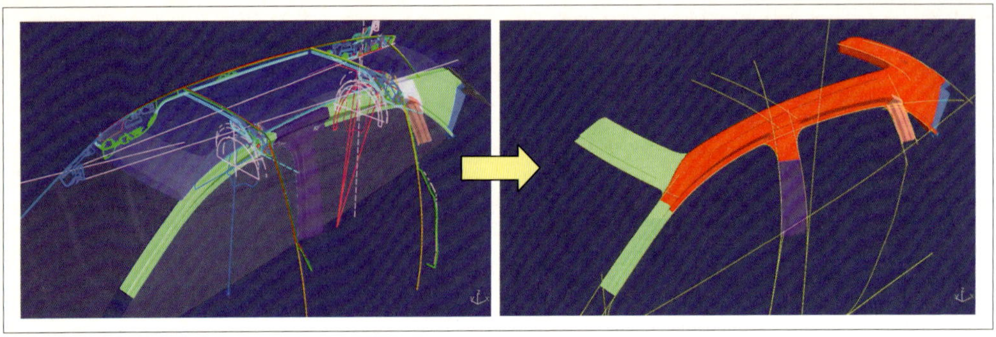

Bild 10.1-8 3D-Technikmodell: Schnitte eines Dachrahmens

Je nach Detaillierung des Technikmodells ist es im Lauf der Konzeptphase möglich, jene Hardware zu generieren, mit der sich Entscheidungen absichern lassen. So haben zum Beispiel Sitzkisten auch im Zeitalter der virtuellen Entwicklung nach wie vor hohe Bedeutung, um das subjektive Raumgefühl und die Komfortsubstanz des Fahrzeuginnenraums zu überprüfen. Bei allem Grundwissen, das die Konzeptausleger besitzen, gibt ihnen eine Sitzkiste zusätzliche Sicherheit. Hier können sie den Entwurf durch Personen beurteilen lassen, die einen unterschiedlichen Körperbau und unterschiedliche Subjektivität mitbringen, und können ihn im Bedarfsfall noch korrigieren (Kap. 6.4.1).

Ich persönlich lege zur Absicherung eines Konzeptentwurfs großen Wert auf ein echtes, fahrbares Konzeptfahrzeug, das sich aus den Konstruktionsdaten des Technikmodells ableiten lässt. Als erstes reales Fahrzeug innerhalb des PEP dient es ganz wesentlich der Entscheidungssicherheit und -disziplin. Eine reale Abnahmefahrt gibt den Kompetenz- und Entscheidungsträgern aus allen Unternehmensbereichen Gelegenheit, ihre Kritik zu formulieren oder ihre Akzeptanz zu bestätigen. So stehen sie schon in der Frühphase des Projektes in der direkten Verantwortung für die Konzeptentscheidung.

10.1.7 Produkt Daten Management (PDM)

Wenn die Erarbeitung des Fahrzeugkonzepts beginnt, entstehen projektbezogene Daten, die, zeitlich aufeinander abgestimmt, allen Beteiligten im Projekt zur Verfügung stehen müssen. Im Produktdatenmanagement (PDM) geht es darum, die Verfügbarkeit dieser Daten strukturiert zu sichern. Das Ziel liegt darin, zu jeder Zeit zusammenarbeitsfähige Daten zur Verfügung stellen zu können, und zwar für interne (Geschäftsbereiche des OEM) und externe Nutzer (Lieferanten, Dienstleister).

Die operativen Engineering-Prozesse und Aufgaben werden im PDM durch eine Vielzahl von Methoden (zum Beispiel Konstruktionsmethoden) und Werkzeugen (CAD-, CAE, CAM-Anwendungen) unterstützt. Diese durchgängig rechnergestützten Aufgaben werden unter den Begriffen „digital engineering“ beziehungsweise „virtual engineering“ zusammengefasst.

Eine wesentliche Basis für das PDM-System ist die sogenannte Produktstruktur, auch Stückliste genannt. In der frühen Phase des PEP beginnt sie zu reifen, sie muss erstellt und kontinuierlich gepflegt werden. Zu Beginn ist sie nach Konstruktionsbelangen aufgebaut; sie bildet zu jedem Zeitpunkt den aktuellen Reifegrad des Fahrzeugs ab. Von der Produktstruktur profitieren Werkzeuge wie das digitale Datenmodell DMU (Digital Mock-up), das in der Regel im 14-tägigen Rhythmus aktualisiert wird, und die Prototypen, und zwar sowohl die virtuellen als auch die physischen Prototypen.

Die Produktstruktur ist ein zentrales Werkzeug der Entwicklung. Sie stellt das Kommunikationsmedium mit den anderen Fachbereichen dar und darf nur durch die Entwicklung geändert werden. Die Produktstruktur ist die verbindliche und transparente Sicht auf das Fahrzeug für alle am PEP beteiligten Organisationseinheiten. Zugleich dient sie als Bindeglied beziehungsweise Integrationsmedium zu den anderen Geschäftsbereichen des OEM und zu den Lieferanten und Dienstleistern.

Die Produktstruktur ermöglicht die Filterung und Konfiguration des Fahrzeugprojekts und seiner Inhalte nach den Anforderungen und Informationsbedürfnissen der beteiligten Organisationseinheiten. Die Struktur und ihre Inhalte werden zu definierten Zeitpunkten und Intervallen den beteiligten Geschäftsbereichen, zum Beispiel der Produktionsplanung und Produktion, vorgelegt. Änderungen werden abgeglichen und in entsprechende Planungs- und Produktionsinstrumente überführt.

Im Verlauf des PEP verändert sich die Produktstruktur: Mit der Zeit findet ein Übergang von der Entwicklungsstückliste zur Fertigungsstückliste statt. Die Entwicklungsstückliste enthält die Entwicklungsfreigabe, die Fertigungsstückliste die Produktionsfreigabe im jeweiligen Werk.

10.1.8 Product Lifecycle Management (PLM)

Die Idee des Product Lifecycle Managements (PLM) ist noch relativ jung. Als Lösung zum Management der Daten und Prozesse über den Produktentstehungsprozess hinaus setzt sie sich erst seit einigen Jahren durch. Der PLM-Ansatz stellt das Produkt – als wichtigste Wertschöpfungsquelle des Unternehmens – sowie alle darauf bezogenen Prozesse ins Zentrum aller Betrachtungen.

Im Rahmen der Engineering-Prozesse werden Produkte und deren Realisierung, Herstellung, Nutzung und Verwertung überwiegend von Ingenieuren geplant, konzipiert, definiert, verifiziert und dokumentiert. Die meisten Aktivitäten finden am Anfang des Produktlebens vor dem Realisierungs-/Herstellungsstart statt. Sie enden aber nicht mit dem Tag des Produktionsbeginns (SOP), vielmehr begleiten sie das gesamte Produktleben.

Die wichtigsten Methoden im Product Lifecycle Management sind:

- Methoden zum Datenmanagement (zum Beispiel Suche, Verteilung, Visualisierung, Archivierung von Daten),
- Methoden zum Prozessmanagement (zum Beispiel Strukturierung, Planung und Steuerung von Prozessen),
- Management der Anwendungsintegration (zum Beispiel Schnittstellen zu CAD-, CAE-, CAM-Systemen).

Zusätzlich zu diesen Methoden gehören zum PLM-Kern auch weitere prozessübergreifende Methoden, zum Beispiel das Zugriffsmanagement.

Das Product Lifecycle Management beginnt mit der ersten Produktidee und führt bis zum Ende des Lebenszyklus des Fahrzeugs.

Der schonende Umgang mit Ressourcen wird als eine ganzheitliche Aufgabe gesehen. Die daraus resultierenden Anforderungen werden frühzeitig in den Entwicklungsprozess eingebracht und umgesetzt. Interne Checklisten und Vorgaben wie z.B. Umweltnormen unterstützen alle Beteiligten bei der umweltgerechten Entwicklung der Bauteile, um schon heute den Anforderungen der Zukunft gerecht zu werden.

Dabei gilt es unter Betrachtung des gesamten Produktlebenszyklus, d.h. von der Auswahl umweltgerechter Werkstoffe, der Technologieprozesse und Fertigungsverfahren bis hin zum Recycling und Rückführung in den Materialkreislauf durch effiziente Nutzung nicht erneuerbarer Ressourcen und niedrige Emissionen die Auswirkungen auf die Umwelt zu minimieren.

Da die Gesamtenergiebilanz eines Fahrzeuges durch den Fahrbetrieb dominiert wird, werden verbrauchssenkende Maßnahmen entsprechend der Fahrwiderstandsgleichung wie z.B. der Reduzierung der Fahrzeugmassen durch konsequenten Einsatz von Leichtbauwerkstoffen – höchstfeste Stähle, Aluminium/ Magnesium oder Nichteisenmetalle, Kunststoffe – und Wirkungsgradverbesserung der Antriebssysteme umgesetzt und weiterentwickelt. Auch das Fahrzeugrecycling liefert bei der ganzheitlichen Betrachtung einen sehr nützlichen Beitrag. Obwohl das Fahrzeug erst in 20 Jahren oder später in die Verwertung kommt, wird bereits vor Markteinführung das Gesamtfahrzeug auf praxisorientierte Recyclingprozesse hin untersucht **(Bild 10.1-9)**, (Kap. 9.2.5).

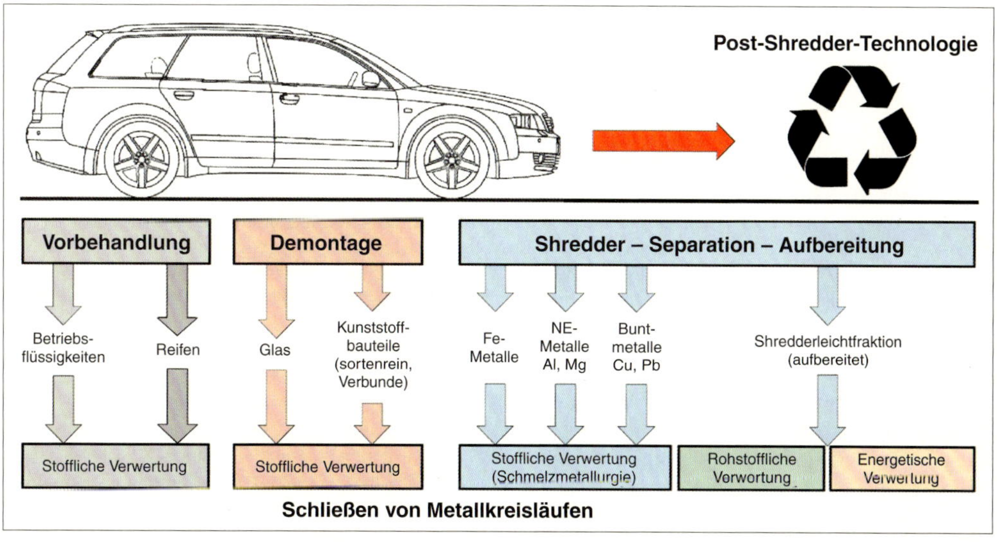

Bild 10.1-9 Verwertungsprozess

Nach der Markteinführung läuft das PLM kontinuierlich weiter. Gesetzliche Vorgaben wie die Substitution von z. B. Cr6 und anderen umweltkritischen Werkstoffen werden im Serienänderungsprozess frühzeitig eingebracht und umgesetzt.
Im Rahmen des PLM werden auf allen Märkten bedarfsgerecht neue Motorisierungen, Karosserie- und Ausstattungsvarianten sowie Optionen eingeführt, mitunter als Reaktion auf veränderte gesetzliche Vorgaben. Auch die Modellpflege, die das Fahrzeug für die zweite Hälfte seines Zyklus am Markt frisch hält, entsteht innerhalb des PLM.
Gleichzeitig fließen Erkenntnisse aus dem PLM natürlich auch in die Planung und Entwicklung der Nachfolgegeneration mit ein. Erfahrungen mit der bisherigen Technologie und mit dem Kaufverhalten der Kunden sind wichtige Grundlagen für die Ausplanung des zukünftigen Angebots. Im Rahmen eines frühen Variantenmanagements können so Varianten vorgehalten werden, die auch zukünftig die Bedürfnisse der Kunden erfüllen und andere Varianten entfallen, die diesen voraussichtlich nicht mehr entsprechen. Von zentraler Bedeutung für diesen Prozess sind ebenso sich abzeichnende Trends, die die OEMs mit Hilfe des Marktforschungsinstruments der Kunden-Klinik analysieren.
Hierfür kann es durchaus sinnvoll sein, die Reaktion potenzieller Kunden an einem physischen Modell zu testen bis hin zur Vorstellung eines Showcars, mit dem Elemente der nächsten Fahrzeuggenerationen einer breiten Öffentlichkeit zugänglich gemacht werden. Der OEM wertet die Reaktionen auf solche Studien sorgfältig aus und lässt sie gegebenenfalls in den späteren Entwicklungsprozess des Serienmodells einfließen. Bevor die Entscheidung über den Bau einer Variante fällt, werden allerdings alle wesentlichen Parameter wie Kosten und Absatzvolumina in einem Business Case dargestellt.

10.1.9 Serienentwicklung

10.1.9.1 Strak

Mit der Konzeptentscheidung und der Designfestlegung beginnt die Erarbeitung des sogenannten Serien-Straks. Der Begriff Strak, der ursprünglich aus dem Schiffsbau stammt, meint eine mathematische Beschreibung der Designflächen sowie die Detailkonstruktion und Auslegung der Karosseriefügungen und der Anbauteile. Für Exterieur- wie Interieur-Oberflächen werden Konstruktionsdaten mit Visualisierungsdaten vernetzt. Bei AUDI werden in jedem Entwicklungsprojekt zwischen 600 und 800 Oberflächen-Bauteile „gestrakt".
Ab dem Meilenstein Designfestlegung gilt es, das Modell möglichst ohne Entwicklungsschleifen und Verzögerungen zum Serienanlauf zu bringen, denn ab diesem Zeitpunkt altert das Design. Weitere Designschleifen verursachen zudem Terminprobleme und erhebliche Kosten. Deshalb gehört der Prozess der Strak-Erarbeitung zu den dichtesten Entwicklungsphasen, bezogen auf die Komplexität der Entscheidungen.

10.1.9.2 Datenkontrollprozess

Im PEP ist Datenkontrolle ein weiterer wesentlicher Meilenstein. Seine Verabschiedung bedarf der Unterschrift der wichtigsten Entscheidungsträger. Auf dem Weg zu ihm sind alle physikalischen und ästhetischen Bedingungen einander gegenüber zu stellen, zu bewerten und zu beurteilen. In dieser Phase findet die eigentliche virtuelle Entwicklung des Fahrzeugs statt. Sie umfasst sowohl die Eigenschaftsnachweise der Fahrzeugphysik als auch die Fragen der Herstellbarkeit mit den freigegebenen Anlagen und Betriebsmitteln der Fabriken – die gesamte fahrzeugseitige Kompetenzkette des Unternehmens wird abgefragt.
Auf das Fahrzeug bezogen, geht es in diesem Abschnitt beispielsweise um die Simulation der Aerodynamik und Aero-Akustik, um die Optimierung von Strömungsabrissen zur Vorhersage von Windgeräuschen, um die Simulation von Regen- und Schmutzbeaufschlagung oder um die Membranschwingungen von Außenhautflächen. Für die spätere Produktion erfolgen unter anderem Methodensimulationen zur Ziehbarkeit der Blechteile, Fließsimulationen von Kunststoffspritzverfahren, Simulationen von Fügeprozessen in der Karosseriebaufertigung und die Lackier-Simulation.
Eine wesentliche Voraussetzung für stabile Entscheidungen sind die Visualisierungstools. Sie beginnen mit einem in Schaum gefrästen Referenzmodell und führen zu virtuellen Projektionstechniken. Welches dieser Tools als Entscheidungsgrundlage Anwendung findet, hängt vom Prozess des OEMs und von der Komplexität der Formensprache ab (Kap. 10.3).

10.1.9.3 Planungsfreigabe

Nach der Datenkontrolle wird die sogenannte Gussfreigabe erteilt. Die Serienkonstruktion der Außenhaut geht in die Vorbereitung auf den nächsten wichtigen Schritt, die Planungsfreigabe. Zur Planungsfreigabe ist das Fahrzeug einmal komplett durchkonstruiert. An diesem Punkt ist die Auslegung der Pressen und der Werkzeuge definiert, die Ziehbarkeit der Bleche ist nachgewiesen, der Montageablauf ist beschrieben, die Montagezeiten der einzelnen Bauteile sind definiert und als Target an den Konstrukteur weitergegeben. Der komplette Fertigungsablauf ist im Rahmen von Simulationen durchgeplant (digitale Fabrik), der Prozess der Fertigungsplanung damit abgeschlossen.
Die Fertigungsplanung bildet das Bindeglied zwischen Produktentwicklung und -fertigung. Bereits in der frühen Phase der Produktentwicklung werden konkrete Fertigungskonzepte ausgearbeitet, die aus vorher festgelegten Modell-übergreifenden Standards

ausgewählt werden. Hierbei spielen die eingesetzten Füge- und Verbindungstechniken sowie die Aufbaureihenfolgen des Fahrzeugs entscheidende Rollen.

In diese Planungsphase fließen Prozessinnovationen ein, die neue Funktionalitäten ermöglichen und für eine noch wirtschaftlichere Fertigung sorgen. Schon am Design-Modell wird die technische Umsetzbarkeit einzelner Konstruktionsvarianten geprüft. Dieser Prozess stellt sicher, dass notwendige Produktänderungen zu einem Zeitpunkt der Entwicklung erfolgen, zu dem sie noch möglichst kostenneutral umgesetzt werden können.

In der frühen Phase kommt der Reduzierung von Varianz und Komplexität im Produkt eine Hauptrolle zu, während in der Umsetzungsphase der Schwerpunkt auf einer fertigungsgerechten Konstruktion von Modulen und Bauteilen liegt. Tools wie die FMEA (Failure Mode and Effects Analysis, eine analytische Methode, um Schwachstellen zu finden) und die Toleranzkette-Analyse versetzen die Fertigungsplaner in die Lage, die konstruktive Ausprägung qualitativ zu beurteilen. Über die komplette Planungszeit hinweg kommen virtuelle Planungstechniken zum Einsatz, um unterschiedliche Fertigungsszenarien zu simulieren und damit die optimale Prozessgestaltung sicherzustellen.

In der Phase der Umsetzungsplanung werden die Prozesse in den Bereichen Presswerk, Karosseriebau, Lackiererei und Montage inklusive der zugehörigen Logistik im Detail geplant. Hierzu zählt auch die Gestaltung der Betriebsmittel und Fertigungseinrichtungen. Die Herstellung der Betriebsmittel übernehmen in der Regel sowohl externe als auch interne Lieferanten, wobei die Fertigungsplanung die Projektarbeit koordiniert und die Sicherstellung des Anlaufs gewährleisten muss. Ihr obliegt ferner die Verantwortung für die anfallenden Investitionen. Im Mittelpunkt ihrer Aktivitäten steht eine wirtschaftliche Fertigung mit möglichst geringen laufenden Kosten.

10.1.9.4 Virtuelle Entwicklung

Mit dem Planungsfreigabestand hat das Fahrzeug eine erste Entwicklungsschleife durchlaufen, jetzt ist seine Baubarkeit unter Berücksichtigung der fertigungstechnischen Einrichtungen sichergestellt. Der Status des Eigenschaftsspektrums wird zu diesem Zeitpunkt rein virtuell abgeleitet – mit Ausnahme des singulären Konzeptfahrzeugs und von Design-Modellen sowie Sitzkisten. Geeignete Werkzeuge hierfür sind DMUs (Digital mock-up) und sogenannte Virtuelle Prototypen. Im DMU lassen sich Kriterien wie die Baubarkeit, die Freigängigkeit der Aggregate sowie die Montageabläufe in der Fabrik und später in der Werkstatt darstellen.

Der Begriff Virtueller Prototyp meint eine mathematische Beschreibung des Konstruktionsstandes und eine mathematische Beschreibung der Fahrzeugeigenschaften. Der Konstruktionsstand bezieht sich auf die Oberflächen – innen und außen –, auf alle zu konstruierenden Bauteile sowie auf die Überprüfung der Positionierung und Bewegungsfreiräume im Fahrzeug. Die Beschreibung der Fahrzeugeigenschaften umfasst alle Eigenschaften, die sich simulieren lassen. Zwischen den Herstellern kann sich die Matrix der operativen Simulationsverfahren, bedingt durch Kompetenz und Verfügbarkeit der Tools, stark unterscheiden.

Im Volkswagen-Konzern sind im PEP inzwischen mehrere hundert Simulationsverfahren im operativen Einsatz, beginnend mit der Struktur- und Crashberechnung über Gesamtfahrzeug-Schwingungen, Aerodynamik, Akustik, elektromagnetische Verträglichkeit, Klima- und Sitzkomfort bis hin zur fahrdynamischen Abstimmung des Fahrwerks (Kap. 10.3). Der Begriff „operativer Einsatz" bedeutet, dass diese Verfahren als Entwicklungsinstrumente der spezifischen Eigenschaften genutzt werden, teilweise als Ersatz für Hardware-Methoden und teilweise in Ergänzung zu diesen. In der sogenannten „Cave" beispielsweise **(Bild 10.1-10)** bewegt sich ein Ingenieur mit 3D-Brille und virtueller Hand in einer vom Rechner erstellten Karosserie.

Der Vorteil der Simulationen liegt auf der Hand: Was auf virtueller Ebene konstruiert, zerstört, geprüft, verändert und dargestellt werden kann, muss später von der Hardware nur noch bestätigt werden. Bei einer Crash-Analyse kann der Computer bis zu einer Million Elemente berechnen und dabei den Ablauf in kleinste Zeiteinheiten bis 150 Millisekunden zerlegen. Für die Berechnung eines kompletten Crashvorgangs benötigt ein Supercomputer mit acht Prozessoren rund 22 Stunden. Im Falle des AUDI Q7 spielten sich 2000 Frontcrashversuche im Rechner ab – dadurch wurden nur noch 40 physische Versuche nötig. Die Abläufe im Rechner lieferten Aufschlüsse über die Belastung der Passagiere, die den späteren Resultaten im Versuch bereits sehr nahe kamen.

Bild 10.1-10 Die „Cave": Hier kann sich der Ingenieur im virtuellen Raum bewegen

Mit jedem Projekt kommen neue Verfahren hinzu. In ihrer Einführungsphase werden sie parallel zur Hardware-Erprobung eingesetzt. Wenn der Nachweis gelingt, dass sie entscheidungsstabile Erkenntnisse generieren, können sie die Hardware-Methode ersetzen. Diese Vorgehensweise spart Kosten für die Hardware und insbesondere Zeit und erlaubt es, den Optimierungsprozess mit höherer Qualität zu betreiben. Allerdings entstehen in der Installationsphase einer neuen Methode auch höhere Kosten, da virtuelle und Hardware-Erprobung nebeneinander laufen.

Die virtuellen Methoden erlauben es heute, mit nur einer Prototypen-Baustufe auszukommen; bei AUDI basiert sie auf der Planungsfreigabe. Die Hardware-Prototypen erlauben es, die virtuellen Eigenschaften gegen die Hardware-Eigenschaften abzugleichen und die Simulationsmodelle fein zu trimmen. So können die weiteren Optimierungen auf Basis der virtuellen Verfahren weiterbetrieben werden. Die endgültige Absicherung und Dokumentation der Eigenschaften – die auch gegenüber dem Gesetzgeber Hardware-bezogen ausgelegt sein muss – erfolgt dann mit den Vorserienfahrzeugen, die schon mit serienfallenden Bauteilen aufgebaut werden.

Eine solche Vorgehensweise bedarf einer exakten Festlegung der virtuellen Methoden zu Beginn der Serienentwicklung, so dass der Erprobungsprozess entsprechend geplant werden kann. Stets entscheidet der für eine Eigenschaft verantwortliche Entwickler zu Beginn eines Projektes, ob er für seine Beschaffungs-Freigabe noch eine Hardware-Baustufe benötigt oder ob das virtuelle Verfahren genügt. Die virtuellen Methoden kommen auch nach der erteilten Freigabe zum Einsatz und werden weiter gepflegt. Sollten Bauteile später ein unerwartetes Verhalten zeigen, so steht im Absicherungsprozess ein analysefähiges Werkzeug zur Verfügung.

10.1.9.5 Fahrzeugerprobung

Die Hardware-Prototypen dienen auch zu vielfältigen Versuchen (Kap. 10.4). In das Elektronik-Center von Audi ist eine sogenannte Absorberhalle integriert, in der die elektromagnetische Verträglichkeit des Fahrzeugs ermittelt wird, also die Unempfindlichkeit gegenüber Störungen aus der Umwelt und die Störungen, die das Fahrzeug etwa mit der Audio- und der Telefonanlage selbst aussendet. Die sogenannte EMV-Halle ist metallisch abgeschirmt und im Inneren mit pyramidenförmigen Absorbern ausgekleidet, die Reflexionen der Funkwellen vermindern. Große Antennen schicken elektromagnetische Felder im Frequenzbereich von 1 MHz bis 3 GHz auf die Fahrzeuge (**Bilder 10.1-11** und **10.1-12**).

Auch beim Windkanal **(Bild 10.1-13)** handelt es sich um eine Anlage auf dem jüngsten Stand der Technik. Eine Turbine mit vier Metern Durchmesser und 2,6 MW Antriebsleistung beschleunigt die Luft auf bis zu 300 km/h – die Anlage von AUDI ist der schnellste und zugleich leiseste Windkanal der Welt. Für eine spezielle Untersuchung der Kühlluftströmung steht ein Thermo-Windkanal zur Verfügung. Hier lässt sich der bis zu 275 km/h schnelle Luftstrom auf maximal 50 Grad Celsius aufheizen. Auch der Boden der Messstrecke ist beheizbar, um warme Straßenoberflächen abbilden zu können.

Auch wenn der Anteil der Hardware-Erprobung mehr und mehr durch virtuelle Methoden und Prüfstände ersetzt wird, stellt die physische Erprobung nach wie vor das Salz in der Suppe der Fahrzeugentwicklung dar. Dies gilt insbesondere für die Fahrerprobung, für die im Falle des Audi Q7 mehrere Millionen Testkilometer absolviert wurden. Die ersten Prototypen werden von einem Team aus Entwicklern und Fertigungstechnikern aufgebaut. Sie nutzen diesen Arbeitsschritt, um Entwicklungsprobleme zu identifizie-

Bild 10.1-11 EMV-Labor: In der Halle werden die Prototypen starken elektromagnetischen Feldern ausgesetzt

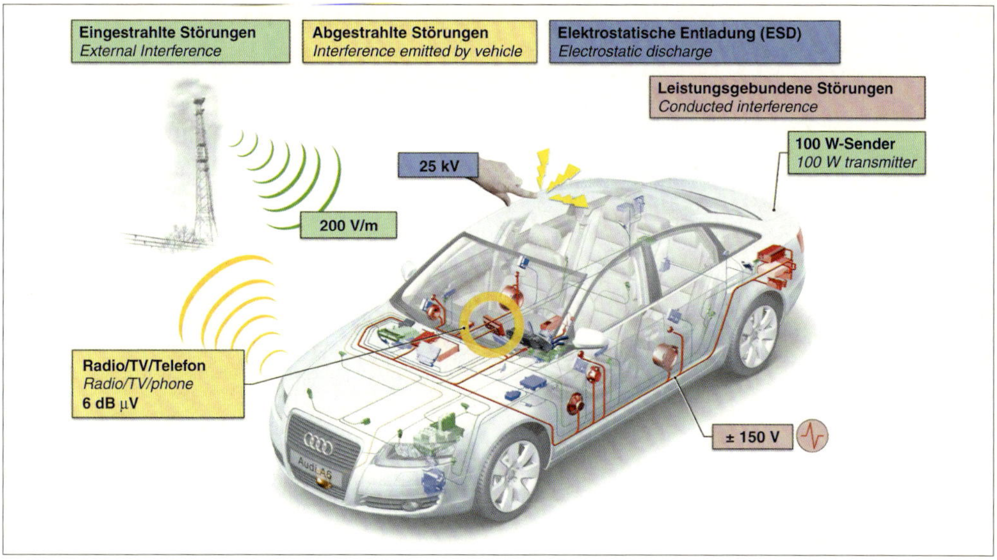

Bild 10.1-12 EMV-Analyse: Die Versuche klären sowohl die Einstrahlung ins Fahrzeug als auch die Abstrahlung aus ihm heraus

ren und Montageprozesse abzusichern. Das Duplizieren der Prototypen erfolgt dann durch die Vorserienteams, die daraus Erkenntnisse zur Prozessoptimierung ziehen.

Die Erprobung hat den Nachweis der Eigenschaften zum Ziel, orientiert an den vielfältigen Einsatzbedingen des Fahrzeugs auf seinen unterschiedlichen Zielmärkten. Kernerprobungen sind die Winter- und Sommerfahrten, bei denen die Eigenschaften unter klimatischen Extrembedingungen überprüft werden, am Polarkreis bei Temperaturen bis –40 Grad Celsius.

Bestimmte Materialien wie Kunststoffe, Gummi und Öle, aber auch elektronische Komponenten verhalten sich bei extremer Wärme und Kälte sehr unterschiedlich. Aus Komplexitätsgründen und auch aufgrund des nicht planbaren Einsatzspektrums durch den Kunden können sie nicht in vollem Umfang maßgeschneidert werden. Weitere klimabedingte Erprobungen sind Regenfahrten und Staub-Tests. Sie sind einer virtuellen Berechnung nicht in vollem Umfang zugänglich, werden aber auf der Basis von Laborversuchen bereits vorerprobt.

Bild 10.1-13 Windkanal: Prototypen und Vorserienexemplare des AUDI Q7 verbrachten hier über 1000 Stunden

Alle Festigkeitserprobungen laufen inzwischen auf speziellen Prüfständen. Trotzdem werden die Prototypen in harten Dauerläufen überprüft, um das Zusammenspiel der vielen Komponenten und Eigenschaften im Gesamt-Fahrzeug abzusichern. Es ist sehr komplex und lässt sich über den Fahrversuch nach wie vor am besten und kostengünstigsten erproben.

10.1.9.6 Änderungsmanagement und Launch-Freigabe

Obwohl das Prinzip der möglichst frühen Prozessorganisation bei allen OEMs immer größere Bedeutung gewinnt, lassen sich späte Änderungen nicht vermeiden. Sie resultieren ebenso aus den Resultaten der Erprobungen als auch aus Erkenntnissen, die auf dem Gebiet der Fertigung gewonnen werden. Alle Änderungen fließen letztendlich in eine finale Überarbeitung des Fahrzeugs ein, die hinsichtlich des Umfangs sehr effizient gemanagt werden muss.

In dieser Phase zählt Geschwindigkeit, denn die Bauteile befinden sich bereits in der Werkzeugerstellung. Zugleich sind Änderungen zu diesem Zeitpunkt kostenintensiv und müssen hinsichtlich ihrer Notwendigkeit gründlich durchleuchtet und bewertet werden, bevor die Entscheidung erfolgt. Grundsätzlich gilt: Je später eine Änderung erfolgt, desto teurer wird sie. Bei allen wünschenswerten Änderungen findet deshalb ein detaillierter Abgleich von Aufwand und Nutzen statt.

Das Änderungs-Management verfolgt und steuert die notwendigen Änderungen mit Abschluss der Lieferanten-Vergaben und stellt sicher, dass die Werkzeugerstellung beim Lieferanten durchgängig verfolgt werden kann.

Etwa ein Jahr vor dem Start of Production (SOP) wird eine sogenannte Launch-Freigabe ausgesprochen. Diese Freigabe hat den Herstellungsstart der Vorserienfahrzeuge im Focus und muss sicherstellen, dass die dafür benötigten serienfallenden Bauteile verfügbar sind. Auf Basis der Launch-Freigabe beginnen die Aktivitäten zur Vermarktung des Fahrzeuges.

10.1.9.7 Meisterbock

Vorbereitend zum Aufbau der Vorserienfahrzeuge wird die Passgenauigkeit der Bauteile an sogenannten Meisterböcken analysiert und optimiert; dies sind Leiterrahmen aus Aluminium, auf denen die Komponenten montiert, vermessen und bewertet werden. Bei der Struktur- und Außenhaut ist ein Außen-Meisterbock im Einsatz, bei der Innenausstattung ein Innen-Meisterbock. Für den Einbau der Aggregate und der Unterboden-Mechanik (Abgasanlage, Tank, Leitungen und Ähnliches) werden Unterboden-Böcke genutzt. Die Meisterböcke sind ein wichtiges Optimierungs-Werkzeug für die Prozessstabilität in der Fertigung. Sie garantieren die Vermeidung von Nacharbeit und eine hohe Anmutungsqualität der Passungen.

10.1.9.8 Breitenabsicherung

Die Vorserienfahrzeuge werden zum einen zum Einrichten der Fertigungsanlagen genutzt, sind zum anderen aber auch unerlässlich, um die Dokumentationsversuche für die Zulassung durchführen zu können. Darüber hinaus dienen sie dazu, um auf der Basis von einzelnen Baulosen aus den Serienwerkzeugen eventuelle Abweichungen der Serienteile zu den Prototypenteilen zu identifizieren. Baulose können sich durch Toleranzen unterscheiden – auch solche Phänomene lassen durch eine intensive Erprobung aufhellen. Diese Erprobung geschieht durch kundennahe Fahrer, die die Fahrzeuge nach einem Profil bewegen, das dem Kunden-Einsatz stark ähnelt.

Wenn Optimierungen an den Werkzeugen notwendig werden, dann veranlassen Task Forces sie bei den Lieferanten. Sie operieren im Rahmen eines Production Readiness Managements mit kürzesten Entscheidungswegen. In dieser Phase konzentriert sich die gesamte Analysekompetenz des Unternehmens auf die Eventualitäten des Anlaufes. Identifizierte Probleme werden als Erfolge betrachtet, denn es wäre viel schlimmer, wenn sie erst beim Kunden auftreten würden.

10.1.10 Serienbetreuung

Nach dem SOP ist die Arbeit keineswegs beendet. Im Rahmen des Product Lifecycle Managements (PLM) betreuen die Ingenieure das Fahrzeug in der laufenden Serie weiter. Im Mittelpunkt dabei steht der Kunde mit seinen sich ändernden Wünschen – sie können neue Motorvarianten ebenso betreffen wie modifizierte Ausstattungen oder neue verfügbare Lösungen, insbesondere im schnell wachsenden Bereich der Kommunikations- und Unterhaltungselektronik und der Assistenzsysteme. Über den Lifecycyle des Produkts hinweg ist auch damit zu rechnen, dass sich auf den jeweiligen Märkten die gesetzlichen Regelungen – wie Abgas- oder Zulassungsvorschriften – ändern können. Der OEM muss auf all diese Einflüsse schnell und flexibel reagieren können.

Im Rahmen des PLM fließen Verbesserungen in der Qualität ebenso in die Produktion ein wie Optimierungen bei den Produktionskosten und bei den Abläufen der Fertigung. Allerdings sind in der laufenden Serie, wenn die Fertigungsplanung bereits abgeschlossen ist, erheblich geringere Änderungen zu erwarten als bei einer Neuentwicklung.

10.1.11 Ausblick

In einem Ausblick auf die nächsten Jahre lassen sich mehrere wichtige Linien identifizieren, an denen entlang die weitere Entwicklung aller Voraussicht nach verlaufen wird. Die Entwicklungszeiten dürften sich weiter verkürzen, weil „time to market" einen wesentlichen Wettbewerbsvorteil darstellt und immer

mehr virtuelle Tools zum Einsatz kommen werden. In diesem Zusammenhang sei darauf hingewiesen, dass die Entwicklungszeit noch vor wenigen Jahren üblicherweise bei 36 Monaten lag, und das bei viel geringerer Komplexität der Fahrzeuge.
Auch die möglichst frühzeitige Organisation der Prozesse, die eine exakte Steuerung gewährleistet, dürfte noch erheblich an Bedeutung gewinnen. Ein weiteres großes Ziel, auf das alle OEMs hinarbeiten, ist eine zusätzliche Verkürzung der Fertigungszeiten in der Serie. Sie lässt sich erreichen, indem die Beteiligten im PEP die Aspekte des Serienbaus von vornherein noch stärker berücksichtigen. Auch die konsequente Targetierung der Montagezeiten für die einzelnen Bauteile wird stark zur weiteren Straffung beitragen.
Das Produktdatenmanagement (PDM), das die Verfügbarkeit aller Daten für alle Beteiligten strukturiert sicherstellt, wird als zentrales Tool im Entwicklungsprozess zunehmende Bedeutung gewinnen. Gleiches gilt für das Product Lifecycle Management (PLM), in dem das Datenmanagement, das Prozessmanagement und die Anwendungsintegration über den gesamten Lebenszyklus des Fahrzeugs zusammengefasst werden.
All diese verfeinerten Werkzeuge und Methoden werden die OEMs in die Lage versetzen, ihre Produkte noch genauer auf die Kundenwünsche zuzuschneiden, die auf den jeweiligen Märkten existieren. Die Matrix der Vernetzung wird noch feiner werden, beginnend von Ausstattungsinhalten über Motorvarianten bis hin zu Karosserieversionen, die speziell für einzelne Märkte aufgelegt werden. Gleichzeitig werden die großen Mehrmarken-Konzerne wie Volkswagen ihre modularen Komponentenbaukästen noch gezielter nutzen, um für die verschiedenen Marken differenzierte Hüte zu entwickeln.

Literatur

Winterkorn, M.: Anforderungen an die Produktentwicklung im Automobilbau, Tagung Motor und Umwelt, Graz, 2000

Winterkorn, M.; Ludanek, H.: Weltweit landesspezifische Fahrzeuganforderungen für Material und Funktionen, Stahl-Dokumentation, Band 747, Dresden, 2002

Hackenberg, U.: Virtuelle Aufbau-Entwicklung bei Audi, 7. Automobiltechnische Konferenz, Stuttgart, 30. 06. – 1. 07. 2003

Tang, T.: Integriertes Produktdatenmanagement im virtuellen Produktentstehungsprozess, 7. Automobiltechnische Konferenz, Stuttgart, 30. 06. – 1. 07. 2003

Heinrich, A.; Müller, K.; Fehrling, J.; Paggel, A.; Schneider, I.: Versionsmanagement für Transparenz und Prozesssicherheit in der Steuergeräte-Entwicklung, Internationale Tagung Elektronik im Kraftfahrzeug, Baden-Baden 2003

Dick, M.: Virtuelle Probefahrt mit dem neuen Audi A6, Vortrag ATZ, Stuttgart, 2004

Oehlschläger, H.; Krebs, J.: Neue virtuelle Entwicklungswerkzeuge für frühe Phasen des Fahrzeug-Produktentstehungsprozesses bei Volkswagen, VDI Bericht, Band 1876, Düsseldorf, 2005

Hackenberg, U.: Einsatz virtueller Techniken in der Audi-Produktentwicklung, Vortrag, ATZ – VirtuelleTechniken, Stuttgart, 2006

Hackenberg, U.: Produktentstehung, Vortrag, Automobilforum, Stuttgart, 2006

Lindemann, U.; Reichwald, R.; Zäh, M.-F.: Komplexitäts- und Variantenmanagement der AUDI AG, VDI-Buch, Berlin Heidelberg, 2006

Allgemeine Liteatur

ATZ/MTZ Tagungen: Virtual Vehicle Creation 2005 – 2007

10.2 Fahrzeugkonzeption in der frühen Entwicklungsphase

10.2.1 Einführung

10.2.1.1 Definition

Die Entwicklung eines Fahrzeuges lässt sich unabhängig davon, ob es sich um eine Nachfolgeentwicklung oder um eine neue Produktidee handelt, in zwei Hauptphasen gliedern:

1. die **Konzeptphase** (die frühe Entwicklungsphase) und
2. die **Serienentwicklungsphase**.

Die Konzeptphase beginnt üblicherweise mit einem top-down gesetzten Auftrag zur Realisierung einer **Produktvision** (mit entsprechenden Zieldefinitionen) und endet mit dem **Fahrzeuglastenheft**.
In der Serienentwicklungsphase werden ausgehend von den in der frühen Phase festgelegten Konzepten und Inhalten Spezifikationen für alle Fahrzeugumfänge verbindlich vereinbart und im weiteren Prozess umgesetzt. Der Serienentwicklungsprozess endet mit dem „Job Number One" – dem ersten kundenfähigen Fahrzeug aus Serienproduktionsanlagen.

10.2.1.2 Zielsetzung der frühen Entwicklungsphase

Diese Phase ist hauptsächlich dadurch gekennzeichnet, dass ein Lösungsangebot an Konzeptalternativen erarbeitet wird, die den Zielsetzungen der Produktvision und dem damit verbundenen „Business-Case" entsprechen kann. Es gilt hierbei einen Abgleich zwischen den funktionalen, den vertrieblichen und den betriebswirtschaftlichen Zielen auf der einen Seite und den realen Lösungsmöglichkeiten auf der anderen Seite zu schaffen. Ergebnis dieses Iterations- und Integrationsprozesses ist das (Grob-)Lastenheft.
Es wird damit das **Gesamtfahrzeugkonzept** und damit die wichtigsten Hauptmerkmale wie Fahrzeugcharakter, Hauptmasse, Proportionen, Crashtauglichkeit, Fahrleistungen, Gewicht, Ausstattungsinhalte, Wertanmutung, Innovationen, vor allem aber auch die Herstellkosten maßgeblich determiniert. Verbunden mit dieser Beschreibung wird eine detaillierte Festlegung des Entwicklungsablaufes mit den entsprechenden Reifegradzielen verabschiedet.
Spätere Konzeptänderungen (in der Serienentwicklungsphase) sind in der Regel mit hohem technischem

Risiko und finanziellem Zusatzaufwand verbunden. Daher ist der Anspruch an die Aussagequalität in dieser frühen Phase in den letzten Jahren enorm gestiegen. Dieser Erkenntnis Rechnung tragend, sind diese Aktivitäten der Konzeptfindung und -evaluierung wie auch die Toolentwicklung für diese Phase heute stark in den Vordergrund gerückt und stellen einen strategischen Erfolgsfaktor dar.

10.2.1.3 Fahrzeugkonzeptinhalte der frühen Phase

Wesentliche Voraussetzung für ein änderungsresistentes und damit stabiles Lastenheft ist die Ausarbeitung von Konzeptalternativen, die hinsichtlich der geforderten Produktziele (z.B. Innenraumgröße, Variabilität, Komfort, Fahrdynamik, Fahrleistung, Verbrauch, Sicherheit, Herstellkosten, ...) mit ausreichender Prognosesicherheit bewertbar sein müssen.

Das Gesamtfahrzeugkonzept wird aus Einzelkonzepten zusammengesetzt, die sich entweder durch direkte Übernahme von vorhandenen Komponenten oder durch Modifikation erprobter Standardkonzepte als zielführende Lösung anbieten. Ergänzt werden diese Basiskonzepte durch Technologien, Innovationen und neuartige Lösungsansätze, die den zum Markteinführungstermin geltenden gesetzlichen Anforderungen Rechnung tragen und den neuesten Stand, bzw. Attraktivität des Produktes sicherstellen sollten. Um die Risiken bei Neukonzepten beherrschen zu können, werden diese meist in den Innovationsstrategien (der Fahrzeughersteller und Systemlieferanten) verankert und können somit im Vorfeld außerhalb des kritischen Pfades eines Fahrzeugprojektes abgesichert werden.

Darüber hinaus müssen gegebenenfalls vom sogenannten Leadfahrzeug Aufbauvarianten abgeleitet und abgesichert werden.

Dabei wird das Fahrzeugkonzept schrittweise konkretisiert und so zu einem **Groblayout** verdichtet, dass alle erforderlichen Komponenten in ihrer räumlichen Ausdehnung und Anordnung erfasst werden und gleichzeitig die funktionalen Anforderungen bzgl. der systemischen Verknüpfungen und auch der notwendigen Freiräume erfüllt werden.

Diese erste dreidimensionale Beschreibung des Fahrzeugs erlaubt nun einen ersten Abgleich mit den wesentlichen geometrischen, physikalischen und auch funktionalen Zielgrößen. Darüber hinaus dient diese Datensammlung als Basis für eine erste **Produktbeschreibung**, die wiederum die Grundlage einer ersten wirtschaftlichen Bewertung liefert.

Die Gestaltung des Exterieurs beschränkt sich in dieser frühen Phase auf Proportionsstudien und Ideenskizzen, da die endgültige Festlegung der Form (Design-Freeze) so spät wie möglich erfolgen sollte. Für die Interieurgestaltung gilt sinngemäß dieselbe Logik. Hier sollten frühzeitig die Fahrerpositionen (inkl. Verstellfelder), die wichtigsten Innenraummaße und das Bedien- und Anzeigenkonzept festgelegt werden. Da die Anmutungsqualität im Interieur einen wichtigen Kostenaspekt abbildet, sollte das Material- und Oberflächenkonzept ebenfalls in der frühen Konzeptphase definiert werden. Die eigentliche Formfestlegung des Interieurs erfolgt dann aber aus Gründen der Marktnähe so spät wie möglich.

10.2.2 Vorgehensweise

10.2.2.1 Prozess

Das Entwicklungsteam nähert sich dem gesetzten Ziel, das zu diesem frühen Zeitpunkt nur in Form einer grob beschriebenen Produktvision vorliegt, wie eingangs erwähnt, durch einen iterativen Optimierungsprozess. Dieser Prozess der Konzeptsynthese ist gekennzeichnet durch die vergleichende Bewertung von konkurrierenden Konzeptvarianten auf Teilsystemebene und deren konstruktive Integration und Adaption in das Fahrzeuggesamtkonzept.

Die Bewertung dieser Konzeptalternativen erfolgt nach technischen, funktionalen und wirtschaftlichen Kriterien unter dem Einsatz effizienter Methoden und Tools.

10.2.2.2 Digitaler Prototyp

Der Digitale Prototyp bündelt alle CAE-Berechnungsdisziplinen, um die Funktionen eines Fahrzeugs schon sehr früh im Entwicklungsprozess in einer virtuellen Abbildung darzustellen, zu testen und zu verbessern.

Wesentliche Fahrzeugfunktionen sind z. B.:

- Fahrleistung, Verbrauch, Schadstoffemissionen
- Struktursteifigkeit
- Schwingungen/Vibrationen/Geräusche
- Betriebsfestigkeit/Lebensdauer
- aktive Sicherheit (Fahrdynamik, Assistenzsysteme)
- passive Sicherheit (Crashtauglichkeit, Insassenschutz/Rückhaltesysteme, Fußgängerschutz)
- Strömungen (Aerodynamik/Aggregate-Kühlung/Klimatisierung)

Sofern es sich um einfachere Berechnungsprobleme handelt, wie es z. B. bei Fahrleistung- und Verbrauchsprognosen der Fall ist, können diese mit PCs oder Workstations erledigt werden.

Komplexe, 3-dimensionale Gesamtfahrzeugsimulationen benötigen hingegen eine größere Rechenleistung, die über Supercomputer zur Verfügung gestellt werden. Das sind Hochleistungsrechner oder neuerdings Cluster einzelner Rechnereinheiten, die mit einer hohen Anzahl von Prozessoren und Speicher ausgestattet sind.

Der Rechnerbedarf richtet sich nach der Berechnungsdauer einer jeweiligen Problemstellung.

Ziel ist es, die komplexen Simulationen „über Nacht" zu rechnen, damit das Ergebnis schon am nächsten Arbeitstag für eine Analyse bereitsteht.

Die rasante Entwicklung der Rechnertechnik ermöglicht heute Probleme mit Modellgrößen von mehreren Millionen Finiten-Elementen (FE) zu simulieren. Die Modellgenauigkeit hat sich in den letzten 15 Jahren um den Faktor 100 erhöht, so dass Modellstände Datenmengen von mehreren Tausend Gigabytes umfassen (**Bild 10.2-1**).

Um den Entwicklungsstand erlebbar zu machen, stehen den Ingenieuren neben den Berechnungsmethoden zusätzlich moderne Simulatortechniken zur Verfügung, die mit Virtual Reality-Methoden virtuelle Probefahrten ermöglichen, noch bevor reale Prototypen aufgebaut sind. Mit Ergonomieprüfständen können Maßkonzepte von Fahrzeugtypen sehr schnell dargestellt und variiert werden. Testfahrer nehmen darin Platz und absolvieren vorgegebene Fahraufgaben. Ergonomen und Psychologen beobachten die Probanden, um den Sitz- und Sichtkomfort sowie den Umgang mit Bedien- und Anzeigesystemen bewerten zu können. Die VR-Technik animiert in Echtzeit die aktuelle Fahrzeugumgebung mit Straßen-, Städte- und Landschaftsbildern. Ein Fahrdynamikmodell stellt die physikalische Grundlage für die Fahrzeugbewegung, welches interaktiv in Echtzeit die Steuerungsparameter von Lenkung, Pedalerie und Gangschaltung verarbeitet und an die Bildprojektion übermittelt.

Desweiteren gibt es Fahrsimulatoren, die die Bewegung eines Fahrzeugs während einer Probefahrt über komplexe Bewegungssysteme nachstellen. Dabei unterscheidet man im Wesentlichen 2 Bereiche der Fahrzeuganregung.

Der eine Bereich befasst sich mit dem Fahren (Ride) ohne Lenkungseinfluss vom Fahrer. Das Fahrzeug wird in diesem Fall hauptsächlich durch die Beschaffenheit der Fahrbahnoberflächen angeregt. Der Frequenzbereich liegt bei ca. 0,2 bis 30 Hz.

Der andere Bereich der Fahrzeuganregung wird „Handling“ genannt, indem die Effekte der vom Fahrer induzierten Lenkmanöver, wie Spurhalten, Kurvenfahren, analysiert werden. Hier liegt der Frequenzbereich zwischen 0 und 5 Hz.

Der Proband erfährt dabei an seinem Körper Kräfte und Beschleunigungen, wie bei einer realen Probefahrt.

Die Fahrzeugdaten im Zusammenspiel mit den Informationen der Beschaffenheit realer Teststrecken ermöglichen es den Ingenieuren das neue Fahrzeugmodell wirklichkeitsgetreu „fahren“ konnten. Dazu legen Experten mehrere Tausend Kilometer an Probefahrten auf virtuellen Teststrecken zurück. Mit Hilfe des DPT können so relevante Fahr- und Bremsmanöver im Computer abgespult werden, bevor sicherheitskritische Fahrversuche mit realen Prototypen durchgeführt werden.

Diese Vorgehensweise spart Entwicklungszeit und hilft Zielkonflikte bei einer Gesamtkonzeptauslegung zu erkennen und Ideen zur Konfliktbeseitigung frühzeitig zu bewerten.

10.2.2.3 Tools

Der Tooleinsatz in der frühen Phase unterscheidet sich von der Serienentwicklungsphase dadurch, dass die Konstruktion auf Basis vieler Unbekannten im System beginnen muss. Vom Groben zum Feinen vorgehend ist es daher wichtig, auf effiziente Weise Package-, Geometrie- und Rechenmodelle zu kreieren, mit denen entsprechende Eigenschaftsbereiche aller Fahrzeugfunktionen wie z.B. das fahrdynamische Verhalten, Fahrkomfort, Kühlung, Klimatisierung und Bauteiltemperaturen abgesichert werden [1]. Dabei gilt es den in dieser Phase schnellen Änderungszyklen gerecht zu werden. Einfache Handformeln wie beispielsweise der Static Stability Factor (siehe Kapitel 10.2.3.1) und auch die geometrische Ableitung zur Ermittlung der Crashenergiebilanz, dienen als Basis zur Erstellung neuer Methoden und der konzeptionellen Grundbewertung. Tools mit parametrischen Funktionen ermöglichen durch die Variation von z.B. wichtigen Haupt- u. Komfortmassen den schnellen Aufbau von alternativen Fahrzeugvarianten [2].

Das Zusammenwirken zwischen Geometrie und Physik stellt die Hauptherausforderung dar. Aktuelle CAD-Systeme bieten heute Funktionalität zur Parametrisierung von Geometriemodellen. Die Veränderung von einzelnen, wenigen Parameterwerte bewirken eine komplette 3D-Konstruktionsänderung, die automatisch ausgeführt wird. Die geänderte Geometrie wird über Schnittstellen an Vernetzungsprogramme übergeben, die je nach Aufgabenstellung die Vernetzung des Modells automatisch durchführt. Rand- und Zwangsbedingungen zu Krafteinleitung und Lagerung komplettiert das vernetzte Modell zu einem Eingangsdatensatz für eine physikalische CAE-Funktionsanalyse [3].

Die verwendeten Simulationstools werden sowohl in der Konzept- als auch in der Serienentwicklung eingesetzt. Einzige Unterschiede liegen in der Detaillierung der Inputdaten. So werden bei Fahrleistungs- und Verbrauchsanalysen künftige Motorleistungen von existierenden extrapoliert und vorhandene Grobgewichtswerte eingesetzt. Bei der Fahrdynamikbetrachtung werden die Grobschwerpunktwerte und erste Achskinematiken zugrunde gelegt und für die Modelle Analogien (kinematische oder elastokinematische Kennwerte der Achsauslegung) aus anderen Fahrzeugen verwendet. Die jeweiligen Grenzwerte sind konzeptspezifisch und berücksichtigen den Spielraum der zugrunde gelegten Achskonzepte [5].

Steifigkeits-, Festigkeits-, Schwingungs- und Crashberechnungen greifen abhängig vom Entwicklungsablauf auf Fahrzeugdaten (Inputdaten) zurück, die viel Erfahrung der Ingenieure bei der Interpretation der Ergebnisse erfordern.

Der physikalische Modellstand eines Fahrzeugs wird digitaler Prototyp genannt, der sukzessive verfeinert und komplettiert wird. Das Ergebnis des digitalen

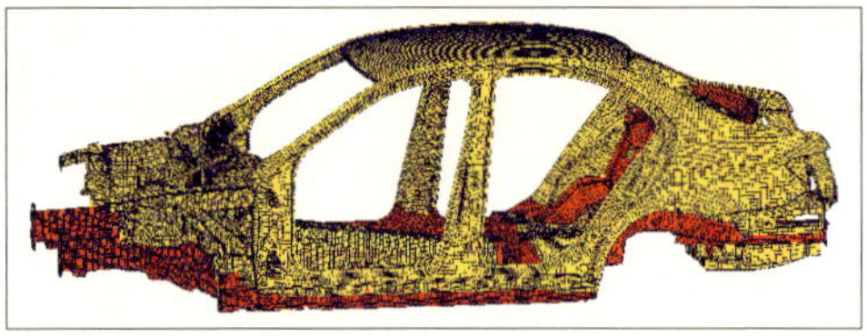

Bild 10.2-1 FE-Netzmodell Mercedes C-Klasse

Prototyps ist die funktionale Bewertung aller relevanten Fahrzeugfunktionen unter Verwendung bekannter Randbedingungen und Kennwerte zu einem festgeschriebenen Fahrzeug-Modellstand. Im späteren Verlauf der Fahrzeugentwicklung werden diese sukzessiv durch physische Prototypen ersetzt, um reale Erprobungen (z.B. Fahrversuche, etc.) durchführen zu können.

Moderne Optimierungsverfahren (Topologie-, Wanddickenoptimierung, . . .), Sensitivitätsanalysen bis hin zu multidisziplinären Methoden unterstützen und stabilisieren den Konzeptfindungsprozess und tragen zur Erhöhung des Konzeptreifegrads bei.

10.2.3 Beispiele

10.2.3.1 Fahrdynamik

Die Aktive Sicherheit und das fahrdynamische Verhalten werden heute in allen relevanten Fahrsituationen genau analysiert.

Um die wichtigsten Fahrzustände abzudecken, werden in der Fahrzeugentwicklung viele verschiedene Fahrmanöver durchgeführt, um die relevanten Kennwerte und das Fahrverhalten eines Fahrzeugs zu ermittelt.

Während die klassische Fahrverhaltensanalyse sich hauptsächlich auf Messdaten aus Versuchsfahrten abstützt, kann das Fahrverhalten in einer frühen Phase der Fahrzeugentwicklung nur über modellbasierte Ansätze erfolgen.

Einen ersten wichtigen Anhaltspunkt für das fahrdynamische Verhalten liefert der Static Stability Factor (SSF), der die Spurweite w und die Schwerpunkthöhe h ins Verhältnis setzt.

$$SSF = w/2h$$

und die statische Kippstabilität eines Fahrzeugs beschreibt.

Weitere wertvolle Kennwerte für die erste Charakterisierung des Fahrverhaltens hinsichtlich Reifen-, Fahrwerkseigenschaften und Lenkungselastizitäten werden über die stationäre Kreisfahrt auf konstanten Radius gewonnen:

- Eigenlenkgradient
- Achsseitenkraftkennlinien
- Wankwinkelgradient
- Schwimmwinkelgradient

Der Eigenlenkgradient EG beschreibt das Verhältnis der Lenkwinkeländerung zur Änderung der Querbeschleunigung bei zunehmender Fahrtgeschwindigkeit und weist darauf hin, ob das Fahrzeug bei hohen Kurvengeschwindigkeiten eher unter- oder übersteuert [8], (**Bild 10.2-2**).

$$EG = \frac{m}{l_l}\left(\frac{l_h}{c_v} - \frac{l_v}{c_h}\right) = \left[\left.\frac{\partial \delta}{\partial a_q}\right|_{a_q \ll g} - \frac{\partial \delta_A}{\partial a_q}\right]$$

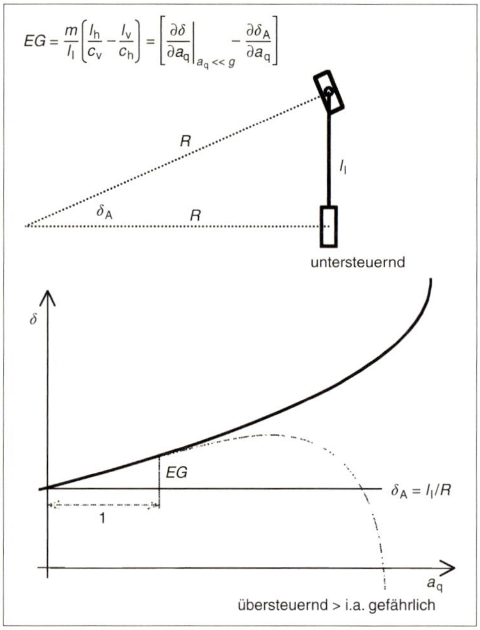

Bild 10.2-2 Eigenlenkgradient

Die Simulation weiterer Fahrmanöver kann dann über die Eingabe weiterer Lenkradwinkeln und Fahrgeschwindigkeiten durchgeführt und ausgewertet werden (**Bild 10.2-3**).

Eine Variantenabsicherung erfolgt, indem neben Standardbeladungszuständen auch kritische Fahrzeugbeladungen (z.B. Dachlast, max. Kofferraumlast, Anhänger) abgeprüft werden. Nur die in der Simulation als kritisch identifizierten Beladungen werden dann im Fahrversuch nochmals gesondert abgeprüft.

Darüber hinaus werden die Chassiskonzepte in Verbindung mit Komfort- und Fahrdynamik-Regelungssystemen in den Modellen abgebildet.

Besondere Bedeutung kommt dabei der Integration der Regelalgorithmen zu. Diese können in Form von Software in die Rechenmodelle integriert werden oder es werden die Steuergeräte direkt angebunden (Steuergeräte-Hardware-in the Loop Simulation).

10.2.3.2 Passive Sicherheit – Betriebsfestigkeit

Sobald erste Konstruktionsmodelle von Gesamtfahrzeugen in CAD vorliegen, können automatisiert 3D-Netzmodelle generiert werden, die je nach Berech-

Bild 10.2-3 Fahrdynamiksimulation C-Klasse

nungsaufgabe (Insassenschutz, Fußgängerschutz, Crashtauglichkeit, Betriebsfestigkeit) unterschiedliche Detaillierungsgrade aufweisen. Auf Basis der Geometrie, in Form der 3D-Netzmodelle, wird zusammen mit geeigneten Materialmodellen, Rand- bzw. Zwangsbedingungen sowie Belastungen ein numerisches Modell der Gesamtfahrzeugstruktur erzeugt. Mit Hilfe leistungsfähiger Finite-Elemente-Programmen kann der Entwicklungsstand des Fahrzeugs hinsichtlich Crash, Betriebsfestigkeit, Noise/Vibration/Harshness (NVH) etc., bewertet werden. Die enge Kommunikation von Konstruktion und Berechnung ermöglicht eine effektive und kontinuierliche Verbesserung der Fahrzeugstruktur [3, 4].

10.2.3.3 Aerodynamik

Auch hier gilt, sobald 3D-Geometriemodelle vorliegen, können numerische Simulationsverfahren eingesetzt werden, um dem Ingenieur einen Einblick in das Strömungsverhalten und über Optimierungspotenziale zu geben **(Bild 10.2-4)**.
Aufgrund der Komplexität der numerischen Verfahren wird die finale Modelloptimierung nach wie vor im Windkanal durchgeführt.

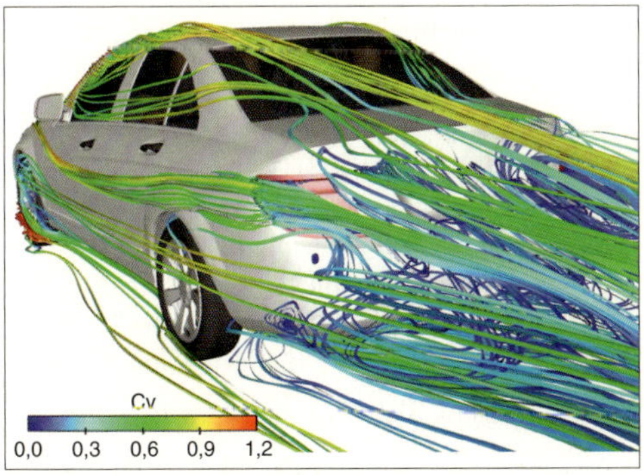

Bild 10.2-4 Aerodynamiksimulation Mercedes C-Klasse

10.2.3.4 Fahrleistung und Verbrauch

Diese lassen sich auf Basis der gewonnenen Konzeptdaten bereits relativ exakt berechnen. Mit zunehmender Reife erhärten sich die Werte für Gewicht, Aerodynamik, Motorkennfeld, Getriebe und Achsübersetzungen und Rollwiderstand [6].

10.2.4 Ausblick

Die außerordentliche Bedeutung der Konzeptphase haben die Bemühungen um die Verbesserung von effizienten Tools und den Einsatz von parametrischen Methoden in den Mittelpunkt der Weiterentwicklung gestellt. Dazu werden vor allem wissensbasierte und parametrische Funktionen in Konstruktionstools integriert (z.B. Verwendung von Templates in Catia V5 [7] zur Konstruktion und funktionalen Absicherung). Darauf ausgerichtete Datenbankmanagementsysteme bilden das Rückgrat dieser Produktentwicklung. Die verbesserte Integration von CAD und CAE ist ein entscheidender Erfolgsfaktor für eine weitere Prozessbeschleunigung in der Zukunft. Dabei werden in Zukunft neben den klassischen Konstrukteursdisziplinen auch Methoden und Tools zur Kostenprognose in der frühen Phase eine zunehmend wichtige Rolle spielen.

Literatur

[1] *Okamura, H.*: „Approach of Engineering Concept Design for Optimisation Problem“ 29. ISATA Konferenz, 1996, Paper 96 ME 028
[2] *Braess, H.-H. et al.*: „Methodik und Anwendung eines parametrischen Fahrzeugauslegungsmodells“, Automobil-Industrie 5/1985, S. 627 – 637
[3] *Volz, A. K.*: „Systemorientierter Karosserie-Konzeptentwurf am Beispiel der Crashsimulation“, Dissertation TU Ilmenau 2000
[4] *Hänschke, A.; Hilmann, J.*: „Der Einsatz vereinfachter Modelle zur verbesserten Auslegung der passiven Sicherheit“ 10. Aachener Kolloquium Fahrzeug- und Motorentechnik 2001, Berichtsband S. 471 – 493
[5] *Wallentowitz, H.*: „Vertikal/Querdynamik von Fahrzeugen“, Schriftenreihe Automobiltechnik; 35/96, 6. Auflage 2002
[6] *Seiffert, U.*: „Kraftfahrzeugtechnik“, Dubbel, 19. Auflage, 1997
[7] Verlag Vieweg: Virtual Product Creation, Congress Documentation 2003/2004/2005
[8] *Ammon, D.*: Modellbildung und Systementwicklung in der Fahrdynamik, Stuttgart: Teubner, 1997, (Habil.-Schr., 1996, Uni Karlsruhe), ISBN 3-519-02378-4 Gb
[9] *Diebold, L. et al.*: Einspurmodell für die Fahrdynamiksimulation und -analyse. ATZ 11/2006, S. 962 – 967

10.3 Berechnung und Simulation in der Fahrzeugentwicklung

10.3.1 Einleitung

Neben Faktoren wie Qualität und Innovation entscheidet heute in immer stärker werdendem Maße auch die Zeit von der Idee bis zur Serienreife über den Erfolg eines Produktes. Zusätzlich ist der Automobilmarkt von einer fortschreitenden Kundenorientierung geprägt, die mit einer stark ansteigenden Komplexität einhergeht. Somit müssen immer mehr, komplexere Fahrzeuge in immer kürzerer Zeit entwickelt werden. Um dieser Forderung gerecht zu werden, ist es von entscheidender Bedeutung, dass Zielkonflikte bereits in der frühen Phasen der Entwicklung entdeckt und gelöst werden können.

Vor diesem Hintergrund wächst der Einsatz von computerbasierten Methoden („Computer Aided Design", CAD und „-Engineering", CAE) kontinuierlich. Kunden führen als primären Kaufgrund von Automobilen das Design an, gefolgt von den Eigenschaften des Fahrzeugs. Dies sind insbesondere Wirtschaftlichkeit, Fahrleistungen, Sicherheit, Schwingungskomfort und Akustik. Während die virtuellen Techniken für Designpräsentationen noch am Anfang stehen, da bislang in der Simulationsumgebung die ästhetischen Effekte für die Designbeurteilung nur unzureichend abgebildet werden konnten, haben sich für die Eigenschaftsauslegung mittels CAE-Methoden in den vergangenen Jahrzehnten sehr erfolgreich Berechnungsverfahren entwickelt [1]. Diese werden in ihren Grundzügen anhand von aktuellen Beispielen aus der Fahrzeugentwicklung dargestellt. Ergänzend werden Ausführungen zu eigenschaftsprägenden Bauteil-Herstellprozess-Simulationen, wie Umform- und Gießsimulation gemacht. Wegen der großen Herausforderungen an die Produktinnovation auf Bauteil-, Komponenten- und Systemebene wird der Frage der Optimierung und die dazu eingesetzte Methodik ausführlich diskutiert.

Während sich die Berechnungsmethoden versuchsbegleitend entwickelt haben, steht heute mehr und mehr der funktionale Konzept-Entwurf in den frühen Entwicklungsphasen im Fokus von CAE. Aufgabe dieser Art von Funktionsauslegung ist es zusammen mit Design, Package, Konstruktion und Versuch funktionale Konzepte zu bewerten, Zielkonflikte aufzudecken, alternative Lösungen zu erarbeiten und die Zielerreichbarkeit im Konzept festzustellen. Dabei gilt es die Anforderungen an Bauteile aus dem Verhalten im Gesamtsystem abzuleiten. Aus diesem Grund wird die Einbindung der Simulation in den Entwicklungsprozess zum entscheidenden Faktor. Wegen der phasenabhängig etwas unterschiedlichen Herangehensweise wird einführend der CAE-Prozess im Unternehmensprozess skizziert.

10.3.2 CAE-Prozess und notwendige Infrastruktur in der Produktentstehung

Beim CAE-Einsatz ist es wichtig, dass die Physik in den verwendeten Modellen gut nachgebildet wird, aber auch auf eine hohe Funktionalität und Zuverlässigkeit des CAE-Einsatzes, d.h. auf einen hohen Nutzen und auf eine optimale Einbindung in den phasenabhängigen Entwicklungsprozess ist zu achten. Dementsprechend werden die CAE-Methoden in enger Abstimmung mit dem jeweiligen Projektzeitplan ausgewählt und mit der fortschreitenden Produktdefinition verfeinert. In der sehr frühen Phase erfolgt die Untersuchung und Auswahl der Konzepte anhand von Handformeln (Kap. 10.2). Typische Beispiele sind die Achslastverteilung, die Abschätzung der Wankneigung oder die Größe der benötigten Kühlernetze. Mit zunehmender Detaillierung werden Rechenmodelle für unterschiedliche Disziplinen aufgebaut.

Die Produktentstehung gliedert sich in zwei Hauptphasen: die virtuelle Phase und die Hardware-Erprobungs-Phase. Beide Phasen beinhalten Meilensteine zu denen wichtige Produktentscheidungen getroffen werden. Die Meilensteine dienen der Synchronisation des Entwicklungsprozesses zwischen den einzelnen Fachbereichen. Der wichtigste Meilender virtuellen Phase ist das Ende der Konzeptphase. Die Ergebnisse der Auslegung zu diesem Meilenstein finden sich später in den physischen Prototypen wieder **(Bild 10.3-1)**.

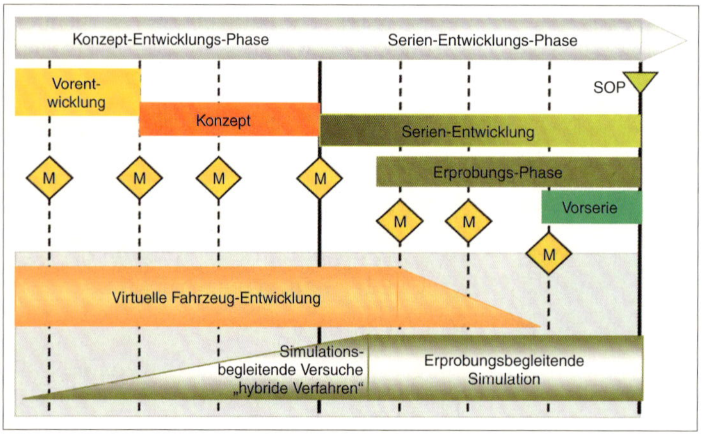

Bild 10.3-1
Phasenabhängiger Einsatz der Simulation im Produktentstehungsprozess (PEP) und Meilensteine (M) zur Synchronisation des Entwicklungsprozesses (Design-Reviews)

Um die Produktreife möglichst rasch zu steigern und damit die späteren Änderungskosten niedrig zu halten, wird in Auslegungsgesprächen der Reifegrad der Konstruktion kontinuierlich entwickelt. Deshalb ist es sinnvoll, dass zu den frühen Meilensteinen eine synchronisierte Bewertung des Funktionsstands stattfindet und die funktionale Aussage auf die jeweiligen Geometriestände der Konstruktion referenziert wird. Da die „virtuelle Welt" bestimmte Modellaufbauzeiten (ca. 4–6 Wochen) benötigt, müssen vor einem Review-Meilenstein CAD-Stände „eingefroren" und als Basis für das CAE-Modell genutzt werden. Zum Meilenstein wird dann üblicherweise ein geometrischer Reifegrad über den Prozess des DMU („Digital MockUp") und ein funktionaler Reifegrad über die Berechnung berichtet. Ein konzernweit vernetztes Datenmanagement ist hierfür unentbehrlich.

10.3.2.1 CAE-Einsatz in den unterschiedlichen Entwicklungsphasen

Konzeptphase

In der frühen Konzeptphase werden die geometrischen Details festgelegt, die die wesentlichen Eigenschaftspotentiale des Produkts bestimmen, wie Crashperformance, Verbrauch, Fahrkomfort. Deshalb spielt die Berechnung bei der Auslegung und Optimierung des Package eine besonders wichtige Rolle.
Allerdings tritt in dieser frühen Phase ein Problem zu Tage, dass der klassische Standardprozess der CAE-Auslegung auf Basis von exakten Konstruktionsdaten noch nicht möglich ist. Abhilfe bietet entweder die Nutzung angepasster Vorgängermodelle oder die Erstellung spezifischer Konzeptmodelle mittels parametrischer Konzepttools. Solche Werkzeuge erlauben es das modulare Fahrzeugkonzept durch wenige (Größenordnung 1000) Parameter zu beschreiben **(Bild 10.3-2)**. Jeder dieser Parameter kann interaktiv geändert werden. Die geänderte Konstruktion wird automatisch in den durch diese Veränderung beeinflussten Nachbarbereichen der Geometrie angepasst. So lässt sich zum Beispiel die komplette B-Säule innerhalb weniger Minuten um 5 cm nach hinten verschieben; ein Prozess der im konventionellen CAD-Ansatz mehrere Tage in Anspruch nehmen würde. Durch integrierte Gittergeneratoren lassen sich Netze für die numerische Simulation erzeugen. Der Nachteil, dass die Modelle nur zu einem bestimmten Grad die Details des geplanten Fahrzeugs wieder geben, wird durch die Geschwindigkeitsvorteile aufgewogen [2, 3, 36]. In späteren Phasen der Entwicklung werden exaktere Karosserie-Modelle erstellt und durch Kopplung mit Fahrwerksmodellen zu einem Gesamtfahrzeug erweitert (s. Abschnitt 10.3.3.2).
Zur Verbesserung der Prognosegüte der Simulation in der Konzeptphase kommen immer häufiger „hybride" Verfahren zum Einsatz. Hierbei werden durch die Berechnung begleitete Komponenten- oder Ersatzversuche durchgeführt mit denen neu zu entwickelnde Konzepte oder Materialien abgesichert werden. Beispiele sind Materialuntersuchungen für Werkstoffe mit hohem Versagensrisiko, Kenngrößen von Defoelementen, Feder- und Dämpferelementen aber auch die Erstellung von Teil-Hardwaremodellen, die experimentell untersucht werden, um die Berechnungsmodelle möglichst früh zu kalibrieren. Dadurch können in erheblichem Umfang Prototypenversuche eingespart und die Erprobungsprozesse verkürzt werden. In einigen Disziplinen, bspw. der Fahrwerksentwicklung werden diverse Umfänge zusätzlich über frühe Technikträger entwickelt und abgesichert.

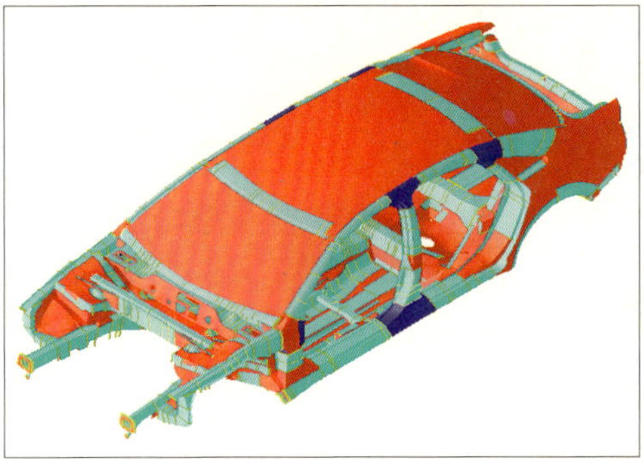

Bild 10.3-2 Beispiel eines parametrisierten Karosserie-Modells in der Konzeptphase [Quelle: Audi AG]

Serienentwicklung und Erprobungsphase

Der klassische CAE-Prozess unterscheidet fünf Phasen: Datenbereitstellung, Vernetzung, Modellaufbau, Berechnung und Auswertung (Post-Processing). Die Datenbereitstellung für die Berechnung ist ein wesentlicher Zeitfaktor. Er wird wesentlich verbessert, wenn eine gute Anbindung an die Bauteil- und Produktstrukturdaten aus der Konstruktion, d.h. dem eingesetzten PDM-System (Produktdatenmanagement) besteht [35]. Bei der Vernetzung für Finite Elemente Rechnungen oder Strömungsberechnungen werden rechenfähige Gitterstrukturen erzeugt. Dieser Vernetzungsprozess lässt sich dadurch verkürzen, dass Bauteile in mehrere Teilpakete aufgeteilt und parallel vernetzt werden. Zukünftig werden auch automatische Vernetzungen von Einzelbauteilen möglich sein, womit sich die Vernetzungszeiträume reduzieren werden.
Beim Aufbau der rechenfähigen Modelle aus den FE (Finite Elemente)-Netzen besteht die Herausforderung darin, möglichst zügig ein Gesamtfahrzeug-Modell aufzubauen, in das im fortschreitenden Entwicklungsprozess nötige Änderungen gut eingearbeitet werden können **(Bild 10.3-3)**. Nach der Berechnung ist es wichtig, dass die Modell- und Ergebnisdaten automatisch so in einer Datenverwaltung gespeichert werden, dass nachvollziehbar ist, zu welchen Berechnungsvarianten sie gehören. Hier kann ein Datenmanage-

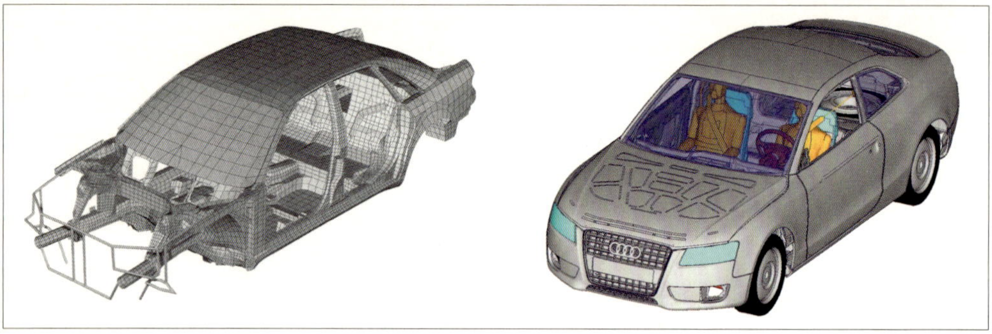

Bild 10.3-3 Typisches FE-Modell gestern und heute. Während vor einigen Jahren grobe FE-Modelle aufgebaut wurden, sind heute Gesamtfahrzeugmodelle zur Bewertung zahlreicher Detailprobleme im Einsatz (Quelle: Audi AG).

mentsystem effektiv unterstützen und den Berechnungsingenieuren wieder mehr Zeit für die eigentlichen Entwicklungsaufgaben verschaffen.
Voraussetzung dafür ist es allerdings, dass in den Berechnungsteams Standards für die Auswertung und die Datenorganisation vereinbart sind. Beim Post-Processing hilft ein Datenmanagementsystem die berechneten Varianten automatisiert zu vergleichen und in standardisierten Berichten abzuspeichern. Das projektübergreifende Vergleichen von Resultaten wird auf diese Weise deutlich erleichtert und hilft dabei, das Know-how vergangener Projekte transparenter zu nutzen. Durch eine Anbindung der CAE-Datenbank an die Datenbanksysteme der Versuchsabteilungen kann auch ein schneller Vergleich zwischen Berechungs- und Versuchsergebnissen erfolgen.
In der Serienentwicklung erfolgt die Feinabstimmung der Komponenten des Fahrzeugs entsprechend des gewählten Konzepts. Während in den Konstruktionsabteilungen durch Visualisierung der CAD Daten in Form von DMU-Reviews und Einbausimulationen die Baubarkeit von virtuellen Prototypen betrachtet wird, zielen die Berechnungsmethoden auf die Funktionen, die auch an Hardware-Protoypen getestet werden (z.B. Schwingungskomfort, passive Sicherheit, Lebensdauer). Die Simulationsverfahren greifen auf CAD-Daten zu, die seitens Konstruktion einen hohen Detaillierungsgrad aufweisen. Durch den Einsatz leistungsfähiger Softwaresysteme werden aus den CAD-Daten Netze für FE-Berechnungen oder zur Untersuchung der Strömungstopologie generiert.
In der Erprobungsphase ist es Aufgabe der Simulation den Versuch im Feinabgleich von Parametern ggf. mit Variantenrechnungen zu unterstützen. Das Experiment dient im Idealfall als physikalische Bestätigung der vorangegangenen virtuellen Bauteilentwicklung und zur endgültigen Bauteil- bzw. Systemfreigabe. Für die Simulation ist es nun wichtig, dass Modelle zur Verfügung stehen, die bis ins Detail mit dem Versuch abgeglichen werden können. Diese Modelle finden dann später Eingang in weitere Entwicklungsprojekte.

10.3.2.2 CAE-Organisation im Unternehmen

Um die Herausforderung synchronisierter virtueller Prozesse und Methoden voranzubringen ist es sinnvoll, die CA-Organisation in Summe weiter zu entwickeln. Dabei muss ein Transformationsprozess durchlaufen werden, in dem zunächst die oftmals kleinen CAE-Gruppen zunächst gebündelt werden um das nötige Know-How sowie die erforderlichen Prozesse aufzubauen. Eine enge Zusammenarbeit von Methodenentwicklung und den Projektgruppen ermöglicht ein hohes Maß an Praxisrelevanz und die zügige Einbettung neuer Methoden in die Auslegungsprozesse. Um eine enge Verzahnung der Berechnung mit Konstruktion und Versuch und eine gute Einbindung in den Entwicklungsprozess zu gewährleisten ist es von Vorteil, wenn die Berechnungsteams räumlich nahe den jeweiligen Konstruktions- und Versuchsteams organisiert sind, so dass ein intensiver Austausch und direkter Informationsfluss gewährleistet ist **(Bild 10.3-4)**.
In einem späteren Schritt kann die Berechnung wieder in den Fachbereichen dezentral verwurzelt werden. Werden Versuch und Berechnung zusammengefasst, dann können alle durchgeführten Simulationen und Versuche kosten- und zeiteffizient verknüpft werden. Allerdings muss darauf geachtet werden, dass der integrative Aspekt nicht verloren geht. Jede Funktion wird ggf. an unterschiedlichen Zielen gemessen und es muss bei Zielkonflikten sichergestellt bleiben, dass gesamtheitliche Lösungen erarbeitet werden. Aus diesem Grund kann neben den Berechnungsgruppen in den einzelnen Funktionsabteilungen eine integrativ wirkende Berechnungsgruppe sinnvoll sein, die insbesondere in der frühen Phase den Ausgleich von Zielkonflikten sucht.

10.3.2.3 Computer Ressourcen für CAE

Traditional waren die CAE-Berechnungen eine Domäne der Supercomputer mit ihren speziellen Recheneinheiten (Vektor-CPUs) und Großrechner-Betriebssystemen – meist Unix aber auch proprietären Systemen. Seit einigen Jahren zeigt sich ein

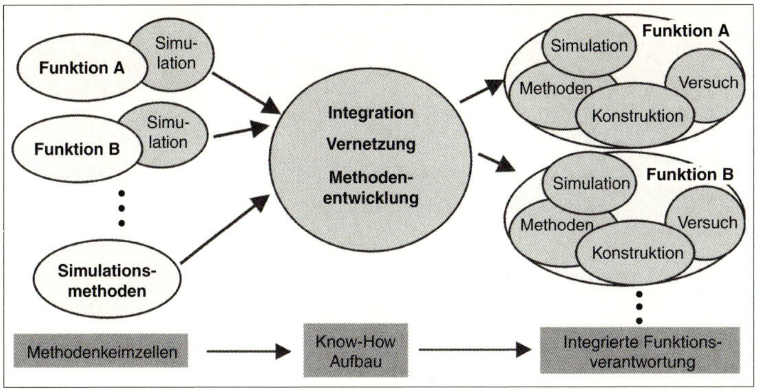

Bild 10.3-4 Transformation der Organisation zur Entwicklung geschlossener CA-Prozesse [32]

deutlicher Wandel in der Systemarchitektur. Dies ist auf den enormen Leistungszuwachs im Floating Point Bereich der Desktop Computer Prozessoren zurückzuführen. Durch das sehr günstige Preis-Leistungs-Verhältnis erreicht man durch das Zusammenschalten vieler Prozessoren – dem sog. Cluster – eine vor Jahren nicht vorstellbare Rechenleistung [5]. Da bei Automobilunternehmen nach durchschnittlich etwa 18–24 Monaten die Rechneranlagen erneuert werden und ein großer Teil der CAE Simulationen gut parallelisierbar ist, nutzt auch die Automobilindustrie diesen Trend. Bei diesen sogenannten X86-Systemen fällt dabei die Wahl des Betriebssystem auf Linux, welches über eine ausgezeichnete Stabilität verfügt. Da dieses Betriebssystem eigentlich ein klassisches Unix System ist, können auch die vielfältig vorhandenen Batch-Tools und Prozessdefinitionen genutzt werden.

Den erzielten hardware- und solverspezifischen Leistungssteigerungen stehen kontinuierlich steigende Modellgrößen der Simulationen gegenüber. Heutzutage umfassen die Modellgrößen für Crashanalysen bis zu 1 Mio. Elemente und man rechnet Vorgänge bis zu 150 ms Dauer. Eine typische Frontcrash-Berechnung auf 8 Prozessoren benötigt etwa 22 h. NVH-Modelle sind von ähnlicher Größe und ein typischer Rechenlauf zur Dynamik-Auslegung einer massenausgestatteten Karosserie dauert etwa 5 h auf 1 Prozessor. Für CFD benutzt man Modellgrößen bis 30 Mio. Zellen. Ein typischer Rechenlauf dauert etwa 24 h auf 64 Prozessoren. Die fortschreitende Rechenleistung erlaubt eine immer feiner werdende Modelllösung.

10.3.3 Anwendungsgebiete und Methoden

Die Einsatzfelder der numerischen Simulation sind in den vergangenen Jahren kontinuierlich gewachsen. Im folgenden wird auf die standardisierten Verfahren etwas ausführlicher eingegangen und deren Nutzen anhand von Beispielen illustriert. **Tabelle 10.3-1** gibt einen Überblick über die wesentlichen CAE-Einsatzgebiete in der Produktentwicklung und bewertet deren Prognosefähigkeit.

Die ersten CAE-Methoden, die in der Automobilindustrie eingesetzt wurden, basierten auf der Methode der Finiten Elemente (FE) und dienten der Optimierung der Statik von Karosseriebauteilen. Heute werden mittels FE-Methoden sämtliche Fragestellungen zur Strukturauslegung behandelt. Die wesentlichen Auslegungsmerkmale sind zunächst die bauteilbezogenen Größen Steifigkeit, Festigkeit und Lebensdauer sowie die Verbindungstechnik.

Im Gesamtfahrzeug liegen die Schwerpunkte der Auslegung auf Fahrleistung und Verbrauch, Fahrdynamik, Schwingungskomfort, Akustik und Crash-Berechnung. Die kinematische Auslegung des Fahrwerks erfolgt auf Basis von MKS-Simulationen. Die Einsatzgebiete für Strömungssimulationen reichen von der Aerodynamik bis hin zur Zylinderinnenströmung. Die Simulation des Herstellprozesses von Bauteilen ist sowohl wichtig für die frühe Produktplanung als auch für die Eigenschaftsbewertung eines Produkts mit CAE-Verfahren. Denn es ist bekannt, dass der Vorverarbeitungsprozess von Werkstoffen Einfluss bspw. auf das Materialverhalten im Crash oder auf die Festigkeit hat. Aus diesem Grund gewinnt die Verknüpfung von Blechumform- und Gießsimulation in Verbindung mit der Funktionsauslegung zunehmend an Bedeutung.

10.3.3.1 Finite Element-Methoden

Eine statische Belastung einer Struktur bewirkt eine Formänderung und daraus resultierende Spannungen. Diese hängen von den Steifigkeiten und den Lagerbedingungen ab. In einem Finite-Element Modell werden diese Zusammenhänge, die durch Differentialgleichungen mathematisch berechnet werden können, näherungsweise gelöst. Dazu wird das Bauteil in Finite Elemente diskretisiert. Die Elemente sind an sog. Knoten miteinander verbunden, an denen Kräfte und Momente übertragen werden. Im Berechnungsprozess werden nun die Knotenverschiebungen und -verdrehungen bestimmt und über kinematische Beziehungen und Materialgesetze die resultierenden Spannungen aufgrund äußerer Kräfte berechnet. Dabei werden die zugehörigen Werte eines Elements mit denen des

Tabelle 10.3-1 Einsatzgebiete und Bedeutung der Simulationstechnologie

	A	B	C
Aufbau			
Steifigkeit global, lokal	X		
Festigkeit, Spannungen	X		
Akustik unter 100 Hz	X		
Modalanalyse	X		
Türen, Klappen	X		
Lebensdauer		X	
Crash-Struktur	X		
Fußgängerschutz, Typschaden	X		
Insassenschutz	X		
Interieurbauteile	X		
Sitz	X		X (Komfort)
Tiefziehsimulation	X		
Gießsimulation	X		
Verbindungstechnik	X (Dynamik)	X (Crash, Lebensdauer)	
Dichtungen, Steifigkeit	X		
Aggregate			
Festigkeit, Spannungen	X		
Modalanalyse	X		
Steuertriebsdynamik	X		
Schallabstrahlung		X	
Zylinderinnenströmung, Gemischaufbereitung	X		
Verbrennung			X
Strömung Wassermantel, Ölkreislauf	X		
Gesamtfahrzeug			
Fahrdynamik, -komfort	X		X (Komfort)
Fahrleistung, Verbrauch	X		
Schwingungen	X		
Aerodynamik	X		
Aeroakustik			X
Motorraumdurchströmung	X		
Klimatisierung	X		X (Komfort)
Wärmemanagement		X	
Elektrik/Elektronik			
Sensorik	X		
Scheinwerfer	X		
EMV		X	
Fahrwerk			
Kinematik, Elastokinematik	X		
Festigkeit, Spannungen	X		
Lebensdauer, Betriebsfestigkeit		X	
Aktives Fahrwerk		X	

A – im Einsatz, hohe Prognosegüte; B – im Einsatz, entwicklungsbegleitend; C – beschränkter Einsatz, unvollständige Methode

Nachbarelements interpoliert. Je nach Struktur können Balken, Stab, Membran, Scheiben, Platten, Schalen- oder Volumenelemente modelliert werden. Eine Modellierung durchzuführen ist die große Herausforderung für den Berechnungsingenieur. Wesentliche Fehlerquellen können in der Idealisierung, wie bspw. die Annahmen zur Topologie der Struktur, den Randbedingungen, Belastungen und Materialgesetzen, als auch Mängel bei der Diskretisierung, bspw. die Wahl des Elementtyps, deren Größe und die Netzqualität sein. Darüber hinaus können Berechnungsfehler (z.B. Lösungsmethode, Solverspezifika) und Einflüsse der Computer-Hardware (z.B. Rundungsfehler, Speicherverwaltung) auftreten [3, 6, 34].

Steifigkeit, Festigkeit und Lebensdauer

Viele Komponenten des Fahrzeugs müssen im Hinblick auf die größtmögliche Steifigkeit ausgelegt werden. Die Steifigkeit wird von Materialeigenschaften und den geometrischen Parametern der Struktur bestimmt. Die berechneten Spannungen erlauben es das Bauteil geometrisch so zu verändern, dass Spannungskonzentrationen vermieden werden.
Ein klassisches Beispiel aus dem Karosseriebereich für die Steifigkeitsauslegung anhand statischer Ersatzlastfälle stellt die Grundauslegung der Türen- und Klappen dar. Hier werden statische Torsions- und Biegelastfälle, aber auch Türabsenkung, Türüberdrückung und Gasfederlastfälle von Klappen berechnet. Das erforderliche FE-Modell entsteht aus den CAD-Daten unter Berücksichtigung von Materialkenndaten. Bei der Modellbildung werden bereits in frühen Projektphasen Scharniere, Säulen an denen die Türen angebunden sind, und Dachrahmen bei den Heckklappen, mitsamt ihrer Umgebung einbezogen. Auch Nichtlinearitäten wie Kontakte, Reibung und Plastifizierung werden in der Modellbildung berücksichtigt. Weitere Beispiele neben den Karosseriebauteilen sind Aggregatehalter, Fahrwerksbauteile, wie Achsbauteile, Lenksäule und Fußhebelwerk.
Die Lebensdauer eines zyklisch belasteten Bauteils setzt sich aus zwei Bereichen zusammen. So wird unterschieden zwischen der Lebensdauer bis zum technischen Anriss des Bauteils und der sich anschließenden Restlebensdauer. Die Berechnung der Anrisslebensdauer ist von großer Bedeutung, weil der Bruch eines sicherheitsrelevanten Bauteils sicher vermieden werden muss.
Zur Bestimmung der Lebensdauer werden die betrieblichen Bauteilbelastungen und die Wöhlerkennlinien benötigt [7]. Belastungen auf ein Bauteil im System können über eine Simulation im Mehrkörpersystem definiert werden. Hier lassen sich mit den Systemeingangsgrößen die auf ein Bauteil oder Baugruppen einwirkenden Randbedingungen und Schnittgrößen ermitteln (s. Kap. 10.3.3.2). Aus den physischen Eigenschaften (Form, Material) ergibt

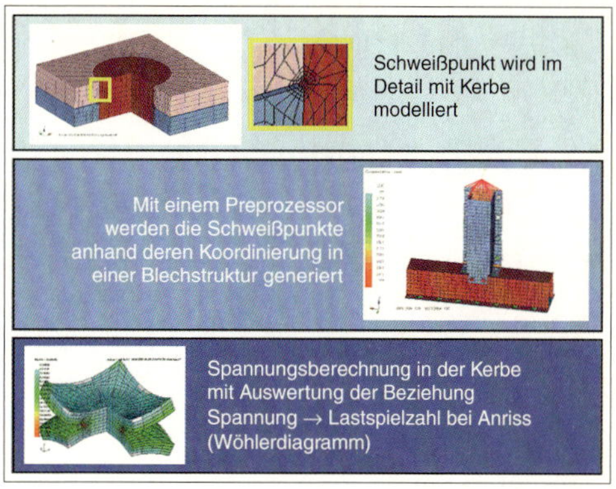

Bild 10.3-5 Prinzipielle Vorgehensweise bei der Lebensdauerberechnung von Schweißpunkten [3, 7, 8].

sich nun ein Nennspannungskollektiv, das den Spannungszeitverlauf für die Berechnung darstellt.
Nach dem Stand der Technik sind die Berechnungswerkzeuge zur Bewertung der Funktionalität und der Lebensdauer z.T. noch mit erheblichen Unsicherheiten behaftet. Gründe hierfür sind z.B., dass die Aussagegüte der Simulation stark von Annahmen zur lokalen Bauteilfestigkeit abhängt, die z.T. erheblich durch die Fertigung beeinflusst wird. Bauteilgebundene Bewertungsansätze bieten hier eine höhere Zuverlässigkeit bei der Auslegung [7]. **Bild 10.3-5** beschreibt das prinzipielle Vorgehen der Auslegung mit einem speziellen Elementtyp zur Berechnung der Kerbspannungen an Schweißpunkten in der Karosserie.
Das Ziel der Simulation ist es durch Relativvergleiche den Erprobungs- und Versuchsprozess deutlich zu entlasten. Am Ende der Absicherungsphase steht allerdings nach wie vor der experimentelle Betriebsfestigkeitsnachweis. Methodische Herausforderungen sind zum Beispiel die Berücksichtigung von Korrosions- und Alterungsprozessen, Werkstoffmodelle für Kunststoffe und Verbundwerkstoffe und auch verbesserte Berechnungsmethoden für die eingesetzten Fügeverfahren.

Schwingungskomfort, Akustik

Die schwingungstechnische Grundauslegung des Fahrzeugs besteht darin, die Resonanzen aller Subsysteme möglichst gut zu entzerren. Überlagerungen von Resonanzen führen zu erhöhten Schwingpegeln, die für den Insassen negativ wahrnehmbar sind und vermieden werden müssen (Kap. 3.4).
Mittels FE-Berechnungen werden die Eigenschwingungen der Subsysteme im Fahrzeug bestimmt. Aufgabe ist es, die Eigenfrequenzen dieser Systeme möglichst zu entzerren und die Punkte, an denen Kräfte in die Karosserie eingeleitet werden, so zu legen, dass sie nahe an Schwingungsknoten liegen, weil hier die Amplituden geringer sind bzw. dort

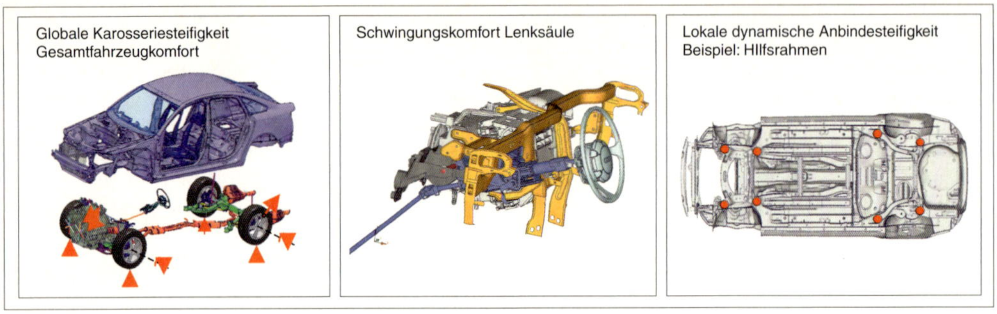

Bild 10.3-6 Beispielhafte Aufgabenübersicht in der CAE-Auslegung Schwingungskomfort, Akustik [12]

weniger Vibrationsenergie in die Karosserie eingeleitet werden kann. Der Energieeintrag kann weiterhin durch hohe lokale Steifigkeiten an den Koppelstellen zwischen Karosserie und Achsen sowie Antrieb verringert werden. Ein Impedanzsprung zwischen steifer Karosserie und weichem Elastomerlager entkoppelt, reflektiert also Energie (**Bild 10.3-6**).

Die Eigenfrequenzentzerrung, Schwingformen und hohe lokale Steifigkeiten erlauben die Grundauslegung auf Komponentenebene, z.B. für die Karosserie allein. Eine Feinabstimmung und absolute Bewertung der Schwingpegel kann nur im FE-Gesamtfahrzeug(modell) stattfinden. Hier gilt es die aus dem Fahrwerk eingeleiteten Kräfte zu berücksichtigen. Dies geschieht wirkungsvoll durch die Kopplung von MKS-Simulationen (s. Kap. 10.3.3.2) mit FE-Berechnungen. Geeignete Lastfälle für die Bewertung im Gesamtfahrzeugmodell sind die Radunwucht und die Vier-Stempelanregung auf dem Hydropuls-Prüfstand, weil sie gut reproduzierbar und standardisierbar sind.

Für die Bewertung der Fahrzeugakustik im Innenraum haben sich abhängig vom jeweiligen Zielfrequenzbereich zwei Verfahren entwickelt. Die niederfrequente Akustik bis ca. 250 Hz kann mit der FEM unter Verwendung eines gekoppelten Fluid-Struktur-Modells prognostiziert und optimiert werden [38]. In diesem niedrigen Frequenzbereich sind die akustischen Phänomene von einzelnen Moden der Subsysteme geprägt. Schalldruckmaxima entstehen z.B. bei Resonanzfrequenzen des Hohlraums und einzelner, großer Blechflächen. Mit der Frequenz steigt die Dichte der Moden so stark an, dass der Rechenaufwand für die FEM nicht mehr vertretbar ist. Statt dessen kann ab ca. 400 Hz mit statistischen Methoden (Statistische Energieanalyse SEA, [9]) auf Basis von Energie und Leistungsbilanzen gearbeitet werden. Die Struktur und die Hohlräume der Karosserie und die umgebende Luft werden dabei in Subsysteme (ca. 100–500) zerlegt, die Energie dissipieren und untereinander austauschen. Als Last werden Schall-Leistungen in einzelnen Subsystemen eingegeben. In den Kavitäten, wo sich die Köpfe der Insassen befinden, kann der daraus resultierende Schalldruck ermittelt werden. Da sich mit der Methode die Schalltransferpfade erschließen, können konstruktive Maßnahmen zur Beeinflussung des Schalldrucks gezielt analysiert und optimiert werden. Die Schwierigkeit des Verfahrens liegt in der korrekten Ermittlung der Kopplungs- und Dämpfungsverlustfaktoren. Meist müssen sie experimentell an Prototypen ermittelt werden. In einigen Fällen ist es bereits gelungen über Erfahrungswerte eine hohe Prognosegüte zu erzielen [3].

Um die Frequenzlücke zwischen SEA und FEM zu schließen, werden derzeit Anstrengungen unternommen, eine sinnvolle Kombination beider Verfahren zu generieren. Ein Ansatz ist es die Kopplungs- und Dämpfungsverlustfaktoren für die SEA über die FEM mit geeigneten Mittelungsalgorithmen zu gewinnen.

In der niederfrequenten Akustik mit der FEM gibt es ebenfalls noch Handlungsbedarf. Die Darstellung der Massenausstattung und der dämpfenden und absorbierenden Wirkung der Innenausstattung (Sitze, Himmel, etc.) wird kontinuierlich verbessert. Die Prognose der durch Fahrwerk und Antriebsstrang in die Karosserie eingeleiteten Kräfte bietet auch Verbesserungspotentiale. Zur Vorhersage der Kräfte aus dem Aggregat wird an Methoden gearbeitet, die Kombinationen aus MKS und FEM-Systemen darstellen. Die Übertragungseigenschaften der Achsen lassen sich mit der FEM allein heute bereits recht gut darstellen. Wesentliche Arbeitspunkte sind noch die Reifeneigenschaften, die Abbildung der komplexen Interaktion zwischen Fahrbahn und Reifen und die virtuelle Ermittlung von dynamischen Eigenschaften der Elastomerlager. Bis diese Methoden entwickelt sind, wird man auf den hybriden Weg setzen, in dem Eigenschaften komplexer Komponenten (Reifen, Dämpfer, Elastomerlager etc.) messtechnisch erfasst werden und im Gesamtmodell virtuell „nur" das Zusammenspiel aller Komponenten analysiert und optimiert wird.

Zur weiteren Verbesserung des Schwingungskomforts bietet die gezielte Auslegung des Sitzes mit FE-Methoden noch Potential. Ziel ist die Abbildung der schwingungstechnischen Eigenschaften des Gesamtsitzes und als Zusammenspiel zwischen Struktur, Schaum, Bezug und Insasse. Als Nebenprodukt ergibt sich daraus die Möglichkeit zur Vorhersage von wichtigen Ergonomiegrößen (Kap. 6.4.1), wie dem H-Punkt, und statische Komfortparameter wie die Druckverteilung zwischen Insasse und Sitz [3].

Sicherheit

Die steigende Anzahl an Sicherheitsanforderungen lässt den Entwicklungsaufwand in den letzten Jahren kontinuierlich steigen (s. Kap. 6.5). Insbesondere in der Crash- und Insassensimulation ist diese Herausforderung nur mit dem Einsatz von Simulationsmethoden beherrschbar [37].

Es kommen fast ausschließlich nicht-lineare explizite Finite Element-Codes zum Einsatz, welche in der Insassensimulation aufgrund der deutlich reduzierten Rechenzeiten teilweise durch MKS (Mehrkörpersysteme) – Codes (s. Kap 10.3.3.2) unterstützt werden.

Neuerdings werden auch reduzierte FE-Modelle eingesetzt, in denen nur die für den Lastfall relevanten Module mit hoher Genauigkeit abgebildet werden. Diese vereinen die Rechenzeitvorteile von MKS-Methoden mit der Genauigkeit aktueller FE-Methoden.

Crash-Strukturauslegung

Bei einem Aufprall handelt es sich um eine Fortpflanzung einer Stoßwelle in der Struktur mit Körperschallgeschwindigkeit, die elastische und plastische Verformungen verursacht [31]. Die Berechnung innerer Spannungen und äußerer Kräfte sowie die Einhaltung der Materialgesetze (z.B. Fließbedingung) und der Randbedingungen (z.B. Kontakt), werden für jeden Zeitschritt auf Elementebene ausgeführt (**Bild 10.3-7**). Mit einigen effizienten Vereinfachungen ermöglicht diese Methode eine effiziente Behandlung der Crashlastfälle. Zur Gewährleistung der Stabilität der zumeist eingesetzten expliziten Integrationsverfahren sind sehr kleine Zeitschritte erforderlich, die sich an der höchsten Eigenfrequenz der Struktur orientieren. So muss die kleinste Elementkantenlänge bei der Diskretisierung der Struktur begrenzt werden, um die Rechenzeit in einem akzeptablen Bereich zu halten.

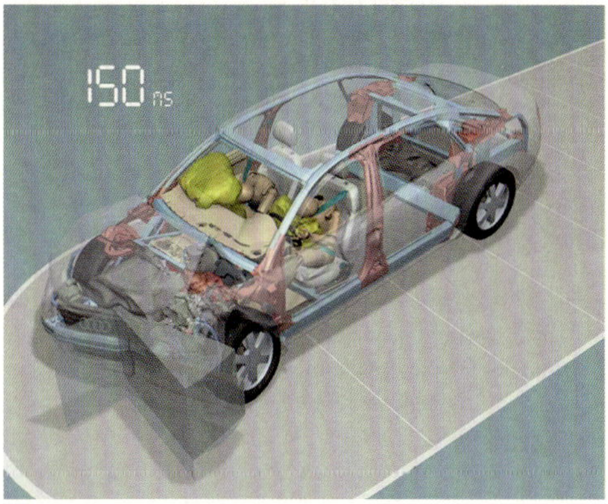

Bild 10.3-7 FE-Modell nach Offset-Crash (Quelle: Audi AG).

Die meisten Crashlastfälle ergeben sich aus Gesetzesanforderungen und Verbrauchertests, wobei die Verbrauchertests in der Regel strengere Anforderungen darstellen. Zur Sicherstellung der Funktionen werden bei einer Fahrzeugentwicklung Crashlastfälle für Front-, Seiten-, Heckcrash, Dachstabilität, Reparatur-Verbrauchertests bzw. Stoßfängertests und Partnerschutz (Kompatibilität und Fußgängerschutz) simuliert. Die Integration der Bauteilvorgeschichte in die Funktionsauslegung kann in Zusammenwirken mit Umform-, Gieß- und Fügesimulation ermöglicht werden und verbessert die Prognosesicherheit in stark verformten Crash-Regionen der Karosserie [10].

Handlungsbedarf besteht in validierten Modellen für die Behandlung von Bauteil- und Verbindungsversagen (Schweißen, Nieten, Kleben etc). Materialmodelle für neue Werkstoffe wie Kunststoffe, Schäume sind Gegenstand von Untersuchungen [3].

Insassenschutz

Im Insassenschutz werden die Belastungswerte der Dummies beim Crash analysiert. Ziel ist die optimale Auslegung der Rückhaltesysteme (RHS) wie der Gurte, Airbags etc., welche in ihrem Zusammenspiel auf das Fahrzeug abgestimmt werden. Neben den reinen Gesetzesanforderungen sind Verbrauchertests sowie die aus Unfallforschungsdaten abgeleitete Anforderungen im Felde zu beachten (Kap. 6.5).

In der Regel werden Insassensimulationen an Teilmodellen durchgeführt. Beim Frontcrash wird dazu die Zelle samt Interieur (Sitz, Cockpit, Lenkrad) und Dummies betrachtet. Die aus dem Strukturcrash vorliegenden Ergebnisse – Verformung der Zelle und Bewegung (Puls) über der Zeit – werden aufgeprägt. Auf diese Weise ist eine effektive und ressourcenschonende Simulation des Gesamtvorgangs möglich. Zudem werden durch diesen Ansatz die Anteile, welche die Struktur und welche die RHS zu bringen haben, klar getrennt. Von der Struktur werden das Einhalten bestimmter zulässiger Verformungen und eine bestimmte Beschaffenheit des Verzögerungspulses verlangt.

Auslegung Interieurbauteile

Die zentrale Rolle bei der Auslegung sicherheitsrelevanter Interieurbauteile nimmt der Kopfaufprall ein. Hierbei wird zum einen das Cockpit und die Mittelkonsole mittels eines starren, halbkugelförmigen Pendels angeschlagen zum anderen werden die Säulen und der Himmel mittels eines frei fliegenden Dummy-Kopfs beschossen. In allen Fällen wird die am Messinstrument auftretende Beschleunigung

gemessen und bewertet. Ziel ist es, den Innenraum weich, d.h. energieabsorbierend zu gestalten.
Als Vorauslegung für den Knieaufprall der ungegurteten Personen werden die Knieschutzsysteme mittels spezifischer Impaktoren vorabgestimmt. Erst wenn bestimmt Voraussetzungen bezüglich des Verformungsverhaltens erfüllt sind, werden die Stände an die Frontschutz-Simulation übergeben und im Zusammenspiel mit allen RHS-Komponenten bewertet.
Auch dem Sitz kommt eine erhebliche Bedeutung in der Sicherheitsauslegung zu. Schutz vor Ladung, „Whiplash", Lehnenverlagerung beim Crash sind typische Lastfälle die mittels FE-Rechnungen ausgelegt werden.
Eine weitere Anforderung im Innenraum stellt die Simulation der Airbag-Öffnung dar. Dies umfasst sowohl die Simulation der Schalttafel, welche den Airbag freigibt, als auch die Reaktionskräfte an der Modulbefestigung. In der Simulation müssen, entsprechend der Realität, gefaltete Airbags, eingesetzt werden. Dazu wird in einer eigenen Vorsimulation der Faltungsprozess abgebildet. Um die Prognosefähigkeit der Airbag-Analysen zu steigern, muss zukünftig die Gasströmung berücksichtigt werden [3]. Es entsteht eine Kopplung der Gasdynamik mit dem mechanischen Problem. Damit lässt sich insbesondere die Impulsübertragung durch das Gas in den ersten 5–10 ms der Entfaltung deutlich verbessern **(Bild 10.3-8)**.
Einen breiten Raum für Verbesserungen bieten nach wie vor die Materialmodelle insbesondere, wenn sie die Vorhersage des Materialversagens und die im Innenraum eingesetzten Kunststoffe betreffen. Neben der Entwicklung immer komplexerer Modelle darf die Materialcharakterisierung nicht vernachlässigt werden. Im Projekteinsatz müssen sich alle Werkstoffkennwerte innerhalb kurzer Zeit bestimmen lassen.

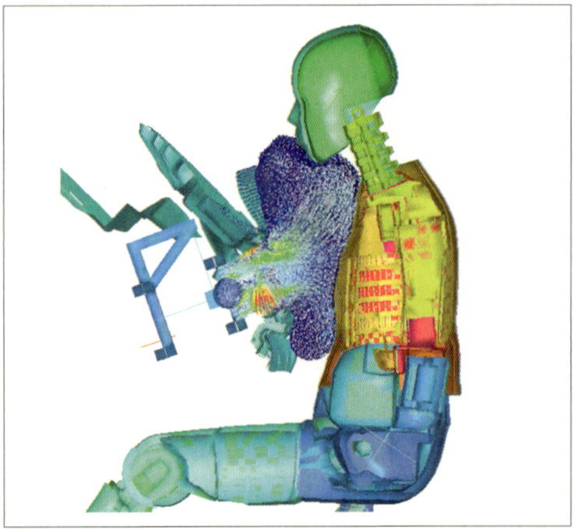

Bild 10.3-8 Berechnung der Airbag-Entfaltung mit Gasdynamik (Quelle: Audi AG)

Sensorik

Die Charakteristik der bei einem Crash auftretenden Beschleunigungs- oder Drucksignale sind entscheidend für die Aktivierung der Rückhaltesysteme. Deshalb steht auch Simulation von Sensorsignalen im Mittelpunkt und bietet die Chance für die Bewertung der Integrierbarkeit verschiedener Sensoren.
Airbagsteuergeräte werten die hochfrequenten Signalanteile der verwendeten Druck- und Beschleunigungssensorsignale aus. Die Beschleunigungssignale können von den FE-Methoden im Gesamtfahrzeug unter Berücksichtigung der auftretenden Toleranzen nicht gut prognostiziert werden. Deshalb zielen die eingesetzten FE-Methoden auf die Vorhersage des Geschwindigkeitssignals am Sensor. Hauptaugenmerk ist die richtige Positionierung der Sensoren im Fahrzeug. Neuerdings werden die berechneten Signale mittels moderner Data Mining Methoden zur Vorauslegung von Crashklassifizierungs-Algorithmen herangezogen [11].

10.3.3.2 Mehrkörpersystem-Methoden

Mit der Starrkörpersimulation, kurz MKS (Mehr-Körper System Simulation) wird ein mechanisches System in ein rechnerisch relativ leicht abbildbares Modell aus Starrkörpern abgebildet, welches aus den am Prozess beteiligten Elementen besteht. Die Massen bzw. Massenträgheitsmomente, die aktiven Kräfte und Momente sowie die Bindungs- und Kontaktbedingungen der einzelnen Starrkörperelemente, welche die Zahl der Freiheitsgrade bestimmen, beeinflussen im wesentlichen das dynamische Verhalten der physikalischen Realitäten und somit auch des Simulationsmodells.
Ein MKS-Programm setzt aus den geometrisch definierten Zwangsbedingungen eigenständig das Gleichungssystem zusammen und berechnet die Kinematik oder Dynamik im Zeitbereich. Als Ergebnis stehen die kinematischen Größen der Einzelkörper und die Kräfte zur Verfügung. Die Bauteilbelastungen (Dehnungen und Spannungen) können nicht im MKS-Programm berechnet werden. Dazu ist ein Rücktransport der Berechnungsergebnisse in ein FE-Programm notwendig.
Die Mehrkörpersystem-Analyse wird immer dann verwendet, wenn Bewegungen kompakter Körper simuliert werden sollen. Das kann der Kopf eines Dummies sein, der beweglich auf dem Rumpf sitzt, oder ein Kolben, der sich im Motorblock auf und ab bewegt. So lassen sich zum Beispiel Bewegungsabläufe im Motor optimieren, Fertigungstoleranzen festlegen und Stoßfedern einpassen.
Hauptanwendungsgebiete sind die Berechnung von Antriebsstrangbauteilen/-modulen, die Berechnung von Fahrwerksbauteilen, insbesondere die Auslegung der Elastokinematik der Achsen, Gesamtfahrzeugdynamik und -komfort, Stuckern und Zittern, die

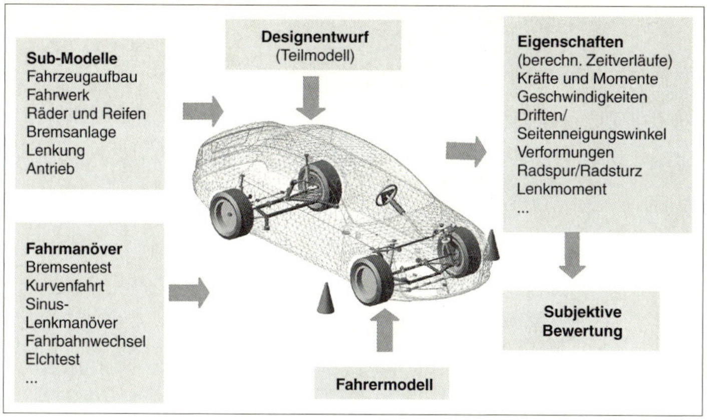

Bild 10.3-9 Schematische Vorgehensweise bei der Simulation der Gesamtfahrzeugdynamik [3, 13, 33]

Aggregatebewegung und die Simulation auf virtuellen Teststrecken zur Ableitung von dynamischen Lasten für die Festigkeitsauslegung [13, 14].

Elastokinematik und Gesamtfahrzeugdynamik

Mittels MKS-Verfahren werden bereits in der Konzeptphase die kinematischen Positionen des Fahrwerks und die dynamischen Radhüllkurven berechnet und zur Auslegung der Freigänge zur Karosserie herangezogen. Nach der elastokinematischen Grundauslegung von Vorder- und Hinterachse werden Gesamtfahrzeugberechnungen durchgeführt. **Bild 10.3-9** zeigt die prinzipielle Vorgehensweise [3, 33]. Dazu werden Gesamtfahrzeugmodelle aufgebaut, die aus Vorder- und Hinterachse, Karosserie, Lenkung, Aggregat/Antriebsstrang und Reifen bestehen. Zusätzlich zu den in den Achsen verbauten elastischen Lagern, müssen insbesondere die Eigenschaften der Reifen exakt modelliert werden. Für schnelle dynamische Manöver müssen zusätzlich zu den Massen und deren Lage, die Trägheitsmomente im Aufbau bekannt sein. Bei den Fahrmanövern wird zwischen „open-loop" und „closed-loop" unterschieden, je nach dem ob ein Fahrermodell verwendet wird. Die Simulation errechnet die Zeitsignale der Fahrzeugeigenschaften und durch deren Nach-Auswertung werden die Handlingseigenschaften bewertet. Die erreichten Genauigkeiten sind ausreichend um z.B. das Verhalten in einer stationären Kreisfahrt und auch transiente Phänomene bis hin zu Frequenzbereichen von 8 Hz vorauszubestimmen. Bewertungskriterien sind die Aufbaubewegungen, Stuckern/Zittern, als auch die Wank/Nick-Neigung des Fahrzeugs sowie das Eigenlenkverhalten (Kap. 7.5).

Fahrkomfort-Simulation

Fahrkomfort-Analysen mit MKS zielen auf Effekte im Frequenzbereich von 5 bis 50 Hz. Dabei wird zwischen der Überfahrt diskreter Hindernisse, wie positive oder negative Kanten und stochastischer Fahrbahnanregung unterschieden. Auch das Verhalten auf der Hydropuls-Vierstempelanlage wird simuliert. Beschleunigungssignale werden an allen komfortrelevanten Punkten, wie bspw. Sitzschiene, Lenkrad und Kopfstütze und an Punkten der Krafteinleitung bestimmt. Die Untersuchung benötigt eine modale Repräsentation der Karosserie, die amplituden- und frequenzabhängigen Eigenschaften der relevanten Komponenten wie bspw. die Lager und Dämpfer, als auch das Reifenmodell das den Fahrbahnkontakt nachbildet. Durch Bewertungsmodelle, die aus Korrelation von Beschleunigungssignalen und subjektiven Beurteilungen aus Vorgängermodellen ermittelt wurden, können die subjektive Bewertung des Fahrkomforts abgeschätzt werden [3, 13, 33].

Simulation der Aggregatebewegung

Ein Hauptaugenmerk in der Entwicklung des Aggregates und des Antriebsstrangs gilt dem Verhalten bei Lastwechseln [3, 16]. Drehschwingungen beim Anlass- oder Abstellvorgang des Aggregats bewirken Longitudinalschwingungen des Fahrzeugaufbaus. Die wichtigsten Lastfälle sind: Drehschwingungen des Aggregats, Ampelstart, Volllastbeschleunigung, Handling in Slalomstrecken, Lastwechsel bei Kurvenfahrt und Hindernisüberfahrt. Diese Simulationen erfordern eine detaillierte Abbildung von Kupplung, Getriebe, Schwungrad, Differentiale inklusive aller torsionalen Elastizitäten und Spiele. Besonders wichtig sind die genaue Abbildung der Lager und Dämpfer und das verwendete Reifenmodell.
Die Bewegungsinformation aus den Simulationen kann ebenfalls genutzt werden um die dynamischen Hüllkurven für Freigangsuntersuchungen im Vorderwagen zu liefern.

10.3.3.3 Strömungssimulation

Zur Strömungsberechnung sind heute üblicherweise numerische 3 D-Verfahren im Einsatz, die auf den Navier–Stokes Gleichungen aufbauen. Diese Glei-

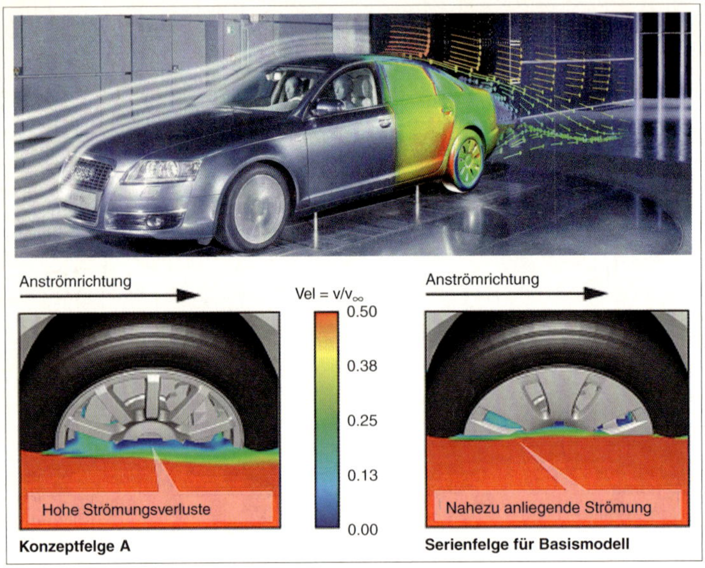

Bild 10.3-10 a) Beispiel einer statischen Druckverteilung auf der Fahrzeugoberfläche des Hinterwagens und Stromfaden im Mittelschnitt und b) relative Strömungsgeschwindigkeiten an Felgen (Quelle: Audi AG)

chungen drücken für jedes Volumenelement in einer Strömung das Gleichgewicht aller wirksamen Kräfte aus; dieses sind die Massenträgheits-, die Druck- und die Reibungskräfte. Die hiermit aufgestellte Kräftebilanz bildet zusammen mit der aus dem Satz von der Erhaltung der Masse abgeleiteten Kontinuitätsgleichung die Basis aller theoretischen Verfahren. Für kompressible Strömungen muss noch die Energiegleichung hinzugenommen werden. Der Einfluss der Kompressibilität kann jedoch bis etwa 250 km/h vernachlässigt werden. Auch Verfahren, die auf einem Lattice-Boltzmann Ansatz beruhen haben sich bewährt [15]. Dabei wird das Fluid durch idealisierte Partikel modelliert, die sich einem kubischen Gitter mit diskreten Geschwindigkeiten in diskreten Zeitschritten bewegen. 1D-Verfahren werden insbesondere bei Rohrströmungen oder rohrähnlichen Strömungen angewendet. Druckverluste infolge Drosselung, Umlenkungen, Verzweigungen u.ä. werden durch Näherungsformeln oder aus vorliegenden Messwerten abgeleitet [15].

Aerodynamik

Eine Grundaufgabe von CFD ((engl. CFD computational fluid dynamics) in der Aerodynamik ist die Bewertung von verschiedenen Designrichtungen in der frühen Projektphase. Die Berechnung ersetzt hier in vielen Fällen schon die Windkanalversuche an verkleinerten Modellen und unterstützt durch Erkenntnisse über das Strömungsfeld die experimentelle Optimierung. Zusätzlich zu diesem klassischen Einsatz zur Ermittlung der aerodynamischen Beiwerte c_W und c_A des Fahrzeugs dient CFD in der Aerodynamik auch dazu, die konstruktive Auslegung von diversen Bauteilen zu unterstützen (Kap. 3.2).

Der große Vorteil von CFD besteht darin, dass man nicht nur integrale Größen wie Kräfte und Momente erhält, sondern darüber hinaus detaillierte Informationen über das gesamte Strömungsfeld. Anhand der statischen Druckverteilung auf der Fahrzeugoberfläche (siehe **Bild 10.3-10**) werden die aerodynamischen Kräfte, die auf der Motorhaube, den Türen oder einem Schiebedach wirken, mit hoher Genauigkeit berechnet und dienen somit als Basis für die Festigkeitsauslegung dieser Bauteile mittels Finiter Elemente (s. Kap. 10.3.3.1).

Das Wischverhalten von Scheibenwischern wird von den Druckverhältnissen im Scheibenbereich beeinflusst. Die Auslegung der Wischerblattposition erfolgt heutzutage unter Zuhilfenahme der rechnerisch ermittelten Oberflächendrücke. Ebenso werden die zur Be- und Entlüftung des Fahrgastraumes notwendigen Öffnungen mittels berechneter Oberflächendruckverteilung bestimmt.

Ein Einsatz der Berechnung ist besonders dort interessant, wo man mit den bisherigen, experimentellen Methoden auf Schwierigkeiten stößt. Der c_W-Wert des Fahrzeugs wird stark von den Vorderrädern bzw. den dort montierten Reifen beeinflusst. Eine Formoptimierung der Reifen ist im Experiment sehr schwierig, besonders wenn – physikalisch richtig – mit drehenden Rädern gemessen wird. Für die Berechnung ist diese Aufgabe leichter zu lösen [17].

Die Prognosegüte heutiger CFD-Rechnungen kann heute als brauchbar, insbesondere für Relativaussagen, bezeichnen werden. Allerdings werden die Strömungsdetails nicht immer richtig wieder gegeben, auch wenn die berechneten Gesamtkräfte und Momente in guter Übereinstimmung mit Messergebnissen stehen [15].

Aeroakustik

Die numerische Simulation aeroakustischer Phänomene (*Computational Aeroacoustics,* CAA) befindet sich noch weitgehend in der Phase der Methodenentwicklung, d.h., sie wird derzeit noch nicht als gängiges Entwicklungswerkzeug eingesetzt. Jedoch haben trotz der o.g. Einschränkungen Forschung und Entwicklung auf diesem Gebiet innerhalb der letzten Jahre zu einigen Ansätzen geführt, die den Einsatz von CAA-Verfahren in der Praxis handhabbar machen. Hierbei handelt es sich im wesentlichen um sog. Hybridverfahren, in denen die Berechnung der Strömung und die der Akustik von einander entkoppelt werden.

Die Berechnung der Schallquellen auf der Oberfläche eines vereinfachten Fahrzeug-Außenspiegels ergab mit ausreichend hoher Gitterauflösung gute Ergebnisse für die Oberflächendruckverteilung und die Strömungstopologie. Aus den berechneten Schallquellen konnte bei angemessener Gitterauflösung auch das abgestrahlte Geräusch bis etwa 300 Hz gut vorhergesagt werden [18, 19].

Wummerphänomene entstehen bei der Umströmung von offenen Seitenscheiben oder Schiebedächern. Hierbei induzieren Wirbel, die sich an der Vorderkante der Öffnung ausbilden, niederfrequente Druckschwankungen im Fahrgastinnenraum. Für Automobile sind die zu betrachtenden Wummerfrequenzen normalerweise mit <25 Hz sehr gering. Die Schalldruckpegel erreichen bis zu 130 dB und sind äußerst störend. Aktuelle Untersuchungen konnten zeigen, dass für derartige Problemstellungen die numerische Berechnung einen sinnvollen Beitrag leisten kann [20].

Wärmemanagement

Um dem anhaltenden Trend zu effizienteren Fahrzeugen gerecht zu werden, rückt der Bereich des Wärmemanagements zunehmend in der frühen Entwicklungsphase in den Blickpunkt. Für die konzeptionelle Auslegung des Wärmehaushalts von Motor, Getriebe, Klimaanlage und Heizung kommen rechnerische Methoden zum Einsatz [15, 17].

Typischerweise gehören hierzu die Fahrt bei Höchstgeschwindigkeit sowie die Bergfahrt mit Hänger. Zusätzlich werden einige kritische „off-design"-Punkte, z.B. plötzlicher Stop aus schneller Fahrt und Handling betrachtet. Diese Betriebspunkte werden zunächst stationär, dann aber, wie bei „Stop and Go" und Handling auch transient untersucht.

Das Wärmemanagement des Antriebsstrangs, d.h. die Aggregatekühlung umfasst sowohl die Auslegung der Kühlluftströmung durch die Kühlungskomponenten als auch die Auslegung des Kühlwasserkreislaufes. Im Entwicklungsprozess werden 1D-Simulationen des Luft- und Wasserkreislaufes und des damit vorhandenen Wärmeübergangs, bei stationären Betriebspunkten, wie auch die 3D Strömungssimulation der Kühlluft herangezogen. Beide Methoden erfordern Eingabegrößen und Kennfelder der Aggregate und Kühlkomponenten, welche nur durch die Einbindung von Fahrzeug- und Prüfstandsmessungen in den virtuellen Prozess erhalten werden können. Der Versuch ist somit ein wichtiger Bestandteil der Simulation. Während die Konzeptauslegung für die Wärmetauscheranordnung und -größe für Kühlwasser, Ladeluft, Motor- und Getriebeöl und den Kühlflüssigkeitskreis in einer frühen Phase des Entwicklungsprozesses mit 1D-Modellen auf Basis des Vorgängermodells erfolgt, wird die 3D Strömungssimulation anhand detaillierter Designmodelle und Kühlkomponenten in einer späteren Phase durchgeführt. Zu diesem Zeitpunkt erfolgt ein Abgleich der 1D-Modelle mit der 3D Strömungssimulation als auch mit weiteren Messungen aus der Serienentwicklung, so dass eine konsequente Detailoptimierung der Systeme möglich wird.

Eine weitere Herausforderung des Wärmemanagements stellt die Vermeidung lokaler Überhitzungen („Hot Spots") an Bauteilen [3], wie beispielsweise dem Scheinwerfer dar. Eine physikalische Besonderheit beim Temperaturverhalten von Scheinwerfern ist der dominierende Einfluss der Wärmestrahlung. Bei numerischer Simulation muss ein Strahlungsmodell sowohl die diffuse Infrarotstrahlung als auch die sichtbaren, gerichteten Strahlungsanteile berücksichtigen. Diese überfordert die meisten kommerziellen Strömungssimulationsprogramme. Zur Lösung des Problems wird meist eine Berechnungsmethode angewandt, die auf der Kopplung eines Strömungssimulationsprogramm mit einem Raytracing-Strahlungsmoduls basieren. Mit Hilfe dieser Methode gelingt es, die exakte Lage der lokalen Überhitzungen an der Scheibe und deren Temperaturniveaus zuverlässig zu bestimmen. Methodische Herausforderungen bestehen noch in der Integration zusätzlicher Umgebungsbedingungen wie Fahrtwindanströmung, Motorwärme und Sonnenanstrahlung in die thermische Analyse des Scheinwerfers einzubinden.

Klimatisierung

Im Bereich Klimatisierung gibt es eine Reihe von Anwendungen, die mit numerischen 3D-Methoden behandelt werden [15, 17]. Die gezielte Führung der Luft über die Strecke vom Wasserkasten durch das Klimagerät durch die Luftführungen in den Innenraum zählen zur Standardanwendung von CFD. Die Auslegung dient der Minimierung der Druckverluste, um bei möglichst geringer Leistung des Klimagerätes eine ausreichende Luftzufuhr zum Innenraum sicherzustellen.

Eine rechnerische Ermittlung der Luftströmung im System Klimagerät und den zugehörigen Luftführungen ist in **Bild 10.3-11** dargestellt. Als Schnittstel-

Bild 10.3-11 Beispiel für ein Simulationsmodell der Luftführung zur Seitenscheibe (Quelle: Audi AG)

le zum Innenraum sind die Personenanströmer zu positionieren und zu optimieren. Die Auslegung zielt neben einer schnellen Abkühlung darauf, den Komfort der Insassen nicht durch Zugerscheinungen zu beeinträchtigen. Im Allgemeinen wird CFD hier auch deshalb erfolgreich eingesetzt, weil eine versuchstechnische Ermittlung des Strömungs- und Temperaturfeldes in diesem Bereich nur mit hohem Aufwand durchzuführen ist.

Eine weitere zentrale Aufgabe der Berechnung, die zur Erhöhung der Fahrsicherheit beiträgt, ist die Simulation der Front- und Seitenscheibenenteisung. Basierend auf einer zeitlich-konstant angenommen Innenraumströmung wird meist eine zeitabhängige Temperatursimulation mit einem Enteisungsmodell kombiniert.

Die Beurteilung des Komforts unterliegt in der Regel subjektiven Empfindungen, sie muss gefühlt und erlebt werden. Modelle zur Objektivierung der kundenorientierten Bewertung der Luftbewegung in der Fahrgastzelle sind Gegenstand aktueller Forschungen.

Verbrennungssimulation

Die CFD-Simulation der motorischen Verbrennung im Zylinder stellt auch heute noch eine große Herausforderung dar – obwohl in den letzten Jahren deutliche Fortschritte bei der Vorhersagegüte durch verbesserte physikalische Modelle erzielt wurden. Während die Simulation der Ladungsbewegung und der Gemischbildung inzwischen fester Bestandteil in der modernen Brennverfahrensentwicklung ist, werden Verbrennungssimulationen zumeist eher zur Problemanalyse oder als Ergänzung zu Messungen am Motor eingesetzt. Eine durchgängig verlässliche Vorhersage von Energieumwandlung und Schadstoffbildung ist heute oft noch nicht möglich.

Eine Übersicht über die aktuellen Methoden zur Simulation der motorischen Strömungs- und Verbrennungsvorgänge sind detailliert in [41] dargestellt.

Die Herausforderungen bei Ottomotoren sind hierbei die korrekte Beschreibung der Mischungs-, Transport- und chemischen Umwandlungsprozesse in der turbulenten, teilweise vorgemischten Flammenfront, die korrekte Beschreibung der Vorgänge während der Zündung sowie eine verlässliche Klopfvorhersage. **Bild 10.3-12** zeigt exemplarisch die Simulation der Flammenausbreitung in einem modernen direkteinspritzenden Ottomotor.

Bei Dieselmotoren stellen die gleichzeitig ablaufenden und daher stark gekoppelten Vorgänge der Einspritzung, der Gemischbildung und der eher diffussionsdominierten Verbrennung eine hohe Anforderung sowohl an die Verbrennungs- als auch an die Einspritzmodelle. Hierbei spielt die Modellierung des Selbstzündungsmechanismus eine zentrale Rolle. Weiterhin ist die Abbildung der komplexen Rußbildungs-Mechanismen für die Dieselmotorentwicklung, und damit für eine erfolgreiche Simulation im Entwicklungsprozess, essenziell.

Ladungswechsel-Simulationen und Gemischaufbereitungsvorgänge

Ein wesentliches Ziel für die Entwicklung innovativer Triebwerke sind neben der Steigerung der Fahrleistungen und der Dynamik gleichzeitig eine deutliche Reduzierung des Kraftstoffverbrauchs bei Erfüllung der zukünftigen Abgasgrenzwerte. Mittels umfangreicher CFD-Simulationen werden heutzutage die wesentlichen Motorenkomponenten, wie Ansaug-, Abgastrakt, Katalysator während der Entwicklung begleitet. Ein Schwerpunkt des Einsatzes liegt auch auf der Auslegung von Kolben, Einspritzparameter, Ventilwinkel und Intensitäten der Ladungsbewegung im Zylinder.

In **Bild 10.3-13** ist die Strömung im Einlasskanal eines FSI-Motors dargestellt. Zur kontinuierlichen Steuerung der Strömungsintensität im Zylinder wird die Einströmung durch eine Ladungsbewegungsklappe und ein Trennblech im Einlasskanal variiert. Durch teilweises oder komplettes Verschließen des Teilkanals unterhalb des Trennbleches wird die Luftmenge in diesem Bereich reduziert und damit eine intensive Wirbelströmung im Zylinder erzielt.

Die Strömungsführung im Klappenflansch und Einlasskanal wird so optimiert, dass bei geschlossener Klappe eine maximale Strömungsintensität im Zylin-

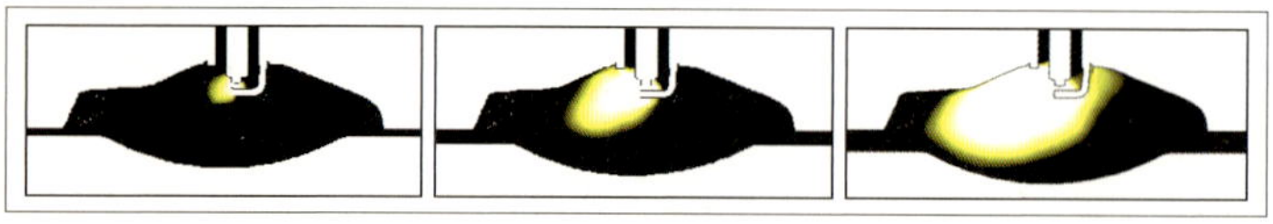

Bild 10.3-12 Simulation der Flammenausbreitung in einem direkteinspritzenden Ottomotor [41]

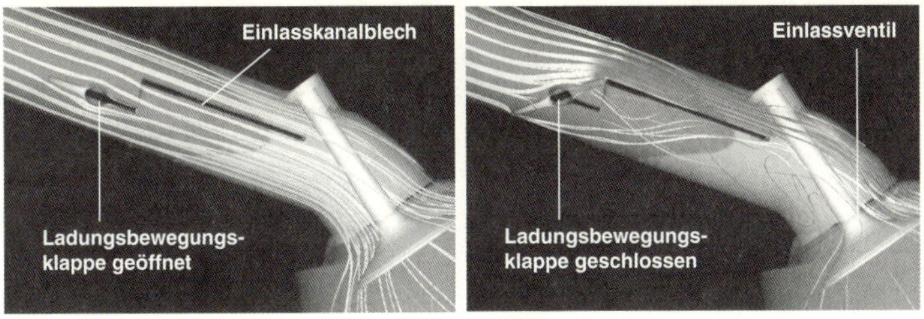

Bild 10.3-13 Berechnete Strömung im Einlasskanal eines FSI-Motors bei geöffneter und geschlossener Klappe [21]

der erreicht wird und andererseits bei geöffneter Klappe nur minimale Verluste auftreten. Zur Bewertung der Gemischbildung ist zusätzlich eine Nachbildung des Einspritzvorgangs mit den Mechanismen der Tröpfchenbildung und -zerfalls, der Verdampfung u.ä. in sog. Spray-Modellen durchzuführen [22].

10.3.3.4 Elektromagnetische Verträglichkeit

Angesichts der zunehmenden Elektronikdichte im KFZ stellt die Sicherstellung der EMV (Elektromagnetische Verträglichkeit) eine wachsende Herausforderung dar (Kap. 8.4). Leistungselektronik unterstützt immer häufiger bisher rein mechanische Funktionen. Ausgefeilte Regelungen und Überwachungen von Motor-, Fahrwerk- oder auch Komfortsystemen verlangen immer schnellere Prozessoren. Mit der Integration von High-End-Infotainment-Systemen in die Fahrzeuge werden Rechenleistungen moderner PCs notwendig. All diese Systeme können auf elektromagnetische Felder reagieren bzw. erzeugen selbst elektromagnetische Felder, die zu Störungen führen können [3, 23].

Um diese Komplexität zu bewältigen und bereits vor der Fertigstellung eines Fahrzeugs Aussagen über die EMV einer elektronischen Komponente im Verbund des Gesamtfahrzeugs treffen zu können, sind neue Ansätze notwendig. Seit einigen Jahren wird mit Hilfe von EMV-Simulationen die elektromagnetische Verträglichkeit von Elektronikkomponenten im Vorfeld abgeschätzt. Die drei wesentlichen Handlungsfelder sind das Leitungsübersprechen, d.h. die elektromagnetische Verkopplung zwischen einzelnen Leitungen im Bordnetz, die Einkopplung von elektromagnetischen Feldern in den Kabelbaum und darüber in die elektronischen Komponenten sowie die Störspannungen und Störströme auf dem Leitungssatz, die zu abgestrahlten Feldern führen und im Fahrzeug genutzte Funkdienste (Radio, TV, Behördenfunk usw.) stören können.

Die Berechnung der EMV erfolgt über ein Modell, das die wesentlichen EMV-Eigenschaften des KFZ nachbildet. Dieses Modell besteht aus der Karosserie, für die alle größeren Metallteile durch Dreieckselemente nachgebildet werden sowie den Leitungssatz-, Steuergeräte- und Antennenmodellen. In Abhängigkeit vom eingesetzten Berechnungsverfahren können die Modelle variieren (**Bild 10.3-14**).

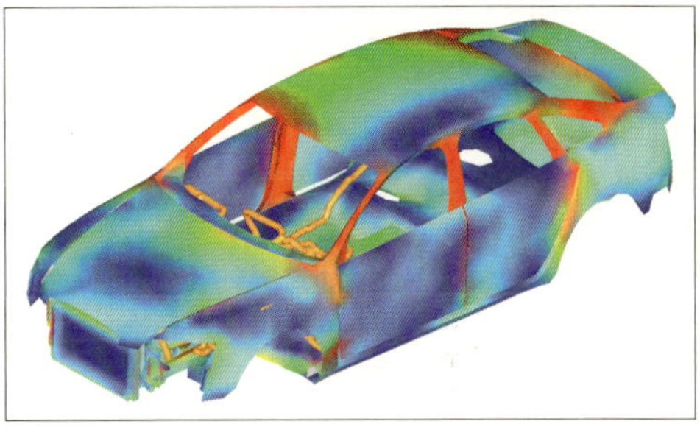

Bild 10.3-14 Beispiel einer Oberflächenstromverteilung aufgrund einer einfallenden ebenen Welle. Berechnung der Feldeinkopplung in das CAN-Netzwerk (Quelle: Audi AG)

Komfortable Programme erlauben es mittlerweile, auch sehr komplexe Modelle in kurzer Zeit aufzubauen und verschiedene Berechnungsverfahren miteinander zu kombinieren. Im Kfz-Bereich haben sich bewährt:

- Direkte Feldberechnungsverfahren, welche die Wellengleichung numerisch anhand eines diskretisierten Modells lösen (Berechnungsverfahren ist die Methode der Momente)
- Statische Verfahren zur Lösung der Laplace-Gleichung; äquivalente Kapazitäten und Induktivitäten zur Beschreibung der Kopplung und Aufbau von Ersatzschaltbildern für den unteren Frequenzbereich
- Mehrfachleitungstheorie zur Berechnung der Leitungsüberkopplung
- Schaltkreisberechnungsprogramme, welche die Kirchhoff'schen Gleichungen auch für komplexe nichtlineare Schaltungen im Zeit- und Frequenzbereich lösen
- Kombinationen der Verfahren (Hybride Verfahren) wie z.B. Verbindung der Feldberechnung mit der Leitungstheorie zur Bestimmung der Einkopplung elektromagnetischer Felder in das Bordnetz

Auch wenn das gesamte breite Spektrum der EMV durch Simulation noch nicht abgedeckt werden kann, gibt es Bereiche, in denen die Simulation zuverlässige Ergebnisse liefert. Dadurch nimmt die Simulation einen immer größer werdenden Raum in der EMV-Entwicklung ein.

10.3.4 Simulation von Bauteil-Herstellprozessen

Die Herstellbarkeit von Bauteilen bewerten zu können ist ein wesentliches Ziel von Simulationen in der frühen Entwicklungsphase. Die Bewertung der Rückwirkungen des Fertigungsprozesses auf die Funktionalität der Bauteile im Gesamtfahrzeug, z.B. im Crash, wird untersucht [10, 26]. Aus diesem Grund werden nachfolgend zwei wichtige Prozess-Simulationsverfahren besprochen.

10.3.4.1 Umformsimulation

Mit der Umformsimulation werden sämtliche Bauteile bereits in einer sehr frühen Phase der Fahrzeugentwicklung auf die fertigungsgerechte Ausführung und Machbarkeit im Produktionsprozess geprüft bzw. dahin gehend optimiert. Hierfür wird der Umformvorgang durch die virtuelle Abbildung eines Pressenhubes im Umformwerkzeug analysiert. Während der Fahrzeug- und Werkzeugentwicklung werden in Optimierungsschleifen teilweise mehrere hundert Simulationen eines Bauteiles angefertigt.

Die nichtlineare Berechnung der plastischen Umformung erfolgt mit FEM-Systemen, die auf die besonderen Anforderungen der Werkzeugplanung ausgelegt sind. Bei einem Seitenwandrahmen der Karosserie lassen sich „Genauigkeiten" von ca. 95 % erzielen. Typische Ergebnisse der Berechnung sind die Spannungen (Reißer), die Neigung zur Faltenbildung und die aktuelle Blechdickenverteilung.

Während die Simulation der ersten Fertigungsstufe – dem sog. Ziehen – schon seit Jahren zum Stand der Technik gehört, gilt dies erst seit kürzerer Zeit für die sog. Folgeoperationen. Das mehrfache Nachformen, Beschneiden, Lochen und Kalibrieren erfordert einen hohen Modellerstellungs- und Berechnungsaufwand, so dass nur nach wirtschaftlichen Gesichtspunkten qualitätsrelevante Operationen berechnet werden. Die Fehlerkumulation über die einzelnen Fertigungsschritte aufgrund numerischer Effekte und Modellvereinfachungen führt dabei zu einer abnehmenden Ergebnisqualität.

Zur Genauigkeitssteigerung wird an allen Einzelursachen wie der mathematisch vereinfachten Modellbildung (z.B. Elementtypen, Reibung) über numerische Abhängigkeiten (z.B. Netzfeinheit und -orientierung, numerische Parameter) bis hin zu ungenauen Eingangsdaten (z.B. Werkstoffdaten) und der Ergebnisbewertung (z.B. Versagenkriterien, Welligkeiten) intensiv gearbeitet. Schwerpunkte in Forschung und Anwendung liegen aktuell auf neuen Material- und Versagensmodellen.

Die Berechnung der Maßhaltigkeit eines Bauteils, die durch das elastische Aufspringen nach der Umformung erforderlich wird, stellt einen Schlüsselfaktor zur Verkürzung der gesamten Werkzeuganfertigungszeit dar, da nur so die bisher notwendigen Optimierungsschleifen zur Erreichung von Maßhaltigkeit und Qualitätszielen reduziert werden können. Ziel der Auslegung ist es die in einem Iterations-Prozess berechneten Rückfederungswerte so im Werkzeug vorzuhalten, dass nach Rückfederung die gewünschte Geometrie erreicht wird [2] **(Bild 10.3-15)**. Aktuelle Herausforderung ist die Steigerung der Prognosegüte für die zwecks Leichtbau und Crashperformance zunehmend eingesetzten höherfesten Blechwerkstoffe in der Karosserie, da diese Werkstoffe ein wesentlich ausgeprägteres Aufsprungverhalten zeigen.

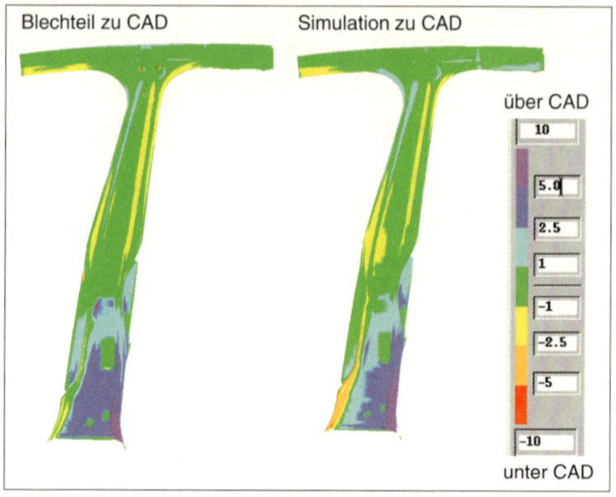

Bild 10.3-15 Beispielhaftes Ergebnis einer Rückfederungssimulation im Vergleich zum Soll (Quelle: AUDI AG)

Am Anfang der Entwicklung steht die Simulation der Warmumformung (Formhärten). Das Fertigungsverfahren wird aufgrund der extremen Festigkeiten des Werkstoffs bis 1500 MPa Zugfestigkeit in immer größeren Maßstab für crashrelevante Bauteile eingesetzt. Die im Temperaturbereich von 200 °C bis 850 °C ablaufende Umformung und Härtung ist aktuell noch nicht simulierbar, da geeignete, validierte Modelle für den Wärmeübergang und das Werkstoffverhalten fehlen.

10.3.4.2 Gießsimulation

In der Fahrzeugentwicklung ist die Simulation von Kunststoffen seit geraumer Zeit Bestandteil der Funktionsauslegung von Interieurbauteilen, Frontend, Spiegelgehäusen usw. [24, 25]. Heute werden im Karosseriebau verstärkt Druckgussbauteile aus Leichtmetall-Legierungen eingesetzt. Diese Bauteile weisen eine hohe Steifigkeit bei geringem Gewicht auf und besitzen ein breites Eigenschaftsspektrum.

Der Fertigungsprozess „Druckguss" erzwingt die Einhaltung von Konstruktionsrandbedingungen wie einer nicht zu unterschreitenden Wandstärke oder auch einer zulässigen Dickenverteilung über dem Bauteil. Damit hat der Fertigungsprozess Rückwirkungen auf die Funktionalität des Gesamtfahrzeugs, wie sie z.B. im Crash gefordert wird [26].

Gießsimulationen werden heute standardmäßig eingesetzt, um frühzeitig eine Optimierung des Anguss-

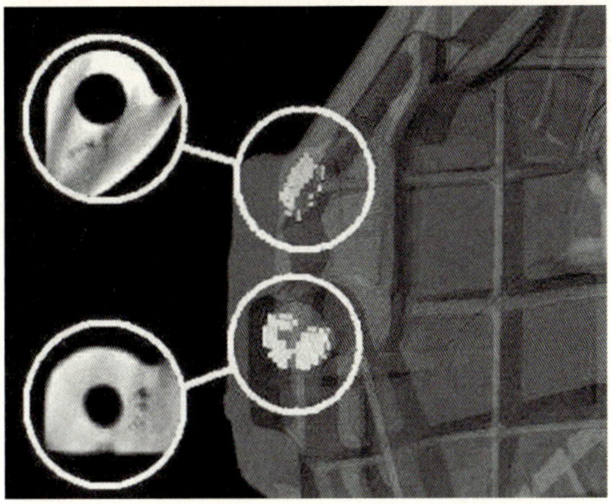

Bild 10.3-16 Getriebegehäuse aus Gießsimulation und mittels Computer-Tomographie gefundene lokale Defekte (Inserts) [27]

Systems vorzunehmen. Hier gilt es in erster Linie, füll- bzw. erstarrungsbedingte Defekte wie Gaseinschlüsse oder Erstarrungslunker mit Hilfe der Simulation zuverlässig zu erkennen. Die Ansprüche an die Prognosefähigkeit des Rechenverfahrens steigen, wenn die simultane Betrachtung der Herstellbarkeit mit der Abprüfung der Funktionalität im Gesamtfahrzeug im Vordergrund steht. Hier werden z.B. von einer Crashsimulation Angaben zu Materialkennwerten wie Streckgrenze und Bruchdehnung erwartet, die in einem Materialmodell Verwendung finden [26].

Bild 10.3-16 zeigt die Übereinstimmung, die zwischen Simulation und Experiment für ein Getriebegehäuse erreicht wurde: Dargestellt sind hier makroskopische Defekte, wie sie entweder durch Lufteinschlüsse oder Erstarrungsschrumpfung entstehen. Die Anforderungen an die Auflösung und die Genauigkeit der Gießsimulation steigen weiter, wenn die Herstellung dünnwandiger, flächiger Strukturbauteile betrachtet wird. Die wesentlichen Unterschiede zu dem oben beschriebenen Getriebegehäuse bestehen in der sehr gleich bleibenden Wandstärke, den sehr kurzen Füllzeiten und den kurzen und zugleich sehr gleichmäßigen Erstarrungszeiten eines solchen Bauteils. Sie werden nach dem Gießen einer Wärmebehandlung unterzogen, die erst die gewünschten Materialeigenschaften, und hier insbesondere die erforderliche Bruchdehnung, ergibt. Die erreichbare Übereinstimmung mit den Rechenergebnissen ist ermutigend, allerdings sind weitere Ansätze zur Verbesserung der Prognosefähigkeit nötig, wie bspw. die Berücksichtigung der temperaturabhängigen Viskosität der Schmelze, der Gleichmäßigkeit der Schmelzetemperaturen in den isoliert erstarrenden Bereichen der Form.

10.3.4.3 Schweißsimulation

Bei der numerischen Schweißsimulation geht es um die rechnerische Optimierung der Bauteile und des Fertigungsprozesses mit dem Ziel, die Bauteileigenschaften zu verbessern. Dabei nimmt die Berechnung des durch die Wärmeeinbringung hervorgerufenen Verzuges zurzeit die wichtigste Position ein. Als Basis dafür dient die Berechnung der exakten Temperaturfeldentwicklung während des laufenden Prozesses, siehe **Bild 10.3-17**. Eine Berechnung des Gefüges und der Eigenspannungen im Hinblick auf spätere Festigkeitsanalysen und die Kopplung zu nachgelagerten Prozessen sind weitere wichtige Anwendungen.

Die Voraussetzung für eine zielgerichtete Optimierung der Bauteile und der zugehörigen Fertigungsprozesse ist ein gutes Prozessverständnis. Die Schweißsimulation hilft, durch entkoppelte Parametervariationen und Sichtbarmachung nicht unmittelbar messbarer Prozessgrößen, wie z.B. Schmelzbadgeometrie, dieses Verständnis zu verbessern oder ggf. zu ermöglichen. Mit Hilfe der Simulation werden Messergebnisse verschiedener Parametersätze überhaupt erst effektiv miteinander vergleichbar. Die Vorteile der Simulation im Vergleich zu einer rein experimentellen Vorgehensweise werden vor allem bei immer wiederkehrenden Problemen und Optimierungsvorgängen durch Variationen deutlich sichtbar [39].

10.3.4.4 Lackiersimulation

Die Arbeiten zur Simulation des Lackierprozesses konzentrieren sich im Wesentlichen auf die Teilprozesse KTL-Beschichtung, Decklackbeschichtung (mit Hochrotationsglocken) sowie die Trocknung.

Es sind zwei Ansätze bzgl. der Simulation zu unterscheiden. Ein Ansatz ist die physikalische Abbildung der eingesetzten Anlagen. Die auftretenden Strömungen, Ladungsverteilungen sowie der Partikeltransport werden gerechnet.

Der zweite Ansatz zur Abbildung der Teilprozesse ist die Verwendung von Ersatzmodellen wobei hauptsächlich Aussagen zum Fahrzeug möglich sind. In diesem Ansatz werden Anlagen parametrisiert und zunächst auf ein Fahrzeugmodell kalibriert. Für ähnliche Karosserieformen lassen sich mit der kalibrierten Anlage gute Vorhersagen für neue Fahrzeuge machen. Die Übereinstimmungen mit Messdaten waren zum Teil sehr gut [40].

10.3.5 Optimierung

Bei der Entwicklung neuer Produkte müssen alle Potentiale zur Kostenreduktion und Verkürzung der Entwicklungszeiten ausgeschöpft werden, wobei gleichzeitig eine hohe Produktqualität gewährleistet werden muss. Dies erfordert neben den bereits als Standard geltenden linearen und nichtlinearen Berechnungsmethoden auch den Einsatz effizienter Optimierungsverfahren.

Mit Optimierungsrechnungen wird anhand mathematischer Verfahren das Extremum einer oder mehrerer Zielgrößen als Funktion vorgegebener Design-Para-

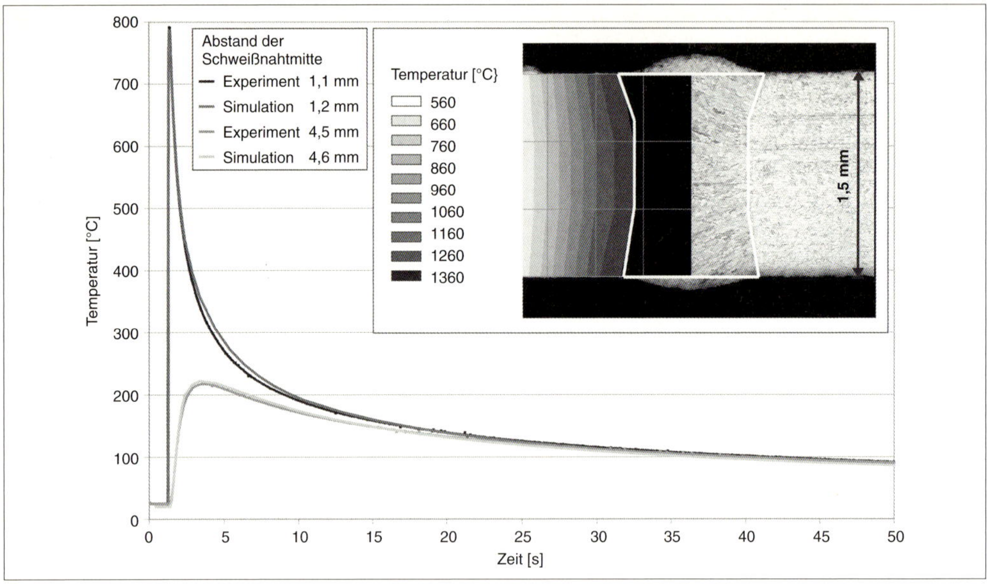

Bild 10.3-17 Beispiel für einen Vergleich zwischen Schweißsimulation und Experiment (Temperaturzyklen und Schmelzbadgeometrie) für H400 (1.4376), 3 kW Nd:YAG Laserstrahl-Blindnaht, Blechdicke 1,5 mm, v_s = 6,5 m/min [39]

meter gesucht. Das Ziel der Optimierung ist es die bestimmenden Parameter der Bauteile wie bspw. Gewicht oder die Spannungen unter Berücksichtigung der Bauteilkosten zu reduzieren [2, 28].

10.3.5.1 Struktur-Optimierung

Prinzipiell teilt man die rechnergestützte Optimierung von Strukturbauteilen in drei verschiedene Verfahren ein. Als erstes ist die Parameteroptimierung zu nennen, bei der charakteristische Parameter der Bauteile automatisch variiert werden. Dies können Querschnittsflächen von Fachwerkstäben, Flächenträgheitsmomente von Rahmenbauteilen, Wandstärken u.ä. sein. Bei der zweiten Optimierungsart – der Gestalt- oder Formoptimierung – auf Basis von Knoten müssen keine geometrischen Parameter des Modells ausgewählt werden, die durch den Optimierer verändert werden dürfen. Es werden vielmehr die kritischen Bereiche definiert, in denen dann die Oberfläche durch lokale Knotenverschiebungen verändert wird, um die Beanspruchung zu minimieren. Man arbeitet also frei von geometrischen Parametern. Ein effizientes Verfahren zur Netzglättung muss die Netzgüte im Inneren des Modells gewährleisten um den Anforderungen an die Elementqualitäten der FE-Solver bei den sich einstellenden Veränderungen gerecht zu werden. Ein typischer Anwendungsfall ist die Vergrößerung einer Ausrundung zum Abbau der Kerbspannungen. Die Gestaltoptimierung wird oft bei Bauteilen verwendet, die

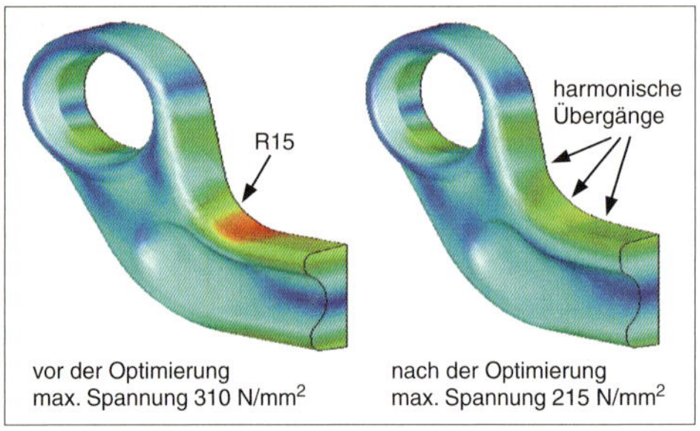

Bild 10.3-18 Abbau von Spannungspitzen bei der Gestaltoptimierung (Quelle: Audi AG)

sich bereits in einem fortgeschritteneren Stadium des Konstruktionsprozesses befinden **(Bild 10.3-18)**.

Die Topologieoptimierung als drittes Verfahren schließlich ist eine völlig andere Optimierungsmethode. Es wird von einem zulässigen Bauraum des zu konstruierenden Bauteils ausgegangen. Basierend auf dem FE-Modell werden Elemente, die nicht im Kraftfluss liegen, aus dem Bauteil entfernt. Der optimierte Entwurf erfüllt die Betriebsanforderungen z.B. bezüglich Festigkeit, Steifigkeit oder Eigenfrequenzen. Neben der Gewichtsreduktion können bei der Topologieoptimierung auch dynamische Aspekte berücksichtigt werden. Bereits bei der Definition des Optimierungsproblems können Restriktionen definiert werden um beispielsweise Elementfixierungen oder eine Entformungsrichtung vorzugeben. Diese – der

Konstruktion vorgeschaltete – Optimierung ermöglicht eine automatische Neukonstruktion des Bauteils und hat damit häufig die größte Gewichtsersparnis zur Folge. Als Ergebnis der Topologieoptimierung erhält man einen Designentwurf, der interpretiert und weiterverarbeitet werden muss. Hierbei können einerseits die Ergebnisse der Optimierung im FE-Postprozessor ausgewertet werden. Andererseits kann eine Glättung der optimierten Struktur durchgeführt werden, um die Optimierungsergebnisse in die Konstruktionsumgebung zu überführen und eine Weiterverarbeitung zu ermöglichen.

10.3.5.2 Multidimensionale Optimierung

Im Entwurf des Fahrzeugs müssen Verbesserungen der Crash-Sicherheit eines Fahrzeugs nicht unbedingt positive Auswirkungen zum Beispiel auf den Schwingungskomfort und die Akustik haben. Numerische Optimierungen müssen daher eigentlich nicht nur die Ergebnisse einer Disziplin sondern mehrerer Disziplinen berücksichtigen. Der Abgleich von Zielkonflikten zwischen unterschiedlichen Fachrichtungen findet jüngst Einzug in die industrielle Praxis. Diese multidisziplinären Optimierungen sind hochkomplex, da zunächst die Zielfunktionen unterschiedlicher Disziplinen miteinander kombiniert und zu einer einheitlichen Zielfunktion zusammengefasst werden muss. Ferner verwenden Struktursimulation und Crash-Simulation zum Beispiel unterschiedliche Optimierungsansätze, die dann entsprechend miteinander kombiniert werden müssen [2].

Die nötige Funktionalität wird in Optimierungstoolboxen angeboten, die die nötigen Simulationsprogramme als Black-Box Anwendung betrachten. Im Inputdeck werden wenige Parameter textuell geändert und die Zielfunktion aus Werten im Ausgabefile abgeleitet. Typische Optimierer verwenden Gradientenverfahren oder Verfahren mit Ersatzfunktionen und genetische Algorithmen, die das Verhalten der Lösung in einem großen Definitionsbereich approximieren. Diese Ansätze erfordern heute noch enorme Rechenzeiten, da eine Vielzahl von Simulationsläufen notwendig ist um Abstiegsrichtungen oder das globale Verhalten der Zielfunktion zu bestimmen. Aktuelle Beispiele für multidisziplinäre Optimierung finden sich in der Literatur, z. B. zur Auslegung einer Frontklappe bezüglich der Zielkonflikte Steifigkeit z.B. unter Windlast und der geforderten Nachgiebigkeit für Fußgängerschutz [3, 29].

10.3.5.3 Stochastische Simulationen

Bei der Auslegung von Fahrzeugen genügt es nicht, eine hohe Performance unter definierten Test- und Aufbaubedingungen zu entwickeln. Vielmehr muss die Frage beantwortet werden, was passiert, wenn bestimmte Parameter wie bspw. Blechdicken oder Materialparameter sich verändern, wie dies aufgrund von Schwankungen im Herstellprozess vorkommen kann. Weil im Experiment solche Studien nur eingeschränkt durchführbar und darüber hinaus unwirtschaftlich sind, hat die Koppelung von Programmen für die stochastische Untersuchung mit klassischen CAE-Simulationswerkzeugen in den vergangenen Jahren erheblich an Bedeutung gewonnen. Durch ein Stochastikprogramm werden nach einem Monte-Carlo-Verfahren die Inputparameter deterministischer Rechenmodelle innerhalb definierter Grenzen gestreut und die Ergebnisse der Zielgröße über dem Schwankungsbereich visualisiert. Damit gelingt es robustere Lösungen zu finden [3, 30]. Auch in der Umformsimulation (s. Kap. 10.3.4.1) wird häufig nicht wie bisher nur mit diskreten Werten, sondern mit verteilten Parametern simuliert.

Literatur

[1] *Seiffert, U.; Scharnhorst, T.*: Die Bedeutung von Berechungen und Simulationen für den Automobilbau, Teil 1: ATZ 91, pp. 241–246, 1989

[2] *Kuhlmann, A.; Thole C.-A.; Trottenberg, U.*: AUTOBENCH/ AUTO-OPT: Towards an Integrated Construction Environment for Virtual Prototyping in the Automotive Industry, Lecturer Notes in Computer Science, 2003, Eds. Dongarra, Laforenza, Orlando, V 2840, 686–690

[3] Berechnung und Simulation im Fahrzeugbau, VDI-Berichte 1559, 1613, 1701, 1833, 1846, 1967

[4] *Heer, M. et al.*: Die Entwicklung des Audi A8, Mobiles 25, Jg. 2003

[5] TOP 500, Liste der Supercomputer erstellt durch das Rechenzentrum der Universität Mannheim

[6] *Bathe, K.-J.; Wilson, E.*: Numerical methods in Finite Element Analysis: Prentice-Hall. Inc. Englewood Cliffs , New Jersey

[7] FAT-Schriftenreihe Nr 96; 101; 108; 126; 128; 135; 137; 139; 140; 150; 153; 157; 174; 177; 179

[8] *Waltz, M.; Chmielewski, R.; de Bruyne, F.; Heuler, P.*: Rechnerische Bewertung geschweißter Karosseriestrukturen mit einer Submodelltechnik. In: ATZ/MTZ Konferenz 2005

[9] *Lyon, R. H.; de Jong, R.D.*: Statistical Energy analysis 2nd edition, Butterworth-Heinemann, Boston 1996

[10] *Haufe, A.; Keding, B.*: Zur Berücksichtigung der Ergebnissen der Umformsimulation in der Crash-Berechnung am Beispiel LS-Dyna. Altair Technology Seminar, 2004

[11] *Neubohn, A.; Weiss, C.; Keck, F.; Kuhn, A.*: „KISS – Gesamtheitlicher Ansatz zur Auslegung von Insassenschutzsystemen" Airbag 2004, Karlsruhe, December 1st, 2004

[12] *Widmann, U.*: Virtuelle Aufbauentwicklung bei Audi. In: Faszination Karosserie. 2.Braunschweiger Symposium. ISBN 3-937655-03-4, 2005

[13] *Gaitzsch, U.; Glaser, H.*: Das Fahrwerk des neuen Audi A6. In: ATZ-Sonderheft Audi A6, 2004

[14] *Braess, H.-P.*: Konstruktion, Berechnung und Versuch – zunehmende Partnerschaft in der Automobilindustrie. In: ATZ S. 327–330, 1985

[15] *Hucho, W.-H.* (Hrsg.): Aerodynamik des Automobils. 5. Aufl. Wiesbaden: Vieweg Verlag, 2005

[16] *Keijsers, R.*: MKS-Gesamtfahrzeugsimulation zu Lastwechselschwingungen und Triebwerksbewegungen Fahrwerk-Tech 2001, TÜV Akademie GmbH, März 2001

[17] *Betz, J.; Lührmann, L.; Kobs, T.; Micko, S.*: Beitrag der Strömungssimulation zur effizienten Karosserieentwicklung des neuen A6, Mobiles 30, Jg. 2004/2005

[18] *Höld, R.; Brenneis, A.; Eberle, A.; Schwarz, V.; Siegert, R.*: Numerical simulation of aeroacoustic sound generated by bodies placed on a plate: part I-prediction of aeroacoustic sources, AIAA paper 99–1986

[19] *Siegert, R.; Schwarz, V.; Reichenberger, J.*: Numerical simulation of aeroacoustic sound generated by bodies placed on a plate: part II-prediction of radiated sound pressure, AIAA paper 99 – 1895

[20] *Hendriana, D.; Sanndeep, D. S.; Schiemann, M. K.*: On simulation passenger car side window buffeting, SAE paper 1316, 2003

[21] *Adam, S.; Erdmann, H.-D.*: Konsequenter Einsatz von CAE-Methoden im Produktentstehungsprozess am Beispiel des neuen Audi FSI-Motors; Virtual Product Creation 2002 – 6. Automobiltechnische Konferenz, Berlin, 2002

[22] *Islam., M.*: Numerical and experimental investigations of high-pressure diesel sprays. Imperial College of Sience, Technology and Medicine, London, 2002

[23] *Frei, S.; Nagel, T.; Jobava, R. G.*: Bestimmung der Störaussendung im KFZ durch die getrennte Betrachtung der elektrischen und magnetischen Verkopplungen; EMV Düsseldorf 2004, Düsseldorf, 2004

[24] *Blümcke, E.*: Integration der Gießsimulation in die Fahrzeug-Funktionsauslegung bei Audi, MAGMA-Forum „Eigenschaften gegossener Leichtmetallbauteile", 2004

[25] *Tucker, C. L.*: Computer Modelling for polmer processing – fundamentals. Hanser Verlag

[26] *Jansen, J.*: Ein Werkstoffmodell für Aluminium-Druckgusslegierungen unter statischen und dynamischen Beanspruchungen, Schriftenreihe Forschungsergebnisse aus der Kurzzeitdynamik, 2005

[27] *Cupito, G.*: IDEAL Mid Term Report, GRD2-2001-50042, 2004.

[28] *Ramm, E.; Schwarz, St.; Kemmler, R.; Lipka, A.*: Structural Optimization – The Interaction of Form and Mechanics, 18. CAD-FEM Users' Meeting vom 20. – 22. September 2000 in Friedrichshafen

[29] *Bachem et al.*: Multidisziplinäre numerische Parameter- und Shapeoptimierung von Karosseriebauteilen am Anwendungsbeispiel Fußgängerschutz. In: LS-Dyna Anwenderforum 2004

[30] *Hoffmann R. et al.*: (2002) Stochastische Simulation in der Entwicklung und Verifikation von automobilen Systemen. In: LS-Dyna Anwenderkonferenz 2002

[31] *Jones, N.; Wiezbicki, T. (eds)*: Structural crashworthiness: Butterworths 1983, ISBN 0408-01308

[32] *Hackenberg, U.*: Virtuelle Aufbauentwicklung, Virtual Product Creation 2002 – 6. Automobiltechnische Konferenz, Stuttgart, 2003

[33] *Kessing, N.*: Anwendung von CAE in der Fahrkomfortentwicklung. In: Kudritzki, D. (Hrg.): Tagung: Fahrzeugschwingungen – Fahrkomfort und Fahrwerk, Haus der Technik, Juni 2000, Essen, H030-06-006-0 (2000)

[34] *Zienkiewicz, O. C.*: Methode der Finiten Elemente, Carl Hanser Verlag, 1984

[35] *Anderl, R.*: Wissensbasierte virtuelle Produktentwicklung, Innovations-Tag von CAD/CAMService am 25.01.2001 in Karlsruhe.

[36] *Volz, K.*: Car Body Design in the Concept Stage of Vehicle Development, 2. European LS – DYNA Conference, Gothenburg, Schweden 14. – 15. Juni 1999

[37] *Holzner, M.*: Gesamtheitliche Fahrzeugsicherheit. In. European Automotive Safety, Bad Nauheim, 2004

[38] *Petterson, B. A. T.*: Numerische Methoden. In: Müller, G., Möser, M. (Hrsg.), Taschenbuch der Technischen Akustik, Springer Verlag, 2004.

[39] *Schwenk, C.; Rethmeier, M.; Dilger, K.; Michailov, V.*: Sensitivity Analysis of Welding Simulation Depending on Material Properties Value Variation. In: Cerjak, H. (Hrsg.); Bhadeshia, H. K. D. H. (Hrsg.); Kozeschnik, E. (Hrsg.): Mathematical Modelling Of Weld Phenomena Bd. 8, Verlag der Technischen Universität Graz, 2007

[40] *Ye, Q.; Domnick, J.; Scheibe, A.*: Numerical simulation of electrostatic spraypainting processes in the automotive industry. In: Krause, E.: High Performance Computing in the Science and Engineering 2004: Transactions for the High Performance Computing Center, Stuttgart (HLRS) 2004. 7th HLRS results and review workshop on October 4 – 5 at the HLRS, Berlin: Springer Verlag, 2005, ISBN 3-540-22943-4, S.261-275

[41] *Merker, G.; Schwarz, C.; Stiesch, G.; Otto, F.*: Verbrennungsmotoren – Simulation der Verbrennung und Schadstoffbildung. Wiesbaden: B. G. Teubner Verlag, 2004

10.4 Mess- und Versuchstechnik

10.4.1 Kurzer Rückblick

Die vielen Schwächen der ersten, zunächst rein handwerklich gebauten, Automobile zwangen neben umfangreichen konstruktiven Verbesserungen auch zur Entwicklung entsprechender Versuchsmethoden (z.B. [1]). Stand zu Beginn die Sicherstellung einer Mindest-Gebrauchstüchtigkeit im Vordergrund,

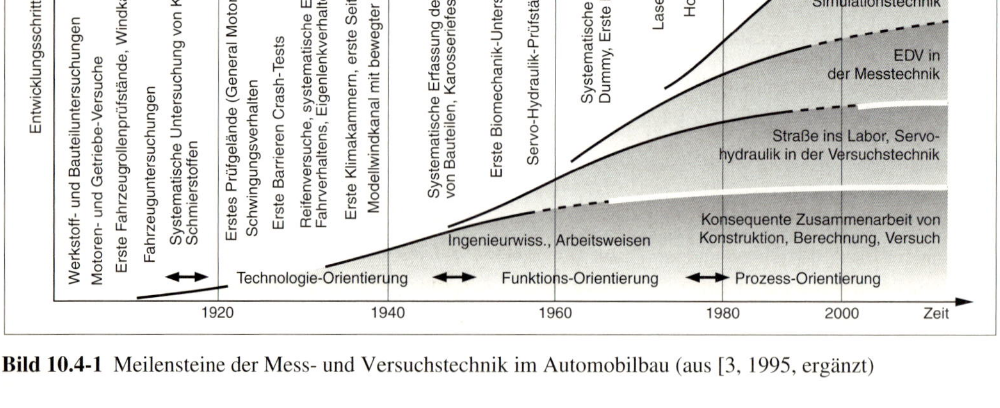

Bild 10.4-1 Meilensteine der Mess- und Versuchstechnik im Automobilbau (aus [3, 1995, ergänzt)

folgten sehr bald weitere Kundenanforderungen, wie Transportleistung, Fahrsicherheit, Fahrkomfort und Wirtschaftlichkeit. Nach dem zweiten Weltkrieg begann man, auch die Anforderungen, die aus erschwerten Betriebsbedingungen resultieren (Hitze, Kälte, Hochgebirge, z.B. [2]) sowie Umweltschutz und Unfallfolgenmilderung, einzubeziehen. Alle Bemühungen führten im Laufe der Jahrzehnte zu einem umfangreichen Instrumentarium an Mess- und Versuchstechniken (typische Beispiele siehe **Bild 10.4.1**).

10.4.2 Grundsätzliches zur Mess- und Versuchstechnik im Automobilbau

In Forschung und Vorentwicklung wird zur Erkennung und Bestätigung von Technologie- und Konzept-Potenzialen experimentiert, in Serienentwicklung und Produktion wird zur Sicherstellung von Produkt- und Prozessreife getestet (im Versuch simuliert) und geprüft (Ist mit Soll verglichen, siehe [3, 1999] – in allen Phasen der Produktentstehung sind also Mess- und Versuchstechniken trotz oder gerade wegen umfangreicher Berechnungs- und Simulationsverfahren unverzichtbar. Zu den Aufgaben gehören:

- Unterstützung des Zielsetzungsprozesses, Überprüfung der Zielerreichung
- Bestimmung von Grenzwerten für Entwicklung, Produktion, Gesetzgebung
- Fundierung von Konstruktionsentscheidungen
- Feinabstimmung und Optimierung von Komponenten und Systemen (einschl. Software)
- Validierung und Verifizierung von Rechenmodellen und Simulationsverfahren sowie Ermittlung nur experimentell bestimmbarer Parameterwerte
- Daten und Zeitverläufe zur Ansteuerung von Prüfständen.

Wichtige Grundlage für den Versuchsbereich ist, wie auch für die Konstruktion, der Umfang aller Betriebszustände und Einsatzbedingungen eines Fahrzeugs (**Bild 10.4-2**), deren Häufigkeiten und Schweregrade (Kunden-, Straßen- und Ländereinflüsse, Lastkollektive, . . .) einschließlich aller inneren und äußeren Belastungen auf das Fahrzeug (**Bild 10.4-3**). Aus all diesen Faktoren lässt sich eine Systematik der Versuchstechnik ableiten. Dazu gehört die genaue Beschreibung des Untersuchungsziels, der Versuchsart (**Bild 10.4-4**) sowie der Zuordnung infrage kommender Test- und Prüfmethoden zu den konkreten Versuchsaufgaben (**Bild 10.4-5**), oder anders ausgedrückt, „Was, Wie, Wann, von Wem und Womit getestet werden soll." [38].

Zur Festlegung der Versuchsmethode gehört zwingend das Vorhandensein geeigneter Versuchsobjekte, von der Werkstoffprobe über das Versuchsbauteil,

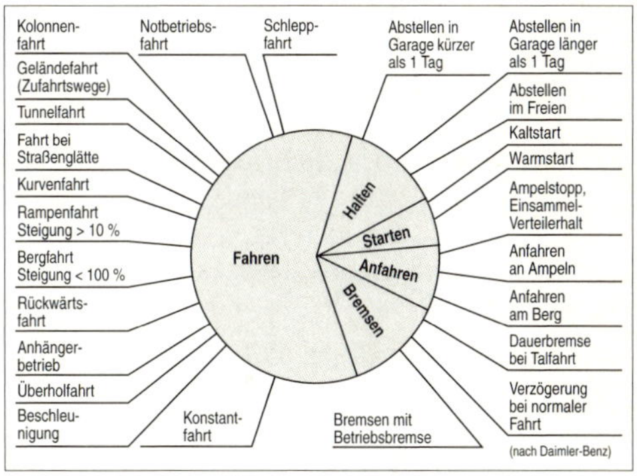

Bild 10.4-2 Wichtige Betriebszustände eines Kraftfahrzeuges

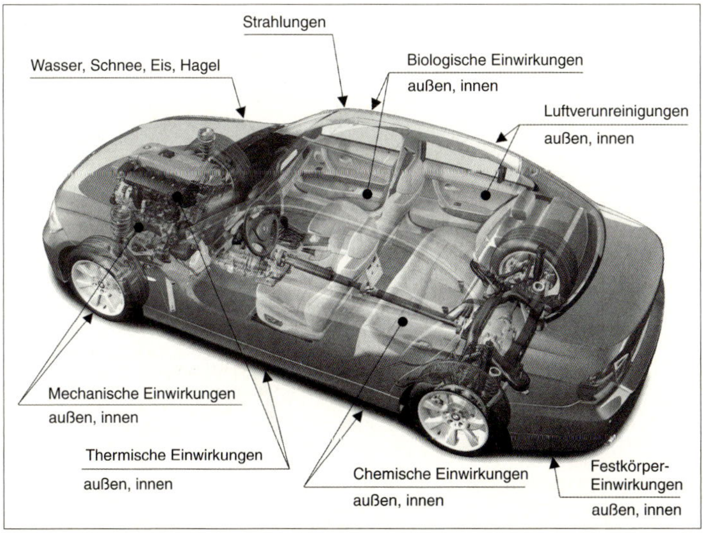

Bild 10.4-3 Einflüsse (Belastungen) auf das Kraftfahrzeug

Funktionsversuche	Dauerversuche
Bauteilversuche	Aggregat-/Systemversuche
Labor und Prüfstandsversuche	Fahrversuche
Versuche bei bestimmungsgemäßer Behandlung	Missbrauchtests, Unfallsimulation
Versuche mit Einzelwirkungen	Versuche mit kombinierten Wirkungen
Versuche mit objektiven Bewertungskriterien	Versuche unter Einbeziehung subjektiver Bewertungen
Modellversuche	1:1 Versuche
...	...
...	...

Bild 10.4-4 Zur Versuchstechnik im Automobilbau

das funktionsfähige Aggregat (z.B. Motor) im Aggregateträger, den fahrfähigen, evtl. noch unvollständigen, Prototyp bis zum kompletten Serienfahrzeug. Für manche Untersuchungen werden auch speziell konzipierte Experimentalfahrzeuge eingesetzt (z.B. [4]. Dazu gehört auch die Festlegung der Versuchsbedingungen sowie zugehöriger Messverfahren und Bewertungskriterien (Beispiel siehe **Bild 10.4-6**). Letztere ergeben sich entweder direkt quantitativ aus dem Lastenheft (z.B. Kraftstoffverbrauch, Beschleunigungsvermögen) oder als empirisch-wissenschaftlich abgeleitete Größen komplexer Verhaltensweisen, auch stark subjektiv empfundener Effekte (s.u.) oder aus der Biomechanik des Unfallgeschehens (Kap. 6.5).

Als Folge von Fahr- und Bedienungsfehlern können Fahrzeuge wesentlich stärker belastet werden als bei

	Death-Valley-Sommer	Nordland-Winter
Ort	35° n. B.	68° n. B.
Strahlungsrichtung	78°	2°
– Intensität direkt	1000 W/m²	150 W/m²
diffus	90 W/m²	20 W/m²
Fzg.-Ausrichtung	Bug zur Sonne	Bug zur Sonne
Umgebungstemperatur	40 °C	–20 °C
Motorraumtemperatur	85 °C	+30 °C
Kofferraumtemperatur	65 °C	–10 °C
Bodentemperatur	40 °C	–20 °C
Luftfeuchte	10 % rel.	90 % rel.
Fahrgeschwindigkeit	0, 32, 64, 96... km/h	0, 32, 64, 96... km/h
Gebläsestufen	0 : III	0 : III

Bild 10.4-6 Versuchsbedingungen für die Szenarien „Death Valley-Sommer" und „Nordland-Winter"

bestimmungsgemäßem Einsatz. Deshalb müssen aus der großen Zahl von Sonderereignissen und Möglichkeiten „missbräuchlichen" Umgangs sog. Missbrauchtests entwickelt und eingesetzt werden (**Bild 10.4-7** aus [3, 1987, 1999, 2006 und 5]). Zugehörige Erkenntnisse dürfen einerseits nicht zu Konstruktionen mit unakzeptablen Nachteilen im Normalbetrieb des Fahrzeugs führen, müssen andererseits aber sicherstellen, dass nach einem Missbrauch noch ein (u.U. eingeschränkt) betriebsfähiger Zustand vorhanden ist.

Der große Umfang an Versuchsaufgaben hat die Messtechnik im Automobilbau zu einem eigenständigen Fachgebiet werden lassen. In einer Fülle von stationären und mobilen Geräten und Verfahren

Prüf-Aufgaben \ Prüfmethode		Reale Straßenfahrt	Mess- und Prüfgelände	Physikalische Prüfstände	„Dummies in the loop"	„Hardware in the loop"	„Man in the loop"	Virtuelle Prüfstände
Funktions- und Dauerversuche	Gesamtfahrzeug in seinem Umfeld	• Fahrzeug-Gesamtfunktion, Fahrerlebnis • Langstreckentauglichkeit • Dauerläufe • Fahrzeug unter Extrembedingungen (Nordland, Tropen, Hochgebirge) ...	Fahrzeug-Gesamtfunktion und Fahrerlebnis bei definierten Betriebsbedingungen	• Aerodynamik • Klima • Außengeräusch • Innengeräusch • Schwingungen	• Crashverhalten • Klimaverhalten • Akustik	Fahrdynamik-Simulation bei definierten Betriebsbedingungen bis in Fahrgrenzbereiche	Fahrsimulation	• Design (Exterieur, Interieur) • Ergonomie-Funktionen • Zugänglichkeiten für Wartung und Reparatur
	Aggregate Systeme	• Komplexe Aggregate und Funktionen bei wechselnden und extremen Betriebsbedingungen • ...	• Antriebs-Abstimmung • Fahrwerks-Abstimmung (Längs-, Quer- und Vertikaldynamik) • ...	• Motor, Getriebe, Kraftübertragung • Achs- und Bremssysteme • Rohkarosserie • Abgasanlagen • ...	Rückhaltesysteme	• Antriebs- und Fahrwerks-Regelsysteme • Elektrisches Bordnetz • Software	• Ergonomie • Fahrerassistenz-Systeme	• Musterbau, Montage • Aggregat- und System-Funktionen
	Werkstoffe, Bauteile, Betriebsstoffe	Verhalten von Werkstoffen, Bauteilen und Betriebsstoffen bei realen Betriebsbedingungen	Verhalten von Werkstoffen, Bauteilen und Betriebsstoffen bei definierten Betriebsbedingungen (bis in den Bereich des Missbrauchs)	Verhalten von Werkstoffen, Bauteilen und Betriebsstoffen	In vivo und in vitro Experimente	Funktionsfehlererkennung von Bauteilen	Olfaktorische Prüfung von Geruchsstoffen	• Bauteilgeometrie • Bauteilfunktionen

Bild 10.4-5 Beispiele für Einsatzfelder der Versuchstechnik im Automobilbau

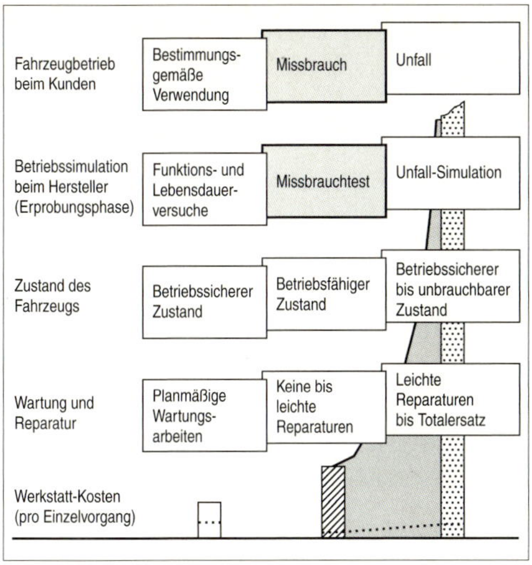

Bild 10.4-7 Zur Definition des Fahrzeug-Missbrauchs und des Missbrauchtests

werden heute vielfältige, oft sehr genau und hochdynamisch zu erfassende, Messgrößen verwendet (z.B. [6]), die verschiedenen Bereichen zugeordnet werden können, so insbesondere:

- Mechanik, Fahrdynamik
- Fluiddynamik
- Schwingungen, Akustik
- Thermodynamik, Wärme- und Energietechnik
- Elektrotechnik
- Optik
- Werkstoffe, Bauteile, Kraft- und Betriebsstoffe
- Tribologie
- Unfallfolgenmildernde Sicherheit
- Abgasmanagement
- Telematik

Während im Labor an Aggregaten und Gesamtfahrzeugen umfangreiche und sensible Messverfahren eingesetzt werden können, müssen für die mobile Messtechnik im fahrenden Fahrzeug Raum- und Gewichtsgrenzen, manchmal weitere Einschränkungen, berücksichtigt werden (**Bild 10.4-8**, aus [3, 1989]). Dennoch sind heute manche Dauerlauf-Fahrzeuge rollende Messlabors, z.B. zur Erfassung aller möglichen kritischen Temperaturen und Belastungen. Besondere Anforderungen gibt es für das berührungslose Messen an schwer zugänglichen Bereichen, z.B. an bewegten und/oder heißen Bauteilen, sowie für das Sichtbarmachen komplexer Vorgänge, z.B. in kompakten und hochbeanspruchten Aggregaten.

Schon seit Jahren sind Messsysteme auf Rechnerbasis Stand der Technik; sie erlauben optimierte und überwachte Versuchsdurchführung, komplexe on-line-Auswertungen (Zeit- und Frequenzbereiche, Leistungsspektren, Modalanalysen usw.) einschließlich quick-look-Darstellungen.

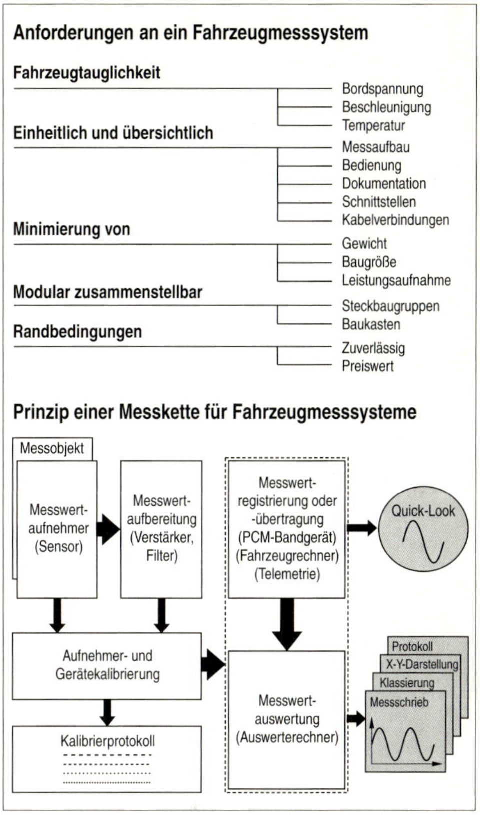

Bild 10.4-8 Fahrzeugmess-Systeme – Anforderungen, Prinzipdarstellung
Anforderungen, Prinzip einer Messkette

Erprobungsorte	Schwerpunkte	Spez. Effekte
Nürburgring	Fahrwerk, Motor, Karosserie	Zeitraffung unter Extrembeanspruchung
Mittelmeer-Raum	Fahrwerk, Karosserie	Zeitraffung unter Extrembeanspruchung
„Osteuropa"	Fahrwerk, Karosserie	Zeitraffung unter Hochbeanspruchung
USA/Death Valley	Sommerbetrieb	Extreme Hitze
„Nordland"	Winterbetrieb	Extreme Kälte
„Oberbayern"	Gesamtfahrzeug	Kundennaher Betrieb
Miramas (Testgelände)	Fahrwerk, Motor, Karosserie	Zeitraffung unter Extrembeanspruchung
	Motor, Antriebsstrang, Kühlsystem, Aerodynamik	Hochgeschwindigkeitsverhalten unter Zeitraffung
Landesspezifische Erprobungen USA, Südafrika, Japan, Südostasien, Frankreich, Schweden		

Bild 10.4-9 Erprobung Gesamtfahrzeug (Beispiele)

Bild 10.4-10 Beispiel für ein Automobil-Testgelände (Seiffert, U.; Walzer, P.: Automobiltechnik der Zukunft. Düsseldorf: VDI-Verlag GmbH, 1989, S. 165)

Bevor die Messwerte registriert und/oder verarbeitet werden, müssen sie störungsfrei erfasst, gefiltert, aufbereitet und (häufig telemetrisch) übertragen werden, was vor allem für Fahrten unter Extrembedingungen (Klima, Straßenverhältnisse) gezielte Maßnahmen erforderlich macht. Besondere organisatorische Maßnahmen im Versuchsbetrieb sind für Planung und Durchführung von Versuchsfahrten mit Fahrzeugflotten in entfernten Ländern zu ganz bestimmten Jahreszeiten notwendig (Beispiele für Erprobungsgebiete siehe **Bild 10.4-9**).

Um möglichst jederzeit, ungestört und reproduzierbar Fahrerprobungen außerhalb des öffentlichen Verkehrs durchführen zu können, betreiben alle größeren Autohersteller (häufig in der Nähe ihrer Entwicklungszentren, aber auch in Regionen mit besonderen klimatischen Bedingungen) aufwendige Mess- und Prüfgelände (Beispiel siehe **Bild 10.4-10**).

Solche Einrichtungen umfassen eine Vielfalt unterschiedlicher Strecken. Typischerweise gehören dazu:

- Kreisplatte für Kurvenfahrten (einschl. Kurvenaquaplaning)
- Fahrdynamikfläche für beliebige Fahrmanöver
- Schnellfahrbahn
- Handlingkurs
- Verschiedene Schlechtwegstrecken (wie Kopfsteinpflaster mit Trambahnschienen, Höcker, Rinnen, Waschbretter . . .)
- Verschiedene Sonderstrecken (Wasserdurchfahrten, Niedrigreibwertstrecken, Steigungshügel, Seitenwindanlage, Offroad-Strecken)

Großer Aufwand, häufig nicht konstant zu haltende Versuchsbedingungen und damit mangelnde Reproduzierbarkeit, Probleme mit der Messtechnik usw. führten schon frühzeitig zu Bemühungen, zusätzlich zu Aggregatversuchen auch möglichst viele Versuche mit Gesamtfahrzeugen „von der Straße ins Labor zu holen“ (z.B. [1, 3, 7]). So wurden schon vor dem zweiten Weltkrieg große Windkanäle zur Untersuchung aerodynamischer Eigenschaften und Rollenprüfstände zur Untersuchung des gesamten Antriebssystems im Fahrzeug gebaut. Spätere Beispiele betreffen klimatisierte Antriebsprüfstände sowie Betriebsfestigkeitsprüfungen von Achsen und Gesamtfahrzeugen mit komplexen servohydraulischen Belastungseinrichtungen, die mit auf der Straße gemessenen Betriebslasten im Nachfahrversuch unter Echtzeitbedingungen betrieben werden können (**Bild 10.4-11**, z.B. [3 (2003), 8]). Weitere Beispiele betreffen Akustik-Windkanäle, Außengeräusch-Prüfstände sowie Hallen zur Überprüfung der elektromagnetischen Verträglichkeit. Wesentliche Voraussetzung für solch realitätsnahe Versuchstechniken war die Entwicklung leistungsfähiger Realtime-Rechner- und -Software-Systeme.

Mögen alle Entwicklungs- und Fertigungsplanungs-Abteilungen noch so gute Arbeit geleistet haben, Serienstarts und Kundenauslieferungen neuer Modelle werden erst dann freigegeben, wenn eine genügend große Zahl von Fahrzeugen im Praxiseinsatz Funktionstüchtigkeit, Zuverlässigkeit und auch subjektiven Qualitätseindruck bewiesen haben. Dabei zeigt es sich immer wieder, dass die letzten Feinheiten besonders viel Aufwand erfordern. Und selbst dann kann es bei der hohen Komplexität der Produkte und Prozesse vorkommen, dass nicht alles programmgemäß verläuft, dass in der Serie größere Abweichungen als erwartet auftreten, . . .

10.4.3 Einige ausgewählte Beispiele

Die Entwicklung extrem sparsamer und abgasarmer Verbrennungsmotoren setzt präzise Kenntnisse der komplexen Wirkkette „Gaswechsel, Einspritzung, Zerstäubung, Verdampfung, Gemischbildung, Zündung, Verbrennung, Energieumsetzung sowie Reaktionskinetik“ voraus (z.B. [9, 10]). Zur Erfassung und Beherrschung zugehöriger Effekte konnten in den letzten Jahrzehnten Lichtleiter-Endoskopieverfahren sowie vor allem verschiedene Lasertechniken zur Anwendung gebracht werden, mit deren Hilfe insbeson-

Bild 10.4-11 Mehrkomponenten-Fahrzeugprüfstand für Betriebslasten-Nachfahrversuche

dere Strömungsfelder, Strahlausbreitungen, Strahl-Wand-Interaktionen, Flammenausbreitungen oder Partikelbildungen zeitlich-örtlich hochauflösend sichtbar gemacht oder auch dynamische Abgas- oder Ölverbrauchs-Untersuchungen bis zum ppb-Bereich vorgenommen werden können (z.B. [6]). Schon seit den 70er Jahren des letzten Jahrhunderts wird die laserinduzierte Doppelpuls-Holographie zur Messung angeregter Schwingungsformen optisch zugänglicher Strukturoberfächen eingesetzt (z.B. [3]). Eine andere Anwendung der Lasertechnik, die Laser-Doppler-Anemometrie, betrifft die Visualisierung weiterer

Prüfablauf Sicherheitsgurt

Gurtband	Aufrollautomat	Beschläge	Gurtschloss mit Strammer	Automatischer Gurthöhenversteller
Gurtband Neuzustand	Falltest	**Umlenkbeschlag**	Lichtbeständigkeit	Auszugskraft
Breite, Dicke, Dehnung, Bruchlast	Rückzugskraft	Abriebtest	Entflammbarkeit	Rückzugskraft
Emissionsverhalten	Blockierverhalten	Korrosionstest	Dynamische Schlagprüfung	Einsteuerkraft
Geruch	VSI-System	Temperaturbeständigkeit	Beschleunigungssicherheit	Ausreißkraft
Gesamtkohlenstoffemission	WSI-System	Bruchlast	Verdrehtest	Biegsamkeit der Bowdenzughülle
Fogging	Kippwinkel	Lichtbeständigkeit	Schlossöffnungskraft	Dauertest
Migration	Kältetest	Rissfreiheit	Einsteckkraft	Kältetest
Gurtband nach Vorschädigung	Ausrolltest	Thermoschockprüfung	Korrosionstest	Korrosionstest
Bruchlast nach Abriebstest	Korrosionstest	Rissfreiheit	Temperaturbeständigkeit	Temperaturbeständigkeit
Lichtbeständigkeit	Temperaturbeständigkeit	**Einsteckzungen**	Dauerverschleißtest	Staubtest
Farbbeständigkeit	Vibrationsbelastung	Abriebtest	Drücktest	Vibrationsbelastung
Bruchlast nach Kältetest	Schockfestigkeit	Korrosionstest	Staubtest	Abrieb- u. Formbeständigkeit Bowdenzug
Entflammbarkeit	Schlittenversuch	Temperaturbeständigkeit	Torsions- und Biegewechseltest	Schlittenversuch
	Bruchlast	Bruchlast	Vibrationsbelastung	Bruchlast
		Lichtbeständigkeit	Schlossöffnungskraft mit Vorlast	
		Rissfreiheit	Schlittenversuch	
		Temperaturtest	Bruchlast statisch	
		Thermoschockprüfung		
		Rissfreiheit		

Bild 10.4-12 Prüfablauf – Sicherheitsgurt

komplexer Strömungsverhältnisse, so aerodynamischer Fahrzeug-Umströmungen im Windkanal (Kap. 3.2) oder im Wassermantel von Verbrennungsmotoren.

Eine den Motorkonzepten ähnliche Vielfalt findet man auch bei den Triebsträngen, die immer höhere Anforderungen zu erfüllen haben und weiter steigende Komplexität aufweisen (siehe Kap. 5.4 und 5.5). Entsprechend universell einsetzbare Prüfstände, auch für Allrad- und Hybridantriebe, sind hierzu schon in frühen Entwicklungsphasen unverzichtbar (z.B. [11]).

Bei der strömungs- und wärmetechnischen Simulation von Fahrzeugen in Wind- und Klimakanälen kommt es, wie bei fast jeder Simulation, zu Abweichungen gegenüber der Realität. Die noch offenen Fragen der Windkanaltechnik konnten inzwischen weitgehend geklärt werden [12, 39, 40].

Aerodynamikversuche in frühen Entwicklungsphasen lassen sich vergleichsweise schnell und kostengünstig mit verkleinerten Modellen durchführen (ein Beispiel für die in **Bild 10.4-4** genannten Modellversuche). Solche Versuche erfordern jedoch die ausreichende Berücksichtigung der wichtigen Formdetails sowie der physikalischen Ähnlichkeitsgesetze (z.B. [13, 14]).

Dass dem Nichtfachmann einfach erscheinende Bauteile oder Komponenten häufig anspruchsvolle Versuchsaufgaben stellen, zeigt das Beispiel des Scheibenwischers, bei dem Werkstoffeigenschaften, geometrische Feinheiten, Kraftverteilungen und aerodynamische Einflüsse Wischqualität, Tribologie, Rattergeräusche und Lebensdauer beeinflussen. Auch ein weiteres Beispiel, nämlich der Prüfablauf von Sicherheitsgurten **(Bild 10.4-12)** zeigt den großen Versuchsaufwand, der zur Sicherstellung von Funktion und Lebensdauer moderner Fahrzeuge unerläßlich ist.

Mit beiden Beispielen ist ebenfalls angedeutet, welch beachtlicher Prüfaufwand bezüglich des gesamten Umfangs an Werk-(auch Kraft- und Betriebs)-stoffen des Automobils einschließlich aller Fügetechniken zu leisten ist (z.B. [15, 16]). Es handelt sich dabei um physikalische, chemische und technologische Prüfverfahren zur Bestimmung von Werkstoff-Identitäten, Festigkeits- und Verschleißeigenschaften, Innen- und Oberflächen-Fehlern, Medienbeständigkeiten von Kunststoffen usw. Dazu stehen vielfältige Apparate und Verfahren zur Verfügung, wie folgende Beispiele zeigen: Elektronenmikroskope für neue Materialien, Röntgenstrahlen für relativ unkomplizierte Einblicke in Bauteile, Thermographie zur berührungslosen und zerstörungsfreien Materialprüfung.

Funktionalität, Sicherheit und Zuverlässigkeit elektronischer Steuerungen und Regelungen sind mit klassischen Verfahren allein nicht zu ermitteln. Des-

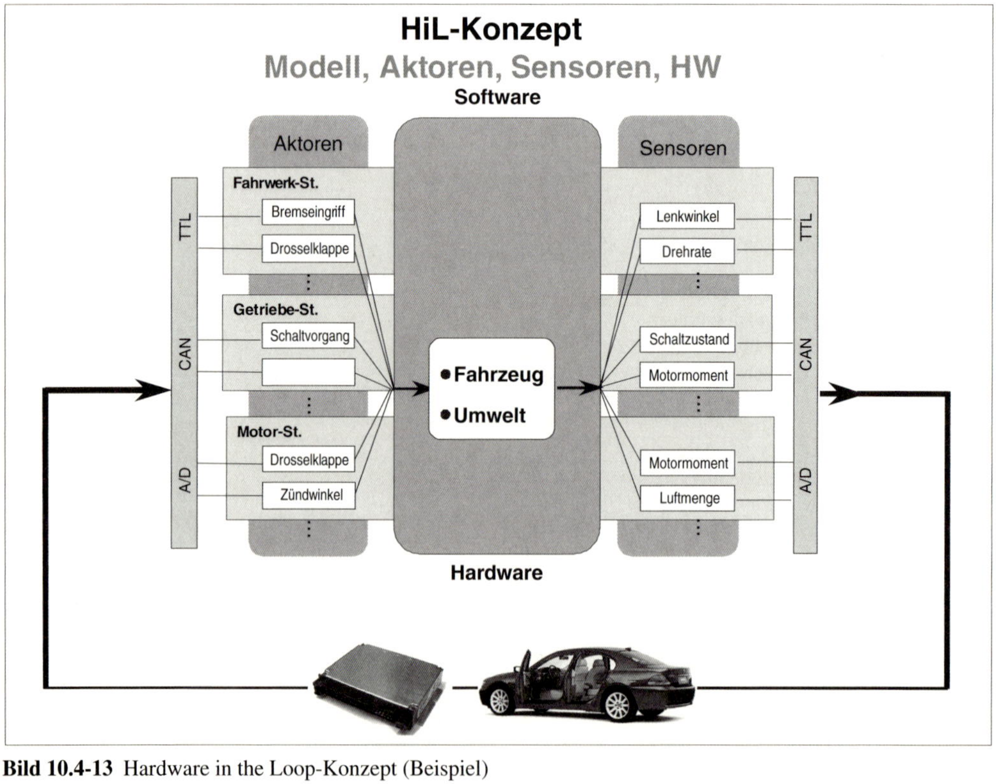

Bild 10.4-13 Hardware in the Loop-Konzept (Beispiel)

halb wurden neue und besonders leistungsfähige Methoden für Systementwicklungen, Testen vernetzter Elektroniksysteme sowie automatisierte Testumgebungen und Fehlersimulationen entwickelt, um die steigende Anzahl von Steuergeräten und deren Variantenvielfalt, die steigende Vernetzung und zunehmende Verteilung von Funktionalitäten zusammen mit der zugehörigen Software untersuchen zu können (Kap. 8.7).
Neue Aufgaben für Simulations- und Versuchstechniken stellt die Entwicklung neuer Hybridantriebs-Systeme (Kap. 4.3.3). Dabei handelt es sich sowohl um das komplexe Zusammenspiel aller Komponenten als auch um Fragen des Gesamtfahrzeugs, wie die Beherrschung hoher elektrischer Spannungen und Ströme, Crashsicherheit oder die Erreichung eines voll akzeptablen Geräuschverhaltens (z.B. [41]).
Die Kopplung unterschiedlicher Methoden und Techniken zeigt sich deutlich bei den Hybridtechniken „Software in the Loop" und „Hardware in the Loop", die zur Steigerung der Reifegradabsicherung und zur Entwicklungseffizienz zunehmend eingesetzt werden (**Bild 10.4-13**, [17–19]).
Es ist ein besonderes Kennzeichen der Automobiltechnik, dass eine Reihe von Eigenschaften nicht allein oder gar nicht objektiv bewertbar ist. Ein wichtiges Teilgebiet der Fahrzeug-Versuchstechnik bemüht sich daher mit zunehmendem Erfolg, Zusammenhänge zwischen subjektiven Bewertungen und messbaren Größen zu finden und daraus quasiobjektive Bewertungskriterien abzuleiten [20–22], die auch für die Bewertung von Simulationsergebnissen und die Entwicklung des „Digital Car" (Kap. 10.3) herangezogen werden. Eine weitere Zielrichtung betrifft Entwicklung und Einsatz anthropomorpher Testpuppen, die jeweils für bestimmte Anwendungsfälle, wie Crashverhalten (Kap. 6.5), Schwingungsverhalten, Klimakomfort oder Audioqualität geeignet sind (z.B. [20]).
Schon seit Jahrzehnten bemüht man sich, Fahrsimulatoren zur Verkehrsicherheitsforschung und zur Vorentwicklung unkonventioneller Fahrzeugkonzepte zu entwickeln und einzusetzen (z.B. [23, 24]). Deren Vorteile liegen vor allem in Untersuchungen voll reproduzierbarer, auch extrem kritischer, Verkehrssituationen, in schnellen Änderungsmöglichkeiten von Fahrzeug- und Umfeldparametern und in Untersuchungsmöglichkeiten für völlig neue Fahrzeugkonzepte. Dazu gehören auch Fahrerassistenzsysteme (z.B. Kap. 8.5.5 und [3], 2005), die besondere Versuchsmethoden erfordern (z.B. [25]) sowie die Vorausaktivierung von Systemen zur Unfallmilderung (Kap. 6.5), lange bevor diese in Realversuchen einsetzbar sind. Obwohl die neuesten Simulatoren gegenuber fruher deutliche Fortschritte aufweisen, stellt die realisierbare „High Fidelity"-Simulation noch immer eine besondere Herausforderung dar.

10.4.4 Zur Effizienz der Mess- und Versuchstechnik

Je früher aussagekräftige Versuchsergebnisse vorliegen, um so schneller kann der Konstrukteur seine Freigaben erteilen, um so früher kann daraufhin die Fertigungsplanung aufwendige Investitionen tätigen. Dies hatte jedoch (und hat auch noch) Grenzen, insbesondere wenn in Prototypphasen viele „handgemachte" Bauteile verspätet und/oder nicht sachgerecht, und die Versuchsergebnisse mit den „unfertigen" Prototypen zu spät und zusätzlich nicht aussagekräftig genug zur Verfügung standen. Deshalb kommt, wie in diesem Handbuch an vielen Stellen erläutert, der Stärkung aller Aktivitäten in der frühen Entwicklungsphase besonders hohe Bedeutung zu.
Schon frühzeitig begannen Fahrzeughersteller, Zeitraffertests für Lebensdauer- und Zuverlässigkeitsprüfungen, in den 70er Jahren auch für Korrosionsprüfungen, zu entwickeln (z.B. [1, 3, 26]). Zunächst wurden in Prüfgeländen ausgesprochene „Marterstrecken" gebaut, mit für Fahrwerks- und Karosserieteile hohen Raffungsfaktoren; später kamen die schon angesprochenen computergesteuerten Nachfahr-Prüfstände hinzu, die ohne Fahrereinflüsse voll reproduzierbar, „rund um die Uhr" und bei jedem Wetter arbeiten können; zusätzlich können Zeitanteile geringer Beanspruchungsintensität weggelassen werden (Beispiel für Prüfzeit- und Datenreduktionsverfahren). Neuerdings versucht man auch, die Dauererprobung von Serienfahrzeugen durch auf Testgeländen autonom fahrenden Fahrzeugen und „bionischen Diagnoseassistent-Systemen" effizienter zu gestalten [27]. Praxisgerechte Zeitraffer-Verfahren für rein zeitabhängige Alterungsvorgänge, z.B. bei Gummi- und Kunststoffbauteilen, stehen noch aus.
In der Produktentwicklung sind Modelle und Musterteile ein wichtiges Hilfsmittel zur Unterstützung von Produktgestaltung und Prozessplanung. Mit der CAD/CAM-Technologie bietet sich prinzipiell die Möglichkeit, Musterteile auf der Basis der Konstruktionsdaten sehr schnell zu fertigen; sie sind oftmals das Bindeglied, das die Parallelisierung von Produkt- und Prozess-Gestaltung („Simultaneous Engineering", Kap. 10.1) erst ermöglicht. Rapid Prototyping bietet somit ein großes Potenzial zur Verkürzung des Produktentstehungs-Prozesses bei gleichzeitiger Steigerung der Produktqualität. Möglich sind geometrische Prototypen (insbesondere für die frühe Phase der Prozessplanung) sowie funktionale Prototypen, mit denen, je nach Werkstoff, unterschiedliche Funktionen untersucht werden können (z.B. [28]). Eine weitere Art von Rapid Prototyping betrifft integrierte Entwurfs- und Bewertungsverfahren für Software-Systeme und für die Gestaltung von Mensch-Maschine-Interaktionen (z.B. [29]).
Ein wichtiger Beitrag zur Effizienzsteigerung in Entwicklung und Fertigung stellt „Design to Testability",

also einfache und schnelle Testbarkeiten der Komponenten und Subsysteme schon von der Konstruktion her zu ermöglichen, dar.

Obwohl Fahrzeuge immer komplexer werden und immer mehr Parameter zu optimieren sind, muss es Ziel jeder Versuchsplanung sein, möglichst wenig Versuche durchzuführen, und dennoch ein Maximum an Informationen zu gewinnen. Daraus folgt, dass zumeist nicht alle Parameter einzeln untersucht werden können; vielmehr müssen mehrparametrige Versuche durchgeführt werden, die dennoch genaue Detail-Informationen liefern. Hierzu sind zunächst in einer Systemanalyse die wesentlichen Parameter und deren Wechselwirkungen zu bestimmen, was um so genauer gelingt, je mehr a priori-Wissen, sowohl empirisch als auch mittels Berechnung und Simulation, vorhanden ist. Anschließend erfolgt dann die Auswahl der für die konkrete Aufgabe am besten geeigneten, deterministischen oder statistischen, Versuchsmethode (z.B. [3, 30]). Als ein Beispiel sei die modellgestützte Kennfeldoptimierung moderner Ottomotoren genannt [3, 1999]. Genügten für die Kennfelderstellung zu Anfang der 80er Jahre noch einige wenige Parameter zur Optimierung der beiden Stellgrößen Zündwinkel und Einspritzzeitpunkt, müssen inzwischen für mindestens 8 Stellgrößen mehr als 100 Kennlinien oder Kennfelder für das Steuergerät optimiert werden, und das auch noch für unterschiedliche Motor-, Getriebe- und Abgas-Varianten. Der dazu notwendige Entwicklungsaufwand („vielparametrige Versuchsräume") wäre mit klassischen Versuchsmethoden überhaupt nicht mehr bewältigbar, sodass Methoden wie „Design of Experiments" (DOE) und „Rapid Measurement" erforderlich sind (z.B. [19, 31, 32, 42]).

Der Zwang zur Effizienzsteigerung führte darüberhinaus zu unternehmensinternen und ab etwa 1990 zu firmenübergreifenden Aktivitäten, Grundlagen für die hard- und software-unabhängige Standardisierung von Automatisierungs-, Mess- und Auswertesystemen zu erarbeiten (insbesondere „ASAM" [3]). Standards sind schon heute unverzichtbar, damit Messergebnisse vergleichbar und übertragbar sind, sowie Methoden und Tools in Entwicklungs- und Lieferverträgen verbindlich vereinbart werden können [3, 1999]. Nicht zuletzt gehört zur Effizienz des Versuchbetriebs, Ergebnisse gut zu dokumentieren und wenn möglich zu verallgemeinern, damit die Zahl neuer Versuche minimiert werden kann. Dazu zählen auch neue Methoden des Wissensmanagements, neuronale Netze oder allgemein „Know how-Recycling" [3, 1997].

Dennoch wird, trotz immer leistungsfähigerer Berechnungs- und Simulationstechniken („digital car, virtueller Prüfstand, virtuelle Probefahrt", (z.B. [3, 2003, 33–35, 43]), weiterhin ein großer Teil der Fahrzeugentwicklung im Realversuch zu leisten sein, in der Antriebsentwicklung beispielsweise im Bereich von zwei Drittel bis drei Viertel (siehe auch [44]). Denn der Versuch beantwortet auch Fragen, die gar nicht gestellt wurden.

Die starke Verlagerung von Entwicklungsaktivitäten von den Fahrzeugherstellern zu den Systemlieferanten hat die Strukturen der Zusammenarbeit auch in der Versuchstechnik deutlich beeinflusst. Insbesondere mussten sich die Lieferanten in verstärktem Maße Know how und Einrichtungen mit Gesamtfahrzeug-Inhalten schaffen (z.B. [3, 2001]). Eine Vereinheitlichung der Prüfvorschriften der OEM kann wiederum zur Effizienzsteigerung bei den Lieferanten beitragen.

Von besonderer Bedeutung ist, dass die kundenwertige Gesamtfunktionalität neuer Fahrzeuge (bis hin zur Langzeitqualität) trotz aller Vorarbeiten nur durch reale Straßenversuche (Dauerläufe) in ganz unterschiedlichen Regionen dieser Welt mit extremer Hitze, Sandstürmen, außergewöhnlichen Wintersituationen sicherzustellen ist (z.B. [36, 37]). Diesen Aufwand zu reduzieren ist schon heute eine besondere Aufgabe der gesamten Versuchstechnik im Fahrzeugbau.

Auch bei immer weiter verbesserten und sich ergänzenden Versuchs-Methoden und Verfahren muss man sich dennoch darüber im klaren sein, dass selbst „richtige Tests" [3, 1999] nur geeignet sind, Fehler nachzuweisen, nicht aber, absolute Fehlerfreiheit zu garantieren". Ebenso bedeutet Verifikation (Nachweis, dass Spezifikationen erfüllt werden) nicht zwangsläufig, dass das getestete Produkt auch „valide" ist, also die erwarteten Leistungen zur Gänze erbringt.

Testen muss also als eine Kerndisziplin im gesamten Produktentstehungsprozess verankert sein, der mit dem Requirement Engineering beginnt (siehe auch Kap. 8.1 und [45]) und nicht zuletzt Produkt- und Produzentenhaftung zu berücksichtigen hat.

Literatur

[1] *Mehrere Autoren*: „100 Jahre Automobil" VDI-Ber. 595, 1986

[2] *Troesch, M.*: „Die Alpenstraßen als Prüffeld für Automobile" Katalognummer 1955 der Automobil Revue, Bern, S. 101 – 105

[3] *Mehrere Autoren*: „Mess- und Versuchstechnik im Automobilbau" VDI-Berichte 632 (1987), 681 (1988), 741 (1989), 791 (1990), 893 (1991), 974 (1992), 1189 (1995), 1335 (1997), 1470 (1999), 1616 (2001), 1755 (2003), 1900 (2005), 1967 (2006)

[4] *Drews, R.; Jongen, H.*: „Modulares Experimentalfahrzeug für Betriebslastenmessungen", ATZ 2002, S. 44 – 54

[5] *Hauke, M.*: „Simulation des Missbrauchverhalten von Gesamtfahrzeugen" Diss. TU München 2003

[6] *Klingenberg, H.*: „Automobil-Messtechnik" Springer-Verlag, Band A: Akustik (1988), Band B: Optik (1994), Band C: Abgasmesstechnik (1995)

[7] *Schöggl, P.; Steinmeier, C.*: „Rollenprüfstände als fester Bestandteil der Fahrzeug-Entwicklungskette" ATZ 2002, S. 686 – 693

[8] *Weibel, K.-P.*: „Mehr als 10 Jahre Betriebsfestigkeitsprüfung mit den Mehrkomponenten-Prüfständen der BMW AG" ATZ 1987, S. 193 – 198

[9] *Kostka, J.; Ziegler, P.*: „6. Int. Symp. Verbrennungsdiagnostik" MTZ 2005, S. 142 – 147

[10] *Kubach, H.*: „Ionenstrom als Sensorsignal der dieselmotorischen Verbrennung“ Diss. U., Karlsruhe 2004

[11] *Hagemann, G. et al.*: „Universelle Prüfumgebung für Untersuchungen des Antriebsstrangs“ ATZ 2003, S. 128–136

[12] *Potthoff, J. et al.*: „Die neue Laufbandtechnik im IVK-Aeroakustik-Fahrzeugwindkanal der Universität Stuttgart“ ATZ 2004, S. 53–61 und S. 150–160

[13] *Hucho, W. H.*: „Aerodynamik des Automobils“ Vieweg Verlag 2005

[14] *Moog, W.*: „Ähnlichkeits- und Analogielehre“ VDI-Verlag 1985

[15] *Czichos, H. et al. (Hrsg.)*: „Handbook of Materials Measurement Methods“ Springer Verlag 2005

[16] *Signer, M.*: „Leistungstests von Kraftstoffen und Schmierölen“ MTZ 2005, S. 112–115

[17] *Gühmann, C.; Riese, J.*: „Testautomatisierung in der Hardware-in-the-Loop Simulation“, VDI-Ber. 1672, 2002, S. 511–527

[18] *Kluge, J.; Klages, B.*: „Hardware-in-the-Loop-Simulation und Testautomatisierung“, VW Phaeton-Sonderausgabe von ATZ und MTZ, Juli 2002, S. 138–144

[19] *Honisch, A. et al.*: „Vollautomatisierter Test von Steuergeräte-Netzwerken“, Sonderausgabe ATZ/MTZ Mercedes A-Klasse, 2004, S. 36–39

[20] *Mehrere Autoren*: „Subjektive Fahreindrücke sichtbar machen“ Haus der Technik Essen, 30. 11.–1. 12. 1998, sowie Expert-Verlag 2000, 2002, 2006

[21] *B. Heißing, H. J. Brandl*: „Subjektive Beurteilung des Fahrverhaltens“ Vogel Verlag, 2002

[22] *E. Gundler*: „Lässt sich gefühlte Qualität objektiv beurteilen?“ Techn. Rundschau 2004, S. 36–39

[23] *I. Gruening*: „Driving Simulation“ SAE-Paper 980223

[24] *Mehrere Autoren*: „Simulation und Simulatoren – Mobilität virtuell gestalten“, VDI-Ber. 1745, 2003

[25] *Mehrere Autoren*: „Integrierte Sicherheit und Fahrerassistenzsysteme“ VDI-Ber. 1864, 2004

[26] *J. W. Langer*: „Entwicklung einer Simulation zur Abprüfung einer 12-Jahre-Gewährleistung gegen Durchrostung“ Symp. „Steel and Automotive Body“, 17. 6. 1999, Cannes

[27] *T. Michler*: „Bionisches Diagnoseassistentsystem für die Dauererprobung autonom fahrender Personenkraftwagen“ Diss. TU Braunschweig 2002

[28] *A. Geuer*: „Einsatzpotential des Rapid Prototyping in der Produktentwicklung“ Diss. TU München, 1996

[29] *Eckstein, L.; van Gijssel, A.*: „HMI guidelines and their effect on process, product and traffic safety“, SAE 2006-01-0574

[30] *Kleppmann, W.*: „Taschenbuch Versuchsplanung“ Hanser Verlag 2001

[31] *Röpke, K.*: „Design of Experiments in der Motorenentwicklung“ MTZ 2002, S. 414–415

[32] *Lütkemeyer, G. et al.*: „Effektive Strategien für Motorsteuerungsapplikationen“, MTZ 2002, S. 602–604

[33] *Deuschl, M.*: „Gestaltung eines Prüffelds für die Fahrwerksentwicklung unter Berücksichtigung der virtuellen Produktentwicklung“ Diss. TU München voraussichtl. 2005

[34] *Denkmayr, K. et al.*: „Die load-Matrix – Der Schlüssel zum intelligenten Dauerlauf“, MTZ 2003, S. 924–930

[35] *Dick, M.*: „Virtuelle Probefahrt mit dem neuen Audi A6“ Automobil- und Motortechn., Konf. Virtual Product Creation 2004, Stuttgart

[36] *Leucht, R. et al.*: „Abstimmung und Erprobung – Komfort auf vier Rädern“. „Der neue Maybach“ Sonderausgabe ATZ und MTZ September 2002, S. 152–159

[37] *Dippold, J.*: „In der ganzen Welt zu Hause“ Sonderausgabe ATZ/MTZ 6er BMW, 2004, S. 168–173

[38] *Meisenzahl, J. et al.*: „Innovation und Zuverlässigkeit durch systematische Testplanung und Testspezifikation“, VDI-Ber. 1907, 2005, S. 175–198

[39] *Röser, P. et al.*: „Testergebnisse im Klimawindkanal von Modine Europe in Übereinstimmung mit Straßenmessungen“, J. Int. Stuttgarter Symposium Automobil- und Motorentechnik, 20./21. 3. 2007, Band 2, S. 245–264

[40] *Sterneus, J.*: „Installation of a Moving Ground Simulation System in the Volvo Wind Tunel“, 7. Int. Stuttgarter Symposium Automobil- und Motorentechnik, 20./21. 3. 2007, Band 2, S. 281–294

[41] *Mehrere Autoren*: „Hybrid Vehicles and Energy Management“, 4. Symp. Gesamtzentrum für Verkehr Braunschweig, 14./15. 2. 2007

[42] *Röpke, K. et al.*: „Rapid Measurement“ MTZ 2007, S. 276–282

[43] *Gattringer, O. et al.*: „Virtueller Rufstand-Versuch und Simulation rücken zusammen“, chassis.tech 2007, TU München und TÜV Süd Automotive GmbH, März 2007

[44] *Rinkens, T. et al.*: „Mechanikerprobung bleibt notwendig“, 15. Aachener Kolloquium Fahrzeug- und Motorentechnik 2006, S. 1045–1067

[45] *Blucha, F. et al.*: „Requirement Engineering is the Key to Mastering ECU Networks“, Autotechnology 6/2006, S. 48–51

10.5 Qualitätsmanagement

Qualität als Eignung, festgelegte oder vorausgesetzte Erfordernisse zu erfüllen, gilt heute ebenso wie Zuverlässigkeit (als Qualität auf Zeit zu interpretieren) als mehr oder weniger selbstverständliches Merkmal moderner Kraftfahrzeuge. Dazu gehören Gebrauchstauglichkeit, Betriebssicherheit, Verarbeitungsqualität, Wartungsarmut und Haltbarkeit.

In den letzten 50 Jahren hat sich das Qualitätsmanagement grundlegend verändert. Das betrifft sowohl die angewandten Methoden und Systeme als auch den Stellenwert der Qualität, die in den Unternehmen heute ein deutlich höheres Niveau als früher erreicht hat. Schrittweise wurde der Qualitätsbegriff aus der stark fertigungsbezogenen Sicht auf alle Aspekte der Fahrzeughersteller und der Zulieferer ausgedehnt; charakteristische Begriffe sind Produkt- und Prozessqualität.

In den ersten Jahrzehnten des Automobilbaues wurde Qualität im wesentlichen „nachgeprüft“, nach dem zweiten Weltkrieg schon systematisch „gesteuert“ – mit der Devise „Prävention statt Inspektion“. Heute heißt ein strategischer und umfassender Ansatz TQM – “Total Quality Management“, mit dem Ziel „Nullfehler-Planung“, „alles gleich richtig machen“, statt nachträglich zu prüfen und nacharbeiten zu müssen. Dies entspricht nicht nur dem Effizienzprinzip, sondern hängt auch mit der hohen Komplexität heutiger Fahrzeuge und der gesamten Wertschöpfungsketten zusammen: So entziehen sich Fehler bei zunehmender Komplexität und bei gleichzeitig abnehmender Auftretenswahrscheinlichkeit nämlich oft einer Endprüfung, da nicht selten weder messtechnische Zugänglichkeiten gegeben sind, noch alle relevanten Betriebszustände in der Endkontrolle erzeugt werden können. Zu aufwändig wären auch Fehlersuche und Beseitigungen am fertigen Produkt.

Wissend, dass man sich dem Ziel der Nullfehlerplanung mit vielfältigen und kontinuierlichen Verbesserungsmaßnahmen nur asymptotisch nähern kann, umfasst TQM integrierend alle Bereiche der Wertschöpfungsketten (Fahrzeughersteller, Zulieferer,

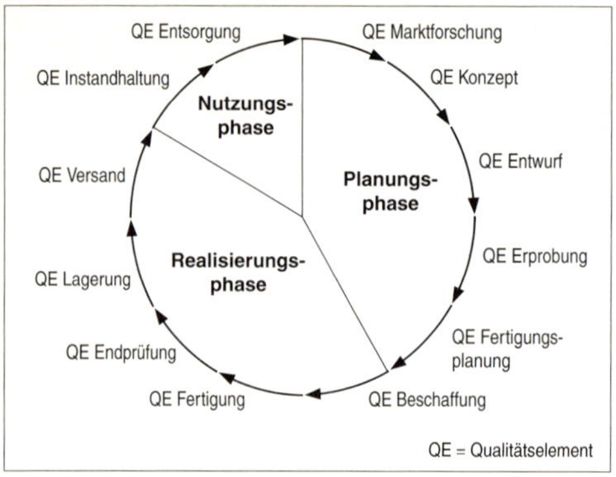

Bild 10.5-1 Qualitätsmanagement über den gesamten Produktlebenszyklus – Qualitätskreis (nach Masing)

Entwicklungspartner, Kundendienst, Recycling, ...). Ein klassisches Modell für das Zusammenwirken aller Aktivitäten ist der Qualitätskreis (**Bild 10.5-1**); aktuell ist das EFQM-Modell.

Diese Aufgabenstellung sowie die zunehmende Komplexität der Produkte und Prozesse hat schon vor Jahren den VDA veranlasst, alle zugehörigen Punkte der Qualitätsarbeit zusammenzufassen. Inzwischen beschreiben internationale Normen die Anforderungen unternehmensübergreifender Qualitäts-Sicherungssysteme. Über die Produktphasen eines Automobils lässt sich das Qualitätsmanagement in drei Schwerpunktbereiche – Entwicklung, Produktion und Feld – aufteilen. Alle zugehörigen Tätigkeiten können in Form von Prozessketten mit definierten Kunden-Lieferanten-Beziehungen nach ISO TS 16949 – beginnend bei der Festlegung des Lastenheftes – transparent gemacht werden. Enthalten sind alle wichtigen Freigaben – wie Versuchs-, Planungs-, Beschaffungs- und Produktionsfreigaben, sowie alle Vereinbarungen mit Wertschöpfungspartnern für Investitionsgüter, Fertigungs- und Betriebsmittel sowie Dienstleistungen (siehe auch Kap. 10.1). Weitere Details sichern die durchgängige Ablaufplanung und Steuerung der Prozesse einschließlich systematischer Problembearbeitungen bei Nichterreichen wichtiger Ziele oder beim Auftreten unerwarteter Hindernisse, so auch bei Prozessänderungen zur Nutzung von Ratio-Potenzialen.

Damit hat sich die Aufgabe der Qualitätssicherung im Produktentstehungsprozess deutlich verändert. Hat früher eine Vielzahl von Mitarbeitern die erwähnten Kontrollfunktionen wahrgenommen, begleitet das Qualitätsmanagement heute als fester Bestandteil des Produktentstehungsprozesses die neuen Fahrzeugmodelle und deren Aggregate. Qualität und Zuverlässigkeit werden also „hineinentwickelt" und nicht „hineingetestet". Das beginnt mit der Lastenhefterstellung (bei der auch die Belange von Produktion und Kundendienst spezifiziert werden) und reicht über Styling und Prototypen bis zur Produktion, teilweise mit eigenen Abnahmeversuchen. Für Modellpflegemaßnahmen und Neuentwicklungen werden alle Felderfahrungen systematisch ausgewertet; in großen Konzernen wird zudem die Erfüllung aller Anforderungen markenübergreifend sichergestellt.

Da häufig kleine Abweichungen genügen, Qualität und Zuverlässigkeit eines komplexen technischen Systems drastisch zu reduzieren, manche Fehler nur sporadisch auftreten oder Langzeitqualität nicht immer einfach prüfbar ist, sind im Automobilbau schon seit Jahren systematische Analyse- und entwicklungsunterstützende Verfahren im Einsatz und in Weiterentwicklung (**Bild 10.5-2**).

Schon ein einfach erscheinendes Beispiel, ein Lampenausfall, mag zeigen, wie komplex sich Einflussfaktoren und Verantwortlichkeiten bei der Qualitätssicherung darstellen (**Bild 10.5-3**). So kann eine 5 % höhere Betriebsspannung die Lebensdauer halbieren.

Bei den elektronischen Regelsystemen wurden bisher noch nicht alle Störungen und schleichenden Systemabweichungen frühzeitig genug erkannt. Inzwischen wurden, vor allem für echtzeitkritische Systeme, neue Standards, Normen und Entwicklungsmethoden sowie erweiterte Prüfkonzepte für Produktion, Diagnose, Wartung, Logistik und Überwachung eingeführt. Zur Sicherung der Softwarequalität dienen Verfahren wie CMMI und SPICE (Kap. 8.7). Ein Beispiel laufender Aktivitäten betrifft den Arbeitskreis „Robustness Validation" des ZVEI.

Der hohe Wertschöpfungsanteil der Zulieferer hat den VDA veranlasst, das Qualitätsmanagement in der gesamten Lieferkette als gemeinsame Aufgabe aller an dieser Kette Beteiligten zu vereinbaren, mit einer Reihe von Grundsätzen und Vorgehensweisen.

Auch wenn es zur Lösung aller Aufgaben kaum Patentrezepte gibt, kann man in der Praxis dennoch zu guten, ja sehr guten Problemlösungen durch Anwendung mehrerer Prinzipien kommen. Dazu gehören:

- in produktgestalterischer Hinsicht Vermeidung von Grenzauslegungen, möglichst weitgehender Einsatz robuster und fehlertoleranter Systeme und Komponenten, ausgewogenes Verhältnis von innovativen und bewährten Konzepten und Konstruktionselementen
- in systemtechnischer Hinsicht umfassende und systematische Berücksichtigung aller relevanten Einflussfaktoren, Anwendung wissenschaftlich begründeter Methoden
- in marketingbezogener Hinsicht Übererfüllung der Kundenerwartungen.

Besonders kritisch muss das „Liegenbleiben" eines Fahrzeugs bewertet werden, so dass dieser Thematik erhebliche Bedeutung zukommt.

Letztlich muss Qualität, neben allen technisch-wissenschaftlichen Kriterien, für den Kunden durch seine Sinne erfaßbar sein: Qualität muss man sehen, spüren, riechen, hören (bzw. nicht hören), ... können,

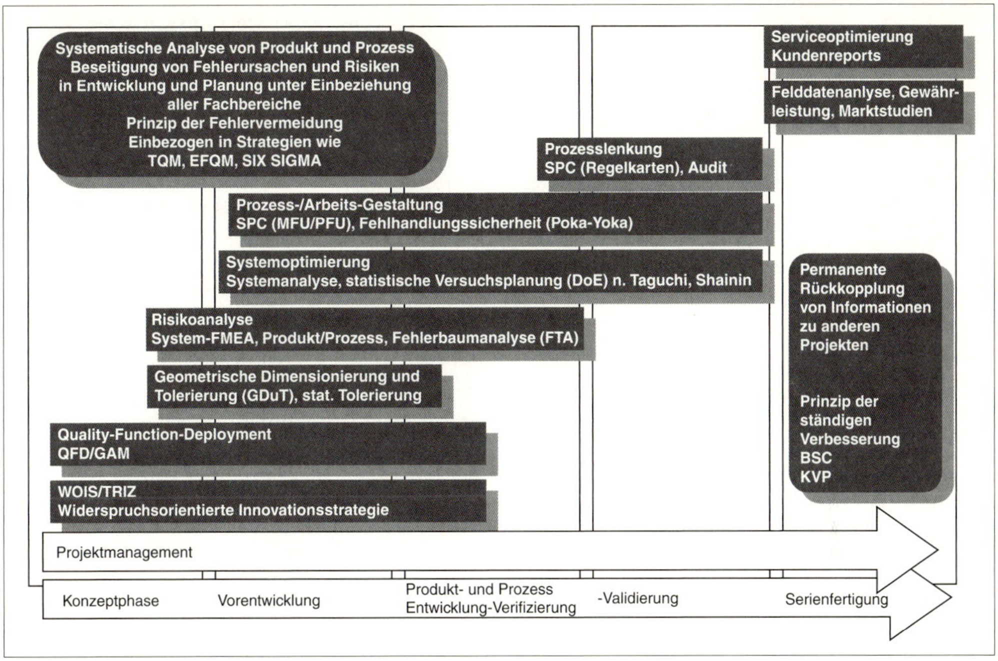

Bild 10.5-2 Methodeneinsatz im Qualitätsmanagement

womit Teilbereiche, wie Designqualität, Anmutung, Verarbeitungs- oder Akustik-Qualität, insgesamt „Sich wohl fühlen“, enthalten sind. Ähnlich wie in anderen Lebensbereichen erwartet der Kunde von Modell zu Modell einen ständigen Qualitätsfortschritt. Wo diese Erwartung enttäuscht wird, verliert eine Marke, wie mehrere Beispiele zeigen, sehr schnell Marktanteile, welche dann nur schwer zurückerobert werden können.

Überlegene Qualität muss nicht zwangsläufig mit einem Kostenanstieg verbunden sein. Daraus folgt die Notwendigkeit, Kosten und Nutzen von Qualität (bzw. Beseitigung von Nichtqualität) monetär zu bewerten.

Es ist ein Kennzeichen modernen Automobilbaues, dass spezifische Qualitäts-Verbesserungen durch Zunahme an Bauteilen und Komplexitäten teilweise kompensiert werden. Zusätzlich steigt auch der Umfang an Software, bei der die Entwicklung von Qualitäts- und Zuverlässigkeits-Methoden noch im Fluss ist, immer weiter an. Und da auch überall Menschen am Werk sind, muss leider akzeptiert werden, dass nicht immer alles planmäßig abläuft . . .

Literatur

[1] *VDA (Hrsg.)*: „Qualitätskontrolle in der Automobilindustrie – Band 4: Sicherung der Qualität vor Serieneinsatz“ 2. Auflage 1986, Frankfurt am Main

[2] *VDA (Hrsg.)*: „Sicherung der Qualität von Lieferungen: Lieferantenauswahl, Qualitätssicherungsvereinbarung, Produktionsprozess und Produktfreigabe, Qualitätsleistung in der Serie“ 3. Auflage 1998

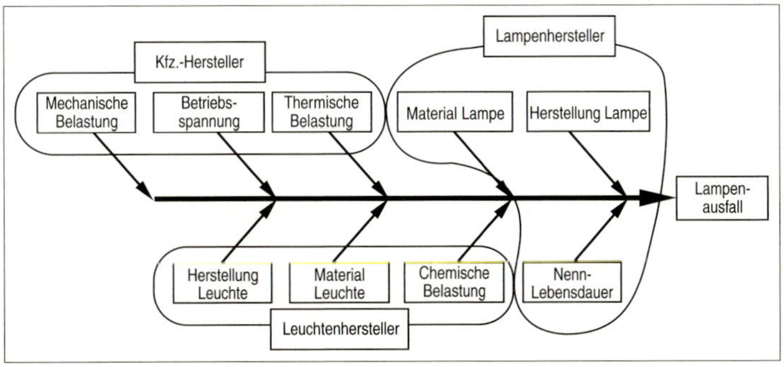

Bild 10.5-3 Einflussfaktoren für Lampenausfälle (nach Huhn)

[3] *VDA (Hrsg.)*: „Das gemeinsame Qualitätsmanagement in der Lieferkette", Band 1: „Reifegradabsicherung", 2006 sowie Band 2 „Robuste Prozesse", 2007
[4] *Masing, W.* (Hrsg.): „Handbuch der Qualitätssicherung" Hanser Verlag 1988
[5] *Braunsperger, M.*: „Qualitätssicherung im Entwicklungssablauf" Diss. TU München, 1992
[6] VDI/VDE 3542 „Zuverlässigkeit und Sicherheit komplexer Systeme" VDI/VDE-Gesellschaft Mess- und Automatisierungstechnik, 1995
[7] „Software-Qualitätssicherung" in: H. Balzert „Lehrbuch der Software-Technik", Spektrum Akadem. Verlag 1998
[8] DIN EN ISO 9001 – 12000 „Qualitätsmanagement-Systeme" Deutsches Institut für Normung, Berlin, 1999, 2002
[9] *Uehlinger, K.; Almen, W.*: „Das Handbuch der Erfolgskompetenz TQM live", Smart Book's Publishing AG, 1999
[10] *Kuhlang, P. et al.*: „Software-Entwicklung entlang der Prozesskette – ISO 9000-Zertifizierung auf der Basis von TQM-Grundsätzen" QZ 1999, S. 286 – 292
[11] *Hartig, F.*: „Qualitätsmanagement im Wandel" 5. Handelsblatt-Jahrestagung „Vision Automobil" 21./22. 5. 2001, München
[12] *Isermann, R.*: „Fehlertolerante Komponenten für Drive by Wire-Systeme", ATZ 2002, S. 382 – 393
[13] *Geyer, E.*: „Qualität als Wettbewerbsvorteil" in Autom. Electron. II/2004, Sonderausgabe ATZ/MTZ/Autom. Eng. Partners, S. 30 – 34
[14] *Hu, M. et al.*: „Essentials of Design Robustness in Design for Six Sigma (DFSS) Methodology" SAE 2004-01-0813
[15] *Stumvoll, H.*: „Return on Quality (ROQ): Wirtschaftlichkeit von Produktqualität aus Unternehmenssicht" Diss. RWTH Aachen 2004
[16] *Janouch, S.*: „In der Qualitäts-Sackgasse" Electronik automotive 6. 2006, S. 79 – 81
[17] *Kamiske, G.; Brauer, J.-P.*: „Qualitätsmanagement von A bis Z", Carl Hanser Verlag, 5. Auflage 2006
[18] *Schleuter, W. et al.*: „Qualitätsmanagement in der Prozesskette Elektrik/Elektronik", ATZ elektronik 01/2007, S. 6 – 12
[19] www.efqm.com
[20] *Thomas, M.; Singh, N.*: „Design for Lean Six Sigma (DFLSS): Philosophy, Tools, Potential and Deployment Challenges in Automotive Product Development", SAE 2006-01-0503
[21] *Rehbein, R. et al.*: „Produkt- und Prozessdesign für Six Sigma mit DFSS", Publics Corporate Publishing 2007

10.6 Betrieb und Instandhaltung von Kraftfahrzeugen

„Wenn einer meiner Wagen versagt, weiß ich, dass ich daran Schuld habe."

Henry Ford

„Ein Volkswagen darf nicht mit komplizierten Einrichtungen versehen sein, die eine erhöhte Wartung erheischen, sondern vielmehr ein Fahrzeug mit möglichst narrensicheren Einrichtungen, die jede Wartung auf ein Minimum herabdrücken."

Ferdinand Porsche

10.6.1 Einführung

Kraftfahrzeuge sind i.a. so zu konstruieren, dass sie während der vorgesehenen Lebensdauer mit wirtschaftlich vertretbarem Aufwand instand gehalten werden können. Neben der Erhaltung ihrer Funktion, sind Zuverlässigkeit, Verfügbarkeit, Sicherheit und Umweltverträglichkeit sicherzustellen. Der Konstrukteur bestimmt in hohem Maße mit seiner Auslegung den späteren Instandhaltungsaufwand und damit die Lebenslaufkosten (**Bild 10.6-1**). Diese werden beeinflusst durch Konstruktions-, Fertigungs-, Montage- und Betriebsfehler sowie durch Unfall- oder Transportschäden und durch Einflüsse beim Betreiben [1 bis 4].

Ein Mehrfaches der Energiemenge für die Herstellung eines durchschnittlichen Mittelklasse-Pkw wird für dessen Nutzung und Verwertung unter der Voraussetzung einer sachgemäßen Instandhaltung benötigt. Dabei bedeutet sachgemäße Instandhaltung die Anwendung der modernsten Werkzeuge materieller

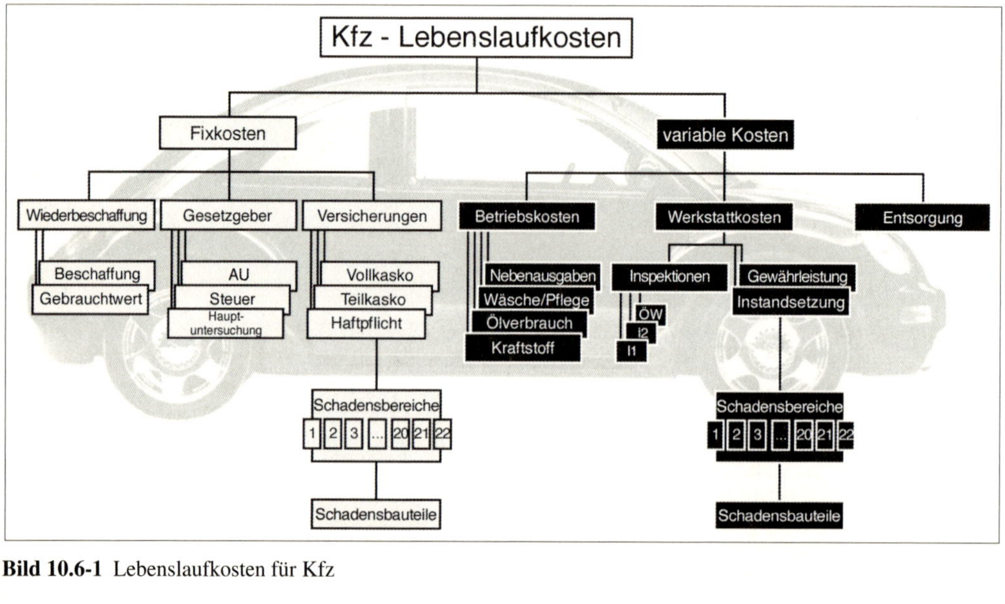

Bild 10.6-1 Lebenslaufkosten für Kfz

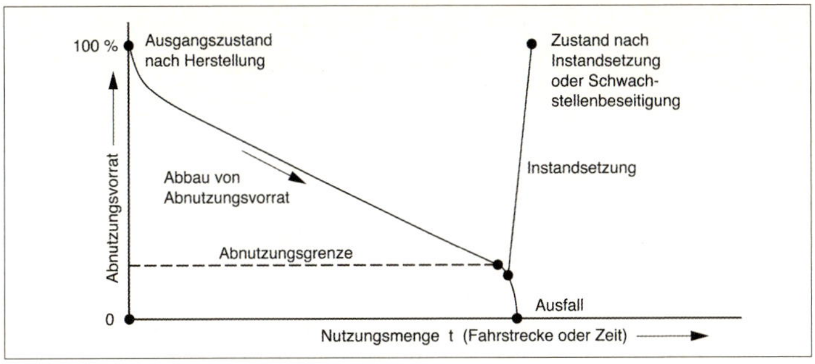

Bild 10.6-2 Abhängigkeit des Abnutzungsvorrates von der Nutzungsmenge (schematische Darstellung nach [1])

und immaterieller Art bei der Projektierung, Planung, Ausführung und Auswertung der Instandhaltungsprozesse.

10.6.1.1 Definitionen

Unter Instandhaltung sind nach der deutschen Norm DIN 31051 [1] auf der Grundlage der europäischen Norm EN 13306 [5] die Grundmaßnahmen Wartung, Inspektion, Instandsetzung und Verbesserung mit folgenden Definitionen zu verstehen:

Instandhaltung:
Kombination aller technischen und administrativen Maßnahmen sowie Maßnahmen des Managements während des Lebenszyklus einer Betrachtungseinheit zur Erhaltung des funktionsfähigen Zustandes oder der Rückführung in diesen, so dass sie die geforderte Funktion erfüllen kann.

Wartung:
Maßnahmen zur Verzögerung des Abbaus des vorhandenen Abnutzungsvorrates.

Inspektion:
Maßnahmen zur Feststellung und Beurteilung des Istzustandes einer Betrachtungseinheit einschließlich der Bestimmung der Ursachen der Abnutzung und dem Ableiten der notwendigen Konsequenzen für eine künftige Nutzung.

Instandsetzung:
Maßnahmen zur Rückführung einer Betrachtungseinheit in den funktionsfähigen Zustand mit Ausnahme von Verbesserungen.

Verbesserung:
Kombination aller technischen und administrativen Maßnahmen sowie Maßnahmen des Managements zur Steigerung der Funktionssicherheit einer Betrachtungseinheit, ohne die von ihr geforderte Funktion zu ändern.

Der Begriff Betrachtungseinheit gilt als Sammelbegriff für jedes Teil, Bauelement, Gerät, Teilsystem (Aggregat), jede Funktionseinheit, jedes Betriebsmittel oder System, das für sich allein betrachtet werden kann. Abnutzung im technisch-physikalischem Sinne ist Abbau des Abnutzungsvorrates durch Reibung (Verschleiß), Korrosion, Ermüdung, Alterung, Kavitation, Bruch usw. [1]. Der Abnutzungsvorrat, der meist Vorrat an unbeschädigtem Material darstellt, z.B. beim Reifen die Profilhöhe, wird durch Nutzung – beim Fahrzeug zum Erzielen einer Fahrstrecke – bis zum Erreichen der Abnutzungsgrenze gemäß **Bild 10.6-2** abgebaut. Nach Überschreiten der Abnutzungsgrenze, beim Reifen z.B. die Profilhöhe von 1,6 mm, ist die Wahrscheinlichkeit für einen Ausfall unzulässig groß, so dass eine vorbeugende Instandsetzung erfolgen sollte. Diese verursacht zumeist geringere Kosten als eine nach Ausfall unbedingt notwendige wiederherstellende Instandsetzung, die auch als Reparatur bezeichnet werden kann.

Im Gegensatz zur gängigen Praxis in der Kraftfahrzeugtechnik enthält der Begriff Inspektion keine Wartungsmaßnahmen, wie z.B. das Wechseln von Öl und anderen Betriebsflüssigkeiten, sowie keine Instandsetzungsmaßnahmen, wie das vorbeugende Wechseln von Bremsbelägen oder Zahnriemen.

10.6.1.2 Entwicklungstendenzen

Instandhaltungs- und Versicherungskosten sowie Umweltverträglichkeit und Verwertung stehen immer stärker im Mittelpunkt des Interesses des Kfz-Kunden und viele orientieren sich beim Kauf an diesen Kriterien. Besonders Firmen, Behörden, Leasing- und Vermietungsgesellschaften richten ihren Fuhrpark an wirtschaftlichen Aspekten, speziell den Lebenslaufkosten aus.

Frühzeitiges Aufnehmen der Kfz-Instandhaltbarkeitsanforderungen in den Produktentwicklungsprozess und Beteiligen des Kundendienstes bewahren vor gravierenden Kosten in der Nutzungsphase [3]. Instandhaltbarkeit ist als ein Entwicklungsziel zu etablieren. Zu Beginn der Entwicklungsarbeiten sind Nachweisverfahren und -zeitpunkte für die Instandhaltbarkeit zu definieren und in der Folge konsequent zu berücksichtigen.

Eine abgestimmte Instandhaltungsstrategie, das dazugehörige Konzept, sowie der wirtschaftlich zumutbare Instandhaltungsaufwand sind zu berücksichtigen und beeinflussen das Kundenverhalten in starkem Maße.

10.6.2 Instandhaltbarkeit und Zuverlässigkeit

Instandhaltungsprozesse stellen in Abhängigkeit von den unterschiedlichen oben genannten Bedingungen stochastische Prozesse dar, deren Beherrschung in den unmittelbaren Aufgabenbereich des Herstellers fällt. Neben der Instandhaltbarkeit wird von einem mobilen Erzeugnis wie dem Kraftfahrzeug Zuverlässigkeit erwartet, worunter nach der DIN EN 13306 [5] die Fähigkeit einer Betrachtungseinheit verstanden wird, eine geforderte Funktion unter gegebenen Bedingungen für ein gegebenes Zeitintervall zu erfüllen. Zuverlässigkeit stellt somit eine imaginäre Teileigenschaft der Qualität dar. Andererseits ist Zuverlässigkeit als Ausfallfreiheit zu interpretieren, die unter Zugrundelegung von Gesetzmäßigkeiten der Stochastik der Ausfälle analytisch ermittelt werden kann. Dabei ist zwischen der Prüfzuverlässigkeit, die sich im Produktentstehungsprozess durch eigens zu diesem Zweck durchgeführte Untersuchungen ergibt, und der Betriebszuverlässigkeit zu unterscheiden. Die für die Berechnung der Instandsetzungsprozesse letztendlich maßgebende Betriebszuverlässigkeit basiert auf der stochastischen Auswertung der Ausfälle in der Nutzungsphase, was eine besonders sorgsame Datenerfassung und -rückmeldung erfordert. Wegen fehlender Unterscheidungsmerkmale wird dabei als Ausfall das Wechseln einer Betrachtungseinheit sowohl bei wiederherstellender als auch bei vorbeugender Instandsetzung betrachtet.

10.6.2.1 Zuverlässigkeitskenngrößen

Eine traditionell verwendete Kenngröße zur Beschreibung der Zuverlässigkeit ist die Ausfallrate, die statistisch nach Gleichung (1) den Quotienten der in einem Intervall i ausgefallenen Betrachtungseinheiten Δr_i und den zu Beginn des Intervalls funktionsfähigen Betrachtungseinheiten $n(t_i)$, bezogen auf die Intervallbreite Δt angibt:

$$\lambda(t_i) = \frac{\Delta r_i}{n(t_i) \cdot \Delta t} \qquad (1)$$

Darin bedeuten:

- $\lambda(t_i)$ Ausfallrate in NE-1 (NE: Nutzungseinheiten in km oder in einer Zeiteinheit, z.B. h, a)
- Δt Nutzungseinheiten-Intervall
- Δr_i Ausfälle im Intervall i
- $n(t_i)$ zu Beginn des Intervalls i funktionsfähige Betrachtungseinheiten (BE) einer Stichprobe n

Bei einer Stichprobe, die über eine Beobachtungsdauer von k Intervallen vollständig ausfällt (vollständige Stichprobe) gilt:

$$n = \Delta r_1 + \Delta r_2 + \ldots + \Delta r_k \qquad (2)$$

Damit lassen sich weitere statistische Kenngrößen angeben:

– Ausfallwahrscheinlichkeitsdichte $f(t)$:

$$f(t_i) = \frac{\Delta r_i}{n \cdot \Delta t} \qquad (3)$$

– Ausfallwahrscheinlichkeit $F(t)$:

$$F(t_i) = \int_0^{t_i} f(t)\,\mathrm{d}t = \frac{r(t_i)}{n} \qquad (4)$$

wobei gilt:

$$r(t_i) = \sum_{j=1}^{i} \Delta r_j \qquad (5)$$

$r(t_i)$ bis zum Zeitpunkt t_i ausgefallene BE

– Überlebenswahrscheinlichkeit $R(t)$:

$$R(t_i) = 1 - F(t_i) = \frac{n(t_i)}{n} \qquad (6)$$

wobei gilt:

$$n = r(t_i) + n(t_i) \qquad (7)$$

10.6.2.2 Weibullverteilung

Die Verteilung der statistisch ermittelten Ausfälle folgt einem bestimmten mathematischem Gesetz, das genau genommen durch einen Anpassungstest jeweils aus einer großen Anzahl von anwendbaren Gesetzen heraus zu finden ist. Es hat sich jedoch erwiesen, dass im Maschinenbau bei genügender Übereinstimmung mit nur einem Gesetz, der Weibullverteilung, gearbeitet werden kann. Dies gilt ebenso für elektrische und elektronische Bauteile die in Erzeugnissen des Maschinenbaus genutzt werden. Für die Kraftfahrzeugtechnik wurde dafür vom VDA eine praxisnahe Anleitung erarbeitet [6]. Weitere interessante Möglichkeiten mit Kfz-spezifischen Lösungen werden in [9] beschrieben.

Die Weibullverteilung kann zwei oder drei Parameter aufweisen. In den meisten Fällen genügt die Verwendung der zweiparametrigen Form:

$$F(t) = 1 - \exp\left(-(t/T)^b\right) \qquad (8)$$

- b Formparameter
  weniger gebräuchlich: Steilheit
- T charakteristische Lebensdauer in NE (km, Stunden, Jahre)
  weniger gebräuchlich: Maßstabparameter

Bei Verwendung der Weibullverteilung ist auf folgende Vorteile zu verweisen:

– Durch unkomplizierte mathematische Operationen lässt sich die Verteilung leicht linearisieren, so dass ein einfaches Verteilungsnetz nach **Bild 10.6-3** aufgebaut werden kann, mit dessen Hilfe die Parameter grafisch ermittelbar sind [7].

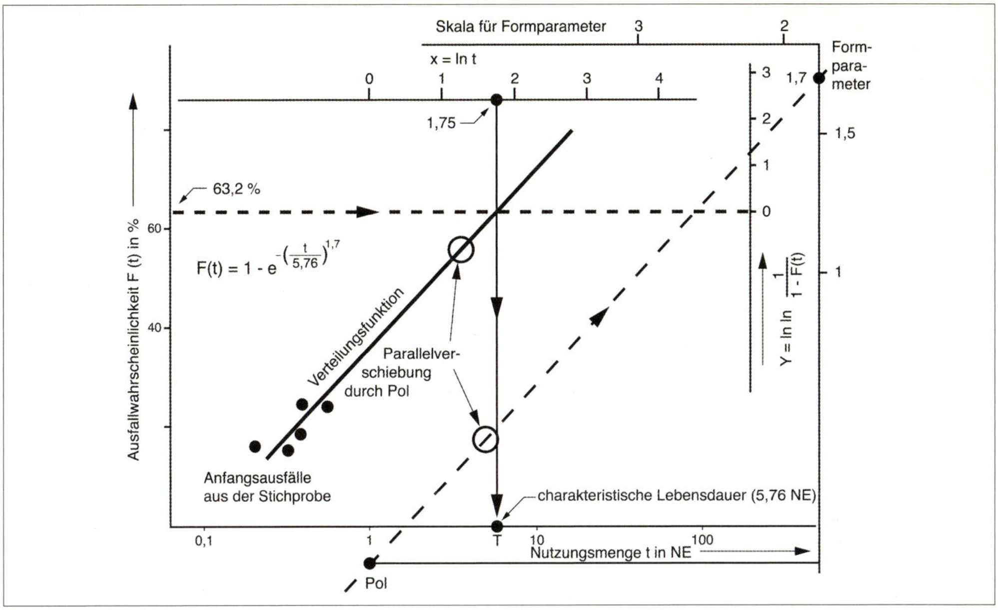

Bild 10.6-3 Verteilungsnetz nach Weibull

- Die Weibullverteilung ermöglicht die Berechnung der Parameter bereits bei Vorhandensein von minimal zwei Ausfällen unabhängig von der Größe der Stichprobe. Somit können problemlos sogenannte unvollständige Stichproben ausgewertet werden, was überhaupt Voraussetzung zur Erfüllung des eigentlichen Zwecks von Zuverlässigkeitsuntersuchungen ist, konzeptionelle Angaben für das zu erwartende Ausfallverhalten als Grundlage für strategische Planungen zu liefern.
- Die charakteristische Lebensdauer ist als ein Maß für die mittlere Nutzungsmenge in Kilometern oder Zeiteinheiten bei Formparametern größer als 1 zu betrachten, wobei gilt:

$$\bar{t} = 0{,}9 \cdot T \tag{9}$$

$\bar{t}$ mittlere Nutzungsmenge in NE (km, h oder a)
- Der Formparameter b charakterisiert die Ausfallphase, was in **Bild 10.6-4** anhand der sogenannten Badewannenkurve für die Ausfallrate verdeutlicht wird. Für die Ausfallrate gilt dabei folgende Gleichung basierend auf der Weibullverteilung:

$$\lambda(t) = \frac{b}{T}\left(\frac{t}{T}\right)^{b-1} \tag{10}$$

Frühausfälle weisen auf gravierende konstruktive oder Fertigungsfehler hin, so dass Änderungen zwingend erforderlich sind, die ermittelten Kenngrößen also nicht als Planungsgrundlage dienen können.
Zufallsausfälle weisen eine konstante Ausfallrate auf und sind demnach nicht abhängig von der Nutzungsmenge, so dass vorbeugende Maßnahmen der Instandhaltung wirkungslos bleiben, aber konstruktive Maßnahmen greifen.
- Bei Formparametern größer als 1 ist es anhand der Abgangskurve (**Bild 10.6-5**) möglich, den Verlust an Restnutzungsmenge abzuschätzen, der im Falle vorbeugender Instandsetzung bei Unterschreitung einer bestimmten vorgegebenen Überlebenswahrscheinlichkeit als Austauschkriterium realisiert wird. Die Gesamtfläche unter der Abgangskurve stellt die mittlere Nutzungsmenge dar:

$$t = \int_0^\infty R(t)\,\mathrm{d}t \tag{11}$$

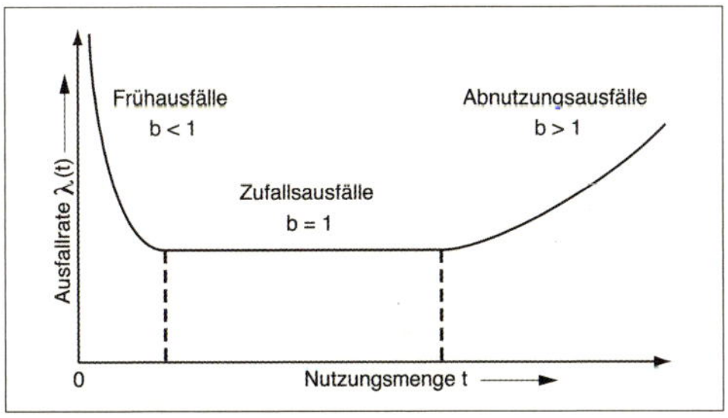

Bild 10.6-4 Verlauf der Ausfallrate über der Nutzungsmenge

10.6.2.3 Anwendung von Zuverlässigkeitskenngrößen

Auf Ausfällen beruhende Zuverlässigkeitskenngrößen können u.a. angewendet werden für folgende Berechnungen:

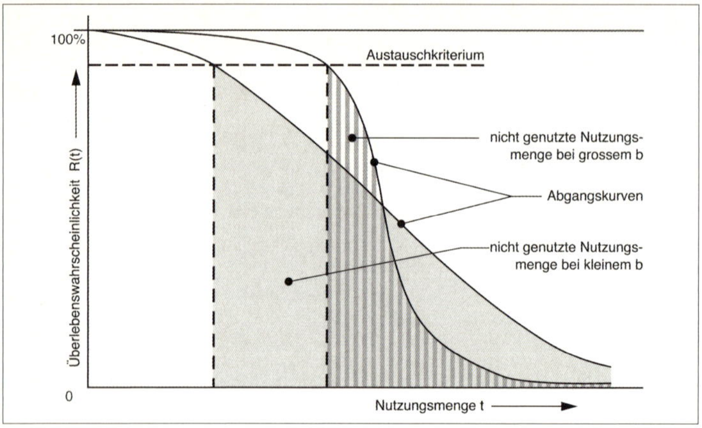

Bild 10.6-5 Verlauf der Überlebenswahrscheinlichkeit über der Nutzungsmenge

- Ersatzteilbedarf über die Ermittlung der Erneuerungsfunktion [8],
- Lagersicherheit in unterschiedlichen Ersatzteillagern,
- Aufwand an Material und Arbeitszeit für die Instandsetzung von Fahrzeugen und Baugruppen in Werkstätten oder von Austauschteilen in spezialisierten Instandsetzungsbetrieben,
- optimale Austauschzeitpunkte von Betrachtungseinheiten und deren gegenseitiger Abstimmung,
- Systemzuverlässigkeit bei Reihen- oder Parallelschaltung von Baugruppen einschließlich der Abschätzung der Wirksamkeit von konstruktiv vorgesehenen Redundanzen.

Insbesondere für die Planung des Fahrzeugeinsatzes ist die Kenngröße Verfügbarkeit interessant, die aus einer Kombination von Instandhaltbarkeit und Zuverlässigkeit wie folgt definiert ist [5]:

> Fähigkeit einer Einheit, zu einem gegebenen Zeitpunkt oder während eines gegebenen Zeitintervalls in einem Zustand zu sein, dass sie eine geforderte Funktion unter gegebenen Bedingungen unter der Annahme erfüllen kann, dass die erforderlichen äußeren Hilfsmittel bereitgestellt sind.

Allgemein lautet die Gleichung der Verfügbarkeit A:

$$A = T/(T + T_V) \qquad (12)$$

T ausfallfreie mittlere Nutzungsmenge (MTBF) in h (MTBF = **M**ean **T**ime **B**etween **F**ailures)

T_V mittlere Verlustzeit, Werkstattaufenthalts- oder Instandsetzungszeit (MDT) in h (MDT = **M**aintenance **D**own **T**ime)

Da bei Kraftfahrzeugen statt der Betriebszeit vorzugsweise die Fahrstrecke registriert wird, ist es angebracht, einen sogenannten Verfügbarkeitsindex zu berechnen, der die mit einer Instandsetzungs- oder Werkstattaufenthaltsstunde zurückgelegte Fahrstrecke angeben kann:

$$I_A = s/T_V \qquad (13)$$

I_A Verfügbarkeitsindex in km pro Instandsetzungsstunde

s mittlere ausfallfreie Fahrstrecke in km

10.6.3 Lebenslaufkosten

Laut Statistischem Bundesamt sind die Ausgaben für Verkehr und Nachrichtenübermittlung der zweitwichtigste Ausgabenbereich privater Haushalte in Deutschland. 2004 betrug ihr Anteil an privaten Konsumausgaben 16,9%, was Aufwendungen von ca. 440 € pro Haushalt und Monat im Bundesdurchschnitt entspricht [32]. Der überwiegende Anteil dieser Kosten betrifft die Haltung privater Fahrzeuge und damit die Kosten des Fahrzeugunterhaltes vom Kauf über den Betrieb bis hin zur Entsorgung. Letztere wird nach dem Altfahrzeuggesetz für Fahrzeuge, die nach dem 01. 07. 2002 produziert wurden, durch den Hersteller geregelt [33]. Mit Wirkung ab dem 1. 1. 2007 müssen die Hersteller alle Fahrzeuge ihrer Marke kostenlos zurücknehmen.
Das **Bild 10.6-1** zeigt, nach welchen Kriterien Fahrzeuge angeschafft werden. Die Kriterien Zuverlässigkeit, Wirtschaftlichkeit, Kraftstoffverbrauch und Preiswürdigkeit stehen als Teilaspekte der Unterhaltskosten in vorderster Reihe. Der Aufwand, der für die Instandhaltbarkeit erbracht wird, geht ebenso wie der Aufwand für Konstruktion, Versuch, Entwicklung und Produktion in den Fahrzeugpreis ein. Aus Sicht des Kunden sind deswegen die folgenden Kosten zu optimieren (Prozentangaben gelten für Golf IV):

Fixkosten (Zeit abhängig)

- Beschaffungskosten (in der Regel die Differenz zwischen Neupreis und Zeitwert): 38,0%
- Gesetzgeber abhängige Kosten (Haupt- und Abgasuntersuchung, Kfz-Steuer): 3,0%
- Versicherungskosten (Haftpflicht, Voll- oder Teilkasko): 19,5%

Variable Kosten (Zeit und Fahrstrecken abhängig):

- Betriebskosten,
  wie Kraftstoffe, Öle und Pflege: 30,0%
- Werkstattkosten für Inspektionen und Instandsetzung: 9,5%

Gewährleistungskosten sind im Fahrzeugverkaufspreis enthalten, sie werden mit den ausführenden Werkstätten vom Hersteller abgerechnet **(Bild 10.6-1)**. Bei vollständiger Betrachtung müssen auch die Kosten für den Ausfall (z.B. Ersatzfahrzeug) berücksichtigt werden.

10.6.3.1 Anschaffungskosten

Einen sehr großen Einfluss auf die Lebenslaufkosten stellen die Vorgänge Kaufen und Verkaufen dar. Hierzu müssen unterschieden werden:

- Anschaffungskosten als Differenz zwischen dem Neupreis und dem Zeitwert des Fahrzeuges.
- Der Zeitwert ist der Wert, der i.d.R. bei einer Veräußerung des Fahrzeuges erzielt wird oder zu erzielen wäre, und ist somit dem Händlereinkaufswert gleich zu setzen. Positiven Einfluss darauf haben geringe Kosten, speziell bei Versicherung und Werkstatt [34].
- Als Grundlage von Schadensbemessungen bei Zerstörung oder Verlust eines Fahrzeuges in der Haftpflichtversicherung, der Teilkaskoversicherung und der Vollkaskoversicherung gilt der Wiederbeschaffungswert, der dem Preis entspricht, der beim Kauf eines gleichwertigen Fahrzeuges an einen seriösen Händler zu zahlen wäre.

Der Wiederbeschaffungswert ist dem Händlerverkaufswert gleich zu setzen [34].

- Nach der Rechtsprechung des BGH ist der Restwert der Betrag, den der Geschädigte im Rahmen der Ersatzbeschaffung nach § 249 Satz 2 BGB bei einem seriösen Gebrauchtwagenhändler im örtlichen Bereich oder bei dem Kraftfahrzeughändler seines Vertrauens bei Inzahlunggabe des beschädigten Fahrzeuges noch erzielen könnte [10].

10.6.3.2 Gesetzgeber abhängige Kosten

Kosten entstehen durch die gesetzlich vorgeschriebenen Untersuchungen, die Hauptuntersuchung (§ 29, StVZO) und die Abgasuntersuchung (§ 47a, StVZO), sowie durch die jährlich zu entrichtende Kraftfahrzeugsteuer, die in der Vergangenheit oft als umweltpolitisches Steuerungsinstrument eingesetzt wurde.

10.6.3.3 Versicherungskosten

Versicherungskosten setzen sich zusammen aus Prämienzahlungen des Kunden für die obligatorische Haftpflicht und die optionale Teil- oder Vollkaskoversicherung. Während die Haftpflichtversicherung Schäden beim Unfallpartner abdeckt und das eigene Kfz kaum betrifft, werden mit der Teil- und Vollkaskoversicherung Ereignisse am eigenen Kfz, also Unfall-, Glasbruch- und Brandschäden sowie Diebstähle als Teil- oder Totalentwendungen abgesichert. Fahrzeugschadenskosten stellen in den meisten Fällen den Hauptanteil der bei einem Schaden anfallenden Kosten dar. In vielen Ländern wie z. B. Deutschland, Großbritannien, Schweden und USA beeinflussen Instandsetzungsaufwand und Diebstahlschutz zunehmend die Versicherungsprämien. Ist ein Fahrzeug wegen eines Unfalles nicht gebrauchsfähig und wird auf das Anmieten eines Fahrzeuges verzichtet, so kann eine sogenannte Nutzungsausfallentschädigung beansprucht werden. Dies gilt auch für die Standzeit in der Werkstatt während der Instandsetzung. Abhängig vom Fahrzeugtyp erfolgt eine Zuordnung zu Gruppen. Die Beträge reichen in elf Gruppen von 27 €/Tag bis 99 €/Tag bei Pkw und in neun Gruppen von 10 €/Tag bis 66 €/Tag bei Krafträdern [12].

10.6.3.4 Betriebskosten

Betriebskosten setzen sich im Wesentlichen aus den Kosten für die Pflege sowie für Kraft- und Schmierstoffe zusammen. Deren Verbrauch war und ist bei der Kfz-Entwicklung stets ein Merkmal, das mit besonderer Aufmerksamkeit der Ingenieure beachtet wird **(Bild 2.1-1)**. Mit einer Bewertung des Energieverbrauchs von 3300 Fahrzeugtypen und der Einteilung in sieben Verbrauchsklassen von „A“ für sparsame bis „G“ für verschwenderische Fahrzeuge bietet z.B. der ADAC eine Entscheidungshilfe für den Autokauf unter wirtschaftlichen Aspekten [11].

10.6.3.5 Werkstattkosten

Bei Gewährleistungs- und Kulanzfällen werden die Kosten vom Hersteller getragen, in anderen Fällen vom Kunden selbst oder von Versicherungen. In jedem Falle entstehen dem Kunden Kosten durch Wartungen und Inspektionen sowie durch Diagnose- und Instandsetzungsarbeiten, die als Einzelereignisse bei Baugruppen und Bauteilen planmäßig oder außerplanmäßig auftreten können.

Wartungen und Inspektionen werden nach einem vom Fahrzeughersteller festgelegten Plan in Intervallen durchgeführt, wobei alle von normaler Abnutzung betroffenen Betrachtungseinheiten einbezogen und insbesondere Schwachstellen früh erkannt werden. Um den Anforderungen der Kunden gerecht zu werden, bemühen sich die Hersteller, die Wartungsintervalle zu verlängern. Da die tatsächlichen Wartungsintervalle von den spezifischen Einsatzbedingungen der Fahrzeuge abhängen, werden die Intervalle zunehmend flexibel gestaltet. Dazu ist die Einführung von Sensoren und elektronischen Auswerteeinheiten erforderlich, die eine Erfassung der Abnutzungszustände von Bauteilen und somit eine rechnerische Ermittlung der Restnutzungsmengen bis zum Erreichen der Abnutzungsgrenzen ermöglichen.

Ein ausschlaggebendes Kriterium ist hierbei der Zustand des Motoröls. Aktuelle Ölwechsel liegen zwischen 10.000 und max. 30.000 km bei Otto- bzw. 7.500 bis max. 50.000 km bei Dieselmotoren. Andere Wartungsmaßnahmen werden im allgemeinen einem Vielfachen des Ölwechselintervalls angepasst. Nicht nur lange Intervalle, sondern auch reduzierte Umfänge an Wartungen und Inspektionen senken deren Kosten und erhöhen die Fahrzeugverfügbarkeit.
Die Anwendung von elektronischen Systemen, die mechanische ergänzen oder gar ersetzen verursacht in Form von größeren Diagnosekosten jedoch auch Nachteile. Auch wenn die Eigenschaft, einzelne elektronische Systeme variabel an die Anforderungen anpassen zu können, ein großer Vorteil gegenüber herkömmlichen Systemen ist, bedeuten zusätzliche elektronische Bauteile immer größere Komplexität, größere Unübersichtlichkeit und größere Störanfälligkeit.
Das stellt eine besondere Herausforderung für das Werkstattpersonal, wie auch für den Hersteller dar. Damit die sichere Funktion der elektronischen Systeme gewährleistet werden kann, sind mit der implementierten Software auch Funktionen und Plausibilitäten zu prüfen. Erkannte Fehler, aber auch bereits Abweichungen von Standardwerten und andere Statusinformationen werden applikationsabhängig in Steuergeräten gespeichert und gezielt ausgewertet. Auch wahlweise vorgenommene Einstellungen wie ein abgeschalteter Beifahrerairbag und bewusst vom System abgeschaltete Funktionen müssen in den Steuergeräten abgelegt und über die Diagnoseschnittstelle in der Werkstatt ausgelesen werden können. So kann die Abschaltung von Verbrauchern zum Schutz der Batterie einen oder mehrere Fehler im Fahrzeug zur Ursache haben, aber auch durch lange Standzeit oder andere Umstände hervorgerufen worden sein. Die Informationsauswertung wird effizient mittels geführter Off-Board-Diagnose unterstützt, wozu Geräte und Software gehören, die Wissen des Herstellers in geeigneter Form dem Mechaniker zur Verfügung stellen. Oftmals kann ein auftretendes Problem auch durch neu entwickelte Software-Updates im Fahrzeug korrigiert werden, die On-Line zur Verfügung gestellt werden, ein u.U. üblicher Austausch von Fahrzeugkomponenten mit entsprechend hohen Kosten kann dann entfallen.
Der Mechaniker in der Werkstatt soll alle Instandhaltungsmaßnahmen unabhängig vom Fahrzeugtyp durchführen können, was angesichts der rasant fortschreitenden Fahrzeugentwicklung einen hohen Schulungsaufwand erfordert. Die Arbeitsqualität der Werkstätten ist in der Öffentlichkeit mehr und mehr zu einem Messkriterium des Fahrzeugherstellers geworden. Durch die vielerorts vorhandene Markenbindung der Werkstätten verbindet der Kunde die Leistungsfähigkeit des Betriebes auch mit der Leistungsfähigkeit des Fahrzeugherstellers und der Qualität seiner Produkte.

Die auftretenden Lohnkosten werden nach betriebswirtschaftlichen Regeln berechnet, wobei zwischen Deckungsbeitrags- und Vollkostenrechnung unterschieden wird [13; 14]. In beiden Fällen müssen die ermittelten Beträge die im Autohaus entstehenden Kosten decken. Diese Kosten sind: Arbeitslohn der produktiven und Gehälter der unproduktiven Kräfte, freiwillige und gesetzliche Sozialleistungen, Steuern, Investitionen und Abschreibungen, Verwaltungskosten und Gewinnanteil.
Die Kostenstruktur der Werkstätten kann marktspezifisch sehr stark variieren. In europäischen Märkten stellt zum Beispiel der Faktor Lohn ein größeres Gewicht dar als in anderen Kontinenten, in denen dann wiederum Ersatzteilpreise und Investitionskosten für Werkstattequipement den größeren Kostenpunkt darstellen.

10.6.4 Organisation des Service-Prozesses in den Werkstätten

Die Erledigung von Kundenaufträgen ist immer auch mit der Gestaltung und Optimierung von Prozessen im Autohaus verbunden. Das Zusammenspiel der einzelnen Abläufe wird im Qualitätsmanagement des Autohauses als Service-Prozess bezeichnet. Optimierte Arbeitsabläufe im Service-Prozess sind auf eine effektive Erledigung der Kundenaufträge und damit auf höchste Kundenzufriedenheit und Wirtschaftlichkeit des eigenen Betriebs ausgerichtet. Unterstützend wirken speziell entwickelte Systemlösungen, die vernetzt einen vollständigen Informationsfluss innerhalb eines Autohauses gewährleisten.
Für besonders anspruchsvolle Aufträge bzw. unvorhersehbare Abläufe hat z.B. Volkswagen landesspezifische Kompetenzzentren aufgebaut, mit dem eine optimale Unterstützung der Instandsetzung in kürzester Zeit gewährleistet wird. In diesem Fall wird das Autohaus nach einer technischen Anfrage an das Technische Service Center (TSC) mit Online Beratung, Telediagnose, Wissensdatenbanken und gegebenenfalls auch durch Analysen im Autohaus unterstützt [30].
Um den reibungslosen Ablauf von der Terminvereinbarung bis zur Nachbearbeitung durch den Telefonreport auf zu zeigen, ist eine schematische Darstellung des Datenflusses im Autohaus notwendig:

- Terminvereinbarung
  Qualifiziertes Personal mit kommunikativen Fähigkeiten nimmt die Kunden- und Fahrzeugdaten entgegen und gibt diese in das Händlersystem ein. Gezieltes Hinterfragen von Beanstandungen hinsichtlich der Randbedingungen, bei denen die Beanstandung auftritt, sichert die qualifizierte Vorbereitung auf die spätere Fahrzeugannahme und die Leistungserstellung.

- Terminvorbereitung
  Der Auftrag wird nun eröffnet, wobei die Daten geprüft und erforderliche Hintergrundinformationen und Ersatzteile zu vorliegenden Beanstandungen beschafft werden. Die Planung der notwendigen Personal- und Werkstattkapazität kann damit frühzeitig und Fahrzeug spezifisch erfolgen.

- Fahrzeugannahme
  Bei der Fahrzeugannahme durch den gut vorbereiteten Service-Berater wird mit dem Kunden der Zustand des Fahrzeuges sowie der Umfang der Instandhaltungsmaßnahme abgestimmt und präzisiert.
- Leistungserstellung
  Die exakten Vorarbeiten ermöglichen eine zügige und zuverlässige Erledigung des Auftrages. Die Einhaltung aller Vereinbarungen und die Information bei Auftragserweiterung sichern Kundenzufriedenheit.

- Qualitätskontrolle
  Eine gewissenhafte Qualitätskontrolle verhindert kostenintensive Nacharbeit. Damit werden für den Kunden besonders ärgerliche Reklamationen vermieden, es wird Qualitätsarbeit sichergestellt.

- Fahrzeugrückgabe/Abrechnung
  Eine freundliche und ausführliche Erläuterung der durchgeführten Arbeiten bei der Fahrzeugrückgabe fördert das Vertrauen zum Autohaus.

- Nachbearbeitung
  Der Telefonanruf nach dem Werkstattbesuch zeigt dem Kunden Engagement und Interesse sowie stetiges Streben nach Verbesserung. Schwachstellen im Service und zusätzliche Kundenwünsche lassen sich so gut erkennen.

10.6.5 Instandhaltungsgerechte Konstruktion

10.6.5.1 Ziele und Anforderungen zur Instandhaltbarkeit

Die Eigenschaften instandhaltbar und werkstattgerecht werden bei der Gestaltung und Konstruktion im Produktentstehungsprozess festgelegt. Deswegen muss neben anderen Eigenschaften dieses Konstruktionsziel in allen Entwicklungs- und Konstruktionsphasen gleichberechtigt berücksichtigt werden. Die Wege zu instandhaltungsgerechten Fahrzeugen führen einerseits über instandhaltungsarme Bauteile und Baugruppen hin zur Zuverlässigkeit sowie andererseits über instandhaltungsfreundliche Bauteile und Baugruppen hin zur Instandhaltbarkeit. In der Phase der Produktentwicklung bildet das Instandhaltungskonzept die Grundlage für die instandhaltungsgerechte Konstruktion von Fahrzeugen. Dabei werden die Ziele verfolgt, die Zuverlässigkeit zu optimieren, den Aufwand für die Instandhaltung zu minimieren und

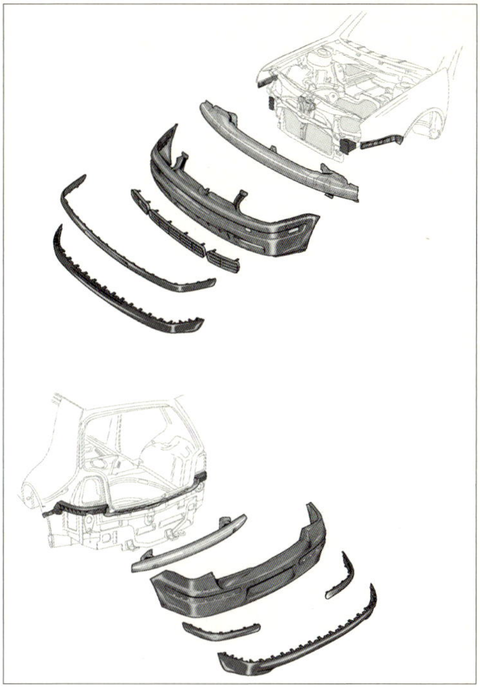

Bild 10.6-6 Geschraubte Teile an Front und Heck des Golf

die spezifischen Rahmenbedingungen der Instandhaltung, wie Ausrüstung der Werkstätten mit Sonderwerkzeugen, optimal zu berücksichtigen **(Bild 10.6-6)** [16].

Konkrete Ziele für instandhaltungs- und werkstattgerechte Kraftfahrzeuge leiten sich aus den Kosten des Kfz im Gebrauch beim Kunden ab. Werkstattkosten entstehen durch Einzelereignisse, die bei Baugruppen und Bauteilen planmäßig oder außerplanmäßig auftreten. Die Kenntnis über die durchschnittlichen Kosten von Instandhaltungsmaßnahmen und über deren Häufigkeit lassen konstruktive Möglichkeiten zur Optimierung zu. Um Ziele bzw. Anforderungen zu definieren, sind die beeinflussbaren Werkstattkosten möglichst einzeln den Baugruppen und Bauteilen des Kfz zuzuordnen. Damit kann der Konstrukteur im Produktentstehungsprozess diese Ziele und Anforderungen bei der Planung, den Entwürfen, der Gestaltung und Optimierung berücksichtigen [2; 3; 4; 29].

10.6.5.2 Werkstattkostenfaktor Zeit (Instandhaltungszeit, Planzeiten)

Mit dem Faktor Zeit für die Arbeitsverrichtung wird der Werkstattpreis des Lohns ermittelt. Dem Durchführenden muss immer die Zeit gegeben werden, die er zur ordnungsgemäßen Verrichtung benötigt. Deswegen sind Zeiten für Instandhaltungsarbeiten das Ergebnis systematischer Arbeits- und Zeitstudien, wie es der Verband für Arbeits- und Zeitstudien e.V. (REFA) verlangt. Dann und nur dann dienen diese Zeitvorgaben der Kapazitäts- und Auftragsplanung, der Steuerung und Kontrolle, der Entlohnung, der Rechnungslegung und sonstigen Kalkulationen im Autohaus.

Folgende Voraussetzungen müssen bei einer Zeitaufnahme vorliegen:

- Beschreibung des Arbeitsumfangs und des -ablaufs,
- Zeitaufnahme erfolgt in einer für die Aufgabe eingerichteten Werkstatt,
- Verwendung von Normal- und Sonderwerkzeugen bzw. sonstige Ausrüstungen,
- Realisierung durch einen im Kfz-Handwerk ausgebildeten und für diese Arbeit geschulten Mechaniker oder Elektriker,
- Einhaltung der Sicherheitsregeln der Instandhaltung.

Aus Zeitstudien lassen sich durch Multiregression Zeit relevante Parameter eliminieren, die zu Planzeiten führen. Planzeiten verkürzen den obigen Prozess und können bei der Konstruktionsauslegung helfen, die optimale Lösung zur Instandhaltung zu finden. Dazu müssen Parameter vorliegen, die sich an Konstruktionselementen orientieren. Solche Parameter sind:

- Verbindungen aller Art wie Schrauben, Klebeverbindungen, Clipse, Nieten, Splinte und Schellen **(Bild 10.6-7)**,
- Werkzeuge, Prüfgeräte,
- Zugängigkeit,
- Bearbeitungsvorgänge, wie Bohren, Schweißen, Einstellen,
- Bekannte Prozesszeiten für Bearbeitungsvorgänge.

Planzeiten, die dies optimal erfüllen, sind z.B. MYSBY-Planzeiten, gültig für die Unfallinstandsetzung, und MEKBY-Planzeiten für die allgemeine Kfz-Instandsetzung.

Dabei bedeuten: M: Mattrikta (Rahmen richten), Y: Ytrikta (Ausbeulen), S: Svetsbyta (Schweißen), BY: Byta (Erneuern), MEK: Mechanik.

Bei beiden Verfahren werden Zeitformeln angewendet, die sich besonders gut für eine virtuelle Bewertung der Servicefreundlichkeit während der Entwicklungsphase eignen [15].

Da diese Planzeiten aus einer überschaubaren Anzahl von Elementen bestehen, lässt es die Kombination dieser Elemente zu, dass für jeden Auftrag durch Abruf der Parameter aus einer Datenbank in einer Kfz-Werkstatt die erforderliche Arbeitszeit ermittelt werden kann. Dieses Verfahren, genannt CABAS, wird seit 1986 für die Kalkulation der Instandsetzung von Unfallschäden in Schweden verwendet. Unter dem Namen xTime findet das System seit 2005 für die Kalkulation von Wartungs-, Diagnose-, Fehlersuch- sowie Instandsetzungsarbeiten bei Abnutzungs- und Unfallschäden in VW/AUDI-Autohäusern Anwendung. xTime bietet zusätzlich Sonderwerkzeuge, Zwangsersatzteile und Ersatzteile des Arbeitsumfanges an. Durch die detaillierte Beschreibung des Umfangs und der aufeinander folgenden Schritte ist eine optimale Kapazitäts-, Mitarbeiter-, Ressourcen- und Terminplanung für den Werkstattprozess möglich **(Bild 10.6-8)**.

Die Eigenschaft „instandhaltbar" ist in der Arbeitszeit messbar.

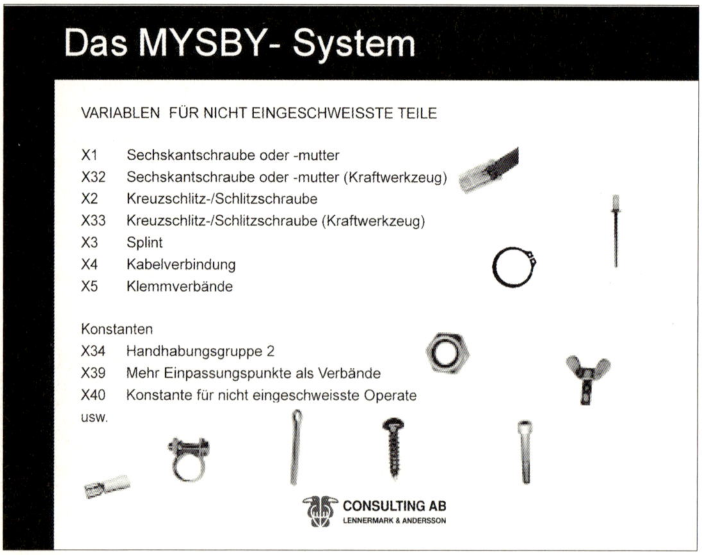

Bild 10.6-7 Verbindungselemente

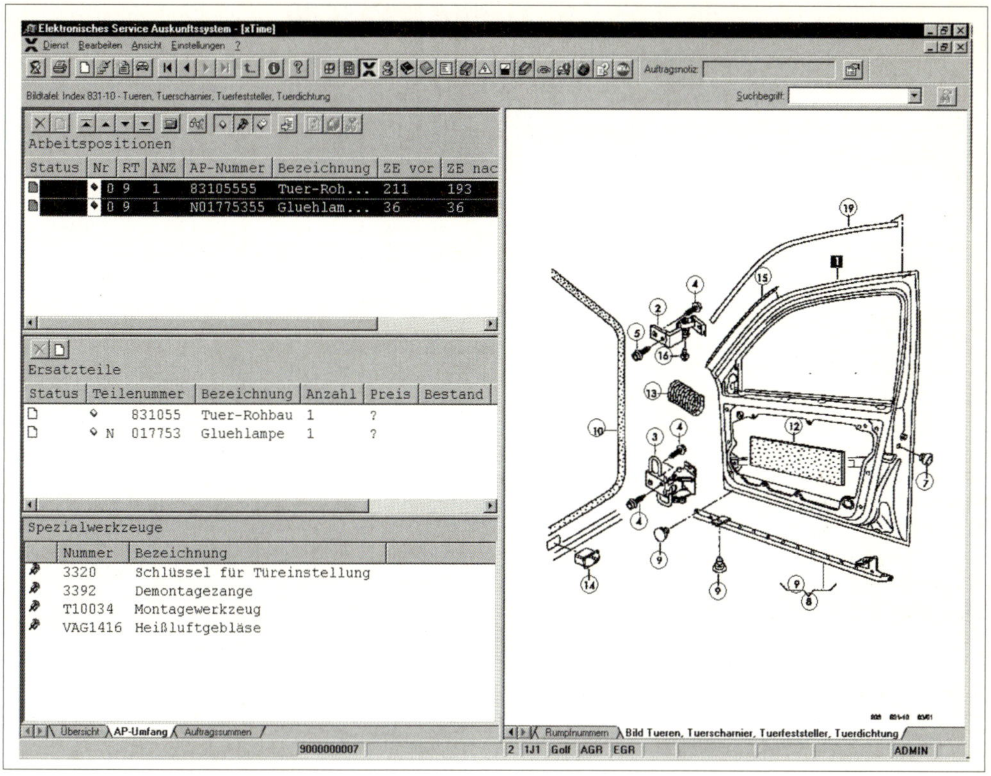

Bild 10.6-8 xTime Bildschirm-Druck

10.6.5.3 Kostenfaktor Werkstattausrüstung, Spezialwerkzeuge

In die Investitionen und damit in den Werkstattpreis fließen alle Kosten für neue Werkstattausrüstung und Werkzeuge ein. Fahrzeuge, bei deren Entwicklung auf die Wiederverwendung dieser Ausrüstung geachtet wurde, werden sich positiv auf den Werkstattpreis auswirken. In der Praxis fallen für Kfz-Betriebe Investitionskosten zwischen 0,– € und mehr als 100 000,– € bei Einführung eines neuen Modells an. Im letzteren Fall werden nur Stützpunkte den vollen Umfang investieren. Dies bedeutet, dass unter Umständen ein höherer Werkstattpreis zu erwarten ist. Außerdem wird das Werkstättennetz weitmaschiger, so dass Kunden größere Entfernungen akzeptieren müssen. Bei erheblichen konstruktiven Änderungen sind Auswirkungen auf die Instandhaltung von Anfang der Entwicklung an zu beachten. Besondere Schwerpunkte sind neue Materialien, elektronische Systeme und deren Diagnose. Fortschritte in der Fahrzeugtechnik sind mit den Fortschritten in der Werkstatttechnik zu synchronisieren.

Die Eigenschaft „werkstattgerecht" ist im Aufwand für erforderliche Werkstattausrüstung messbar.

10.6.5.4 Ersatzteile, Zerlegungstiefe, Transport-, Lagerfähigkeit und Lieferzeitraum

Ersatzteil- und Materialpreis definieren die zweite Komponente der Werkstattkosten. Der Konstrukteur entscheidet mit der Zerlegungstiefe, wie teuer ein Ersatzteil [5] wird. Die Zerlegungstiefe sollte den Austausch des kleinsten verschleißenden Bauteils ermöglichen. Dies ist insbesondere für Länder wichtig, in denen die Arbeitsstunde wenig kostet, die Ersatzteile aber teuer sind. So werden zum Beispiel in Ländern mit hohen Löhnen Schwungräder mit dem Zahnkranz gewechselt, während in Ländern mit niedrigen Löhnen Zahnkränze vom Schwungrad gelöst werden, um das neue auf zu schrumpfen. Ersatzteile müssen lange Transportwege schadlos überstehen und über lange Zeit lagern können. Sperrige Teile sollten stapelbar sein. Die Ersatzteilversorgung erstreckt sich i. Allg. über 15 Jahre nach dem Serienauslauf. Eine Missachtung dieser Grundsätze erhöht unnötig den Ersatzteilpreis. Die Eigenschaft „ersatzgerecht" ist im Ersatzteilpreis messbar.

10.6.5.5 Nachweis der Instandhaltbarkeit

Um zukünftigen Anforderungen bezüglich der Instandhaltbarkeit zu genügen, ist neben einer Verbesserung

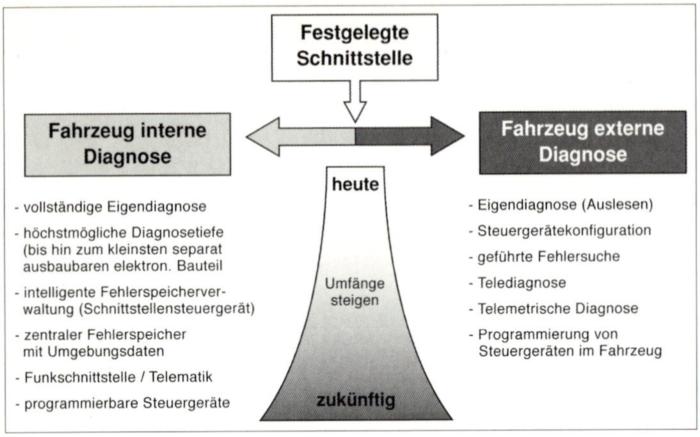

Bild 10.6-9 Diagnose Struktur

der Wart- und Instandsetzbarkeit vor allem eine kontinuierliche Weiterentwicklung der Inspizierbarkeit bzw. der Diagnosefähigkeit der Kfz erforderlich. Ziel ist dabei eine vollständige Eigendiagnose der Steuergeräte bis zu den kleinsten Bauteilen, so dass nur diese gewechselt und für den Kunden berechnet werden müssen. Innerhalb des Fahrzeugs ist eine aktive Selbstprüfung der vernetzten Steuergeräte notwendig, weil nur so eindeutig bestimmt werden kann, wo die Fehlerursache liegt. Der Umfang und die Komplexität der Systeme erfordern, dass außerhalb des Fahrzeugs (off board) eine Diagnosestruktur mit Diagnose- und Prüfgeräten existiert, die beim Hersteller angesammelte Erfahrungen mit den Daten aus dem Fahrzeug (on board) verknüpft. Trotz der Funktionsvielfalt muss auch in Zukunft eine wirtschaftliche Instandhaltung möglich sein. Es liegt nahe, bei Softwarefehlern nur das Tauschen der Software bzw. einzelner Programme vorzusehen. Um Expertenwissen über komplexe Zustände innerhalb kürzester Zeit zuverlässig an das Fahrzeug in der Werkstatt zu bringen, sind auch Ferndiagnose-System einzusetzen (**Bild 10.6-9**).

Der Konstrukteur, der diese Aufgabe erfüllen will, benötigt durch diese Vernetzung bereits im Entwicklungsprozeß die fachmännische Beratung des Instandhaltungsprozesskundigen. Die bereichsübergreifende Zusammenarbeit mit Mitarbeitern aus Kundendienst und Qualitätssicherung ist unverzichtbar. In festgelegten Versuchsprozessen werden Konstruktionsalternativen getestet und der Nachweis optimaler Instandhaltbarkeit erbracht, dokumentiert und ggf. auch vor Kunden bzw. Versicherungen demonstriert.

Neue Aufgaben für Diagnosesysteme und Instandhaltungen ergeben sich durch den zunehmenden Einsatz komplexer Fahrer-Informations- und -Assistenzsysteme.

10.6.5.6 Datensysteme

Datensysteme, die Einsatzdaten von Fahrzeugen bei Fuhrparks oder auch Privatkunden als Felddaten erfassen, sollten den Ansprüchen einer Produktbeeinflussung des Kundendienstes genügen. Für die vom Management festgelegten Zeiträume, z.B. für Gewährleistung und Kulanz oder für die Dauer im Erstbesitz oder aber für die gesamte Nutzungsdauer von der ersten Zulassung bis zur Verschrottung, werden alle Instandhaltungsereignisse statistisch ausreichend abgesichert erfasst. Aus diesen Daten werden auf Bauteile bezogene Warenkörbe gebildet. Zu jedem Element des Warenkorbes werden Schadendurchschnitt (SD), Schadenhäufigkeit (SH) und Schadenbedarf (SB) wie folgt ermittelt:

$$SB = SD \cdot SH \qquad (14)$$

Dabei wird der Schadensdurchschnitt SD aus der Summe von Lohnkosten, die sich aus dem Produkt von Arbeitszeit und Verrechnungssatz ergeben, von Kosten für Material und Ersatzteile sowie ggf. von Kosten für Ersatzfahrzeuge gebildet. Zu berücksichtigen sind alle Instandhaltungsereignisse der in Betracht kommenden Bauteile, also Wartung, Inspektion und Instandsetzung sowie Unfallinstandsetzung.

10.6.5.7 Virtuelle Beurteilung der Servicefreundlichkeit

Im Zuge der immer kürzer werdenden Produktentwicklungszeit und der reduzierten Zahl von realen Prototypen kommt der virtuellen Instandhaltbarkeitsuntersuchung anhand von digitalen Produktmodellen (DMU) wachsende Bedeutung zu. Da immer weniger Prototypen zu einem immer späteren Zeitpunkt zur Verfügung stehen, sind Demontage- und Remontageuntersuchungen an virtuellen Modellen unverzichtbar. In **Bild 10.6-10** ist der Zeitraum eines Entwicklungsprozesses von Projektanstoß bis Produktionsstart dargestellt. Die Durchführung von Instandhaltungsuntersuchungen ist 20 Monate vor Produktionsbeginn angesetzt. Durch den Einsatz von DMU besteht die Möglichkeit, bereits einige Monate nach Projektanstoß auf einen ersten virtuellen Prototypen

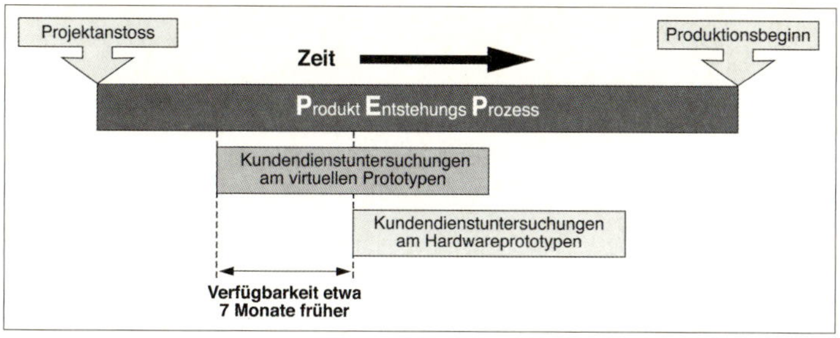

Bild 10.6-10 Kundendienstuntersuchungen im Produktentstehungsprozess

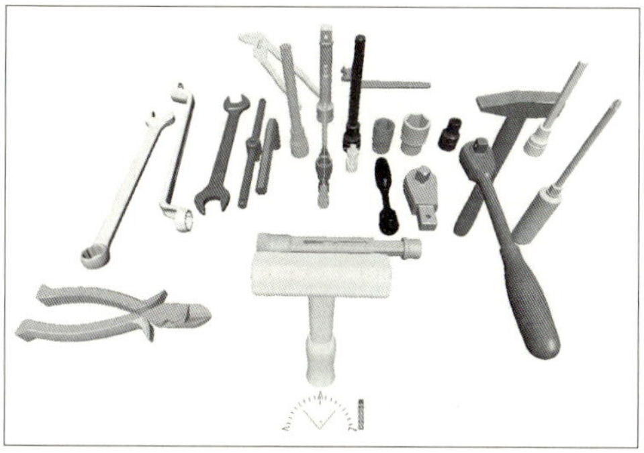

Bild 10.6-11 Virtuelle Werkzeuge

zuzugreifen und an diesem virtuelle Demontagen und Remontagen durchzuführen. Damit bietet sich wesentlich früher die Gelegenheit, die Servicefreundlichkeit des Fahrzeuges erstmals beurteilen zu können. Wenn der Datenstand den ersten virtuellen Prototypen eines Fahrzeugs in höchster Ausbaustufe darstellt, sind bei weniger umfassenden Datenständen virtuelle Beurteilungen noch früher abrufbar, was durchaus Entwicklungszeiten verkürzen kann.
Mittels einer virtuellen Werkzeugdatenbank werden Demontagen und Remontagen simuliert. **Bild 10.6-11** zeigt eine Auswahl zur Verfügung stehender virtueller Werkzeuge. **Bild 10.6-12** zeigt die Demontage eines Anlassers am realen und am virtuellen Prototyp. Die zu erwartende Weiterentwicklung von Soft- und Hardware wird die Simulation der Demontagen und Remontagen mit den Planzeiten der Arbeitszeitstudien verbinden. Jedem simulierten Vorgang kann ein Arbeitsablauf und damit eine Arbeitszeit zugeordnet werden, unabhängig von der Verfügbarkeit realer Prototypen.

10.6.5.8 Berichtswesen

Instandhaltbarkeit von Fahrzeugen wird geprägt durch geringen Zeitaufwand bei der Instandhaltung, der im Wettbewerbsvergleich eine große Bedeutung einnimmt.
Das interne Berichtswesen dient der Analyse von Kostentreibern und dem Erkennen von Verbesserungspotentialen in Bezug auf instandhaltungsgerechte Konstruktion. Es umfasst die Kosten aus Versicherung, Betrieb und Werkstatt. Eine Prognose dieser Kosten im Vergleich zu Wettbewerbern des Segmentes ist gemäß Zielen des Lastenheftes in vereinbarten Abständen vorzusehen.
Schwerpunkte für das weitere Handeln müssen im Bericht vorliegen, um die gesteckten Ziele zu errei-

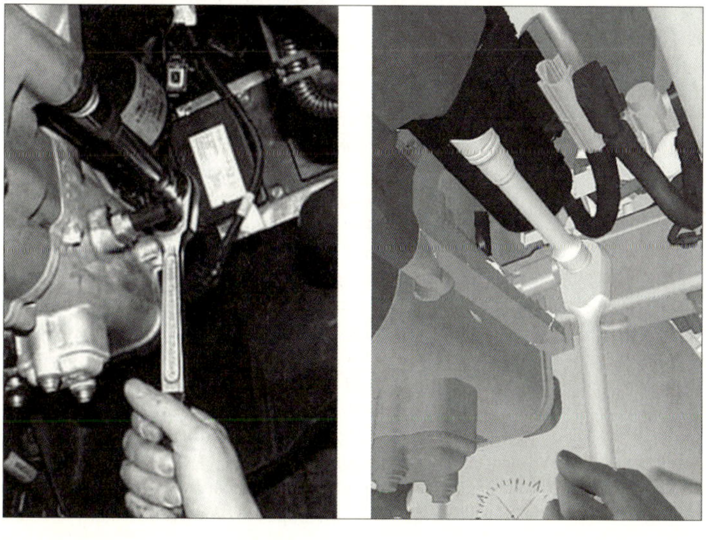

Bild 10.6-12 Demontage eines Anlassers real und virtuell

chen. Die Details eines solchen Berichtes hängen von der vom Projektmanagement gewünschten Tiefe ab.
In jedem Fall soll der Bericht das Entwicklungsprojekt begleiten, um dem Management Gelegenheit zum Eingreifen zu ermöglichen. Zu Ende der Entwicklungsaktivitäten ist mit den dann verfügbaren Daten der Nachweis der Instandhaltbarkeit in einem abschließenden Bericht zu dokumentieren.

10.6.6 Strategie und Konzept

10.6.6.1 Instandhaltungsstrategien

Instandhaltungsstrategien beschreiben ob, wo und welche Instandhaltungsmaßnahmen von wem, wie und wann durchzuführen sind. Es werden unterschieden:

- Korrektive Instandhaltung:
  Bei der korrektiven Instandhaltung werden Instandhaltungsmaßnahmen nach Bedarf durchgeführt.
- Vorbeugende Instandhaltung:
  Zur Vermeidung von Ausfällen werden vorbeugende Instandhaltungsmaßnahmen ausgeführt.
- Zustandsabhängige Instandhaltung:
  Eine zustandsabhängige Instandhaltungsmaßnahme wird nach Feststellung und Beurteilung des Istzustandes durch eine Inspektion durchgeführt.

10.6.6.2 Instandhaltungskonzept

In Absprache mit dem Instandhaltungsprozesskundigen legt der Konstrukteur während der Konzeptionsphase eine Instandhaltungsstrategie zugrunde. Mit dieser Absprache zur Strategie entwirft der Kundendienst in der Entwurfsphase die ersten Überlegungen zum späteren Instandhaltungskonzept.
Dieses Konzept wiederum berücksichtigt den Instandhaltungsbedarf. Den Konstruktionsfortschritt begleitend reift dann das Instandhaltungskonzept bis zur Serienphase heran.
Dieses Instandhaltungskonzept beinhaltet die Art und Weise und mit welchen Mitteln die Instandsetzung später in der Werkstatt vorbereitet und durchgeführt werden kann.
Wurden keine besonderen Absprachen getroffen, werden beim Konstrukteur die von früheren Fahrzeugen bekannten Arbeitsverfahren und -abläufe, Betriebsmittel und Werkstattausrüstungen, Werkzeuge und Sonderwerkzeuge sowie der dazu gehörige Schulungsinhalt der Instandhaltungsorganisation als bekannt vorausgesetzt.
Änderungen, die durch neue Fertigungsverfahren oder Werkstoffe Einfluss auf die Instandhaltung nehmen, müssen bereits in der Konzeptphase geklärt werden, um unnötige Kosten zu vermeiden. Das gilt auch, wenn Arbeitsverfahren, Betriebsmittel, Werkstattausrüstungen und Sonderwerkzeuge zu ändern oder neu zu entwickeln sind.

10.6.6.3 Anforderungen zur Instandhaltbarkeit

Basierend auf Erfahrungen, Strategien und Konzepten stellt der Kundendienst Instandhaltbarkeitsforderungen auf. Um dem Konstrukteur die Arbeit zu erleichtern, werden diese Forderungen Bauteil bezogen aufgeschlüsselt. In die Forderungen fließen die Kosten während der Nutzung, die Identifizierbarkeit, die Zugänglichkeit und Austauschbarkeit, die Wartbarkeit, die Inspizier- und Prüfbarkeit, die Transport- und Lagerfähigkeit sowie die Standardisierung ein. Historische Daten, Problemzonen und Randbedingungen, wie Prüfanschlüsse zu verfügbaren Prüfgeräten, Instandhaltungswissen beim vorhandenen Personal und Ausrüstungsumfang der Instandhaltungsorganisation, sind ebenso zu berücksichtigen.
Werden den so gestalteten Forderungen während der Projektverfolgung die betreffenden Protokolle hinzugefügt, so entsteht mit dem Projektfortschritt auch gleichzeitig die Dokumentation darüber. Dies ist dann Quelle für den Instandhaltbarkeitsnachweis.

10.6.6.4 Kunden- und Lieferantenbeziehungen

Die Herstellerbeziehung zum Großkunden nimmt im Automobilsektor eine Sonderstellung ein. Aufgrund der Nähe zum Kunden sind Synergien möglich, die eine direkte Rückinformation und damit Optimierungen bewirken. Zum einen ist der Automobilhersteller Lieferant seines Großkunden. Beim Einkauf der Bauteile, Baugruppen oder Module ist der Automobilhersteller Kunde. In beiden Richtungen sind die Anforderungen des jeweiligen Kunden ausschlaggebend. Das bedeutet, dass Anforderungen des letzten Kunden in der Kette bis zum ersten Lieferanten durchgegeben werden müssen.
In einem Fahrzeug werden Bauteile, -gruppen und -module verwendet, die auf dem weltweit agierenden Zuliefermarkt eingekauft werden. Die Auswahl wird primär auf Grund technischer Forderungen und Erfahrungen mit dem Lieferanten sowie auf Grund des Einkaufspreises getroffen. Die Einkaufs- und ggf. Konstruktionsabteilungen werden übliche und bekannte Lösungen sowohl beim Kunden als auch beim Lieferanten bevorzugen, wobei statt einseitig funktionaler und herstelleroptimierter Kosten auch die Instandhaltungskosten zu beachten sind. Wenn die Lebenslaufkosten als weiteres Optimierungskriterium in diesen Prozess eingebracht werden, kann der Leistungsumfang zu Gunsten der Instandhaltbarkeit erweitert werden. Der Nutzen für den Lieferanten liegt in geringeren Garantiekosten und für den Fahrzeugkunden in niedrigeren Instandhaltungskosten während der Nutzung. In der Folge wird auch der Lieferant versuchen, die Summe aller Ausgaben vor der Lieferung in Form von Fertigungs- und Nacharbeitskosten und nach der Lieferung in Form von Gewährleistungs- und Kulanzkosten zu minimieren. Der künftige Nutzer wird zunehmend die Lebenslaufkosten, also die Summe aus den Anschaffungs-,

Betriebs- und Instandhaltungskosten, in den Mittelpunkt stellen und damit verstärkt vom Hersteller geringe Lebenslaufkosten fordern.

10.6.6.5 Rolle des Managements

Damit das instandhaltungsgerechte Konstruieren den angemessenen Stellenwert im Unternehmen erhält, müssen eindeutige Ziele definiert werden, die neben Termin-, Herstellkosten- und Funktionszielen im Entwicklungsprozess zu kontrollieren und umzusetzen sind. So setzt die Einführung des Entwicklungsziels zur Minimierung der Lebenslaufkosten einen durchdachten Plan voraus, für dessen kontinuierliche Fortschreibung Grundlagen zu schaffen sind. Diese bestehen in der Erarbeitung einer Methodik zur Nachweisführung, in der Ausbildung der beteiligten Personen, in der Festlegung von Prozeduren, in der Erarbeitung von Anforderungskatalogen, Checklisten, Instandhaltungsanalysen und Datensystemen sowie von Vorgaben für das Berichtswesen.
Ferner ist eine Bereitschaft voraus zu setzen, Lebenslaufkosten so zu beachten, dass Zeiten und Mittel eingesetzt werden, um von der ersten Entwicklungsphase an nur instandhaltungsgerechte Lösungen zu akzeptieren. Im Rahmen einer standardisierten Vorgehensweise im Unternehmen sollten Versuchsprojekte mit kontinuierlicher Betreuung und Bewertung des instandhaltungsgerechten Konstruierens durchgeführt werden. Nur bei positivem Ausgang des Versuchsprojektes sollten Freigaben erteilt werden.

10.6.6.6 Einfluss der EU

Seit Januar 2002 ist das Schuldrecht für die sogenannte Sachmangelhaftung neu geregelt. Anstelle der bis dahin gültigen „Gewährleistung" wird im Gesetz eine „Sachmangelhaftung" genannt. Hierfür gilt eine Verjährungsfrist von zwei Jahren ab Lieferung des Kaufgegenstandes. Die Beweislast im Sinne der Sachmangelhaftung liegt seitdem bei Neufahrzeugen für 6 Monate beim Verkäufer und erst anschließend beim Kunden. Im Falle eines Mangels am Fahrzeug muss der Verkäufer nachweisen, dass zum Zeitpunkt der Übergabe dieser Mangel nicht vorlag. Auch bei gewerblichem Verkauf von Gebrauchtwagen gilt die 2jährige Sachmangelhaftung, sie kann jedoch durch AGB auf ein Jahr beschränkt werden.
Diese Gesetzesänderung hat Auswirkung auf die Produktentwicklung, denn Zuverlässigkeit und Instandhaltbarkeit gewinnen einen höheren Stellenwert, wenn statt der Gewährleistungszeit von einem Jahr ein doppelt so großer Zeitraum für die Sachmangelhaftung in die Verantwortung des Herstellers fällt. Die Europäische Union (EU) verfolgt das Ziel, den Automobilmarkt stärker unter Wettbewerbsdruck zu stellen. Die Regelungen und Gesetze sollen den Fahrzeugkauf innerhalb der EU erleichtern, die freie Preisgestaltung ermöglichen und Vertrieb und Service für den Kunden vereinfachen. Dazu gilt seit Oktober 2002 die „Gruppenfreistellungsverordnung (GVO)" [35]. Diese regelt den Kauf und Verkauf von Fahrzeugen, Ersatzteilen und von Instandhaltungsdienstleistungen zwischen dem Einzelhandel und den Herstellern. Mit dieser Regelung soll die Gleichstellung von Vertragshändlern und -werkstätten mit sogenannten freien Händlern und Werkstätten gewährleistet werden.
Diese Regelung ermöglicht den freien Werkstätten jene Fahrzeuge aus dem unerschöpflichen Angebot aller Anbieter auszuwählen, die bei geringsten Investitionen den höchsten Erlös pro Monteureinheit und Jahr bzw. pro Werkstattdurchgang garantieren. Dagegen werden Fahrzeuge mit hohen Werkstattinvestitionen, mit langen Arbeitszeiten für den Aus- und Einbau von Bauteilen und mit teuren Ersatzteilen Wettbewerbsnachteile hinnehmen müssen.

Literatur

[1] DIN 31 051: Grundlagen der Instandhaltung, Juni 2003
[2] KR 00 020: Konstruktionsrichtlinie: Instandhaltungsgerechte Konstruktion von Kfz, Modulen, Baugruppen u. -teilen, Volkswagen AG, März 1999, Wolfsburg
[3] VDI 2246 Blatt 1: Konstruieren instandhaltungsgerechter technischer Erzeugnisse; Grundlagen VDI 2246 Blatt 2: Konstruieren instandhaltungsgerechter technischer Erzeugnisse; Anforderungskatalog, Verein Deutscher Ingenieure (VDI), März 2001, Düsseldorf
[4] VW 011 54: Entwicklungsbedingungen; Allgemeine Anforderungen, Volkswagen AG, Mai 2001, Wolfsburg
[5] DIN EN 13306: Begriffe der Instandhaltung, September 2001
[6] VDA: Zuverlässigkeitssicherung bei Automobilherstellern und Lieferanten, Verband der Automobilindustrie e.V. (VDA), 3. Auflage, 2000, Frankfurt
[7] *Steinecke, K.*: Wahrscheinlichkeitsnetz für nach Weibull verteilte Werte, Beuth-Verlag, 1979, Berlin
[8] *Eichler, Christian*: Instandhaltungstechnik, Verlag Technik, 4. Auflage, 1990, Berlin
[9] *Liskowsky, Volker*: Untersuchungen zur Primärdatenerfassung und -aufbereitung zwecks Ermittlung der Zuverlässigkeit von Kraftfahrzeugen, Dissertation Ingenieurhochschule Zwickau, 1983
[10] Deutsche Akademie f. Verkehrswissenschaft: 40. Deutscher Verkehrsgerichtstag 2002, Brune-Mettcker Druck- u. Verlagsgesellschaft, 2002, Jever
[11] ADAC: Energieeffizienzklassen, ADAC-Verlag, Juni 2002
[12] *Sanden; Danner; Küppersbusch*: Nutzungsausfallentschädigung, Schwacke Liste, eurotaxschwacke, 2004, Maintal
[13] *Härdler, Jürgen*: Betriebswirtschaftslehre für Ingenieure, Carl Hauser Verlag, 1. Auflage, 2001, München/Wien
[14] *Brachat, Hannes u.a.*: Grundlagen der Automobilwirtschaft, Autohaus, 1. Auflage, 1994, Ottobrunn
[15] *Lennermark, Anders*: Ein Unternehmen, das mit der Zeit geht, Fa. Consulting AB, März 2002, Örebro, Schweden
[16] *Warnecke, H. J.*: Instandhaltung Grundlagen, TÜV Rheinland GmbH, 1981, Köln
[17] *Danner, Max u.a.*: Crash-Reparaturversuche – Eine Entwicklung des Allianz Zentrum für Technik, in: Der Maschinenschaden, Allianz Versicherung-AG, 1985, München
[18] RCAR: The Procedure for Conducting a Low Speed 15 km/h Offset Insurance Crash Test to Determine the Damageability and Repairability Features of Motor Vehicles, Motor Insurance Repair Research Centre, Mai 1994, Thatcham, England
[19] IIHS: Low-Speed Crash Tests, Insurance Institute of Highway Safety (IIHS),1969, Washington, USA
[20] *Anselm, Dieter*: Die Pkw-Karosserie, Vogel, 1. Auflage, 1997, Würzburg

[21] *Damschen, Karl u.a.*: Karosserie-Instandsetzung, Vogel, 4. Auflage, 1998, Würzburg

[22] *Redlich, Jürgen*: Neue Kaskostruktur in der Autoversicherung, Gesamtverband der Deutschen Versicherungswirtschaft (GDV), Vortrag, Juli 2002, Berlin

[23] SAE J 1551: Recommended Practice for Optimizing Automobile Damageability, Society of Automotive Engineers (SAE), 1993, Warrendale, USA

[24] Thatcham: Fahrzeugkonstruktionsmerkmale für optimales Aufprallverhalten bei niedriger Geschwindigkeit, Motor Insurance Repair Research Centre, 1. Ausgabe deutsch, 1994, Thatcham, England

[25] *Weber, Gerhard*: Servicefreundliche Fahrzeugkonstruktion, FH Braunschweig/Wolfenbüttel, Vorlesungsmanuskript, 2002, Wolfsburg

[26] Thatcham: The British Insurance Industry's Criteria for Vehicle Security, Motor Insurance Repair Research Centre, Issue 4, 2000, Thatcham, England

[27] TFFN 801: Car Alarm Requirements and Test Methods, Swedish Motor Insurers'Bureau, Utgava 1, 1998, Stockholm, Schweden

[28] TFFN BKK 9007: Egenskapsnorm Dörrlas, Trafikföräkringsföreningens Norm, Utgava 1, 1990, Stockholm, Schweden

[29] *Mooren, van der, A.L.*: Instandhaltungsgerechtes Konstruieren und Projektieren, Springer, 1991, Berlin

[30] *Schüttemeyer, Knut u.a.*: Herstellergeschützte Reparatur, in: VW Phaeton Sonderausgabe ATZ/MTZ, Vieweg, Juli 2002, Wiesbaden

[31] Betriebsanleitung und Wartungskarte für Volkswagen – Kleinlieferwagen, VOLKSWAGENWERK AG WOLFSBURG, August 1966, Wolfsburg

[32] Statistisches Bundesamt: Statistisches Jahrbuch, Wiesbaden, 1974

[33] Gesetz über die Entsorgung von Altfahrzeugen vom 21. Juni 2002; Bundesgesetzblatt Jahrgang 2002 Teil I Nr. 41, Bonn, 28. Juni 2002

[34] DAT: DAT-Sachverständigenhandbuch, Ostfilder-Scharnhausen, Oktober 2004

[35] GVO 1400/2002: Verordnung der Kommission (EG) vom 01. 08. 2002

[36] *Nickel, E.*: "Warranty Cost Reduction through Tele-Diagnostics and New Analytics Methods". Automobil Elektronik Fachkongress, Ludwigsburg, 20./21. 9. 2006

11 Rennsportwagen

Im folgenden Beitrag wird neben den technischen Merkmalen heutiger Rennfahrzeuge, die den gesamten Bereich vom Formelwagen bis hin zum Rallyefahrzeug ausmachen, auf die geschichtliche Entwicklung, die Reglements, die Rennserien und die heutigen Sicherheitsmaßnahmen im Rennsport eingegangen. Auf diese Weise soll der Leser einen tieferen Einblick in die Charakteristika des Motorsports erhalten.

11.1 Historie des Automobilrennsports

Der Ursprung des Automobilrennsports liegt in Frankreich. Motorsport wird dort schon seit den Anfängen des Automobilbaus betrieben, anfangs waren es überwiegend Initiativen von Privatfahrern, die im Rennen die Robustheit ihrer Fahrzeuge auf die Probe stellten. Zunehmend zeigten aber auch die Konstrukteure auf diese Weise die Leistungsfähigkeit ihrer Fahrzeuge. Aus dieser Zeit stammt der heute noch bekannte Ausspruch „race on sunday sell on monday“. Schlechte Straßenverhältnisse und der damalige noch frühe Entwicklungsstand der Autos waren die wesentlichen Herausforderungen für die Fahrer. An den eingesetzten Fahrzeugen wurden gegenüber dem Serienfahrzeug nur wenige Modifikationen vorgenommen.

Auf einer Strecke von Paris nach Rouen fand 1894 das erste offizielle Autorennen statt. Die Durchschnittsgeschwindigkeit der siegreichen Fahrzeuge von Panhard-Levassor und Peugeot, die alle mit Daimler-Motoren ausgestattet waren, betrug etwa 17 km/h. Im Jahre 1900 wurde erstmals ein offizieller Pokal, der Gordon Bennett Cup von Paris nach Lyon ausgetragen [1]. Der erste Grand-Prix für Rennsportwagen, der vom Automobile Club de l'Ouest – ACO organisiert wurde, startete im Jahre 1906 auf einem ca. 100 km langen Rundkurs in der Nähe von Le Mans, dem Circuit de Sarthe. Das erste Rundstreckenrennen fand 1903 in Irland in der Nähe von Dublin statt [2].

Die Fahrzeuge des ersten Rennens hatten Motoren mit einer Leistung von ca. 3 kW, im Jahre 1905 erreichten die Aggregate der Rennfahrzeuge schon bis zu 75 kW, und die gefahrene Durchschnittsgeschwindigkeit steigerte sich auf über 85 km/h.

Im Jahre 1905 organisierte Sir Hubert Ritter von Herkomer die erste Tourenwagen-Rallye in Deutschland. Bis 1910 beherrschten Fahrzeuge der französischen Automobilhersteller Renault, Panhard, Napier, Richard Bazier und die der deutschen Hersteller Benz und Daimler das Renngeschehen; erst später wurden zunehmend auch Fahrzeuge von Herstellern wie Alfa Romeo, Auto-Union, Bentley, Bugatti, Delage, Delahaye und Lancia eingesetzt.

Wegen der vielen schweren Unfälle, bei denen Fahrer und Zuschauer ums Leben kamen, wurden die Streckenrennen, die meist von Stadt zu Stadt führten, abgelöst durch abgesperrte Rundstreckenrennen.

Nach dem ersten Weltkrieg wurde mit dem Bau heute noch existierender Rennstrecken in Europa begonnen, z.B. Monza, Nürburgring und Spa Francorchamps. In Le Mans wurde 1923 zum ersten Mal das noch heute berühmte 24-Stunden-Rennen von Le Mans ausgetragen, und im Jahre 1926 fand der erste Große Preis von Deutschland auf der Berliner Avus, deren Name die Abkürzung für „Automobil-Verkehrs- und Übungsstrasse“ bedeutet, statt. Drei Jahre später startete in Monaco erstmals ein Grand-Prix-Rennen auf einer Rundstrecke mitten durch eine Stadt, bis heute hat dieser Kurs einen spezifischen Reiz.

In den Jahren von 1925 bis 1928 wurde erstmals eine Marken-Weltmeisterschaft für Grand-Prix-Fahrzeuge ausgetragen. Die Rennen wurden in Italien, USA, Groß-Britannien, Belgien und Frankreich gefahren, zusätzlich gab es noch ein Rennen um den Großen Preis von Europa. Von 1934 bis 1939 waren Mercedes-Benz und Auto-Union mit ihren sogenannten Silberpfeilen dominierend im internationalen Rennsport. In dieser Zeit waren die Fahrzeuge der jeweiligen Herstellerländer an ihren Farben erkennbar, französische Wagen waren blau, englische grün und italienische rot lackiert.

Schon im Jahre 1906 gab es beschränkende Vorschriften für den Einsatz von Fahrzeugen im Automobilrennsport. Diese Vorschriften wurden im Laufe der Zeit immer wieder modifiziert und betrafen verschiedene Details der Fahrzeuge bzw. der Verfahren des Rennsports. Ab 1914 wurden die verschiedenen Grand-Prix-Fahrzeuge gemäß ihres Hubraumes in verschiedene Klassen eingeteilt, allerdings wurde diese Klassifizierung von 1928 bis 1933 wieder aufgehoben. Ab 1931 sprach man dann von der Freien Formel. Eine neue Einteilung der Fahrzeuge, die jetzt nach Ihrem Gesamtgewicht beurteilt wurden, führte im Jahre 1934 zur sogenannten 750 kg-Formel. In dieser Klasse richteten die Konstrukteure ihr besonderes Augenmerk auf die Entwicklung der Fahrgestelle und der Fahrwerke. Als die Grand-Prix-Fahrzeuge ab etwa 1937 eine maximale Geschwindigkeit von über 300 km/h erreichten, zeigte sich allerdings, dass der damalige Entwicklungsstand der Reifen und Bremsen die reglementierenden Einflussgrößen für weitere Steigerungen der Höchstgeschwindigkeit waren.

Ab 1935 etablierte sich die Europameisterschaft für Fahrer, daraus entstand Ende der 1940er Jahre die heute noch existierende Formel 1-Serie, deren erstes Rennen im Mai 1950 in Silverstone in Großbritannien stattfand. In dieser international ausgetragenen Rennserie wird seit 1958 neben dem Fahrer auch der erfolgreichste Hersteller bei Rennen ermittelt.

Die Entwicklung der eingesetzten Fahrzeuge beschränkte sich nicht nur auf Leistungs- bzw. Geschwindigkeitssteigernde Maßnahmen, auch die Sicherheit für Fahrer und Zuschauer wurde immer weiter erhöht.

Trotz aller Bemühungen gab es zu dieser Zeit immer wieder schwere Unfälle. Einer der schlimmsten Rennunfälle der Nachkriegszeit endete im Jahre 1955 in Le Mans mit dem Tod des Fahrers und von über 80 Zuschauern, als ein Mercedes 300 SLR nach einer Kollision mit einem anderen Fahrzeug in die Zuschauermenge raste. Dieses führte zu einem Rückzug von Mercedes-Benz aus dem Rennsport.

Der technische Fortschritt im Rennsportwagenbau spiegelt sich nicht nur im Motorenbau wider; Stromlinien-Karossen, speziell für die jeweilige Rennstrecke entwickelte Reifen, schnelle Abstimmung der Fahrwerke und Windleitbleche an den Karosserien wurden im Laufe der Zeit immer weiter verfeinert und werden bei Autos fast aller Rennklassen eingesetzt.

Viele der heutigen Automobilhersteller setzten und setzen unterschiedliche Fahrzeuge in verschiedenen Rennserien ein, andere, einst im Rennsport erfolgreiche Firmen, existieren allerdings heute nicht mehr wie z.B. Panhard-Levassor, Delage, Delahaye, Duesenberg, Packard, Hispano-Suiza und Frazer-Nash. In der Literatur wird der Bugatti T35 als der bis heute erfolgreichste Rennsportwagen genannt [3].

Einige der Rennstrecken, die historische Bedeutung erlangt haben, sind: Indianapolis, Le Mans, Monza, Avus, Lyon, Montlhéry, San Sebastian, Spa, Brooklands, Nürburgring, Tripolis, Pau, Genf, Silverstone, Porto, Solitude, Brands Hatch, Zeltweg, Le Puy, Zandvoort, Hockenheimring, Jarama, Le Castellet, Kyalami.

11.2 Technische Entwicklung der Rennfahrzeuge

Zahlreiche Innovationen und Entwicklungen im Automobilrennsport zur Erhöhung der maximal erreichbaren Geschwindigkeit und zur Sicherheit von Fahrer und Zuschauern gingen in die Entwicklung der Serienfahrzeuge ein. Im Folgenden werden einige wesentliche Meilensteine bei den Fahrzeugkomponenten beschrieben.

Beim Motor wurde im Laufe der Zeit versucht, durch herkömmliche Maßnahmen wie Vergrößerung des Hubraums und Erhöhen der Verdichtung die Motorleistung zu steigern. In der Regel war damit eine Erhöhung des Gewichts von Motor und Fahrzeug verbunden. Durch die Reglements wurde diese Entwicklung immer wieder eingeschränkt, so dass andere Maßnahmen zur Leistungssteigerung gefunden werden mussten. Im Jahre 1912 führte Peugeot zwei obenliegende Nockenwellen und vier Ventile pro Zylinder ein, um den Gaswechsel zu verbessern. Delage versuchte 1924 als erster Automobilhersteller, durch eine Zwangsventilsteuerung ein Ventilflattern zu verhindern und konnte damit die Motordrehzahl signifikant steigern.

Für den Antrieb der Nockenwelle gewann die sogenannte Königswelle aufgrund ihrer hohen Drehzahlfestigkeit eine besondere Bedeutung. Obwohl es sich dabei um eine sehr aufwändige und teure Lösung handelte, wurde sie in den 1920er Jahren in verschiedene Rennsportmotoren eingebaut, z.B. 1921 im Benz 6/18, 1922 im Lancia und 1927 im Alfa. Auch im Motorradbau wurden sie später von Norton und Ducati eingesetzt.

In den frühen 1920er Jahren wurden erstmals Kompressoren in Rennsportmotoren eingeführt. Sie bewirken durch Vorverdichtung der Ansaugluft eine höhere Leistung gegenüber reinen Saugmotoren gleichen Hubraums. Beispiele hierfür sind der Benz 28/95 aus dem Jahre 1922, der Fafnir 471 aus dem Jahre 1923, die berühmten Blower-Bentley und die SSK-Modelle von Mercedes-Benz. Eine später eingesetzte Variante der Aufladung wurde durch Abgasturbolader realisiert, der bereits 1895 erfunden wurde. Er kam aber im Motorsport erst Ende der 1960er Jahre zum Einsatz. Beispiele hierfür sind neben den Tourenwagen von BMW und dem Porsche 917 die Formel 1-Rennwagen. In den 1980er Jahren wurden damit in der Formel 1 mehr als 800 kW erreicht, bis eine Änderung des Reglements diese Art der Leistungssteigerung verbot. Eine Sonderstellung nimmt der mechanische Spiralwellenlader, der G-Lader von Volkswagen ein, der im Cup-Sport und in der Rallyeweltmeisterschaft eingesetzt wurde.

Die fortschreitende Entwicklung bei den Werkstoffen für alle Komponenten des Motors ermöglichte in Verbindung mit anderen Maßnahmen eine sukzessive Steigerung der möglichen Höchstdrehzahlen. Zur Verbesserung der Zündsicherheit wurden schon früh Doppelzündanlagen entwickelt, Beispiele hierfür sind alle Bentley-Fahrzeuge aus der Cricklewood-Zeit bis 1931. An die Getriebe der Rennfahrzeuge wurden im Laufe der Jahre immer höhere Anforderungen gestellt. Sie mussten den jeweiligen Leistungen der Motoren ständig angepasst werden. Seit den 1970er Jahren wurden vermehrt sequentielle Getriebe verwendet.

Der Antrieb der Rennsportfahrzeuge war anfangs nur auf die Hinterräder beschränkt; später gab es dann auch Rennfahrzeuge mit Vorderradantrieb.

Die Renn-Teams von Matra, Lotus und McLaren führten 1969 erstmalig Versuche mit Allradantrieb durch, der sich zunächst jedoch nicht bewährte. Erst als Audi 1981 den Audi Quattro vorstellte, zeigte sich die Stärke des Allradantriebs, der insbesondere bei Kurvendurchfahrten höhere Geschwindigkeiten zuließ.
Bereits im Jahre 1919 wurde erkannt, dass die Form der Karosserie neben der Motorleistung einen entscheidenden Einfluss auf die Maximalgeschwindigkeit hat. Zunächst versuchte man, durch die Ausgestaltung der Heckpartie in Stromlinienform die Höchstgeschwindigkeit zu maximieren. Ein Beispiel aus der Serie ist der Rumpler Tropfenwagen aus dem Jahre 1921. Auch die Erkenntnis, dass die Form und Verteilung des Gewichtes der Karosserie mit einem tiefen Schwerpunkt einen entschiedenen Einfluss auf die Höchst-/ bzw. Kurvengeschwindigkeit hat, zeigte sich 1923 in der Einführung der Torpedoform. Die Anordnung des Motors in der Mitte des Fahrzeugs als sogenannter Mittelmotor ist ein weiterer Meilenstein.
Die Überlegung, die Fahrzeugtanks in den Seiten des Rennfahrzeugs zu befestigen, um das Gewicht weiter zum Fahrzeugschwerpunkt zu verlagern, sorgte ab 1969 für die typische bauchige Form der Rennwagen.
Stabilisierungsflügel am Heck sorgten seit dieser Zeit durch den von ihnen erzeugten Abtrieb für eine bessere Haftung der Hinterräder, so dass bessere Beschleunigungen und höhere Kurvengeschwindigkeiten möglich wurden. Ebenfalls ab 1969 verwendeten die Konstrukteure zusätzlich zum Heckflügel sogenannte Bugflossen an der Vorderradaufhängung, die zusätzlichen Abtrieb erzeugten. Die Verwendung von diesen Windleitflügeln führte leider immer häufiger zu Brüchen und damit zu einer gefährlichen abrupten Veränderung des Fahrverhaltens im Rennen, so dass deren Einsatz reglementiert wurde.
Ein Versuch, den Luftwiderstand zu verringern, führte 1969 zur Verwendung schmalerer Reifen. Die Reifen bestimmten lange Jahre die Leistungsfähigkeit der Rennfahrzeuge. Durch intensive Entwicklungen insbesondere auf dem Gebiet der Materialzusammensetzung wurde die Hochgeschwindigkeitsfestigkeit der Reifen jedoch immer besser. Eine weitere Neuerung bzgl. der Reifen zeigte sich 1971, nachdem festgestellt worden war, dass die Straßenlage bei hohen Geschwindigkeiten auf trockener Straße entscheidend durch den Einsatz profilloser Reifen – bekannt als Slicks – verbessert und somit insbesondere die Kurvengeschwindigkeiten signifikant erhöht werden konnte [4].
Einher mit der Steigerung der Motorleistung und der Höchstgeschwindigkeiten mussten die Bremsen ständig angepasst und optimiert werden. Im Jahre 1921 führte Duesenberg erstmalig eine hydraulische Bremse ein, 1955 wurden sie dann Standard in der Formel 1. Im Jahre 1954 wurden die ersten hydraulischen Bremskraftverstärker von ATE in den Mercedes-Benz Silberpfeilen eingesetzt. Ende der 1950er Jahre wurden im Rennsport erstmalig Scheibenbremsen eingeführt. Die Scheibenbremsanlagen wurden ständig weiterentwickelt und verfügen heute über Hochleistungsbremsscheiben aus Kohlefaser.
Nicht nur die Motorleistung, die aerodynamische Form und die Reifen entscheiden über die Konkurrenzfähigkeit eines Rennwagens, auch das Gewicht und dessen Verteilung auf Vorder- und Hinterachse sowie die Lage des Fahrzeugschwerpunktes. Es wurde daher schon früh versucht, durch den Einsatz leichterer Materialien wie z.B. Aluminium, Magnesium, GFK, CFK und Titan das Gewicht immer weiter zu verringern. Auf der Suche nach „überflüssigem" Material wurden bei Mercedes-Benz 1931 tragende Teile des SSK dadurch leichter gemacht, dass große Aussparungen in diese Bauteile und sogar in die Bremstrommeln gefräst wurden. Dies führte zu einer signifikanten Verringerung des Gewichtes und zu einer neuen Bezeichnung des Fahrzeuges: SSKL – „Super Sport Kurz Leicht". Ebenfalls in den 1930er Jahren wurde bei Mercedes aufgrund eines leichten Übergewichts der Rennfahrzeuge die Farbe am Fahrzeug entfernt, so dass die silberfarbene Aluminium-Karosserie zum Vorschein kam, was zum Begriff Silberpfeil führte.
Etwa ab 1968 führte die Verwendung von Magnesiumfelgen zur Reduzierung der ungefederten Massen.

11.3 Reglements für den Automobilrennsport

Mit fortschreitender Verbreitung des Automobils und der ständig wachsenden Motorsportszene zu Beginn des letzten Jahrhunderts wurden festgeschriebene Regularien für die verschiedenen Rennen notwendig.
Nachdem die meisten Motorsportclubs in den 1890er Jahren auf nationaler Ebene entstanden waren, wurde am Rande des internationalen Gordon-Bennet Rennens im Juni 1904 eine gemeinsame Organisation gegründet, um die Grundlage für ein einheitliches Regelwerk zu schaffen. Die neue Organisation AIACR – „Association Internationale des Automobile Clubs Reconnus" kann als Vorläufer der heutigen FIA angesehen werden und wurde von Vertretern von 13 nationalen Motorsportvereinigungen ins Leben gerufen.
In den 1920er Jahren wurde das Motorsportinteresse durch europaweit ausgetragene Rennserien immer stärker, und es entstand eine Unterkommission der AIACR, die CSI – „Commission Sportive Internationale", die sich ausschließlich um Motorsport kümmerte und allgemeine Regeln für den Grand-Prix-Sport durchsetzte. Im Prinzip ist diese Aufteilung auch heute noch aktuell, die FIA unterhält unterhalb ihrer Generalversammlung, der die Präsidenten der

jeweiligen Automobilclubs angehören, zwei World Councils, „The World Council for Mobility and the Automobile“, das sich um alle Aktivitäten rund um das Automobil kümmert und „The World Motor Sport Council“ in dem sämtliche internationalen Motorsportaktivitäten behandelt werden [5].

Nach dem zweiten Weltkrieg belebte sich auch der Motorsport langsam wieder, und 1946 wurde die AIACR umbenannt in FIA – „Federation Internationale de l'Automobile“. Heute vertritt die FIA über 210 nationale Automobilclubs aus mehr als 120 Ländern der Erde.

Durch höhere Stückzahlen und Diversifizierung der Karosseriebauweisen wurde eine stärkere Unterteilung in Formel-, Sport- und Tourenwagen-Rennen notwendig, so dass entsprechende Rahmenbedingungen geschaffen wurden. Es entstanden Regelwerke für Formelrennwagen, Sportwagen/Prototypen, Grand Tourismo-Fahrzeuge und Tourenwagen. Die Reglements unterliegen einem fortwährenden Wandel, der bis heute geprägt ist durch das jeweilige Modellangebot der Hersteller, durch den Stand der Technik, die Sicherheitsanforderungen und nicht zuletzt durch die Performance der einzelnen Teams. Daher werden die meisten Reglements ca. alle fünf bis sechs Jahre erneuert, ohne dass sich hierbei die grundsätzliche Einteilung ändert.

Die Motorsportkommission CSI wurde im Jahre 1978 in FISA- „Federation Internationale Sportive de l'Automobile“ umbenannt, und seit 1993 gilt die oben beschriebene Konstellation der FIA mit den World Councils. Reglementiert wurden und werden eine Reihe von Parametern, die über die Jahre hinweg variiert worden sind. Am Beispiel der Grand-Prix-Rennformeln seit 1906 lassen sich im wesentlichen Maximalgewicht, maximaler Verbrauch, Höchstbreite, Minimalgewicht, Hubraumbegrenzung, erlaubte oder nicht erlaubte Aufladung, Treibstoffe, Renndistanz, Aerodynamik, Karosseriehöhe, Zylinderanzahl und Reifenvorgaben als wichtigste reglementierende Größen nennen. Darüber hinaus gibt es eine Vielzahl von Vorschriften, die jedoch die Performance der Rennfahrzeuge eher weniger beeinflussen, wie z.B. Sicherheitstanks etc.

In der Vergangenheit hat es häufiger „freie Formeln“ gegeben, bei der lediglich eine Mindestdistanz oder eine Höchstdauer vorgeschrieben waren, dies war unter anderem in den Jahren von 1931–1933 der Fall.

Das technische Regelwerk der FIA wird jährlich neu veröffentlicht, die Rennfahrzeuge werden dann von den Herstellern, bzw. den Teams homologiert und schließlich offiziell von der FIA, bzw. den beauftragten jeweiligen nationalen Motorsportverbänden für die Teilnahme am Motorsport in der jeweiligen Kategorie zugelassen [6]. Die Übereinstimmung jedes individuellen Fahrzeugs mit dieser „Typzulassung“ wird anhand des von der Motorsportbehörde erstellten Homologationsblattes vor jedem Rennen von den technischen Kommissaren überprüft. Etwaige Abweichungen führen in der Regel zum Ausschluss von der Rennteilnahme.

11.4 Beschreibung der verschiedenen Rennklassen und technische Merkmale der jeweiligen Rennfahrzeuge

Im Folgenden wird hauptsächlich auf die international ausgetragenen Rennserien eingegangen, es soll jedoch nicht unerwähnt bleiben, dass es daneben auch eine Reihe von nationalen Rennserien gibt, die zum Teil nicht weniger bedeutend sind, wie z.B. die deutsche Rallyemeisterschaft, die national große Beachtung findet und vom DMSB ausgetragen wird. Eine Besonderheit stellt die Situation in den USA dar, da dort die international ausgetragenen Serien von eher untergeordneter Bedeutung sind. So ist die Formel 1 in den USA neben der American Le Mans Serie (ALMS), der Indy Racecar League (IRL) und der Champ Car Serie weit weniger beachtet als die nationale NASCAR-Serie, die zu den Top-Sport Ereignissen des Landes zählt.

Eine Unterteilung der verschiedenen Rennserien kann grundsätzlich erfolgen in Straßen-/Rundstreckenrennserien und in Rallyeserien. Bei den Rundstreckenrennen unterscheidet man zwischen Rennserien mit den einsitzigen Monoposto-Fahrzeugen, die mit nicht verkleideten Rädern operieren und Rennserien mit Sport-/Tourenwagen, die mit Ausnahme der Sportprototypen vom Aussehen her eher den Serienfahrzeugen entsprechen.

Formel-/Monoposto-Fahrzeuge

Für Rennen mit Monoposto-Fahrzeugen sind heute folgende Rennserien relevant: Formel 1, Formel 3, A1 GrandPrix-Serie und die verschiedenen Juniorserien und Markenformeln. Allen gemein ist die „open wheel“-Ausführung, und selbst die vergleichsweise langsamen Markenformelfahrzeuge verfügen heute über CFK-Fahrgastzellen, den Monocoques, die einen von der FIA vorgeschriebenen Crashtest erfüllen müssen. Die Motorleistungen der Formel-Fahrzeuge variieren heute ca. zwischen 100 kW und 550 kW.

Die Formel 1 hat sich in den vergangenen Jahrzehnten zu der wichtigsten Motorsportserie weltweit entwickelt. Die Beachtung sowohl im Print- als auch im TV-Bereich ist inzwischen so hoch, dass sich die Automobilkonzerne seit Mitte der 1990er Jahre verstärkt in diesem Bereich engagieren. Bis dahin waren eher kleine Teams in der Formel 1 dominierend [4]. Derzeit sind BMW, Ferrari, Honda, Mercedes, Renault und Toyota als Hersteller in der sogenannten „Königsklasse“ vertreten. Die jährlichen

Bild 11.4-1 Ansicht eines modernen Formel 1-Rennwagens

Budgets dieser Teams liegen durchschnittlich im mittleren dreistelligen Millionenbereich (in €).
Im Folgenden soll beispielhaft auf die technischen Merkmale von heutigen Formel 1-Rennwagen eingegangen werden **(Bild 11.4-1)**.
Die Technik eines Formel 1-Rennwagens ist in den technischen Vorschriften des F1-Reglements der FIA bis ins Detail geregelt [7], in jüngster Zeit werden Anstrengungen unternommen, um die hohen Kosten für die Teilnahme an dieser Rennserie zu reduzieren.
Das Triebwerk eines heutigen Formel 1-Rennwagens weist einen maximalen Hubraum von 2400 cm^3 auf und hat 8 Zylinder, die in V-Form mit einem Winkel von 90° angeordnet sind. Es sind nur 4-Taktmotoren mit 2 Einlass- und 2 Auslassventilen/Zylinder zugelassen. Im Gegensatz zu früheren Jahren ist weder eine Aufladung noch sind Ovalkolben erlaubt. Das Gewicht eines Motors muss mindestens 95 kg betragen und die – idealerweise möglichst tief anzusetzende – Schwerpunktlage des Motors liegt mit 165 mm gemessen von der untersten Stelle der Ölwanne fest.
Eine variable Steuerung der Einlasskanalgeometrie zur Drehmomentoptimierung ist neben variabler Auslasskanalgeometrie und variabler Ventilsteuerung nicht gestattet. Selbst die Auswahl der Materialien und Legierungen ist heute im Reglement festgelegt.
Die Motoren erreichen heute eine Leistung von ca. 510–550 kW, was einer Reduzierung um etwa 20 % zu den vorher verwendeten V10-Motoren entspricht. Die Maximaldrehzahlen betragen zum Teil deutlich über 19000 U/min.
Das Getriebe eines heutigen Formel 1-Rennwagens ist ein halb-automatisches Getriebe mit minimal 4 und maximal 7 Gängen, das vom Fahrer per Wippe am Lenkrad geschaltet wird. Ein Rückwärtsgang ist zusätzlich vorgeschrieben. Der eigentliche Schaltvorgang wird hydraulisch eingeleitet und dauert zwischen 25 und 30 ms. Das Getriebegehäuse ist extrem steif ausgelegt, da es eine tragende Funktion für die Hinterachse übernimmt. Als Materialien werden dafür häufig Kohlefaser und Titan eingesetzt. Auch hier ist Gewichtsreduktion ein treibender Faktor, die Getriebe wiegen heute zwischen 25 und 35 kg. Das Getriebe ist an der Rückseite des Motors angeflanscht, die verbindende Mehrscheibenkupplung ist ebenfalls aus CFK ausgeführt, da damit zum einen ein geringes Gewicht realisierbar ist und zum anderen eine hohe Temperaturstabilität gegeben ist.
Die Motor-Getriebeeinheit ist hinten an der Rückwand des CFK-Monocoques befestigt. Das Monocoque bildet zusammen mit der Antriebseinheit die tragende Struktur eines modernen Formel 1-Rennwagens und ist nach dem technischen Reglement der FIA als Überlebenszelle ausgelegt. Es ist in Sandwichbauweise mit Aluminiumwaben als Stützelement und bis zu 12 Schichten Kohlefasergewebe ausgeführt. Die Dicke des Materials darf dabei insgesamt 3,5 mm nicht überschreiten. Ein heutiges Monocoque wiegt etwa 45 bis 50 kg. Das Monocoque wird in einem Autoklaven bei einer Temperatur von etwa 130 °C unter einem Druck von über 6 bar für 2,5 h ausgehärtet.
Das Monocoque weist eine Öffnung für den Piloten auf, die so dimensioniert sein muss, dass der Fahrer den Wagen innerhalb von 5 s verlassen kann. Die Länge der Öffnung beträgt nach derzeitigem Reglement 850 mm bei einer Breite von 520 mm **(Bild 11.4-2)**.
Die Crashsicherheit eines Monocoques muss in einer von der FIA festgelegten Testprozedur (FIA Test 01/00) nachgewiesen werden. Dieser Test besteht aus einem statischen und einem dynamischen Teil. In den statischen Tests sind mehrere Eindrückversuche im Boden, der Seite im Front-, Bein- und Sitzbereich und der Überrollbügel vorgeschrieben. Die Überrollbügel sind zum einen hinter dem Fahrer und zum anderen vor dem Lenkrad angeordnet und werden dabei seitlich mit 50 kN, in Längsrichtung mit 60 kN und in vertikaler Richtung mit 90 KN belastet. Sie dürfen

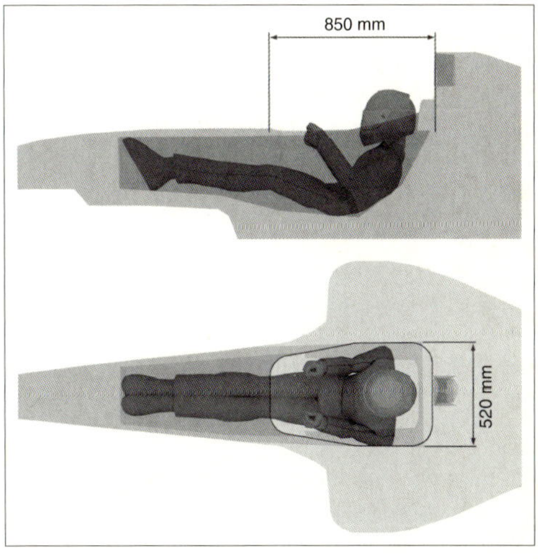

Bild 11.4-2 Cockpitausschnitt eines Formel 1-Rennwagens

dabei nicht mehr als 50 mm nachgeben. Alle weiteren identischen Teile werden durch die FIA vor ihrem Einsatz erneut geprüft, allerdings werden diese statischen Tests mit 20 % reduzierten Kräften durchgeführt.
Die dynamische Crashsicherheit wird mit Hilfe von Frontalcrash-, Seitencrash- und Heckcrashversuchen überprüft. Das Referenz-Monocoque ist dabei mit einem 75 kg-Dummy ausgerüstet und weist ein Gesamtgewicht von 780 kg auf. Der Frontalcrash wird nach dem neuen Reglement für 2007 mit einer Aufprallgeschwindigkeit von 15 m/s durchgeführt, die maximale Verzögerung gemessen im Brustkorb des Dummys darf dabei 60 g für eine Dauer von 3 ms nicht überschreiten. Der Seitencrash wird mit einer Geschwindigkeit von 10 m/s, der Heckcrash mit 11 m/s durchgeführt. Die Überlebenszelle darf bei keinem der dynamischen Tests beschädigt werden, und zusätzlich muss der Schnellverschluss des Lenkrades voll funktionstüchtig bleiben [7]. Zum Energieabbau bei einem möglichen Aufprall sind zusätzlich sogenannte Crashboxen für die Front, die Seiten und für das Fahrzeugheck vorgeschrieben.
Der Kraftstoffsicherheitstank muss ebenfalls von der FIA homologiert sein und besteht heute aus einer Art Gummiblase, deren Material neben gelisteten Herstellern von der FIA vorgeschrieben ist. Er muss zwischen Fahrersitz und Rückwand innerhalb des Monocoques angeordnet sein und darf beidseits nicht mehr als 400 mm über die Fahrzeug-Längsachse herausragen. Der Fahrersitz wird individuell an den jeweiligen Fahrer angepasst und wiegt in der Regel nicht mehr als 500 g.
Für einen Formel 1-Rennwagen sind ausschließlich gefederte Achsaufhängungen zugelassen. Der Federweg ist aufgrund der aerodynamischen Auslegung stark eingeschränkt, da das Fahrzeug auch noch bei Abtriebskräften von ca. 18 kN bei hohen Geschwindigkeiten in einem bestimmten Bereich der Bodenfreiheit liegen muss. Der Federweg liegt vorn bei höchstens ca. 25 mm, hinten bei ca. 50 mm. Der vordere Teil des Fahrwerks wird am Monocoque angelenkt, der hintere an der Antriebseinheit. Die Anlenkung erfolgt in der Regel durch die im Rennsport üblichen sogenannten Uniball-Gelenke oder aufgrund des geringen Federwegs auch bisweilen über Anlenkungsbleche aus Federstahl. Üblicherweise werden Doppel-Querlenker Konstruktionen verwendet. Federn und Dämpfer werden dabei meistens über Schubstreben und Kipphebel betätigt. Sämtliche kinematischen Parameter von Federung, Dämpfung und Aufhängung sind einstellbar, um das Rennfahrzeug auf die spezifischen Erfordernisse wie z.B. der jeweiligen Rennstrecke oder auch des Fahrers anpassen zu können. Sie dürfen aber während des Rennens nicht mehr verändert werden, aktive Fahrwerke sind seit 1994 nicht mehr zugelassen. Da die freistehenden Räder im Falle einer Kollision besonders gefährdet sind, müssen die Radträger mit Kevlarseilen am Chassis gesichert sein, um größtmögliche Sicherheit für Fahrer und Zuschauer zu erreichen. Formel 1-Rennfahrzeuge sind heute in der Regel mit Zahnstangenlenkungen ausgestattet, die meist zusätzlich eine Lenkhilfe haben. Elektrische Lenkhilfen sind allerdings nicht gestattet. Aufgrund der im Renneinsatz hohen Kurvengeschwindigkeiten und der Notwendigkeit eines schnellen Ansprechens der Lenkung findet die Ackermann-Lenkwinkel-Beziehung (Gl. 21 in Kap. 7.4.5) keine Berücksichtigung, dagegen kommt die Auslegung einer Parallellenkung zur Anwendung. Die Lenksäule ist im Wesentlichen aus Kohlefaser hergestellt, es kommen aber auch Leichtbaumaterialien wie Titan und Aluminium zum Einsatz. Die Lenksäule muss neben der mechanischen und elektrischen Aufnahme für das abnehmbare Lenkrad an ihrem Ende eine Crashstruktur aufweisen, wobei die gesamte Lenksäule eine von der FIA vorgeschriebene Testprozedur durchlaufen muss.
Für einen Formel 1-Rennwagen sind nach geltendem Reglement maximal 2 angetriebene Räder zulässig und das Fahrzeug darf nicht mehr als 4 Räder haben. Man erinnere sich in diesem Zusammenhang an die spektakulären 6-rädrigen Formel 1-Rennwagen von Tyrrell aus den 1970er Jahren mit 4 gelenkten Vorderrädern [4]. Die Räder sind auf einen maximalen Durchmesser von 670 mm, bzw. 660 mm (Regen-/Trockenreifen) begrenzt, die Räder an der Vorderachse müssen mindestens 305 mm, maximal dürfen sie 355 mm breit sein. Für die Hinterachse gelten eine erforderliche Minimalbreite von 365 mm und eine Maximalbreite von 380 mm. Der Felgendurchmesser ist auf 328–332 mm beschränkt, daher werden 13 Zoll-Felgen verwendet. Im Rahmen des heute geltenden Reglements kommt der Performance der Reifen eine besondere Bedeutung zu. Als Reifen kommen je nach Witterung spezielle Rennreifen zum Einsatz, die aus Gewichtsgründen in ihrer Mischung einen besonders hohen Anteil von Kevlarfasern aufweisen, die die üblichen Stahlanteile ersetzen. Man unterscheidet zwischen Trockenreifen und Regenreifen. Die vorgeschriebenen Rillen eines heutigen Formel 1-Rennreifens müssen mindestens 14 mm breit, 2,5 mm tief und symmetrisch angeordnet sein. Der Abstand zwischen den Rillen muss 50 mm betragen und die Gesamtbreite der Lauffläche darf 270 mm nicht überschreiten. Ziel dieser Reglementierung ist eine Reduzierung der möglichen Kurvengeschwindigkeit. Die optimale Betriebstemperatur eines derartigen Trockenreifens bezogen auf die maximale Haftung beträgt etwa 95 °C, daher werden die Reifen vor dem Einsatz mit Hilfe von Heizdecken auf ca. 80 °C vorgeheizt. Regenreifen erreichen ihr Haftoptimum schon bei ca. 45 °C.
Auch die Bremsen eines Formel 1-Rennwagens sind durch die FIA reglementiert. Ein Rennfahrzeug muss zwei unabhängige hydraulische Bremskreisläufe für

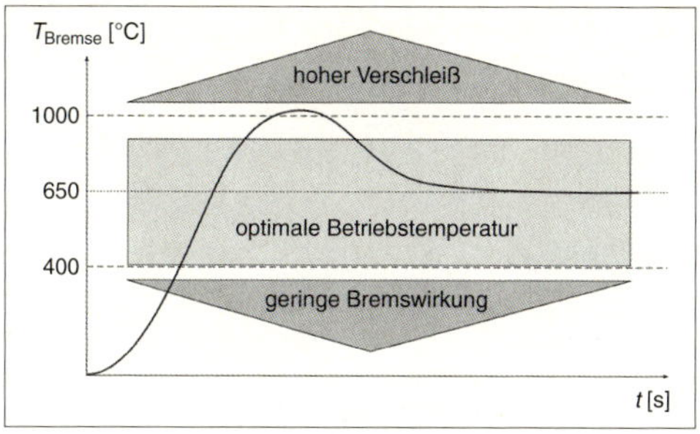

Bild 11.4-3 Typischer Temperaturverlauf eines Bremsvorgangs in der Formel 1 [8]

die Vorder- und die Hinterachse aufweisen, die mit einem Pedal betätigt werden. Die Bremskraftverteilung kann während des Rennens variiert werden, muss jedoch innerhalb des Bremsvorgangs konstant bleiben. In der Regel werden 60 % auf die Vorderachse und 40 % auf die Hinterachse verteilt. Der Einbau eines Antiblockiersystems (ABS) ist untersagt. Die Bremssättel müssen aus Aluminium gefertigt sein und dürfen maximal 6 Kolben und zwei Beläge pro Rad aufweisen. Die Maße der innen belüfteten Bremsscheiben sind mit maximal 28 mm Dicke und einem maximalen Durchmesser von 278 mm ebenfalls festgelegt. Als Material kommt seit 1982 aufgrund der höheren Temperaturfestigkeit, des geringeren Gewichtes und letztlich wegen der höheren Reibwerte Kohlefaser für Bremsscheiben und Beläge zum Einsatz. Heute werden bei einem Bremsvorgang in der Formel 1 Verzögerungswerte von über 5 g erreicht.

Im Gegensatz zu herkömmlichen Scheibenbremsen mit Stahlbremsscheiben besteht bei Kohlefaserbremsen eine wesentlich größere Temperaturabhängigkeit bezogen auf die Bremswirkung. Während eines typischen Bremsvorgangs aus hoher Geschwindigkeit heizen sich die Bremsscheiben eines Formel 1-Rennwagens innerhalb von etwa 1 s auf ca. 1000 °C auf, bei dieser Temperatur tritt allerdings bereits ein erheblicher Verschleiß durch Oxidationseffekte an den Bremsscheiben auf. Daher müssen die Scheiben innerhalb von kurzer Zeit möglichst effizient gekühlt werden. Die optimale Betriebstemperatur der Bremse liegt bei ca. 650 °C. Die Bremsenkühlung darf allerdings nicht zu stark ausfallen, da unterhalb von 400 °C nur noch eine sehr geringe Bremswirkung zu erzielen ist **(Bild 11.4-3)**.

Die Kühlung der Bremse darf nicht durch Flüssigkeit wie etwa bei Racetrucks erfolgen, sondern muss über eine gezielte Luftführung erreicht werden. Die dafür notwendigen Luftkanäle sind in der geometrischen Anordnung durch die FIA reglementiert und müssen neben einer guten Bremsenkühlung möglichst wenig aerodynamische Verluste generieren [9] **(Bild 11.4-4)**.

Seit in der Formel 1 die Motoren immer stärker vereinheitlicht werden und ab 2007 sogar Einheitsreifen vorgeschrieben sind [11], spielt die aerodynamische Auslegung der Rennwagen eine immer größere Rolle. Hierbei gilt es, den bestmöglichen Kompromiss zwischen hohem Abtrieb c_a einerseits und niedrigem Luftwiderstand c_w andererseits zu finden. Übliche Abtriebsbeiwerte liegen in der Formel 1 bei bis zu $c_a = -3$ und das Verhältnis zwischen Abtriebswert und Luftwiderstandsbeiwert liegt bei ca. $c_a/c_w = -2{,}5 - 3{,}0$. Heute werden neben den obligatorischen Windkanalversuchen zunehmend dreidimensionale CFD-Berechnungen (Computational Fluid Dynamics) zur Auslegung der Bauteile eingesetzt [12, 13]. Auf diese Weise kann auf eine Vielzahl von empirischen Untersuchungen mit verschiedenen Prototypenteilen verzichtet werden, da die weniger effizienten Lösungen schon am Rechner identifiziert werden können. Gleichwohl kann auf den aerodynamischen Feinschliff im Windkanal nicht verzichtet

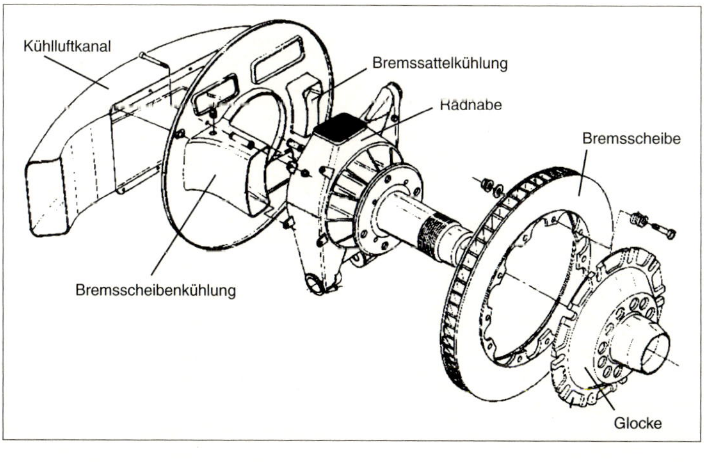

Bild 11.4-4 Typische Rennwagennabe [9]

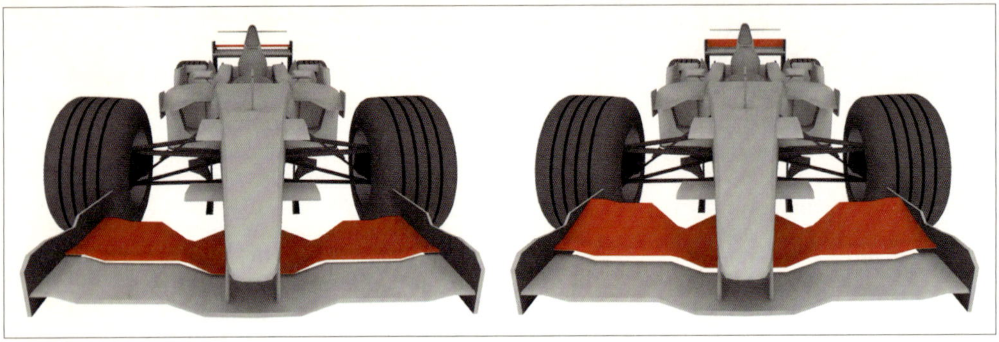

Bild 11.4-5 Verschiedene Flügelstellungen in Abhängigkeit von der Rennstrecke

werden, darüber hinaus müssen die CFD-Rechnungen durch reale Versuche validiert werden, um die Vorhersagegenauigkeit nicht zu beeinträchtigen.

An der Karosserie eines Formel 1-Rennwagens beeinflussen im Wesentlichen der Frontflügel, das Chassis mit Unterbodengestaltung und der Heckflügel das aerodynamische Verhalten. Für das Erreichen von höheren Längs- und Querbeschleunigungen ist ein hoher Abtrieb wünschenswert, weil damit durch den Zuwachs an Haftung in der Praxis kürzere Bremswege, höhere Kurvengeschwindigkeiten und eine bessere Beschleunigung möglich werden. Da zu hohe Kurvengeschwindigkeiten als Sicherheitsrisiko im Rennsport gelten, sind die wesentlichen Maße der einzelnen Bauteile der Karosserie im Detail festgelegt [7]. So darf z.B. der Frontflügel maximal 1400 mm breit sein und muss mindestens 150 mm über der Referenzebene liegen. Die Referenzebene wird dabei durch die zur Straßenoberfläche gerichtete Fläche des Monocoques beschrieben. Der Rennwagen darf maximal 1800 mm breit und 950 mm hoch sein. Zwischen den Achsen darf das Chassis maximal 1400 mm breit werden, und der Heckflügel darf bei einer Höhe von 800 mm über der Referenzebene maximal 1000 mm breit sein. Auch die maximal möglichen Überhänge des Fahrzeugs sind festgelegt, sie dürfen 1200 mm nach vorne – gemessen von der Mittelinie der Vorderräder – und 600 mm nach hinten – gemessen von der Mittellinie der Hinterräder – nicht überschreiten. Hier gilt es, im Rahmen des Reglements die bestmögliche Lösung zu finden.

Der Anstellwinkel der vorderen und hinteren Flügel kann variiert werden, um das Verhältnis c_d/c_w auf die Erfordernisse der einzelnen Rennstrecken anzupassen. So wird bei eher kurvenreichen Rennstrecken mit höherem Anstellwinkel auf größtmöglichen Abtrieb ausgelegt, während auf Strecken mit langen Geraden eine flachere Stellung mit möglichst geringem Luftwiderstand gewählt wird (**Bild 11.4-5**).

Bei modernen Formel 1-Rennwagen werden ca. 25 % des Abtriebs durch den Frontflügel, 35 % durch den Heckflügel und ca. 40 % durch das Chassis/den Fahrzeugboden mit dem hinten angeordneten Diffusor

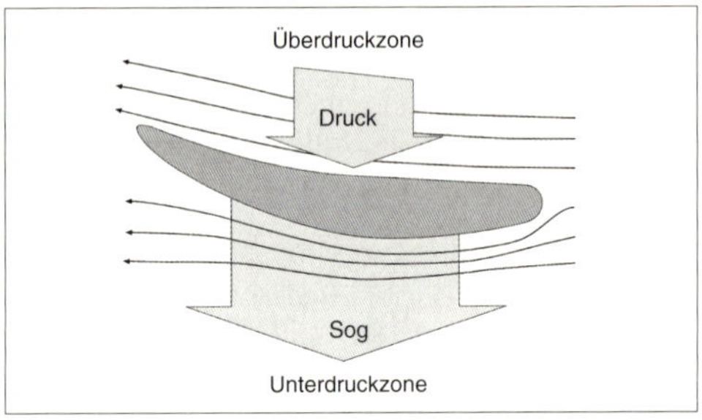

Bild 11.4-6 Prinzip des Abtrieb erzeugenden Flügels

erreicht. Die Flügel sind zur Erzeugung des Abtriebs in umgekehrter Anordnung eines Tragflächenprofils ausgeführt, die unter dem Flügel durchströmende Luft wird beschleunigt und sorgt so für Unterdruck, während die über das Profil strömende Luft einen Überdruck erzeugt (**Bild 11.4-6**).

Heute besteht ein Frontflügel in der Regel aus einem Hauptflügel und höherliegenden, einstellbaren Klappen, die links und rechts der Crashbox, der sogenannten Nase angeordnet sind. Um die Luft effizienter um die Räder und Achsaufhängungen zu führen, werden zusätzlich am Ende des Hauptflügels Abschlussflügel eingesetzt, die sogenannten Flaps (**Bild 11.4-7**).

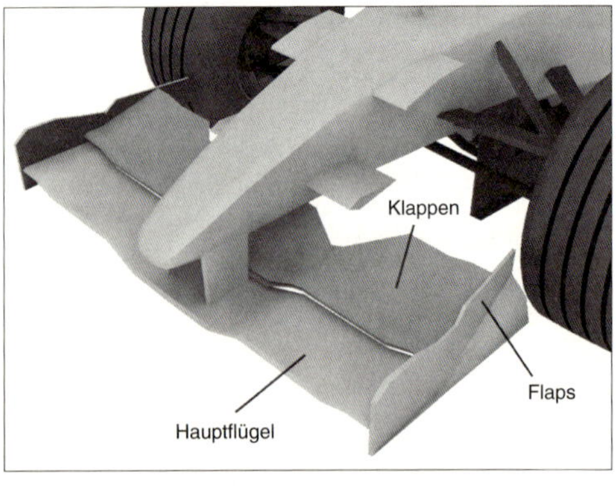

Bild 11.4-7 Frontflügel eines Formel 1-Rennwagens

Bemerkenswert ist in diesem Zusammenhang, dass sämtliche Teile der Achsaufhängung z.B. durch eine Ausführung des Achslenkerquerschnitts in Tropfenform zusätzlich aerodynamisch optimiert werden.
Um die anströmende Luft gezielt zu den Öffnungen der Kühler für Öl und Wasser zu führen, die in der Regel in den Seitenkästen des Chassis untergebracht werden, sind zwischen Vorderrädern und Seitenkästen häufig Windleitbleche angeordnet, die die anströmende Luft zum Teil auch unter das Auto in Richtung des Diffusors leiten. Neben den abströmenden Abgasen wird auch die aus den Kühlern austretende Strömung zur aerodynamischen Unterstützung des Heckbereichs des Rennwagens genutzt. Ziel ist es, zur Erhöhung der aerodynamischen Effizienz eine Umströmung des Heckflügels möglichst störungsfrei zu gewährleisten.
Der Fahrzeugboden hat einen entscheidenden Einfluss auf den Abtrieb und wird in der Ausführung in engen Grenzen vom technischen Reglement bestimmt. Je höher die Geschwindigkeit der am Unterboden entlang strömenden Luft, umso höher wird der Unterdruck, der durch den Bodeneffekt erzeugt wird. Der Boden wird hinter der Mittenachse der Hinterräder in Form eines Diffusors noch oben gezogen, dadurch wird der Unterdruck und somit der Abtrieb an der Fahrzeugunterseite weiter erhöht. Den Bestrebungen der FIA, den Abtrieb und somit die möglichen Kurvengeschwindigkeiten zu reduzieren, wird mit einer vorgeschriebenen Stufe im Unterboden Rechnung getragen. Die Stufe gilt für den Teil des Bodens, der hinter einem Punkt von 330 mm vor der hinteren Radmittenachse liegt, und die Oberfläche muss 50 mm oberhalb der Referenzebene liegen. Um eine Mindestbodenfreiheit des Rennwagens zu sichern, muss in der Mitte des Unterbodens eine Art Schlitten angebracht sein, der Skid Block. Er erstreckt sich vorne von einer Linie von 330 mm hinter der vorderen Radmittenachse mit einer vorgeschriebenen Dicke von 10 mm bis nach hinten zur hinteren Radmittenachse. Der Skid Block muss aus einem einheitlichen Material mit einer spezifischen Dichte von 1,3 – 1,45 g/cm^3 gefertigt sein. Meistens wird dieser Schlitten aus Holz oder Kunststoff gefertigt. Am Ende eines Rennens darf der Abrieb in vertikaler Richtung nicht mehr als 1 mm betragen, sonst droht der nachträgliche Ausschluss von der Rennteilnahme.
Das Gesamtgewicht eines Formel 1-Rennwagens darf inklusive Fahrer und Tankinhalt während des Rennens 600 kg nicht unterschreiten. In der Praxis bleiben die Fahrzeuge durch gezielten Leichtbau jedoch deutlich unter dem vorgeschriebenen Mindestgewicht, und durch Zusatzgewichte, die in der Regel aus Wolframplatten bestehen, kann die Balance des Autos verändert und damit den Anforderungen von Fahrer und Rennstrecke angepasst werden.
Merkmale verschiedener Formel Rennwagen sind in **Tabelle 11.4-1** zusammengestellt.

Sportwagen

Im Bereich der Sportwagen unterscheidet man zwischen den GT-Fahrzeugen und den Sportprototypen. Die GT-Rennwagen werden sowohl in der FIA-GT-Serie als auch in den vom ACO – Automobile Club de l'Ouest ausgeschriebenen Rennserien wie der Le Mans Series-LMS, der American Le Mans Series-ALMS und letztlich den 24 h von Le Mans eingesetzt. Die Sportprototypen LMP1und LMP2 hingegen kommen nur in der LMS, der ALMS und den 24 h von Le Mans zum Einsatz. Die Bezeichnung LMP bedeutet dabei Le Mans Prototyp, und eine Besonderheit bei diesen Rennen ist die Tatsache, dass die wesentlich schwächeren GT-Fahrzeuge im gleichen Starterfeld wie die Sportprototypen antreten, natürlich nach unterschiedlichen Reglement-Gesichtspunkten. Die meisten der oben genannten Rennen sind Langstreckenrennen, hieraus ergeben sich bestimmte Grundanforderungen an die Ausführung der dort eingesetzten Rennwagen.
Die GT1 und GT2-Fahrzeuge basieren auf Serienwagen, sind aber bereits in gewissen Grenzen für eine motorsportliche Nutzung ausgerichtet. Es gibt eine Reihe von unterschiedlichen Fahrzeugauslegungen wie Frontmotor mit Heckantrieb, Heckmotor mit Heckantrieb und Mittelmotorkonzepte mit Heckantrieb. Allradantrieb ist bei diesen Fahrzeugen nicht gestattet. GT2-Fahrzeuge haben eine geringere Leistung als die GT1-Rennwagen, und es müssen zur Homologation 200 identische Straßenfahrzeuge gebaut werden. Für eine GT1-Homologation werden lediglich 25 Fahrzeuge benötigt. GT1-Fahrzeuge erreichen heute Motorleistungen von bis zu 450 kW.
Sportprototypen wie die LMP-Fahrzeuge sind reinrassige Rennwagen, die ohne Berücksichtigung von Serienteilen entwickelt werden. Die Auslegung der LMP-Rennwagen ist durch die Eigenschaften der jeweiligen Rennstrecken vorbestimmt. Die Rennstrecke von Le Mans weist beispielsweise einen hohen Anteil von langen Geraden auf, auf denen sehr hohe Geschwindigkeiten gefahren werden können. Die aerodynamische Auslegung der Fahrzeuge ist daher von besonderer Bedeutung. Gleichzeitig müssen die Fahrzeuge bei Langstreckenrennen eine hohe Zuverlässigkeit aufweisen und über eine hohe Servicefreundlichkeit verfügen. Das Reglement für die Sportprototypen ist im Unterschied zu den übrigen Reglements gemeinsam zwischen der FIA und dem ACO erarbeitet worden, wobei die Aktualisierungen derzeit durch den ACO vorgenommen werden [14]. Die Ausführung der Rennfahrzeuge wird auch hier in engen Grenzen durch das Reglement festgelegt, wobei LMP1 die für Hersteller und Gesamtsiege vorgesehene Kategorie ist und die LMP2-Fahrzeuge die kostengünstigere und langsamere Variante für Privatteams darstellen sollen.

Tabelle 11.4-1 Merkmale verschiedener Formel-Rennwagen

	Formel 1	Formel GP2	A1 Grand Prix	Formel 3	Formel BMW
Motor: Anz. Zylinder, Hubraum [Liter] Leistung [kW]	V8; 2,4; max. 4 Ventile/ Zylinder ca. 700	Einheits- motor V8; 4,0 ca. 600	Einheitsmotor V8; 3,4; 4 Ventile/ Zylinder ca. 527 + 30	R4; 2,0 ca. 200	Einheitsmotor R4; 1,2; 4 Ventile/ Zylinder ca. 140
Getriebe	max. 7-Gang mit Wippe	6-Gang mit Wippe	6-Gang mit Wippe	max. 6-Gang	6-Gang
Beschleunigung [km/h; s] V max [km/h]	0–100; 3 >350	0–200; 6,7 ca. 320	0–100; <4, 0–160: <7 ca. 290	0–100; 3 ca. 280	0–100; <4 ca. 230
Bremse	Scheibenbremse Kohlefaser	Scheibenbremse Kohlefaser	Scheibenbremse Stahl	Scheibenbremse Stahl	Scheibenbremse Stahl
Gewicht [kg]	600 inkl. Fahrer	585 ohne Fahrer	ca. 600 ohne Fahrer	> 550 inkl. Fahrer	550 inkl. Fahrer
Abmessungen [mm] L, B, H	frei, ca. 4550, <1800, <950	ahnlich F1	4833, 1921, <1000	ca. 4000, 1750, 915	3975, 1740, 980
Reifen	13 Zoll Rillenreifen	13 Zoll Slicks	13 Zoll Slicks	13 Zoll Slicks	13 Zoll Slicks
Tank [Liter]	ca. 130	ca. 90	ca. 135	ca. 40	ca. 42
Sicherheit	HANS	HANS	HANS	HANS	HANS, FORS
Sonstiges		Einheitsfahr- zeuge Nachwuchsserie	Einheitsfahr- zeuge Radstand: ca. 3000	Katalysator Radstand: ca. 2680	Einheitsfahr- zeuge Katalysator Radstand: ca. 2610 Nachwuchsserie

Zentrales Element des Rennwagens ist das Monocoque, das in seinen Abmessungen in engen Grenzen vorgegeben ist. Die Fahrzeuge können offen oder geschlossen sein, die unterschiedlichen Anforderungen an die Fahrzeugstruktur sind ebenfalls detailliert im Reglement beschrieben [15]. Das Monocoque besteht aus einer CFK-Aluminium-Wabenkern-Konstruktion und muss ähnlich wie in der Formel 1 umfangreiche Sicherheitstests bestehen. Es sind sowohl statische als auch dynamische Tests vorgeschrieben. In den statischen Eindrückversuchen wird die Struktur an verschiedenen Stellen an der Front, der Seite und am Unterboden im Bereich des Tanks überprüft. Es dürfen keine strukturellen Schäden entstehen und eventuelle plastische Deformationen dürfen eine Tiefe von 1 mm nicht überschreiten. Das Monocoque muss vorne und hinten Überrollbügel aufweisen, die ebenfalls in definierten Rollover-Versuchen auf ihre Festigkeit überprüft werden. Im dynamischen Frontalcrash wird die Crashsicherheit von Monocoque und vorderer Crashbox getestet. Das Monocoque muss dabei mit einem 75 kg-Dummy, Batterie und Feuerlöschanlage versehen sein. Zum vorgeschriebenen Minimalgewicht des Fahrzeugs, das für den LMP1 925 kg und für den LMP2 775 kg beträgt, werden noch 150 kg für den Test addiert. Damit wird größtmögliche Sicherheit für den Fahrer erreicht. Der Test wird mit einer Aufprallgeschwindigkeit von 14 m/s durchgeführt, der Aufprall erfolgt auf eine feste Barriere, die rechtwinklig zur Fahrzeuglängsachse angeordnet sein muss. Die maximale Verzögerung im Bereich des Brustkorbs des Dummys darf über einen Zeitraum von 3 ms 60 g nicht überschreiten. Das Cockpit muss so ausgelegt werden, dass der Fahrer es innerhalb von 7 s verlassen kann **(Bild 11.4-8)**.

An der Vorderseite des Monocoques ist die CFK-Crash-Box befestigt, ähnlich der Nase in der Formel 1. Heutige Sportprototypen haben häufig kombinierte Bauteile, so werden z.B. beim Audi R10 TDI Frontsplitter, Crash-Box und Kotflügel zu einem gesamten Vorderteil verschraubt, das aus Gründen der Servicefreundlichkeit in einem Stück abgenom-

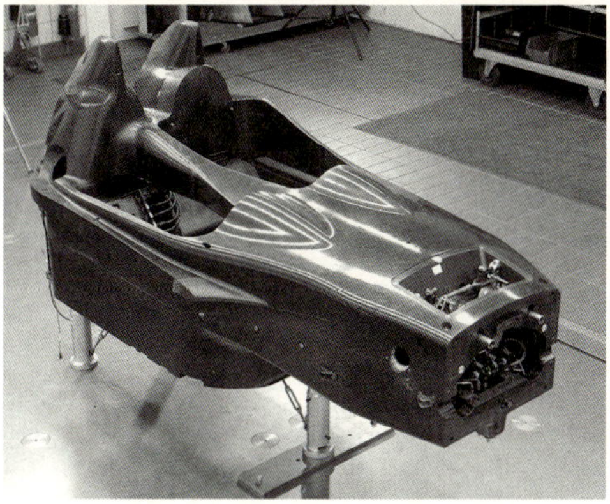

Bild 11.4-8 Monocoque eines LMP1-Rennwagens

men werden kann [16]. Ebenfalls am vorderen Teil des Monocoques wird der vordere Teil des Fahrwerks befestigt. Zwischen Fahrer und Rückwand ist der nach FIA-Richtlinien gefertigte Tank angeordnet, er darf jeweils nicht weiter als 675 mm über die Fahrzeuglängsachse hinausragen und muss zum Fahrer und zum Motor hin abgeschottet sein. An der Rückwand des Monocoques wird in der Regel direkt der Motor mit dem dahinter liegenden Getriebe angeflanscht. Motor und Getriebe sind als tragende Einheiten ausgelegt, die Hinterachse wird direkt an das Getriebe angelenkt. Wird das Grundchassis für verschiedene Teams mit unterschiedlichen Motoren bestückt, können Abstandselemente zwischen Monocoque und Motor erforderlich sein. Hinter dem Getriebe kann noch eine Crash-Box montiert werden, die zwar vom Reglement nicht vorgeschrieben ist, aber im Fall des Audi R10 TDI zum einen zusätzliche Sicherheit für den Fahrer bringt und zum anderen als stabile Aufnahme für den Heckflügel dient.

Unter das Monocoque wird eine im Reglement detailliert beschriebene, ebene Bodenplatte geschraubt, die ähnlich der Formel 1 über eine Stufe verfügen muss und seitlich mit einem definierten Radius in die Seitenteile übergeht. In der Mitte ist ein Skid Block zur Einhaltung der Mindestbodenfreiheit vorzusehen, der von der Mittenachse der Vorderachse bis zur Mittenachse der Hinterachse reichen muss. Die Bodenplatte dient als Referenzebene, worauf sämtliche vertikalen Maße zu beziehen sind. An die Bodenplatte schließt sich im hinteren Teil ein Diffusor an, der zusätzlich zum Heckflügel Abtrieb erzeugt. Sind die umfangreichen vorgeschriebenen Verkleidungen demontiert, lässt sich vom Grundaufbau her eine starke Ähnlichkeit zu den Formel 1-Rennwagen feststellen.

Neben der aerodynamischen Ausgestaltung des Unterbodens kommt der Karosserieaußenhaut eine besondere Bedeutung zu. Die Grundabmaße sind festgelegt und betragen 4650 mm Länge, 2000 mm Breite und 1030 mm Höhe, gemessen von der Referenzebene. Der Radstand darf maximal 3000 mm betragen. Die Karosserie muss nach dem Reglement so ausgestaltet sein, dass alle mechanischen Komponenten verdeckt werden und die Räder ebenfalls abgedeckt sind. Der Überhang darf vorne maximal 1000 mm, hinten maximal 750 mm betragen. Ein Einziehen der Außenhaut zwischen den Rädern wie etwa in der Formel 1 ist nur in sehr engen Grenzen möglich, aus diesen Reglementierungen ergibt sich das charakteristische Aussehen der Sportprototypen. Die Karosserieteile lassen sich aus Gründen der Servicefreundlichkeit in der Regel mit Sicherheitsschnellverschlüssen entfernen, um möglichst schnell an die Bauteile heranzukommen. Auch bei diesen Rennwagen gilt es, einen möglichst guten Kompromiss zwischen Abtrieb und Luftwiderstandsbeiwert c_d/c_w zu erreichen. Hierzu werden neben den CFD-Berechnungen umfangreiche Untersuchungen sowohl an Modellen als auch am Originalfahrzeug durchgeführt. Nur über diese Detailarbeit lassen sich weitere aerodynamische Verbesserungen erzielen. Im vorderen Bereich ist der Frontsplitter von besonderer Bedeutung, er leitet einen Teil der anströmenden Luft unter das Fahrzeug, den anderen Teil durch das Fahrzeug in die Bereiche, in denen die Kühler angeordnet sind. In diesem Zusammenhang ist auf eine effiziente Entlüftung im Heckbereich des Fahrzeugs zu achten, damit die Anströmung des Heckflügels möglichst störungsfrei erfolgen kann. Bis auf den Heckflügel sind keine weiteren Flügel gestattet, allerdings dürfen maximal 2 sogenannte Aerodynamik-Elemente im vorderen Teil der Kotflügel angeordnet werden. Sie dürfen nicht höher als 600 mm von der Referenzebene angeordnet sein. Der Heckflügel darf maximal ein 2-Flügel-Profil haben und nicht höher als 965 mm von der Referenzebene sein. Der Flügel darf vom Fahrer nicht zu verstellen sein, die Halterungen sind geometrisch in engen Grenzen variierbar, müssen vom Reglement vorgeschriebene Festigkeiten erreichen und direkt mit der Fahrzeugstruktur verbunden sein.

Der Motortyp eines Sportprototypen ist grundsätzlich frei wählbar, jedoch sind Hubraumbeschränkungen vorgesehen. Für Saugmotoren gilt bei LMP1-Fahrzeugen eine Hubraumbegrenzung von 6000 cm^3, während aufgeladene Ottomotoren lediglich 4000 cm^3 haben dürfen. Turbodieselmotoren, die im letzten Jahr erstmalig von Audi eingesetzt wurden, dürfen maximal einen Hubraum von 5500 cm^3 aufweisen. Zur Vereinheitlichung werden Luftmengenbegrenzer eingesetzt, die in Abhängigkeit vom Motortyp in engen Hubraumschritten im Durchmesser vorgeschrieben sind. So hat beispielsweise der 5,5 l-V12-TDI des Audi R10 zwei Restrictoren mit einem Durchmesser von jeweils 39,9 mm. Turbolader dürfen keinen variablen Einlassquerschnitt haben und keramische Bauteile im Lader sind nicht gestattet. Der mögliche Ladedruck ist von der Art des Motors

Bild 11.4-9 Typischer LMP1-Rennwagen: Audi R10 TDI

und von seinem Hubraum abhängig, für den beschriebenen V 12-Turbodieselmotor beträgt er absolut 2940 mbar. Ladeluftkühler sind erlaubt, und die Einlasskanalgeometrie ist frei wählbar. Es dürfen allerdings keine variablen Kanallängen eingesetzt werden. Die Auspuffanlage darf nach ACO-Messmethode [14] nicht lauter als 113 dB(A) sein, sichtbare Rußemissionen sind nicht erlaubt. Der Tankinhalt ist reglementiert und darf nicht mehr als 90 l für Ottomotoren und nicht mehr als 81 l für Dieselmotoren betragen. Dies hebt den Vorteil des Dieselmotors, weniger Tankstopps einlegen zu müssen, teilweise wieder auf.

Als Getriebe kommen überwiegend sequentielle Getriebe mit maximal 6 Gängen zum Einsatz. Es sind lediglich mechanische Getriebe mit einem zusätzlichen Rückwärtsgang gestattet. Als Kupplung kommen in der Regel mechanische CFK-Kupplungen zum Einsatz. Eine rein durch den Motor geregelte Traktionskontrolle ist zulässig.

Das Fahrwerk besteht meistens aus Doppelquerlenker-Konstruktionen, die Feder-Dämpfereinheiten werden über Schubstangen und Kipphebel betätigt. Neben den klassischen Schraubenfedern kommen hier auch Drehstabfederungen zum Einsatz. Da die Fahrwerkskomponenten in der Anströmung liegen, werden die Bauteile aerodynamisch optimiert. Die Anlenkung der Querlenker erfolgt wie in der Formel 1 häufig durch Federbleche. Die Bremsen müssen zwei unabhängig operierende Bremskreisläufe aufweisen und dürfen keinen Bremskraftverstärker haben. Die Bremskraftverteilung kann vom Fahrer verstellt werden, ein Antiblockiersystem ist verboten. Die Bremssättel müssen aus Aluminium gefertigt sein und maximal 6 Kolben aufweisen. Bremsscheiben sind frei wählbar, dürfen vorne allerdings einen Durchmesser von 380 mm nicht überschreiten. Es werden in der Regel Bremsscheiben und Beläge aus Kohlefaser verwendet.

Auch die Räder sind reglementiert, so dürfen sie beim LMP1 maximal 16″ und beim LMP2 maximal 14″ breit sein. Der Maximaldurchmesser sowie das Minimalgewicht je Rad sind ebenfalls für die beiden Klassen LMP1 und LMP 2 festgelegt.

Ein aktuelles LMP1-Rennfahrzeug mit Turbodieselmotor verfügt über eine maximale Leistung von über 475 kW bei einem Drehmoment von mehr als 1100 Nm, es erreicht damit ca. 330 km/h **(Bild 11.4-9)**.

Tourenwagen

Die Tourenwagen sind den Serienfahrzeugen in ihrem Aussehen am ähnlichsten, tatsächlich basieren die Rennwagen technisch auf den entsprechenden Serienpendants. Die technische Ausführung wird im Detail von der FIA geregelt [17, 18, 19]. Auf internationaler Ebene wird seit der Saison 2005 die World Touring Car Championship (WTCC) ausgetragen, die aus der europäischen Meisterschaft (ETCC) hervorgegangen ist. Darunter finden sich die vielen nationalen Tourenwagenmeisterschaften wie z.B. die schwedische (STCC) oder die britische Tourenwagenmeisterschaft (BTCC). Weiterhin sind insbesondere auf nationaler Ebene die Tourenwagen-Cup's wie z.B. VW Polo-Cup, Mini-Cup, Renault Clio-Cup oder der Seat Super Copa Leon hervorzuheben. Die Besonderheit hierbei ist, dass sich -ähnlich wie bei den Markenformeln – im Starterfeld ausschließlich baugleiche Fahrzeuge befinden. Variationen sind nur in sehr begrenztem Umfang möglich. Zudem werden die Fahrzeuge zum Teil während einer Rennsaison zwischen den Fahrern ausgetauscht. Dieses Konzept wird meistens zentral gesteuert und häufig für die Nachwuchsförderung eingesetzt.

Eine Sonderstellung hat die inzwischen europaweit ausgetragene DTM (Deutsche Tourenwagen Masters), die im Prinzip eine Silhouette-Tourenwagenserie darstellt. Das bedeutet, dass sich unter der Karosserie-Außenhaut aus Kunststoff mit weitgehend serienmäßiger Optik ein tragender Stahlrohrrahmen ähnlich der T1-Cross Country Rallyefahrzeuge mit reinrassiger Renntechnik befindet. Zur Kostensenkung sind zahlreiche Bauteile wie Kohlefaser-Bremsen, Getriebe, Kardanwelle, Heckflügel und Motorelektronik für alle Hersteller einheitlich vorgeschrieben [20]. Die Silhouette muss grundsätzlich einem 4-türigen Großserienfahrzeug entsprechen, es sind allerdings zahlreiche Modifikationen insbesondere im Front- und Heckbereich und an den Radhäusern zugelassen. Das Dach aus Blech muss der Serie entstammen. Das Gewicht des Fahrzeugs muss min-

Bild 11.4-10 Typischer DTM-Rennwagen: Audi A4 DTM

destens 1070 kg betragen. Die Abmaße eines typischen DTM-Rennfahrzeugs betragen etwa 4800 mm Länge und 1850 mm Breite. Es sind Einheitsreifen vorgeschrieben, und es werden 18-Zoll-Felgen verwendet. Zusätzlich zum Gitterrohrrahmen kommen eine CFK-Sicherheitszelle und CFK-Crashelemente vorne und hinten zum Einsatz. Auch der Motor wird reglementiert, es sind ausschließlich V8-Motoren mit 90° Bankwinkel, maximal 4000 cm^3 und 4 Ventilen pro Zylinder zugelassen. Zusätzlich sind zwei Luftmengenbegrenzer mit einem Durchmesser von je 28 mm vorgeschrieben. Die Motoren erreichen ca. 340–350 kW. Das Fahrwerk besteht aus Doppelquerlenkerkonstruktionen, die Feder/Dämpfer-Einheit wird ähnlich der Formel 1 über Schubstreben betätigt. Zur Erreichung von möglichst viel Abtrieb wird der Bodeneffekt durch einen glatten Unterboden genutzt, im hinteren Bereich des Bodens sind Diffusoren angeordnet, um diesen Effekt zu verstärken **(Bild 11.4-10)**.

Im Gegensatz zur DTM dürfen die Fahrzeuge bei der WTCC nur in einem deutlich engeren Rahmen verändert werden und sind nach dem FIA Super-2000 Reglement aufgebaut [19]. Die Grundhomologation muss nach der FIA Gruppe A erfolgen, daher müssen mindestens 2500 Fahrzeuge innerhalb eines Jahres gebaut worden sein. Die Super 2000-Spezifikation wird dann durch die Homologation eines Zusatz-Kits erreicht. Die Karosserie eines WTCC-Rennwagens darf nur wenig verändert werden, aerodynamische Anpassungen müssen homologiert sein. Dazu gehören die Stoßfänger, Kotflügel und das Spoilerwerk. Es dürfen maximale Radgrößen von 9′ × 17′ verwendet werden, alle Räder müssen die gleiche Dimension haben. In der Draufsicht muss die Karosserie die Räder abdecken, hieraus ergibt sich die Form der modifizierten Kotflügel, deren Kanten für größeren Freigang der Räder umgelegt werden dürfen. Die Karosserie darf im nicht sichtbaren Bereich verstärkt werden, die zusätzliche Materialstärke darf für Stahl 4 mm, für Aluminium 12 mm nicht überschreiten. Dies ist insbesondere für die Aufnahme des vorgeschriebenen Sicherheitskäfigs und der Aufnahmen der Fahrwerksteile von Bedeutung. Sämtliche Dämmmaterialien dürfen entfernt werden, Türverkleidungen sind jedoch an allen Türen, die sich von außen öffnen lassen müssen, vorgeschrieben. In den Türen müssen zusätzlich Energie absorbierende Materialien verbaut werden, und es ist eine Schutzplatte in CFK-Aluminium-Sandwichbauweise erforderlich. Der Fahrersitz muss nach FIA-Richtlinen ausgeführt sein, und es muss ein 5-Punkt-Gurtsystem montiert werden. Alle übrigen Sitze müssen entfernt werden. Eine von der FIA abgenommene Feuerlöschanlage ist vorgeschrieben. Die seitliche und hintere Verglasung muss aus Sicherheitsgründen mit transparenter Schutzfolie versehen werden. Die Frontscheibe kann aus Polycarbonat gefertigt werden, darf dann aber nicht dünner als 6 mm sein. Netze für die vorderen Seitenscheiben sind vorgeschrieben. Der Abstand des Fahrzeugs zum Boden darf 80 mm nicht unterschreiten. Das Mindestgewicht eines WTCC-Rennfahrzeugs ist vorgeschrieben, Fronttriebler müssen mindestens 1110 kg und Hecktriebler mindestens 1140 kg wiegen. Wird anstelle des serienmäßigen 5-Gang-Getriebes ein sequentielles 6-Gang-Getriebe verwendet, erhöht sich das Mindestgewicht um jeweils 30 kg. Automatikgetriebe sind nicht gestattet. Zusatzgewichte zur Beeinflussung des Fahrverhaltens sind am Boden des Innen- oder Kofferraums erlaubt.

Der Motor darf ein Hubraum von maximal 2000 cm^3 haben, die Maximaldrehzahl der Saugmotoren darf 8500 U/min für 4 Zylinder, 8750 U/min für 5 Zylinder und 9000 U/min für 6 Zylinder nicht überschreiten. Der Grundmotor muss der Serie entsprechen, geringe Modifikationen am Motorblock und am Zylinderkopf sind jedoch möglich. Das Verdichtungsverhältnis ist mit maximal 11 : 1 ebenfalls limitiert. Übliche Motoren in dieser Serie erreichen heute eine Leistung zwischen 190 und 200 kW. Die Leistungssteigerung wird in engen Grenzen im Wesentlichen durch erlaubte klassische Maßnahmen wie Modifikation der Kanäle und Ventile, Verdichtungserhöhung, Änderung der Nockenwellengeometrie, Erleichterung der bewegten Teile wie Ventilfedern, Kolben, Schwungrad, Kupplung, etc. erreicht. Die maximal möglichen Ventilerhebungen sind jedoch reglementiert, variable Kanalgeometrien sind nicht

Bild 11.4-11 Typischer Tourenwagen: Seat Leon WTCC

erlaubt. Auch die Kurbelwelle muss serienmäßig bleiben, und variable Nockenwellenverstellungen sind nicht gestattet.
Die Motorelektronik muss homologiert werden, die Einspritzanlage muss original oder separat homologiert sein. Zündkerzen und Kabel sind frei wählbar.
Wasserkühler, Ölkühler und Luftfilter sind frei, jedoch müssen sie in die vorgesehenen Halterungen passen und die Karosserie darf nicht verändert werden. Die Aggregatelager dürfen verändert werden, müssen aber ihre Ursprungsposition behalten. Die Auspuffanlage ist frei, darf jedoch nach FIA-Messmethode nicht lauter als 110 dB(A) sein. Ein homologierter Katalysator ist vorgeschrieben, die Lage im Abgasstrom aber frei wählbar.
Differenziale dürfen verändert werden, das Originalgehäuse muss aber erhalten bleiben. Die Achskomponenten müssen im Wesentlichen beibehalten werden, dürfen aber in engen Grenzen verstärkt, bzw. in ihrer Position verändert werden. In der Praxis kommen so die unterschiedlichsten Achskonstruktionen wie z.B. McPherson-Federbeine, Doppelquerlenker-, Verbund-, Schräglenker- oder Mehrlenkerachsen zum Einsatz. Die Anlenkungen können z.B. durch Uniball-Gelenke ersetzt werden, allerdings nur im Rahmen der vorgegebenen Aufnahmen. Zusätzliche Stabilisatoren können verwendet werden. Federn und Dämpfer können verändert werden, die prinzipielle Anordnung des Originalfahrzeugs muss aber erhalten bleiben. Die Lenkung darf bis auf das Lenkgetriebe den Erfordernissen angepasst werden, eine Lenkhilfe ist erlaubt. Die Bremsen für die Vorderachse müssen homologiert werden und in die Originalaufhängungspunkte passen. Die Bremssättel müssen aus Aluminium gefertigt sein und dürfen maximal 4 Kolben haben. Der maximale Durchmesser der Stahlbremsscheiben beträgt 332 mm. An der Hinterachse dürfen Bremssättel mit maximal 2 Kolben verbaut werden, ein Bremskraftverstärker ist nicht gestattet. Generell sind Unterstützungssysteme wie ABS, Traktionskontrolle, etc. nicht erlaubt. Der Kraftstofftank, der maximal 100 l fassen darf, muss den FIA-Richtlinien entsprechen und kann im Kofferraum oder an der Originalposition angeordnet werden. Wird ein Fahrzeug mit Heckklappe verwendet, muss der Tank eine feuerresistente und gegen austretende Flüssigkeiten abgesicherte Abdeckung haben.
Aus der Auflistung der umfassenden Reglementierungen lässt sich ablesen, dass eine Steigerung der Performance eines derartigen Rennfahrzeugs nur mit sehr viel Aufwand und Detailarbeit möglich ist (**Bild 11.4-11**).

Rallyefahrzeuge

Im Bereich des Rallyesports unterscheidet man im Wesentlichen zwischen der international ausgetragenen Rallyeweltmeisterschaft (WRC – World Rallye Car), der darunter angesiedelten S2000 und S1600-Serien (JWRC – Junior World Rallye Car) und dem Marathonrallyesport, in dem neben der bekannten Rallye Dakar im Rahmen des Marathon World Cups einzelne Rallyes rund um den Globus ausgetragen werden.
Die sogenannten Straßenrallyefahrzeuge weisen in der Regel einen mittragenden Käfig auf und haben nach derzeitigem Reglement 2,0 L-, bzw. 1,6 L-Motoren. Die S1600 Fahrzeuge sind im Gegensatz zur S2000 und der WRC nur mit Frontantrieb ausgestattet. Die technische Ausführung ist ebenfalls detailliert durch das Reglement der FIA beschrieben, wobei im Grundsatz die Vorschriften für Produktions- und Tourenwagen nach Gruppen A und N der FIA zur Anwendung kommen [17, 18]. Dies bedeutet unter anderem, dass zur Homologation eines Rallyefahrzeugs mindestens 2500 Fahrzeuge innerhalb eines Jahres gebaut worden sein müssen.
In den letzten Jahren hat die Bedeutung des Marathon-Rallyesports deutlich zugenommen und er ist neben den sportlichen Aspekten ein medial stark beachteter Teil des gesamten Motorsports. Daher werden zwei Fahrzeuggruppen aus dem Marathon-Rallyesport näher betrachtet. Grundsätzlich wird unterschieden zwischen den Gruppen T1 (Prototypen und Buggys), T2 (seriennahe Autos) und T4 (Nutzfahrzeuge ab 3,5 t).
Fahrzeuge, die im Rahmen des seriennahen T2-Reglement eingesetzt werden, müssen in einer Stückzahl von mindestens 1000 Einheiten innerhalb eines Jahres gefertigt worden sein [21]. Die möglichen Modifikationen sind stark eingeschränkt, so müssen beispielsweise die Karosserieabmaße beibehalten werden, und das Gewicht darf ebenfalls nicht verändert werden. Die FIA-Sicherheitsausstattung wie z.B. der vorgeschriebene Sicherheitskäfig ist hierbei allerdings nicht mit eingerechnet. Die Anordnung von Ballast zur Verbesserung z.B. der Schwerpunktlage ist im Gegensatz zum T1-Reglement nicht gestattet. Der Motor ist freigestellt, lediglich aufgeladene Ottomotoren sind nicht gestattet. Die Zündanlage, die Motorelektronik, das Kühlsystem, die Ventilsteuerung und der Luftfilter dürfen in engen Grenzen

modifiziert werden, wobei die Original-Positionierung, Größe und Funktionalität der Bauteile weitestgehend erhalten bleiben muss. Die Luftansaugung des Motors muss zur Sicherstellung einer ausreichenden Watttiefe entweder über den Fahrzeuginnenraum oder über eine im Querschnitt auf 100 mm beschränkte Ansaugleitung zur vorderen Dachkante erfolgen. Für die Motoren sind zur Leistungsvereinheitlichung je nach Ausführung verschiedene Air-Restrictoren vorgesehen. Die grundsätzliche Ausführung und die Aufhängung dieser Luftmengenbegrenzer sind vorgegeben. Die Abgasanlage kann bei Einhaltung der Geräuschvorschriften variiert werden, entweder durch Veränderung des inneren Aufbaus des Schalldämpfers oder durch dessen Lage im Abgasstrom. Ein bereits vorhandener Katalysator wird wie ein Schalldämpfer behandelt. Das Originalgetriebe muss beibehalten werden; sofern ein mechanisches Getriebe homologiert war, kann eine Rennkupplung gleichen Durchmessers verwendet werden.

Die Fahrwerkskomponenten eines T2-Rallyefahrzeuges dürfen verändert werden, Querlenker werden z.B. meistens verstärkt und mit Schutzeinrichtungen gegen Steinschlag versehen. Das Material ist frei wählbar, jedoch dürfen die Bauteile nach einer Modifikation nicht leichter als die Originalteile sein. Es sind nur Spiral- oder Blattfedern gestattet, das bedeutet, dass Fahrzeuge mit Luftfederung umgerüstet werden müssen. Die Dämpfer dürfen variiert werden, jedoch darf das Prinzip des zugrunde liegenden Serienfahrzeugs nicht verändert werden. Hier kommen in der Regel verstärkte Offroad-Teile zum Einsatz. Bremsscheiben und Bremssättel müssen der Originalkonfiguration entsprechen, es können lediglich Rennbeläge verwendet werden. ABS-Systeme sind nicht gestattet. Die Rad-Reifenkombination ist freigestellt, muss aber in den Dimensionen Durchmesser und Breite dem Homologationsstand entsprechen. In der Praxis werden hier häufig Serienfelgen kleineren Ausmaßes mit entsprechenden Offroad-Reifen kombiniert. Die Räder müssen vollständig von der Karosserie bedeckt sein, Schmutzfänger sind vorgeschrieben.

An der Karosserie können sämtliche Verkleidungen in den Radhäusern entfernt werden, das gleiche gilt für den Motorraum. Ein demontierbarer Unterfahrschutz wird empfohlen, darf aber nur zum Schutz von Motor, Getriebe, Kühler, Achse, Tank, Kraftübertragung und Abgasanlage verwendet werden. Ein sogenannter Kuhfänger wird empfohlen und ist in seiner Ausführung im Detail festgelegt. Die Verglasung im Heck- und hinteren Seitenbereich kann entweder aus undurchsichtigem Material oder aus transparentem Material mit mindestens 3 mm Dicke bestehen.

Die Scheinwerfer können verändert werden, müssen aber paarweise angeordnet werden. Eine Anzahl von 8 Scheinwerfern (ohne Stand- und Rücklicht) darf allerdings nicht überschritten werden. Im Innenraum müssen alle Verkleidungen bis auf Türverkleidungen und Armaturenbrett entfernt werden, ebenso wie die Hecksitzanlage. Es muss eine Abgrenzung zum Tank vorhanden sein. In der Regel werden neben der sonstigen vorgeschriebenen Sicherheitssaustattung Rennsitze mit entsprechendem Gurtsystem verbaut. Dazu kommen Zusatzinstrumente, Wegzähler und z.B. eine Hupe für den Beifahrer. Den Unterschied eines T2-Rallyefahrzeugs zum T1-Prototyp zeigt **Bild 11.4-12**.

Im Rahmen des sogenannten T1-Reglements für Prototypen im Marathon Rallyesport werden Rallyefahrzeuge entwickelt, die in der Regel kaum noch etwas mit den Serienfahrzeugen zu tun haben, da sie speziell für den extrem anspruchsvollen Anwendungsfall der Langstreckenrallye ausgelegt sind. Es gilt hierbei, größtmögliche Performance bei höchster Zuverlässigkeit zu erreichen. Obwohl das T1-Reglement deutlich weniger eng gefasst ist als beispielsweise das Formel 1 Reglement, sind durch die FIA eine Reihe von Größen im Detail vorgeschrieben [22]. Die Grundabmessungen eines T1-Rennwagens sind dabei bis auf die Maximalbreite frei, die bei 4-Radgetriebenen Wagen 2000 mm und bei 2-Radgetriebenen 2200 mm nicht überschreiten darf. Die Maximalbreite wird von den Konstrukteuren gerne ausgenutzt, da dadurch zum einen eine hohe Kippsicherheit erreicht werden kann, zum anderen sich aber auch Komponenten des Antriebsstrangs zwischen den Sitzen von Fahrer und Beifahrer unterbringen lassen. Das ermöglicht eine tiefe Sitzposition, die zur Verringerung der Schwerpunktshöhe beiträgt. Eine möglichst optimale

Bild 11.4-12 Vergleich eines T2- und T1-Rallyefahrzeugs

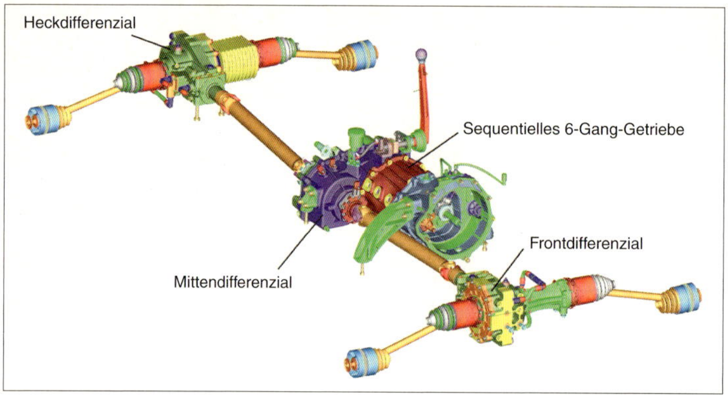

Bild 11.4-13 Antriebsstrang des VW Race-Touareg [23]

Gewichtsverteilung bestimmt das Grundlayout des Autos. Um unabhängig von der Füllmenge des Tanks ein möglichst gleichmäßiges Fahrverhalten zu erreichen, wird der nach FIA-Richtlinien geprüfte Sicherheitstank hinter den Sitzen an einer möglichst tiefen Position eingebaut. Generell versucht man, zur Reduzierung des Trägheitsmoments um die Hochachse, die wesentlichen Komponenten möglichst tief und in der Mitte des Autos anzuordnen. Aus diesem Grund wird auch der Motor möglichst weit hinten angeordnet, es handelt sich dann um eine sogenannte Front-Mittelmotorkonfiguration (**Bild 11.4-13**).

Nachteil einer solchen Anordnung ist die schlechte Zugänglichkeit des Aggregats im Reparaturfall. Es können Otto- und Dieselmotoren zum Einsatz kommen, deren Ansaugluftzufuhr durch den vorgeschriebenen Einsatz von Restrictoren beschränkt wird. Für Ottomotoren ist der Durchmesser der Restrictoren gestaffelt und abhängig von der Ventilanzahl pro Zylinder. Für aufgeladene Dieselmotoren ist ein maximaler Durchmesser von $d = 39{,}2$ mm erlaubt. Es sind maximal zwei Aufladungsstufen gestattet.

Der Radstand eines T1-Rallyefahrzeugs ist immer ein Kompromiss zwischen Agilität und Stabilität im Fahrverhalten, ergibt sich aber aufgrund der obigen Feststellungen neben den geometrischen Rahmenabmessungen, den Achsaufhängungen und der Aggregatelage im Prinzip aus der Addition des benötigten Platzes für den Tank, die Sitze und den Fußraum für Fahrer und Beifahrer. Das Reglement schreibt einen stabilen Gitterrohrrahmen als tragenden Fahrzeuggrundkörper vor, da nur auf diese Weise die extreme Belastung unter den wechselnden Einsatzbedingungen beherrscht werden kann (**Bild 11.4-14**).

Bild 11.4-14 Gitterrohrrahmen eines T1-Rallyefahrzeugs [24]

Die Ausführung des Rahmens ist grundsätzlich freigestellt, jedoch muss die Materialstärke des Stahlrohrs mehr als 1,5 mm betragen, und es muss eine gewisse seitliche Bewegungsfreiheit für Kopf und Schultern der Insassen gewährleistet werden. Das Gewicht eines derartigen Rahmens liegt bei ca. 250–350 kg. In der konstruktiven Auslegung wird versucht, möglichst kurze Überhänge vorne und hinten zu realisieren, um ein Aufsetzen/Eintauchen der Front- und Heckpartie z.B. bei Dünenfahrten zu vermeiden. Der sogenannte Rampenwinkel sollte ebenfalls so groß bemessen sein, dass ein frühzeitiges Aufsetzen des Fahrzeugbodens verhindert wird. Hierzu wird zusätzlich eine möglichst große Bodenfreiheit vorgesehen, wobei allerdings ein Kompromiss zwischen Schwerpunktslage und aerodynamischer Formgebung zu finden ist. Der Federweg ist für Allradfahrzeuge mit Einzelradaufhängung auf 250 mm begrenzt, Fahrzeuge mit Starrachse dürfen einen Federweg von 300 mm haben. Autos mit Zweiradantrieb hingegen unterliegen keiner Beschränkung des Federwegs. Als Achsaufhängungen kommen meist robuste Doppelquerlenkerkonstruktionen zum Einsatz, die zum Schutz vor Steinschlägen zusätzlich geschützt werden. Häufig kommen aufgrund der hohen Belastung Feder-Dämpferpakete mit zwei Einheiten pro Rad zur Anwendung (**Bild 11.4-15**).

Die Bremsanlage ist weitgehend frei, muss aber zwei getrennte, voneinander unabhängige Bremskreisläufe aufweisen. Hier kommen in der Regel innen belüftete Rennscheibenbremsen mit Aluminium-Bremssätteln zum Einsatz. Die Radgröße ist festgeschrieben, der

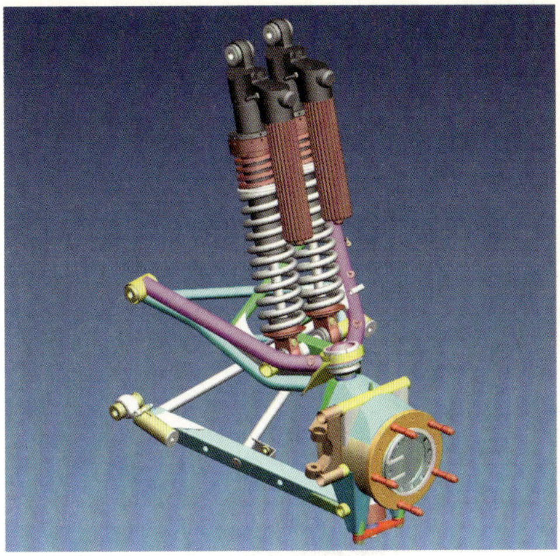

Bild 11.4-15 Achsaufhängung eines T1-Rallyefahrzeugs

Durchmesser der Räder darf bei zweiradgetriebenen Rallyefahrzeugen 890 mm nicht überschreiten und für Allradfahrzeuge gilt ein Maximaldurchmesser von 810 mm. Für Zweiradgetriebene Rallyefahrzeuge ist ein während der Fahrt bedienbares Reifen-Luftdrucksystem erlaubt. Dies ermöglicht die Luftdruckabsenkung z.B. bei Sanddurchfahrten, um eine größere Reifenaufstandsfläche zu erreichen, ohne das Auto verlassen zu müssen. Mit der Radgröße und dem maximalen Federweg ist die Radumgebung festgeschrieben. Die Radauschnitte werden aus aerodynamischen Gründen nicht weiter als erforderlich geöffnet. Als Radhausschalen kommen heute zum Schutz gegen Steinschläge Einsätze aus extrem schlagfestem Kevlar zum Einsatz. An den Radhäusern sind zum Schutz anderer Verkehrs-/Rennteilnehmer jeweils Schmutzfänger vorgeschrieben. Von unten wird das Fahrzeug durch Unterfahrschutzeinrichtungen und eine durchgehende Bodenplatte in Sandwichbauweise geschützt.

Die aerodynamische Auslegung eines T1-Rallyefahrzeugs ist heute im Wesentlichen geprägt durch die Hochgeschwindigkeitsetappen während einer Rallye. Die erreichten Maximalgeschwindigkeiten haben sich im Laufe der letzten Jahre immer weiter erhöht, sie liegen heute bei etwa 200 km/h. Aus diesem Grund wird bei der Auslegung versucht, die Querschnittsfläche des Fahrzeugs durch eine möglichst flache Bauweise gering zu halten. Weiterhin zu berücksichtigen ist der enorme Kühlluftbedarf, der unmittelbaren Einfluss auf die aerodynamische Güte hat. Bei Turbodieselmotoren ist z.B. ein Ladeluftkühler notwendig, dessen Effizienz einen direkten Einfluss auf die Motorleistung hat. Daher kommt der Anordnung des Ladeluftkühlers eine große Bedeutung zu. Bei einem modernen T1-Rallyefahrzeug mit Turbodieselmotor

Bild 11.4-16 Windkanalversuche am VW Race-Touareg

wie z.B. dem VW-Race Touareg 2 wird der im Volumen vom Reglement begrenzte Ladeluftkühler im Staupunkt vor dem Motor angebracht, während die Kühlluft für den im Heckbereich des Fahrzeug angeordneten Wasserkühler über eine Öffnung auf dem Dach zugeführt wird. Um die notwendige Kühlleistung zu gewährleisten, werden große elektrische Zusatzlüfter eingesetzt. Die Entlüftung erfolgt über definierte Kanäle im Bereich des Fahrzeughecks. Der Kühlluftbedarf für den Innenraum, die Bremsen, etc. wird ebenfalls durch aerodynamisch optimierte Ansaugöffnungen im Dach sichergestellt. Zur aerodynamischen Ausgestaltung werden auch hier neben den CFD-Berechnungen umfangreiche Windkanalversuche durchgeführt (**Bild 11.4-16**).

Als Beispiel für den aerodynamischen Feinschliff mögen sogenannte Opferecken dienen, die vor den Vorderrädern angeordnet sind. Sie verhindern die direkte Anströmung des Vorderrades und der Achsgeometrie und tragen so zur Verbesserung des c_w-Wertes bei, auf der anderen Seite können Sie durch Sollbruchstellen bei extremen Geländesprüngen z.B. bei Dünendurchfahrten gezielt nachgeben, ohne die Karosserieteile des Vorderwagens zu beschädigen.

Die Karosserie wird heute aus Gewichtsgründen aus CFK gefertigt und am tragenden Gitterrohrrahmen befestigt. Bei extremer Robustheit wiegt eine derartige Karosserie nur ca. 50 kg. Der Vorder- und Heckbereich der Karosserie lässt sich aus Gründen der Servicefreundlichkeit vollständig entfernen und ist mit Schnellverschlüssen gesichert. Auch die Türen sind mit wenigen Handgriffen schnell demontierbar (**Bild 11.4-17**).

Die Servicefreundlichkeit spielt im Renneinsatz eine bedeutende Rolle, ein Radwechsel muss z.B. auch in unwegsamem Gelände von der Besatzung möglichst einfach zu bewerkstelligen sein. Daher sind häufig Hebeanlagen eingebaut, die ein schnelles Anheben des Autos im Rennbetrieb ermöglichen. Neben einer Reihe von Ersatzteilen werden bis zu 4 Ersatzrädern mitgeführt. Eine Besonderheit beim oben abgebildeten Rennwagen ist, dass sich die Gelenkwellen aus-

Bild 11.4-17 Mehrteilige Karosserieaußenhaut eines T1-Rallyefahrzeugs

wechseln lassen, ohne dass das Rad abgenommen werden muss.

Das T1-Reglement sieht 27 Mindestgewichtsanforderungen in Abhängigkeit vom Hubraum von 1600 cm³ bis über 8000 cm³ vor. Es wird dabei zusätzlich zwischen Allrad- und Zweiradgetriebenen Fahrzeugen unterschieden. So muss ein Fahrzeug mit einem Hubraum von 3500 cm³ bis 3750 cm³ als Allradauto mindestens 1787,5 kg und ein Zweiradgetriebenes Fahrzeug mindestens 1190 kg wiegen. Bei Turbomotoren wird ein Faktor von 1,5 bezogen auf den Hubraum berücksichtigt, d.h. die oben genannten Werte für das Gewicht gelten für einen Turbomotor bis 2500 cm³. In der Praxis wird ein deutlich geringeres Gewicht der Rennwagen angestrebt, um durch gezielte Anordnung von Zusatzgewichten das Fahrverhalten positiv zu beeinflussen.

11.5 Sicherheit im Rennsport

Ausgelöst durch schwere Rennunfälle wurden schon früh Sicherheitsmaßnahmen für Fahrer und Zuschauer getroffen. Viele Vorschriften der FIA haben zum Ziel, das Risiko von Unfällen zu minimieren. Diese Vorschriften betreffen unter anderem die technische Ausrüstung, das Gewicht und die Motorisierung der Fahrzeuge, die Art der Bekleidung, die Ausführung der Helme für die Fahrer sowie die Ausgestaltung der Rennstrecken.

Eine der ersten Maßnahmen zu Beginn des 20. Jahrhunderts war eine Umlegung der Rennen von öffentlichen Straßen auf Rundkurse, um eine gewisse Sicherheit für die Zuschauer zu gewährleisten.

Im Jahre 1961 wurde der Hubraum der Formel 1-Fahrzeuge von 2500 cm³ auf 1500 cm³ Liter begrenzt, um die Maximalgeschwindigkeiten zu verringern. Zusätzlich wurden zur Verringerung der Brandgefahr Stromkreisunterbrecher, zur Erhöhung der Bremssicherheit Zweikreisbremssysteme und zur Erhöhung der passiven Sicherheit ein Überrollbügel vorgeschrieben. 1962 erfolgte die Einführung des Monocoques – zunächst aus Aluminium – als Sicherheitszelle.

In den Jahren von 1963 bis 1965 wurde der Feuerschutz der Autos verbessert, unter anderem wurden die Benzintanks stabiler gebaut. Schutzhelme und Overalls wurden Pflicht, die Fahrer mussten feuerfeste Kleidung sowie bruchfeste Vollvisierhelme tragen. Die Cockpits wurden umgestaltet, damit die Fahrer schneller aussteigen konnten. Die FIA übernahm die Verantwortung für die Sicherheit auf den Rennstrecken. Im Jahre 1969 wurden die maximale Höhe und Breite des Chassis geregelt und die ersten automatischen Feuerlöschsysteme für Rennwagen kamen zum Einsatz. Erst 1972 wurden Sicherheitsgurte in der Formel 1 vorgeschrieben. In den 1970er Jahren wurden Knautschzonen, ein zweiter Überrollbügel und Sicherheitstanks aus Gummi Pflicht. Bis in die heutige Zeit wurden die Sicherheitsvorkehrungen ständig erhöht. Wesentliche heute von der FIA vorgeschriebene Sicherheitseinrichtungen im Rennsport sind [26]:

- Sicherheitstank
- Feuerlöscheinrichtung
- Kraftstoff-, Öl- und Hydraulikleitungen mit vorgeschriebenen Festigkeiten gegen Bruch und Temperatur
- Zweikreisbremssystem
- Sicherheitskäfig oder Monocoque
- Überrollbügel
- Abschlepphaken
- Sicherheitsradverschlüsse
- Sicherheitsverglasung und Netze
- Seitenaufprallschutz
- Rückspiegel
- Elektrischer Hauptschalter
- Feuerschutzwand zwischen Motor und Fahrgastraum
- Feuerschutzwand zwischen Fahrgastraum und Tank
- Sitze nach FIA-Standard
- Abreißkupplungen zwischen Tank und Chassis
- Helm und Feuerschutzkleidung
- Gurtsystem nach FIA-Standard

Heutige Sicherheitsgurtsysteme bestehen aus 5- bzw. 6-Punktgurten, deren Belastungsfähigkeit ca. 1,5 Tonnen pro Gurtband betragen muss.

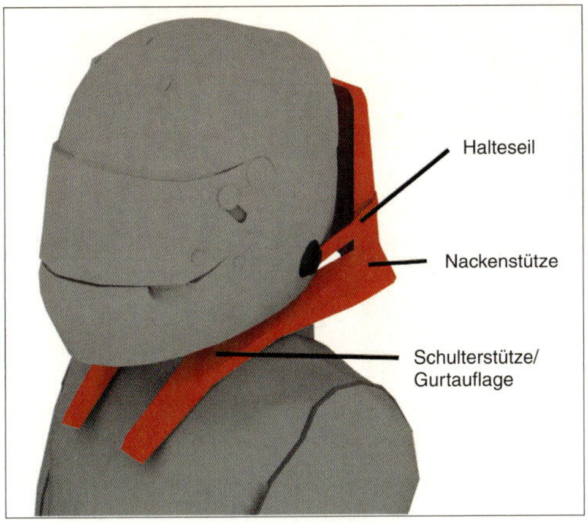

Bild 11.5-1 Prinzip des HANS-Systems

Im Sitzbereich stellt das sogenannte FORS-System (FOrmula Rescue Seat) für die Formel BMW eine Innovation dar, die über den FIA-Standard hinausgeht. Es wird aus Aramidfasern gefertigt und ermöglicht bei einem Unfall die schnelle Bergung des Fahrers zusammen mit dem Sitz, da es über ein separates Gurtsystem verfügt. So verhindert FORS eine zusätzliche Belastung der Wirbelsäule bei der Rettung des Piloten. Seit 2003 das System **HANS** (Head And Neck Support) Pflicht in der Formel 1 wurde, gibt es zusammen mit dem vorgeschriebenen Vollvisierhelm einen besonderen Schutz für den Kopf und die Wirbelsäule im Nackenbereich, denn es verhindert extreme Bewegungen des Kopfes. HANS wird heute in nahezu jeder Rennserie angewendet **(Bild 11.5-1)**.

Auslaufzonen neben der Rennstrecke sowie Leitplanken und miteinander verschraubte Reifenstapel erhöhen die Sicherheit für Fahrer und Zuschauer. Großzügige Auslaufzonen – früher ausschließlich als Kiesbett – in Gefahrenzonen der jeweiligen Rennstrecke bewirken, dass ein Rennfahrzeug, das von der Fahrbahn abkommt, nicht bzw. mit reduzierter Geschwindigkeit auf die Leitplanken oder die Reifenstapel trifft. Heute werden immer mehr Auslaufzonen aus Asphalt vorgesehen, da ein Abdriften in ein Kiesbett für die Fahrer in der Regel das Aus für das Rennen bedeutet, da sich die Räder des Fahrzeugs so tief in den Kies einfahren, dass das Chassis aufsetzt und das Fahrzeug nicht mehr aus eigener Kraft weiterfahren kann.

Die Streckenbegrenzung durch Leitplanken oder Reifenstapel ist vom zu erwartenden Aufprallwinkel an der jeweiligen Position der Strecke abhängig. Bei einem möglichen Aufprallwinkel bis zu 30° empfiehlt die FIA Leitplanken; ist der Winkel größer als 30°, werden Reifenstapel eingesetzt. Zur Verstärkung dieser Reifenstapel sind Gummibänder vorgeschrieben. Beim großen Preis von Monaco werden seit 1995 vermehrt Wassertanks statt der Reifenstapel aufgestellt.

Für die herkömmlichen Leitplanken wurde für die mit Höchstgeschwindigkeit gefahrene Steilwandkurve in Indianapolis die sogenannte Indianapolis-Soft-Wall entwickelt. Es handelt sich dabei um vier übereinander befestigte Stahlprofile, die an eine dahinter befindliche Betonwand geschraubt werden. Zwischen den Stahlprofilen und der Mauer sind in geringen Abständen Aufprall absorbierende Elemente eingefügt. Bei einem Aufprall weicht es in einem geringen Maß als Einheit zurück und das Auto kann daran entlang gleiten und Geschwindigkeit abbauen. Eine weitere Entwicklung sind die in der Testphase befindlichen Luftpolster-Zäune.

Während eines Rennens ist es oftmals notwendig, dem Fahrer wichtige Informationen, wie z.B. „Gefahr", „Öl auf der Fahrbahn", „rutschige Fahrbahn", „schnelleres Fahrzeug überholen lassen", „Unfall" usw. zu übermitteln. Hierfür werden seit 1963 einheitliche Flaggensignale eingesetzt.

Literatur

[1] *Demand, C.; Simsa, P.*: Kühne Männer – Tolle Wagen: Die Gordon Bennett-Rennen 1900-1905.. Stuttgart: Motorbuch Verlag, 1987
[2] *Cimarosti, A.*: Das Jahrhundert des Rennsports., Stuttgart: Motorbuch Verlag, 1997
[3] *Schimpf, E.; Kruta, J.*: Bugatti – Die Renngeschichte von 1920 bis 1939. Bielefeld: Delius Klasing Verlag, 2006
[4] *Knupp, W.*: Kampf am Limit, die Formel 1 Chronik 1950-2000. Düsseldorf: Zeitgeist Verlag, 2000
[5] The FIA-Organisation, www.fia.com
[6] DMSB Automobilsport Handbuch 2005, Deutscher Motor Sport Bund e.V. Frankfurt, 2005
[7] FIA, 2006 Formula 1 Technical Regulations
[8] www.allianz.com
[9] *Cesarini, C.; Piccoli, M.*: Bremssysteme für Rennwagen in [10]
[10] *Breuer, B.; Bill, K. H.*: Bremsenhandbuch. Wiesbaden: Vieweg Verlag, 2006
[11] FIA, 2007 Formula 1 Technical Regulations
[12] *Mc Beath, S.*: Formel 1 Aerodynamik. Stuttgart: Motorbuch Verlag, 2001
[13] *Hucho, W.-H.*: Aerodynamik des Automobils. Wiesbaden: Vieweg Verlag, 2005
[14] Automobile Club de l'Ouest, ACO-Technical regulations 2007 for Prototype LMP1 & LMP2
[15] *Paefgen, F.-J.; Gush, B.*: Der Bentley Speed 8 von Le Mans; ATZ 4/2004, Jahrgang 106, S. 281 – 289
[16] *Völker, H.*: Audi R10-TDI Power. Königswinter: Heel-Verlag, 2006
[17] FIA, Technical Regulations 2007, Appendix J, Art. 254
[18] FIA, Technical Regulations 2007, Appendix J, Art. 255
[19] FIA, Technical Regulations 2007, Appendix J, Art. 263
[20] Deutsche Tourenwagen Masters, Technisches Reglement 2006
[21] FIA, Technical Regulations 2007, Appendix J, Art. 284
[22] FIA, Technical Regulations 2007, Appendix J, Art. 285
[23] *Walz, J.; v. Wegener, A.*: Volkswagen bei der Rallye Dakar. Königswinter: Heel Verlag, 2005
[24] *Walz, J.; v. Wegener, A.*: Volkswagen Touareg., Königswinter: Heel Verlag, 2006
[25] *Teissedre, J.-M.; Moity, C.*: 2006 Le Mans 24 Hours. B-Waterloo: Apach-Verlag, 2006
[26] FIA, Technical Regulations 2007, Appendix J, Art. 253
[27] *van Manen, P.*: The impact of electronics in Formula One racing over the last decade. VDI-Ber. Nr. 1907, 2005

12 Automobil und Verkehr – Wie kann es weitergehen?

12.1 Auto und Verkehr im Spannungsfeld von Wunsch, Wissenschaft und Wirklichkeit

„Verkehr dient der Gesellschaft – Verkehr ist kein Selbstzweck, sondern ergibt sich aus dem zielgerichteten Handeln des Menschen". So beginnt das Memorandum Verkehr, das der Verein Deutscher Ingenieure im Jahre 1993 verabschiedet hat [1] und weiterentwickelt. Es ist davon auszugehen, daß diese Aussage (in Kap. 1 näher erläutert) auch in Zukunft Bestand haben wird. Da weiterhin alles darauf hindeutet, daß die Weltbevölkerung und deren Aktivitäten – wenn auch regional unterschiedlich – weiter zunehmen werden, muß das Thema Verkehr mit all seinen Implikationen auf Dauer als vorrangig angesehen und von allen Verantwortungsträgern auch mit hoher Priorität behandelt werden.

Wie mehrfach dargelegt (z.B. [2, 3]), kommt dem Automobil im Rahmen des Gesamtverkehrs aus mehreren Gründen hohe Bedeutung zu, insbesondere weil

- das Auto die aus der menschlichen Gesellschaft resultierenden Anforderungen individueller und spezieller Mobilität in besonderem Maße erfüllen kann
- andere Verkehrsmittel nur in – wenn auch wichtigen – Teilbereichen Alternativen und Additive bilden
- schon in der Vergangenheit deutliche, teilweise beachtliche, Verringerung der Nachteile und Stärkung der Vorteile erzielt werden konnten
- weitere, teilweise große, Verbesserungspotentiale in der Zukunft vorhanden sind.

Dennoch wird immer wieder mit Skepsis über die Zukunft des Autos diskutiert. Eine Ursache liegt in der – zweifellos objektiven – Tatsache, daß einige spezifische Fortschritte, wie z.B. beim Kraftstoffverbrauch und bei den CO_2-Emissionen, durch die Zunahme des Verkehrsvolumens kompensiert wurden. Damit entspricht diese Skepsis den von Meadows im Jahre 1972 präsentierten Thesen in den „Grenzen des Wachstums" [4]. Zusätzlich gibt es auch subjektive Bedenken gegen Automobile: Fahrzeugschlangen werden als Blechlawinen bezeichnet, zugeparkte Innenstadt-Bereiche werden kritisiert.

Es werden deshalb immer wieder grundsätzliche Fragen gestellt, aus deren Behandlung man zumindest Ansätze und Unterstützungen bei der Lösung der Verkehrsprobleme erhofft, so z.B.:

- Kann Verkehrswachstum grundsätzlich vom Wirtschaftswachstum entkoppelt werden, z.B. mittels virtueller Mobilität?
- Wieviel Mobilität benötigt und verträgt eine Stadt?

Da die Unfallursachen in hohem Maße menschlichen Fehlverhaltensweisen zugemessen werden, sind auch folgende Fragen, zumindest auf den ersten Blick, plausibel:

- Können Unfälle durch Automatisierung des Straßenverkehrs vermieden werden?
- Kann es Technologien geben, die zumindest schwerwiegende Unfallfolgen vollständig vermeiden?

Ressourcenschonung und Umweltschutz führen ebenfalls auf verständliche Fragestellungen, wie z.B.:

- Kann es ein – auch praktisch nutzbares – 1 Liter-Auto geben?
- Kann es ein zur Gänze recyclingfähiges Auto geben?

Auf solche Fragen wird es, wegen der starken Vernetzung des Verkehrs mit so vielen Aspekten des modernen Lebens sowie aufgrund der Konsequenzen physikalisch-technischer Gesetze mit einer unübersehbaren Vielfalt von Zielkonflikten, keine einfachen Antworten und Patentrezepte geben (z.B. [5]). Hinzu kommen definitorische und psychologische Faktoren der Ambivalenz des Verkehrs: Ist ein Fahrzeug, das in einen Stau hineinfährt, Verursacher oder Geschädigter, Täter oder Opfer? Die These „Mobilität ja, Verkehr nein" zeigt, daß diese Ambivalenz eigentlich als Schizophrenie bezeichnet werden muß – kaum einer will auf individuelle Vorteile verzichten, ebensowenig aber auch die Nachteile akzeptieren.

12.2 Zur Gestaltung des Gesamtsystems Verkehr

In der Vergangenheit haben sich die verschiedenen Verkehrsträger Straße, Wasserweg, Schiene, Luftfahrt weitgehend eigenständig entwickelt. Für das offene System Straßenverkehr haben sich zudem unterschiedliche Verkehrsmittel für die verschiedenen Mobilitätsbedürfnisse des Personen- und Güterverkehrs herausgebildet. Eine Vernetzung der Verkehrsträger und Verkehrsmittel fand bisher nur infrastrukturell und dann auch nur in Teilbereichen durchgängig statt. Ein Grund hierfür ist die Tatsache, daß für Verkehr als Ganzes keine gemeinsame politische und administrative Institution geschaffen wurde: So ist in

Deutschland beispielsweise das Bundesverkehrsministerium für Bundes-Autobahnen und -Fernstraßen zuständig, nicht dagegen für den innerstädtischen Verkehr. Kreisfreie Städte und ihre Umlandgemeinden haben zwar vielerorts Planungsverbände geschaffen, jedoch ohne hoheitliche Vollmachten. Aus lokal- und regionalpolitischen Gründen werden Siedlungs- und Wirtschaftsräume geschaffen, deren Mobilitätsauswirkungen nicht immer berücksichtigt werden. Zusätzliche Problembereiche liegen in Mängeln von Infrastrukturen und Verkehrsorganisationen. Verkehrsbetriebe denken heute teilweise noch „von Haltestelle zu Haltestelle" statt in in kundenbezogener Weise „von Haus zu Haus". Und so manchem Verkehrspolitiker scheint noch nicht einleuchtend zu sein, daß permanente Staus und Engpässe ohne leistungsfähige Umleitungsstrecken auch mit noch so guter Telematik nicht zu beseitigen sind.

Seit den 70er Jahren bilden sich regionale Verkehrsverbünde, die mehrere Verkehrsträger umfassen (meist S-, U- und Straßenbahnen, Busse). Etwa seit Ende der 80er Jahre des vorigen Jahrhunderts wird als Ziel die systematische Vernetzung der Verkehrsträger angestrebt, da kein Verkehrsmittel allein in der Lage sein kann, alle Anforderungen optimal erfüllen zu können. Das bedeutet, daß jedes Verkehrsmittel bevorzugt seinen Stärken entsprechend eingesetzt werden sollte. Einen hohen Stellenwert hat dazu schon seit Jahren die informatorische Vernetzung mittels Telematik; die genau so wichtige physische Vernetzung der Verkehrsträger mit minimalen Übergangwiderständen wird dagegen zumeist noch nicht ausreichend berücksichtigt.

Die Rio-Konferenz von 1992 hat nun allen Verantwortungsträgern dieser Welt die langfristige Aufgabe gestellt, alle menschlichen Aktivitäten „nachhaltig oder zukunftsfähig" zu machen [6]. Der zugehörige Begriff „Sustainable Development" ist bis heute nur ansatzweise wissenschaftlich und operationalisierbar definiert; er ist vielmehr vergleichbar mit einer Art kategorischen Imperativs, die heutige Menschheit müsse sich so verhalten, daß Nachfolgegenerationen zumindest gleich gute Lebens- und Überlebenschancen haben wie die derzeitige Generation. Da ein oder der mögliche Endzustand idealer Lebensbedingungen nicht bestimmt werden kann, muß man sich zunächst auf eine Beschreibung notwendiger und wünschbarer Zustandsänderungen beschränken. Dazu müssen, entsprechend der (als Basis für Rio herangezogenen) Kernaussage der Brundtland-Kommission von 1987, neben der Ökologie auch die ökonomischen und sozialen Dimensionen menschlichen Tuns *gleichberechtigt* einbezogen werden.

Hierzu sind grundsätzlich mehrere Vorgehensweisen möglich, die am besten kombiniert angegangen werden sollten. Zum Einstieg eignen sich Grundsatzpapiere (z.B. [7]) und Grundstrukturen von Mobilitätsmodellen. Das Beispiel (aus [8]) enthält die drei

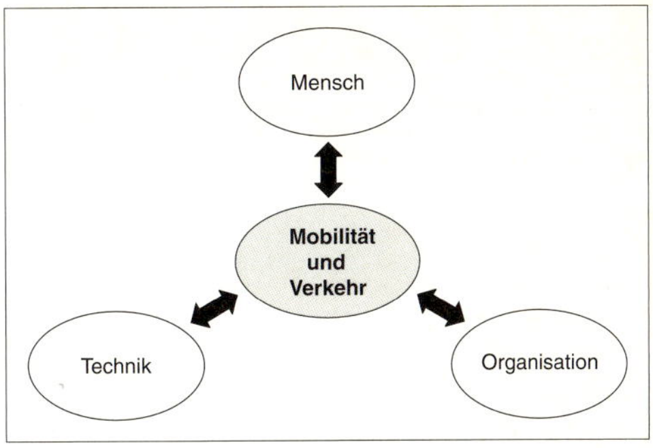

Bild 12.2-1 Grundstruktur eines Mobilitätsmodells

Einflußbereiche Mensch, Organisation und Technik, jeweils im weitesten Sinne und ebenfalls gleichberechtigt **(Bild 12.2-1)**.

Eine solche Grundstruktur erlaubt Vertiefungen und konkrete Anwendungen sowohl mit dem Top-down- als auch mit dem Bottom-up-Prinzip:

1) Konzeptioneller *Top-down-Ansatz*: Unverzichtbar ist zu Beginn der Konzeption ein gewisser *Grundkonsens für Mobilität*, der die Notwendigkeit von Mobilität und Verkehr und dessen Bedeutung für das Gemeinwesen akzeptiert. Es wäre sinnvoll, wenn die unterschiedlichen demokratischen Hoheits- und Entscheidungsebenen, also Kommunen, Regionen, Bundesländer und Bundesstaat ihre jeweiligen Konsensbildungen wegen der daraus resultierenden Konsequenzen förmlich verabreden würden. Es versteht sich von selbst, daß dabei die grundsätzlichen gesellschaftlichen Wertvorstellungen einschließlich der Abwägungsprinzipien unterschiedlicher Grundrechte [9] berücksichtigt werden. Darauf aufbauend sind dann synchronisierte Leitbilder für Flächennutzungs- Wirtschafts-, Umwelt- und Verkehrspolitik, gesamtstaatlich auch für Energiepolitik (erweiterter „Energiekonsens") zu formulieren. Diese Leitbilder müssen schon im Ansatz das Rio-Prinzip (s.o.) beinhalten. Da es sich bei allen Teilbereichen um langfristige Themen handelt, müssen die Leitbilder auch legislaturperiodenübergreifend angelegt und bearbeitet werden. Wer diese Aufgabe in unserer heutigen, von der Tagespolitik dominierten, Zeit für zu anspruchsvoll hält, sei daran erinnert, daß im Deutschland des 19. Jahrhunderts über Jahrzehnte mit sehr hohem Finanz- und Organisationsaufwand das flächendeckende Eisenbahnsystem realisiert wurde, nicht zuletzt eine Basis für den späteren Wohlstand und den Aufstieg Deutschlands. Als konkrete Beispiele für Kommunen und Regionen seien genannt: gewünschte Bevölkerungsentwicklung und zugehörige Siedlungsstrukturen, Ansiedlung neuer Wirtschaftsunternehmen, Großveranstaltungen, Tourismus-Umfänge (z.B. [10]);

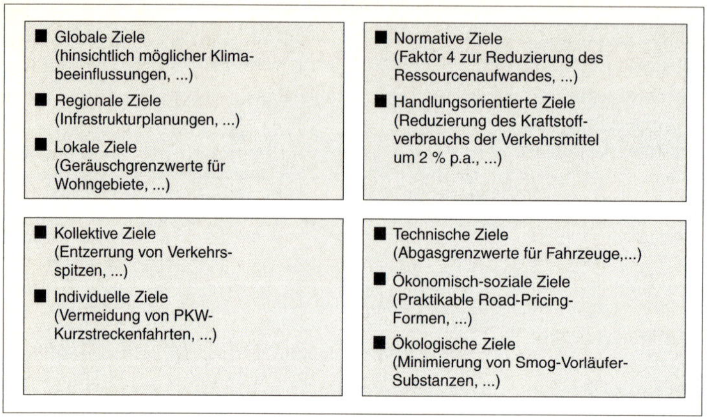

Bild 12.2-2 Sustainable Mobility – Grundsätze für ein Zielsystem

für den Bundesstaat gelten vor allem Aufgaben wie Sicherung internationaler Wettbewerbsfähigkeit oder die Festlegung des langfristigen Gewichtes im „Konzert der Mächte", mit allen zugehörigen Konsequenzen. Da Verkehr in immer stärkerem Maße grenzüberschreitend abläuft, müssen diese Leitbilder möglichst parallel in supranationalem, nationalem und regionalem Rahmen aufeinander abgestimmt werden. Aus allen Leitbildern verkehrserzeugender Parameter können sodann Leitbilder für Verkehrsträger und Infrastrukturen abgeleitet werden.

Das Weißbuch der Kommission der Europäischen Gemeinschaften zur Europäischen Verkehrspolitik bis 2010 [11] hätte eigentlich die Aufgabe gehabt, ein solches Gesamtkonzept vorzulegen, und daraus konkrete top down-Maßnahmen abzuleiten. In diesem Papier ist zwar eine sorgfältige Analyse der Probleme und Defizite der Verkehrsträger enthalten, die Summe der ca. 60 genannten Maßnahmen ist jedoch eher dem nächsten Ansatz-Prinzip zuzuordnen:

2) Eher als pragmatisch zu bezeichnender *Bottom-up-Ansatz*:
   Hierbei handelt es sich um ein intelligentes, möglichst abgestimmtes Ausschöpfen notwendiger und bekannter Verbesserungspotentiale in Teilbereichen, also bei Infrastrukturen, Verkehrsmitteln, Telematik, Organisationen . . . Beispiele betreffen Beseitigung permanenter Engpässe und Unfallschwerpunkte, technische Verbesserungen an Personenkraftwagen und öffentlichen Verkehrsmitteln, systematische Einführung von Parkleit-Systemen.

Anders ausgedrückt ist Top down notwendig, um grundsätzlich neue Konzepte zu generieren, dafür zu sorgen, daß unterschiedliche Programme zusammen passen, um Nationales international abstimmen zu können, . . . Bottom up ist gleichfalls unverzichtbar, um die Fachkompetenz der Praxis einzubinden, um praxisnah zu bleiben, um Betroffene zu Handelnden zu machen, . . .

Es dürfte plausibel sein, beide sinnvollen Ansätze zu einem Gesamtkonzept zusammenzuführen, um daraus, wie schon im PROMETHEUS-Programm erfolgt [12], *konkrete Ziele* für den Verkehr der Zukunft ableiten zu können.

Wie **Bild 12.2-2** zeigt, sollte ein umfassendes Zielsystem ganz unterschiedliche Kategorien und Dimensionen beinhalten.

Beide Ansätze und das daraus ableitbare Gesamtkonzept benötigen zur erfolgversprechenden Umsetzung *Rahmenbedingungen*, die am besten mit dem erforderlichen Mobilitätskonsens ganzheitlich zu konzipieren sind. Es handelt sich um technische, ökologische, wirtschaftliche und gesellschaftliche Rahmenbedingungen, auf deren Basis alle Betroffenen, wie Industrie, Verkehrsbetriebe, Mobilitätsnachfrager, . . ., nicht zuletzt auch politische Entscheidungsträger und Verkehrsbehörden, ihre kollektiven und individuellen Entscheidungen bezüglich Strukturen, Abläufen und Ressourceneinsatz (**Bild 12.2-3**) ableiten können und müssen. Eine besonders wichtige Rahmenbedingung betrifft die Bereitschaft des Gemeinwesens, für den langfristigen Erhalt des Wohlstandes auch in Zeiten knapper öffentlicher Kassen die notwendigen Finanzmittel, nicht zuletzt für die Infrastrukturen der

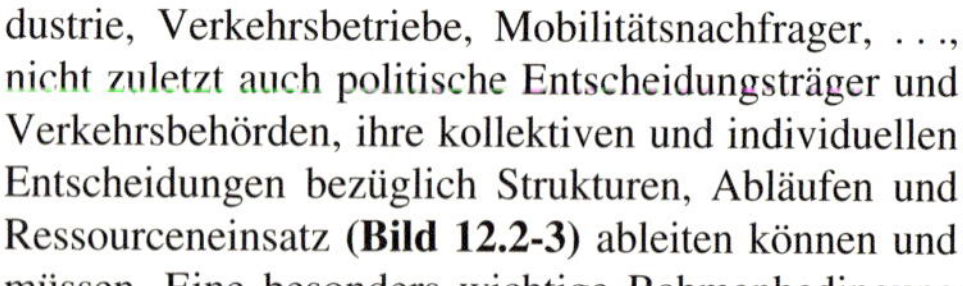

Bild 12.2-3 Basisfaktoren für Verkehrskonzepte

• Objektive Grenzen	– Subjektive Grenzen
• Definierte, nicht erweiterbare Grenzen	– Erweiterbare Grenzen
• Technologische Grenzen	– Ökologische Grenzen
• Kritische Grenzen	– Unkritische Grenzen
• Ökonomische Grenzen	– Soziale Grenzen
• Verfügbarkeitsgrenzen	– Verteilbarkeitsgrenzen
• ...	– ...

Bild 12.2-4 Kategorien verkehrsrelevanter Belastbarkeitsgrenzen

Verkehrsträger, bereitzustellen. Eine Möglichkeit hierfür ist die sog. „Public-Private-Partnership" [13].
Es dürfte plausibel sein, daß sich Ziele und Rahmenbedingungen an den (ganz unterschiedlichen) verkehrsrelevanten Belastbarkeitsgrenzen **(Bild 12.2-4)** zu orientieren haben.
Dabei müssen die Erfordernisse der sog. starken Nachhaltigkeit, also z.B. das Nichterreichen absoluter Grenzen der Natur, vorrangig beachtet werden gegenüber Aspekten schwächerer Nachhaltigkeit, wie z.B. des Flächenverbrauchs in weniger sensiblen Gebieten.
Ergänzend sei darauf hingewiesen, daß sich Nachhaltigkeitsindikatoren bezüglich Emissionen, Ressourcenverbrauch oder auch Sicherheit (Ansätze in [14, 15]) durchaus mit dem bekannten Effizienzprinzip vergleichen lassen, so insbesondere mit

- Effizienz als klassischem Ingenieurprinzip
- Rentabilität als ökonomischem Prinzip

und auch mit

- Ressourcenproduktivität als ökologischem Prinzip.

Wie inzwischen ausführlich dargelegt, ist in gewissem Gegensatz zu den „Grenzen des Wachstums" [4] (in denen „Lernfähigkeit" nicht berücksichtigt war [16]) auch ein „Wachstum ohne Grenzen" möglich [17]: „Die Rückkehr in den Stoff- und Energiekreislauf der Natur bedeutet nicht eine Begrenzung der Wirtschaft, sondern im Gegenteil eine gewaltige Erweiterung".
Anspruchsvolle Verkehrskonzepte haben nur dann hohe Erfolgswahrscheinlichkeiten, wenn sich alle Akteure zielgerichtet verhalten, statt nur „Rosinen picken zu wollen". Um dies zu erreichen, sollten möglichst viele marktwirtschaftliche Anreize bestehen, damit die Akteure zum Handeln im eigenen Interesse veranlaßt werden. Zusätzliche ordnungspolitische Vorgaben und Restriktionen sollten auf notwendige Sonderfälle beschränkt bleiben, z.B. wenn

- topographisch-örtlich enge Grenzen, wie in Stadtzentren, bestehen, oder
- kritische ökologische Belastungen vorliegen,

oder wenn aus anderen Gründen marktwirtschaftliche Funktionen unwirksam sind.
Eine Möglichkeit, dies zu erreichen, besteht darin, das gesamte Verkehrssystem und dessen Abläufe als Regelungssystem zu konzipieren. Ein diesbezüglich erster, zunächst rein technischer, Ansatz wurde im PROMETHEUS-Programm entwickelt (**Bild 12.2-5**, aus [12]).
Ersichtlich kann ein Verkehrsteilnehmer schon vor Antritt einer Fahrt entscheiden, auf welchem Wege er sein Ziel erreichen will. Voraussetzung hierfür ist die vollständige und aktuelle Information über Situation und voraussichtliche Belastungs-Entwicklung der Verkehrsträger. Der Mobilitäts-Nachfrager kann sich auch Wege ersparen, und zur „virtuellen Mobilität" greifen [18]. Ist der Verkehrsteilnehmer unterwegs, profitiert er von der Regelung der Verkehrsflüsse, die ihn bei Bedarf umleitet oder veranlaßt, das Verkehrsmittel zu wechseln.

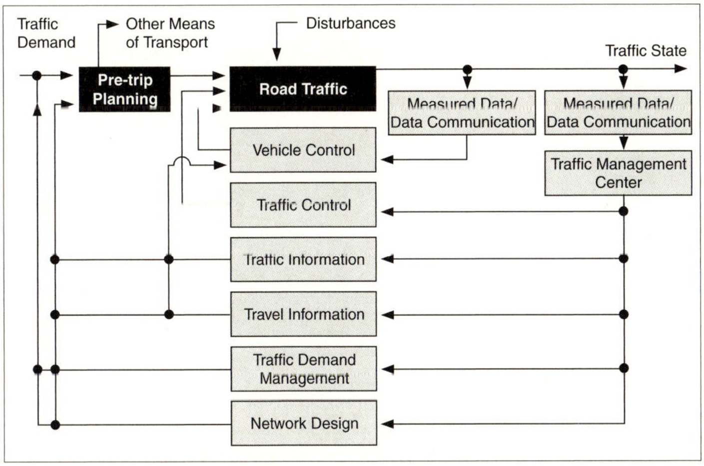

Bild 12.2-5 Informationsflüsse im Straßenverkehr (PROMETHEUS-Konzept)

Marktwirtschaftliche Anreize mit örtlich und zeitlich variablen Preisen gehen über rein technische Regelungen hinaus. Schon heute wirken variable Parkkosten in diesem Sinne [19]; darüber hinaus wird auch, ganz im Sinne des allgemeinen Managements knapper Ressourcen, an variable Kosten der Verkehrsraumnutzung („Road Pricing“) gedacht (z.B. [20], [46]).

Alle infrage kommenden Ansätze sollten in einem Regelungs-Gesamtkonzept so vereinigt werden, daß bei freien Entscheidungen der Akteure sowohl instabiles oder unerwünschtes Wachstum als auch schädliches Schrumpfen des Verkehrs vermieden werden können. Die Rahmenbedingungen sollten so gestaltet sein, daß Wettbewerbsverzerrungen zwischen Verkehrsträgern und Verkehrsanbietern vermieden werden, alle Verantwortlichen ihr Bestes tun können, „nachhaltigen“ Verkehr zu gewährleisten, und die Verkehrsteilnehmer ihren aktuellen Bedürfnissen entsprechend die jeweilig bestgeeigneten Angebote, sei es vom ÖV oder mit IV (einschließlich Fußwegen und Zweirädern) akzeptieren.

Als Rahmenbedingungen scheinen beispielsweise technische Grenzwerte, Energiepreise oder besondere Merkmale der Steuergesetzgebung geeignet zu sein. Diese wiederum wirken auf den komplexen Regelkreis im Sinne der Beeinflussung örtlicher und zeitlicher Verkehrsströme, Konzeption von Verkehrsmitteln und Infrastrukturen, Angebote der Verkehrsbetriebe usw. ein.

Schon bei stufenweiser Umsetzung eines solchen Gesamtansatzes sollte es möglich sein, beispielsweise

- Tagespendler in Ballungszentren verstärkt zum Umsteigen in (dann attraktivere) ÖPNV-Angebote zu veranlassen
- den Einsatz besonders energiesparender und umweltfreundlicherer Verkehrsmittel-Technologien zu beschleunigen
- die Einrichtung effizienter Verkehrsorganisationen und kooperativer Verkehrs-Managementsysteme zu beschleunigen
- die politischen Entscheidungsträger zu zügigerem Vorgehen zu veranlassen
- Verkehrsstaus mit ihren nachteiligen Konsequenzen (einschl. der hohen volkswirtschaftlichen Staukosten [21]) zu vermeiden, zumindest deutlich zu reduzieren
- langfristig verkehrsreduzierende Siedlungs-, Wirtschafts- und Freizeitstrukturen zu bevorzugen
- Verkehrsteilnehmer zu einem bewußteren Umgang mit dem wertvollen Gut Mobilität zu bewegen [22, 23]

insgesamt also zu einem von allen akzeptierten veränderten Verständnis für Mobilität zu gelangen. Bei einem solchen Vorgehen werden übrigens, im Gegensatz zu vielen anderen Ansätzen, konkrete Zahlenwerte zur Reduzierung von Energieverbrauch und Emissionen, zur Erreichung bestimmter Modal Split-Werte usw., nicht als mehr oder weniger politische Zielvorgaben an den Anfang gestellt, sondern im Verbund von Ökologie, Ökonomie und sozialen Faktoren ganzheitlich abgeleitet. Besonders wichtig ist dabei, daß konkrete Aufgaben gemeinsam formuliert und den verschiedenen Verantwortungsträgern zugewiesen werden können. Folgende Beispiele mögen dies erläutern:

- Die öffentlichen Hände haben vor allem für Konsensbildungen auf staatlicher, regionaler und lokaler Ebene, für „richtige“ Rahmenbedingungen, für verkehrsträgerübergreifende Leitstrategien, . . . zu sorgen. Weiterhin sind sie für den notwendigen Ausbau der Infrastrukturen verantwortlich [24]. Es steht außer Zweifel, daß nicht wenige Politiker hierzu mehr Disziplin aufzubringen haben, Entscheidungsprozesse beschleunigen müssen statt Probleme vor sich her zu schieben und andere verantwortlich zu machen. Zu den weiteren Aufgaben nationaler Politik gehören supranationale Konsensabstimmungen und die Harmonisierung internationaler Gesetze. Gerade im Rahmen der EU bestehen sowohl Chancen als auch Verpflichtungen zu supranationalen Vereinbarungen.
- Industrie und Wirtschaftsunternehmen müssen auch in einer freien Wirtschaft die Prinzipien der Nachhaltigkeit im Vergleich zu aktuellen Markterfordernissen hoch bewerten, und ihre Produkte und Dienstleistungen so nachhaltig wie möglich gestalten.
- Verkehrsbetriebe müssen sich in verstärktem Maße kundenorientiert verhalten.
- Aufgabe der Wissenschaften ist es, relevante Wissensdefizite hinsichtlich Nachhaltigkeit, ökologischer Belastungsgrenzen, komplexer Wirkungen, . . . so schnell wie möglich zu beseitigen, und in verstärktem Umfang interdisziplinäre Konzepte, Bewertungs- und Optimierungsverfahren vorzulegen.
- Verkehrsteilnehmer im Personen- und Güterverkehr müssen, wie schon ausgeführt, unterstützt durch Anreize und Rahmenbedingungen, sich der Gesamtzielsetzung entsprechend verhalten.

All dies wird erfolgreich sein, wenn es gelingt, schon in der Schulausbildung die komplexen Zusammenhänge des Verkehrs sowie die unterschiedlichen Vor- und Nachteile der Verkehrsmittel für Individuen, Wirtschaft und Umwelt zu vermitteln (Teilaspekte siehe [47]).

Mit diesen und weiteren Konsequenzen wäre „Sustainable Mobility“ nicht mehr nur ein kategorischer Imperativ oder ein Satz von Restriktionen, sondern ein umfassender Ansatz für ein generationsübergreifendes Handlungskonzept, bei dem die Maßnahmenbereiche in einer zeitlichen Reihenfolge geplant und umgesetzt werden können.

12.3 Verkehrstechnologie-Management

Verkehrs- und Verkehrsmittel-Technologien wurden seit dem Altertum fast ausschließlich „bottom up-getrieben“ verbessert und neu entwickelt. Im Rahmen von nachhaltigen Gesamtkonzepten (12.2) reicht das jedoch nicht aus; vielmehr müssen wesentliche Impulse aus Top down-Ansätzen eingebracht werden, mit der Konsequenz, daß nicht mehr „Technologien an sich“, sondern deren Beiträge zu Problemlösungen im Vordergrund stehen. Verkehrstechnologien können somit als eine Komponente der Management-Ebenen für Verkehrskonzepte angesehen werden **(Bild 12.3-1)**.

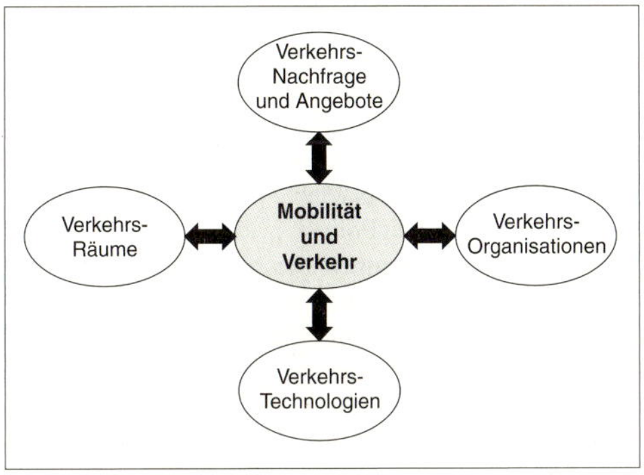

Bild 12.3-1 Management-Ebenen für Verkehrskonzepte

Eine Grundvoraussetzung für Verkehr fast jeglicher Art betrifft die Verfügbarkeit hochwertiger *Nutzenergien*. Dieses Thema, aus technischer Sicht in Kap. 5.9 behandelt, setzt für die Zukunft, wenn die Erdölderivate durch andere Energieträger ergänzt und substituiert werden müssen, den gesellschaftlichen Energiekonsens als Teil des in 12.2 behandelten Mobilitätskonsenses voraus. Da die Energieversorgung des Straßenverkehrs weitgehend flächendeckend sichergestellt werden muß, ist es notwendig, aufwendige Erzeugungs- und Versorgungsstrukturen im Verbund mit anderen Energieverbrauchssektoren zu gestalten.

Während im Rahmen dieses Beitrages die Infrastrukturtechnologien für den fließenden und ruhenden Verkehr nur angedeutet werden sollen, stellt die *physische Vernetzung* der Verkehrsträger untereinander eine auch für die Fahrzeugtechnik wichtige Teilaufgabe dar, für noch weitere Lösungen gefunden werden müssen.

Klassische Lösungen zur Vernetzung von Straße und Schiene sind der sog. kombinierte Güterverkehr (z.B. [25]) sowie die Autoverladung von PKW. Verschiedene Verbesserungsmaßnahmen würden deren Nutzungshäufigkeit erhöhen, z.B. bezüglich Zeit- und Raumbedarf für Be- und Entladung, Verbesserung der Transportqualität und des Netto- zu Brutto-Verhältnisses des Transportaufwandes und damit Erhöhung der Gesamtwirtschaftlichkeit.

Ein seit Jahren erfolgreiches Beispiel physischer Vernetzung im Schienenverkehr gibt es bei der Karlsruher Straßenbahn, die außerhalb der Stadt auf den Gleisen der Deutschen Bahn ins Umland fährt (Grundsätzliches hierzu siehe [26]).

Die *informatorische Vernetzung* von Verkehrsmitteln und Verkehrsträgern, genannt Telematik, in wichtigen Bereichen mit Information, Kommunikation, Verkehrsbeeinflussung, Navigation, ... schon seit Jahren eingeführt, ist in den Kap. 6.4.2 und 8.5.6 ausführlich behandelt (siehe auch [27–29]). An dieser Stelle sei nur noch darauf hingewiesen, daß deren übergreifender Einsatz auch oder gerade für die physische Vernetzung nützlich ist: Vorauseilende, vor allem aktuelle Informationen (einschl. Verspätungs- und Staumeldungen) sind für Verkehrsteilnehmer, die umsteigen wollen, von großer Bedeutung. Realisiert werden kann dies durch Mobilitätszentralen mit übergreifendem Datenverbund und darauf basierenden mobilen Systemen, wie dem „Personal Travel Assistant“ (PTA, z.B. [30]).

Die klassische Zielrichtung bei der Entwicklung neuer Produkte (allgemein, nicht nur Automobile) kann mit „Design to Customer“, mit Unterzielen wie „Design to Cost“, „Design to Quality“ oder „Design to manufacturability“ charakterisiert werden. Schon seit Jahren müssen Konstrukteure das Prinzip „Design to environment“, mit Emissions- und Abfallreduzierung, Eignung für Kreislaufwirtschaft usw. berücksichtigen. Für die Langfristaufgabe „Nachhaltigkeit“ scheint das Prinzip „Design to life cycle optimization“ treffend zu sein, da hiermit alle Gesamtoptimierungen von Eigenschaften, Stoff- und Energie-Flüssen, Produktlebensdauerwerten, Fertigungs- und Recyclingverfahren, Standortentscheidungen, Infrastrukturen usw. subsummiert werden können (z.B. [31]). Für all diese Aspekte sind in diesem Handbuch vielfältige Ausführungen enthalten.

12.4 Verkehrsorganisations-Management

Im Rahmen dieses Buches soll auf die aus **Bild 12.3-1** noch nicht behandelte vierte Management-Ebene der Verkehrsorganisation nur kurz eingegangen werden. Aufgabe dieses Bereiches ist es, Verkehrsnachfrage und Verkehrsangebote möglichst gut aufeinander abzustimmen, unter voller Berücksichtigung vorhandener Ressourcen (Infrastrukturen, Verkehrsmittel, Telematik-Systeme, ...) sowie ökologischer und ökonomischer Rahmenbedingungen. Dies ist zunächst eine politische Aufgabe, aufbauend auf dem gesellschaftlichen Mobilitätskonsens die gesetzlichen und institutionellen Voraussetzungen für Verkehrsmanagement (Abläufe, Tarifsysteme, ...) und Verkehrsbetriebe (Strukturen, Unternehmensformen) zu

Verkehrsmanagement bedeutet allgemein:

Zusammenwirken von:
- Verkehrstechnik
- Verkehrsorganisation
- Verkehrspolitik
- Kommunikation und Information

Kooperatives Verkehrsmanagement bedeutet:

Zusammenwirken von:
- unterschiedlichen Verkehrsmitteln durch informatorische und physische Vernetzung
- unterschiedlichen Verantwortungsträgern
  - Gesetzgeber, Behörden
  - Öffentliche und private Verkehrsunternehmen
  - unterschiedlichen Industriezweigen (Verkehrswege, Verkehrsmittel, Telematik,...)
  - Partnerschaftlich denkenden und handelnden Verkehrsteilnehmern

sowie auch von:
- Marktwirtschaft und Ordnungspolitik
- Flächennutzung und Verkehrsverträglichkeit
- ...

Bild 12.4-1 Verkehrsmanagement – Mehr als nur der Einsatz von Telematik

schaffen (Konsequenzen aus 12.2). Wie mehrfach erläutert, sind integrierte Verkehrssysteme unverzichtbar, da kein Verkehrsträger allein in der Lage sein kann, alle Transportaufgaben unter Berücksichtigung aller Bewertungskriterien optimal zu erfüllen [32]. Als direkte Konsequenz ergibt sich die Notwendigkeit zur Einrichtung kooperativer Systeme und Organisationsformen (Verkehrsverbünde, z.B. [33]), bei denen nicht nur die Verkehrsträger technisch vernetzt sind, sondern auch die unterschiedlichen Hoheitsträger sowie die öffentlichen und privaten Verkehrsbetriebe zusammenwirken müssen **(Bild 12.4-1)**.
Einige konkrete Beispiele betreffen:

- Mobilitätszentralen haben verkehrsmittelübergreifende Informationen (Fahrpläne, Verspätungen, freie Kapazitäten des fließenden und ruhenden Verkehrs, Tarife, ...) in aktueller Form flächendeckend bereitzustellen (siehe auch [34]). Telematiksysteme erschließen auch neue integrierte Mobilitätmanagement- und Dienstleistungs-Potentiale (z.B. [35])
- Mobilcard-Systeme erleichtern mit verkehrsträgerübergreifenden, bundesweit standardisierten, Chipkarten das Benutzen und Umsteigen (z.B. [36])
- Dynamische, adaptive Leitstrategien, ebenfalls verkehrsträgerübergreifend, geben optimale Routen-, Umleitungs- und Umsteige-Empfehlungen.
- Zur Einbeziehung des motorisierten Individualverkehrs kommen, zur individuellen Verfügbarkeit von Fahrzeugen mit kollektiven Nutzungsattributen, Systeme wie Car Pooling, Car Sharing mit intelligenten Mitfahrzentralen infrage.

Besonders umfassend wurden und werden solche und weitere Vorschläge in den vom deutschen BMBF geförderten Leitprojekten „Mobilität in Ballungsräumen" entwickelt und in Feldversuchen, wie MOTIV und INVENT erprobt [36]. Noch nicht so fortgeschritten sind erfolgversprechende Konzepte zum Freizeit- und Urlaubsverkehr, einem höchst komplexen und wohl am schwierigsten plan- und steuerbaren Teil des Verkehrsgeschehens.
Eine für alle Verkehrsträger wichtige Management-Aufgabe ist das systematische Störungsmanagement, also die Aufgabe, Staus auf Straßen oder „Zusammenbrüche" bei Schienen- und Luftverkehr (z.B. bei plötzlichen Wettereinbrüchen) so weit wie möglich zu verhindern und auftretende Folgen zu minimieren. Dies setzt sowohl strategische Maßnahmen (wie z.B. Stau-Vorauserkennungs-Systeme) als auch schnelles und gezieltes Operations-Management voraus. Gerade das Beispiel Störungsmanagement zeigt, daß das in der Natur so erfolgreiche Prinzip der Selbstorganisation zusätzlich zu den anderen Konzepten in vermehrtem Ausmaß auch zur Lösung der Verkehrsprobleme angewendet werden sollte [37].

12.5 Abschlussbemerkungen

Wie erläutert, kann es für das so komplexe Thema Mobilität und Verkehr keine einfachen Patentrezepte geben. Die ständigen Steigerungsraten auf diesem Sektor erfordern auch in Zukunft immer wieder besondere Anstrengungen für neue Lösungen, um den Anforderungen und dem Bedarf gerecht zu werden.
Deutlich wird dies z.B. an der Zwischenbilanz des 2001 erstmals herausgegebenen Weißbuches zur europäischen Verkehrspolitik bis 2010, die die EU-Kommission am 22. Juni 2006 in Form eines „Midterm Review" vorgelegt hat [52]. Einerseits hat sich an den Zielen der europäischen Verkehrspolitik nichts Wesentliches geändert, andererseits haben sich wichtige Rahmenbedingungen mit Auswirkungen auf die Verkehrspolitik ergeben: z.B. EU-Erweiterung, globalisierungsbedingte Zunahme des Wettbewerbsdrucks auf Europa, steigende Erdölpreise, Inkrafttreten des Kyotoprotokolls. Dies macht aus Sicht der Kommission eine Reihe verschiedener Maßnahmen notwendig, deren Erfolgsaussichten aber von den unterschiedlichen

Interessengruppen (Parteien, Verbände) wiederum ganz unterschiedlich bewertet werden. Immerhin konnte auf dem G8-Gipfel 2007 (Heiligendamm) zum Einfluss von CO_2 auf das Klima Einvernehmen erzielt werden. Alles deutet darauf also hin, dass Mobilität und Verkehr auch künftig ein außergewöhnlich wichtiges Thema bleibt. Einerseits stellt Verkehr eine wesentliche Voraussetzung für das Funktionieren unseres sozialen und wirtschaftlichen Lebens dar und gewinnt deshalb immer weiter an Bedeutung. Andererseits wird Verkehr aufgrund seiner Komplexität und seiner oft schon ideologischen Bewertungen immer ein anspruchsvoll, aber auch widersprüchlich diskutiertes Thema bleiben.

Literatur

[1] Verein Deutscher Ingenieure: Memorandum Verkehr, Düsseldorf 1993 und 2000

[2] Deutsche Shell AG (Hrsg.): Mehr Autos – Weniger Emissionen – Szenarien des PKW-Bestands und der Neuzulassungen in Deutschland bis zum Jahr 2020, Hamburg, Sept. 1999

[3] *Waschke, T. et al.*: Perspektiven der mobilen Gesellschaft, AVL-Tagung „Motor und Umwelt 99, 2./3. 9. 1999, Graz, Tagungsband S. 67 – 101

[4] *Meadows, D.*: Die Grenzen des Wachstums, DVA 1972

[5] *G. Dinse, W. Hell*: „Zukunft der Mobilität – Was Experten für das Jahr 2020 erwarten“, VDI-Ber. 1799, 2003 (Gesamtverkehrsforum 2003), S. 103 – 119

[6] Bundesministerium für Umwelt, Naturschutz und Reaktorsicherheit: Umweltpolitik – Agenda 21, Konferenz der Vereinten Nationen für Umwelt und Entwicklung 1992 in Rio de Janeiro, Bonn 1997

[7] BMBF: Forschungsprogramm der Bundesregierung „Mobilität und Verkehr – Nachhaltigkeit, Sicherheit und Wettbewerbsfähigkeit durch intelligenten Verkehr“, März 2000

[8] Institut für Mobilitätsforschung: Mobilitätsmodell, Berlin 1999

[9] *Ronellenfitsch, M.*: Mobilität – Vom Grundbedürfnis zum Grundrecht? DAR 1992, S. 321 ff.

[10] *Vuchic, R.*: Städte und Stadtverkehr im 21. Jahrhundert. Der Nahverkehr 3/2000, S. 13 – 18

[11] Kommission der Europäischen Gemeinschaften: Weißbuch zur Europäischen Verkehrspolitik bis 2010: Weichenstellungen für die Zukunft, Brüssel 2001

[12] *Braess, H.-H.; Reichart, G.*: PROMETHEUS – Vision des intelligenten Automobils auf intelligenter Straße – Versuch einer kritischen Würdigung, ATZ 1995, S. 200 – 205 und S. 330 – 343

[13] *Tegner, H.*: Risikoallokation zwischen öffentlicher Hand und Privaten im privatfinanziertem Straßenbau, VDI-Ber. 1372, 1998 (Gesamtverkehrsforum Braunschweig), S. 117 – 128

[14] *Brodmann, U.W. et al.*: Messung der Nachhaltigkeit des Verkehrs, Int. Verkehrswesen, 1+2/1999, S. 23/24

[15] *Meckel, H.; Plinke, E.*: Praktikabler Maßstab für Nachhaltigkeit, Prognos Trendletter 2/1999, S. 10 – 12

[16] *v. Weizsäcker, E.U.*: Mein Faktor Vier steht heute im politischen Zentrum, Bild der Wissenschaft 4/2002, S. 94 – 98

[17] *Becker-Boost, E.; Fiala, E.*: Wachstum ohne Grenzen, Springer Verlag 2001

[18] *Zoche, P. et al.*: Virtuelle Mobilität: Ein Phänomen mit physischen Konsequenzen? Springer Verlag 2000

[19] *Fiala, E.*: Fahrzeug-Mensch-Verkehr, VDI-Ber. 948, 1992, S. 1 – 13

[20] *Schütte, C.*: Road Pricing in der Praxis – Ein konkretes Preiskonzept für Deutschland, Diss. TU Berlin 1998

[21] *Frank, D.; Sumpf, J.*: Abschätzung der volkswirtschaftlichen Verluste durch Stau im Straßenverkehr, BMW Studie 1994, ergänzt 1998

[22] *Feldhaus, S.*: Wege in eine mobile Zukunft – Grundzüge einer Ethik des Verkehrs, ABERA-Verlag Meyer & Co, Hamburg, 1998

[23] *Becker, U.J.*: Nachhaltige Verkehrsentwicklung. Der Nahverkehr 1 – 2/2002, S. 12 – 16

[24] *Frank, D.; Sumpf, J.*: Verkehrsinfrastruktur: Was haben wir und was brauchen wir? VDI-Ber. 1653, 2001, S. 117 – 139

[25] *Müller, W.*: Erfahrungen zur Kooperation im kombinierten Verkehr und Ansätze zu ihrer Verbesserung, in: Technologieansätze zur besseren Kooperation und Vernetzung der Verkehrsträger, BMBF-Statusseminar 21./22. 5. 1995, Berichtsband S. 103 – 114

[26] *Müller-Hellmann, A.*: Voraussetzung und Grenzen der Integration im Nahverkehr, wie [25], S. 133 – 144

[27] Bundesministerium für Verkehr: Strategiepapier Telematik im Verkehr, Bonn 1993

[28] Proc. of the Annual World Congresses on Intelligent Transport Systems, 2004 und frühere Jahre

[29] Institut für Eisenbahnwesen und Verkehrssicherung der TU Braunschweig (Hrsg.): Beiträge aus dem Zentrum für Verkehr der TU Braunschweig, Schriftenreihe, Heft 60, 1998

[30] *Büchs, J.-D.; Konhäuser, P.*: MoTiV – Netzwerk für einen Mobilitäts- und Transportverbund, Mobilitätsforschung für das 21. Jahrhundert, Dokumentation Statusseminar BMBF und BMVBW, Göttingen, S. 59 – 72

[31] *Braess, H.-H.*: Das Automobil von der Produkt zur Systemoptimierung – Ziele und Aufgaben des Life Cycle Managements, ATZ 1999, S. 984 – 990

[32] *Seiffert, U.*: Mobilität – Gesellschaftliche Anforderungen und technologische Optionen der Zukunft, Vortrag 1. RWE-Zukunftstagung „Gesellschaft und Technik im 21. Jahrhundert“, Essen, 22. 10. 1998

[33] *Freitag, A.*: Verbünde und Verkehrsunternehmen in einem liberalisierten Markt. Der Nahverkehr 2000, Nr. 7 – 8, S. 11 – 15

[34] *Henning, K.; Isenhardt, J.* (Hrsg.): Bedingungen und Wirkungsfaktoren zukünftiger Mobilität, Fort.-Ber. VDI, Reihe 12, Nr. 470, 2001

[35] *Schad, H.; Riedle, H.*: Neue integrierte Mobilitätsdienstleistungen. Der Nahverkehr 1999, Nr. 7 – 8, S. 8 – 12

[36] Bundesministerium für Bildung, Wissenschaft, Forschung und Technologie: Leitprojekte Mobilität in Ballungsräumen, Bonn 1998 und Fachkonferenz Berlin 28./29. 5. 2002

[37] *Reister, D.*: Selbstorganisation im Verkehr, Int. Verkehrswesen 11/2001, S. 537 – 542

[38] VDI-Gesellschaft Fahrzeug- und Verkehrstechnik (Hrsg.): Gesamtverkehrsforum 2000, VDI-Ber. 1545, 2000

[39] VDI-Gesellschaft Fahrzeug- und Verkehrstechnik (Hrsg.): Zukunft der Fahrzeug- und Verkehrstechnik, VDI-Ber. 1770, 2003

[40] 100 Jahre Fahrzeugtechnik im VDI, Sonderausgabe der ATZ, März 2004

[41] Institut für Mobilitätsforschung (Hrsg.): Motive und Handlungsansätze im Freizeit-Verkehr, Springer Verlag 2003

[42] VDI-Gesellschaft Fahrzeug- und Verkehrstechnik (Hrsg.): Gesamtverkehrsforum 2003, VDI-Ber. 1799, 2003

[43] VDA (Hrsg.): Techn. Kongress 2004, 23./24. 3. 2004, Tagungsband

[44] VDA (Hrsg.): Techn. Kongress 2005, 16./17. 3. 2005, Tagungsband

[45] Institut für Mobilitätsforschung (Hrsg.): Auswirkungen der virtuellen Mobilität, Springer Verlag 2004

[46] *Kriebernegg, G.*: Großflächiges Road Pricing für PKW: Int. Verkehrswesen 5/2005, S. 205 – 209

[47] *Flade, A.; Hacke, U.*: Von der „klassischen“ Verkehrs- zur zeitgemäßen Mobilitätserziehung: Int. Verkehrswesen 7 + 8/2004, S. 322 – 326

[48] *Ahrens, G.-A. et al.*: Mehr Autos – aber weniger Verkehr: Int. Verkehrswesen 5/2005, S. 23 – 25

[49] *Pfeifle, M.*: Verkehrsplanung und Politik – Konflikt oder Einheit?: Int. Verkehrswesen 5/2005, S. 201 – 204

[50] *Haase, R.*: Die Zukunft der Mobilität in Europa: Int. Verkehrswesen 5/2005, S. 214 – 215

[51] *Cerwenka, P.*: Mobilität Kontra Verkehr: Der Nahverkehr 6/2004, S. 28 – 30

[52] Kommission der europäischen Gemeinschaften, Mitteilung der Kommission an den Rat und an das Europäische Parlament. Für ein mobiles Europa – Nachhaltige Mobilität für unseren Kontinent, Halbzeitbilanz zum Verkehrsweißbuch der europäischen Kommission von 2001, Brüssel 22. 06. 200

13 Ausblick – Wo geht es hin?

„Revolutioniere das Fahrzeug“. Immer wieder werden Fahrzeugentwickler aufgefordert, alte Entwicklungslinien, ja Vorurteile aufzugeben und ganz neue Wege zu beschreiten. Eine Begründung hierfür ist das „Festhalten“ am alten Hubkolbenmotor, das so manchem Beobachter als Innovationsfeindlichkeit erscheint.

Die Geschichte des Automobils ist jedoch voll von unkonventionellen Vorschlägen auf allen Gebieten, teils in Form von Ideen, Patentschriften oder wissenschaftlichen Veröffentlichungen, teils auch in Demonstratoren erprobt oder sogar in Kleinserien gebaut. Zudem werden schon seit Jahrzehnten immer wieder Konzeptfahrzeuge ganz unterschiedlicher Art vorgestellt. Hätte sich dabei wirklich etwas Besseres bei Komponenten und Gesamtkonzepten ergeben, würde sich das im internationalen und harten Wettbewerb schon durchgesetzt haben oder noch durchsetzen.

Auch in Zukunft werden Automobile „bewegliche Gefäße“ sein, in denen Menschen und Güter transportiert werden können. Bei den Bauarten, die sich in der immer größer werdenden Angebotsvielfalt widerspiegeln, wird es jedoch deutliche Unterschiede geben, so bei den Werkstoffen (z.B. variable Eigenschaften) und bei den Bauweisen (Strukturen, Fertigungsverfahren).

Deutliche Konsequenzen für das Automobil der ferneren Zukunft wird die (schrittweise) Abkehr vom Erdöl als Primärenergieträger haben. Hier kommen nach derzeitigem Stand mehrere Optionen in Frage, zum Beispiel die bessere Ausnutzung des Gases, welches bei der Erdölförderung entsteht in Richtung neuer Dieselkraftstoff und die effiziente und ökologische Herstellung von Biokraftstoffen. In weiterer Zukunft liegt der Einsatz des Wasserstoffs. Dieser muss wirtschaftlich hergestellt werden. Auch die Elektrizität hat Chancen, wenn die Batterietechnik sich entsprechend den Erwartungen erfüllt.

Das Rad, eine der ältesten Erfindungen der Menschheit, dient fast allen Landfahrzeugen „immer noch“ zum Tragen und Führen. Es erscheint so gut wie ausgeschlossen, dass alternative Systeme, wie Luftkissen oder Magnetschwebe-Techniken, im Automobil Einzug halten werden. Dafür werden aber die Räder wie auch viele andere Komponenten des Fahrzeugs immer anspruchsvoller. Genannt seien nur die Gebiete Mechatronik und Adaptronik, also die Vernetzung mechanischer Grundfunktionen mit Elektrik und Elektronik.

Die ständig weiter steigenden Ansprüche an die ganz unterschiedlichen Transportbedürfnisse führen zu immer spezielleren, insbesondere variableren Fahrzeugkonzepten. Dennoch wird es Grenzen geben. Ein Auto, das kurz und kompakt für den Stadtverkehr vor der Urlaubsreise nur „aufgepumpt“ zu werden braucht, wird es aller Voraussicht nach wohl kaum geben.

Eine andere Grenze wurde in den letzten Jahren aber schon überschritten: die Linie vom rein maschinenbaulichen Transportmittel hin zum „intelligenten Fahrzeug auf der intelligenten Straße“. Mit Intelligenz ist hier natürlich nicht die Kreativität des Menschen, wohl aber seine Fähigkeit, Signale aus dem Umfeld zu empfangen und zu verarbeiten, eigene Signale auszusenden, sowie aus allem situationsgerechte Maßnahmen und Empfehlungen abzuleiten, gemeint.

Die bisherigen Ausführungen haben einen fundierten Überblick über die faszinierende Weiterentwicklung des Automobils gegeben. Deutlich erkennbar ist, dass ingenieurmäßige Lösungen verstärkt einsetzen und gleichzeitig die gesellschaftlichen Belange noch deutlicher berücksichtigen müssen. Folgende Trends lassen sich für die Zukunft treffen:

- Produktentstehungsprozess
  Der Einsatz von rechnerbasierten Systemen wird die Produktentwicklungszeit für neue Modelle nach „Styling Freeze“ auf Zeiten von 30 Monaten ermöglichen. Trotz des Einsatzes zahlreicher Simulations- und Testverfahren bei Komponenten und Systemen gewinnt die Versuchserprobung (Dauerläufe) aus Qualitätsgründen noch an Bedeutung. Die Qualitätsansprüche in Richtung Fehler Null zeigen erste Erfolge. Baukasten- und Modellkonzepte sowie Standardisierungen von Elektronik-Architekturen werden sowohl hierzu als auch zur Begrenzung der Kostensteigerungen beitragen.
- Fahrzeugsicherheit
  Durch den verstärkten Einsatz der Elektronik, Sensorik und Aktuatorik werden speziell auf dem Gebiet der Unfallvorbeugung deutliche Fortschritte erzielt. Die gleichzeitige Nutzung von Komponenten für die Unfallvorbeugung und -milderung zeigt den Anstieg der vernetzten Systeme. Es ist zu erwarten, dass Telematik- und Fahrerassistenzsysteme die Unfälle mit Pkw und Lkw bis zum Jahr 2015 halbieren. Besondere Aufmerksamkeit hat die Verbesserung der Kompatibilität, d.h. der Verträglichkeit aller am Verkehr Beteiligten unter Berücksichtigung der „schwächeren Verkehrsteilnehmer“, wie Fußgänger und Zweiradfahrer.
- Die Emissionen wie HC, CO, NO_x und Partikel werden durch Motormaßnahmen und die Verbesserung der Katalysatoren und Partikelfilter so weit reduziert, dass bis auf das Kohlendioxid das Fahrzeug aus der Diskussion bezüglich Fahrzeugemissionen kommt.
- Die Außengeräusche werden auf ein Minimalmaß reduziert. Erzielt wird dies über ein realitätsnäheres Messverfahren und durch die notwendige Verbesserung des Abrollgeräusches zwischen Reifen und Fahrbahn.

- Der Verbrauch an fossiler Energie wird bis zum Jahr 2010 um 25% bezogen auf das Jahr 2000 reduziert, auf das Jahr 1996 bezogen um ca. 30%. Hauptanteil an dieser Reduktion haben Antriebsstrang-, und Reduzierung des Rollwiderstandes bei weiterhin geringem Luftwiderstand. Für das Management aller Bordenergien werden neue Konzepte eingesetzt.
- Die Gewichtsreduzierung der Fahrzeuge bei gleichzeitiger Steigerung der übrigen Forderungen wie Sicherheit, Umweltschutz, Komfort, usw. ist eine besondere Herausforderung für die gesamte Industrie. Der Einsatz alternativer Materialien und neuer Verbundstrukturen steigt. Gewinner sind Aluminium und Magnesium. Werkstoffliche Verbesserungen bei Kunststoff- und Elektronikbauteilen erlauben immer höhere Temperaturbeständigkeiten und damit erweiterte Einbaumöglichkeiten. Zusätzlich haben Fügetechniken und neuartige Korrosionsschutzverfahren die Gewichtsreduzierung unterstützt. Die Recyclingrate einschließlich der thermischen Wiederverwertung konnte auf über 90% erhöht werden. Erreicht wurde dies durch eine deutliche Steigerung der Wirtschaftlichkeit der Recyclingverfahren.
- Otto- und Dieselmotor werden intensiv weiterentwickelt. Allerdings haben zahlreiche Veränderungen eingesetzt. Kleinere Hubräume mit Aufladung, im Mittel geringere Zylinderzahlen, Zylinderabschaltung, Otto-Direkteinspritzer, voll variable Ventilsteuerzeiten und dieselmotorisch spezifisch: Common Rail mit Piezo-Regelung. Trotz unterschiedlicher Eigenschaften des Otto- und Dieselkraftstoffes wird sich bei den Motoren eine Annäherung im Brennverfahren ergeben. Beim Direktstart kann beim Ottomotor auf den Anlasser verzichtet werden. Neben 5- bis 8-Gang-Automatikgetrieben sind elektronisch gesteuerte mechanische Schaltgetriebe (einschließlich Doppelkupplungsgetriebe) im Einsatz. CVT-Getriebe werden sich dann behaupten können, wenn Wirkungsgrad und Komfort besser als bei den bisherigen Schalt- und Automatikgetrieben sind. Ca. 15% alternative Antriebe werden im Jahr 2015 weltweit in Neufahrzeugen zu finden sein. Neben CNG (Compressed Natural Gas) und wasserstoffgetriebenen Motoren werden vor allen Dingen Hybrid-Fahrzeuge an Marktanteil gewinnen. Zunächst noch als Hubkolbenmotoren als eine der Antriebsarten, danach eventuell auch mit der Brennstoffzelle, falls diese die Entwicklungsziele erreicht.
- Die größte Veränderung zeigt sich in der Elektrik/Elektronik (einschließlich der Software und der Optoelektronik). Ca. 40% der Wertschöpfung des Fahrzeuges wird durch diese Technologien im Jahr 2010 geprägt sein, wobei die Erweiterung der Hardware an Grenzen stößt. Die Elektrifizierung bzw. deren Ansteuerung zahlreicher Einrichtungen-, (Lenkung, Bremse-, sowie Öl- und Wasserpumpe) hat eingesetzt. Durch den verstärkten Einsatz von mechatronischen Systemen können nicht nur funktionelle Verbesserungen sondern auch Gewicht und Kosten eingespart werden. Mit dieser Systemänderung erfährt der Kunde auch neue Diagnose- und Servicefunktionen. Einige langjährige Selbstverständlichkeiten wie Keil- und Zahnriemen werden wahrscheinlich verschwinden und durch neue Technologien oder Konzepte ersetzt. Eine ganz wesentliche Entwicklungsrichtung ist die Fehlertoleranz komplexer Systeme. Die interne Fahrzeugkommunikation zwischen den verschiedenen Funktionen hat zu völlig neuartigen und standardisierten Bordnetzarchitekturen geführt. Damit stieg die Bedeutung der Software, die zunehmend die Funktionsgestaltung, und damit immer mehr den Charakter des Fahrzeuges bestimmt. Ein besonderer Schwerpunkt liegt in der Erarbeitung von benutzerfreundlicherer Bedienung und Funktion der Systeme.
- Die neuen Technologien werden sich in zahlreichen vom Fahrzeuginsassen nachvollziehbaren Funktionen wiederfinden, zum Beispiel Einparkhilfen, neuartige Displays, Datenübertragungssysteme, kratzfeste Scheiben mit geringer Verschmutzungsfähigkeit, leistungsfähige Spracheingabe, Müdigkeitswarner.
- Die Bedeutung des Designs (außen, innen) wird weiter zunehmen, wie nicht zuletzt viele Beispiele unkonventioneller Fahrzeugkonzepte („Crossover“) zeigen.
- Schließlich ist es gelungen, das Automobil in ein Gesamtverkehrssystem zu integrieren. Die Vernetzung der unterschiedlichen Verkehrsträger (physisch und informatorisch) konnte wesentlich gesteigert werden. Dazu müssen die Telematik-Geschäftsmodelle deutlich verbessert werden.

Grundsätzlich haben die Ingenieure die Aufgabe, sich den nicht erweiterbaren Grenzen wie dem Carnot-Prozess so weit wie möglich anzunähern und erweiterbare Grenzen wie Leichtbau oder technische Intelligenz so weit wie möglich hinauszuschieben. Dabei muss die Qualifikation des Ingenieurs zukünftig neben der reinen Technik auch mehr Sozial- und Umweltkompetenz beinhalten. Die Beherrschung der Komplexität in allen Bereichen der Produktentstehung, das Produkt selbst und in der Verkehrstechnik ist eine Megaaufgabe der Automobilindustrie. Zu deren Lösung sind neue Strukturen sowie veränderte Formen der Zusammenarbeit der OEM's mit Lieferanten und externen Entwicklungsfirmen zu erwarten.

Die Herausgeber sind der Überzeugung, dass trotz aller möglichen technischen Innovationen die Pkws im Jahr 2020 und darüber hinaus noch individuell gefahren werden und dass die Fahrfreude bei verstärkter Unterstützung durch Fahrerassistenzsysteme und durch ein umfassendes Energiemanagement des Gesamtfahrzeugs erhalten bleibt.

Sachwortverzeichnis

B

D

O

P

S

W